Langenscheidts
Fachwörterbücher

Langenscheidt
Routledge

Dictionary of
Architecture, Building and Civil Engineering
English–German

by Dr.-Ing. Uli Gelbrich

Langenscheidt

Berlin · München · Wien · Zürich · New York

Langenscheidt
Routledge

Fachwörterbuch
Architektur und Bauwesen
Englisch–Deutsch

von Dr.-Ing. Uli Gelbrich

Langenscheidt

Berlin · München · Wien · Zürich · New York

Das vorliegende Werk enthält eine Auswahl von Einträgen aus der ersten Auflage des Routledge-Langenscheidt Fachwörterbuchs *Bauwesen, Englisch-Deutsch und Deutsch-Englisch*.

Ko-Autor der zweiten Auflage des Werks: Dr. phil. Georg Reinwaldt

Die Deutsche Bibliothek - CIP-Einheitsaufnahme

Gelbrich, Uli:
Langenscheidts Fachwörterbuch Architektur und Bauwesen / von Uli Gelbrich. -
Berlin ; München ; Wien ; Zürich ; New York : Langenscheidt
1. Aufl. u.d.T.: Gelbrich, Uli: Fachwörterbuch Bauwesen. - Teilw. u.d.T.:
Gelbrich, Uli: Langenscheidts Fachwörterbuch Bauwesen. -
Bis zur 2. Aufl. verf. von Uli Gelbrich und Georg Reinwaldt

Englisch-deutsch. - 3., neu bearb. und stark erw. Aufl. - 2002
ISBN 3-86117-204-6

ISBN 3-86117-204-6

3., neu bearbeitete und stark erweiterte Auflage 2002

Printed in Germany
Gesamtherstellung: Druckhaus „Thomas Müntzer“ GmbH, Bad Langensalza/Thüringen

Vorwort zur 3., neu bearbeiteten und stark erweiterten Auflage

Die progressiven Entwicklungen auf allen Gebieten des Bauwesens, insbesondere durch technische und technologische Neuerungen, neue und verbesserte Baustoffe, umweltverträglicheres Bauen, bauphysikalische Optimierungen, Verbund- und Leichtbausysteme bis hin zu effektiveren Infrastrukturbauweisen, erfordern ein neueres Fachvokabular.

Die Neuauflage soll mit diesen Weiterentwicklungen Schritt halten und damit so aktuell wie möglich sein.

Um das gesamte Gebiet des Bauwesens möglichst weitgespannt zu erfassen, wurden die Fachvokabeln der Architektur so vollständig wie in diesem Rahmen möglich aufgenommen. Das soll auch der neue Titel „Architektur und Bauwesen" zum Ausdruck bringen. Neu aufgenommen und stark erweitert wurden die Fachbereiche: Umweltschutz und Umwelttechnik einschließlich der Abfallbehandlung, Landesplanung und Raumordnung, Ingenieurgeologie, Geotechnik und Bodenmechanik, Verkehrsbau und Verkehrstechnik, Korrosionsschutz und Beschichtungen, Baurecht, Bauverordnungen und Bauverträge, Baustellensteuerung und -management, Qualitätssicherung und Qualitätssteuerung, Laborberichte und Bauabnahmerichtlinien sowie Gebäudeausstattung. Ein Teil des neu aufgenommenen Vokabulars stammt aus dem „Routledge-Langenscheidt Fachwörterbuch Bauwesen", 1. Auflage, das in Großbritannien erarbeitet wurde.

Auf die spezifische Bauterminologie in den englischsprachigen Ländern und in Deutschland wurde besonderer Wert gelegt, um in den Anwendungsbereichen von der Ausschreibung bis hin zur Bauabnahme jeweils eindeutige Fachbegriffe aufzuzeigen. Die zurzeit noch laufende durchgängige europäische Normung (CEN) auf dem Gebiet des Bauwesens wird noch zu weiteren Vereinheitlichungen und Klarstellungen führen können. Die bereits bei der CEN-Normung verwendeten Begriffe wurden in den jeweiligen Fachgebieten mit aufgenommen. Der Umfang der umgangssprachlichen und baustellenspezifischen Fachbegriffe wurde ebenfalls erweitert und soll damit die Baupraxisnähe so weit wie möglich erreichen. Die ersten Auflagen dieses Fachwörterbuches entstanden in der unmittelbaren Baupraxis, sodass diese umgangssprachliche Komponente auch weiterhin als ein wesentliches Merkmal bestehen bleibt.

Die praxisnahe Übersichtlichkeit eines Fachwörterbuches mit einem Vokabular aus Handwerk, Kunst, Gestaltung und Mathematik bis hin zu Theorie und Wissenschaft erfordert eine gezielte Auswahl und Abgrenzung des Grundwortschatzes und der dazu erforderlichen Komposita. Bei den Komposita erfolgte wiederum vorrangig die Aufnahme der Begriffe, deren Sinn durch die Übersetzung der Teilwörter nicht sofort erschließbar ist, beziehungsweise Fehlinterpretationen ergeben könnte. Zusätzlich wurde ein umfangreicher Anhang mit Abkürzungen erarbeitet, die äußerst fachspezifisch sind und besonders auch auf Bauzeichnungen häufige Anwendung finden. Der Autor hofft, dass mit diesem neu zusammengestellten Fachwörterbuch der Gesamtbereich Architektur, Bauwesen und Baustoffe ausreichend und sehr gründlich erfasst wurde und somit ein Standardwerk für den Anwender von der Baustelle bis hin zum Planer und Fachübersetzer zur Verfügung steht. Mit jetzt ca. 67000 Wortstellen wurden über 27000 Begriffe neu aufgenommen, alle Fachbegriffe aktuell überprüft und in der Zielsprache teilweise ergänzt.

Der Autor dankt dem Verlag und den Lektorinnen für die Möglichkeit einer Neuausgabe dieses Fachwörterbuches und für die hervorragende Zusammenarbeit.

Herausgeber und Verlag sind daran interessiert, Hinweise und Anregungen zur Verbesserung des vorliegenden Fachwörterbuches zu erhalten. Richten Sie diese bitte an den Langenscheidt Fachverlag GmbH, Postfach 40 11 20, 80711 München.

Dr.-Ing. Uli Gelbrich

Preface to the 3rd, updated and greatly expanded edition

Progressive developments in all areas of building and civil engineering, especially as a result of technical and technological innovations, new and improved building materials, environmentally sound building, structural enhancements, composite and light building systems, and more effective infrastructure building methods, require a newer expert vocabulary.

This new edition was written to keep up with these new developments in order to be as up-to-date as possible. To cover the whole subject area of building and civil engineering as completely as possible, as many architectural terms have been included as is feasible within the scope of a dictionary of this kind. This is reflected in the new title "Architecture, Building, and Civil Engineering". New and substantially expanded are the subject areas: environmental protection and environmental engineering including waste treatment, regional planning and policy, engineering geology, geotechnics and soil mechanics, road construction and traffic engineering, corrosion protection and coating, building law, building codes and contracts, building site control and management, quality assurance and quality control, laboratory reports and guidelines for building acceptance inspections as well as building equipment. Some of the new vocabulary comes from "Routledge Langenscheidts Fachwörterbuch Bauwesen" 1st edition, which was completed in Great Britain.

Special attention was paid to the building terminology specific to English speaking countries and to Germany to provide definitive terms in areas of usage ranging from the invitation to tender to the acceptance inspection. The complete European standardization (CEN) in the subject area of building and civil engineering, still currently being processed, will be able to lead to even greater harmonization and help reduce confusion.

The terms already used for the CEN standards were included in the appropriate subject areas. The scope of colloquial and construction-site terms was also expanded to get as close to the actual working environment as possible. The first edition of this dictionary was generated directly out of building experience, so that these colloquial expressions remain an essential dimension of the work.

A dictionary made to be used easily by people on the job, with a vocabulary from the building trades, art, design, and mathematics and including theory and science requires a careful selection and limitation of the basic vocabulary and the relevant, necessary compounds. In the case of compounds, terms were primarily included whose meaning could not be established immediately by translating their parts, or where misinterpretations could arise. In addition, an extensive annex was worked out containing abbreviations which are highly specific and are also commonly used on drawings. The author hopes that his newly compiled dictionary covers the whole area of architecture, building and civil engineering, and building materials both thoroughly and completely, thus providing users from the construction site crew to the planners to the specialized translator with one standard reference work. Now, with roughly 67,000 entries, more than 27,000 terms have been added, all the expert terms have been checked for currency, and supplemented in the target language where appropriate.

The author thanks the publishing house and the readers for the opportunity to re-issue this dictionary and for their outstanding cooperation.

Editor and publisher are both interested in receiving feedback and ideas to improve this dictionary. Please send your comments to Langenscheidt Fachverlag GmbH, Postfach 40 11 20, D-80711 Munich.

Dr.-Ing. Uli Gelbrich

Benutzungshinweise • Directions for Use

1. Beispiele für die alphabetische Ordnung • Examples of Alphabetization

D-crack
dabbing
dado
dado base
dado capping
dado framing
dagger (ornament)
dam
dam in
dam up
dam
dam crest
dam embankment
dam failure
damp
damp
damp
dampproof
dampproof concrete
dampproof slab
dampproofing

Portland blast-furnace cement
Portland cement
post
post-and-beam construction
post and pane
post-buckling strength
post pole
post-tension
post-tensioned roadway
post-tensioning
post-ultimate behaviour
postal building
postcure
postheat
posthole
postiche
posts
pozzolan cement
PP foam
P.R.A. classification
Pratt truss

2. Bedeutung der Zeichen • Meaning of Symbols

/	prescribed/as = as prescribed
[ ]	overall dimension diagram [scheme] = overall dimension diagram *or* overall dimension scheme schalltoter [echofreier] Raum = schalltoter Raum *oder* echofreier Raum
( )	Regency (style) = Regency style *or* Regency Rohr(leitungs)trasse = Rohrleitungstrasse *oder* Rohrtrasse
( )	Diese Klammern enthalten Erklärungen These brackets contain explanations

3. Abkürzungen • Abbreviations

AE	amerikanisches Englisch / American English
Arch	historische Architektur und Architekturelemente / historic architecture and architectural elements
bes.	besonders / especially
Bod	Bodenmechanik und Erdstoffe / soil mechanics and soils
El	Elektroinstallation / electrical installation
Erd	Erdbau und Grundbau / foundation and underground engineering
f	Femininum / feminine noun
Hb	Holzbau / timber engineering
HLK	Heizung, Lüftung, Klimatechnik / heating, ventilation, air conditioning
Jahrh.	Jahrhundert / century
Konst	Bauentwurf und -konstruktion / structural design and engineering
m	Maskulinum / masculine noun
n	Neutrum / neuter noun
pl	Plural / plural
s.	siehe / see
San	Sanitärtechnik und Klempnerarbeiten / sanitary engineering and plumbing
sl	Slang / slang
Stat	Baustatik / structural analysis
usw.	und so weiter / and so on
Tun	Tunnelbau / tunnel engineering
v	Verb / verb
v. Chr.	vor Christus / before Christ
Verk	Verkehrsbau, Straßen- und Eisenbahnbau / traffic engineering, road and railway construction
Verm	Vermessungswesen / surveying
Wsb	Wasserbau / hydraulic engineering
z. B.	zum Beispiel / for example

A

A-block Hohlblockstein *m*, Betonhohlstein *m*
A-frame A-Rahmen *m (Dachbinder)*
Aaron's rod *(Arch)* Aaronsstab *m*, Zierleiste *f* mit Blattornamenten
abaca Abaka(hanf) *m*, Manilahanf *m*, Bananenhanf *m*
abaciscus Mosaikfliese *f*, Mosaikstein *m (im antiken Griechenland)*
abaculus *s.* abaciscus
abacus *(Arch)* Abakus *m*, Kapitell(deck)platte *f (an antiken Säulen)*
abacus column Abakussäule *f*
abamurus Versteifungsmauer *f*, Versteifungsmauerwerk *n*; Versteifungspfeiler *m*, Strebepfeiler *m*
abandon *v* aufgeben
abat-jour Oberlichtfenster *n*
abat-vent 1. Luftschlitz *m*; 2. Schornsteinabdeckung *f (aus Metall)*
abate *v* 1. abhauen, aushauen *(bei Steinmetzarbeiten)*; als Relief ausarbeiten; aussägen, ausschneiden *(Holz)*; 2. reduzieren, vermindern *(z. B. Spannungen)*
abatement 1. Holzverschnitt *m*, Holzabfall *m*, Späne *mpl (bei Holzbearbeitung)*; 2. Abnahme *f (von Spannungen)*
abattoir Schlachthaus *n*, Schlachthof *m*
abaton *s.* adytum
abbey Abtei *f*
abbey block Abtei *f*, Abteigebäude *n*
abbot block Abtsgebäude *n*, Abtshaus *n*
ablation Ablation *f*, Abtragung *f (des Bodens, z. B. durch Wasser)*
abolish *v* aufheben
abolition Aufhebung *f*
above-grade oberirdisch, obererdig; Überflur...
above-grade masonry aufgehende Mauer *f*, aufgehendes Mauerwerk *n*
above-grade masonry work aufgehendes Mauerwerk *n*
above-grade wall aufgehende Wand *f*
above ground oberirdisch, obererdig
above ground level über Erde
above ground line Überflurleitung *f*, oberirdische Leitung *f*
above ground store Hochbehälter *m*, oberirdischer Lagerbehälter *m*
above ground wall aufgehende Wand *f*
abradant *s.* abrasive
abrade *v* abreiben, abschleifen, abschaben; verschleißen *(schleifend)*; abscheuern *(z. B. Gewebe)*
Abram's law Abram'sches Gesetz *n*, Wasser-Zementwert-Gesetz *n*; Wasser-Zement-Verhältnis-Beziehung *f*
Abram's test Ätznatronprüfung *f*
abrasion Abreiben *n*, Abrieb *m*, Abschaben *n*; (schleifender) Verschleiß *m*
abrasion-proof abriebbeständig, abriebfest; verschleißfest; scheuerbeständig
abrasion resistance Abriebbeständigkeit *f*, Abriebfestigkeit *f*, Verschleißfestigkeit *f (von Stein, Beton)*; Scheuerfestigkeit *f (von Gewebe)*
abrasion-resistant *s.* abrasion-proof
abrasion test Abriebprüfung *f*, Verschleißprüfung *f*
abrasion value Abriebwert *m*
abrasive Schleifmittel *n*; Poliermittel *n*, Abriebmittel *n*
abrasive blasting Strahlen *n*, Abstrahlen *n* mit Schleifmittel *(Oberflächenbehandlung)*
abrasive paper Schleifpapier *n*, Schmirgelpapier *n*
abrasive powder Schleifpulver *n*; Schmirgel *m*
abrasive sand Schleifsand *m*
abrasive wear Abriebverschleiß *m*
abraum Mahagonibeize *f*
abreuvoir Mörtelfuge *f*, Mauerwerksfuge *f (noch mit Mörtel zu füllen)*
abrupt angle Biegestück *n*; Absatz *m*
abrupt change of cross section sprunghafte Querschnittsänderung *f*
absence of moments Momentenfreiheit *f*
absolute height absolute Höhe *f*
absolute humidity absolute Feuchte *f* [Feuchtigkeit *f*]; absolute Luftfeuchtigkeit *f*
absolute pressure absoluter Druck *m*, Absolutdruck *m*
absolute specific gravity echte Reindichte *f*
absorb *v* absorbieren, aufsaugen, einsaugen *(Flüssigkeiten, Dämpfe, Gase)*; aufnehmen *(z. B. Wärme)*; dämpfen *(z. B. Stoß)*; schlucken *(Schall)*; absorbieren, abbauen *(Kraft, Spannung)*
absorbed moisture aufgesaugte Feuchte *f*
absorbency Absorptionsvermögen *n*; Saugvermögen *n*
absorbent absorbierend, aufsaugend, einsaugend *(Flüssigkeiten, Dämpfe, Gase)*; saugfähig
absorbent 1. Absorptionsmittel *n*, absorbierender [aufsaugender] Stoff *m*, saugfähiges Material *n*; 2. Absorptionsbaustoff *m*, Absorptionsmaterial *n (Schall)*
absorbent base saugfähiger Untergrund *m*
absorbent shutter Saugschalung *f*
absorber plate Absorberplatte *f (Solarkollektor)*
absorbing *s.* absorbent
absorbing agent *s.* absorbent
absorbing capacity Absorptionsvermögen *n*, Aufsaugvermögen *n*, Saugfähigkeit *f*, Einsaugfähigkeit *f*
absorbing material *s.* absorbent
absorbing well Wasserabsenkungsbrunnen *m*, Dränbrunnen *m*, Sickerschacht *m*, Senkgrube *f*
absorptance Absorptionsgrad *m (des Lichts)*
absorption Absorption *f*, Aufsaugen *n (z. B. von Flüssigkeiten, Gasen)*; Dämpfung *f (von Stößen, dynamischen Bewegungen)*; Aufnahme *f (von Kraft, Wärme)*; Schlucken *n*, Schluckung *f (von Schall)*
absorption bed Klärbecken *n*, Kläranlage *f*
absorption capacity *s.* absorbency
absorption field Klärfeld *n*; Kläranlage *f*
absorption loss Absorptionsverlust *m*; Wasseraufnahmeverlust *m*
absorption of heat radiations Wärmeeinstrahlung *f*
absorption of sound Schallschluckung *f*
absorption rate Wasseraufnahmemenge *f*, Wasseraufsaugung *f (z. B. von Ziegeln, in g/min)*
absorption test Wasseraufnahmeprüfung *f*
absorption trench Abwasserversickerungsgraben *m*
absorptive absorbierend, absorptionsfähig, aufsaugend, einsaugend; Absorptions...; dämpfend; schluckend
absorptive surface stark absorbierende Oberfläche *f*
abstraction 1. Abführung *f*, Ableitung *f (z. B. von Wärme)*; 2. Entzug *m*, Entziehung *f (z. B. von Wasser)*; Absonderung *f (z. B. von Lösungsmitteln)*
abut *v* 1. anstoßen (an), angrenzen *(z. B. Grundstück)*; 2. (stumpf) stoßen *(Bauteilenden)*; aneinander fügen
abutment 1. Erdwiderlager *n*, Druckfundament *n*; 2. Widerlager *n*; 3. Lager *n*, Endauflager *n*; Kämpfer *m (Bogenkämpfer)*; 4. Stoß *m*, Anstoß *m*; 5. Stumpfstoßen *n*
abutment check Zapfenschulter *f (Stütze)*
abutment fill Widerlagerhinterfüllung *f*
abutment hinge Auflagergelenk *n*
abutment leaf Widerlagerflügel *m*
abutment masonry Widerlagermauerwerk *n*
abutment of corbel Widerlager *n* von Tragkonstruktionen *(aus Stein)*

abutment piece *(AE)* Grundholz *n*, Schwelle *f (Fachwerk)*
abutment pier Widerlagerpfeiler *m*; Bogenpfeiler *m*; Stützpfeiler *m*; Strebepfeiler *m*
abutment pressure Widerlagerdruck *m*
abutment side wall Wange *f*
abutment stone Widerlagerstein *m*
abutment system Strebewerk *n*, Strebesystem *n*
abutment wall Widerlagermauer *f*; Strebemauer *f*
abutting an(einander) stoßend; angrenzend
abutting end Stoß *m*, Stoßfläche *f*, Anstoß *m (von Schwellen, Bauteilen)*
abutting joint 1. gestoßene Holzverbindung *f*; 2. Stumpfstoß *m (Schweißverbindung)*
abutting tenon Verbindungszapfen *m*
Abyssinian well Rammbrunnen *m*
AC, A.C., ac, a.c. 1. Wechselstrom *m*; 2. *s.* air conditioning
a.c. generator Wechselstromgenerator *m*
acacia gum Gummiarabikum *n*; Akaziengummi *n*
academy Akademie *f*
acanthus Akanthusblatt *n (Pflanzenmotiv-Ornament)*
acanthus frieze Akanthusfries *m*
acanthus leaf Akanthusblatt *n (Pflanzenmotiv-Ornament)*
ACC test *n* Quellvermögen *n*, Bentonitzahl *f*
accelerate *v* beschleunigen *(z. B. das Abbinden)*; verkürzen *(zeitlich)*
accelerated ageing Schnellalterung *f*, beschleunigtes [künstliches] Altern *n*
accelerated ageing test Schnellalterungsprüfung *f*
accelerated test Kurz(zeit)versuch *m*, Schnellprüfung *f*, Schnellversuch *m*
accelerated weathering Kurz(zeit)bewitterung *f*, künstliche Bewitterung *f (Alterungsprüfung)*
accelerating additive Beschleuniger *m*, Abbindebeschleuniger *m (z. B. für Beton)*; Erhärtungsmittel *n (z. B. für Farben)*
accelerating admixture Abbindebeschleuniger *m*
acceleration Beschleunigung *f*
acceleration lane Beschleunigungsspur *f*
acceleration of hardening Abbindebeschleunigung *f*, Erhärtungsbeschleunigung *f*
accelerator Beschleuniger *m*, Abbindebeschleuniger *m*; Erhärtungsmittel *n*
accent lighting Anstrahlbeleuchtung *f*
accept *v* 1. abnehmen *(z. B. Bauwerk)*; 2. aufnehmen *(z. B. Kraft)*; Last aufnehmen; 3. annehmen *(z. B. ein Angebot)*
accept *v* **the tender** den Zuschlag erteilen; das Angebot akzeptieren
acceptable akzeptabel, annehmbar
acceptance 1. Abnahme *f*, Bauwerksabnahme *f*; 2. Aufnahme *f (z. B. von Kraft)*
acceptance certificate Abnahmebescheinigung *f*, Abnahmeprotokoll *n*
acceptance committee Abnahmekommission *f*
acceptance documents Abnahmeunterlagen *fpl*
acceptance drawing Abnahmezeichnung *f*, Revisionszeichnung *f*
acceptance of tender Auftragserteilung *f*, Zuschlag *m (z. B. für Bauaufträge)*
acceptance of work Abnahme *f* der Arbeit, Übernahme *f* der Leistung; Bauabnahme *f*
acceptance sampling statistische Qualitätskontrolle *f*
acceptance test 1. Abnahmeprüfung *f*; 2. Zulassungsprüfung *f*
accepted load aufgenommene Last *f*
access 1. Zugang *m*, Zutritt *m*; Einstieg *m*; Zugänglichkeit *f*; 2. *s.* access of air
access balcony Laubengang *m (eines Wohnhauses)*
access board Laufbohle *f*
access canal Zufahrtskanal *m*
access door kleine Zugangstür *f*, Zugangsöffnung *f*, Zwangsöffnung *f (für Unterhaltungsarbeiten an Ausrüstungen)*
access eye Reinigungsöffnung *f*
access flooring system austauschbare Fußbodenkonstruktion *f*, wechselbarer Fußbodenbelag *m*
access for fire services Feuerwehrzufahrt *f*
access for wheelchairs Rollstuhlzugang *m*
access front Eingangsseite *f*
access gallery 1. Zugangsstollen *m*; 2. Laubengang *m*
access gate Zufahrtstor *n*
access hole Reinigungsöffnung *f*
access hook Steigeisen *n*, Klettereisen *n*
access junction Anschluss(knoten)punkt *m*
access ladder Einsteigeleiter *f*, Abstiegleiter *f (Schwimmbecken)*
access lane Zufahrtsstrecke *f*; Anliegerspur *f*
access of air Luftzutritt *m*
access panel Einstiegsöffnung *f*, Blindpaneel *n*
access point 1. Zugangspunkt *m*; Autobahnanschlussstelle *f*; 2. Anschlussbauwerk *n*
access ramp Auffahrt *f*, Auffahrtrampe *f (Autobahn, Brücke)*
access road Zufahrtsstraße *f*, Zugangsstraße *f*; Einfahrtsweg *m*; Zubringerstraße *f*, Zubringer *m*
access stair Verbindungstreppe *f*
access to field [site] Baufreiheit *f*
access tunnel Zugangstunnel *m*
access way Einfahrt *f*
accessible zugänglich, erreichbar *(z. B. Bauteile, Gebäudeflächen)*; besteigbar • **be accessible** zugänglich sein; begehbar sein
accessories Zubehör *n*, Zubehörteile *npl*; Zusatzeinrichtungen *fpl*; Ausstattung *f*
accessory Zubehörteil *n*
accessory building Nebengebäude *n*; Seitengebäude *n*
accessory part Zusatzteil *n*, Teil *n*
accident Unfall *m*
accident black spot Unfallschwerpunkt *m*
accident insurance Unfallschutz *m (Versicherung)*
accident occurrence Unfallgeschehen *n*
accident prevention Unfallverhütung *f*
accident proneness Unfallgefährdung *f*
accident-proof unfallsicher
accident protection Unfallschutz *m*
accident spot Unfallschwerpunkt *m*
accident ward Unfallstation *f (im Krankenhaus)*
acclivity (steile) Böschung *f*, ansteigender Hang *m*, Neigung *f*, Gefälle *n*
acclivous (steil) ansteigend
accommodate *v* 1. unterbringen, beherbergen *(Personen)*; 2. anpassen; ausgleichen
accommodation Unterkunft *f*, Wohnunterkunft *f*, Behausung *f*; Quartier *n*; Bauunterkunft *f*; Beherbergung *f*
accommodation density Belegungsdichte *f (Wohnung)*
accommodation trailer *(AE)* Wohnwagen *m*; Bauunterkunftswagen *m*
accordance Übereinstimmung *f*
according to contract vertragsgemäß *(z. B. Arbeitsausführung)*
according to regulations vorschriftsgemäß
according to scale maßstäblich, maßstabsgerecht
according to schedule termingemäß
according to specification vorschriftsgemäß
according to standards normgerecht
accordion blind Faltrollo *n*, Faltjalousette *f*
accordion door Falttür *f*, Ziehharmonikatür *f*, Harmonikatür *f*

accordion partition Falt(trenn)wand *f*, faltbare Trennwand *f*
account (laufende) Rechnung *f* • **for account and risk** für Rechnung und Gefahr • **on one's own account** auf eigene Rechnung
account *v* **for** Rechenschaft ablegen
accountability Verantwortlichkeit *f*, Verantwortung *f*
accountable rechenschaftspflichtig, verantwortlich
accountancy Buchhaltung *f*
accountant Rechnungsprüfer *m*, Wirtschaftsprüfer *m*
accounting Buchführung *f*, Rechnungswesen *n*, Abrechnung *f*
accouplement enge Säulenanordnung *f*, dichte Anordnung *f* von Pfeilern
accreditation Anerkennung *f (Zulassung für eine authentische Leistung)*; Anerkennungsverfahren *n*
accredited laboratory amtlich zugelassenes Prüflabor *n*
accrue *v* zusammenkommen; auflaufen; sich ansammeln
accrued depreciation aufgelaufene Abschreibung *f*
accumulate *v* ansammeln; speichern
accumulation of cold Kältespeicherung *f*
accumulation of lime Kalkansammlung *f*, Kalkblase *f*
accumulation of mud Verschlammung *f*
accumulation of water Wasserspeicherung *f*
accuracy of alignment Fluchtgenauigkeit *f*
accuracy of level Planebenheit *f*, Ebenflächigkeit *f*
accuracy of measurement Messgenauigkeit *f*
accuracy of shape Formgenauigkeit *f*
accurate exakt, genau, präzis
acetone Aceton *n*, Azeton *n (Lösungsmittel)*
acetylene lime Carbidkalk *m*, Karbidkalk *m*
acetylene torch Acetylen(schweiß)brenner *m*
acetylene welding Acetylenschweißen *n*
Achaemenid architecture Achämenidenarchitektur *f (persische Architektur)*
achieve *v* ausführen, leisten; erreichen
achromatic colour achromatische [unbunte] Farbe *f*
achromatic light weißes Licht *n*
acicular nadelförmig *(z. B. Kristall)*
acid attack Säureangriff *m*
acid content Säuregehalt *m*
acid deposit saure Ablagerung *f*
acid etching Säureätzen *n*, Mattätzen *n (z. B. von Glas)*
acid fallout saurer Niederschlag *m*, saurer Regen *m*
acid-fast *s.* acid-resistant
acid paint Säureschutzfarbe *f*
acid polishing Säurepolieren *n*
acid polishing of glass Glaspolierung *f* mit Säure
acid-proof säurefest, säurebeständig
acid-proof cement Säurekitt *m*
acid-proof floor tile säurefeste Fliesen *fpl*
acid refractory concrete säurebeständiger Beton *m*
acid resistance Säurebeständigkeit *f*, Säurefestigkeit *f*
acid-resistant säurebeständig, säurefest, säureecht
acid-resistant brick Säureklinker *m*, säurefester Ziegel *m*
acid-resistant joint Säurefuge *f*
acid-resisting *s.* acid-resistant
acid-sensitive säureempfindlich
acid slurry kationische Schlämme *f (Bitumen)*
acid soil saurer Boden *m*
acid stability *s.* acid resistance
acid-stressed durch Säure belastet
acid tolerance Säureverträglichkeit *f*, Säurewiderstandsfähigkeit *f*
acid-treated plaster Waschputz *m*
acid-wash *v* absäuern
acid-washed plaster Waschputz *m*
acid washing Abbeizen *n*, Absäuern *n (Betonwerkstein)*
acidic area angesäuerte Bodenfläche *f*
acidic rain saurer Niederschlag *m*, saurer Regen *m*
acidic rock saures Gestein *n*
acidification Säuern *n*, Ansäuerung *f*
acidify *v* (an)säuern
aciding 1. Säuern *n*; 2. Anätzen *n (mit Säuren)*
acidity Säuregehalt *m*
acidity level Säuregrad *m*
Ackermann ribbed floor *s.* Ackermann's ceiling
Ackermann's ceiling Ackermanndecke *f*, Massivdecke *f* mit Tonhohlsteinen [Tonhohlplatten]
acknowledged anerkannt, bestätigt *(Ausführung, Leistung)*
aclinal *s.* aclinic
aclinic aklinisch, söhlig
acoustic akustisch
acoustic absorption Schallabsorption *f*, Schallschluckung *f*
acoustic absorption coefficient Schallabsorptionsgrad *m*
acoustic blanket Schallschluckmatte *f*, schallabsorbierende Matte *f*
acoustic board Schallschluckplatte *f*, Schalldämmplatte *f*, schallabsorbierende Platte *f*, Akustikplatte *f*
acoustic building material Akustikbaustoff *m*
acoustic construction 1. schallabsorbierende Konstruktion *f*; 2. baulicher Schallschutz *m*
acoustic current meter hydrometischer Schallflügel *m*
acoustic damping Schalldämpfung *f*
acoustic fencing Lärmschutzzaun *m*
acoustic gain Schallverstärkung *f*
acoustic insulating materials Schallisolationsmaterial *n*
acoustic investigation Schall(verhaltens)studie *f*, akustische Aufnahme *f*
acoustic lining Akustikverkleidung *f*
acoustic method akustisches Verfahren *n (Baustoffprüfung)*
acoustic pressure Schalldruck *m*
acoustic refraction Schallbrechung *f*
acoustic testing of buildings bauakustische Prüfung *f*
acoustic transmission line akustisches Übertragungsmedium *n*
acoustic treatment Lärmvorsorgemaßnahmen *fpl (Lärmschutzplanung)*
acoustic vault Schallgewölbe *n*
acoustical akustisch
acoustical behavio(u)r akustisches Verhalten *n*
acoustical ceiling Schallschluckdecke *f*, schallabsorbierende Decke *f*, Schalldämmdecke *f*
acoustical ceiling board schallabsorbierende Tafel *f* [Deckentafel *f*], Schallschluckplatte *f* für Decken
acoustical ceiling system schallabsorbierendes Deckenkonstruktionssystem *n*, Schallabsorptionsdecke *f*
acoustical door schalldichte Tür *f*
acoustical engineering *s.* architectural acoustics
acoustical insulation Schalldämmung *f*, Schallisolierung *f*
acoustical insulation board schalldämmende [schallisolierende] Tafel *f*
acoustical lay-in panel *(AE)* schallabsorbierende Deckentafel *f (für eingehängte Decken)*
acoustical material schallabsorbierender Baustoff *m*, Schallschluck(bau)stoff *m*
acoustical model akustisches Raummodell *n*
acoustical pad Schallschluckmatte *f*
acoustical plaster schallabsorbierender Putz *m*, Schallschluckputz *m*
acoustical plaster ceiling geputzte Schalldecke *f*
acoustical power Schallenergie *f*
acoustical quality *s.* acoustics
acoustical sprayed-on material im Spritzverfahren aufgetragener, schallschluckender Baustoff *m*

acoustical tile Schallschluckplatte *f*, schallabsorbierende Tafel *f (quadratisch, für Decken und Wände)*
acoustical tile ceiling Plattenschalldecke *f*
acoustically dead [inactive] schalltot
acoustics Akustik *f*, akustische Raumeigenschaften *fpl*
acquiescence Grenzeinwilligung *f (Zustimmung zur Bebauungsgrenze)*
acquisition Anschaffung *f*, Beschaffung *f*, Erwerb *m*
acquisition of land Baulandbeschaffung *f*, Grunderwerb *m*
acquisition of property Eigentumserwerb *m*
acquit *v* entbinden, entlasten
acquittal Entlasten *n*
acquitted entlastet
acreage (landwirtschaftliche) Anbaufläche *f (Flächennutzungsplan)*
acropodium Sockelplatte *f*, Säulenplatte *f*
acropolis *(Arch)* Akropolis *f*; hoch gelegene befestigte Siedlung *f*; Hochburganlage *f* mit Siedlung
acroter(ium) 1. *(Arch)* Akroterion *n*, Giebelzinne *f*; 2. *(Arch)* Bilderstuhl *m (antiker Giebelschmuck)*
acrylate resin *s.* acrylic resin
acrylic concrete Akryl(harz)beton *m*
acrylic paint Acrylfarbe *f*
acrylic resin Akrylharz *n*, Acryl(at)harz *n*, Polyacrylat *n*
acrylic resin emulsion Acrylharzemulsion *f*
act *v* **in combination** zusammenwirken *(z. B. Kräfte)*
act *v* **on** 1. einwirken *(z. B. ein Mittel)*; 2. angreifen *(Kraft)*
acting force angreifende [wirkende] Kraft *f*
acting level *(AE)* Theaterpodium *n*, Bühne *f*
actinic glass Absorptionsglas *n*
action area Aufbaugebiet *n*
action of building Bau *m*
action of frost Frosteinwirkung *f*
action of light Lichteinwirkung *f*
activate *v* aktivieren, anregen *(z. B. Bindemittel)*; in Betrieb nehmen
activated carbon Aktivkohle *f*
activated carbon filter Aktivkohlefilter *n*
activated charcoal *s.* activated carbon
activated mortar aktivierter Mörtel *m*
activated rosin flux *(AE)* Verflüssigungsmittel *n (auf Harzbasis)*
activated sludge plant Belebtschlammanlage *f*
activated sludge tank Belüftungsbecken *n*, Belebtschlammbecken *n*, Belüftungsbecken *n*
activator Aktivator *m*, Aktivierungsmittel *n*, Anreger *m*
active agent Wirkstoff *m*
active earth pressure aktiver Erddruck *m*
active leaf Türflügel *m* mit Öffnungsmechanismus *(einer zweiflügeligen Tür)*
active pressure aktiver Druck *m*
active Rankine pressure aktiver Druck *m* nach Rankin
active sludge Klärschlamm *m*
active soil pressure *s.* active earth pressure
active solar heating aktive Solarheizung *f*
active solar system aktives Sonnensystem *n*
active thrust of earth *s.* active earth pressure
activity Aktivität *f (Netzwerkplanung)*
activity index Aktivitätsindex *m (Zement)*
actual aktuell, tatsächlich vorhanden *(z. B. Baubestand)*
actual allowance Istabmaß *n*, wirkliches Abmaß *n*
actual allowance moment tatsächliches Moment *n*
actual allowance strength (tatsächlich) erreichte Festigkeit *f*
actual construction time tatsächliche Bauzeit *f*
actual deviation Istabmaß *n*, wirkliches Abmaß *n*
actual dimension Istmaß *n*, Istabmessung *f*, tatsächliche Größe *f*
actual grading curve Istsieblinie *f (der Zuschlagstoffe)*
actual load tatsächliche Belastung *f*
actual moment Istmoment *n*
actual size tatsächliche Größe *f*, Istmaß *n*
actual stock tatsächlicher Vorrat *m (z. B. an Baustoffen)*
actual strength (tatsächlich) erreichte Festigkeit *f*
actual value Istwert *m*
actuate *v* betätigen; beeinflussen; auslösen
actuated signal gesteuertes Signal *n (Verkehrssteuerung)*
acute 1. spitz, zugespitzt; 2. *s.* acute-angled
acute angle spitzer Winkel *m*
acute-angled spitzwinklig
acute-angled arch Spitzbogen *m*
acute arch überhöhter Spitzbogen *m*
adamantine drill Schrotbohrer *m*
adapt *v* angleichen, anpassen
adaptation Anpassung *f*; Angleichung *f*
adapter Anschlussstück *n*, Zwischenstück *n*, Verbindungsstück *n (zur Anpassung, größenveränderlich)*; *(speziell El)* Adapter *m*; Universalrüster *m*; Passstück *n (z. B. für Rohre)*
adapter sleeve Verbindungsmuffe *f (größenvariabel)*
adapting of (the) ironwork 1. Eisenbiegen *n (für Stahlbewehrung)*; 2. Eisenvorrichten *n*, Eisenwerkarbeiten *fpl (Stahlbau)*
adapting pipe Passrohr *n*
adaption *s.* adaptation
add *v* hinzufügen, hinzusetzen *(auch Kräfte)*; zugeben, zusetzen, beimengen *(Stoffe)*; zuführen *(z. B. Wärme)*; anbauen (an) *(Gebäude)*
add *v* **a storey** aufstocken, um ein Geschoss erhöhen
add *v* **bricks** aufmauern
add *v* **gypsum** Gips zusetzen
added eingefügt
added metal Auftragsmetall *n*
addendum 1. Nachtragszusatz *m (Teil der vorläufigen Bauvertragsunterlagen vor der Submission)*; 2. spezifizierte korrigierte Bauunterlagen *fpl (tatsächlich ausgeführte)*
addition 1. Zusatz *m*, Zugabe *f*, Beimengung *f*; Zuführung *f*, Zufuhr *f (von Wärme)*; 2. Anbau *m*, Erweiterungsbau *m*; 3. *(Stat)* Zuschlag *m*; 4. Zusatzauftrag *m*; Nachtrag *m (Zusatzleistung nach der Submission)*
addition of cement Zementzusatz *m*
addition of colour Farbzusatz *m*
addition of salt Salzzusatz *m*
addition of sand Sandzugabe *f*, Sandzusatz *m*
addition to a building Gebäudeerweiterung *f*
addition work *s.* additional work
additional air Sekundärluft *f*
additional bars Zusatzeisen *npl*, Zusatzbewehrung *f*
additional charges Mehrkosten *pl*
additional clause Zusatzklausel *f*
additional expenses Mehraufwand *m*
additional heating Zusatzheizung *f*
additional load Zusatzlast *f*
additional loading Zusatzbelastung *f*
additional lock Zusatzschloss *n*
additional order Zusatzauftrag *m*
additional pipe Ansatzrohr *n*
additional reinforcement Zusatzbewehrung *f*
additional rod Zusatzstab *m*
additional work zusätzliche Arbeit *f*, Mehrarbeit *f*
additive Zusatzmittel *n*, Zusatz(stoff) *m*; Additiv *n*, Wirkstoff *m*
additive alternate Alternativangebot *n (zusätzlich zum Angebot)*
additive substance *s.* additive

addorsed Rücken an Rücken, (einander) abgekehrt *(z. B. Tierfiguren)*
adhere *v* **(to)** (an)haften; (fest)kleben, hängen bleiben; befolgen, einhalten
adherence *s.* adhesion
adherent (an)haftend, haftfähig, adhäsiv; (an)klebend; Adhäsions...
adherent particle Haftkorn *n*
adhering force *s.* adhesive force
adhesion 1. Adhäsion *f*, Anhaften *n*, Haftung *f*; 2. *s.* adhesiveness
adhesion agent Haftmittel *n*, Haftvermittler *m*; Kleber *m*
adhesion behavior Haftverhalten *n*
adhesion capacity Haftfähigkeit *f*, Haftvermögen *n*
adhesion coefficient Adhäsionsbeiwert *m*, Adhäsionszahl *f*
adhesion force Adhäsionskraft *f*, Bindekraft *f*; Haftspannung *f*; Anhaftungsvermögen *n*
adhesion power *s.* adhesiveness
adhesion-preventing film Trennfilm *m*
adhesion promoting agent Haftfestigkeitsverbesserer *m*
adhesion-type ceramic veneer klebefähiges Keramikfurnier *n*, Fliesenfurnier *n*
adhesive adhäsiv, adhäsionsfähig, (an)haftend, haftfähig; klebfähig, klebend; Adhäsions..., Haft...
adhesive Haftmittel *n*, Haftstoff *m*; Klebemittel *n*, Kleber *m*, Klebstoff *m*, Leim *m*; Bindemittel *n*
adhesive agent *s.* adhesive
adhesive anchor Klebeanker *m*
adhesive bond Klebe(ver)bindung *f*, Klebhaftung *f*
adhesive cement Kleb(e)kitt *m*
adhesive failure Ableimen *n*, Ablösen *n*
adhesive force Adhäsionskraft *f*, Haftkraft *f*
adhesive masking tape Abdeckband *n*
adhesive paste Klebepaste *f*
adhesive power *s.* adhesiveness
adhesive sealing Klebedichtung *f*
adhesive strength Adhäsionsfestigkeit *f*, Haftfestigkeit *f*, Klebefestigkeit *f*
adhesive stress Adhäsionsspannung *f*, Haftspannung *f*
adhesive tape Klebeband *n*, Klebestreifen *m*
adhesive tension Adhäsionsspannung *f*
adhesive varnish Klebelack *m*
adhesiveness Adhäsionsvermögen *n*, Haftfähigkeit *f*, Haftvermögen *n*; Klebvermögen *n*, Klebkraft *f*
adiabatic coefficient of bulk compressibility adiabatische Kompressibilität *f*
adiabatic curing adiabatische Betonnachbehandlung *f*
adiabatic curing line Adiabate *f (Betonnachbehandlung)*
adit 1. Zugang *m (Stollenzugang)*; 2. Zugangsstollen *m*
adjacence Angrenzen *n*; Anstoßen *n*
adjacent an(einander) grenzend, nebeneinander liegend, benachbart; Nachbar...
adjacent buildings angrenzende [zugehörige] Gebäude *npl*, Nachbargebäude *npl*, Nachbarbebauung *f*
adjacent contract section Nachbarbaulos *n*
adjacent house Nachbargebäude *n*
adjacent property Nachbargrundstück *n*, Nachbargelände *n*; Anliegergrundstück *n*
adjoin *v* 1. angrenzen, grenzen an; 2. anfügen
adjoining angrenzend, benachbart
adjoining buildings *s.* adjacent buildings
adjoining house Nachbargebäude *n*
adjoining post Hilfspfeiler *m (Dachstuhl)*
adjoining rock Nebengestein *n*
adjoining room Nebenraum *m*
adjunct Zusatz *m*, Nebenteil *n (Anhängsel)*
adjust *v* 1. anpassen, angleichen; einpassen, justieren *(z. B. Montagefertigteile)*; einstellen, regeln *(z. B. Temperatur)*; regulieren, (richtig) einstellen *(z. B. Geräte)*; sich einstellen lassen; 2. ausbessern, nachbessern *(z. B. ebene Flächen)*
adjustable (ver)stellbar, einstellbar; justierbar; regulierbar
adjustable bar anziehbarer [verstellbarer] Stab *m*
adjustable base anchor verstellbarer Türrahmenhalter *m*
adjustable bearing verstellbares Lager *n*
adjustable doorframe verstellbares Türfutter *n*, verstellbarer Türrahmen *m*
adjustable frame verstellbarer Schalrahmen *m*
adjustable mould verstellbare Form *f (Gießform)*
adjustable parallels Parallellineal *n*
adjustable prop verstellbare Spreize *f*
adjustable shelving verstellbare Regalbretter *npl*
adjustable spanner Universalschraubenschlüssel *m*
adjustable wrench verstellbarer Schraubenschlüssel *m*, Schraubenschlüssel *m* mit Stellschraube; Rollgabelschlüssel *m*
adjusted building documents spezifizierte korrigierte Bauunterlagen *fpl*
adjusting *s.* adjustment
adjusting pin Stellstift *m*
adjusting screw Stellschraube *f*, Klemmschraube *f (Montage)*
adjustment 1. Einstellung *f*, Ausrichten *n*, Einpassung *f (z. B. von Montagefertigteilen)*; 2. Regelung *f*
admeasure Aufmaß *n*
administration building Verwaltungsgebäude *n*
administrative agency Verwaltungsstelle *f*
administrative body Verwaltungsorgan *n*
administrative fee Verwaltungsgebühr *f*
administrative tribunal Verwaltungsgericht *n*
admissible zulässig
admissible load (zulässige) Tragfähigkeit *f*
admissible stress zulässige Beanspruchung *f*
admission Aufnahme *f*, Zulauf *m (Flüssigkeit in einer Pumpe)*
admission of light Lichtzutritt *m*
admission pressure Vordruck *m*
admit *v* zulassen, anerkennen
admitted for use by the supervising [supervision] authority durch die Bauaufsichtsbehörde zugelassen, bauaufsichtlich zugelassen
admix *v* zusetzen, beimengen
admixture 1. Beimengung *f*, Beimengen *n*, Zusetzen *n*, Zusatz *m*, Zugabe *f (Vorgang)*; 2. Beimengung *f*, Zusatz(stoff) *m*, Zusatzmittel *n*; Additiv *n*
adobe 1. Adobe *m*, (luftgetrockneter) Lehmziegel *m (in einigen Südstaaten der USA und Mexiko)*; ungebrannter Ziegel *m*; 2. *s.* adobe house
adobe-blasting *s.* mud-capping
adobe brick *s.* adobe 1.
adobe construction Adobebauweise *f (mit ungebrannten luftgetrockneten Ziegeln)*
adobe house Gebäude *n* aus Adoben, Lehmziegelhaus *n*
adorn *v* verzieren, schmücken
adornment 1. Verzierung *f*, Ausschmückung *f*; 2. Verzierung *f*, Schmuck *m*
adsorb *v* adsorbieren
adsorbed water adsorbiertes [oberflächengebundenes] Wasser *n*
adsorbent Adsorbens *n*, Adsorptionsmittel *n*
adsorption Adsorption *f*, Anlagerung *f (z. B. eines Gases an der Oberfläche eines festen Stoffs)*
adsorption efficiency Adsorptionswirkung *f*
adsorption rate Adsorptionsgeschwindigkeit *f*
adsorptive capacity [power] Adsorptionsfähigkeit *f*, Anlagerungsfähigkeit *f*

ADT *s.* average daily traffic
advance *v* 1. beschleunigen *(Zementabbinden)*; 2. *(Tun)* vorstrecken
advance direction sign Vorwegweiser *m*
advance payment Vorauszahlung *f*
advance slope grouting horizontale Auspressung *f*, Zement(mörtel)injektion *f* in horizontaler Richtung
advance slope method horizontales Betonieren *n*, Treiben *n* des Betons
advanced architecture höhere Architektur *f*; zukunftsweisende Architektur *f*
advanced signal Vorsignal *n*
adverse ungünstig, nachteilig, widrig
adverse slope Gegenneigung *f*
advertisement curtain Anzeigenvorhang *m*, Reklamevorhang *m (im Theater)*
advertisement for bids veröffentlichte Ausschreibung *f*, Angebotsaufforderung *f*
advertising sign Reklameschild *n*, Werbetafel *f*
advertising wall Werbewand *f*, Reklamewand *f*
advise *v* beraten
adviser Berater *m*
advisory sign empfehlendes Verkehrszeichen *n*
advisory speed Richtgeschwindigkeit *f*
adyton *s.* adytum
adytum *(Arch)* Adyton *n*, Abaton *n (inneres Heiligtum bei antiken Tempeln)*
adz(e) *v* 1. *(Hb)* behauen; 2. *(Hb)* einblatten, dechseln
adze Dechsel *m*, Zimmermannsbeil *n*, Dachsbeil *n*
adze-hewn bebeilt
adzed work beilbearbeitetes Holz *n*, bebeilte Holzarbeit *f*
aedicula *(Arch)* Ädikula *f*, Tempeltor *n*
aedicula architecture Ädikulararchitektur *f*
aerate *v* 1. belüften, mit Luft versetzen; 2. auflockern; 3. lüften, der Luft aussetzen
aerated 1. belüftet *(Porenbeton)*; mit Porenbildner versehen; 2. gelüftet
aerated cement block Porenbetonstein *m*, *(veraltet)* Gasbetonstein *m*
aerated cement screed Porenestrich *m*
aerated concrete Porenbeton *m*, Zellenbeton *m*, Schaumbeton *m*, *(veraltet)* Gasbeton *m*
aerated concrete masonry unit Porenbetonstein *m*
aerated concrete precision block Porenbetonplanstein *m*
aerated gypsum Porengips *m*, Schaumgips *m*
aerated gypsum board Porengipsplatte *f*, Gipsleichtbauplatte *f*
aerated lagoon Oxidationsteich *m*
aerated nappe belüfteter Strahl *m (Wehr)*
aerated plastic *s.* foamed plastic
aerated sintered aggregate Porensinter *m*, Blähleichtzuschlagstoff *m*
aerated structure Porengefüge *n*
aeration 1. Luftzuführung *f*, Belüftung *f (von Porenbeton)*; 2. Ventilation *f*, Belüftung *f*
aeration method Belüftungsverfahren *n*
aeration pipe Belüftungsrohr *n*; Belüftungsleitung *f*
aeration tank Belüftungsbecken *n*
aerator Belüftungsanlage *f*, Ventilator *m*, Lüfter *m*
aerator fitting Belüftungsdüse *f*, Einblasrohr *n (Ventilation)*
aerial oberirdisch; Ober...; Luft...; Frei...
aerial Antenne *f*
aerial cableway Kabelkran *m*
aerial down lead Antennenableitung *f*
aerial ferry Fährbrücke *f*, Gierfähre *f*
aerial ladder Feuerleiter *f (Feuerwehr)*
aerial long distance line *(El)* Freileitung *f*
aerial map Luftbildkarte *f*
aerial mast Antennenmast *m*
aerial photograph *(Verm)* Luftaufnahme *f*, Luftbild *n*
aerial photography Luftbildaufnahme *f*
aerial photomap Luftbildkarte *f*
aerial photomosaic zusammengesetzte Luftbildkarte *f (einer größeren Erdoberfläche)*
aerial plug-in point Antennenanschluss *m (in der Wohnung)*
aerial railway Hochbahn *f*
aerial ropeway Luftseilbahn *f*, Seilschwebebahn *f*
aerial socket Antennensteckdose *f*
aerial survey Luft(bild)vermessung *f*
aerial tower Antennenmast *m*
aerial view *s.* aerial photograph
aerobic aerob
aerobic degradation aerober Abbau *m*
aerobic sewage treatment Abwasserbehandlung *f* mittels aerober Reinigung
aerobic treatment process aerobes Behandlungsverfahren *n*
aerocrete Spritzbeton *m*, *(veraltet)* Luftbeton *m*
aerodrome *s.* airport
aerodynamic aerodynamisch
aerodynamic force aerodynamische Kraft *f*
aerofilter Belüftungsbett *n (für die Abwasseroxidation)*
aerograph *(AE)* Sprühpistole *f*, Spritzpistole *f*
aerophoto *s.* aerial photograph
aerosol paint Sprühfarbe *f*, Sprühdosenlack *m*
aerugo *(AE)* Grünspan *m*
aesthetic clause Baugestaltungsverordnung *f*
aesthetically correct ästhetisch korrekt
aesthetically pleasing formschön
aetoma [aetos] verzierter Giebel *m*
affidavit eidliche Erklärung *f*
affinity Affinität *f*
affix *v* befestigen, anheften, anbringen; anhängen
affluent Nebenfluss *m*, Zufluss *m*
afflux Zustrom *m*, Zufluss *m*
afforestation Aufforstung *f*
affronted *(Arch)* affrontiert, gegenüber angeordnet, einander zugekehrt *(Figuren)*
afterage *v* nachaltern *(Baustoffe)*
afterbake *v* nachhärten *(Kunststoffe)*
aftercontraction Nachschwinden *n*
afterexpansion Nachdehnung *f*, Nachquellen *n*
afterfilter Endfilter *m (bei Klimaanlagen)*
afterflush *(San)* Nachfluss *m (von Wasser bei der WC-Spülung)*; Spülwasserrest *m*
afterglow Nachglühen *n (eines Materials nach Feuereinwirkung)*
afterharden *v* nach(er)härten *(Beton, Mörtel)*
afterhardening Nach(er)härtung *f (von Beton, Mörtel)*
aftertack Klebrigkeit *f (eines Anstrichs infolge langsamen Trocknens oder Abbindens)*
aftertreat *v* nachbehandeln
aftertreatment Nachbehandlung *f (z. B. von Baustoffen)*
afteruse Folgenutzung *f*, Nachnutzung *f*
agalma *(Arch)* gottgeweiht
agave fibre *(AE)* Sisalfaser *f*, Sisal(hanf) *m*
agba Agba-Holz *n (afrikanisches Edelholz)*
age *v* altern; ablagern; nachhärten *(Metalle)*
age *v* **artificially** künstlich [beschleunigt] altern
age hardening Nacherhärtung *f*, Festigkeitszunahme *f (von Beton)*; Nachhärtung *f (von Metallen)*
age-proof alterungsbeständig
age-resisting alterungsbeständig
age softening Festigkeitsverlust *m (infolge Alterns)*
ageing Alterung *f*, Altern *n*
ageing strength Alterungsbeständigkeit *f*

ageing test Alterungsprüfung *f*
agency Verwaltung *f*, Behörde *f*, Amt *n*
agency establishment Vermittlungsstelle *f*, Vertretungsbefugnis *f*, Vollmacht *f*, Stellvertretung *f*
agent 1. Bauleiter *m (des Unternehmers)*; 2. Mittel *n*, Wirkstoff *m*
agger *(AE)* flacher Straßendamm *m*, Erdkörper *m (einer Straße in ebenem Gelände)*
agglomerant Bindemittel *n*
agglomerate *v* agglomerieren, zusammenbacken; sintern; agglomerieren, sich zusammenballen
agglomerate Agglomerat *n*; Sinterstoff *m*
agglomerated cork block Backkorkstein *m*
agglomeration 1. Ballungsgebiet *n*, dicht besiedeltes Gebiet *n (durch Zusammenwachsen mehrerer Siedlungseinheiten)*; 2. Agglomeration *f*, Anhäufung *f*; 3. Zusammenbacken *n*; Sintern *n*
agglomeration area Ballungsgebiet *n (Städtebau)*
aggloporite Aggloporit *m*, Sinterbims *m (ein Sinter-Leichtzuschlag)*
agglutinant agglutinierend, klebend
agglutinant Bindemittel *n*, Klebemittel *n*
agglutinate *v* agglutinieren, binden, kleben; sich zusammenballen; verkleben
aggradation 1. Anschwemmung *f*, Auflandung *f*, Aufhöhung *f*; 2. Versandung *f*; 3. *s.* filling-up
aggregate 1. Zuschlag *m*, *(z. B. für Beton, nicht mehr empfohlen)* Zuschlagstoff *m*; 2. Aggregat *n*, Satz *m (Maschinen)*
aggregate abrasion value Gesteinsabriebwert *m*
aggregate base course *(Verk)* untere Tragschicht *f (Kies, Schotter)*
aggregate batching plant Zuschlag(stoff)dosiervorrichtung *f*
aggregate bin Zuschlag(stoff)silo *n*
aggregate blending Zuschlag(stoff)gattierung *f*
aggregate control points Sieblinienbegrenzungspunkte *mpl*
aggregate cost Gesamt(bau)kosten *pl*
aggregate crushing test Mineralstoff-Zertrümmerungsprüfung *f*
aggregate crushing value Zuschlag(stoff)druckfestigkeit *f*, Splittdruckfestigkeit *f*
aggregate dimension Gesamtabmessung *f*, Gesamtmaß *n*
aggregate drier Zuschlag(stoff)trockner *m*
aggregate floor space Gesamtgeschossfläche *f*
aggregate gradation Kornabstufung *f*, Korn(größen)verteilung *f*
aggregate grade Zuschlag(stoff)körnung *f*
aggregate grading Kornabstufung *f*
aggregate grading and washing plant Zuschlag(stoff)-Waschklassieranlage *f*
aggregate grading curve Siebkurve *f*, Kornverteilungskurve *f*
aggregate grain Zuschlagstoffkorn *n*
aggregate impact test Schlagprüfung *f (Gestein)*
aggregate impact value Schlagfestigkeitswert *m (von Zuschlägen)*; Mineralstoff-Schlagzertrümmerungswert *f*
aggregate interlock Kraftübertragung *f (durch Verzahnung der Zuschlagstoffkörner)*
aggregate mix Mineralstoffgemisch *n*
aggregate number Gesamtanzahl *f*
aggregate particle Zuschlag(stoff)korn *n*
aggregate particle shape Zuschlagkornform *f*
aggregate product size Lieferkörnung *f*
aggregate seal Absanden *n*, Abgrusen *n (Oberflächenschluss)*
aggregate storage bin Gesteins(vorrats)silo *n*
aggregate stripping Bindemittelablösung *f (von Zuschlagstoffen)*
aggregate stripping test Haftprüfung *f (Bitumen an Zuschlagstoffen)*
aggregate type Mineralstoffart *f*, Zuschlagstoffart *f*
aggregated verbunden; zusammengebaut
aggregation 1. Aggregation *f*, Zusammenballung *f (z. B. von Boden, Füllstoffen)*; Anhäufung *f*; 2. Verdichtung *f (z. B. des Verkehrsnetzes)*
aggressive matter [substance] Schadstoff *m*
aggressive water aggressives [angreifendes] Wasser *n*; Schadwasser *n*
aggressive to building material baustoffschädlich
agitate *v* (durch)rühren, mischen *(durch Rühren)*; bewegen; schütteln; auflockern
agitating lorry Fahrmischer *m*
agitating speed Rührgeschwindigkeit *f*
agitating truck *(AE)* Fahrmischer *m*
agitation Rühren *n*, Aufrühren *n (zur Vermeidung von Entmischung)*; Schütteln *n*
agitator 1. Rührwerk *n*, Rührapparat *m*; Mischeinrichtung *f (für Beton und Mörtel)*; 2. *s.* agitator blade
agitator blade Rührschaufel *f*, Schaufel *f*
agitator body Fahrmischertrommel *f*
agitator-type compulsory mixer Rührwerkszwangsmischer *m (zur Betonwarenherstellung)*
agora Agora *f*, Marktplatz *m (im antiken Griechenland)*
agree *v* zustimmen
agreement Vereinbarung *f*, Vertrag *m*, Bauvertrag *m*
agreement certificate amtliches Prüfzeugnis *n*
agreement form Vertragsformular *n*
agricultural building 1. Landbauwesen *n*; landwirtschaftliches Bauen *n*; 2. landwirtschaftliches Gebäude *n*, Wirtschaftsgebäude *n*
agricultural drain pipe landwirtschaftliche Dränleitung *f*
agricultural service building Wirtschaftsgebäude *n (landwirtschaftliches)*
agricultural soil Kulturboden *m*, Ackerboden *m*
aiguille Sprenglochbohrer *m*, Steinbohrer *m*
aileron Halbgiebel *m (z. B. bei Kirchen)*
aiming position Zielposition *f*, gewollte Stellung *f*
air *v* (be)lüften *(Räume auf natürliche Weise)*; der Luft aussetzen
air actuated pneumatisch, druckluftbetätigt
air admission Luftansaugung *f*
air arch Luftgewölbe *n*
air bag Luftsack *m*
air balance Lufthaushalt *m (Gebäude, Klimaanlage)*
air-blowing Blasen *n (Bitumen)*
air-blown bitumen geblasenes Bitumen *n*, Blasbitumen *n*
air-blown mortar Spritzmörtel *m*, Spritzbeton *m*
air blowpipe Blasleitung *f*, Luftdüse *f (zur Reinigung)*
air-borne ... *s.* airborne ...
air-bound lock Luftschleuse *f*
air box Windkessel *m (Kompressor)*
air brick Luftöffnungs(bau)stein *m*, Luftziegel *m*, Lüftungsziegel *m*
air brush kleine Farbspritzpistole *f*, Luftbürstenstreichmaschine *f*
air bubble Luftblase *f*
air buffer Luftpolster *n*
air caisson system Druckluftkammergründung *f*
air chamber Luftkammer *f*, Luftkasten *m (z. B. einer Pumpe)*; Windkessel *m (Kompressor)*
air change *(HLK)* Luftwechsel *m*
air channel Luftkanal *m*, Lüftungskanal *m*
air chimney Wrasenrohr *n*, Lufteintrittsrohr *n (Wrasenabzug)*
air circulation Luftzirkulation *f*, Luftumlauf *m*

air classifier Luftklassierer *m*, Luftsortierer *m*, Windsichter *m*
air cleaner Luftreiniger *m*
air cleaning Luftreinigung *f*
air cock *(HLK)* Entlüftungshahn *m*
air column Luftsäule *f*
air compressor Luftkompressor *m*
air-condition *v (HLK)* konditionieren, klimatisieren
air-conditional [air-conditioned] ceiling *(HLK)* Lüftungsdecke *f*, Klimadecke *f*
air-conditioned klimatisiert
air conditioner Klima(tisierungs)gerät *n*, Klimaanlage *f*; Zimmerklimaanlage *f*; Luftaufbereiter *m*
air conditioning Klimatisierung *f*, Klimaregelung *f*
air-conditioning duct Lüftungskanal *m*, Luftkanal *m*
air-conditioning equipment Klimaanlage *f*, Klimagerät *n*
air-conditioning grille einsteckbares Türgitter *n*, Lüftungs(schutz)gitter *n*
air-conditioning installation [plant] Klima(tisierungs)-anlage *f*, Luftklimatisierungsanlage *f*
air-conditioning power panel Zuleitungsverteilerplatte *f* für Klimaanlagen
air-conditioning system Luftklimatisierungsanlage *f*
air-conditioning unit Klimatruhe *f*, Klimagerät *n*
air content Luftporengehalt *m (in Mörtel oder Beton)*
air-cooled blast-furnace slag luftgekühlte Hochofenschlacke *f*
air cooler Luftkühler *m*
air curing 1. Lufterhärtung *f*, Erhärten *n* an der Luft, Luftabbinden *n (von Beton)*; 2. *s.* air seasoning
air current Luftstrom *m*
air current drop Luftstromfall *m (Klimaanlage)*
air current throw Luftstromlänge *f* im Raum *(Klimaanlage)*
air curtain Luftvorhang *m*, Luftschürze *f*
air curtain door Luftvorhangtür *f*, Luftstromtür *f*, Luftschleiertür *f*
air cushion Luftkissen *n*, Luftpolster *n*
air cushion vehicle Luftkissenfahrzeug *n*
air-detraining agent (admixture) Luftporenreduzierer *m*
air diffuser Deckenbelüftungsöffnung *f*, Luftdiffusor *m*, Diffusor *m*, Luftverteiler *m*
air-distributing acoustical ceiling Schalldecke *f* mit Belüftungsöffnungen
air door *s.* air curtain
air drain Luftspalt *m (bei Fundamenten zur Trennung vom Erdreich)*
air-dried luftgetrocknet, lufttrocken
air-dried lumber *(AE)* luftgetrocknetes Bauholz *n*
air drill Druckluftbohrer *m*
air-driven druckluftbetätigt
air-dry *s.* air-dried
air-dry *v* an der Luft trocknen
air-drying lufttrocknend
air drying Lufttrocknung *f*, natürliches Trocknen *n*
air duct Luftkanal *m*; Lüftungskanal *m*
air eddy Luftwirbel *m*
air eliminator Entlüftungshahn *m*
air-entrained concrete Luftporenbeton *m*, LP-Beton *m*
air entraining Luftporenbildung *f*
air-entraining additive luftporenbildendes Zusatzmittel *n*
air-entraining admixture Luftporenbildner *m*
air-entraining agent Luftporenbildner *m*, Betonplastifizierungsmittel *n*, LP-Stoffe *mpl*
air-entraining (hydraulic) cement luftporenbildender Zement *m*, Luftporenzement *m*, LP-Zement *m*
air entrainment 1. Lufteinführung *f (in Frischbeton)*; Belüften *n* von Beton; 2. Luftporenbildung *f*, Luft(poren)einschluss *m (im Beton)*
air entrainment meter Luftporenmessgerät *n*
air-exhaust ventilator Entlüftungsventilator *m*; Luftansauger *m*
air-exhauster Luftansauger *m*
air filter Luftfilter *n*
air float pneumatische Glättkelle *f*
air floor heating Luftfußbodenheizung *f*
air flow Luftstrom *m*
air flow measurement Luftstrommessung *f*
air flue Luftkanal *m*, Raumluftkanal *m*; Wrasenabzug *m*
air gap Luftspalt *m*; Luftzwischenraum *m (z. B. in einem Tank, Boiler)*
air grate [grating] Luftrost *m*; Lüftungsgitter *n*, Luftgitter *n*
air gun *s.* spray gun
air hall Traglufthalle *f*
air hammer Drucklufthammer *m*
air-handling luminaire *(AE)* Beleuchtungs- und Belüftungseinheit *f*
air-handling system Klimaanlage *f (mit spezieller Luftaufbereitung)*
air-handling unit Luftaufbereitungsanlage *f (einer Klimaanlage)*
air-hardening Lufthärtung *f*, Erhärten *n* [Härten *n*] in Luft
air-hardening lime Luftkalk *m*
air heater Lufterhitzer *m*, Warmlufterzeuger *m*, Luftheizofen *m*
air heating Luftheizung *f*
air hoist Drucklufthebezeug *n*, Druckluftwinde *f*
air hole Luftsack *m*, Luftloch *n*
air hose Ansaugschlauch *m*
air house Tragluftgebäude *n*
air humidification *(HLK)* Luftbefeuchtung *f*
air humidifier Luftbefeuchter *m*
air humidity Luftfeuchte *f*
air-inflated structure Tragluftgebäude *n*, Traglufthalle *f*
air inlet Belüftungsöffnung *f*, Lufteinlass *m*; Luftaustrittsöffnung *f (einer Klimaanlage)*
air inlet pipe Belüftungsrohr *n*, Lufteinlassrohr *n*
air input Luftzuführung *f*, Außenluftzuführung *f*, Belüftung *f*
air insulation *(El)* Luftisolierung *f*
air intake 1. Lufteinlass *m*, Lufteintritt *m*; Belüftung *f*, Außenluftzuführung *f*, Luftansaugung *f*; 2. Ansaugstutzen *m*
air lance Luftdüse *f*, Luftbesen *m*
air layer Luftschicht *f*
air leakage 1. Luftdurchtritt *m (durch Fenster oder Türen)*; 2. Luftleck *n*
air level Wasserwaage *f*, Setzwaage *f*, Libelle *f*
air lift pneumatischer Förderer *m*, Druckheber *m*
air-lift pump Drucklufttheber *m*, Airlift *m*, Mammutpumpe *f*
air-light troffer kombinierte Beleuchtungs- und Belüftungseinheit *f*
air line 1. Luftleitung *f*, Druckluftleitung *f*, Be- und Entlüftungsleitung *f*, 2. Luftlinie *f*
air load Luftbelastung *f*
air lock 1. Luftschleuse *f*, 2. Luftblase *f*, Luftsack *m (in Leitungssystemen)*; Luftzwischenraum *m (z. B. bei Wärmedämmung)*
air meter Luftporenmessgerät *n*
air-mixing plenum Mischkammer *f (einer Klimaanlage)*
air moisture Luftfeuchte *f*
air movement Luftbewegung *f*
air-moving device *(HLK)* Lüfter *m*
air nozzle Luftdüse *f*
air-operated pneumatisch (betätigt), druckluftbetätigt; luftbetrieben
air-operated winch *s.* air hoist
air outlet Luftaustrittsöffnung *f*, Luftauslass *m*; Belüftungseinheit *f (einer Klimaanlage)*
air pavement breaker pneumatischer Aufbruchhammer *m (Straßenbau)*

air permeability test Plaintest *m*, Luftdurchlässigkeitstest *m (z. B. bei Zement, Feinstoffen)*
air-permeable luftdurchlässig
air pillow Luftkissen *n*
air pipe Luftrohr *n*
air pipes [piping] Luftleitung *f*, Lüftungsrohr *n*
air-placed concrete Torkret(ier)beton *m*, Spritzbeton *m*, Schrotbeton *m*
air-pneumatic structure *s.* air-supported building
air pocket Luftsack *m (in Leitungssystemen)*
air pollution Luftverschmutzung *f*, Luftverunreinigung *f*
air-powered *s.* air-operated
air preheat coil Luftvorwärmansatz *m*
air preheater Luftvorwärmansatz *m*
air pressure Atmosphärendruck *m*, Luftdruck *m*
air-pressure-reducing valve Druckminderer *m*
air-proof luftdicht
air-proof joint luftdichte Verbindung *f*, luftdichter Abschluss *m*
air-proof varnish Luftlack *m*
air pump 1. Vakuumpumpe *f*, 2. Kompressor *m*
air purification Luftreinigung *f*
air purity Luftreinheit *f*
air quality Luftqualität *f*
air quality data Luftqualitätsdaten *pl*
air-raid shelter Luftschutzraum *m*, Schutzraum *m*
air rammer Druckluftramme *f*, Druckluftstampfer *m*
air-rectified bitumen *s.* air-blown bitumen
air-reducing agent Luftporenminderer *m*
air register Regulieröffnungsgrill *m (Klimaanlage)*; Luftklappe *f*
air regulator Luftregulierungsdüse *f*
air reheater Luftwärmeaustauscher *m (im Heizungssystem)*
air relief cock Entlüftungshahn *m*
air-resistant luftbeständig, atmosphärisch beständig
air return system *(HLK)* Umluftverfahren *n*
air right Nutzungsrecht *n* des Luftraums *(über einem Baugrundstück)*
air-seasoned lumber *(AE)* luftgetrocknetes Bauholz *n*
air-seasoning lufttrocknend *(z. B. Holz)*
air seasoning Lufttrocknung *f*, Trocknen *n* an der Luft
air separation plant Luftklassierer *m*, Luftsortierer *m*, Windsichter *m*
air separator Sichter *m*, Luftabscheider *m*
air-set Abbinden *n* unter atmosphärischen Bedingungen, Luftabbinden *n (Beton)*
air-setting luftabbindend *(z. B. Beton)*; lufttrocknend *(z. B. Bindemittel)*
air-shaft Luftschacht *m*, Lüftungsschacht *m*, Wetterschacht *m*
air shutter Luft(regel)klappe *f (Klimaanlage)*
air-side face Luftseite *f*, Wetterseite *f (einer Talsperre)*
air slaking Kalklöschen *n*, Luftlöschen *n (von Kalk in feuchter Luft)*
air space Luft(zwischen)raum *m*, Luftschicht *f (Wand)*; leere Zwischenschicht *f*
air space of a cavity wall Luftzwischenraum *m* einer Schalenwand
air spade Druckluftspatenhammer *m*
air supply Luftzufuhr *f*, Belüftung *f*
air supply system Frischluftsystem *n*, Frischluftanlage *f*, Zuluftanlage *f*
air-supported building [structure] Tragluftgebäude *n*, Traglufthalle *f*, Drucklufttragehalle *f*, luftgetragene Halle *f*, Lufttragegebäude *n*
air survey Luft(bild)vermessung *f*, Luftbildaufnahme *f*
air terminal 1. Blitzableiterstange *f*, 2. Terminal *m(n) (Flughafen)*
air termination network Blitzschutz(dach)leitungen *fpl*
air test Druckprüfung *f* mit Luft
air-tight luftdicht, luftundurchlässig; hermetisch verschlossen
air-tightness Luftundurchlässigkeit *f*
air-to-air heat-transmission coefficient Wärmedurchgangszahl *f*, Wärmeübergangszahl *f*
air-to-air resistance Wärmewiderstand *m*, Wärmeundurchlässigkeit *f (einer Wand)*
air trap *(San)* Traps *m*, Geruchsverschluss *m*
air treatment Luftbehandlung *f*
air trunk(ing) Luftkanal *m*
air tube Luftrohr *n*
air tubes Luftleitung *f*
air vessel 1. Luftdruckkammer *f (in Leitungssystemen)*; 2. Luftpolster *n (gegen Wasserschlag)*; 3. Windkessel *m (einer Pumpe)*
air voids Luftporen *fpl*
air voids content Luftporengehalt *m*
air voids ratio Luftporenanteil *m*
air vortex Luftwirbel *m*
air washer Wassersprüher *m (zur Luftreinigung und -befeuchtung)*
air-water jet Luft-Wasser-Strahl *m (zur Reinigung von Beton und Gesteinsoberflächen)*
air-water storage tank Winddruckwassertank *m*
air well *s.* air-shaft
airborne dust Flugstaub *m*
airborne insulation margin Luftschallschutzmaß *n*
airborne sound Luftschall *m*, durch Luft übertragenes Geräusch *n (in einem Gebäude; im Gegensatz zu von Bauteilen übertragenem Schall)*
airborne sound-insulation index bewertetes Schalldämmmaß *n*
airborne sound-insulation margin Luftschallschutzmaß *n*
airfield Flugfeld *n*, kleiner Flugplatz *m*, Luftlandeplatz *m*
airing Lüftung *f*, Belüftung *f*, Entlüftung *f*
airport Flughafen *m*
airport buildings Flughafengebäude *npl*
airstrip Landeplatz *m (befestigt oder unbefestigt)*; *(AE)* Rollbahn *f*, Start- und Landebahn *f*
airtight *s.* air-tight
airway Luftzirkulationsraum *m (bei Kaltdächern)*
aisle 1. *(Arch)* Seitenschiff *n*, Abseite *f (einer Kirche)*; 2. *(Arch)* Gang *m (in einem Auditorium oder Saal)*; Längspassage *f (zwischen Sitzreihen)*
aisle bay Seitenschifffeld *n*, Abseitenjoch *n*
aisle pier Schiffpfeiler *m*
aisle roof Pultdach *n (Abseitendach)*
aisle vault Seitenschiffgewölbe *n*
aisle way Gang *m (z. B. in einem Geschäftsgebäude)*; Hauptgang *m (z. B. zwischen Sitzreihen in einem Saal)*; Arbeitsgangbreite *f (in einer Werkhalle)*; Fahrgasse *f (Parkhaus)*
aisled church Hallenkirche *f*
akroter(ion) *s.* acroter
alabaster Alabastergips *m*
alabaster board Gipskartonplatte *f*
alabaster glass durchscheinender Alabaster *m*
alameda *(AE)* Schattengang *m (mit Bäumen zu beiden Seiten)*
alarm Signalgerät *n*; Alarmanlage *f*
alarm bell Alarmglocke *f*
alarm light Warnlampe *f*
alarm siren Alarmsirene *f*
alarm system Alarmanlage *f*,
albarium Stuckkalk *m*
albino asphalt *(AE)* weißes Bitumen *n*
albronze Aluminiumbronze *f*
alburnum Splintholz *n*

alclad Aluminiumüberzug *m*
alcohol resistance Alkoholbeständigkeit *f*
alcove Alkoven *m*, Nebengemach *n*, Bettnische *f*
alder 1. Erle *f*; 2. *s.* alder wood
alder wood Erlenholz *n*
alert platform Bereitstellungsfläche *f*
alette 1. Seitenflügel *m (eines Gebäudes)*; 2. Pfeilerflügel *m*, Wabenpfeiler *m (römische und klassizistische Baukunst)*; 3. Türpfosten *m (römischer Bogenpfeiler)*
algae growth Algenwuchs *m*
algicide Algenvernichtungsmittel *n*
alien structure störendes Bauwerk *n*
aliform flügelförmig
align *v* (durch)fluchten, (aus)richten, ausfluchten, einfluchten, anpassen
align *v* **axially** fluchten *(die Achslinie)*
aligning punch Anreißstift *m*, Anreißnadel *f*
alignment 1. Ausrichten *n*, Einfluchtung *f*; 2. Bauflucht(linie) *f*, Flucht(linie) *f*; 3. Streckenführung *f (von Bauten)*; Trassierung *f* • **in alignment** fluchtend, in Flucht(linie) • **out of alignment** außer Flucht, nichtfluchtend • **be in alignment** fluchten
alinement *s.* alignment
aliphatic aliphatisch
aliphatic compounds aliphatische Verbindungen *fpl*
aliphatic hydrocarbon aliphatischer Kohlenwasserstoff *m*
alite Alit *m (Zementmineral)*
alkali Alkali *n*
alkali ageing Alkalisierung *f (Beton)*
alkali-aggregate reaction basische Reaktion *f* mit den Zuschlägen *(im Beton)*; Alkali-Kieselsäure-Reaktion *f*
alkali basalt Alkalibasalt *m*
alkali expansion Alkalitreiben *n*
alkali fastness Alkalifestigkeit *f*, Alkalibeständigkeit *f*
alkali paint stripper alkalisches Abbeizmittel *n*
alkali-proof laugenbeständig
alkali resistance Alkalibeständigkeit *f*
alkali-resistant alkalibeständig
alkali rock Alkaligestein *n*
alkali soil Salzboden *m*
alkali-soluble alkalilöslich
alkaline earth Erdalkali *n*
alkaline paint remover alkalisches Abbeizmittel *n*, alkalischer Ablauger *m*
alkaline reactivity basische Reaktionsfähigkeit *f*
alkaline soil salzhaltiger Boden *m*, Alkaliboden *m*
alkaline stripper *s.* alkaline paint remover
alkyd (resin) Alkydharz *n*
alkyd base Alkydharzgrundlage *f*, Alkydharzbasis *f*
alkyd exterior paint Alkydharzaußenfarbe *f*
alkyd paint Alkydharzfarbe *f*, Alkydharzanstrich *m*
alkyd primer Alkydharzgrundierung *f*, Alkydharzgrundiermittel *n*
alkyd priming Alkydharzgrundierung *f*
alkyd-resin paint Alkydharzfarbe *f*
alkyd varnish Kunstharzlack *m*, Alkydharzlack *m*
all-aluminium wall element Vollaluminiumwandelement *n*
all-brick Vollziegel *m*, Ganzziegel *m*
all-concrete Vollbeton..., Ganzbeton...
all-dry cement mill(-plant) Zementwerk *n* nach dem Trockenverfahren
all-glass construction Ganzglaskonstruktion *f*
all-glass door Ganzglastür *f*
all-glass façade Ganzglasfassade *f*
all-glass wall Ganzglaswand *f*
all-in aggregate Rohzuschlagstoffe *mpl*, ungesiebte [unklassierte] Zuschläge *mpl*, Mineralstoffgemisch *n*
all-in ballast unklassifizierte Zuschlagstoffe *mpl*
all-in gravel Kies *m*, Wandkies *m (unklassiert)*
all-metal construction Ganzmetallkonstruktion *f*
all-metal construction method Ganzmetallbauweise *f*
all-metal panel Ganzmetalltafel *f*
all-metal window Ganzmetallfenster *n*
all-paper laminate Schichtstoffplatte *f*
all-plastic board Vollkunststoffplatte *f*, Vollplastikplatte *f*
all-plastic door Vollkunststofftür *f*
all-purpose door Allzwecktür *f*
all-purpose girder Allzweckträger *m*
all-purpose mobile excavator Universalmobilbagger *m*
all-purpose primer Universalgrundierung *f*, Universalgrundiermittel *n*
all-purpose protective coating Universalschutzanstrichmittel *n*
all-purpose room Mehrzweckraum *m*
all-round anchorage umlaufender Ringanker *m*
all-round visibility Rundumsicht *f*
all-rowlock wall Hochkantziegelhohlmauer *f*, Ziegelhohlmauer *f* mit Hochkantziegeln
all-steel design Ganzstahlkonstruktion *f*
all-timber door Ganzholztür *f*
all-weather coat Allwetteranstrich *m*
all-wet cement plant Zementwerk *n* nach dem Nassverfahren
all-wood construction Ganzholzausführung *f*, Ganzholzbauweise *f*
all-wood construction method Ganzholzbauweise *f*
all-wood door Ganzholztür *f*, Vollholztür *f*
allée 1. Allee *f*, baumbestandene Straße *f*; 2. *s.* avenue
allège verzierte Wandverjüngung *f (z. B. unter einem Fenster)*
allegory Allegorie *f*
allette *s.* alette
alley 1. Gasse *f*, Seitengasse *f*, Durchgang *m*, Gang *m (zwischen Gebäuden und Gärten)*; Baugang *m*; Stallgang *m (Landbau)*; 2. Allee *f*
alligation Mischung *f*, Versatz *m (Legierungsherstellung)*; Mischungsregel *f*
alligator *v* reißen, Risse bilden *(Farbanstrich, Asphalt)*
alligator connector Alligator(zahnring)dübel *m*
alligator hide Alligatorhaut *f*, raue Oberfläche *f (eines Anstrichs)*
alligator shears Bolzenschneider *m*; Hebelschere *f*
alligator wrench Rohrzange *f*
alligatoring 1. Rissbildung *f (z. B. eines Anstrichs)*; Elefantenhautbildung *f (einer Asphaltoberfläche)*; 2. Rissigkeit *f*
allocate *v* zuweisen, zuteilen; zuordnen
allocated fund bereitgestellte Bausumme *f*
allocation Auftragsvergabe *f*, Vergabe *f* von öffentlichen Arbeiten
allot *v* vergeben, zuweisen*(z. B. eine Arbeit)*
allotment 1. Parzelle *f*; Kleingarten *m*; Schrebergarten *m*; 2. Zuweisung *f*
allotment garden Schrebergarten *m*
allover vollflächig *(z. B. Muster)*
allover Frontziermuster *n*
allow *v* zubilligen, zulassen; gewähren
allowable zulässig
allowable bearing Bodenbelastung *f*, Bodendruck *m*
allowable bearing capacity *s.* allowable soil pressure
allowable bearing pressure maximale Nettobelastung *f (eines Erdstoffs)*
allowable bearing value *s.* allowable soil pressure
allowable deviation zulässige Abweichung *f*, Toleranz *f*
allowable load maximal erlaubte Belastung *f*, zulässige Last *f*

allowable pile bearing load maximal erlaubte Pfahlbelastung *f*
allowable pressure zulässiger Druck *m*
allowable soil pressure zulässige Bodenbelastung *f*, maximal erlaubter Bodendruck *m*, zulässige Tragfähigkeit *f*
allowable stress erlaubte Beanspruchung *f*, maximal erlaubte Spannung *f*
allowable tolerance zulässige Abweichung *f*
allowable variation *s.* allowable deviation
allowance zulässige Abweichung *f*, Toleranz *f*, Maßabweichung *f*, Spielraum *m*
allowance for length of moment Überdeckungslänge *f*
allowance for the shear(ing) force Schubdeckung *f*
alloy Legierung *f*
alloy reinforcing legierter Betonstahl *m*, Legierungsbetonstahl *m*
alloy steel legierter Stahl *m*
alloyed legiert
alloying addition Legierungszusatz *m*
alloying material Legierungsstoff *m*
alloying technique Legierungstechnik *f*
alluvial deposit (alluviale) Ablagerung *f*, Schwemmmaterial *n (Geologie)*
alluvial sand Schwemmsand *m*
alluvial soil Schwemmboden *m*
alluvial stone 1. Schwemmstein *m*; 2. *s.* sandstone
alluviation Ablagerung *f*
alluvium *s.* alluvial deposit
almary *s.* ambry
almonry *(Arch)* Opfergabenhaus *n*
alpha gypsum Alphagips *m*
alpha iron Alphaeisen *n*
altar *(Arch)* Altar *m*
altar front Altar-Antependium *n*
altar piece [screen] Retabel *n*, Altarretabel *n*, Altaraufsatz *m*
alter *v* umbauen; umändern, verändern
alteration Umbau *m*, bauliche Veränderung *f*, Änderung *f*, Umänderung *f*
alteration of cross section Querschnittsveränderung *f*
alteration work Umbauarbeiten *fpl*
alterations 1. Umgestaltung *f*; 2. Umbauarbeiten *fpl*
alterations to the contract Bauvertragsänderung *f*
altered umgebaut, verändert
altered rock metamorphes Gestein *n*
alternate *v* 1. wechseln *(periodisch)*; 2. versetzen, versetzt anordnen
alternate bending strength Biegewechselfestigkeit *f*, Dauerwechselbiegefestigkeit *f*
alternate bid Alternativangebot *n*
alternate course Wechsellage *f (Mauerwerksschicht)*
alternate load dynamische Belastung *f* [Last *f*]
alternate loading dynamische Belastung *f*, Wechselbelastung *f*
alternate road Umgehungsstraße *f*
alternate working unterbrochener Betrieb *m (eines Prozesses)*
alternating band *(Arch)* Schichtenwechsel *m (Wechsel von Mauerschichten aus unregelmäßigen und regelmäßigen Steinen)*
alternating current Wechselstrom *m*
alternating impact (bending) stress Schlagbeanspruchung *f* bei wechselnder Belastung
alternating load(ing) Wechsellast *f*, wechselnde Belastung *f*
alternating stress Wechselbeanspruchung *f*, wechselnde Beanspruchung *f* [Spannung *f*]
alternative access Alternativzugang *m*
alternative entrance Alternativeingang *m*
alternative exit zusätzlicher Ausgang *m*
alternative plan Gegenentwurf *m*
alternator Wechselstromgenerator *m*, Drehstromgenerator *m*
altimeter Höhenmesser *m*
altitude 1. Höhe *f (über dem Boden)*; 2. *(Verm)* Neigungswinkel *m*
altitude above sea level Höhe *f* über dem Meeresspiegel, Höhe *f* über NN
altitude difference Höhendifferenz *f*, Niveauunterschied *m*
altitude measurement Höhenmessung *f*
alto-relievo Hochrelief *n*
alum Alaun *m*
alum shale Alaunschiefer *m*, Schieferton *m*
alum-stone Alunit *m*, Alaunstein *m*
alum treatment Alaunisieren *n*
alumina Tonerde *f*, Aluminiumoxid *n*
alumina cement Tonerde(schmelz)zement *n*
alumina mortar Tonerdemörtel *m*
aluminium Aluminium *n*
aluminium absorbent ceiling Aluminiumschallschluckdecke *f*
aluminium alloy Aluminiumlegierung *f*
aluminium bronze Aluminiumbronze *f*
aluminium cement *s.* alumina cement
aluminium facing Aluminiumverkleidung *f*
aluminium finish Aluminiumoberfläche *f*
aluminium foil Aluminiumfolie *f*
aluminium front Aluminiumfassade *f*
aluminium oxide Tonerde *f*
aluminium paint Aluminiumfarbe *f*, Alufarbe *f*, Reflexionsfarbe *f*
aluminium roof cladding Aluminiumdach *n*
aluminium roofing sheet Aluminiumdachplatte *f*
aluminium tube Aluminiumrohr *n*
aluminium window Aluminiumfenster *n*
aluminize *v* aluminieren
aluminothermic welding Thermitschweißen *n*
aluminous cement *s.* alumina cement
aluminous sand Aluminiumsand *m*
aluminum *(AE) s.* aluminium
alure 1. *(Arch)* Wehrgang *m (veraltet)*; 2. *(Arch)* Gang *m*, Galerie *f*
amber glass Amberglas *n*, Braunglas *n*
ambient umgebend
ambient air emission standard Immissionsgrenzwert *m* der Luft
ambient air quality standard Immissionsgrenzwert *m* der Luft
ambient brightness *(Verk)* Umfeldhelligkeit *f*, Umfeldleuchtdichte *f*
ambient conditions Umgebungsbedingungen *fpl*
ambient light Umgebungslicht *n*; Raumlicht *n*
ambient noise Umgebungslärm *m*; Innenlärm *m*
ambient temperature Umgebungstemperatur *f*, Raumtemperatur *f*
amine formaldehyde resin Amin-Formaldehyd-Harz *n*
ambo *(Arch)* Ambo *m (in frühchristlichen Kirchen erhöhtes Pult für die Lesung)*
ambry *(Arch)* Ablagenische *f (in Kirchenbauten)*
ambulatory *(Arch)* Umgang *m*, Chorgang *m (einer Kirche)*; Wandelgang *m (im Kloster)*
ambulatory church Kreuzkuppelkirche *f*
ambulatory vault Umgangsgewölbe *n*
Ambursen dam Ambursen-Wehr *n*, Plattenpfeiler(stau)mauer *f*
ameliorate *v* meliorieren
amelioration Melioration *f*, Bodenverbesserung *f*

amendment Änderung *f (z. B. in einer Bauzeichnung)*; Ergänzung *f*, Zusatz *m*
amendment notification Änderungsmitteilung *f*
amendment procedure Änderungsdurchführung *f*
amendment proposal Änderungsantrag *m*
amenities Wohnkomfort *m (Folgeeinrichtungen)*
American basement *(AE)* Kellergeschoss *n (etwa zur Hälfte im Erdreich)*; Souterrain *n*
American bond amerikanischer Verband *m (nur jedes fünfte Lager besteht aus Bindern)*
American built-up section of stanchion Stützenquerschnitt *m*
American foundation platform amerikanischer Rost *m (Gründung)*
American standard beam Doppel-T-Träger *m*, I-Träger *m*
American standard channel U-Profilträger *m*
amino plastic Aminokunststoff *m*
amino resin Aminoharz *n*
ammonia Ammoniak *n*
ammonium chloride Ammoniumchlorid *n*, Salmiaksalz *n*, Salmiak *m*
ammonium sulphate Ammoniumsulfat *n*
amorphous amorph, nichtkristallin
amosite Amosit *m*, Hornblendegelbasbest *m*
amount *v* betragen, sich belaufen auf *(Kosten)*
amount 1. Menge *f*; Größe *f*; 2. in Rechnung gestellter Betrag *m*
amount of bend(ing) Biegegröße *f*
amount of heat Wärmemenge *f*
amount of mixing Durchmischungsgrad *m*
amount of shrinkage Schrumpfmaß *n*, Schwindungsmaß *n*
amount of variation permitted zulässige Messabweichung *f*
ampacity *(El)* Strombelastbarkeit *(in Ampere)*
amphibole asbestos Amphibolasbest *m*, Hornblendeasbest *m*
amphibolite 1. Amphibolit *m*, Hornblendegestein *n (metamorphes Gestein)*; 2. Hornblendeasbest *m*
amphistylar *(Arch)* amphistylar, mit kreuzweise oder gegenüberstehend angeordneten Säulen *(klassische Tempel)*
amphistyle *s.* amphistylar
amphitheatre Amphitheater *n*
amphoteric amphoterisch, amphoter
ample 1. ausgedehnt *(z. B. Anlage)*; weiträumig; 2. reichlich *(z. B. Mittel)*; ausreichend *(Sicherheit)*
amplification Amplifikation *f*
amplitude of vibration Schwingstärke *f*, Schwingungsweite *f*
amusement park Vergnügungspark *m*; Rummelplatz *m*
amyl acetate Amylacetat *n*
anaerobic digestion anaerobe Faulung *f*, anaerobe Gärung *f*
anaerobic lagoon Faulteich *m*, anaerober Teich *m*
analogous analog, ähnlich; entsprechend
analogy Analogie *f*
analyse *v* 1. analysieren, auswerten; 2. statisch berechnen; untersuchen
analysis 1. *(Stat)* Berechnung *f*; Statik *f*; 2. Analyse *f*
analysis of structures Tragwerksberechnung *f*
anchor *v* verankern, befestigen
anchor 1. Mauer(werks)anker *m*, Anker *m*; 2. Ankerklotz *m (im Erdreich)*
anchor bar Ankerstab *m*
anchor block *(AE)* 1. Dübelblock *m*; 2. Holzdübel *m*
anchor bolt Ankerbolzen *m*, Ankerschraube *f*, Verankerungsbolzen *m*
anchor chain Verankerungskabel *n*
anchor heat Ankerkopf *m*
anchor hole Ankerloch *n*
anchor hook Verankerungshaken *m*
anchor log Ankerklotz *m*, Verankerungsfundament *n*
anchor pier Verankerungspfeiler *m (Brücke)*
anchor pile Ankerpfahl *m*, Verankerungspfahl *m*
anchor plate Verankerungsplatte *f*, Ankerplatte *f*, Ankerscheibe *f*
anchor point Abspannpunkt *m*
anchor pulling test Ankerausziehtest *m*
anchor rod Konsole *f*, Halterung *f*
anchor sheeting Verankerungswand *f*
anchor span Abspannung *f (Brücke)*; Ankerspannseil *n*
anchor tie Verankerung *f*
anchor wall (durchlaufende) Ankerwand *f*
anchorage 1. Verankerung *f*; 2. Ankervorrichtung *f*; Ankerpfeiler *m (Brückenbau)*
anchorage beam Ankerbalken *m*, Verankerungsträger *m*
anchorage bond stress Verankerungsspannung *f*
anchorage by friction Reibungsverankerung *f*
anchorage by pressure Druckverankerung *f*
anchorage deformation Spanngliedverkürzung *f (beim Spannvorgang)*
anchorage device Verankerungsvorrichtung *f*
anchorage loss *s.* anchorage deformation
anchorage slip Ankerschlupf *m*
anchorage zone Verankerungsbereich *m*
anchored bearing verankertes Lager *n*
anchoring Verankerung *f*
anchoring panel Ankerplatte *f (z. B. einer Brücke)*
anchoring rail Ankerschiene *f*, Verankerungsschiene *f*
anchoring system Verankerungsverfahren *n*
ancient monument Kulturdenkmal *n*
ancillary building Nebengebäude *n*
ancon 1. Türsturz *m*; Fenstersturz *m*; 2. Konsole *f*, Kragstein *m*, Tragstein *m*; Türkonsole *f (als Zierelement)*; Fensterzierkonsole *f*; Vorsprung *m*
ancone *s.* ancon
andesit Andesit *m*
andesitic tuff Andesittuff *m*
andiron Kaminbock *m*
anechoic schalltot, reflexionsfrei
anechoic room schalltoter [echofreier] Raum *m*
anemometer Windgeschwindigkeitsmesser *m*
angle 1. Winkel *m*; 2. Auflagerwinkel *m*; 3. Winkeleisen *n*; 4. *s.* angle iron; 5. Ecke *f*
angle bar *s.* angle iron
angle bead Winkelleiste *f*, Kantenschutzleiste *f*, Eckschutzleiste *f*
angle beam Winkelprofilträger *m*
angle bender Stahlbiegemaschine *f*, Biegetisch *m*, Bewehrungsbiegevorrichtung *f*
angle blasting schräges Sandstrahlen *n*
angle blade Seitenräumer *m*
angle block Eckstein *m*, Winkelstein *m (Eckblock)*; Eckblockstein *m (mit einem offenen Ende)*
angle board *(Hb)* Schrägbrett *n*, Winkellehre *f*
angle bond *(Hb)* Winkelankerbolzen *m*
angle brace 1. *(Hb)* Kopfband *n*, Winkelband *n (Bandholz)*; Winkelstrebe *f*; 2. Bug *m*; Büge *mpl (Zimmerung)*
angle bracket Anschlusswinkel *m*, Befestigungswinkel *m*, Absetzwinkel *m*; Winkelauflage *f*, Winkelstütze *f*
angle brick Winkelziegel *m*, Schräg(winkel)ziegelstein *m*
angle butt strap Winkelverlaschung *f*
angle buttress Winkelstütze *f*
angle capital Winkelkapitell *n*
angle cleat [clip] Winkelklammer *f*, Winkelversteifung *f*, Knagge *f*
angle closer Eckbinder *m*, Eck(form)bundziegel *m*
angle coin Eckstein *m*

angle collar Kniefitting *n*, Muffenkrümmer *m (für Rohre)*
angle dozer Schwenkschildplanierraupe *f*, Böschungserdhobel *m*, Seitenräumer *m*
angle fillet Winkelfüllleiste *f*, Winkelleiste *f*
angle fishplate Winkellasche *f (Schiene)*
angle float Winkelreibebrett *n*
angle gauge Winkellehre *f*, Winkelmesser *m*
angle grinder Winkelschleifer
angle guard Winkelschutz *m*
angle hinge Winkelband *n (Bandholz)*
angle iron Winkelstahl *m*, Winkelprofil *n*, L-Eisen *n*, Winkeleisen *n*
angle iron stiffener Absteifungswinkel *m*
angle joint *(Hb)* Winkelstoß *m*
angle lacing Winkelversteifung *f (Stahlbau)*
angle lever Winkelhebel *m*; Glockenarm *m*
angle-lighting luminaire Schrägstrahler *m*, asymmetrischer Strahler *m*
angle lintel Winkelsturz *m*, Winkeloberschwelle *f*
angle of ascent Neigungswinkel *m*; Steigungswinkel *m*
angle of contact Umfassungswinkel *m*
angle of contingency *(Stat)* Kontingenzwinkel *m*
angle of distortion Drehwinkel *m*
angle of deviation Richtungsänderungswinkel *m*
angle of embrace Umfassungswinkel *m*
angle of entry *(Verk)* Kreuzungswinkel *m*, Einbindungswinkel *m*
angle of friction Reibungswinkel *m*
angle of gradient Neigungswinkel *m*
angle of hade Verwurfswinkel *m (Geologie)*
angle of inclination Neigungswinkel *m*; Steigungswinkel *m*; Kippwinkel *m*
angle of internal friction innerer Reibungswinkel *m*
angle of joints Fugenwinkel *m*
angle of obliquity Schrägheitswinkel *m*
angle of reflection Reflexionswinkel *m*
angle of repose [rest] 1. (natürlicher) Böschungswinkel *m*, Schüttwinkel *m*, Rutschwinkel *m (von Schüttgütern)*; 2. *s.* angle of friction
angle of rotation Drehwinkel *m*
angle of rupture Bruchwinkel *m*, Schubwinkel *m*
angle of shear Scherwinkel *m*, Schubwinkel *m*
angle of shearing resistance Reibungswinkel *m*
angle of skew Schrägungswinkel *m*
angle of slope Böschungswinkel *m*, Neigungswinkel *m*
angle of torsion [twist] Torsionswinkel *m*, Verdrehungswinkel *m*, Drill(ungs)winkel *m*, Flechtwinkel *m*
angle paddle Reibebrettchen *n*, Filzbrett *n*
angle parking Schrägaufstellparken *n*
angle post Eckpfosten *m*
angle quoin Winkelziegel *m*, Winkelstein *m*, Eckstein *m*; Wandaußenecke *f*
angle rafter Gratsparren *m*, Gratbalken *m*, Dachschifter *m*
angle rib Gewölbewinkelrippe *f (gotisches Gewölbe)*
angle ridge *s.* angle rafter
angle section *s.* angle iron
angle shaft Ecksäule *f (normannische Baukunst)*
angle spur *(Arch)* Eckblatt *n (Ornament in einer gotischen Säule)*
angle staff Putzkantenschützer *m*, Putzkantenschoner *m*, Putz(schutz)leiste *f*; Deckleiste *f*
angle steel L-Stahl *m (Profilstahl)*
angle stiffening Winkelaussteifung *f*, Winkelversteifung *f*, Winkelverstärkung *f*
angle stile Viertelstab *m (in Wandecken)*; Winkelleiste *f*
angle stone Eckstein *m*
angle strut Winkeldruckstab *m*
angle tie *s.* angle brace 1.
angle trowel Spachtelkelle *f*, Spachtel *m(f)*
angle valve Winkelventil *n (Strömungsregler in Rohren)*
angled winklig
angled stair gewinkelte Treppe *f*
Anglo-Saxon architecture angelsächsische Architektur *f (449-1066)*
Anglo-Saxon masonry angelsächsisches Mauerwerk *n*
angular wink(e)lig; spitzwinklig; spitz, eckig; Winkel...
angular aggregate kubischer Zuschlag(stoff) *m*
angular bracket Winkelstütze *f*
angular deformation Verdrehung *f*, Winkeländerung *f (Schubverformung)*
angular fish Winkelverbindung *f*, Winkellasche *f*
angular grain Spitzkorn *n*, kantiges Korn *n*
angular joint Winkelstoß *m (Schweißverbindung)*
angular measure Winkelmaß *n*
angular point Winkelpunkt *m*
angular retaining wall Winkelstützwand *f*, Winkelstützmauer *f*
angular stair gewendelte Stufe *f*, Wendeltreppenstufe *f*
angular welding Winkelschweißen *n*
angularity Winkeligkeit *f*; Kantigkeit *f*; Bruchflächigkeit *f*
anhydrite Anhydrit *m*, wasserfreier Gips *m*
anhydrite binder Anhydritbinder *m*
anhydrite mortar Anhydritmörtel *m*
anhydrous calcium sulphate Gipsanhydrid *n*
anhydrous gypsum wasserfreier [gebrannter] Gips *m*
anhydrous gypsum plaster Gipsputz *m*; Stuckgipsputz *m*
anhydrous lime Branntkalk *m*, Ätzkalk *m*
anionic bitumen emulsion anionische Bitumenemulsion *f*
aniline resin Anilinharz *n*
animal adhesive Tierleim *m*
animal black Tierkohlepigment *n*
animal glue Tierleim *m*
animal housing Stallung *f*, Stall *m*, Viehstall *m*
anneal *v* (aus)glühen *(Metalle)*; tempern, spannungsfrei machen *(Glas, Kunststoffe)*
annealed glass vergütetes Glas *n*
annealed (iron) wire (aus)geglühter Eisendraht *m*; Rödeldraht *m*, Bindedraht *m*
annex *v* anbauen an
annex Anbau *m*, Erweiterungsbau *m*; Nebengebäude *n*, Seitengebäude *n*
annexe *s.* annex
annual jährlich, Jahres...
annual consumption Jahresverbrauch *m*
annual discharge Jahresabflussmenge *f (von Gewässern)*
annual growth ring Jahresring *m (Holz)*
annual rainfall jährlicher Niederschlag *m*
annual ring Jahresring *m (Holz)*
annual storage Jahresspeicher *m*
annual target Jahresplansoll *n*
annular ringförmig; Ring..., Kreis...
annular arch Kreuzbogen *m*
annular barrel vault *s.* annular vault
annular cell construction method Ringzellenbauweise *f*
annular cross-section Ringquerschnitt *m*
annular saw Bandsäge *f*
annular slab Kreisringplatte *f*
annular strain Ringdehnung *f*
annular vault Ringgewölbe *n*, Tonnengewölbe *n*
annularity Ringförmigkeit *f*
annulet Ringleiste *f*; Schaftring *m*
annulets *(Arch)* Anuli *mpl (schmale Ringe am dorischen Kapitell)*
annunciator Signalanzeige *f*, Melder *m*, Schauzeichen *n*
anode Anode *f*
anode plate Anodenplatte *f (Korrosionsschutzsystem)*

anodic coating anodisch [elektrolytisch] hergestellte Schicht *f*, Oxidschicht *f*; Eloxalschicht *f (bei Aluminium)*
anodic film Eloxalschicht *f*
anodic oxidation anodisches [elektrolytisches] Oxidieren *n*, *(bei Aluminium)* Eloxieren *n*
anodic-oxidation coating *s.* anodic coating
anodic protection anodischer Schutz *m* [Korrosionsschutz *m*]
anodise *v* anodisieren, anodisch [elektrolytisch] oxidieren, *(bei Aluminium)* eloxieren
anodised eloxiert
anonymous tower block Wohnsilo *n*
anorthite Anorthit *m*, Kalkfeldspat *m*
ant attack Ameisenfressschaden *m*, Termitenfraß *m*
anta 1. *(Arch)* Eckpfeiler *m*, Antenpfeiler *m*; 2. *(Arch)* Anta *f (vorspringende Seitenwand des antiken Tempels)*
ante *v* **up** *(AE)* aufbringen *(Geld)*; investieren
antecabinet Vorraum *m*, Vorzimmer *n (zu einem Audienzraum)*
antecedent river beständiger Fluss *m*
antechamber 1. Vorzimmer *n*; Vorraum *m*, *(speziell im Theater)* Foyer *n*; Wartezimmer *n*; Vestibül *n*; 2. Luftschleuse *f*
antechapel Kapellenvorraum *m*
antechoir Vorchor *m*
antechurch Vorkirche *f*
antefix *(Arch)* Antefix(um) *n*, Zierstirnziegel *m*, Stirnziegel *m (Tonzierplatte des Traufgesims antiker Tempel)*
antefix tile *s.* antefix
antemural Schlossmauer *f*
antenna Antenne *f*
antepagment Antepagmentum *n*, Türbogenverzierung *f*
antependium *(Arch)* Antependium *n (Verkleidung z. B. eines Altarunterbaus, einer Kanzel)*
anteport Außentor *n*, Vortür *f*
anteroom Vorraum *m*, Vorzimmer *n*; Wartezimmer *n*
anthemion *(Arch)* Anthemion *n (ein Blumenornament)*
antiabrasion layer Verschleißschutzschicht *f (Straße)*
anticapillary kapillarbrechend *(Schichten)*
anticapillary course kapillarbrechende Schicht *f (Straße)*
anticipate *v* erwarten, vorhersehen *(Belastungen)*
anticipated traffic loading voraussichtliche Verkehrsbelastung *f*, Prognosebelastung *f (Verkehrsweg)*
anticondensation plaster Kondenswasser(schutz)putz *m*
anticorrosive paint Korrosionsschutzfarbe *f*
anticorrosive paint coating Korrosionsschutzanstrich *m*
anticorrosive protection Korrosionsschutz *m*
anticrack coating Rissschutzbeschichtung *f*
anticrack reinforcement Rissbewehrung *f*, Rissschutz(stahl)einlagen *fpl*
antidazzle blendfrei
antidazzle Blendschutz *m*
antidazzle screen Blendschutzeinrichtung *f*, Blendschutzwand *f*
antidrumming agent Entdröhnungsmittel *n*
antidrumming treatment Antidröhnbehandlung *f*, Entdröhnung *f*
antiflooding gully Rückstauablauf *m*
antiflooding valve Rückstauventil *n*, Rückstauschieber *m*
antifoam *s.* antifoaming agent
antifoaming agent Entschäumungsmittel *n*, Antischaummittel *n*, Schaumdämpfer *m (z. B. bituminöse Bindemittel)*
antifreeze (agent) Frostschutzmittel *n*, Gefrierschutzzusatz *m*
antifreeze layer *(Verk)* Frostschutzschicht *f*
antifriction bearing reibungsarmes Lager *n (Brücke)*
antiglare Blendschutz *m*
antimonial lead Hartblei *n*, Antimonblei *n (Legierung)*
antimonial lead pipe Hartbleirohr *n*, Antimonbleirohr *n*, Bleisparrohr *n*
antimony oxide Antimonoxid *n*
antimony white Antimonweiß *n*
antimony yellow Antimongelb *n*, Neapelgelb *n*
antinoise schalldämmend; geräuschdämpfend
antipanic bolt lock Panikriegelfallenschloss *n*
antique glass Antikglas *n*
antirot fäulnisverhindernd; fäulnisbeständig *(Holz)*
antirust gegen Rost schützend; Rostschutz...; rostbeständig
antirust agent Rostschutzmittel *n*
antirust coat Rostschutzüberzug *m*; Rostschutzanstrich *m*
antirust paint Rostschutzfarbe *f*
antirust primer Rostschutzgrundierung
antiseismic construction erdbebensicherer Bau *m*
antishrinkage admixture Schwindschutzzusatz *m*
antisiphonage device Rohrbelüfter *m*
antiskid rutschfest, rutschsicher, gleitsicher; griffig
antiskid paint Gleitschutzanstrich *m*
antiskid tile *s.* antislip tile
antiskinning agent Haut(bildungs)verhinderungsmittel *n (Anstrichstoffe)*
antislip *s.* antiskid
antislip tile gleitsichere [rutschsichere] Fußbodenplatte *f*, griffige Fußbodenfliese *f*
antismudge ring Schmutzschutzblende *f (an Luftaustrittsöffnungen)*
antispelling agent Antiabschuppungsmittel *n*, Abblätterungsschutzmittel *n (Beton)*
antistatic (agent) Antistatikmittel *n (als Kunststoffzusatz)*
antistress agent Entspanner *m*, Entspannungsmittel *n*
antistripping haftverbessernd
antistripping additive [agent] Haftmittel *n*, Haft(festigkeits)verbesserer *m*, Netzmittel *n*, Haftanreger *m*
antisun glass Sonnenschutzglas *n*
antisun roof Sonnenschutzdach *n*
antisweat type insulation Schwitzwasserabdichtung *f*
antitorque (moment) Gegendrehmoment *n*
antivacuum device Rohrbelüfter *m*, Rohrentlüfter *m*
antivibration mounting vibrationsfreie Montage *f*
anvil Amboss *m*
anvil plate Ambossbahn *f*
anvil stand Ambossstock *m*
anywhere carpet Allzweckteppichboden *m*
apartment 1. Appartement *n*, (komfortable) Kleinwohnung *f*; 2. *(AE)* Etagenwohnung *f*, Zimmerflucht *f*; 3. *s.* apartment house
apartment block *s.* apartment house
apartment building *(AE)* Wohn(ungs)gebäude *n*
apartment construction *(AE)* Wohnblockbau *m*
apartment hotel Appartementhotel *n*, Logierhotel *n*
apartment house *(AE)* Appartementhaus *n*, Mehrfamilien(wohn)haus *n*; Mietshaus *n*; Wohnblock *m*
apartment in a housing project *(AE)* Arbeiterwohnung *f (für Familien mit niedrigem Einkommen)*
apartment story *(AE)* Wohngeschoss *n*
apartment tower *(AE)* Wohnturm *m*
apartments Zimmerflucht *f*; Wohnung *f*
apartments built in terraces on a slope *(AE)* Terrassenmehrfamilienhaus *n*
aperture Öffnung *f*, Mauerwerksöffnung *f*
apex 1. Spitze *f*, Scheitelpunkt *m (höchster Gebäudepunkt)*; 2. Anfallpunkt *m (Dach)*
apex hinge Scheitelgelenk *n*
apex hog Scheitelüberhöhung *f*
apex joint Scheitelfuge *f*
apex mould Scheitelform *f (Formstein)*

apex stone Schlussstein *m*
aphonic schalltot *(Raum)*
apophyge *(Arch)* Apophyge *f*, Säulenkehle *f*
apparatus for mechanical soil analysis *(Erdb)* Sartoriuswaage *f*, Schlämmapparat *m*
apparent density scheinbare Dichte *f*, Schüttdichte *f*, Rohdichte *f*; Schüttgewicht *n*
apparent porosity scheinbare Porosität *f*, Scheinporosität *f*
apparent specific gravity Rohdichte *f*; Rohwichte *f*
appearance Aussehen *n*
append *v* 1. anhängen; befestigen; 2. hinzufügen
appendix Ergänzung *f*, Zusatz *m*, Anhang *m (z. B. zu einer Zeichnung)*
appentice 1. Anbau *m*; 2. Penthaus *n*
appliance Gerät *n*, Vorrichtung *f*, Einrichtung *f*; Anwendung *f*; Mittel *n*
appliance panel Sicherungskasten *m (für Baustellenversorgungsanlagen)*
applicability 1. Anwendbarkeit *f*, Einsetzbarkeit *f*; 2. Aufbringbarkeit *f*, Auftragbarkeit *f (z. B. von Anstrichen)*
applicable 1. anwendbar, einsetzbar; 2. aufbringbar, auftragbar *(z. B. Anstriche)* • **be applicable** anwendbar sein
applicant (proposing to build) Antragsteller *m*, Bauantragsteller *m*
application 1. Anwendung *f*, Einsatz *m*, Verwendung *f*; 2. Aufbringen *n*, Auftragen *n (auf Oberflächen)*; 3. *(Stat)* Angriff *m (einer Kraft)*
application by brushing Aufstreichen *n*
application for payment Zahlungsaufforderung *f*
application guide Anwendungsrichtlinie *f*, Leitfaden *m*
application method Auftragsverfahren *n*
application of a force Angreifen *n* einer Kraft, Kraftangriff *m*; Anlegen *n* einer Kraft
application of mortar Mörtelauftrag *m*
application point Angriffspunkt *m*
application rate Auftragsmenge *f*
application specification Verarbeitungsrichtlinien *fpl*
applied angewandt
applied by spraying aufgespritzt
applied column eingebundene Säule *f*, Wandsäule *f*
applied hydraulics angewandte Hydraulik *f*
applied load aufgebrachte Last *f*, Auflast *f*
applied mechanics angewandte Mechanik *f*
applied method Anwendungsmethode *f*
applied moment Momentenlast *f*, eingetragenes Moment *n*
applied moulding befestigtes Simswerk *n*
applied research Zweckforschung *f*
applied trim Dekorationsleiste *f*
apply *v* 1. anwenden; anwendbar sein; zur Anwendung kommen; 2. aufbringen, antragen *(Putz)*; auftragen *(z. B. Anstriche)*; 3. eintragen, anbringen *(Kräfte)*
apply *v* **by brushing** aufstreichen
appointments Ausstattung *f*, Einrichtungsgegenstände *mpl*
appraisal Schätzung *f*, Bewertung *f (z. B. von Land oder Einrichtungen)*; Wertbestimmung *f (eines Gebäudes)*
approach 1. Zugang *m*, Zufahrt *f (für Fahrzeuge)*; 2. *s.* approach road; 3. Lösungsansatz *m (theoretischer)*
approach corridor *s.* approach lane
approach lane [path] Einflugschneise *f (Flugplatz)*
approach ramp Auffahrt(rampe) *f (z. B. zur Brücke)*; Autobahnauffahrt *f*
approach road Zufahrtsstraße *f*, Auffahrt *f*, Zugangsstraße *f*
approach zone Zufahrtsbereich *m*
appropriate *v* 1. veranschlagen *(im Budget)*; bereitstellen, bewilligen *(Mittel)*; 2. in Besitz nehmen
appropriate angemessen, geeignet, passend
approval Genehmigung *f*, Bestätigung *f*, Zulassung *f*, Erlaubnis *f*, Anerkennung *f* • **on approval** zur Genehmigung *(Bauunterlagen)*; zur Zulassung *(Baustoffe)*
approval note Freigabevermerk *m*
approval of plans Gutachten *n (Bauvorhaben)*
approve *v* genehmigen; zulassen; bestätigen
approved bauartgeprüft
approved body zugelassene Einrichtung *f*, anerkanntes Institut *n*
approved drawings bestätigte Bauzeichnungen *fpl*
approved equal genehmigt als anwendbar [verwendbar] *(Vertragswesen)*
approved method zugelassenes Verfahren *n*, genehmigte Methode *f*
approved plan genehmigter Plan *m*
approved product zugelassenes Produkt *n*
approved rule anerkannte (Bau-)Regel *f*
approved signatory Zeichnungsberechtigter *m*
approximate *v* annähern; sich nähern
approximate ungefähr, annähernd
approximate assumption Näherungsannahme *f*
approximate cost Kostenschätzung *f*
approximate solution *(Stat)* Näherungslösung *f*
approximate value 1. Näherungswert *m*, Annäherungswert *m*; 2. Richtwert *m*, Richtzahl *f*
approximation Annäherung *f*, Approximation *f*; Näherung *f*
approximation method Näherungsverfahren *n*
appurtenance 1. Ausbauelement *n*, Ausbauteil *n*; Zubehör *n*; Zusatz *m*; 2. Aussparung *f (Mauerwerk)*
appurtenant structure 1. Aufbau *m*, Gebäudeaufsatz *m*; 2. Nebenbau *m*; Nebengebäude *n (nur für Gebäudetechnik)*
apron 1. Schild *m*, Schürze *f*, Schutzplatte *f*; 2. *s.* apron flashing; 3. Verkleidung *f (überlappt)*; 4. Sturzbett *n*, Sohle *f*; Stellplatte *f*; 5. Planierschild *m*; 6. Hallenvorfeld *n (z. B. auf Flughafengelände)*
apron feeder Telleraufgeber *m (Baustoffherstellung)*
apron flashing Fugendeckblech *n*; Frontschürze *f*, Frontschürzenblech *n (am Schornstein)*
apron lift Hebebühnenheber *m (für eine Theaterbühne)*
apron moulding Holzunterlage *f (unter dem Zimmerfußboden)*
apron piece Holzträger *m (für Holztreppenhäuser)*
apron rail verzierter Schlossriegel *m*
apron stage verlängerte Vorbühne *f*, vordere Theaterbühne *f (vor dem Vorhang, speziell elisabethanisches Theater)*
apron wall Fensterbrüstung *f*
apse 1. *(Arch)* Apsis *f*, Apside *f*, Koncha *f*, Exedra *f (halbrunde oder vieleckige Raumform als Kirchenabschluss für die Aufnahme des Altars)*; 2. *s.* apsis 1.
apse arch Apsisbogen *m*
apse aisle Halbrundabschlussanbau *m*, Apsis *f*
apsidal apsiszugehörig; Apsis...
apsidal choir *(Arch)* Apsidenchor *m*
apsidiole *(Arch)* Apsidiola *f*, kleine Apsis *f*
apsis 1. Scheitelpunkt *m (einer Kurve)*; 2. *s.* apse 1.
apteral temple *(Arch)* Apteraltempel *m*
aptitude test Eignungsprüfung *f*
aquate *v* hydratisieren *(Kalk)*
aquatic acidification Übersäuerung des Wassers *f*
aquatic buildings Bäderbauten *mpl*
aqueduct *(Arch)* Aquädukt *m (über Brücken geführte Wasserleitung im antiken Rom)*; Wasserhochkanal *m*; Durchlass *m*
aqueous wässrig; Wasser...
aqueous corrosion Feuchtigkeitskorrosion *f*
aqueous vapour Wasserdampf *m*

aqueous wood preservative wässriges Holzschutzmittel *n*
aquifer (layer) Grundwasserleiter *m*
arabesque Arabeske *f*
arabesque decoration Arabeskendekor *n*
arabesque ornament Arabeske *f*
Arabic arch *(Arch)* arabischer [maurischer] Bogen *m*, Dreiviertelkreisbogen *m*, Hufeisen(rund)bogen *m*
Arabian architecture islamische Architektur *f*
arable land Ackerland *n*, bestellbares Land *n*
araeostyle *(Arch)* aräostylos, lichtsäulig
araeostyle *(Arch)* Aräostylos *m (Säulenabstandssystem von 4 oder mehr Säulendurchmessern)*
arbitrary regellos, zufällig; ohne Ordnung
arbitrary assumption hypothetische [willkürliche] Annahme *f*
arbitration Schiedsverfahren *n*
arbitrator Schlichter *m*
arbor *(AE) s.* arbour
arboraceous bewaldet *(Baugelände)*
arboriculture Baumschule *f*
arbour 1. Laube *f*, Gartenlaube *f*, Pergola *f*; 2. Strauchklettergerüst *n*; Baumstützwerk *n*
arc Bogen *m (Geometrie)*
arc-boutant Strebebogen *m*
arc cutting Lichtbogenschneiden *n*, Brennschneiden *n*
arc doubleau Massivbogen *m*
arc of a circle Kreisbogen *m (Geometrie)*
arc span Kreisbogen *m*
arc weld Lichtbogenschweißen *n*
arc welding Lichtbogenschweißen *n*, elektrisches Schweißen *n*
arcade 1. *(Arch)* Arkade *f (aneinander gereihte, auf Säulen ruhende Bogen)*; Bogenreihe *f*; 2. *(Arch)* Arkadengang *m*, Bogengang *m*; Galerie *f*
arcade pier Arkardenpfeiler *m*
arcade rib Arkadenrippe *f*
arcaded court Arkadenhof *m*
arcaded gallery Arkadenempore *f*, Säulengalerie *f*
arcaded window Arkadenfenster *n*
arcades *s.* arcature
arcading *s.* arcature
arcature 1. *(Arch)* Arkatur *f*, Bogenwerk *n*, Bogenreihe *f*, Bogenstellung *f*; 2. *(Arch)* Arkaden *fpl (Reliefdarstellungen als Wandverzierung)*
arch *v* 1. überwölben, (mit Bogen) überspannen, einwölben; 2. wölben, krümmen; sich wölben
arch 1. *(Arch)* Bogen *m*, Gewölbe *n*, Gewölbebogen *m*; Fensterbogen *m*; Torbogen *m*; 2. *(Arch)* Gewölbe *n*, überwölbter Gang *m*; 3. *(Arch)* Gewölbe *n*, Feuerraumgewölbe *n*
arch abutment Bogenwiderlager *n*
arch action Bogenwirkung *f*, Gewölbewirkung *f*
arch band 1. Bogenscheibenstreifen *m*; Doppelbogen *m*; 2. Transversalbogen *m*
arch bar Kamingewölbeeisen *n*; Fensterrahmengewölbeeisen *n*
arch barrel schief liegendes Gewölbe *n*; schiefes Tonnengewölbe *n*
arch bay Bogenfeld *n*
arch beam Bogenbalken *m*, Bogenträger *m*
arch bearing Bogen(wider)lager *n*
arch bond Bogenverband *m*
arch brick Gewölbestein *m*, Keilstein *m (bei Ziegelgewölbe)*
arch bridge *s.* arched bridge
arch buttress Strebebogen *m*, Strebepfeiler *m*, Bogenpfeiler *m*
arch center line *(AE)* Bogenachse *f*
arch centre Bogenlehrgerüst *m*, Bogenschalung *f*, Sprengwerk *n* des Bogens
arch centre line Bogenachse *f*
arch centring *s.* arch centre
arch corner bead Bogengesims *n*, Auflagesims *m* des Bogens
arch covering Gewölbebedeckung *f*
arch curvature Bogenkrümmung *f*
arch dam *(Wsb)* Bogen(stau)damm *m*, Bogen(stau)mauer *f*, Gewölbesperrmauer *f*
arch falsework Bogenschalung *f*, Sprengwerk *n* des Bogens
arch girder *s.* arched girder
arch-gravity dam Bogengewichtsstaumauer *f*
arch impost Bogenkämpfer *m*
arch in trellis work Fachwerkbogen *m*
arch key Bogenscheitel *m*
arch length Bogenlänge *f*
arch-like bogenförmig
arch load Bogenlast *f*
arch of a vault Gewölbebogen *m*
arch of bridge Brückenbogen *m*
arch opening Bogenöffnung *f*
arch pier Bogenpfeiler *m*
arch plane Bogenebene *f*
arch rib Bogenrippe *f*
arch ring Tragebogen *m*, Lastbogen *m*; Bogenring *m*
arch rise Bogenstichhöhe *f*
arch slab Bogenscheibe *f*
arch springer Bogenanfangstein *m*
arch stay Bogenaussteifungselement *n*, Bogenstütze *f*
arch stress Bogenspannung *f*
arch stiffening Bogenaussteifung *f*
arch stone Bogenstein *m*, Gewölbestein *m*; Bogennaturstein *m*
arch system Bogensystem *n*
arch template Bogenlehre *f*
arch thrust Bogenschub *m*
arch top Bogenscheitel *m*
arch truss Bogenfachwerk *n*, Bogen(fachwerk)binder *m*, Bogenfachwerkträger *m*; Bogensprengwerk *n*
arch truss bridge Bogenfachwerkbrücke *f*
arch-voussoir Keilstein *m (bei Gewölbebögen)*
arched 1. *(Arch)* gewölbt *(z. B. Decke)*; überwölbt; 2. *(Arch)* bogig; mit Bogen; 3. *(Arch)* bogenförmig; bogenartig; gekrümmt
arched barrel roof Tonnen(schalen)dach *n*
arched beam Bogenträger *m*, aufgewölbter Träger *m*
arched boom Bogengurtung *f*
arched bridge Bogenbrücke *f*; Holzbogenbrücke *f*
arched buttress Bogenpfeiler *m*, Gewölbepfeiler *m*
arched ceiling gewölbte Decke *f*
arched centring Bogenschalung *f*
arched construction Gewölbebau *m*, Bogenbau *m*
arched cover Bogendeckung *f*
arched culvert Gewölbedurchlass *m*
arched dam *s.* arch dam
arched falsework *s.* arch falsework
arched floor gewölbte Decke *f*
arched girder Bogenträger *m*, gekrümmter Träger *m*, Bogenbinder *m*
arched girder with diminished horizontal thrust Bogenträger *m* mit vermindertem Horizontalschub
arched girder with intermediate tie Bogenträger *m* mit Durchzug
arched girder with invariable horizontal thrust Bogenträger *m* mit konstantem Horizontalschub
arched girder with polygonal outline Polygonbogenträger *m*, Bogenträger *m* mit gebrochenen Linien
arched head Bogensturz *m*
arched hollow bogenförmige Aussparung *f*

arched lintel Bogensturz *m*
arched mouldings Bogenfries *m*
arched recess Bogennische *f*
arched rib Bogenrippe *f*
arched roof Bogendach *n*
arched system Bogensystem *n*
arched trough bridge Bogentrogbrücke *f*
arched truss *s.* arch truss
arched vault Bogengewölbe *n*
arched window Bogenfenster *n*
arched work Bogenbau *m*
arching 1. Überwölbung *f*, Einwölben *n*; 2. Lastpunktverschiebung *f* auf tragfähigem Baugrund; 3. Bogensystem *n*, Gewölbesystem *n*
architect Architekt *m*
architect-engineer Entwurfsingenieur *m* und Bauberater *m*
architect-engineer's office Entwurfs- und Ingenieurbüro *n*, Projektierungsbüro *n*
architect-in-charge bauleitender Architekt *m*
architect on site bauleitender Architekt *m*
architect partnership Architektengemeinschaft *f*
architectonic architektonisch, bautechnisch
architectonic(s) Architektonik *f (Wissenschaft der Architektur)*
architect's approval Bauzustimmung *f* des Entwurfsverfassers
architect's fee Architektengebühr *f*
architect's office Architektenbüro *n*
architect's plan Bauplan *m*
architect's scale Maßstabslineal *n*, Reißbrettlineal *n*
architects' association Architektenverband *m*
architects' competition Architektenwettbewerb *m*
architects' union Architektenverband *m*
architectural die Architektur betreffend, baukünstlerisch; Architektur...; Bau...
architectural acoustics Bauakustik *f*, Raumakustik *f*
architectural area bebaute Fläche *f*, Bruttogrundfläche *f*, Gesamtgrundfläche *f*
architectural assistant *s.* architectural draughtsman
architectural ceiling untergehängte [eingehängte, abgehängte] Decke *f*
architectural competition Architektenwettbewerb *m*
architectural concrete 1. Sichtbeton *m*; 2. Konstruktionsbeton *m*
architectural design scheme Konstruktionskonzept *n*
architectural draftsman *(AE) s.* architectural draughtsman
architectural draughtsman Architekturzeichner *m*; Bauzeichner *m*
architectural draughtswoman Architekturzeichnerin *f*, Bauzeichnerin *f*
architectural drawing Architekturzeichnung *f*
architectural education Architekturausbildung *f*
architectural engineering konstruktive Architektur *f*
architectural feature element Gestaltungselement *n*
architectural fountain Kunstbrunnen *m*, Effektenspringbrunnen *m*, Wasserspiel *n*, Wasserkunst *f*
architectural glass Ornamentglas *n*
architectural hygiene Bauhygiene *f*
architectural model Architekturmodell *n*
architectural monument Baudenkmal *n*
architectural projected (steel) window großes Stahlrahmenfenster *n*
architectural style Baustil *m*; Bauweise *f*
architectural team Architekturgruppe *f*, Entwurfsteam *n*
architectural terra-cotta Bauterrakotta *f*, keramisches Gestaltungselement *n (größer als Ziegel)*
architectural tradition Bautradition *f*
architectural training Architekturausbildung *f*
architectural trend Architekturrichtung *f*
architectural trim Architekturprofil *n*
architectural unit Architekturprofil *n*
architectural volume umbauter Raum *m*, Bruttogebäuderaum *m*
architectural work Architektenleistung *f*
architecture 1. Architektur *f*, Baukunst *f*; 2. Architektur *f*, Baustil *m (z. B. einer Epoche)*
architecture symbolism Formensprache *f*
architrave 1. *(Arch)* Architrav *m*, Epistyl *n*, den Oberbau tragender Hauptbalken *m (über Säulen, bes. in antiken Bauten)*; Natursteinsturz *m*; 2. Fugendeckleiste *f*, Fugenverkleidung *f (über Tür und Fenster)*
archives building Archivgebäude *n*
archivolt Archivolte *f*, Schaubogen *m*
archway 1. Bogengang *m*; 2. Bogendurchgang *m*, Durchfahrt *f*, Torbogen *m*
arcosic grit Arkosesandstein *m*
arctic glass Eisblumenglas *n*
arcual *(Arch)* bogenartig; bogig; Bogen...
arcual construction Bogenbau *m*
arcual structure Bogenbauwerk *n*
arcuate bogenförmig, gebogen, gekrümmt
arcuated 1. *(Arch)* bogentragend, gewölbetragend; 2. *s.* arcuate
arcuated construction Gewölbebau *m*, Bogenbau *m*
arcuation construction Gewölbebau m, Bogenbau *m*
Ardand type polygon(al) roof ardandsches Dach *n*, Polygondach *n*, Polygonaldach *n*, Vieleckdach *n*
are Ar *n(m) (metrische Einheit der Fläche)*
area 1. Fläche *f*, Grundfläche *f*, Flächeninhalt *m*; 2. Bruttobelastungsfläche *f (eines Mauerwerks)*; 3. Gebiet *n*, Zone *f*, Geländeabschnitt *m*; 4. Grundstück *n*; 5. lichter Raum *m (in einem Gebäude)*; Innenhof *m*
area-covering structural element Flächentragwerk *n*
area drain Oberflächeneinlauf *m*
area grating Gitterrost *m*, Bodengitter *n*
area grating covering Gitterrostabdeckung *f*
area light Flächenleuchte *f*
area lighting Flächenbeleuchtung *f*
area load *(Stat)* Flächenlast *f*
area method (of cost estimation) Kostenschätzung *f* nach umbautem Raum
area moment Flächenmoment *n*
area of a building Gebäudegrundrissfläche *f*
area of adhesion Haftfläche *f*
area of application Anwendungsbereich *m*
area of cross section Querschnitt(s)fläche *f*
area of depression Absenkungsfläche *f*, Absenkungsbereich *m*
area of glazing Verglasungsfläche *f*
area of loading Last(verteilungs)fläche *f*
area of moments Momentenfläche *f*
area of pile head Pfahlkopffläche *f*
area of precipitation Niederschlagsgebiet *n*
area of reinforcement Bewehrungsquerschnitt *m*
area of shearing force Querkraftfläche *f*
area of steel Stahlquerschnitt *m*
area of support Auflagefläche *f*
area wall Schutzwand *f (um Lichtöffnungen oder Kellerfenster herum)*
areal Flächen...; Flächeninhalts...
areal moment Flächenmoment *n*
areaway *(AE)* 1. Lichtöffnung *f (eines unter der Erdoberfläche liegenden Gebäudes)*; 2. Durchgang *m*, Passage *f*
arena Arena *f*
arena theatre Amphitheater *n*
arenaceous sandhaltig, sandig
arenaceous lime Kalksandstein *m*, sandiger Kalkstein *m*
arenaceous shale Sandschiefer *m*

areostyle *s.* araeostyle
argil 1. Ton *m*; 2. *s.* alumina
argillaceous tonig, tonhaltig; Ton...; lehmig
argillaceous lime toniger Kalkstein *m*
argillaceous marl Mergelton *m*
argillaceous sand toniger Sandstein *m*, Tonsandstein *m*
argillite Argillit *m*, Tonschieferfels *m*
arid arid, dürr, trocken *(Land)*
aris *s.* arris
arise *v* hochwachsen, emporwachsen, entstehen *(Gebäude)*
arisings Altmaterial *n*
ark *(Arch)* ornamentaler Speicher *m (sakral)*
arkose Arkose *f*, Feldspatsandstein *m*
arm 1. Arm *m*, Hebelarm *m*; Ausleger *m*, Tragarm *m*, Tragbalken *m (Kran)*; 2. *(El)* Abzweigung *f*
arm conveyor Kratzförderer *m*
arm of eccentricity *(Stat)* Ausschlag *m*, Außermittigkeit *f*
arm of force Hebelarm *m (Kraft)*
armature 1. Bewehrungsglied *n (für Stützen und Kragteile)*; 2. Zubehör *n*; Armatur *f*
armory *(AE) s.* armoury
armour *v* bewehren, armieren; panzern; mit Einlagen versehen
armour door feuerbeständige Tür *f*, Brandschutztür *f*
armour plate Panzerblech *n*
armour plating Blechfutter *n*
armoured cable bewehrtes Kabel *n*
armoured conduit Panzerschlauch *m*
armoured concrete bewehrter [armierter] Beton *m*, *(veraltet)* Eisenbeton *m*
armoured (fireproof) door Panzertür *f*
armoured glass Drahtglas *n*
armoured plate Panzerblech *n*
armoured tubular flooring Zylinderstegdecke *f*
armouring *s.* reinforcement
armourply Metallsperrholz *n (Verbundmaterial)*
armoury 1. Zeughaus *n*, Arsenal *n*; 2. *s.* arrester 2.
armrest Armauflage *f*
aromatic cedar wood *(AE)* Rotzederholz *n*
aromatic compound aromatische Verbindung *f*
aromatic hydrocarbon aromatischer Kohlenwasserstoff *m*, Benzolcarbonstoff *m*
aromatics aromatische Kohlenwasserstoffe *mpl*
arrange *v* 1. anordnen, zusammenstellen; aufstellen; einbauen; 2. regeln; vereinbaren; 3. zusammenstellen *(z. B. einen Bericht)*
arrange *v* **in layers** aufschichten
arrange *v* **into a line** fluchten
arrangement 1. Anordnung *f*, Aufstellung *f*, Verteilung *f*; 2. Anordnen *n*, Aufstellen *n*; 3. Regelung *f*, Vereinbarung *f*; 4. Ansatz *m (Mathematik)*
arrangement of beams Balkenanordnung *f*, Trägerverteilung *f*
arrangement of doors Türfolge *f*, Türflucht *f*
arrangement of light sources Lichtquellenanordnung *f*
arrangement of steps Stufenanordnung *f*
arrangement of trusses Binderverteilung *f (Dach)*
arrangement of windows Fensteranordnung *f*
array blanket Solarzellenlaken *n*
arrest *v* 1. arretieren, sperren; 2. *(El)* ableiten *(Überspannungen)*
arrester 1. Ableiter *m*, Blitzschutz *m*; 2. Schornstein(schutz)sieb *n*, Schornstein(schutz)rost *m*
arris ausspringende Ecke *f*, Kante *f (scharfe Ziegel- oder Putzkante)*; Grat *m*, Gratlinie *f*
arris fillet Dreikantdeckleiste *f (am Schornsteinschaft)*
arris gutter hölzerne V-Dachrinne *f*
arris hip tile Firstziegel *m*, Gratziegel *m*, Gratstein *m*
arris protection Kantenschutz *m*
arris rail Dreikantholz *n*; Dreikantpfette *f*
arris tile *s.* arris hip tile
arris-ways diagonal verlegt *(z. B. Ziegel)*; diagonal geschnitten, diagonal gesägt *(Holz)*
arris-wise *s.* arris-ways
arrissing tool Abrundeisen *n*
arrival level Ankunftsebene *f*
arrival lounge Ankunftshalle *f*
arrival platform Ankunftsbahnsteig *m*
arrow Markierungsstab *m*
arrow diagram Aktivitätsmarkierung *f (Netzwerkplanung)*
arrow head Maßpfeil *m*
arroyo Trockenflussbett *n (bes. im Süden der USA und in Lateinamerika)*
arsenal Zeughaus *n*, Arsenal *n*
arsenic yellow Rauschgelb *n*, gelbes Schwefelarsen *n*
art collection Kunstsammlung *f*
art form Kunstform *f*, Kunstrichtung *f*
art museum Kunstmuseum *n*
Art Nouveau *(Arch)* Jugendstil *m*
art work Vorlage *f (Zeichnung)*
art of sculpture Plastik *f*
art school Kunstschule *f*
arterial road Fernverkehrsstraße *f*, Hauptverkehrsader *f*
artesian head artesischer Druck *m*
artesian water artesisches Wasser *n*
artesian well artesischer Brunnen *m*, Rohrbrunnen *m*
articulate *v* gelenkig befestigen, durch Gelenke verbinden
articulated 1. gelenkig; Gelenk...; 2. gegliedert
articulated beam Gelenkträger *m*, Gerberträger *m*, gegliederter Träger(balken) *m*
articulated chute *s.* articulated drop chute
articulated coupling Gelenkkupplung *f*
articulated drop chute (gelenkiges) Betonfallrohr *n*, Gießrohr *n*
articulated elevation aufgegliederte Fassade *f*
articulated girder gegliederter Träger *m*
articulated joint Gelenkstoß *m*, Gelenkverbindung *f*
articulated lorry Sattelschlepper *m*
articulated pipe Gelenkrohr *n*
articulated portal Pendelportal *n*
articulated quadrangle [quadrilateral] Viergelenk *n*, Gelenkviereck *n*
articulated shield Gelenkschild *m*
articulated system Gelenksystem *n*, Gelenkwerk *n*
articulation Gelenk *n*, Gelenkverbindung *f*, Scharnier *n*
artifact Artefakt *n*, gestaltetes Objekt *n*, Kunsterzeugnis *n*
artificial künstlich; Kunst...; synthetisch
artificial ageing künstliche [beschleunigte] Alterung *f*
artificial aggregate künstlicher Zuschlag(stoff) *m (z. B. Sinterstoffe, Keramik)*
artificial asphalt (künstlicher) Asphalt *m*, Erdölasphalt *m*, Erdölbitumen *n*; Teerpech *n*
artificial cementation (of soil) Erdstoffstabilisierung *f*, Bodenverfestigung *f*, Baugrundverbesserung *f*
artificial daylight künstliches Tageslicht *n*
artificial dike künstlicher Damm *m*
artificial flooring cement Steinholz *n*
artificial foundation künstliche Gründung *f*
artificial harbour künstlicher Hafen *m*
artificial lake künstlicher See *m*; Stausee *m*
artificial lighting künstliche Beleuchtung *f*
artificial lowering of the ground-water level künstliche Absenkung *f* des Grundwassers
artificial marble Kunstmarmor *m*, Marmorbeton *m*
artificial navigation waterway Schifffahrtskanal *m*
artificial resin Kunstharz *n*
artificial river bed künstliches Flussbett *m*
artificial sand Kunstsandstein *m*

artificial sky künstlicher Himmel *m*
artificial stone Beton(werk)stein *m*, Kunststein *m*
artificial step Kunststeinstufe *f*
artificial subgrade aufgeschüttetes Planum *n*
artificial travertin Kunsttravertin *m*
artificial ventilation künstliche Lüftung *f*
artificial waterway Schifffahrtskanal *m*
artificial weathering künstliche Bewitterung *f (Alterungsprüfung)*
artist locksmith's works Kunstschmiedearbeiten *fpl*
artistic adviser künstlerischer Berater *m*
artistic circle Künstlerkreis *m*
artistic design künstlerische Gestaltung *f*
artistic expression künstlerischer Ausdruck *m*
artistic formation Formgebung *f*, Gestaltung *f*
artistic monument Kunstdenkmal *n*
artist's studio Künstleratelier *n*
arts center *(AE)* Kulturzentrum *n*
arts centre Kulturzentrum *n*
as-built drawing *s.* as-completed drawing
as-completed drawing Bestandszeichnung *f*, Baubestandszeichnung *f*, Bestandsplan *m*, Revisionszeichnung *f*
as-raised gravel Wandkies *m*, ungesiebter und ungewaschener Kies *m*
as-rolled in gewalztem Zustand *m (Stahl)*
asbestos Asbest *m*
asbestos article Asbesterzeugnis *n*
asbestos blanket Asbestdämmschicht *f*, Asbestdecke *f*, Feuerschutzdecke *f*
asbestos board Asbestplatte *f*
asbestos cement Asbestzement *m*, Eternit *n*, Asbestbeton *m*
asbestos-cement board Asbestbetonplatte *f*
asbestos-cement cladding Asbestbetonverkleidung *f*
asbestos-cement goods Asbestzementwaren *fpl*
asbestos-cement material *s.* 1. asbestos cement; 2. asbestos lumber roofing
asbestos-cement pipes Asbestbetonrohre *npl*
asbestos-cement pulp Asbestzementbrei *m*
asbestos-cement sheet Asbestbetonplatte *f*
asbestos cloth Asbestgewebe *n*
asbestos concrete Asbestbeton *m*
asbestos curtain Asbestvorhang *m*
asbestos felt Asbestfilz *m*, Asphaltasbestfilz *m*
asbestos fibre Asbestfaser *f*
asbestos fire(-proof) curtain Asbest(feuerschutz)vorhang *m*
asbestos joint runner Asbestformstrick *m (zum Rohrmuffenverguss)*
asbestos lumber roofing *(AE)* Asbestbetonwellplatte *f*
asbestos millboard Asbestpappe *f*
asbestos mortar Asbestmörtel *m*
asbestos paint Asbestanstrich *m*
asbestos plaster Asbestbentonitsperrstoff *m (gegen Feuer)*
asbestos roof shingle Asbestdachschindel *f*
asbestos roofing Asbestbeton(well)plattendach *n*
asbestos runner *s.* asbestos joint runner
asbestos safety curtain Asbestvorhang *m*
asbestos shingle Asbestzementschiefer *m*
asbestos slate Asbestschiefer *m*
asbestos wallboard Asbestwandplatte *f*
asbestos wool Asbestwolle *f*
asbolite Kobaldschwärze *f*, Asbolan *n*
ascendable besteigbar; begehbar
ascending force *s.* buoyancy
ascending pipe Steig(leitungs)rohr *n*
ascending point aufsteigender Punkt *m*
ascent Aufgang *m*; Rampe *f*
aseismatic erdbebensicher, den Auswirkungen von Erdbeben widerstehend
aseismatic construction erdbebensicherer Bau *m*
aseismic 1. erdbebenfrei *(Gebiet)*; 2. *s.* aseismatic
ash 1. Asche *f*; 2. *s.* ash wood
ash and combustion residue Asche- und Verbrennungsrückstand *m*
ash content Aschegehalt *m*
ash pit Aschenfall *m*, Aschengrube *f*
ash silo Aschenbunker *m*
ash wood Eschenholz *n*
ashlar 1. Quader(stein) *m*, (geschnittener) Werkstein *m (Naturstein)*; 2. *s.* ashlar masonry
ashlar arch Werksteinbogen *m*
ashlar brick *(AE)* behauener Ziegel *m*
ashlar cordon Werksteinreihe *f*
ashlar facing Werksteinverkleidung *f*, Natursteinverkleidung *f*, Verblend(ungs)mauerwerk *n (aus Naturstein)*
ashlar line Fluchtlinie *f* des Werksteinmauerwerks
ashlar masonry Werksteinmauerwerk *n*, Natursteinmauerwerk *n*, hammerrechtes Mauerwerk *n*, Quadermauerwerk *n*
ashlar masonry arch Quadersteingewölbe *n*
ashlar masonry work Werkstein(verblend)arbeit *f*, Naturstein(verlege)arbeit *f*
ashlar piece Dachverschalungsstütze *f*
ashlar pier Werksteinpfeiler *m*
ashlar coping Deckplatte *f* aus Werkstein
ashlar facing *s.* ashlar facing
ashlar stonework Quadermauerwerk *n*
ashlar work 1. Natursteinverkleidung *f (Ergebnis)*; 2. *s.* ashlar masonry; 3. *s.* ashlar masonry work
ashlaring 1. *s.* ashlar masonry; 2. Dachverschalungsstützen *fpl*
askarel *(El)* Isolierflüssigkeit *f*, (nicht brennbares) Isolieröl *n*
askew nicht im rechten Winkel; schief, außer Linie
aspect 1. Lage *f (eines Gebäudes)*; Standrichtung *f*; 2. Aspekt *m (Seite, Element)*; Aussehen *n*, Erscheinung *f (Äußeres)*
aspect ratio Schlankheitsgrad *m*, Schlankheitsverhältnis *n*, Seitenlängenverhältnis *n (Knickfestigkeit)*; Seitenverhältnis *n (z. B. Länge/Breite)*
asphalt *v* asphaltieren
asphalt Asphalt *m*, Naturasphalt *m*, Erdpech *n*; Erdölasphalt *m*, künstlicher Asphalt *m (Gemisch aus Bitumen und Mineralstoffen)*
asphalt base course bituminöse Tragschicht *f*
asphalt based bitumenhaltig
asphalt binder course Asphaltbinderschicht *f*, Asphaltbinder *m*
asphalt bitumen Asphaltbitumen *n*
asphalt block Asphaltbrot *n*, Asphaltplatte *f*
asphalt carpet Asphalt(teppich)belag *m (Straße)*
asphalt cement 1. Bitumenmastix *m*; *(AE)* Straßenbitumen *n*; 2. *(AE)* Asphaltkitt *m*
asphalt-coated gravel Bitumenkies *m*
asphalt coating 1. Asphaltummantelung *f*, Asphalt(schutz)schicht *f*, Asphaltverputz *m*; 2. Beschichten *n* mit Asphalt; bituminöse Oberflächenbehandlung *f*
asphalt concrete Asphaltbeton *m*, Bitumenbeton *m*
asphalt covering 1. Asphaltdecke *f*; 2. Asphaltabdeckung *f*
asphalt cutter Asphalthobel *m*, Asphaltfräse *f*
asphalt design Asphalteignungsprüfung *f*, Eignungsprüfung *f* für Asphalt, Asphaltbemessung *f*
asphalt distributor Bitumenverteiler *m*; Bitumenspritze *f*
asphalt-emulsion slurry Bitumenschlämme *f*
asphalt-emulsion slurry seal Bitumenschlämmeabsiegelung *f*

asphalt felt Bitumendachpappe *f*, bituminöse Dachpappe *f*
asphalt felt slab Asphaltfilzplatte *f*
asphalt finisher Schwarzdeckenfertiger *m*
asphalt floor Asphaltfußboden *m*
asphalt fog seal Asphaltabsiegelung *f (ohne Mineralanteil)*
asphalt heater Asphaltkocher *m*, Bitumenheizkessel *m*
asphalt intermediate course Asphaltbinderschicht *f*
asphalt joint filler *(Verk)* Fugenvergussmasse *f*, Bitumenfugenkitt *m*
asphalt joint sealer *(Verk)* Fugenvergussmasse *f*, Bitumen(fugen)vergussmasse *f*
asphalt kerb Asphalt(hoch)bord *m*
asphalt lamination bituminös gebundenes Pappmaterial *n*
asphalt layer Asphaltleger *m*, Gussasphaltstreicher *m*
asphalt levelling course Asphaltausgleichsschicht *f*
asphalt macadam Asphaltmakadam *m(n)*
asphalt mastic Asphaltmastix *m*, Mastix *m*, Asphaltkitt *m*, Bitumenmastix *m*
asphalt meal Asphaltpulver *n*
asphalt mixing plant Asphalt(misch)werk *n*
asphalt modifier Bindemittelmodifizierungsmittel *n*
asphalt oven Asphaltofen *m*, Asphaltkocher *m*, Gussasphaltaufbereiter *m*
asphalt overlay erneuerte Bitumendecke *f (Straße)*; Asphaltverschleißschicht *f (auf alter Deckschicht)*
asphalt paper bituminiertes Papier *n*, Teerpapier *n*
asphalt pavement Asphaltbefestigung *f*, Asphaltoberbau *m*
asphalt pavement recycling 1. Wiederverwendung *f* von Asphaltaufbruch [Altasphalt]; 2. Wiederherstellung *f* von Asphaltbetonstraßendecken *(spezielles in-situ-Verfahren)*
asphalt pavement sealer Oberflächenabsiegelungsmasse *f*
asphalt pavement structure bituminöse Konstruktion *f*, Asphaltoberbau *m*, Asphaltbefestigung *f (Straßenbau)*
asphalt paver Asphalt(einbau)fertiger *m*, Fertiger *m (Verkehrsbau)*
asphalt paving Asphaltieren *n*; Asphaltbefestigung *f*
asphalt plant Asphaltmischanlage *f*, Mischanlage *f* für bituminöses Mischgut
asphalt powder Asphaltpulver *n*
asphalt-prepared roofing 1. bitumengetränkte [abgesandete] Dachpappe *f*, Bitumendachpappe *f*, Bitumenglasvlies *n*; 2. Bedachung *f* mit Bitumendachpappe
asphalt prime coat bituminöser Grundanstrich *m*
asphalt primer bituminöses Grundanstrichmittel *n*; Bitumenanspritzmasse *f*
asphalt recycling Asphaltwiederverwendung *f*
asphalt recycling plant Asphaltwiederaufbereitungsanlage *f*
asphalt road Asphaltstraße *f*
asphalt road construction Asphaltstraßenbau *m*
asphalt rock Asphaltgestein *n*, Bergasphalt *m*
asphalt roofing *s.* asphalt-prepared roofing
asphalt roofing felt Bitumendachbahn *f*
asphalt rubber Gummiasphalt *m*; Gummibitumen *n*
asphalt rubber hot mix gummimodifizierter Heißasphalt *m*, Heißasphalt *m* mit Gummi(granulat)zusatz
asphalt sand carbet Sandasphaltdeckschicht *f*
asphalt-saturated bitumengetränkt
asphalt saturating Bitumenimprägnieren *n*, Bitumentränken *n*
asphalt seal coat Oberflächenabsiegelungsschicht *f*, bituminöse Oberflächenschutzschicht *f*
asphalt sealing Asphaltdichtung *f*
asphalt sheet Bitumenschweißbahn *f*
asphalt sheeting Bitumenschweißbahn *f*
asphalt shingles *(AE)* bituminöse Dachschindeln *fpl*, Pappschindeln *fpl*
asphalt slurry *(AE)* Asphaltschlämme *f*, Bitumenschlämme *f*
asphalt soil stabilization *(AE)* bituminöse Erdstoffstabilisierung *f*
asphalt surface coating Bitumendeckschicht *f*, Bitumenüberzug *m*
asphalt surface course bituminöse Deckschicht *f*, Asphaltverschleißschicht *f*
asphalt tack coat bituminöse Anspritz(ungs)schicht *f (zum Verkleben bituminöser Schichten)*
asphalt tanking wasserdichte Bitumenisolierung *f* eines Kellergeschosses
asphalt tape Bitumenband *n*, Bitumenbinde *f*
asphalt treatment Oberflächenbehandlung *f* mit Bitumen *(Straßenbau)*
asphalt tile Asphaltplatte *f*
asphalt varnish Asphaltlack *m*, Asphaltfirnis *m*
asphalt wearing course Asphaltverschleißschicht *f*, Asphaltdeckschicht *f*
asphalt work Asphaltieren *n*, Asphaltierungsarbeiten *fpl*
asphalted asphaltiert, bituminiert; geteert
asphaltene Hartasphalt *m*
asphaltic asphaltisch, aus Asphalt; Asphalt...; bituminös, bitumenhaltig
asphaltic adhesive Bitumenklebmasse *f*
asphaltic base course Asphalttragschicht *f*
asphaltic bitumen Asphaltbitumen *n*, Bitumen *n*
asphaltic cardboard Asphaltpappe *f*, Asphaltpapier *n*
asphaltic felt Teerpappe *f*, Bitumendachpappe *f*
asphaltic macadam asphaltgebundener Makadam *m*
asphaltic sand Asphaltsand *m*
asphaltic work Asphaltarbeiten *fpl*
asphalting Asphaltieren *n*; Asphaltabdeckung *f*
asphaltite Asphaltit *m*
asphaltum Naturasphalt *m*
aspiration 1. Absaugung *f*; 2. Luftvermischung *f (bei Klimaanlagen an den Lufteinspeisungen)*
aspirator 1. Sauglüfter *m*; 2. *(HLK)* Mischdiffusor *m*, Ausflussvermischer *m*
assay Metallprobe *f*
assay balance Prüfwaage *f*
assemblage *s.* assembly 1.
assemblage point Knoten *m*
assemble *v* zusammenbauen, montieren, zusammensetzen; verbinden; verlegen *(Rohrleitungen)*; aufrichten
assembling Montieren *n*, Zusammenbau *m*; Einbau *m*
assembling area Montagefläche *f*, Bereitstellungsfläche *f*
assembling bolt Montagebolzen *m*, Montagehalterung *f*
assembling floor Gerüstboden *m*
assembling scaffold Montagegerüst *n*
assembling speed Montagefortschritt *m*
assembling stage Gerüstboden *m*
assembling work Montagearbeiten *fpl (im Fertigteilbau)*
assembly 1. Montage *f*, Zusammenbau *m*; Aufstellung *f*, Verbinden *n*; 2. Montagegruppe *f*, Baueinheit *f*, Aggregat *n*; 3. Maschinenrahmen *m*
assembly hall Versammlungsraum *m*; Aula *f*
assembly key Befestigungskeil *m*
assembly line Fließband *n*, Fließstraße *f (Fertigung)*; Montageband *n* • **from the assembly line** serienmäßig
assembly place Versammlungsstätte *f*
assembly room Versammlungsraum *m*
assembly schedule Montageplan *m*
assembly stage Montagephase *f*
assembly steel Montagebewehrung *f (Stahlbetonvorfertigung)*
assembly stress Montagespannungen *fpl*
assembly work Montagearbeiten *fpl (im Fertigteilbau)*

assembly yard Montageplatz *m*, Montagehof *m*
assess *v* beurteilen, bewerten; taxieren, einschätzen; veranschlagen
assessed valuation Schätzwert *m*, Zeitwert *m*, Taxwert *m* *(z. B. eines Gebäudes)*
assessment 1. Wertung *f*, Taxierung *f*, Einschätzung *f*, Nachweis m; Bewertung *f*, Beurteilung *f*; 2. Steuerveranlagung *f*
assessment method Bewertungsverfahren *n*
assessment of building Bausubstanzbeurteilung *f*
assessment of pavement condition Deckenzustandsbewertung *f*, Deckenzustandserfassung *f* *(Straße)*
assessment of structural condition Bauzustandsbewertung *f*, Bauzustandserfassung *f*
assign *v* 1. bestimmen, festlegen *(z. B. Aufgaben, Termine)*; zuordnen, zuweisen; 2. übertragen, Ansprüche abtreten [zedieren]
assignee Rechtsnachfolger *m*, Zessionar *m*
assigner *s.* assignor
assignment 1. Übertragung *f* *(z. B. von Aufgaben)*; 2. Abtretung *f* *(z. B. von Ansprüchen)*; Zession *f*; 3. Umverlegung *f* *(Verkehr)*
assignor Abtretender *m*, Zedent *m*
assimilative capacity Selbstreinigungskraft *f*
assize zylindrischer Steinblock *m*, Steineinlage *f* *(für Säulen)*
association Gesellschaft *f*, Verband *m*, Vereinigung *f*
assommoir *(Arch)* Wehrgang *m*
assort *v* sortieren, zusammenstellen *(in Gruppen)*; klassifizieren; aussondern, auswählen
assorting screen Klassiersieb *n* *(Zuschlagstoffaufbereitung)*
assortment Sortiment *n*
assume *v* annehmen *(Lasten)*
assumed load Bemessungslast *f*, angenommene Last *f*, Lastannahme *f*, Belastungsannahme *f*
assumption Annahme *f* *(von Lasten)*
assumption of mortgage Hypothekenaufnahme *f*
assurance of quality Qualitätssicherung *f*, Gütesicherung *f*
astable instabil, nicht stabil
astler *(veraltet) s.* ashlar
astragal 1. *(Arch)* Astragal *m* *(halbrunde Zierleiste)*; Rundstab *m* *(Schmuckprofil)*; Wulstleiste *f*; 2. Viertelstab *m* *(Fenster)*; Sprosse *f*
astragal window Sprossenfenster *n*
astreated sternornamentiert
astylar säulenlos, ohne Säulen; pfeilerlos
asymmetric(al) asymmetrisch, unsymmetrisch
at-grade höhengleich, höhengerecht, plangleich
at ground level ebenerdig
at level höhengerecht
at-site testing Baustellenprüfung *f*
atelier Atelier *n*, Studio *n*
Athens Charter Charta *f* von Athen *(Städtebau)*
athermanous wärmeunbeständig
atlante(s) *s.* atlas
atlas *(Arch)* Atlant *m*, Gebälkträger *m*, Simsträger *m*, Telamon *m* *(männliche Karyatide)*
atmospheric condenser Berieselungsverflüssiger *m*
atmospheric conditions Witterungsverhältnisse *npl*
atmospheric equipment Niederdruckgerät *n*
atmospheric fallout atmosphärischer Niederschlag *m*
atmospheric moisture Luftfeuchtigkeit *f*
atmospheric pollution Luftverschmutzung *f*
atmospheric pressure Atmosphärendruck *m*
atmospheric(-pressure) steam curing Dampfnachbehandlung *f* *(von Betonwaren)*
atmospheric system Niederdrucksystem *n*, Niederdruckanlage *f* *(Heizung)*
atmospheric water Niederschlagswasser *n*
atomization Versprühen *n*; Zerstäubung *f* *(von Feststoffen)*
atomize *v* versprühen; zerstäuben *(Feststoffe)*
atomizer Sprüher *m*, Sprühgerät *n*; Zerstäuber *m*
atomizing Sprühen *n*, Versprühen *n*, Zerstäuben *n*, Zerstäubung *f*
atomizing application Aufsprühen *n*, Ansprühen *n*, Aufdüsen *n*
atomizing-type humidifier Luftbefeuchter *m* *(durch Wasserversprühung)*
atrium 1. *(Arch)* Atrium *n*, Mittelhof *m* *(eines alten römischen Hauses)*; 2. *(Arch)* Oberlichthof *m* *(Hotel, Kaufhaus usw.)*
attach *v* anbringen, befestigen; anheften; anschließen; anfügen; aufsetzen; anbauen an; vorsetzen
attach *v* **at the hook** festschlagen
attach *v* **by welding** anschweißen
attach *v* **to** haften an; sich anlegen an
attached column eingebundene Säule *f*, Halbsäule *f*
attached gable Blendgiebel *m*, Ziergiebel *m*
attached garage Anbaugarage *f*, angebaute Garage *f*
attached pier Wandpfeiler *m*
attached welt angesetzter Wulst *m*
attaching plate Anschraubplatte *f*
attachment 1. Befestigung *f*, Anbringung *f*, Anschluss *m*; 2. Ansatz *m*, Aufsatz *m*, Vorsatz *m*, Vorlage *f*; Beiwerk *n*; Zusatzeinrichtung *f*; 3. Zusatzgerät *n*, Anbaugerät *n*
attachment of a butt strap Überlaschen *n* *(Holzbau, Stahlbau)*
attachment to a masonry wall Mauervorlage *f*
attack *v* angreifen *(durch chemische Einflüsse)*
attack 1. Angreifen *n* *(z. B. durch Säuren)*; Korrosionsangriff *m*; 2. Befall *m* *(biologisch)*
attacking power Angriffsvermögen *n*, Angriffskraft *f* *(Schadstoffe)*
attend *v* warten, pflegen; bedienen, überwachen *(z. B. Anlagen)*
attendance Wartung *f*, Bedienung *f*
attendant-controlled personengesteuert, personell betreut, mit Bedienungspersonal
attenuate *v* dämpfen (ab)schwächen *(Schall)*
attenuation Schalldämpfung *f*
Atterberg limits atterbergsche Zustandsgrenzen *fpl* *(von Erdstoffen)*
Atterberg test Plastizitätsprüfung *f* *(von Erdstoffen)*
attestation of conformity Konformitätsbescheinigung *f*, Übereinstimmungsnachweis *m*, Identitätszertifikat *n*
attic 1. *(Arch)* Attika *f* *(Dachbrüstungsmauer an klassischen Gebäuden)*; 2. Dachgeschoss *n*, Mansarde *f*, Bodenraum *m*, Dachraum *m*
attic access hatch Dachbodeneinstiegsluke *f*
attic flat Dachwohnung *f*
attic floor Bodenbalkenlage *f*
attic-gabled dormer window Dacherker *m*, Dachnase *f*
attic order Wandpfeileranordnung *f* im Dachgeschoss
attic room Bodenkammer *f*, Dachstube *f*, Mansarde *f*, Giebelzimmer *n*
attic space Dachraum *m*, Bodenraum *m*
attic stairs Bodentreppe *f*
attic ventilator Dachlüfter *m*, Dachventilator *m*
attic water tank Wasserversorgungstank *m* auf dem Dach
attic window Bodenfenster *n*, Mansardendachfenster *n*
Attic base *(Arch)* attische Basis *f*, attischer Säulenfuß *m* *(attisch-ionischer Säulenfuß)*
attrition Abrieb *m*, Abnutzung *f* durch Reibung, Verschleiß *m*
attrition hardness Abriebhärte *f*, Abriebfestigkeit *f*
attrition loss Abriebverlust *m*
attrition-resistant abriebfest
attrition test Abriebtest *m*; Verschleißprüfung *f*

auction hall Auktionshalle *f*
audibility Hörbarkeit *f*
audibility range Audiometrie *f*, Hörbereich *m*, Hörbarkeitsbereich *m*
audible alarm unit akustisches Alarmgerät *n*
audible signal akustisches Signal *n*
audiance hall Audienzhalle *f*, Empfangssaal *m*
audio-visual aids Vorführausrüstung *f*
auditor Rechnungsprüfer *m*, Wirtschaftsprüfer *m*
auditorium Auditorium *n*, Hörsaal *m*; Zuschauerraum *m*
auditorium seating Saalbestuhlung *f*, Zuschauerraumbestuhlung *f*
auditory ambience [perspective] akustische Raumwirkung *f* [Räumlichkeit *f*]
auditory sensation area Hörempfindlichkeitsbereich *m*
auger *s.* 1. auger bit; 2. auger drill
auger bit Schneckenbohrer *m*, Holzbohrer *m*, Zimmermannsbohrer *m*; Stangenbohrer *m*
auger drill Erdbohrer *m*, Gesteinsbohrer *m*, Meißel *m* *(Gestein)*; Schraubenbohrer *m*
auger pile Bohrpfahl *m (Ortbetonpfahl)*
augite Augit *m*
augite porphyry Augitporphyr *m*
aula *(Arch)* Aula *f*
aural hörbar
aural conditions Hör(barkeits)verhältnisse *npl*
aural impression Wahrnehmung *f*, Hörempfinden *n* *(Raumakustik)*
aural sensation *s.* aural impression
aureole Heiligenschein *m (bildliche Darstellung)*
aurum foliatum Blattgold *n*
austenitic manganese steel Manganhartstahl *m*
austenitic stainless steel austenitischer Edelstahl *m*
austerity budget Sparhaushalt *m*
austerity measures Sparmaßnahmen *fpl*
authority Amt n, Behörde *f*, Dienststelle *f*
authority engineer Amtsingenieur *m*, Projektingenieur *m* der Behörde
authorize *v* bevollmächtigen, ermächtigen; genehmigen, billigen
authorized ermächtigt, bevollmächtigt, (staatlich) zugelassen, (amtlich) bestätigt
authorized representative bevollmächtigter Vertreter *m*, Handlungsbefugter
authorized institute autorisiertes Prüfinsitut *n*
authorization Ermächtigung *f*, Bevollmächtigung *f*, Zulassung *f (z. B. zur Bauabnahme)* • **subject to authorization** genehmigungspflichtig
auto court *(AE)* Motel *n*
autoclave Autoklav *m*, Dampf(druck)härtekessel *m*
autoclave concrete Autoklavbeton *m*
autoclave curing Autoklavhärtung *f (von Beton)*
autoclaved autoklavbehandelt, dampfdruckgehärtet
autoclaved aerated concrete Porenbeton *m*, *(veraltet)* Gasbeton *m*
autoclaved aerated concrete masonry unit Porenbetonstein *m*
autoclaved aerated concrete precision block Porenbetonplanstein *m*
autoclaving Autoklavbehandlung *f*, Dampfdruckhärtung *f*
autoclaving cycle Nachbehandlungszyklus *m* im Autoklaven *(Beton)*
autogenous cutting Autogenschneiden *n*
autogenous cutting torch Autogenschneidbrenner *m*
autogenous healing natürliche Rissschließung *f*, Selbstheilung *f (in Beton oder Mörtel durch Feuchthalten)*
autogenous volume change Volumenveränderung *f* *(durch Zementhydratation)*
autogenous welding Autogenschweißen *n*
automatic automatisch, selbsttätig
automatic air-conditioning plant automatische Klimaanlage *f*
automatic batcher funktionsgesteuerte Betonmischanlage *f*
automatic bucket automatischer Greifer *m*
automatic closing device Feuertürschließer *m*
automatic closing gear Schnellverschlussvorrichtung *f*
automatic control automatische Steuerung *f*
automatic control valve selbststeuerndes Ventil *n*
automatic door selbstöffnende Tür *f*
automatic door bottom selbsttätige Türeinrastung *f*
automatic door closer [seal] selbsttätiger [automatischer] Türschließer *m*
automatic drilling machine Bohrautomat *m*
automatic electric door opener elektrischer Türöffner *m*
automatic entrance gate operator selbsttätige Einfahrtsöffnungsvorrichtung *f*
automatic feeding selbsttätige Zuführung *f*
automatic fire alarm automatische Feuermeldeanlage *f*
automatic fire pump automatische Feuerlöschpumpe *f*, selbsttätige Wasserpumpe *f* für ein Feuerlöschsystem
automatic fire vent automatische Feuerlöschanlage *f* *(durch Brandlüftung)*
automatic flushing system selbsttätiges periodisches Wasserspülsystem *n*
automatic operator *(AE)* selbsttätige Öffnungs- und Schließvorrichtung *f (Garagentor)*
automatic ram pile driver Kunstramme *f*, automatisch gesteuerte Ramme *f (für Pfähle)*
automatic screed control Bohlennivellierautomatik *f* *(Straßenfertiger)*
automatic self-closing device automatischer Türschließer *m*
automatic smoke detector Rauchmelder *m*
automatic sprinkler system selbsttätiges Wassersprengsystem *n*, Sprinkleranlage *f (Feuerlöschanlage)*
automatic threshold closer *s.* automatic door bottom
automatic timer Zeitschaltuhr *f*
automatic timing device Zeitschalter *m*, Zeitschaltautomat *m*
automation Automation *f*, Automatisierung *f*
automatize *v* automatisieren
autosilo Parkturm *m*, Autosilo *n*
autostacker *s.* autosilo
Auvergne-type transept Querriegel *m (gestaffeltes Querhaus romanischer Kirchen, bes. der Auvergne)*
auxiliary agent Hilfsmittel *n*
auxiliary bearing Hilfsauflager *n*
auxiliary bill of quantities Nachtrag *m (Zusatzleistung nach der Submission)*
auxiliary building Nebengebäude *n*
auxiliary construction Hilfskonstruktion *f*
auxiliary dam *(Wsb)* Gegensperre *f*
auxiliary equipment Zusatzausrüstung
auxiliary gantry Hilfsgerüst *n (z. B. bei einem Kran)*
auxiliary heating system zusätzliche Heizungsanlage *f*
auxiliary lane Zusatzspur *f*, zusätzliche Fahrspur *f*; Entlastungsstraße *f*
auxiliary pipe Zusatzrohr *n*; Hilfsrohr *n*
auxiliary power station Zusatzenergieerzeugungsanlage *f*, Hilfsstromanlage *f*
auxiliary rafter Aussteifsparren *m*, Zusatzsparren *m*, Hilfssparren *m*
auxiliary reinforcement Zusatzspannglied *n*; Hilfsbewehrung *f*, Zusatzeinlage *f*
auxiliary rim lock zusätzliches Kastenschloss *n*
auxiliary safety lock zusätzliches Sicherheitsschloss *n*

auxiliary sash Vorfenster *n*, Doppelfenster *n*
auxiliary section Ausbruch *m*, Teilschnitt *m (technische Zeichung)*
auxiliary structure Hilfsbauwerk *n*, Behelfskonstruktion *f*
auxiliary tensioning tenon Zusatzspannglied *n*
auxiliary value Berichtigungsbeiwert *m*
auxiliary work Mehrarbeiten *fpl*, Nachtragsarbeit *f*, zusätzliche Leistungen *fpl (zum Projekt)*
availability Verfügbarkeit *f*; Angebot *n*; Zugänglichkeit *f*
available zugänglich, benutzbar; verfügbar, vorhanden, erhältlich
available for building bebaubar, baureif *(Baugrundstück)*
available storage capacity nutzbarer Speicherinhalt *m*
avalanche Lawine *f*
avalanche gallery Lawinengalerie *f*
avalanche-proof lawinengeschützt
avalanche protector Lawinenschutz *m*
avalanche screen Lawinenwehr *f*
avant-corps *(Arch)* (besonders) hervorstehender Gebäudeteil *m*; Fassadenwandvorsprung *m*
avanturine *s.* aventurine
aventurine Aventurin *m (Quarz)*; Goldfluss *m*; Flitterglas *n*
avenue Allee *f*, Boulevard *m*, Prachtstraße *f*
average *v* mitteln, das Mittel bilden; durchschnittlich betragen *(rechnerisch)*
average *v* **out** ausgleichen *(rechnerisch)*
average durchschnittlich
average Durchschnitt *m*, Mittel *n*, Mittelwert *m*
average available discharge of water mittlere verfügbare Wassermenge *f*
average bond stress mittlere Haftspannung *f (der Bewehrung)*
average consumption Durchschnittsverbrauch *m*
average daily output durchschnittliche Tagesleistung *f*
average daily traffic durchschnittlicher täglicher Verkehr *m*, DTV
average density (of traffic) mittlere Verkehrsdichte *f*
average discharge mittlere Abflussmenge *f*
average strength durchschnittliche Festigkeit *f*
aviation course Flugfeld *n*, Flugplatz *m*
avodire weißes Mahagoniholz *n*
avoid *v* **shaking** Erschütterungen vermeiden
avoidance of cracking Rissverhütung *f*
award Vergabe *f (Auftrag)*
award *v* **the contract** einen Auftrag vergeben
award of (the) contract Zuschlag *m*, Auftragsvergabe *f*, Vergabe *f (z. B. bei Ausschreibungen)*
awkward 1. unhandlich, schwer handhabbar; 2. *s.* awkwardly designed
awkwardly designed mangelhaft projektiert
awkwardly shaped kompliziert gestaltet
awl Ahle *f*, Pfriem *m*
awning Schutzdach *n*, Wetterdach *n*, Sonnendach *n*; Markise *f*
awning blind Fenstersonnenblende *f*
awning window Ausstellfenster *n*, Klapp(flügel)fenster *n*
ax *(AE) s.* axe
axe *v* behauen, scharrieren *(Stein)*
axe Axt *f*, Beil *n*; Steinhammer *m*
axed brick zugehauener Ziegel *m*
axed work scharriertes Mauerwerk *n*, scharrierte Steine *mpl*
axhammer *(AE)* Maurerhammer *m*; Steinmetzhammer *m*
axial alignment Fluchtung *f*, Fluchten *n*
axial deformation *(Stat)* axiale Formänderung *f*
axial fan Axiallüfter *m*
axial force *(Stat)* Axialkraft *f*, Längskraft *f*
axial force diagram Längskraftdiagramm *n*, grafische Darstellung *f* der Axialkräfte
axial hinge axiales Gelenk *n*
axial load *(Stat)* Axiallast *f*, Längslast *f*, zentrische Belastung *f*
axial moment of inertia axiales Trägheitsmoment *n*
axial pressure Axialdruck *m*, axialer [mittiger] Druck *m*
axial prestressing axiale Vorspannung *f*
axial shear Axialschub *m*
axial stress Längsspannung *f*, Normalspannung *f*
axial stress and bending *(Stat)* Längskraft *f* mit Biegung
axial stressing axiale Vorspannung *f*
axial thrust bearing Axiallager *n*
axially loaded axial [mittig] belastet
axis Achse *f*, Symmetrielinie *f*
axis line of pressure Drucklinie *f*, Linie *f* der Mittelkraft
axis of inertia Trägheitsachse *f*
axis of reference *(Verk)* Hauptachse *f*
axis of rotation Drehachse *f*, Rotationsachse f
axis of symmetry Symmetrieachse *f*
axis of thrust Schubachse *f*
axis of torsion [twist] Torsionsachse *f*
axis of zero Nulllinie *f*, Neutrale *f*
axle Achse *f*, Welle *f (Maschinenelement)*; Radachse *f*
axle load Achslast *f*
axle-steel reinforcing bar Bewehrungsstab *m* aus Achsenstahlmaterial
axle weight limit Achslastgrenze *f*
axonometric cut-away section axonometrischer Schnitt *m*
axonometric projection *s.* axonometry
axonometry 1. Axonometrie *f*, Parallelperspektive *f (Darstellung räumlicher Gebilde durch Parallelprojektion auf eine Ebene)*; 2. Kavalierperspektive *f*
azimuth Azimut *n(m)*, Richtungswinkel *m* gegen Gitter Nord
azimuth display Azimutdarstellung *f*
azimuth of attachment Anschlussazimut *n(m)*
azimuth traverse Polygonzug *m* mit Richtungswinkel
Aztec architecture Aztekenarchitektur *f*, Aztekenbaukunst *f*
azulejo spanische Farbmusterfliese *f*
azure-colo(u)red azurblau gefärbt

B

baby-care unit Säuglingsheim *n*; Säuglingstrakt *m (in einem Heim)*
Babylonian architecture babylonische Architektur *f*, Zikkuratbaukunst *f*
bachelor's hostel Ledigen(wohn)heim *n*
back *v* (unter)stützen; Untergrund [Unterlage] bilden
back *v* **away** nachgeben, ausweichen
back-fill *v (Erdb)* hinterfüllen, anschütten
back-mop *v* hinterstreichen, bestreichen *(Dachpappenunterseite beim Aufkleben)*
back-up *v* hintermauern
back 1. Rückwand *f (Gebäude)*; 2. Rücken *m*, Oberkante *f (Sparren, Dach, Querträger)*; 3. *(AE)* Hauptsparren *m*; 4. unsichtbares tragendes Teil *n (für sichtbare Elemente)*; Putzträger *m*; 5. gute Seite *f*, Sichtfläche *f (Fliese, Schiefer, Kachel)*; 6. Gewölberückenfläche *f*; 7. Rückenlehne *f (Stuhllehne)*
back arch verdeckter Bogen *m*, Hinterbogen *m*
back bending Zusammenbiegen *n*

back boxing *s.* back lining
back-brush Überstreichen *n* im Gegenstrich
back coat Grundschicht *f*, Unterputz *m*
back counter Arbeitsfläche *f*, Arbeitsraum *m (eines Buffets)*
back dike Schäferdeich *m*
back door Hintertür *f*
back edging Abhacken *n*, Zurechthacken *n (von Keramikrohren)*
back elevation Hinteransicht *f*, Hinterfront *f*, Hinterseite *f*, Hofseite *f (Hinterfront eines Gebäudes)*
back-fill *s.* backfill
back fillet Türanschlag *m*; Fensteranschlag *m*
back flap Rollladenaussparung *f*, Jalousiekasten *m*
back-flap hinge flaches Türband *n (für Fensterläden)*
back fold *s.* back flap
back form Schalenform *f (Betonschalenteile)*
back garden Hausgarten *m*, Hofgarten *m*
back gutter Schornsteindachrinne *f*, Schornsteinschutzblech *n*
back hearth Ascheraum *m (eines Herdofens)*
back jamb *s.* back lining
back kitchen Spülküche *f*
back ledge Rückleiste *f*, Stehbord *n*
back lever chamber Klappenkammer *f*
back lining Anschlagleiste *f (Fensterladen)*; Führungsleiste *f (Schiebefenster)*
back lintel hinterer Sturzbalken *m*
back-nailing Aufnageln *n*, Verdecktnagelung *f (von Dachpappe)*
back nut Gegenmutter *f*
back of dam *s.* back of weir
back of vault Gewölberücken *m*, Gewölberückenfläche *f*
back of weir *(Wsb)* Wehrrücken *m*
back patio Hinterterrasse *f*, rückseitige Terrasse *f*
back plate *s.* backplate
back pressure Gegendruck *m*; Staudruck *m*; Fließwiderstand *m*
back-pressure valve Gegendruckventil *n*, Einwegventil *n*
back prop Schrägsteife *f*
back putty Auflagekitt *m*, Hinterkitt *m*
back ripper Rückwärtsaufreißer *m*
back road Seitenweg *m*
back room Hinterstube *f*, Hinterraum *m*
back-set Klumpenbildung *f (bei Zement)*
back shutter Rollladenaussparung *f*, Jalousiekasten *m*
back side Hinterseite *f*
back siphonage rückläufige Heberwirkung *f (Schmutzwasserabheberung)*
back siphonage preventer Rohrunterbrecher *m*; Vakuumregelventil *n*
back square Anschlagwinkel *m*, Winkel *m*
back stairs Hintertreppe *f*
back stay Hinterstützungsrohr *n*; *(AE)* Stütze *f*, Verstrebung *f*, Steife *f*
back terrace Hinterterrasse *f*
back-to-back house Reihenhaus *n*
back-up 1. Hintermauerung *f*, Rücken(träger)schicht *f*, Rücklage *f*, Füllschicht *f*, Unterschicht *f*; 2. Rücklage *f*, Überfluss *m (in einem Leitungssystem)*; 3. *s.* backup 2.
back-up block Hintermauerblock *m*
back-up brick Hintermauer(ungs)ziegel *m*, Hintermauerstein *m*
back-up masonry Hintermauerung *f*
back-up material Unterschicht *f*, Füllmaterial *n*
back-up strip Trägerleiste *f*, Nagelleiste *f*
back veneer 1. Furnier *n* für Rückseiten; 2. Unterfurnier *n*
back vent Luftloch *n (in einem Leitungssystem zur Vermeidung von Unterdruck)*
back view Rückansicht *f*, Hinteransicht *f*
back wall Rückwand *f*
backacter (shovel) Grabenbagger *m*, Tieflöffelbagger *m*
backacting shovel *s.* backacter (shovel)
backband Dichtungsleiste *f*, Deckleiste *f (bei Fenster und Türen)*
backdigger *s.* backhoe 2.
backed-up masonry hintermauertes Mauerwerk *n*
backfaçade Rückseite *f*, Rückansicht *f*, Hinterfront *f*
backfill 1. *(Erdb)* Verfüllmaterial *n*; Schüttung *f*; 2. *(Erdb)* Verfüllung *f*
backfill concrete Hinter(füll)beton *m*, Füllbeton *m*
backfill rammer Grabenramme *f*
backfiller Grabenverfüllgerät *n*, Grabenverfüller *m*
backfilling 1. *(Erdb)* Hinterfüllung *f*, Verfüllung *f*; 2. Hintermauerung *f*; 3. Fachwerkausmauerung *f*
backflow Rückfluss *m*; Rückfluten *n*
backflow connection (system) Rückflussleitungssystem *n*
backflow preventer Rückflussschutzventil *n*, Rückflusssicherung *f*
backflow valve Rückflussschieber *m*
background 1. Grundschicht *f*, Untergrund *m*; 2. Hintergrund *m*
background brightness Grundhelligkeit *f*, Hintergrundhelligkeit *f*
background heating Unterflurheizung *f*, Unterflurheizungssystem *n*
background noise Grundgeräusch *n*
backhoe 1. Grabenaushubausrüstung *f (eines Baggers)*; 2. Tieflöffelbagger *m*; *(AE)* Grabenbagger *m (ziehend arbeitender Löffelbagger)*; Tieflöffel *m*
backhoe loader Baggerlader *m*
backing 1. Gehrung *f (Gratsparren)*; 2. Passleiste *f*, Futterleiste *f (Fußbodendielung)*; 3. innerer Teil *m (Hohlwand)*; 4. Hinterfüllung *f*; 5. *s.* back-up strip; 6. Rauwerk *n (Unterputzschicht)*; 7. Teppichbeschichtung *f (Unterseite)*; 8. Schweißunterlagshilfe *f*; 9. Glattschlagen *n (Steinvorlage)*
backing board Gipsformteil *n (Schalldecke)*
backing brick *s.* back-up brick
backing coat Grobputzlage *f*, Unterputzschicht *f*, Unterputz *m (innen)*
backing concrete Unterbeton *m*; Hinterbeton *m*
backing material Grundmaterial *n (z. B. für Beschichtungen)*
backing paper Trägerpapier *n (Beschichtung)*
backing plaster Unterputz *m*
backing ring Schweißhilfsring *m (als Hinterlage)*
backing sheet Trägerbahn *f*
backing strip Schweißunterlagshilfe *f*, Unterlegstreifen *m*
backing-up Hintermauerung *f*, Hintermauern *n*
backjoint glatte Rückfuge *f*
backlash Spielraum *m*, Spiel *n*
backlayer Rücklage *f*
backlining *s.* back lining
backplastering *(AE)* Fachwerkshinterputz *m*, nicht sichtbarer Putz *m*
backplate Hilfsblech *n*, Unterlagsblech *n*; Schildplatte *f*, Unterplatte *f (Türbeschlag)*; Verbindungslasche *f*
backplate lamp holder Befestigungsunterlage *f (für Lampen an dünnen Deckenkonstruktionen)*
backpressure Gegendruck *m*, Rückstau *m*, Rückstaudruck *m*
backpressure level Rückstauebene *f*
backpressure preventer Rückstauverhinderer *m*
backscatter(ing) Rückstreuung *f (Strahlung)*
backsight *(Verm)* Rücksicht *f*, Rückblick *m*
backsloper Böschungshobel *m*
backsplash (plate) Schutzplatte *f*, Schutztafel *f (zwischen Waschbecken und Wand)*

backstein Gothic Backsteingotik *f*
backswamps sumpfiges Hinterland *n*
backup *(AE)* 1. *s.* back-up 1. *und* 2.; 2. Verkehrsstau *m*
backwater Rückstauwasser *n*, Stauwasser *n*
backwater length Staulänge *f*
backwater slope Staukurve *f*
backwater storage Rückstauvolumen *n (z. B. eines Regenrückhaltebeckens)*
backwater valve Rückflussschieber *m*
backwater zone Staugebiet *n*
backyard Hinterhof *m*
bacteria resistance Bakterienfestigkeit *f*
bacterial corrosion bakterielle Korrosion *f*
bactericidal bakterienabweisend
bactericidal paint bakterienabweisende Farbe *f*, bakterienabweisender Anstrich(stoff) *m*
bacteriological purification bakteriologische Reinigung *f*
bacteriological treatment bakteriologische Behandlung *f*
bad bevel Baumkante *f*, Wahnkante *f (bei Nutzholz)*
bad ground weicher Boden *m*, nicht tragfähiger Erdstoff *m*
bad mortar Magermörtel *m*, schlaffer Mörtel *m*
bad soil weicher Boden *m*, plastischer Erdstoff *m*
bad stretch schlechte Wegstrecke *f*
bad weld schlechte Schweißverbindung *f*
bad workmanship mangelhafte Ausführung *f*
badger 1. Mörtelausschaber *m (aus Rohren)*; 2. *s.* rabbet plane
badigeon Flickmaterial *n*, Füller *m (für Löcher)*
baffle 1. Prallplatte *f*, Leitblech *n*, Leitzunge *f*; 2. Zwischenwand *f*, Schallwand *f*; 3. Strahlablenker *m*
baffle block Bremspfeiler *m*, Schikane *f*
baffle board Schutzbrett *n*
baffle plate Leitblech *n*
baffle wall Trennwand *f*, Prallwand *f*, Prallfläche *f*, Prallstrahlablenker *m*
bag *v* absacken, in Säcke verpacken
bag 1. Sack *m*; 2. *(HKL)* Schlauchfilter *n*, Filtertasche *f*
bag filter Tuchfilter *m (Entstaubungsanlage)*
bag moulding Gummisack(-Press)verfahren *n*, Druckformung *f (plastischer Massen)*
bag plug aufblasbarer Stöpsel *m*
bag trap S-förmiger Geruchsverschluss *m*
baggage claim *(AE)* Gepäckausgabe *f*, Gepäckausgabeband *n (Flugplatz)*
baggage claim area Gepäckausgaberaum *m*
baggage-conveyance system Gepäckförderanlage *f*
baggage elevator *(AE)* Gepäckaufzug *m*
baggage facility Gepäckabfertigungsanlage *f*
baggage flow Gepäckdurchlauf *m*
baggage lift Gepäckaufzug m
baggage room *(AE)* Gepäckraum *m*
baggage roundabout Gepäckkarussell *n*
baggage shed Gepäckschuppen *m*
baggage shelf Gepäckablage *f*
bagged gesackt
bagged cement abgesackter Zement *m*
bagging Absackung *f*, Abfüllen *n* in Säcke
bagging plant Absackhalle *f*
bagging scale Absackwaage f
baghouse Tuchfilteranlage *f*
baghouse dust collector Tuchfilterentstaubungsanlage *f*
baghouse fines Rückgewinnungsfüller *m*, Eigenfüller *m (Gesteinsaufbereitung)*
bagnio Bagno *n*, Badehaus *n (historisch)*
baguet *s.* baguette
baguette Halbrundstab *m (Zierleiste)*
bahut *(AE)* 1. abgerundete oberste Schicht *f (einer Brüstungsmauer)*; 2. Drempelerhöhung *f*
bail *v* (Wasser) ausschöpfen, (aus)sümpfen *(eine Baugrube)*
bailer Schöpfeimer *m*, Schöpflöffel *m*; Sümpfkübel *m*
bailey 1. *(Arch)* äußere Schlosswand *f* [Burgwand *f*] *(Mittelalter)*; 2. Burghof *m*
Bailey bridge Bailey-Behelfsbrücke *f*, Stahlfachwerk-Sektionsbrücke *f*
bake *v* thermisch behandeln, im Ofen trocknen *(z. B. Ziegel)*; brennen, glühen *(Keramik)*; 3. (ein)brennen *(z. B. Farben)*; 4. sintern
bake *v* **bricks** Ziegel brennen
bake *v* **on** aufsintern, aufschmelzen
baked eingebrannt, getrocknet
baked brick gebrannter Ziegel *m*, roter Mauerziegel *m*
baked finish eingebrannter Decklack *m* [Lack *m*]
baking 1. Trocknung *f (von Ziegeln)*; Wärmebehandlung *f (z. B. von Holz)*; 2. Einbrennen *n (von Farben)*; 3. Sinterung *f*
baking oven 1. Trockenofen *m (für Einbrennfarben)*; 2. Backofen *m*
baking paint Einbrennfarbe *f*
baking varnish Einbrennlack *m*, ofentrocknender Lack *m*
balance *v (Stat)* ausgleichen
balance *v* **(the) steps** Stufen ausgleichend verziehen
balance 1. Gleichgewicht *n*; 2. *(Stat)* Ausgleich *m*; 3. Waage *f*
balance bar [beam] Gegengewichtsbalken *m*, Ausgleichsbalken *m*
balance bridge Klappbrücke *f*
balance calculation [method] Ausgleichmethode *f*, Ausgleichrechnung *f*, Ausgleichverfahren *n*
balanced 1. im Gleichgewicht, ausgewogen; 2. *(Stat)* entlastet
balanced construction beidseitig beschichtete Sandwichplatte *f*
balanced door Gegengewichtstor *n*
balanced earthworks *(Erdb)* Massenausgleich *m*
balanced flue ausgeglichener Zug *m (Rauchkanal)*
balanced gate (valve) entlasteter Wasserschieber *m*
balanced load 1. symmetrische Belastung *f (von Stahlbeton; Beton und Stahl erreichen gleichzeitig die Bruchgrenze)*; 2. symmetrische Belastung *f (Drehstromquelle)*
balanced reinforcement optimal dimensionierte Bewehrung *f*
balanced sash Kippflügel *m*
balanced step ausgeglichene Trittstufenfläche *f*
balanced valve with bypass ausgeglichenes [druckentlastetes] Ventil *n* mit Umlaufleitung
balanced weight Gegengewicht *n*
balanced window Schwingflügel *m*
balancing cock Kontrollschieber *m*
balancing gate pit Ausgleichsschacht *m*
balancing of construction volume Ausgleichen *n* der Baumasse
balancing of masses Massenausgleich *m*
balancing plug cock *s.* balancing valve
balancing reservoir Ausgleichbecken *n*
balancing valve Druckausgleichventil *n*, Durchflusskontrollventil *n*, Kontrollschieber *m*
balconet(te) Austrittsfenster *n*
balcony 1. Balkon *m*; 2. Balkon *m*, Galerie *f (im Theater)*; *(AE)* Rang *m*
balcony access apartment Laubengangwohnung *f*
balcony access block Außenganghaus *n*, Laubenganghaus *n*
balcony balustrade Balkonbalustrade *f*, Balkongeländer *n*
balcony beam Balkonträger *m*
balcony door Balkontür *f*
balcony drainage Balkonentwässerung *f*
balcony lifting door Balkonhebetür *f*
balcony outlet Fallrohreinmündungsstück *n* am Balkon

balcony parapet Balkonbrüstung *f*
balcony plate *s.* balcony slab
balcony partition wall Balkontrennwand *f*
balcony railing Geländer *n*
balcony slab Balkonplatte *f*
balcony support Balkonträger *m*
balcony window Balkonfenster *n*
baldachin Baldachin *m*
baldaquin *s.* baldachin
balection moulding Kehlstoß *m*
balistraria *(Arch)* Schießschartenkreuz *n (in Burgen)*
balk 1. Balken *m*; Kantholz *n (über 100 mm × 125 mm im Durchmesser)*; 2. *(AE)* Begrenzungsfurche *f (eines Landgrundstücks)*
ball *v* zusammenballen; sich ballen *(z. B. Baustoffe)*
ball 1. Kugel *f*; Ball *m*; 2. Luppe *f*
ball-and-line float Tiefenschwimmer *m*
ball-and-socket footing Fußgelenk *n (Rahmen, Stütze)*
ball-and-socket joint Kugelgelenk *n*
ball-bearing hinge kugelgelagertes Türband *n*
ball breaker *(AE)* Fallbirne *f*, Zertrümmerungskugel *f*
ball catch Kugeleinschnapper *m (für Türen)*
ball-check valve Kugelrückflussventil *n*
ball clay hochplastischer Ton *m*, Lettenton *m*, Tonletten *m*
ball cock Kugelventil *n (Hahn)*; Schwimmervorrichtung *f*
ball-flower *(Arch)* Ballblume *f (charakteristisches Ornament der englischen Gotik des 13. Jahrhunderts)*
ball hammer Kugelhammer *m*, Festigkeitstesthammer *m*
ball hardness test Kugelhärteprüfung *f*
ball impact test Kugelschlagprüfung *f*
ball joint Kugelgelenk *n*
ball-jointed rocker bearing Kugelzapfenkipplager *n*
ball mill Kugelmühle *f*
ball-peen hammer Treibhammer *m*, Kugelhammer *m*
ball pivot kugelförmiger Zapfen *m (Drehzapfen)*
ball pump Pumpe *f* mit Rückschlagventil, Kugelventilpumpe *f*
ball race Laufring *m*
ball roller Rollenlaufwerk *n*
ball tap Schwimmerhahn *m*
ball test Kugeldruckprüfung *f*, Kugelschlagprüfung *f*
ball valve Kugelventil *n*
ballast *v* (be)schottern, aufschottern *(Eisenbahnbau)*
ballast 1. *(Verk)* Unterlage *f*, Bettung *f (für Gleise)*; 2. Kiesschotter *m*, Schotter *m*, Grobschotter *m (für Gleisbau)*; Grobzuschlagstoffe *mpl*, Grobkies *m (für Beton)*; 3. Ballast *m*; 4. *(El)* Vorschaltgerät *n (für Entladungslampen)*
ballast bed Schotterbett *n*, Schotterüberschüttung *f*, Schotterablage *f*; Straßenbett *n*
ballast boxing Schotterschüttung *f*
ballast concrete Schotterbeton *m*
ballast covering Überschüttung *f (Schotter)*
ballast filter Kiesfilter *n*
ballast material Grobzuschlagstoffe *mpl*
ballast pit [quarry] Schottergrube *f*
ballast road Schotterstraße *f*
ballast tamper Schotterstampfer *m*
ballast truck Großkipper *m*
ballasting 1. Beschotterung *f*; 2. Schotterbett *n (Eisenbahn)*; Gleisbettung *f*
ballasting material Grobzuschlagstoffe *mpl*
ballasting wagon Schotterwagen *m*
ballistic separation Schleudertrennung *f*
ballistic sorting ballistische Sortierung *f (von Müll)*
balloon framing senkrechte Holzverschalung *f (über die volle Höhe)*
balloon hangar Holzhalle *f (genagelt)*
ballroom Tanzsaal *m*, Ballsaal *m*
balsa (wood) Balsa(holz) *n*
balteus *(Arch)* Balteus *m*, Kapitellgurtband *n (an ionischen Säulen)*
baluster *(Hb)* Baluster *m*, Docke *f*, Brüstungsstab *m*, Geländerstab *m*, Treppengeländerpfosten *m*, Sprosse *f*
baluster column balusterförmige Säule *f* mit kurzem dicken Schaft
baluster of a staircase Geländerdocke *f*
baluster shaft *s.* baluster column
balustrade Balustrade *f*, Brüstung *f*, (offenes) Geländer *n (Balkon, Treppe, Brücke)*; Brüstungswand *f*
balustrade of a balcony Balkonbrüstung *f*, Balkongeländer *n*, Balkongitter *n*
band 1. *(Arch)* Band *n (Schmuck an Säulen und als Gesimsglied)*; 2. Gurt *m (Ornament)*; 3. Bindeschiene *f*; 4. Ring *m (Öse und Schleife)*
band-and-hook hinge Hakengelenkband *n (Torband)*
band chain Messkette *f*
band clamp Fallrohrschelle *f*
band clip Flacheisenreifen *m*
band conveyor Gurtförderer *m*
band course Gesimsband *n*, Mauerband *n*; Bandgesims *m*, Brustgesims *n*
band decoration Banddekoration *f*, Bandmuster *n*, Bandmusterung *f*
band fillet Zierleiste *f*
band iron Bandeisen *n*
band moulding 1. *(Arch)* Bandrippe *f (Gewölberippe der Spätgotik)*; 2. Zierleiste *f*
band post Feldtorpfosten *m*
band saw Bandsäge *f*
band shell Musikpavillon *m*, Muschelbühne *f*
band steel Bandstahl *m*
band tape Bandmaß *n*
bandage Bandage *f*, Umschnürung *f*
banded streifig; streifenartig (ausgebildet)
banded architrave klassischer Architrav *m*
banded column *(Arch)* Kapitellsäule *f*, Ringsäule *f*, Bundsäule *f*
bandelet(te) kleine Leiste *f*; Ringleiste *f*; schmale Flachverzierung *f (z. B. über einer Säule)*
banderol(e) Banderole *f*, Banderolenzier(ranken)ornament *n*; Spruchband *n*
banding Abschlussleiste *f*, Deckleiste *f*; Zierleiste *f*
bandstand Musikpavillon *m*, Orchesterpavillon *m*
banister 1. *(AE)* Handlauf *m*, Handgeländer *n (Treppe)*; 2. *s.* baluster
banister with handrail Treppengeländer *n*
banisters *(AE) s.* banister 1.
banjo bolt Hohlschraube *f*
bank *v* 1. aufdämmen; eindämmen, mit einem Wall umgeben; 2. *(Verk)* überhöhen *(Kurven)*
bank *v* **up** abdämmen, andämmen, stauen, Wasser aufstauen
bank 1. Damm *m*, Erdaufschüttung *f*, Fahrdamm *m*, befahrbarer Damm *m*; 2. *(Verk)* Böschung *f*; 3. Ufer *n (Fluss)*; Uferböschung *f*, Wasserkante *f*; 4. Erdstoffbank *f*; 5. *s.* banking; 6. Bankgebäude *n*
bank approval Bankakzept *n*, Bankgenehmigung *f*
bank block Bankgebäude *n*
bank building Bankgebäude *n*
bank defence *s.* bank protection
bank depository Nachttresor *m*
bank-funded bankfinanziert
bank gravel Wandkies *m*, unklassierter Kies *m*
bank guarantee Bankbürgschaft *f*
bank hall Kassenraum *m*
bank line Uferlinie *f (Fluss)*
bank material anstehender Erdstoff *m (der ausgehoben wird)*; abzutragender Boden *m*

bank measure 1. Erdmassenmenge *f*, 2. Erdmassenermittlung *f*
bank of bedroom closets Schlafzimmerschrankwand *f*
bank of closets Schrankwand *f*
bank of ditch Grabenböschung *f*
bank protection Uferschutz *m*, Ufersicherung *f*, Uferverkleidung *f*
bank reinforcement Uferbefestigung *f*
bank-run aggregate unklassifizierter Grubenzuschlagstoff *m*
bank-run gravel *s.* bank gravel
bank sand scharfer Flusssand *m*
bank screw Schraubstock *m*
bank slope Böschungsschräge *f*, Böschungswinkel *m*
bank sloping Abböschen *n*, Böschungsziehen *n*
banked überhöht
banked curve überhöhte Kurve *f*
banked-up water level gestauter Wasserspiegel *m*, Spiegelerhebung *f*
banker 1. Steinmetzwerkbank *f*; 2. Mischunterlage *f (zum Mischen von Mörtel)*
banker-mark Steinmetzzeichen *n*
banking 1. *(Verk)* Überhöhung *f (einer Kurve)*; 2. *(AE) (Verk)* Streckenführung *f*
banking hall Bankhalle *f*, Kassenraum *m*
bankruptcy Bankrott *m*, Konkurs *m*
bannerol *s.* banderol(e)
bannister *s.* banister
banquet room Festsaal *m*, Bankettsaal *m*
banquet(ing) hall Bankettsaal *m*, Festsaal *m*
banquette 1. Bankett *n*, Absatz *m (Böschungs-, Deichabsatz)*; 2. *(AE)* (befestigter) Gehweg *m*; (erhöhter) Fußweg *m*; 3. gepolsterte Wandbank *f*, Fensterbank *f*, Fenstersitz *m*
baptistery 1. *(Arch)* Baptisterium *n*, Taufkirche *f*, 2. *(Arch)* Taufbecken *n*, Taufstein *m*
bar 1. Stab *m*, Stange *f*, Bewehrungsstab *m*, Glied *n (einer Bewehrung)*; Lamelle *f (Stahlbau)*; 2. Füllungsstab *m*; Schließe *f*, Querholz *n*, Riegel *m (Verschlussstange, z. B. für Tore)*; 3. Bar *f*, Gaststätte *f*, 4. *s.* surf bar
bar bender Eisenbiegemaschine *f*, Stahlbiegemaschine *f (für Stahlbewehrung)*; Eisenbieger *m (Arbeiter)*
bar bending Eisenbiegen *n*
bar bending machine Bewehrungsbiegemaschine *f*, Stahlbiegemaschine *f*
bar buckling Gliedknickung *f*, Stabknickung *f*
bar chain Stabzug *m (Stahlbeton)*
bar chair Abstandhalter *m*, Stabhalterung *f (Stahlbeton)*
bar chart Balkendiagramm *n*, Stabdiagramm *n*
bar clamp Zimmermannsschraubstock *m*
bar connection Stangenverbindung *f*
bar construction Stab(werk)konstruktion *f*
bar cropper Bewehrungsschneider *m*, Stabstahlschneidemaschine *f*
bar cross-section Gliedquerschnitt *m*, Stabquerschnitt *m*
bar cutter Bolzenschneider *m*, Eisenabschneidevorrichtung *f*
bar field Gliedfeld *n*, Stabfeld *n*
bar fixing gang Eisenflechtertrupp *m*, Bewehrungsknüpferkolonne *f*
bar force Stabkraft *f*
bar frame Stabrahmen *m*
bar grate Stabrost *m*
bar iron Stabeisen *n*, Stabstahl *m*
bar joint Stabverbindung *f*
bar joist 1. Gitterträger *m*; 2. Quereisen *n*, Verteilereisen *n*
bar loading Stabbelastung *f*
bar mark Stahlposition *f*, Eisenposition *f (Stahlliste)*
bar mat Bewehrungsmatte *f*
bar moment Gliedmoment *n*, Stabmoment *n*
bar of arch Bogenstab *m*
bar of sand Sandbarre *f*, Sandbank *f*
bar rack *(Wsb)* Rechenanlage *f*
bar reinforcement Stab(stahl)bewehrung *f*
bar sash lift Schiebefenstergriff *m*
bar schedule Armierungsplan *m*
bar screen Stabsiebrost *m*
bar section Stabquerschnitt *m*
bar shape Stabform *f*
bar-shaped stabförmig
bar spacer Abstandhalter *m*, Bewehrungsbock *m*
bar spacing Stababstand *m*, Bewehrungsstahlabstand *m*
bar steel Stabstahl *m*
bar strain Stabspannung *f*
bar strainer *(AE)* Stabrost *m*, Stabsperre *f (Eingangsschutzvorrichtung bei offenen Rohren)*
bar stress Stabspannung *f*
bar support Stabhalterung *f*, Bewehrungshalter *m*
bar system Stabsystem *n*
bar tension Stabspannung *f*
bar tracery Fensterornament *n (eines gotischen Fensters)*
bar-type grating Längsstabrost *m*, Längsstabgitter *n (Gründung)*
barb Widerhaken *m*; Grat *m*
barb bolt Widerhakenbolzen *m*, Widerhakennagel *m*; Steinschraube *f*
barbacan *s.* barbican
barbed wire Stacheldraht *m*
barbed wire fence Stacheldrahtzaun *m*
barbican *(Arch)* Barbakane *f*, Außenwerk *n*; Torzwinger *m*; Wachtturm *m*, Warte *f (an einem Tor oder einer Brücke)*
barbwire *(AE) s.* barbed wire
bare 1. ungeschützt; 2. *(El)* nackt, blank *(Draht)*; 3. unterdimensioniert, unter Maß
barefaced tenon einseitiger Zapfen *m*
barge 1. Schute *f*, Prahm *m*; 2. Außenschornstein *m*
barge board Giebelbrett *n (auch verziert)*; Ortgangbrett *n*
barge couple 1. Fußbalkenlager *n (eines Giebeldachs)*; 2. Endsparren *m*
barge course 1. Rollschicht *f*, Abdeck(ungs)schicht *f*, Schlusslage *f (Mauerwerk)*; 2. Abschlussdachziegel *m*, Randziegel *m*
barge lift Schiffshebeanlage *f*, Schiffshebewerk *n*
barge rafter Endsparren *m*
barge spike quadratischer Balkennagel *m*
barge stone auskragender Giebelabschlussstein *m*
barite *s.* baryte
baritic cement Barytzement *m*
barium fluosilicate Bariumfluat *n*
barium plaster Barium-Gipsputz *m (für Röntgenräume)*
bark *v* entrinden, abschälen *(Holz)*
bark Rinde *f*, Borke *f*
bark pocket Rindeneinschluss *m*
barked timber Schälholz *n*
barkpeel *v s.* bark
barn 1. Scheune *f*, 2. *(AE)* Stallgebäude *n*, Stall *m (Landbau)*
barn-door hanger Schiebetoraufhängung *f*
barn-door stay Laufrad *n (eines Schiebetors)*
barometric draught regulator automatischer Luftzugregler *m (bei Heizungen)*
Baroque *(Arch)* Barock *m(n)*
baroque architecture Barockarchitektur *f*, Barockbaukunst *f*
baroque building Barockgebäude *n*
baroque church Barockkirche *f*
baroque strapwork Bandelwerk *n (barockes Ornament)*
barrack Baracke *f*, Bauhütte *f*
barracks 1. Kaserne *f*, 2. Mietskaserne *f*, Bauunterkunft *f*

barracks building Kasernengebäude *n*
barracks construction Kasernenbau *m*
barrage (dam) *(Wsb)* Sperrmauer *f*, Staumauer *f*, Staudamm *m (zur Bewässerung)*; Talsperre *f*
barred-and-braced gate Tor *n* mit diagonaler Stützstrebe, Diagonalriegeltor *n*
barred gate Querstrebentor *n*, Tor *n* mit Horizontalhölzern
barrel 1. Fass *n*; 2. Rohr *n* mit konstanter Bohrung und Wanddicke; Hülse *f*
barrel arch Tonnengewölbe *n*, rundes Bogengewölbe *n*
barrel bolt Torschließbolzen *m*
barrel camber Wölbung *f (tonnenartig)*
barrel ceiling gewölbeförmige Deckenkonstruktion *f*
barrel frame Rohrahmen *m*
barrel handrail Rohrhandlauf *m*
barrel light Oberlicht *n*, Oberlichtöffnung *f (Dachgaupenfenster)*
barrel mast Rohrmast *m*
barrel mixer Trommelmischer *m*
barrel painting Trommellackieren *n*
barrel polishing Trommelpolieren *n*, Trommeln *n*
barrel pump Abfüllpumpe *f*
barrel purline Rohr(dach)pfette *f*
barrel road gewölbte Straße *f*
barrel roof Tonnendach *n*
barrel shell Tonnenschale *f (Dach)*
barrel skeleton Rohrskelett *n*, Rohrgerippe *n*
barrel vault Tonnengewölbe *n*, Zylindergewölbe *n*; Tunnelgewölbe *n*
barrel-vaulted tonnengewölbt
barrel vaulting Einwölben *n*
barricade Erdaufwurf *m*, Erdwall *m*; Hindernis *n*
barrier 1. Barriere *f*; Sperre *f*; Schlagbaum *m*; 2. Dichtungslage *f*
barrier coat Absperranstrich *m*
barrier fence Absperrung *f*
barrier gate Gatter(tor) *n*
barrier layer Sperrschicht *f*
barrier line Sperrlinie *f*
barrier material Sperr(bau)stoff *m*, Sperrmittel *n*
barrier membrane Abdichtungslage *f*, Sperrschicht *f*, Sperre *f*
barrow 1. Karren *m*; Schubkarre *f*; 2. Grabhügel *m (antik oder prähistorisch)*
barrow run [way] Bohlenweg *m*, Laufbrett *n (für Schubkarre)*; Karrbohle *f*
bars Gestänge *n*; Gitter *n*
bartizan Erkertürmchen *n*, Scharwachturm *m (auf Wehrmauern)*
barway *(AE)* Stangentor *n*
baryte Baryt *m*, Schwerspat *m (Strahlenschutzbetonzuschlag)*
baryte cement Barytzement *m*
baryte concrete Barytbeton *m*
barytes *s.* baryte
bas-relief Basrelief *n*, Flachrelief *n*, halberhabenes Relief *n*
bas-taille *s.* bas-relief
basal an der Basis
basal drainage blanket Sohlendränageschicht *f*
basalt Basalt *m*
basalt meal Basaltmehl *n*, Basaltfüller *m*
basalt sett Basaltpflasterstein *m*
basalt tuff Basalttuff *m*, Basalttuffgestein *n*, Trapptuff *m*
basalt wool Basalt(gesteins)wolle *f*
bascule-bolt Baskülverschluss *m*
bascule bridge Klappbrücke *f*
base *v* **on** gründen auf
base 1. Tragschicht *f*, Unterbau *m*, Unterlage *f*, Grundschicht *f (Straße)*; 2. Fundament *n*, Gründung *f (Gebäude)*; Sockel *m*, Postament *n*, Untersatz *m*; Säulenbasis *f*, Säulenfuß *m*, Fuß *m*; 3. Grundlage *f*, Basis *f*; 4. Untergrund *m*, Haftgrund *m (für Farbanstriche)*; 5. *(AE)* Fußleiste *f (Fußboden)*; Scheuerleiste *f*
base anchor Türrahmenankereisen *n*
base asphalt *(AE)* Ausgangsbitumen *n*, Grundbitumen *n*
base attachment Fußausbildung *f (einer Säule)*
base bid Angebotspreis *m*; Angebotsbaupreis *m*
base bid specifications Angebotsleistungsverzeichnis *n*
base bitumen Ausgangsbitumen *n*, Grundbitumen *n*
base block Grundstein *m (z. B. bei einer Mauer)*
base board Trägerplatte *f*, Basisplatte *f*
base clip Türrahmenankereisen *n*
base coat 1. Unterputz *m*, Unterputzschicht *f*, Rauwerk *n*, Grobputzlage *f*; 2. Grund *m (z. B. Farbgrundierung)*; Grundanstrich *m (Ergebnis)*
base course 1. Planum *n*, Sauberkeitsschicht *f*, Fundamentschicht *f*; 2. Unterbettungsschicht *f*, Unterbau *m*, Gründungsschicht *f*, Tragschicht *f (einer Straße)*
base-court kleiner Arbeitshof *m (eines Gebäudes)*
base elbow Gussrohrbogen *m* mit Auflageflansch
base fabric Trägergewebe *n*
base failure Grundbruch *m*, Geländebruch *m*
base fittings Sockelzubehör *n*
base flashing Dachfußblech *n*
base for piledriving Rammebene *f*, Rammplanum *n*, Rammpodest *n*
base lacquer Grundlack *m*
base layer Tragschicht f
base level Gründungssohle *f*
base line Grundlinie *f*
base load Grundlast *f*
base map Planungskarte *f*; Erschließungskarte *f (Stadtplanung)*
base material 1. Tragschichtmaterial *n (Straßenbau)*; 2. Grundwerkstoff *m*, Trägerwerkstoff *m*; 3. Ausgangsmaterial *n*
base moulding *(AE)* Deckleiste *f* für Scheuerleisten, Passleiste *f*
base of a foundation *s.* base of foundation
base of balustrade Brüstungsfuß *m*
base of column Sockel *m* einer Säule
base of dam *(Wsb)* Sohlenfläche *f*
base of foundation Fundamentsohle *f*, Fundamentabsatz *m*
base plate Sohlplatte *f*, Fundamentplatte *f*, Lastverteilungsplatte *f (aus Metall)*; Fuß *m (z. B. einer Säule)*; Maschinenunterlagsplatte *f*
base plate plug Plattenwulst *m(f)*
base point Fußpunkt *m*
base pressure *(Erdb)* Sohldruck *m*, Sohlpressung *f*
base program Grundprogramm *n*
base quantity Basisgröße *f*
base screed Putzriffel *f*
base sealing Basisabdichtung *f (einer Deponie)*
base sheet erste Lage *f (Bedachung)*
base shoe Gesimsleiste *f (über dem Fußboden)*; *(AE)* Deckleiste *f (Viertelstab)*
base shoe corner Gesimseckstück *n*
base slab Fundamentplatte *f*, Gründungsplatte *f*; Betonfundamentplatte *f*
base surface preparation Untergrundvorbehandlung *f (Anstrich)*
base tile Sockelfliese *f*
base trim *(AE)* Zierleiste *f (Säule)*
base unit 1.Basiseinheit *f*; 2.Unterbau *m*; Unterschrank *m*
base wall Grundmauer *f*
basebead Putzriffel *f*

baseboard Fuß(boden)leiste *f*, Scheuerleiste *f*, Sockelleiste *f*, Wischleiste *f*
baseboard heater Sockelleistenheizkörper *m*, Fußbodenkantenheizung *f*
baseboard heating Fußbodenkantenheizung *f*
baseboard radiator (unit) flacher niedriger Fußbodenradiator *m*
basecoat *s.* base coat 1.
basement 1. Kellergeschoss *n*, Souterrain *n*; 2. Fundament *n (Gründungsmauer, Säule)*; Sockel *m*
basement boiler room Heizungskeller *m*
basement car park Tiefgarage *f*
basement door Kellertür *f*
basement dwelling (unit) *(AE) s.* basement flat
basement flat Souterrainwohnung *f*, Keller(geschoss)-wohnung *f*
basement floor Keller(geschoss)decke *f*
basement foundation Kellergründung *f*
basement garage Tiefgarage *f*, Kellergeschossgarage *f*
basement house *(AE)* ebenerdiges Haus *n*
basement light well Kellergeschosslichtschacht *m*
basement parget(ing) Kellerputz *m*
basement slab Fundamentplatte *f*
basement soil 1. Untergrund *m*, Baugrund *m*; 2. Unterbettungsschicht *f*, Unterbauschicht *f (Straße)*; Unterbau *m (Eisenbahn)*
basement soil of a ditch Grabensohle *f*
basement stairs Kellertreppe *f*
basement storey Kellergeschoss *n*, Untergeschoss *n*
basement wall Keller(geschoss)mauer *f*
basement window Kellerfenster *n*
basement with random-rubble walls Kellergeschoss *n* in Bruchsteinmauerwerk
basementless ohne Kellergeschoss
basic 1. grundlegend; Grund...; Basis...; 2. alkalisch, basisch
basic assumption *(Stat)* Grundannahme *f*
basic boom Basisausleger *m*
basic brick basischer Feuerfeststein *m*
basic building material Grundbaustoff *m*
basic capacity grundlegende Leistungsfähigkeit *f*, maßgebende Kapazität *f*
basic condition *(Stat)* Grundzustand *m*
basic construction services Baubetreuung *f (durch den Entwurfsingenieur)*
basic cost(s) Grundkosten *pl*, Selbstkosten *pl*
basic design Grundausführung *f*
basic dimension Grundmaß *n*, Nennmaß *n*
basic diorite basischer Diorit
basic equation Grundgleichung *f*
basic equipment (technische) Grundausstattung *f*
basic load Grundlast *f*
basic material Grundmaterial *n*
basic module Grundmodul *m*; Grundbaustein *m*
basic pattern Grundmuster *n*
basic rock basisches Gestein *n*
basic services *(AE)* Bauberatung *f* und -betreuung *f (durch Architekten in der Leistungsphase 1–7)*
basic size Grundmaß *n*
basic specification Grundspezifikation *f*
basic square Grundquadrat *n*
basic standard Grundstandard *n*
basic steel basischer Stahl *m*, Thomasstahl *m*
basic stress state Grundspannungszustand *m*
basic term Grundeinheit *f*, Grundsatz *m*
basic truss Grundfachwerk *n*
basic type Grundtyp *m*
basic wage Grundlohn *m*
basil *s.* bezel
basilica Basilika *f*
basilica with columns and piers Stützenwechselbasilika *f*
basilican basilikal; Basilika...
basilican cross section basilikales Schema *n*, basilikaler Querschnitt *m*
basilican plan basilikaler Grundriss *m*
basin 1. Becken *n*; Bassin *n*; Handwaschbecken *n*; 2. Hafenbecken *n*, Hafendock *n*
basin floor Behältersohle *f*
basin of groin *(Wsb)* Buhnenkammer *f*
basin-type core barrel Kernrohr *n* mit Kernzieher *(Betonrohr)*
basis 1. Unterlage *f*, Fundament *n*; 2. Grundlage *f*
basis of calculation Berechnungsgrundlage *f*
basis of design Bemessungsgrundlage *f*
basket arch Korbbogen *m*, gedrückter Bogen *m*
basket bond 1. quadratischer Mauersteinverband *m*; 2. rechteckiger Parkettverbund *m*
basket capital Korbkapitell *n*
basket guard Schutzkorb *m (Leuchte)*
basket-handle vault Korbhenkelgewölbe *n*
basket weave Würfelmuster *n*, Schachbrettmuster *n (Ziegelmauerwerk)*
basket work 1. Flechtwerk *n (Ornament)*; 2. Faschinen *fpl*
basswood *(AE)* amerikanisches Lindenholz *n*
bastard von abnormer Größe; unregelmäßig geformt *(Bauelemente)*
bastard ashlar Natursteinverblendung *f (mit wenig behauenen Steinen)*
bastard granite Gneisgestein *n*
bastard joint unsichtbare Fuge *f*
bastard masonry *s.* bastard ashlar
bastard pointing leicht hervorstehende Fuge *f (Mauerwerk)*
bastard stucco dreilagiger Putz *m*
bastard tuck pointing *s.* bastard pointing
bastel house Wehrhaus *n (teilbefestigtes Haus mit Gewölbekeller)*
bastide Bastide *f*, Wehrsiedlung *f*, Vorwerk *n*; befestigtes Schloss *n (bes. in Frankreich)*
bastion *(Arch)* Bastion *f*, Bastei *f*, Verteidigungsbollwerk *n*; Wall *m*
bastle house *s.* bastel house
baston 1. Konvexzierelement *n*, rundes Band *n*, Torus *m*; 2. *s.* batten 2.
bat 1. Ankereisen *n*; 2. halber Ziegel *m*; 3. Spreize *f*, Strebe *f*
bat bolt Verbindungsbolzen *m* mit Widerhaken
bat insulation *s.* batt insulation
batardeau Fangdamm *m*
batch *v* dosieren *(z. B. Beton)*; abmessen, zumessen; zuteilen, einsetzen, bemessen *(bestimmte Mengen bei Baustoffaufbereitung)*
batch-mix *v* Chargen mischen, chargenweise zugeben
batch 1. Charge *f*, Mischung *f (z. B. von Beton)*; 2. Bündel *n*, Posten *m (z. B. von Holz)* • **in batches** chargenweise
batch box Dosierkasten *m*; Messgefäß *n*
batch feeder Dosierapparat *m*
batch heater plant Heißmischwerk *f*, Heißmischanlage *f (Chargensystem)*
batch mixer Chargenmischer *m*; Betonmischer *m*, Betonmischmaschine *f*, Mörtelmischer *m*
batch number 1. Losnummer *f (Fliesen, Farbe)*; 2. Chargennummer *f*, Partienummer *f*
batch plant *s.* batching plant
batch-type concrete pug mill Chargenbetonzwangsmischer *m*
batched water Dosierwassermenge *f*, Anmachwasser *n (für eine Mischung)*

batcher Dosiervorrichtung *f*, Dosierapparat *m*
batching Dosierung *f*, Zumessung *f*, Bemessung *f*, Dimensionierung *f (Betonmischung)*
batching by conveyor belt Banddosierung *f*
batching by volume Raumdosierung *f*, volumetrische Dosierung *f*
batching device Dosiereinrichtung *f*
batching plant Dosieranlage *f*; Betonmischanlage *f*
batching silo Dosiersilo *n*, Anlagensilo *n*
batching tower Dosierturm *m*; Betonmischturm *m*
batchmeter Mischzeitmesser *m*
bath 1. Bad *n*, Badezimmer *n*; 2. Badewanne *f*, Wanne *f*; 3. *s.* baths
bath accessory *s.* bathroom fittings
bath agitator Umwälzeinrichtung *f*, Badrührwerk *n*
bath overflow Badüberlauf *m*
bathhouse *(AE)* 1. Badehaus *n*; 2. Umkleidekabinen *fpl (eines Schwimmbades)*
bathroom 1. Badezimmer *n*, Bad *n*; 2. *(AE)* Toilette *f*
bathroom building-block module *(San)* Nasszelle *f*, Nassinstallationszelle *f*, Badezimmer(montage)zelle *f*
bathroom equipment Badausstattung *f*, Badezimmereinrichtung *f*
bathroom fittings Badezimmerarmatur *f*
bathroom heating Badezimmerheizung *f*
bathroom installation Badezimmereinrichtung *f*
bathroom stove Badeofen *m*
bathroom tile Badfliese *f*, Badezimmerfliese *f*
baths Badeanstalt *f*; Badehaus *n*
bathtub Badewanne *f*, Wanne *f*
bato(o)n *s.* batten
batt *(AE)* Wärmedämmmatte *f*
batt insulation Dämmmaterial *n (für Wärme-, Kälte- und Schalldämmung aus Glaswolle, Schlackenwolle, Steinfaserwolle)*
batted work handbehauene Steinoberfläche *f*, scharrierte [scharriert bearbeitete] Oberfläche *f*
batten *v* verkleiden, verschalen *(mit Leisten)*
batten 1. Latte *f*, Leiste *f*; Holzleiste *f*; Unterkonstruktionsleiste *f*; 2. Zierleiste *f*, Verzierung *f*; 3. Holzbohle *f (ca. 65 mm dick, 150 mm breit)*; 4. Dachlatte *f*; Richtscheit *n*
batten and a half Zweifellatte *f*
batten board Tischlerplatte *f*, Streifenplatte *f (Sperrholz)*
batten door Lattentür *f*; aufgedoppelte Tür *f*
batten fence Lattenzaun *m*
batten floor(ing) Dielenbelag *m*, Dielenfußboden *m*, Dielung *f*
batten light fitting Lichtleiste *f*
batten plate Scherkraftplatte *f*, Verbindungsplatte *f* für tragende Elemente, Bindeblech *n*, Schnalle *f*
batten roof Bohlendach *n*
batten seam Blechumkleidung *f (für Holzelemente)*
batten wall Lattenwand *f*
battenboard *s.* batten board
battened column Doppelstützenpfeiler *m*
battened member Rahmenstab *m*
battening Holzverlattung *f*
batter *v* anböschen, anschütten, anlaufen lassen, Neigung geben; dossieren, abschrägen; sich verjüngen, nach oben zurücktreten *(eine Mauer)*
batter Anlauf *m*, Hang *m (Böschung einer Mauer)*; Neigung *f*, Schräge *f*; Verjüngung *f*; Anzug *m*, Dossierung *f (künstliche Böschung)*
batter boards Schnurbock *m*, Schnurgerüst *n*, Eckgerüst *n*
batter brace *(AE)* diagonaler Abschlussstab *m (Fachwerk)*
batter level *(Verm)* Neigungsmesser *m*
batter of a wall Mauer(schräg)neigung *f*
batter peg Böschungsbolzen *m*, Höhenbolzen *m*
batter pile schräger Rammpfahl *m*, Schrägpfahl *m*
batter post 1. Anfahrschutzpfosten *m*; 2. *s.* batter brace
batter rule Neigungslehre *f*
batter stick Neigungsmessbrett *n (hängend)*
battered geneigt, schräg; abgeschrägt, dossiert *(Wand)*; verjüngt
battered wall anlaufende [nach oben verjüngte] Wand *f*, verjüngte Wand *f*, Wand *f* mit Anlauf, Schrägwand *f*, Schrägmauer *f*
battery casting Vorfertigung *f* in Batterieform
battery mould Batterieform *f*
battery moulding Batterieherstellung *f (Kunststeine)*
battery of filters Filterbrunnenaggregat *n*
battery of silos Silobatterie *f*
battice Anlauf *m (einer Mauer)*
batting steinmetzmäßige Bearbeitung *f*, Behauen *n (Naturstein)*; Beschlagen *n (Werkstein)*
batting tool Steinmetzmeißel *m*, Scharriereisen *n*, Schlageisen *n*
battle deck (bridge) floor Brückenüberbau *m*; Brückentafel *f*, Brückenplatte *f*
battlement 1. gezahnte Brüstungsmauer *f*, Mauer *f* mit Zinnen; 2. Zinnen *fpl*
battlement tower Zinnenturm *m*
battlement turret Zinnentürmchen *n*
battlement wall Befestigungsmauer *f*, Verteidigungsmauer *f (Festung)*
battlemented gekrönt, gezinnt, krenelliert
Baudelot cooler Baudelot-Kühler *m*, Berieselungskühler *m*
baulk *s.* balk
bauxite Bauxit *m*
bauxitic cement Bauxitzement *m*
bawn Befestigungsumfriedung *f (meist aus Stein um ein Gehöft)*
bay 1. Fassadenfeld *n*; Brückenfeld *n*; Pfeilerweite *f*; 2. Feld *n*, Fach *n (Balkenfeld)*; Kassette *f*; 3. Joch *n (Gewölbeabschnitt in Sakralbauten)*; 4. Erker *m*; 5. Alkoven *m*, Laube *f (aus Pflanzen, Büschen und Bäumen)*; 6. Hallenschiff *n*; 7. Bucht *f*; 8. Banse *f (Lagerraum z. B. in einer Scheune)*
bay-and-cantilever system Raster- und Kragsystem *n*
bay division Feldweite *f*
bay leaf *(Arch)* Lorbeerblattdekoration *f*; Blattverzierung *f (z. B. in der Deckenkassette)*
bay leaf ornament *(Arch)* Lorbeerblattdekoration *f*
bay of a vault Gewölbeabteilung *f*
bay of floor Deckenfeld *n*
bay quoin gebrochene Mauerecke *f*
bay rail Wandriegel *m*
bay span Joch *n (in der Antike)*
bay system Rastersystem *n*
bay unit Flächenraster *n*
bay window Erkerfenster *n*, Ausluchtfenster *n*; Bogenfenster *n*; 2. Erker *m*
bayonet holder *s.* bayonet socket
bayonet joint Bajonettverschluss *m*, Bajonettverbindung *f*
bayonet socket *(El)* Bajonett(lampen)fassung *f*
bayt moslemische Wohnung *f (für eine Familieneinheit, z. B. Beduinenzelt, Hütte oder auch Haus)*
B.D. *s.* bulk density
beach Strand *m*
beach gravel Strandkies *m*
beach sand Strandsand *m*, Küstensand *m*, Seesand *m*
beaching Uferbefestigung *f*, Steinpackung *f (Ufersicherung)*
beacon v. markieren
beacon 1. *(Verm)* Signal *n*; 2. Funkfeuer *n*, Funkbake *f*; 3. Ampel *f*, Bake *f*
beacons Befeuerung *f (Flugverkehr)*

bead 1. Rundstab *m*, Olivenstab *m*, Perlstab *m (Ornament)*; gebogene Deckleiste *f*; Schutzschiene *f (als Zier- und Schutzleiste)*; 2. Sicke *f*, Kehlung *f*; 3. Wulst *m(f) (Blech)*; Blechverfalzung *f (Dach)*; 4. Schweißraupe *f*
bead bend test Aufschweißbiegeversuch *m*
bead flat Flachwulst *f*
bead-jointed mit Zierleisten abgedeckt, stababgedeckt
bead moulding Rundstableiste *f*, Rundstab *m*
bead seat band Wulstband *n*
bead tile Wulstfliese *f*
bead welding Raupenschweißen *n*
beaded 1. gebördelt; gefalzt *(Blech)*; 2. perlenförmig, perlschnurförmig
beaded board Rundstabbrett *n*
beaded boarding Stabbrettdecke *f*
beaded iron Geländereisen *n*
beaded tube Bördelrohr *n*
beading 1. Ornamentstabformung *f*, Perlstabverzierung *f*, (dekorative) Holzleiste *f*; Riemen *m (Fußboden)*; 2. Bördelung *f*; Falzen *n*
beading hammer Sickenhammer *m*
beadwork *s.* beading
beak moulding schnabelförmige Verzierungsleiste *f*, Zierkante *f* mit Vogelköpfen
beakhead *(Arch)* Tierkopfornament *n*, Schnabelkopfverzierung *f (in Tür- und Torbögen)*
beaking joint genutete Holzverbindungsfuge *f (speziell für Holzdielung)*
beam 1. Balken *m (aus Holz, Stahl, Stahlbeton oder Spannbeton)*; Tragbalken *m*, Träger *m*; Unterzug *m*; 2. Ausleger *m*; Leiterbaum *m*, Baum *m (Ausleger)*; 3. Strahl *m (Lichtstrahl)*; Strahlenbündel *n*
beam action Balkenwirkung *f*
beam anchor Trägeranker *m*, Balkenankerbügel *m*, Wandanker *m (Zuganker)*; Kopfanker *m*, Stichanker *m*
beam anchorage Balkenverankerung *f*
beam-and-column construction Ständerbauweise *f*, Ständer(rahmen)bau *m*
beam-and-girder construction Trägerbalkendeckenkonstruktion *f*, Trägerrost *m*
beam and slab Plattenbalken *m*
beam-and-slab floor Plattenbalkendecke *f*, Rippendecke *f*
beam aperture Balkenkammer *f*, Balkentasche *f*, Trägerkammer *f*, Auflagernische *f*
beam-bearing plate Auflageplatte *f*, Trägerunterstützungsplatte *f*
beam blocking Trägereinformung *f*, Trägerverblendung *f*; Trägerimitierung *f*
beam bolster Bewehrungshalter *m (für Stahlbetonträger)*
beam bottom 1. Trägerboden *m*, Balkenunterkante *f*; 2. Balkenunteransicht *f*
beam box *s.* beam aperture
beam brick Sturzverblendungsziegel *m*
beam butt joint Balkenstoß *m*
beam calculation Balkenberechnung *f*
beam casing Balkenummantelung *f*
beam ceiling 1. Holzdeckenausbildung *f* mit Trägerimitation; 2. Deckenunterseite *f* mit sichtbaren Trägern
beam-column Träger *m* für axiale und horizontale Belastung, Druckträger *m*
beam cross section Balkenquerschnitt *f*
beam crossing Trägerkreuzung *f*
beam deflection 1. Balken(träger)durchbiegung *f*; 2. Strahlenablenkung *f*
beam design Balkenbemessung *f*
beam depth Trägerhöhe *f*
beam distance Balkenabstand *m*, Trägerabstand *m*
beam divergence Strahldivergenz *f*, Strahlstreuung *f*
beam encasement Balkenummantelung *f*
beam end Balkenende *n*, Balken(träger)kopf *m*
beam end face Balkenstirnfläche *f*, Trägerstirnfläche *f*
beam fill(ing) Zwischenträgerfüllung *f*, Deckenfüllung *f*
beam fixed at both ends beidseitig eingespannter Träger *m*
beam fixed at one end halb [einseitig] eingespannter Träger *m*
beam floor Balkendecke *f*, Unterzugdecke *f*
beam form(work) Trägerschalung *f*, Balkenschalung *f*, Trägerform *f (zur Herstellung von Betonträgern)*
beam grid [grillage] Balken(träger)rost *m*, Balken(träger)-kreuzwerk *n*
beam grille Balkenträgerrost *m*
beam hanger Trägeranker *m*, Trägerhaken *m*, Trägerhänger *m*
beam head Balkenkopf *m*
beam hinge Balkengelenk *n*, Trägergelenk *n*
beam joint Balkenstoß *m*
beam loading Balkenbelastung *f*
beam of two spans Zweifeldbalken *m*
beam pocket *s.* beam aperture
beam reinforcement Balkenbewehrung *f*
beam saddle *s.* beam hanger
beam seat Balkenauflage *f*
beam shuttering Balkenschalung *f*
beam side Längsschalungsseite *f (einer Trägerform)*
beam slab Balkenplatte *f*
beam spread Streuung *f (eines Scheinwerfers)*
beam support Balkenauflager *n*
beam supported at both ends frei aufliegender Träger *m*
beam system Balkenkonstruktionssystem *n*, Trägersystem *n*
beam test Biegezugprüfung *f* am Balken, Balkenprüfung *f*
beam tie Kopfanker *m*, Balkenanker *m*, Stichanker *m*, Zuganker *m*
beam timber Balkenholz *n*
beam-to-column connection Träger-Stützen-Verbindung *f*
beam-type retaining construction Rammträgerverbau *m (Stützmauer)*
beam vibration Balkenschwingung *f*
beam wood Balkenholz *n*
beamed construction Trägerbauwerk *n*
beamless balkenlos, balkenfrei
beams Gebälk *n*
beams and rafters Balkenwerk *n*
beams and stringers Stützbalkentragwerk *n*, Balken *mpl* auf Längsträgern
beams bearer Träger *m (Stütze)*; Treppenpodestträger *m*
beams of a gutter Traufenklotz *m*
bear *v* tragen *(Lasten)*; (unter)stützen; drücken *(Lasten)*; lagern
bear *v* **against** abstützen gegen; sich abstützen gegen, drücken gegen
bear *v* **on** drücken auf, lagern auf; Last übertragen auf
bearer Unterzug *m (Pfette)*; Hauptträger *m*; Podestträger *m*
bearing 1. tragend; belastet; 2. tragfähig *(Baugrund)*
bearing 1. Auflager *n*, Auflagerstuhl *m*, Lager *n*, Lagerung *f*, Auflagepunkt *m*; Lager *n (Maschinenelemente)*; 2. Tragen *n*, Stützung *f*; 3. Tragewinkel *m*, Richtungswinkel *m (horizontaler Winkel eines Bezugspunkts zur Achse des Quadranten)*
bearing area Auflagefläche *f*, tragende Fläche *f*, Tragfläche *f*, Auflager *n*, ruhende Fläche *f*; Gründungsfläche *f*
bearing bar 1. Auflager(flansch)stab *m*, Lagereisen *n*; 2. Roststab *m*; Stützstab *m*
bearing bed Tragschicht *f*, tragende Schicht *f*; Lagerbett *n*

bearing block 1. Kämpferstein *m*, Lagerstuhl *m*, Lagerbock *m (Brückenbau)*; 2. *(Hb)* Knagge *f*
bearing capacity Tragfähigkeit *f*, Tragvermögen *n*
bearing chair Lagerstuhl *m*, Lagerbock *m (Hochbau)*
bearing concrete tragender Beton *m*
bearing course Tragschicht *f*
bearing distance Stützweite *f*, Spannweite *f (z. B. einer Brücke)*
bearing edge Auflage *f*, Auflager *n (Balken, Träger)*; Einspannpunkt *m (fixierter Träger)*
bearing frame Tragrahmen *m*, Aufsetzkranz *m*
bearing in longitudinal direction längstragend
bearing layer Tragschicht *f*
bearing length tragende Länge *f*, Nutzlänge *f*
bearing load Bodenpressung *f*, Bodendruck *m (Belastung)*
bearing of beam Balkenauflagerung *f*
bearing of bridge Brückenauflager *n*, Auflager *n* einer Brücke
bearing of joists Balkenauflager *n*
bearing out vorkragend
bearing-out masonry auskragendes Mauerwerk *n*
bearing pad Lagerkissen *n*, Auflagerblock *m*, Widerlagerstein *m*
bearing partition tragende Zwischenwand *f*; tragende Trennwand *f*
bearing pile *(Erdb)* Tragpfahl *m*, Druckpfahl *m*; Rostpfahl *m*
bearing pile foundation stehende Pfahlgründung *f*
bearing plate Auflage(r)platte *f*, Grundplatte *f (z. B. für Träger)*; Trägerunterstützungsplatte *f*, Unterlagsplatte *f*, Lastplatte *f*
bearing power Tragfähigkeit *f*, Tragvermögen *n*
bearing pressure Auflage(r)druck *m*; Stützkraft *f*; Bodenpressung *f*
bearing pressure of projected area Lochleibung *f*
bearing ratio Tragfähigkeitsindex *m*
bearing reaction Anschlusskraft *f*, Auflagerkraft *f*
bearing ring Auflagerring *m*
bearing stool *s.* bearing chair
bearing stratum tragfähige Erdschicht *f*, tragende Schicht *f*, Tragschicht *f*
bearing stress Auflagerspannung *f*
bearing structure Tragekonstruktion *f*
bearing surface *s.* bearing area
bearing test Tragfähigkeitsversuch *m*
bearing wall tragende Wand *f*, Auflagerwand *f*, Konstruktionswand *f*; balkentragende Mauer *f*
beat *v* klopfen *(z. B. Steine)*; hämmern, hämmernd bearbeiten
beat *v* **down** 1. einrammen *(Straße)*; 2. einschlagen *(Fundament)*
beat *v* **in** einschlagen *(z. B. Nägel)*
beat *v* **mortar** Kalk hauen, Mörtel stampfen
beat *v* **out** aushämmern, ausklopfen; ausschmieden; ausbeulen, eine Beule entfernen
beaten cobwork *(AE)* Lehmstampfbau *m*, Stampflehmbau *m*, Piseebau *m*, Kastenwerk *n*
beater Klopfer *m*; Stampfer *m*
beaumontage Spachtelwachs *n*
beaver *v* **away** *(idiom.)* schuften
become *v* **brittle** spröde werden, verspröden
become *v* **constricted** sich verengen
become *v* **covered with moisture** mit Feuchtigkeit beschlagen
become *v* **covered with patina** Patina ansetzen
become *v* **damp** schwitzen *(z. B. Mauern)*
become *v* **darker** nachdunkeln *(z. B. Anstriche)*
become *v* **dilapidated** verfallen *(Gebäude)*
become *v* **moist** schwitzen *(z. B. Mauern)*
become *v* **rotten** morsch werden
become *v* **stained** sich verfärben
become *v* **stuck** sich verklemmen
become *v* **turbid** sich trüben *(Flüssigkeit)*
become *v* **warped** sich krümmen, sich verwölben, sich verziehen
bed *v* betten, auflegen
bed *v* **in** einbetten
bed *v* **out** auspflanzen
bed Lagerung *f*, Auflager *n*; Unterlage *f*, Unterbau *m*; 2. Lager *n*, Lagerfläche *f (eines Auflagers)*; 3. Schüttung *f*, Unterfütterung *f*; Mörtelbettung *f*; 4. Schicht *f (Geologie)*; 5. Schieferunterseite *f*
bed die Matrize *f (Guss)*
bed joint Lagerfuge *f*, Längsfuge *f*, Horizontalmörtelfuge *f (in Mauerwerk)*; Radialfuge *f (in Bögen)*; 2. horizontaler Felsriss *m*
bed joint surface Lagerfugenfläche *f*
bed mortar Bettungsmörtel *m*, Lagermörtel *m*, Verlegemörtel *m*
bed of clay Tonschicht *f*
bed of fall *(Wsb)* Sturzbett *n*
bed of sand Sandbett *n*
bed pitching Sohlbefestigung *f*
bed-plate Auflagerplatte *f*, Fußplatte *f*, Sohlplatte *f*, Bodenplatte *f*
bed recess Bettnische *f*
bed-sitter *s.* bed-sitting room 1.
bed-sitting room 1. kombiniertes Schlaf- und Wohnzimmer *n*, Wohnschlafzimmer *n*; 2. Einraumwohnung *f*
bed-sitting room flat Einraumwohnung *f*
bed-stone Grundsteinblock *m*
bedded gebettet, eingebettet
bedded rock Schichtgestein *n*, Sedimentgestein *n*
bedding Bettung *f*, Einbettung *f*, Lagerung *f*; 2. Unterbettungsschicht *f*, Mörtelbettung *f*; Glaserkittbett *n*; Schichtung *f (Aufschüttung)*; 3. Schieferung *f (Geologie)*; Schichtung *f (Gestein, Boden)*
bedding cleavage Schieferung *f (Geologie)*
bedding course Bettungsmörtelschicht *f*, Lagerschicht *f*, Mörtellager *n (erste Mörtelschicht)*
bedding dot Putzleiste *f*, Putzlehre *f*
bedding layer Bettungsschicht *f*
bedding material Bettungsmaterial *n (z. B. Kies)*
bedding module Bettungsmodul *m*, Bettungsziffer *f*
bedding of track Gleisbettung *f*
bedding plane Ablagerungsfläche *f*
bedding plants Saisonpflanzen *fpl (Landschaftsgestaltung)*
bedding putty Fensterkitt *m*, Glaserkitt *m*
bedding stone Maßstein *m (für die Ebenheit von Steinmetzarbeiten)*
bedplate *s.* bed-plate
bedrock Muttergestein *n*, anstehender Fels *m*, Felsboden *m*; Felssohle *f*
bedroom Schlafzimmer *n*, Schlafraum *m*
bedroom closet Schlafzimmer-Einbauschrank *m*
bedroom floor [storey] Schlafzimmergeschoss *n*
bedsit(ter) *s.* bed-sitting room
beech 1. Rotbuche *f*; 2. beech wood
beech wood Buchenholz *n*
beetle überhängend, vorstehend
beetle großer Holzhammer *m*; Stampfer *m (Hammer für Holzpfähle)*; Steinramme *f*
behave *v* sich verhalten *(z. B. ein Baustoff)*; funktionieren *(z. B. Maschinen)*
behaved wood imprägniertes Holz *n*
behaviour Verhalten *n*; Betragen *n*
behaviour under fire Brandverhalten *n*

behaviour under heat Wärmeverhalten *n*
behaviour under loading Belastungsverhalten *n*, Lastverhalten *n*
behaviour under traffic Verhalten *n* unter Verkehr(sbelastung)
belection Kehlstoß *m*; Stoßverzierung *f*
Belfast truss Lehrgerüstfachwerk *n*, Holzbogenfachwerk *n*
belfry 1. Glockenturm *m*; 2. Glockenstuhl *m*, Glockengestell *n*
Belgian truss belgischer Dachstuhl *m*, Dreieckfachwerkbinder *m*
belite Belit *m*
belite cement Belitzement *m*
bell *v* aufweiten
bell 1. Muffe *f*, Muffenende *n (Rohr)*; 2. Glocke *f*, Klingel *f*
bell-and-socket joint *s.* bell-and-spigot joint
bell-and-spigot joint Glockenmuffenverbindung *f*, Muffenverbindung *f (Rohrleitung)*
bell-and-spigot pipe Muffenrohr *n*
bell arch Glockenbogen *m*
bell button Klingelknopf *m*
bell capital Glockenkapitell *n*, Kelchkapitell *n*
bell-cast roof Glockendach *n*
bell crank 1. Winkelhebel *m*; 2. Glockenarm *m*
bell deck Glockenflur *m*, Glockenraum *m*
bell frame Glockenstuhl *m*, Glockengestell *n*
bell house Glockenhaus *n*
bell joint *s.* bell-and-spigot joint
bell pipe Muffenrohr *n*
bell roof Glockendach *n*
bell-rope hand Zugramme *f*, Laufframme *f*; Rammbock *m*
bell-shaped glockenförmig
bell-shaped dome Glockenkuppel *f*
bell-shaped valve Glockenventil *n*
bell system Klingelanlage *f*
bell tower Glockenturm *m*
bell transformer Klingeltransformator *m*
bell trap *(San)* Glockenverschluss *m (Geruchsverschluss)*
bell turret Glockentürmchen *n*
bell wire Klingeldraht *m*
belled caisson Kegelfußpfahl *m (Gründung)*
belled excavation Fundamentschaftaushub *m*
bellied bauchig, konvex; gewölbt; ausgebaucht
belling 1. Pfahlfußverbreiterung *f (Gründung)*; 2. Aufweiten *n*
bellmouth intake Einlauftrompete *f*
bellmouthing trichterförmige Erweiterung *f*
bellow-framed door Harmonikatür *f*
bellows expansion joint Ausdehnungsbogen *m (Rohrleitungen)*; Kompensator *m*
belly *v* **(out)** (auf)schwellen, ausbauchen, bauchig werden
belly-rod truss umgekehrtes Hängewerk *n*
below grade masonry Mauerwerk *n* unter der Geländeoberfläche
below grade work Tiefbauarbeiten *fpl*
below-ground unterirdisch
belowstairs *(AE)* Kellertreppe *f*
belt 1. Band *n*, Gurt *m*, Gurtband *n*; Förderband *n*, Fördergurt *m*; 2. Band *n*, Gurtgesims *n (Ornament im Mauerwerk und an Säulen)*; 3. Antriebsriemen *m*; Scheibe *f (Riemenscheibe)*; 4. Gürtel *m (Geologie)*
belt canal Randkanal *m*
belt conveyor Bandförderer *m*, Gurtförderer *m*, Transportband *n*, Förderband *n*
belt course Gurtgesims *n*, Gesimsband *n*, Mauerband *n (Ornament)*
belt drive Bandantrieb *m*, Riemenantrieb *m*
belt feeder Aufgabeband *n*, Bandaufgeber *m*
belt highway *(AE)* Ringstraße *f*, Umgehungsstraße *f*, Tangente *f*
belt loader Bandlader *m*, Gurtbandaufnehmer *m*, Auflader *m* mit Gurtband
belt sander Bandholzschleifmaschine *f*
belt saw Bandsäge *f*
belt truck loader *s.* belt loader
belt-type proportioner Banddosiereinrichtung *f*
beltway *(AE)* Ringstraße *f*, Ringautobahn *f*
beltway route Tangentiale *f*, Tangentenlinie *f (Trassierung)*
belvedere Belvedere *n*, Aussichtsturm *m*; Sommerhaus *n* mit Aussichtspunkt
bema erhobener Altarraum *m*
bench *v (Erdb)* abtreppen, abstufen
bench 1. Absatz *m (Vorsprung in einem Erdwall)*; Bankett *n*; 2. *(Verk)* Berme *f*, Straßenschulter *f*; 3. *s.* bench hammer; 4. Bank *f*, Werkbank *f*; 5. *(AE)* Flussufer *n*
bench brake Blechbiegemaschine *f*
bench drilling machine Tischbohrmaschine *f*
bench for hydraulic test hydraulischer Prüfstand *m*
bench gravel Flusskies *m*, Bankkies *m*
bench hammer Bankhammer *m*
bench hook Haltestock *m (einer Zimmermannsbank)*
bench mark *(Verm)* Fixpunkt *m*, Festpunkt *m*, Höhenmarke *f*, Höhen(bezugs)punkt *m*
bench of ground Bank *f (Gründung)*; Erdstoffstufe *f*, Felsbank *f*
bench plane Bankhobel *m*
bench sander Bankschleifmaschine *f*
bench shingle Küstenkies *m*; Rundkies *m*
bench stop *s.* bench hook
bench table innerer Mauervorsprung *m*, Mauerabsatz *m (als Sitzmauer)*
bench test Laborversuch *m*
bench trimmer Bankschneidemaschine *f*
bench-type drilling machine Tischbohrmaschine *f*
benched abgestuft; stufenweise, gestaffelt
benched footing abgetrepptes Fundament *n*
benched foundation Stufenfundament *n*, abgestufte [abgetreppte] Gründung *f*
benching 1. *(Erdb)* Abstufen *n*, Abtreppung *f*; 2. *(Verk)* Bankett *n*, Randstreifen *m (Straße)*; 3. Betonbedeckung *f (für Böschungen)*; 4. seitliche Betonbettung *f (für Rohrleitungen)*
benchmark Höhenfestpunkt *m*, Höhenmarke *f*, Festpunkt *m (im Gelände)*
benchmarking 1. Festlegen *n* der Höhenfestpunkte, Höhenfestpunktfixierung *f*; 2. Festlegen *n* der Leistungskriterien; Bewerten *n* mittels Leistungsdaten
benchwork Werkbankarbeit *f*, Werkstattarbeit *f*
bend *v* biegen; wölben; falzen; sich (durch)biegen; sich wölben *(Blech)*; sich krümmen *(z. B. Straße)*
bend *v* **at right angles** kröpfen
bend *v* **down** abbiegen, aufbiegen *(Betonstahl)*
bend *v* **out of line** verkanten
bend *v* **the iron** Eisen biegen
bend *v* **the reinforcement iron** Bewehrung biegen
bend *v* **up** aufbiegen, abbiegen *(Betonstahl)*
bend 1. Biegen *n*; Aufbiegung *f*, Abbiegung *f (Betonstahl)*; 2. Biegung *f*, Krümmung *f*, Windung *f*, Knick *m*; 3. *(Verk)* Kurve *f*, Krümme *f*, Biegung *f*, 4. Krümmer *m*, Bogenrohr *n*
bend-resistant biegesteif
bend test Biegeversuch *m*
bendability Biegefähigkeit *f*, Biegevermögen *n*, Biegbarkeit *f*
bender Biegeapparat *m*; Biegezange *f*
bendiness Kurvigkeit *f*
bending 1. Biegen *n*; Umbiegung *f*, Falzen *n*; 2. Durchbiegung *f*, Krümmung *f*

bending action Biegebeanspruchung *f*
bending allowance Biegetoleranz *f*
bending amount Biegegröße *f*
bending analysis Biegerandspannungsberechnung *f*, Biegelehre *f*
bending and axial load *(Stat)* Biegung *f* mit Längskraft
bending angle Biegewinkel *m*
bending arm Biegearm *m*, Biegebalken *m*
bending beam Spannbalken *m*
bending beam rheometer Biegebalkenrheometer *m* *(Bitumenprüfung)*
bending bond failure Verbundbiegebruch *m*, Haftungsbiegebruch *m*
bending capacity Biegbarkeit *f*, Biegevermögen *n*
bending coefficient Biegezahl *n*
bending couple *s.* bending moment
bending crack Biegeriss *m*
bending cycles Biegewechselzahl *f*
bending deformation Biegeformänderung *f*, Biegeverformung *f*
bending dimension Biegemaß *n (Beton)*
bending distribution Biegeverteilung *f*
bending disturbance Biegestörung *f*
bending elasticity Biegeelastizität *f*
bending endurance Dauerbiegefestigkeit *f*
bending failure Biegebruch *m*
bending failure curve Biegebruchkurve *f*
bending fatigue Biegeermüdung *f*, Biegungsermüdung *f*
bending fatigue strength Biegedauerfestigkeit *f*, Dauerbiegefestigkeit *f*
bending force Biegekraft *f*
bending formula Biegeformel *f*
bending iron Richteisen *n*, Richtdorn *m*; Biegezange *f*
bending joint Biegeverbindung *f*
bending line Biegelinie *f*, Biegungslinie *f*, elastische Linie *f*
bending list Biegeliste *f*
bending load Biegebeanspruchung *f*, Biegebelastung *f*, Biegelast *f*
bending machine Biegemaschine *f*, Biegeeinrichtung *f*
bending moment Biegemoment *n*
bending moment diagram Biegemomentendiagramm *n*, Biegemomentenlinie *f*
bending mould Biegeform *f*
bending plane Biegeebene *f*
bending pliers Biegezange *f*
bending point Biegepunkt *m*
bending rigidity Biegesteifigkeit *f*, Biegesteife *f*, Biegestarrheit *f*
bending schedule Bewehrungsplan *m*, Eisenbiegeplan *m*, Biegeliste *f*, Biegezeichnung *f*
bending specifications Biegeangaben *fpl*
bending stiffness Biegesteifigkeit *f*, Biegesteife *f*
bending strain Biegespannung *f*
bending strength Biegefestigkeit *f*
bending stress Biegebeanspruchung *f*, Biegespannung *f*
bending stress fatigue limit Dauerbiegefestigkeit *f*
bending tensile stress Biegezugspannung *f*
bending tension Biegezug *m*
bending tension failure Biegezugbruch m
bending test Biegeversuch *m*, Biegeprüfung *f*
bending test on notched bar Kerbschlagversuch *m*, Kerbschlagprobe *f*
bending test specimen Biegeprüfkörper *m*, Biegeprüfstück *n*
bending theory Biegetheorie *f*
bending time Biegedauer *f*
bending-up Aufbiegung *f*, Abbiegung *f (Bewehrung)*
bendproof biegesteif
benefication Veredlung *f (Baustoffe)*
benefit *v* Nutzen ziehen, nützen
benefit Vorteil *m*
benefit building society Baugenossenschaft *f*
Benkelman beam Benkelman-Balken *m*
bent gebogen; krumm, gekrümmt
bent 1. Rahmentragwerk *n (zweidimensional)*; Gerüst *n*, Gestell *n (Fachwerk)*; Portalrahmen *m*, biegesteifer Rahmen *m*, Querrahmen *m (Schichtholz)*; 2. Joch *n*, Pfahljoch *n*; 3. *(AE) s.* bend 2.
bent approach Schikane *f*, scharfgebogene Zufahrt *f* *(Autorennstrecke)*
bent bar aufgebogener [abgebogener] Bewehrungsstab *m*, gebogene Verbindungslängsbewehrung *f*; Schrägeisen *n*, Schrägstab *m*; Schubeisen *n*
bent chisel Kreuzmeißel *m*, Steinmeißel *m*
bent ferrule gebogene Rohrreinigungsrute *f*
bent pipe Knierohr *n*, Bogenrohr *n*, Krümmer *m*, Rohrkrümmung *f*
bent plywood gebogenes Sperrholz *n*
bent point [portion] Abbiegestelle *f (Bewehrung)*
bent roof Wölbdach *n*
bent shoe gebogene Deckleiste *f*
bent tile Dachpfanne *f*, Pfanne *f*
bent tube *s.* bent pipe
bent-up Aufbiegung *f*, Abbiegung *f*
bent-up bar *s.* bent bar
bentonite Bentonit *m*
bentonite slurry Bentonitschlämme *f*
bentwood geformtes Holz *n*, Pressholz *n*
benzene Benzol *n*
Berlin black Berliner Schwarz *n*
Berlin blue Berliner Blau *n*
berliner Terrazzo *m (mit langen, dünnen Marmorsplittkörnern)*
berm Absatz *m*, Bankett *n*, Berme *f*, Böschung *f*
Bernoulli assumption Bernoulli'sche Annahme *f*
Bernoulli equation Bernoulli-Gleichung *f*
berth Ankerplatz *m*, Liegeplatz *m (Schiff)*; Anlegestelle *f*
besant Scheibenornament *n*, Scheibenverzierung *f*
Bessemer steel Bessemerstahl *m*
best quality erste Wahl *f*
bestiary *(Arch)* Bestiarium *n*, Symbolfigurengruppe *f*, Tierfigurengruppe *f (sakral)*
bestiary frieze Tierfries *m*
bethel Gebetsplatz *m (in Kapellen)*
beton *s.* béton
béton *(AE)* Kalkbeton *m*
béton brut 1. unbearbeiteter Sichtbeton *m*; 2. Schalungsabdruck *m* (am Beton)
betterment 1. Wertzuwachs *m (z. B. bei Bauland, Grundstücken)*; 2. Bodenverbesserung *f*, Melioration *f*
between-season heating period Übergangsheizperiode *f*
bevel *v* 1. abschrägen, abkanten, abkragen, abfasen; 2. *(Hb)* ausschrägen
bevel schräg *(Kante)*; abgefast; schiefwinklig
bevel Schräge *f*, Abschrägung *f*, Abkragung *f*, Fase *f*, Kante *f*, Gehrung *f (nicht rechtwinklig)*; Facette *f*
bevel angle Schrägwinkel *m (eines Schweißstücks)*
bevel board abgewinkeltes Brett *n*
bevel collar Muffenkrümmer *m*
bevel corner halving Eckküberblattung *f (mit Gehrung)*
bevel cut Schrägschnitt *m*, schiefwinkliger Schnitt *m*
bevel halving *s.* bevel corner halving
bevel jack Gehrungsschneidehalter *m*
bevel joint *s.* bevelled joint
bevel sawing Gehrungssägen *n*
bevel siding Stülp(ver)schalung *f (Außenwand)*
bevel square Gehrungswinkelmesser *m*

bevel way Schrägmaß *n*, Gehrmaß *n*
bevelled 1. abgeschrägt, schräg *(Kante)*; abgefast, gefast; 2. *(Hb)* gebrochen
bevelled brick Schrägstein *m*
bevelled closer *s.* king closer
bevelled cogging schräger Kamm *m*
bevelled corner halving Eckūberblattung *f* mit Gehrung
bevelled edge Schrägkante *f*, Fase *f*
bevelled end cogging schräge Endverkämmung *f*
bevelled glass Facettenglas *n*
bevelled halving *s.* bevelled joint
bevelled joint Schrägfuge *f*, schräger Stoß *m*
bevelled joist oben abgeschrägter Deckenträger *m*
bevelled side *s.* bevelled edge
bevelling 1. Abschrägen *n*, Abfasen *n*; 2. *(Hb)* Brechen *n*; 3. Fase *f*; Gehrung *f (nicht rechtwinklig)*
bevelling cut *(Hb)* Backenschmiege *f*, Wangenschmiege *f*
bezant *(Arch)* Münzenornament *n*, Scheibenornament *n*
bezel Schärfschräge *f (Axt, Meißel)*
bias schräg, quer
bias 1. systematischer Fehler *m*, systematische Abweichung *f*; 2. Vorurteil *n*
bias of measurement method systematischer Prüfverfahrensfehler *m*
bias of test result systematischer Prüffehler *m*
biaxial zweiachsig
bib *s.* bib-cock
bib-cock Ausflusshahn *m*, Wasserhahn *m*
bib nozzle Ausflusshahn *m*
bib-tab Wasserhahn *m*
bib-valve Ausflusshahn *m*, Wasserhahn *m (mit horizontaler Wasserzuführung)*
bicable ropeway Zweiseilbahn *f*
bicoca Wachtturm *m*; Türmchen *n*
bicycle lane Radweg *m*; Radfahrspur *f*
bicycle park Fahrradstand *m*
bicycle racks Fahrradstand(platz) *m*
bicycle signal Radfahrersignal *n*
bicycle track Radweg *m*
bicycle traffic layout [plan] Radwegnetz *n*
bicycle-wheel roof Radialdach *n*, Runddach *n*
bid *v* ein Angebot machen
bid Bauangebot *n*, Offerte *f*
bid bond Angebotsobligation *f*
bid date Angebotstermin *m*
bid form Angebotsformular *n*
bid guarantee Angebotssicherheit *f*
bid letting [opening] Angebotseröffnung *f*, Ausschreibungseröffnung *f*
bid security Angebotssicherheit *f*
bid time Angebotstermin *m*
bidder Bieter *m*, Anbieter *m*, Bietender *m*; Bewerber *m*
bidding documents Ausschreibungsunterlagen *fpl*
bidding drawing Ausschreibungszeichnung *f*, Tenderzeichnung *f*
bidding period Angebotszeitraum *m*
bidding phase Angebotsauswahlphase *f*
bidding requirements Angebotsbedingungen *fpl*
bidet Bidet *n*, Sitzwaschbecken *n*
bifid Y-förmig
bifidity Y-Förmigkeit *f*
bifolding door Doppelfalttür *f*
bifurcate *v* sich gabeln, sich gabelförmig teilen
bifurcated pipe gabelförmiges Rohr *n*, Abzweigrohr(stück) *n*
bifurcation Gabelung *f (z. B. einer Straße)*; Abzweigung *f*
big brick chimney frei stehender Schornstein *m*, Industrieschornstein *m (gemauert)*
biga ornamentales Zweigespann *n*, Doppelgespann *n (Klassik)*
bight (kleine) Bucht *f*, Flussbiegung *f*
bike ... *s.* bicycle ...
bilection moulding *s.* bolection moulding
bilgeblock Stapelklotz *m (beim Schiffbau)*
bilinear stress-strain relationship bilineares Druck-Dehnungs-Verhältnis *n*
bill *v* **for quantities** aufmessen, das Aufmaß machen; Leistung auflisten
bill 1. Rechnung *f*; 2. Liste *f*, Verzeichnis *n*
bill of materials 1. Materialliste *f*; 2. (geschätzter) Voranschlag *m*
bill of quantities 1. Bauleistungsverzeichnis *n*, Leistungsverzeichnis *n*, L. V., Bauleistungsangabe *f*, Bauleistungsbeschreibung *f*, Massenauszug *m (Leistungsverzeichnis)*; Massenermittlung *f*; 2. Voranschlag *m*
billboard *(AE)* Reklametafel *n*
billet 1. Billetornament *n*; 2. Holzklotz *m*, Holzscheit *n*; Bolzen *m*, Barren *m (aus Eisen)*; 3. Eisenunterlagsplatte *f (unter einer Säule zur Lastverteilung)*
billet bar Massivbewehrungsstab *m (Dickstab)*
billing Gesamt(bau)preisermittlung *f*
bimetal strip Bimetallstreifen *m*
bin 1. Silo *n(m)*, Silozelle *f*, Bunker *m (Dosiervorrichtung)*; 2. Greiferkübel *m (Bagger)*
bin batcher Bunkerdosierapparat *m*
binary binär, zweiteilig, zweigliedrig, Zweistoff...
bind *v* 1. binden, flechten *(Stahlbetonbewehrung)*; nachziehen; 2. binden, fest [hart] werden; anziehen *(Beton)*
binder 1. Binder(stein) *m*, Strecker *m (Mauerwerk)*; 2. Binder(balken) *m*, Bundbalken *m*; Zwischendeckenbalken *m*; 3. Binderschicht *f*, Asphaltbinderschicht *f*, Binderlage *f (Straße)*; 4. Bindemittel *n*, Binder *m*; 5. Bügel *m (zur Bewehrung)*
binder content Bindemittelgehalt *m*, Bindemittelanteil *m*
binder content determination Bindemittelgehaltsbestimmung *f*
binder course 1. Mauersteinbinderlage *f*; 2. Asphaltbinderschicht *f*
binder distributor Spritzbalken *m*, Spritzrampe *f*
binder drainage Bindemittelablauf *m*
binder emulsion Bindemittelemulsion *f (Anstriche)*
binder extraction Bindemittelextraktion *f*
binder-filler mixture Bindemittel-Füllergemisch *n*
binder joist Zwischendeckenbalken *m*
binder portion Bindemittelanteil *m*, Bindemittelgehalt *m*
binder recovery Bindemittelrückgewinnung *f*
binder soil bindiger [kohäsiver] Erdstoff *m*
binder suspension Bindemittelsuspension *f*, Dispersionsbindemittel *n (Anstriche)*
binder technology Bindemitteltechnologie *f*
binderless bindemittellos, bindemittelfrei, ohne Bindemittel
binders and joists Gebälk *n*, Balkenlage *f*, Gebälk *n*, Holzgebälk *n*
binding 1. Flechten *n*, Rödelung *f (Stahlbewehrung)*; 2. Bindung *f (des Zements)*; 3. bituminöse Haftung *f*
binding agent Bindemittel *n (eines Anstrichs)*
binding beam Bundbalken *m*, Binderbalken *m*; Zange *f*, Streckbalken *m*
binding concrete course [layer] Betonausgleichsschicht *f*, Ausgleichsbetonlage *f*
binding course *s.* binder course 1.
binding force Bindungskraft *f*
binding joist Unterzug *m*, Unterstützungsträger *m (aus Holz oder Beton für Decken)*
binding material Bindemittel *n*; Klebstoff *m*
binding matrix Bindemittel *n (mechanisch)*

binding piece *(Hb)* Zange *f*, Streckbalken *m*, Koppelbalken *m*
binding rafter Pfette *f*
binding stone Binder(stein) *m*; Ankerstein *m*
binding strength Klemmfestigkeit *f*
binding wire Bindedraht *m*, Rödeldraht *m*, Knüpfdraht *m* *(Stahlbetonbewehrung)*
bing Berge(gesteins)halde *f*
bing brick Schiefertonziegel *m*
bioaeration Belüftung *f*
biochemical action biochemische Wirkung *f*
biochemical tracer biochemischer Indikator *m*
biodegradability biologische Abbaubarkeit *f*
biodegradable biologisch abbaubar
biodeterioration biologischer Verfall *m*
biofiltration Biofilterung *f*
biogas Biogas *n*, Faulgas *n*
biological attack biologischer Befall *m*
biological clarification plant biologische Kläranlage *f*
biological corrosion biologische Korrosion *f*
biological degradation biologischer Abbau *m*
biological equilibrium biologisches Gleichgewicht *n*
biological shielding Stahlenschutz m
biological shielding material Strahlenschutzbaustoff *m*
biological treatment biologische Behandlung *f*
biological waste composting *n* Biomüllkompostierung *f*
biomass Biomasse *f*
biota Biotop *n*
biotite granite Biotitgranit *m*
biowaste compost Biomüllkompost *m*
biparting door zweiflügelige Tür *f*
bipartite church zweiteilige Kirche *f*
birch 1. Birke *f*; 2. *s.* birch wood
birch wood Birkenholz *n*
bird peck kleiner Fleck *m (im Holz)*; kleines Loch *n* *(Schadstelle im Holz)*
bird screen Vogelschutzsieb *n (auf Schornsteinen)*
birdbath *(AE)* kleine Wasserpfütze *f (z. B. auf Straßenbelag)*
bird's beak moulding *(Arch)* Schnabel *m*, Schnabelornament *n*
bird's-eye view Vogelperspektive *f*
bird's-mouth *v (Hb)* aufklauen
bird's-mouth 1. *(Hb)* Gabel(schmiege) *f*, Geißfuß *m*; 2. *(Hb) s.* bird's-mouth joint
bird's-mouth attachment Klauenschiftung *f*, Aufschiftung *f*
bird's-mouth joint Aufklauung *f*, Verklauung *f*; Klaue *f*
bird's-mouth lapped scarf Überblattung *f* in Herzblattform
bishop *(sl)* Handramme *f*
bismuth blende Wismutblende *f*
bit Bohrer *m*; Meißel *m*; Schneide *f*; Hobeleisen *n*; Bohrerspitze *f*
bit borer Löffelbohrer *m (Schrotbohrer)*
bit gauge [stop] Bohrlehre *f*, Tiefenlehre *f*
bitch Bauklammer *f (dreidimensional)*
bite *v* angreifen, ätzen *(Metalle, Kunststoffe)*; zerstören *(durch Korrosion)*
bite 1. Rahmenfutterbreite *f (einer Glasauflage)*; 2. Sägeschnitt *m*
bitumen Bitumen *n*
bitumen-aggregate mix [mixture] *s.* bitumen pavement mix
bitumen-based asphalthaltig
bitumen-based mastic sealer Bitumenkitt *m*
bitumen binder bituminöses Bindemittel *n*
bitumen board Bitumenpappe *f*
bitumen cating Bitumenanstrich *m*
bitumen-coated gravel Bitumenkies *m*
bitumen concrete Bitumenbeton *m*, Asphaltbeton *m*
bitumen cutback Verschnittbitumen *n*
bitumen emulsion Bitumenemulsion *f*
bitumen felt Bitumen(dach)pappe *f*
bitumen filler Bitumenfüllstoff *m*, Füller *m (für bituminöse Stoffe)*
bitumen flexible pavement Schwarzdecke *f*
bitumen fog-sealed bitumengesiegelt, schwach bituminiert
bitumen heater and sprayer Gudronator *m*, Goudronator *m*; Bitumenspritzmaschine *f*
bitumen heater distributor truck beheizter Bitumentankspritzwagen *m*
bitumen heating tank Bitumenheiztank *m*, Bitumenerhitzer *m*
bitumen-impregnated bitumengetränkt, bituminiert
bitumen layer Bitumenlage *f*, Bitumenschicht *f*
bitumen lining Bitumendichtung *f*
bitumen lining paper Bitumenpapier *n*
bitumen macadam Asphaltmakadam *m(n)*
bitumen mopping Bituminieren *n (Dach)*
bitumen mortar Bitumenmörtel *m*
bitumen paint *s.* bituminous paint
bitumen pavement *(Verk)* Asphaltbefestigung *f (Straßenbau)*
bitumen pavement mix [mixture] Bitumendeckenmischgut *n*, Asphaltdeckenmischgut *n*, Schwarzdeckenmischgut *n*
bitumen plaster Erdpechputz *m*
bitumen pour coat oberste Bitumenschicht *f*
bitumen protective coating Bitumenschutzanstrich *m*
bitumen pump Bindemittelpumpe *f*
bitumen sealing sheet Bitumendichtungsbahn *f*
bitumen spraying machine Bitumenspritzmaschine *f*, Gudronator *m*, Goudronator *m*
bitumen stabilization *(Bod)* Bitumenverfestigung *f*
bitumen stabilized soil bituminös verfestigter Erdstoff *m*
bitumen storage tank Bitumenvorratstank *m*
bitumen subsealing Bitumenunterpressung *f*
bitumen surfacing Asphaltbefestigung *f*
bitumen tack coat Bitumenhaftanstrich *m*
bitumen waterproofing membrane Bitumensperrschicht *f*, Bitumensperrlage *f*
bitumen waterproofing sheeting Bitumendichtungsbahn *f*
bitumen wearing course Asphaltdecke *f*, Asphaltverschleißschicht *f*, Schwarzdecke *f (Straßenbau)*
bituminate *v s.* bituminize *v*
bituminiferous bitumenhaltig
bituminization Bituminieren *n*; Asphaltieren *n*
bituminize *v* bituminieren, mit Bitumen behandeln [imprägnieren]; asphaltieren
bituminized chippings [chips] Bitumensplitt *m*
bituminized fibre pipe Bitumen-Zellulosefaserrohr *n*
bituminous bituminös, bitumenhaltig
bituminous adhesive composition bituminöse Klebemasse *f*
bituminous aggregate Bitumenagglomerat *m*
bituminous base course Asphalttragschicht *f*
bituminous binder bituminöses Bindemittel *n*
bituminous built-up roof bituminöser Spachtelbelag *m*
bituminous carpet [carpeting] bituminöse Straßendecke *f*, Bitumenteppich *m*
bituminous cement bituminierter Zement *m*
bituminous coal tar Steinkohlenteer *m*
bituminous coating bituminöse Beschichtung *f*
bituminous compound bituminöse Masse *f*
bituminous concrete Bitumenbeton *m*, Asphaltbeton *m*
bituminous dampproofing agent bituminöses Sperrmittel *n*

bituminous emulsion Bitumenemulsion *f*
bituminous emulsion spreader Bitumenemulsionsspritze *f*
bituminous facing Bitumenbetonmembran *f*
bituminous felt Bitumen(dach)pappe *f*, Dachpappe *f*
bituminous finisher *(Verk)* Schwarzdeckenfertiger *m*
bituminous floor cover bituminöser Fußboden *m*
bituminous grout [joint filler] 1. Fugenvergussmasse *f*, 2. bituminöse Schlämme *f*
bituminous impregnation bituminöse Tränkung *f*
bituminous limestone Stinkkalk *m*
bituminous macadam bituminöser Tränkmakadam *m*
bituminous marl Asphaltmergel *m*
bituminous material 1. bituminöser Stoff *m*; 2. *s.* bituminous mixture
bituminous metalling Bitumensteinschlag *m*
bituminous mix *s.* bituminous mixture
bituminous mixing plant *(Verk)* Asphaltmischanlage *f*, Schwarzdeckenmischanlage *f*
bituminous mixture bituminöses Mischgut *n*, Asphalt *m*; Schwarzdeckenmischgut *n*
bituminous mortar bituminöser Mörtel *m*
bituminous paint Bitumenanstrich *m*, bituminöser Anstrichstoff *m*
bituminous pavement *(Verk)* Asphaltdecke *f*, Schwarzdecke *f*
bituminous paver *(Verk)* Schwarzdeckenfertiger *m*
bituminous primer bituminöses Grundiermittel *n*
bituminous product bituminöses Erzeugnis *n*
bituminous roofing felt Teer(dach)pappe *f*, Bitumen(dach)pappe *f*
bituminous saturating composition bituminöses Tränkmaterial *n*
bituminous seal Bitumendichtung *f*
bituminous shale bituminöser Schiefer *m*
bituminous sheeting 1. bituminöse Straßendecke *f*; 2. Bitumenbahn *f*
bituminous slurry seal Bitumenschlämmedichtung *f*
bituminous substance bituminöses Material *n*
bituminous surface *s.* bituminous surfacing 3.
bituminous surface dressing bituminöse Deckenerneuerung *f*
bituminous surfacing 1. bituminöse Oberflächenbehandlung *f*; Bitumenbeschichtung *f*; 2. *(Verk)* Asphaltierung *f*, Einbau *m* des Asphaltbetonbelags; 3. Asphaltdecke *f*, bituminöse Deckschicht *f*; 4. *(Verk)* bituminöse Straßendecke *f*, Schwarzdecke *f*; Asphaltbetonbelag *m*
bituminous tar Asphaltteer *m*
bituminous tar concrete Asphaltteerbeton *m*
bituminous topping bituminöse Straßendecke *f*
bituminous treated base bituminös behandelte Unterlage *f*
bituminous varnish bituminöser Lack *m*
bituminous veneering bituminöse Straßendecke *f*
bituminous waterproof(ing) coat bituminöser Sperranstrich m
bi-vault Doppelgewölbe *n*
black ash mortar Kalkschlackemörtel *m*
black bolt Rohrschraube *f*, schwarze Schraube *f*, Schmiedebolzen *m*
black crayon Schwarzkreide *f*
black earth Schwarzerde *f*
black ice *(sl)* Glatteis *n*
black iron plate Schwarzblech *n*
black japan Asphaltlack *m*, Japanlack *m*
black mortar Kalkschlackemörtel *m*
black mould Düngererde *f*
black pitch Schwarzpech *n*
black plate Schwarzblech *n*, Mattblech *n (Dachdeckung)*
black spot Unfallschwerpunkt *m*
black top Asphaltdecke *f*, Schwarzdecke *f*
black varnish Bitumenanstrich *m*; Teer(lack)anstrich *m*
black vein schwarze Ader *f (Geologie)*
black wood Palisanderholz *n*
blacken *v* schwärzen, schwarz färben; schwarz [dunkel] werden
blacking up *(sl)* Schwarzwerden *n*, Bindemittelanreichung *f (bituminöses Bindemittel)*; Bitumenüberfettung *f*
blackish schwärzlich
blackjack *(sl)* bituminöse Dachreparaturmasse *f*
blackout Verdunkeln *n*, Abdunkelung *f*
blackout building fensterloses Gebäude *n*
blackout door Verdunkelungstür *f*
blackout installation Verdunklungsanlage *f*
blackout jalousie Verdunkelungsjalousie *f*
blackout window Verdunklungsfenster *n*
blacksmith Grobschmied *m*
blacksmith's shop Schmiede *f*
blackspot Unfallschwerpunkt *m*
blacktop *(AE)* Asphaltdecke *f*, Schwarzdecke *f*
blade 1. Bundsparren *m*, Bindersparren *m (Dach)*; 2. Blatt *n (Säge)*; Schneide *f (Klinge)*; 3. Flügel *m*, Schaufel *f (Mischer)*; Schaufelblatt *n*; 4. Planierschild *m*
blade-bearing Schneidelager *n*
blade grader Straßenhobel *m*, Grader *m (Baumaschine)*
blade mixer Schaufelmischer *m*
blade of the scutch Maurerhammerschneide *f*
blades Bindergespärre *n*, Bindersparren *mpl (Dach)*
blading Planieren *n*, Einplanieren *n (Straßenbau)*
blaes Mergellehm *m*
Blaine apparatus Blaine-Gerät *n*
Blaine fineness Feinheit *f* nach Blaine, Blaine-Wert *m*
Blaine test Feinheitsprüfung *f* nach Blaine, Blaine-Verfahren *n (Baustoffprüfung)*
blanc fixe Blanc fixe *n*, Barytweiß *n*, Bariumsulfatpigment *n*
blank 1. Rohling *m*; 2. Hüttenglas *n*, Rohglas *n*
blank arcade Blendarkade *f*, Wandarkade *f*
blank arches *(Arch)* Rundbogenfries *m (romanisches Ornament)*
blank cap Endverschluss *m*
blank cover Blinddeckel *m*
blank door Blindtür *f*
blank fenestration Blindbefensterung *f*
blank flange blinder Flansch *m*
blank wall ununterbrochene Wand *f*, durchgehendes Mauerwerk *n*
blank window Blindfenster *n*
blanket *v* abdecken; abschirmen
blanket Dämmmatte *f*, Schallschluckmatte *f*, Dichtungsschürze *f*
blanket insulation Glasfaserbahn *f*
blast *v* 1. sprengen, schießen; 2. putzstrahlen, putzen *(z. B. Brückenteile)*
blast 1. Sprengung *f*, Schuss *m*; 2. Gebläseluft *f*
blast area Sprengzone *f*
blast chamber Sprengkammer *f (Brücke)*
blast-cleaned strahlgereinigt; sandstrahlgereinigt
blast cleaning Strahlreinigen *n*, Putzstrahlen *n*; Sandstrahlen *n*
blast furnace Hochofen *m*
blast-furnace cement Hochofenzement *m*, Hüttenzement *m*
blast-furnace framework Hochofengestell *n*
blast-furnace jacket Hochofenumkleidung *f*
blast-furnace shaft Hochofenschacht *m*
blast-furnace slag Hochofenschlacke *f*, Schlacke *f*
blast-furnace slag cement Hochofenzement *m*, Hüttenzement *m*

blast-furnace slag concrete Hochofenschlackenbeton *m*
blast-furnace stove Winderhitzer *m*
blast-furnace works Hüttenwerk *n*
blast heater Luftstromerhitzer *m*
blast-hole Spreng(bohr)loch *n*
blast-resistant door explosionsgeschützte Tür *f*
blast slag Hochofenschlacke *f*
blaster Sprengmeister *m*, Schießmeister *m*, Sprenger *m*
blasting 1. Sprengen *n*, Sprengung *f*, Schießarbeit *f*; 2. Putzstrahlen *n*
blasting agent Sprengmittel *n*; Sicherheitssprengstoff *m*
blasting cap Sprengkapsel *f*
blasting fuse Zündschnur *f*
blasting mat Sprengschutzbedeckung *f*
blasting operations Sprengarbeiten *fpl*
blasting powder Schwarzpulver *n*, Sprengpulver *n*
blasting work Schießarbeit *f*
bleach *v* bleichen; entfärben
bleacher seating nicht überdachte Tribünensitzbank *f*
bleaching Bleichen *n*
bleaching agent Bleichstoff *m*
bleaching clay Bleichton *m*, Bleicherde *f*
bleaching earth Bleicherde *f*, Bleichton *m*
bleb Glasbläschen *n*, Gussblase *f*
bleb timber entharztes Holz *n*
bleed *v* 1. auslaufen lassen, anzapfen *(Dampf, Flüssigkeit)*; 2. schwitzen *(Beton)*; 3. *s.* bleed through; 4. bluten, schwitzen *(Asphaltflächen)*
bleed *v* **through** auslaufen *(z. B. Farbe)*; durchschlagen *(Farbe, Leim)*
bleed of concrete Betonblühen *n*, Betonschwitzen *n*
bleed-through 1. Durchschlagen *n*, Durchdrücken *n (Farbanstrich)*; 2. Holzoberflächenentfärbung *f*, Furnierfärbung *f (durch durchdrückenden Leim)*
bleed valve Auslassventil *n*, Entlüftungsventil *n*
bleeder Ablasshahn *m*; Entlüftungshahn *m*; Entwässerungsrohr *n*
bleeder pipe Dränsammelrohr *n*
bleeding 1. Ausströmen *n*, Auslaufen *n*; Lecken *n*; Anzapfen *n*; Bluten *n (Asphaltstraße)*; 2. Sickerung *f*; 3. Abwässern *n (Frischbeton)*; 4. Durchdrücken *n (z. B. von Farbe)*
bleeding capacity abgesetzte Wassermenge *f (Frischbeton)*
blemish *v* beeinträchtigen; beschädigen; verunstalten
blemish Fehler, Fleck *m (in Holz- oder Marmoroberflächen)*; Makel *m*
blend *v* (ver)mischen, vermengen; verschneiden
blend Mischung *f*
blended meliert *(Teppichboden, Textilien)*
blended cement Mischzement *m*, Mischbinder *m*, Schlackenzement *m*
blender 1. Mischer *m*, Mischeinrichtung *f*; 2. *s.* mixer tap; 3. weicher runder Streich- und Tupfpinsel *m*
blending 1. Mischen *n*, Vermengen *n*, Mischung *f*; Verschneiden *n*; 2. Zuschlagstoffdosierung *f*
blending agent Verschnittmittel *n*, Zusatzmittel *n*
blending valve Mischhahn *m*, Warmwasserhahn *m*
blight Verfall *m (eines Gebäudes)*; Zerstörung *f (eines Wohnviertels)*
blighted area baufälliges Gebiet *n*, heruntergekommene Bebauung *f*, Slums *pl (heruntergekommenes Wohnviertel)*; Sanierungsgebiet *n (zur Sanierung vorgesehen)*
blind *v* absplitten, Splitt aufbringen, abstumpfen *(Straße)*; 2. zusetzen, verstopfen *(z. B. Siebe, Filter)*; 4. matt werden *(Glas)*
blind 1. blind, verdeckt; nicht durchgehend; 2. matt; glanzlos
blind Abschirmung *f*, Blende *f*, Jalousie *f*, Schattenvorhang *m*
blind abutment blindes Widerlager *n*
blind alley Sackgasse *f*
blind anchorage Blindverankerung *f*
blind arcade Blendarkade *f*
blind arch Blendbogen *m*, Scheingewölbe *n*
blind area Kellerwandummauerung *f*
blind casing Fensterblendrahmen *m*
blind curve unübersichtliche Kurve *f*, Kurve *f* ohne Durchsicht
blind door Blindtür *f*
blind dovetail *(Hb)* bedeckter Schwalbenschwanz *m*
blind drain unangebundener Drän *m*; Sickerschlitz *m (eines unangebundenen Dräns)*; Rigole *f*, Rigolet *f (Entwässerungsgraben)*
blind flange Blindflansch *m*
blind floor *(AE)* Unterboden *m (unsichtbare tragende Beton- oder Holzdecke)*
blind flue falscher Schornsteinkanal *m*
blind header 1. vorgetäuschte Mauerwerkslänge *f*; 2. gehackter Binderstein *m*
blind hole nicht durchgebohrtes Loch *n*, Sackloch *n*, Blindloch *n*
blind joint unsichtbare Fuge *f*
blind mortise unsichtbares Zapfenloch *n*
blind nailing Blindvernagelung *f*, Verdecktnagelung *f*, verdeckte Nagelung *f*
blind niche Blendnische *f*
blind pier Wandpfeiler *m*
blind row einseitig offene Sitzreihe *f*
blind shade Jalousette *f*
blind stop Windschutzleiste *f (am Fensterrahmen)*
blind street Sackgasse *f*
blind tracery Verblendungsnetzwerk *n*, Blendmaßwerk *n*
blind triforium *(Arch)* Blendtriforium *n*, vorgeblendeter Laufgang *m (gotischer Kathedralen)*
blind vault Scheingewölbe *n*
blind wall geschlossene Wand *f*, durchgehendes Mauerwerk *n*
blind window Blindfenster *n*
blinding 1. *(Verk)* Splittaufbringen *n*; Abstumpfen *n*, Abgrusen *n*; 2. Verstopfen *n (z. B. von Sieben)*; 3. Mattwerden *n*; 4. Oberflächenabschluss *m (dünne Splitt-, Sand- oder Kiesschicht auf Straßen)*; 5. Magerbetonsauberkeitsschicht *f*, Unterbetonausgleichsschicht *f*
blinding chippings Streusplitt *m*, Abstreusplitt *m (Straße)*
blinding concrete Ausgleichsbeton *m*
blindstorey fensterloses Geschoss *n*
blindstory *(AE) s.* blindstorey
blister *v* Blasen bilden, blasig werden
blister Blase *f (an der Oberfläche)*; Gussblase *f*
blistered blasig
blistering 1. Bläschenbildung *f*, Blasenziehen *n (z. B. von Anstrichen)*; Glasurfehlstellenbildung *f*; 2. losgelöste Putzstellen *fpl*, Hohlstellen *fpl*
bloated aufgebläht, blasig aufgetrieben; Bläh...
bloated clay Blähton *m*, geblähter Ton *m*
bloated slate Blähschiefer *m*, geblähter Schiefer *m*
bloating Aufblähen *n*
block *v* 1. blockieren, arretieren; verriegeln; 2. sperren *(Straßen)*; 3. verankern, verkeilen *(Spannbeton)*; 4. verstopfen
block *v* **off** absperren; abdichten, abdämmen
block *v* **out** aussparen *(Betonbau)*
block *v* **up** 1. eine Tür zumauern; 2. verstopfen
block 1. Block *m*, Blockstein *m*, Steinblock *m*; Stein *m (Beton)*; 2. Klotz *m*, Holzklotz *m (Fußboden, Holzpflaster)*; 3. Block *m*, Häuserblock *m*; Häuserviertel *n*; Trakt *m*; 4. (einzelnes) Gebäude *n*; 5. Kloben *m (Flaschenzug)*
block and fall *s.* block and tackle

block and tackle Flaschenzug *m*
block arch Steinbogen *m*
block beam vorgespannter Blocksteinträger *m*
block bill Breitbeil *n*
block bond Blockverband *m*
block bonding Blocksteineinbindung *f (Eckenstoß)*
block bridging *(AE)* Querholzrafteraussteifung *f*
block buildings Gebäudekomplex *m*, Blockbauten *mpl*
block capital *(Arch)* Würfelkapitell *n*
block connector Blockdübel *m*
block entrance Gebäudeeingang *m*
block flooring Holzblockfußboden *m*, Holzpflaster *n*
block format Block(stein)format *n*
block frame Gebäuderahmen *m*
block-in-course großer behauener Quaderstein *m*
block-in-course masonry Schichtenmauerwerk *n*
block insulation *(AE)* Wärmedämmplatte *f*
block letters Blockschrift *f*
block machine Betonblockmaschine *f*, Betonsteinpresse *f*
block-making Betonblockherstellung *f*
block masonry (work) Blocksteinmauer *f*
block of dwellings Häuserblock *m*
block of flats Mietshaus *n*; Wohnblock *m*, Häuserblock *m*
block of houses Häuserblock *m*; Häuserviertel *n*
block of rented flats Mietshaus *n*
block-out Aussparung *f (Betonbau)*
block pavement Pflasterbelag *m*, Pflaster *n*, Straßenpflaster *n*
block plan Lageplan *m (mit kleinem Maßstab, der die Gebäudeumrisse zeigt)*; Übersichtslageplan *m*
block plane kleiner Hobel *m*
block roundabout Blockumfahrung *f (Verkehr)*
blockboard Tischlerplatte *f*
blocked pipe verstopftes Rohr *n*
blockholing Holzstocksprengen *n*
blockhouse Blockhaus *n*
blocking 1. Holzverkeilung *f*, Holzunterlegen *n*; 2. Pressverleimung *f*; 3. Wandverbindung *f*, 4. Grobspalten *n*; 5. Arretierung *f*, Verriegelung *f*
blocking axe Breitbeil *n*
blocking course Brustgesims *n*, Mauerband *n*
blocking gate Absperrventil *n*
blocking off Absperren *n*
blocking up Auffüllung *f*
blocklaying Blocksteinverlegen *n*, Großblocksteinversetzen *n*; Vermauern *n*
blockout Aussparung *f*
blockwork Betonblocksteinmauerwerk *n*
blockyard Blocksteinfertigungsfläche *f*
blondin *(sl)* Kabelkran *m*
bloom *v* 1. ausblühen *(Ziegel)*; 2. anlaufen, beschlagen *(Lackanstrich)*
bloom 1. Ausblühung *f (Ziegelmauerwerk)*; 2. Flaum *m (auf Farbanstrich)*; Schleierbildung *f (frischer Lackanstriche)*; 3. Vorblock *m (Stahl)*
bloom steel Luppenstahl *m*
blooming 1. Vorwalzen *n*; 2. Ausblühen *n*; Beschlagen *n*; Anlaufen *n*
blooming mill Luppenwalzwerk *n*
blooming steel Luppenstahl *m*
blow *v* (leer)blasen; drücken *(durch Rohrleitungen)*
blow *v* **away** wegblasen *(Sprengarbeit)*
blow *v* **off** leerblasen, abblasen
blow *v* **out** platzen, einbrechen *(Befestigung, Damm)*
blow *v* **up** zerplatzen; explodieren; (in die Luft) sprengen; hochbrechen *(Betonfahrbahnplatten)*
blow 1. Blasen *n*; 2. Schlag *m*; 3. Wassereinbruch *m (in einen Fangdamm)*
blow bending test Schlagbiegeversuch *m*, Schlagbiegeprüfung *f*
blow count erforderliche Schlagzahl *f (um einen Gegenstand in die Erde zu treiben)*; Rammschläge *mpl* per Längeneinheit
blow-hole Gaseinschluss *m*; Luftblase *f (im Beton)*; Gussblase *f (innen)*
blow of a hammer Hammerschlag *m*
blow-off Ablass *m*
blow-off pipe [tube] Ablassrohr *n*; Abblasrohr *n*
blow-up Aufwölbung *f*, Ausknickung *f*
blowback Druckbereich *m (Sicherheitsventil)*
blowdown period Druckangleichungsperiode *f*
blower Gebläse *n*; Lüfter *m*
blowing schuppenartig *(fehlerhafter Kalkputz)*
blowing Blasen *n (Bitumen)*
blowing installation Bitumenblasanlage *f*
blowlamp Lötlampe *f*, Gebläsebrenner *m*
blown asphalt [bitumen] geblasenes Bitumen *n*, Blasbitumen *n*
blown gasket defekter Dichtungsring *m*
blown joint Rohrverbindung *f (hergestellt mit der Lötlampe)*; Rohrmuffe *f*
blowpipe Schweißbrenner *m*
blowtorch *(AE) s.* blowlamp
blub kleine Luftblase *f*, Blase *f (im frischen Putz)*
blue brick Blaubranntklinker *m*, Klinkerziegel *m*, Klinkerstein *m*
blue clay Blauton *m*
blue lias lime Wasserkalk *m*, Blaukalk *m*, Liaskalk *m*
blue metal hartes blaues Felsgestein *n (als Splitt für Makadamdecken)*
blue print Blaupause *f*, Lichtpause *f*
blue stain Blaufäule *f*, Blaufleck *m (im Holz)*
blue timber verblautes Holz *n*
blueing 1. Blaufäule f; 2. Bläuen *n (einer weißen Farbe)*
blueprinting Blaupausen *n*
bluestone Blau(sand)stein *m*
bluff Steilufer *n*
blunt *v* abstumpfen
blunt stumpf, abgestumpft
blush Lösungsmittelschleier *m (in Lacken, Farben)*
blushing Anlaufen *n*, Schleierbildung *f*, Weißwerden *n (von Lacken)*
board *v* verkleiden, verschalen *(mit Brettern)*; täfeln; dielen, Dielen legen
board *v* **up** mit Brettern verschlagen [vernageln]
board 1. Brett *n*; Planke *f*, Bohle *f*, Diele *f*, Platte *f*, 2. Pappe *f*, Karton *m*; 3. Leitung *f (Gremium)*; Direktion *f*
board and batten Brett-Deckleisten-Verkleidung *f*
board and brace Federverbindung *f (von Holzteilen)*
board building Direktionsgebäude *n*
board core Plattenkern *m*
board fence Bretterzaun *m*
board finish Schalbrettmuster *n*
board finish concrete Schalbrettmusterbeton *m*
board finish plaster Gipsplattenputz *m*
board foot Board-Fuß *m*, Brettfuß *m (Volumeneinheit für Bauholz in den USA; 1 bd ft = 2,36 dm^3)*
board form 1. Brettschalform *f*, 2. *s.* board formwork
board forms Brett(ver)schalung *f*
board formwork Brett(er)schalung *f*
board insulation Plattendämmung *f*
board-marked schalungsrau
board measure *(AE)* Bauholzmengenbestimmung *f* in Board-Fuß
Board of Works Baubehörde *f*
board partition (wall) Bretterwand *f*, Holztrennwand *f*
board room Sitzungszimmer *n*

board sheathing Dach(ver)schalung *f*
board shuttering Bretterschalung *f*
board way *(AE)* Holzgehweg *m*
boarded verbrettert, gebrettert, mit Brettern versehen
boarded floor Holz(dielen)fußboden *m*, gedielter Fußboden *m*, Bretterboden *m*
boarded parquet floor Tafelparkett *n*
boarded partition *s.* board partition
boardhouse Pensionshaus *n*
boarding 1. Verschalung *f*, Schalung *f*, Brettverkleidung *f*, Bretterung *f*; Täfelung *f*; Dielung *f*; Beplankung *f*; Bretterzaun *m*; 2. Verschalen *n*; Täfeln *n*; Dielen *n*; 3. Schalbretter *npl*
boarding bridge Anlaufbrücke *f*, Brücke *f*
boarding-house Pension *f*, Fremdenheim *n*
boarding-in Annageln *n* einer Brettverkleidung
boarding joist Dielenbalken *m*
boarding school Internatsschule *f*
boardschool Internatsschule *f*, Pensionsschule *f*
boardwalk Holzfußweg *m*, Bohlengang *m*
boast *v* scharrieren, (grob) behauen, beizen *(Rohstein)*
boasted surface [work] scharrierte Steinoberfläche *f*
boaster Scharriereisen *n (für Steinmetzarbeiten)*; Beizeisen *n*, Bossiereisen *n*; Breiteisen *n (Meißel, ca. 11 cm breit)*
boasting Scharrieren *n (Rohstein)*
boat basin Bootshafen *m*
boat-bridge Pontonbrücke *f*, Schwimmbrücke *f*
boat elevator *(AE)* Schiffshebewerk *n*
boat scaffold Seilhängegerüst *n*, Hängebaugerüst *n*
boat varnish Bootslack *m*
boathouse Bootshaus *n*
bob 1. *s.* plumb bob; 2. Schwabbelscheibe *f*
bob run Bobbahn *f*
bobwire Stacheldraht *m*
bobwire fence Stacheldrahtzaun *m*
bodied linseed oil eingedicktes Leinöl *n*
bodied oil Dicköl *n*
body *v* eindicken, verdicken *(z. B. Anstriche)*; eindicken, dick werden
body *v* **up** *s.* body
body 1. Körper *m*, Stoff *m*; 2. Körper *m*, Baukörper *m*; 3. Masse *f*, Fertigmasse *f (keramische Baustoffe)*; Rohfliese *f*; 4. Körper *m*, Konsistenz *f (z. B. von Farben, Ölen)*; 5. Schaft *m (einer Schraube)*; 6. Kasten *m*; Gehäuse *n*; Wagenkasten *m*; 7. Dichte *f (Bauholz)*
body coat Oberflächenfilm *m (eines Anstrichs)*
body of lock Schlosskasten *m*
body of masonry Mauerwerkskörper *m*
body of paint Deckungskraft *f*
body of running water fließendes Gewässer *n*
body of soil Erdmasse *f*
body of wall Mauerblock *m*
body shell Baukörper *m*
bodying agent Verdickungsmittel *n (für Farben)*
bodying in [up] Schichtenschleiflackierung *f*
bog Sumpf *m*, Moor *n*
bog blasting Moorsprengung *f*, Sumpfsprengen *n*
bog lime Wiesenkalk *m*; Seekreide *f*
bog water Moorwasser
boggy sumpfig, moorig; Moor..., Sumpf...
boggy soil Moorboden *m*, Sumpfboden *m*
bogie Untergestell *n*; Fahrgestell *n*; Drehgestell *n*
boil *v* kochen, sieden; kochen lassen
boil 1. Wassereinsickerung *f (bei Erdarbeiten)*; 2. Bodenfließen *n*
boil hole Frostaufbruch *m*, Frosthebung *f (Baugrund, Straße)*
boiled linseed oil Leinölfirnis *m*
boiled oil Firnis *m*, Ölfirnis *m*, *(speziell)* Leinölfirnis *m*
boiler 1. Kessel *m*, Boiler *m*; Heizkessel *m*; Dampferzeuger *m*; 2. Wasserboiler *m*, Wassererhitzer *m*, Boiler *m*; 3. Warmwasserspeicher *m*, Heißwasserspeicher *m*
boiler brickwork Kesselmauerwerk *n*
boiler compound Boilerwasserzusatz *m*
boiler control Kesselregelung *f*, Kesselsteuerung *f*
boiler equipment Kesselausrüstung *f*
boiler feed water Kesselspeisewasser *n*
boiler flue Flammrohr *n*, Kesselzug *m (Schornstein)*
boiler group Kesselanlage *f (Heizung)*
boiler house Kesselhaus *n*
boiler jacket 1. Kesselverkleidung *f*; 2. Boilerverkleidung *f*; Boilerisolierung *f*
boiler pipe Siederohr *n*
boiler plant Kesselanlage *f*
boiler plate Kesselblech *n*
boiler pressure 1. Kesseldruck *m*; 2. Boilerdruck *m*
boiler room Kesselraum *m*; Heizraum *m*; Heizungskeller *m*
boiler seatings Kessellagerböcke *mpl*
boiler thermostat Kesselthermostat *n*
boiler tube Siederohr *n*
boiling of sand Schwimmen *n* des Sands *(Baugrund)*
boiling point Siedepunkt *m*
boiling range Siedebereich *m*
boiling test Kochprüfung *f (Zement)*
boilings Abzugsschlacke *f*, Überlaufschlacke *f*
bole Stamm *m*, Baumstamm *m (industriell verwertbar)*
bolection moulding Kehlstoß *m*
bollard 1. *(Verk)* Radabweiser *m*, Prellstein *m*; Inselpfosten *m (Straßenbau)*; 2. Sperrbake *f*, Poller *m (Verkehr)*; 3. Poller *m (zur Trossenbefestigung)*
bolster *v* unterbauen, unterfüttern, unterlegen; unterpolstern
bolster 1. Sattelholz *n*; 2. Polsterholz *n*; 3. Breiteisen *n*, Hackmeißel *m*
bolt *v* anschrauben, verschrauben; festschrauben *(mit Bolzen)*; verbolzen, festklemmen *(mit Bolzen)*; verriegeln, verschließen
bolt *v* **the wales** Zangen verbolzen
bolt *v* **together** zusammenschrauben
bolt 1. Bolzen *m*, Schraubenbolzen *m*; Schraube *f*, Mutterschraube *f*; Dorn *m*; 2. Riegel *m*, Türriegel *m*; 3. Tapetenrolle *f*
bolt and nut Durchsteckschraube *f*, Mutter *f* und Bolzen *m*, Mutterschraube *f*
bolt chisel Kreuzmeißel *m*, Spitzmeißel *m*
bolt connection Bolzenverbindung *f*
bolt cutter Bolzenschneider *m*
bolt deduction Bolzenschwächung *f*
bolt driving tool Bolzenschlaggerät *n*
bolt pin Schließe *f*
bolt shooting Bolzenschießen *n*, Dübeleinschießen *n*
bolt sleeve Schutzdübel *m*
bolt spanner Bolzenschlüssel *m*
bolt washer Bolzenscheibe *f*
bolted verbolzt, verschraubt
bolted connection Schraub(en)verbindung *f*
bolted connector Einpressdübel m
bolted joint Bolzenverbindung *f*
bolted pipe connection [joint] Rohrverschraubung *f*
boltel *s.* bowtell
bolting Verbolzung *f*, Verschraubung *f*
bolting iron Spitzmeißel *m*
bomb shelter Bombenschutzraum *m*; Luftschutzraum *m*
bombproof bombensicher
bona fide bid *(AE)* Vertrauensangebot *n*, Angebot *n* auf Treu und Glauben
bond *v* 1. aufschichten, in Verband legen, im Verband mauern *(Steine)*; 2. (ver)kleben, verleimen, verbinden; 3. *(El)* (leitend) verbinden; 4. Baukredite aufnehmen

bond 1. Verbund *m*, Verband *m (Mauerwerk)*; 2. Verbindungsstück *n*; Lasche *f*; 3. *(Verk)* Schienenverbinder *m*, Brücke *f*; 4. Verbindungsstelle *f*; Verklebung *f*; 5. elektrische Verbindung *f*; Strombrücke *f*; 6. Adhärenz *f*, Haftung *f*; 7. Sinter *m*, Agglomerat *n*; 8. Baufinanzgarantie *f (Bankbürgschaft)*
bond area Haftfläche *f*
bond-beam block Betonhohlstein *m* für Bewehrungsaufnahme
bond breaker [breaking agent] Haftverhinderer *m*, Trennmittel *n (zum Ablösen, chemisch wirkend)*
bond coat Haftanstrich *m*, Haftbrücke *f*
bond course Verbindungslage *f*, Binderschicht *f*; Haftbrücke *f*
bond finish Haftputz *m*
bond-improving haftverbessernd
bond length Einbindelänge *f*, Haftlänge *f (Bewehrung)*
bond of the voussoirs Wölbsteinverband *m*
bond plaster Haftputz *m*
bond prevention Haftverbundvermeidung *f*
bond stone durchgehender Stein *m*
bond strength Verbundfestigkeit *f*, Haftfestigkeit *f*
bond stress 1. Scherspannung *f (am Bewehrungseisen)*; 2. Haftspannung *f*
bond timber Mauerstiel *m*, hölzerner Mauerwerksanker *m*
bonded verbunden; verleimt, verklebt; gefugt *(eine Wand)*; im Verbund
bonded brick Binder *m*, Strecker *m*
bonded masonry im Verbund gemauertes Mauerwerk *n*, verbundenes Mauerwerk *n*
bonded member Spannungsübertragungsteil *n*
bonded posttensioning Vorspannung *f* mit nachträglichem Verbund *(Spannbeton)*
bonded prestressed member Spannungsübertragungsteil *n*
bonded tendon Verbundspannglied *n (Spannbeton)*
bonded wood Leimholz *n*, verleimtes Holz *n*
bonded wood construction Holzleimbau *m*
bonder Binder(ziegel) *m*, Strecker *m*
bonding 1. Verbinden *n*; Verklebung *f*; Verleimung *f*; Verzahnen *n (von altem und neuem Mauerwerk)*; 2. Haftfestigkeit *f*; Haftung *f*; 3. Haftverbund *m*; 4. *(El)* Verbindung *f*, Anschluss *m*
bonding agent Haftmittel *n*, Klebemittel *n*, Kleber *m*; Bindemittel *n*
bonding area Haftfläche *f*
bonding brick *s.* bonder
bonding capacity Haftfähigkeit *f*
bonding cartridge Klebepatrone *f (für Ankerdübel)*
bonding cement Kitt *m*, Kleb(e)kitt *m*
bonding compound Dachkleber *m*
bonding concrete Haft(brücken)beton *m*
bonding course Haftbrücke *f*, Haftschicht *f*
bonding failure Haftungsversagen *n*, Haft(verbund)verlust *m (Stahlbeton)*
bonding finish Haftputz *m*
bonding interlay Haft(zwischen)schicht *f*, Haftbrücke *f*, Haftlage *f*; Schichtverbund *m*, Haftverbund *m*
bonding jumper *(Am, El)* Leiterverbinder *m*
bonding layer Mörtelbindeschicht *f*; Haftschicht *f*, Haftlage *f*, Haftbrücke *f*
bonding material *s.* bonding agent
bonding mortar Haft(brücken)mörtel *m*
bonding paste Klebepaste *f*
bonding performance Haftverhalten *n*
bonding plaster Haftgipsputz *m*
bonding pocket Aussparung *f (in einer Mauer)*; Einbindeöffnung *f*
bonding power Haftfähigkeit *f*
bonding sealing Klebedichtung *f*
bonding strength Bindekraft *f*, Verbundfestigkeit *f*; Klebefestigkeit *f*; Haftfestigkeit *f*
bonding stress Haftspannung *f*
bonding system Klebekonstruktion *f*
bonding test Klebeprüfung *f*
bondstone *s.* bonder
bone *v* ausfluchten, vermarken
bone black Knochenschwarz *n*, Beinschwarz *n*
bone glue Knochenleim *m*
boning Ausfluchten *n*
boning-in *(Verm)* Nivellieren *n*, Vermarkung *f (Tafeln, Einmessen)*
boning rod *(Verm)* Visiertafel *f*, Fluchttafel *f* Krücke *f*, Fluchtstab *m*, Fluchtstange *f*
bonnet Funkenflugschutznetz *n*; Schornsteinkappe *f*
bonnet (hip) tile Frauenhutwalmziegel *m*, gewölbter Gratziegel *m*
bonnet hinge Haubenscharnier *n*
bonus-and-penalty clause Pauschalzuschlag- und -abschlagsumme *f* zur Baufertigstellung
bonus for early completion Prämie *f* für vorzeitige Fertigstellung
book closet Büchereinbauschrank *m*, eingebauter Bücherschrank *m*
book matching symmetrisches Furnieren *n*
book-shelves Bücherregal *n*
book tower Bücherturm *m*
booking hall Schalterhalle *f (in Bahnhöfen, auf Flughäfen)*
bookshelf Bücherbrett *n*; Büchergestell *n*
boom 1. Gurt *m*, Gurtung *f*, Flansch *m*; 2. Ausleger *m*; 3. Aufschwung *m*, Hochkonjunktur *f*
boom cran Auslegerkran *m*
boom dragline *s.* dragline
boom hoist Hebewinde *f*
boom in form of a broken line gebrochene Gurtung *f*
boom-lifting winch Hebewinde *f*
boom member Gurt(ungs)stab *m*
boom of the open box zweiwandige Gurtung *f (Träger)*
boom plate Schleppblech *n*, Bindeblech *n*; Gurtplatte *f (für Stahlkonstruktionen)*
boom position Auslegerstellung *f*
boom stiffening Gurtungsverstärkung *f*, Flanschaussteifung *f*
boost *v* verstärken
boosted station Druckerhöhungsanlage *f*
boosted water supply Druckwasserversorgung *f*, Wasserversorgung *f* mit Druckverstärkung
booster 1. Verstärker *m*; Druckverstärker *m*, Zusatzgebläse *n*; 2. *(El)* Spannungsverstärker *m*; Zusatzgenerator *m*
booster compressor Parallelkompressor *m*
booster fan Zusatzgebläse *n*
booster heater Zusatzboiler *m (Warmwasserversorgung)*
booster installation Verstärkungsanlage *f*; Druckerhöhungsanlage *f*
booster pump Verstärkungspumpe *f*, Druckerhöhungspumpe *f*, Zusatzpumpe *f*
booster station Druckerhöhungsanlage *f*
boot Dachdurchbruchsflansch *m*; Schutzkappe *f*
boot money *(sl)* Schmutzzulage *f*
booth 1. Bretterhütte *f*; Marktbude *f*; Stand *m*; Messstand *m*; 2. Zelle *f*, Telefonzelle *f*; Kabine *f (z. B. Wahlkabine)*; 3. *(AE)* feste Tisch-Stuhl-Einheit *f (speziell in Restaurants)*
border *v* 1. (um)bördeln; einfassen *(mit einem Kantenschutz versehen)*; 2. begrenzen; angrenzen
border *v* **in** *(HLK)* einkanten
border *v* **on** grenzen an
border *v* **up** *(HLK)* aufkanten *(Blech)*

border 1. Rand *m*; Kante *f*, Umrandung *f*, Randeinfassung *f*, Lagerfries *m (Fußboden)*; 2. Grenze *f*
border-joist Streckbalken *m*
border-pile Bordpfahl *m*
border stone 1. Grenzstein *m*, Begrenzungsstein *m*; 2. Bordstein *m*, Randstein *m (eines Gehwegs)*
border tile Randfliese *f*
bordering 1. Umbördeln *n*; Einfassen *n*; 2. Einfassung *f*
borderlight Beleuchtungskette *f (im Theater)*
bore *v* 1. bohren; 2. *(Hb)* lochen; aushöhlen; abteufen
bore *v* **out** ausbohren
bore *v* **through** durchbohren
bore *v* **up** nachbohren
bore 1. Bohrung *f*, Bohrloch *n*; 2. Nennweite *f*, lichter Durchmesser *m*, Innendurchmesser *m (eines Rohres)*
bore bit Bohrmeißel *m*
bore-hole *s.* borehole
bore rod Bohrstange *f*
bore well Bohrbrunnen *m*
bored caisson Bohrpfahl *m*
bored hole vorgebohrter Durchbruch *m*
bored lock Zylinderschloss *n*
bored pile Bohrpfahl *m*
bored well Bohrloch *n*
borehole Bohrloch *n*, Ausbohrung *f*, Durchbohrung *f*, Loch *n*
borehole tube Bohrrohr *n*
borer Bohrer *m*
boring 1. Bohren *n*, Bohrarbeit *f*; 2. *(Hb)* Lochung *f*; 3. Bohrung *f*, Bohrloch *n (zur Bodenentnahme)*
boring by percussion Schlagbohren *n*
boring by percussion with rods Vollgestängebohren *n*
boring by shot drills Schrotbohren *n*
boring core Bohrkern *m*
boring crown Bohrkrone *f*
boring equipment for pile foundations Bohrausrüstung *f* für Pfahlgründungen
boring method Bohrverfahren *n*
boring of the earth Erdbohrung *f*
boring operations Bohrarbeiten *fpl*
boring-out Ausbohren *n*
boring plan Bohrplan *m*
boring rods Bohrgestänge *n*
boring sludge Bohrschlamm *m*, Bohrschmant *m*
boring-test Bohrversuch *m*
boring with the jumper Stoßbohren *n*
boring work Bohrarbeiten *fpl*
boron-loaded concrete Schwerstbeton *m*, sehr dichter Beton *m* mit Bor-Additiven
boron steel Borstahl *m*
borosilicate glass Borsilikatglas *n*
borrow 1. *(Erdb)* Seitenentnahme *f*, Massenentnahme *f (von Erdstoffen)*; 2. *s.* borrow material; 3. Seitenentnahme *f*
borrow excavation *(Erdb)* Seitenentnahmegrube *f*
borrow material *(Erdb)* Füllmassen *fpl*, Auffüllmaterial *n*
borrow pit Entnahmegrube *f*, Seitenentnahmestelle *f*
borrow source 1. Gewinnungsgrube *f (für Füllmassen)*; 2. *s.* borrow pit
borrowed light 1. Innenraumlicht *n (durch ein Innenfenster)*; 2. Innenfenster *n*
bosket Boskett *n*, Baumgruppe *f*, Gehölzgruppe *f (z. B. in Gärten der Renaissancezeit)*
boss *v* bossieren, bossen, grob behauen *(Steine)*
boss 1. Bosse *f*, Bossenstein *m*, Bossen(quader) *m*, Schlussstein *m*; 2. Bossenornament *n*; 3. strukturierte Metalloberfläche *f*, 4. Lochplatte *f*, 5. Vorarbeiter *m*; Polier *m*
bossage 1. Bossenwerk *n*; 2. bossierter Stein *m*
bossage of the stone Bossieren *n* des Steins
bossed bossiert
bossing 1. Bossieren *n (Stein)*; 2. Bossieren *n*, Weichmetallklopfen *n*, Profilklopfen *n (Metall)*
bossing mallet Holzschlaghammer *m*
bossing stick Bleiklopfer *m*
botanical garden botanischer Garten *m*
bottle *v* sich einschnüren *(Zugfestigkeitsprüfung)*
bottle bank Altglascontainer *m*, Glascontainer *m*, Glasbehälter *m*
bottle beer store Flaschenbierlager *n*
bottle brick Hohlziegel *m (für Leitungen oder Armierung)*
bottle cellar Flaschenkeller *m*
bottle jack Flaschenwinde *f*
bottle-neck Straßenverengung *f*, Einengung *f*
bottle trap Flaschensiphon *m*, Flaschenverschluss *m*
bottling hall Flaschenbierabfüllhalle *f*
bottom *v* gründen, mit Unterbau versehen *(Straße)*
bottom 1. Boden *m*, unterster Teil *m (z. B. einer Bohrung)*; Tiefpunkt *m (Boden)*; Sohle *f*, 2. Boden *m (Behälter)*; 3. Fuß *m (Unterteil)*; Basis *f*
bottom bed untere Lagerfläche *f*
bottom bolt Türfußbodenriegel *m*
bottom boom Untergurt *m*, Untergurtung *f*
bottom boom bar [member] Untergurtstab *m (Fachwerkbinder)*
bottom butt joint Balkenstoß *m*
bottom car clearance lichte Höhe *f (eines Fahrkorbs zum Boden)*
bottom chord *s.* bottom boom
bottom dump Bodenentleerung *f*
bottom dump truck *(AE)* Lasttransporter *m* mit Bodenentleerung *(Schüttgüter)*
bottom edge Unterkante *f*
bottom face untere Leibungsfläche *f*
bottom-facing machine Bodenverblendmaschine *f*
bottom flange Unterflansch *m*; Untergurt *m*
bottom flange of a beam Trägerunterflansch *m*
bottom guide untere Führung *f*
bottom-hinged [bottom-hung] sash Kippflügelfenster *n*, drehbares Flügelfenster *n*
bottom layer untere Schicht *f*
bottom member Unterflansch *m*
bottom of a ditch Grabensohle *f*
bottom of foundation Fundamentsohle *f*
bottom of girder Trägerunterkante *f*
bottom of the bank protection Fußpunkt *m* des Uferschutzes
bottom outlet 1. Grundablass *m*; 2. Ablassschütz *n*
bottom plate Sohlplatte *f*, Bodenplatte *f*, Fundamentplatte *f*
bottom rail Fußholz *n (Tür, Fenster)*; Querfries *m (Vertikalschiebefenster)*; Schwellholz *n*
bottom side Unterseite *f*
bottom socket Untermuffe *f (Betonrohr)*
bottom stabilization Sohlenbefestigung *f*
bottom step Antrittsstufe *f*
bottom stone erster Gewölbestein *m (über dem Kämpfer)*
bottom stratum *(Bod)* untere Schicht *f*
bottom surface Unterseite *f*
bottom view Unteransicht *f*
bottom width Sohlbreite *f*
bottoming *(Verk)* Packlage *f*, Unterbrettung *f (Straße)*
bottomless hole durchgängiges Loch *n*
boulder Geröllblock *m*, Rollstein *m*, Felsblock *m (< 25 cm Ø)*; *(AE)* Findling *m*
boulder clay Mergellehm *m*, Geschiebelehm *m*, Geschiebemergel *m*, Geschiebeton *m*
boulder stone Rollstein *m*
boulder stones Steingeröll *n*
boulders Geröll *n*; Geschiebe *n (Geologie)*

boulet tile Kreuzziegel *m*
boulevard Boulevard *m*, Allee *f*, Prachtstraße *f*
boulevard restaurant Straßenrestaurant *n*
boultine *s.* bowtell
Boulton process Boulton-Verfahren *n (Holzschutz mit Teeröl)*
bounce *v* (auf)prallen, rückprallen; zurückschnellen
bound *v* begrenzen, abgrenzen; beschränken
bound 1. geflochten *(Bewehrung)*; 2. gebunden
bound moisture gebundene Feuchte *f*, gebundenes Wasser *n*
bound reinforcement geflochtene Bewehrung *f*
bound water gebundenes Wasser *n*
boundary Grenze *f*; Begrenzung *f*, Rand *m*
boundary action Randwirkung *f*
boundary beam Randträger *m*
boundary condition Grenzbedingung *f*
boundary conditions Grenzwerte *mpl*
boundary determination Grenzenbestimmung *f*
boundary ditch Grenzgraben *m*
boundary fence Umzäunung *f*, Einfriedung *f*
boundary gable freistehender Grenzgiebel *m*
boundary layer Grenzschicht *f*
boundary line Begrenzungslinie *f*; Grenze *f*; Markscheide *f*
boundary line of the neighbouring building Nachbargrenze *f* eines Gebäudes
boundary mark Grenzmarkierung *f*
boundary moment Randmoment *n*
boundary of the site Baustellenbegrenzung *f*
boundary pole [post] Grenzpfahl *m*, Grenzpfosten *m*
boundary stone Grenzstein *m*
boundary survey Grenzvermessung *f*
boundary wall Einfriedungsmauer *f*
boundary zone Grenzzone *f*, Randzone *f*
bow *v* 1. bogenförmig verlaufen; bogenförmig gebaut sein; 2. biegen, krümmen *(Holz)*
bow *v* **out** ausbiegen *(Bewehrung, Leitung)*
bow Bogen *m*; Krümmung *f*; Wölbung *f (Bogen einer Straße)*; Stich *m*
bow callipers Bogenmesslehre *f*
bow compass Bogenzirkel *m*, Nullenzirkel *m*
bow drill Drillbogen *m*, Bogenbohrer *m*
bow girder gebogener Träger *m*
bow member Bogenlehre *f*
bow saw Bügelsäge *f*
bow window Erkerfenster *n*; (gerundeter) Erker *m*
bower 1. Landhaus *n*; 2. Baumlaube *f*, Gartenlaube *f (Blattwerk)*; 3. Kemenate *f*, Frauengemach *n (einer Burg)*
bowing under load Durchbiegung *f* bei Belastung
bowl 1. Schale *f*; Leuchtenschale *f*; 2. Schürfkübel *m*; 3. Klosettbecken *n*, Toilettenbecken *n*, WC-Becken *n*, Spülbecken *n*
bowl tray Leuchtenschale *f (Straßenbeleuchtung)*
bowlder stone Rollstein *m*
bowling alley Bowlingbahn *f*
bowling centre Bowlinghalle *f*
bowling green Bowlingrasen *m*; Rasen *m* für Spiele
bowstring arch Bogen *m* mit Zugband
bowstring bridge Bogensehnenträger-Brücke *f*
bowstring centring Lehrgerüst *n* als Bogen mit Zugband
bowstring girder Bogensehnenträger *m*
bowstring roof *(Hb)* Bogenbinderdach *n*
bowtell 1. Dreiviertelsäule *f*; 2. Schaft *m* einer Büschelsäule
box *v* einmanteln, einhausen; einkapseln; einpacken *(in Kisten)*
box *v* **off** in Fächer (ab)teilen
box *v* **out** aussparen, ausstemmen
box *v* **up** verkleiden *(mit Holz)*; einrahmen
box 1. Kasten *m*; Kiste *f*; Truhe *f*; Behälter *m*; 2. Gehäuse *n*; Kapsel *f*; 3. Raumzelle *f*, Zelle *f*; 4. Theaterloge *f*
box beam Kastenbalken(träger) *m*, Hohlkasten(träger) *m*, Hohlbalken(träger) *m*
box beam section Kastenquerschnitt *m (eines Trägers)*
box bolt rechteckiger Verschlussbolzen *m*
box caisson Caisson *m*
box chisel Nagel(zieh)eisen *n*
box column Hohlkastenstütze *f*, hohle Rechtecksäule *f (aus Stahlprofilen geschweißt)*
box construction type Kastenbauart *f*
box coupling Muffenverbindung *f*, Vermuffung *f (Rohr)*
box culvert Kastendurchlass *m*, Haubendurchlass *m (für Wasser, z. B. unter Straßen)*
box dam 1. Fangdamm *m*, Kastenfangdamm *m*; 2. *(Wsb)* Sicherheitskammer *f*
box drain rechtwinkliger Kanal *m (für Abwasser)*; Kastendrän *m*, Kastenrinne *f*
box footing Kastenfundament *n*
box foundation Kastenfundament *n*
box frame 1. Zellkonstruktion *f* mit tragenden Kreuzwänden; 2. Vollstahlbetonkonstruktion *f*, Rahmen *m (Fensterkasten)*
box girder Hohl(kasten)träger *m*, Kastenträger *m*, Hohlbalken *m*
box girder bridge Kastenträgerbrücke *f*
box gutter 1. rechteckige Dachrinne *f*, Kastenrinne *f*; 2. Holzrinne *n*
box-head window Vertikalschiebefenster *n*
box level Dosenlibelle *f*
box lock Kastenschloss *n*
box office Schalterraum *m*, Kassenraum *m (Theater, Kino)*
box profile Kastenprofil *n*
box roof gutter Kastendachrinne *f*
box section Kastenprofil *n*, Kastenquerschnitt *m (eines Trägers)*; Hohlkastenquerschnitt *m*
box-section frame construction Hohlkastenrahmenkonstruktion *f*
box shutter Klappladen *m*
box spanner Steckschlüssel *m*
box stair *(AE)* geschlossene Treppe *f*
box stall Stallbox *f*
box staple *(AE)* Schlosskasten *m*
box stoop *(AE)* viertelgedrehte Hochtreppe *f (zu einem Hauseingang)*
box strike plate Türbolzenblech *n*; Torbolzenkasten *m*
box-type window Kastenfenster *n*
boxed gemufft
boxed heart Bauholz *n* mit Stammkern
boxed mullion hohler Mittelpfosten *m (Fenster)*
boxed steel column Stahlkastenstütze *f*
boxed steel girder Stahlkastenträger *m*
boxing 1. Formenmaterial *n*; 2. Betonschalungsform *f*; 3. *(AE)* Farbmischen *n* durch Ineinanderschütten *(mit Kannen)*
boxing-in Einbauen *n*, Einschachteln *n*, Einhausen *n*
boxing shutter Faltfensterladen *m*
boxing work Schalungsarbeiten *fpl*
boxroom Abstellkammer *f*, Kammer *f*
boxwood Buchsbaumholz *n*; Inlayholz *n*
b.p. *s.* boiling point
brace *v* abstreben, verstreben, versteifen, unterbauen; verschwerten; verspannen
brace 1. Strebe *f*, Verstrebung *f*; 2. Kopfband *n*; Zange *f*, Zugband *n*; 3. Kreuzlatte *f*, Querlatte *f*; 4. Bohrwinde *f*; 5. Klammer *f*; 6. *(El)* Schelle *f*; 7. Strebenband *n*, Winkelband
brace and counterbrace Lattenkreuz *n*, Kreuzlatte *f*
brace block Trägerfußblock *m*, Stützenfußblock *m*
brace pile Schrägpfahl *m*, schräger Rammpfahl *m*

brace plate Bindeblech *n*
brace table Zimmermannswinkel *m* mit Dreieckmaßangaben
braced 1. verstrebt; ausgesteift; verstärkt; 2. gegliedert *(Fachwerk)*
braced arch offener Fachwerkbogen *m*
braced beam Fachwerkbinder *m*, Fachwerkträger *m*
braced box frame Steifrahmen *m*, Rahmen *m (Fensterkasten)*
braced door Rahmentür *f*
braced frame(work) verstrebtes [ausgesteiftes] Fachwerk *n*
braced purlin gegliederte Pfette *f*; aussteifende Pfette *f*
braced steel mast [tower] Gittermast *m*
braced timbering verstrebte Zimmerung *f*
bracing 1. Verstreben *n*; Versteifen *n*; Aussteifen *n*; 2. Verstrebung *f (von Konstruktionsgliedern)*; Versteifung *f (von Bauelementen)*; Aussteifung *f (eines Feldes, Bogens, Rahmens)*; Verspannung *f*, Versteifung; 3. Strebe *f*, Steife *f*, Versteifungsglied *n*; Aussteifungsglied *n*; Verstärkungsglied *n*
bracing angle Aussteifwinkel *m*, Versteifungswinkel *m*
bracing masonry Versteifungsmauerwerk *n*
bracing member Steife *f*
bracing pier Versteifungspfeiler *m*
bracing system Füll(ungs)system *n*
bracing wall Versteifungsmauer *f*
bracing wire Spanndraht *m*
brack 1. *(AE)* geringwertiger Ziegel *m*; 2. *s.* break 1.
bracket 1. Ausleger *m (herausragender Stützbalken)*; Konsole *f*, Kragstütze *f*; 2. Strebe *f*; Träger *m*
bracket baluster Konsolengeländerpfosten *m (im rechten Winkel im Mauerwerk)*
bracket console Konsole *f*, Kragstein *m*, Tragstein *m*
bracket-mounted roof gutter vorgehängte Dachrinne *f*
bracket pedestal Wandlager *n*, Konsollager *n*
bracket pile verbundener Pfahl *m*
bracket plate Befestigungsplatte *f*
bracket saw Laubsäge *f*
bracket scaffold metallstrebengestütztes Gerüst *n*
bracket support Tragstütze *f*
bracket table Konsolentisch *m*
bracketed 1. durch Klammern [Schellen] gehalten; 2. aufgesattelt *(Treppe)*
bracketed stair *(AE)* offene Treppe *f* mit Wangenverzierungen
bracketed string aufgesattelter Treppenbaum *m*
bracketing Strebensystem *n*, Versteifungswerk *n*, Aussteifungswerk *n*
brad Drahtnagel *m*; Nagelstift *m*, Stift *m (für Dielenbretter)*
brad-awl Stiftahle *f*, Nagelbohrer *m*
brad nail Drahtnagel *m*
brad pusher Stifthalter *m*
braided rope geflochtenes Seil *n*
braking Bremsung *f*
braking device Hemmvorrichtung *f*
braking distance Bremsweg *m*
braking incline Bremsberg *m*
braking test Auslaufversuch *m*
branch *v* **(off)** abzweigen, sich verzweigen, sich teilen *(z. B. Leitungen)*
branch 1. Abzweigung *f*, Zweig *m*, Verzweigung *f (von Leitungen)*; 2. Abzweigrohr *n*; Zulauf *m*, Zulaufrohr *n*; Hausanschluss *m (Wasser)*
branch box 1. *(El)* Abzweigdose *f*; 2. Hausanschlusskasten *m*
branch canal Abzweigkanal *m*, Stichkanal *m*
branch cell rechtwinkliger Leitungsabzweig *m (Wasserinstallation)*
branch circuit connection Leitungsanschluss *m*
branch fitting Abzweigfitting *n*, T-Fitting *n*
branch line 1. Gebäudeanschlussleitung *f*, Zweigleitung *f (Rohrleitung)*; 2. *(Verk)* Nebenbahnlinie *f*; 3. Stichleitung *f*
branch line to a house Hausanschlussleitung *f*
branch of a canal Abzweigung *f* eines Kanals
branch pipe Abzweig(leitungs)rohr *n*, Seitenrohr *n*, Abzweig *m*; Verzweigungsrohr *n*
branch rib Bogenrippe *f*
branch sewer Nebensammler *m (Abwasserleitung)*
branch track *(Verk)* Zweiggleis *n*
branch tube *s.* branch pipe
branching Abzweigung *f*, Verzweigung *f*
branching point Verzweigungspunkt *m*
brand *v* kennzeichnen
brand Marke *f*, Kennzeichen *n*
brander *v (AE)* Putzträgerkonstruktionen anbringen
brandering *(AE)* Putzträgernagelung *f*
brandrith *(AE)* Rahmenschiene *f (um eine horizontale Öffnung)*
brashy spröde, wenig widerstandsfähig *(Holz)*
brass 1. Messing *n*; 2. Gedenktafel *f (aus Messing oder Bronze)*; 3. *s.* brass statue
brass fitting Messingbeschlag *m*
brass hardware Messingbeschläge *mpl*
brass lining 1. Messingüberzug *m*; 2. Gleitrohr *n*
brass pipe Messingrohr *n*
brass plate [sheet] Messingblech *n*
brass solder Messinglot *n*
brass statue Messingstatue *f*
brass tube Messingrohr *n*
brattice Gusserker *m*; mittelalterlicher Holzfestungsturm *m (mit auskragendem Wehrgang)*
braze *v* hartlöten; verlöten
brazed hartgelötet
brazed joint Hartlötverbindung *f*, Lötnaht *f*
brazer Hartlot *n*
brazier 1. Kupferschmied *m*; 2. Kokskorb *m*, Feuerkorb *m (für offenes Feuer)*
Brazil wax Karnaubawachs *n*
brazing Hartlötung *f*
brazing lamp Lötlampe *f*
brazing seam Lötfuge *f*
brazing solder Hartlot *n*; Messinglot *n*
brazing tongs Lötzange *f*
breach *v* durchbrechen
breach 1. Durchbruch *m (z. B. in einer Mauer)*; Öffnung *f*, Einbruchstelle *f (Damm)*; 2. *(Bod)* Grundbruch *m*; 3. Verletzung *f*, Bruch *m*, Verstoß *m (Vertrag)*
breach of contract Vertragsbruch *m*
breach of warranty Garantieverletzung *f*
breadth Weite *f (einer Öffnung)*; Breite *f*
break *v* 1. (zer)brechen; (zer)reißen; zertrümmern; mahlen *(Gestein)*; 2. *(El)* unterbrechen *(Kontakt)*; ausschalten; 3. brechen, abbinden *(Bitumenemulsion)*
break *v* **an opening** durchbrechen
break *v* **down** 1. abreißen *(Häuser)*; zusammenstürzen *(Gebäude)*; zusammenbrechen *(z. B. eine Brücke)*; 2. *(El)* zusammenbrechen *(Leitung)*; durchschlagen *(Dielektrikum)*
break *v* **fresh ground** *(sl)* etwas neu beginnen
break *v* **ground** Boden aufgraben, Erdstoff abbauen
break *v* **open** aufreißen, aufbrechen *(Straße)*
break *v* **through** durchbrechen, durchstoßen
break *v* **up** 1. zerkleinern *(Gestein)*; lockern *(Boden)*; 2. aufbrechen, aufreißen, aufwühlen *(z. B. Wege)*
break 1. Bruch *m*, Bruchstelle *f*, Durchbruch *m*; Riss *m*; Öffnung *f*, Lücke *f*, Spalte *f (Geologie)*; 2. Zerbrechen *n*; Brechen *n*; 3. *(El)* Unterbrechung *f*, 4. Brechpunkt *m (Fläche)*; 5. Maueraussparung *f*, Mauervorsprung *m*; 6. Arbeitspause *f*

break-in Ziegelaussparung *f (für Holzbalken)*
break joint Sprung *m*, Rücksatz *m (im Mauerwerk)*
break of bank Uferabbruch *m*
break-proof bruchsicher, bruchfest
break-through *s.* breakthrough
break under vibratory stresses Schwingungsbruch *m*
break-up Zerfall *m (Anstrich)*
break-water *s.* breakwater
breakable zerbrechlich
breakage 1. Brechen *n*, Zerbrechen *n*; Zerkleinern *n*; 2. Bruch *m*; Riss *m*
breakdown 1. Ausfall *m (z. B. einer Anlage)*; Störung *f*, Zusammenbruch *m*; 2. Zersetzung *f (chemisch)*; 3. Brechen *n*, Entmischen *n (einer Bitumenemulsion)*; 4. (dielektrischer Durchschlag *m*; 5. Auflösung *f*, Zerklüftung *f (einer Fläche)*
breakdown lorry Kranwagen *m (zum Abschleppen)*
breakdown voltage Durchschlagspannung *f*
breaker 1. Brecher *m (für Steine)*; Aufbruchhammer *m*; 2. *s.* circuit breaker
breaker ball *s.* breaking ball
breaker dust Brechmehl *n*, Gesteinsstaub *m*
breakfast kitchen Frühstücksküche *f*
breakfast nook Frühstücksessecke *f*, Frühstücksnische *f*
breakfast room Frühstücksraum *m*
breaking 1. Brechen *n (Steine)*; 2. Brechen *n*, Abbinden *n (von Bitumenemulsion)*; 3. Bruch *m*
breaking ball Fallbirne *f*, Zertrümmerungskugel *f*
breaking condition Bruchbedingung *f*
breaking cross-section Bruchquerschnitt *m*
breaking-down Gattersägen *n (Baumstämme)*
breaking elongation Bruchdehnung *f (Baustoffe)*
breaking ground Ausschachtungsbeginn *m (Baugrube)*
breaking joints Fugenversatz *m*
breaking load Bruchlast *f*, Bruchbelastung *f*
breaking of a dike Deichbruch *m*
breaking of an emulsion Emulsionsbrechen *n*, Brechen *n* einer Emulsion
breaking of the joint *s.* break joint
breaking plane Bruchfläche *f*
breaking plant Brechanlage *f*, Mahlanlage *f (für grobes Mahlgut)*
breaking point 1. Festigkeitsgrenze *f*, Bruchgrenze *f*; 2. Brechpunkt *m (Bitumen)*
breaking strength Bruchfestigkeit *f*, Endfestigkeit *f*, Bruchwiderstand *m*
breaking stress Bruchspannung *f*, Bruchbeanspruchung *f*
breaking test Bruchversuch *m*, Brechprüfung *f*
breaking-up Zerkleinerung *f (von Gestein)*
breaking zone Bruchzone *f*
breakoff Querstrecke *f (Steinbruch)*
breakproof bruchsicher, bruchfest
breakthrough 1. Durchbruch *m*; 2. Durchsickerung *f*
breakthrough pitting Lochfraß *m (Korrosion)*
breakwater Strandbuhne *f*, Wellenbrecher *m*; Hafendamm *m (als Schutz)*
breast 1. Fensterbrüstung *f*, Brüstung *f*, Setzstufe *f (in Schottland)*; 2. Unterseite *f (Trägerelement)*; 3. Kaminvorsprung *m*; 4. Abbauwand *f (Steinbruch)*; 5. Planierschild *m*
breast board Aussteifschutzbrett *n*; Verzugsbrett *n*
breast drill Brustleier *f*, Brustbohrmaschine *f*
breast lining Fensterbrüstungsvertäfelung *f*
breast wall 1. *(Erdb)* Stützmauer *f*; 2. brusthohe Brüstungsmauer *f*
breastsummer (langer) Sturzbalken *m*
breastwork 1. Brüstung *f (in Brusthöhe)*; 2. Mauerwerk *n* für Schornsteinbrüstung
breathability Atmungsaktivität *f (Mauerwerk)*
breather Entlüfter *m*
breathing apparatus Atemschutzgerät *n*
breathing capability Atmungsvermögen *n*
breathing protection system Atemschutzsystem *n*
breccia Brekzie *f*, Trümmergestein *n*
breeches pipe *(San)* Gabelrohr *n*, Hosenrohr *n*
breeching Rauchgasanschluss *m*, Rauchgasanschlussrohr *n*, Abzugsrohr(stück) *n*
breeching fitting Gabelrohranschluss *m*
breeze Asche *f*, Kohlenschlacke *f*
breeze block Schlacken(asche)betonblock *m*; Leichtbauelement *n*
breeze brick Schlackenmauerstein *m*, Dübelziegel *m*, Eisenschlackenstein *m*, Hüttenstein *m*
breeze concrete Koksaschenbeton *m*, Schlackenbeton *m (mit Sand und Portlandzement)*; Leichtbeton *m* mit Koksaschenzusatz, Bimsbeton *m*
breezeway überdeckter Zugang *m*, verkleideter Verbindungsgang *m (zwischen zwei Gebäuden)*
bressummer *s.* breastsummer
brick *v* (mit Ziegeln) mauern; mit Ziegeln verblenden
brick *v* **in** einmauern
brick *v* **up** aufmauern; zumauern
brick Ziegel(stein) *m*, Stein *m*, Lehmziegel *m*, beliebiger Mauerstein *m (< 33,7 × 22,5 × 11,3 cm)*; Backstein *m*
brick aggregate concrete Ziegelbeton *m*
brick anchor Verkleidungsanker *m*, Verbindungsanker *m*
brick-and-a-half wall Eineinhalbziegelwand *f (340 mm oder 13¼ in. dick)*
brick and brick mörtelabgezogenes Ziegelmauerwerk *n (mörtelfreie Stoßfuge)*
brick-and-stud-work Ziegelausfachung *f*
brick arch Ziegelbogen *m*, Mauerwerkbogen *m*; Backsteingewölbe *n*
brick architecture Backsteinarchitektur *f*
brick axe Maurerhammer *m*
brick backing Ziegelhintermauerung *f*
brick beam Ziegelsturz *m* mit Bewehrung, Ziegelbalken *m*
brick bed joint Ziegellagerfuge *f*
brick bond Ziegelverband *m*, Mauerziegelverband *m*, Backsteinverband *m*; Schornsteinverband *m*
brick breaker Ziegelbrecher *m*
brick building Backsteinbau *m*
brick-built ziegelgemauert
brick burning Ziegelbrennen *n*
brick carcass Ziegelrohbau *m*
brick-casing Backsteinummantelung *f*
brick ceiling Ziegeldecke *f*
brick cement wasserdichtender Zement *m*
brick chippings Ziegelsplitt *m*
brick clay Ziegelton *m*, Ziegelerde *f*
brick construction Ziegelbauweise *f*
brick course Ziegellage *f*
brick culvert pipe gemauerte Röhre *f*
brick dust Ziegelmehl *n*
brick earth Ziegelerde *f*
brick exterior wall Ziegelfassungsmauer *f*
brick facing Steinverkleidung *f*, Ziegelverblendung *f*, Mauerverblendung *f*; Ziegelauskleidung *f*
brick field Ziegelei *f* Ziegelfabrik *f*
brick floor Ziegelfußboden *m*
brick flooring 1. Ziegelfußboden *m*; 2. Fliesenbelag *m (Material)*
brick footing Ziegelfundament *n*
brick for window sill Fensterbankstein *m*
brick format Ziegelformat *n*
brick foundation Ziegelfundament *n*
brick furnace Ziegelofen *m*, Ziegelbrennofen *m*
brick gauge Normalziegelgröße *f*, Normziegelmaß *n*
brick hammer *s.* bricklayer's hammer

brick infill masonry Ziegelausmauerung *f*
brick kiln *s.* brick furnace
brick laying craft [trade] Maurerhandwerk *n*
brick-lined mit Ziegeln ausgekleidet, mit Ziegelausmauerung
brick-lined concrete slab Ziegelbetonplatte *f*, Betonplatte *f* mit Ziegelverblendung *f*
brick lining 1. Ziegelauskleidung *f*, Ausmauerung *f*; 2. Ziegelfutter *n*
brick-making clay Ziegelton *m*
brick masonry Ziegelmauerwerk *n*, Backsteinmauerwerk *n*
brick-mill Ziegelpresse *f (Zerkleinerungsanlage)*
brick moulding Fensteröffnungsrandverblendung *f (aus Holz)*
brick moulding machine Ziegelstreichmaschine *f*
brick nogging Fachwerkausmauerung *f*, Ziegelausfachung *f*
brick-on-bed Flachschicht *f*
brick-on-edge hoch gestellter Ziegel *m*
brick-on-edge course Hochkantziegelreihe *f*, Rollschicht *f*
brick-on-end Kopfschicht *f*
brick packaging machine Steinpaketierungsanlage *f*
brick partition (wall) Ziegel(trenn)wand *f*, Zwischenwand *f*
brick pattern 1. Ziegelmuster *n*; 2. Ziegelmauermuster *n*
brick pavement Ziegelpflaster *n*
brick paving Ziegelpflasterung *f*
brick-pressing machine Ziegelpresse *f*
brick-red ziegelrot
brick rubble Ziegelschotter *m*
brick set 1. Ziegelpolster *n*; 2. mauerwerktragender Sims *m*
brick sewer Klinkerkanal *m*
brick shape Ziegelform *f*
brick size Ziegelformat *n*
brick slip *(AE)* Riemchen *n*, Ziegelverblender *m*, Ziegel(verblend)imitation *f*
brick structure Ziegelbauwerk *n*, gemauertes Bauteil *n*
brick structures Ziegelbauten *mpl*
brick supplier Ziegellieferant *m*
brick surface Ziegeloberfläche *f*
brick trimmer Ziegelbogen *m (über einem Kamin)*
brick trowel Maurerkelle *f*
brick vault Ziegelgewölbe *n*, Backsteingewölbe *n*
brick veneer *s.* brick facing
brick wall Ziegelmauer *f*, Ziegelwand *f*
bricking Ziegelmauern *n*, Mauern *n* mit Ziegeln; Ausmauerung *f*
bricking-in Einmauerung *f*
bricking-up Ausmauern *n* von Öffnungen
bricklayer Maurer *m*
bricklayer charge hand Maurerpolier *m*
bricklayer's hammer Maurerhammer *m*
bricklayer's line Fluchtschnur *f*, Maurerschnur *f*
bricklayer's scaffold Maurergerüst *n*
bricklayer's trade Maurerhandwerk *n*
bricklaying Mauern *n*, Maurerarbeit *f*
bricklaying craft Maurerhandwerk *n*
brickwork 1. Ziegelmauerwerk *n*, Ziegelverband *m*; 2. Backsteinbau *m*
brickwork column Ziegelmauerwerkstütze *f*
brickwork cube Ziegelsteinmauerblock *m (Festigkeitsprüfung)*
brickwork expansion joint Mauerwerksdehnfuge *f*
brickwork for rendering zu verputzendes Mauerwerk *n*
brickwork movement joint Mauerwerksdehnfuge *f*
bricky 1. ziegelgemauert, ziegelgefertigt; 2. ziegelartig; ziegelfarben
bridge *v* 1. überbrücken; eine Brücke errichten; 2. *(El)* in Brücke schalten
bridge 1. *(Wsb)* Brücke *f*; 2. Fallschutzdach *n*; 3. Bühnenbrücke *f*
bridge abutment Brückenwiderlager *n*
bridge across a large river Strombrücke *f*
bridge across a river Flussbrücke *f*
bridge approach Brückenrampe *f*
bridge arch Brückenbogen *m*
bridge art Brückenbaukunst *f*
bridge bearing Brückenlager *n*
bridge bent Brückenjoch *n*
bridge building Brückenbau *m*
bridge cable Brückenkabel *n*
bridge construction Brückenbau *m*
bridge crane Brückenkran *m*
bridge deck Fahrbahnplatte *f*, Brückentafel *f*
bridge deck surfacing Brücken(fahrbahn)belag *m*
bridge engineering Brückenbau *m (Ingenieurtechnik)*
bridge floor Brückenfahrbahn *f*
bridge girder Brückenträger *m*
bridge girder system Brückentragwerk *n*
bridge grade *(AE)* Brückengradiente *f*
bridge heating Brücken(fahrbahn)heizung *f*
bridge joint *(Hb)* Klaue *f* mit Zapfen
bridge model Brückenmodell *n*
bridge of air-proof cases Kastenbrücke *f*
bridge opening Brückenöffnung *f*
bridge-over Querträger *m*
bridge parapet Brückengeländer *n*
bridge pier [pillar] Brückenpfeiler *m*
bridge railing Brückengeländer *n*
bridge ramp Brückenrampe *f*
bridge record book Brückenbuch *n*
bridge records Brückenbuch *n*
bridge reinforcement Brückenverstärkung *f*
bridge roadway Brückenfahrbahn *f*
bridge rope Brückenkabel *n (Hängebrücke)*
bridge seat Auflagerbank *f (Brücke)*
bridge seating girder Schleppträger *m*
bridge statue Brückenstatue *f*
bridge steel Brückenstahl *m*
bridge substructure Brückenunterbau *m*
bridge superstructure Brückenüberbau *m*
bridge tower Brückenturm *m*
bridge trough Trog *m* einer Brücke, Brückentrog *m*
bridge truss Brückenfachwerkträger *m*
bridge vibration Brückenvibration *f*
bridge with continuous beams kontinuierliche Balkenbrücke *f*
bridge with fixed substructure Brücke *f* mit festem Unterbau
bridge with segmental face arch Brücke *f* mit segmentförmigem Frontbogen
bridge with trellis main booms Fachwerkbalkenbrücke *f*
bridge works Brückenarbeiten *fpl*, Brückenbauarbeiten *fpl*
bridgeboard Treppenwange *f (Holztreppe)*
bridged floor Querbalkendecke *f*
bridging 1. Spreizenwerk *n* zwischen Querbalken; Riegelsystem *n*; 2. Überbrückung *f (von Rissen)*; 3. Brückenbildung *f*, Bogenbildung *f*, Gewölbebildung *f (von Schüttgütern)*
bridging floor Decke *f* mit Querbalken ohne Träger
bridging joist Kinderbalken *m*, Lagerbalkenrost *m (Dielung)*
bridging piece Unterzugbalken *m*
bridle joint Klaue *f* mit Zapfen im Nest
bridle path Reitweg *m*
bright 1. hell *(Licht)*; hell scheinend; 2. leuchtend, lebhaft *(z. B. Farben)*; glänzend; Glanz...; blank; 3. klar *(z. B. Lacke)*

bright-annealed blankgeglüht
bright dip 1. Glanzbrenne *f (bes. für Kupfer)*; Glänzlösung *f*; 2. Glanzbrennen *n*, chemisches Glänzen *n*
bright glaze *(AE)* Keramikhochglanzglasur *f*
bright steel bars polierter Stabstahl *m*
brighten *v* aufhellen
brightness 1. Glanz *m*; Leuchtkraft *f (z. B. von Anstrichen)*; 2. Helligkeit *f*; Leuchtdichte *f*
brightness degree Helligkeitsgrad *m*
brightness of daylight Tageslichthelligkeit *f*
brilliancy Farbbrillanz *f*, Leuchtkraft *f (Anstrich)*
brimstone Schwefel *m (Rohschwefel als Handelsprodukt)*
brindled brick braunmatter Blendziegel *m*, gestreifter Ziegel *m*
brine Salzsole *f*
brine pipe Schlammrohr *n (Solerohr)*
brine tank Solebehälter *m*
Brinell hardness Brinellhärte *f*
Brinell (hardness) test Brinellversuch *f*, Brinellhärteprüfung *f*, Kugeldruckprüfung *f* nach Brinell
bring *v* **flush** bündig machen, gleichmachen
bring *v* **into alignment** fluchten
bring *v* **up** mauern, hochmauern, aufmauern
bringing up Mauern *n*, Aufmauern *n*, Hochmauern *n*
briquette Zug(festigkeits)prüfkörper *m*, Zugprüfkörper *m (Baustoffprüfung)*
brise-soleil Sonnenblende *f*, Sonnenschutz *m*
bristle brush Naturhaarpinsel *m*
Britannia joint Wickellötstelle *f*
British Calibration Service Britische Anstalt *f* für Kalibrierung, BCS
British Standard britische Norm *f*, BS
British Standard Section britisches Normal(walz)profil *n*
British Standards Institution Britisches Institut *n* für Normung, BSI
brittle spröde; brüchig, zerbrechlich; mürbe • **become brittle** spröde werden, verspröden
brittle film spröder Film *m (Anstrich)*
brittle fracture Sprödbruch *m*
brittle point Brechpunkt *m (Bitumen)*
brittle rock sprödes Gestein *n*, spröder Fels *m*, fauler Fels *m*
brittleheart *(AE)* morsches Herz *n*, brüchiges Kernholz *n*
brittleness Sprödigkeit *f*; Brüchigkeit *f*, Zerbrechlichkeit *f*
broach *v* scharrieren; ausräumen, aufreiben, abspitzen *(Werkstein)*
broach *s.* brotch
broach post *(Hb)* Helmstange *f*, Kaiserstiel *m*
broach roof Zeltdach *n*
broach spire achteckige Turmspitze *f* auf quadratischem Turm
broached work Scharrierung *f*
broad Schräge *f*; Meißel *m*
broad aisle Mittelgang *m (Kirche)*
broad axe Breitaxt *f*, Balkenaxt *f*, Zimmeraxt *f*
broad chisel Scharriereisen *n*, Schlageisen *n*
broad-flange beam Breitflanschträger *m*
broad-flange-I-section prospect Stützen *fpl* aus Doppel-T-Profilen
broad-flanged breitflanschig
broad-flanged tee-iron breitfußiges T-Eisen(profil) *n*
broad knife Breitspachtel *m*
broad timbers Breitschnittholz *n*
broad tool Breiteisen *n*, Scharriereisen *n*
broad veining netzartige Äderung *f (Werkstein)*
broadcasting studio Senderaum *m*
broaden *v* verbreitern
broadening Verbreiterung *f (z. B. einer Straße)*
brob Bau(holz)klammer *f*
broken 1. gebrochen *(Mauerwerk)*; zerbrochen; ungeschichtet; 2. unterbrochen
broken aggregate gebrochener Zuschlagstoff *m*
broken arch unterbrochener Bogen *m*
broken-brick concrete Ziegelsplittbeton *m*, Trümmerbeton *m*
broken bricks Ziegeltrümmer *pl*, Ziegelsplitt *m*, Steinschlag *m*
broken concrete Betonschotter *m*, Betonpacklage *f*
broken course Kreuzschicht *f (Mauerwerk)*
broken edge metal aufgesplittetes Flachmetall *n*
broken-flight stair gegenläufige Treppe *f*, Treppe *f* mit vollem Richtungswechsel
broken granit Granitschotter *m*
broken gravel gebrochener Kies *m*
broken-joint tile Falzdachziegel *m*
broken joints versetzte Fugen *fpl*
broken limestone sand Kalksteinbrechsand *m*
broken line Strichlinie *f*, gestrichelte Linie *f*
broken material Brechgut *n*, gebrochenes Material *n*
broken product gebrochenes Material *n*
broken rangework hammerrechtes Mauerwerk *n*
broken rock *s.* broken stone
broken sand Brechsand *m*
broken slate Schiefersplitt *m*
broken stone Schotter *m*, Bruchstein *m*; Grobsplitt *m*
broken stone road Schotterstraße *f*, Steinschlagstraße *f*
broken white getöntes Weiß *n*
broker Grundstücksmakler *m*, Immobilienhändler *m*, Immobilienmakler *m*, Makler *m*
bronze Bronze *f*
bronze connector Bronzedübel *m*
bronze furniture Bronzebeschlag *m*
bronze guide Führungsleiste *f* aus Bronze
bronze hardware Bronze(bau)beschläge *mpl*
bronze paint Bronzefarbe *f*
bronze relief Bronzerelief *n*
bronze-working Bronzearbeit *f*
bronzing 1. Bronzierung *f*; 2. *s.* browning 1.; 3. Verwittern *n*, Abwittern *n (Farbanstrich)*
brook Bach *m*
brook bridge Bachbrücke *f*
broom 1. Berappen *n (einer Mauer)*; Aufbringen *n* von Rauputz; 2. (drückendes) Aufkleben *n (einer Dachpappe in frisches Bitumen)*; 3. Schnüren *n (eines Holzpfahlkopfs)*; 4. Besen *m*
broom closet [cupboard] Besenschrank *m*
broom finish 1. Besenschlagputz *m*; 2. Besenabzug *m*, Besenstrich *m (Betonoberfläche)*
brooming 1. Fegen *n*, Einfegen *n*, Bearbeitung *f* mit Besen *(frisch gegossene Betonoberflächen)*; 2. Besenstrich *m (Betonoberfläche)*; 3. Aufplatzen *n (von Pfählen beim Einrammen)*; 4. *s.* broom
brotch *(AE)* U-förmiger Baumast *m (Rieddach)*
brow Überzug *m*
brow post *s.* cross beam
brown coat Unterputz *m*, Zwischenputzlage *f*
brown-out Vorputzen *n*
brown rot Destruktionsfäule *f*
brown staining Braunfleckigkeit *f*
browning 1. Brünieren *n*, Braunbeizen *n*; 2. *s.* brown coat
browning plaster *s.* brown coat
browning rod Putzlatte *f*, Richtlatte *f*
browning salt Brüniersalz *n*
brownstone Braun(sand)stein *m*, arkosischer rotbrauner Sandstein *m*
browpiece Überzugsbalken *m*, Türsturz *m*
browsing room *(AE)* Lesesaal *m (einer Bibliothek)*

Brunswick black Braunschweiger Schwarz *n*, Bitumenfarbe *f*
Brunswick green Braunschweiger Grün *n*, Chromgrün-Eisenblau-Gemisch *n*
brush *v* 1. (an)streichen, anpinseln; 2. bürsten; abbürsten
brush-coat *v* (an)streichen
brush *v* **off abbürsten**
brush-paint *v* (an)streichen
brush 1. Bürste *f*; Pinsel *m*; 2. Reisig *n*; 3. Buschwerk *n*
brush-aerator Bürstenwalze *f*
brush application Aufstreichen *n* (mit dem Pinsel); Streichauftragen *n*
brush applied aufgestrichen
brush coat plaster Pinselputz *m*
brush finish Behandeln *n* mit einer Rotationsdrahtbürste
brush for ceilings Kugelbürste *f*, Deckenbürste *f*
brush graining Holzmaserungsimitation *f* durch Bürstenstrich
brush marks Pinselspuren *fpl*, Pinselstriche *mpl (Anstrichfehler)*
brush paint Streichfarbe *f*
brush painting Anstreichen *n*, Streichen *n*, Pinselauftrag *m*
brush rake Geländeräumschild *m (eines Bulldozers)*
brush sweeper Straßenkehrmaschine *f*
brush treatment Anstrichbehandlung *f (Korrosionsschutz)*
brushability Verstreichbarkeit *f*, Streichfähigkeit *f*
brushable streichfähig
brushable consistence Streichkonsistenz *f*
brushed aufgestrichen
brushed concrete surface Betonoberfläche *f* mit Besenstrich
brushing 1. Streichen *n*, Anstreichen *n*; 2. Abbürsten *n*; 3. *s.* brooming 1.
brushing lacquer Streichlack *m*
brushing of newly laid concrete Betonbesenstrich-Aufbringen *n*
brushing paint Streichfarbe *f*
brushing quality Streichqualität *f*
brushout Streichprobe *f*, Farbprobe *f*
brushwood Reisig *n*
brutalism *(Arch)* Brutalismus *m (schmuckloser Baustil, gekennzeichnet durch bevorzugte Verwendung von Beton)*
bubble *v* 1. Blasen bilden, sprudeln, perlen; aufwallen; 2. *s.* bubble up
bubble *v* **up** in Blasen aufsteigen
bubble Blase *f*
bubble glass Blasenglas *n*
bubble level Libelle *f*
bubble tower Fraktionierturm *m*
bubbling Blasenbildung *f (in Flüssigkeiten)*
buck *v* 1. gegenhalten *(beim Nieten)*; 2. ablängen *(Holz)*
buck Türhilfsrahmen *m*
buck frame eingebauter Holztürrahmen *m*
buck opening Rohbauöffnung *f*, Rohbauöffnungsweite *f*
buck scraper *(Erdb)* Schürfkübelgrader *m*
bucket Schöpfeimer *m (des Eimerkettenbaggers)*; Baggerschaufel *f (des Schaufelradbaggers)*
bucket capacity Schaufelinhalt *f*
bucket chain Baggerkette *f*
bucket conveyor Becherkettenförderer *m*, Becherwerk *n*
bucket dredger Eimerkettennassbagger *m*, Schaufelbagger *m (zum Nassbaggern)*
bucket elevator Becherwerk *n*, Becherelevator *m*
bucket elevator boom Elevatorausleger *m*
bucket excavator Eimerkettenbagger *m*
bucket foundation Köcherfundament *n*
bucket handle joint Gerbergelenk *n*
bucket-hook Brunnenhaken *m*
bucket loader Ladeschaufler *m*
bucket pump Kastenpumpe *f*
bucket sink *(San)* Ausgussbecken *n*
bucket trap *(HLK)* Dampftraps *m*, Dampfverschluss *m*
bucket-wheel excavator Schaufelradbagger *m*
bucking Ablängen *n (von Baumstämmen)*
buckle *v* (aus)knicken, einknicken; beulen, sich ausbeulen *(z. B. eine Strebe)*; sich werfen *(z. B. Straßenbelag)*
buckled plate Buckelplatte *f*, Buckelblech *n*; geknickte Platte *f*
buckled-plate sheet piling Spundwand *f* aus Buckelblechen
buckled region Knickzone *f*, Knickbereich *m*
buckling Abknicken *n*; Ausknickung *f*; Auswölben *n*; Ausbeulen *n*, Ausbeulung *f (z. B. einer Strebe)*; Knicken *n*
buckling action Knickbeanspruchung *f*
buckling analysis Knickberechnung *f*
buckling behaviour Knickverhalten *n*
buckling coefficient Knickbeiwert *m*, Knickzahl *f*
buckling fatigue Knickermüdung *f*
buckling formula Knickformel *f*
buckling height Knicklänge *f*
buckling instability Knicklabilität *f*
buckling length Knicklänge *f*
buckling load Knicklast *f*
buckling loading Knickbelastung *f*
buckling region Knickbereich *m*
buckling resistance Knickfestigkeit *f*, Knickwiderstand *m*
buckling risk Knickgefahr *f*
buckling safety Knicksicherheit *f*
buckling stability Knickstabilität *f*, Knickfestigkeit *f*
buckling stiffness Knicksteifigkeit *f*
buckling strength Knickfestigkeit *f*, Knickstabilität *f*; Beulfestigkeit *f*
buckling stress Knickspannung *f*; Knickbeanspruchung *f*, Knickbelastung *f*
buckling test Knickversuch *m*, Knickprüfung *f*
buckling value Knickwert *m*
buckling work Knickarbeit *f*
bucksaw Zimmermannssäge *f*, Bocksäge *f*
buckstay vertikaler Bewehrungsstab *m (für Seitenwände eines Bogenmauerwerks)*
bucrane (frieze) Bukranion *n*, Bukranienfries *m (Ornament)*
bucranium *s.* bucrane
bud capital *(Arch)* Knollenkapitell *n*
budget Haushalt *m*, Etat *m*, Budget *n*
budget shortfall Haushaltdefizit *n*
budgetierung Budgetierung *f*, Finanzplanung f *(für einen Ausgabesektor)*
buff *v* polieren, schleifen, glänzen *(Terrazzo)*; schwabbeln *(Metall)*
buff Schwabbelscheibe *f*
buff-colo(u)red brick lederfarbener Ziegelstein *m*
buffability Polierbarkeit *f*
buffable polierbar *(z. B. Terrazzo)*
buffer Puffer *m*, Prellvorrichtung *f*, Prellbock *m*
buffer layer Pufferschicht *f*
buffer stop Prellbock *m*
buffing Polieren *n*
buffing wheel Schwabbelscheibe *f*
bug holes *(AE)* 1. Luftblasenhohlräume *mpl (in eingebrachtem Beton)*; 2. Fehlstellen *fpl (z. B. in Holzoberflächen, Farbanstrichen usw.)*
buggy Kippkarren *m*, Betonkarren *m*, Japaner *m*
buggying Verteilen *n* mit Japanern *(Beton)*
build *v* bauen; erbauen, errichten, hochziehen *(ein Gebäude)*; eine Mauer ziehen; anlegen, gründen
build *v* **in** einbauen
build *v* **on** anbauen an

build *v* **up** 1. aufbauen *(z. B. Gebäude)*; errichten *(z. B. Anlagen)*; zusammensetzen *(z. B. Aggregate)*; 2. bebauen *(Gelände)*; 3. vermauern; 4. auftragschweißen; 5. ablagern
build *v* **with stones** mauern
build Bauart *f (z. B. Typ des Gebäudes)*; Ausführung *f*; 2. Schichtdicke *f*, Dicke *f (eines Anstrichs)*; 3. Stoßfuge *f (vertikale Mauerwerksfuge)*
build-up by welding Auftragschweißen *n*
buildability Baubarkeit *f*
builder 1. Bautechniker *m*, Baufachmann *m*; 2. Bauunternehmer *m*; Baufirma *f*; 3. Erbauer *m*
builder's copper Baukupfer *n*
builder's diary Bautagebuch *n*
builder's elements Montageteile *npl*, Bauteile *npl*
builder's fitting Baubeschläge *mpl*
builder's hardware Baueisenwaren *fpl*; Baubeschläge *mpl*
builder's hoist Bauwinde *f*
builder's jack Gerüsthalter *m (am Fenstersims befestigt)*
builder's level Wasserwaage *f*, Lotwaage *f*; Nivellier(instrument) *n*
builder's merchant Baustoffhändler *m*
builder's road Baustellenstraße *f*
builder's rubbish Bauschutt *m*
builder's stages [staging] Baugerüst *n*
builder's tape Vermessungsbandmaß *n*
builder's treat Richtfest *n*
builder's winch Bauwinde *f*
builder's yard Bauhof *m*
building 1. Bauen *n*, Bau *m*, Errichtung *f*; 2. Bauwerk *n*, Bau *m*, Gebäude *n*; Haus *n*; 3. Konstruktion *f*; 4. Bauwesen *n*; 5. *s.* building construction • **"danger – building is unsafe"** „Vorsicht Einsturzgefahr"
building activities Baugeschehen *n*, Bautätigkeiten *fpl*
Building Acts Baugesetze *npl*
building administration Bauverwaltung *f*
building alteration Gebäudeumbau *m*
building and civil engineering Hoch- und Tiefbau *m*
building and construction industry 1. Bauindustrie *f*; 2. Bauwesen *n*
building and construction trade Baugewerbe *n*
building and loan association *(AE)* Bausparkasse *f*
building approvals 1. Baugenehmigung *f*; 2. Zulassung *f* von Bauelementen
building area bebaute Fläche *f*
building association Baugesellschaft *f*, Baugenossenschaft *f*, Bauverein *m*
building authoritiy Baubehörde *f*
building block 1. Block *m*, Blockstein *m*, Stein *m*; 2. Baustein *m*
building-block principle Baukastenprinzip *n*
building bloom Mauerfraß *m*
building board Bauplatte *f*
building board for industrial construction Industriebauplatte *f* mit Dämmzwischenschicht
building boom Bauhochkonjunktur *f*
building brick Bauziegel *m*, Mauerziegel *m*; Ziegel(stein) *m*
building by industrialized methods industrielles Bauen *n*
building by-law örtliche Bauordnung *f*, Baugesetz *n*
building campaign Baukampagne *f*
building carcass Gebäuderohbau *m*
building ceramics keramischer Baustoff *m*
building code *(AE)* Bauordnung *f*, Baugesetz *n*; Baustandardwerk *n*
building code requirements for reinforced concrete Stahlbetonbestimmungen *fpl*
building codes *(AE)* Gemeindeordnung *f (örtliche Bauordnung)*
building combined drain [sewer] kombinierte Abwasserleitung *f (Abwasser und Regenwasser)*
building complex Gebäudekomplex *m*
building component Bauelement *n*, Fertigteil *n*
building concrete Hochbaubeton *m*
building construction 1. Baukonstruktion *f*; 2. Hochbau *m*; Hausbau *m*; 3. Bauausführung *f*
building construction and civil engineering *s.* building and civil engineering
building construction work Hochbauarbeiten *fpl*
building contract Bauvertrag *m*
building contractor Baubetrieb *m*, Bauunternehmen *n*; Auftragnehmer *m*; Hochbaufirma *f*, Hochbaubetrieb *m*
building control Bauüberwachung *f*
building control department Bauaufsichtsbehörde *f*, Baupolizei *f*
building conversion Bauveränderung *f*
building cost Baukosten *pl*
building coverage Anteil *m* der bebauten Fläche
building density Baudichte *f*
building department Hochbauabteilung *f*
building dimension Bauabmessung *f*
building documents Bauvorlagen *fpl*, Bauunterlagen *fpl*
building drain Gebäudeabwasserleitung *f*
building drainage Grundstücksentwässerung *f*; Hausentwässerung *f*
building-drainage system Grundstücksentwässerungsanlage *f*, Entwässerungssystem *n*
building drawing Bauzeichnung *f*
building elements Bauteile *npl*
building elevator Bauaufzug *m*
building engineer Hochbauingenieur *m*
building engineering Hochbau *m*; Bautechnik *f*
building enterprise Bauunternehmung *f*
building entrance Gebäudeeingang *m*, Hauseingang *m*; Wohnhauseingang *m*
building entrance door Haustür *f*
building equipment Gebäudeausrüstung *f*
building erection system Baumontageverfahren *n*
building estate Baugrundstück *n*
building experience Bauerfahrung *f*
building expert Bausachverständiger *m*
building extension Hauserweiterung *f*, Gebäudeerweiterung *f*
building failure Hochbauschaden *m*
building field Hochbausektor *m*
building firm Hochbaufirma *f*, Hochbaubetrieb *m*; Baugeschäft *n*
building fit Hochbaupassung *f*
building frame(work) Gebäuderahmen *m*, Gebäudeskelett *n*
building glass Bauglas *n*; Bauglasplatte *f*
building grade Gebäudehöhenmarke *f*
building grant Baukostenzuschuss *m*
building gravity drainage system Entwässerungssystem *n* mit natürlichem Gefälle
building ground Baugrund *m*, Terrain *n*; Baugelände *n*, Baustelle *f*
building hardware Bauwerkzeuge *npl*; Baubeschläge *mpl*
building height Bauhöhe *f*, Gebäudehöhe *f*
building height zoning Bauhöhenvorschrift *f*
building improvement Bausubstanzverbesserung *f*
building-in Einbindung *f*, Einbauen *n (z. B. von Möbeln)*
building in series Serienbau *m*
building in steel Stahlbau *m*, Stahlkonstruktion *f*
building in timber [wood] Holzbau *m*, Holzkonstruktion *f*
building index Preisindex *m* im Bauwesen

building industry Bauindustrie *f*, Bauwirtschaft *f*, Baugewerbe *n*; Hochbauindustrie *f*
building information centre Bau(informations)zentrum *n*
building inspection 1. Bauüberwachung *f*; 2. Bauabnahme *f*
building inspector Bauaufsichtsbeamter *m*, Bauaufsichtsbeauftragter *m*, Inspektor *m* der staatlichen Baubehörde, Bauinspektor *m*; Bauleiter *m*
building insulating Gebäudedämmung *f (gegen Kälte, Wärme und Schall)*
building insulating board Gebäudedämmplatte *f*
building insulating product Baudämmstofferzeugnis *n*
building insulating wool Baudämmwolle *f*
building insulation 1.Gebäudedämmung *f (z. B. gegen Wärmeverlust)*; 2. Gebäudeisolierung *f*
building insulation material Baudämmstoff *m*
building insulation wool Baudämmwolle *f*
building insurance Gebäudeversicherung *f*
building interior Gebäudeinneres *n*
building joiner Bautischler *m*, Tischler *m*
building labourer Bauarbeiter *m*
building lime Baukalk *m*, Luftkalk *m*
building line 1. Bauflucht(linie) *f*, Baugrenzlinie *f*, Baulinie *f*; 2. Gebäudeleitung *f*
building loan contract Bausparvertrag *m*
building lot Baulos *n*
building machinery Baumaschinen *fpl*
building main Gebäudehauptanschluss *m (Wasser)*
building maintenance Gebäudeunterhaltung *f*, Gebäudeinstandhaltung *f*
building management Baudirektion *f*
building material Baustoff *m*, Baumaterial *n*; Hochbaumaterial *n*
building material demand Baustoffbedarf *m*
building material failure Baustofffehler *m*; Baustoffschaden *m*
building material fault Baustoffhersteller *m*
building material practice Baustofftechnik *f*
building material producer Baustoffhersteller *m*, Baustofferzeuger *m*
building material shortage Baustoffmangel *m*
building material testing Baustoffprüfung *f*
building materials depot Baustofflagerplatz *m*
building materials engineer Baustoffingenieur *m*
building materials engineering Baustofftechnik *f*
building materials industry Baustoffindustrie *f*
building materials practice Baustofftechnik *f*
building materials processing Baustoffaufbereitung *f*
building materials production Baustoffherstellung *f*
building materials quality Baustoffgüte *f*, Qualität *f* der Baustoffe
building materials quality control Baustoffgüteüberwachung *f*
building materials requirement Baustoffbedarf *m*
building materials store Baustofflagerplatz *m*
building materials supplied only Baustoffe nur (an)geliefert
building materials supplier Baustofflieferant *m*, Baustoffversorger *m*
building materials supply Baustoffversorgung *f*
building materials yard Baustofflagerplatz *m*
building method Bauverfahren *n*
building moisture Baufeuchte *f*
building object Bauobjekt *n*
building occupants Gebäudebelegung *f*
building of dams Talsperrenbau *m*
building of garages Garagenbau *m*
building of historic interest historisches Gebäude *n*
building office Baubüro *n*
building official *(AE)* Bauaufsichtsbeamter *m*, Inspektor *m* der staatlichen Aufsichtsbehörde, Bauinspektor *m*
building on a site Baulichkeiten *fpl (auf der Baustelle)*
building orientation Gebäudelage *f*
building owner Bauherr *m*, Bauauftraggeber *m*, Auftraggeber *m*
building panel for industrial construction Industriebauplatte *f* mit Dämmzwischenschicht
building paper Baupappe *f*, nackte Dachpappe *f*, Baupapier *n*, Dichtungspapier *n*
building particulars and drawings Bauvorlagen *fpl*
building permission [permit] Baugenehmigung *f*, Bauerlaubnis *f*
building phase Baustadium *n*, Bauphase *f*
building pit Baugrube *f*
building pit lining [sheeting] Baugrubenverkleidung *f*, Baugrubenverbau *m*
building plan Bauplan *m*
building planning Bauplanung *f*
building plaster Baugips *m*
building plot Baugrundstück *n*, Bauparzelle *f*
building plumber Bauklempner *m*
building population Bewohneranzahl *f*
building principles Baugrundsätze *mpl*
building production Bauproduktion *f*
building professional Baufachmann *m*
building progress chart Baufristenplan *m*
building progress stage Baufortschrittsstadium *n*
building project Bauvorhaben *n*
building proposal *n* Bauantrag *m*, Baugesuch *n*
building protecting agents Bautenschutzmittel *npl*
building pump Baupumpe *f*
building record drawing Baubestandszeichnung *f*
building regulation Bauvorschrift *f*
building regulations Bauvorschriften *fpl*, Baubestimmungen *fpl*, Bauordnung *f*, *(AE)* Baugesetz *n*
building regulations approved bauaufsichtlich zugelassen
building repair Baureparatur *f*
building research Bauforschung *f*
Building Research Establishment Institution *f* für Forschung in Bauwesen, BRE
building restriction Baubeschränkung *f*, Baueinschränkung *f*
building restriction line Häuserfluchtlinie *f*, Baugrenze *f*
building ruins Gebäudetrümmer *pl*
building sand Maurersand *m*
building sanitary sewer Abwasserkanal *m (nur für häusliche Abwässer)*
building service chute Entsorgungsschacht *m*
building services *(AE)* technische Gebäudeausrüstung *f* [Gebäudeausstattung *f*], Gebäudeinstallation *f (mit allen Versorgungsleitungen)*
building services channel [shaft] Gebäudeversorgungsschacht *m*
building sewer Gebäudeabwasserleitung *f*, Abwasserleitung *f (außerhalb eines Gebäudes)*
building shape Gebäudegestalt *f*
building sheet Bauplatte *f*
building silhouette Gebäudesilhouette *f*
building site 1. Baustelle *f*, Bauplatz *m*, Baugelände *n*; 2. *s.* building plot
building size Baumaß *n*
building skeleton Gebäudegerippe *n*
building slab Bauplatte *f (Beton)*
building society 1. Baugenossenschaft *f*; 2. Bausparkasse *f*
building society's savings agreement Bausparvertrag *m*

building space requirements Mindestabstandsforderungen *fpl*
building specification Bauausführungsbeschreibung *f*
building specifications Bauvorschriften *fpl*
building staircase Haustreppe *f*
building standard Hochbaunorm *f*
building steel framework Stahlskelettbau *m*
building stone Naturbaustein *m*; Baustein *m*
building storm drain Regenwasserleitung *f*
building storm sewer Regenwassersammler *m*
building subdrain Abwasserpumpsystem *n*
building subsidy Baukostenzuschuss *m*
building subsystem Gebäudeversorgungssystem *n* mit spezifischer Funktion *(z. B. Klimaanlage)*
building sum Bausumme *f*
building supervision Bauüberwachung *f*, Baukontrolle *f*
building survey Gebäudeaufnahme *f*, Bausubstanzaufnahme *f*
building surveyor Bautechniker *m*
building system 1. Gebäude(gesamt)ausrüstung *f*, Versorgungs- und Ausrüstungssystem *n* eines Gebäudes; 2. Gebäudekonstruktionssystem *n*
building tile Hohlziegel *m*, Langlochziegel *m*
building timber Bauholz *n*, Zimmermannsholz *n*
building tools Baugeräte *npl*
building trade Baufach *n*; Baugewerk *n*; Bauhandwerk *n*, Baugewerbe *n*; Bauwirtschaft *f*
building trade workman Bau(gewerks)handwerker *m*
building tradesman *s.* building trade workman
building trap Abwassergeruchverschluss *m (eines Gebäudeabwasserkanals)*
building under construction Neubau *m*, im Bau befindliches Gebäude *n*
building unit 1. Bauteil *n*, Baueinheit *f*; 2. Körper *m*
building-up Aufbau *m*
building volume umbauter Raum *m*
building wall Hauswand *f*
building ware Baumaterial *n*
building worker Bauarbeiter *m*
building workers' hut Bauhütte *f*
building works Bauarbeiten *fpl*, Hochbauarbeiten *fpl*
building yard Bauhof *m*
building zone Bauzone *f*
buildings (all) ready for occupancy [occupation] bezugsfertige [schlüsselfertige] Gebäude *npl*
buildings and structures bauliche Anlagen *fpl*
built gebaut; erbaut
built beam with keys verdübelter Balken *m*
built by industrialized methods aus Fertigteilen gebaut
built by standardized methods serienmäßig gebaut
built environment Siedlungsraum *m*
built-in eingebaut; Einbau...
built-in bathtub Einbauwanne *f*
built-in bookcase eingebauter Bücherschrank *m*
built-in cupboard Einbauschrank *m*, eingebauter Schrank *m*, Wandeinbauschrank *m*
built-in furniture Einbaumöbel *npl*
built-in girder (beidseitig) eingespannter Träger *m*, gelenkloser Träger *m*
built-in kitchen Einbauküche *f*
built-in mounting biegesteife Einspannung *f (eines Balkens)*
built-in refrigerator Einbaukühlschrank *m*
built-in storage shelf Hängeboden *m*
built-in units Einbauteile *npl*, Einbauten *mpl*
built-in wardrobe Garderobeneinbauschrank *m*, Einbau(kleider)schrank *m*, Wandeinbauschrank *m*
built-up 1. bebaut *(Gelände)*; 2. zusammengesetzt; montiert
built-up area bebautes Gebiet *n*, bebaute Fläche *f*, Ortschaft *f*
built-up beam [girder] zusammengesetzter Träger *m*, Montageträger *m*
built-up property bebautes Grundstück *n*
built-up roofing Spachtelbedachung *f*, Asphaltdachdeckung *f* mit Kiesabdeckung; Flachdachdichtung *f*
built-up steel girder zusammengesetzter Stahlträger *m*
built-up string gewundene Treppenwange *f*
built-up timber Verbundbauholz *n*; Leimschichten(bau)holz *n*, Schichtenbauholz *n*
bulb 1. Steg *m*, Wulst *m(f) (Dichtungsband)*; 2. *(Erdb)* Druckzwiebel *f (Verdichtung)*; 3. Lampenkolben *m*
bulb angle [iron] Winkelwulstprofil *n*, Wulstwinkel *m*, Wulsteisen *n*, Bulbeisen *n*
bulb of pressure *s.* bulb 2.
bulb pile Fußpfahl *m*, Pfahl *m* mit Fußverbreiterung *(Gründung)*
bulb plate Flachwulststahl *m*, Flachwulstprofil *n*
bulb rail iron Wulsteisen *npl* mit Flanschen
bulb section Wulstprofil *n*
bulb tee Wulststeg *m*
bulb tube Kugelröhre *f*
bulbiform zwiebelförmig
bulbous dome Zwiebelkuppel *f*
bulge *v* ausbauchen, ausbeulen *(z. B. eine Wand)*; ausbiegen; sich (aus)bauchen, hervortreten; hervorquellen
bulge 1. Ausbauchung *f*, Ausbuchtung *f*, Beule *f*, Wulst *m(f)*; 2. Ausbeulen *n*
bulged gebaucht
bulging Ausbeulen *n*, Ausbeulung *f (einer Wand)*; Ausbauchung *f*; Hervortreten *n*; Herausquellen *n*
bulgy bauchförmig, bauchig hervortretend
bulk 1. Masse *f*, Volumen *n*; 2. *s.* bulk material • **in bulk** lose, als Schüttgut; unverpackt
bulk cement loser Zement *m*, Behälterzement *m*
bulk cement plant Zementsilo *n(m)*
bulk concrete Massenbeton *m*
bulk container Schüttgutbehälter *m*
bulk density 1. Raummasse *f*; 2. Schüttdichte *f (von Schüttgütern)*; 3. Rohdichte *f (von Holz)*
bulk goods Schüttgut *n*
bulk material Schüttgut *n*; Massengut *n*
bulk oxygen system Sauerstoffversorgungssystem *n*
bulk sample Sammelprobe *f*
bulk shield Abschirmwand *f (gegen Strahlung)*
bulk specific gravity Rohdichte *f*, Raum(schütt)dichte *f*
bulk storage Silolagerung *f*
bulk zoning Baubeschränkung *f*
bulkhead 1. Binderscheibe *f*, Formtrennwand *f (Betonform)*; 2. Trennwand *f*, Spundwand *f (z. B. gegen Wassereinbruch)*; 3. *(AE)* äußere Kellerfalltür *f*, 4. Dachaufbau *m (für technische Einrichtungen)*
bulkiness Sperrigkeit *f*
bulking Quellvolumen *n (eines Massenguts)*
bulking factor Verhältnisfaktor *m* zwischen trockenem und feuchtem Sandvolumen
bulky voluminös; sperrig
bulky waste Sperrmüll *m*
bull capital *(Arch)* Stierkapitell *n*
bull float Abziehbohle *f*, Betonglätter *m*
bull header Binderstein *m* mit gerundeten Ecken; Binderstein *m* mit sichtbarer Seite
bull-point Steinbohrmeißel *m*
bull stretcher Läufer *m* mit abgerundeter Ecke; Läufer *m* mit sichtbarer Seite
bulldog connector Krallenplatte *f*

bulldoze *v* 1. räumen, einebnen, planieren *(mittels Planierraupe)*; 2. nachsprengen, nachzerkleinern *(Gestein durch Knäpperschießen)*
bulldozer Bulldozer *m*, Fronträumer *m*, Planierraupe *f*, Räumpflug *m*
bull's eye Ochsenauge *n (Gaupe)*
bull's eye glass Butzenscheibe *f*
bullet Kerbe *f*
bullet catch Türkugelhalter *m*, Schnappkugelverschluss *m (Tür)*
bullet-proof glass Panzerglas *n*, kugelsicheres Glas *n (Verbundglas)*
bullet-resistant kugelsicher, schusssicher
bullet-resisting glass Panzerglas *n*, kugelsicheres Glas *n (Verbundglas)*
bulletin board Anschlagtafel *f*
bulletproof kugelsicher, schusssicher
bulletproof glass Panzerglas *n*
bullhead rivet Doppelkopfniete *f*
bullhead tee *(AE)* T-Abzweig *m* mit größerer Abzweigbohrung
bullion *s.* bull's eye glass
bullnose 1. abgerundete Außenecke *f*; 2. runde Eckenschutzschiene *f*
bullnose block Eckstein *m* mit einer Abrundung
bulwark Bohlwerk *n*, Bollwerk *n (Hafenbau)*; Bastei *f*
bump *v* (an)stoßen; prallen *(gegen)*
bump 1. Bodenwelle *f*, Höcker *m (Erhebung in der Straßenoberfläche)*; 2. Stoß *m*, Schlag *m*
bumper Prellbock *m*; Bremspuffer *m*, Puffer *m*; Stoßstange *f*
bumper bar Schutzstange *f*, Gerüstfußbrett *n*
bumper rail Stoßschiene *f*, Abweisschiene *f*
bumping post Prellbock *m*
bunch of trunks Leitungsbündel *n*
bunching *(AE)* 1. Ballung *f*, 2. Kolonnenbildung *(Straßenverkehr)*
bund *(Wsb)* Damm; Abschirmdamm *m (z. B. für am Meer gelegene Straßen)*
bundle *v* bündeln, zusammenbinden
bundle Bündel *n*
bundle of brushwood Reisigbündel *n*
bundle pier Bündelpfeiler *m*, Pfeilerbündel *n*
bundled bars Bündelbewehrung *f*, gebündelte Bewehrung *f*
bungalow Bungalow *m*, Sommerhaus *n*
bungalow court [estate] Bungalowsiedlung *f*
bungalow siding *(AE)* breites Stülpschalungsbrett *n*
bungle *v* pfuschen, mangelhaft arbeiten
bungled work Pfuscharbeit *f*
bungler Pfuscher *m*
bunk kleines Einbaubett *n*
bunker 1. Bunker *m*, Silo *n(m) (z. B. für Zement)*; 2. Bunker *m*, bombensicherer Unterstand *m*; 3. Eisfach *n*
buoyancy hydrostatischer Auftrieb *m*
buoyancy balance Tauchwägungswaage *f*
buoyancy force Auftriebskraft *f*
buoyant force Auftriebskraft *f*
buoyant foundation schwimmendes Fundament *n*, Auftriebsfundament *n*
burden *v* belasten; beschweren
burden 1. Last *f*, Belastung *f*, Traglast *f*, 2. Deckgebirge *n*; überlagerndes Gestein *n*; überlagernde Erdschicht *f*
burden of proof Beweislast *f*
burglar alarm system Einbruchmeldeanlage *f*
burglar-proof einbruchsicher
Burgundian (Gothic) style burgundischer Stil *m*, burgundische Gotik *f*
burial 1. Eingraben *n*, Vergraben *n*; 2. Endlagerung *f (z. B. von radioaktiven Abfällen)*
burial monument Grabmal *n*, Grabaufbau *m*
burial mound Grabhügel *m*
burial site Endlagerstätte *f*
burial vault Grabgewölbe *n*, Gruftgewölbe *n*
buried erdverlegt, unterirdisch
buried cable Erdkabel *n*
buried duct Unterflurkanal *m*, Bodenkanal *m (im Boden)*
buried in concrete einbetoniert
buried pipework verlegte Rohrleitung *f*
buried tabular conduits Unterputzinstallation *f*
buried tank Erdtank *m*
burl 1. Baumauswachsung *f*, 2. Furnier *n* aus Baumauswachsungen
burlap *(AE)* Jute *f*, Juteleinen *n*, Sackleinen *n*
burn *v* 1. brennen; verbrennen; 2. brennen, kalzinieren; 3. brennen *(Keramikerzeugnisse)*
burn *v* **bricks** Ziegel brennen
burn *v* **gypsum** Gips brennen
burn *v* **lime** Kalk brennen
burn *v* **off** abbrennen, ausbrennen; flammstrahlreinigen
burn *v* **out** 1. ausbrennen *(Gebäude)*; ausglühen; 2. *(El)* durchbrennen
burnability Brennbarkeit *f (Baustofftechnologie)*
burnable brennbar, brenngeeignet *(Baustofftechnologie)*
burned brick gebrannter Ziegel *m*
burned product Brenngut *n*, gebranntes Erzeugnis *n*
burned shale gebrannter Schieferton *m*
burned stata gebrannter Zustand *m*
burned wood Holzkohle *f*
burner Brenner *m*
burner capacity Brennerleistung *f*
burner fan Brennergebläse *m*
burner nozzle Brennerdüse *f*
burning 1. Brennen *n*, Verbrennung *f*, 2. Brennschneiden *n*; 3. Brand *m*, Brennen *n (Baustofftechnologie)*
burning-brand test *(AE)* Feuertest *m* für Dachhäute, Entflammbarkeitsprüfung *f*
burning crack Brennriss *m (Feuerfesterzeugnisse)*
burning installation Brennanlage *f (Baustofftechnologie)*
burning kiln Brennofen *m*
burning of limestone Kalkbrennen *n*
burning of raw material Rohmassebrennen *n*
burning-off Abbrennen *n*, Abflammen *n (alte Anstriche)*
burning plant Brennanlage *f*
burning process Brennvorgang *m (Baustoffe)*
burning rate Brenngeschwindigkeit *f*
burning reinforcement Bewehrungsbrennschneiden *n*
burning to (cement) clinker Klinkerbrennen *n*
burnish *v* (glanz)schleifen, polieren *(auf Hochglanz)*; glätten
burnishing 1. Polieren *n*, Glätten *n*; 2. Schleifmasse *f*
burnt brick gebrannter Ziegel *m*
burnt clay gebrannter Ton *m*
burnt clay brick gebrannter Ziegel *m* [Stein *m*]
burnt clay hollow block Langlochziegel *m*
burnt clay tile Tonfliese *f*
burnt down niedergebrannt
burnt gypsum gebrannter Gips *m*
burnt lightweight panel Leichtziegelplatte *f*
burnt lime Branntkalk *m*
burnt product Brenngut *n*, gebranntes Gut *n*
burnt wood Holzkohle *f*
burr *v* abgraten, entgraten
burr *v* **up** bördeln
burr 1. Grat *m (z. B. an Schneiden)*; Gussrand *m*, Naht *f*, 2. Schmolzziegel *m (minderwertiger, jedoch noch verwendbarer Ziegel)*; 3. hartes Gestein *n*; Nebengestein *n*; 4. Baumauswachsung *f*
burring Entgraten *n*
burst *v* bersten, (zer)platzen, (zer)springen; explodieren

burst *v* **open** sprengen *(gewaltsam öffnen)*
burst in a pipe Wasserrohrbruch *m*
bursting Bersten *n*, Aufplatzen *n*, Zerspringen *n*; Berstbruch *m*
bursting strength Berstfestigkeit *f*, Spaltzugfestigkeit *f*
burstone hartes Gestein *n (quarzhaltig)*
bury *v* 1. eingraben; 2. unterirdisch verlegen, in die Erde verlegen *(Leitungen)*
bus(-bar) *(El)* Sammelschiene *f*, Stromschiene *f (Schaltanlage)*
bus bay *(Verk)* Bushaltebucht *f*
bus lane Busfahrstreifen *m*, Busspur *f*
bus rod *s.* bus-bar
bus turnout Busausfädelspur *f*
bush *v* scharrieren
bush-hammer *v* stocken, scharrieren
bush 1. Laufbuchse *f*, Buchse *f*; 2. Futter *n*; Zwischenlage *f*; Muffe *f*
bush chisel Scharriereisen *n*
bush hammer Stockhammer *m*, Scharrierhammer *m*
bush hammer finish 1. Bearbeitung *f* mit Stockhammer; 2. gestockte Oberfläche *f*
bush-hammered gestockt *(Oberfläche)*
bush-hammered concrete gestockter [scharrierter, aufgespitzter] Beton *m*
bush hammering Abstocken *n*, Stocken *n*, Scharrieren *n*, Aufspitzen *n*
bush weir Buhne *f*
bush-wood Buschholz *n*
bushing 1. Buchse *f*, Büchse *f*, Laufbuchse *f*; 2. Durchführung *f (z. B. für elektrische Kabel)*; Durchführungshülse *f*, Muffe *f*; 3. *(El)* Schutzrohrmuffe *f*
business deal Geschäftsabschluss *m*
business development area Industrieaufbaugebiet *n*, Industrieentwicklungsgebiet *n*
business district Geschäftsgebiet *n*, Geschäftsviertel *n*, Kernzone *f*, Innenstadt *f*
business street Geschäftsstraße *f*, Ladenstraße *f*
business tax Gewerbesteuer *f*
business transaction *s.* business deal
busway Bus(fahr)spur *f*
butment *s.* abutment
butt *v* aneinander stoßen; stumpf stoßen [aneinander fügen]
butt-joint *v* stumpfstoßen
butt-weld *v* stumpfschweißen
butt 1. Stoß *m (Verbindungsstelle)*; 2. stumpfes Ende *n*; dickes Ende *n* einer Schindel; 3. *s.* butt hinge
butt and break Versetzanordnung *f* von Stoßleistenverbindungen
butt and butt gerader Stoß *m*
butt chisel Breitflachmeißel *m*
butt end *(Hb)* Stirnfläche *f*, Kopfende *n*
butt-end treatment Holzbalkenfußbehandlung *f (mit Holzschutzmittel)*
butt fusion Stumpfschmelzschweißen *n (z. B. von Kunststoffen)*
butt hinge Scharnierband *n*, Fischband *n*, Fitschband *n*, Fitsche *f*, Einstemmband *n (Baubeschlag)*
butt joint Stumpfstoß *m*, (gerader) Stoß *m*, Stoßverbindung *f (Verbindungsstelle)*
butt-joint riveting Laschenvernietung *f*
butt-joint welding Stumpfstoßschweißen *n*
butt joint with inlet piece gerader Stoß *m* mit eingesetztem Stück
butt plate Deckplatte *f*, Verbindungsplatte *f*, Lasche *f*
butt riveting Laschenvernietung *f*
butt seam (geschweißte) Stumpfnaht *f*, Stoßnaht *f*
butt splice vernagelter Stumpfstoß *m*
butt strap Stumpfstoßdeckplatte *f*, Stoßlasche *f (Nietverbindung)*
butt-type joint *s.* butt joint
butt veneer Wurzelstockfurnier *n*
butt weld (geschweißte) Stumpfnaht *f*
butt-weld(ed) joint Stumpfschweißverbindung *f*
butt welding Stumpfschweißen *n*
butt wood Stockholz *n*, Wurzelholz *n*
butte *(Erdb)* Probeschichtung *f*
butted (stumpf) gestoßen
butted bridging joist Sattelholz *n* mit Stoß
butted (door) frame Türpassrahmen *m*
butted joint Stumpfstoß *m*, stumpfer Stoß *m*
butter *v* 1. verstreichen *(mit Mörtel)*; 2. streichen *(Dachbindemittel)*
butter *v* **with mastic** auskitten
buttercup yellow Chromgelb *n*
butterflies Kalkflecken *mpl (im Putz)*
butterfly (gates) *(Wsb)* Drosselventil *n*
butterfly hinge schmetterlingförmiges Scharnier *n*
butterfly nut Flügelmutter *f*
butterfly roof Flügeldach *n*
butterfly spring selbsttätiger [automatischer] Türschließer *m (mit Metallfeder)*
butterfly valve *(Wsb)* Drossel(klappen)ventil *n*
butterfly wall tie schwerer 8-förmiger Wandanker *m*
butterfly wedge Doppelverzapfung *f*
buttering Mörtelaufstreichen *n*
buttering trowel kleine Mörtelkelle *f*
butternut Nussbaumholz *n (nordamerikanischer Walnussbaum)*
buttery 1. Speisen- und Getränkelager *n (Vorratskammer)*; 2. Kantine *f*, 3. Weinkeller *m (Weinausschank in einem englischen College)*
buttery concrete Weichbeton *m*
buttery hatch Durchreiche *f*
butting stumpfstoßend
button 1. Knopf *m*; Fensterknopf *m*; 2. Fenstereisen *n (Bankeisen)*
button-half-round screw Halbrundkopfschraube *f*
button head Nietkopf *m*, Rundkopf *m*; Halbrundkopf *m (z. B. einer Schraube)*
button head screw Rundkopfschraube *f*
button-headed screw Halbrundkopfschraube *f*
button plate Warzenblech *n*, Buckelblech *n*
buttress *v* (durch Strebepfeiler) stützen *(z. B. Mauern)*
buttress Strebepfeiler *m*, Stützpfeiler *m*, Verstärkungspfeiler *m*, Pfeiler *m*; Strebewerk *n*
buttress bracing strut Versteifungsbalken *m*
buttress dam Pfeilerdamm *m*, Pfeilerstaumauer *f*
buttress of pier Pfeilervorlage *f*
buttress pinnacle Fiale *f (Kirchenbau)*
buttress spacing Abstand *m* der Strebepfeilerachsen
buttress span Spannweite *f* des Bogens
buttress tower Strebepfeilerturm *m (einen Eingangsbogen flankierend)*
buttress wall Stützwand *f*, Strebewand *f*, Winkelstützwand *f*, Winkelstützmauer *f*
buttress wing Anschlussflügel *m*
buttressed wall Pfeilermauer *f*
buttressing stützend, verstärkend, aussteifend; Stütz..., Verstärkungs...
buttressing pier *s.* buttress
buttressing wall Aussteifwand *f*
butyl rubber Butylkautschuk *m*
butyl stearate Butylstearat *n (z. B. für Poliermittel, Weichmacher)*
buyer Käufer *m*, Käuferin *f*
buzz saw *(AE)* Kreissäge *f*

by-law Ortsstatut *n (Bauordnung)*; Gemeindeordnung *f*, Durchführungsverordnung *f*
by-laws Gemeindeordnung *f (örtliche Bauordnung in England)*
by-meter Scheibenzähler *m (Wasserzähler)*
by-product Nebenprodukt *n*
by-road Nebenstraße *f (Landstraße)*; Querstraße *f*; Seitenweg *m*
by-street abgelegene Straße *f*
bye-channel Ablaufrinne *f*
bye-road Nebenstraße *f*, Seitenstraße *f*
bye-wash Ablaufrinne *f*
byroad Nebenstraße *f*, Seitenstraße *f*
bypass *v* umgehen, herumführen *(Straße)*; umleiten *(Verkehr)*
bypass Umgehungsstraße *f*, Tangente *f*; Seitenweg *m (Umgehungsweg)*; Umleitung *f*
bypass pipe Umleitungsrohr *n*; Überströmrohr *n*
bypass road Umgehungsstraße *f*, Entlastungsstraße *f*
bypass stop valve Reserveventil *n*, Reserveabgang *m (für Leitungsumleitungen)*
bypassing Umgehung *f*, Umführung *f*; Umleitung *f*
byre Viehstall *m*, Kuhstall *m*
byway Seitenweg *m*, Nebenweg *m*
byzant *s.* bezant
Byzantine architecture byzantinische Architektur *f*, byzantinischer Baustil *m*
Byzantine capital *(Arch)* Trapezkapitell *n*
Byzantine style byzantinischer Stil *m*

C

°C Grad *m* Celsius, °C
C-clamp C-förmige Schraubzwinge *f*
cab-tyre cable kunststoffumhülltes Kabel *n*; schweres [flexibles] Gummikabel
cabin 1. Kabine *f*; Führerhaus *n*; 2. Holzhütte *f*, Hütte *f*; 3. Baubude *f*
cabinet filler Futterholz *n*, Ausfütterleiste *f*
cabinet finish Hartholzvertäfelung *f*
cabinet jamb Zargentürrahmen *m*; Metalltürrahmen *m*
cabinet lock Federbolzen *m*
cabinet maker Möbeltischler *m*
cabinet-making Kunsttischlerei *f*, Möbeltischlerei *f*
cabinet rasp Tischlerraspel *f*
cabinet saw Tischlersteifsäge *f*
cabinet scraper Ziehklinge *f*
cabinet window ausgekragtes Fenster *n*
cabinet work Feintischlerarbeit *f*
cable *v* mit Kabel [Seil] befestigen
cable 1. Kabel *n*, Drahtseil *n*, Stahlseil *n*, Seil *n*; Tau *n*; 2. *(El)* Kabel *n*, Leitungskabel *n*; Stromleitung *f*
cable action Kabelwirkung *f*, Seilwirkung *f*
cable anchorage Kabelverankerung *f*
cable assembly Kabelmontage *f*
cable bearer Kabelträger *m*, Kabelhalter *m*, Kabelaufhänger *m*
cable bracing Seilverspannung *f*
cable branch *(El)* Kabelverzweigung *f*
cable bridge Kabelbrücke *f*, Seilbrücke *f (Hängebrücke)*
cable bushing Kabeldurchführung *f*
cable cantilevering roof *s.* cable-suspended roof
cable channel Kabelrinne *f*, Kabelkanal *m*
cable chute Kabelschacht *m*, Kabelhochführ(ungs)schacht *m*
cable clamp 1. Kabelschelle *f*; 2. Seilschloss *n*
cable clip Kabelklemme *f*, Kabelschelle *f*; Kabelhalter *m*
cable compartment Kabelraum *m*
cable compound Kabelvergussmasse *f*, Kabelasphalt *m*
cable conduit Kabelkanal *m*, Kabelrinne *f*; Leitungs(schutz)rohr *n*
cable conduit duct *(El)* Kabelrohr *n*
cable connecting terminal Kabelklemme *f*
cable connection Kabelverbindung *f*
cable core Kabelseele *f*
cable cover Kabel(abdeck)stein *m*; Kabelisolierung *f*
cable crane Kabelkran *m*
cable cutting machine Drahtseilsägemaschine *f*
cable detector Kabelsuchgerät *n*
cable distributon box Kabelverteilerkasten *m*, Kabelschrank *m*
cable drum Kabeltrommel *f*, Kabelrolle *f*
cable duct 1. Kabelkanal *m*; 2. Kabelschutzrohr *n*, Hüllrohr *n*; 3. Gleitkanal *m*, Spann(glied)kanal *m (Spannbeton)*
cable duct tube Stahlpanzerrohr *n*
cable end 1. Kabelstumpf *m*; Seilkopf *m*; 2. Seilschloss *n*, Seilklemme *f*
cable end box Kabelendverschluss *m*
cable entry Kabeleinführung *f*
cable filling compound Kabelvergussmasse *f*
cable fitting Kabelmuffe *f*
cable geometrie Seilstatik *f*
cable hanger *s.* cable clip
cable housing Kabelhülle *f*, Kabelrohr *n (Spannbeton)*
cable jacket Kabelmantel *m*
cable joint 1. Kabelmuffe *f*; 2. *(El)* Kabelverbindung(sstelle) *f*, Spleißstelle *f*
cable joint box Kabelmuffe *f*
cable ladder Kabelleiter *f*, Kabelsteigtrasse *f*
cable layer Kabelverlegemaschine *f*
cable laying Kabeleinbau *m*, Kabel(ver)legung *f*
cable line Kabelführung *f*
cable lug *(El)* Kabelschuh *m*
cable manhole (chimney) Kabelschacht *m*
cable marker *(El)* Kabelmarkierungszeichen *n*
cable marking tape Trassenband *n*
cable moulding *(Arch)* Taustab *m (Ornament)*
cable network Kabelnetz *n*
cable placing Kabel(ver)legung *f*
cable pole [post] Kabelmast *m*
cable protection Kabelschutz *m*
cable protection pipe Kabelschutzrohr *n*
cable protective sheath Kabelschutz *m*, Kabelschutzhülle *f*
cable railway Drahtseilbahn *f*; Standseilbahn *f*
cable railway at ground level Standseilbahn *f*
cable reel Kabelrolle *f*, Kabeltrommel *f*
cable roof Seilkragdach *n*, Seilauslegerdach *n*
cable route Kabeltrasse *f*
cable routing Kabelführung *f*
cable run 1. *(El)* Leitungsführung *f*, Kabelführung *f (im Gebäude)*; 2. Kabeltrasse *f*
cable running *s.* cable run 1.
cable saddle roof Hängesatteldach *n*
cable sag Seildurchhang *m*, Kabeldurchhang *m (Brücke)*
cable sealing compound Kabelvergussmasse *f*
cable shackle Kabelschelle *f*
cable shaft Kabelschacht *m*
cable sheath Kabelmantel *m*, Kabelschutz *m*
cable sheathing *(El)* Kabelhülle *f*, Kabelummantelung *f*

cable sleeve Kabelmuffe *f*
cable socket Kabelschuh *m*
cable-stayed seilverankert
cable-stayed bridge Schrägseilbrücke *f*
cable steel Kabelstahl *m*
cable store Kabelkeller *m*, Kabellager *n*
cable strand Kabellitze *f*
cable strap *(AE)* Kabelschelle *f*
cable stripping knife *(El)* Kabelmesser *n*
cable subway 1. Kabeltunnel *m*, Kabelstollen *m*; 2. *s.* cable tile
cable support box Kabeltragekasten *m*
cable-supported construction Seilkonstruktion *f*, kabelgetragene Konstruktion *f*
cable-suspended cantilever roof Kabelkragdach *n*, Seilkragdach *n*
cable-suspended roof Hängedach *n*, Seilhängedach *n*, Kabelhängedach *n*
cable suspender Kabelaufhänger *m*
cable suspension bridge Hängebrücke *f*
cable system 1. Seilsystem *n*; 2. *(El)* Kabelsystem *n*
cable terminal Kabelendverschluss *m*
cable terminal box Kabelschrank *m*; Verteilerkasten *m*
cable terminal screw Kabelklemme *f*
cable tile Kabelformstein *m*; Kabelschutzhaube *f*
cable transmission box Kabelübergangskasten *m*
cable tray Kabeltragschiene *f*
cable trench Kabelgraben *m*
cable trough Kabelrinne *f*, Kabelschale *f*
cable trunk Kabelbaum *m*
cable trunking Kabelhauptleitung *f*
cable tube Kabelschutzrohr *n*
cable tunnel Kabeltunnel *m*; Kabelkanal *m*
cable vault 1. Kabelbrunnen *m*; 2. unterirdische Kabelweiche *f*
cable warning tape Kabelwarnband *n*
cable wire Kabeldraht *m*, Seildraht *m*
cabled *(Arch)* tauartig verdreht, tauverdrillt
cabled fluting *(Arch)* verstäbte Kannelierung *f*
cablet kleines Kabel *n (mit einem Umfang <10 Zoll)*
cableway 1. Kabelkran *m*; 2. Drahtseilbahn *f*, Schwebebahn *f*, Seilschwebebahn *f*
cabling 1. Verkabelung *f*, Kabelverlegung *f*; 2. *(Arch)* verstäbte Kannelierung *f*, Seilornament *n*
cadastral map Katasterkarte *f*
cadastral survey Katasteraufnahme *f*, Katastervermessung *f*
cadastre Kataster *m(n)*, Grundstücksverzeichnis *n*
cadmium Kadmium *n*
cadmium coating Kadmiumbeschichtung *f*, Kadmiumüberzug *m*
cadmium finish Kadmiumbeschichtung *f*
cadmium red pigment Kadmiumrotpigment *n*
cadmium yellow Kadmiumgelb *n*
cafeteria Cafeteria *f*, Selbstbedienungsrestaurant *n*
cage 1. Fahrkorb *m (eines Aufzugs)*; 2. *s.* cage of reinforcement; 3. Mantel *m (Einhausung)*
cage beam Fahrbühne *f (eines Aufzugs)*; Fahrkorbträger *m*
cage door contact Fahrkorbtürsicherung *f*
cage of reinforcement Bewehrungskorb *m*
cairn 1. Steinmarke *f*, Landmarke *f*, Markstein *m (Pyramide aus aufgeschichteten Steinen)*; 2. Steinhaufengrab *n*
caisson 1. *(Wsb)* Caisson *m*, Senkkasten *m*, Schwimmkasten *m*; 2. Kassette *f*
caisson ceiling Kassettendecke *f*
caisson disease Caissonkrankheit *f*
caisson drill Fundamentbohrmaschine *f*
caisson foundation Caissongründung *f*, Senkkastengründung *f*
caisson pile Bohrpfahl *m* mit Mantelrohr, Mantelrohrpfahl *m*; Kegelfußpfahl *m*
caisson slab Kassettenplatte *f*
caisson soffit Kassettenuntersicht *f*
caisson system Druckluftkammergründung *f*
cake *v* zusammenbacken *(unter Wärme)*; sintern
cake 1. Kuchen *m (Masse)*; Pressling *m*; Pastille *f*, Sinterkörper *m*; 2. *s.* caking 2.
caking 1. Zusammenbacken *n (unter Wärme)*; Sinterung *f*; 2. zusammengebackenes Farbpigment *n*, Pigmentklumpen *m*
caking of paint zusammengebackenes Farbpigment *n*
calathus *(Arch)* Kalathus *m*
calc granite Kalkalkaligranit *m*
calc spar *s.* calcite
calcareous 1. kalkhaltig; 2. kalkartig, kalkig; Kalk...
calcareous cement Kalkzement *m*
calcareous deposit kalkhaltige Ablagerung *f*
calcareous earth Kalkerde *f*
calcareous gravel Kalk(stein)kies *m*
calcareous marl Kalkmergel *m*, mergeliger Kalk *m*
calcareous sandstone Kalksandstein *m*
calcareous sinter Kalksinter *m*
calcareous slate Kalktonschiefer *m*
calcareous tuff Kalktuff *m*, Travertin *m*, Tuffstein *m*
calcic hydrate *s.* calcium hydrate
calcify *v* verkalken
calcimine Leimfarbe *f*, Weißkalkanstrich *m*, Kalkfarbe *f (Wand- und Deckenfarbe)*
calcination of limestone Kalkbrennen *n*
calcine *v* kalzinieren, brennen, glühen *(z. B. Kalkstein)*
calcine *v* **gypsum** Gips brennen
calcined gypsum Branntgips *m*, Baugips *m*
calcined magnesium oxide kalzinierte [gebrannte] Magnesia *f*
calcite Kalzit *m*, Calcit *m*, Kalkspat *m (Calciumcarbonat)*
calcium Calcium *n*, Kalzium *n*
calcium aluminate cement Aluminiumzement *m*
calcium carbonate Calciumcarbonat *n*, Kalziumkarbonat *n*
calcium chloride Kalziumclorid *n*
calcium hydrate [hydroxide] Calciumhydroxid *n*, gelöschter Kalk *m*, Kalkhydrat *n*
calcium oxide Branntkalk *m*, Kalziumoxid *n*
calcium silicate Kalksilikat *n*, Kalziumsilikat *n*
calcium silicate brick Kalziumsilikatstein *m*, Calciumsilicatstein *m*, Kalksandstein *m (Baustein)*
calcium silicate insulation glasfaserverstärkte Silicatdämmung *f*
calcium sulphate cement Sulfathüttenzement *m*
calcium sulphate hemihydrate Gipshalbhydrat *n*
calcspar Kalkspat *m*, Kalzit *n*
calculable berechenbar
calculable value Rechengröße *f*
calculate *v (Stat)* berechnen; ausrechnen
calculate *v* **from** *(Stat)* berechnen [errechnen] aus
calculate *v* **the earthwork** Erdmassen ermitteln
calculated berechnet; rechnerisch ermittelt
calculated live load berechnete Verkehrslast *f*
calculating Berechnung *f*
calculating error Berechnungsfehler *m*
calculating formula Rechenformel *f*, Berechnungsformel *f*
calculating hypothesis Berechnungsannahme *f*
calculating operation Berechnungsgang *m*
calculating work sheet Kalkulationsformblatt *n*, Berechnungsformblatt *n*
calculation 1. Rechnung *f*, Berechnung *f*; 2. Kalkulation *f*, Voranschlag *m*
calculation assumption Rechenannahme *f*

calculation basis Berechnungsgrundlage *f*, Rechengrundlage *f*
calculation error Berechnungsfehler *m*
calculation for strength Festigkeitsberechnung *f*
calculation hypothesis Berechnungsannahme *f*
calculation method Berechnungsverfahren *n*; Rechenverfahren *n*
calculation of areas Flächenberechnung *f*
calculation of cost Kostenkalkulation *f*
calculation of earth pressure Erddruckberechnung *f*
calculation of elevations Höhenberechnung *f*
calculation of heat loss Wärmeverlustberechnung *f*
calculation of quantities Mengenberechnung *f*
calculation of safe dimensions *(Stat)* Dimensionierung *f*
calculation of storage capacity Stauraumbemessung *f*
calculator 1. Kalkulator *m*; 2. Tischrechner *m*
calculon Ziegel *m (219 × 178 × 66 mm)*
caldarium *(Arch)* Caldarium *n*, Warmbad *n (antiker Thermen)*
calibrate *v* 1. eichen; kalibrieren; einteilen, unterteilen *(Messgeräte)*; 2. normieren *(auf genaues Maß bringen)*
calibrated sand method Sandersatzmethode *f*
calibrated watershed geeichtes Wasserrückhaltebecken *n*
calibration Eichung *f*, Kalibrierung *f*, Einteilung *f*, Unterteilung *f (von Messgeräten)*
calibration curve Eichkurve *f*
calibre Kaliber *n*, Innendurchmesser *m (speziell von Rohren)*
caliche toniger Weichkalkstein *m*
caliduct *(AE)* Heißwasserheizungsrohr *n*; Heiz(ungs)rohr *n*
California bearing ratio *(Erdb)* CBR-Wert *m*, Tragfähigkeits(verhältnis)wert *m*
caliper *s.* calliper
calk *v (AE) s.* caulk
calked verstemmt, kalfatert
call bell Alarmglocke *f*
call box Telefonzelle *f*
call loan Abrufdarlehen *n*, Bereitstellungsdarlehen *n*
call system Rufanlage *f*
calling for tenders Ausschreibung *f*
calliper Taster *m*, Tastzirkel *m*, Greifzirkel *m*; Messlehre *f*; Dickenmesser *m*, Dickenmesslehre *f*
calliper gauge Messkluppe *f*
callout Zeichnungsangabe *f*
callow Schwachbrandziegel *m*
calorific effect Heizeffekt *m*; Wärmewirkung *f*
calorific requirement Wärmebedarf *m*
calorific value Heizwert *m*
calorifier Kessel *m (einer Heizung)*; Heißwassererzeuger *m*
calorimeter Kalorimeter *n*, Wärmemessgerät *n*
calorimetry Kalorimetrie *f*, Wärmemengenmessung *f*
calorized kalorisiert, alitiert *(Stahl)*
calotte *(Arch)* Kalotte *f*, Kugelhaube *f*, Kugelmütze *f*, Kugelschnitt *m*
calyon Flintbaustein *m*
calyx Sedimentrohr *n*, Schlämmrohr *n*; Sägekranz *m (Tiefbohren)*
cam Schließzylinder *m*
camation *s.* cymatium
camber *v* wölben *(z. B. Bogen)*; Stich geben; krümmen; biegen; sich wölben *(z. B. Straßen)*
camber 1. Bogen *m*; 2. Bogenrundung *f*, Krümmung *f*, Wölbung *f (z. B. der Straßenoberfläche)*; Überhöhung *f*, 3. Stich *m*, Pfeilhöhe *f*
camber arch Flachwölbebogen *m*, Stichbogen *m*, scheitrechter Bogen *m*
camber beam Träger *m* mit Stich
camber diagram Wölblehre *f*
camber of a road Straßenwölbung *f*
camber of an arch Pfeilhöhe *f*, Bogenstich *m*
camber piece Stichholz *n*; Bogenlehre *f*
camber slip Krümmling *m*
camber window gewölbtes Fenster *n*
cambered gewölbt, mit Wölbung *f (z. B. Holzteile oder Straßenoberfläche)*
cambered roof Bogendach *n*
cambered window 1. gewölbtes Fenster *n*; 2. geschweifte Oberschwelle *f (über der Tür)*
cambered wood ceiling gewölbte Holzdecke *f*
cambering Krümmung *f (von Oberflächen)*; Stichgeben *n*
cambogé durchbrochenes Betonmauerwerk *n (Blendschutzwand, Sonnenschutzwand in Lateinamerika)*
came Rute *f*, Steg *m (H-förmig, für Fenster)*
camelback truss obengewölbtes Segmentfachwerk *n*
camelhair brush [mop] schmaler Kamelhaarpinsel *m*
camera *(Arch)* Raum *m* mit gewölbter Decke
camouflage coat Tarnanstrich *m*, Tarnaufstrich *m*
camouflage paint Tarnfarbe *f*
campaniform glockenförmig
campanile *(Arch)* Campanile *m*, frei stehender Glockenturm *m*
campus Kampus *m*, Hochschulgelände *n*
Camus system Montagebauweise *f* nach Camus *(Fertigteilbau)*
can *v* kapseln; umhüllen, einmanteln; einhausen, mit Gehäuse versehen
can 1. Radschrapper *m*; 2. Kapsel *f*, Hülle *f*, Mantel *m*; 3. Kanister *m*
canal 1. Kanal *m*; Abwasserkanal *m*, Rohr *n*; Schacht *m (für Leitungen)*; 2. *(Wsb)* (künstlicher) Kanal *m*, Schifffahrtskanal *m*
canal bank Kanaldamm *m*
canal basin Kanalmulde *f*
canal bottom Kanalsohle *f*
canal building [construction] Kanalbau *m*
canal cross section Kanalquerschnitt *m*
canal lock Schleuse *f*, Kanalschleuse *f*
canal of embankment Dammkanal *m*
canal slope Kanalböschung *f*
canal slope protection Kanalböschungssicherung *f*
canalis *(Arch)* Kanalis *m (ionisches Kapitell)*
canalization Kanalisation *f (von Flüssen)*; Kanalbau *m*
canalize *v* kanalisieren, schiffbar machen *(Flussläufe)*
cancel *v* absagen, aufheben, stornieren, zurücknehmen
cancellation Absage *f*, Aufhebung *f*, Stornierung *f*, Zurücknahme *f*
cancelled ungültig; storniert *(Auftrag)*
cancelli *(historisch)* Cancelli *f*
candela Candela *f*, Cd *(SI-Einheit der Lichtstärke)*
candela per square metre Candela *f* je m^2 *(SI-Einheit der Leuchtdichte)*
candelabra Kandelaber *m*
candelabrum Kandelaber *m*
candidate material Konkurrenzmaterial *n*
candle beam Kerzenträgerbalken *m*
candle lighting Kerzenbeleuchtung *f*
candlepower Lichtstärke *f (SI-Einheit: Candela)*
candlestick Leuchter *m*
cane *v* mit Schilfrohr versehen *(Dachdeckung, Putzträger)*; mit Ried decken *(Dach)*
cane Rohr *n*, Schilf(rohr) *n*; Zuckerrohr *n (pflanzlicher Baustoff*
cane bolt Stabbolzenarrester *m*, Türarrester *m*
cane fibre insulation Zuckerrohrfaserdämmung *f*
cane mat Rohrmatte *f*
canephora *(Arch)* Kanephore *f*, Korbträgerin *f*

cannelure Kannelüre *f*, Auskehlung *f*, Rille *f (in Längsrichtung an einer Säule)*
canopy 1. Kragdach *n*, Vordach *n*; Schutzdach *n*; 2. Baldachin *m*; 3. Wimperge *m (gotischer Ziergiebel über Portalen und Fensteröffnungen)*
cant *v* 1. abschrägen, verschrägen, abfasen, abkragen; 2. *(Hb)* ausschrägen; 3. kanten, kippen; sich neigen, kippen
cant *v* **off** abfasen
cant 1. Schräge *f*, geneigte Fläche *f*, Abschrägung *f*, Abkragung *f*; 2. Straßenüberhöhung *f*; 3. vorspringende Ecke *f*, vorspringende [vorstehende] Kante *f*; 4. *(AE)* vierseitig behauener Stamm *m*
cant bay 1. Schrägluke *f (Dach)*; 2. polygonaler Erker *m*
cant-bay window 1. Lukenfenster *n*; 2. Erkerfenster *n*
cant board *(Hb)* Spließ *m*; Aufschiebling *m*
cant brick Schrägziegel *m*, abgeschrägter Ziegel *m*, Konusziegel *m*
cant chisel Kantbeitel *m*
cant deck *(AE) (Hb)* Kantholzboden *m*; Kantholzdecke *f*
cant strip *(AE)* kantenbrechende Einlegeleiste *f*, Dreikantleiste *f*
cant wall anlaufende Wand *f*
cant window Fenster *n* in einer geneigten Wand; polygonales Erkerfenster *n*
canted 1. abgeschrägt, schräg, abgekantet, abgefast; 2. gekantet, gekippt; überhöht *(geneigt)*; 3. mehreckig *(Pfeiler)*
canteen Kantine *f*, Speiseraum *m*, Mensa *f*, Speisesaal *m (in Universitäten)*
canteen building Kantinengebäude *n*
canteen store Kantinenlager *n*
cantharus *(historisch)* Kantharus *m*
cantilever *v* auskragen *(Balken)*; vorkragen; frei vorbauen, im Freivorbau errichten [herstellen] *(Brücke)*
cantilever Ausleger *m*, Freiträger *m*, Kragarm *m (Beton- oder Metallkragbalken)*; Konsole *f (Kragkörper)*; Auskragung *f*, Vorkragung *f (Balken)*
cantilever arched bridge Auslegerbogenbrücke *f*
cantilever beam Auslegerbalken *m*, Freiträger *m*, Kragbalken *m*, Kragträger *m*, einseitig eingespannter Träger *m*
cantilever bridge Auslegerbrücke *f*, Kragbrücke *f (Kran)*
cantilever construction Freivorbau *m*
cantilever diaphragm Kragscheibe *f*
cantilever effect Kragwirkung *f*
cantilever fashion auskragende Bauweise *f*
cantilever footing verbreiterte Fundamentsohle *f*
cantilever for footway Fußwegauskragung *f*
cantilever form *s.* slip-form
cantilever frame freitragender Rahmen *m*
cantilever girder Auslegerbalken *m*, Auslegerträger *m*, Kragbalken *m*; Konsolbalken *m*
cantilever landing Kragtreppenpodest *n*
cantilever load Kragbelastung *f*, Krag(arm)last *f*
cantilever method Freiträger-Methode *f (Brückenbau)*
cantilever reinforcement Konsolbewehrung *f*
cantilever retaining wall Erdauflaststützwand *f*
cantilever roof *s.* cantilevered roof
cantilever scaffold(ing) Auslegergerüst *n*
cantilever steps eingespannte Stufen *fpl*
cantilever wall Erdauflaststützwand *f*
cantilevered vorkragend, ausgekragt, ausladend *(Balken)*; freitragend *(Träger)*; frei stehend *(Spundwand)*; im Freivorbau errichtet *(Brücke)*
cantilevered and suspended beam Gelenkträger *m*; Koppelträger *m*
cantilevered beam Kragträger *m*
cantilevered bracket Kragarm *m*
cantilevered component Auslegerelement *n*, Kragelement *n*, auskragendes Bauteil *n*
cantilevered construction Freivorbau *m*
cantilevered floor Kragdecke *f*, Auslegerdecke *f*, auskragende Decke *f*
cantilevered girder *s.* cantilever girder
cantilevered length Auslegerlänge *f*, Kraglänge *f*
cantilevered load Kraglast *f*
cantilevered retaining wall Winkelstützwand *f*, Winkelstützmauer *f*
cantilevered roof Kragdach *n*, Auslegerdach *n*
cantilevered roof truss Auslegerdachbinder *m*
cantilevered shell auskragende Schale *f*, Kragschale *f*
cantilevered stair [steps] Kragtreppe *f*, eingespannte Stufen *fpl*, freitragende Treppe *f*
cantilevered wall 1. freitragende Wand *f*; 2. Winkelstützwand *f*, Winkelstützmauer *f*
cantilevering Auskragen *n*, Überstehen *n (Kragarm)*; Ausladen *n (Balken)*
cantilevering length Auslegerlänge *f*, Kraglänge *f*
cantilevering roof auskragendes Dach *n*, vorkragendes Dach *n*, Kragdach *n*
cantilevering system Kragsystem *n*
canting Abschrägen *n*, Abkragen *n*, Abfasen *n*
canting strip Wassersimsplatte *f*
cantledge Zusatzbelastung *f (Senkbrunnen)*
canton *(Arch)* säulendekorierte Gebäudeecke *f*
cantoned pier kantonierter Pfeiler *m*
canvas Segeltuch *n*; Zeltstoff *m*; Baumwolljute *f*, Abdeckplane *f*, Zeltplane *f*
canvas covering Segeltuchüberzug *m*
canvas wall geputzte Wand *f* mit Makulaturtuch
canyon effect Schlucht(en)wirkung *f (Städtebau)*
cap *v* bedecken, abdecken, (mit Deckel) verschließen
cap 1. Haube *f*, Kappe *f*, Deckel *m*; 2. Aufsatz *m*; Abdeckung *f (dekorativer Abschluss eines Austrittspfostens einer Treppe)*; Kapitell *n (Schornsteinkappe)*; 3. Kopfplatte *f*, Glocke *f (Dachdeckung)*; 4. Schwellholz *n (Abdeckung)*; 5. Magerbetonfundamentunterbettung *f*; 6. Deckgebirge *n*
cap bolt Kopfschraube *f*
cap flashing oberer Anschluss *m*
cap moulding Sturzformung *f*, Sturzgestaltung *f*
cap plate Lastverteilungsplatte *f (bei Raumpfählen)*; Kopfplatte *f*
cap screw Kopfschraube *f*
cap sheet Deckbahn *f*, besandete Dachpappe *f*
cap trim *s.* cap moulding
capability 1. Leistungsvermögen *n*; 2. Eignung *f*, Einsetzbarkeit *f*; 3. Eigenschaft *f*, Fähigkeit *f*
capacitance *(El)* Kapazität *f*
capacity 1. Fassungsvermögen *n*, Kapazität *f*, Inhalt *m (Volumen)*; 2. Leistungsfähigkeit *f*, Leistungsvermögen *n*, Leistung *f*, *(speziell)* Durchlassfähigkeit *f (von Rohrleitungen)*
capacity insulation Wärmespeicherungsvermögen *n (eines Mauerwerks)*
capacity measure Raummaß *n*
capacity moment Tragmoment *n*
capacity of discharge Abflusskapazität *f*, Abführungsvermögen *n*
capacity of shape alteration of concrete Formänderungsvermögen *n* des Betons
cape chisel Kreuzmeißel *m*
Cape Cod (cottage) *(AE)* Cape-Cod-Haus *n (rechteckiges, ein- oder eineinhalbgeschossiges Fachwerkhaus mit Schindeldeckung, entstanden im kolonialen Cape Cod, Massachusetts)*
Capilla mayor *(Arch)* Hauptkapelle *f*
capillarity Kapillarität *f*, Kapillarwirkung *f*
capillarity of concrete Betonkapillarität *f*

capillary action *s.* capillarity
capillary attraction Porensaugwirkung *f*, Kapillaranziehung *f*
capillary break Kapillarbruch *m*; Kapillarsperre *f*
capillary-breaking kapillarbrechend
capillary-breaking layer *(Verk)* kapillarbrechende Schicht *f*
capillary crack Haarriss *m*
capillary drainage Kapillardränage *f*, Kapillardränung *f*
capillary elevation kapillare Steighöhe *f*
capillary fitting Kapillarfitting *m*
capillary flow Kapillarwasserbewegung *f*, Kapillaranstieg *m*
capillary groove Kapillarsperre *f*
capillary head kapillare Druckhöhe *f*
capillary moisture Kapillarwasser *n*, Porensaugwasser *n*
capillary movement Kapillarbewegung *f*
capillary pore Kapillarpore *f*
capillary potential Kapillarpotenzial *n*
capillary pressure Kapillardruck *m*
capillary saturation kapillare Sättigung *f*
capillary space Kapillarraum *m*
capillary water Kapillarwasser *n*, Porensaugwasser *n*
capital 1. *(Arch)* Kapitell *n (Kopf, z. B. einer Säule)*; Kapitäl *n*; 2. *s.* capital city; 3. Kapital *n*
capital carving Kapitellplastik *f*
capital city Hauptstadt *f*
capital costs Investitionskosten *f*
capital expenditure Kapitalaufwand *m*, Investitionskosten *pl*
capital outlay *s.* capital expenditure
capitol *(AE)* Parlamentsgebäude *n*
capped abgedeckt, geschlossen
capped pipe Reinigungsdeckelrohr *n*, Abwasserrohr *n* mit Reinigungskappe, Putzdeckelrohr *n*
capped roof Haubendach *n*
capping 1. Abdeckung *f (z. B. für einen wetterfesten Mauerabschluss)*; 2. Kappe *f (Rohrkappe)*; 3. *s.* capping beam; 4. *(AE)* Abraumschicht *f*
capping beam Holm *m (Rostschwelle)*
capping block Abdeckblockstein *m*
capping concrete Kappenbeton *m (Brücke)*
capping mass *(Erdb)* Deckgebirge *n*
capping piece Holm *m*, Schwellholz *n (Rostschwelle)*; Deckholz *n*
capping plane Abrundhobel *m*
capping stone Deckstein *m*
capstan Seilwinde *f*, Spill *n*
capstan head Spindelstock *m*
capstan screw Kreuzlochschraube *f*
capstan winch Haspel *f(m)*
capstone Abdeckstein *m (z. B. für Kabel)*; Schlussstein *m (Gewölbe)*
capsule 1. Kapsel *f*; Gehäuse *n*; Hülle *f*; 2. Druck(mess)-dose *f*
caption Bildunterschrift *f*, Legende *f*
car 1. Kraftfahrzeug *n*; 2. *(AE)* Fahrkorb *m*, Aufzugskabine *f*; 3. *s.* cart
car annunciator Aufzugsgeschossanzeige *f*
car barn *(AE)* Verkehrshof *m (z. B. für Omnibusse)*
car door contact Fahrkorbtürsicherung *f*
car dump Autofriedhof *m*
car ownership rate Motorisierungsgrad *m*
car park Parkplatz *m*; Großgarage *f*, öffentliche Garage *f*
car place Pkw-Stellfläche *f*, Standplatz *m*
car port Pkw-Unterstand *m*, Wagenunterstand *m*
car ramp Pkw-Rampe *f*
car stall Pkw-Box *f*
caracole Wendeltreppe *f*, Schneckenstiege *f*
carapa westindisches Mahagoniholz *n*
caravan Wohnwagen *m*
caravansary 1. Karawanserei *f*; 2. *(AE)* größere Landgaststätte *f*
carbide lime Carbidkalk *m*, Karbidkalk *m*
carbide tip Hartmetallschneide *f*, Karborundspitze *f*
carbio-lime Karbidkalk *m*
carbolic acid Carbolsäure *f*, Karbolsäure *f*, Phenol *n*
carbolineum Karbolineum *n*
carbon Kohle *f*, Kohlenstoff *m*
carbon-arc cutting Kohlelichtbogenschneiden *n*
carbon-arc welding Kohlelichtbogenschweißen *n*
carbon black Ruß *m*; Kohlenstoffpigment *n*
carbon content Kohlenstoffanteil *m*, Kohlenstoffgehalt *m*
carbon dioxide greenhouse effect Kohlendioxidtreibhauseffekt *m*
carbon filter Aktivkohlefilter *n*, Kohlefilter *n*
carbon rivet steel Kohlenstoffnietstahl *m*
carbon silicate Karborund *n*, Siliziumkarbid
carbon steel Kohlenstoffstahl *m*, unlegierter Stahl *m*
carbon structural steel Kohlenstoffbaustahl *m*
carbon tetrachloride Tetrachlorkohlenstoff *m*
carbonate *v* in ein Carbonat umwandeln, karbonatisieren *(Beton, Kalk)*
carbonate Carbonat *n*, Karbonat *n*
carbonate of copper Kupfercarbonat *n*
carbonate of magnesia Magnesit *m*
carbonate pockets Carbonatnester *npl*
carbonated water kohlensäurehaltiges Wasser *n*
carbonation Umwandlung *f* in ein Carbonat, Karbonatisierung *f*
carbonation treatment Karbonatisierung *f (künstliche)*
carbonic acid Kohlensäure *f*
carboniferous lime Kulmkalk *m*
carboniferous limestone Kohlenkalk *m*, Kulmkalk(stein) *m*
carboniferous sandstone Kohlenkalksandstein *m*
carbonization 1. Umwandlung *f* in Kohlenstoff; 2. Kohlenstoffanreicherung *f*
carbonize *v* verkoken; (ver)kohlen *(z. B. Holz)*
carcase *s.* carcass
carcass 1. Skelett *n*, Gebäudeskelett *n*, Rahmenwerk *n*; 2. Rohbau *m*, (bauliche) Hülle *f (eines Gebäudes)*
carcass flooring Dielenbalkenlage *f*
carcass work Rohbauarbeiten *fpl*
carcassing 1. Rohbauarbeiten *fpl*, Rohbaufertigstellung *f*; *(AE)* Installation *f (Gas)*; 2. *s.* carcass
carcassing material Konstruktionsbaustoff *m*, Rohbaumaterial *n*
carcassing timber Bauholz *n*, Zimmererholz *n*, Konstruktionsholz *n*, Rohbauholz *n*
card frame Rahmen *m* für Türnamensschild
cardboard Pappe *f*, Karton *m*
cardboard lining Pappeinlage *f*
cardboard roof Pappdach *n*
cardboard basin Werfthafenbecken *n*
cardinal point Himmelsrichtung *f*
care Sorgfalt *f*, Wartung *f*, Pflege *f*
careless work Pfuscharbeit *f*
caretaker Hausmeister *m*, Hauswart *m*
caretaker's flat Hausmeisterwohnung *f*
cargo block Frachtgebäude *n*
cargo boom *(AE)* Ladebaum *m*
cargo handling building Frachtgebäude *n*
cargo handling centre Güterumschlagzentrum *n*
cargo tank Ladetank *m*
carillon Glockenturm *m*
carline Dachspriegel *m*
carnarvon arch Sturz *m* auf Konsolen

carnauba wax Karnaubawachs *n*, Holzpolierwachs *n*
carpenter *v* zimmern
carpenter Zimmermann *m*, Zimmerer *m*
carpenter foreman Zimmerpolier *m*
carpentering Zimmereiwesen *n*; Zimmermannsarbeit *f*
carpenter's axe Bundaxt *f*, Zimmer(manns)axt *f*
carpenter's bench Hobelbank *f*
carpenter's brace Bohrwinde *f*
carpenter's bracket scaffold Konsol(en)gerüst *n*
carpenter's finish *(AE) s.* carpenter's work
carpenter's gauge Zollstock *m*
carpenter's hammer Zimmermannshammer *m*
carpenter's level Wasserwaage *f*, Lotwaage *f*
carpenter's nail Balkennnagel *m*, Baustift *m*
carpenter's pencil Zimmermannsbleistift *m*
carpenter's shop Zimmer(manns)werkstatt *f*, Zimmerei *f*
carpenter's square Zimmermannswinkel *m*, Anschlagholzwinkel *m*
carpenter's trade Zimmererhandwerk *n*
carpenter's work Zimmererarbeit *f*, Zimmermannsarbeit *f*
carpenter's yard Zimmerei *f*, Zimmer(er)platz *m*
carpentership Zimmereiwesen *n*; Zimmererhandwerk *n*
carpentry 1. Zimmermannsgewerk *n*, Zimmererhandwerk *n*; 2. Zimmererarbeit *f*, Zimmermannsarbeit *f*; 3. Zimmerung *f*, Holzrohbau *m* • **do carpentry** zimmern
carpet 1. Teppich *m*; 2. *s.* road carpet
carpet backing Teppichbeschichtung *f (Unterseite)*
carpet bedding Pflanzeneinlegerabatte *f*
carpet float Filzbrett *n*
carpet strip Teppichhalteleiste *f*
carpet tile Teppichfliese *f*
carpet underlayment Teppichunterlage *f*
carpeting 1. Teppichboden *m*, (textile) Auslegeware *f*; 2. Auslegen *n* mit Teppichboden; 3. *s.* road carpeting
carport Wageneinstellplatz *m*, überdachter Autoabstellplatz *m*
carr Übergangsmoorboden *m*
carragheen Knorpeltang *m*, Karray(h)een *n (z. B. als Emulgator)*
Carrara marble Carraramarmor *m*
carreau Ornamentglassegment *n*
carrefour *(AE)* 1. (innerstädtische) Straßenkreuzung *f*; 2. öffentlicher Platz *m*
carrel Büchereiarbeitsplatz *m*, Lesenische *f*
carriage 1. Wagen *m*; Waggon *m*; 2. Vorfluter *m (Wasserablauf)*
carriage bolt Schlossschraube *f*, Schaftbolzenschraube *f*
carriage clamp Schraubzwinge *f*, Halteklammer *f*
carriage entrance [gate] Wageneinfahrt *f*, Toreinfahrt *f*, Torweg *m*
carriage house Remise *f*
carriage porch Zufahrtsschleppdach *n*
carriage road Fahrstraße *f*, befahrbarer Weg *m*
carriage shed Wagenschuppen *m*
carriageway Fahrbahn *f*, Fahrdamm *m*
carriageway cover befahrbare Schachtabdeckung *f*
carriageway marking Fahrbahnmarkierung *f*
carriageway slab Fahrbahnplatte *f (Brücke)*
carriageway surfacing Oberflächenbehandlung *f* der Fahrbahn; Belageinbau *m (Straße)*; Fahrbahnbelag *m*
carrier 1. Fahruntersatz *m (Baumaschinentransport)*; 2. hängender Transportkübel *m*
carrier angle Trittstufenstützeisen *n*
carrier bar Trittstufenstützstab *m*; Lagerbalken *m*
carrier beam Träger *m*
carrier medium Trägersubstanz *f*, Trägermedium *n*
carrier roller Tragrolle *f (Seilbahn)*
carry *v* 1. tragen, (unter)stützen, Last aufnehmen; lagern; 2. transportieren, befördern
carry *v* **off** abführen *(z. B. Abwasser)*; ableiten *(Wärme)*
carry *v* **out** ausführen *(den Bau)*; durchführen
carry *v* **out maintenance work** instand halten
carry *v* **out plumbing work** Installationsarbeiten ausführen
carry *v* **up** hochmauern, hochziehen *(eine Mauer)*
carry-over factor Fortleitungsfaktor *m (Momentenausgleich)*
carry-over moment *(Stat)* Übertragungsmoment *n*
carry-over storage Langzeitspeicher *m*
carryall (scraper) Schürfkübelwagen *m*, Schrapper *m*
carrying cable Tragseil *n (Seilbahn)*
carrying capacity Tragfähigkeit *f*, Tragvermögen *n*
carrying channel Halteeisen *n* für Deckenkonstruktionen, U-Trageprofil *n*
carrying framework Traggestell *n*
carrying-out (of construction) Bauausführung *f*
carrying rope Tragseil *n (Seilbahn)*
carrying scraper Ladeschaufler *m*
cart Karren *m*, Baulore *f*
cart house Remise *f*, Wagenschuppen *m*
cart load Wagenladung *f*, Fuder *n*
cartage Verkarrung *f*, Wagenbeförderung *f (von Erdstoff)*
Cartesian coordinate system kartesisches Koordinatensystem *n*
Carthusian monastery Kartause *f*
cartographic instrument Kartierinstrument *n*
carton pierre Pappmaché *n*, Papiermaché *n*, Leichtstuckformung *f*, Papierstuck *m*
cartoon Wandgemäldeentwurf *m (z. B. auf Papier)*
cartouche *(Arch)* Kartusche *f*, Rolle *f*, Rollwerk *n (Ornament)*
cartridge Patrone *f*, Sprengpatrone *f*
cartridge-firing studder Bolzensetzwerkzeug *n*
cartridge hammer Bolzenschießgerät *n*
cartridge heater Patronenheizelement *n*, Heizpatrone *f*
carve *v* schneiden; schnitzen *(Holz)*; aushauen *(Stein)*; skulptieren, skulpturieren
carve *v* **out** (aus)meißeln, aushauen
carved capital *(Arch)* Skulpturkapitell *n*, Plastikkapitell *n (Säule)*
carved ornament geschnitztes Ornament *n*
carved pattern plastisches Muster *n*, plastische Dekoration *f*
carved veneer Messerfurnier *n*
carved work Steinmetzarbeit *f*
carver 1. Holzschnitzer *m*; 2. Schnitzwerkzeug *n*
carver's bench Schnitzbank *f*
carver's tools Schnitzwerkzeug *n*
carving 1. Natursteinbearbeitung *f*; Meißeln *n (von Stein)*; Schnitzen *n (von Holz)*; 2. Steinmetzarbeit *f*, Bildhauerarbeit *f (aus Stein)*; Schnitzerei *f*, Bildwerk *n (aus Holz)*
caryatid *(Arch)* Karyatide *f*, Kore *f (gebälktragende Frauengestalt)*
cascade *v* kaskadenförmig anordnen; Kaskaden anlegen
cascade Kaskade *f*, Wasserfall *m*; Kaskadenrinne *f*
cascade culvert Kaskadendurchlass *m*, abgetreppter Durchlass *m (in einer Straße)*
cascade gutter Kaskadenrinne *f*
cascade system 1. Kaskadenrinnensystem *n*; 2. Kaskadenmaschine *f (Kühlhaus)*
case *v* verkleiden, vertäfeln; ummanteln; in einem Gehäuse einschließen, einhausen
case 1. Verkleidung *f*, Gehäuse *n*; Kapsel *f*, Hülse *f*; 2. Kasten *m*, Kiste *f*, Behälter *m*; 3. Zarge *f*, Einfassung *f (für Türen, Fenster)*
case bay Sparrenzwischenraum *m*; Balkenfach *n*
case-hardened 1. einsatzgehärtet *(Stahl)*; 2. übertrocknet, zu schnell getrocknet *(Bauholz)*
case-hardened glass Temperglas *n*
case-hardened steel einsatzgehärteter Stahl *m*

case of bending Biegefall *m*
case of loading Belastungsfall *m*
case of stress Spannungszustand *m*
cased beam ummantelter [verkleideter] Träger *m*
cased column (beton)ummantelte Stahlstütze *f*, umhüllte Stütze *f*
cased lock Kastenschloss *n*
cased opening Türöffnung *f* ohne Türblatt
cased overlay glass farbiges Schichtglas *n*
cased pile Mantelpfahl *m (Gründung)*
cased post verkleidete Stütze *f*
casein distemper Kaseinfarbe *f*
casein glue Kaseinleim *m*, Caseinleim *m*, Tischlerleim *m*
casein paint Kaseinfarbe *f*, Caseinfarbe *f*, proteingebundene Farbe *f*
casemate *(Arch)* Kasematte *f*, Wallgewölbe *n*
casement 1. Verbindung *f*; 2. Fensterflügel *m*; Drehflügel *m*; 3. tiefe Hohlkehlung *f*
casement adjuster Fensterflügelhalter *m*
casement combination window kombiniertes Fenster *n* mit einem Fensterflügel
casement door Fenstertür *f*, französisches Fenster *n*
casement fastener Einreiber *m*, Vorreiber *m (Fensterhalter)*; Schiebefensterverschluss *m*
casement frame Fensterrahmen *m*
casement hinge Fensterflügelscharnier *n*
casement stay Fensterfeststeller *m*, Sturmhaken *m*, Feststeller *m*
casement ventilator *(AE) s.* casement window
casement window Flügelfenster *n*, Dreh(flügel)fenster *n*
caserne Kaserne *f*
cash allowance unvorhergesehene Kosten *pl*
cash desk Zahltisch *m*, Kasse *f*
casing 1. Verkleidung *f*; Ummantelung *f*, Mantel *m*; 2. Gehäuse *n*, Einhausung *f*; 3. Einrahmung *f (Fenster, Tür)*; 4. Schutzverrohrung *f*, Mantelrohr *n*
casing bead Putzabschlussleiste *f*
casing-bead doorframe Türrahmen *m* mit Metallhohlleistenrand *(als Putzhalter)*
casing cutter Rohrschneider *m*
casing expander Rohrdichter *m*
casing head Bohrlochkopf *m*
casing nail Kegelknopfnagel *m*, Senkkopfnagel *m*
casing of corrugated iron Schalung *f* mit Wellblechtafeln
casing of the lock Schließkasten *m*
casing pipe [tube] Futterrohr *n*, Mantelrohr *n*, Schalrohr *n (Bohrtechnik)*
casing with wire netting Rabitzummantelung *f*
casino Kasino *n*, Klubhaus *n*, Gesellschaftshaus *n*
cassette ceiling Kassettendecke *f*
cassette method Batterieverfahren *n (Betonfertigteilproduktion)*
cassette slab Kassettenplatte *f*
cassette soffit Kassettenuntersicht *f*, kassettierte Untersicht *f*
cast *v* 1. schütten *(Beton)*; betonieren; 2. gießen *(Metall)*
cast *v* **centrifugally** schleudern *(Beton)*; im Schleuderverfahren herstellen *(Betonrohre)*
cast *v* **concrete** Beton schütten, betonieren
cast *v* **in-place [in-situ]** in Ortbeton herstellen
cast Abdruck *m*; Formenfertigteil *n (Beton)*
cast aluminium alloy Aluminiumgusslegierung *f*
cast asphalt Schmelzasphalt *m*
cast beam Beton(fertigteil)balken *m*
cast concrete Schüttbeton *m*, Gussbeton *m*
cast curve Summenlinie *f*
cast-in fixing rails einbetonierte Befestigungsschienen *fpl*
cast-in-place Herstellung *f* in Ortbeton, monolithische Herstellung *f*
cast-in-place concrete Ortbeton *m*
cast-in-place pile Ortbetonpfahl *m*
cast-in-place pile sheeting Ort(beton)pfahlwand *f*
cast-in-situ ortbetoniert, am Einbauort betoniert, vor Ort betoniert
cast-in-situ concrete Ortbeton *m*
cast-in-situ wall Gusswand *f (aus Beton)*
cast iron Gusseisen *n*
cast-iron base elbow Gussrohrbogen *m* mit Auflageflansch
cast-iron bearer gusseiserner Lagerstuhl *m*
cast-iron boiler gusseiserner Segmentboiler *m*
cast-iron bridge gusseiserne Brücke *f*
cast-iron hollow column gusseiserne Hohlsäule *f*
cast-iron manhole cover gusseiserner Schachtdeckel *m*
cast-iron pipe Guss(eisen)rohr *n*
cast-iron radiator Gussradiator *m*
cast-iron rammer Gussstößel *m*
cast-iron sill gusseiserne Sohlschwelle *f*
cast moulding vorgefertigtes Bauelement *n*; gegossenes Betonteil *n (für spätere Montage)*
cast pipe Gussrohr *n*
cast steel Gussstahl *m*
cast stone Beton(werk)stein *m*, Kunststein *m*
cast unit Formenfertigteil *n (Beton)*
castability Gießbarkeit *f*
castable 1. (ver)gießbar *(bes. Metall)*; 2. hydraulisch abbindend *(Feuerfestbindebaustoffe)*
castable refractory feuerfestes Zement-Zuschlagstoff-Gemisch *n*
castable refractory concrete Feuerfestbeton *m*
castellated 1. burgartig; mit Türmchen versehen; 2. die äußeren Befestigungen tragend *(einer Burg)*
castellated beam Wabenträger *m (Stahlbau)*
castellated bit gezahnte Bohrkrone *f*
castellated joint verzahnte Fuge *f*
castellated nut Kronenmutter *f*
castellation 1. Burgenbau *m*; 2. Verzahnung *f*
castellum *(Arch)* Wasserverteilungsbecken *n (am Ende eines Aquädukts)*
casting 1. Gussstück *n*, Guss *m*; Formgussteil *n*; 2. Guss *m*, Gießen *n (Vorgang)*; Betonieren *n*
casting bed Betoniersohle *f*, Betonierbett *n*
casting defect 1. Gussfehler *m*; 2. Gießfehler *m*
casting form Schalungsform *f*, Gießform *f*, Gussform *f*
casting marks Betoniereindrücke *mpl*
casting mould Schalungsform *f*, Gießform *f*, Gussform *f*
casting of concrete Betonieren *n*, Betonierung *f*, Betonierarbeit *f*
casting plaster Spezialgrundputz *m (mit Additiven)*
casting resin Gießharz *n*
casting skin Gusshaut *f*, Schlämmehaut *f*
casting yard Betonierplatz *m*, Vorfertigungsplatz *m*; offenes Betonwerk *n*
castle *(Arch)* Burg *f*, Schloss *n*, Kastell *n*
castle architecture Burgenbau *m*
castle construction Burgenbau *m*
castrum *(Arch)* Kastell *n*, Festung *f*, Befestigungsanlage *f*
cat ladder Dachleiter *f*, Leiter *f (für Dachdecker)*
catacomb *(Arch)* Katakombe *f*
catalyst 1. Abbindebeschleuniger *m*; 2. Katalysator *m*
catalytically-blown asphalt geblasenes Bitumen *n (mit Hilfe eines Katalysators)*
catalyzer *s.* catalyst
catch *v* einrasten
catch 1. Klinke *f*, Sperrklinke *f*, Klaue *f (Sperrvorrichtung)*; Sperrhaken *m*; Feststellvorrichtung *f*, 2. Schnappschloss *n*; 3. Wassergraben *m (Bewässerung)*

catch basin Auffangbecken *n*, Sammelgrube *f (z. B. für Schlamm)*; Senkgrube *f*
catch device Aufsetzvorrichtung *f*
catch drain 1. Fanggraben *m*; Entwässerungsgraben *m*; 2. Sammler *m*
catch feeder Bewässerungsgraben *m*
catch pit *s.* catch basin
catch pit gully Abzugsgraben *m*
catch-water drain Sickerdole *f*, Sickerkanal *m (bedeckter Sickergraben)*
catchment area Einzugsgebiet *n*, Sammelgebiet *n (Wasserwirtschaft)*
catchment of water Fassen *n* von Wasser
catenary *(Verm)* Kettenlinie *f*, Kettenkurve *f (Absteckung)*
catenary arch Bogen *m* mit Kettenkurvenform
catenary cable *(El)* Tragseil *n (bei Freileitungen)*
catenary support Fahrleitungsmast *m*
catenated *(Arch)* kettenförmig dekoriert
caterpillar Raupenfahrzeug *n*, Raupenschlepper *m*, Raupenkettentraktor *m*, Gleiskettenfahrzeug *n*
caterpillar chain Gleiskette *f*, Raupenkette *f*
caterpillar crane Drehkran *m* mit Raupenfahrwerk
caterpillar finisher *(Verk)* Raupenfertiger *m*
caterpillar gate Raupenschürze *f*
caterpillar paver *(Verk)* Raupenfertiger *m*
caterpillar tractor Raupe *f*
caterpillar vehicle *s.* caterpillar
catface 1. Knoten *m (fehlerhafte Stelle im Holz)*; 2. fehlerhafte [raue] Putzstelle *f*
cathead eingeschnittener Passkeil *m*
cathedral *(Arch)* Kathedrale *f*, Dom *m*
cathedral dome Domkuppel *f*
cathedral glass Kathedralglas *n*
Catherine-wheel window *(Arch)* Rosenfenster *n*, Katharinenrad *n*
cathodic protection kat(h)odischer [elektrolytischer] Schutz *m*, galvanischer Korrosionsschutz *m*
cationic wetting agent kationisches Netzmittel *n*
cat's eye 1. Holzmaserungsauge *n*; 2. Bodenrückstrahler *m*
catshead Ornamentzierkranz *m* mit Tierkopfabbildungen
cattle barn [building] Rinderstall *m*
cattle exercise yard Viehauslauf *m*
cattle yard Rinderlaufstall *m*
catwalk Laufsteg *m (für Fußgänger)*; Laufgang *m (auf einer Brücke)*
caul Schutz(ein)lage *f*, Zulageblech *n (beim Furnierpressen)*
caulk *v* 1. (ab)dichten, Fugen (ver)stopfen; abdichten, verstemmen *(z. B. genietete Nähte)*; kalfatern *(im Schiffbau, Teer auf Holz aufbringen)*; 2. *(Erdb)* Fugen verfüllen
caulked joint Stopfdichtung *f*, Stemmdichtung *f*
caulking 1. Abdichten *n*, Abdichtung *f*, Stopfen *n*, Verstemmen *n*; 2. *s.* caulking compound
caulking by hand Handstemmung *f*
caulking cartridge flexible Fugenfüllpatrone *f*, Fugenfüllspritze *f*
caulking chisel Stemmeisen *n*
caulking compound Dichtungsmasse *f*, Fugenversiegelungsmasse *f*, Mastixdichtungsmasse *f (mit Silikon und Bitumen)*; Stemmmasse *f*
caulking gun Fugenfüllpistole *f*
caulking hammer Stemmhammer *m*, Meißelhammer *m*
caulking iron Stopfeisen *n*
caulking joint Stemmfuge *f*
caulking mallet Beilhammer *m*
caulking medium Dichtungsmittel *n*
caulking recess Dichtungskehle *f*
caulking ring Abdichtring *m*
caulking seam Abdichtrand *m*
caulking strip Dichtungsstreifen *m*, Dichtungsband *n*
caulking weld Dichtschweißnaht *f*
causeway Dammstraße *f (in flacher Landschaft)*; angehobene Straße *f (auf geschütteter Böschung)*
causeway of fascines Faschinendamm *m*
caustic dip Beiztauchung *f*
caustic lime Ätzkalk *m*, Branntkalk *m*
cavalier projection Kavalierperspektive *f (Schrägperspektive)*
cave *v* 1. aushöhlen; 2. *s.* cave in
cave *v* **in** zusammenstürzen, zusammenfallen *(z. B. Gebäude)*; zusammenbrechen *(eine Decke)*; einstürzen *(z. B. eine Straße)*; zum Einsturz bringen
cave Höhle *f*
cave-in Einsturz *m*
cavern Kaverne *f*, Höhle *f (z. B. im Gestein)*
cavetto 1. *(Arch)* Hohlgesims *n*, konkav gewölbte Gesimskante *f*, Hohlkehle *f (Viertelhohlkehle)*; 2. Cavetto *n*, Ablauf *m (konkav kurvierte Vermittlung)* • **in cavetto** versenkt *(Relief)*
cavetto moulding Cavetto *n*
cavetto vault Spiegelgewölbe *n*
caving 1. Einsturz *m*, Einstürzen *n*; Einbrechen *n (z. B. von Erdmassen)*; 2. Nachlöschen *n (Kalk)*
cavitation Kavitation *f*, Hohlraumbildung *f*
cavitation damage Kavitationsschaden *m (am Beton)*
cavity Hohlraum *m*, Höhlung *f*, Höhle *f*, Kammer *f*, Loch *n (z. B. in Ziegeln)*; Aussparung *f*
cavity barrier Hohlraumverschluss *m*
cavity batten Mörtelfangholz *n (beim Mauern von Hohlwänden)*
cavity block Hohlblock(stein) *m*, Hohlstein *m*
cavity brick Hohlziegel *m*
cavity concrete wall Betonhohlwand *f*
cavity construction Hohlmauerbau *m*
cavity dam *(Wsb)* Hohlmauer *f*
cavity external masonry wall Außenhohlmauer *f*, zweischalige Außenmauer *f*
cavity fill insulation hohlraumfüllendes Dämmmaterial *n*
cavity filling Hohlraumauffüllung *f*
cavity flashing Sperrschicht *f* einer Hohlwand
cavity in the concrete Betonnest *n*
cavity insulation Hohlraumisolierung *f*
cavity panel Hohltafel *f*
cavity slab Hohldiele *f*
cavity wall Hohlmauer *f*, Schalenwand *f*
cavity wall flashing *s.* cavity flashing
cavity wall insulation Hohlraumisolierung *f*, zweischalige Wand *f*
cavity-walled hohlwandig
cd *s.* candela
cease *v* nachlassen; aufhören
cedar (wood) Zedernholz *n*
ceil *v* 1. eine Decke einziehen; 2. eine Decke verputzen; 3. (eine Decke) verschalen *(Paneelverschalung)*
ceiling 1. Decke *f*, Raumdecke *f*; 2. Deckenunterschicht *f*, Täfelung *f*; 3. Höchstbetrag *m*
ceiling area lighting Flächenbeleuchtung *f*, Deckenbeleuchtung *f (der gesamten Decken)*
ceiling beam Deckenträger *m*
ceiling binder Deckenbinder *m*
ceiling board Deckenplatte *f*, Decken(dämm)fliese *f*
ceiling boarding Deckenschalung *f*
ceiling boarding with profilated joint borders Deckenschalung *f* mit profilierten Fugenleisten
ceiling clearance lichte Höhe *f (eines Raumes)*; Deckenhöhe *f*
ceiling coil Deckenkühler *m*
ceiling construction Deckenkonstruktion *f*

ceiling diffuser Deckendiffusor *m*, Deckenlufteinspeiser *m*
ceiling enrichment Deckenverzierung *f*
ceiling facing Deckenverkleidung *f*
ceiling fan Deckenventilator *m*
ceiling floor Deckentragwerk *n (einer eingehängten Decke)*
ceiling grille *(HLK)* Deckeneinlass *m*
ceiling hanger Deckenträger *m*
ceiling illumination Deckenbeleuchtung *f*
ceiling joist deckentragendes Querholz *n*, Deckenrafter *m*, Unterzug *m*
ceiling lath Deckenlatte *f*
ceiling lathes Deckenlattung *f*
ceiling light Deckenbeleuchtung *f*
ceiling light fitting Deckenleuchte *f*
ceiling lighting Deckenbeleuchtung *f*
ceiling lining Deckenverkleidung *f*
ceiling made of [with] bricks Ziegeldecke *f*
ceiling outlet (box) *(El)* Decken(steck)dose *f*
ceiling panel Deckentafel *f*
ceiling panelling Paneeldecke *f*
ceiling plate Gipsdeckenplatte *f*
ceiling plenum Zwischendeckenraum *m*, Hohlraum *m (als Luftrückflusssammelraum bei Klimaanlagen)*
ceiling reed Deckenrohr *n (Putzträger)*
ceiling register *(HLK)* regelbarer Deckeneinlass *m*, Deckendiffusor *m*
ceiling rosette Deckenrosette *f*
ceiling shape Deckenprofil *n*
ceiling shuttering Deckenschalung *f (Betonbau)*
ceiling sound transmission Schalldurchgang *m (zu Nachbarräumen durch eingehängte Decken)*
ceiling sound transmission class Schalldurchgangsrate *f*
ceiling strap Deckendeckleiste *f*; Deckentafelbefestigungsleiste *f*
ceiling strip Deckenleiste *f*
ceiling surfacing Deckenverkleidung *f*
ceiling suspension Deckenabhängung *f*
ceiling suspension system Metallrahmentragwerk *n* für eingehängte Decken
ceiling tile Deckenfliese *f*
ceiling ventilator Deckenlüfter *m*
ceiling void Deckenzwischenraum *m*
celature gestaltete Metalldekoration *f*, Reliefarbeit *f*
celit Zelit *m (Zementchemie)*
cell 1. Zelle *f*; Kammer *f*; 2. Hohlraum *m*; Pore *f (z. B. in Schaumstoffen)*; 3. Rippenbogensegment *n*; Feld *n*; 4. Gewölbekappe *f*; 5. *(El)* galvanische Zelle *f*, elektrochemisches Element *n*
cell block Zellengebäude *n (Strafvollzug)*
cell building Zellengebäude *n (Strafvollzug)*
cell method Fächermethode *f*
cella *(Arch)* Cella *f (Hauptraum antiker Tempel)*
cellar Keller *m*; Kellergeschoss *n (für Lagerzwecke)* • **with cellar** unterkellert
cellar door Kellertür *f*
cellar dwelling Kellerwohnung *f*
cellar excavation 1. Kelleraushub *m*, Kellerausschachtung *f*; 2. *s.* cellar pit
cellar flap Kellerfalltür *f (nach unten öffnend)*
cellar floor Keller(geschoss)decke *f*
cellar foundation Kellergründung *f*
cellar hole Kellerbaugrube *f*
cellar pit Keller(bau)grube *f*
cellar recess Kellernische *f*
cellar shelter Schutzkeller *m*
cellar sink Kellerabfluss *m*, Kellerausguss *m*
cellar slab Kellerplatte *f*
cellar stairs Kellertreppe *f*
cellar trapdoor Kellerfalltür *f*
cellar vault Kellergewölbe *n*
cellar wall Kellermauer *f*
cellar window Kellerfenster *n*
cellarless nicht unterkellert, kellerlos
cellophane Zellglas *n*, Cellophan *n*, Zellophan *n*
cellular zellenförmig; porig, blasig
cellular block Großblockhohlziegel *m*
cellular brick Lochziegel *m*, Zellenziegel *m*
cellular cofferdam Zellenfangdamm *m*
cellular concrete Porenbeton *m*; Schaumbeton *m*, Zellenbeton *m*
cellular concrete screed Zellenbetonestrich *m*
cellular construction Zellelementkonstruktion *f*, Zellenbauweise *f*, Wabenbauweise *f*
cellular core Zellkern *m*, Hohlkern *m*
cellular dam *(Wsb)* Zellendamm *m*, Zellensperre *f*
cellular design Zellenbauweise *f*
cellular expanded concrete *s.* cellular concrete
cellular floor(ing) Zellendecke *f*; Stahlzellendecke *f*
cellular frame Mehrfeldrahmen *m*
cellular framing Schottenbauart *f*, Zellkonstruktion *f* mit tragenden Querwänden
cellular glass Schaumglas *n*
cellular material porenhaltiger Baustoff *m*
cellular plasterboard Zellengipsplatte *f*
cellular plastic Schaum(kunst)stoff *m*
cellular raceway Installationskanal *m (für Elektroleitungen)*
cellular rubber Zellgummi *m*, poröser Gummi *m*
cellular section Zellenprofil *n*
cellular steel floor Stahlzellendecke *f*
cellular structure Zellenbau *m*, Zellenstruktur *f*; Netzwerkstruktur *f*
cellular unit Zellenprofil *n*
celluloid Zelluloid *n*, Zellhorn *n*
cellulose Cellulose *f*, Zellulose *f*; Zellstoff *m*
cellulose acetate Celluloseacetat *n*
cellulose adhesive Zellleim *m*
cellulose ester Zelluloseester *m*
cellulose fibre Zellulosefaser *f*, Cellulosefaser *f*
cellulose film Zellglas *n*
cellulose foil Zellulosefolie *f*
cellulose glue Zelleim *m*, Zellkleister *m*
cellulose nitrate Cellulosenitrat *n*
cellulose nitrate lacquer Nitrolack *m*, Cellulosenitratlack *m*
cellulose paste *s.* cellulose glue
cellulose stopper Nitroausfüller *m*
cellulose wool Chemiespinnfasern *fpl*, Zellwolle *f*
cellulosic Cellulosederivat *n*; Zelluloseerzeugnis *n*
Celtic architecture keltische Architektur *f*, keltische Baukunst *f*
Celtic cross *(Arch)* keltisches Kreuz *n*
cement *v* 1. zementieren; 2. (ver)kitten *(z. B. Fugen)*; zusammenkitten; verkleben, verleimen; 3. zementieren, aufkohlen *(Stahl)*; 4. abbinden; 5. *s.* sinter
cement *v* **down** verkleben mit *(horizontal)*
cement *v* **together** zusammenkitten; verkleben mit
cement 1. Zement *m*, (hydraulisches) Bindemittel *n*; 2. Klebstoff *m*, Kleber *m*; Kitt *m*, Klebkitt *m*; Klebelösung *f (z. B. für Gummi)*; Zement *m*
cement adhesive Dünnbettkleber *m*
cement-aggregate ratio Zement-Zuschlag(stoff)-Verhältnis *n*
cement-aggregate reaction Zement-Zuschlagstoff-Reaktion *f*
cement article Zementerzeugnis *n*
cement asbestos *(AE)* Asbestzement *m*

cement-asbestos board *(AE)* Asbestbetonplatte *f*
cement-asphalt *(AE) s.* cement-bitumen
cement bacillus Zementbazillus *m*, Ettringit *m*
cement base Zementbasis *f*, Zementgrundlage *f*
cement based zementhaltig
cement based adhesive Dünnbettkleber *m*
cement bag Zementsack *m*
cement batching Zementdosierung *f*
cement-bitumen Zement-Bitumenmasse *f*
cement block 1. Betonblock(stein) *m*, Betonstein *m*; 2. Zementfliese *f*
cement-bound zementgebunden
cement-bound granular material hydraulisch gebundener Kies(sand) *m*
cement-bound material hydraulisch gebundener Baustoff *m*
cement brand Zementmarke *f*
cement brick Zementstein *m*, Kunststein *m*
cement burning Zementbrennen *n*
cement cake Zementprüfkuchen *m*
cement chemist Zementchemiker *m*
cement chemistry Zementchemie *f*
cement clinker Zementklinker *m*, Klinker *m*
cement-coated zementumhüllt
cement coating Zementverputz *m*, Zementumhüllung *f*
cement concrete Zementbeton *m*
cement concrete ceiling Zementbetondecke *f*
cement concrete slab Zementbetondiele *f*
cement content Zementgehalt *m*, Zementfaktor *m*
cement distributor Zementverteiler *m*
cement duct Zementrohr *n*
cement dust Zementstaub *f*
cement economiser zementsparender Zusatz(stoff) *m*
cement facing Zement(außen)putz *m*
cement factor *s.* cement
cement fibre slab zementgebundene Faserplatte *f*
cement fastness Zementechtheit *f*, Zementwiderstandsfähigkeit *f*
cement filler Zementfüller *m*
cement-filler grout Zement-Füllerschlämme *f*, Zement-Füllerschlempe *f*
cement fillet Zementmörteldichtungsrand *m*
cement fineness Zementfeinheit *f*
cement finish 1. Zementputz *m*; 2. Zementestrich *m*
cement fixing method Dünnbettverfahren *n*, Klebeverfahren *n (Fliesenverlegen)*
cement floor 1. Zementestrich *m*; 2. Betondecke *f*
cement floor tile Betonplatte *f (Fußboden)*
cement foam Zementschaum *m*
cement for road und street construction Straßenbauzement *m*
cement gel Zementgel *n*
cement grade Zementgüteklasse *f*
cement grain Zementteilchen *n*, Zementkorn *n*
cement gravel verfestigter Kies *m*
cement grey [gray] zementgrau
cement grinding Zementvermahlung *f*
cement grout Zementbrei *m*, Zementmörtel *m (zum Vergießen)*
cement grouting Zementeinpressen *n*, Zement(schlämme)injektion *f*, Zement(schlämme)verpressung *f (z. B. zur Baugrundbefestigung)*
cement gun Torkretierspritze *f*, Mörtelspritze *f*, Torkretkanone *f*
cement gun work Torkrettechnik *f*
cement injection *s.* cement
cement injection pump Zementinjektionspumpe *f*
cement injector Zementmörtelinjektionsrohr *n*
cement kiln Zementofen *m*, Drehrohrofen *m*
cement laitance Zementmilch *f*, Zementschlämme *f*, Zementschlempe *f*
cement layer Zementestrich *m*
cement-less concrete zementfreier Beton *m*
cement-like zementartig
cement-lime mortar Kalkzementmörtel *m*, Zementkalkmörtel *m*, Magermörtel *m*
cement-lined zementausgekleidet, zementverkleidet
cement lining Zementauskleidung *f*
cement mastix Steinkohlenkitt *m*
cement matrix hydraulisches Bindemittel *n*, Zement *m*
cement mill Zementwerk *n*
cement mortar Zementmörtel *m*
cement paint Zementanstrich *m*, Betonanstrichfarbe *f*, Zementfarbe *f (zum Färben von Zement)*
cement-painted zementgestrichen
cement particle Zementteilchen *n*, Zementkorn *n*
cement paste Zementpaste *f*, Wasser-Zement-Paste *f*, (flüssiger) Zementleim *m*, Zementbrei *m*, Schlämpe *f*
cement pat Zement(prüf)kuchen *m*
cement phase Zementphase *f*
cement pigment Zementfarbstoff *m*, zementechte Farbe *f*
cement plaster Zementmörtel *m*, Zement(ver)putz *m*
cement plaster finish Zementmörtelputz *m*
cement-polyvinyl acetate emulsion concrete PVA-Beton *m*
cement product Zementerzeugnis *n*
cement raw meal Zementrohmehl *n*
cement rendering Zementmörtelbewurf *m*, Zement(außen)putz *m*
cement replacement Zementersatz *m*
cement requirement Zementanspruch *m*, Zementbedarf *m*
cement-rich concrete zementreicher Beton *m*, fetter Beton *m*
cement rock Zementgestein *n*, Kalktongestein *n*
cement roof(ing) tile Zementdachstein *m*
cement-sand grout Zement-Sandschlämme *f*, Zement-Sandschlempe *f*
cement scales Zementwaage *f*
cement screed Zementestrich *m*
cement screw feeder Zementschneckenspeiser *m (Füllgerät)*
cement silo Zementsilo *m(n)*
cement skin Zementschleier *m*
cement slurry Zementmilch *f*, Zementschlämme *f*, Zementschlempe *f (mit Feinzuschlag)*; Zementrohschlamm *m*; Bindemittelbrei *m*
cement slurry coat Zementschlämmeanstrich *m*
cement soundness Zementraumbeständigkeit *f*
cement-stabilized zementverfestigt, durch Zementinjektion verfestigt *(Baugrund)*
cement standard Zementnorm *f*
cement standard specification Zementnorm *f*
cement storage Zement(ein)lagerung *f*
cement store Zementlager *n*, Zementtankstelle *f (für Fertigzement)*
cement strength Zementfestigkeit *f*
cement substitute Zementersatz *m*
cement supply ropeway Zementschwebebahn *f*
cement technology Zementtechnologie *f*
cement temper Zementzusatz *m (zum Kalkputz)*
cement test Zementprobe *f*, Zementprüfung *f*
cement testing sand Normensand *m (Zementprüfung)*
cement tile Zementfliese *f*
cement-treated base zementverfestigte Unterbettung *f*
cement trowel finish Zementglattstrich *m*
cement unit Zementieraggregate *npl*
cement user Zementverbraucher *m*

cement water grout Zementschlämme *f*, Zementschlempe *f*, Zementschlämmmörtel *m*
cement-water ratio Zement-Wasser-Verhältnis *n*
cement waterproofer Zementdichtmittel *n*, Zementsperrpulver *n*
cement weigh-batching unit Zementdosierapparat *m*
cement-wood floor Holzbetonbelag *m*, Sägemehlbetonfußboden *m*
cement works Zementwerk *n*
cementation 1. Zementierung *f*; 2. Verkitten *n*, Kitten *n*; Verklebung *f*; 3. Bodenstabilisierung *f*, Erdstoffverfestigung *f*; 4. Zementieren *n*, Aufkohlen *n* *(von Stahl)*
cemented 1. zementiert, verkittet; 2. abgebunden *(Beton)*
cemented carbide tip Hartmetallschneide *f*
cemented-carbide tipped tool hartmetallbestücktes Werkzeug *n*
cemented casing zementierte Röhrentour *f*
cemented steel Zementstahl *m* *(gehärteter Stahl)*
cementing *s.* cementation
cementing accelerator Abbindebeschleuniger *m*
cementing agent Bindemittel *n*, Zement *m*; Dichtungsmittel *n*
cementing compound Kitt *m*, Klebkitt *m*, Klebemittel *n*
cementing material Bindemittel *n*, Binder *m*
cementing paste Klebepaste *f*
cementing system Klebekonstruktion *f*
cementing technique Kleb(e)technik *f* *(bes. für Kunststoffe)*
cementitious 1. zementartig; 2. verkittend, verklebend
cementitious material Kittstoff *m*, klebefähiges Material *n*
cemetery Friedhof *m*
cemetery chapel Friedhofskapelle *f*
cemetery church Friedhofskirche *f*
cenotaph *(Arch)* Zenotaph *m*, Ehrengrabmal *n*, Leergrab *n*
census Zählung *f*
census of traffic Verkehrszählung *f*
center *(AE)* *s.* centre
centering *s.* centring
central zentral; Zentral...; zentrisch, mittig, auf Mitte; Mittel...
central air-conditioning system zentrale Klimaanlage *f*; Klimastation *f*
central air-handling unit zentrale Belüftungsanlage *f*
central aisle Mitteldurchgang *m* *(in einem Zuschauerraum)*
central altar Mittelaltar *m*
central arch Mittelbogen *m*
central archway Mitteldurchgang *m*
central atmospheric-pressure boiler station Niederdruckkesselzentrale *f*
central axis Mittelachse *f*, Symmetrieachse *f*
central barrier Mittelstreifenplanke *f*, Mittelleitplanke *f*
central bay Mittelfeld *n* *(z. B. eines Gewölbes)*; Mitteljoch *n*
central block Zentralbau *m*
central boiler installation Kesselzentrale *f*
central box girder Hohlkastenmittelträger *m*
central city Kernstadt *f*
central conditioning plant [system] zentrale Klimaanlage *f*; Klimastation *f*
central control system Zentralsteuerung *f*
central core Mittelkern *m*, Zentralkern *m* *(Säule, Gebäude)*
central core of stability [strength] Stabilisierungskern *m*
central corridor Mittelgang *m*
central court(yard) Mittelhof *m*, Zentralhof *m*
central cupola Mittelkuppel *f*, Zentralkuppel *f*
central district Innenstadt *f*
central emptying Zentralentleerung *f*
central entrance Mitteleingang *m*
central fan system separate Zentralklimaanlage *f*
central feature zentrale Raumform *f*
central fire Luftofen *m*
central frame Mittelrahmen *m*
central gable Mittelgiebel *m*
central hall Schalterhalle *f* *(in Bahnhöfen, auf Flughäfen)*
central heating Zentralheizung *f*; Heiz(ungs)anlage *f*
central heating boiler Zentralheizungskessel *m*; Zentralheizungsofen *m*
central heating plant 1. Heizzentrale *f*; 2. Zentralheizungsanlage *f*, Zentralheizungsofen *m*
central heating system zentrales Heizungssystem *n*, Zentralheizungsanlage *f*, Heiz(ungs)anlage *f*
central hot water preparation plant zentrale Warmwasseraufbereitungsanlage *f*
central joint Mittelfuge *f*
central library Zentralbücherei *f*
central line Mittellinie *f*, Mittelachse *f*
central loading mittige Belastung *f*
central low-pressure boiler station Niederdruckkesselzentrale *f*
central master key Zentralhauptschlüssel *m*
central mix bituminous plant Mischanlage *f* für bituminöses Mischgut
central-mix(ed) concrete Fertigbeton *m*, Transportbeton *m*, werkgemischter [stationär gemischter] Beton *m*
central mixer stationärer Betonmischer *m*
central mixing plant stationäre Betonmischanlage *f*, zentrale Mischanlage *f* [Mischstation *f*]
central moment of inertia zentrales Trägheitsmoment *n*
central motif Zentralmotiv *n*
central opening Mittelöffnung *f*
central pillar Mittelpfeiler *m*
central point load mittige Punktlast *f*
central position Mittellage *f*
central post Stuhlsäule *f*
central purlin Zwischenpfette *f*
central railway station *s.* central station
central receiving aerial Gemeinschaftsantenne *f*
central reserve Mittelstreifen *m*, Fahrbahnteiler *m*
central reservation *s.* central reserve
central row of columns Mittelsäulenreihe *f*
central section Mittelteil *n*, Bauwerksmittelteil *n*
central span Mittelfeld *n*
central station Hauptbahnhof *m*, Zentralbahnhof *m*
central stationary mixer stationärer Betonmischer *m*
central store Zentrallager *n*
central strip Mittelstreifen *m* *(Straße)*
central structure Mittelbau *m*
central support Mittelstütze *f*
central tube Kernstab *m* *(Spannbeton)*
central vault Mittelgewölbe *n*
central water supply zentrale Wasserversorgung *f*
centralization Zentralisierung *f*, Ballung *f*
centralize *v* ausmitten, mittig anordnen; zentralisieren
centralized building Zentralbau *m*, zentrale Anlage *f*
centralized construction Zentralbau *m*
centralized grouping zentrale Anordnung *f*
centralized plan Zentralgrundriss *m*
centrally heated zentralbeheizt, zentralgeheizt
centrally loaded mittig belastet
centrally planned building Zentralbau *m*
centre *v* 1. zentrieren, ausmitten; zentrieren, zentrierbohren; 2. stanzen *(punzieren)*
centre 1. Zentrum *n*, Mittelpunkt *m*, Mitte *f*, Kern *m*; 2. Lehrgerüst *n* *(für Gewölbe- und Bogenbau)*; Leierpunkt *m* *(Bogen)*; 3. Heim *n* • **in dead centre** genau mittig
centre arch Hauptbogen *m* *(einer Brücke)*

centre bay Mittelfeld *n (z. B. eines Gewölbes)*; Mitteljoch *n*
centre bit Zentrierbohrer *m*
centre bulb Mittelsteg *m*, Mittelwulst *f (Fugenband)*
centre corridor Mittelgang *m*
centre-dot and ring punch Ringkörner *m*
centre flower Blumenornament *n* in Deckenmitte
centre-hung door mittelhängige Tür *f (nach beiden Seiten öffnend)*
centre-hung sash horizontales Drehkippfenster *n*
centre inlet mittige Zugabeeinrichtung *f*
centre lane Mittelspur *f (Straße)*
centre line 1. Mittellinie *f*, Achse(nlinie) *f*; 2. *(Verk)* Leitlinie *f*
centre-line aligned achsenfluchtend
centre line of stairs Ganglinie *f (Treppe)*
centre load *(Stat)* zentral angreifende Last *f*, Einzellast *f* in Feldmitte
centre loading *(Stat)* zentrische [mittige] Belastung *f*
centre nailing Schiefernagelung *f* kurz über der Mittellinie
centre of a crest circle Mittelpunkt *m* der Kronenkurve
centre of a tunnel Tunnellehrbogen *m*
centre of apex Scheitelmitte *f*
centre of circle Kreismittelpunkt *m*
centre of crown Scheitelmitte *f*
centre of girder Trägermitte *f*
centre of gravity *s.* centre of mass
centre of inflection Momentennullpunkt *m*
centre of mass Massenmittelpunkt *m*, Massenschwerpunkt *m*
centre of moment(s) Momentendrehpunkt *m*, Momentennullpunkt *m*
centre of pressure Drucklinie *f*
centre of rotation Drehpunkt *m*, Drehzentrum *n*
centre of the town Innenstadt *f*, Stadtzentrum *n*
centre of top Scheitelmitte *f*
centre of twist Torsionsmittelpunkt *m*
centre-piece 1. Mittelornament *n (einer Decke)*; 2. Mittelstück *n*
centre pier Mittelpfeiler *m*
centre pivot mittelhängiges Türscharnier *n*
centre-pivoted door mittelhängige Tür *f (nach beiden Seiten öffnend)*
centre plank Kernbrett *n*
centre punch Anreißkörner *m*, Körner *m*; Kontrollkörner *m (Werkzeug)*
centre purlin Zwischenpfette *f*, Mittelpfette *f*
centre-scaffolding of stones Steinbogengerüst *n*
centre shaft Mittelpfosten *m (einer Drehtür)*
centre spacing Mittenabstand *m*
centre span Mittelträger *m*
centre stringer Mittelträger *m* mittig getragener Stufen *(Treppe)*
centre support Mittelstiel *m (Rahmen)*
centre-to-centre (distance) Achsabstand *m*, Systemmaß *n*
centre-to-centre distance of columns Säulenweite *f (Achsabstand)*
centre-to-centre line Systemlinie *f*
centre vault Mittelgewölbe *n*
centre wall Mittelwand *f*
centre with central hip Lehrgerüst *n* mit mittlerem Abstützpunkt
centred zentriert
centric zentrisch, mittig
centric application of force zentrischer Kraftangriff *m*
centric load zentrische Belastung *f*
centric transmission of pressure zentrische Druckübertragung *f*
centrifugal zentrifugal
centrifugal cap Zentrifugenhülse *f*
centrifugal casting Schleudern *n (von Beton)*; Schleuderbetonieren *n*
centrifugal concrete Schleuderbeton *m*
centrifugal fan Schleudergebläse *n*; Kreisellüfter *m*, Zentrifugallüfter *m*
centrifugal force Zentrifugalkraft *f*, Fliehkraft *f*
centrifugal interceptor Zentrifugalfang *m*
centrifugal moment Zentrifugalmoment *n*
centrifugal pump Kreiselpumpe *f*, Schleuderpumpe *f*
centrifugal separator Zyklon *m*, Fliehkraftabscheider *m*
centrifugally cast geschleudert; im Schleuderverfahren hergestellt
centrifugally cast concrete Schleuderbeton *m*
centrifugally cast concrete pipe Schleuderbetonrohr *n*
centrifugally casting Schleuderguss *m*
centrifuge extractor Zentrifugen-Extaktionsgerät *n*
centring 1. Zentrierung *f*, Einmitten *n*; 2. Lehrgerüst *n*; Bogenlehre *f*; 3. Bogenrundung *f*
centring drill Zentrierbohrer *m*
centring of arches Bogengerüste *npl*, Rüststange *f* der Bogen
centring of vault Gerüstbogen *m (Schalung)*; Bogenlehre *f*
centrode Zentrode *f*, Schwerpunktskurve *f*
centroid Schwerpunkt *m*, Massen(mittel)punkt *m*; Flächenmittelpunkt *m*
centroidal distance Schwerpunktabstand *m*
cephalophorous Hauptträger *m (griechische Architektur)*
ceramic keramisch; Keramik...
ceramic adhesive metallkeramischer Kleber *m*
ceramic aggregate keramischer Zuschlag(stoff) *m*
ceramic article keramisches Erzeugnis *n*
ceramic bond keramische Bindung *f*
ceramic building material keramischer Baustoff *m*
ceramic building unit keramisches Bauelement *n*, keramisches Montageelement *n*
ceramic ceiling tile Keramikdeckenplatte *f*
ceramic clay keramischer Ton *m*
ceramic coating 1. keramische Schutzschicht *f*, Keramik(schutz)schicht *f*, Emailschicht *f*; 2. Emaillierung *f*, Glasierung *f*
ceramic façade Keramiksichtfassade *f*
ceramic-faced glass keramisch gefrittetes Glas *n*
ceramic facing Keramikverkleidung *f*
ceramic goods Keramikerzeugnisse *npl*
ceramic material keramischer Werkstoff *m*; keramischer Baustoff *m*
ceramic mosaic Keramikmosaik *n*
ceramic mosaic tile Mosaikfliese *f*, Mosaiksteinchen *n*
ceramic pipe Steinzeugrohr *n*
ceramic tile Keramikfliese *f*, Tonfliese *f*
ceramic veneer Keramiksichtfassade *f*
ceramic wall tile Keramikwandfliese *f*, Keramikwandplatte *f*
ceramics Keramikerzeugnisse *npl*, Keramik *f*
ceresit Ceresit *n*
certificate Gutachten *n*; Abnahmeprotokoll *n*; Zeugnis *n*
• **with qualification certificate** bauartgeprüft
certificate for payment bestätigte Bauleistungsabrechnung *f*
certificate of acceptance Bauleistungsabnahmebescheinigung *f*, Abnahmeprotokoll *m*
certificate of approval Zulassungsbescheid *m*
certificate of competence Kompetenzbescheinigung *f*, Zertifikat *n* der Kompetenz
certificate of compliance with the order Werksbescheinigung *f*
certificate of occupancy Gebrauchsabnahmebescheinigung *f*

certificate of qualifications Befähigungsnachweis *m*
certificate of quality Qualitätsnachweis *m*, Gütenachweis *m*
certificated engineer Diplomingenieur *m*
certification Bescheinigung *f*, Zertifikat *n*
certification body Zertifizierungsstelle *f*
certification system Zertifizierungssystem *n*, Verfahren *n* der Konformitätszertifizierung
certified output rating Bruttoleistung *f*
certify *v* bescheinigen, bestätigen, zertifizieren
cessation Beendigung *f*; Stillstand *m (z. B. der Bauarbeiten)*
cession Zession *f*, Abtretung *f*, Übertragung *f (baulicher Rechte und Objekte)*
cesspipe *(San)* Abflussrohr *n (für Klärgruben)*
cesspit 1. Senkgrube *f*, Kloake *f*, Abortgrube *f*; 2. Regenwassersammelkasten *m (in einer Dachrinnenkonstruktion, von der das Fallrohr abzweigt)*
cesspool Senkgrube *f*, Klärgrube *f*, Absetzgrube *f*, Klärbecken *n*
chad Flusskies *m*; Schotter *m*
chafing corrosion Reibkorrosion *f*
chain *v* 1. anketten, mit Ketten befestigen; 2. vermessen *(mit Messkette)*
chain 1. Kette *f*; 2. Messkette *f*
chain anchoring Kettenverankerung *f*
chain barrier Kettenabsperrung *f*
chain block *s.* chain hoist
chain bond masonry bewehrungsgebundenes Mauerwerk *n*
chain bridge Kettenbrücke *f*, Hängebrücke *f* mit Ketten
chain conveyor Kettenförderer *m*
chain course geklammerte Steinlage *f*
chain cutter moulding machine Kettenfräsmaschine *f*
chain dog(s) Ringbolzen *m*
chain door fastener Türkettenfang *m*, Öffnungsbegrenzer *m*
chain fall *s.* chain hoist
chain hoist Ketten(flaschen)zug *m*
chain link fence Metallwebgitterzaun *m*
chain milling machine Kettenfräsmaschine *f*
chain moulding Kettenornament *n*
chain pipe wrench Kettenrohrzange *f*
chain riveting Kettennietung *f*, Parallelnietung *f*
chain saddle Kettenauflager *n (bei Brücken)*
chain saw Kettensäge *f*
chain scale *(Verm)* Zeichnermaßstab *m*
chain tape Messkette *f*
chain timber Mauerstiel *m*, hölzerner Mauerwerksanker *m*
chain tongs Kettenrohrzange *f*
chain traverse geknickter Polygonzug *m*, Standlinienzug *m*
chain truck Kettenauflager *n (bei Brücken)*
chaining Entfernungsmessung *f* mit Kette *oder* Band
chaining pin Messnadel *f*, Vermessungsnadel *f*
chainman Vermessungsgehilfe *m*
chair 1. Bewehrungshalter *m*; 2. Waschbeckenstützrahmen *m*; 3. Sitz *m*
chair for reinforcement Bewehrungshalter *m*
chair lift Sessellift *m*
chair of architecture Lehrstuhl *m* für Architektur
chair rail Wandstoßleiste *f*, Schutzleiste *f (in Stuhllehnenhöhe)*
chair store Stuhllagerraum *m (Theater, Saal)*
chalcedony Chalzedon *m (fasrige Quarzform)*
chalcography Kupferstechkunst *f*
chalet 1. Holzhaus *n*, Schweizerhaus *n*; 2. einfaches Häuschen *n*
chalk *v* (ab)kreiden, auskreiden; abfärben *(Kalkanstrich)*
chalk Kreide *f*
chalk containing clay Tonkreide *f*
chalk crack test Kalkmilch(riss)prüfung *f*
chalk drawing Kreidezeichnung *f*
chalk flint Kieselkreide *f*
chalk line 1. Kreideschnur *f*, Schlagschnur *f*, Richtschnur *f*; 2. Kreideschnurlinie *f*
chalk line marking Abkreiden *n*, Abschnüren *n*
chalk-proof *s.* chalk-resistant
chalk putty Kalkkitt *m*
chalk resistance Abkreidungsbeständigkeit *f*, Abfärbebeständigkeit *f*, Auskalkbeständigkeit *f*
chalk-resistant abkreidebeständig, abkalkbeständig; abfärbebeständig
chalk stone Kreidegestein *n*
chalked 1. zerbröselt *(glasierte Oberflächen)*; 2. abgekreidet, abgekalkt
chalking 1. Kreiden *n*, Abkreiden *n (von Anstrichen)*; Abkalken *n*; Abpudern *n*
chalking tester Abkreideprüfer *m*, Abfärbeprüfer *m*
chalky 1. kreidig; kreideweiß; 2. kreidehaltig
chalky clay Mergelton *m*
chalky sandstone Kalksandstein *m*
chalky stone Kreidegestein *n*
challenge Herausforderung *f*
chamber 1. Zimmer *n*, Stube *f*, Gemach *n*; 2. Kammer *(z. B. in technischen Öfen)*
chamber door Raumtür *f*
chamber interceptor Schachtverschluss *m*
chamber lock Kammerschleuse *f*
chamber test Feuerausbreittest *m (für Fußböden)*
chamber tomb Kammergrab *n*
chambered kiln Kammerofen *m*
chamfer *v* 1. abfasen *(meist mit 45°)*; abschrägen, abkanten; 2. *(Hb)* kannelieren, (aus)kehlen
chamfer 1. Fase *f (mit 45°)*; Abfasung *f*, Abschrägung *f*, Schräge *f*, Schmiege *f*; 2. *(Hb)* Auskehlung *f*, Kannelüre *f*
chamfer bit Abfasebohrer *m*
chamfer edge *s.* chamfered edge
chamfer plane *(Hb)* Kantenhobel *m*, Abfasehobel *m*
chamfer shape Abfasungsprofil *n*
chamfer stop Auslaufgestaltung *f* einer Fase
chamfer strip Dreikantleiste *f*
chamfered abgefast *(meist mit 45°)*; abgeschrägt, abgekantet, gebrochen; abgesetzt, verjüngt
chamfered edge abgefaste Kante *f*
chamfered moulding Schmiege *f*, Schräge *f*
chamfering Abfasen *n*, Abschrägen *n*, Abkanten *n (mit 45°)*
chamotte Schamotte *f*
chamotte brick Schamottestein *m*
chamotte concrete Schamottebeton *m*
chamotte facing Schamotteauskleidung *f*, Schamotteverkleidung *f*
chamotte flour Schamottemehl *n*
chamotte lining 1. Schamotteauskleidung *f*, Schamottefutter *n*; 2. Auskleiden *n* mit Schamotte
chamotte mortar Schamottemörtel *m*
chamotte surfacing Schamotteauskleidung *f*, Schamotteverkleidung *f*
chamotte wall tile Schamottewandplatte *f*
champ Gestaltungsfläche *f (Behauen, Gratieren)*
chance cause zufällige Ursache *f (Statistik)*
chancel *(Arch)* hoher Chor *m (Altarraum)*
chancel aisle Altarschiff *n*
chancel arch Triumphbogen *m (in der Basilika)*
chancery Kanzlei *f*
chandelier mehrarmiger Leuchter *m*, Lüster *m*
change *v* sich verändern, wechseln *(z. B. Farbe)*; sich verwandeln [umwandeln] *(Struktur)*; verändern; umwandeln
change *v* **colour** sich verfärben, die Farbe wechseln

change 1. Änderung *f*; offizielle Änderung *f* der Bauunterlagen; 2. Umwandlung *f (z. B. der Struktur)*; Umsetzung *f (von Baustoffen durch chemische Einflüsse)*
change in colour Farbtonänderung *f*
change in shear force Schubkraftwechsel *m*
change of air Luftwechsel *m*
change of condition Zustandsänderung *f*
change of curvature Bogenwechsel *m*
change of length Längenänderung *f*
change of levels Höhenwechsel *m*
change of material Materialveränderung *f*
change of ownership Besitzerwechsel *m*
change of state Zustandsänderung *f*
change order offizielle Projektänderung *f*, Änderungsmeldung *f (an den Bauauftragnehmer über Bauausführungsänderungen)*
change-over 1. Umrüsten *n (einer Anlage)*; 2. Übergang *m*; 3. *(El)* Umschaltung *f*
change-over point Temperaturgleichheit *f* innerhalb und außerhalb eines Gebäudes *(weder Heizung noch Kühlung erforderlich)*
changeable message (sign) Wechselverkehrszeichen *n*
changeover switch Umschalter *m*
changeover valve Umschaltventil *n*
changes in the law Gesetzesänderungen *fpl*
changes in the work Bauausführungsänderungen *fpl*
changing facility Umkleideeinrichtung *f*
changing load wechselnde Belastung *f*, Wechsellast *f*
changing room Umkleideraum *m*
channel *v* auskehlen, kannelieren, aussparen; riffeln; nuten; Rinnen bilden
channel 1. Vertiefung *f (in Holz oder Mauerwerk)*; Auskehlung *f*, Kannelüre *f*; Kehlrinne *f*; Rille *f*; Säulenrille *f*; 2. U-Profil *n*; U-Stahl *m*; 3. Kanal *m*, Gerinne *n*; Ablaufrinne *f*; 4. Fahrrinne *f*; 5. (natürlicher) Kanal *m*; Flussbett *n*
channel bar *s.* channel iron
channel beam U-Träger *m*
channel black Farbruß *m*
channel block Betonhohlstein *m* mit Bewehrungsaussparung
channel capacity Abflusskapazität *f*, Abflussvolumen *n*
channel clip Metallhalteklammer *f* für eingehängte Decken
channel frame shutter door U-Rahmentor *n*
channel glazing auswechselbare Verglasung *f* mit U-Schienen
channel iron U-Eisen, Nuteneisen *n*, U-Stahl *m*
channel moulding Kehlung *f*
channel pipe U-förmige Dränleitung *f*
channel profile U-Profil *n*
channel purlin U-Pfette *f*
channel reinforced verstärkt durch U-Profil
channel runner schwerer Querträger *m (in Deckenkonstruktionen)*
channel section U-Profil *n*
channel string U-Profil-Wange *f*
channel system Kanalsystem *n*, Kanalisation *f*
channel tile Rillenstein *m*, Rillenblock *m*
Channel Tunnel Kanaltunnel *m*
channeling *s.* channelling
channelled (aus)gekehlt, kanneliert *(z. B. Ornament)*; geriffelt
chanelled foil Riffelfolie *f*
channelled plate Riffelblech *n*, geriffeltes Blech *n*
channelled tube gekehltes Rohr *n*
channelling 1. *(Arch)* Kannelierung *f*, Auskehlung *f*; 2. Kanalbildung *f*
channelling machine Schrämmaschine *f*
channellization *(Verk)* Kanalisierung *f*
channelure *s.* cannelure

chantlate *(Hb)* Saumlade *f*, Saumlatte *f*, Abtropfleiste *f*
chantry (chapel) innerkirchliche Kapelle *f (Votivkapelle)*
chap *v* rissig werden, reißen
chapel *(Arch)* Kapelle *f*
chapel arcade Kapellenarkade *f*
chapel vault Kapellengewölbe *n*
chapel window Kapellenfenster *n*
chaplet *(Arch)* Kranzornamentierung *f*
chaplethall Kapitelsaal *m*
chapterhouse *(Arch)* Kapitel(haus) *n*, Stiftshaus *n*, Domkapitel *n*, Ordenshaus *n (spezielle Form des Kapitelsaals englischer Klöster)*
char *v* 1. scharrieren, meißeln *(Stein)*; 2. (ver)kohlen *(Holzkohle)*; ankohlen
char *v* **a pole** einen Pfahl ankohlen
characteristic data Kenndaten *pl*
characteristic diagram Kenndiagramm *n*
characteristic feature Merkmal *n*
characteristic impedance Schallimpedanz *f*, Kennimpedanz *f*
characteristic quality Güteeigenschaft *f*
characteristic value Kennwert *m*
characterize *v* kennzeichnen, charakteristisch sein für
charcoal Holzkohle *f*
charcoal wood Meilerholz *n*
charge *v* 1. beladen; beschicken, füllen *(z. B. einen Mischer)*; 2. *(El)* (auf)laden; 3. in Rechnung stellen, Kosten anrechnen
charge *v* **a contractor with the work** einem Baubetrieb die Arbeiten übertragen
charge *v* **with** belasten mit
charge 1. Beschickungsmaterial *n*, Füllgut *n*, Füllung *f (z. B. für einen Mischer)*; 2. *(El)* Ladung *f*; 3. Sprengladung *f*; Schuss *m*; 4. Kosten *pl*, finanzielle Belastung *f*; Gebühr *f*; 5. *s.* charging
charge hand Polier *m*, Meistergehilfe *m*
charge load Charge *f*
charge of explosive Sprengladung *f*
charge scales Gattierungswaage *f*
chargeable belastbar
charging 1. Beschicken *n*, Füllung *f (z. B. eines Mischers)*; 2. *(El)* Aufladen *n*
charging chute Beschickungsrutsche *f*, Abfallröhre *n*
charging height Schütthöhe *f*
charging hopper Beschickungstrichter *m*, Fülltrichter *m*
charging period Aufladezeit *f*
charging silo for mix Verladesilo *m* für bituminöses Mischgut
charging volume Füllvolumen *n*
charnel house Gebeinhaus *n*, Beinhaus *n*, Knochenhaus *n*
Charpy (impact) test Kerbschlagversuch *m* nach Charpy
charring Scharrieren *n*
charring chisel Scharriereisen *n*
charring hammer Spitzhammer *m (Steinmetzwerkzeug)*
charring stroke Scharrierung *f*
chart *v* aufzeichnen; kartieren
chart 1. Karte *f*; Plan *m*; Tabelle *f*; 2. Diagramm *n*, grafische Darstellung *f*, Schaubild *n*
chartered civil engineer vom Berufsverband zugelassener Bauingenieur *m*
charterhouse Kartause *f*, Kartäuserhaus *n*
chase *v* treiben, zieselieren, gestalten *(Metalldekoration an Außenflächen)*
chase Mauerschlitz *m*, Leitungskanal *m (in Wänden, z. B. für Unterputzverlegung)*; Rille *f*, Rinne *f (für Rohrleitungen an und in Wänden)*
chase wedge Bossiereisen *n*
chased work getriebene Arbeit *f*

chassis Fahrgestell *n*
chastity Schlichtheit *f*
chat Ganggestein *n (als Betonzuschlag für Kältegebiete)*
chat-sawn finish raue Natursteinoberfläche *f* durch Steingattersägen
château 1. Château *n*, französisches Schloss *n*; 2. französischer Landsitz *m*
chattel bewegliches Eigentum *n* [Gut *n*] *(juristisch)*
chatter *v* rattern
chatter mark Schandfleck *m*; Kratzspur *f*
cheapener Farbverlängerer *m*, Farbverdünner *m (mit Additiven)*
check *v* 1. kontrollieren; (nach)prüfen; nachrechnen; 2. *(Stat)* nachweisen; 3. untersuchen; testen *(z. B. Materialien)*; 4. platzen, reißen *(Holz, Gussteile)*
check *v* **the dimension** nachmessen
check 1. Kontrolle *f*, Prüfung *f*, Nachprüfen *n*; Überprüfung *f*; 2. *(Stat)* Nachweis *m*; 3. *(AE)* Rechnung *f (schriftliche Kostenforderung)*; 4. Längsriss *m (z. B. in Holz, Beton)*; *(AE)* Temperaturschwankungsriss *m (beim Holz)*; Haarriss *m (z. B. im Stahl bei schnellem Kühlen)*; 5. Bewegungshemmer *m*, Bewegungsbegrenzer *m*
check action Hemmwirkung *f (Tür)*
check analysis Kontrollanalyse *f (Baustoffe)*
check calculation Nachrechnung *f*, Kontrollrechnung *f*, Nachweis *m*
check cracks flache Mörtelrisse *mpl*, flache Betonrisse *mpl (auf der Oberfläche)*; Putzhaarrisse *mpl*
check design Vergleichsentwurf *m*, Vergleichskonstruktion *f*
check fillet Regenwasserleitblech *n*, Regenwasserablenkschiene *f (auf einem Dach)*
check-in area Abfertigungsraum *m (z. B. auf Flugplätzen)*
check list Prüfliste *f*, Prüfformular *n*
check lock Zusatzschloss *n*, Kontrollschloss *n (eines großen Hauptschlosses)*
check measurement Kontrollmessung *f*
check nut Kontermutter *f*, Gegenmutter *f*
check of a door Türschließer *m*
check rail 1. *(Verk)* Leitschiene *f*, Zwangsschiene *f*; 2. Fensterschiene *f*
check sample Rückstellprobe *f*
check screw Begrenzungsschraube *f*
check stop Anschlag *m*; Schiebetürraster *m*
check test Kontrollprüfung *f*, Kontrollversuch *m*, Prüfversuch *m*
check throat Wassernasenrinne *f (z. B. eines Fensterbretts)*
check valve Rückschlagventil *n*, Rückschlagklappe *f*, Einwegventil *n*, Kontrollventil *n*
check version Vergleichskonstruktion *f*
checked back 1. gefugt; 2. zurücktretend
checker board Schachbrettverband *m*
checker plate *s.* chequered plate
checkered schachbrettartig; kariert
checkered foil Riffelfolie *f*
checkerwork *(AE) s.* chequerwork
checking 1. Kontrolle *f*, Prüfung *f*, Überwachung *f*, 2. *(Stat)* Nachweis *m*; 3. Rissbildung *f*, Reißen *n (Anstrich)*; 4. *s.* check cracks
checking device Hemmvorrichtung *f*
checking feature Prüfeinrichtung *f*
checking floor hinge Türzapfen *m (mit Mechanismus zur Geschwindigkeitsregelung des Türschließens)*
checking of structural stress Spannungsnachweis *m*
checkout Kontrolle *f*, Überprüfung *f (von Baustoffen)*
checkroom *(AE)* 1. Garderobe *f (in öffentlichen Gebäuden, im Theater)*; 2. Gepäckaufbewahrung *f*
cheek Seitenfläche *f*, Seitenteil *n*; Wange *f (z. B. einer Gaupe)*
cheek boards Seitenschalung *f*, Betonformseitenteile *npl*
cheek of a groove Nutwand *f*
cheek of a lucarne Seitenwand *f* eines Dachfensters
cheek sluice *(Wsb)* Schlagtor *n*
cheek stone Bordstein *m*
cheese-head rivet Zylinderkopfniete *f*
cheese-head screw Linsenkopfschraube *f*
cheesy halbtrocken, klebrig *(Farbanstrich)*
chemical chemisch
chemical adhesive chemischer Leim *m*
chemical agent chemischer Wirkstoff *m*
chemical analysis chemische Analyse *f*
chemical attack chemischer Angriff *m*; Chemikalienangriff *m*
chemical bond 1. chemische Bindung *f*; 2. Kristallhaftverbund *m*
chemical breakdown Zersetzung *f (chemisch)*
chemical change chemische Umsetzung *f*
chemical closet Trockenklosett *n*, chemisches Klosett *n*
chemical constitution chemischer Aufbau *m (Bindemittel)*
chemical construction material Chemiewerkstoff *m*, chemischer Baustoff *m*
chemical dpc *(chemical dampproof course)* chemische Feuchtigkeitssperre *f*
chemical durability chemische Beständigkeit *f*, chemische Widerstandsfähigkeit *f*, Chemikalienbeständigkeit *f*
chemical fastness *s.* chemical durability
chemical flux cutting Sauerstoffbrennschneiden *n* mit Flussmittel
chemical grouting chemische Injektion *f*
chemical hardening chemische Härtung *f*
chemical mortar chemischer Mörtel *m*
chemical plant Chemiewerk *n*
chemical plaster Edelputz *m*, Patentputz *m*
chemical precipitation chemische Ausfällung *f*
chemical preservative for structures and buildings chemischer Bautenschutzstoff *m*, chemisches Bautenschutzmittel *n*
chemical property chemische Eigenschaft *f*
chemical-resistant chemikalienbeständig, chemikalienresistent
chemical soil stabilization chemische Bodenverfestigung *f*
chemical staining Beizung *f*
chemical staining of timber chemische Holzbehandlung *f*
chemical structural material Chemiewerkstoff *m*, synthetischer Baustoff *m*, chemisches Baumaterial *n (z. B. Füllschäume, thioplastische Baustoffe)*
chemical surface treatment chemische Oberflächenbehandlung *f*
chemical toilet Trockenklosett *n*
chemical waste chemische Abfälle *mpl*
chemical weathering chemische Verwitterung *f*, Gesteinszersetzung *f*
chemically acting chemisch wirkend
chemically combined water chemisch gebundenes Wasser *n*
chemically foamed plastic Gasschaum(kunst)stoff *m*
chemistry of cement Zementchemie *f*
cheneau *(AE)* Traufendachrinne *f (meist mit Verzierungen)*
chequered kariert, schachbrettartig
chequered bond Schachbrettverband *m*
chequered pattern Schachbrettmuster *n*
chequered plate Riffelblech *n*; schachbrettartiges Profilblech *n*
chequerwork 1. Gittermauerwerk *n*; 2. *(Arch)* Würfelfries *m*, Schachbrettfries *m (romanisches Ornament)*; 3. Schachbrettmuster *n*

cherry *s.* cherry wood
cherry picker freibeweglicher Hubkorb *m*
cherry-red kirschrot
cherry wood Kirschholz *n*
chert Gneiszuschlag(stoff) *m*, Feingranitzuschlag *m (für Sichtbeton)*; Kieselschiefer *m*
chessylite Azurit *m*
chest Truhe *f*
chest-high brusthoch
chest of drawers Kommode *f*
chestnut (wood) Kastanienholz *n*
cheval glass Drehspiegel *m*
chevet *(Arch)* Chorapsis *f*
chevron *(Arch)* Zackenfries *m*, Zickzackornament *n*
chevron slat V-förmiger Gitterschutz *m*
Chicago window Chicago-Fenster *n*
chief arch Hauptbogen *m*
children's bedroom Kinderschlafzimmer *n*
children's home Kinderheim *n*
children's hostel Kinderwohnheim *n*
children's play area Spielfläche *f*
children's playground Kinderspielplatz *m*, Spielplatz *m*
children's pool Kinderbecken *n*, Plantschbecken *n*
chill *v* (ab)kühlen; härten *(durch Abschrecken)*; abschrecken; abkühlen, erkalten
chill block Kühlhaus *n*
chilled shot-bit Schrotkrone *f (Bohrspitze in der Baugrundbohrtechnik)*
chilling 1. Kühlen *n*; Abschrecken *n*; Härten *n*; 2. Anlaufen *n (Fleckenbildung auf trocknenden Farbanstrichen durch kalten Luftzug)*
chime of bells Glockenspiel *m*
chimes Läutewerk *n*; Glockenspiel *n*
chimney Schornstein *m*, Esse *f*, Schlot *m*, Kamin *m*
chimney anchor Schornsteinanker *m*
chimney apron Schornsteinblech *n*, Schürze *f (am Dachdurchbruch)*
chimney arch Kamingewölbebogen *m*
chimney arrester Schornsteinsiebrost *m*
chimney bar Kamingewölbeisen *n*
chimney base Schornsteinsockel *m*, Schornsteinfuß *m*
chimney block *(AE)* Radialstein *m*, Schornsteinfertigteil *m*, Schornsteinformstück *n*, Kaminformstein *m*
chimney bond Schornsteinverband *m*
chimney bonnet Schornsteinkappe *f*
chimney breast Kaminvorsprung *m*
chimney brick *(AE)* Radialziegel *m*
chimney brick bond Schornsteinverband *m*
chimney cap Schornsteinkappe *f*, Schornsteinaufsatz *m*; Schornsteinschutzabdeckung *f*
chimney casing Schornsteinmantel *m*
chimney cheeks Kaminöffnungswangen *fpl*
chimney component Schornstein(fertig)element *n*
chimney construction Schornsteinbau *m*
chimney construction scaffold Schornsteingerüst *n (Baugerüst)*
chimney coping Schornsteinkopf *m*
chimney cowl Schornsteinhaube *f*, Windhaube *f*
chimney cricket Doppeldach *n* am Schornsteindurchbruch
chimney cross section Schornsteinquerschnitt *m*
chimney damper Schornsteinschieber *m*
chimney design Schornsteinbemessung *f*
chimney draft *(AE) s.* chimney draught
chimney draught Schornsteinzug *m*, Zug *m* [Ziehen *n*] des Schornsteins
chimney duty Schornsteinleistung *f*, Abzugskapazität *f*
chimney effect Schornsteineffekt *m*, Kaminwirkung *f*
chimney fan Schornsteinventilator *m*
chimney flashing Schornsteineinfassung *f*
chimney flue Schornsteinzug *m*, Rauchgaskanal *m*; Rauchrohr *n*
chimney foundation Schornsteingründung *f*
chimney group Schornsteingruppe *f*
chimney head Schornsteinkopf *m*; Schornsteinhaube *f*
chimney hood [jack] Schornsteinhaube *f*, Kaminhaube *f*, Schornsteinaufsatz *m*, Schornsteinkappe *f*; Schornsteinschutzabdeckung *f*
chimney jamb Kaminmauerwerk *n*
chimney junction Schornsteinanschluss *m*
chimney ladder Schornsteinleiter *f*
chimney lining Schornsteinauskleidung *f*
chimney member Schornsteinfertigelement *n*, Kaminformstück *n*
chimney of ore Erzfall *m*
chimney parget Schornsteininnenputz *m*
chimney piece Kamineinfassung *f*, Kaminvorsprung *m*
chimney pot Schornsteinaufsatzrohr *n*
chimney shaft 1. Schornsteinschaft *m*, Schornsteinsäule *f*; 2. frei stehender Schornstein *m*, Schornsteinschacht *m*
chimney shell Schornsteinmantel *m*
chimney stack Schornstein *m*, Schlot *m*, Industrieschornstein *m*, Kamin *m*
chimney throat(ing) Schornsteinhals *m*, Kaminhals *m*
chimney top Schornsteinhaube *f*
chimney tray Schornsteineinfassung *f*
chimney umbrella Schornstein(regen)kragen *m*
chimney unit Schornsteinelement *n*, Kaminstein *m*
chimney wall Schornsteinwange *f*
chimney weathering Kehlrinne *f*
chimney wing anlaufender Flügel *m* des Kaminmauerwerks
chimney with bevelled jambs englischer Kamin *m*
chimney with rectangular jambs französischer Kamin *m*
china clay Kaolin *m(n)*, Porzellanerde *f*
china painting Porzellanmalerei *f*
china (sanitary) ware Sanitärporzellan *n*, Sanitärkeramik *f*
China wood oil Tungöl *n*, Chinesisches Holzöl *n*
Chinese architecture chinesische Architektur *f*, chinesische Baukunst *f*
Chinese blue Chinesischblau *n*, Eisenblau *n*
Chinese lacquer Chinalack *m*
Chinese white Chinesischweiß *n*, Zinkweiß *n (Zinkoxid)*
Chinese wood oil *s.* China wood oil
chink *v* 1. (auf)reißen; sich spalten; 2. Ritzen verschmieren [zuschmieren]; ausfüllen, zustopfen *(einen Riss)*; 3. *(Erdb)* verfüllen
chink Spalt *m*, Riss *m (z. B. im Mauerwerk)*; Ritze *f (z. B. in der Wand)*
chinking 1. Rissfüllstoff *m*; 2. *(Erdb)* Verfüllmaterial *n*
chinky rissig
chinoiserie Chinoiserie *f (chinesische Architekturelemente in Europa im 18. Jahrh.)*
chip *v* 1. meißeln; behauen; abstoßen *(z. B. alte Anstriche)*; ausbrechen; abplatzen, abblättern *(z. B. Emaillack, Farben)*; 2. abgraten, putzen
chip *v* **off** 1. abstemmen, behauen; abschlagen, abhauen; 2. abbröckeln; abblättern
chip Span *m (Metall, Holz)*; Holzschnitzel *n*, Hackspan *m*; Splitter *m*; zurechtgehauenes Marmorstück *n (für bestimmte Verwendungszwecke)*; Splittkorn *n*; kleines Bruchstück *n*
chip axe Breitbeil *n*, Zuhauaxt *f*
chip carving Holzornamentschnitzerei *f*
chip concrete Splittbeton *m*
chip cracks Putzrisse *mpl (tiefe, durchgehende)*
chip spreader Splittstreuer *m*
chip surfacing Splittabstreuung *f*, Besplittung *f*

chipboard Span(holz)platte *f*, Pressspanplatte *f*, Tischlerplatte *f*
chipper Meißelhammer *m*
chipping 1. Bemeißeln *n (von Betonoberflächen)*; 2. Abplatzen *n*, Abspringen *n*; Absplittern *n*; 3. Splitt *m*
chipping aggregate Splittzuschlagsoff *m*
chipping chisel Flachmeißel *m*
chipping compuond splittversetzte Dachklebemasse *f*
chipping concrete Splittbeton *m*
chipping for roughening treatment Aufrausplitt *m*
chipping machine Splittstreuer *m*
chipping precoated with bitumen Bitumensplitt *m*, vorbituminierter Splitt *m*
chipping size Splittkorngröße *f*
chipping surfacing Splittabstreuung *f*, Besplittung *f*
chippings 1. Splitt *m*, Bruchsteinsplitt *m*; Feinsplitt *m*; 2. Späne *mpl (von Holz)*; Hackschnitzel *npl*
chippings framework Splittgerüst *n*
chippings skeleton structure Splittgerüst *n*
chisel *v* meißeln; stemmen; scharrieren
chisel *v* **off** abmeißeln; abstemmen, behauen; abschalen
chisel *v* **out** ausstemmen
chisel 1. Meißel *m*, Stemmeisen *n*; 2. *(Hb)* Beitel *m*
chisel bar Stemmeisen *n*
chisel bit Flachmeißel *m*
chisel breaker Felsbrecheisen *n*
chisel jumper Meißelbohrer *m*
chiselling Meißelbohrung *f*
chiselly grobkörnig; kiesig; steinig
chloride Chlorid *n*
chlorinate *v* chlorieren, chloren
chlorinated lime Chlorkalk *m*
chlorinated rubber Chlorkautschuk *m*
chlorinated rubber coat Chlorkautschukanstrich *m*
chlorinated rubber coating 1. Chlorkautschukanstrichstoff *m*; 2. *s.* chlorinated rubber coat
chlorinated rubber paint Chlorkautschukfarbe *f*
chlorination Chlorierung *f*, Chlorung *f*
chlorine Chlor *n*
chlorine recorder Chlorschreiber *m*
chlorite Chlorit *n*
chlorite schist Chloritschiefer *m*
chlorite slate chloritischer Tonschiefer *m*
chloritic mineral chloritisches Tonmineral *n*
chock *v* verkeilen; auf Holzkeile aufsetzen; verspreizen
chock 1. Keil *m*; Hemmkeil *m*, Sicherungsklotz *m*; 2. Füllstoff *m (Steine)*; 3. Holzbergepfeiler *m*, Holzkasten *m (Innenausbau)*
chocking piece Aufschiebling *m*
choice of mixture Gemischwahl *f*, Wahl *f* des Mischungsverhältnisses
choice of site Baustellenwahl *f*
choir *(Arch)* Chor *m*, Chorraum *m (einer Kirche)*
choir aisle Chorseitenschiff *n*
choir bay Chorfeld *n*
choir chapel Apsidialkapelle *f*, Chorkapelle *f*
choir gallery *s.* choir loft
choir jube Chorgitter *n*
choir loft Chorempore *f*, Empore *f*, Chorgalerie *f*
choir screen Chorschranken *fpl*
choir stall Chorstuhl *m*
choir stalls Chorgestühl *n*
choir termination Chorgewölbe *n*
choir tower Chorturm *m*
choke *v* 1. verstopfen; sich verstopfen *(z. B. Rohre)*; 2. (fest)klemmen; hemmen *(anhalten)*; 3. auszwicken *(Hohlräume in Natursteinmauerwerk ausfüllen)*
choke stone Füllsplitt *m (Packlage)*
choked pipe verstopftes Rohr *n*
choking Verstopfung *f*; Selbstdichtung *f*
chop *v* Holz spalten; zerkleinern, zerhacken; schnitzeln
chop hammer Stielhammer *m*
chopped strand mat Glasfaservlies *n*, Glasseidenmatte *f (Dämmmaterial)*
chord 1. Gurt *m (z. B. eines Fachwerkträgers)*; Flansch *m (Tragwerk)*; 2. Spannstange *f*, Zugstange *f*; 3. Sehne *f (Kreissehne)*
chord member Gurtstab *m*
chord plate Gurtplatte *f (für Stahlkonstruktionen)*
chord width Flanschbreite *f*, Gurtbreite *f*
choro (alto) *(Arch)* Hochchor *m*
choultry 1. große Dorfhalle *f (in Indien)*; 2. Landgaststätte *f* mit großem Innenhof *(subtropische Länder)*
Christian basilica Basilikakirche *f*
Christian church architecture christliche Kirchenarchitektur *f*, christliche Kirchenbaukunst *f*
chromate *v* chromatieren
chromate Chromat *n*
chromaticity Farbart *f (von Licht)*; Farbqualität *f*, Farbreinheit *f*
chrome *v* verchromen
chrome Chrom *n*
chrome brick Chromitstein *m*, Chromerzstein *m*
chrome coat Chromüberzug *m*
chrome coating Chrombeschichten *n*
chrome finish Chromüberzug *m*
chrome green Chromgrün *n*
chrome magnesite Chrommagnesit *n*
chrome mortar Chrommörtel *m*
chrome ore Chromeisenstein *m*
chrome red Chromrot *n*
chrome pigment Chrompigment *n*
chrome-plated verchromt
chrome plating Chrombeschichten *n*
chrome steel Chromstahl *m*
chrome yellow Chromgelb *n*, Leipziger Gelb *n*
chromium *s.* chrome
chromium-nickel steel Chrom-Nickel-Stahl *m*
chromium plating 1. (galvanische) Verchromung *f*, Verchromen *n*; 2. Chrom(schutz)schicht *f*
chromium steel Chromstahl *m*
chromize *v* inchromieren, diffusionsverchromen *(Metalloberfläche)*
chronic effect chronische Wirkung *f*
chrysotile *(Asbest)* Chrysotil *m*, Weißasbest *m*
chuff brick Ausschussziegel *m*, Weichziegelstein *m*
chunk sampling *s.* random sampling
church Kirche *f*
church aisle Kirchenseitenschiff *n*
church architecture Kirchenarchitektur *f*
church building Kirchenbau *m*
church façade Kirchenfassade *f*
church fittings Kircheneinbauten *mpl*
church form Kirchenform *f*
church fresco Kirchenfreske *f*
church house Gemeindehaus *n*, Sozialhaus *n*
church monument Kirchendenkmal *n*, Kirchenmonument *n*
church nave Hauptschiff *n*
church steeple Kirchturmspitze *f*
church tower Kirchturm *m*
church window Kirchenfenster *n*
church with central space sakraler Zentralbau *m*, Zentralkirche *f*
churchyard Kirchhof *m*
churn (drill) Erdbohrer *m*
churn drilling Stoßbohren *n*
Churrigueresque architecture Churriguerastil *m*, Churriguerismus *m*, spanischer Barockstil *m*

chute *v* 1. rutschfördern, über eine Schurre fördern; 2. rutschen, schurren
chute 1. Rutsche *f*, Schurre *f*, Rinne *f*, Gleitbahn *f*, Abwurfschacht *m (z. B. eines Silos)*; 2. *(Wsb)* Sturzrinne *f*, Schussrinne *f*
chute slope Sturzgefälle *n*
chuted concrete Gussbeton *m*, Flüssigbeton *m*, gießfähiger Beton *m*
chuter Gleitrinne *f*
chymol *s.* gemel
ciborium *(Arch)* Ciborium *n*, Altarbaldachin *m*, Tabernakel *n(m) (frei stehend, getragen von 4 Säulen)*
cilery Kapitellornament *n*
cill *s.* sill
cillery *s.* cilery
cima Rinnleiste *f*
cimbia Säulenschaftband *n*
cimeliarch *(Arch)* sakrale Schatzkammer *f*, Zeremoniengutlager *n*
cincfoil Fünfblatt *n*
cincture Säulenzierband *n*, Säulenziergesims *n*
cinder Schlacke *f*, *(AE)* Hochofenschlacke *f*
cinder aggregate Schlackenzuschlag(stoff) *m*
cinder block Schlackenbetonstein *m*
cinder chippings Schlackensplitt *m*
cinder concrete Schlackenbeton *m*, Leichtbeton *m*
cinder fibre Schlackenfaser *f*
cinder path Aschenbahn *f*
cinder paving sett *s.* cinder sett
cinder pit Ascheraum *m*, Ascheloch *n*
cinder sand Hüttensand *m*; *(AE)* Hochofenschlackensand *m*
cinder sett Schlackenpflasterstein *m*
cinder tile Schlackenstein *m*
cinders Asche *f*, Vulkanasche *f*
cinema Kino *n*, Lichtspieltheater *n*
cinema auditorium Lichtspielsaal *m*
cinema building Kinogebäude *n*
cinema equipment Kinoausstattung *f*
cinnabar Zinnober *m (Farbe)*
Cinquecento architecture Renaissancearchitektur *f* des 16. Jahrh. *(in Italien)*
cinquefoil fünfblättrig, fünfblattförmig
cinquefoil *(Arch)* Fünfblatt(muster) *n (gotisches Maßwerk)*
cinquefoil arch Spitzpunktbogen *m (fünfsegmentig, gotisches Maßwerk)*
cipher *v* 1. verschlüsseln, chiffrieren; 2. *s.* calculate
cipher lock Drucktastenschloss *n*
cippus Marksteinsäule *f (im antiken Rom)*
circle 1. Kreis *m*; Ring *m*; Kreisfläche *f*; 2. Rang *m*, Balkon *m (Theater)*
circle end halbkreisförmige Auftrittsstufe *f*
circle of hues Farbkreis *m*, Farbtonkreis *m*
circle of sliding Bruchkreis *m*, Scherkreis *m*
circle of wall plates Mauerlattenkranz *m*
circle-on-circle face *s.* circular-circular face
circline kreisförmige Leuchtstofflampe *f*
circuit 1. *(El)* Stromkreis *m*; 2. Ringleitung *f*; 3. geschlossener Linienzug *m (Mathematik)*
circuit arrangement Schaltung *f*
circuit breaker *(El)* Schalter *m*, Ausschalter *m*, Lastschalter *m*, Strom(kreis)unterbrecher *m*; Leistungsschalter *m*
circuit diagram *(El)* Schaltplan *m*, Schaltbild *n*
circuit layout *(El)* Schaltplan *m*; Schaltkreisanordnung *f*
circuit tester Leitungsprüfer *m*
circuit vent Zirkulationsleitung *f*
circuitry Schaltungsanordnung *f*
circular 1. (kreis)rund, kreisförmig; Kreis...; Rund...; 2. umlaufend, zirkulierend
circular abacus Rundabakus *m*, Rundkapitellplatte *f*
circular arc Kreisbogen *m (Geometrie)*
circular arc method *(Bod)* Grundbruchuntersuchung *f*
circular arch Kreisbogengewölbe *n*, Ringbogen *m*
circular arch girder Kreisbogenträger *m*
circular barrel vault Tonnengewölbe *n*
circular base-line Fußkreis *m*
circular blank Ronde *f (Dichtungsdruckscheibe)*
circular beam Ringträger *m*
circular box beam kreisförmiger Kastenbalken *m*
circular building Rundbau *m*, Rundgebäude *n*
circular capital Rundkapitell *n*
circular chapel Rundkapelle *f*
circular chimney Rundschornstein *m*
circular-circular face konvex-sphärisch gearbeitete Sichtfläche *f*
circular-circular sunk face konkav-sphärisch gearbeitete Sichtfläche *f*
circular column Rundsäule *f*
circular corridor Rundgang *m*
circular cross section Kreisquerschnitt *m*, kreisförmiger Querschnitt *m*, Rundquerschnitt *m*
circular curve Kreiskurve *f*, Kreislinie *f*
circular cutting and waste Verschnittmaterialmenge *f (Rundformenbau)*
circular dome Kreiskuppel *f*
circular domical vault Kreuzkappengewölbe *n*
circular face of wall konvex geformtes Mauerwerk *n*
circular flowerbed Rondell *n*, Rundell *n*
circular folded plate roof Rundfaltdach *n*, Kreisfalt(werk)dach *n*
circular foundation Kreisgründung *f*, Ringgründung *f*
circular function trigonometrische Funktion *f*
circular gallery Kreisstollen *m*
circular girder Ringträger *m*
circular ground plan kreisförmiger Grundriss *m*
circular head Bogensturz *m*
circular house Rundhaus *n*
circular kiln Ringofen *m*
circular line Kreislinie *f*
circular linear load Kreislinienlast *f*
circular load Kreislast *f*
circular main Ringleitung *f (Rohrleitung)*
circular manhole Rundschacht *m*
circular manway Rundschacht *m*
circular measure Bogenmaß *n*
circular pier kreisrunder Pfeiler *m*
circular plan runder Grundriss *m*
circular-plan building Rundbau *m*
circular plate runde Platte *f*, Rundblech *n*; Kreisscheibe *f*
circular profile Rundprofil *n*
circular railway Ringbahn *f*
circular raised table Rundabakus *m*
circular ramp Schraubenrampe *f*, Spiralrampe *f*, Wendelrampe *f*
circular ring-shaped plate Kreisringplatte *f*
circular roof Runddach *n*, Kreisdach *n*
circular saw Kreissäge *f*
circular section Kreisquerschnitt *m*
circular section of stanchion ringförmiger Stützenquerschnitt *m*
circular shaft Rundschaft *m*
circular shed Rundhalle *f (Industriehalle)*; Kreisschuppen *m*
circular shell Kreisschale *f*, Rundschale *f*
circular silo Rundsilo *n*
circular slate roof Halbrundschieferdach *n*
circular spike 1. Krallenringdübel *m*; 2. Rundholzmetallverbindung *f (mit Metallspitzen)*

circular spirit level Dosenlibelle *f*
circular stair 1. gewendelte Stufe *f*, Wendeltreppenstufe *f*; 2. *s.* circular stairs
circular stairs Wendeltreppe *f* mit offener Spindel, geschwungene Treppe *f*, Rundtreppe *f*
circular sunk face of wall konkav geformtes Mauerwerk *n*
circular tower Rundturm *m*
circular tunnel vault ringförmiges Tonnengewölbe *n*
circular vault Tonnengewölbe *n*, Fassgewölbe *n*
circular vestibule Drehtürgehäuse *n (Windfang)*
circular window Rundfenster *n*
circulate *v* zirkulieren, kreisen; umlaufen; umlaufen lassen, umwälzen
circulating equipment Umlaufanlage *f*, Umwälzanlage *f*
circulating fan Umwälzlüfter *m*
circulating heating system Umwälzheizungsanlage *f*
circulating pipe Zirkulationsrohr *n*
circulating pump Umlaufpumpe *f*, Umwälzpumpe *f*
circulating tank Umlaufbehälter *m*, Umwälzbehälter *m*
circulating water pump Wasserumwälzpumpe *f*
circulating water system Kühlwassersystem *n*
circulation 1. Zirkulation *f*, Umlauf *m*, Umwälzung *f*, Kreislauf *m (Gas, Wasser)*; 2. Verkehrsablaufschema *n (im Gebäude)*
circulation area Verkehrsfläche *f (in einem Gebäude)*
circulation boiler Umlaufkessel *m*
circulation channel Umströmkanal *m*
circulation heating Umlaufheizung *f*, Umwälzheizung *f*
circulation line Umwälzleitung *f*, Zirkulationsleitung *f*
circulation loss Umwälzverlust *m*
circulation tank Umlaufbehälter *m*, Umwälzbehälter *m*
circumference Umfangslinie *f*, Kreisumfang *m*, Umfang *m*, Umkreis *m*
circumferential force Umfangskraft *f*
circumferential prestressing Ringvorspannung *f (Spannbeton)*
circumferential stress Ringspannung *f (Spannbeton)*
circumscribing Umrisszeichnen *n*
circumvallate *v* umwallen, durch einen Wall schützen
circumvallation Umwallung *f (Befestigung)*
circus 1. runder Platz *m (mit Straßenkreuzungen)*; 2. Arena *f*
cissing 1. Riss- und Blasenbildung *f (z. B. in Farbanstrichen)*; 2. Holzoberflächenstrukturierung *f (durch Schwammanfeuchtung)*
Cistercian architecture Zisterzienserarchitektur *f*
cistern 1. Zisterne *f*, Wasserspeicher *m*, Flüssigkeitsbehälter *m*; 2. Wassertank *m (für WC)*; Tank *m*; Spülkasten *m*, Wasserkasten *m*; 3. *(AE)* (unterirdischer) Regenwasserspeicher *m*
cistern clinker Hartbrandklinker *m*
cistern float Spülkastenschwimmer *m*
cistern head Regenrinnenkasten *m*, Rinnenkessel *m*
cistvaen Kistvaen *n (keltische Steinflachkammer)*
citadel Zitadelle *f*, Festung *f*
citizen's hall Bürgerhaus *n*
city 1. Großstadt *f*, Stadt *f*, Stadtkreis *m*; 2. Innenstadt *f*, Stadtkern *m*; Altstadt *f*
city area Innenstadt *f*, Geschäftsviertel *n*
city block *(AE)* Stadtviertel *n*
city borough Stadtkreis *m*
city centre Stadtzentrum *n*, Stadtkern *m*
city district Stadtbezirk *m (Verwaltungseinheit)*
city garbage *(AE)* Stadtmüll *m*
city hall *(AE)* Rathaus *n*
city motorway Stadtautobahn *f*
city plan maßstabgerechter Stadtplan *m*
city planning Städteplanung *f*, Städtebau *m*
city railroad *(AE)* Stadtbahn *f*
city traffic Stadtverkehr *m*
city water Leitungswasser *n*
cityscape Stadtbild *n*, Stadtlandschaft *f*
civic architecture Profanarchitektur *f*, Profanbaukunst *f*, weltliche Architektur und Baukunst *f*
civic auditorium Festhalle *f*
civic axis Stadtachse *f*
civic centre Verwaltungszentrum *n (einer Stadt)*; Zentrum *n* kommunaler Einrichtungen; Gemeinschaftszentrum *n*
civic design Stadtbaukunst *f*, Stadtbauplanung *f*
civic structure Profangebäude *n*, Profanbauwerk *n*
civic survey map Katasterkarte *f*
civil and traffic engineering Ingenieurtief- und Verkehrsbau *m*
civil architecture Architektur *f*, Baukunst *f*
civil defence Zivilschutz *m*, Bevölkerungsschutz *m*
civil defence construction Luftschutzbau *m*, Schutzbau *m*, baulicher Luftschutz *m*
civil defence shelter Zivilschutzraum *m*
civil defence structures for radiation protection Strahlungsschutzbauten *mpl*
civil engineer Bauingenieur *m* für Hoch- und Tiefbau, Tiefbauingenieur *m*
civil engineering 1. Bauingenieurwesen *n*, Bauwesen *n*; Ingenieurbau *m*; Bautechnik *f*; 2. Tiefbau *m*
civil engineering contracting firm Tiefbauunternehmen *n*
civil engineering contractor(s) Tiefbauunternehmen *n*
civil engineering materials Ingenieurbaustoffe *mpl*
civil engineering structure Ingenieurbauwerk *n*
clack valve Klappenventil *n*, Zungenventil *n (z. B. bei Pumpen)*
clad *v* verkleiden, umhüllen, ummanteln; plattieren, mit einer Metallschicht überziehen
clad 1. umhüllt; plattiert; 2. verschalt
clad alloy plattierte Legierung *f*
clad material plattierter Werkstoff *m*, Verbundwerkstoff *m*
cladded 1. verschalt; 2. plattiert
cladded plate plattiertes Blech *n*
cladded strip plattiertes Band *n*
cladding 1. Verkleiden *n*; Plattieren *n*; 2. Verkleidung *f*, Gebäudeverkleidung *f*, Plattierüberzug *m*; Verschalung *f*
cladding element [panel] 1. Verkleidungstafel *f*, Außenwandtafel *f*, Verblendplatte *f*; 2. *s.* slab
cladding slab Verkleidungsplatte *f (tragend, versteifend)*; Versteifungstafel *f*
cladding wall Verkleidungsmauer *f*
clagging Anhaften *n*
claim *v* Anspruch erheben
claim *v* **back** zurückfordern
claim Anspruch *m*
claim for compensation Schadenersatzanspruch *m*
claim for damages Schadensersatzforderung *f*
claim of ownership Besitzanspruch *m*
claim under guarantee Garantieanspruch *m*; Gewährleistungsanspruch *m*
clamp *v* 1. festklemmen, anklemmen, befestigen; sperren, arretieren; verriegeln; 2. einspannen *(Werkzeuge in Spannfutter)*
clamp 1. Klemmvorrichtung *f*, Klemme *f*, Bauklammer *f*, Klammer *f*, Halteklammer *f*, Halter *m*; Schelle *f*; 2. *(Hb)* Schraubzwinge *f*, Zwinge *f*; 3. Feld(brenn)ofen *m (Ziegelherstellung)*; 4. Bandstahlanker *m (für Zargen)*
clamp brick feldofengebrannter Ziegel *m*; formgebrannter Ziegel *m*
clamp iron Bauklammer *f*, Bankeisen *n*, Schlauder *f*
clamp joint Klammerverbindung *f*
clamp kiln Feldziegelofen *m*

clamp-on vibrator Schalungsrüttler *m*
clamp terminal Anschlussklemme *f*
clamping 1. Festklemmen *n*; Verriegelung *f*; 2. Verankerung *f*; Einspannen *n*
clamping batten Rahmenschenkel *m*
clamping bolt Klemmbolzen *m*
clamping collar Klemmring *m*
clamping iron Bauklammer *f*
clamping plate Klemmplatte *f*, Klammerplatte *f*, Verbindungsblech *n* *(zur Verstärkung von Holzbalkenverbindungen)*
clamping ring Klemmring *m*
clamping screw Klemmschraube *f*
clamping time Einspannzeit *f* *(bei Leimverbindungen)*
clamping with boards Holzverschalung *f*, Schalung *f* aus Holzbrettern
clamshell (bucket) Greifer *m*, Greiferkorb *m*, Zweischalengreifer *m*
clamshell bucket grab Zweischalengreifbagger *m*
clamshell grab *s.* clamshell (bucket)
clap sill *(Wsb)* Schleusenschwelle *f*, Schleusendrempel *m*, Drempel *m*
clapboard *(AE)* 1. Stülp(ver)schalbrett *n*; 2. Schindel *f*
clapboard gage *(AE)* Schindelverlegelehre *f* *(für Wandverkleidung)*
clapboard house *(AE)* Fachwerkhaus *n* mit Stülpschalbrettverkleidung
clapper valve Klappventil *n*
clare-obscure Helldunkel *n*, Hellschatten *m*
clarification Klarstellung *f*, Reinigung *f*
clarification basin Klärbecken *n*
clarification drawing Ergänzungs- und Berichtigungszeichnung *f*
clarification of sewage Abwasserklärung *f*
clarification plant Kläranlage *f*, Abwasserreinigungsanlage *f*
clarification tank Klärbehälter *m*, Klärbecken *n*
clarified water Klärwasser *n*, geklärtes Wasser *n*
clarify *v* reinigen, läutern; abschlämmen; klären *(Abwässer)*
clarifying basin Klärbecken *n*, Absetzbecken *n*
clarifying tank Klärbehälter *m*
clarity Klangreinheit *f*
Clarke beam *(AE)* Schichtenbalken *m*, Scheibenbalken *m*
clasp *v* zuhaken, einhaken *(mit einer Klammer)*; klammern
clasp Haken *m*; Klammer *f*
clasp nut Schlossmutter *f*
class 1. Klasse *f*, Sorte *f*; 2. Güteklasse *f* *(z. B. eines Baustoffs)*; Feuerschutzklassifikation *f* *(von Klasse A bis F)*
class limit Klassengrenze *f*
class midpoint Klassenmitte *f*
class of fit Passungsgüte *f*
class of girder Trägergruppe *f*
class of hardness Härteklasse *f*
class of mortar Mörtelklasse *f*, Mörtelgruppe *f*, Mörtelart *f*
class width Klassenbreite *f*
classic klassig; einklassifiziert
clasic construction method herkömmliche Bauweise *f*
classic restraint klassizistische Strenge *f*
Classic Revival Klassizismus *m* (der Goethezeit) *(als Wiederholung der römischen und griechischen Baukunst; 1770–1830)*
classic severity *s.* classicistic severity
classical klassisch
classical architecture klassische Architektur *f*, klassischer Baustil *m*
classical building klassisches Gebäude *n*
classical construction method herkömmliche Bauweise *f*
classical form klassische Form *f*
classical order klassische Säulen(an)ordnung *f*
classical purity klassische Klarheit *f*
classical structure klassisches Bauwerk *n*
classical theory of architecture klassische Bauorientierung *f* [Baugesinnung *f*]
classically symmetrical klassizistisch-symmetrisch
classicism Klassizismus *m*, klassizistischer Baustil *m*
classicistic severity klassizistische Strenge *f*
classicistically symmetrical klassizistisch-symmetrisch
classicizing klassizistisch
classification 1. Klassifizierung *f*, Einteilung *f*; 2. Klassierung *f*, Sortierung *f*, Einstufung *f*; Sichten *n*
classification of bricks Ziegeleinteilung *f*
classification property Klassifizierungseigenschaft *f*
classified road network [system] klassifiziertes Straßennetz *n*
classified rubble filling sortierte Bruchsteinschüttung *f*
classifier Klassierapparat *m*, Sichter *m*
classify *v* 1. klassifizieren, einteilen, zuordnen; 2. klassieren, sortieren *(nach Körnungen)*; sichten; sieben
classify *v* **by air** sichten
classifying screen Klassiersieb *n*
classroom Klassenraum *m*, Klassenzimmer *n*
classroom building Klassenraumgebäude *n*
classroom unit Klassenraumtrakt *m*
classroom window *(AE)* Halbkippfenster *n* doppelter Breite
clastic klastisch, brüchig *(Geologie)*
clastic eruptive rock klastisches Eruptivgestein *n*
clastic rock klastisches Gestein *n*, Trümmergestein *n*
clause Klausel *f*
clauster Klausur *f* *(Teil eines Klosters)*; Mönchszelle *f*
claustral klösterlich; Kloster...
clavel Schlüsselstein *m*, Schlussstein *m*
clavis Schlüsselstein *m*, Schlussstein *m*
claw 1. Haken *m*, Hakennagel *m*; Kralle *f*, Klaue *f*; Greifdorneisen *n*; 2. Greifer *m* *(eines Greiferkübels)*
claw bar *(AE)* Brechstange *f*, Brecheisen *n*
claw chisel Steinschneidmeißel *m*
claw hammer Klauenhammer *m*, Zimmermannshammer *m*
claw hatchet Klauenbeil *n*
claw plate Klaueneisen *n* *(zur Rundholzverbindung)*; Bulldogeisen *n*, Krallenplatte *f*
clay *v* verletten *(Baugrund)*
clay Ton *m*, Lehm *m*
clay aggregate concrete Tonsplittbeton *m*, Ziegelsplittbeton *m*
clay bank Tonschicht *f*
clay barrier Lehmwall *m*
clay bed Tonboden *m*
clay binder bindiger Erdstoff *m*
clay blanket Lehmschürze *f*, Lehmdichtlage *f*, Tonauskleidung *f*
clay-bound tongebunden
clay brick 1. Tonziegel *m*, Lehmziegel *m*; 2. gemahlener Schamottestein *m*
clay brick wall Ziegelwand *f*
clay cable cover Kabelabdeckstein *m*, Kabeldeckziegel *m*
clay core Lehmkern *m* *(Dichtungskern bei Staudämmen)*
clay curved tile roof Hohlziegeldach *n*
clay filling Lehmfüllung *f*
clay flap tile Breitziegel *m*, Krampziegel *m*
clay floor Lehmestrich *m*; Lehmanstrich *m* *(Fußboden)*
clay floor brick Decken(füll)ziegel *m*
clay floor (cover) tile Tonfußbodenfliese *f*, Tonfußbodenplatte *f*
clay grit Sandmergel *m*
clay ground Lehmboden *m*
clay grout *s.* clay slurry
clay grouting Toninjektion *f*
clay lathing Drahtziegelgewebe *n*, Ziegelrabitz *m*

clay layer Tonschicht *f*
clay-like tonartig
clay liquefaction Tonerweichung *f*
clay lump Tonklumpen *m*
clay marl Tonmergel *m*
clay mineral Tonmineral *n*, Schichtgittersilikat *n*
clay mortar Lehmmörtel *m*
clay-mortar mix tonplastifizierter Mörtel *m*
clay mould Lehmform *f*
clay pipe Tonrohr *n*, Steinzeugrohr *n*
clay pit Tongrube *f*
clay plant Blähton *m*
clay pot Hourdi *m*, Tonhohlplatte *f*, Tonhohlplatte *f*
clay puddle Lehmmörtel *m*
clay rock Tongestein *n*
clay schist Tonschiefer *m*
clay shale Schieferton *m*
clay slate Tonschiefer *m*
clay slurry Tonschlämme *f*, Tonschlempe *f*
clay soil Lehmerde *f*, Tonboden *m*, toniger Erdstoff *m*
clay spade Lehmaufreißer *m*
clay-stabilized sand ton(mineral)stabilisierter Sand *m* *(Verkehrsbau)*
clay stone Tonstein *m*
clay suspension Tonsuspension *f*
clay tile Tonfliese *f*, unglasierte Fußbodenfliese *f*; Keramikfliese *f*
clayed wire mesh Drahtziegelgewebe *n*, Ziegelrabitz *m*
clayey 1. tonhaltig, tonig; 2. tonartig, lettenartig
clayey sand toniger Sand *m*
clayey sandstone Tonsandstein *m*
clayey shale Tonschiefer *m*
clayey soil Tonboden *m*
clayish tonartig, tonig
clayly tonig
clayware 1. Tonwaren *fpl*; 2. Keramikelemente *npl*
clean *v* 1. reinigen, säubern *(meist ohne Wasser)*; 2. klären, läutern; 3. abschlichten; 4. räumen *(z. B. Bohrlöcher)*
clean *v* **off** abschalen
clean *v* **up** 1. reinigen; 2. räumen
clean 1. rein *(z. B. Oberflächen)*; gereinigt, sauber; 2. unvermischt, nicht verunreinigt; 3. astrein *(Bauholz)*
clean aggregate gewaschener [sauberer] Zuschlag *m* [Zuschlagstoff *m*]
Clean Air Act Gesetz *n* zur Reinhaltung der Luft
clean air input Reinluftzufuhr *f*
clean back sichtbares Kopfende *n (eines Bindersteins)*
clean technology abfallarme Technologie *f*, saubere Technologie *f*, umweltfreundliche Technologie *f*
clean timber astreines Bauholz *n*
clean-up Reinigen *n (Arbeits- und Ausrüstungsgeräte)*
clean wood astreines Holz *n*
cleanability Reinigungsfähigkeit *f (eines Farbanstrichs)*
cleaned gereinigt, gesäubert, rein
cleaned from rust entrostet
cleaner Reinigungsmittel *n*, Reinigungsstoff *m*, Reiniger *m*
cleaning agent Reiniger *m*, Reinigungsmittel *n*
cleaning brush Reinigungsbürste *f*
cleaning chamber Reinigungsschacht *m*
cleaning cover Reinigungsdeckel *m*, Putzdeckel *m*
cleaning cradle Putzwagen *m (für Fenster und Fassaden)*; Fensterreinigungswagen *m*
cleaning eye Reinigungsöffnung *f*, Putzöffnung *f (z. B. in Rohrleitungen)*
cleaning opening Reinigungsöffnung *f*, Putzöffnung *f*
cleaning plate Reinigungsdeckel *m*, Putzdeckel *m*
cleaning sash Reinigungsflügel *m (eines Fensters)*
cleanout *(AE)* Reinigungsöffnung *f (Sanitärleitungen)*
cleanout cover Ausputzdeckel *m*, Putzdeckel *m*, Reinigungsdeckel *m*
cleanout door Reinigungsöffnungstür *f*
cleanout fitting Reinigungsformstück *n*
cleanout opening Reinigungsöffnung *f*, Reinigungsverschluss *m*
cleanout plate Reinigungsdeckel *m*
cleanout tube Reinigungsrohr *n*
cleanse *v* reinigen, säubern *(z. B. Oberflächen mit Wasser)*; (aus)spülen; klären
cleansing Reinigung *f*
cleansing eye Reinigungsöffnung *f*
clear *v* 1. reinigen, säubern *(z. B. Oberflächen)*; 2. beräumen *(z. B. Flächen)*; räumen *(Straßen, Gleise)*; freiräumen *(z. B. Baustellen)*; roden, abholzen *(Wald)*; (aus)lichten; 3. aufhellen, hell werden
clear *v* **away** wegräumen; ausräumen
clear *v* **down** abtragen *(Bauwerk, Erdstoff)*
clear 1. klar, hell; durchsichtig; farblos; sauber; 2. licht *(Abstand)*; berührungsfrei; 3. stützenfrei, stützenlos; 4. eindeutig
clear arch span Bogenweite *f*
clear coat Klarlacküberzug *m*, Decklack *m*
clear coating 1. Klar(lack)anstrich *m*; 2. *s.* clear coat
clear cross section lichter Querschnitt *m*
clear dimension lichtes Maß *n*, lichte Abmessung *f*, Innenmaß *n*
clear distance lichte Weite *f*
clear-felling Kahlschlag *m (Waldrodung)*
clear glass Klarglas *n*; durchsichtiges Glas *n*, Fensterglas *n*
clear glaze farblose Glasur *f*
clear height lichte Höhe *f*
clear height of tunnel lichte Tunnelhöhe *f*
clear lumber *(AE)* Bauholz *n*
clear opening dimensions Rohbaulichtmaß *n*
clear span freie Spannweite *f*; lichte Weite *f*
clear-span building stützenfreies Gebäude *n*
clear varnish Klarlack *m*, farbloser Innenlack *m*
clear-water basin Reinwasserbehälter *m*
clear width lichte Weite *f*
clear width of tunnel lichte Tunnelbreite *f*
clear wire glass durchsichtiges Panzerglas *n*
clear wood astreines Holz *n*
clearage *s.* clearance 1., 4. *und* 6.
clearage joint *s.* clearance 6.
clearance 1. (freier) Abstand *m*, Zwischenraum *m*; Spiel *n*; Luft *f (zwischen Bauteilen)*; 2. lichter Raum *m*, lichte Höhe *f*, Durchgangshöhe *f*, Durchfahrtshöhe *f*, Begrenzung *f*; 3. Spannweite *f*, lichte Weite *f*; 4. Beräumung *f*, Aufräumung *f (Baufeld)*; Abbruch *m*; 5. Stadtsanierung *f*, Sanierung *f* von Wohngebieten; 6. Entlastungsfuge *f*
clearance area Abbruchgebiet *n*, Abrissgebiet *n*
clearance height Durchgangshöhe *f*, Durchfahrtshöhe *f*, Kopfhöhe *f*
clearance limit Durchfahrtsprofil *n*
clearance opening 1. lichter Querschnitt *m*; 2. Durchflussquerschnitt *m*
clearance order Abrisserlass *m*, Abbrucherlass *m*
clearance period *(Verk)* Räumphase *f*
clearance site *s.* clearance area
clearance space Spielraum *m*
clearance time *(Verk)* Räumzeit *f*
clearance zone Abrissgebiet *n*, Abbruchgebiet *n*
clearing 1. Beräumung *f*, Räumung *f*, Freimachen *n (einer Baustelle)*; Freilegen *n (eines Bauwerks)*; Roden *n*; Entfernen *n (z. B. von Erdmassen)*; 2. Abschlämmen *n*
clearing basin Klärbehälter *m*
clearing door Kaminputztür *f*
clearing iron Austreibeisen *n*

clearing of site Baustellenräumung *f*
clearing operations Schaffung *f* der Baufreiheit
clearness Durchsichtigkeit *f*
clearstory *s.* clerestory
clearway Straße *f* mit Halteverbot
cleat *v* mit Hafteisen befestigen *(Metalldach)*
cleat 1. Haltelasche *f*; 2. *(Hb)* Knagge *f*; 3. Klemme *f*, Löthafter *m*; 4. *(El)* Isolierschelle *f*
cleat wiring offene Elektroleitungsführung *f*
cleated joint Knaggenanschluss *m*, Laschenanschluss *m*
cleavable spaltbar *(z. B. Minerale, Holz)*
cleavable wood spaltbares Holz *n*
cleavage 1. Riss *m (bes. in Gestein)*; 2. Spaltung *f (von Gestein)*; Aufspaltung *f (Keramik)*
cleavage plane Spaltfläche *f*, Bruchfläche *f*
cleavage strength Spaltfestigkeit *f*
cleave *v* (auf)spalten *(z. B. Klinker)*; schlitzen; sich spalten
cleaved flint gespaltener Flintstein *m (für Sichtflächen)*
cleaved glass Spaltglas *n*, gespaltenes Glas *n*
cleaving Aufspalten *n (Fliese, Klinker)*
cleaving chisel Spaltmeißel *m*
cleaving tile Spaltplatte *f*, Spaltfliese *f*, Spaltklinker *m*
cleft Spalt *m*, Riss *m*; Kluft *f*, Erdspalte *f*
cleft timber Spaltholz *n*
cleft weld Gabelschweißung *f*, Kehlschweißung *f*
clench *v* 1. kaltnieten; stauchen *(Nietköpfe)*; umschlagen *(Nagel)*; 2. abdichten *(durch Stauchpressung)*
clench bolt Nietbolzen *m*
clenching Stauchung *f (von Nietköpfen)*
clerestory *(Arch)* Lichtgaden *m*, Obergaden *m*, Fenstergaden *m*, Gaden *m*; Oberlichtfenster *n (vertikal)*; Laterne *f*
clerk of (the) works Baukontrolleur *m*, Auftraggebervertreter *m*
clevis Schäkel *m (U-förmiger Bügel)*; Gabelkopf *m (U-förmig für Bolzenanker)*
click Sperrhaken *m*, Sperrklinke *f*
click-stop device Einrastvorrichtung *f*
client Bauherr *m*, Bauauftraggeber *m*, Auftraggeber *m*
cliff brick Schiefertonziegel *m*
cliffs Steilküste *f*
climatic fluctuation Klimaveränderung *f*
climatic strain klimatische Beanspruchung *f*
climatic test cabinet Klimaprüfschrank *m*
climatic variation Klimaänderung *f*, klimatische Änderung *f*
climatic zone Klimazone *f*
climb *v* klettern; steigen
climbing aperature Deckenausschnittsöffnung *f (für Montagekran)*
climbing crane Kletterkran *m*
climbing forms [formwork] Kletterschalung *f*
climbing irons Steigeisen *npl*, Klettereisen *npl*
climbing lane *(Verk)* Kriechspur *f*, Kriechstreifen *m*
climbing shuttering Kletterschalung *f*
clinch *v* 1. vernieten; 2. umschlagen *(Nagel)*
clinch bolt Nietbolzen *m*
clincher-built *(Hb)* gestülpt
clincher-built ceiling boarding gestülpte Deckenschalung *f*
cling *v* (an)haften, kleben
clinic Klinik *f*
clink 1. *(AE)* Straßenaufbruchhammer *m*, Straßenaufbruchmeißel *m*; 2. Stahlriss *m*, Innenriss *m (durch Spannung verursacht)*
clinker *v* 1. sintern *(Zement)*; 2. verschlacken *(Asche)*
clinker Klinker *m*, Klinkerziegel *m*, Hartbrandziegel *m*; Zementklinker *m*; 2. Sinterschlacke *f*, Schlacke *f (bes. von Kohle)*
clinker block Schlackenblockstein *m*
clinker brick Klinker(stein) *m*, Klinkerziegel *m*
clinker brick facing Klinkerverkleidung *f*
clinker-built geklinkert
clinker cement Schlackenzement *m*
clinker composition Klinkerzusammensetzung *f*
clinker concrete Schlackenbeton *m*
clinker formation Klinkerbildung *f*, Klinkerisierung *f*
clinker grinding Klinkermahlung *f (für Zement)*
clinker mineral Klinkermineral *n*
clinker pavement Klinkerpflaster *n*
clinker phase Klinkerphase *f (Zement)*
clinker slab Schlackenbetonplatte *f*, Hohldiele *f* aus Schlackenbeton
clinkstone Phonolith *m*, Klingstein *m*
clinometer Klinometer *n*, Neigungs(winkel)messer *m*
clip *v* 1. anklammern, befestigen, (fest)klemmen; 2. beschneiden
clip *v* **the joints** auszwicken *(unregelmäßiges Mauerwerk)*
clip 1. Klammer *f*, Klemme *f*; Krampe *f*; Schelle *f*, Lasche *f*; 2. *(El)* Leitungsschelle *f*; Halter *m*; Gipsleistenhalter *m*; 3. längsgeteiltes Ziegelsteinstück *n*
clip angle Beiwinkel *m*, Steifewinkel *m*
clip bond Diagonalverband *m* mit abgehackten Diagonalziegelecken
clip header zurückgesetzter Binder *m*
clip joint Ausgleichsfuge *f*
clipped connection Klemmverbindung *f*
clipped gable *(AE)* abgewalmter Giebel *m*, Walmgiebel *m*
clipped header zurückgesetzter Binderstein *m*
clipped lintel lastübertragend gestützter Sturz *m*, tragwerkverbundener Sturz *m*
clisere klimatisch bedingte Sukzession *f*
cloaca Kloake *f*, Abortgrube *f*; unterirdischer Abwasserkanal *m*
cloak rail WC-Kleiderhakenbrett *n*
cloakroom 1. Garderobe *f*; Kleiderablage *f*; 2. Gepäckaufbewahrung *f*, Gepäckraum *m*; 3. Toilette *f*
cloakroom locker Garderobenschrank *m*
clock installation [system] Uhrenanlage *f*
clock tower Uhrenturm *m*; Glockenturm *m*
clock turret Uhrentürmchen *n*
clockwise im Uhrzeigersinn, uhrzeigersinnmäßig
clockwise polygon Polygon *n* im Uhrzeigersinn
clod Klumpen *m*, Erdklumpen *m*; Knollen *m*
cloddy klumpig, knollig
clog *v* verstopfen, versperren; verstopfen, sich zusetzen; verschlammen; sich festhaken *(Kreissäge)*
clog *v* **up** verstopfen; sich stauen
clogged verstopft
clogged-up pipe verstopftes Rohr *n*
cloisonné (work) Zellenschmelz *m*, Email *n* cloisonné, Cloisonné *n*
cloister 1. *(Arch)* Kloster *n*; 2. *(Arch)* Kreuzgang *m (z. B. im Kloster)*; gedeckter Säulengang *m* [Gang *m*] *(um einen Hof)*
cloister garth Klosterhof *m*
cloister vault Klostergewölbe *n*, Dominikalgewölbe *n*
cloistered arch [vault] Quadratspitzgewölbe *n*
closable verschließbar
close *v* 1. (ver)schließen, abschließen; sperren *(z. B. Straße)*; verstopfen *(z. B. Loch)*; sich schließen; 2. stauchen *(Nietköpfe)*
close *v* **a vault** ein Gewölbe schließen
close 1. geschlossen; eingeschlossen; 2. nahe, dicht, gedrängt; 3. eng, beschränkt *(Raum)*
close 1. geschlossener Zwischenraum *m*; 2. Sackgasse *f*
close abutment geschlossenes Widerlager *n*
close air eingeschlossene Luft *f*
close-boarded verschalt, verplankt
close-boarded battened roofing Doppeldacheindeckung *f*, Doppelbedachung *f*

close-boarded fence Bretterzaun *m*
close-contact glue Kontaktkleber *m*, Kontaktklebstoff *m*
close-couple roof Satteldach *n*
close-coupled closet Tiefspülklosett *n*
close-coupled tank and bowl 1. ansitzender Toilettendruckspülkasten *m*; 2. Komplett-WC-Kombination *f (WC-Becken mit Spülkasten)*
close-graded dicht *(Material)*; hohlraumarm, abgestuft, mit stetigem Kornaufbau
close-graded aggregate dichte Mineralmasse *f*, hohlraumarmes Mineralgemisch *n*, gut abgestuftes Zuschlag(stoff)gemenge *n*
close-grained feinkörnig *(z. B. Gestein)*; dicht, engringig *(Holz)*
close mesh grating feinmaschiger Rost *m*
close poling board Schalbohle *f*
close-quartered räumlich beengt
close riveting Dichtnietung *f*
close-sheeted *s.* close-boarded
close string Wange *f* mit eingestemmten Stufen
close-up Nahansicht *f*
close-up view Nahansicht *f*
closed abgeschlossen *(z. B. Raum)*
closed area Zwischenraum *m*, umschlossener Raum *m*; geschlossene Fläche *f*
closed basin *(Wsb)* Flutbecken *n*
closed building block module geschlossene Raumzelle *f*
closed-conduit spillway *(Wsb)* Schachtüberfall *m*
closed heating pipe system geschlossenes Heizungsrohrsystem *n*
closed nevel gemauerte Spindel *f (Treppe)*
closed position Schließstellung *f*
closed space 1. geschlossener Raum *m*; 2. Zwischenraum *m*
closed stair string *s.* close string
closed string(er) stair *(AE)* Treppe *f* mit hochgeschlossener Wange
closed system geschlossenes Heizungsrohrsystem *n*
closed traverse Ringpolygon *n*
closedown Stilllegung *f*, Schließung *f*
closely built-up district dicht bebautes Gebiet *n*
closely graded engklassiert *(Zuschlagstoff)*
closely ringed engringig, feinjährig *(Holz)*
closely spaced engstehend, dicht beieinander
closeness enge Anordnung *f*
closer 1. Schlussziegel *m*, Schließziegel *m (einer horizontalen Lage)*; 2. Dreiviertelziegel *m*; 3. Ziegelviertel *n*; 4. Schließvorrichtung *f*
closer mould Ziegelhackform *f*
closer reinforcement Schließblechverstärkung *f*
closet 1. kleine Kammer *f*, Kabinett *n*; Nebengelass *n*; *(AE)* Abstellkammer *f*, (eingebauter) Schrank *m*; *(AE)* Kleiderkammer *f*, Kleiderschrank *m*; 2. Toilette *f*, Klosett *n*, Abort *m*
closet bank Schrankwand *f*
closet bolt Klosettbeckenbefestigungsschraube *f*
closet cistern Spül(wasser)kasten *m*
closet door Einbauschranktür *f*
closet facility Toilettenanlage *f*
closet flush(ing) Toilettenspülung *f*
closet installation Toilettenanlage *f*
closet latch Schrankschloss *n*
closet pan Toilettenbecken *n*
closet pole Kleiderbügeltragestange *f*
closet room Toilettenraum *m*
closet seat Klosettsitz *m*
closet traverse geschlossener Polygonzug *m*, Ringpolygon *n*
closet valve Spülkastenventil *n*
closet waste water Toilettenabwasser *n*
closing action Schließwirkung *f*
closing device Schließvorrichtung *f*
closing edge Schließkante *f*, Zarge *f*
closing force Schließkraft *f*
closing handle Schließgriff *m*
closing head Schließkopf *m*
closing joint of a rebate Schließnaht *f (Anschlag)*
closing line Schlusslinie *f*
closing lines Schlusslinienzug *m*
closing mechanism Schließvorrichtung *f*
closing of the polygon of forces Schlusslinie *f* des Kräftevielecks
closing order Räumungserlass *m*
closing panel of a vault Bogenfläche *f*
closing plug of a sewer Verschlussdeckel *m* der Abwasserleitung
closing pressure Schließdruck *m*
closing range Schließbereich *m*
closing rope Schließseil *n (Greifer)*
closing speed Schließgeschwindigkeit *f*
closing stile Schlossbohle *f*, Schlossbrett *n (Tür)*
closing system Schließanlage *f*
closing tile Verschlussdachziegel *m*
closure 1. Verschluss *m (Vorrichtung)*; Abschluss *m*; 2. Schließung *f*, Sperrung *f*
closure bar Treppenwangenabdichtleiste *f*
closure of lane Fahrstreifensperrung *f*
closure system Verschlusssystem *n*
closure weld Schließnaht *f*, Schlussnaht *f (Schweißen)*
clot *v* (ver)klumpen, Klumpen bilden; gerinnen
clot Klumpen *m*; Pfropfen *m*
cloth Gewebe *n*; Gaze *f*
cloth backing Gewebeträgermaterial *n*
cloth base Gewebeträger *m*, Gewebeunterlagschicht *f*
cloth covering Stoffbespannung *f*, Tuchbespannung *f*
cloth hall *(Arch)* Tuchhalle *f*, Gewandhaus *n*
cloth insert Gewebeeinlage *f*
cloth lath Putzträgergewebe *n*
cloth ply Gewebelage *f*
cloth-reinforced gewebeverstärkt, gewebebewehrt
cloth sheet Gewebebahn *f*
clothes chute Wäscheabwurfanlage *f*, Wäscherutsche *f*
clothes closet Kleidereinbauschrank *m*
clothes ground Wäschetrockenplatz *m*
clothes-locker room Kleiderspindraum *m*
clothoid Klothoide *f*
cloud *v* sich trüben, matt [glanzlos] werden *(Lack)*
cloud point Trübungspunkt *m*
cloudiness Trübung *f (von Lacken)*; Glanzlosigkeit *f*
clouding Wolkenbildung *f*, Trübfleckenbildung *f (Anstriche)*
cloudy trübe *(Flüssigkeit)*; matt, glanzlos
clout *v* schienen
clout Schiene *f (Schutzblech, z. B. für Holz)*; Verschleißblech *n*
clout nail Dachpappe(n)nagel *m*
cloven (auf)gespalten
cloven timber Spaltholz *n*, Spaltware *f*
cloverleaf (intersection) Kleeblattkreuzung *f (Autobahnkreuzung)*
cloverleaf solution Kleeblattlösung *f*
club *v* verkeilen
club block Klubhaus *n*, Klubgebäude *n*
club building Klubhaus *n*, Klubgebäude *n*
club room Klubraum *m*, Klubzimmer *n*
clump of buildings *(AE)* Häuserkomplex *m*
clump of piers Bündelpfeiler *m*, Pfeilerbündel *n*
clump of pillars gebündelte Freipfeiler *mpl*, Bündelfreipfeiler *m*, gegliederter frei stehender Pfeiler *m*

clunch Verschmierlehm *m*, Kreidemasse *f*
cluster Haufen *m*, Anhäufung *f*, Gruppe *f (z. B. von Häusern)*; Bündel *n*
cluster housing enggruppierte Wohngebäude *npl*
cluster of columns Bündelsäule *f*, Säulenbündel *n*
clustered column Bündelsäule *f*, Bündelpfeiler *m*
clustered pier Bündelpfeiler *m* mit Kern(pfeiler)
clutch 1. Haken *m (Klaue)*; 2. Kupplung *f*
clutch anchor Ankereisen *n*
coach bolt Vierkantholzschraube *f*, Wagenbauschraube *f*, Schlossschraube *f*
coach house Wagenschuppen *m (Remise)*
coach screw Vierkantkopfschraube *f*, Schienenschraube *f*
coagulant Fällmittel *n*, Fällungsmittel *n*
coagulation Ausfällung *f*, Fällung *f*, Koagulation *f*
coagulation basin Ausfällbecken *n (Klärwerk)*
coagulation tank Fällungsbecken *n*
coak 1. *(Hb)* Passende *n*, Splintende *n (eines Holzstücks)*; 2. *(Hb)* Hartholzdübel *m (zur Holzverbindung)*
coal Kohle *f*, Steinkohle *f*
coal-ash slag Kohlenascheschlacke *f*
coal bunker Kohlenbunker *m*, Kohlensilo *n*
coal cellar Kohlenkeller *m*
coal chute Kohlenrutsche *f*
coal-fired stove Kohleofen *m*
coal firing Kohlenfeuerung *f*
coal manhole cover Kohlenschachtabdeckung *f*
coal-mining town Kohlebergbaustadt *f*
coal powder line marking Abkohlen *n*, Abschnüren *n* mit Kohlepulver
coal storage bin Kohlenbunker *m*
coal storage yard Kohlenlagerplatz *m*
coal store Kohlenlagerplatz *m*
coal tar Steinkohlenteer *m*
coal-tar creosote Phenol *n*, Karbolsäure *f*, Steinkohlenteerkreosot *n*
coal-tar impregnated teergetränkt, teerimprägniert
coal tar oil Steinkohlenteeröl *n*
coal-tar pitch Kohlenteerpech *n*, Steinkohlenteerpech *n*
coalescence Koaleszenz *f*, Zusammenfließen *n*; Filmbildung *f (bei Emulsionsfarben)*
coalshed Kohlenschuppen *m*
coaming aufgebogene Kante *f*, Schwellwulst *f*, überhöhter Öffnungsrand *m (Dachöffnung, Deckenöffnung)*
coarse 1. grob, grobkörnig *(z. B. Kies)*; 2. rau *(z. B. Oberflächen)*; unbearbeitet
coarse aggregate Grobzuschlag(stoff) *m*, grober [grobkörniger] Zuschlag *m*
coarse aggregate angularity *(AE)* Bruchflächigkeit *f* der Grobkörnung
coarse asphalt Asphaltgrobbeton *m*
coarse blended aggregate Grobzuschlagstoffgemenge *n*
coarse-broken stone Grobschotter *m*
coarse canvas Sackleinen *n*
coarse chippings Grobsplitt *m*
coarse cold asphalt Kaltgrobasphalt *m*
coarse concrete Grobbeton *m*
coarse-crushed aggregate Betonsteinschlag *m*, Grobschotterzuschlag(stoff) *m*
coarse-crushed stone Grobschotter *m*
coarse-crystalline grobkristallin *(z. B. Naturstein)*
coarse-fibrous grobfasrig
coarse filter Vorfilter *n (Klimaanlage)*
coarse fraction Grobfraktion *f*, Grobkorn *n*
coarse-graded asphaltic concrete *(AE)* Asphaltgrobbeton *m*
coarse grading Grobkornabstufung *f*
coarse grain Grobkorn *n*
coarse-grain mixture grobkörnige Mischung *f*
coarse-grained grobkörnig; grobkristallin
coarse-grained structure Grobkornstruktur *f*, Grobkorngefüge *n*
coarse-grained timber grobringiges [grobjähriges] Holz *n*
coarse gravel Grobkies *m*
coarse gravel aggregate Grobkieszuschlag(stoff) *m*
coarse material Grobgut *n*
coarse-meshed weitmaschig *(Siebe)*
coarse-pitched grobverzahnt
coarse plaster Rohputz *m*
coarse plastering Berappen *n*
coarse-pored grobporig
coarse porosity Großporigkeit *f*
coarse sand Grobsand *m*
coarse sand aggregate Betongrobsand *m*
coarse sandstone grobkörniger Sandstein *m*, Konglomerat(sand)stein *m*
coarse screening Grobsiebung *f*
coarse silt Grobschluff *m*
coarse stuff Unterputz *m*; Kalksandmörtel *m*
coarse tar concrete Teergrobbeton *m*
coarse-textured grobfaserig *(Holz)*
coarsely crystalline *s.* coarse-crystalline
coarsely dressed grob zugehauen *(Stein)*
coarsely ringed timber *s.* coarse-grained timber
coarsely shaped grob zugehauen *(Stein)*
coarseness 1. Grobkörnigkeit *f*; 2. Rauigkeit *f*, Rauheit *f*
coast Küste *f*, Ufer *n*; Strand *m*
coast protection Küstenschutz *m*, Küstensicherung *f*
coast works Küstenschutzbauten *mpl*, Seebauten *mpl*
coastal area Küstengebiet *n*
coastal defence Küstenschutz *m*
coastal engineering Küstenschutzbau *m*, Küstenwasserbau *m*
coastal protection works Küstenschutzbauten *mpl*, Seeschutzbauten *mpl*
coastal work Seebau *m*
coastal works *s.* coastal protection works
coat *v* 1. beschichten, überziehen; umhüllen; (an)streichen *(mit Farben)*; auftragen; 2. beplanken; 3. benetzen, einhüllen *(z. B. Bindemittel die Materialkörner)*
coat *v* **and wrap** *v* umhüllen, isolieren *(z. B. Rohrleitungen)*
coat *v* **with broken stones** schottern
coat 1. Schicht *f*, Schutzschicht *f*, Überzug *m*; Hülle *f*, Auftrag *m*; Anstrich *m*; 2. *(Verk)* Verschleißdecke *f*, Straßendecke *f*
coat closet Garderobeneinbauschrank *m*
coat defect Anstrichfehler *m*, Anstrichmangel *m*
coat film Anstrichfilm *m*, Anstrichmembran *f*
coat hook Kleiderhaken *m*
coat hook strip Kleiderhakenbrett *n*
coat of paint Anstrich *m*, Anstrichschicht *f*
coat of wax Wachsschicht *f*
coat on concrete Betonbeschichtung *f*, Betonüberzug *m*
coat pit Anstrichfehlstelle *f*
coat rack Flurgarderobe *f*, Kleiderablage *f*, Kleiderständer *m*
coat room Garderobenraum *m*
coat room equipment Garderobenraumeinrichtung *f*
coat stand Kleiderablage *f*, Kleiderständer *m*
coat surface Anstrichoberfläche *f*
coat thickness Beschichtungsdicke *f*, Lagendicke *f*, Anstrichdicke *f*
coatability Benetzbarkeit *f*
coated überzogen, beschichtet, umhüllt; benetzt
coated base felt [sheet] bitumenbestrichene Dachpappenlage *f*

coated chippings [chips] bitumenumhüllter Splitt *m*, Mischsplitt *m*
coated cloth Wachstuch *n*, Gewebe-Kunstleder *n*
coated gravel Mischkies *m (mit Bindemittel)*
coated macadam Mischmakadam *m*
coated on both sides beidseitig beschichtet
coater 1. Beschichtungsanlage *f*; Aufstreichmaschine *f*; 2. *(Verk)* Schichtfertiger *m (Auftragmaschine)*; Asphaltmischgerät *n*
coating 1. Beschichten *n*, Beschichtung *f*; Umhüllen *n*; Verputzen *n*; Anstreichen *n*; Bestreichen *n*; 2. Schutzschicht *f*; Überzug *m*; Deckanstrich *m*; Verputz *m*; Anstrich *m*; 3. Beschichtungsmaterial *n*, Beschichtungs(werk)stoff *m*; Anstrichstoff *m*; Anstrichfarbe *f*
coating action Benetzungswirkung *f*
coating angle Benetzungswinkel *m*, Kontaktwinkel *m (bei Farbanstrichen)*
coating clay Engobeton *m*
coating compound Beschichtungsmasse *f*
coating defect Beschichtungsdefekt *m*, Anstrichfehler *m*
coating material *s.* coating 3.
coating of cement Zementanstrich *m*
coating of red lead Mennigeanstrich *m*
coating plant Mischwerk *n*
coating plastic Beschichtungskunststoff *m*
coating power Benetzungsvermögen *n*
coating property Schichteigenschaft *f*; Anstricheigenschaft *f*
coating resin Beschichtungsharz *n*; Lackharz *n*
coating seal Beschichtungsmasse *f*
coating thickness Schichtdicke *f*
coating varnish Überzuglack *m*; Imprägnierlack *m*
coating with grease Einfetten *n*
coating work Anstrich *m*, Anstricharbeiten *fpl*
coatroom Garderobenraum *m*, Garderobe *f*
coaxial cable Koaxialkabel *n*
cob 1. Lehmziegel *m*; Luftziegel *m (ungebrannter Ziegel mit Stroh)*; 2. Stampflehm *m*, Pisee *m*
cob construction Stampflehmbau *m*, Lehmstampfbau *m*, Piseebau *m*
cob wall Lehmwand *f*, Piseewand *f*
cobalt Kobalt *n*
cobalt aluminate Kobaltaluminat *n*
cobalt blue Kobaltblau *n (Pigment)*
cobalt drier Kobalttrockenstoff *m*
cobalt glass Cobaltglas *n*, Kobaltglas *n*
cobalt green Kobaltgrün *n*
cobble 1. Kieselstein *m (Rollkiesel)*; 2. *s.* cobblestone
cobble gravel Grobkieszuschlag(stoff) *m*
cobbles Kopfsteinpflaster *n*
cobblestone (runder) Pflasterstein *m*, Kopfstein *m*, Katzenkopf *m*, Feldstein *m*
cobblestone pavement Kopfsteinpflaster *n*, Feldsteinpflaster *n*
cobblestone road Pflasterstraße *f*
cobweb masonry Polygonalmauerwerk *n*
cobweb pattern Spinnwebenmuster *n*
cochlea 1. Wendeltreppenturm *m*; 2. Wendeltreppe *f*
cochlear spiralförmig
cochleoid Schraubenkurve *f*
cock *v* aufrichten, in die Höhe richten
cock 1. Hahn *m*; Absperrglied *n*; Hahnventil *n*, Ventil *n*; Entlüftungsventil *n*; Spund *m*; 2. Windfahne *f*, Wetterhahn *m*
cock bead erhabener Rand *m*, Perlstab *m*
cock loft Spitzboden *m*
cockering *(Tun)* Polygonausbau *m*, Vieleckausbau *m*
cocking piece 1. Trauflatte *f*; 2. Windrispe *f*, Sturmlatte *f (bei Dächern)*
cockle stair *s.* spiral staircase
cockscomb *s.* drag 1. *und* 2.
cockspur fastener Rahmenfensterhalter *m*
cocolite slab Cocolithplatte *f*
coconut fibre insulation material Kokosfaserdämmstoff *m*
coconut fibre mat Kokosfaserdämmmatte *f*
coctile gebrannt *(Baustoffe)*
code Vorschriftenwerk *n*; Standardwerk *n*; Kode *m*; Gesetzesbuch *n*
code number Kennziffer *f*
code of practice Bauausführungsvorschriftenwerk *n*; Merkblatt *n* für Baunormen, bautechnische Richtlinien *fpl (in England)*
code of quality Gütenorm *f*
codeposition gemischte Ablagerung *f*
codification Kodifizierung *f*
codify *v* kodifizieren
coding legend Legende *f*
codisposal landfill Mischdeponie *f*
coefficient of beam utilization Lichtstrahlausnutzungskoeffizient *m*
coefficient of compressibility *(Bod)* Steifezahl *f*, Steifeziffer *f*
coefficient of contraction Kontraktionskoeffizient *m*
coefficient of correction Berichtigungsbeiwert *m*
coefficient of creep Kriechbeiwert *m*
coefficient of deformation Formänderungskoeffizient *m*
coefficient of discharge Durchflusskoeffizient *m*, Ausflusszahl *f*
coefficient of drag Luftwiderstandsbeiwert *m (DD)*, Widerstandsbeiwert *m (DD)*
coefficient of earth pressure *(Erdb)* Erddruckbeiwert *m*
coefficient of earth pressure at rest *(Erdb)* Ruhedruckbeiwert *m*
coefficient of elasticity Elastizitätsmodul *m*, E-Modul *m (von Baustoffen)*
coefficient of elongation *s.* coefficient of linear extension
coefficient of expansion Ausdehnungskoeffizient *m*, Ausdehnungszahl *f*
coefficient of friction Reibungskoeffizient *m*, Reibungszahl *f*
coefficient of heat transfer Wärmeübertragungszahl *f*
coefficient of impact Stoßzahl *f*
coefficient of internal friction Koeffizient *m* der inneren Reibung
coefficient of kinetic friction Gleitreibungsbeiwert *m*, Reibungskoeffizient *m* der Bewegung
coefficient of linear expansion linearer Ausdehnungskoeffizient *m* [Wärmeausdehnungskoeffizient *m*]
coefficient of linear extension Dehnungskoeffizient *m*, Dehnzahl *f*, Dehnziffer *f*; Elastizitätszahl *f*
coefficient of passive earth pressure *(Erdb)* Erdwiderstandsbeiwert *m*
coefficient of performance Leistungsziffer *f (bei Klimaanlagen)*; Wärmewirkungsgrad *m*
coefficient of permeability Durchlässigkeitskoeffizient *m*, Durchlässigkeitszahl *f*
coefficient of pressure at rest *(Erdb)* Ruhedruckbeiwert *m*
coefficient of reduction Herabsetzungsbeiwert *m*, Minderungsbeiwert *m*
coefficient of rigidity Steifezahl *f*, Schub(elastizitäts)-modul *m*
coefficient of rolling friction Rollreibungszahl *f*
coefficient of roughness Rauigkeitskoeffizient *m*, Rauigkeitszahl *f*
coefficient of shear(ing) Schubzahl *f*, reziproker Schubmodul *m*

coefficient of sliding friction Gleitreibungszahl *f (Straße)*
coefficient of sound damping Schalldämmzahl *f*
coefficient of subgrade reaction Bettungsziffer *f*
coefficient of swelling Schwellzahl *f*, Schwellziffer *f*
coefficient of thermal expansion Wärmeausdehnungskoeffizient *m*, Wärmedehnungszahl *f*, Volumen-Temperatur-Koeffizient *m*
coefficient of thermal transmission Wärmedurchgangszahl *f*, Wärmeübertragungszahl *f*
coefficient of uniformity Ungleichförmigkeitsgrad *m*
coefficient of utilization 1. Ausnutzungsgrad *m (reziproker Wert des Sicherheitsbeiwerts)*; 2. *(El)* Belastungsfaktor *m*; Lichtausnutzungsverhältnis *n*, Beleuchtungswirkungsgrad *m*
coefficient of viscosity Viskositätsbeiwert *m*
coefficient of water vapour permeabilty Wasserdampfdurchlässigkeitskoeffizient *m*
coefficient value Beiwertgröße *f*
coffee shop Kaffeestube *f*
coffer *v* 1. in Kassetten teilen [ausbauen] *(Decke)*; 2. *(Erdb)* abdichten, wasserdicht machen
coffer 1. Kassette *f*, Kassettenfeld *n*, Fach *n (einer Decke)*; 2. *(Wsb)* Schleusenkammer *f*; 3. *(Verk)* Straßenkoffer *m*; 4. Kasten *m*, Kiste *f*
coffer structure *(Verk)* Kofferaufbau *m*
coffer-wall Füllmauer *f*
cofferdam 1. *(Wsb)* Fang(e)damm *m*, Kastenfangdamm *m*; 2. Sicherheitskammer *f*
coffered kassettiert
coffered ceiling Kassettendecke *f*
coffered flooring slab Deckenkassettenplatte *f*
coffered foundation Hohlkörpergründung *f*
coffering 1. Tiefkassettendeckengestaltung *f*; 2. Kassettengestaltung *f (von Sichtflächen)*; 3. wasserdichter Tunnelausbau *m*; Schachtausbau *m*
cog *v* 1. *(Hb)* verkämmen, aufkämmen; 2. *(Tun)* verstempeln, verbauen
cog 1. Zapfen *m*, Holzzahn *m*; 2. Nase *f (eines Dachziegels)*
cog railway Zahnradbahn *f*
cogged joint *(Hb)* Zapf(en)verbindung *f*, verzahnte Verbindung *f*
cogging *(Hb)* Verkämmung *f*, Aufkämmung *f*
coherence Bindigkeit *f (Boden)*
coherent kohärent, zusammenhängend, zusammenhaftend
cohesion 1. Kohäsion *f*; 2. *(Bod)* Bindigkeit *f*
cohesionless soil kohäsionsloser Erdstoff *m*, nichtbindiger Boden *m*
cohesive failure Abreißen *n (einer Klebverbindung)*
cohesive friction Haftreibung *f (Straße)*
cohesive soil kohäsiver [bindiger] Boden *m*, tonmineralhaltiger Erdstoff *m*
cohesive strength *(Bod)* Kohäsionsfestigkeit *f*
coign *s.* quoin
coil *v* 1. (auf)wickeln; 2. sich rollen
coil 1. Heiz(rohr)schlange *f*, Schlangenrohr *n*; 2. Rolle *f (z. B. von Draht)*; 3. *(El)* Wendel *f*, 4. Spule *f*, Spirale *f*
coil coating Walzlackieren *n*
coil spring Spiralfeder *f*
coiled expansion loop Ausgleichbogen *m (Rohrleitungen)*
coin 1. Ecke *f*, Gebäudeecke *f*, 2. Keil *m*
coincide *v* 1. zusammenfallen *(zeitlich)*; 2. übereinstimmen, sich decken
coir building mat Kokosfaserdämmmatte *f*
coir door mat Kokosmatte *f*
coir insulation material Kokosfaserdämmstoff *m*
coir mat Kokosfaserdämmmatte *f*
coir wallboard Kokoswandplatte *f*
coke *v* verkoken
coke-fired koksgefeuert
coke furnace Koksfeuerung *f*
coky centre Fadenlunker *m*
col Gebirgspass *m*
colarin *(Arch)* Abazissus *m*, Halsstück *n (z. B. einer dorischen oder ionischen Säule)*
Colcrete Colcretebeton *m*, Prepaktbeton *m*, kolloidaler Beton *m*, Ausgussbeton *m*, Fließbeton *m*
Cold application Kaltauftragung *f*, Kaltaufbringung *f*
cold asphalt *(AE) s.* cold bitumen
cold-bend *v* kaltbiegen
cold bending Kaltbiegen *n*
cold-bending test Kaltbiegeprüfung *f (Stahl)*
cold bitumen Kaltbitumen *n*, Kaltasphalt *m*, Kaltmischgut *n (Straßenbau)*
cold-bonding adhesive *s.* cold-setting adhesive
cold bridge Kältebrücke *f*
cold-cathode (fluorescent) tube Leuchtröhre *f*, Neonröhre *f*
cold cellar Kartoffelkeller *m*
cold check *(AE)* Temperaturschwankungsriss *m*, Thermoriss *m*, Wärmeriss *m (Holz)*
cold chisel Hartmeißel *m*, Kalt(schrot)meißel *m*
cold coat Kaltanstrich *m*
cold-curing kalthärtend *(Kunststoffe)*; kaltabbindend
cold-curing bonding agent *s.* cold-setting adhesive
cold-curing paint Reaktionslack *m*, Komponentenlack *m*, kalthärtender Lack *m*
cold-curing resin Reaktionsharz *n*
cold-drawn steel kaltgezogener Stahl *m*, Blankstahl *m*
cold-drive *v* kaltschlagen *(Niete)*
cold-driven rivet Kaltniet *m*
cold expanding Kaltaufweiten *n (Rohr)*
cold extraction Kaltextraktion *f*
cold feed Kaltzugabe *f (Mischwerk)*
cold-finished bar kaltgewalzter Stab *m*
cold flow Materialverformung *f* unter konstanter Spannung
cold forming Kaltverformung *f (von Baustahl)*
cold glue Kaltleim *m*
cold glueing Kaltleimung *f*
cold-hardening kalthärtend
cold hardening material Kaltplastikmasse *f*
cold inspection Sichtprüfung *f*, Prüfung *f* nach Augenschein
cold insulant [insulating material] Kältedämmstoff *m*, Kälteisoliermaterial *n*
cold insulation Kältedämmung *f*, Kälteschutz *m*
cold joint Frischbetonansatz *m (an erhärtetem Beton)*
cold-laid kaltverlegt
cold-laid asphalt concrete kalteinbaufähiger Asphaltbeton *m*
cold laying Kaltverlegung *f*
cold light kaltes Licht *n*
cold liquid coating Kaltanstrichmittel *n*, Kaltanstrichstoff *m*; kaltverarbeitbares Beschichtungsmittel *n*
cold mastic Kalt(asphalt)mastix *m*
cold mix *s.* cold mixture
cold mixture Kaltmischgut *n*, Asphaltkaltgemisch *n*
cold patch [patching] Kaltflickung *f*, Kaltmischguteinbau *m (Straßenoberfläche)*
cold pie Mörtelüberstand *m*
cold-pour *v* kaltvergießen
cold pourable kaltvergießbar
cold-poured kaltvergossen
cold-press *v* kaltpressen
cold-process roofing Bedachung *f* mit Kaltkleber, Dachpappeneindeckung *f* mit bituminösen Kaltbindemitteln

cold-resistant kältebeständig
cold-resisting property Frostbeständigkeit *f*
cold-rivet *v* kaltnieten
cold riveting Kaltnietung *f*
cold-rolled kaltgewalzt
cold-rolled steel Kaltwalzstahl *m*, kaltgewalzter Stahl *m*
cold rolling Kaltwalzen *n*
cold roof Kaltdach *n*
cold room Kaltlagerraum *m*
cold sealing 1. Kaltversieglung *f (offenporiger Oberflächen)*; 2. kaltverarbeitbare Sperrung *f (Mauerwerkanstrich)*
cold-setting adhesive Kaltkleber *m*, Reaktions(komponenten)kleber *m*
cold-short kaltbrüchig, kaltspröde *(Metall)*
cold shortness Kaltbrüchigkeit *f*
cold shut 1. Betongussfehlstelle *f (z. B. Einschnürstelle, Falte)*; 2. Kaltschweißstelle *f*
cold storage Kaltlagerung *f*, Kühlhausaufbewahrung *f*
cold-storage depot Kühlhaus *n*
cold-storage door Kühlraumtür *f*, gedämmte Tür *f*
cold-storage room Kühlraum *m*
cold store Kühlhaus *n*; Kühlraum *m*
cold-strained 1. kaltverfestigt; 2. kaltgereckt *(Stahl)*
cold strengthening Kaltverfestigung *f (z. B. von Kleber, Asphalt, Bindemitteln)*
cold surface treating bitumen Kaltbitumen *n* für Oberflächenbehandlung
cold tar Kaltteer *m*
cold underfoot fußkalt *(Wohnung)*
cold-water line Kaltwasserleitung *f*
cold-water paint wasserverdünnbarer Anstrichstoff *m*
cold-water service [supply] Kaltwasserversorgung *f*
cold weather protection Kaltwetterschutz *m*
cold welding Kaltpressschweißen *n*, Kaltschweißen *n*
cold-worked steel kaltverformter Stahl *m*
cold working Kaltverformung *f (von Baustahl)*; Kaltbearbeitung *f*
coldhouse niedrigtemperiertes Gewächshaus *n*
coliseum Sportarena *f*; Kolosseum *n*
collapse *v* 1. einstürzen, einfallen, zusammenstürzen; zusammenbrechen; versagen; 2. knicken
collapse 1. Einsturz *m*; Zusammenbruch *m*; 2. Versagen *n*
collapse condition Einsturzbedingung *f*
collapse load Bruchlast *f*, Einsturzlast *f*; Traglast(grenze) *f*
collapse test Druckprüfung *f*, Druckversuch *m (Leitungsrohre)*
collapsible zusammenklappbar, zusammenlegbar; Falt...; demontierbar
collapsible funnel Klappschornstein *m*
collapsible steel shuttering demontierbare Metallschalung *f*
collapsing loading Knickbelastung *f*
collapsing stress Knickspannung *f*, Knickbelastung *f*
collar 1. Hals *m*, Wulst *m(f)*, Manschette *f*, 2. Abstandsring *m*, Ring *m*; 3. *s.* collar beam
collar beam *(Hb)* Kehlbalken *m*, Querriegel *m*, Traverse *f*
collar beam roof Kehlbalkendach *n*
collar brace Kehlbalkenverstärkungsglied *n*
collar joint Kehlbalken-Sparren-Verbindung *f*
collar rafter *s.* collar beam
collar roof with strut *s.* collar beam roof
collar tie Kehlbalkenholzanker *m*
collar tie roof Kehlbalkendach *n*
collaring 1. Verfugen *n* unter überhängenden Platten; 2. Halsglied *n (z. B. bei Säulen)*
collarino *s.* colarin
collateral warranty kollaterale Gewährleistung *f*
collecting basin Sammelbehälter *m*
collecting flue Sammelfuchs *m (Schornstein)*
collecting hopper Sammeltrichter *m*
collecting line [main] Sammelleitung *f*
collecting pipe Sammelrohr *n*
collecting pond Sammelbecken *n*
collecting receiver [tank] Sammelbehälter *m*
collection Einsammeln *n*, Abfuhr *f*, Abholen *n*
collection tank Sammeltank *m*
collective dwellings Kollektivwohnungsbau *m*
collective grains Körnerkollektiv *n*
collector 1. Kollektor *m*, Sammler *m*, Sammelkanal *m (Abwasser)*; 2. *(HLK)* Abscheider *m*, Entstauber *m*
collector ditch Sammelgraben *m*
collector drain Hauptsammler *m (Abwasser)*
collector ring Sammelring *m (Abwassersystem)*
collector road [street] Zubringerstraße *f*, Zubringer *m*
College of Applied Art Kunstgewerbeschule *f*
College of Architecture Architekturhochschule *f*
College of Design Hochschule *f* für Gestaltung
College of Fine Art Hochschule *f* für bildende Kunst
collegiate church *(Arch)* Stiftskirche *f*
colliery Steinkohlenbergwerk *n*; Kohlengrube *f*
colliery spoil Waschberge *f*, Kohlegrubeabfall *m*
collimate *v* kollimieren, Strahlen bündeln, Strahlen parallelisieren
collimation line Durchfluchtungslinie *f*, Sehlinie *f*
collision Zusammenstoß *m*, Stoß *m*
colloidal kolloidal, kolloid, unlöslich
colloidal clay kolloider Ton *m*
colloidal concrete Kolloidbeton *m*
colloidal dispersion Kolloidlösung *f*
colloidal emulsion Kolloidemulsion *f*
colloidal grout Kolloidfeinmörtel *m*, Kolloidschlämme *f*
colloidal mixer Kolloidmörtelmischer *m*
colloidal mortar Kolloidmörtel *m*
colloidal soil Kolloiderdstoff *m*
colloidal solid substance kolloide Festsubstanz *f*
Cologne earth *(AE)* Ockerbraun *n (aus amerikanischem braunen Ton)*
Cologne colombage Halbhölzerkonstruktion *f*
colonette schmale Dekorationssäule *f*
Colonial architecture Kolonialarchitektur *f (in den USA, 18. Jahrh.)*
colonial house Kolonialstilhaus *n*
Colonial Revival *Architektur in den USA Ende des 19./Anfang des 20. Jahrh. unter Verwendung kolonialer und georgianischer Elemente für Banken, Kirchen und Vorstadtsiedlungen*
Colonial style *s.* Colonial architecture
colonial siding *(AE)* großflächige Stülpschalung *f*
colonnade Kolonnade *f*, Säulengang *m*, Arkade *f*
colonnette kleine Säule *f*
colophony Kolophonium *n*, Spiegelharz *n*, griechisches Pech *n*, Terpentinharz *n*
color *(AE) s.* colour
color cement *(AE)* Farbzement *m*
colorimeter Farbmesser *m*
colossal order Kolossalordnung *f*, Riesenordnung *f (über mehrere Geschosse reichende Säulenordnung)*
colossal statue Riesenstatue *f*, Kolossalfigur *f*
colossal temple Riesentempel *m*
colosseum Sportarena *f*; Kolosseum *n*
colour *v* färben; sich (ver)färben
colour Farbe *f*
colour agglutinant Farbbindemittel *n*
colour-coated steel farbbeschichteter Stahl *m*
colour coding Farbmarkierung *f*
colour condition farbliche Umfeldgestaltung *f*
colour coordinates Farbkoordinaten *fpl*
colour fading Farbschwund *m*

colour-fast farbecht, farbbeständig *(Materialien)*; lichtecht
colour fastness Farbechtheit *f*, Farbbeständigkeit *f (von Materialien)*; Lichtechtheit *f*
colour for limewash Kalkfarbe *f*
colour grinder Farbmühle *f*
colour marking Farbkennzeichnung *f (von Rohren)*
colour measuring instrument Farbmessgerät *n*
colour mixing Farbmischung *f*
colour retention Farbhaltung *f*; *s.* colour stability
colour space Farbraum *m*
colour stability Farb(ton)beständigkeit *f*, Farbechtheit *f*
colour tile Farbfliese *f*
colour undertone Unterton *m (Farbe)*
coloured gefärbt; (mehr)farbig, bunt
coloured aggregate farbiger Zuschlag(stoff) *m*
coloured cement Farbzement *m*, farbpigmentierter Zement *m*
coloured concrete 1. farbpigmentierter Mischbeton *m*; 2. farbig gestrichener Festbeton *m*
coloured finish farbpigmentierter Putzmörtel *m*
coloured glass Farbglas *n*, Buntglas *n*
coloured lake Farblack *m*
coloured laminated glass Farbverbundglas *n*
coloured marble Buntmarmor *m*
coloured pigment Farbpigment *n*
coloured surfacing farbiger Belag *m*
colourfast farbecht, farbbeständig
colouring 1. Färben *n*, Färbung *f*, Farbgebung *f*; 2. *s.* colouring matter; 3. (farbige) Verzierung *f*
colouring for cement Farbzusatz *m* zum Zement
colouring material *s.* colouring matter 1.
colouring matter 1. Farbstoff *m*, färbende Substanz *f*, Farbmittel *n*; 2. aufgetragene Farbe *f*
colouring of cement Färbung *f* des Zements
colouring pigment Farbpigment *n*
colourless farblos
colourless glass ungefärbtes Glas *n*, Klarglas *n*
columbarium *(Arch)* Columbarium *n*, Kolumbarium *n*, antikes Urnenhaus *n (Gewölbe oder Nische mit Vertiefungen für Urnen)*
columbary Taubenhaus *n*
columella Dekorationssäule *f*
column 1. *(Arch)* Säule *f (mit rundem Querschnitt, bestehend aus Basis, Schaft und Kapitell)*; 2. Stütze *f*, Pfeiler *m*; Mast *m*; Stiel *m*; 3. Stab *m*, Knickstab *m*, Vertikalstab *m*
column analogy Säulenanalogie *f*
column anchorage Stützenverankerung *f*
column architecture Säulenbaukunst *f*
column bar Stützenstab *m*
column base plate Säulengrundplatte *f*, Aufstandsplatte *f*
column basilica Säulenbasilika *f*
column bent Stützenquerrahmen *m*
column bracket 1. Mastausleger *m*; 2. Stützenkonsole *f*
column cap Stützenkopfplatte *f*
column capital Säulenkapitell *n*; Pilzkopf *m*, pilzförmiger Stützenkopf *m*
column clamp Stützenschalungsklammer *f*
column condition Stützenbedingung *f*
column connection Stützenanschluss *f*
column construction Stützenbau *m*
column cross section Stützenquerschnitt *m*
column design Stützenbemessung *f*
column drum Säulentrommel *f*
column end moment Stützenendmoment *n*
column figure Säulenfigur *f*
column flange Stützenflansch *m*
column footing Stützenfundament *n*, Einzelfundament *n (unterer Teil der Säule)*
column form Stützenschalung *f*
column foundation Säulenfundament *n (in der Erde)*
column-free stützenfrei
column grid (pattern) Stützenraster *m*
column head *s.* column capital
column hinge Stützengelenk *n*
column lining Stützenverkleidung *f*
column load Stützenlast *f*
column movement Stützenbewegung *f*
column muffle attachment Säulenmuffe *f*
column neck Halsglied *n*
column of a bridge Brückenpfeiler *m*
column of water Wassersäule *f*
column opening Stützenöffnung *f*
column pedestal Sockel *m*, Säulenunterbau *m*
column pattern Stützenraster *n*
column radiator Röhrenheizkörper *m*
column reinforcement Säulenbewehrung *f*, Stützenbewehrung *f*
column rigidity Säulensteifigkeit *f*
column section Stützenquerschnitt *m*; Stützenanschluss *m*
column shaft Säulenschaft *m*
column shape Säulenform *f*
column shafting Säulenschaftanordnung *f*
column shuttering panel Stützenschalungstafel *f*
column side Stützenschalungstafel *f*, vertikales Element *n* der Stützenschalung
column socle Säulenfuß *m*
column spacing Stützenabstand *m*
column splice Säulenstoß *m*
column stiffness Stützensteifigkeit *f*
column strength Stützenfestigkeit *f*; Knickfestigkeit *f*
column stress Knickspannung *f*
column strip Säulendeckenteil *m*, Säulendeckplatte *f*
column test Knickprüfung *f (Stahl)*
column-to-column joint Stützen-Stützen-Verbindung *f*
column-to-slab connection Stützen-Decken-Verbindung *f*
column width Säulenbreite *f*
column with ball and socket seating Pendelsäule *f*
column with capital Kapitellsäule *f*
column with services Installationsstütze *f*
columnar säulenförmig, säulenartig
columnar basalt Säulenbasalt *m*
columnar building Säulengebäude *n*
columnar interior Säulenhalle *f*, Säulensaal *m*
columnar ornament Säulenornament *n*
columnar portal Säulenportal *n*
columnar structure Säulentextur *f (Stein)*; Stengelstruktur *f (Minerale)*
columnar style Säulenstil *m*
columned hall Säulenhalle *f*, Säulenraum *m*
columnless stützenfrei
comb *v* kämmen, kammscharieren *(Naturstein)*
comb 1. Firsthaube *f*, Firstkamm *m*; 2. Putzkamm *m*, Putzkratzer *m*, Kamm *m*
comb board gekerbtes Dachsattelbrett *n*
comb cut Sparrenschnitt *m*
comb plaster Kammputz *m*
comb rendering Kammverputz *m*
combed gekämmt, kammgestrichen, aufgekratzt *(Oberflächen)*
combed-finish tile gerillte Platte *f*
combed joint *(Hb)* Kammverbindung *f*, Kamm *m*
combed stucco Kammputz *m*
combination column Verbundstütze *f*, Verbundsäule *f (Formstahl und Beton)*
combination door Verbundtür *f*
combination faucet *(AE)* Wassermischbatterie *f*, Mischbatterie *f*

combination lock Kombinationsschloss *n*, Zahlenkombinationsschloss *n*, Ziffernschloss *n*
combination plane Kombinationshobel *m*
combination pliers Kombizange *f*, Kombinationszange *f*
combination square Universalwinkel *m*
combination stair kombinierte Zugangs- und Haupttreppe *f*
combination stopper Kombinationsspachtelmasse *f*
combination window 1. Verbundfenster *n*; 2. auswechselbares Doppelfenster *n*
combinatorial analysis Kombinatorik *f*
combine *v* kombinieren, verbinden; zusammensetzen; zusammenbauen; sich verbinden *(mechanisch oder chemisch)*
combined aggregate gemischter Betonzuschlag(stoff) *m*, Zuschlagstoffgemenge *n*
combined-aggregate grading Zuschlagkorngrößenverteilung *f*, Korngrößenverteilung *f* eines gemischten Zuschlagstoffs [Zuschlags]
combined bending and axial load *(Stat)* Biegung *f* mit Längskraft
combined building sewer kombinierte Regen- und Abwasserleitung *f*, Mischwasserkanal *m*
combined concrete aggregate Betonzuschlagstoffgemenge *n*
combined crushing and screening plant Siebbrecher *m*
combined curve Kurvenzug *m (Straße)*
combined direct and bending stress *(Stat)* Spannungen *fpl* aus Längskraft und Biegung
combined drain gemeinsamer Durchlass *m*
combined drainage Mischentwässerung *f*
combined drainage system Mischkanalisation *f*, Mischsystem *n*
combined footing verbundene Fundamentplatte *f (für mehrere Stützen)*
combined heating and hot water supply system kombinierte Heizung *f* und Warmwasserversorgung *f*
combined kitchen and living room Wohnküche *f*
combined load zusammengesetzte Last *f*
combined materials Gemenge *n*, Gemisch *n*
combined paver Mischerfertiger *m*, Mischfertiger *m* für Straßendecken
combined Rabitz wire cloth and reed lathing Rabitzmatte *f*
combined rail and road transport facilities Schiene-Straße-Verkehrsanlagen *fpl*
combined sercice ceiling Decke *f* mit verdeckten Versorgungsleitungen
combined sewer Mischwasserkanal *m*, Mischwassersammler *m*, kombinierte Regen- und Abwasserleitung *f*
combined sewerage system Misch(wasser)system *n*, Mischkanalisation *f (Entwässerung)*
combined stresses *(Stat)* zusammengesetzte Spannungen *fpl*
combined style Mischstil *m*
combined system *s.* combined sewerage system
combined transport kombinierter Verkehr *m*
combined truss and plate bridge Plattenbalkenbrücke *f*
combined water chemisch gebundenes Wasser *n*
combing 1. Firstpfette *f*, 2. Verkämmen *n (von Dachsparren)*; 3. Kämmen *n (Außenputz)*; Aufbringen *n* von Kammstreifenmustern *(auf frischer Farbe)*; Abglätten *n* einer Werksteinoberfläche
combplate Zahnplatte *f (an einer Rolltreppe)*
combustibility Brennbarkeit *f*
combustibility grading period Brennbarkeitsklasse *f*
combustible (ver)brennbar, verbrennlich; feuergefährlich
combustible material brennbarer Stoff *m*
combustion Verbrennung *f*
combustion air Verbrennungsluft *f*
combustion chamber Verbrennungskammer *f*, Brennkammer *f*, Feuerraum *m*
combustion rammer Explosionsramme *f*
combustion rate Verbrennungsgeschwindigkeit *f (eines Baustoffes)*
come-along 1. Betonhandverteiler *m*, Betonverteilschwapper *m*; 2. Seilzug *m*
come *v* **through** durchschlagen *(Feuchtigkeit, Wasser)*
comfort chart *(HLK)* Behaglichkeitszonenkarte *f*, Komfortzonenkarte *f*
comfort condition Behaglichkeitsbedingung *f*
comfort curve Behaglichkeitskurve *f (Beleuchtung)*
comfort humidification *(HLK)* Komfortbefeuchtung *f*
comfort index Behaglichkeitsindex *m*
comfort station *(AE)* Bedürfnisanstalt *f*, öffentliche Toilette *f*
comfort temperature *(HLK)* Behaglichkeitstemperatur *f*, Komforttemperatur *f*
comfort zone *(HLK)* Behaglichkeitszone *f*
comfortable feeling Behaglichkeitsgefühl *n*
coming-up to grass *(Erdb)* Ausstreichen *n*, Schichtenausstrich *m*
commemorative arch Ehrenbogen *m*, Gedenkbogen *m*
commemorative church Gedächtniskirche *f*
commemorative hall Memorialhalle *f*, Gedächtnishalle *f*
commemorative stone Gedenkstein *m*
commemorative structure Memorialbau *m*, Gedächtnisbau *m*; Gedenkmonument *n*
commencement of setting Erhärtungsbeginn *m*
commercial architecture kommerzielle Architektur *f*
commercial area Gewerbegebiet *n*
commercial block Geschäftsgebäude *n*, Geschäftshaus *n*
commercial building Geschäftsbau *m*, gewerbliches Gebäude *n*
commercial centre Einkaufs- und Dienstleistungszentrum *n*
commercial form Handelsform *f*
commercial grade Handelsgüte *f*
commercial length Handelslänge *f*
commercial name handelsübliche Bezeichnung *f*
commercial occupancy gewerbliche Nutzung *f*
commercial premises bebautes Geschäftsgrundstück *n*
commercial projected window *(AE)* Industriefenster *n*
commercial quality Handelsgüte *f*
commercial sewage gewerbliche Abwässer *npl*
commercial standard handelsüblicher Standard *m*; technische Güte- und Lieferbestimmung *f*
commercial stone-crushing plant Schotterwerk *n*
commercial tolerances Toleranzmaß *n*
commercial tower Geschäftshochhaus *n*
commercial type Handelsform *f*
commercial value Gebäudeertragswert *m*
comminute *v* zerkleinern; zerreiben
comminution plant Zerkleinerungsanlage *f*
commission *v* beauftragen; in Auftrag geben
commissioning Inbetriebnahme *f*
commitment Festlegung *f*, Verpflichtung *f*
commode step ausgezogene [ausladende] Antrittsstufe *f*
commode-type toilet Sitztoilette *f*
common Gemeindeland *n*, *(historisch)* Allmende *f*
common area Gemeinschaftsnutzfläche *f (für die Bewohner eines oder mehrerer Häuser)*
common ashlar hammerbehauener Steinblock *m*
common beech Weißbuche *f*
common black pitch Schwarzpech *n*
common bond amerikanischer Verband *m (nur jede fünfte Lage besteht aus Bindern)*
common brick Hintermauerziegel *m*
common carport Gemeinschaftsstellplatz *m* mit Überdachung

common clay Lehm *m*
common consumer system Gemeinschaftsanlage *f*
common dovetail Eckverzinkung *f* mit sichtbarer Holzschnittfläche
common joist Deckenträger *m*, Deckenbalken *m*; Holzdeckenbalken *m*
common lap halbe Schindelüberlappung *f*
common lighting Allgemeinbeleuchtung *f*
common lime Luftkalk *m*
common mica Muskovit *m*, Kaliglimmer *m*
common pitch Schwarzpech *n*
common practice übliches Verfahren *n*
common property Gemeineigentum *n*
common rafter 1. Leersparren *m*, Zwischensparren *m*; 2. Bindersparren *m*, rechtwinkliger Dachsparren *m (durchgehender Sparren vom Dachfuß zum Dachgrat)*
common rock salt Steinsalz *n*
common room Gemeinschaftsraum *m*, Aufenthaltsraum *m*, Tagesraum *m*
common services Gemeinschaftseinrichtungen *fpl*
common sewer gemeinsamer Mischwasserkanal *m*
common timbers Handelshölzer *npl*
common trunk *(El)* gemeinsames Leitungsbündel *n*
common truss frame Leergebinde *n*
common wall Brandmauer *f*, Wohnungstrennwand *f (zweier angrenzender Häuser)*; Grundstücks(begrenzungs)mauer *f (zwischen zwei angrenzenden Reihenhäusern)*; Markmauer *f*
common washroom Gemeinschaftswaschraum *m*
commons *(AE)* Mensa *f (in Colleges)*
communal building Kommunalgebäude *n*
communal consumer system Gemeinschaftsanlage *f*
communal kitchen Gemeinschaftsküche *f*
communal premises Gemeinschaftsräume *mpl (Innen- und Außenräume)*
communal services Gemeinschaftseinrichtungen *fpl*
commune Gemeinde *f*
communicating frame Doppelanschlagrahmen *m (für zwei Einzelschwingtüren)*
communication system Fernmeldeanlage *f*, Übermittlungsanlage *f*
community Gemeinde *f*, Siedlung *f*, Gemeinwesen *n*
community administration building Gemeindeverwaltungsgebäude *n*
community aerial Gemeinschaftsantenne *f*
community architecture volksnahe Architektur *f (zweckfunktionell)*
community building Kommunalgebäude *n*
community building construction Kommunalbauwesen *n*, Gesellschaftsbau *m*
community centre Kultur- und Dienstleistungszentrum *n*, kommunale Dienstleistungs- und Freizeiteinrichtung *f*
community-facilities plan Bebauungs- und Funktionsplan *m* für Dienstleistungs- und Freizeiteinrichtungen
community planning Siedlungsplanung *f*, Gemeindeplanung *f*
community unit Wohnkomplex *m*
commuter Einpendler *m*, Pendler *m (Verkehrsplanung)*
commuter traffic Berufsverkehr *m*; Pendlerverkehr *m*
commuter train Vorortzug *m*, Nahverkehrszug *m*
compact *v* 1. verdichten, (zusammen)pressen; einstampfen *(z. B. Verfüllung)*; 2. *(Bod)* verfestigen
compact *v* **by tamping** verdichten durch Rammen
compact 1. kompakt, dicht *(Struktur)*; 2. *(Bod)* fest; massiv *(Gestein)*; 3. massig; gedrungen
compact bars Derbstangen *fpl*
compact block dichter Klotz *m*
compact building Kompaktbau *m*
compact construction gedrängte Bauart *f*
compact design gedrungene [kompakte] Bauform *f*
compact edge geschlossene Kante *f*
compact gypsum Gipsfels *m (dichter Gips)*
compact limestone dichter Kalkstein *m*, Marmorkalkstein *m*
compact living Wohngemeinschaft *f*
compact tension specimen Standardprobe *f* der Bruchmechanik
compact wood Derbholz *n*
compacted verdichtet, verfestigt, kompaktiert
compacted backfill verdichtete Hinterfüllung *f*
compacted dry density Rütteldichte *f*
compacted earth fill foundation Sandpolstergründung *f*, Kiespolstergründung *f*
compacted fine material verdichtetes Feinmaterial *n*
compacted rock fill gewalzte Steinschüttung *f*
compacted volume verdichtetes Volumen *n (z. B. eines Erdstoffs)*
compactibility Verdichtbarkeit *f*, Verdichtungsfähigkeit *f (z. B. von Boden)*
compactible verdichtungsfähig *(Boden, Sand)*
compacting *s.* compaction
compacting beam 1. Stampfbohle *f*, Rüttelbohle *f*; 2. *(Verk)* Glättbohle *f*
compacting by tamping Verdichten *n* durch Rammen
compacting by hand Handverdichtung *f*
compacting effort Verdichtungsleistung *f*, Verdichtungsaufwand *f*, Verdichtungsarbeit *f*
compacting factor Verdichtungsfaktor *m*, Verdichtungsquotient *m (Beton)*
compacting plant Verdichtungsanlage *f*
compaction Verdichtung *f*, mechanische Erdstoffverfestigung *f*
compaction by vibration Vibrationsverdichtung *f*
compaction degree Verdichtungsgrad *m*
compaction factor Verdichtungsfaktor *m*
compaction machine Verdichtungsgerät *n*
compaction of concrete Betonverdichtung *f*
compaction pass Verdichtungsübergang *m*
compaction pile Verdichtungspfahl *m*
compaction rammer Verdichtungshammer *m*, Fallhammer *m (Marshall-Verdichtungstest; Proctortest)*
compaction roller Verdichtungswalze *f*, Straßenwalze *f*, Walze *f*
compaction test 1. Proctor-Test *m*, Proctor-Verdichtungsversuch *m*; 2. *(Erdb)* Verdichtungsprüfung *f*
compactness *(Erdb)* Lagerungsdichte *f*, Gedrungenheit *f (geometrisch)*
compactor 1. Verdichter *m*, Verdichtungsgerät *n (Untergrundverdichtung)*; 2. *s.* compaction roller; 3. Stampfgerät *n (im Labor)*
companion flange passender Flansch *m*, Gegenflansch *m*
company apartment *(AE)* Werkswohnung *f*
company(-owned) flat Werkswohnung *f*
company's administration building Firmenverwaltungsgebäude *n*
comparative concrete Vergleichsbeton *m*, Probekörperbeton *m*
comparative cost analysis Vergleichskostenanalyse *f*
comparative strength Vergleichsfestigkeit *f*
comparative test Vergleichsprüfung *f*
comparing of colours Farbvergleich *m*
comparison concrete *s.* comparative concrete
comparison stress Vergleichsspannung *f*
comparison test *s.* comparative test
compartment 1. Feld *n (Gewölbe, Brücke)*; 2. Gefach *n (Fachwerk)*; 3. Zelle *f (Hohlkastenträger)*; 4. Zelle *f (Silo)*; Tasche *f (Bunker)*; 5. *s.* fire compartment
compartment box Rohrverzweigungskasten *m*

compartment ceiling geteilte Decke *f (mit Deckentafeln)*; Großkassettendecke *f*
compartment division masonry wall durchgehende Brandmauer *f* [Brandschutzmauer *f*]
compartment floor Branddecke *f*
compartment kiln Holztrockenofen *m* mit Mehrkammersystem
compartment wall Brandmauer *f*, Brandschutzmauer *f*
compass 1. Kompass *m*, Bussole *f*; 2. *s.* compasses
compass block Radialstein *m*, Ringblockstein *m*
compass brick Radialziegel *m*, Ringziegel *m*, Keilziegel *m*
compass-headed arch Halbbogen *m*
compass plane Rundhobel *m*, Bogenhobel *m*
compass rafter gekrümmter Sparren *m*, gebogener Sparren *m*
compass roof Runddach *n*, Halbbogendach *n*, Tonnendach *n*
compass saw Stichsäge *f*, Lochsäge *f*, Spitzsäge *f*
compass survey Kompassvermessung *f*
compass tile Radialsteinplatte *f*, Radialstein *m*
compass timber Krummholz *n*
compass window rundes Erkerfenster *n*; Bogenfenster *n*
compass work joinery Bautischlerarbeit *f* mit runden Formen
compasses Zirkel *m*
compatibility Verträglichkeit *f*, Kompatibilität *f*
compatibility condition Verträglichkeitsbedingung *f*
compatibility requirement Verträglichkeitsforderung *f*
compatible 1. verträglich; 2. austauschbar; 3. mischbar *(z. B. Farben)*; kombinierbar
compatible with zinc white zinkweißverträglich, verträglich mit ZnO
compensation Abfindung *f*, Entschädigungszahlung *f*
compensation device Kompensator *m*, Dehnungsschleife *f*, Ausdehnungsschleife *f*
compensation joint Ausgleichsfuge *f*
compensation measures Kompensationsmaßnahmen *fpl*, Ausgleichsmaßnahmen *fpl (bei Eingriffen)*
compensator jack Ausgleichstrebe *f*
compensator reservoir Ausgleichbehälter *m*
competence Kompetenz *f*, Fähigkeit *f*, Zuständigkeit *f*
competent 1. fachkundig; 2. zuständig; 3. standfest *(Gestein)*
competent bed (of rock) *(Erdb)* tragfähige Gesteinsschicht *f*
competition Wettbewerb *m*
competition design Wettbewerbsarbeit *f*
competition entry Wettbewerbsbeitrag *m*
competitive konkurrierend
competitive edge *(sl)* Wettbewerbsvorteil *m*
competitor Konkurrent *m*, Konkurrenzfirma *f*, Mitbietender *m*; Mitbewerber *m*, Wettbewerbsteilnehmer *m*
compile *v* zusammenstellen *(z. B. Berichte)*
complaint Klage *f*, Beschwerde *f*, Reklamation *f*
complementary angle Ergänzungswinkel *m*, Komplementärwinkel *m*
complementary colour Komplementärfarbe *f*
complementary load Zusatzlast *f*
complementary work(s) Zusatzleistung *f (Arbeitsleistung)*; Ergänzungsleistung *f*
complete *v* 1. komplettieren, vervollständigen; ausbauen; 2. beenden, fertig stellen *(Bauwerk)*
complete 1. vollständig, komplett; 2. fertig gestellt, vollendet, fertig
complete fill abgeschlossene Deponie *f*, verfüllte Deponie *f*
complete restraint vollständige Einspannung *f*
complete separation vollständige Teilung *f*, komplette Trennung *f*
complete trellis work vollständige Fachwerkwand *f*
completed draft fertiger Entwurf *m*
completed structure fertig gestellter Bau *m*
completely peeled weißgeschält, blankgeschält *(Holz)*
completion 1. Komplettierung *f*, Ausbau *m (eines Gebäudes)*; 2. Beendigung *f*, Fertigstellung *f (eines Bauwerks)*
completion bond Nachauftragnehmergarantie *f*
completion cycle Bautakt *m*
completion date Fertigstellungstermin *m*
completion list Mängelliste *f*
completion of the interior Innenausbau *m*
completion of work Fertigstellung *f* der Leistungen
completion work Ausbauarbeiten *fpl*
complex 1. zusammengesetzt; mehrteilig; 2. vielgestaltig
complex Anlage *f*, Komplex *m*
complex frame komplexer Rahmen *m*
complex of blocks [houses] Gebäudekomplex *m*
compliance Einhaltung *f (z. B. von Terminen)*; Erfüllung *f (z. B. von Bauvorschriften)*; Übereinstimmung *f*
compliance test Kontrollprüfung *f*, Prüfung *f* auf Vertragsgemäßheit
complicated section komplizierter Querschnitt *m*
comply *v* **with the requirements** *(Stat)* den Forderungen genügen
compo 1. Verbundmaterial *n*; 2. Plastikzement *m*, Härtepaste *f*; 3. *s.* compo mortar
compo mortar Kalkzementmörtel *m*, Zementkalkmörtel *m*
component 1. Bauteil *n*, Teil *n*; Glied *n*; 2. *(Stat)* Komponente *f (der Kraft)*; Teilkraft *f*; 3. Komponente *f*, Bestandteil *m*
component costs Einzelkosten *pl*
component force *(Stat)* Teilkraft *f*
component of deflection Durchbiegungskomponente *f*
component square Grundquadrat *n (Mosaik)*
components of mixture Mischgutbestandteile *mpl*; Mischgutkomponenten *fpl*
compose *v* zusammensetzen
composite zusammengesetzt; gemischt; Verbund...
composite Verbund(werk)stoff *m*
composite action Verbundwirkung *f*
composite arch gemischter Bogen *m*, Kreuzbogen *m*
composite beam Verbundträger *m*
composite bearing structure Verbundtragwerk *n*, Tragverbundkonstruktion *f*
composite board Verbundplatte *f*, Sandwichplatte *f*; Dämmplatte *f*
composite board including veneer-faced particle furnierbeplankte Spanplatte *f*
composite building construction Verbundbauweise *f*, Verbundbau *m*
composite capital Kompositkapitell *n*
composite cement Kompositzement *m*
composite column Verbundstütze *f*, Kompositsäule *f (Formstahl und Beton)*
composite construction Verbundbau *m*
composite construction method for roofs and floors Dach- und Deckenverbundkonstruktion *f*
composite cross section Verbundquerschnitt *m*
composite door beschichtete Tür *f*
composite fire door Feuerschutzverbundtür *f*
composite floor panel [slab] Verbunddecke(nplatte) *f*
composite folded slab Verbundfaltwerk *n*
composite frame Verbundtragwerk *n*
composite framed structure Verbundrahmentragwerk *n*
composite girder Verbundträger *m*, Verbundbalken *m*, Stahl-Beton-Verbundträger *m*
composite joint Mehrfachverbindung *f*
composite material Verbundmaterial *n*, Verbundwerkstoff *m*

composite member *s.* composite unit
composite panel Verbund(bau)platte *f*, Verbundtafel *f*
composite pavement *(Verk)* Straßenbefestigung *f* in Gemischtbauweise, halbstarrer Oberbau *m*
composite pile zusammengesetzter Pfahl *m*; Verbundpfahl *m*
composite profile Verbundprofil *n*
composite roof truss Verbunddachbinder *m*, Fachwerkbinder *m* aus Verbundbaustoff
composite sample Mischprobe *f*, Durchschnittsprobe *f*
composite sheat Verbundplatte *f*
composite soil gemischtkörniger Boden *m*, zusammengesetzter Erdstoff *m*
composite steel and concrete structure Stahlverbundkonstruktion *f*, Verbundbauwerk *n*
composite structure Verbundkonstruktion *f*
composite supporting structure Verbundtragwerk *n*
composite truss Stahl-Holz-Binder *m*; Verbunddachbinder *m*
composite truss frame zusammengesetztes Hängesprengwerk *n*
composite unit Verbundbauteil *n*
composition 1. Zusammensetzung *f (z. B. von Kräften)*; 2. Aufbau *m*, Zusammensetzung *f (von Stoffen)*; 3. Gemenge *n (Mischgut)*; 4. Härtepaste *f*
composition board Verbundplatte *f*, Pressholzbrett *n*
composition flooring, Verbundbelag *m*, fugenloser Fußbodenbelag *m*, Steinholzestrich *m*
composition material Verbundbaustoff *m*
composition nail Dachnagel *m*, Schiefernagel *m*; Messingnagel *m*
composition of concrete Betonzusammensetzung *f*
composition of mixture Gemischzusammensetzung *f*
composition roofing 1. Flachdachdichtung *f*, Asphaltdachdeckung *f* mit Kiesabdeckung; *(AE)* Spachtelbedachung *f*; 2. Mehrlagenpappe *f (Dachpappe)*
composition(-roofing) shingle Pappschindel *f*, bituminöse Dachschindel *f*
composition steel beam structure Stahlträgerverbundkonstruktion *f*
compositional receipe Rezeptur *f*, Rezepturvorgabe *f (Mischwerk)*
compound *v* 1. mischen, nach Mischungsrezept herstellen; 2. zusammenstellen; zusammensetzen
compound 1. Mischung *f*, Gemisch *n*; 2. (chemische) Verbindung *f*; 3. Kompound *n*, (bituminöse) Vergussmasse *f*; 4. eingefriedetes bebautes Grundstück *n (z. B. Industriegebäude)*
compound arch gemischter Bogen *m*
compound beam zusammengesetzter Träger *m*, Verbundbalken *m (Holz)*
compound bending Biegung *f* mit Normalkraft
compound bridge girder and arch verbundener Brückenträger *m*
compound chimney Verbundschornstein *m*
compound curve Korbbogen *m*
compound for building purposes Bauklebemasse *f*
compound girder Verbundträger *m*
compound glass Verbundglas *n*, Sicherheitsglas *n*
compound junction *(Verk)* komplexer Knotenpunkt *m*
compound load zusammengesetzte Belastung *f*
compound order komposite Säulenordnung *f*
compound pier Büschelsäule *f*, zusammengesetzter Pfeiler *m (mit Kern und ringsherum gruppierten kleinen Pfeilern)*
compound section zusammengesetzter Querschnitt *m*
compound stress zusammengesetzte Spannung *f*
compound unit Verbundbauteil *n*, vorgefertigtes Bauteil *n*
compound vault zusammengesetztes Gewölbe *n*
compound wall inhomogene Wand *f*
compregnated wood *(AE)* Pressholz *n*, Kunst(harzpress)holz *n*; Schichtpressholz *n*
comprehensive advisory services (umfassende) Bauberatung *f*
comprehensive redevelopment komplexe Sanierung *f (größerer Wohnviertel)*
comprehensive services komplette Baudurchführung *f (durch das beauftragte Entwurfsbüro)*
compress *v* komprimieren, zusammendrücken, zusammenpressen; verdichten
compressed gedrückt, Druck...
compressed-air caisson Druckluftcaisson *m*
compressed-air chamber Luftkammer *f*
compressed-air drill Druckluftbohrer *m*
compressed-air hammer Drucklufthammer *m*
compressed-air line Druckluftleitung *f*
compressed asbestos-cement panel gepresste Asbestbetonplatte *f*
compressed asphalt Stampfasphalt *m*
compressed component gedrücktes Bauteil *n*
compressed concrete Stampfbeton *m*
compressed cork slab Presskorkplatte *f (Dämmplatte)*
compressed diagonal Druckdiagonale *f*
compressed element Druckglied *n*, Druckstab *m (Festigkeitslehre)*
compressed fibreboard Hart(faser)platte *f*, Span(holz)platte *f*, Faserpressplatte *f*
compressed flange Druckgurt *m (Fachwerk)*
compressed member *s.* compressed element
compressed reinforcement Druckbewehrung *f*
compressed rock asphalt Stampfasphalt *m*
compressed rod Druckglied *n*
compressed straw Pressstroh *n*
compressed wood Kunst(harzpress)holz *n*, kunstharzgetränktes und gepresstes Holz *n*
compressed wood laminate flooring Kunstholzfußboden *m*
compressed zone Druckzone *f*
compressibility Komprimierbarkeit *f*, Zusammendrückbarkeit *f*, Verdichtbarkeit *f*
compressible zusammendrückbar; verdichtbar *(Baustoffe, Boden)*
compressible ground zusammendrückbarer Boden *m*
compression 1. Kompression *f*, Zusammendrücken *n*; Pressung *f*, Verdichtung *f*; 2. Druck *m*
compression and bending test machine Druck- und Biegeprüfpresse *f*
compression area Druckfläche *f*, Druckquerschnitt *m*
compression bar Druckstab *m (Festigkeitslehre)*
compression bars Druckbewehrung *f*
compression bearing joint Druckübertragungsverbindung *f*
compression-bending stress Druckbiegespannung *f*
compression boom Druckgurt *m*, äußerer [ausgelegter] Gurt *m*, Druckflansch *m (Fachwerk)*
compression chord Druckgurt *m*
compression column Druckstütze *f*
compression component Druckkomponente *f*
compression cross section Druckquerschnitt *m*
compression curve Verdichtungslinie *f*
compression diagonal Druckdiagonale *f*
compression faucet *(AE)* Wasserhahn *m*; Auslassventil *n*
compression fibre Druckfaser *f (Festigkeitslehre)*
compression flange Druckgurt *m (Fachwerk)*
compression force Druckkraft *f*
compression index Kompressionsbeiwert *m*
compression joint Pressfuge *f*

compression member 1. gedrücktes Bauteil *n*; 2. Druckglied *n (Festigkeitslehre)*
compression moulding Formpressen *n*
compression reinforcement Druckbewehrung *f*
compression resistance Druckwiderstand *m*
compression-resistant druckbeständig, druckfest
compression rigidity Drucksteife *f*
compression riveting machine Pressnietmaschine *f*
compression rupture Druckbruch *m*, Bruch *m* durch Druckbelastung
compression seal Pressdichtung *f*
compression set bleibende [permanente] Setzung *f*
compression strength *(Stat)* Druckfestigkeit *f*
compression strength class Druckfestigkeitsklasse *f*
compression strength range Druckfestigkeitsbereich *f*
compression stress Druckspannung *f*
compression test Druckprüfung *f*, Druckversuch *m*
compression tester Druckprüfpresse *f*
compression valve Dichtungsventil *n*, Schraubventil *n (Wasserleitung)*
compression wave Druckwelle *f*
compression with bending Biegedruck *m*
compression wood Druckholz *n*
compression yield point Stauchgrenze *f*
compression zone Druckzone *f*, gedrückte Zone *f*; Stauchzone *f*
compressive zusammendrückend, Druck...
compressive cube strength Würfeldruckfestigkeit *f (Beton)*
compressive fibre Druckfaser *f (Festigkeitslehre)*
compressive force Druckkraft *f*
compressive load Drucklast *f*
compressive ratio Verdichtungsverhältnis *n*
compressive reinforcement Druckbewehrung *f*
compressive strain Stauchung *f*
compressive strength *(Stat)* Druckfestigkeit *f*; Druckpressung *f*
compressive stress Druckspannung *f*, Druck *m (durch Längskräfte)*
compressive stress field Druckspannungsfeld *n*
compressive test Druckprüfung *f*
compressive yield point Quetschgrenze *f (Festigkeitsprüfung)*
compressor Kompressor *m*, Verdichter *m*; Drucklufterzeuger *m*
cumpulsory verbindlich, verpflichtend
compulsory mixer Zwangsmischer *m (Beton)*
computable berechenbar
computable value Rechengröße *f*
computation Rechentechnik *f*, Berechnung *f*, Berechnung *f*
computation of elevations Höhenberechnung *f*
computation of heat loss Wärmeverlustberechnung *f*
computational rechnerisch
computational labour Berechnungsarbeit *f*
compute *v* rechnen; berechnen, errechnen
computed maximum load rechnerische Höchstlast *f*
computed stress rechnerische Spannung *f*
computed tensile stress berechnete Zugspannung *f*
computer-aided rechnergestützt
computer-aided design 1. rechnergestütztes Konstruieren *n*, CAD; 2. rechnergestützte Konstruktion *f*
computer-aided manufacturing rechnergestütztes Fertigen *n*, CAM
computer-aided planning rechnergestütztes Planen *n*
computer calculation Computerberechnung *f*
computer centre Rechenzentrum *n*
computer check Rechnernachweis *m*
computer-controlled rechnergesteuert
computer model validation Computermodellvalidation *f*
computer prediction Computervoraussage *f*
computer simulation *(Verk)* Computersimulation *f*
computerized design rechnergestützte Konstruktion *f*
computing elevation *(Verk)* Höhenberechnung *f*
computing procedure Berechnungsmethode *f*
concamerate *v* einwölben, überwölben; mit Bögen überspannen
concameration Gewölbe- und Bogenkonstruktion *f*; Gewölbe *n*; gewölbtes Dach *n*; gewölbte Decke *f*; Bogen *m*
concave konkav, hohlgewölbt, schalenförmig
concave joint konkave Mauerwerksverbindungsfuge *f*, hohlrunde Fuge *f*
concave moulding Hohlkehle *f*
concave plug bit Hohlbohrkrone *f*
concave tile Nonne *f*, Rinnenziegel *m*, Haken(stein) *m*
concavity konkave Form *f*, Rundhöhlung *f*, Hohlform *f*, Austiefung *f*
conceal *v* verdecken
concealed 1. verdeckt; 2. unter Putz; Unterputz...
concealed and embedded conduit [insulating tube] eingeputztes Isolierrohr *n*
concealed cable *(El)* Unterputzkabel *n*
concealed cleat verdecktes Metallankerband *n (bei Dachdeckung mit Blechtafeln)*
concealed conduit Unterputzleerrohr *n*; Unterputzleitung *f*
concealed door verdeckte Tür *f*; Tapetentür *f*
concealed door closer verdeckter Türschließer *m*
concealed flashing verdecktes Kehlblech *n*, verdeckter Anschluss *m*
concealed gutter *(AE)* eingebaute Dachrinne *f (in die Traufe)*
concealed heating unsichtbare Beheizung *f (von Räumen)*
concealed illumination [lighting] indirekte Beleuchtung *f*, Indirektbeleuchtung *f*
concealed nailing verdeckte Nagelung *f*
concealed pipe Unterputzrohr *n*
concealed suspension system verdeckte Zwischendeckenaufhängung *f*, verdecktes Hängesystem *n*
concealed valley verdeckte Metallkehle *f (eines Dachs)*
concealed wiring *(El)* Unterputzverlegung *f* (von Leitungen)
concentrate *v* 1. konzentrieren, sich sammeln *(an einem Punkt)*; 2. anreichern
concentrated couple Punktmoment *n*, konzentriertes Moment *n*
concentrated load Einzellast *f*, Punktlast *f*
concentrated load stress Punktlastspannung *f*
concentrated loading Punktbelastung *f*
concentrated slurry Dickschlamm *m (Klärwerk)*
concentration Konzentration *f*, Gehalt *m*
concentric konzentrisch, mittig, zentriert
concentric beam konzentrischer Balken *m*
concentric load *(Stat)* Axiallast *f*, mittige Last *f*
concentric tendon axiales Spannglied *n*
concentrical joint konzentrische Fuge *f*
concentricity test Rundlaufprüfung *f (Beläge)*
concept Konzept *n*; Begriff *m*
concept of expressive form Formwille *m*
concept of form Formvorstellung *f*
concept of style Stilbegriff *m*
concert border Bühnenbeleuchtungsleiste *f*
concert hall Konzerthalle *f*, Tonhalle *f*
concertina door Harmonikatür *f*
concertina partition wall Harmonika(trenn)wand *f*
concession Einräumung *f*, Bewilligung *f*, Zugeständnis *n* nach Realisierung
concha 1. *(Arch)* Konche *f (Kuppelschale einer Apsis)*; 2. *(Arch) s.* apse 1.
conchoidal muschelförmig; schnecken(linien)förmig; muschelig *(z. B. gebrochene Gesteinsoberfläche)*

conclude *v* Vertrag abschließen
conclusion of contract Vertragsabschluss *m*
concordant tendon zwängungsfreies Spannglied *n*
concourse *(AE)* 1. Freifläche *f (z. B. an Straßenkreuzungspunkten, in Parkanlagen)*; 2. Bahnhofshalle *f*, Eingangshalle *f*; 3. Einsteigegalerie *f*, Finger *m (Flugsteig)*
concrete *v* betonieren, Beton einbringen
concrete *v* **in** einbetonieren
concrete Beton *m*, Zementbeton *m*
concrete additive Betonadditiv *n*, Betonzusatzmittel *n*
concrete admix(ture) Betonzusatzmittel *n*, Betonwirkstoff *m*
concrete aggregate Betonzuschlag *m*, Betonzuschlagstoff *m*
concrete aggregate composition Betonzuschlag(stoff)-zusammensetzung *f*
concrete agitation Betonrüttelverdichtung *f*
concrete air pump Betonpumpe *f* mit Pressluft
concrete anchor 1. Mauer(werks)anker *m*; 2. *s.* concrete anchorage
concrete anchorage (eingegrabener) Betonankerklotz *m*, Betonanker *m*
concrete and pile foundation Gründung *f* auf Beton und Pfahlrost
concrete and reinforced concrete work Beton- und Stahlbetonarbeiten *fpl*
concrete antifreezer Betonfrostschutzmittel *n*
concrete apron Betonschürze *f*
concrete area Betonfläche *f*
concrete ashlar Betonwerkstein *m*
concrete backfilling Betonhinterfüllung *f*
concrete ballast Betonzuschlagstoff *m (Korngröße < 37 mm)*
concrete base Betonfundament *n*, Betonsohle *f*
concrete base slab Betongrundplatte *f*
concrete batching plant Betonmischanlage *f*, Frischbetonwerk *n*
concrete bay Betonplatte *f*, Betonfeld *n*
concrete beam Betonbalken *m*
concrete bearing system Betontragwerk *n*
concrete bed Betonsohle *f*, Betonbett *n*
concrete bending stress Betonbiegespannung *f*
concrete biological shielding Betonabschirmung *f* bei Strahlung
concrete blinding 1. Unterbeton *m*, Unterbetonlage *f*; 2. Modell *n* in Beton
concrete block 1. Betonblock(stein) *m*, Betonformstein *m*; 2. Wohnsilo *n*
concrete block bar support Betonstababstandhalterung *f*, Betonbewehrungsabstandhalter *m*
concrete block paving Betonsteinpflaster *n*, Betonplattenbelag *m*
concrete bond Haftputz *m*
concrete bracket Betonkonsole *f*
concrete breaker Betonaufbruchhammer *m*, Abbauhammer *m*
concrete brick kleiner Betonmauerwerkstein *m*
concrete buggy [cart] Betonkarren *m*, Kippkarren *m*, Japaner *m*
concrete cable cover Betonkabelabdeckstein *m*
concrete casing Betonummantelung *f*
concrete cast-in-situ Ortbeton *m*
concrete ceiling Betondecke *f*, Zementbetondecke *f*
concrete centrifugal casting Betonschleuderverfahren *n*
concrete channel Betonrinne *f*, Betonrinnstein *m*
concrete chimney Betonkamin *m*, Betonschornstein *m*
concrete class Beton(güte)klasse *f*
concrete code Betonvorschriftenwerk *n*, Betonbestimmungen *fpl*
concrete collar Betonring *m (um eine Stütze)*
concrete compactor Betonverdichter *m*
concrete component Betonfertigteil *n*
concrete composition Betonaufbau *m*
concrete compressive strength Betondruckfestigkeit *f*
concrete consistency Betonkonsistenz *f*, Betonsteife *f*
concrete construction Betonbau *m*
concrete construction method Betonbauweise *f*
concrete coping block Betonabdeckstein *m*
concrete core Betonkern *m*, Gebäudekern *m*, Hauskern *m*
concrete corrosion Betonkorrosion *f*
concrete cover(ing) Betondeckung *f*, Betonüberdeckung *f*
concrete creep Betonkriechen *n*
concrete cube test Betonwürfelprüfung *f*
concrete curb Betonbordstein *m*
concrete curing Betonnachbehandlung *f*
concrete curing blanket Nachbehandlungsmatte *f*, Nachbehandlungstuch *n*, Abdeckmatte *f (für Beton)*
concrete curing chamber Nachbehandlungsraum *m*
concrete curing compound Betonnachbehandlungsmittel *n*
concrete curing wax agent Betonnachbehandlungsmittel *n* auf Wachsbasis
concrete cylinder compressive strength (Beton-)Zylinderdruckfestigkeit *f*, Zylinderdruckprobe *f*
concrete dam Betonstaumauer *f*
concrete deadman Betonanker(klotz) *m*, Betonverankerung *f*
concrete densifying agent Betondichtungsmittel *n*
concrete density Betondichte *f*
concrete density control Betondichteprüfung *f*
concrete design criteria Betonbemessungsgrundlagen *fpl*
concrete designed mix Betonmischrezeptur *f*
concrete disintegration Betonzersetzung *f*
concrete distributing plant Betonverteilungsanlage *f*
concrete distributor Betonverteiler *m*
concrete drill Betonsteinbohrer *m*
concrete drop chute Betonschurre *f*, Betonfallrohr *n*
concrete duct Zementrohr *n*
concrete efflorescence Betonausblühung *f*
concrete emulsion Betonemulsion *f*
concrete-encased betonumhüllt, betonummantelt, einbetoniert *(Verbundstütze)*
concrete encasement Betonummantelung *f (eines Körpers)*; Betonverschalung *f*
concrete engineering Betonbau *m*, Betontechnik *f*
concrete envelope Betonmantel *m (Kernreaktor)*
concrete exposed aggregate finish Waschbeton *m*
concrete extruding machine Betongleitfertiger *m*
concrete fabrication Betonherstellung *f*
concrete facing Betonverschalung *f (Verkleidung einer Fläche)*; Betonverblendung *f*
concrete factory Betonwerk *n*
concrete filling Betonschüttung *f*, Betonfüllung *f*
concrete filter pipe Betonbrunnenrohr *n*, Betonfilterrohr *n*
concrete fin Betonnase *f*
concrete finish 1. Betonoberflächengestaltung *f*; 2. (gestaltete) Betonoberfläche *f*
concrete finisher [finishing machine] Beton(decken)-fertiger *m (Straßenbau)*
concrete fitting Betonformstück *m*
concrete floor Betondecke *f*, Zementbetondecke *f*
concrete floor hardener Betondeckenoberflächenhärter *m*
concrete floor slab Zementdiele *f*, Betondeckenplatte *f*
concrete floor system Betondeckensystem *n*
concrete for pavement markings Markierungsbeton *m*
concrete for radiation shielding Strahlenschutzbeton *m*, Abschirmbeton *m*

concrete for X-ray rooms Röntgen(raum)schutzbeton *m*
concrete form(s) *s.* concrete formwork
concrete formulation Betonrezept *n*
concrete formwork Beton(ver)schalung *f*, Schalung *f*
concrete foundation Betonfundament *n*, Betonunterbau *m*
concrete foundation pile Stahlbetongrundpfahl *m*
concrete foundation slab Betonfundamentplatte *f*
concrete frame construction Stahlbetonskelettbau *m*
concrete girder Betonträger *m*
concrete goods Betonware *f*
concrete grade Betongüte *f*, Beton(güte)klasse *f*
concrete gravity dam *(Wsb)* Betonschwergewichtsmauer *f*
concrete-gray betongrau
concrete grillage Betonrostplatte *f*
concrete grinder Betonschleifmaschine *f*
concrete grouter Betonauspressmaschine *f*
concrete gun Betonspritzgerät *n*, Betonspritze *f*
concrete hardener Betonhärtungsmittel *n*, Betonhärter *m*
concrete hinge Betongelenk *n*
concrete hip tile Betongratstein *m*, Betonwalmstein *m* *(Dach)*
concrete hoist Betonhebewerk *n*
concrete hollow-core slab Zementhohldiele *f*, Stahlbetonhohldiele *f*
concrete hollow filler (block) Betondecken(hohl)stein *m*, Betondeckenhohlkörper *m*, Deckenfüllblockstein *m*
concrete hollow ware Betonhohlware *f*
concrete improver Betonvergütungsmittel *n*, Betonvergüter *m*
concrete ingredient Betonkomponente *f*, Betonbestandteil *m*
concrete-in-mass Massenbeton *m*
concrete injection Betonverpressung *f*, Einpressung *f* von Beton
concrete insert Dübel *m*
concrete internal vibrocompactor Innenrüttler *m*
concrete joint Betonfuge *f*
concrete joint sealing compound Betonfugenvergussmasse *f*
concrete kerb Betonbordstein *m*, Betonrundstein *m*
concrete lane finisher Betonstraßenfertiger *m*
concrete lathing Betondrahtgewebe *n*
concrete layer Betonschüttung *f*, Betonschicht *f*
concrete levelling layer Betonausgleichsschicht *f*
concrete-lined betonbelegt
concrete lining 1. Betonauskleidung *f*, Betonausbau *m*; 2. Betonmantel *m*
concrete lintel Betonsturz *m*
concrete manhole Betonschacht *m*
concrete masonry Beton(block)steinmauerwerk *n*, Betonmauerwerk *n*
concrete mat Betongrundplatte *f*
concrete matrix Betongrundmasse *f*
concrete mattress Unterbetonlage *f (auf Gründungssohle)*
concrete mix Betonmischung *f*, Frischbeton *m*, Betongemenge *n*
concrete mixer Betonmischer *m*, Betonmischmaschine *f*, Kippmischer *m*
concrete mixer on truck 1. Fahrmischer *m (Wagen und Mischer als feste Einheit)*; 2. Betonmischer *m* auf Transportgestell
concrete mixer with rotating drum Trommelmischer *m*
concrete mixing Betonaufbereitung *f*
concrete mixing plant Betonmischanlage *f*, Betonmischwerk *n*
concrete monolithic construction Betonmonolithbau *m*
concrete mortar Betonmörtel *m*
concrete mould Betonform *f*
concrete mould oil Betonformöl *n*
concrete moulding block Betonformstein *m*
concrete nail Stahlkurznagel *m*
concrete paint Zementanstrich *m*
concrete pantile Betondachpfanne *f*
concrete patching Betonausbesserung *f*, Betonreparatur *f*
concrete pavement Betondecke *f (Straße)*
concrete paver Betondeckenfertiger *m*, Straßendeckenfertiger *m*
concrete paving 1. Betonieren *n* von Straßen; 2. Betondecke *f*, Betonlage *f (Straße)*
concrete paving block Betonpflasterstein *m*
concrete paving flag Betonbelagplatte *f*
concrete paving sett Betonpflasterstein *m*
concrete pile Stahlbetonpfahl *m*
concrete pipe Betonrohr *n*, Zementrohr *n*
concrete placement Betonieren *n*, Betonierung *f*, Betoneinbringung *f*, Betonierarbeit *f*
concrete-placement funnel Betontrichter *m*
concrete placer Betonförderer *m*
concrete placing *s.* concrete placement
concrete placing sequence Betonierfolge *f*, Betonier(einbau)technologie *f*
concrete plank Betonbohle *f*, Stahlbetonhohldiele *f*, Hohldiele *f*
concrete plant Betonwerk *n*
concrete platform Betonplattform *f*
concrete plug Betonpfropfen *m*
concrete pocket Betonnest *n*
concrete pole Betonleitungsmast *m*
concrete precast pile Betonfertigpfahl *m*
concrete preparing equipment [plant] Betonanlage *f*, Betonmischwerk *n*, Betonmischanlage *f*
concrete prescribed mix Betonsollrezeptur *f*, Betonvorgaberezeptur *f*
concrete preservative Betonschutzmittel *n*
concrete pressure pipe Betondruckrohr *n*
concrete processing equipment Betonproduktionsanlage *f*
concrete production Betonherstellung *f*
concrete products Betonwaren *fpl*
concrete proportion Betonmischungsverhältnis *n*
concrete protection Beton(über)deckung *f*
concrete protection layer Betonschutzschicht *f*
concrete pump Betonpumpe *f*
concrete quality Betonqualität *f*, Betongüte *f*
concrete quality control Betongüteüberwachung *f*, Betonqualitätssteuerung *f*
concrete quality grade Betongüteklasse *f*
concrete radiation shielding wall Betonabschirmwand *f*
concrete raft Großflächenplatte *f (für Fundamente)*
concrete railraod tie *(AE)* Betonschienenschwelle *f*
concrete railway sleeper Betonschienenschwelle *f*
concrete rammer Betonstampfer *m*
concrete recycling Betonwiederverwendung *f*
concrete refuse water pipe Abwasserbetonrohr *n*, Betonschmutzwasserrohr *n*
concrete reinforcement Bewehrung *f*, Armierung *f*
concrete reinforcing bars Bewehrungseisen *npl*
concrete reinforcing cage Bewehrungskorb *m*
concrete reinforcing steel *s.* concrete steel
concrete reintegration Betonreparatur *f*, Betonausbesserung *f*, Betonflickung *f*
concrete repair Betonausbesserung *f*, Betonreparatur *f*
concrete reservoir Betonbehälter *m*
concrete rib(bed) floor Betonrippendecke *f*

concrete ring Betonbrunnenring *m*
concrete road Betonstraße *f*
concrete roadbase Betontragschicht *f*
concrete road finisher *s.* concrete paver
concrete road form Seitenschalung *f (Straßenbau)*
concrete road gully Betonstraßeneinlauf *m*
concrete road paver *s.* concrete paver
concrete rolling technique Walzbetonverfahren *n*
concrete roof tile Zementdachstein *m*, Betondachstein *m*
concrete roofing slab Betondachelement *n*
concrete roofing tile *s.* concrete roof tile
concrete sample Betonprobekörper *m*, Betonprüfwürfel *m*
concrete sand Betonsand *m*
concrete saw Betonsäge *f*, Fugensäge *f (Straßenbau)*
concrete saw-tooth (roof) shell Betonshed(dach)schale *f*
concrete scrap Betonschutt *m*
concrete screed 1. Betonestrich *m*; 2. Beton(putz)leiste *f*, Betonierverlegeleiste *f*, Betonabziehhöhenlehre *f*
concrete-screed floating floor schwimmender Zementestrichbelag *m*
concrete screw spreader Betonschneckenverteiler *m*
concrete sealing Betonversiegelung *f*
concrete sett Betonpflasterstein *m*
concrete sewage pipe Abwasserbetonrohr *n*, Betonschmutzwasserrohr *n*
concrete sewer Betonabwasserkanal *m*
concrete shell roof Betonschalendach *n*
concrete shelter Betonschutzbunker *m*
concrete shield Betonschirm *m (gegen Strahlung)*
concrete shooting Betonspritzverfahren *n*
concrete shrinkage Betonschwinden *n*
concrete shuttering Beton(ver)schalung *f*
concrete silo Betonsilo *n*
concrete site sampling örtliche Betonprobenentnahme *f*
concrete skeleton construction Betonskelettkonstruktion *f*
concrete slab 1. Betonplatte *f*, 2. Zementbetondiele *f*, Zement(hohl)diele *f*
concrete slab track *(Verk)* Betonplattengleis *n*
concrete sleeper Betonschwelle *f (Eisenbahn)*
concrete slop [sludge] Betonabschliffschmant *m*
concrete slump Betonsetzmaß *n*
concrete spacer Betonabstandhalter *m*, Betondistanzklötzchen *n*
concrete specification Betonvorschrift *f*
concrete spraying Torkretieren *n*, Betonspritzen *n*
concrete spreader Betonverteiler *m*
concrete steel Bewehrungsstahl *m*, Betonstahl *m*
concrete strength Betonfestigkeit *f*
concrete strength class Betonfestigkeitsklasse *f*
concrete stress Betonspannung *f*
concrete strip foundation Betonstreifenfundament *n*
concrete structure Betontragwerk *n*; Betonkonstruktion *f*, Betonbauwerk *n*
concrete subbase [sub-floor] Betonunterlage *f*
concrete subgrade paper *(Verk)* Papierunterlage *f*
concrete supporting framework Betontragwerk *n*
concrete supporting medium Betonunterlage *f*
concrete surcharge Betonauflast *f*
concrete surface Betonoberfläche *f*, Betonüberdeckung *f*
concrete surface finish Betonoberflächengestaltung *f*
concrete surfacing Betonauskleidung *f*
concrete tamper Betonstampfer *m*
concrete technician Betontechniker *m*, Betonbauer *m*
concrete technology Betontechnik *f*, Betontechnologie *f*
concrete tensile strength Betonzugfestigkeit *f*
concrete test cube Betonprüfwürfel *m*
concrete test cylinder Betonprüfzylinder *m*
concrete test hammer Betonrückprallhammer *m*, Betonprüfhammer *m*
concrete testing lab(oratory) Betonprüflabor(atorium) *n*
concrete texture Betongefüge *n*, Betonstruktur *f*
concrete threshold Betonschwelle *f*
concrete tie Betonanker *m*
concrete topping Betondeckschicht *f*, Auf(satz)beton *m*
concrete type Betonart *f*
concrete underbed Unterbeton *m*
concrete underground diaphragm *(Wsb)* Schlitzwand *f*
concrete unit Betonfertigteil *n*
concrete vault Betongewölbe *n*
concrete vibrating machine *s.* concrete vibrator
concrete vibration Betonrüttelverdichtung *f*
concrete vibrator Betonrüttler *m*, Betonrüttelmaschine *f*, Vibrationsverdichter *m*
concrete wall Betonwand *f*
concrete wall panel Wand(bau)tafel *f (Beton)*
concrete walling unit Beton(wand)stein *m*
concrete waste pipe Betonentwässerungsrohr *n*, Abflussbetonrohr *n*
concrete waterproofing compound Betondichtungsstoff *m*, Betondichtungsmittel *n*
concrete wearing layer Betonverschleißschicht *f*
concrete wearing surface Betonverschleißoberfläche *f*
concrete wet density Betonfeuchtraumdichte *f*, Raumdichte *f* des Frischbetons
concrete whitetop overlay weißer Betonbelag *m*
concrete with high early stability frühhochfester Beton *m*
concrete with lightweight aggregate Leichtzuschlagbeton *m*
concrete work Betonarbeiten *fpl*
concrete workability Betonverarbeitbarkeit *f*
concrete workability agent Betonverflüssiger *m*, BV-Stoff *m*
concreted betoniert
concreting Betoneinbringung *f*, Betonieren *n*, Betonierarbeit *f*
concreting gang Betonierkolonne *f*
concreting paper *s.* building paper
concreting plant 1. Betonwerk *n*; 2. Betonierzug *m*
concreting programme Betonprogramm *n*
concreting site Betonbaustelle *f*
concreting tower Aufzugsturm *m* für Beton
concretor Betonierer *m*, Beton(fach)arbeiter *m*
concurrent 1. zusammenwirkend; 2. gleichzeitig ablaufend
concurrent forces zusammenwirkende Kräfte *fpl*
concussion 1. Erschütterung *f*, 2. Druckschlag *m (Wasserleitung)*
condemn *v* abrissreif erklären, abbruchreif erklären, den Abbruch erklären
condemnation 1. *(AE)* Enteignung *f (von Land)*; Überführen *n* in Gemeinnutz; 2. Unbrauchbarkeitserklärung *f*, 3. Nutzungserklärung *f (für ein Gebäude zur allgemeinen Nutzung)*
condemned gesperrt, als ungeeignet für Wohnzwecke erklärt, abrissreif
condensate Kondensat *n*, Kondenswasser *n*, Schwitzwasser *n*, Tauwasser *n*, Niederschlag *m (z. B. Dampf)*
condensate drainage Kondenswasserabscheider *m*
condensate drip Kondenswasserablaufrohr *n*
condensate pipework Kondensatleitungen *fpl*
condensate piping Kondensatleitung *f*
condensate unit Kondenswassersammel- und -pumpeinrichtung *f*
condensateless kondenswasserlos, schwitzwasserfrei
condensation Kondensation *f*, Niederschlagen *n*; *(speziell)* Kondenswasserbildung *f*

condensation channel Schwitzwasserrinne *f*
condensation control Kondenswasserreglung *f*
condensation damp-proofing Kondenswassersperrung *f*, Schwitz(wasser)sperrung *f*; Tauwasserisolierung *f*
condensation gutter 1. Schwitzwasserrinne *f*, Schwitzwasserablauf *m*; 2. Feuchtluftabzug *m*
condensation insulating Schwitzwassersperrung *f*
condensation moisture Kondensat *n*; Schwitzwasser *n*
condensation resin Kondensationsharz *n*
condensation temperature Taupunkt *m*
condensation temperature diagram Taupunktdiagramm *n*
condensation trough *s.* condensation gutter
condensation water Kondenswasser *n*, Schwitzwasser *n*
condense *v* kondensieren
condensed water Kondenswasser *n*, Niederschlagswasser *n*
condenser Kondensator *m*, Verdichter *m*, Kondensator *m*; Kühler *m*
condenser discharge welding Kondensatorimpulsschweißen *n*
condensing coil Kondenswasserschlange *f*
condition *v* 1. abbinden, härten; 2. zubereiten *(aufbereiten)*; 3. *(HLK)* konditionieren, klimatisieren
condition 1. Zustand *m (z. B. eines Gebäudes)*; Beschaffenheit *f*; 2. Bedingung *f* • **in good condition** in gutem Zustand • **in poor condition** in schlechtem Zustand • **out of condition** in schlechtem Zustand
condition of loading Belastungsfall *m*
condition of static equilibrium statische Gleichgewichtsbedingung *f*
condition of stiffness Steifigkeitsbedingung *f*
condition of surface Oberflächenbeschaffenheit *f*
condition of the soil Bodenbeschaffenheit *f*
conditional equation Bedingungsgleichung *f*
conditioned klimageregelt, klimatisiert
conditioned air klimatisierte Luft *f*
conditioned ceiling *s.* air-conditioned ceiling
conditioned space klimatisierter Raum *m*
conditioner 1. Zusatzmittel *n (zur Verbesserung von Eigenschaften)*; 2. Klimagerät *n*
conditioning Klimatisierung *f*, Klimaregelung *f*
conditioning duct Klimakanal *m*
conditioning equipment room Klimaanlagenraum *m*
conditioning waste Müllaufbereitung *f*
conditioning zone klimatisierte Zone *f*, klimatisierter Bereich *m*
conditions at the supports Auflagerbedingungen *fpl*
conditions of acceptance Abnahmekriterien *npl*, Abnahmebedingungen *fpl*, Übernahmebedingungen *fpl*
conditions of contract Bauausführungsbedingungen *fpl*, Vorschriftenliste *f*, Pflichtenheft *n*
conditions of engagement Verpflichtungsbedingungen *fpl*
conditions of implementation Ausführungsbedingungen *fpl*
conditions of sale *(AE)* Lieferbedingungen *fpl*
conditions of statics statische Bedingungen *fpl*
conditions of the bid Ausschreibungsbedingungen *fpl*
conditory Untergrundspeicherraum *m*
condo *s.* condominium
condominium *(AE)* Kondominium *n*, Mehrfamilienhaus *n* mit Eigentumswohnungen; Etageneigentum *n*, Stockwerkeigentum *n*
conduct *v* leiten *(Wärme, Elektrizität)*
conduction 1. Leitung *f (z. B. von Wärme oder Elektrizität)*; 2. Ableitung *f (Blitzschutz)*
conductive flooring ableitfähiger [elektrisch neutraler] Fußbodenbelag *m*
conductive material Leitermaterial *n*
conductive rubber elektrostatisch ableitender Kohlenstoffgummi *m*
conductivity Leitfähigkeit *f (für Wärme, Elektrizität)*
conductor 1. *(El)* Leiter *m*, Stromleiter *m*; 2. Wärmeableiter *m*; 3. Ableitrohr *n*; Wasserfallrohr *n*; *(AE)* Regenfallrohr *n*
conductor head *(AE)* Regenrinnenkasten *m*, Dachrinnenkessel *m*
conductor lead Stromzuführung *f*, Zuleitung *f*
conductor line Fahrleitung *f*
conductor-rail bond *(El)* Schienenverbinder *m*
conduit 1. Kanal *m*, Leitkanal *m*; Wasserkanal *m (natürlich oder künstlich)*; 2. *(El)* Leerrohr *n*, Leitungsrohr *n*, Kabelrohr *n*, Kabelkanal *m*; 3. Leitungsrohr *n*, Rohr *n*; Wasserleitung *f*; 4. Abzug(skanal) *m*
conduit bend Rohrbogenstück *n*, Krümmer *m*
conduit-bender Rohrbiegezange *f*, Rohrbieger *m*
conduit box *(El)* Verteilerkasten *m*; Verteilerdose *f*
conduit bushing Durchführungshülse *f*
conduit fittings Rohrleitungszubehör *n*
conduit line Elektroleerrohrleitung *f*
conduit pipe Leitungsrohr *n*
conduit pit Abzweigbrunnen *m*; Einsteigschacht *m*, Kontrollschacht *m*
conduit sewer Abwasserkanal *m*
conduit tile *(AE)* Kabelformstein *m*
conduit wiring *(El)* Leitungsführung *f* in Isolierrohren
cone Kegel *m*, Konus *m*
cone anchorage Kegelverankerung *f*, Konusverankerung *f*
cone-bearing tree Konifere *f*
cone crusher Kegelbrecher *m*
cone-cut veneer Kegelschneidfurnier *n*
cone equivalent Brennkegelfallpunkt *m*
cone foundation konische Gründung *f*
cone head rivet Kegelkopfniet *m*
cone hip Kegelwalm *m*
cone index Spitzendruck *m (Pfahlgründung)*
cone of depression Bodendepressionskegel *m*
cone of slope Böschungskegel *m*
cone penetration test Kegeleindringungsversuch *m*
cone penetrometer Konus(prüf)gerät *n*
cone resistance *(Erdb)* Kegelwiderstand *m*
cone shell konische Schale *f*, Kegelschale *f*
cone test Kegeleindringprüfung *f*
cone tile gewölbter Gratziegel *m* [Walmstein *m*]
cone vault Kegelgewölbe *n*
confer *v* übertragen *(z. B. Rechte)*
conference block Konferenztrakt *m*, Sitzungstrakt *m*
conference building Tagungsgebäude *n*
conference hall Konferenzsaal *m*, Sitzungssaal *m*
conference room Konferenzraum *m*, Besprechungsraum *m*, Sitzungszimmer *n*
conferring of the contract Zuschlag *m*
confessio(n) *(Arch)* Confessio *f*, Konfessio *f (Grabraum unter dem Altar frühchristlicher Kirchen)*
confidence (statistische) Sicherheit *f*; Vertrauen *n*
confidence interval Sicherheitsintervall *n (zwischen Vertrauensgrenzen)*
confidence limit Vertrauensgrenze *f*
confidential vertraulich
confidentiality Vertraulichkeit *f*
configurated glass Kathedralglas *n*
configuration 1. (räumliche) Anordnung *f*, Aufbau *m*, Ausführung *f*, Gestaltung *f*; 2. Struktur *f*; Gestalt *f*; Strukturschema *n (von Holzpartikeln in Pressholz)*
confined compression test *(Erdb)* Druckprüfung *f* mit behinderter Querdehnung
confined ground water gespanntes Grundwasser *n*, arthesisches Wasser *n*

confined layer nicht zusammenhängende Schicht *f*
confinement Einengung *f*, Eingrenzung *f*
conflict matrix Signalsicherungstabelle *f (Verkehrssteuerung)*
conflict of interest Interessenkonflikt *m*
conflict time matrix Konfliktzeitmatrix *f (Verkehrssteuerung)*
conform *v* **to the surface** sich an die Oberfläche anschmiegen
conformable strata Parallelschichten *fpl*
conformance Übereinstimmung *f*
conformation test Nachweis *m (z. B. eines Stoffes, Elementes)*
conforming to [with] standards normgerecht
conformity Konformität *f*, Übereinstimmung *f*, Anforderungserfüllung *f*, Erfüllung *f* der Anforderungsvorgaben
conformity check Konformitätsüberprüfung *f*
conformity test Konformitätsprüfung *f (von Projekt- und Produktvorgaben)*
congé 1. *(Arch)* Apophyge *f (Kehle am oberen Ende einer dorischen Säule)*; 2. Hohlkehle *f* zwischen Fußboden und Wand; 3. Fußbodenkehlfliese *f*, Eckselfliese *f*
congestion warning system *(Verk)* Stauwarnanlage *f*
conglomerate Konglomerat *n*, verfestigtes Kieselgeröll *n (Trümmergestein)*
conglomerate sandstone Konglomerat(sand)stein *m*
congruent kongruent, deckungsgleich
conical konisch, kegelförmig
conical bolt Konusbolzen *m*, Bolzen *m* mit Anlauf
conical broach roof Kegeldach *n*
conical dom Kegelkuppe *f*
conical hip Kegelwalm *m (Dach)*
conical retaining wall kegelige Böschungsmauer *f*
conical roof konisches Dach *n*, Kegeldach *n*
conical socket konisches Ringstück *n*
conical spire kegelförmige Turmspitze *f*, kegelförmiges Turmdach *n (Kirchturm)*
conical squinch Trompetengewölbe *n*, (kleines) Trompetentrichtergewölbe *n*
conical vault Trompengewölbe *n*, Kegelgewölbe *n*, konisches Gewölbe *n*
conical widening konische Erweiterung *f*
conical wooden plug konischer Holzstöpsel *m*
conifer Konifere *f*, Nadelbaum *m*
coniferous wood Nadelholz *n*, Weichholz *n*
conjugate line konjugierte [zugeordnete] Gerade *f*
conjugate plane konjugierte Ebene *f*, zugeordnete Ebene *f*
conjugate sections Gleitflächen *fpl*
conjugated structure 1. Anschlussbauwerk *n*; 2. mehrteiliges Gebäude *n*
connect *v* 1. verbinden, zusammenfügen; kuppeln; 2. *(El)* anschließen, Kontakt herstellen; anklemmen
connect *v* **to earth** *(El)* erden, an Erde legen
connected/be *v* zusammenhängen
connected bed zusammenhängende Betonplatte *f*
connected load *(El)* Anschlusswert *m*
connecting angle Winkelverbindungsstück *n*, Anschlusswinkel *m*
connecting bolt Verbindungsbolzen *m*, Verbindungsschraube *f*
connecting box *(El)* Anschlussdose *f*, Klemmdose *f*
connecting building Verbindungsbau *m*
connecting clamp Anschlussklemme *f*
connecting corridor Verbindungsgang *m*
connecting curve Übergangsbogen *m*, Übergangskurve *f (Trassierung)*
connecting device Verbindungsmittel *n*, Verbindungselement *n*
connecting joint Anschlussfuge *f*, Verbindungsfuge *f*
connecting link Bindeglied *n*, Verbindungsglied *n*, Verbindungsgelenk *n*
connecting passage Verbindungsweg *m*
connecting piece Verbindungsstück *n*, Mittelstück *n*; Stutzen *m*
connecting pipe Anschlussrohr *n*, Verbindungsrohr *n*
connecting plate Verbindungsblech *n*, Knotenblech *n*
connecting rivet Anschlussniet *m*
connecting rods Verbindungsgestänge *n*
connecting sleeve Verbindungsmuffe *f*, Rohrmuffe *f*
connecting surface Anschlussfläche *f*, Verbindungsfläche *f*
connecting terminal *(El)* Anschlussklemme *f*
connection 1. Verbindung *f*, Anschluss *m*; Kupplung *f*; 2. (elektrische) Verbindung *f*, Anschluss *m*
connection anchor Verbundanker *m (z. B. für Schutzplanken)*
connection by welding Schweißverbindung *f*
connection curve Übergangskurve *f (Straße)*
connection diagram Schaltplan *m*
connection dimension Anschlussmaß *n*, Anschlussabmessung *f*
connection joint Anschlussfuge *f*
connection line Anschlussleitung *f*, Verbindungsleitung *f*
connection made from mild-steel plate Knotenblech *n* aus Flussstahl
connection piece Stutzen *m*, Verbindungsstück *n*, Anschlussstück *n*
connection plate Balkenbindeeisen *n*
connection sleeve Verbindungsmuffe *f*
connection surface Anschlussfläche *f*, Verbindungsfläche *f*
connection to the (public) sewer Kanalisationsanschluss *m*
connection zone Trennstelle *f*
connector 1. Verbindungsstück *n*; 2. *(El)* Stecker *m*, Verbindungsstecker *m*; Gerätestecker *m*; 3. Dübel *m*, Industriedübel *m*
connector joint Dübelverbindung *f*
connector unit Verbindungseinheit *f*
conoidal form Konoidform *f*
conoidal groin kegelförmige Stichkappe *f*
conoidal roof Konoiddach *n*
conoidal shape Konoidform *f*
conoidal shell Konoidschale *f*
conoidal surface Konoidfläche *f*, konoidische Oberfläche *f*
conoidal vault Fächergewölbe *n*, Trichtergewölbe *f*, konoidisches Gewölbe *n*
consecutive bearings aufeinander folgende Auflager *npl*
consensus Übereinstimmung *f*
consensus standards Normen *fpl*, Standards *mpl*, allgemein verbindliche technische Bestimmungen *fpl*
consent of surety schriftliche Zustimmung *f* zur Angebotsobligationsverlängerung
consent to build Baugenehmigung *f*, Bauerlaubnis *f*
conservancy Reinhaltung *f (z. B. von Wasser)*
conservation Erhaltung *f*, Bewahrung *f (z. B. von Kulturbauten)*; Reinerhaltung *f (der Natur)*; Naturschutz *m*, Umweltschutz *m*
conservation area geschütztes Gebiet *n*, Flächendenkmal *n*
conservation of energy Energieerhaltung *f*
conservation of soil Bodenerhaltung *f*, Bodenschutz *m*
conservation order Reinhaltungsbescheid *m*, Naturschutzauflage *f*, Denkmalschutzauflage *f*, Umweltschutzbescheid *m*
conservationist Naturschützer *m*, Umweltschützer *m*
conservative estimate vorsichtige Schätzung *f*

conservatoire Konservatorium *n*
conservatory 1. Gewächshaus *n*; Wintergarten *m*; öffentliches Gartenschauhaus *n*; 2. *(AE) s.* conservatoire
consistence *s.* consistency
consistency 1. Konsistenz *f*, Stoffdichte *f*; Formänderungswiderstand *m*; 2. Übereinstimmung *f*, Gleichmäßigkeit *f*
consistency coefficient Konsistenzbeiwert *m*, Steifekoeffizient *m*
consistency degree Konsistenzgrad *m*
consistency index Konsistenzzahl *f*
consistency limits Konsistenzgrenzen *fpl*
consistency meter *s.* consistometer
consistency of the mixture Mischungskonsistenz *f*
consistency test Konsistenzprüfung *f*, Setzmaßbestimmung *f*, Setzprüfung *f*, Ausbreitversuch *m (Betonprüfung)*
consistent logisch, folgerichtig; verträglich, übereinstimmend, vereinbar
consistometer Konsistometer *n*, Konsistenzmesser *m*
console 1. Kragstein *m*, Tragstein *m*; 2. Wandkonsole *f*, Wandgestell *n*; 3. Bedienungspult *n*
console cornice Konsolsims *m*, gestütztes Gesims *n*
console table Konsolentisch *m*
consolidate *v (Bod)* verdichten, verfestigen; sich verfestigen, fest werden, sich setzen
consolidation *(Bod)* Verfestigung *f*, Verdichtung *f*, Setzen *n*, Bodenfestigung *f*, natürliche Setzung *f*, Konsolidierung *f*
consolidation apparatus [device] Verdichtungsgerät *n*, Verdichtungsapparat *m*
consolidation settlement Konsolidierungssetzung *f (bei Ton)*; Langzeitsetzung *f*
constancy Beständigkeit *f*
constancy of volume Raumbeständigkeit *f*
constant konstant, stetig, unveränderlich; beständig, gleich bleibend, gleichmäßig
constant Konstante *f*
constant-angle arch dam *(Wsb)* Gleichwinkelbogenmauer *f*
constant error systematischer Fehler *m (Baustoffprüfung)*
constant load Dauerlast *f*, Konstantlast *f*, Dauerbelastung *f*
constant of integration Integrationskonstante *f*
constant-pressure line Linie *f* gleichen Drucks
constant section konstanter Querschnitt *m*, gleich bleibender Querschnitt *m*
constant-volume raumbeständig
constituent Bestandteil *m*, Anteil *m*, Komponente *f*, Gefügebestandteil *m*
constitutent material Bestandteil *n*
constituent member Bauteil *n*
constituent part *s.* constituent
constitution Anordnung *f*, Struktur *f*, Beschaffenheit *f*
constitutive law Formänderungsgesetz *n*
constrain *v (Stat)* einspannen
constrained beam eingespannter Träger *m*
constraint 1. Einspannung *f (z. B. von Balken)*; 2. Behinderung *f*, Beschränkung *f*
constrict *v* einschnüren, verengen
constricted/become *v* sich verengen
constriction Einschnürung *f*, Verengung *f*, Verjüngung *f (z. B. einer Säule)*
construct *v* 1. bauen, errichten *(ein Gebäude)*; montieren *(auf der Baustelle)*; ausführen *(Bauarbeiten)*; 2. konstruieren, entwerfen
constructed gebaut
constructing Bauen *n*; Erdbau *m*
construction 1. Bauen *n*, Bau *m*, Errichtung *f*, 2. Bauwerk *n*, Bau *m*, Konstruktion *f*, (bauliche) Anlage *f*, 3. Bauweise *f*, Konstruktion *f*, 4. Konstruktion *f*, zeichnerische Darstellung *f*, 5. *s.* construction system • **of box-section construction** von kastenförmiger Bauweise • **under construction** im Bau (befindlich)
construction activity Bautätigkeit *f*
construction administration Baubehörde *f*, Bauverwaltung *f*
construction advisory phase Bauberatungsphase *f (während der Bauausführung)*
construction aggregate Zuschlag *m*, Zuschlagstoff *m (z. B. für Beton)*
construction and errection method Bau- und Montageverfahren *n*
construction approved bond Nachauftragnehmergarantie *f (des Hauptauftragnehmers für Fertigstellung aller Arbeiten durch die benannten Nachauftragnehmer)*
construction approved by government [local authorities] amtlich genehmigte Bauweise *f*
construction bolt Bauschraube *f (nur zur Bauausführung)*
construction branch Bausektor *m*
construction budget 1. bereitgestellte Bausumme *f*, 2. maximaler akzeptierter Baupreis *m*; 3. Baukostenvoranschlag *m*
construction chemistry Bauchemie *f*
construction class Feuerschutzklasse *f*
construction company Bauunternehmung *f*
construction concrete Hochbaubeton *m*
construction consultant Bauberater *m*
construction contractor Hochbaufirma *f*
constrution control 1. Baubestimung *f*, 2. Bauüberwachung *f*
construction cost estimate Baukostenvoranschlag *m*, Voranschlag *m*
construction costs Baukosten *pl*
construction department Bauabteilung *f*
construction depth *(Stat)* Konstruktionshöhe *f*
construction developing zone Bauerschließungsgebiet *n*; Wohnungsbaugebiet *n*
construction diagram Bauplan *m*
construction diary Bautagebuch *n*
construction documents Bauunterlagen *fpl*
construction documents phase Bauprojektfertigstellungsphase *f (durch den Entwurfsverfasser)*
construction drawing Bauzeichnung *f*, Ausführungszeichnung *f*
construction engineer Hochbauingenieur *m*, Stahlbauer *m*
construction engineering Hochbau *m*; Bautechnik *f*, Bauwesen *n*
construction equipment Baugeräte *npl*; Baumaschinenausrüstung *f*
construction expense Bauaufwand *m*
construction expert Bausachverständiger *m*, Baufachmann *m*
construction field Bausektor *m*
construction firm Bauunternehmung *f*, Baufirma *f*, Hochbaufirma *f*
construction fit Baupassung *f*
construction fitter Bauschlosser *m*
construction flexibility bauliche Anpassungsfähigkeit *f*
construction gang Baukolonne *f*
construction glass Bauglas *n*
construction ground Bauland *n*, Baugelände *n*
construction industry Bauindustrie *f*, Bauwirtschaft *f*
construction inspection Bauaufsicht *f*, Bauaufsichtskontrolle *f*
construction joint Konstruktionsfuge *f*, Arbeitsfuge *f (Betonbau)*
construction lime Baukalk *m*

construction loads Belastung *f* während der Bauausführung
construction loam Baulehm *m*
construction loan Bauzwischendarlehen *n*; Bauspardarlehen *n*
construction log Bauholz *n*
construction lumber *(AE)* Bauschnittholz *n*
construction machinery Baumaschinen *fpl*
construction management Bauleitung *f*
construction material Baustoff *m*, Baumaterial *n*
construction material fault Baustofffehler *m*
construction material moisture Baufeuchte *f*
construction materials requirement Baustoffbedarf *m*
construction member Bauglied *n*
construction method Bauweise *f*, Bau(ausführungs)verfahren *n*, Bautechnologie *f*
construction moisture Baufeuchte *f*
construction mortar Baumörtel *m*
construction nail Baunagel *m*
construction noise Baulärm *m*
construction object Bauobjekt *n*
construction of a job [work] Bauausführung *f*
construction office Baubüro *n*
construction panel Bautafel *f*
construction pay Baulohn *m*
construction period Bauzeit *f*
construction phase Bauberatungsphase *f (während der Bauausführung)*
construction planning Bauplanung *f*
construction price Baupreis *m*
construction priorities Ausbaurangfolge *f*
construction product Bauprodukt *n*, Erzeugnis *n* der Bauindustrie
Construction Product Directive Bauproduktenrichtlinie *f*
construction programme Bauablaufplan *m*, Baubetriebsplan *m*
construction progress chart Bauablaufplan *m*, Bauablaufzyklogramm *n*
construction project Bauprojekt *n*, Bauvorhaben *n*
construction quicklime Baubranntkalk *m*, Kalziumoxid *n*, CaO *n*
construction record sheet Bauberichts(form)blatt *n*
construction regulations Bauvorschriften *fpl*, Baubestimmungen *fpl*
construction road Bauzufahrt *f*, Baustraße *f*
construction schedule Bauablaufplan *m*
construction services komplette Baudurchführung *f (durch das beauftragte Entwurfsbüro)*
construction sheet material Baublech *n*, Konstruktionsfeinblech *n*
construction site Baustelle *f*, Bauplatz *m*
construction site installations Bau(stellen)einrichtung *f*
construction specifications Baudaten *pl*
construction speed Bautempo *n*
construction stage Bauabschnitt *m*, Baustufe *f*, Baustadium *n*
construction standard Baunorm *f*
construction standardization Baunormung *f*
construction sum Bausumme *f*
construction supervising authority Bauaufsichtsamt *n*, Bauaufsicht(sbehörde) *f*, Baupolizei *f*
construction supervision Bauleitung *f*, Bauaufsicht *f*
construction supervision authority *s.* construction supervising authority
construction survey ingenieurtechnische Landaufnahme *f*
construction system Bausystem *n*, Konstruktionssystem *n*
construction technique Bautechnologie *f*, Baumethode *f*
construction technology Bautechnik *f*, Baumethodik *f*
construction timber Bauholz *n*
construction time Bauzeit *f*
construction time schedule Bauablaufplan *m*
construction type Bauart *f*
construction unit Bauelement *n*, Bauglied *n*
construction wages Baulohn *m*
construction waste Bauschutt *m*
construction way Bauzufahrt *f*, Baustraße *f*
construction with logs Blockbau *m*
construction work Bauarbeiten *fpl*; Baumaßnahmen *fpl*
construction work order Bauarbeitsauftrag *m*
construction worker Bauarbeiter *m*
construction zone Aufbaugebiet *n*
constructional baulich, bautechnisch, konstruktionstechnisch; Bau…, Konstruktions…
constructional activities Baugeschehen *n*
constructional detail 1. bauliche Einzelheit *f*; 2. Konstruktionselement *n*
constructional material *s.* construction material
constructional principle konstruktiver Grundsatz *m*
constructional steel Baustahl *m*, Konstruktionsstahl *m*
constructional steelwork Stahlbau *m*
constructional work Kunstbau *m*
constructive art gestaltende Kunst *f*
constructive arts Tektonik *f*
constructive details bauliche Einzelheiten *fpl*, Konstruktionselemente *npl*
constructive work Kunstbau *m*
Constructivism Konstruktivismus *m (russischer leicht abstrakter Baustil)*
consulate building Konsulatsgebäude *n*
consult *v* konsultieren, sich beraten, um Rat fragen; einsehen
consultancy Beratungsbüro *n*
consultant Bauberater *m*; Beratungsarchitekt *m*
consultation Konsultation *f*, Beratung *f*, Befragung *f*, Konferenz *f*
consultative contract Beratungsvertrag *m*
consulting Bauberatung *f*
consulting engineer beratender Ingenieur *m*, technischer Berater *m*
consulting engineers centre Ingenieurbüro *n*
consulting room Sprechzimmer *n*
consumer waste Hausmüll *m*
consumer's cable *(El)* Hausanschlusskabel *n*
consumption point Abnehmerstelle *f*, Verbraucherstelle *f*, Abnehmerübernahmepunkt *m*
consumption residue Verbraucherabfall *m*
consumption test *(El)* Leistungsprüfung *f*
contact *v* 1. andrücken; 2. *(El)* Kontakt haben
contact 1. Kontakt *m*, Berührung *f*, Anlehnung *f*; 2. *(El)* Kontakt *m*, leitende Verbindung *f*, Kontaktstück *n*
contact adhesive Kontaktkleber *m*, Kontaktklebstoff *m*, Haftkleber *m*
contact angle Kontaktwinkel *m (Bitumen)*
contact area Kontaktfläche *f*, Berührungsfläche *f*, Aufstandsfläche *f*
contact-bonding adhesive *s.* contact adhesive
contact button Kontaktknopf *m*
contact ceiling unmittelbar befestigte Decke *f*
contact corrosion Kontaktkorrosion *f*, Oberflächenberührungskorrosion *f*
contact form area eingeschalte Fläche *f*, Schalfläche *f*
contact pressure Sohlpressung *f*
contact rail Stromschiene *f (für Schienenfahrzeuge)*
contact rock Kontaktgestein *n*
contact solution Kontaktlösung *f*
contact splice Bewehrungseisenüberlappungsverbindung *f*
contact surface Grenzfläche *f*, Kontaktfläche *f*
contact to earth *(El)* Erdschluss *m*

contacting berührend
contactor *(El)* Schaltschütz *n*, Kontaktgeber *m*
contain *v* enthalten; fassen
container terminal Container-Bahnhof *m*
container terminal facilities Containerumschlaganlage *f*
containment Sicherheitshülle *f*, Kernkraftwerksschutzhülle *f*
contaminant Kontaminant *m*, Verunreinigungsstoff *m*; Schadstoff *m*; Umweltgift *n*
contaminate *v* kontaminieren, verschmutzen, verunreinigen *(mit Schadstoffen)*; verseuchen *(radioaktiv)*
contamination Kontamination *f*, Verschmutzung *f*, Verunreinigung *f*, Verseuchung *f*
contamination control Kontaminationsüberwachung *f*
contamination hazard Verseuchungsgefahr *f*
contamination of the environment Umweltverschmutzung *f*
contemporary zeitgenössisch
contemporary architecture zeitgenössische Architektur *f*
content 1. Gehalt *m*, Anteil *m (an Stoffen)*; 2. Fassungsvermögen *n*, Inhalt *m*
contents hazard classification Gebäudegefährdungsklassifizierung *f*
contignation Trägerrahmenwerk *n (horizontal als Ringanker)*
contiguous sich berührend, aneinander liegend; angrenzend, benachbart
continental seating durch Gänge nicht unterbrochene Bestuhlung *f (eines Theaters)*
contingency Unvorhergesehenes *n*
contingency allowance Summe *f* für Unvorhergesehenes, Pauschalsumme *f* zur Begleichung von Änderungen während der Bauausführung
contingency item Eventualposition *f*
contingency sum *s.* contingency allowance
continuity Kontinuität *f*, Stetigkeit *f*
continuity condition Kontinuitätsbedingung *f*
continuity of space Raumkontinuität *f*, Raumstetigkeit *f*
continuity rod durchlaufender Bewehrungsstab *m*
continuous 1. durchgehend, durchlaufend; 2. stetig (arbeitend) *(z. B. Anlagen)*; kontinuierlich *(Betrieb)*; 3. zusammenhängend, geschlossen
continuous acoustical ceiling durchgehend angeordnete Schalldecke *f*
continuous aprons Brüstungsband *n*
continuous arch Durchlaufbogen *m*, Mehrfeldbogen *m*
continuous arched girder durchgehender Bogenträger *m*
continuous attic *(Arch)* fortlaufende Attika *f*
continuous beam Durchlaufträger *m*
continuous bending strain [stress] Dauerbiegebeanspruchung *f*
continuous block core schichtgeleimter Türfüllungskern *m*
continuous breasts Brüstungsband *n*
continuous-bucket conveyor [elevator] Vollbecherwerk *n*
continuous characteristic kontinuierliches Merkmal *n*
continuous channel nicht unterbrochene Fahrrinne *f*
continuous concrete footing with reinforcement durchgehendes Betonfundament *n* mit Verstärkung [Bewehrung]
continuous concrete mixer Durchlaufbetonmischer *m*
continuous conveyor Stetigförderer *m*
continuous drainage Dauerdränung *f*
continuous floor durchgehende [kontinuierliche] Decke *f*, Durchlaufdecke *f*
continuous-flow water heater Durchlauferhitzer *m*
continuous footing Streifenfundament *n*
continuous foundation ununterbrochene Gründung *f*
continuous frame Durchlaufrahmen *m*, Mehrfeldrahmen *m*
continuous girder Durchlaufträger *m*, Durchlaufbalken *m*, Mehrfeldträger *m*, durchlaufender Unterzug [Träger] *m*
continuous grading kontinuierliche Korngrößenverteilung *f*, stetige Kornabstufung *f*
continuous handrail kontinuierlicher Handlauf *m (für eine gewinkelte Treppe)*; Durchlaufhandlauf *m*
continuous header Holzringankerrahmen *m*
continuous joist durchlaufender Unterzug *m*
continuous levelling durchgehende Nivellierung *f*
continuous light Fensterband *n*, Langfenster *n*, Bandfenster *n*
continuous line ausgezogene Linie *f*, Vollinie *f*, geschlossener Linienzug *m*, durchgezogene Linie *f*
continuous load 1. gleichmäßig verteilte Last *f*; 2. Dauerlast *f*, Dauerbelastung *f*; 3. *(El)* Dauerlast *f*
continuous mixer Durchlaufmischer *m*, Stetigmischer *m*
continuous ornament Bandornament *n*
continuous operation Dauerbetrieb *m*
continuous prestressed concrete girder Spannbetondurchlaufträger *m*
continuous purlin Durchlaufpfette *f*
continuous rating *(El)* Nenndauerlast *f*
continuous rod reinforcement Durchlaufstabbewehrung *f*
continuous rods nicht abgestufte Bewehrung *f*
continuous rolling method Betonwalzverfahren *n*
continuous sealing element Dehnbandprofil *n (Fugenband)*
continuous seam welding Nahtschweißen *n*
continuous sense of direction stetige Umfahrung *f (Statik)*
continuous slab Durchlaufplatte *f*, Mehrfeldplatte *f*
continuous span verbundene Überspannung *f*
continuous storey column durchgehende Stockwerkstützung *f*
continuous strain [stress] Dauerbeanspruchung *f*
continuous suspension girder durchlaufender Hängeträger *m*
continuous tooth formation fortlaufende Verzahnung *f*
continuous traffic ununterbrochener Verkehr *m*, kontinuierlicher Verkehr *m*
continuous traffic wear Dauerverschleiß *m* durch Verkehr
continuous truss durchlaufender Fachwerkbinder *m*
continuous two-way slab kreuzweise bewehrte Mehrfeldplatte *f*
continuous vent senkrecht durchgehender Abzug *m (als Verlängerung der Erdleitung)*
continuous waste (pipe) durchlaufender Abfluss *m (aus zwei oder mehr Waschbecken zu einem Geruchsverschluss)*
continuous window durchlaufendes Fenster *n*
continuously loaded gleichmäßig (verteilt) belastet
continuum Kontinuum *n*, Idealkörper *m*
continuum mechanics Kontinuummechanik *f*, Idealkörpermechanik *f*
contort *v* verdrehen, krümmen; sich krümmen
contour 1. Kontur *f*, Umriss *m*; Profil *n*; Umrisslinie *f*, Umgrenzungslinie *f*, Außenlinie *f*; 2. *s.* contour line
contour basin Regenwasserauffangbecken *n* mit Überlauf
contour interval Höhenlinienabstand *m*
contour line Höhen(schicht)linie *f*
contour map Höhenlinienkarte *f*
contour sawing Umrisssägen *n*
contra-flow *s.* counterflow
contract *v* 1. sich zusammenziehen; schrumpfen *(z. B. Beton)*; schwinden; 2. einschnüren; sich verengen; 3. Vertrag abschließen; sich vertraglich binden
contract Vertrag *m*, vertragliche Vereinbarung *f* • **according to contract** vertragsgemäß • **not (included) in (the) contract** im Vertrag nicht enthalten *(Baurecht)*

contract administration 1. Vertragsverwaltung *f*; 2. *Rechte und Pflichten des Entwurfsverfassers während der Bauausführung*
contract award Auftragserteilung *f*
contract bond 1. Vertragsbürgschaft *f*; 2. Nachauftragnehmergarantie *f*
contract control Vertragserfüllungssteuerung *f*, Bauablaufsteuerung *f*
contract date Vertragsabschlusstermin *m*
contract deadline Vertragsfristen *fpl*
contract documents Bauvertragsunterlagen *fpl*
contract drawing Vertragszeichnung *f*
contract item Vertragsposition *f*, Leistungsposition *f*
contract letting Auftragserteilung *f*, Vergabe *f*
contract limit Baugrenze *f (Vertrag)*
contract manager Auftragnehmerbauleiter *m*, Betriebsbauleiter *m*, Oberbauleiter *m*
contract of lease Pachtvertrag *m*
contract particulars Bauvertragsunterlagen *fpl*, Vertragsunterlagen *fpl*
contract price Angebotssumme *f*; Vertragspreis *m*
contract payment bond Zahlungsbürgschaft *f*
contract penalty Vertragsstrafe *f*
contract performance bond Ausführungsbürgschaft *f*, Vertragserfüllungsbürgschaft *f*
contract requirements Vertragsbedingungen *fpl*
contract specifications Pflichtenheft *n*
contract sum Bauvertragssumme *f*
contract time vertragliche Bauzeit *f*
contract value Vertragswert *m*
contracting combine Arbeitsgemeinschaft *f*
contracting company [firm] Baubetrieb *m*, Baufirma *f*
contracting officer Bauherrvertreter *m (bei öffentlichem Auftraggeber)*
contracting out Drittvertragsvereinbarung *f (zu bisherigen eigenen Aufgaben)*
contracting practice Vergabepraxis *f*, Vergabewesen *n*
contracting regulations Verdingungsordnung *f*
contracting regulations for award of public work contracts Verdingungsordnung *f* für Bauleistungen
contraction 1. Kontraktion *f*, Zusammenziehung *f*; Schrumpfen *n (von Material)*; Schwinden *n*, Schwindung *f (von Beton)*; 2. Einschnürung *f*, Verengung *f*
contraction allowance Schrumpfzugabe *f*
contraction cavity Schwindungshohlraum *m*
contraction coefficient Zusammenziehungskoeffizient *m*
contraction crack Schwindriss *m*, Schrumpfriss *m*
contraction distortion Verzug *m* durch Schwindung
contraction joint Schwindfuge *f*, Bewegungsfuge *f*; Scheinfuge *f*
contraction of concrete Schwinden *n* des Betons
contraction strain [stress] Schrumpfspannung *f*
contractor 1. Baubetrieb *m*, Bauunternehmen *n*; Hauptauftragnehmer *m*, Auftragnehmer *m*, Bauunternehmer *m*; Bauausführender *m*; 2. Lieferant *m*
contractor site office Auftragnehmerbauleitung *f*
contractor supervisor Baustellenleiter *m*
contractor's agent Auftragnehmerbauleiter *m*, Firmenbauleiter *m*
contractor's affidavit Sicherheitsnachweis *m* des Baubetriebs
contractor's bid Bauangebot *n*
contractor's estimate Kostenvoranschlag *m* des Bauauftragnehmers [Bauunternehmers], Baukostenvoranschlag *m*
contractor's manager Oberbauleiter *m*, Baustellenleiter *m*
contractor's option Optionsklausel *f (Bestimmung in den Projektunterlagen, nach der der Auftragnehmer Ausrüstungen, Materialien und Methoden seiner eigenen Wahl ohne Änderung der Bausumme festlegen kann)*
contractor's proposal Bauangebot *n*, Offerte *f*
contractor's risk Unternehmerrisiko *n*
contractor's supervisor Bauführer *m*
contractor's yard Bauhof *m*
contractual vertraglich
contractual bond vertragliche Bindung *f*
contractual penalty Vertragsstrafe *f*
contractual time penalty Vertragsstrafe *f* bei Terminüberschreitung
contractura Verjüngen *n* einer Säule nach oben
contractural obligations vertragliche Verpflichtungen *fpl*
contractural period Vertragszeitraum *m*
contraflow (temporärer) Gegenverkehr *m*, Gegenstrom *m*
contraflow traffic Gegenverkehr *m*
contrariwise entgegengesetzt, in entgegengesetzter Richtung
contre-imbrication umgekehrtes Schuppenornament *n*, plastische Oberflächenmusterung *f (durch dahinter liegende Elemente)*
contributory cause beeinflussende Ursache *f*, Mitursache *f*; Nebenursache *f*
control *v* 1. überwachen, kontrollieren; nachprüfen; 2. steuern; bedienen; 3. regeln, regulieren *(z. B. Luftzufuhr)*; 4. bekämpfen
control 1. Überwachung *f*, Kontrolle *f*; 2. Steuerung *f*; Bedienung *f*; 3. Regelung *f*; 4. Bekämpfung *f*
control and operating centre Betriebsleitstelle *f*
control board Schaltbrett *n*; Steuertafel *f*
control box *(El)* Schaltkasten *m*
control building *(El)* Schaltgebäude *n*
control centre Kontrollraum *m*
control chart Qualitätskontrollkarte *f*
control desk Aufsichtsplatz *m*
control factor (Festigkeits-)Kontrollfaktor *m (Verhältnis der Mindestfestigkeit zur Durchschnittsfestigkeit des Betons)*
control joint Scheinfuge *f*
control-joint grouting Scheinfugenfüllung *f*
control limit Kontrollgrenze *f*
control motor Stellmotor *m*
control of access Zufahrtsbeschränkung *f*
control of cracking *s.* crack width limitation
control panel 1. Steuerpult *n*; 2. *(El)* Schaltfeld *n*, Schalttafel *f*
control point adjustment 1. Sollwerteinstellung *f*; 2. Sollwertgeber *m*
control survey Kontrollpunktvermessung *f*
control system 1. Regelanlage *f*; 2. Kontrollsystem *n*
control unit Regler *m*
control valve Regelventil *n*, Steuerschieber *m*
control wiring Steuerleitungen *fpl*
controllable ventilation regelbare Belüftung *f*
controlled dumping geordnete Deponie *f*, kontrollierte Müllablagerung *f*, kontrolliertes Abladen *n* von Schutt, überwachtes Abladen *n* von Schutt
controlled fill geprüfte Erdstoffauffüllung *f*
controlled junction *(Verk)* signalgesteuerter Knotenpunkt *m*
controlled zone temperaturgesteuerter Gebäudeteil *m (Klimaanlage)*
controller 1. Regler *m*; 2. *(El)* Schaltelement *n*; 3. Prozesssteuerer *m*, Kontrolleur *m*
controller configuration Steuergeräteprogramm *n*
controlling Controlling *n*, Bauablaufsteuerung *f* und -kontrolle *f*, Steuern *n*, Überwachen *n*, Leiten *n*
controlling agent Bekämpfungsmittel *n*
controlling dimension Baurichtmaß *n*
controlling equipment Regeleinrichtung *f*, Regelung *f*
conurbation (städtischer) Ballungsraum *m*, Ballungszentrum *n* Conurbationsgebiet *n (Raumplanung)*

convalescent home Sanatorium *n*, Genesungsheim *n*
convected air Konvektionsluft *f*
convected heat Konvektionswärme *f*
convected heat loss Konvektionswärmeverlust *m*
convection Konvektion *f*, Wärmeübertragung *f*
convection heating Konvektionsheizung *f*
convector Konvektor *m*, Konvektionsheizgerät *n*, Heizkörper *m*
convector radiator Konvektionsheizer *m*
convenience outlet *(AE) s.* convenience receptacle
convenience receptacle Steckdose *f*, Gerätesteckdose *f* *(Hausgeräte)*
convenient bequem, passend, geeignet, angemessen
convent Kloster *n*; Nonnenkloster *n*
conventional church Klosterkirche *f*
conventional construction method herkömmliche Bauweise *f*
conventional design Regelausführung *f*
conventional door gewöhnliche Tür *f*
conventional method konventionelle Bauweise *f*, herkömmliches Verfahren *n*
conventional sign Sinnbild *n*
conventionally reinforced schlaff bewehrt
conventual building Klostergebäude *n*
converging mouthpiece verengter Ausflussstutzen *m*
conversion 1. Umbau *m*, bauliche Veränderung *f*; 2. Umformung *f*; Umwandlung *f*; 3. Längsschnitt *m* des Rundholzes; Zusammenschneiden *n* *(Holz)*
conversion chart Umrechnungsdiagramm *n*, Umrechnungstabelle *f*
conversion coefficient Umrechnungskoeffizient *m*
conversion work Umbauarbeiten *fpl*
convert *v* 1. umbauen, umgestalten; 2. umsetzen *(chemisch)*; sich umsetzen; 3. umrechnen
converted timber Nutzholz *n* *(aus Bauholz geschnitten)*
converter [converting] station *(El)* Umformerstation *f*
convex konvex, nach oben gewölbt, erhaben, gerundet
convex part konvexes Element *n*
convex tile Mönch(ziegel) *m*, Deckziegel *m*
convey *v* (be)fördern, transportieren; zuführen; anfahren *(z. B. Erde)*
conveyance 1. Beförderung *f*, Transport *m*; Zufuhr *f*; 2. *s.* conveyance of ownership
conveyance of ownership Eigentumsüberschreibung *f*, Eigentumsübertragung *f*
conveying belt Transportband *n*, Förderband *n*
conveying bridge Förderbrücke *f*
conveyor Förderanlage *f*; Förderer *m*, Stetigförderer *m*; Zubringer *m*; Laufband *n*
conveyor belt Förderband *n*, Gurtband *n*
conveyor equipment Fördereinrichtung *f*, Förderanlage *f*
conveyor screw Förderschnecke *f*, Transportschnecke *f*
conveyor structure Förderbandgerüst *n*
conveyor system Förderanlage *f*, Bandanlage *f*, Bandstraße *f*
cooker Herd *m*; Küchenherd *m*
cooker hood Dunstabzughaube *f*
cooking place Kochstelle *f*
cooking stove Herd *m*, Kochofen *m*
cool *v* kühlen, abkühlen
cool *v* **down** herunterkühlen, abkühlen
cool kühl
cool air duct Kaltluftkanal *m*
cool air flow Kaltluftstrom *m*
cool effect Kühlwirkung *f*
cool fan Kühlungsventilator *m*
coolant Kühlmittel *n*; Wärmeträger *m*
coolant inlet Kühllufteinlass *m*
coolant outlet Kühlluftauslass *m*
cooler Kühler *m*; Kühlvorrichtung *f*
coolhouse 1. Kühlhaus *n*; 2. temperiertes Gewächshaus *n*
cooling kühlend
cooling Kühlung *f*
cooling chamber Kühlkammer *f*
cooling fan Kühlventilator *m*, Lüfter *m*
cooling fin Kühlrippe *f*
cooling floor Kühlstockwerk *n*
cooling jacket Kühlmantel *m*
cooling medium Kühlmittel *n*
cooling-off Abkühlung *f*
cooling pipe Kühlrohr *n*
cooling pipes Kühlleitung *f*
cooling plant Kühlanlage *f*, Kälteanlage *f*
cooling pond Kühlteich *m*, Kühlbassin *n*
cooling range Kühlbereich *m*
cooling shaft Kühlschacht *m*
cooling surface Abkühlungsfläche *f*
cooling tower Kühlturm *m*, Kühlwerk *n*; Gradierwerk *n*
cooling wall Kühlwandung *f*
cooling-water tank Kühlwasserbehälter *m*
cooperage Böttcherei *f*
cooperative building society Baugenossenschaft *f*
coopered joint Fassfuge *f*, gekrümmte Fuge *f*
coordinate *v* koordinieren, abstimmen *(Bauleistungen)*
coordinate axis Koordinatenachse *f*
coordinate system Koordinatensystem *n*, Achsenkreuz *n*
coordination Koordination *f*, Abstimmung *f*
coordinator Türschließregler *m* *(Zweiflügeltür)*
cop Zinne *f*, Mauerzacke *f*
copal Kopal *m*, Kopalharz *n*
copal stopper Kopalspachtelmasse *f*
copal varnish Kopalfirnis *m*, Kopallack *m*
cope *v* 1. abdecken, bedecken *(Mauer)*; 2. aufmauern *(Mauerkronen)*; 3. das Gesims anlegen; 4. das Holzverbindungsende schneiden; 5. ausklinken *(Träger)*; 6. sich messen mit, gewachsen sein
cope 1. Abdeckung *f*, Mauerabdeckung *f*; 2. *s.* copestone
cope chisel Kreuzmeißel *m*
coped joint Profilfuge *f*, Formfuge *f*
copestone Abdeckstein *m*, Natursteindeckplatte *f*
coping Abdeckung *f*, Mauerabdeckung *f*, Krone *f*, Haube *f*, Kappe *f*
coping block Abdeck(block)stein *m*
coping brick Abdeckziegel *m*
coping of a wall Mauerabdeckung *f*, Mauerkrone *f*
coping of the vault Abdeckung *f* des Gewölbes
coping saw Bogensäge *f*, Laubsäge *f*
coping stone Abdeckstein *m*, Deckstein *m*, Natursteindeckplatte *f*
copolymer Copolymer *n*, Mischpolymerisat *n*
copper *v* verkupfern
copper Kupfer *n*
copper bend Kupferrohrkrümmer *m*
copper bit Lötkolben *m*
copper box gutter Kupferkastenrinne *f*
copper bus bar Kupfersammelschiene *f*
copper cladding Kupfermantel *m*
copper-engraving Kupferstich *m*
copper fitting Kupferpassung *f*, Kupferformstück *n*, Kupferverbindungsstück *n*
copper flashing Kupferanschluss *m*, Kupferanschlussblech *n*
copper gasket Kupferdichtung *f*
copper lining Kupferauskleidung *f*, Kupferverkleidung *f*
copper nail Kupfernagel *m*
copper pipe Kupferrohr *n*
copper roof covering Kupferblechdachdeckung *f*, Kupferabdeckung *f*, Kupferbelag *m*

copper roof sheet Kupferdachblech *n*
copper roofing Kupferdacheindeckung *f*, Kupferbedachung *f*
copper sheet Kupferblech *n*
copper shingle Kupferschindel *f*
copper slag Kupferschlacke *f*
copper slag block Kupferschlackenblockstein *m*
copper slag paving stone Kupferschlackenpflasterstein *m*
copper slate Rohrdurchführungsdichtung *f (Dach)*
copper spar Kupferspat *m*
copper tube Kupferrohr *n*
copper wire Kupferdraht *m*
coppered verkupfert
copperlight glazing *(AE)* kupferisolierte Feuerfestverglasung *f*, Elektroglas *n*
copperlike kupferartig
coppersmith Kupferschmied *m*
coppice Gehölz *n*; Baumgruppe *f*, Niederwald *m*
Coptic architecture koptische Architektur *f*
copy *v* 1. kopieren, vervielfältigen; 2. kopieren, nachbilden; nachzeichnen; 3. pausen
copy 1. Kopie *f*, Abzug *m*; 2. Pause *f*
copyright of the plans Urheberrecht *n* an Plänen
coquillage Seemuschelornamentgestaltung *f*
coquina *(AE)* Muschelkalkstein *m*
coral aggregate Korallenzuschlag(stoff) *m*
coral mud Korallenschlick *m*
coral sand Korallensand *m*
corbeil *(Arch)* Korbornamentausbildung *f*
corbel *v* 1. auskragen, vorkragen *(Ziegel, Mauerwerk, Beton)*; 2. einen Schornstein ziehen
corbel *v* **out** aussparen; einen Stein ausstrecken
corbel Kragstein *m*, Auskragung *f*, Konsole *f*, Tragstein *m*, Kraftstein *m*, Balkenstein *m*
corbel arch Kragbogen *m (ohne Bogentrageffekt)*
corbel beam Kragträger *m*, Freiträger *m (auf einem Kragstein liegend)*
corbel brick Kragziegel *m*, Auslegerziegel *m*
corbel course Kraglage *f*, Kragsteinschicht *f (Mauerwerk)*
corbel masonry vorkragendes Mauerwerk *n*, Kragmauerwerk *n*
corbel piece Balkenauflage *f*, Sattelholz *n*
corbel table 1. ausgekragtes Bogenornament *n*, Bogenfries *m*; 2. Mauervorsprung *m* auf Kragsteinen
corbel vault Kraggewölbe *n*
corbelled garderobe *(Arch)* Aborterker *m (in Wehrmauern)*
corbelling 1. Auskragung *f*, Vorkragung *f*; 2. auskragende Schicht *f*
corbie gable Stufengiebel *m*, Staffelgiebel *m*, Treppengiebel *m*
corbiestep Giebelstufe *f*, Stufenende *n* eines Giebels
cord 1. Seil *n*; Strang *m*; Schnur *f*, Strick *m*; Sehne *f*; 2. *(El)* Leitungsschnur *f*, Verbindungsschnur *f*; Litze *f*; 3. Klafter *n (altes Raummaß für Schichtholz; 1 Klafter = 3,625 m^3)*
cord cloth Kordgewebe *n*
cord fabric Kordgewebe *n*
corded timber Schichtnutzholz *n*
cordon 1. *(Arch)* Kordonsims *m*, Bandgesims *n*, Gesimsband *n*, Leiste *f (mit kordelförmigem Ornament)*; 2. Werksteinreihe *f*
corduroy fabric Tressengewebe *n*
corduroy road *(AE)* Knüppelweg *m*, Prügelweg *m*
cordwood *(AE)* Brennholz *n*
core *v* kernbohren, einen Kern ausbohren, erbohren, kernen
core *v* **out** aushöhlen
core 1. Kern *m*, Bohrkern *m*; 2. Kern *m (Stahlbetonkern eines Gebäudes)*; Schalkern *m*; 3. *(El)* Ader *f*, Leiter *m (in einem Kabel)*; 4. *(Hb)* Mittellage *f*; 5. *s.* core hole; 6. ungestörte Bodenprobe *f*
core area 1. Hohlräume *mpl (im Blockstein)*; 2. Öffnungen *fpl* im Diffusorgrill *(Klimaanlage)*
core barrel Kernschneidrohr *n*
core bit Kernbohrer *m*
core box Bohrkernkiste *f*
core concrete Kernbeton *m*; Unterbeton *m*
core cutter Stechzylinder *m*
core drill Kernbohrer *m*, Röhrenbohrer *m*
core extraction Bohrkernentnahme *f*
core fill Kernfüllung *f*
core floor slab Deckenhohlplatte *f*
core hole 1. Hohlraum *m*, Kammer *f*, Loch *n (im Ziegel oder Blockstein)*; 2. Kernbohrloch *n*
core mould Kernform *f*
core of soil Bodenkern *m*
core of stability Hauskern *m (z. B. eines mehrgeschossigen Hauses)*
core panel *s.* cored panel
core pipe Kernrohr *n (Betonrohr)*
core sample Bohr(kern)probe *f*, Bohrkern *m*
core sampler Bohrkernentnahmegerät *n*
core shape Kernform *f*
core slab Hohlplatte *f*, Langlochplatte *f (auf Erdlevel verlegt)*
core test Bohrkernprüfung *f*
core trimmer Bohrkerntrenner *m*, Bohrkernschleifgerät *n*
core wall *(Erdb)* Dichtungskern *m*, Dammkern *m*, Kern(dichtungs)wand *f*
coreboard Tischlerplatte *f*
coreboard door Tischlerplattentür *f*
cored 1. hohl; 2. mit Kern; 3. kassettiert
cored block masonry Lochsteinmauerwerk *n*
cored brick Lochziegel *m*
cored-out floor unit Kassettendeckenelement *n*
cored panel Hohlplatte *f*, Hohltafel *f*, Langlochplatte *f*, Kerntafel *f*
coring 1. Kernbohrung *f(zur Betonprobengewinnung)*; 2. Lochung *f (Ziegel)*; 3. Kernherstellung *f (Bauplatte)*; 4. Kassettierung *f (einer Decke)*
coring row Lochreihe *f*
Corinthian korinthisch
Corinthian capital korinthisches Kapitell *n*
Corinthian order korinthische Ordnung [Säulenordnung] *f*
cork 1. Korkrinde *f*, Kork *m*; 2. Korken *m*, Stöpsel *m*
cork article Korkerzeugnis *n*
cork backing Korkunterlage *f*
cork-based korkhaltig
cork block Korkstein *m*
cork carpet Korklinoleum *n*
cork crust Korkrinde *f*
cork filling Korkschüttung *f*
cork flooring [floor covering] Korkbodenbelag *m*
cork flour Korkmehl *n*
cork insulation Korkdämmung *f*
cork-lagged korkgedämmt
cork lagging Korkdämmung *f*
cork sett Korkpflasterstein *m*
cork slab Kork(stein)platte *f*
cork subfloor Korkunterboden *m*
cork tile Fußbodenformplatte *f* aus Presskork, Korkplatte *f*, Korkfliese *f*
cork wood Korkholz *n*
corkboard Kork(dämm)platte *f*
corkscrew staircase Wendeltreppe *f*
corkscrew stairs Wendeltreppe *f*
corn loft Getreidespeicher *m*
corner 1. Ecke *f (z. B. von Häusern, Straßen)*; Eckpunkt *m*; 2. Ecke *f*, Winkel *m*
corner and nodal points Eck- und Knotenpunkte *mpl*
corner angle Eckwinkel *m*

corner assembling Winkelverbindung *f*, Winkellasche *f*
corner balcony Eckbalkon *m*
corner bath Eckbadewanne *f*
corner bead 1. Ecksimswerk *n*, Eckhohlleiste *f*; 2. Eckschutzleiste *f*, Putzkantenschützer *m*, Putzkantenschoner *m*
corner bench Eckbank *f*
corner board Eckdeckleiste *f*
corner bond Eckverband *m*
corner brace Ecksteife *f*
corner bracing Eckversteifung *f*
corner brick Eckziegel *m*
corner building Eckgebäude *n*
corner chisel Geißfuß *m (Handwerkzeug für Holzarbeiten)*
corner clamp Kantenzwinge *f*
corner cogging *(Hb)* Eckverkämmung *f*
corner connection Eckanschluss *m*
corner cupboard Eckschrank *m*
corner fireplace Eckkamin *m*
corner flat Eckwohnung *f*, Etageneckwohnung *f*
corner force Eckkraft *f*
corner guard *s.* corner bead 2.
corner header Eckbinder(stein) *m*
corner hinge Eckgelenk *n*
corner house Eckhaus *n*
corner joint 1. *(Hb)* Eckverbindung *f*, Eckverband *m*; 2. Eckstoß *m (Schweißen)*
corner lath Eck(putz)bewehrung *f*
corner lead *(AE)* Lotecke *f (Richtmauerwerk)*
corner locking *(Hb)* gerade Zinke *f*
corner moulding *s.* corner bead
corner oriel Auslugerker *m*
corner piece Eckstück *n*
corner pillar Eckständer *m*
corner pin Winkelstift *m*
corner plate Eckblech *n*, Eckbeschlag *m*
corner point Eckpunkt *m*
corner post Holzeckpfosten *m*, Eckstütze *f*, Ecksäule *f*
corner radius Eckenrundung *f*
corner region Eckbereich *m*
corner reinforcement 1. Eckputzbewehrung *f*; 2. Eckbewehrung *f* zur Türrahmenhalterung
corner return block Eckblockstein *m*
corner stiffening Eckversteifung *f*
corner stone 1. Eckstein *m*; 2. Fundamentstein *m*
corner tenon jointing Eckverzapfung *f*
corner tile Eckfliese *f*; Eckkachel *f*
corner tower Eckturm *m*
corner trowel *(AE)* Eckenformkelle *f*
corner truss Eckaussteifung *f*
corner turret Ecktürmchen *n*
corner valve Eckventil *n*
corner weld Ecknaht *f*, äußere Kehlnaht *f (Schweißen)*
corner window Eckfenster *n*
cornered eckig, winklig; kantig
cornice 1. Sims *m(n)*, Gesims *n (an Wänden und Gebäuden)*; Obergesims *n*; Karnies *n (an einer Außenwand)*; Kranzgesims *n*; 2. *(Arch)* Kordon *m*; 3. Leiste *f*, Randleiste *f (z. B. an Möbeln)*
cornice boarding Gesims(ver)schalung *f*
cornice bracket Traufenklotz *m*
cornice level Gesimshöhe *f*
cornice lighting Lichtgesimsleiste *f*
cornice return Gesimsweiterführung *f*, Simsverlängerung *f*
cornice stone Simsstein *m*, Gesimsstein *m*
cornice top Hauptgesims *n*
corona Gesimskante *f*, Gesimskranzecke *f*; Hängeplatte *f*
coronarium Stuckornament *n* des Gesimses
coronet Türrelief *n (über dem Sturz)*; (kronenartiges) Fensterrelief *n (über dem Sturz)*
corporate gemeinschaftlich, körperschaftlich, korporativ
corporation Körperschaft *f*, Gemeindeverwaltung *f*, Gemeindevertretung *f*, Gesellschaft *f*
corporation cock [stop] Haupthahn *m (am Anschluss zum öffentlichen Versorgungsnetz)*
corpse gate *s.* lych-gate
corrasion Korrasion *f*, Gesteinsabschleifung *f (durch wind-, wasser- oder gletscherbewegtes Material)*
correct to scale maßstabgerecht, maßstäblich
correction Korrektur *f*, Verbesserung *f*, Berichtigung *f*
correction coefficient Berichtigungsbeiwert *m*
correction of a river Flussregulierung *f*
correction of deficiencies Mängelbehebung *f*, Mängelbeseitigung *f*
corrective action Korrekturmaßnahme *f*
correctly sized korngerecht
correlation Korrelation *f*
corridor Korridor *m*, Gang *m*, Flur *m*; Durchgang *m*
corridor duct Flurkanal *m*
corridor lighting Flurbeleuchtung *f*
corridor locker Gangspind *m(n)*
corridor storey Korridorgeschoss *n*
corrie Kar *n*
corrode *v* korrodieren, zerfressen, *(im Anfangsstadium)* anfressen, angreifen *(Metalle)*; rosten *(bei Eisen)*; korrodiert werden, korrodieren
corrodent Korrosionsmittel *n*, korrosives [korrodierendes, angreifendes] Mittel *n*
corrosion Korrosion *f*, Korrosionsvorgang *m*, Anfressung *f*, Angriff *m (von Metallen)*, Rosten *n (bei Eisen)*
corrosion attack *s.* corrosive attack
corrosion control Korrosionsbekämpfung *f*
corrosion damage Korrosionsschaden *m*
corrosion fatigue Korrosionsermüdung *f*
corrosion-inhibiting korrosionshemmend
corrosion loss Korrosionsverlust *m*; Wanddickenverlust *m*
corrosion prevention Korrosionsverhütung *f*
corrosion-preventive coating 1. Korrosionsschutzanstrich *m*; 2. Korrosionsschutzanstrichstoff *m*, Rostschutzanstrichstoff *m (bei Eisen)*
corrosion process Korrosionsvorgang *m*
corrosion-promoting korrosionsfördernd
corrosion-proof korrosionssicher; korrosionsschutzgerecht *(z. B. Konstruktion)*
corrosion protection Korrosionsschutz *m*
corrosion protection mortar Korrosionsschutzmörtel *m*
corrosion protection pigment Korrosionsschutzpigment *n*
corrosion protection tape Korrosionsschutzbinde *f*
corrosion-protective coating Korrosionsschutzanstrich *m*
corrosion-protective paint Korrosionsschutzfarbe *f*
corrosion rate Korrosionsgeschwindigkeit *f*
corrosion resistance Korrosionsbeständigkeit *f*
corrosion-resistant korrosionsbeständig, korrosionsfest, korrosionssicher
corrosion-resistant [corrosion-resisting] steel korrosionsbeständiger [nicht rostender] Stahl *m*
corrosion sensitivity Korrosionsempfindlichkeit *f*
corrosion test Korrosionstest *m*
corrosive korrosiv, korrodierend (wirkend)
corrosive *s.* corrodent
corrosive action Korrosionswirkung *f*
corrosive agent *s.* corrodent
corrosive attack Korrosionsangriff *m*, korrosiver Angriff *m*
corrosive effect Korrosionswirkung *f*
corrugate *v* riefen, rippen, wellen *(z. B. Bleche)*
corrugated acoustic panel gewellte Schallschlucktafel *f*, Wellakustiktafel *f*

corrugated aluminium Wellaluminium *n*; Aluminiumwellplatte *f*
corrugated asbestos Wellasbest *m*; Asbestzementwelltafel *f*, Asbestwellplatte *f*
corrugated asbestos sheet Asbestzementwelltafel *f*, Asbestbetonwellplatte *f*
corrugated bars geriffelter Betonstahl *m*
corrugated bituminous board Bitumenwellplatte *f*
corrugated board Wellpappe *f*
corrugated eternit Welleternit *m*
corrugated fastener Wellkrampe *f*, Welleisenhalter *m*; Wellennagel *m*
corrugated glass Riffelglas *n*
corrugated iron (sheet) Wellblech *n*
corrugated iron sheet-piling Wellblechspundwand *f*
corrugated metal Wellblech *n*
corrugated metal pipe Metallriffelrohr *n*
corrugated panel Wellplatte *f*, Well(en)tafel *f*
corrugated paper Wellpappe *f*
corrugated pipe Wellrohr *n*
corrugated plastic Wellkunststoff *m*
corrugated polyester board Polyesterwellplatte *f*
corrugated polyester sheet Polyesterwellplatte *f*
corrugated profile Wellprofil *n*
corrugated rib Wellrippe *f*
corrugated ridge covering Wellenfirsthaube *f*
corrugated roofing Wellplattenbedachung *f*
corrugated sheet Wellblech *n*; Wellplatte *f*, Well(en)tafel *f*
corrugated sheet iron [steel] Stahlwellblech *n*
corrugated sheet roofing Wellbedachung *f*
corrugated steel Wellblech *n*
corrugated trim Wellprofil *n*
corrugated unit *s.* corrugated trim
corrugated wire glass gewelltes Drahtglas *n*
corrugation Welligkeit *f*; Riefung *f*, Riffelung *f (z. B. in Blechen)*; waschbrettartige Wellen *fpl*
cortile Palastinnenhof *m*
corundum Korund *m*
corundum brick Korundstein *m*
corundum powder Korundmehl *n*, Korundpulver *n*
corundum refractory brick Korundstein *m*
Cosmati work Cosmatiarbeit *f*, Marmormosaikarbeit *f*
cost *v* kosten
cost *s.* costs
cost accounting Kalkulation *f*, Kostenrechnung *f*
cost allocation Kostenaufteilung *f*
cost benefit analysis Kosten-Nutzenanalyse *f*
cost benefit comparison Kostenvergleich *m*
cost breakdown Kostenaufschlüsselung *f*, Kostengliederung *f*
cost comparison Kostenvergleich *m*
cost component Kostenanteil *m*
cost control Kostenkontrolle *f*, Kostenlenkung *f*, Kostensteuerung *f*
cost department Kalkulationsabteilung *f*
cost-effective 1. kostengünstig, rentabel, wirtschaftlich, kostensparend; 2. kostenwirksam
cost effectiveness 1. Kosteneinsparung *f*, Wirtschaftlichkeit *f*; 2. Kostenwirksamkeit
cost estimate [estimation] Kostenschätzung *f*, Kostenvoranschlag *m*, Vorkalkulation *f*
cost estimator Kalkulator *m*
cost investigation Kostenuntersuchung *f*
cost limit Kostengrenze *f*
cost planning Kostenplanung *f*
cost-plus-fee agreement *(AE)* Honorarvertrag *m* nach Istkostenabrechnung
cost reducing kostensenkend
cost reimbursement contract Rückvergütungsvertrag *m*
costing Kostenkalkulation *f*, Verpreisung *f*
costing of building Hochbaukosten *pl*
costly 1. kostenaufwendig, teuer; 2. wertvoll
costs Kosten *pl*, Aufwendungen *fpl*; Unkosten *pl*
costs of construction Baukosten *pl*
costs of contract Vertragsgebühren *fpl*
costs of design Entwurfskosten *pl*
costs of operation Betriebskosten *pl*
costs of use Nutzungskosten *pl*
cosy wohnlich; behaglich
cot 1. Ziegelleder *n (Handschutz)*; 2. Kate *f*, Hütte *f*
cottage (einfaches) Häuschen *n*, Hütte *f*; kleines Landhaus *n*
cottage community Wohnkolonie *f*, Siedlung *f (mit Einzelhäusern)*
cottage hospital Kleinstkrankenhaus *n*; Sozialpflegeheim *n*
cottage suburb *(AE)* Vorstadtsiedlung *f*
cotter *v* versplinten; verklammern; verkeilen
cotter Splint *m*, Dorn *m*; Querkeil *m*, Keil *m (Stahlkeil)*
cotter bolt Bolzen *m* mit Splint, Schließbolzen *m*
cotter joint Splintverbindung *f*
cotter pin Splint *m*
cottered versplintet
cotton-covered insulation Baumwolldämmung *f*
cotton fabric Baumwollgewebe *n*
cotton mat Baumwollmatte *f*, Betonnachbehandlungsmatte *f*
couldron Mastixkocher *m (offen)*
coulisse 1. *(AE)* Kulisse *f*; 2. Gleitbahn *f (aus Holz)*
couloir Wandelgang *m*
council Behörde *f*
council estate städtische Siedlung *f*, Siedlung *f* mit Sozialwohnungen
council flat Sozialwohnung *f*
council housing sozialer Wohnungsbau *m*
count *v* zählen
count Zählung *f*
counter 1. Arbeitsfläche *f (z. B. einer Küche)*; Anrichte *f*, Ladentisch *m*; Zahltisch *m*; 2. biegsame Strebe *f*; 3. Zähler *m*; 4. Entgegnung *f*
counter-balanced window Gegengewichtshubfenster *n*
counter batten Dachlatte *f*
counter-current boiler Gegenstromkessel *m*
counter-current system Gegenstromverfahren *n*
counter-diagonal Gegendiagonale *f*
counter flange Gegenstab *m*
counter flashing oberer Anschluss *m*
counter floor Blindfußboden *m*
counter hatching Kreuzschraffur *f*, Kreuzschraffierung *f*
counter measures Gegenmaßnahmen *fpl*
counteract *v* entgegenwirken
counteracting force Gegenkraft *f*
counterbore 1. Nutkopfhöhlung *f*; 2. Senker *m (Werkzeug)*
counterbrace Gegenstrebe *f*, Wechselstab *m (Fachwerk)*
counterceiling eingehängte Decke *f*, abgehängte [untergehängte] Decke *f*
counterbracket Gerüststütze *f*, Doppelstütze *f*
countercurrent method [system] Gegenstromsystem *n (Heizung)*
counterflow Gegenstrom *m*, Gegenfluss *m*
counterflow lane Gegenfahrbahn *f*, Fahrstreifen *m* des Gegenverkehrs
counterforce Gegenkraft *f*
counterfort Strebepfeiler *m*, Mauerversteifung *f*
counterfort wall Winkelstützwand *f*, Winkelstützmauer *f (z. B. bei Dämmen)*
counterlathing Putzleisten *fpl (als Putzträger)*
counterlight Gegenlicht *n*

counternut Gegenmutter *f*
counteroffer Gegenangebot *n*
counterpoise *s.* counterweight
counterpressure Gegendruck *m*
counterscarp äußere Böschung *f*, Gegenböschung *f*
counterscarp wall äußere Böschungsmauer *f*
countersink *v* ansenken, ausreiben, austiefen; versenken
counterslope Gegenböschung *f*; Gegenneigung *f*
countersunk bolt Senk(kopf)schraube *f*, versenkter Bolzen *m*
countersunk(-head) rivet Senk(kopf)niet *m*
countervault verkehrtes Gewölbe *n*, Fundamentgewölbe *n*
counterweight Gegengewicht *n*, Ausgleichgewicht *n*
countess *(AE)* Dachschieferplatte *f*
counting device Zähler *m*, Zählwerk *n*
country-house Landhaus *n*; Landsitz *m*
country mansion Landsitz *m*
country planning Gebietsplanung *f*; Landschaftsplanung *f*
country road Landstraße *f*
country-seat *s.* country-house
countryside ländliches Gebiet *n*, ländliche Umgebung *f*
countryside park Landschaftspark *m*
Countryside Commission Landschaftsschutzkommission *f (UK)*
counts at a point *(Verk)* Querschnittszählung *f*
county road Landstraße *f (in einem bestimmten Kreis)*; Kreisstraße *f*, Bezirksstraße *f*
county surveyor Kreisstraßenmeister *m*
couple *v* 1. (an)koppeln, kuppeln, verbinden; 2. *(El)* zusammenschalten
couple 1. Sparrenpaar *n (Dach)*; 2. *(Stat)* Kräftepaar *n*
couple-close Dachgebinde *n* mit Kehlbalken *(Satteldach)*
couple roof Satteldach *n*; Sparrendach *n*
couple roof without beams Satteldach *n* ohne Balkenlage
coupled column Doppelsäule *f*
coupled columns Säulenpaar *n*, gekuppelte Säulen *fpl*
coupled pole Kuppelstange *f*
coupled poles Doppelgestänge *n*
coupled roof Satteldach *n* ohne Kehlbalken
coupled windows Zwillingsfenster *n*, Fensterpaar *n*
coupler 1. Verbindungsmuffe *f*, Überschiebmuffe *f*; 2. Gerüstkupplung *f*
coupler socket Gerätesteckdose *f*
coupling 1. Kupplung *f*, Verbindung *f*; 2. Verbindungsstück *n*; Muffe *f*; 3. *(San)* Rohrmuffe *f*
coupling nut Spannschloss *n (Spannmutter)*
cour d'honneur *(Arch)* Ehrenhof *m (monumentaler Vorhof für einen barocken Palast)*
course 1. Schicht *f*, Lage *f*, Reihe *f*, Bahn *f (von Ziegeln)*; Schar *f (Ziegel- oder Schindelreihe)*; Mauerschicht *f*; 2. Kurs *m*, Weg *m*; Verlauf *m*, Richtung *f (z. B. einer Straße)*
course depth Lagenhöhe *f*, Schichthöhe *f (Mauerwerk)*
course joint Lagerfuge *f*
course layer Dämpfungslage *f*
course of a river Flusslauf *m*
course of bricks Ziegelschicht *f*
course of bricks laid on edge Rollschicht *f*
course of diagonal bricks Stromschicht *f*
course of headers Binderschicht *f*
course of stretchers Läuferschicht *f*, Läuferlage *f*
course work geschichtetes Mauerwerk *n*
coursed geschichtet *(Mauerwerk)*
coursed ashlar *(AE)* Natursteinschichtenmauerwerk *n*, Quadermauerwerk *n* in gleichen Schichten
coursed masonry geschichtetes Mauerwerk *n*
coursed pavement Reihenpflaster *n*
coursed rock fill Steinschichtung *f*
coursed rubble hammerrechtes Schichtmauerwerk *n*
coursed squared rubble work Bruchsteinmauerwerk *n*
coursed veneer Furniersteinmauerwerk *n* mit durchgehender horizontaler Fuge
coursing Schichtenanordnung *f (Mauerwerk)*
coursing joint Horizontalmörtelfuge *f*
court 1. Hof *m*, Innenhof *m*; 2. Spielfeld *n*, Spielplatz *m (Tennis)*; 3. Gericht *n*
court architect Hofarchitekt *m*
court chapel Hofkapelle *f*
court entrance Hofeingang *m*
court garden Gartenhof *m*, Hofgarten *m*, Zierhof *m*
court pavement Hofbefestigung *f*
court stables Marstall *m*
court theatre Hoftheater *n*
courthouse Gerichtsgebäude *n*
courtroom Gerichtssaal *m*
courtyard Hof(raum) *m*; Hinterhof *m*
courtyard garden Zierhof *m*, Gartenhof *m*
coussinet Kämpferstein *m*, Gewölbeanfänger *m*
cove 1. Hohlkehle *f (für Decken)*; Hohlstab *m*, ausgerundetes Ecksel *n*; 2. Geruchfang *m*; 3. Wölbung *f*
coved 1. gekehlt; 2. gewölbt
coved base gewölbter Wandanlauf *m*
coved ceiling Hohlkehlendecke *f*, Hohlformdecke *f*
coved skirting Sockel *m* mit Hohlkehle, Sockelleiste *f* mit Hohlkehle
coved vault flaches Quadratspitzgewölbe *n*
cover *v* 1. abdecken, bedecken; decken *(Dach)*; zudecken (mit Deckel) schließen; überdachen; ummanteln, umhüllen, bekleiden, überziehen; verdecken, kaschieren; decken, einen Überzug bilden *(z. B. Farbe)*; 2. bedecken *(z. B. eine Fläche)*; umfassen, umschließen, einnehmen *(einen Raum)*; sich erstrecken auf
cover *v* **with reed** mit Schilfrohr decken, berohren
cover 1. Decke *f*, Belag *m*, Schicht *f*, Überzug *m*; Hülle *f*, Mantel *m*, Verkleidung *f*, Deckel *m*, Kappe *f*, Schachtabdeckung *f*, Abdeckplatte *f*, Betondeckung *f*, Deckung *f (Beton über der Bewehrung)*; 2. *s.* roof
cover block Abstandhalter *m (Stahlbeton)*
cover board Verzugsbrett *n*, Verzugsplatte *f*
cover brick Abdeckstein *m*, Kabelabdeckstein *m*
cover coat Deckluberzug *m*; Deckanstrich *m*
cover fillet Abdeckleiste *f*, Fugenleiste *f*, Deckleiste *f*
cover flashing Fugenabdeckblech *n*, Kehlfugenblech *n (Dach)*; Überlappungsgegenblech *n (Schornsteinanschluss)*
cover moulding *s.* cover fillet
cover plants Bodenbedeckungspflanzen *fpl*
cover plate 1. Decklasche *f*, 2. Schleppblech *n*, Bindeblech *n*
cover price Gesamtpreis *m*
cover slab Deckplatte *f*
cover strap Lasche *f*
cover strip Deckleiste *f*
cover woven fabric Deckgewebe *n*, Abdeckgewebe *n*
coverage 1. Umschließen *n*, Umfassen *n*; 2. Bedeckung *f*, Betondeckung *f*, 3. erfasste Fläche *f*; bebaute Fläche *f* [Grundfläche *f*]; 4. Deckkraft *f (von Farben)*; Ergiebigkeit *f (einer Farbmenge pro Flächeneinheit)*
covered gedeckt, abgedeckt, bedacht
covered area überdachte Fläche *f*
covered cable umhülltes Kabel *n*
covered floor(ing) cable duct abgedeckter Fußbodenkabelschacht *m*
covered joint überlappte Fuge *f*
covered market Markthalle *f*
covered passage überdachter Gang *m*
covered railway station Hallenbahnhof *m*

covered skating rink Eislaufhalle *f*
covered spectator's stand Dachtribüne *f*
covered swimming pool Hallenbad *n*
covered timber bridge überdachte Brücke *f*, Dachbrücke *f*, Hausbrücke *f*
covered walk Wandelgang *m*
covered walkway gedeckter Fußgängerweg *m*
covering Hülle *f*, Umhüllung *f*; Belag *m*; Abdeckung *f*; Schutzdecke *f*
covering board Abdeckbrett *n*
covering capacity Deckfähigkeit *f*, Deckvermögen *n*, Deckkraft *f (von Farben)*
covering coat *s.* cover coat
covering colour Deckfarbe *f*
covering grid Abdeckgitter *n*
covering joint Deckfuge *f*
covering layer Deckschicht *f*
covering material Deckwerkstoff *m*, Bezugsmaterial *n*
covering of joist Trägerummantelung *f*
covering of step Stufenbelag *m*
covering of the ceiling Deckenbekleidung *f*, Deckenverkleidung *f*
covering of the roadway Fahrbahnbefestigung *f*
covering-over Überdecken *n*, Überdeckung *f*
covering panel Verkleidungstafel *f*
covering power *s.* covering capacity
covering sill Hartholzschwelle *f*
covering tile Abdeckziegel *m*
coving 1. Viertelstab *m (zwischen Wand und Decke)*; konkave Formleiste *f*; 2. *s.* cove 1. *und* 2.
cowl 1. Schornsteinaufsatz *m*, Schornsteinhaube *f*, Drehkappe *f*, Kaminhaube *f*, Kappe *f*; 2. Schachtabdeckung *f*
cowshed Kuhstall *m*, Rinderstall *m*
coyote hole *(AE)* Sprengkammer *f*
crab Seilwinde *f*, Bockwinde *f*, Laufkatze *f*
crab winch Seilwinde *f*
crack *v* reißen, rissig werden, Risse bilden; springen, (auf)platzen; aufbrechen
crack *v* **and seat** *v* entspannen und festwalzen *(Straßenbefestigung)*
crack *v* **down** *(sl)* Vorschriften strikt durchsetzen
crack Riss *m*, Sprung *m*, Spalt *m*; Anbruch *m*
crack bridging Rissüberbrückung *f*
crack control Rissbeobachtung *f (Brücke, Tragwerk)*
crack-control reinforcement Rissbewehrung *f*
crack-covering reinforcement tape risseüberbrückendes Armierungsgewebe *n*
crack detection Rissprüfung *f*, Untersuchung *f* auf Risse
crack due to contraction Schwindriss *m*
crack due to expansion Treibriss *m*
crack filler Holzkitt *m*
crack formation Rissbildung *f*
crack gauge Rissbreitenmesser *m*
crack geometry Rissgeometrie *f*
crack inducer Risseinlage *f*
crack initiation Rissbildung *f*
crack injection Rissauspressung *f*, Rissverpressung *f*
crack interval Rissabstand *m*
crack-measuring gauge Rissbreitenmesser *m*
crack prevention Rissbildungsschutz *m*, Rissvermeidung *f*
crack-proof risssicher
crack propagation Rissausbreitung *f*
crack-resistant rissfest
crack sealing Rissversiegelung *f*
crack spacing Rissabstand *m*
crack starter Rissanfang *m*
crack water *(Erdb)* Kluftwasser *n*
crack width Rissbreite *f*
crack width limitation *(Stat)* Rissbreitenbeschränkung *f*
cracked gerissen; rissig
cracked concrete gerissener Beton *m*, Beton *m* mit gerissener Zugzone
cracked flexural stiffness Biegesteifigkeit *f* nach Rissbildung
cracked section of concrete Betonreißzone *f*
cracked state Risszustand *m* II *(Stahlbeton)*
cracking Rissbildung *f*, Reißen *n*
cracking in the calculated limits Risszustand *m* I *(Stahlbeton)*
cracking limit state Rissbildungsgrenzzustand *m*
cracking risk Rissgefahr *f*
cracking strength Rissfestigkeit *f*
crackle *v* 1. bersten *(z. B. Stützbauwerk)*; 2. spratzen *(Gestein)*; 3. reißen *(Anstrich)*; rissig werden
crackle glassware Krokodilglas *n*, krakeliertes Glas *n*
crackle lacquer [varnish] Reißlack *m*
cracky rissig
cradle *v* versteifen *(mittels Lehrbogen)*
cradle Hängebühne *f*, Hängekorb *m (Gerüst)*
cradle machine Reinigungswagen *m (für Fassaden)*; Fensterputzwagen *m*
cradle vault Tonnengewölbe *n*
cradling 1. Füllungssystem *n*; 2. Stützrahmen *m (aus Holz für Putz und Mauerwerk)*; Versteifung *f (Stützbogen)*; 3. Lehrbogen *m*
craft Handwerk *n*, Gewerk *n*
crafting method handwerkliche Methode *f*
craftsman Handwerker *m*; Facharbeiter *m*
cramp *v* (an)klammern, befestigen; verklammern *(Baugerüst)*
cramp 1. Klammer *f*, Bauklammer *f*, Krampe *f*; Schraubzwinge *f*, Leimklammer *f*; Bügel *m*; 2. Bankeisen *n*
cramp iron Klammer *f*, Bauklammer *f*, Krampe *f*
cramped for space räumlich beengt *(Wohnen)*
crampet Mauerhaken *m*
cramping Haspen *m*
crampon Hebezange *f*
crampoon *(AE)* Hebezange *f*
crandall *(AE)* Scharrierhammerwerkzeug *n*
crane Kran *m*
crane aisle Krangang *m*
crane bay Kranbahnschiff *n*, Kranschiff *n (Werkhalle)*
crane beam Kranbahnträger *m*
crane bridge Kranbrücke *f*
crane crab Laufkatze *f*
crane girder Kranbahnträger *m*
crane hook Lasthaken *m*
crane jib Kranausleger *m*
crane rail Kranbahnschiene *f*
crane runway Kranbahn *f*
crane skip Krankübel *m*
crane structure Kranbauwerk *n*
crane track Krangleis *n*
crane trolley Laufkatze *f*
crane-way Kran(lauf)bahn *f*
crank *v* kröpfen, biegen *(ein Werkstück)*
crank 1. Kurbel *f*, 2. Kröpfung *f*
crank handle Handkurbel *f*, Kurbelschlüssel *m*
crank piece Kröpfstück *n*
cranked flat iron gekröpftes Flacheisen *n*
cranked piece Kröpfstück *n*
crape *v s.* crepe
crash *v* zusammenstoßen; zerbrechen
crash Zusammenstoß *m*, Unfall *m*
crash barrier *(Verk)* Leitplanke *f*, Sicherheitsgeländer *n*; Schutzplanke *f*
crash course Intensivkurs *m*
crash cushion *(Verk)* Anpralldämpfer *m*

crash landing strip *(Verk)* Notlandebahn *f*
crash programme Sofortprogramm *n*
crash-resistant concrete rissfester Beton *m*
crash speed Anprallgeschwindigkeit *f*
crate Kasten *m*, Verschlag *m*
crater *v* 1. Krater bilden *(in Anstrichen bei Korrosion)*; 2. *(Wsb)* auskolken
cratering 1. Auskolkung *f (Geologie)*; 2. Kraterbildung *f*, zentrische Rissbildung *f (Anstrich)*; kraterförmiger Lochfraß *m (Korrosion)*
crawl *v* sinken, rutschen, kriechen *(Anstrich)*
crawl space Kontrollgang *m*, Unterhaltungsraum *m (z. B. für Rohrleitungen, Installationen)*
crawler 1. Raupenfahrzeug *n*, Raupenschlepper *m*; 2. *s.* crawler track
crawler chain Raupenkette *f*
crawler excavator Raupenbagger *m*
crawler lane *(Verk)* Kriechspur *f*
crawler track Gleiskette *f*, Raupenkette *f*
crawler(-type) tractor Raupenschlepper *m*, Raupenkettentraktor *m*
crawling 1. Sinken *n*, Kriechen *n (von Anstrichen)*; Abrollen *n (Trockenölschäden bei glänzenden Oberflächen)*; 2. Rissbildung *f (Oberflächenglasurfehler bei Fliesen)*
crawling board Trittbrett *n* mit Knagge *(für Dachdeckarbeiten)*
craze *v* reißen, rissig werden, brechen
craze Feinriss *m*, Haarriss *m*
crazing Reißen *n*, Rissbildung *f*, Netzrisse *mpl (Putz, Mörtel)*; Haarrissbildung *f (z. B. bei Beton)*; Brandrisse *mpl (Keramik)*
crease Falte *f*
creased faltig
creasing Wasserableitlage *f (für Sohlbänke)*
creation Erschaffung *f*
creative schöpferisch
creative design material gestalterischer Baustoff *m*
creative thought bildnerisches Denken *n*
crèche Kinderhort *m*; Kinderkrippe *f*
creek 1. schmale Meeresbucht *f*; 2. *(AE)* schmaler Fluss *m*, Bach *m*
creep *v* kriechen, fließen *(Stoffe)*
creep 1. Kriechen *n*, Fließen *n*, plastischer Fluss *m (von Stoffen)*; 2. *(El)* Kriechen *n (des Stroms)*
creep behaviour Kriechverhalten *n*
creep coefficient Kriechbeiwert *m*
creep compliance Kriechverhalten *n*; Kriechsteifigkeit *f*
creep crack Kriechriss *m*
creep curve Kriechkurve *f*
creep deformation Kriechformveränderung *f*
creep lane Kriechspur *f*, Kriechfahrstreifen *m*
creep limit Kriechgrenze *f*
creep line Sickerweg *m*, Sickerspur *f*
creep modulus Kriechmodul *m*
creep of concrete Kriechen *n* des Betons
creep process Kriechvorgang *m*
creep rate Kriechgeschwindigkeit *f*
creep-resistant kriechfest
creep rupture strength Kriechbruchfestigkeit *f (z. B. von Beton)*
creep stiffness Kriechsteifigkeit *f*
creep strain Kriechdehnung *f*
creep strength Kriechfestigkeit *f*
creep stress Kriechspannung *f*
creep test Kriechprüfung *f*
creep trench Kriechgang *m (für Wartungszwecke)*
creep under tensile stress Kriechen *n* unter Zugspannung
creep value Kriechwert *m*
creeper 1. konischer Bogenrandziegel *m*; 2. Kletterpflanze *f (an Mauerwerk)*
creeper tractor Raupenschlepper *m*
creeping Kriechen *n (Baustoffe)*
creeping rafter *(Hb)* Gratstichbalken *m*, Schiftsparren *m*, Schifter *m*
crematorium Krematorium *n*
Cremona's polygon of forces Cremona-Plan *m*, Kräfteplan *m* nach Cremona
cremone bolt *(AE)* Fensterschubriegelschließer *m*, Schubriegel *m*
crenel Schießscharte *f (Zinnenlücke)*; Zinnenfenster *n*
crenelate *v (Arch)* krenelieren, auszacken, mit Zinnen versehen
crenelated moulding Zinnenkranz *m*, Zinnenbesatz *m*, Nasenleiste *f*, schießschartenverzierte Kante *f*
crenelation Zinnenkranz *m*, Zinnenkrönung *f*
crenelle Zinnenfenster *n*
creosol pitch Kreosolpech *n*
creosote *v* kreosotieren, mit Teeröl tränken
creosote Imprägnieröl *n*, Kreosotöl *n*, Teeröl *n*
creosote oil Kreosotöl *n*
crepe *v* kreppen *(Papier)*
creped gekreppt
creped paper Krepppapier *n*
crepidoma *(Arch)* Krepidoma *n*, Krepsis *m (dorisch)*
crepping Kreppen *n*
crescent sichelförmig
crescent roof sichelförmiges Dach *n*
crescent truss Bogenfachwerkträger *m*
cresol pitch Phenolpech *n*, Karbolpech *n*
cress tile Ornamentfirstziegel *m*, Schmuckfirstziegel *m*
crest 1. First *m*, Krone *f*; Dachfirst *m*; 2. Mauerkrone *f*; 3. *(Wsb)* Dammkrone *f*, Kuppe *f*; 4. Kamm *m*, Scheitel *m (eines Bergs)*; 5. Scheitel(wert) *m*, Spitzenwert *m*
crest-control weir *(Wsb)* Überfallwehr *n*
crest level Kronenhöhe *f (Dach)*
crest tile Firstziegel *m*, Gratziegel *m*
crest width Kronenbreite *f (Damm, Deich)*
cresting Firstaufstand *m (auf den Firstziegeln)*
Cretan architecture kretische Architektur *f*
crevasse Kluft *f (z. B. nach Erdbeben)*; *(AE)* Bruch *m* im Deich
crevice Ritze *f*
crevice corrosion Spaltkorrosion *f*
crew Kolonne *f*, Bauarbeitertrupp *m*
crib *v (Hb)* ausbauen, verzimmern, aussteifen
crib Holzunterbau *m*, Holzunterstützung *f*, Balkenrostwerk *n*
crib test Holzbrechwiderstandstest *m (bei Feuereinwirkung)*
cribbing Holzverschalung *f*, Holzaussteifung *f*
cribwork Holzverschalung *f*, Holzaussteifung *f*
cricket 1. Sternverbindung *f*; 2. Schornsteinsattel *m*
crinkling Runzeln *n*, Kräuseln *n*, Faltenbildung *f (von Anstrichen)*
crippling Ausknicken *n*; Ausbrechen *n*
crippling load Knicklast *f*
criss-cross kreuzweise, kreuz- und querverlaufend; Kreuz...
criss-cross mixing Kreuz- und Quervermengung *f*
criss-crossing kreuzweises Aufeinanderlegen *n*
criterion of failure Bruchkriterium *n*
critical amplitude kritische Schwingungsweite *f*
critical condition kritischer Zustand *m*
critical crack propagation rate Grenzgeschwindigkeit *f* der Rissausbreitung
critical cross-section kritischer Querschnitt *m*
critical density optimale Feuchtdichte *f (eines Erdstoffs)*
critical flow kritische Strömung *f*

critical head *(Wsb)* kritische Druckhöhe *f*, kritisches Gefälle *n*
critical height of soil cutting maximale Bodeneinschnitttiefe *f*
critical limit Abfallgrenze *f*
critical length kritische Länge *f*
critical load kritische Belastung *f*, Grenzlast *f*; Knicklast *f*, Beullast *f*
critical location kritischer Standort *m*
critical path method CPM-Methode *f*, kritische-Pfad-Methode *f (Netzplantechnik)*
critical section kritischer Querschnitt *m*; kritische Zone *f*, Bruchzone *f*
critical slope maximaler Böschungswinkel *m*
critical strength Grenzfestigkeit *f*
critical stress Knickspannung *f*, Beulspannung *f*
critical void ratio Porenziffer *f* bei optimaler Dichte *(eines Erdstoffs)*
critical voltage *(El)* Grenzspannung *f*
crizzling Haarrissbildung *f (z. B. auf Keramikfliesen)*
crockery Steingut *n*; Fayence *f*
crocket *(Arch)* Krabbe *f*, Krappe *f*, Kriechblume *f*, Steinblume *f*, Knolle *f (Ornament der Gotik)*
crocket capital Krabbenkapitell *n*, Steinblumenkapitell *n*, Kriechblumenkapitell *n (Gotik)*
crocketed krappenverziert, steinblumenverziert, kriechblumenverziert
crocking Abreiben *n (Farbanstrich)*
crocodile shears Hebelschere *f*
crocodiling Krokodilhautbildung *f*, Reißen *n (von Anstrichen)*
crook *v* krümmen, biegen; sich krümmen, sich verziehen; sich verwerfen *(Gleis)*
crook 1. Haft *m*, Hafte *f*, Haken *m*; 2. Krümmung *f*; 3. Knieholz *n*
crook rafter Sparren *m* mit nach innen gebogenem Fußende, Dachschifter *m*
crooked krumm, gebogen; schief *(nicht parallel)*; verzogen; nichtschnürig *(Holz)*
crooked timber Krummholz *n*
crop *v* 1. abschneiden, beschneiden; 2. *s.* crop out; 3. bebauen; bepflanzen
crop *v* **out** ausstreichen, zu Tage treten *(Erdschicht)*
crope *(Arch)* Kreuzblume *f*, Firstblume *f*, Giebelblume *f*
cropland Ackerland *n (Flächennutzungsplan)*
cropped piece Spaltstück *n*
cross *v* 1. überschreiten; 2. kreuzen, überbrücken; verschränken; sich kreuzen *(z. B. Leitungen)*
cross-hatch *v* kreuzweise schraffieren
cross 1. Kreuz(rohr)stück *n*; 2. Kreuzmaß *n*; 3. Kreuzungspunkt *m*
cross aisle Querhaus *n*, Querschiff *n (Kirchenbau)*
cross arch Kreuzbogen *m*
cross-arched vault Kreuzbogengewölbe *n*
cross arm 1. Kreuzarm *m (Kirchenbau)*; 2. *s.* cross bar 1.
cross bar 1. Querholz *n*, Querträger *m*, Querriegel *m*, Traverse *f*; 2. *(Hb)* Kreuzband *n*; 3. Riegel *m (Verschlussstange)*
cross-bar window Kreuzfenster *n*
cross beam Querträger *m*, Querbalken *m*, Versteifungsbalken *m*; Holm *m*; Traverse *f*, Zwischentraverse *f*, Kreuzbalken *m*
cross-bedding *(Erdb)* Kreuzschichtung *f*
cross binding Querverbindung *f*
cross bit Kreuzbohrer *m*
cross bond Kreuzverband *m*, flämischer Verband *m (ein Strecker, ein Binder)*
cross brace Querstrebe *f*
cross-braced end frame Endquerrahmen *m*
cross bracing Queraussteifung *f*, Querverband *m*, Querverstrebung *f*
cross bracket Querriegel *m*
cross-breaking strength Durchbiegefestigkeit *f*, Querbiegefestigkeit *f*; Knickfestigkeit *f*
cross bridging *(AE)* paarweise Diagonalaussteifung *f*, Diagonalversteifung *f* von Deckenträgern
cross bubble Kreuzlibelle *f (Wasserwaage)*
cross building Quergebäude *n*
cross cogging *(Hb)* Kreuzkamm *m*
cross-conection Querverbindung *f*
cross connector Kreuzverbinder *m*
cross corking *(Hb)* Kreuzkamm *m*
cross current Querstrom *m*
cross-cut 1. *(Hb)* Querschnitt *m*, Hirnschnitt *m*; 2. *s.* cross-cut end; 3. Quertunnel *m*
cross-cut chisel Kreuzmeißel *m*
cross-cut end Hirn(schnitt)fläche *f*, Stirnfläche *f*
cross-cut saw Schrotsäge *f*
cross-cut wood Hirnholz *n*
cross-cutting Quersägen *n*, Querschnitt *m*, Abkürzen *n*
cross dike Querdeich *m*, Fangdamm *m*
cross dimensions Querdimensionen *fpl*
cross-domed church Kreuzkuppelkirche *f*
cross-drain Querrinne *f*, Querschlitz *m*
cross-fall Querneigung *f*, Quergefälle *n (einer Straße)*
cross flow Querströmung *f*
cross-folded kreuzgefaltet
cross frame *(Hb)* Querrahmen *m*
cross garnet T-Band, Zungenband *n*, Kegelband *n (Baubeschlag)*
cross girder Querträger *m*
cross grain axe Queraxt *f*
cross-grain leaf Hirnholzplatte *f*
cross-grain plane Zwerchhobel *m*
cross-grain veneer Querfurnier *n*
cross-grained *(Hb)* quer zur Faserrichtung
cross-grained float Reibscheit *n*
cross-grained wood drehwüchsiges Holz *n*
cross hairs Fadenkreuz *n (Optik)*
cross hatching Kreuzschraffierung *f*, Kreuzschraffur *f*
cross joint 1. Stoßfuge *f (Mauerwerk)*; 2. Kreuzstoß *m (Schweißen)*
cross-lap joint überlappte Kreuzverbindung *f*
cross-level Querneigungsmesser *m*
cross line Querlinie *f*
cross-linked 1. gekreuzt, verbunden *(Rohrleitung, Windverband)*; 2. vernetzt, kreuzgittervernetzt *(Polymere)*
cross member 1. Querstrebe *f*; Querträger *m*; 2. Riegel *m*
Cross method *(Stat)* Momentenausgleichsverfahren *n* (nach Cross), Cross-Verfahren *n*
cross nailing Überkreuznagelung *f*
cross partition Quertrennwand *f*
cross pattee Tatzenkreuz *n*
cross pawl Kreuzlatte *f*, Schwibbe *f (Windkreuzlatte)*
cross peen (hammer) Querschlaghammer *m*
cross piece 1. Querstrebe *f*; 2. Kreuzstück *n (Rohrstück)*
cross pin 1. Strebe *f*; 2. *(Hb)* Kreuzzapfen *m*
cross pipe Kreuzrohrstück *n*
cross plate Joch *n*
cross pole *(Wsb)* Kreuzpfahl *m*
cross pruduct Vektorprodukt *n*, äußeres Produkt *n*
cross reinforcement Querbewehrung *f*
cross rib Querrippe *f (eines Kreuzgewölbes)*
cross-ribbed kreuzgerippt
cross-road 1. Querstraße *f*; 2. *s.* crossroads
cross seam Quernaht *f*
cross section 1. Querschnitt *m*, Schnitt *m*; Querprofil *n*; 2. *s.* cross-sectional area • **in cross section** im Querschnitt

cross-section area *s.* cross-sectional area
cross section of pile Pfahlquerschnitt *m*
cross section of the ground Bodenprofil *n*
cross section under tension Zugquerschnitt *m*
cross-sectional area Querschnittsfläche *f*
cross-sectional profile Querprofil *n*
cross-sectional shape Querschnittsform *f*
cross-shaped column Kreuzstütze *f*
cross sill Schwelle *f (Gleisbau)*
cross-sleeper 1. Mittelschwelle *f (Gleisbau)*; 2. Querverbindung *f*
cross sleeve Kreuzmuffe *f*
cross slope Querneigung *f*
cross-sloping roadway quergeneigte Straße *f*
cross slot Querschlitz *m (einer Schraube)*
cross springer Diagonalrippe *f (Gewölbe)*
cross stay 1. Diagonalstrebe *f*, Querversteifung *f*; 2. *(Hb)* Kreuzband *n*; Kreuzverband *m (Stahlbau)*
cross stays Verschwertung *f*
cross stud Verschwertung *f*, Kreuzstrebe *f*
cross support Kreuzstütze *f*
cross-tie 1. Querhalter *m*, Querstrebe *f*; 2. *(AE)* Schwelle *f (Gleisbau)*
cross-timbered truss Holzfachwerk *n*
cross traverse Querträger *m*, Querstück *n (Riegel)*
cross vault(ing) Kreuzgewölbe *n*
cross ventilation Querlüftung *f*
cross-vista Durchblick *m*
cross-wall 1. Querwand *f*; 2. Wandscheibe *f*, Scheibe *f*
cross-wall construction Querwandbauweise *f*
cross-wall panel Querwandplatte *f*
cross-welted seam Querfalz *m*
cross window Kreuzfenster *n*, Sprossenfenster *n*
cross-wire sight Fadendiopter *m (Optik)*
cross wires Fadenkreuz *n (Optik)*
crossband Absperrlage *f*, Sperrfutter *n (Holz)*
crossbanding kreuzweise Absperrung *f (Holz)*
crossbar *s.* cross bar 3.
crossed position Überkreuzlage *f*
crossfall Quergefälle *n*, Querneigung *f*
crosshead Querträger *m*, Traverse *f*, Spanntraverse *f*
crossing 1. *(Verk)* Kreuzung *f (Straße, Eisenbahn)*; Straßenkreuzung *f*; Übergang *m*; Wegübergang *m*; Bahnübergang *m*; 2. Vierung *f*, Kreuzbau *m*, Kreuzwerk *n*, Kreuzfeld *n*
crossing arch Vierungsbogen *m*
crossing at grade höhengleiche Kreuzung *f*, höhengleicher Übergang *m*
crossing bar Kreuzsprosse *f*
crossing bay Vierungsfeld *n*
crossing dome Vierungskuppel *f*
crossing of lines Gleiskreuzung *f*
crossing pier Eckpfeiler *m*, Vierungspfeiler *m*
crossing point Kreuzungspunkt *m*
crossing track Kreuzgleis *n*
crossing vault Vierungsgewölbe *n*
crossing width Vierungsbreite *f*
crossover 1. Überkreuzung *f* von Leitungen; 2. Gleiskreuzung *f*; 3. *(Verk)* Mittelstreifenüberfahrt *f*, Fußwegüberfahrt *f*
crossplaning Querhobeln *n*
crossroads Straßenkreuzung *f* • **at a crossroads** an einer Kreuzung
crosstown link Ortsdurchfahrt *f*
crosswalk *(AE)* Fußgängerüberweg *m*, Fußgängerschutzweg *m*, Übergang *m*
crosswall Querwand *f*
crosswall construction Schottenbauweise *f*
crossway Querstraße *f*
crosswise quer, in Querrichtung, kreuzweise, gekreuzt, über Kreuz
crosswise planing Querhobeln *n*
crotch Gabelung *f*
crotch veneer Gabelholzfurnier *n*
crow gable Stufengiebel *m*, Staffelgiebel *m*
crow stone Scheitelstein *m*
crowbar Brechstange *f*, Brecheisen *n*
crowd *v* 1. füllen, voll stopfen; 2. sich stauen
crowd shovel Hochlöffel(bagger) *m*
crowde 1. *s.* crypt; 2. Ausbaggerungsabsteckung *f*
crowding Grabvorgang *m*, Vorschub *m (eines Löffelbaggers)*
crown *v* wölben
crown 1. Krone *f (Mauer, Damm)*; 2. Scheitel *m*, Scheitelpunkt *m*, Spitze *f (eines Bogens)*; Kappe *f (Gewölbe)*; Schlussstein *m (eines Gewölbes)*
crown bar Deckenanker *m*; Brückenträger *m*; Joch *n (Träger)*
crown block Scheitelstein *m*
crown course Firstkappenlage *f (von Asbestformteilen)*
crown glass 1. Kronglas *n*; 2. Butzenscheibe *f*, gewölbtes Fensterglas *n*
crown hinge Scheitelgelenk *n*
crown joint Scheitelfuge *f*
crown-like top *(Arch)* Gebäudekrone *f*
crown line Scheitellinie *f*
crown moulding Gesimsleistenausbildung *f*
crown of a slope Böschungskante *f*
crown of a wall Deckplatte *f*
crown of the arch Gewölbescheitel *m*, Bogenscheitel *m*, Bekrönung *f*
crown plate 1. Deckplatte *f (z. B. einer Säule)*; 2. Sattelholz *n*
crown post senkrechtes Glied *n* eines Dachfachwerks
crown runner Firstenläufer *m*
crown sag Scheitelsenkung *f*
crown saw Lochsäge *f*
crown section Querschnitt *m* im Scheitel
crown steeple Turmkrone *f*
crown stone Schlussstein *m (Gewölbe)*
crown tile Firstziegel *m*, Firststein *m*
crown-tile roof Ritterdach *n*
crowning 1. *(Arch)* Bekrönung *f*, Krone *f (Ornament)*; 2. Wölbung *f*
crowning feature *(Arch)* krönendes Element *n*
crowning member *s.* crowning feature
crow's feet Krähenfüße *mpl (Fehler auf Anstrichen)*
crowsfooting V-förmige Rissbildung *f*, Krähenfüße *mpl (z. B. bei Anstrichen)*
crucial entscheidend, wichtig, kritisch
crucible steel Tiegelstahl *m*
cruciform kreuzförmig
cruciform building Kreuzbau *m*
cruciform church Kreuzkirche *f*
cruciform column Kreuzsäule *f*
cruciform cross (section) kreuzförmiger Querschnitt *m*
cruciform crypt Kreuzgruft *f*
cruciform-domed church Kreuzkuppelkirche *f*
cruciform effect kreuzförmige Wirkung *f*
cruciform network kreuzförmig gespanntes Netzsystem *n*
cruciform symmetry Kreuzsymmetrie *f*
crude roh; rau; unbearbeitet; Roh...
crude foul water Rohabwasser *n*
crude masonry work Rohmauerwerk *n*
crude oil Rohöl *n*, Erdöl *n*
crude refuse water Rohabwasser *n*
crude rock Rohgestein *n*
crude sewage unbehandeltes Abwasser *n*

crude steel Rohstahl *m*
crude tar Rohteer *m*
crude waste Rohabwasser *n*, unbehandeltes Abwasser *n*
crumble *v* zerbröckeln, zerkrümeln; zerbröckeln, abbröckeln, zerfallen
crumble *v* **away** zerbröckeln, zerfallen
crumbling rock kiesiges Gestein *n*
crumbly krümelig, bröcklig; zerfallend
crusader architecture Kreuzfahrerarchitektur *f*
crush *v* brechen, (grob) zerkleinern *(Steine)*; zerdrücken, (zer)quetschen *(Feststoffe)*; mahlen; zerschmettern, zertrümmern
crush resistance Druckwiderstandsfähigkeit *f*
crush-room 1. Foyer *n*; Wandelhalle *f*; 2. Pufferraum *m*
crushed gebrochen
crushed aggregate gebrochener Zuschlagstoff *m*
crushed blast-furnace slag Schlackenschotter *m*
crushed brick Ziegelsplitt *m*
crushed brick aggregate Ziegelsplittzuschlag *m*
crushed chips [chippings] gebrochener Splitt *m*, Brechsplitt *m*
crushed coarse aggregate zerkleinerter Grobzuschlag(stoff) *m*
crushed dust Brechstaub *m*, Brechmehl *n*, Brecheigenfüller *m*
crushed face Bruchfläche *f*
crushed granite zerkleinerter Granit *m*
crushed gravel Brechkies *m*, Betonsplitt *m*
crushed material Brechgut *n*, gebrochenes Material *n*
crushed particle gebrochenes Korn *n*
crushed particle intex Bruchflächigkeitsindex *m*
crushed rock gebrochenes Gestein *n*, Schotter *m*; Splitt *m*
crushed rock fine aggregate Brechsand *m*
crushed sand Brechsand *m*
crushed slag Brechschlacke *f*
crushed slag course Schlackenschotter *m*
crushed slate Schiefersplitt *m*
crushed stone Steinschlag *m*, Schotter *m*; Splitt *m*; gebrochenes Gestein *n*
crusher Brecher *m*, Brechwerk *n*
crusher-run aggregate Brecherprodukt *n*, Brechergekörn *n*, gebrochener unabgesiebter Zuschlagstoff *m*
crusher-run base Mineralbetontragschicht *f*, Tragschicht *f* aus gebrochenem Material *(auch mit Bindemittel)*
crusher-run material gebrochenes und nicht klassiertes Material *n*, Brechrohgut *n*
crusher screenings Brechsand *m*
crusher setting Brechereinstellung *f (Aufbereitung)*
crushing Brechen *n*, Grobzerkleinern *n*, Zerkleinerung *f*, Zertrümmerung *f*
crushing and screening plant Brech- und Siebanlage *f*
crushing load Bruchlast *f*
crushing mill Brechwalzwerk *n*, Zerkleinerungsmühle *f*
crushing operation *s.* crushing process
crushing plant Brechanlage *f*; Mahlanlage *f (für grobes Mahlgut)*
crushing point kritische Belastung *f*
crushing process Brechvorgang *m (Aufbereitung)*
crushing strength *(Stat)* Bruchfestigkeit *f*, Druckfestigkeit *f*, Scheiteldruckfestigkeit *f (Rohre)*
crushing stress Bruchspannung *f*
crushing test Druck(festigkeits)prüfung *f*, Druckversuch *m*; Brechprobe *f*, Brechprüfung *f*
crushing yield point Quetschgrenze *f*
crust *v* verkrusten
crust 1. Kruste *f*, 2. Straßendecke *f (Zementbetondecke)*
crust of (cement) coating Zementkruste *f*, Zementhaut *f*
crutch gebogener vertikaler Holzstützenbalken *m*
crutch head Knebel *m*
crux commissa *(Arch)* Taukreuz *n*, ägyptisches Kreuz *n*, Anthoniuskreuz *n*
crux decussata *(Arch)* Andreaskreuz *n*
crux immissa *(Arch)* lateinisches Kreuz *n*
cry room Mutter-und-Kind-Raum *m (schalldicht)*
cryolite Kryolith *m*, Eisstein *m*
crypt *(Arch)* Krypta *f*, Kirchenkeller *m*, Gruft *f*, Grabgewölbe *n*
crystal glass Kristallglas *n*
crystal palace Kristallpalast *m*
crystal structure Kristallstruktur *f*, Kristallaufbau *m*
crystalline plutonic rock kristallines Tiefengestein *n*
crystalline rock kristallines Gestein *n*
crystalline schist kristalliner Schiefer *m*
crystallize *v* kristallisieren, Kristalle bilden
cubage 1. Kubatur *f*, Volumenberechnung *f*, Rauminhaltsberechnung *f*; 2. *s.* cubage content
cubage content Rauminhalt *m*, Kubikinhalt *m*
cubature Kubatur *f*, umbauter Raum *m*
cubby kleiner Lagerraum *m (Kammer)*
cubby-hole Kammer *f (Abstellkammer)*
cube *v* 1. das Volumen ermitteln; 2. pflastern; 3. Würfel herstellen
cube 1. Kubus *m*, Würfel *m*; 2. Block *m*; Pflasterstein *m*
cube method Kostenermittlung *f* nach Raummaß
cube sett Pflasterstein *m*
cube size Würfelgröße *f*
cube strength Würfeldruckfestigkeit *f (Beton)*
cube test Würfelprüfung *f*
cubic 1. kubisch, würfelförmig; 2. Kubik..., Raum...
cubic capital Würfelkapitell *n*
cubic content Rauminhalt *m*, Kubikinhalt *m*
cubic contents umbauter Raum *m*
cubic form kubisches Formbild *n*
cubic measure Raummaß *n*, Kubikmaßeinheit *f*
cubic parabole kubische Parabel *f*
cubic test block Würfelprüfkörper *m*
cubic volume *s.* cubic content
cubic yardage umbauter Raum *m*
cubical *s.* cubic
cubical aggregate kubischer Zuschlagstoff *m*
cubical content umbauter Raum *m*
cubical mass kubische Raummasse *f*
cubical mixing tank Würfelmischbehälter *m*
cubical product kubisches Endprodukt *n (Brechkorn)*
cubicle kleiner (abgeteilter) Raum *m (Nische, Alkoven)*; Lesenische *f (in einer Bibliothek)*; Kabine *f (z. B. zur Anprobe)*; Zelle *f (Kabine)*
cubiculum 1. Bettzimmer *n (im antiken Raum)*; 2. Bestattungskammer *f (in einer Wand)*
cubing Steinpaketieren *n*
Cubism *(Arch)* Kubismus *m*
cuboid house Würfelhaus *n*
cul-de-four viertelteiliges Gewölbe *n*
cul-de-lamp punktartiges Schlussornament *n* in einem Gewölbe
cul-de-sac Sackgasse *f*
cull *(AE)* 1. geringwertiges Bauholz *n*; 2. geringwertiger Ziegel *m*
cull timber *(AE)* Abfallholz *n*
cullet Glasbruch *m*, Bruchglas *n*
cullis *s.* coulisse
Cullmann's method Cullmann'sche E-Linie *f*, Cullman-Verfahren *n*
cult statue Kultstandbild *n*, Kultstatue *f*
cult temple Kulttempel *m*
cultivate *v* bearbeiten *(Außenanlagen)*
cultivated soil Kulturboden *m*, Ackerboden *m*
cultivation Kultivierung *f (von Land)*; (landwirtschaftliche) Bebauung *f* • **out of cultivation** verwildert

cultural and commercial zone Kultur- und Geschäftsbereich *m*
cultural centre Kulturzentrum *n*; Kulturhaus *n*
cultural circle Künstlerkreis *m*
cultural monument Kulturdenkmal *n*
cultural movement Kulturbewegung *f*
culvert 1. (überwölbter) Abflussgraben *m*, Graben *m*, Wasserdurchlasskanal *m (z. B. unter Straßen)*; Düker *m*, Dole *f*, Durchlass *m*, Durchlassrohr *n*; 2. Saugheber *m*
culvert lock Durchlass(rohr)schleuse *f*
culvert pipe Abzugskanalrohr *n*
culvert syphon Düker *m*, Durchlass *m*, Durchlassrohr *n*
culvertail *(Hb)* Schwalbenschwanz *m*
cumar gum *(AE)* Kumaronharz *n*
cumulative batching kumulative Messdosierung *f*
cumulative consumption Gesamtverbrauch *m*
cumulative discharge kumulativer Ausfluss *m*
cumulative frequency curve Häufigkeitssummenkurve *f*
cuneate keilförmig
cuneiform keilförmig
cup 1. Schale *f (Gefäß)*; 2. Hohlform *f*, Hohlgefäß *n*
cup base Fußhalterung *f* für runde Stahlstützen
cup escutcheon Fingervertiefung *f*, Fingergriff *m (an einer Schiebetür)*
cupboard Schrank *m*; Abstellkammer *f*
cupboard lock Schrankschloss *n*
cupboard unit(s) Schrankwand *f*
cupola Kuppel *f*, Haube *f*, Laterne *f (Dachaufsatz)*
cupola bottom Kuppelboden *m*, Domboden *m*
cupola cornice Kuppelsims *m(n)*
cupola dam Kuppelmauer *f*
cupola impost Kuppelkämpfer *m*
cupola vertex Kuppelscheitel *m*
cupreous 1. kupferhaltig; 2. kupferartig
curability Härtbarkeit *f (von Kunststoffen, Anstrichen)*
curable härtbar *(Kunststoffe, Anstriche)*
curb 1. *(AE)* Bordstein *m*, Bordschwelle *f*, Schrammschwelle *f*, Schrammbord *m*; Bordeinfassung *f*, Bordkante *f*, Rinnstein *m*; 2. Aufsatzkranz *m (Lichtkuppel)*
curb below ground Tiefbord *m*, Tiefbordstein *m*
curb box Schutzrohr *n (für unterirdisches Ventil)*
curb clay tile Dachbruchziegel *m*
curb cock *(AE)* Hauswasseranschlussventil *n*, Anschlussschieber *m (auf der Straße)*
curb fender Bordschwelle *f*, Schutzschwelle *f*
curb form gebrochene Form *f*, Form *f* mit gebrochener Ecke
curb level Straßengradiente *f*
curb rafter gebrochener Sparren *m*, oberer Mansardendachsparren *m*
curb roof Mansardendach *n*, Walmmansardendach *n*, Dachbruch *m*, Dachknick *m*
curb stop *s.* curb cock
curbbeam Saumholz *n*
curbed footway Gehweg *m* mit Bordstein
curbstone *(AE)* Bordstein *m*, Rinnstein *m*, Randstein *m*
cure *v* 1. (aus)härten *(Kunststoffe, Farben)*; abbinden *(Kleber)*; 2. nachbehandeln *(Beton)*; feuchthalten
cure 1. Aushärtung *f (von Kunststoffen, Farben)*; 2. Nachbehandlung *f (von Beton)*
curing 1. Härten *n*, Aushärten *n*; 2. Nachbehandlung *f (von Beton)*
curing agent 1. Härtemittel *n*, Härter *m (für Kunststoffe, Farben)*; 2. Abbindemittel *n*
curing area Abbindeplatz *m (Betonwerk)*
curing blanket Nachbehandlungsmatte *f*, Nachbehandlungstuch *n (für Beton)*; Abdeckmatte *f*
curing capacity Bindefähigkeit *f*, Abbindevermögen *n (Verschnittbitumen)*
curing chamber Dampfkammer *f*, Nachbehandlungsraum *m*, Behandlungskammer *f (Betonsteinherstellung)*
curing compound Abbindemittel *n*, Nachbehandlungsmittel *n*
curing cycle Dampfnachbehandlungszyklus *m*, Härtezyklus *m (Beton)*
curing kiln Dampfkammer *f (Betonnachbehandlung)*
curing mat *s.* curing blanket
curing membrane Nachbehandlungsfilm *m*, Sprayschicht *f (auf Frischbeton)*
curing period 1. Nachbehandlungszeit *f*; 2. Abbindedauer *f*, Bindezeit *f (Verschnittbitumen)*
curing power Abbindevermögen *n*, Abbindefähigkeit *f (Verschnittbitumen)*
curing process Abbindeprozess *m*, Abbindeverlauf *m*
curing rate Abbindegeschwindigkeit *f*
curing room *s.* curing chamber
curing time Abbindedauer *f*, Abbindezeit *f (Verschnittbitumen)*
curing water Nachbehandlungswasser *n*
curing yard Nachbehandlungsplatz *m (Beton)*
curl 1. Rotation *f*, Wirbel *m (Wasserströmung)*; 2. Schlinge *f*
curling Verwindung *f*, Temperaturverformung *f*, Verbiegen *n* durch Temperatureinfluss
current 1. Strömung *f*, Strom *m*; 2. (elektrischer) Strom *m*
current-carrying Strom führend
current-carrying capacity Strombelastbarkeit *f*
current conduction Stromleitung *f*
current lead Stromzuführung *f*
current maintenance laufende Unterhaltung *f*
current meter Stromzähler *m*, Elektroenergie(verbrauchs)zähler *m*
current supply Stromversorgung *f*, Stromzuführung *f*
current velocity Strömungsgeschwindigkeit *f*
curstable Gesimssteinlage *f* mit geschnittenen Formen
curtail Abrollform *f (Geländerlauf)*
curtail step geschwungene Antrittsstufe *f*
curtain 1. Vorhang *m*; Gardine *f*; 2. Mittelwall *m (einer Burg)*; 3. Gardine *f*, Läufer *m (Anstrichfehler)*
curtain arch *(Arch)* Gardinenbogen *m*, umgekehrter Spitzbogen *m*, Sternbogen *m*
curtain board Gardinenleiste *f*
curtain coating Schlepptuchanstrich *m*, Schlepptuchbestreichung *f*
curtain grouting Schürzeninjektion *f*
curtain rail Gardinenschiene *f*, Vorhangschiene *f*
curtain rod Gardinenstange *f*
curtain track Gardinenschiene *f*, Gardinenstange *f*
curtain wall 1. vorgehängte Wand *f*, Blendwand *f*, Vorhangwand *f*; 2. Umfassungsmauer *f*
curtaining Gardinenbildung *f*, Nasenbildung *f (Lackanstrichfehler)*
curtilage *(AE)* Hausgrundstück *n (juristischer Begriff)*
curvature Krümmung *f*, Wölbung *f*, Bogenlinie *f*
curvature friction Krümmungsreibung *f (Spannglieder)*
curvature in ground Grundrisskrümmung *f*
curvature in line Krümmungslinie *f*
curvature of final set Abbindekurve *f (Beton)*
curvature of hardening Erhärtungskurve *f (Beton)*
curve *v* biegen, krümmen; wölben; sich krümmen, sich biegen; sich wölben
curve Kurve *f*, Krümme *f*, Biegung *f*, Windung *f (z. B. einer Straße)*
curve gauge Kreisbogenlineal *n*
curve inflection Krümmung *f*
curve of intersection Schnittkurve *f*, Schnittlinie *f*
curve to the left Linkskurve *f*
curve to the right Rechtskurve *f*

curved gekrümmt, krumm, gebogen; geschwungen, geschweift; gebaucht, hohlflächig; krummlinig
curved beam Bogenbalken *m*
curved block Gebäude *n* mit gekrümmtem Grundriss
curved brickwork Bogenmauerwerk *n*
curved channel Muldenrinne *f*
curved curb Bogenstein *m*, gebogener Bordstein *m*
curved gable Rundgiebel *m*, geschweifter Giebel *m*
curved girder Bogenträger *m*, gekrümmter Träger *m*, Bogenträger *m*
curved member gebogenes Bauteil *n*; gebogener Stab *m*
curved plan gekrümmter Grundriss *m*
curved rafter gebogener Sparren *m*
curved ramp Bogenrampe *f*
curved roof gewölbtes Dach *n*
curved shell gekrümmte Schale *f*
curved sided triangle Bogendreieck *n (Kirchenbau)*
curved slab gekrümmte Platte *f*
curved stone Kurvenstein *m*
curved track Bogengleis *n*, Gleiskurve *f*
curved window grille *(Arch)* Fensterkorb *m (kunstvoll geschmiedetes Gitter vor den Fenstern)*
curved work Natursteinbearbeitung *f*
curvilinear krummlinig; kurvenförmig
Curvilinear style Stil *m* der englischen Spätgotik, englische Hochgotik *f*
curvilinear tracery *(Arch)* fließendes Maßwerk *n*
curving *(Hb)* Schweifsägen *n*
cushion *v* 1. dämpfen, abfedern *(z. B. Stöße, Schläge)*; 2. polstern
cushion 1. Puffer *m*, Dämpfer *m*; 2. Bettungsschicht *f*; 3. Kissen *n*, Polster *n*, Auflage *f*
cushion block *s.* cushion head
cushion capital Würfelkapitell *n*
cushion course 1. Bettungsschicht *f*; 2. *s.* torus
cushion head Rammhaube *f (Pfahlgründung)*
cushion piece *s.* cushion 2.
cushion rafter Aussteifsparren *m*, Hilfssparren *m*, Zusatzsparren *m*
cushioned frieze konvexer Fries *m*
cushioning Dämpfung *f*
cusp 1. *(Arch)* Nase *f (eines gotischen Maßwerks)*; 2. *(Arch)* Spitzpunkt *m (eines gotischen Bogens)*; Bogenschnittpunkt *m*, Bogenschnittpunktfigur *f*, Schnittpunktverzierung *f (bei gotischen Bögen)*
cusped arch *(Arch)* Passwerkbogen *m*, Nasenschwungbogen *m*
cuspidation *(Arch)* Spitzpunktornamentierung *f (gotischer Bogen)*; Nasenverzierung *f*, Nasenbildung *f*
cusping *(Arch)* Nasenbildung *f*, Nasenverzierung *f*
custom-built individuell gebaut, auf Kundenbestellung angefertigt, speziell angefertigt
custom-house Kaufhaus *n (historisch)*
customary right Gewohnheitsrecht *n*
customer Auftraggeber *m*; Kunde *m*
customer service area Schalterhalle *f*, Kassenraum *m*
customize *v* auf Fertigmaß arbeiten, nach Maß anfertigen
customs clearance area *(Verk)* Zollabfertigungsbereich *m*
customs house Zollhaus *n*
cut *v* 1. schneiden, trennen; beschneiden; kürzen, ablängen *(Holz)*; zurichten *(Steine)*; *(AE)* fällen *(Bäume)*; (ein)ritzen; schnitzen; skulpt(ur)ieren; (zer)spanen *(Metall)*; fräsen; schleifen *(Glas)*; 2. *s.* cut through
cut *v* **a ditch** einen Graben ziehen
cut *v* **away** abschneiden, wegschneiden
cut *v* **back** verschneiden, verdünnen *(z. B. Asphalt durch Leichtöle)*
cut *v* **down** 1. verringern, reduzieren; drosseln; 2. zerkleinern, zerschneiden; 3. fällen *(Holz)*; einschlagen
cut *v* **fit** anpassen
cut *v* **in two** halbieren
cut *v* **into length [sections]** ablängen *(Holz)*
cut *v* **off** 1. abschneiden, (ab)kürzen; abhauen; kappen; 2. sperren; trennen, unterbrechen *(Stromzufuhr, Wasserzufuhr)*; ausschalten
cut *v* **off the cant** abkanten, abschrägen
cut *v* **out** 1. ausschneiden; 2. ausschalten
cut *v* **square** rechtwinklig schneiden; vierkantig zuschneiden
cut *v* **steeply** anschneiden *(Straße)*
cut *v* **through** *(Erdb)* durchstechen, durchörtern
cut *v* **to size** zuschneiden *(Material)*
cut *v* **up** zerstückeln; absägen
cut 1. Schnitt *m*, Einschneiden *n*; Fällen *n (von Bäumen)*; 2. Schnitt *m*, Einschnitt *m*; Kerbe *f*; 3. Abtrag *m*; Span *m*; 4. Einschnitttiefe *f*; Spantiefe *f*; 5. *(Erdb)* Einschnitt *m*; Durchstich *m*; 6. Stichkanal *m*; Durchlass *m (Brücke)*
cut-and-cover offene Tunnelbauweise *f (U-Bahnbau, Straßenbau)*
cut-and-fill Abtragen *n* und Einbauen *n*
cut-back bitumen *s.* cutback (bitumen)
cut edge geschnittene Kante *f*, Schnittkante *f*
cut glass geschliffenes Glas *n*
cut joint Schnittfuge *f*
cut-off unterbrochen *(z. B. Strom)*
cut-off 1. Pfahlabschnittshöhe *f*; 2. Absperrvorrichtung *f (z. B. für Wasser)*; 3. *(El)* Ausschaltvorrichtung *f*; 4. Durchstich *m*
cut-off cock Absperrhahn *m*
cut-off length Abschnittlänge *f*, Trennlänge *f*
cut-off stop Anschlagschwelle *f*
cut-off trench Abdichtungsgraben *m*
cut-out 1. Aussparung *f*, Öffnung *f*; 2. Schalter *m (z. B. an Maschinen)*; 3. *(El)* Sicherung *f*
cut-out box Sicherungskasten *m*
cut roof Flachdach *n (abgestumpftes Dach)*; Terrassendach *n*
cut splay Schräghauen *n*, Abschrägen *n (Ziegel)*
cut stone geschnittener Naturstein *m*; Baustein *m*
cut stringer Sattelwange *f (Treppe)*
cut surface Schnittfläche *f*
cut to shape zurechtgeschnitten *(Material)*
cutaway view Schnittbild *n*, Schnitt *m*
cutback (bitumen) Verschnittbitumen *n*, Cutback-Bitumen *n*
cutter 1. Schneidwerkzeug *n*; Hobeleisen *n*; Querschneider *m*; Schneide *f*; 2. Weichziegelstein *m*, spaltbarer Ziegelstein *m*
cutters Schere *f (für Draht)*
cutting 1. Schneiden *n*, *(AE)* Fällen *n (von Holz)*; Zuschneiden *n*; Skulpturieren *n (von Stein)*; Ausstemmen *n*; Abtragen *n (z. B. von Erde)*; 2. *(Erdb)* Einschnitt *m*; Durchstich *m*; 3. *s.* cuttings
cutting across the grain Schneiden *n* quer zur Faserrichtung, Querschnitt *m (Holz)*
cutting angle Schnittwinkel *m*
cutting back Verschneiden *n (mit Lösungsmittel)*
cutting blowpipe Schneidbrenner *m*
cutting chisel Stemmeisen *n*
cutting depth Schneidetiefe *f*, Schnitttiefe *f*, Spantiefe *f*
cutting edge Schneide *f*, Schneidekante *f*
cutting force Schnittkraft *f*
cutting gauge einstellbares Schneidmesser *n (Furnierschnitt)*
cutting-in Einstechen *n*, Einstich *m*
cutting knife Schneidmesser *n*
cutting line Schnittlinie *f*
cutting list Zuschneideliste *f (für Bauholz)*
cutting machine Schneidemaschine *f*, Gesteinssäge *f*

cutting of stones Steinschnitt *m*, Steinfugenschnitt *m*
cutting perpendicular to the grain *s.* cutting across the grain
cutting plane Schnittebene *f*
cutting-plane line Schnittebenenmarkierungslinie *f*
cutting stock zu schneidende Natursteinblöcke *mpl*
cutting to length Ablängen *n*, Abschneiden *n* auf Länge
cutting tool Schnittwerkzeug *n*
cutting torch Schneidbrenner *m*
cutting with the grain Schneiden *n* in Faserrichtung, Längsschneiden *n*, Längsschnitt *m (Holz)*
cutting work Stemmarbeiten *fpl*
cuttings 1. Späne *mpl*, Schneidspäne *mpl*, Schneideabfälle *mpl*, Schnitzel *npl*; 2. Bohrgut *n*; Bohrkerne *mpl*
cutwater Pfeilerkopf *m (Brücke)*
cycle of load Lastspiel *n*, Lastwechselzyklus *m*
cycle of stress Lastspiel *n*, Spannungswechselspiel *n*
cycle path Radfahrweg *m*
cycle racing track Radrennbahn *f*
cycle room Fahrradabstellraum *m*
cycle route Radweg *m*
cycle stand Fahrradstand *m*
cycle time Unlaufzeit *f*
cycle track Radweg *m*
cycles of load stressing Lastspielzahl *f*
cycleway Radweg *m*
cyclic deformation Wechselverformung *f*
cyclic loading Dauerschwing(ungs)beanspruchung *f*; Belastungswechsel *m (Festigkeitslehre)*
cyclic stress Dauerschwing(ungs)spannung *f*
cyclic stressing Dauerschwingungsbeanspruchung *f*
cyclic work Taktfertigung *f*, Taktverfahren *n (Montagebauweise)*
cyclist pavement *(AE)* (befestigter) Radfahrweg *m*
cycloid Zykloide *f*, Radkurve *f*, Radlinie *f*, zyklische Rollkurve *f*
cycloidal arch Zykloidbogen *m*
cycloidal curve *s.* cycloid
cyclone 1. Zyklon *m*, Wirbelsturm *m (Tropensturm)*; 2. *s.* cyclone collector
cyclone cellar *(AE)* Zyklonschutzraum *m*, Windschutzkeller *m*
cyclone collector Zyklon(abscheider) *m*
cyclone dust collector Staub(abscheider)zyklon *m*
cyclone shelter *(AE) s.* cyclone cellar
cyclopean blocks Zyklopenblöcke *mpl*
cyclopean concrete Zyklopenbeton *m*, Massenbeton *m* mit Großblockzuschlägen, Beton *m* mit Steineinlagen [Bruchstein]
cyclopean masonry Zyklopenmauerwerk *n*, Zyklopenmauer *f*, megalithisches Mauerwerk *n*
cyclopean (rustication) wall *s.* cyclopean masonry
cyclopean work Zyklopenmauerwerk *n*, Polygonmauerwerk *n*
cyclostyle *(Arch)* Kreiskolonnade *f* mit freiem Mittelraum
cylinder 1. Zylinder *m*, Walze *f*, Trommel *f*; 2. Zylinder *m (Mathematik)*; 3. Kreispfeiler *m*, Rundpfeiler *m*; 4. Druckgasflasche *f*, Flasche *f*; 5. Hülse *f (Gehäuse)*; Mantelrohr *n*, Rohr *n*; 6. Laufbuchse *f*; 7. Schlosszylinder *m*; 8. *(AE)* Großbohrpfahl *m*; 9. Warmwasserspeicher *m*
cylinder compressive strength *s.* cylinder strength
cylinder key Zylinderschlüssel *m*
cylinder lagging Zylinderverschalung *f*, Zylinderverkleidung *f (Wärmeisolierung)*
cylinder lock Zylinderschloss *n*
cylinder mortise cabinet lock Zylindereinsteckmöbelschloss *n*
cylinder sanding machine Zylinderschleifmaschine *f (für Holz)*
cylinder saw Lochsäge *f*
cylinder screw Zylinderschlosssicherungsschraube *f*
cylinder segment Zylindersegment *n*
cylinder strength Zylinderdruckfestigkeit *f*
cylinder test 1. Betondruckfestigkeitsprüfung *f* an zylindrischen Prüfkörpern; 2. Dreiaxialprüfung *f*
cylinder twist Zylinderverwindung *f*
cylinder weir *(Wsb)* Walzenwehr *n*
cylindrical zylindrisch, walzenförmig
cylindrical building Rundbau *m*, Rundgebäude *n*
cylindrical chimney Rundschornstein *m*
cylindrical column Rundstütze *f*
cylindrical fit Rundpassung *f*
cylindrical groove zylinderförmige Aussparung *f*
cylindrical hip Zylinderwalm *m (am Dach)*
cylindrical manhole Rundschacht *m*
cylindrical pin Zylinderstift *m*, zylindrischer Zapfen *m*
cylindrical steel column Rundstahlstütze *f*
cylindrical surface Zylinderfläche *f*
cylindrical tube runde Röhre *f*
cylindrical vault zylindrisches Gewölbe *n*
cyma *(Arch)* Karnies *n (konkav-konvex profiliertes Bauglied, z. B. an Gesimsen)*; Kehlleiste *f*, Sima *f*, Rinnleiste *f*, Traufleiste *f*
cyma recta Hohlkehle *f*, Hohlleiste *f*, dorische Blattwelle *f (am Säulenkapitell)*
cyma reversa Kehlleiste *f*, Kehlstoß *m*, Eierstab *m (Ornament)*
cymatium *(Arch)* Kymation *n (Blattwellenfries)*
cymbia Säulenschaftband *n*
cypress (wood) Zypressenholz *n*
cyrtostyle *(Arch)* halbkreisförmiger Säulengang *m*, Rundportikus *m*

D

D-crack Beton(oberflächen)haarriss *m (Betonfahrbahn)*
dab *v* 1. abtupfen, betupfen *(mit Farbe)*; tünchen *(mit dünnem Mörtel bestreichen)*; tüpfeln, tupfen *(Putz)*; 2. leicht abklopfen
dabber weicher Pinsel *m*, Firnispinsel *m*
dabbing Abklopfen *n*, Abspitzen *n (Natursteinoberflächengestaltung)*
dacha Datscha *f*, Datsche *f*, Sommerhaus *n (vor allem in Russland)*
dacite Dazit *m (Eruptiva)*
dado 1. *(Arch)* Würfel *m (eines Säulenfußes)*; Sockel *m*, Postament *n*; Sockelschaft *m*, Sockelmittelstück *n*; 2. dekorierter Untersatz *m (Wand)*; untere Wandbekleidung *f*, Sockeltapete *f*
dado base Sockelfuß *m*
dado capping obere Wandsockelleiste *f*, Schutzleiste *f*
dado framing Sockelrahmen *m*; Sockeltäfelung *f*
dado moulding *s.* dado capping
dado rail *s.* dado capping
dado tile Sockelfliese *f*
dagger (ornament) Schwertornamentdekoration *f*
dagoba Dagob *m*, Stupa *m*, Reliqienhügel *m*
daily consumption Tagesverbrauchsmenge *f*
daily sun path täglicher Sonnenweg *m*
dairy building Molkereigebäude *n*
dais Podium *n*, erhöhter Platz *m*; Estrade *f*, Laufsteg *m*

dalan Veranda *f (indische Architektur)*
dalle Steinplatte *f*, Platte *f (verziert, meist in Sakralbauten)*
dam *v* 1. (ab)sperren; abdämmen; 2. *s.* dam up
dam *v* **in** eindeichen
dam *v* **up** 1. (an)stauen, aufstauen *(Wasser)*; (zu)rückstauen; 2. einen Damm aufschütten
dam 1. *(Wsb)* Damm *m*, Staudamm *m*; Staumauer *f*, Talsperre *f*, Wehr *n*; 2. Schlackenstein *m*
dam abutment *(Wsb)* Staumauerwiderlager *n*
dam break Dammbruch *m*
dam crest *(Wsb)* Dammkrone *f*
dam embankment *(Wsb)* Dammkörper *m*
dam failure Dammbruch *m*
dam gradation *(Wsb)* Flussaufschotterung *f*
dam lake Stausee *m*
dam location *(Wsb)* Talsperrenstandort *m*
dam site *(Wsb)* Talsperrenbaustelle *f*
dam water Stauwasser *n*
damage *v* beschädigen; beschädigt werden
damage Schaden *m*, Beschädigung *f*
damage by efflorescence Salpeterfraß *m*
damage caused by powder-post beetles Wurmfraß *m*
damage curve Schadenslinie *f (Festigkeit)*
damage done by worms Wurmfraß *m*
damage due to humidity Feuchtigkeitsschaden *m*
damage due to penetration of moisture Durchfeuchtungsschaden *m*
damage due to subsidence Bergschaden *m* durch Bodensenkung
damage fastness Widerstandsfähigkeit *f* gegen Beschädigung, Beschädigungsbeständigkeit *f*
damage of a structure Bauschaden *m*, Gebäudeschaden *m*
damage resistance *s.* damage fastness
damage to buildings Schäden *mpl* an Gebäuden *(durch Erdbeben)*
damage to the environment Umweltbelastung *f*
damaged schadhaft
damaged goods Ausschuss *m*
damages 1. Schadensersatz *m*; 2. Schadenshöhe *f* • **pay damages** Schadensersatz leisten
damages to structures Bauschäden *mpl*
damaging Schädigung *f*, Schadhaftwerden *n*
damaging effect Schadwirkung *f*
Damman (cold) asphaltic concrete Dammanbelag *m*, Asphaltkaltbeton *m*
dammed lake Stausee *m*
dammed-up water Stauwasser *n*
damming 1. *(Wsb)* Absperrung *f*, Eindeichen *n*; Eindämmen *n*, Eindämmung *f*, 2. *(Wsb)* Damm *m*, Sperrmauer *f*, Talsperre *f*
damming-up *(Wsb)* Stauung *f*
damming wetness Staunässe *f*
damp *v* 1. (an)feuchten, befeuchten; benetzen; 2. dämpfen *(Schwingungen)*; (ab)schwächen
damp-cure *v* feucht nachbehandeln
damp feucht • **become damp** schwitzen *(z. B. Mauern)*
damp Feuchtigkeit *f*, Dunst *m*
damp course 1. Feuchtigkeitssperrschicht *f*, Sperrschicht *f*, wasserdichte Schicht *f*; 2. *s.* damping layer
damp diffusion Wasserdampfdiffusion *f*
damp-resistant compound Sperrstoff *m*; Isoliermasse *f*
damp room Feuchtraum *m*
damp room installation cable *(El)* Feuchtraumleitung *f*
damp room services Feuchtrauminstallation *f*
dampen *v* anfeuchten, befeuchten, benetzen; feucht werden
damper 1. Dämpfer *m*, Schalldämpfer *m*; 2. Schieber *m*, Ofenklappe *f*, Zugklappe *f (z. B. am Schornstein)*; Drosselvorrichtung *f*, Drosselklappe *f*, (automatischer) Rauchgasschieber *m*
damper guide Schieberführung *f (Ofen)*
damping 1. Anfeuchtung *f*, Befeuchtung *f*; 2. Dämpfung *f*, Dämpfen *n (Schwingungen)*
damping capacity Dämpfungsvermögen *n*
damping channel Befeuchtungsrinne *f*
damping course Dämpfungslage *f*, Dämpfungsschicht *f*
damping factor Dämpfungsfaktor *m*
damping layer Dämpfungslage *f*, Dämpfungsschicht *f*
dampness Feuchte *f*, Feuchtigkeit *f*, Nässe *f*
dampproof feuchtigkeitsdicht, feuchtigkeitssperrend, feuchtigkeitsisolierend; feuchtigkeitsbeständig
dampproof concrete Dichtbeton *m*, Sperrbeton *m*
dampproof course *s.* damp course
dampproof equipment Feuchtraumausstattung *f*
dampproof fitting *(El)* Feuchtraumarmatur *f*
dampproof lighting fixture FR-Leuchte *f*, Feuchtraumleuchte *f*
dampproof material Sperrstoff *m*, Dichtmaterial *n*
dampproof membrane Dichtungshaut *f*, Feuchtigkeitssperrhaut *f*
dampproof slab Bodensperrschicht *f*
dampproofing 1. Sperrung *f*, Abdichtung *f* gegen Feuchtigkeit *(einer Wand)*; Feuchtigkeitsschutz *m (an Bauwerken)*; 2. Trockenlegung *f (Mauerwerk)*
dampproofing addition Sperrzusatz *m*, Dichtmittelzusatz *m*
dampproofing agent *s.* damp-proof material
dampproofing concrete Dichtbeton *m*, Sperrbeton *m*
dampproofing course *s.* damp course
dampproofing material Feuchtedichtmittel *n*, Sperrstoff *m*
dampproofing product *s.* dampproofing material
dance hall Tanzsaal *m*
dancers *(AE)* Stufen *fpl*
dancing step verzogene Stufe *f*
dancing winder Trittstufenfläche *f (bei gewundenen Treppen)*
danger Gefahr *f* • **danger – building is unsafe** „Vorsicht Einsturzgefahr"
danger of collapse Einsturzgefahr *f*
danger of fire Feuergefahr *f*
danger of freezing Frostgefahr *f*
danger of sliding [slipping] Gleitgefahr *f*
danger sign Warnzeichen *n*, Gefahrenzeichen *n*
danger signal Alarmsignal *n*, Warnsignal *n*
dangerous cross section gefährdeter Querschnitt *m*
dangerous drug cupboard Giftschrank *m*
dangerous section *s.* dangerous cross section
dangerous to health gesundheitsschädlich, gesundheitsgefährdend
dap *v* eine Nut schneiden
dap *(AE)* Nut *f*
dap joint Nutverbindung *f*
dappled fleckig, gefleckt
darby (float) Kartätsche *f*, Abziehbrett *n (zum Putzverreiben)*; Betonabziehleiste *f*, Abziehlatte *f*
dark dunkel *(Farbanstrich)* • **become darker** nachdunkeln *(z. B. Anstriche)*
dark blind Verdunkelungsjalousie *f*, Rollo *n*, Rouleau *n*
dark door Verdunklungstür *f*
dark jalousie Verdunklungsjalousie *f*
dark room Dunkelkammer *f*, Dunkelarbeitsraum *m*
dark slatted blind Verdunkelungsjalousie *f*, Rollo *n*, Rouleau *n*
dark window Verdunklungsfenster *n*
darken *v* 1. nachdunkeln, sich dunkel färben *(Farbanstrich)*; abdunkeln *(Farben)*; 2. verdunkeln; abblenden
darkening agent Abdunklungsmittel *n (Anstrich)*

darkroom Dunkelraum *m*; Dunkelkammer *f*
dart *s.* egg-and dart moulding
dash and dot line Strichpunktlinie *f*, strichpunktierte Linie *f*
dash-bond coat Zementschlämmeanstrich *m*, Zementschlämmengrundierung *f*
dash-dotted line *s.* dash and dot line
dash line Strichlinie *f*, gestrichelte Linie *f*
dash marking Strichmarkierung *f*
dashed line unterbrochene Linie *f*
dashpot Dämpfer *m*
data Daten *pl*, Ergebnisse *npl*
data acquisition Datenerfassung *f*, Datenaufnahme *f*, Datengewinnung *f*
data acquisition system Datenerfassungssystem *n*, System *n* der Datenaufnahme
data base Datenbank *f*
data characteristics Datenmerkmale *npl*
data collection Datenerfassung *f*
data compression Datenverdichtung *f*
data handling Datenverwaltung *f*
data preprocessing Datenvorverarbeitung *f*
data processing Datenverarbeitung *f*
data rate Datenrate *f*
data retrieval Wiedergewinnung *f* von Daten
data storage Datenspeicherung *f*
data transfer Datenübertragung *f*
date Datum *n*, Termin *m*, Zeitpunkt *m*
date of agreement Vertragsabschlusstermin *m*
date of commencement of the work Baubeginntermin *m*
date of completion Fertigstellungstermin *m*, Zeitpunkt *m* der Fertigstellung
date of receipt Eingangsdatum *n*, Empfangsdatum *n*
date of sampling Probenahmedatum *n*
date of substantial completion Fertigstellungstermin *m*
datum 1. gegebene Größe *f*, Bezugsgröße *f*, Bezugshöhe *f*; 2. *(Verm)* Festpunkt *m*
datum block Passblock *m*, Passleiste *f*
datum error Messwertfehler *m*
datum level *(Verm)* Bezugshöhe *f*, Höhen(bezugs)punkt *m*, Höhenmarke *f*, Normalnull *n*; Ausgangsebene *f*
datum line Bezugslinie *f*
datum plane Bezugsebene *f*, Bezugsfläche *f*, Bezugsniveau *n*
datum point *(Verm)* Normalfixpunkt *m*, Bezugspunkt *m*, Messmarke *f*, Höhenmarke *f*
daub *v* 1. auftragen *(z. B. Farbe)*; bestreichen, beschmieren *(mit Mörtel)*; 2. mit Putz bewerfen, verputzen
daub Auftrag *m*; Bewurf *m*, Schicht *f*, Putzschicht *f*, Kruste *f (Putzschicht)*
daubing 1. Auftragen *n*; Bestreichen *n*; Bewerfen *n (mit Putz)*; 2. *s.* dabbing
daugh *(sl)* Tonlager *n*
dauk *(sl)* Sandtonboden *m*
day 1. Fensteröffnung *f*, Fensterlicht *n*; 2. Tag *m*
day brick Luftziegel *m*
day-care centre Tagesstätte *f*
day dormer-ventilator opening Klappfenster *n (im Dach)*
day gate Stahlgittertür *f (in einer Bank)*
day home Tagesheim *n*
day-nursery Kinderhort *m*
day safe Tagestresor *m*
day visibility Tagessichtbarkeit *f*
daylight 1. Tageslicht *n*; 2. Oberlicht *n*; Oberlichtöffnung *f*; 3. (lichter) Zwischenraum *m*; lichte Höhe *f*; lichte Einbauhöhe *f*
daylight calculation Tageslichtberechnung *f*
daylight factor Tageslichtbeleuchtungsfaktor *m*, Helligkeitsverhältnis *n* Tages- zu Kunstlicht
daylight glass Lampenglas *n* mit Tageslichteffekt
daylight hours Tageslichtstunden *fpl*, Hellstunden *fpl*
daylight illumination Tageslichtbeleuchtung *f*
daylight-proof lichtbeständig
daylight source Tageslichtquelle *f*
daylight width lichte Höhe *f (für Fenster)*
daylighting Tages(licht)beleuchtung *f*, natürliche Beleuchtung *f*
dayroom Tagesraum *m*, Aufenthaltsraum *m*
daytime visibility Tagessichtbarkeit *f*
daywork accounts Tagesarbeitsbücher *npl*
daywork joint Tagesarbeitsfuge *f (Beton)*
daywork sheets Tagesarbeitsblätter *npl*
dazzle *v* blenden
dazzle Blendung *f*
dazzle-free blendungsfrei
dazzle-free glass Blendschutzglas *n*
dazzling light grelles Licht *n*
db *s.* decibel
d.c. Gleichstrom *m*
deactivation Desaktivierung *f (z. B. Entzug von korrosionsfördernden Substanzen)*
dead 1. *(Stat)* ruhend *(Last)*; unbeweglich; 2. *(El)* spannungslos; 3. matt, stumpf *(Farbe)*; 4. schalltot *(Raum)*
dead abutment unterdrücktes Widerlager *n*
dead air eingeschlossene Luft *f*
dead-air space unbelüfteter Zwischenraum *m*
dead bolt Schlossriegel *m*; Nachtriegel *m*
dead-burn *v* totbrennen *(z. B. Gips)*
dead burnt totgebrannt *(Baustoffe, Keramik, Mineralien)*
dead burnt magnesia geglühte Magnesia *f*
dead burning Totbrennen *n (Aufbereitung)*
dead centre Totpunkt *m*, Ruhepunkt *m* • **in dead centre** genau mittig • **without dead centre** totpunktfrei
dead door Blindtür *f*, Blendtür *f*
dead earth *(El)* absoluter Erdschluss *m*
dead end 1. totes Rohrende *n*; 2. befestigtes Spanngliedende *n (Beton)*; 3. Sackgasse *f*
dead-end anchorage Spanngliedende *n*
dead-end corridor Sackkorridor *m*
dead end of tendon befestigtes Spanngliedende *n*
dead-end station Kopfbahnhof *m*, Sackbahnhof *m*
dead-end street Sackgasse *f*
dead-ended corridor Sackkorridor *m*
dead floor Blindboden *m*
dead-front geerdete Oberfläche *f (eines elektrischen Geräts)*
dead knot *(Hb)* loser Astknoten *m*
dead-level niveaueben; bündig
dead level Nullpegel *m*; ständiger Wasserstand *m*
dead level roof Flachdach *n* ohne Wasserabfluss
dead light starres Fenster *n*; festgeschlossenes Oberlicht *n*
dead load 1. Eigenlast *f*, Totlast *f*, tote [ständige] Last *f*; 2. ruhende [statische] Last *f*
dead-load deflection Eigenlastdurchbiegung *f*
dead-lock klinkenloses Schloss *n*
dead masonry vollflächige Mauer *f*
dead oil Schweröl *n*; Imprägnieröl *n*; Kreosotöl *n*
dead parking *(AE)* Langzeitparken *n*, Kraftfahrzeugstilllegung *f (ohne Nutzung der Fahrzeuge)*
dead point *(AE)* Totpunkt *m*
dead rock Nebengestein *n*
dead room schalltoter [reflexionsfreier] Raum *m*
dead sand verlorene Sandlage *f*, Sandunterbettungsschicht *f*
dead shore 1. Stempel *m*, Unterfangklotz *m*; 2. *s.* dead sand
dead shoring Absteifen *n*, Unterfangen *n*
dead-soft temper Härte *f* des Kupferblechs *(für Dachdeckungen)*

dead space toter Raum *m*, Totraum *m*
dead steel *s.* fully killed steel
dead true haargrau
dead valley Trockental *n*
dead wall blinde Mauer *f*, geschlossene Wand *f*
dead water stehendes Wasser *n*, Stillwasser *n*; Altwasser *n*
dead weight Eigengewicht *n*, Eigenlast *f (einer Konstruktion)*; Eigenmasse *f*
dead-weight loading statische Belastung *f*
dead weight moment Eigengewichtsmoment *n*
dead well Versenkbrunnen *m*
dead window Scheinfenster *n*, vorgetäuschtes Fenster *n*
dead wire *(El)* tote Leitung *f*
deadbolt Nachtriegel *m*
deaden *v* 1. dämpfen *(z. B. Schall)*; abschwächen; 2. abfangen, aufnehmen *(Kraft)*; 3. mattieren *(z. B. Oberflächen)*
deadener Schalldämpfer *m*
deadening 1. Dämpfung *f*; 2. Aufnahme *f (einer Kraft)*; 3. Mattierung *f*, Abstumpfen *n (von Oberflächen)*
deadline letzter Termin *m*, Frist *f*
deadlock klinkenloses Schloss *n*
deadman Betonanker(klotz) *m*, (eingegrabener) Ankerklotz *m*, Erdanker *m*
deadness Mattheit *f (Farbe)*
deadwood Holz *n* von abgestorbenen Bäumen
de-aerate *v* entlüften *(z. B. Heizung)*
de-aeration Entlüftung *f*, Entlüften *n*
deafen *v* 1. dämpfen *(Schall)*; 2. schalldicht machen *(z. B. Wände)*; auffüllen, ausfüllen *(mit schallschluckendem Material)*
deafening Auffüllung *f (mit Dämmstoffen in Zwischenräume)*
de-air *v* entlüften
de-airing Entlüften *n (mittels Vakuum)*
deal 1. *(AE)* Diele *f*, Brett *n*, Bohle *f (aus Nadelholz)*; 2. Nadelholz *n*, Weichholz *n*; 3. Vertrag *m*; Abkommen *n*
deal floor *(AE)* Dielenfußboden *m*
deambulatory *(Arch)* rundes Seitenschiff *n (um den Altarraum)*; Seitenschiff *n* um eine Apsis, Chorumgang *m*
deasphalting Entfernen *n* von Asphalt, Asphaltabtragen *n*
death-watch (beetle) Holzwurm *m*, Nagekäfer *m*
debark *v* entrinden, schälen *(Holz)*
debasement Qualitätsminderung *f*
debonding Haftverlust *m*, Ablösen *n*
debriefing Baueinsatzabsprache *f*
debris 1. Trümmer *pl*, Geröll *n*, Gesteinsschutt *m (Geologie)*; Haufwerk *n (Bergbau)*; Bohrschmant *m*; 2. Bauschutt *m*, Schutt *m*
debris basin Absetzbecken *n (Feststoffe)*
debris cone Schüttkegel *m*
debris utilization Trümmerverwertung *f*
debtor Schuldner *m*
debur(r) entgraten
deburring Entgraten *n*, Abgraten *n*
decagon Dekagon *n*, Zehneck *n*
decagonal zehnseitig, zehneckig
decal Druckbild *n*, Abziehbild *n*, Abziehbilddekoration *f (Vordruckdekoraufbringung)*
decalcification Entkalkung *f*
decalcomania Druckbildübertragung *f (auf Glas oder Porzellan)*
decantation Dekantieren *n*, (vorsichtiges) Abgießen *n*; (vorsichtiges) Abfließenlassen *n*; Umfüllen *n*
decantation rate Sinkgeschwindigkeit *f*
decantation tank Dekantierbassin *n*, Scheidetank *m*
decantation test Schlämmanalyse *f*
decanter Abklärgefäß *n*, Absetzgefäß *n*
decanting Schlämmen *n (Tonaufbereitung)*
decarburization Entkohlung *f (von Stahl)*
decastyle 1. *(Arch)* Dekastylon *n*, Zehnsäuler *m (Tempelbau)*; 2. zehnsäulig
decay *v* 1. verfallen, zerfallen; verwittern *(Gestein)*; 2. vermodern, morsch werden, zerfallen *(Holz)*; verfaulen; 3. abnehmen, abklingen *(z. B. Schwingungen)*
decay 1. Verfall *m*, Zerfall *m*; Verwitterung *f (von Gestein)*; 2. Vermoderung *f (von Holz)*; 3. Abnehmen *n*, Abklingen *n (z. B. von Schwingungen)*
decay constant Abklingkennwert *m*
decay factor Abklingfaktor *m*
decay of rocks Gesteinsverwitterung *f*
decay of sound Schallabnahme *f*
decay period Abklingzeit *f*
decay process Zersetzungsprozess *m*
decay rate 1. Schallwellendämpfungsrate *f*; 2. Vibrationsabklingrate *f*
decay time Abklingzeit *f*
decayed rock verwittertes Gestein *n*
decayed wood morsches [verfaultes] Holz *n*
decelerate *v* verzögern
deceleration Verzögerung *f*, Bremsung *f*
deceleration lane *(Verk)* Verzögerungsspur *f*, Verzögerungsstreifen *m*
decentralization Entballung *f*, Dezentralisierung *f*
decentralize *v* entballen
dechlorination Entchlorung *f*
decibel Dezibel *n*, dB *(Kennwort für die Schallpegeldifferenz)*
decibel A scale A-Schallpegelskala *f*
deciduous forest Laubwald *m*
deciduous tree Laub(holz)baum *m*, Hartholzbaum *m*
deciduous wood Hartholz *n*
deciduous tool Entscheidungshilfe *f*
decimetric system Dezimetersystem *n (Maßordnung)*
decision Entscheidung *f*, Beschluss *m*
decision making Entscheidungsfindung *f*
deck 1. Tafel *f (Fahrbahn, Brücke)*; 2. Fußbodenplatte *f*; 3. Plattform *f (Etage)*; Stockwerk *n*; 4. Flachdachfläche *f*
deck bridge Brücke *f* mit obenliegender Fahrbahn
deck clip 1. Dachschindelklammer *f*, Schindelnagel *m*; 2. H-förmige Deckleiste *f* für Sperrholzverkleidungen; 3. Wärmedämmstoffhalterung *f*
deck curb Flachdacheinfassung *f*
deck enamel Emaildeckfarbe *f*
deck-on-hip Flachdachüberdeckung *f*
deck paint Emaildeckfarbe *f*
deck roof *(AE)* Mansardenflachdach *n*
deck slab Fahrbahnplatte *f (Brücke)*
deckhead Decke *f (Mansardendach)*
decking 1. Abdeckung *f*, Deckenschalung *f*, Decklage *f*, Belag *m*; Balkenlage *f*; 2. Fahrbahntafel *f*, Brückentafel *f*, 3. Flachdach *n*
declination Neigung *f*, Abschüssigkeit *f*
decline *v* 1. sich neigen [senken], abfallen; 2. sinken, fallen, abnehmen *(z. B. esswerte)*
decline Neigung *f*, Senkung *f*, Abhang *m*
declinometer Neigungsmesser *m*
declivate abschüssig
declivitous abschüssig, fallend, geneigt *(Gradiente)*
declivity Abschüssigkeit *f*, Gefälle *n*; Abhang *m*
declivous geneigt, abschüssig, steil
decolour *v* entfärben
decolourization Entfärbung *f*
decolourize *v* entfärben
decolourizer Entfärbemittel *n*, Entfärber *m*
decompose *v* zersetzen, abbauen; sich zersetzen *(chemisch)*; verwittern; zerfallen *(z. B. Gestein)*; verwesen, verfaulen

decompose *v* **forces** Kräfte abbauen; Kräfte zerlegen
decomposed 1. zersetzt; 2. zerlegt; 3. verwittert
decomposed residuum Verwitterungsrückstand *m*
decomposed rock verwittertes Gestein *n*
decomposition 1. Zersetzung *f*; Zerfall *m*, Abbau *m*; Komponentenzerlegung *f*; 2. Verwesung *f*, Fäulnis *f*; 3. Verwitterung *f*
decomposition of a vector Vektorzerlegung *f*
decomposition of forces Kräftezerlegung *f*
decomposition process Verwitterungsprozess *m*
decompression 1. Druckentlastung *f*, Druckabnahme *f*; 2. Entspannung *f (von Gasen)*
decompression sickness Senkkastenkrankheit *f*
deconsolidation Entfestigung *f*
decontaminate 1. entseuchen *(Boden)*; 2. reinigen, säubern *(Oberflächen)*
decontaminated entseucht *(Boden)*
decontaminating installation Entseuchungsanlage *f*
decontaminating shower Giftdusche *f*
decontamination Dekontaminierung *f (von Boden)*
decor 1. *(AE)* Innendekoration *f*; 2. Verzierung *f*
decorate *v* 1. schmücken; verzieren; dekorieren; 2. einrichten; 3. renovieren
decorated geschmückt, verziert
decorated arch verzierter Bogen *m*
decorated archivolt Dekorarchivolte *f*, Ornamentarchivolte *f*, Zierarchivolte *f*
decorated area Ornamentfläche *f*, Zierfläche *f*, Dekorfläche *f*
decorated ceiling Dekordecke *f*, Schmuckdecke *f*, Ornamentdecke *f*
decorated surface *s.* decorated area
decorated tile *s.* decorative tile
decorated vault Netzgewölbe *n*, Sterngewölbe *n*
Decorated style englische Gotik *f* [Hochgotik *f*] *(13. und 14. Jahrh.)*
decorating Dekorieren *n*, Verzieren *n*, Ornamentieren *n*
decorating art dekorative Kunst *f*, Zierkunst *f*, Ornamentkunst *f*
decoration 1. Ausschmücken *n*, Schmückung *f*; Dekorierung *f*; Renovierung *f*; 2. Schmuck *m*; Verzierung *f*; Dekoration *f*
decorative schmückend, dekorativ; Schmuck...; Zier...
decorative aggregate Zierzuschlagstoff *m*
decorative area Zierfläche *f*
decorative appearance dekoratives Aussehen *n*
decorative archivolt *s.* decorated archivolt
decorative batten Zierleiste *f*
decorative block Betonzierstein *m*
decorative board Dekorplatte *f*, Sichtplatte *f*, Ornamentplatte *f*
decorative bond Zierverband *m (Mauerwerk)*
decorative brick Dekorziegel *m*, Zierziegel *m*
decorative ceiling *s.* decorated ceiling
decorative coat Dekorbeschichtung *f*
decorative coating dekorative Schutzschicht *f*
decorative column Dekostütze *f*, Ziersäule *f*
decorative concrete Sichtbeton *m*
decorative element Schmuckelement *n*
decorative embossment Ornamentprägung *f*, Zierprägung *f*, Schmuckprägung *f*
decorative finish Dekoration *f*
decorative finishing dekorativer Oberflächenschutz *m*
decorative fittings Zierbeschläge *mpl*
decorative form Ornamentform *f*, Zierform *f*, Dekoform *f*, Schmuckform *f*
decorative gable Ziergiebel *m*, Ziergitter *n*
decorative hardware Zierbeschläge *mpl*, Ornamentbeschläge *mpl*
decorative iron Ziereisen *n*
decorative ironwork Kunstschmiedearbeit *f*
decorative lighting Illumination *f*, Effektbeleuchtung *f*
decorative painting Schmuckmalerei *f*, Verziermalerei *f*, Ziermalerei *f*
decorative pattern Schmuckmuster *n*
decorative pavilion Zierpavillon *m*, Schmuckpavillon *m*
decorative portal Zierportal *n*, Schmuckportal *n*
decorative property Dekorationseigenschaft *f*, Dekorationsfähigkeit *f*
decorative rendering Edelputz *m*
decorative rib Gurtrippe *f*
decorative scheme Innendekoration *f*
decorative screen Schautafel *f*
decorative set paving Ornamentpflaster *n*
decorative sheet iron Zierblech *n*
decorative stone Schmuckstein *m*
decorative structural ceramics Dekobaukeramik *f*, dekorative Baukeramik *f*, Zierbaukeramik *f*
decorative structure Zierbauwerk *n*
decorative style Ornamentstil *m*, Zierstil *m*, Schmuckstil *m*
decorative surface Zierfläche *f*
decorative tile Ornamentfliese *f*, Zierfliese *f*, Ornamentplatte *f*
decorative touch dekorativer Anklang *m*
decorative vault Ziergewölbe *n*, dekoratives Gewölbe *n*, Schmuckgewölbe *n*
decorative veneer Edelfurnier *n*, Deckfurnier *n*
decorative window Ornamentfenster *n*; Zierfenster *n*
decorative work Dekorationsarbeit *f*; Renovierung *f*
decorator Zimmermaler *m*
decrease *v* abnehmen, sich verringern *(Kräfte, Spannungen, Schwingungen)*; fallen; herabsetzen, vermindern
decrease Abnahme *f*, Verringerung *f*, Verminderung *f*; Fall *m*, Abfall *m*
decrease in load Belastungsreduzierung *f*
decrease in pressure Druckabnahme *f*
decrease of stress Spannungsabnahme *f*, Spannungsabfall *m (mechanisch)*
decreaser Reduktionsstück *n*
dedicatory inscription Widmungsinschrift *f*
dedusting Entstaubung *f*
deed 1. Katasterkarte *f*; 2. *s.* contract
deed restriction Baulandnutzungsbeschränkung *f (urkundlich bestätigt)*
deep 1. tief, tiefliegend; 2. dunkel, satt *(Farbanstrich)*
deep basement Tiefkeller *m*, Tiefgeschoss *n*
deep basement construction Tiefgeschosskonstruktion *f*
deep beam hoher Balken(träger) *m*
deep boring Tiefbohrung *f*
deep compaction Tiefenverdichtung *f*
deep cutting Längstrennen *n*, Gattersägen *n (von Bauholz)*
deep digging Erdfall *m*
deep-drawn tiefgezogen
deep drilling Tiefbohrung *f*
deep etching Tiefätze *f (Glas)*
deep foundation Tiefgründung *f*
deep freezer Tiefgefrierraum *m*
deep girder hoher [wandartiger] Träger *m*
deep level (foundation grill) tiefer Pfahlrost *m*
deep-level garage Tiefgarage *f*
deep level workings Tiefbauarbeiten *fpl*
deep-ribbed slab Plattenbalken *m* mit hohem Steg
deep-webbed hochstegig *(Träger)*
deep well Tiefbrunnen *m*
deep-well drilling Tiefbohrung *f (Brunnenbau)*
deep-well pump Tiefbrunnenpumpe *f*
deep-well system Tiefbrunnenentwässerungsanlage *f*

deepen *v* tiefer machen; austiefen, vertiefen; ausschachten; abteufen *(Schacht, Brunnen)*
deepening Tiefermachen *n*, Vertiefen *n*; Abteufen *n*
defacement Beschädigung *f*
defecate *v* reinigen, klären *(Flüssigkeiten)*
defect Fehler *m*, Mangel *m*, Materialschaden *m*, Schaden *m*; Nichterfüllen *n* der Anforderungen
defective fehlerhaft, schadhaft, mangelhaft
defective wood fehlerhaftes [schadhaftes] Holz *n*
defective work mangelhafte Ausführung *f*
defectively designed fehlerhaft geplant
defectoscope Defektoskop *n (Gerät zum Erkennen fehlerhafter Materialstruktur; zerstörungsfreie Prüfung)*
defence Einfriedung *f*
defence of dunes Dünenschutzwerk *n*
defence parparet Brustwehr *f*
defence wall Einfriedungsmauer *f*
defense *(AE) s.* defence
defensive gateway Befestigungsstadttor *n*
defensive masonry wall Befestigungsmauer *f*
defensive tower Befestigungsturm *m*, Verteidigungsturm *m*
deferrization Enteisenung *f*
deficiencies in work mangelhafte Ausführung *f*
deficiency Defizit *n*, Mangel *m*, Fehlmenge *f*, Fehlbedarf *m*; Störung *f*
deficiency of water Wassermangel *m*, Wasserfehlbedarf *m*
deficient framework [truss] kinematisch unbestimmtes Rahmentragwerk *n*, kinematisch unbestimmtes Skelett *n* [Gerippe *n*]
defile Talschlucht *f*, Hohlweg *m*; Schlucht *f*
definable bestimmbar
define *v* definieren, bestimmen, abgrenzen
defined genau begrenzt [festgelegt]
definite integral bestimmtes Integral *n*
deflash *v* entgraten, abgraten *(Kunststoff)*
deflect *v* 1. durchbiegen, umbiegen; ablenken, anheben *(Spannbeton)*; 2. abweichen von
deflect *v* **laterally** seitlich ausbiegen [ausweichen] *(Festigkeit)*
deflected area Durchbiegungsfläche *f*, Durchsenkungsfläche *f*
deflected-strand technique Litzenanhebeverfahren *n*, Ablenkverfahren *n (Spannbeton)*
deflected tendons gebogene Spannglieder *npl*
deflecting force Ablenkungskraft *f*
deflection 1. Durchbiegung *f*, Biegung *f*; 2. Ablenkung *f*; Abbiegung *f*
deflection angle Ablenkwinkel *m*
deflection curve Biegungslinie *f*, Biegelinie *f*
deflection formula Durchbiegungsformel *f*
deflection indicator Durchbiegungsanzeiger *m*
deflection modulus of the elastic support Nachgiebigkeitsmodul *m* der elastischen Unterlage
deflection of the plumb line Lotabweichung *f*
deflection point Knickpunkt *m*
deflection test Biegeversuch *m*
deflection theory 1. *(Stat)* Theorie *f*, 2. *(Stat)* Ordnung
deflection transducer Durchbiegungsmesswertaufnehmer *m*
deflective area Durchbiegungsfläche *f*, Durchsenkungsfläche *f*
deflectograph Durchbiegungsmesser *m*, Durchbiegungsprüfgerät *n*
deflectometer Durchbiegungsmesser *m*
deflector *(HLK)* Ablenkplatte *f*, Ablenker *m*, Leitblech *n*, Nase *f (Ablenkblech)*
deflector plate Prallfläche *f*, Prallwand *f*, Prallstrahlablenker *m*
deflexion *siehe unter: deflection*
deflocculant Verflüssiger *m*, Verflüssigungsmittel *n (Keramiktechnologie)*
deflocculate *v* verflüssigen, aufschließen *(Keramik)*
deflocculation Verflüssigung *f*, Aufschließung *f*, Aufschluss *m (Keramiktechnologie)*
defoament Antischaummittel *n*, Entschäumer *m*, Schaumverhinderungsmittel *n*
defoaming agent Entschäumer *m (z. B. für Bitumen)*; Schaumstopper *m*
deforest *v* abholzen
deform *v* deformieren, verformen; sich deformieren [verformen]; verformt werden
deformability Verformbarkeit *f*, Formänderungsvermögen *n*
deformability due to bending Biegeverformbarkeit*f*
deformable verformbar
deformation Deformation *f*, Deformierung *f*, Verformung *f*, Formänderung *f*, Gestaltänderung *f*
deformation action Formänderungswirkung *f*, Verformungswirkung *f*, Gestaltänderungswirkung *f*
deformation curve Formänderungskurve *f*, Durchbiegungskurve *f*
deformation condition Deformationsbedingung *f*, Formänderungsbedingung *f*, Gestaltänderungsbedingung *f*
deformation during burning Brandverzug *m*, Verformen *n* bei Feuereinwirkung
deformation effect Formänderungsauswirkung *f*, Deformationsauswirkung *f*, Gestaltänderungsauswirkung *f*
deformation energy Verformungsenergie *f*
deformation fracture Verformungsbruch *m*
deformation limit state Verformungsgrenzzustand *m*, Grenzzustand *m* bei Formänderung
deformation modulus Formänderungsmodul *m*, Verformungsmodul *m*
deformation of joints Fugenverschiebung *f*
deformation of river bed *(Wsb)* Flussverlegung *f*
deformation plane Deformationsebene *f*
deformation property Formänderungseigenschaft *f (Baustoffe)*
deformation resistance Verformungswiderstand *m*
deformation state 1. Formänderungszustand *m*, Verformungszustand *m*; Spannungstheorie *f*; 2. Ordnung *f*
deformation structure Verformungsstruktur *f*
deformation under heat Wärmeverformung *f*
deformation under load Lastformveränderung *f*
deformation without shearing bruchlose Umformung *f*
deformation work Formänderungsarbeit *f*, Verformungsarbeit *f*
deformation workability Formänderungsvermögen *n*
deformed verformt
deformed bar Betonformstahl *m*, Rippenstahl *m*
deformed reinforcement Bewehrung *f* aus Formstahl, Rippenstahlbewehrung *f*
deforming Verformen *n*
deforming action Formänderungswirkung *f*
deformity veränderte Form *f*, Verformung *f*
defray *v* Kosten tragen
defrosting Auftauen *n*
degasification Entgasung *f*
degeneracy Degenerierung *f*, Entartung *f*
degenerated entartet, verkümmert
degradable abbaubar
degradation 1. Abtragung *f*, Verwitterung *f (Geologie)*; 2. Abbau *m*, Zersetzung *f*
degrade *v* abtragen *(Geologie)*
degraded abgeböscht
degraded soil ausgelaugter Boden *m*
degrease *v* entfetten, entölen

degreasing installation Entfettungsanlage *f*
degree 1. Grad *m (Mathematik)*; 2. Grad *m*, Maß *n*, Ausmaß *n*; Stufe *f*; 3. *s.* step
degree-day Gradtag *m (Heizenergiebedarf eines Hauses pro Tag)*
degree map 1:250 000-er Landkarte *f*, Landkarte *f* im Maßstab 1:250 000
degree of accuracy Genauigkeitsgrad *m*
degree of brightness Helligkeitsgrad *m*
degree of clarification Reinigungsgrad *m*
degree of compaction Verdichtungsgrad *m*
degree of completion Komplettierungsgrad *m*
degree of consolidation Setzungsgrad *m*; Verdichtungsgrad *m*
degree of corrosion Korrosionsgrad *m*
degree of curvature Krümmungsmaß *n*
degree of deformation Deformationsgrad *m*
degree of dullness Vermattungsgrad *m*
degree of endangering Gefährdungsgrad *m*, Grad *m* der Gefährdung
degree of expansion Expansionsgrad *m*, Treibneigung *f*
degree of fastness Widerstandsgrad *m*, Beständigkeitsgrad *m*, Festigkeitsgrad *m*
degree of fineness Feinheitsgrad *m*
degree of flatness Ebenheitsgrad *m*
degree of freedom Freiheitsgrad *m*
degree of hardening Härtungsgrad *m*
degree of hardness Härtegrad *m*
degree of incline Überhöhung *f (Neigungswinkel)*
degree of indeterminacy *(Stat)* Unbestimmtheitsgrad *m*
degree of occupancy Belegungsgrad *m (Straße)*
degree of pollution Verschmutzungsgrad *m*
degree of porosity Porositätsgrad *m*
degree of prefabrication Komplettierungsgrad *m*
degree of proof Bewertungsgrad *m*
degree of protection Schutzgrad *m*
degree of purity Reinheitsgrad *m*
degree of resistance Festigkeitsgrad *m*
degree of roughing down Bearbeitungsgrad *m*
degree of rusting Rostgrad *m*, Verrostungsgrad *m (von Eisen)*
degree of saturation Sättigungsgrad *m*
degree of slenderness Schlankheitsgrad *m (einer Säule)*
degree of slope Gradiente *f*, Böschungsgrad *m*
degree of static indeterminacy Grad *m* der statischen Unbestimmtheit
degree of statical indeterminacy Grad *m* der statischen Unbestimmtheit
degree of strength Festigkeitsgrad *m*
degree of symmetry Symmetriegrad *m*
degree of tension Spannungsgrad *m*
degree of torsion Verwindungsgrad *m*
degree of twist(ing) Verwindungsgrad *m*
degree of vibrational freedom Schwingungsfreiheitsgrad *m*
degree of weathering Verwitterungsgrad *m*
dehumidification Entfeuchtung *f*, Trocknung *f (bes. von Luft)*
dehumidifier 1. *(HLK)* Entfeuchter *m*, Lufttrockner *m (Apparat)*; 2. *(HLK)* Trockenmittel *n*
dehumidify *v* entfeuchten, Feuchtigkeit entziehen, trocknen *(z. B. Luft)*
dehumidifying *s.* dehumidification
dehydrate *v* entwässern, dehydratisieren, dehydrieren
dehydrated entwässert, dehydratisiert, dehydriert
dehydrated rock entwässertes Gestein *n*
dehydrating *s.* dehydratation
dehydrating agent Anhydratisierungsmittel *n*, Entwässerungsmittel *n*, wasserentziehender Stoff *m*
dehydration Entwässerung *f*, Wasserentzug *m*, Dehydratisieren *n*
dehydration of sludge Schlammentwässerung *f*, Schlammverdickung *f*
dehydration test Entwässerungsprüfung *f (Bitumenemulsion)*
dehydrator Anhydratisierungsmittel *n*
deice *v* enteisen
de-icing chemical chemisches Auftaumittel *n*
de-icing salt Tausalz *n*
de-icing salt solution Tausalzlösung *f*
delaminate *v* aufspalten, in Schichten zerlegen; sich aufspalten, in Schichten zerfallen
delamination Schichtspaltung *f*, Schichttrennung *f*, Ablösung *f* von Schichten, flächiges Abplatzen *n*
delay *v* verzögern
delay Vorlagerung *f (Betondampfhärtung)*
delay period Vorlagerungsdauer *f*, Vorbedampf(ungs)zeit *f (Betonhärtung)*
delay release Zeitschalter *m*
deleterious schädlich; gesundheitsschädlich
deleterious material schädliches Material *n*
deleterious substance Schadstoff *m*
deleterious water aggressives [angreifendes] Wasser *n*
delft (pottery) Delfter Steinzeug *n*; Delfter Kacheln *fpl*
delftware *s.* delft
delime *v* entkalken
deliming Entkalken *n*
delimit *v* abgrenzen, begrenzen
delimitation Abgrenzung *f*
delineate *v* 1. skizzieren; zeichnen; 2. anreißen, vorzeichnen
delineator 1. Absteckpflock *m (Trasse)*; 2. *(Verk)* Leitpfosten *m*, Leitsäule *f*
deliquate *s.* deliquesce
deliquesce *v* zerfließen
deliquescence Zerfließen *n*; Hydrophilzerfall *m (von Putz aufgrund Feuchtigkeitsabsorption durch Salzgehalt)*
deliquescent salt leichtlösliches Salz *n*
deliver *v* 1. (an)liefern; 2. liefern; fördern *(z. B. Pumpen)*
delivered site frei Baustelle *(Lieferung)*
delivery 1. Anlieferung *f*, Lieferung *f*, Zuführung *f*, Zufluss *m*, Zulauf *m*; 2. Förderung *f (z. B. von Pumpen)*; 3. Fördermenge *f*; 4. Wasserführung *f*, Abflussmenge *f*
delivery at the responsibility Lieferung *f* auf Rechnung und Gefahr
delivery chute Schüttrinne *f*, Zuführungsrinne *f (z. B. für Beton)*
delivery conduit Druckleitung *f*
delivery date Liefertermin *m*
delivery head Förderhöhe *f*, Druckhöhe *f (Bernoulli'sche Gleichung)*
delivery hose Mörtelpumpenschlauch *m*
delivery inspection Auslieferungsprüfung *f*
delivery note Lieferschein *m*
delivery of a well Brunnenergiebigkeit *f*
delivery of water Wasserzuleitung *f*
delivery pipe Druckleitung *f*
delivery promise zugesagter Liefertermin *m*
delivery ramp Lieferrampe *f*, Annahmerampe *f*
delivery slip Lieferschein *m*
delivery term Lieferklausel *f*
delivery terms Lieferbedingungen *fpl*
delivery ticket Lieferschein *m*
delivery tolerances Liefertoleranzen *fpl*
delivery tube Ablassrohr *n*
dell 1. Delle *f (in einer Gradiente)*; 2. kleines Tal *n*
delta bay Deltabucht *f*
delta lake Deltasee *m*

delta shape Deltaform *f*
deltaic embankment *(Wsb)* Deltadamm *m*
deluge *v* überschwemmen
deluge Überschwemmung *f*
demand *v* fordern, nachfragen
demand 1. Bedarf *m*; 2. Anforderung *f*, Forderung *f*; 3. *(El)* Belastung *f*
demand-actuated bedarfsgesteuert, bedarfsorientiert, bedarfsgerecht
demand-actuated development [extension] *(Verk)* bedarfsorientierter Ausbau *m*, bedarfsgerechter Ausbau *m*
demand dependent call Anforderung *f* zur Freigabezeit *(Verkehrssteuerung)*
demand point Abnahmestelle *f*, Verbraucherentnahmestelle *f (Energie, Wasser)*
demanded value Sollwert *m*
demarcate *v (Verm)* vermarken
demarcation *(Verm)* Vermarkung *f*, Abmarkung *f*
demerge *v* ausfädeln *(Verkehr)*
demerging lane *(Verk)* Ausfädelspur *f*
demi-bath Sitzbadewanne *f*
demi-column Halbsäule *f*
demineralization Entsalzung *f*
demineralization technique Entsalzungsverfahren *n (Abfall)*
demineralize *v* entsalzen, entmineralisieren
demineralizer Entsalzer *m*, Wasserentsalzungsgerät *n*
demirelief Halbrelief *n*
demographic study Bevölkerungsstudie *f*
demoiselle Erdpyramide *f*
demolish *v* abreißen, abbrechen, einreißen, abtragen *(Gebäude)*; zerstören
demolishable abbruchreif, abrissreif
demolisher Abbrucharbeiter *m*
demolition Abbruch *m*, Abriss *m (von Gebäuden)*; Sprengung *f*
demolition ball Abrissbirne *f*, Fallbirne *f*
demolition chamber Sprengkammer *f (Brücke)*
demolition charge Sprengladung *f*
demolition contractor Abbruchfirma *f*, Abrissunternehmen *n*
demolition expert Sprengmeister *m*, Sprenger *m*
demolition hammer Abbruchhammer *m*
demolition permission Abbruchgenehmigung *f*, Abrisserlaubnis *f*
demolition permit Abrisserlaubnis *f*, Abbruchschein *m*
demolition project Abbruchvorhaben *n*, Abrissprojekt *n*
demolition site Abbruchstelle *f*
demolition timber Abbruchholz *n*
demolition waste Bauschutt *m*
demolition work Abbrucharbeit *f*
demonstration 1. Beweis *m*, Beweisführung *f*; 2. Darstellung *f*, Vorführung *f*
demonstration building Demonstrationsgebäude *n*, Demonstrationsbau *m*
demonstration kitchen Musterküche *f*
demorphism Verwitterungsprozess *m*
demould *v* entschalen, entformen, aus der Form nehmen, ausformen
demoulding Entschalen *n*, Entformung *f*
demoulding agent Formentrennmittel *n*, Entschalungsmittel *n*
demoulding work Entschalungsarbeiten *fpl*
demount *v* demontieren, abbauen, zerlegen; ausbauen *(Teile)*
demountable demontierbar
demountable connection lösbare Verbindung *f*
demountable division wall versetzbare Trennwand *f*, verschiebbare Montagewand *f*
demountable joint lösbare Verbindung *f*
demountable partition versetzbare Wand *f*, verschiebbare Trennwand *f*
demountable structure demontierbare Konstruktion *f*
demountable partitioning versetzbare Trennwände *fpl*
demulsibility Entemulgierbarkeit *f*
demulsifier Demulgator *m*
demulsify *v* demulgieren, entmischen, Emulsionen zerstören
den kleines Arbeitszimmer *n*; ungestörter Raum *m*
dendriform baumförmig, verzweigt
dendritic baumförmig, verzweigt, verästelt, dendritisch
dendritic drainage pattern verzweigtes Flussnetz *n*
dendritic texture verästelte Struktur *f*, dendritische Struktur *f*
dene Sandstreifen *m*, kleine Düne *f*
dentrolite versteinertes Holz *n*
dense dicht, kompakt; geschlossen
dense concrete Schwerbeton *m*, dichter Beton *m*
dense-graded geschlossen, hohlraumarm; abgestuft *(Baustoffe)*
dense-graded aggregate gut abgestufter Zuschlag(stoff) *m*; hohlraumarmes Mineralgemisch *n*
dense mineral aggregate hohlraumarmes Mineralgemisch *f*
dense packing dichte Lagerung *f*
dense sand-lime block Hartkalksandstein *m*
dense texture dichtes Gefüge *n (Gestein)*
densely built-up dicht bebaut
densely wooded waldreich
denseness dichtes Gefüge *n*
densified impregnated wood druckgetränktes [druckimprägniertes] Holz *n*
densified plywood Presssperrholz *n*
densified wood Pressvollholz *n*
densifier Dichtungsmittel *n (z. B. für Beton)*
densify *v* verdichten
densitometer Dichtebestimmungsgerät *n (z. B. für Erdstoffe)*
densitometric analysis densitometrische Analyse *f*
density 1. Dichte *f*, Massendichte *f*; 2. Bebauungsdichte *f*
density bottle Flaschenpyknometer *n (Dichtebestimmung)*
density contrast Dichteunterschied *m*
density control Dichteprüfung *f*, Betondichteprüfung *f*
density difference Dichteunterschied *m*
density in raw state Rohdichte *f*
density logging Dichtemessung *f*
density of building [development] Bebauungsdichte *f*
density of road networks Straßennetzdichte *f*, Netzdichte *f* klassifizierter Straßen
density of traffic Verkehrsdichte *f*
density range Dichtebereich *m (verdichteter Baustoffe)*
dent *v* kerben, einbeulen
dentaloid zahnähnlich
dentated gezahnt, gezähnt
dentated sill Zahnschwelle *f*
dentel Zahnverzierung *f (im ionischen oder korinthischen Säulengesims)*
denticle *(Arch)* Zahn *m (korinthisch)*
denticular gezahnt, feingezahnt
denticular cornice *(Arch)* Zahnsims *m*
denticulated gezahnt, gezähnt
denticulation *(Arch)* Zahnreihe *f (dorischer Sims)*; Verzahnung *f (Mauerwerk)*
denticulation corona Zahnschnittkorona *f*
dentil(s) *(Arch)* Zahnverzierung *f*
dentil course *(Arch)* Zahnschnitt *m*, Zahnreihe *f*
dentil frieze Schnittfries *m*, deutsches Band *n*
denudation Denudation *f*, Abtragung *f (geologisch)*

denudation level Abtragungsebene *f (geologisch)*
denudation plane Abtragungsebene *f (geologisch)*
denudation surface Erosionsfläche *f*
deodorization Geruchsbeseitigung *f*
deodorizing Geruchsbeseitigung *f*
deodorizing material Geruchbeseitigungsmaterial *n*
depart *v* 1. abweichen von; 2. abfahren
department Abteilung *f*, Ministerium
department block [building] Fakultätsgebäude *n*
department of architecture Architekturabteilung *f*
Department of Architecture, Civil Engineering and Building Construction Fakultät *f* für Architektur und Bauwesen
Department of Building and Housing Fakultät *f* für Hochbau und Wohnungswesen
Department of the Environment Umweltschutzministerium *n*
Department of Transport Verkehrsministerium *n*
department store Kaufhaus *n*, Warenhaus *n*
departmental construction Regiebau *m*
departmental store Warenhaus *n (Kaufhaus)*
departure lounge Wartehalle *f*, Abflughalle *f (Flughafen)*
departure roadway *(Verk)* Abfahrtsstraße *f*, Abfahrtsweg *m*
dependency Nebengebäude *n*, zugehöriges Gebäude *n (zu einem Hauptgebäude)*
dependent building Nebengebäude *n*
deplated erschöpft, beräumt *(abbaumäßig)*
deplated area erschöpftes Gebiet *n (Bergabbaugebiet)*
deplated soil verarmter Boden *m*
deplated well versiegter Brunnen *m*
depolished glass Mattglas *n*, mattiertes Glas *n*
depolluted water gereinigtes Wasser *n*
deposit *v* 1. ablagern; abscheiden; sich ablagern; sich abscheiden; 2. auftragen; aufschweißen
deposit-weld *v* auftragschweißen
deposit 1. Ablagerung *f*, Belag *m*; (aufgetragene) Schicht *f*, Auftrag *m*; Schutzschicht *f*; 2. Lager *n*, Lagerstätte *f (Geologie)*
deposit corrosion Belagskorrosion *f*
deposit for bidding documents Geldhinterlegung *f* für Projektunterlagen
deposit welding Auftragschweißen *n*
deposited drawings eingereichte Baupläne *mpl*, vorgelegte Bauzeichnungen *fpl*
deposition 1. Ablagerung *f*, Abscheidung *f*; 2. *s.* deposit 1.
deposition area Ablagerungsgebiet *f*
deposition of silt Schlickablagerung *f*
deposition place Ablagerungsstelle *f*
depositories Ablagerungsplätze *mpl*
depot 1. Depot *n*, Materialdepot *n*, Lager *n*; 2. *(AE)* Bahnhof *m*; Eisenbahnstation *f*
depreciation 1. Abschreibung *f*; 2. Wertminderung *f*
depreciation cost Abschreibungskosten *pl*, abgeschriebener Kostenanteil *m*
depreciation factor Abschreibungssatz *m*
depressed vertieft; gedrückt; gesenkt; abgesenkt; abgeflacht
depressed arch gedrückter Bogen *m* [Spitzbogen *m*]
depressed area Niederung *f*, Senke *f*
depressed road Tiefstraße *f*, Straße *f* in Tieflage
depressed strand gekrümmtes Spannglied *n*
depression 1. Wanne *f (Tiefbau)*; 2. Senkung *f*, Landsenke *f (Topographie)*; 3. Senkung *f*, Erniedrigung *f (z. B. von Druck)*
depression of ground Bodensenke *f*, Geländemulde *f*
depressuring of reservoirs *(Wsb)* Auflast *f* von Staubecken
depreter Steincheneinlegeputz *m (Wand)*
depth 1. Tiefe *f*, *(speziell Bergbau)* Teufe *f*; 2. Dicke *f*, Stärke *f*; Höhe *f*; Bauhöhe *f*
depth effect Tiefenwirkung *f*
depth gauge Tiefenlehre *f*, Tiefenmesser *m*
depth measurement Höhenmessung *f*
depth of arch Bogendicke *f*
depth of beam Trägerhöhe *f*
depth of building Gebäudebreite *f*
depth of cover 1. Überdeckungshöhe *f*, Überschüttungshöhe *f (Tiefbau)*; 2. Betondeckung *f (über Bewehrung)*
depth of cracking Risstiefe *f*
depth of foundation Gründungstiefe *f*, Fundamentauflagehöhe *f*
depth of frost penetration Frostgrenze *f*, Frosttiefe *f*
depth of packing *(Erdb)* Schütt(ungs)höhe *f*, Auftragshöhe *f*
depth of penetration Eindringtiefe *f*, Eindrucktiefe *f (z. B. Asphaltprüfung)*
depth of rainfall Niederschlagshöhe *f*
depth of room Raumhöhe *f*
depth of runoff Ausflusshöhe *f*
depth of section Profilhöhe *f*
depth of soil Bodentiefe *f*
depth of strata *(Bod)* Schichtendicke *f*
depth of the work Bauhöhe *f*
depth of trap [water seal] *(San)* Verschlusshöhe *f* des Trapses
depth of water Wassertiefe *f*
depth-to-span ratio Höhen-Spannweiten-Verhältnis *n (einer Konstruktion)*
derby (float) *(AE) s.* darby
derelict verlassen, aufgegeben *(alte Häuser)*; verfallen *(Bausubstanz)*
derivation Ableitung *f*, Herleitung *f*, Beweis *m*
derivative form abgeleitete Form *f*
derived function Differenzialquotient *m*
derrick Derrick(kran) *m*, Mastenkran *m*, Dreifußkran *m*; Ladebaum *m (Schiff)*; Bohrturm *m*
derrick crane *s.* derrick
derrick foundation Derrickunterbau *m*, Mastkranfundament *n*; Bohrturmfundament
derrick kingpost [mast] Derrickhauptmast *m*, Mast *m* des Derricks
derrick platform Bohrbühne *f*
derrick pole *s.* derrick kingpost
derrick pontoon Derrickponton *m*
derust *v* entrosten
derusting Entrosten *n*
derusting agent Rostentfernungsmittel *n*, Entrostungsmittel *n*
desalinate *v* entsalzen
desalination Wasserentsalzung *f*
desalinify *v* entsalzen
desalinization Entsalzung *f*
desalinization of soil Bodenentsalzung *f*
desalt *v* entsalzen
desalting Entsalzung *f*, Wasserentsalzung *f*
desander *(Erdb)* Sandfang *m*
descale *v* 1. entzundern; 2. *(HLK)* Kesselstein entfernen
descaling 1. Entzunderung *f*; 2. *(HLK)* Kesselsteinentfernung *f*
descend *v* 1. sich senken *(z. B. Straße)*; absinken; abfallen; 2. herabfließen; abwärts bewegen
descent Senkung *f*, Abfall *m*; Neigung *f*, Gefälle *n (z. B. im Gelände, einer Straße)*
descent of water Wassereinsickern *f (im Gelände)*
description 1. Beschreibung *f*; 2. Bezeichnung *f*
descriptive geometry darstellende Geometrie *f*
desert soil Wüstenboden *m*
desiccant Trockenmittel *n*, Entfeuchtungsmittel *n*

desiccate *v* trocknen, entwässern *(z. B. Materialien)*; austrocknen *(z. B. Boden)*; vertrocknen
desiccated tar entwässerter Teer *m*
desiccation Trocknung *f*, Entwässerung *f*, Heißlufttrocknung *f*, Austrocknung *f (Holz)*
desiccation crack Schrumpfungsriss *m*, Trockenriss *m*, Schwundriss *m*
desiccation fissure Trockenriss *m*
desiccation polygone Trockenrissnetzwerk *n*
desiccator 1. Trockenapparat *m*; 2. Trockenmittel *n*
design *v* 1. entwerfen, skizzieren; projektieren, planen; konstruieren; 2. *(Stat)* berechnen; bemessen, dimensionieren; 3. gestalten, formen
design 1. Entwurf *m*, Zeichnung *f*, Skizze *f*; Konstruktionszeichnung *f*; 2. Bemessung *f*, Dimensionierung *f*, Berechnung *f*; 3. Plan *m*, Projekt *n*; 4. Ausführung *f*, Bauweise *f*, Bauart *f*; Formgebung *f*, Gestaltung *f* • **with design approval [certificate]** bauartgeprüft
design action Beanspruchungsansatz *m*, Basiswert *m* der Dimensionierung
design approval Bauartgenehmigung *f*, Bauartzulassung *f*
design asphalt content *(AE)* Bindemittelsollgehalt *m (Bitumen)*
design assumptions Berechnungsannahmen *fpl*
design basis Entwurfsgrundlage *f*
design bending moment Bemessungsbiegemoment *n*
design bending resistance zulässige Biegetragfähigkeit *f*
design binder content Bindemittelsollgehalt *n*, Bindemittelgehalt *m* gemäß Eignungsprüfung
design calculation statische Berechnung *f*
design capacity 1. Ausbaugröße *f*; 2. *(Verk)* Entwurfsleistungsfähigkeit *f*
design certificate Bauartgenehmigung *f*
design chart *s.* design table
design criterion Bemessungskriterium *n*
design criterium Bemessungskriterium *n*
design curve Bemessungskurve *f*
design data Entwurfsdaten *pl*, Entwurfsangaben *fpl*
design development phase Projektierungsphase *f*, Entwurfsbearbeitung *f*
design drawing Entwurfszeichnung *f*
design engineer Statiker *m*; Entwurfsingenieur *m*
design equation Bemessungsgleichung *f*
design error Bemessungsfehler *m*
design factor Bemessungsfaktor *m*
design failure entwurfsbedingter Fehler *m*
design feature Entwurfsmerkmal *n*; Bemessungsmerkmal *n*
design formula Bemessungsformel *f*
design fundamental Entwurfsgrundlage *f*
design hypothesis Bemessungsannahme *f*
design latitude Bemessungsspielraum *m*; Entwurfsspielraum *m*
design level Entwurfshöhe *f*, Sollhöhe *f*, planmäßige Höhenlage *f*
design life Bemessungszeitraum *m*
design load Lastannahme *f*, zulässige Last *f*
design method Bemessungsverfahren *n*, Berechnungsverfahren *n*
design mix(ture) Gemisch *n* gemäß Eignungsprüfung, Sollgemisch *n*, Eignungsprüfungsrezeptur *f*
design moment Bemessungsmoment *n*
design occupancy *(Verk)* Entwurfsbelegung *f*
design of a floor system Deckenbemessung *f*
design of beams Balkenbemessung *f*, Trägerbemessung *f*
design office Planungsbüro *n*
design pressure Bemessungsdruck *m*
design principles Bemessungsgrundsätze *mpl*
design problem Bemessungsaufgabe *f*, Bemessungsproblem *n*
design resistance Entwurfstragfähigkeit *f*, Entwurfswiderstand *m*
design review Entwurfs(über)prüfung *f*, Überprüfung *f* eines Projektes *f*, Planungsüberprüfung *f*
design rule Entwurfsregel *f*, Bemessungsregel *f*
design scheme Entwurfslösung *f*
design seismic force Bemessungserdbebenkraft *f*
design specifications Entwurfsrichtlinien *fpl*; Bemessungsrichtlinien *fpl*
design speed Entwurfsgeschwindigkeit *f*, Ausbaugeschwindigkeit *f (Straße)*
design stage Projektierungsphase *f*
design standard Entwurfsnorm *f*, Konstruktionsnorm *f*
design strength zulässige Entwurfsfestigkeit *f*
design stress Bemessungsspannung *f*, zulässige Spannung *f (Festigkeit)*
design system Bemessungssystem *n*
design table Bemessungstabelle *f*, Bemessungstafel *f (z. B. für Stahlbeton)*
design task Entwurfsaufgabe *f*, Bemessungsaufgabe *f*, Bemessungsproblem *n*
design temperature map Klimakarte *f*
design theory Entwurfstheorie *f*
design thickness Bemessungsdicke *f*
design traffic loading Entwurfsverkehrsbelastung *f*, Bemessungsverkehrsbelastung *f*, maßgebende Verkehrsbelastung *f*
design ultimate load Grenzlastannahme *f*, rechnerische Grenzbelastung *f*
design values Bemessungswerte *mpl*, maßgebende Bemessungsgrundwerte *mpl*
design wind load Bemessungswindlast *f*
designate *v* bezeichnen, kennzeichnen; vorzeichnen; ernennen
designated lane *(Verk)* vormarkierter Fahrstreifen *m*
designation Bezeichnung *f*, Benennung *f*, Kennzeichnung *f*
designation of rock Gesteinsbezeichnung *f*
designed dimensioniert
designed going projektierte Treppenlänge *f*
designed load Entwurfslast *f*, Bemessungslast *f*
designed loading Entwurfsbelastung *f*, Bemessungsbelastung *f*
designed stress-strain diagram rechnerische Spannungsdehnungslinie *f*
designer 1. Entwurfsverfasser *m*, Projektant *m*; Konstrukteur *m*; Zeichner *m*; 2. Gestalter *m*; 3. Statiker *m*
designing 1. Entwerfen *n*; Gestalten *n*; 2. Entwurfstechnik *f*
desilication Entkieselung *f*, Desilifizierung *f*
desilt *v (San)* entschlammen
desilting Entschlammung *f*
desired value Sollwert *m*
desk 1. Pult *n*; Aufsichtsplatz *m*; 2. Rezeptionstisch *m*; 3. Schaltpult *n*
desk-type pultförmig
desludge *v (San)* entschlammen, Schlamm austragen
desolation Verödung *f (Land, Landschaft)*
desquamation Abschuppen *n*, Abschuppung *f*
destabilize *v* entstabilisieren, destabilisieren, instabil machen
destrengthening Entfestigung *f*
destress *v* entspannen
destroy *v* zerstören; zertrümmern, niederreißen *(Gebäude)*
destroyed zerstört
destroyed by fire niedergebrannt
destroying substance Vernichtungsmittel *n (gegen Befall)*
destruction Zerstörung *f*; Zertrümmerung *f*, Destruktion *f*

destruction of buildings Zerstörung *f* an Gebäuden *(durch Erdbewegung)*
destruction of concrete Betonzerstörung *f*
destruction product Zerstörungsprodukt *n*
destructional form Zerstörungsform *f*
destructional work Zerstörungsarbeit *f*
destructive zerstörend
destructive movement zerstörende Bewegung *f*
destructive process zerstörender Vorgang *m*
destructive test zerstörende [nicht zerstörungsfreie] Prüfung *f (von Baustoffen)*
destructor Müllverbrennungsofen *m*, Abfallverbrenner *m*
desulphurized entschwefelt
detach *v* abbauen, abmontieren; abtrennen; ablösen
detached abgelöst; einzeln, allein stehend *(Haus)*; frei stehend *(nicht angebaut)*
detached dwelling separate Wohneinheit *f (im Zweifamilienhaus)*
detached house Einzelhaus *n*, allein stehendes Haus *n*
detachment Ablösung *f*, Abtrennung *f*, Loslösung *f*; Abscherung *f*; Absonderung *f*
detail Detail *n*, Einzelheit *f*
detail drawing Detailzeichnung *f*, Einzeldarstellung *f*, Teilzeichnung *f*
detail of façade Fassadenausschnitt *m*
detailed detailliert
detailed drawing Detailzeichnung *f*, Ausführungszeichnung *f*
detailed estimate of construction cost genauer Baukostenanschlag *m*, genau ermittelte Baukosten *pl*
detailed geological map geologische Spezialkarte *f*
detailed plans Bestimmung *f*, detaillierte Pläne *mpl*
detailed quantity survey detailliertes Material- und Ausrüstungsverzeichnis *n*
detailing bauliche Durchbildung *f*
detection Nachweis *m*
detection limit Nachweisgrenze *f*
detector Nachweisgerät *n*; Aufnehmer *m*
detension *v* entspannen, Pressenkraft wegnehmen *(Spannbeton)*
detensioning Entspannen *n*
detention Aufhaltung *f*
detention basin *(Wsb)* Rückhaltebecken *n*
detention door Panzertür *f*, Gefängnistür *f*
detention reservoir *(Wsb)* Rückhaltebecken *n*
detention storage Rückhaltevolumen *n*
detergency Reinigungsvermögen *n*, Reinigungskraft *f*
detergent Reinigungsmittel *n*, synthetisches Waschmittel *n*
detergent action Reinigungswirkung *f*
detergent resistance Waschmittelbeständigkeit *f*, Waschmittelfestigkeit *f*
detergent solution Reinigungslösung *f*
deteriorate *v* 1. verfallen *(Gebäude)*; verschleißen *(Material)*; 2. sich verschlechtern; an Wert verlieren
deterioration Verfall *m (eines Gebäudes)*; Verschleiß *m (Beton)*
determinant Determinante *f*
determinate statisch bestimmt
determination 1. Bestimmen *n*, Festlegung *f*; 2. Ermittlung *f*
determine *v* 1. bestimmen, festlegen; 2. ermitteln
determined bestimmt
determining Bestimmen *n*, Ermitteln *n*, Festlegen *n*
detin *v* entzinnen
detonating rammer Froschramme *f*, Frosch *m*
detonation Detonation *f*, Explosion *f*, Sprengung *f*
detonator Sprengkapsel *f*, Zündkapsel *f*
detour Umleitung *f (einer Strecke)*; Umleitungsstraße *f*
detrital detritisch, zertrümmert; verwittert; zerrieben *(Gestein)*
detrital accumulation Schuttablagerung *f*, Trümmerablagerung *f (Gesteinsschutt)*
detrital lime tuff klastischer Kalktuff *m*
detrital material Schuttmaterial *n*, Trümmermaterial *n (Gestein)*
detrital slope Schutthang *m*, Schuttböschung *f*
detritus Geröll *n*, Gesteinsschutt *m*, Schutt *m*, Trümmermasse *f (Geologie)*
detritus chamber *(San)* Absetzbecken *n*
detritus pit Kläranlage *f (Klärgrube)*
detritus tank *s.* detritus chamber
deuterogene rock sekundäres Gestein *n*
Deval testing machine Deval-Abriebtrommel *m*
develop *v* 1. erschließen *(Gebiete)*; bebauen; 2. aufschließen *(Gruben)*; 3. entwickeln *(Verfahren, Technologien)*
develop *v* **ground** Gelände erschließen
developable erschließbar; entwickelbar, entwicklungsfähig
developed area erschlossene Fläche *f*, erschlossenes Bauland *n*
developed distance *(HLK)* kürzester Luftbewegungsabstand *m* [Luftweg *m*]
developed length 1. Rohrleitungslänge *f (in der Achse gemessen)*; abgewickelte [gerollte] Länge *f (einer Rohrleitung)*; 2. *(Verk)* abgewickelte Länge *f*
developed property bebautes Grundstück *n*
developed quarter Bauland *n*, baufertige Grundstücke *npl*
developed site erschlossenes Baugelände *n*
developed sites Bauland *n*
developer 1. Entwicklungsingenieur *m*; 2. Bauerschließungsunternehmen *n*; Bauträger *m*
developing area (for construction) Bauerschließungsgebiet *n*
development 1. Erschließung *f (Bauland)*; 2. Bauvorhaben *n*, Bebauung *f*; 3. Ausbau *m*, Erweiterung *f*; 4. Abwicklung *f (einer Fläche; Geometrie)*
development area Erschließungsgebiet *n*, Aufbaugebiet *n*; Siedlungsgebiet *n*
development bond stress Verankerungsspannung *f*
development company Bauträger *m*
development district Vorranggebiet *n (Regionalplanung, Raumordnung)*
development engineer Entwicklungsingenieur *m*
development of strength Festigkeitsentwicklung *f (Beton)*
development of structure Bauerweiterung *f (Vergrößerung, Ausbau)*
development of style Stilentwicklung *f*
development plan Erschließungsplan *m*; Flächennutzungsplan *m*; Bebauungsplan *m*
development planning Raumplanung *f*
development programme Aufbauprogramm *n*
development scheme *s.* development plan
deviate *v* 1. abweichen; 2. die Richtung ändern; umleiten
deviation 1. Abweichung *f*, Maßabweichung *f*, Regelabweichung *f*; 2. Abmaß *n*; 3. Ablenkung *f*; 4. vertragliche Abweichung *f*; 5. *(Verk)* Trassenabweichung *f*, Variante *f* der Linienführung
deviation force Ablenkkraft *f*
deviation moment Deviationsmoment *n*
deviation of the plumb line Lotabweichung *f*
deviation permit *(Verk)* vorzeitige Sonderfreigabe *f*
deviatoric [deviatory] stress Deviatorspannung *f*, deviatorischer Spannungszustand *m*
device Vorrichtung *f*, Einrichtung *f*; Gerät *n*
devil *v* aufkratzen, abkratzen *(Putz)*
devil float Kratzbrett *n*
devilling Aufkratzen *n*, Abkratzen *n (von Putz)*
devitrification Entglasung *f*
devitrified glass Glaskeramik *f*
devitrify *v* entglasen

devoid of frei von
devoid of trees baumlos
dew Tau *m*
dew formation Taubildung *f*
dew point *(HLK)* Taupunkt *m (Luftfeuchtigkeit)*
dew point corrosion Taupunktkorrosion *f*
dew point diagram Taupunktdiagramm *n*
dewater *v* entwässern, trockenlegen
dewatered sludge entwässerter Schlamm *m*
dewatered waste entwässerter Abfall *m*
dewatering Entwässerung *f*, Trockenlegung *f*, Wasserhaltung *f*
dewatering agent Wasserverdränger *m (Oberfächenbehandlung)*
dewatering conduit Entleerungsleitung *f*, Grundablass *m*
dewatering installation *(Bod)* Grundwasserabsenkungsanlage *f* mit Filterbrunnen
dewatering system *(Bod)* Entwässerungsanlage *f*, Grundwasserabsenkungssystem *n*
dextrin Dextrin *n*, Stärkegummi *n*
dezincify *v* entzinken
diabase Diabas *m*, Grünstein *m*
diabase porphyry Diabasporphyr *m*
diabasic diabasisch
diabasic texture Diabasstruktur *f*
diabasic tuff Diabastuff *m*
diaconicon *(Arch)* Diakonikon *n (Sakristei)*
diagenesis Diagenese *f*
diaglyph Flachrelief *n*; Flachschliff *m (Glas)*
diagnosis Diagnose *f*
diagonal 1. Diagonale *f*, Schrägstütze *f*, Schräge *f*; 2. Diagonale *f (Mathematik)*
diagonal arch Diagonalbogen *m*, Kreuzbogen *m*, Gratbogen *m*
diagonal bar Diagonalglied *n*, Diagonalstab *m*, Diagonale *f*
diagonal bond Schränkverband *m*, Stromverband *m*, Diagonalverband *m (Mauerwerk)*
diagonal brace Diagonalstrebe *f*
diagonal bracing 1. Dreieckverband *m*, Kreuzverband *m* (Mauerwerk); Verschwertung *f (Holz- und Stahlbau)*; 2. Schrägverband *m (Stahlkonstruktion)*
diagonal bridging horizontaler Diagonalverband *m*
diagonal cassette ceiling Diagonalkassettendecke *f*
diagonal coffered soffit Diagonalkassettendecke *f*
diagonal compression Diagonaldruck *m*
diagonal compression stress Diagonaldruckspannung *f*
diagonal course Schränkschicht *f*, Stromschicht *f (Mauerwerk)*
diagonal cross brace *s.* diagonal brace
diagonal cross bracing Kreuzverstrebung *f*, Verschwertung *f (Mauerwerk)*
diagonal frame Diagonalrahmen *m (Holz)*
diagonal grain 1. Diagonalschnitt *m*; 2. Fehlschnitt *m (Konstruktivholz)*
diagonal in compression Druckdiagonale *f*, gedrückte Schräge *f*
diagonal joint *(Hb)* Stoß *m* auf Gehrung
diagonal layer Diagonalverlegung *f*
diagonal laying Diagonalverlegung *f*, Diagonalverlegen *n*
diagonal masonry bond Schränkverband *m*
diagonal member Diagonalglied *n*, Diagonalstrebe *f*, Diagonale *f*, Strebe *f*
diagonal position Diagonalstellung *f*
diagonal rib Diagonalrippe *f*, Kreuzrippe *f*, Gratrippe *f*
diagonal rod Diagonalstab *m*, Diagonalglied *n*, Diagonale *f*
diagonal sheathing diagonale Holzverkleidung *f*, Schrägholzverkleidung *f*
diagonal slating Diagonalschieferlegung *f*, Diagonallage *f* der Dachschieferplatten
diagonal stay [strut] Diagonaldruckstab *m*, Diagonalstrebe *f*, Druckschräge *f*, Querstrebe *f*, Kreuzstrebe *f*
diagonal struts Kreuzgebälk *n*, Abkreuzung *f*, Kreuzverband *m*, Kreuzstreben *fpl*
diagonal tensile stress, diagonal tension *(Stat)* Diagonalzugspannung *f*, schiefe Hauptzugspannung *f*
diagonal tension Diagonalzug *m*
diagonal tie Diagonalzugstab *m*, Zugschräge *f*, Zugstrebe *f*
diagonal tieing Fachwerkverband *m*, Dreieckverband *m (Mauerwerk)*
diagonal ties *(Hb)* Kreuzgurtung *f*
diagonal tying Fachwerkverband *m*, Dreieckverband *m (Mauerwerk)*
diagonal waffle ceiling Diagonalkassettendecke *f*
diagonal web Ständerfachwerk *n*, Ständerwerk *n*
diagonality Diagonalität *f*
diagonally placed diagonal angeordnet
diagram 1. Diagramm *n*, grafische Darstellung *f*, Schaubild *n*; 2. Schema *n*
diagram of connections Schaltbild *n*
diagram of forces Kräftediagramm *n*, Kräfteplan *m*
diagram of state Zustandsdiagramm *n*
diagram of stresses Spannungsdiagramm *n*
diagrammatic grafisch; schematisch, skizzenhaft
diagrammatic figure Prinzipskizze *f*, schematische Darstellung *f*
diagrammatic sketch Schaubild *n*
diagrid Diagonalraster *n*
diamantini Schuppenglas *n*
diameter Durchmesser *m*
diameter class *(Hb)* Dicke(n)klasse *f*
diameter of bar Stabdurchmesser *m*, Stahldurchmesser *m (Bewehrung)*
diametral compression test Spaltzugfestigkeitsprüfung *f*
diametral test Spaltzugprüfung *f*
diamicton Diamiktonmauer *f*, Füllzellenmauer *f (Römische Architektur)*
diamond 1. Raute *f (dekoratives Element)*; 2. Bohrdiamant *m*
diamond cloth Rautengewebe *n*
diamond crossing spitzwinklige Gleiskreuzung *f*
diamond fret Diamantschnitt *m*
diamond frieze Rautenfries *m*
diamond girder Rautenfachwerkträger *m*, Rautenfachwerk *n*, Rhombenfachwerkträger *m*, Rhombenfachwerk *n*
diamond interchange *(Verk)* Raute *f (Kreuzungsbau)*
diamond matching Vierquadratmuster *n (Furnierverarbeitung)*
diamond-mesh lath Streckmetalleiste *f (als Putzgrund)*
diamond moulding Würfelfries *m*, Schachbrettverzierung *f*
diamond ornament Nagelkopfverzierung *f*
diamond pattern Kreuzmuster *n*, Rautenmuster *n*
diamond-patterned gerautet
diamond pavement Pflaster *n* mit Rautenverband
diamond plate Rautenblech *n*, Kantenblech *n*
diamond-pointed rustication Diamantrustikalmauerwerk *n*
diamond pyramid hardness Vickershärte *f*, HV
diamond-shaped rautenförmig, rhombisch
diamond slate verbrochener Asbestzementschiefer *m (zur Diagonaldeckung)*
diamond vault Zellengewölbe *n*
diamond work Ornamentverband *m*
diaper *(Arch)* Diamentierung *f*, arabeskes Paneel *n*
diaphanous lichtdurchlässig, transparent
diaphragm 1. Zwischenwand *f (zur Aussteifung)*; Schwingwand *f*, Zwischenboden *m (versteifender Rahmenboden)*; Binderscheibe *f*, Querscheibe *f*, Querwand *f*; 2. Abschlussmauer *f*; 3. Diaphragma *n*, Scheidewand *f*, Membran *f*; 4. *s.* diaphragm beam

diaphragm action Scheibenwirkung *f*
diaphragm arch Schwebebogen *m*, Schwibbogen *m*
diaphragm beam Aussteifungsträger *m*, wandartiger Träger *m*, Querscheibe *f*, Querbalken *m*, Querriegel *m*, Querträger *m (Brücke)*
diaphragm pump Membranpumpe *f*
diaphragm valve Membranventil *n*
diaphragm wall Schlitzwand *f*; Scheibenwand *f*, Schwingwand *f*; Dichtungswand *f*, Kernwand *f*
diaphragm wall component Schlitzwandelement *n*
diaphragm wall joint Schlitzwandfuge *f*
diaphragm wall unit Schlitzwandelement *n*
diaspore Diaspor *m*
diaspore refractory product Diasporerzeugnis *n (Tonerdefeuerfesterzeugnis)*
diastyle *(Arch)* weitsäulig *(dreisäuliger Abstand antiker Tempel)*
diastyle *(Arch)* Diastylos *m (weitsäulige Anordnung)*
diathermacy Wärmedurchlässigkeit *f*
diathermal wärmeundurchlässig
diathermancy Wärmedurchlässigkeit *f*
diathermanous wärmedurchlässig
diathermic *s.* diathermanous
diatomaceous earth Diatomeenerde *f*, Kieselgur *f*
diatomite Diatomeenerde *f*, Kieselgur *f*
diazoma *(Arch)* Diazoma *m (Gang im griechischen Theater)*
dicalcium silicate Dicalciumsilicat *n*
die *v* **away** sich verdrücken, auskeilen
die 1. Sockelmittelstück *n*; 2. Matrize *f*, Mutterform *f (Gussform)*; Hohlform *f*; 3. Schnittwerkzeug *n*; 4. *s.* die-plate
die-block Gesenkblock *m*
die-cast *s.* die casting 2.
die-casting 1. Druckgießen *n*; 2. Druckgussstück *n*
die-forging 1. Gesenkschmieden *n*; 2. Gesenkschmiedeteil *n*
die-forging die Gesenk *n (Schmieden)*
die-life Standzeit *f (eines Werkzeugs)*
die-plate Schnittplatte *f*, Schnittunterteil *n (Matrize)*
die set Schnitt *m (Säulenführungsschnitt)*
die-squared timber starkes Bauholz *n*, Kantholz *n (mindestens 100 × 100 mm im Durchmesser)*
die stock Gewindeschneidkluppe *f*
die work Gesenkschmieden *n*
diesel hammer Dieselramme *f*
diesel roller Dieselstraßenwalze *f*
difference Differenz *f*
difference in colour Farbabweichung *f*
difference in density Dichteunterschied *m*
difference in elevation *(Verm)* Höhenunterschied *m*
difference in settlement *(Bod)* Setzungsunterschied *m*
difference in temperature Wärmeunterschied *m*, Temperaturunterschied *f*
difference method Differenzmethode *f*, Differenzverfahren *n (Bindemittelgehaltsbestimmung)*
difference of head Gefälleunterschied *m*
difference of level Niveauunterschied *m*
differential calculus Differenzialrechnung *f*
differential equation Differenzialgleichung *f*
differential force Differenzialdruck *m*, Differenzialkraft *f*
differential head Differenzdruckhöhe *f*
differential levelling Differenzialhöhenmessung *f*
differential movement Bewegungsunterschied *m*, Differenzialbewegung *f*
differential pressure Differenzdruck *m*
differential pulley block Differenzialflaschenzug *m*
differential quotient Differenzialquotient *m*
differential settlement ungleichmäßiges Setzen *n*, unterschiedliche Setzung *f*, Setzungsunterschied *m*
differential shrinkage Schwindunterschied *m*
differential tackle Differenzialflaschenzug *m*
differential thermal analysis Differenzialthermoanalyse *f*
differentiation Differenziation *f*, Entmischung *f*
differentiation process Differenziationsvorgang *m*
differentiation product Differenziationsprodukt *n*
difficult to get at schwer zugänglich *(Gebäudeteile, Versorgungsleitungen)*
difficult to reach schwer zugänglich *(Gebäudeteile, Versorgungsleitungen)*
difficult-to-screen material schwer siebbares Gut *n*, schwieriges Siebgut *n*
difficulty soluble schwer löslich
diffraction Diffraktion *f*, Beugung *f*
diffraction of light Lichtbrechung *f*
diffuse field diffuses Schallfeld *n*
diffuse illumination gestreute Beleuchtung *f*
diffuse light diffuses [gestreutes] Licht *n*, Streulicht *n*
diffuse-porous wood poriges Hartholz *n*
diffuse sound field diffuses Schallfeld *n*
diffuser 1. Diffusor *m*, Luftverteiler *m*; 2. Lichtstreukörper *m*
diffusing ceiling Leuchtdecke *f*, Lichtdecke *f*
diffusing glass Streuglas *n*; Mattglas *n*; Kathedralglas *n*
diffusing panel Lichtstreutafel *f*
diffusing screen Lichtstreuschirm *m*, Streuscheibe *f (Leuchtenabdeckung)*
diffusion Ausbreitung *f*, Diffusion *f*
diffusion barrier Diffusionsdampfsperre *f*
diffusion boundary layer Diffusionssperrschicht *f*
diffusion coating 1. Diffusionssperrschicht *f*; 2. Diffusionsbeschichten *n*
diffusion coefficient Diffusionszahl *f*, Diffusionskonstante *f*
diffusion fastness Diffusionswiderstand *m*, Diffusionsbeständigkeit *f*
diffusion humidity Diffusionsfeuchtigkeit *f*
diffusion moisture Diffusionsfeuchtigkeit *f*
diffusion process Diffusionsvorgang *m*
diffusion resistance Diffusionswiderstand *m*
diffusion-tight diffusionsdicht
diffusion well Versickerungsbrunnen *m*
diffusivity Diffusionsvermögen *n*
diffusuvity coefficient Diffusionskoeffizient *m*
diffusor *s.* diffuser
dig *v* graben; ausschachten, ausheben *(z. B. Gruben)*; ausbaggern; schürfen *(Bergbau)*
dig *v* **for** schürfen *(Bergbau)*
dig *v* **off** abgraben
dig *v* **through** durchstechen
dig *v* **up** umgraben; ausgraben
dig 1. Graben *n*, Grabung *f*; 2. Ausgrabung *f*; 3. Grübchen *n (Glasfehler)*
digaway Aushebung *f*
digest *v* biologisch [mikrobiell] abbauen *(Abwasser)*; faulen *(Schlamm)*
digested sludge Faulschlamm *m (Abwasser)*
digester Faulbehälter *m*
digester gas Faulgas *n*
digesting compartment *(San)* Schlammfaulraum *m*, Faulraum *m*
digesting sludge Faulschlamm *m*
digestion Faulung *f (Abwasser)*
digestion chamber Schlammfaulraum *m*
digestion deposit Rottedeponie *f*
digestion plants Faulanlagen *fpl*
digestion sump Faulbehälter *m*, Faulraum *m*, Schlammfaulbehälter *m*
digestion tank *(San)* Faulbecken *n*, Faulbehälter *m*
digestion tower Faulturm *m*
digger Bagger *m*, Löffelbagger *m*

digging Graben *n*; Ausschachten *n*; Ausbaggern *n*
digging cycle Baggerarbeitsspiel *n*
digging height Abtraghöhe *f*
digging-out Bodenaushub *m*, Ausschachtung *f*
digging pit Schürfschacht *m*
digging shovel Schaufel *f*, Schippe *f*
digitate fingerförmig
digitize *v* digitalisieren
diglyph zweiseitig ausgekehlter Stab *m*, Zweischlitz *m* *(Zierstab)*
digonal zweiwinklig
dihedral zweiflächig
dihexagonal dihexagonal
dike *v* eindeichen, eindämmen
dike *v* **in** eindeichen, eindämmen
dike 1. Deich *m*, Damm *m*; Trockenmauer *f*, Trockensteindamm *m*; 2. Erdwall *m*, erhöhter Fahrdamm *m*; 3. breiter Graben *m*
dike drainage ditch Deichgraben *m*
dike burst Deichbruch *m*
dike failure Deichbruch *m*
dike land Deichland *m*
dike lock Siel *n*
diked eingedeicht
diked land eingedeichte Marsch *f*, Polder *m*, Koog *m*
diked marsh *s.* diked land
diking Eindeichen *n*; Eindeichung *f*
dilapidate *v* verfallen
dilapidated baufällig *(Bauwerk)* • **become dilapidated** verfallen *(Gebäude)*
dilapidating Verfallen *(Bauwerk)*
dilapidation Gebäudeverfall *m*, Baufälligkeit *f*
dilapidation of a building Gebäudeverfall *m*
dilatability Dehnbarkeit *f (Baustoffe)*
dilatancy Dilatanz *f (Volumenveränderung durch Schub)*; Ausdehnung *f*, Formänderung *f*, Volumenänderung *f*
dilation *s.* dilatation
dilatation Dehnung *f*, Dilatation *f*, Ausdehnung *f*
dilatation interval [joint] Dehn(ungs)fuge *f*
dilatometer Dehnungsmesser *m*, Dilatometer *n*
diluent Verschnittmittel *n*, Streckmittel *n*; Verdünnungsmittel *n*, Verdünner *m*
dilutability Verdünnbarkeit *f*, Verschneidbarkeit *f*
dilute *v* verschneiden; verdünnen
diluting agent *s.* diluent
dilution Streckung *f (von Flüssigkeiten)*; Verdünnen *n*, Verdünnung *f*, Auswaschung *f*
diluvial deposit diluviale Ablagerung *f*
dim trübe *(Beleuchtung)*
dimension *v* 1. bemessen, dimensionieren; 2. mit Maßangaben versehen, bemaßen *(Zeichnung)*
dimension 1. Maß *n*, Abmessung *f*, Größe *f*, Ausmaß *n*, Ausdehnung *f*, Umfang *m*; Maß *n*, Baumaß *n*; 2. Dimension *f (einer physikalischen Größe)*; Größenordnung *f* • **of correct dimensions** maßgerecht
dimension figure Maßzahl *f*
dimension in unfinished state Rohbaumaß *n*
dimension line Maßlinie *f*
dimension lumber *(AE) s.* dimension timber
dimension shingles Maßschindeln *fpl*
dimension stock Dimensionsstockholz *n*
dimension stone Dimensionsnaturstein *m*, baufertig bearbeiteter Naturstein *m*
dimension timber Dimensionsholz *n*
dimension with tolerance toleriertes Maß *n*
dimensional accuracy Maßgenauigkeit *f*
dimensional analysis Dimensionierung *f*
dimensional change Maßänderung *f*
dimensional consistency Maßhaltigkeit *f*
dimensional coordination Maßordnung *f*
dimensional data Maßangaben *fpl*, Abmessungsangaben *fpl*
dimensional discrepancy Maßhaltigkeitsabweichung *f*, Abmessungsabweichung *f*
dimensional fit Baupassung *f*
dimensional framework Maßsystem *n*, Modulsystem *n*; Baumodul *m*
dimensional line Maßlinie *f*
dimensional limit Grenzmaß *n*
dimensional range Maßbereich *m*
dimensional reference system Maßbezugssystem *n*, Referenzsystem *n*
dimensional relationship Maßbeziehung *f*
dimensional stability Maßbeständigkeit *f*, Maßhaltigkeit *f (von Bauteilen)*; Formbeständigkeit *f (von Baustoffen, bes. von Kunststoffen)*
dimensional tolerance Maßtoleranz *f*
dimensional unit Maßeinheit *f*
dimensional variation Maßschwankung *f*
dimensionally accurate maßgerecht
dimensionally rules Bemessungsregeln *fpl*, Dimensionierungsregeln *fpl*
dimensionally stable maßhaltig, größenunveränderlich *(bei Tem-peratur- und Feuchtigkeitseinwirkung)*
dimensioned drawing Maßzeichnung *f*
dimensioning 1. Dimensionierung *f*, Bemessung *f*; 2. Bemaßung *f*
dimetric 1. tetragonal; 2. hexagonal
diminish *v* verkleinern, verringern; vermindern; verjüngen; sich verkleinern; sich verjüngen
diminished arch verkürzter Bogen *m*
diminishing piece Reduzierstück *n*, Passstück *n*
diminishing pipe Rohrreduzierstück *n*
diminution 1. Abnahme *f*, Verminderung *f*; 2. Verjüngung *f*
diminutive tower Ziertürmchen *n*
dimmer *(El)* Helligkeitsregler *m*, Dimmer *m*, Abblendschalter *m*, Verdunkelungswiderstand *m*
dimmer room Beleuchtungskontrollraum *m (eines Theaters)*
dimple *v* vertiefen; Vertiefungen bekommen *(Oberflächen)*; versenken *(Niet)*
dimple Vertiefung *f (flach)*; Anbohrung *f*, Sicke *f*
dimple fracture Wabenbruch *m*, ebener Zähbruch *m*
dimple spring Punktquelle *f*
dimpled surface Grübchenoberfläche *f*
dimpling kalottenförmige Riffelung *f*
dinas brick Dinasstein *m*, Silikastein *m*
dinette *(AE)* Essnische *f*, Essecke *f*
dinging Bürstenputz *m*
dingle enges Tal *n*
dining area Essnische *f*, Essecke *f*
dining hall Speisesaal *m (eines Hotels)*
dining kitchen Wohnküche *f*, Essküche *f*
dining nook Essnische *f*
dining recess Essnische *f*, Essecke *f*
dining room Speiseraum *m*, Speisezimmer *n*, Esszimmer *n*; Speisesaal *m (eines Hotels)*
dining space Essplatz *m*
dining terace Essterrasse *f*
dining zone Essbereich *m*
dint *v* durchsenken; einbeulen
dint Delle *f*, Vertiefung *f*, Beule *f*, Strieme *f*
dioctrahedal dioktaedrisch
diorama Diorama *n (Landschaftsdekorationsdarstellung)*
diorite Diorit *m*, Dioritgranit *m*, Aphanit *m*
dioritic dioritisch
dioritic rock Dioritgestein *n*
dip *v* 1. abfallen, sich neigen *(Gelände)*; 2. einfallen *(geologische Schichten)*; 3. durchhängen; 4. (ein)tauchen

dip *v* **at high angles** steil einfallen
dip *v* **at low angles** flach einfallen
dip *v* **steeply** steil einfallen
dip 1. Neigung *f*, Senkung *f*; Einsenkung *f*; 2. Einfallen *n* *(Geologie)*; 3. Durchhang *m (von Leitungen)*
dip application Tauchauftrag *m (Beschichtung)*
dip coating 1. Tauchbeschichten *n*; 2. Tauchschicht *f*; Tauchanstrich *m*
dip colouring Tauchfärbung *f*
dip of slope Hanggefälle *n*
dip of the stratum Fallen *n* einer geologischen Schicht
dip paint Tauchanstrich(stoff) *m*, Tauchfarbe *f*
dip pipe Fassungsröhre *f*
dip-primed tauchgrundiert
dip soldering Tauchlötung *f*
dip throat Regenwasserleiste *f*
dipcoat *s.* dip coating 2.
diplomat enclave Diplomatenviertel *n*
dipper Baggerlöffel *m*, Nassbagger *m*
dipper bucket Baggerlöffel *m*
dipper dredger Nassbagger *m*, Löffelbagger *m*
dipping einfallend
dipping Eintauchen *n*
dipping engobe Tauchengobe *f*
dipping glazing Tauchglasieren *n*
dipping lacquer Tauchlackfarbe *f*
dipping method Tauchverfahren *n*
dipteral 1. *(Arch)* dipteral, doppelsäulenreihig mit doppelter Säulenreihe; 2. *(Arch)* dipteral, zweiflügelig
dipteral building zweiflügeliges Gebäude *n*
dipteral temple *(Arch)* Dipteraltempel *m*, Tempel *m* mit doppelter Säulenreihe
dipterous *s.* dipteral building
diptych *(Arch)* Diptychon *n*
direct-acting load direkte Last *f*
direct action direkte Beanspruchung *f*
direct arch gerader Bogen *m*
direct compression direkter [reiner] Druck *m*
direct current *(El)* Gleichstrom *m*
direct dumping of concrete direktes Betonieren *n (ohne Betontransportmittel)*
direct force Längskraft *f*
direct foundation Streifenfundament *n*
direct glare Blendlicht *n*
direct heating Direktheizung *f*
direct heating system direktes Heizungssystem *n*
direct illumination Direktbeleuchtung *f*, direkte Beleuchtung *f*
direct labour Produktionsarbeiter *m*
direct levelling direkte Höhenmessung *f*
direct lighting direkte Beleuchtung *f*
direct material Hauptbaustoff *m*
direct moment distribution direkter Momentenausgleich *m*
direct nailing direkte Nagelung *f* [Vernagelung *f*]
direct return system *(HLK)* direktes Rücklaufsystem *n*
direct run-off Oberflächenabfluss *m*, direkter Abfluss *m*
direct shear test *(Erdb)* Druckprüfung *f* mit behinderter Seitenausdehnung; direkte Scherprüfung *f*
direct solar gain direkter Solargewinn *m*
direct sun rays pralle Sonne *f*
direct stress *(Stat)* Normalspannung *f*, Längskraft *f* ohne Biegung
direct stress and bending Längskraft *f* mit Biegung
direct support direkte Lagerung *f*
direct system 1. direktes Heizungssystem *n*; 2. direktes Kühlsystem *n*
direct tensile stress Normalzugspannung *f*
direct tension reiner Zug *m (Zugspannung)*
direct vault gerades Gewölbe *n*
directed light gerichtetes [direktes] Licht *n*
directed stress gerichtete Beanspruchung *f*
directing force Richtkraft *f*, Direktionskraft *f*
directing point Fluchtpunkt *m*
direction 1. Richtung *f*; 2. Bauleitung *f*, Baudirektion *f*
direction finding Peilung *f*
direction of circulation *n* Strömungsrichtung *f*
direction of deformation Formänderungsrichtung *f*
direction of dip Einfallrichtung *f (Bodenschichten)*
direction of flow [flowage] Strömungsrichtung *f*, Fließrichtung
direction of force Kraftrichtung *f*
direction of loading Belastungsrichtung *f*
direction of main stress Hauptspannungsrichtung *f*
direction of movement Bewegungsrichtung *f*
direction of principal stress Hauptspannungsrichtung *f*
direction of span Spannrichtung *f (Decke)*
direction of thrust Schubrichtung *f*
direction of wind Windrichtung *f*
direction signing Wegweisung *f*
directional gerichtet, Richtungs...
directional arrow Richtungspfeil *m*
directional count Verkehrs(richtungs)stromzählung *f*
directional deviation logging Neigungsmessung *f*
directional lighting gerichtete [direkte] Beleuchtung *f*
directional pressure einseitiger Druck *m*
directionless richtungslos
directionless pressure allseitiger Druck *m*
directions Bedienungsanleitung *f*
directions for laying Verlegeanleitung *f*
directly proportional direkt proportional
Directoire style *(Arch)* klassizistischer Empirestil *m (in Frankreich, 18. Jahrh.)*
director's block Direktionsgebäude *n*
directory Bezugsquellennachweis *m*
directrix Direktrix *f*, Leitkurve *f*, Leitlinie *f*
dirt 1. Schmutz *m*; 2. loser Erdboden *m*; 3. Blasenschleier *m (Schlierenglas)*
dirt filter Schmutzfilter *n*
dirt heap Bergehalde *f*
dirt money Schmutzzulage *f*
dirt moving Erdbewegungsarbeiten *fpl*, Erdbewegung *f*
dirt particles Schmutzteilchen *npl*
dirt penetration Staubeindringung *f*
dirt-repelling Schmutz abweisend
dirt retention Staubrückhaltung *f*
dirt road *(AE)* Landweg *m*, unbefestigte Straße *f*, Sandweg *m*
dirt screed Lehmestrich *m*
dirt track Sandbahn *f*
dirty schmutzig, Schmutz...
dirty money Schmutzzulage *f*
dirty sandstone toniger Sandstein *m*
dirty water Schmutzwasser *n*
dirty work allowance Schmutzzulage *f*
disable *v* unwirksam machen
disabled nicht einsatzfähig, nicht betriebsbereit
disabled facilities Einrichtungen *fpl* für Behinderte
disafforest *v* abholzen, entwalden *(Waldgelände für anderweitige Nutzung frei machen)*
disaggregate *v* zerfallen, zerbröckeln, mechanisch verwittern
disggregation Zerfall *m*, mechanische Verwitterung *f*
disappearing stair herunterklappbare Stufenleiter *f*
disassemble *v* abbauen, zerlegen, demontieren
disassembly Zerlegung *f*, Abbau *m*, Demontage *f*, Ausbau *m (von Bauteilen)*
disaster prevention Katastrophenverhütung *f*

disaster warning Katastrophenwarnung *f*
disaster flood Katastrophenhochwasser *n*
disbarked wood geschältes Holz *n*
disc *s.* disk
discard *v* entfernen, beseitigen, abziehen, aussondern
discard Rest *m*, Abfall *m*; Berge *fpl (Grubenabraum)*
discharge *v* 1. entleeren *(Gefäße)*; ablassen *(Flüssigkeiten, Gase)*; abfließen, ablaufen, ausströmen; 2. fördern *(Pumpe)*; 3. *(El)* sich entladen
discharge 1. Entleeren *n*; Ablassen *n*; Abfluss *m*, Ausfluss *m*, Auslaufen *n*, Ausströmen *n*; 2. Förderung *f (von Pumpen)*; 3. Durchflussmenge *f*, Fördermenge *f (von Pumpen)*; Abflussmenge *f*, 4. Vorfluter *m*, Abzugsgraben *m*; 5. *s.* discharge opening; 6. *(El)* Entladung *f*
discharge area Abflussfläche *f*
discharge capacity Abflussvermögen *n*, Abfluss *m*
discharge channel Abflussrinne *f*, Ablaufrinne *f*
discharge chute Abwurfschurre *f*
discharge curve Abflusskurve *f*
discharge coefficient Abflusskoeffizient *m*
discharge conduit Abflusskanal *m*, Abflussrohr *n*
discharge gate Entleerungsöffnung *f*
discharge gutter Ablaufrinne *f*, Abflussrinne *f*, Wasserrinne *f (Tiefbau)*
discharge head Förderhöhe *f (einer Pumpe)*
discharge hopper Entleerungstrichter *m*, Auslasssilo *n*
discharge hydrograph Abflussmengenkurve *f*
discharge lamp Entladungslampe *f*
discharge line Abflussleitung *f*, Entwässerungsleitung *f*
discharge of a well Brunnenergiebigkeit *f*
discharge of spring Quellergiebigkeit *f*
discharge opening Entleerungsöffnung *f*, Ablassöffnung *f*, Auslauf *m*; Abwurfsöffnung *f (z. B. eines Förderers)*
discharge pipe 1. Abflussrohr *n*; Abzugsrohr *n*; 2. *(San)* Abflussleitung *f*, Ableitung *f*
discharge pipeline Abflussleitung *f*
discharge point Abflussstelle *f*, Ablaufstelle *f*
discharge rate 1. Abflussmenge *f*, 2. Ausströmgeschwindigkeit *f*
discharge rating curve Abflussmengenkurve *f*
discharge shoot Abwurfschurre *f*
discharge sluice Entwässerungsschleuse *f*
discharge system Einleitungsanlage *f*
discharge valve Ablassventil *n*, Druckventil *n*
discharging arch Überfangbogen *m*, Entlastungsbogen *m (Mauerwerk)*
discharging vault Entlastungsgewölbe *n*
discoidal scheibenförmig
discoloration Verfärbung *f*, Farbveränderung *f*, Entfärbung *f*
discolour *v* verfärben; sich verfärben; entfärben; sich entfärben
discomfort glare grelles Licht *n*, Blendlicht *n*; psychologische Blendung *f*
disconformable ungleichförmig; widersinnig
disconformable contact *(Bod)* ungleichförmige Lagerung *f*, diskordante Lagerung *f*
disconformity *(Bod)* ungleichförmige Lagerung *f*, Diskordanz *f*
disconnect *v* 1. trennen; lösen; 2. *(El)* unterbrechen, trennen *(Kontakt)*; ausschalten
disconnectable 1. lösbar *(Verbindung)*; 2. *(El)* abschaltbar
disconnecting chamber Sammelschacht *m*
disconnector *(El)* Trennschalter *m*
discontinuity Unstetigkeitsfläche *f*, Diskontinuität *f*
discontinuity surface Unstetigkeitsfläche *f*
discontinuous beam Einzelbalken *m*, unterbrochener Träger *m*
discontinuous construction (method) lockerverbundene [schallunterbrochene] Bauweise *f*
discontinuous impost entgegengesetzt gewölbter Kämpferstein *m (im Gegensatz zum Bogen)*
discontinuously-graded aggregate diskontinuierlich abgestufte Mineralmasse *f*, ungleichmäßig aufgebautes Mineralgemisch *n*, unstetig abgestuftes Mineralgekörn *n*; Ausfallkörnung *f*
discontinuum theory Diskontinuumtheorie *f*
discordance 1. Abweichung *f*, 2. *(Bod)* Diskordanz *f*, ungleichförmige Lagerung *f*
discount *v* rechnerisch vernachlässigen, abziehen
discount Nachlass *m*, Rabatt *m*, Diskont *m*
discounted cash flow abgezinster Cashflow *m*, diskontierter Cashflow *m*
disengage *v* loslösen, (her)auslösen
dished ballig, konvex
dished plate Buckelblech *n*
dishwasher Geschirrspülmaschine *f*
dishwater Spülwasser *n*, Küchenabwasser *n*
disintegrable verwitterungsfähig
disintegrate *v* 1. zerfallen, zerbröckeln; verwittern; verflüssigen; 2. zerkleinern; vermahlen
desintegrated material Trümmergesteinsmaterial *n*
disintegration 1. Zerfall *m (von Beton)*; Auflösung *f*, Aufschluss *m*; 2. Zerkleinerung *f*, Mahlen *n*
disintegration of concrete Betonzersetzung *f*
disintegration product 1. Zerfallsprodukt *n*, Verwitterungsprodukt *n*; 2. Zerkleinerungsprodukt *n*
disinter *v* ausgraben *(Fundstücke)*
disjoint *v* zerlegen, trennen; zerfallen, auseinander fallen
disk Scheibe *f (Tragwerk)*; Platte *f*
disk action Scheibenwirkung *f*
disk anchor Telleranker *m (in Beton)*
disk bearing Scheibenlager *n*
disk frieze Scheibenfries *m*
disk meter Scheibenzähler *m*
disk sander Teller(schleif)maschine *f (für Holz)*
disk saw *s.* circular saw
dislocate *v* 1. verrücken, verschieben; versetzen, verlagern; 2. *(Bod)* verwerfen
dislocation 1. Verrückung *f*, Verschiebung *f*, Verlagerung *f*, Versatz *m*; 2. *(Bod)* Verwerfung *f*
dislocation of strata *(Bod)* Verwerfung *f*
dislodge *v* verrücken *(Bauwerk)*
dismantle *v* 1. demontieren, zerlegen, niederreißen *(z. B. Gebäude)*; 2. entformen, entschalen, die Schalung entfernen; 3. (aus)räumen *(Häuser)*
dismantling Demontage *f*
dismantling flange Überwurfflansch *m*
dismantling product Ausschalungsmittel *n*
dismember *v* verstückeln *(Grundstücke)*
dismount *v* demontieren, zerlegen; abmontieren
dismountable demontierbar
dismountable connection lösbare Verbindung *f*
dismountable joint lösbare Verbindung *f*
dismounting Demontage *f*
dispersal Zersiedelung *f*
dispersant *s.* dispersing agent
disperse *v* dispergieren, verteilen
dispersibility Dispergierbarkeit *f*
dispersion Dispersion *f*
dispersion hardening Dispersionshärtung *f (Anstrich)*
dispersion in quality Gütestreuung *f*
dispersion property Dispersionseigenschaft *f*
displace *v* verlagern, verschieben, verrücken
displacement 1. Verschiebung *f*, Verrückung *f (einer Lage)*; Verlegung *f*, 2. Fördermenge *f (Pumpe)*; Hubvolumen *n*
displacement-friction pile Mantelreibungspfahl *m*

displacement indicator Ablösungskennzeichen *n (Bindemittel-Mineral-Gemisch)*
displacement method Verrückungsverfahren, Steifigkeitsmatrizenverfahren *m*
displacement of bearings Stützensenkung *f*
displacement of coordinate axis Koodinatenachsverschiebung *f*
displacement of equilibrium Gleichgewichtsverschiebung *f*
displacement of stress Spannungsumlagerung *f*
displacement of support Auflagerverschiebung *f*; Stützensenkung *f*
displacement pile Rammpfahl *m*; Mantelreibungspfahl *m*
displacement pump Entwässerungspumpe *f*
displacement rupture Verschiebungsbruch *m*
displacement test Ablösungsprüfung *f*, Wasserlagerungsprüfung *f (bituminöse Gemische)*
displacer Zyklopenbetonstein *m*
display case Schaukasten *m*, Vitrine *f*
display house Ausstellungsbau *m*, Musterhaus *n*
display window Schaufenster *n*, Ladenfenster *n*
disposable house Wegwerfhaus *n*, Verschleißhaus *n*, Abwohnhaus *n*
disposal Beseitigung *f*, Entsorgung *f*, Abfallbeseitigung *f*, Abtransport *m*; Verfügungsgewalt *f*; Anordnung *f*
disposal chute Abwurfschacht *m*, Entsorgungsschacht *m*
disposal field Rieselfeld *n*; Berieselungsgebiet *n*
disposal line Entsorgungsleitung *f*
disposal of refuse Abfallbeseitigung *f*, Müllbeseitigung *f*
disposal plant Entsorgungsanlage *f*, Abfallbeseitigungsanlage *f*
disposal route Entsorgungsweg *m*
disposal well Entsorgungsschacht *m*; Versenkungsbrunnen *m*
disposal zone Endlager *n*, Endlagerungsstätte *f*
dispose *v* anordnen, aufstellen; verteilen
dispose *v* **of** beseitigen; entsorgen *(Abfälle)*
dispose-all *(AE)* Müllschlucker *m*, Abfallschacht *m*
disposer Abwurfschacht *m*
disposition Anordnung *f*, Aufstellung *f*, Verfügung *f*, Neigung *f*
disposition of a building Gebäudeeinteilung *f*
disposition of nonconformity Behandlung *f* fehlerhafter Einheiten
disrepair Verfall *m*; Baufälligkeit *f* • **be in (a state of) disrepair** in baufälligem Zustand sein
disrupt *v* auseinander brechen, zerbrechen; sprengen, zertrümmern; zerreißen, auseinander reißen
disrupted zerbrochen, zertrümmert; zerrissen
disruption Bruch *m*, Riss *m*; Zerbrechung *f*, Zerreißung *f*, Spaltung *f*, Aufreißen *n*
dissected zerschnitten, gegliedert
dissected topography zerschnittenes [bewegtes] Gelände *n*
disseminated eingesprengt *(Gesteinsmineralien)*
dissipate *v* zerstreuen, auflösen
dissipated energy aufgezehrte Energie *f*
dissipation of the hydration heat Abklingen *n* der Abbindewärme
dissociation degree Dissoziationsgrad *m (Lösungen)*
dissolve *v* aufschließen, verflüssigen; auflösen
dissolved matter gelöste Stoffe *mpl*
dissolving Aufschließen *n*, Verflüssigen *n*; Auflösen *n*
dissolution Auflösung *f*, Lösen *n*, Lösung *f*, Inlösunggehen *n*
dissymmetry Asymmetrie *f*
distance 1. Entfernung *f*, Strecke *f*, Wegstrecke *f*, 2. Abstand *m*; Weite *f*
distance between buildings Bauwich *m*, seitlicher Grenzabstand *m*
distance between girders Trägerabstand *m*
distance between rivets Nietabstand *m*
distance measurement Abstandsmessung *f*, Streckenmessung *f*
distance piece Abstand(s)halter *m*, Einsatzstück *n*; Entfernungsrahmen *m*
distance separation Brandmauerabtrennung *f*, Teilung *f* durch Brandmauern oder Brandschutzeinrichtungen *(gereihte Gebäude)*
distant water supply *s.* long-distance water supply
distegia *(Arch)* oberes Bühnengeschoss *n (griechisches Theater)*
distemper *v* mit Leimfarbe streichen; tünchen
distemper 1. Leimfarbe *f*, Anstrichfarbe *f*, Farbe *f (für Wände, Decken)*; 2. Temperamalerei *f*
distemper brush Malerbürste *f*
distempering Leimfarbenanstrich *m*
distensibility Dehnbarkeit *f*
distensible dehnbar
distension Streckung *f*, Dehnung *f*, Ausdehnung *f*
distension of the foundation Verbreiterung *f* des Fundaments [Unterbaus]
distichous zweireihig angeordnet
distilled tar destillierter Teer *m*
distinguishing mark Kennzeichen *n*
distort *v* verdrehen, verbiegen; sich verwerfen
distorted verworfen, verformt; verzerrt
distortion 1. Verformung *f*, Deformation *f*, Verwerfung *f (mechanisch)*; Verbiegung *f*, Verkrümmung *f*, 2. Verzerrung *f (elektrisch, akustisch)*
distortion strength Verformungsfestigkeit *f*
distortional deformation Schubverformung *f*
distress Schaden *m*; Gefahr *f*
distress identification Schadensbeschreibung *f*
distress type Schadensart *f*
distribute *v* 1. verteilen; 2. auftragen, aufbringen *(Farbe)*
distributed load *(Stat)* verteilte Last *f*, Streckenlast *f*, Flächenlast *f*
distributed moment Verschiebungsmoment *n*
distributing board *s.* distribution board
distributing conduit *(El)* Verteilungsleitung *f*
distributing storey Verteilergeschoss *n*, Verteilerstockwerk *n*
distribution Verteilung *f*
distribution bar Verteilerstab *m*
distribution-bar reinforcement Verteilereisen *npl*, Querbewehrung *f*
distribution board *(El)* Verteilertafel *f*
distribution box 1. *(El)* Verteilerkasten *m*; 2. Schmutzwasserverteiltank *m (in Sickerleitungen)*
distribution coefficient Verteilungskoeffizient *m*
distribution curve Verteilungskurve *f*
distribution cut-out *(El)* Verteilungsausschalter *m*
distribution duct Verteilungskanal *m*
distribution factor Verteilungsfaktor *m*, Verteilungszahl *f (Momentenausgleich)*
distribution fuse board Verteilersicherungstafel *f*
distribution line 1. Lochrohrlinie *f*, 2. *(El)* Verteilungsleitung *f*
distribution network Verteilungsnetzwerk *n*
distribution of bending Biegeverteilung *f*
distribution of contact pressure *(Erdb)* Sohldruckverteilung *f*
distribution of forces Kraftverteilung *f*
distribution of gas Gasverteilung *f*
distribution of heat Wärmeverteilung *f*
distribution of load Lastverteilung *f*, Gewichtsverteilung *f*
distribution of particle size Korngrößenverteilung *f (Sieblinien)*

distribution of pores Porenverteilung *f*
distribution of pressure Druckverteilung *f*
distribution of slip Schlupfverteilung *f*
distribution panel *(El)* Verteilertafel *f*
distribution pattern Verteilungsfigur *f*
distribution plate Schleppplatte *f (Brücke)*
distribution reinforcement Querbewehrung *f*; Verteilereisen *npl*
distribution rod Verteilerstab *m (Bewehrung)*
distribution steel *s.* distribution-bar reinforcement
distribution switchboard *(El)* Verteilungs(schalt)tafel *f*
distribution system Verteilungsnetz *n*, Verteilernetz *n (Versorgungsanlagen)*
distribution tile 1. *(AE)* gelochtes Tonrohr *n*; 2. Sickerleitung *f*
distributor Großhändler *m*
distributor road Verteilerstraße *f*
district Gebiet *n*; Bezirk *m*, Verwaltungsbezirk *m*
district heat supply Fernwärmeversorgung *f*
district heating Fernheizung *f*
district heating line Fernheizleitung *f*
district heating plant Fernheizwerk *n*
district road Landstraße *f*, Kreisstraße *f*
district water supply Großraumwasserversorgung *f*, Gebietswasserversorgung *f*
disturb *v* stören
disturbance Störung *f*; Dislokation *f*
disturbance of the setting process Störung *f* des Abbindeprozesses, Abbindestörung *f*
disturbed gestört; verworfen
disturbed sample *(Bod)* gestörte Probe *f*, gestörte Bodenprobe *f*
disturbing function Störungsfunktion *f*
disuse *v* auflassen, nicht mehr benutzen; stilllegen
disuse Nichtgebrauch *m*, Nichtverwendung *f*
distyle *(Arch)* distyl, zweisäulig *(antiker Tempelbau)*
ditch *v* einen Graben ausheben [ziehen]
ditch 1. Graben *m*; Straßengraben *m*; 2. Abflussgraben *m*; Wasserhaltungsgraben *m*; 3. Wassergraben *m*
ditch at top of slope oberer Abfanggraben *m*
ditch cleaner Grabenräumer *m*
ditch cleaning out Grabenreinigung *f*
ditch digger Grabenbagger *m*; Tieflöffelbagger *m*
ditch for canalization Kanalisationsgraben *m*
ditch for conduits Leitungsgraben *m*
ditch of a berm Böschungsgraben *m*
ditch of a road Straßengraben *m*
ditch refilling Baugrubenverfüllung *f*
ditcher Grabenziehmaschine *f*, Grabenbagger *m*; Tieflöffelbagger *m*
ditching Grabenaushub *m*
ditching machine *s.* ditcher
ditetragonal ditetragonal
ditriglyph *(Arch)* Ditriglyph *m (Teilfläche aus 2 Triglyphen am Fries dorischer Tempel)*
ditrigonal ditrigonal
divan 1. Rauchzimmer *n (historisch)*; 2. islamischer Gerichtsraum *m*
divarication Gabelung *f*
divergence of style stilistische Divergenz *f*
divergency Abweichung *f*
diversion Umleitung *f (von Verkehr, von Wasser)*
diversion canal *(Wsb)* Umgehungskanal *m*, Umleitungskanal *m*
diversion channel *(Wsb)* Umgehungskanal *m*, Umleitungskanal *m*
diversion of traffic Verkehrsumleitung *f*
diversion road Umgehungsstraße *f*
diversion tunnel *(Wsb)* Umleit(ungs)stollen *m (Talsperre)*
diversion weir *(Wsb)* Überfallbauwerk *n*; Überleitungswehr *n*
divert *v* 1. umleiten *(Verkehr, Wasser)*; 2. ableiten; ablenken
diverted line *s.* diverted track
diverted route *(Verk)* Umleitung(sstrecke) *f (Straße)*
diverted time bezahlte Ausfallzeit *f*
diverted track *(Verk)* abzweigendes Gleis *n*
divide *v* (auf)teilen; zerstückeln
divide *v* **into lots** parzellieren
divide *(AE)* Wasserscheide *f*
divided light door französische Tür *f*, mehrfach geteilte Glastür *f*
divided tenon Doppelspannglied *n*
divider 1. Schottenwand *f*; 2. *s.* dividers
divider strip Terrazzotrennschiene *f*
dividers Stechzirkel *m*, Spitzzirkel *m*, Teilzirkel *m*
dividing dike Trenndamm *m*
dividing line Trennlinie *f*
dividing of the courses Schichtverteilung *f (Mauerwerk)*
dividing strip Trennstreifen *m (Straße)*
dividing wall Trennwand *f*
diving bell Taucherglocke *f*, Senkkasten *m*
divining rod Wünschelrute *f*
division 1. Teilung *f*, Verteilung *f*, Aufteilung *f*, Abteilung *f*; 2. Trennung *f*; Grenze *f*, Grenzlinie *f*; 3. Teilstrich *m*, Strich *m (einer Skale)*
division element Raumteiler *m*
division line 1. Trennlinie *f*; 2. Skalen(teil)strich *m*, Teilstrich *m*
division masonry wall durchlaufende Brandmauer *f*
division of the limb Teil *m* des Kreisbogens
division wall Trennwand *f*, Zwischenwand *f*, Scheidewand *f*; Brandmauer *f*, Brandschott *n*
divorced (ab)getrennt
divorced from reality stilisiert
do-it-yourself house Selbstbauhaus *n*
do-it-yourself kit Heimwerkerausrüstung *f*
do-it-yourselfer Heimwerker *m*; Bastler *m*
doat *s.* dote
dobie rohgeformter Stein *m*, Handformstein *m*
dock 1. Dock *n*; 2. Ladeplattform *f*
docks Hafenanlagen *fpl*
dockyard Schiffswerft *f*
document deposit Geldhinterlegung *f* für Projektunterlagen
documents for setting the accounts Abrechnungsunterlagen *fpl*
dodecastyle *(Arch)* zwölfsäulig
dodecastyle *(Arch)* Dodekastylos *m*
dog *v* (mit einer Klammer) befestigen
dog 1. Klammer *f (U-förmig, für Balken)*; Bauklammer *f*; 2. *(Hb)* Klaue *f*, Kloben *m*; Knagge *f*, Sperrklinke *f*
dog bars untere vertikale Torschiene *fpl*
dog-ear Faltohr *n*, Faltecke *f*
dog iron Bauklammer *f*
dog-leg chisel *(Hb)* Geißfuß *m (Handwerkzeug)*
dog-leg(ged) staircase gegenläufige Treppe *f*, Treppe *f* mit vollem Richtungswechsel
dog nail Schlossnagel *m*, Schlossdorn *m*, Wellennagel *m*
dog spike Schienennagel *m*
dog-stays Brückenträger *m*
dog-tooth course Diagonalschicht *f* mit herausstehenden Ziegelecken
Doges' Palace Dogenpalast *m*
dogging of a floor Einbinden *n* des Fußbodens
dogleg stairs gegenläufige Treppe *f*
dol *(sl)* Tal *n*
dolerite Dolerit *m*
doleritic texture doleritische Struktur *f*

doling-out of water *(Bod)* Wasserabgabe *f (Erdstoff)*
dolly *v* gegenhalten, vorhalten *(beim Nieten)*
dolly 1. Gegenhalter *m (beim Nieten)*; 2. Pfahlaufsatz *m*, Aufsatz *m (ein Hartholzblock zum Schutz der Rammhaube)*; Pochstempel *m*; 3. *(Erdb)* Grundhalter *m*
dolmen *(Arch)* Steinhügelgrab *n*, Dolmengrab *n*, Megalithgrab *n*
dolomite Dolomit *m*, Dolomitgestein *n*
dolomite brick Dolomitziegel *m*
dolomite marble Dolomitmarmor *m*
dolomite plant Dolomitwerk *n*
dolomite refractory Dolomiterzeugnis *n*
dolomitic cement Dolomitzement *m*
dolomitic hydrate Dolomitkalkhydrat *n*
dolomitic lime Dolomitkalk *m*, Mg-Branntkalk *m*, Graukalk *m*
dolomitic limestone dolomitischer Kalkstein *m*, Dolomitkalkstein *m*
dolomitic marl Dolomitmergel *m*
dolomitic sand Dolomitsand *m*
dolostone *s.* dolomitic limestone
dolphin Dalbe *f*, Dalben *m*, Poller *m*
dolphin pile Dalbenpfahl *m*
domain Landbesitz *m*; Ländereien *pl*
domain of definition Definitionsbereich *m*
domal domartig *(geologisch)*
dome *v* überkuppeln; überwölben
dome Kuppel *f*, Kuppeldach *n*
dome dam Kuppelmauer *f*
dome impost Kuppelkämpfer *m*
dome light Licht(einfalls)kuppel *f*
dome of rotational symmetry Rotationskuppel *f*, Drehkuppel *f (rotationssymmetrisch)*
dome on drum *(Arch)* Tambourkuppel *f*
dome ring Kuppelring *m*
dome roof Kuppeldach *n*
dome-shaped kuppelförmig, kuppelartig
dome-shaped form Kuppelform *f*
dome-shaped roof Kuppeldach *n*
dome-shaped shell Kuppelschale *f*
dome steam pipe Dampfsammelrohr *n*
dome surface Kuppeloberfläche *f*
dome vault Kuppelgewölbe *n*
dome vertex Kuppelscheitelpunkt *m*
domed 1. gewölbt, kuppelförmig; 2. mit einer Kuppel versehen
domed basilica Kuppelbasilika *f*
domed chapel Kuppelkapelle *f*
domed church Kuppelkirche *f*
domed diminutive tower Kuppeltürmchen *n*
domed roof Kuppeldach *n*
domed roof-light Lichtkuppel *f*
domed structure Kuppelbauwerk *n*
domelight Oberlichtkuppel *f*
domelike domartig
domelike shell Kappenschale *f*
domestic häuslich; einheimisch, inländisch
domestic appliance Haushaltgerät *n*
domestic architecture Wohnhausbau *m*
domestic construction Wohnungsbau *m*
domestic consumption Hausverbrauch *m*
domestic electricity meter Hauszähler *m*
domestic engineering Haustechnik *f*, Installationstechnik *f*
domestic fire häusliche Feuerstätte *f*
domestic garden Hausgarten *m*
domestic heating system Heizungsanlage *f*
domestic hot-water heater Haushaltsheißwasserbereiter *m*
domestic installation 1. Haus(halt)installation *f*; 2. technische Hausausrüstung *f*, installierte Anlagen *fpl*
domestic installations technische Hausausstattung *f*, installierte Anlagen *fpl*
domestic marble inländischer Marmor *m*, einheimischer Marmor *m*
domestic meter Hauszähler *m*
domestic noise Wohnlärm *m*
domestic quarter Wohnviertel *n*
domestic refuse Haus(halt)müll *m*
domestic service facilities haustechnische Anlagen *fpl*
domestic sewage Haushaltabwasser *n*, häusliche Abwässer *npl*
domestic terminal building Inlandsabfertigungsgebäude *n (Flugplatz)*
domestic timber einheimisches Nutzholz *n*
domestic traffic Binnenverkehr *m*
domestic waste-water *s.* domestic sewage
domestic wastes Hausmüll *m*, Hausabfälle *mpl*
domestic water supply plant Trinkwasserwerk *n*
domestic wood einheimisches Holz *n*
domical kuppelförmig, kuppelartig
domical groin kugelförmige Stichkappe *f*
domical mound Stupa *m*, Tope *f*
domical roof Kuppeltragwerk *n*, Kuppeldach *n*
domical vault Kuppelgewölbe *n*, Quadratspitzgewölbe *n*
domicile Wohnsitz *m*
dominant estate Gestattungsrecht *n (z. B. Wegerecht auf einem Privatgrundstück)*
doming Wölbung *f (Kuppel)*
Dominican architecture Dominikanerarchitektur *f*
Dominican monastery Dominikanerkloster *n*
domus *(Arch)* römisches Privathaus *n*
done by eye *(sl)* nach Augenmaß
donjon *(Arch)* Donjon *m*, Bergfried *m*, Wehrturm *m (Burg)*
door Tür *f (Wohnung, Haus)*; Tor *n*, Pforte *f*
door accessories Türzubehör *n*
door bevel Türanschlagschräge *f*
door bolt Türriegel *m*
door buck Wandhalterahmen *m* für eine Tür; Türhilfsrahmen *m*, Türzarge *f*
door bumper Türpuffer *m*
door buzzer Türöffner *m*
door-case Gewände *n*
door casing Türrahmen *m*, Türzarge *f*, Türfutter *n*
door catch Klinke *f*, Sperrklinke *f*, Klaue *f*, Schnappschloss *n*
door check selbsttätiger [automatischer] Türschließer *m*; Hemmvorrichtung *f (für eine Tür)*
door cheeks Türpfosten *m*
door class Feuerschutzklasse *f* einer Tür
door clearance Türfreiheit *f (zwischen Fußboden und Türblatt)*
door closer Türschließer *m*
door closing device Türschließanlage *f*
door contact elektrischer Türschließer *m*
door coordinator Türschließregler *m (bei doppelten zweiflügeligen Türen)*
door edge moulding Türrandgestaltung *f*
door edge plate Türkantenschoner *m*
door equipment Türzubehör *n*
door end channel Türendenverstärker *m*
door finishing Türverzierung *f*
door fittings Türbeschläge *mpl*
door frame Türrahmen *m*, Türzarge *f*, Türfutter *n*
door frame anchor Türrahmenhalteeisen *n*, Türrahmenhalter *m*, Bankeisen *n*
door framework *s.* door frame
door furniture Türbeschläge *mpl*
door gasket Türdichtung *f*
door grille Türgrill *m (einer Türöffnung)*

door guide Türführung *f*
door handle Türgriff *m*, Türklinke *f*
door hanging Türhänger *m*
door hardware Türbeschläge *mpl*
door head Türoberteil *n*
door hinge Türscharnier *n*, Türband *n*, Türangel *f*
door holder Tür(offen)halter *m*
door hood Türschutzdach *n*
door indicator button Türsignalknopf *m (Hotel)*
door installation Türanlage *f*
door intercom(munication) system Türsprechanlage *f*, Wechselsprechanlage *f*
door jamb Türpfosten *m*, Pfosten *m*
door jamb trimmings Türbogenverzierung *f*
door knob Tür(dreh)knopf *m*
door knocker Türklopfer *m*, Klopfer *m*
door knuckle Türhaspe *f*
door latch Türklinke *f*, Türdrücker *m*; Türverriegelung *f*
door leaf Türflügel *m*, Türblatt *n*
door lifter Türabheber *m*
door lining Türfutter *n*; Türbekleidung *f*, Türverkleidung *f*
door lintel Türsturz *m*
door lock Türschloss *n*, Schloss *n*
door lock pillar Türschlosssäule *f*
door mullion Türmittelpfosten *m*
door mute eingelassener Türgummi(schall)dämpfer *m*
door niche arch Türnischenbogen *m*
door opening lichte Türöffnung *f*
door operator Türöffnungsanlage *f*
door pan Türbandvertiefung *f*
door panel Türfüllung *f*, Türverkleidung *f*
door pier Torpfeiler *m*
door pocket Schiebetüraufnahmeöffnung *f*, Türschlitz *m*
door post *s.* doorpost
door pull Türgriff *m*
door pull hardware Türöffnerbeschläge *mpl*
door rail 1. Türriegel *m*, Riegel *m*; 2. *s.* doorsill
door rebate Türfalz *m*
door reveal Türleibung *f*
door roller Schiebetürrad *n*
door runner rail Türlaufschiene *f*, Laufschiene *f (für eine Schiebetür)*
door saddle Türschwelle *f*, Schwelle *f*, Grundschwelle *f*, Schwellholz *n*, Sohlbank *f*, Unterzug *m*
door schedule Türspezifikationsliste *f*
door security screen Türschutzgitter *n*
door shape Türprofil *n*
door skin Türbeplankung *f*, Türhaut *f*
door spring Türfeder *f*
door stop Türanschlag *m*, Türpuffer *m*, Hemmvorrichtung *f*
door strip 1. Türöffnerbegrenzer *m*, Türanschlag *m*; 2. *s.* door saddle
door stud *s.* doorpost
door sweep Bürstendrehstreifen *m (Drehtür)*
door swing Türaufschlag *m*
door switch Türschalter *m*
door system Türanlage *f*
door track Torschiene *f (obere)*
door tree *s.* doorpost
door trim 1. Türblendrahmen *m*, Türzierrahmen *m*; Türprofil *n*; 2. Türbeschläge *mpl*
door unit Türelement *n*, komplette Tür *f (mit Rahmen)*
door viewer Spion *m*, Türguckloch *n*
door weather strip Türdichtungsstreifen *m*
door window Türfenster *n*
door with two leaves Flügeltür *f*
doorframe *s.* door frame
doormat Fußabtreter *m*
doornail 1. Türziernagel *m*; 2. Türklopferaufschlag *m*
doorplate Tür(namens)schild *n*
doorpost Pfosten *m*, Türpfosten *m*
doorsill Tür(anschlag)schwelle *f*, Grundschwelle *f*
doorstone Schwellenstein *m*, Türschwellenstufe *f*
doorway Türöffnung *f*, Toreinfahrt *f*, Torweg *m*
dope *v* mit Zusätzen versehen *(z. B. Mörtel)*; Additive zugeben *(z. B. zu bituminösen Bindemitteln, Farben)*
dope 1. Additiv *n*, Zusatzstoff *m*; 2. Abbindeverzögerer *m (Zement)*; 3. Klebelack *m*
doped gedopt
doped binder gedoptes Bindemittel *n*
doping of binders Haftmittelzusatz *m*; Haftfestigkeitsverbesserung *f*
Doric dorisch
Doric capital dorisches Kapitell *n*
Doric-columned mit dorischen Säulen
Doric cyma dorische Blattwelle *f*
Doric frieze dorischer Fries *m*
Doric order dorische Ordnung *f* [Säulenordnung *f*]
Doric style dorischer Stil *m*
dorm *s.* dormitory
dormant starker Unterzugträger *m*
dormant lock versenktes Schloss *n*
dormant tree starker Unterzugträger *m*
dormer 1. Gaupe *f*, Gaube *f*, Gaupenfenster *n*; Zwerchhaus *n (Dachhäuschen)*; 2. Unterzug *m*, Lagerschwelle *f*
dormer cheek Wange *f* einer Dachgaupe
dormer rafter Reitersparren *m*
dormer roof Gaupendach *n*
dormer ventilator Lüftergaupe *f*
dormer window Gaupenfenster *n*, Gaupe *f*
dormitory 1. Schlafsaal *m*; 2. Studentenwohnheim *n*
dormitory block Schlaftrakt *m*
dormitory house Bettenhaus *n*
dormitory suburb [town] Schlafstadt *f*
dorse Kragdach *n (Vordach)*
dosage Dosierung *f*, Zumessung *f*
dose *v* dosieren, zumessen, zuteilen
dosing and mixing system Mess- und Mischeinrichtung *f*
dosing device Dosiervorrichtung *f*
dosing plant Dosieranlage *f*
dosing tank 1. Dosierbehälter *m*; 2. Abwassersammeltank *m*
dosseret *(Arch)* Pulvinus *m*, Superkapitell *n*
dot *v* punktieren
dot Punkt *m*; Fleck *m (punktartig)*
dot and dash line Strichpunktlinie *f*, strichpunktierte Linie *f*
dote Holzfäule *f*, Fäulnis *f*
dotted line punktierte Linie *f*
doty verfault *(Holz)*
double zweifach
double-acting door Pendeltür *f*, Durchschlagtür *f*, Schwingtür *f* in zwei Richtungen
double-acting frame Schwingtürrahmen *m*
double-acting hammer Oberdruckhammer *m*, Rammhammer *m (für Rammpfähle)*
double-acting hinge Schwingtürscharnier *n*
double angle Doppelwinkeleisen *n*, Doppel-L-Schiene *f*
double angle section Doppelwinkelprofil *n*
double-arched dam *(Wsb)* Doppelbogenmauer *f*
double-articulated arch Zweigelenkbogen *m*
double-articulated frame Zweigelenkbogenrahmen *m*
double articulation arch Zweigelenkbogen *m*
double-axis symmetry doppelachsige Symmetrie *f*
double-back *s.* double-up
double bearing Doppellager *n*
double-bend *v* kröpfen *(Stäbe)*
double bend 1. *(Verk)* Serpentine *f*, 2. *s.* double-bend fitting
double-bend fitting S-Stück *n (einer Rohrleitung)*

double-bevel butt weld K-Naht *f (Schweißen)*
double-biased doppelt vorgespannt *(Spannbeton)*
double bottom Doppelboden *m*
double-box girder Doppelkastenträger *m*
double bracing doppeltes Netzwerk *n (Träger)*
double brick Doppelziegel *m*
double bridging zweifache Querverstrebung *f*
double-broken chippings doppelt gebrochener Splitt *m*
double-cage reinforcement Bewehrungsdoppelkorb *m*
double channel section Doppel-V-Profil *n*
double coat Doppelschicht *f (Farb- und Putzschicht)*
double column Doppelsäule *f*, Doppelstütze *f*
double-corner block Betonblockstein *m* mit zwei Sichtflächen
double course Doppellage *f (z. B. von Schindeln)*; zweifache Verkleidung *f*
double coverage Doppeldeckung *f (Dach)*
double-covered butt joint zweischnittiger Laschenstoß *m*
double cross vault(ing) doppeltes Kreuzgewölbe *n*
double-deck bridge zweistöckige Brücke *f*, Doppelstockbrücke *f*, Etagenbrücke *f*
double deformation doppelte Formänderung *f*
double dome Doppelkuppel *f*
double door Doppeltür *f*
double-doored doppeltürig
double dwelling *(AE)* Zweispännerwohnung *f*
double dwelling house Doppelhaus *n*
double eaves course *s.* double course
double-faced doppelseitig, zweiseitig
double false ceiling doppelte Zwischendecke *f*
double fillet weld Doppelkehlnaht *f (Schweißen)*
double Flemish bond gotischer Verband *m (Ziegelmauerwerk)*
double-flight staircase [stairs] zweiläufige [doppelläufige] Treppe *f*
double floor Doppelfußboden *m*
double format pavior *(AE)* Großpflasterklinker *m*, Pflasterklinker *m (Straßenbau)*
double frame Doppelrahmen *m*
double-framed floor Doppelrahmenfußboden *m*, Fußboden *m* auf Doppel(kreuz)rahmen
double-framed wall doppelte Fachwerkwand *f*
double framing Doppelrahm(en)werk *n*
double girder Zwillingsträger *m*
double-glazed casement [window] Verbundfenster *n*
double glazing Doppelverglasung *f*, doppelte Verglasung *f*
double gutter tile doppelter Falzziegel *m*
double-halved joint Kreuzzapfen *m*
double header doppelter Bindersparren *m*
double-hinged arched frame Zweigelenkbogenrahmen *m*
double house Doppelhaus *n*
double-hung sash window Doppelschiebefenster *n*
double-hung window Doppelfenster *n*
double incline *(Verk)* Ablaufberg *m*
double-inclined skylight Satteloberlicht *n*
double interlocking doppelte Verfalzung *f*
double jack rafter Doppelschifter *m*
double-joisted floor Doppelfußboden *m*
double junction plate doppeltes Anschlussblech *n*
double ladder Bockleiter *f*
double-laned roadway zweispurige Fahrbahn *f*
double lath doppeltstarke Latte *f*
double-layer doppelschichtig, zweischichtig
double layer Doppelschicht *f*
double-leaf door Zweiflügeltür *f*
double lean-to roof V-Dach *n*
double-lock seam Verfalzung *f*
double-lock welt liegender Doppelfalz *m*
double offset doppelte Rohrverwindung *f*
double partition Hohlmauertrennwand *f*, zweischalige Trennwand *f*; Schallschutzwand *f*
double piece Trauflatte *f*
double-pitched mit Gefälle in zwei Richtungen *(mit zwei Dachstulpen)*
double-pitched roof abgewalmtes Mansardendach *n*
double plank wall doppelte Bohlenwand *f*
double-pointed drifting pick Spitzhacke *f*
double pole Kuppelstange *f*
double-pole switch *(El)* Schalter *m* für zwei Kreise; zweipoliger Schalter *m*
double pour (coat) doppelter Bitumendachanstrich *m*
double rabbet Doppelfalz *m*; doppelter Anschlag *m*
double-raised panel erhabene Tafel *f*, mittig erhöhtes Tafelelement *n*
double-reinforced doppelt bewehrt
double rib Doppelrippe *f*
double-riveted doppelreihig genietet
double Roman Doppelfalzziegel *m*
double roofing Doppeldeckung *f (Dach)*
double room Doppelzimmer *n*, Doppelbettzimmer *n*
double sampling inspection Doppel-Stichprobenprüfung *f*
double-sash zweiflügelig *(Fenster)*
double-shear zweischnittig *(Verbindung)*
double shell Doppelschale *f*
double-side shuttering doppelseitige Schalung *f (im Erdreich)*
double-sided doppelseitig, zweiseitig
double-sized brick Doppelformatziegel *m*
double-span *(Arch)* zweischiffig
double-squirrel cage Doppelnut *f (Dachklempnerarbeiten)*
double stairs Doppeltreppe *f*
double-strut trussed beam umgekehrtes zweisäuliges Hängewerk *n*
double-sunk doppelt versenkt
double surface treatment doppelte Oberflächenbehandlung *f*
double-swing door *s.* double-acting door
double-T-beam Doppel-T-Träger *m*, I-Träger *m*
double-T joint Doppel-T-Stoß *m (Schweißen)*
double tenons doppelte Zapfen *mpl*
double test Faltversuch *m*, Faltprüfung *f*
double-throw bolt zweistufiger Schließbolzen *m*
double-throw switch *(El)* Umschalter *m*, Wechselschalter *m*
double-tier partition zweigeschossige Trennwand *f*
double towered doppeltürmig, zweitürmig
double-track *(Verk)* zweigleisig
double trimmer Doppelstreichbalken *m*
double truss doppeltes Sprengwerk *n*
double-turn lock zweitouriges Schloss *n*
double-twin-box girder Doppelkastenträger *m*
double-up doppelte Grundputzmethode *f*, zweischichtige Unterputzmethode *f*
double vault Doppelgewölbe *n*
double wall Doppelwand *f*
double-walled doppelwandig; hohlwandig
double-webbed zweistegig, doppelstetig
double-webbed plate girder Zweistegblechträger *m*, Doppelstegblechträger *m*
double window Doppelfenster *n*; Vorfenster *n*
double-wing door zweiflügelige Tür *f*
double-winged building zweiflügeliges Gebäude *n*
doubled-up door aufgedoppelte Tür *f*
doublet Doppelstück *n*; Dublette *f*; Doppellinie *f*

doubling course *s.* double course
doubling piece Trauflatte *f*
doubling test Faltversuch *m*, Faltprüfung *f (Stahl)*
doubly curved doppelt gekrümmt
doubly prestressed concrete kreuzweise vorgespannter Beton *m*
doubly reinforced doppeltbewehrt
doubly reinforced concrete 1. kreuzweise bewehrter Beton *m*; 2. Beton *m* mit Zug- und Druckbewehrung
doughnut Betonring *m*, Betonmanschette *f*
Douglas fir Douglastanne *f*
dovecot Taubenhaus *n*
dovetail *v (Hb)* (ver)zinken, (ein)schwalben
dovetail *(Hb)* Schwalbenschwanz *m*; Schwalbenschwanzzinkung *f*, Zinke *f*, Zinkung *f*
dovetail groove Schwalbenschwanznut *f*
dovetail halving Schwalbenschwanzblatt *n*
dovetail joint *(Hb)* Schwalbenschwanzverbindung *f*, Schwalbenschwanzzinkung *f*, Verzinkung *f*, Zinkenverbindung *f*
dovetail lath Schwalbenschwanznutlatte *f*
dovetail plane Federhobel *m*; Grathobel *m*
dovetail saw Zinkensäge *f*
dovetail sheeting Schwalbenschwanznutlatte *f*
dovetail vaulting *(Hb)* Einwölbung *f* auf Schwalbenschwanz
dovetailed *(Hb)* mit Schwalbenschwanzzinkung; schwalbenschwanzförmig
dovetailed beam verdübelter Balken *m* mit Schwalbenschwanz
dovetailed board gezinktes Brett *n*
dovetailed joint Schwalbenschwanzverbindung *f*
dovetailed merlon Kerbzinne *f*, Schwalbenschwanzzinne *f*
dovetailing *s.* dovetail joint
dowel *v* 1. (ver)dübeln; 2. mit Zapfen versehen; 3. verstiften
dowel 1. *(Hb)* Dübel *m*, Dollen *m*, Dolle *f*, Bolzen *m*; 2. Passstift *m*
dowel-bar reinforcement Dübelverankerungseisen *npl*
dowel bit Dübelbohrer *m*
dowel connection Dübelverbindung *f*
dowel driver Dübeleinpresser *m*
dowel hole *(Hb)* Dübelloch *n*
dowel joint *(Hb)* Dübelverbindung *f*, Verdübelung *f*
dowel lubricant Dübel(anker)schmiermittel *n*
dowel pin 1. *(Hb)* Zapfen *m*; 2. Passstift *m*
dowelled 1. *(Hb)* gedübelt; 2. verstiftet
dowelled beam Dübelbalken *m*, verdübelter Balken *m* [Träger *m*]
dowelled connection Stabdübelverbindung *f*
dowelled timber beam Dübelbalken *m*, Dübelbaum *m*
dowelling Verdübeln *n*
down hinab, abwärts
down draught fallende Luftströmung *f*, Fallluft *f*
down lead *(El)* Herabführung *f (eines Kabels)*; Antennenableitung *f*
downdip bergab
downdraught Fallluft *f*, fallende Luftsäule *f (z. B. in Schornsteinen)*
downflow heater Ventilatorheizung *f*
downgrade *v* abstufen, abwerten
downgrade bergab
downgrade Gefällestrecke *f*, Gefälle *n*
downhill bergab
downhill slope Abhang *m*
downlighter Spotlicht *n*
downpipe Regenfallrohr *n*, Fallrohr *n (Ableitung vom Dach)*
downpipe connection Fallrohranschluss *m*
downriver flussabwärts
downs (grasbedecktes) Hügelland *n*
downslide level *(Bod)* Abgleitfläche *f (Böschung)*
downspout *(AE)* s downpipe
downstand beam [girder] Unterzug *m*
downstream stromabwärts, flussabwärts; in Richtung der Strömung
downstream batter *(Wsb)* luftseitiger Anzug *m* [Anlauf *m*]
downstream cofferdam *(Wsb)* unterer Fangdamm *m*
downstream face *(Wsb)* Luftseite *f (einer Talsperre)*
downtime Stillstandszeit *f (Maschinen)*; Ausfallzeit *f*
downtown Stadtzentrum *n*, Innenstadt *f*
downward deflection Durchbiegung *f*, Durchsenken *n*
downwind mit dem Wind, windabwärts, dem Wind abgekehrt
dowser Wünschelrutengänger *m*
dowsing rod Wünschelrute *f*
doze *v* planieren, räumen *(mittels Planierraupe)*
doze *s.* dote
dozer Planierraupe *f*, Fronträumer *m*; Planierschild *m*
dozer blade Planierschild *m*
draft *v (AE)* zeichnen; entwerfen, einen Entwurf fertigen
draft *(AE)* 1. Zeichnung *f*, Entwurfszeichnung *f*, Skizze *f*, Riss *m*; Plan *m*; Entwurf; Fassung; Konzept; 2. *s.* draught
draft bead *(AE)* Fensterabdichtstreifen *m*, Dichtungslippe *f*
draft stop *(AE)* Brandschutztür *f*
drafting board *(AE)* *s.* drawing board
drafting machine *(AE)* Zeichenmaschine *f*
drafting room *(AE)* Zeichenraum *m*
draftproof *(AE)* zugdicht
draftsman *(AE)* technischer Zeichner *m*, Konstruktionszeichner *m*
draftmanship *(AE)* Zeichenwesen *n*
draftswoman *(AE)* technische Zeichnerin *f*
drafty *(AE)* zugig
drag *v* schleppen, ziehen, schleifen, abziehen; planieren
drag 1. Putzaufkratzblech *n*, Putzkamm *m*; 2. Scharriereisen *n*; 3. Planierschleppe *f*, Planierraupe *f*, Schürfkübel *m*, Baggerschaufel *f*
drag bit Blattmeißel *m*; Drehmeißel *m*
drag cable Zugseil *n (eines Förderers)*
drag conveyor Kratzförderer *m*
drag groove Schleifrille *f*
drag-iron Hängeeisen *n*
drag-ring Bördelring *m*
drag scraper Schrapper *m*
drag shovel Tieflöffel(bagger) *m*; Schürfkübel *m*; Baggerlöffel *m*
drag slat conveyor Kratzkettenförderer *m*
dragged raugekratzt
dragging Abziehen *n*; Planieren *n*
dragline Schlepplöffelbagger *m*, Schürfkübelbagger *m*, Zugschaufelbagger *m*
dragline bucket Schleppschaufel *f*, Schürfkübel *m*, Zugschaufel *f (eines Baggers)*
dragline dredger Schürfkübelbagger *m*; Seilkübelbagger *m*
dragline excavator *s.* dragline
dragline scraper Schrapper *m*
dragon *s.* dragon beam
dragon beam [piece] Stichbalken *m*, Diagonalstichbalken *m*
dragon tie Stichbalkenwinkelstütze *f*
drain *v* 1. dränieren, dränen, entwässern, trockenlegen *(Boden)*; 2. entleeren; ablaufen lassen; leer laufen; abtropfen
drain *v* **away** ablassen; ableiten, abziehen; abfließen
drain *v* **down** ablaufen
drain *v* **into** entwässern in
drain *v* **off** *s.* drain away

drain 1. Drän *m*; Drän(age)rohr *n*, Entwässerungsrohr *n*; Abflussrohr; Sickerrohr *n*; 2. Abflussgraben *m*, Dole *f*, Entwässerungsgraben *m*, Gerinne *n*; 3. Graben *m*, Kanal *m*; Rinne *f*, 4. Entwässerung *f*, Ablass *m*; Abfluss *m*, Ablauf *m*, Ausfluss *m*
drain channel Entleerungskanal *m*, Abflusskanal *m*
drain cock Abflusshahn *m*, Ablasshahn *m*, Entleerungshahn *m*
drain district *(Wsb)* Einzugsgebiet *n*, Entwässerungsgebiet *n*; Sammelgebiet *n*
drain ditch Drängraben *m*, Entwässerungsgraben *m*
drain elbow Dränrohrbogen *m*
drain field *s.* absorption field
drain hole Entwässerungsloch *n*, Sickerloch *n*
drain line 1. Dränageleitung *f*, Entwässerungsleitung *f*, Abflussleitung *f*, 2. Abwasserleitung *f*
drain pipe 1. Abflussrohr *n*, Ablaufrohr *n*; 2. Drän *m* Drän(age)rohr *n*, Dränleitung *f*, Entwässerungsleitung *f*, Abzugsrohr *n*; Sickerrohr *n (Leitung)*; 3. Abwasserrohr *n*, Fallrohr *n*
drain pipework Dränrohrsystem *n*
drain plug 1. Ablasspfropfen *m*; 2. Ablassschraube *f*, Entleerungsschraube *f*
drain screw *s.* drain plug 2.
drain spacing Dränabstand *m*
drain spout *s.* downpipe
drain tap Ablasshahn *m*
drain test Abdrückprüfung *f (Abflussrohre)*
drain tile *(AE)* Drän(age)rohr *n*, Sickerrohr *n*
drain trap *(San)* Geruchsverschluss *m*
drain trench Drängraben *m*, Sickergraben *m*; Rigole *f (Entwässerungsgraben)*
drain tube Leckleitung *f*
drain valve Entleerungsventil *n*
drain water Sickerwasser *n*
drain well Entwässerungsbrunnen *m*
drainage 1. Drän(ier)ung *f*, Dränage *f*, Bodenentwässerung *f*, Entwässerung *f*, Trockenlegung *f*, Wasserhaltung *f*, 2. Ablaufen *n*, Abfließen *n*, Abfluss *m*; 3. *s.* drainage ditch
drainage area Wassereinzugsgebiet *n*, Einzugsgebiet *n*, Niederschlagsgebiet *n*, Entwässerungsgebiet *n (eines Flusses)*; Abflussgebiet *n*
drainage articles Entwässerungsbauteile *npl*, Entwässerungserzeugnisse *npl*
drainage basin Abflussbecken *n*
drainage board 1. *s.* drainage panel; 2. Entwässerungsverband *m*, Organisation *f* für Entwässerung
drainage canal Entwässerungskanal *m*, Ablaufrinne *f*
drainage channel Abflussrinne *f*
drainage catchment Wassereinzugsgebiet *n*
drainage ditch Entwässerungsgraben *m*, Drängraben *m*, Vorfluter *m*
drainage divide Wasserscheide *f*, Entwässerungsscheide *f*
drainage duct Entwässerungskanal *m*
drainage excavation Entwässerungsaushub *m*, Dränaushub *m*
drainage filter Dränfilter *n*
drainage furrow Entwässerungsrinne *f*
drainage gallery Entwässerungsstollen *m*
drainage goods Entwässerungsbauteile *npl*, Entwässerungswaren *fpl*
drainage gutter Entwässerungsrinne *f*, Abflussrinne *f (Tiefbau)*
drainage hole Ablauföffnung *f*
drainage hose Entwässerungsschlauch *m*
drainage large Abflussgröße *f*
drainage layer Dränschicht *f*, Entwässerungsschicht *f*
drainage manhole Dränschacht *m*
drainage network Entwässerungsnetz *n*
drainage of a building Gebäudeentwässerung *f*
drainage panel Dräntafel *f (Bauwerkshinterfüllung)*
drainage pattern Entwässerungsnetz *n*
drainage pipe Dränagerohr *n*, Entwässerungsrohr *n*
drainage pipeline Dränageabflussrohrleitung *f*, Entwässerungsabflussleitung *f*
drainage pipe fitting Entwässerungsrohrformstück *n*
drainage piping Entwässerungsleitung *f*, Dränagesammelleitung *f*
drainage plant Entwässerungsanlage *f*, Vorflutanlage *f*
drainage shaft Entwässerungsschacht *m*
drainage slope Entwässerungsgefälle *n*
drainage system Entwässerungssystem *n*; Grundleitung *f*
drainage test Ablaufprüfung *f*, Ablauftest *m*
drainage trench Entwässerungsgraben *m*, Graben *m*
drainage water Sickerwasser *n*
drainage water piping *(Verk)* Sickerwasserleitung *f*
drainage ways Entwässerungskanäle *mpl*, Entwässerungsleitungen *fpl*
draindown test Ablaufprüfung *f*, Ablauftest *m*
drainage work Dränarbeiten *fpl*
drained entwässert, dräniert
drained area dräniertes Gebiet *n*
drained joint offene Fuge *f (Tafelbauweise)*; entwässerte Fuge *f*, Fuge *f* mit Ablauf
drained (shear) test *(Bod)* entwässerte Scherprüfung *f*, Langsamscherprüfung *f*, D-Versuch *m*
drainer Ablauffläche *f*, Ablaufplatte *f*, Abtropffläche *f*, Abstellfläche *f*, Ableiter *m*
draining 1. Entwässerung *f*, Trockenlegung *f*, Wasserhaltung *f*
draining channel Entwässerungsrinnen *f*, Abflussrinne *f*
draining gutter *s.* drainage gutter
draining pipe Dränagerohr *n*, Entwässerungsrohr *n*, Abflussrohr *n*
draining shaft Wasserschacht *m*
draining support Abtropfgestell *n*
drainpipe Dränrohr *n*, Abflussrohr *n*
drains Kanalisation *f*, Entwässerung *f*
drape *v* 1. ablenken; aufheben *(Spannbetonlitze)*; 2. drapieren, einhüllen; in Falten legen
drape point Umlenkstelle *f (Spannbeton)*
draped gekrümmt *(Spannbetonglieder)*; drapiert, eingehüllt
draping 1. Ablenken *n*, Aufhegen *n (Spannbetonlitzen)*; 2. Drapieren *n*, Einhüllen *n*
draught *v* 1. zeichnen, entwerfen, skizzieren, einen Entwurf fertigen
draught 1. Zug *m*, Luftzug *m*, Schornsteinzug *m (Abgasführung)*; 2. Zugluft *f*, Zug *m*, Zugwind *m*
draught air Zugluft *f*
draught door Schwingflügeltür *f*, Pendeltür *f*
draught excluder Windfang *m (eines Schornsteins)*
draught fillet Dichtungslatte *f*, Abdichtungsleiste *f*
draught-free zugluftfrei
draught lobby [preventer] Windfang *m (eines Schornsteins)*
draught-proof zugfrei, zugdicht, abgedichtet, zugsicher
draught regulator Zugregler *m*
draught rug Fenstermantel *m*
draught screen Windschirm *m*, Wind(ab)fang *m*
draughting machine Zeichenmaschine *f*
draughtless zugfrei
draughtmanship Zeichenwesen *n*, Zeichnerei *f*
draughtsman technischer Zeichner *m*, Konstruktionszeichner *m*
draughtsman's scale Zeichnermaßstab *m*

draw *v* 1. zeichnen; 2. ziehen *(z. B. Linien, Kreise)*; 3. (ab)ziehen; wegziehen; 4. *(El)* entnehmen *(Strom)*; 5. ziehen, Zug haben *(der Schornstein, der Ofen)*; 6. anziehen, ansaugen *(Flüssigkeiten)*
draw *v* **along** fortziehen
draw *v* **off** absaugen, abziehen
draw *v* **on scale** maßstäblich zeichnen
draw *v* **out** 1. ausziehen *(Zeichnung)*; 2. ausdehnen; strecken, ausschmieden *(Metalle)*
draw *v* **to scale** maßstäblich zeichnen
draw *v* **up** 1. hochziehen; 2. zeichnen
draw Zug *m*, Ziehen *n (von Stahl)*
draw bolt Spannbolzen *m*; Kuppelbolzen *m*
draw curtain Theatervorhang *m (Zugvorhang)*
draw-in Haltebucht *f*
draw-in pit *(El)* Kabel(einzug)schacht *m*, Kabelbrunnen *m*
draw-in system *(El)* Kabelverlegung *f* in Kabelschächten
draw-off Entnahme *f (z. B. von Heizwasser)*
draw-off cock Ablasshahn *m*
draw-off pipe Entnahmerohr *n*
draw-off structure *(Erdb)* Entlastungsanlage *f*, Überlauf *m*
draw shutter Schubfensterladen *m*
drawbridge Zugbrücke *f*, Schiebebrücke *f*, Rollbrücke *f*
drawdown Grundwasserabsenkungsmaß *n*
drawdown component Absenkungshöhe *f (Grundwasser)*
drawing 1. Zeichnen *n*; 2. Zeichnung *f*, Riss *m*; Skizze *f*
drawing board Reißbrett *n*, Zeichenbrett *n*
drawing callout Zeichnungsangabe *f*
drawing instruments Reißzeug *n*
drawing "issued for construction" baureifer Plan *m*
drawing lines Kämmung *f (Glasfehler)*
drawing-off of water Wasserableitung *f*
drawing office Zeichenbüro *n*
drawing paper Zeichenpapier *n*
drawing pen Reißfeder *f*, Ziehfeder *f*
drawing pin Reißzwecke *f*
drawing room 1. Empfangszimmer *n*, Empfangsraum *m*, Salon *m (z. B. in einem Herrenhaus)*; 2. Zeichenraum *m*
drawing set Reißzeug *n*
drawing table Zeichentisch *m*
drawings Bau(ausführungs)zeichnungen *fpl*
drawknife Ziehmesser *n*, Ziehklinge *f*
drawn gezogen
drawn glass Ziehglas *n*, gezogenes Glas *n*
drawn profile [shape] gezogenes Profil *n*
drawn steel bar gezogener Stabstahl *m*
drawn to scale maßstäblich gezeichnet
drawn tube gezogenes Rohr *n*
drawn wire gezogener Draht *m*
dredge *v* nassbaggern, (aus)baggern *(in Wasser)*; räumen
dredge Nassbagger *m*, Schwimmbagger *m*
dredge-bucket Eimerbagger *m*; Baggereimer *m*
dredged material Baggergut *n*
dredger Nassbagger *m*, Schwimmbagger *m*
dredging Nassbaggerung *f*, Ausbaggern *n (in Wasser)*
dredging craft *s.* dredger
dredging pipe Spülrohr *n (beim Nassbaggern)*
dredging pontoon Baggerponton *m*
dredging spoil Baggergut *n*
dredgings Baggergut *n (Nassbagger)*
drench *v* durchtränken, durchnässen
drencher system *(AE)* Feuerschutzsprenganlage *f (außerhalb des Gebäudes)*; Außensprinkleranlage *f*
dress *v* 1. bearbeiten; behauen, zuhauen *(z. B. Steine)*; zurichten, abrichten, besäumen *(Holz)*; (be)hobeln; 2. eine Wand verbinden; 3. dekorieren
dress circle Balkon *m*, erster Rang *m (Theater)*
dressed 1. behauen, zugehauen, zugerichtet *(Stein)*; zurechtgeschnitten, abgerichtet, zugerichtet, besäumt *(Holz)*; vorbereitet; 2. vorgespachtelt, verspachtelt *(Dach)*
dressed lumber *(AE) s.* dressed timber
dressed size Einbaugröße *f (von Bauelementen)*
dressed stone behauener Bruchstein *m*
dressed stonework bearbeitete Werksteine *mpl*, zugerichtete Natursteine *mpl*
dressed stuff *s.* dressed timber
dressed timber Kantholz *n*, besäumtes Bauholz *n*
dresser 1. Nachbearbeitungswerkzeug *n*; Abrichte *f (Holz)*; Rohrabrichte *f (Bleirohr)*; 2. Steinausmesser *m*; 3. Anrichte *f*, Büfett *n*
dressing 1. Natursteinbearbeitung *f*, Behauen *n (Stein)*; Nachbearbeiten *n*, Abrichten *n (Holz)*; 2. Gestalten *n* von Ornamenten und Sichtformen; 3. verzierte Fläche *f*, Sichtmauerwerk *n (an exponierten Punkten)*
dressing composition [compound] (bituminöse) Dachanstrichmasse *f*, Dachspachtelmasse *f*
dressing hammer Zurichthammer *m (Steinmetzwerkzeug)*
dressing locker Kleiderspind *m*
dressing paint Dachfarbe *f*, Dachanstrich *m*
dressing room Umkleideraum *m*
dressings Fassadenschmuck *m*
dried film Trockenfilm *m (Anstrich)*
dried out ausgetrocknet
dried to touch grifffest (trocken)
dried wood getrocknetes Holz *n*
drier 1. Trockner *m*; Trockenofen *m*; 2. Trockenmittel *n*; Sikkativ *n (bes. für Ölfarbe)*
drift 1. *(Tun)* (getriebene) Strecke *f*; 2. Windauslenkung *f* eines Gebäudes; 3. Geschiebe *n (Geologie)*
drift barrier *(Wsb)* Schwimmstoffsperre *f*
drift hill Düne *f*
drift index [limitation] Windauslenkungsindex *m*, Windschwankungsfaktor *m (pro Geschosshöhe)*
drift pin Keiltreiber *m*, Splinttreiber *m*
drift plug Richtkonus *m*, Richtstab *m (zum Geradestrecken von Weichmetalleitungen)*
drift punch Durchschlageisen *n*, Durchschläger *m*
driftbolt Ausschlagbolzen *m*
drifting of soil Bodenverlagerung *f*
drifting sand Flugsand *m*, Treibsand *m*
driftpin Durchschlagstift *m*, Durchschlagnadel *f*, Keiltreiber *m*
drill *v* bohren
drill Bohrer *m*, Bohrgerät *n*; Handbohrer *m*; Bohrmaschine *f*, Drillbohrer *m*
drill bit Bohrer *m*, Bohrmeißel *m*; Bohrerspitze *f*
drill core Bohrkern *m*
drill cuttings Bohrgut *n*
drill-hole Bohrloch *n*, Bohrung *f*
drill pipe Bohrgestänge *n*
drill upright Bohrständer *m*
drillability Bohrbarkeit *f*
drilled hole Bohrloch *n*; Bohrung *f*
drilled-in caisson Bohrpfahl *m*
drilled well Bohrbrunnen *m*
driller *(Tun)* Bohrarbeiter *m*; Bohrmeister *m*
drilling Bohrung *f*, Bohren *n*; Bohrarbeiten *fpl*
drilling chart Bohrdiagramm *n*
drilling contractor Bohrunternehmer *m*, Bohrbetrieb *m*
drilling engineering Bohrtechnik *f*
drilling equipment Bohrausrüstung *f*, Bohrgerät *n*
drilling gear Bohrgerät *n*
drilling implement Bohrgerät *n*
drilling mud Bohrschlamm *m*
drilling rig Bohrgestell *n*, Bohrturm *m*; Bohranlage *f*
drilling tool Bohrwerkzeug *n*
drilling work Bohrarbeiten *fpl*
drinking fountain Trinkbrunnen *m*, Trinkbecken *n* mit senkrechtem Wasserstrahl

drinking water Trinkwasser *n*, Haushaltwasser *n*
drinking water network Trinkwasserleitungsnetz *n*, Trinkwassersystem *n*
drinking water reservoir Trinkwasser(speicher)behälter *m*
drinking water protection area Trinkwasserschutzgebiet *n*
drinking water supply Trinkwasserversorgung *f*
drinking water tank Trinkwasserbehälter *m*
drip *v* tropfen, tröpfeln *(Flüssigkeiten)*; tropfen, undicht sein *(Wasserhahn)*
drip *v* **from** heruntertropfen
drip *v* **off** abtropfen
drip *v* **through** durchtropfen
drip 1. Tropfen *n*, Abtropfen *n*; 2. abtropfende Flüssigkeit *f*, Tropfen *m (von Anstrichstoffen)*; 3. Wasserablaufrinne *f (Fenster)*; Abkantung *f (Dachrinne)*; 4. Kondenswasserabscheider *m*
drip cap Tropfnase *f*, Wassernase *f*, Wasserablauf *m (am Fenster)*
drip channel Wasser(abtropf)rinne *f*, Wasserschenkel *m*; Wassernasenrinne *f*
drip cock Entwässerungshahn *m*
drip edge Ablaufende *n (Metalldach)*
drip line Abtropflinie *f*, Abtropfgrenze *f*
drip mould(ing) Regenrinne *f*, Regenabtropfrinne *f*
drip nose *s.* drip cap
drip nozzle Tropftülle *f (Brückentwässerung)*
drip-proof tropfwassergeschützt, tropfwassersicher
drip sink Regenwassersammelbecken *n*; Überflussauffangbehälter *m*
drip throat Regenabtropfrinne *f*
drippage Tropfwasserpfütze *f*
dripping tröpfelnd
dripping eaves Traufe *f*, Dachtrauflage *f*
dripping water Tropfwasser *n*; Kondenswasser *n*, Tauwasser *n*
dripstone Wasserabtropfsteinnase *f*, Wasserschenkel *m (aus Stein oder Ziegel über Tür oder Fenster)*; Traufleiste *f*, Wasserschlag *m (schräge Abdachung von Gesimsen, um Wasser abzuweisen)*
dripstone course Trauf(stein)lage *f*, Traufenlage *f*
drive *v* 1. rammen, (ein)treiben *(z. B. Pfähle)*; einschlagen *(Nägel)*; 2. *(Tun)* (vor)treiben, auffahren; 3. antreiben *(Maschinen)*; 4. steuern, fahren *(Fahrzeuge)*; führen *(z. B. einen Kran)*
drive *v* **a heading** durchörtern
drive *v* **cold** kaltschlagen *(Niet)*
drive *v* **home** festziehen
drive *v* **in** eintreiben, (ein)rammen, einschlagen *(z. B. Pfähle)*; einpressen *(Buchsen)*; hineinfahren *(Verkehr)*
drive *v* **the piles** die Pfähle setzen
drive *v* **off** austreiben *(Kohlendioxid)*
drive *v* **through** durchtreiben *(z. B. einen Nagel)*
drive Zufahrt *f (zu einem Haus)*; Autovorfahrt *f (spezielle Auffahrt für Autos)*
drive band Pfahlkopfband(eisen) *n*
drive block Rammklotz *m*, Rammbär *m*, Rammblock *m*
drive-in cinema Autokino *n*
drive pipe Bohrrohr *n*
drive shoe Pfahlschuhspitze *f*, Betonspitze *f* eines Rammpfahls
driven pile Rammpfahl *m*
driven well Entwässerungsbohrloch *n (Filterbrunnenentwässerung)*; Rammbrunnen *m*
drivepipe *(AE)* Schlagsonde *f*, Rohrsonde *f*
driver Fahrer *m*
driver error Fahrfehler *m*
driver parking building öffentliches Parkhaus *n*
driver training Fahrsausbildung *f*
driver-training field Verkehrsübungsplatz *m*, Verkehrsgarten *m*
driver's room Kraftfahrerzimmer *n*
driveway Zufahrt *f (zu einem Haus)*; Privateinfahrt *f*
driving 1. *(Tun)* Auffahren *n*; 2. Rammen *n*, Einrammen *n (von Pfählen)*
driving band Pfahlkopfband(eisen) *n*
driving cap Rammhaube *f*
driving formula *(Erdb)* Rammformel *f*
driving machine Aufzugsmotor *m*
driving pipe Bohrrohr *n*
driving pulley Treibrolle *f*, Antriebsrolle *f*
driving rain Schlagregen *m*
driving record Rammprotokoll *n*
driving resistance Rammwiderstand *m*
driving rig Ramme *f*
driving rod Rammsonde *f*, Schlagsonde *f*
driving support Rammträger *m*
driving test Rammsondierung *f*; 2. Fahrprüfung *f*, Führerscheinprüfung *f*
driving training ground Verkehrsübungsplatz *m*, Verkehrsgarten *m*
driving work Rammarbeiten *fpl (in Ausschreibungen)*
dromos *(Arch)* Dromos *m (Gang zu altägyptischen Grabmälern)*
drop *v* 1. (herab)tropfen; lecken; 2. herabfallen; fallen lassen; 3. (ab)fallen, abnehmen, sinken *(z. B. Temperaturen, Druck)*; 4. fällen *(Lot)*
drop *v* **a perpendicular** ein Lot fällen
drop *v* **off** abfallen, absetzen
drop 1. Fall *m*, Rückgang *m (z. B. von Temperaturen)*; Abfall *m (z. B. von Spannung)*; Luftstromfall *m (in Klimaanlagen)*; 2. Tropfen *m*; 3. Fallstrang *m*, Rücklaufrohr *n (Heizung)*; 4. Säulenkopf *m*, Pilzkopf *m (Pilzdecke)*; 5. Gefälle *n (eines Flusses)*; 6. *s.* drop curtain
drop apron Abtropfführung *f*, Tropffallleiste *f*
drop arch gedrückter Spitzbogen *m*, flacher Spitzbogen *m*
drop ball Fallbirne *f*
drop-ball test Kugelfallprüfung *f*
drop-balling Fallbirnenzerkleinern *n*, Fallbirnenzertrümmerung *f*
drop-bottom seal selbsttätige Türeinrastung *f*
drop box *(El)* Hängesteckdose *f*
drop ceiling *s.* dropped ceiling
drop chute Betonschurre *f*, Betonierrutsche *f*
drop cloth Fußbodenabdeckung *f (vorübergehend, z. B. während Malerarbeiten)*
drop curtain Theatervorhang *m (zum Herunterlassen)*; Fallvorhang *m*, Sichtvorhang *m*
drop hammer Fallbär *m*, Rammhammer *m*
drop-in beam Einsetzträger *m*, Einhängeträger *m*
drop-in pin Einrastbolzen *m*, Rastzapfen *m*
drop in pressure Druckabfall *m*
drop in temperature Temperaturabfall *m*
drop key plate Schlüssellochabdeckblech *n*
drop lid Klappdeckel *m*
drop-light Hängelampe *f*
drop manhole Absturzschacht *m*
drop moulding eingehängte Verkleidung *f*, zurückgesetzte Verkleidungstafel *f*
drop-on material Nachstreumaterial *n*
drop ornament Tropfenornament *n*
drop panel einfallende Betondecke *f (z. B. um eine Stütze herum)*; nach unten abfallende Betondeckenverstärkung *f*, Pilzkopfverstärkung *f*
drop-penetration testing Rammsondierung *f*
drop pile hammer Freifallramme *f*
drop point Tropfpunkt *m (bituminöser Baustoffe)*

drop-point slating diagonalgelegte Schieferdeckung *f*
drop ring Schließklinkenring *m*
drop siding Tropfbrettverschalung *f*, gespundete Schalung *f (Holzaußenwand)*
drop test Schlagbiegeversuch *m*, Schlagbiegeprüfung *f*
drop vault Flachgewölbe *n*
drop weight Fallgewicht *n*
drop window Fallfenster *n*, Versenkfenster *n*
drop wire *(El)* Freileitungshausanschluss *m*, Einführungsleitung *f*
dropped gesenkt
dropped ceiling Hängedecke *f*, untergehängte [eingehängte, abgehängte] Decke *f*
dropped panel Pilzkopf *m*, Säulenkopf *m (Pilzdecke)*
dropping ball Fallkugel *f*
dropping-ball test Kugelfallprüfung *f*
drops *(Arch)* Tropfen *mpl*, Guttae *fpl (in der Dorischen Ordnung)*
dropstone Tropfstein *m*
dross Abfall *m*, Unrat *m*; wertloses Zeug *n*
drought Trockenheit *f*, Dürre *f*
drought resistance Trockenresistenz *f*
drove *v (AE)* scharrieren, abspitzen *(Stein)*
drove *(AE)* 1. Scharriereisen *n*, Meißel *m (Steinmetzwerkzeug)*; 2. Bewässerungskanal *m*
drove(n) work Scharrierung *f*
droving *(AE)* Scharrieren *n*; Schlaganarbeiten *fpl*, Schlageisenbearbeitung *f (Sandstein)*
drum 1. Walzenstein *m*, Säulenstein *m*, Steinscheibe *f*, Säulentrommel *f (Teil eines Säulenschafts)*; 2. *(Arch)* Tambour *m*, Kuppelunterbau *m*; 3. Trommel *f*, Walze *f*
drum mix coater Trommelmischer *m* mit Zwangsnachmischer
drum mix plant Trommelmischwerk *n*
drum mixer Trommelmischer *m*
drum panelling gepolsterte Türverkleidung *f*
drum screen Trommelsieb *n*
drum sluice *(Wsb)* zylindrisches Schleusentor *n*
drum trap zylindrischer Geruchsverschluss *m*
drum type concrete mixer Betontrommelmischer *m*
drum weir *(Wsb)* Trommelwehr *n*
drumminess Dröhnhaftigkeit *f*, Dröhnneigung *f*
drumming Dröhnen *n*
druse Druse *f (Hohlraum im Gestein)*
dry *v* trocknen, Wasser entziehen, entwässern
dry *v* **flat** matt auftrocknen
dry *v* **out** austrocknen *(Holz)*
dry *v* **through well** durchtrocknen
dry *v* **to constant mass** bis zur Gewichtskonstanz trocknen, trocknen bis zur Massenkonstanz
dry *v* **up** eintrocknen, austrocknen
dry-pack *v* erdfeuchten Beton stampfen
dry-slake *v* trocken löschen
dry 1. trocken; 2. mörtelfrei, mörtellos; 3. roh, nackt *(Straßenbaugestein ohne Bindemittel)*
dry arch Erdbogen *m*
dry area *(Bod)* kapillarbrechende Schicht(fläche) *f*, Drän- und Sauberkeitsschicht *f*
dry batch Trockenmischung *f*, Trockengemisch *n (Beton)*
dry-batch weight Trockenmischungsgewicht *n*
dry-batch weight of aggregates Zuschlag(stoff)trockengewicht *n*
dry blend Trockenmischung *f*, Trockengemisch *n*
dry-bond adhesive Kontaktkleber *m*, Kontaktklebstoff *m*, Haftkleber *m*
dry-bound macadam Streumakadam *m(n)*
dry bulk density Trockenraumgewicht *n*
dry-cast method Trockenverfahren *n (Betonrohrtechnologie)*
dry ceiling Gipskartondecke *f*, Gipsplattendecke *f*; Trockenbaudecke *f*
dry chemical fire extinguisher Trockenfeuerlöscher *m*, Pulverlöscher *m*
dry closet Trockenklo *n*, Trockenabort *m*
dry-compacted *(Erdb)* trocken festgestampft
dry compaction Trockenverdichtung *f*
dry concrete steifer [schwachplastischer] Beton *m*
dry concrete mix trockene Betonmischung *f*
dry construction Montagebauweise *f*, Trockenbauweise *f (ohne Mörtel)*
dry content Trocken(stoff)gehalt *m*, Gehalt *m* an Trockensubstanz *(z. B. bei Farbe)*
dry course trockene Steinlage *f*, mörtelloses Lager *n (direkt auf der Dachhaut)*
dry curing feuchtlose Nachbehandlung *f*, Trockenaushärtung *f (Beton)*
dry density 1. Trocken(roh)dichte *f*; 2. *(Erdb)* Trockenraumgewicht *n*
dry dock Trockendock *n*
dry felt Rohfilzpappe *f*, Rohdachpappe *f*
dry film thickness Trockenfilmdicke *f (Anstrich)*
dry filter Lufttrockenfilter *n*
dry-fixed trocken verlegt
dry formed trocken geformt, trocken gepresst *(Feuerfesttechnologie)*
dry glazing kittlose Verglasung *f*
dry grinding 1. Trocken(ver)mahlung *f*; 2. Trockenschleifen *n*
dry hydrate Weißfeinkalk *m*, Löschkalk *m*, Kalkhydrat *n*
dry installation Trockeneinbau *m*
dry joint 1. mörtellose Fuge *f*, Knirschfuge *f*; 2. kalte Lötstelle *f*
dry kiln Trockenkammer *f*, Trockenofen *m (für Holz)*
dry lining Trockenputzen *n (Gipsverputz)*; Trockenausbau *m*
dry lining system Trockenputzsystem *n*
dry loose bulk density Schüttdichte *f*
dry manufacture Trockenverfahren *n*, Trockentechnologie *f (Zementtechnologie)*
dry masonry Trockenmauerwerk *n (ohne Mörtel gebaut)*
dry milling Trocken(ver)mahlung *f*
dry mix Trockenmischung *f*, wasserarme Mischung *f*
dry mix shotcrete Torkretbeton *m*, Trockenspritzbeton *m*
dry mixing Trockenmischung *f (Vorgang)*
dry mortar trockener Mörtel *m*
dry-out *(Erdb)* Austrocknen *n*
dry-packed concrete erdfeuchter [wasserarmer] Beton *m*
dry partition wall Trocken(bau)trennwand *f*
dry paving Trockenpflaster *n*
dry penetration surfacing Einstreudecke *f*
dry-pipe sprinkler system trockenes Sprinklersystem *n*, Feuerschutzanlage *f* mit wasserfreiem Rohrsystem *(bei Nichtgebrauch)*
dry-pitch Hartpech *n*
dry plaster Trockenputz *m*, Gipsplattenputz *m*
dry premix Trockenvormischen *n*
dry-press Ziegeltrockenpressverfahren *n*
dry-press brick Trockenpressziegel *m*
dry-press method Ziegeltrockenpressverfahren *n*
dry product getrocknetes Gut *n*
dry residue Trockenmasse *f*
dry return Luft-Kondenswasserrückfluss *m (Dampfheizung)*
dry river bed *(AE)* Wadi *n*
dry-rodded volume of aggregates eingerütteltes Zuschlag(stoff)trockenvolumen *n*
dry-rodded weight of aggregates eingerütteltes Zuschlag(stoff)trockengewicht *n*
dry-rodding Trockeneinrütteln *n (von Zuschlagstoffen)*

dry-rolled concrete gewalzter Magerbeton *m*, Walzmagerbeton *m*
dry roof glazing kittfreie Dachverglasung
dry rot 1. Trockenfäule *f (Holz)*; 2. *s.* dry rot fungus
dry rot fungus Echter Hausschwamm *m*
dry rubble construction Trockenmauerwerk *n*, mörtelloses Bruchsteinmauerwerk *n*
dry rubble fill Steinfüllung *f* ohne Bindemittel
dry rubble wall Trockenmauer *f*
dry shake Trockentorkretierung *f*
dry sheet ungetränkte Pappe *f*, Dachrohpappe *f*
dry slaking Trockenlöschen *n (Kalk)*
dry-sludge disposal site Trockenschlammdeponie *f*
dry sprinkler system Trockensprinklersystem *n*
dry stock getrocknetes Holz *n*
dry stone pitching Steinpackung *f* für Trockenmauer
dry stone wall Trockenmauer *f*, Trockenwand *f*; Trockenmauerwerk *n*
dry strength Trockenfestigkeit *f (einer Klebverbindung)*; Klebefestigkeit *f*
dry system of construction Trockenbauweise *f*, Trockenbautechnik *f*
dry-tamp process Stampfbetoneinbringung *f*
dry time to recoat Zwischentrocknungsdauer *f (Anstrich)*
dry topping *s.* dry shake
dry treatment Trockenaufbereitung *f (Baustoffe)*
dry valley Trockental *n*
dry volume weight Trockenrohdichte *f*, Trockenraumgewicht *n*
dry wall 1. Innenwand *f* aus wasserempfindlichen Baustoffen *(Gips, Pappe, Holz)*; 2. Trockenwand *f*, Trockenmauerwerk *n*
dry-wall construction Montagebauweise *f*, Trockenbauweise *f*
dry-wall finish Trockenputz *m*; Gipskartonwandplatten *fpl*; Sperrholzverkleidung *f*
dry-wall frame Trennwandrahmenkonstruktion *f*
dry walling Trockenmauerung *f*
dry-weight Trockengewicht *n (Zuschläge)*; Trocken(substanz)masse *f*
dry well 1. Sickerschacht *m*, Sickerbrunnen *m*; 2. Senkgrube *f*, Faulgrube *f*
dry wood getrocknetes Holz *n*
dryer 1. Trockner *m*; Trockenstoff *m*, Trockentrommel *f*
dryer balcony Wäschebalkon *m*
dryer cabinet Trockenschrank *m (für Wäsche)*
dryer crack Trocknungsriss *m*
dryer time Austrocknungszeit *f*, Trocknungsdauer *f*
drying Trocknung *f*
drying agent Trockenmittel *n*; Sikkativ *n*
drying alkyd trocknendes Alkydharz *n*
drying apparatus Trockner *m*
drying chamber Trockenkammer *f*
drying conditions Trocknungsbedingungen *fpl*
drying contraction Trockenschwindung *f (z. B. in Keramik)*
drying crack Trockenriss *m (in Keramik)*
drying drum Trockentrommel *f (Asphaltanlage)*
drying-duct terminal unit Luftmischkammer *f (Klimaanlage)*
drying frame Trockengestell *n*
drying kiln Trockenofen *m (z. B. für Keramik)*; Holztrockenofen *m*
drying loft Trockenboden *m (Dachboden)*
drying oil paint Ölfarbe *f*, Ölanstrich *m*
drying oil primer Ölgrundfarbe *f*
drying out Austrocknen *n*
drying oven Trockenkammer *f (für Ziegel)*
drying process Trocknungsprozess *m*, Trocknungsvorgang *m*
drying property Trocknungsvermögen *n (Anstrich)*
drying rack Trockengestell *n*
drying room Trockenkammer *f*; Trockenboden *m (Dachboden)*
drying shed Trocknungsschuppen *m*, Freilufttrockenschuppen *m*
drying shrinkage 1. *(Bod)* Schrumpfung *f*, Trocknungsschrumpfung *f*; 2. Trockenschwindung *f (z. B. in Keramik, Beton)*
drying stove Trockenofen *m (z. B. für Keramik)*
drying stress Trocknungsspannung *f*
drying through Durchtrocknen *n*, Durchtrocknung *f*
drying time Trockenzeit *f*
drying tunnel Trockendarre *f*, Trockenkanal *m (Holz)*
drying-up Austrocknen *n*, Versiegen *n (Brunnen)*
drystone road Schotterstraße *f*
drywall Trockenwand *f*
drywall construction Trockenwandbauweise *f*
drywall finish Trockenputz *m*, Trockenwandoberfläche *f*
drywall installation Trockenwandeinbau *m*
drywall material Trockenwandbaustoff *m*
drywall partition Trockenwandabtrennung *f*, Trockenzwischenwand *f*
dual doppelt, dual, dualistisch
dual carriageway road Straße *f* mit zwei getrennten Fahrbahnsystemen, Autobahn *f*
dual compartment septic tank Zweikammerklärgrube *f*, Doppelkammer-Hauskläranlage *f*
dual-duct system Zweikanalsystem *n (Klimaanlage)*
dual-duct terminal unit *(HLK)* Luftmischkammer *f*
dual-fuel system Zweistoffheizungssystem *n (mit zwei verschiedenen Brennstoffen)*
dual girder Zwillingsträger *m*
dual glazing doppelte Verglasung *f*
dual-lane zweispurig *(Straße)*
dual layer Doppelschicht *f*
dual portal Doppelportal *n*
dub *v (Hb)* dechseln, vierkantig zuschneiden, rechtwinklig kanten
dubbing(-out) Ausfüllen *n (von Löchern)*; Vorbessern *n*, Vorputzen *n*
Ducal Palace *(Arch)* Dogenpalast *m*
duck board Dachlaufplanke *f*; Dachleiter *f*
duck run Dachlaufbohle *f*; Dachdeckerleiter *f*
duckbill (loader) Entenschnabellader *m*, Stoß(schaufel)lader *m*
duckboard Bohlengang *m*, Laufsteg *m (für Dachdecker)*; Holzfußweg *m (Bretterweg)*
duckfoot bend Fußrohrkrümmer *m*
duct 1. *(San, HLK)* Kanal *m*, Leitungskanal *m*, Schacht *m*; Lüftungsrohr *n*; Luftkanal *m*; 2. *(El)* Kabelkanal *m*; Leitungsrohr *n*
duct construction Kanalbau *m (für Leitungen)*
duct cover Kanaldeckel *m*, Kanalabdeckung *f*
duct design Abzugsschachtbemessung *f*, Kanalbemessung *f*
duct furnace Lufterhitzer *m* ohne Lüfter *(Klimaanlage)*
duct-generated noise Kanalgeräusch *n*, kanalerzeugtes Geräusch *n (Klimaanlage)*
duct lining Glasfaserdämmung *f* für Klimaluftzüge
duct opening Kanalöffnung *f*
duct riser Steigkanal *m*
duct sheet Luftkanalblechmaterial *n*
duct system Luftkanalsystem *n*
duct trench Kanalgraben *m*
ductile duktil, dehnbar, streckbar *(bes. Metall)*; hämmerbar; geschmeidig; plastisch; bildsam
ductile fracture Gleitbruch *m*, Verformungsbruch *m*, zäher Bruch *m*

ductilimeter *s.*ductilometer
ductility Duktilität *f*, Dehnbarkeit *f*, Streckbarkeit *f (z. B. von Bitumen, Metall)*; Plastizität *f*; Verformbarkeit *f*
ductility limit Dehn(ungs)grenze *f*
ductility test Duktilitätsprüfung *f*, Duktilitätsbestimmung *f*, Streckbarkeitsprüfung *f*
ductilometer Duktilometer *n*, Streckbarkeitsmesser *m*
ducting Kanalführung *f (Installation)*; Rohr(leitungs)netz *n*
ducttube Gummischlauchschalung *f*, Gummischlauchauskleidung *f*
ductwork Kanalleitung *f*, Kanalsystem *n (Klimaanlage)*
due care *(AE)* Ausführungsgrad *m*, Sorgfältigkeitsklasse *f*, Niveau *n* der Bauausführung
due date *(AE)* Fälligkeitstermin *m*
duff 1. Siebdurchgang *m*; 2. Rohhumus *m*
dug earth *(Erdb)* Abtrag *m*
dug out earth Aushub *m*
dug well Wasserrohrbrunnen *m*, Schachtbrunnen *m*, einfacher Wasserbrunnen *m*
dull *v* 1. mattieren, glanzlos machen *(z. B. Oberflächen)*; matt [glanzlos] werden; 2. stumpf werden *(Werkzeug)*
dull 1. matt, stumpf, glanzlos, trübe *(Farboberfläche)*; 2. stumpf *(Werkzeug)*
dull clear varnish Hartmattlack *m*
dull-edged beam handbehauener Holzbalken *m*, Rohholzbalken *m*; baumkantiger Balken *m*
dull-finish lacquer Schleiflack *m*
dulling 1. Mattwerden *n*, Blindwerden *n*, Glanzverlust *m (Anstrich)*; 2. Mattieren *n*
dulling agent Mattierungsmittel *n*
dullness Mattheit *f*, Stumpfheit *f*, Glanzlosigkeit *f (z. B. Oberflächen)*; Trübung *f (von Farben)*; Vermattung *f*
dumbbell tenement *fünf- bis siebenstöckiges Wohnhaus in New York vor 1901 mit hantelförmigem Grundriss*
dumbwaiter Speisenaufzug *m*, Handaufzug *m (für Speisen)*
dummy unecht, nachgemacht, Schein..., Blind...
dummy Attrappe *f*, Versuchspuppe *f*, Ponton *m*
dummy cylinder blinder Schließzylinder *m*
dummy funnel blinder Schornstein *m*
dummy joint Scheinfuge *f*
dummy lock Blindschloss *n*, eingelassenes Schloss *n*
dummy plug *(El)* Blindstecker *m*
dummy rivet Heftniet *m*, Blindniet *m*
dummy specimen Kalibrierstück *n*, Eichprobestück *n*
dump *v* 1. entleeren, entladen; auskippen, ausschütten; 2. abkippen, verkippen *(Abfälle auf Deponien)*
dump 1. Abraumhalde *f*, Halde *f*; 2. Schuttabladeplatz *m*; Abkippplatz *m*, (ungeordnete) Mülldeponie *f*, Kippe *f*
dump ground Abkippplatz *m*, Kippe *f*, Müllabladeplatz *m*, Mülldeponie *f*, Müllkippe *f*, Müllhalde *f*
dump of overburden Abraumkippe *f (Sandgrube, Steinbruch)*
dump slip Haldenrutsch *m*
dump site Schuttabladeplatz *m*, Abkippplatz *m*
dump truck *s.* dumper
dumped abgekippt, abgesetzt
dumped fill *(Erdb)* Kippe *f*, abgekippter Erdstoff *m*, Seitenablagerung *f*
dumper Dumper *m*, Motorkipper *m*, Kipper *m*, Muldenkipper *m*; Frontkipper *m*
dumper truck *s.* dumper
dumping Kippen *n*
dumping angle Schüttwinkel *m*
dumping ground *s.* dump 2.
dumping bucket Kippkübel *m*
dumping fees Kippgebühr *f*
dumping height Kipphöhle *f*, Schütthöhe *f*
dumping place Lagerplatz *m*; Holzlager *n*
dumping site Kippengelände *n*, Schutt(ablade)platz *m*, Mülldeponie *f*, Deponiegelände *n*
dumping stones Schüttsteinmasse *f*
dumpling *(Erdb)* Aushubrest *m*, unberührte Aushubmasse *f (im Zentrum der Aushubgrube)*; Kern *m (Erdstoff)*
dune Düne *f*
dune protection Dünenschutz *m*
dune sand Dünensand *m*
dungeon 1. *s.* donjon; 2. *(Arch)* unterirdisches Verlies *n*
dunnage 1. Stapelholz *n (Abfallholz)*; 2. Kühlturmstützstreben *fpl*
dunite Dunit *m*, Olivinstein *m*
duodecagon Zwölfeck *n (Geometrie)*
duplex *(AE)* 1. Zweiraumappartement *n*; 2. Zweifamilienhaus *n*
duplex apartment *(AE)* Maisonette-Wohnung *f*, Zweietagenwohnung *f*
duplex bearing Doppellager *n*, Lagerpaar *n*
duplex burner Zweifachbrenner *m (Heizung)*
duplex cable Zweileiterkabel *n*
duplex coating Duplexschicht *f (Anstrich)*
duplex dwelling *(AE)* Zweispännerwohnung *f*
duplex house *(AE)* Doppelhaus *n*, Zweifamilienhaus *n*
duplex outlet *(El)* Doppelsteckdose *f*
duplex pruning saw Astsäge *f*
duplicate *v* kopieren, vervielfältigen
duplicate 1. Kopie *f*, Abzug *m*; 2. Ersatzteil *n*
duplicate specimen Parallelprobe *f*
duplicate test Gegenprobe *f*, Gegenprüfung *f*
duplicating Kopieren *n*, Pausen *n*
duplicating room Pausraum *m*
durability Haltbarkeit *f*, Beständigkeit *f*, Lebensdauer *f*
durability cracking Festigkeitsverlustrisse *mpl (Betonfahrbahn)*
durability test Beständigkeitsprüfung *f (Anstrich)*
durable haltbar; dauerhaft; alterungsbeständig • **be durable** lange halten, haltbar sein *(z. B. Material)*
durable crumbling soil klumpiger Boden *m*
durables langlebige Konsumgüter *npl (z. B. Wohnungsausstattungen)*
dural(umin) *s.* duraluminium
duraluminium Duraluminium *n*, Duralumin *n*
duramen Kernholz *n*
durometer Härteprüfer *m*, Durometer *n*
dust *v* abstauben
dust Staub *m*
dust and noise control Staub- und Lärmschutz *m*
dust binder Staubbinder *m*
dust board Staubschutztafel *f (über einem Eingang)*
dust catcher Staubabscheider *m*
dust ceiling Staubdecke *f*
dust-collecting equipment Staubabsaugeeinrichtung *f*
dust collector 1. *(HLK)* Entstauber *m*; 2. Staubabscheider *m*, Staubsichter *m*, Staubfang *m (Entstaubungsanlage)*
dust concentration Staubkonzentration *f*, Staubanfall *m*
dust content Staubanteil *m*
dust-dry staubtrocken
dust exhaust Staubabsaugung *f*
dust explosion Staubexplosion *f*
dust formation Staubbildung *f*
dust-free staubfrei
dust guard Staubschutz *m*
dust impurity Staubverschmutzung *f*, Staubunreinheit *f*
dust laying Staubbindung *f*
dust-like staubähnlich
dust palliative Staubbinder *m*, niedrigviskoser Staubbindemittelfilm *m*
dust particle Staubteilchen *n*
dust preventing Staubschutzmaßnahmen *fpl*

dust prevention Staubverhütung *f*
dust-producing Staub erzeugend, staubend
dust-proof *s.* dustproof
dust proportion Füller-Bindemittel-Verhältnis *n*
dust protection Staubschutz *m*
dust road Landweg *m*, Feldweg *m*; Sommerweg *m*
dust screen Staubschutz *m*
dust separator Staubabscheider *m*, Staubfang *m*, Staubsichter *m*
dust-tight *s.* dustproof
dustbin Müllbehälter *m*, Mülltonne *f*, Abfallbehälter *m*; Küchenabfallbehälter *m*
dustbin chamber Müllkübelschrank *m*
dustdry staubtrocken *(Anstrich)*
dustfree staubfrei
dusting Abstauben *n*, Absanden *n (von Beton)*
dustless staubfrei
dustlike staubartig
dustproof *v* staubfrei machen
dustproof staubdicht, staubgeschützt, staubsicher, staubundurchlässig
dustproof ceiling Staubdecke *f*
dustproof strike Staubschutzplättchen *n (eines Schlosses)*
dustproofing Staubfreimachung *f*
dustrepelling Staub abweisend
dusty staubig, staubend
dusty chalk Kalkerde *f*, Staubkalk *m*
Dutch arch Scheitelbogen *m*
Dutch barn Offenscheune *f*
Dutch bond Kreuzverband *m*
Dutch clinker gelber Hartklinker *m*, Pflasterklinker *m*
Dutch door zweiteilige Tür *f (horizontal geteilt)*
Dutch lap (of shingles) holländische Schindellegung *f*
Dutch light house aufklappbares Gewächshaus *n*
Dutch Renaissance holländischer Renaissancestil *m*
Dutch tile Hollandfliese *f*; Kachel *f (Ofenkachel)*
Dutch timber holländische Balken *mpl*
Dutch truss holländischer Dachbinder *m*
Dutch vault Flachgewölbe *n*
dutchman 1. Abdeckleiste *f*, Deckleiste *f (z. B. für schlechte Fugen, Fehlstellen)*; 2. Einsatzstück *n*, Flickstück *n*
duty Aufgabe *f*, Pflicht *f*; • **on duty** im Dienst
duty officer Diensthabender *m*
duty to warn Warnpflicht *f*
dwang 1. *(Hb) (AE)* Balkenbindeeisen *n*; 2. Brechstange *f*, Brecheisen *n*
dwarf door Pförtchen *n*, Kleintür *f*; Schaltertür *f*
dwarf partition halbhohe Trennwand *f*
dwarf partitioning halbhohe Raumteilung *f*
dwarf rafter Schiftsparren *m*, Schifter *m*; Gratschifter *m*
dwarf wall 1. halbhohe Wand *f*, Niedrigmauer *f*; 2. Drempelaufmauerung *f*, Drempelmauer *f*
dwarfing Verkrümmung *f*
dweller Bewohner *m*, Benutzer *m (einer Wohnung)*
dweller kitchen Wohnküche *f*, Essküche *f*
dwelling Wohnhaus *n*; Wohnung *f*; Wohneinheit *f*; Wohnort *m*
dwelling building Wohngebäude *n*, Wohnhaus *n*
dwelling heating Zentralheizung *f*
dwelling heating plant Zentralheizung(sanlage) *f*
dwelling house Wohnhaus *n*
dwelling in a housing scheme Arbeiterwohnung *f*
dwelling unit *(AE)* Wohn(ungs)einheit *f*, Wohnung *f*
dwellings for low-income families Sozialwohnungen *fpl*
dwindle *v* 1. abnehmen, schwinden; vermindern; 2. auskeilen
dye *v* färben; anfärben; einfärben *(Beton)*
dye *v* **thoroughly** durchfärben *(z. B. Beton)*
dye Farbstoff *m*, Farbe *f*, Färbemittel *n*, Penetrierfarbstoff *m*
dyeing Färben *n*, Einfärben *n*
dyeing wood Farbholz *n*
dyestuff Farbstoff *m*, Färbemittel *n*
dyestuff suspension Farbstoffsuspension *f*
dyewood Farbholz *n*
dyke *s.* dike
dynamic analysis dynamische Lastuntersuchung *f*, Belastungsanalyse *f* unter dynamischer Beanspruchung
dynamic balancing Massenausgleich *m*, dynamische Ausgleichung *f*
dynamic ball-impact test Kugelschlagprüfung *f (Beton)*
dynamic buckling dynamisches Knicken *n*
dynamic compaction Vibrationsverdichtung *f*, Rüttelverdichtung *f*
dynamic complex modulus *(AE)* dynamisch-komplexer Steifigkeitsmodul *m*
dynamic driving resistance dynamischer Rammwiderstand *m*
dynamic-elastic behavior dynamisch-elastisches Verhalten *n*
dynamic force dynamische Kraft *f*
dynamic friction Gleitreibung *f*
dynamic load 1. dynamischer Lastwert *m*, dynamische Last *f* [Belastung *f*]; 2. *(Stat)* Nutzlast *f*
dynamic modulus of elasticity dynamischer Elastizitätsmodul *m*
dynamic penetration test dynamische Rammsondierung *f*
dynamic pile-driving resistance dynamischer Rammwiderstand *m*
dynamic pile formula Rammformel *f*
dynamic pressure Staudruck *m*, dynamischer Druck *m*
dynamic rigidity dynamische Steifigkeit *f*
dynamic shear modulus dynamischer Gleitmodul *m*
dynamic shear rheometer dynamisches Scherrheometer *n*
dynamic similarity dynamische Ähnlichkeit *f*
dynamic stability dynamische Stabilität *f (Industriebau)*
dynamic stiffness dynamische Steifigkeit *f*
dynamic strength Schwing(ungs)festigkeit *f*, dynamische Festigkeit *f*, Erschütterungsfestigkeit *f*
dynamic stress dynamische Belastung *f*; Schwingspannungen *fpl*
dynamic subgrade reaction *(Erdb)* dynamische Bettungsziffer *f*
dynamic test dynamische Untersuchung *f*
dynamic triaxial test *(Erdb)* dynamischer Triaxialversuch *m*
dynamic viscosity dynamische Zähigkeit *f*, dynamische Viskosität *f*
dynamics Dynamik *f*
dynamite *v* **off** lossprengen *(Gestein)*
dynamite Dynamit *n*
dynamiting Dynamitsprengung *f*
dynamometer dynamisches Kraftmessgerät *n*
dyostyle *s.* distyle

E

eagle Ziergiebel *m (griechische Baukunst)*
eagle capital Adlerkapitell *n*
eaglewood Calambakholz *n (Tropenholz)*
ear 1. Öse *f*; 2. *(San)* Lasche *f*

earliest event occurrence time frühester Beginn *m* *(z. B. von Bauabschnitten)*; frühester Termin *m* der Arbeiten *(Netzplantechnik)*
early baroque *(Arch)* Frühbarock *m*
early completion bonus Beschleunigungsvergütung *f*, Zuschlagsumme *f* für vorzeitige Fertigstellung *f*
early curing period Frühnachbehandlungszeit *f*
early failure Anfangsfehler *m*; Frühausfall *m*
early finish time frühester Endtermin *m (Netzplantechnik)*
early high stability Frühhochstandfestigkeit *f*
early life Anfangs...
early life high strength Frühhochfestigkeit *f*
early life skid resistance *(Verk)* Anfangsgriffigkeit *f*
early loading Anfangsbelastung *f*, Erstbelastung *f*
early stage Frühstadium *n*
early-stage cracking frühzeitige Rissbildung *f*
early start time 1. frühester Anfangstermin *m (Netzplantechnik)*; 2. erster planmäßiger Arbeitstag *m* einer Bauaktivität
early stiffening Früherstarrung *f*, vorzeitiges Abbinden *n (von Beton)*
early strength Frühfestigkeit *f*, Anfangsfestigkeit *f*, Dreitagefestigkeit *f (Beton)*
early warning system Frühwarnsystem *n*
early wood Früh(jahrs)holz *n*
early work *(Arch)* Frühwerk *n*
Early Christian architecture frühchristliche Baukunst *f (sakral)*
Early English style englische Frühgotik *f*, frühe englische Gotik *f (etwa 1180–1270)*
Early French Gothic style französische Frühgotik *f*
Early German baroque deutsches Frühbarock *n*
Early Gothic Frühgotik *f*
Early Renaissance Frührenaissance *f*
Early-Roman frühromanisch
Early-Romanesque architecture frühromanische Architektur *f*
earnings 1. Gewinn *m*, Gewinnspanne *f*; 2. Verdienst *m*, Ertrag *m*
earth *v (El)* erden, an Erde legen
earth *v* **up** ausgleichen, ausfüllen; anhäufen
earth 1. Erde *f*, Erdboden *m*, Erdreich *n*, Boden *m*, Grund *m*; Erdstoff *m*; 2. *(El)* Erde *f*, Masse *f*
earth anchor Erdanker *m*
earth auger Erdbohrer *m*, Tellerbohrer *m (meist über 200 mm Durchmesser)*
earth bank Erddamm *m*, Erdwall *m*, Schüttdamm *m*, Wall *m*
earth bar *(El)* Erdungsschiene *f*, Erdungsstab *m*
earth body Erdkörper *m*
earth borer Erdbohrer *m*, Sondiereisen *n*
earth bus *(El)* Erdsammelleitung *f*
earth clamp *(El)* Erdungsschelle *f*, Masseschelle *f*
earth colour Erdfarbe *f*
earth column *(Bod)* Erdpyramide *f*, Erdpfeiler *m*
earth compacting equipment Bodenverdichtungsgerät *n*
earth compaction Erdstoffverdichtung *f*
earth-continuity conductor *(El)* Erdungsleitung *f*
earth conditions Bodenverhältnisse *npl*
earth conductor *(El)* Erdleiter *m*
earth connection *(El)* Erdleitung *f*, Erdverbindung *f*, Erdung *f*
earth consolidation Erdstoffsetzung *f*, natürliche Bodenverfestigung *f*
earth construction Erdkonstruktion *f*
earth contact Erdkontakt *m*
earth covering Überschüttung *f*, Erdabdeckung *f (Leitungen)*
earth current Erdstrom *m*
earth dam Erd(schütt)damm *m*, Erdwall *m*
earth dam embankment Erdkörper *m*
earth densification künstliche Bodenverdichtung *f*
earth depot Seitenablage *f*, Erdlager *n*
earth displacement Erdbewegung *f*, Bodenbewegung *f*, Erdbewegungsarbeiten *fpl*
earth drill Erdspiralbohrer *m*
earth electrode *(El)* Erder *m*, Erdelektrode *f*
earth fault *(El)* Erdschluss *m*
earth fill Erdaufschüttung *f*
earth fill dam Erd(schütt)damm *m*
earth flow Bodenfließen *n*, Erdfließen *n*
earth heat Erdwärme *f*
earth hummock Frosthebung *f*
earth improvement Baugrundverbesserung *f*
earth-leakage fault *(El)* Erdschluss *m*, Masseschluss *m*
earth-leakage protection *(El)* Erdschlussschutz *m*
earth line Grundleitung *f*
earth load *(AE)* Erddruck *m*
earth mass Erdmasse *f*
earth materials laboratory Erdbaulabor *n*
earth-moist erdfeucht
earth-moist concrete erdfeuchter Beton *m*
earth-moist-used mortar erdfeucht verarbeiteter Mörtel *m*
earth movement [moving] Erd(stoff)bewegung *f*, Bodenbewegung *f*; Erdbewegungsarbeiten *fpl*, Erdarbeiten *fpl*
earth moving machine Erdbewegungsmaschine *f*
earth moving plant Erdbewegungsmaschinen *fpl*
earth pigment Erd(stoff)pigment *n*; Erdfarbe *f*
earth pillar *(Bod)* Erdpyramide *f*, Erdpfeiler *m*
earth pitch Naturasphalt *m*, Erdpech *n*
earth plate *(El)* Erdungsplatte *f*, Plattenerder *m*
earth pressure Erddruck *m*, Bodendruck *m (horizontal)*
earth pressure at rest Erdruhedruck *m*
earth pressure cell Erddruckmessdose *f*
earth pressure coefficient Erddruckkoeffizient *m*
earth pyramid *(Bod)* Erdpyramide *f*, Erdpfeiler *m*
earth resistance *(El)* Erdwiderstand *m*, Bodenwiderstand *m (Erdung)*
earth resistivity *(El)* spezifischer Erdbodenwiderstand *m (Erdung)*
earth-retaining wall Stützmauer *f*
earth sample Erd(stoff)probe *f*
earth science Geowissenschaft *f*
earth slide Hangrutsch *m*
earth slip Rutschung *f*, kleiner Erdrutsch *m*; Bergrutsch *m*
earth solidification Bodenverfestigung *f*
earth stabilization Bodenverfestigung *f*, Erdstoffstabilisierung *f*
earth store Erdstoffablagerung *f*, Seitenablage *f*
earth structure Erdbauwerk *n*
earth subgrade Erdplanum *n*, Untergrund *m*
earth subsidence Erdfall *m*
earth table Bodenschicht *f*
earth-work *s.* earthwork
earthen mound Erdhügel *m*
earthenware Tonbrennware *f (glasiert oder unglasiert)*; Steingut *n*; Grobkeramik *f*
earthenware cable cover Keramikkabelabdeckstein *m*
earthenware filter pipe Steingutfilterrohr *n*
earthenware mosaic Steingutmosaik *n*
earthenware pipe Tonrohr *n*, Steingutröhre *f*
earthenware tile Tonfliese *f*
earthenware tile pavement Plattenbelag *m* aus Tonfliesen
earthing *(El)* Erdung *f*
earthing conductor *(El)* Erdungsleiter *m*
earthing contact *(El)* Erdungskontakt *m*
earthing field Erdungsfeld *n*
earthing material *(El)* Erdungsmaterial *n*
earthing plate *(El)* Erdungsplatte *f*

earthing resistance *(El)* Ableitungswiderstand *m*, Erdableitwiderstand *m*, Erdungswiderstand *m*, Erdausbreitungswiderstand *m*
earthing rod *(El)* Erdungsstab *m*
earthing system *(El)* Erdungsanlage *f*, Erdungssystem *n*
earthmoving (work) Erdbewegungsarbeiten *fpl*, Erdbewegung *f*
earthquake Erdbeben *n*
earthquake bracing erdbebensichere Aussteifung *f*
earthquake construction erdbebensicheres Bauen *n*
earthquake engineering Erdbebentechnik *f*
earthquake forces Erdbebenkräfte *fpl*
earthquake load Erdbebenbelastung *f*, seismische Belastung *f*, Erdbebenbeanspruchung *f*
earthquake observatory Erdbebenwarte *f*
earthquake oscillation Erdbebenerschütterung *f*
earthquake-proof buildings erdbebensichere Bauten *mpl*
earthquake region Erdbebengebiet *n*, Erdbebenzone *f*
earthquake resistance Erdbebensicherheit *f*
earthquake-resistant erdbebensicher
earthquake-resistant construction method erdbebensichere Bauweise *f*
earthquake scala Erdbebenskala *f*
earthquake shock Erdbebenstoß *m*
earthquake vibration Erdbebenerschütterung *f*
earth's attraction Erdanziehung *f*
earth's surface Erdoberfläche *f*
earthwork 1. Erdbau *m*, Erd(bau)arbeiten *fpl*; 2. Erdwall *m*; 3. *(Verk)* Unterbau *m*
earthwork and foundations Grundbau *m*
earthwork construction Erdbau *m*
earthwork dam *(Wsb)* Erdschüttstaudamm *m*
earthworking machinery Erdbaumaschinen *fpl*
earthy 1. erdig, Erd...; 2. erdfarben
earthy lime erdiger Kalk *m*
earthy marl Mergelerde *f*
earthy odour erdiger Geruch *m*, Erdgeruch *m*
earthy turf Erdtorf *m*
ease *v* 1. *(Stat)* entlasten, (er)leichtern; 2. lockern; 3. *(Bod)* lösen; 4. abrunden, ausrunden *(Ecken)*
ease of installation leichtes Verlegen *n*
eased edge leicht abgerundete Ecke *f*
easel-picture *(Arch)* Staffeleigemälde *n*
easement 1. Wohnrecht *n*, Unterkunftsrecht *n*; 2. Grunddienstbarkeit *f*; 3. *s.* easement curve; 4. vertikale Abrundung *f (des Handlaufs)*
easement curve Übergangskurve *f*
easement on real estate Grunddienstbarkeit *f (juristisch: Belastung eines Grundstücks zugunsten eines anderen)*
easily accessible leicht zugänglich
easily catching fire leicht entzündbar
easily set on fire leicht entzündbar
easily volatilized leichtflüchtig
easily workable leicht bearbeitbar
easing 1. *(Stat)* Entlastung *f*; 2. Lockern *n*; 3. *(Bod)* Lösen *n*; Entfernen *n (z. B. von Material)*; 4. Abrunden *n*
easing of a bend *(Verk)* Abflachung *f* einer Krümmung
easing wedges Schalungskeile *mpl*
east end *(Arch)* Ostseite *f (Kirche)*
east orientation Ostorientierung *f (Bauwerksstellung)*
eastern chapel Ostkapelle *f (Sakralbau)*
eastern hemlock Nordamerikanische Hemlocktanne *f*
eastern quire Ostchor *m*
Eastern method *(AE)* rationelles [zweihändiges] Mauern *n*
easy-go-lightly building schlechter [schludriger] Bau *m*, mangelhaft ausgeführtes Gebäude *n*
easy stair bequeme Treppe *f*
easy-to-finish loft ausbaufähiges Dachgeschoss *n*, ausbaufähiger Dachraum *m*
easy-to-spread ausstreichbar *(Anstrich)*
eat *v* anfressen, oberflächlich zerstören, angreifen
eat *v* **away** abtragen, fressen; korrodieren
eat *v* **into** sich einfressen
eat *v* **through** durchfressen *(Korrosion)*
eat-in kitchen *(AE)* Essküche *f*
eating away Abtragung *f*, Abtrag *m*, Korrosionsabtrag *m*
eaves Traufe *f*, Dachtraufe *f*, Dachgesims *n*, Dachfuß *m*, Trauffuß *m*, Fuß *m*
eaves board Traufbohle *f*, Traufbrett *n*; Aufschiebling *m*
eaves channel Fußbalkenauflagerinne *f*, Mauerkopfnut *f*
eaves cornice Traufgesims *n (unter der Treppe)*
eaves course Schindelfußreihe *f*, Fußlage *f*, Trauf(stein)lage *f*
eaves fascia Gesimsbrett *n*, Traufkastenschließbrett *n*
eaves flashing Traufendeckblech *n*, Traufen(abschluss)blech *n*, Traufanschluss *m*
eaves-fronted house Traufen(ansichts)haus *n*, Haus *n* mit Traufe nach vorn
eaves gutter vorgehängte Dachrinne *f*; ausgebohrte Holzrinne *f*
eaves height Traufhöhe *f*
eaves lath Saumlade *f*, Saumlatte *f*
eaves moulding Traufkante *f*
eaves overhang Dachüberstand *m*, Dachübersteck *m*
eaves plate Fußsparrenträger *m*, Fußbalken *m* der Dachsparren; Sparrenschwelle *f*
eaves projection Traufenüberhang *m*
eaves purlin Fußpfette *f*
eaves rainwater gutter (vorgehängte) Dachrinne *f*, Regenrinne *f*
eaves slate Traufstein *m*
eaves tile Traufziegel *m*
eaves trough Ablaufrinne *f*, (vorgehängte) Dachrinne *f*, Wasserrinne *f*
ebb generation Ebbekrafterzeugung *f*
ebb(-tide) Ebbe *f*
ebonite Ebonit *n*, Hartgummi *m*
ebonize *v* schwarz beizen, schwärzen *(Holz)*; ebenholzartig streichen
ebony Ebenholz *n*
eccentric exzentrisch, außermittig, ausmittig
eccentric action of force außermittige Krafteintragung *f*
eccentric bolt Drehriegel *m*
eccentric load exzentrische Last *f*
eccentric tendon trajektorförmiges Spannglied *n*
eccentrical *s.* eccentric
eccentricity 1. Exzentrizität *f*, Außermittigkeit *f*, exzentrische Lage *f*; 2. Außermittemaß *n*; 3. Schlag *m (z. B. eines Seils)*; Rundlauffehler *m*
ecclesiastical building Sakralgebäude *n*, Sakralbau *m*
échauguette *(Arch)* Scharwachturm *m*
echelon Stufung *f*, Staffelung *f*, Gliederung *f* • **in echelon** gestaffelt
echelon arrangement staffelförmige Anordnung *f*
echeloned staffelförmig, stufenförmig
echinus *(Arch)* Echinus *m*, Säulenwulst *m (griechische dorische Ordnung)*
echo Echo *n*, Widerhall *m*, Nachhall *m*
echo prospecting *(Bod)* Echoschürfung *f*
echogram *(Bod)* Echogramm *n*
eclecticism Eklektizismus *m (historisches Stilelementgemisch, neuzeitlich angewandt)*
electric structure elektrisches Bauwerk *n*, Elektrogebäude *n*
eclogite Eklogit *m*; Eklogitgestein *n*
ecological ökologisch

ecological art *(Arch)* ökologische Kunst *f*
ecological damage ökologischer Schaden *m*, Umweltschaden *m*
ecological architecture ökologische Architektur *f*
ecological balance ökologisches Gleichgewicht *n*
ecological factor Umweltfaktor *m*, ökologischer Faktor *m*
ecological map Vegetationskarte *n*
ecological menace Umweltgefahr *f*
ecological planning Umweltplanung *f*
ecological relief Umweltentlastung *f*
ecological system Ökosystem *n*
ecologically beneficial umweltfreundlich
ecologically desirable umweltfreundlich
ecologically harmful umweltfeindlich
ecologically undesirable umweltfeindlich
ecology Ökologie *f*
economic ökonomisch, wirtschaftlich
economic batch size ökonomische Losgröße *f (eines Bauloses)*
economic capacity wirtschaftliche Leistungsfähigkeit *f*
economic efficiency Wirtschaftlichkeit *f*
economic feasibility study Wirtschaftlichkeitsuntersuchung *f*
economic height wirtschaftliche Höhe *f*
economic policy Wirtschaftspolitik *f*
economic rent kostendeckende Vermietung *f (auch für alle anfallenden Unterhaltungskosten)*
economic viability Wirtschaftlichkeit *f*, Rentabilität *f*
economical wirtschaftlich, sparsam
economical geology angewandte Geologie *f*, Wirtschaftsgeologie *f*
economical of space Raum sparend
economically justifiable wirtschaftlich vertretbar
economics Volkswirtschaft *f*
economics calculation Wirtschaftlichkeitsberechnung *f*
economics of transportation Verkehrswirtschaft *f*
economizer *(HLK)* Abgasvorwärmer *m*, Ekonomiser *m*, abgasbeheizter Speisewasservorwärmer *m*; Luftvorwärmansatz *m*
economy Wirtschaft *f*, Wirtschaftlichkeit *f*, Sparsamkeit *f*
economy brick *(AE)* Ziegel *m (100 × 100 × 200 mm)*
economy of materials Materialeinsparung *f*
economy price Sparpreis *m*
economy wall *(AE)* 100mm-Wand *f* mit Wandpfeiler *(als Tragewand)*
ecosystem Ökosystem *n*, ökologisches System *n (Landschaftsplanung)*
ecotone Ökoton *m*, Randbiotop *m*, Saumbiotop *m (Grenzbereich zwischen zwei Landschaften)*
eddy *v* wirbeln, strudeln
eddy *v* **out** *(Wsb, Erdb)* auskolken
eddy 1. Wirbel *m*, Strudel *m*; 2. *(Wsb)* Kolkwirbel *m*
eddy current Wirbelströmung *f*
eddy current method Wirbelstromverfahren *n (Anstrichschichtdickenbestimmung)*
eddy flow Wirbelströmung *f*
eddy wind *(San)* Fallwind *m*, Fallluft *f*
eddying Wirbelung *f*
edge *v* 1. (ab)kanten, eine Kante abschrägen, beschneiden; besäumen *(Holz)*; bestoßen; 2. bördeln *(Bleche)*; 3. einfassen, einsäumen
edge-bend *v* abkanten
edge Kante *f*, Rand *m*; Körperkante *f*; Schneide *f* • **on edge** hochkant • **with round edges** rundkantig • **with sharp edges** scharfkantig
edge action Kantenwirkung *f*
edge angle Kantenwinkel *m*
edge beam Randbalken *m*, Randträger *m*
edge-bedded senkrecht zur Schichtung gesetzt *(Naturstein)*
edge break Kantenabbruch *m*
edge camber Kantenwölbung *f*
edge clearance Rahmenfreiheit *f (einer Füllung)*
edge compression Randpressung *f*
edge condition Randbedingung *f*
edge course Rollschicht *f*, hochkantige Ziegellage *f*, Hochkantschicht *f (eines Mauerwerks)*
edge coverage Kantendeckung *f*
edge crack Kantenriss *m*, Querriss *m (von der Kante her einreißend)*; Randriss *m*
edge depression drop-off *(Verk)* Setzungsstufenbildung *f* am Fahrbahnrand
edge drop-off *(Verk)* Stufenbildung *f* am Fahrbahnrand
edge design Randausbildung *f*
edge distance Randabstand *m*
edge effect Randeffekt *m*, Kanteneffekt *m*, Randwirkung *f*
edge element Randglied *n*, Randelement *n (Statik)*
edge fastness Kantenfestigkeit *f*
edge force Randkraft *f*
edge form Kantenformteil *n*, Randform *f*
edge girder Randträger *m*
edge-glued core schichtgeleimter Türfüllungskern *m*
edge-grained schräggeschnitten *(Holz)*
edge horizontal member Randriegel *m*
edge joint 1. Parallelstoß *m*, Längsmaserungsstoß *m*; 2. Randfuge *f*; 3. Stirnstoß *m (Schweißen)*
edge jointing of veneer Furnierfügen *n*
edge jointing veneer Passfurnier *n*
edge lattice beam Randgitterträger *m*
edge load Randlast *f*
edge loaded randbelastet, kantenbelastet
edge marking *(Verk)* Seitenmarkierung *f*, Randmarkierung *f*, Randlinie *f*
edge moulding Kantenformung *f*, Kantenkehlung *f*, Randverzierung *f*; Türrandgestaltung *f*
edge nailing verdeckte Nagelung *f* [Dielennagelung *f*]
edge of embankment Dammkante *f*, Böschungskante *f*
edge of wall Mauerkante *f*
edge perturbation *(Stat)* Randstörung *f*
edge plate Türkantenschoner *m*
edge pressure Kantenpressung *f*
edge protection Kantenschutz *m*
edge protection guard Kantenschutzleiste *f*, Eckschutzleiste *f*
edge pull Zuggriff *m (Schiebetür)*
edge purelin Randpfette *f*
edge radiusing Kantenverrunden *n*
edge rafter Freisparren *m*, Randsparren *m*
edge region Randbereich *m*
edge reinforcement Randbewehrung *f*
edge restraint Rückenstütze *f (z. B. Bord)*
edge sealing Randabdichtung *f*, Kantendichtung *f*
edge section Randabschnitt *m*
edge-shot plan an der Kante; gerade (geschnitten) *(Holz)*
edge-stiffened randversteift, randverstärkt
edge stiffening Randaussteifung *f*, Randversteifung *f*
edge stone Kantstein *m*, Randstein *m*
edge stress *(Stat)* Randspannung *f*, Kantenspannung *f*
edge strip 1. *(Verk)* Randstreifen *m*; 2. Umleimer *m (Holz)*
edge tool Schnittwerkzeug *n*
edge trim Randprofil *n*, Kantenprofil *n*, Einfassungsprofil *n*, Abschlussprofil *n*
edge unit *s.* edge trim
edge trimmer Kantenhobel *m*
edge vent Entlüftungsöffnung *f*, Entwässerungsöffnung *f (Dach)*
edger 1. Betonkantenformer *m*, Kantenformkelle *f*, 2. *(Hb)* Kantenhobel *m*
edgewise hochkant

edgewise placing Hochkantstellen *n*
edging 1. Randeinfassung *f*, Kantenschutzleiste *f*, Randverzierung *f*; 2. Beschneiden *n (von Kanten)*; Kantenformung *f*, Kantenbehandlung *f*, Kantenabrundung *f (Beton)*; Besäumen *n (von Holz)*; 3. Abrunden *n*; 4. Wegeinfassung *f*, Abschluss *m*; 5. Aufbringen *n* eines Kantenschutzanstriches
edging board Blende *f*, Dachabschlussblende *f*, Dachrandprofil *n*, Dachblendleiste *f*
edging strip Kantenschutzleiste *f*, Fußblech *n*
edging trowel *s.* edger 1.
edicula *s.* aedicula
edifice Großgebäude *n*, *(speziell)* imposantes Bauwerk *n*, Monumentalbau *m*
edify *v* (auf)bauen, errichten, montieren *(Großelemente)*
edition Ausgabe *f*
educational building Ausbildungsgebäude *n*
educational occupancy Nutzung *f* für Bildungszwecke
educt Zersetzungsprodukt *n (Baustoffe)*
eduction Abzug *m (z. B. für Dampf)*
eduction pipe Abzugsrohr *n*, Auslassrohr *n*
eelgrass Seegras *n (für Dämmzwecke)*
eelladder Aalleiter *f*
effect *v* bewirken, Auswirkung haben
effect Wirkung *f*, Auswirkung *f*
effect of continuity *(Stat)* Durchlaufwirkung *f*
effect of creep Kriecheinwirkung *f*
effect of frost Frosteinwirkung *f*
effect of gravity Schwerkraftwirkung *f*
effect of light Lichteinwirkung *f*
effect of shrinkage Schwindeinfluss *m*
effective 1. wirksam; gültig; 2. effektiv, nutzbar; mittragend; 3. effektiv, tatsächlich
effective arch span Bogenstützweite *f*
effective area Nutzfläche *f*, wirksame Fläche *f*
effective area of reinforcement effektiver Bewehrungsquerschnitt *m*, Nutzquerschnitt *m*
effective bond Mauerverband *m* mit Schlussstein
effective capacity Nutzleistung *f*
effective cross section *(Stat)* wirksamer Querschnitt *m*
effective depth Wirkungshöhe *f*, Nutzhöhe *f (Stahlbeton)*
effective depth of slab wirksame Plattenhöhe *f*
effective direction Wirkungsrichtung *f*
effective fraction Nutzanteil *m*
effective grain size wirksame Korngröße *f*
effective head Druckhöhe *f*, nutzbares Gefälle *n*
effective height 1. Schornsteinoptimalhöhe *f (Zugwirkung)*; 2. Knicklänge *f*
effective height of a column Säulenknicklänge *f (Stütze)*
effective lane occupancy grundlegende Spurenbelegung *f (Straße)*
effective length *(Stat)* effektive Strebenlänge *f*, Knicklänge *f*
effective opening effektiver Mindestdurchflussquerschnitt *m*
effective overburden pressure *(Bod)* effektiver Belastungsdruck *m (überlagernder Schichten)*
effective pore volume wirksamer Porenraum *m*, auffüllbarer Porenanteil *m*
effective porosity offener Porenraum *m*, wirksamer Porenraum *m*, offene Porosität *f*
effective pressure Nutzdruck *m*
effective prestress tatsächliche [wirksame] Vorspannung *f (Stahlbeton)*
effective reinforcement tatsächlich beanspruchte Bewehrung *f*
effective section wirksamer Querschnitt *m*
effective separating size Trennkorngröße *f*
effective slab width mitwirkende Plattenbreite *f*
effective sound pressure effektiver Schalldruck *m*
effective span Auflagermittelpunktsabstand *m*, rechnerische Spannweite *f* [Stützweite *f*]
effective span-length ratio Stützweitenverhältnis *n*
effective stress 1. wirksame Spannung *f (der Spannglieder)*; 2. Berührungsdruck *m*, Kontaktdruck *m*
effective temperature Wahrnehmungstemperatur *f*, spürbare Temperatur *f (meist ungleich der gemessenen)*
effective width mittragende Breite *f*, wirksame Breite *f (Stahlbeton)*
effectiveness Effektivität *f*, Wirksamkeit *f*
effectiveness of inhibition Inhibitorwirksamkeit *f (Korrosion)*
effervesce *v* schäumen, aufwallen *(Bindemittel)*
effervescence Schäumen *n*, Aufwallen *n (Bindemittel)*
efficacy Wirksamkeit *f*
efficiency Wirksamkeit *f*, Nutzeffekt *m*; Wirkungsgrad *m*; Leistungsfähigkeit *f*, Leistungsvermögen *n*; Fähigkeit *f*, Tüchtigkeit *f*
efficiency apartment *(AE)* Kleinappartement *n*, Kleinwohnung *f*, *(meist)* Einraumwohnung *f*
efficiency factor Wirkungsgrad *m*
efficiency of action Wirkungsgrad *m*
efficient height Nutzhöhe *f*
effigy Bildnis *n (Skulpturarbeit)*
effloresce *v* ausblühen, aussalzen, ausschlagen, auskristallisieren; auswittern *(Mauerwerk, Beton)*
efflorescence Effloreszenz *f*, Ausblühung *f (Mauerwerk, Beton)*; Auswitterung *f*, Mauerfraß *m*, Salpeterfraß *m*
efflorescence of gypsum Gipsausblühung *f*
efflorescence of salt Salzausblühen *n*, Auskristallisieren *n*, Aussalzen *n*
efflorescence resistance Ausblühbeständigkeit *f*, Auskristallisationsbeständigkeit *f*
efflorescence test Ausblühprüfung *f*, Auskristallisationsprüfung *f*, Auswitterungsprüfung *f*
efflorescent effloreszierend, ausblühend; ausblühfähig
efflorescent-proof ausblühsicher, ausblühbeständig, auskristallisationsbeständig
efflorescent salt Ausblühsalz *n*
effluence 1. Ausfließen *n*, Ausströmen *n*, Abfluss *m*; 2. *s.* effluent
effluent 1. Abfluss *m*, ablaufende [abfließende] Flüssigkeit *f*, Ausfluss *m*; 2. abzuleitendes Abwasser *n*
effluent channel Abflussgraben *m*, Ablaufkanal *m*
effluent charge Abwasserabgabe *f (in den Kanal, in die Kläranlage)*
effluent disposal Abwasserbeseitigung *f*
effluent monitor Emissionsüberwachungsgerät *n* für Abwasser
effluent sewer Abwasserkanal *m*, Abflusskanal *m*
effluent sludge Abwasserschlamm *m*
effluent slurry Abwasserschlamm *m*
effluent standard Einleitungsstandard *m*, Einleitungsnorm *f*
effluent (waste-)water Abwasser *n*, Klärwasser *n*
effluent weir *(Wsb)* Überlaufwehr *n*
efflux Ausfluss *m*, Abfluss *m*; Ausflussmenge *f*, Abflussmenge *f*
effort 1. Beanspruchung *f*, Inanspruchnahme *f*; 2. Aufwand *m*
effusive effusiv
effusive rock Ergussgestein *n*, Effusivgestein *n*
egg and dart Eierstab *m (Ornament)*
egg and dart moulding Eierstabornament *n*, Ei- und Zungenverzierung *f*
egg and tongue *s.* egg and dart
egg-shaped eiförmig
egg-shaped concrete pipe Betoneiprofilrohr *n*, Betonrohr *n* mit Eiprofil, Eiprofilbetonrohr *n*

egg-shaped cross section eiförmiger Querschnitt *m*
egg-shaped pipe Eiprofilrohr *n*
egg-shaped profile Eiprofil *n*
egg-shaped section *s.* egg-shaped cross section
eggcrate diffuser eierwabenförmiger Lichtstreuvorsatz *m*, Eierwabenvorsatz *m (in Leuchten)*
eggcrate louvre Luftschlitzöffnung *f* mit Eierwabenausbildung
eggshell mattglänzend
eggshell Mattglasur *f*; Eierschalentextur *f*
eggshell gloss Eierschalen(matt)glanz *m*, halbglänzender Anstrich *m*, mattglänzender Farbanstrich *m*
eggshell paint Eierschalanstrich *m*
eggshelling Putzrisse *mpl*
egress Ausgang *m (aus einem Gebäude)*
egress channel Ausfahrtsrinne *f (Hafen)*
egress of heat Wärmeaustritt *m*
Egyptian architecture ägyptische Architektur *f*, ägyptische Baukunst *f*
Egyptian gorge ägyptische Hohlkehlenausbildung *f*
eiconagon *s.* eicosagon
eicosagon *(Arch)* Zwanzigeck *n*, Eikosanoid *n*
eigenstress Eigenspannung *f*
eight columned achtsäulig
eight-pointed achtzackig
eight-sided achtseitig
eight-sided building Achteckgebäude *n*, achteckiges Gebäude *n*
eight-sided ground plan Achteckgrundriss *m*
eject *v* 1. auswerfen, ausschleudern, ausstoßen; 2. hinauswerfen, zwangsräumen *(Pächter, Mieter)*; 3. entlassen, entfernen *(Personal)*
ejectment (zwangsweise) Räumung *f*
ejector Druckwasserstrahlpumpe *f*, Saugstrahlpumpe *f*, Sumpfpumpe *f*; Abwasserhebepumpe *f*
ejector grille Ausströmgrill *m*, Austrittsgrill *m (Klimaanlage)*
ekistics Siedlungswesen *n*
elaborate *v* detailliert ausarbeiten, sorgfältig vervollkommnen
elaborate *(Arch)* kunstvoll ausgeführt, in allen Einzelheiten vollendet
elaborately *(Arch)* sorgfältig, bis ins Einzelne, mit Genauigkeit
elaeothesium *(Arch)* Salbraum *m (eines römischen Bades)*
elastic 1. elastisch, elastisch verformbar; dehnbar; 2. elastisch, federnd • **be elastic** *(Hb)* federn
elastic after-effect Elastizitätshysterese *f*, elastische Nachwirkung *f*
elastic analysis elastische Tragwerksberechnung *f*, Schnittkraftberechnung *f* mittels Elastizitätstheorie
elastic arch elastischer Bogen *m (entworfen nach der Elastizitätstheorie)*
elastic bearing federnde Auflagerung *f*, elastisches Auflager *n*
elastic bending elastische Durchbiegung *f*, Biegung *f* im elastischen Bereich
elastic body elastischer Körper *m*
elastic buckling elastisches Knicken *n*
elastic centre method elastisches Schwerpunktverfahren *n*
elastic compound elastische Masse *f*
elastic compression elastischer Druckbereich *m*
elastic constant Elastizitätskonstante *f*
elastic cracking strain elastische Rissdehnung *f*
elastic curve Elastizitätslinie *f*, Biegelinie *f*
elastic deflection elastische Durchbiegung *f*
elastic deformation elastische Deformation *f* [Formänderung *f*]
elastic design *s.* elastic analysis
elastic end-restraint elastische Einspannung *f*
elastic frame elastischer Rahmen *m*
elastic impact elastischer Stoß *m*
elastic joint sealing compound elastische Fugen(dicht)masse *f*
elastic limit Elastizitätsgrenze *f*
elastic limit for compression Druckelastizitätsgrenze *f*
elastic limit for tension Zugelastizitätsgrenze *f*, Elastizitätsgrenze *f* gegenüber Zug
elastic line elastische Linie *f*
elastic line method Biegelinienverfahren *n (Statik)*
elastic loss Vorspannungsverlust *m* durch elastische Verformung
elastic mass elastische Masse *f*, elastisches Material *n*
elastic method Schnittkraftermittlung *f* nach der Elastizitätstheorie *(Statik)*
elastic modulus 1. Elastizitätsmodul *m*, E-Modul *m*, Young'scher Modul *m*; 2. Widerstandsmoment *n*, Moment *n* dritten Grades
elastic-modulus method *n*-Verfahren *n (Stahlbeton)*
elastic-perfectly-plastic elastisch-perfekt-plastisch
elastic-plastic boundary Elastizitätsgrenze *f*
elastic-plastic deformation elastoplastische Verformung *f*
elastic-plastic method elastisch-plastische Methode *f*
elastic plate elastische Platte *f*
elastic properties elastische Eigenschaften *fpl*
elastic rebound elastische Rückbildung *f*, elastische Rückverformung *f*
elastic recovery elastische Rückverformung *f* [Erholung *f*], elastische Rückstellung *f*, Rückdehnung *f (Baustoffbeanspruchung)*
elastic resistance elastische Tragfähigkeit *f*
elastic shortening elastische Längenverkürzung *f* [Zusammendrückung *f*] *(Beton)*
elastic stability elastische Stabilität *f*, elastisch-räumliche Steifigkeit *f*
elastic strain elastische Dehnung *f*
elastic support elastische Bettung *f* [Lagerung *f*]
elastic supports elastische Stützung *f*
elastic system elastische Konstruktion *f*, elastische Bauweise *f*
elastic theory Elastizitätstheorie *f*
elastic vibration elastische Schwingung *f*
elastic zone elastischer Bereich *m*
elastically bedded elastisch gebettet
elastically fixed elastisch eingespannt
elastically restraint *s.* elastically fixed
elasticity 1. Elastizität *f*, Dehnbarkeit *f*; 2. Federkraft *f*
elasticity condition Elastizitätsbedingung *f*
elasticity equation Elastizitätsgleichung *f*
elasticity in shear Scherelastizität *f*, Schubelastizität *f*
elasticity limit Elastizitätsgrenze *f*
elasticity modulus Elastizitätsmodul *m*, Dehnungsmodul *m*
elasticity of bending Biegeelastizität *f*
elasticity of compression Druckelastizität *f*
elasticity of shearing *s.* elasticity in shear
elasticity theory Elastizitätstheorie *f*
elasticity to the shear stress *s.* elasticity in shear
elasticity to the torsion stress Drehspannungselastizität *f*
elastomer Elastomer(e) *n*
elastomer mass Elastomermaterial *n*
elastomer paste Elastomerpaste *f*
elastomer support Elastomerlager *n*
elastomeric elastomer; gummiartig
elastomeric bearing Gummiauflagerung *f*, Hartgummilager *n*
elastomeric plastic elastomerer [gummiartiger] Kunststoff *m*

elastoplastic elastoplastisch
elastoplastic beam elastisch-plastischer Balken *m*
elastoplastic bending elastisch-plastische Biegung *f*
elastoplastic deformation elastisch-plastische Verformung *f*
elbow Winkelstück *n*, Krümmer *m*, Winkelrohr *n*; Knie *n*, Rohrknie *n*, Bogenstück *n*, Rohrbogen *m*
elbow board Armauflagebrett *n*
elbow catch Schnappschlosseinrichtung *f*
elbow joint *(Rohr)* Kniestück *n*
elbow piece Kniestück *n*, Eckstück *n (eines Rohres)*
elbow pipe Bogenrohr *n*, Schenkelröhre *f*
elbow rail Armauflagebrett *n*
elbow union Winkelverschraubung *f*, Winkelüberwurf *m*
elbowed abgewinkelt
ele *(Arch)* Abseite *f*, Seitenschiff *n (Basilika)*
electoral castle kurfürstliches Schloss *n (in Deutschland)*
electric elektrisch
electric alarm system elektrische Alarmanlage *f*
electric arc gun Lichtbogenspritzpistole *f*
electric arc spraying Lichtbogenspritzen *n*
electric arc welding Lichtbogenschweißen *n*
electric bell Läutewerk *n*
electric blanket Heizmatte *f (Fußboden)*
electric blower Elektrogebläse *n*
electric boiler Elektroheizkessel *m*
electric cable (protection) pipe Kabelschutzrohr *n*
electric cement Elektroschmelzzement *m*
electric circuit Stromkreis *m*
electric conductance elektrische Leitfähigkeit *f*, Leitwert *m*
electric conductivity elektrische Leitfähigkeit *f*
electric conductor Stromleiter *m*
electric convector Elektrokonvektor *m*
electric cooker Elektroherd *m*
electric curing elektrothermale Nachbehandlung *f (von Beton)*
electric current (elektrischer) Strom *m*
electric current consumer Stromabnehmer *m*, Stromkunde *m*
electric drill Elektrobohrgerät *n*
electric driver Elektroramme *f*
electric energy elektrische Energie *f*, Elektroenergie *f*
electric eye Photozelle *f*
electric fixture Elektroleuchte *f*
electric heater Elektroheizgerät *n*, elektrischer Heizkörper *m*
electric heating Elektroheizung *f*, elektrische Heizung *f*
electric heating appliance *s.* electric heater
electric heating ceiling Elektrofußbodenheizung *f*
electric heating element *s.* electric heater
electric heating fabric Elektroheizgewebe *n*; Heizmatte *f (Fußbodenheizung)*
electric illumination elektrische Beleuchtung *f*, Elektrobeleuchtung *f*
electric insulator Elektroisolator *m*
electric lighting system Elektrolichtanlage *f*, elektrische Beleuchtungsanlage *f*
electric lock elektromagnetischer Sperrriegel *m*
electric mains Hauptleitung *f*; Leitungsnetz *n*
electric meter *s.* electric supply meter
electric motor Elektromotor *m*
electric operator Elektroschließeinrichtung *f (z. B. für Fenster, Deckel, Klappen)*
electric panel heater elektrische Flächenheizung *f*, elektrischer Flächenheizkörper *m*
electric potential elektrisches Potenzial *n*
electric potential gradient Potenzialgefälle *n*
electric power requirement Strombedarf *m*, Elektroenergiebedarf *m*
electric radiant heater Elektroradiator *m*, Elektrostrahler *m*
electric rammer Elektrostampfer *m*
electric range Elektroherd *m*
electric riveting elektrisches Nieten *n*
electric screw jack elektrischer Schraubentreiber *m*
electric shock elektrischer Schlag *m*
electric soldering iron Lötkolben *m*
electric space heating elektrische Raumheizung *f*
electric steel Elektrostahl *m*
electric storage water heater Elektroheißwasserspeicher *m*
electric supply line elektrische Anschlussleitung *f* [Versorgungsleitung *f*]
electric supply meter Strom(verbrauchs)zähler *m*, Energieverbrauchszähler *m*
electric underfloor heating system Fußbodenheizung *f*, Fußbodenheizanlage *f*
electric water heater Elektroheißwasserbereiter *m*
electric welding Elektroschweißen *n*, E-Schweißen *n*
electric wiring Elektroverdrahtung *f*
electrical Elektro..., Elektrizitäts...
electrical central heating Elektrozentralheizung *f*
electrical conductivity elektrische Leitfähigkeit *f*
electrical conductivity measurement Leitfähigkeitsmessung *f*
electrical control elektrische Steuerung *f*, elektrische Bedienung *f*
electrical control board Schaltbrett *n*
electrical design Elektroinstallationsplanung *f*
electrical drainage 1. Elektroosmoseentwässerung *f (von Mauerwerk)*, Entwässerung *f* [Entfeuchtung *f*] durch Elektroosmose; 2. Streustromableitung *f*
electrical earthing system Erdungssystem *n*
electrical equipment elektrische Ausrüstung *f* [Einrichtung *f*]; Elektrogeräte *npl*
electrical fireplace Elektrokamin *m*
electrical fitter Elektroinstallateur *m*
electrical heating Elektroheizung *f*
electrical installation Elektroanlage *f*, Elektroinstallation *f*
electrical insulation *(El)* Elektroisolierung *f*, Isolierung *f (durch nicht leitendes Material)*
electrical insulator Elektroisolator *m*
electrical layout Elektroinstallationsplan *m*, Anordnung *f* der Elektroanlage
electrical light gauge Lichtlot *n*
electrical load Anschlussbelastung *f*
electrical loading Anschlusswert *m*
electrical metallic tubing Kabelschutzrohrbauweise *f*
electrical network Elektronetz *n*, elektrisches Netzwerk *n*
electrical output Stromabgabe *f*
electrical porcelain Isolierporzellan *n*, Elektrokeramik *f*
electrical precipitator *(HLK)* Elektrofilter *m*
electrical prestressing Elektrovorspannung *f*
electrical sounding elektrische Sondierung *f*
electrical storage heater Elektrospeicherheizgerät *n*
electrical supply main Elektrohauptleitung *f*, Elektrizitätshauptanschluss *m*
electrical system Elektroanlage *f*, Elt-Installation *f*
electrical wiring Verlegen *n* von Leitungen
electrically elektrisch
electrically conducting elektrisch leitend
electrically driven elektrisch betrieben
electrically heated elektrisch beheizt
electrically lit elektrisch beleuchtet
electrically resistance method Widerstandsmessmethode *f*
electrician Elektriker *m*, Elektroinstallateur *m*
electricity Elektrizität *f*

electricity cable duct Energiekanal *m*
electricity failure Stromausfall *m*
electricity meter *s.* electric supply meter
electricity supply Stromversorgung *f*, Elektrizitätsversorgung *f*
electricity tariff Energietarif *m*, Stromtarif *m*
electro-coating *s.* electrocoating
electro-copper glass method kupferisolierte Feuerfestverglasung *f*
electro tin-plate galvanisch verzinntes Blech *n*
electro zinc-plated galvanisch verzinkt
electroacoustics Elektroakustik *f*
electrochemical elektrochemisch
electrochemical corrosion elektrochemische [elektrolytische] Korrosion *f*, Lokalelementbildung *f*
electrochemical reaction elektrochemische Reaktion *f*
electrochemical strengthening elektrochemische Bodenstabilisierung *f* [Verfestigung *f*]
electrocoating 1. Elektrotauchlackierung *f*, Elektro(phorese)beschichtung *f*; 2. Elektrotauchlackschicht *f*
electrocoating paint film Elektrotauchlackfilm *m*
electrocoating process Elektrotauchlackierverfahren *n*
electrocorrosion Korrosion *f* durch Streuströme
electrode Elektrode *f*, Schweißelektrode *f*
electrodeposit *v* galvanisch abscheiden
electrodeposited paint film Elektrotauchlackierungsfilm *m*
electrodeposition Galvanisierung *f*, galvanisches [elektrochemisches] Abscheiden *n*
electrodeposition primer coat Elektrotauchgrundierung *f*
electrodrill Elektrobohrer *m*
electrogalvanizing galvanisches Verzinken *n*
electrohydraulic elektrohydraulisch
electroless coating chemisches Metallbeschichten *n*, chemisches Metallisieren *n*
electroless deposit chemisch hergestellte Schutzschicht *f*
electroless plate chemisch hergestellte Metallschutzschicht *f*
electrolier *(AE)* Leuchtenhalter *m*; Kronleuchter *m*
electrolyte Elektrolyt *m*
electrolytic elektrolytisch
electrolytic cleaner Reinigungselektrolyt *n*
electrolytic method Elektrolyseverfahren *n*
electrolytic protection elektrolytischer [katodischer] Schutz *m*, galvanischer Korrosionsschutz *m*
electrolytic tin-plate galvanisch verzinntes Blech *n*
electromagnetic railway Magnetschwebebahn *f*
electromotive force elektromotorische Kraft *f*
electron probe Elektronensonde *f (Prüftechnik)*
electronic elektronisch, Elektronen...
electronic beam-curing Elektronenstrahlhärtung *f*, Elektronenstrahltrocknung *f (Anstrich)*
electronic control system elektronisches Überwachungssystem *n*
electronic device elektronisch gesteuertes Gerät *n*, elektronische Einrichtung *f*, elektronisch betätigte Vorrichtung *f*
electronic door elektronisch gesteuerte Tür *f*
electronic policeman elektronische Verkehrsvergehenerfassung *f*, elektronische Verkehrdeliktaufzeichnung *f*
electronic toll ring payment elektronisches Vignettenerfassungssystem *n* eines Autobahnringes
electronic traffic surveillance elektronische Verkehrsüberwachung *f*
electroosmosis Elektroosmose *f*
electroosmotic method Elektro-Osmose-Verfahren *n*
electroosmotic solidification *(Erdb)* elektroosmotische Baugrundverbesserung *f*
electropaint *v* elektrotauchlackieren
electropaint Elektrotauchanstrich *m*
electrophoresis Elektrophorese *f*
electrophoretic paint application elektrophoretischer Anstrichauftrag *m*
electrophosphating Elektrophosphatierung *f (Korrosionsschutz)*
electroplate *v* galvanisieren, galvanisch [elektrochemisch] beschichten
electroplated coating elektrolytische Beschichtung *f*, galvanisierter Überzug *m*
electroplating Galvanisierung *f*, Elektroplattieren *n*
electropolish *v* elektrolytisch polieren, elektropolieren
electropolishing Elektropolieren *n*
electrostatic elektrostatisch
electrostatic air cleaner *s.* electrostatic precipitator
electrostatic application elektrostatisches Auftragen *n (Anstrich)*
electrostatic painting elektrostatisches Lackieren *n*
electrostatic precipitator Elektrofilter *n*, Elektro(staub)abscheider *m*, elektrostatischer Luftreiniger *m*
electrostatic spray painting elektrostatisches Spritzlackieren *n*
electrothermal curing elektrische Nachbehandlung *f (Beton)*
electrothermal pretensioning elektrothermisches Vorspannen *n (Spannstahl)*
electrothermal relay Thermorelais *n*
electrothermic tensioning elektrothermisches Vorspannen *n*
element Element *n*, Glied *n*, Gitterstab *m*, Trägerstab *m*; Füllstab *m*
element buckling Gliedknickung *f*, Stabknickung *f*
element connection Stabanschluss *m*, Gliedanschluss *m*
element cross-section Stabquerschnitt *m*, Gliedquerschnitt *m*
element field Stabfeld *n*, Gliedfeld *n*
element moment Stabmoment *n*, Gliedmoment *n*
element of symmetry Symmetrieelement *n*
element size Stabgröße *f*, Gliedgröße *f*
element slope Stabablenkung *f*, Gliedablenkung *f*
element stress Stabspannung *f*, Gliedspannung *f*
elemental wesentlich
elemental cost analysis wesentliche Kostenanalyse *f*
elementary Elementar..., Anfangs...
elementary bearing structure Elementartragwerk *n*
elementary statics of shells elementare Schalenstatik *m*
elementary structure Elementartragwerk *n*
elemi (resin) Elemi(harz) *n*
elephant trunk chute große Betonierschurre *f* [Betonrutsche *f*]
elevate *v* 1. (an)heben; emporheben; erheben; 2. erhöhen *(z. B. Temperatur)*; 3. beleben
elevated hoch; erhaben
elevated foundation grill hochliegender Pfahlrost *m*
elevated frame Hochrahmen *m*
elevated freeway *(AE)* aufgeständerte Autobahn *f*, Hochstraße *f (kreuzungsfrei)*
elevated heliport Hubschrauber-Dachlandeplatz *m*
elevated highway *(AE)* Hochstraße *f*
elevated pile Stelze *f*, Stelzenstütze *f*
elevated pile foundation Stelzenfundament *n*
elevated railroad *(AE)* *s.* elevated railway
elevated railway Hochbahn *f*, Stadthochbahn *f*
elevated reservoir Hochbecken *n*, Hochspeicher *m (Wasserkraftanlage)*
elevated road Hochstraße *f*

elevated road crossings Brücken *fpl* und Hochstraßen *fpl*; kreuzungsfreier Knoten *m (Straße)*
elevated roadway *s.* elevated road
elevated shore face terrace Strandterrasse *f (Geländeform)*
elevated steel roads Stahlhochstraßen *fpl*
elevated tableland Hochebene *f*
elevated tank Hochbehälter *m*, Hochreservoir *n*
elevated water storage tank Wasserspeicherhochbehälter *m*
elevated water tank Wasserhochbehälter *m*
elevating 1. Heben *n*, Anheben *n*; 2. Baggerarmhub *m*; 3. *s.* elevation 3. und 4.
elevating equipment Hebezeug *n*
elevating grader Pflugbagger *m*
elevating mechanism Hebevorrichtung *f*
elevating platform Hubplattform *f*
elevation 1. Aufriss *m*, Riss *m*, Ansicht *f*; 2. Anhebung *f*, Hochhub *m*; 3. Erhöhung *f (z. B. der Temperatur)*; 4. Erhebung *f*, Bodenerhebung *f*; Hügel *m*; 5. *(Verm)* Kote *f*; 6. Höhe *f* über N.N.
elevation above sea level Höhe *f* über dem Meeresspiegel, Höhe *f* über NN
elevation angle Neigungswinkel *m*; Erhebungswinkel *m*, Höhenwinkel *m*
elevation correction *(Verm)* Höhenkorrektur *f*, Korrektur *f* auf Bezugsniveau
elevation head 1. Lagehöhe *f*, Ortshöhe *f*; 2. Druckhöhe *f*
elevation of ground water Bodenwasseranstieg *m* durch Kapillarwirkung
elevation of temperature Temperaturerhöhung *f*
elevational design Aufrissentwurf *m*
elevational presentation Darstellung *f* im Aufriss
elevational treatment Fassadenbehandlung *f*, Fassadenbearbeitung *f*
elevator *(AE)* 1. Elevator *m*, Höhenförderer *m*, Hebewerk *n*; 2. *(AE)* Aufzug *m*, Lift *m*, Fahrstuhl *m*; 3. *(AE)* Getreidespeicher *m*
elevator cage *(AE)* Fördergestell *n*; Förderkorb *m*
elevator car *(AE)* Förderkorb *m*; *(AE)* Aufzugskorb *m*
elevator car door contact *(AE)* Fahrkorbtürsicherung *f*
elevator door *(AE)* Aufzugstür *f*
elevator dredger *(AE)* Eimerkettenbagger *m*
elevator hoist Kübelaufzug *m (Mischer)*
elevator hoistway Aufzugsschacht *m*
elevator machine beam Aufzugswindenträger *m*
elevator pit *(AE)* Aufzugsschachtgrube *f*
elevator shaft *(AE)* Aufzugsschacht *m*, Fahr(stuhl)schacht *m*
elevator sling Aufzugstragerahmen *m*
elevator tower Gießturm *m (für Beton)*
elevator well *(AE) s.* elevator shaft
elevatoring equipment *(AE)* Fahrstuhlausrüstung *f*
Elgin gravel *(AE)* Elginkies *m (Normalkies in USA für Baustoffprüfung)*
Elgin sand *(AE)* Elginsand *m (Normalsand in USA für Baustoffprüfungen)*
eliminate *v* 1. beheben *(Schaden)*; beseitigen *(Fehler)*; 2. eliminieren, aussondern *(bes. mathematisch)*
eliminating determinant Eliminationsdeterminante *f*
elimination Eliminierung *f (bes. mathematisch)*
elimination test Auswahlprüfung *f*
elimination of defects Schadensbehebung *f*; Fehlerbeseitigung *f*
eling *(Arch)* Abseite *f*, Seitenschiff *n (Basilika)*
ell 1. *(AE)* rechtwinkliger Seitenflügel *m*; 2. Rohrbogen *m*; 3. *s.* elbow
ell-beam L-förmiger Balken *m*, einseitiger Plattenbalken *m*
ellipse Ellipse *f*
ellipse of inertia Trägheitsellipse *f*
ellipsoid of inertia Trägheitsellipsoid *n*
ellipsoid of rotation Rotationsellipsoid *n*
ellipsoid vault ellipsoidisches Gewölbe *n*
ellipsoidal ellipsoidisch
ellipsoidal basalt Kugelbasalt *m*
ellipsoidal lava Kugellavaablagerung *f*, Pillowlavaablagerung *f (Gestein)*
ellipsoidal shell Ellipsoidschale *f*
ellipsometric ellipsometrisch
ellipsometry Ellipsometrie *f (Oberflächenuntersuchung)*
elliptical elliptisch, Ellipsen...
elliptical arch Ellipsenbogen *m*
elliptical column Ellipsensäule *f*, elliptische Säule *f*
elliptical concrete pipe elliptisches Betonrohr *n*
elliptical cross-section Ellipsenquerschnitt *m*, elliptischer Querschnitt *m*
elliptical curvature elliptische Krümmung *f*
elliptical dome Kuppelgewölbe *n* über elliptischem Raum
elliptical function elliptische Funktion *f*, Ellipsenfunktion *f*
elliptical roof Ellipsendach *n*
elliptical stair elliptisch gewendelte Treppe *f*
elliptical vault Ellipsengewölbe *n*
elm 1. Bergrüster *f*, Ulme *f*; 2. *s.* elm wood
elm wood Rüsterholz *n*
elongate *v* verlängern, (aus)dehnen, strecken; sich verlängern
elongate länglich, lang und dünn, in die Länge gezogen
elongated verlängert, ausgedehnt, gestreckt; lang
elongated aggregate grain *s.* elongated piece
elongated hole Langloch *n*
elongated piece spießiges Zuschlagstoffkorn *n*
elongation 1. Streckung *f*, Dehnung *f*, Längung *f*, Längenzunahme *f*, Verlängerung *f*; 2. Bruchdehnung *f*
elongation at break Bruchdehnung *f*
elongation at failure Bruchdehnung *f*
elongation at rupture Bruchdehnung *f*
elongation due to pull [tension] Längenänderung *f* durch Zug
elongation limit Dehnungsgrenze *f*
elongation line Dehnungslinie *f*
elongation modulus Elastizitätsmodul *m*, E-Modul *m*
elongation of cracks Rissausweitung *f*
elongation rupture Bruchdehnung *f*
elongation strain Längsdehnung *f*
elongation test Zugprüfung *f*
elucidate *v* erläutern, erklären
eluent Eluat *n (herausgelöste Substanz)*
elution 1. Elution *f*, Eluieren *n*, Herauswaschen *n*; Auslaugung *f*; 2. *s.* elution analysis
elution analysis Elutionsanalyse *f*, Auswaschprüfung *f (von Baustoffen)*
elutriate *v* herausschlämmen, abschlämmen, ausschlämmen *(Feinstoffe)*
elutriation 1. Abschlämmen *n*, Ausspülen *n*, Auswaschen *n*; 2. Schlammspülverfahren *n*; 3. Luftstrahltrennung *f*, Wasserstrahltrennung *f (von Gekörn)*
elutriation analysis Schlämmanalyse *f*, Sedimentationsanalyse *f*; Luftstrahlsiebung *f*
elutriation test *s.* elutriation analysis
eluvial eluvial, ausgewaschen, ausgeschwemmt
eluvial deposit eluviale Lagerstätte *f (Sand, Kies)*
eluvial loam *(Bod)* Verwitterungslehm *m*
eluviation Auswaschung *f*, Auslaugung *f (Erdstoffe)*
eluvium Verwitterungsboden *m*
elvan Quarzporphyr *m*
emanate *v* ausströmen *(Gas, Luft)*; ausstrahlen *(Licht)*
embank *v* aufdämmen, anschütten; abdämmen; eindeichen
embanked road Straße *f* im Dammbereich

embankment 1. Damm *m*, Erddamm *m*, Schüttdamm *m*; Straßendamm *m*; 2. Kanaldamm *m*; Uferbefestigung *f*, Böschung *f*, Deich *m (bes. bei Flüssen)*; Wall *m*; 3. Aufschüttung *f*; Auftrag *m*; Eindeichung *f*
embankment road Uferstraße *f*
embankment slope Dammböschung *f*
embattled 1. mit Zinnen versehen; 2. befestigt
embattled molding *(AE)* Zinnenkranz *m*, Zinnenbesatz *m*, Nasenleiste *f (Ornament)*
embattled parapet Zinnenbrüstung *f*
embattlement *s.* battlement
embattlemented *s.* embattled
embayed gebuchtet
embayment Einbuchtung *f*
embed *v* einbetten; einlassen *(z. B. in Mauerwerk)*; einfügen; einschließen, umhüllen
embed *v* **in concrete** einbetonieren, in Beton einlegen
embedded eingebettet, eingelagert
embedded column halbeingebaute Säule *f (in eine Wand)*
embedded electric heating system Fußbodenheizungsanlage *f*
embedded in cement mortar im Mörtelbett
embedded in concrete einbetoniert
embedded reinforcement Bewehrung *f*, Armierung *f*, Verstärkung *f*; Stahleinlagen *fpl*
embedding Einbettung *f*
embedment Einbindung *f*; Eindrücken *n (z. B. von Splitt in eine Unterlage)*; Einlagerung *f (im Material, Baustoff usw.)*
embedment length bewehrte Länge *f*, Einbindelänge *f (Bewehrung)*
embellish *v* schmücken, verschönern; renovieren
embellishment Schmückung *f*, Verschönerung *f*, Renovierung *f*
embellishment work Verschönerungsarbeiten *fpl*
emblem Emblem *n*
emblemata Emblemarbeit *f*, Einlegearbeit *f (Mosaikornament im Fußboden)*
embodyment 1. Darstellung *f*, Gestaltung *f*; 2. Durchführung *f*, Ausführung *f*, Realisierung *f*
emboss *v* bossieren, hohlschlagen, punzen, punzieren, treiben; prägen, ausprägen *(Schmuckelemente)*
embossed geprägt, bossiert, getrieben, punziert
embossed design Prägemuster *n*
embossed map Reliefkarte *f*
embossed panel Prägetafel *f*
embossed pattern Prägemuster *n*
embossed plate Buckelblech *n*, Buckelplatte *f*
embossed texture Prägestruktur *f*
embossed wallpaper Strukturtapete *f*
embosser Bossierer *m (Natursteinbearbeitung)*
embossing 1. Relief *n*, Prägung *f*, Prägearbeit *f*; 2. Bossieren *n*; Prägen *n*
embossing hammer Bossierhammer *m*
embossment Prägearbeit *f*, Reliefarbeiten *fpl*; Struktur *f (Tapetenprägung)*
embouchre Mündung *f*, Einmündung *f*, Flussmündung *f*
embow *v* einen Bogen einschalen
embowed auswärts gewölbt, nach außen gewölbt *(z. B. eine Fenstervertiefung)*
embranchment Gabelung *f*, Abzweigung *f*
embrasure 1. Schießscharte *f*, Schießschartenstand *m*; 2. nach innen abgeschrägte Türleibung *f*; nach innen abgeschrägte Fensterleibung *f*; 3. Aussparung *f*
embrittle *v* spröde werden, verspröden; spröde machen; brüchig machen; spröde werden
embrittlement Versprödung *f*, Sprödewerden *n*; Brüchigwerden *n*
embrittlement tendency Versprödungsneigung *f*
embrittling tendency Versprödungsneigung *f*
embryonic soil ursprünglicher Boden *m*, jungfräulicher Boden *m*
emerald green smaragdgrün
emerged aufgetaucht, gehoben, an die Wasseroberfläche gekommen
emerged bog Hochmoor *n*
emerged land Festland *n*
emergency Notfall *m*, Not... ; unerwartetes Ereignis *n*
emergency accommodation Notunterkunft *f*, Wohnnotunterkunft *f*
emergency and accident department Notaufnahmestation *f*, Unfallstation *f*
emergency bridge Notbrücke *f*
emergency call system Notrufanlage *f*
emergency call telephone Notruftelefon *n*, Notrufsäule *f*
emergency door Nottür *f*, Notausgang *m*; Brandtür *f*
emergency duties Notdienst *m*, Bereitschaftsdienst *m*
emergency dwelling Behelfswohnung *f*
emergency escape ramp *(Verk)* Notfallspur *f*, LKW-Notspur *f* mit Bremsbett
emergency exit Notausgang *m*
emergency-exit lighting Notausgangsbeleuchtung *f*
emergency-exit window Notausstiegfenster *n*
emergency gate *(Wsb)* Notabschluss *m*; Dammbalkenverschluss *m*
emergency generator Notstromgenerator *m*
emergency illumination Sicherheitsbeleuchtung *f*
emergency key Notschlüssel *m*
emergency laddder Feuerleiter *f*, Fluchtleiter *f*, Notleiter *f*
emergency lane *(Verk)* Nothaltespur *f*
emergency lighting Notbeleuchtung *f*, Hilfsbeleuchtung *f*
emergency-lighting switch Notbeleuchtungsschalter *m*
emergency power generating set Notstromaggregat *n*
emergency power supply Notstromversorgung *f*
emergency release Notfallöffner *m*, Notausgangstürschloss *n*
emergency route Fluchtweg *m*, Notweg *m*; Rückzugsweg *m*
emergency shower Branddusche *f*
emergency stair(case) Nottreppe *f*, Fluchttreppe *f*
emergency stop Notschalter *m*
emergency stopping lane *(Verk)* Haltespur *f*, Nothaltestreifen *m*
emergency telephone Notrufanlage *f*
emergency valve Notabsperrventil *n*, Sicherheitsventil *n*
emergency ward Unfallstation *f (im Krankenhaus)*
emergency water supply Notwasserversorgung *f*
emery *v* schmirgeln, abschmirgeln, schleifen, abschleifen
emery Schmirgel *m*, Amarillstein *m*
emery aggregate Schmirgelzuschlagstoff *m*
emery bob schmirgelbelegte Schleifscheibe *f*
emery coth Schmirgelleinwand *f*
emery paper Schmirgelpapier *n*
emery polishing paper Schmirgelpapier *n*
emery powder Schmirgelpulver *n*
emery rock Schmirgel *m*, Schmirgelgestein *n*
emery wheel Schmirgelscheibe *f*
eminence Anhöhe *f*, Bodenerhebung *f*, Aufragung *f (im Gelände)*
eminent domain staatliches Vornutzungsrecht *n*, Enteignungsrecht *n*
eminently hydraulic lime hochhydraulischer Kalk *m*, Zementkalk *m*
emission Emission *f*, Ausstrahlung *f*, Ausstoß *m (z. B. von Schadstoffen)*
emission data Emissionsdaten *pl*
emission of gas Entgasung *f*
emission of smoke Rauchemission *f*, Rauchausstoß *m*
emission point Emissionsort *m*

emission source Emissionsquelle *f*
emission spectrum Emissionsspektrum *n (Strahlung)*
emission standard Emissionsstandard *m*, Emissionsnorm *f (Schall, Abluft)*
emissivity Emissionsvermögen *n*; Wärmeabgabevermögen *n*; Abstrahlungsvermögen *n*
emissivity factor Emissionsverhältnis *n*
emit *v* emittieren, abstrahlen, ausstrahlen
emit *v* **heat** Wärme abstrahlen *(Strahlungsheizung)*
emit *v* **light** leuchten
emit *v* **sound** Schall aussenden
emittance Emittanz *f*
emitter Strahler *m*
emollient Erweichungsmittel *n*, Weichmacher *m (für Bitumen, Kunststoffe)*
Empire style Empirestil *m (Schlussphase des Klassizismus zwischen 1804 und 1830 in Frankreich)*
empirical empirisch, erfahrungsgemäß
empirical formula empirische Formel *f*
empirical value Erfahrungswert *m*
emplacement 1. Einbringung *f (Beton)*; 2. Bettung *f*; 3. Aufstellung *f*
emplecton *(Arch)* griechisches Festungsmauerwerk *n (innen mit Bruchsteinen gefüllt)*
employ *v* 1. anwenden, gebrauchen; 2. beschäftigen *(Personen)*
employable anwendbar, brauchbar
employee Angestellter *m*, Arbeitnehmer *m*
employer Bauherr *m*; Auftraggeber *m*; Arbeitgeber *m*
employment district Baustellengebiet *n*, Arbeitsreichweite *f (eines Bauunternehmens)*
empty *v* 1. (ent)leeren; ausschütten; 2. räumen *(ein Haus)*; ausräumen *(Wohnung)*
empty 1. leer; 2. leer(stehend), unbelegt, freistehend *(z. B. Wohnungen)*
empty-cell process *(Hb)* Druckspartränkverfahren *n*
empty weight Leergewicht *n*
emptying cock Entleerungshahn *m*
Emscher tank Emscherbrunnen *m (Abwasser)*
emulsibility Emulgierbarkeit *f*
emulsifiable emulgierbar
emulsification Emulgierung *f*
emulsification properties emulgierende Eigenschaften *fpl*
emulsification water Emulsionswasser *n*
emulsified emulgiert
emulsified asphalt Bitumenemulsion *f*
emulsified binder emulgiertes Bindemittel *n*
emulsifier Emulgator *m*, Emulgierzusatz *m*
emulsifier layer Emulgatorschicht *f*
emulsify *v* emulgieren
emulsifying agent Emulgator *m*, Emulgierzusatz *m*
emulsion Emulsion *f*
emulsion base Emulsionsbasis *f*, Emulsionsgrundlage *f*
emulsion binder Emulsionsbindemittel *n*
emulsion chemistry Emulsionschemie *f*
emulsion cleaner Emulsionsreiniger *m*
emulsion cleaning Emulsionsreinigen *n*
emulsion for road construction Straßenbauemulsion *f*
emulsion injection *(Erdb)* Erdstoffstabilisierung *f*, chemische Verfestigung *f (mit Bitumen, Chemikalien)*
emulsion membrane Emulsionshaut *f*
emulsion paint Emulsionsfarbe *f*
emulsion product Emulsionserzeugnis *n*
emulsion slurry Emulsionsschlämme *f*
emulsion stabilizing agent Stabilisator *m*, Emulgator *m*
emulsion-type water paint Dispersionsfarbe *f*, Emulsions(binder)farbe *f*
emulsion vehicle Dispersionsbindemittel *n*
emulsion water Emulsionswasser *n*
emulsive emulgierend, emulsionbildend
enable *v* befähigen *(bes. mathematisch)*
enamel *v* 1. emaillieren; 2. lackieren *(mit Emaillelack)*
enamel 1. Email *n*, Emaille *f*; Glasur *f (auf Metall)*; 2. *s.* enamel paint
enamel adhesion 1. Emailhaftung *f*; 2. Lackhaftung *f*
enamel coating Emailschutzschicht *f*; Lackschutzschicht *f*
enamel glazed finish Emaille *f*, Emailglasur *f*, opake Glasur *f*
enamel glazing Emaillierung *f*, Emailbeglasung *f*, opake Beglasung *f*
enamel paint Email(lack)farbe *f*, Emaillack *m*, Lackfarbe *f*
enamel undercoating Vorlack *m*
enamel varnish Emaillack *m*
enamel vehicle Lackbindemittel *n*
enamelled brick Glasurstein *m*, Glasurziegel *m*; farbiger Verblender *m*
enamelled hardboard Lackplatte *f*
enamelled profiled sheet iron emailliertes Formblech *n*
enamelling 1. Emaillierung *f*; 2. Lackieren *n*
encallowing *(Erdb)* Abraumabtragen *n (Steinbruch, Sandgrube)*
encarpa *s.* encarpus
encarpus *(Arch)* Enkarpus *n*, Gehänge *n*, Gewinde *n*, Girlande *f (Blumenornament an einem Fries oder Kapitell)*
encase *v* ummanteln, umhüllen; einschalen; kapseln; einhausen
encase *v* **with concrete** in Beton einhüllen
encased umhüllt, eingehüllt, ummantelt, eingeschalt; gekapselt; eingehaust
encased beam (in Beton) eingehüllter Träger *m*
encased knot eingewachsener Ast *m*
encased steelwork betonummantelte Stahlbauteile *npl*
encasement Mantel *m*, Hülle *f*, Ummantelung *f*, Gehäuse *n*
encasing Ummantlung *f*, Umhüllung *f*, Kapselung *f*, Einhausung *f*
encasing of girders Trägerummantelung *f*
encasing tube Hüllrohr *n*
encastré *(Arch)* eingespannt *(Träger)*; eingebaut *(in Stützen eines Balkons)*
encastré bending moment Einspannbiegemoment *n*
encastré condition Einspannbedingung *f*
encastré length Einspannlänge *f*
encatchment area Einzugsgebiet *n*
encaustic eingebrannt *(Farbe in Enkaustik-Technik)*; eingeätzt
encaustic painting Enkaustik *f*, Wachsmalerei *f*
encaustic tile Fliese *f* mit eingebranntem Dekor
enceinte 1. Stadtmauer *f* mit Befestigungen; Schlossmauer *f (befestigt)*; 2. Stadtmauerareal *n*, von der Befestigungsmauer umgebenes Gebiet *n*
enchanted island *(AE)* Grüninsel *f*, Innengarten *m (in Gebäuden)*
enchased hammergetrieben, ausgehämmert *(Metalloberfläche)*
encircle *v* einkreisen; umfassen
encircle *v* **with sheet piles** *(Erdb)* umspunden
encircling dam Ringdamm *m*, Ringdeich *m*
enclave *v* ein Gebiet einschließen, umgeben
enclave Enklave *f*, Einschluss *m*
enclose *v* einschließen, umschließen, (ein)kapseln; einzäunen; umbauen
enclosed eingeschlossen, umschlossen, eingekapselt; eingezäunt; umbaut
enclosed building umbautes Gebäude *n*, eingebautes Gebäude *n*; mit Mauern umschlossenes Bauwerk *n*
enclosed platform teilweise umschlossenes Podest *n*; halbumschlossene Bühne *f*

enclosed see Binnenmeer *n*
enclosed space umbauter Raum *m (Maß)*
enclosed stair geschlossene Treppe *f*
enclosed type construction geschlossene Bauart *f*
enclosing design function raumabschließende Wirkung *f*
enclosing wall 1. Umfassungsmauer *f*, Einfriedungsmauer *f*; Ringmauer *f (Verteidigungsmauer um eine Burg)*; 2. nichttragende Außenwand *f*
enclosure 1. Umbauung *f*, umbauter Raum *m*; 2. Einfriedung *f*, Umfriedung *f*; Umzäunung *f*, Einzäunung *f*; Gehege *n*; 3. Hülle *f*, Umhüllung *f*; Kapsel *f*
enclosure of a shop Ladenfront *f*
enclosure of space 1. Raumhülle *f*; 2. Raumabschluss *m*
enclosure wall 1. Umfassungsmauer *f*, Umfriedungsmauer *f*, Grenzmauer *f*; Mauerzaun *m*; Brüstungsmauer *f*; nichttragende Außenwand *f*; 2. Drehtürumkleidung *f*
encode *v* verschlüsseln
encoding Verschlüsselung *f*
encroach *v (Erdb)* eindringen, vordringen *(Wasser in Schichten)*
encroach *v* **on** vordringen in *(Bebauungsgebiete)*
encroachment 1. Grenzüberbauung *f (nicht erlaubte)*; 2. *(Erdb)* Wassereindringung *f (in Erdstoffschichten und -spalten)*
encroachment by sand Versandung *f*
encrust *v* verkrusten, eine Kruste bilden
encrusted überkrustet, überzogen
encrustation 1. Verkrustung *f*, Kesselsteinbildung *f*; 2. Kruste *f*, Belag *m*; Kesselstein *m*
encumbrance Hypothekenbelastung *f*, Grundstücksbelastung *f*, Schuldenlast *f (auf Gebäuden, Grundstücken)*
end *v* beenden, zu Ende bringen, aufhören
end 1. Stirnfläche *f*, Stirn *f*, Stirnseite *f*; 2. Ende *n*; Spitze *f*
end abutment Landpfeiler *m (Brücke)*
end akroter(ion) *(Arch)* Eckakroterion *n*
end anchorage Endverankerung *f (Spannglied)*
end-anchored endverankert
end bearing 1. Auflager *n*; 2. Spitzendruck *m (eines Pfahls)*
end-bearing capacity Spitzentragfähigkeit *f (Pfahlgründung)*
end-bearing pile Spitzendruckpfahl *m*, Aufstandspfahl *m*
end-bearing support Endlager *n*
end block 1. Auflage(r)verbreiterung *f*, Querschnittsvergrößerung *f* am Ende, Endpunktsverdichtung *f (eines tragenden Elements)*; 2. Endmaß *n (in Balken)*
end brick Schließziegel *m*
end bulb Randsteg *m*, Randwulst *m (Dichtung, Fugenband)*
end butt joint Stoßfuge *f*
end-centered basis-flächenzentriert
end channel Türendenverstärker *m*
end clamp Kopfriegel *m*
end cogging Endverkämmung *f*
end column Endstütze *f*
end condition Randbedingung *f*
end connection Endknotenpunkt *m*, Endknotenverbindung *f*
end-construction tile Querloch(block)stein *m*
end degree Einspannungsgrad *m*
end diagonal Endschräge *f*, Enddiagonale *f (Stahlbau)*
end distance freies Ende *n*, Endabstand *m (Holzbalken)*
end door Stirntür *f*
end façade Stirnfassade *f*, Giebelfassade *f*
end filler Endvorkopf *m*, Rinnenboden *m*
end-fixed eingespannt *(Balken)*
end fixing Endeinspannung *f (Balken)*; Fußeinfassung *f (Säulen)*
end frame Endrahmen *m*; Stirnrahmen *m*
end grain Querschnitt *m*, Hirnschnitt *m*, Querschnittsmaserung *f*, Hirnholz *n (Holzstruktur)*
end-grain block Hirnholzklotz *m*
end-grain core *s.* end-grain wood
end-grain core block Hirnholzklotz *m*
end-grain cutting *(Hb)* Querschnitt *m*, Hirnschnitt *m*
end-grain nailing *(Hb)* Längsfasernagelung *f*
end-grain surface Hirnschnittfläche *f*, Hirn(holz)fläche *f*
end-grain wood Hirnholz *n*; Stirnholz *n*
end-grain wood block Hirnholzklotz *m*
end hook Endhaken *m (Bewehrung)*
end joint 1. Stoßfuge *f*; 2. Endknoten *m*
end lap *(Hb)* Endüberlappung *f*, Endverlappung *f*
end lap joint *(Hb)* Winkelüberlappungsverbindung *f*
end load Axialbelastung *f*
end masonry wall Stirnmauer *f*; Seitenmauer *f*
end-matched *(Hb)* endverzapft, verzinkt
end moment *(Stat)* Einspannmoment *n*, Endmoment *n*
end moraine Endmoräne *f*
end of sleeper Schwellenkopf *m*
end phase Endphase *f*
end pier Endpfeiler *m (Brücke)*
end plane Abschlussfläche *f*, Endfläche *f*
end point Randpunkt *m (mathematisch)*
end post Eckstütze *f*, Fachwerkendglied *n*
end pressure Axialdruck *m*
end rafter Endpfette *f*
end restraint *s.* end fixing
end ridge tile Walmkappe *f*, Endfirstziegel *m*
end scarf *(Hb)* Laschenverbindung *f*
end seal Endverschluss *m*
end span Endfeld *n*
end stiffener *(Hb)* Balkenkopfverstärkung *f*, Kopfplatte *f*
end support Endauflager *n*
end thrust Axialschub *m*, Längsschub *m*
end-thrust bearing Axiallager *n*
end tile Schlussziegel *m*, Schließziegel *m (Dachdeckung)*; Randfliese *f*, Randkachel *f*
end-to-end-grain joints Hirnholzverbindung *f*
end-to-end joint Stumpffuge *f*
end view Seitenansicht *f*
end wall Kopfwand *f*, Stirnwand *f*, Giebelwand *f*
end window Stirnfenster *n*
end zone Endverankerungsbereich *m (Bewehrung)*
endanger *v* gefährden
endeavour *v* sich bemühen, anstrengen; versuchen
endeavour Bemühung *f*, Anstrengung *f*
endecagon Elfeck *n*
endless saw Bandsäge *f*
endlong thrust *s.* end thrust
endoergic endotherm
endorheic basin abflussloses Binnenbecken *n (Gelände)*
endorheic drainage area abflussloses Einzugsgebiet *n*
endoscope Innensehgerät *n*, Endoskop *n (für unzugängliche Innenräume)*
endoscopy Inneninspektion *f (für unzugängliche Innenräume)*
endothermic endotherm
ends Sparrholz *n*, Ablängreste *mpl (Bauholzreste)*
endurance 1. Beständigkeit *f*, Haltbarkeit *f*; 2. Lastspielzahl *f*
endurance action Ermüdungsbeanspruchung *f*
endurance bending failure Dauerbiegebruch *m*
endurance characteristic Ermüdungsmerkmal *n*
endurance crack Ermüdungsriss *m*
endurance degree Ermüdungsgrad *m*
endurance failure [fracture] Dauerbruch *m*
endurance limit Dauer(schwing)festigkeit *f*, Ermüdungsfestigkeit *f*
endurance phenomenon Ermüdungserscheinung *f*
endurance tensile strength Dauerzugfestigkeit *f*

endurance test Dauerversuch *m*, Dauerfestigkeitsprüfung *f*
endways 1. axial, in Achsrichtung, gerade; 2. zu den Enden [Endseiten]; 3. mit den Enden nach vorn *oder* oben; 4. aufrecht
endwise 1. axial, in Achsrichtung, gerade; 2. zu den Enden [Endseiten]; 3. mit den Enden nach vorn *oder* oben; 4. aufrecht
energetics Energetik *f*
energize *v* kräftigen, mit Energie füllen
energy 1. Energie *f*, elektrische Energie *f*; 2. Arbeit *f*, Arbeitsvermögen *n*
energy absorption Energieaufnahme *f*
energy approach Energieansatz *m*
energy balance Energiebilanz *f*
energy budget Energiehaushalt *m*
energy coefficient Energiekoeffizient *m*
energy consumer Energieverbraucher *m*
energy consumption Energieverbrauch *m*
energy density of sound Schall(energie)dichte *f*
energy extraction Energiegewinnung *f*
energy loss Energieverlust *m*
energy meter Energieverbrauchszähler *m*, Stromverbrauchszähler *m*, Elektrozähler *m*
energy method Energieverfahren *n*
energy of hardening Härtungsenergie *f*
energy recovery Energierückgewinnung *f*, energetische Verwertung *f*
energy requirement Energiebedarf *m*
energy resources Energieressourcen *fpl*
energy-rich energiereich
energy-saving energiesparend
energy saving(s) Energieeinsparung *f*
energy source Energiequelle *f*
energy state Energiezustand *m*
energy supply Energiezufuhr *f*, Energieversorgung *f*
energy theorem Energiesatz *m*
energy well Energiequelle *f*
enfilade Türflucht *f*, Türfolge *f*
enframed umrahmt
enframing arcades *(Arch)* Arkadensystem *n*
engage *v* 1. kuppeln, einrücken; ineinander greifen; 2. einlassen, einfügen
engaged 1. halb eingeschlossen *(z. B. eine Säule)*; teilweise eingebaut; eingelassen; 2. eingerückt, im Eingriff; eingerastet
engaged bollard Schutzpfosten *m*, Rammpfosten *m*
engaged column halbeingebaute Säule *f (in eine Wand)*
engaged pillar *(Arch)* Dienst *m (gotische Kirchen)*
engagement Verbindlichkeit *f*
engagements Zahlungsverpflichtung *f*
engaging lever Einrückhebel *m*, Rasthebel *m*
engine base plate Maschinenunterlagsplatte *f*
engine room Maschinenraum *m*
engine room layout Maschinenraumanordnung *f*
engine shed Lokomotivschuppen *m*
engineer *v* 1. bauen, errichten *(Gebäude, Brücken)*; anlegen *(Straßen)*; technisch ausführen; konstruieren; 2. als Ingenieur tätig sein
Engineer Bauleitung *f (Auftraggeber)*
engineer for erection Montageingenieur *m*
engineered brick *(AE)* Standardziegel *m (20,36 × 10,16 × 8,13 cm)*
engineering Technik *f*, Ingenieurwesen *n*, Technik *f*, technische Planung *f*
engineering and construction of complete plants Anlagenbau *m*
engineering brick [clinker] Mauerklinker *m*, Hartbrandklinker *m*, Hartbrandziegel *m*, Hartbrandstein *m (Ziegel mit hoher Bruchfestigkeit)*
engineering consultation service technischer Beratungsdienst *m*
engineering corrosion konstruktiv bedingte Korrosion *f*
engineering draughtsman technischer Zeichner *m*
engineering draughtswoman technische Zeichnerin *f*
engineering drawing technische Zeichnung *f*, Maschinenzeichnung *f*
engineering facing brick Verblendklinker *m*, Fassadenklinker *m*
engineering geology technische Geologie *f*, Ingenieurgeologie *f*, Baugrundingenieurwesen *n*
engineering geophysics Ingenieurgeophysik *f*
engineering property technische Eigenschaft *f*
engineering room Technikraum *m*
engineering structure Bauwerk *n*, Ingenieurbauwerk *n*
engineering survey ingenieurtechnische Landaufnahme *f*
engineer's chain Messkette *f*
engineer's level Baunivellier *n*, Nivellier(instrument) *n*
engineer's office Projektierungsbüro *n*
engineer's scale Zeichnermaßstab *m*
engineer's square Anschlagwinkel *m*
English basement *(AE)* Wohnhauskellergeschoss *n*, Sockelgeschoss *n*
English bond Blockverband *m*; Kreuzverband *m*; Gotikverband *m*
English cross bond Kreuzverband *m*
English culvert englischer Durchlass *m*
English degree englischer Härtegrad *m (Wasserhärte)*
English dinas kalkgebundener Dinasstein *m*
English garden Landschaftsgarten *m*
English garden-wall bond amerikanischer Mauerwerksverband *m*
English Gothic architecture englische Gotik *f*
English imperial measures *s.* English system
English landscape garden englischer Landschaftsgarten *m*
English Romanesque englische Romantik *f*, englisch-romanische Architektur *f*
English style of bed joints englischer Fugenschnitt *m*
English system Englisches Maßsystem *n* [Einheitensystem *n*], Foot-Pound-Sekunde-System *n*, fps-System *n*
English tile glatter Falzranddachziegel *m*
English truss englischer Dachstuhl *m*
engobe *v* engobieren, Engobe aufstreichen
engobe Engobe *f*, Aufgussmasse *f*, Aufstreichmasse *f*, Angussfarbe *f (z. B. für Dachziegel)*
engrailed eingebogt
engrain lining paper Raufasermakulatur *f*
engrain wallpaper Raufasertapete *f*
engrave *v* (ein)gravieren; schneiden *(in Holz, Stein, Stahl)*
engraving 1. Gravieren *n*; 2. Stich *m*
engulfment Überfluten *n*; Verschlucken *n (Wasser im Baugrund)*
enhance *v* verbessern; erhöhen, steigern
enlarge *v* erweitern; vergrößern
enlarged foundation slab vergrößerte Gründungsplatte *f*, über die Mauern hinausgehende Fundamentplatte *f*
enlarged scale Vergrößerungsmaßstab *m*, vergrößerter Maßstab *m*
enlargement 1. Erweiterung *f*, Vergrößerung *f*; 2. Wulst *m(f)*
enlargement of the canal Verbreiterung *f* des Kanals
enlargement ratio Vergrößerungsmaßstab *m*
enlarging bit Aufbohrer *m*, Erweiterungs(bohr)meißel *m*
enneastyle *(Arch)* 1. neunsäulige Ansichtsfront *f (z. B. Tempelfassade)*; 2. neunsäulig
enrich *v* 1. anreichern *(Stoffe)*; 2. (aus)schmücken, (mit Ornamenten) verzieren
enriched geziert, verziert, geschmückt

enrichment Verzierung *f*, Zierelement *n*, Zierglied *n*, Schmuckelement *n*, Dekorelement *n*, Ornament *n*
enrockment Steinauflage *f (Deich)*; Steinschüttung *f*, Packwerk *n*
entablature 1. *(Arch)* Gebälk *n*, Simswerk *n (Säulenverbindung der klassischen Architektur)*; 2. Mauergesims *n (Säulen-Gebälk-Konstruktion)*
entablement *s.* entablature
entail *v* schmücken, mit Schnitzereien schmücken; mit Einlegearbeiten verzieren
entail 1. eingravierte Arbeit *f*; 2. Einlegearbeit *f*
entasis Entasis *f*, Schwellung *f (einer Säule)*
enter *v* eingeben *(Daten)*
enter *v* **a hole** in ein Loch einrasten
enterclose *(AE)* Durchgang *m*, Verbindungsgang *m (zwischen zwei Räumen eines Gebäudes)*
enthalpy Enthalpie *f*
entire arch Bogengewölbe *n*
entrain *v* 1. einführen *(Luft in breiige Baustoffe)*; hineinbringen; 2. eindringen, einwandern *(Wasser)*
entrained air Luftporen *fpl (im Beton)*
entraining station Verladebahnhof *m*
entrainment Eindringung *f*, Einwanderung *f (Wasser)*
entrainment of air Belüften *n*, Lufteinführen *n*; Lufteinschluss *m (bei mörtelartigen Baustoffen zur Luftporenbildung)*
entrance Eingang *m*, Zugang *m*; Zufahrt *f*
entrance arch Eingangsbogen *m*
entrance corridor Eingangsflur *m*
entrance door Eingangstür *f*
entrance front Eingangsfront *f*
entrance gate Einfahrtstor *n*, Toreinfahrt *f*, Torweg *m*
entrance hall Eingangshalle *f*, Vorhalle *f*, Halle *f*, Foyer *n (im Hotel)*; Hausflur *m*, Flur *m*
entrance hatch Einstiegsluke *f*
entrance installation Eingangsanlage *f*
entrance level Eingangsebene *f*
entrance lock Einfahrtsschleuse *f*
entrance piazza Vorplatz *m*
entrance portal Eingangsportal *n*
entrance side Zugangsseite *f*
entrance stair Aufgangstreppe *f*, Eingangstreppe *f*
entrance to a building Gebäudeeingang *m*
entrap *v* einschließen
entrapment Einschließen *n*, Einschluss *m*
entrapped gespannt *(Grundwasser)*
entrapped air eingeschlossene Luft *f*, Lufteinschluss *m (Beton)*
entrapped humidity [moisture] eingeschlossene Feuchte *f*
entresol *s.* mezzanine 1.
entrochal limestone Breccienkalkstein *m*
entropy Entropie *f*
entry 1. kleine Vorhalle *f*, Vorraum *m*, Eingangsraum *m*; 2. Zutritt *m*, Zugangstür *f*; 3. Meldung *f*, Wettbewerbsmeldung *f*; 4. Durchgang *m (Passage)*; 5. Eindringen *n*, Eindringung *f (Feinstoffe, Farbe, Schmutz)*; 6. Eintrag *m (mathematisch)*
entry phone Gegensprechanlage *f*, Eingangssprechanlage *f*
entry slip road Einfahrtsrampe *f*, Zufahrtsrampe *f*
entryway Zugang *m*, Zufahrt *f*, Eingangspassage *f*; Einfahrt *f*
enumerate *v* aufzählen; spezifizieren
envelop *v* umhüllen, einhüllen; einwickeln, einschlagen
envelope 1. Gebäudehülle *f*; Hülle *f*, Ummantelung *f*, Mantel *m*; Verkleidung *f*; 2. Hüllkurve *f*, Umhüllende *f*, Umrisshülle *f (eines Gebäudes)*; 3. Dachpappenüberlagerung *f* über die Mauerkrone
envelope wall Ummantlungswand *f (Anlagenbau)*
envenomation Schädigung *f* einer Kunststoffoberfläche, Kontaktschädigung *f*, Oberflächenberührungszersetzung *f (bei Kunststoffen)*
environment Umwelt *f*; Umgebung *f*; Milieu *n*
environment pollution Umweltverschmutzung *f*
environmental die Umwelt betreffend, Umwelt...; Umgebungs...
environmental architecture landschaftsgebundene Architektur *f*
environmental assessment Umwelteinschätzung *f*
environmental chamber Klimaprüfkammer *f*
environmental change Umweltveränderung *f*
environmental compatibility Umweltverträglichkeit *f*
environmental conditioning system *(AE)* klimagesteuertes Prüfsystem *n*, klimagesteuertes Verfahren *n*
environmental conditions Standortverhältnisse *npl*; Umweltbedingungen *fpl*
environmental concerns Umweltbelange *mpl*
environmental control chamber temperaturgesteuerte Prüfkammer *f*
environmental dependence Umweltabhängigkeit *f*
environmental design Umweltplanung *f*, Umweltgestaltung *f*
environmental design professional Umweltgestalter *m*
environmental disaster Umweltkatastrophe *f*
environmental effect Umwelteinfluss *m*
environmental engineering Umwelt(schutz)technik *f (technischer Zweig)*
environmental factor Umweltfaktor *m*
environmental forecasting Umweltprognose *f*
environmental geology Umweltgeologie *f*
environmental impact (schädigender) Umwelteinfluss *m*, Umweltbelastung *f*
environmental impact analysis Umweltverträglichkeitsanalyse *f*
environmental impact statement *(AE)* Umweltbelastungsplan *m*, Umweltverträglichkeitsstudie *f*
environmental influence Umwelteinfluss *m*
environmental law Umweltgesetz *n*
environmental loading Umweltbelastung *f*
environmental monitoring Umweltüberwachung *f*
environmental planning Umweltplanung *f*, Raumordnung *f*
environmental planner Umweltplaner *m*
environmental pollution Umweltverschmutzung *f*
environmental precautions Umweltschutzmaßnahmen *fpl*
environmental protection Umweltschutz *m*
environmental protection agency Umweltschutzbehörde *f*
environmental quality standards Umweltqualitätsnormen *fpl*, Umweltqualitätsstandards *mpl*
environmental target Umweltziel *n*
environmental technology Umwelttechnik *f*
environmental terms Umweltbedingungen *fpl*, Umweltverhältnisse *npl*
environmental test Klimaprüfung *f (eines Baustoffes, Anstriches usw.)*
environmental test chamber Klimakammer *f*
environmental testing Umweltprüfung *f*
environmentalism Umweltschutz *m*
environmentally aware [conscious] umweltbewusst
environmentally unacceptable umweltschädlich
environmentally unfriendly umweltunfreundlich
environments Umweltverhältnisse *npl*
épi *(AE)* Dachspitzenaufsatz *m*, Dachzinne *f*
epicentre Epizentrum *n*

epicrantis *(Arch)* Epikrantis *n*, Innenkarnies *n*, Mauerabschlusszierkante *f*
epicycloid Epizyklode *f*
epidosite Epidosit *m*, Epidositgestein *n*
episode Gefahrensituation *f*
epistle side *(Arch)* Südseite *f*, Epistelseite *f (Kirche)*
epistyle *s.* architrave 1.
epistylium *s.* architrave 1.
epitaph Epitaph *n*, Gedenktafel *f* für Verstorbene *(z. B. an Kirchenwänden, Pfeilern)*
epithedes Epithedes *n*, Oberglied *n (Ornament)*
epoch-making Epoche machend
epoch of style Stilepoche *f*
epoxide Epoxid *n*
epoxidized alkyd Epoxidalkydharz *n*, epoxidharzmodifiziertes Alkydharz *n*
epoxy amine paint Epoxidaminanstrichstoff *m*
epoxy-bitumen material Epoxidharz *n* mit Bitumen, Epoxidharzbitumenbindemittel *n*
epoxy coated epoxidbeschichtet, mit Epoxid beschichtet
epoxy coating 1. Epoxidharzanstrich *m*; 2. Epoxidharzanstrichstoff *m*
epoxy coating resin Epoxidbeschichtungsharz *n*
epoxy ester paint Epoxidharzesteranstrichstoff *m*
epoxy face joint Sichtfuge *f* mit Epoxidharz
epoxy joint Kunstharzfuge *f*, Sichtfuge *f* mit Epoxidharz
epoxy membrane Epoxid(harz)haut *f*
epoxy paint Epoxidharzanstrichstoff *m*
epoxy resin Epoxidharz *n*
epoxy resin adhesive Epoxidharzklebstoff *m*
epoxy resin mortar Epoxidharzmörtel *m*
epoxy resin paint Epoxidharzanstrichfarbe *f*
epoxy resin paste Epoxidharzpaste *f*
epoxy resin powder Epoxidharzpulver *n*
epoxy weld Werksteinklebeverbindung *f*
épure 1:1-Darstellung *f*, Detailzeichnung *f* im wahren Maßstab
épuré gereinigter Naturasphalt *m*
equal gleich
equal and opposite forces entgegengesetzt gleiche Kräfte *fpl*
equal angle (section) gleichschenkliges Winkelprofil *n*
equal-area projection flächentreue Abbildung *f*
equal settlement gleichmäßige Setzung *f*
equal spans gleichgroße Spannweiten *fpl*
equal treatment gleiche Behandlung *f*, Gleichbehandlung *f*
equal webs gleichschenklige Flansche *mpl*
equalization line Ausgleichleitung *f*
equalizing pipe Ausgleich(rohr)leitung *f*
equalizing reservoir *(Wsb)* Wasser(druck)ausgleichbecken *n*
equalizing ring Ausgleichsring *m*
equally spaced in gleichem Abstand verteilt *(Bewehrungseisen)*
equating the moments Momentengleichsetzen *n*
equation of compatibility Verträglichkeitsgleichung *f*
equation of condition Bedingungsgleichung *f*
equation of forces Kräftegleichung *f*
equation of state Zustandsgleichung *f*
equations of equilibrium *(Stat)* Gleichgewichtsbedingungen *fpl*
equestrian monument *(Arch)* Reiterdenkmal *n*
equiareal projection flächentreue Projektion *f*
equiaxed gleichachsig
equidistant äquidistant, abstandsgleich, abstandstreu, gleichweit entfernt
equidistant projection abstandstreue Projektion *f*
equigranular gleichkörnig, von gleicher Korngröße *(Zuschlagstoff)*
equilateral (pointed) arch gleichseitiger Spitzbogen *m*
equilateral roof Giebeldach *n* mit 60° Dachneigung
equilibrate *v* ins Gleichgewicht bringen
equilibration Gewichtsausgleich *m*
equilibrium Gleichgewicht *n*; Ruhelage *f*
equilibrium approach Gleichgewichtslösungsansatz *m*
equilibrium conditions Gleichgewichtsbedingungen *fpl*
equilibrium diagram Zustandsdiagramm *n*
equilibrium equation Gleichgewichtsgleichung *f*
equilibrium limit Gleichgewichtsgrenze *f*
equilibrium method Deformationsmethode *f*
equilibrium of forces Kräftegleichgewicht *n*
equilibrium phase diagram Zustandsdiagramm *n*, Gleichgewichtsdiagramm *n*
equilibrium polygon Gleichgewichtspolygon *n*
equilibrium position Gleichgewichtslage *f*, Ruhelage *f*
equilibrium pressure Gleichgewichtsdruck *m*
equilibrium requirement Gleichgewichtsforderung *f*
equilibrium state Gleichgewichtszustand *m*
equilibrium tide Gleichgewichtszustand *m* des Gezeitenwechsels
equip *v* ausrüsten, ausstatten; einrichten
equipment Ausrüstung *f*, Ausstattung *f*, Einrichtung *f*, Zubehör *n*; Baustellenausrüstung *f*, Anlage *f*
equipment cupboard Geräteschrank *m*
equipment earth conductor *(El)* Geräteerdungsleitung *f*
equipment fleet Baumaschinenpark *m*, Gerätepark *m*, Geräteausstattung *f*
equipment floor Anlagenetage *f*, Anlagengeschoss *n*; Ausrüstungsstockwerk *n*
equipment ground *(AE) (El)* Geräteerdungsleitung *f*
equipment set Gerätesatz *m*
equipment storey Anlagengeschoss *n*, Anlagenetage *f*
equipotential bonding Potenzialausgleich *m*
equipotential busbar Potenzialausgleichsschiene *f*
equivalence projection flächentreue Projektion *f*
equivalent gleichwertig
equivalent beam method *(Bod)* Ersatzbalkenverfahren *n*
equivalent embedment length äquivalente Eisenlänge *f (verglichen mit einem Haken)*
equivalent force Ersatzkraft *f*
equivalent length Äquivalentlänge *f*
equivalent load Vergleichslast *f*, Ersatzlast *f*
equivalent number of standard axles *(Verk)* äquivalente Standardachszahl *f*
equivalent pressure äquivalenter Druck *m*
equivalent resistance beam Träger *m* gleicher Festigkeit
equivalent round äquivalenter Umfang *m (verglichen mit dem Kreisumfang)*
equivalent single axle load *(AE) (Verk)* äquivalente Einzellast *f*
equiviscous äquiviskos
equiviscous temperature Äquiviskositätstemperatur *f*
Erechtheion *(Arch)* Erechtheion *n*
erect *v* (er)bauen; errichten, hochziehen *(ein Gebäude)*; eine Mauer (hoch)ziehen; aufrichten *(Konstruktion, Bauwerk)*; aufbauen, montieren, aufstellen *(am Ort)*
erect *v* **a scaffold** einrüsten
erect *v* **formwork** einschalen
erect gerade *(aufrecht)*
erecting crane *s.* erection crane
erecting deck Arbeitsbühne *f*, Montagebühne *f*
erecting derrick Montagederrick *m*
erecting platform *s.* erecting deck
erecting pontoon stage Prahmgerüst *n*
erecting scaffold Aufstellungsgerüst *n*
erecting technique Montagetechnik *f*
erection Bauen *n*, Errichtung *f*, Aufstellung *f*, Aufbau *m*, Montage *f (im Fertigteilbau)*

erection aid Montagehilfe *f*
erection bar Montageeisen *n*
erection bolt Montagebolzen *m*
erection bracing Hilfsstützen *fpl*, Montagestützwerk *n*; Montagegerüst *n*
erection column Montagestütze *f*
erection contract Montagevertrag *f*
erection crane Montagekran *m*, Bahnkran *m*
erection crew Montagekolonne *f*
erection derrick Montagederrick *m*
erection device Montagevorrichtung *f*
erection drawing Montagezeichnung *f*
erection gang Montagekolonne *f*
erection joint Montagestoß *m*
erection mark Montagekennzeichen *n*
erection of steelwork Stahlbaumontage *f*
erection party Montagekolonne *f*
erection plant Baustelleneinrichtung *f*
erection procedure Montagevorgang *m*
erection reinforcement Montagebewehrung *f (Stahlbetonvorfertigung)*
erection ropeway Bauseilbahn *f*, Montageseilbahn *f*
erection scaffold Montagegerüst *n*, Montagerüstung *f*
erection schedule Montage(ablauf)plan *m*
erection sequence Montageablauf *m*, Montagefolge *f*
erection shop Montagehalle *f (Stahlbau)*
erection site Stahlbaustelle *f*
erection stage Montagephase *f*
erection state Montagezustand *m*
erection strength Montagefestigkeit *f*
erection stress Montagebelastung *f*, Montagespannungen *fpl*
erection tolerance Montagetoleranz *f*
erection tower Montageaufzug *m*, Montageaufzugsgerüst *n*
erection welding Montageschweißen *n*
erection without scaffolding Freivorbau *m (Brückenbau)*
erection work Montagearbeiten *fpl (im Fertigteilbau)*
erector Montage(bau)arbeiter *m*
erg Sandwüste *f*
ergonomic design ergonomisches Design *n*
erode *v* 1. erodieren, abtragen, auswaschen *(Gestein)*; 2. *(Wsb)* auskolken
erodibility Erodierbarkeit *f*
erodibility of soil Bodenerosionsgrad *m*
erodible material auskolkbarer Boden *m*
erosion Erosion *f*, Abtragung *f*
erosion attack Erosionsangriff *m (mechanisch)*; Erosionskorrosion *f*
erosion control *(Wsb)* Kolkschutz *m*
erosion corrosion Erosionskorrosion *f*
erosion of a bank *(Wsb)* Uferabbruch *m*
erosion protection Erosionsschutz *m*
erosion-resistant erosionsbeständig
erosional cavity *(Wsb)* Kolk *m*
erosional rate Erosionsgeschwindigkeit *f*
erosional terrace ausgewaschene Uferbank *f*, Erosionsterrasse *f*
erosive erosiv, erodierend, Erosions...
erosive action Erosionstätigkeit *f*
erosive capacity Erosionsvermögen *n*
erosive effect erodierende Wirkung *f*
erosive work Erosionstätigkeit *f*
erratic block Findling *m*, Feld(bau)stein *m*
erratic subsoil erratische Bodenverhältnisse *npl*
erroneous irrtümlich
error Fehler *m*, Fehlverhalten *n*
error of estimation Schätzfehler *m*
error of measurement Messfehler *m*; Maßabweichung *f*
error of result Ergebnisfehler *m*; Ergebnisabweichung *f*
error propagation Fehlerfortpflanzung *f*
error theory Fehlertheorie *f*
eruptive rock Eruptivgestein *n*, vulkanisches Gestein *n*, Erstarrungsgestein *n*
escalade Sturmleiter *f*
escalator *(AE)* Fahrtreppe *f*, Rolltreppe *f*
escalator driving machine Rolltreppenantrieb *m*
escape *v* entweichen *(z. B. von Gasen)*; ausfließen
escape 1. Anlaufen *n (einer Säule)*; 2. *s.* escape route
escape clause Öffnungsklausel *f*, Befreiungsklausel *f*
escape corridor Fluchtkorridor *m*, Notkorridor *m*
escape lane *(Verk)* Nothaltespur *f*
escape lighting Notbeleuchtung *f*
escape pipe Überlaufrohr *n*
escape route Fluchtweg *m*
escape stair Fluchttreppe *f*, Nottreppe *f*; Notleiter *f*
escape valve Sicherheitsventil *n*
escape way Fluchtweg *m*
escape window Fluchtfenster *n*, Notfenster *n*
escarp Steilböschung *f*, Steilhang *m*
escarpment 1. Abdachung *f (von steilen Böschungen, Vorgang)*; 2. Steilhang *m*, Böschung *f*, Steilküste *f*
escheat *(AE)* Besitzheimfall *m* an den Staat *(wenn keine Erben vorhanden)*; Staatsübereignung *f (z. B. benötigten Baulands)*
escutcheon 1. Schlüssellochdeckel *m*, Schlüssellochabdeckblech *n*; Schlossblech *n*; 2. Schutzrohr *n*, Öffnungshüllrohr *n (z. B. für Türschlösser)*; 3. Wappenschild *n*
escutcheon pin Schlossblechnagel *m*, Schlossziernagel *m*
espagnolette bolt Espagnolettenverschluss *m*, Drehstangenverschluss *m*
espalier Spalier *n*
espalier lath Spalierlatte *f*
esplanade 1. Esplanade *f*, freier Platz *m*; 2. Promenade *f*, Esplanadenweg *m*, Aussichtsweg *m*
esquisse Rohskizze *f*, Feldskizze *f*
establish *v* 1. herstellen *(z. B. ein Gleichgewicht)*; 2. ansiedeln *(Industrie in einem Gebiet)*; 3. festlegen *(Vorschriften, Auflagen)*; 4. einrichten, gründen *(Unternehmen)*; 5. begründen, aufstellen, nachweisen, feststellen *(mathematisch)*
establish *v* **cost estimates** Kostenanschläge aufstellen
establish *v* **lines of direction** die Bauflucht richten
established right Gewohnheitsrecht *n*
establishment 1. Herstellung *f*, Einstellung *f (z. B. eines Gleichgewichts)*; 2. Einrichtung *f*, Gründung *f (von Unternehmen)*; Errichtung *f (einer Fabrik)*; 3. fester Wohnsitz *m*
establishment charges Gemeinkosten *pl*, Grundeinrichtungs- und Ausstattungskosten *pl*
estate 1. (großes) Grundstück *n*; Landgut *n*; Grundeigentum *n*, Liegenschaft *f*; 2. Baugrund *m*; 3. Wohnsiedlung *f*, Wohnkolonie *f*
estate agent Grundstücksmakler *m*; Häusermakler *m*
estate area Siedlungsgebiet *n*
estate drainage Grundstücksentwässerung *f*
estate house Siedlungshaus *n*
estate layout Geländeplan *m*; Lageplan *m*
estate register Grundbuch *n*
estate road 1. Siedlungsstraße *f*, Erschließungsstraße *f*; 2. Feldweg *m*
ester Ester *m*
ester gum Harzester *m*
esterification Veresterung *f*
esterified verestert
esterified natural resin Esterharz *n*
esterified natural resin varnish Esterharzklarlack *m*
esthetic appeal ästhetischer Reiz *m*

esthetic clause Bestimmungen *fpl* zur ästhetischen Baugestaltung, Baugestaltungsverordnung *f*
esthetic effect ästhetische Wirkung *f*
esthetically pleasing formschön
estimate *v* veranschlagen, überschlagen, schätzen
estimate Überschlag *m*, Voranschlag *m*; Kostenanschlag *m*
estimate calculation Überschlagrechnung *f*
estimate of loading Lastvorgabe *f*, Lastannahme *f*, Belastungsannahme *f*
estimated design load Heizleitungsentwurf *m*, Wärmeberechnung *f (eines Heizungssystems)*
estimated maximum (heat) load maximale entworfene Wärmeabgabe *f (eines Heizungssystems)*
estimated value Schätzwert *m (z. B. eines Grundstückes)*
estimating Veranschlagen *n*
estimating costs veranschlagte Kosten *pl*
estimating of cost Kostenschätzung *f*, Kostenanschlag *m*
estimation 1. Schätzung *f*, Bewertung *f*; 2. Veranschlagung *f*, Veranschlagen *n*; 3. *s.* estimate
estimator Kalkulator *m*, Kostenplaner *m*; Materialplaner *m*
esto-bitumen Estobitumen *n*
estrade Estrade *f*; Podium *n*
estuarine deposit(ion) Flussmündungssand *m*, Deltasediment *n*
estuarine water Brackwasser *n*
estuary Ästuar(ium) *n*, trichterförmige Flussmündung *f (den Gezeiten ausgesetzt)*
estuary harbour Flussmündungshafen *m*
etch *v* 1. ätzen; anätzen, beizen *(z. B. Glas)*; 2. absäuern *(Beton, Naturstein)*; 3. chemisch aufrauen
etch *v* **away** wegätzen
etch pattern Ätzmuster *n*
etch pitting Anätzen *n (Prüftechnik)*
etch primer Washprimer *m*, Reaktionsgrundiermittel *n*
etchant Ätzmittel *n*
etched abgesäuert; geätzt
etched glass Ätzglas *n*
etching Ätzen *n*, Ätzung *f*
etching action Ätzwirkung *f*
etching primer Haftgrund *m*, Haftgrundierung *f*, Aktivgrund *m*
etching solution Ätzlösung *f*
etching varnish Ätzgrund *m*
eternit Eternit *n*, Asbestbeton *m*, Asbestzement *m*
ethoxylene resin *s.* epoxy resin
ethyl silicate Äthylsilikat *n*
etiolated gebleicht
Etruscan architecture etruskische Architektur *f*, etruskischer Baustil *m*
ettringite Ettringit *m (Zementbeton)*
Eulerian buckling stress Euler'sche Knickspannung *f*
Eulerian solution Euler'sche Lösung *f*
Euler's crippling load Euler'sche Knicklast *f*
Euler's critical tension Euler'sche Knickspannung *f*
Euler's formulae for columns Euler'sche Knickformeln *fpl*
Eurocode Eurocode *m (EC)*
Euronorm Euronorm *f*
European Asphalt Pavement Association Europäischer Asphaltverband *m*
European beech Rotbuche *f*
European Committee for Standardisation Europäisches Komitee *n* für Normung *(CEN)*
European initial standard Europäische Vornorm *f (ENV)*
European Organisation for Technical Approvals Europäische Organisation *f* für Technische Zulassung *(EOTA)*
European Organisation for Testing and Certification Europäische Organisation *f* für Prüfung und Normung *(EOTC)*
European Prestandard Europäische Vornorm *f*
European standard Europäische Vorschrift *f*
European Technical Approval Europäische technische Zulassung *f*
European Technical Specifications Europäische Technische Vorschriften *fpl*
European tentative standard Europäische Vornorm *f (ENV)*
eustatic movement eustatische Bewegung *f*
eustyle *(Arch)* eustylisch, schönsäulig *(mit Säulenabstand von 2¼ Durchmessern)*
eutectic eutektisch
eutectic alloy eutektische Legierung *f*
eutectic system Eutektikum *n*
euthynteria *(Arch)* Euthynterie *f (griechischer Tempelbau)*
evacuate *v* 1. entleeren; evakuieren, auspumpen; 2. räumen *(z. B. Häuser)*; evakuieren *(Personen)*
evacuation Räumung *f (wegen Gefahr)*
evacuation lift Evakuierungsaufzug *m*
evacuation of infiltration water *(Verk)* Sickerwasserableitung *f*
evacuation time Räum(ungs)zeit *f*
evacuation way *s.* escape route
evaluate *v* 1. bewerten; auswerten; 2. berechnen, veranschlagen; ermitteln; einschätzen; beurteilen
evaluation Wertung *f*, Auswertung *f*, Bewertung *f*, Einschätzung *f*, Beurteilung *f*
evaluation of conformity Konformitätsbewertung *f*, Anforderungserfüllungs-Untersuchung *f*
evaluation test Auswahlprüfung *f*
evaporability Verdampfbarkeit *f*, Verdunstungsfähigkeit *f*
evaporable verdampfbar; verdunstbar
evaporable water Verdunstungswasser *n*, Porenwasser *n (Beton)*
evaporate *v* evaporieren, verdampfen, verdunsten, verflüchtigen
evaporating capacity Verdunstungsvermögen *n*
evaporation Verdunstung *f*, Verdampfung *f*, Verflüchtigung *f*, Entgasung *f*
evaporation loss Verdunstungsverlust *m*
evaporation pressure Dampfdruck *m*
evaporation rate Verdunstungsgeschwindigkeit *f*
evaporative cooling Verdunstungskühlung *f*, Verdampfungskühlung *f*
evaporator Verdampfer *m*
evaporator coil Verdampferschlange *f*
evaporimeter Verdunstungsmesser *m*
evasé 1. aufgefächert; 2. diffusorförmig; 3. geflammt
evasé stack *(Tun)* Entlüftungssteigrohr *n*
even *v* ebnen; glätten; abgleichen, egalisieren
even *v* **out** ausgleichen
even *v* **up** ebnen
even 1. eben *(z. B. Gelände)*; glatt; gerade *(z. B. Fläche)*; 2. gleichmäßig, regelmäßig
even-bedded *(Bod)* gleichmäßig geschichtet
even fracture ebener Bruch *m*
even-grained gleichmäßig gekörnt, gleichkörnig
even-granular gleichkörnig
even-textured gleichmäßig gemasert *(Holz)*
even with the ground ebenerdig
evenly bedded *(Bod)* gleichmäßig geschichtet
evenly graded gleichmäßig gekörnt
evenly laminated *(Bod)* ebengeschichtet
evenly shared load (gleichmäßig verteilte) Last *f*
evenly spaced abstandsgleich

evenly surfaced ebenflächig
evenness Ebenheit *f*, Ebenflächigkeit *f*, Planebenheit *f*; Glattheit *f*, Glätte *f (einer Fläche)*
evenness test Ebenheitsprüfung *f*
event Baubeginnsaktivität *f (Netzplantechnik)*
everglade *(AE)* sumpfige Steppe *f*, Küstensumpf *m*
everyday architecture Alltagsarchitektur *f*
eviction *(AE)* Enteignung *f*, Grundstücksinanspruchnahme *f (gerichtlich verfügt)*; Räumung *f*
eviction order Räumungserlass *m*
evidence Beweis *m*, Nachweis *m*
evolute Evolute *f*
evolution of heat Wärmeentwicklung *f*
evorsion *(Wsb)* Auskolkung *f*, Ausstrudelung *f*
ex-mould finish schalungsraue Oberfläche *f (Beton)*
exacerbate *v* verschärfen *(Zustand, Schadenswirkung)*
exact genau
exact height Genauhöhe *f*
exact width Genaubreite *f*
exaggerated überhöht *(Maßstab)*
exaggeration of heights Überhöhung *f (Profil)*
exaggeration of the vertical scale Maßstabüberhöhung *f*
examination Untersuchung *f*, Überprüfung *f*, Prüfung *f*
examination of building materials Baustoffuntersuchung *f*
examination of materials Werkstoffprüfung *f*
examination of soil Bodenuntersuchung *f*
examination of subsoil Baugrunduntersuchung *f*
examine *v* untersuchen, testen; (über)prüfen, sichten
examiner Prüfer *m*; Baustoffprüfer *m*
example of application Anwendungsbeispiel *n*
exarate *v* auskolken
excavate *v (Erdb)* ausschachten, (Boden) ausheben; graben; (aus)baggern *(trocken)*; auskoffern *(z. B. im Straßenbau)*
excavate *v* **a pit** eine Baugrube ausheben
excavate *v* **a trench** einen Graben ausheben
excavate *v* **the trenches** die Fundamentstreifen ausschachten
excavate *v* **soil true to profile** Boden profilgerecht lösen
excavated area Aushubfläche *f*
excavated earth *(Erdb)* Abhub *m*; Erdaushub *m*
excavated material Aushub *m*, ausgehobenes Gut *n*
excavated pit Baggergrube *f*
excavated soil Bodenaushub *m*
excavated spoil Baggergut *n (Trockenbagger)*
excavating bucket Greif(er)kübel *m*
excavating by hand Handschachten *n*
excavating point Aushubstelle *f*
excavation 1. *(Erdb)* Ausschachtung *f*, Bodenaushub *m*, Erdaushub *m*; Ausbaggerung *f*; 2. *(Erdb)* Bodenabtrag *m*, Abtragung *f*, Abtrag *m*; 3. *(Erdb)* Grube *f*, Baugrube *f*, Einschnitt *m*
excavation-blasting *(Erdb)* Aushubsprengung *f*
excavation class Bodenklasse *f*, Gewinnungsklasse *f (Erdstoff)*
excavation depth Aushubtiefe *f*
excavation of earth Erd(stoff)aushub *m*
excavation pit Baugrube *f*
excavation site Entnahmestelle *f*, Seitenentnahme *f*
excavation work Ausschachtungsarbeiten *fpl*
excavator 1. Bagger *m*, Trockenbagger *m*; Löffelbagger *m*, Greifbagger *m*; Kratzer *m (Baumaschine)*; 2. *(AE)* Erdarbeiter *m*
excavator bucket Baggereimer *m*
excavator crane Baggerkran *m*
excavator grab Baggergreifer *m*, Greifer *m*
excavator-loader Ladebagger *m*
excavator on caterpillars Raupenbagger *m*
excavator on wheels Radbagger *m*
excavator track level Baggerplanum *n*
exceed *v* überschreiten, übersteigen *(Maße, Kosten, Zeit)*
excelsior 1. Holzwolle *f*; 2. oberster Abschnitt *m (Turm)*
excelsior building slab Holzwollebauplatte *f*
excelsior concrete Holzwollebeton *m*
excelsior insulation Holzwolledämmung *f*
except ausgenommen
exception Ausnahme *f*
excess Überschuss *m*
excess air Luftüberschuss *m*
excess condemnation übermäßige Baulandinanspruchnahme *f (für gemeinnützige Zwecke)*
excess figure (finanzieller) Mehraufwand *m*
excess heat Wärmeüberschuss *m*
excess hydrostatic pressure hydrostatischer Überdruck *m*
excess length Überstand *m*, Übermaß *n (von Langholz)*
excess load Überlast *f*, Überladung *f*
excess of binder Bindemittelüberschuss *m*
excess of filler überfüllert, Füllerüberschuss *m*
excess of heat Wärmeüberschuss *m*
excess pigment dispersion Pigmentüberschuss *m*
excess pressure Überdruck *m*
excess water in concrete Wasserüberschuss *m* im Beton
excessive grain growth Kornvergröberung *f*
excessive stress Überbeanspruchung *f*
exchange *v* auswechseln, austauschen; ersetzen
exchange *v* **contracts** die Verträge unterzeichnen
exchangeability Austauschbarkeit *f*, Auswechselbarkeit *f*
exchangeable austauschbar, auswechselbar
exchanger Austauscher *m*; Wärmeaustauscher *m*
exciter Anreger *m (Bindemittel)*
exclusion Ausschluss *m*
exclusion of draught Zugluftabdichten *n*
exclusive ausschließlich
exclusive lane *(Verk)* Spezialspur *f*, Sonderfahrspur *f*
exclusive right of sale alleiniges Verkaufsrecht *n*
exclusive right of way ausschließliches Fahrrecht *n*
exclusive selling right alleiniges Verkaufsrecht *n*
execute *v* ausführen, durchführen
execute *v* **the work in economy** in eigener Regie bauen
execution Ausführung *f (z. B. eines Bauvertrags)*; Erfüllung *f*; Durchführung *f (z. B. von Arbeiten)*
execution of a job Bauausführung *f*
execution of the order Bauauftragsausführung *f*, Auftragsdurchführung *f*
execution of work(s) Bauarbeiten *fpl*
executive exekutiv, geschäftsführend
executive director Geschäftsführer *m*
executive orders Verordnung *f*, Erlass *m*
executive program Ausführungsprojekt *n*
exedra *(Arch)* Exedra *f (rückwärtiger Saal eines antiken Wohnhauses)*; (halbrunde) Nische *f (im antiken Griechenland und Rom)*
exedra arch Apsisbogen *m*
exercise yard Auslaufhof *m (Landbau)*
exfiltration Luftaustritt *m (durch Fugen und Wände)*
exfoliate *v* abblättern *(z. B. Schiefer)*; abplatzen; sich abschälen *(z. B. Deckschichten unter Wettereinflüssen)*
exfoliated vermiculite Blähvermikulit *m*, Blähglimmer *m*
exfoliated vermiculite aggregate Blähglimmerzuschlagstoff *m*
exfoliation Abblättern *n (einer Oberfläche)*; Abplatzen *n*
exfoliation corrosion schichtenförmige Korrosion *f*, Schichtkorrosion *f*
exfoliation of vermiculite Vermiculitaufblättern *n*, Glimmerblähen *n*

exfoliation susceptibility Schichtkorrosionsanfälligkeit *f*
exhaust *v* absaugen; abpumpen
exhaust 1. Absaugung *f*; Entlüftung *f*; 2. *s.* exhauster
exhaust air Abluft *f*
exhaust air damper Abluftklappe *f*, Fortluftklappe *f*
exhaust ducting Absaugleitung *f*
exhaust fan *s.* exhauster
exhaust fume hood Abgassammel(filter)kammer *f*
exhaust gas Abgas *n*
exhaust grille Luftaustrittsgitter *n (Klimaanlage)*
exhaust hood Abzugshaube *f*
exhaust pipe Abzugsrohr *n*, Entlüftungsrohr *n*
exhaust plant Absauganlage *f*
exhaust shaft Entlüftungsschacht *m*, Abluftkanal *m*; Abgasaustrittsschacht *m*
exhaust temperature Abgastemperatur *f*
exhaust ventilation Zwangsentlüftung *f*
exhaust ventilator Sauglüfter *m*
exhausted soil erschöpfter Boden *m*
exhauster Exhaustor *m*, Saug(zug)lüfter *m*, Entlüfter *m*, Sauggebläse *n*
exhausting device Absaugvorrichtung *f*
exhibition Ausstellung *f*; Messe *f*; Ausstellungsfläche *f*
exhibition architecture Ausstellungsarchitektur *f*, Ausstellungsbaukunst *f*
exhibition area Ausstellungsfläche *f*, Ausstellungsgelände *n*
exhibition building Ausstellungsgebäude *n*
exhibition ground Ausstellungsgelände *n*
exhibition hall Ausstellungshalle *f*, Pavillon *m*; Messehalle *f*
exhibition room Ausstellungsraum *m*, Kabinett *n*
exist *v* bestehen
existing bestehend, Ist...
existing building bestehendes Gebäude *n*
existing situation Ist-Zustand *m*, bestehende Situation *f*
exit 1. Ausgang *m*; 2. *(Verk)* Ausfahrt *f*; 3. Austritt *m*, Auslauf *m*; 4. Ausströmöffnung *f*; 5. Autobahnausfahrt *f*
exit access Ausgangszugang *m*, Ausgangskorridor *m*, Ausgangsweg *m*
exit air Abluft *f*, Fortluft *f*
exit channel Ausfahrtsrinne *f (Hafen)*
exit corridor Straßenausgangspassage *f*; Ausgangstorweg *m*
exit court Torhof *m*
exit discharge 1. Ausgangshöhe *f*, Austrittshöhe *f (zwischen Austrittstür und Bodenhöhe)*; 2. Ausmündung *f*
exit door Ausgangstür *f*
exit holes Ausgangsöffnungen *fpl*
exit illumination Ausgangsbeleuchtung *f*
exit lane Ausfahrstreifen *m*
exit light Ausgangsbeleuchtung *f*
exit lighting Ausgangsbeleuchtung *f*
exit opening Ausstiegsöffnung *f*, Dachausstieg *m*, Dachausstiegsluke *f*
exit passageway Ausgangspassage *f*; Torweg *m*
exit ramp Abfuhrrampe *f*; Ausfahr(t)rampe *f*
exit road Ausfallstraße *f*
exit sign Ausgangs(hinweis)schild *n*
exit slip road Ausfahrtsrampe *f*
exit zone Ausfahrtsbereich *m*
exocyclic irregulär
exonarthex Eingangsvorraum *m (Kirche)*
exothermic reaction exotherme Reaktion *f (z. B. Zementhydratation)*
expand *v* 1. ausdehnen, expandieren, erweitern; sich ausdehnen; sich strecken; wachsen *(z. B. eine Stadt)*; 2. auftreiben *(Loch)*; aufweiten, aufbördeln *(Rohre)*; spreizen; sich spreizen; 3. blähen, quellen *(Beton)*; treiben *(Zement)*; 4. verschäumen, aufschäumen *(Kunststoffe)*
expanded entspannt; erweitert
expanded bit gespreizter Holzbohrer *m*
expanded blast-furnace slag Hüttenbims *m*
expanded cement Quellzement *m*
expanded cinder Hochofenschaumschlacke *f*
expanded cinder concrete Bimsbeton *m*
expanded clay Blähton *m*, geblähter Ton *m*, Porensinter *m*
expanded clay aggregate Blähtonzuschlagstoff *m*
expanded concrete Gasbeton *m*
expanded cork sheet expandierte Korkplatte *f*
expanded energy Arbeitsaufwand *m*
expanded glass Schaumglas *n*
expanded in-situ compatibility Aufschäumbarkeit *f* vor Ort
expanded mesh Streckmetall *n*
expanded metal Streckmetall *n*
expanded metal ceiling Decke *f* aus Streckmetall
expanded metal mesh Streckmetall *n*
expanded metal partition geputzte Streckmetalltrennwand *f*
expanded natural rubber Zellgummi *m*, Zellkautschuk *m*, Schaumgummi *m*
expanded perlite Naturbims *m*, Vulkanasche *f*
expanded plastic Schaum(kunst)stoff *m*
expanded plastic film Schaumstoffschicht *f*
expanded polystyrene Schaumpolystyrol *n*
expanded pulley Spannrolle *f*
expanded pumice concrete Bimsgasbeton *m*, Bimsblähbeton *m*
expanded reinforcement Streckmetallbewehrung *f*
expanded rubber Schaumgummi *m*, Zellgummi *m*
expanded shale Blähschiefer(ton) *m*, Blähtonschiefer *m*, geblähter Schiefer *m*; Aggloporit *m*
expanded slag Hüttenbims *m*
expanded slate *s.* expanded shale
expanded steel Streckstahl *m*
expanded tube eingewalztes Rohr *n*
expanded vault Kegelgewölbe *n*, Trompetengewölbe *n*
expanding agent Treibmittel *n*, Quellmittel *n*
expanding anchor Spreizanker *m*
expanding bolt Spreizdübel *m*
expanding chemical Schaumbildner *m*, Treibmittel *n*
expanding foam Bauschaum *m*
expansibility Ausdehnbarkeit *f*, Dehnbarkeit *f*; Schwellvermögen *n*
expansion 1. Ausdehnung *f*, Expansion *f*, Erweiterung *f*; Dehnung *f*; Ausweitung *f*; Blähen *n*, Aufblähen *n*, Quellen *n*, Treiben *n*, Treibneigung *f (von Beton)*; 2. Schäumen *n*, Verschäumen *n (von Kunststoffen)*; 3. Ausbau *m (von Gebäuden)*
expansion anchor Spreizdübel *m*
expansion attic ausbaufähiges Dachgeschoss *n*
expansion bearing bewegliches Auflager *n*, Ausdehnungslager *n*
expansion bend Ausgleichbogen *m*, Dehnungsschlaufe *f*, Dehnungsschleife *f (Rohrleitungen)*
expansion bit spreizbarer Holzbohrer *m*
expansion bolt Spreizdübel *m*
expansion coefficient Ausdehnungskoeffizient *m*
expansion coil Verdampferschlange *f*
expansion crack Dehnungsriss *m*; Wärmedehnungsriss *m*; Sprengriss *m*
expansion distance Dehnweg *m*
expansion fastener Spreizdübel *m*
expansion force Ausdehnungskraft *f*
expansion joint Dehn(ungs)fuge *f*, Ausdehnungsfuge *f*, Bewegungsfuge *f*, Ausdehnungsstoß *m*; Raumfuge *f*, Trennfuge *f*
expansion joint cover Dehnungsfugendeckband *n*

expansion joint filler Raumfugeneinlage *f*
expansion joint mastic Dehnungsfugenkitt *m*
expansion joint sealing Dehnungsfugenabdichtung *f*
expansion joint waterstop Raumfugenband *n*
expansion loop *s.* expansion bend
expansion measuring strip Dehnungsmessstreifen *m*
expansion of building Bauerweiterung *f*
expansion pipe Dehnungsrohr *n,* Ausgleicher *m,* Kompensationsrohr *n*
expansion profile Dehnprofil *n (von Fugen)*
expansion rollers Rollenlagerwalzen *fpl (an beweglichen Brückenauflagern)*
expansion shell Spreizhülse *f*
expansion shield Spreizdübel *m*
expansion sleeve Rohrmuffe *f* mit Spiel
expansion strip Fugenband *n,* Dehnungsfugenfüllstoff *m*
expansion tank Ausdehngefäß *n,* Dehnungsgefäß *n (Heizung)*
expansion valve Expansionsventil *n,* Entspannungsventil *n*
expansion vessel Ausdehnungsgefäß *n*
expansion work Erweiterungsarbeiten *fpl*
expansion zone Dehnungszone *f*
expansive agent Quellwirkstoff *m,* Quellzusatzmittel *n*
expansive cement Quellzement *m*
expansive-cement concrete Quellbeton *m*
expansive force Ausdehnungskraft *f*
expansive soil Quellboden *m,* Schwellboden *m*
expansive stress innere Druckspannung *f,* Druckeigenspannung *f*
expansivity Dehnungsverhalten *n*
expected construction costs erwartete Baukosten *pl*
expenditure Kostenaufwand *m*
expenditures Ausgaben *fpl*
expense(s) Unkosten *pl*; Aufwand *m*
experience Erfahrung *f*
experience record Befähigungsnachweis *m*
experiment Experiment *n,* Versuch *m*
experimental experimentell, versuchsweise; Versuchs...
experimental area Versuchsgelände *n,* Versuchsfeld *n*
experimental building Versuchsbau *m,* Experimentalbau *m*
experimental drilling Probebohrung *f*
experimental estate Versuchssiedlung *f*
experimental house Versuchshaus *n,* Experimentalhaus *n*
experimental period Versuchsdauer *f*
experimental plant Versuchsanlage *f*
experimental result Versuchsergebnis *n,* Prüfungsergebnis *n*
experimental road Versuchsstraße *f,* Versuchsstrecke *f*
experimental run Probelauf *m*
experimental set-up Versuchsanordnung *f,* Versuchsaufbau *m*
experimental stretch of road Straßenversuchsabschnitt *m*
experimentation Versuchsdurchführung *f,* Erprobung *f*
expert sachkundig, fachkundig
expert Experte *m,* Spezialist *m,* Bausachverständiger *m*
expert witness Expertenurteil *n,* Sachverständigenaussage *f*
expertise Expertise *f,* Fachkunde *f,* Fachkenntnis *f,* Fachbeurteilung *f*
expert's opinion [report, survey] Sachverständigengutachten *n,* Gutachten *n*
expire *v (Garantie, Angebot)* ungültig werden, *(finanzielle Mittel)* verfallen, *(Garantie)* ablaufen
expired cost abgeschriebener Kostenanteil *m*
explain *v* erklären, begründen; auslegen; erläutern
explain *v* **geometrically** geometrisch deuten
explanation Erklärung *f*
explanatory erläuternd
explanatory drawing Erläuterungszeichnung *f*
explanatory note Erläuterung *f,* Anmerkung *f*
explanatory report Erläuterungsbericht *m (z. B. zu Bauunterlagen)*
expletive *(AE)* Füllstück *n,* Ausstopfkeil *m, (Stein zum Ausfüllen einer Vertiefung im Mauerwerk)*
explode *v* explodieren, platzen, bersten
exploded isometric auseinander-gezogen-isometrisch
exploded view auseinander gezogene Darstellung *f*
exploit *v* ausbeuten *(Rohstoff)*
exploitation Ausbeutung *f,* Exploitation *f*
exploitation of geothermal energy Ausbeutung *f* der geothermalen Energie
exploration Bodenuntersuchung *f*; Bodenschürfung *f*
exploration drilling Aufschlussbohren *n,* Probebohrung *f,* Untersuchungsbohrung *f*
exploration expenses Aufschlusskosten *f,* Untersuchungskosten *pl (Baugrund)*
exploration well Aufschlussbohrung *f,* Erkundungsbohrung *f,* Untersuchungsbohrung *f (Baugrund)*
exploration work Aufschlussarbeiten *fpl,* Erkundungsarbeiten *fpl (Baugrund)*
exploratory boring *s.* exploration drilling
exploratory dig Bodenschürfung *f*
exploratory drilling Suchbohrung *f*
exploratory excavation Schurf *m*
exploratory heading Erkundungsstollen *m*
exploratory well Suchbohrung *f (Bohrloch)*
exploratory work Aufschlussarbeiten *fpl,* Erkundungsarbeiten *fpl*
explosion Explosion *f,* Sprengung *f*
explosion pressure Explosionsdruck *m*
explosion-proof explosionsgeschützt, exgeschützt, explosionssicher
explosion-proof design explosionssichere Ausführung *f*
explosion rivet Sprengniet *m*
explosive Sprengstoff *m*
explosive-actuated gun Bolzenschießgerät *n*
explosive-cartridge fastening tool Bolzenschießgerät *n*
explosive charge Sprengladung *f*
explosive effect Sprengwirkung *f*
explosive fixing Einschießbefestigung *f*
explosive force Sprengkraft *f*
explosive pile foot enlarging Sprengfußherstellung *f* eines Bohrpfahls
explosive power Sprengkraft *f*
explosive welding Explosionsschweißen *n,* Sprengschweißen *n*
exponential function Exponentialfunktion *f*
expose *v* 1. freilegen; 2. exponieren, aussetzen *(einer Einwirkung)*
expose *v* **on the surface** auf Putz verlegen *(Leitung)*
expose *v* **to the atmosphere** der Atmosphäre aussetzen
exposed *(El)* ungeschützt; freigelegt, offen *(z. B. Bauteile, Leitungen)*
exposed acoustical suspension system unverkleidete Schalldeckenkonstruktion *f*
exposed-aggregate concrete Waschbeton *m*
exposed aggregate finish freigelegte Betonoberfläche *f* mit Zuschlagstoffen
exposed brickwork Sichtziegelmauerwerk *n*
exposed concrete Sichtbeton *m,* Architekturbeton *m*
exposed concrete formwork Sichtschalung *f,* Sichtbetonschalung *f,* Sichtbetonschalung *f,* Sichtschalung *f*
exposed concrete wall Sichtwand *f*
exposed face Sichtfläche *f*
exposed finish sichtbare Oberflächenausbildung *f,* Sichtabschluss *m,* Sichtausführung *f*

exposed finish tile Sichtkachel *f*, Blendkachel *f*
exposed masonry ungeputztes Mauerwerk *n*; Sichtmauerwerk *n*
exposed nailing sichtbare Vernagelung *f*
exposed outdoors ungeschützt positioniert, frei exponiert
exposed position ungeschützte Lage *f*, freie Lage *f*
exposed positioned [situated] frei stehend *(Gebäude im Gelände)*
exposed steel framing Sichtstahlrahmen *m*, Stahlsichtrahmen *m*
exposed strata *(Erdb)* ausstreichende Schichten *fpl*
exposed suspension system unverkleidete Schalldeckenkonstruktion *f*
exposed to weather der Witterung ausgesetzt
exposed wiring *(El)* Aufputzinstallation *f*, Verlegung *f* auf Putz
exposition Ausstellung *f*
exposure Ausgesetztsein *n*, Aussetzen *n (einer Einwirkung)*; Aufschluss *m*
exposure conditions Beanspruchungsbedingungen *fpl*
exposure cycle Beanspruchungszyklus *m*
exposure environment Beanspruchungsumgebung *f*, Beanspruchungsmilieu *n*
exposure hazard of a building feuergefährdeter Standort *m* eines Gebäudes
exposure period Beanspruchungsdauer *f*
exposure test Beanspruchungsprüfung *f*
exposure to moisture Feuchtigkeitsbeanspruchung *f*
express elevator *(AE)* Schnellaufzug *m*
express highway Autobahn *f*
express lift Schnellaufzug *m*
express traffic Straßenschnellverkehr *m*
expression of style Stiläußerung *f*
Expressionism Expressionismus *m*
expressive content Ausdrucksgehalt *m*
expressiveness Ausdruckskraft *f*, Ausdrucksgehalt *m*, Aussagekraft *f*
expressway *(AE)* Autobahn *f*, Schnell(verkehrs)straße *f*
expropriate *v* enteignen
expropriating order Enteignungsbeschluss *m*
expropriating proceedings Enteignungsverfahren *n*
expropriation Enteignung *f*
exsiccate *v* austrocknen
exsiccation Austrocknung *f*, Trocknung *f*, Vertrocknung *f*
exsolution Entmischung *f*
extend *v* 1. ausdehnen, strecken *(mechanisch)*; längen; verlängern *(Straße)*; sich ausdehnen; 2. erweitern; anbauen *(ein Gebäude)*; 3. sich erstrecken, sich ausdehnen, reichen; 4. strecken *(Substanzen durch Zusatzstoffe)*
extend *v* **over** sich erstrecken über
extendable *(building)* erweiterbar
extended gestreckt; ausgedehnt; ausgezogen
extended-care facility medizinisches Pflegeheim *n*
extended surface vergrößerte [berippte] Fläche *f*, vergrößerte Wärmeabstrahlfläche *f*
extended-time test Langzeitversuch *m*
extender Streckmittel *n*, Füllmittel *n (bes. für Farben)*; Farbverlängerer *m*
extending filler *s.* extender
extending ladder ausfahrbare Leiter *f*
extending part of scaffold auskragendes Gerüstteil *n*
extensibility Dehnbarkeit *f*, Streckbarkeit *f (von Materialien)*; Rissfestigkeit *f*
extensible 1. dehnbar, streckbar *(Material)*; 2. ausbaufähig
extension 1. Dehnung *f*, Längung *f*, Verlängerung *f*, Streckung *f (mechanisch)*; 2. Ausdehnung *f*, Erweiterung *f (eines Gebäudes)*; 3. Erweiterungsbau *m*, Anbau *m*; 4. Nebenanschluss *m (Telefon)*
extension bar Verlängerungsschiene *f*, Verlängerungsstab *m*
extension bellows *(Rohr)* Dehnungsausgleicher *m*
extension bolt *s.* extension flush bolt
extension building Anbau *m*, Erweiterungsbau *m*
extension-compensating member *(Rohr)* Dehnungsausgleicher *m*
extension crack Dehnungsriss *m*
extension flush bolt Schubriegelstabbolzen *m*
extension joint filler Fugeneinlage *f*
extension ladder ausfahrbare Leiter *f*
extension of given (construction) time Bauzeitverlängerung *f*
extension of time claim Anspruch *m* bei Zeitverlängerung
extension piece Verlängerungsstück *n*
extension pipe Aufsatzrohr *n*
extension plan Erweiterungsplan *m*
extensometer Dehnungsmesser *m*
extent 1. Ausdehnung *f*, Ausmaß *n*, Umfang *m*; Größe *f*; 2. Bereich *m*
extent of damage Schadensausmaß *n*, Schadensumfang *m*
exterior 1. Außenansicht *f*; 2. Außenseite *f*; Außenwand *f*
exterior appearance Außenansicht *f*
exterior application Außenverwendung *f*, Außeneinsatz *m*, Außenanwendung *f*
exterior balcony herausgezogene Veranda *f*, Freibalkon *m*
exterior bending moment äußeres Biegemoment *n*
exterior coat Außenanstrich(film) *m*
exterior coating Außenbeschichtung *f*; Außenschutzschicht *f*
exterior corridor offener Gang *m*, Laubengang *m*
exterior cupola Schutzkuppel *f*
exterior durability Außenbeständigkeit *f*, Wetterbeständigkeit *f*
exterior enamel Lackfarbe *f* für Außenanstriche
exterior exposure testing Freibewitterungsprüfung *f*
exterior face Bundseite *f*
exterior finish 1. Außenputz *m*, Gebäudeaußenhaut *f (Putz)*; 2. Außenanstrich *m*
exterior girder Außenträger *m*, außen liegender Träger *m*
exterior-glazed von außen verglast
exterior insulation Außendämmung *f*
exterior lacquer Lackfarbe *f* für außen [Außenanstrich]
exterior leaf Außenschale *f (Wandausbildung)*
exterior lighting Außenbeleuchtung *f*
exterior lining Außenverkleidung *f*
exterior masonry Außenmauerwerk *n*
exterior paint Außenanstrichfarbe *f*, Anstrichstoff *m* für außen
exterior panel Platte *f* mit Außenrand, Außenwandplatte *f*
exterior plaster Außenputz *m*, Außenverputz *m*, Außenwandputz *m*
exterior render Außenputz *m*, Außenverputz *m*
exterior ring earth connection äußerer Ringerder *m (Blitzschutz)*
exterior sealing Außenabdichtung *f*, äußere Dichtung *f*
exterior separation Außenabstand *m (eines Gebäudes zum bezogenen Fluchtpunkt)*
exterior sheathing board Verkleidungsplatte *f* an der Außenseite
exterior shutter Fensterladen *m*, Klappladen *m*
exterior stair Außentreppe *f*
exterior surface Außenfläche *f*, Außenseite *f*
exterior tieback freiliegendes Zugband *n*, sichtbares Zugband *n*
exterior trim *(AE)* Zierbesatz *m* für Außenwände

exterior view Außenansicht *f*
exterior wall Außenmauer *f*, Außenwand *f*, Umfassungsmauer *f*
exterior wall skin Außenwandhaut *f*, Außenwandverkleidung *f*
exterior weathering resistance Witterungsbeständigkeit *f*, Wetterfestigkeit *f*
exterior work Außenarbeiten *fpl*, Rohbauarbeiten *fpl (an der Bauhülle)*
external extern, äußerlich, Außen...
external angle äußere Ecke *f*
external cavity wall äußere Schale *f*
external coat Außenanstrich *m*
external coating 1. Außenbeschichtung *f*; 2. Außen(schutz)schicht *f*, Außenüberzug *m*
external dimension Außenmaß *n*
external door Außentür *f*
external dormer Gaupenfenster *n*
external envelope Gebäudehülle *f*
external features Außenanlagen *fpl*
external force äußere Kraft *f*
external hydrant *(Brandbekämpfung)* Außenhydrant *m*
external loading äußere Belastung *f*
external moment äußeres Moment *n*
external paint coating Außenschutzanstrich *m*
external painting Außenanstricharbeiten *fpl*
external plaster Außenputz *m*
external pressure Außendruck *m*
external protection Außenschutz *m*; Außenkorrosionsschutz *m*
external rendering Außenputz *m*
external reveal Außenleibung *f*
external sill *s.* external window sill
external sill of sheet metal äußeres Fensterblech *n*
external staircase tower Treppenhausturm *m*, Treppenhausvorbau *m*
external stress Außenspannung *f*
external string *(Treppe)* Außenwange *f*, Treppenlochwange *f*, Öffnungswange *f*
external two-coat plaster zweilagiger Außenputz *m*
external vibration Außenrüttlung *f*, Schalungsrüttelverdichtung *f*
external vibrator Außenrüttler *m*, Schalungsrüttler *m*
external wall Außenmauer *f*, Außenwand *f*
external wall component [member] Außenwandelement *n*
external window sill Sohlbank *f*, äußere Fensterbank *f*
external works Außenarbeiten *fpl*
externally finned pipe Heizungsrippenrohr *n*
externally plastered außen verputzt
externally rendered mit Außenbewurf; außen verputzt
externally ribbed pipe Heizungsrippenrohr *n*
externally ribbed tube Radiatorrohr *n*, Rohr *n* mit Außenrippen
extinguish *v* löschen *(z. B. Feuer)*
extinguisher Löscher *m*
extinguishing agent Löschmittel *n*
extinguishing device Löschgerät *n*
extinguishing installation Löscheinrichtung *f*
extinguishing line Feuerlöschleitung *f*
extinguishing run Feuerlöschleitung *f*
extinguishing system Feuerlöschanlage *f*, Feuerlöschsystem *n*
extra appreciation Aufpreis *m*
extra-bright hochglanzpoliert
extra charge Zulage *f*
extra expenses Mehraufwand *f*
extra-heavy überschwer
extra-large übergroß
extra quantities zusätzliche Bauleistung *f*
extra-rapid-hardening cement Blitzzement *m*
extra-strong *(Bod)* besonders fest, extrastark
extra time allowance Zeitzugabe *f*, Bauzeitverlängerung *f* infolge Zusatzarbeit
extra water Zuschusswasser *n*
extra work Mehrarbeit *f*, Zusatzarbeit *f*
extract *v* extrahieren, gewinnen, herausziehen, herausholen
extract *v* **a core** einen Kern ziehen
extract *v* **a pile** einen Pfahl ziehen
extract *v* **stumps** stockroden
extract fan Saugzugventilator *m*
extract ventilation Entlüftung *f*
extract ventilation unit Entlüfter *m*
extracted extrahiert, herausgezogen
extracted asphalt *(AE)* Extraktbitumen *n*, extrahiertes Bitumen *n*
extracted bitumen *s.* extracted asphalt
extraction of dust Entstaubung *f*
extraction resistance Ausziehwiderstand *m*
extraction system *(HLK)* Sauglüftung *f*
extractor Auszieher *m*, Entnahmegerät *n*, Herausheber *m*
extractor cowl Absaughaube *f*
extractor fan Entlüfter *m*
extractor hood Dachhaube *f*, Ablufthaube *f*
extrados Bogenrücken *m*, Gewölberücken *m*, äußere Rückenlinie *f*, Gewölbefläche *f*
extraneous traffic Durchgangsverkehr *m*
extraneous ventilation Fremdbelüftung *f*
extras Unvorhergesehenes *n*, zusätzliche Bauleistungen *fpl*
extreme arch Randbogen *m*
extreme fibre stress *(Stat)* Randspannung *f*
extreme pressure Höchstdruck *m*
extreme span Endfeld *n*
extrication Befreiung *f*, Bergung *f*
extrude *v* strangpressen *(bes. Metall)*; extrudieren, spritzen *(Kunststoffe)*; ausformen; auspressen; ausstoßen
extruded stranggepresst
extruded asphalt kerb Asphalthochbord *m*
extruded clay roof tile Strangdachziegel *m*
extruded concrete Strangpressbeton *m*
extruded interlocking tile Strangfalzziegel *m*
extruded polystyrene foam Polystyrol-Extruderschaum *m*
extruded profile Strangpresserzeugnis *n*, Strangpressprofil *n*
extruded rigid foam extrudierter Hartschaum *m*
extruder Strangpresse *f*, Austreiber *m*; Probenauspressgerät *n*
extruder particle board stranggepresste Spanplatte *f*
extrusion 1. Strangpressen *n (Metall)*; Spritzen *n (Kunststoff)*; 2. Strangpressprofil *n*
extrusion auger Schneckenpresse *f*
extrusion coating 1. Harzspritzmantel *m*; 2. Spritzbemantelung *f*, Beschichten *n* mit Extruder
extrusion concrete Strangpressbeton *m*, Pressolit *m*
extrusion jack Probenauspressvorrichtung *f*
extrusion method Strangfertigungsverfahren *n*, Strangpresstechnologie *f*
extrusion plant Strangpressanlage *f*
extrusive rock Ergussgestein *n*
exudation Ausschwitzung *f*, Ausblühung *f*
exude *v* ausschwitzen
eye Öse *f*, Öhr *n*, Auge *n*
eye bar Augenstab *m*
eye-ball interpretation visuelle Auswertung *f*
eye bolt Ösenbolzen *m*, Ringbolzen *m*
eye-catcher Blickfang *m*
eye gneiss Augengneis *m*

eye level Augenhöhe *f*
eye-pleasing gefällig *(Entwurf)*
eye protection equipment Augenschutzausrüstung *f*
eye-sight Schauloch *n*
eyebar Ösenstab *m*, Augenstab *m (Stahlbeton)*
eyebrow 1. Regenverdeckleiste *f*; 2. Simswerk *n (über einem Fenster)*
eyehole Schauloch *n*
eyelet 1. Lichtloch *n*, Wandloch *n*, Luftloch *n*, Durchziehloch *n*; 2. Öse *f*
eyepiece Ablesevorrichtung *f*
eyot kleine Flussinsel *f*, kleine Seeinsel *f*

F

fabric 1. Skelett *n*, Rahmenwerk *n (Tragwerk eines Gebäudes)*; Rohbau *m*; Bausubstanz *f*; 2. Gewebe *n*; Stoff *m*; Einlage *f (z. B. Dachpappe)*; 3. Aufbau *m (einer Mischung)*; 4. Gefüge *n (petrographisch)*
fabric building Zeltkonstruktion *f*, Zeltbau *m*, Zeltkonstruktionsbau *m*
fabric coating Gewebebeschichtung *f (z. B. mit Epoxidharz)*
fabric covering 1. Stoffbespannung *f*; 2. Bespanngewebe *n*
fabric filter Tuchfilter *n*, Staubfilter *n*, Stofffilter *n*, Gewebefilter *n*
fabric for roofing Rohdachpappe *f*
fabric lath(ing) Putzträgergewebe *n*
fabric reinforcement 1. Mattenbewehrung *f*; Bewehrungsmatte *f*; Streckmetallbewehrung *f*; 2. Gewebeverstärkung *f*
fabric roof Stoffdach *n*, Segeltuchüberspannung *f*
fabric tape Textilgewebebinde *f*
fabric work Skelettmontage *f*; Rohbauarbeiten *fpl*
fabricability Verarbeitbarkeit *f (von Baustoffen)*
fabricate *v* 1. montieren, vorfertigen *(Stahlbau)*; 2. fertigen, herstellen
fabricated gefertigt, hergestellt
fabricated steel-plate design geschweißte Stahlblechkonstruktion *f*
fabricated steel structure geschweißte Stahlkonstruktion *f*
fabricated structural parts Hochbauelemente *npl*
fabricating Herstellen *n*, Fertigen *n*, Produzieren *n*
fabricating costs Herstellungskosten *pl*, Fertigungskosten *pl*, Produktionskosten *pl*
fabricating drawing Ausführungszeichnung *f*, Herstellungszeichnung *f*, Fertigungsvorlage(zeichnung) *f*
fabricating method Herstellungsverfahren *n*, Fertigungsmethode *f*, Produktionsmethode *f*
fabricating technique Herstellungstechnik *f*, Fertigungstechnik *f*, Produktionstechnik *f*
fabricating technology Herstellungstechnologie *f*, Fertigungstechnologie *f*, Produktionstechnologie *f*
fabrication 1. Montage *f*, Vorfertigung *f (Stahlbau)*; 2. Fertigung *f*, Herstellung *f*; Herstellen *n*; 3. Aufbereiten *n (Mischen der Baustoffe)*
fabrication bay Produktionsabteilung *f*
fabrication code Lieferstandard *m*, Beschaffenheitsstandard *m*
fabrication costs Herstellungskosten *pl*, Fertigungskosten *pl*, Produktionkosten *pl*
fabrication defect Herstellungsfehler *m*
fabrication primer Grundanstrichstoff *m*, Fertigungsanstrichstoff *m*; Fertigungsanstrich *m*
fabrication standard Lieferstandard *m*, Beschaffenheitsstandard *m*
fabricator 1. Stahlbaufirma *f*; 2. Stahlbauer *m*
fabricator's test Werksprüfung *f*, Herstellerprüfung *f*
façade Fassade *f*, Vorderfront *f*, Vorderansicht *f*, Front *f*
façade articulation Fassadengliederung *f*
façade building unit Fassadenelement *n*
façade cleaning Fassadenreinigung *f*
façade coat Fassadenbeschichtung *f*
façade division Fassadengliederung *f*
façade lining Fassadenverkleidung *f*, Fassadenbekleidung *f*
façade panel Fassadenplatte *f*, Fassadentafel *f*
façade rendering Fassadenputz *m*
façade scaffolding Fassadengerüst *n*
façade surfacing Fassadenbekleidung *f*
façade wall Fassadenmauer *f*, Fassadenwand *f*, Frontmauer *f*
face *v* 1. verkleiden, verblenden *(z. B. Vorderfront mit Werksteinen)*; bekleiden *(Mauerwerk)*; verputzen; belegen, beplanken; 2. verschalen, abschalen; 3. sich stellen
face 1. Oberfläche *f*, Fläche *f*, Außenfläche *f*, Stirn *f*, Haupt *n (Außenseite einer Mauer)*; Sichtfläche *f*, Seitenfläche *f*; 2. *s.* façade; 3. Decklage *f*, Stirnseite *f (Holz)*; 4. *(Erdb)* Wand *f*; 5. *(Tun)* Stoß *m*; Ortsbrust *f*
face advance *(Tun)* Vortriebsfortschritt *m*
face arch Stirnbogen *m*
face ashlar Stirnquader *m*
face-bedded senkrecht zur Schichtung gesetzt *(Naturstein)*
face brick *s.* facing brick
face clearance lichter Verkleidungsabstand *m*
face coat obere Putzschicht *f*
face concrete Vorsatzbeton *m*, Sichtbeton *m*
face concrete mix Sichtbetonmischung *f*, Vorsatzbetonmischung *f*
face concrete panel Außenwandelement *n* mit Vorsatz
face edge bearbeitetes Maß *n (Holz)*; Anlegekante *f*
face glazing Außenverglasung *f*, Verglasung *f* im Winkel- oder Nutrahmen
face guard Stoßschutzstreifen *m*, Abstoßschutzband *n*
face hammer *s.* facing hammer
face joint Sichtfuge *f*, sichtbare Fuge *f*, Fassadenfuge *f*
face-lift(ing) Fassadenerneuerung *f*, Renovierung *f (meistens Fassadenanstrich)*; Modernisierung *f (von Fassaden)*
face loader *s.* front-end loader
face mark Vorderseitenmarkierung *f*
face mix *s.* face concrete mix
face mould Messschablone *f*, Schablone *f (für Maurerarbeiten)*
face nailing senkrechte Sichtflächennagelung *f*, direkte Vernagelung *f* [Nagelung *f*]
face of ashlar Stirn(seite) *f* eines Quaders
face of joint Dichtungsleiste *f*
face of sand *(Tun)* Sandstoß *m*
face of well *(Tun)* Bohrlochsohle *f*
face panel Außenwandelement *n* mit Vorsatz; furnierbezogene Sperrholztafel *f*
face piece *(Erdb)* Stirnspreize *f*, Endspreize *f*
face plan Hauptansicht *f*
face plaster Putzschicht *f*
face plate 1. Frontplatte *f*, Stirnblech *n*; 2. Klemmplatte *f*
face putty Sichtkitt *m*, Außenkittstreifen *m*
face shell Seitenfläche *f* eines Hohlblocksteins
face shovel Hochlöffel(bagger) *m*

face side Vorderseite *f*
face string sichtbare Treppenwange *f*, Freiwange *f*, Lichtwange *f*
face stringer *(AE) s.* face string
face support *(Tun)* Strebausbau *m*
face veneer Oberflächenfurnier *n*, Deckfurnier *n*
face waling *s.* face piece
face wall Stirnmauer *f*; Stützmauer *f*; Verblendmauer *f*
face width Sichtseitenbreite *f (Holz)*
face work 1. Sichtmauerwerk *n*; 2. Verblenden *n*; 3. Auskleidung *f*, Verkleidung *f*; Überziehen *n*
face working space *(Tun)* Ausbruchraum *m*; Abbauraum *m (auch Steinbruch)*
faced beschichtet, verkleidet, verblendet
faced brickwork Verblendmauerwerk *n*
faced concrete panel Außenwandelement *n* mit Vorsatz
faced façade Blendfassade *f*
faced wall Vorblendwand *f*, Vorblendmauer *f*
facelift *v* renovieren
facestone Sichtstein *m*
facet *v* facettieren
facet Facette *f*
facework 1. bündige Mauerseite *f*, Verblendmauerwerk *n*; 2. Sichtfläche *f*; 3. Verblendung *f*, Verkleidung *f*; Putzlage *f*; Schutzschicht *f*
facia Flachelement *n*; Ziergurt *m (z. B. bei ionischen Säulen)*
facies Fazies *f*, Ansichtsbild *n (von Sedimentgestein)*
facility Anlage *f*, Ausrüstung *f (maschinell)*; Einrichtung *f*, Anlage *(z. B. Hafen, Flugplatz)*; Wohnanlage *f*
facility management Objektmanagement *n*, Gebäude- und Anlagenmanagement *n*, Facility-Management *n*
facility register Einrichtungsverzeichnis *n*
facing gegenüber liegend oder stehend; einander zugekehrt
facing 1. Verkleidung *f*, Verblendung *f (z. B. einer Vorderfront)*; Gebäudeverkleidung *f*; Bekleidung *f (Mauerwerk)*; Putzschicht *f*, Putzlage *f*; Schutzschicht *f*; Sichtfläche *f*; 2. *(Tun)* Stoß *m*, Ort *n*
facing aggregate Vorsatzzuschlagstoff *m*
facing block Fassadenstein *m*, Blendstein *m*, Vorsatzstein *m*
facing board Verkleidungsplatte *f*; Verblendbrett *n*, Blendholz *n*
facing bond Läuferverband *m*
facing brick Verblender *m*, Verblendstein *m*, Blendziegel *m*, Formziegelstein *m*; Vormauerziegel *m*
facing concrete *s.* face concrete
facing framework Fassadentragwerk *n*
facing hammer *(AE)* Scharrierhammer *m*, Kraushammer *m*, Steinmetzfeinhammer *m*
facing layer Vorsatzlage *f*, Vorsatzschicht *f*, Blendschicht *f*
facing masonry Verblendmauerwerk *n*, Blendmauer *f*
facing masonry wall Blendmauer *f*, Vorsatzmauer *f*
facing masonwork Verblendmauerwerk *n*, Blendmauer *f*
facing metal Überzugsmetall *n*, Auflagemetall *n*
facing method Blendsystem *n*, Vorsatzverfahren *n*, Verblendungsverfahren *n*
facing panel Verkleidungsplatte *f*
facing plaster Fassadenputz *m*
facing plate Verkleidungsblech *n*; Verblendungsplatte *f*
facing rail Anlaufschiene *f*
facing slab Verkleidungsplatte *f*, Verkleidungstafel *f (tragend, versteifend)*
facing stone Fassadenstein *m*; Natursteinplatte *f* für Wandverkleidungen
facing stoneware Verkleidungssteinzeug *n*, Verblendungssteinzeug *n*
facing tile Verblendungsfliese *f*, Verblendungskachel *f*, Verkleidungsplatte *f*, Vorsatzplatte *f*
facing unit Verblender *m*; Verkleidungselement *n*; Auskleidungselement *n*
facing wall Stirnmauer *f*
facing work *s.* facework
facility Einrichtung *f*, Anlage *f*
factitious unecht, künstlich, nachgemacht
factor Faktor *m*, Koeffizient *m*, Beiwert *m*, Zahl *f*
factor for impact Stoßfaktor *m*, Stoßzuschlag *m*
factor of concentration Konzentrationsgrad *m*
factor of outflow variation Abflussschwankungskoeffizient *m*
factor of safety Sicherheitsfaktor *m*, Sicherheitsbeiwert *m (der Konstruktion)*
factor of utilization Ausnutzungsgrad *m (reziproker Wert des Sicherheitsbeiwerts)*
factored load Grenzlastannahme *f*, rechnerische Grenzbelastung *f (Belastung mal Lastfaktor)*
factorial faktorial
factorial design faktorielle Versuchsplanung *f*
factory Fabrik *f*, Werk *n*
factory application Werkbeschichtung *f*; Fertigungsanstrich *m*
factory block Fabrikgebäude *n*, Fabrikhalle *f*
factory building 1. Industriebau *m*; 2. Industriehalle *f*, Fabrikgebäude *n*, Werkhalle *f*
factory-built vorgefertigt; serienmäßig gebaut
factory-built chimney Fertig(teil)schornstein *m*
factory-built door element Fertigtürelement *n*
factory-built girder Montageträger *m*
factory-built house Fertighaus *n*, industriell gefertigtes Haus *n*
factory-built partition Montagetrennwand *f*, Fertigtrennwand *f*
factory canteen Werkkantine *f*
factory casting Vorfertigung *f (von Bauelementen)*
factory chimney Industrieschornstein *m*, Fabrikschornstein *m*
factory-coated werksbeschichtet, mit Fertigungsanstrich
factory coating Werksbeschichtung *f*; Werksanstrich *m*
factory construction Fabrikbau *m*
factory control Eigenüberwachung *f*, Güteeigenüberwachung *f*
factory cost Herstellungskosten *pl*; Selbstkosten *pl*
factory-finished vorgefertigt *(im Betrieb)*
factory for precast concrete houses Häuserfabrik *f*, Häuser-Vorfertigungsbetrieb *m*
factory fraction Anteil *m* der Vorfertigung, Prozentsatz *m* der Vorfertigung
factory hall Werkhalle *f*
factory hygiene Arbeitshygiene *f*
factory lab Werkslabor *n*, Betriebslabor *n*
factory length Herstellungslänge *f*, Lieferlänge *f (z. B. von Rohren)*
factory lumber *(AE)* vorgefertigtes Bauholz *n*, Holz *n* nach Stückliste
factory-made fabrikgefertigt; serienmäßig gebaut
factory-mounted werkseitig eingebaut *(Verteiler)*
factory-painted werkgestrichen
factory precasting Betonvorfertigung *f*, Vorfertigung *f* im Betonwerk
factory premises Werkgelände *n*
factory priming Werksgrundierung *f*
factory production Serienbau *m*
factory production control werkseigene Produktionskontrolle *f*, Fertigungseigenüberwachung *f*
factory-sheated mit Werksümhüllung
factory shed Fabrikhalle *f*, Werkhalle *f*
factory shop Werkstatt *f*
factory site Fabrikgelände *n*

factory stack *s.* factory chimney
factory window Industriefenster *n*
fade *v* verblassen, ausbleichen, verbleichen, verschießen *(Farbe)*; sich verfärben
faded verblichen, verblasst
fade Abschwächung *f (Brillanz)*
fade resistance Farbechtheit *f*, Lichtechtheit *f*
fade-resistant farbecht, lichtecht
fadeless lichtecht
fadeometer Fadeometer *n*, Farbechtheitsmessgerät *n (z. B. für Kunstharz, Beschichtungen)*
fading 1. Farbschwund *m*, Verblassen *n*; Verschießen *n (Anstrich, Farbe)*; 2. Abnutzen *n*, Abnutzung *f (Kunstharze, Beschichtungsstoffe)*
fag *s.* faggot
faggot *(Wsb)* Reisigbündel *n*, Faschine *f*
faggot steel Bundstahl *m*
faggot wire Faschinendraht *m*
faggotting Faschinenbau *m*, Faschinenverbau *m*, Faschinenpackwerk *n*
fagot *(AE) s.* faggot
faience Fayence *f (Tonware)*; Steingut *n*
faience mosaics Steingutmosaik *n*; Fayencekleinfliesen *fpl*
faience tile Fayencefliese *f*, handgefertigte Dekorationsfliese *f*
faikes *(sl)* schiefriger Sandstein *m*
fail *v* 1. versagen; einstürzen; aussetzen; unbrauchbar werden; zerstört werden; 2. nicht ausreichen *(z. B. Materialvorrat)*
fail *v* **by buckling** ausknicken, zu Bruch gehen
fail *v* **to meet requirements** den Forderungen nicht genügen
fail *v* **to pass** nicht abgenommen werden, den Anforderungen nicht genügen
fail-safe ausfallsicher; bruchsicher
failed versagt; ausgefallen; misslungen; gebrochen; eingestürzt; nicht erfüllt
failing load Bruchlast *f*
failing of dike *(Wsb)* Deichbruch *m*
failing strain Bruchdehnung *f*
failing stress Bruchspannung *f*
failings Mängel *mpl*
failure 1. Versagen *n*, Ausfall *m (z. B. von Maschinen)*; Störung *f*; Fehler *m (z. B. eines Werkstoffs)*; 2. plastische Verformung *f*; Bruch *m*; 3. *(Bod)* Grundbruch *m*
failure bending angle Bruchbiegewinkel *m*
failure by rupture *(Bod)* Grundbruch *m*; Scherbruch *m*
failure by spreading Böschungsrutschung *f*
failure circle Bruchkreis *m*
failure condition Bruchbedingung *f*
failure criterion Ausfallkriterium *n*
failure criterium Bruchkriterium *n*
failure curve Bruchkurve *f*
failure due instability Labilitätseinsturz *m*
failure envelope Bruchlinie *f*
failure hypothesis Bruchhypothese *f*
failure limit Versagensgrenze *f*; Bruchgrenze *f*
failure load Bruchlast *f*
failure loading Bruchbelastung *f*
failure mechanism Einsturzmechanismus *m*
failure mode Schadensart *f*, Fehlerzustand *m*
failure point Schwachstelle *f*
failure rate Ausfallrate *f*
failure recovery Fehlerbeseitigung *f*
failure strain Bruchdehnung *f*
failure stand-by mode Betriebsbereitschaft *f (bei Ausfall)*
failure strength Bruchfestigkeit *f*, Einsturzfestigkeit *f*
failure stress Bruchspannung *f*
failure surface Bruchfläche
failure test Bruchprüfung *f*, Bruchversuch *m*
failure time Lebensdauer *f*; Standzeit *f*
failure warning light Ausfallwarnleuchte *f*
failure zone Bruchzone *f*
fair bündig *(Mauerwerk)*
fair building Messegebäude *n*
fair concrete Sichtbeton *m*, Architekturbeton *m*, Ornamentbeton *m*, Dekorbeton *m*
fair face Sichtfläche *f*
fair-faced bündig; glatt, eben *(Mauerwerk)*
fair-faced brickwork bündiges Mauerwerk *n*
fair-faced in-situ concrete Ort-Sichtbeton *m*
fair-faced lightweight concrete Sichtleichtbeton *m*
fair-faced masonry Sichtmauerwerk *n*
fair-faced plaster Glattputz *m*
fair-faced site-placed concrete Ort-Sichtbeton *m*
fair finish Sichtausführung *f*
fair grounds Messegelände *n*
fair pavilion Messehalle *f*
fair-raking cutting Schrägschneiden *n* der Giebelrandziegel *(entsprechend der Dachneigung bei Verblendmauerwerk)*
fair reinforced concrete Sichtstahlbeton *m*
fair work Sichtausführung *f*
fairway arch [span] Schifffahrtsdurchfahrt *f*, Durchfahrtsöffnung *f (Brücke)*
fairy-tale Gothic style Märchengotik *f*
fall *v* 1. fallen, stürzen *(Körper)*; 2. abfallen, sich senken *(Land)*; 3. abnehmen, abfallen, sinken *(z. B. Werte)*; 4. hereinbrechen
fall *v* **apart** zerfallen, auseinander fallen
fall *v* **back** zurückgreifen; zurückweichen
fall *v* **behind** zurückbleiben
fall *v* **down** herunterfallen, zusammenstürzen, zusammenbrechen
fall *v* **in** einfallen, einstürzen
fall *v* **into crumbs** zerbröckeln, zerfallen *(Gestein)*
fall *v* **into ruin** zerfallen
fall *v* **off** nachlassen
fall *v* **out** ausfallen
fall *v* **to ruin** verfallen
fall *v* **through** durchfallen
fall 1. Fall *m (von Körpern)*; 2. Neigung *f*, Gefälle *n (z. B. von Gelände)*; Wassergefälle *n*; 3. Abnahme *f*, Abfall *m (z. B. von Werten)*
fall back plan Rückfallplan *m*
fall block Hakenflasche *f*, Flasche *f (eines Flaschenzugs)*
fall hammer Fallbär *m*
fall in temperature Temperaturabfall *m*
fall of earth Erdeinsturz *m*, Erdfall *m*
fall of ground Geländeneigung *f*, Geländegefälle *n*
fall pipe Regenfallrohr *n*, Fallrohr *n*
fall step *(Wsb)* Gefällestufe *f*, Wasserspiegelunterschied *m*
fallback Erweichungspunkterhöhung *f (Bitumen)*
falling ball test Kugelfallprüfung *f*
falling gradient Gefälle *n*, Neigung *f*
falling mould *(Hb)* Kontrollschablone *f* für Handläufe
falling-off in strength Festigkeitsabfall *m*, Festigkeitsabnahme *f*, Festigkeitsminderung *f*
falling track Ablaufgleis *n*
falling weight Fallbär *m*
falling weight delectometer Fallgewichtsgerät *n*, Fallgewichts-Einsenkungsmessgerät *n*, Fallplatte *f*
fallout shelter Atombunker *m*, Schutzraum *m* gegen radioaktiven Niederschlag
fallow ground Brachland *n*
fallow land *s.* fallow ground
fallow soil *s.* fallow ground

falls 1. Fallrohre *npl*; 2. Wasserfall *m*
false air Falschluft *f*
false arch imitierter Bogen *m*
false attic Dachuntersatz *m*
false-bearing nicht satt [zentrisch] aufliegend
false-body scheinbar hochviskos, thixotrop *(Farbe)*
false bottom Zwischenboden *m*, Doppelboden *m*
false ceiling Scheindecke *f*, eingehängte [abgehängte] Decke *f*, Hängedecke *f*, Einschubdecke *f*
false door Blindtür *f*, Blendtür *f*, Scheintür *f*
false edge Aufdoppelung *f*
false ellipse mehrelementiger Ellipsenbogen *m*
false fenestration Blindbefensterung *f*
false floor Blindboden *m*, Zwischendecke *f*
false front 1. überzogene Vorderfront *f*, Kulissenfrontmauer *f*; 2. falscher Giebel *m*
false gable Blendgiebel *m (Kirchenbau)*
false header 1. zurückgesetzter Binder(stein) *m*; 2. halber Ziegel *m*
false hip roof Krüppelwalmdach *n*
false joint Blindfuge *f*, Scheinfuge *f*
false rafter offenes Auflageholz *n*
false roof dachgeformte Decke *f*
false set vorzeitiges [falsches] Abbinden *n*, Früherstarrung *f*
false tenon eingelegter Hartholzzapfen *m*
false vaulting falsche Wölbung *f*, Kragsteinbogen *m*
false water table artesisch gespannter Grundwasserspiegel *m*
false window Blindfenster *n*
falsework 1. Schal(ungs)gerüst *n (z. B. für Bögen)*; Lehrgerüst *n*, Schalung *f (Abstützung)*; 2. zeitweiliges Sprengwerk *n (bes. für Brücken)*
falsework dismantling Schalungsabnahme *f*, Gerüstabbau *m*
falsework stripping Schalungsabnahme *f*
falsework structure Lehrgerüst *n*
family Baustoffgruppe *f*; Gruppe *f*
family dwelling Familienwohnung *f*
family dwelling unit *(AE)* Familienwohnung *f*
family of cables Seilschar *f*
family room Mehrzweckraum *m*
famp verwitterter Kalkstein *m*
fan *v* 1. aufspleißen *(Besenverankerung)*; 2. fächeln
fan 1. Ventilator *m*, Lüfter *m*; Gebläse *n*; 2. Fächer *m*; 3. Schuttkegel *m (Abraum)*
fan anchorage Besenverankerung *f*, Spannstahlfächerverankerung *f (Spannbeton)*
fan-coil unit Klimaanlagenheiz- und Kühlelement *n* mit Filter und Gebläse
fan drift Lüfterkanal *m*, Absaugkanal *m*
fan groining *s.* fan vault
fan guard 1. Auslegergerüst *n*, Auslegerrüstung *f*; 2. Lüfterhaube *f*
fan noise *(HLK)* Lüftungsgeräusch *n*
fan-shaped fächerförmig, fächerartig
fan-shaped gate Fächergitter *n*
fan-shaped window Fächerfenster *n*
fan silencer Ventilatorschalldämpfer *m*
fan sound damper Ventilatorschalldämpfer *m*
fan tracery ornamentale Fächergewölbeausbildung *f*, Strahlengewölbe *n*; angelsächsisches Gewölbe *n*
fan truss radiales Fachwerk *n*
fan vault 1. Fächergewölbe *n*, Strahlengewölbe *n*; 2. *(Arch)* Trichterrippengewölbe *n*
fan vaulted fächerüberwölbt
fan vaulting *s.* fan vault
fan window *s.* fanlight
fancy glass Zierglas *n*
fancy marble bunter Marmor *m*
fancy sheet metal Dessinblech *n*
fancy veneer Maserfurnier *n*
fang 1. Zapfen *m (Türangelzapfen)*; 2. eingemauertes Ende *n (Mauerwerk)*; 3. Angel *f (einer Feile)*
fang bolt Bolzen *m*
fanlight (fächerförmiges) Oberlicht *n*, Türoberlicht *n*, Oberlichtöffnung *f*, Fächerfenster *n (halbrundes Fenster über Türen)*; Fensterrose *f*; Kippflügel *m (Oberlicht über einer Tür)*
fanlight catch Klappfensterschnappverschluss *m*
fanlike fächerartig
fanlike ornament Fächerornament *n*
fantail Strebenrüstbogen *m*, Radialstrebebogen *m*; Fächergerüst *n*
fantastic architecture *(Arch)* Phantasiearchitektur *f*, Phantasiebaukunst *f*
far face gegenüberliegende Seite *f*
farm Gehöft *n*, Bauernhof *m*; Farm *f*
farm building landwirtschaftliches Gebäude *n*, Wirtschaftsgebäude *n*
farm-building construction landwirtschaftliches Bauen *n*
farm buildings landwirtschaftliche Gebäude *npl*
farm land Ackerland *n*, Agrarland *n*, landwirtschaftliche Nutzfläche *f*
farm offices landwirtschaftliche Gebäude *npl*
farm stock fence Viehzaun *m*
farmhouse Bauernhaus *n*; Farmhaus *n*
farmstead Gehöft *n*
farmyard Bauernhof *m*, Wirtschaftshof *m*
fascia 1. Ziergurt *m*, Gurt *m*, Gurtsims *m*; Leiste *f (an der Dachtraufe)*; Faszie *f (Bauglied an ionischen Säulen)*; 2. säulengestütztes Flachelement *n*
fascia board Gesimsbrett *n*, Simsbrett *n*, Stirnbrett *n*, Traufbohle *f*, Traufbrett *n*
fasciate combination Säulenleistenkombination *f*
fasciated bands zusammengesetzte Gurtstreifen *mpl*
fascine 1. *(Wsb)* Faschine *f*, Reisigbündel *n*; 2. *(Wsb)* Buhne *f*
fascine barrier wall Faschinendamm *m*
fascine dam Faschinenwand *f*, Faschinenpackung *f*
fascine filling Packwerk *n*
fascine foundation Faschinengründung *f*
fascine mattress Faschinenmatte *f*, Faschinenpackwerk *n*, Faschinenpack *m*
fascine roadway Faschinenfahrbahn *f*
fascine to be sunk Senkfaschine *f*
fascine wood Faschinenholz *n*, Reisholz *n*
fascine work 1. Faschinenbau *m*; 2. Faschinen(pack)werk *n*
fascines Faschinenpackung *f*
fast 1. schnell; schnellwirkend; 2. fest(sitzend), unbeweglich; 3. beständig, widerstandsfähig; haltbar *(z. B. Anstriche)*; (licht)echt *(Farbe)*
fast-curing schnellhärtend *(z. B. Kunstharz, Anstrich)*
fast-drying schnelltrocknend *(z. B. Farben)*
fast flange fester Flansch *m*
fast-joint butt Scharnier *n*
fast lane PKW-Streifen *m*, Schnellspur *f*, Überholspur *f (Autobahn)*
fast mechanical fracture Gewaltbruch *m*
fast paint beständige [echte] Farbe *f*
fast-pin hinge Scharnier *n*, Festscharnier *n*; Fensterscharnier *n*
fast pulley Festscheibe *f*, Lastscheibe *f*, (feste) Riemenscheibe *f*
fast sheet Festfenster *n*
fast solvent leichtflüchtiges Lösungsmittel *n*
fast to acid säurebeständig, säureecht

fast to alkali alkalibeständig, alkalifest *(z. B. Beton)*
fast to cement zementbeständig, zementfest
fast to light lichtbeständig, lichtecht *(Farbe)*
fast to lime kalkecht *(Farben)*
fast to water wasserecht
fast to weather witterungsbeständig
fast-travel excavator Lastwagen(aufbau)bagger *m*, Aufbaubagger *m*
fast window sheet feststehender Fensterrahmen *m*
fasten *v* befestigen, festmachen, anbringen; anschlagen; heften; verspannen; anziehen *(eine Schraube)*
fasten *v* **with a lock** anschließen
fasten *v* **with a peg** dübeln
fasten *v* **with a rivet** annieten
fasten *v* **with bolts** verschrauben, verbolzen
fastener Verbindungselement *n*; Verbindungsklemme *f*, Halter *m*; Sicherung *f*
fastening 1. Befestigung *f*, Verspannung *f (mittels lösbarer Bolzen)*; 2. Verbindungselement *n*; Verschluss *m*, Schluss *m*
fastening bolt Befestigungsbolzen *m*
fastening by keys [wedges] Verkeilung *f*
fastening clamp Befestigungsklemme *f*
fastening device Befestigungsvorrichtung *f*, Verbindungselement *n*
fastening hardware Befestigungszubehör *n*, Befestigungszeug *n*
fastening nail Haftnagel *m*, Heftnagel *m*
fastening point Befestigungsstelle *f*
fastening rail *n* Befestigungsschiene *f*
fastening screw Befestigungsschraube *f*
fastening structure Befestigungskonstruktion *f*
fastness Beständigkeit *f*, Widerstandsfähigkeit *f*, Festigkeit *f*, Haltbarkeit *f*, Echtheit *f (von Farbe)*
fastness degree Festigkeitsgrad *m*
fastness property Beständigkeitseigenschaft *f*
fastness to alkali Alkaienbeständigkeit *f*, Alkalienfestigkeit *f*
fastness to cement Zementbeständigkeit *f*, Zementechtheit *f*
fastness to cold Kältebeständigkeit *f*, Kältefestigkeit *f*
fastness to light Lichtbeständigkeit *f*
fastness to lime Kalkbeständigkeit *f*, Kalkechtheit *f*
fat 1. fett, geschmeidig, klebrig *(Mörtel, Beton, Ton)*; 2. fetthaltig; ölig
fat area *s.* fat spot
fat board Mörtelleiste *f*
fat clay fetter Ton *m*, Fettton *m*, hochplastischer Ton *m* [Lehm *m*]
fat concrete fetter Beton *m*, zementreicher [sandreicher] Beton *m*, fette Betonmischung *f*
fat edge Farbnase *f*, Randwulst *f*, Fettkante *f (herabgelaufener Farbanstrich)*
fat lime Fettkalk *m*, Weißkalk *m*
fat lute Ölkitt *m*
fat mix(ture) fette [starke] Mischung *f*
fat mortar fetter Mörtel *m*, bindemittelreicher [feinstoffreicher] Mörtel *m*, Fettmörtel *m*
fat soil fetter Boden *m*
fat spot bindemittelüberfüllter Fleck *m*, fette Stelle *f (Bitumenstraßendecke)*
fatal accident tödliche Unfall *m*
fatigue *v* 1. ermüden, dynamisch beanspruchen; 2. altern
fatigue 1. Ermüdung *f (von Material)*; 2. Ermüdungserscheinung *f*
fatigue action Ermüdungsbeanspruchung *f*
fatigue behaviour Ermüdungsverhalten *n*; Dauerschwingverhalten *n*
fatigue bending failure Dauerbiegebruch *m*
fatigue bending test Dauerbiegeversuch *m*
fatigue break Ermüdungsbruch *m*, Dauerbruch *m*
fatigue characteristic Ermüdungsmerkmal *n*
fatigue crack Ermüdungsriss *m*, Dauerriss *m*
fatigue cycle Lastspiel *n*; Schwingspiel *n*
fatigue damage Ermüdungsschaden *m*, Ermüdungsschädigung *f*
fatigue degree Ermüdungsgrad *m*
fatigue endurance Dauerstandfestigkeit *f (dynamische Belastung)*
fatigue failure Ermüdungsbruch *m*, Dauerbruch *m*; Ermüdungsversagen *n*
fatigue fracture Ermüdungsbruch *m*, Dauerbruch *m*
fatigue life Lebensdauer *f*, Ermüdungslebensdauer *f*
fatigue limit Dauer(schwing)festigkeit *f*, Ermüdungsgrenze *f*
fatigue loading Dauerschwing(ungs)beanspruchung *f*, Dauerbelastung *f*
fatigue precrack Ermüdungsanriss *m*, Dauerbruchanriss *m*
fatigue process Ermüdungsprozess *m*
fatigue resistance Dauer(biege)festigkeit *f*, Ermüdungswiderstand *m*
fatigue rupture Ermüdungsbruch *m*, Dauerbruch *m*
fatigue strength Dauerstandfestigkeit *f*, Dauerschwingfestigkeit *f*
fatigue stressing Dauerschwing(ungs)beanspruchung *f*
fatigue test Dauerschwingversuch *m*, Ermüdungsversuch *m*, Dauerfestigkeitsprüfung *f*
fatigue testing Ermüdungsprüfung *f*, Schwingprüfung *f*
fatigue yield limit Dauerdehngrenze *f*
fatness of concrete Fettheit *f* des Betons
fatten *v* eindicken, dickflüssig werden *(z. B. während der Lagerung)*
fattening 1. Eindicken *n (von Anstrichstoffen)*; 2. Aufbauchung *f*, Anstrichaufwölbung *f*
fatting-up Bluten *n (Überschussbindemittel an Schwarzdecken)*; Bindemittelanreicherung *f*, Überfettung *f*
fatty paint eingedickte [verdickte] Farbe *f*
fauces *(Arch)* Gang *m (römisch)*
faucet 1. *(AE)* Wasserhahn *m*, Hahn *m*; Absperrglied *n*; Zapfhahn *m*; 2. Spund *m*
faucet ear *(AE)* Rohrhalter *m* an einer Rohrverbindung
faucet joint kurzes Verbindungsstück *n*
fault *v* **(down)** sich verwerfen *(Erdschichten)*
fault 1. Fehler *m*, Defekt *m*; Mangel *m*; Störung *f*; 2. *(Bod)* Verwerfung *f*, Sprung *m*; 3. *(El)* Isolationsfehlstelle *f*; 4. *(Verk)* Verwerfung *f*, Stufe *f*
fault current *(El)* Erdschlussstrom *m*
fault in material Materialfehler *m*
fault line *(Bod)* Verwerfungslinie *f*, Bruchlinie *f*
fault throw *(Bod)* Sprunghöhe *f*
fault zone Verwerungszone *f*
faulting Plattensprungbildung *f*, Stufenbildung *f (von Betonplatten)*
faulty fehlerhaft, mangelhaft, schadhaft
faulty design Fehlkonstruktion *f*, Fehlentwurf *m*
faulty material Materialfehler *m*
faulty mounting *(San)* Einbaufehler *m*
faulty wiring *(El)* Verdrahtungsfehler *m*
fay *v* (genau) einpassen; passgerecht machen
fayence *s.* faience
faying satt anliegend
faying surface Passfläche *f*
fdn *s.* foundation
feasibility Durchführbarkeit *f*
feasibility conditions Ausführbarkeitsbedingungen *fpl*
feasibility planning *s.* feasibility study
feasibility study Durchführbarkeitsstudie *f*, Bebauungsstudie *f*
feasible durchführbar, machbar

feather *v* 1. *(Hb)* mit Federn versehen, einbinden, verbinden; 2. einbinden *(z. B. neue in alte Baustoffe)*
feather *(Hb)* Feder *f*
feather boarding *(Hb)* Keillappung *f*, Falzüberlappung *f*
feather-compass brick Keilziegel *m*
feather crotch gabelförmig gemustertes Furnier *n*
feather edge 1. scharfe Kante *f*, Spitzkante *f*; 2. Falzung *f*
feather-edge board Keilbrett *n*, Brett *n* mit keilförmiger Überlappungskante
feather-edge brick Keilziegel *m*
feather-edged scharfkantig, keilartig
feather-edged coping schräge Mauerabdeckung *f*, Pultabdeckung *f*
feather joint *(Hb)* Federfuge *f*, gefederte Verbindung *f*
feather joint tongue Federkeil *m*
feather slip tongue Deckenelementfeder *f (abgehängte Decke)*
feather-splayed coping schräge Mauerabdeckung *f*
feather tongue *(Hb)* Federkeil *m*
featherplane Federhobel *m*
feathers Blasenbildung *f (Glas)*
feature Merkmal *n (eines Bauwerks)*; Charakteristikum *n*, Kennzeichen *n*
feculence 1. Bodensatz *n*; Schlammablagerung *f*; 2. Schlammigkeit *f*
feculency *s.* feculence
federal zum Bund gehörig, Bundes...
federal highway Bundesstraße *f*
Federal Highway Administration *(AE)* Bundesstraßenverwaltung *f*
Federal Road Research Laboratority Bundesanstalt *f* für Straßenwesen, BASt
Federal States Working Group on Waste *(in Deutschland)* Länderarbeitsgemeinschaft *f* für Abfall, LAGA
federal traffic interstructure plan *(in Deutschland)* Bundesverkehrswegeplan *m*
federal trunk road Bundesstraße *f*
fee Projektierungsgebühr *f*, Gebühr *f*, Planungsgebühr *f*, Bearbeitungshonorar *n*
feebly coloured schwach angefärbt, farbschwach
feebly hydraulic lime schwachhydraulischer Kalk *m*
feebly plastic schwach plastisch
feed *v* zuführen *(z. B. Material)*; einfüllen; beschicken *(Anlagen)*; zuleiten; einspeisen *(Wasser, Strom)*
feed 1. Zuführen *n*, Zufuhr *f*, Einfüllen *n*; Beschicken *n*; Einspeisen *n*; 2. Beschickungsmaterial *n*, Füllmaterial *n*, Einfüllgut *n*, Aufgabegut *n*; Haufwerk *n*
feed chute Schüttrutsche *f*, Aufgaberutsche *f*, Förderrinne *f*
feed ditch Bewässerungsrinne *f*
feed funnel Einlauftrichter *m (Bauwerksentwässerung)*
feed hopper Schütttrichter *m*, Aufgabetrichter *m*
feed-in Einspeisung *f*
feed inlet Zulauf *m*
feed line Zu(führungs)leitung *f*, Speiseleitung *f*
feed material *s.* feed 2.
feed pipe Zulaufrohr *n*, Zulauf *m*; Zuleitung *f*, Speiseleitung *f*
feed-through *(El)* Durchführung *f*
feed water Speisewasser *n (Heizkessel)*
feedback *v* zurückkoppeln, zurückleiten
feedback Rückkopplung *f*
feeder 1. Zuführeinrichtung *f*, Beschickungsvorrichtung *f*; 2. *(El)* Speiseleitung *f*, Versorgungsleitung *f*; 3. Hauptleitung *f (an Kraftwerken)*; Wassergraben *m*; Vorfluter *m*; 4. *(Verk)* Zubringer *m*
feeder junction *(Verk)* Zubringerknoten *m*
feeder line *(El)* Speiseleitung *f*, Versorgungsleitung *f*
feeder road Zubringerstraße *f*, Zubringer *m*
feeder transport Zubringerverkehr *m*
feeding 1. *s.* feed 1.; 2. Gelieren *n*, Verdicken *n*, Verdickung *f (flüssiger Farben, Anstriche usw.)*
feeding device Zuführeinrichtung *f*, Beschickungsvorrichtung *f*
feeding ground Einzugsgebiet *n (Wasser)*
feeding hopper Fülltrichter *m*
feeding passage Futtergang *m (Stall)*
feeding volume Füllvolumen *n*
feedstock Zugabematerial *n*, Vorratsmaterial *n*
feeler Messdorn *m*, Taststift *m*
feeler gauge Blechlehre *f*, Dickenlehre *f*
feeler wire Tasterdraht *m (z. B. am Straßenfertiger)*
feeling of comfort Behaglichkeitsgefühl *n*
feint Kehlblechknick *m*
feldspar Feldspat *m*
feldspathic feldspathaltig *(Gestein)*
feldspathic sandstone Arkose *f*, Arkosesandstein *m*, Feldspatsandstein *m*
fell *v* fällen, einschlagen *(Holz)*
felling Holzeinschlag *m*, Holzfällen *n*
felling notch Fallkerb *m*
felsite Felsit *m*, Felsophyr *m*, Felsitfels *m (Quarzporphyr)*
felspar *s.* feldspar
felt *v* verfilzen, filzen
felt *v* **down** mit Filz mattschleifen *(Astriche)*
felt 1. Filz *m*; 2. Baupappe *f*, Rohpappe *f*
felt-and-gravel roofing Spachtelbedachung *f*, Asphaltdachdeckung *f* mit Kiesabdeckung; Flachdachdichtung *f*
felt back Pappunterlage *f*
felt insert Filzeinlage *f*
felt insulation Filzdämmung *f*
felt mat Filzmatte *f*
felt nail Dachpappennagel *m*
felt paper Baupappe *f*
felt roof(ing) Pappdach *n*
felt rubbing board Filzbrett *n*
felt seal Filzdichtung *f*
felt strip Filzband *n*
felt-treat *v* abfilzen, den Putz abfilzen
felt with cork Korkfilz *m*
felted gefilzt *(Putz)*
felted fabric Filz *m*
felted jute Jutefilz *m*
felting-down Abfilzen *n* eines Anstrichs, Mattschleifen *n* mit Filz
felting material Verfilzungsstoff *m*, Verfilzungsmaterial *n*
felty filzig
female changing Frauenumkleideraum *m*
female coupling Innengewindekupplung *f*
female pivot Zapfenloch *n (Zapfenaufnahmeteil einer Zapfenverbindung)*
female room Damenzimmer *n*
female thread Innengewinde *n*
female thread fitting Innengewindefitting *n(m)*
female toilette Damentoilette *f*
femerell Rauchabzugsventilator *m (Dachaufbau über Küchen)*
fen Fenn *n*, Niederungsmoor *n*
fence *v* **(in)** einzäunen, umzäunen, abzäunen, begrenzen, einfrieden
fence *v* **off [out]** abzäunen; absperren
fence *v* **round** umzäunen
fence 1. Zaun *m*, Umzäunung *f*, Einfriedung *f*; 2. Schutzgitter *n*, Gitter *n*
fence bar Gittereisen *n (Zaun)*
fence material Zaunmaterial *n*, Einzäunungsmaterial *n*
fence of boards Bretterzaun *m*, Zaunplanke *f*
fence of pales Einpfählung *f*

fence panel Zaunpaneel *n*
fence post Zaunpfahl *m*, Zaunpfosten *m*
fence stake Zaunpfahl *m*, Zaunpfosten *m*
fence wall *s.* fencing wall
fence wire matting Zahndrahtgeflecht *n*
fenced-in area eingezäunte Fläche *f*; Gehege *n*
fencerow Zaunhecke *f*
fencing Einzäunung *f*, Umzäunung *f*, Umfriedung *f*; Gehege *n*
fencing wall Umfassungsmauer *f*, Umfriedungsmauer *f*, Zaunmauer *f*
fencing wire Zaundraht *m*, Maschendraht *m*
fender 1. *(Wsb)* Fender *m*; 2. Prellpfahl *m*; 3. Schwelle *f*, Schutzschwelle *f (Bordschwelle)*; 4. Kamingitter *n*
fender beam 1. Prellbalken *m*, Prellbock *m*; 2. Reibholz n
fender pile 1. Prellpfahl *m*, Reibepfahl *m*, Schutzpfahl *m*; 2. *(Wsb)* Dalbe *f*, Dalben *m (Anlegepfahl)*
fender post Radabweiser *m*
fender wall kleine Herdsteinmauer *f (im Keller unter dem Kaminplatz)*
fenestella *(Arch)* Fensternische *f (ornamentiert, in Kirchen)*
fenestral 1. kleines Fenster *n*, kleine Maueröffnung *f*; 2. Blindfenster *n (mit Tuch oder Pergament verschlossenes Fenster)*
fenestral in a door Türfenster *n*
fenestration 1. Fensterwerk *n*; Fensteranordnung *f*, Fenstergruppierung *f*, Fensteraufteilung *f (in der Fassade)*; 2. Öffnung *f* zur Zuführung von Tageslicht; 3. Befensterung *f*
fengite durchscheinender Alabaster *m (bei Fenstern in historischen Gebäuden)*
fenland Moorboden *m*, Sumpfland *n*, Wiesenmoor *n*, Ried *n*
fenny sumpfig, moorig
fenny soil *s.* fenland
feretory Reliquienraum *m (in Kirchenbauten)*
fermentation gas Biogas *n*, Faulgas *n*, Faulgas *n*
Ferrari cement Ferrarizement *m*, Erzzement *m*
ferric oxid Roteisenstein *m*, Hämatit *m*
ferriferous eisenhaltig, eisenschüssig *(Naturbaustein)*
ferrite Ferrit *m*
ferrite steel Ferritstahl *m*, ferritischer Stahl *m*
ferritising ferritisierend
ferro-cement Armozement *m*, Ferrozement *m*
ferro-concrete Stahlbeton *m*, Eisenbeton *m*, bewehrter [armierter] Beton *m*
ferrous eisenhaltig
ferrous article Eisenartikel *pl*, Eisengegenstand *mpl*
ferrous product Eisenprodukt *n*
ferruginous 1. *s.* ferriferous; 2. rostfarben
ferruginous cement Eisenoxidzement *m*
ferrule 1. Kontrollklappe *f*, Kontrolldeckel *m (einer Stahlrohrleitung)*; 2. Eisenband *n*, Ring *m*, Endring *m*; Zwinge *f*; 3. Muffenverbindung *f*
ferry Fähre *f*; Trajekt *m(n)*
ferry bridge 1. Fährbrücke *f*, fliegende Brücke *f*, Landungsbrücke *f*, Anlegeponton *m*; 2. Trajekt *m(n)*
ferry terminal Fährhafen *m*
festival hall Festhalle *f*, Banketthalle *f*
festival room Festsaal *f*, Bankettsaal *f*
festival theatre Festspielhaus *n*
festoon Feston *n*, bogenförmige Hängegirlande *f* [Girlande *f*], Blumenschnur *f*, Fruchtschnur *f (Ornament)*
festoon lamp Soffittenlampe *f*, Röhrenlampe *f*
festoon leaf Gehängeblatt *n*, Girlandenblatt *n*, Festonblatt *n*
festoon lighting Soffittenbeleuchtung *f*; Lichterkette *f*
festooned geschlängelt
fettle *v* 1. nacharbeiten, entgraten *(z. B. Keramikerzeugnisse)*; 2. ausbessern, flicken *(Feuerfestbau)*
FHWA *s.* Federal Highway Administration
fiber *(AE)* Faser *f*; Gewebe *n*
fibered plaster *(AE) s.* fibrous plaster
fibrated faserhaltig, Fasern enthaltend, faserig; faserarmiert *(Baustoff)*
fibrated compound Fasermasse *f*
fibrated concrete Faserbeton *m*
fibrated concrete slab Faserbetonplatte *f*
fibrated dampproofing Feuchtigkeitsisoliermaterial *n*
fibre Faser *f*
fibre base Faserunterlage *f*, Faserträgerschicht *f*
fibre building board [slab] Leichtbauplatte *f*
fibre glass 1. Glasfaserstoff *m*, Faserglas *n*; 2. Glasfaser *f*
fibre hardboard Faserhartplatte *f*
fibre in compression Druckfaser *f*
fibre in tension Zugfaser *f*
fibre insulating board Faserdämmplatte *f*
fibre insulating material Faserdämmstoff *m*
fibre insulation layer Faserdämmschicht *f*
fibre mat Faserfilzplatte *f*, Faserfilz *m*
fibre netting Fasergeflecht *n*
fibre paper Vulkanfiber *f*
fibre-reinforced faserverstärkt
fibre-reinforced concrete faserbewehrter Beton *m*
fibre-reinforced plastic faserverstärkter Kunststoff *m*
fibre-reinforced silicate insulation glasfaserverstärkter Silicatdämmstoff *m*
fibre reinforcement Faserverstärkung *f*; Faserbewehrung *f*, Faserarmierung *f*
fibre rope Faserstrick *m*
fibre slab Faserplatte *f*, Leichtbauplatte *f*
fibre stress Faserspannung *f*
fibreboard Faserplatte *f*, Holzfaserplatte *f*, Pressspanplatte *f*, Span(holz)platte *f*
fibred plaster *s.* fibrous plaster
fibreglass-reinforced laminate Glasfaserschichtstoff *m*
fibreglass-reinforced plastics glasfaserverstärkte Kunststoffe *mpl*
fibrous asbestos Faserasbest *m*
fibrous composite Faserverbundbaustoff *m*
fibrous concrete faserbewehrter Beton *m*; Glasfaserbeton *m*, Asbestbeton *m*
fibrous glass *s.* fibre glass
fibrous gypsum Fasergips *m*
fibrous fracture fasriger Bruch *m*
fibrous insulant Faserdämmstoff *m*
fibrous jointing material Fasereinlage *f*, fasrige Fugeneinlage *f*
fibrous limestone Faserkalk *m*
fibrous material Faser(bau)stoff *m*
fibrous peat faserhaltiger Torf *m*
fibrous plaster faserbewehrter Gipsputz *m*
fibrous plaster sheet Gipsfaserwandplatte *f*
fibrous structure fasrige Textur *f*, Faserstruktur *f*
fictitious bar Ersatzstab *m*
fictitious force Scheinkraft *f*
fictitious load fiktive Traglast *f*, Scheinbelastung *f*
fiddle drill Bogenbohrer *m*, Fiedelbohrer *m*, Drillbogen *m*
fiducial mark *(Verm)* Bezugspunkt *m*; Festpunkt *m*
fiducial point Festpunkt *m (am Vermessungsgerät)*
field 1. Gelände *n*; Flur *f*; Feld *n*; 2. Baustelle *f*; Baustrecke *f (Leitungsbau)*; 3. Ausmauerfeld *n*; 4. *(El)* Feld *n*; 5. Spielfeld *n*; 6. Feld *n*, Sektor *m*, Teilgebiet *n*; 7. Anwendungsbereich *m*
field application Baustellenbeschichtung *f*, Baustellenanstrich *m*
field bending Eisenbiegen *n* auf der Baustelle
field bolt Montageschraube *f*
field book *(Verm)* Feldbuch *n*

field checking Geländebegehung *f*, Geländekontrolle *f*
field church Feldkirche *f*
field compaction Baustellenverdichtung *f*
field concrete Baustellenbeton *m*
field conditions Baustellenbedingungen *fpl*
field connection Montageverbindung *f*
field corrosion test Naturkorrosionsprüfung *f*, Freilandrostprüfung *f*
field cube test Baustellenwürfelprüfung *f*
field-cured test cylinders vor Ort gelagerte Betonprüfzylinder *mpl*
field data Freilandwerte *mpl*
field drain Abflussgraben *m*, Drän *m*, Entwässerungsgraben *m*
field drain pipe Dränrohr *n*
field elm Feldrüster *f*
field engineer Baustelleningenieur *m (des Auftraggebers)*; staatlicher Bauleiter *m*
field erection Baustellenmontage *f*
field exposure Freilandbewitterung *f*, Freiluftauslagerung *f*
field for lining Ausmauerfeld *n*
field forge Feldschmiede *f*
field geological works geologische Feldarbeiten *fpl*
field hand Baustellen(hilfs)arbeiter *m*
field laboratory Baustellenlabor *n*
field line construction *(El)* Feldleitungsbau *m*
field maple Feldahorn *m*
field measurement Feldmessung *f*
field moisture equivalent natürlicher Sättigungsgrad *m (Erdstoff)*
field moment Feldmoment *n*
field-moulded sealant an Ort und Stelle geformte Abdichtung *f*
field of a wall Mauerfeld *n*
field of activity Arbeitsgebiet *n*
field of application Anwendungsgebiet *n*
field of forces 1. Kräftefeld *n*; 2. *(El)* Kraftlinienfeld *n*
field of source Quellgebiet *n*
field of uses Anwendungsgebiet *n*
field of view Blickfeld *n*
field of work Arbeitsgebiet *n*
field office Bau(stellen)büro *n*
field order Änderungsanweisung *f* während der Bauausführung
field-paint *v* auf der Baustelle streichen
field painting Baustellenanstrich *m (nach Montageabschluss)*
field panel test Freilandprüfung *f* mit Probeplatten
field pitch Spielplatz *m*, Spielfeld *n*
field rail Feldbahnschiene *f*
field record *(Verm)* Feldbuch *n*
field representative Auftraggebervertreter *m*, Auftraggeberbauleiter *m*; örtlicher Bauleiter *m*; Projektingenieur *m*
field rivet Montageniet *m*
field stone Feldstein *m (als Baustein)*
field supervision Baustellenkontrolle *f*
field survey Standortvermessung *f*
field test Baustellenversuch *m*, Vorortprüfung *f*, Feldprüfung *f*, Feldversuch *m*
field-test specimen Bewitterungsprobe *f*
field-tested im Feldversuch geprüft
field testing Bewitterungsprüfung *f*, Naturbewitterungsprüfung *f*
field trail Feldversuch *m*, Feldprüfung *f*
field tripod *(Verm)* Feldstativ *n*
field-welded baustellengeschweißt
field welding Baustellenschweißen *n*, Montageschweißen *n*
field work 1. Baustellenarbeit *f*; 2. *(Verm)* Feldarbeit *f*
fieldstone Feldstein *m*
figural figürlich
figurative character Figuratives *n*
figurative element Figuratives *n*
figure *v* 1. zeichnerisch darstellen, zeichnen; 2. *s.* figure out
figure *v* **out** 1. ausrechnen; 2. *(Stat)* berechnen
figure 1. Zeichnung *f*, Darstellung *f*; 2. Form *f*, Gestalt *f*; Figur *f*; 3. Maserung *f*, Zeichnung *f (im Holz)*
figure sculpture Figurenplastik *f*, Figurenskulptur *f*
figured glass Ornamentglas *n*, Profilglas *n*
figured iron Profileisen *n*
figured veneer gemasertes Furnier *n*
figured wire glass Drahtornamentglas *n*
figuring 1. Formgebung *f*; 2. Bezifferung *f*
filament 1. Balkenfaser *f*, Einzelfaser *f*; 2. *(El)* Wendel *f*
filament lamp Glühlampe *f*
filamentary fadenartig
filamentous fadenförmig
file *v* 1. feilen; 2. einordnen; archivieren *(Bauakten)*
file 1. Feile *f*; 2. Akte *f*, Aktenordner *m*, Datei *f*
filiform texture fadenförmiges Gefüge *f (Gestein, Baustoffe)*
filigran rib floor Filigranrippendecke *f*
filigree effect Filigranwirkung *f*
filigree enrichment Filigranornament *n*, Filigranverzierung *f*
filigree floor Filigrandecke *f*
filigree ornament Filigranornament *n*
filing 1. Feilen *n*, Feilarbeit *f*; 2. Archivieren *n*, Ablegen *(Akten)*
filings Feilspäne *mpl*
fill *v* 1. füllen; 2. *(Erdb)* hinterfüllen, verfüllen; aufschütten; 3. spachteln
fill *v* **in** 1. *(Erdb)* hinterfüllen; verfüllen, zuschütten; 2. *(Erdb)* ausfachen; ausfüllen
fill *v* **in chinks** Ritzen verschmieren [zuschmieren]
fill *v* **up** 1. ausfüllen; zuschütten; 2. (aus)stopfen; verschließen *(z. B. Risse)*; 3. nachfüllen
fill *v* **with concrete** ausbetonieren
fill *v* **with light** ausleuchten
fill *v* **with mortar** ausmörteln
fill 1. Füllmaterial *n*; 2. *(Erdb)* Füllboden *m*; Schüttmaterial *n*; Aufschüttung *f*, Schüttung *f*, Anschüttung *f*, Auftrag *m*; 3. Betonschutzschicht *f*
fill aggregate Füller *m*, Füllkorn *n*, Fremdfüller *m*
fill chippings [chips] Füllsplitt *m (als Zuschlag)*
fill grain(s) Füllkorn *n*
fill height Füllhöhe *f*
fill insulation 1. Wärmedämmung *f* von Montagehohlräumen; 2. hohlraumfüllendes Dämmmaterial *n*
fill mass Deponiegut *n*, Lagergut *n*
fill material Schüttmaterial *n*
filled ausgefüllt, gefüllt, ausgespachtelt, aufgetragen, ausgespachtelt, gefüllt, verspachtelt
filled bitumen gefüllertes Bitumen *n*, Bitumen *n* mit Mineralmehl
filled board Mehrlagenpappe *f*
filled cavity ausgefüllter Hohlraum *m*
filled ground Aufschüttung *f*, aufgeschütteter Boden *m*, Bodenauftrag *m*, Auftrag *m*, aufgefülltes Gelände *n*
filled jetty *(Erdb)* Kofferleitdamm *m*
filled-up joint versetzte Fuge *f*
filler 1. Füllstoff *m*, Füller *m (z. B. für Asphaltbeton)*; Zuschlag(stoff) *m (für Baustoffe)*; Porenfüller *m*; Spachtelmasse *f*, Harzträger *m (bes. bei Kunststoffen)*; *(bei Farben)* Streckmittel *n*, Verschnittmittel *n*; 2. Füllholz *n*, Futterstück *n*; Einlage *f*; 3. *s.* filler block
filler adding Füllerzusatz *m*
filler aggregate *s.* filler 1.

filler block 1. Füllkörper *m*, Hohlkörper *m (Stahlbeton)*; 2. Deckenstein *m*, Füllkörper *m*
filler block floor Füllkörperdecke *f*
filler brick Füllziegel *m*, Fülldeckenziegel *m*
filler coat Grundanstrichschicht *f*; Spachtelschicht *f*
filler concrete panel Ausfachungsbetontafel *f*
filler concrete slab Füllkörperdecke *f*
filler content Füllergehalt *m*
filler course Ausgleichsschicht *f*; Profilierschicht *f*
filler for brush application Streichspachtel *m*
filler gypsum Spachtelgips *m*
filler joist Stichbalken *m*
filler-joist floor Stahlträgerdecke *f* mit Steinausfachung
filler metal Aufschweißmetall *n*
filler panel Füllungstafel *f (Ausfachung)*
filler plate Füllerplatte *f*
filler powder Spachtelpulver *n*, Ausfüllerpulver *n*
filler rod Schweißstab *m*, Zusatzstab *m*
filler screw (conveyor) Füllerschnecke *f (Mischwerk)*
filler seal Spachteldichtung *f*
filler silo Füllersilo *n*
filler slab Deckenfüllplatte *f*
filler strip Einlagestreifen *m*
filler tile *s.* filler block
filler wall 1. Ausfachung *f*, Ausfüllung *f*; 2. Tafelwand *f*
fillerise *v* füllern, mit Füller versehen *(Bitumen)*
fillerised gefüllert, mit Fremdfüller
fillerising Füllern *n*, Fülleranreicherung *f*, Füllerzugabe *f*
fillet *v* auskehlen; ausrunden
fillet 1. Kehle *f*, Hohlkehle *f*; Ausrundung *f*, Schaftausrundung *f*; 2. Leiste *f*, Saumleiste *f*, Saum *m*; Kehlleiste *f*; Zierleiste *f*; Band *n*, Riemen *m*; Plättchen *n (auch an klassischen Säulen)*; Wandanschlussprofil *n*; 3. *s.* fillet weld
fillet chisel Steinmetzfeinmeißel *m*
fillet gauge Radienschablone *f*, Radienlineal *n*, Radiuslehre *f*
fillet gutter kleine Schornsteinblechrinne *f (zwischen Schornstein und Dachschräge)*
fillet moulding machine Leistenhobelmaschine *f*
fillet of plaster Gipsbett *n (Stuckarbeiten)*
fillet plane Filethobel *m*
fillet profile Wandanschlussprofil *n*
fillet section Wandanschlussprofil *n*
fillet strip Kehlleiste *f*
fillet weld Kehlnaht *f (Schweißnaht)*
fillet welding Kehlnahtschweißung *f*
filleting Ausrundung *f*
filling 1. Füllen *n*, Füllung *f*; Versetzen *n* mit Zuschlägen; Füllern *n (von Bitumen, Farbe)*; 2. *(Erdb)* Schüttung *f*, Aufschüttung *f*; Schüttboden *m*; Füllboden *m*; 3. *s.* filler; 4. Fugenverfüllen *n*, Ausfugen *n*; Fugendichten *n*; 5. *(Wsb)* Einstau *m (Talsperre)*
filling boarding Schüttschalung *f*, Aufschüttschalung *f*
filling brick Füllstein *m*
filling chips Füllsplitt *m (als Zuschlag)*
filling compound Füllmasse *f*, Vergussmasse *f*; Spachtelmasse *f*
filling grain(s) Füllkorn *n*
filling height Füllhöhe *f*, Schütthöhe *f*
filling-in material Zusatzwerkstoff *m (Schweißen)*
filling-in piece Füllholzbalkenstück *n*
filling-in work Füllmauerwerk *n*
filling knife Spachtelmesser *n*, Spachtel *m(f)*
filling level Füllhöhe *f*, Füllstand *m*
filling material Füllmaterial *n*, Füllstoff *m*
filling of joints Ausfüllen *n* der Fugen
filling panel Ausfachungstafel *f*
filling piece Ausfüllstück *n*
filling plate Futterblech *n*
filling powder Füllpulver *n*
filling putty Spachtelkitt *m*
filling rod Futterleiste *f*
filling station Tankstelle *f*
filling trowel Fugenkelle *f*
filling-up 1. Aufhöhung *f*; 2. Auffüller *m*, Schiefergrau *n*, Schiefergraumasse *f (Ölspachtel)*
filling volume Füllvolumen *n*
filling with concrete Ausbetonieren *n*
filling with mud Verschlammung *f (Boden)*
fillister 1. Kittfalz *m (Fenster)*; 2. Grathobel *m*
fillister-head screw Linsenkopfschraube *f*
film *v* mit einem Film bedecken *(Korrosionsschutz)*
film 1. Film *m*, dünne Schicht *f*; Haut *f*; dünne Schutzschicht *f*, dünner Überzug *m*; Anstrichfilm *m*; 2. Folie *f (aus Kunststoff)*
film build Schichtdicke *f*
film-building filmbildend
film defect Anstrichschaden *m*, Anstrichmangel *n*
film fault Anstrichschaden *m*, Anstrichmangel *m*
film forces Grenzflächenkräfte *fpl (Flüssigkeiten)*
film formation Filmbildung *f*
film-forming filmbildend *(Anstriche)*
film former Filmbildner *m*
film-forming component [substance] Filmbildner *m*
film glue thermoplastimprägnierte Feintrennfolie *f (Furnierarbeiten)*
film medium Filmbildner *m*, filmbildender Stoff *m*
film of moisture Feuchtigkeitsfilm *m*
film piece Filmspanstück *n*
film-proof filmbeständig
film roof(ing) Foliendach *n*
film rupture Anstrichfilmreißen *n*
film rust Flugrost *m*
film thickness Filmdicke *f*; Schichtdicke *f*
film thickness gauge Filmdickenmesser *m*, Schichtdickenmessgerät *n*
filmy trübe, verschleiert *(Anstrich, Glas)*
filter *v* filtrieren, filtern; sich filtrieren lassen; durchsickern
filter *v* **in** *(Erdb)* einsickern
filter Filter *n*
filter bed Filterlage *f*, Filterschicht *f*, Sickerfilter *n*, Sandfilterlage *f*, Sandfilterschicht *f*
filter block Filterstein *m*
filter block of a cesspit Klärgrubenbetonrohrfilter *n*
filter cake Filterkuchen *m*
filter drain Filterrohr *n*, Sickerrohr *n*, Sickerleitung *f*
filter fabric Filtergewebe *n*
filter gravel Filterkies *m*
filter layer *s.* filter bed
filter material Filtermaterial *n*; Filterkies *m*, Filtersand *m*
filter paper Filterpapier *n*
filter pipe Filterrohr *n (für Brunnen)*
filter sand Filtersand *m*
filter screen Filtersieb *n*
filter sediment Filtersediment *n*
filter slag Filterschlacke *f*
filter slot Sickerschlitz *m*
filter well Filterbrunnen *m*, Schachtbrunnen *m*
filterability Filtrierbarkeit *f*
filterable filtrierbar
filtered water filtriertes Wasser *n*
filtering Filtern *n*, Filtrieren *n*
filtering medium Filtermaterial *n*
filthy water Schmutzwasser *n*
filtrate *v s.* filter
filtration Filtration *f*, Filtrieren *n*, Filterung *f*
filtration plant Filtrationsanlage *f*

filtration spring Sickerquelle *f*
filtros Filtrosplatte *f*
fin *v* mit Rippen versehen, rippen
fin 1. Rippe *f*, Heiz(körper)rippe *f*, Radiatorrippe *f*; Kühlrippe *f*; 2. Betonnase *f*, Formgrat *m*; 3. Stahlspundwand *f* *(vom Hauptkofferdamm auskragend)*; 4. Aluminiumfensterhaltestrebe *f*; 5. Schaufel *f*, Flosse *f*, Mischwerkzeug *n* *(Mischer)*
fin-type radiator Rippenheizkörper *m*
final endgültig, letzte, letzter
final acceptance Schlussabnahme *f*, Gebrauchsabnahme *f*
final account Schlussrechnung *f*
final approvement *s.* final acceptance
final assembly Endmontage *f*
final cleaning Feinreinigung *f*, Nachreinigung *f*
final coat 1. obere Putzschicht *f*; 2. *(Verk)* Deckschicht *f*, Schlussanstrich *m*
final coat of paint Schlussanstrich *m*, Deckanstrich *m*
final coat plaster Feinputz *m*
final complete stage Endausbaustufe *f*, Fertigausbauabschnitt *m*
final completion Endfertigstellung *f*, Baukomplettierung *f*
final design Ausführungsunterlagen *fpl*, endgültiger Entwurf *m*, Ausführungsentwurf *m*
final cover Endabdeckung *f*, Oberflächenversiegelung *f*
final drawing Ausführungszeichnung *f*
final erection Endmontage *f*
final examination Abnahmekontrolle *f*, Endkontrolle *f*
final float for road surfacing Glättbohle *f* für Oberbeton oder Deckenschluss
final grade *(Erdb)* Feinplanum *n*, Fundamentsohle *f*
final grading Feinplanierung *f*
final grind Betonabschleifen *n*; Terrazzo(glanz)polieren *n*
final grinding 1. Abziehen *n*; 2. Feinmalung *f*, Feinmalen *n*
final individual coat Endaufstrichschicht *f*, Schlussaufstrichlage *f*
final inspection Bauabnahme *f*, Schlussabnahme *f*, Abnahmekontrolle *f*, Endprüfung *f*, Endkontrolle *f*
final load endgültige Last *f*
final measurement Abnahmemessung *f*
final moment endgültiges Moment *n*
final payment Abschlusszahlung *f* der Bausumme
final plan Ausführungsplan *m*
final planning Ausführungsplanung *f*
final planning documents Ausführungsunterlagen *fpl*
final plaster obere Putzschicht *f*
final polishing Nachpolieren *n*
final pressure Enddruck *m*
final prestress [prestressing force] Endvorspannung *f*, Endvorspannkraft *f*, vollständige Vorspannkrafteinbringung *f*
final project Ausführungsprojekt *n*
final rendering Deckputz *m*, Oberputz *m*; Feinputzschicht *f*
final rendering stuff Feinputzmörtel *m*
final scheme Ausführungsprojekt *n*
final set Abbindeende *n*, Erstarrungsende *n*
final setting Erstarrung *f*, Härtung *f* *(Beton, Mörtel)*
final setting time Abbindezeit *f*, Zeitdauer *f* bis zum Erstarrungsende, Erhärtungszeit *f*
final settling tank Nachklärbecken *n*
final shape Endform *f*, Endgestalt *f*
final storage Endlagerung *f*
final strength Endfestigkeit *f*, Bruchfestigkeit *f*
final stress 1. Endspannung *f* *(nach vollständiger Belastung)*; 2. Endvorspannkraft *f*, Endvorspannung *f*
final tangent point Krümmungsanfangspunkt *m* *(Straße)*
final test Abnahmeprüfung *f*, Endkontrolle *f*
final treatment Schlussbehandlung *f*
final varnishing Schlusslackierung *f*
final welding Fertigschweißen *n*, Vollschweißen *n*
fine 1. fein(körnig); 2. dünn *(z. B. Folie)*; klein; 3. rein
fine Geldstrafe *f*, Geldbuße *f*
fine aggregate Feinzuschlag(stoff) *m*, Feinkorn *n*, feiner [feinkörniger] Zuschlag *m*
fine aggregate angularity *(AE)* Bruchflächigkeit *f* des Sandes
fine asphalt Asphaltfeinbeton *m*
fine asphaltic concrete *(AE)* Asphaltfeinbeton *m*
fine-bedded feingeschichtet
fine broken rock Feinschotter *m*
fine chipboard Feinspanplatte *f*
fine chippings Feinsplitt *m*
fine cold asphalt Asphaltkaltbeton *m*, Kaltasphaltfeinbeton *m*
fine concrete Feinbeton *m*, sandreicher Beton *m*
fine crack Haarriss *m*
fine crushing Feinbrechen *n*, Nachbrechen *n*
fine-crystalline feinkristallin *(Gestein)*
fine dust feiner Staub *m*, Flugstaub *m* *(z. B. in Feuerungen)*
fine-fibrous feinfasrig
fine filler Feinausfüller *m*, Feinspachtel *m*
fine grading Feinplanieren *n*, Feinplanierung *f*
fine grain Feinkorn *n*, Mehlkorn *n*
fine grain mixture Feinkornmischung *f*
fine-grained feinkörnig *(Zuschlagstoff)*
fine-grained concrete Feinbeton *m*
fine-grained gravel Feinkies *m*
fine grains Feinmaterial *n*
fine gravel Feinkies *m*
fine grinding Feinschleifen *n*
fine-ground fein gemahlen
fine levelling Feinabgleichen *n*, Feinausgleichen *n*, Feinegalisieren *n*; Feinnivellieren *n*
fine manufactured sand Feinbrechsand *m*
fine material kostbarer Baustoff *m*
fine mortar Feinmörtel *m*
fine plane Putzhobel *m*
fine polishing Feinpolieren *n*
fine-pored feinporig
fine rubble Feinschotter *m*
fine sand Feinsand *m*
fine-sandy feinsandig
fine screen Feinsieb *n*
fine-size range Feinkornbereich *m*
fine silt Feinschluff *m*
fine size grading Feinkornabstufung *f*
fine slip Feingleitung *f*
fine soil Feinkornboden *m*, Schlämmkorn *n*
fine steel Eselstahl *m*
fine stopper Feinausfüller *m*, Feinspachtelmasse *f*
fine stopping Feinspachtel *m*
fine-stratified *(Erdb)* feingeschichtet
fine stuff Feinputzmörtel *m*, Feinkalkmörtel *m*, Tünchsandputz *m*
fine stuff surface Kalkputzoberfläche *f*
fine talc Talkpulver *n*, Talkum *n*
fine tar concrete Teerfeinbeton *m*
fine texture Feintextur *f*
fine-textured feinmaserig; feinkörnig
finely crystalline feinkristallin *(Gestein, Naturstein)*
finely crushed basalt chippings Pigmentfeinheit *f*
finely dispersed feindispers
finely divided fein verteilt
finely granular feinkörnig

fineness degree Feinheitsgrad *m*
fineness determination Feinheitsbestimmung *f*
fineness limit Feinheitsgrenze *f*
fineness modulus Feinheitsmodul *m*, Feinheitszahl *f*, Körnungsmodul *m*
fineness of grind Mahlfeinheit *f (Zement, Pigment)*
fines Feinstoffe *mpl*, Feinmaterial *n*, Feines *n*; Siebfeines *n*; Feinanteile *mpl*; Steinmehl *n*; Füller *m (für Beton)*; Schluff *m (Erdstoff)*
finest fraction allerfeinste Fraktion *f*
finest grain Feinstkorn *n*
finest sizes Allerfeinstes *n*, letzter Siebdurchgang *m*
finger 1. Parkettlamelle *f*; 2. Zeiger *m*; 3. Verbindungsgang *m*, Finger *m*, Fingerflugzeugzugang *m*, Fingerflugsteig *m*
finger head Finger(flugsteig)kopf *m*
finger layout Finger(flugsteig)form *f*
finger guard Fingerschutzstreifen *m (Tür)*
finger joint *(Hb)* Kammverbindung *f*
finger plate Schlossschutzblech *n*
finger plates Fingerplatten *fpl (Brückenübergangselement)*
finger post Wegweiser *m*
finger system Fingersystem *n (Flugsteiganordnung)*
fingerlike structure stängelförmige Struktur *f*
fingernail test Fingernagelprüfung *f*
fingers Lamellenparkett *n*, Kleinparkett *n*, Mosaikparkett *n*
finial *(Arch)* Spitzenornament *n*, Kreuzblume *f*, gotischer Knauf *m*
fining Läuterung *f (Glas)*
fining coat Feinputz *m*, Oberputz *m*, obere Putzschicht *f*
finish *v* 1. fertig stellen; 2. ausbauen; 3. die Oberfläche behandeln; mit Deckanstrich versehen; (ver)putzen; 4. schlichten *(eben machen)*; 5. nach(be)arbeiten; 6. eine Straßendecke aufziehen
finish-fair *v* abziehen, glätten
finish-smooth *v s.* finish-fair
finish 1. Oberflächenbeschaffenheit *f*, Oberflächengüte *f*, Aussehen *n (einer Oberfläche)*; 2. Putz *m*, Wandbewurf *m*; 3. Deckanstrichstoff *m*, Deckfarbe *f*, Imprägnierung *f*, 4. Ausbau *m*; 5. *s.* finishing
finish and services work *(AE)* Ausbauarbeiten *fpl*
finish builder's hardware *s.* finish hardware
finish casing Deckschicht *f* der Ummantelung
finish coat 1. Oberputz *m*, Feinputz *m*, obere Putzschicht *f*; 2. Schlussanstrich *m*; Lacküberzug *m*; Endbeschichtung *f*
finish floor(ing) Fußboden(ab)deckschicht *f*, Fußbodenabschluss *m*
finish grade Oberflächenplanierung *f*, Feinplanieren *n*
finish grinding Feinmahlung *f*, Feinmahlen *n (Zement)*
finish hardware Baubeschläge *mpl*, Baukleineisenwaren *fpl*
finish layer Deckschicht *f*, Decklage *f*
finish lime Feinkalk *m*, Putzkalk *m*
finish nail Senkkopf(nagel *m*) *m*
finish paint Deckfarbe *f*, Deckanstrichstoff *m*
finish plaster *s.* finish coat 1.
finish rolling Feinwalzen *n*, Auswalzen *n (Straße)*
finish size Fertigmaß *n*
finish (stair) string Treppenwange *f*, Freiwange *f*
finish tile Verkleidungsfliese *f*, Deckfliese *f*
finish varnishing Fertiglackierung *f*
finish vehicle Bindemittellösung *f*, Anstrichbindemittel *n*
finished fertig, vollendet, vollkommen
finished floor *s.* finish floor
finished goods Fertigerzeugnisse *npl*
finished size Fertigmaß *n*
finished water aufbereitetes Wasser *n*
finisher *(Verk)* Fertiger *m*, Deckenfertiger *m*, Straßendeckenfertiger *m*; Glätter *m*
finishing 1. Fertigstellung *f*, Endbearbeitung *f*, Verarbeitung *f*, 2. Oberflächenbehandlung *f*, Abziehen *n*, Glätten *n*; Fertigreiben *n (Putz)*; 3. Deckanstrich *m*, Aufstreichen *n* einer Deckschicht; 4. *(Verk)* Profilherstellung *f*, Planieren *n*
finishing and completion [servicing] Ausbau *m*
finishing beam Glättbohle *f*
finishing brush Putzpinsel *m*, Putzbürste *f*
finishing coat *s.* finish coat 1.
finishing cover Deckschicht *f*
finishing enamel Decklack *m*
finishing layer obere Schicht *f*, Verschleißschicht *f*
finishing lime Putzkalk *m*
finishing line Fertigungsbahn *f*, Fertigerspur *f*
finishing machine *s.* finisher
finishing material Deckwerkstoff *m*, Deckschichtmaterial *n*
finishing nail Verkleidungsnagel *m*
finishing paint *s.* finish paint
finishing plaster *s.* finish coat 1.
finishing screed Glättbohle *f*, Abziehbohle *f*
finishing system Anstrichsystem *n*, Anstrichaufbau *m*, Decklackierung *f*
finishing tool Putzkelle *f*, Abziehkelle *f*, Putzbrettchen *n*
finishing trades Ausbaugewerke *npl*
finishing trowel Glättkelle *f*, Glätter *m*
finishing varnish Überzuglack *m*; Siegellack *m*, Parkettabsiegelung *f*, Lacküberzug *m*
finishing work 1. *s.* finishing; 2. Nacharbeiten *n*
finishings Ausbau *m*; Ausstattung *f*
finite endlich
finite bending endliche Biegung *f*
finite deformation endliche Formänderung *f*
finite element method Methode *f* der finiten Elemente
Fink truss Fink-Binder *m*, Dreieckfachwerkbinder *m*, französischer Binder *m*
finned gerippt, mit Rippen versehen; mit Lamellen
finned absorber plate gerippte Absorberplatte *f*
finned heating tube Rippenheizrohr *n*, Lamellenheizrohr *n*
finned pipe Rippenrohr *n*; Lamellenrohr *n*
finned radiator Lamellenheizkörper *m*, Konvektor *m*, Rippenheizkörper *m*
finned tube Rippenrohr *n*; Lamellenrohr *n*
fir 1. Tanne *f*; 2. *s.* fir wood
fir wood Tannenholz *n*
fire *v* 1. feuern, beheizen *(Kesselanlagen)*; heizen *(Öfen)*; 2. brennen *(Keramik)*; 3. zünden *(Sprengstoff)*; 4. *(Erdb)* schießen, sprengen; 5. einbrennen *(Emaille, Einbrennlack)*
fire *v* **bricks** Ziegel brennen
fire *v* **on** einbrennen *(keramische Werkstoffe)*
fire 1. Feuer *n*; Brand *m*; 2. Feuerstätte *f*, Feuerung *f*
fire action Feuereinwirkung *f*
fire alarm 1. Feueralarm *m*; 2. Feuermeldeanlage *f*
fire-alarm box Feuermelder *m*
fire-alarm system Feueralarmanlage *f*, Feuermelder *m*
fire area von Brandmauern eingegrenzte Gebäudefläche *f*, feuergeschützter Raum *m*; Feuerschutzzone *f*
fire assembly Feuerschutzausbauteile *npl*
fire attack Feuerangriff *m*
fire barrier Brandblende *f*, Brandsperre *f*
fire bat Brandschutzbauplatte *f*
fire blanket Feuer(schutz)decke *f*
fire brigade Feuerwehr *f*
fire cabinet Feuerlöschkasten *m*
fire canopy Brandgesims *n*
fire classification Brandklasse *f*, Feuerwiderstandsklasse *f*
fire cement feuerbeständiger Zement *m*, Aluminiumzement *m*
fire check door *s.* fire door

fire compartment Brandabschnitt *m*
fire-control damper automatischer Feuerzugschließer *m* *(Steuerungsgerät)*
fire crack Brennriss *m*, Glasurhaarriss *m (Keramik)*
fire curtain Asbestvorhang *m*
fire cut Feuerfuge *f*
fire dam Feuerschutzdamm *m*, Branddamm *m*
fire damage Feuerschaden *m*
fire-damaged building feuerbeschädigtes Gebäude *n*
fire damper automatischer Abzugskanalschieber *m (bei Feuerausbruch)*
fire department Feuerwehr *f*
fire department connection *(AE)* Feuermeldeleitung *f*
fire detection device Branddetektor *m*
fire-detection system Feueralarmanlage *f*
fire devil Kokskorb *m*
fire-division wall Brandmauer *f*
fire door 1. Feuerschutztür *f*, Brandtür *f*; 2. Ofentür *f*, Feuertür *f*, Heiztür *f*
fire door closing device Feuertürschließer *m*
fire-door rating *(AE)* Feuerwiderstandsgrad *m* einer Tür, Brandtürklassifikation *f*
fire durability Brandhaltbarkeit *f*, Feuerbeständigkeit *f*
fire endurance Feuerwiderstandszeit *f (einer Konstruktion)*
fire escape 1. Feuertreppe *f*, Brandfluchttreppe *f*, Feuerleiter *f*, Notleiter *f (an Gebäuden)*; 2. Notausgang *m*
fire escape window Notausstiegfenster *n*
fire exit Notausgang *m (Gebäude)*
fire-exit bolt Notausgangsverriegelung *f*
fire exposure Feueraussetzung *f*, Hitzeaussetzung *f* *(Bauelement)*
fire extinguisher Feuerlöscher *m*, Feuerlöschgerät *n*
fire-extinguishing system automatische Feuerlöschanlage *f*
fire fighter Feuerwehrmann *m*
fire fighter's ladder Feuerleiter *f*
fire-fighting Feuerbekämpfung *f*
fire-fighting appliance Feuerlöschgerät *n*
fire-fighting stair feuergeschütztes Treppenhaus *n*
fire finish Feuerblankheit *f*
fire finished feuerblank
fire foam Löschschaum *m*
fire gable Brandgiebel *m*
fire grading 1. Feuerschutzklasse *f*; 2. *s.* fire grading period
fire grading class Feuerschutzklassifikation *f*
fire grading period Feuerwiderstandszeit *f*
fire grate Feuergitter *n (Kamin)*
fire-gutted ausgebrannt, abgebrannt, niedergebrannt
fire-gutted structure Brandruine *f*
fire hazard Feuergefahr *f*
fire-hazard classification Feuergefährlichkeitsklassifizierung *f*
fire hose Feuerwehrschlauch *m*
fire-hose cabinet Feuerwehrschlauchlagerraum *m* *(Schrank)*
fire hydrant Hydrant *m*
fire insurance Feuerversicherung *f*
fire installation Feuerungsanlage *f*
fire ladder Feuerleiter *f*
fire legislation Brandschutzgesetzgebung *f*
fire limits Feuerschutzzonengrenze *f*
fire line Löschwasserrohrsystem *n*
fire load Brandbelastung *f*, Brandlast *f*
fire lobby Brandabschnitt *m*
fire loss Brandschaden *m*
fire mains Wasserversorgung *f* für Feuerbekämpfung
fire notice Feueranweisung *f*
fire outbreak Brandausbruch *m*, Feuerausbruch *m*
fire partition Brandmauer *f*, feuergeschützte Wand *f (zwei Stunden Feuerwiderstand)*
fire penetration Brandübergriff *m*, Feuerübergriff *m*
fire-place Kamin *m*
fire-place throat Kaminhals *m*
fire-plug *(AE)* Hydrant *m*, Feuerhahn *m*
fire point Brennpunkt *m (z. B. von Baustoffen)*
fire policy Feuerrichtlinie *f*
fire pond Löschwasserteich *m*, Feuerlöschteich *m*
fire precautions Brandschutzmaßnahmen *fpl*, Brandsicherheitsmaßnahmen *fpl*
fire prevention Brandverhütung *f*
fire-proof feuerbeständig, feuerfest; feuersicher, brandfest
fire-proof brick Feuerfeststein *m*, feuerfester Ziegel *m*
fire-proof coat Feuerschutzanstrich *m*
fire-proof curtain Asbestvorhang *m*
fire-proof floor Massivdecke *f*
fire-proof wall Brandmauer *f*
fire-proofing 1. Feuerfestmachen *n*; 2. *s.* fire-proofing agent
fire-proofing admixture brandhemmendes Additiv *n*
fire-proofing agent Feuerschutzmittel *n*, Flamm(en)-schutzmittel *n*
fire-proofing component Feuerschutzelement *n*
fire-proofing tile Feuerschutzfliese *f*
fire-proofness Feuerbeständigkeit *f*
fire propagation Feuerfortpflanzung *f*, Brandfortpflanzung *f*
fire protection Brandschutz *m*; Brandschutzvorkehrungen *fpl*
fire protection encasement Brandschutzummantelung *f*
fire-protection equipment cabinet Feuerlöschgeräteschrank *m*
fire-protection measure Brandschutzmaßnahme *f*
fire-protection rating Brandschutzklassifikation *f*
fire-protection sprinkler system automatische Wassersprenganlage *f*, Sprinkler-Anlage *f*
fire-rated door Brandklassifikationstür *f*, Tür *f* nach Brandklassifikation
fire rating Brandklassenwert *m*
fire rating class Feuerschutzklassifikation *f*
fire regulations Brandschutzbestimmungen *fpl*, Feuerschutzbestimmungen *fpl*
fire-research Feuerforschung *f (Brandforschung)*; Brandschutzforschung *f*
fire-resistance Feuerbeständigkeit *f*
fire-resistance grading Brandklasseneinteilung *f*
fire-resistance period Feuerwiderstandsklasse *f*
fire-resistance rating Feuerwiderstandsklasse *f*
fire resistance test Brandprüfung *f*, Brandprobe *f*
fire-resistant feuerbeständig
fire-resistant construction feuerbeständige Tragkonstruktion *f*, feuerbeständiges Bauen *n*
fire-resistant door Brandschutztür *f*
fire-resisting finish Feuerschutzfarbe *f*
fire-resisting floor feuerhemmende Decke *f (für eine Stunde)*
fire-resisting wall *s.* fire wall
fire-resistive *s.* fire-resistant
fire-retardant feuerhemmend
fire-retardant Feuerhemmstoff *m*, Feuerschutzmittel n, Flamm(en)schutzmittel *n*, Brennbarkeitsverzögerer *m*
fire-retardant agent [chemical] *s.* fire retardant
fire-retardant coating Feuerschutzüberzug *m*; Feuerschutzanstrich *m*
fire-retardant construction feuerhemmendes Bausystem *n*, feuerhemmende Konstruktion *f*
fire-retardant finish Feuerschutzfarbe *f*
fire-retardant impregnating agent feuerhemmendes Imprägniermittel *n*
fire-retardant material *s.* fire retardant
fire-retardant paint Brandschutzfarbe *f*, feuerhemmender Anstrichstoff *m*

fire-retardant timber feuerschutzimprägniertes Bauholz *n*
fire-retardant treatment feuerhemmende Behandlung *f*
fire-retarding *s.* fire-redardant
fire-retarding component feuerhemmendes Bauteil *n*
fire-retarding glazing feuerhemmende Drahtverglasung *f*
fire-retarding wall feuerhemmende Wand *f*
fire risk Brandgefahr *f*
fire room Feuerungsraum *m*, Feuerstättenraum *m*
fire route Fluchtweg *m*, Rückzugsweg *m*
fire safety Brandsicherheit *f*
fire screen Kamingitter *n*
fire separation feuergeschützter Gebäudeteil *m*
fire-shielding *s.* fire-retardant
fire shutter 1. Metalladen *m (z. B. für Fenster und Türen)*; 2. Feuerschutzladen *m*
fire spread Feuerausweitung *f*
fire sprinkler (system) Sprenganlage *f*, Feuerschutzberieselungsanlage *f*, Sprinkler(feuerlösch)anlage *f*
fire staircase Feuertreppe *f*
fire station Feuerwache *f*
fire stop feuerhemmendes Bauteil *n*, Brandblende *f*; feuerdämmendes Element *n*
fire-stopping feuerhemmend
fire technology Brandtechnologie *f*
fire temperature Brandtemperatur *f*
fire tower Feuertreppenschacht *m*, Notausgangstreppenhaus *n (feuergeschützt)*
fire tube Flammrohr *n*, Heizrohr *n*
fire-tube boiler Heizrohrkessel *m*, Rauchrohrkessel *m*
fire ventilation Brandlüftung *f*
fire ventilator Rauchgas(absaug)ventilator *m*
fire wall Brandmauer *f*; Brandschott *n*
fire warning device Brandmelder *m*
fire welding Feuerschweißen *n*
fire window feuerhemmendes Fenster *n*, Brandschutzfenster *n*; Notfenster *n*
firebreak Feuerschutzstreifen *m*, Brandschutzschneise *f*
firebrick Schamotteziegel *m*
firebrick lining Schamottesteinverkleidung *f*
fireclay Feuerton *m*, feuerfester Ton *m*, Schamotteton *m*
fireclay brick Schamottestein *m*
fireclay lining Schamotteauskleidung *f*
fireclay mortar Schamottemörtel *m*
fireclay ware Feuertonartikel *mpl*; Schamotteartikel *mpl*; Feuertonerzeugnisse *npl*
fired brick gebrannter Ziegel *m*
fired clay brick gebrannter Stein *m*
fired glaze gebrannte Glasur *f*
fired lime Branntkalk *m*, gebrannter Kalk *m*
fired-on eingebrannt
fireguard 1. Kamin(schutz)gitter *n*; 2. Brandwache *f*
fireman 1. Feuerwehrmann *m*; 2. Sicherheitsinspektor *m*
fireplace Feuerstelle *f*, offener Kamin *m*
fireproof *s.* fire-proof
firer Schießmeister *m*, Sprengmeister *m*
fireside *(AE)* Kaminherd *m*, Kaminplatz *m*
firestone 1. Feuerstein *m*, Flint *m*; 2. Quarzschiefer *m*
firewater Löschwasser *n*
firewater pond Feuerlöschteich *n*
firewood Brennholz *n*
firing 1. Befeuerung *f (von Kesselanlagen)*; Koksfeuerung *f*, Feuerung *f*, 2. Brennen *n (Keramik)*
firing crack Brennriss *m*, Brandriss *m*
firing equipment Brennausrüstung *f*, Brennausrüstungssatz *m*
firing installation Brennanlage *f*
firing process Brennprozess *m*, Brennvorgang *m*
firing range Brennbereich *m*
firing shrinkage Brennschwindung *f*
firing tape Zündschnur *f*
firing to (cement) clinker Klinkerbrennen *n*
firing up Tempern *n*
firm *v* verdichten, fest werden
firm 1. stabil befestigt, fest; 2. *(Bod)* fest, stabil; 3. dauerhaft • **be firm** stabil sein
firm Firma *f*
firm clay harter Ton *m*, Lettenton *m*
firm contract Festpreisvertrag *m*
firm ground fester Boden *m* [Grund *m*]
firm line Volllinie *f*
firm of specialists Spezialfirma *f*, Spezialunternehmen *n*
firm offer Fest(preis)angebot *n*
firm price Festpreis *m*; Pauschal(bau)preis *m*
firm-price bid *(AE)* Pauschalpreisangebot *n*
firm-price contract Festpreisvertrag *m*, Pauschalpreisvertrag *m*
firm-price tender Pauschalpreisangebot *n*
firm-price offer Pauschalpreisangebot *n*
firm-price proposal *(AE)* Festpreisangebot *n*, Pauschalpreisangebot *n*
firmary Klosterkrankenhaus *n*
firmer chisel *(Hb)* Stechbeitel *m*
firmer gouge Hohlbeitel *m*
firmly secured fest eingespannt
firmly wired fest verdrahtet
firmness (mechanische) Festigkeit *f*, Stabilität *f*; Beständigkeit *f*
firm's dwelling unit *(AE)* Werkswohnung *f*
firring Unterfütterung *f*, Verbretterung *f (mit Futterholz)*; Unterschalung *f (für Putz)*; Futterholz *n*; Aufschiebling *m (Dach)*
first erste, erster; erstklassisch, vorzüglich; hauptsächlich
first-aid post [station] Unfallstation *f (erste Hilfe)*
first-aid room Erste-Hilfe-Raum *m*, Sanitätszimmer *n*
first class erste Klasse *f*; vorzüglich
first class performance Hochleistung *f*
first coat 1. erste Lage *f*, erste Schicht *f (Putzschicht)*; Unterputz *m*; 2. Grundierung *f*
first cost Gestehungskosten *(Arbeit und Material)*; Selbstkosten *pl*
first fixings Halteklötzchen *npl*, Dübelklötzer *mpl*
first floor 1. erstes Geschoss *n*, erste Etage *f*; 2. *(AE)* Erdgeschoss *n*, Parterre *n*
first-floor plan *(AE)* Erdgeschossplan *m*, Grundriss *m*
first gallery erster Rang *m*
first layer Wurzellage *f*, erste Schweißlage *f*
first moment (of area) statisches Moment *n*
first order equation lineare Gleichung *f*, Gleichung *f* ersten Grades
first order theory Theorie *f* I. Ordnung
first paint Grundanstrichfarbe *f*, Grund(ier)farbe *f*
first step Antrittsstufe *f*
first storey *(AE)* erste Etage *f*, erstes Stockwerk *n*
first-surface coating Außenbeschichtung *f*
first undercoat erste Unterputzlage *f*, erste Unterputzschicht *f*
firsting erste Mischung *f (Beton)*
fiscal fiskalisch
fish(-plate) *v* verlaschen
fish (bar) Lasche *f*
fish beam Fischbauchträger *m*, Linsenträger *m (Fachwerkträger)*
fish-bellied fischbauchig
fish-bellied girder *s.* fish beam
fish-belly Fischbauch *m (Trägerform)*
fish-belly girder *s.* fish beam

fish glue Fischleim *m*
fish grid Fischrechen *m*
fish joint Laschenstoß *m*, Verlaschung *f*, Klammerlaschenstoß *m*
fish mouth Dachpappenfalte *f*, Pappennase *f (auf einer Dacheindeckung)*
fish pass Fischgerinne *n*, Fischgraben *m*, Fischleiter *f*
fish plate Knotenverbingung *f*, Knotenpunktverlaschung *f*
fish plating Verlaschung *f*
fish screen Fischzaun *m*
fish-tail aufgebogene Enden *npl*, auseinander gebogene Endelemente *npl (Mauerwerk)*; Anker *m*
fish-tail bolt Ankerschraube *f*
fish tape Reinigungsdraht *m*
fished beam Balken *m* mit seitlicher Laschenverstärkung
fished joint *s.* fish joint
fishing Verlaschung *f*, Verlaschen *n*, Anlaschen *n*
fishing plate *s.* fish plate
fishplate 1. Lasche *f*, Klammerlasche *f (Metallverbindungsstück für Balken)*; Stoßlasche *f*, Zuglasche *f*; 2. *(Verk)* Schienenverbindungslasche *f*, Klammerlasche *f*
fissile teilbar, spaltbar *(Baustoff, Gestein)*; schiefrigschuppig, blättrig *(Gestein)*
fissile material Spaltmaterial *n*
fissility Teilbarkeit *f*, Spaltbarkeit *f (Baustoffe, Gestein)*; Schiefrigkeit *f (Gestein)*
fission Aufspaltung *f*, Spaltung *f (von Gestein)*
fissuration 1. Zerklüftung *f (Geologie)*; 2. Rissbildung *f*
fissure *v* rissig werden
fissure 1. Riss *m*, Spalt *m (z. B. in einer Mauer)*; Spalte *f*; 2. Kluft *f*, Riss *m (tektonisch)*
fissured zerklüftet, rissig *(z. B. Gestein)*
fissuring of rock Gesteinszerklüftung *f*
fistuca Pfahlramme *f*
fistula römisches Wasserleitungsrohr *n (antikes Rom)*
fit *v* 1. aufstellen, montieren; anbringen, einbauen; einrichten; 2. einpassen; passend machen; justieren; 3. ausrüsten, ausstatten; einrichten
fit *v* **in** einbauen, installieren; einpassen
fit *v* **out** einrichten, ausstatten
fit *v* **to** anbauen an; anschließen an
fit *v* **together** zusammenfügen, ineinander passen
fit *v* **up** aufstellen, zusammenbauen
fit *v* **with glass** einglasen
fit passend, geeignet
fit Passung *f*, Sitz *m*; Anpassung *f*
fit for demolition abbruchreif
fit for traffic befahrbar
fit to live in bewohnbar
fit-up 1. Montage *f*, Zusammenbau *m*; 2. wiederverwendbare Fertigungsschalung *f*, Schalungstafel *f (mehrfach verwendbar)*
fitch 1. *s.* fitch brush; 2. dünnes Holz *n*; 3. Brett *n* eines Laschenbalkens
fitch brush schmaler Malerpinsel *m*
fitchering Kantenziehen *n (Mörtel, Beton)*
fitment Einbaumöbel *pl(n)*
fitments Einrichtungsgegenstände *mpl*
fitness for purpose Zweckfähigkeit *f*
fitted eingebaut; eingerichtet; eingepasst; ausgerüstet
fitted assembly Einlegemontage *f*
fitted carpet Teppichboden *m*
fitted cupboard Einbauschrank *m*, eingebauter Schrank *m*, Wandeinbauschrank *m*
fitted furniture Einbaumöbel *npl*
fitted kitchen Einbauküche *f*
fitted with ausgestattet mit
fitter Monteur *m*; Installateur *m*; Schlosser *m*
fitter for heating installation Heizungsmonteur *m*
fitter in the building trade Bauschlosser *m*
fitter's shop Schlosserei *f*
fitting 1. Installation *f*, Montage *f*, Aufbau *m*; Aufstellen n; Aufstellung f; Anpassen *n*; Anbringen *n*; Bearbeitung *f*; 2. Bauteil *n*, Zubehörteil *n*; Beschlag *m*; Einbaugegenstand *m*; Armatur *f*, Fitting *n(m)*; Rohrverbindungsstück *n*, Formstück *n (Rohr)*; 3. Leuchte *f*
fitting arrangement Leuchtenanordnung *f*
fitting column eingespannter Rahmenstiel *m*
fitting dimensions Anschlagmaße *npl*
fitting-in Einbau *m*, Installation *f*, Einpassen *n*
fitting instructions Anschlaganleitung *f*
fitting load Montagebeanspruchung *f*, Montagebelastung *f*
fitting member Passstück *n*
fitting-out Ausrüstung *f*
fitting procedure Montagevorgang *m*, Aufstellungsablauf *m*
fitting sequence Montagefolge *f*, Aufbaufolge *f*
fitting shop Montagehalle *f*
fitting sleeve Montagehülse *f*
fitting-up Vormontage *f*, provisorischer Montageablauf *m*, Zusammenbau *m (ohne endgültige Verbindung)*
fitting-up bolt Montagebolzen *m*, Montagehilfsschraube *f*
fittings 1. Einbauteile *npl*; Ausstattung *f*; Beschläge *mpl*; Garnitur *f*; 2. *(San)* Armaturen *fpl*, Fitting *npl(mpl)*
five-bay fünfjochig
five-centered arch Fünfzentrenbogen *m*, fünfpunktiger Korbbogen *m*, Korbbogen *m* mit fünf Leierpunkten
five-coat system Fünfschichtensystem *n*
five-lobe tracery Fünfpass *m*
five-ply fünflagig *(Dach)*
five-pointed fünfzackig
five-sided fünfseitig
fix *v* 1. befestigen; anbringen; anschlagen; verankern; knüpfen; 2. *(Stat)* einspannen; 3. festlegen, bestimmen
fix *v* **by a rivet** nieten
fix *v* **in** *(Hb)* einbinden *(Mauerwerk)*
fix *v* **in mortar** vermörteln
fix *v* **together** zusammenfügen, zusammensetzen
fixation 1. Befestigung *f*, Einspannung *f*; 2. Einspannungsgrad *m*
fixed 1. *(Stat)* eingespannt, gelenklos; 2. fest, feststehend, fixiert, unverschieblich; verankert
fixed arch eingespannter Bogen *m*
fixed-bar grille Schutzgitter *n* an Klimaanlagenschächten und -öffnungen
fixed beam (zweiseitig) eingespannter Balken *m* [Träger *m*]
fixed bearing festes Auflager *n*
fixed bed ruhende [statische] Schüttung *f*
fixed column eingespannte Säule *f*
fixed condition Einspannungsbedingung *f*
fixed datum *(Verm)* Festpunkt *m*, Richtpunkt *m*
fixed dune *(Wsb, Erdb)* befestigte Düne *f*
fixed end eingespanntes Trägerende *n*
fixed-end arch eingespannter Bogen *m*
fixed-end beam *s.* fixed-end girder
fixed-end bending moment Einspannbiegemoment *n*
fixed-end condition Einspannbedingung *f*
fixed-end degree Einspannungsgrad *m*
fixed-end girder zweiseitig eingespannter Balken *m*, eingespannter Träger *m*
fixed-end moment *(Stat)* Einspann(ungs)moment *n*
fixed equipment circuit Kraftstromleitung *f*
fixed fixity *(Stat)* feste Endeinspannung *f*
fixed flange Festflansch *m*
fixed formwork Standschalung *f*
fixed frame eingespannter Rahmen *m*
fixed girder (zweiseitig) eingespannter Träger *m*
fixed glazing Festverglasung *f*

fixed ground water Kapillarwasser *n*, Porenwasser *n*
fixed hinge festes Gelenk *n*
fixed joint biegesteifer Knoten(punkt) *m*
fixed light *s.* fixed sash
fixed limit of construction cost Bausummenlimit *n*
fixed load 1. konstante Last *f* [Belastung *f*], (orts)feste Last *f*; 2. *(Stat)* Eigenlast *f*, Eigenmasse *f*
fixed mooring Hafenankerstein *m*, Anker(platz)stein *n*, Ankerbalken *m*
fixed point *(Verm)* Festpunkt *m*, Fixpunkt *m*
fixed pole [post] Standmast *m*
fixed-price Festpreis *m*, Pauschalpreis *m*
fixed-price bid [tender] Pauschalpreisangebot *n*
fixed-price contract Festpreisvertrag *m*, Pauschalpreisvertrag *f*
fixed retaining wall gestützte [verankerte] Stützmauer *f*
fixed roller sluice gate fixiertes Walzenwehr *n*
fixed sash Festfenster *n*, festes Fenster *n*, rahmenloses Fenster *n*
fixed shuttering *s.* fixed formwork
fixed simple frame einfach eingespannter Rahmen *m*
fixed sleeve cell *(Bod)* Triaxialgerät *n* mit fest angeordneter Gummihülle
fixed support völlige Einspannung *f*
fixed time Festzeit *f*
fixed time method of control Festzeitsteuerung *f*
fixed transom feste Kämpferplatte *f (fester Querriegel)*
fixed water chemisch gebundenes Wasser *n*
fixed window *s.* fixed sash
fixer (mason) Fliesenleger *m*, Plattenleger *m*
fixing Befestigung *f*, Einspannen *n*
fixing base nagelbare Unterlage *f*
fixing accessories Befestigungsmittel *npl*
fixing block Dübelstein *m*; Holzziegel *m*
fixing bolt Befestigungsschraube *f*, Befestigungsriegel *m*
fixing bracket Montagebügel *m*
fixing brick Dübelstein *m*
fixing channel Befestigungsschiene *f*
fixing clip Befestigungsschelle *f*, Halteklammer *f*
fixing degree Einspannungsgrad *m*
fixing device Spannkopf *m (Spannbeton)*
fixing drain Installationsableitung *f (z. B. von einem Geruchsverschluss)*
fixing fillet Dübelleiste *f*
fixing flange Befestigungsflansch *m*
fixing foot Befestigungsfuß *m*
fixing frame Befestigungsrahmen *m*
fixing hole Befestigungsloch *n*
fixing hook Befestigungshaken *n*
fixing in Einbinden *n*, Einbindung *f*
fixing length Einspannlänge *f*
fixing link Befestigungslasche *f*
fixing lock Spannschloss *n (Spannbeton)*
fixing material Befestigungsmaterial *n*
fixing means Befestigungsmittel *n (pl)*
fixing media Befestigungsmittel *npl*
fixing method Befestigungsweise *f*
fixing moment *(Stat)* Einspannmoment *n*
fixing of cladding sheets Einbau *m* der Wandverkleidung
fixing piece Befestigungsstück *n*
fixing plate Befestigungsplatte *f*
fixing point Befestigungsstelle *f*
fixing profile Befestigungsprofil *f*, Halteprofil *n*
fixing screw Befestigungsschraube *f*
fixing slip Dübelleiste *f*, Dübelholz *n*
fixing stirrup Befestigungsbügel *m*
fixing strip Trägerleiste *f*, Unterleiste *f (Verschalung)*
fixing system Befestigungssystem *n*
fixing technique Befestigungsweise *f*
fixing trim *s.* fixing profile
fixing unit *s.* fixing profile
fixing work Befestigungsarbeiten *fpl*
fixings Befestigungspunkte *mpl*
fixity 1. *(Stat)* Einspannung *f*; 2. Unverschieblichkeit *f*
fixture 1. Haltevorrichtung *f*, Installationshalterung *f*, Befestigung *f*; Lampenhalter *m*; 2. unbewegliches Eigentum *n*
fixture branch Installationsverbindungsleitung *f*
fixture drain Installationsleitung *f*, Abflussleitung *f*, Abfluss *m (z. B. von einem Traps)*
fixture supply *(San)* Zuwasserleitungsstück *n*, Ventilanschlussleitung *f*
fixture unit *(San)* Abflusskapazität *f (einer Abflusssammelleitung)*; Entwässerungsleistungsgröße *f (in Liter pro Sekunde)*
fixture vent Entlüftungsleitung *f (vom Abwassersystem)*
fixtures Installationselemente *npl*; Einrichtungsgegenstände *mpl*
fixtures and fittings Installationsobjekte *npl (technische Gebäudeausrüstung)*; nichtbewegliche Wohnungseinrichtungsgegenstände *mpl*
flabby schlaff
flabelliform palmenblattartig, fächerartig *(Ornament)*
flag *v* fliesen, mit Fliesen belegen *(z. B. Wege)*; pflastern *(mit Platten)*; mit Steinplatten belegen
flag Fliese *f*, Steinplatte *f*, Gehwegplatte *f (bes. aus Naturstein)*
flagged path Plattenweg *m*
flagged roadway Spurplattenstraße *f*, Rollbahn(straße) *f*, Gleisstraße *f*
flagging 1. Plattenbelag *m*; 2. Platten(ver)legen *n*; 3. Platte *f*, Fußbodenplatte *f (für Gehwege)*
flaggy plattig, fliesenartig
flagpole Fahnenstange *f*
flags plattiger Sandstein *m*
flagstaff Fahnenmast *m*
flagstone Platte *f*, Natursteinplatte *f*, Plattenstein *m*; Terrassenplatte *f*, Gehwegplatte *f (bes. aus Naturstein)*
flagstone covering Plattenabdeckung *f*
flagstone of the furnace Ofengrundstein *m*, Bodenstein *m (Hüttenwesen)*
flagstone pavement Gehwegplattenbelag *m*
flake *v* abblättern, abplatzen, abschuppen
flake *v* **off** abschiefern, abblättern, abspringen *(Naturstein)*
flake Flocke *f*, Schuppe *f*, dünne Schicht *f*, Holzschnitzel *n (Spanplatte)*
flake board *s.* flaxboard
flake glass Flitterglas *n*
flake mica Schuppenglimmer *m*, blättchenförmiger Glimmer *m*
flake pigment Schuppenpigment *n*
flake white Bleiweiß *n*
flaked flockig; schuppig
flakes schalenförmige Ablösung *f*
flakiness index Plattkornindex m, Scherbenindex *m (von Kiessand)*
flaking Abblättern *n*, Abplatzen *n (z. B. von Putz, Farbe)*; Abschälen *n*, Schuppenbildung *f*
flaky schuppig, schuppenförmig, plattig, scherbig; schiefrig
flaky grain plattiges Korn *n*, scherbiges Korn *n*
flambé glaze schillernde Kupferglasur *f (auf Keramik)*
flamboyant arch Flammenbogen *m*
flamboyant finish Flamboyantüberzug *m*, geflammter Überzug *m*
flamboyant tracery Flamboyantmaßwerk *n*
flame *v* entflammen
flame-clean *v* flammstrahlreinigen, flammstrahlen

flame-deposit *v* im Flammspritzverfahren auftragen *(z. B. Isoliermasse)*
flame cleaning Flammstrahlreinigen *n*, Flammstrahlen *n*; Flammstrahlentrosten *n*
flame cut brenngeschnitten
flame cutter Schneidbrenner *m*
flame descaling Flammstrahlentrosten *n*, Flammstrahlen *n*
flame hardening Flammhärten *n*
flame metal spraying Metallflammenspritzen *n*, Flammen(metall)spritzen *n*
flame photometry Flammenphotmetrie *f*
flame-proof flammsicher, nicht entflammbar; schwer entflammbar
flame-proofing paint Feuerschutzfarbe *f*
flame resistance Flammbeständigkeit *f*
flame-retardant flammenhemmend; feuerhemmend
flame soldering Flammenlötung *f*
flame-sprayed flammengespritzt
flame spread Oberflächenentflammbarkeit *f (von Baustoffen)*
flame tube Flammrohr *n*
flamesprayed zinc coating Flammspritzverzinkung *f*
flammability Entflammbarkeit *f*, Entzündbarkeit *f*; Brennbarkeit *f*
flammable entflammbar, entzündbar; brennbar
flange *v* flanschen; abkanten
flange-connect *v* anflanschen, verflanschen
flange-mount *v* anflanschen
flange up *v* zuflanschen
flange 1. Flansch *m*; Steg *m*; Schenkel *m*; Wulst *m(f)*; 2. Trägerflansch *m*
flange angle 1. Flanschwinkel *m*; 2. Gurtwinkel *m*, Gurtblech *n*
flange beam Flanschträger *m*
flange bolt Flanschbolzen *m*
flange cut Flanscheinschnitt *m*
flange joint Flanschverbindung *f*
flange member Gurtungsstange *f*, Gurtstab *m*
flange mounted angeflanscht
flange-mounting Anflanschen *n*
flange of girder Gurtung *f*
flange plate Schleppblech *n*, Bindeblech *n*; Gurtungsblech *n*
flange splice Spleißen *n* des Trägerflansches
flange union Flansch-Flansch-Verbindung *f*, Verflanschung *f*
flange weld Bördelnaht *f (Schweißen)*
flange width Fanschbreite *f*, Gurtbreite *f*
flanged adapter Flanschpassstück *n*
flanged connection Flanschverbindung *f*, Verflanschung *f*
flanged end Flanschanschluss *m*
flanged gasket Flanschdichtung *f*
flanged girder I-Träger *m*, Doppel-T-Träger *m*
flanged joint Flanschverbindung *f*, Verflanschung *f*
flanged pipe Flanschrohr *n*
flanged plate Bördelblech *n*, Krempblech *n*
flanged rail Breitflanschschiene *f*, Breitfußschiene *f*
flanged socket Flanschmuffe *f*, E-Stück *n*
flanged spring Flanschkniestück *n*
flank 1. Seitenfläche *f*, Gebäudeseite *f*, Giebelseite *f*, 2. Bankett *n (Straße)*; 3. Bogenschenkel *m*; Gewölbeschenkel *m*; 4. Freifläche *f*, Flanke *f*
flank front Giebelfront *f*, Seitenfront *f*, Straßenfront *f*
flank masonry wall Stirnmauer *f*, Seitenmauer *f*
flank of a building Gebäudeseite *f*
flank of a hill Böschung *f*, Hang *m*
flank of an arch Bogenachse *f*, Bogenhälfte *f*, Bogenschenkel *m*
flank wall Giebelwand *f*, Seitenwand *f*
flanked flankiert
flanking tower *(Arch)* Flankenturm *m (seitlicher Befestigungsbau eines bewehrten Tores)*
flanking transmission of noise Lärmübertragung *f* außerhalb der Brandmauer *(z. B. bei Reihenhäusern)*
flanking window 1. Seitenöffnung *f (Fenster, Tür)*; 2. eingebaute indirekte Beleuchtung *f (natürliche)*
flanning 1. Leibung *f*, Laibung *f*, Gewändeleibung *f*, Gewände *n (Tür)*; 2. *(AE)* Anschlag *m* einer Fensterbank
flap 1. Krempe *f*, Kremper *m (Dachstein)*; 2. Klappe *f*
flap bridge Klappbrücke *f*
flap door Falltür *f*
flap hinge Klappenscharnier *n*; Scharnierband *n*
flap table Klapptisch *m*
flap tile Krempziegel *m*, flämischer Stein *m (Dachstein)*
flap valve Klapp(en)ventil *n*; Verschlussklappe *f*
flare *v* 1. aufweiten *(konisch, z. B. Rohre)*; ausbauchen; 2. flackern *(z. B. Licht)*
flare 1. Aufweitung *f*, Ausbauchung *f*, 2. Rauchmantel *m (Kamin)*; 3. Fahrbahnaufweitung *f*, keilförmige Verbreiterung *f*
flare fitting Stülpverbindung *f*
flare header geflammter Binderziegel *m*
flare light Reflexionslicht *n*
flare path befeuerte Landebahn *f (Flugplatz)*
flare-shaped konisch erweitert
flare wall Stirnflügel *m*, Flügelmauer *f*
flared column head Pilzkopf *m*, Stützenkopf *m*
flared haunch Pilzkopf *m*
flared head Pilzkopf *m*, Stützenkopf *m*
flared joint Bördelverbindung *f*
flaring Kelchung *f*, Enderweiterung *(eines Rohres)*
flash *v* 1. einfassen, mit Anschlussblech versehen *(Dachschornstein)*; 2. entflammen; aufflammen, aufblitzen
flash *v* **off** abdunsten, ablüften *(Anstriche)*
flash 1. Brüstung *f (Dach)*; Sperre *f (am Schornstein)*; Saum *m*; 2. Grat *m*; 3. Aufflammen *n*; 4. geflammte Ziegeloberfläche *f*
flash butt welding Abbrennstumpfschweißen *n*
flash cement Blitzzement *m*, sofort abbindender Zement *m*
flash coat dünne Torkretbetonschicht *f*
flash drying Wärmetrocknung *f (Anstriche)*
flash metallic coating Metallschutzdünnschicht *f*
flash point Flammpunkt *m*, Entflamm(ungs)punkt *m*
flash set Sofortabbinden *n*, Schnellabbinden *n (Zement)*
flash-setting agent Stopfbinder *m*, Schnellbinder *m (z. B. Gips)*
flash wall Flammenschutzwand *f*
flash welding Abbrennschweißen *n*
flashing 1. Kehlblech *n*, Abdeckblech *n*, Schürze *f (am Schornstein)*; Schornstein(schutz)blech *n (am Dachdurchbruch)*; Abweisblech *n*, Spritzblech *n (Dach)*; Dachanschluss *m*; Schossrinne *f*, Verwahrung *f*, 2. Abdecken *n*; 3. Blinken *n*
flashing block Schlitzstein *m (zum Abdeckblecheinschub)*
flashing board Anschlussträgerbrett *n*, Abdeckblechhaltebohle *f (z. B. an Schornsteinen)*
flashing cement Bitumenkitt *m*
flashing method Anschlussverfahren *n*, Anschlussmethode *f*
flashing piece Wandanschlussblech *n*
flashing ring Rohrschutzwulstring *m (Durchführungsschutz)*
flashing sheet Wandanschlussblech *n*
flashing sign Blinkzeichen *n*
flashing signal Blinklicht n
flashing strip Anschlussstreifen *m*
flat *v* 1. glätten, schlichten; ebnen; 2. mattieren *(Anstriche)*; 3. *s.* flat up

flat *v* **up** schwitzen *(Schwarzdecke)*
flat 1. flach, eben; gefällelos; scheitrecht; 2. matt, stumpf, glanzlos *(Farben)*; 3. horizontal, flach *(geologisch)*
flat 1. Fläche *f*, Ebene *f*; 2. Wohnung *f*; Etagenwohnung *f*; 3. Flachprofil *n*
flat aggregate piece plattiges Zuschlagstoffkorn *n*
flat arch Flachbogen *m*, scheitrechter Bogen *m*
flat bar Flacheisen *n*, Flachstab *m*, Flachstahl *m*; Universaleisen *n*
flat block *s.* flat building
flat bottom Flachboden *m*
flat-bottom(ed) rail Breitflanschschiene *f*
flat brush Flachpinsel *m*
flat building Flachbau *m*, Flachgebäude *n*
flat bulb iron Flachwulststahl *m*
flat cardboard roof ebenes Pappdach *n*
flat ceiling Flachdecke *f*
flat charge Pauschalsumme *f*
flat chisel Flachmeißel *m*
flat clay roof tile Flachziegel *m*, Dachplattenziegel *m*, Plattenziegel *m*
flat clay roofing tile Flachdachpfanne *f*, Flachziegel *m*
flat coat Grundanstrich *m (bes. für Holz)*
flat concrete roof Betonflachdach
flat concrete slab Flachplatte *f* aus Beton
flat construction Wohnblockbau *m*
flat cost Gestehungskosten *f*
flat course Flachschicht *f*
flat country Flachland *n*
flat course of bricks Läuferschicht *f*, Ziegelflachschicht *f*, Flachschicht *f*
flat-cut gemessert, vermessert *(Furniere)*
flat cutting Flachschneiden *n*
flat dome Flachkuppel *f*
flat dormer Flachgaupe *f*
flat-drawn sheet glass *s.* flat glass
flat enamel Mattlackfarbe *f*
flat enamel brush Lackierflachpinsel *m*
flat façade Flachfassade *f*, ebene Fassade *f*
flat finish Mattlack *m*, mattes Aussehen *n*
flat floor space Etagenwohnungsfläche *f*, Wohnungswohnfläche *f*
flat flute flache Hohlkehle *f*
flat footing [foundation] Flachgründung *f*
flat frame ebener Rahmen *m*
flat glass Fensterglas *n*, Flachglas *n*
flat gloss Mattglanz *m*
flat-grain(ed) *(AE) s.* flat-sawn
flat graver Flachstichel *m*
flat ground Flachland *n*
flat-head rivet Flachkopfniet *m*
flat-head screw Flachkopfschraube *f*
flat hinge Flachgelenk *n*
flat house Flachhaus *n*
flat in a new building Neubauwohnung *f*
flat iron Flacheisen *n*
flat jack Flachpresse *f (Spannbeton)*
flat joint bündige Mauerwerksfuge *f*
flat jointed bündig verfugt, vollfugig
flat land Flachland *n*
flat layer Flachschicht *f*
flat-lying flachliegend
flat metal Metallflachstück *n*, Flachmetall *n*
flat ornament Flächenornament *n*
flat paint Mattfarbe *f*, Grund(anstrich)farbe *f*, Grundierfarbe *f*
flat panel 1. Plantafel *f*; 2. Probeplatte *f*, Versuchstafel *f*, Prüfplatte *f (Anstriche, Beschichtungen)*
flat pick Kreuzhacke *f*, Spitzhacke *f*
flat piece plattiges Zuschlagstoffkorn *n*
flat plate ununterbrochene Betonplatte *f*
flat plate solar collector Flachsolarkollektor *m*
flat pointing bündige Verfugung *f*; Ausfugen *n* der Mauerfugen
flat rail Flachschiene *f*
flat rate Verrechnungssatz *f*
flat rate settlement Pauschalierung *f*
flat relief flaches Relief *n*
flat roof Flachdach *n*, flaches Dach *n*
flat roof annexe Flachdachanbau *m*
flat roof drainage Flachdachentwässerung *f*
flat-roof house Flachdachhaus *n*
flat roof system Flachdachaufbau *m (Konstruktionssystem)*
flat-roofed mit Flachdach; mit flache Decke
flat-roofed building Flachdachgebäude *n*
flat-roofed structure Flachdachbauwerk *n*
flat-run panel Plantafel *f*
flat-sawn tangential [flach] geschnitten *(Holz)*
flat seam flacher Falzsaum *m*
flat section Flachprofil *n*
flat sheet covering Flachblechbeplankung *f*
flat skylight flaches Oberlichtfenster *n (in der Decke)*
flat slab kreuzweise bewehrte [selbsttragende] Betondecke *f*, Pilzdeckenplatte *f*
flat-slab construction Pilzdeckenbau *m*
flat-slab deck dam Plattenpfeilermauer *f*
flat-slab floor Pilzdecke *f*
flat slat Flachlamelle *f*
flat spade flache Schaufel *f*
flat spherical shell flache Kugelschale *f*, schwach gekrümmte Kugelschale *f*
flat spiral spring Schlossfeder *f*
flat spot Glanzfehlstelle *f (Lackanstrich)*
flat steel Flachstahl *m*
flat surface ebene Fläche *f*
flat tail Biber(schwanz) *m (Dachziegel)*
flat tile Flach(dach)ziegel *m*, Biberschwanz *m*
flat-topped abgeflacht; Flach...
flat-topped building Flachdachgebäude *n*
flat-topped unit Flachdachtrakt *m*
flat trowel Spachteleisen *n*, Spachtel *m(f)*
flat truss 1. Parallelfachwerkbinder *m*, parallelgurtiger Fachwerkbinder *m*; 2. Parallelfachwerk *n*
flat upland area flache Hochfläche *f*
flat varnish Mattlack *m*
flatlet Kleinstetagenwohnung *f*
flatness 1. Flachheit *f*, Ebenheit *f*, Abplattung *f*; 2. Mattheit *f*, Glanzlosigkeit *f (von Farbe)*
flats Flachstahl *m*
flats-and-offices block Wohn- und Bürohaus *m*
flatten *v* 1. glätten; ebnen, planieren; richten *(z. B. Blech)*; 2. abflachen, abplatten, flachdrücken; 3. abstumpfen *(Anstrich)*
flatten *v* **out** einebnen *(Unterlage)*
flattened abgeflacht, gerichtet, geebnet, geglättet
flattened expanded mesh Flachstreckmetall *n*
flattening 1. Glätten *n*; Ebnen *n*; 2. Abflachung *f*; 3. Abstumpfen *n*; 4. *(Erdb)* Einebnung *f*, Planierung *f*, Abböschen *n*, Abflachen *n*
flattening-out Verflachen *n*
flattening test Ausbreitprobe *f (Beton)*
flattile *s.* flat tile
flatting 1. Mattschleifen *n*; 2. *(AE)* Bretterschneiden *n*; Flachschneiden *n (von Holz)*
flatting agent Mattierungsmittel *n (Farbe)*
flatting down *(AE)* Mattreiben *n*, Mattschleifen *n*
flatting oil Mattierungsöl *n (Farbe)*

flatting putty Spachtellack *m*, Mattlack *m*
flattish abgeplattet, einigermaßen flach
flaunch *v* geneigt [mit Gefälle] abdecken *(einen Schornstein)*
flaunching Schornsteinwangenabdeckung *f*, Betonabdeckung *f (am Schornstein)*
Flavian architecture flavische Architektur *f*, flavische Baukunst *f*
flaw Fehler *m*; Defekt *m*; Materialfehler *m*; Einriss *m (Betonstahl)*
flaw depth Risstiefe *f*
flaw in material Materialfehler *m*
flawed mangelhaft
flawless einwandfrei, fehlerfrei; rissfrei
flax Flachs *m*, Leinpflanze *f*
flax felt Flachsplatte *f*
flax hessian Flachssackleinen *n*
flax-seed oil Leinöl *n (Anstrich)*
flax shive board Flachsspanplatte *f*
flaxboard Flachsspanplatte *f*, Flachs(schäben)platte *f (aus Flachsstroh)*
flèche Helmdach *n (schlanker Kirchturm)*; Zinne *f*, *(AE)* Lufttürmchen *n (zur Lüftung)*; Spitzturm *m*
fleck Holzfleck *m (durch unregelmäßige Maserung)*
flection 1. Biegen *n*, Biegung *f*, Krümmen *n*; 2. Krümmung *f*, Durchbiegung *f*, gebogener Teil *m*
flectional strength Biegefestigkeit *f*
Flemish bond Kreuzverband *m*, holländischer Verband *m*
Flemish cross bond Doppelkreuzverband *m*
flerry gespalten, zerteilt *(Gestein)*
fletton Fletton-Ziegel *m*, englischer Hintermauerziegel *m (aus rosabrennendem Oxfordton)*
fleur-de-lis *(Arch)* Wappenlilie *f*, Lilie *f (bourbonisch)*
fleuron Fleuron *m*, schmales Blumenkantenornament *n*, Blumenkronenkante *f (an Säulen)*
flex *v* biegen, durchbiegen; sich biegen
flex *(El)* Litze *f*, flexible Leitungsschnur *f*, Anschlussschnur *f*
flexed gebogen
flexibility Flexibilität *f*, Biegsamkeit *f*, Biegbarkeit *f*, Elastizität *f*
flexibility of planning Vielfalt *f* der Planung
flexibility number Biegsamkeitszahl *f*
flexible flexibel, biegsam, biegbar, geschmeidig, elastisch; durchbiegend
flexible cable 1. biegsames Kabel *n*; 2. *(El)* Anschlussschnur *f*
flexible conductor *(El)* biegsamer Leiter *m*
flexible connection elastische Verbindung *f*
flexible connector 1. flexibles Verbindungselement *n*; flexibler Verbindungsschlauch *m*; 2. *(El)* flexibler Anschluss *m*
flexible cord *(El)* Leitungsschnur *f*, Anschlussschnur *f*
flexible door Falttür *f*, Harmonikatür *f*
flexible floor biegeweiche Decke *f*
flexible foam weicher Schaumstoff *m*
flexible foamed plastic Weichkunststoffschaum *m*
flexible foundation beam Zerrbalken *m*
flexible foundation flexibles Fundament *n*
flexible glass fibre blanket insulation flexibler Glasfaserdämmstoff *m*
flexible handling of space *(Arch)* Freiheit *f* der Raumgestaltung
flexible lead *(El)* Anschlussschnur *f*, Anschlusslkabel *n*
flexible metal conduit *(El)* biegsame Hülsenrohrleitung *f*
flexible metal hose Metallschlauch *m*
flexible metal roofing Flachmetalldachdeckung *f*, Metalldachbelag *m*
flexible mounting elastisches Maschinenfundament *n*
flexible non-metallic tubing *(El)* flexibles Plastikhülsenrohr *n*, nichtmetallisches Rohr *n (zur Leitungsverlegung)*
flexible pavement *(Verk)* elastische Straßendecke *f*, flexible Fahrbahnbefestigung *f*, Schwarzdecke *f*
flexible polyethylene Weichpolyäthylen n
flexible polythene Weichpulyäthylen *n*
flexible PVC film Weichpolychloridfolie *f*, PVC-Weichfolie *f*
flexible PVC floor cover Polyvinylchlorid-Fußbodenbelag *m*, PVC-Bodenbelag *m*
flexible rule Bandmaß *n*
flexible steel rule Stahlbandmaß *n*
flexible tube Schlauch *m*
flexible tubing biegsame Leitungen *fpl*
fleximer flooring Spachtelfußboden *m*
flexing Biegung *f*, Durchbiegung *f*
flexing curve Durchbiegungskurve *f*
flexing life Dauerbiegefestigkeit *f*
flexion Biegung *f*, Krümmung *f*
flexuous gewunden, kurvenreich; sich schlängelnd, sich windend
flexural durch Biegung, biegefähig
flexural action Biegewirkung *f*
flexural beam Biegebalken *m*
flexural bond Spanngliedhaftspannung *f*
flexural buckling Biegeknickung *f*
flexural compressive failure Biegedruckbruch *m*
flexural cracking Biegerissbildung *f*
flexural creep Biegebeanspruchungskriechen *n*, Kriechen *n* unter Biegebeanspruchung
flexural creep compliance Biegesteifigkeit *f*
flexural creep stiffness Biegekriechfestigkeit *f*
flexural equation Biegegleichung *f*
flexural fatigue limit Biegeermüdungsgrenze *f*
flexural fatigue resistance Biegedauerfestigkeit *f*, Biegeermüdungsfestigkeit *f*
flexural gliding Biegegleitung *f*
flexural load Biegebeanspruchung *f*
flexural loading Biegebelastung *f*
flexural member Biegeglied *n*, Biegestab *m*
flexural moment Biegemoment *n*
flexural oscillation Biegeschwingung *f*
flexural oscillation failure Biegeschwingungsbruch *m*
flexural oscillation test Biegeschwingungsprüfung *f*
flexural rigidity [stiffness] Biegesteifigkeit *f*, Biegewiderstand *m*
flexural strength Biegefestigkeit *f*
flexural stress Biegespannung *f*
flexural tensile failure Biegezugbruch *m*
flexural tensile strength Biegezugfestigkeit *f*
flexural tensile stress Biegezugspannung *f*
flexural tensile test Biegeschwingungsprüfung *f*
flexural test Biegeprüfung *f (Stahl)*
flexurally rigid biegesteif, biegefest, biegungssteif
flexure Biegung *f*, Durchbiegung *f*, Verbiegung *f*, Durchsenkung *f*; Biegungskurve *f*
flexure curve Durchbiegungskurve *f*
flexure formula Biegeformel *f*
flexure load Biegelast
flexure modulus Biegemodul *m*
flexure test beam Biegebalken *m*
flexure theory Biegetheorie *f* für Stäbe
flier 1. Treppenstufe *f*, gerade Stufe *f*; 2. *s.* flying shore
flier arch Strebebogen *m*
fliers Treppenlauf *m (bei gerader Treppe)*; Außentreppe *f*, Freitreppe *f*
flight Treppenlauf *m*, Lauf *m*, Treppenarm *m*
flight header Treppenwangenauflage *f*, Treppenauflageholz *n*

flight of front stairs Freitreppe *f*
flight of stairs *s.* flight
flight rise Treppenhöhe *f*
flight strip Flugpiste *f*, Start- und Landebahn *f*
flight width Laufbreite *f (Treppenbreite)*
flint 1. Flint(stein) *m*, Feuerstein *m*, amorpher Kieselstein *m*; 2. Weißglas *n*, weißes Hohlglas *n*
flint brick Silikastein *m (aus Flint)*
flint clay Flintton *m*, Hartton *m*
flint glass Flintglas *n*, Weißglas *n*, weißes Hohlglas *n*; Kristallglas *n*
flint pepple Flintsteinknollen *m*
flint rubble Flintbruchstein *m*, Feuerstein-Bruchstein *m*
flinty feuersteinartig; feuersteinhaltig; kieselig, kieselartig
flinty earth Kieselerde *f*
flinty fracture muscheliger Bruch *m*
flinty ground Kiesboden *m*, kiesiger Boden *m*
flinty shale [slate] Kieselschiefer *m*
flip-over bucket loader Überkopflader *m*
flitch 1. *(AE)* Furniertafeln *fpl*, Furnier *n*; 2. Balkenbrett *n*, Dübelbalkenelement *n*; 3. geschnittener Balkenstamm *m*
flitch beam Dübelbalken *m*, verdübelter Balken *m*; Sandwichbalken *m*, Verbundträger *m*
flitch plate 1. Sandwichplatte *f*; 2. Lasche *f (Stahlverstärkung für Balken)*
flitch veneer Flitschfurnier *n*
flitched beam *s.* flitch beam
flitches Zwalpen *pl*, Balken *mpl* ohne Herzholz
float *v* 1. verstreichen; glätten; aufspachteln; 2. (auf)schwimmen; flotieren; 3. flößen
float *v* **of** abschwemmen
float 1. Aufziehbrett *n*; Reibebrett *n*, Glättbrett *n*; Gipserscheibe *f (für Gipsputz)*; 2. Schwimmer *m*, Schwimmkörper *m (z. B. eines Ventils)*
float and set dreilagiger Putz *m*, Reibeputz *m*
float coat aufgezogener Putz *m*; aufgezogene Zementschicht *f*, Glättschicht *f*
float control Schwimmerregelung *f*
float finish abgezogene Oberfläche *f*, abgezogener Beton *m*; Reibeputz *m*
float glass Floatglas *n*
float scaffold Seilhängegerüst *n*
float stone Glättstein *m*, Ziegelreibestein *m*
float switch *(El)* Schwimmerschalter *m*, Schwimmkontaktschalter *m*
float test *(AE)* Bitumen-Erweichungspunktprüfung *f*, Bitumen-Schwimmprüfung *f*
float valve Schwimmerventil *n*
float vibrator Plattenvibrator *m*
floated coat Glättschicht *f*, Ziehschicht *f*
floated filler Glättspachtel *m*, Ziehspachtelmasse *f*
floated screed abgezogener Estrich *m*
floated timber Floßholz *n*
floater Schwimmkörper *m*, Schwimmer *m*
floating 1. frei beweglich; schwimmend; pendelnd; 2. *(Verk)* schwimmend, im Verkehr mitfahrend; 3. *(El)* ungeerdet
floating 1. Glattreiben *n*; Glätten *n*; 2. mittlere Putzschicht *f (beim dreilagigen Putz)*; 3. Schwimmen *n*; 4. Ausschwimmen *n (Pigmentmischung von Farben)*; Streifenbildung *f (Anstrich)*
floating block lose Rollbrücke *f*, Flaschenzugblock *m*
floating box *(Erdb)* Schwimmkasten *m*
floating bridge Schwimmbrücke *f*, Pontonbrücke *f*
floating car im Verkehr mitfahrendes Messfahrzeug *n*
floating caisson *(Erdb)* Schwimmkasten *m*
floating caisson foundation Schwimmkastengründung *f*
floating ceiling Schwebedecke *f*
floating coat Zwischenputzlage *f (Dreilagenputz)*
floating concrete layer [screed] schwimmender Betonestrich *m*
floating crane Schwimmkran *m*, Pontonkran *m*
floating derrick Bohrinsel *f*
floating dredger Schwimmbagger *m*, Nassbagger *m*
floating element Element *n* mit Freiheitsgraden
floating floor schwimmender Estrich *m*
floating foundation schwimmende Gründung *f*
floating hostel schwimmendes Wohnheim *n*
floating layer schwimmender Estrich *m*
floating pile *(Erdb)* schwebender Pfahl *m*
floating pile driver Schwimmramme *f*
floating pipeline schwimmende Rohrleitung *f*
floating reinforced concrete box *(Erdb)* Stahlbetonschwimmkasten *m*
floating rule Richtlatte *f*, Richtscheit *n*
floating screed *s.* floating floor
floating structure schwimmendes Bauwerk *n*
floating support 1. Pendelstütze *f*; 2. Brückenfloß *n*, Brückenprahm *m*
flocculant Ausflockungsmittel *n*
flocculate *v* ausflocken, sich zusammenballen
flocculating agent Ausflockungsmittel *n*
flocculation Flockung *f*, Ausflockung *f*; Koagulation *f (Anstrichstoffe)*
flocculent gypsum Flockengips *m (Isolierung)*
flock paper Velourtapete *f*, Samttapete *f*
flog *v* 1. abziehen *(Fußboden)*; 2. zuhauen *(Holz)*
flood *v* 1. überfluten; überschwemmen; 2. fluten, unter Wasser setzen; 3. ausschwimmen *(Farbe)*
flood *v* **in** hineinströmen
flood Hochwasser *n*, Überschwemmung *f*, Flut *f*
flood bank *(Wsb)* Hochwasserschutzdamm *m*, Deich *m*
flood bed Hochwasserbett *n*
flood bridge Flutbrücke *f*
flood coat 1. Oberflächenbitumendachguss *m*, Bitumenaufstrich *m*; Einbettmasse *f (für Dachkies)*; 2. Tauchanstrich *m*; 3. Flutlackieranstrich
flood control *(Wsb)* Hochwasserschutz *m*; Hochwasserregulierung *f*
flood-control levee *(Wsb)* Hochwasserschutzdeich *m*
flood control storage *(Wsb)* Hochwasserspeicherung *f*
flood control structures *(Wsb)* Hochwasserschutzbauten *mpl*
flood damage Hochwasserschaden *m*
flood dam *(Wsb)* Rückstaudamm *m*, Hochwasserschutztalsperre *f*
flood damage Hochwasserschaden *m*
flood district Überschwemmungsgebiet *n*
flood ground Überflutungsebene *f*, Inundationsfläche *f*
flood land Überschwemmungsgebiet *n*
flood levee *(Wsb)* Hochwasserschutzdeich *m*
flood level 1. Hochwasserstand *m*; 2. *(San)* Überlaufhöhe *f (z. B. Waschbecken)*
flood level mark Hochwassermarke *f*
flood level Überlaufrand *m*
flood-level rim *(San)* Überlaufrand *m*
flood-light Flutlicht *n*, Scheinwerferlicht *n*
flood-lit angestrahlt, im Scheinwerferlicht
flood peak Hochwasserspitze *f*
flood plane Überschwemmungsgebiet *n*
flood pool *(Wsb)* Hochwasserbecken *n*
flood protection Hochwasserschutz *m*
flood protection structures *(Wsb)* Hochwasserschutzbauten *mpl*
flood relief Hochwasserabführung *f*
flood retention basin *(Wsb)* Rückhaltebecken *n*
flood span Flutöffnung *f*
floodable überschwemmungsbedroht

flooded überflutet, überschwemmt
flooded area Überschwemmungsgebiet *n*
floodgate 1. Schleusentor *n*, Schütz *n*; 2. Flutschleuse *f*, Schleuse *f*
flooding Überflutung *f*, Überschwemmung *f*
flooding soil Schwemmlandboden *m*
flooding zone *s.* floodplain
floodlight *v* anstrahlen
floodlight 1. Flutlicht *n*, Scheinwerferlicht *n*; 2. Scheinwerfer *m (Flutlichtanlage)*
floodlight installation Flutlichtanlage *f*
floodlight projector Flutlichtscheinwerfer *m*, Scheinwerfer *m*
floodlighting Flutlichtbeleuchtung *f*, Scheinwerferbeleuchtung *f*, Anstrahlen *n*, Anstrahlung *f*
floodlighting equipment Flutlichtanlage *f*
floodlighting system Flutlichtanlage *f*
floodplain Überschwemmungsgebiet *n*; Talaue *f*
floodlit angestrahlt
floor *v* 1. mit einem Boden versehen; dielen, Dielen legen; Fußboden legen; 2. pflastern
floor 1. Geschoss *n*, Etage *f*, Stockwerk *n*, Hausetage *f*; 2. Fußboden *m*, Boden *m*; Diele *f*; 3. Geschossdecke *f*, Decke *f*; 4. Sturzbett *n*; 5. Tunnelsohle *f*; 6.Diskussionsraum *m*; Rednertribüne *f*
floor anchor Türrahmenankereisen *n*
floor arch 1. trägergetragene flache Betondecke *f*; 2. scheitrechter Bogen *m*; 3. *(Tun)* Sohlenbogen *m*
floor area 1. Grundfläche *f*, Bodenfläche *f*; Nutzfläche *f (eines Gebäudes)*; Wohnfläche *f*; 2. Geschossfläche *f*, Deckenfläche *f*
floor batten Lagerholz *n*
floor bay Deckenfeld *n*, Deckenfach *n*
floor beam Fußbodenbalken *m*; Hauptbalken *m*; Deckenbalken *m*, Deckenträger *m*
floor binder Deckenbinder *m*
floor board *s.* floorboard
floor boarding Fußbodendielung *f*, Dielung *f*
floor box *(AE)* Fußbodensteckdose *f*
floor branch Etagenleitung *f*, Stockwerkleitung *f*
floor breakthrough Deckendurchbruch *m*
floor brick Pflasterklinker *m*, Fußbodenklinker *m*; Fußbodenfliese *f*
floor channel Bodenkanal *m*
floor clamp Dielenklammer *f*
floor clearance Türfreiheit *f*, Fußboden-Tür-Höhe *f*, lichte Höhe *f* zwischen Fußboden und Türblatt
floor clip Schwellenbalkenklammer *f*
floor construction Decken(ein)bau *m*, Deckenkonstruktion *f*
floor contact *(El)* Fußbodenkontakt *m*
floor contactor *(El)* Fußbodenschalter *m*
floor covering Fußbodenbelag *m*; Fußbodenausbildung *f*
floor cross-section Deckenquerschnitt *m*
floor decking Fußbodenbelag *m (aus Bohlen oder Planken)*; Fußbodenschwerbelag *m*
floor depth Deckendicke *f*
floor disk Deckenscheibe *f*
floor dog Dielenklammer *f*
floor drain Fußbodeneinlauf *m*, Bodenablauf *m*, Deckenablauf *m*, Deckenabfluss *m*
floor duct Fußbodenkanal *m*
floor drainage Bodenentwässerung *f*
floor filling Deckenauffüllung *f*
floor filling material Deckenfüllstoff *m*
floor finish Fußbodenbelag *m*
floor formwork Deckenschalung *f*
floor framing Dielenbalkensystem *n*, Fußbodenbalkenlage *f*
floor furring Fußbodenabstandsleisten *fpl*, Abstandshölzer *npl (für Leitungszwischenraum)*
floor girder Deckenträger *m*
floor grating Bodenrost *m*
floor grid Fahrbahnrost *m (Brücke)*
floor ground frame Fußbodenauflagerrahmen *m*
floor guide (untere) Schiebetürführung *f*
floor gully Bodenablauf *m*
floor-heated fußbodenbeheizt
floor heating Fußbodenheizung *f*
floor height Stockwerkshöhe *f*, Geschosshöhe *f*; Deckenhöhe *f*
floor hole Fußbodenöffnung *f (zur Installation)*
floor hydrant Unterflurhydrant *m*
floor impact sound Trittschall *m (Fußboden)*
floor inlet Ablauf *m*, Bodenablauf *m*, Ablauf *m*
floor insulation Bodendämmung *f*, Fußbodenisolierung *f*, Deckenisolierung *f*
floor joist Dielenbalken *m*; Deckenbalken *m*
floor joists Gebälk *n*, Deckenbalkenlage *f*
floor lamp Stehlampe *f*
floor landing Stockwerkabsatz *m*, Stockwerkpodest *n*, Etagenabsatz *m*, Etagenpodest *n*, Geschosspodest *n*
floor level Geschossebene *f*, Stockwerkebene *f*
floor light Glasdeckenöffnung *f*, begehbares Oberlicht *n*, begehbare Lichtöffnung *f (in der Decke)*
floor line Fußbodenhöhenmarkierung *f*
floor live load Deckenverkehrslast *f*
floor load Deckenbelastung *f*
floor-load allowance (zulässige) Bodenbelastbarkeit *f*
floor made of bricks Ziegeldecke *f*
floor mosaic Fußbodenmosaik *n*
floor opening Deckendurchsteigeöffnung *f*
floor outlet 1. Bodenablauf *m*; 2. *(El)* Fußbodensteckdose *f*
floor panel Deckenplatte *f*, Deckentafel *f*
floor pavement Fliesenbelag *m*; Estrich *m*
floor paving Fußbodenplattenbelag *m (Fliesenbelag)*
floor pit Fußbodenaussparung *f*
floor plan Geschossgrundriss *m*, Etagengrundriss *m*, Raumanordnung *f*
floor plaster Estrichgips *m*
floor plate 1. Fußbodenankerplatte *f*, Befestigungsplatte *f*, Grundplatte *f (Geschoss)*; 2. Fahrbahnplatte *f (Brücke)*
floor plug connector *(El)* Fußbodensteckdose *f*
floor pressure arch *(Tun)* Sohlengewölbe *n*
floor pugging Trittschalldämmung *f (durch Einschütten von Dämmstoffen jeder Art)*
floor receptacle *(El)* Fußbodensteckdose *f*
floor recess Bodenaussparung *f*, Fußbodenvertiefung *f*
floor reinforcement Deckenbewehrung *f*
floor rib Deckenrippe *f*
floor sander Fußbodenschleifmaschine *f*
floor screed Estrich *m*, Fußbodenestrich *m*
floor screed work Estricharbeiten *fpl*
floor sealer Fußbodenabsiegeler *m*, Siegellack *m*
floor sheen Fußbodenabsiegelungsmittel *n*, Fußbodenversiegelungsmittel *n*
floor slab Bodenplatte *f*, Fußbodenplatte *f*
floor skeleton 1. Fußbodenträgersystem *n*, Fußbodentrageskelett *n*; 2. *s.* floor grid
floor slab Grundplatte *f (eines Geschosses)*; Kassettengeschossplatte *f*, Stahlbetongeschossplatte *f*; Deckenplatte *f*
floor sleeve Deckenhülsenrohr *n*, Schutzrohr *n (Deckendurchbruch)*
floor socket *(El)* Fußbodensteckdose *f*
floor space Grundfläche *f*, Nutzfläche *f (eines Gebäudes)*; Geschossfläche *f*
floor space efficiency Flächennutzungsgrad *m*
floor space index Geschossflächenziffer *f*, Stockwerkflächenziffer *f*

floor span Deckenweite *f*
floor stilt Türrahmenhöhenhalter *m*
floor stop Türschwelle *f*; Türanschlag *m*, Türstopper *m*
floor structural system Deckenkonstruktion *f*, Deckensystem *n*
floor structure Deckenkonstruktion *f*
floor surfacing Fußbodenbelag *m*
floor system 1. Deckensystem *n*; 2. Brückenrost *m*
floor system of framed bridge Brückenrost *m*
floor thickness Deckendicke *f*
floor tile 1. Fußbodenfliese *f*, Bodenfliese *f*, Fußbodenplatte *f*; 2. Deckenblockstein *m*, Deckenbaustein *m*
floor tiler Plattenleger *m*
floor timber Fußbodenholz *n*
floor-to-floor carpet Auslegeware *f*, Auslegeteppich *m*
floor-to-floor height Geschosshöhe *f*, Deckenhöhe *f*
floor topping Fußbodenbelag *m*
floor ventilation Fußbodenbelüftung *f*
floor void Deckenzwischenraum *m*
floor work Fußbodenarbeiten *fpl*
floorage Geschossfläche *f*
floorboard Diele *f*, Dielenbrett *n*, Fußbodenbrett *n*
floored schichtig *(geologisch)*
flooring 1. Fußbodenbelag *m*, Bodenbelag *m*, Fußbodenmaterial *n*; 2. Fußbodenherstellung *f*
flooring cement Steinholz *n*
flooring layout Deckenauslegung *f*
flooring light *s.* floor light
flooring material Fußbodenmaterial *n*
flooring materials Bodenbeläge *mpl*
flooring sleeper Dielenlager(holz) *n*
flooring subbase Fußbodenunterlage *f*
flooring strips Lattendielung *f*
flooring tile *s.* floor tile
flooring tiling Fußbodenfliesenbelag *m*, Bodenplattenbelag *m*
flooring work Fußbodenarbeiten *fpl*
floors Nutzfläche *f*, Gebäudenutzfläche *f*
floral band Blumenkantenmotiv *n*
floral ornament Blumenornament *n*
floral pattern *(Arch)* Ranken *fpl*; Rankwerk *n*
floral scroll Blumenranke *f*
floreated *s.* floriated
Florentine blind Sonnendach *n*
Florentine mosaic Blumenornamentmosaik *n* mit schwarzem und weißem Marmor
floriated blumenverziert, mit Blumenmuster
florid 1. überdekoriert, überladen, sehr reich verziert; 2. blumenreich
florid architecture Ornamentarchitektur *f*
flour sand Staubsand *m*, Mehl(korn)sand *m (Zuschlagstoff)*
flow *v* 1. fließen, strömen; hindurchströmen; 2. fließen, verlaufen *(Anstrich)*
flow *v* **off** abfließen
flow *v* **out** 1. ausfließen, ausströmen; 2. verlaufen *(Anstrich)*
flow *v* **through** hindurchströmen, durchlaufen
flow 1. Fließen *n*, Fluss *m (einer Flüssigkeit)*; Strömung *f*, Strom *m*; 2. Durchfluss *m*, Durchsatz *m (Flüssigkeitsmenge je Zeiteinheit)*; Vorlauf *m (Heizung)*; 3. Verlauf *m (von Anstrichen)*; 4. Strahl *m (Wasserstrahl)*
flow behavior Fließverhalten *n*, Fließeigenschaft *f*
flow capacity Durchlassfähigkeit *f*
flow chart Flussdiagramm *n*, Fließbild *n*, Ablaufschema *n*
flow chart form Fließschema *n*
flow coat Tauchanstrich *m*; Flutlack *m*
flow coating Flutlackieren *n*
flow coefficient Durchflusskoeffizient *m*
flow cone Ausflussviskosimeter *n*, Ausflussmesser *m (für Fließmörtel)*
flow cross section Abflussquerschnitt *m*
flow cup Auslaufbecher *m (Viskositätsprüfung)*
flow delta Flusstal *n*
flow depth Abflusshöhe *f*
flow diagram Flussdiagramm *n*, Schemenbild *n*
flow heater Durchlauferhitzer *m*
flow line 1. Vorlauf(heiz)leitung *f*; 2. Fließlinie *f (Fertigung)*
flow-line construction Fließfertigung *f*
flow map Fließbild *n*, Verkehrsstrombild *n*
flow measurement Durchflussmessung *f*
flow mixer Durchlaufmischer *m (Beton)*
flow of forces Kräftefluss *m*
flow of ground water Grundwasserstrom *m*
flow of heat Wärmestrom *m*; Wärmeleitung *f*
flow pipe Vorlauf(heiz)rohr *n*, Heizungsvorlaufrohr *n*
flow point Fließpunkt *m (Bitumen, Asphalt usw.)*
flow pressure Leitungsdruck *m*; Fließdruck *m*
flow profile Durchlassprofil *n*
flow property Fließeigenschaft *f*
flow rate Durchsatz *m*, Durchflussmenge *f*
flow section Durchflussquerschnitt *m*
flow state Fließzustand *m (Baustahl)*
flow stress Fließspannung *f*
flow-table test Ausbreitprüfung *f (Beton)*
flow temperature Vorlauftemperatur *f*
flow-type calorifier Durchlauferhitzer *m*
flow-type water heater Durchlauferhitzer *m*
flow value Fließwert *m (Marshallprüfung für Baustoffe)*
flow velocity Fließgeschwindigkeit *f*, Durchflussgeschwindigkeit *f*
flow volume Durchflussmenge *f*
flowability Fließfähigkeit *f (von Flüssigkeiten)*; Rieselfähigkeit *f (von Schüttgütern)*
flower bowl Blumenschale *f*
flower box Blumenkasten *m*
flower motive Blumenmotiv *n*
flower of salt Salzausblühung *f (Mauerwerk)*
flower-shaped ornament *(Arch)* Kreuzblume *f*, Firstblume *f*, Giebelblume *f*, Endblume *f*
flower trough Blumentrog *m*
flower work Blumengehänge *n*, Blumengewinde *n*, Blumengirlande *f*, Blumenfeston *n*
flower window Blumenfenster *n*
flowing colour Flussfarbe *f (Steingut)*
flowing contours fließende Konturen *fpl*; Linienspiel *n*
flowing lines fließende Konturen *fpl*; Linienspiel *n*
flowing-off Abfließen *n*, Abfluss *m*
flowing-out Ausfluss *m*
flowing plan form fließende Raumdisposition *f*
flowing tracery *(Arch)* fließendes Maßwerk *n*
flowing water fließendes Wasser *n*
flowmeter 1. Durchfluss(mengen)messer *m*; 2. *(AE)* Gasdurchflusszähler *m*
fluate Fluatierungsmittel *n*
fluate coat Fluatanstrich *m*
fluate treatment Fluatieren *n*
fluctuating load Dauerschwingbeanspruchung *f*
fluctuation of load Lastwechsel *m*
flue 1. Zug *m*, Schornsteinzug *m*, Rauchrohr *n*; Fuchs *m*, Rauch(gas)kanal *m (eines Schornsteins)*; Abzug(skanal) *m*; Flammrohr *n*; 2. Schornstein *m*, Esse *f*; 3. Zug *m*, Luftkanal *m (z. B. für Heizung, Belüftung)*; 4. Kaminschacht *m*
flue area Zugfläche *f*, Zugquerschnitt *m*
flue ash Flugasche *f*
flue block Schornsteinelement *n*, Schornstein(fertig)teil *n*
flue bridge Fuchsbrücke *f*
flue conditions Zugverhältnisse *npl*
flue connection Zuganschluss *m*

flue connection to stack Fuchskanal *m*
flue dust Flugstaub *m (in Feuerungen)*
flue effect Schornsteineffekt *m*
flue end Fuchsende *n (des Ofens)*
flue gas desulphurization Rauchgasentschwefelung *f*
flue gas test Rauchgasprüfung *f*
flue-gas-tight rauchgasdicht
flue gathering Übergangsquerschnitt *m*; Rauchkanal *m* zum Fuchs; Schornsteinquerschnittsveränderung *f*
flue grouping mehrröhriger Schornstein *m*, Schornstein *m* mit mehreren Zügen
flue liner Zugfutter *n*
flue lining Zugfutter *n*, Fuchsauskleidung *f*, Schornsteinfutter *n*
flue loss Fuchsverlust *m*
flue of a producer *s.* flue 1.
flue opening Zugöffnung *f*
flue pipe 1. Rauchabzugsrohr *n*, Zugrohr *n*, Abzugskanal *m (Schornstein)*; 2. Wrasenrohr *n*
flue surface Heizrohroberfläche *f (Boiler)*
flue tile Zugstein *m*
flue tube Rauchrohr *n (am Kamin oder Ofen)*
flue uptake Schornsteinschacht *m*
flue with downward draught absteigender Zug *m*
flue with upward draught aufsteigender Zug *m*
flueway lichter Rauchabzugsquerschnitt *m*
fluid flüssig
fluid Flüssigkeit *f*
fluid concrete Flüssigbeton *m*
fluid dynamics Strömungslehre *f*
fluid-filled column flüssigkeitsgefüllte Stahlhohlsäule *f (als Überhitzungsschutz)*
fluid flow Strömung *f*
fluid mechanics Strömungslehre *f*, Hydromechanik *f*
fluid ounce Flüssigkeitsunze *f (28,41 ml)*
fluid pressure Flüssigkeitsdruck *m*
fluid redistribution Flüssigkeitsmigration *f*
fluid separator Flüssigkeitsabscheider *m*
fluidifier Verflüssiger *m (Beton)*
fluidify *v* verflüssigen, flüssig machen
fluidity 1. Fließfähigkeit *f*, Fluidität *f*; 2. Fluidität *f (Größe, Kehrwert der Viskosität)*
fluing *(AE)* Fensterschmiege *f*
fluing arch Kegelgewölbe *n*
flume 1. Betongleitblech *n*, Betonrutsche *f*, Rutschkanal *m*; 2. *(Wsb)* (künstliches) Gerinne *n*, Kanal *m*; Bewässerungskanal *m*; Ablaufkanal *m*
fluor spar Flussspat *m*
fluorescence Fluoreszenz *f*
fluorescent 1. fluoreszierend; 2. Leuchtstoff...
fluorescent circling lamp kreisförmige Leuchtstoffröhre *f*
fluorescent compound Leuchtmasse *f*
fluorescent lamp Leuchtstofflampe *f*, Leucht(stoff)röhre *f*
fluorescent lighting fixture komplette Leuchtstofflampe *f*
fluorescent paint Leuchtfarbe *f*, Fluoreszenzfarbe *f*
fluorescent pigments Fluoreszenzpigmente *npl*
fluorescent reflector lamp Leuchtstoffreflektorlampe *f*, Reflexionsleuchtstoffröhre *f*
fluorescent strip Leuchtstofflampenleiste *f*
fluorescent tube *(AE) s.* fluorescent lamp
fluorite Flussspat *m*, Flourit *n*
fluo(ro)silicate Fluorosilicat *n (Oberflächenhärtesalz für Beton)*
fluosilicate coat Fluatanstrich *m*, Fluataufstrich *m*
fluosilicate treatment Fluatieren *n*, Fluatierung *f*
flush *v* 1. spülen, ausspülen, durchspülen; 2. einspülen, einschlämmen *(Bohrtechnik)*; 3. überschwemmen, unter Wasser setzen; 4. ebnen, nivellieren, glätten; einebnen; einfluchten, bündig werden *(mit der Oberfläche)*; 5. ausfüllen *(Fugen)*
flush *v* **away** wegspülen, ausspülen
flush *v* **out** *(Erdb, Wsb)* auskolken, ausspülen, herausschwemmen
flush 1. glatt, eben; 2. abgeglichen, in gleicher Höhe; fluchteben, (flächen)bündig; 3. eingelassen; unter Putz
flush *(San)* Spüler *m*
flush arrangement of joints Bündigkeit *f* von Stößen
flush basin *(San)* Spülbecken *n*, WC-Becken *n*
flush bead Hohlkehlperlstab *m*, Perlstab *m* mit Nutrand
flush beam Deckenflachbalken *m*
flush bolt Kantenriegel *m (mit Decklasche)*
flush bolt backset Türriegelrandabstand *m*, Schlosskeilversatz *m*
flush box *(San)* Spülkasten *m*, Wasserkasten *m*
flush bracket Flachstütze *f*
flush bushing Innenbuchse *f*, Flachmuffe *f (Installation)*
flush-cup pull eingelassener Zuggriff *m*
flush door Tür *f* mit glattem Blatt, Flächentür *f*, Sperrtür *f*
flush-down WC Tiefspülklosett *n*
flush drilling Spühlbohren *n*
flush-encased lock eingelassenes Schloss *n*
flush fixing Einstemmen *n*
flush glazing eingesetzte Verglasung *f*
flush-head rivet Senk(kopf)niet *m*
flush joint bündige Fuge *f*, Vollfuge *f*
flush jointed bündig verfugt, vollfugig
flush kerb Tiefbordstein *m*, Flachbord *m*
flush metal threshold Flachmetallleiste *f*, Blechabdeckung *f*
flush moulding eingearbeitetes Formwerk *n*
flush-mounted eingebaut, eingelassen, versenkt; Einbau...; bündig
flush mounting Unterputzinstallation *f*, Unterputzeinbau *m (von Schaltern, Steckdosen)*
flush-mounting frame Einputzrahmen *m*, Mauereinputzrahmen *m*
flush panel bündige Verkleidungsplatte *f*, Flächentafel *f*
flush-panelled door Tür *f* mit bündigem Türblatt
flush pipe *(San)* Spülrohr *n*
flush plate *(El)* Unterputzdosendeckel *m*
flush ring eingelassener Türöffnungszugring *m*
flush rivet Senkniet *m (Stahlbau)*
flush side Bundseite *f*
flush socket *(El)* Unterputz(steck)dose *f*
flush soffit 1. glatte Treppenunterseite *f*, 2. bündige Unterdecke *f*, ebene Untersicht *f*
flush surface glatte Oberfläche *f*
flush switch *(El)* Einbauschalter *m*; Unterputzschalter *m*
flush tank *(San)* Spülkasten *m*
flush toilet Spülklosett *n*, Wasserklosett *n*
flush-type switch *s.* flush switch
flush valve 1. *(San)* Druckspüler *m*; 2. *(San)* Spülkastenventil *n*
flush wall box eingebaute Anschluss- oder Verteilerdose *f*
flush weir *(Wsb)* Grundwehr *n*
flush weld Flachnaht *f (Schweißen)*
flush with bündig mit
flush with the adjacent areas flächenbündig
flush with the wall in Wandhöhe
flusher 1. *(San)* Spüler *m*; 2. Straßensprengwagen *m*
flushing 1. Einspülen *n*, Einschlämmen *n*; 2. *(San)* Spülung *f*, Wasserspülung *f*, Druckspülen *n*; 3. Bindemittelanreicherung *f (bituminöse Gemische)*
flushing box Spülkasten *m*
flushing dredger Spülbagger *m*, Saugbagger *m*; Schwimmbagger *m*
flushing manhole Spülschacht *m*

flushing-out with water selbsttätige Wasserspülung *f*
flushing pump Spühlpumpe *f*
flushing system *(San)* Wasserspülung *f*
flushing tank Wasserkasten *m*; Spülkasten m
flushing valve *s.* flush valve
flushing water Spülwasser *n*
flushwork Flintsteineinlegemauerwerk *n*
flute *v* 1. riefen *(senkrecht furchen)*; riffeln, rippen; 2. *(Hb)* nuten, (aus)kehlen; 3. *(Arch)* kannelieren
flute 1. Riefe *f*, Rille *f*; 2. *(Hb)* Nut *f*, Einkehlung *f*; 3. *(Arch)* Kannelüre *f*, Säulenrille *f (in Längsrichtung)*
fluted gerieft, riefig, gerippt, gekehlt, kanneliert
fluted bar (iron) Hohlkanteneisen *n*
fluted column geriffelte Säule *f*
fluted drainer gerillter Ablauf *m*
fluted rolled glass geriffeltes Flachglas *n*
fluted sheet geriffeltes Glas *n*, kanneliertes Glas *n*
fluting Kannelierung *f*, Längsriefelung *f (am Säulenschaft)*; Riffelung *f (z. B. an Säulen)*
fluting plane Kehlhobel *m*, Nut(en)hobel *m*
fluting steel Riffelstahl *m*
flutter echo Flatterecho *n (Raumakustik)*
fluvial fluvial, Fluss...
fluvial clay Flusston *m*
fluvial deposit Flussablagerung *f*
fluvial erosion Flusserosion *f*
fluvial gravel Flusskies *m*
fluvial sand Flusssand *m*
fluvial sediment Flussablagerung *f*
fluvial terrace Flussterrasse *f*
fluviatile Fluss...
fluviatile detritus Flussablagerung *f*
flux *v* 1. schmelzen, flüssig machen, verflüssigen; 2. fluxen, Flussmittel zugeben *(Keramik, Metall)*; 3. fluxen, verschneiden *(Erdölfraktionen)*; 4. erweichen, plastifizieren *(Kunststoffe)*
flux 1. Fließen *n*, Fluss *m*; 2. *s.* fluxing agent; 3. *s.* flux oil
flux addition Flussmittelzusatz *m*
flux oil Fluxmittel *n*, Verschnittmittel *n (für Bitumen)*
flux paste Flussmittel *n*, Lötpaste *f*
fluxed gefluxt, verschnitten
fluxed asphalt *(AE)* gefluxtes Bitumen *n*
fluxed bitumen Fluxbitumen *n*, geluxtes Bitumen *n*, Verschnittbitumen *n*
fluxing Fluxen *n*, Verschneiden *n*
fluxing agent Flussmittel *n*, Fluss *m*, Schmelzmittel *n (Schweißen)*
fly ash Flugasche *f*
fly ash aggregate Flugaschenzuschlag(stoff) *m (Beton)*
fly ash-lime block Kalkflugaschenstein *m*
fly bridge Beleuchtungsbrücke *f (Theater)*
fly curtain Hochziehvorhang *m (Theater)*
fly floor [gallery] Bühnenbalkon *m (Theater)*
fly loft Bühnenüberraum *m (Theater)*
fly-over (junction) Straßenüberführung *f*, Hochstraße *f*, Eisenbahnüberführung *f*, plankreuzungsfreie Kreuzung *f*, Kreuzungsbauwerk *n*
fly-proof screen Fliegen(schutz)gitter *n*, Fliegenfenster *n*
fly-proofing Fliegenschutz *m*
fly rafter über den Giebel gezogene Dachsparrenlage *f*
fly screen Fliegengitter *n*
fly-under (junction) Straßenunterführung *f*, Unterführung *f*, Tunnel *m*; Eisenbahnunterführung *f*
fly wire Fliegen(maschen)draht *m*
flyer Blockstufe *f*, Massivstufe *f*, Klotzstufe *f*
flyers Außentreppe *f*, freitragende Treppe *f*
flying arch Strebebogen *m*
flying boat base Wasserflughafen *m*
flying bond märkischer Verband *m*, Läuferverband *m* mit gelegentlichem Binder
flying bridge (temporäre) Verbindungsbrücke *f*, fliegende Brücke *f*
flying buttress Schwibbogen *m*, Strebebogen *m*, (gotische) Stützstrebe *f*, Strebepfeiler *m*, Bogenpfeiler *m*
flying buttresses Strebewerk *n (im gotischen Kirchenbau)*
flying façade front 1. Kulissenfrontmauer *f*, überzogene Vorderfront *f*; 2. falscher Giebel *m*, Blendgiebel *m*
flying scaffold Hängegerüst *n*, hängendes Gerüst *n*, Seilhängegerüst *n*
flying shelt Kaminhaube *f (kleine)*; Kaminsimsplatte *f (auskragend)*
flying shore temporäre Wandstrebe *f*, Horizontalstrebe *f*
flyover Überführungsbauwerk *n*, Überführung *f*, Überwerfung *f*
flywheel Schwungrad *n*
foam *v* schäumen, Schaum bilden; schäumen, verschäumen *(Kunststoffe, z. B. als Dämmung)*
foam *v* **into place** einschäumen *(Dämmmaterial)*
foam Schaum *m*
foam ash-silicate concrete Aschensilikatschaumbeton *m*
foam concrete *s.* foamed concrete
foam concrete agent Schaumregulierer *m*, Schaumregulierungsmittel *n*
foam glass Schaumglas *n*
foam-in-place material Ortschaumstoff *m*
foam-in-place moulding Ortverschäumung *f*, In-situ-Verschäumung *f (von Dämmmaterial)*
foam layer Schaumlage *f*, Schaumschicht *f*
foam rubber Schaumgummi *m*
foam-silicate Schaumsilikat *n*
foam-silicate concrete Schaumsilikatbeton *m*
foamclay Schaumton *m*, Blähton *m (Leichtzuschlagstoff)*
foamed geschäumt; porig; aufgeschäumt
foamed adhesive geschäumter Klebstoff *m*
foamed blast-furnace slag Schaumschlacke *f*
foamed cement concrete Zementschaumbeton *m*
foamed concrete Porenleichtbeton *m*, Schaumbeton *m*
foamed glass Schaumglas *n*
foamed-in-place insulation Ortverschäumung *f* für Dämmung
foamed insulation Schaumdämmung *f*, Schaumisolierung *f*
foamed latex Latexschaum(gummi) *m*
foamed lava Lavaschlacke *f*
foamed lava concrete Lavabeton *m*
foamed plastic Schaum(kunst)stoff *m*
foamed polystyrene Schaumpolystyrol *n*
foamed polyurethane Polyurethanschaum *m*, PUR-Schaum *m*
foamed slag Hüttenbims *m*, Schaumschlacke *f*
foaming Schaumbildung *f*, Schäumen *n*, Aufschäumen *n*
foaming agent Schaumbildner *m*, Schäummittel *n*, Treibmittel *n*
foaming in-situ Schaumbildung *f* an Ort und Stelle
foamy schaumig, schäumend, schaumbedeckt
focal centre (point) städtischer Mittelpunkt *m*
focal point Blickfang *m*, Dominante *f*, Fokalpunkt *m*
fodder tower Futterhochsilo *n(m)*
fog *v* schwitzen, beschlagen *(Fensterscheiben)*
fog Nebel *m*; grobes Gras *n*, Wintergras *n (ungemäht)*
fog curing Feuchtkammernachbehandlung *f*
fog room Feuchtkammer *f*
fog seal *(AE)* Anspritzfilm *m (bituminös)*; Bindemittelfilm-Oberflächenschluss *m*
fog-sealed dünn asphaltiert, schwach bituminiert, bitumengesiegelt
fog warning system *(Verk)* Nebelwarnsystem *n*

fogged angelaufen, beschlagen; blind geworden, erblindet
fogger Sprühgerät *n*
fogging Anlaufen *n*, Beschlagen *n*; Blindwerden *n*, Erblinden *n*
foil 1. *(Arch)* Blatt *n*, Blättchen *n (Ornament)*; Kleeblattbogen *m*; Maßwerk *n (bes. Gotik)*; Pass *m*, Zirkelschlag *m*; 2. Folie *f*, Blättchen *n (Metall)*
foil arch *(Arch)* Kleeblattbogen *m*, Passwerkbogen *m*
foil-backed gypsum board einseitig mit Aluminiumfolie belegte [beschichtete] Gipsplatte *f*
foil covering Folienabdeckung *f*
foil insert Folieneinlage *f*
foil insulation Folienisolierung *f*
foil sheet Folienbahn *f*
foil strain gauge Foliendehn(ungs)messstreifen *m*
foil surface isolation Folienoberflächenisolierung *f*
foilation Abblättern *n*; Aufblättern *n (Schutzschicht)*
foiled kleeblattdekoriert, kleeblattförmig
foiled arch *(Arch)* Passwerkbogen *m*, Nasenschwungbogen *m (gotischer Bogen)*
fold *v* falten, doppeln; sich falten; falzen *(Papier)*; knicken; abkanten, biegen *(Blech)*
fold *v* **down** abkanten, nach unten umlegen
fold *v* **in** *(Hb)* einfalzen
fold *v* **upwards** aufkanten
fold 1. Falte *f (geologisch)*; 2. Falte *f*, Quetschfalte *f (Fehler)*; Abkantung *f (Bleche)*; 3. Glied *n (Gliedermaßstab)*
folded abgekantet; gefaltet
folded area Faltenfläche *f (Faltwerkdach)*
folded beds gefaltete Schichten *fpl (geologisch)*
folded concrete Faltwerkbeton *m*
folded plate Faltwerk *n*
folded-plate construction Faltwerkkonstruktion *f*
folded-plate dome Faltwerkkuppel *f*
folded-plate roof Falt(werk)dach *n*, Paneelfaltdach *n*
folded-plate structure Faltwerkkonstruktion *f*, Plattenfaltwerk *n*
folded shutter Klappladen *m (Fensterladen)*
folded-slab roof Plattenfaltdach *n*
folded slab structure *s.* folded-plate structure
folding zusammenklappbar, zusammenlegbar; Klapp...; Falt...
folding Faltung *f*
folding altar *(Arch)* Flügelaltar *m*
folding bed Klappbett *n*
folding casement 1. Faltfenster *n*; 2. Flügelfenster(paar) *n*; 3. *s.* folding door 2.
folding door 1. Harmonikatür *f*, Falttür *f*; 2. Flügeltür *f*, Schlagtür *f*
folding dormer window Dachklappe *f*
folding ladder 1. Einschiebeleiter *f*, Schiebeleiter f; 2. *s.* folding stair
folding of drawings Zeichnungsfalten *n*
folding partition (wall) Harmonika(trenn)wand *f*, Falt(trenn)wand *f*
folding press Abkantpresse *f*
folding rule Gliedermaßstab *m*
folding seat Klappsitz *m*
folding shutter Klapp(fenster)laden *m*
folding sliding door Schiebefalttür *f*, Faltschiebetür *f*
folding stair Einschiebetreppe *f*, Schiebetreppe *f*, hochschiebbare Treppe *f*, Ziehtreppe *f (bes. zum Dachgeschoss)*
folding test Faltprüfung *f*, Faltversuch *m*
folding wall *s.* folding partition wall
folding window Faltfenster *n*
foliaceous blättrig, Blatt...; schieferschuppig
foliaceous structure Blattstruktur *f*
foliage Blattwerk *n (Ornament)*
foliage capital Blattwerkkapitell *n*
foliage frieze Blattwerkfries *n*, Laubwerkfries *n*
foliage scroll *(Arch)* Ranke *f*
foliate *v* (mit Blattornament) belegen
foliated 1. blättrig, schiefrig *(z. B. Gestein)*; schuppig; 2. blattverziert, laubwerkverziert, blattförmig ornamentiert
foliated capital Blattkapitell *n*
foliated clay Blätterton *m*
foliated frieze Blattfries *m*
foliated joint überblattete Verbindung *f*, Überlappungsverbindung *f*
foliated rock geschiefertes Gestein *n*
foliated sandstone Blättersandstein *m*
foliation 1. Blattdekoration *f*, blattförmige Verzierung *f*, Passverzierung *f*; 2. *(Arch)* gotische Fensterrippung *f*; 3. *(Bod)* Bänderung *f*, Blätterung *f*, Schieferung *f*
follow *v* einhalten, befolgen *(z. B. Spezifikation)*
follow spot(light) mitlaufender Scheinwerfer *m*
follower Verlängerungsstößel *m (Pfahlgründung)*
folly funktionsloser Blickfang *m*, nutzloses Bauwerk *n (Landschaftsgestaltung)*
fondu Hochaluminiumzement *m*
font Taufbecken *n*, Taufstein *m*
food cupboard Speiseschrank *m*
food display counter beheizter Speisenausgabetisch *m*; beheizte Speisenauslage *f*
food elevator *(AE)* Speisenaufzug *m*
food lift Speisenaufzug *m*
food processing plant Nahrungsmittelbetrieb *m*
food tray rail Tablettführungsschiene *f (Selbstbedienungsgaststätte)*
fool-proof absolut sicher, betriebssicher
foot *v* begleichen, bezahlen
foot 1. Fuß *m (Böschung, Stützmauer, Damm)*; 2. Fuß *m (SI-fremde Einheit der Länge; 1 ft = 30,48 cm)*; 3. Unterteil *n*, Sockel *m*; Sohle *f*
foot base Sockelbankverzierung *f*
foot-bath Fußwaschbecken *n*
foot beam Hauptbalken *m*, Zugbalken *m*
foot block Säulenfundament *n*, Stützenfundament *n*
foot board Schutzbrett *n*
foot bolt Türfußhaltebolzen *m*, fußbetätigter Türhalter *m*
foot-bridge Fußgängerbrücke *f*, Fußsteg *m*, Steg *m*; Straßenüberführung *f*
foot-candle Footcandle *f (englische Einheit der Beleuchtungsstärke; 1 footcandle = 10,76 Lux)*
foot cut Sparrenauflagerschnittfläche *f*, *(AE)* Einklauung *f*
foot depth Fundamenttiefe *f*
foot iron Steigeisen *n*, Klettereisen *n*
foot-measure Fußmaß *n*
foot moment Fußmoment *n*
foot of bearing Lagerfuß *m*
foot piece 1. Luftrichtungsweiser *m (Klimaanlage)*; 2. Unterschiebling *m*, Aufschiebling *m (Dach)*; 3. Fußbalken *m*
foot-plate Lastverteilungsholz *n*, Schwellholz *n*, Grundschwelle *f*, Fußbalken *m*, Fußholz *n (einer Dachkonstruktion)*
foot-road Fußgängerstraße *f*
foot-run 1. laufende Länge *f* in Fuß; 2. Bauholzmaß *n* in Kubikfuß *(Stützenaufstand)*
foot scraper mat Fußabstreifmatte *f*
foots Schleimstoffe *mpl (Lackfarbe)*
foots scraper Fußabstreicher *m*, Schuhabstreicher *m*, Fußkratzer *m*
footbridge *s.* foot-bridge
footfall sound Trittschall *m*
footfall sound insulation Trittschalldämmung *f*
foothill Vorgebirge *n*, Randgebirge *n*
foothold Auftrittsbreite *f (Treppe)*

footing 1. Fundament *n*, Gründung *f*, Einzelfundament *n*, Sockel *m (eines Gebäudes)*; 2. Untergrund *m*, Bettungsschicht *f*, Unterbau *m*; 3. Auflagerverteilung *f*, 4. Entschleimung *f (Lackfarbe)*
footing anchorage Fundamentverankerung *f*
footing beam Spannbalken *m*, Zugbalken *m*, Zange *f*, Querriegel *m*; doppeltes Hahnholz *n*
footing block Fundamentblock *m*
footing brick masonry Fundamentziegelmauerwerk *n*
footing concrete Fundamentbeton *m*
footing course Fundamentmauerwerkslage *f*
footing drawing Fundamentzeichnung *f*
footing form Fundamentabsatz *m*
footing grid plane Fundamentrasterebene *f*
footing piece 1. Gerüststrebe *f*, Baugerüstelement *n*; 2. *s.* foot piece 2.
footing pier Fundamentpfeiler *m*
footing pressure Fundamentdruck *m*
footing stone Gründungsstein *m*
footing stop Tagesfugenbrett *n*, Arbeitsfugenbrett *n*, Holzeinlage *f (in Betonierfuge)*
footing trench Fundamentgraben *m*
footing vault Fundamentgewölbe *n*
footpath 1. Fußweg *m*, Gehweg *m*, Spazierweg *m*, Fußgängerweg *m (abseits jeder Straße)*; 2. *(AE)* Bürgersteig *m*
footpiece *s.* foot piece
footstall Sockel *m*, Postament *n*
footstep sound Trittschall *m*
footstep sound insulation Trittschalldämmung *f*
footstep sound intensity Trittschallstärke *f*
footstep switch Fußschalter *m*
footstep traffic Fußverkehr *m*, fußläufiger Verkehr *m*
footstone *(AE)* Schrägstein *m*; Keilziegel *m*
footwall *(Tun)* Liegendes *n*, Sohle *f*
footway *s.* footpath
footway cantilever bracket Fußwegkragträger *m (Brücke)*
forbidden zone Sperrfläche *f*, Sperrgebiet *n*
force *v* 1. (an)treiben; 2. drücken, pressen; 3. zwingen, erzwingen; 4. aufbrechen
force *v* **in** *(Tun)* treiben; hineintreiben
force *v* **on** aufpressen
force *v* **through** 1. durchpressen, durchdrücken; 2. *(Tun)* durchörtern
force *v* **together** zusammenpressen
force *v* **up** aufwölben *(z. B. Oberflächenschutzschichten)*
force 1. Kraft *f (physikalisch)*; 2. Stärke *f*
force account Istabrechnung *f*, Bauleistungsberechnung *f (ohne vorher kalkuliertes Angebot)*
force application Kraftanbringung *f*, Kraftangriff *m*
force arm Kraftarm *m*
force at right angles Normalkraft *f*
force component Kraftkomponente *f*
force-deformation diagram Kräfteverteilungsdiagramm *n*, Kräfte-Formänderungsdiagramm *n*
force diagram Kräftediagramm *n*
force direction Kraftrichtung *f*
force distribution Kräfteverteilung *f*
force equilibrium Gleichgewicht *n* der Kräfte, Kräftegleichgewicht *n*
force method Kraftgrößenverfahren *n*
force moment Kraftmoment *n*
force-moment diagram Kraftmomentdiagramm *n*
force of gravity Schwerkraft *f*
force of inertia Trägheitskraft *f*
force parallelogram Kräfteparallelogramm *n*
force polygon Kraftpolygon *n*, Kräftevieleck *n*, Krafteck *n*
force triangle Kraftdreieck *n*
force vector Kraftvektor *m*
forced-air circulation Warmluftzwangsumlauf *m*
forced-air furnace Warmluft(zwangs)umlaufofen *m*, Umlaufofen *m*
forced-air ventilation Zwangsentlüftung *f*
forced circulation Zwang(s)umlauf *m*
forced-circulation central heating Zwangsumlaufheizung *f*
forced convection Zwangskonvektion *f*, Heizträgerzwangsumlauf *m*
forced draught *(HLK)* künstlicher Zug *m (Luft)*
forced-draught blower Druckzuggebläse *n*
forced-draught furnace Unterwindfeuerung *f*
forced-draught oven Umluftofen *m*
forced fit Presspassung *f*
forced heating (system) Heizungsanlage *f* mit Zwangsumlauf
forced rupture Gewaltbruch *m*
forced ventilation Zwangsentlüftung *f*, Zwangsbelüftung *f*
forces compensating one other zwei sich aufhebende Kräfte *fpl*
forces in plane Kräfte *fpl* in der Ebene
forcing Führung *f*, *(Tunnelbau)* Vortreiben *n*; Vortrieb *m*
forcing pump Druckpumpe *f*
ford Furt *f*
fore-arch Vorbogen *m*
ford cup Fordbecher *m (Viskositätsmessung)*
forebay Einlaufbecken *n (Kraftwerk)*
forebreast *(Erdb)* Arbeitsort *m*
forebuilding Vorbau *m*, vorspringender Bau *m*
forecast Vorhersage *f*, Prognose *f*
forecast for traffic Verkehrsprognose *f*
forecast period Prognosezeitraum *m (Bauplanung)*
forecast road occupancy *(Verk)* Prognosebelegung *f*
forechurch Vorkirchenraum *m*
foreclosure Hypothekenkündigung *f*
foreclosure sale Grundstückszwangsverkauf *m*; Hauszwangsversteigerung *f*
forecourt Vorhof *m*, Vorplatz *m*
foreign matter Fremdkörper *m*; Verunreinigung *f (in Materialien)*
foreign water Schichtenwasser *n*
foreland Vorgebirgsland *n*
foreman Polier *m*, Bauführer *m*; Meister *m*
forend sichtbare Schlossfläche *f (eines eingebauten Türschlosses)*
forepart 1. Vorderteil *n*; 2. *s.* forebuilding
foreshore Küstenvorland *n*; Außendeichland *n*
foreshorten *v* die Perspektive verkürzen; überhöht einzeichnen
forest Wald *m*; Forst *m*
forest land Waldland *n*; Waldbestand *m*
forest path Waldweg *m*
forest road befestigter Waldweg *m*
forest shelter-belt Waldschutzstreifen *m*
forest soil Waldboden *m*
forest stand Waldbestand *m*
forestage Vorbühne *f (Theater)*
forestation Aufforsten *n*, Aufforstung *f*
forested bewaldet
forested area Waldregion *f*
forestry research Forstwirtschaftsforschung *f*
forge *v* schmieden, hämmern, stauchen
forge Schmiede *f*
forge steel Schmiedestahl *m*
forge welding Feuerschweißen *n*
forgeability Schmiedbarkeit *f (Metall)*
forgeable schmiedbar
forged bit geschmiedeter Meißel *m*
forged piece [work] Schmiedestück *n*, Schmiedearbeit *f*

forging 1. Schmieden *n*, Schmiedearbeit *f*; 2. Schmiedestück *n*, Schmiedearbeit *f*
forging die Gesenk *n*
forging steel Schmiedestahl *m*
fork *v* gabeln, teilen; sich gabeln, sich teilen *(z. B. Straßen)*; sich verzweigen *(z. B. Leitungen)*
fork 1. Gabelung *f*, Abzweigung *f (z. B. einer Straße)*; Verzweigung *f (z. B. von Leitungen)*; 2. Gabelstütze *f*
fork junction Straßengabelung *f*
fork-lift truck Gabelstapler *m*, Hubstapler *m*
fork test Gabelprüfung *f (Korrosionprüfung)*
forked gabelförmig, Y-förmig
forked bolt Gabelbolzen *m*
forked clamp Klammer *f*
forked mortise and tenon joint *(Hb)* Scherenzapfen *m*, Gabelzapfen *m*
forked pipe Gabelrohr *n*
forked strap Gabelband *n*
forked strut Y-Stiel *m*
forked tendon aufgegabeltes [gefächertes] Spannglied *n*
forked tenon *(Hb)* Gabelzapfen *m*
forked tie Gabelanker *m*
forked wood Gabelholz *n*
forking *s.* fork 1.
form *v* 1. formen, bilden, gestalten; 2. einschalen *(Beton)*
form *v* **horizontally** liegend herstellen *(Betonelemente)*
form 1. Form *f*, Gestalt *f*, Gestaltung *f*; Profil *n*; 2. Schalung *f*, Schalungsform *f (z. B. für Beton)*; Schablone *f*; 3. Bank *f* ohne Lehne
form-active structure system formaktives Tragwerk *n*
form anchor Schalungsklammer *f*
form board Schalbrett *n (z. B. für Baugruben)*
form dismantling Ausschalung *f*
form gauge *(Hb)* Formlehre *f*
form hanger Schalungsaufhänger *m*
form insulation Schalungsdämmung *f (zur Erhaltung der Hydratationswärme)*
form liner Schalungseinlage *f (Sichtbeton)*
form lining Schalungsauskleidung *f (Sichtbeton)*
form of agreement Vereinbarungsform *f*
form of arch Bogenform *f*
form of corrosion Korrosionsart *f*, Korrosionsform *f*, Korrosionstyp *m*
form oil Schalungsöl *n*
form release agent Schalungstrennmittel *n*; Formtrennmittel *n*, Trennmittel *n (Schalung)*
form removal Ausschalung *f*
form-retentive formbeständig
form retentiveness Formbeständigkeit *f*
form scabbing 1. Betonabriss *m (beim Ausschalen)*; 2. Betonoberflächenräudigkeit *f*
form-set Schalungssatz *m*
form stop 1. Tagesabschlussstopp *m (beim Betonieren)*; 2. Arbeitsfugenbrett *n*
form stripping Ausschalen *n*, Entschalen *n (Beton)*
form tie Formzuganker *m*
form-vibrated concrete Rüttelbeton *m (durch Schalungsrüttler)*
form vibrator Schalungsrüttler *m*
forma *(Arch)* Wasserrinne *f (Aquädukt)*
formability Formbarkeit *f*
formable formbar
formal and spatial concept *(Arch)* Raum- und Formansprache *f*
formal garden französischer Park *m (Barock)*
formaldehyde resin Formaldehydharz *n*
formalism *(Arch)* Formalismus *m*
formalize *v* stilisieren
formalized stilisiert
format 1. *(AE)* Standardunterlagen *fpl (zur Angebotsplanung)*; 2. Format *n*, Größe *f*
format symbol Formatkurzzeichen *n*
formation 1. *(Verk)* Planum *n*, Feinplanum *n*, eingeebnete Untergrundfläche *f*; 2. Bildung *f*, Entstehung *f*
formation level Feinplanumshöhe *f*; Gründungssohle *f*, Fundamentauflagehöhe *f*
formation of blisters Blasenbildung *f*
formation of a neck Einschnürung *f (Bohrpfahlgründung)*
formation of condensate Kondenswasserentstehung *f*
formation of cracks Rissbildung *f*
formation of fissures Rissbildung *f*
formation of ice Eisbildung *f*
formation of pockets Nesterbildung *f (Beton)*
formation of rust Rostbildung *f*
formation water *(Erdb)* Schichtwasser *n*
formed part Formteil *n*
formed plywood profiliertes Sperrholz *n*
formed product Formstück *n*
former plate 1. Schablone *f*, Kopierschablone *f*; 2. Profilgrobblech *n*
formed sheet Profilfeinblech
former strip *(Hb)* Formatleiste *f*
formeret Gewölberippe *f*; Schildbogen *m*
forming 1. Formung *f*, Gestaltung *f*; Formgebung *f*; 2. Schalungsbau *m*, Einschalen *n*
forming crew Schalungskolonne f, Schaltrupp *m*
forming of blocks Steinherstellung *f*, Blocksteinfertigung *f*
forming pressure Formgebungsdruck *m*
forms agent Entschalungsmittel *n*
forms lining Schalungsauskleidung *f*
forms of stress Spannungsarten *fpl*
forms removal Entschalen *n*, Ausschalen *n*, Ausschalung *f*
forms sealer Ausschalmittel *n*, Entschalungsmittel *n*
forms sheeting Schalungsfolie *f*
forms tie Schalungsanker *m*
formulate *v* 1. rezeptieren *(Baustoffmischungen)*; 2. nach Rezeptur arbeiten, rezepturgemäß zusammensetzen
formulation Rezeptur *f*, Mischrezept *n*; Zusammensetzung *f*
formwork Schalung *f*, Schalungsform *f*, Form *f*, Schalungsgerüst *n*
formwork board Schalungsbrett *n*
formwork construction Schalungsbau *m*
formwork dismantling Schalungsabnahme *f*
formwork hanger Schalungsaufhänger *m*
formwork lining Schalungsauskleidung *f*
formwork panel Schal(ungs)tafel *f*
formwork removal Ausschalen *n*
formwork stripping Schalungsabnahme *f*
formwork tie Schalungsanker *m*
formworkless schalungsfrei, schalungslos
forniciform wölbdeckenförmig, wölbedachförmig
forsterit Forsterit *m*, Magnesiumolivin *m*
fort *(Arch)* Fort *n*, Festung *f*, Feste *f*, Festungswerk *n*
forticale *(Arch)* Vorwerk *n*, Veste *f*
fortifiable befestigungsfähig
fortification Befestigung *f (militärisch)*
fortified befestigt
fortified church *(Arch)* Wehrkirche *f*
fortified house *(Arch)* Wehrhaus *n*
fortified residence befestigte Wohnanlage *f*
fortified structure *(Arch)* Wohnbau *m*, Wohnbauwerk *n*
fortified town *(Arch)* befestigte Stadt *f*
fortified tower *(Arch)* Wehrturm *m*
fortify *v* 1. verstärken *(z. B. eine Konstruktion)*; 2. befestigen *(militärisch)*
fortifying Befestigen *n*
fortilage *(Arch)* Vorwerk *n*, Feste *f*
fortress *v* befestigen

fortress *s.* fort
fortress castle Burg *f*
fortress castle-church Burgkirche *f*
fortress castle-ditch Burggraben *m*, Halsgraben *m*
fortress castle-wall Burgmauer *f*
fortress-like festungshaft
fortress town Festungsstadt *f*, befestigte Stadt *f*
fortress wall Festungsmauer *f*
forum Forum *n (Marktplatz im alten Rom)*
forward lap Längsüberdeckung *f*
forward-looking *(Arch)* zukunftsweisend
forward shovel Hochlöffelbagger *m*
foss *s.* fosse
fosse *(Wsb)* Kanal *m*; Rinne *f*, Graben *m*; Befestigungsgraben *m*
foul *v* 1. blockieren; verstopfen; 2. verschmutzen, verunreinigen, verpesten
foul faulig, schlecht, stinkend
foul air 1. Abluft *f*, Schlechtluft *f*; 2. Kanalgas *n*
foul-bottomed sediment Faulschlammsediment *n*
foul drain Drän(age)ableitung *f*
foul water Abwasser *n*, Schmutzwasser *n*
foul water line Abwasserleitung *f*
foul water sewer Schmutzwasserkanal *m*
fouling Oberflächenbewuchs *m (Pilze, Algen usw.)*
found *v* 1. gründen, Fundament legen, fund(ament)ieren; unterbauen *(z. B. Straßen, Gleise)*; 2. *(Erdb)* unterfangen; 3. den Bau beginnen; 4. gießen *(Metalle)*
foundation 1. Fundament *n*, Gründung *f*; Unterlage *f*; Sockel *f*; 2. (natürlicher) Baugrund *m*; Unterbau(körper) *m (z. B. für Straßen, Gleise)*
foundation anchorage Gründungsverankerung *f*
foundation area Fundamentfläche *f*
foundation base Fundamentsockel *m*; Gründungssohle *f*
foundation base level Gründungssohle *f*
foundation beam Fundamentträger *m*
foundation block Einzelfundament *n*, Säulenfundament *n*, Stützenfundament *n*, Fundamentblock *m*
foundation bolt Fundamentschraube *f*, Ankerschraube *f*, Ankerbolzen *m*, Fundamentbolzen *m*
foundation bolt hole Ankerloch *n*
foundation brickwork Grundmauerwerk *n*
foundation by caissons Senkkastengründung *f*
foundation by means of freezing Gefriergründung *f*
foundation by pit sinking Gründung *f* mittels Schachtabteufung
foundation ceremony Grundsteinlegung *f*
foundation course 1. Planum *n*, Sauberkeitsschicht *f*, Fundamentschicht *f (Gebäude)*; 2. Planum *n*, Unterbau *m*, Unterbettungsschicht *f*, Gründungsschicht *f (Straße)*
foundation cylinder Zylinderpfahl *m*
foundation depth Fundamenttiefe *f*
foundation drain Fundamentdrän *m*
foundation drainage tile Fundamentdränleitung *f (Rohr)*
foundation drawing Fundamentplan *m*, Gründungszeichnung *f*
foundation earthing Fundamenterder *m*
foundation engineering Grundbau *m*
foundation engineering and soil mechanics Grundbau *m* und Bodenmechanik *f*
foundation excavation Fundamentaushub *m*, Ausheben *n* der Baugrube
foundation failure ungleichmäßiges Setzen *n*, unterschiedliche Setzung *f*
foundation grid plan Gründungsrasterebene *f*
foundation girder Fundamentträger *m*
foundation holding(-down) bolt *s.* foundation bolt
foundation in rock Felsgründung *f*
foundation in the dry Trockengründung *f*
foundation layer *(Verk)* Fundamentationsschicht *f*, untere Tragschicht *f*, Konstruktionsschicht *f*
foundation level Fundamentsohle *f*, Gründungssohle *f*, Unterbausohle *f*
foundation masonry Grundmauerwerk *n*
foundation mat Fundamentrost *m*
foundation on caissons Senkkastengründung *f*
foundation pad Blockfundament *n*, Einzelfundament *n*
foundation pier Gründungspfeiler *m*
foundation pile Gründungspfahl *m*, Grundpfahl *m*
foundation pit Baugrube *f*, Fundamentgrube *f*
foundation pit base Baugrubensohle *f*
foundation plan Fundamentplan *m*, Fundamentzeichnung *f*
foundation plate Fundamentplatte *f*, Gründungsplatte *f*
foundation practice Grundbau *m*
foundation pressure Bodendruck *m*, Bodenpressung *f (der Gründung)*
foundation raft Fundamentplatte *f*, Gründungsplatte *f*, Grundplatte *f*; Plattenfundament *n*
foundation shell Gründungsschale *f*
foundation sill Grundschwelle *f (bei Gründungen)*
foundation slab *s.* foundation raft
foundation soil Baugrund *m*, tragende Erdstoffschicht *f*
foundation stone 1. Grundstein *m (eines Fundaments)*; 2. Grundsteinlage *f*
foundation stratum Gründungsschicht *f (im Erdreich)*
foundation strip Fundamentstreifen *m*
foundation tank *(Erdb)* Gründungswanne *f*
foundation test boring Baugrunduntersuchungsbohrung *f*
foundation testing Baugrunduntersuchung *f*, Untergrunderkundung *f*, Bodenuntersuchung *f*
foundation theory Grundbauwissenschaft *f*
foundation toe Fundamentauskragung *f*, Fundamentbankett *n*
foundation trench Fundamentgraben *m*
foundation type Gründungsart *f*
foundation wall Grundmauer *f*, Fundamentmauer *f*, Keller(geschoss)mauer *f*
foundation water pressure *(Bod)* Sohlenwasserdruck *m*
foundation well Gründungsbrunnen *m*, Gründungsschacht *m*
foundation width Fundamentbreite *f*
foundation work Gründungsarbeiten *fpl*
founder *v* einfallen, absacken *(Boden)*
founder Gründer *m*, Stifter *m*
founder-member Gründungsmitglied *n*
founderous road abgesackte [zerstörte] Straße *f*
foundry Gießerei *f*
foundry slag Gießereischlacke *f (Zuschlagstoff)*
fountain Fontäne *f*, Springbrunnen *m*, Brunnen *m*; Brunnenbauwerk *n*
fountain design Wasserkunst *f*
fountain house *(Arch)* Tonsur *f (Brunnenkapelle an einem Kreuzgang)*
fountain pipe Brunnenrohr *n*
fountain plaza Brunnenmarkt *m*
fountain water Brunnenwasser *n*
fountain structure Brunnenbauwerk *n*
four-bay vierjochig; vierschiffig
four-centered arch *(Arch)* Kielbogen *m*, gevierter Bogen *m*, Tudorbogen *m*
four-centered pointed arch Spreizbogen *m* mit vier Radien
four-columned hall Viersäulenhalle *f*
four-cornered viereckig, vierseitig, vierkantig
four-cornered column Vierecksstütze *f*
four-cornered slab Viereckplatte *f*
four-cornered steel Vierkantstahl *m*
four-horsed chariot Quadriga *f (Klassizismus)*
four-leaved vierflügelig *(Fenster)*

four-leaved flower vierblättriges Blumenornament *n*
four-leaved tracery *(Arch)* Vierblatt *n* *(Gotik)*
four-mesh wire netting Viereckdrahtgeflecht *n*, viereckiges Drahtgeflecht *n* *(Bewehrung)*
four-moment equation Viermomentengleichung *f* *(für einen Balken)*
four-moment(s) theorem *(Stat)* Viermomentensatz *m*
four-part tracery vierteiliges Maßwerk *n*
four-part vault vierteiliges Gewölbe *n*
four-point bearing Vierpunktlagerung *f*
four-point loading Vierpunktbelastung *f*
four-sided vierseitig
four-span vierschiffig
four-way reinforcement doppelte kreuzweise Bewehrung *f*
four-wheel drive Allradantrieb *m*
fourteen-inch wall *s.* brick-and-a-half wall
fourth-order theory Spannungstheorie *f* vierter Ordnung
fowl-house Hühnerstall *m*
fox bolt Splintlochbolzen *m*
foxtail (wedge) Splintsicherungskeil *m*
foxy timber verstocktes Bauholz *n*
foyer Foyer *n*, Wandelgang *m* *(Hotel, Theater)*
Fraas breaking point Brechpunkt *m* nach Fraas *(Bitumen)*
fractables gestufte Giebelmauerabdeckung *f*
fraction 1. Kornfraktion *f*, Kornklasse *f*, Korngröße *f*; 2. Fraktion *f* *(Destillation)*
fraction nonconforming Fehleranteil *m*, Anteil *m* fehlerhafter Einheiten
fraction weight Kornanteil *m*; Gewichtsanteil *m*
fractional sampling Haufwerksprobenahme *f* *(Zuschlagstoffe)*
fractionate *v* fraktionieren, in Fraktionen zerlegen
fractionating column Fraktionieraufsatz *m*
fractionating tower Fraktionierturm *m*
fracture *v* zerbrechen, zerschlagen; brechen, zu Bruch gehen, zersplittern; reißen *(z. B. Mauerwerk)*
fracture 1. Bruch *m*, Riss *m*; Anbruch *m*; 2. Bruchfläche *f*
fracture appearance Bruchgefüge *n*
fracture area Bruchfläche *f*
fracture edge Bruchkante *f*
fracture face Bruchfläche *f*, Bruchbild *n*
fracture facet Bruchfläche *f*
fracture limit Bruchgrenze *f*
fracture line Bruchlinie *f*
fracture load Bruchlast *f*; Bruchbelastung *f*
fracture mechanics Bruchmechanik *f*
fracture pattern Bruchbild *n*, Rissbild *n*
fracture plane Bruchfläche *f*, Bruchebene *f*
fracture-proof bruchsicher
fracture strain Bruchdehnung *f*
fracture strength Bruchfestigkeit *f*
fracture stress Bruchspannung *f*
fracture surface Bruch(ober)fläche *f*
fracture temperature Bruchtemperatur *f*
fracture toughness Bruchzähigkeit *f*, Risszähigkeit *f*
fractured gebrochen
fragile zerbrechlich; brüchig; spröde
fragility Zerbrechlichkeit *f*; Brüchigkeit *f*; Sprödigkeit *f*
fragment *v* zerfallen
fragment Bruchstück *n*, Spaltstück *n*; Splitter *m*; Scherbe *f*; Überrest *m*
fragmental bruchstückartig
fragmental material Trümmergesteinsmaterial *n*
fragmentary rocks Trümmergestein *n*
fragmentary view Teilansicht *f*
fragmentate *v* zertrümmern *(in Einzelstücke)*
fragmentation Stückigkeit *f*; Zertrümmerung *f*; Zerfall *m*
fragmented zermürbt
fragments Trümmer *pl*; Bruchstücke *npl*
frame *v* 1. ein Tragwerk montieren; 2. einrahmen; verrahmen; einspannen; verzimmern
frame 1. Skelett *n*, Stabwerk *n*, Tragwerk *n*; Fachwerk *n*; 2. Zarge *f*, Rahmen *m* *(z. B. einer Tür)*; 3. Gehäuse *n*; Aufsatz *m*
frame action Rahmenwirkung *f*
frame analysis Rahmenstatik *f*; Rahmenberechnung *f*
frame anchor Zargenanker *m*, Türrahmenhalter *m*
frame and panel construction Fertigteilbauweise *f* mit Skelett und Ausfachungsplatten
frame axis Rahmenachse *f*
frame bar Rahmenstab *m*, Rahmenglied *n*
frame bay Rahmenschiff *n*
frame beam Rahmenbalken *m*
frame board *(Hb)* Friesbrett *n*
frame bridge Fachwerkbrücke *f*
frame building *s.* framed building
frame column Rahmenpfosten *m*, Rahmenstütze *f*; Stiel *m*
frame constant Rahmenkonstante *f*
frame construction Skelettbauweise *f*, Rahmenkonstruktion *f*, Rahmenbau *m*
frame crippling Rahmenverbiegung *f*
frame diagram Rahmendiagramm *n*
frame diaphragm Windausfachung *f*
frame distortion Rahmenverzerrung *f*
frame gasket Türdichtungsstreifen *m*
frame girder Rahmenbalken *m*, Fachwerkträger *m*
frame-high sturzhoch *(lichte Höhe bei Fenstern, Türen)*
frame hinge Rahmengelenk *n*
frame house Fachwerkhaus *n*, Fachwerkbau *m*
frame leg Rahmenschenkel *m*; Rahmenpfosten *m*, Rahmenstütze *f*
frame level Setzwaage *f*, Wasserwaage *f*
frame-like (load-)bearing structure rahmenartiges Tragwerk *n*
frame-like supporting structure rahmenartiges Bauwerk *n*
frame load-bearing structure Rahmentragwerk *n*
frame member Fachwerkstab *m*, Fachwerkstrebe *f*, Rahmenstab *m*, Rahmenglied *n*
frame of joists Balkenlage *f*
frame of manhole Schachtrahmen *m*
frame piece Rahmenschenkel *m*
frame post Rahmenpfosten *m*, Rahmenstütze *f*; Stiel *m*
frame profile Rahmenprofil *n*
frame pulley Fensterrahmenseilzug *m* *(Schiebefenster)*
frame rail Rahmenschiene *f*
frame rigidity Rahmensteifigkeit *f*
frame saw Gattersäge(maschine) *f*, Spannsäge *f*
frame section Rahmenprofil *n*
frame shape Rahmenform *f*, Rahmengestalt *f*
frame side bar Längsträger *m*, Rahmenholm *m*
frame span Rahmenstützweite *f*
frame system Rahmenkonstruktion *f*, Rahmensystem *n*
frame type of construction Fachwerkbauart *f*
frame wall Fachwerkwand *f*
frame window Rahmenfenster *n*
framed and ledged door ausgefachte Rahmentür *f*
framed beam Fachwerkbinder *m*
framed building 1. Skelettbau *m*, Tragrahmenbau *m*, Fachwerkrahmenbau *m*, Rahmengebäude *n*; 2. *s.* framed construction
framed cellular floor Rahmenzellendecke *f*
framed construction Skelettbauweise *f*
framed dado Rahmensockel *m*
framed door Rahmentür *f*
framed floor Doppelfußboden *m*, gedoppelter Fußboden *m*
framed floor covering Friesfußboden *m*

framed flooring Friesboden *m*
framed grounds 1. eingebaute Zargenhaltehölzer *npl*; 2. Kastenrahmen *m* für Innentür
framed joist Rahmenquerträger *m*
framed on aufgeständert
framed partition Fachwerktrennwand *f*, Riegelfachwerkwand *f*
framed rod Rahmenstab *m*
framed roof Fachwerkdach *n*, Rahmendach *n*
framed structure Skelettbau *m*, Rahmenbauwerk *n*
framed supporting structure Rahmentragwerk *n*
framed wall Riegelfachwerkwand *f (tragend)*; Ausriegelung *f*
frameless rahmenlos
frameless construction Scheibenbauart *f*
framework 1. Skelett *n*, Stabwerk *n*, Tragwerk *n (aus Holz, Beton, Stahl)*; Gerippe *n (aus Holz)*; Fachwerk *n*, Grundgerüst *n*; Holzfachwerk *n*, Balkenwerk *n*, Rahmenwerk *n*; grundlegende Struktur *f*, 2. Rahmen *m*; Gestell *n*
framework agreement Rahmenvereinbarung *f*
framework analogy Fachwerkanalogie *f*
framework bay *s.* framework panel
framework calculation Fachwerberechnung *f*
framework construction Fachwerkbau *m*
framework construction method Fachwerkbauart *f*
framework house Fachwerkhaus *n*
framework joint Fachwerkknoten *m*
framework panel Fachwerkfeld *n*
framework panel length Fachwerkfeldlänge *f*
framework rail Riegel *m (Fachwerk)*
framework wall Riegelwand *f*
framing 1. Skelett *n*, Gerüst *n*, Gerippe *n*; Rahmensystem *n*, Rahm(en)werk *n*, Stabwerk *n*; Fachwerk *n*; 2. Einrahmung *f*, Einfassung *f*, Umrahmung *f*, 3. *(Hb)* Zusammenbau *m*; Bauen *n*; Auswechseln *n (Bauelemente)*
framing anchor leichter Holzbalkenanker *m*
framing column Pfosten *m*, Stiel *m*, Stütze *f*, Rahmenstiel *m*
framing leg *s.* framing column
framing of joists Balkenlage *f*
framing of timber Holzkonstruktion *f*
framing plan Trägerplan *m*, Plan *m* der tragenden Elemente
framing post *s.* frame post
framing square Zimmermannswinkel *m*, Anschlagholzwinkel *m*
framing structure Rahmenkonstruktion *f*
framing system Rahmenkonstruktion *f*
framing table Sparrenzuschneidetisch *m*
framing timber 1. Konstruktionsholz *n*, Verbandholz *n*; 2. Zimmerwerk *n*
frangibility Brüchigkeit *f*, Sprödigkeit *f*
frangible brüchig, spröde
frank *v* eine Gehrungsverbindung in einem Schieberahmen herstellen
Franki pile Franki-Pfahl *m*
frass Fraßmehl *n*, Holzwurmmehl *n*
frater Speisesaal *m (eines Klosters)*
free alkalinity freie Alkalität *f*
free area Nettoöffnungsquerschnitt *m (einer Luftöffnung)*
free beam freier Träger *m*
free bearing 1. freie Auflagerung *f*, frei stehende Stütze *f*; 2. Bolzenkipplager *n*
free bend test Freibiegeversuch *m (Schweißnaht)*
free bending moment diagram freies Biegemomentdiagramm *n*
free-body diagram Kräftediagramm *n*, Kräfteplan *m*
free-cantilevered construction Freivorbau *m (Brücke)*
free convection freie Konvektion *f*
free-cutting steel Automatenstahl *m*
free delivery Lieferung *f* frei Verwendungsstelle
free delivery-type (ventilation) unit direkte Belüftungsanlage *f (ohne Zuluftkanal)*
free development offene Bebauung *f*, Zersiedelung *f*
free-drop ram Freifallramme *f*
free edge freier Rand *m*
free fall 1. freier Fall *m (z. B. des Betons in die Form)*; 2. freie Fallhöhe *f (des Betons)*
free-fall boring Freifallbohrung *f*
free-fall mixer Freifallmischer *m*
free-field room echofreier [schalltoter] Raum *m*
free from corrosion korrosionsfrei
free from cracking [cracks] rissefrei, rissfrei
free from porosity porenfrei
free from rust rostfrei
free from stress spannungslos *(Bauelement)*
free ground water ungespanntes Grundwasser *n*
free-hand drawing Freihandskizze *f*, Freihandzeichnung *f*, Faustskizze *f*
free haul maximaler Erdstoffaushub *m (ohne Mehrpreis nach Leistungsverzeichnis)*
free-lance architect freischaffender Architekt *m*
free length of column Knicklänge *f*
free lime freier Kalk *m*
free moisture freies [ungebundenes] Wasser *n*
free moment freies Moment *n*
free of cavities hohlraumfrei
free of moments momentenfrei
free passage freier Raum *m*, lichter Durchgangsquerschnitt *m*
free pore-water freies Porenwasser *n*
free road sections freie Strecke *f (Straße)*
free roller sluice gate freies Walzenwehr *n*
free site freie Baustelle *f*, freier Raum *m*
free space Freifläche *f*
free span Spannweite *f*
free-span and cantilever system Freivorbau *m*, Freivorbausystem *n*, Freispann- und Kragsystem *n (Brückenbau)*
free-span system Freispannsystem *n*
free-standing frei stehend *(z. B. Bauwerk)*; unabgestützt
free-standing bell tower Campanile *m*
free-standing building frei stehendes Gebäude *n*, Einzelgebäude *n*
free stuff rissefreies Kernholz *n*
free support freies Auflager *n*
free supporting freie Auflagerung *f*
free to move frei beweglich
free to slide verschiebbar
free wall frei stehende Mauer *f*, frei stehende Stütze *f*
free water freies Wasser *n*, sickerndes Grundwasser *n*
freedom from porosity Porenfreiheit *f*
freedom from toxicity Ungiftigkeit *f*
freedom of movement Bewegungsfreiheit *f*
freedom to rock Kippfreiheit *f (Auflager)*
freehand sketch Freihandzeichnung *f*, freihändige Zeichnung *f*, Faustskizze *f*
freehand sketching freihändiges Zeichnen *n*, Darstellung *f* durch Freihandskizzieren
freehold freies Grundeigentum *n*
freehold flat Stockwerkeigentum *n*
freehold property freies Grundeigentum *n*, Grundbesitz *m*
freeholder Grundeigentümer *m*
freeing from ruins Trümmerbeseitigung *f*, Aufräumarbeiten *fpl*
freely corroding korrosionsempfindlich, leicht korrodierend
freely movable bearing freibewegliches Lager *n*
freely soluble leicht löslich
freely supported frei aufliegend

freestone Werkstein *m*, Haustein *m (meist Kalk- oder Sandstein)*
freeway *(AE)* kreuzungsfreie Schnellstraße *f*, Autobahn *f*
freeze *v* 1. gefrieren; tiefkühlen; 2. erstarren *(Schmelze)*; erhärten; 3. festkleben, haften *(Beton)*
freeze-thaw-cycling (test) *s.* freezing and thawing test
freeze-thaw durability Frost-Tauhaltbarkeit *f*
freeze-thaw effect Frost-Tau-Wirkung *f*
freeze-thaw resistance Frost-Tauwiderstand *m*
freeze-thaw test Frost-Tauwechselprüfung *f*
freezer 1. Gefrieranlage *f*, Gefrierschrank *m*; 2. *s.* freezer room
freezer plant Tiefkühlanlage *f*, Gefrieranlage *f*
freezer room Tiefgefrierraum *m*
freezer storage room Tiefkühllagerraum *m*
freezing 1. Gefrieren *n*; 2. Erstarren *n*; 3. Festkleben *n (des Betons)*
freezing and thawing test Frost-Tau-Prüfung *f*, Frost-Tau-Versuch *m*, Frost-Tau-Wechselprüfung *f*
freezing agent Gefriermittel *n*
freezing plant Gefrieranlage *f*
freezing point Gefrierpunkt *m*
freezing resistance Frostfestigkeit *f*
freckled gesprenkelt
freight car scales *(AE)* Gleiswaage *f*
freight depot *(AE)* Güterbahnhof *m*
freight elevator [lift] Lastenaufzug *m*
freight platform Frachtumschlagplatz *m*; Güterverladerampe *f*
freight station Güterbahnhof *m*
freight traffic Güterverkehr *m*, Gütertransport *m*
French arch Scheitelbogen *m*
French casement *s.* French door
French classicism französischer Klassizismus *m*
French curve(s) Kurvenlineal *n*
French door Fenstertür *f*, französisches Fenster *n*
French drain Schottersicker *m*, Sickerdrän *m*
French embossing Glasätzung *f* zur Verzierung
French flier dreiviertel gedrehte Treppe *f* mit offenem Treppenhaus
French Gothic französische Gotik *f*
French joint *(Hb)* schräges Hakenblatt *n*
French polish Möbelpolitur *f*
French Renaissance französische Renaissance *f*
French Romanesque style französische Romanik *f*, französisch-romanische Architektur *f*
French roof Mansardenwalmdach *n*
French stucco Steinimitation *f*, mit Putz imitierter Stein *m*
French tile französischer Falzziegel *m*
French truss Dreieckfachwerkbinder *m*, ständerloses Fachwerk *n*, Polonceauträger *m*
French white Silberweiß *n*; Bleiweiß *n*
French window *s.* French door
frequency Frequenz *f*, Häufigkeit *f*, Schwingung *f* pro Sekunde
frequency curve Frequenzkurve *f*, Häufigkeitskurve *f*
frequency density Häufigkeitsdichte *f*
frequency diagram Häufigkeitsdiagramm *n*
frequency distribution Häufigkeitsverteilung *f*
frequency distribution curve Häufigkeits(verteilungs)-kurve *f (statistische Qualitätskontrolle)*
frequency meter Frequenzmesser *m*, Frequenzmesser *m*, Häufigkeitsmesser *m*
frequency of oscillation Schwingungsfrequenz *f*
frequency of resonance Resonanzfrequenz *f*
frequency range Frequenzbereich *m*
frequency sweep test Belastungsprüfung *f* mit unterschiedlichen Frequenzen
fresco 1. Freske *f*, Fresko *n*; 2. *s.* fresco painting
fresco of griffins Greifenfresko *n*
fresco painting Freskenmalerei *f*, Wandmalerei *f* auf feuchtem Putz
fresco plaster Freskoputz *m*, Freskenputz *m*
fresco secco Seccomalerei *f*, Freskenmalerei *f* auf trockenem Putz
frescoed freskenbemalt, freskobemalt
frescoed decoration Freskoschmuck *m*, Freskenschmuck *m*
fresh air Frischluft *f*, Zuluft *f*
fresh-air duct Frischluftkanal *m*
fresh-air heating Frischluftheizung *f*
fresh-air inlet [intake] Frischluftkanal *m*
fresh-air operation Frischluftbetrieb *m*
fresh concrete Frischbeton *m*
fresh concrete density Frischbetonrohdichte *f*
fresh mixture of concrete Frischbeton *m*
fresh mortar Frischmörtel *m*
fresh sludge Frischschlamm *m*
fresh state frischer Zustand *m*, grüner Zustand *m*
fresh water 1. Frischwasser *n*; 2. Süßwasser *n*
freshen *v* auffrischen; übermalen
freshly mixed concrete Frischbeton *m*
freshwater lens Süßwasserlinse *f*
freshwater line Frischwasserleitung *f*
freshwater supply Frischwasserversorgung *f*
fret *v* 1. durchbrochen [gitterartig] verzieren; durch Schnitzen verzieren; 2. bunt machen; 3. (auf)fressen *(z. B. durch Korrosion)*; sich abreiben, sich abnutzen
fret *(Arch)* (gebrochener) Mäander *m*, durchbrochene [verflochtene] Verzierung *f*, rechtwinklig gebrochenes Band *n*
fretsaw Frettsäge *f*, Schweifsäge *f*, Laubsäge *f*
fretted zerfressen
fretting 1. Grundbruch *m (einer Straße)*; Abgang *m*; 2. Reibverschleiß *m*; Substanzverlust *m*, Splittverlust *m*
fretting corrosion Reibkorrosion *f*
fretting fatigue Ermüdungsverschleiß *m*
fretwork 1. *s.* fret; 2. Durchbruch *m*, Durchbrucharbeit *f*
friability Mürbheit *f*, Bröckligkeit *f*, Zerreibbarkeit *f*
friable mürbe, bröck(e)lig; zerreibbar, abreibbar *(Zuschlagstoff)*
friable road ungebundene Straße *f*
friable rock mürbes Gestein *n*
friable soil Lockerboden *m*
friability Brüchigkeit *f*, Mürbheit *f*
friction Reibung *f*
friction action Reibwirkung *f*, Mantelreibung *f (Pfahlgründung)*
friction bond Reibungsverbund *m*
friction catch Klemmschließer *m*
friction-caused wear Reibungsverschleiß *m*
friction circle *(Bod, Erdb)* Gleitkreis *m*
friction coefficient Reibungskoeffizient *m*, Reibungszahl *f*
friction connection Reibungsverbund *m*; Reibverbindung *f*
friction constant Reibungskennwert *m*
friction course Raubelag *m*, offenporige Deckschicht *f*, *(AE)* Deckschicht *f*
friction factor Reibungsfaktor *m*
friction force Reibungskraft *f*
friction grip Haftreibung *f*, Reibungsschluss *m*
friction grip-bolt gleitfeste [hochfest vorgespannte] Schraube *f*
friction grip-bolting gleitfeste [hochfest vorgespannte] Schraubenverbindung *f*
friction head loss Leitungsreibungs(druck)verlust *m*, Verlusthöhe *f* durch Reibung

friction hinge Reibungsscharnier *n (zur Positionshaltung)*
friction latch Klemmschließer *m*
friction loss Reibungsverlust *m*
friction pile *(Erdb)* Reibungspfahl *m*
friction resistance Reibungswiderstand *m*
friction surface Reibungsfläche *f*
friction tape *(AE) (El)* Isolierband *n*
friction tester Griffigkeitsmessgerät *n*
friction-type anchorage [anchoring] Reibungsverankerung *f*
frictional grip Reibschluss *m (Bolzenverbindung)*
friction resistance Reibungswiderstand *m*
friction wear Reibungsabnutzung *f*
frictional binding Haftreibung *f*
frictional drag Reibungszugkraft *f (Windkraft)*
frictional force Reibungskraft *f*
frictional loss Reibungsverlust *m*
frictional resistance Reibungswiderstand *m*
frictional stress Reibungsspannung *f*
frictionless reibungslos
fridge *s.* refrigerator
frieze Fries *m*
frieze-like friesähnlich
frieze panel oberste Türfüllung *f*
frieze rail Querriegel *m* unter der obersten Türfüllung
frieze with inscription Schriftfries *m*
fringe area Randgebiet *n*, Randzone *f*
fringe benefits Nebenleistungen *fpl*, Sozialleistungen *fpl*
fringe condition Randbedingung *f*
fringe torque moment Randtorsionsmoment *n*
fringe water Kapillarwasser *n*
frigidarium *(Arch)* Frigidarium *n*
Frisian brick friesischer Ziegel(stein) *m*
frit *v* fritten; sintern *(Glas)*
frit Fritte *f*
fritted glass Sinterglas *n*, gefrittetes Glas *n*
fritted glaze gefrittete Glasur *f*
fritted rock gefrittetes Gestein *n*
fritting Frittieren *n*
frog 1. Vertiefung *f*, Aushöhlung *f*, Mulde *f (auf einem Ziegelstein)*; 2. ausgehöhlter Ziegel *m*, Ziegelstein *m* mit ausgetieften Seitenflächen; 3. Herzstück *n*, Kreuzungsstück *n (Schiene)*
frog rammer Explosionsramme *f*, Rammfrosch *m*
from stock ab Lager
front 1. *s.* front face; 2. front of a lock; 3. Vorderteil *n*
front abutment pressure *(Tun)* vorderer Kämpferdruck *m*
front balcony Vorderbalkon *m*
front building Vorderhaus *n*
front column Frontsäule *f*
front curtain wall vorgehängte Wand *f* auf der Vorderseite, Frontvorhangwand *f*
front door Haupteingang *m*, Straßeneingang *m (eines Gebäudes)*; Haustür *f*
front door telephone Haustürtelefon *n*; Haustürsprechanlage *f*
front edge Vorderkante *f*
front elevation Vorderansicht *f*, Stirnansicht *f*, Straßenseite *f (eines Gebäudes)*
front-end loader Front(schaufel)lader *m*, Schaufellader *m*
front face 1. Front *f*, Vorderseite *f (eines Gebäudes)*; Fassade *f*; 2. Stirnseite *f*, vorderes Ende *n*; 3. *(Tun)* Brust *f*
front gate Haupteinfahrt *f*
front grille Frontgitter *n*
front layer Vorlage *f*
front lighting 1. Fassadenbeleuchtung *f*; 2. im Publikumsraum montierte Bühnenbeleuchtung *f*
front lintel Vordersturz *m*, Außensturz *m*, Sichtsturz *m*
front-loading truck *s.* front-end loader
front masonry wall Fassadenwand *f*
front of a lock Schließkeilfläche *f* eines Schlosses
front plot line Grundstücks(vorder)grenze *f*
front portion *(Tun)* Brust *f*
front property line vordere Grundstücksgrenze *f*
front putty Sichtkitt *m*, Außenkittstreifen *m*
front row Vorderreihe *f*
front row of piles vordere Stützenreihe *f*
front side *s.* front face
front stage Vorbühne *f*, vorderster Bühnenteil *m (Theater)*
front stairs Freitreppe *f*
front view 1. Aufriss *m (Zeichnung)*; 2. Vorderansicht *f*, Frontansicht *f*, Stirnansicht *f*
front view of the organ Orgelprospekt *m*
front wall Frontwand *f*; Stirnwand *f*; Blendwand *f*
front yard Vorderhof *m*; Vorhof *m (zur Straße)*
frontage Straßenfront *f*, Vorderfront *f*, Front *f*; Fassade *f*; Fluchtlinie *f*
frontage line Bau(flucht)linie *f*, Fluchtlinie *f*; Gebäudeflucht *f*
frontage resident Anlieger *m*
frontage road Anliegerstraße *f*
frontage street Anliegerstraße *f*; *(AE)* Parallelstraße *f*
frontager *(AE)* Anlieger *m*
frontager traffic Anliegerverkehr *m*
frontal Fassade *f*
frontal area *s.* front face
frontal plane Frontalebene *f*
frontal system Betriebsplatzsystem *n* vor dem Flugabfertigungsgebäude
frontispiece 1. *(Arch)* Frontispiz *n*, Giebeldreieck *n (über einem Mittelrisalit)*; 2. *(Arch)* Vorderfront *f*, Giebelseite *f*; 3. *(Arch)* Fassadengestaltung *f* über Tür und Fenster
fronton *(Arch)* Fronton *m*, Ziergiebel *m*, Giebel *m (über Türen und Fenstern)*
frost *v* 1. mattieren, mattätzen *(z. B. Glas)*; 2. frieren; sich mit Eis überziehen; 3. eisblumenartig auftrocknen *(Anstrich)*
frost 1. Frost *m*; Reif *m*; 2. Flitterglas *n*, Schuppenglas *n*
frost action Frosteinfluss *m*, Frost(ein)wirkung *f*
frost attack Frostangriff *m*
frost blanket Frostschutzschicht *f (Straße)*
frost blanket course Frostschutzschichtlage *f*
frost blanket gravel Frostschutzkies *m*
frost boil 1. Frostbeule *f*, Frostschadstelle *f (Beton)*; 2. Frostaufbruch *m*, Frosthebung *f (z. B. auf Straßen)*; 3. weiche Bodenstelle *f* nach Frosteinwirkung
frost-broken vom Frost losgelöst
frost crack Frostriss *m*, Frostspalte *f*
frost damage Frostschaden *m*
frost effect Frosteinfluss *m*; Frost-Tau-Wirkung *f*
frost-free depth frostfreie Tiefe *f*
frost heave Frostaufbruch *m*, Frosthebung *f*
frost heaving Frosthebung *f*, Frostbeule *f*, Auffrieren *n*
frost index Frostindex *m*
frost-induced cracking Abfrieren *n (von Mauerwerk)*
frost layer *(Verk)* Frostschutzschicht *f*, kapillarbrechende Schicht *f*, Wärmedämmschicht *f*
frost level [line] Frosttiefe *f*, Frostgrenze *f (im Boden)*
frost penetration depth Frosteindringtiefe *f (im Boden)*
frost precaution Frostschutzmaßnahme *f*
frost-proof *s.* 1. frost-resistant; 2. frostproof
frost-protected frostsicher, frostfrei *(Fundament, Rohr)*
frost protection Frostschutz *m*
frost resistance Frostbeständigkeit *f*
frost-resistant frostbeständig *(Material)*; frostsicher
frost-resistant layer Frostschutzschicht *f*
frost-resistant masonry [masonwork] Vormauerung *f*
frost-save depth frostsichere Tiefe *f*

frost scaling Frostabblätterung *f*
frost splitting Frostsprengung *f (von Material)*
frost susceptibility Frostempfindlichkeit *f*
frost-susceptible frostempfindlich
frost weathering Frostverwitterung *f*, Frostsprengung *f (von Material)*
frosted matt, mattiert, mattscheinend; mit Eisblumeneffekt; mit matter rauer Oberfläche; bereift; glasiert
frosted dried film eisblumenartiger Trockenfilm *m (Anstrich)*
frosted finish Eisblumenlack *m*
frosted glass Mattglas *n*, mattiertes Glas *n*; Eisglas *n*
frosted lamp Mattglaslampe *f*
frosted varnish Eisblumenlack *m*
frosted work Oberflächengestaltung *f* mit Eisblumeneffekt
frosting 1. Mattätzen *n*; Mattschliff *m*; 2. Eisblumenbildung *f (bei Anstrichen)*
frostproof 1. *s.* frost-resistant; 2. frostsicher, nicht frostgefährdet *(z. B. Lage)*
frostproof closet WC-Becken *n* mit frostsicherer Wasserhaltung
frostproof engineering brick Vormauerklinker *m*
frostproof solid brick Vormauervollziegel *m*
froth *v* 1. (auf)schäumen *(eine Flüssigkeit)*; Schaum bilden; 2. schäumen, verschäumen *(z. B. Kunststoffe als Dämmung)*
froth formation Schaumbildung f
froth in-situ Vorortverschäumen *n*, Schaumbildung *f* an Ort und Stelle
frothed glass Blähglas *n* geblähtes Glas *n*
frothing Schäumen *n*, Verschäumen *n (Dämmschaum)*
frothing in-situ Vorortverschäumung *f*
frowzy timber muffiges Holz *n*
frozen gefroren
frozen concrete 1. Gefrierbeton *m*; 2. angebackener Beton *m*
frozen earth [ground] Frostboden *m*
frozen soil gefrorener Boden *m*
frozen food store Gefrierlagerhaus *n*
fruchtschiefer Fruchtschiefer *m (Werkstein)*
fruit festoon *s.* fruit work
fruit garden Obstgarten *m*
fruit work *(Arch)* Fruchtgirlande *f*, Fruchtfeston *n*, Fruchtgewinde *n*
frustum Stumpf *m*
frustum of a cone Kegelstumpf *m*
fuel *v* mit Brennstoff versehen; befeuern
fuel Brennstoff *m*, Brennmaterial *n*, Feuerung *f*
fuel bunker Brennstofftank *m*
fuel consumption Brennstoffverbrauch *m*
fuel-heated ölbeheizt
fuel heating Ölheizung *f*
fuel oil interceptor Heizölabscheider *m*
fuel-resistant treibstoffbeständig *(Beton, Fußbodenbelag)*
fuel-resistant joint sealing compound treibstoffbeständige Fugenvergussmasse *f*
fuel separator Benzinabscheider *m*
fuel store Brennstofflager *n*
fuel tank Brennstofftank *m*; Heizöltank *m*
fuelwood Brennholz *n*
fugitive 1. Farbwechsel *m*; 2. unechte Farbe *f*
fugitive colour unechte Farbe *f*
fulcrum Drehpunkt *m*, Gelenkpunkt *m*, Drehachse *f*
fulcrum bracket Hebelträger *m*
fulcrum of moment Momentendrehpunkt *m*
fulcrumed drehbar befestigt
full voll, ganz, weit, reichlich, vollständig, vollkommen; reif, ausgereift; ausführlich, ausreichend
full ageing vollständige Alterung *f*
full bearing sattes Auflager *n*, satte Auflagerung *f*
full bond Binderverband *m (Mauerwerk)*
full brick Vollziegel *m*, Vollquartier *m*, ganzer Stein *m*
full brightness Hochglanz *m*
full-cantilever voll freitragend
full-cell process Vollimprägnierung *f*, Vollimprägnierverfahren *n (Holz)*
full-centered *(AE)* vollkreisförmig
full-centred arch voller Bogen *m*, Rundbogen *m*; römischer Bogen *m*
full coat 1. optimale Farbanstrichdicke *f*; 2. erste Lage *f (Farbschicht)*
full curve ausgezogene Kurve *f*
full fillet weld Vollkehlnaht *f (Schweißen)*
full fixity volle Einspannung *f*
full floor Vollgeschoss *n*, Volletage *f*, Vollstockwerk *n*
full-flush door Metallrahmentür *f* mit vollkommener Metallbeplankung
full frame verstrebtes Fachwerk *n*
full glass door Vollglastür *f*, Glastür *f*
full gloss Vollglanz *m*, Hochglanz *m*
full-gloss finish Vollglanzdeckschicht *f*
full-gloss paint Hochglanzfarbe *f*
full hardening Durchhärtung *f*, Aushärtung *f*
full heat protection Vollwärmeschutz *m*
full height atrium Atrium *n* in ganzer Höhe
full loading Vollbelastung *f*
full-louvered door ganzflächig durchbrochene Tür *f (mit ganzflächiger Jalousie)*
full protection of wood Holzvollschutz *f*
full relief Hochrelief *n*
full scale natürliche Größe *f*, Maßstab *m* 1:1
full-scale conditions Einsatzbedingungen *fpl*, Praxisbedingungen *fpl*
full-scale pavement test Fahrbahnbefestigungsversuch *m* im Maßstab 1:1
full size Originalgröße *f*, Vollmaß *n*
full-size drawing Zeichnung *f* im natürlichen Maßstab, 1:1-Zeichnung *f*
full-size pattern Muster *n* in Originalgröße
full shear connection voller Schubanschluss *m*, vollständige Verdübelung *f (Verbundträger)*
full storey Vollgeschoss *n*
full strength colour Volltonfarbe *f*
full support sattes Auflager *n*, satte Auflagerung *f*
full-surface hinge Scharnier *n* für planebene Aufhängung
full-way valve Absperrschieber *m*, Absperrventil *n*; Durchgangsschieber *m*
fuller *v* abdichten, verstemmen, kalfatern
fullered verstemmt, kalfatert
fullered compound Stemmasse *f*
fuller's earth Fullererde *f (Tonart)*
Fuller's curve [parabola] Fullerkurve *f*, Fullerlinie *f (Sieblinie für Zuschlagstoffe)*
Fuller's parabole *s.* Fuller's curve
Fuller's rule Fullerregel *f*
fully air-conditioned vollklimatisiert
fully bright hochglänzend
fully developed baureif
fully encased vollständig einbetoniert
fully exposed outdoors freibewittert, außenbewittert
fully fixed volleingespannt
fully glazed vollverglast, ganzverglast
fully glazed door Ganzglastür *f*
fully insulated wiring berührungssichere Verdrahtung *f*
fully killed steel beruhigter Stahl *m (Bewehrung)*
fully protective voll geschützt, Vollschutz gewährend
fully restrained *(Stat)* voll eingespannt, beid(er)seitig eingespannt

fully reversed loading reine Wechselbeanspruchung *f*
fully rigid framing Vollsteifrahmen *m*
fully system of sewerage Vollkanalisation *f*, Vollsystem *n*, Vollentwässerung *f*
fully tiled vollverfliest, vollgefliest
fume hood Rauchabzugshaube *f*
fume pipe Abzugsrohr *n*; Gasabzugsrohr *n*
fumed oak (wood) angerauchtes Eichenholz *n*, Eichenholz *n* mit Räuchereffekt
fumes Rauch *m*, Rauchgas *n*, Rauchgase *npl*
fun fair Vergnügungspark *m*
function Funktion *f*, Tätigkeit *f*
functional funtional, funktionsfähig, zweckmäßig; funktionsbestimmend
functional addition Additiv *n*, Vergütungsmittel *n (Zement)*
functional analysis Funktionsanalyse *f*
functional building Zweckbau *m*
functional determination Funktionsbestimmung *f*
functional form funktionelle Form *f*, Nutzform *f*
functional life Nutzungsdauer *f*, Gebrauchsdauer *f*, funktionsmäßige Lebensdauer *f*
functional property Gebrauchseigenschaft *f*, funktionelle Eigenschaft *f*
functional requirement Funktionsanforderung *f*, Gebrauchsanforderung *f*
functional structure Zweckbau *m*
functionalism *(Arch)* Funktionalismus *m*
functionalistic architecture funktionelle Architektur *f*, funktionelle Baukunst *f*
functionally obsolete funktionell veraltet
fundamental fundamental, grundlegend
fundamental characteristics grundlegende Eigenschaften *fpl*, Grundlagen *fpl*
fundamental properties Grundeigenschaften *fpl*
fundamentals Grundlagen *fpl*; Haupteigenschaften *fpl*
funding of projects Projektfinanzierung *f*
funeral art Grabmalsbaukunst *f*
funeral church Friedhofskirche *f*
funerary monument Grabdenkmal *n*
funerary slab Grabplatte *f*
fungal activity Pilzaktivität *f (Zerstörung durch Pilzbefall)*
fungal attack Pilzbefall *m*
fungal resistance Pilzwiderstandsfähigkeit *f*
fungicidal fungizid, pilzwiderstandsfähig, pilzabweisend
fungicidal paint Fungizidanstrich *m*
fungicide Fungizid *n*, Pilzkonservierungs- und -bekämpfungsmittel *n*
fungitoxic fungitoxisch
fungus attack Pilzbefall *m*, Hausschwammbefall *m*
fungus growth Pilzbewuchs *m*
fungus infestation Pilzbefall *m*
fungus repellent Fungizid *n*
funicular arch Stützbogen *m*
funicular curve Gewölbelinie *f*
funicular diagram Seildiagramm *n*
funicular force Seilkraft *f*
funicular line Seillinie *f*, Seilstrahl *m*, Seilkurve *f*; Pollinie *f*, Polstrahl *m*
funicular polygon *(Stat)* Seilpolygon *n*, Seileck *n*, Seilplan *m*, Seilzug *m*
funicular pressure line Drucklinie *f*, Stützlinie *f*, Mittelkraftlinie *f*
funicular railway Standseilbahn *f*, Seilbahn *f*
funicular tension line Hängelinie *f*
funnel 1. Trichter *m*, Einfülltrichter *m*; 2. Schlot *m*, Kamin *m*; Rauchabzugsrohr *n*; Schornstein *m*, Lüftungsschacht *m*, Abzug *m*
funnel opening Schornsteinluke *f*; Schachtöffnung *f*
funnel shaft Schornsteinschacht *m*; Abzugsschacht *m*
funnel-shaped trichterförmig
funnel-shaped roof Trichterdach *n*
funnelled tube trichterförmiges Rohr *n*
funnellike trichterförmig
fur *v* Kesselstein ansetzen
fur *v* **up** verkalken
fur Kesselstein *m*
furane resin Furanharz *n*
furcate *v* sich gabeln
furcate gabelförmig, gegabelt
furcation Gabelung *f*
furnace 1. Ofen *m*, Industrieofen *m*; 2. Feuerung *f*, Feuerraum *m*, Brandraum *m*
furnace arch Feuerungsgewölbe *n*
furnace brazing Ofenhartlötung *f*
furnace brick lining Ofenausmauerung *f*
furnace chamber Feuerraum *m*, Feuerung *f*
furnace clinker Ofenschlacke *f (Betonzuschlagstoff)*
furnace construction Ofenbau *m*
furnace crown Ofengewölbe *n*
furnace designer Ofenbauer *m*
furnace draught Zug *m (Luftzug)*
furnace flue Ofen(abzugs)kanal *m*
furnace hard soldering Ofenhartlötung *f*
furnace installation Feuerungsanlage *f*, Feuerstättenanlage *f*
furnace patenting Durchlaufpatentieren *n*
furnace residue Feuerungsrückstand *m*
furnace room Heizungskeller *m*
furnace shaft Ofenschacht *m*, Ofenschaft *m*
furnace test Brandofenprüfung *f*
furnish *v* ausrüsten, ausstatten; einrichten *(Räume)*; möblieren
furnish *v* **and install** *v* liefern und einbauen *(Leistungsbeschreibung)*
furnishing Ausrüstung *f*, Ausstattung *f*, Einrichtung *f (einer Wohnung)*
furnishing programme Ausstattungsprogramm *n*
furnishings Ausstattungsgegenstände *mpl*, Ausstattung *f (z. B. eines Hauses)*; Einrichtungsgegenstände *mpl*, Mobiliar *n*
furniture 1. Zubehör *n*; Beschläge *mpl*; 2. Mobiliar *n*, Einrichtung *f*, bewegliches Einrichtungsgut *n*
furniture beetle [borer] Holzwurm *m*
furniture varnish Möbellack *m*
furred 1. mit Kesselstein besetzt; 2. verbrettert; 3. mit Putzabstandsleisten versehen
furring 1. Unterschalung *f*, Unterfütterung *f*, Verbretterung *f (mit Futterholz)*; Unterkonstruktion *f (für Putz)*; Futterholz *n*; 2. Gipsputzunterlage *f* aus Streckmetall, Putzabstandshalter *m*; 3. isolierte Putzaufbringung *f*; 4. *(HLK, San)* Kesselsteinansatz *m*
furring brick Verblenddämmflachziegel *m* mit Hohlkehlen, Tonhohlziegel *m*, Riemenstein *m*, Riemchen *n*
furring channel Stahlhohlschiene *f (als Putzabstandshalter und Streckmetallträger)*
furring clip Metallhalteklammer *f* für eingehängte Decken
furring nail Putzträgernagel *m*
furring piece Futterholz *n*
furring strip Putzträger(abstands)leiste *f*
furring tile Verblendkehlfliese *f (als Putzträger)*; Wandplatte *f (Fliesenbelag)*
furrow *v* zerfurchen; riefen, auskehlen
furrow 1. Furche *f*, Rinne *f*; Rille *f*; 2. *(Hb)* Hohlkehle *f*; 3. Wasserhaltungsgraben *m*
furrowed furchig, zerfurcht, gefurcht, rinnenförmig, gerillt
furrowing Mörtelkehlen *n* mit der Kelle, Mörtelfurchen *n*
fusarole *(Arch)* konvexes Formteil *n (an Säulenkapitellen)*

fuse 1. *(El)* Sicherung *f*; Schmelzeinsatz *m*; 2. Zünder *m*; Zündschnur *f*
fuse box *(El)* Sicherungskasten *m*
fuse link Sicherungseinsatz *m*
fuse switch *(El)* Sicherungsschalter *m*
fused elektrisch gesichert
fused quartz Quarzglas *n*, Kieselglas *n*
fused silica (unreines) Quarzglas *n*
fusibility Schmelzbarkeit *f*
fusible schmelzbar
fusible alloy leicht schmelzende Legierung *f*
fusible link Schmelzverbindung *f (von niedrigschmelzenden Metallen)*; Schmelzpatrone *f*
fusible member Schmelzelement *n*
fusible metal Metall *n* mit niedrigem Schmelzpunkt *(Feuerschutztechnik)*
fusible plug 1. Wassermangelsicherung *f (Kessel)*; 2. *(El)* Schmelzstift *m (Sicherung)*
fusiform spindelförmig
fusing Schweißen *n*, Verschmelzen *n*
fusing point Schmelzpunkt *m*
fusing temperature Schmelztemperatur *f*
fusion-coated aufgeschmolzen
fusion cone Schmelzkegel *m*, Segerkegel *m*
fusion weld Schmelzschweißnaht *f*
fusion-welded joint Schmelzschweißverbindung *f*
fusion welding Schmelzschweißen *n*
fusion welding technique Schmelzschweißtechnik *f*
fusoid spindelförmig
fust Schaft *m (einer Säule)*
fusty stockig
Futurism *(Arch)* Futurismus *m*
Futurist(ic) architecture futuristische Architektur *f (Anfang 20. Jahrh.)*
fuzzy texture fehlerhafte Glasoberfläche *f (mit geschlossenen und geplatzten Bläschen)*

G

G-cramp große Schraubzwinge *f*
gabbard scaffold Kantholzgerüst *n*, Baugerüst *n (regionale Bezeichnung in Schottland)*
gabbro Gabbro(granit) *m*
gabbro diorite Gabbrodiorit *m*
gabbroic gabbroid, gabbroartig
gabers scaffold *s.* gabbard scaffold
gabion Gabione *f*, Stein(verbau)kasten *m (aus Draht)*; Drahtschotterkasten *m*
gabionnade *(Wsb)* Gabionenbau *m*, Drahtkastenverbau *m*
gable Giebel *m*
gable and eaves edges Giebel- und Traufkanten *fpl*
gable board Windbrett *n*, Windfeder *f*
gable coping Giebel(mauer)abdeckung *f*
gable cross Giebelkreuz *n*
gable end Giebelwand *f*, Giebelseite *f*, Brandgiebel *m*; Giebel *m*
gable end wall Giebelwand *f*
gable-ended roof Giebeldach *n*, Satteldach *n*, sichtbares Dachwerk *n*
gable frame Giebelrahmen *m*
gable-fronted house Giebel(front)haus *n*
gable-like giebelig
gable masonry wall Giebelmauer *f*
gable painting Giebelmalerei *f*
gable peak Giebelspitze *f*
gable post Giebelstreckholz *n*, Giebelblendbrettträger *m*
gable roof Giebeldach *n*, Satteldach *n*
gable shoulder Giebelfuß *m*, Giebelfußmauerwerk *n*
gable slate Giebelstein *m*, Ortstein *m (Dach)*
gable springer Giebelfußstein *m (keilförmig)*
gable tower Giebelturm *m*
gable tracery Giebelmaßwerk *n*
gable-type roof *s.* gable roof
gable wall Giebelwand *f*
gable window 1. Giebelfenster *n*; 2. giebelförmiges Fenster *n*
gabled gegiebelt; giebelig; Giebel...
gabled dormer Giebelgaupe *f*, Dachgiebelgaupe *f*, Gaube *f*
gabled dormer window Dacherker *m*
gabled hip Giebelwalm *m*
gabled tower Giebelturm *m*, Turm *m* mit Giebeldach
gabled window Dacherker *m*
gablet Zwerggiebel *m*, kleiner Ziergiebel *m (über einer Nische oder einem Stützpfeiler)*
gadroon Bossenwerkornament *n (von eiförmigen Bossen)*
gaffer Vorarbeiter *m*
gag *v* richten *(Eisenbahnschienen mittels eines Ballhammers)*
gage *v (AE) s.* gauge
gage *(AE) s.* gauge
gain *v* 1. *(Hb)* nuten, Nuten schneiden; 2. zunehmen *(z. B. an Höhe)*; gewinnen
gain 1. *(Hb)* Kehle *f*, Nut *f*, Rille *f*, Fuge *f*, Aussparung *f*; 2. *(Hb)* Überlappung *f*, Schrägung *f*; 3. *(Tun)* Durchhieb *m*, Querschlag *m*; 4. Gewinn *m*
gain in energy Energiegewinn *m*
gain in space Raumgewinn *m*
gain in weight Massezunahme *f*
gaine dekoratives Piedestal *n*, Ziersockel *m (Säule)*
gainer *(Hb)* Nutschneider *m*, Nutmaschine *f*
gaize Gaize *f*, Pseudokieselgur *m*
gaize cement Gaizezement *m*
gall *v* 1. abreiben; scheuern; 2. sich festfressen; verklemmen
galleried church Emporenhalle *f (Kirchenarchitektur)*
galleried upper storey Emporenstockwerk *n*
gallery 1. Galerie *f*, Laufgang *m (Korridor)*; Gang *m*; 2. *(Arch)* Altan *m*; Empore *f*, Galerie *f*, (höchster) Rang *m (im Theater)*; 3. Gang *m (unter der Erde)*; 4. *(Tun)* Strecke *f*, Druckstollen *m (Bergbau)*; 5. *(El)* (begehbarer) Kabelsammler *m*, Kabeltunnel *m*; 6. Bandbrücke *(mit Laufsteg)*; 7. Galerie *f*, Kabinett *n (Ausstellungen)*
gallery apartment house *(AE) s.* gallery block
gallery arcade Emporenarkade *f*
gallery block Außenganghaus *n*, Laubenganghaus *n*
gallery grave Galeriegrabstätte *f*, Ganggrab *n*
gallery level *(Tun)* Streckensohle *f*
gallery roof Emporendach *n*
gallery vault Emporengewölbe *n*
gallet Steinsplitter *m*
galleting 1. Fugenfüllen *n* mit Steinsplittern; 2. Fliesenbettung *f* mit Fliesenstückchen für Ecken
galliard Hartsandstein *m*, glatter harter Sandstein *m*
galling 1. Reiben *n*, Scheuern *n (gleitender Teile)*; 2. Festfressen *n (Stahl)*; 3. Kratzriss *m*
gallon Gallone *f (4.546 l; AE 3.7854 l)*
gallows bracket Galgenstütze *f*
galt harter Mergel *m*, Hartmergel *m*
galvanic coating Opfermetallschicht *f*, anodisch wirksame Schutzschicht *f*
galvanic corrosion elektrochemische Korrosion *f*, Kontaktkorrosion *f*, Lokalelementbildung *f*

galvanic protection katodischer Schutz *m*, katodischer Schutz *m* durch Opferanoden
galvanically protected geschützt durch Opferanoden
galvanise *v* galvanisieren, verzinken
galvanization Verzinken *n*, Feuerverzinken *n*
galvanize *v* verzinken, feuerverzinken, galvanisieren
galvanized verzinkt, galvanisiert
galvanized coating Zinküberzug *m*, Zinkschutzschicht *f*
galvanized iron verzinktes Eisenblech *n*, Zinkblech *n*
galvanized nail verzinkter Nagel *m*
galvanized pipe verzinktes Rohr *n*
galvanizing Verzinkung *f*, Feuerverzinkung *f*
galvanizing installation Verzinkungsanlage *f*
gambrel roof gebrochenes Satteldach *n*; Mansardendach *n*; Schopfwalmdach *n*, Krüppelwalmdach *n*
gambril roof *s.* gambrel roof
game 1. Wild *n*; 2. Spiel *n*, Runde *f*
game fenze Wildschutzzaun *m*
game room Freizeitraum *m*
games area Spielplatz *m*
gamma probe Gammasonde *f*
gang Arbeitsschicht *f*, Baukolonne *f*, Baubrigade *f*, Bautrupp *m*, Kolonne *f*, Rotte *f*
gang-board Laufplanke *f*
gang-boarding Laufbohlensteg *m*; Laufplanken *fpl*
gang foreman Bautruppführer *m*, Baukolonnenführer *m*, Polier *m*
gang mould Reihenform *f*
gang nail Zinkenplatte *f*
gang of wells Brunnengalerie *f*
gang of workmen *s.* gang
gang saw Gattersäge *f*
gang showers Reihendusche *f*
gangboards Laufplanken *fpl*
ganged stuff *(AE)* Kalkgipsputz *m*
ganger *s.* gang foreman
gangway 1. Laufgang *m*, Bedienungsgang *m*, Laufsteg *m* *(für Wartungszwecke)*; 2. Durchgang *m*
ganil spröder brüchiger Kalkstein *m*
ganister Ganister *m* *(feinkörniger Quarzit)*; eingekieselter Feinsandstein *m*
ganister brick Silikastein *m*, Dinasstein *m* *(Feuerfestmaterial)*
gannister brick *(AE) s.* ganister brick
gantry 1. Portal *n*, Krangerüst *n*; 2. *(AE)* Baugerüst *n*; 3. Schilderbrücke *f*, Signalbrücke *f*, Peitschenmast *m*
gantry crane Portalkran *m*, Torkran *m*, Bockkran *m*
gantry post Pendelstütze *f*, Pendelsäule *f*, Pendelpfeiler *m* *(Montagederrick)*
gap 1. Spalt *m*, Öffnung *f*, Zwischenraum *m*; Lücke *f*, Fuge *f*, Hohlraum *m*; Durchbruch *m*; 2. Kluft *f*, Spalte *f* *(Geologie)*
gap-filled joint harte Fuge *f*, Hartfuge *f*
gap-filling adhesive [glue] Fugenfüllkitt *m*, Klebefugenkitt *m*
gap-graded mit Ausfallkörnung, unkontinuierlich aufgebaut
gap-graded aggregate [material] Gekörn *n* mit fehlender Zwischenkorngröße, Ausfallgekörn *n* *(Zuschlagstoffgemisch)*
gap-graded concrete Beton *m* mit Ausfallkörnung, diskontinuierlich aufgebauter Beton *m*
gap grading Ausfallkornverteilung *f*, Ausfallkörnung *f*
gap of the joint Stoßfugenzwischenraum *m*
gap site Baulücke *f*
gaped gerissen, rissig *(z. B. Mauerwerk)*
gaping klaffend *(Riss, Fuge)*
gaping hole klaffende Öffnung *f*
gaping of a joint Klaffen *n* einer Fuge, Fugenriss *m*
garage 1. Garage *f*, Wagenhalle *f*; 2. Autoreparaturwerkstatt *f*
garage compound Sammelgarage *f*
garage construction Garagenbau *m*
garage door Garagentor *n*
garage drive Garageneinfahrt *f*, Garagenzufahrt *f*
garage driveway Garagenauffahrt *f*
garage service station Reparaturwerkstatt *f (bes. für Autos)*
garage yard Garagenhof *m*
garaging facility Garagenanlage *f*
garbage *(AE)* Müll *m*, Abfall *m*; Schmutz *m*
garbage can Abfallbehälter *m*, Müllbehälter *m*
garbage chute Müllschluckerschacht *m*
garbage container Müllbehälter *m*; Küchenabfallbehälter *m*
garbage disposal Müllbeseitigung *f*, Küchenabfallbeseitigung *f*
garbage-disposal plant Abfallentsorgungsanlage *f*, Müllverbrennungsanlage *f*
garbage-disposal unit *(AE)* Küchenabfallzerkleinerer *m* *(zur Abfallentfernung mit Abwässern)*
garbage dump Müllabladeplatz *m*, Abfallhalde *f*
garbage incineration Müllverbrennung *f*
garbage incineration plant Müllverbrennungsanlage *f*
garbage incinerator Müllverbrenner *m*, Müllverbrennungseinrichtung *f*, Müllverbrennungsanlage *f*
garbage removal Müllbeseitigung *f*
garden Garten *m*; Gartenanlage *f*
garden apartment 1. Flachbauappartement *n* mit Garten; 2. Erdgeschosswohnung *f* mit Gartennutzung *f*
garden architect Gartenarchitekt *m*
garden architecture Gartenarchitektur *f*, Gartenbaukunst *f*
garden bench Gartenbank *f*
garden city Gartenstadt *f*
garden colony Gartensiedlung *f*
garden court Gartenhof *m*, Zierhof *m*
garden estate Gartensiedlung *f*
garden fence Gartenzaun *m*
garden front Gartenfront *f*
garden gate Gartentor *n*
garden ground Gartenland *n*
garden house Gartenhaus *n*, Laubenhaus *n*, Wohnlaube *f*
garden housing estate Gartenwohnkolonie *f*
garden making Gartengestaltung *f*, Gartenbau *m* *(Errichtung)*; Gartenanlagenbau *m*
garden nesting Gartenwohnkolonie *f*
garden path Gartenweg *m*
garden pavilion Gartenpavillon *m*, Pavillon *m*
garden restaurant Gartenrestaurant *n*
garden seat Gartenbank *f*
garden shed Gartenschuppen *m*, Gartenhaus *n* *(für Gartengeräte)*
garden suburb Gartenvorstadt *f*
garden tile Gartenkeramik *f*
garden town Gartenstadt *f*
garden wall Gartenmauer *f*
garden-wall bond Gartenmauerverband *m*
gardening Gartenbau *m*
gardens Gartenanlage *f*
gargoyle Wasserspeier *m*
garish grell *(Farbanstrich)*
garland *(Arch)* Girlande *f*, Gehänge *n*, Blumengehänge *n*, Gewinde *n*, Feston *n* *(Schmuckelement)*
garnet Granat *m* *(Mineral)*
garnet hinge Türangel *f*
garnet paper Feinschmirgelpapier *n*
garnet rock Granatfels *m*
garnish Zierelement *n*, Ornament *n*
garnison church Garnison(s)kirche *f*

garret *v* 1. mit Steinsplittern ausfüllen; 2. verblenden
garret 1. Dachboden *m*, Boden *m*, Spitzboden *m*; Hängeboden *m*; Speicher *m*; 2. *(AE)* Dachstube *f*, Dachkammer *f*
garret beam Bodenbalken *m*
garret floor Bodenbalkenlage *f*
garret room Bodenkammer *f*, Dachkammer *f*
garret stairs Bodentreppe *f*
garret window Bodenfenster *n*, Dachliegefenster *n*
garreting *(AE)* Fugenfüllen *n* mit Steinsplittern
garrison house Garnison(s)haus *n*; Kolonialhaus *n*, Holzrahmenhaus *n* der Kolonialzeit *(befestigtes Blockhaus der nordamerikanischen Siedler)*
garth Innenhofgarten *m (eines Klosters)*
gas *v* mit Gas versorgen
gas-weld *v* gasschweißen, autogenschweißen
gas-ash concrete Gasaschenbeton *m*
gas bottle Gasflasche *f*
gas bubble Gasbläschen *n*, Gaseinschluss *m*
gas burner Gasbrenner *m*
gas calorific value Gasheizwert *m*
gas central heating Gaszentralheizung *f*
gas checking Runzelbildung *f (bei verschiedenen Lacken durch Ofentrocknung mittels Leuchtgas)*
gas chromatography Gaschromatographie *f*
gas cock Gashahn *m*
gas concrete Porenbeton *m*, Schaumbeton *m*, *(veraltet)* Gasbeton *m*, Blähbeton *m*
gas concrete [hollow] block Gasbetonstein *m*, Gasbetonblockstein *m*, Blähbetonstein *m*
gas concrete slab Gasbetonplatte *f*
gas conduit Gasleitung *f*
gas connection Gasversorgungsleitung *f*
gas consumption Gasverbrauch *m*
gas convector Gaskonvektor *m*, Gasheizkörper *m*
gas cooker Gasherd *m*
gas cutting Brennschneiden *n*, Autogenschneiden *n*
gas cylinder Gasflasche *f*
gas detector system Gasspüranlage *f*
gas discharge lamp Gasentladungslampe *f*
gas distribution installation Gasverteilungsanlage *f*
gas-filled incandescent lamp gasgefüllte Glühlampe *f*
gas-filled lamp gasgefüllte Lampe *f*
gas-fired gasbeheizt; mit Gasheizung
gas-fired boiler gasbeheizter Kessel *m*
gas-fired central heating Gaszentralheizung *f*
gas-fired heating Gasheizung *f*
gas-fired water heater Gasbadeofen *m*
gas firing Gasfeuerung *f*
gas fitter Installateur *m*, Gasinstallateur *m*
gas fitting Gasarmatur *f*
gas-flow counter Gasdurchflusszähler *m*
gas-forming gasbildend, gasentwickelnd
gas furnace Gasofen *m (Industrie)*
gas generator ash Gasgeneratorasche *f*, Generatorasche *f*
gas geyser Gasdurchlauferhitzer *m*
gas grid Gas(versorgungs)netz *n*
gas-heated gasbeheizt
gas heater Gasheizkörper *m*
gas heating system Gasheizung *f*
gas holder Gasometer *m*
gas illumination Gasbeleuchtung *f*
gas installation Gasinstallation *f*
gas lighting Gasbeleuchtung *f*
gas lime Gaskalk *m*
gas line Gasleitung *f (in Gebäuden)* • **lay a gas line** eine Gasleitung legen
gas main Gashaupt(versorgungs)leitung *f*, Gashausanschlussleitung *f*
gas metal arc welding Schutzgaslichtbogenschweißen *n*
gas meter Gaszähler *m*, Gasuhr *f*
gas oil Gasöl *n*, Dieselöl *n*
gas outlet Gasanschluss *m*
gas oven Gasherd *m*
gas pipe Gasleitung *f*, Gasleitungsrohr *n (in Gebäuden)*
gas-pipe wrench Rohrzange *f*
gas piping Gasleitung *f*, Gasrohrleitung *f*
gas pliers Gasrohrzange *f*
gas pocket Luftblase *f (im Beton)*
gas pressure Gasdruck *m*
gas producer Gasgenerator *m*
gas-proof *s.* gasproof
gas pumice concrete Naturbims(gas)beton *m*, Bimsblähbeton *m*
gas radiant heater Gasstrahlungsheizgerät *n*, Gasstrahler *m*
gas range Gasherd *m*
gas recovery Gasrückgewinnung *f*
gas seal Gasdichtung *f*
gas shut-off valve Gasabsperrschieber *m*
gas silicate Gassilikat *n*
gas-silicate concrete Silikatgasbeton *m*
gas-slag concrete Schlackengasbeton *m*
gas-sprayed flammgespritzt
gas station *(AE)* Tankstelle *f*
gas stove Gasofen *m*
gas supply Gasanschluss *m*, Gaszuführung *f*, Gasversorgung *f*
gas supply company Gasversorgungsgesellschaft *f*
gas supply pipe Gasversorgungsleitung *f*
gas supply system Gasversorgungsanlage *f*
gas tap Gashahn *m*
gas-tight gasdicht
gas transmission line Ferngasleitung *f*, Gasfernleitung *f*
gas tube Gasröhre *f*
gas vent pipe Gasab(zugs)rohr *n*
gas-warmed gasbeheizt, gaserwärmt
gas, water and sewage installation work Gas-, Wasser- und Abwasserinstallationsarbeiten *fpl*
gas welding Gas(schmelz)schweißen *n*, Autogenschweißen *n*
gas-works Gaswerk *n*, Gasanstalt *f*
gas wrench Rohrzange *f*
gaseous gasförmig
gaseous heating fuel gasförmiges Heizmittel *n*
gasfitter Gasinstallateur *m*
gasholder Gasbehälter *m*, Gasometer *m*
gashouse *(AE)* Gaswerk *n*
gasket Dichtung *f*, Dichtungsprofil *n*; Runddichtung *f*, Scheibe *f*, Dichtungsscheibe *f*, Ventildichtung *f*, Manschette *f*
gasket corrosion Spaltkorrosion *f*
gasket glazing Profilverglasung *f*, Einglasung *f* mit Dichtungsprofilen
gasket seal Flachabdichtung *f*, Manschettendichtung *f*, starre Dichtung *f*
gasketed abgedichtet
gasketed pipe Rohr *n* mit Dichtungsprofil, Rohr *n* mit Selbstdichtung
gaskin Dichtungsstrick *m*, Hanfseil *n*
gasoline-proof *(AE)* benzinfest
gasoline resistance *(AE)* Benzinbeständigkeit *f*, Benzinfestigkeit *f*
gasoline-resistant *(AE)* benzinbeständig, benzinfest
gasoline separator *(AE)* Benzinabscheider *m*, Leichtflüssigkeitsabscheider *m*
gasometer *s.* gas holder
gasproof benzinfest
gastight gasdicht

gastightness Gasdichtigkeit *f*
gasworks Gaswerk *n*
gatch persischer Dekorationsputz *m*
gate 1. Tor *n*, Pforte *f*, Eingangstür *f*, Tür *f*; Flugsteig *m*; 2. *(Wsb)* Schütz *n*, Wehrverschluss *m*; Klappe *f*; Schieber *m*; Schleusentor *n*; 3. Gitter *n (Zaun)*; 4. Flugsteig *m*; 5. Gebirgspass *m*
gate arm Segmentarm *m*
gate beams Versteifungsbalken *mpl*
gate closer Türschließer *m*
gate dock Hafendock *n*
gate door Pforte *f*, Straßentor *n*
gate hanging rail Torhängeschiene *f*
gate hook Metallbolzen *m (für ein Tor)*
gate latch Torriegel *m*
gate meeting post äußerer Torflügelpfosten *m*
gate occupancy time Belegungsdauer *f*, Flugsteigstandzeit *f (Flugplatz)*
Gate of lions *(Arch)* Löwentor *n (Mykene)*
gate operator elektromechanischer Toröffner *m*
gate pier Torpfeiler *m*, steinerne Torsäule *f*
gate shaft *(Wsb)* Schützenschacht *m*
gate shutting shoe Torankerplatte *f*, Torankerstein *m*, Torflügelankerklotz *m*
gate structure Verschlussbauwerk *n*
gate valve Hilfsschieber *m*, Absperrschieber *m*
gatehouse Torhaus *n*; Pförtnerhaus *n*
gatepost Torpfosten *m*
gateway 1. Torweg *m*, Tor *n*, Pforte *f*; Einfahrt *f*, Tordurchfahrt *f*; Ausfahrt *f*; 2. *(Arch)* Torbau *m*, Portalbau *m*, Pylon *m*, Pylone *f (massiver turmartiger Baukörper an Eingangstoren, z. B. antiker Tempel)*
gateway of triumph Triumphtor *n*
gateway tower *(Arch)* Torturm *m*
gathering Übergangsquerschnitt *m*, Schornsteinquerschnittsveränderung *f (beim Übergang vom Fuchs zum Schornstein)*
gathering ground Einzugsgebiet *n (von Wasser)*
gathering of water Wasserfassung *f*
gauge *v* 1. (ab)messen, ausmessen; kalibrieren; eichen; 2. zumessen *(Baustoffaufbereitung)*; zuwiegen *(bei Dosierung)*; dosieren; 3. zurichten *(Ziegel)*; 4. beurteilen
gauge 1. Eichmaß *n*, Bezugsmaß *n*; Richtmaß *n*; 2. Messer *m*; Pegel *m*; Lehre *f*; Schablone *f*; 3. Spurweite *f (Eisenbahn)*; 4. *(Wsb)* Pegel *m*, Grundwasserbeobachtungsrohr *n*
gauge board *s.* gauging board
gauge box *s.* gauging box
gauge cock Wasserstandshahn *m*
gauge factor Dehnungsfaktor *m*, K-Faktor *m (Dehnungsmessung)*
gauge glass Wasserstandsrohr *n*, Standrohr *n*
gauge height *(Wsb)* Pegelhöhe *f*
gauge lath *(Verk)* Dammlattenprofil *n*
gauge line Nietrisslinie *f*
gauge-No. Lehrennummer *f*
gauge piece Passstück *n*
gauge pipe Messrohr *n*
gauge pressure 1. Atmosphärenüberdruck *m*; 2. *(Wsb)* Pegeldruck
gauge reading *(Wsb)* Pegelablesung *f*
gauge rod Mauerwerkslehre *f*, Planlatte *f*
gauge setting device *(Verk)* Schienenrichtgerät *n*
gauge station *(Wsb)* Pegelstation *f*
gauge stuff *s.* gauging plaster
gauge system Lehre *f (Blech)*
gauge tube *(Bod, Erdb, Wsb)* Standrohr *n*, Pitotrohr *n*; Grundwasserbeobachtungsrohr *n*
gauge well *(Erdb)* Pegelbrunnen *m*
gauge work Stuckputzwerk *n* mit Normputz
gauged 1. geeicht; 2. vorgegeben
gauged arch scheitrechter Bogen *m*, Wölbziegelbogen *m*
gauged brick 1. genormter Ziegel *m*; 2. Bogenziegel(stein) *m*, Keilziegel *m*
gauged brickwork Maßmauerwerk *n*
gauged mortar Zementkalkmörtel *m* nach festem Mischungsverhältnis
gauged mortar plaster Kalkgipsputz *m*
gauged skim coat aufgespachtelter Normputzmörtel *m*
gauged stuff Kalkgipsputz *m*
gauging 1. Eichen *n*; Maßprüfung *f*; 2. Messung *f*; 3. Kitt- und Kalkputz *m (zur Beschleunigung des Abbindens)*; 4. Einsumpfen *n*; 5. *(Erdb, Wsb)* Pegelmessung *f*
gauging basin Eichbehälter *m*
gauging board 1. Mörtelmischplatte *f*, Mischbrett *n*; 2. Mischpodest *n*
gauging box Abmesskasten *m*, Maßkasten *m*, Zumesskiste *f (Betonherstellung)*
gauging by measuring *(Wsb)* Überfallabflussmessung *f*
gauging device Dosiervorrichtung *f*
gauging period Einsumpfzeit *f*, Kalksumpfdauer *f*
gauging plaster Gips-Kalk(kitt)deckputz *m*, Kalkgipsputz *m*
gauging platform Mischpodest *n*
gauging station *(Wsb)* Messstelle *f*, Messstation *f*; Abflussmessstelle *f*, Pegelstation *f*
gauging time Einsumpfdauer *f*, Einsumpfzeit *f (Kalk)*
gauging trowel Verputzkelle *f*
gauging water Dosierwasser *n*, Mischwasser *n*, Anmachwasser *n (zum Betonanmachen)*
gaul *(AE)* hohle Putzstelle *f*
Gauss error distribution curve Gauß'sche Fehler(verteilungs)kurve *f*
Gaussian curvature Gauß'sche Krümmung *f*
Gaussian distribution Gauß-Verteilung *f*, Gauß'sche Verteilung *f*, Normalverteilung *f (Messwertsummenkurve)*
gauze 1. Gaze *f*, Drahtgaze *f*; 2. Siebgewebe *n*; Netz *n*; 3. Mull *m*
gay in colors *(AE)* farbenprächtig, farbenfreudig
gazebo 1. Sommerhaus *n*, Gartenlaube *f*; 2. Aussichtspavillon *m*; Aussichtsturm *m*
gazump *v* übervorteilen beim Grundbesitzankauf
gear rack Zahnstange *f*
geared pulley block Zahnradflaschenzug *m*
geest 1. anstehende Gesteinszerfallprodukte *npl (Baugrund)*; 2. *(Bod)* alluviale Ablagerung *f*
geison *s.* cornice 1.
gel *v* gelieren *(Zement)*; in den Gelzustand übergehen; sich verdicken; erstarren, fest werden
gel Gel *n*
gel coat Gel(harz)überzug *m (Baustoff)*
gel compound gelartige Verbindung *f*
gel condition Gelzustand *m (Zement)*
gel-like gelartig, vergelt
gel particle Gelteilchen *n*
gel pore Gelpore *f*
gel time Filmgelierdauer *f (Anstrich)*
gel water Gelwasser *n*
gelatin mould Gelatineputzform *f*, Stuckform *f* aus Gelatine
gelatination Gelbildung *f*
gelatinization Gelieren *n*
gelatinous gallertartig, gelatinous
gelation Gelieren *n*, Gelierung *f*
gelifluction *s.* gelifluxion
gelifluxion *(Bod, Erdb)* Taubodenabrutschung *f* auf Frostuntergrund, Gelifluxion *f*
gelling Gel(atin)ieren *n*, Gelbildung *f*, Farbgelierung *f*, Quellung *f*

gelling agent Geliermittel *n*
gemel *(AE)* zwillingsgleich
gemel arch Zwillingsbogen *m*
gemel window Zwillingsfenster *n*, zweiteiliges Fenster *n*
geminate paarweise; Zwillings...
geminated gekoppelt, verbunden
gemmy fibre *s.* jute fibre
general acceptance Gesamtabnahme *f*, Schlussabnahme *f*
general acceptance criterion allgemeines Abnahmemerkmal *n*, generelles Abnahmekriterium *n*
general assembly drawing Montagezeichnung *f*, Zusammenstellungszeichnung *f*, Übersichtszeichnung *f*
general attack Allgemeinangriff *m*, Gesamtangriff *m*, flächenartiger Angriff *m (Korrosion)*
general conditions of the contract allgemeine Bauvertragsbedingungen *fpl*
general contract Bauhauptvertrag *m*
general contractor Hauptauftragnehmer *m*, Bauhauptauftragnehmer *m*, Generalauftragnehmer *m*, Gesamtauftragnehmer *m*
general contractor order Generalunternehmerauftrag *m*
general corrosion Flächenkorrosion *f*, Flächenfraß *m*
general damage to buildings allgemeiner Gebäudeschaden *m (Stärke 9 der Erdbebenskala)*
general destruction to buildings allgemeine Gebäudezerstörungen *fpl (Stärke 10 der Erdbebenskala)*
general development plan Bauleitplan *m*, Gesamtbebauungsplan *m*
general diffuse lighting gleichförmige [gleichmäßige] Beleuchtung *f (40–60 % nach unten, der Rest nach oben)*
general drawing Übersichtszeichnung *f*, Einzel(gesamt)-plan *m*
general expenses Gemeinkosten *pl*
general foreman Polier *m*, Bauführer *m*; Bauvorarbeiter *m*; Oberpolier *m*
general geology allgemeine Geologie *f*
general geophysics allgemeine Geophysik *f*
general hospital allgemeines Krankenhaus *n*, Allgemeinklinik *f*
general hospital for the district Bezirkskrankenhaus *n*
general instructions allgemeine Anweisungen *fpl*
general layout [map] *s.* general plan
general method of design allgemeines Bemessungsverfahren *n*, allgemeine Bemessungsmethode *f*
general operating cost Betriebsgemeinkosten *pl*
general plan Übersichtsplan *m*, Gesamtübersicht *f*
General Post Office Hauptpostamt *n*
general public room Gesellschaftssaal *m*, Gesellschaftsraum *m (Hotel)*
general pump Haus(versorgungs)pumpe *f*
general-purpose vehicle Mehrzweckfahrzeug *n*
general requirements allgemeine Baubedingungen *fpl*
general service water Brauchwasser *n*, Fabrikwasser *n*
general sketch Übersichtsskizze *f*
general state of strain räumliche Formänderung *f*
general state of stress räumlicher Spannungszustand *m*
general superintendent Bauführer *m*, Bauwart *m*
general traffic plan Generalverkehrsplan *m*
general-use building paper Baupappe *f*, Bitumenbaupappe *f*, Teerpappe *f*
general view Gesamtansicht *f*, Übersichtsdarstellung *f*, Übersichtsbild *n*
generalization Verallgemeinerung *f*
generalized geological map geologische Übersichtskarte *f*
generate *v* erzeugen, hervorbringen, verursachen
generated traffic Verkehrsaufkommen *n*
generating station Kraftwerk *n*, Elektrizitätswerk *n*
generation Erzeugung *f*, Verursachung *f*, Hervorbringung *f*
generation of heat Wärmeentwicklung *f*
generator 1. Generator *m*, Stromerzeuger *m*; 2. Dampferzeuger *m*; 3. Erzeugende *f*, erzeugende Linie *f*
generator ash Generatorasche *f*
generator building Generatorgebäude *n*
generator floor Maschinengeschoss *n*, Maschinenflur *m*
generator room Generatorraum *m*
generatrix Erzeugende *f*, erzeugende Linie *f*
generic eine Art betreffend
generic term Gattungsbegriff *m*, Oberbegriff *m*
generous flowing lines *(Arch)* großzügig fließende Linien *fpl*
gentle river bank flaches Flussufer *n*
gentle slope sanfter Abhang *m*
gentle-sloped talus sanft geneigte Böschung *f*
gently modulated lines *(Arch)* elastische Linienführung *f*
gentrification Innenstadtbesiedlung *f* durch Wohlhabende
geobiology Geobiologie *f*
geochemistry Geochemie *f*
geode Geode *f*, Mandel *f*
geodesic dome geodätische Kuppel *f*
geodesic structure geodätisches Bauwerk *n*
geodesics Raumtragwerke *npl*, räumliche Tragwerke *npl*
geodesy Geodäsie *f*, Erdvermessung *f (Lehre)*
geodetic geodätisch
geodetic engineer Vermessungsingenieur *m*
geodetic mapping geodätische Abbildung *f*
geodetic monument geodätischer Festpunkt *m*, amtlicher Festpunkt *m*, Vermarkung *f*
geodetic station Vermessungsamt *n*
geodetic survey(ing) geodätische Landvermessung *f (größerer Gebiete)*
geographic information system Geo-Informationssystem *n (Landesplanung)*
geographic location geographische Lage *f*
geographic variation geographische Abweichung *f*
geographical latitude geographische Breite *f*
geographical longitude geographische Länge *f*
geogrid(s) Geogitter *n*, Bodengitter *n*
geohydrological geohydrologisch
geohydrology Hydrogeologie *f*
geological geologisch
geological atlas geologischer Atlas *m*
geological column geologisches Profil *n*, Schichtenfolge *f*
geological conditions Lagerungsverhältnisse *npl (geologisch)*
geological cross section geologisches Querprofil *n*
geological map geologische Karte *f*
geological profile geologisches Profil *n*
geological prospecting geologische Untersuchungsarbeiten *fpl*
geological set-up geologischer Untergrund *m*
geological survey geologische Aufnahme *f (eines Geländes)*
geological target geologische Aufgabenstellung *f*
geologist Geologe *f*
geologist's compass Geologenkompass *m*
geologist's hammer Geologenhammer *m*
geologize *v* geologisch untersuchen [aufnehmen]
geology Geologie *f*
geomechanics Geomechanik *f*
geomembrane Geomembrane *f*
geomembrane liner Geomembranverkleidung *f*
geometric geometrisch
geometric design standard *(Verk)* Entwurfsrichtlinie *f (Straße)*
geometric mean geometrischer Mittelwert *m*
geometric pattern geometrisches [regelmäßiges] Muster *n*

Geometric style englische Gotik *f* [Hochgotik *f*] *(13. und 14. Jahrh.)*; geometrischer Dekorationsstil *m*
geometric tracery geometrisches Maßwerk *n*; gotische Fensterverzierung *f*
geometrical geometrisch
geometrical accuracy Formgenauigkeit *f*, geometrische Genauigkeit *f*
geometrical drawing geometrische Zeichnung *f*
geometrical funicula form geometrische Seillinienform *f*
Geometrical Gothic geometrische Gotik *f*
geometrical locus geometrischer Ort *m*
geometrical moment axiales Flächenträgheitsmoment *n*
geometrical motif geometrisches Motiv *n*
geometrical ornament geometrisches Ornament *n*
geometrical pattern mathematische Fugur *f*, geometrisches Muster *n*
geometrical shape geometrische Form *f*
geometrical stair gewendelte Treppe *f*, Treppe *f* mit Treppenauge
geometrically progressing series geometrisch gestufte Siebreihe *f*
geometrically similar geometrisch ähnlich
geometrician Landvermesser *m*, Geodät *m*, Vermessungsingenieur *m*
geometry of cables Seilstatik *f*
geometry of forces *(Stat)* Geometrie *f* der Kräfte
geometry of shells Schalengeometrie *f*
geomorphology Morphologie *f*
geophone Geophon *n*
geophysical geophysikalisch
geophysical field study geophysikalische Baugrunduntersuchung *f*
geophysical investigation geophysikalische Untersuchung *f*
geophysics Geophysik *f*
Georgian architecture georgianischer Stil *m (Baustil des 18. Jahrh. in England und Nordamerika; Gemisch aus klassischer, Renaissance- und Barockarchitektur)*
Georgian glass starkes Drahtglas *n*
geosynthetic liner geosynthetische Verkleidung *f*
geotechnical geotechnisch
geotechnical field test geotechnische Felduntersuchung *f*
geotextile Geotextil *n*
geotextile laboratory Labor *n* für Geotextilien
geotextile membrane Geotextilmatte *f*, Dränmatte *f*, Trennmatte *f*
geotextiles Geotextil *n*
geothermal geothermal, geothermisch, mit Erdwärme
geothermal drilling equipment geothermische Bohrausrüstung *f*
geothermal field geothermisches Feld *n*
geothermal plant geothermische Anlage *f*
geothermal power station Erdwärmekraftwerk *n*, geothermisches Kraftwerk *n*
geothermal resources geothermische Quellen *fpl*
geothermal step geothermische Tiefenstufe *f*
geothermal water heating (system) Erdwärmeheizung *f*
Gerber girder Gelenkträger *m*
Gerber hinge [joint] Gerbergelenk *n*
Gerber's diagram of moments Gerber'sche Momentenfläche *f*
germ-free keimfrei, steril
German Baroque deutscher Barock *m*
German degree deutscher Härtegrad *m (Wasser)*
German Industrial Standard *(DIN)* Deutsche Industrienorm *f*, DIN
German jack plane Doppelhobel *m*
German regulations for contracts and execution of construction works Verdingungsordnung *f* für die Vergabe von Bauleistungen, VOB
German Renaissance deutsche Renaissance *f*
German siding Nutverschalung *f*
German Standard DIN-Normen *fpl*
germicidal keimtötend
gesso Gemisch *n* aus Gipsputz, Leim und Weißfarbe *(Spachtelmasse für Basreliefs)*
get *v* abbauen, gewinnen *(Gestein)*
get *v* **filled with mud** verschlammen *(Rohrleitungen)*
get *v* **jammed** eingeklemmt werden; sich festklemmen
get *v* **loose** nachlassen, erschlaffen
get *v* **musty** anlaufen *(Metalloberfläche)*
get *v* **stuck** blockiert werden; festgeklemmt werden
geyser Durchlauferhitzer *m*; Gasbadeofen *m*, Badeofen *m*
geyserite Kieselsinter *m*
ghost island *(Verk)* Sperrfläche *f*, markierte Verkehrsinsel *f*
ghost marking Schmutzspur *f*, Schmutzfahne *f (z. B. an Wänden über Heizungen durch Luftkonvektion)*
giant Druckstrahlbagger *m*
giant arbor vitae Rotzedernholz *n*
giant cantilever Hammerkran *m*
giant dredge Druckstrahlbagger *m*
giant order Kolossalordnung *f*, große Ordnung *f (Säulen)*
giant silo [store] Großsilo *n*
gib Führungsleiste *f*, Leiste *f*, Halteleiste *f*
gib and cotter Keilschloss *n*
gib-and-cotter joint *(Hb)* Spannbandverbindung *f*, Stahlleistenverbindung *f*
gib door Geheimtür *f*, Tapetentür *f*
gib strip Keilleiste *f*
gibbed mit Leiste
gibbosity Wölbung *f*, Buckel *m*, Höcker *m*; Buckligkeit *f*
gibbous gewölbt, ausgebaucht
gibbsite Gibbsit *m*, Hydargillit *n*
gibbsite refractory Gibbsiterzeugnis *n (Feuerfestmaterial)*
gig stick Putz(ring)formlehre *f*, Putzerzirkel *m*
gigantomachy *(Arch)* Gigantomachie *f (Pergamon)*
giglio Blumenverzierung *f (florentinisches Ornament)*
gild *v* vergolden
gilded vergoldet
gilding 1. Vergoldung *f*, Vergolden *n*; 2. *s.* gold leaf
gilding metal unechtes Blattgold *n (Legierung aus 95 % Kupfer und 5 % Zink)*
gill Heiz(körper)rippe *f*, Radiatorrippe *f*, Rippe *f*
gilled heater Rippenheizkörper *m*
gilled pipe Lamellenrohr *n*, Rippenrohr *n*
gilled radiator Rippenheizkörper *m*
gilled tube *s.* gilled pipe
Gillmore [gillmore] needles Gillmorenadeln *fpl (zur Betonerstarrungsprüfung)*
gilsonite Gilsonit *m*, Gilsonitasphalt *m*, Naturasphaltgestein *n*
gimlet kleiner Holzbohrer *m*, Nagelbohrer *m*
gin Bock *m*, Bockkran *m*, einfaches Hebegerät *n*, Aufzug *m (zum Heben schwerer Gegenstände)*; Dreifuß *m*, Dreibein *n*; Göpel *m*, Winde *f*
gin block Baurolle *f*, Rolle *f (an einer Bauwinde)*; einfaches Hebegerät *n*
gin wheel Baurolle *f*
girandole mehrarmige Leuchte *f (verzierter Kandelaber)*
gird *v* umschließen, umgeben; umfassen
girder Träger *m (aus Beton oder Stahl)*; Tragbalken *m (meist aus Holz)*; Balken *m*; Binder *m (Tragkonstruktion)*
girder action Trägerwirkung *f*
girder anchor Trägeranker *m*
girder beam Trägerbalken *m*; Gitterbalken *m*

girder bearing Trägerlager *n*
girder bearing plate Trägerunterstützungsplatte *f*
girder boom Trägergurtung *f*, Trägerflansch *m*
girder bottom boom Trägeruntergurt *m*, Trägerunterflansch *m*
girder bridge Balkenbrücke *f*, Trägerbrücke *f*
girder casing Trägerummantelung *f*
girder chord Trägergurtung *f*, Trägerflansch *m*
girder connection Trägeranschluss *m*
girder construction Trägerbauwerk *n*
girder cross section Trägerquerschnitt *m*
girder depth Trägerhöhe *f*, Balkenhöhe *f*
girder design formula Trägermessungsformel *f*
girder element Trägerelement *n*
girder flange Trägerflansch *m*
girder floor Trägerdecke *f*, Plattendecke *f* zwischen Trägern
girder forms Trägerschalung *f*
girder grid Trägerraster *m*
girder grillage Trägerrost *m*
girder grille Kreuzwerk *n*, Trägerrost *m*
girder iron Stahlträger *mpl*
girder joint Trägerstoß *m*
girder loading Trägerbelastung *f*
girder material Trägerwerkstoff *m*
girder mould Trägerkasten *m*
girder pole Gittersäule *f*, Gitterbalken *m*
girder post Trägerpfosten *m*, Trägerunterstützungssäule *f*
girder rail *(AE)* Breitflanschschiene *f*, Breitfußschiene *f*
girder roof Trägerdach *n*
girder section Trägerprofil *n*
girder spacing Trägerabstand *m*
girder span Trägerfeld *n*, Trägeröffnung *f*
girder stem Trägersteg *m*
girder structure Verbundtragwerk *n*
girder support Trägerauflager *n*
girder top boom Trägerobergurt *m*, Trägeroberflansch *m*
girder wall Trägerwand *f*
girder with rigid and movable bearings Träger *m* mit festen und beweglichen Auflagern
girder with two statically indeterminate members zweifach statisch unbestimmter Träger *m*
girderless trägerlos
girdle *v* (um)gürten
girdle Säulenzierband *n*, Säulenziergesims *n*, Säulengürtel *m*, Gurtband *n*
girt 1. horizontaler Rahmenstab *m*; 2. tragendes Querholz *n*, Gurt *m (für Stahlkonstruktionen)*; 3. kleiner schwerer Träger *m*; 4. *(Hb)* Saumschwelle *f*, Brustschwelle *f*, Sattelschwelle *f (Balken)*; 5. Umfang *m (z. B. von Rundbalken)*; 6. Untergurt *m*
girt strip Riegelbrett *n*, Zaunriegel *m*; Streckbaum *m*; *(AE)* Netzriegel *m (Gerüstbau)*
girth *s.* girt 2. *und* 4.
give *v* **a cut with the saw** einsägen
give *v* **a decorative finish** mustern, ornamentieren
give *v* **a guarantee** Garantie geben, garantieren
give *v* **advice** beraten
give *v* **shelter** beherbergen
give *v* **way** (ab)sacken; nachgeben; sich setzen
glacial glacial, eiszeitlich
glacial(-borne) debris Gletscherschutt *m*
glacial boulder eiszeitlicher Findling *m*
glacial clay Geschiebelehm *m*, glazialer Bänderton *m*
glacial deposit glaziales Sediment *n*, Gletscherablagerung *f*
glacial drift Glazialgeschiebe *n*, Gletscherschutt *m*
glacial gravel Glazialkies *m*, Gletscherkies *m*
glacial lake Moränesee *m*, Gletschersee *m*
glacial sand Geschiebesand *m*, Schmelzwassersand *m*
glacial till Geschiebelehm *m*, Geschiebemergel *m*
glacier accumulation Gletscherablagerung *f*
glacier drift Gletscherschutt *m*
glacis Böschung *f (speziell vor einer Befestigung)*
glance pitch Glanzpech *n*, Maniak *n*, reiner Asphalt *m*
gland packing Dichtungspackung *f*, Packungsstopfbuchse *f*, Stopfbuchsenpackung *f*
gland seal Stopfbuchse *f*
glare Blendlicht *m*; Blendung *f*
glare-free blend(ungs)frei
glare glass Blendschutzgas *n*
glare-reducing glass Blendschutzglas *n*
glare screen Blendschutzwand *f*
glareless light blendungsfreies Licht *n*
glaring grell
glaring colour grelle Farbe *f*
glaring light grelles Licht *n*
glascrete Glasbeton *m*
glass *v* verglasen, mit Glas versehen
glass *v* **in** einglasen, verglasen
glass Glas *n*
glass aggregate Glaszuschlagstoff *m*
glass-and-metal-style *(Arch)* Glas- und Metallstil *m*
glass architecture Glasarchitektur *f*, Glasbaukunst *f*
glass area Lichtfläche *f (Fenster)*
glass bar 1. Sprosse *f*, Fenstersprosse *f*, Glasdachsprosse *f*; 2. Glasstab *m*, Glasstange *f*
glass beads 1. Markierungsglasperlen *fpl (Straßenmarkierungsmaterial)*; 2. Glaskugeln *fpl*, Glasperlen *fpl (Abstrahlmittel)*
glass beads dispenser Glasperlenstreugerät *n (Straßenmarkierung)*
glass block Glas(bau)stein *m*
glass-block floor Glasbausteindecke *f*
glass-block masonry Glasbausteinmauerwerk *n*
glass brick Glas(bau)stein *m*
glass bubble Glasbläschen *n*
glass ceiling Glasdecke *f*
glass cell Glaszelle *f*
glass cement Glasklebekitt *m*
glass ceramic Glaskeramik *f*, glaskeramischer Stoff *m*
glass chip bearbeitetes Glasstück *n (für Einbauzwecke)*
glass-clad umglast, eingeglast
glass cloth Glasfasergewebe *n*
glass cloth laminate Glasgewebeschichtstoff *m*
glass-coated glasbeschichtet
glass coating Glasschutzschicht *f*, Emailleschicht *f*, lasierter Anstrich *m*
glass concrete 1. Glas(stahl)beton *m*; 2. Stahlbetondecke *f* mit eingegossenen Glaslichtöffnungen
glass construction Glaskonstruktion *f*
glass core Glaskassette *f*
glass corridor Glasgang *m*
glass counter ceiling Glasunterdecke *f*
glass cupola Glaskuppel *f*
glass-cutter Glasschneider *m*
glass dome Glaskuppel *f*
glass domed roof-light Glaslichtkuppel *f*
glass door Vollglastür *f*
glass enamel Glasemail *n*
glass-enclosed verglast
glass fabric Glasfasergewebe *n*
glass façade Glasfassade *f*
glass-façade block [building] Glasfassadengebäude *n*
glass face work Glasverblendung *f*
glass felt Glasvlies *n*
glass fibre Glasfaser *f*
glass fibre blanket insulation flexibles Glasfaserdämmmaterial *n*, Glasfaserbahn *f*

glass-fibre fabric Glasfasergewebe *n*
glass-fibre felt Glasvlies *n*
glass-fibre formwork Glasfaserschalung *f*
glass-fibre laminate Glasfaserschichtstoff *m*
glass-fibre mat Glasvlies *n*
glass-fibre reinforced glasfaserverstärkt, glasfaserbewehrt
glass-fibre reinforced plastic glasfaserverstärkter Kunststoff *m*
glass-fibre reinforced silicate insulation glasfaserverstärkte Silicatdämmung *f*
glass-fibre roving [strand] Glasseiden-Roving *m*
glass-fibre tissue Glasfasergewebe *n*
glass-fibre veil Glasfaservlies *n*
glass-fibred plaster Glasfaserputz *m*
glass-forming glasbildend
glass-house 1. Gewächshaus *n*, Treibhaus *n*; 2. *s.* glassworks
glass insert Glaseinsatz *m*
glass jar Probenglasgefäß *n*
glass light cupola Lichtkuppel *f*
glass-like glasartig
glass-lined glasausgekleidet; emailliert
glass-lined pipe glasausgekleidetes Rohr *n*
glass lookout area Glasaussichtsfläche *f*
glass mat Glasvlies *n*
glass mosaics Glasmosaik *n*
glass opening verglaste Öffnung *f*
glass pane Glasscheibe *f*, Glastafel *f*
glass panel Glasfüllung *f (z. B. einer Tür)*; Glaskassette *f*
glass paper feines Glas(sand)papier *n*
glass partition wall Glastrennwand *f*
glass pipe Glasrohr *n*
glass pipeline Glasrohrleitung *f*
glass plate Glasplatte *f*
glass recycling Glaswiederverwertung *f*, Altglasrecycling *n*
glass-reinforced glasfaserverstärkt
glass-reinforced laminate Glasfaserkunststoff *m*, glasfaserverstärkter Kunststoff *m*
glass roof Glasdach *n*
glass roof cladding Glasbedachung *f*
glass-roofed mit Glasdach
glass-roofed inner court Lichthof *m*
glass roofing Glaseindeckung *f*
glass roofing tile Glasdachstein *m*
glass roundle Butzenscheibe *f*
glass sand Glassand *m*, Schmelzsand *m*
glass screen Glastrennwand *f*
glass sheet Glastafel *n*; Glasscheibe *f*, Fensterglas *n*
glass silk Glasseide *f*
glass skylight Glas(dach)raupe *f*, Oberlicht *n*
glass slab Glasplatte *f*
glass slate Glasdachstein *m*, Glasdachziegel *m*
glass sliding door Glasschiebetür *f*
glass stop Glasscheibenhalter *m*; Scheibenauflagerand *m*
glass swing door Glaspendeltür *f*, Glasschwingflügeltür *f*
glass system Glaskonstruktion *f*
glass technology Glastechnologie *f*
glass terrace Glasterrasse *f*
glass tile Glas(belag)platte *f*, Glasfliese *f*, Glasziegel *m*
glass timber door verglaste Holztür *f*
glass-to-metal seal dichte Glas-Metall-Verbindung *f*
glass veranda Glasveranda *f*
glass wadding Glaswatte *f*
glass wall Glaswand *f*
glass wall building unit *s.* glass wall unit
glass wall panel Glaswandtafel *f*
glass wall unit Glaswand(bau)element *n*, Wandglasbauelement *n*
glass window Glasfenster *n*
glass with reflective coating beschichtetes Glas *n*
glass wool Glaswolle *f*
glass-wool insulation [lagging] Glaswolledämmung *f*, Glaswolleisolierung *f*
glass-wool mat Glaswolle(bau)matte *f*
glass-wool slab Glaswolleplatte *f*
glassed-in eingeglast, verglast
glassed-in area eingeglaste Fläche *f*, verglaste Fläche *f*
glassed timber door verglaste Holztür *f*
glassware etching Glasätzung *f*
glassworks Glaswerk *n*, Glashütte *f*
glassy glasartig; glasig; amorph *(petrographisch)*
glauconite Glaukonit *n*
glauconitic clay Glaukonitton *m*
glauconitic limestone Glaukonitkalk *m*
glauconitic sandstone Glaukonitsandstein *m*
glaze *v* 1. verglasen, mit Glasscheiben versehen; 2. glasieren, mit Glasur überziehen *(z. B. Keramik)*; lasieren *(farbig)*; engobieren; 3. polieren
glaze *v* **in** einglasen, verglasen
glaze 1. Glasur *f*; Lasur *f*; 2. glasige Oberfläche *f*, Feuerblänke *f*, Feuerblankheit *f*
glaze coat glatte Bitumendachdeckschicht *f*
glaze coating Glasurschicht *f*
glaze craze Glasumriss *m*
glaze crazing Glasumrissbildung *f*
glazed area eingeglaste Fläche *f*, verglaste Fläche *f*
glazed brick Glasurstein *m*, Glasurziegel *m*, glasierter Ziegel *m*; farbiger Verblender *m*
glazed ceramic tile glasierte Keramikfliese *f*; glasierte Keramikplatte *f*
glazed concrete Glasurbeton *m*
glazed door verglaste Tür *f*, Fenstertür *f*
glazed earthenware wall tile glasierte Steingutwandplatte *f*
glazed finish Glasur *f (auf Keramik)*; glasierte Oberfläche *f*, Beglasung *f*
glazed interior tile glasierte Innenfliese *f*
glazed leaf door Glasflügeltür *f*
glazed partition (wall) Glastrennwand *f*, verglaste Trennwand *f*
glazed reinforced concrete *s.* glass concrete 1.
glazed roof Glasdach *n*
glazed roofing tile Glasurdachziegel *m*
glazed stoneware glasiertes Steinzeug *n* Glasursteinzeug *n*
glazed surface glasige Oberfläche *f*
glazed tile glasierte Fliese *f*
glazed veranda Glasveranda *f*
glazed ware glasiertes Steinzeug *n*
glazed work Mauerwerk *n* aus glasierten Ziegeln
glazement Wasserglasanstrich *m*, Silicatwandanstrich *m*
glazier Glaser *m*
glazier's diamond Glasschneider *m*
glazier's point Fenster(ecken)stift *m (zum Verglasen)*
glazier's putty Glaserkitt *m*, Fensterkitt *m*
glazier's shop Glaserei *f*
glazier's work Glaserarbeiten *fpl*, Verglasungsarbeiten *fpl*
glazing 1. Verglasung *f*, Einglasen *n*, Einglasung *f*, Beglasen *n* Glaserarbeiten *fpl*; 2. Fensterscheiben *fpl*; 3. Glasierung *f*, Glasieren *n*, Beglasen *n*; 4. Glasur *f*, Lasur *f (farbig)*; 5. Vorpolieren *n*, Polieren *n*; 6. *(Verk)* Bindemittelglätte *f*, Bindemittelüberschuss *m (in der Deckschicht)*
glazing bar 1. Fenstersprosse *f*, Sprosse *f*, Scheibenleiste *f*; 2. Falzleiste *f*, Kittfalz *m*, Schiene *f (kittlose Verglasung)*
glazing bead Glasauflagerand *m (zur Verglasung)*; Glasscheibenhalter *m*; Glasdeckleiste *f*
glazing clip Scheibenklemmblättchen *n*, Glasscheibenhalteklammer(feder) *f*

glazing dimension Einglasungsmaß *n*
glazing fillet Glasscheibenhalteleiste *f*
glazing gasket Scheibengummi *m*, Profildichtungsstreifen *m* für Verglasungen, Einglasungsselbstdichtung *f*
glazing glass Einglasungsglas *n*, Verglasungsglas *n*
glazing material Einglasungsmaterial *n*, Verglasungsmaterial *n*
glazing method Glasurverfahren *n*, Glasierungsverfahren *n*
glazing moulding Falzkehlleiste *f*, Halteleistennut *f (für Fensterscheiben)*
glazing product Einglasungserzeugnis *n*
glazing purlin Einglasungspfette *f*
glazing putty Fensterkitt *m*
glazing size Einglasungsgröße *f*
glazing spacer block Glasscheibenhalter *m (im Rahmen)*
glazing sprig Glasernagel *m*, Fensterstift *m*, kopfloser Nagel *m*
glazing stop Glasscheibenhalter *m*, Scheibenauflagerand *m*
glazing tape Scheibeneinklebeband *n*
glazing technique Verglasungstechnik *f*
glazing trade Glaserhandwerk *n*
glazing unit Verglasungselement *n*, Einglasungselement *n*
glazing varnish Glanzlack *m*, Glanzfirnis *m*
glazing work Glaserarbeiten *fpl*, Verglasungsarbeiten *fpl*
glazy glasig
gleam Schein *m*, Schimmer *m*
glen Talschlucht *f*, Bergschlucht *f*, Schlucht *f*
glide *v* gleiten, schlüpfen; rutschen
glide angle *(Bod)* Gleitwinkel *m*, Abrutschwinkel *m*
glide circle [curve] *(Bod)* Gleitkurve *f*, Gleitkreis *m*
glide-over door Kipptor *n*
glide plane *(Bod)* Gleitebene *f*, Rutschfläche *f*
gliding *(Bod)* Gleiten *n*, Gleitung *f*
gliding channel Gleitschiene *f*, Laufschiene *f*
gliding movement *(Bod)* Gleitbewegung *f*
gliding price clause Preisgleitklausel *f*, Gleitpreisklausel *f (Bauvertrag)*
gliding wages clause Lohngleitklausel *f (Bauvertrag)*
gliding window Schiebefenster *n*
glist *(sl)* Glimmer *m*
glistening glänzend, glitzernd
global positioning system satellitengestütztes Messsystem *n*
globe 1. Kugel *f*; 2. Lampenglocke *f*, Leuchtenglocke *f*
globe housing Kugelgehäuse *n*
globe valve Kugelventil *n*
globular kugelförmig
gloss Glanz *m*, Oberflächenglanz *m*, glänzendes Aussehen *n*
gloss coat Glanzanstrich *m*, Glanzaufstrich *m*
gloss enamel Glanzemaillelack *m*
gloss measurement Glanzmessung *f*, Glanzbestimmung *f*
gloss paint Glanzlack *m*
gloss reducer Mattierungsmittel *n*, Mattine *f*
gloss retention Glanzhaltung *f*, Glanzbeständigkeit *f*
gloss value Glanzwert *m*
gloss varnish Glanz(klar)lack *m*
glossiness Glanz *m*
glossing up Glänzendwerden *n*
glossproof glanzbeständig, glanzecht
glossy glänzend, blank; glatt
glossy glazed coat Glanzglasur *f*
glossy glazing Glanzglasur *f*, Glanzbeglasung *f*
glow *v* glühen, glimmen; leuchten
glow *v* **out** ausglühen
glow Leuchten *n*, Schein *m*
glow lamp Glimmlampe *f*
glu-lams geleimte Holztragelemente *npl (für Dachkonstruktion)*
glue *v* (ver)leimen, verkleben, anleimen, ankleben
glue *v* **down** verkleben
glue *v* **on** aufleimen
glue Leim *m*; Klebstoff *m*, Klebemittel *n*
glue block verleimter Block *m*
glue brush Leimbürste *f*
glue-etched glass Eisblumenglas *n*
glue-etching Eisblumieren *n (Glas)*
glue fixing method Dünnbettverfahren *n*, Klebeverfahren *n (Fliesenlegen)*
glue joint Leimfuge *f*, Leimverbindung *f*, Kleb(e)verbindung *f*
glue-laminated *(Hb)* lamellenverleimt, schichtverleimt; brettverleimt
glue layer Leimschicht *f*
glue line 1. Leimfuge *f*; 2. Kleb(e)fläche *f*; 3. Leimschicht *f*
glue-nail joint Leim-Nagel-Verbindung *f*
glue powder Leimpulver *n*
glue press Leimklammer *f*, Zwinge *f*
glue putty Leimkitt *m*
glue setting time Leimabbindezeit *f*
glue spreading Leimauftragung *f*
gluebility Leimbarkeit *f*, Leimvermögen *n*
glued verleimt
glued assembly Leimverbindung *f*
glued board verleimtes Brett *n*
glued boarding verleimte Bretter *npl*
glued joint *s.* glue joint
glued laminate Schichtpressstoff *m*
glued laminated *(AE)* lamellenverleimt, schichtverleimt; brettverleimt
glued laminated construction verleimte Schichtkonstruktion *f*
glued laminated frame Schichtholzrahmen *m*, Lamellenrahmen *m*
glued laminated rafter Schichtholzsparren *m*
glued laminated timber verleimtes Schichttrageholz *n*, Pressschichtholz *n*, Brettschichtholz *n*, Schichtholz *n*, Leimholz *n*
glued laminated timber construction Leimholzkonstruktion *f*
glued laminated timber frame *s.* glued laminated frame
glued laminated timber girder Lamellenträger *m*
glued laminated timber shell roof Lamellenschalendach *n*
glued laminated timber truss Schichtfachwerkträger *m*
glued-on aufgeleimt
glued plywood system geleimte Sperrholzkonstruktion *f*
glued slab flooring Dielung *f* aus geleimten Tafeln
glued together zusammengeleimt
glued truss Leim(dach)binder *m*
glued wood construction Holzleimbau *m*, verleimte Holzkonstruktion *f*
glueing Leimung *f*, Verleimung *f*, Verklebung *f*
glueing-on Aufkleben *n*
gluey klebrig; zähflüssig
gluiness Klebrigkeit *f*
gluing *s.* glueing
glulam Schichtenholz *n*, lamelliertes Holz *n*
glulam *(glue-laminated)* brettverleimt, schichtverleimt
glulam timber Leimholz *n*, Schichtpressholz *n*, lamelliertes Holz *n*
glut kleiner Ziegelstein *m*
glutinate *v* verkleben, verkleistern
glycol Glykol *n*
glyph 1. *(Arch)* Glyphe *f*, Zierrille *f*, vertikaler Schlitz *m*; 2. *(Arch)* eingehauenes Ornament *n (in Stein)*
glyphic glyphisch

glyptal resin Glyptalharz *n*
glyptic in Stein eingeschnitten, eingehauen, eingeschlagen *(durch Meißeln oder Gravieren)*
glyptotheca *(Arch)* Glyptothek *f*, Skulpturengalerie *f*
gneiss Gneis *m*, Gneisgestein *n*
gneissic gneisartig
gnomon Sonnenzeiger *m*
go *v* **across** überschreiten; überqueren
go *v* **dry** versiegen
go *v* **into solution** sich lösen, in Lösung gehen
go *v* **slack** schlaff werden, erschlaffen *(Bewehrung)*
go Stufen(auf)tritt *m*
go-devil Rohrreiniger *m*, Molch *m*, wassergetriebene Reinigungsbürste *f*
gobbet Gesteinsblock *m*
gog Sumpf *m*
going 1. Stufenbreite *f*; 2. (projektierte) Treppenlänge *f*; 3. Treppenauftritt *m*
going rod Stufenauslegelatte *f*, Stufenverlegeleiste *f*
gold bronze Goldbronze *f*
gold-coated vergoldet, mit Gold überzogen
gold foil Goldfolie *f*, Blattgold *n*
gold leaf Blattgold *n*
gold plate vergoldetes Blech *n*
gold plating Vergolden *n*
gold size Goldleim *m*, Anlegeöl *n*, Goldgrundöl *n*
gold stoving varnish Goldeinbrennlack *m*
gold-work Goldarbeit *f*
Golden Gateway *(Arch)* Goldene Pforte *f (Spaleto)*
golden section Goldener Schnitt *m*
goliath crane Schwerlastkran *m*
goniometer *(Verm)* Goniometer *n*, Winkelmesser *m*, Winkelspiegel *m*
goniometry *(Verm)* Goniometrie *f*, Winkelmessung *f*
good bearing soil tragfähiger Boden *m*, tragfähiger Naturgrund *m*
good concrete fetter Beton *m*
good practice berufliche Sorgfalt *f*
goods Gut *n*, Waren *fpl*, Erzeugnisse *fpl*, Gegenstände *mpl*, Güter *npl*; Fracht *n*
goods and chattels bewegliches Eigentum *n*
goods elevator *(AE) s.* goods lift
goods entrance Lieferanteneingang *m (Hotel)*
goods hoist Warenaufzug *m*
goods lift Lastenaufzug *m*, Materialaufzug *m*
goods ramp Güterverladerampe *f*
goods station Güterbahnhof *m*
goods traffic Güterverkehr *m*, Gütertransport *m*, Lastverkehr *m*
goods train Güterzug *m*
goose-neck S-Bogen *m*, Schwanenhals *m (Rohr)*; Kröpfung *f*, Sprungrohr *n*, U-Bogen *m*
goose-neck claw bar Nagel(zieh)eisen *n*
goose-necked S-förmig, gekröpft
gopura Gopura *m (Tempeleingangstor in Indien)*
gore (spitzes) Gewölbefeld *n*, Lunette *f (halbkreisförmiger Aufsatz über einer Tür bzw. einem Fenster)*; Keilstück *n*
gore area Fahrbahnteiler *m*, Fahrbahnteilerspitze *f*
gorge 1. schmales Säulenkopfband *n*; 2. *(AE)* Hohlkehle *f (am Säulenschaft)*; 3. Wassernase *f (z. B. am Fenster)*; Rinne *f*; 4. *s.* cavetto 1.; 5. enger Festungseingang *m*; 6. Schlucht *f*, Engpass *m (Geologie)*
gorgerin *s.* hypotrachelium
Gospel side *(Arch)* Kirchennordseite *f*, Evangelienseite *f*, Gospelseite *f*
Gothic gotisch
Gothic Gotik *f*
Gothic abacus gotische Säulendeckplatte *f*, gotische Kapitellplatte *f*
Gothic arch gotischer Spitzbogen *m*
Gothic architecture gotische Architektur *f*, gotischer Baustil *m*, Spitzbogenstil *m*
Gothic church gotische Kirche *f*
Gothic cross vault gotisches Kreuzgewölbe *n*
Gothic decoration art gotische Ornamentik *f*
Gothic gable Wimperg(e) *m (Ziergiebel über Portalen und Fensteröffnungen)*
Gothic pillar gotischer Pfeiler *m (frei stehend)*
Gothic Revival Neugotik *f*, Neogotik *f*
Gothic style gotischer Stil *m*, Gotik *f*
Gothic survival gotische Restelemente *npl*
Gothic tracery gotisches Maßwerk *n*
Gothic vault Spitzgewölbe *n*
Gothic window Spitzbogenfenster *n*
Gothicized gotisiert
gouache 1. Guaschmalerei *f*, Gouache *f (mit gummigemischten Wasserfarben)*; 2. deckender Wasserfarbenanstrich *m*
goudron Goudron *m*, Mauerteer *m (Asphalt mit Erdölrückständen)*
gouge *v* ausmeißeln *(Holz, Mauerwerk)*; aushöhlen; fugenhobeln
gouge Hohlmeißel *m*, Hohleisen *n*; Hohlbeitel *m*, Kehlbeitel *m*
gouge bit *(Erdb)* Löffelbohrer *m*, Erdbohrer *m*
government anchor Stahlwandanker *m* für wandtragende Träger
government block [building] Regierungsgebäude *n*; Behördengebäude *n*
government construction project Staatsbauvorhaben *n*
government house *s.* government block
governor Regler *m*, Mengenregler *m*; Drehzahlregler *m*
GPO cable Fernmeldekabel *n*
grab *v* greifen; aufnehmen
grab Greifer *m*; Greifkorb *m*, Baggerkorb *m*
grab bar Stangengriff *m*, Griffstange *f*, Handgriff *m*, Haltegriff *m*, Handlauf *m (speziell an einer Dusche)*
grab bucket Greiferkorb *m*, Greif(er)kübel *m (z. B. eines Baggers)*
grab capacity Greifer(schaufel)volumen *n*
grab crane Greiferkran *m*
grab dredger Greif(schwimm)bagger *m*, Greiferbagger *m (für Baggerarbeiten unter Wasser)*
grab set Verdursten *n*, vorzeitiges Abbinden *n (Beton)*
grab trolley Greiferlaufkatze *f*
grabbing bridge crane Greiferbrückenkran *m*
grabbing bucket *s.* grab bucket
grabbing crane Greifbagger *m*
graceful sweep *(Arch)* zierliche Rundung *f*
gradation Kornabstufung *f*, Abstufung *f*, Kornverteilung *f*, Übergang *m*
gradation limit Grenzsieblinie *f*, Siebkennlinie *f*
grade *v* 1. klassieren, sortieren, trennen *(z. B. Zuschläge nach Korngrößen, Qualität)*; 2. einstufen, abstufen, einteilen *(nach bestimmten Merkmalen)*; 3. planieren, einebnen
grade *v* **up** aufwerten
grade 1. Korngröße *f*, Körnung *f*, Siebfeinheit *f*; 2. Qualitätsstufe *f*, Güteklasse *f*, Klasse *f*; 3. Gefälle *n*, Neigung *f*, Steigung *f*; 4. Niveau *n*, Geländehöhe *f*, *(AE)* Feinplanum *n* • **at grade** auf planiertem Grund, auf geebneter Fläche; plangleich, niveaugleich, eben • **below grade** unter Planum • **on grade** ebenerdig, bodengleich
grade beam Fundamentträger *m*, Gründungsbalken *m*, Gründungsschwelle *f*, bewehrte Betonstreifenfundamentmauer *f*
grade-builder Planierraupe *f*, Schürfkübel *m*
grade course Bettungsschicht *f*, erste Schicht *f (eines Mauerwerks)*

grade crossing *(AE)* höhengleicher [schienengleicher] Bahnübergang *m*, höhengleiche Schienenkreuzung *f*
grade depression Gradientenabweichung *f (Straße)*; kleine Setzung *f*, Oberflächenverdrückung *f*
grade description Güteklassenbeschreibung *f*
grade level 1. Geländehöhe *f*, Terrainhöhe *f (Straßenniveau)*; 2. *(AE)* Feinplanumshöhe *f*, *(AE)* Gründungssohle *f (Erdschicht)*
grade line Höhenabsteckungslinie *f*
grade marked Güteklasse gekennzeichnet
grade of cement Zementgüteklasse *f*
grade of concrete Betongüte *f*
grade of protecton Schutzgrad *m (Korrosionsschutz)*
grade on bodengleich, auf dem Erdboden
grade scale Kornklasseneinteilung *f*
grade-separated *(Verk)* planfrei
grade-separated junction *(Verk)* planfreier Knotenpunkt *m*, höhenungleiche Kreuzung *f*
grade separation Straßenüberführung *f* über Schienenwege, Bahnübergang *m* in getrennten Ebenen
grade slab *(AE)* Gründungsplatte *f*
grade stake Höhenpfahl *m*
grade strip Betonierhöhenmarkierungsleiste *f*, Richtlatte *f (beim Betonieren)*
graded 1. güteklassiert, klassifiziert; sortiert; eingestuft; 2. abgestuft, größenabgestuft
graded aggregate abgestufter Zuschlag(stoff) *m*
graded gravel abgestufter [gesiebter] Kies *m*
graded material 1. klassifiziertes Material *n*; 2. kornabgestuftes Material *n*
graded sand (gleichmäßig) abgestufter Sand *m*
graded sand mix Siebsandgemenge *n*, Siebsandmischung *f*
graded sediments klassierte Sedimente *npl*
graded slope gleichsinniges Gefälle *n*
graded standard sand Normensand *m*, Normalsand *m (Zementprüfung)*
graded well gut abgestuft *(Gekörn)*
grader 1. Grader *m*, Planiergerät *n*; Erdhobel *m*, Straßenhobel *m*; 2. Sortiermaschine *f*
grader roller *(Verk)* Planierwalze *f*
grader scraper Anbauschürfkübel *m*
gradient 1. Neigung *f*, Gefälle *n*; Steigung *f (Gelände)*; 2. Böschungsverhältnis *n*; 3. Gradient *m*, Gefälle *n (z. B. von Druck, Temperatur)*; 4. *(Verk)* Gradiente *f*, Gefällelinie *f (Höhenverlauf einer Straße im Aufriss)*
gradient angle Steigungswinkel *m*
gradient curve Absenkungskurve *f*
gradient diagram *(Verk)* Höhenplan *m*
gradient of track Gleissteigung *f*
gradient slope Böschungswinkel *m*
gradin(e) 1. Stufe *f*, Sitzreihe *f (von mehreren übereinander angeordneten)*; 2. Altarsims *m*
grading 1. Klassierung *f*, Sortierung *f*, Trennung *f*, Sortieren *n*; Korngrößentrennung *f (z. B. von Zuschlagstoffen)*; 2. Abstufung *f*, Kornabstufung *f*, Stufung *f*, Korngrößenverteilung *f*; 3. Planieren *n*; 4. Körnungslehre *f*
grading analysis Siebanalyse *f*
grading chart Siebliniendiagramm *n*
grading coefficient Körnungsziffer *f*
grading curve Siebkurve *f*, Sieb(kenn)linie *f*
grading curve log-diagram logarithmische Siebliniendarstellung *f*
grading curve representation in normal scale Siebliniendarstellung *f* im gewöhnlichen Maßstab
grading envelope Siebbereich *m*, Siebfläche *f (im Diagramm)*
grading factor Kornzusammensetzungsfaktor *m*
grading fraction Kornfraktion *f*, Kornklasse *f*
grading limit Grenzsieblinie *f*
grading plan Höhenplan *m*
grading range Körnung *f*, Korngrößenbereich *m*
grading test Siebprobe *f*, Siebtest *m*, Prüfsiebung *f*
grading work Nivellierungsarbeiten *fpl*, Ausgleicharbeiten *fpl*, Planierarbeiten *fpl*
gradiometer Gradientmesser *m*, Gradiometer *n*
gradually apllied load allmählich aufgebrachte Last *f*
graduate *v* 1. staffeln; 2. *(Erdb)* sich abstufen; 3. graduieren, in Grade einteilen
graduate engineer Diplomingenieur *m*
graduated arc *(Verm)* Gradbogen *m*; Kreisbogen *m*
graduated circle Teilkreis *m*
graduated course verjüngte Schieferlage *f*, Schieferlage *f* einer Schiefergröße
graduated cylinder Messzylinder *m*
graduated receiver Messvorlage *f*
graduated rod Messlatte *f*, Nivellierlatte *f*
graduated slate course *s.* graduated course
graduation 1. Graduierung *f*, Abstufung *f*; 2. Graduierung *f*, Gradeinteilung *f*; 3. Teilstrich *m (auf Skalen)*
Graeco-Roman Corinthian column *(Arch)* griechisch-römisch korinthische Säule *f*
Graeco-Roman façade griechisch-römische Fassade *f*
graffito Inschrift *f (in eine Wand eingeritzt)*
graft *v* **(up)** *(Hb)* aufpfropfen, anschiften, anschaften; zusammenblatten
grail Feinkies *m*; Sand *m*
grain *v* 1. granulieren, körnig machen; 2. masern, ädern
grain 1. Korn *n*; Sandkorn *n*; Gesteinskorn *n*; Zuschlag(stoff)korn *n*; 2. körnige Beschaffenheit *f*, Gefüge *n (von Gestein)*; 3. Faserstruktur *f (von Holz)*; Maserung *f*, Zeichnung *f*
grain arrangement Kornanordnung *f*
grain bond Kornbindung *f*
grain boundary Kornbegrenzung *f*
grain character Kornbeschaffenheit *f*
grain classification Korngrößeneinteilung *f*
grain coarsening Kornvergröberung *f*
grain-cut timber Hirnholz *n*
grain determination Korngrößenbestimmung *f*
grain diameter Korndurchmesser *m*
grain direction Maserrichtung *f (Furnier)*
grain distribution Kornaufbau *m*, Korngrößenzusammensetzung *f*, Kornverteilung *f*
grain distribution curve Sieblinie *f*, Siebkurve *n*, Kornverteilungskurve *f*, Körnungslinie *f*
grain distribution diagram Körnungsnetz *n*
grain dropping Ausbröckelung *f*, Kornausbruch *m (Oberflächen)*
grain elevator *(AE) s.* grain silo
grain face Kornfläche *f*
grain fineness Kornfeinheit *f*
grain hardness Kornhärte *f*
grain limit Korngrenze *f*, Kornklassengrenze *f*
grain mixture Kornmischung *f*, Körnungsgemisch *n*
grain of the aggregate Zuschlag(stoff)korn *n*
grain of wood Zeichnung *f*, Maserung *f*, Faserverlauf *m*
grain porosity Korn(eigen)porigkeit *f*
grain refinement Kornverfeinerung *f*
grain shape Kornform *f*
grain silo Getreidesilo *n*, Getreidespeicher *m*
grain size Korngröße *f (z. B. von Zuschlägen)*
grain-size analysis Korngrößenanalyse *f*
grain-size content Korngrößenanteil *m*
grain-size determination Korngrößenbestimmung *f*
grain-size distribution Korngrößenverteilung *f*
grain-size distribution curve Siebkurve *f*, Sieblinie *f*
grain-size fraction Kornfraktion *f*

grain-size range Korngrößenklasse *f*, Kornfraktion *f*
grain skeleton Korngerüst *n*
grain slope Winkel *m* der Holzfaser zur Schnittkante *(Bauholz)*
grain storage bin *s.* grain silo
grain strength Kornfestigkeit *f*
grain structure Kornaufbau *m*; Korngefüge *n*
grain surface Kornoberfläche *f*
grained 1. granuliert, körnig, gekörnt; 2. gemasert *(z. B. Holz)*
grained rock körniges Gestein *m*
graininess Körnigkeit *f*
graining Masern *n (Holzmalerei)*
grains Gekörn *n*, Körner *npl*
grains in bulk Kornschüttung *f*
grains of equal size gleichkörniges Gekörn *n*, gleichkörniges Gut *n*, einkörniges Gut *n*, Einkorngut *n*
grainy *s.* grained
granary Getreidespeicher *m*
grand groß, wichtig; eindrucksvoll, prächtig, erhaben
grand chamber Bankettsaal *m*, Festsaal *m*
grand hall Banketthalle *f*, Festhalle *f*
grand order Kolossalordnung *f*, große Ordnung *f (Säulen)*
grand staircase *s.* grand stairway
grand stairway Prunktreppe *f*, Prachttreppe *f*
grand tier erste Rangsitzreihe *f (Theater)*
grandmaster key Generalhauptschlüssel *m*
grandmaster keyed system Hauptschlüsselanlage *f*
grandstand Tribünenbau *m*; Haupttribüne *f*, (überdachte) Tribüne *f*
grange Bauernhof *m*, kleiner Gutshof *m*; Farm *f*
graniform kornartig
granite Granit *m*
granite-block paving Granitplattenpflaster *n*
granite boulder Granitblock *m*
granite chippings [chips] Granitsplitt *m*
granite cube Granitwürfel *m*
granite curb(stone) *(AE)* Granitbordstein *m*
granite finish Granitverputz *m*
granite flagstone Granitfußbodenstein *m*
granite floor slab Granitfußbodenstein *m*
granite-gneiss Granitgneis *m*
granite kerb(-stone) Granitbordstein *m*
granite-like granitartig
granite masonry work Granitmauerwerk *n*
granite paving sett Granitpflasterstein *m*
granite sand Granitsand *m*
granite sett Granitpflasterstein *m*
granite slab Granitplatte *f*
granite slab floor Granitplatten(fuß)boden *m*
granite step Granitstufe *f*
granite surfacing Granitverkleidung *f*, Granitauskleidung *f (z. B. von Oberflächen)*
granitelle feinkörniger Granit *m*
graniteware Eisenwaren *fpl* mit buntkörnig geschecktem Emailüberzug
granitic granitartig, granitisch, Granit...
granitic boulder Granitblock *m*
granitic finish 1. Terrazzoauflage *f* mit granitischer Struktur; 2. Betongranit *m*
granitic texture granitsche Struktur *f*
granitite Biotitgranit *m*
granitoid granitartig
granoblastic texture granoblastische Struktur *f*
granodiorite Granodiorit *m (granitähnliches Gestein)*
granolith Terrazzo *m*
granolithic concrete 1. Terrazzobeton *m*; 2. Hartbeton *m*, Beton *m* mit granitischen Zuschlägen
granolithic concrete floor Hartboden *m (Fußboden)*
granolithic finish Terrazzobetonauflage *f*
granophyre Granophyr *m*, Granitporphyr *m*
grant 1. Konzessionserteilung *f (z. B. für eine Kiesgrube)*; 2. Gewährung *f (von Krediten)*; Subvention *f*
granular körnig, granuliert, gekörnt; geraut, genarbt
granular cover material Abstreugranulat *n*, Bestreusplitt *m*, Abstreumineralstoff *m (Dachpappe)*
granular-crystalline grobkristallin
granular dust Füller *m (Zuschlagstoff)*
granular-fill insulation lose Wärmedämmschüttung *f (z. B. Schaumstoffflocken)*
granular fraction körniger Anteil *m*
granular insulating material körniger Dämmstoff *m*
granular limestone körniger Kalkstein *m*
granular material 1. Granulat *n*, körniges Material *n*, rolliges Material *n*; 2. körniger Erdstoff *m*
granular product körniges Material *n*, körniges Gut *n*
granular skeleton Korngerüst *n*
granular soil kohäsionsloser Erdstoff *m*, nichtbindiger Boden *m*; körniger Erdstoff *m*
granular stabilization Erdstoffstabilisierung *f* durch Körnungszusatz, mechanische Stabilisierung *f*
granular subbase *(Verk)* Sauberkeitsschicht *f*
granular surface structure körnige Oberflächenstruktur *f*
granular texture körnige Textur *f*; körnige Struktur *f*
granularity Körnigkeit *f*; körnige Beschaffenheit *f*
granulate *v* 1. granulieren, körnig machen; zerkleinern; 2. stocken, abspitzen, scharrieren
granulated granuliert, gekörnt; gestockt
granulated blast-furnace slag granulierte Hochofenschlacke *f*, Schlackensand *m*
granulated cinder *s.* granulated slag
granulated cork gekörnter Kork *m*, Korkschrot *m*, Korkmehl *n*
granulated finish 1. gestockte Oberfläche *f*; 2. gestockte Oberflächenbehandlung *f*
granulated glass Glasgrieß *m*, Krösel *m*
granulated plaster gestockter Putz *m*
granulated slag granulierte Hochofenschlacke *f*, Hüttensand *m*
granulated slate surfacing Schiefersplittabstreuung *f*, Schieferbestreuung *f*
granulating 1. Granulieren *n*; Zerkleinern *n*; 2. Stocken *n*
granulating hammer Stockhammer *m*, Kraushammer *m*
granulation 1. Granulation *f*, Granulieren *n*, Granulierung *f*, Körnen *n*; 2. Körnung *f*, Körnigkeit *f*
granulation curve Körnungskurve *f*
granulator Granulator *m*, Splittfeinbrecher *m*
granule Körnchen *n*, Korn *n*
granule hopper Streuer *m (Dachpappe)*
granule roundstone feiner Kies *m*
granules Granulat *n*
granulite Granulit *m*
granulitic granulitisch
granulometric analysis Korngrößenanalyse *f*, Siebanalyse *f*
granulometric composition Kornaufbau *m*, Kornzusammensetzung *f*
granulometric criterion Kornverteilungskennwert *m*
granulometric curve Korn(größen)verteilungskurve *f*
granulometric gauge Korngrößenmessgerät *n*
granulometric gradation Kornabstufung *f*
granulometric range Körnungsbereich *m*, Körnung *f*, Korngrößenbereich *m*
granulometry Granulometrie *f*, Korngrößenmessung *f*
granulose *s.* granulous
granulous körnig
grape-shaped traubig, traubenförmig

grapelike traubenartig
graph *v* graphisch darstellen
graph graphische Darstellung *f*, Graphik *f*; Schaubild *n*; Diagramm *n*; Kurvendiagramm *n*
graph of flow Flussdiagramm *n*, Ablaufdiagramm *n*
graphic 1. graphisch, zeichnerisch; 2. Schreib...; Schrift...
graphic construction zeichnerische Bestimmung *f*, graphisches Verfahren *n*
graphic determination *s.* graphical calculation
graphic granite Schriftgranit *m*
graphic representation graphische Darstellung *f*
graphical graphisch, zeichnerisch
graphical analysis graphische Analyse *f*
graphical arch analysis graphische Bogenstatik *f*, zeichnerische Bogenstatik *f*
graphical calculation graphische Berechnung *f*, zeichnerische Ermittlung *f*
graphical check graphischer Nachweis *m*
graphical construction graphisches Verfahren *n*, zeichnerisches Verfahren *n*
graphical intergration graphische Integration *f*, zeichnerische Integration *f*
graphical investigation graphische Untersuchung *f*, zeichnerische Untersuchung *f*
graphical method graphische Methode *f*
graphical representation Diagramm *n*, graphische Darstellung *f*, bildliche Darstellung *f*
graphical solution zeichnerische Lösung *f*, graphische Ermittlung *f*
graphical statics graphische Statik *f*, zeichnerische Baustatik *f*, Graphostatik *f*
graphical structural analysis *s.* graphical statics
graphics graphisches Verfahren *n*
graphite Graphit *m*
graphite paint Graphitfarbe *f*; graphithaltiger Korrosionsschutzanstrich *m*
graphitic graphitisch
grapholite Griffelschiefer *m*, Tafelschiefer *m*
grapholith Griffelschiefer *m*, Tafelschiefer *m*
graphostatics *s.* graphical statics
grapple *v* 1. verankern, festmachen, verklammern; 2. greifen
grapple Mehrbackengreifer *m*
grappled vault verankertes Gewölbe *n*
grappler Gerüstankereisen *n*
grappling Verankerung *f*
grappling of arch Bogenverankerung *f*
grasp *v* fassen, greifen; umfassen, umspannen
grasp Handgriff *m*
grass *v* mit Rasen bedecken; Gras einsäen; begrünen
grass 1. Rasen *m*, Wiese *f*; 2. Gras *n*
grass clearance Unkrautbeseitigung *f*
grass cover Grasnarbe *f*
grass-covered grasbewachsen, benarbt
grass paver Rasengitterstein *m*, Rasenstein *m*
grass planting Begrünung *f*
grass playground Spielwiese *f*
grass plot Rasenplatz *m*
grass roots scheme Projekt *n* auf der grünen Wiese
grass sead Rasensäen *n*, Rasenansaat *f*
grass slope Grasböschung *f*
grass strip Grasstreifen *f*
grass table Bodenschicht *f*
grassed area Grünfläche *f*
grassland Grünland *n*, Grasland *n*
grate *v* 1. vergittern; 2. mit einem Rost versehen; 3. grob reiben, raspeln
grate 1. Gitter *n*; 2. Rost *m* *(Feuerung)*; 3. Siebrost *m*
grate bar [rod] Roststab *m*
grate step Rosttreppe *f*
grater Raspel *f*
graticule 1. Netz *n*, Kartennetz *n*; 2. *(Verm)* Fadenkreuz *n*, Strichkreuzplatte *f*
grating 1. Vergittern *n*; 2. Vergitterung *f*, Gitterwerk *n*; Gitterrost *m*, Gitter *n* *(im Fußboden, in der Straßendecke)*; 3. Fundamentrost *m*, Rostfundament *n*, Gründungsrost *m* *(aus Holzbalken)*; Schwellenrost *m*; Lastverteilungsrost *m* *(Gründungsrost)*
grating beam *s.* grillage beam
grating of timbers Balkenrost *m*
grave slab Grabplatte *f*
grave surround Grabeinfassung *f*
gravel *v* (be)kiesen, mit Kies bestreuen, (be)schottern, absplitten; besanden
gravel Kies *m*, Schotter *m*, Feinsplitt *m*; Geröll *n* *(Geologie)*
gravel aggregate Kieszuschlag(stoff) *m*
gravel and sand Kiessand *m*
gravel asphalt Bitumenkies *m*, Asphaltkies *m*, Bitumenkiesmischgut *n*
gravel backfill Kieshinterfüllung *f*, Kiesauffüllung *f*
gravel-ballast course Kiesbettung *f*
gravel bank *s.* gravel bench
gravel bed Kiesbett *n*; Kiesschicht *f*
gravel bench Kiesbank *f* *(im Flussbett)*
gravel blanket Kiesschicht *f*
gravel board Holzzaunfußbrett *n*, Sockelbrett *n*
gravel boxing Schotterschüttung *f*
gravel catchment Kiesfang *m* *(Entwässerung)*
gravel chippings [chips] Kiessplitt *m*
gravel concrete Kiesbeton *m*
gravel concrete slab Kiesbetonplatte *f*
gravel covering Kiesdecke *f*, Schotterdecke *f*
gravel deposit Kieslagerstätte *f*, Kiesablagerung *f*, Kiesvorkommen *n*
gravel drain Kiesdrain *m*
gravel dredger Kiesnassbagger *m*
gravel dressing Kiesaufbereitung *f*
gravel extraction Kiesgewinnung *f*, Auskiesung *f*
gravel extraction and preparation Kiesgewinnung *f* und -aufbereitung
gravel fill Kiesverfüllung *f*
gravel-filled drain trench Rigole *f*
gravel fillet Kiesleiste *f*, Kiesstreifen *m*, Flachdachrand *m*
gravel filling Kiesschüttung *f*
gravel filter (layer) Kiesfilterschicht *f*, Kies(filter)packung *f*
gravel flood coat Kieseinbettmasse *f* *(Dachbekiesung)*
gravel fraction Kiesfraktion *f*, Kieskörnung *f*
gravel layer Kiesschicht *f*
gravel packing Kiesfüllung *f*, Kiespacklage *f*, Kiesschüttung *f*
gravel pit Kiesgrube *f*, Sandgrube *f*
gravel plank Sockelbrett *n*
gravel plant Kiesaufbereitungsanlage *f*
gravel pocket Kiesnest *n*
gravel preparation Kiesaufbereitung *f*
gravel production Kiesgewinnung *f* und -aufbereitung *f*
gravel road Kiesstraße *f*, Kies-Wasser-gebundene Straße *f*
gravel roofing Kies(schütt)flachdach *n*; abgekiestes Dach *n*
gravel sand Kiessand *m*
gravel-sand deposit [formation] Kiessandvorkommen *n*
gravel-sand mixture Kies-Sand-Mischung *f*
gravel screening Kiessiebung *f*, Kiesabsiebung *f*
gravel size Kieskorngröße *f*
gravel stop [strip] Kiesbremsstreifen *m*, Kiesleiste *f*, Kiesfang *m* *(Halteleiste am Flachdach)*
gravel substructure Kiesunterbau *m*
gravel-surfaced bekiest

gravel surfacing 1. Bekiesung *f*, Abkiesung *f*, Beschotterung *f*; 2. Kiesdecke *f*
gravel working *s.* gravel pit
gravelled arrea Kiesfläche *f*
gravelling Abkiesung *f*, Beschotterung *f*
gravelly 1. kiesartig, kiesig; 2. kieshaltig, kieselhaltig
gravelly loam kieshaltiger Lehm *m*
gravelly soil Kiesboden *m*
gravelous sand Kiessand *m*
gravelstone Kieselstein *m*
graveyard Friedhof *m*
gravimetric batching gravimetrische [gewichtsmäßige] Dosierung *f*, Massedosierung *f*
graving dock Trockendock *n*
gravitational force Erdanziehungskraft *f*
gravitational water sickerndes Grundwasser *n*
gravity Gravitation *f*, Schwerkraft *f*
gravity abutment Gewichtswiderlager *n*
gravity action Schwerkraftwirkung *f*
gravity air heating Schwerkraftluftheizung *f*
gravity chute Schrägrutsche *f (für Schutt)*
gravity circulation Schwerkraftumlauf *m (Wasser)*
gravity dam *(Wsb)* Schwergewichtsmauer *f*, Gewichtsstaumauer *f*, Hohlmauer *f*
gravity drainage Schwerkraftentwässerung *f*
gravity drainage system Entwässerungssystem *n* mit natürlichem Gefälle
gravity effect Schwerewirkung *f*
gravity fall *s.* natural fall
gravity filter Schwerkraftfilter *n*, offenes Filter *n*
gravity flow Schwerkraftströmung *f*
gravity force Schwerkraft *f*
gravity furnace Feuerung *f* mit Schwerkraft
gravity heating Schwerkraftheizung *f*
gravity incline Ablauframpe *f (Eisenbahn)*
gravity inzerceptor Schwerkraftabscheider *m*
gravity load Schwergewichtslast *f*
gravity masonry wall *s.* gravity wall
gravity mixer Freifallmischer *m*
gravity retaining wall *s.* gravity wall
gravity shunting incline *(Verk)* Wagenablaufberg *m*
gravity spillway dam *(Wsb)* Gewichtsmauer *f* mit Überfall
gravity spring Schichtquelle *f*
gravity supply Wasserversorgungssystem *n* mit natürlichem Druckgefälle
gravity system Schwerkraftsystem *n*
gravity ventilation Schwerkraftlüftung *f*
gravity wall Gewichts(stütz)mauer *f*, Schwergewichtsmauer *f*
gravity water supply Wasserversorgungssystem *n* mit natürlichem Druckgefälle
gray *s.* grey
graze Kratzer *m*, Schramme *f (Glas)*
gre *s.* grees(e)
grease *v* abschmieren; ausschmieren *(mit Fett)*; einfetten
grease bearing waste fetthaltiges Abwasser *n*
grease extractor Küchenluftabsauger *m* mit Fettabscheidung
grease film Fettfilm *m*
grease filter Fettfilter *n (Dunstabzugshaube)*
grease interceptor *s.* grease trap
grease paint Fettfluid *n*
grease polluted fettverschmutzt
grease residue Fettrückstand *m (Abwasser)*
grease resistance Fettbeständigkeit *f*
grease-resistant fettbeständig
grease seal Fettdichtung *f*
grease separator *s.* grease trap
grease solvent Fettlösungsmittel *n*
grease stripper Entfettungsmittel *n*
grease trap Fettfang *m*, Fettabscheider *m*, Schwerkraftfettfänger *m (Abwasserbehandlung)*
greasiness Fettigkeit *f (Oberfläche)*
greasing pit Abschmiergrube *f*
great altar Altar(groß)bau *m*, großer Altar *m*, Riesenaltar *m (Pergamon)*
Great Pyramid of Cheops Cheopspyramide *f*
Great Wall of China Chinesische Mauer *f*
greatest *(Wsb)* höchster Zufluss *m (Talsperre)*
Grecian *s.* Greek
Grecian architecture *s.* Greek architecture
Greek architecture griechische [hellenische] Architektur *f*
Greek building style griechischer Baustil *m*
Greek cross *(Arch)* griechisches Kreuz *n*
Greek Doric capital griechisch-dorisches Kapitell *n*
Greek Doric order griechisch-dorische Säulenordnung *f*
Greek fret rechtwinklig gebrochener Mäander *m*, rechtwinklig gebrochenes Mäanderelement *n*
Greek masonry Quadermauerwerk *n*, Quaderverband *m*
Greek order griechische Ordnung *f* [Säulenordnung *f*]
Greek Revival griechischer Neoklassizismus *m*
Greek theatre griechisches Theater *n*
green grün; frisch; feucht; ungebrannt, roh
green Grünfläche *f*, Rasen *m*
green area Grünfläche *f*, Grünzone *f (eines Gebiets)*; Grünanlagen *fpl*
green belt Grüngürtel *m*, Grünzone *f (Stadtplanung)*
green block Rohling *m*, Steinfrischling *m*
green brick Ziegelrohling *m*
green clay Magerton *m*
green concrete Frischbeton *m*
green earth Grünerde *f*, Chlorit *m*
green earth pigment Grünerdepigment *n*
green glass Grünglas *n*
green ground Grüngelände *n*
green landscaping Landschaftsbegrünung *f*
green lumber *(AE)* grünes [frisches] Bauholz *n*
green marble Serpentin(marmor) *m (für Dekorationszwecke)*
green mortar Frischmörtel *m*
green network Grünverbund *m*, Grünnetz *n (Stadtgrünbereiche)*
green oil Anthrazenöl *n*
green organic pigment grünes organisches Pigment *n*
green panel Tafelfrischling *m*, Tafelrohling *m*, frischgeformte Platte *f*
green period Grünzeit *f (Ampel)*
green pigment Grünpigment *n*
green product frisches Formstück *n*, Rohling *m*, Frischprodukt *n*
green room Künstlerzimmer *n*, Aufenthaltsraum *m* für Schauspieler *(Theater)*
green rust grüner Rost *m*
green sandstone Grünsandstein *m*
green schist Grünschiefer *m*
green seal Grünsiegel *n (Betondichter)*
green space Grünanlage *f*, Grünfläche *f*
green stability Frischstabilität *f*, Rohlingsfestigkeit *f*
green state frischer Zustand *m*, frischgeformtes Produkt *n*
green stone Grünstein *m*, Diabas *m*; Schalstein *m (Diabastuff)*
green strength Nassfeuchtigkeit *f (Werkstein)*
green strip Grünstreifen *m*
green tile Formling *m*, Rohling *m*, Steinfrischling *m*, Grünling *m*
green vitriol Eisenvitriol *n*
green wood grünes [frisches] Holz *n*

greenbelt town *(AE)* Wohnvorstadt *f (offene Einfamilienhausbesiedlung)*
greenheart Grünholz *n*, Greenheart-Holz *n (tropisches Hartholz)*
greenhouse Gewächshaus *n*, Treibhaus *n*
greenhouse glass Gewächshausglas *n*
greens Rasenplatz *m*
greenstick *s.* greenheart
greenstone Diabas *m*, Grünstein *m*
greenstone tuff diabasischer Tuff *m*, Diabasbims *m*
greensward ebene Rasenfläche *f*, Rasen *m*
grees(e) *(Arch)* mittelalterliche Treppe *f*
grey grau
grey bands Grausandstein *m*
grey blast metallisch rein
grey board Graupappe *f*
grey cast iron Grauguss *m (Material)*
grey granite grauer Granit *m*
grey lime Graukalk *m*
grey post *(sl)* grauer Sandstein *m*
grey stone Graustein *m*, Granitstein *m*
grey stone lime Graukalk *m*, hydraulischer Kalk *m*, Schwarzkalk *m*
greyness Orangeschalenschein *(Glasfehler)*
greywacke Grauwacke *f (Gestein)*
greywacke limestone Grauwackenkalk *m*
greywacke schist schiefrige Grauwacke *f*, Übergangsgrauwacke *f*
greywacke slate Grauwackenschiefer *m*
grid 1. Gitter *n*, Kartengitter *n*, Netz *n*; 2. Systemliniengitter *n*, Systemliniennetz *n (Maßordnung)*; 3. Raster *m*; 4. Rost *m*; Gitter(werk) *n*; 5. Fernversorgungsnetz *n (Gas, Strom)*
grid action Rost(trage)wirkung *f*
grid beam Rostbalken *m*
grid bearing Projektionswinkel *m* einer Linie gegen Gitter Nord
grid cantilever footing Kragrostfundament *n*
grid ceiling Gitterwerkdecke *f*, Rasterdecke *f*
grid construction Rost(konstruktions)system *n*
grid dimension Rastermaß *n*
grid façade Rasterfassade *f*
grid footing Rostfundament *n*
grid formation Rasteranordnung *f*
grid foundation Gründungsrost *m*, Gründungsrostplatte *f*
grid frame Raumfachwerk *n*
grid gas line Ferngasleitung *f*
grid iron Gitterrost *m*, Rost *m*
grid line Rasterlinie *f*; Systemlinie *f*
grid network Rastersystem *n*
grid pattern Schachbrettmuster *n*
grid-pattern building Rastergebäude *n*
grid-pattern façade Rasterfassade *f*
grid pipe *(HLK)* Registerrohr *n*
grid plan Rasternetz *n*
grid plane Rasterebene *f*
grid plate Rasterplatte *f*, Gitterplatte *f*
grid position Rasterlage *f*
grid roller Rostwalze *f*, Gitterrostwalze *f*
grid sheet system Baugrubenaussteifungswerk *n* mit Stützen und Platten
grid spacing Rasterteilung *f*
grid structure Raumfachwerk *n*
grid suspension system Rasterdeckensystem *n*
grid system 1. Rastersystem *n*; 2. *(El)* Verbundnetz *n*
grid town Rasterstadt *f*, Stadt *f* mit Rastergrundriss
gridded map Gitternetzkarte *f*
gridiron 1. Rost *m*, Balkenrost *m*; 2. Netz *n (Rohre, Straßen, Schienen)*
gridiron drainage Dränage *f* in Rechteckform
gridlike gitterartig
gridwork Rechenanlage *f (Aufbereitung)*
grief stem Vierkantstange *f*, Mitnehmerstange *f (Bohrtechnik)*
griff steile Bergschlucht *f*
griffe *(Arch)* Klaue *f*
griffin fresco *(Arch)* Greifenfreske *f*
grill *s.* grille
grill room Grillbratküche *f*, Grillraum *m*
grillage 1. Fundamentrost *m*, Rostfundament *n*, Gründungsrost *m*, Schwellenrost *m*; 2. Lastverteilungsrost *m*
grillage beam Trägerrost *m*, Rostschwelle *f*, Rostträger *m*
grillage footing [foundation] *s.* grillage 1.
grille 1. (schmiedeeisernes) Gitter *n*, Ziergitter *n*; 2. Luftgitter *n*; Öffnungsgitter *n*; 3. Rost *m*, Gitterrost *m*
grille block Gitter(block)stein *m*
grille foundation pile Rostpfahl *m*
grilled heater Rippenheizkörper *m*, Lamellenheizkörper *n*
grilled tube Rippenrohr *n*, Lamellenrohr *n*
grillwork Gitterbauelement *n*, Rostmaterial *n*
grime fest haftender Schmutz *m*
grimines Schmutzablage *f*, Schmutzigkeit *f*
grimy schmutzig, rußig
grin *v* **open** auseinander klaffen
grind *v* 1. schleifen *(z. B. Glas)*; abreiben; 2. schleifen, schärfen *(Schneiden)*; 3. zerkleinern; (zer)mahlen, zerreiben, pulverisieren *(z. B. Füller)*
grind *v* **across the grain** querschleifen
grind *v* **with emery** abschmirgeln
grindability Mahlbarkeit *f*
grindable schleifbar
grinder Schleifmaschine *f*, Schleifer *m*
grinding Schleifen *n*; Abreiben *n*
grinding abrasive Schleifmittel *n*
grinding fineness Mahlfeinheit *f*
grinding fineness of cement Zementmahlfeinheit *f*
grinding machine Schleifmaschine
grinding plant Mahlanlage *f*
grinding stock Mahlgut *n (zum Vermahlen)*
grinding stone *s.* grindstone
grindstone 1. Schleifstein *m*; Abziehstein *m*; 2. Mühlstein *m*, Mahlstein *m*
grinning(-through) Durchscheinen *n (z. B. von Mauerwerk durch Putzrisse)*
grip *v* 1. greifen *(z. B. mit Zangen)*; 2. klemmen; einspannen *(in ein Spannfutter)*
grip 1. Heft *n*, Griff *m*; 2. Haltegriff *m*; 3. Rüststange *f*; 4. Reibschluss *m (Bolzenverbindung)*; 5. Klemmlänge *f (z. B. bei Nieten)*; 6. Wasserhaltungsgraben *m (Dialektwort)*; 7. Haftvermögen *n*
grip bar Betonformstahl *m*, Rippenstahl *m (Bewehrung)*
grip length 1. Anhaftungslänge *f*, Haftlänge *f (Bewehrung)*; 2. Klemmlänge *f (z. B. bei Nieten)*
grip on the ground Anhaftung *f*
grip value Griffigkeitswert *m*
grip wrench Blitzrohrzange *f*
gripping Haftung *f*, Haftverbund *m*, Haftfestigkeit *f*, Haftvermögen *n (Stahlbeton)*
gripping groove Haftrille *f*, Verbundrille *f*
gripping stress Haftspannung *f (bei Bewehrung)*
griptester Griffigkeitsmessgerät *n*
grisaille Grau-in-Grau-Anstrich *m (Dekorativanstrich)*
grist Mahlgut *n (Gestein)*
grit *v* bekiesen, mit Kies bestreuen, abschottern, absplitten, absanden, Splitt streuen
grit-blast *v* mit Kies (ab)strahlen, mit Sand strahlen
grit 1. Kies *m (grobkörnig)*; Grobsand *m*, (schwerer) Sand *m*; Flusssand *m*; Splitt *m*; 2. Streugut *n*; Abstumpfungskörnung *f*, 3. Körnung *f (Schleifpapierkörnung)*

grit basin *s.* grit chamber
grit blasting Sandstrahlen *n*, Sanden *n*
grit box Schlammfangeimer *m*
grit chamber Schlammfang *m*, Schlammfänger *m*, Sandfang *m (Abwasserklärung)*
grit layer Splittbewurf *m*
gritstone Grobsandstein *m*, Kristallsandstein *m*, Quarzit *m*
gritter *(Verk)* Splittstreuer *m*, Splittverteiler *m*, Schotterverteiler *m*, Sandstreuer *m*
grittiness kiesartige [körnige] Beschaffenheit *f*, Sandigkeit *f*
gritting Abstreuen *n*; Absplitten *n (Straße)*
gritting machine Splittstreuer *m*
gritting material Abstreumaterial *n*, Streugut *n*
gritty 1. kiesig; sandig; körnig, grießig; 2. kieshaltig; sandhaltig
grizzle minderwertiger Ziegel *m (grau, ungebrannt)*
grizzly Stabrost *m*, Stangenrost *m*, Stabsieb *n (z. B. für Gestein)*
grizzly bar Roststab *m*, Sieb(rost)stab *m*
grizzly screen Siebrost *m*
grog 1. gemahlene Schamotte *f*, Ziegelmehl *n*; 2. Schamottebrocken *m*, Schamottebruch *m*
grog mortar Schamottemörtel *m*
groin 1. *(Arch)* Stichkappe *f*, Gewölbegrat *m*; Verschneidungslinie *f*; Grat *m*, Rippe *f*; 2. *(AE) s.* groyne
groin arch Gratbogen *m*, gekreuzter Bogen *m*; Kreuzgewölbe *n*
groin centering *(AE)* Bogenlehrgerüst *n*, Bogenstützschalung *f*
groin rib Gratrippe *f*
groined kehlig; mit Rippen, rippig *(Gewölbe)*
groined rib Kreuzgewölberippe *f*
groined vault Kreuzgewölbe *n*, Klostergewölbe *n*
groining Quergewölbeausbildung *f (zu einem Bezugsgewölbe)*
grommet 1. (isolierte) Durchführungshülse *f*; 2. Dichtungsring *m*, Gummidichtungsring *m*; 3. Unterlegscheibe *f*
groove *v (Hb)* nuten, (aus)kehlen, riefen, riffeln, kannelieren; einschneiden
groove *v* **out** 1. *(Hb)* ausfugen; 2. *(Wsb)* auskolken
groove 1. *(Hb)* Nut *f*, Kehle *f*, Riefe *f*, Riefelung *f*; Furche *f*; Kerbe *f*, Rinne *f*; Kannelüre *f*, Kannelierung *f*; Hohlkehle *f (in Längsrichtung an Säulen)*; 2. Fuge *f (Schweißen)*
groove and tongue *(Hb)* Nut *f* und Feder *f*; Spund *m*
groove angle Fugenwinkel *m*, Öffnungswinkel *m (Schweißnaht)*
groove channelling *(Hb)* Riffelung *f*
groove joint Feder-Nut-Verbindung *f*
groove-toothed kerbzähnig
grooved gerillt, genutet, geriffelt, kanneliert
grooved and tongued flooring gespundete Dielung *f*
grooved dowel gerillter Dübel *m*
grooved match ceiling boarding genutete Deckenschalung *f*
grooved pile kannelierter Pfahl *m*
grooved pipe Endrillenrohr *n*
grooved seam Falzsaum *m*
grooved tile Rillenfliese *f*, geriffelte Fußbodenplatte *f*
groover Nutenschneider *m*, Nutenfräser *m*; Falzmeißel *m*
grooving 1. *(Hb)* Nutung *f*, Auskehlen *n*, Auskehlung *f*, Riefung *f*; 2. Rinnenfraß *m*, Furchenbildung *f (Erosion)*
grooving and tonguing Spunden *n*, Spundung *f*
grooving cutter *s.* groover
grooving iron Kröseleisen *n*
grooving plane Nut(en)hobel *m*, Spundhobel *m*
gross area Bruttofläche *f*
gross cross section Gesamtquerschnitt *m*
gross cross-sectional area Gesamtquerschnittsfläche *f*, Bruttoquerschnittsfläche *f*
gross floor area Bruttogeschossfläche *f*, Bruttogrundfläche *f*, Gesamtgrundfläche *f*
gross load 1. Bruttolast *f*; 2. Bruttowärmeleistung *f (Heizsystem)*
gross load area Bruttobelastungsfläche *f*
gross moment of intertia Bruttoträgheitsmoment *n*
gross output Bruttoleistung *f (z. B. Wasserboiler)*
gross porosity Gesamtporosität *f*
gross production Bruttoproduktion *f*, Gesamtproduktion *f*
gross section *s.* gross cross section
gross sectional area *s.* gross cross-sectional area
gross storey area Bruttogeschossfläche *f*
gross volume Bruttovolumen *n*; Bruttomischervolumen *n*
grotesque Groteskenornament *n*, Grillenwerk *n*
grotto Grotte *f*
grotto work *(Arch)* Grottenwerk *n (Ausgestaltung der Heiligtumsgrotten)*
grouan Grus *m*, Kleinkies *m*
ground *v* 1. *(AE) (El)* erden, an Erde legen; 2. grundieren
ground *v* **dry** trocken mahlen
ground 1. gemahlen; 2. geschliffen; 3. treibend *(Kalk)*
ground 1. Grund *m*, Boden *m*, Erdboden *m*; Terrain *n*, Gelände *n*; 2. Untergrund *m*; 3. Grund(ier)schicht *f*, Anstrichträger *m*; Anstrichuntergrund *m*; 4. *(AE) (El)* Erde *f*, Masse *f*; 5. Dübelleiste *f* • **above ground** oberirdisch • **at ground level** ebenerdig • **below ground** unter Planum • **develop ground** Gelände erschließen
ground anchor Bodenanker *m*, Erdanker *m*, Verpressanker *m*
ground anchorage Bodenverankerung *f*
ground auger Erdbohrer *m*
ground basic slag Schlackenmehl *n*, Thomasmehl *n*
ground beam Bodenschwelle *f*, Fußbalken *m*; Fußholz *n*, Grundbalken *m*
ground-breaking erster Spatenstich *m*
ground brush Grundiermalerbürste *f*
ground clearance Baufreiheit *f*
ground coat Grundanstrich *m*, Grundierung(sschicht) *f*, erste Lage *f(Farbschicht)*
ground-coat enameling Grundemaillierung *f*
ground column Erdgeschossstütze *f*
ground compaction Bodenverdichtung *f (künstliche)*
ground conditions Bodenbeschaffenheit *f*, Bodenverhältnisse *npl*
ground connection *(El)* Erdanschluss *m*
ground consolidation Bodensetzung *f*, Bodenkonsolidierung *f (natürliche)*
ground cork Korkmehl *n*
ground course Fußlage *f*, Lage *f*, erste Schicht *f (eines Mauerwerks)*
ground cover 1. Bodenbedeckungspflanzung *f*; 2. Bodenabsiegelungsfilm *m*; 3. Bodenbedeckung *f*
ground damp Bodenfeuchtigkeit *f*
ground density Bodendichte *f*
ground distance Horizontalabstand *m*
ground draining Untergrundentwässerung *f*, Untergrunddrainage *f*
ground dwelling Erdgeschosswohnung *f*
ground dwelling unit *(AE)* Erdgeschosswohnung *f*
ground entrance Erdgeschosseingang *m*
ground exploration Bodenerkundung *f*
ground failure *(Bod)* Grundbruch *m*
ground floor Erdgeschoss *n*, Parterre *n* • **on the ground floor** im Erdgeschoss
ground-floor dwelling [flat] Erdgeschosswohnung *f*, Parterrewohnung *f*
ground-floor floor Erdgeschossdecke *f*
ground-floor plan Erdgeschossplan *m*, Grundriss *m*
ground-floor slab Erdgeschossplatte *f*

ground frame Fußbodenauflagerrahmen *m*
ground friction Bodenreibung *f*
ground frost Bodenfrost *m*
ground glass geschliffenes Glas *n*
ground glass joint Glasschliffverbindung *f*
ground granulated blastfurnace slag hydraulisches Hochofenschlackenmehl *n*
ground gypsum Gipsmehl *n*, gemahlener Gips *m*
ground heat Erdwärme *f*
ground heave Bodenauftrieb *m*, Bodenhebung *f*, Sohlhebung *f*
ground height Erdgeschosshöhe *f*
ground humidity Bodenfeuchtigkeit *f*
ground improvement Baugrundverbesserung *f*
ground investigation Bodenuntersuchung *f*, Bodenerkundung *f*
ground joint 1. Mauerwerkspassfuge *f*; 2. eingeschliffene Verbindung *f*, Schliff *m*
ground joist Schwellholz *n*
ground-key valve Drehregelventil *n*
ground knives Grundwerk *n*
ground level Geländehöhe *f*, Terrainhöhe *f*, Niveau *n* • **at ground level** ebenerdig
ground lime gemahlener Branntkalk *m*
ground line 1. Grundlinie *f*; 2. *(El)* Grundleitung *f*
ground mass Grundmasse *f*, Einbettmasse *f*, Matrix *f*
ground moisture Bodenfeuchtigkeit *f*
ground moraine Grundmoräne *f*
ground mould Sohlenform *f*
ground niche Nische *f* in Fußbodenhöhe
ground oscillation Bodenerschütterung *f*, Untergrundschwingung *f*
ground penetration radar Schichtdickenmessradar *n*; Radar *n* zur Fahrbahnschichtdickenmessung
ground plan Grundriss *m*, Horizontalprojektion *f*
ground-plan area Grundrissfläche *f*
ground-plan geometry Grundrissgeometrie *f*
ground-plan shape Grundrissform *f*
ground-plan type Grundrissart *f*
ground plane 1. Grundhobel *m*; 2. Horizontalebene *f*
ground plate 1. Bodenschwelle *f*, Schwelle *f*, Grundschwelle *f (Grundbalken bei Holzkonstruktionen)*; Fußbalken *m*, Fußholz *n*, Sohlbalken *m (Unterlagen für Holzrahmentragwerk)*; 2. *s.* earth plate; 3. *(El)* Erdungsplatte *f*
ground pressure Bodendruck *m*, Bodenpressung *f*, Flächenpressung *f (vertikal)*
ground projection plane Grundrissebene *f*
ground prop *(Erdb)* Steife *f*, Stempel *m*, Stütze *f*
ground rent Pacht *f*
ground resistance Erdwiderstand *m*, Bodenwiderstand *m*
ground rock Gesteinsmehl *n*, Gesteinsfüller *m*
ground seepage hydraulischer Grundbruch *m*
ground settlement Bodensetzung *f*, Bodensenkung *f*
ground sill Schwelle *f*, Grundschwelle *f (Grundbalken bei Holzkonstruktionen)*; Fußbalken *m*, Fußholz *n*, Sohlbalken *m*
ground stock Mahlgut *n (Mahlprodukt)*
ground storey *s.* ground floor
ground strip Bodenstreifen *m*
ground submergence Bodensenkung *f*
ground subsidence Bodensenkung *f*
ground-supported in-situ concrete floors erdgelagerte Ortbetonböden *mpl*
ground surface Geländeoberfläche *f*
ground survey Geländeaufnahme *f*, Terrainaufnahme *f*, Bodenvermessung *f*
ground table Bodenschicht *f* über der Gründung
ground tank Tiefbehälter *m*
ground timber Längsschwelle *f*, Grundbalken *m*
ground Trinidad épuré with rock flour Trinidadpulver *n*, gemahlener Trinidadasphalt *m (mit Kalkmehlzusatz)*
ground varnish Grundierlack *m*
ground vegetation Bodenvegetation *f*
ground vibration Bodenerschütterung *f*
ground wall Fundamentmauer *f*, Gründungswand *f*
ground wallpaper Fondtapete *f*
ground water Grundwasser *n*
ground-water artery Grundwasserader *f*
ground-water balance Grundwasserhaushalt *m*
ground-water basin Grundwassereinzugsgebiet *n*
ground-water bottom Grundwassersohle *f*
ground-water captation Grundwasserfassung *f*
ground-water check borehole Grundwasserbeobachtungsrohr *n*, Grundwasserpegelrohr *n*
ground-water control Wassererhaltung *f*; Grundwasserabsenkung *f*
ground-water dischearge Grundwasserabfluss *m*
ground-water exploration Grundwassererkundung *f*
ground-water flow Grundwasserströmung *f*
ground-water inrush Grundwasserzutritt *m*, Grundwassereinbruch *m*
ground-water layer Grundwasserschicht *f*
ground-water level Grundwasserspiegel *m*; Grundwasserstand *m*
ground-water lowering Grundwasserabsenkung *f*
ground-water lowering installation Grundwasserabsenkungsanlage *f*
ground-water lowering system Grundwasserabsenkungsanlage *f*
ground-water lowering work Wasserhaltungsarbeiten *fpl*
ground-water measuring point Grundwassermessstelle *f*
ground-water observation well Grundwasserbeobachtungsbrunnen *m*
ground-water packing Grundwasserabdichtung *f*
ground-water percent saturation Bodenwassergehalt *m (in Prozent)*
ground-water pollution Grundwasserverunreinigung *f*
ground-water protection Grundwasserschutz *m*
ground-water protection area Grundwasserschutzzone *f*, Grundwasserschutzgebiet *n*
ground-water resources Grundwasserressourcen *fpl*, Grundwasservorräte *mpl*
ground-water run-off Grundwasserabfluss *m*
ground-water saturation line Grundwasserlinie *f*
ground-water storage Grundwasserspeicherung *f*
ground-water swell Grundwasserstau *m*
ground-water table Grundwasserspiegel *m*
ground-water table fluctuation Grundwasserspiegelschwankung *f*
ground-water waterproofing material druckwasserhaltendes Material *n*, Grundwasserdichtungsstoff *m*
grounded work fußbodenberührende Tischlerarbeit *f (z. B. Fußhalteholz)*
grounding 1. *(AE) (El)* Erdung *f*; 2. Grundierung *f*
grounding field *(AE)* Erdungsfeld *n*
grounding resistance *(AE)* Ableitungswiderstand *m*, Erdableitwiderstand *m*, Erdungswiderstand *m*
grounding strip *(AE)* Banderder *m*
grounding system *(AE)* Erdungsanlage *f*
grounds Gelände *n*
groundsill Fußholz *n*, Grundschwelle *f*
groundwater *s.* ground water
groundwater contamination Grundwasserverschmutzung *f*, Verunreinigung *f* des Grundwassers
groundwater current Grundwasserströmung *f*, Grundwasserstrom *m*
groundwater quality Grundwassergüte *f*

groundwork 1. Erdarbeiten *fpl*, Erdbauarbeiten *fpl*; Gründungsarbeiten *fpl*; 2. Fundament *n*
group *v* in Gruppen anordnen; zusammenstellen
group analysis test Ringversuch *m (Baustofflaborvergleichstest)*
group connection *(El)* Gruppenschaltung *f*
group house Reihenhaus *n*
group index Gruppenindex *m*
group of buildings Gebäudeblock *m*, Gebäudekomplex *m*
group of chimneys Schornsteingruppe *f*
group of houses Häuserkomplex *m*
group of loads Lastgruppe *f*, Lastengruppe *f*
group of trees Baumgruppe *f (Gartenarchitektur)*
group relamping kompletter Glühlampenaustausch *m (eines Beleuchtungssystems)*
group vent *(San)* Gruppenentlüfter *m*
grouped cables Spanngliederbündel *n*
grouped columns Säulengruppe *f*
grouped pilasters Wandpfeilergruppe *f*
grouping Gruppierung *f*, (gruppenweise) Anordnung *f*
grout *v* 1. injizieren, einpressen; verfestigen *(Boden)*; 2. mit Gussmörtel vergießen; ausgießen, untergießen; (aus)spachteln *(z. B. Fugen)*
grout *v* **in** einpressen, verpressen, injizieren; tränken *(Mörtel, Beton)*
grout *v* **under pressure** einpressen, injizieren *(Zementierungsmittel)*
grout *v* **up** auspressen *(Spannbeton)*; vermörteln
grout 1. Injektionsmittel *n*, Einpressmittel *n*; Zementierungsmittel *n*, Gussmörtel *m*, Vergussmörtel *m*, Auspressmörtel *m*, Einpressmörtel *m*; 2. feiner Mörtel *m*, Schlempe *f*; Zementbrei *m*; Zementmilch *f*; 3. Erdstoffverfestiger *m*
grout anchor Injektionsanker *m*
grout box Vergussankerplatte *f*
grout curtain Injektionsschleier *m*, Injektionsschürze *f*
grout hole Mörtelinjektionsloch *n*; Mörtelauspressloch *n*
grout injection Mörtelinjektion *f*, Mörteleinpressung *f*, Mörtelauspressung *f*
grout injection quantity Mörtelinjektionsmenge *f*
grout jointing Fugendichtung *f*
grout length Einpresslänge *f*, Verpresslänge *f*
grout packer Mörteleinpresser *m*
grout seal Schlämmeabsiegelung *f*, Schlämmeüberzug *m*
grout void Einpresshohlraum *m*, Verpresshohlraum *m*, Auspresshohlraum *m*
grouted-aggregate concrete Injektionsbeton *m*, Kolloidbeton *m*, injiziertes Zuschlagstoffgemenge *n*
grouted cut-off wall *(Erdb)* Dichtungsschleier *m*
grouted frame ausgemauerter Türrahmen *m*
grouted joint verfüllte Mauerfuge *f*
grouted macadam Mörtelmakadam *m*, mörtelverfüllter Makadam *m*
grouted masonry ausgegossenes Mauerwerk *n*, Schalsteinmauerwerk *n*
grouting 1. Injektion *f*, Zementierung *f (Bodenverfestigung)*; Erdstoffvermörtelung *f*, Mörtelinjektion *f*, Mörteleinpressung *f*, Vermörtelung *f*, Einpressen *n (von Zementmörtel)*; 2. *s.* grout
grouting cement Injektionszement *m*, Auspresszement *m*
grouting compound Spachtelmasse *f (Terrazzo)*; Vergussmasse *f*
grouting gallery Injektionsgang *m*, Einpressstollen *m (Felssicherung, Tunnelbau)*
grouting gun Injektionspistole *f*, Auspressspritze *f*
grouting hole Einpressloch *n*, Injizieröffnung *f*, Injektionsmörtelloch *n*
grouting machine Injektionsgerät *n*; Auspresspumpe *f*
grouting material Injektionsgut *n*
grouting of bearings Vergießen *n* der Lager [Auflager]
grouting pipe Injektionsleitung *f*
grouting pump Mörtelinjektionspumpe *f*, Einpresspumpe *f*
grouting sand Einpressmörtelsand *m (Korngröße < 0,8 mm)*
grouting suspension Auspresssuspension *f*, Einpresssuspension *f*, Injektionssuspension *f*
grouting technique Einpressverfahren *n*, Auspressverfahren *n*, Injektionstechnik *f*
grouting with asphalt Bitumeninjektion *f*
grouting work Injektionsarbeiten *fpl*, Einpressarbeiten *fpl*, Verpressarbeiten *fpl*, Auspressarbeiten *fpl*
groutnick Schlämmespalt *m*, Einpressöffnung *f*
grow *v* 1. wachsen, sich ausdehnen *(z. B. eine Stadt)*; 2. (an)wachsen; ansteigen *(z. B. Werte)*
grow *v* **damp** beschlagen; feucht werden
grow *v* **rusty** einrosten
growing season Wachstumsperiode *f (Landschaftsbau)*
growth 1. Anwachsen *n*, Zunahme *f*; 2. Wachsen *n*; 3. Aufwuchs *m*
growth defect Wuchsfehler *m (bei Holz)*
growth of fungi Pilzwuchs *m*, Pilzbefall *m*
growth rate Wachstumsrate *f*
groyne *v* Buhnen bauen
groyne *(Wsb)* Buhne *f*, Wellenbrecher *m*
groyne head *(Wsb)* Buhnenkopf *m*
groyning 1. Buhnenbau *m*; 2. *s.* groining
grub *v* beroden *(Baustelle)*; roden *(Wurzeln und Baumstümpfe entfernen)*; graben
grub *v* **out** ausgraben
grub *v* **up** roden, ausgraben; *(sl)* lang zu!
grub screw Madenschraube *f*
grubbing Beroden *n (einer Baustelle)*; Roden *n (von Baumstümpfen)*
grubbing up Roden *n*
grubstone mortar Grundmörtel *m*
grummet (washer) Unterlegscheibe *f*, Dichtungsscheibe *f*
gryse *s.* greese
guarantee *v* Garantie geben, garantieren, gewährleisten
guarantee 1. Garantie *f*; Gewährleistung *f*; 2. Bürgschaft *f*; 3. Bürge *m (Rechtswesen)*; 4. Garantiezeitraum *m*
guarantee terms Garantiebedingungen *fpl*
guaranteed maximum cost garantierte maximale Baukostensumme *f*
guaranteed maximum prices garantierte Höchstpreise *mpl*
guarantor Bürge *m*
guaranty *s.* guarantee
guard *v* schützen, sichern; mit Schutzvorrichtung versehen
guard Schutzvorrichtung *f*, Schutzgitter *n (vor einem Kamin)*; Sicherheitsvorrichtung *f*
guard bar Schutzstange *f*, Gerüstfußbrett *n*
guard bead Führungsschiene *f*
guard board Schutzbrett *n*, Fußbrett *n*
guard fence Schutzgeländer *n (z. B. einer Brücke)*
guard grille Schutzgitter *n (vor Fenstern)*
guard post Abweispfosten *m*, Radabweiser *m*
guard room Wachraum *m*, Wache *f*
guardhouse Wachhäuschen *n*
guardrail 1. Geländer *n*, Schutzgeländer *n (z. B. einer Brücke)*; 2. Leitplanke *f*; 3. Schutzschiene *f*, Leitschiene *f*, Radlenker *m (Gleisbau)*
guardroom Wachraum *m*
guardstone Tor(eck)stein *m*, Abweisstein *m*
gudgeon Bolzenstift *m*; Stift *m*, Metallverbindungsbolzen *m*
guest bedroom Bettenzimmer *n*, Schlafraum *m (Hotel)*
guest bedroom building Bettengebäude *n*, Bettenhaus *n (Hotel)*
guest drive Gästevorfahrt *f*, Gästeauffahrt *f (Hotel)*

guest-house Fremdenheim *n*, Pension *f*, Gästehaus *n*
guest-room Gästezimmer *n*, Fremdenzimmer *n (privat oder Hotel)*
guglia verlängerte Kreuzblume *f*, verlängertes Spitzenornament *n*
guhr Kieselgur *f*
guidance Führung *f*, Lenkung *f*, Leitsystem *n*
guide Führung *f*, Führungsschaft *m*; Führungszapfen *m*
guide bar Führungsschiene *f*, Gleitschiene *f*
guide bead innerer Fensteranschlag *m*
guide board *(Verk)* Richtungsschild *n*
guide book Leitfaden *m*, Handbuch *n*
guide coat Markierungsfarbschicht *f*, Abnutzungsmarkierschicht *f*, Kontrollschicht *f (für Farbanstriche)*
guide fillet Führungsleiste *f*
guide frame Leitrahmen *m*
guide gib *s.* gib
guide groove Führungsnut *f*
guide marker Leitpfosten *m*
guide mast Führungsmast *m*
guide note Richtlinie *f*, Hinweis *m*
guide opening Rahmenfenster *n*
guide passage Leitkanal *m*
guide pile 1. Richtpfahl *m*; 2. Verankerungspfahl *m*
guide-post Wegweiser *m*; Leitpfosten *m*
guide rail Führungsschiene *f*, Leitschiene *f (z. B. für Türanlage)*; Laufschiene *f*
guide rod Führungsstange *f*
guide sign *(AE) (Verk)* Leiteinrichtung *f*, Wegweiser *m*
guide track Führungsbahn *f*
guide tube Futterrohr *n (Bohrtechnik)*
guide wall Leitmauer *f*, Leitwand *f (für Flussströmung)*
guideline Richtlinie *f*
guideline specification Richtlinie *f*
guidelines Leitlinien *fpl*, Richtlinien *fpl*, Leitfaden *m*
guideway *(Verk)* Fahrweg *m* mit Spurführung *f*
guiding centre distance Richtmaß *n*
guiding rafter Lehrsparren *m*
guiding rod *(Verm)* Richtlatte *f*
guiding rule Ziehlatte *f*
guildhall Gildehaus *n*, Vereinshaus *n*
guilloche Bandornament *n*, Guillochierung *f*
guillotine window Fallfenster *n*
gulch *(AE)* tiefe Schlucht *f*
gullet Wasser(schlitz)graben *m (Baugrubenentwässerung)*
gulley *s.* gully
gully 1. Gully *m*, Straßeneinlauf *m*, Wasserablauf *m*, Regenwasserabflussschacht *m*, Einlauf(schacht) *m*; Ablauf *m*, Bodenablauf *m*; 2. Rinne *f (im Gelände)*
gully cover Gullydeckel *m*
gully grate Einlaufrost *m*
gully-hole *s.* gully 1.
gully opening Einlauföffnung *f*, Ablauföffnung *f*
gully shaft Einlaufschacht *m*
gully surround Einlaufeinfassung *f*, Ablaufeinfassung *f*
gully trap Sinkkasten *m (Fangkasten)*; Schlammeimer *m (Kanalisation)*
gum *v* 1. gummieren; 2. verharzen *(z. B. Öl)*
gum-up *v* abreiben *(für neue Oberflächenschicht)*; 2. über den Haufen werfen *(Projekt)*
gum 1. Klebstoff *m*; 2. Pflanzengummi *n*
gum arabic Gummiarabikum *n*
gum bloom Lackglanzverlust *m*
gum resin Gummiharz *n*
gum tree hardwood Gummibaumhartholz *n*
gum turpentine Terpentin *n*
gumbo *(AE)* hochplastischer zäher Ton *m (im zentralen Teil der USA vorkommend)*
gummy klebrig *(Anstrich)*
gumwood Eukalyptusholz *n*
gun *v* torkretieren
gun 1. Spritzpistole *f (z. B. für Farbauftrag)*; 2. *s.* gunite gun; 3. Schweißpistole *f*
gun-applied pistolenaufgespritzt *(z. B. Farben)*
gun-applied concrete Spritzbeton *m*, Torkretbeton *m*
gun-cotton Schießbaumwolle *f*
gun finish Torkretbetonschicht *f*, Torkretputz *m*
gun-grade spritzfähig, spritzbar
gun-grade asphalt Spritzasphalt *m*
gun-grade cement Spritzpistolenkitt *m*
gun-grade mastix Spritzmastix *m*
gun mortar Torkretmörtel *m*, pneumatisch aufgespritzter Mörtel *m*
gun pattern Torkretputz-Oberflächenform *f*
gunite *v* torkretieren
gunite 1. Spritzbeton *m*, Torkretbeton *m*, Torkretierbeton *m*; 2. *s.* gunite finish
gunite base Torkretierunterlage *f*
gunite coating Torkretschicht *f*
gunite finish Torkretputz *m*
gunite gun Torkretierspritze *f*, Torkretkanone *f*
gunite jacket Torkretmantel *m*
gunite mortar Torkretmörtel *m*
guniting Torkretieren *n*; Torkrettechnik *f*
gunnable spritzbar
gunned pistolenaufgetragen, pistolengespritzt
gunned coat Spritzfilm *m*
gunned compound Spritzmasse *f*
gunned concrete Torkretbeton *m*, Torkretierbeton *m*, Spritzbeton *m*
gunned film Spritzfilm *m*
gunned material Spritzmasse *f*
gunned paint coat Spritzfarbanstrich *m*
gunned plastic Spritzkunststoff *m*
gunning *(AE)* Torkretieren *n*
gunning method [technique] Torkrettechnik *f*
gunny (cloth) Sackleinwand *f*, Juteleinen *n*
gunpowder Schwarzpulver *n*
gurgoyle *s.* gargoyle
gurlet Dachdeckerhammer *m (für Schieferdeckung)*
gusset Fachwerkknoten(punkt) *m (Stahlbau)*
gusset plate Knotenblech *n*; Stützblech *n*
gusseted connection Knotenblechverbindung *f*
gust loading factor Böigkeitsbeiwert *m*
gusty wind speed Böenwindgeschwindigkeit *f*
gutta *(Arch)* Tropfen *m (dorisch)*
gutted ausgebrannt, niedergebrannt, abgebrannt
gutted structure Brandruine *f*
gutter *v* schlitzfräsen
gutter 1. Wasserablaufrinne *f*, Dachrinne *f*, Sattelkehle *f*; 2. Wasserrinne *f*, Ablaufrinne *f*, Rinne *f*, Straßenrinne *f*, Pflasterrinne *f*, Rinnstein *m*, Gosse *f*; 3. Böschungsmulde *f*, Mulde *f*
gutter angle Rinnenwinkel *m*
gutter bearer Rinnenträger *m*, Dachrinnenhalter *m*
gutter bed Traufblech *n*, Dachrinnenleitblech *n*
gutter block Schalenstein *m*
gutter board Traufbohle *f*, Traufbrett *n*
gutter bracket Dachrinnenhalter *m*, Rinnhaken *m*, Rinnenhaken *m*, Rinnenhalter *m*
gutter channel Rinnstein *m*, Straßenrinne *f*, Gosse *f*, Gerinne *n*
gutter clamp Dachrinnenhalter *m*, Rinnenhalter *m*
gutter hanger Rinneneisen *n*, Dachrinnenhalter *m*
gutter hook Rinnenhaken *m*
gutter outlet Rinnenstutzen *m*
gutter paving sett Rinnenstein *m (Straße)*

gutter pipe Fallrohr *n*
gutter plate Dachrinnenunterstützungsträger *m*
gutter sett Rinnstein *m*
gutter sheet Rinnenblech *n*
gutter stone Rinnstein *m*, Traufstein *m*
gutter stop end Dachrinnenendstück *n*
gutter support Rinneneisen *n*, Rinnenhaken *m*
gutter tile Falzziegel *m*
guttering Ablaufrinne *f*, Regenrinne *f*; Dachrinne *f*
guy *v* abspannen, verspannen, festspannen, verankern *(mit Seilen)*
guy 1. Abspannseil *n*, Spannseil *n*, Ankerseil *n*, Abspannung *f*; Halteseil *n*, Seil *n*, Trosse *f*; 2. *(AE)* Mastanker *m*
guy anchor Abspannseilanker *m*, Seilanker *m*
guy cable *s.* guy 1.
guy derrick abgespannter Derrickkran *m*
guy line Abspannseil *n*
guy rope *s.* guy 1.
guyed bridge Seilspannbrücke *f*, abgespannte Brücke *f*, Schrägseilbrücke *f*
guyed chimney abgespannter Schornstein *m*
guying Verspannung *f*, Seilverspannung *f*, Abspannen *n* *(mit Seilen)*
gym *s.* gymnasium
gymnasium Turnhalle *f*, Sporthalle *f*
gypseous 1. gipshaltig; 2. gipsähnlich; 3. aus Gips (bestehend)
gypseous marl Gipsmergel *m*
gypseous spar Marienglas *n*
gypsiferous gipshaltig, gipsführend
gypsite Gipsit *m*, Gipsmergel *m*
gypsitic gipsartig
gypsolith Gipsgestein *n*
gypsstone gipsreiches Gestein *n*
gypsum 1. Gips *m (Mineral)*; 2. *s.* gypsum plasterboard 1.
gypsum backerboard Gipshinterbauplatte *f*, Gipsgrundplatte *f*; Gipskartonplatte *f*
gypsum backing board Gipsformteil *n (Schalldecke)*
gypsum base coat plaster harter Gipsunterputz *m*
gypsum-based gipshaltig
gypsum block Gipsblockstein *m*
gypsum board 1. *s.* gypsum plasterboard 1.; 2. Stuckplatte *f*
gypsum cement *s.* gypsum plaster
gypsum concrete Gipsbeton *m*
gypsum deposit Gipslager *n (geologisch)*
gypsum fibre concrete faserbewehrter Gipsbeton *m*
gypsum finish Gipsputz *m*
gypsum floor [flooring coat] Gipsestrich *m*
gypsum insulation Gipsflockendämmfüllung *f*
gypsum lath Gips(fugendeck)streifen *m (als Putzträger)*
gypsum-lime mortar Gipskalkmörtel *m*
gypsum mortar Gipsmörtel *m*
gypsum panel Gipswandplatte *f*
gypsum paste Gipsbrei *m*
gypsum plank Gipsdiele *f*, Gipskerndachplatte *f*
gypsum plaster Gipsputz *m*; Gipsunterputz *m*
gypsum plaster slab Gipsbauplatte *f*
gypsum plasterboard 1. Gips(karton)platte *f*, Gipsbauplatte *f*; 2. Gipsdiele *f*
gypsum rock Rohgips *m*
gypsum sheathing Gipskernwandplatte *f*
gypsum slab Gipsdiele *f*
gypsum slag cement Gipsschlackenzement *m*, Sulfathüttenzement *m*
gypsum stuff Gips(putz)mörtel *m*
gypsum tile 1. Gipsblockstein *m*; 2. Gipsplatte *f*
gypsum trowel finish Gipsdeckputz *m*
gypsum veneer plaster Gipsdeckputz *m*, Gipsglattputz *m*
gypsum vermiculite plaster Gipsunterputz *m* mit Vermikulitzuschlag
gypsum wallboard Gips(faser)wandplatte *f*, Wandbauplatte *f* aus Gips
gypsum wood fibred plaster Holzfasergipsputz *m*
gyration Drehung *f*
gyratory (breaker) Kreiselbrecher *m*
gyratory compactor Kreiselverdichter *m*, Gyrator *m*
gyratory crusher Kreiselbrecher *m*
gyratory shear compactor Kreiselscherverdichter *m*, Gyrator *m*
gyratory testing machine Gyratorprüfgerät *n*
gyratory traffic Kreisverkehr *m*
gyro(-axis) mixer Kreiselmischer *m*

H

H-beam Breitflanschträger *m*, H-Träger *m*, Doppel-T-Träger *m*
H-beam section Doppel-T-Stahl *m*
H-column H-Stütze *f*
H-frame H-Rahmen *m*
H-girder Breitflanschträger *m*
H-hinge Breitflanschscharnierband *n*, H-Band *n*
H-pile H-Stahlrammpfahl *m*, Stahlträgerpfahl *m*
H-runner Stahlblechleichtträger *m*, Hohldeckenleichtträger *m*
H-section H-Querschnitt *m*, Breitflanschprofil *n*
H-section steel Doppel-T-Stahl *m*
H-shaped column H-Stütze *f*
H-steel Doppel-T-Stahl *m*
ha-ha *(AE)* versenkter Zaun *m (zur Einzäunung einer Weide)*
habitability Bewohnbarkeit *f*
habitable bewohnbar; beziehbar
habitable room bewohnbarer Raum *m*; Wohnraum *m*
habitableness Bewohnbarkeit *f*
habitacle 1. *(Arch)* Statuennische *f*; 2. Wohnsitz *m*; Wohnung *f*
habitat Habitat *n*, Lebensraum *m*; Standort *m*
habitation Behausung *f*, Wohnort *m*
hachure *v* schraffieren
hachure 1. Schraffe *f*, Schraffurlinie *f*; 2. Schraffierung *f*, Schraffur *f*, Schattierung *f*
hacienda Landgut *n (in spanischsprechenden Ländern)*
hack *v* 1. hacken, zerhacken; 2. behauen, scharrieren, aufrauen *(Stein)*; Ziegel abputzen; 3. *(AE)* Ziegel setzen [mauern, aufschichten] *(in unregelmäßige Höhe)*
hack *v* **out** aushacken
hack 1. Hacke *f*, Haue *f*; 2. Ziegeltrockengerüst *n*, Trockengestell *n*
hacked aufgeraut, rau
hacked soffit aufgeraute Unterschicht *f*
hacking 1. Scharrieren *n*, Aufhauen *n (Stein)*; 2. Bruchsteinmauerwerk *n*, unregelmäßiges Schichtenmauerwerk *n*; 3. Ziegelverlegen *n* mit der Unterseite als Sichtfläche; 4. Aufrauen *n (den Putzgrund)*; 5. *(Tun)* mildes Gebirge *n*; 6. *(Erdb)* Hackboden *m*
hacking knife Kittentfernungsmesser *n*
hackly fracture splittriger Bruch *m*
hacksaw Bügelsäge *f*
hade *v* einfallen *(Geologie)*
hading einfallend; geneigt

hafner ware bleiglasierte Fliesen *fpl*
haft Heft *n*, Griff *m (Messer)*; Stiel *m*; Hammerstiel *m*
Hagia Sophia at Constantinople *(Arch)* Sophienkirche *f* zu Konstantinopel
hagioscope *(Arch)* Hagioskop *n*
hail Hagel *m*
hair beater Haarentferner *m (vom Putz)*
hair catcher *(San)* Haarfang *m*
hair check Haarriss *m (z. B. in Beton oder Farbe)*
hair checking Haarrissbildung *f*
hair compasses Haarzirkel *m*
hair crack Haarriss *m*
hair cracking Haarrissbildung *f*
hair cracking resistance Haarrissfestigkeit *f*
hair felt Haarfilz *m*, Filz *m*
hair felted fabric *s.* hair felt
hair-fibered mortar *s.* hair mortar
hair hook Haar(faser)einmischgerät *n (für Mörtel)*
hair joint haarfeine Fuge *f*
hair mortar Haar(kalk)mörtel *m*
hair net Haarnetz *n*, Verbleiung *f (Fenster)*
hair sieve Haarsieb *n*
haired cement mortar Haarzementmörtel *m*
haired gypsum Haargips *m*, Fasergips *m*
haired mortar Haar(kalk)mörtel *m*
hairline crack Haarriss *m*
hairline cracking Haarrissbildung *f*
hairline joint haarfeine Fuge *f*
hairpin 1. Feinbiegeeisen *n*; 2. Haarnadelanker *m (in Frischbeton)*
hairpin bend [curve] Haarnadelkurve *f (Straßenbau)*
half-a-brick wall Halbsteinwand *f*
half-arch Halbbogen *m*, Bogenschenkel *m*
half-back lighting Seitenbeleuchtung *f*
half-balk Halbholz *n*
half baluster Halbgeländerstab *m*
half bat halber Stein *m* [Ziegel *m*]; Kopf *m*
half bat wall Halbsteinmauer *f*
half bath *(AE)* Toilette *f* mit Handwaschbecken
half batten leichte Latte *f*
half-baulk Halbholz *n*
half beam Halbholzbalken *m*
half-bed Steinsetzen *n (im Sandbett)*
half-blind dovetail verdeckter Schwalbenschwanz *m*
half block Halbstein *m*, Halbblockstein *m*
half-brick Halbziegel *m*
half-brick-thick halbsteinstark
half-brick wall Halbsteinwand *f*, Mauer *f* aus halben Steinen
half-broken halbgebrochen
half-chinaware Halbporzellan *n*
half column Halbsäule *f*, Wandsäule *f*
half cross section Halbquerschnitt *m*
half-crushed halbgebrochen *(Brechgut)*
half-cupola Halbkuppel *f*
half-dome Halbkuppel *f*
half-ellipse Halbellipse *f*
half-finished halbfertig
half flat halbflach
half flight Halblauf *m (bei Treppen)*
half-frame 1. Halbrahmen *m*, einhüftiger Rahmen *m*; 2. Halbportikus *m*
half-glass door halbverglaste [obenverglaste] Tür *f*, Glasfüllungstür *f*
half groove 1. Falz *m*, halber Spund *m*; 2. Halbschlitz *m (Triglyphe am dorischen Fries)*
half header Halbkopfstein *m*; Schichtenschließer *m*
half hip Krüppelwalm *m*, Schopfwalm *m*, halber Walm *m (Dach)*
half-hipped roof Krüppelwalmdach *n*, Schopfwalmdach *n*
half joint *(Hb)* (gerades) Blatt *n*, Blattung *f*, gerade Blattverbindung *f*, Überblattung *f*
half-landing Zwischenpodest *n*
half-lap joint *s.* half joint
half-lattice girder Warren-Träger *m*
half-log *(AE)* Halbholz *n*
half-matt halbmatt
half-moon (siding) raue Halbholzaußenverkleidung *f*
half-open vault halbgeschlossenes Gewölbe *n*
half pace (landing) *s.* halfpace
half-pier Halbpfeiler *m*
half-plane Halbebene *f*
half-portal Halbportal *n*
half-portico Halbportikus *m*
half-prestressed beam [girder] halbvorgespannter Balken *m*, Träger *m* mit halber Vorspannung
half principal unterbrochener Dachsparren *m*, halber Bindesparren *m*, halber Bundsparren *m*
half principal rafter halber Bundsparren *m*
half roofing tile Schnittling *m (halber Dachziegel)*
half-round halbrund
half-round Halbrundprofil *n*
half-round arch Halbkreisbogen *m*, Rundbogen *m*, römischer Bogen *m*
half-round bar Halbrundstahl *m*, Halbeisen *n*; Segmenteisen *n*
half-round ceiling Halbkreisdecke *f*
half-round cross-vault halbrundes Kreuzgewölbe *n*
half-round cylindrical roof Zylinderdach *n*
half-round exedra *(Arch)* Halbkreisapsis *f*, Halbkreisexedra *f*, Halbkreiskonche *f*
half-round fillet Rundeck *n (Leiste)*
half-round iron Halbrundeisen *n*
half-round moulding Halbrundsimswerk *n*; Halbrundprofil *n*
half-round niche Halbkreisnische *f*
half-round nosing Rundkant *n(m)*
half-round profile Halbkreisprofil *n*, Halbkreisschnitt *m*
half-round rib Halbkreisrippe *f*
half-round rivet Halbrundniet *m*
half-round section Halbkreisprofil *n*, Halbkreisschnitt *m*
half-round steel Halbrundstahl *m*
half-round stretcher Halbrundläufer *m*
half-round termination halbrunder Abschluss *m*
half-round tower Schalenturm *m*, Mauereinbindturm *m*, Halbkreisturm *m*
half-round transverse arch Halbrundquerbogen *m*, Halbkreisquerbogen *m*
half-round window Halbrundfenster *n*, Halbkreisfenster *n*
half-round wood Halbholz *n*, Breitholz *n*
half rounds Halbeisen *npl*
half S-trap *(San)* U-förmiger Geruchsverschluss *m*
half-scoop Greiferkorb *m*
half skylight Seitenoberlicht *n*
half slating Schieferdeckung *f*
half-space landing *s.* halfpace
half-space stair *s.* halfpace stair
half-span roof Sheddach *n*, Pultdach *n*, Halbdach *n*, einseitiges Dach *n*
half-spherical-head rivet Halbrundniet *m*
half splice *s.* half joint
half split pipe Halbrohrschale *f*, halbiertes Rohr *n*
half storey Zwischengeschoss *n*
half-sunk halbversenkt
half-sunk roadway abgesenkte Fahrbahn *f*
half tile *s.* half block
half-timber Halbholz *n*; Halbholzbalken *m*
half-timber beam Halbholzbalken *m*

half-timbered 1. blockhausartig; 2. mit engräumigen Fachwerkfeldern
half-timbered house Fachwerkhaus *n*
half-timbered loam wall Wellerwand *f*
half truss Halbbinder *m*
half tunnel vault Halbtonnengewölbe *n*, Viertelkreistonne *f*
half-turn halbgedreht, halbgewendelt *(Treppe)*
half-turn stair halbgewendelt Treppe *f*
half-window Mezzaninfenster *n*, Bastardfenster *n*
halfpace 1. Treppenabsatz *m*, Treppenpodest *n*, Zwischenpodest *n*; Podest *n(m)*; 2. Estrade *f*, Auftritt *m*, Zimmerpodest *n*
halfpace stair halbgedrehte Treppe *f* mit Zwischenpodest
halide lamp Halogen(metalldampf)lampe *f*
halite Halit *m*, Steinsalz *n*, Salzgestein *n*
hall 1. Diele *f*, Flur *m*, Vorhalle *f*, Gang *m*, Korridor *m*; 2. Halle *f*, Saal *m*; 3. Vorlesungssaal *m*; Universitätsgebäude *n*; 4. Mensa *f (speziell in englischen Colleges)*; 5. Hallenraum *m (Kirche)*
hall bedroom Schlafzimmer *n* am Dielenende
hall building Saalbau *m*
hall church Hallenkirche *f*, Saalkirche *f*
hall construction Hallenbau *m*
hall construction system Hallenbausystem *n*
hall cupola Hallenkuppel *f*
hall dome Hallenkuppel *f*
hall door Korridortür *f*, Wohnungstür *f*
hall exhibition space überdachte Ausstellungsfläche *f*
hall for audience Audienzhalle *f*, Audienzsaal *m*
hall-form Hallenform *f*
hall ground area Hallenfläche *f*
hall-keep Wohnturm *m*, Bergfried *m* mit Wohnung
hall-nave Hallenschiff *n (Kirche)*
hall of columns Säulenraum *m*, Säulensaal *m*
Hall of Fame *(Arch)* Ruhmeshalle *f*, Walhalla *f*, Valhalla *f*
hall of residence Studentenwohnheim *n*, Wohnheim *n*
Hall of the Hundred Columns *(Arch)* Hundertsäulenhalle *f (Persepolis)*
hall-quire Hallenchor *m*
hall roof Hallendach *n*
hall space Ausstellungsfläche *f*
hall-transept Hallenquerhaus *n*
hall-type block *s.* hall-type building
hall-type building Gebäude *n* in Hallenbauweise, Hallengebäude *n*
halloysite Halloysit *m (Tonmineral)*
hallway Korridor *m*, Hausgang *m*, Gang *m*
halogen-containing halogenhaltig
haloid salzähnlich
halter Kopfverbundbügel *m*
halve *v* 1. *(Hb)* anblatten, verblatten, zusammenblatten, überblatten; 2. halbieren
halved 1. zusammengeblattet; 2. halbiert
halved joint *s.* half joint
halved scarf with saddle-back ends Verzapfung *f* mit Grat
halved splice *s.* half joint
halving *(Hb)* Blattung *f*, Verblattung *f*, Anblatten *n*, Einblatten *n*; 2. Blatt *n*, Überblattung *f*, Plattung *f*
halving joint *s.* half joint
hamlet Dörfchen *n*, Weiler *m*
hammam türkischer Baderaum *m*
hammer *v* hämmern, (aus)schmieden
hammer *v* **in** einschlagen *(z. B. einen Nagel)*
hammer *v* **into** hineinschlagen *(z. B. in die Wand)*
hammer-tighten *v* verstemmen
hammer-weld *v* hammerschweißen
hammer 1. Hammer *m*; Fäustel *m*; 2. Pfahlramme *f*, Bär *m*
hammer beam Dachstuhlstichbalken *m*, Sattelholz *n*
hammer-beam roof Polygondach *n*, Polygonaldach *n*, Dachstuhl *m* mit Stichbalken
hammer-beam truss Polygondachbinder *m*, Vieleckbinder *m*
hammer brace Stichbalkenträger *m*
hammer crasher Hammermühle *f*
hammer-dressed hammerbehauen *(Stein)*
hammer-dressed ashlar masonry hammerrechtes Schichtenmauerwerk *n*
hammer drill Hammerbohrmaschine *f*
hammer drilling Schlagbohren *n*, Stoßbohren *n*
hammer face Hammerfläche *f*
hammer finish Hammerschlaglackanstrich *m*
hammer-head(ed) chisel Hartmeißel *m*
hammer mill Hammermühle *f*
hammer peening Oberflächenhämmerung *f (Oberflächenverfestigung)*
hammer post Stichbalkenträgerpfosten *m*
hammer rock drill Handbohrhammer *m*
hammer scale Hammerschlag *m (Eisenoxid)*
hammer-type roof *s.* hammer-beam roof
hammer-welded pipe hammergeschweißtes Rohr *n*
hammer welding Hammerschweißung *f*
hammered gehämmert
hammered glass Glas *n* mit Metallflitterbeschichtung
hammered steel geschmiedeter Stahl *m*
hammering Schlagen *n (in der Wasserleitung)*; Hämmern *n*
hammering away Abhämmern *n*
hammertone Hammerschlag *m*
hammertone enamel Hammerschlaglack *m*
hammertone finish Hammerschlaglackierung *f*
hance Bogenschenkel *m*
hand *v* **(over)** übergeben *(z. B. fertig gestellten Bau)*
hand-wipe *v* von Hand abreiben
hand 1. Seite *f*, Richtung *f*, Drehrichtung *f (Treppe)*; 2. Klinkenseite *f (Tür)*; 3. Zeiger *m (z. B. eines Messgeräts)* • **at hand** zugänglich, nahe
hand application Handauftrag *m*
hand auger Handspiralbohrer *m*
hand bar Handlauf *m*, Handgeländer *n (Treppe)*
hand barrow Schubkarre *f*, Handkarren *m*
hand blast gun Handstrahlpistole *f*
hand brace Handbohrer *m*, Bohrwinde *f*, archimedischer Bohrer *m*
hand-broken metal *(Verk)* Krotzen *fpl*, Schlagsteine *mpl*
hand-broken stone *(AE)* *s.* hand-broken metal
hand brushing Streichen *n*
hand bucket Baueimer *m*
hand cable winch Handwindeeinrichtung *f*
hand chisel Handmeißel *m*, Beitel *m*
hand cleaning Handreinigung *f*, Handentrostung *f*
hand-cleft shingle handgespaltene Schindel *f*
hand concrete cart Betonkippkarre *f*
hand crab Bockwinde *f*
hand dolly Gegenhalter *m (beim Nieten)*
hand drill Handbohrmaschine *f*
hand drilling Handbohren *n*
hand-driven winch pile driver Handramme *f (für Pfähle)*
hand-finish concrete handabgezogener Beton *m*
hand finisher Handfertiger *m (für Straßenbau)*
hand fire extinguisher Handfeuerlöscher *m*
hand fitting Handmontage *f*, Einbau *m* von Hand
hand float Aufziehbrett *n* für Unterputz, Handputzaufbringer *m*
hand-forged ironwork handgeschmiedete Eisenarbeit *f*, Schmiedehandarbeit *f*
hand-formed brick *s.* hand-made brick
hand-formed brick Handstrichziegel *m*
hand-formed joint Handfuge *f*, handgeformte Fuge *f*

hand guard Handschutz *m (an Maschinen)*
hand gun Handspritzpistole *f*, Handspritze *f*
hand hoist Handaufzug *m (für Material)*
hand iron Steigeisen *n*
hand lead Lot *n*, Bleigewicht *n*
hand level handgehaltenes Nivellierinstrument *n*
hand lever Handhebel *m*
hand-made brick Handstrichziegel *m*, Handformstein *m*
hand-made rivet head gehämmerter Nietkopf *m*
hand method Handspaltung *f (Schieferherstellung)*
hand-mixed handgemischt
hand mixing Handmischung *f*
hand-moulded handgeformt
hand-moulded brick handgestrichener Ziegel *m*
hand moulding Handformen *n*, Handformgebung *f*, Handformerei *f*
hand moulding shop Handformerei *f*
hand-operated handbetrieben; handbetätigt
hand-packed hardcore [rubble] Setzpacke *f*, Setzpacklage *f*, handgesetzte Packlage *f*
hand-packed stone Setzpacklagestein *m*, Vorlagestein *m*
hand-painted handbemalt, handgemalt
hand painting 1. Streichen *n*; 2. Handgemälde *n*
hand-pitched stone Setzpacklagegestein *n*, Stückstein *m*
hand placement [placing] Handeinbringung *f*, Handeinbau *m (z. B. von Beton, Mörtel)*; Handverlegung *f*
hand plane Handhobel *m*
hand plastering Handverputzen *n*, Handputzen *n*
hand plate Schlossschutzblech *n*
hand polishing Handpolieren *n*
hand-power winch Bau(hand)winde *f*
hand printing Handdruck *m (Tapete usw.)*
hand protection Handschutz *m (z. B. Handschuhe)*
hand-railing iron Handschieneneisen *n*
hand ram [rammer] Handramme *f*, Ramme *f (Straßenbau)*
hand rejector Handabweiser *m (Schutzeinrichtung)*
hand rendering Handverputzen *n*, Handputzen *n (außen)*
hand rest Handauflage *f*
hand riveting Handnietung *f*
hand riveting machine Handniethammer *m*
hand roughing stamp Handraueisen *n*
hand-rubbed von Hand verrieben
hand sample Handprobe *f*, Handstück *n (Gesteinsprobe)*
hand scraper Handschrapper *m*; Kratzeisen *n*
hand shower Handbrause *f*, Schlauchbrause *f*
hand sieving Handsiebung *f (Prüfsiebung)*
hand sketch Freihandskizze *f*, Faustskizze *f*
hand sketching Freihandskizzierung *f*
hand specimen Handprobe *f*
hand spray *s.* hand shower
hand sprayer Handspritzgerät *n*
hand spraying Handspritzen *n*, Spritzen *n* von Hand
hand spreading Handeinbau *m (z. B. Beton, Mörtel)*
hand tamper Handstampfer *m*, Handramme *f*
hand test sieving Handprüfsiebung *f*
hand wheelbarrow Schubkarre *f*
hand winch Handwinde *f*
handbasin Waschbecken *n*, Handwaschbecken *n*
handhold Handgriff *m*
handicapped persons centre Behindertenstätte *f*
handicraft Handarbeit *f*, Kunsthandwerk *n*; Handwerk *n*
handing over Übergabe *f*
handing-over date Übergabetermin *m (für fertig gestellte Bauten)*
handiwork Handarbeit *f*
handle *v* 1. handhaben *(z. B. Werkzeuge)*; bedienen *(Geräte)*; 2. befördern, transportieren; umschlagen *(Güter)*; 3. behandeln; bearbeiten
handle 1. Handgriff *m*, Stiel *m*, Schaft *m (z. B. eines Werkzeugs)*; Hammerstiel *m*; Haltegriff *m (an Geräten)*; Henkel *m*; 2. Klinke *f (Tür)*; Olive *f*, Drehknauf *m*, Drehknopf *m*
handle of a plane Hobelnase *f*
handling 1. Handhabung *f*; Bedienung *f*; Wartung *f*; 2. Förderung *f*, Beförderung *f*, Transport *m*; 3. Behandlung *f*, Bearbeitung *f*
handling device Grifföffnung *f*, Griffloch *n*; Griffhilfe *f*
handling equipment Förderanlage *f*, Fördereinrichtung *f*; Fördermittel *npl*; Zuführeinrichtung *f (Umschlags- und Fördereinrichtung)*
handling hook Transporthaken *m*, Transportbügel *m*, Hebeschlaufe *f*
handling plant Förderanlage *f*; Transportanlage *f*
handling reinforcement Montagebewehrung *f*, Transportbewehrung *f*
handling slot Griffschlitz *m*
handling strength Transportfestigkeit *f*
handmade handgemacht
handmade shingle handgefertigte Schindel *f*
handover Übergabe *f (fertig gestellter Bauten)*
handrail 1. Handlauf *m*, Handgeländer *n*, Geländer *n (z. B. einer Galerie)*; Treppengeländer *n*, Treppenhandlauf *m*; 2. Haltestange *f*, Haltegriff *m (z. B. an Badewannen)*
handrail bolt Handlaufschraube *f*, Einsenkschraubenbolzen *m*
handrail of stairs Treppengeländer *n* mit Handlauf
handrail scroll Handlaufspirale *f*
handrinse basin Handwaschbecken *n*
hands-on *(sl)* praktisch veranlagt
handsaw Fuchsschwanz *m*, Handsäge *f*
handwheel Handrad *n*
hang *v* 1. aufhängen; einhängen *(z. B. Türen)*; abhängen *(z. B. Decken)*; hängen, aufgehängt sein; herabhängen; eingehängt sein; 2. tapezieren, Tapeten ankleben
hang *v* **in** einhängen
hang *v* **up** aufhängen; einhängen
hang *v* **wallpaper** *s.* hang 2.
hangar Hangar *m*, Flugzeughalle *f*
hangar apron Hangarvorfeld *n*, Flugzeughallenvorfläche *f*
hanger 1. Aufhängevorrichtung *f*; Hängeseil *n*, Hänger *m (z. B. einer Brücke)*; 2. Hängestab *m (Dachstuhl)*; 3. Hängelager *n*, Lagerträger *m*; Hängeeisen *n*
hanger bar Montageeisen *n*
hanger bolt Holzbalkenbolzen *m*, Holzbalkenbolzenschraube *f*
hanger rod Hängestange *f*
hanger wire Aufhängedraht *m*
hanging 1. Aufhängen *n*; 2. Aufhängung *f*, Hängeeisen *n*; Scharnier *n*; 3. Tapete *f*; Wandbehang *m*
hanging brace Hängezange *f*
hanging bridge *s.* suspension bridge
hanging buttress gotischer Strebepfeilerbogen *m*
hanging floor Hängeboden *m (in einer Wohnung)*
Hanging Garden Hängende Gärten *mpl (Babylon)*
hanging gutter aufgehängte Dachrinne *f*, Hängerinne *f*, Vorhängedachrinne *f*
hanging ladder Hängeleiter *f*, Hängegerüst *n*
hanging ornaments Gehänge *n*
hanging-over Ausladung *f*, Überkragung *f*
hanging post hängender Torpfosten *m*
hanging rail Torhängeschiene *f*
hanging roof gutter Vorhängedachrinne *f*
hanging sash Gegengewichtshubfenster *n*, Gegengewichtshubfensterflügel *m*, Schiebefenster *n (vertikal)*
hanging scaffold Hängegerüst *n*, Hängerüstung *f*, Hängebühne *f*
hanging shelf Hängeregal *n*

hanging shingling senkrechte Schindeleindeckung *f*, Wandschindelverkleidung *f*
hanging stage fliegendes Gerüst *n*
hanging stairs Kragtreppe *f*, freitragende Treppe *f*, einseitig eingespannte Stufen *fpl*
hanging steps Kragstufen *fpl*, auskragende Stufen *fpl*, Freiträger *pl*
hanging stile 1. Türzapfen *m*; 2. Türrahmenhandpfosten *m*
hanging stormwater gutter Hängerinne *f*
hanging tie Hängeband *n*
hanging truss Hängewerk *n*
hanging truss bridge Hängewerkbrücke *f*
hanging truss roof Hängewerkdach *n*
hanging vault Hängegewölbe *n*
hanging wall Hängendes *n (Geologie)*
hanging water Haftwasser *n*
hangings Tapeten *fpl*; Wandbekleidung *f*
hanse arch norddeutscher Backsteinbogen *m*
haphazard building wildes Bauen *n*, regellose Bebauung *f*
haram Betsaal *m (Moschee)*
harbour Seehafen *m*, Hafen *m*
harbour bar Hafendamm *m*
harbour basin Hafenbecken *n*
harbour crane Hafenkran *m*
harbour engineering Hafenbau *m*
harbour facilities Hafenanlagen *fpl*
harbour jetty Hafenpier *m*
harbour lock Hafenschleuse *f*
harbour mole Hafenmole *f*
harbour structure Hafengebäude *n*
hard hart, fest; schwierig
hard aggregate Hartzuschlag *m*
hard and stony material steiniges Material *n*
hard asphalt Hartasphalt *m*, Asphalt *m* mit Destillationsbitumen
hard-board *s.* hardboard
hard brick *s.* hard-burnt stock brick
hard-burnt hartgebrannt
hard-burnt brick Vormauerziegel *m*
hard-burnt stock brick Hartbrandstein *m*, Hartbrandziegel *m*
hard calcareous slate Schiefermarmor *m*
hard chalk Hartkreide *f*
hard-chromed hartverchromt
hard compact soil dichtgelagerter Erdstoff *m*
hard concrete Hartbeton *m*, harter Beton *m*
hard copal Hartkopal *m*, fossiles Kopalharz *n*
hard core 1. *(Verk)* Packlage *f*, Schüttlage *f*; 2. *(Verk)* Bettung *f (Schienen)*; 3. *(Verk)* Packmaterial *n*; Kleinschlag *m*
hard-core bed Schotterbett *n*
hard core filling Füllbeton *m*
hard-core layer Schotterlage *f*, Packlageschicht *f*
hard-dry ausgehärtet, hartgetrocknet *(Anstrich)*
hard dry oil additive härtender Lackzusatz *m*
hard-face *v* 1. auftragschweißen; 2. verstählen, panzern
hard face welding Auftragschweißen *n*
hard-facing 1. Auftragschweißen *n*; 2. Hartmetallbesatz *m (Bohrkrone)*; 3. Stahlplattenoberflächenverstärkung *f*, Beschichtung *f*
hard fibre Hartfaser *f*
hard fibreboard *s.* hardboard
hard finish Kalkgips-Hartputz *m*
hard-fired hartgebrannt
hard-fired brick Hartbrandstein *m*, Hartbrandziegel *m*
hard floor covering Fußbodenhartbelag *m*, Hartbelag *m*
hard glass Hartglas *n (1. hitze- und chemikalienbeständiges Glas; 2. Glas mit hohem Schmelzpunkt)*
hard glazed coat Hartglasur *f*
hard gloss Hartglanz *m*
hard-gloss paint Kunstharzlackfarbe *f*, Emaillelackfarbe *f*
hard grade bitumen Hochvakuumbitumen *n*
hard ground tragfähiger Baugrund *m*
hard gypsum plaster Hartputzgips *m*
hard hat Schutzhelm *m*
hard lead Hartblei *n*, Antimonblei *n*
hard lead joint Antimonbleifuge *f*
hard limestone Hartkalkstein *m*
hard mastix asphalt Hartgussasphaltestrich *m*, Hartasphalt *m*
hard mortar Hartmörtel *m*
hard oil additive härtender Lackzusatz *m*
hard paper Hartpapier *n*
hard paraffin Hartparaffin *n*
hard particle board *s.* hardboard
hard pitch Hartpech *n*
hard plaster Hartputz *m*, Stuckgips *m*, Stucco *m*
hard resin Hartharz *n*
hard resistant engineering brick Hartklinker *m*
hard rock Hartgestein *n*, hartes Gestein *n*, Festgestein *n*; Hartstein *m*
hard rubber Hartgummi *m*, Ebonit *n*
hard rubber-lined mit Hartgummi ausgekleidet
hard sandstone Hartsandstein *m*
hard schist Hardschiefer *m*
hard shoulder Standspur *f (Autobahn)*; befestigter Randstreifen *m*
hard soil schwerer Boden *m*
hard soil layer harte Bodenschicht *f*
hard solder Hartlot *n*
hard-solder *v* hartlöten
hard-soldered joint Hartlötverbindung *f*
hard soldering Hartlöten *n*; Messinglötung *f*
hard stock Hartbrandstein *m*, Hartbrandziegel *m*
hard stone Hartgestein *n*
hard stony ground fester steiniger Boden *m*
hard stopping Hartspachtelmasse *f*, Expressspachtel *m*
hard surface Hartoberfläche *f*
hard surfacing Auftragschweißen *n*
hard-textured chipped wood concrete Hartholzfaserbeton *m*
hard-to-reach schwer zugänglich
hard-top widerstandsfähige Straßenoberfläche *f*
hard water hartes [kalkhaltiges] Wasser *n*
hard wood Hartholz *n*
hardboard 1. Hartfaserplatte *f*, Holzfaser(hart)platte *f*, Holzspanplatte *f*, Faserpressplatte *f*; 2. Hartpappe *f*
hardboard-faced plywood hartfaserplattenbeplanktes Sperrholz *n*
hardboard finish Faserhartplattenbelag *m*, Hartplattenbelag *m*
hardboard flooring Hartplattenbodenbelag *m*
hardboard-type particle board sehr harte Spanplatte *f*
hardcore *s.* hard core
harden *v* 1. abbinden *(Bindemittel)*; 2. erhärten, hart [fest] werden *(z. B. Farben)*; aushärten *(bes. Kunststoffe)*; verhärten; härten *(z. B. Metalle)*
hardenability Härtbarkeit *f (z. B. von Metall)*
hardenable härtbar
hardened erhärtet
hardened concrete Festbeton *m*, erhärteter Beton *m*
hardened filler Härtestofffüller *m*, Härtungsmittelfüllstoff *m*
hardened horizon *(Bod, Erdb)* Verdichtungshorizont *m*
hardened lead Hartblei *n*
hardened neat cement paste erhärteter Zementleim *m*, Zementstein *m*
hardened shoulder *s.* hard shoulder

hardener Härter *m*, Härtemittel *n (z. B. für Beton, Farben)*; Reaktionsbeschleuniger *m*
hardening Abbinden *n (Bindemittel)*; Erhärtung *f*, Hartwerden *n*; Härtung *f (von Metall)*
hardening acceleration Abbindebeschleunigung *f*, Erhärtungsbeschleunigung *f*
hardening accelerator Härtungsbeschleuniger *m*, Erhärtungsbeschleuniger *m*
hardening additive Härtezusatz *m*
hardening agent *s.* hardener
hardening behavior Erhärtungsverhalten *n*
hardening chamber Härtekammer *f*
hardening coat härtender Anstrich *m*
hardening compound Härter *m*, Härtemittel *n*; Abbindebeschleuniger *m*
hardening curve Erhärtungskurve *f*
hardening degree Erhärtungsgrad *m*
hardening graph Härtungskurve *f*
hardening of concrete Erhärten *n* des Betons
hardening of material Stoffverfestigung *f*
hardening oil Härtemittel *n*, Härter *m (für Farben und Lacke)*
hardening power Härtungsvermögen *n*
hardening process Härteverlauf *m*, Erhärtungsprozess *m*
hardening rate Erhärtungsgeschwindigkeit *f*
hardening sealer Hartsiegel *m (Beton)*
hardening stress Erhärtungsspannung *f*
hardening temperature Erhärtungstemperatur *f*, Härttemperatur *f*
hardening test Erhärtungsprüfung *f*, Härtungsversuch *m*
hardening time Erhärtungszeit *f*, Aushärtungsdauer *f*, Härtezeit *f*
hardening treatment Härtung *f*, Härtungsverfahren *n*
hardly inflammable schwer entflammbar, schwer entzündlich
hardness Härte *f*, Härtegrad *m*
hardness class Härteklasse *f*
hardness crack Härteriss *m*
hardness degree Härtegrad *m*
hardness determination Härtebestimmung *f*, Härteermittlung *f*
hardness loss Härteverlust *m*
hardness number Härtezahl *f*
hardness of water Wasserhärte *f*
hardness range Härtebereich *m*
hardness scale Härteskala *f*
hardness test Härteprüfung *f*, Härtetest *m*
hardness tester Härteprüfer *m*
hardness testing Härteprüfung *f*, Härteprüfverfahren *n*
hardpan harte Bodenschicht *f*, gut tragfähige Schicht *f*; Bodenverdichtungshorizont *m*; Ortstein *m*
hardpressed fibreboard hartverpresste Faserplatte *f*
hardstand befestigte Standfläche *f*, befestigte Parkfläche *f*
hardwall (plaster) Gipsunterputz *m*, Hartputz *m* aus Gips
hardware 1. Kleineisenzeug *n*, Kleineisenbauelemente *npl*, Eisenwaren *fpl*; Beschläge *mpl*; 2. Bauwerkzeuge *npl*; 3. Haushaltswaren *pl*; 4. Hardware *f (Computer)*
hardware cloth Stahlgitter(sieb)gewebe *n*, Stahlgewebeabschirmung *f*
hardware work Beschlagsarbeiten *fpl*, Baubeschlagsarbeiten *fpl*
hardwearing verschleißfest
hardwood Hartholz *n*, Laubholz *n*
hardwood fibre slab Hartholzfaserplatte *f*
hardwood strip flooring Lattendielung *f*
hardwood tree Laub(holz)baum *m*
Hardy Cross method Cross-Verfahren *n*
harim Harem *m*, Frauengemächer *npl*
harm Schaden *m*, Nachteil *m*
harm done to concrete Betonschädigung *f*
harmful schädlich
harmful components schädliche Bestandteile *mpl*
harmful substance Schadstoff *m*
harmful to the environment umweltschädlich
harmless unschädlich
harmonic motion [vibration] harmonische Schwingung *f*, harmonische Bewegung *f*
harmonic oscillation harmonische Schwingung *f*
harmonic proportion *(Arch)* harmonische Proportion *f*
harmonize *v* harmonisieren, angleichen, anpassen, harmonisch gestalten
harmonized standard harmonisierte Norm *f*
harp mesh screen Harfensieb *n*
harped tendons gebogene Spannglieder *npl*
harsh 1. erdfeucht, steif *(Beton)*; 2. grell *(z. B. Licht)*; 3. grell, hart *(Farbanstrich)*
harsh concrete erdfeuchter [wasserarmer] Beton *m*
harsh (concrete) mixture steife Betonmischung *f*
hasp Haspe *f*
hasp and staple Haspe *f* mit Krampe *(z. B. für Vorhängeschlösser an Türen)*
hatch *v* schraffieren
hatch 1. Luke *f*, Aussteigluke *f*; Deckenluke *f*, Deckenöffnung *f*; Klappe *f*; Falltür *f*; 2. Durchreiche *f*, Durchreichefenster *n*; 3. Schraffe *f*, Schraffierlinie *f*
hatch cover Lukendeckel *m*, Lukentür *f*
hatch opening Durchreicheöffnung *f*
hatched schraffiert
hatched area schraffierte Fläche *f*, Schraffurfläche *f*
hatches Schraffur *f*
hatchet Handbeil *n*, Beil *n*
hatchet iron Lötkolben *m*
hatching Schraffierung *f*, Schraffur *f*
hatchway Luke *f*, Deckenluke *f*, Deckenöffnung *f*, Ausstieg *m*
Hathor column *(Arch)* Hathorsäule *f*, Sistrumsäule *f*
Hathor-headed capital *(Arch)* Hathorkapitell *n*
Hathor temple *(Arch)* Hathortempel *m*
haul *v* 1. befördern, transportieren; schleppen, ziehen; 2. fördern *(natürliche Baustoffe)*
haulage 1. Beförderung *f*, Transport *m*; Gütertransport *m*; 2. *s.* haulage drift
haulage cable Zugseil *n (eines Förderers)*
haulage drift Förderstrecke *f (Erdstoff)*
haulage of prefabricated building units Elementetransport *m*
haulage rope Zugseil *n*, Förderseil *n*
hauling plant Fördermaschine *f*, Förderplanierraupe *f*
hauling vehicle Transportfahrzeug *n*
haunch *v* seitlich stützen
haunch 1. Gewölbeschenkel *m*, Bogenschenkel *m*, Schenkel *m*, Schenkelteil *n*, Bogenanfänger *m*, Leibung *f*, Laibung *f*; 2. Auflagerschräge *f*, Voute *f*, Schräge *f*; 3. *(Verk)* Bankett *n (Straße)*
haunch arch norddeutscher Backsteinbogen *m*
haunch board Schalungsseitenbrett *n* für einen Träger *(Dach)*
haunch of a beam Abschrägung *f*
haunch of vault Gewölbeschenkel *m*
haunched betonummantelt, betoneingehüllt
haunched beam Träger *m* mit Auflagerschrägen, Voutenbalken *m*
haunched mortise-and-tenon joint Holzbalkenzugankerverbindung *f*
haunched tenon verjüngtes Holzbalkenverbindungsglied *n*, Balkenzuganker *m*
haunching Betonummantelung *f*
haunching concrete Mantelbeton *m*

Häusler roofing Holzzementdach *n*
have a good build füllkräftig, füllstark, festkörperreich *(Anstrich)*
having dentils feingezahnt
having zero moment momentenfrei, momentenlos
haw-haw *(AE)* versenkter Zaun *m*
hawk Auftragebrett *n*, Aufziehbrett *n*, Mörtelbrett *n*, Reibebrett *n*
hawkbill Lötzange *f*
hay-band Grobseil *n*
hay shed Heuschuppen *m*
hay-loft Heuboden *m*
haydite *(AE)* Blähton *m*, Blähschiefer *m (als Zuschlag)*
haywired wild verlegt *(Kabel, Leitungen)*
hazard bonus Gefahrenzulage *f*
hazard warning lights Warnlicht *n*, Warnblinklicht *n*
hazardous gefährlich
hazardous area Lagerraum *m* mit feuer- und explosionsgefährlichen Stoffen; explosionsgefährdeter Raum *m*
hazardous location explosionsgefährdeter Betriebsraum *m*
hazardous material gefährliche Stoffe *mpl*
hazardous room explosionsgefährdeter Raum *m*
hazardous substance gefährlicher Stoff *m*
hazardous waste Sondermüll *m*, gefährliche Abfälle *mpl*
hazardous waste landfill Sondermülldeponie *f*
haze Schleier *m*, Trübung *f (Anstrich)*; Dunst *m*
hazing Hauchbildung *f*, Schleierbildung *f (Anstrich)*
hazy matt, stumpf
hazy light dunstiges Licht *n*
HE-tower Wärmeübertragungsturm *m*
head *v* 1. anstauchen *(Niet)*; 2. steuern, lenken
head *v* **up** ausästen, die unteren Äste entfernen
head 1. Kopf *m*, Kopfstück *n*, Kopfende *n*; 2. *(Arch)* Säulenkopf *m*, Kopf *m*; 3. *(Wsb)* Druckhöhe *f (des Wassers)*; Gefälle *n*; Fallhöhe *f*, Förderhöhe *f (einer Pumpe)*; 4. Sturz *m*; 5. *(Hb)* Rähm *m*; 6. Volllast *f*; 7. *(AE)* Firstziegel *m*; 8. Quellgebiet *n (Fluss)*; 9. Aufgabegut *n*; Siebgut *n*; Haufwerk *n*
head attachment Kopfausbildung *f (Säule)*
head bay *(Wsb)* Oberkammer *f*, Oberwasser *n (Schleuse)*
head beam Oberholm *m*
head block Vorlagestück *n*, Ankerblock *m*
head casing obere Verkleidungsleiste *f*
head clearance lichte Höhe *f (im Gebäude)*; Kopfraum *m*
head construction Kopfausbildung *f (Säule)*
head control Temperaturregelung *f*
head cup Gegenhalter *m (beim Nieten)*
head-end Kopfende *n*
head erosion fortschreitende Erosion *f*
head flashing Abweisblech *n* über einer Tür- *oder* Fensteröffnung
head gate Obertor *n*, oberes Schleusentor *n*
head gate *(Wsb)* oberes Schleusentor *n*
head groove Kopffalz *m*
head jamb oberes Türholz *n*, oberer Türriegel *m*
head joint Stoßfuge *f*
head lap Endüberlappung *f*
head loss Druckverlust *m*, Druckabfall *m (in Rohrleitungen)*
head mason Polier *m*, Kapo *m*
head mast Oberpfahl *m*
head meter Zuflussmesser *m*
head moment Kopfmoment *n*
head of a pile Pfahlkopf *m*
head of a river Quellgebiet *n*
head of column Säulenkopf *m*
head of drain Dränscheitel *m*, Hochpunkt *m* des Dränsystems
head of pressure Druckhöhe *f*
head of rail Schienenkopf *m*
head of water Wassersäule *f*, hydrostatische Höhe *f*
head of water over weir Überströmungshöhe *f*
head-office building Hauptverwaltungsgebäude *n*
head-on frontal, mit dem Kopf zuerst
head-on collision Frontalzusammenstoß *m*
head-on view Kopfansicht *f*, Seitenansicht *f*
head packing Rammhaube *f (Pfahlgründung)*
head piece *s.* head rail
head plate *s.* 1. head rail; 2. wall plate
head pressure Verdichtungsdruck *m*
head race *(Wsb)* Wehrkanal *m*, Oberkanal *m*
head rail Rähm *m*, Oberschwelle *f*, Rahmenholz *n*, Bundbalken *m*
head rest Kopfstütze *f*
head room lichte Höhe *f*
head runner [shaft] *s.* head rail
head slab Kopfplatte *f (Säule)*
head slope obere Böschung *f*
head stone Eckstein *m*; Grabdenkmal *n*
head tank Hochbehälter *m (Wasserversorgung)*
head-to-head affrontiert
head tree Sattelholz *n*
head turf Kopfrasen *m*
head wall 1. Flügelmauer *f (Brücke)*; 2. Stirnmauer *f (Durchlass)*
header 1. Binder(stein) *m*, [Gegensatz: Läufer], Strecker *m*, Kopfstein *m (Mauerwerk)*; 2. Sturz(stein) *m (Fenster, Tür)*; 3. Verteilerhauptleitung *f*, Kollektor *m*; 4. Oberschwelle *f*, Haupt *n (Balken)*; Anlegeholz *n*; Schlüsselbalken *m*
header binder *s.* header 1.
header block Betonblock(stein) *m* mit Öffnung
header bond Binderverband *m*, Streckerverband *m (Mauerwerk)*
header course Binderlage *f*, Streckerschicht *f*
header-high bis zur ersten Binderlage hoch
header joist Oberschwelle *f*, Rähm *m*, Rahmenholz *n*, Bundbalken *m*
header plank Wechseldiele *f*
header plate Rohrboden *m*, Rohrwand *f*
header tile Fliese *f* mit Aussparung
heading 1. *(Tun)* Vortrieb *m*, Ortsbrust *f*, Stollen *m*; 2. Anstauchen *n (Nieten)*
heading blast *(Tun)* Firstsprengung *f*
heading bond *s.* header bond
heading course *s.* header course
heading face *(Tun)* Ortsbrust *f*, Ortsstoß *m*
heading joint 1. Mauerwerksstoßfuge *f*; 2. glatte Holzbalkenstoßverbindung *f*; 3. Stumpffuge *f*
heading set Nietkopfsetzer *m*
heading-through Durchörterung *f*
heading tool Kopfstauchwerkzeug *n*
headland Vorgebirge *n*
headlap Endüberlappung *f*
headless pin Madenschraube *f*
headless rivet kopfloser Niet *m*
headroom lichte Höhe *f*, Durchgangshöhe *f*, Kopfhöhe *f (z. B. unter Treppen, Gewölben)*
headstock Glockenträgerbalken *m*
headwater region Quellgebiet *n*
headway 1. *s.* headroom; 2. Stollen *m*; 3. *(Verk)* Fahrzeugfolgezeit *f*, Zeitlücke *f*, Zugfolge *f*, Bruttozeitlücke *f*
headwork 1. *(Tun)* Vortrieb *m*; 2. Bogenschlusssteinornamente *npl*
headworks *(Wsb)* Regulierungsbauwerk *n*
healing stone Dachschiefer *m*, Dachziegel *m*
Health and Safety at Work Act Unfallverhütungsvorschrift *f* an der Arbeitsstelle
health physics equipment Strahlenschutzausrüstung *f*

health resort Kurort *m*
health resort garden Kurpark *m*, Kurgarten *m*
health resort hotel Kurhotel *n*
health resort park *s.* health resort garden
health resort promenade Kurpromenade *f*
heap *v* **(up)** (auf)schütten, aufschichten, aufhäufen; aufhalden; ansammeln
heap Haufen *m*; Stoß *m*; Halde *f*; Berghalde *f*
heap of debris Haufwerk *n*; Schuttkegel *m*
heap of granular material Kornschüttung *f*
heap of sand Sandhaufen *m*
heapable goods Schüttgut *n*
heaped concrete Schüttbeton *m*
heaping Aufschüttung *f*, Schüttung *f*
heart 1. Herz *n*, Holzkern *m*, Kern *m*; 2. Kernholz *n*, Kern *m (Holz)*
heart and dart (moulding) Eierstabornament *n*
heart bond diagonalzentrischer Formverband *m*
heart check *s.* heart shake
heart-cut Herzschnitt *m (Destillation)*
heart-face board randholzfreies Brett *n*
heart-leaves Herzlaub *n*
heart plank Kernbrett *n*, Herzbrett *n*
heart rot Kernfäule *f*
heart shake Kernriss *m (Holz)*
heart-shaken wood kernrissiges Holz *n*
heart-shaped herzförmig
hearth 1. Feuerstelle *f*; Herd *m (eines Industrieofens)*; Kaminfläche *f*; 2. feuerfester Fußboden *m* rings um einen Kamin
hearth chamber Herdraum *m*
hearth margin Herdgitter *n*, Kamingitter *n*
hearth stone Herd(bau)stein *m*, Kaminbaustein *m*, Kaminflächenstein *m*
hearth tile Herdplatte *f*
hearth trimmer Formkachel *f*, Spezialformfliese *f*
hearthstone Kieselkalkstein *m*
hearting 1. Ausfüllen *n (einer Mauer)*; Kernfüllung *f*; 2. Füllmauerwerk *n (Inneres der Mauer)*
heartwood Kernholz *n*
heat *v* (be)heizen *(z. B. Räume)*; erwärmen, aufheizen *(z. B. Bindemittel, Zuschlagstoffe)*; warm werden, sich erwärmen
heat-cure *v* mit Heißluft nachbehandeln
heat *v* **glue** Leim kochen
heat-treat *v* wärmebehandeln, warmbehandeln
heat *v* **up** 1. anwärmen *(Bindemittel, Zuschlagstoffe)*; 2. anfahren *(eine Heizung)*; 3. sich erwärmen, sich aufheizen
heat Wärme *f (Energieform)*; Hitze *f*
heat-absorbing glass wärmeschluckendes Glas *n*, Wärmeschutzglas *n*, wärmeabweisendes Glas *n*
heat absorption Wärmeaufnahme *f*, Wärmeabsorption *f*, Wärmebindung *f*
heat accumulation Wärmespeicherung *f*
heat accumulator Wärmespeicher *m*
heat-activated adhesive thermoplastischer Klebstoff *m*
heat-affected wärmebeeinflusst
heat balance Wärmebilanz *f*, Wärmehaushalt *m*
heat balancer Wärmemengenmesser *m*
heat barrier Wärmesperre *f*
heat bridge Wärmebrücke *f*
heat budget Wärmehaushalt *m*
heat build-up 1. Wärmeentwicklung *f*; 2. Wärmebrücke *f*
heat carrier Wärmeträger *m*, Wärmeträgermedium *n*
heat circulation Wärmeumlauf *m*
heat conduction Wärmeleitung *f*, Wärmeübertragung *f*
heat conductivity Wärmeleitfähigkeit *f*, Wärmeleitvermögen *n*
heat conductor Wärmeleiter *m*, Wärmeableiter *m*
heat content Wärmemenge *f*, Enthalpie *f*
heat control *(HLK)* Temperaturregelung *f*, Temperatursteuerung *f*
heat convection Wärmeströmung *f*
heat-curing heißhärtend, hitzehärtend *(Anstrich)*
heat demand Wärmebedarf *m*
heat detector Wärmefühler *m*
heat distribution Wärmeverteilung *f*
heat economising wärmesparend
heat economy Wärmehaushalt *m*
heat effect Wärmewirkung *f*
heat efficiency Wärmeausnutzung *f*, Wärmewirkungsgrad *m*
heat emission Wärmeabgabe *f*, Wärmeabstrahlung *f*
heat emissivity Wärmeabstrahlvermögen *n*, Wärmeausstrahlungsvermögen *n*
heat emitting apparatus Wärmeverbraucher *m*, Wärmeverbrauchsstelle *f*
heat energy Wärmeenergie *f*
heat engineering Wärmetechnik *f*
heat exchange Wärmeaustausch *m*, Wärmeübertragung *f*
heat exchanger Wärme(aus)tauscher *m*, Wärmeübertrager *m*
heat-exchanging medium Wärmeträger *m*
heat excluding glass wärmeabweisendes Glas *n*
heat expansion Wärme(aus)dehnung *f*, thermische Dehnung *f*
heat fastness 1. Hitzebeständigkeit *f*, Hitzefestigkeit *f*, Hitzewiderstand *m*; 2. Wärmebeständigkeit *f*, Wärmefestigkeit *f*, Wärmewiderstand *m*
heat flow Wärmeströmung *f*, Wärmefluss *m*
heat gain Temperaturerhöhung *f (eines Raums)*; Wärmezuwachs *m*
heat generated by equipment Anlagenwärme *f*
heat generating device Wärmeerzeuger *m*
heat gradient Wärmegradiente *f*, Wärmegefälle *n*, Wärmeunterschied *m*
heat influence Wärmeeinfluss *m*
heat input Wärmezufuhr *f*, Wärmeeinspeisung *f*
heat-insulated wärmegeschützt, wärmegedämmt, mit Wärmedämmung
heat-insulating wärmedämmend
heat-insulating board Wärmedämmplatte *f*
heat-insulating capacity Wärmedämmvermögen *n*, Wärmedämmkapazität *f*, Wärmeschutzvermögen *n*
heat-insulating concrete Wärmedämmbeton *m*
heat-insulating course Wärmedämmlage *f*, Wärmedämmschicht *f*
heat-insulating hanging Wärmedämmtapete *f*
heat-insulating layer Wärmedämmlage *f*, Wärmedämmschicht *f*
heat-insulating material Wärmedämmstoff *m*, wärmedämmender Baustoff *m*; Wärmeschutzmittel *n*
heat-insulating power Wärmedämmvermögen *n*, Wärmedämmfähigkeit *f*, Wärmedämmeigenschaft *f*
heat-insulating property Wärmedämmeigenschaft *f*
heat-insulating quality Wärmedämmvermögen *n*
heat-insulating sheet Wärmedämmplatte *f*
heat-insulating wallpaper Wärmedämmtapete *f*
heat insulation Wärmedämmung *f*, Wärmeschutz *m*
heat insulation batt *(AE)* Wärmedämmmatte *f*
heat insulation blanket Wärmedämmmatte *f*
heat insulation compound Wärmedämmmasse *f*
heat insulation efficiency Wärmedämmwirkung *f*
heat insulation requirement Wärmedämmforderung *f*
heat insulation test Wärmeschutzprüfung *f*, Wärmedämmprüfung *f*, wärmeschutztechnische Prüfung *f*
heat insulation value Wärmedämmwert *m*
heat insulation work Wärmedämmungsarbeiten *fpl*

heat leak Wärmebrücke *f (Außenwand)*
heat load Wärmebelastung *f*, Wärmebeanspruchung *f*
heat loss Wärmeverlust *m*
heat loss calculation Wärmeverlustberechnung *f*
heat meter Wärmezähler *m*
heat movement Wärmebewegung *f*
heat nuisance Hitzebelästigung *f*
heat of adsorption Adsorptionswärme *f*
heat of condensation Kondensationswärme *f*
heat of hydration 1. Hydratationswärme *f*; 2. *s.* heat of setting
heat of initial set *s.* heat of setting
heat of reaction Reaktionswärme *f*
heat of setting Abbindewärme *f (Beton)*
heat of solution Lösungswärme *f*
heat output Wärmeabgabe *f*, (abgegebene) Wärmeleistung *f*
heat pipeline Fernheizungsleitung *f*
heat polymerisation Wärmepolymerisation *f*
heat pre-control Wärmevorregelung *f*
heat-proof wärmebeständig, hitzebeständig
heat-proofness Wärmebeständigkeit *f*, Hitzebeständigkeit *f*
heat protection 1. Wärmeschutz *m*; 2. Temperaturschutzeinrichtung *f*
heat protection glass Wärmeschutzglas *n*
heat pump Wärmepumpe *f*
heat radiance Wärmestrahlung *f*
heat radiation Wärmestrahlung *f*, Temperaturstrahlung *f*
heat-reactice resin wärmehärtbares Harz *n*
heat reclamation system Wärmerückgewinnungsanlage *f*
heat recovery Wärmerückgewinnung *f*, Abwärmeverwertung *f*
heat recovery system Wärmerückgewinnungsanlage *f*
heat-reflective glass Reflexionsglas *n*, hitzeabweisendes Glas *n*
heat-rejecting glass *s.* heat-reflective glass
heat release Wärmeabgabe *f*
heat-repelling hitzeabweisend, hitzeabwehrend
heat requirement Wärmebedarf *m*
heat requirement calculation Wärmebedarfs(be)rechnung *f*
heat resistance 1. Wärmebeständigkeit *f*, Wärmefestigkeit *f*, Hitzebeständigkeit *f*; 2. Wärmeübergangswidertand *m*
heat-resistant wärmebeständig, wärmefest, hitzebeständig
heat-resistant concrete hitzebeständiger Beton *m*, Feuerfestbeton *m*
heat-resistant paint wärmebeständige Farbe *f*
heat-resisting *s.* heat-resistant
heat-resisting glass feuerfestes Glas *n*
heat-resisting paint wärmebeständige Farbe *f*
heat retention Wärmehaltung *f*, Wärmespeicherung *f*
heat-saving wärmesparend
heat sealing Heißverschweißen *n*, Heißverkleben *n (von Kunststoffen)*
heat-sensitive wärmeempfindlich, hitzeempfindlich
heat shock Wärmestoß *m*
heat sink 1. Wärmeableiter *m*; 2. *(AE)* Heizmedium *n (Luft, Wasser, Öl usw.)*
heat source Wärmequelle *f*
heat stability Wärmebeständigkeit *f*, Hitzebeständigkeit *f*
heat storage Wärmespeicherung *f*
heat storage capacity Wärmespeicherungsvermögen *n*
heat stress Wärmespannung *f*
heat supply Wärmeversorgung *f*, Wärmezufuhr *f*, Wärmeeinspeisung *f*
heat temperature Wärmezustand *m*
heat tensioning thermisches Vorspannen *n*
heat transfer *s.* heat transmission
heat transfer area Wärmeaustauschfläche *f*
heat-transfer coefficient Wärmeübergangszahl *f*
heat transfer medium Wärmeträger *m*
heat transference Wärmeübertragung *f*
heat transmissibility Wärmedurchlässigkeit *f*
heat transmission Wärmeübertragung *f*, Wärmetransport *m*, Wärmeabfluss *m*; Wärmedurchgang *m*
heat-transmission coefficient Wärmedurchgangszahl *f*; Wärmeübergangszahl *f*
heat transmission resistance Wärmeübergangswiderstand *m*
heat-treatable warm aushärtbar; wärmebehandelbar, warmbehandelbar
heat-treatable steel Vergütungsstahl *m*
heat-treated wärmebehandelt
heat treatment Warmbehandlung *f*, Wärmebehandlung *f*
heat unit Wärmeeinheit *f (z. B. Kilowatt, Joule)*
heat utilization Wärmeausnutzung *f*, Wärmewirkungsgrad *m*
heatable unit *(AE)* beheizbare Wohnung *f*
heated air Heißluft *f*
heated air output Warmluftleistung *f*
heated floor beheizter Fußboden *m*
heated roller erwärmte Straßenwalze *f*
heater Heizkörper *m*; (elektrisches) Heizgerät *n*; Erhitzer *m*
heater fan Heizgebläse *n*
heater mat Heizmatte *f*
heater surface Heizfläche *f*
heath Heideland *n*
heath sand Heidesand *m*
heath soil Heideboden *m*
heathland Heideland *n*
heating 1. Heizung *f*, Heizen *n*, Beheizung *f*; 2. Erwärmung *f*, Erhitzung *f*
heating accessories Heizungszubehör *m*
heating air Heizungsluft *f*
heating and cooling system *(HLK)* Klimaanlage *f*
heating and planing Aufheizen *n* und Einebnen *n*
heating and refrigerating engineering Wärme- und Kältetechnik *f*
heating and ventilation system Heizungs- und Lüftungsanlage *f*
heating appliance Heizungsgerät *n*
heating area of boiler Kesselheizfläche *f*, Heizkesselfläche *f*
heating basement Heizungskellergeschoss *n*
heating boiler Heiz(ungs)kessel *m*
heating by circulating air Umluftheizung *f*
heating by gas Gasheizung *f*
heating by infrared radiation Infrarotstrahlungsheizung *f*
heating by waste heat Abwärmeheizung *f*
heating calculation Heizungsberechnung *f*
heating capacity Heizleistung *f*
heating cellar Heizungskeller *m*
heating chamber Herdraum *m*
heating circuit Heizungsumlauf *m*, Heizkreis *m*
heating circulating pump Heizungsumwälzpumpe *f*
heating coil Heiz(rohr)schlange *f*
heating contractor Heizungsbauunternehmer *m*
heating convector Konvektor *m*, Konvektionsheizgerät *n*
heating curve Aufheizkurve *f*
heating duct Heizkanal *m*
heating effect Heizeffekt *m*
heating element Heizelement *n*; (elektrischer) Heizkörper *m*
heating engineering Heizungstechnik *f*
heating equipment Heizanlage *f*, Heizausrüstung *f*

heating expert Heizungsfachmann *m*
heating floor beheizter Fußboden *m*
heating for building operations Baustellenheizung *f*
heating fuel Heizstoff *m*
heating grid 1. Heizregister *n (Kessel)*; 2. Heizgitter *n*
heating heat Heizungswärme *f*
heating heat capacity Heizungswärmemenge *f*
heating installation Heiz(ungs)anlage *f*
heating jacket Heizmantel *m*
heating line Heizleitung *f*, Heizungsleitung *f*
heating load Heizlast *f*
heating mantle Heizmantel *m*
heating medium Heizmittel *n*, Heizmedium *n*
heating net load Heizungsnettoleistung *f*
heating oil Heizöl *n*
heating oil barrier Heizölsperre *f*
heating oil-fired central heating Öl-Zentralheizung *f*
heating oil-resistant heizölfest, heizölbeständig
heating oil store Heizöllagerraum *m*
heating oil tank Heizöltank *m*
heating oil-tight heizöldicht, öldicht, heizölundurchlässig, ölundurchlässig
heating output Heizleistung *f*
heating panel Heizplatte *f*, Heiztafel *f*; Plattenheizkörper *m*
heating period between seasons Übergangsheizperiode *f*
heating pipe Heiz(ungs)rohr *n*
heating plant zentrale Heiz(ungs)anlage *f (auch für eine Gebäudegruppe)*; Heizzentrale *f*, Heizwerk *n*
heating plant room Heizungsraum *m*
heating pump Heizungspumpe *f*, Umlaufpumpe *f*
heating rate Aufheizgeschwindigkeit *f*
heating register Heizregister *n*
heating season Heizsaison *f*
heating section Heizstrang *m*
heating station 1. *s.* heating plant; 2. Fernheizwerk *n*
heating surface Heizfläche *f*, Heizungsfläche *f*
heating system Heiz(ungs)anlage *f*, Heizung *f*
heating technician Heizungstechniker *m*
heating unit Heizgerät *n*; Heizelement *n*
heating up 1. Anheizen *n*, Anfahren *n* einer Heizung; 2. Auftempern *n (Glas)*
heating-up loss Anheizverlust *m*
heating-up period Aufladezeit *f*, Wärmeaufladungszeit *f (Speicherheizgeräte)*
heating-up time *s.* heating-up period
heating value Heizwert *m*
heating water Heizungswasser *n*
heating wire Heizdraht *m*
heating with recirculated air Umluftheizung *f*
heatproof hitzefest, wärmebeständig, hitzebeständig
heave *v* 1. heben *(z. B. Lasten)*; anheben, hochheben; 2. sich heben *(bei Entlastung)*; 3. sich heben, sich werfen *(z. B. Straße bei Frosteinwirkung)*; 4. *(Bod)* heben, quellen
heave *(Erdb)* Hebung *f*, Auftrieb *m*, Bodenhub *m*
heave-off hinge aushängbares Scharnier *n*
heaved gehoben, verworfen
heaver Lasthebebaum *m*
heavily developed area dichtes [dichtbesiedeltes] Wohngebiet *n*
heavily loaded stark belastet
heavily polished hochglänzend, auf Hochglanz poliert
heavily populated area dichtes [dichtbesiedeltes] Wohngebiet *n*
heavily stressed stark belastet
heavily trafficked *(Verk)* mit hoher Verkehrsbelastung, schwerbelastet
heaving 1. Bodenhebung *f*; 2. Quellen *n (eines Belags)*
heaving bottom *(Bod)* schwellender Boden *m*
heaving sands Flugsand *m*
heaving soil frostgefährdeter Boden *m*; schwerer [quellfähiger, wasserbindender] Erdstoff *m*
heavy schwer, schwer beladen; grob, dick; pappig, teigig
heavy-aggregate concrete Schwerbeton *m*, Schwerstbeton *m*
heavy-aggregate shield Schwerbetonabschirmung *f (Reaktorbau)*
heavy-bodied paint hochviskose [zähflüssige] Farbe *f*
heavy ceramics Grobkeramik *f*, Baukeramik *f*
heavy clay fetter Ton *m*
heavy clay article Baukeramikerzeugnisse *npl*, baukeramischer Artikel *m*, Grobkeramikerzeugnis *n*
heavy clay product [ware] Grobkeramik *f*
heavy coating dicke Schutzschicht *f*
heavy concrete Schwerbeton *m*
heavy conditions erschwerte Baubedingungen *fpl*
heavy-duty hochbeanspruchbar; Hochleistungs...; schwer belastbar
heavy-duty cable Starkstromkabel *n*
heavy-duty coating Anstrich *m* für schwere Beanspruchung
heavy-duty industrial covering schwerer Betriebsfußboden *m*, Industriefußbodenbelag *m*
heavy-duty scaffold schweres Baugerüst *n*
heavy-duty traffic Schwerlastverkehr *m*
heavy element Schwerelement *n*
heavy fuel oil mittelviskoses Heizöl *n*
heavy grading Erdstoffmassenaushub *m*
heavy-handed *(sl)* ungeschickt, kräftig zuschlagend
heavy industrial landscape Schwerindustrielandschaft *f*
heavy joist starker Holzbalken *m (mindestens 200 mm breit)*
heavy load capacity Hochbelastbarkeit *f*
heavy loam fetter Lehm *m*
heavy magnesia geglühte Magnesia *f*
heavy metal Schwermetall *n*
heavy metal plate Grobblech *n*
heavy metal plate girder Blechträger *m*
heavy oil Schweröl *n*
heavy panel Massenwiderstandstafel *f*, schweres Tafelelement *n*
heavy paper Karton *m*
heavy pelting rain schwerer Schlagregen *m*
heavy plate Grobblech *n*
heavy profile Schwerprofil *n*
heavy road ausgefahrene Straße *f*
heavy Romanesque style *(Arch)* schwere Romanik *f*
heavy sand bindiger Sand *m*
heavy sections schwerer Formstahl *m*
heavy soil schwerer Boden *m*, tonmineralreicher [plastischer] Erdstoff *m*
heavy-solid massiv
heavy steel sections schwerer Formstahl *m*
heavy stratification *(Erdb)* mächtige Schichtung *f (geologisch)*
heavy-timber construction Starkholz(bau)konstruktion *f*
heavy traffic Schwerverkehr *m*, Schwerstverkehr *m*
heavy trim Schwerprofil *n*
heavy-wall(ed) dickwandig
heavy-weight aggregate Schwerzuschlag *m*, Schwerstzuschlag(stoff) *m*
heavy-weight coating 1. Dockbeschichten *n*; 2. Dickschicht *f*
heavy-weight concrete Schwerbeton *m*, Schwerstbeton *m*
hecatonstylon *(Arch)* Gebäude *n* mit hundert Säulen *(antiker Tempelbau)*; Hundertsäulengebäude *n*
heck 1. Tür *f* mit zwei unabhängig übereinander hängenden Flügeln; 2. *(AE)* Lattentür *f*

hectastyle *(Arch)* sechssäulig
hedge *v* einfrieden; umzäunen
hedge 1. Heckenzaun *m*, Zaun *m* mit Busch- und Baumhinterpflanzung, Hecke *f*; 2. Absperrung *f*
hedgerow Hecke *f (am Wege)*; Zaunhecke *f*
heel 1. Fußkantholz *n*, Sockelholz *n*; 2. Stützmauerabsatz *m*
heel damage Schuhabsatzschaden *m*, Beschädigung *f* durch Schuhabsätze
heel mark Absatzeindruck *m*
heel piece Gegenlagerstück *n (Abstützung)*
heel post Torpfosten *m (für die Türangel)*; Stallpfosten *m*
heel stone Torpfostenauflagerstein *m*, Pfostenfundamentstein *m*
heel strap Dachsparrenankereisen *n*
heel tenon Fußzapfen *m (eines Mastes)*
height 1. Höhe *f (z. B. eines Bauwerks)*; 2. Höhe *f*, Höhenlage *f*; 3. Stand *m*, Niveau *n*; 4. Höhe *f* des Scheitelpunktes, Stichhöhe *f*, Pfeilhöhe *f*
height above sea level Höhe *f* über dem Meeresspiegel, Höhe *f* über NN
height above zero level Kote *f* über Normalnull, Kote *f* über NN
height adjustable höhenverstellbar
height board Stufenhöhenlehre *f (Treppenbau)*
height clearance freie Höhe *f*
height dimension Höhenabmessung *f*
height finder Höhenmesser *m*
height gauge Höhenmaßstab *m*
height indication Höhenkote *f*
height marker Höhenzielmarke *f*
height measurement Höhenmessung *f*
height money Höhenzulage *f*
height notation Kote *f*
height of building Gebäudehöhe *f*
height of damming *(Wsb)* Stauhöhe *f*
height of fall Fallhöhe *f (eines Körpers)*
height of fill Auffüllungshöhe *f*
height of overfall *(Wsb)* Überfallhöhe *f*
height of parapet Brüstungshöhe *f*
height of profile Profiltiefe *f*
height of rise Stauhöhe *f*
height of step Stufenhöhe *f*
height of suspension Abhängehöhe *f*
height of the day lichte Höhe *f*
height of water Druckhöhe *f* des Wassers
height of weir *(Wsb)* Höhe *f* der Dammkrone; Wehrhöhe *f*
height regulations Bauhöhenvorschrift *f*
height restriction Höhenbeschränkung *f*
height-to-width ratio Höhen-Breitenverhältnis *n*
height zoning Bauhöhenvorschrift *f*
heighten *v* erhöhen *(z. B. eine Mauer)*; aufstocken *(ein Gebäude)*
heightened block [building] aufgestocktes Gebäude *n*
heightening 1. Aufstocken *n*, Erhöhen *n (Gebäude)*; 2. *(Erdb)* Aufwölbung *f*
heightening of a dam Dammerhebung *f*
held water 1. Porensaugwasser *n*, Kapillarwasser *n*; 2. *(Bod)* Schichtwasser *n*
helical spiralförmig, schraubenförmig, schneckenförmig
helical auger Schraubenbohrer *m*, Erdbohrer *m*
helical barrel vault Schneckengewölbe *n*, Spindelgewölbe *n*
helical binding *s.* helical reinforcement
helical chute Wendelrutsche *f*
helical conveyor Schneckenförderer *m*, Schraubenförderer *m*
helical curve Schraubenlinie *f*
helical hinge Pendeltürband *n*, Federband *n*
helical line Schneckenlinie *f*
helical reinforcement Spiralbewehrung *f (für Stützen)*; schraubenförmige Säulenumschnürung *f*
helical rib Schrägrippe *f*
helical shell Schraubenflächenschale *f*
helical spring Kernspirale *f*, Wendel *f*
helical stair(case) Wendeltreppe *f* mit offener Spindel, geschwungene Treppe *f*
helical vault gewundenes Gewölbe *n*, Schneckengewölbe *n*
helically reinforced column spiralbewehrte Stütze *f*
helicline Wendelrampe *f*, Spiralrampe *f*, Schraubenrampe *f*
helicoid spiralig, spiralförmig
helicoid Helikoide *f*, Schraubenfläche *f*
helicoid spiral schneckenartige Spirale *f*
helicoidal spiralig, spiralförmig
helicoidal bond schraubenförmiger Verband *m*
helicoidal ramp *s.* helicline
helicoidal shell Schraubenflächenschale *f*
helicopter deck Hubschrauberlandedeck *n*
helicopter ground Hubschrauberplatz *m*, Hubschrauberlandeplatz *m*
heliodon Modellichtquelle *f*; Architekturmodelleuchte *f*
helipad Hubschrauberlandeplatz *m*
heliport Hubschrauberflugplatz *m*, Heliport *m*
helistop Heliport *m*, Hubschrauberlandeplatz *m*
helium light Heliumleuchte *f*
helix 1. *(Arch)* Helix *f*, Schraubenlinie *f*; Wendel *f*; 2. *(Arch)* Spirale *f*, Spiralornament *n*, Schnörkel *m*; Volute *f (ionisches Kapitell)*; 3. *(Arch)* Spiralbewehrung *f*
Hellenic architecture hellenische [griechische] Architektur *f (480–323 v. Chr.)*
Hellenistic architecture [style] hellenistischer Baustil *m (nach 323 v. Chr.)*
Hellenistic Baroque hellenistischer Barock *m*
helm roof vierflächiges Spitzdach *n*, Helmdach *n*, Rautendach *n*, Rhombendach *n*
helmet 1. Schlaghaube *f (für Rammpfähle)*; 2. Helm *m*, Schutzhelm *m*
help Handlanger *m*, Hilfsarbeiter *m*
helper Handlanger *m*, Hilfsarbeiter *m*
helve Axtstiel *m*
helying Bedachung *f*, Dachdeckung *f*, Dacheindecken *n*
hem *v* einfassen, säumen
hem vorspringende Volute *f (ionisches Kapitell)*
hematite Hämatit *m*
hemicycle Halbkreisbau *m*; Halbkreisnische *f*
hemihydrate Gipshalbhydrat *n*
hemihydrate plaster kalzinierter Gips *m*, Stuckgips *m*, Stukko *m*
hemisphere Halbkugel *f*
hemispherical halbkugelförmig
hemispherical stupa *(Arch)* halbkugelförmige Stupa *f*
hemlock Schierlingstannenholz *n*
hemp Hanf *m*
hemp core Hanfeinlage *f*, Hanfkern *m*
hemp cord Hanfschnur *f*
hemp packing Hanfdichtung *f*, Hanfpackung *f*
hemp rope Hanfseil *n*
hemp sacking Hanfgrobgewebe *n*
hemp tow Hanfwerg *n*
hench Schornstein(gruppen)schmalseite *f*
hendecagon Elfeck *n*
Henneberg's method Henneberg'sches Ersatzverfahren *n*
henostyle einsäulig
heptagon Heptagon *n*, Siebeneck *n*
heptagonal siebeneckig
heptahedral heptaedrisch, siebenflächig

heptastyle *(Arch)* Heptastylos *m*, siebensäuliges Portal *n* *(antike Baukunst)*
heptastyle temple *(Arch)* Heptasylostempel *m*, siebensäuliger Tempel *m*
heraeum *(Arch)* Heraion *n*, Hera-Tempel *m*
Heraion at Olympia *(Arch)* olympisches Heraion *n*
Heraklith insulating board Heraklithplatte *f*
herbaceous border Staudenrabatte *f*; Begrenzung *f* mit immergrünen Pflanzen
herbicide Herbizid *n*
hercynite Hercynit *m*, Eisen-Tonerdespinell *m*
herdman's hut Schäferhütte *f*
herm *(Arch)* Herme *f*, Hermesäule *f* *(Bauplastik)*
hermatolith Riffgestein *n*
hermetic hermetisch (verschlossen); luftdicht
hermetical *s.* hermetic
hermetically sealed hermetisch (verschlossen), dicht abgeschlossen; abgedichtet
heroum *(Arch)* Heroon *n* *(Heldengrabskulptur)*
herringbone bond Fischgrätenverband *m*, Diagonalverband *m*, Schränkschichtverband *m* *(Mauerwerk)*; Festungsverband *m*
herringbone drainage Fischgrätendränungssystem *n*
herringbone matching Fischgrätenspundung *f*, Fischgrätenmuster *n*
herringbone parquet Fischgrätenparkett *n*
herringbone pattern Fischgrätenmuster *n*
herringbone paving Fischgrätenklinkerpflaster *n*
herringbone strut Kreuzstake *f*
herringbone strutting Diagonalversteifung *f* von Deckenträgern
herringbone work Fischgrätenverband *m*, Gratverband *m* *(Mauerwerk)*
hesitation setting falsches Erstarren *n* [Abbinden *n*] *(Beton)*
hessian (canvas) Sackleinen *n*
heterochromatic verschiedenfarbig
heterogeneity Inhomogenität *f*
heterotactus irregulär
hew *v* 1. behauen, zuhauen, zurichten, bearbeiten, schlagen *(Stein)*; 2. skulptieren, skulpturieren; 3. *s.* hew down
hew *v* **down** fällen, umhauen *(Bäume)*
hewer's workbench Steinzuhautisch *m*
hewing 1. Behauen *n*, Zurichten *n*; 2. Skulptieren *n*
hewn bearbeitet, behauen, zugerichtet *(Stein)*
hewn foliage *(Arch)* skulpturiertes Blattwerk *n*, plastisch gestaltetes Laubwerk *n*
hewn sandstone Werksandstein *m*, behauener Bausandstein *m*
hewn-squared timber auf Vierkant behauenes Holz *n*
hewn stone Quader(stein) *m*, geschnittener Werkstein *m*
hewn stone facing Steinverblendung *f*
hewn stone masonry Werksteinmauerwerk *n*
hewn stone structure Werksteinbauwerk *n*, Natursteinbauwerk *n*
hewn stonework behauene Werksteine *mpl*
hexagon Sechseck *n*
hexagon bar steel Sechskantstahl *m*, Sechskantprofil *n*
hexagon nut Sechskantmutter *f*
hexagonal sechseckig, sechskantig
hexagonal bolt Sechskantbolzen *m*, Sechskantschraube *f*
hexagonal ground-plan sechseckiger Grundriss *m*
hexagonal mosaic tile Sechseckmosaikfliese *f*
hexagonal profile Sechskantprofil *n*, Sechseckprofil *n*
hexagonal shape Sechseckprofil *n*, Sechseckumriss *m*
hexagonal template slate sechseckiger Schablonenschiefer *m*
hexagonal tile Sechseckfliese *f*, Sechseckplatte *f*
hexagonal trim *s.* hexagonal profile
hexagonal turret Sechsecktürmchen *n*
hexahedral sechsfächig
hexahedron Sechsflächner *m*
hexastyle *(Arch)* Hexastylos *m* *(Tempelbau)*
hexastyle porch *(Arch)* Hexastylosvorhalle *f*, sechssäulige Vorhalle *f*
hexastyle portico *(Arch)* Hexastylosportikus *m*, sechssäuliger Portikus *m*
hexastyle temple *(Arch)* Hexastylostempel *m*, sechssäuliger Tempel *m*
Hi-boy *(AE)* Warmluftheizung *f* mit tiefliegendem [unterem] Luftaustritt
hiatus Wärmedehnungsfuge *f* *(Ofen)*
Hiberno-Romanesque style *(Arch)* irisch-romanischer Stil *m*
hick joint einfache Mauersetzfuge *f* *(mit Hochkantziegeln)*
hickey *(AE)* Rohrbiegezange *f*, Rohrbieger *m*
hickory (wood) Hickoryholz *n*
hidden verdeckt
hidden cable *(El)* Unterputzkabel *n*
hidden door Geheimtür *f*
hidden dovetail verdeckter Schwalbenschwanz *m*
hidden edge unsichtbare Körperkante *f* *(technische Zeichnung)*
hidden installation *(El)* Unterputzinstallation *f*
hidden line verdeckte Linie *f* *(technische Zeichnung)*
hidden pipe Unterputzrohr *n*
hidden wiring *(El)* Unterputzverdrahtung *f*
hide *v* verdecken, überdecken
hiding power Deckfähigkeit *f*, Deckkraft *f*, Deckvermögen *n* *(von Farben)*
high hoch; hochentwickelt; hochgradig
high-active hochaktiv *(Haftkraft)*
high-alloyed hochlegiert
high altar *(Arch)* Hochaltar *m*, Hauptaltar *m*
high-alumina cement Tonerde(schmelz)zement *m*
high-aluminium aluminiumreich
high-aluminous tonerdereich
high amenity district Wohnkomplex *m* mit guten Folgeeinrichtungen
high apartment *(AE)* Hochhauswohnung *f*
high-bank Steilufer *n*
high-bay lighting *(AE)* Breitstrahlbeleuchtung *f*
high-bay warehouse Hochregallager *n*
high bog Hochmoor *n*
high-bond action starke Verbindung *f*
high-bond bars Betonformstahl *m*, Rippenstahl *m*
high brass Gelbguss *m*
high-build coating Dickschichtanstrich *m*, dünner Spachtelfilm *m*
high-build coating system dickschichtiges Anstrichsystem *n*, Dickschichtanstrichsystem *n*
high-calcium lime Fettkalk *m*, fetter Kalk *m*, Weißkalk *m*
high chair Bewehrungshalter *m*, Stabhalterung *f* *(Stahlbeton)*
high-class apartment *(AE)* Luxuswohnung *f*
high-class residential area Villengebiet *n*, Villenzone *f*
high-class workmanship Wertarbeit *f*
high clay tonerdereicher Ton *m*
high-compacted hochverdichtet *(z. B. Baustoffe, Untergrund)*
High Cross *(Arch)* Hochkreuz *n*
high dam Hochdamm *m*
high-density concrete Schwerstbeton *m*
high-density housing hochintensiver Wohnungsbau *m*
high-density overlay Schalungstafelhartbeschichtung *f*
high-density plywood Presssperrholz *n*, kunstharzverpresstes Sperrholz *n*
high-early-strength frühhochfest *(Zement)*

high early strength Frühhochfestigkeit *f*
high-early-strength cement frühhochfester Zement *m*
high-early-strength concrete frühhochfester Beton *m*
high-efficiency fluorescent lamp Hochleistungsleuchtstofflampe *f*
high-expansion cement Quellzement *m*
high-expansion concrete Quellbeton *m*
high-fire-risk hochfeuergefährlich
high-flat Hochhauswohnung *f*
high flood Hochwasserstand *m*; Hochwasser *n*
high flush toilet *s.* high-level flush toilet
high format Hochformat *n*
high format brick Hochformatziegel *m*
high format coring block Hochformathochlochblockstein *n*
high-frequency compaction Hochfrequenzverdichtung *f*
high-frequency finisher Hochfrequenzfertiger *m*
high-frequency sound insulation Hochfrequenz-Schallschutz *m*
high-frequency vibrated concrete hochfrequenzgerüttelter Beton *m*
high-gloss hochglänzend
high gloss Hochglanz *m*
high-gloss enamel hochglänzende Lackschicht *f*
high-gloss finish 1. Hochglanzlack *m*; 2. Hochglanzlackierung *f*
high-grade hochhaltig, hochwertig
high-grade chippings Edelsplitt *m*
high-grade clay hochwertiger Ton *m*, Edelton *m*
high-grade concrete hochwertiger Beton *m*
high-grade steel Qualitätsstahl *m*, Edelstahl *m*
high-grade timber Edelholz *n*
high ground hochliegendes Gelände *n*
high-hazard contents gefährliches Lagergut *n (in einem Gebäude)*
high-head plant *(Wsb)* Speicherwerk *n*
high-head water power plant *(Wsb)* Hochdruckwasserkraftwerk *n*
high humidity and condensation test Feuchtlagerprüfung *f*
high-intensity discharge lamp Hochleistungsleuchtstofflampe *f*
high-joint pointing Überstandsfugenformung *f*
high-level flush toilet Wasserklosett *n* [WC *n*] mit Hochspülkasten
high-level flushing cistern [tank] Hochspülkasten *m*
high-level railroad *(AE)* Hochbahn *f*
high-level railway Hochbahn *f*
high-level reservoir Hochspeicherbecken *n*
high-level road Hochstraße *f*
high-level tank Hochbehälter *m*; Hochspeicherbecken *n*
high-level water tank Wasserhochbehälter *m*
high-lift grouting Hochdruckfugenverfüllung *f*
high light Profilspitze *f*, Rauigkeitsspitze *f*, Erhebung *f (Oberflächenmikroprofil)*
high-light window Oberlichtfenster *n*; Laterne *f*
high living unit*(AE)* Hochhauswohnung *f*
high luster polishing Hochglanzpolieren *n*
high-lying hochliegend
high-magnesium magnesiumreich *(Bindemittel, Gestein)*
high magnesium lime Dolomitkalk *m*
high-mark gauge Hochwasserstandsmesser *m*
high-melting-point asphalt Bitumendachanstrich *m* aus geblasenem Bitumen
high moor Hochmoor *m*
high-occupancy vehicle *(AE) (Verk)* Personenfahrzeug *n* mit Mindestbesatzung
high-output fluorescent lamp Hochleistungsleuchtstofflampe *f*
high parking building Parkhochhaus *n*
high partition hohe Trennwand *f*
high-peaked roof Steildach *n*
high-performance Hochleistung *f*
high-performance traffic route Hochleistungsstrecke *f*
high-pitched roof Ritterdach *n*, Steildach *n*
high plane Hochebene *f*
high point Hochpunkt *m*
high-porosity concrete Porenbeton *m*
high-precision measurement Präzisionsmessung *f*
high-pressure druckstark
high-pressure boiler Hochdruckkessel *m*
high-pressure grouting Hochdruckfugenverfüllung *f*
high-pressure heating Hochdruckheizung *f*
high-pressure hose Hochdruckschlauch *m*
high-pressure installation Hochdruckanlage *f (Heizung)*
high-pressure mercury lamp Quecksilberhochdrucklampe *f*
high-pressure overlay kunstharzverpresste Oberflächenschicht *f*
high-pressure pipeline Hochdruckleitung *f*
high-pressure pump Hochdruckpumpe *f*
high-pressure steam curing Hochdruckdampferhärtung *f*, Dampfdruckhärtung *f*, Autoklavhärtung *f (des Betons)*
high-pressure steam heating system Hochdruckdampfheizungssystem *n*
high-pressure system Hochdruckanlage *f*
high-pressure tank Hochdruckbehälter *m*
high-pressure water main [pipe] Hochdruckwasserleitung *f*
high-pressure well Hochdruckbohrung *f*
high-quality hochwertig
high-quality grade hochwertige Sorte *f*
high-quality steel Edelstahl *m*
high-quality window Qualitätsfenster *n*
high-quality workmanship Wertarbeit *f*
high-refractory hochfeuerfest
high relief Hochrelief *n*
High Renaissance Hochrenaissance *f*, römische Renaissance *f*
high-rise vielgeschossig
high-rise block Hochhaus *n*, Wohnhochhaus *n*
high-rise building Hochhaus *n*
high-rise building erected by industrialized methods Montagehochhaus *n*
high-rise parking building Parkhochhaus *n*
high-rise slab block Scheibenhochhaus *n*
high-riser *(sl)* Hochhaus *n*
high-rising structures Hochbauten *pl*
high-river Hochwasserbett *n*, Hochwasserlauf *m*
high road Hauptstraße *f*; Landstraße *f*, Chaussee *f*; *(AE)* Fernverkehrsstraße *f*
High Romanesque Hochromanik *f*
high-silicon siliziumreich; hochsiliziert
high-silicon iron Siliziumeisen *n*; Ferrosilizium *n*
high-slump concrete Weichbeton *m*, plastischer Beton *m*
high-solid paint lösungsmittelarmer Anstrichstoff *m*
high-speed building hoist Schnellbauaufzug *m (für Materialien)*
high-speed (passenger) lift Schnellaufzug *m*, Personenaufzug *m*
high-speed planer Schnellhobelmaschine *f*
high-speed road *(Verk)* Schnellverkehrsstraße *f*
high-speed track Hochgeschwindigkeitsspur *f (Eisenbahn)*
high-speed traffic Schnellverkehr *m (Straße)*
high-speed train Hochgeschwindigkeitszug *m*
high strength Hochfestigkeit *f*
high-strength hochfest

high-strength bolt *s.* high-tensile bolt
high-strength cement hochfester Zement *m*
high-strength concrete hochfester Beton *m*, Beton *m* hoher Güteklasse
high-strength friction grip HV-Schraubenverbindung *f*, hochfest verschraubte Verbindung *f* [*HV-Verbindung*]
high-strength friction-grip bolt *s.* high-tensile bolt
high-strength screw hochfeste Schraube *f*
high-strength steel hochfester Stahl *m*
high-sulphide sulfidreich, hochsulfidhaltig
high-sulphur schwefelreich, hochschwefelhaltig
high-temperature brazed joint gasdichte Hartlötverbindung *f*
high-temperature coating Hochtemperaturschutzanstrich *m*
high-temperature concrete Hochtemperaturbeton *m*, hitzebeständiger Beton *m*
high-temperature durability Hochtemperaturbeständigkeit *f*
high-temperature embrittlement Hochtemperaturversprödung *f*
high-temperature insulant Hochtemperaturdämmstoff *m*
high-temperature material Hochtemperaturmaterial *n*
high-temperature resistance Hochtemperaturbeständigkeit *f*, Hochhitzebeständigkeit *f*
high-temperature resistant hochtemperaturbeständig, hochhitzebeständig
high-temperature service Einsatz *m* bei hohen Temperaturen
high-temperature stability Hochtemperaturbeständigkeit *f*
high-temperature strength Warmfestigkeit *f*
high-temperature testing Hochtemperaturprüfung *f*
high-tensile hochzugfest; hochfest vorgespannt; HV-...
high-tensile bolt hochfeste [hochfest vorgespannte] Schraube *f*, HV-Schraube *f*
high-tensile bolted structural joint hochfeste Schraubenverbindung *f*, hochfest verschraubte Verbindung *f*
high-tensile bolting gleitfeste Schraubenverbindung *f*
high-tensile construction steel hochzugfester Baustahl *m*
high-tensile grip [prestressed] bolt *s.* high-tensile bolt
high-tensile quality hochzugfeste Güte *f*
high-tensile reinforcement hochzugfeste Stahlbewehrung *f*
high-tensile steel hochzugfester Stahl *m* *(hochwertiger Baustahl)*
high-tensile strength Hochzugfestigkeit *f*
high-tensile structural steel hochfester Baustahl *m*
high-tension (grip) bolt *s.* high-tensile bolt
high-tension overhead transmissions line *(El)* Hochspannungsfreileitung *f*
high tide *s.* high water
high tide mark Hochwassermarke *f*
high tomb Hochgrab *n*
high-vacuum asphalt *(AE)* Hochvakuumbitumen *n*, Hartbitumen *n*
high vault Hochgewölbe *n*
high vaulted hochgewölbt
high-viscosity hochviskos
high-viscosity asphalt cutback *(AE)* hochviskoses Verschnittbitumen *n*
high-voltage current Starkstrom *m*
high-voltage transmission line Hochspannungs(fern)leitung *f*
high-voltage transmission tower Hochspannungsmast *m*
high water Hochwasser *n*, hoher Wasserstand *m*
high water arch Flutöffnung *f*
high-water basin *(Wsb)* Hochwasserrückhaltebecken *n*
high-water bed Hochwasserbett *n*, Überschwemmungsbett *n*
high-water channel Hochwasserbett *n*
high-water level Hochwasserstand *m*
high-water mark Hochwassermarke *f*, Flutpegel *m*, Flutlinie *f*
high-water ordinary spring tide *(HWOST)* normale Springzeitflut *f*
high-water peak Hochwasserspitze *f*
high-water regulation *(Wsb)* Hochwasserregulierung
high-water section [span] Hochwasserdurchlass *m*
high-webbed tee-iron hochstegiges T-Eisenprofil *n*
high-yield-point steel hochfester Stahl *m*
high-yield stress steel hochbelastbarer Stahl *m*
high-zinc zinkreich, hochzinkhaltig
highboy *(AE)* hohe Kommode *f (aus Ober- und Unterteil bestehend)*
highest bid Höchstgebot *n (Submission)*
highest bidder Höchstbietender *m*, Meistbietender *m*
highest load Höchstbelastung *f*
highest offer Höchstgebot *n*
highest permissible temperature zulässige Höchsttemperatur *f*
highest point of the middle third *(Stat)* oberer Drittelpunkt *m*
highest proposal Höchstgebot *n*
highest stress Höchstbeanspruchung *f*
highest tender Höchstgebot *n*
highest water line höchste Wasserstandslinie *f (Zisterne)*
highland Hochland *n*
highly abrasion-proof hochabriebfest
highly active 1. hochaktiv *(Haftkraft)*; 2. sehr unedel, hochunedel *(Metall, Korrosionsanfälligkeit)*
highly alakine hochalkalisch, hochbasisch
highly alloyed hochlegiert
highly compressed hochverdichtet
highly corrosion-proof hochkorrosionsfest
highly corrosive hochkorrosiv
highly decorated reich geschmückt, reich verziert
highly effective hocheffektiv
highly elastic hochelastisch
highly fire-resistant hochfeuerbeständig
highly impact-resistant hochschlagfest *(Kunststoff)*
highly inflammable feuergefährlich
highly lustrous hochglänzend
highly ornamented reich verziert, reich geschmückt
highly pigmented hochpigmentiert
highly plastic hochplastisch, hochbildsam
highly polishable hochpolierbar
highly porous hochporös
highly pressed hochverdichtet
highly refractory brick hochfeuerfester Ziegel *m*
highly resinous wood harzreiches Holz *n*
highly resistant hochresistent
highly sensitive hochempfindlich
highly shock resistanr hochschlagfest
highly stressed hochbeansprucht
highly susceptible hochempfindlich
highly viscous hochviskos
highly wear-resistant hochverschleißfest
highroad *s.* highway
highwall *(Tun)* Abbaustoß *m*, Ortsstoß *m (mit angeschnittenem Hangenden)*
highway Autobahn *f*, Schnellstraße *f*, Fernverkehrsstraße *f*, Chaussee *f*, Landstraße *f*
highway administration Straßenverwaltung *f*, Straßenbauverwaltung *f*
highway approach Autobahnanschlussstelle *f*, Autobahnauffahrt *f*

highway authority Straßen(bau)verwaltung *f*, Straßenbaubehörde *f*, Straßenbauamt *n*
highway binder Straßenbaubindemittel *n*
highway bridge Straßenbrücke *f*, Autobahnbrücke *f*
highway chippings Straßenbausplitt
highway code Straßenverkehrsordnung *f*
highway concrete Straßenbeton
highway construction Straßenbau *m*
highway cross-section Autobahnquerschnitt *m*; Straßenquerschnitt *m*
highway department *(AE)* Straßenbauamt *n*
highway design Straßenentwurf *m*, Straßenplanung *f*
highway emulsion Straßenbauemulsion *f*
highway engineer Straßenbauingenieur *m*
highway engineering Straßenbau *m*, Straßenbautechnik *f*
highway entrance *s.* highway approach
highway material Straßenbaustoffe *mpl*
highway network Autobahnnetz *n*; Schnellstraßennetz *n*; Straßennetz *n*
highway railroad grade crossing *(AE)* schienengleicher Übergang *m*
highway ramp *(AE)* Autobahnauffahrt *f*
highway safety Straßenverkehrssicherheit *f*
highway shoulder Standspur *f*, Randstreifen *m*
highway striping Straßenmarkierung *f*; Leitlinie *f*
highway structure Straßenbauwerk *n*; Kunstbauwerk *n* *(im Straßenkörper)*
highway traffic safety Straßenverkehrssicherheit *f*
highway's department *s.* highway department
hill Hügel *m*, Berg *m*
hill-city Hügelstadt *f*
hillock Hügel *m*
hillside Berghang *m*
hillside architecture Hangarchitektur *f*
hillside slope Hangböschung *f*
hilltop Kuppe *f*, Bergkuppe *f*
hilly hügelig, bergig
hilly country Hügelland *n*
hilly ground [terrain] Gebirgsgelände *n*, Hügelland *n*
Hindoo architecture hinduistische Architektur *f*
Hindoo temple Hindutempel *m*
hinge *v* 1. mit Scharnier befestigen, gelenkig aufhängen; einhängen; 2. schwenken *(z. B. eine Tür)*
hinge 1. Gelenk *n*, Gelenkpunkt *m*; 2. Scharnier *n*; Angel *f*, Türangel *f*, Schlinge *f*; Band *n* *(Baubeschlag für Türen und Fenster)*
hinge backset Scharnierabstand *m* *(vom Türrand)*
hinge band Scharnierband *n*
hinge bar Gelenkstab *m*
hinge beam *s.* hinged girder
hinge bearing Gelenklager *n*
hinge block Gelenkstück *n*
hinge bolt Gelenkbolzen *m*; Scharnierstift *m*
hinge column Pendelstütze *f*
hinge eye Halseisen *n*
hinge fitting Gelenkbefestigung *f*; Scharnier *n*
hinge frame Gelenkrahmen *m*
hinge girder *s.* hinged girder
hinge hasp Scharnierriegel *m*
hinge hole Gelenkloch *n*
hinge jamb Angelpfosten *m* *(Tür)*
hinge joint Gelenkverbindung *f*; Scharnier(gelenk) *n*
hinge pin Scharnierstift *m*, Lagerstift *m*, Drehstift *m*, Hänge *f*
hinge pivot Türangel *f*
hinge plate Türband *n*; Fensterband *n*, Fitsche *f*
hinge plug Scharnierstift *m*
hinge point Gelenkpunkt *m*
hinge post hängender Torpfosten *m*
hinge reinforcement Scharnierunterlageplatte *f*, Scharnierplattenverstärkung *f*
hinge spindle Dorn *m*, Scharnierstift *m*
hinge strap Schippenband *n*, (verziertes) Türband *n*, Türbandeisen *n*
hinge wire *s.* hinge spindle
hinged drehbar, schwenkbar; gelenkig (befestigt); kippbar; aufgehängt, eingehängt; Hänge...
hinged beam *s.* hinged girder
hinged bearing Kipplager *n*
hinged bulkhead door *s.* hinged door
hinged column Pendelstütze *f*
hinged connection gelenkiger Stabanschluss *m* *(Stahlbau)*
hinged cover Scharnierverkleidung *f*
hinged door Klapptür *f*, Hängetür *f*
hinged frame Gelenkrahmen *m*
hinged gate Drehtor *n*
hinged girder Gelenkträger *m*
hinged girder system Gerberträger *m*
hinged grating Klapprost *m*
hinged hatch Klappluke *f*
hinged joint Gelenkverbindung *f*, Gelenk *n*
hinged lid Klappdeckel *m*
hinged loading ramp Schwingbühne *f* *(zum Verladen)*
hinged mechanism Gelenkmechanismus *m*
hinged pier *(Verk)* Pendelpfeiler *m* *(Brücke)*; Pendelstütze *f*, Gelenkpfahl *m*
hinged pin Scharnierstift *m*
hinged plate Drehplatte *f*
hinged point Gelenkpunkt *m*
hinged ridge purlin Gerberpfette *f*
hinged sash window Klappfenster *n*
hinged shutter Schlagladen *m*
hinged side umklappbare Seitenwand *f*
hinged support gelenkige Auflagerung *f*
hinged system Gelenkwerk *n*
hinged truss Gelenkbinder *m*
hinged window Klappfenster *n*
hinged window shutter Anschlagfensterladen *m*
hingeless eingespannt
hinging post Zargeanschlagpfosten *m* *(Tür)*
hip *v* abwalmen
hip Walm *m*, Gratbalken *m* *(Dach)*; Dachgrat *m*
hip-and-gable roof Gratsparrendach *n*
hip and valley roof eingeschnittenes Walmdach *n*
hip bath Sitzbadewanne *f*
hip bevel Walmneigung *f*, Walmschräge *f*
hip board Gratbrett *n*
hip cap Walmkappe *f*
hip capping Walmfirstlage *f*, Gratsparrenabdeckung *f*
hip gable Walm(giebel) *m*; abgewalmter Giebel *m*, abgewalmtes Ende *n*, Krüppelwalm *m*
hip hook [iron] Gratdachziegelhalter *m*
hip jack (rafter) Walmschifter *m*, Gratschifter *m*
hip joint Gratverbindung *f*
hip knob Walmverzierung *f*, Gratformwerk *n*
hip moulding Gratsparrenformwerk *n*
hip of a roof Walm *m*, Gratbalken *m*
hip rafter Gratsparren *m*, Gratbalken *m*, Dachgratsparren *m*, Dachschifter *m*, Walmsparren *m*
hip rafters *(Hb)* Anfallgebinde *n*, Anfallgespärre *n* *(Dachrahmen)*
hip ridge Anfallpunkt *m*
hip roof Walmdach *n*
hip roof tile *s.* hip tile
hip slate Kehlstein *m*
hip starting tile Walmanfänger *m*, Gratanfänger *m*
hip stone Kehlstein *m*, Schwenkstein *m*

hip support Gratbrett *n*
hip tile Walmziegel *m*, Gratziegel *m*, Gratstein *m*, Firstziegel *m*
hip truss Gratbinder *m*, Trapez(fachwerk)binder *m*
hipped abgewalmt
hipped end Gratfußende *n*
hipped gable *s.* hip gable
hipped mansard roof Mansardenwalmdach *n*
hipped plate abgewalmtes Faltwerk *n*
hipped-plate construction Faltwerk *n*, Faltwerkkonstruktion *f*
hipped roof Walmdach *n*
hipped slab roof abgewalmtes Faltwerkdach *n*
hippodrome Hippodrom *n*
hiring 1. Mietung *f*; 2. Arbeitskräfteeinstellung *f*
hiring-out Vermieten *n*, Vermietung *f*
hirst Flusssandbank *f*
Hispano-Moresque architecture spanisch-maurische Architektur *f*
histogram *(Stat)* Histogramm *n*, Säulenschaubild *n*
historiated capital *(Arch)* Kapitell *n* mit historischen Figuren
historic building historisches Gebäude *n*
historic heritage historisches Erbe *n*
historic landmark Kulturdenkmal *n*
historic preservation Denkmalpflege *f*
history of architecture Architekturgeschichte *f*, Geschichte *f* der Baukunst
hitch *v* einhaken, festmachen; sich festhaken
hitch Haken *m (Zughaken an Fahrzeugen)*; Schnellkupplung *f*
hoarding 1. Bauzaun *m*, Bretterzaun *m*; 2. Reklamewand *f*
hoarding roof Dachdoppeldeckung *f*, doppelt gedecktes Dach *n*
hoarfrost Raureif *m*
hoarstine Landmarke *f*, Grenzmarkierung *f*
hob Kaminablage *f*, Ablageplatte *f*
hobby room Hobbyraum *m*, Freizeitraum *m*, Bastlerwerkstatt *f*
hod Bautragemulde *f*, Mörtel- und Ziegeltragekasten *m*, Trog *m*
hodman Handlanger *m*
hoe *v* (auf)hacken
hoe attachment Tieflöffelausrüstung *f (für einen Bagger)*
hoe shovel Tieflöffelbagger *m*, Schleppschaufelbagger *m*
hog *v* sich aufwölben, sich nach oben krümmen *(Bauteil)*; rund biegen
hog Stich *m*, Überhöhung *f*, Aufwölbung *f*
hog-backed Kammern [Kammerräume] enthaltend, mit Kammern (versehen)
hog-backed girder Halbparabelträger *m*
hog bristle brush Borstenpinsel *m*
hog deformation Aufwölbungsverformung *f*
hog hair brush Borstenpinsel *m*
hogbacked bridge Halbparabelbrücke *f*
hoggin tonhaltiger Kiessand *m*, bindiges Kiessandgemisch *n*
hogging Durchbiegung *f (nach oben)*; Hochbiegung *f*, Aufwölbung *f*, Überhöhung *f*, Stich *m*
hogging bend Hochbiegen *n*
hogging bending moment negatives Biegemoment *n*
hogging deformation Aufwölbungsverformung *f*
hogging girder Bogenträger *m (oben gewölbt)*
hog's-back tile fast halbrunder Dachziegel *m*
hoist *v* (an)heben; (hoch)winden, hochziehen; fördern
hoist Bauaufzug *m*; Hebewinde *f*, Winde *f*, Haspelwinde *f*
hoist line Hubseil *n*
hoist shaft *s.* hoistway
hoist tower Aufzugsgerüst *n*, Förderturm *m*
hoisting cable *s.* hoisting rope
hoisting cage Aufzugskorb *m*
hoisting crane Hebekran *m*
hoisting equipment Hebezeug *n*
hoisting height Förderhöhe *f (z. B. eines Krans)*
hoisting platform Hubbühne *f*
hoisting rope Hubseil *n*, Förderseil *n*, Lastseil *n*
hoisting speed Hubgeschwindigkeit *f*
hoisting tackle Flaschenzug *m*
hoistway Aufzugsschacht *m*, Fahr(stuhl)schacht *m*
hoistway door Aufzugs(schacht)tür *f*, Fahrstuhlschachttür *f*
hold *v* 1. fassen, aufnehmen *(ein bestimmtes Volumen)*; 2. halten, stützen; 3. *(Erdb)* abfangen *(Träger, Balken)*; 4. einhalten *(z. B. Toleranzen)*; 5. halten *(einen Zustand)*
hold *v* **on** gegenhalten, vorhalten *(beim Nieten)*
hold *v* **size** maßhaltig bleiben
hold *v* **up** *s.* hold on
hold-back carrier Rückhalteträger *m*
hold-down bolt Ankerbolzen *m*, Ankerschraube *f*
hold-down clip Aufhängeklammer *f*, Halterung *f*, Halteklammer *f*, Hängeanker *m*
hold-on *s.* holder-on
hold tank Vorratsbehälter *m*, Speicherbecken *n*
holder Halter *m*, Halterung *f*, Klemme *f*, Haltevorrichtung *f*
holder-on Gegenhalter *m*, Vorhalter *m*, Setzkopfeisen *n (beim Nieten)*
holder-up *s.* holder-on
holderbat Halsrohrschelle *f*, Rohrschelle *f*
holdfast Klammer *f*, Klemme *f*, Zwinge *f*
holding 1. Abfangen *n*; 2. Vorlagerung *f (bei Betondampfbehandlung)*; 3. Holding *f*, Konzernleitung *f*
holding bolt *s.* holding-down bolt
holding device Haltevorrichtung *f*, Halteeinrichtung *f*
holding-down bolt Fundamentschraube *f*, Befestigungsschraube *f*, Fundamentbolzen *m*
holding-down rod Ankerstange *f*
holding force Haltekraft *f*
holding girder Abfangträger *m*, Sturzträger *m*
holding moment Festhaltemoment *n*
holding period Dampfbehandlungswartezeit *f*
holding primer 1. Vorkonservierungsanstrich *m*; 2. Anstrichstoff *m* für Vorkonservierung
holding-up hammer *s.* holder-on
hole *v* 1. durchbohren, stechen *(Löcher)*; durchbrechen; (vor)bohren *(Schiefer)*; 2. *(Erdb, Tun)* durchörtern
hole *v* **through** *s.* hole *v* 2.
hole 1. Loch *n*; Durchbruch *m*; Höhle *f*; 2. Kerbe *f*, Fuge *f*
hole diameter Lochdurchmesser *m*
hole footing Köcherfundament *n*
hole in the ozone layer Ozonloch *n*
hole pattern Sieblochung *f*
hole screen Lochblechsieb *n*
holiday freigelassene [übersehene] Stelle *f (auf gestrichenen Flächen)*
holiday camp Ferienlager *n*
holiday detector Porensuchgerät *n*, Porenprüfgerät *n (Anstriche)*
holiday dwelling Ferienwohnung *f*
holiday home Sommerhaus *n*
holiday hostel Ferienwohnheim *n*, Ferienhotel *n*
holiday hotel Ferienhotel *n*
holiday house Ferienhaus *n*
holing 1. Vorbohren *n*, Bohren *n (Schiefer)*; 2. *(Erdb, Tun)* Durchörterung *f*
holing pincers Lochzange *f*
Hollocast floor Hollocast-Decke *f*, Streckmetallbewehrungsdecke *f*
hollow *v* 1. aushöhlen; 2. *(Hb)* auskehlen; hohl werden

hollow *v* **out** 1. aushöhlen; 2. *(Hb)* auskehlen
hollow hohl; Hohl...
hollow 1. Höhlung *f*, Vertiefung *f*, Aushöhlung *f*, Mulde *f*, Rinne *f*; 2. *(Hb)* Hohlkehle *f*, Hohlstelle *f*
hollow abutment aufgelöstes Widerlager *n*
hollow article Hohlartikel *m*; hohlraumenthaltenes Material *n*
hollow-backed rückseitig hohl *(Holz, Stein)*; ausgekehlt
hollow beam Kastenbalken(träger) *m*, Hohlkastenträger *m*, Hohlbalken *m*
hollow bed Randmörtelbett *n* mit mörtelfreier Kernzone
hollow block 1. Hohl(block)stein *m*, Hohlblock *m*, Großblocklochziegel *m*; 2. Füllkörper *m*, Hohlkörper *m*
hollow-block floor Stahlbetonrippendecke *f*, Hohlsteindecke *f*
hollow brick Hohlziegel *m*, Lochziegel *m*
hollow brick ceiling Hohlsteindecke *f*
hollow building block *s.* hollow block 1.
hollow building member [unit] Hohlkörper *m (Baukörper)*
hollow cassette plank Stegkassettenplatte *f*
hollow chamfer Hohlkante *f*, gekehlte Fase *f*
hollow chisel Hohlmeißel *m*
hollow clay block Tonhohlkörper *m (Platte)*; Ziegelhohlstein *m*
hollow clay block floor Tonhohlplattendecke *f*
hollow clay brick Tonhohlziegel *m*
hollow clinker block Schlackenbetonhohlstein *m*
hollow composite slab Hohlverbundplatte *f*, Verbundhohlplatte *f*
hollow concrete haufwerkporiger Beton *m*, Beton *m* mit Ausfallkörnung
hollow concrete beam Betonhohlbalken *m*
hollow concrete block Hohlblock(stein) *m*
hollow concrete floor Hohlkörperdecke *f*, Betonhohldecke *f*
hollow concrete slab Stahlbetonhohldiele *f*, Betonstegplatte *f*
hollow-core construction (unit) Leichtkernelement *n*
hollow-core door Zellkerntür *f*, Hohlkerntür *f*
hollow-core floor slab Hohldiele *f*
hollow-core plank Stegkassettenplatte *f*, Stegdiele *f*, Hohldiele *f*
hollow dam *(Wsb)* Hohlmauer *f*
hollow-expanded brick Deckenhohlziegel *m*
hollow-expanded cinder concrete block Hüttenbimshohlblock(stein) *m*
hollow-extruded section stranggepresstes Hohlprofil *n*
hollow filler brick Deckenhohlziegel *m*
hollow floor slab Hohlraumdeckenplatte *f*, Deckenhohlplatte *f*, Hohlsteindecke *f*
hollow form Hohlform *f*
hollow foundation pile Hohl(gründungs)pfahl *m*
hollow-gauged brick Tonhohlkörper *m*, hohler Gewölbestein *m*, Hourdis *m*
hollow girder Hohlbalken(träger) *m*, Hohlträger *m*
hollow glass Hohlglas *n*
hollow glass block Glasbau(hohl)stein *m*
hollow grinding Hohlschliff *m*
hollow gypsum block Gipshohlblock(stein) *m*
hollow joint 1. offene Fuge *f*, 2. versenkte Fuge *f*, Hohlfuge *f*
hollow lintel Hohlsturz *m*
hollow masonry unit Hohlblockstein *m*
hollow masonry wall Hohlmauerwand *f*, Zweischalenwand *f*
hollow member Hohlkörper *m (Baukörper)*
hollow-metal door Metallrahmentür *f* mit Blechbeplankung beiderseits, Metallhohltür *f*
hollow-metal fire door Metallrahmenhohltür *f* mit Sperrkern
hollow mould Hohlform *f (Gussform)*
hollow moulding Hohlwürfelmuster *n*; Viertelkugelkehlplatte *f*, Hohlkehle *f*, Hohlstab *m*
hollow newel (stair) 1. gewundene Treppe *f* mit hohlen Mittelschaftpfosten; 2. gewendelte Treppe *f* mit offenem Auge
hollow panel plank Stegkassettenplatte *f*
hollow partition tile Leichtlanglochziegel *m (für nichttragende Wände)*
hollow party wall Brandhohlmauer *f*
hollow pile Hohlpfahl *m*
hollow pillar Hohlpfeiler *m*
hollow pin Hohlbolzen *m*
hollow plane Kehlhobel *m*, Nut(en)hobel *m*
hollow plank Hohldiele *f*, Zementstegdiele *f*
hollow pole Hohlmast *m*
hollow porous brick poriger Hohlstein *m (Ziegel)*
hollow punch Locheisen *n*
hollow relief eingearbeitetes Relief *n*
hollow rivet Hohlniet *m*
hollow roll Hohlumschlag *m*, Hohlumschlagsfuge *f (Metallbedachung)*
hollow section Hohlprofil *n*
hollow section girder Hohlprofilträger *m*
hollow sheet Hohlplatte *f*
hollow slab Hohlplatte *f*, Stahlbetonhohlplatte *f*
hollow square moulding Hohlpyramidenmuster *n*, Hohlpyramidenmusterleiste *f*
hollow stanchion 1. Hohlstütze *f*; 2. Hohlsäule *f*
hollow structural floor unit Deckenhohlkörper *m*
hollow structural section Konstruktionshohlprofil *n*
hollow tile Hohlziegel *m*; Decken(ziegel)stein *m*; Füllkörper *m*
hollow-tile floor Füllkörperdecke *f*, Hohlsteindecke *f*
hollow-tile floor slab *s.* hollow-tile floor
hollow unit Hohlkörper *m (Baukörper)*
hollow vault aufgelöstes Gewölbe *n*, Spargewölbe *n*, Hohlgewölbe *n*
hollow waffle plank Stegkassettenplatte *f*
hollow wall Hohlmauer *f*
hollow wall box Hohlwanddose *f*
hollow wall panel Wandhohltafel *f*
hollow-walled hohlwandig
hollow-web girder Hohlträger *m*, Kastenträger *m*
hollow weld Hohlkehlnaht *f (Schweißen)*
hollowing 1. Aushöhlen *n*; 2. *(Hb)* Auskehlung *f*
hollowness Hohlheit *f*
holocrystalline holokristallin, ganzkristallin
holohedral holoedrisch, vollflächig
Holy Cross church *(Arch)* Heiligkreuzkirche *f*
Holy Grail Heiliger Gral *m*
holystone *(AE)* Vibrationsschleifer *m*
home 1. *(AE)* Haus *n*, Eigenheim *n*, Wohnhaus *n*; 2. Heim *n*; Wohnheim *n*; Seniorenwohnheim *n*
home building *(AE)* Wohnungsbau *m*
home for babies Säuglingsheim *n*
home for the aged [elderly] Seniorenwohnheim *n*
home for the homeless Obdachlosenheim *n*
home-grown timber einheimisches Holz *n*
home roofing slab Hausbedachungselement *n*
home sauna Heimsauna *f*
home scrap Rücklaufschrott *m*
home sewage Hausabwässer *npl*
home water softener Hauswasserenthärter *m*
homely wohnlich
homestall *s.* homestead
homestead Eigenheim *n* mit Garten; *(AE)* Eigenheimgrundstück *n*

homogeneity Homogenität *f*, Gleichmäßigkeit *f*, Gleichartigkeit *f*, Einschichtigkeit *f*
homogeneity bug [defect] Homogenitätsfehler *m*
homogeneous 1. gleichartig zusammengesetzt; 2. einschalig *(Bauteil)*; 3. homogen
homogeneous covering Einschichtbelag *m*
homogeneous dam gleichförmiger Erddamm *m*
homogeneous deformation homogene Formänderung *f*
homogeneous lining verbundfeste Auskleidung *f*, Verbundauskleidung *f*
homogeneous member einschaliges Bauteil *n*
homogeneous state of stress homogener Spannungszustand *m*
homogeneous unit einschaliges Bauteil *n*
homologous homolog, spiegelbildlich
homomorphism *(Arch)* Formähnlichkeit *f*
homothetic ähnlich und ähnlich liegend *(geometrische Figuren)*
hone *v* honen, fein schleifen, abziehen, ziehschleifen
hone Schleifstein *m*, Abziehstein *m*, Wetzstein *m*
honed finish sehr glatte Steinoberfläche *f*, polierte Oberfläche *f*
honeycomb *v* mit einem Gitterwerk auskleiden
honeycomb wabenförmig
honeycomb 1. wabenförmiges Element *n*; Wabe *f*; 2. Wabenstruktur *f*; 3. Betonnest *n*, Betonfehlstelle *f*; 4. Riss *m* *(wabenförmig, z. B. im Gussblock)*; Gussblase *f*
honeycomb block Wabenblockstein *m*
honeycomb brick Hochlochziegel *m*, Wabenziegel *m*
honeycomb coffering Wabenkassettierung *f*
honeycomb core Wabenkern *m*
honeycomb corrosion wabenförmige Korrosion *f*
honeycomb element Wabenelement *n*
honeycomb insulating board Wabendämmplatte *f*
honeycomb laminate *s.* honeycomb sandwich material
honeycomb masonry durchbrochenes Mauerwerk *n*
honeycomb panel Verbundplatte *f* mit Wabenkern
honeycomb paper Wabenpappe *f*
honeycomb sandwich material Verbundwerkstoff *m* [Schichtbaustoff *m*] mit Wabenkern
honeycomb slating Diagonalschieferdeckung *f* mit gebrochener Schieferspitze
honeycomb structure 1. Wabenstruktur *f*, Wabenbauweise *f*, Wabenkonstruktion *f*; 2. wabenförmiger Erdstoff *m*
honeycomb wall Mauerpfeilerwand *f*
honeycomb weathering wabenartige Verwitterung *f*, Wabenverwitterung *f*
honeycombed wabenförmig
honeycombing wabenförmige Rissbildung *f*, Wabenbildung *f*
honing Schleifen *n*, Abziehen *n*
hood 1. *(HLK)* Abzugshaube *f*, Dunsthaube *f*; 2. *(HLK)* Rauchmantel *m*, Kaminhaube *f*; Schornsteinaufsatz *m*, Kappe *f*; Abdachung *f*, Mauerhut *m*, Mauerkappe *f*; 3. Wetterdach *n (Schutzdach)*
hood mould Wasserschlag *m*, Kappengesims *n*, Verdachung *f (für Tür oder Fenster)*
hook *v* 1. anhaken, einhaken; zuhaken; 2. (ab)biegen; sich biegen
hook *v* **on** anhaken
hook Haken *m*; Lasthaken *m*
hook allowance Hakentoleranz *f*
hook-and butt joint *(Hb)* Verzahnungsverbindung *f*
hook and eye Sturmhaken *m*, Haken *m* und Öse *f*
hook-and-eye fastener Haken-Schlaufen-Halterung *f*
hook bending Hakenbiegen *n*
hook bolt Hakenbolzen *m*, Hakenschraube *f*
hook-like corner halving hakenförmige Eckübertlattung *f*
hook-like halving Hakenblatt *n*
hook lock Hakenverriegelung *f*, Hakenschloss *n*
hook-nail Hakennagel *m*
hook of rod Endhaken *m (Bewehrungsstab)*
hook screw Hakenschraube *f*
hook-shaped hakenartig
hooked 1. hakenartig, gebogen; 2. mit einem Haken versehen
hooked bar Hakenbewehrungseisen *n*
hooked lath nail Rabitzhaken *m*
hooked nail Hakenstift *m*
Hooke's law Hooke'sches Gesetz *n*, Elastizitätsgesetz *n*
hooklike halving Hakenblatt *n*
hoop *v* umschnüren, umwickeln *(Bewehrung)*
hoop Bügel *m*; Bewehrungsbügel *m*; Ring *m*; Reifen *m*; Bandeisen *n*
hoop deflexion Ringverformung *f*
hoop force Ringkraft *f*
hoop iron Bandeisen *n*, Ankerband *n*, Stahlband *n*
hoop-iron bond Mauergurtung *f*
hoop of a pile Pfahl(kopf)ring *m*
hoop reinforcement Bügelbewehrung *f*
hoop steel Bandstahl *m*
hoop stress Ringspannung *f (Spannbeton)*
hoop tension Ringzugspannung *f*
hooped column bügelbewehrte [verbügelte] Säule *f*
hooped concrete block Sinterbetonstein *m*
hooping Umschnürung(sbewehrung) *f*
hoops 1. Bandeiseneinlagen *fpl*; 2. Ringbewehrung *f*
hopper 1. Bunker *m*, Silo *n(m)* mit Bodenentleerung; 2. Beschickungstrichter *m*, Trichter *m*; 3. *s.* hopper chute; 4. Füllkasten *m (Beton)*; 5. *(AE)* Spülkasten *m*
hopper chute Schurre *f*, Rutsche *f*
hopper frame Fensterrahmen *m* für oben öffnendes Klappfenster
hopper light nach innen aufgehender Kippflügel *m*; unterer Lüftungsflügel *m*
hopper sash Kippflügel *m*
hopper vent *s.* hopper light
hopper window horizontales Kippfenster *n*, Kippflügelfenster *n*
horizon 1. Horizont *m*, Bodenschicht *f*; 2. Horizont *m* • **on a level with the horizon** söhlig
horizon cloth Horizontvorhang *m*, gemalter Horizont *m*
horizon lighting horizontilluminierende Beleuchtung *f*
horizontal horizontal, waagerecht, söhlig
horizontal Horizontale *f*, Waagerechte *f*
horizontal alignment *(Verk)* Linienführung *f* im Lageplan
horizontal anchorage Horizontalverankerung *f*
horizontal and straight scheitrecht
horizontal and vertical alignment *(Verk)* Trassierung *f*
horizontal angle Horizontalwinkel *m*
horizontal arch buttress Schwebebogen *m*
horizontal assembley Horizontalmontage *f*
horizontal-axis mixer Betonhorizontalmischer *m*, Betonmischer *m* mit horizontal rotierender Trommel
horizontal barrel Horizontaltrommel *f*, horizontal gelagerte Trommel *f (Baustoffaufbereitung)*
horizontal beam Horizontalbalken *m*
horizontal boom angle iron Streckgurtwinkeleisen *n*
horizontal bracing Horizontalverstrebung *f*, Horizontalvergitterung *f*, waagerechte Aussteifung *f*
horizontal branch Horizontalabzweigung *f*, Horizontalabwassersammelleitung *f*
horizontal bridging 1. Horizontalüberbrückung *f*, 2. Querholzverbindung *f*
horizontal cell tile Leichtlanglochziegel *m*
horizontal centre-hung window Schwingflügelfenster *n*
horizontal circle waagerechter Teilkreis *m (Thedolit)*

horizontal component Horizontalkomponente *f*, waagerechte Teilkraft *f*
horizontal core Langloch *n (Baustein)*
horizontal core slab Langlochplatte *f*
horizontal coring block Leichtlanglochstein *m*
horizontal coring brick Leichtlanglochziegel *m*
horizontal curve *(Verk)* Kurve *f* im Grundriss, Bogen *m* im Lageplan
horizontal damp-proof course horizontale Sperrung *f*, waagerechte Absperrung *f* [Feuchtigkeitssperre *f*]
horizontal diaphragm waagerechter Querträger *m*
horizontal displacement horizontale Verschiebung *f*, horizontale Verrückung *f*
horizontal division Horizontalgliederung *f*
horizontal erection Horizontalzusammenbau *m*, Horizontalmontage *f*
horizontal exit Gebäudeverbindungsgang *m*, Verbindungspassage *f*; Übergangsbrücke *f (zwischen Gebäuden)*
horizontal force Horizontalkraft *f*
horizontal framed member [rod] horizontaler Rahmenstab *m*
horizontal grate Planrost *m*
horizontal grillage Schwellenrostunterbau *m*
horizontal joint 1. Lagerfuge *f (Mauerwerk)*; 2. Horizontalverband *m*
horizontal lagging Horizontalverkleidung *f*
horizontal lamination waagerechte Schichtung *f*
horizontal line 1. *s.* horizontal; 2. liegende Leitung *f*
horizontal load Horizontallast *f*
horizontal loading Horizontalbelastung *f*
horizontal member Rahmenriegel *m*, Riegel *m*; Querstück *n*, Horizontalelement *n*
horizontal movement Horizontalbewegung *f*
horizontal pan-type mixer Betonzwangsmischer *m*
horizontal panel waagerechte Verkleidungsplatte *f*
horizontal plane Horizontalebene *f*, Waagerechte *f*
horizontal projection Horizontalprojektion *f*, Draufsicht *f*, Grundriss *m*
horizontal property Wohneigentum *n*, Wohnungseigentum *n*
horizontal reinforcing waagerechte Absteifung *f*, horizontale Verstärkung *f*
horizontal road marking *(Verk)* horizontale Leiteinrichtung *f*, Fährbahnmarkierung *f*
horizontal searchlight beam waagerechter Scheinwerferstrahl *m*
horizontal section Längsschnitt *m*, Horizontalschnitt *m*
horizontal shear *(Stat)* Schubkraft *f*, Schubspannung *f*, horizontaler Schub *m*, horizontales Scheren *n*
horizontal sheeting waagerechte Baugrubenaussteifelemente *npl*
horizontal shore 1. waagerechte Schalungssteife *f*, Horizontalstrebe *f*; 2. temporäre Wandstrebe *f*
horizontal shoring 1. Horizontalabsteifung *f*; 2. *s.* horizontal shoring members
horizontal shoring members [timbers] Horizontalabstützungselemente *npl*
horizontal shuttering support Schalungsträger *m*
horizontal slider *s.* horizontal sliding window
horizontal sliding door Horizontalschiebetür *f*, seitliche Schiebetür *f*
horizontal sliding window horizontales Schiebefenster *n*, Horizontalschiebefenster *n*
horizontal spring hinge waagerechtes Springscharnier *n (verzapft in einer Fußschiene)*
horizontal stiffener Horizontalsteife *f*
horizontal stiffening Horizontalaussteifung *f*, waagerechte Absteifung *f*
horizontal stratification *(Erdb)* waagerechte Schichtung *f*, waagerechte Lagerung *f (geologisch)*
horizontal strut Horizontalstrebe *f*
horizontal thrust Horizontalschub *m*
horizontal thrust due to temperature Horizontalschub *m* durch Wärmedehnung
horizontal tieback Zugband *n*
horizontal timber *(Hb)* Zange *f*
horizontal translation Horizontalverschiebung *f*
horizontal wall slab horizontale Wandplatte *f*
horizontal welding Horizontalschweißen *n*, Waagerechtschweißen *n*
horizontal wind bracing Horizontalverband *m*, waagerechter Windverband *m*
horizontality horizontale Lage *f*
horizontally perforated block Langlochstein *m*, Langlochplatte *f*
horizontally pivoted sach window Schwingflügel *m*
horizontally pivoted sash Schwingflügel *m*
horizontally sliding sash Horizontalschiebefensterrahmen *m*
horn 1. überstehendes Holzrahmenende *n*; 2. Schiebefenstergleitschienenbegrenzer *m*, Gleitschienenbegrenzer *m* für Schiebefenster; 3. Fensterbrettüberstand *m (seitlich)*
horn aerial Hornantenne *f*
horn arrester Hörnerblitzableiter *m*
horn stake Klempnersperrhaken *m*
hornbeam 1. Weißbuche *f*; 2. Weißbuchenholz *n*
hornblende Hornblende *f*, Amphibol *m*
hornblende diorite hornblendereicher Diorit *m*
hornblende granite Hornblendegranit *m*
hornblende schist Hornblendeschiefer *m*
hornblendic porphyry Hornblendeporphyr *m*
horned nut Kronenmutter *f*
hornfels Hornfelsgestein *n*
hornwork Sternschanze *f (Festungsbauwerk)*
horse 1. Bock *m*, Gerüstbock *m*, Stützgestell *n*; 2. Holm *m*, Treppenbaum *m*
horse block Pferdesteigplatte *f (meist an einem Tor)*
horse mould Zierkantenrolle *f*, Musterrolle *f (Putz)*
horse scaffold Bockgerüst *n*
horse stable Pferdestall *m*
horseman frieze *(Arch)* Reiterfries *m*
horsepower englische Pferdestärke *f (SI-fremde, englische Einheit der Leistung; 1 hp = 745,7 W)*
horseshoe apsis Hufeisenapsis *f*
horseshoe arch *(Arch)* Hufeisen(bogen)gewölbe *n*, Hufeisenbogen *m*, maurischer Bogen *m*
horseshoe profile [section] *(Tun)* Hufeisenprofil *n*
horsetail structure *(Arch)* Pferdeschwanzstruktur *f*
horsing-up Putzzierleistenformung *f*
horticultural building Gärtnereigebäude *n*
horticultural glass Gartenrohglas *n*, Gärtnereiglas *n*
horticultural sheet glass Blankglas *n*, Gartenklarglas *n*
hortisol Gartenboden *m*
hose *v* abspritzen *(mit einem Schlauch)*
hose 1. Schlauch *m*; 2. Muffe *f*
hose bib *s.* hose cock
hose building Schlauchhaus *n (Feuerwehr)*
hose clamp [clip] Schlauchklemme *f*
hose cock Außen(wand)wasserhahn *m*
hose connection Schlauchanschluss *m*, Schlauchverbindung *f*
hose level gauge Schlauchwasserwaage *f*
hose levelling instrument Schlauch(wasser)waage *f*
hose nozzle Schlauchtülle *f*
hose reel Schlauchtrommel *f*
hose tap Schlauchanschlusshahn *m*

hospice Hospiz *n*, Fremdenheim *n*
hospital Krankenhaus *n*, Hospital *n*, Klinik *f*
hospital arm pull Krankenhaustüröffner *m (ohne Gebrauch der Hände)*
hospital block Krankenhausgebäude *n*
hospital building Krankenhausgebäude *n*
hospital construction Krankenhausbau *m*
hospital door breite Krankenhaustür *f*
hospital grounds [premises] Krankenhausgelände *n*
hospital sash horizontales Kippfenster *n*
hospital service system Krankenhausbetriebsanlage *f*
hospital stop Fensterarretierung *f*, Türöffnungsbegrenzer *m*
hospital switch Notbeleuchtungsschalter *m*
hospital window horizontales Kippfenster *n*
hostel Heim *n*; Wohnheim *n*; Herberge *f*; Jugendherberge *f*, Jugendhotel *n*
hostel building Heimbau *m*
hostel for single people Ledigenwohnheim *n*
hostel for the elderly Altenwohnheim *n*
hostel residence Wohnheimunterkunft *f*
hostelry Herberge *f*
hostry Gaststätte *f*
hot adhesive compound Heißklebemasse *f*
hot air Heißluft *f*, Warmluft *f*
hot-air drying Heißlufttrocknung *f*
hot-air duct Heißluftkanal *m*
hot-air furnace Heißluftofen *m*
hot-air heating Heißluftheizung *f*, Luftheizung *f*
hot-air seasoned ofengetrocknet, künstlich getrocknet *(Holz)*
hot-air spraying Heißspritzen *n*
hot-air stove Heißluftkachelofen *m*
hot-air treatment Heißluftbehandlung *f (von Beton)*
hot-alkine cleaning Abkochentfettung *f (Oberflächen)*
hot asphalt Heißbitumen *n*
hot asphalt-coated gravel *(AE)* Heißbitumenkies *m*
hot asphalt concrete *(AE)* Heißasphaltbeton *m*, Asphaltheißbeton *m*
hot bending Heißbiegen *n*
hot-bending test Warmbiegeversuch *m*
hot binder Heißbindemittel *n*
hot bitumen Heißbitumen *n*
hot bitumen concrete Asphaltheißbeton *m*
hot bitumen heater Destillationsbitumenerhitzer *m*
hot bonding Heißverkleben *n*, Heißklebung *f*
hot brittleness Warmbrüchigkeit *f*
hot cement Schmelzkitt *m*
hot coating Heißdeckenbau *m (Straße)*
hot corrosion Hochtemperaturkorrosion *f*
hot corrosion resistance Beständigkeit *f* gegen Hochtemperaturkorrosion
hot cracking Warmrissbildung *f*
hot cupboard Wärmeschrank *m*
hot-dip *v* heißtauchen *(zum Aufbringen von Schichten)*
hot-dip aluminizing Feueraluminieren *n*
hot-dip coated feuermetallisiert, schmelztauchbeschichtet
hot-dip coating 1. Schmelztauch(schutz)schicht *f*, Heißtauchschicht *f*; 2. Heißtauchen *n*, Schmelztauchen *n*
hot-dip galvanized feuerverzinkt
hot-dip galvanizing Feuerverzinkung *f*, Tauchverzinkung *f*
hot-dip tinned feuerverzinnt
hot-dip tinning Feuerverzinnung *f*, Tauchverzinnen *n*
hot-dipped feuermetallisch, schmelzgetaucht
hot-dipped aluminium coating Feueraluminiumschutzschicht *f*
hot-dipped coating Feuermetallschutzschicht *f*, Schmelztauchschutzschicht *f*
hot-dipped galvanized steel feuerverzinkter Stahl *m*
hot-dipped zinc coating Feuerzinkschutzschicht *f*
hot dipping Feuermetallisierung *f*
hot-dog stall [stand] Imbissstand *m*
hot dressing compound Heißklebemasse *f*, Heißdachklebemasse *f*, Heißdachspachtelmasse *f*
hot-driven rivet Heißniet *m*
hot embrittlement Warmversprödung *f*
hot finished heiß eingebaut
hot floor Darre *f*, Trockenboden *m (z. B. für Keramik)*
hot food table Speisewarmhaltetisch *m*
hot forming Warmformgebung *f*, Warmumformung *f*
hot-galvanize *v* feuerverzinken, schmelzflüssig verzinken
hot glue Warmleim *m*, Heißkleber *m*
hot glu(e)ing Heißleimen *n*
hot hardness Warmhärte *f*
hot joint pouring compound Heißfugenvergussmasse *f*
hot-laid coarse tar concrete Teergrobbetonschicht *f (Straße)*
hot-laid mixture Heißbaustoffgemisch *n*, Heiß(einbau)-mischgut *n*
hot-laid rolled asphalt Heißwalzasphalt *m*
hot-laid surfacing Heißeinbaudecke *f (Straße)*
hot-laying *(Verk)* Heißeinbau *m*
hot-melt coating Heißtauchmasse *f*
hot-metal spraying Metallheißspritzen *n*
hot mix Heiß(einbau)mischgut *n*, Heißmischung *f*
hot-mixed macadam heißgemischter Makadam *m*
hot mixture *s.* hot mix
hot phosphatizing Heißphosphatieren *n (Oberflächen, Passivieren)*
hot plant mixing Heißmischverfahren *n*
hot pouring Heißvergießen *n*, Heißverguss *m*
hot pouring compund Heißvergussmasse *f*, Heißgießmasse *f*
hot-pressing Heißpress(leim)verfahren *n (Holz)*
hot-riveted warmgenietet
hot riveting Warmnieten *n*
hot-rolled warmgewalzt
hot rolled asphalt Heiß(walz)asphalt *m*
hot-rolled finish Warmwalzoberfläche *f*, Warmwalzoberflächenbelag *m*, Heißasphaltdeckschicht *f*
hot rolling Warmwalzen *n*, Heißeinbau *m (Asphalt)*
hot room Caldarium *n (Römisches Bad)*
hot sealing Heißklebung *f*, Heißversiegelung *f*
hot-setting adhesive heißabbindender [heißhärtender] Kleber *m*, Heißkleber *m*
hot shortness Warmbrüchigkeit *f*
hot-solder *v* heißlöten
hot spot Überwärmungszone *f*, Überhitzungszone *f*
hot spraying Heißspritzen *n (von Anstrichen)*
hot spring Thermalquelle *f*, Therme *f*
hot-strain *v* warmrecken *(Metall)*
hot strength Warmfestigkeit *f*
hot surface 1. hochalkalische Oberfläche *f (Bauchemie)*; 2. stark absorbierende Oberfläche *f (Anstrich)*; 3. heiße Oberfläche *f (Heizungsinstallation)*
hot surface treating Oberflächenbehandlung *f* mit Heißbindemittel
hot tar Heißteer *m*
hot tarring Heißteerung *f*
hot test Warmversuch *m*
hot-tinned coating Feuerzinnschutzschicht *f*
hot-water central heating Warmwasserzentralheizung *f*
hot-water circulation Warmwasserumlauf *m*
hot-water flow Warmwasservorlauf *m*
hot-water generator Warmwassererzeuger *f*
hot-water heater Warmwasserheizgerät *n*; Wassererhitzer *m*, Heißwasserbereiter *m*
hot-water heating Warmwasserheizung *f*

hot-water heating system Warmwasserheizungsanlage *f*
hot-water line Warmwasserleitung *f*
hot-water network Warmwassernetz *n*
hot-water pipe Warmwasserleitung *f*
hot-water pipeline Warmwasserleitung *f*
hot-water reservoir Heißwasserspeicher *m*
hot-water return Warmwasserrücklauf *m*
hot-water service Warmwasserversorgung *f*
hot-water storage tank Warmwasserspeicher *m*
hot-water supply Warmwasserversorgung *f*
hot-water supply pipe Warmwasserleitung *f*
hot-water tank Heißwasserbehälter *m*
hot-water tap Warmwasserhahn *m*
hot-water test Heißwasserprüfung *f (Porosität)*
hot well *(sl)* Heißwassererzeuger *m*, Warmwasserspeicher *m*
hot wetting Heißdeckenbau *m (Straße)*
hot working Warmformgebung *f*
hotel Hotel *n*
hotel building Hotelgebäude *n*
hotel construction Hotelbau *m*
hotel foyer Hotelhalle *f*, Foyer *n*
hotel lobby Hotelhalle *f*
hotel restaurant Hotelrestaurant *n*
hotel swimming pool Hotelschwimmbad *n*
hothouse Gewächshaus *n*, Treibhaus *n*
hourly consumption Stundenverbrauch *m (Wasser, Baustoffe)*
hourly output Stundenleistung *f (z. B. eines Mischers)*
hourly solar radiation stündliche Solarstrahlung *f*
hourly traffic flow stündliche Verkehrsmenge *f*
hours of work Arbeitsstunden *fpl*
house *v* 1. einbauen; einhausen, in ein Gehäuse einbauen; aufnehmen *(z. B. Geräte)*; 2. unterbringen *(in einer Wohnung)*; beherbergen
house 1. Haus *n*, Gebäude *n*; 2. Wohnhaus *n*; Einfamilienhaus *n*
house agent Hausmakler *m*, Grundstücksmakler *m*
house alteration(s) Hausumbau *m*, Gebäudeumbau *m*
house breaking Hauseinbruch *m*
house-builders' scheme Bauherrenmodell *n*
house-building 1. Wohnungsbau *m*; 2. Hausbau *m*; 3. Bebauung *f*, Wohnbebauung *f*
house-building programme Wohnungsbauprogramm *n*
house built in terraces on a slope *(AE)* Terrassenmehrfamilienhaus *n*
house cable Telefonanschlussleitung *f* im Haus
house clearance Wohnungsauflösung *f*, Haushaltsauflösung *f*
house complex Häusergruppe *f*, Häuserkomplex *m*
house connection 1. Gebäudeanschlussleitung *f*, Hausanschluss *m (an eine Ver- oder Entsorgung)*; 2. Telefonhausanschluss *m*
house connection box Hausanschlusskasten *m*
house connection line *(El)* Hausanschlussleitung *f*, Hausanschluss *m*
house construction Hausbau *m*
house decorator Raumgestalter *m*, Innenarchitekt *m*
house door Haustür *f*
house drain Grund(abfluss)leitung *f*
house drainage Hausentwässerung *f*
house dweller Einzelhausbewohner *f*
house entrance Hauseingang *m*
house frame Gebäuderahmen *m*, Hausrahmen *m*
house fungus Hausschwamm *m*, Schwamm *m (Pilz)*
house mains *(El) (AE)* Installationsnetz *n*
house orientation Hauslage *f*, Gebäudelage *f*, Himmelslage *f*
house paint Bautenanstrichfarbe *f*, Fassadenfarbe *f*
house painter Anstreicher *m*
house pole *(El)* Abspannstange *f*
house raising Eigenheimbau *m* in Nachbarschaftshilfe
house refuse Hausmüll *m*, Haushaltabfälle *mpl*
house sewage Haushaltabwasser *n*
house silhouette Haussilhouette *f*, Gebäudesilhouette *f*
house slant Hausentwässerungsanschluss *m*, Hausentwässerungsleitung *f*, T-förmiges Entwässerungsleitungsverbindungsstück *n*
house tank Hauswasserbehälter *m*
house telephone Haustelefon *n*
house trap *s.* building trap
house wiring *(El)* Hausinstallation *f*
housebreaking 1. Hausabbruch *m*; 2. Hauseinbruch *m*
housed eingehaust; eingebaut; eingepasst; eingemufft; umschlossen
housed joint *(Hb)* (rechteckige) Einarmzapfverbindung *f*
housed stair geschlossene Treppe *f*
housed string Wange *f* mit eingestemmten Stufen
housedemolishing Hausabbruch *m*
household interview Haushaltsbefragung *f (für Verkehrserhebungen)*
household rubbish [waste] *(AE)* Hausmüll *m*
household store room Abstellraum *m*, Hausgeräteraum *m*
housing 1. Wohn(ungs)bauten *pl*; 2. Wohnungswesen *n*; 3. Unterbringung *f*, Beherbergung *f*; 4. Gehäuse *n (von Geräten)*; 5. Geräteständer *m*; Stütze *f*; 6. *(Hb)* Zapfenaussparung *f*; 7. *(AE)* Nische *f (meist für Statuen)*; 8. *s.* animal housing
housing act Wohnungsbaugesetz *n*
housing area Wohngebiet *n*; Siedlungsgebiet *n*
housing association Wohnungsbaugesellschaft *f*
housing authority 1. Wohnungsbaubehörde *f*; 2. Wohnungsverwaltung *f*
housing barrack Wohnbarracke *f*
housing betterment Wohnverbesserung *f*, Verbesserung *f* der Wohnverhältnisse
housing block type Wohnblocktyp *m*
housing colony Wohnkolonie *f*, Siedlung *f*
housing complex Wohnanlage *f*
housing conditions Wohnverhältnisse *npl*
housing construction Wohnungsbau *m*
housing construction area Wohnungsbaugebiet *n*
housing demand Wohnungsbedarf *m*
housing density Wohndichte *f*
housing development *s.* housing project
housing development area Wohnungsbaugebiet *n*
housing estate Wohnviertel *n*; Wohnsiedlung *f*, Wohnkolonie *f*, Siedlung *f (innerhalb einer Ortschaft)*; Wohnkomplex *m*
housing estate with high-standard public amenities Wohnkomplex *m* mit guten Folgeeinrichtungen
housing factory Häuserfabrik *f*
housing financing Wohnungsbaufinanzierung *f*
housing joint *(Hb)* Schlitzzapfen *m*, Zapfenkerbe *f*
housing market Wohnungsmarkt *m*
housing need Wohnungsbedarf *m*
housing needs Wohnbedürfnisse *npl*
housing of staff Personalwohnbaracke *f*
housing office Wohnungsamt *n*
housing policy Wohnungspolitik *f*
housing programme Wohnungsbauprogramm *n*
housing project Wohnungsbauprojekt *n*, Wohnungsbauvorhaben *n*
housing requirement Wohnungsbedarf *m*
housing scheme *s.* housing project
housing shortage Wohnungsmangel *m*
housing space Wohnraum *m*, bewohnbarer Raum *m (eines Hauses)*

housing stock Wohnungsbestand *m*, Wohnungsbausubstanz *f*
housing survey Wohnungsuntersuchung *f (Erhebung)*
housing system Wohnungsbauverfahren *n*
housing tradition Wohnkultur *f*
housing undertaking Wohnungsbauunternehmen *n*
housing unit Wohn(ungs)einheit *f*
housing work Wohnungsbau *m*
hovel Schuppen *m (armselige Hütte)*
hovelling Schornstein *m* mit seitlichem Abzug und überdachter Spitze
hover ground Lockerboden *m*
Howe truss N-Binder *m (ein Dachbinder)*; Howe'scher Träger *m*, englischer Dachbinderträger *m*
Hoyer beam Hoyer-Balken *m*
Hoyer concrete Stahlsaiten(spann)beton *m*, Saitenbeton *m*
Hoyer effect Stahlsaitenspannprinzip *n*
hub 1. Stabilisierungskern *m (eines Gebäudes)*; Treppenhausröhre *f*; 2. Türschlossbuchse *f*; 3. Nivellierlatte *f (fester Vermessungspunkt)*; 4. Muffenende *n*; 5. Knotenverbindung *f*, Knoten *m (Stabwerk)*
Hubbard Field fest *(Verk)* Hubbard-Field-Asphaltprüfung *f*
hue Ton *m*, Farbton *m*
human comfort Behaglichkeit *f*
human thermal comfort Behaglichkeitsgefühl *n*, thermischer Komfort *m*
humates Huminstoffe *mpl*
humic homös
humic acid Humussäure *f*
humic layer Humusschicht *f*
humic soil Humusboden *m*
humic substance Humusstoff *m*
humid feucht
humid atmospheric corrosion Korrosion *f* in feuchter Atmosphäre
humid room Feuchtraum *m*
humid room damp proofing Feuchtraumabdichtung *f*
humid room luminare Feuchtraumleuchte *f*
humid waste Feuchtmüll *m*, Feuchtabfall *m*
humid weight Feuchtgewicht *n*
humidification Befeuchtung *f*, Anfeuchtung *f*
humidifier *(HLK)* Befeuchter *m*, Anfeuchter *m*, Luftbefeuchter *m*
humidify *v* befeuchten, anfeuchten
humidifying Anfeuchten *n*, Befeuchten *n*, Luftbefeuchten *n*
humidifying agent Anfeuchtungsstoff *m*, Anfeuchtungsmittel *n*, Befeuchtungsstoff *m*, Befeuchtungsmittel *n*
humidistat Feuchtefühler *m*
humidity Feuchte *f*, Feuchtigkeit *f*, Luftfeuchte *f*
humidity absorption Feuchtigkeitsaufnahme *f*
humidity barrier Feuchtigkeitssperrschicht *f*
humidity cabinet Feuchtraumkammer *f*
humidity condensation test Schwitzwassertest *m*
humidity content Feuchtigkeitsgehalt *m*
humidity control Feuchtigkeitsregelung *f*
humidity cover Feuchtigkeitsbelag *m*
humidity insulation Feuchtigkeitssperrung *f*
humidity limit Feuchtegrenze *f*, Feuchtigkeitsgrenze *f*
humidity migration Feuchtewanderung *f*, Feuchtigkeitswanderung *f*
humidity of air Luftfeuchtigkeit *f*
humidity protection Feuchtigkeitsschutz *m*
humidity quantity Feuchtigkeitsmenge *f*
humidity ratio Feuchtegehalt *m*
humidity removal from roofs Dachentfeuchtung *f*
humidity resistance Feuchtigkeitsbeständigkeit *f*, Feuchtebeständigkeit *f*
humidity-resistant feuchtigkeitsbeständig, feuchtebeständig
humidity seal [stop] Feuchtesperre *f*, Feuchtigkeitssperre *f*, Feuchtigkeitssperrschicht *f*
humidity test Feuchtlagerversuch *m*
humidity testing Feuchtigkeitsprüfung *f*
humiture kombinierte Feuchtigkeits- und Temperaturmessung *f*
hummocky höckerig
humous humös
humous sand humöser Sand *m*
hump *v* sich wölben
hump *v* **up** aufbuckeln
hump 1. Buckel *m*, Straßenbuckel *m*, Fahrbahnschwelle *f*, Bodenschwelle *f*, Höcker *m*; 2. kleiner Hügel *m*; 3. *(Verk)* Wagenablaufberg *m (Rangierbetrieb)*
hump track Ablaufgleis *n*
hump yard Ablaufrangieranlage *f*
humus 1. Humus *m*; 2. *s.* humus soil
humus earth Humuserde *f*
humus soil Humuserde *f*, Humusboden *m*
hung ceiling Hängedecke *f*, eingehängte [untergehängte] Decke *f*
hung glazing Hängeverglasung *f*, hängende Einglasung *f*
hung gutter Hängerinne *f*
hung plaster ceiling Hängeputzdecke *f*, Putzhängedecke *f*, abgehängte Putzdecke *f*
hung sash Gegengewichtshubfenster *n (vertikal)*; Schiebefenster *n* (mit Gewichtsausgleich); Gegengewichtshubfensterflügel *m (vertikal)*
hung scaffold Hängegerüst *n*, Hängerüstung *f*
hung shell Hängeschale *f (Deckenkonstruktion)*
hung slating 1. Wandschiefereindeckung *f*, Schieferwandverkleidung *f*; 2. abgehängte Schieferverkleidung *f*
hung tiling Wandplattenbelag *m*
hung window *s.* hung sash
hungry fehlfleckig, stellenweise durchsichtig *(Farbanstrich)*
hungry joint ausmörtelte Fuge *f*, ausgehungerte Fuge *f*
hungry spot Betonoberflächenfehler *m*
hunting lodge Jagdhaus *n*
hurdle 1. Faschine *f*, Reisigbündel *n*; 2. Geflecht *n*
hurdle fence Flechtzaun *m*, Hürdenzaun *m*
hurdle work Flechtwerk *n*
hurdles Hürdengalerie *f*
hurricane test Orkanprüfung *f (z. B. für Fenster)*
husbanding sparsamer Umgang *m (mit Naturressourcen)*
husbandry Landwirtschaft *f*
hut 1. Hütte *f*, Baracke *f*, Blockhaus *n*; Kate *f*; 2. Soldatenbaracke *f (temporär)*
hut camp Barackenlager *n*
hutch Mulde *f*, Trog *m*; Kasten *m*
hutments Barackenlager *n*
hyaline hyalin, glasig, glasartig *(Geologie)*
hybrid beam gemischter [zusammengesetzter] Träger *m*, Träger *m* mit unterschiedlicher Stahlgüte für Flansch und Steg
hybrid concrete construction Hybrid-Betonkonstruktion *f*
hybrid rock Mischgestein *n*
hydargillite Hydargillit *m*, Gibbsit *m*
hydralime *s.* hydrated lime
hydrant Hydrant *m*
hydrate *v* 1. hydratisieren, löschen *(Kalk)*; 2. abbinden *(Zement)*
hydrate Hydrat *n*; Kalkhydrat *n*
hydrated hydratisiert, abgebunden
hydrated calcium silicate Kalksilikathydrat *n*

hydrated cement abgebundener Zement *m*, Zementstein *m (erhärteter Zementleim)*; hydratisierter Zement *m*
hydrated dolomitic lime Dolomitkalkhydrat *n*
hydrated hydraulic lime Wasserkalkhydrat *n*
hydrated lime Löschkalk *m*, gelöschter Kalk *m*, Kalkhydrat *n*
hydrated lime putty Karbidkalkteig *m*
hydrated magnesium lime Dolomitkalkhydrat *n*
hydrating 1. Löschen *n*, Nasslöschen *n (Kalk)*; 2. Abbinden *n (Zement)*
hydration 1. Hydra(ta)tion *f*, Hydratisierung *f*, Wasseranlagerung *f*; 2. Abbinden *n (von Zement)*
hydration degree Hydratationsgrad *m*
hydration heat Hydratationswärme *f*, Abbindewärme *f*
hydration process Hydratationsprozess *m*
hydration rate Hydratationsgeschwindigkeit *f*
hydration sheat Hydrathülle *f*
hydration state Hydratationszustand *m*
hydration temperature Hydratationstemperatur *f*
hydration water Hydratwasser *n*, Hydrationswasser *n*
hydrator Löschmaschine *f*, Löschschnecke *f*
hydraulic 1. hydraulisch, wasserbindend, unter Wasser abbindend [erhärtend]; 2. hydraulisch (betrieben), mit Flüssigkeitsdruck arbeitend
hydraulic additive hydraulisches [wasserbindendes] Zusatzmittel *n*
hydraulic architecture Wasserbaukunst *f*
hydraulic binder hydraulisches Bindemittel *n*, Mischbinder *m*; hydraulischer Kitt *m*
hydraulic binder material hydraulisches Bindemittel *n*, Mörtelbildner *m*
hydraulic capsula Flüssigkeitsdruckmessdose *f*
hydraulic cement 1. hydraulischer Zement *m*, Wasserzement *m*; 2. *s.* hydraulic binder
hydraulic classification Nassklassieren *n (Baustoffaufbereitung)*
hydraulic conductivity Durchlässigkeitsbeiwert *m*; Wasserdurchlässigkeit *f*
hydraulic construction *(Wsb)* Wasserbau *m*
hydraulic construction(al) project Wasserbauprojekt *n*
hydraulic dredge(r) Saugbagger *m*
hydraulic drilling hydraulisches Bohren *n*
hydraulic efficiency hydraulischer Wirkungsgrad *m*
hydraulic engineer Wasserbauingenieur *m*
hydraulic engineering Wasserbau *m*; Hydrotechnik *f*; Wasserwirtschaftswesen *n*
hydraulic engineering project Wasserbauprojekt *n*
hydraulic excavator hydraulischer Bagger *m*
hydraulic feed *(Tun)* hydraulischer Vortrieb *m*
hydraulic fill 1. eingespülte Füllung *f*, eingeschlämmte Erdmassen *fpl*; 2. Spülkippe *f*
hydraulic-fill dam *(Wsb)* Staudamm *m* mit Einschlämmung, gespülter Erddamm *m*
hydraulic-fill earth dam aufgespülter Erddamm *m*, Spüldamm *m*
hydraulic-fill pipeline Spülleitung *f*
hydraulic filling Aufspülen *n*, Sandeinspülung *f*, Spülschüttung *f*
hydraulic finish hydraulischer Putz *m*, hydraulischer Verputz *m*
hydraulic fracturing hydraulische Rissbildung *f*
hydraulic friction Fließreibung *f*
hydraulic glue wasserfester Kleber *m*
hydraulic gradient 1. hydraulisches Gefälle *n*, Druckgefälle *n*; 2. Grundwasserspiegellinie *f*
hydraulic gun Wasserkanone *f*
hydraulic hammer drillig hydraulisches Schlagbohren *n*
hydraulic head 1. Höhe *f* der Wasserspiegellinie; 2. Druckhöhe *f*, Wassersäulendruck *m*
hydraulic hydrated lime *s.* hydraulic lime
hydraulic jack 1. hydraulische Spannpresse *f (Spannbeton)*; 2. Hydraulikdruckheber *f*, 3. Öldruckpresse *f*
hydraulic jetting Spülverfahren *n*
hydraulic lift hydraulische Hebebühne *f*
hydraulic lime hydraulischer Kalk *m*, Wasserkalk *m*
hydraulic limestone Zementkalkstein *m*
hydraulic line Hydraulikleitung *f*
hydraulic load cell Flüssigkeitsdruckmessdose *f*
hydraulic mixture hydraulische Mischung *f*, hydraulisches Gemisch *n*
hydraulic model hydraulisches Modell *n*
hydraulic model test hydraulischer Modellversuch *m*
hydraulic modulus hydraulischer Modul *m*
hydraulic monitor Wasserkanone *f*
hydraulic mortar hydraulischer Kalkmörtel *m*, Wassermörtel *m*
hydraulic pile driving Spülpfahlabsenkung *f*
hydraulic pressure Flüssigkeitsdruck *m*; Wasserdruck *m*
hydraulic property hydraulische Eigenschaft *f*, hydraulisches Verhalten *n (Bindebaustoff)*
hydraulic quicklime Wasserstückkalk *m*
hydraulic radius Durchflussradius *m*, Profilradius *m*
hydraulic ram Stoßheber *m*, hydraulischer Widder *m*
hydraulic refractory cement hydraulischer Feuerfestmörtel *m*
hydraulic roughness hydraulische Rauheit *f*
hydraulic splitter hydraulischer Steinbrecher *m*; hydraulischer Keil *m*
hydraulic spraying Drucksprühen *n*
hydraulic steel construction Stahlwasserbau *m*
hydraulic structure Wasserbauwerk *n*, Wasserbau *m*
hydraulic test Abdrücken *n*, Wasser(druck)versuch *m (Prüfung auf Undurchlässigkeit von Leitungen und Kesseln)*
hydraulic thrust Wasserdruck *m*, hydrostatischer Druck *m*
hydraulically actuated hydraulisch betätigt
hydraulically bound mixture hydraulisch gebundenes Gemisch *n*
hydraulically pressed hydraulisch gepresst
hydraulicity Hydraulizität *f*
hydraulicking hydraulischer Abbau *m (z. B. von Sand, Kies)*
hydraulics Hydraulik *f*
hydraulics engineer Wasserbauingenieur *m*
hydroblasting Nassstrahlen *n*, Nasssandstrahlen *n*, nasses Sandstrahlen *n*
hydrocarbon Kohlenwasserstoff *m*
hydrocarbon binder bituminöses Bindemittel *n*
hydrocarbon compound Kohlenwasserstoffverbindung *f*
hydrocarbon pavement Schwarzdecke *f*, bituminöse Befestigung *f*
hydrocarbon pavement mixture Schwarzdeckenmischgut *n*, bituminöses Straßenbaumischgut *n*
hydrocarbon resin Kohlenwasserstoffharz *n*
hydrocarbon soluble kohlenwasserstofflöslich
hydrocarbon solvent Kohlenwasserstofflösungsmittel *n*
hydrocarbonaceaous kohlenwasserstoffhaltig
hydrochloric acid Salzsäure *f*
hydrodynamics Hydrodynamik *f*
hydroelectric power plant [station] Wasserkraftwerk *n*
hydrofluoric acid Flusssäure *f*
hydrofluosilicic acid Fluorokieselsäure *f*
hydrogeology Hydrogeologie *f*
hydrographic area Abflussgebiet *n*
hydrography Gewässerkunde *f*, Hydrographie *f*
hydrolizing tank Abwasserfaulraum *m*
hydrologic *s.* hydrological
hydrological hydrologisch

hydrological budget Wasserhaushalt *m*
hydrological cycle Wasserkreislauf *m*
hydrological regime Wasserhaushalt *m*
hydrologist Hydrologe *f*
hydrology Hydrologie *f*, Wasserkunde *f*
hydrolyzability Hydrolisierbarkeit *f*
hydrolyze *v* hydrolysieren; der Hydrolyse unterliegen *(Baustoffe, Anstriche usw.)*
hydromechanics Hydromechanik *f*
Hydroment Hydroment *n (Mischbinderart)*
hydrometer Aräometer *n*
hydrometer analysis Schlämmanalyse *f (Erdstoffprüfung)*
hydronics *(AE)* Warmwasserheizung *f*
hydrophibic hydrophib, wasseranziehend, wasserfreundlich
hydrophile *s.* hydrophilic
hydrophilic hydrophil, wasseraufnehmend, wasseranziehend
hydrophily Hydrophilie *f*, Wasserfreundlichkeit *f*
hydrophobe *s.* hydrophobic
hydrophobic hydrophob, wasserabstoßend, wasserabweisend
hydrophobic agent Hydrophobier(ungs)mittel *n*
hydrophobic cement hydrophober Zement *m*, Sperrzement *m*
hydrophobic treatment of masonry Mauerwerkshydrophobierung *f*
hydrophobicity Hydrophobie *f*, Wasserfeindlichkeit *f*
hydrophobing agent Hydrophobiermittel *n*, hydrophobierendes Mittel *n*
hydroplaning Aquaplaning *n*, Wassergleiten *n*
hydroplant *(Wsb)* Wasserkraftanlage *f*
hydropower Wasserkraft *f*
hydroscience Hydrowissenschaft *f*
hydroseeding Grünverbau *m*
hydrosol Hydrosol *n*
hydrostatic hydrostatisch
hydrostatic drive hydrostatischer Auftrieb *m*
hydrostatic head hydrostatische Höhe *f*, Auftriebshöhe *f*
hydrostatic level hydrostatisches Niveau *n*
hydrostatic pressure hydrostatischer Druck *m*, Flüssigkeitsdruck *m*, Druck *m* der Wassersäule
hydrostatic test *s.* hydraulic test
hydrostatic tube balance Schlauchwaage *f*
hydrostatic uplift hydrostatischer Auftrieb *m*
hydrostatics Hydrostatik *f*
hydrothermal vents hydrothermale Schlote *mpl*
hydrous wasserhaltig, wässrig
hydrous calcium silicate Kalziumsilikathydrat *n*
hydroxide Hydroxid *m*
hygrometer Hygrometer *n*, Feuchtemesser *m*; Luftfeuchtigkeitsmesser *m*, Luftfeuchtemesser *m*
hygroscopic hygroskopisch, wasseranziehend; feuchtigkeitsempfindlich
hygroscopic moisture *s.* hygroscopic water
hygroscopic soil water hygroskopisches Bodenwasser *n*
hygroscopic water hygroskopisches [hygroskopisch gebundenes] Wasser *n*
hygroscopicity Hygroskopizität *f*, Wasseranlagerung *f*
hypaethral *(Arch)* halbüberdacht, mit offenem Zentralraum
hypaethron 1. *(Arch)* teilweise überdachtes Gebäude *n (antiker Tempelbau)*; 2. *(Arch)* offener Innenhof *m (eines antiken Tempels)*
hypar 1. hyperbolische Paraboloidschale *f*, hyperbolisches Paraboloiddach *n*; 2. Hyperbelparaboloid *n*
hypar roof Paraboloiddach *n*
hypar shell Paraboloidschale *f*
hyperbola Hyperbel *f*
hyperbolic curvature hyperbolische Krümmung *f*
hyperbolic paraboloid 1. hyperbolische Paraboloidschale *f*, hyperbolisches Paraboloiddach *n*; 2. hyperbolisches Paraboloid *n*, Hyperbelparaboloid *n*
hyperbolic paraboloid conoid hyperbolisches Paraboloidkonoid *n*
hyperbolic shell roof hyperbolisches Schalendach *n*
hyperboloid Hyperboloid *n*
hyperboloid of one sheet einschaliges Hyperboloid *n*
hyperboloid rotational symmetry Rotationshyperboloid *n*
hyperboloidal shell Hyperboloidschale *n*
hyperoon *(Arch)* Hyperoon *n (Obergeschoss eines altgriechischen Wohnhauses)*
hyperstatic statisch unbestimmt
hyperstatic frame statisch unbestimmter Rahmen *m*
hyperstatic to the first degree unbestimmt ersten Grades
hyperstatic truss statisch unbestimmtes Fachwerk *n*
hyperthyrum *(Arch)* Türsturzfries *m*, Türbekrönung *f*, Supraporte *f*, Portalkrönung *f*
hypobasis unterste Lage *f*, untere Tragschicht *f*
hypocaust *(Arch)* Hypokaustum *n*, römische Fußbodenluftheizung *f* [Luftfußbodenheizung *f*]
hypogeum *(Arch)* Untergrund(kammer)gewölbe *n (Grabkammer eines antiken Bauwerks)*
hypophyge *(Arch)* Hypophyge *f*, Kapitellhohlformausbildung *f (z. B. unter einem dorischen Kapitell)*
hypopodium *s.* hypobasis
hypostyle (hall) 1. *(Arch)* Hypostylos *m*, Säulenhalle *f*; 2. *(Arch)* Gebäude *n* mit unterschiedlicher Dachhöhe *(Antike)*
hypothesis Hypothese *f*, Abnahme *f*
hypothesis of strength of materials Festigkeitshypothese *f*
hypotrachelium *(Arch)* Hypotrachelion *n*, Säulenhals *m*; Säulenkapitellrundkerbung *f*, Halskerbfuge *f*
hypsometric map Reliefkarte *f*, Höhenschichtenkarte *f*
hysteresis Hysterese *f*, Nachwirkung *f*

I

I-bar I-förmiger Stahlstab *m*
I-beam I-Träger *m*, Doppel-T-Träger *m*
I-bracket I-Stütze *f*
I-girder *s.* I-beam
I-pin I-Stütze *f*
I-section I-Profil *n*, Doppel-T-Profil *n*
ice accretion Eisansatz *m*
ice-age Eiszeit *f*
ice-aged deposits eiszeitliche Ablagerungen *fpl*
ice apron Eisbrecher *m (Brücke)*
ice cellar Eiskeller *m*
ice clearing Eisbeseitigung *f*, Glatteisbeseitigung *f*
ice concrete Eisbeton *m*, Schmelzbeton *m*
ice cover Eisdecke *f*
ice-crushing machine Eiszerkleinerungsmaschine *f (für Beton)*
ice dam 1. Eis- und Schneeschwelle *f (an der Traufe)*; 2. Eisstau *m*
ice guard Eisbrecher *m (Brücke)*
ice layer Eisschicht *f*
ice lens *(Erdb)* Eislinse *f*

ice load Eislast *f*
ice-melting salt Auftausalz *n*
ice-obstading eishemmend
ice palace Eislaufhalle *f*, Eisstadion *n*, Eispalast *m*
ice pressure Eisdruck *m*
ice protection Eisschutz *m*
ice road vereiste Straße *f*
ice wall Frostschürze *f*, Frostschutzmauer *f*
ice warning system Glatteiswarnanlage *f*
iced glass Eisglas *n*
icehouse Eislagerhaus *n*
ichnography Grundrissdarstellung *f*, Grundriss *m*; Grundrissmarkierung *f*
icing Vereisung *f*, Eisbildung *f*
icing condition Vereisungszustand *m*
icing up Glättebildung *f*, Reifglätte *f*
icon Ikone *f*
iconography *(Arch)* Ikonographie *f*
iconostasis *(Arch)* Ikonostas *m*, Ikonostase *f (Bilderwand in orthodoxen Kirchen)*
icosahedral zwanzigflächig
icosahedron Ikosaeder *n*, Zwanzigflächner *m*
icositetrahedral vierundzwanzigflächig
icy eisig, vereist, eisartig
iddingsite Iddingsit *m*
idea of style Stilbegriff *m*, Stilkonzeption *f*
ideal building Idealgebäude *n*
ideal cupola [dome] Idealkuppel *f*
ideal framework ideales Fachwerk *n*
ideal grading curve Idealsiebkurve *f*, Idealsieblinie *f*; Sollkornabstufung *f*
ideal grain size Sollkorngröße *f*, nominelle Korngröße *f*
ideal ground-plan Idealgrundriss *m*
ideal main stress ideale Hauptspannung *f*
ideal mechanical advantage ideale [theoretische] Hebelübersetzung *f*, ideale Kraftverstärkung *f*
ideal member idealgerader Stab *m*
ideal particle size Sollkorngröße *f*, nominelle Korngröße *f*
ideal plastic theory idealplastische Theorie *f*
ideal plasticity ideale Plastizität *f*
ideal principal stress ideale Hauptspannung *f*
ideal section Idealschnitt *m*
ideal stress Idealspannung *f*
idealization Idealisierung *f*, Vereinfachung *f*
idealized idealisiert
ideas competition Ideenwettbewerb *m*, freier Wettbewerb *m*
identification Identifizierung *f*, Kennzeichnung *f*
identification colour Kennfarbe *f*
identification mark Kennzeichen *n*, Kennzeichnung *f (Baustoff, Werkastoff, Bauelement)*
identification of soils Bodenkennzeichnung *f*
identification system Bezeichnungssystem *n (z. B. für Türen, Fenster)*
identified resources identifizierte Quellen *fpl*
idiom of form *(Arch)* Formenkanon *m*
idle machine time Maschinenstillstandszeit *f*, Verlustzeit *f*
idle period Stillstandszeit *f*, Ablaufstillstand *m*
idle running Leerlauf *m*
idle time Totzeit *f*, unproduktive Zeit *f*
idler (pulley) Spannrolle *f*, Laufrolle *f*, Umlenkrolle *f*
igloo Iglu *m(n)*, Eskimohaus *n*
igneous rock Ergussgestein *n*, Eruptivgestein *n*
ignescent stone Feuerstein *m*
ignitable entzündbar
ignite *v* entzünden; zünden *(z. B. Gas)*; sich entzünden
igniter cord Zündschnur *f*
ignition Entzündung *f*, Entzünden *n*; Zünden *n*; Brennen *n*
ignition loss Glühverlust *m*
ignition method Verbrennungsverfahren *n*, Thermoverfahren *n (Baustoffprüfung)*
ignition point *s.* ignition temperature
ignition temperature Entflammungstemperatur *f*
ill-defined composition schwankende Zusammensetzung *f (Baustoffe)*
ill-designed unzureichend entworfen, mangelhaft durchkonstruiert; unzweckmäßig konstruiert
ill-lit schlecht beleuchtet
illite Illit *m*, Glimmerton *m*
illuminance Beleuchtungsstärke *f*
illuminant Leuchtkörper *m*, Lichtquelle *n*
illuminate *v* beleuchten *(auch festlich)*; ausleuchten
illuminated area beleuchtete Fläche *f*
illuminated ceiling Leuchtdecke *f*, Lichtdecke *f*
illuminated system Lichtsystem *n*
illuminated wall Lichtwand *f*, Leuchtwand *f*
illuminating device Beleuchtungsgerät *n*
illuminating power Leuchtkraft *f*
illumination 1. Beleuchtung *f*; Ausleuchtung *f*; festliche Beleuchtung *f*; 2. Beleuchtungsstärke *f (SI-Einheit: Lux)*
illumination calculation Beleuchtungsberechnung *f*
illumination control Beleuchtungsregelung *f*
illumination engineering 1. Beleuchtungstechnik *f*; 2. Lichttechnik *f*
illumination installation Beleuchtungsanlage *f*
illumination (photo)meter *s.* illuminometer
illumination system Beleuchtungsinstallation *f*, Beleuchtungssystem *n*
illuminations festliche Beleuchtung *f*
illuminometer Beleuchtungs(stärke)messer *m*
illusionism Scheinarchitektur *f (vorgetäuschte Architektur an Wänden oder Decken)*
illustration Abbildung *f*, Bild *n*; Ansicht *f*
ilmenite Ilmenit *m*, Titaneisen *n (Eisenmineral)*
ilmenite aggregate Ilmenitzuschlag(stoff) *m*
ilmenite black Ilmenitschwarz *n*
image Bild *n*, Bildnis *n*, bildliche Darstellung *f*, Abbild *n*
image analysis Bildauswertung *f*
image interpretation Bildauswertung *f*
image of saint *(Arch)* Heiligenbild *n*
image scale Abbildungsmaßstab *m*
imagery Bildmaterial *n*
imaginary design load fiktive Traglast *f*
imaginary prestressing fiktive Vorspannung *f*
imaging system Bildaufnahmegerät *n*
imbedded eingebettet
imbibe *v* einsaugen, aufsaugen; (durch)tränken; imprägnieren
imbibition Flüssigkeitsaufnahme *f*, Durchtränkung *f*, Tränkung *f*, Imprägnierung *f*
imbow *v s.* embow
imbrex Halbkreisdachziegel *m*, Fächerdachziegel *m*, Regenziegel *m (konvexer Hohlziegel zum Überdecken einer Fuge zwischen zwei Flachziegeln)*; Segmentstein *m*
imbricate *v* 1. auf Fuge legen, überlappen *(Dachziegel)*; 2. schuppenartig verzieren
imbricate structure Schuppengefüge *n*, Schuppenstruktur *f*, Dachziegellagerung *f (als Strukturmuster)*
imbricated dachziegelartig (angeordnet), schuppenartig
imbricated ornament schuppenartige Verzierung *f*
imbricated plate Schuppenblech *n*
imbricated roof schuppenartig gedecktes Dach *n*
imbricating dachziegelartig übereinander liegend
imbrication 1. Überlappungs(dach)abdeckung *f*; 2. Überlappungsornament *n*, Schuppenornament *n*, Schuppenmuster *n*
Imhoff cone Absetzglas *n*, Imhoff-Trichter *m*, Sedimentierglas *n* nach Imhoff

Imhoff tank Imhoff-Brunnen *m*, Emscherbrunnen *m (Abwasser)*
imitated construction nachgeahmte Bauweise *f*
imitation marble Kunstmarmor *m*, Marmorbeton *m*
imitation of style *(Arch)* Stilimitierung *f*, Stilnachahmung *f*
imitation travertine Kunsttravertin *m*
immature *(Arch)* unausgereift
immature form *(Arch)* unreife Form *f*, unausgereifte Form *f*
immature weathering frische Verwitterung *f*
immediate settlement *(Erdb)* Sofortsetzung *f*
immerse *v* eintauchen, untertauchen
immersed corrosion Wasserkorrosion *f*, Korrosion *f* in Wasser
immersed tunnelling offene Tunnelbauweise *f*
immersion Eintauchen *n*, Untertauchen *n*
immersion cleaning Tauchreinigung *f*
immersion compression test Wasserbaddruckprüfung *f*, Tauchdruckprüfung *f (bituminöse Baustoffprüfung)*
immersion exposure Tauchlagerung *f*
immersion heater Boilerheizschlange *f*
immersion in water Wasserlagerung *f*
immersion pickling Tauchbeizen *n*
immersion pump Tauchpumpe *f*
immersion test Wasserlagerungsprüfung *f (von Baustoffen)*
immersion vibrator Innenrüttler *m*, Eintauchrüttler *m*; Rüttlerflasche *f*
immiscibility Unmischbarkeit *f*, Nichtmischbarkeit *f (Bindemittel, Baustoffe, Anstrichstoffe usw.)*
immiscible unvermischbar, nicht mischbar
immix *v* mischen mit, zusammenmischen; sich vermischen
immobilize *v* festsetzen; festklemmen; blockieren
immovability Unverschieblichkeit *f*
immovable unverschiebbar, unverrückbar, unveränderlich, unnachgiebig, fest
immovable end fixity unverschiebbare Endeinspannung *f*, feste Einspannung *f (Träger, Balken)*
immovable fixture unbewegliches Eigentum *n*
immovable restraint feste Endeinspannung *f*, unverschiebbare Endeinspannung *f*
immune unempfindlich, beständig
immune to attack unangreifbar *(Oberflächen, Schutzschichten)*
immune to corrosion korrosionsbeständig
immunity to corrosion Korrosionsbeständigkeit *f*
immunize *v* passivieren *(Metalloberflächen)*
immunizing passivierend
immunizing coat Passivierungsanstrich *m*
immure *v* einmauern
impact *v* festkeilen, festpressen; zusammenzwingen
impact *v* **gravel** Kies verdichten
impact Schlag *m*, Stoß *m*; Prall *m*, Anprall *m*, Aufprall *m (auf eine Oberfläche)*; Schlagenergie *f*
impact allowance Stoßzuschlag *m*, Stoßfaktor *m*
impact attenuator Anpralldämpfer *m*
impact bending strength Schlagbiegefestigkeit *f*
impact bending test Schlagbiegeversuch *m*, Schlagbiegeprüfung *f*
impact compaction Prall(schlag)bodenverdichtung *f*
impact compactor Schlagverdichter *m*
impact crusher Prallbrecher *m*, Schlagbrecher *m*
impact crushing strength Schlagzertrümmerungsfestigkeit *f*
impact damage Stoßschaden *m*
impact drill Schlagbohrer *m*, Schlagbohrmaschine *f*
impact factor Stoßfaktor *m*, Stoßzahl *f*, Stoßzuschlag *m*
impact force Stoßkraft *f*, Anprallkraft *f*
impact hardness Schlaghärte *f*
impact insulation *s.* impact-sound insulation
impact load(ing) Schlagbeanspruchung *f*, Stoßbeanspruchung *f*, Stoßbelastung *f*
impact machine Schlagprüfgerät *n*
impact noise 1. *s.* impact sound; 2. Impulsschall *m*; Impulslärm *m*
impact-noise rating Trittschalldämpfungsrate *f*, Körperschalldämpfungsfaktor *m*
impact of soil Bodenbelastung *f*
impact of water Wasserstoß *m*
impact on groundwater Grundwasserbelastung *f*
impact pressure Aufpralldruck *m*
impact resistance Schlagfestigkeit *f*, Stoßwiderstandsfähigkeit *f*, Kerbzähigkeit *f*
impact resistance test Schlagfestigkeitsprüfung *f*
impact-resistant schlagfest, stoßfest, zäh
impact-resisting schlagfest, stoßfest, zäh
impact riveting Hammernieten *n*
impact sound 1. Trittschall *m (Fußboden)*; 2. Körperschall *m*
impact-sound insulation Trittschalldämmung *f*, Körperschalldämmung *f*
impact sound intensity Körperschallstärke *f*
impact strength 1. Schlagfestigkeit *f*, Stoßfestigkeit *f*; 2. Kerbschlagfestigkeit *f*, Kerbzähigkeit *f*
impact stress Schlagbeanspruchung *f*, Stoßbeanspruchung *f*
impact studies Wirkungsstudien *fpl*, Untersuchung *f* der Auswirkungen
impact surface Schlagfläche *f*
impact test Schlagprüfung *f (Stahl)*; Kerbschlagversuch *m*, Kerbschlagprobe *f*; Stoßversuch *m*
impact tester Schlagprüfgerät *n*
impact tool Schlaggerät *n*
impact value Kerbschlagwert *m*, Schlagwert *m (Materialprüfung)*
impact wrench Schlagschrauber *m*
impaction Aufschlag *m*, Impaktion *f*
impair *v* beeinträchtigen; mindern
impaired beeinträchtigt
impairing factor Minderungsfaktor *m*
impassable unpassierbar, unbefahrbar *(z. B. Straße)*
impastation Impastierung *f*, dicker Farbauftrag *m*
impasto *(AE)* dicke Pigmentschicht *f (Anstrich)*
impedance 1. Impedanz *f (Akustik)*; 2. Scheinwiderstand *m*
impedance measurement Impedanzmessung *f (Prüfung)*
impediment Behinderung *f*, Erschwernis *f*
impeding action Hemmwirkung *f*
impeller Laufrad *n (Ventilator)*
impending slough optimale Torkretbetonkonsistenz *f*
impenetrability Undurchlässigkeit *f*, Undurchdringlichkeit *f*
impenetrable undurchlässig
impenetrable paint Sperrfarbe *f (wasserabweisend)*
imperfect arch verkürzter Bogen *m*
imperfection of the scale Maßstabfehler *m*
imperial basilica *(Arch)* heidnisch-römische Basilika *f*, Zivilbasilika *f*
imperial cathedral *(Arch)* Kaiserdom *m*
imperial dome Zwiebelkuppel *f*
imperial (system of) measures englisches [nichtmetrisches] Maßsystem *n*
imperial palace *(Arch)* Kaiserpalast *m*, Kaiserschloss *n*
Imperial Roman style *(Arch)* römischer Kaiserzeitstil *m*
imperial roof *(Arch)* Zwiebeldach *n*; Kaiserdach *n*
Imperial Style *(Arch)* Empire-Stil *m*
imperishable unzerstörbar; haltbar
impermeability Undurchlässigkeit *f*, Undurchdringlichkeit *f*, Dichtheit *f*
impermeability of concrete Betondichtheit *f*, Betondichtigkeit *f*, Betonundurchlässigkeit *f*

impermeability of joints Fugendichtheit *f*, Fugendichtigkeit *f*, Fugenundurchlässigkeit *f*
impermeability of the soil Bodenundurchlässigkeit *f*
impermeability to chemicals Chemikalkiendichtheit *f*
impermeability to rain Regendichtheit *f*, Regendichtigkeit *f*, Regenundurchlässigkeit *f*
impermeability to water Wasserundurchlässigkeit *f*
impermeable undurchlässig, undurchdringlich
impermeable earthenware Tonzeug *n*; dichtgebrannte Tonwaren *fpl*
impermeable ground wasserundurchlässiger Boden *m*
impermeable membrane Dichtungslage *f*
impermeable soil undurchlässiger Boden *m*
impermeable to chemicals chemikalienundurchlässig, chemikaliendicht
impermeable to sound schalldicht, schallundurchlässig
impermeable to water wasserundurchlässig, wasserdicht
impervious dicht, undurchlässig, undurchdringlich
impervious blanket Abdichtungsschürze *f*, Abdichtungsteppich *m*, Dichtungsschicht *f*
impervious course Sperrlage *f*, Sperrschicht *f*, Dichtungslage *f*
impervious soil wasserundurchlässiger Boden *m*; Tonschicht *f*
impervious to (water) vapour wasserdampfundurchlässig
imperviousness Undurchlässigkeit *f*, Undurchdringlichkeit *f*, Dichtheit *f*
impetuous stoßartig, heftig *(Belastung)*
impinge *v* aufprallen, aufstoßen, auftreffen
impingement resistance Stoßfestigkeit *f*
implacement Eindringung *f (z. B. in eine Auflage, in Baugrund)*
implement *v* 1. ausrüsten; 2. durchführen, realisieren, verwirklichen, durchsetzen, in die Praxis umsetzen
implement shed Geräteschuppen *m (Landwirtschaft)*
implementation 1. Ausrüstung *f*, Gerätetechnik *f*; 2. Verwirklichung *f*, Realisierung *f*, Ausführung *f*; Anwendung *f*
implementation of normative documents Anwendung *f* normativer Dokumente
implementing phase Ausführungsphase *f*, Realisierungsphase *f*
implementing regulations Ausführungsbestimmungen *fpl*
implements Gerätschaften *fpl*, Handwerkzeug *n*, Arbeitsgerät *n*
implication Auswirkung *f*
implied agreement implizierte Übereinkunft *f*
impluvium *(Arch)* Impluvium *n*, Regenbecken *n*, Regenbehälter *m (römischer Hauswassertank)*
imponded water aufgestautes Wasser *n*
imporous nicht porös
import fill Fremdfüllmaterial *n*, Verfüllerdstoff *m (von einer Seitenentnahme)*
impose *v* 1. aufbringen *(Kraft)*; 2. einprägen *(Spannung)*
imposed deformation Zwangsverformung *f*
imposed floor load Deckenverkehrslast *f*
imposed load *(Stat)* Auflast *f*, aufgebrachte Last *f*, Nutzlast *f*; Funktionalbelastung *f*, variable Belastung *f*
impost *(Arch)* Kämpfer(stein) *m*, Anfänger *m (eines Gewölbes)*
impost block Kämpfersockel(stein) *m*, Pulvinus *m*
impost capitale Kämpferkapitell *n*
impost joint Kämpferfuge *f*
impost level Kämpferebene *f*, Kämpferhöhe *f*
impost moulding Kämpferleiste *f*
impost section Kämpferschnitt *m*
impound *v (Wsb)* stauen, anstauen, aufstauen
impound water Stauwasser *n*
impoundage *(Wsb)* Stau *m*, Anstau *m*, Aufstauung *f*
impounded lake Stausee *m*
impounded reservoir *(Wsb)* Staubecken *n*, Talsperrenbecken *n*, Speicherbecken *n*
impounded water pressure *(Wsb)* Stauwasserdruck *m*
impounding area Staufläche *f*, Staugebiet *n (Talsperre)*
impounding basin *(Wsb)* Staubecken *n*, Talsperrenbecken *n*
impounding dam Talsperre *f*, Staumauer *f*
impounding reservoir *(Wsb)* Staubecken *n*, Speicherbecken *n*
impoverish *v* aushagern, erschöpfen, auslaugen *(Boden)*
impoverished soil magerer Boden *m*
impreg *(AE)* kunstharzverpresstes Holz *n*, Pressschichtholz *n*
impregnability Imprägnierbarkeit *f*, Tränkbarkeit *f*
impregnable imprägnierbar, tränkbar
impregnant Imprägnier(ungs)mittel *n*, Tränkmittel *n*, Tränkmasse *f*
impregnate *v* imprägnieren, tränken
impregnated imprägniert, getränkt
impregnated cloth imprägniertes Gewebe *n*
impregnated insulating material imprägniertes Dämmmaterial *n*
impregnated wood imprägniertes Holz *n*
impregnating Imprägnieren *n*, Tränken *n*
impregnating agent *s.* impregnant
impregnating asphalt Tränkbitumen *n*
impregnating bath Tränkbad *n*
impregnating composition Imprägniermittel *n*, Tränkmasse *f*, Tränkmittel *n*
impregnating material *s.* impregnant
impregnating mixture Imprägniermischung *f*, Tränkmischung *f*
impregnating plant Imprägnieranlage *f*
impregnating primer Einlassgrund *m*
impregnating resin Imprägnierharz *n*, Tränkharz *n*
impregnating scumble Imprägnierungslasur *f*, Tränklasur *f*
impregnating varnish Tränklack *m*
impregnation Imprägnierung *f*, Tränkung *f*, Durchtränken *n*, Versieglung *f*
impregnation compound *s.* impregnant
impregnation degree Impregnierungsgrad *m*, Tränkungsgrad *m*
impregnation of wood Holzimprägnierung *f*, Holztränkung *f*, Holzversieglung *f*
impregnation period Impregnierzeit *f*, Tränkungszeit *f*
impregnation test Impregnierungsprüfung *f*, Tränkversuch *m*
impress *v* eindrücken, einprägen; abdrücken
impressed-current *(El)* fremdstromgespeist, mit Fremdstrom gespeist
impression 1. Eindruck *m*, Vertiefung *f*; 2. Eindrücken *n*
improper ungeeignet, untauglich, unangemessen, falsch
improvable verbesserungsfähig
improve *v* 1. verbessern, vergüten; verfestigen; 2. ausbessern; 3. verschönern
improved 1. verbessert, vergütet; verfestigt; 2. ausgebessert
improved land aufgeschlossenes Bauland *n*, erschlossene Fläche *f*
improved soil verbesserter Boden *m*, verfestigter Boden *m*
improved solid wood vergütetes Massivholz *n*
improved subgrade verbesserter Untergrund *m*, verbessertes Planum *n*, verbesserter Unterbau *m*
improved wood kunstharzgetränktes und verpresstes Holz *n*

improvement Verbesserung *f*, Bausubstanzverbesserung *f*, Verschönerung *f*
improvement in quality Qualitätsverbesserung *f*, Qualitätserhöhung *f*
improvement line *(Verk)* Ausbaulinie *f*, Ausbaubegrenzungslinie *f*
improvement of land Bodenmelioration *f*, Bodenverbesserung *f*
improvement of local amenities Stadtverschönerung *f*
improvement of soil 1. Bodenverbesserung *f*, Bodenstabilisierung *f*, 2. Bodenmelioration *f*
improvement of the river channel *(Wsb)* Flussregulierung *f*
improver Vergütungsmittel *n*, Verfestigungsmittel *n*
improvised exit Behelfsausfahrt *f (Autobahn)*
impsonite Impsonit *n (asphaltisches Pyrobitumen)*
impulse Impuls *m (Kraft × Zeit)*
impulse loading *s.* impulsive loading
impulsive load Stoßlast *f*
impulsive loading dynamische Belastung *f* [Beanspruchung *f*], Stoßbelastung *f*
impulsive test Stoßuntersuchung *f*, Stoßprüfung *f*
impure unrein, verunreinigt
impurify *v* verunreinigen *(Materialien)*; verschmutzen
impurity Verunreinigung *f*, Fremdbestandteil *m*, (schädliche) Beimengung *f (z. B. in Wasser, in Erdstoffen)*
imputrescible fäulnisbeständig, verrottungsbeständig
in-and-out bond Läufer-Binder-Wechselverband *m (Mauerwerk)*
in antis Portalsäulen *fpl*, Portikussäulen *fpl*
in-built eingebaut
in-built kitchen Einbauküche *f*
in-built units Einbauteile *npl*, Einbauten *mpl*
in-built wardrobe Einbaukleiderschrank *m*
in cavetto Reliefabdruck *m*, Reliefnegativ *n*
in duty dienstbereit, im Dienst
in-fill building Lückenbau *m*
in-fill masonry [masonwork] Mauerwerkausfachung *f*
in-glaze decoration eingeschmolzene Keramikmuster *npl*; Glasurornamentierung *f*
in-house coating Werkstattbeschichtung *f*, Beschichtung *f* in der Werkstatt
in-layers board Dachrinnentragbrett *n*
in-line fluchtend, in Flucht
in-line blending "in-line"-Mischung *f*, Mischen *n* in der Pumpleitung
in-line centrifugal fan Zentrifugallüfter *m* mit höhengleichem Zu- und Abgang
in-place an Ort und Stelle
in-place compaction anstehende Verdichtung *f*
in-place construction Ortbau *m*
in-place method Ortbauverfahren *n*
in-plane eben, in gleicher Ebene, plangleich
in-plant test Betriebsversuch *m*, Prüfung *f* unter Betriebsbedingungen
in powder pulverförmig, gepulvert, pulverisiert
in ramp Einfahrtrampe *f*
in service in Gebrauch, unter Verkehr
in-service carbonation Karbonatisierung *f* im eingebauten Zustand
in-situ an Ort und Stelle, vor Ort
in-situ-cast ortbetoniert
in-situ concrete Ortbeton *m*, monolithischer Beton *m*
in-situ concrete pile Ortbetonpfahl *m*
in-situ concrete structure Ortbetonbauwerk *n*
in-situ construction method Ortbauverfahren *n*
in-situ foam Ortschaum *m*
in-situ material *(Erdb)* anstehendes Material *n (auch Wandkies, Rohsand, Gestein usw.)*
in-situ measurement Feldmessung *f*
in-situ precasting Baustellenvorfertigung *f*
in-situ soil anstehender Boden *m*
in-situ test Vor-Ort-Prüfung *f*, Versuch *m* im Gelände
in-swinging nach innen schlagend, nach innen öffnend
in-swinging window Einwärtsfenster *n*
inaccesibility Unzugänglichkeit *f (bauliche Hohlräume)*
inaccessible 1. unzugänglich *(z. B. Hohlraum, Kanal)*; 2. gesperrt
inaccessible corner toter Winkel *m*
inaccuracy Ungenauigkeit *f*
inaccuracy of erection Montageungenauigkeit *f*
inactive inaktiv, neutral
inactive leaf Türflügel *m* ohne Schloss
inactive pigment passives Pigment *n*, Inertpigment *n*
inactive solvent inaktives Lösungsmittel *n*, Lösungsmittelverlängerungsmittel *n*
inactivity Trägheit *f*
inapplicable nicht anwendbar, unverwendbar
inbark Rindeneinschluss *m*
inbond durchgehender [vollwandiger] Verband *m*
inbound traffic innerstädtischer Verkehr *m*, Stadtinnenverkehr *m*; stadteinwärtsfahrender Verkehr *m*, einstrahlender Verkehr *m*
Inca architecture Inkaarchitektur *f (12.–16. Jahrh.)*
incandescent daylight lamp Glühlampe *f* mit blaugrünem Glas
incandescent lamp Glühlampe *f*
incase *v* ummanteln; einhausen
incasement Einschluss *m (Baustoff, Werkstoff)*
incavo eingeätzter Innenteil *m* eines Tiefreliefs
incentive Anreiz *m*; Zulage *f*
incentive award [bonus] Leistungszulage *f*
inception of cracks Rissbildung *f*, Rissansatzzeichen *n*
inch Zoll *m (1 in = 25,4 mm)*
inch rule Zollmaß *n (Maßstab)*
inch stuff Bauelemente *npl* mit einem Zoll Nominalstärke
incidence Auftreten *n*, Eintreten *n*, Häufigkeit *f*
incidence wire Verspanndraht *m*, Drahtverspannung *f*
incident Störfall *m*
incident detection Störfallentdeckung *f*, Störfallfindung *f*
incident light einfallendes Licht *n*, Auflicht *n*
incidental load *(Stat)* Nutzlast *f*
incidentals Kleinmaterial *n (Installation)*
incineration Müllverbrennung *f*, Abfallverbrennung *f*
incineration plant Müllverbrennungsanlage *f*
incineration residue Verbrennungsrückstand *m*
incineration slag Verbrennungsschlacke *f*
incineration train thermisches Verbrennungsverfahren *n*
incinerator Müllverbrennungsofen *m*, Müllverbrenner *m*
incipient crack Anriss *m (Baustahl)*
incipient decay beginnende Holzfäule *f*
incipient failure beginnender Bruch *m (Stahl, Holz, Beton)*
incise *v* 1. (ein)schnitzen, einschneiden; gravieren; 2. aufrauen *(Stein)*; 3. treiben *(Metall)*
incised decoration Schnitzarbeit *f*, Gravierarbeit *f*, Treibarbeit *f*
incision Schnitt *m*, Einschnitt *m*; Kerbe *f*
inclination 1. Neigung *f*, Gefälle *n*; Steigung *f*, Schräge *f*, Schiefe *f*, 2. *(Verk)* Gradiente *f*, Neigungslinie *f*, Gefällelinie *f*
inclination angle Neigungswinkel *m*
incline *v* sich (schräg) neigen, abfallen; einfallen, geneigt sein *(geologische Schichten)*; schräg stellen
incline 1. geneigte Fläche *f*, schiefe Ebene *f*, 2. *s.* inclination 2.
inclined geneigt, in Schräglage, schräg; abschüssig *(z. B. Gelände)*; schief *(Mathematik)*
inclined arch fallender Bogen *m*

inclined-axis mixer Fahrmischer *m*
inclined bar Schrägstab *m*; aufgebogener Stab *m*
inclined barrel vault schiefes Tonnengewölbe *n*
inclined brace Schrägsteife *f*
inclined elevator Schrägaufzug *m*
inclined end post schräger Endstab *m*, Fachwerkendstab *m*
inclined haunch Voute *f*, Schräge *f*, Schenkelschräge *f*, Voutenbalken *m*
inclined haunched beam Voutenbalken *m*, Voute *f*
inclined hoist Schrägaufzug *m*
inclined joint Schrägfuge *f*, Schrägverbindung *f*, schräger Schlitz *m*
inclined load Schräglast *f*
inclined plane schiefe Ebene *f*
inclined polygonal grate bar Schrägpolygonroststab *m*
inclined position Schräganordnung *f*
inclined roof Schrägdach *n*
inclined screen Schrägrechen *m (Kläranlage)*
inclined shore Abstützbohle *f*, Spreize *f*
inclined stirrup Schrägbügel *m*
inclined surface geneigte Fläche *f*
inclined tension rope loop Schrägzugseilschlaufe *f*
inclined tie rod Schrägzuganker *m*
inclined web geneigter Steg *m*
inclinometer Neigungs(winkel)messer *m*, Inklinationsmesser *m*, Klinometer *n*
inclosig rock Nebengestein *n (Steingewinnung)*
inclosure *s.* enclosure
include *v* umfassen, einschließen, umschließen; enthalten
included air Lufteinschluss *m*
included angle Öffnungswinkel *m (Schweißnaht)*; eingeschlossener Winkel *m*
included angle of crest Öffnungswinkel *m (Dachkonstruktion)*
included angle of vault Bogenöffnung *f*
included sapwood Mondring *m*; eingeschlossenes Splintholz *n*
inclusion 1. Einschluss *m (von Gasen oder Festkörpern in einem Material)*; Einlagerung *f*; 2. Fremdkörper *m*, Einschluss *m*
incoherent inkohärent, nichtbindig *(Erdstoff, Boden)*
incoherent material loses Material *n*
incombustibility Nichtbrennbarkeit *f*
incombustible nicht brennbar, un(ver)brennbar
incombustible constituent unbrennbarer Bestandteil *m*
incombustible lining board feuerbeständige Verschalungsplatte *f*
incompatibility Unverträglichkeit *f*, Inkompatibilität *f*
incompatible unverträglich, inkompatibel
incomplete unvollständig, mangelhaft
incomplete fusion mangelhafte Bindung *f (beim Schweißen)*
incomplete overfall *(Wsb)* Grundwehr *n*
incomplete trellis work unvollständige Fachwerkwand *f*
incompressibility Inkompressibilität *f*, Nichtkomprimierbarkeit *f*
incompressibility modulus Elastizitätsmodul *m*
incompressible inkompressibel, nicht komprimierbar, nicht zusammendrückbar
incompressible ground nicht zusammendrückbarer Boden *m*
inconsistent nicht folgerichtig, unlogisch
inconstancy of volume Raumunbeständigkeit *f*
incorporate *v* einbinden; einbauen; einlagern
incorporated eingebunden; eingebaut
incorporation 1. Einbau *m*; Einarbeiten *n*; Hineinmischen *n*; 2. Eingemeindung *f*
incorrodible korrosionsbeständig, korrosionsfest, nicht korrodierbar
increase *v* vergrößern, steigern; erhöhen, aufstocken; erweitern, zunehmen, steigen, sich erhöhen
increase Erhöhung *f (z. B. einer Größe)*; Zunahme *f*, Steigerung *f*
increase in elongation Ausdehnungszunahme *f*, Verlängerung *f*
increase in speed Beschleunigung *f*
increase in strength Festigkeitsanstieg *m*, Festigkeitszunahme *f*, Festigkeitssteigerung *f*, Verfestigung *f*
increase in value Wertsteigerung *f*
increase in volume Volumenzunahme *f*, Raumzunahme *f*; Treiben *n*
increase in weight Massezunahme *f*, Gewichtszunahme *f*
increase of cross-section Querschnittsvergrößerung *f*
increase of loading Belastungserhöhung *f*, Belastungszunahme *f*
increase of pressure Druckerhöhung *f*
increase of temperature Temperaturanstieg *m*, Temperaturerhöhung *f*
increaser Erweiterungsstück *n*, Reduzierstück *n (Rohrverbindung)*
increasing corrosion Korrosionsbeschleunigung *f*, Korrosionszunahme *f*, Korrosionsverstärkung *f*
increasing strength ansteigende Festigkeit *f*
increment 1. Zunahme *f*, Zuwachs *m (z. B. einer Größe)*; Wertzuwachs *m*; 2. Maßsprung *m*; Laststufe *f*; 3. Teil *m*, Teilprobe *f*, Einzelprobe *f*
increment method Verjüngungsmethode *f*, Einengungsmethode *f (Probennahme und Vorbereitung)*
increment of load Lastzunahme *f*
increment of value Wertsteigerung *f*
incremental schrittweise, stufenweise; zusätzlich
incremental application of load stufenweiser Lastangriff *m*
incremental area Teilfläche *f*; Zusatzfläche *f*
incremental heating zunehmende Erwärmung *f*
incremental pressure Steigdruck *m*
incrust *v* verkrusten, eine Kruste bilden; mit einer Kruste überziehen
incrustation 1. Inkrustation *f*, Verkrustung *f (z. B. von Rohrleitungen)*; Krustenbildung *f*, Belagbildung *f*; 2. Kruste *f*, Belag *m*; Kesselstein *m*; 3. Außenhautbeschichtung *f (eines Gebäudes)*; Verblendung *f*; 4. Einlegearbeit *f*, eingelegte Verzierung *f*
incursion *(Erdb)* Einströmen *n* von Wasser, Wassereindringung *f*
incursion of the sea *(Wsb)* Einbrechen *n* des Meeres
incurve *v* einwärts krümmen, nach innen biegen
indecomposable unzerlegbar, nicht zersetzbar *(chemisch)*
indefinite unbestimmt
indefinite integral unbestimmtes Integral *n*
indeflagrable unverbrennlich *(z. B. Kunststoffbaustoffe)*
indemnification Bauvertragsgarantie *f* durch eine dritte Person
indemnity 1. Schadenersatz *m*, Entschädigung *f*, Abfindung *f*; 2. Sicherstellung *f*
indenation Eindrücken *n*; Eindruck *m (zu Prüfzwecken)*
indenation hardness testing Eindringhärteprüfung *f*
indenation test Eindruckversuch *m*, Eindruckprüfung *f (Schutzschichthaftfestigkeit)*
indent *v* 1. (ein)kerben, (aus)zacken, mit Zacken versehen; 2. verzahnen
indent Auszackung *f*, Einkerbung *f*, Einschnitt *m*, Einbindungsöffnung *f (Mauerwerk)*
indentation Rille *f*, Einschnitt *m*, Vertiefung *f*, Eindrückung *f*, Einbuchtung *f*, Eindruck *m*; Auszackung *f*, Auszahnung *f*
indentation of the coast Küstengliederung *f*
indentation test Eindringprüfung *f*

indented bar Nockenstab *m (Bewehrung)*
indented bolt Zahnbolzen *m*
indented chisel Zahneisen *n*
indented frieze Zahnfries *m (aus Backsteinen; Deutsches Band)*
indented joint *(Hb)* Verzahnung *f*
indented moulding Zahnform *f*, gezahntes Muster *n*
indented ornament Zackenornament *n*
indented wire Riffeldraht *m*, Bewehrungsdraht *m*
indenter Eindruckstempel *m (Asphalt)*
indenting Verzahnung *f*
indenting course Zahnschicht *f*, Zahnlage *f*
independent getrennt, einzeln, separat; frei stehend *(Gebäude)*
independent architect freischaffender Architekt *m*
independent chimney frei stehender Schornstein *m*
independent footing [foundation] Einzelfundament *n*, Einzelgründung *f*
indestructibility Unzerstörbarkeit *f*
indestructible unzerstörbar
indeterminable unbestimmbar
indeterminacy *(Stat)* Unbestimmtheit *f*
indeterminate statisch unbestimmt
indeterminate hyperstatic problem statisch unbestimmtes Problem *n*
indeterminate over-rigid [redundant] problem *s.* indeterminate hyperstatic problem
indeterminate truss statisch unbestimmtes Fachwerk *n*
indetermined unbestimmt
index Index *m*, Anzeiger *m*; Ablesemarke *f*; Katalog *m*; Verzeichnis *n*
index bolt Rastbolzen *m*, Schaltbolzen *m*
index grating Strichgitter *n*
index of acidity Säureindex *m*
index of activity Aktivitätsindex *m (Zement)*
index of friction Reibungskoeffizient *m*
index of key words Bauvertragsbegriffsdefinition *f*
index of plasticity Plastizitätsindex *m (z. B. von Erdstoffen)*
index property Klassifizierungseigenschaft *f*
Indian oak Teakholz *n*, Tiekholz *n*
Indian red pigment Indischrotpigment *n*
indicate *v* 1. kennzeichnen; 2. anzeigen
indicating dimensions Bemaßung *f*
indicating label Hinweisschild *n*
indication 1. Bezeichnung *f*, Kennzeichnung *f*; 2. Anzeige *f*, Angabe *f*
indication error Anzeigefehler *m*
indication of suitability Eignungsnachweis *m*
indication of weight Gewichtsangabe *f*
indication range Anzeigebereich *m*
indication sign Hinweiszeichen *n*
indicator Indikator *m*
indicator bolt Türschloss *n* mit Besetztanzeige *(an WC-Türen)*
indicator button Türsignalknopf *m (Hotel)*
indicator colouring Indikatorfärbung *f*
indicator light Signallampe *f*; Kontrolllampe *f*
indicator of condition Zustandsindikator *m*
indicator panel Anzeigetafel *f*, Leuchtfeld *n*
indicator sign post Straßenleitpfosten *m*
indigenous wood einheimisches Holz *n*
indigestible fäulnisbeständig
indigo Indigo *n*
indigo-blue Indigoblau *n*
indirect action Zwangsbeanspruchung *f*
indirect artificial lighting indirekte künstliche Beleuchtung *f*
indirect cost(s) Gemeinkosten *pl*
indirect drain pipe *s.* indirect waste pipe
indirect expenses Gemeinkosten *pl*
indirect footlight indirektes Rampenlicht *n (Theater)*
indirect gain indirekter Gewinn *m*
indirect heating system indirektes Heizungssystem *n*
indirect illumination *s.* indirect lighting
indirect light indirektes Licht *n*
indirect lighting indirekte Beleuchtung *f*, Indirektbeleuchtung *f*
indirect lighting fitting indirekte Leuchte *f*
indirect material Bauhilfsstoff *m*, Hilfsbaumaterial *n*
indirect noise transmission indirekte Lärmübertragung *f*
indirect stress Zwängungsspannung *f*
indirect support indirekte Lagerung *f*
indirect system indirektes Heizungssystem *n*
indirect tensile test Spaltzugprüfung *f*
indirect waste pipe freier Abfluss *m*, offene Abflussleitung *f*
individual central heating Etagenheizung *f*
individual coat Anstrichschicht *f*, Einzelanstrichschicht *f*, Einzelschicht *f*
individual fabrication Einzelanfertigung *f*, Einzelherstellung *f*
individual footing Einzelfundament *n*, Säulenfundament *n*
individual form of art *(Arch)* Individualistenkunst *f*
individual heating Einzelheizung *f*
individual load Einzellast *f*
individual manufacture *s.* individual fabrication
individual mounting Einzelanordnung *f*
individual paint coat Einzelanstrich *m*, Farbschicht *f*
individual sewage-disposal system individuelle Kläranlage *f*, Einzelhausklärgrube *f*
individual supply Einzelversorgung *f*
individual vent Entlüftungsrohr *n* eines Einzelabflusses
individual water supply Hauswasserversorgung *f*
indoor Innen...; Innenraum..., Raum..., Zimmer...; Haus...
indoor air Raumluft *f*
indoor air quality Raumluftqualität *f*
indoor arena Hallenstadion *n*
indoor atmosphere Raumatmosphäre *f*, Innenraumatmosphäre *f*
indoor climate Raumklima *n*, Innenklima *n*
indoor deco Innengestaltung *f*
indoor decoration Innenausstattung *f*
indoor design temperature Bemessungsraumtemperatur *f*
indoor environment Innenraumklima *n*
indoor exposure Innenraumbeanspruchung *f*, Innenexponierung *f*
indoor finish 1. Innenanstrich *m*; 2. Innenanstrichstoff *m*
indoor humidity Raumfeuchte *f*
indoor illumination *s.* indoor lighting
indoor installation Hausinstallation *f*, Gebäudeinstallation *f (Anlage)*
indoor installation work Hausinstallation *f*, Gebäudeinstallation *f (Tätigkeit)*
indoor lacquer Innenlackfarbe *f*
indoor light Innenraumlicht *n*
indoor lighting Innen(raum)beleuchtung *f*, Raumbeleuchtung *f*
indoor marble Innenmarmor *m*, Marmor *m* für Innenanwendung
indoor moisture Raumfeuchte *f*
indoor noise Innenlärm *m*, Gebäudelärm *m*
indoor paint Innenanstrichfarbe *f*
indoor protection Innenraumschutz *m*
indoor service Inneneinsatz *m*
indoor silo Unterdachsilo *n*
indoor storage Innenraumlagerung *f*, Lagerung *f* in geschlossenen Räumen
indoor swimming bath [pool] Hallenbad *n*, Schwimmbad *n*

indoor temperature control Raumtemperatursteuerung *f*
indoor varnish farbloser Innenlack *m*, Innenklarlack *m*
indoor wiring *(El)* Hausinstallation *f*, Inneninstallation *f*
indraught Einströmung *f (Luft)*
induced draft *(AE) s.* induced draught
induced draught *(HLK)* Saugzug *m*
induced draught fan Saugzugventilator *m*
induced ventilation Zwangsbelüftung *f*
inducing flow induzierender Durchfluss *m*
induction *(HLK)* Ansaugung *f*, Einlass *m*; Frischluftzufuhr *f (Klimaanlage)*
induction brazing Induktions(hart)löten *n*
induction hardening Induktionshärtung *f*
induction heating Induktionsheizung *f*, induktive Heizung *f*
induction loop *(El)* Induktionsschleife *f (Ampelschaltung)*
induction pipe *(HLK)* Ansaugrohr *n*, Einlassrohr *n*
induction pressure Ansaugdruck *m*
induction soldering Induktionslöten *n*
induction unit Hochdruckinduktionsgerät *n*
induction welding Induktionsschweißen *n*
indurate *v* härten, sich verhärten, hart werden
induration *(Bod)* Erhärtung *f*, Verfestigung *f*
induration process Erhärtungsprozess *m*
industrial 1. handelsüblich; 2. Industrie...
industrial acid Industriesäure *f*
industrial agglomeration Industrieballungsgebiet *n*
industrial architecture Industriearchitektur *f*, Industriebaukunst *f*
industrial area Industriegebiet *n*
industrial block Industriegebäude *n*, Werkgebäude *n*, Fabrikgebäude *n*
industrial building 1. Industriegebäude *n*, Werkgebäude *n*, Fabrikgebäude *n*; 2. Fertigteilhochbau *m*
industrial building method industrielle Bauweise *f*
industrial buildings and structures Industriebauten *mpl*
industrial by-product industrielles Nebenprodukt *n*, Industrienebenprodukt *n*
industrial centralisation Industrieballung *f*
industrial cleaner Industriereiniger *m*
industrial coating Industrieanstrichstoff *m*
industrial construction Industriebau *m*
industrial construction site Industriebaustelle *f*
industrial decentralisation Industrieentballung *f*
industrial dereliction Fabrikstilllegung *f*, industrieller Abbau *m*
industrial design Industriedesign *n*, industrielle Formgestaltung *f*
industrial detergent Industriereiniger *m*
industrial development area Industrieaufbaugebiet *n*, Industrieentwicklungsgebiet *n*, Industrieansiedlungsgebiet *n*
industrial dust Industriestaub *m*
industrial effluent gewerbliches Abwasser *n*
industrial environment Industriemilieu *n*, Industrieklima *n*
industrial erection site Industriebaustelle *f*
industrial estate Industriegebiet *n*
industrial extraction unit Industrieentlüfter *m*
industrial finish Industrielackierung *f*
industrial flooring Industrie(fuß)boden *m*, Industriebodenbelag *m*
industrial frame(d) building Rahmenhalle *f*
industrial fumes Industrieabgase *npl*
industrial furnace Industrieofen *m*
industrial geology Wirtschaftsgeologie *f*
industrial glass Industrieglas *n*
industrial glazing Industrieverglasung *f*
industrial ground Industriegelände *n*, Werksgelände *n*, Fabrikgelände *n*
industrial hygiene Industriehygiene *f (Arbeitshygiene)*
industrial kitchen Werkküche *f*
industrial landfill Industriemülldeponie *f*
industrial loft building Industriegebäude *n* mit ungeteilter Bodenraumfläche
industrial luminaire Industrieleuchte *f*, Fabrikleuchte *f*
industrial material (technischer) Werkstoff *m*
industrial noise Industrielärm *m*
industrial occupancy industrielle Gebäudenutzung *f*
industrial paint Industrieanstrichstoff *m*
industrial plant Industrieanlage *f*
industrial port Industriehafen *m*
industrial premises bebautes Industriegrundstück *n*, Industriegelände *n*
industrial property bebautes Industriegrundstück *n*
industrial quarter Industrieviertel *n*; Industriestadt *f*
industrial railway Industriebahn *f*, Werkbahn *f*
industrial refuse Industrieabfälle *mpl*
industrial region Industriegebiet *n*
industrial roof Industriedach *n*
industrial sewage Industrieabwässer *npl*
industrial shed structures Hallenbauten *mpl*
industrial site Industriestandort *m*
industrial solid waste Industriemüll *m*
industrial storied block Industriegeschossgebäude *n*
industrial stoving paint Industrieeinbrennanstrichstoff *m*
industrial structure Industriegebäude *n*, Werkgebäude *n*
industrial tubular door Industrie-Rohrrahmentür *f*
industrial vapours Industrieatmosphäre *f*, Industrieluft *f*
industrial waste Industrieabfälle *mpl*
industrial waste-water Industrieabwässer *npl*
industrial water Nutzwasser *n*, Brauchwasser *n*
industrial window Industriefenster *n*
industrialization of building Industrialisierung *f* des Bauwesens
industrialized industrialisiert
industrialized building industrielles Bauen *n*, Montagebau *m*, Bauen *n* mit Fertigteilen
industrialized building [construction] method industrielle Bauweise *f*, Montagebauweise *f*
industrialized domestic construction industrieller Wohnungsbau *m*, Montagewohnungsbau *m*
industrialized façade Fertigfassade *f*, Montagefassade *f*
industrialized housing construction industrieller Wohnungsbau *m*, Montagewohnungsbau *m*
industrialized residential building Fertigteil(wohn)bau *m*, Fertigteilgebäude *n*
industrialized structure Fertigteilbauwerk *n*, Montagebau *m*, Montagebauwerk *n*
industrially-built structure Fertigteilgebäude *n*, Gebäude *n* in Montagebauweise
industry of building materials Baustoffindustrie *f*
industry track Anschlussgleis *n*
inelastic unelastisch, nicht elastisch, plastisch
inelastic behaviour unelastisches Verhalten *n*, Nichtelastizität *f*
inelastic deflexion plastische Durchbiegung *f*, Kriechdurchbiegung *f*
inelastic deformation plastische Verformung *f*, Kriechformänderung *f*
inelastic range unelastischer Bereich *m*, plastischer Bereich *m*
inelastic strain plastische [bleibende] Dehnung *f*, Kriechdehnung *f*
inelastic system nichtkonservatives System *n*
inelasticity unelastisches Verhalten *n*
inequal 1. uneben; 2. ungleich
inequilateral ungleichseitig, mit ungleichen Seiten
inert inert; träge
inert base passiver Farbträger *m (Anstrich)*
inert filler Füller *n*, Füllstoff *m*

inert gas Edelgas *n*
inert-gas-shielded arc welding Schutzgas(lichtbogen)-schweißen *n*
inert material 1. inertes Material *n*; 2. Ballastmaterial *n*
inert pigment reaktionsträges [passives] Farbpigment *n*
inert waste inerter Abfall *m*
inertia Trägheit *f*, Beharrungsvermögen *n*
inertia block isoliertes Maschinenfundament *n*, isolierter Fundamentblock *m*
inertia effect Beharrungswirkung *f*; Trägheitsmoment *n*
inertia force Trägheitskraft *f*
inertia modulus Trägheitsmodul *m*
inertia moment Trägheitsmoment *n*
inertia resistance Trägheitswiderstand *m*
inertial force Trägheitskraft *f*
inexpensive kostengünstig, preiswert; wenig aufwendig
inextensible nicht dehnbar
inferior 1. geringwertig, minderwertig; 2. tieferstehend, niedriger, unten
inferior concrete Magerbeton *m*, Unterbeton *m (minderwertig)*
inferior purlin *(Hb)* Fußpfette *f*
inferior quality minderwertige Qualität *f*
inferior rafter Sparrenschwelle *f*
infestation Befall *m (durch tierische oder pflanzliche Schädlinge)*
infestation by termites Termitenbefall *m*
infill *v* einfüllen, auffüllen
infill *(Erdb)* Hinterfüllung *f*, Füllmaterial *n*
infill block Füllkörper *m (Decke)*
infill brickwork Ausmauerung *f*
infiller block 1. Futterholz *n*; 2. Ausfachungsblock *m*, Füllkörper *m (Decke)*
infiller masonry Ausmauerung *f*
infiller panel Ausfachungstafel *m*, Fülltafel *f*
infiller slab Ausfachungsplatte *f*, Füllplatte *f*
infiller wall Ausfachung *f*, Ausfüllung *f*
infilling Ausfachung *f*, Ausfachen *n*, Ausfüllung *f*, Füllung *f (von Fachwerk)*; Ausstopfen *n*
infilling concrete Füllbeton *m*
infilling masonry Ausfachungsmauerwerk *n*, Füllmauerwerk *n*
infilling material Ausfachungsbaustoff *m*, Füllbaustoff *m*
infilling wall Ausfachung *f*
infiltrate *v* einsickern, versickern, infiltrieren
infiltration Einsickerung *f*, Versickerung *f*, Infiltration *f*
infiltration basin Anreicherungsbecken *n*, Sickerbecken *n*
infiltration capacity Infiltrationskapazität *f*, Aufnahmevermögen *n (Boden)*
infiltration coefficient Infiltrationsbeiwert *m*
infiltration field Sickerfeld *n*
infiltration routing Sickerweg *m*
infiltration water Sickerwasser *n*
infinitally unendlich, bei weitem
infinitally small resulant *(Stat)* unendlich kleine Mittelkraft *f*
infinite number unendliche Zahl *f*
infinite plate *(Stat)* unendliche Platte *f*
infinite slab *(Stat)* unendliche Platte *f*
infinite strip unendlicher Streifen *m*
infinitesimal deformation infinitesimale Formänderung *f*
infinitesimal diplacement unendliche Verdrückung *f*
infirmary 1. Pflegekrankenhaus *n*; 2. Krankenstation *f*; 3. Krankenzimmer *n*
inflame *v* entflammen, entzünden; entflammen, sich entzünden
inflammability Entflammbarkeit *f*, Entzündbarkeit *f*
inflammable entflammbar, entzündbar, brennbar; feuergefährlich
inflatable aufblasbar
inflatable building Traglufthalle *f*, Drucklufttragehalle *f*, luftgetragene Halle *f*, Lufttragegebäude *n*
inflatable gasket aufblasbarer Dichtungsring *m*
inflatable structure *s.* inflatable building
inflate *v* aufblasen
inflated aufgeblasen; aufgebläht
inflated-roof greenhouse Tragluftdachgewächshaus *n*, Gewächshaus *n* mit Tragluftdach
inflation Aufblasen *n*
inflect *v* (nach innen) biegen, krümmen
inflected arch verkehrtes Gewölbe *n*, Fundamentgewölbe *n*, Sohlgewölbe *n*; Erdgewölbe *n*; Gegenbogen *m*
inflection *(AE)* Wendekrümmung *f*, Biegung *f*, Krümmung *f*
inflection point 1. Momentennullpunkt *m*; 2. *(Verk)* Wendepunkt *m (Kurve)*
inflectional tangent *(Verk)* Wendetangente *f (Trassierung)*
inflexible (biege)steif, starr, unbiegsam
inflexion Wendekrümmung *f*
inflow 1. Zufluss *m*, Zufließen *n*, Einlaufen *n*, Einfluss *m*; 2. zulaufende Flüssigkeit *f*, Zufluss *m*
inflow of water Wasserzufluss *m*
influence Einfluss *m*
influence area Einflussfläche *f*, Einflussfeld *n*
influence coefficient Einflussbeiwert *m*, Einflusszahl *f*
influence diagram Einflussdiagramm *n*
influence line *(Stat)* Einflusslinie *f*
influence surface *(Stat)* Einflussfläche *f*
influence value Einflusswert *m*, Einflussgröße *f*
influence zone Einflussbereich *m*, Einflusszone *f*
influent einfließend, einströmend; Zulauf..., Zufluss...
influent seepage Infiltration *f*, Versickerung *f*
influx *s.* inflow 1.
information counter Informationsstand *m*
information sheet Merkblatt *n*
information sign *(Verk)* Hinweiszeichen *n*
informatory informatorisch, hinweisend
informatory sign *(Verk)* Hinweiszeichen *n*
infrared infrarot; Infrarot...
infrared barrier Infrarotschranke *f*
infrared drying Infrarottrocknung *f*
infrared emitter Infrarotstrahler *m*
infrared heating Infrarotheizung *f*
infrared lamp Infrarotlampe *f*
infrared radiation Infrarotstrahlung *f*
infrared radiator Infrarotstrahler *m*
infrared spectroscopy Infrarotspektroskopie *f (Untersuchung auf Organisches)*
infrared stoving Infrarothärtung *f (Anstriche)*
infrastructure 1. Infrastruktur *f (Grundeinrichtung eines Territoriums)*; 2. Zwischenbau *m*
infusibility Unschmelzbarkeit *f*
infusible unschmelzbar, nichtschmelzbar
infusorial earth Infusorienerde *f*
ingle Kaminfeuer *n*, Kamin *m (Schottland)*
ingle nook Kamin(sitz)ecke *f*
ingoing Gewändesäule *f*, Gewändepfosten *m*
ingoing air Zuluft *f*
ingoing footing Gewändeaufstand *m*
ingoing post Gewändepfosten *m*
ingoings Gewände *n*, Einfassung *f (von Türen, Fenstern)*
ingot Gussblock *m*, Rohblock *m*
ingot iron Betonstahl *m*; Flussstahl *m*
ingot steel Flussstahl *m (0,15–0,25 % C)*
ingrain lining paper Raufasermakulatur *f*
ingrain wall covering [paper] Raufasertapete *f*
ingrain wallpaper coat Raufaseraufstrich *m*
ingredients Inhaltsstoffe *mpl*, Bestandteile *mpl*
ingress Eindringen *n*, Einströmen *n*; Zutritt *m*

ingress of dirt Schmutzeintritt *m*
ingress of ground water Grundwasserzutritt *m*
ingrown bark Rindeneinschluss *m*
inhabitable bewohnbar
inhabitant Bewohner *m (Haus)*; Einwohner *m (Stadt)*
inhaul cable Zugseil *n (Kabelbagger)*
inherent colour Eigenfarbe *f*
inherent concrete heat Betoneigenwärme *f*
inherent moisture Eigenfeuchtigkeit *f*
inherent moisture of aggregates Zuschlagstoffeigenfeuchte *f*
inherent oscillation Eigenschwingung *f*
inherent rigidity *(Stat)* Eigenstarrheit *f*, Eigensteifigkeit *f*
inherent settlement Eigensetzung *f*
inherent stability [strength] Eigenfestigkeit *f*, Eigenstabilität *f*
inherent tension Eigenspannung *f*
inherent vibration Eigenschwingung *f*
inherently safe eigensicher
inhibit *v* verzögern *(z. B. Reaktionen)*; inhibieren, hemmen *(Korrosion)*
inhibiting pigment Rostschutzpigment *n (Farbe)*
inhibitive inhibierend, hemmend
inhibitive action Hemmwirkung *f*, Inhibitionswirkung *f*
inhibitive pigment Korrosionsschutzpigment *n*
inhibitive primer Korrosionsgrundanstrichstoff *m*
inhibitive properties Korrosionsschutzeigenschaften *fpl*
inhibitor 1. Inhibitor *m*, Hemmstoff *m*; Passivator *m*; 2. Beizzusatz *m*
inhibitor effect Inhibitorwirkung *f*, Hemmstoffeffekt *m*
inhomogeneity Inhomogenität *f*
inhomogeneous inhomogen, verschiedenartig (zusammengesetzt); ungleichförmig, uneinheitlich *(Baustoffe)*
initial acceptance vorläufige Abnahme *f*
initial bending Anfangsbiegung *f*
initial bond Anfangsverbund *m*, Frühverbund *m (Spannbeton)*
initial buckling Knickbeginn *m*
initial compaction *(Erdb)* Anfangsverdichtung *f*, Vorverdichtung *f*
initial compressive strength Anfangsdruckfestigkeit *f*
initial conditions Ausgangsbedingungen *fpl*
initial cost Anlagekosten *pl*, Gestehungskosten *pl (Arbeit und Material)*
initial cracking Anriss *m*
initial creep Anfangskriechen *m*
initial curvature ursprüngliche Krümmung *f*
initial displacement Anfangsverschiebung *f*, Anfangsverrückung *f*
initial drying shrinkage Anfangsschwinden *n*, Trockenschwindung *f (Beton)*
initial equation Ausgangsgleichung *f*
initial exposure Anfangsbeanspruchung *f*
initial hardening Anfangserhärtung *f*, Anziehen *n (von Beton, Kristallisationsphase)*; Erstarrungsbeginn *m*
initial load Anfangslast *f*
initial loading Anfangsbelastung *f*; Vorlast *f*
initial paint coating Erstanstrich *m*
initial point Ausgangspunkt *m*
initial prefabrication primer Grundanstrich *m*, Fertigungsanstrich *m*
initial pressure Anfangsdruck *m*
initial prestress Anfangsvorspannung *f (Spannbeton)*
initial protectice coating Erstanstrich *m*
initial rusting Anrosten *n*, Anrostung *f*
initial set Abbindebeginn *m*, Bindungsanfang *m (aus der Gelphase bei Beton)*
initial set process Erstarrungsverlauf *m*, Erstarrungsvorgang *m*
initial set rate Erstarrungsgeschwindigkeit *f*
initial set reaction Erstarrungsreaktion *f*
initial set test Erstarrungsprüfung *f*
initial setting time Zeitdauer *f* bis zum Abbindebeginn
initial settlement *(Erdb)* Initialsetzung *f*, Anfangssetzung *f*
initial shrinkage Trockenschwinden *n*
initial stage Anfangsstadium *n*
initial standard Vornorm *f*
initial state Anfangszustand *m*
initial strength Anfangsfestigkeit *f*
initial stress Anfangsvorspannung *f*, Vorspannung *f* ohne Spannungsverluste *(Spannbeton)*
initial suitability test Eignungsnachweis *m*, Eignungserstnachweis *m*
initial tangent point Krümmungsendpunkt *m (Straße)*
initial tearing resistance Einreißfestigkeit *f*
initial tension Vorspannung *f*
initial type testing Eignungserstprüfung *f*, Bauerstprüfung *f*
initial void ratio *(Bod)* Anfangsporenziffer *f*
initially slow-setting langsamerstarrend *(Zement)*
initiate *v* zünden *(Sprengstoff)*; anregen, einleiten
initiate *v* **corrosion** Korrosion auslösen
initiating explosive Initialsprengstoff *m*
initiation stage Anfangsstadium *n*
inject *v* injizieren, (ein)spritzen *(z. B. Zementmörtel)*; einpressen, verpressen *(Beton, Zement)*
inject concrete Einpressbeton *m*
injecting device Injiziergerät *n*
injection Injektion *f*, Einspritzung *f*; Einpressung *f*
injection concrete Einpressbeton *m*
injection fluid Einpressflüssigkeit *f*, Injektionsflüssigkeit *f*
injection gun Injizierspritze *f*, Einpressspritzpistole *f*
injection hole Injektionsloch *n*, Einpressöffnung *f*
injection lance Handinjektionsrohr *n*
injection material Injektionsgut *n*, Verpressgut *n*
injection method Verpressverfahren *n*
injection moulding 1. Spritzgießen *n (von Kunststoffen)*; Spritzgussverfahren *n*; 2. Spritzgussteil *n*
injection pipe Einpressrohr *n*
injection pressure Einpressdruck *m*
injection pump Zementinjektionspumpe *f*, Einpresspumpe *f*
injection resin Injektionsharz *n*
injection well Einpressloch *n*
injunction einstweilige Verfügung *f*
injure *v* beeinträchtigen; beschädigen
injurious substance Schadstoff *m*
injury Verletzung *f*, Körperverletzung *f*
injury accident Unfall *m* mit Personenschaden
ink *v* mit Tusche ausziehen *(Zeichnung)*
inker Farbauftragswalze *f*
inlaid border eingelegte Kante *f*
inlaid floor Parkettfußboden *m*, Parkett *n*
inlaid lino Inlaidlinoleum *n*
inlaid strip floor Riem(ch)enfußboden *m*, Bandparkett *n*
inlaid work *s.* inlay 1.
inland canal Binnenkanal *m*
inland harbour Binnenhafen *m*
inland lake Binnensee *m*
inland traffic Inlandsverkehr *m*
inland waters Binnengewässer *n*
inlay *v* 1. einlegen, furnieren; verzieren; 2. parkettieren, mit Parkett auslegen, Parkett legen
inlay *v* **with parquetry** *s.* inlay *v* 2.
inlay 1. Intarsie *f*, Einlegearbeit *f*; 2. Einlegematerial *n (Holz, Stein, Metall)*; 3. Inkrustation *f (Gestein)*
inlay work Einlegearbeit *f*
inlay work in wood Holzeinlegearbeit *f*
inlaying 1. Einlegen *n*; 2. *s.* inlay 1.

inlet 1. Einlass *m*, Einlauf *m*; Einführungsöffnung *f*, Regenwasserabflussschacht *m*; Sinkkasten *m*, Gully *m*; 2. Zugabeeinrichtung *f*
inlet air Zuluft *f*, Frischluft *f*
inlet channel Einlaufkanal *m*, Einlaufrinne *f*, Zulaufrinne *f*
inlet compartment Einlaufkammer *f*
inlet connector Einfüllstutzen *m*
inlet grate Einlaufrost *m*, Sinkkastenrost *m*
inlet grille Zuluftgitter *n*
inlet opening Einlauföffnung *f*, Ablauföffnung *f*
inlet pipe Einlassrohr *n*, Zuleitung *f*, Zuleitungsrohr *n*, Zulaufrohr *n*
inlet port Eintrittsöffnung *f*, Einlauföffnung *f*
inlet reservoir *(Wsb)* Einlaufbecken *n*
inlet shaft Einlaufschacht *m*
inlet strainer Einlaufsieb *n*
inlet structure Einlaufbauwerk *n*
inlet surround Einlaufeinfassung *f*, Ablaufeinfassung *f*
inlet well Einpressbohrung *f*
inlet works Einlaufbauwerk *n*
inn Gasthaus *n*, Gasthof *m*; Herberge *f*, Wirtshaus *n*; Hotel *n*; Hospiz *n*
innage Füllhöhe *f*
inner inner, inwendig; licht
inner air Raumluft *f*, Zimmerluft *f*
inner aisle *(Arch)* inneres Seitenschiff *n*, innere Abseite *f*
inner arch Innenbogen *m*
inner basin Innenbecken *n*
inner bead innerer Fensteranschlag *m*
inner casing innere Füllungshalteleiste *f*
inner coat Innenanstrich *m*
inner coating Innenbeschichtung *f*, Innenschutzschicht *f*
inner core Innenkern *m*
inner corner Innenecke *f*
inner court(yard) Innenhof *m*; Gebäudeinnenhof *m*, Lichthof *m*
inner decoration Innengestaltung *f*
inner dike Hinterdeich *m*
inner dimension Innendurchmesser *m*
inner door Innentür *f*
inner fixtures (fertiger) Innenausbau *m*; Innenausbauten *mpl*
inner gallery Innenlaubengang *m*
inner garden Innengarten *m*
inner harbour *s.* inland harbour
inner hearth Ascheraum *m*
inner isolation Innendämmung *f*
inner leafe innere Schale *f (Hohlwand)*
inner lining Innenauskleidung *f*, Innenverkleidung *f*
inner marble Innenmarmor *m*, Marmor *m* für innen
inner noise Innenlärm *m*, Gebäudelärm *m*
inner paint Innen(anstrich)farbe *f*
inner primer Innengrundierung *f*, Innengrundieranstrich *m*
inner product *(Stat)* Skalarprodukt *n*
inner redecoration Innenrenovierung *f*
inner relative moisture Raumluftfeuchtigkeit *f*
inner reveal Innenleibung *f*
inner skin Innenhaut *f*
inner slatted blind Innenjalousie *f*
inner slope Binnenböschung *f (Deich)*
inner span Innenweite *f*
inner string (board) Innenwange *f (Treppe)*
inner stud Innenpfosten *m (Fachwerkwand)*
inner surface innere Oberfläche *f*, Innenfläche *f*
inner temperature control Raumtemperatursteuerung *f*
inner window Innenfenster *n (beim Doppelfenster)*
innermost part *(Arch)* Allerheiligstes *n (Altarplatz)*
innings Aufspülland *n*, aufgespültes Neuland *n*; Anschwemmland *n*, Deichland *n*
innocuous unschädlich
innovative innovativ, neuartig
innovative proposal innovatives Angebot *n*, Innovationsvorschlag *m*, Nebenangebot *n*
inodorous geruchlos, geruchfrei
inoffensive nicht angreifend *(Baustoffe)*
inordinate ungeordnet, regellos
inorganic anorganisch
inorganic aggregate anorganischer Zuschlagstoff *m*, Zuschlagstoff *m* frei von organischen Verunreinigungen
inorganic insulation material anorganischer Dämmstoff *m*, anorganisches Dämmmaterial *n*
inorganic material anorganisches Material *n*
inorganic pigment anorganisches Pigment *n*, Mineralpigment *n*
inorganic silt Schluff *m*, Silt *m*; Feinstsand *m*, Schwemmsand *m*
inorganic soil anorganischer Boden *m*
inpaint *v* auffrischen *(Anstriche)*; durch Überstreichen erneuern
inpouring Einströmen *n*, Hineinströmen *n (Wasser)*
input 1. *(El)* Eingangsleistung *f*, aufgenommene Leistung *f*, Leistungsaufnahme *f*; 2. Zufuhr *f*, Eintrag *m (von Wärme beim Schweißen)*; 3. Arbeitsaufwand *m*, Einsatz *m*
inquiry Erkundigung *f*, Nachfrage *f*, Untersuchung *f*, Nachforschung *f*
inrush of water Wassereinbruch *m*, Grundwasserzutritt *m (z. B. in Baugruben)*
inscribe *v* 1. beschriften; markieren; 2. einhauen; eingravieren
inscription 1. Beschriftung *f*, Aufschrift *f*; 2. Inschrift *f*
insect attack Insektenbefall *m*
insect cloth Fliegengaze *f*, Fliegennetz *n*
insect outbreak Insektenbefall *m*
insect proof insektenbeständig, insektenfest
insect screen Fliegenfenster *n*, Gaze(schutz)fenster *n*
insect (wire) screening *s.* insect screen
insecticide for timber insektenwidrige Holzschutzmittel *npl*
insensitve unempfindlich
insert *v* einsetzen, einfügen; einbauen; einlegen; ineinander stecken
insert Einsatz *m*, Einsatzstück *n*; Einlage *f (z. B. eine Furniereinlage)*; Holzfehlstelleneinlage *f*, Trägerstoff *m*
insert tube Einschubrohr *n*
inserted ceiling Zwischendecke *f*, untergehängte [eingehängte] Decke *f*
inserted grille einsteckbares Türgitter *n*
inserted joint Steckverbindung *f*, eingelassene Verbindung *f*
inserted tenon eingelegter Hartholzzapfen *m*
inserting Einfügen *n*
insertion 1. Einsetzen *n*; Einbauen *n*; 2. Einsatz *m*
insertion of cardboard Pappeinlage *f*
insertion of struts *s.* bracing 1.
insertion of wood Holzeinlage *f*
insertions Einbauten *mpl*
inset *v* einfügen, einpassen, einschieben; einsetzen
inset Einsatz *m*
inshore an der Küste (liegend); Küsten...
inside innen, innerhalb, im Innern; Innen...
inside 1. Inneres *n (z. B. eines Gebäudes)*; 2. Innenseite *f*
inside air Raumluft *f*
inside-angle float Eckenreibebrett *n*
inside-angle tool Eckenreibebrett *n*; Ickselkelle *f*
inside calipers Innentaster *m*, Lochtaster *m (Tastzirkel)*
inside casing innere Füllungshalteleiste *f (Tür)*
inside climate Raumklima *n*, Innenklima *n*
inside coat Innenanstrich *m*
inside core Innenkern *m*

inside corner moulding Eckenfüllleiste *f*, Kunststoffeckendeckstreifen *m*
inside decor Innengestaltung *f*
inside diameter lichte Weite *f*; Innendurchmesser *m (z. B. von Rohren)*
inside dimension Innendurchmesser *m*, lichter Durchmesser *m*
inside door Innentür *f*
inside door lock Türschloss *n* mit Klinke nur an der Innenseite
inside door panel Türinnenblech *n*
inside face Innenfläche *f*
inside finish *s.* interior trim 1.
inside fixtures Innenausbau *m*, Innenausbauten *mpl*
inside glazing von innen eingesetzte Außenverglasung *f*
inside height lichte Höhe *f*
inside insulation Innendämmung *f*
inside joinery Innenholzeinbauten *mpl*, Holzeinbauten *mpl*
inside lead lining Bleieinlage *f*
inside lining *s.* inside casing
inside noise Innenlärm *m*
inside of the pavement Häuserseite *f* des Bürgersteigs
inside painting Innenanstrich *m*
inside pipe size Rohrinnenmaß *n*
inside radius Innenradius *m*
inside redecoration Innenrenovierung *f*
inside reveal Innenleibung *f*
inside stop innerer Anschlag *m*; innerer Fensteranschlag *m*
inside stud Innenpfosten *m (Fachwerkwand)*
inside trim 1. Innenverkleidung *f (Holz- und Metallverzierungen)*; Innenseitenverblendung *f (Tür, Fenster)*; 2. Abdeckungsverkleidung *f*, Türrandabdeckung *f*, Fensterrahmenabdeckung *f*
inside wall Innenwand *f*
inside width lichte Weite *f*; Innenmaß *n (Rohrinnendurchmesser)*
inside width of a frame lichte Rahmenweite *f*
inside window Innenfenster *n (beim Doppelfenster)*
insolation Sonneneinfall *m*, Sonneneinstrahlung *f*, einfallende Sonnenstrahlung *f*
insolubility Unlöslichkeit *f*
insolubility in water Unlöslichkeit *f* in Wasser
insoluble nichtlöslich, unlöslich
insoluble binder unlösliches Bindemittel *n*
insoluble content Gehalt *m* an Unlöslichem
insoluble in water wasserunlöslich
insoluble matter Unlösliches *n*
insoluble organic dryestuff unlöslicher organischer Farbstoff *m*
insoluble residue unaufgeschlossener Rückstand *m*, Unlösliches *n*
inspect *v* 1. kontrollieren; überprüfen; 2. überwachen; beaufsichtigen; untersuchen
inspection 1. Gütekontrolle *f*, Kontrolle *f*, Materialüberwachung *f*; 2. Inspektion *f*, Besichtigung *f*, Prüfung *f*, Bauaufsichtskontrolle *f*, Auftragsüberwachung *f*, Augenscheinnahme *f*, Begehung *f*
inspection area Kontrollfläche *f (Oberflächen, Korrosionsschutz)*
inspection body Überwachungsinstitut *n*, Überwachungsstelle *f*, Fremdüberwacher *m*
inspection certificate Prüfbescheinigung *f*, Prüfprotokoll *n (Bauüberwachung)*
inspection chamber Reinigungsschacht *m*
inspection cover Reinigungsdeckel *m*
inspection directorate Zentralprüfstand *m*
inspection door Kontrollöffnung *f*, Einstieg *m*
inspection eye Kontrollöffnung *f*
inspection fitting Revisionsstück *n*, Reinigungsformstück *n*
inspection gallery Kontrollgang *m (Gebäudeteil)*
inspection gauge Abnahmelehre *f*
inspection glass Schauglas *n*
inspection hole Schauloch *n*, Schauöffnung *f*
inspection junction Reinigungsöffnung *f*
inspection lamp Handleuchte *f*
inspection list Mängelliste *f*
inspection manhole Kontrollschacht *m*, Revisionsschacht *m*
inspection opening Kontrollöffnung *f*
inspection pipe Rohr *n* mit Putzöffnung
inspection pit Arbeitsgrube *f (für Wartungsarbeiten)*
inspection plug Reinigungsstopfen *m*, Reinigungsschraube *f*
inspection protocol Prüfanweisung *f*, Überwachungsanweisung *f*
inspection record Prüfbericht *m*
inspection report Prüfbericht *m*, Abnahmeprüfprotokoll *n*, Überwachungsbericht *m*
inspection schedule Prüfplan *m*, Prüfablaufplan *m*, Überwachungsplan *m*
inspection screw Reinigungsschraube *f*
inspection sheet Prüfprotokoll *n*
inspection specification Prüfvorschrift *f*, Überwachungsvorschrift *f*
inspection subway Untergrundkontrollgang *m*
inspection testing Sichtprüfung *f*
inspection tube Reinigungsrohr *n*
inspector Bauaufsichtsbeamter *m*; örtlicher Bauüberwacher *m* des Auftraggebers; Bauaufseher *m*; Gütekontrolleur *m*
instability 1. Instabilität *f*, Labilität *f*; 2. Unbeständigkeit *f*
instability due to sliding Instabilität *f* durch Gleiten
instability effect Instabilitätswirkung *f*, Labilitätswirkung *f*
instable 1. instabil, labil, nicht standsicher; 2. unbeständig
instable equilibrium instabiles Gleichgewicht *n*
instable frame bewegliches Fachwerk *n*, labiles Netz *n*
install *v* installieren, einbauen; montieren; aufstellen, errichten; anbringen; (ver)legen *(Leitungen)*; einrichten *(z. B. Gebäude)*
install *v* **a line [main]** *(El)* eine Leitung legen
install *v* **a pipe(line)** *(San)* eine Leitung [Rohrleitung] verlegen
installation 1. Installation *f*, Installierung *f*, Einbau *m*; Verlegung *f (z. B. von Versorgungsleitungen)*; 2. (fertige) Anlage *f*, Einrichtung *f*, Ausrüstung *f*
installation depth Einbautiefe *f*
installation dimensions Anschlussmaße *npl*
installation drawing Installationszeichnung *f*, Einbauplan *m*, Verlegeplan *m*
installation engineering Installationstechnik *f*
installation equipment Installationsgeräte *npl*
installation height Einbauhöhe *f*, Montagehöhe *f*
installation parts Installationselemente *npl*
installation pipe Installationsrohr *n*
installation plan 1. Aufstellungsplan *m*; 2. *(Verk)* Signallageplan *m*
installation services Installation *f*
installation site Einbaustelle *f*, Montageort *m*
installation vault begehbarer Installationsgang *m*
installation work Installationsarbeiten *fpl*, Installierung *f*
installations 1. Haustechnik *f*; 2. Sanitäranlage *f*
installed capacity [power] installierte Leistung *f*
installer *(AE)* Installateur *m*; Monteur *m*, Anlagenersteller *m*
installer for heating installations Heizungsmonteur *m*, Heizungsinstallateur *m*
instantaneous concentration Grundkonzentration *f*
instantaneous loading Stoßbelastung *f*
instantaneous strain Sofortdehnung *f*

instantaneous warm water Durchlaufwarmwasser *n*
instantaneous water heater Durchlauferhitzer *m*, Warmwasserspender *m*
institution Anstalt *f*; Heim *n*; Institution *f*
instruct *v* anweisen, anleiten, unterrichten
instruction Anleitung *f*, Anweisung *f*
instruction book Gebrauchsanleitung *f*, Betriebsanweisung *f*
instruction for erection Montageanweisung *f*
instruction of staff Einweisung *f* von Personal
instructions Behandlungsvorschrift *f*, Bedienungsanleitung *f*
instructor Einweiser *m*, Ausbilder *m*
instrument of expression *(Arch)* Ausdrucksmittel *n*
insufficiently polished schlecht poliert
insula *(Arch)* Insula *f (antiker römischer Miethausblock)*
insulance Isolierwert *m*
insulant *s.* insulating material
insulate *v* 1. dämmen *(gegen Kälte, Schall)*; *(nicht mehr empfohlen)* isolieren; 2. sperren *(gegen Feuchtigkeit, Wasser, Feuer)*; 3. *(El)* isolieren
insulated cable isoliertes Kabel *n*
insulated door Dämmtür *f*, isolierte Tür *f*
insulated lorry Thermowagen *m*, wärmeisolierter Lastkraftwagen *m*
insulating asphalt felting Bitumenpappe *f*, Asphaltsperrpappe *f*
insulating back-up material Außendämmstoff *m*
insulating bed Dämmschicht *f*, Sperrschicht *f*
insulating blanket Dämmatte *f*
insulating board Dämm(stoff)platte *f*, Dämmtafel *f*
insulating board for industrial construction Industriebauplatte *f* mit Dämmzwischenschicht
insulating brick Dämmziegel *m*, Dämmstein *m*
insulating cardboard Dämmpappe *f*, Dämmkarton *m*
insulating cement 1. Sperrkitt *m*, Isolierkitt *m*; 2. abbindende Füllmasse *f*
insulating coat Sperranstrich *m*
insulating compound *(El)* Isoliermasse *f*, Vergussmasse *f*
insulating concrete Wärmedämmbeton *m*, Beton *m* mit Leichtzuschlägen
insulating construction material Baudämmmaterial *n*; Sperrmaterial *n*
insulating corkboard Korkdämmplatte *f*, Dämmplatte *f* aus Kork
insulating course 1. Dämmschicht *f (Wärme, Schall)*; Dämmlage *f*, Isolierschicht *f*; 2. Sperrschicht *f (Feuchtigkeit)*
insulating door Dämmtür *f*
insulating felt Sperrpappe *f*
insulating fibreboard Faserdämmplatte *f*, Mineralfaserdämmplatte *f*
insulating firebrick feuerfester Dämmziegel *m*
insulating foam Dämmschaumstoff *m*
insulating foam board Schaumstoffdämmplatte *f*
insulating foil Sperrfolie *f*
insulating form board Dämmformplatte *f*, Plattenformelement *n* zur Dämmung
insulating glass Verbundfensterglas *n*; Wärmeschutzglas *n*
insulating glass unit Verbundfensterglasscheibe *f*
insulating insert Dämmeinlage *f*
insulating intermediate layer Dämmzwischenlage *f*, sperrende Zwischenlage *f*
insulating jacket Isoliermantel *m*
insulating laminated glass Dämmverbundglas *n (Wärmeschutz)*
insulating layer *s.* insulating course
insulating layer of asphalt Asphaltsperrschicht *f*
insulating mat Dämmmatte *f*, Isoliermatte *f*, Isolierteppich *m*
insulating material 1. Dämmstoff *m*, Dämmmaterial *n (gegen Wärme, Schall)*; 2. Sperrstoff *m (gegen Feuchtigkeit)*; 3. *(El)* Isoliermaterial *n*, Isolierstoff *m*
insulating paint Sperrfarbe *f*, Abdichtfarbe *f*
insulating panel *s.* insulating board
insulating paper 1. Dämmpapier *n*; 2. getränktes Papier *n (Absperrmittel)*; 3. *(El)* Isolierpapier *n*
insulating plasterboard 1. Dämmgipsplatte *f*; 2. einseitig mit Alu-Folie belegte Gipsverkleidungsplatte *f*
insulating property 1. Dämmeigenschaft *f*, Dämmvermögen *n*, Dämmfähigkeit *f (gegen Kälte, Schall)*; 2. Sperrfähigkeit *f (gegen Feuchtigkeit)*; 3. *(El)* Isoliervermögen *n*
insulating quilt *s.* insulating mat
insulating roof fill Dachdämmschüttung *f*
insulating roof material Dachdämmstoff *m*
insulating screed Dämmestrich *m*
insulating slab Dämmplatte *f*
insulating strip Fugenband *n*, Dehnungsfugenfüllstoff *m*
insulating tape *(El)* Isolierband *n*
insulating tubing *(El)* Isolierschlauch *m*
insulating varnish *(El)* Isolierlack *m*
insulating wallboard Dämmwandplatte *f*
insulating wool Dämmwolle *f*
insulation 1. Dämmung *f (gegen Schall, Wärme)*; *(nicht mehr empfohlen)* Isolierung *f*; 2. Sperrung *f (gegen Feuchtigkeit, Wasser, Feuer)*; 3. *(El)* Isolierung *f (durch nicht leitendes Material)*
insulation against vibrations Schwingungsschutz *m*
insulation base Isolieruntergrund *m*
insulation bat *(AE)* Dämmmatte *f*
insulation capacity Dämmfähigkeit *f*, Dämmvermögen *n*
insulation coating Dämmbeschichtung *f*
insulation cork Dämmkork *m*
insulation efficiency Dämmwirkung *f*
insulation fault *(El)* Isolationsfehlstelle *f*
insulation felt Dämmfilz *m*
insulation floor Dämmdecke *f*
insulation for cold Kältedämmung *f*
insulation from sound Schalldämmung *f*
insulation glazing Dämmverglasung *f*, Doppelscheibeneinglasung *f*
insulation in bage Sackdämmung *f*
insulation insertion Isoliereinlage *f*
insulation installation Dämmarbeiten *fpl*
insulation jacket Dämmbinde *f*
insulation lining Dämmauskleidung *f*, Dämmverkleidung *f*
insulation masonry Dämmmauerwerk *n*
insulation mat Dämmmatte *f*
insulation of the wall Wanddämmung *f*, Mauerdämmung *f*
insulation panel Dämmtafel *f*
insulation partition wall Dämmtrennwand *f*
insulation peat Dämmtorf *m*
insulation plank Dämmdiele *f*
insulation powder Dämmfähigkeit *f*, Dämmvermögen *n*
insulation property Dämmfähigkeit *f*, Dämmvermögen *n*
insulation pumice Dämmbims
insulation quality Dämmfähigkeit *f*, Dämmvermögen *n*
insulation refractory Isolierstein
insulation resistance Isolierwert *m*
insulation sheet Dämmplatte *f*
insulation sheeting Dämmbahn *f*
insulation skin Isolierhaut *f*
insulation sleeving Isolierschlauch *m*
insulation straw board Strohdämmplatte *f*
insulation system Dämmkonstruktion *f*
insulation thickness Isolierdicke *f*
insulation value Dämmwert *m*
insulation wall Dämmwand *f*

insulator 1. *(El)* Isolator *m*, Isolierkörper *m*; 2. *s.* insulating material
insurance against loss or damage to works Bauschäden- und Verlustversicherung *f*
insusceptibility Unempfindlichkeit *f*
insusceptible to moisture feuchtigkeitsunempfindlich, feuchteunempfindlich
intact clay ungestörter Ton *m*
intaglio *v* einätzen, eingravieren
intaglio 1. geätzte Eingravierung *f*; 2. Schnitzwerk *n*, Gemme *f* mit vertieften Figuren
intake 1. Einlauföffnung *f*, Einlauf *m*, Einlass *m*; Wassereinlauf *m*; 2. Einlaufen *n*, Einlauf *m*; 3. Einlaufmenge *f*; 4. Ansaugen *n*; 5. Versickerung *f*
intake area 1. Wassereinzugsgebiet *n*; 2. Versickerungsfläche *f*
intake basin Einlaufbecken *n (Kläranlage)*
intake belt course Verjüngungsschicht *f (Mauerwerk)*
intake canal *(Wsb)* Oberwasserkanal *m*
intake channel *(Wsb)* Wasserentnahmekanal *m*
intake construction *s.* intake structure
intake grille Ansauggitter *n*
intake louvre Ansauggitter *n*
intake of water Wasseraufnahme *f (z. B. von Baustoffen)*
intake place Wassernährgebiet *n*
intake screen Einlaufrost *m*
intake structure *(Wsb)* Einlaufbauwerk *n*
intake tower Einlassturm *m*
intake well Einlassschacht *m*
intake works *s.* intake structure
intarsia Intarsie *f*, Intarsienarbeit *f*, Einlegearbeit *f (dekorative Einlage mit Holzstücken oder Elfenbein)*
integral doorframe Türrahmen *m* aus einem Stück
integral floor hardener Betonhärtungsmittel *n (für Fußböden)*
integral frame Integraltürrahmen *m*, Türrahmen *m* aus einem Stück
integral hardener Zusatzhärter *m*
integral lock in die Klinke eingebauter Schließzylinder *m*
integral process Wirkstoffzusatz *m* zum Abbinden
integral proofer Zusatzschutzmittel *n*
integral waterproofing Sperrung *f (im Bauteil)*; eingeschlossene Dichtung *f*
integrally cast einteilig betoniert; aus einem Stück, in einem Stück gegossen
integrally coloured durchgefärbt, eingefärbt
integrated integriert, ganzheitlich
integrated ceiling eingehängte Decke *f* mit voller Installation *(Licht, Klimaanlage, Lautsprecher)*
integrated survey Komplexerkundung *f (Baugrund, Lagerstätten)*
integrated traffic management integriertes Verkehrssystemmanagement *n*
integration Zusammenbau *m*, Einbau *m*
integration constant Integrationskonstante *f*
intelligent building intelligentes Gebäude *n (mit Hightech ausgerüstet)*
intensity spezifische Kraft *f (auf Flächengröße, z. B. N/mm²)*; Beanspruchungsgrad *m*, Intensität *f*
intensity of illumination Beleuchtungsstärke *f*
intensity of load Laststärke *f*
intensity of noise Lärmstärke *f*
intensity of oscillation Schwingungsstärke *f*, Erschütterungsstärke *f*
intensity of shearing Scherungsstärke *f*
intensity of stress Spannungsintensität *f*
intensity of torsional strain [stress] Torsionsspannung *f*
intensity of traffic Verkehrsdichte *f*
intensively cohesive *(Bod)* stark bindig
intentionally vorsätzlich
interact *v* zusammenwirken; austauschen
interacting arches verschränkte Bögen *mpl*
interaction gegenseitige Beeinflussung *f*, Wechselwirkung *f*, Rückwirkung *f*
interbedded eingebettet, zwischengelagert
interbedding Einlagerung *f*, Einbettung *f*, Zwischenlagerung *f*
intercepted matter Abscheidungsstoff *m*, abgeschiedener Stoff *m*
intercepting chamber Fangschacht *m*, Abscheideschacht *m*
intercepting ditch Abfanggraben *m*
intercepting drain Sammler *m*, Fangdrän *m*
intercepting sewer Abwassersammler *m*, Sammelabwasserkanal *m*
intercepting trap *(San)* Geruchsverschluss *m*, Fang *m*
interceptor 1. Abscheider *m*, Flüssigkeitsabscheider *m (für Leichtflüssigkeiten)*; 2. *(San)* Fang *m*, Separator *m*, Abwasserklärer *m*; 3. *(San)* Geruchsverschluss *m (außerhalb des Gebäudes befindlich)*
interchange 1. *(Verk)* Kreuzungsbauwerk *n*; Autobahnkreuz *n*; Autobahndreieck *n*, Autobahnknoten *m*; 2. *(Verk)* Umsteigepunkt *m*
interchange of heat Wärmeaustausch *m*
interchangeability Austauschbarkeit *f*
interchangeable austauschbar, vertauschbar, auswechselbar
intercoat Zwischenanstrich *m*, Voranstrich *m*, Zwischenschicht *f*
intercoat adhesion Zwischenschichthaftfestigkeit *f (Anstrich)*
intercolumnal screen Brüstungsmauer *f* zwischen den Säulen
intercolumniation *(Arch)* Interkolumnium *n*, Säulen(zwischen)abstand *m*
intercom(munication system) Gegensprechanlage *f*, Sprechanlage *f*, Wechselsprechanlage *f*
interconnect *v* (miteinander) verbinden
interconnected untereinander verbunden
interconnected bridge girders Solidarblechträger *mpl*
interconnecting bar Verbindungsstab *m*
interconnecting duct Verbindungsleitung *f*
interconnecting system Verbundnetz *n (Energie, Wasser)*
interconnection 1. Zwischenglied *n*, Zwischenverbindung *f (von Leitungssystemen)*; 2. Querverbindung *f*; 3. *(El)* Verbindungsleitung *f*
intercostal longitudinal girder Längsträger *m* zweiter Ordnung
intercrystalline fracture Korngrenzenbruch *m*
intercupola *(Arch)* Kuppelzwischenraum *m*, Zwischenraum *m* zwischen den Kuppelgewölben
interdigitate *v* ineinander greifen; verflechten; verzahnen; verflochten sein
interdigitation Verzahnung *f*, Verflechtung *f*
interduce *(Hb)* Fensterquerstrebe *f*, Zwischensprosse *f*, Sturzriegel *m*
interface Grenzfläche *f*, Berührungsfläche *f*, Grenzschicht *f*
interfacial activity Grenzflächenwirkung *f*
interfacial tension Grenzflächenspannung *f*
interfenestration Fensterzwischenabstand *m*, Fensterpfeilerbreite *f*
interfere *v* stören, interferieren
interference colour Interferenzfarbe *f*
interference fit Presspassung *f*
interfering sich kreuzend
interfingering wechselseitige Verzahnung *f (Strukturen)*
interfloor stair Geschosstreppe *f*, Stockwerktreppe *f*

interfloor traffic Etagenverkehr *m*, Geschossverkehr *m*, Stockwerkverkehr *f*
interfluve Wasserscheide *f (geologisch)*
intergranular fracture Korngrenzenbruch *m*
intergreen Grünzwischenzeit *f (Verkehrsampel)*
intergrind *v* vermahlen, zumahlen
intergrinding Vermahlung *f*, Zumahlung *f*
interground *v* vermahlen, zumahlen
intergrown knot verwachsener Astknoten *m*
interim development [expansion] Zwischenausbau *m (Gebäude)*
interim pavement Zwischenausbau *m (Straße)*
interim payment Abschlagzahlung *f*, Zwischenzahlung *f*
interior 1. Inneres *n (z. B. eines Gebäudes)*; 2. Innenraum *m*
interior air Raumluft *f*
interior casing innere Füllungshalteleiste *f*
interior climate Raumklima *n*
interior coating Innenbeschichtung *f*, Innenschutzanstrich *m*
interior column Innensäule *f*
interior-corridor (type) building Innenganghaus *n*
interior decorating innenarchitektonisch
interior decorating Innenarchitektur *f*, Innenarchitekturarbeiten *fpl*
interior decoration 1. Innendekoration *f*; 2. Innengestaltung *f*, innenarchitektonische Gestaltung *f*, Innenarchitektur *f (eines Raumes)*; 3. *s.* interior design
interior design Innenarchitektur *f*, Raumgestaltung *f*
interior designer Innenarchitekt *m*
interior door Innentür *f*
interior emulsion paint Dispersionsanstrichstoff *m* für innen
interior enamel Lackfarbe *f* für innen
interior face Klebeseite *f (Dach)*
interior finish 1. Innenputz *m*; 2. Innenverkleidung *f*; 3. Innenwandgestaltung *f*; 4. Innenanstrich *m*
interior finish board Innenwand(verkleidungs)platte *f*, Platte *f* zur Innenwandgestaltung
interior finishing coat Innendeckanstrich *m*
interior fittings Inneneinrichtung *f (eines Gebäudes)*
interior fixtures Innenausbauten *mpl*, innerer Ausbau *m*
interior force Spannkraft *f (einer Feder)*
interior furnishings Innenausstattung *f*
interior gallery apartment building *(AE)* Innenlaubenganghaus *n*
interior glazing Verglasung *f* von der Innenseite
interior hung scaffold deckenhängiges Gerüst *n*
interior lacquer Lackfarbe *f* für innen
interior latex paint Latexfarbe *f* für innen
interior layout Innenraumaufteilung *f*
interior lighting Innenbeleuchtung *f*
interior paint Innenanstrichfarbe *f*
interior painting Innenanstrich *m*
interior partitioning Raumeinteilung *f*
interior perspective Innenperspektive *f*
interior plaster(ing) Innenputz *m*
interior primer Innengrundierung *f*, Innengrundieranstrich *m*
interior reveal Innenleibung *f*
interior seal Innenabdichtung *f*
interior skin Innenhaut *f*
interior space Innenraum *m*
interior span Mittelfeld *n*
interior strain innere Spannung *f*
interior support Zwischenauflager *n*, Zwischenauflagerung *f*
interior trim Innenseitenverblendung *f (Tür, Fenster)*
interior-type plywood Sperrholz *n* für innen, Zierfurnier *n*
interior view Innenansicht *f*, Innenperspektive *f*
interior wall Innenwand *f*, Mittelwand *f*, Zwischenwand *f*
interior water Binnengewässer *n*
interior wood Innenausbauholz *n*
interior work Innenausbau *m*, Ausbau *m*
interior work ratio Ausbauverhältnis *n*
interjacent dazwischenliegend
interjoist Querträgerzwischenraum *m*, Unterzugfeld *n (Decken)*
interlaboratory study Ringanalyse *f (Baustoffprüfung)*
interlaboratory test comparisons Vergleichsprüfungstest *m* zwischen Labors
interlace *v* (ver)flechten, vernetzen; verschachteln
interlace gewundene Verzierung *f*, Entrelacs *n (Ornament)*
interlaced arcade *s.* interlacing arcade
interlaced fencing Latten(streifen)kreuzgitterzaun *m*
interlacing Flechten *n*; Verschachteln *n*; Verflechten *n*
interlacing arcade Bogengang *m* mit überschnittenen Bögen
interlayer Zwischenlage *f*, Zwischenschicht *f*, Trennschicht *f*
interlayered bedding *(Erdb)* Wechselschichtung *f*
interlock *v* 1. (ineinander) verspannen; verblocken; verzahnen; verzwicken; ineinander greifen; 2. blockieren; sperren
interlock Verzahnung *f*, Spundwandschloss *n*
interlocked verspannt; verblockt; zusammengeschlossen; zusammengesteckt • **be interlocked** ineinander greifen *(Arbeitsgänge)*
interlocking 1. Verspannung *f*, Ineinandergreifen *n (von Montageelementen)*; 2. Verzwicken *n (von Schüttmaterialtragschichten)*
interlocking clay roof tile Dachfalzziegel *m*, Muldenfalzziegel *m*
interlocking concrete pipe Betonrohr *n* mit Falzverbindung
interlocking cone Spannkegel *m*, Spannkonus *m (Spannbeton)*
interlocking joint ineinander greifende Verbindung *f*, verankerte Fuge *f*, gefalzte Fuge *f*
interlocking paver Verbundstein *m*, Verbundpflasterstein *m*
interlocking paving Verbundpflaster *n*
interlocking tile Falzziegel *m*
intermediate dazwischenliegend, zwischen...
intermediate Zwischenstück *n*, Zwischenglied *n*
intermediate aggregate Keilsplitt *m*, Füllsplitt *m*
intermediate anchoring Zwischenverankerung *f*
intermediate arch Zwischenbogen *m*
intermediate beam Zwischenträger *m*
intermediate bearing Zwischenlager *n*
intermediate bottom Zwischenboden *m*
intermediate building Zwischenbau *m*
intermediate ceiling Zwischendecke *f*, Einschubdecke *f*
intermediate coat Zwischenanstrich *m*
intermediate column Zwischenstütze *f*
intermediate controlling dimension Einzelmaß *n*
intermediate course 1. Zwischenschicht *f*; 2. Asphaltbinderschicht *f*; 3. Mauersteinbinderlage *f*
intermediate fibreboard Halbhartfaserplatte *f*
intermediate film Zwischenfüllung *f*
intermediate floor Geschossdecke *f*, Etagendecke *f*
intermediate foam layer Schaumzwischenlage *f*, Schaumzwischenschicht *f*
intermediate girder Zwischenträger *m*
intermediate igneous rock Erstarrungsgestein *n*
intermediate jack rafter Mittelschifter *m (Dachkonstruktion)*
intermediate landing Zwischenpodest *n*
intermediate lane Mittelfahrbahn *f*

intermediate layer Zwischenlage *f*, Zwischenschicht *f*
intermediate link Zwischenglied *n*
intermediate member Zwischenträger *m*, Zwischenglied *n*; Zwischenstück *n*
intermediate pier [pillar] Zwischenpfeiler *m*
intermediate post Zwischensäule *f*, Zwischenpfosten *m*
intermediate principal stress mittlere Hauptspannung *f*
intermediate rafter Zwischensparren *m*, Leersparren *m*, Leergebinde *n*
intermediate rib Gewölbezwischenrippe *f*
intermediate sleeper Mittelschwelle *f*
intermediate stiffener Zwischenaussteifung *f*
intermediate stockyard Zwischenlager *n*
intermediate stone 1. Füllsplitt *m*, Keilsplitt *m*; 2. Zwickelstein *m*
intermediate storage Zwischenlagerung *f*
intermediate storey Zwischengeschoss *n*
intermediate straight line *(Verk)* Zwischengerade *f* *(Trassierung)*
intermediate support Zwischenstütze *f*, Zwischenauflager *n*
intermediate-temperature-setting adhesive bei mittlerer Temperatur abbindender Klebstoff *m*
intermediate track Mittelfahrbahn *f*
intermediate truss mittleres Fachwerkfeld *n*, Leergebinde *n*
intermediate value Zwischenwert *m*
intermediate wall Zwischenwand *f*
intermit *v* intermittieren, unterbrechen, aussetzen
intermittency (zeitweilige) Unterbrechung *f*, Aussetzen *n*
intermittent 1. unterbrochen; 2. gestrichelt *(Zeichnung)*
intermittent mixing plant Chargenmischanlage *f*
intermittent spring *(Bod)* periodische Quelle *f*
intermittent weld unterbrochene Schweißnaht *f*
intermix *v* vermischen, vermengen, durchmischen; sich vermischen
intermixable vermischbar
intermixing Vermischen *n*, Vermischung *f*, Zumischung *f*
intermodal transfer terminal Integrationsbahnhof *m*, Bahnhof *m* bei Verkehrsträgerwechsel
intermount floor Gebirgsflussebene *f*
intern architect Jungarchitekt *m*, (noch) nicht zugelassener Architekt *m*
internal action of concrete Arbeiten *n* des Betons
internal bending moment inneres Biegemoment *n*
internal cable metdod Innenkabelverfahren *n* *(Spannbeton)*
internal carcass Innengerippe *n*
internal cavity wall innere Schale *f*
internal climate Raumklima *n*
internal coat Innenanstrich *m*
internal combustion rammer Explosionsramme *f*
internal constitution innerer Aufbau *m* *(Baustoffe)*
internal core Innenkern *m*
internal crack Innenriss *m*
internal decorating Innengestaltung *f*, Innengestalten *n*
internal diameter lichter Durchmesser *m*
internal dimension Innendurchmesser *m*, Innenmaß *n*
internal dormer (window) integriertes Gaupenfenster *n*
internal finish Innenausbau *m*
internal finishing Innenausbau *m*, Innenausbauarbeiten *fpl*
internal fittings Wohnungszubehör *n*
internal fixtures Innenausbauelemente *npl*, Innenausbauteile *npl*
internal force innere Kraft *f*, Schnittkraft *f*
internal force distribution Schnittkraftverlauf *m*
internal forces Schnittkräfte *fpl*
internal friction innere Reibung *f*, Eigenreibung *f* *(in Festkörpern)*
internal gas installation work Gasinstallationsarbeiten *fpl*
internal glazing Innenverglasung *f*, Zwischenwandverglasung *f*
internal groove Auskehlung *f*
internal hardening stress Härtungsspannung *f*, Härtespannung *f*
internal installation Gasinstallation *f*
internal installation work Gasinstallationsarbeiten *fpl*
internal insulation Innendämmung *f*, Innenisolierung *f*
internal joinery Holzeinbauten *mpl*
internal layout Innen(raum)aufteilung *f*
internal leaf Innenschale *f* *(Hohlwand)*
internal lining innere Verkleidung *f*
internal moment inneres Moment *n*, Moment *n* der inneren Kräfte, Innenmoment *n*
internal noise Innenlärm *m*
internal paint Innen(anstrich)farbe *f*
internal part of building Gebäudeinnenbauteil *m*, Innenbauteil *m* eines Gebäudes
internal-partition trap Geruchsverschluss *m* mit innerer Trennwand, Geruchsverschluss *m* mit innerem Trennblech
internal plaster Innenputz *m*
internal plastering 1. Innenputz *m*; 2. Innen(ver)putzarbeit *f*
internal plumbing sanitäre Gebäudeinstallation *f*, Haussanitärinstallation *f*, Sanitäranlage *f*, Sanitäreinrichtungen *fpl*
internal porosity of aggregate particles Haufwerksporigkeit *f*
internal pressure Innendruck *m*
internal prestress interne Vorspannung *f*
internal-quality block Füllmauerstein *m*; Hintermauerblock *m*
internal-quality brick Füllmauerziegel *m*; Hintermauer(ungs)ziegel *m*
internal redecoration Innenrenovierung *f*
internal ressilience elastische Verformungsenergie *f*
internal sill innere Sohlbank *f*
internal size Innenmaß *n*
internal source Inlandsquelle *f*
internal stress Innenspannung *f*, bleibende [innere] Spannung *f*, Eigenspannung *f*
internal structure Innenstruktur *f* *(Baustoffe, Bauelemente)*
internal telephone Haustelefon *n*
internal temperature control Raumtemperatursteuerung *f*
internal tension Eigenspannung *f*
internal thread Innengewinde *n*, Muttergewinde *n*
internal tracery *(Arch)* Innenmaßwerk *n*
internal traffic innerbetrieblicher Verkehr *m*, Innenverkehr *m*
internal treatment 1. Wasseraufbereitung *f* innerhalb des Boilers; 2. Innenschutz *m*, Innenbehandlung *f* *(Behälter)*
internal vibration Innenrüttlung *f*
internal vibrator Innenrüttler *m*, Tauchrüttler *m*; Flaschenrüttler *m*
internal vibrocompactor Innenrüttler *m*
internal wall Innenwand *f*, Zwischenwand *f*
internal water treatment Wasseraufbereitung *f* innerhalb des Boilers
internally fired boiler Boiler *m* mit Innenfeuerung
International Council for Building Research Studies and Documentation *(CIB)* Internationaler Rat *m* für Forschung, Studium und Dokumentation des Bauwesens *(CIB)*
International Standards Organization *(ISO)* Internationale Organisation *f* für Standardisierung *(ISO)*

International style internationale Funktionalarchitektur *f* *(entwickelt in den 20er Jahren unseres Jahrh. in den USA und Westeuropa und weltweit angewendet)*
international terminal building Abfertigungsgebäude *n* für internationale Flüge, Auslandsflugabfertigungsgebäude *n*
interoffice traffic Bürozwischenverkehr *m*
interpenetrate *v* sich gegenseitig durchdringen
interpenetration gegenseitige Durchdringung *f*
interpenetration of spaces Raumdurchdringung *f*
interphone Haussprechanlage *f*, Gegensprechanlage *f*
interphone set Haussprechanlage *f (Apparat)*
interpier sheeting Zwischenpfeilerschalung *f*
interpit sheeting Unterfangungsschalung *f*
interplant bridge *(AE)* Werkverbindungsbrücke *f*
interplay *(Stat)* Wechselspiel *n*, Beziehungsspiel *n*
interplay of forces Kräftespiel *n*
interpolation Interpolation *f*
interpolation formula Interpolationsformel *f*
interpose *v* zwischenschalten
interposed vault Zwischengewölbe *n*
interpret *v* **geometrically** geometrisch deuten
interpretation Interpretation *f*, Beurteilung *f*
interpretation equipment Auswertegerät *n*, Auswertegeräte *npl*
interpretation technique Auswertetechnik *f (Untersuchungs- und Prüftechnik)*
interrupt *v* 1. unterbrechen; 2. *(El)* abschalten
interrupted acoustical ceiling unterbrochene Schall(zwischen)decke *f*
interrupted arch Zierbogen *m* mit Ornamentzwischenstück
interrupted arch moulding normannische Zierbogenform *f* mit Zwischenornamenten
interrupted cycle unterbrochener Zyklus *m*
interrupted row aufgelockertes Lichtband *n*
interruption 1. Unterbrechung *f*; 2. *(El)* Abschaltung *f*
intersect *v (Verm)* durchdringen; sich überschneiden; sich schneiden, kreuzen *(Linien)*
intersecting Verschneidung *f (zweier Gewölbe)*
intersecting angle Schnittwinkel *m*, Kreuzungswinkel *m*
intersecting arcade Bogengang *m* mit einander durchdringenden Bögen
intersecting barrel *(Arch)* Kreuzkappe *f*
intersecting roof Kehlendach *n*
intersecting surfaces einander durchschneidende Flächen *fpl*
intersecting tracery durchdringendes Maßwerk *n*
intersecting vaulting Kreuzkappenwölbung *f*
intersection 1. Schneiden *n*, Schnitt *m (einer Linie)*; 2. Überschneidung *f*; 3. *(Verm)* Durchdringung *f*, Verschneidung *f (zweier Gewölbe)*; 4. Schnittpunkt *m*; Durchdringungslinie *f*; 5. *(AE) (Verk)* Kreuzung *f*, Straßenkreuzung *f*, Straßenknoten *m*
intersection approach Kreuzungszufahrt *f*
intersection count (for traffic) Knotenpunktzählung *f (Verkehrszählung)*
intersection leg Abzweigung *f*, Anschlussarm *m*
intersection line Schnittlinie *f*
intersection point *(Verk)* Schnittpunkt *m*, Tangentenschnittpunkt *m*
interspace Zwischenraum *m*
interspersed eingesprenkelt, durchsetzt *(Naturstein, Werkstein)*
interspersion Einsprenkelung *f*, Durchsetzung *f (Mineralien in Naturstein)*
interstate überörtlich, zwischen den Bundesländern
interstate freeway *(AE)* Autobahn *f*
interstate highway *(AE)* Bundesfernstraße *f*
interstates *(AE)* Fernstraßennetz *n*
interstice 1. Zwischenraum *m*, Spalt *m*; Fuge *f*, Riss *m*, Sprung *m (z. B. in einer Wand)*; Hohlraum *m*; 2. Pore *f*, Hohlraum *m (Gemischbaustoff)*
interstitial mit Zwischenräumen
interstitial filling Porenfüllung *f*
interstitial water Porenwasser *n*
interstitium *(Arch)* Kreuzungsraum *m (Kirche mit Querschiff)*
interstratification Einlagerung *f*, Zwischenlagerung *f (Geologie)*
interstratified zwischengelagert *(geologische Schichten)*
interstratified bed Zwischenlagerschicht *f*, Einlagerung *f*
interstream area Wasserscheide *f*
intertie *(Hb)* Fensterquerstrebe *f*, Zwischensprosse *f*; Sturzriegel *m*
intertie beam Sturzriegel *m*
intertongued verzahnt *(meist geologisch)*
intertwine *v* sich verflechten
intertwinement Verflechtung *f*
interval Zwischenweite *f*
interval between rivets Nietabstand *m*
interveined geadert *(Naturstein)*
interwedged verzahnt
interwind *v* (sich) verflechten
interwoven verschlungen
interwoven fencing Lattenstreifenkreuzgitterzaun *m*
intimate 1. innig (vermischt) *(Baustoffe)*; 2. eng *(Kontakt)*
intimately disseminated feinverteilt
intonaco Marmorstaubfeinputz *m (für Freskenmalerei)*
intrados *(Arch)* Bogenleibung *f*, Gewölbeleibung *f*, Leibung *f*, innere Wölbungsfläche *f*, Unterseite *f*, Untersicht *f (Gewölbe)*
intrados surface Leibungsfläche *f (eines Bogens)*
intrados width Bogentiefe *f (Wölbung)*
intricate section komplizierter Querschnitt *m*
intrinsic brightness *s.* luminance
intrinsic curve Mohr'sche Umhüllungskurve *f (Bruchmechanik)*
intrinsic pressure Kohäsionsdruck *m*
intrinsic rupture curve Brucheigenlinie *f*
intrinsic safety Eigensicherheit *f*
introduce *v* einsetzen, einbauen, einlegen; einbringen; zugeben; einführen
introduction 1. Einsatz *m*, Einsetzen *n*, Einlegen *n*; Einbringen *n*, Zugabe *f*, Einleitung *f*, Einführung *f*; 2. Einlass *m*, Einströmungsöffnung *f*
intrude *v* intrudieren *(in Gestein)*; eindringen
intruded rock Intrusivgestein *n*
intruder alarm Einbruchsmeldeanlage *f*
intruder-proof einbruchsicher
intruder protection Aufsperrsicherung *f (Schloss)*
intrusion detection system Einbruchmeldeanlage *f*
intrusion grout [mortar] Einpressmörtel *m*, Injektionsmörtel *m*
intrusion of water *(Erdb)* Wassereinbruch *m*
intrusive rock Intrusivgestein *n*, Tiefengestein *n*, Plutonit *m*
intumescence Anschwellen *n*
intumescent paint Schaum(schicht)anstrich *m*, dämmschichtbildender Anstrichstoff *m*
intumescent strip anschwellende Dichtung *f*
inundate *v* überfluten, überschwemmen
inundated area Überschwemmungsgebiet *n*
inundated sand Schwemmsand *m*
inundation Überflutung *f*, Überschwemmung *f*, Hochwasser *n*
inundation bridge Flutbrücke *f*
inundation canal Entlastungs(flut)graben *m*, Flutkanal *m*

inundation limit Hochwasserbett *n*, Hochwasserbegrenzung *f*
inundation protection Hochwasserschutz *m*
invalid rechtsungültig
invariant of stress Invariante *f* des Spannungstensors [Spannungszustands], Spannungs(tensor)invariante *f*
invariant of stretching Invariante *f* des Streckungstensors, Streckungs(tensor)invariante *f*
inventiveness Erfindungskraft *f*
inventory *v* inventarisieren, den Bestand aufnehmen
inventory 1. Inventar *n*; Lagerbestand *m*; 2. Inventarverzeichnis *n*; Lagerliste *f*
inverse relationship spiegelbildliches Verhältnis *n*
inverse square law quadratisches Abstandsgesetz *n*
inversion schnelle Umwandlung *f (z. B. Kristall)*
inversion point Umwandlungstemperatur *f*
invert 1. Sohlplatte *f*, Grundplatte *f*, Sohle *(z. B. von Kanälen, Tunneln)*; Kanalsohle *f*; 2. Herdmauer *f*
invert level Sohlenhöhe *f*
invert wall *(Wsb)* Umlenkwand *f*, Sturzbeckenfläche *f*
inverted umgekehrt; kopfstehend
inverted arch verkehrtes Gewölbe *n*, Gegenbogen *m*; Fundamentgewölbe *n*
inverted arch foundation Fundamentgewölbe *n*
inverted bow-and-chain girder Fischbauchträger *m*, Pauliträger *m*
inverted cavetto Anlauf *m (konkav kurvierte Vermittlung zwischen einem vorspringenden unteren und einem zurücktretenden oberen Bauelement)*
inverted flat slab foundation Pilzgrundplatte *f*
inverted joint Umkehrfitting *n*
inverted kerb Tiefbordstein *m*
inverted king truss umgekehrtes einfaches Hängewerk *n*
inverted pyramid umgekehrte Pyramide *f*
inverted siphon Düker *m*
inverted suspension umgekehrte Aufhängung *f*
inverted vault umgekehrtes Gewölbe *n*, Kontergewölbe *n*; Erdgewölbe *n*, Grundgewölbe *n*, Sohlengewölbe *n*
investigate *v* untersuchen; erforschen
investigation Untersuchung *f*; Erforschung *f*
investigation into buckling Beuluntersuchung *f*
investigation of building materials Baustoffuntersuchung *f*
investigation of deficiencies Bestandsaufnahme *f* der Mängel
investigation of foundation Baugrundforschung *f*
investigation of foundation conditions Baugrunduntersuchung *f*
investigation of soil Bodenuntersuchung *f*
investigator Untersuchender *m*, Forscher *m*, Forschungsnehmer *m*
investigatory untersuchend; erforschend
investigatory level *(Verk)* Warnwert *m*, Zustandswert *n* für Untersuchungserfordernisse
investment 1. Anlage *f*; 2. Investition *f*; Ausstattung *f*
investment cost Investitionskosten *pl*
invisible unsichtbar, verdeckt
invisible frame Blindrahmen *m*
invisible hinge unsichtbare Türangel *f*, verdecktes Türscharnier *n*
invisible radiation unsichtbare Strahlung *f*
invitation to bid [tender] Ausschreibung *f*
invited bidders in Frage kommende Baufirmen *fpl*
inviting (of) builders' estimates Kostenvoranschlagsabforderung *f*, Einholung *f* von Kostenvoranschlägen; Ausschreibung *f*
invoice Rechnung *f*, Warenrechnung *f*
involute evolventenförmig (gekrümmt)
involute Evolvente *f*, Involute *f*, Abwicklungskurve *f*
involute whorl involute Windung *f*
involutometry Evolventengeometrie *f*
inwall Hochofenfutter(mauerwerk) *n*, Schachtmauerwerk *n*
inwall brick Hochofenmauerstein *m*
inward batter Verjüngung *f*
inward bulging Einbauchung *f*
inward diffusion Eindiffundieren *n*
inward-opening door einwärts öffnende Tür *f*
inward penetration Eindringen *n*, Eindiffundieren *n*
inward-swinging nach innen öffnend, einwärts schlagend
inwrought (hin)eingearbeitet; eng verflochten
ion detector Ionensonde *f (Prüftechnik)*
ion exchange Ionenaustausch *m*
ion exchanger Ionenaustauscher *m*
Ionian *s.* Ionic
Ionic *(Arch)* ionisch
Ionic architecture ionische Architektur *f*
Ionic capital ionisches Kapitell *n*
Ionic column ionische Säule *f*
Ionic cyma ionisches Kyma *n*, Eierstab *m*
Ionic order [of architecture] ionische Ordnung *f* [Säulenordnung *f*]
Ionic style ionischer Stil *m*
iridescence Irisglanz *m*
iridize *v* schillern *(in Regenbogenfarben)*
Irish architecture irische Architektur *f*, irische Baukunst *f*
Irish moss irisches Moos *n*, Perlmoos *n*
iroko Irokoholz *n (afrikanisches Nutzholz)*
iron *v* (mit Eisen) beschlagen
iron aggregates Eisenzuschläge *mpl*, Eisenzuschlagstoffe *mpl*
iron-aluminia ratio Tonerdemodul *m (Zement)*
iron-arch bridge eiserne Bogenbrücke *f*
iron architecture Eisenarchitektur *f*
iron article Eisenartikel *m*, Eisengegenstand *m*, Eisenerzeugnis *n*
iron bar Stabeisen *n*
iron bar cutter Betonstahlschere *f*
iron-base auf Eisenbasis
iron-base material Eisenwerkstoff *m*
iron beam Eisenbalken *m*, Eisenträger *m*
iron blast-furnace slag Hochofenschlacke *f*
iron blast-furnace slag aggregate Hochofenschlackenzuschlag(stoff) *m*
iron blue Eisenblau *n*, Berliner Blau *n (Farbstoff)*
iron brick Schlackenstein *m*
iron bridge Stahlbrücke *f*, eiserne Brücke *f*
iron caisson eiserner Senkkasten *m*
iron casting Eisengussstück *n*
iron cement Eisenkitt *m*, Rostkitt *m*
iron cinder Hochofenschlacke *f (als Zuschlag)*
iron column eiserne Säule *f*
iron-containing eisenhaltig
iron core Eisenkernbewehrung *f*
iron corrosion Eisenkorrosion *f*
iron cross section Eisenquerschnitt *m*
iron cutters Eisenschere *f*
iron dog Eisenklammer *f*, Baukrempe *f*
iron dowel Eisendollen *m*, Eisendübel *m*
iron dust Eisenmehl *n*
iron elemination Enteisenung *f (Wasser)*
iron foil dünnes Eisenblech *n*
iron for making joints Fugeneisen *n*
iron forms Eisenschalung *f*
iron formwork Eisenschalung *f*
iron gate Eisentor *n*
iron girder Eisenträger *m*
iron handrail eisernes Treppengeländer *n*

iron hinge eisernes Gelenk *n*
iron lintel Eisensturz *m*
iron ochre Berggelb *n*, Eisenocker *m*
iron-ore aggregate Eisenerzzuschlagstoff *m*
iron-ore cement Eisenerzzement *m*, Ferrarizement *m*
iron oxide Eisenoxid *n*, Ferrioxid *n*
iron oxide red Eisenoxidrot *n*
iron pin Eisendübel *m*
iron pipe Eisenrohr *n*
iron-pipe size Eisenrohrdimension *f*
iron pipeline Eisenrohrleitung *f*
iron plate chimney Blechschornstein *m*
iron Portland cement Eisenportlandzement *m*
iron putty Eisenoxidkitt *m*
iron removal Enteisenung *f (Wasser)*
iron ribbon Stahlband *n*
iron ridging Stahlfirsthaube *f*, Stahlfirstkappe *f*
iron rust Eisenrost *m*
iron-rust cement Graphitzement *m*, Eisenkitt *m*, Metallkitt *m*
iron sandstone Eisensandstein *m*, eisenschüssiger Sandstein *m*
iron sash bar Sprosseneisen *n (Fenster)*
iron section Eisenprofil *n*, Formeisen *n*, Profileisen *n*
iron sheet Stahlfeinblech *n*
iron sheetpile Eisenspundbohle *f*
iron-shod eisenbereift
iron shot Eisenschrot *m*
iron shot concrete Eisenschrotbeton *m*
iron slag aggregate Hochofenschlackenzuschlag(stoff) *m*
iron stained eisenfleckig
iron stove Eisenofen *m*
iron structural framework construction Eisenskelettbau *m*, Eisentraggerippebau *m*
iron tie Kopfanker *m*, Schlauder *m*
iron wire Eisendraht *m*
iron wood Eisenholz
iron yellow Eisengelbpigment *n*
ironlike eisenartig
ironmongery Kleineisenzeug *n*, Kleineisenbauelemente *npl*, Eisenwaren *fpl*; Beschläge *mpl*
irontie Deckenbinder *m*
ironware Eisenbeschläge *mpl*, Kleineisenzeug *n*
ironwork 1. Schmiedearbeit *f*, Eisenarbeit *f*; Kunstschmiedearbeit *f*; 2. Eisenkonstruktion *f*
irony eisenhaltig
irradiated plastic bestrahlter Kunststoff *m*
irradiation Bestrahlung *f*
irradiation by solar rays Sonnenbestrahlung *f*
irreconcilable unvereinbar
irregular uneben, unregelmäßig
irregular-coursed rubble (wall) unregelmäßiges Schichtenmauerwerk *n*
irregular paving set Wildpflasterstein *m*, Schrottenpflasterstein *m*
irregular settlement ungleichmäßige Setzung *f*
irregularity 1. Ungleichförmigkeit *f*, Unregelmäßigkeit *f*; 2. Unebenheit *f*, Abweichung *f (Oberfläche)*
irregularly spaced mit ungleichen Abständen; ungleichmäßig geteilt
irreversible nicht umkehrbar, bleibend
irreversible deformation bleibende Formänderung *f* [Verformung *f*]
irrigate *v* bewässern, berieseln, besprengen
irrigated area Bewässerungsfläche *f*
irrigated field *s.* irrigation field
irrigated surface Rieselfläche *f*
irrigating ditch *s.* irrigation ditch
irrigation Bewässerung *f*, Berieselung *f*
irrigation agriculture Bewässerungswirtschaft *f*
irrigation by water Wasserberieselung *f*
irrigation canal (float) Bewässerungskanal *m*
irrigation cooler Berieselungskühler *m*
irrigation design Bewässerungsanlagenberechnung *f*
irrigation district Rieselfeld *n (Klärfeld)*
irrigation ditch Bewässerungsgraben *m*, Wasserkanal *m*
irrigation engineering Bewässerungstechnik *f*
irrigation field Rieselfeld *n (Klärfeld)*
irrigation furrow Rieselfurche *f*
irrigation line Bewässerungsleitung *f*
irrigation lock Bewässerungsschleuse *f*
irrigation method Bewässerungsmethode *f*
irrigation net Bewässerungsnetz *n*, Berieselungsnetz *n*
irrigation pipe Bewässerungsrohr *n*
irrigation plant Bewässerungsanlage *f*
irrigation storage Bewässerungsspeicherung *f*
irrigation structures Bewässerungsanlagen *fpl (Bauwerk)*
irrigation system Bewässerungssystem *n*
irrigation tower Berieselungsturm *m*
irrigation water Rieselwasser *n*; Beregnungswasser *n*
irrigation works Bewässerungsanlage *f*, Berieselungsanlage *f*
irrotational wave Dehnwelle *f (Festkörperschall)*
irruption Eindringen *n*, Einbruch *m*, Durchbruch *m (Wasser)*
Islamic architecture islamische Architektur *f (entwickelt vom 7.–16. Jahrhundert in Vorderasien, Indien, Nordafrika und Spanien)*
island Verkehrsinsel *f*
island-base kitchen cabinet frei stehende Küche *f (Anrichte)*
isobarism Druckgleichheit *f (Luftdruck)*
isodomum of blocks *(Arch)* Quadermauerwerk *n*, Quaderverband *m*
isogonality Winkeltreue *f (einer Darstellung)*
isolate *v* trennen *(vom Stromkreis)*; abschalten
isolated 1. einzeln stehend, frei stehend, vereinzelt; 2. *(El)* getrennt; isoliert
isolated building frei stehendes Gebäude *n*
isolated chimney frei stehender Schornstein *m*
isolated column Vollsäule *f*, frei stehende Säule *f*, Freisäule *f*
isolated footing Einzelfundament *n*
isolated foundation Einzelfundament *n*
isolated motif Einzelmotiv *n*
isolated support Freistütze *f*, Vollstütze *f*, frei stehende Stütze *f*
isolated tube frei stehende Badewanne *f*, Freistehwanne *f*
isolation joint Trennfuge *f*
isolation of noise Geräuschdämmung *f*
isolation switch *(El)* Trennschalter *m*
isolation valve Rohrbruchsicherung *f*, Selbstschlussventil *n*
isolator Schwingungsdämpfer *m*, Erschütterungsdämpfer *m*
isometric drawing maßgerechte Zeichnung *f*, isometrische Darstellung *f*, dreidimensionale Darstellung *f*
isometric projection isometrische Projektion *f* [Darstellung *f*], dreidimensionale Projektion *f*
isometric system kubisches System *n*
isometry Isometrie *f*, Längengleichheit *f*, Höhengleichheit *f*
isosceles gleichschenklig
isostasy Isostasie *f*
isostatic statisch bestimmt, isostatisch
isostatic balance isostatisches Gleichgewicht *n*
isostatic frame perfekter Rahmen *m*
isostatic line Istostate *f*, Hauptspannungslinie *f*, Hauptspannungstrajektorie *f*
isostatic net isostatisches Netz *n*
isostatic structure statisch bestimmtes Bauwerk *n*
isotherm Isotherme *f*
isothermal isotherm, isothermisch

isotope room Isotopenraum *m*
isotropic isotrop, richtungsunabhängig *(Eigenschaften)*
isotropic body isotroper Körper *m*
isotropic hardening isotrope Stoffverfestigung *f*
isotropic material isotroper Werkstoff *m*
isotropic plate isotrope Platte *f*
issue 1. Austritt *m*; Ausfluss *m*; 2. Austrittsöffnung *f*, Mündung *f*
issued for construction baureif *(Bauzeichnungen)*
Italian Art Nouveau italienischer Jugendstil *m*
Italian Renaissance italienische Renaissance *f*
Italian Romanesque italienische Romanik *f*
Italian roof Walmdach *n*, abgewalmtes Dach *n*
Italian tiling Konkav-Konvex-Dachziegel *m*
item Position *f (z. B. in einem Leistungsverzeichnis)*; Gegenstand *m*, Artikel *m*; Einzellos *n*; Einheit *f*
item list Artikelliste *f*, Positionsliste *f*, Stückliste *n*
itemize *v* detaillieren, spezifizieren, einzeln aufführen
itemized cost(s) Einzel(positions)kosten *pl*
iteration method Iterationsverfahren *n*, Verfahren *n* der schrittweisen Näherung *(Mathematik)*
iteration process Iterationsvorschrift *f*
iteration sequence Iterationsfolge *f*
iteration solution Iterationslösung *f*
iterative method Iterationsverfahren *n*, Verfahren *n* der schrittweisen Näherung *(Mathematik)*
iterative sequence Iterationsfolge *f*
ivory black Elfenbeinschwarz *n*
ivory-coloured elfenbeinfarbig
ivory glazing Elfenbeinglasur *f*
ivory pigment Elfenbeinschwarz *n*
ivory work Elfenbeinbildwerk *n*
ivy-leaf moulding Efeublattschmuckprofil *n*
iwan *(Arch)* Iwan *m*, einseitig offene Hofhalle *f (eines parthischen Hauses)*
Izod impact test Pendelschlagversuch *m* nach Izod

J

jacaranda (wood) Palisanderholz *n*
jack *v* (an)heben; (ver)rücken *(mit Hebevorrichtung)*
jack *v* **down** abhobeln *(mit einem Schlichthobel)*
jack *v* **up** 1. aufbocken, heben *(mit Hebebock)*; (hoch)winden; 2. *(Hb)* abstoßen *(mit dem Hobel)*
jack 1. Hebebock *m*, Stützbock *m*; Heber *m*; Winde *f (Hebevorrichtung)*; 2. Spannpresse *f*
jack arch Flachbogen *m*, scheitrechter Bogen *m*; Stichbogen *m*; Segmentbogen *m*
jack hammer Presslufthammer *m*
jack plane Schlichthobel *m*, Schrupphobel *m*
jack rafter Schiftsparren *m*, Schifter *m*; Gratschifter *m*
jack rib Kurzrippe *f (für ein Gewölbe)*
jack rod Kletterstange *f*, Gleitstange *f (Gleitschalung)*
jack tensioning Vorspannen *n* mittels Spannpresse *(Spannbeton)*
jack up Hubinsel *f*
jack vault scheitrechtes Gewölbe *n*; *(AE)* Flachgewölbe *n*
jacket *v* ummanteln, verkleiden, umhüllen
jacket Mantel *m*, Ummantelung *f*, Verkleidung *f*, Umhüllung *f*
jacket pipe Mantelrohr *n*, Heizmantelrohr *n*
jacketed pipe Mantelrohr *n*, Heizmantelrohr *n*
jacketed wall Doppelwandung *f*
jackhammer leichter Bohrhammer *m*
jacking 1. Heben *n*; Verrücken *n*; Verrückung *f*; 2. Spannen *n (Spannbeton)*
jacking anchorage Spannverankerung *f (Spannbeton)*
jacking block Spannblock *m (für Spannbeton)*
jacking device for prestressed concrete Spann(beton)-presse *f*
jacking force Spannpresskraft *f (Spannbeton)*
jacking pipe Vortriebsrohr *n*
jacking rod *s.* jack rod
jacking stress Pressenspannung *f (Spannbeton)*
jackknife drilling mast Klappbohrmast *m*, Faltbohrmast *m*
jade Jade *m(f) (von Jadeit oder Nephrit stammender Edelstein)*
jadeite Jadeit *m*
jag *v* 1. (ein)kerben; ausblatten; 2. einzapfen *(Holz)*
jag 1. Felszacken *m*; 2. Einschnitt *m*, Kerbe *f*, Anschnitt *m*
jagged gezackt *(z. B. Konturen von Hochhäusern)*
jagged terrain zerklüftetes Gelände *n*
jail cell Gefängniszelle *f*
jalopy alter Karren *m (Baustellentransport)*
jalousette Jalousette *f (mit Kunststofflamellen, meist innen)*
jalousie Jalousie *f*, Zugjalousie *f (mit Holzstäben, meist außen)*
jalousie door Jalousietür *f*
jam *v* (fest)klemmen, sich verklemmen
jamb 1. Gewände *n*, Einfassung *f (Tür, Fenster)*; Laibung *f*, Leibung *f*; Pfosten *m*, Gewändepfosten *m*; Türpfosten *m*; 2. Stau *m*
jamb block Betongewändestein *m*
jamb footing Gewändeaufstand *m*
jamb lining Türfutter *n*, Holzleibung *f*
jamb of a chimney Schornsteinwange *f*
jamb post Gewändepfosten *m*
jamb trimmings Türbogenverzierung *f*
jamb wall Drempel *m*, Kniestock *m*, Kniestockwand *f*
jambs Gewände *n*
jambs and sills Platten *fpl* mit eingebauten Fenstern
jambstone Gewände *n*, Gewändestein *m*; Eckpfeiler *m*
jammed home festgeklemmt, eingeklemmt
japan *v* lackieren *(mit Hitzehärtung)*
japan (lacquer) *s.* Japanese lacquer
Japanese architecture japanische Architektur *f*, japanische Baukunst *f*
Japanese lacquer Japanlack *m*; Einbrennlack *m*
japanner Lackierer *m*
jar *v* rüttelverdichten; vibrieren
jarrah Jarrahholz *n*, australisches Mahagoni *n*
jarring Rütteln *n*; Erschütterung *f*
jarring plate Rütteltisch *m (Beton)*
jaspe lino Japsé *n*, Japsélinoleum *n*
Jasper ware Jasperware *f*
jaspure marmoriert
jaw breaker [crusher] Backenbrecher *m*
jellous gelartig, gallertartig
jemmy Brecheisen *n*, kurze Brechstange *f*
jenny Laufkran *m*, Laufkatze *f*
jerk motion ruckartige Bewegung *f (Kinematik)*
jerry schlecht gebaut
jerry-builder 1. Pfuscher *m*; 2. Bauspekulant *m*
jerry-building unsolide Bauweise *f*, Pfuschbau *m*
jerry-built schlecht gebaut
jerry-built house Bruchbude *f*, Pfuschbau *m*
jet *v* druckwasserspülen; einspülen, spülen *(mit Druck)*; spülbohren
jet 1. Strahl *m*; 2. schwarzer Marmor *m*
jet cement Blitzzement *m*, superfrühhochfester Zement *m*
jet drilling Wasserstrahlbohren *n*
jet pipe nozzle Strahlrohrmundstück *n*
jet pump Strahlpumpe *f*, Jetpumpe *f*

jet regulator Strahlregler *m*
jet screen Schüttelsieb *n*
jet shower Strahldusche *f*
jetcrete Spritzbeton *m*, Torkret(ier)beton *m*, Schrotbeton *m*, Torkretputz *m*
jetted well Spülbohrung *f*
jetting *(Erdb)* Spülbohren *n*
jetting lance *(Erdb)* Spüllanze *f*
jetting of piles *(Erdb)* Einspülen *n* der Pfähle
jetty 1. Hafendamm *m*, Mole *f*, Buhne *f*, Wellenbrecher *m*; 2. Kragelement *n* *(überhängendes Teil)*; vorspringendes Bauteil *n*
jetty head Flutbrecher *m*
jetway Start- und Landebahn *f*
Jew´s pitch Judenpech *n*
Jewish bema *(Arch)* Bema *n* *(Synagogenkanzel)*
jib Ausleger *m*; Auslegerarm *m*, Kranausleger *m*, Kranarm *m*, Kragarm *m*
jib assembly Aufrichten *n* des Kranauslegers
jib barrow Schubkarre *f*
jib crane Auslegerkran *m*
jib door Geheimtür *f*, Tapetentür *f*
jig 1. Lehre *f* *(Bohrlehre)*; 2. Setzkasten *m*; 3. Vorklassiersieb *n* *(Zuschlagstoffaufbereitung)*
jigback ropeway Pendelseilbahn *f*
jigger *v* überdrehen *(Grobkeramik)*
jiggering Überdrehen *n*, Drehen *n* *(Grobkeramik)*
jigging conveyor Schaukelförderer *m*, Schüttelförderer *m*
jigging and vibrating screen Schwing- und Vibrationssieb *n*
jigging washer Schwingwascher *m*
jigsaw Wippsäge *f*
jim-crow Brecheisen *n*, Brechstange *f*
jimmy *s.* jemmy
job *(AE) s.* job site
job engineering Arbeitsvorbereitung *f*, Ausführungstechnologie *f*, technologische Vorbereitung *f*
job-mix(ed) concrete Baustellenbeton *m*
job plan Bauarbeitsplan *m*
job record Bautagebuch *n*, Baubericht *m*
job report Baubericht *m*
job site *(AE)* Baustelle *f*, Bauplatz *m*
job-site installations *(AE)* Bau(stellen)einrichtung *f*
job-site mobilization Baustelleneinrichtung *f* *(Tätigkeit)*
job-site mobilization plan Baustelleneinrichtungsplan *m*
job-site office Bau(stellen)büro *n*
job size kleine Losgröße *n*
job specifications (besondere) Ausführungsbedingungen *fpl*, Pflichtenheft *n*
job superintendent 1. Baustellenkoordinator *m* *(bei Projektsteuerung)*; 2. *(AE)* Oberbauleiter *m*
jobber Reparaturhochbauarbeiter *m*
jobbing sheat Mittelblech *n*
jog *v* rütteln; stoßen
jog 1. Sprung *m*, Absatz *m* *(jede Unregelmäßigkeit in Richtung und Oberfläche eines Gebäudes)*; *(AE)* Unregelmäßigkeit *f* *(Oberflächen)*; 2. Ausklinkung *f*
joggle *v* 1. kröpfen; verzahnen; 2. rütteln
joggle 1. Verklammerung *f*, Verschränkung *f*, Verzahnung *f*; 2. Nut *f*, Dübel *m* *(für Ziegelverbindungen)*
joggle beam verzahnter Balken *m*
joggle joint verklammerter Stoß *m*
joggle jointing Verklammern *n*
joggle lintel Hakensturz *m*
joggled butt joint verklammerte Stoßfuge *f*
join *v* 1. verbinden, abbinden, zusammenfügen, aneinander fügen, anschließen; 2. *(Hb)* (ein)fügen, einblatten; ineinander passen; stoßen
join *v* **by adhesive** kleben, verkleben
join *v* **by cogging** *(Hb)* verkämmen
join *v* **by grooves** *(Hb)* spunden
join *v* **by prestressing** zusammenspannen *(mittels Vorspannen)*
join *v* **by rabbets** *(Hb)* einfalzen
join *v* **by welding** verbindungsschweißen
join *v* **with rivets** vernieten
joined abgebunden *(Bauholz)* • **be joined** zusammenhängen
joined lath Bindelatte *f*
joiner Bautischler *m*, Bauschreiner *m*, Tischler *m*
joiner's adhesive Tischlerleim *m*
joiner's art Tischlerei *f*
joiner's bench Hobelbank *f*
joiner's clamp Schraubzwinge *f*
joiner's glue Tischlerleim *m*
joiner's timber Tischlerholz *n*
joiner's trade [workshop] Tischlerei *f*, Schreinerei *f*
joiner's unit Bautischlerelement *n*, Bautischlerteil *n*
joiner's wood Tischlerholz *n*
joiner's work Tischlerarbeit *f*
joinery 1. Bautischlerei *f*, Bauschreinerei *f*; 2. Bautischlerarbeit *f*, Tischlerarbeit *f*; 3. Holzbauteile *npl*, Holzbauelemente *npl*
joinery component [unit] Holzbauteil *n*, Bautischlerelement *n*, Bautischlerprodukt *n*
joinery work Bautischlerarbeit *f*
joining 1. Abbund *m*, Abbinden *n*; Verbinden *n*, Fügen *n*; 2. *(Hb)* Einfalzen *n*, Einfügen *n*, Einblatten *n*
joining balk [beam] Bundbalken *m*, Verzug *m*
joining construction Verband *m*
joining element Verbindungselement *n*
joining metal Zusatzwerkstoff *m* *(Schweißen)*
joining piece Anschlussstück *n*, Verbindungsstück *n*
joining pipe Anschlussrohr *n*, Rohrstutzen *n*
joining plate Anschlussblech *n*
joining point Klebstelle *f*
joining shop Abbundhalle *f*
joining socket Anschlussrohr *n*, Anschlussstutzen *n*
joining yard Abbundplatz *m*
joint *v* 1. ausfugen, verfugen, nacharbeiten *(Mörtelfugen)*; 2. verbinden *(über Knoten)*; verlaschen; 3. *(Hb)* zusammenfügen, stoßen
joint *v* **a wall** eine Mauer verfugen
joint *v* **boards** hochkanthobeln
joint *v* **flat** flach ausfugen *(Mauerwerk)*
joint Knoten(punkt) *m*; Verbindung *f* *(Knoten)*; Anschluss *m*, Verbindungsstelle *f*, Fuge *f* *(Stoßfuge)*; Stoß *m*, Naht *f* *(Verbindung, Fügung)*; Schweißstelle *f*, Klebstelle *f*, Gelenk *n*
joint allowance Fugentoleranz *f*
joint angle Anschlusswinkel *m*, Beiwinkel *m*
joint architect Miterbauer *m*
joint beam Wechselbalken *m*
joint bolt Schließbolzen *m*, Gelenkbolzen *m*
joint bond Verbinder *m*
joint bonding Nahtverklebung *f*
joint box *(El)* Abzweigdose *f*, Anschlussdose *f*
joint bridging Fugenüberbrückung *f*
joint cement Vergussmasse *f*, Fugenkitt *m*
joint centre Fugenmittenabstand *m*
joint clearance *(Verk)* Dehnungsfuge *f*, Stoßdicke *f* *(Schiene)*
joint concrete Fugenbeton *m*, Verbindungsbeton *m*, Anschlussbeton *m*
joint configuration Fugenausbildung *f*, Stoßgestaltung *f*
joint connection Knoten(punkt)verbindung *f* *(in einem Fachwerk)*; Knotenverbindung *f* *(Stahlbau)*
joint cover(ing) Fugenüberdeckung *f*
joint cutter *(Verk)* Fugenschneider *m*
joint cutting Fugenschnitt *m*

joint depth Fugentiefe *f*
joint design Fugendimensionierung *f*, Fugenausbildung *f*
joint displacement Knotenverrückung *f*
joint dowel Fugendübel *m*
joint distance Fugenspalt *m*
joint equation Knotengleichung *f*
joint fastener Wellennagel *m*
joint filler Sperreinlage *f*, Fugeneinlage *f*
joint filler strip Fugenfüllstreifen *m*
joint filling Fugenverfüllen *n*, Fugendichten *n*
joint filling compound Fugenvergussmasse *f*, Fugenkitt *m*, Füllmasse *f*
joint finishing Fugenausbildung *f (Grundbau, Tiefbau)*
joint fixing Fugenbefestigung *f*
joint flooring Fußbodenbelag *m* mit Fugen
joint for allowance Überdeckungsstoß *m*
joint for movements *(Verk)* Bewegungsfuge *f (Betonstraße)*
joint formation Stoßausbildung *f (Stahlbau)*
joint gap Fugenspalt *m*
joint grid Fugennetz *n*, Fugenwerk *n*
joint hinge Scharnierband *n*, Gelenkband *n*
joint holding moment Knotenfesthaltemoment *n*
joint lapping Nahtüberlappung *f*, Nahtüberdeckung *f*
joint lining Fugeneinlage *f*
joint load Knotenlast *f (Fachwerk)*
joint loading Knoten(punkt)belastung *f*
joint masking tape Fugendeckband *n*
joint measurement gemeinsames Aufmaß *n*
joint mechanism Knotenmechanismus *m*
joint mobility Knotenverschieblichkeit *f*
joint moment Knotenmoment *n*
joint mortar Fugenmörtel *m*
joint movement Fugenbewegung *f*, Knotenbewegung *f*
joint of retreat Schrumpfungsriss *m (geologisch)*
joint of rupture Bruchfuge *f*
joint packing Fugendichtung *f*
joint pattern Fugeneinteilung *f*
joint permeability Fugendurchlässigkeit *f*
joint permeability coefficient Fugendurchlasskoeffizient *m*
joint piece Verbindungsstück *n*; Lasche *f*
joint pin Schließe *f*
joint plaster Fugengips *m*
joint plate Knotenblech *n*, Knotenplatte *f*, Verbindungsplatte *f*
joint pouring Fugenverguss *m*
joint pouring compound Fugenvergussmasse *f*
joint profile Fugenprofil *n*, Fugeneinlage *f*
joint raker Fugen(auf)reißer *m*
joint ring Ringdübel *m*
joint rotation Knotendrehung *f*
joint rule Fugenschablone *f*
joint sealer Fugenmasse *f*
joint sealing Fugenversiegeln *n*, Fugenverguss *m*
joint sealing compound Fugenvergussmasse *f*
joint sealing machine *(Verk)* Fugenfüllmaschine *f*, Fugenvergussmaschine *f*
joint sealing strip Fugeneinlage *f*, Fugenstreifen *m*
joint sleeper Stoßschwelle *f*
joint slip Verbindungsschlupf *m*
joint strength Fugenfestigkeit *f*
joint strut Gelenkstrebe *f*
joint tape Fugenband *n*
joint-tight fugendicht
joint tongue [tringle] Feder *f (Holzverbindung)*
joint trajectory Knotenweg *m*
joint translation Knotenverschiebung *f*
joint velocity Knotengeschwindigkeit *f*
joint venture Joint Venture *n*, Gemeinschaftsunternehmen *n*
joint venture work Joint-Venture-Arbeit *f*, Gemeinschaftsarbeit *f*
joint water Kluftwasser *n*, Spaltwasser *n*
joint width Fugenbreite *f*
joint zone Fugenbereich *m*
jointed 1. verbunden; 2. *(Hb)* zusammengefügt *(mit Fugen)*; 3. gelenkig, gegliedert
jointed coupling Gelenkkupplung *f*
jointer Fugeisen *n*
jointing 1. Ausfugen *n*, Verfugen *n*, Fugenverfüllen *n*; Fugenfüllung *f*; 2. Verbindung *f*, Verbinden *n*; 3. verbindend
jointing compound Vergussmasse *f*, Fugendicht(ungs)-masse *f*
jointing iron Fugeneisen *n*
jointing material Fugenmaterial *n*, Fugendichtstoff *m*, Vergussmaterial *n*
jointing method Verbindungssystem *n*, Verbindungsverfahren *n*
jointing mortar Fugenmörtel *m*, Verfugungsmörtel *m*
jointing piece Anschlussstab *m*, Verbindungsstück *n*
jointing rivet Anschlussniet *m*, Verbindungsniet *m*
jointing rule Fugenrichtscheit *n*, Ausfuglehre *f*
jointing section Fugenprofil *n*, Dichtungsprofil *n*
jointing spoon Fugenkelle *f*, Ausfugeisen *n*
jointing strip Fugeneinlage *f*, Fugenstreifen *m*
jointing system Verbindungssystem *n*, Verbindungsverfahren *n (Holz, Metall)*
jointless fugenlos
jointless floor(ing) Verbundbelag *m*, fugenloser Fußboden *m*
jointy klüftig
joist *v* mit Querbalken versehen, Querbalken legen
joist Querbalken *m (Deckenbalken aus Holz)*; Unterzug-(balken) *m*, Balken *m*; Deckenträger *m*; Deckenunterzug *m*
joist anchor Deckenanker *m*
joist bearing Balkenauflager *n*
joist ceiling 1. Balkendecke *f (Decke mit sichtbaren Balken)*; Unterzugdecke *f*; 2. Stahlsteindecke *f*
joist connector Holzbalkenverbindungseisen *n*
joist end Balkenkopf *m*
joist floor *s.* joist ceiling
joist grillage Unterzugsystem *n*, Unterzugrost *m*
joist hanger Balkenschuh *m*
joisted floor Balkendecke *f*, Unterzugdecke *f*
joists Balkenlage *f*, Holzgebälk *n*
joists of a floor Gebälk *n*, Balkenlage *f*
joists of a landing Podestträger *m*
jolt *v* rüttelverdichten; stoßen; schocken
jolt moulding schockende Rüttelformung *f*
jolt table Stoßrütteltisch *m (Betonsteinherstellung)*
joltcrete *s.* jolted concrete
jolted concrete Rüttelbeton *m*
jolting Rüttelverdichten *n*; Stoßen *n*; Schocken *n*, schockende Rüttelung *f*
journal Zapfen *m (Achse, Welle)*
journey to work Berufsverkehr *m*
journeyman Geselle *m*
journeyman carpenter Zimmergeselle *m*
jube *(Arch)* Chorgitter *n*, Lettnerempore *f*
judas Türspion *m*
judas hole Türgucker *m*
jumbo Wagengerüst *n*, fahrbares Gerüst *n*, verschiebbares Tunnelgerüst *n*, Schalwagen *m*
jumbo brick Großziegel(stein) *m (größer als Normalformat)*
jump *v* 1. (hoch)springen; (über)springen; 2. (an)stauchen *(Niet)*; 3. Bohrlöcher schlagen *(Naturstein)*
jump-join(t) *v* stumpfstoßen
jump-weld *v* stumpfschweißen
jump 1. Mauerwerkstufe *f*, Sprung *m*; 2. Unstetigkeit *f*
jump in a façade Vorsprung *m*
jumper 1. Binder *m*; 2. Bohrmeißel *m*

jumping frog Froschramme *f*, Frosch *m*, Verdichtungsfrosch *m*
jumping vault Springgewölbe *n*
junction 1. Verzweigung *f*, Abzweig *m (Rohrsystem)*; 2. Straßenkreuzung *f*, Straßenabzweigung *f*; 3. Verbindungsstelle *f*, Stoßstelle *f*; 4. Zusammenfluss *m (Flussläufe)*
junction arm *(Verk)* Knotenpunktschenkel *m*, Spange *f*
junction box *(El)* Verteilerdose *f*, Abzweigdose *f*, Anschlussdose *f*
junction canal Stichkanal *m*, Seitenkanal *m*, Anschlusskanal *m*
junction controller Verkehrsknotensteuergerät *n*, Kreuzungssteuergerät *n*
junction curve *(Verk)* Übergangsbogen *m (Trassierung)*
junction line *(Verk)* Verbindungsbahn(linie) *f*
junction mirrow Verkehrsspiegel *m*
junction of masonry walls Maueranschluss *m*
junction of scaffold members Gerüststabverbindungspunkt *m*
junction plate Knotenblech *n*
junction point 1. Verkehrsknotenpunkt *m*; 2. *(Verm)* Anschlusspunkt *m*
junction station *(Verk)* Knoten(punkt)bahnhof *m*
junction walls Verbindungsmauern *fpl*
juncture (point) Verbindungspunkt *m*; Vereinigungspunkt *m*; Berührungsfläche *f*
jungle tropischer Urwald *m*
junk Abfall *m*, Abfallstoff *m*
junk iron Eisenschrott *m*
junk pipe nicht genormtes Rohr *n*
junkyard Schrottplatz *m*
jura(ssic) limestone Jurakalkstein *m*
justification Effektivitätsnachweis *m*
jut *v* hervorstehen, vorkragen; ausbauchen
jut Vorsprung *m*, Auskragung *f*
jute Jute *f*
jute backing Juteunterlage *f*
jute board Gewebebauplatte *f*
jute fibre Jute(faser) *f*
jute lamination Jutekaschierung *f*
jutting piece vorkragendes Teil *n*, überstehendes Geschoss *n*
jutting window hervorstehendes Fenster *n*
jutty Vorsprung *m*; Auskragung *f*; Erker *m*; Anbau *m*
jutty window Erkerfenster *n*
juxtapose *v* nebeneinander stellen
juxtaposition Nebeneinanderstellung *f*

K

K-factor K-Faktor *m*, K-Zahl *f*
K-truss K-Fachwerk *n*
K-value Wärmedurchgangszahl *f (Wärmeleitfähigkeit)*
kalamein door Tür *f* in gemischter Bauweise *(meist mit Holzkernfüllung und Stahlbeplankung)*
kalamein fire door *(AE)* metallbeschlagene Feuerschutztür *f*
kelasa *(Arch)* Kelasa *m (Indien)*
kallar Salzausblühung *f*
kaolin Kaolin *m(n)*
kaolin sand Kaolinsand *m*
kaolinic kaolinhaltig, kaolinitisch
kaolinisation Kaolinisierung *f*
kaolinite Kaolinit *m*
kaolinitic clay kaolinitischer Ton *m*
karst Karstlandschaft *f*, Karst *m*
karst landscape Karstlandschaft *f*
karst topography Karstrelief *f*
kasr arabischer Palast *m*, arabisches Schloss *n*
keel *(Arch)* Kiel *m*, Kielende *n (Verzierung, Formkante)*
keel arch Kielbogen *m*, persischer [zwiebelförmiger] Bogen *m*
keel moulding Kielbogenformkanten *fpl*
keen scharf, schneidend *(Werkzeug)*
keen edge scharfe Kante *f*
Keene's cement Gipszement *m*, Weißzement *m*; doppelt gebrannter Gips *m*
Keene's plaster doppelt gebrannter Gips *m*
keep *v* 1. halten, einhalten *(Liefertermin)*; 2. lagern, aufbewahren
keep *v* **dry** trocken aufbewahren
keep *v* **in good repair** instandhalten
keep *v* **in order [shape]** instandhalten, erhalten *(z. B. ein Haus)*
keep *v* **moist** feucht halten
keep *v* **taut** straff halten *(z. B. Seile)*
keep *v* **under water** unter Wasser lagern
keep *v* **up** erhalten
keep Festungsturm *m*, Bergfried *m*, Donjon *m*
keeper Halter *m*, Halterung *f*, Schließblech *n*
keeping room *(AE)* Wohnzimmer *n*
keeping power Lagerfähigkeit *f (Bindemittel, Anstrichstoffe)*
kennel 1. Rinnstein *m*, Gossenstein *m*; 2. Hundehütte *f*
kentledge *(Erdb)* Zusatzbelastung *f*
Keramzite Keramsit *n (künstlicher Leichtzuschlag- und Dämmstoff, z. B. aus Mineralwolle, Blähton)*
Keramzite concrete Keramsitbeton *m (Leichtbeton in Russland)*
keratin Keratin *n*, organischer Abbindeverzögerer *m (für Gipsmörtel)*
keratophyre Keratophyr *m*
kerb Bordstein *m*; Bordkante *f*, Bordschwelle *f*, Hochbord *m*, Bordeinfassung *f*, Rinnstein *m*, Schrammschwelle *f*, Schrammbord *m*
kerb inlet Bordsteineinlauf *m*, Bordsteinaussparung *f*
kerb loading zone Haltestreifen *m (parallel zum Bord)*
kerb ramp Schrägbordsteinkante *f*, Bordsteinabschrägung *f*
kerb roof Mansard(en)dach *n*
kerbed footway Fußweg *m* mit Bordstein
kerbstone Bordstein *m*, Randstein *m*, Rinnstein *m*
kerf *v* 1. einschneiden; 2. *(Hb)* nuten
kerf Sägeschnitt *m*, Sägenut *f*, Schnittfuge *f*
kerfing Schlitzschneiden *n*, Parallelschlitzsägen *n*
kern *(Stat)* Querschnittkern *m*, Kernfläche *f (Normalkraftfläche)*
kern concrete Kernbeton *m (bewehrte Säule)*
kern cross-section Kernquerschnitt *m*
kern limit Kerngrenze *f*
kern line Kernquerschnitt *m*
kern point moment Kernmoment *n*
kern strength Kernfestigkeit *f*
kernel *v* aufrauen, aufstocken, kröneln *(Stein)*
kerosine *(AE)* Erdölparaffinöl *n*
ketone Keton *n*
ketone resin Ketonharz *n*
Keuper marl Keupermergel *m*
Keuper sandstone Keupersandstein *m*
kevel 1. Steinmetzflachaxt *f*; 2. *(Hb)* eingebolzter Balken *m*
kevil *s.* kevel
key *v* 1. verdübeln; verkeilen; verzahnen; 2. aufrauen *(Haftgrund)*

key *v* **up** spannen *(Bogen)*
key 1. Verdübelung *f*; 2. *(Hb)* Keil *m*; 3. Schlüssel *m*; Feder *f*, Längskeil *m*; 4. Führungsdielenbrett *n*; 5. Furnierunterseite *f*; 6. Fliesenrückseite *f*, raue Fliesenseite *f*; 7. in den Putzträger eingedrückter Putz *m*; 8. Nutkerbe *f*, Keilnut *f*; 9. Legende *f*; 10. *s.* keystone 1.; 11. Hafteigenschaft *f*
key bit Schlüsselbart *m*
key block Schlussstein *m (Gewölbe)*
key board Führungsdielenbrett *n*
key bolt Keilbolzen *m*
key brick Bogenschlussziegel(stein) *m*, Keilziegel *m*
key console Konsolenschlussstein *m*
key course Schlusssteinschicht *f*, Schlusssteinlage *f (Mauerwerk)*
key drop Schlüssellochdeckplättchen *n*, Schlüssellochabdeckscheibe *f*
key escutcheon *s.* key plate
key file Schlüsselfeile *f*
key function Schlüsselfunktion *f*
key groove Keilnut *f*
key hinge Scheitelgelenk *n*
key joint 1. Dübelverbindung *f*; 2. *(Hb)* Keilverbindung *f*
key joint pointing Hohlkehlverfugung *f*
key material Grundmaterial *n*, Basismaterial *n*
key note Leitgedanke *m*
key of plywood Furnierunterseite *f*
key pattern rechtwinklig gebrochener Mäander *m*
key point *(Verk)* wichtiger Verkehrspunkt *m*
key plan Übersichtsplan *m*
key plate 1. Schlossblech *n*; 2. Keilplatte *f*
key saw Lochsäge *f*
key switch *(El)* Schlossschalter *m*
key valve schlüsselbetätigtes Ventil *n*
keyed 1. verdübelt; verkeilt; verzahnt; 2. lang genutet, gerillt; 3. aufgeraut, rau *(Putzunterlage)*
keyed-alike cylinders schlüsselgleiche Schließzylinder *mpl*
keyed beam verdübelter Balken *m*
keyed brick Nutenziegel *m*, Schlossziegel *m*
keyed dowel gerillter Stabdübel *m*
keyed girder zusammengesetzter Träger *m*
keyed joint verdübelte Verbindung *f*, Keilverbindung *f*, Hohlfuge *f*
keyed pointing Hohlkehlverfugung *f*
keyed surface aufgeraute Oberfläche *f (Putz, Anstrich)*; Haftgrundierung *f*
keyhole Schlüsselloch *n*
keyhole plate Schlüssellochabdeckblech *n*, Schlüssellochdeckel *m*
keyhole saw Lochsäge *f*, Stichsäge *f*
keying 1. Verzahnung *f*, Verkeilung *f*, Keilverbindung *f*; 2. Aufrauen *n (Putzunterlage)*
keying surface Haftgrund *m*, Haftgrundlage *f*, Haftoberfläche *f*, Verankerungsgrund *m (Putz, Beschichtung, Anstrich)*
keystone 1. Schlussstein *m*, Bogenschlussstein *m (eines Gewölbes)*; 2. Feinsplitt *m*, Verspannungssplitt *m (Schwarzdecke)*
keystone layer Schlusssteinschicht *f*, Schlusssteinlage *f (Mauerwerk)*
keyway *v (Hb)* nuten *(Keilnuten fräsen)*; Nuten ziehen
keyway Keil(längs)nut *f*, Aussparungsnut *f (Mauerwerk)*
keyway (wall) chase Mauerschlitz *m (für Rohrleitungen an und in Wänden)*
khan Kawanserei *f*, Konak *m*, Can *m*
kick leichte Ziegelauskehlung *f (als Mörtellager)*
kick plate Fußleiste *f (Geländer)*; Anschlagplatte *f*, Schutzplatte *f (Tür)*
kick rail Trittleiste *f*, Gegentretschiene *f (Tür)*
kick strip Trittleiste *f*, Stoßleiste *f (Tür)*
kicker 1. Schalungsfuß *m*; 2. Schub(verbindungs)holz *n*
kicker plate Treppenfußanker(holz)platte *f*
kicking piece Schwellenschubholz *n (zur Verstrebung)*; Verstrebungsfestholz *n*
kicking plate *s.* kick plate
kickout Ausknickung *f (einer Strebe)*
kickpipe *(El)* Schutzrohr *n*
kid *(Wsb)* Faschinenbuhne *f*
kieselguhr Kieselgur *f*, Diatomeenerde *f*
kieselguhr brick Kieselgurziegel *m*
kieselguhr concrete Kieselgurbeton *m*
kieselguhr slab Kieselgurplatte *f*
kill *v* totbrennen *(Kalk, Ziegel)*
killas Tonschiefer *m (in Cornwall, England)*
killed steel beruhigter Stahl *m*
killing substance Vernichtungsmittel *n (gegen Schädlinge usw.)*
kiln Brennofen *m*; Darrofen *m*; Trockenkammer *f*
kiln-brick feuerfester Stein *m*, Ofenbaustein *m*
kiln brown stain braune Holzoberfläche *f* nach Ofentrocknung
kiln-dried künstlich getrocknet, ofengetrocknet
kiln drying künstliche Holztrocknung *f*, Kammertrocknung *f (von Bauholz)*
kiln drying of lumber [timber] Trockenraumtrocknung *f* von Bauholz
kiln insulation Ofendämmung *f*
kiln-run unsortierte Ofenbrennprodukte *npl*
kiln scum Ofenschaum *m*
kiln white weißer Überzug *m* auf Brennprodukten
kilned gebrannt
kilning Holztrocknung *f (Ofentrocknung)*
kilometre post Kilometerstein *m*, Kilometerpfosten *m*
kind of surface Oberflächenart *f*, Oberflächenbeschaffenheit *f*
kind of test Prüfmethode *f*
kindergarten Kindergarten *m*
kinematic kinematisch
kinematic chain kinematische Kette *f*
kinematic indeterminacy kinematische Unbestimmtheit *f*
kinematic similarity kinematische Ähnlichkeit *f*
kinematic theorem kinematischer Satz *m*
kinematic theory of framework kinematische Fachwerktheorie *f*
kinematic viscosity kinematische Viskosität *f*
kinematically determinate kinematisch bestimmt
kinematically determinate truss kinematisch bestimmtes Fachwerk *n*, stabiles Fachwerk *n*
kinematically indeterminate structure kinematisch unbestimmtes Bauwerk *n*
kinematically overdefined [overdetermined] truss kinematisch überbestimmtes Fachwerk *n*
kinematically underdefined [underdetermined] truss kinematisch unterbestimmtes Fachwerk *n*
kinematically unstable truss kinematisch unbestimmtes Fachwerk *n*, labiles Fachwerk *n*
kinematics Kinematik *f*
kinetic coefficient of friction Gleitreibungsbeiwert *m*, Reibungskoeffizient *m* der Bewegung
kinetic energy kinetische Energie *f*
kinetic friction Bewegungsreibung *f*
kinetics Kinetik *f*
king bolt *(Hb)* Mittelzapfen *m*, Hänge(werkstrag)zapfen *m (Dachstuhl)*
king closer Dreiviertelziegel *m*; Ziegel *m* mit einer abgeplatteten Ecke
king pin *(Hb)* Königszapfen *m*, Mittelzapfen *m*
king post 1. Firstpfosten *m*; Hängesäule *f*; 2. einfach stehender Dachstuhl *m*

king-post truss einfaches Hängebalkenwerk *n*, einfacher Hängebock *m*
king rod *s.* king bolt
king valve Hauptventil *n*
kink Knick *m*, Abknickung *f (in Draht)*; Biegung *f*, Knickung *f*
kinked plate geknickte Platte *f*
kinky faltig; wellig
kiosk Kiosk *m*, Verkaufsstand *m*; Telefonzelle *f*; Pavillon *m*
kip *(AE)* Kilopond *n (453,59 kp)*
kiss mark *(AE)* Ziegelbrennmuster *n*
kit Ausstattung *f*, Ausrüstung *f*, Bausatz *m*
kitchen Küche *f*
kitchen cabinet Küchenschrank *m*
kitchen combination fixture Küchenspül- und Waschkombinationsteil *n*
kitchen-cum-livingroom Wohnküche *f*
kitchen cupboard Küchenschrank *m*
kitchen fitments Kücheneinbaumöbel *npl*; Küchenausstattung *f*
kitchen fittings Küchenausstattung *f*
kitchen floor Küchenetage *f*, Küchenstockwerk *n*
kitchen furniture Küchenmöbel *n*
kitchen installation Kücheninstallation *f*, Kücheneinrichtung *f*
kitchen garden Gemüsegarten *m*, Küchengarten *m*
kitchen oven [range] Küchenherd *m*
kitchen sink Spülbecken *n*, Spüle *f*
kitchen system Kücheneinrichtung *f*, Kücheninstallation *f*, Küchenanlage *f*
kitchen waste Küchenmüll *m*
kitchenette Kochnische *f*, Kleinküche *f*, Teeküche *f*
kite winder dreieckige verzogene Stufe *f*, Wendelstufe *f*
Kleine floor *s.* Kleine's ceiling
Kleine's ceiling Kleine'sche Decke *f*, Stahlsteindecke *f*
klinker (brick) Klinker *m*
kloof tiefe Schlucht *f*
knacky geschickt
knag Astknoten *m*, Knoten *m*
knap *v* spalten *(Stein)*
knapped gespalten *(Stein)*
knapped flint gespaltener Flintstein *m (für Sichtflächen)*
knapping hammer Spalthammer *m (Stein)*
knead *v* kneten
kneadable knetfähig, knetbar
kneading compaction Knetverdichtung *f*
kneading compactor Knetverdichter *m*
kneading test Knettest *m*
knee 1. Knie(stück) *n (Rohr)*; Winkelstück *n (z. B. bei Rohren)*; 2. *(Hb)* Knieholz *n*; gebogenes Holz *n*
knee brace 1. *(Hb)* Kopfband *n*; 2. Winkellasche *f*, Winkelaussteifung *f*, Eckverstrebung *f*
knee bracket plate Knoten(punkt)verbindung *f (in einem Fachwerk)*
knee piece 1. *s.* knee rafter; 2. Winkelholz *n (Dach)*
knee pipe Kniestück *n (Rohr)*
knee rafter Sparren *m* mit nach innen gebogenem Fußende, Dachschifter *m*
knee roof Mansardendach *n*, Walmmansardendach *n*
knee timber *(Hb)* Knieholz *n*
knee wall Sparrenstützwand *f*
kneed gekröpft; rechtwinklig
kneeler Giebelfußstein *m (dreieckförmig)*
kneeling figure *(Arch)* Beterstandbild *n*
kneestone Giebelfußstein *m (dreieckförmig)*
kneewood gebogenes Holz *n*
knife Messer *n*; Schälmesser *n (Furnier)*
knife application Auftragen *n* mit Messer, Messerauftrag *m*
knife-cut gemessert *(Furnier)*
knife-cut veneer Messerfurnier *n*
knife-edge load(ing) Linienlast *f*, Streckenlast *f*
knife(-edge) filling Spachtelziehen *n (zum Unebenheitsausgleich von Oberflächen)*
knife veneer Messerfurnier *n*
knifing Aufspachteln *n*, Aufziehen *n*
knifing filler Ziehspachtelmasse *f*, Messerspachtelmasse *f*
knitting layer Verbundschicht *f*, Verbundlage *f (Zement)*
knob 1. Tür(dreh)knopf *m*, Drehknopf *m*, Drehknauf *m*, Kugelgriff *m*; 2. Höcker *m*, Anhöhe *f*
knob bolt Kugelbolzenrastschloss *n*
knob (door) fitting Knopfbeschlag *m*
knob lock Türschloss *n* mit Springbolzen und Knöpfen
knob rose Knopfbolzenhalteplatte *f*
knob top Kugelgriff *m*
knobbing Rohbearbeitung *f (Naturstein, Werkstein)*
knobboss Zapfenknauf *m*, Knauf *m*
knobby knotig
knoblike buckelförmig
knock *v* klopfen
knock *v* **down** abreißen; demontieren, zerlegen
knock *v* **in** einschlagen
knock *v* **into** hineinschlagen in
knock *v* **through** durchschlagen *(z. B. Nägel)*
knock-out *(El)* entfernbare Abdeckung *f (Anschlussdose)*
knocked-down vorgefertigt und nicht fertigmontiert, in Einzelteilen vorgefertigt; zerlegt
knocked-down (door)frame vorgefertigter Türrahmen *m* in drei oder mehr Einzelteilen
knocker Türklopfer *m*, Klopfer *m*
knockings abgeschlagener Steinsplitt *m*, Steinklein *n*
knoll Erdhügel *m*, Kuppe *f*
knot 1. Ast *m*, Knorren *m*; Knoten *m (im Holz)*; 2. knotige Oberfläche *f*; 3. Schlussstein *m*, kleiner Gewölbeschlussstein *m*
knot brush Knotenpinsel *m*
knot-cluster Astbündel *n*, Knorrenbüschel *n (Holz)*
knot garden Kleinziergarten *m* mit enger Holzgruppenpflanzung *(meist stark beschnitten)*
knothole Astloch *n*
knotless astlos, astfrei
knotted knorrig, knotig
knotted pillar Säule *f* mit Knotenornament, verknotete Säule *f*
knotted schist Knotenschiefer *m*
knotten sandstone Knottensandstein *m*
knotting *(AE)* Spachtelmasse *f (für Holz)*
knotty knotig
knotty dolomit Knottendolomit *m*
knotty pine Knorrmusterholz *n* der Fichte
knotty surface knotige Oberfläche *f*
knotwork Knotenornament *n*, Knotenverzierung *f*
knuckle 1. Scharniergelenk *n*; Fensterhaspen *m*; 2. Sicke *f*
knuckle bend 1. Krümmung *f* mit engem Radius; 2. *(San)* Anschlusswinkel *m*
knuckle joint 1. Gabelgelenk *n*; 2. *(Hb)* Kniegelenk *n*
knulling *s.* knurling
knur(l) Knorren *m*, Knoten *m (im Holz)*
knurling 1. Riffelmuster *n (gerillte Fläche)*; Riffelung *f*, Kordelrand *m*; konvex gerundete Zierkante *f* mit leicht hervorstehenden und unterbrochenen Elementen; 2. Riffeln *n*; Rändeln *n*
korina Korinaholz *n*
korina wood Limbaholz *n (westafrikanischer Baum)*
kraft board [paper] schweres getränktes Baupapier *n*, Isolierpapier *n (als Absperrmittel)*; Hartpapier *n*, Kraftpapier *n*
Kühl cement Kühlzement *m*
kyanize *v* kyanisieren *(Holz konservieren durch Tränken mit Quecksilberchloridlösung)*

L

L-beam L-Träger *m*, L-Balken *m*, Winkelträger *m*
L-iron Winkelstahl *m*, L-Eisen *n*, Winkeleisen *n*
LA-value Los Angeles Abriebwert *m*
lab *s.* laboratory
label *v* etikettieren, mit Aufkleber versehen
label 1. Marke *f*, Markierung *f*; 2. Wasserschenkel *m* *(rechtwinklig, aus Stein oder Ziegel)*; Kranzleiste *f*, Kappgesims *n* *(Ornament über einer Tür oder einem Fenster)*; 3. *(Arch)* Spruchband *n*, Schriftband *n*; 4. *(Arch)* Türportal *n (Gotik)*
label moulding 1. *(Arch)* Spruchband *n*; 2. *(Arch)* Türportal *n (Gotik)*
label stop Fußstein *m* eines Rinngewölbes, Türgewölbeanfangsstein *m (verziert)*
labelled gekennzeichnet, markiert
labelled door gütegekennzeichnete Feuerschutztür *f*
labelled window Qualitätsfenster *n* mit garantiertem Feuerwiderstand
labelling Markierung *f*, Kennzeichnung *f*, Etikettierung *f*
labile labil, instabil, unstabil
lability Labilität *f*, Instabilität *f*
lability coefficient Labilitätszahl *f*
lability due to sliding Labilität *f* durch Gleiten
lability effect Labilitätswirkung *f*
laboratory Labor(atorium) *n*
laboratory accreditation Akkreditierung *f* eines Prüflabors, amtliche Prüflaboranerkennung *f*
laboratory assessment Prüflaborbegutachtung *f*, Begutachtung *f* eines Prüflabors
laboratory bench tile Labortischfliese *f*
laboratory compaction test Standardverdichtungsversuch *m*, Proctor-Test *m*, Proctor-Verdichtungsversuch *m*
laboratory examination Laboruntersuchung *f*
laboratory fume hood Laborabzug *m*
laboratory investigation Laboruntersuchung *f*
laboratory measurement Labormessung *f*
laboratory mixer Labormischer *m*
laboratory result Laborresultat *n*
laboratory sample Laborprobe *f*
laboratory test Laborversuch *m*, Kleinversuch *m*
labour and material payment bond Bürgschaft *f* des Auftragnehmers zur Zahlung von Arbeitsleistungen und Baumaterial
labour charges Arbeitskosten *pl*
labour-consuming arbeitsaufwendig *(Handarbeit)*
labour-consuming trades arbeitsaufwendige Gewerke *npl*
labour force Arbeitskräftezahl *f*, Belegschaft *f*
labour force on the site Baustellenbesetzung *f*
labour-intensive arbeitsaufwendig *(Handarbeit)*
labour-safety regulations Arbeitsschutzanordnungen *fpl*
labourer Handlanger *m*
labyrinth Labyrinth *n*, Irrgarten *m*
labyrinth fret Labyrinthornament *n*, Schnitzwerk *n* mit verschlungenen Formen
labyrinth path Labyrinthgang *m*
labyrinth pattern Labyrinthmuster *n*
labyrinth waterstop Labyrinthfugenband *n*
lac Schellack *m*, Lack *m (pflanzlicher oder tierischer Herkunft)*
lace Litze *f*
laced column Verbundstütze *f*, Verbundsäule *f (durch Umschnürung)*
laced member Gitterstab *m*
laced valley eingebundene Kehle *f (Dach)*
lacework *(Arch)* Posamentierarbeit *f*, Netzwerk *n*
lacing 1. Verlängerungsverbindung *f (Träger)*; 2. Vergitterung *f*; Diagonalen *fpl (der Vergitterung)*; Unterstützungsstütze *f*; 3. Verteilung *f (z. B. von Bewehrung)*; 4. Fugendeckleisten *fpl*; 5. *s.* lacing course
lacing board Kabelformbrett *n*
lacing bond Schränkverband *m*, Verschränkung *f*
lacing course Ziegelverbindungsschicht *f*
lacing wire Versteifungsdraht *m*
lack *v* benötigen, fehlen
lack Fehler *m*, Mangel *m*
lack of adhesion mangelnde Haftfestigkeit *f (Anstriche)*
lack of moisture Feuchtigkeitsmangel *m*
lack of room [space] Platzmangel *m*; Raummangel *m*
lack of style *(Arch)* Stillosigkeit *f*
lack of uniformity Ungleichmäßigkeit *f (architektonischer Formen)*
lack of water Wassermangel *m*
lacklustre matt *(Anstrich)*
laconicum *(Arch)* römischer Schwitzraum *m*
lacquer *v* lackieren *(mit physikalisch trocknendem Lack)*
lacquer Lack *m*, Lackfarbe *f (physikalisch trocknend)*
lacquer coat(ing) Lackanstrich *m*
lacquer curtain coating Lackgießen *n*; Gießlackieren *n*, Lackgießverfahren *n*
lacquer droplet Lacktröpfchen *n*
lacquer enamel Farblack *m*, pigmentierter Lack *m*
lacquer film Lackfilm *m*
lacquer finish Lackierung *f*, Farblacküberzug *m*
lacquer for building construction purposes Bautenlackfarbe *f*
lacquer-grade resin Lackharz *n*
lacquer remover Lackentferner *m*
lacquer resin Lackharz *n*
lacquer solution Lackfarbenlösung *f*
lacquer thinner Lackverdünnungsmittel *n*, Nitroverdünner *m*
lacquer vehicle Lackbindemittel *n*
lacquerer Lackierer *m*
lacquering Lackierung *f*, Lackieren *n (mit physikalisch trocknendem Lack)*
lacunar 1. *(Arch)* Kassettendecke *f*; 2. *(Arch)* Kassette *f*, vertieftes Feld *n*, Lacunarie *f (einer Kassettendecke)*
lacustrine lakustrisch
lacustrine clay Seeton
lacustrine deposit Seesediment *n*, Süßwasserablagerung *f*
lacustrine dwellings Pfahlbauten *mpl*
lacustrine gravel Seekies *m*
lacustrine limestone Muschelkalk *m*; Süßwasserkalk *m*
lacustrine water Seewasser *n*
ladder Leiter *f*, Steigeleiter *f*
ladder access Leiter(auf)gang *m*
ladder beam Leiterbaum *m*, Holm *m*
ladder core Zellendämmkern *m (Tür)*
ladder dredge(r) Eimerkettenbagger *m*
ladder hook Leiterhaken *m (Dach)*
ladder jack scaffold Leitergerüst *n*
ladder lode Leitergang *m*
ladder scaffold(ing) Leitergerüst *n*
ladder step Leitersprosse *f*, Treppenstufe *f (einer Trittleiter)*
ladder stringer Längsträger *m*
ladder trencher Eimerkettengrabenbagger *m*
ladder well Entwässerungsschacht *m*
lade Wassergraben *m*, Graben *m*
laden belastet, behaftet
Ladies *(AE)* Damentoilette *f*
ladies' changing room Damenumkleideraum *m*, Frauenumkleideraum *m*
ladies' room *(AE)* Damentoilette *f*

ladies' toilet Damentoilette *f*
ladle Gießlöffel *m*, Mörtellöffel *m*
ladle clay Gießton *m*
Lady Chapel *(Arch)* Marienkapelle *f*, Scheitelkapelle *f*
lag *v* mit Dämmstoff isolieren, verkleiden, ummanteln *(mit Dämmstoffen)*; verschalen
lag 1. Verkleidung *f (mit Dämmstoffen)*; 2. leichte Latte *f*; 3. Verzögerung *f*, Zeitlücke *f*; Zeitverschiebung *f*
lag bolt [screw] Ankerschraube *f*, Ankerbolzen *m (mit quadratischem Kopf)*; Fundamentschraube *f (mit quadratischem Kopf)*
lagged verkleidet, ummantelt; mit Dämmstoff belegt
lagged pipe wärmeisoliertes Rohr *n*
lagging 1. Dämmung *f*, Isolierung *f* mit Dämmstoffen, Wärmedämmung *f*, Wärmeschutzverkleidung *f (für Rohrleitungen)*; 2. Lehrgerüstschalung *f* eines Bogens; 3. *(Tun)* Verschalung *f*, Verzug *m (Ausbau)*
lagging of centring *s.* lagging 2.
lagging of pipes *s.* lagging 1.
lagging section Dämmschale *f*, Schalenelement *n (für Rohrisolierung)*
laid-dry trockenverlegt, trockengemauert
laid in ducts schutzrohrverlegt *(Kabel)*
laid-on moulding aufgesetzte Verzierung *f*
laid-on stop Anschlag *m*, Absatz *m*
laid road *(Verk)* Straße *f* mit Unterbau
laid to falls mit Gefälle verlegt
laitance Zementschlämme(schicht) *f*, Zementmilch *f*, Zementschlempe *f*
lake 1. organisches Pigment *n*; 2. See *m*, Binnensee *m*
lake asphalt Seeasphalt *m*, Naturasphalt *m*
lake deposit Seeablagerung *f*
lake district Seengebiet *n*
lake-dwellings Pfahlbauten *mpl*
lake dye [pigment] Lackfarbe *f (Farbstoff)*
lake filling Seeverladung *f*
lake pitch *s.* lake asphalt
lake sand Seesand *m*
lake shore Seeufer *n*
lake-village Pfahldorf *n*
lamb's-tongue (of a handrail) zungenförmiges Handlaufende *n*
lamella 1. Blättchen *n*, Lamelle *f*, Schicht *f*; 2. Lamellenelement *n* eines Gewölbes
lamella cupola Lamellenkuppel *f*
lamella dome Lamellenkuppel *f*
lamella met Steinwollmatte *f*
lamella roof Lamellenfaltdach *n*
lamella system Lamellensystem *n*
lamellar lamellar, lamellenartig, blättrig, blättchenförmig, streifenförmig, geschichtet
lamellar corrosion Schichtkorrosion *f*, schichtförmige Korrosion *f*
lamellar structure lamellare Struktur *f*, Lamellenstruktur *f (Baustoffe)*
lamelliferous blätterartig
lamelliform blättchenartig
lamellouse plättchenförmig, blättchenförmig
lamina Furnierblatt *n*, dünne Holzlage *f*
lamina flow laminare Strömung *f*
laminate *v* 1. laminieren, beschichten; schichtpressen; 2. kaschieren
laminate Schicht(press)stoff *m*; Schichtplatte *f*; Verbundmaterial *n*; geschichteter Werkstoff *m*
laminated 1. mehrlagig, mehrschichtig, geschichtet *(in Platten, z. B. Holz, Glas, Gips)*; 2. blättrig; 3. kaschiert
laminated arch laminierter Holzbogen *m*
laminated article Schichtstoffartikel *m*, Schichtstofferzeugnis *n*, Schichtstoffgegenstand *m*
laminated basalt Plattenbasalt *m*
laminated beam schichtverleimter Holzträger *m*, Brettschichtholzträger *m*
laminated board Schichtstoffplattenelement *n*, Mehrschichtenplatte *f*, Schichtplatte *f*; Tischlerplatte *f*
laminated curved beam gebogener Schichtholzbalken *m*
laminated fiber wallboard *(AE)* Schichtenwandfaserplatte *f*
laminated formword board Mehrschicht(en)schalplatte *f*
laminated glass Verbundglas *n*, Schichtglas *n*, Mehrschichtenglas *n*, Sicherheitsglas *n*
laminated insulating board Mehrschicht(en)dämmplatte *f*
laminated insulating glass Mehrscheibenisolierglas *n*
laminated insulating glazing Mehrscheibenisolierverglasung *f*
laminated insulation-grade board Mehrschicht(en)-dämmplatte *f*
laminated joint *(Hb)* Kammverbindung *f*
laminated light(weight) buildung slab Mehrschicht(en)-leichtbauplatte *f*
laminated limestone Plattenkalk *m*
laminated lumber *(AE)* Schichtholz *n*, Brettschichtholz *n*
laminated material Schicht(press)stoff *m*, geschichteter Werkstoff *m*
laminated paper Hartpapier *n*
laminated plastic Schichtpress(kunst)stoff *m*
laminated plastic board Schichtpressstoffplatte *f*
laminated polyvenyl chloride covering Polyvenylchloridmehrschicht(en)belag *m*
laminated product Schichtstoffartikel *m*, Schichtstofferzeugnis *n*
laminated PVC covering Mehrschicht(en)-PVC-Belag *m*, PVC-Mehrschicht(en)belag *m*
laminated rafter Lamellensparren *m*, Brettschichtholzsparren *m*
laminated safety glass Sicherheitsverbundglas *n*, Verbundsicherheitsglas *n (VS-Glas)*
laminated sheet Schichtplatte *f*
laminated soil Bändererdstoff *m*, laminierter Boden *m*
laminated structure schichtartige Struktur *f*, Schichtenstruktur *f*
laminated system mehrlagige Konstruktion *f*, mehrschichtige Konstruktion *f*
laminated timber Schichtholz *n*, (schicht)verleimtes Holz *n*
laminated timber construction Leimholzkonstruktion *f*
laminated timber girder Schichtholzträger *m*, Brettschichtholzträger *m*
laminated timber rafter Lamellensparren *m*, Brettschichtholzsparren *m*
laminated topping Mehrschichtenüberzug *m*
laminated wall component [panel] Mehrschichtenwandelement *n*
laminated wire glass Drahtverbundglas *n*
laminated wood Schichtholz *n*, verleimtes Holz *n*, Brettschichtholz *n*
laminating Schichtverleimen *n*; Abschälen *n*; Kaschieren *n*
laminating composition Kaschiermasse *f*
laminating film Schichtfolie *f*
laminating sheeting Schichtfolie *f*
lamination 1. Schicht(ung) *f*, Schichtenbildung *f*, Blättrigkeit *f*, Lamellargefüge *n*; Lamination *f*; 2. Kaschierung *f*; 3. Doppelung *f*
lamp *v* mit UV-Lampe untersuchen *(Erdstoffe, Gestein)*
lamp Lampe *f*, Leuchtmittel *n*
lamp base *s.* lamp cap
lamp-black Ruß *m (Pigment)*

lamp bowl Leuchtenschale *f*
lamp bracket Lampenhalter *m*, Lampenträger *m*
lamp bulb Lampenkolben *m*
lamp cap Leuchtenfuß *m*, Lampensockel *m*
lamp compartment Lampenraum *m*
lamp cord *(AE) (El)* Anschlussschnur *f*, Geräteschnur *f*
lamp depreciation Leuchtkraftschwund *m (Glühlampe)*
lamp dimmer Lichtregler *m*
lamp globe Leuchtenglocke *f*, Lampenglocke *f*
lamp holder Lampenfassung *f*, Fassung *f*
lamp hood Leuchtenschirm *m*, Lampenschirm *m*
lamp jacket äußerer Lampenkolben *m*
lamp pole [post] Beleuchtungsmast *m*, Lichtmast *m*, Leuchtenmast *m*, Lampenmast *m*, Laternenpfahl *m*
lamp shade *s.* lampshade
lamp socket Lampenfassung *f*
lamphole Lichtschacht *m*, Inspektionsschacht *m*
lamprophyre Lamprophyr *m*
lamproschist metamorpher Lamprophyr *m*
lampshade Leuchtenschirm *m*, Lampenschirm *m*
lanai halboffener Wohnraum *m (verandaartiger Wohnraum auf Hawaii)*
lance-shaped lanzenförmig
lancet *s.* lancet window
lancet arch Lanzettbogen *m*, (überhöhter) Spitzbogen *m*
lancet window Spitzbogenfenster *n*
lanceted mit überhöhtem Spitzbogen
lanciform lanzenförmig
land 1. Festland *n*, Land *n*; Boden *m*, Acker *m*; Gelände *n*, Grund *m (Baugelände)*; 2. tragende Fläche *f (einer Nut)*
land acquisition Grunderwerb *m*
land amelioration Bodenmelioration *f*
land asphalt minderwertiger Asphalt *m*, Landasphalt *m (Trinidad)*
land boundary Grundstücksgrenze *f*
land burial Vergraben *n (von Müll)*
land chain Messkette *f*
land clearing Baustellensäuberung *f*, Flächenberäumung *f*
land conservation Landespflege *f*
land consolidation Flurbereinigung *f*
land degradation Devastierung *f*
land development Erschließung *f* von Baugelände
land development fees Erschließungskosten *pl*
land disturbance Devastierung *f*
land drain Dränleitung *f*
land drainage Landentwässerung *f*
land evaluation Bodenbewertung *f*
land for housing construction Wohnbauland *n*
land holder Grundbesitzer *m*, Grundeigentümer *m*
land holding Liegenschaft *f*
land hydrology Gewässerkunde *f*
land improvement Bodenmelioration *f*
land level(l)er *(Verk)* Nivelliergerät *n*
land levelling Geländeplanierung *f*
land line *(El)* Überlandleitung *f*
land ownership Grundbesitz *m*, Grundeigentum *n*
land parcel Parzelle *f*
land pier Landpfeiler *m*
land pitch Landasphalt *m (Trinidad)*
land planning Baulandplanung *f*
land pollutant bodenverunreinigender Stoff *m*
land pollution Bodenverunreinigung *f*
land potential Landnutzungspotenzial *n*
land purchase Baulandbeschaffung *f*, Grunderwerb *m*
land reallotment Baulandumlegung *f*
land reclamation Landwiedergewinnung *f*, Bodenmelioration *f*
land reform Bodenreform *f*
land register Kataster *m(n)*; Grundbuch *n*
land registry Grundbuchamt *n*
land registry entry Grundbucheintragung *f*
land registry search Grundbuchüberprüfung *f*
land restoration Rekultivieren *n*, Rekultivierung *f*
land set aside for building Bauerwartungsland *n (Baugesetz)*
land speculation Bodenspekulation *f*
land subsidence Bodensetzung *f*
land survey topographische Landaufnahme *f*, Terrainaufnahme *f*
land surveying Landvermessung *f*, Terrainaufnahme *f*
land surveyor Vermessungsingenieur *m*
land tie Erdanker *m*; Stützmaueranker *m*
land ties Pfahlwand *f*
land tile perforiertes Tondrainagerohr *n*
land treatment 1. Abwasserlandbehandlung *f (Verrieseln)*; 2. Bodenbearbeitung *f*
land upheaval Bodenhebung *f*
land uplift Bodenhebung *f*
land use Landnutzung *f*
land-use act Baunutzungsordnung *f*
land-use analysis Geländenutzungsanalyse *f*
land-use plan Flächennutzungsplan *m*
land-use planning Planung *f* der Bodennutzung; Flächennutzungsplanung *f*
land-use zoning *s.* land consolidation
land value Bodenwert *m*
land wash Flutgrenze *f*
land water Oberflächenwasser *n*
lande Heide *f*, Marschheide *f*
landfall Erdrutsch *m*; Erdfall *m*
landfill Deponie *f*, Mülldeponie *f*; Kippe *f*; Ablagerung *f*; Auffülle *f*
landfill cell Kassette *f*, Polder *m*
landfill compactor Kompaktor *m*, Müllverdichter *m*, Verdichtungsanlage *f*, Kompaktor *m*
landfill design Deponietyp *m*
landfill lining Deponieabdichtung *f*
landfill site Deponiestandort *m*
landfill type Deponietyp *m*
landfilling geordnetes Ablagern *n*
landing Podest *n(m)*; Treppenabsatz *m*, Treppenpodest *n*
landing area Landeplatz *m*
landing base Podestplatte *f*
landing bridge Landungsbrücke *f*
landing depth Einbautiefe *f (Rohrverlegung)*
landing field Flugfeld *n*, Rollbahn *f*; Landeplatz *m (für Flugzeuge)*
landing light Landestreifenfeuer *n (Flugplatz)*
landing newel Treppenpodestpfosten *m*
landing opening Aufzugöffnung *f*
landing path Einflugschneise *f*
landing pier Landungsbrücke *f*, Anlegebrücke *f*
landing place Schiffsanlegestelle *f*
landing runway Start- und Landebahn *f*
landing stage *(Wsb)* Anlaufbrücke *f*, Landungsbrücke *f*, Schiffsanlegestelle *f*
landing strip Start- und Landebahn *f*, Landeplatz *m*
landing switch *(El)* Treppenschalter *m (Treppenhausautomat)*
landing tread Podeststufenplatte *f*
landing trimmer Podestwechselbalken *m*
landlord Vermieter *m (Hauswirt)*; Hausbesitzer *m*
landmark 1. Landschaftscharakterbauwerk *n*; charakteristisches Bauwerk *n*; 2. Grenzstein *m*, Grenzmarkierung *f*, Landmarke *f*
landowner Grundeigentümer *m*
landreformer Bodenreformer *m*

landscape *v* eine Landschaft gestalten; landschaftlich gestalten
landscape Landschaft *f*
landscape architect Landschaftsarchitekt *m*, Landschaftsplaner *m*
landscape architecture Landschaftsarchitektur *f*, Landschaftsgestaltung *f*, Freiflächenplanung *f*
landscape conservancy Landschaftspflege *f*
landscape conservation Landschaftsschutz *m*, Landschaftspflege *f*
landscape design 1. *s.* landscape architecture; 2. Landschaftsgestaltung *f*, Landgestaltung *f*
landscape garden Landschaftsgarten *m*
landscape gardener Landschaftsgärtner *m*
landscape gardening Landschaftsgartenbau *m*
landscape park Landschaftspark *m*
landscape planning Landschaftsplanung *f*, Landschaftsgestaltung *f*; Landschaftsarchitektur *f*
landscape preservation Landschaftspflege *f*
landscape protection Landschaftsschutz *m*
landscape protection area Landschaftsschutzgebiet *n*
landscape strip Grünstreifen *m*, Rasentrennstreifen *m*
landscape work landschaftsgärtnerische Arbeiten *fpl*, Landschaftsbauarbeiten *fpl*, Landschaftsgestaltungsarbeiten *fpl*
landscaped area [interior] Wohnlandschaft *f*
landscaped office room Großraumbüro *n*; Bürogroßraum *m*
landscaped terrace Grünterrasse *f*
landscaped town Parkstadt *f*, Grünstadt *f*
landscaper Landschaftsgärtner *m*, Landschaftsgärtnerin *f*
landscaping Freiflächenplanung *f*, Landschaftsgestaltung *f*
landscaping works Landschaftsbauarbeiten *fpl*, landschaftsgärtnerische Arbeiten *fpl*, Landschaftsgestaltungsarbeiten *fpl*
landslide Erdrutsch *m*, Bergrutsch *m*
landslip Erdrutsch *m*, Bergrutsch *m*
lane 1. Gasse *f*; 2. Fahrspur *f*, Fahrbahn *f*, Fahrstreifen *m*, Fahrbahnstreifen *m (Straße)*
lane-changing Spurwechsel *m*
lane closure Sperrung *f* eines Fahrbahnstreifens, Fahrspuraufhebung *f*; Fahrbahnverengung *f*
lane control Fahrstreifensignalreglung *f*
lane divider Fahrspurtrennstreifen *m*
lane for opposing traffic flow Gegenfahrbahn *f*
lane indicator *(Verk)* horizontale Leiteinrichtung *f*
lane joint Längsfuge *f (Mauerwerk)*
lane line Seitenline *f (Fahrbahnoberfläche)*
lane marker [marking] Fahrbahnmarkierung *f*, Straßenmarkierung *f*
lane reduction *(Verk)* Spurreduzierung *f*, Spur(en)verminderung *f*
lane width Fahrstreifenbreite *f*, Fahrspurbreite *f*
lantern 1. Laterne *f*, Leuchte *f*, Lampe *f*; 2. Dachaufsatz *m*, Haube *f*, Dachlaterne *f*
lantern light (roof) Dachreiter *m*, Laternendach *n*
lantern girder Laternenträger *m*
lantern roof Laternendach *n*
lantern tower *s.* lantern 2.
lap *v* 1. überlappen, umwickeln; 2. *(Hb)* überblatten; 3. überdecken *(Dachziegel)*; 4. feinschleifen, läppen
lap-rivet *v* überlappt nieten
lap-weld *v* überlappt schweißen
lap Überlappung *f*, Überdeckung *f*; Falte *f (Überlappung)*
lap cement Haftkleber *m*, Asphaltklebemasse *f*
lap dovetail verdeckter Schwalbenschwanz *m*
lap joint Überlappungsverbindung *f*, Überlappungsstoß *m*, Überdeckungsstoß *m*, Überlappungsklebung *f*, Nahtüberlappung *f*, Nahtüberdeckung *f*, Laschenverbindung *f*
lap-joint riveting Überlappungsnietung *f*
lap-joint sheeting Stülpwand *f*, Stülpverkleidung *f*
lap pulp Zellstoffpappe *f*
lap-riveted seam überlappte Nietnaht *f*
lap scarf Holzdachrinnenverbindung *f*
lap seam überlappte Metall(saum)verbindung *f*
lap siding *(AE)* Stülp(ver)schalbrett *n*; *(AE)* Schindel *f (Wandverkleidung)*; Stülpschalung *f*
lap splice Betonstahlüberlappungsverbindung *f*, verbundene Bewehrungsüberlappung *f*
lap tendons überlappte Spannglieder *npl*
lap-time Anzugszeit *f*, Lacktrocknungszeit *f (Anstrich)*
lap welding Überlappungsschweißen *n*
lap width Überdeckungsbreite *f (Dachziegel)*
lapillus Steinchen *n*
lapped connection Stoßüberdeckung *f*, Stoßüberlappung *f*
lapped dovetail verdeckter Schwalbenschwanz *m*
lapped flange Losflansch *m (z. B. bei Ankerbolzen)*
lapped scarf überlappte Verbindung *f*
lapped splice Überdeckungsstoß *m*
lapping 1. Überdeckung *f*, Überlappung *f (Bewehrungsstahl)*; 2. geschlagene Mennige *f*; 3. Feinschleifen *n*, Läppen *n*
lapping abrasive Läppmittel *n*
lapping compound Läppmittel *n*, Läppgemisch *n*
lapping wheel Läppscheibe *f*
lapse rate Temperaturgradient *m*, Temperaturgefälle *n*
laptop Laptop *m*, Handcomputer *m*
laquear *s.* lacunar 2.
larch 1. Lärche *f*; 2. Lärchenholz *n*
larch shingle Lärchenschindel *f*
larch wood Lärchenholz *n*
lard stone Speckstein *m*, Steatit *m*
larder Speisekammer *f*
large groß, dick; weit; beträchtlich
large-batch production Großserienfertigung *f*
large block Großblock *m (1. Baustein; 2. Wohngebäude)*
large-block construction [method, system] Großblockbauweise *f*
large blockhouse Großblock *m (Wohngebäude)*
large bored pile Großrohrpfahl *m*
large-bulk bunker Großraumbunker *m*
large-capacity garage Großgarage *f*
large-diameter hole Großbohrloch *n*
large format Großformat *n*, Dickformat *n (Mauerstein)*
large format board großformatige Platte *f*, Großformatplatte *f*
large format sheet *s.* large format board
large-grained grobkörnig
large hole Großbohrloch *n*
large housing estate Großsiedlung *f*, Großflächensiedlungsanlage *f*
large in pieces großstückig
large knot Astknoten *m*, Astloch *n (> 38 mm)*
large panel Großplatte *f*, Platte *f*
large-panel building Großplattenbau *m*
large-panel construction Großplattenbauweise *f*, Großtafelbauweise *f*, Plattenbauweise *f*, Plattenbau *m*
large-panel housing construction Wohnungsbau *m* in Großplattenbauweise
large-panel method [system] *s.* large-panel construction
large-panel wall Großtafelwand *f*
large-panelled aus Großtafeln montiert
large-panelled structure Großplattenbauwerk *n*, Großtafelbauwerk *n*
large paving sett Großpflasterstein *m*
large praying chamber Gebetshalle *f*
large reservoir *(Wsb)* Großspeicher *m*

large rubble *(Erdb)* Bruchsteinschüttung *f*
large-scale project Großprojekt *n*
large-scaled roof Großraumdach *n*
large-scale test(ing) Großversuch *m*, Prüfung *f* in großem Maßstab
large sett Großpflasterstein *m*; Großpflaster *n*
large sett paving Großpflasterdecke *f*
large-sized block construction Großblockbauweise *f*
large-sized brickblock Ziegelgroßblock *m*
large-sized panel Großplatte *f*, Großtafel *f*
large slab Großplatte *f*
large-span beam Weitspannbalken *m*
large-span bearing system Weitspanntragwerk
large-span floor slab Weitspanndeckenplatte *f*
large-span precast concrete beam Weitspannfertigbalken *m*, Weitspannfertigteil-Betonträger *m*
large-span rib Weitspannrippe *f*
large-span roof Weitspanndach *n*
large-span shell Weitspannschale *f*
large-span shell vault Weitspannschalengewölbe *n*
large-span truss(ed) girder roof Weitspannfachwerkbinderdach *n*
large stone Steinblock *m*
larger than life size überlebensgroß
larmier 1. Gesimskante *f*, Gesimskranzecke *f*, Hängeplatte *f (Geison)*; 2. horizontale Regenabtropfkante *f*
larnite Larnit *m*, Portlandzementmineral *n*
larry *v* **(up)** Kalk [Mörtel] mischen
larry 1. Mörtelmischspaten *m*; Weichmacherspaten *m*; 2. *(AE)* Gussmörtel *m*; 3. Weichmacher *m (für Beton)*
Larssen sheet pile Larssenbohle *f*
laser beam levelling Lasernivellierung *f*
laser distance measuring unit Laser-Entfernungsmesser *m*
laser range finding Laserentfernungsmessung *f*
laser ranging Laserentfernungsmessung *f*
laser-scan *v* mit Laserstrahl erfassen [abtasten] *(Bauvermessung)*
laser spirit level Laser-Wasserwaage *f*
laser technology Laser-Technik *f*
laser theodolite Laser-Theodolit *m*
lash *v* rödeln, festbinden *(Bewehrung)*
lashing Lasche *f (Seilschlinge, z. B. beim Kran)*
lashing wire Rödeldraht *m*, Bindedraht *m (Bewehrung)*
last *v* aushalten, bestehen, halten
last coating of paint Fertiganstrich *m*
last step Auftrittstufe *f*, Podeststufe *f*
lasting beständig, dauerhaft
lasting properties Beständigkeit *f*, Echtheit *f (Anstrich)*
lasting quality Haltbarkeit *f*, Bestand *m*
latch *v* 1. *(Hb)* einkerben; 2. einhaken, einklinken, zuklinken
latch Riegel *m*; Türriegel *m*; Klinke *f*, Türklinke *f*, Drücker *m (Schloss)*; Türdrücker *m*, Lasche *f*, Sperrhaken *m (Schloss)*; Schnapper *m*
latch bolt Fallriegel *m*
latch head Fallenkopf *m*
latch lever Wechsel *m*
latch lock Schnappschloss *n*, Fallenschloss *n*
latch pin Raststift *m*
latch spring Fallenfeder *f*
latching Einrasten *n*, Verriegeln *n*
late Baroque Spätbarock *m*
late geometrical *(Arch)* spätgeometrisch *(englisches Maßwerk)*
late Gothic Spätgotik *f*
late-mediaeval *(Arch)* spätmittelalterlich
late-mediaeval architecture spätmittelalterliche Architektur *f*, spätmittelalterliche Baukunst *f*
Late Modern Style später Jugendstil *m*
late opus *(Arch)* Spätwerk *n*
Late Pointed Style Spätphase *f* der englischen Gotik
Late Renaissance architecture Spätrenaissancearchitektur *f*, Spätrenaissancebaukunst *f*
Late Roman spätromanisch
Late Romanesque style Spätromanik *f*
late strength Spätfestigkeit *f (Beton)*
latent versteckt, latent
latent defect versteckter [verborgener] Mangel *m*
latent defect clause Vertragsklausel *f* über versteckte Mängel
latent heat latente Wärme *f*, gebundene Wärme *f*
latent heat of evaporation Verdampfungswärme *f*
latent hydraulic binder latent hydraulisches Bindemittel *n*
latent solvent latentes Lösungsmittel *n*
latent stress latente Spannung *f*
lateral seitlich, Seiten... ; quer
lateral Abzweigstück *n*
lateral arch Seitenbogen *m*
lateral bracing Windverband *m*
lateral buckling Seitenausknickung *f*, seitliche Ausbiegung *f*
lateral canal Seitenkanal *m (Flussbau)*
lateral chapel *(Arch)* Seitenkapelle *f*
lateral check dam Nebensperrmauer *f*, Nebensperre *f*
lateral clearance lichter Seitenraum *m*
lateral colonnade Seitenkolonnade *f*
lateral compression Querzusammendrückung *f*
lateral confinement Seitengrenzen *fpl*
lateral contraction Querkontraktion *f*
lateral dam *s.* lateral check dam
lateral deflection seitliches Ausweichen *n (Träger)*
lateral deformation seitliche Formänderung *f*, Querverformung *f*
lateral dimension Querabmessung *f*, Seitenabmessung *f*
lateral direction Querrichtung *f*
lateral distance Seitenabstand *m*
lateral edge Seitenkante *f*
lateral entrance Seiteneingang *m*
lateral escape Verdrückung *f*
lateral expansion [extension] Querdehnung *f*, Ausbauchung *f*
lateral extent seitliche Ausdehnung *f*
lateral façade Seitenfassade *f*
lateral force Querkraft *f*
lateral-force component Seitenkraftkomponente *f*
lateral force resistance Querkrafttragfähigkeit *f*
lateral friction Querreibung *f*
lateral inclination *(Verk)* Querneigung *f*
lateral load 1. Windlast *f*; 2. Seitenschub *m*, seitliche Belastung *f*, Querlast *f*, Horizontalbelastung *f*; 3. Erdbebenbelastung *f*
lateral loading Querbelastung *f*
lateral masonry wall Seitenwand *f*, Stirnwand *f*
lateral moment Quermoment *n*
lateral movement Seitenbewegung *f*
lateral pressure Seitendruck *m*, Querdruck *m*
lateral rain penetration Regendurchfeuchtung *f*
lateral reinforcement Querbewehrung *f*, Ringbewehrung *f*
lateral reinforcing structure Seitenversteifung *f*
lateral restraint seitliche Halterung *f*, seitliche Einspannung *f*
lateral rigidity Seitensteifigkeit *f*, Biegesteifheit *f*
lateral scroll Teil *m* eines Handlaufabschlusses *(gerollt)*
lateral section Querschnitt *m*, Profil *n*, Querprofil *n*
lateral sewer Einspeisungsentwässerungsleitung *f*, Zweigabwasserleitung *f* zu einer Nebenleitung

lateral shift seitliche Verschiebung *f*
lateral shoving Seitenschub *m*
lateral side Seitenfläche *f*
lateral slide *(Bod)* Gleitflächenbruch *m*
lateral stability seitliche Stabilität *f*, Seitenstabilität *f*, Seitenstandsicherheit *f*, Seitenstandfestigkeit *f*
lateral stiffness Knickfestigkeit *f*, Seitensteifigkeit *f*
lateral strain Seitendehnung *f*, Querdehnung *f*
lateral strength Querbiegefestigkeit *f*
lateral support horizontale Abstützung *f* [Versteifung *f*], Seitenabstützung *f*
lateral thrust Seitenschub *m (Gewölbe)*
lateral torsional buckling Biegedrillknicken *n*
lateral view Seitenansicht *f*
lateral wall Seitenwand *f*
lateral wind load Seitenwindlast *f*
lateral wind pressure Seitenwinddruck *m*
laterally loaded mit Querbelastung, querbelastet
laterally movable in Querrichtung beweglich
laterally restrained seitlich festgehalten
laterally stable seitlich stabil
laterite chips Lateritsplitt *m*
laterite gravel Lateritkies *m*
laterite road Lateritstraße *f*
latest event occurrence time spätester Zwischentermin *m (Netzplan)*; spätester Gewerkabschluss *m*
latest finish date spätester Baufertigstellungstermin *m (dem Projekt entsprechend)*
latest start date späteste Baubeginnsaktivität *f (um das Projekt vertragsgerecht abzuschließen)*
latewood Spätholz *n*
latex Latex *m*
latex binder Latexbindemittel *n*, Dispersionsbindemittel *n*
latex cement Latexkleber *m*
latex-cement sealing compound Latex-Zement-Vergussmasse *f*
latex coat Latexanstrich *m*
latex coating Latexanstrichstoff *m*, Dispersionsanstrichstoff *m*
latex emulsion Latexemulsion *f*
latex flooring Latexfußbodenbelag *m*
latex foam (rubber) Latexschaumgummi *m*
latex glue Latexleim *m*
latex mastic compound Latexmastix *m*
latex paint Latexfarbe *f*, latexgebundene Farbe *f*, Dispersionsanstrichstoff *m*
lath *v* belatten, mit Latten benageln; Maschendraht annageln; spalieren
lath *v* **a wall** belatten, verschalen
lath 1. Latte *f*, Leiste *f*; Stakete *f*; 2. Lamelle *f*; 3. Rohrgeflecht *n*, Bautafel *f (als Putzträger)*; 4. Stambha *m (indischer Monumentalpfeiler)*
lath and plaster einlagiger Putz *m* auf Putzträgergewebe
lath ceiling Putzträgerdecke *f*
lath fence Lattenzaun *m*
lath floor Rostfußboden *m*, Lattenrost *m*
lath grating [grid] Lattenrost *m*
lath hammer Zimmermannshammer *m*; Gipserbeil *n*
lath-house Spalierhaus *n*, Lattengerüsthütte *f (zum Überwachsen mit Pflanzen)*; Laubenhaus *n*
lath insulating mat Putzträgerdämmplatte *f*
lath laid-and-set *(AE)* Zweischichtputz *m (mit aufgerautem Unterputz)*
lath mesh Streckmetallmatte *f*; Putzträgergeflecht *n*; Putzträgermatte *f*
lath nail Lattenstift *m*, Gipsdielenstift *m*
lath-partition Lattenverschlag *m*
lath screen Lamellenjalousie *f*
lath shutter Lamellenfensterladen *m*
lathe-check Schälriss *m (Holzfurnier)*
lathed and plastered ceiling Stuckdecke *f*, Gipsputzdecke *f*
lathed partition [space] Lattenverschlag *m*
lathing 1. Holzverlattung *f*, Annageln *n* von Latten; Lattung *f*; 2. Putzträger *m*; 3. Latten *fpl*
lathing board Nagelleiste *f*, Trägerleiste *f*
lathing for stucco Stuckaturverschalung *f*
lathing hammer [hatchet] Zimmermannshammer *m*, Gipserbeil *n*
lathwood Lattenholz *n*
lathwork Lattenwerk *n*, Putzträger *m*, Putzträgergitter *n*
Latin cross Passionskreuz *n*, lateinisches Kreuz *n*
latitude 1. geographische Breite *f*; 2. Spielraum *m*, Variationsbreite *f*, Ausdehnung *f*
latrine Latrine *f*; Trockenklosett *f*; Aborterker *m* in Wehrmauern
latrobe *(AE)* Heißluftofenanlage *f*
latten brass Messingblech *n*
lattice *v* flechten; vergittern
lattice 1. Latten(zier)werk *n*, Gitterwerk *n*; Flechtwerk *n (Flechtornament in Holz)*; Spalier *n (Lattengerüst)*; Gitter *n (Fenster)*; 2. Fachwerk *n*
lattice arch Fachwerkbogen *m*
lattice bar Gitterstab *m*, Diagonalglied *n*, Diagonalstab *m*, Diagonale *f (Stahlbau)*
lattice beam *s.* lattice girder
lattice boom Gitterausleger *m (Bagger)*
lattice bracing Netzverband *m (Stahlbau)*
lattice bridge Fachwerkbrücke *f*, Gitterträgerbrücke *f*
lattice column Gitterstütze *f*
lattice cupola Lamellenkuppel *f*
lattice fence Lattenzaun *m*; Spalierzaun *m*
lattice-form mast Gittermast *m*
lattice form steel mast Stahlgittermast *m*
lattice gate Gittertür *f*
lattice girder Gitterträger *m*; Gitterfachwerk *n*
lattice-like gitterartig
lattice mast Gittermast *m*, Stahlgittermast *m*
lattice member *s.* lattice bar
lattice moulding Lattenzierleiste *f*
lattice plate Raumfachwerk *n*, räumliches Fachwerk *n*
lattice purlin Fachwerkpfette *f*, Gitterpfette *f*
lattice shell Gittergerüst *n*; Gitterschale *f*
lattice steel column [girder] Stahlgitterstütze *f*
lattice steeple Pyramidenflechtwerk *n*
lattice structure Gitterwerk *n*, Gitterstruktur *f*
lattice suspension bridge Fachwerkhängebrücke *f*
lattice tower Gittermast *m*, Stahlgittermast *m*
lattice truss Kreuzfachwerkbinder *m*, Fachwerkbinder *m*; Gitterträger *m*
lattice wall Lattenwand *f*
lattice web Gittersteg *m (eines Trägers)*
lattice window 1. Gitterfenster *n*; 2. Butzenscheibenfenster *n*
lattice-work *s.* latticework
latticed gitterartig
latticed bar Gitterstab *m*
latticed column Gitterstütze *f*
latticed cupola Lamellenkuppel *f*
latticed girder Gitterfachwerk *n*, Gitterträger *m*
latticed girder construction Gitterwerk *n (Tragelement)*
latticed member Gitterstab *m*
latticed purlin Fachwerkpfette *f*, Gitterpfette *f*
latticed steel column [girder] Stahlgitterstütze *f*
latticework 1. Gitterfachwerk *n*, Gitterwerk *n*, Kreuzfachwerk *n*; Raumfachwerk *n*; Fachwerk *n*; 2. Lattengerüst *n*
latticework in space räumliches Fachwerk *n (Brücken)*
launder Rinne *f (zur Entwässerung)*

laundry Waschhaus *n*
laundry chute Schmutzwäscherutsche *f*, Wäscherutsche *f*, Wäscheschacht *m (Hotel)*
laundry club Gemeinschaftswäscherei *f*
laundry room Waschraum *m*, Waschhaus *n (zum Wäschewaschen)*
laundry tray Wäschewaschbecken *n*
laundry wastes Wäschereiabwasser *n*
laurel leaf *(Arch)* Lorbeerblatt *n*
laurel-leaf swag *(Arch)* Lorbeerblattgirlande *f*, Lorbeerblattgewinde *n*, Lorbeerblattfeston *n*
lava flow Ergussgestein *n*, Eruptivgestein *n*
lava pumice Bimssteinlava *f*
lavabo *(Arch)* Tonsur *f (Brunnenkapelle an einem Kreuzgang)*
lavatory 1. Toilette *f*; Wasserklosett *n*, Klosett *n*; 2. WC-Raum *m* mit Waschbecken; 3. Waschbecken *n*
lavatory basin *(AE)* Waschbecken *n*
lavatory equipment Waschraumausstattung *f*
lavatory flush(ing) Toilettenspülung *f*
lavatory pan Klosettbecken *n*
lavatory seat Toilettensitz *m*, Klosettsitz *m*
lavishly gilt überreich vergoldet
lavishly ornamented überreich geschmückt
law Gesetz *n*, Regel *f*, Vorschrift *f*
law enforcement Gesetzesvollzug *m*, Durchsetzen *n* von Vorschriften
law of compatibility Verträglichkeitsgesetz *n*
law of conservation of energy Energieerhaltungssatz *m*
law of continuity Stetigkeitsgesetz *n*
law of elasticity Elastizitätsgesetz *n*, Hooke'sches Gesetz *n*
law of elongation Dehnungsgesetz *n*
law of particle size distribution Exponentialgesetz *n* der Kornverteilung
law of proportionality Proportionalitätsgesetz *n*
law of refraction Brechungsgesetz *n*, Reflexionsgesetz *n*
law of shear stress Schubspannungsgesetz *n*
law of superimposed stress Überlagerungsprinzip *n*
law of superposition Superpositionsgesetz *n*, Superpositionsgleichung *f*
law of the contract Vertragsgesetz *n*
law of the lever Hebelgesetz *n*
law of virtual displacements Prinzip *n* der virtuellen Verrückung
lawn 1. gepflegte Rasenfläche *f*, Rasen *m*, Rasenplatz *m*; 2. *(AE)* Gaze *f*
lawn and planting Grünanlagen *fpl*
lawn spinkler system Rasensprengsystem *n*
laws of space and colour Gesetze *npl* von Raum und Farbe
lay *v* 1. legen, verlegen *(Kabel, Rohre)*; 2. setzen, stellen; 3. (ver)mauern *(Ziegel)*
lay *v* **a bridge** eine Brücke bauen
lay *v* **a cable** ein Kabel ziehen
lay *v* **a floor** dielen *(einen Raum)*; Dielen legen
lay *v* **a pipe(line)** eine Leitung verlegen
lay *v* **bare** freilegen, bloßlegen
lay *v* **bricks** (ver)mauern
lay *v* **bricks overhand** über die Hand mauern
lay *v* **down** einbauen; ablagern
lay *v* **edgewise** hochkant verlegen
lay *v* **foundations** gründen, ein Fundament legen, fundamentieren
lay *v* **in** einlegen
lay *v* **mortar** Mörtel ausbreiten
lay *v* **on** antragen
lay *v* **on gas** eine Gasleitung legen
lay *v* **out** 1. *(Verm)* abstecken; trassieren *(z. B. Straßen)*; 2. auslegen *(Platten)*; verlegen *(Kabel, Rohre)*; 3. entwerfen, planen
lay *v* **out green spaces** Grünflächen anlegen
lay *v* **pavement** pflastern
lay *v* **the ashlar** Werkstein versetzen
lay *v* **the foundation** *s.* lay foundations
lay *v* **the foundation stone** den Grundstein legen
lay *v* **underground** verlegen
lay *v* **with joints rebated** überfalzen
lay bar horizontale Fenstersprosse *f*
lay board Sparrenfußbohle *f*
lay-by 1. *(Verk)* Haltespur *f*, Standspur *f*, Parkstreifen *m*; 2. *(Verk)* Ausweichgleis *n*; 3. Schiffsanlegestelle *f*
lay down Einbau *m* in einer Lage
lay-in ceiling Einlegedecke *f*
lay-in connector Einlassdübel *m*
lay-in panel Einlegetafel *f*
lay-in shape Einlassprofil *n*
lay-in timber connector *(Hb)* Einlassdübel *m*
lay-in wood connector *(Hb)* Einlassdübel *m*
lay light Deckenoberlicht *n*
lay-off Arbeitseinstellung *f*
lay-off in winter Winterpause *f (Bauausführung)*
lay-on grading aufgelegter Gitterrost *m*
lay-up 1. Kunststoffbewehrung *f*; 2. Furnierverleimung *f (zu Sperrholz)*
laydown Einbau *m* in einer Lage
laydown and compaction Einbau *m* und Verdichtung *f*
laydown machine Einbaufertiger *m*
laydown site Einbaustelle *f*
layer 1. Schicht *f*, Lage *f*; Reihe *f (Mauerwerk)*; 2. Schichtung *f (Baugrund)*; 3. *(Verk)* Schicht *f*, Lage *f*, Konstruktionsschicht *f (Straße)*; 4. Wandschale *f* • **in layers** geschichtet, schichtweise
layer adhesion Schichtenverbund *m*
layer board Trennpappe *f*
layer-cake form of elevation Horizontalgliederung *f*
layer construction Schichtenbauweise *f*
layer-corrosion Schichtkorrosion *f*, schichtförmige Korrosion *f*
layer destroying capillary action kapillarbrechende Schicht *f*
layer height Belagshöhe *f (Gehfläche)*
layer in layers schichtweise *(Beschichtungstechnik)*
layer-like schichtähnlich
layer of bitumen felt Bitumenpappenschicht *f*
layer of concrete Betonschicht *f*, Aufbeton *m*
layer of discontinuity Sprungschicht *f (meist geologisch)*
layer of earth *s.* layer of the earth
layer of foam Schaumlage *f*, Schaumschicht *f*
layer of gravel Kiesdecke *f*
layer of grit *(Verk)* Splitt(oberflächen)schicht *f*
layer of insulation Dämmschicht *f*
layer of iron pan Ortsteinschicht *f*, Ortsteinhorizont *m*
layer of the earth Bodenschicht *f*, Erdschicht *f*
layer of varnish Lackschicht *f*
layer of wire Drahteinlage *f*
layer of wood Sperrholzschicht *f*
layer thickness 1. Schichtdicke *f*; 2. *(Verk)* Lagendicke *f*
layer water *(Erdb)* Schichtwasser *n*
layered geschichtet
layered rock geschichtetes Gestein *n*
layered structure Lagentextur *f*
layering Schichtung *f*
laying Verlegearbeiten *fpl*, Verlegung *f*
laying bare Freilegung *f*
laying course Pflasterbett *n*
laying course material Bettungsmaterial *n*

laying-down Ablagerung *f (geologisch)*
laying drawing Verlegezeichnung *f*, Verlegeplan *m*
laying length Verlegelänge *f*, Baulänge *f*
laying material Verlegematerial *n*
laying of blocks Verlegen *n* von Blocksteinen
laying of cables Kabeleinbau *m*, Kabelverlegung *f*
laying of foundament stone Grundsteinlegung *f*
laying of pipes Rohrverlegung *f*
laying of the foundation stone Grundsteinlegung *f*
laying-off Verschlichten *n*, gleichmäßiges Verteilen *n (Beschichtungen, Anstriche usw.)*
laying on *(Arch)* Reliefauftragen *n (auf Porzellan)*
laying out 1. Abstecken *n*; 2. *(Verk)* Trassieren *n*; 3. Auslegen *n*, Verlegen *n*, Verlegung *f (Kabel, Rohr)*; 4. *(AE)* Anreißen *n*
laying pattern Verlegemuster *n*, Verband *m*
laying requirement Einbauanforderung *f*
laying tiles Vermauern *n (Blocksteine)*
laying trowel Maurerkelle *f*
laying-up basin *(Wsb)* Sammelbecken *n*, Rückhaltebecken *n*
laying work Versetzarbeiten *fpl*
layland Brachland *n*
laylight Oberlicht *n*, Oberlichtöffnung *f*
layout 1. Plan *m*, Lageplan *m*, Grundrissplan *m*; Skizze *f*, Entwurf *m*; Bauplan *m*; Trassierplan *m*, Übersichtszeichnung *f*, Absteckplan *m*; 2. Anordnung *f*, Gruppierung *f*; 3. Auslegung *f*, Ausrüstung *f*, Ausstattung *f*, Aufbau *m (einer Anlage)*
layout chart Lagekarte *f*
layout drawing Grundrisszeichnung *f*, Lageplan *m*
layout grid 1. Verlegeraster *n (Fliesen)*; 2. Rohbauraster *n*
layout line *(AE)* Risslinie *f*, Anrisslinie *f*
layout man Entwurfsverfasser *m*, Zeichner *m*
layout of a design Entwurfsgestaltung *f*
layout of buildings Gebäudeanordnung *f*
layout of forms Schalungsplan *m*
layout of reinforcement Bewehrungsanordnung *f*, Bewehrungsführung *f*
layout of rooms Raumaufteilung *f*, Raumverteilung *f*
layout office Arbeitsvorbereitungsbüro *n*
layout plan Lageplan *m*, Übersichtsplan *m*, Grundrissanordnung *f*, Gesamtübersicht *f*
layout punch *(AE)* Anreißkörner *m*
lazy susan *(AE)* rundes drehbares Küchenabstellregal *n*
lea *(AE)* Brachland *n*; Grasland *n*; Wiese *f*
leach *v* 1. *(Wsb)* auskolken, auswaschen; auslaugen; 2. einsickern, versickern, durchsickern
leach *v* **out** (selektiv) auflösen
leachability Auslaugbarkeit *f*
leachate detection layer Auslaugkontrollschicht *f*
leached ausgelaugt
leached soil ausgelaugter Boden *m*
leached zone *(Erdb)* Auslaugungszone *f (geologisch)*
leaching Auswaschung *f*, Auskolkung *f*, Auslaugen *n*
leaching agent Laugungsmittel *n*
leaching basin Abwasser(ver)sickerbrunnen *m*, Sickerschacht *m*
leaching cavity *(Erdb)* Auslaugungshohlraum *m*, Laughöhle *f*
leaching cesspool Versickerungsklärgrube *f*
leaching field *(AE)* Klärfeld *n*
leaching pit [well] Sickerloch *n*, Abwassersickerschacht *m*, Klärgrube *f* mit Versickerung des Flüssiganteils
leaching property Auslaugverfahren *n*
leaching test Auslaugtest *m*, Elutionsversuch *m*
leaching water Auslaugungswasser *n*
lead *v (Aussprache: li:d)* leiten, zuleiten, führen *(z. B. Medien)*
lead *v* **through** durchführen *(z. B. Kabel)*
lead *v* **up** überleiten
lead *(Aussprache: li:d)* 1. Lotecke *f*, Richtmauerwerk *n*; 2. *(El)* Zuleitung *f*, Stromleitung *f*, Leitungskabel *n*; Ader *f*; 3. Gewindesteigung *f*; 4. *(Erdb)* Leithorizont *m (geologisch)*
lead hole *(AE)* Durchbohrung *f*
lead-in Zuleitung *f*
lead-in cable Zuführungskabel *n*
lead-in wire Zuleitung *f*
lead masonry Führungsmauerwerk *n*
lead of a thread Gewindesteigung *f*
lead-through Durchführung *f*
lead wire *(El)* Zuführungsleitung *f*, Anschlussleitung *f*
lead *v (Aussprache: led)* 1. verbleien, mit Blei auskleiden; 2. ausloten
lead *v* **coat** verbleien
lead *(Aussprache: led)* 1. Blei *n*; 2. Senkblei *n*, Lot *n*
lead alloy Bleilegierung *f*
lead basic sulfate Sulfatbleiweiß *n*
lead bat Bleikeil *m (Kehlblechhalterung)*
lead biological shield Bleischirm *m (gegen Strahlung)*
lead biological shielding wall Bleiabschirmwand *f (gegen Strahlung)*
lead caulked bleiverstemmt, bleigedichtet
lead caulking Bleiverstemmung *f*, Bleidichtung *f*
lead chromate Bleichromat *n*
lead-clad bleiplattiert
lead coating Bleimantel *m*, Verbleiung *f*
lead-containing pigments bleihaltige Pigmente *npl*
lead covered cable Bleimantelkabel *n*
lead dampcourse Bleifeuchtesperrschicht *f*, Bleifeuchtigkeitssperrschicht *f*
lead dovel Bleidübel *m*
lead draining pipe Bleiabflussrohr *n*, Bleientwässerungsrohr *n*
lead drier Bleisikkativ *n*
lead facing Bleiverkleidung *f*, Bleiauskleidung *f*
lead filler Bleieinlage *f*, Bleizwischenlage *f*
lead flat roof *(AE)* bleiblechgedecktes Flachdach *n*, Flachdach *n* mit Bleitafeldeckung
lead-free bleifrei
lead glass Bleiglas *n*, Bleikristall *n*
lead glass window Bleiglasfenster *n*
lead glazing bleiverglastes Fenster *n*; Bleiverglasung *f*
lead head nail Bleikopfnagel *m*, Metalldachnagel *m*, Dichtungsnagel *m*
lead insulation Bleiisolierung *f*
lead joint(ing) Bleivergussmuffung *f*, Bleimuffe *f*
lead joint(ing) lead caulking Bleidichtung *f*
lead line Bleilot *n*, Senkblei *n*, Bleisenklot *n*
lead-lined mit Blei ausgekleidet
lead-lined door Bleitafeltür *f*, bleibeplankte Tür *f*, Strahlenschutztür *f*
lead-lined frame bleiblechverkleideter Türrahmen *m*
lead lining Bleiverkleidung *f*, Bleiauskleidung *f*, Bleibeschichtung *f*
lead monoxide Blei(mon)oxid *n*, Bleiglätte *f*
lead oxide red Bleimennige *f*, Mennige *f (Rostschutzanstrich)*
lead paint Blei(weiß)farbe *f*
lead packing Bleidichtung *f*
lead pigment Bleipigment *n*
lead-pigmented bleipigmentiert
lead pipe Blei(leitungs)rohr *n*
lead pipe soldering Bleirohrlötung *f*
lead pipe work Bleirohrarbeiten *fpl*
lead plate Bleiplatte *f*
lead plug 1. Bleidübel *m (Mauerwerk)*; 2. Steinklammer *f* aus gegossenem Blei

lead pressure pipe Bleidruckrohr *n*
lead primer Bleimennige *f*
lead radiation shield Bleischirm *m (gegen Strahlung)*
lead roof Blei(flach)dach *n*
lead roof cladding Bleidachdeckung *f*, Bleibedachung *f*
lead roofing Bleidach *n*
lead rope Bleischnur *f*
lead saddle Bleiauflager *n*
lead sheath Bleimantel *m*
lead-sheathed bleiummantelt
lead sheathed cable Bleikabel *n*
lead sheathing Bleiummantelung *f*
lead sheet Bleitafel *f*, Walzblei *n*
lead shield Bleischirm *m (Strahlenschutz)*
lead shielding wall Bleiabschirmwand *f (Strahlenschutz)*
lead shot Bleischrot *m*
lead slag Bleihochofenschlacke *f*
lead slate [sleeve] Rohrdurchführungsdichtung *f*, Bleimanschettendichtung *f (Dach)*
lead soaker Bleianschlussstreifen *m*
lead soldering Bleilöten *n*
lead surfacing Bleiverkleidung *f*, Bleiauskleidung *f*
lead tack Bleihafter *m*
lead trap Bleitraps *m*
lead tray Bleieinfassung *f (Schornsteineinfassung)*
lead wedge Bleikeil *m*
lead wire Bleidraht *m*
lead wool Bleidichtungswolle *f*
leaded gebleit; verbleit
leaded light Bleiglasfenster *n*, bleiverglastes Fenster *n*, Butzenscheibenfenster *n*
leader *(AE)* Fallrohr *n*
leader drain Hauptdrän *m*
leader head(er) Fallrohreinlauftrichter *m (Dachentwässerung)*
leading abutment pressure voreilender Kämpferdruck *m*
leading edge Türblattvorderkante *f*
leading edge of a window Fensterflügelvorderkante *f*
leading end Vorderende *n*, Vorderseite *f*
leadlike bleiartig
leadwork Bleiarbeiten *fpl*
leady bleiartig
leaf 1. Türflügel *m*, Türblatt *n*, Blatt *n*; 2. Fensterflügel *m*; 3. Wandfläche *f* einer Hohlwand, Wandschale *f*, Schale *f*; 4. Brückenflügel *m*, Widerlagerflügel *m*
leaf and dart moulding *(Arch)* griechischer Eierstab *m*
leaf and square Blattmeißel *m*
leaf-bearing tree Laubbaum *m*
leaf clay Bänderton *m*
leaf decoration Blattornament *n*
leaf door Flügeltür *f*
leaf-gilding Blattvergoldung *f*
leaf-like blättchenförmig
leaf-like decoration Blattverzierung *f*, Blattdekoration *f*
leaf of a gate Torflügel *m*
leaf of blocks Blocksteinschale *f (Hohlwand)*
leaf ornament Blattornament *n*, Blattverzierung *f*
leaf pattern Blattmuster *n*
leaf shale Blätterschiefer *m*
leaf-shaped curve *(Arch)* Blatt *n (gotisches Maßwerk)*
leaf trap Laubfang *m*
leaf tree Laubholzbaum *m*
leaf wood Laubholz *n*, Laubbaumholz *n*
leaf work *s.* leafwork
leafage *(Arch)* Blattwerk *n*
leaflike blättrig
leafwork Blattgirlande *f*, Blattgewinde *n*, Blattfeston *n*
leafy blättrig
leafy frieze Blattfries *m*, Laub(werk)fries *m*
leak *v* lecken, undicht sein, tropfen, sickern, durchsickern; ausfließen
leak *v* **downward** durchsickern
leak *v* **out** ausfließen
leak 1. Leckstelle *f*, undichte Stelle *f*; 2. Undichtigkeit *f*
leak detection Leckbestimmung *f*
leak detector Leckanzeigegerät *n*, Lecksucher *m*
leak plugging Leckstellenabdichtung *f*
leak rate Sickerverlustmenge *f*, Sickerverlust *m (Wasserbau)*
leakage 1. Ausfließen *n*, Abfließen *n*; Schwund *m*, Sickerverlust *m*; Versickerung *f*; 2. Leckstelle *f*
leakage current Leckstrom *m*, Streustrom *m*, Erdstrom *m*, Schleichstrom *m*
leakage detector Abhorchgerät *n*
leakage loss Leckverlust *m*
leakage point Durchbruchspunkt *m*
leakage protective system *(El)* Erdschlussschutzsystem *n*
leakage water Sickerwasser *n*
leakage water outlet Leckwasserablauf *m*
leakiness Undichtigkeit *f*, Undichtheit *f*
leakless lecksicher
leakproof dicht, abgedichtet
leaky leck, undicht
lean *v* sich stützen; sich neigen
lean *v* **on** 1. aufliegen; sich stützen auf; 2. sich neigen, schräg hängen, schief stehen
lean mager, wenig ergiebig, dürftig, arm *(Baustoffe)*
lean clay Magerton *m*, sandiger Ton *m*
lean concrete Magerbeton *m*, Sparbeton *m*
lean lime Magerkalk *m*, steifer Kalk *m*
lean mix magere Mischung *f*, magerer Putzmörtel *m*
lean-mixed concrete *s.* lean concrete
lean-mixed mortar *s.* lean mortar
lean mixture Spargemisch *n*
lean mortar magerer Mörtel *m*, Magermörtel *m*, Füllmörtel *m*
lean quicklime Magerkalk *m*
lean rolled concrete Magerwalzbeton *m*, Walzmagerbeton *m*
lean strut Bockstütze *f*, Biese *f*, Vorstoß *m (Stahlbau)*
lean-to kleiner Anbau *m* mit Pultdach, Pultanbau *m*
lean-to mansard roof Mansardenpultdach *n*
lean-to roof Pultdach *n*, Sheddach *n*, Halbdach *n*
lean-to roof purlin Bockpfette *f*
lean-to roof (trussed) strut Bocksäule *f*, Bockstütze *f (Dach)*
leaning schief *(z. B. ein Turm)*
leaning Neigung *f (gegen die Senkrechte)*
leaning place Armstütze *f*, Armlehne *f*
leaning tower schiefer Turm *m*
leap *(Erdb)* Schichtenstörung *f*, Sprung *m (geologisch)*
leaping frog Froschramme *f*, Frosch *m*
leaping weir *(Wsb)* Überlaufwehr *n*
lear board Dachrinnentragbrett *n*, Sparrenfußbrett *n* mit Dachrinneneisenbefestigung
lease Verpachtung *f*, Gebäudevermietung *f*, Pachtvertrag *m*, Mietvertrag *m*; Erbbaurecht *n*
lease for a term of year Pacht *f* auf Zeit
lease peg [pin] Kreuznagel *m*, Schranknagel *m*
lease tank Feldtank *m*
leasehold Pachtbesitz *m*, Pachtland *n*; Mietgrundstück *n*
leasehold agreement [deed] Pachtvertrag *m*, Grundstückspachtvertrag *m*; Mietvertrag *m*
leasehold improvements Werterhöhung *f* des Pachtbesitzes
leasehold property *s.* leasehold

leaseholder Pächter *m*
least common denominator kleinster gemeinsamer Nenner *m*
least dimension Mindestabmessung *f*, Mindestmaß *n*
least dimension on plan Grundrissabmessung *f*
least distance Mindestabstand *m*, kleinster Abstand *m*
least grain size Kleinstkorn *n*, Mindestkorn *n*
least load Mindestlast *f*
least moment Mindestmoment *n*, Kleinstmoment *n*
least square method Methode *f* der kleinste Quadrate
least-work theorem Satz *m* vom Minimum der Formänderungsarbeit
leat *(Wsb)* Obergraben *m*, Wasserzuführung *f*, Mühlgraben *m*
leather Leder *n*
leather diaphragm Ledermembrane *f*
leather door Ledertür *f*
leather hanging Ledertapete *f*
leather-hardness Lederhärte *f (Steinzeug)*
leather-like lederähnlich
leather packing Ledermanschette *f*
leather sealing ring Lederdichtung *f*
leather sealing strip Dichtungsleder *n*
leather washer Lederdichtung *f*
leathering Ledermanschette *f*, Lederdichtung *f*
leave *v* räumen *(Gebäude)*
leave *v* **open** aussparen
leave Urlaub *m*
leave door *s.* leaf door
leaved blätterig, laminar
leaves catch [trap] Laubfang *m (Entwässerungssystem)*
leaving air Abluft *f*
leaving lane *(Verk)* Ausfädelspur *f*
leck toniger Schiefer *m*
lectern Lesepult *n*, Chorpult *n*
lecture hall Hörsaal *m*, Vorlesungssaal *m*, Auditorium *n*
lecture room Vorlesungsraum *m*, Vortragsraum *m*
lecture theatre Hörsaal *m*, Vorlesungssaal *m*, Auditorium *n*
ledge 1. Absatz *m*; Gesims *n*, Sims *m(n)*; 2. Berme *f*; 3. Riegelbrett *n*, Leiste *f*, Querleiste *f*; 4. *(Erdb)* Felsbank *f*, anstehender Fels *m*
ledge room Unterrichtsraum *m*
ledged-and-braced door Brettertür *f* mit Quer- und Diagonalriegel
ledged door Brettertür *f*
ledgement horizontale Ziegelzierschicht *f* [Verzierungssteinlage *f*]
ledgement table Kellergesimsschicht *f*
ledger Längsstange *f*, Streichstange *f (Holzgerüst)*
ledger (beam) Riegelholz *n*, Riegel *m*
ledger beam runner Gurtholz *n*
ledger board Riegelbrett *n*, Zaunriegel *m*; Streckbaum *m*, Netzriegel *m*
ledger plate 1. Querholzunterstützungshölzer *npl* am Hauptbalken; 2. eingelassenes Querträgerstützholz *n (an den Jochsäulen)*
ledger runner Gurtholz *n*
ledger strip *s.* ledger plate
ledgy slope terrassierter Hang *m*
lee side Leeseite *f*
leeward dem Wind abgekehrt
left bearing linkes Auflager *n*
left-hand door Linkstür *f*, links aufschlagende Tür *f*
left-hand lock Schloss *n* für eine Linkstür
left-hand reverse door linksgehängte Tür *f (entgegenschlagend)*
left-hand side tile Linksziegel *m*
left-hand stairway Treppe *f* mit linkem Handlauf
left-hand traffic Linksverkehr *m*
left-handed moment linksdrehendes Moment *n*
left-luggage office [room] Gepäckaufbewahrung *f*
left-side view linke Seitenansicht *f*
leftover Rest *m*, Übriggebliebenes *n*
left-turn lane *(Verk)* Linksabbiege(r)spur *f*
leftward skew slab linksschiefe Platte *f*
leg 1. Schenkel *m (Winkelstahl)*; 2. Pfosten *m*, Ständer *m*, Säule *f (Stiel beim Fachwerk)*; 3. Zunge *f (Hubdecke)*
legal action gerichtliches Vorgehen *n*
legal address Wohnsitz *m*
legal adviser Rechtsberater *m*
legal charge Grundschuld *f*
legal claim Rechtsanspruch *m*, gesetzlicher Anspruch *m*
legal decision gerichtliche Entscheidung *f*
legal disability Geschäftsunfähigkeit *f*
legal executive sachkundiger Anwaltsmitarbeiter *m*
legal expert juristischer Sachverständiger *m*
legal provision gesetzliche Bestimmung *f*
legal succession Rechtsnachfolge *f*
legal successor Rechtsnachfolger *m*
legal technical standards gesetzliche bautechnische Standards *mpl*, bautechnische Vorschriften *fpl*
legal tender gesetzliches Zahlungsmittel *n*
legal title *s.* legal claim
legally binding rechtsverbindlich
legally capable geschäftsfähig
legally responsible authority Rechtsträger *m*, Baulastträger *m*; Träger *m* öffentlicher Belange
legally valid rechtskräftig
legend Legende *f*, Zeichenerklärung *f*, Beschriftung *f*, Bildunterschrift *f*
legibility Lesbarkeit *f*
legibility distance *(Verk)* Lesbarkeitsentfernung *f*
legislation Gesetzgebung *f*
Leicester free style *(Arch)* freie Richtung *f*, freier Stil *m*
Leipzig yellow Leipziger Gelb *n*, Chromgelb *n*
leisure area Freizeitfläche *f*, Erholungsgebiet *n*
leisure centre Freizeitzentrum *n*, Erholungszentrum *n*
leisure facilities Freizeitanlagen *fpl*
lemon spline zitronenförmige Passfeder *f*
lend *v* Darlehen (ver)geben
lender Darlehensgeber *m*, Geldgeber *m*
length Länge *f*
length change Längenänderung *f*
length dimension Längenmaß *n*
length measurement Längenmessung *f*
length of each bar Länge *f* der Position *(Bewehrungsliste)*
length of exposition Expositionsdauer *f*, Prüfdauer *f (Baustoffe)*
length of channel Kanallänge *f*
length of dam *(Wsb)* Schützenbreite *f*, Wehrbreite *f*
length of flange Schenkellänge *f*
length of life Lebensdauer *f*, Haltbarkeitsdauer *f*
length of shoulder Schaftlänge *f*
length of span Stützweite *f*
length of step Stufenbreite *f*
length of structure Baulänge *f*
length of weir *(Wsb)* Wehrbreite *f*
length shrinkage Längenschrumpfung *f*
length subjected to bending Biegelänge *f*
lengthen *v* verlängern, ausdehnen; längen; anstücken; strecken
lengthening Verlängerung *f*, Streckung *f*, Längung *f*, Längenzunahme *f*
lengthening joint *(Hb)* Verlängerungsverbindung *f*
lengthening of timber Holzverlängerung *f*
lengthsman Straßenwärter *m*
lengthways *s.* lengthwise

lengthwise in Längsrichtung
lengthwise of the grain *(Hb)* in Faserrichtung
lens 1. optische Linse *f*; 2. Gesteinslinse *f*
lens-shaped linsenförmig
lenslike linsenförmig
lenticular *(Bod)* linsenförmig *(auch für Oberflächenerscheinungen)*
lenticular bedding *(Erdb, Tun)* Linsenschichtung *f*, linsenförmige Lagerung *f*
lentil Gesteinslinse *f*
lesena Pilasterstreifen *m*, Lisene *f*, Lesene *f (hervortretender Mauerstreifen)*; Mauerhalbsäule *f*
lesene *s.* lesena
lessee Mieter *m*; Pächter *m*; Erbberechtigter *m*
lessen *v* vermindern, verringern
lessor Vermieter *m*; Verpächter *m*; Grundbesitzer *m*
let *v* vermieten; verpachten
let *v* **in** einbetten *(Holz)*; einlassen *(Zapfen)*
let *v* **into concrete** einbetonieren
let *v* **pass** durchlassen
let *v* **the ironwork overlap** die Bewehrung übergreifen lassen, die Stahleinlagen überlappen lassen
let *v* **through** durchlassen
let-in flap Fitschenband *n*, Fitschenlappen *m*
let-in brace eingelassene Strebe *f*
lethal concentration tödliche Konzentration *f*
lethal effect tödliche Wirkung *f*
lettable vermietbar
letter *v* beschriften *(Bauzeichnung)*
letter box Briefkasten *m*
letter-box plate Briefschlitzklappe *f (an einer Tür)*
letter decoration Buchstabenornament *n*, Buchstabenverzierung *f*
letter enrichment *s.* letter decoration
letter of intent Vertragsabsichtserklärung *f*
letter plate Briefschlitzklappe *f (an einer Tür)*
lettering Schrift *f*
letting-in flush Einstemmen *n (Stemmband)*
letting of bids Angebotseröffnung *f*, Ausschreibungseröffnung *f*
letting of contract Auftragserteilung *f*
leucite Leucit *m*
leucite-basalt Leucitbasalt *m*
leucitic tuff Leuzittuff *m*
levecel *s.* appentice
levee *v (Wsb)* eindeichen *(Flüsse)*
levee 1. Damm *m*, Deich *m*, Uferdamm *m*, Hochwasserdamm *m*; 2. *(AE)* Anlegestelle *f*
level *v* 1. abwägen, auswiegen; nivellieren, abgleichen, in Waage bringen; horizontieren; 2. abziehen; (ein)ebnen, ausgleichen, planieren; glätten
level *v* **off** abgleichen; abflachen
level *v* **out** 1. ausspachteln; 2. einebnen
level *v* **the layer** die Schicht (ein)ebnen, planieren
level *v* **up** 1. ausrichten; 2. nach oben abrunden
level in Waage, eben, horizontal; flach, bündig
level 1. Höhe *f*, Geländehöhe *f*, Niveau *n*; Stand *m*, Stufe *f*; Pegel *m*, Spiegel *m*; Kote *f*; 2. Nivellierinstrument *n*; Richtwaage *f*, Richtlatte *f*, Richtscheit *n* • **at level** höhengleich
level adjustment Höheneinstellung *f*, Höhenjustierung *f*
level-bedded strata *(Erdb, Tun)* horizontalgelagerte Schichten *fpl*
level collar Kniefitting *n (Rohr)*
level control 1. Höhenmarkenserie *f*, Höhenvermarkung *f* am Bauwerk; 2. Pegelkontrolle *f*
level country Flachland *n*
level course Abgleichschicht *f*, Abgleichung *f*, Ausgleichung *f*
level crossing höhengleicher [niveaugleicher, schienengleicher] Bahnübergang *m*; Wegübergang *m (in gleicher Höhe)*
level crossing gate *(Verk)* Schrankenanlage *f*
level crossing half-gate *(Verk)* Halbschrankenanlage *f*
level fluctuation *(Wsb)* Niveauschwankung *f*
level glass *(Verm)* Libelle *f*
level indicator 1. Füllstandsanzeiger *m*, Füllstandsmesser *m*; 2. Dosenlibelle *f*
level intersection Niveaukreuzung *f*
level light Streiflicht *n*
level line Höhenlinie *f*
level-luffing crane Wippdrehkran *m*
level map Niveauliniendarstellung *f*
level meter Füllstandsanzeiger *m*, Füllstandsmesser *m*
level metering device Peilvorrichtung *f*
level of amenities Wohnwert *m*, Wohnungsgebrauchswert *m*
level of bachground noises Geräuschstörpegel *m*
level of chracteristics Merkmalsniveau *n*
level of condition *(Verk)* Zustandsnote *f (z. B. von Straßen)*
level of confidence statistische Sicherheit *f*
level of corrosion Korrosionsgrad *m*
level of expectation Erwartungshaltung *f*, Erwartungshorizont *m*
level of floor Oberkante *f*
level of foundation Fundamentauflagehöhe *f*, Gründungshöhe *f*, Gründungssohle *f*
level of ground Geländehöhe *f*, Niveau *n*
level of reference *(Verm)* Bezugsniveau *n*
level of risk Gefahrengrad *m*, Risikostufe *f*
level of service Leistungsqualität *f*; Angebotsqualität *f*; Verkehrsgüte *f*, Verkehrskomfort *m*, Verkehrsqualität *f*
level of standardization Normungsebene *f*
level of the water gauge *(Wsb)* Pegelhöhe *f*
level of underground water Grundwasserspiegel *m*
level of upper pond Stauniveau *n*
level railway crossing *s.* level crossing
level reach Staustrecke *f*
level road ebene Straße *f*
level rod Nivellierlatte *f*
level rule Schmiege *f (Schmiegmaß)*
level square Winkelsetzwaage *f*
level strech waagerechter Straßenabschnitt *m*
level switch Niveauschalter *m*
level to flush bündig, niveaueben
level water Grundwasser *n*
level with auf gleicher Höhe mit, höhengerecht
level with the floor fußbodenbündig
level with the pavement belagsbündig
leveling *(AE) s.* levelling
levelled ausnivelliert, abgeglichen, in Waage
levelled ground Planum *n*
levelled surface of embankment eben abgeglichener Erdkörper *m*
leveller 1. Nivellierinstrument *n*, Nivellier *n*; 2. Planierstange *f*, Planiereinrichtung *f*
levelling 1. Höhenaufnahme *f*, Höhenbestimmung *f*, Höhenmessung *f*, Nivellement *n*, Nivellieren *n*, Nivellierung *f*; 2. Planieren *n*, Abgleichen *n*, Ausgleichen *n*, Einebnen *n*, höhenmäßiges Angleichen *n*; Auffüllen *n*
levelling alidade Kippregel *f*
levelling beam Abstreichbohle *f*
levelling board Nivellierlatte *f*; Abziehlatte *f*
levelling coat Putzausgleichsschicht *f*
levelling composition Ausgleichmasse *f*, Ausgleichsspachtel *m (Fußboden)*
levelling concrete Ausgleichbeton *m*

levelling course Ausgleichsschicht *f*, Ausgleichslage *f*, Nivellierlage *f*
levelling device 1. Planiereinrichtung *f*, 2. Aufzugshöhenabgleichung *f*
levelling instrument Nivellierinstrument *n*, Nivellier *n*
levelling layer *s.* levelling course
levelling machine Planiermaschine *f*
levelling net Nivelliernetz *n*
levelling of surface *(Verm)* Flächennivellement *n*
levelling off Ebnen *n*, Egalisieren *n*, Nivellieren *n*, Einebnen *n*; Ausgleichen *n*
levelling point Nivellierpunkt *m*
levelling pole Nivellierlatte *f*
lelelling ring Ausgleichring *m (Straßendeckel)*
levelling rod Nivellierlatte *f*
levelling rule Putzrichtscheit *n*
levelling screed (material) Ausgleichsestrich *m*, Nivellierestrich *m*
levelling screw Höhenjustierschraube *f*
levelling spring Stiftfeder *m*
levelling staff Nivellierlatte *f*
levelling stave Nivellierlatte *f*
levelling surface exakt planparallele Fläche *f*, Richtfläche *f*
levelling survey Nivellement *n*, Höhenmessung *f (im Gelände)*
levelling tube Niveaurohr *n*
levelling underlay Ausgleichsschicht *f*, Nivellierlage *f (Mauerwerk)*
levelling work Ausgleichsarbeiten *fpl*, Nivellier(ungs)-arbeiten *fpl*
levelness Ebenheit *f (topographisch)*
lever Hebel *m*; Zuhaltemechanismus *m*, Zuhaltung *f (Türschloss)*
lever action Hebelwirkung *f*
lever arm Hebelarm *m*
lever board *s.* louver board
lever handle Hebelgriff *m*; Schlossschiebegriff *m*
lever jack Hebelwinde *f*, Lastwinde *f*
lever operated mit Hebelbedienung, mit Hebelantrieb
lever principle Hebelgesetz *n*
lever shears Tafelschere *f*, Fußhebelblechschere *f*, Hebelschere *f*
lever weir *(Wsb)* Klappenwehr *n*
leverage Hebelwirkung *f*, Hebelkraft *f*
levigated feingeschlämmt
levigation Abschlämmen *n*, Dekantieren *n*
lewis Keilklaue *f*, Steinheber *m*, Steinwolf *m*
lewis bolt Steinschraube *f*
lewis hole Schwalbenschwanzaussparung *f* für Steinankerschrauben
liability 1. Verbindlichkeit *f*, Haftpflicht *f*; Schuld *f*, Verantwortlichkeit *f*; 2. Neigung *f*
liability clause Haftungsklausel *f*
liability for defects Mängelhaftung *f*
liability insurance Haftpflichtversicherung *f*
liability to efflorescence Ausblühungsneigung *f*
liability to indemnification Entschädigungsverpflichtung *f*
liability to pay Zahlungsverpflichtung *f*
liability to recourse Regresspflicht *f*
liability to rust Rostanfälligkeit *f*
liable verantwortlich, haftbar • **be liable (for)** für Mängel haften • **be (held) liable** haften *(rechtlich verantwortlich sein)*
liable to be attacked angreifbar *(Korrosion)*
liable to be undermined *(Wsb)* auskolkbar, nicht kolksicher
liable to rust rostempfindlich
licence for the construction Baulizenz *f*
licence holder Lizenzinhaber *m*
licensed zugelassen *(beruflich)*
licensed contractor registrierter Baubetrieb *m*, zugelassene Baufirma *f*
licensed engineer lizensierter Diplomingenieur *m*
licensee Lizenzinhaber *m*, Konzessionsinhaber *m*
lich-gate Torüberdachung *f*, überdachtes Wegetor *n (an Friedhöfen)*
lid Klappe *f (Klappdeckel)*; Verschlussdeckel *m*; Haube *f (Deckel)*
lid of stack Schornsteinhaube *f*, Windkappe *f (Schornstein)*
lie *v* liegen, aufliegen
lie Lage *f*
lie of the ground Baustelle *f*, Bauplatz *m*, Baugelände *n*
lien waiver Gläubigerverzicht *m*
lierne (rib) *(Arch)* Gewölbezwischenrippe *f*, schmale Zwischenrippe *f*, (gotische) Rippe *f*, Lierne *f*
lierne vault(ing) Sterngewölbe *n*, Liernengewölbe *n*, Gewölbe *n* mit schmalen Zwischenrippen
life expectancy Lebenserwartung *f*, normative Nutzungsdauer *f*
life cycle Lebensdauer *f*, Nutzungsdauer *f*
life cycle costing Lebenszykluskostenberechnung *f*
life district Lebensraum *m*
life-size lebensgroß
lifetime Lebensdauer *f*, Nutzungsdauer *f*
lift *v* 1. hochheben, hochziehen, anheben; 2. freilegen, herausheben; 3. fördern *(Pumpe)*; 4. abheben, hochziehen *(eine alte Farbschicht)*
lift *v* **by jack** hochwinden
lift *v* **up** in die Höhe richten, hochheben *(Lasten)*
lift 1. Aufzug *m*, Fahrstuhl *m*, Lift *m*, Personenaufzug *m*; 2. Auftrieb *m*; Hub *m*; Sogkraft *f*, Saughöhe *f*, 3. Einbauschicht *f*, Einbaulage *f*, Lage *f*, Betonierschicht *f (Betonbau)*; 4. Hubfenstergriff *m*; 5. Gerüstetage *f*, Gerüstebene *f*; 6. Mörtelinjektionsmenge *f*
lift bridge Hebebrücke *f*, Hubbrücke *f*
lift cage Fahrkorb *m*
lift capacity Tragfähigkeit *f (Baukran)*
lift car Fahrkorb *m*, Aufzugskorb *m*
lift car annunciator Aufzugsgeschossanzeige *f*
lift car platform Fahrkorbbodenfläche *f*, Aufzugsfußboden *m*
lift coefficient Auftriebsbeiwert *m*
lift component *(Erdb)* Auftriebskraft *f (Gründungen, Fundamente)*
lift control Aufzugsteuerung *f*
lift door Aufzugstür *f*, Fahrstuhltür *f*
lift door operator Aufzugstüröffner *m*
lift entrance Aufzugeingang *m*
lift force Auftriebskraft *f*
lift frame Aufzugsgerüst *n*, Fahrstuhlgerüst *n*; Förderturm *m*
lift gate Hubtor *n (Schleuse)*
lift guide Aufzugführungsschiene *f*
lift hall Aufzughalle *f*
lift jack Heber *m*; Hubpresse *f*
lift joint Betonierfuge *f*, Einbauschichtfuge *f*
lift landing Aufzugpodest *n*, Aufzugtreppenabsatz *m*
lift latch *(AE)* Hubklinke *f*, Hubklinkenriegel *m*
lift layer *(Verk)* Sauberkeitsschicht *f (Straße)*
lift lock Schleuse *f (für Schiffe)*; Schiffshebewerk *n*, Schiffshebeanlage *f*
lift machine room Aufzugmaschinenraum *m*
lift maker Aufzughersteller *m*
lift-off Ausheben *n*
lift-off hinge aushängbares Scharnier *n*
lift-plate floor Hubplattendecke *f*
lift platform Aufzugsfußboden *m*

lift pump Saugpumpe *f*
lift shaft Aufzugsschacht *m*, Fahr(stuhl)schacht *m*
lift slab 1. Hubplatte *f*; 2. Palette *f*
lift-slab Hubdeckenplatte *f*
lift-slab collar Deckenkragen *m*
lift-slab column Hubdeckenstütze *f*
lift-slab concrete floor Hubdecke *f (Beton)*
lift-slab construction Hubplattenverfahren *n*, Hubplattenbauweise *f*, Deckenhebeverfahren *n*, Lift-slab-Verfahren *n*
lift-slab floor Hubplattendecke *f*
lift-slab method *s.* lift-slab construction
lift-slab roof Hubdach *n*
lift-slab structure Hubdeckenbauwerk *n*
lift subpost Aufzugskorb *m* mit Funktionselementen unter dem Rahmen
lift thickness Einbaudicke *f*
lift-to-drag ratio Verhältnis *n* zwischen Förderhöhe und Widerstand
lift-type car park Aufzuggarage *f*
lift well *s.* 1. lift shaft; 2. lift well facility
lift well facility Fahrstuhlschachtanlage *f*
lifter Wuchtbaum *m*, Druckbaum *m*
lifting 1. Abheben *n*, Quellen *n (eines Anstrichfilmes)*; 2. Hochheben *n*, Anheben *n (Last)*; 3. Abheben *n (Brückenüberbau)*
lifting appliance Hebevorrichtung *f*, Hebezeug *n*
lifting barrier Schlagbaum *m*, Schlagbaumschranke *f*
lifting block(s) Flaschenzug *m*
lifting construction technique Hubtechnik *f (Hubdeckenverfahren)*
lifting crane Hebekran *m*
lifting device Hebevorrichtung *f*
lifting dock Hebedock *n*
lifting door Hebetür *f*
lifting door fitting Hebetürbeschlag *m*
lifting effect Auftrieb *m*
lifting equipment Hebezeug *n*
lifting eye Huböse *f*
lifting force Auftrieb *m*
lifting gear Hebezeug *n*
lifting height Förderhöhe *f (z. B. eines Krans)*
lifting hook Lasthaken *m*, Transporthaken *m*
lifting insert Hubeinlage *f*
lifting into an arch *(Erdb, Tun)* Aufwölbung *f*
lifting key Aushebeschlüssel *m (für Schachtdeckel)*
lifting mechanism Hebemechanismus *m*
lifting platform Hebebühne *f*, Hubplattform *f*
lifting rod Hubstange *f (Hubdeckenmethode)*
lifting sliding door Hebeschiebetür *f*
lifting tackle Hebezeug *n (Flaschenzug)*; Anschlagmittel *n*
lifting tong Lasthaken *m*, Lasthebezange *f*
lifting window Hebefenster *n*
lifting window fittings Hebefensterbeschläge *mpl*
ligger *(AE)* 1. horizontales Gerüst(stütz)holz *n*, horizontale Steife *f*; 2. Mörtel(aufzieh)brett *n*; 3. Einfassungsbrett *n (um ein Strohdach)*; 4. Holzsteg *m (über einem Graben)*
light *v* 1. (be)leuchten; 2. befeuern
light 1. leicht(gewichtig); leicht *(Erdstoff mit wenig Lehm und Ton)*; 2. schwach, gering *(mit wenig Substanz, z. B. Bindemittel, Pigment usw.)*; 3. hell (scheinend)
light 1. Licht *n*; Lichtschein *m*; 2. Fenster *n*, Lichtfenster *n*; 3. Fensterfeld *n (Oberlicht)*
light absorption Lichtabsorption *f*, Lichtaufsaugung *f*
light-admitting lichtdurchlässig
light-admitting board Lichtplatte *f*
light-admitting grill Lichtgitter *n*
light-admitting pastic material organisches Glas *n*, Kunststoffglas *n*, Plexiglas *n*
light-admitting sheet Lichtplatte *f*
light-admitting sheet plastic Kunststofflichtbahn *f*
light aggregate Leichtzuschlagstoff *m*
light alloy Leichtmetalllegierung *f*; Aluminiumlegierung *f*
light barrier Lichtschranke *f*
light beacon Leuchtbake *f*
light beam Lichtstrahlbündel *n*
light beam divergence [spread] Lichtstrahlwinkel *m (eines Strahlenbündels)*
light bridge Beleuchtungsbrücke *f (Theater)*
light building board [sheet] Leichtbauplatte *f*
light centre length Lichtquellenabstand *m (von einem Fixpunkt)*
light-coloured hellfarbig
light concrete Leichtbeton *m (haufwerksporig)*
light conditions Lichtverhältnisse *npl*
light construction Leichtbaukonstruktion *f*, Leichtbau *m*
light construction method Leichtbauweise *f*
light court Außenmaueraussparung *f* für Lichtzutritt
light cupola Lichtkuppel *f*
light demolition work leichte Abbrucharbeiten *fpl*
light diffusing ceiling Leuchtdecke *f*, Lichtdecke *f*
light-diffusing ceiling system Leuchtdeckenkonstruktion *f*, Lichtdeckenkonstruktion *f*
light-diffusing glass Lichtstreuglas *n*, lichtstreuendes Glas *n*
light-diffusing panel Lichtstreutafel *f*, lichtstreuende Tafel *f*
light-diffusing surface lichtstreuende Oberfläche *f*
light-diffusing unit Lichtstreuelement *n*, lichtstreuendes Element *n*
light diffusion Lichtstreuung *f*
light-directing lichtlenkend, lichtrichtend
light-duty driver Leichtpfahlramme *f*
light efficiency Lichtausbeute *f*
light emitter Strahler *m*
light-expanded clay aggregate mitteldichter Blähton *m*
light-fast lichtbeständig
light-fastness Lichtechtheit *f*
light filter Lichtfilter *n*
light fitting Beleuchtungskörper *m*, Beleuchtungseinrichtung *f*
light fixture Beleuchtungskörper *m*
light gap Lichtspalt *m*
light-gauge steel construction Stahlleichtbau *m*
light installation Lichtanlage *f*
light intensity Helligkeit *f*
light load Lichtlast *f*, Beleuchtungslast *f*
light loss Lichtverlust *m*
light metal Leichtmetall *n*
light-metal alloy Leichtmetalllegierung *f*
light-metal blind slat Leichtmetalllamelle *f*
light-metal builder's furniture Leichtmetallbaubeschlag *m*
light-metal construction Leichtmetallbau *m*
light-metal construction sction Leichtmetallbauprofil *n*
light-metal door Leichtmetalltür *f*
light-metal frame Leichtmetallrahmen *m*
light-metal latticed girder Leichtmetallträger *m*
light-metal plain web beam Leichtmetall-Vollwandbalkenträger *m*
light-metal roof cladding Leichtmetalldachdeckung *f*, Leichtmetallbedachung *f*
light-metal roof truss Leichtmetallfachwerkbinder *m*
light-metal slatted bind Leichtmetalljalousie *f*
light-metal space bearing structure Leichtmetallraumtragwerk *n*
light-metal structural engineering Leichtmetallbautechnik *f*
light-metal trussed girder Leichtmetallfachwerkträger *m*
light-metal window Leichtmetallfenster *n*

light-metal work Leichtmetallbauarbeiten *fpl*
light meter Lichtmesser *m*
light opening Lichtöffnung *f*
light output ratio of a fitting Leuchtenwirkungsgrad *m*
light-painted hellgestrichen
light-passing lichteinlassend, lichtdurchlässig
light-passing opening (grill) Lichtöffnung *f*
light-passing plastic organisches Glas *n*, Kunststoffglas *n*, Plexiglas *n*
light-passing sheet Lichtplatte *f*
light pattern (construction) leichte Bauart *f*
light penetration Lichteitritt *m*
light permeability Lichtdurchlässigkeit *f*
light plant Lichtanlage *f*
light plate Mittelblech *n*
light-proof lichtbeständig, lichtecht
light-proof blind völlig schließbare Lichtjalousette *f*
light-proofness Lichtechtheit *f*, Lichtbeständigkeit *f*
light radiation Lichtstrahlung *f*
light rail Feldbahnschiene *f*
light rail section Feldbahnschienenprofil *n*
light railway Schmalspurbahn *f*; Feldbahn *f*
light reflexion value Lichtreflektionswert *m*
light resistance Lichtbeständigkeit *f (Kunststoff, Farbe)*
light-resistant lichtbeständig, lichtecht
light sensitive device Lichtfühler *m*
light shaft Lichtschacht *m*
light signal *(Verk)* Lichtsignalanlage *f*
light silt Feinlehm *m*
light socket Steckdose *f* für eine Leuchte
light source Lichtquelle *f*
light steel construction Stahlleichtbau *m*, Stahlleichtbauweise *f*
light switch Lichtschalter *m*
light-tight lichtdicht
light-tight blind Verdunklungsblende *f*, Verdunklungsrollo *n*
light-tight door Verdunklungstür *f*
light-tight jalousie Verdunklungsjalousie *f*
light-tight window Verdunklungsfenster *n*
light tower hoist leichter Schachtaufzug *m*
light transmission Lichtdurchlässigkeit *f*
light transmittance efficiency Lichtdurchlässigkeitsgrad *m*
light vehicle Leichtfahrzeug *n*
light-walled dünnwandig
light-weight ... *s.* lightweight ...
light well Lichtschacht *m*
light yield Lichtausbeute *f (Lichtquelle)*
lighten *v* 1. leichter machen, entlasten; 2. aufhellen *(Anstrich)*
lightening Aufhellen *n (Anstrich)*
lightfast lichtbeständig, lichtecht
lightfastness Lichtbeständigkeit *f*
lighthouse Leuchtturm *m*, Feuerturm *m*
lighting Beleuchtung *f*
lighting bowl Leuchtenschale *f*
lighting by roof light Oberlichtbeleuchtung *f*
lighting calculation Beleuchtungsberechnung *f*
lighting circuit Leuchtstromkreis *m*
lighting column Lichtmast *m (Straße)*
lighting component Beleuchtungsanteil *m*
lighting current Lichtstrom *m*
lighting device Beleuchtungsgerät *n*
lighting diffusor lichtstreuendes Element *n*
lighting engineering Beleuchtungstechnik *f*, Lichttechnik *f*
lighting equipment *s.* lighting installation
lighting fitting [fixture] Beleuchtungskörper *m*, Leuchte *f*
lighting installation Beleuchtungsanlage *f*, Lichtanlage *f*
lighting instrument transportable Beleuchtungsquelle *f*
lighting line Lichtleiung *f (innen)*
lighting load Beleuchtungslast *f*
lighting mains *(El)* Lichtleitungen *fpl*
lighting mast Beleuchtungsmast *m*, Leuchtenmast *m*, Lichtmast *m*
lighting mast with arm Auslegerleuchtenmast *m*, Auslegerlichtmast *m*
lighting of streets Straßenbeleuchtung *f*
lighting outlet Deckendose *f (für Leuchte)*
lighting panel 1. *(El)* Beleuchtungsschalttafel *f*, Schalterbrett *n*; 2. *(El)* Lichtstreutafel *f*
lighting plant Beleuchtungsanlage *f*
lighting pole *s.* lighting column
lighting pylon Beleuchtungsmast *m*; Lichtmast *m*
lighting row Lichtband *n*
lighting set Lichtanlage *f*
lighting system *s.* lighting installation
lighting unit Leuchte *f*, Beleuchtungskörper *m*
lightly coated dünn beschichtet
lightness 1. Helligkeit *f (Anstrich)*; 2. Leichtheit *f*, Leichtgewichtigkeit *f*
lightning arrester *(El)* Überspannungsableiter *m*; *(AE)* Blitzschutz *m*
lightning conductor *(El)* Blitzableiter *m*
lightning damage Blitzschaden *m*
lightning down conductor *s.* lightning conductor
lightning protection Blitzschutz *m*
lightning protective system Blitzschutzanlage *f*
lightning rod *(El)* Blitzableiter *m*
lightning shake Blitzriss *m (im Holz)*
lightproof lichtbeständig, lichtecht
lightproofness Lichtbeständigkeit *f*, Lichtechtheit *f*
lightweight leicht *(Gewicht)*
lightweight Leichtgewichtigkeit *f*
lightweight aggregate Leichtzuschlag(stoff) *m*
lightweight aggregate concrete Leichtzuschlag(stoff)-beton *m*
lightweight beam Leichtbalken *m*, Leichtträger *m*
lightweight block Leichtblockstein *m*, Leichtstein *m*
lightweight block masonry Leichtsteinmauerwerk *n*
lightweight block partition Leichtblocksteinwand *f*
lightweight brick Leichtziegel *m*
lightweight building board Leichtbauplatte *f*
lightweight building component Leichtbauelement *n*
lightweight building material Leichtbaustoff *m*
lightweight building sheet Leichtbauplatte *f*
lightweight building unit Leichtbauelement *n*
lightweight chamotte brick Schamotteleichtstein *m*
lightweight clay brick Leichtziegel *m*
loghtweight coating Dünnbeschichtung *f*
lightweight concrete Leichtbeton *m (haufwerksporig)*
lightweight concrete aggregate Betonleichtzuschlag-(stoff) *m*
lightweight concrete building block Leichtbetonblockstein *m*
lightweight concrete floor slab Leichtbetondeckenplatte *f*
lightweight concrete girder Leichtbetonträger *m*
lightweight concrete hollow block Leichtbeton-Hohlblockstein *m*
lightweight concrete screed Leichtbetonestrich *m*
lightweight concrete slab Leichtbauplatte *f*
lightweight construction Leichtbau *m*
lightweight construction method Leichtbauweise *f*
lightweight expanded clay (aggregate) Blähton *m*, Porensinter *m*
lightweight façade Leichtfassade *f*, Leichtmetallfassade *f*

lightweight floor Leichtträgerdecke *f*, Leichtdecke *f*
lightweight girder Leichtbauträger *m*
lightweight insulating concrete Leichtdämmbeton *m*
lightweight insulation board Leichtdämmplatte *f*
lightweight lime concrete Kalkleichtbeton *m*
lightweight loading Leichtbelastung *f*
lightweight masonry Leichtmauerwerk *n*
lightweight metal Leichtmetall *n*
lightweight metal construction Metalleichtbau *m*
lightweight metal façade Leichtmetallfassade *f*
lightweight metal partition Leichtmetalltrennwand *f*
lightweight metal shutter door Leichtmetalltor *n*
lightweight metal slatted roller blind Leichtmetallrolljalousie *f*, Leichtmetallrollladen *m*
lightweight mineral aggregate mineralischer Leichtzuschlagstoff *m*
lightweight pipe Leichtrohr *n*
lightweight plaster Leichtverputz *m*
lightweight precast concrete panel Leichtbaufertigplatte *f*
lightweight prefabricated brick panel Leichtziegelplatte *f*
lightweight roof Leichtbaudach *n*
lightweight section Leichtprofil *n*
lightweight screed Leichtestrich *m*
lightweight slag schaumige Hochofenschlacke *f*, Hochofenschaumschlacke *f*
lightweight steel beam Stahlleichtbalken *m*, Stahlleichtträger *m*
lightweight steel construction Stahlleichtbau *m*
lightweight steel structures Stahlleichtbauten *mpl*
lightweight structural clay product keramisches Leichtbauerzeugnis *n*, keramischer Leichtbaugegenstand *m*
lightweight structural concrete Konstruktionsleichtbeton *m*
lightweight tile Leichtstein *m*, Leichtblock *m*
lightweight timber truss leichter Holzbinder *m*
lightweight trussed girder Leichtbaufachwerkträger *m*
lightweight vault Leichtgewölbe *n*
lightweight wall Leichtbauwand *f*
ligneous holz(art)ig, lignitartig
ligneous asbestos Holzasbest *m*
ligneous fibre Holzfaser *f*
lignin Lignin *n*, Holzstoff *m*
lignivorous holzfressend
lignite Lignit *m*
like-grained gleichkörnig *(Zuschlag)*
like-grained concrete Einkornbeton *m*
like-grained mortar Einkornmörtel *m*
like gravel Einkornkies *m*, einkörniger Kies *m*, gleichkörniger Kies *m*
liking Affinität *f (z. B. Bitumen zu Gestein, Wasser zu Zuschlägen oder Baustoffen)*
limb 1. Gradbogen *m (Winkelmessgerät)*; Schenkel *m (Manometer)*; 2. Seitengebäude *n*, Nebengebäude *n*, Seitenflügel *m*, Gebäudeflügel *m*
limb of cross Kreuzarm *m*
limba (wood) Limbaholz *n*
lime *v* kalken *(Erdstoffstabilisierung)*
lime 1. Kalk *m*; 2. Lindenholz *n*
lime addition Kalkzugabe *f*, Kalkbeigabe *f*
lime-and-cement mortar Kalkzementmörtel *m*, Zementkalkmörtel *m*
lime base Kalkbasis *f*, Kalkgrundlage *f*
lime base coat Kalkunterschicht *f*
lime-based kalkhaltig
lime-bearing kalkhaltig
lime bloom Kalkausblühung *f (am Beton)*
lime blowing Kalktreiben *n*
lime blue Kalkblau *n*
lime-bound kalkgebunden
lime-bound aerated concrete Kalkleichtbeton *m*
lime burning Kalkbrennen *n*
lime burning plant Kalkwerk *n*
lime cement hydraulischer Kalk *m*, Zementkalk *m*, Kalkzement *m*
lime-cement exterior plaster Kalkzementaußenputz *m*
lime-cement finish Kalkzementverputz *m*
lime-cement mixed plaster Kalkzementverputz *m*
lime-cement plaster Kalkzementputz *m*, Zementkalkputz *m*
lime-cement stucco *(AE)* Kalkzementaußenputz *m*
lime cemented sandstone kalkhaltiger Sandstein *m*
lime clay Kalkton *m*
lime compatibility Kalkverträglichkeit *f*
lime concrete Kalkbeton *m*
lime-containing kalkhaltig
lime content Kalkgehalt *m*
lime crusher Kalkmühle *f*
lime-depositing kalkablagernd
lime desintegration Kalkzerfall *m*
lime emulsion Kalkemulsion *f*
lime-encrusted mit Kalkansatz, verkalkt
lime external rendering Kalkaußenverputz *m*
lime-fast kalkecht
lime-fast cement pigment Kalkfarbe *f (Zementfarbe)*
lime-fast pigment kalkechte Farbe *f*
lime fastness Kalkbeständigkeit *f*, Kalkechtheit *f (von Farben)*
lime feldspar Kalkfelspat *m*
lime finish Kalkverputz *m*, Kalkputzoberfläche *f*
lime floor Kalkestrich *m*
lime-free kalkfrei
lime gauging Kalksumpfen *n*
lime gauging period Kalksumpfdauer *f*
lime grain Kalkkorn *n*, Kalkteilchen *n*
lime gravel Sandmergel *m*
lime green Kalkgrün *n*
lime-gypsum mortar Kalkgipsmörtel *m*
lime hydrating machine Kalklöschmaschine *f*
lime hydration *s.* lime slaking
lime-incrustion remover Entkalkungsmittel *n*, Entkalker *m*
lime kiln Kalkofen *m*
lime lump Kalkstück *n*
lime marl Kalkmergel *m*
lime mastic Kalkkitt *m*
lime mortar Kalkmörtel *m*
lime mortar floor Kalkestrich *m*
lime paint Weißkalktünche *f*, Tünchkalk *m*
lime paste Kalkpaste *f*, Kalkkitt *m*; Kalkbrei *m*, Kalkteig *m*, Schlämpe *f*
lime pit Sumpfgrube *f*
lime plant Kalkwerk *n*
lime plaster Kalkputz *m*
lime pocket Kalkeinschluss *m*
lime popping Kalktreiben *n*
lime powder Staubkalk *m*
lime product Kalkerzeugnis *n*
lime-proof kalkbeständig, kalkfest
lime putty hydraulischer Kalkbrei *m*; fetter Kalkputzmörtel *m*
lime raker Kalkrührer *m*
lime removal Entkalkung *f*
lime resistance Kalkbeständigkeit *f*, Kalkechtheit *f*
lime-rich kalkreich
lime rock Kalkgestein *n*
lime sand Kalksand *m*

lime-sand brick Kalksandstein(ziegel) *m*
lime-sand facing brick Kalksandverblender *m*, Kalksandverblendstein *m*
lime sandstone Kalksandstein *m*
lime-saturated kalkgesättigt
lime saturation Kalksättigung *f*
lime saturation degree Kalksättigungsgrad *m*
lime shale Kalkschiefer *m*
lime silicate rock Kalksilikatfels *m*
lime silo Kalksilo *n*
lime slaking Kalklöschen *n*
lime slaking box Kalklöschkasten *m*
lime slaking drum Kalklöschtrommel *f*
lime slaking process Kalklöschvorgang *m*
lime spar Kalkspat *m*
lime-stabilized *(Bod)* kalkstabilisiert
lime-stabilized soil kalkverfestigter Boden *m*, kalkstabilisierter Erdstoff *m*, Bodenverfestigung *f* mit Kalk
lime stuff Kalkmörtelputz *m*
lime-tallow wash Kalktalgtünche *f*
lime-trass mortar Kalktrassmörtel *m*
lime type Kalkart *f*
lime water Kalkwasser *n*
lime wood Lindenholz *n*
lime works Kalkwerk *n*
limer Kalktüncher *m*
limestone Kalkstein *m*
limestone addition [aggregate] Kalksteinzuschlag(stoff) *m*, Kalksteinzusatz *m*
limestone bank Kalksteinbank *f*
limestone block Kalksteinblock *m*
limestone concrete Kalksteinbeton *m*
limestone dust Kalksteinmehl *n*
limestone-filled concrete Beton *m* mit Kalksteinzuschlag
limestone filler Kalksteinfüller *m*
limestone gravel Kalksteinkies *m*
limestone marble Kalkmarmor *m*, kristalliner Kalkstein *m*
limestone masonry Kalksteinmauerwerk *n*
limestone mastic Kalksteinmastix *m*
limestone panel Kalksteintafel *f*
limestone phyllite Kalkphyllit *m*
limestone quarry Kalksteinbruch *m*
limestone rock fester Kalksteinfels *m*
limestone rubble Kalkbruchstein *m*, Kalksteinbruchstein *m*
limestone shale Kalkschiefer *m*
limestone slate Kalksteinschiefer *m*
limestone tarmacadam Kalksteinteermakadam *m*
limestone whiting Weißlalk *m (gemahlener Naturkalkstein)*
limewash *v* kalken, mit Kalk streichen, tünchen, weißen
limewash Kalktünche *f*, Tünche *f*, Kalkmilch *f*, Kalkbrühe *f*
limewash coat Kalkanstrich *m*
limewashing Kalken *n*, Tünchen *n*, Weißen *n*
limewhite *v* kalken, tünchen, weißen
limewhiting Kalken *n*, Tünchen *n*, Weißen *n*, Kalkanstrich *m*
limewhiting coat Kalkanstrich *m*, Kalkmilchanstrich *m*
limey kalkartig, kalkhaltig, kalkig
liming Kalken *n*, Schlämmen *n*, Tünchen *n*
liming-up Verkalken *n*
limit *v* begrenzen *(beschränken)*
limit 1. Grenze *f*, Begrenzung *f*; 2. Grenzmaß *n*, Toleranz *f*, Toleranzmaß *n*
limit angle Grenzwinkel *m*
limit control 1. *(HLK)* Grenzwertüberwachung *f*; 2. Maximum-Minimum-Schalter *m*
limit deformation Grenzformänderung *f*
limit depth *(Bod)* Grenztiefe *f*
limit design Bruchgrenzenberechnung *f*, Traglastverfahren *n*
limit gauge Maßlehre *f*
limit indicator Grenzwertgeber *m*
limit line Begrenzungslinie *f*, Grenzlinie *f*
limit load Grenzbeanspruchung *f*, Grenzlast *f*, Traglast *f*, Grenzbelastung *f*, Grenzkraft *f*
limit load approach Ansatz *m* nach dem Traglastverfahren
limit-load design Traglastverfahren *n*
limit loading Bruchbelastung *f*, Grenzbelastung *f*
limit mark Grenzmarkierung *f*
limit method *(Stat)* Traglastverfahren *n*
limit of accuracy Maßgenauigkeitsgrenze *f*, Toleranzgrenze *f*
limit of backwater *(Wsb)* Staugrenze *f*
limit of camber Grenze *f* der Wölbung
limit of creep Kriechgrenze *f*
limit of elasticity Elastizitätsgrenze *f*
limit of endurance Ermüdungsgrenze *f (Dauerbeanspruchung)*
limit of fatigue in tension Zugermüdungsgrenze *f*
limit of forest growth Waldgrenze *f (höhenlagemäßig)*
limit of liability Haftpflichtgrenze *f*
limit of proportionality Proportionalitätsgrenze *f*, Gleichmaßgrenze *f*
limit of resistance Festigkeitsgrenze *f*
limit of safety Sicherheitsgrenze *f*
limit of stability Stabilitätsgrenze *f*, Standfestigkeitsgrenze *f*
limit of stress Spannungsgrenze *f*
limit of the ultimate strength Bruchgrenze *f*
limit of tolerance Toleranzgrenze *f*
limit of trees Baumgrenze *f*
limit plane Grenzfläche *f*
limit screen size Grenzkorn *n*
limit state Grenzzustand *m*
limit state of cracking Rissbildungsgrenzzustand *m*
limit stop Anschlag *m (Kran)*
limit stress Grenzspannung *f*
limit switch Endschalter *m*, Anschlagschalter *m*, Begrenzungsschalter *m*
limit theorem Traglastsatz *m*
limit value Grenzwert *m*
limit value indicator Grenzwertgeber *m*
limitation Begrenzung *f*, Beschränkung *f*
limitation of access Zufahrtsbeschränkung *f*
limitation of cracks Rissebeschränkung *f*
limitation of damages Schadensbegrenzung *f*
limitation period Begrenzungszeit *f*, Verjährungsfrist *f*
limited begrenzt, beschränkt, limitiert
limited access road Straße *f* mit Zufahrtsbeschränkung; anbaufreie Straße *f*
limited-accessible schwer zugänglich
limited liability beschränkte Haftung *f*
limited submission begrenzte Ausschreibung *f (Architektenwettbewerb)*
limiting angle Grenzwinkel *m*
limiting case Grenzfall *m*
limiting concentration Grenzkonzentration *f*
limiting deviation Grenzabweichung *f*
limiting dimension oberes Grenzmaß *n*; Grenzabmessung *f*
limiting equation Grenzgleichung *f*
limiting equilibrium Grenzgleichgewicht *n*
limiting grading curve Grenzsieblinie *f*
limiting height Grenzhöhe *f*
limiting layer Grenzschicht *f*
limiting pressure Grenzdruck *m*
limiting screen aperture Korngrenzöffnung *f*
limiting size oberes Grenzmaß *n*
limiting slenderness Grenzschlankheit *f (von Bauelementen)*

limiting span Stützweitengrenzwert *m*
limiting state Grenzzustand *m*
limiting stress Grenzspannung *f*, maximal zulässige Spannung *f (im Elastizitätsbereich)*
limiting value Grenzwert *m*
limitless unbegrenzt
limnigraph *(Wsb)* Schreibpegel *m*
limnimetrical station *(Wsb)* Pegelstation *f*
limnoquartzite Süßwasserquarzit *m*
limnous schlammig
limonite Limonit *m*, Brauneisenerz *n (als Schwerzuschlag für Strahlenschutzbeton)*
limy kalk(halt)ig; kalkartig; gekalkt
limy bed Kalkschicht *f*
limy gravel Kalkkies *m*
limy soil Kalkboden *m*
linchpin Pflöckchen *n*
linden Lindenholz *n*
line *v* 1. ausfüttern, auskleiden; ausmauern; 2. umkleiden, verkleiden, bekleiden; schalen, verschalen
line *v* **a road** *(Verk)* einfassen
line *v* **out** abfluchten, durchfluchten; anreißen
line *v* **up** abfluchten, ausfluchten, (in Linie) ausrichten; aufstellen
line *v* **with boards** verkleiden, mit Brettern verschalen
line *v* **with (wooden) panels** täfeln
line 1. Linie *f*, Strecke *f (Mathematik)*; Strich *m (einer Zeichnung)*; 2. Mauerschnur *f*, Schnur *f*, Leine *f*; *(AE)* Flucht *f*; 3. Rohrleitung *f*, Strang *m*; 4. *(El)* Leitung *f*; 5. Reihe *f (z. B. von Häusern)*; 6. Bahnlinie *f*; Bahngleis *n*, Strecke *f*; 7. *(Verm)* Trasse *f*; Trassenführung *f*; 8. Profillinie *f*, Profil *n (geologisch)* • **in line** fluchtend, in Flucht
line bar *(El)* Leitungsschiene *f*
line bearings Linienlager *n*
line crossing Wegübergang *m*
line drawing Strichzeichnung *f*
line drop *(El)* Spannungsabfall *m* durch Leitungswiderstand
line entry Einspeisung *f*
line installed in plaster Unterputzleitung *f*
line integral Linienintegral *n (Vektor)*
line intersection method Linienschnittverfahren *n*
line level Schnurwasserwaage *f*
line load *(Stat)* Linienlast *f*, Streckenlast *f*
line loading Linienbelastung *f*, Streckenbelastung *f*
line marker Straßenmarkierungsmaschine *f*
line marking paint Markierungsfarbe *f*, Signierfarbe *f*
line of action Wirkungslinie *f*
line of arch Bogenlinie *f*, Bogenprofil *n*, Wölbung *f*
line of collimation *s.* line of sight
line of equal shear Linie *f* gleicher Scherspannung
line of influence Einflusslinie *f*
line of force Kraftlinie *f*
line of fracture Bruchlinie *f*
line of intersection Schnittlinie *f*
line of least pressure Mindestdrucklinie *f*
line of levels Höhenlinie *f (vermessen)*; Höhenzug *m*, Gradientenzug *m*
line of load Belastungslinie *f*, Lastlinie *f*
line of maximum shearing stress Hauptschublinie *f*, Schubspannungslinie *f*
line of piles Pfahllinie *f*, Pfahlreihe *f*
line of pressure Drucklinie *f*
line of principal curvature Hauptkrümmungslinie *f*
line of resistance *(Stat)* Stützlinie *f*
line of road Trasse *f*
line of saturation Sättigungskurve *f*
line of seepage Oberströmungslinie *f*
line of sight Blicklinie *f*, Sichtlinie *f*, Durchfluchtungslinie *f*, Visierlinie *f*
line of slide Risslinie *f*, Gleitlinie *f*
line of space Raumgerade *f*
line of supports Stützenreihe *f*
line of the road Trasse *f*
line of thrust Stützlinie *f*
line of wells *(Wsb)* Brunnenlinie *f*
line ornament Linienornament *n*
line pin Schnurnagel *m (Mauerwerk)*
line pipe Leitungsrohr *n*
line pole Leitungsmast *m*
line protection breaker Leitungsschutzschalter *m*
line repairs Gleisarbeiten *fpl*
line route Leitungsstraße *f*
line supported liniengelagert
line system *(El)* Leitungssystem *n*
line terminal Leitungsanschluss *m*
line voltage Netzspannung *f*
line welding Rollennahtschweißen *n*
linear air distribution lineare Luftverteilung *f*
linear arch Stützbogen *m*
linear bending theory lineare Biegetheorie *f*
linear building Zellenbau *m*
linear contraction lineare Kontraktion *f*
linear deformation Längenänderung *f*
linear diffuser Schlitzauslass *m (Klimaanlage)*
linear dilatation lineare Dehnung *f*, Längendehnung *f*
linear dimension Längenmaß *n*
linear displacement lineare Verrückung *f*
linear distribution lineare Verteilung *f*
linear elasticity lineare Elastizität *f*
linear expansion Linearausdehnung *f*
linear expansion coefficient linearer Ausdehnungskoeffizient *m*
linear extension Längenausdehnung *f*
linear function lineare Funktion *f*
linear light source Leuchtenleiste *f*, Beleuchtungsleiste *f*
linear loading lineare Belastung *f*, Linearbelastung *f*, Linienbelastung *f*
linear interpolation lineare Interpolation *f*
linear measurement Längenmessung *f*, Streckenmessung *f*
linear moment of inertia lineares Trägheitsmoment *n*
linear pattern Linienmuster *n*
linear plastic theory *(Stat)* Theorie *f* 1. Ordnung
linear prestressing lineare Vorspannung *f*
linear progression of stresses linearer Verlauf *m* der Kräfte
linear projection Linearprojektion *f*
linear relation lineare Abhängigkeit *f* [Beziehung *f*]
linear shell theory lineare Schalentheorie *f*
linear shrinkage lineare Schwindung *f*
linear state of stress einachsiger Spannungszustand *m*
linear strain Längsdehnung *f*
linear stress Linearspannung *f*
linear structural [structure] system lineares Tragsystem *n*
linear thermal expansion lineare Wärmeausdehnung *f*
linear town *(Arch)* lineare Stadt *f*, Bandstadt *f*
linear translation lineare Verschiebung *f*
linear variable differential transducer Wegaufnehmer *m*, Feindehnungmesswertgeber *m*
linear viscoelastic linear viskoelastisch
linearity Linearität *f*
linearly elastic linear elastisch
linearly varying strain linear veränderliche Dehnung *f*
lined ausgekleidet; verblendet, verschalt; verkleidet
lined-up ausgerichtet, in (einer) Linie angeordnet
linen closet Wäscheeinbauschrank *m*, Wäschewandschrank *m*

linen cupboard Wäscheschrank *m*
linen room Wäschekammer *f*
liner 1. Auskleidung *f*, Ummantelung *f*; Futterholz *n*; Futter *n*; Zylinderlaufbuchse *f*; Büchse *f*; 2. Abklebung *f*
liner plate versteifende Flanschplatte *f*
liner sheet Dichtungsbahn *f*
linhay (vorn) offener Schuppen *m (Dialektwort)*
lining 1. Auskleidung *f*, Ausfütterung *f*, Futter *n (z. B. von Rohren)*; Bekleidung *f*, Ausmauerung *f*; 2. Abdeckung(sverkleidung) *f*; 3. Außenwandverkleidung *f*; Verkleidung *f (Verschalung)*; 4. Verbau *m (Grabenbau)*
lining board Auskleidungsplatte *f*, Verkleidungsplatte *f*, Verkleidungstafel *f*
lining brick Futter(ziegel)stein *m*, Ausmauerstein *m*
lining concrete Auskleidungsbeton *m*, Verkleidungsbeton *m*
lining felt Rohrdämmfilz *m*
lining material Auskleidungsmaterial *n*; Verkleidungsmaterial *n*
lining of boards Gerüstschale *f (aus Brettern)*
lining of channel *(Wsb)* Grabenabdichtung *f*
lining of door casing Türfutter *n*
lining of the bearing Lagerdichtung *f*
lining out Anreißen *n (Holz)*
lining out by chalk line Schnurschlag *m*
lining panel Versteifungstafel *f (Außenwand)*
lining paper getränktes Dichtungspapier *n*; Makulatur *f (zum Tapezieren)*
lining peg *(Verm)* Fluchtstab *m*
lining pipe Futterrohr *n*; Mantelrohr *n*
lining plate Randfutter(blech) *n (Metalltafeldachdeckung)*
lining profile Auskleidungsprofil *n*, Verkleidungsprofil *n*
lining section *s.* lining profil
lining slab Verkleidungsplatte *f (tragend, versteifend)*
lining tool Strichziehgerät *n (Anstrich)*
lining turf Sodenrasen *m*, Plaggenrasen *m*
lining unit Verkleidungselement *n*, Verkleidungsplatte *f*
lining ware Auskleidungssteinzeug *n*, Verkleidungssteinzeug *n*
lining wall Futtermauer *f*, Schalmauer *f*
link *v* verbinden, aneinander fügen, aneinander befestigen; anschließen; vernetzen
link 1. Krampe *f*; Verbindungsglied *n*; Glied *n (z. B. einer Kette)*; 2. Bügel *m (zur Bewehrung)*; 3. Verbindung *f*, Straßenverbindung *f*
link dormer Verbindungsdachnase *f*
link joint Gelenkverbindung *f*
link polygon *(Stat)* Seilpolygon *n*, Seilzug *m*, Seileck *n*
link road *(Verk)* Verbindungsstraße *f*, Ortsverbindungsstraße *f*, Nebenstraße *f*
link unit *s.* linking block
linked/be *v* zusammenhängen
linked-in with *(El)* angeschlossen an
linked signals [traffic lights] *(Verk)* koordinierte Lichtsignalregelung *f*
linking block Verbindungsbau *m*, Verbindungstrakt *m*
linkway Verbindungsgang *m*
lino *s.* linoleum
linoleate Linoleat *n*
linoleum Linoleum *n*
linoleum bonding adhesive Linoleumkleber *m*, Linoleumklebstoff *m*
linoleum cover Linoleumbelag *m*
linoleum floor covering Linoleumfußbodenbelag *m*
linoleum-laying Linoleumverlegung *f*
linoleum tiles Linoleumfliesen *fpl*
linoleum work Linoleumarbeiten *fpl*
linseed alkyd Leinölalkydharz *n*
linseed oil Lein(samen)öl *n*
linseed oil base Leinölbasis *f*, Leinölgrundlage *f*
linseed oil-bearing leinölhaltig
linseed oil-drying Leinöltrocknung *f*
linssed oil paint Ölfarbe *f*, Ölanstrichstoff *m*
linseed oil putty Leinölkitt *m*
linseed oil wood oil stand oil Leinöl-Holzöl-Standöl *n*
linsey tonhaltiges Gestein *n*
lintel Sturz(balken) *m*; Fenstersturz *m*, Türsturz *m*, Sturzriegel *m*; Oberschwelle *f*; Sturzträger *m*
lintel beam durchlaufender Sturzbalken *m*
lintel block U-förmiger Sturzträger *m*, offener Betonsturz *m*; Sturzformziegel *m*
lintel course Sturzschicht *f*, Sturzlage *f*
lintel reinforcement Sturzbewehrung *f*
lion frieze Löwenfries *m*
Lion Gate Löwentor *n (Mykene)*
lip überhängender Rand *m*, Schnauze *f*, Lippe *f*; Leiste *f (für Deckenziegel)*; Überlaufkante *f*, Ausguss *m*
lip curb Flachrand *m*
lip kerb *(Verk)* Flachschrägbordstein *m*
lip sealing Lippendichtung *f*
lip sealing ring Lippendichtungsring *m*
lip strike Schließblechanschlagkante *f*
lipped floor brick Deckstein *m* mit Leiste
lipping Kante *f (Türanschlagkante)*
liquefaction (thixotrope) Bodenverflüssigung *f*
liquefaction failure *(Erdb)* Rutschung *f* durch Verflüssigung
liquefaction of air Luftverflüssigung *f*
liquefaction of the soil (thixotrope) Bodenverflüssigung *f*
liquefied resin Flüssigharz *n*
liquefy *v* verflüssigen
liquid Flüssig..., flüssig
liquid adhesive Flüssigkleber *m*, Klebeflüssigkeit *f*
liquid admixture flüssiges Betonzusatzmittel *n*
liquid asphaltic material Flüssigbitumen *n*; Verschnittbitumen *n*, Straßenöl *n*
liquid binder flüssiger Binder *m*
liquid blasting Nassstrahlen *n*, Nasssandstrahlen *n*, nasses Sandstrahlen *n*
liquid coating material Anstrichmittel *n*, Anstrichstoff *m*, flüssiges Beschichtungsmittel *n*
liquid concrete floor hardener Betonhärteflüssigkeit *f*, flüssiges Betonhärtemittel *n*
liquid drier Sikkativ *n*, Trockenstoff *m* in Flüssigform
liquid environment flüssiges Medium *n*
liquid film Flüssigkeitsfilm *m*
liquid hardener flüssiges Härtungsmittel *n*, flüssiger Härter *m*
liquid level gauge Flüssigkeitstandsmesser *m*
liquid level switch Schwimmerschalter *m*
liquid limit 1. größter Wassergehalt *m*, Wassergehalt *m* an der Fließgrenze; 2. *(Bod)* Fließgrenze *f*
liquid-limit device Fließgrenzengerät *n*
liquid-limit test Fließgrenzenbestimmung *f*
liquid manure pit Güllegrube *f*, Jauchegrube *f*
liquid manure store Güllebehälter *m*
liquid measure Hohlmaß *n*
liquid-membrane curing Nachbehandlung *f* mit Dichtungsmittel
liquid-membrane curing compound Formensiegelmasse *f (Beton)*; Betonnachbehandlungsmittel *n*
liquid morter densifier flüssiger Mörteldichter *m*, flüssiges Mörteldichtmittel *n*, flüssiges Mörtelsperrmittel *n*
liquid plasticising aid flüssige Verarbeitungshilfe *f (Beton)*
liquid polishing compound Polieremulsion *f*
liquid polymer Flüssigpolymer *n*
liquid pot life Topfzeit *f (von Reaktionsanstrichstoffen)*
liquid pressure Bodendruck *m (durch Grundwasserüberstand)*

liquid roofing Gussasphaltdachdeckung *f*, Mastixbedachung *f (Dachdeckung)*
liquid resin Flüssigharz *n*
liquid separator Flüssigkeitsabscheider *m*
liquid siccative Flüssigsikkativ *n*
liquid sludge Flüssigschlamm *m*, Nassschlamm *m*
liquid soap dispenser Flüssigseifenspender *m*, Seifencremespender *m*
liquid surface waterproofing agent flüssiges Oberflächensperrmittel *n*, flüssiger Oberflächensperrstoff *m*
liquid-tight flüssigkeitsdicht
liquid waste fäkalfreies Abwasser *n*, Oberflächen(ab)-wasser *n*
liquid waterproofing agent Sperrflüssigkeit *f*
liquidated damages bezifferter Schadenersatz *m*; Schadenersatzklausel *f (bei Vertragsverletzung)*
liquidus line Liquiduslinie *f*
liquidus temperature Liquidustemperatur *f*
liquor Lauge *f (Lösungsmittel)*
lisena *s.* lesena
lisene *s.* lesena
list *v* 1. auflisten; 2. Kanten beschneiden
list of architects Architektenverzeichnis *n*, Architektenliste *f*
list of constructions Bauwerksliste *f*, Bauwerksverzeichnis *n*
list of defects Mängelliste *f*, Mängelverzeichnis *n (Abnahme)*
list of deficiencies Mängelliste *f*
list of monuments Denkmalsliste *f*
list of standard specifications Normenverzeichnis *n*
list of structures Bauwerksverzeichnis *n*, Bauwerksliste *f*
list price Listenpreis *m*
listed buildings denkmalgeschützte Gebäude *npl*
listel 1. *(Arch)* Riemen *m (an Säulen)*; 2. *(Arch)* rechteckige Deckleiste *f*; Riemchen *n*
listing Saumholz *n*
lists of specifications Vertragspflichtenheft *n*
lit beleuchtet
litharge Bleiglätte *f*, gelbes Bleimonoxidpigment *n (Farbe)*; Königsgelb *n*
lithify *v (Bod)* sich verfestigen, erhärten, sich verhärten; versteinern *(Geologie)*
lithograph stone Lithographenkalk *m*, Lithographenstein *m*
lithoidal steinig; gesteinsartig
lithol red Litholrot *n*
lithol yellow Litholgelb *n*
lithologic properties Gesteinseigenschaften *fpl*
lithology Gesteinskunde *f*
lithopone Lithopone *f (Farbe)*
lithosol Steinboden *m*, Gesteinsboden *m*, Felsboden *m*
litigation Rechtsstreit *m*, Prozessieren *n*
litmus Lackmus *n(m)*
litmus (test) paper Lackmuspapier *n*
litter *v* verunreinigen, vermüllen, die Umwelt verschmutzen
litter Abfall *m*; Verschnitt *m*, Reste *mpl*, Gerümpel *n*
little figure kleine Statue *f*
littoral zone Küstengebiet *n*
liturgical watervessels doppelte Waschbecken *npl*
livable bewohnbar, beziehbar
live 1. *(El)* spannungführend, Strom führend, unter Spannung; 2. gering schallschluckend; 3. gebrannt *(Kalk)*
live edge frischer Farbrand *m*, streichfähiger Farbanschluss *m*
live fence lebender Zaun *m*, Hecke *f*
live knot verwachsener Astknoten *m*
live load 1. Nutzlast *f*; 2. Verkehrslast *f (Brücke)*
live load moment Verkehrslastmoment *n*
live part *(El)* spannungführendes Teil *n*
live room Raum *m* mit hohem Echopegel
live steam Frischdampf *m*, heißer Kesseldampf *m*
live storage bin Abziehsilo *n(m)*
live wire Strom führender Leiter *m*
live wood grünes Holz *n*
lived in bewohnt
lively design lebendiger Entwurf *m*
liver *v* gelieren, sich verdicken *(bes. Farben)*
livering 1. Gelieren *n*, Verdicken *n*; 2. Stocken *n (Anstrichtechnik)*
living allowance Auslösung *f*
living area Wohngebiet *n*
living climate Wohnklima *n*
living closet Wohnzimmereinbauschrank *m*
living conditions Wohnverhältnisse *npl (einer Familie)*
living density Wohndichte *f*
living floor space Wohnfläche *f*
living hut Wohnbaracke *f*
living quarters Wohnunterkunft *f*
living level Wohnebene *f*
living requirements Wohnbedürfnisse *npl*
living room Wohnzimmer *n*
living space Wohnfläche *f*, Wohnraum *m*
living terrace Wohnterrasse *f*
living unit Wohneinheit *f*
living zone Wohnbereich *m*
lixivial laugenartig, alkalisch
lixiviate *v (Bod)* auslaugen
lixiviation *(Bod)* Auslaugung *f*
load *v* 1. beladen, (auf)laden; 2. *(Stat)* belasten, Last aufbringen [auflegen], beanspruchen; 3. füllen, beschweren *(mit Füllstoffen oder Zusätzen)*
load 1. Beladung *f*, Ladung *f*, Last *f*; 2. *(Stat)* Last *f*, Beanspruchung *f*, Belastung *f*; 3. Füllmaterial *n*, Füllung *f*, Zuschlagstoff *m*; 4. *(El)* Belastung *f*
load action Lasteinwirkung *f*
load application Lastaufbringung *f*, Lastangriff *m*; Belastung *f*
load applied aufgebrachte Last *f*
load arm Lastarm *m (eines Hebels)*
load arrangement Lastanordnung *f*
load at elastic limit Elastizitätsgrenze *f*
load at rupture Bruchlast *f*
load-bearing tragend; belastet; konstruktiv
load-bearing capacity Tragfähigkeit *f*, Tragkraft *f*, Tragvermögen *n*; Belastbarkeit *f*
load-bearing capacity of the soil Baugrundtragfähigkeit *f*
load-bearing concrete tragender Beton *m*
load-bearing construction Bau *m* von Tragkonstruktionen, Bau *m* von Konstruktionsteilen
load-bearing diaphragm lasttragende Scheibe *f*
load-bearing facing masonry tragendes Verblendmauerwerk *n*, tragende Verblendung *f*
load-bearing frame Tragrahmen *m*
load-bearing in londitudinal direction längstragend, längsbelastend
load-bearing in transverse direction quertragend, querbelastet
load-bearing layer tragende Schicht *f*, Lastverteilungsschicht *f*
load-bearing masonry Tragmauerwerk *n*, tragendes Mauerwerk *n*; Auflagermauerwerk *n*
load-bearing mechanism Tragmechanismus *m*
load-bearing member (last)tragendes Element *n*, Träger *m*
load-bearing partition Trennwand *f* [Zwischenwand *f*]
load-bearing pile Tragpfahl *m*

load-bearing plane Tragebene *f*
load-bearing rib Konstruktionsrippe *f*, Tragrippe *f*, Auflagerrippe *f*
load-bearing skeleton Skelett *n*
load-bearing structure tragende Konstruktion *f*, Tragwerk *n*
load-bearing system Tragsystem *n*
load-bearing tile mittragende Fliese *f*
load-bearing wall (last)tragende Wand *f*
load boom Lastgurt *m*
load buckling Knicken *n* unter Belastung
load capability Lastaufnahmevermögen *n*
load capacity Tragfähigkeit *f*
load-carrying tragend; belastet *(Baugrund, Brücken)*
load-carrying bond Tafeltrageleiste *f*
load-carrying capacity Tragkraft *f*, Tragfähigkeit *f*
load-carrying concrete tragender Beton *m*
load-carrying frame Tragrahmen *m*
load-carrying in longitudinal direction längstragend
load-carrying in transverse direction quertragend
load-carrying mechanism Tragmechanismus *m*
load-carrying rib Konstruktionsrippe *f*, tragende Rippe *f*, Auflagerippe *f*
load-carrying wall tragende Wand *f*, Tragwand *f*, Auflagerwand *f*, Konstruktionswand *f*
load case Belastungsfall *m*, Lastfall *m*
load category *(Verk)* Belastungsklasse *f (Straße)*; Laststufe *f*
load cell Druckmessdose *f*, Kraftaufnehmer *m*, Kraftmesswertgeber *m*; Spannungsaufnehmer *m*
load chord Lastgurt *m*
load classification number *(Verk)* Tragfähigkeitszahl *f*; (zulässiger) Rollbahnbelastungswert *m (Flugplatz)*
load coefficient Lastbeiwert *m*, Lastzahl *f*
load compensation Lastausgleichung *f*
load compilation Lastzusammenstellung *f*
load componenet Lastkomponente *f*
load condition Lastbedingung *f*
load curve Lastkurve *f*, Belastungskurve *f*
load cycle Lastspiel *n*
load-deflection diagram Lastdurchbiegungsdiagramm *n*
load-deflection curve Lastverformungsdiagramm *n*, Last-Dehnungskurve *f*
load-deformation curve Lastverformungskurve *f*, Lastformänderungskurve *f*
load-deformation diagram Lastdiagramm *n*, Lastverformungsdiagramm *n*, Lastformänderungsdiagramm *n*
load-deformation relation Lastverformungsbeziehung *f*, Lastformänderungsbeziehung *f*
load determination Lastermittlung *f*
load distributed over a certain length Streckenlast *f*
load-distributing lastverteilend
load-distributing ability Lastverteilungsvermögen *n*
load-distributing curve Lastverteilungskurve *f*
load distribution Lastverteilung *f*; Belastungsverteilung *f*
load distribution ability Lastverteilungsvermögen *n*
load-distribution concept Lastverteilungsprinzip *n*
load-distribution curve Lastverteilungskurve *f*
load drop Lastabfall *m*
load due to wind pressure Winddrucklast *f*
load duration Lastdauer *f*
load equivalent Lastäquivalent *n*, Lastgleichwert *m*
load estimating Lastschätzung *f*
load factor Belastungsfaktor *m*, Lastfaktor *m*; Sicherheitsbeiwert *m*; Auslastungsfaktor *m*
load-factor design [method] n-freies Bemessungsverfahren *n*, n-freie Bemessung *f*, Traglastverfahren *n* *(Stahlbetontheorie)*
load-factor stress Tragspannung *f*
load hook Lasthaken *m*, Hebehaken *m*
load inclination *(Bod)* Lastneigung *f*
load increase Lastzunahme *f*
load increment Lastzunahme *f*, Laststufe *f*
load intensity Laststärke *f*
load intensity diagram Laststärkediagramm *n*
load limit Belastungsgrenze *f*, Grenzbelastung *f*, Lastgrenzwert *m*
load loss Lastverlust *m*
load magnitude Lastgröße *f*
load moment Lastmoment *n*
load mould Belastungsmarke *f*
load over the entire area Platenvolllast *f*
load partition (wall) tragende Trennwand *f*
load plate Lastplatte *f*
load position Laststellung *f*
load-producing bending moment Biegebelastung *f*
load range Lastbereich *m*, Belastungsbereich *m*
load reduction Lastminderung *f*, Gewichtsbeschränkung *f*, Verkehrsbeschränkung *f*
load removal Lastwegnahme *f*
load reversal Lastwechsel *m*
load ring Kraftmessring *m*, Druckmessring *m*
load scheme Lastfall *m*, Belastungsfall *m*
load separation point Lastscheide *f*
load-settlement curve Lastsetzungskurve *f*
load settlement diagram Lastsetzungsdiagramm *n*
load-sharing concept Lastverteilungsprinzip *n*
load shock Belastungsstoß *m*
load-span-factor Spannweiten-Lastfaktor *m*
load-spreading lastverteilend
load-spreading Lastverteilung *f*
load-spreading ability Lastverteilungsvermögen *n*
load-spreading curve Lastverteilungskurve *f*
load stage Laststufe *f*
load stage diagram Laststufendarstellung *f*, Laststufendiagramm *n*
load state Lastzustand *m*
load-strain curve Lastdehnungskurve *f*
load stress Lastbeanspruchung *f*; Lastspannung *f*; Tragspannung *f*
load strip Laststreifen *m*
load surface Belastungsfläche *f*
load-swelling diagram Lastschwellungsdiagramm *n*
load system Lastsystem *n*
load table Lasttafel *f*
load-tensioning Gewichtsspannung *f (Spannbeton)*
load term Lastglied *n*, Belastungsglied *n*
load test Belastungsprüfung *f*, Belastungsversuch *m*, Probebelastung *f*
load transfer Lastübertragung *f*
load-transfer assembly Baugerüstdübeltragsystem *n*, temporäres Stützsystem *n*
load transmission Lastübertragung *f*
load triangle Lastdreieck *n*
load variation Lastschwankung *f*
load vector Lastvektor *m*
load yield recorder Lastsenkungsschreiber *m*
load zone Lastzone *f*
loadability Belastbarkeit *f*
loadable belastbar
loaded belastet, beansprucht
loaded area Lastfläche *f*, belastete Fläche *f*
loaded concrete Schwerstbeton *m*, Strahlenschutzbeton *m*
loaded length Belastungslänge *f*
loaded mechanism Tragmechanismus *m*
loaded plane Tragebene *f*
loaded wall tragende Wand *f*, beanspruchte Mauer *f*

loader Lader *m*, Ladegerät *n*
loading 1. Belastung *f*, Beanspruchung *f*; Auflast *f*; aufgebrachte Last *f*; 2. Beladen *n*, Laden *n*, Aufladen *n*; 3. Füllmaterial *n*, Beschwerungsmaterial *n*; Zuschlag *m* *(z. B. von Füllstoffen)*
loading and unloading ramp Verladerampe *f*, Laderampe *f*
loading area Belastungsfläche *f*
loading arrangement Belastungsanordnung *f*
loading assumption Lastannahme *f*
loading bay Ladeplatz *m*, Be- und Entladerampe *f*
loading bridge Ladebrücke *f*, Verladebrücke *f*
loading calculation Belastungsberechnung *f*
loading case Lastfall *m*, Belastungsfall *m*
loading condition Belastungsbedingung *f*, Lastfall *m*
loading conditions Belastungsverhältnisse *npl*; Belastungsbedingungen *fpl*; Lastfälle *mpl*
loading control Belastungskontrolle *f*
loading curve Belastungskurve *f*
loading cycle Lastspiel *n*, Belastungsspiel *n*, Belastungszyklus *m*
loading data Belastungsangaben *fpl*
loading deck Ladebrücke *f*
loading degree Belastungsgrad *m*
loading density Lastenanordnung *f*, Lastenschema *n*
loading device Belastungsvorrichtung *f*
loading distribution Belastungsverteilung *f*
loading dock Ladeplattform *f*
loading dock leveller Hubladeplattform *f*
loading dock shelter Ladeplattformschutzdach *n*
loading equation Belastungsgleichung *f*
loading frame Belastungsrahmen *m*
loading frequency Belastungsfrequenz *f*
loading function Belastungsfunktion *f*
loading history Belastungsgeschichte *f*
loading hopper Mülleinfülltrichter *m*
loading intensity Belastungsintensität *f*
loading line Belastungslinie *f*
loading material Füllstoff *m*, Füllmaterial; Beschwerungsmaterial *n*; Zuschlag(stoff) *m*
loading mechanism Beschickungseinrichtung *f*
loading moment Belastungsmoment *n*
loading on part of area Teilbelastung *f*, Plattenteilbelastung *f*
loading over the entire area Plattenvollbelastung *f*
loading pattern Belastungsschema *n*
loading plate Belastungsplatte *f*
loading period Belastungszeit *f*, Belastungsdauer *f*
loading pigment Pigmentfüllstoff *m*
loading place Ladeplatz *m*
loading plane Belastungsebene *f*
loading plant Verladeanlage *f*, Umschlaganlage *f*
loading plate *(Erdb)* Lastplatte *f (Tragfähigkeitsprüfung)*
loading platform Ladeplattform *f*, Laderampe *f*; Verladebrücke *f*
loading points Lastangriffspunkte *mpl*
loading ramp Laderampe *f*, Ladebühne *f*
loading rate Belastungsgeschwindigkeit *f*
loading shaft Belastungsstab *m*
loading shed überdeckter Ladeplatz *m*
loading shock Belastungsstoß *m*
loading shovel Front(schaufel)lader *m*, Schaufellader *m*
loading siding *(Verk)* Ladegleis *n*
loading state Belastungszustand *m*
loading station Ladestelle *f*, Beladestelle *f*
loading system Belastungssystem *n*
loading term Belastungsglied *n*, Lastglied *n*
loading test (statischer) Belastungsversuch *m*, Belastungsprüfung *f*
loading type Belastungsart *f*
loading weight Belastungsgewicht *n*, Ballastgewicht *n*
loafing barn [shed] Laufstall *m*
loam Lehm *m*; Ziegelton *m*, Tonmergel *m*, Letten(ton) *m*
loam brick Lehmziegel *m*, Luftziegel *m*, ungebrannter Ziegel *m*
loam concrete Lehmzementboden *m*, Lehmbeton *m*
loam construction Lehmbau *m*
loam core Lehmkern *m*
loam filling Lehmauffüllung *f*
loam flooring Lehmestrich *m*
loam ground Lehmboden *m*
loam layer Lehmschicht *f*
loam mortar Lehmmörtel *m*
loam pit Lehmgrube *f*, Tongrube *f*
loam rendering Lehmputz *m (Außenputz)*
loam structures Lehmbauten *pl*
loam wall Lehmwand *f*
loam walling (work) Lehmbau *m*
loam watery clay Schluff *m*
loamy lehmig; letting
loamy coarse sand lehmiger Grobsand *m*
loamy fine sand schluffiger Feinsand *m*
loamy fine soil schluffiger Feinsandboden *m*
loamy gravel Lehmkies *m*
loamy ground Lehmboden *m*
loamy marl Lehmmergel *m*
loamy sand lehmiger Sand *m*, Sandlehm *m*
loamy soil Lehmboden *m*
lobby Eingangshalle *f*, Vorhalle *f (z. B. Parlament)*; Diele *f*; Wandelgang *m*; Foyer *n (z. B. Theater)*
lobe Pass *m*; Kreissegment *n*, Zirkelschlag *m (Verzierungswerk)*
lobed lappig, gelappt
lobed arch *(Arch)* Passwerkbogen *m*, Nasenschwungbogen *m (gotischer Bogen)*
local action örtliche Korrosion *f*
local authorities [authority] Ortsbehörde *f*, Kommunalbehörde *f*
local authority house-building öffentlich geförderter Wohnungsbau *m*, Sozialwohnungsbau *m*
local authority estate Sozial(wohn)siedlung *f*
local buckling örtliches Knicken *n*, örtliche Knickung *f*
local clima Kleinklima *n*
local conditions Standortverhältnisse *npl*, örtliche Gegebenheiten *fpl*
local corrosion örtliche Korrosion *f*
local deformation örtliche Verformung *f*
local district heating örtliche Fernheizung *f*
local electrolytic corrosion lokale Elektrolytkorrosion *f*
local failure örtlicher Bruch *m*
local gas network Gasortsnetz *n*
local heating Einzelheizung *f*
local lighting örtliche Beleuchtung *f*, begrenzte Ausleuchtung *f*; Platzbeleuchtung *f*
local material örtliches Material *n*
local railway Kleinbahn *f*, Lokalbahn *f*
local resident Anlieger *m*
local road Wohn(haus)weg *m*, Wohnstraße *f*, kommunale Straße *f*
local search örtliche behördliche Überprüfung *f*
local sewerage system Ortsentwässerung *f*
local street Wohnstraße *f*
local stress örtliche Spannung *f*
local style Heimatstil *m*
local traffic Ortsverkehr *m*
local vent Lüftungskanal *m*
locality Ort *m*
localized corrosion Lochfraß *m*, örtliche Korrosion *f*

localized electrolytic corrosion lokale Elektrolytkorrosion *f*
locate *v* 1. anordnen, platzieren, in Lage [Position] bringen; festlegen; einpeilen; 2. trassieren *(z. B. eine Straße)*
locate *v* **centrally** zentrieren
locating place Einbaustelle *f*, Einbaupunkt *m*
locating surface Passfläche *f*
location 1. Standort *m*, Lage *f*, Ort *m*, Platz *m*; Gebäudestellung *f*; 2. Trassierung *f*, Trassenabsteckung *f*, Vermarkung *f (Abstecken)*
location line *(Verk)* Trassierung *f*
location line of the cable Kabeltrasse *f*
location of a building Einfügung *f (z. B. eines Gebäudes)*
location of corrosion Korrosionsstelle *f*
location of the line *(Verk)* Trassierung *f (Eisenbahn)*
location of the sun Sonnenstand *m*
location on a slope Hanglage *f*
location plan Lageplan *m*
location sketch Lageskizze *f*
location survey 1. Absteckung *f*; 2. Lagevermessung *f*, Standortaufnahme(messung) *f*, Kartierungsmessung *f*
lock *v* 1. (ab)schließen, verschließen *(z. B. Türen)*; verriegeln; sichern; 2. hemmen, sperren, blockieren; festklemmen, feststellen; (ver)klemmen, hängen bleiben, blockieren; 3. *(Wsb)* mit Schleusen ausrüsten *(z. B. Kanäle)*
lock *v* **in** einschließen
lock *v* **in position** verriegeln; einrasten, blockieren *(Raststellung)*; festklemmen, feststellen
lock 1. Schloss *n*, Sperre *f*; Verschluss *m*; 2. *(Wsb)* Schleuse *f*
lock backset Schlossabstand *m* vom Türrand
lock block Schlosshülsenblock *m*
lock bolt Schlossriegel *m*, Sperrriegel *m*, Verriegelungsbolzen *m*
lock bush Steckbuchse *f*, Überwurf *m*
lock canal Schleusenkanal *m*
lock case Schlosskasten *m*
lock chamber *(Wsb)* Schleusenkammer *f*
lock channel *s.* lock canal
lock clip Schlossfeder *f*
lock cylinder Schlosszylinder *m*
lock edge Türblattvorderkante *f*, Fensterflügelvorderkante *f*
lock face sichtbare Fläche *f* eines Einsteckschlosses
lock faceplate [forend] Schlossblech *n*, Schließblech *n*
lock fitted verschließbar
lock fitting Schließbeschlag *m*
lock fore-end Schlossstulp *m*
lock front *(AE) s.* lock faceplate
lock function Schlossfunktion *f*
lock gate *(Wsb)* Schleusentor *n (Schiffsschleuse)*
lock hub Türschlossbuchse *f*
lock jamb Schließblechpfosten *m*
lock joint Saumverbindung *f* von Dachmetalltafeln
lock keeper Schließbolzenöffnung *f*, Schließkeilloch *n*
lock knob Einrastknopf *m*
lock manufacture Schlossbau *m*, Schlossherstellung *f*
lock mitre Gehrungsverbindung *f* mit ineinander greifenden Enden
lock-nut Gegenmutter *f*, Kontermutter *f*
lock-out Absperrung *f*, Sperrabschaltung *f*
lock pin Zuhaltestift *m*
lock plate Sicherungsblech *n*, Sicherungsplatte *f*, Schließblech *n*
lock rail mittleres Querrahmenstück *n (Tür)*; Türquerriegel *m* in Schlosshöhe
lock reinforcement Schlossverstärkungsblech *n*
lock reinforcing unit Metalltürenverstärkung *f*
lock-saw Lochsäge *f*
lock seam Saumverbindung *f* von Dachmetalltafeln
lock seam door Metalltür *f* mit gesäumter Metalltürbeplankung
lock staple Verriegelungseinrichtung *f*
lock stile Schlossbohle *f*, Schlossbrett *n (Tür)*
lock strike Schließblech *n*, Schlossblech *n*
lock-strip gasket Sprengringdruckdichtung *f*
lock-up Lückenbau *m*
lock washer Federring *m*, Sprengring *m*; Sicherungsblech *n*
lockable verriegelbar; verschließbar; feststellbar
locked verreigelt; verschlossen; festgestellt, arretiert
locked position verriegelte Stellung *f*
locker Gardarobenschrank *m*, Spind *m*; Schließfach *n*
locker room Spindraum *m*, Umkleideraum *m*
lockfast verschließbar
locking Sperrung *f*, Verriegelung *f*, Festklemmen *n*
locking bolt Riegel *m*
locking device Sperre *f*, Feststellvorrichtung *f*
locking handle Knebelgriff *m*
locking hook Schließhaken *m*
locking mechanism Schließvorrichtung *f*, Verschluss *m*
locking pin Sicherungsstift *m*
locking plant Stellwerksanlage *f (Eisenbahn)*
locking plate Sicherungsblech *n*
locking ring Klemmring *m*
locking screw Klemmschraube *f*
locking spring Haltering *m*, Sicherungsring *m*
locking system Schließanlage *f*, Verrieglungssystem *n*
lockmaking Schlossbau *m*, Schlossherstellung *f*
lockset *(AE)* komplettes Türschloss *n*, Schlossgarnitur *f*
locksmith Schlosser *m*
locksmith's shop Schlosserei *f*
lockspit *(AE)* Markierungsrinne *f*
locomotive shed Lokomotivschuppen *m*
locus of centres Linie *f* der Mittelpunkte *(Geometrie)*
locutory Sprechsaal *m*
lode Wasser(ab)lauf *m*, Deich *m*
lodge 1. Pförtnerhaus *n*; 2. Forsthütte *f*; 3. Sumpf *m*; Wasserreservoir *n (geologisch)*
lodge-book Bauhüttenbuch *n*
lodging Quartier *n (Unterkunft)*
lodging house Herberge *f*, Beherbergungshaus *n*, Logierhaus *n*
loess Löss *m*
loess clay Lösslehm *m*
loess loam Lösslehm *m*
loess soil Lössboden *m*
loft *(AE)* Boden(raum) *m*, Dachboden *m*; Speicher *m*; Hängeboden *m*
loft building *(AE)* Speichergebäude *n*, Gebäude *n* mit ungeteiltem Raum
loft ladder *(AE)* Schiebetreppe *f*, hochschiebbare Treppe *f (Dachboden)*
loft stair *(AE)* Bodentreppe *f*, Schiebetreppe *f*, Einschiebetreppe *f*
lofty schlank, hoch aufragend
lofty timber hochstämmiges Holz *n*
log *v* 1. *(AE)* fällen; 2. vermessen, aufnehmen *(geologisch)*
log 1. Baumstamm *m (gefällter Stamm)*; unbearbeiteter Stamm *m*, Stammholz *n*; Kloben *m (Holzkloben)*; 2. Logbuch *n*, Berichtsbuch *n*; Logarithmus *m*
log book Berichtsbuch *n*, Protokollbuch *n*
log cabin *(AE)* Blockhaus *n*, Blockhütte *f*
log-cabin siding *(AE)* Halbstammaußenwandverkleidung *f*, Halbholzverkleidung *f*
log causeway Knüppelweg *m*, Prügelweg *m*
log construction Blockbau *m*
log-diagram logarithmische Sieblinienddarstellung *f*

log frame saw Sägegatter *n*
log grading curve logarithmische Siebliniendarstellung *f*
log house [hut] *s.* log cabin
log road Knüppeldamm *m*
log scale logarithmische Darstellung *f*
log wall Blockwand *f*
log-walled sauna hut Blockhaussauna *f*
loge Theaterloge *f*
logeion *(Arch)* Logeion *n (griechische Theaterbaukunst)*
loggia 1. Arkadenbau *m*; Kolonnadengebäude *n*; 2. Loggia *f*, Hauslaube *f*; 3. Kolonnade *f (im Innenhof eines Gebäudes)*
loggia building Kolonnadengebäude *n*
loggia parparet Loggiabrüstung *f*
logging 1. Holzeinschlag *m*; 2. Datenerfassung *f*, Datenzusammenstellung *f*
logistics of disposal Entsorgungslogistik *f*
long-and-short work Lang- und Kurzwerk *n*, Bruchsteinmauerwerk *n* mit Längs- und Querquadern an den Ecken
long-and-short technique *(Arch)* Lang- und Kurzwerk *n*
long church Langhauskirche *f*
long clay hochplastischer Ton *m*
long column überschlanke Säule *f*
long-continued load Langzeitlast *f*
long-continued loading Langzeitbelastung *f*, langfristige Belastung *f*
long-continued strength Langzeitbefestigung *f*
long cross garnet *(Hb)* Langband *n*, Haspenband *n*
long culvert Entwässerungskanal *m*; Umlaufkanal *m (Düker)*
long-cut wood Langholz *n*
long-distance fern
long-distance conveyor Langstreckenfördergerät *n*
long-distance conveyor belt *n* Bandanlage *f* für Langstreckenförderung
long-distance heating line Fernheizleitung *f*
long-distance gas grid Ferngasnetz *n*
long-distance gas main Gasfernleitung *f*
long-distance goods traffic Güterfernverkehr *m*
long-distance haulage Güterfernverkehr *m*
long-distance heat Fernwärme *f*
long-distance heat intake Übergabestation *f* für Fernwärme
long-distance heat supply Fernwärmeversorgung *f*
long-distance heat supply pipeline Fernwärmerohrleitung *f*
long distance line *(AE)* Fernleitung *f (Telefon)*
long-distance road haulage Fernlastverkehr *m*
long-distance steam heating Dampffernheizung *f*
long-distance train station Fernbahnhof *m*
long-distance water supply Fernwasserversorgung *f*
long-distance water supply pipeline Fernwasserrohrleitung *f*
lond-duration static test Dauerstandprüfung *f*
long face Längsseite *f (eines Läufers)*
long fibred langfasrig
long float Kartätsche *f (Brett zum Verreiben des Putzes)*
long-handle float Stielglätter *m (Putzen)*
long-handle spreader Stielglätter *m (Putzen)*
long-haul traffic Güterfernverkehr *m*
long header Vollbinder *m (Mauerwerk)*
long-lasting langlebig, dauerhaft, haltbar
long lay Gleichschlag *m (eines Seils)*
long-line method Spannbetonfertigung *f*, Spannbettverfahren *n*
long logs Langholz *n*
long oil fett *(Anstrich)*
long-oil alkyd (resin) fettes [ölreiches] Alkydharz *n*
long-oil varnish fetter Öllack *m*
long-period test Langzeitprüfung *f*, Langzeitversuch *m*
long-radius elbow Rohrbogen *m* mit großem Radius
long shell lange Schale *f*
long side lange Seite *f (Stein)*
long-span weitgespannt, mit großer Spannweite
long-span arch Weitspannbogen *m*
long-span beam Weitspannbalken *m*, Weitspannträger *m*
long-span construction Weitspannkonstruktion *f*
long-span cupola Weitspannkuppel *f*
long-span floor slab Weitspanndeckenplatte *f*
long-span frame Weitspannrahmen *m*
long-span load-bearing system Weitspanntragwerk *n*, Weitspanntragsystem *n*
long-span prestressed concrete unit Weitspann-Spannbetonelement *n*
long-span rib Weitspannrippe *f*
long-span roof Weitspanndach *n*
long-span shell Weitspannschale *f*
long-span shell vault Weitspannschalengewölbe *n*
long-span trussed girder Weitspannfachwerkträger *m*
long structure Langbauwerk *n*, Langbau *m*, Longitudinalbauwerk *n*
lond tee hinge Haspenband *n*, Langband *n*
long-term langfristig
long-term ageing Langzeitalterung *f (Baustoffe)*
long-term atmospheric exposure Langzeitbewitterung *f*
long-term behaviour Langzeitverhalten *n*
long-term effect Langzeiteffekt *m*, Langzeitwirkung *f*
long-term exposure Langzeitbeanspruchung *f*
long-term load Langzeitlast *f*
long-term loading Langzeitbelastung *f*, längerfristige Belastung *f*
long-term modulus of elasticity dauernder Elastizitätsmodul *m*
long-term performance Langzeitgebrauchsverhalten *n*
long-term protection Langzeitschutz *m*, Dauerschutz *m (Korrosionsschutz)*
long-term store Langzeitspeicher *m*
long-term strength Langzeitfestigkeit *f*
long-term test Dauerversuch *m*
long-term testing Langzeitprüfung *f*
long timber Langnutzholz *n*
long-time ... *s.* long-term ...
long-time test Langzeitversuch *m*
long ton englische Tonne *f (SI-fremde Einheit der Masse; 1 ltn = 1016 kg)*
long varnish fetter Öllack *m*
long-welded durchgehend geschweißt *(Schiene)*
longer side Langseite *f*
longevity Langlebigkeit *f*
longish länglich
longitude geographische Länge *f*
longitudinal längslaufend, in Längsrichtung
longitudinal action Längswirkung *f*
longitudinal axis Längsachse *f*
longitudinal bar Bewehrungslängseisen *n*, Längsstab *m*
longitudinal beam Längsbalken *m*, Längsträger *m*
longitudinal bending Längsbiegung *f*
longitudinal bending moment Längsbiegemoment *n*
longitudinal bending strength Längsbiegefestigkeit *f*
longitudinal bending stress Längsbiegespannung *f*
longitudinal bond Längsverband *m*, Läuferverband *m (Mauerwerk)*
longitudinal bracing Längsverband *m (Brückenbau)*
longitudinal cavity Längshohlraum *m*
longitudinal centre joint *(Verk)* Mittellängsfuge *f*, Längsmittelfuge *f (Straße)*
longitudinal church Langhauskirche *f*

longitudinal compression Längsdruck *m*
longitudinal construction joint Längsbetonierfuge *f*
longitudinal crack Längsriss *m*
longitudinal culvert Längsentwässerungsgraben *(überdeckt)*; Längsdurchlass *m (Straße)*; Umlaufgraben *m (Gebäude)*
longitudinal dead limit Längenbegrenzung *f*
longitudinal deck beam Deckenunterzug *m*
longitudinal deformation Längsverformung *f*
longitudinal direction Längsrichtung *f* • **in longitudinal direction** in Längsrichtung
longitudinal distribution Längsverteilung *f*
longitudinal edge Längsrand *m*
longitudinal edge section Randlängsschnitt *m*
longitudinal extension Längenausdehnung *f*
longitudinal extension per unit length relative Streckung *f*
longitudinal evennes Längsebenheit *f*
longitudinal fold Längsfalz *m*
longitudinal force *(Stat)* Längskraft *f*
longitudinal frame Längsrahmen *m*
longitudinal girder Längsträger *m* (erster Ordnung)
longitudinal gradient *(Verk)* Längsneigung *f*
longitudinal groove Längsnut *f*
longitudinal interval Längsabstand *m (Bewehrung)*
longitudinal jack rafter Langseitenschifter *m*
longitudinal joint Längsfuge *f*
longitudinal load Belastung *f* in Richtung der Längsachse, Längslast *f*
longitudinal member Längsträger *m*
longitudinal membrane action Membran-Längswirkung *f*
longitudinal moment Längsmoment *n*
longitudinal overlap Längsüberdeckung *f*, Längsüberlappung *f*
longitudinal pressure Längsdruck *m*
longitudinal prestressing Längsvorspannung *f*
longitudinal profile Längsprofil *n*
longitudinal reinforcement Längsbewehrung *f*, Längseinlagen *fpl*
longitudinal rib Längsrippe *f*
longitudinal ridge Längsscheitel *m (Gewölbe)*
longitudinal rigidity Längssteifigkeit *f*, Längsstarrheit *f*
longitudinal rod Bewehrungslängseisen *n*, Längsstab *m*
longitudinal running girder Längslaufträger *m*
longitudinal seal Längsdichtung *f*
longitudinal seam Längsnaht *f*
longitudinal section Längsschnitt *m*
longitudinal shear force Schubkraft *f*
longitudinal shrinkage Längsschwindung *f*
longitudinal slip Längsschlupf *m*
longitudinal spacing Längsabstand *m*; Längsverteilung *f (Bewehrung)*
longitudinal splitting Längsrissbildung *f*
longitudinal stability Längsstabilität *f*
longitudinal stiffener Längsaussteifungsträger *m*, Längssteife *f*
longitudinal stiffening Längsabsteifung *f*, Längsaussteifung *f*
longitudinal stiffness Längssteifigkeit *f*
longitudinal stop Längsanschlag *m*
longitudinal stress Längsspannung *f*, Schubspannung *f*
longitudinal tendon Längsspannglied *n*
longitudinal tension stress Längszugspannung *f*
longitudinal wall Längswand *f*
longitudinal weld Längsschweißnaht *f*
longitudinally corrugated längsgewellt
longitudinally-panned church Längskirche *f*
longitudinally stiffened längsausgesteift, längsverstärkt
look-out überstehender Sparren *m*
look-out gallery Aussichtsgang *m*
look-out rafter überstehender Sparren *m*
look-out room Aussichtsraum *m*
look-out tower Aussichtsturm *m*, Belvedere *n*
lookum Penthaus *n*, Dachaufbau *m (für Aufzugswinden und Dachkrane)*
loom flexibler nichtmetallischer Isolierschlauch *m*
loop Schleife *f*, Schlinge *f*, Schlaufe *f*, Öse *f*, Ring *m*
loop anchorage Schlaufenverankerung *f*
loop detector Schleifendetektor *m (Verkehrssteuerung)*
loop joint Schlaufenstoß *m*
loop-line 1. Gleisschleife *f*; 2. *(El)* Ringleitung *f*
loop plane Schleifenebene *f*
loop road Ringstraße *f*, Umleitungsstraße *f*
loop system Ringleitung *f*
loop-test bar Schlaufenversuch *m (Korrosionstest)*
loop window Sehschlitz *m (in einer Mauer)*
looped fabric Schlingengewebe *n*, Schlingenware *f*
looped line Doppelleitung *f*
loophole Schießscharte *f*, Sehschlitz *m*
loose 1. locker, lose; 2. schlaff; 3. nichthaftend
loose chippings Rollsplitt *m*
loose core entmischter Grobzuschlagstoff *m*
loose fill 1. Trockenschüttung *f (Dämmstoffe)*; 2. Beschüttung *f (Deckenhohlräume)*
loose-fill insulation Dämmschüttmaterial *n*, hohlraumfüllendes Dämmmaterial *n*, Schüttdämmung *f*, Flockendämmstoff *m*
loose grain soil strukturloser Boden *m*
loose ground lockerer Boden *m*, loses Material *n (Erdstoffe)*
loose-housing shed Freilaufstall *m*, Auslaufstall *m*
loose insulation *s.* loose-fill insulation
loose-joint hinge aushängbares Scharnier *n*
loose knot Durchfallast *m*, herausgefallener Ast *m*
loose lintel lose aufgelegter Sturz *m*, frei aufgelagerter Sturz *m*, Schwergewichtssturz *m*
loose main diagonal schlaffe Hauptdiagonale *f*, schlaffe Hauptschräge *f*
loose masses Lockermassen *fpl*
loose material Steinschüttgut *n*, Steinhaufwerk *n*; Schüttgut *n*
loose moulding austauschbare Zierleiste *f*
loose-packed locker gelagert
loose paint looser Anstrich *m*
loose pearlit Schüttperlit *m*
loose-pin hinge Scharnier *n* mit lösbaren Scharnierbolzen
loose principal diagonal *s.* loose main diagonal
loose pulley Leerrolle *f*
loose rock Lockergestein *n*
loose tongue *(Hb)* Einsteckfeder *f*
loose-tongue mitre Gehrungsfugenfeder *f*
loosely adherent locker haftend *(Bindemittel, Anstrich usw.)*
loosen *v* 1. lösen, lockern; abschrauben; 2. sich lockern, auflockern
loosened locker
loosened rock gelöstes Gestein *n*
loosened soil lockere Erde *f*
looseness Schlaffheit *f*
loosening Lösen *n*, Lockern *n*; Abschrauben *n*
lopsided pultförmig, nach einer Seite hängend, schief
lorication Bewurf *m*
lorry 1. Last(kraft)wagen *m*; 2. Lore *f*
lorry-load Wagenladung *f*
lorry mixer Betonfahrmischer *m*, Transportmischer *m*
lorry terminal Fernlastenbahnhof *m*, LKW-Bahnhof *m*; Frachtterminal *m*
Los Angeles abrasion value Los Angeles Abriebwert *m*

loss 1. Schwund *m (Verlust)*; 2. Schaden *m (finanziell)*; 3. Streu- und Bruchverlust *m*
loss by evaporation Verdunstungsverlust *m*
loss by percolation Versickerungsverlust *m*
loss due to creep Kriechverlust *m*
loss in cleaning Aufbereitungsverlust *m*
loss in strength Festigkeitsverlust *m*, Festigkeitsabfall *m*
loss in weight Gewichtsverlust *m*
loss of adhesion Haft(ungs)verlust *m*
loss of brightness Glanzverlust *m*, Mattwerden *n*
loss of gloss Glanzverlust *m*, Mattwerden *n*
loss of hardness Härteverlust *m*
loss of head Druckverlust *m*, Druckhöhenverlust *m*, Gefälleverlust *m*
loss of heat Wärmeverlust *m*
loss of lustre Glanzverlust *m*, Mattwerden *n*
loss of pressure Druckabfall *m*, Druckverlust *m*
loss of prestress Vorspannungsabfall *m*, Vorspannungsverlust *m (Spannbeton)*
loss of profit entgangener Gewinn *m*
loss of stiffness Steifigkeitsverlust *m*
loss of voltage Spannungsabfall *m*
loss of volume Volumenverlust *m*
loss of water Wasserverlust *m*
loss of weight Gewichtsverlust *m*
loss on ignition Glühverlust *m*
loss or expense Verlust *m* oder Kosten *pl*
lost ground fließender Erdstoff *m*, rutschender Boden *m*, Schwimmsand *m*
lost head nail gestauchter Nagel *m*
lost shuttering verlorene Tafelschalung *f*
lot *v* parzellieren
lot 1. Grundstück *n*; Landstück *n*; Parzelle *f*; 2. Baulos *n*, Los *n*
lot line Parzellengrenze *f*
lot-line wall *(AE)* Grundstücksbegrenzungsmauer *f*, Grenzmauer *f*
lot planning Katasterparzellenplanung *f*
lot size Baulosgröße *f*, Losgröße *f*, Baulosumfang *m*
lotos blossom capital *(Arch)* Lotosblütenkapitell *n*
lotos bud capital *(Arch)* Lotosknospenkapitell *n*
lotos leaf *(Arch)* Lotosblatt *n*
lotos ornament *(Arch)* Lotosornament *n*
loudness 1. Lautheit *f (z. B. eines Raumes)*; Schallempfindung *f*; 2. Lautstärke *f*
loudness level Lautsärke *f*
loudness level meter Lautstärkemesser *m*
loudness measurement Lautstärkemessung *f*
lounge Vorhalle *f (z. B. Theater, Foyer)*; Aufenthaltshalle *f*, Sitzhalle *f (Hotel)*
louver 1. Lüftungslamelle *f*; Jalousette *f*; Lichtblende *f*; 2. Luft(öffnungs)schlitz *m*; 3. Dachöffnungsreiter *m*; Rauchöffnung *f* im Dach
louver board Lamellenbrett *n (für eine Jalousie)*; Jalousiebrett *n*, Fensterladenschlitzbrett *n*
louver door Tür *f* mit Luftschlitzfüllung, Schindeltür *f*, Lamellentür *f*
louver slat Jalousielamelle *f*
louver window Fenster *n* mit Luftschlitzlamellen, Jalousiefenster *n*
louvers Jalousie *f*
louvre *s.* louver
louvred geteilt; mit Luftschlitzen
low flach, niedrig *(Gebäude)*
low-alkali cement alkaliarmer Zement *m*
low-alloy steel niedriglegierter Stahl *m*
low-bid billigstes Angebot *n (Ausschreibung)*
low block Flachgebäude *n*
low building Flachbau *m*, Flachgebäude *n*
low-carbon steel Flussstahl *m (0,15–0,25 % C)*
low-ceiling niedrig *(Zimmer)*
low-cost kostengünstig, billig
low-cost assembly kostengünstige Montage *f*
low-cost house-building sozialer Wohnungsbau *m*
low-cost housing Sozialwohnung *f*
low-cost lining billige Verkleidung *f*
low-cost municipal house-building *s.* low-cost house-building
low cycle fatigue Ermüdung *f* bei geringem Lastwechsel
low-density area dünn besiedeltes Gebiet *n*
low-density polyethylene Polyethylen *n* niedriger Dichte *(PE weich)*
low down closet Niederspülklosett *n*, Flachspülklosett *n*
low-energy consumption house Haus *n* mit niedrigem Energieverbrauch
low energy building Niedrigenergiehaus *n*
low friction operation reibungsarmer Betrieb *m*
low-grade minderwertig, geringwertig
low-grade clay gewöhnlicher Ton *m*
low-grade lime Bastardkalk *m*
low-grade slag wool Bauwolle *f*
low-gradient flach geneigt
low grounds Niederung *f*, Mulde *f (topographisch)*
low hall Flachhalle *f*
low-hazard contents building Gebäude *n* mit nicht entflammbaren Elementen und Lagergut
low-heat cement Zement *m* mit geringer Abbindewärme
low house Flachhaus *n*
low-income block Sozialwohngebäude *n*
low-income building Sozialwohngebäude *n*
low-income residences Sozialwohnbauten *mpl*
low insulation schlechte Dämmung *f*
low-iron eisenarm
low lateral bracing untere Querverstrebung *f (Fachwerk)*
low-laying stretch of land niedrigliegendes Grundstück *n*
low-level flush toilet Wasserklosett *n* [Spülklosett *n*] mit Tiefspülkasten
low-level flushing cistern Tiefspülkasten *m*
low-level noise niedriger Lärmpegel *m*
low-level tank Tiefbehälter *m*
low-lying tiefliegend *(Gebäude)*
low-lying roadway untenliegende Fahrbahn *f*
low lustre Mattglanz *m*
low-maintenance wartungsarm
low-melting alloy leicht schmelzende Legierung *f*
low-noise geräuscharm
low-noise asphalt Flüsterasphalt *m*
low-pitch gable roof niedriges Giebeldach *n*
low-pitch roof flach geneigtes Dach *n*
low point of the slope tiefster Gefällepunkt *m*
low-polluting umweltfreundlich
low-pressure equipment Niederdruckgerät *n*
low-pressure grouting Niederdruckverpressung *f (von Fugen)*
low-pressure heating Niederdruckheizung *f*
low-pressure mercury lamp Quecksilberniederdrucklampe *f*
low-pressure piping Niederdruck(rohr)leitung *f*
low-pressure spraying Niederdruckspritzen *n*
low-pressure steam curing Niederdruckdampfbehandlung *f (von Beton)*
low-pressure steam heating system Niederdruckdampfheizung *f*
low-pressure system Niederdruckanlage *f (Heizung)*
low-productive soil armer Boden *m*
low-rate timber minderwertiges Holz *n*
low-reflectivity reflexionsarm
low relief Flachrelief *n*, Basrelief *n*

low-rent block Sozialwohngebäude *n*
low-rent building Sozialwohngebäude *n*
low-rent house building Sozialwohnungsbau *m*, öffentlich geförderter Wohnungsbau *m*
low-rise 1. ein- und zweigeschossig; 2. niedrig
low-rise building Gebäude *n* [Haus *n*] mit geringer Geschosszahl
low-rise housing erdgeschossiger Wohnungsbau *m*
low-roofed niedrig *(Gebäude)*
low-rise shell Flachschale *f*, flach gekrümmte Schale *f*
low-rise spherical shell flache Kugelschale *f*
low-shrink schwindarm
low-silicon siliziumarm
low-slope roof *s.* low-pitch roof
low-slump concrete erdfeuchter [wasserarmer, steifer, schwachplastischer] Beton *m*
low steel weicher Stahl *m*
low-stressed spannungsarm
low-sulphur schwefelarm
low-suction backing schwachsaugender Untergrund *m*
low temperature Tieftemperatur *f*
low-temperature chimney Kaltschornstein *m*
low-temperature construction Kühl- und Gefrierhausbau *m*
low-temperature insulation Kältedämmung *f*
low-temperature resistance Kältebeständigkeit *f*
low-temperature technology Kältetechnik *f*
low-temperature water heating Warmwasserheizung *f*
low-temperature water heating system Warmwasserheizungsanlage *f*
low-tension main distribution station *(El)* Niederspannungs-Hauptverteilung *f*
low tide Ebbe *f*
low-viscosity dünnflüssig, niedrigviskos
low voltage Niederspannung *f*
low-voltage current *(El)* Schwachstrom *m*
low-voltage lighting control Niederspannungsrelaisschaltung *f*
low-voltage system Niederspannungssystem *n*
low W/C mix Mischung *f* mit niedrigem Wasser-Zement-Wert [W/Z-Wert]
low-waste technology abfallarme Technologie *f*
low water Niedrigwasser *n*, Ebbe *f*, niedrigster Wasserstand *m*
low water alarm Wassermangelsicherung *f*
low-water cutoff Niedrigwasserabschalter *m (Wasserboiler)*
lowboy *(AE)* Tieflader *m*
lower *v* 1. senken, absenken *(Grundwasser)*; 2. reduzieren, verringern, abmindern; 3. absetzen, herunterlassen
lower niedriger, tiefer
lower basement Kellergeschoss *n*, Tiefkellergeschoss *n*
lower bed 1. Unterlage *f*, Unterbettung *f*; 2. untere Lagerfläche *f*, unteres Lager *n*, hartes Lager *n (Werkstein)*
lower bond theorem statischer Satz *m*
lower boom *s.* lower chord
lower border Unterkante *f*
lower chord 1. Untergurt *m*; Untergurtung *f (Fachwerk)*; 2. Untergurtstab *m*
lower chord bar Untergurtstab *m*
lower chord longitudinal bar Untergurtlängsstab *m*
lower flange *(Verk)* Untergurt *m (Seitenwand)*; Unterkante *f*, untere Fläche *f (Stahlbau)*
lower floor unteres Stockwerk *n* [Geschoss *n*]
lower guide untere Führung *f*
lower layer *(Verk)* Unterlage *f*, Unter(bettungs)schicht *f*
lower limiting value Mindestwert *m*
lower part Unterteil *n*
lower rail unteres Querrahmenholz *n*; unterer Querfries *m*
lower reservoir *(Wsb)* Unterbecken *n*
lower specification limit Mindestwert *m*
lower storey unteres Stockwerk *n* [Geschoss *n*]
lower stratum *s.* lower layer
lower torus Säulenplatte *f (Rundplatte)*
Lower Triassic sandstone Buntsandstein *m*
lower yield point untere Streckgrenze *f*
lowerator (rack) Senkgerüst *n*
lowering 1. Rückgang *m*, Abnahme *f*, Abfall *m*; 2. Senken *n*, Senkung *f*, Fallen *n*
lowering of ground-water level [table] *s.* lowering of subsoil water
lowering of subsoil water Grundwasserabsenkung *f*
lowering of viscosity Viskositätsrückgang *m*, Viskositätsabfall *m*
lowering of water level Wasserabsenkung *f*
lowering of the table water Grundwasserspiegelabsenkung *f*
lowering platform Senkbühne *f*
lowland Niederung *f*, Tiefland *n*, Tiefebene *f*
lowland plane Tiefebene *f*
lowest level niedrigster Wasserstand *m*
lowest line of structure Konstruktionsunterkante *f (Stahlbau)*
lowest permissible temperature zulässige Tiefsttemperatur *f*
lowest point Tiefpunkt *m*
lowest responsible bidder Bieter *m* mit niedrigstem Angebot und voller fachlicher Kompetenz *(Bauvertragsausschreibung)*
lowest water level niedrigster Wasserstand *m*
lozenge 1. Rhombenmuster *n*; 2. Rautenfensteröffnung *f*, Raute *f*
lozenge cloth Rautenmaschengewebe *n*, Rautengewebe *n*
lozenge expanded metal Rautenstreckmetall *n*
lozenge fret Rhombenzierkante *f*, Rautenstab *m*
lozenge frieze *(Arch)* Rautenfries *m (romanisches Ornament)*
lozenge glass Rautenglas *n*, rautenförmig gemustertes Glas *n*
lozenge mash Rautenmasche *f*
lozenge motif Rautenmotiv *n*
lozenge moulding *s.* lozenge fret
lozenge network Rautennetzwerk *n*
lozenge pattern Rautenmuster *n*
lozenge plate Rautengrobblech *n*
lozenge riveted joint verjüngte Nietverbindung *f*
lozenge-shaped rautenförmig
lozenge-shaped ground plan rautenförmiger Grundriss *m*
lozenge window Rautenfensteröffnung *f*
lubricant Schmiermittel *n*
lubricate *v* schmieren, fetten, ölen
lubricating device Schmiervorrichtung *f*
lubricating film Schmiermittelfilm *m*
lubricating grease Schmierfett *n*
lubricating power Schmierfähigkeit *f*
lubricating property Schmiereigenschaft *f*
lubrication layer Schmierschicht *f*
lubricity Schlüpfrigkeit *f*
lucarne Lukarne *f (Dacherker)*
lucullite schwarzer Marmor *m* für römische Bauten
luffer board Schall(dach)brett *n*, Schirmbrett *n*
luffing crane Wippkran *m*, Hebekran *m (mit veränderlichem Radius)*
lug 1. Nase *f*, Ansatz *m*; Auge *n*, Zapfen *m (einer Sohlbank aus Holz)*; 2. *(El)* Kabelschuh *m*, Öse *f*
lug angle Beiwinkel *m*, Steifewinkel *m*
lug bolt Zapfen *m* an einem Flacheisen

lug sill überlanger Fenstersims *m (in das Mauerwerk hineinreichend)*
luggage elevator *(AE)* Gepäckaufzug *m*
luggage hold Gepäckraum *m*
luggage lift Gepäckaufzug *m*
luggage room Gepäckraum *m*
luggage roundabout Gepäckkarussell *n*
luggage store Kofferraum *m*
lumber *v (AE)* zuschneiden, zurichten, aufarbeiten *(Holz)*; versperren
lumber *(AE)* Bauholz *n*, Schnittholz *n*
lumber core *(AE)* Kernholz *n* für Furnierschnitt
lumber-core plywood Tischlerplatte *f*
lumber mill *(AE)* Sägewerk *n*
lumber preservating plant *(AE)* Holzimprägnieranlage *f*
lumber-room Abstellraum *m*
lumber yard Holzlagerplatz *m*, Holzstapelplatz *m*
lumbering *(AE)* Holzeinschlag *m*, Holzfällen *n*
luminaire Leuchte *f*, Beleuchtungskörper *m*; *(AE)* Beleuchtungseinheit *f*
luminaire efficiency Leuchtenwirkungsgrad *m*
luminaire fixture *(AE)* Beleuchtungskörper *m*, Leuchte *f*
luminaire grid suspension ceiling Lichtrasterdecke *f*
luminance Leuchtdichte *f*, *(veraltet)* Flächenhelle *f*
luminance coefficient Leuchtdichtefaktor *m*
luminance factor Leuchtdichtefaktor *m*
luminance meter Leuchtdichtemesser *m*
luminescent lumineszierend, leuchtend
luminescent ceiling Leuchtdecke *f*, Lichtdecke *f*
luminescent foil Leuchtfolie *f*
luminescent glass leuchtendes Glas *n*, Leuchtglas *n*
luminescent momentary-contact push button Leuchttastschalter *m*, Lichttastschalter *m*
luminescent paint Leuchtfarbe *f*, Lumineszenzfarbe *f*, selbstleuchtende Farbe *f*
luminescent pigment Leuchtpigment *n*
luminescent tube Leucht(stoff)röhre *f*
luminescent wall Leuchtwand *f*, Lichtwand *f*
luminosity Helligkeit *f*, Leuchtstärke *f*
luminous leuchtend, hell
luminous advertisement Lichtreklame *f*, Leuchtreklame *f*
luminous ceiling Leuchtdecke *f*, Lichtdecke *f*, Decke *f* mit lichtdurchlässiger Verblendung
luminous coverage *(AE)* Flächenausleuchtung *f*
luminous efficacy *(AE)* Lichteffektivitätsgrad *m*, Lichtausbeute *f (Lumen per Watt)*
luminous efficiency Lichtausbeute *f*
luminous element Leuchtkörper *m (Glühlampe)*
luminous emittance Lichtausstrahlung *f*
luminous energy Lichtenergie *f*, Lichtmenge *f*
luminous flux Lichtstrom *m (SI-Einheit: Lumen)*
luminous intensity Lichtstärke *f (SI-Einheit: Candela)*
luminous paint Leuchtfarbe *f*, Fluoreszenzfarbe *f*, selbstleuchtende Farbe *f*
luminous pigment Leuchtpigment *n*
luminous power Leuchtkraft *f*
luminous row Leuchtband *n*, Lichtband *n*
luminous source Lichtquelle *f*
lump *v* zusammenballen, Klumpen bilden, klumpig werden *(Anstriche, Bindebaustoffe)*
lump klumpig, verklumpt; pauschal
lump Klumpen *m (Baustoffe)*; Knollen *m*
lump cinder *(AE)* Hochofenstückschlacke *f*
lump formation Klumpenbildung *f*
lump free klumpenfrei
lump hammer Schlegel *m*
lump gypsum Stückgips *m*
lump lime Stückkalk *m*
lump payment Pauschalzahlung *f*
lump price Pauschalpreis *m*
lump slag Hochofen(stück)schlacke *f*, Klotzenschlacke *f*
lump-sum Pauschalsumme *f*, Pauschalbetrag *m*
lump-sum agreement Bauvertrag *m* mit Garantiehinterlegung *(Pauschalsumme der Leistung)*
lump-sum contract Pauschalauftrag *m*
lump-sum price Pauschalpreis *m*
lump-sum settlement Pauschalabfindung *f*
lump-sum tender Pauschalpreisangebot *n*
lumpiness Stückigkeit *f*
lumps of marble Marmorbruch *m*
lumpy klumpig; knollig; stückig
lumpy soil klumpige Erde *f*
lunar halbmondförmig
lunding beam Spannbalken *m*, Zugbalken *m*; Zange *f*
lune Mondsichelform *f*, Zweieck *n (Kugelzweieck)*
lunette 1. *(Arch)* Halbmondöffnung *f*, Halbmondformelement *n*; Stichkappe *f*, Lunette *f*, Lichtloch *n (Gewölbeöffnung)*; Sehloch *n*; 2. *(Arch)* Lichtraum *m*
lunette vault Lichtraumgewölbe *n*, Ohrengewölbe *n*
luster *(AE) s.* lustre
lustre 1. irisierende Oberfläche *f*, Glasur *f (Glanzüberzug)*; 2. Oberflächenglanz *m*, Schimmer *m*, Glanz *m (z. B. von Materialien)*; Lüster *m (Glanzüberzug)*; 3. Leuchter *m (Kronleuchter)*
lustre finish *s.* lustre
lustre loss Glanzverlust *m*, Mattwerden *n*
lustreless glanzlos, matt, stumpf *(Anstrich)*
lustrous glänzend; strahlend
lustrous coating Glanzschicht *f*
lustrous schist Glanzschiefer *m*
lute *v* (ver)kitten, dichten *(Rohrverbindungen)*; verschmieren
lute 1. Betonabstreichklinge *f*, Betonziehklinge *f*, Betonabstreicher *m (für plastischen Beton)*; 2. Ziegelabstreichklinge *f*; 3. Kitt *m (Dichtungsmasse, Füllkitt)*; 4. klebriger Lehm *m*
luthern Gaupenfenster *n*
luting Dichtungskitt *m*
lutose tonbedeckt
lux Lux *n*, lx *(SI-Einheit der Beleuchtungsstärke)*
luxury flat Luxusetagenwohnung *f*
luxury hotel Luxushotel *n*
luxury wood Edelholz *n*
lych-gate überdachtes Wegetor *n*, Torüberdachung *f (an Friedhöfen)*
lye-proof laugenbeständig, alkalibeständig
lying panel 1. Holzplatte *f* mit horizontaler Faserung; 2. liegendes [horizontal angebrachtes] Paneel *n*
lying window liegendes Fenster *n*, Querfenster *n*
lyctos-suspectible wood splint-holzkäferanfälliges Holz *n*
lye Lauge *f*
lyophile lyophil, lösungsmittelanziehend
lyophile colloid lyophiles Kolloid *n*
lyophobe lyophob, lösungsmittelabstoßend
lyophobe colloid lyopholes Kolloid *n*

M

m-design n-Verfahren *n*
m-method *s.* m-design
m-problem n-Problem
m-times n-fach

M-roof doppeltes Satteldach *n*
mac *s.* macadam
macadam 1. Makadam *m(n)*, gebrochener Naturstein *m*, Schotter *m (für Makadamstraßendecke)*; 2. *s.* macadam construction method; 3. *s.* macadam road
macadam aggregate Makadamzuschlag(stoff) *m*, gebrochenes Gekörn *n*
macadam base Schottertragschicht *f*
macadam construction method Makadambauweise *f*
macadam foundation Schotterunterbau *m*
macadam road Makadamstraße *f*, sandgebundene Schotterstraße *f*, hohlraumreiche (bituminöse) Deckschicht *f (nach dem Makadamprinzip als Tränk-, Einstreu- oder Mischmakadam)*
macadam roadbase Makadamtragschicht *f*, Schottertragschicht *f*
macadam surface [surfacing] Makadamdecke *f*, sandgeschlämmte Schotterdecke *f*, Mischmakadamdecke *f*
macadamize *v* (be)schottern, absplitten *(Straßenbau)*; eine Makadamdecke aufbringen
macerate *v* einweichen
maceration Einweichen *n*
macerator Einweichanlage *f*
machicolation *(Arch)* Maschikuli *m*, Pechnase *f*, Gusserker *m (Wehrburg)*
machicolations *(Arch)* Maschikulis *mpl*, Pechnasenkranz *m*
machinable maschinell bearbeitbar, bearbeitbar
machine *v* (maschinell) bearbeiten; verarbeiten
machine-applied plaster maschinell aufgetragener Putz *m*, Maschinenputz *m*, Spritzputz *m*
machine assembly Maschinenrahmen *m*
machine base Maschinenfundament *n*
machine bolt Maschinenschraube *f*, Maschinenbolzen *m*
machine burn dunkle Überhitzungsstelle *f (in geschnittenem Material)*
machine casting (of asphalt) maschinelle Gussasphaltverlegung *f*
machine for letting in mounts Beschlageinlassmaschine *f*
machine foundation Maschinenfundament *n*
machine-laid maschinell eingebaut
machine-made maschinengefertigt, maschinell gefertigt
machine-made mortar Mischermörtel *m*, maschinell gemischter Mörtel *m*
machine-made plaster maschinell gemischter Putz *m*
machine-mixed concrete Mischerbeton *m*, maschinell gemischter Beton *m*
machine pouring of asphalt maschinelle Gussasphaltverlegung *f*
machine riveting mechanische Nietung *f*
machine room Maschinenraum *m*
machine shop Produktionshalle *f*, Werkhalle *f*
machine-straightened sheet maschinell gerichtetes Blech *n*
machine train Maschinenausstattung *f*, Maschinenpark *m*
machined bearbeitet
machinery Maschinenpark *m*
machinery and equipment for road maintenance Maschinen *fpl* und Geräte *npl* für die Straßeninstandhaltung
machinery and equipment for winter Winterdienstmaschinen *fpl* und Winterdienstgeräte *npl*
machinery base Maschinengründung *f*
machinery building Maschinenhalle *f*
machinery foundation Maschinengründung *f*
machinery hall Maschinenhalle *f*
machinery noise Maschinenlärm *m*
machinery room Installationsraum *m (für Heizung und Lüftung)*; Raum *m* für Heizungs- und Lüftungsgeräte *(in einem Gebäude)*
machinery station Maschinenzentrale *f*
machinery vibration Erschütterung *f* durch Maschinenbetrieb
machining allowance Bearbeitungstoleranz *f*
macroconstituent Makrobestandteil *m*, Makrokomponente *f*
macrocrack Makroriss *m (mit dem Auge gut erkennbar)*
macro-environmental die weitere Umwelt betreffend
macropore Makropore *f*
macrorange Makrobereich *m*
macrostructure Grobgefüge *n*
macrotexture Makrotextur *f*, Grobgefüge *n*
maculose rock Fleckschiefer *m*
madder lake Krapplack *m*
madder plant Krapp *m*, Färberröte *f*
made ground *s.* made-up ground
made of brick ziegelgefertigt
made to fit abgepasst
made to scale maßgerecht hergestellt
made-up aufgeschüttet *(Erdstoffe)*
made-up ground aufgefüllter Boden *m*, Aufschüttung *f*, Auffüllung *f*, aufgeschüttetes Gelände *n*
madrasah *(Arch)* Medersa *f*, Madrasa *f*, Moscheehochschule *f*, Tempelschule *f*
madre Flussbett *n*
magazine Magazin *n*, Warenlager *n*, Speicher *m (z. B. für Werkzeuge)*
magic formula *(sl)* Patentrezept *n*
magmatic rock Eruptivgestein *n*
magnesia Magnesia *f*, Magnesiumoxid *n*
magnesia brick *s.* magnesite brick
magnesia cement Magnesiabinder *m*, Magnesiazement *m (hydraulische Magnesia)*
magnesia hardness Magnesiahärte *f*
magnesia insulation Magnesiadämmstoff *m*
magnesia white Magnesiaweiß *n (Farbe)*
magnesian magnesiumhaltig
magnesian lime Dolomitkalk *m*, Magerkalk *m*, Graukalk *m*
magnesian marble Dolomitmarmor *m*
magnesite Magnesit *m*
magnesite board Magnesitbauplatte *f*
magnesite brick Magnesitziegel *m*, Magnesitstein *m*
magnesite cement *s.* magnesia cement
magnesite-chrome refractory Magnesit-Chromerzeugnis *n (Feuerfestmaterial)*
magnesite compound Steinholz *n*
magnesite floor(ing) Steinholzfußboden *m*, Magnesitfußboden *m*
magnesite floor(ing) tile Steinholzplatte *f*
magnesite refractory Magnesiterzeugnis *n*
magnesite rock Magnesitstein *m*
magnesite slab Magnesiaplatte *f*
magnesium Magnesium *n*
magnesium alloy Magnesiumlegierung f
magnesium carbonate Magnesiumcarbonat *n*
magnesium chloride Magnesiumchlorid *n*
magnesium hydroxide Magnesiumhydroxid *n*; Putzmagnesia *f*
magnesium lime dolomitischer Kalk *m*
magnesium oxide Magnesiumoxid *n*
magnesium oxychloride cement Magnesiabinder *m*
magnesium oxychloride composition Magnesiaestrich *m*, Steinholzestrich *m*, magnesiagebundener Estrich *m*
magnesium oxychloride flooring Magnesiaestrich *m*
magnesium oxychloride screed *(als verlegte Schicht)* Steinholzestrich *m*, Magnesiaestrich *m*, Magnesiaestrichschicht *f*

magnesium oxychloride subfloor Steinholzunterschicht *f*, Steinholzunterlage *f*
magnesium silicate Magnesiumsilikat *n*
magnesium silicate pigment Magnesiumsilikatpigment *n*
magnetic catch Magnetverschluss *m*
magnetic cushion railway Magnetkissenbahn *f*
magnetic lock *s.* magnetic catch
magnetic separation Magnetabscheidung *f*, Magnetsortierung *f (von Müll)*
magnetic separator Magnetabscheider *m*
magnetic suspension railway Magnetschwebebahn *f*, Magnetkissenbahn *f*
magnetic switch Magnetschalter *m*
magnetic thickness tester magnetisches Schichtdickenmessgerät *n (meist für Anstriche)*
magnetite aggregate Magnetitzuschlag(stoff) *m*, Magneteisensteinzuschlag *m (Schwerstbeton)*
magnetite concrete Magnetitbeton *m*, Schwerstbeton *m* mit Magnetitzuschlag
magnitude Größenordnung *f*
magnification factor Stoßzahl *f (aus Verkehrsbelastung)*
magnitude of creep Kriechgröße *f*, Kriechmaß *n*
magnitude of stress Spannungsgröße *f*
magnitude of the bending stress Biegespannungsgröße *f*
mahlstick *(AE) s.* maulstick
mahogany Mahagoni(holz) *n*
mahagony brown Mahagonibraun *n*
mahagony-faced mahagoniverkleidet, mahagoniausgekleidet
Mahometan architecture *s.* Muslim architecture
maid's room Hausmädchenzimmer *n*
mail sorting room Briefverteilerraum *m*
mailing facilities Poststelle *f (einer Firma usw.)*
main 1. Haupt(rohr)strang *m (eines Leitungssystems)*; Hauptrohr *n*; Steig(rohr)leitung *f*; 2. *(El)* Hauptleitung *f*, Hauptstrang *m*
main access Hauptzugang *m*
main altar Hauptaltar *m*
main appointed date Ecktermin *m (Bauablauf)*
main approach Haupteingang *m*, Hauptzufahrt *f*
main apse Hauptapsis *f*
main arch of a vault Gurtbogen *m*
main archway Durchgang *m*, Durchfahrt *f (z. B. Stadttor)*
main assembly hall Plenarsaal *m*
main axis line Hauptachse *f*
main axis of inertia Hauptträgheitsachse *f*
main bar Hauptstab *m*, Längsstab *m (Stahlbewehrung)*
main bars Hauptbewehrung *f*, Längsbewehrung *f*, Längseinlagen *fpl*, Längseisen *npl (Bewehrung)*
main beam Hauptbalken *m*; Zugbalken *m*, Unterzug *m*; Spannbalken *m*
main bearing Hauptlager *n (Brücke)*
main bearing member Haupttragglied *n*
main block 1. Hauptgebäude *n*; 2. *(Arch)* Langhaus *n (Kirchenhalle)*
main block vault *(Arch)* Langhausgewölbe *n*
main bottom gewachsenes Gestein *n*, Felsuntergrund *m*
main building Hauptgebäude *n*, Hauptbau *m*
main building trades Bauhauptgewerke *npl*
main cable 1. Tragseil *n (Kabelkran, Seilbahn)*; 2. *(El)* Hauptkabel *n*, Speisekabel *n*
main catenary suspension wire *(Verk)* Oberleitungstragseil *n*
main centre Hauptzentrum *n*
main chapel *(Arch)* Hauptkapelle *f*
main cock Haupthahn *m*
main collector Hauptsammler *m*, Sammelkanal *m*
main column Hauptstütze *f*
main compression stress Hauptdruckspannung *f*
main constituent Hauptbestandteil *m*
main contractor Generalauftragnehmer *m*, Hauptauftragnehmer *m*, Bauhauptauftragnehmer *m*, Gesamtauftragnehmer *m*, federführende Baufirma *f*, Hauptunternehmer *m*
main controlling dimension Ausbaumaß *n (Deckenhöhen)*
main couple Haupttragegebinde *n (Dach)*
main curvature Hauptkrümmung *f*
main dam Winterdeich *m*
main data Hauptdaten *pl*
main deformation Hauptverformung *f*
main diagonal durchgängiger Fachwerkdiagonalstab *m*, Hauptdiagonale *f*, Hauptschräge *f*
main diagonal rib Hauptdiagonalrippe *f*
main dike Winterdeich *m*
main dimensions Hauptabmessungen *fpl*
main direction Hauptrichtung *f*
main distribution panel Hauptverteiler *m*
main dome Hauptkuppel *f*
main door Außentür *f*
main drain 1. Hauptdrän *m*, Hauptsammelkanal *m*, Hauptsammler *m*; 2. *(Wsb)* Vorflutdrän *m*
main drain pipe Hauptabwasserrohr *n*
main entrance Haupteingang *m*
main entrance hall Haupteingangshalle *f*
main façade Hauptfassade *f*
main-failure set *(AE)* Notstromaggregat *n*
main floor Hauptgeschoss *n*
main flue Fuchskanal *m*, Hauptabzugskanal *m (Feuerung)*
main frame Hauptrahmen *m*
main fuse *(El)* Hauptsicherung *f*
main gable Mittelgiebel *m*
main gate Haupteinfahrt *f*
main girder Hauptträger *m*, Längsträger *m (Brückenbau)*
main grid Hauptraster *m*
main hall Schalterhalle *f (z. B. in Bahnhöfen)*
main highway Hauptverkehrsstraße *f*
main inspection chamber Hauptrevisionsschacht *m*
main lighting Hauptbeleuchtung *f*
main line 1. Hauptlinie *f (Eisenbahn und Telefonfernleitung)*; 2. *s.* main pipe; 3. *s.* main sewer
main load Hauptlast *f*
main load-bearing structure Haupttragwerk *n*
main loading case Hauptlastfall *m*
main longitudinal force Hauptlängskraft *f*
main moment Hauptmoment *n*
main moment of inertia Hauptträgheitsmoment *n*
main motif Leitmotiv *n*
main normal Hauptnormale *f*
main outgoing road Ausfallstraße *f*
main pedestrian zone Hauptfußgängerbereich *m*
main pier Hauptpfeiler *m*
main pipe Haupt(leitungs)rohr *n (Gas und Wasser)*
main plane *(Stat)* Hauptebene *f*
main portal Hauptportal *n*
main rafter Hauptsparren *m*, Bundsparren *m*
main rafters Bindersparren *fpl*, Bundgespärre *n*, Bindergespärre *n*
main reinforcement Hauptbewehrung *f*, Längsbewehrung *f*
main reinforcement bars Längseisen *npl*, Längseinlagen *fpl*, Hauptbewehrung *f*
main riser Hauptsteigleitung *f*
main road Hauptverkehrsstraße *f*, Fernverkehrsstraße *f*, Landstraße *f*
main road network *(Verk)* Hauptstraßennetz *n*

main runner Hauptunterzug(sbalken) *m (einer abgehängten Decke)*
main settling basin Hauptklärbecken *n*
main sewage drain pipe Haupt(abwasser)rohr *n*
main sewer Hauptentwässerungsleitung *f*, Haupt(abwasser)kanal *m*, Hauptsammelkanal *m*, Hauptsammler *m*
main shearing stress Hauptschubspannung *f*
main shut-off valve Hauptabsperrung *f*
main sluice valve Hauptschieber *m*
main span Mittelöffnung *f*, Brückenhauptöffnung *f*, Hauptfeld *n*
main stack Hauptentlüftungsrohr *n (Entwässerung)*
main staircase [stairs] Haupttreppe *f*
main station Hauptbahnhof *m*
main storage yard Hauptlagerplatz *m*
main storey Hauptgeschoss *n*
main stream (of traffic) Hauptverkehrsstrom *m*
main street (städtische) Hauptverkehrsstraße *f*, Hauptstraße *f*
main structure Hauptgebäude *n*, Hauptbau *m*
main symbol *(Stat)* Hauptzeichen *n*
main supply 1. Hauptversorgungsleitungen *fpl*; 2. *(El)* Hauptnetz *n*
main switch *(El)* Hauptschalter *m*; Haushauptschalter *m*
main tenant Hauptmieter *m*
main tensile reinforcement Hauptzugbewehrung *f*
main thoroughfare *s.* main street
main tie Gebindefußbalken *m*, Gebindeschließbalken *m*
main track *(Verk)* Hauptgleis *n*
main transept *(Arch)* Hauptquerschiff *n*, Hauptquerhaus *n*
main truss Dachbinder *m*, Hauptbinder *m*, Binder *m*; Dachstuhl *m*
main tunnel Tunnelröhre *f*
main valley Haupt(dach)kehle *f*
main valve Hauptventil *n*
main vault Hauptgewölbe *n*
main wall tragende Wand *f*
main walls Rohbau *m*
main web Längsträger *m (Brückenbau)*
main wind direction Hauptwindrichtung *f*
main window Hauptfenster *n*
main works Rohbauarbeiten *fpl*
mainland Festland *n*
mains 1. *(El)* Versorgungsnetz *n*, Stromverteilungsnetz *n*, Netz *n*; Leitungsnetz *n*; 2. Rohrnetz *n*, Rohrleitungsanlage *f*, Hauptleitungsnetz *n (Gas, Wasser)*; 3. Straßenleitungen *fpl (im unterirdischen Raum)*
mains cable *(El)* Netzkabel *n*
mains cock Haupthahn *m*
mains connection Netzanschluss *m*
mains current supply *(El)* Netzstromversorgung *f*
mains-failure set Notstromaggregat *n (bei Netzausfall)*
mains noise Netzgeräusch *n*, Netzbrummen *n*
mains-operated netzbetrieben, netzabhängig, für Netzanschluss (ausgelegt)
mains pressure Netzdruck *m (Wasser, Gas)*
mains subway Betriebskanal *m*, Leitungskanal *m*
mains supply Netzversorgung *f*
mains water Leitungswasser *n*
maintain *v* 1. instand halten, warten, pflegen *(z. B. Maschinen)*; unterhalten; 2. aufrechterhalten, halten *(z. B. einen Zustand)*
maintenance Instandhaltung *f*, Gebäudeinstandhaltung *f*, Erhaltung *f*, Wartung *f*, Pflege *f*, Unterhaltung *f*
maintenance charges [costs] Instandhaltungskosten *pl*, Wartungskosten *pl*; Unterhaltungskosten *pl*
maintenance clause Unterhaltungsklausel *f*, Instandhaltungsklausel *f*
maintenance coat Instandhaltungsanstrich *m*
maintenance coating 1. Instandhaltungsanstrichstoff *m*; 2. Instandhaltungsanstrich *m*
maintenance constraints Unterhaltungszwangspunkte *f*
maintenance costs Unterhaltungskosten *pl*, Instandhaltungskosten *pl*; Wartungskosten *pl*
maintenance cradle Instandhaltungshängebühne *f*
maintenance depot *(Verk)* Straßenmeisterei *f*
maintenance execution Durchführung *f* der Unterhaltung
maintenance facilities Instandhaltungseinrichtungen *fpl*
maintenance finish (schwerer) dicker Ölfarbenaußenanstrich *m (für Industriegebäude)*
maintenance-free wartungsfrei
maintenance gang Instandhaltungskolonne *f*
maintenance hangar Flugzeugwartungshalle *f*, Flugwerfthalle *f*
maintenance instructions Unterhaltungsanweisungen *fpl*, Wartungsanweisungen *fpl (Straße)*
maintenance management system Management *n* für Straßenerhaltung; Straßenerhaltungsmanagement *n*
maintenance manhole Wartungsschacht *m*
maintenance mix *(Verk)* Mischgut *n* für Unterhaltungsarbeiten, Flickmischgut *n (meist Kaltmischgut)*
maintenance obligation Instandhaltungspflicht *f (Gebäude, Straße)*
maintenance paint Instandhaltungsanstrichstoff *m*
maintenance paint system Instandhaltungsanstrichsystem *n*
maintenance painting (work) Unterhaltungsanstreicharbeiten *fpl*, Instandhaltungsmalerarbeiten *fpl*
maintenance personnel Unterhaltungspersonal *n*, Instandhaltungspersonal *n*
maintenance period Unterhaltungsfrist *f*, Garantiezeitraum *m*, vertraglicher Unterhaltungszeitraum *m*
maintenance pit Montagegrube *f*
maintenance procedures Instandhaltungsmaßnahmen *fpl*, Erhaltungsmaßnahmen *fpl*
maintenance requirement Unterhaltungsaufwand *m*, Instandhaltungsaufwand *m*
maintenance schedule Wartungsplan *m*
maintenance staff Unterhaltungspersonal *n*, Instandhaltungspersonal *n*
maintenance undertaking Unterhaltungsbetrieb *m*
maintenance works Instandhaltungsarbeiten *fpl*; Unterhaltungsarbeiten *fpl*
maintenance workshop Instandhaltungsbetrieb *m*
maisonette 1. Maisonette-Wohnung *f*, Zweietagenwohnung *f* im Mehrgeschosser; 2. Außenganghaus *n*
majolica 1. Majolika(arbeit) *f*; 2. *s.* majolica ware
majolica glazed coat Majolikaglasur *f*
majolica mosaic Majolikamosaik *n*
majolica wall tile Majolikawandfliese *f*
majolica ware Majolika *f (Töpferware)*
major fire Großbrand *m*
major load transfer Hauptlastabtragung *f*
major non-conformance großer Fehler *m*, Hauptfehler *m*
major road [street] Hauptverkehrsstraße *f*
major source Hauptquelle *f*
make *v* machen, herstellen, tun
make *v* **a bid** ein Angebot machen
make *v* **a hole** lochen
make *v* **a mixture** gattieren
make *v* **a repair** ausbessern
make *v* **an inventory** inventarisieren
make *v* **an opening** durchbrechen
make *v* **dull** abstumpfen
make *v* **flush** (Flächen) bündig machen
make *v* **good** ausbessern, nachbessern

make *v* **level** abgleichen, planieren
make *v* **one's claim (to property)** Besitzanspruch anmelden
make *v* **recessed** absetzen, einziehen
make *v* **recesses** aussparen, freiarbeiten
make *v* **slanting** abschrägen
make *v* **stable** stabilisieren
make *v* **tight** dichten
make *v* **up** zubereiten
make *v* **wet** nässen, befeuchten
make *v* **wider** vergrößern, verbreitern
make 1. Ausführung *f*, Bauart *f*; 2. Marke *f*, Fabrikat *n*
make contact Schließkontakt *m*
make-up Zusammensetzung *f*, Aufbau *m (z. B. von Mischgut)*
make-up material Nachfüllmaterial *n*
make-up tank Ausgleichbehälter *m*
maker Erzeuger *m*, Hersteller *m*
maker's certificate Herstellerzertifikat *n*, Herstellerzeugnis *n*
maker's instructions Herstelleranwendungshinweise *f*
maker's mark Herstellerkennzeichnung *f*, Erzeugerkennzeichen *n*
maker's test Werksprüfung *f*, Erzeugerqualitätsprüfung *f*
makeshift behelfsmäßig, provisorisch
making cost(s) Fertigungskosten *pl*
making cycle Fertigungszyklus *m*, Herstellungszyklus *f*
making fullest use of available space Raumaufteilungsoptimierung *f*, Optimieren *n* der Raumaufteilung *f*
making good Ausbessern *n*, Reparieren *n*, Instandsetzen *n*; Reparatur *f*, Instandsetzung *f*
making-up piece Passrohr *n*, Formstück *n (an Maschinen)*
malachite Malachit *m*, Kupferspat *m*
male pivot Zapfen *m (erhabener Teil einer Zapfenverbindung)*
male plug *(El)* Einsteckstift *m*, Stecker *m*
male thread Außengewinde *n*, Bolzengewinde *n*
male toilet Herrentoilette *f*, Männertoilette *f*
malformed verformt
malfunction Versagen *n*
mall *v* 1. schlägeln, klöpfeln *(Gestein)*; 2. *s.* mall a downtown
mall *v* **a downtown** in eine Fußgängerzone umwandeln *(Teile der Innenstadt)*
mall 1. *(AE)* Fußgängerbereich *m*; Einkaufsstraße(n *fpl*) *f*; Fußgängerzone *f (mit Grünanlagen)*; Fußwegesystem *n* mit Baumbestand; Promenade *f*; 2. *(Verk)* Grünstreifen *m*, bepflanzter Mittelstreifen *m (Straße)*; 3. (schwerer) Holzhammer *m*; Schlegel *m*; 4. Ramme *f*, Handramme *f*, Pflasterramme *f (Straße)*
mall of a shopping centre Mittelgang *m* [Hauptgang *m*] eines Einkaufszentrums [Kaufparks]
malleability Verformbarkeit *f (durch Druck)*; Schmiedbarkeit *f*
malleable 1. dehnbar, streckbar; verformbar; schmiedbar; hämmerbar; 2. geschmeidig
malleable cast Temperguss *m*
malleable iron Schmiedeeisen *n*; Schweißeisen *n*; schmiedbarer Guss *m*
mallet Fäustel *m*, Hammer *m*, *(speziell)* Holzhammer *m*, Schlegel *m*
mallet-headed chisel 1. runder Steinmetzmeißel *m*; 2. Brecheisen *n*
malm 1. Malm *m (Kalktonboden)*; 2. *s.* marl; 3. *s.* malm brick; 4. künstliche Mergelziegelrohmasse *f*
malm brick Mergelziegel *m*
malm rubber weicher Mergelziegel *m (in jede Form reibbar)*
malmstone Kieselkalkstein *m*
Maltese cross Malteserkreuz *n (Architekturelement)*
maltha (flüssiger) Naturasphalt *m*, flüssiges Bitumen *n*, Erdpech *n*
mammoth pump Mammutpumpe *f*, Drucklufttheber *m*
man *v* mit Arbeitskräften besetzen [ausstatten]
man-carrying platform Arbeitsbühne *f*
man-day Arbeitstag *m*, Tagewerk *n*
man-hour Arbeitsstunde *f*
man-headed winged bull *(Arch)* Flügelstier *m* mit Menschenkopf
man lock *(AE)* Luftschleuse *f*, Personenschleuse *f (z. B. eines Caissons)*
man-made 1. künstlich; synthetisch (hergestellt); 2. nachgeahmt
man-made building material Industriebaustoff *m*, Kunstbaustoff *m*
man-made coarse aggregate künstlicher Grobzuschlagstoff *m*
man-made construction material *s.* man-made building material
man-made fibre Kunstfaser *f*, Chemiefaser *f*
man-made fibre fabric Kunstfasergewebe *n*
man-made marble Kunstmarmor *m*
man-made resin Kunstharz *n*, künstliches Harz *n*
man-made structural material *s.* man-made building material
man-made travertine Kunsttravertin *m*
man-of-war pillar Hilfspfeiler *m (Bergbau)*
man-size(d) begehbar *(Schacht, Gang)*; innen besteigbar *(Schornstein)*
manage *v* 1. handhaben; bedienen; 2. bewirtschaften; 3. leiten, führen
managed forest (bewirtschafteter) Forst *m*
management Betriebsführung *f*, Ausführungsleitung *f*, Verwaltung *f*, Leitung *f*
management of works Bauleitung *f*, Baumanagement *n*
manager Geschäftsführer *m*
managing director Geschäftsführer *m*; Generaldirektor *m*
mandapam *(Arch)* Mandapa *m (indischer Tempelpavillon)*
mandarah *(Arch)* Mandara *m (altägypt. Empfangshalle)*
mandate Mandat *n*, Vollmacht *f*, Auftrag *m*
mandatory rechtverbindlich, obligatorisch, verbindlich, erforderlich, Soll...
mandatory injunction einstweilige Verfügung *f*
mandatory property verbindliche Eigenschaft *f*, Soll-Eigenschaft *f*
mandatory requirement verbindliche Anforderung *f*, Soll-Anforderung *f*, verbindliche Forderung *f*
mandatory sign *(Verk)* Gebotszeichen *n (Straße)*
mandatory standard verbindlicher [gesetzlicher] Standard *m*
mandorla *(Arch)* Mandorla *f*, Heiligenschein *m*
mandrel 1. Pfahlrammkappe *f*; 2. Dorn *m*; Ziehdorn *m*; Locheisen *n (Dorn zum Aufweiten)*; Profilkörper *m*
mandrel bending test Dornbiegeprüfung *f*
mendrel pressure roll Gegendruckrolle *f (Dachpappentechnologie)*
manganese black Manganschwarz *n*
manganese blue Manganblau *n*
manganese cement Manganzement *m*
manganese drier Mangantrockenstoff *m (in Anstrichen, Manganacetat)*
manganese phosphating Manganphosphatierung *f*
manganese steel Manganstahl *m*
manganous manganhaltig
manger Futtertrog *m*; Futterkrippe *f*
manger lath Raufenlatte *f*, Raufe *f*
mangling Richten *n (von Platten, Blech usw.)*
manhole Mannloch *n*, Einsteigschacht *m*, Schacht *m*, Einstiegsöffnung *f*, Einstieg *m*

manhole bottom Schachtsohle *f*
manhole chimney Arbeitsschacht *m*; Kabelschacht *m*
manhole cover Mannlochdeckel *m*, Schachtdeckel *m*, Kanaldeckel *m*; Schachtabdeckung *f*
manhole covering Schachtabdeckung *f*
manhole dog Mannlochbügel *m*, Schachtdeckelgriff *m*
manhole door Schachttür *f*
manhole frame Mannlochrahmen *m*, Schachtrahmen *m*
manhole grid Mannlochrost *m*, Schachtrost *m*
manhole grille *s.* manhole grid
manhole head Schachtabdeckung *f (Deckel mit Rahmen)*
manhole junction box begehbarer Kabelschachtkreuzungspunkt *m*
manhole masonry Schachtmauerung *f*
manhole ring Mannlochring *m*
manhole section Schachtring *m*
manhole top Schachtdeckel *m*, Schachtabdeckung *f*
manhole top ring Auflagering *m*
manhour Arbeitsstunde *f*
manifold 1. Rohrverteiler *m*, Verteilungsrohr *n*; Rohrverzweigungsleitung *f*; 2. Sammelleitung *f (Rohrleitung)*
Manila fibre [hemp] Abaka(hanf) *m*, Manilahanf *m*, Bananenhanf *m*
Manila rope Hanfseil *n*
manipulation Handhabung *f*, Bearbeitung *f*, Behandlung *f*
manison Landsitz *m*
manlid Mannlochdeckel *m*, Schachtdeckel *m*
manner of loading Belastungsfall *m*
mannered manieriert
Mannerism *(Arch)* Manierismus *m (Spätrenaissance)*
Mannerist device manieristisches Element *n*
manometer Manometer *n*, Druckmesser *m*
manor Landgut *n*
manor castle Landsitz *m*
manor house Landherrenhaus *n*, Herrenhaus *n*; Rittergutshaus *n*
manpower 1. Arbeitskraft *f*; 2. verfügbare Arbeitskräfte *fpl*; Personalbestand *m*
manpower planning Arbeitskräfteplanung *f*
mansard Mansarde *f*, halbschräger Dachraum *m*
mansard dormer window Mansardendachfenster *n*
mansard flat roof Mansardenflachdach *n*
mansard roof Mansard(en)dach *n*
mansard roof with king post resting on tie beam Mansardendach *n* mit durchgehender Firstsäule
mansard truss Mansardenbinder *m*
mansion 1. große Luxuswohnung *f*; 2. großes Wohnhaus *n*; Villa *f*, Herrenhaus *n*
mantel *s.* mantle
mantle 1. Kaminsturz *m*, Kaminöffnungsbogen *m*; 2. Kaminummauerung *f*, Kaminumkleidung *f*; 3. Wandverkleidung *f (an einem Kamin)*; 4. Schwemmland *n*, Aufschüttung *f*, Überlagerung *f (geologisch)*
mantle of vegetation Vegetationsdecke *f*
mantle register gusseisener Kamineinsatz *m*
mantle rock Lockerboden *m*
mantlepiece Kaminrahmen *m*, gestaltete Kamineinfassung *f*, Kaminsims *m*
mantleshelf Kaminsims *m*, Kaminablagebank *f*
mantletree Kaminsturz *m*, Kaminöffnungsbogen *m*
manual manuell, von Hand, Hand...
manual Handbuch *n*, Leitfaden *m*
manual backup Handsteuerung *f*, manuelle Steuerung *f*
manual batcher handbedienter Mischer *m*
manual control Handbedienung *f*, Handsteuerung *f*
manual cycling control Handsteuerung *f* des Mischprozesses
manual electric arc welding Lichtbogenauftragsschweißen *n*
manual element Griffelement *n*
manual gas shut-off valve Handgasabsperrschieber *m*
manual labour Handarbeit *f*
manual operation Handbetrieb *m*
manual plastering Handverputz *m (innen)*
manual polishing Handpolieren *n*
manual proportioning control Handdosierung *f*, Handsteuerung *f* der Mischgutzusammensetzung
manual rendering Handverputz *m (außen)*
manual riveting Handnietung *f*
manual spraying Handspritzen *n*
manually guided drag skip Handschrapper *m*
manually operated handbetätigt; handbetrieben, handgesteuert
manufacture *v* herstellen, fertigen, erzeugen; verarbeiten
manufacture Bauproduktion *f*
manufacture of bricks Ziegelherstellung *f*
manufactured (clay) brick chips Trümmersplitt *m*, Ziegelsplitt *m*
manufactured constructional product künstlicher Baustoff *m*, synthetischer Baustoff *m*, synthetisches Baumaterial *n*
manufactured marble Kunstmarmor *m*
manufactured sand aufbereiteter Sand *m*, Brechsand *m*, Schlackensand *m*; Steinsand *m*
manufactured travertine Kunsttravertin *m*
manufacturer Hersteller *m*, Erzeuger *m*
manufacturer's certificate Herstellerzertifikat *n*, Erzeugerqualitätsnachweis *m*
manufacturer's instructions Herstelleranwendungshinweise *mpl*
manufacturer's test Werksprüfung *f*, Herstellerprüfung *f*
manufacturing allowance Schwundzugabe *f (Betonfertigung)*
manufacturing bay Produktionsabteilung *f*
manufacturing cost(s) Fertigungskosten *pl*
manufacturing defect *s.* manufacturing fault
manufacturing fault Herstellungsfehler *m*, Fertigungsfehler *m*
manufacturing dimension Herstellungsabmessung *f*, Fertigungsmaß *n*
manufacturing drawing Herstellungszeichnung *f*, Fertigungszeichnung *f*
manufacturing method Herstellungsverfahren *n*
manufacturing plant Fabrikanlage *f*
manufacturing process Herstellungsverfahren *n*, Fertigungsverfahren *n*
manufacturing regulations Herstellungsbestimmungen *fpl*
manufacturing technique Herstellungstechnik *f*, Herstellungsverfahren *n*
manufacturing technology Herstellungstechnik *f*, Verfahrenstechnik *f*, Technik *f* der Fertigung
manufacturing unit Fertigungseinheit *f*
manure Dung *m*
manure pit Jauchegrube *f*, Güllegrube *f*
manuring Düngung *f*, Düngen *n*
manway *s.* manhole
many-columned säulenreich
many-gabled style *(Arch)* Mehrgiebelstil *m*, Vielgiebelstil *m*
many-membered vielgliedrig, mehrgliedrig
many-sided vielseitig
map *v* 1. *(Verm)* aufnehmen, aufzeichnen; kartieren, auf einer Karte eintragen; 2. abbilden *(Mathematik)*; 3. trassieren
map 1. Karte *f*, Geländekarte *f*, Landkarte *f*; 2. Plan *m*
map cracking feine Rissbildung *f (z. B. im Mörtel)*; Landkartenrisse *mpl (einer Betondecke)*

map of sewers Kanalisationskarte *f*
maple Ahornholz *n*
mapper Kartierer *m (Vermessung)*
mapping 1. *(Verm)* Kartierung *f*, Geländeaufnahme *f*; 2. Abbildung *f (Mathematik)*
mapping instrument Kartiergerät *n*
mapping of soil Bodenkartierung *f*
mapping out Aufnahme *f*, Kartierung *f*
mar *v* 1. beschädigen, zerkratzen *(Baustoffe)*; 2. zerstören *(Umwelt)*; 3. verunstalten, verschandeln *(Landschaftsbild)*
mar resistance 1. Kratzfestigkeit *f*; 2. Nagelfestigkeit *f*
mar-resistant nagelfest
marble *v* marmorieren, sprenkeln, ädern; marmorartig bemalen
marble 1. Marmor *m*; 2. polierbares Hartgestein *n*; 3. Marmorfigur *f*
marble aggregate Marmorzuschlagstoff *m*
marble column Marmorsäule *f*
marble cutter Marmorhauer *m*
marble decorative finish Marmorverzierung *f*, Marmorschmuck *m*
marble dressing Marmorbearbeitung *f*
marble façade Marmorfassade *f*
marble facing Marmorverkleidung *f*
marble fireplace Marmorkamin *m*
marble flag pavement Marmorplattenpflaster *n*, Marmorbelag *m (für Fußböden)*
marble floor Marmorbodenbelag *m*
marble gravel Marmorsplitt *m*, Marmoragglomerat *n*
marble inlay Marmoreinlegearbeit *f*
marble lime Marmorkalk *m*
marble mosaic Marmormosaik *n*
marble ornament Marmorornament *n*
marble plate Marmorplatte *f*
marble quarry Marmorbruch *m*
marble relief Marmorrelief *n*
marble setter Marmor(ver)leger *m*
marble slab Marmorplatte *f*
marble statue Marmorstatue *f*
marble structure Marmorbauwerk *n*
marble stucco Stuckmarmor *m*, Marmorstuck(putz *m*) *m*, Stuccolustro *m*
marble tile Marmorplatte *f*, Marmorfliese *f*
marble window sill Marmorfensterbank *f*
marble work Marmorarbeiten *fpl*
marbled 1. marmorn, aus Marmor; mit Marmor verkleidet; 2. marmoriert, gemasert *(Farbanstrich)*; gesprenkelt
marbled effect Marmorierung *f*, Marmormusterung *f*
marbled pattern *s.* marbled effect
marbled texture Marmorierung *f*
marbleize *v (AE) s.* marble
marbleized jaspiert, marmoriert
marblelike marmorartig
marbling Marmorieren *n*, Marmorisierung *f*
marezzo künstlicher Marmor *m*, Kunstmarmor *m*
margin *v* 1. mit einem Rand versehen; 2. Randstreifen anlegen
margin 1. Rand *m (Begrenzung)*; Seitenende *n*; 2. sichtbarer Rahmensteg *m*, sichtbare Rahmenkante *f*; 3. Fase *f*, Führungsfase *f*; 4. *s.* marginal strip; 5. (zulässige) Maßabweichung *f*, Toleranz *f*, Genauigkeitsgrad *m*, Abmaß *n*
margin draft glattbehauene Kanten *fpl* eines Werksteins
margin light 1. Seitenöffnung *f (Fenster, Tür)*; 2. eingebaute indirekte Beleuchtung *f*
margin of safety 1. Sicherheitsspanne *f (Ökonomie)*; 2. *s.* factor of safety
margin-pointed trowel Spachtelkelle *f*
margin strip 1. Randdiele *f*, Randholz *n*; 2. *s.* marginal strip
margin tile 1. Bordstein *m (Weg, Straße)*; 2. Traufstein *m*, Randziegel *m (Dach)*
margin trowel Spachtelkelle *f*
marginal am Rande; geringfügig; Rand...
marginal area Randgebiet *n*, Randzone *f*
marginal bar Fensterrandsprosse *f*, Seitensprosse *f*
marginal clay tile Saumziegel *m*, Kantendachziegel *m*, Bord(dach)ziegel *m*
marginal condition Rand(wert)bedingung *f*
marginal effect Randwirkung *f*
marginal plank Bordschwelle *f*
marginal property Anliegergrundstück *n*
marginal strip Bankett *n*, (unbefestigter) Randstreifen *m*, Seitenstreifen *m (Straße)*
marginal tile *s.* marginal clay tile
marginal torque moment Randtorsionsmoment *n*, Randverwindungsmoment *n*, Randdrillmoment *n*
marginal torsion moment Randtorsionsmoment *n*, Randverwindungsmoment *n*, Randdrillmoment *n*
marginal twist moment Randtorsionsmoment *n*, Randverwindungsmoment *n*, Randdrillmoment *n*
marginal value Grenzwert *m*
margode Mergelschiefer *m*
marigold window Rosenfenster *n*, Rose *f*, Rosette *f*
marigraph Flutschreiber *m*
marine antifouling paint bewuchsverhindernde Farbe *f*
marine clay Meer(es)ton *m*
marine concrete Wasserbaubeton *m*, Seebaubeton *m*
marine construction Seebau *m*, Küstenbau *m*
marine corrosion Meereswasserkorrosion *f*
marine deposit marine Ablagerung *f*
marine dredging Seebaggerung *f*
marine-drilling rig Unterwasserbohranlage *f*
marine glue wasserfester Leim *m*
marine gravel Meer(es)kies *m*
marine marsh Küstensumpf *m*
marine paint wasserresistente Farbe *f*, meerwasserbeständiger Anstrichstoff *m*
marine pile Rammpfahl *m* in der See
marine pollution Meeresverschmutzung *f*
marine salt Meersalz *n*
marine sand Meeressand *m*
marine sediment marine Ablagerung *f*
marine sewage disposal Abwassereinleitung *f* ins Meer
marine structures Küstenbauten *pl*
marine terminus building Schifffahrtsgebäude *n*
marine welding Unterwasserschweißen *n*
marine works Küstenbauten *pl*
maritime canal Seekanal *m*
maritime construction *s.* marine construction
maritime town Seehafenstadt *f*
mark *v* 1. markieren, kennzeichnen; 2. markieren, anzeichnen *(z. B. zur Fußbodenbelagverlegung)*; anreißen; ankörnen
mark *v* **by chalk line** abkreiden, abschnüren
mark *v* **by pales** *(Verm)* verpflocken
mark *v* **off** abgrenzen, markieren
mark *v* **out** 1. anzeichnen, Schnitt vorzeichnen *(z. B. für Fußbodenbelagverlegung)*; 2. *(Verm)* abstecken *(Trasse)*
mark *v* **out with a line** (ab)schnüren *(Schnurböden)*
mark *v* **with lights** befeuern *(Flugverkehr)*
mark 1. Marke *f*, Kennzeichen *n (z. B. von Baustoffen)*; Merkmal *n*; 2. *(Verm)* Marke *f*, Zeichen *n*; 3. Riefe *f*, Kerbe *f*, Eindruck *m*; Anriss *m*; Ankörnung *f*
mark of conformity Konformitätszeichen *n*
mark-out line of grade Höhenabsteckungslinie *f*
marked 1. markiert; gekennzeichnet; 2. riefig
marked face Sichtfläche *f*, Kopfende *n (Bauholz)*
marked grade bezeichnete [vermerkte] Güteklasse *f*

marked levelling staff *(Verm)* Nivellierlatte *f*
marked-out route Trasse *f*
marker *(Verk)* Straßenmarkierung *f*, Markierzeichen *n*
marker line Markierungslinie *f*
marker post Leitpfosten *m*
markerpost *s.* marker post
market building Marktgebäude *n*
market hall Markthalle *f*
market leader Marktführer *m*, Branchenführer *m*
market-place Marktplatz *m*
market-square *s.* market-place
market stall Marktbude *f*
market town Marktstadt *f*
market value Zeitwert *m*
marketing Vermarktung *f*, Vertrieb *m*, Absatz *m*
marketplace Marktplatz *m*
marking 1. Markierung *f*, Kennzeichnung *f*; 2. Markierung *f*, Bezeichnung *f*, Anzeichnung *f (Straße)*; 3. Anriss *m*; Ankörnung *f*
marking chalk Signierkreide *f*
marking coat Markierungsanstrich *m*
marking crayon Markierstift *m*
marking gauge Parallelreißer *m*
marking machine Markierungsmaschine *f (Straße)*
marking material Markierungsstoff *m*
marking of points *(Verm)* Punktevermarkung *f*
marking-off Anreißen *n*
marking-out *(Verk)* Abstecken *n (Trasse)*
marking-out dimension Anreißmaß *n*, Anrissmaß *n*, Anzeichnungsmaß *n*
marking-out of axis line Achsabsteckung *f*
marking paint Straßenmarkierungsfarbe *f*
marking set in road surface eingelegte Markierung *f*
marking system Kennzeichnungssystem *n*
marking tool Reißnadel *f*
markings Straßenmarkierung *f*
marl Mergel *m*; Steinmergel *m*
marl brick Mergel(hartbrand)ziegel *m*
marl clay Mergelton *m*, mergeliger Ton *m*
marl earth Mergelboden *m*
marl loam mergeliger Lehm *m*
marl shale [slate] Mergelschiefer *m*, schiefriger Mergel *m*
marl stone Mergelstein *m*, mergeliger Sandstein *m*
marlaceous mergelig
marlaceous lime Mergelkalk *m*
marlslate Mergelschiefer *m*
marlstone Mergelstein *m*
marly clay Mergelton *m*, Mergellehm *m*
marly limestone mergeliger Kalkstein *m*
marly sandstone Mergelsandstein *m*
marly silt Mergelschlamm *m*
marly soil Mergelboden *m*
marouflage Leinewandkleben *n*, Wandleinenkleben *n*
marquee 1. Eingangsüberdachung *f*, Vordach *n (über einer Tür)*; 2. Zeltbau *m (Festzelt)*
marquetry Einlegearbeit *f*, Holzeinlegearbeit *f (z. B. in Möbeln)*
married quarters Familienunterkünfte *f*
marsh Marsch *f*, Marschland *n*, Sumpfland *n*, Sumpf *m*
marsh drainage Moorentwässerung *f*
marsh marl Moormergel *m*
Marshall cylindrical test-head Marshallprüfpresse *f*
Marshall flow value Marshallfließwert *m*
Marshall stability Marshall-Stabilität *f*
Marshall (stability) test Marshall-Prüfung *f*, Marshall-Stabilitätsversuch *m*
Marshall test specimen Marshall-Prüfkörper *m*
marshalling area Bereitstellungsfläche *f (Montagebau)*
marshalling yard Rangierbahnhof *m*
marshiness sumpfige Beschaffenheit *f*
marshland Marschland *n*, Sumpfboden *m*, Moorboden *m*
marshy sumpfig, morastig
marshy area Sumpfgebiet *n*
marshy district Sumpfgebiet *n*
marshy ground [soil] Moorboden *m*, Sumpfboden *m*, Marschboden *m*
martensitic component martensitischer Bestandteil *m*
martensitic stainless steel martensitischer (rostfreier) Edelstahl *m*
martensitic steel martensitischer Stahl *m*
martensitic structure martensitisches Gefüge *n*
Martin's cement *(AE)* schnellabbindender Zement *m*
Martyrium Gedächtniskirche *f*, Denkmalkirche *f*, Martyria *f*, Coemitralkirche *f*
mascaron Maskenornament *n*
mash (hammer) Steinmetzfäustel *m* mit rundem Kopf, Schlegel *m*
mask *v* abdecken; verdecken, verblenden
mask 1. Schablone *f*, Abdeckblech *n*; Abdeckblende *f*; 2. Maskenornament *n*
masking Schablonenabdeckung *f (Anstrich)*; Abdeckung *f*
masking compound Abdeckmasse *f (Beschichtung)*
masking film Deckfolie *f*, Abdeckfolie *f*
masking frame Manschette *f (für Aufputzeinbauten)*
masking material Abdeckmaterial *n*, Abdeckstoff *m*, Abdeckmittel *n*
masking paint Abdeckanstrich(stoff) *m*, Abdeckfarbe *f*
masking sheeting Deckfolie *f*, Abdeckfolie *f*
masking tape Schablonenaufklebeband *n*
mason *v* mauern; aus Stein errichten; vermauern; aufmauern
mason *v* **up** aufmauern
mason Steinmetz *m*; Maurer *m (bes. für Natursteinmauerwerk)*
mason architect *(Arch)* Baumeister *m (im Mittelalter)*
masoned cast stone Betonwerkstein *m (mit Sichtbetonfläche)*
masonite (board) *(AE)* Holzfaserplatte *f*
masonry 1. Mauerwerk *n (aller Art)*; 2. Maurerarbeit *f*, Steinmetzarbeit *f*
masonry anchor Maueranker *m*, Wandanker *m*
masonry anchorage Mauerwerksverankerung *f*
masonry arch Mauerwerksgewölbe *n*, Mauerwerkbogen *m*
masonry back-up Hintermauerung *f*
masonry block Mauer(werksbau)stein *m*
masonry bond Mauerwerk(s)verband *m*, Mauerverband *m*, Ziegelverband *m*
masonry brick Mauerziegel *m*, Mauerstein *m*
masonry bridge gemauerte Brücke *f*, Mauerwerkbogenbrücke *f*
masonry cavity tie Mauerwerkanker *m*, Mauerhaken *m*, Anker *m*
masonry cavity wall Hohlmauerwerk *n*
masonry cement Mauer(mörtel)zement *m*, Puzzolanzement *m*, (hoch)hydraulischer Kalk *m*
masonry chimney gemauerter Schornstein *m*, Mauerwerksschornstein *m*
masonry conduit-type sewer gemauerter Abwasserkanal *m*, Mauerwerkabwasserkanal *m*
masonry construction Mauerwerkbau *m*
masonry corbel gemauerte Konsole *f*, Mauerwerkskonsole *f*
masonry dam 1. *(Wsb)* Staumauer *f*, Mauerdamm *m*; 2. Natursteinstaumauer *f*
masonry dowel Mauerwerkdübel *m*, Steindübel *m*
masonry drill Mauerbohrer *m*, Steinbohrer *m*
masonry facing material [stones] Mauerwerksverblender *mpl*

masonry-filled ausgefacht, mit Mauerwerk ausgefüllt, ausgemauert
masonry filler unit Schalungsmauerwerk *n* zwischen Trägern
masonry foundation wall Grundmauer *f*, Gründungswand *f*
masonry joint Mauerwerksfuge *f*
masonry lime (hoch)hydraulischer Kalk *m*
masonry lining material *s.* masonry facing material
masonry mortar Mauermörtel *m*, Baumörtel *m*
masonry nail Mauernagel *m*, Steinnagel *m*
masonry of the abutment Widerlagermauerwerk *n*
masonry paint Steinfarbe *f*, Maueranstrichstoff *m*
masonry panel (vorgefertigtes) Wandelement *n*, Mauerwerkstafel *f*
masonry reinforcement *s.* reinforcement
masonry sand Maurersand *m*, Mörtelsand *m*
masonry moisture sealing agent Mauerwerkimprägniermittel *n*
masonry opening Mauerwerköffnung *f*
masonry partion gemauerte Wand *f*, Steinwand *f*
masonry pier gemauerter Pfeiler *m*, Mauerwerkspfeiler *m*
masonry podium *(Arch)* hoher Unterbau *m*, Podium *n* *(Antike)*
masonry principle Mauerregel *f*
masonry screen gemauerte Sichtblende *f*, Mauerwerksichtblende *f*
masonry structure gemauertes Bauwerk *n*, Mauerwerkbau *m*
masonry style Mauerwerkstil *m*
masonry tie Maueranker *m*, Mauerklammer *f*, Wandklammer *f*
masonry treatment Mauerwerkbehandlung *f*
masonry trimstone Mauerwerkssichtstein *m*
masonry type Mauerwerkart *f*
masonry unit Mauerwerksbaustein *m*, Baustein *m* mit Modulmaß, Mauerstein *m*
masonry vault Mauerwerksgewölbe *n*
masonry veneer Mauerverblendung *f*, Verblendmauer *f*
masonry wall Mauer *f*
masonry work Maurerarbeit *f*
mason's adjustable multiple-point suspension scaffold heb- und senkbares Maurergerüst *n*
mason's ax Steinmetzhammer *m*
mason's board Maurerscheibe *f*
mason's chisel spitzer Steinmeißel *m*
mason's float Reibebrett *n*
mason's hammer Maurerhammer *m*, Steinspalthammer *m*; Abputzhammer *m*
mason's hod Trog *m*, Mörtel- und Ziegeltragekasten *m*
mason's joint V-förmige Mörtellage *f*
mason's labourer Handlanger *m (beim Mauern)*
mason's lead Senkblei *n*
mason's level Maurerwaage *f*, Setzwaage *f*
mason's lime Baukalk *m*, Luftkalk *m*
mason's line Maurerschnur *f*
mason's lodge 1. *s.* site hut; 2. Bauhütte *f (Gemeinschaft der Bauleute am mittelalterlichen Kirchenbau)*
mason's mark Steinmetzzeichen *n*
mason's mitre Gehrungsstein *m*
mason's profile Maurerlehre *f*
mason's putty Mörtelpaste *f*
mason's scaffold Maurergerüst *n*, Gerüst *n*
mason's stop Gehrungsstein *m*
mason's V-joint pointing V-förmige Mörtellage *f*
mason's work/do *v* mauern
masonwork Mauerwerk *n (aller Art)*
mass *v* sich anhäufen; sich stauen
mass 1. Masse *f (physikalisch)*; 2. Masse *f*, Gemisch *n (Baustoffe)*; 3. Anhäufung *f*, Menge *f*, Ansammlung *f*
mass colour *s.* masstone
mass concrete Massenbeton *m*; unbewehrter Beton *m*
mass curing adiabatische Nachbehandlung *f*
mass forces Massenkräfte *fpl*
mass foundation Massenfundament *n*, übergroßes Fundament *n*
mass haul Massenbewegung *f (Erdstoffe)*; Erdstoffmassenförderung *f*
mass-haul diagram *(Verk)* Massenausgleichsdiagramm *n*
mass housing Volkswohnungen *fpl*
mass law Massengesetz *n*
mass loss Massenverlust *m*, Gewichtsverlust *m*
mass lost rate Massenverlustrate *f*
mass moment statisches Moment *n*
mass moment of inertia Massenträgheitsmoment *n*
mass movement *(Bod)* Massenbewegung *f*
mass of coating Beschichtungsmenge *f (Dämmung)*
mass point Massenpunkt *m*
mass-produced serienmäßig gefertigt
mass retaining wall Schwergewichtsstützmauer *f*
mass transfer Massenübergang *m*, Stoffübergang *m*
mass transit *(AE)* Massenverkehrsmittel *n*; öffentliches Verkehrsmittel *n*
mass transportation Massen(gut)transport *m*
mass wasting *(Bod)* Bodenverlagerung *f*
massage room Massageraum *m*
massicot Massicot *m*, Bleigelb *n (Farbe)*
massif Gebirgsmassiv *n*
massing Baumasse *f*
massive 1. massiv; vollwandig; 2. *(Bod, Erdb)* massiv, ungeschichtet, ungegliedert, massig
massive arch Massivbogen *m*
massive concrete Massenbeton *m*
massive concrete dam *(Wsb)* Betonsperrmauer *f*, Massivbetonmauer *f*
massive limestone Massenkalk(stein) *m*, massiger Kalkstein *m*
massive masonry wall wuchtige Mauer *f*
massive pier ungegliederter Pfeiler *m*
massive rise Setzstufe *f (einer Treppe)*
massive rock Massengestein *n*, massiges Gestein *n*
massive tread Blockstufe *f*, Klotzstufe *f (einer Treppe)*
massive type of construction Massivbau *m*
massive wall wuchtige Wand *f*
massively bedded *(Erdb)* dickbankig geschichtet *(geologisch)*
massiveness Massigkeit *f*
masstone absolut deckende Farbe *f*, Deckpigmentfarbe *f*, voller Farbton *m (eines Pigments)*
massy massig
mast 1. Mast *m*; Mastbaum *m (Stahlbau, Derrick)*; 2. *(El)* Leitungsmast *m*; Antennenmast *m*
mast anchor(age) Mastanker *m*
mast arm Mastausleger *m (Beleuchtungsmast)*
mast assembly Hubgerüst *n*
mast base Mastfuß *m*
mast extension Mastverlängerung *f*
mast foundation Mastfundament *n*
mastaba Mastaba *f*, Mastabagrab *n (ägyptisches Massivgrab)*
master 1. Abnahmelehre *f*, Prüflehre *f*, Normale *f*, 2. Kopierschablone *f*, 3. Meister *m*
master bathroom *(AE)* Hauptbadezimmer *n (in einem Haus)*
master bedroom *(AE)* Hauptschlafzimmer *n (in einem Haus)*; Elternschlafzimmer *n*
master bricklayer Maurermeister *m*
master builder Baumeister *m*

master carpenter Zimmermeister *m*
master control valve Hauptkontrollschieber *m*
master controller *(Verk)* Hauptsteuergerät *n*
master copy Urschrift *f*, Original *n*, Reinschrift *f*
master designer *(Arch)* Formmeister *m*
master form Lehrenform *f (Modell)*
master gate Haupt(absperr)schieber *m (Wasser)*
master gauge Abnahmelehre *f*, Prüflehre *f*
master joiner Tischlermeister *m*
master key Generalschlüssel *m*; Hauptschlüssel *m*
master key system Hauptschlüsselanlage *f*
master-keyed system Schließanlage *f*
master mason Maurermeister *m*
master mastic Gussmastix *m*
master mould Mutterform *f (Ziegel)*
master-piece Meisterstück *n*
master plan 1. Generalbebauungsplan *m*, Bebauungsplan *m*; Flächennutzungsplan *m*; 2. *s.* master traffic plan
master plan for appointed dates Hauptablaufplan *m (Bauausführung)*; Baufristengeneralplan *m*
master plate Schablone *f*, Kopierschablone *f*
master square Prüfwinkel *m*, Kontrollwinkel *m*
master suite Erwachsenenräume *mpl*
master switch *(El)* Hauptschalter *m*
master system Gesamt(korrosions)schutzsystem *n*, Gesamtanstrichaufbau *m*
master traffic plan Generalverkehrsplan *m*
master valve *s.* master gate
masterbatch Farbkonzentrat *n*
mastic 1. Mastix *m*, Stopfkitt *m*; 2. *s.* mastic asphalt
mastic asphalt 1. Splittmastixasphalt *m*; 2. Asphaltmastix *m*; 3. Gussasphalt *m*
mastic asphalt carpet [layer] *(Verk)* Splittmastixdeckschicht *f*
mastic block Gussasphaltbrot *n*, Asphaltbrot *n*, Mastixbrot *n*, Blockmastix *m*
mastic cement Mastixzement *m*
mastic cooker Mastixkocher *m*; Gussasphaltkocher *m*
mastic filler Mastixvergussmasse *f*
mastic flooring Asphaltfußbodenbelag *m*, Gussasphalt *m*
mastic for flattening of the prime coat Streichkitt *m*
mastic joint Mastixfuge *f*
mastic membrane Mastixmembrane *f*, Mastixhaut *f*
mastic pitch Pechharz *n*
mastic pointing Mastixfugenausfüllung *f*, Mastixausfugung *f*
mastic sealing Mastixabsieglung *f*, Mastixversieglung *f*
mastix *s.* mastic
mat *v* 1. mattieren, (matt)schleifen; 2. mit Matten belegen, verflechten; verfilzen
mat matt, mattiert, glanzlos
mat 1. Matte *f*, Bewehrungsmatte *f*, Baumatte *f*, Dämmmatte *f*; 2. Fundamentrost *m*; Stabplatte *f*; 3. mattierte Fläche *f*, mattierter Grund *m*; 4. Straßenbelag *m*; 5. *s.* mat of fibres
mat dike Mattendeich *m*
mat foundation Betonfundamentplatte *f*, Plattengründung *f*
mat of fibres Faserfilz *m*, Faserfilzplatte *f*, Vlies *n*
mat of grass Grasnarbe *f*
mat of turf Rasennarbe *f*
mat-pattern Flechtwerk *n (Verzierung)*
mat revetment Mattenbekleidung *f*, Mattenverkleidung *f (Böschungen, Ufer)*
mat sink [well] Fußbodenabstreichvertiefung *f*
mat thickness *(Verk)* Einbaudicke *f (Straßendecken)*
match *v (Hb)* nuten und spunden; angleichen; zusammenpassen
match *v* **boards** einfalzen, fügen *(in Kerbe)*
match *v* **colours** Farben abstimmen
match *v* **up with** zusammenpassen mit
match-cast *v* anbetonieren, aneinander betonieren
match joint Spundung *f*, Verzinkung *f*
match plane Nut(en)hobel *m*, Spundhobel *m*
match splint *(Hb)* Feder *f*
matchboard *v* 1. *(Hb)* nuten und spunden; 2. anpassen, zusammenpassen
matchboard Spundbrett *n*, gespundetes Holz(brett) *n*; Nut- und Federholz *n*; Spundbohle *f*; Profilbrett *n*
matchboarding 1. Spundbretter *npl*, Spundbohlen *fpl*; 2. Nuten *n* und Spunden *n*
matched board *s.* matchboard
matched joint Spundung *f*, Verzinkung *f*
matched lumber *(AE)* Spundbretter *npl*, Spundbohlen *fpl*
matched roof boards gespundete Dachverschalung *f*
matched siding gespundete Schalung *f (Holzaußenwand)*
matched subfloor gespundeter Unterboden *m*, Spundunterboden *m*
matched timber genutetes und gespundetes Holz *n*
matched veneer Furnierbild *m*
matched wood genutetes und gespundetes Holz *n*
matching 1. Nuten *n* und Spunden *n*; 2. Zusammensetzen *n (z. B. von Furnieren)*; 3. Spundung *f*, Nut *f* und Feder *f*; Spundholzlage *f*
matching machine Spund- und Nutmaschine *f*
matching plane Spundhobel *m*
matchlining Spundtafeln *fpl*
mate *v* fügen *(Passung)*
mate Gehilfe *m*
material Material *n*; Baustoff *m*, Werkstoff *m*; Stoff *m*, Substanz *f*; Gut *n*
material acceptance Baustoffabnahme *f*, Anerkennung *f* des Baustoffs *(Qualität)*
material behaviour Materialverhalten *n*; Werkstoffverhalten *n*
material being crushed Brechgut *n*; gebrochene Zuschläge *mpl* [Zuschlagstoffe *mpl*]
material being mixed Mischgut *n (Straßenbau)*
material being screened [sized] Siebgut *n*, Klassiergut *n*; klassierter Baustoff *m*
material being tested Versuchsmaterial *n*, Prüfmaterial *n (während des Tests)*
material characteristics Materialkennwerte *mpl*
material constant Materialkennwert *m*
material consumption Materialverbrauch *m*
material damage Materialschaden *m*, Materialbeschädigung *f*
material defect Materialfehler *m*; Werkstofffehler *m*
material designation Materialbezeichnung *f*, Werkstoffbezeichnung *f*
material flaw *s.* material defect
material fluctuation clause [variation] Materialgleitklausel *f*
material for electrical installations *(El)* Installationsmaterial *n*
material for interior work Ausbaumaterial *n*
material for services Installationsmaterial *n*
material for the permanent way *(Verk)* Oberbaumaterial *n*, Oberbau-Baustoff *m (Gleisbau)*
material-handling equipment Umschlageinrichtung *f*, Umschlaggeräte *npl*
material hoist Lastenaufzug *m*, Güteraufzug *m*
material hose Mörtelpumpschlauch *m*
material in suspension suspendiertes Material *n*
material inspection Materialüberwachung *f*
material list Materialliste *f*
material of limited combustibility Materialien *npl* mit begrenzter Brennbarkeit

material property Werkstoffeigenschaft *f*, Materialeigenschaft *f*
material quantity Materialmenge *f*, Stoffmenge *f*
material recovery Materialrückgewinnung *f*
material requirement Materialbedarf *m*
material safety data sheet Materialsicherheitsdatenblatt *n*
material selection Materialauswahl *f*
material separation operation Stofftrennprozess *m*
material shortage Baustoffmangel *m*; Materialknappheit *f*
material specification Baustoffgütevorschrift *f*
material specifications Materialkennwert *m*
material stock Materiallager *n*
material strength Stofffestigkeit *f*
material-test specification Baustoffprüf(verfahrens)vorschriften *fpl*
material testing laboratory Baustoffprüflabor *n*; Werkstoffuntersuchungslaboratorium *n*
material to be graded Siebgut *n*, zu siebendes Gut *n*
material to be handled zu behandelndes Gut *n*
material to be screened Siebgut *n*, zu siebendes Gut *n*
material to be tested Versuchsmaterial *n (vor dem Versuch)*; Prüfmaterial *n*
material under investigation Versuchsmaterial *n*, in der Untersuchung befindlicher Werkstoff *m*
material unit price Materialeinheitspreis *m*
material utilization Baustoffausnutzung *f*, Material(aus)nutzung *f*
materials Baustoffe *mpl*; Werkstoffe *mpl*
materials consumption Materialverbrauch *m*
materials damage Werkstoffschädigung *f*, Baustoffschädigung *f*
materials engineering Werkstofftechnik *f*, Baustofftechnik *f*
materials fluctuation clause Materialpreisgleitklausel *f*
materials handling Baustofftransport *m*; Förderung *f*
materials list Materialliste *f*, Stoffliste *f*
materials preparation Stoffaufbereitung *f*, Materialaufbereitung *f*, Werkstoffaufbereitung *f*
materials quantity Materialmenge *f*
materials requirement Materialbedarf *m*, Baustoffbedarf *m*, Werkstoffbedarf *m*
materials science Werkstoffkunde *f*, Baustoffkunde *f*, Werkstoffwissenschaft *f*, Baustoffwissenschaft *f*
materials selection criterion Materialauswahlkriterium *n*
materials shortage Materialknappheit *f*, Materialverknappung *f*, Stoffverknappung *f*
materials testing Werkstoffprüfung *f*, Baustoffprüfung *f*, Materialprüfung *f*
materials testing institute Materialprüfanstalt *f*, Baustoffprüfanstalt *f*
materials testing laboratory Materialprüfstelle *f*, Baustoffprüfstelle *f*, Werkstoffuntersuchungslaboratorium *n*
materials variation clause Stoffpreisgleitklausel *f*, Materialpreisgleitklausel *f*
materiology zerstörungsfreie Baustoffprüfung *f*
maternity unit Endbindungsstation *f*, Entbindungsabteilung *f*
mathematical calculation *(Stat)* rechnerische Ermittlung *f*
mathematical equation mathematische Gleichung *f*
mathematical model Rechenmodell *n*
mathematical procedure Rechengang *m*, Lösungsweg *m*
mathematical proof *(Stat)* rechnerischer Beweis *m*
mathematical theory of elasticity mathematischer Elastizitätsmodul *m*
mating dimensions Anschlussmaße *npl (Montagepasselemente)*
mating flange Gegenflansch *m*
matrix 1. Matrix f; 2. Bindemittellage *f*, Einbettungsmasse *f*, Grundmasse *f*, Mörtellage *f*; Bindemittel *n*, Binder *m (z. B. für Farbe)*; 3. Zementstein(grund)gefüge *n*, Grundgefüge *n*
matrix algebra Matrizenrechnung *f*
matrix method Matrizenmethode *f*, Matrizenverfahren *n*
matsu wood japanisches Kiefernholz *n*
matt matt, glanzlos, stumpf; mattiert
matt finish 1. Mattglanz *m*; 2. matte Schicht *f*
matt-finished matt
matt reinforcement Mattenbewehrung *f*, Bewehrungsnetz *n*
matt surface matte Oberfläche *f*
matt-surfaced glass Mattglas *n*
matt varnish Mattlack *m*
matte *s.* matt
matter Stoff *m*, Substanz *f*, Mittel *n (z. B. Bauhilfsmittel, Bauhilfsstoffe)*
matting 1. Mattenbelag *m*; 2. Geflecht *n (Bewehrung)*
matting agent Mattierungsstoff *m*
matting process Mattierungsverfahren *n*
mattness Mattheit *f*, Glanzlosigkeit *f*, Stumpfheit *f*
mattock Breithaue *f*, Breithacke *f*
mattock man Abbrucharbeiter *m*
mattress 1. Unterbetonlage *f*, Betongrundplatte *f (auf Gründungssohle)*; 2. Bewehrungsmatte *f*; 3. *(Wsb)* Senkfaschine *f*, Senklage *f*
maturation lagoon Reifungsbecken *n (Kläranlage)*
mature *v* 1. nacherhärten, (aus)härten *(Beton, Mörtel)*; 2. altern *(Bitumen, Anstrich)*; 3. gar brennen *(Ziegel)*
matured abgelagert
matured timber Altbestandsholz *n*
maturing 1. Nacherhärtung *f*, Aushärtung *f (von Beton, Mörtel)*; 2. Alterung *f (von Bitumen, Anstrich)*; 3. Garbrand *m (Ziegel)*
maturing of concrete Beton(nach)erhärtung *f*, Betonreifeprozess *m*
maul 1. schwerer Holzhammer *m*; Zurichthammer *m*; 2. Ramme *f*, Handramme *f (Tiefbau)*
maulstick Stützstock *m (für Maler)*
mausoleum Mausoleum *n*
maximal crack width Größtrissbreite *f*, Höchstrissbreite *f*
maximize *v* maximieren
maximum admissible strain (zulässige) Grenzbeanspruchung *f*
maximum aggregate size Größtkorn *n*, Zuschlagstoffgrößtkorn *n*; Gröbstkorn *n*
maximum allowable concentration maximale Arbeitsplatzkonzentration *f*, MAK-Wert *n (von gas- und staubförmigen Schadstoffen)*
maximum axial thrust maximaler Axialdruck *m*
maximum bending moment maximales Biegemoment *n*, max. M
maximum clearance of cars Durchfahrtsprofil *n*
maximum daylight lichte Höhe *f (für Fenster)*
maximum deflection maximale Durchbiegung *f*, größte Trägerdurchbiegung *f*
maximum demand 1. *(Stat)* höchste Belastung *f*; 2. *s.* maximum water demand; 3. *(El)* Maximalbelastung *f*
maximum density Maximaldichte *f*, Höchstdichte *f*
maximum deviation größte Ausbiegung *f*, maximale Abweichung *f*
maximum dimension Maximalmaß *n*, Höchstmaß *n*, Größtmaß *n*, Maximalabmessung *f*, Höchstabmessung *f*, Größtabmessung *f*
maximum discharge *(Wsb)* Höchstwassermenge *f*, Spitzenabfluss *m*
maximum distance Höchstabstand *m*, Maximalabstand *m*, Größtabstand *m*

maximum elongation Bruchdehnung *f*
maximum grain Größtkorn *n*
maximum hogging moment maximales Aufwölbungsmoment *n*
maximum level *(Wsb)* höchster Wasserstand *m*
maximum limit Größtmaß *n*; Höchstgrenze *f*
maximum load 1. Höchstlast *f*, Höchstbelastung *f*, Maximallast *f*; 2. Tragfähigkeit *f*, maximale Lastaufnahme *f*; 3. *(El)* Spitzenlast *f*
maximum load-bearing capacity höchste Bodenbelastung *f*, maximale Bodenpressung *f*
maximum moment Größtmoment *n*, maximales Moment *n*, Maximalmoment *n*
maximum moment region Maximalmomentenbereich *m*
maximum occupancy *(Verk)* höchste (praktische) Durchlassfähigkeit *f (Straße)*
maximum permissible concentration *s.* maximum allowable concentration
maximum permissible level höchstzulässiges Niveau *n*
maximum permissible load zulässige Höchstlast *f* [Maximalbelastung *f*]
maximum permissible stress höchstzulässige Beanspruchung *f*
maximum pressure maximaler Druck *m*
maximum pressure line Maximaldrucklinie *f*, Höchstdrucklinie *f*, Größtdrucklinie *f*
maximum principle Maximumprinzip *n*
maximum rafter distance Maximalsparrenabstand *m*, Höchstsparrenabstand *m*, Größtsparrenabstand *m*
maximum rated (scaffold) load maximale Gerüstbelastung *f*, Höchstnennlast *f* für Gerüste
maximum safety load *s.* maximum permissible load
maximum safety stress *s.* maximum permissible stress
maximum size of aggregate maximal zulässiges Größtkorn *n*
maximum spacing Maximalabstand *m*, Höchstabstand *m*, Größtabstand *m*
maximum strain theory Hypothese *f* der maximalen Dehnung *(Festigkeit)*
maximum strength Maximalfestigkeit *f*, Höchstfestigkeit *f*, Größtfestigkeit *f*
maximum stress Höchstbeanspruchung *f*
maximum temperature period Haltezeit *f* der höchsten Temperatur *(im Autoklaven)*
maximum tensile load Reißlast *f*
maximum thickness Maximaldicke *f*, Höchstdicke *f*, Größtdicke *f*
maximum total load maximale Gesamtbelastung *f*
maximum value Maximalwert *m*, Höchstwert *m*, Größtwert *m*
maximum water demand maximaler Wasserbedarf *m*, maximale Wasserumlaufmenge *f (eines Gebäudes oder Stadtteils)*
max. M *s.* maximum bending moment
Maxwell diagram maxwellscher Kräfteplan *m*
Maxwell polygon of forces maxwellscher Kräfteplan *m*
Maxwell theorem maxwellscher Satz *m*
Maya(n) arch Maya-Spitzbogen *m*
Maya(n) architecture Maya-Architektur *f*, Maya-Baukunst *f*
maze Labyrinth *n*, Irrgarten *m*, Heckensystem *n*
MC asphalt *s.* medium-curing asphalt
meadow Wiese *f*, Grünlandfläche *f (Landschaftsbau)*
meadow bog soil Wiesenmoorboden *m*
meadow chalk Wiesenkalk *m*
meadow loam Auenlehm *m*
meadow peat Wiesentorf *m*
meadow soil Aueboden *m*, Wiesenboden *m*
meadowland Grünland *n*
meagre clay magerer Ton *m*
meagre lime Magerkalk *m*
meal Gesteinsmehl *n*, Staub *m*
mealy sand Mehlsand *m*
mean mittlere, mittlerer, mittleres, Mittel...
mean Durchschnitt *m*, Mittelwert *m*
mean annual discharge *(Wsb)* jährliche mittlere Wasserführung *f*, jährliche Mittelwasserführung *f*
mean annual flood *(Wsb)* mittleres jährliches Hochwasser *n*
mean annual water level *(Wsb)* mittlerer Jahreswasserstand *m*
mean average 1. durchschnittlich; 2. Mittel *n*
mean axis of inertia mittlere Trägheitsachse *f*
mean compression strength mittlere Druckfestigkeit *f*
mean grain diameter mittlerer Korndurchmesser *m*
mean high water level mittlerer Hochwasserstand *m*
mean particle diameter mittlerer Korndurchmesser *m*
mean radiant temperature Durchschnittsstrahlungstemperatur *f*
mean radius *(Verk)* mittlerer Radius *m*
mean sea level 1. Normalnull *n*, NN *(Meereshöhe)*; 2. mittlerer Wasserstand *m*
mean square deviation mittlere quadratische Abweichung *f*, Standardabweichung *f (Qualitätskontrolle, Baustoffprüfung)*
mean tensile strength mittlere Zugfestigkeit *f*, durchschnittliche Zugfestigkeit *f*
mean range *(Bod, Erdb, Wsb)* mittlere Reichweite *f (Grundwasserabsenkung)*
mean sea level mittlerer Meeresspiegel *m*, mittlere Seehöhe *f*, Normalnull *n*, NN *n*
mean strength mittlere Festigkeit *f*
mean thickness mittlere Dicke *f*
mean tidal range *(Wsb)* mittlerer Tidehub *m*, Mittelwasser *n*
mean tide *(Wsb)* Mittelwasser *n*
mean value Mittelwert *m*, Durchschnitt *m*, Durchschnittswert *m*
mean water *(Wsb)* mittlerer Wasserstand *m*, Mittelwasser *n*
mean water bed *(Wsb)* Normalbett *n*
mean water channel *(Wsb)* Normalbett *n*
mean water level *(Wsb)* mittlerer Wasserstand *m*
means of ventilation Belüftungsmöglichkeiten *fpl*
meander *v* 1. mäandern, mäandrieren, sich schlängeln, in Mäandern fließen *(Flusslauf)*; 2. mäandern *(ornamentieren)*
meander 1. *(Arch)* Mäander *m*, Labyrinthornament *n*, Schnitzwerk *n* mit verschlungenen Formen *(griechische Antike, Klassizismus)*; 2. Windung *f (eines Flusses)*
meander cut-off *(Wsb)* Mäanderdurchbruch *m*
meander scrolls lake *(Wsb)* Altwassersee *m*
meandering 1. schlängelnd *(Wasserfluss)*; 2. mäandrisch *(Ornament)*
meandering Mäanderbildung *f (Flusslauf)*
meandering channel pattern Rinnenmuster *n (mäandrierender Fluss)*
meandering valley Mäandertal *n*
means Mittel *n*, Möglichkeit *f*
means of egress *(AE)* kürzester Ausgangsweg *m (im Gebäude)*; Fluchtweg *m*
means of erection Montagemittel *npl*
means of escape Fluchtmöglichkeiten *fpl*; Ausgangsweg *m (von einem Gebäudepunkt nach außen)*
means of fastening Befestigungsmittel *n*
means of mass transportation Massenverkehrsmittel *npl*
means of preservation Konservierungsmittel *n*
means of transport Verkehrsmittel *npl*

measurable messbar
measurand Messgröße *f*
measure *v* 1. messen; ausmessen, vermessen; aufmessen; 2. abmessen, dosieren
measure *v* **by resetting** im Anschlussverfahren messen
measure *v* **flat overall** flach übermessen
measure *v* **overall** übermessen
measure *v* **out** dosieren *(Baustoff)*
measure 1. Maß *n*, Maßangabe *f*; 2. Maßstab *m*; 3. Maß *n*, Maßeinheit *f*; 4. Maßnahme *f*
measure of altitude Höhenmaß *n*, Maß *n* der Erhebung
measure of capacity Hohlmaß *n*, Raummaß *n*
measure of contraction [shrinkage] Schwindmaß *n*
measure of length Längenmaß *n*
measure of redevelopment Sanierungsmaßnahme *f*
measured 1. gemessen; 2. richtig bemessen
measured breaking load gemessene [tatsächliche] Bruchlast *f*
measured drawing maßstabgerechte Bauaufnahmezeichnung *f*
measured inside [in the interior] im Lichten gemessen, das lichte Maß genommen
measured level *(Wsb)* Pegel *m*
measured work Aufmaß *n*
measurement Messung *f*, Messen *n*, Ausmessen *n*; Vermessen *n*, Vermessung *f*, Aufmaß *n*, Aufmessen *n*, Aufnahme *f* von Maßen
measurement accuracy Messgenauigkeit *f*
measurement and payment Aufmaß *n* und Abrechnung *f*
measurement bolt *(Wsb)* Messanker *m*
measurement by planimeter Flächenmessung *f*, Planimetrie *f*
measurement condition Messbedingung *f*
measurement contract Einheitspreisvertrag *m*
measurement data Messdaten *pl*
measurement error Messfehler *m*
measurement of finished work Aufmessen *n*
measurement item Aufmaßposition *f*
measurement of angles Winkelmessung *f*
measurement of earthworks Erdmassenermittlung *f*
measurement of consistency Konsistenzbestimmung *f*, Steifebestimmung *f*
measurement of the index Indexmessung *f*
measurement of standing timber Holzmassenaufnahme *f*
measurement of ultrasonics Ultraschallmessung *f*
measurement period Messzeitraum *m*
measurement procedure Messverfahren *n*
measurement process Messvorgang *m*
measurement range Messbereich *m*
measurement signal Messsignal *n*
measurement technique Messtechnik *f*
measurement transducer Messfühler *m*
measurements of heat capacities Kalometrie *f*, Wärmemengenmessungen *fpl*
measuring Messen *n*; Maßnehmen *n*; Aufmessen *n*; Messung *f*
measuring accuracy Messgenauigkeit *f*
measuring and control equipment MSR-Einrichtungen *fpl*, Mess-, Steuerungs- und Regeleinrichtungen *fpl*
measuring area Messfläche *f*
measuring bolt *(Verm)* Messbolzen *m (Höhenbolzen)*
measuring booth Messstand *m*
measuring box Dosierkasten *m*, Messkasten *m (Baustoffmischung)*
measuring chain Messkette *f*
measuring condition Messbedingung *f*
measuring device Messvorrichtung *f*
measuring frame Dosierkasten *m*, Messgefäß *n (z. B. für Beton)*
measuring installation Messanlage *f*
measuring instrument Messgerät *n*
measuring plane Messebene *f*
measuring plug *(Verm)* Messdübel *m*, Messpflock *m*
measuring point Messpunkt *m*
measuring profile *(Verm)* Messprofil *n*
measuring range Messbereich *m*
measuring rod Messlatte *f*, Messstab *m*
measuring staff Messlatte *f*, Richtlatte *f*
measuring system Messeinrichtung *f*
measuring tank Messbehälter *m (Beton)*
measuring tape Bandmaß *n*, Messband *n*
measuring weir *(Wsb)* Messwehr *n*
meat-earth *(Wsb)* Dammerde *f*
mechanic Maschinist *m*, Schlosser *m*, Mechaniker *m*
mechanic of continua Kontinuumsmechanik *f*
mechanical action mechanische Wirkung *f*
mechanical analysis Siebanalyse *f*, Korn(größen)analyse *f*; kombinierte Sieb- und Schlämmanalyse *f*
mechanical anchorage mechanische Verankerung *f (Verkleidungen, Auskleidungen)*
mechanical application (of mortar) maschinelles Mörtellegen *n*; maschinelles Putzen *n*, Torkretputzen *n*
mechanical behavior mechanisches Verhalten *n*
mechanical bond mechanischer Verband *m (mit Bewehrung)*
mechanical cipher lock mechanisches Drucktastenschloss *n*
mechanical clamping mechanische Verklemmung *f (Verankerungsverfahren)*
mechanical classification mechanische Korntrennung *f*
mechanical cleaning mechanische Reinigung *f*
mechanical collector mechanischer Abscheider *m*
mechanical compaction mechanische Verdichtung *f*
mechanical composting Schnellkompostierung *f*, beschleunigte Kompostierung *f*, geschlossene Kompostierung *f*
mechanical connection mechanischer Verbund *m*
mechanical core Installationskern *m*
mechanical corrosion mechanische Korrosion *f*
mechanical cutting of trenches Grabenbaggerung *f*
mechanical design ingenieurtechnischer Entwurf *m*
mechanical dowel and tie bar installer Dübelmaschine *f*
mechanical drawing Maschinenzeichnung *f*, Reißbrettzeichnung *f*, exakte Zeichnung *f*
mechanical efficiency mechanischer Wirkungsgrad *m*
mechanical equipment maschinelle Ausrüstung *f*
mechanical equipment room Raum *m* für Heizungs- und Klimageräte *(in einem Gebäude)*; Installationsraum *m*
mechanical extractor mechanischer Entlüfter *m*
mechanical failure mechanisches Versagen *n*
mechanical fastener mechanisches Befestigungsmittel *n*
mechanical float Motorglätter *m*
mechanical floor Installationsgeschoss *n*, Betriebsgeschoss *n*, technisches Geschoss *n*
mechanical grain analysis Korngrößenanalyse *f*
mechanical joint gas- und wasserdichte Flanschverbindung *f*
mechanical keying mechanisches Aufrauen *n (Putzunterlage)*
mechanical levelling mechanisches Planieren *n*
mechanical lift Hebewerk *n*; Schiffshebewerk *n*
mechanical linkage mechanische Verbindung *f*
mechanical loading mechanische Belastung *f*
mechanical lock mechanische Verriegelung *f*
mechanical mixing maschinelles Mischen *n*

mechanical navvy *(AE)* Löffelbagger *m*
mechanical plastering maschinelles Putzen *n*, Torkretputzen *n*, Spritzputzen *n*
mechanical platform Bauaufzug *m*
mechanical plating Plattieren *n*
mechanical polishing mechanisches Polieren *n*
mechanical property mechanische Eigenschaft *f (von Baustoffen, z. B. Festigkeit)*
mechanical reaming maschinelles Aufrauen *n*
mechanical refuse grinder Abfallzerkleinerer *m*, Müllwolf *m*
mechanical resistance mechanischer Widerstand *m*
mechanical roof extractor mechanischer Dachentlüfter *m*
mechanical saw Bandsäge *f*, Kreissäge *f*, Gattersäge *f*
mechanical separation automatische Müllsortierung *f*, mechanische Sortierung *f*, mechanische Trennung *f*
mechanical service Versorgungsleitung *f*
mechanical service room Technikraum *m*
mechanical services Haustechnik *f*, technische Gebäudeausstattung *f*
mechanical shovel Löffelbagger *m*
mechanical (soil) stabilization mechanische Bodenstabilisierung *f*
mechanical strength mechanische Festigkeit *f*
mechanical testing mechanisches Prüfverfahren *n*
mechanical trade mechanisches Gewerk *n*
mechanical treatment mechanische Behandlung *f*, maschinelle Bearbeitung *f (Betonsichtflächen)*
mechanical trowel mechanisches Putzgerät *n*
mechanical ventilation künstliche Raumbelüftung *f*
mechanical wear mechanische Abnutzung *f*
mechanical weathering mechanische Verwitterung *f*
mechanical window operator Fensteröffnungsmechanismus *m*
mechanically laid maschinell verlegt [eingebaut]
mechanically ventilated mechanisch belüftet
mechanic's level Wasserwaage *f*
mechanic's lien *(AE)* Pfandbürgschaft *f* für Material und Leistung *(des Gläubigers an Haus und Grund)*
mechanics Mechanik *f*
mechanics of liquids Hydromechanik *f*
mechanics of materials Festigkeitslehre *f*
mechanism Mechanismus *m*
mechanism for closing Schließvorrichtung *f*, Schließer *m*, Verschluss *m*
mechanism of action Wirkungsmechanismus *m*
mechanism of creep Kriechmechanismus *m*
mechanism of damages Schädigungsmechanismen *mpl*
mechanism of hardening Härtungsmechanismus *m*
mechanize *v* mechanisieren
mechano-like system of unit construction Baukastensystem *n*
medallion moulding Medaillonornamentierung *f*, Rundbildfries *m*
median 1. Mittellinie *f*; 2. statischer Medienwert *m*; 3. *s.* median strip
median barrier *(Verk)* Mittelschutzplanke *f*
median lane *(Verk)* Mittelspur *f*
median plane Mittelebene *f*
median strip *(Verk)* Mittelstreifen *m (Straße)*
medical treatment building Behandlungsgebäude *n*
medicinal spring Heilquelle *f*
medieval mittelalterlich
Medieval architecture Architektur *f* des Mittelalters, mittelalterliche Architektur *f (in Europa)*
Mediterranean architecture Architektur *f* des Mittelmeerraumes, Baukunst *f* des Mittelmeerraumes, mediterrane Architektur *f*

medium 1. Lösungsmittel *n*; Bindemittellösung *f (im Anstrichstoff)*; 2. Mittel *n*, Träger *m*, Trägersubstanz *f*, Trägermedium *n (z. B. für Farben)*
medium-baked brick Mittelbrandziegel *m*
medium-breaking halbstabil, mittelschnell brechend *(Bitumenemulsion)*
medium carbon steel Kohlenstoffstahl *m (0,3–0,6 % C)*
medium-curing asphalt [cutback] mittelschnell abbindendes Verschnittbitumen *n*, Flüssigbitumen *n* mittlerer Viskosität
medium-dense *(Bod)* mitteldicht; mittelschwer
medium-density fibreboard mittelschwere Faserplatte *f*
medium-density overlay mittleres Harzpresspapier *n*, mittelschweres Oberflächenbeschichtungspapier *n* für Spanplatten
medium-density particle board mittelschwere Spanplatte *f*
medium dimension Mittelabmessung *f*, Mitteldimension *f*, Mittelmaß *n*
medium dispersion Bindemitteldispersion *f*, Farbendispersion *f*
medium-duty scaffold mittelschweres Gerüst *n* *(250 kg/m²)*
medium emulsion Bindemittelemulsion *f*, Anstrichemulsion *f*, Farbemulsion *f*
medium-frequency (concrete) finisher Mittelfrequenzbetonfertiger *m (Straße)*
medium-frequency sound insulation Mittelfrequenzschallschutz *m*
medium grain Mittelkorn *n*
medium-grained mittelkörnig
medium-grained gravel Mittelkies *m*
medium-grained material Mittelkorn *n*
medium-grained sand Mittelsand *m*
medium-grained sandstone mittelkörniger Sandstein *m*
medium gravel Mittelkies *m (ca. 5–18 mm)*
medium-hard ground mittelharter Boden *m*
medium hardboard Halbhartplatte *f*, halbharte Holzfaserplatte *f*
medium-oil varnish Lack *m* mit mittlerem Ölgehalt, halbfetter Lack *m*; Lackfarbe *f* für innen
medium plate Mittelblech *n*
medium pressure Mitteldruck *m*
medium-pressure boiler Mitteldruckdampfkessel *m*
medium-rise mehrgeschossig; mittelhoch
medium-rise building Mehrgeschosser *m*, mehrgeschossiges Gebäude *n*
medium sand Mittelsand *m (ca. 0,25–0,5 mm)*
medium-setting mittelschnell abbindend, mittelschnellabbindend *(Beton)*; halbstabil *(Bitumenemulsion)*
medium silt Mittelschluff *m*, toniger Lehm *m*
medium-sized chips Mittelsplitt *m*
medium steel mittelharter Stahl *m (0,25–0,5 % C)*
medium-weight load Mittellast *f*
medressa *s.* madrasah
medullary ray Markstrahl *m*, Spiegelfaser(ung) *f (Holzfurnier)*
meermolm Torfschlamm *m*
meet *v* 1. zusammenstoßen, sich berühren *(Bauelemente)*; sich begegnen *(Verkehr)*; 2. nachkommen, entsprechen *(Forderungen, Standards)*; einhalten *(Abmessungen, Toleranzen)*
meet *v* **the conditions [requirements]** die Anforderungen [Bedingungen] erfüllen, den Forderungen genügen
meeting 1. Fuge *f*, Stoß m; 2. Sitzung *f*, Besprechung *f*, Versammlung *f*
meeting faces Berührungsflächen *fpl*
meeting hall Versammlungshalle *f*, (großer) Versammlungsraum *m*

meeting post äußerer Torflügelpfosten *m (im geschlossenen Zustand in Tormitte)*
meeting rail Querfries *m (Vertikalschiebefenster)*
meeting room Sitzungsraum *m*, Sitzungssaal *m*
meeting stile Schließlängsholz *n (Tür, Fenster)*
meeting traffic Begegnungsverkehr *m*
megalith Megalith *m*, Riesenstein *m*
megalithic aus Steinblöcken gebaut
megalithic masonry Megalithmauerwerk *n*, Großstein(block)mauerwerk *n*
megalithic monument Megalithbauwerk *n*
megalopolis Megalopolis *f*, Städtezusammenballung *f (z. B. in den USA Boston und Washington)*; Vorstadtballung *f*
megapolis *s.* megalopolis
megaron *(Arch)* Megaron *n (Hauptraum eines antiken griechischen Hauses)*; Herrenhaus *n (Troja, Tyrins, antikes Griechenland)*
megascopic mit dem bloßen Auge sichtbar
megilp Leinöl-Terpentin-Farbverdünnungsmittel *n*
melamine adhesive Melaminleim *m*
melamine-alkyd resin Melamin-Alkydharz *n*
melamine (formaldehyde) resin Melamin(formaldehyd)-harz *n*
melamine resin coated melaminharzbeschichtet
melamine/urea formaldehyde Melamin/Urea-Formaldehyd *n*
melamine varnish resin Melaminlackharz *n*
melaphyre Melaphyr *m*, schwarzer Porphyr *m*
melilite Melinit *m*, Honigstein *m*
meliorate *v* meliorieren, Boden verbessern; ent- und bewässern
melioration Melioration *f (Kulturland)*
mellow *v* auflockern; zermürben *(Erdstoffe)*
mellow locker, weich *(Erdstoffe)*
mellow loam lockerer Lehm *m*
mellowing Auflockern *n*; Zermürben *n (Erdstoffe)*
melt *v* schmelzen
meltability Schmelzbarkeit *f*
meltable schmelzbar
melted cement Schmelzzement *m*
melted mastic asphalt Gussasphalt *m*
melting heat Schmelzwärme *f*
melting viscosity Schmelzviskosität *f*
melting water Schmelzwasser *n*
melting water gravels and sands Schmelzwasserkiese und -sande *mpl (alluvial)*
member 1. Bauteil *n*, Bauelement *n*; 2. Stab *m*, Stabelement *n*, Element *n*; Glied *n*, Zwischenglied *n (Bewehrungsglied)*; Rahmenstiel *m*; Ausfachungsstab *m*
member buckling Stabknickung *f*
member connection Stabanschluss *m*, Gliedanschluss *m (Stabwerk)*
member cross-section Stabquerschnitt *m*, Gliedquerschnitt *m*
member field Stabfeld *n*, Gliedfeld *n*
member force Stabkraft *f*
member-force analysis Kräfteermittlung *f*
member in compression Druckstab *m*, Druckglied *n (Stahlbau)*
member in tension Zugstab *m (Stahlbau)*
member length Stablänge *f*, Gliedlänge *f*
member loading Stabbelastung *f*, Gliedbelastung *f*
member moment Stabmoment *n*, Gliedmoment *n*
member shape Stabform *f*, Gliedform *f*
member slope Stabablenkung *f*, Gliedablenkung *f*
member stress Stabspannung *f*
member subject to buckling Knickstab *m*
member system Stabwerk *n*, Stabsystem *n*
membrane 1. Membran *f*, Zugkraftmembran *f*; 2. (dünne) Haut *f*; Dachhaut *f*; kontinuierliche Asphaltbedachung *f*; 3. *(Stat)* Scheibe *f*; 4. Scheidewand *f*, Diaphragma *n*
membrane action Membranwirkung *f*
membrane analysis Membranberechnung *f*
membrane curing Nachbehandlung *f* unter einer Schutzschicht oder Schutzfolie
membrane fireproofing Feuerschutzmembran *f (geputztes Lattengerüst)*
membrane force Membrankraft *f (Zugkraft)*
membrane protection Membranschutz *m*
membrane rib Membranrippe *f*, Scheibenrippe *f*
membrane roofing *s.* membrane 2.
Membrane shearing force Membranschubkraft *f*
membrane shell Membranschale *f (dünne Schale)*
membrane state of stress Membranspannungszustand *m*
membrane structure Folienkonstruktion *f*
membrane tension Membrankraft *f*
membrane theory Membrantheorie *f (Schalenwerkberechnung)*
membrane thrust Membranschub *m*
membrane waterproofing Feuchtigkeitsabdichtung *f* mit Folien
memo Baubesprechungsniederschrift *f*, Baubesprechungsprotokoll *n*
memorandum Baubesprechungsprotokoll *n*
memorial Denkmal *n*, Mahnmal *n*
memorial arch Triumphbogen *m*, Gedächtnisbogen *m*
memorial chapel Totenkapelle *f*
memorial church Gedächtniskirche *f*, Denkmalkirche *f*, Martyria *f*, Coemetrialkirche *f*
memorial cross Gedenkkreuz *n*, Ehrenkreuz *n*, Memorialkreuz *n*
memorial figure Gedenkfigur *f*
memorial hall Gedächtnishalle *f*, Memorialhalle *f*, Totenhalle *f*
memorial monument Gedächtnismonument *n*, Gedenkmonument *n*, Ehrenmonument *n*
memorial stone Gedenkstein *m*, Gedächtnisstein *m*, Ehrenstein *m*
memorial tablet Epitaph *n*, Gedenktafel *f*
mend *v* reparieren, ausbessern; nachbessern; flicken
mend *v* **the painting** übermalen, aufmalen
mending plate Verstärkungsblech *n* für Holzverbindungen
menhir Menhir *m*, prähistorische Steinsäule *f (Monolith)*
mender Blech *n* zweiter Wahl
mendicant order church *(Arch)* Bettelsordenkirche *f*
men's changing room Herrenumkleideraum *m*, Männerumkleideraum *m*
men's toilet Herrentoilette *f*, Männertoilette *f*
mensa Altarsteinplatte *f*
mensao *s.* menhir
mensole Bogenschlussstein *m*
mensuration 1. Messung *f*, Vermessung *f*, Aufmaß *n*; 2. Flächenberechnung *f*, Körperberechnung *f*, Massenberechnung *f*
mensuration instrument Vermessungsgerät *n*
mensuration technique Vermessungstechnik *f*, Messtechnik *f*
mental image Gedankenbild *n*
mental institution Heil- und Pflegeanstalt *f*
mercantile occupancy *(AE)* gewerbliche Nutzung *f (Räume, Gebäude, Flächen)*
merchant bar iron handelsübliches Bewehrungseisen *n*, Stabeisen *n*, Stabstahl *m*
merchant pipe Leichtrohr(eisen) *n*
merchantable timber *(AE)* (handelsübliches) Bauholz *n*, Bauholz(handels)ware *f*

mercurial quecksilberhaltig
mercury Quecksilber *n*
mercury switch Quecksilberschalter *m*, Quecksilberschaltröhre *f*
mercury-vapour lamp Quecksilberdampflampe *f*
mere kleiner See *m*
merge *v* 1. mischen, einmischen, mengen *(Anstriche, Baustoffe)*; 2. *(Verk)* sich einordnen, einfädeln, einmünden; 3. zusammenkommen, zusammenlaufen, fusionieren; 4. zusammenfließen *(Gewässer)*
merge *v* **into** übergehen in
merging *(Verk)* Zusammenfließen *n*
merging lane Einfädelspur *f*, Entflechtungsspur *f*
merging traffic *(AE)* 1. Verkehrseinmündung *f (Verkehrsschildaufschrift)*; 2. Einfädelverkehr *m*, verflechtender Verkehr *m*
meridian Meridian *m*, Längskreis *m*
meridian rib Meridianrippe *f*
meridian stress Meridianspannung *f*
meridional bending Meridianbiegung *f*
meridional cable Meridianseil *n*
miridional force Meridiankraft *f*
meristic segmentiert, in Segmente geteilt
meristic Segmentat *n*
merlon Zinnenzahn *m*, Mauerzacke *f*, Schießschartenzwischenmauer *f (in einer Burgmauer)*
merry-go-round Bewehrungswickelgerät *n*, Umspannungswickler *m (Spannbeton)*; Behälterwickelmaschine *f*
marry-go-round for baggage Gepäckkarussell *n*
mesa *(AE)* Tafelland *n*, Bergebene *f*, flaches Hochland *n*
mesh 1. Maschenbewehrung *f*, Drahtgeflecht *n*, Gitter *n (als Verstärkungseinlage)*; 2. Maschenzahl *f (eines Siebs, pro Zoll linear)*
mesh analysis Siebanalyse *f*
mesh bottom Prüfsiebeinsatz *m*
mesh density Maschendichte *f*
mesh fence Maschendrahtzaun *m*
mesh gage *(AE)* Siebreihe *f*, Siebfolge *f (Zuschlagstoffe)*
mesh lath Gittergewebe *n*, Gittergewebematte *f*
mesh of network *(Verk)* Netzmasche *f*
mesh partition Maschendrahtabtrennung *f*, Maschendrahttrennwand *f*
mesh-reinforced mattenbewehrt, netzbewehrt
mesh reinforcement Bewehrung *f* mit Drahtgeflecht, Mattenbewehrung *f*, Netzarmierung *f (Betonbewehrung)*
mesh scale Siebfolge *f*, Siebreihe *f*
mesh size 1. Maschenweite *f (Korngrößenweite)*; 2. Siebnummer *f*
mesh wire Maschendraht *m*
mesh wire fence Maschendrahtzaun *m*
meshes Rippenwerk *n (Netzgewölbe)*
meshrbiyeh *s.* moucharaby
meshrebeeyeh *s.* moucharaby
Mesopotamian architecture mesopotamische Architektur *f*
messenger calling system Botenrufsystem *n*, Kurierrufanlage *f*
messenger wire Luftkabeltragseil *n*
messuage Wohnsitz *m* mit Nebengebäuden und Gartenland, Anwesen *n (juristisch)*
meta Wendepunktmarkierungssäule *f* einer Wettkampfbahn *(römische Arena)*
metabolic waste Stoffwechselschlacken *fpl*
metal *v (Verk)* beschottern
metal-sheathe *v* panzern
metal 1. Metall *n*; 2. Schotter *m*
metal adhesive Metallkleber *m*, Metallklebstoff *m*
metal angle bead Kantenschutzwinkel *m* (aus Metall), Metallkantenschoner *m*
metal base flashing unterer Metallanschluss *m (am Schornstein)*
metal base-relief Metallflachrelief *n*
metal batten Metallfugendeckleiste *f*
metal bead Metallverfalzung *f*, Metallführungsleiste *f*
metal-bearing metallhaltig
metal bolt Metallbolzen *m*
metal bonding Metallkleben *n*
metal building material Metallbaumaterial *n*
metal cap flashing oberer Metallanschluss *m (am Schornstein)*
metal capping Hohlfugeneisen *n*
metal chimney Metallschornstein *m*
metal-clad fire door metallbeschlagene Feuerschutztür *f*
metal cladding 1. Plattieren *n*; 2. Metallüberzug *m*, Plattierung *f*
metal cleaner Metallreiniger *m*
metal cloth Drahtgewebe *n*
metal coating 1. Metallbeschichtung *f*, metallische Schutzschicht *f*; Metallüberzug *m*; 2. Beschichtungsstoff *m* für Metalle
metal collar Metallmanschette *f*
metal column Metallstütze *f*
metal connector Metall(verbindungs)dübel *m (für Holz)*
metal construction Metallbau *m*, Metallbauweise *f*
metal construction work Metallbauarbeiten *fpl*
metal counter ceiling Metallunterdecke *f*
metal cover strip Metalldeckleiste *f*
metal-covered door metallbeschlagene Tür *f*
metal cramp Metallklammer *f*
metal curtain wall Metallvorhangwand *f*, Metallrahmenaußenwand *f*, Metallvorhang *m*
metal curtain wall panel Metallvorhangwandtafel *f*
metal decking Metallabdeckung *f*
metal deposit metallische Schutzschicht *f*
metal duct Metallkanal *m*, Metallluftkanal *m*
metal edge protection strip Kantenschutzeisen *n*
metal-edge-sealed glazing unit Verglasungseinheit *f* mit Metallverbundrand
metal-enclosed metallgekapselt
metal endurance Metallermüdung *f*
metal fabric Metallgewebe *n*, Drahtgewebe *n*
metal façade Metallfassade *f*
metal faced metallüberzogen
metal-faced hardboard Hartfaserplatte *f* mit Metallbeplankung
metal facing Metallkaschierung *f*
metal fatigue Metallermüdung *f*
metal finish Metallbeschichtung *f*, Metallüberzugsschicht *f*
metal finishing Metalloberflächenveredlung *f*
metal fittings Beschläge *mpl*
metal flashing Metallanschluss *m*, Blechanschluss *m (Schornstein)*
metal floor decking Buckelblechdecke *f*
metal foil Metallfolie *f*
metal foil insertion Metallfolieneinlage *f*
metal forms Metallschalung *f (Betonelementherstellung)*
metal formwork Metallschalung *f*, Stahlschalung *f (konstruktiver Betonbau)*
metal frame Metall(blend)rahmen *m (Tür, Fenster)*
metal frieze Metallfries *n*
metal grating Metallgitterfußbodenabdeckung *f*, Gitterrostabdeckung *f (über Öffnungen und Schächten)*
metal halide lamp Metallhalogenlampe *f*, Halogen(metalldampf)lampe *f*
metal handle Metallgriff *m*
metal inert gas welding Metallinertgasschweißen *n*
metal insertion Metalleinlage *f*
metal jacket Blechmantel *m*

metal lathing Metall(gewebe)putzträger *m*, Metallgewebe *n*
metal lattice Metallgitter *n*
metal leaf Blattmetall *n*
metal-like metallähnlich
metal lining Metallauskleidung *f*, Metallverkleidung *f*, Metallbelag *m*
metal load bearing system Metalltragwerk *n*, Metalltragsystem *n*
metal louver Metallraster *n*
metal low relief Metallflachrelief *n*
metal moulding 1. Metallform *f*; 2. *s.* surface metal raceway
metal overthrow (verzierte) Metallüberspannung *f (über einem Metalltor)*
metal oxidation Metalloxidation *f*
metal packing Metalldichtung *f*
metal paint Metallic-Lack *m*
metal painting Bronzieren *n*
metal pan durchbrochene Metallträgerauflage *f (Schalldecke)*
metal panel Metall(bau)tafel *f*, Metall(decken)kassette *f*
metal pigment metallisches Pigment *n*, Metallpigment *n*
metal pigmented paint Metallpigmentanstrichstoff *m*, metallpigmentierter Anstrichstoff *m*
metal pipe Metallrohr *n*
metal plate roofing Blechbedachung *f*
metal-plus-paint system Duplex(anstrich)system *n*
metal primer Metallgrundierung *f*, Grundanstrich(stoff) *m* einer Metalloberfläche
metal protection Metallschutz *m*
metal protective paint Metallschutzlack *m*
metal protective undercoat Metallvoranstrichstoff *m*
metal rail Metallschiene *f*
metal railing Metallgeländer *n*
metal-reinforced ready roofing blechverstärkte Dachpappe *f*, Dachpappe *f* mit Blecheinlage
metal ribbon rail Metallhandlauf *m (für Treppen)*
metal ridge roll runde Metallfirstabdeckung *f*
metal rung Metallsprosse *f*
metal sandwich wall Metall(drei)schichtenwand *f*, Metalldreilagenwand *f*
metal sash Metallfensterflügel *m*
metal section Metallprofil *n*, Metallbauprofil *n*
metal-shears Blechschere *f*
metal sheathed cable Metallmantelkabel *n*, Panzerkabel *n*
metal sheathing Blechspannkanal *m (Spannbeton)*
metal sheet Blech *n*
metal sheet covering Blechabdeckung *f*
metal sheet panel Blechtafel *f*
metal sheet roofing Blechdach *n*
metal sheeting 1. Blechbeplankung *f*, Metallpanzerung *f*; 2. Blechhüllrohr *n*, Blechspannkanal *m (Spannbeton)*
metal shingle Metallschindel *f*
metal shuttering Metallschalung *f (Beton)*
metal siding Metall(wetter)verschalung *f*, Außenwandverschalung *f* mit Metallplatten
metal silo Metallsilo *n*
metal skirting Metallscheuerleiste *f*, Metallfußleiste *f*
metal-sprayed metallgespritzt, spritzmetallisiert
metal-sprayed coating Spritzmetallschutzschicht *f*
metal-sprayed deposit Spritzmetallschutzschicht *f (Korrosionsschutz)*
metal spraying Metallspritzverfahren *n*; Spritzmetallisierung *f*, Metallspritzbeschichten *n*
metal spraying process Metallspritzverfahren *n*
metal stone sandiger Schieferton *m*
metal strap Metalllasche *f*
metal strip Metallstreifen *m*
metal structural cladding 1. nicht belastete Metallverkleidung *f*, Metallaußenwandverkleidung *f*; 2. Blechbedachung *f*
metal structure Metallbau *m (als fertiger Bau)*
metal stud Metallbundsäule *f*, Metallbundstiel *m*, Metallbundpfosten *m*
metal stud partition Metallskelettwand *f*
metal stud wall Metallskelettwand *f*
metal studs Metallgerippe *n*, Metallskelett *n*
metal substrade Metalluntergrund *m*
metal support Metallverbau *m*
metal surface Metalloberfläche *f*
metal tie Metallanker *m*
metal timber connector Holzmetallverbindung *f*
metal-to-wood laminating Metall-Holz-Laminierung *f*
metal-tying Metallanker-Verankerung *f*
metal valley Metalldachkehle *f*
metal wall anchor Metallmaueranker *m*
metal waterstop Metallfugenband *n*
metal welding Metallschweißen *n*
metal window (frame) Metallfensterrahmen *m*, Metallfenster *n*
metal wool Metallwolle *f*
metal work Metallbauarbeiten *fpl*
metalled road Schotterstraße *f*
metallic metallisch
metallic abrasive metallisches Strahlmittel *n*
metallic aggregate Stahlbetonhärtemittel *n*
metallic-aggregate covering Stahl(zuschlag)betonbelag *m*, Betonestrich *m* mit Stahlschrottzuschlag
metallic-coated mit metallischer Schutzschicht
metallic constituent metallischer Bestandteil *m (Betonzuschlag)*
metallic corrosion Metallkorrosion *f*
metallic finish Metalleffektlackierung *f*
metallic jacket Blechmantel *m*
metallic lead paint Bleipulveranstrichstoff *m*
metallic lead primer Bleipulvergrundanstrich *m*
metallic lustre Metallglanz *m*
metallic material metallischer Baustoff *m*, metallischer Werkstoff *m*
metallic oxide Metalloxid *n*
metallic paint Metallpigmentanstrichstoff *m*
metallic pigment metallisches Pigment *n*, Metallpigment *n*
metallic-splendent metallglänzend
metallic-splendent lustre Metallglanz *m*
metallic surface Metalloberfläche *f*
metallic zinc paint Zinkstaubanstrichstoff *m*
metalliform metallartig
metallike metallähnlich
metalline metallähnlich
metalling *(Verk)* Beschotterung *f*, Beschottern *n*
metallization Metallbelag *m*
metallize *v* metallisieren, mit Metall überziehen; spritzmetallisieren
metallizing Metallspritzen *n*, Spritzmetallisieren *n*
metallographic metallographisch, metallkundlich
metalloid Halbmetall *n*
metallurgical cement Eisenportlandzement *m*, Hochofenzement *m*, Hüttenzement *m*
metallurgy Metallurgie *f*, Hüttenkunde *f*, Hüttenwesen *n*
metals Eisenbahnschienen *fpl*
metamorphic metamorph, umgewandelt
metamorphic rock metamorphes Gestein *n*, Umwandlungsgestein *n*
meteorological conditions Wetterlage *f*
meteorological service Wetterdienst *m*

meteorological station meteorologische Station *f*, Wetterwarte *f*
meter *v* dosieren, zumessen *(z. B. Baustoffe)*; zuteilen
meter Messgerät *n*, Messer *m*; Zähler *m (Gas, Strom)*
meter arrangement Zähleranordnung *f*
meter board *(El)* Zählertafel *f*
meter box Zählerkasten *m*
meter enclosure Zählernische *f*
meter niche Zählernische *f*
meter room Zählerraum *m*
meter station Zählerstation *f*
meter stop Hausanschlussschieber *m (Wasserleitung)*
metering Dosierung *f*, Zumessung *f*, Dimensionierung *f*
metering pump Dosierpumpe *f*
metering roll Dosierwalze *f*
metes and bounds (survey) Grundstücksvermessung *f*, Liegenschaftsvermessung *f (nach Koordinaten und Winkeln)*
methane gas Methan *n*
methanol Methanol *n*, Methylalkohol *m*
method Methode *f*, Verfahren *n*
method for correcting the winders of a stair Quadratverfahren *n* für Stufenverziehung
method of anchoring Verankerungssystem *n*
method of application Anwendungsverfahren *n*; Verarbeitungsverfahren *n*; Auftragsverfahren *n*
method of calculation Berechnungsverfahren *n*
method of design Entwurfsverfahren *n*; Bemessungsverfahren *n*
method of finite differences *(Stat)* Differenzverfahren *n*
method of freezing Gefrierverfahren *n (Baugrundverfestigung)*
method of heating Beheizungsart *f*
method of jointing Verbindungssystem *n (Holz, Metall)*
method of joints *(Stat)* Rundschnitt(berechnungs)verfahren *n*, Knotenpunktverfahren *n*, Knotenverfahren *n*
method of laying Verlegeart *f*, Verlegeweise *f*
method of manufacture Herstellungsverfahren *n*, Fertigungsverfahren *n*
method of measurement Messverfahren *n*
method of moment distribution *(Stat)* Momentenausgleichsverfahren *n*, Cross-Verfahren *n*
method of presentation Darstellungsmethode *f*
method of protection Schutzverfahren *n*; Korrosionsschutzverfahren *n*
method of sections *(Stat)* (rittersches) Schnittverfahren *n*, Schnittkraftverfahren *n*
method of taking samples Probenahmeverfahren *n*
method of testing Prüfverfahren *n*
method of virtual work Verfahren *n* der virtuellen Arbeit *f*
methyl alcohol Methylalkohol *m*, Methanol *n*
methyl cellulose Methylcellulose *f (Farbbasis)*
methyl ethyl ketone Methylethylenketon *n (Farblösungsmittel)*
methyl orange Methylorange *n*
methyl red Methylrot *n*
methylated solvent Alkohollösungsmittel *n (Farbe)*
methylated spirit vergällter Alkohol *m (z. B. als Lösungsmittel)*
meticulous inspection genaue Überprüfung *f*
metope *(Arch)* Metope *f*, Triglyphenzwischenplatte *f (im Fries einer dorischen Säule)*
metre module Metermodul *n*
metre rule Metermaß *n*
metric measures *s.* metric system
metric modular unit Dezimeterziegel *m*, Ziegelstein *m* in 10 cm Intervalldimensionen
metric series metrische Reihe *f*
metric system metrisches Maßsystem *n* [Einheitensystem *n*]
metric thread metrisches Gewinde *n*
metric ton (metrische) Tonne *f (SI-fremde Einheit der Masse; 1 t = 1000 kg)*
metrication metrische Umrechnung *f*
metropolis Weltstadt *f*, Großstadt *f*, Hauptstadt *f*
metropolitan area Großstadtgebiet *n*, Stadtregion *f*
metropolitan railroad *(AE) s.* metropolitan railway
metropolitan railway S-Bahn *f*, Schnellbahn *f*, Stadtbahn *f*
metroum *(Arch)* Metroon *n (Olympia)*
mezzanine 1. *(Arch)* Zwischengeschoss *n*, Mezzanin(geschoss) *n*, Halbgeschoss *n*; 2. *(AE)* erster Balkon *m (Theater)*
mezzanine floor Zwischengeschossdecke *f*
mezzanine room eingeschobenes Zimmer *n (im Zwischengeschoss)*
mezzo-relievo Halbrelief *n*, halbhoch hervorstehendes Relief *n*
mezzo-rilievo *s.* mezzo-relievo
mica Glimmer *m*
mica clay Glimmerton *m*
mica cleavage Glimmerspaltung *f*
mica covering Glimmerisolierung *f*
mica flakes Glimmerschuppen *fpl*
mica in sheets Spaltglimmer *m*, Plattenglimmer *m*
mica paint Glimmeranstrich *m*, Glimmerfarbe *f*
mica powder Glimmerschiefermehl *n (für Bitumenschindeln und als Füller)*
mica sandstone *s.* micaceous sandstone
mica schist Glimmerschiefer *m*
mica slate Glimmerschiefer *m*
micaceous glimmerhaltig, glimmerführend
micaceous iron oxide paint Eisenglimmerfarbe *f*
micaceous porphyry Glimmerporphyr *m*
micaceous sand Glimmersand *m*
micaceous sandstone Mikasandstein *m*, Glimmersandstein *m*, glimmerhaltiger Sandstein *m*
micaceous schist Glimmerschiefer *m*
micaceous shale glimmerführender Ton *m*
micanite Mikanit *m*, Marienglas *n*
micaphyre Glimmerporphyr *m*
microbiological corrosion Biokorrosion *f*, mikrobielle Korrosion *f*
microclimate Mikroklima *n*
micrconcrete Mikrobeton *m*
microcrack Mikroriss *m*
microcracked mikrorissig
microcracking Mikrorissebildung *f*
microcrazing Mikrorissbildung *f*
microdiorite feinkörniger Diorit *m*
microenvironmental die engere Umgebung betreffend
microexamination mikroskopische Untersuchung *f*
microfabric Korngefüge *n (Gestein)*
microfissure Haarriss *m*, mikroskopischer Riss *m*
micrgranite Mikrogranit *m*
microhardness Mikrohärte *f*
microhardness tester Mikrohärteprüfer *m*
microorganism Mikroorganismus *m*
micrgranite Mikrogranit *m*
microporosity Mikroporosität *f*
microporous mikroporig, mikroporös
microroughness Mikrorauigkeit *f*
microscopic examination mikroskopische Prüfung *f*
microscopic study mikroskopische Untersuchung *f*
microstructure Mikrostruktur *f*
microtexture Mikrotextur *f*, Feintextur *f*
microvoid Mikropore *f*, Feinstpore *f*
mid-beam Zwischenbalken *m*
mid-depth Mitte *f*

mid-feather Schornsteinzunge *f*, Schornsteinmittel(trenn)-steg *m*
mid-span *s.* midspan
mid-wall column tragende Säule *f* in Wandmitte
midden Müllhaufen *m*, Abfallhaufen *m*
middepth Mitte *f* des Querschnittes; Mittellinie *f (Statik, Festigkeit)*
middle bay *(Arch)* Mittelhalle *f*, Mittelschiff *n*
middle colour Mittelfarbe *f*
middle gate *(Wsb)* Mittelhaupt *n*, Zwischenhaupt *n (Schleuse)*
middle layer Einlage *f (Mehrschichtbauplatte)*
middle muntin Mittelsprosse *f (Fenster)*
middle pier Mitteljoch *n*
middle plane Mittelebene *f*, Mittelfläche *f*
middle plank Kernbrett *n*
middle post Hängesäule *f (unter dem First)*
middle purlin Zwischenpfette *f*
middle rail Türblattquerholz *n*
middle relief halberhabenes Relief *n*
middle-sized mittelkörnig, mittelfein
middle span Mitteljoch *n (Stahlbau)*
middle strip Mittelstreifen *m (Straße)*
middle strut *s.* middle post
middle support Mittelträger *m*
middle surface Mittelfläche *f*
middle third mittleres Drittel *n*, Kern *m (Holz)*
middle vessel *(Arch)* Mittelschiff n, Langhausschiff *n*, Hauptschiff *n (Kirche)*
middle water *(Bod, Erdb)* Zwischenschichtwasser *n*
midfeather Schornsteinzunge *f*
midline Mittellinie *f*
midpoint Mittelpunkt *m*; Mitte *f*
midrange Spannweitenmitte *f (statistische Qualitätsauswertung)*
midspan *(Stat)* Feldmitte *f*
midspan loading Einzellast *f* in Feldmitte
midspan section Schnitt *m* in Feldmitte
midstrip Mittelstreifen *m (Straße)*
migrate *v* migrieren, wandern *(z.B. penetrieren)*
migration 1. Wandern *n (z. B. einer Penetrationsmasse)*; Siegelmasseeindringung *f*; 2. Bevölkerungswanderung *f*, Migration *f*
migration of binders Bindemittelabwanderung *f (Baustoffe, Anstrich)*
migration of sealant Einkriechen *n* der Absiegelungsmasse *(einer Dichtung)*
mihrab *(Arch)* Gebetsnische *f (Moschee)*
milage Ergiebigkeit *f (Anstrich, Farbe usw.)*
mild clay Sandton *m*
mild steel weicher Stahl *m*, Flussstahl *m (0,15–0,25 % C; z. B. als Baustahl, Betonstahl)*; Gussstahl *m*
mild steel pipe Flussstahlrohr *n*
mildew Moder *m*, Schimmel *m (an Holz, Mauerwerk)*
mildew growth Schimmelpilzbewuchs *m*
mildew-resistant schimmelbeständig
mildewcide Schimmelverhütungsmittel *n*
mildewed wood Grünfäule *f (Holz)*
mildewy moderig, schimmelig; verstockt, stockfleckig *(Holz)*
mildy alkine schwach alkalisch
mildy corrosive schwach korrosiv
mile Meile *f (1,60931 km)*
mileometer Entfernungsmesser *m*, Odometer *n*
milestone Meilenstein *m (Straße)*
milieu 1. Milieu *n*, Umgebung *f (innen)*; 2. Umwelt *f*
military architecture Wehrbau *m*, Militärarchitektur *f*
military bridge Pionierbrücke *f*
military building Militärgebäude *n*
military building construction Militärhochbauwesen *n*
military construction Militärbau *m*
military engineering Pioniertechnik *f*
military hospital Lazarett *n*
military roads Militärstraßen *fpl*
military road network Militärstraßennetz *n*
military tower Festungsturm *m*
milk farm Meierei *f*, Molkerei *f*
milk glass Milchglas *n*
milk of lime Kalkmilch *f*
milk parlour Milchraum *m (einer Milchviehanlage)*
milk-processing plant Milchverarbeitungsbetrieb *m*
milkiness milchiger Schleier *m*, Entfärbungsschleier *m (z. B. auf Anstrichen)*
mill *v* 1. zerkleinern, brechen *(Baustoffe)*; fräsen *(Oberflächen)*; mahlen, mahlzerkleinern *(keramische Baustoffe, Füllstoffe)*; 2. zurichten, behauen *(Stein)*; 3. rändern, riefen *(Ummantelung, Abschluss)*
mill *v* **timbers** (maschinell) Holz schneiden
mill Zerkleinerungsanlage *f*, Aufbereitungsanlage *f*
mill board Graupappe *f*
mill construction Starkholzbaukonstruktion *f*
mill course [flume] Mühlgraben *m*, Mühlgerinne *n*
mill length Lieferlänge *f (Röhre)*
mill-mixed vorgemischt, fertiggemischt *(Putz, Mörtel)*
mill-painted werkgestrichen
mill-primed werkgrundiert, mit Fertigungsanstrich versehen
mill-race Mühlengraben *m*
mill run unsortiertes Schnittholz *n*, unsortierte Platten *fpl (Holz)*
mill scale Walzzunder *m*, Sinterbelag *m (Baustahl)*
mill site Fabrikgelände *n*, Werkstandort *m*
mill tail *(Wsb)* Unterwassergraben *m*
mill work Bautischlereieinbauten *mpl*, Holzeinbauten *mpl*
millboard Graupappe *f*, Pappe *f*
milldam Mühlengrabenabdämmung *f*
milled bearbeitet, behauen, zugerichtet *(Steinmetzarbeit)*
milled joint Werkstoß *m*
milled stonework behauene [zugerichtete] Werksteine *mpl*
miller Fräsmaschine *f (für Metall)*
millerite Millerit *m*, Haarkies *m*
milling 1. Zerkleinerung *f*, Mahlen *n*; 2. Natursteinbearbeitung *f*, Steinsägen *n*, Steinschneiden *n*; 3. Fräsarbeit *f*, Fräsen *n*
milling cutter Holzfräser *m (Werkzeug)*
milling machine Fräsmaschine *f*, Holzfräsmaschine *f*, Straßenfräse *f*, Kaltfräse *f*
milling tool Fräser *m*
milling work Fräsarbeit *f*
millstone Mahlstein *m*, Mühlstein *m (auch geologisch)*
millstone grid Mühlensandstein *m*
millwork *(AE)* Holzbauelemente *npl*, Holzbauteile *npl*; Bautischlerprodukte *npl*
millwork plant *(AE)* Bautischlerei *f*
millwright Monteur *m (z. B. für Maschinen und Anlagen)*; Montageschlosser *m*
millwrighting Montage *f*, Montagearbeit *f*
mimbar *(Arch)* Mimbar *m (Moscheekanzel)*
minaret Minarett *n*
mine *v* abbauen, schürfen
mine Grube *f*, Schachtanlage *f (Bergbau)*
mine railway Grubenbahn *f*, Zechenbahn *f*
mine water Grubenwasser *n*, Schachtwasser *n*
mine working Grubenbau *m*
mineable abbaufähig; abbauwürdig
mined space bergmännisch hergestellter Hohlraum *m*
mineral aggregate mineralischer Zuschlag(stoff) *m*; Gesteinskörnung *f*, Mineralstoffkörnung *f*

mineral aggregate mix Mineralgemenge *n*
mineral analysis Mineralanalyse *f*
mineral binder mineralisches Bindemittel *n*, Binder *m*
mineral black Erdschwarz *n (Farbe)*
mineral bound mineralisch gebunden
mineral claim Mineralstoffabbaurecht *n*, Anspruch *m* auf Mineralstoffgewinnung
mineral colour Mineralfarbe *f*
mineral composition mineralische Zusammensetzung *f*, Mineralbestand *m*
mineral concrete Mineralbeton *m (ohne Bindemittel)*
mineral concrete aggregate mineralischer Betonzuschlagstoff *m*
mineral constituent Mineralbestandteil *m*
mineral construction material mineralischer Baustoff *m*
mineral deposit Mineralstofflagerstätte *f*
mineral dust Gesteinsstaub *m*, Mineralfüller *m*, Füller *m (Zuschlag)*
mineral-faced mineralabgestreut, mineralbestreut
mineral fibre Mineralfaser *f*, Mineralwolle *f*, Karmalit *n*, Keramsit *m*
mineral fibre slab Mineralfaserplatte *f*
mineral fibre mat Mineralfasermatte *f*
mineral fibre pad Mineralwolleabpolsterung *f (an einer Metallakustikdecke)*
mineral fibre tile gebundene Mineralfaserplatte *f*, Keramsitplatte *f (akustische Decke)*
mineral fibreboard gebundene Mineralfaserplatte *f (akustische Decke)*
mineral-filled asphalt gefülltes Asphaltmischgut *n*; gefülltes Bitumen *n*; *(AE)* Asphaltmastix *m*
mineral filler Mineralfüller *m*, mineralischer Füller *m* [Füllstoff *m*]
mineral flax Faserasbest *m*; Asbestfaserwolle *f*
mineral grain Mineralkorn *n*
mineral grain mix Mineralgemenge *n*
mineral granules Abstreusplitt *m* für Bedachungsmaterial, Mineralbestreuung *f*
mineral matter Mineralstoff *m*
mineral orange Bleimennige *f*
mineral pigment Erd(stoff)pigment *n*, Erdfarbe *f*, natürliches Pigment *n*
mineral pitch Naturasphalt *m*, Erdpech *n*
mineral powder Gesteinsmehl *n*
mineral raw material mineralischer Rohstoff *m*
mineral red Bleimennige *f*
mineral resources Bodenschätze *mpl*
mineral scale Kesselstein *m*, Wasserstein *m*
mineral skeleton Mineralgerüst *n*
mineral soil Mineralboden *m*
mineral spirit(s) Lösungs(mittel)benzin *n*, Lackbenzin *n*
mineral spring Mineralquelle *f*
mineral stability number Mineralbeständigkeitszahl *f (einer Bitumenemulsion)*
mineral substrate mineralischer Anstrichgrund *m*, mineralische Anstrichfläche *f*, mineralischer Untergrund *m*
mineral surface roofing paper *s.* mineral-surfaced felt
mineral-surfaced felt besandete Bitumenpappe *f*, abgesandete Dachpappe *f*
mineral surfacing Mineralbestreuung *f*
mineral tar Erdteer *m*, Asphaltpech *n*, Asphaltteer *m*
mineral trass Wildtrass *m (vulkanische Tuffart)*
mineral wealth Bodenschätze *mpl*
mineral wool Mineral(faser)wolle *f*, Gesteinswolle *f*, Glasfaserwolle *f*, Schlackenwolle *f*, Keramsit *m*
mineral wool insulation Mineralwolledämmung *f*
mineralogic composition mineralogische Zusammensetzung *f*
mineralogist Mineraloge *m*
mineralogy Mineralogie *f*
miner's housing construction Bergarbeiterwohnungsbau *m*
miner's housing estate Bergarbeitersiedlung *f*
mingle *v* vermischen, (ein)mischen, vermengen *(Anstriche, Baustoffe)*
mini-roundabout *(Verk)* Minikreisverkehr *m*, Minikreisverkehrsknoten *m*, Minikreisverkehrsplatz *m*
miniature lancet Kleinlanzettfenster *n*
minimize *v* abbauen, minimieren *(Last, Spannung)*
minimum area Mindestfläche *f*
minimum average value Mindestmittelwert *m*
minimum bending tension stress Mindestbiegezugfestigkeit *f*
minimum cement content Mindestzementgehalt *m*, Mindestzementmenge *f*
minimum clearance *(Verk)* Mindestlichtraum *m*, Regellichtraum *m*
minimum coating thickness Mindestschichtdicke *f (Schutzschichten)*
minimum compressive strength Mindestdruckfestigkeit *f*
minimum (concrete) cover Mindestbetondeckung *f*
minimum content Mindestgehalt *m*
minimum cross section Mindestquerschnitt *m*
minimum cube strength Mindestwürfelfestigkeit *f (Betonwürfel)*
minimum depth Mindesttiefe *f*
minimum dimension Kleinstabmessung *f*, Mindestabmessung *f*, Mindestmaß *n*
minimum dimension on plan kleinste Grundrissabmessung *f*
minimum distance Mindestabstand *m*
minimum failure strength Mindestdruckfestigkeit *f*
minimum flow Niedrigwasser *n*
minimum gradient Mindest(längs)neigung *f (Wasserabfluss)*
minimum heat insulation Mindestwärmeschutz *m*
minimum limit Kleinstmaß *n*, unteres Grenzmaß *n*
minimum load Mindestlast *f*
minimum load-bearing capacity Mindesttragfähigkeit *f*
minimum loading Mindestbelastung *f*
minimum longitudinal prestressing Mindestlängsvorspannung *f*
minimum moment Minimalmoment *n*, Mindestmoment *n*, Kleinstmoment *n*
mimimum prestressing Mindestvorspannung *f*
minimum quality Mindestgüte *f*
minimum radius of curve Mindestbiegungshalbmesser *m*, Mindestradius *m (Kurve)*
minimum rafter spacing Mindestsparrenabstand *m*
minimum reinforcement Mindestbewehrung *f*
minimum roof slope Mindestdachneigung *f*
minimum room height Raummindesthöhe *f*
minimum sound insulation Mindestschallschutz *m*
minimum spacing Mindestabstand *m*
minimum strength Mindestfestigkeit *f*
minimum stress untere Grenzspannung *f*
minimum tensile strength Mindestzugfestigkeit *f*
minimum thermal insulation Mindestwärmedämmung *f*
minimum thickness Mindestdicke *f*
minimum thrust Minimalschub *m*
minimum value of strength Mindestfestigkeitswert *m*
minimum variable load Mindestverkehrslast *f*
minimum wall thickness Mindestwanddicke *f*, Wandmindeststärke *f*
minimum water requirement Mindestwasserbedarf *m*
minimum width Mindestbreite *f*
minimum yield point Mindeststreckgrenze *f*

mining Bergbau *m*
mining damage Bergschaden *m*; Bergsetzungsschaden *m*
mining debris Bergbauabraum *m*, Abraumschutt *m*
mining subsidence Bergbausetzung *f*, Setzung *f* in Bergwerksgebieten
minium Mennige *f*, Bleimennige *f*, natürliches Bleioxidrot *n*
minium-based mastic Mennigekitt *m*
minium of iron Eisenmennige *f*
Ministry of Housing Wohnungsbauministerium *n*
Minoan architecture Architektur *f* der Bronzezeit *(auf Kreta)*
minor bed *(Wsb)* Niedrigwasserbett *n*
minor change (in the construction work) unwesentliche Bauausführungsänderung *f*
minor external buildings unwesentliche Außenbauten *mpl*
minor non-conformance kleiner Fehler *m*, Nebenfehler *m*
minor road (ländliche) Nebenstraße *f*
minor street Nebenstraße *f (in der Stadt)*
minor street network (städtisches) Nebenstraßennetz *n*
minutes Protokoll *n*, Niederschrift *f*
miraculous image *(Arch)* Mirakelbild *n*, Gnadenbild *n*
minster *(Arch)* Münster *n*
minus material Siebfeines *n*, Siebdurchgang *m*, Siebdurchfall *m*
mire Schlamm *m*, Morast *m*; Sumpfland *n*
mirror 1. Spiegel *m*; 2. Ovalornament *n* mit Zierkantenumrahmung
mirror coating Spiegelschicht *f*
mirror finish Hochglanz *m*, Spiegelglanz *m*
mirror-finished hochglanzpoliert
mirror glass plate Spiegelglastafel *f*
mirror-liked spiegelglänzend
mirror method spiegeloptisches Verfahren *n (Modellstatik)*
mirror method spiegeloptisches Verfahren *n*
mirror of a vault Gewölbespiegel *m*
mirror reflector Spiegelreflektor *m (Leuchte)*
mirror square Winkelspiegel *m*
miry schlammig, moorig
miry sand schlammiger Sand *m*
misalign *v* verschieben; außer Flucht bringen; versetzen; sich verlagern
misaligned nicht fluchtend, außer Flucht; versetzt *(außer Flucht)*
misalignment Fluchtungsfehler *m*, Fluchtabweichung *f*, Richtungsabweichung *f (in der Flucht)*; Versatz *m*
miscalculate *v (Stat)* falsch berechnen; sich verrechnen
miscellaneous and contingencies Verschiedenes *n* und Unvorhergesehenes *n (Bauleistungsvertrag)*
miscibility Mischbarkeit *f*
miscibility with water Wassermischbarkeit *f*
miscibility with water test Mischbarkeitsprüfung *f* mit Wasser, Wassermischbarkeitsprüfung *f*
miscible mischbar
misdemeanour Verfehlung *f*, Übertretung *f*
miser Erdbohrer *m*
misering Probeerdbohrung *f*
misfire Fehlschuss *m*, Zündaussetzer *m (Sprengen)*
misgiving Bedenken *pl*
mislocated räumlich falsch angeordnet, lageungenau
mismatch lumber *(AE)* nicht genau passende Brettkanten *fpl*
mismatched nicht zusammenpassend *(z. B. Furniere)*; schlecht sitzend *(z. B. Fittings)*
misplace *v* falsch anbringen
misplaced material Fehlgut *n*
misplaced size Fehlkorn *n (eines Gekörns)*
mission architecture Kirchenarchitektur *f* spanischer Orden *(in Mexiko im 18. Jahrh.)*
mission tile 1. Mönch(ziegel) *m*, konvex gewölbter Dachziegel *m* mit halbkreisförmigem Querschnitt; 2. Nonne *f*, Nonnenziegel *m*, konkav gewölbter Dachziegel *m*
mission tiling Mönch-Nonne-Ziegeldachdeckung *f*
mist 1. Nebel *m*; 2. Beschlag *m*, Schleier *m (Glas)*
mist ice *(Verk)* Nebeleis *n (Straße)*
mist coat sehr dünne Farbspritzschicht *f*
misused zweckentfremdet *(z. B. Verwendung von Wohnraum)*
mitchell Quadersandstein *m*
miter *v (AE) s.* mitre
mitering *s.* mitring
mitigate *v* mildern, abschwächen
mitre *v* gehren, auf Gehrung schneiden
mitre *v* **a cornice** ein Profil rundziehen
mitre 1. Gehrung *f*, Gehre *f*, Gehrungsschnitt *m*; 2. *s.* mitre joint; 3. *s.* mitre square
mitre angle Gehrungswinkel *m*
mitre arch gerader Spitzbogen *m*
mitre block geschnittenes Gehrungsholz *n*, Holzblock *m* mit 45°-Schnittwinkel
mitre board Gehrungsschnittmaßbrett *n*
mitre box Gehrungsschnittkasten *m*, Gehrungsschnittlehre *f*
mitre bread Wellennagel *m*, gewellter Nagel *m*
mitre cap Treppengeländerpfosten *m (mit Gehrung und gestaltet)*
mitre clamp [cramp] Gehrungs(schraub)zwinge *f*
mitre cut Gehrungsschnitt *m*
mitre-cutting machine Gehrungsstanzmaschine *f*
mitre dovetail verdeckte Zinken *fpl*, geschlossene Gehrungszinke *f*, verdeckter Schwalbenschwanz *m*
mitre gauge Gehrungslehre *f*
mitre joint Gehrungsverbindung *f*, Gehrungsstoß *m*, Stoß *m* auf Gehrung; Gehrfuge *f*
mitre knee Gehrungsknie *n (Handlauf)*
mitre plane Gehrungshobel *m*
mitre post äußerer Torflügelpfosten *m (im geschlossenen Zustand in Tormitte)*
mitre rod Putzeisen *n* für Ecken mit 45°-Abschnittwinkel [45°-Schnittwinkel]
mitre rule *s.* mitre square
mitre saw Fuchsschwanz *m*; Gehrungssäge *f*
mitre shoot Gehrungsschnittmaßbrett *n*
mitre sill Drempel *m*
mitre square Gehrungswinkel *m*, Gehrmaß *n*
mitre surface Gehrungsfläche *f*
mitred gegehrt, auf Gehrung geschnitten
mitred-and-cut string Sattelwange *f* mit Gehrungseinschnitt *(Treppe)*
mitred-closer Gehrungsziegel *m*, gewinkelter Abschlussziegel *m*
mitred gate *(Wsb)* Stemmtor *n (Schleuse)*
mitred joint *s.* mitre joint
mitred lock gate *(Wsb)* Stemmtor *n (Schleuse)*
mitred tenon *(Hb)* Jagdzapfen *m*
mitred valley (roofing) exakt anliegende Kehldachhaut *f*
mitring *(Hb)* Gehrungsschnitt *m*, Schneiden *n* einer Gehrung
mix *v* (ver)mischen, vermengen; anrühren, verrühren *(mit Flüssigkeiten)*; anmachen *(Mörtel, Beton)*; sich mischen
mix Mischung *f*, Gemisch *n*; Mischgut *n*; Betonmischung *f*
mix class Mischgutklasse *f*
mix composition Mischungszusammensetzung *f*, Mischgutzusammensetzung *f*
mix consistency Mischungskonsistenz *f*
mix control Mischungskontrolle *f*

mix design Mischungsentwurf *m*, Aufstellen *n* des Mischungsverhältnisses *(Berechnung)*
mix design and analysis system *(AE)* System *n* der Eignungsprüfung und Analyse *(von Asphalt)*
mix design approval Mischrezepturbestätigung *f*, Zustimmung *f* zur Eignungsprüfungsrezeptur *f*
mix formula Mischungsformel *f*
mix-in-place 1. Mischen *n* an Ort und Stelle *(Beton, Mörtel)*; Baustellenmischverfahren *n*; Baustellengemisch *n*; 2. *s.* mixed-in-place construction
mix-in-plant Zentralmischverfahren *n*, Werksmischung *f*
mix proportion(ing) Mischungsverhältnis *n*; Dosierung *f*
mix of hydrocarbons of high molecular weight hochmolekulare Kohlenwasserstoffverbindung *f*
mix of styles *(Arch)* Stilmischung *f*
mix proportions Mischungsverhältnis *n*
mix proportions by volume Mischungsverhältnis *n* nach Raumteilen
mix proportions by weight Mischungsverhältnis *n* nach Gewichtsteilen
mix-ratio Misch(ungs)verhältnis *n*
mix roadway gemischte Straße *f*
mix sort Mischgutsorte *f*
mix type Mischgutart *f*
mix type approval Zustimmung *f* zur Mischgutart
mixed acid pickle Mischbeize *f*
mixed adhesive Zweikomponentenklebstoff *m*
mixed arch zusammengesetzter [mehrfach zentrierter] Bogen *m*
mixed batch Frischbeton *m*, frische Mischung *f (Transportbeton)*
mixed batch capacity Mischercharge *f*, Mischerinhalt *m*
mixed binder Mischbinder *m (hydraulisches Bindemittel)*
mixed bituminous macadam bituminöser Mischmakadam *m*
mixed cement Mischzement *m*
mixed centering *(AE)* Lehrgerüst *n* für einen zusammengesetzten Bogen
mixed construction gemischte Bauweise *f*, Gemischtbauweise *f*
mixed development Mischbauweise *f*, Funktionsüberlagerung *f (Städtebau)*
mixed development area [zone] Mischbebauungsgebiet *n*
mixed gauge *(Verk)* zweispurig *(Eisenbahn)*
mixed glue fertiggemischter Leim *m* [Kleber *m*] *(mit Härter)*
mixed-grained gemischtkörnig
mixed grains Korngemenge *n*, Körnungsgemisch *n*, Kornmischung *f*
mixed-in-place construction Einfräsverfahren *n*, Einmischverfahren *n* an Ort und Stelle, Fräs(en)mischung *f (Bodenstabilisierung)*
mixed load gemischte Last *f*
mixed loading gemischte Belastung *f*
mixed macadam Mischmakadam *m*
mixed material Mischgut *n*
mixed material storage hopper Mischgutsilo *n (Asphalt)*
mixed occupancy gemischte Gebäudenutzung *f (mit verschiedenen Sicherheitsklassen)*
mixed pigment Mischpigment *n*
mixed plaster Putz(masse *f*) *m*
mixed plaster on wire lath Drahtverputz *m*
mixed process gemischtes Verfahren *n*
mixed product Mischgut *n (bituminöses Mischgut, Beton)*
mixed rock Mischgestein *n*
mixed sedimentary rock gemischtes Sedimentgestein *n*
mixed soil Mischboden *m*
mixed-use area [zone] Mischgebiet *n (Städtebau)*
mixer Betonmischer *m*, Betonmischmaschine *f*, Mischer *m*
mixer conveyor Transportmischer *m*, Betontransporter *m*, Betonfahrmischer *m*
mixer driver Mischerfahrer *m*; Maschinist *m (für Betonmischanlagen)*
mixer efficiency Mischintensität *f* eines Mischers
mixer fitting *s.* mixer tap
mixer for soil stabilization Bodenverfestigungsmischer *m*, Bodenfräse *f*
mixer operator Mischerfahrer *m*
mixer paddle Mischerschaufel *f*, Mischerarm *m*
mixer paver Mischerfertiger *m*
mixer platform Mischerbühne *f*
mixer spreader Brückenmischer *m*
mixer tap *(San)* Mischbatterie *f*, Wassermischbatterie *f*
mixer truck *(AE) s.* mixer conveyor
mixer with staggered baffles Freifallmischer *m (Beton)*
mixing Mischen *n*; Anrühren *n*, Anmachen *n (von Mörtel, Beton)*
mixing bin Mischbunker *m*
mixing bowl Mischbehälter *m*, Mischtopf *m*
mixing by spading Betonhandmischen *n*
mixing cycle Mischzyklus *m*, Mischspiel *n*; Mischdauer *f*, Anmachzeit *f*
mixing drum Misch(er)trommel *f*
mixing faucet *(AE) s.* mixing tap
mixing formula Mischrezeptur *f*
mixing of cement Anmachen *n* des Zements
mixing of colours Farbmischen *n*
mixing of mortar Mörtelanmachen *n*
mixing of pigment Farbmischen *n*
mixing operation Mischvorgang *m*
mixing plant Mischanlage *f*; Mischmaschine *f*
mixing-plant control Mischanlagensteuerung *f*
mixing platform Mischbühne *f*
mixing rate [ratio] Mischungsverhältnis *n*
mixing section *(HLK)* Mischstrecke *f*
mixing speed Mischtrommelgeschwindigkeit *f*
mixing stage Mischbühne *f*
mixing tank Mischbehälter *m*, Mischbottich *m*
mixing tap *(San)* Mischbatterie *f*, Wassermischbatterie *f*; Badbatterie *f*
mixing time Mischzeit *f*, Mischdauer *f*, Anmachzeit *f (nach Bindemittelzugabe)*
mixing tower Mischturm *m*
mixing unit *s.* mixing tap
mixing valve 1. *(San)* Mischventil *n*; 2. *s.* mixing tap
mixing varnish Zusatzlackkomponente *f*, Mischlack *m (für Anstrichstoffe)*
mixing water Mischwasser *n*, Anmachwasser *n (für Beton)*
mixture 1. Mischung *f*, Gemisch *n*, Gemenge *n*; Mischgut *n*; Betonmischung *f*; 2. *s.* mixing; 3. *s.* mixture ratio
mixture component Gemischkomponente *f*, Mischungsbestandteil *m*
mixture composition Gemischzusammensetzung *f*, Gemischaufbau *m*, Mischungszusammensetzung *f*
mixture of colours Farbmischung *f*
mixture of styles Stilmischung *f*
mixture proportioning Gemischdosierung *f*, Mischungsdosierung *f*
mixture ratio Mischgutverhältnis *n*
mixture separation Entmischung *f*
moat Wallgraben *m*, Befestigungsgraben *m*, Festungsgraben *m*; Burggraben *m*, Wassergraben *m*
mobile mobil, beweglich; fahrbar *(z. B. Werkstatt)*; versetzbar
mobile concrete factory fliegendes Betonwerk *n*
mobile crane Autokran *m*
mobile crusher fahrbare Brechanlage *f*

mobile factory transportable Mischanlage *f*, fliegendes Betonwerk *n*
mobile form Gleitschalung *f*
mobile home bewegliche Raumzelle *f*
mobile load bewegliche Belastung *f*, wandernde Last *f*
mobile mixing plant transportable Mischanlage *f*
mobile scaffold bewegliches Gerüst *n*, Rollgerüst *n*
mobile tower crane Turmdrehkran *m*, Montagekran *m*, Baukran *m*
mobile town Wohnwagensiedlung *f*
mobility draughts Mobilitätskonzepte *npl*
mock arcade Scheinarkade *f*
mock architecture Scheinarchitektur *f*
mock-up Modell *n*, Muster *n (in natürlicher Größe)*; Lehrmodell *n*
mod cons *s.* modern conveniences
modal shift Verkehrsmittelwechsel *m*; Umsteigen *n* von einem Verkehrsmittel auf das andere
modal split Verkehrsmittelaufteilung *f (Städtebau)*
mode Modalität *f*, Form *f*, Zustand *m*
mode of application Betriebsweise *f*, Arbeitsweise *f*
mode of cracking Rissart *f*
mode of failure Bruchform *f*, Rissart *f*
mode of loading Belastungsart *f*
mode of presentation Erhaltungszustand *m*
mode of stressing Beanspruchungsart *f*, Form *f* der Beanspruchung
mode of transportation Verkehrsart *f*
mode priority Zustandspriorität *f*
model *v* 1. durchbilden, modellieren; nachbilden; 2. entwerfen, entwickeln
model 1. Modell *n*, Muster *n*; Vorlage *f*; Schablone *f*; 2. Modell *n*, Nachbildung *f*; 3. Ausführung *f*, Bauweise *f*, Konstruktion *f*
model analysis Modellstatik *f*
model assumption Modellvorstellung *f*
model builder *s.* modeller
model experiment Modellversuch *m*
model house [home] Musterhaus *n*
model making Modellbau *m*
model scale Modellmaßstab *m*
model structural analysis Modellstatik *f*
model structure Modellbauwerk *n*
model study Modellstudie *f*
model test Modellversuch *m*
modeller 1. Modellbauer *m*; 2. Modelltischler *m*
modelling 1. Modellierung *f*, Formung *f*, Formgebung *f*; 2. Stuckarbeit *f*
moderate conditions Normalbedingungen *fpl (Baudurchführung)*
moderately stiff fresh concrete mäßig steifer Frischbeton *m*
modern modern
modern conveniences Wohnkomfort *m*
Modern Style *(Arch)* Jugendstil *m*
Modernism *(Arch)* Modernismus *m*
modernity Modernität *f*
modernness Modernität *f*
modernization Modernisierung *f*, Rekonstruktion *f (von Gebäuden)*
modernize *v* modernisieren; rekonstruieren *(Gebäude)*
modification 1. Änderung *f*, Bauausführungsänderung *f*, Modifikation *f*; 2. Bauvertragsänderung *f*; 3. Vergütung *f (von Mörtel, Beton)*
modification of the contract Bauvertragsänderung *f*
modified alkyd resin modifiziertes Alkydharz *n*
modified binder modifiziertes Bindemittel *n*
modified bitumen modifiziertes Bitumen *n*
modified English bond englischer Verband *m*
modified paving mix modifizierter Asphalt *m*
modified Portland cement Portlandzement *m* mit mittlerer Hydratationswärme
modified solid wood vergütetes Massivholz *n*
modifier Vergütungsmittel *n*, Vergüter *m*; Modifizierungsmittel *n*
modify *v* 1. verändern; modifizieren; umbauen; 2. vergüten *(Mörtel, Beton)*
modifying agent Vergütungsadditiv *n*, Vergütungsmittel *n*
modillion *(Arch)* Modillion *n*, Zierkonsole *f (am Sims korinthischer Säulen)*
modular im Baukastensystem gebaut; Baukasten...; Standard...
modular building system Baukastensystem *n*, maßeinheitliches Bausystem *n*
modular building unit Modul(bau)element *n*, maßeinheitliches Bauteil *n*
modular component Raumzelle *f*
modular construction Baukastenkonstruktion *f*, Modulbau *m*
modular construction method Raumzellenbauweise *f*
modular coordination Modulordnung *f*, Maßordnung *f*, Baumodul *m*
modular design system Baukastensystem *n*
modular deviation Modulabweichung *f*
modular dimension modulare Abmessung *f*, Modulabmessung *f*, Modulmaß *n*
modular format Modulformat *n*
modular furniture Bausatzmöbel *npl*, Baukastenmöbel *n*
modular gap Modulspiel *n*
modular grid Modulraster *n*, Raster *n*, Rastergrundriss *m*, Systemnetz *n*
modular grid system Bandrastersystem *n*
modular housing Raumzellenbauweise *f*, Installationszellenbauweise *f*, Bauen *n* mit Raumzellen
modular length Modullänge *f*, Maßordnungslänge *f*
modular line Rasterlinie *f*, Systemlinie *f*
modular masonry unit Baustein *m* mit Modulmaß
modular plane Modularrasterebene *f*
modular point Rasterpunkt *m*
modular ratio Elastizitätsmodulverhältnis *n* von Baustahl zu Beton, Verhältnis *n* der E-Module
modular ratio method n-Verfahren *n (Stahlbeton)*
modular size Modulgröße *f*
modular space grid dreidimensionaler Raster *m*, Raumraster *m*
modular system Rastermaßkonstruktionssystem *n*, Baukastensystem *n*, Modulsystem *n*
modular unit Raumzelle *f*
modular width Modulbreite *f*
modularity Baukastensystem *n (Fertigteilbauten)*
modulate *v* modulgerecht bauen
module 1. Modul *n*, Grundmaß *n*, Rastermaß *n (Bauraster)*; 2. Modul *n*, Baustein *m*, Bauelement *n*, Baueinheit *f*; 3. *s.* modulus 1.
module-built block Modulgebäude *n*
module method Raumzellenbauweise *f*
modulus 1. Modul *m (Materialkonstante)*; 2. Modul *m (Mathematik)*
modulus of compressibility *(Bod)* Verformungsmodul *m*, Steifezahl *f*
modulus of creep Kriechzahl *f (Beton)*
modulus of deformation Formänderungszahl *f*, Deformationsmodul *m*
modulus of dilatancy Dilatanzmodul *m*
modulus of elasticity Elastizitätsmodul *m*, E-Modul *m*
modulus of elasticity for [in] shear *s.* modulus of rigidity
modulus of elongation Dehnungszahl *f*, Dehnungsziffer *f*
modulus of inertia Trägheitsmodul *m*

modulus of longitudinal deformation Ausdehnungsmodul *m*
modulus of plasticity Plastizitätsmodul *m*
modulus of resilience Modul *m* der Formänderungsenergie
modulus of resistance Festigkeitszahl *f*, Festigkeitsmodul *m*, Widerstandsmoment *n*
modulus of rigidity Schub(elastizitäts)modul *m*, Gleitmodul *m*, Torsionsmodul *m*, Gleitmaß *n*
modulus of rupture Bruchmodul *m*, (statische) Zerreißfestigkeit *f*
modulus of shear *s.* modulus of rigidity
modulus of sliding movement Querdehnungszahl *f*, Querelastizitätsmodul *m*
modulus of stiffness Steifigkeitsmodul *m*
modulus of strain hardening Verfestigungsgeschwindigkeit *f*
modulus of subgrade reaction Bettungsziffer *f*, Bettungszahl *f*, Planumsmodul *m*
modulus of the foundation Flächenbettungszahl *f*, Bettungsziffer *f*, Bettungszahl *f (Fundamentunterseite)*
modulus of torsion Torsionsmodul *m*, Schubmodul *m*
modulus of toughness Zähigkeitsmodul *m*, Modul *m* der Bruchverformungsenergie
modulus of transverse elasticity Schubelastizitätsmaß *n*, Gleitmaß *n*
moellon Kieselsteinfüllung *f* zwischen Außenwänden
Moghrebin architecture nordafrikanisch-maurische Architektur *f*, nordafrikanisch-maurische Baukunst *f*
Mogul architecture Mogularchitektur *f*, Mogulbaukunst *f (muslimische Baukunst in Indien 16.–18. Jahrh.)*
mogul base *(El)* Goliathsockel *m*
Mohammedan architecture *s.* Muslim architecture
Mohr's bending curve *(Bod)* mohrsche Biegungslinie *f*
Mohr's circle for stress *(Bod)* mohrscher Spannungskreis *m*
Mohr's correction method *(Bod)* mohrsches Verfahren *n*
Mohr's circle of stress *(Bod)* mohrscher Spannungskreis *m*
Mohr's envelope *(Bod)* mohrsche Hüllkurve *f*
Mohr's (hardness) scale *(Bod)* mohrsche Härteskala *f*
Mohr's stress circle *(Bod)* mohrscher Spannungskreis *m*
Mohr's theory *(Bod)* Hypothese *f* des elastischen Grenzzustandes nach Mohr
moist feucht • **become moist** schwitzen *(z. B. Mauern)*
moist-cure *v* mit Feuchtigkeit nachbehandeln
moist-cured in feuchter Luft gelagert *(Beton)*
moist-curing Feuchtnachbehandlung *f*, Feuchthalten *n*, Feuchthaltung *f (von Beton)*
moist room *(San)* Feuchtlagerraum *m*, Nassraum *m*
moist room dampproofing Nassraum(ab)dichtung *f*
moist room luminaire Nassraumleuchte *f*
moist room service Nassrauminstallation *f*
moist subsoil feuchter Untergrund *m*
moist unit weight Feuchtraumgewicht *n*
moisten *v* anfeuchten, befeuchten, netzen, (an)nässen; feucht halten; feucht werden
moisten *v* **completely** durchfeuchten
moisten *v* **the brickwork** das Ziegelmauerwerk (an)nässen
moisten *v* **the mixture** die Mischung benetzen
moistener Befeuchter *m*
moistening Anfeuchten *n*, Befeuchten *n*
moistening agent Anfeuchtungsstoff *m*, Befeuchtungsstoff *m*
moistening power Benetzungsfähigkeit *f*
moisture Feuchte *f*, Feuchtigkeit *f* • **become covered with moisture** mit Feuchtigkeit beschlagen
moisture absorption Feuchtigkeitsaufnahme *f*
moisture barrier Feuchtesperre *f*, Feuchtigkeitssperre *f*, Feuchtigkeitssperrlage *f*
moisture-carrying feuchtebeladen
moisture content Feuchtegehalt *m*; Wassergehalt *m*
moisture content control Feuchtigkeitsgehaltkontrolle *f*
moisture control Feuchteregelung *f*, Feuchtigkeitsreglung *f*
moisture controlling feuchtigkeitsregulierend
moisture cover Feuchtigkeitsbelag *m*
moisture-curing feuchtigkeitshärtend, durch Feuchtigkeit härtend
moisture deficiency Feuchtigkeitsdefizit *n*
moisture density test *(Bod, Erdb)* Verdichtungsversuch *m*, Verdichtungsprüfung *f*
moisture desorption Feuchtigkeitsabgabe *f*
moisture entry Feuchtigkeitseintritt *m*, Feuchteeintritt *m*
moisture equivalent *(Bod, Erdb)* Wassergehalt *m (nur bodenkundig)*
moisture expansion 1. Feuchtigkeitsausdehnung *f*, Materialausdehnung *f* durch Wasser(dampf)aufnahme; 2. Quellvolumen *n (eines Massenguts)*
moisture film Feuchtigkeitsfilm *m*
moisture-free wasserfrei, trocken
moisture gradient Feuchtigkeitsgefälle *n*
moisture-holding capacity *(Bod, Erdb)* Wasseraufnahmevermögen *n*, Wasserhaltevermögen *n (Erdstoffe)*
moisture impermeability Feuchtigkeitsundurchlässigkeit *f*
moisture increase Feuchtigkeitszuwachs *m*
moisture index Feuchtigkeitszahl *f*; Feuchtigkeitsindex *m*
moisture-laden mit Feuchtigkeit gesättigt
moisture-laden air Feuchtluft *f*
moisture limit Feuchtigkeitsgrenze *f*
moisture loss Feuchtigkeitsverlust *m*
moisture meter Feuchtemesser *m*
moisture migration Feuchtigkeitswanderung *f*
moisture movement 1. Feuchtigkeitsverlagerungseffekte *mpl (auf Mörtel, Zement, Stein)*; 2. Feuchtigkeitswanderung *f*
moisture of capillarity Kapillarwasser *n*
moisture passage Feuchtigkeitsdurchgang *m*, Feuchtedurchgang *m*
moisture penetration Feuchtigkeitsdurchgang *m*
moisture percentage Feuchtigkeitsgehalt *m*
moisture permeability Feuchtedurchlässigkeit *f*, Feuchtigkeitsdurchlässigkeit *f*
moisture pick-up Feuchtigkeitsaufnahme *f*
moisture-proof feuchtigkeitsdicht, feuchtigkeitsundurchlässig, feuchtigkeitsgeschützt; wasserdampfundurchlässig, wasserdampfdicht
moisture-proof cable *(El)* Feuchtraumleitung *f*
moisture-proof fitting *(El)* Feuchtraumarmatur *f*
moisture-proof installation *(El)* Feuchtraumanlage *f*
moisture-proof roofing sheet Dachdichtungsbahn *f*
moisture proofing 1. Feuchtigkeitsabdichtung *f*, Feuchtigkeitsschutz *m (an Bauwerken)*; 2. Feuchtigkeitsdichtungsarbeiten *fpl*
moisture proofness Wasserdampfundurchlässigkeit *f*
moisture remove from roof Dachentfeuchtung *f*
moisture resistance Feuchtigkeitsbeständigkeit *f*, Feuchtebeständigkeit *f*
moisture seal Feuchtigkeitssperre *f*, Feuchtigkeitssperrschicht *f*
moisture stop Feuchtesperre *f*, Feuchtigkeitssperrschicht *f*
moisture suction Wasseraufnahmevermögen *n (Erdstoff)*
moisture test Feuchtigkeits(lager)prüfung *f*
moisture tester Feuchtemesser *m*
moisture vapour permeability Wasserdampfdurchlässigkeit *f*

moisture vapour transmission Wasserdampfdurchlässigkeit *f*
mold *(AE) s.* mould
mole Mole *f*, Hafenmole *f*, Hafendamm *m*, Steindamm *m*; Wellenbrecher *m*; Buhne *f*
mole drainage Schlitzdränung *f*
molecular molekular
molecular analysis Molekularanalyse *f*
molecular forces Molekularkräfte *fpl*
molecular sieve Mol(ekül)sieb *n*
molecular structure Molekularstruktur *f*
moler Molererde *f (eine Diatomeenerde)*
moler brick Molerstein *m (Isolierziegel aus Kieselgur)*
moler cement Molerzement *m*
moler chips Molersplitt *m*
moline cross *(Arch)* Ankerkreuz *n*
molten blastfurnace slag Hochofenschmelzschlacke *f*
molten slag Schmelzschlacke *f*
molybdate orange Molybdatorange *n (Farbe)*
molybdate red pigment Molybdatrotpigment *n*
molybdenum alloy Molybdänlegierung *f*
molybdenum steel Molybdänstahl *m*
moment Moment *n (Physik, Mathematik)*; Drehmoment *n* • **having zero moment** momentenfrei
moment allowance Momentendeckung *f*
moment area Momentenfläche *f*
moment area method Momentenflächenverfahren *n*
moment arm Hebelarm *m*; Kraftarm *m*
moment at base Fußmoment *n*
moment at head Kopfmoment *n*
moment at point of fixation Einspannmoment *n*
moment at (point of) support Stütz(en)moment *n*
moment at support Stützenmoment *n*
moment axis *s.* moment centre axis
moment balancing Momentenausgleich *m*
moment buckling Momentenknickung *f*
moment capacity *(Stat)* aufnehmbares Moment *n*, Momentenvermögen *n*
moment centre Drehpunkt *m*
moment centre axis [line] Momentennulllinie *f*, Momentenachse *f*
moment checking Momentennachweis *m*
moment coefficient Momentenbeiwert *m*
moment compression zone Biegedruckzone *f*
moment condition Momentenbedingung *f*
moment connection Momentenanschluss *m*
moment curvature Momentenverlauf *m*
moment curve Momentenkurve *f*, Momentenlinie *f*
moment determination Momentenermittlung *f*
moment diagram Momentendiagramm *n*, Momentenschaubild *n*, Momentenplan *m*
moment differential Momentengefälle *n*
moment distribution Momentenausgleich *m*, Momentenverteilung *f*
moment distribution method *(Stat)* Cross-Verfahren *n*, Momentenausgleichsverfahren *n*
moment due to wind pressure on joint Moment *n* des Winddrucks auf die Verbindung
moment equation Momentengleichung *f*
moment equilibrium Momentengleichgewicht *n*
moment-free momentenfrei, momentenlos
moment in the end span Endfeldmoment *n*
moment in the span Feldmoment *n*
moment influence line Momentenlinie *f*
moment method Momentenmethode *f*, Momentenverfahren *n*
moment of a couple (of forces) Moment *n* eines Kräftepaares
moment of flexion Biegemoment *n*
moment of a force Kräftemoment *n*
moment of a higher order höheres Moment *n*
moment of a load Lastmoment *n*
moment of area Flächenmoment *n*
moment of bending Biegemoment *n*
moment of deformation Verformungsmoment *n*
moment of flow Fließmoment *n*
moment of inertia Trägheitsmoment *n*
moment of inertia with respect to a plane planares Trägheitsmoment *n*
moment of plane area Flächenträgheitsmoment *n*
moment of resistance Widerstandsmoment *n*
moment of span Feldmoment *n*
moment percentage Momentenanteil *m*
moment pole Momentenpunkt *m*, Drehpunkt *m*
moment reversal Momentenumkehr *f*
moment transfer Momentenübertragung *f*
moment transmitting joint Momentenanschluss *m* *(Stahlbau)*
moment triangle Momentendreieck *n*
moment zero point *(Stat)* Momentennullpunkt *m*
momental vector Momentenvektor *m*, freier Vektor *m*
momentless momentenfrei
momentum (linearer) Impuls *m (Masse x Geschwindigkeit)*; Impuls *m* der Bewegung, Bewegungsgröße *f*, Kraft *f*, Schwung *m*
momentum transfer Momentenübertragung *f*
monastery Kloster *n*; Mönchskloster *n*
monastery garden Klostergarten *m*
monastic klösterlich
monastic architecture Klosterarchitektur *f*, Klosterbaukunst *f*, monastische Architektur *f*
monastic building Klostergebäude *n*
monastic cell Klausur *f*
monastic church Klosterkirche *f*, Konventualkirche *f*
monastic hall Klosterspeisesaal *m*, Refektorium *n*
monial Fensterpfosten *m*
Monier lining Monierverkleidung *f*
Monier reinforcing netting Moniergewebe *n*
Monier slab Monierplatte *f*
monitor *v* überwachen, kontrollieren
monitor 1. Dachanhebung *f*, Firstlaterne *f*, Dachfensterflucht *f*; 2. Druckstrahlbagger *m*; 3. Kontrollgerät *n*; Sichtgerät *n*
monitor roof *s.* monitor 1.
monitoring Überwachung *f*
monitoring after site closure Nachsorge *f*
monitoring equipment Überwachungsanlage *f*
monitoring network Überwachungsnetz *n*
monitoring unit Überwachungseinrichtung *f*
monitoring well Beobachtungsbrunnen *m*, Kontrollbrunnen *m*
monk bond märkischer Verband *m*
monkey Rammbär *m*, Fallbär *m*
monkey wrench Maulschlüssel *m*; *(AE)* Universalschraubenschlüssel *m*
monkeytail vertikales Ende *n* eines Handlaufs
mono-functional monofunktional
mono-pitch roof Pultdach *n*, Halbdach *n*
mono-symmetric einfach symmetrisch
mono-tower crane Turmdrehkran *m*
monoaxial loading einachsige Beanspruchung *f*
monoaxial stress einachsige Beanspruchung *f*, einachsiger Spannungszustand *m*
monocoque construction Schalenbauweise *f*
monochromatic einfarbig
monochrome einfarbig
monogenetic gravel engkörniger [monogener] Kies *m*
monolayer water fest gebundenes Porenwasser *n*

monolith 1. Monolith *m*, aus einem Stück bestehendes Trageelement *n*; 2. *(Arch)* Menhir *m (prähistorischer Totenstein)*
monolithic monolithisch, im Ganzen gegossen *(Beton)*; monolithisch, aus einem Stück gearbeitet; einschalig
monolithic arch monolithischer Bogen *m*
monolithic beam monolithischer Balkenträger *m*
monolithic column monolithische Säule *f*
monolithic concrete monolithischer Beton *m*, Monolithbeton *m*, Ortbeton *m*
monolithic connection monolithische Verbindung *f*
monolithic constructing monolithisches Bauen *n*
monolithic construction Monolithbau *m*, Monolithkonstruktion *f*
monolithic construction method monolithische Bauweise *f*, momoltihisches Bausystem *n*
monolithic floor Monolithdecke *f*
monolithic footing monolithisches Fundament *n*
monolithic fundament monolithische Gründung *f*
monolithic girder road bridge Monolithträgerstraßenbrücke *f*
monolithic joint harte Fuge *f*, Hartfuge *f*
monolithic masonry wall einschalige Mauer *f*
monolithic material monolithischer Werkstoff *m*
monolithic pillar Obelisk *m*
monolithic roof Massivdach *n*
monolithic sill durchgehende Sohlbank *f*
monolithic slab monolithische Platte *f*
monolithic structural system *s.* monolithic system
monolithic surface treatment Trockentorkretierung *f*
monolithic system monolithisches Bausystem *n*, monolithische Konstruktion *f*
monolithic terrazzo monolithischer Terrazzobelag *m*
monolithic topping verschleißfeste Betondeckschicht *f*
monometrical monometrisch
monopitch roof Pultdach *n*, Schleppdach *n*, Pultdach *n*
monopteros *(Arch)* Monopteros *m (Rundtempel mit Säulenkranz, ohne Cella)*
monorail Einschienenbahn *f*
monostyle *(Arch)* aus einem Baustil bestehend
montan cement Tonerdeschmelzzement *m*
montan wax Montanwachs *n*
montan wax additive Montanwachszusatzstoff *m*
montant Senkrechtrahmenstab *m*
monthly sun paths Sonnenwege *mpl* im jeweiligen Monat
montiform gebirgsartig
montmorillonite Montmorillonit *m (Tonmineral)*
montmorillonitic clay montmorillonitischer Ton *m*
monument 1. *(Arch)* Monument *n*, Denkmal *n*, Grabmal *n*, Grabaufbau *m*; 2. *(Verm)* Markierungspunkt *m*, vermarkteter Festpunkt *m*; Grenzsteinmarkierung *f*
monumental arch Ehrenbogen *m*, Gedenkbogen *m*, Ehrenpforte *m*
monumental architecture Monumentalarchitektur *f*, Monumentalbaukunst *f*
monumental brass Grabplatte *f*
monumental building Monumentalbau *m*, Monumentalgebäude *n*
monumental church Monumentalkirche *f*
monumental column Gedenkmonument *n*, Gedenksäule *f*
monumental effect monumentale Wirkung *f*
monumental entrance Monumentaleingang *m*
monumental façade Monumentalfassade *f*
monumental gateway *(Arch)* Torbau *m*
monumental portal Monumentalportal *n*
monumental sculpture *(Arch)* monumentale Skulptur *f*, Monumentalskulptur *f*, Momentalplastik *f*
monumental stairway Monumentaltreppe *f*
monumental stone Gedenkstein *m*
monumental structure Monumentalbauwerk *n*, Monumentalbau *m*
monumental style *(Arch)* Monumentalstil *m*
monumentality *(Arch)* Monumentalität *f*
moonstone Adular *m*
moor Moor *n*, Hochmoor *n*, Heidemoor *n*
moor country Moorgebiet *n*
mooring bitt Poller *m (Hafen)*
mooring post Poller *m*, Vertäupfahl *m*, Festmachepfahl *m*, Haltepfahl *m*, Dückdalbe *f (Hafen)*
mooring system *(Wsb)* Verankerungssystem *n*, Befestigungssystem *n (Hafen)*
Moorish maurisch
Moorish arabesque *s.* moresque
Moorish arch maurischer Hufeisen(spitz)bogen *m*, arabischer Bogen *m*
Moorish architecture maurische Architektur *f*, maurische Baukunst *f*
Moorish capital maurisches Kapitell *n*
Moorish dome [roof] Zwiebeldach *n*
Moorish horseshoe arch Hufeisenspitzbogen *m*, maurischer Hufeisenbogen *m*
Moorish multifoil arch maurischer Vielpassbogen *m*, maurischer Hufeisenbogen *m*
moory moorig
mop *v* schwabbeln
mop Schwabbelscheibe *f*
mop-board Scheuerleiste *f*
mop-board heating Fußleistenheizung *f*, Sockelleistenheizung *f*
mop-plate Türfußblech *n*
mopping 1. Bitumenanstrichauftragung *f*, Teeren *n*, Bituminieren *n (Dach)*; 2. Schwabbeln *n*
mopping method Gieß- und Einwalzverfahren *n (Heißbitumenisolierung)*
mopping of asphalt [hot] bitumen Heißanstrich *m*
mor (humus) Auflagehumus *m*, Rohhumus *m*
morainal gravel Moränenkies *m*
moraine Moräne *f*
moraine chippings 1. Moränenschutt *m*, Gletscherschutt *m*; 2. Moränesplitt *m*
moraine-covered moränenbedeckt
moraine deposit Moränenablagerung *f*
moraine gravel Moränekies *m*
moraine sand Moränesand *m*
moraine topography Moränenlandschaft *f*
morass Morast *m*, Sumpf *m*, Sumpfland *n*
morassic sumpfig
mordant *v* beizen *(z. B. zum Färben)*
mordant Beizmittel *n*; Holzbeize *f*
mordant dye(stuff) Beizenfarbstoff *m*
more-centered arch Korbbogen *m*, Ratebogen *m*
more row shooting *(Tun)* Mehrreihenschießen *n*, Mehrreihensprengen *n (auch Steinbruch)*
Moresque *(Arch)* Maureske *f*, arabisches Rankenwerk *n*
morning room Raum *m* für den Tagesaufenthalt; Raum *m* mit Morgensonne; Frühstücksraum *m*
morphological morphologisch
morphological geology Geomorphologie *f*
morphological plains morphologische Flächen *fpl*
morphology Morphologie *f*
mortar *v* mörteln, vermörteln, bemörteln
mortar 1. Mörtel *m*; 2. Mörser *m*
mortar aerated with foam Schaummörtel *m*
mortar additive Mörtelzusatz *m*
mortar admixture Mörtelzusatz *m*, Mörtelzusatzmittel *n*
mortar aggregate Mörtelzuschlagstoff *m*, Mörtelsand *m*
mortar analysis Mörtelanalyse *f*

mortar base Mörtelbett *n*, Mörtelunterlage *m*
mortar batch Mörtelstärke *f*
mortar batch mixer Mörtelmischer *m*
mortar batch(ing) plant Mörtelmischanlage *f*
mortar beater Kalkkrücke *f (zum Kalkrühren)*
mortar bed Mörtelbett *n*, Mörtellage *f*
mortar-bed method Dickbettverfahren *n (Flieseverlegen)*
mortar board Mörtelbrett *n*, Aufziehbrett *n*; Mörtelmischtisch *m*
mortar bond Mörtelverband *m*, Mörtelhaftung *f*
mortar-bound angemörtelt
mortar box Mörtelmischkasten *m*
mortar burr Mörtelbart *m*
mortar carrier Mörtelbehälter *m*, Becken *n*
mortar cartridge Mörtelpatrone *f (für Dübel)*
mortar class Mörtelgruppe *f*
mortar course Mörtellage *f*, Mörtelschicht *f*
mortar composition Mörtelzusammensetzung *f*
mortar cover Mörteldeckung *f*
mortar creep Mörtelkriechen *n*
mortar cube test Mörteldruckfestigkeitsprüfung *f*
mortar delivery hose Mörtelpumpschlauch *m*
mortar densifying agent Mörteldichtmittel *n*
mortar droppings Mörtelabfälle *mpl*; Mörtelkruste *f*
mortar fabrication Mörtelaufbereitung *f*
mortar filling Mörtelband *n*
mortar floor Kalkestrich *m*; Mörtelestrich *m*
mortar from trass Trassmörtel *m*
mortar gun Mörtelspritze *f*
mortar ingredient Mörtelbestandteil *m*, Mörtelkomponente *f*
mortar integral waterproofing agent Mörteldichtmittel *n*
mortar intrusion Einpressung *f* von Mörtel, Mörtelinjektion *f*
mortar joint Mörtelfuge *f*
mortar joint reinforcement Mörtelfugenbewehrung *f*
mortar jointing Vermörtelung *f (Dachziegel)*
mortar layer Mörtellage *f*
mortar lining Mörtelverkleidung *f*
mortar lump Mörtelklumpen *m*
mortar mill Mörtelmischwerk *n*; Mörtelmischer *m*
mortar mix Mörtel *m*
mortar mix proportions Mörtelmischungsverhältnis *n*
mortar mix ratio Mörtelmischungsverhältnis *n*
mortar mixer Mörtelmischer *m*
mortar mixing Mörtel(auf)bereitung *f*
mortar mixture Mörtelgemisch *n*, Mörtelmischung *f*
mortar paving Mörtelpflaster *n*
mortar pigment Mörtelpigment *n*
mortar pocket Mörtelnest *n*
mortar ratios Mörtelanteile *mpl*, Mörtelanteilverhältnisse *npl*
mortar sand Mörtelsand *m*
mortar reducing mörtelsparend
mortar screed Mörtelputzleiste *f*, Putzleiste *f (aus Mörtel als Vorlage)*
mortar seal Mörteldichtung *f*
mortar splashing Mörtelrest *m*
mortar strength Mörtelfestigkeit *f*
mortar strip Mörtelstrich *m*, Querschlag *m (zum Vermörteln von Dachziegeln)*
mortar trough Mörtelmulde *f*
mortar trowel Mörtelkelle *f*
mortar underbed Mörtelunterbettungsschicht *f*
mortar walling Mörtelmauerwerk *n*
mortar waterproofer Mörteldichter *m*, Mörtelsperrzusatz(mittel *n*) *m*
mortar workability Mörtelplastizität *f*
mortar workability agent Mörtelplastifizierungsmittel *n*, Mörtelverflüssiger *m*, Mörtelverarbeitungshilfsstoff *m*
mortared ausgemörtelt *(Fuge)*
mortgage *v* mit Hypotheken belasten
mortgage Hypothek *f*
mortgage bond Hypothekenpfandbrief *m*
mortgagee Hypothekengläubiger *m*
mortgager Hypothekenschuldner *m*
mortgagor *s.* mortgager
mortice *v s.* mortise
morticing in Einstemmen *n*
mortise *v (Hb)* (ein)stemmen, einschlitzen; ausstemmen, auslochen; verzapfen
mortise *(AE) (Hb)* Stemmloch *n*; Zapfenloch *n*; Nut *f*, Schlitz *m*; Aussparung *f*
mortise-and-tenon joint Zapf(en)verbindung *f*, Zapf-Schlitz-Verbindung *f*, Verzapfung *f*
mortise axe Stichaxt *f*
mortise bolt langer Schließkeil *m*
mortise chisel Stemmeisen *n*, Stemmmeißel *m*
mortise cleaner Bundaxt *f*, Queraxt *f*
mortise deadlock Einsteckschloss *n*
mortise gauge Zapfenstreichmaß *n*
mortise joint *s.* mortise-and-tenon joint
mortise knob latch Einsteckriegel *m*; Einsteckschloss *n*
mortise latch Einsteckfallenschloss *n*
mortise lock Einsteckschloss *n*
mortise machine Stemmmaschine *f*
mortise pin Zapfverbindungsbolzen *m*
mortise preparation Einstemmen *n* der Schlitze und Öffnungen für Türbeschläge
mortised astragal eingelassene Türblattwulst *f (zweier gegeneinander stehender Türblattkanten)*
mortised hole zapfenartige Vertiefung *f*
mortiser Schlitzmaschine *f*; Zapfenlochstemmaschine *f*
mortising 1. Einstemmen *n*, Ausstemmen *n (Holz)*; 2. Schlitzverbindung *f*
mortising machine Stemmaschine *f*
mortuary Leichenhalle *f*
mortuary church Friedhofskirche *f*
mortuary temple *(Arch)* Gedächtnistempel *m*, Memnonium *n*, Memorialbau *m*
mosaic mosaikartig
mosaic Mosaik *n*
mosaic artist Mosaikkünstler *m*
mosaic block Mosaikblock *m*
mosaic cement slab Zementmosaikplatte *f*, Mosaikzementplatte *f*
mosaic clay tile Keramikmosaikfliese *f*
mosaic covering Mosaikbelag *m (Fußboden)*
mosaic cupola Mosaikkuppel *f*
mosaic decoration Mosaikschmuck *m*
mosaic decorative finish Mosaikschmuck *m*, Mosaikverzierung *f*
mosaic façade Mosaikfassade *f*
mosaic finger Kleinparkettlamelle *f*; Lamellenparkett *n*
mosaic flooring Mosaikfußboden *m*, Mosaikbelag *m*
mosaic parquet Mosaikparkett *n*, Lamellenparkett *n*, Kleinparkett *n*
mosaic pattern Mosaikmuster *n*
mosaic pavement [paving] *(AE)* Mosaikfußboden *m*
mosaic paving sett Mosaik(pflaster)stein *m*
mosaic piece Mosaiksteinchen *n*
mosaic-surfaced mosaikverkleidet, mosaikausgekleidet
mosaic terrazzo Mosaikterrazzo *n*
mosaic tessera Tessera *f*, Mosaiksteinchen *n*
mosaic tile Mosaikfliese *f*
mosaic vault Mosaikgewölbe *n*

mosaic woodwork Holzeinlegearbeit *f*, Intarsia *f*, Intarsienarbeit *f*
mosaic work Mosaikarbeiten *fpl*
Moslem architecture *s.* Muslim architecture
mosque Moschee *f*
mosque architecture *(Arch)* Moscheenarchitktur *f*, Moscheenbaukunst *f*
Mosque of al-Agsá El-Aksa Moschee *f (Jerusalem)*
moss sumpfiger Boden *m*
moos cover Moosdecke *f*
moss-coverd bemoost
moss hag Moorboden *m*
motel Motel *n*
mother and baby unit Wöchnerinnenstation *f*
mother rock Muttergestein *n*
mothproof mottensicher, mottenecht
motif Motiv *n*
motion 1. Bewegung *f*; 2. Antrag *m*
motion detector Bewegungsmelder *m*
motion-picture theater *(AE)* Filmtheater *n*, Kino *n*
motion sensor Bewegungsmelder *m*
motion study Bewegungsstudie *f (Dynamik)*
motionless unbewegt, unbeweglich
motive power Bewegungskraft *f*
motor Antriebsmaschine *f*, Motor *m*
motor branch circuit *(El)* Zweigleitung *f* für Motorstrom
motor-generator set Motorgenerator *m*, Motor-Generator-Aggregat *n*, Umformergruppe *f*
motor grader Motorstraßenhobel *m*, Motorgrader *m*
motor roller Motorwalze *f*
motor traffic Kraftverkehr *m*, Autoverkehr *m*
motorized door angetriebene Tür *f*, motorbetätigte Tür *f*
motorstair Fahrtreppe *f*, Rolltreppe *f*
motorway Schnell(verkehrs)straße *f*, Autobahn *f*, Kraftfahrzeugstraße *f*
motorway circuit 1. Ausfallautobahn *f*, Ausfallstraße *f*; 2. Autobahnring *m*, Entlastungsautobahn *f*
motorway interchange Autobahnkreuz *n*
motorway maintenance area Autobahnmeisterei *f*
motorway network Autobahnnetz *n*
motorway restaurant Rasthaus *n*
motte Motte *f (Turmhügelburg aus prähistorischer Zeit)*
motte castle *(Arch)* Motteburg *f*, Erdhügelburg *f*
motte-top *(Arch)* Hochmotte *f*
mottle *v* marmorieren, sprenkeln
mottle 1. Marmorierung *f*, Sprenkelung *f*; 2. Fleck *m*, fleckiges Aussehen *n*
mottled gefleckt, meliert
mottled clay Buntton *m*
mottled glazed coat Buntglasur *f*, Buntbeglasung *f*
mottled sandstone Buntsandstein *m*
mottled schist Fleckschiefer *m*
mottled texture Marmorierung *f*
mottler Marmorierpinsel *m*
mottling Fleckenbildung *f (in Anstrichen)*; Sprenkelfehlstellen *fpl*; Marmorierung *f*
moucharaby Muscharabije *pl*, vergitterter Fensterbalkon *m*; kunstvoll geschnitzte Holzgitterfenster *npl (in der maurischen Architektur)*
mould *v* 1. Formteile herstellen *(durch Gießen)*; formen; Ziegel streichen; pressen *(Kunststoffe)*; einschalen; 2. formen, bilden, gestalten; 3. *(Hb)* auskehlen, profilieren
mould *v* **the brick** den Ziegelstein formen
mould 1. Form *f*, Gussform *f*, Probenform *f*, Pressform *f*, Schalung(sform) *f*, Matrize *f*, Modell *n*; 2. *(Hb)* Hohlkehle *f*, Leiste *f*; 3. Gestalt *f*, (äußere) Form *f*, Geformtes *n*, Abformung *f (z. B. Ornament)*; 4. Schimmel *m*, Schimmelpilz *m*, Moder *m*; 5. Humusboden *m*, Gartenerde *f*
mould construction Formenbau *m*
mould for concrete setting 1. Betonform *f*, Betonformkasten *m*; 2. Setzmaßtrichter *m*, Setzbecher *m (für Betonausbreitversuch)*
mould formation Schimmelbildung *f*
mould growth Schimmelwuchs *m*
mould making Formenbau *m*
mould oil Schalungsöl *n*
mould opening Formöffnung *f*
mould pattern Formnegativ *n*
mould-release agent Trennmittel *n*, Formentrennmittel *n*; Formenöl *n (Betonschalung)*
mould resistance Schimmelbeständigkeit *f*, Moderbeständigkeit *f*
mould resistant schimmelbeständig, moderbeständig
mouldable formbar; bildsam, geschmeidig *(z. B. Kunststoffe)*
moulded gewunden *(Bogen)*
moulded base *(Arch)* attischer Säulenfuß *m*, attische Basis *f*
moulded board gekehltes Brett *n*
moulded brick 1. geformter Bauziegel *m*, Formziegel(stein) *m*; 2. Zierziegel(stein) *m*
moulded concrete Gussbeton *m*
moulded chamfer profilierte Fase *f* (Schmiege *f*) mit 45°
moulded fibreboard Hart(faser)platte *f*
moulded impregnated wood harzgetränktes Pressholz *n*
moulded-in-place pile Ort(beton)pfahl *m*
moulded insulation Pressstoffdämmung *f*
moulded insulation parts [pieces] Dämmstoffformteile *npl*
moulded laminated plastic Schichtpressstoff *m*
moulded masonry profiliertes Mauerwerk *n*
moulded part Formteil *n (gegossen)*; Pressteil *n*
moulded plastic Kunstpressstoff *m*
moulded plastic skylight Formdachfenster *n* aus Kunststoffglas
moulded plywood Formpressholz *n*
moulder *(Hb)* Formfräsmaschine *f*, Kehlmaschine *f*
mouldicide Schimmelverhütungsmittel *n*
moulding 1. Formen *n*, Modellieren *n*, Formgebung *f*, Formpressen *n*; 2. Formteil *n*, Formling *m*; Pressteil *n*; 3. *(Hb)* Kehlung *f*, Kehlleiste *f*; 4. Gesims *n*, Sims *m(n) (aus dem Mauerwerk hervortretender waagerechter Streifen)*; 5. Zierband *n*, Verzierung *f*, Dekorationsleiste *f*, Zierleiste *f*, Zierstab *m*
moulding batch Formmasse *f*
moulding box Formkasten *m*
moulding clay Formlehm *m*, Formton *m*
moulding compound Pressstoff *m*, Formmasse *f*
moulding cutter *(Hb)* Auskehlfräser *m*
moulding frame Gussform *f*
moulding machine *(Hb)* Kehlmaschine *f*, Leistenhobelmaschine *f*
moulding pattern Zierprofil *n*, Schmuckprofil *n*
moulding plaster Modellgips *m*
moulding plastic powder Kunststoffpresspulver *n*
moulding sand Formsand *m*, Gießereiformsand *m*
moulding strip Abdeckleiste *f*
mouldings Simswerk *n*
mouldy odour Schimmelgeruch *m*
mound Erdhügel *m*, Erdaufschüttung *f*, Erdwall *m*; Halde *f*, Steinschüttdamm *m*; Anhöhe *f*, Hügel *m*
mound castle *s.* motte castle
moundlike *(Erdb)* beulenförmig
mount *v* 1. montieren, zusammenbauen, aufstellen; aufrichten, errichten *(z. B. ein Gerüst)*; 2. anbauen (an); anbringen, befestigen; einbauen; installieren, anschließen
mount Fassung *f*, Halterung *f*, Einbauvorrichtung *f*

mountain Berg *m*
mountain coast Steilküste *n*
mountain elm Bergrüster *f*
mountain green Steingrün *n*, Berggrün *n*, Schiefergrün *n*
mountain pass *(Verk)* Gebirgspass *m*
mountain railway Bergbahn *f*, Gebirgsbahn *f*
mountain range Gebirgskette *f*, Bergzug *m*
mountain region Bergland *n*
mountain relief bergiges Gelände *n*
mountain road *(Verk)* Bergstraße *f*, Gebirgsstraße *f*
mountain slide Bergrutsch *m*
mountainous bergig, gebirgig, Gebirgs...
mountainous ground Gebirgsgelände *n*
mountainous region Bergland *n*
mountainy gebirgig, hügelig
mounting 1. Montage *f*, Zusammenbau *m*, Aufbau *m*, Aufstellen *n*; Einbau *m*; Anbringen *n*; 2. Halterung *f (z. B. Haltevorrichtung an einer Wand)*; Befestigung *f*
mounting accessories Einbaugarnitur *f*
mounting anchor Montageanker *m*
mounting angle Haltewinkel *m*
mounting base Tragplatte *f*
mounting bracket Montagestütze *f*, Befestigungsstrebe *f*; Halterung *f*
mounting channel Montageschiene *f*
mounting device Einspannvorrichtung *f*, Befestigung *f*, Befestigungsvorrichtung *f*
mounting distance Einbauabstand *m*
mounting flush with the ceiling deckenbündiger Einbau *m*
mounting frame Einbaurahmen *m*
mounting height Ausführungshöhe *f*
mounting main Steigleitung *f*
mounting material Befestigungsmaterial *n*
mounting of a step Stich *m (einer Stufe)*; Stufenhöhe *f*
mounting of metal fittings Beschlagarbeit *f*
mounting plate Montageplatte *f*
mounting strap Befestigungslasche *f*
mounting technique Montagetechnik *f*
mounting template Einbaulehre *f*
mounting work Montagearbeiten *fpl*
mountings Befestigungsteile *npl*; Beschläge *mpl*; Armaturen *fpl*
mouse Bleigewichtsreiniger *m (Rohrleitungen)*
mousehole Vorbohrloch *n*
mouth 1. Mündung *f (Fluss)*; 2. Öffnung *f*, Ausmündung *f*
movable beweglich; fahrbar
movable anchorage of bearing bewegliche Lagerverankerung *f*
movable bar Quertraverse *f*
movable bearing beweglicher Lagerstuhl *m*
movable bridge 1. bewegliche Brücke *f*; 2. Pontonbrücke *f*
movable concrete mixer fahrbarer Betonmischer *m*
movable connection beweglicher Anschluss *m*
movable dam *s.* movable weir
movable frame beweglicher Rahmen *m*
movable hinge bewegliches Gelenk *n*
movable link bewegliches Glied *n*
movable load Verkehrslast *f (Brücke)*; Betriebslast *f*
movable member bewegliches Glied *n*
movable partition versetzbare Trennwand *f*
movable platform Montagebühne *f*
movable rocker bearing bewegliches Kippzapfenlager *n*
movable shower Schlauchdusche *f*, Handdusche *f*
movable spray *s.* movable shower
movable weir *(Wsb)* bewegliches Wehr *n*
move *v* 1. bewegen; sich bewegen; verschieben; fortschieben; rücken; verstellen; 2. umziehen; wechseln *(Wohnung)*; umsiedeln; 3. fließen *(Verkehr)*
move *v* **home** umziehen, die Wohnung wechseln
move *v* **in(to)** einziehen
move *v* **inwards** nach innen wandern
move *v* **out of a flat** aus einer Wohnung ausziehen
move *v* **the centre line** die Achse verschieben
move *v* **to the city** in die Stadt ziehen
move-in condition bezugsfertiger Zustand *m (z. B. eines Hauses)* • **in move-in condition** bezugsfertig
movement 1. *(Arch)* Stilrichtung *f*; 2. Verschiebung *f*, Arbeiten *n* des Holzes
movement joint Bewegungsfuge *f*
movement of oscillation Schwingungsbewegung *f*
movement of rotation Drehbewegung *f*
movement of the ground Bodenbewegung *f*
movie theater *(AE)* Kino *n*, Lichtspieltheater *n*
movies *(AE) s.* movie theater
moving carpet Rollbahn *f*, Rollteppich *m*
moving formwork Gleitschalung *f*, Kletterschalung *f*
moving load 1. bewegliche Last *f*, verschiebbare Belastung *f*; 2. Verkehrslast *f (einer Brücke)*; Betriebslast *f*
moving member Drehkörper *m*
moving of earth [soil] Erdarbeiten *fpl*, Erdbewegung *f*
moving part bewegliches Teil *n*
moving pavement Rollsteig *m*, Fahrsteig *m*, Rollbahn *f* für Personen
moving platform bewegliche Arbeitsbühne *f*
moving poise Laufgewicht *n*
moving ramp bewegliche Fußgängerplattform *f*, rollender Gehweg *m*
moving roller path bewegliche Schiene *f*
moving shutter(s) Gleitschalung *f*, Kletterschalung *f*
moving single load wandernde Einzellast *f*
moving stair Rolltreppe *f*
moving staircase [stairway] Rolltreppe *f*, Fahrtreppe *f*
moving track Verschiebebahn *f (Brückenbau)*
moving veneer Schälfurnier *n*
moving walk Rollgehweg *m*, Rollsteig *m*, Fahrsteig *m*
mow *v* mähen
mow *(AE)* Bansen *m (Lagerraum für Getreide und Viehfutter)*
Mozarabic architecture maurisch-arabische Architektur *f (in Nordspanien im 9. Jahrh.)*
m. s. plate Flussstahlplatte *f*
much-weathered stark verwittert
mucilage *(AE)* Leim *m* mit geringer Klebkraft, Gummilösung *f*, Pflanzenleim *m*
muck 1. organischer Schlammboden *m*, Schwarzerde *f*; 2. Mischbodenaushub *m*, gemischter Aushubboden *m*; 3. Schutter *m*, geschlossenes Haufwerk *n*
muck soil Sumpferde *f*
mucker Lader *m*
mud-off *v* abdichten
mud 1. Schlamm *m*, Schlick *m*; Lehmschlamm *m*; Mudde *f*, 2. Schmutz *m*
mud auger Schappe *f*
mud bank Schlammbank *f*
mud blanket Schmutzdecke *f*
mud box Schlammfang *m (Entwässerung)*
mud brick Lehmbaustein *m*, Schlammbaustein *m*, Lehmbatzen *m*
mud-capping Auflegesprengung *f (große Steine)*
mud drilling Spülbohren *n*
mud-flats Watt *n*
mud flow Bodenfließen *n*
mud-flush *v* spülbohren
mud-flush drilling Spülbohren *n*
mud grouting Schlamminjektion *f*
mud-jacking Plattenheben *n* durch Mörtelunterpressung, Zementplattenheben *n* durch Mörtelinjektion
mud layer Schlammschicht *f*

mud pump Schlammpumpe *f*
mud removal Abschlämmen *n*
mud sample Schlammprobe *f*
mud settling pond Schlammteich *m*, Schlammabsatzbecken *n*
mud silting Verschlammung *f*
mud slab Betonsauberkeitsschicht *f*, Betonunterbettungsschicht *f*
mud tank Schlammbecken *n*
mud trap Schlammfang *m*, Sinkkasten *m*
muddiness Schlammigkeit *f*
muddy schlammig, schlammartig
muddy ground verschlammter Grund *m*
muddy soil Schlammboden *m*, schlammiger Boden *m*
Mudéjar architecture Mudéjarchitektur *f (maurisch-gotischer Mischstil in Spanien)*
mudsill Unterlegschwelle *f*, Rostschwelle *f*
mudstone Tonstein *m*
muff Muffe *f (Rohrverbindung)*
muff joint *(San)* Steckmuffenverbindung *f*
muffle *v* dämpfen *(Schall)*
muffle 1. Stuckkernmaterial *n*, Stuckgrundlage *f*; 2. Schmelzscherbe *f*
muffler Schalldämpfer *m (an Kraftmaschinen)*
Muhammadan architecture *s.* Muslim architecture
mulch *v* mulchen *(von Grünstreifen)*
mulch Mulch *m*, Bodenabdeckung *f* aus geschnittenen Pflanzen
mulch treatment Anspritzen *n* gemulchter Flächen *(mit Bitumenemulsion zur Sofortbegrünung)*
mulching Mulchen *n*
mullion *v* durch Mittelpfosten abteilen *(z. B. Fenster)*
mullion senkrechter Mittelpfosten *m*; Türmittelpfosten *m*, Türholz *n*; Fenstermittelsäule *f*, Fensterpfosten *m*, Zwischenpfosten *m*
mullion cover Fenstermittelpfostenabdeckung *f*
mullion window Kreuzfenster *n*, Pfostenfenster *n*
mullion wing Rahmenschenkel *m*
mullions Stabwerk *n (Rahmenwerk gotischer Fenster)*
mullite Mullit *m (Zementklinkermineral)*
multi mehrfach, viel...; mehr...
multiangular vielwinklig, mehrwinklig, polygonal
multiangular bar Polygonalstab *m*
multiangular block Polygonalgebäude *n*
multiangular building Polygonalgebäude *n*
multiangular church Vieleckkirche *f*, Polygonalkirche *f*
multiangular column Vielleckstütze *f*, Polygonalstütze *f*
multiangular frame Vieleckrahmen *m*, Polygonalrahmen *m*
multiangular slab Vieleckplatte *f*, Polygonalplatte *f*
multiangular tower Mehreckturm *m*, Vieleckturm *m*, Polygonalturm *m*
multiangular vault Polygonalgewölbe *n*
multibarrier principle Mehrschichtprinzip *n*
multibay mehrfeldrig; Mehrfeld...
multibay frame Mehrfeldrahmen *m*
multibeam mehrbalkig
multibuilding vielgebäudig, mit vielen Gebäuden *(Bauabschnitt, Anlage)*
multicellular bin Mehrzellensilo *n*, Zellensilo *n*
multicellular glass Schaumglas *n*
multicentred arch mehrfach zentrierter Bogen *m*; Ellipsenbogen *m*
multichamber profile Mehrkammerprofil *n (Fugenband)*
multicoating (protective) system Mehrfachschichtsystem *n*, Mehrfachschutzschicht *f*
multicolour paint Multicolorfarbe *f*
multicolour coat [finish] Mehrfarbenanstrich *m*, Multicoloranstrich *m*
multicompartment bin Mehrzellensilo *n*, Zellensilo *n*
multicomponent alloy Mehrstofflegierung *f*
multicomponent coating Mehrfach(schutz)anstrich *m*, Mehrkomponentenschutzanstrich *m*
multicomponent epoxy resin Mehrkomponentenepoxidharz *n*
multicomponent system Mehrkomponentensystem *n*, Mehrstoffsystem *n*
multicore *(El)* mehradrig *(Kabel)*
multicourse mehrschichtig
multicurve Kurvenlineal *n*
multideck arrangement Mehretagenanordnung *f (z. B. Brücken)*
multideck screen Mehrdeckersieb *n*
multidegree-of-fredom system System *n* mit mehreren Freiheitsgraden
multidimensional mehrdimensional
multidisciplinary team multidisziplinarisches Team *n*
multielement prestressing Mehrelementspannung *f*, Spannung *f* mehrerer Einzelelemente zu einem Spannbetonelement
multifamily building Mehrfamilien(wohn)haus *n*
multifamily housing Mehrfamilienhäuser *npl*, Mehrfamilienbauten *mpl*
multiflight mehrläufig *(Treppe)*
multifloor building Mehrgeschossbau *m*, Etagenbau *m*
multifloor garage Hochgarage *f* Geschossgarage *f*
multifloor parking building mehrgeschossiges Parkgebäude *n*, vielgeschossiges Parkhaus *n*
multiflue mehrzügig *(Schornstein)*
multifoil mehrblättrig, vielblättrig
multifoil *(Arch)* Mehrblatt *n*, Vielblatt *n*
multifoil arch *(Arch)* Zackenbogen *m*, Fächerbogen *m*, Vielpassbogen *m*, Mehrpassbogen *m*
multifoiled arch *s.* multifoil arch
multifolding door Falt(schiebe)tür *f*, Ziehharmonikatür *f*
multiform Vielgliedrigkeit *f*
multifunctional concept Mehrfachfunktionalität *f*
multifunctional room Gemeinschaftsraum *m*
multigrade Mehrbereichs...
multihole brick Gitterstein *m*, Viellochziegel *m*
multilane mehrstreifig, mehrspurig *(Fahrbahn)*
multilane highway mehrspurige Straße *f*
multilateral mehrseitig
multilayer mehrschichtig, mehrlagig, Mehrschicht...
multilayer board Mehrschichtenplatte *f*
multilayer coating Mehrfach(schutz)anstrich *m*
multilayer glass *s.* laminated glass
multilayer system mehrlagige Konstruktion *f*, vielschichtige Konstruktion *f*
multilayer weld mehrlagige Schweißnaht *f*
multilayered mehrlagig, mehrschichtig
multilayered roofing Mehrlagenpappe *f*
multileaf door Mehrblatttür *f*, Vielblatttür *f*
multilevel 1. *(Verk)* planfrei, nicht niveaugleich *(Straßenknoten)*; 2. *s.* multistorey
multilevel layout mehrgeschossige Anlage *f*
multilevel marshalling yard *(Verk)* Gefälle(rangier)-bahnhof *m*
multilevel road system Straßenführung *f* in mehreren Ebenen
multilobe tracery *(Arch)* Vielpass *m*, Mehrpass *m*
multimodule Multimodul *m*
multioutlet assembly 1. *(El)* Baustellenanschlusstafel *f*, 2. *(El)* Mehrfachsteckdoseneinrichtung *f*
multipart mehrteilig
multipartite vielfach geteilt [gespalten]; mehrteilig
multipartite door mehrteilige Tür *f*
multipartite vault mehrteiliges Gewölbe *n*, vielteiliges Gewölbe *n*

multiphase alloy Mehrphasenlegierung *f*, MP-Legierung *f*
multipitch roof Faltdach *n*
multiple arch dam Vielfachbogenmauer *f*, Talsperre *f* mit Vielfachgewölben
multiple coat application Anstrichaufbau *m*
multiple coat system Anstrichsystem *n*
multiple development vielfache Entwicklung *f*
multiple dwelling (building) Mehrfamilien(wohn)haus *n*
multiple-folding rule Gliedermaßstab *m*, Knickzollstock *m*
multiple frame Geschossrahmen *m*; Mehrfeldrahmen *m*
multiple glazing Mehrfachverglasung *f*
multiple-hearth incinerator Etagenofen *m*
multiple joint Knotengelenk *n*
multiple latticework mehrteiliges Fachwerk *n*
multiple-layer(ed) mehrschichtig, mehrlagig
multiple-layer adhesive (tape) mehrschichtiges Klebeband *n*
multiple-layer(ed) waterproofing Mehrlagendichtung *f*
multiple-layered mehrschalig, vielschichtig; mehrschalig
multiple-layered insulation Mehrlagenisolierung *f*, Mehrschichtenlösung *f*
multiple-layered monolithic wall mehrschichtige monolithische Wand *f*
multiple-layered paint coating Mehrschichtenanstrich *m*, mehrschichtiger Anstrich *m*
multiple-layered panel mehrlagige Tafel *f*, mehrschichtige Tafel *f*
multiple-layered seal Mehrlagendichtung *f*, Mehrschichtendichtung *f*
multiple-layered wall Mehrschichtenwand *f*
multiple-layered waterproofing Mehrlagenabdichtung *f*, Mehrlagensperrung *f*
multiple-leaf mehrschalig
multiple of direct personnel expense Pauschalberatungspreis *m*, Servicepauschalsumme *f*
multiple outlet box *(El)* Mehrfachsteckdose *f*
multiple-lobe tracery *(Arch)* Vielpass *m*, Mehrpass *m*
multiple masonry wall Mehrfachmauer *f*
multiple-panel door Mehrfüllungstür *f*
multiple-point earthing Mehrpunkterdung *f*
multiple rib pillar Bündelpfeiler *m*
multiple-riveted joint mehrreihige Nietverbindung *f* [Nietung *f*]
multiple-room dwelling Mehrraumwohnung *f*
multiple-row riveted joint *s.* multiple-riveted joint
multiple sandwich slab Mehrschicht(en)platte *f*
multiple scale batcher Gattierungswaage *f*, Gemischwaage *f*
multiple series Gruppenschaltung *f*
multiple shear connection mehrschnittige Verbindung *f*
multiple shear joint mehrschnittiges Gelenk *n*
multiple-span *(Arch)* mehrschiffig, vielschiffig
multiple-span bridge Brücke *f* mit mehreren Öffnungen
multiple-strut bracing Mehr(fach)verstrebung *f*
multiple truss frame mehrfaches Sprengwerk *n*
multiple-use Mehrzweckverwendung *f*, Vielzweckverwendung *f*
multiple-use hall Mehrzweckhalle *f*, Vielzweckhalle *f*
multiple wall Mehrschichtwand *f*
multiple-well system *(Wsb)* Brunnengruppe *f*
multiple-window operator Fensteröffnungsmechanismus *m*
multiple-wing door mehrflüglige Tür *f*
multiple-withe mehrschalig *(Wand)*
multiplicity of image Vielbildigkeit *f*
multiplier Multiplikationsfaktor *m (für Bauberatungskosten)*
multiply construction mehrlagige Konstruktion *f (Straße)*
multiply construction component mehrschichtiges Bauelement *n*
multipurpose adhesive Mehrzweckklebstoff *m*, Mehrzweckkleber *m*
multipurpose building Mehrzweckgebäude *n*, Vielzweckhalle *m*
multipurpose building block Mehrzweckstein *m*, Vielzweckstein *m*
multipurpose equipment Universalgerät *n*, Vielfachgerät *n (z. B. für Straßeninstandhaltung)*
multipurpose excavator Universalbagger *m*
multipurpose hall Mehrzweckhalle *f*, Vielzweckhalle *f*
multipurpose kitchen Wohnküche *f*
multipurpose liquid coating Mehrzweckanstrich *m*, Mehrzweckanstrichmittel *n*
multipurpose stadium Mehrzweckstadion *n*
multipurpose stage Mehrzweckbühne *f*, Vielzweckbühne *f*
multipurpose use Mehrzweckverwendung *f*, Vielzweckverwendung *f*
multirange Mehrbereichs...
multireflected sound Nachhallschall *m*
multiribbed floor Vielrippendecke *f*
multiroom dwelling Mehrraumwohnung *f*
multisectional vielfach unterteilt
multispan mehrfeldrig; Mehrfeld...
multispan girder Mehrfeldträger *m*
multispan rigid frame Mehrfeldstarrrahmen *m*
multistage mehrstufig, Mehrstufen...
multistage stressing mehrstufiges Vorspannen *n*
multistorey mehrgeschossig, mehrstöckig *(bis 5 Geschosse)*; vielgeschossig, vielstöckig, vieletagig
multistorey arrangement Mehretagenanordnung *f*
multistorey block with one apartment [flat] per floor Einspänner *m*
multistorey building Geschossbau *m*, Geschossgebäude *n*, Stockwerkbau *m*
multistorey car park Park(hoch)haus *n*, Hochhausgarage *f*, vielgeschossige Garagenanlage *f*
multistorey frame Stockwerkrahmen *m*
multistorey layout mehrgeschossige Anlage *f*
multistorey parking garage *s.* multistorey car park
multistorey system composed of three-hinge frames Mehretagensystem *n* aus Dreigelenkrahmen
multistoreyed *s.* multistorey
multistoreyed frame structure Mehretagenrahmenbau *m*, vielgeschossiger Rahmenbau *m*
multistoried *(AE) s.* multistorey
multistory *(AE) s.* multistorey
multiterraced site terrassiertes Grundstück *n*
multitime sampling Datensammlung *f* zu verschiedenen Zeitpunkten
multiunit wall Wand *f* aus mehreren Mauersteinbreiten
multiwithe mehrschalig *(Wand)*
municipal städtisch; Stadt...; Gemeinden...
municipal airport Stadtflugplatz *m*
municipal area Stadtgebiet *n*
municipal building department Stadthochbauamt *n*
municipal centre Stadtmitte *f*
municipal church Stadtkirche *f*
municipal civil engineering städtischer Tiefbau *m*
municipal destructor städtische Müllverbrennungsanlage *f*
municipal development Städtebau *m*
municipal district Stadtbezirk *m (Verwaltungseinheit)*
municipal drainage Stadtentwässerung *f*
municipal engineering 1. Städtebau *m*; 2. Stadttechnik *f*, städtischer Tiefbau *m*
municipal expressway Stadtschnellstraße *f*
municipal extension Stadterweiterung *f*
municipal forest Stadtwald *m*
municipal hall Stadthalle *f*

municipal heating Fernwärmeversorgung *f*
municipal incineration plant städtische Abfallverbrennungsanlage *f*, städtische Müllverbrennungsanlage *f*
municipal living-space städtischer Lebensraum *m*
municipal hall Großmarkthalle *f*
municipal park Stadtpark *m*
municipal planner Städteplaner *m*
municipal planning Städteplanung *f*, Stadtbauplanung *f*, Städtebau *m*
municipal planning theory Städtebautheorie *f*
municipal refuse Stadtmüll *m*, kommunaler Müll *m*
municipal road Gemeindeweg *m*
municipal services Stadttechnik *f*, Stadtentwässerung *f*, kommunale Müllabfuhr *f*
municipal sewage *s.* municipal waste-water
municipal sewage works kommunale Kläranlage *f*
municipal sewer system städtisches Kanalnetz *n*
municipal sewerage Kommunalkanalisation *f*, Stadtentwässerung *f*
municipal solid waste fester Siedlungsabfall *m*
municipal station Stadtbahnhof *m*
municipal wall Stadtmauer *f*
municipal waste Stadtmüll *m*, kommunale Abprodukte *npl*
municipal waste landfill Hausmülldeponie *f*
municipal waste-water städtisches [kommunales] Abwasser *n*
municipal water Leitungswasser *n*
municipal watershed Trinkwasserschutzgebiet *n (Wassereinzugsgebiet)*
municipal water supply städtische Wasserversorgung *f*
municipal works Stadtwerke *npl*
municipality Stadtgemeinde *f*, Gemeinde *f*
munnion *s.* mullion
muntin *(AE)* 1. Rahmendeckleiste *f*, Glasdeckleiste *f*, Fenstersprosse *f*, Sprosse *f*; 2. *s.* mullion
muntin window *(AE)* Sprossenfenster *n*
Muntz metal Muntzmetall *n*, Gelbmetall *n*
muquarnas *(Arch)* Stalaktitengewölbeverzierung *f*, dreidimensionale Deckengewölbeverzierung *f (islamische Form)*
mural 1. Mauern...; Wand...; 2. wandartig
mural (painting) Wandbild *n*, Wandgemälde *n*, Wandmalerei *f*, Freskenmalerei *f*, Deckenbild *n*, Deckengemälde *n*
mural hanging Wandbehang *m*
muscovite granite Muskovitgranit *m*
muscovite schist Muskovitschiefer *m*
muscovy glass heller Glimmer *m*, Kaliglimmer *m*
museum Museum *n*
museum building Museumsgebäude *n*
Museum of Modern Art Museum *n* für Moderne Kunst
Museum of Visual Art Museum *n* für bildende Künste
mushroom construction Pilzdecke *f*, Pilzdeckenbau *m*
mushroom floor Pilzdecke *f*
mushroom floor slab Pilzdeckenplatte *f*
mushroom head Pilzkopf *m*, Stützenkopf *m*
mushroom slab Pilzdeckenplatte *f*
mushroom valve Pilzventil *n*, Tellerventil *n*
mushroom ventilator Pilzlüfter *m*
mushy 1. breiig, weich; schwammig; 2. porig
mushy concrete hochplastischer Beton *m*
music conservatory Konservatorium *n*
Muslim architecture moslemische Architektur *f (7.–16. Jahrh. in Vorderasien, Indien, Nordafrika und Spanien)*
muslin glass Musselinglas *n*
mute eingelassener Türgummi(schall)dämpfer *m*
mutual benefit building society gemeinnützige Wohnungsbaugesellschaft *f*
mutually perpendicular senkrecht aufeinander (stehend), aufeinander senkrecht
mutule *(Arch)* Mutulus *m*, Dielenkopf *m*, Tropfenplatte *f*, Hängeplatte *f (flacher Schrägstein eines dorischen Gesimses)*
muzzle-loader Vorderlader *m (Baumaschine)*
mycelium Myzel *n*, Pilz(hyphen)geflecht *n (z. B. im Holz)*
Mycenaean architecture Mykenische Architektur *f (südliches Griechenland 17.–13. Jahrh. v. Chr.)*

N

nacreous perlmuttglänzend, mit Perlmutt(er)glanz
nacreous layer Perlmutt(er)schicht *f*
nacreous lustre Perlmutt(er)glanz *m*
nagelfluh Nagelfluh *f*, tertiäres Grobkonglomerat *n*
nail *v* (an)nageln, (mit Nägeln) befestigen, anschlagen; vernageln
nail *v* **a lath on** ein Lattenstück aufnageln
nail *v* **down** festnageln
nail *v* **inclined** in die Schräge nageln
nail *v* **on** aufnageln
nail *v* **temporarily** vorübergehend annageln
nail *v* **to** anschlagen
nail *v* **up** vernageln, zunageln *(z. B. Fenster, Türen)*
nail Nagel *m*
nail base nagelbare Unterlage *f*
nail batten Nagelleiste *f*
nail claw *s.* nail puller
nail diameter Nageldurchmesser *m*
nail distance Nagelabstand *m*
nail extractor Nagelzieher *m*
nail fastening Nagelverbindung *f*
nail float Kratzbrett *n*, Nagelbrett *n*
nail for reed Rohrnagel *n (für Dacheindeckungen)*
nail for tarred felt Dachpappennagel *m*, Pappnagel *m*
nail head 1. Nagelkopf *m*; 2. Nagelkopfornament *n*
nail head moulding Zierkante *f* mit quadratischen Nagelköpfen
nail head ornament Nagelkopfornament *n*
nail holding Nagelhaltefestigkeit *f*
nail-holding property Nagelbarkeit *f (von Werkstoffen)*
nail hole Nagelloch *n*, Stiftloch *n*
nail joint Nagelverbindung *f*
nail length Nagellänge *f*
nail-lifter *s.* nail puller
nail material Nagelwerkstoff *m*
nail plate Nagelknotenblech *n*, Nagelanschlussblech *n*
nail point Nagelspitze *f*
nail puller Nagelzieher *m*, Nagel(zieh)eisen *n*
nail punch [set] Nageltreiber *m*
nail roof truss Nageldachbinder *m*
nail set Handdurchschläger *m*
nail spacing *(Hb)* Nagelabstand *m*
nailability Nagelbarkeit *f*
nailable nagelbar
nailable base nagelbare Unterlage *f*
nailable concrete nagelbarer Beton *m*, nagelfester Beton *m*
nailed genagelt, vernagelt
nailed beam genagelter Träger *m*
nailed connection Nagelverbindung *f*
nailed construction Nagelkonstruktion *f*, Nagelbauweise *f*, Nagelbausystem *n*

nailed construction method Nagelbauweise *f*
nailed framework Nagelbinder *m*
nailed girder Nagelträger *m*, genagelter Träger *m*
nailed joint Nagelverbindung *f*
nailed plywood gusset genageltes Sperrholzknotenblech *n*
nailed roof framing Brettbinder *m*
nailed structure genageltes Bauwerk *n*
nailed truss Nagelbinder *m*
nailing Nageln *n*, Annageln *n*, Aufnageln *n*; Vernageln *n*
nailing anchor Türrahmenklammer *f* in einer Holztrennwand
nailing base nagelbare Unterlage *f*
nailing batten Nagelleiste *f*
nailing block nagelbarer Block *m*, Holzziegel *m*
nailing concrete nagelbarer Beton *m*
nailing joist Stahlverbindung *f* mit berührender Nagelleiste
nailing marker Nagelschablone *f*, Nagelstellenmarkierung *f*
nailing pattern Nagelungsmuster *n*
nailing strip Nagellasche *f*, Nagelleiste *f*
naiskos *(Arch)* Naiskos *m (kleiner Kulttempel)*
naked flooring Fußbodenbalkenlage *f (sichtbar)*; Dielenbalken *mpl*; Dielenrahmen *m*
naked wall ungeputzte Wand *f* mit fertigem Putzträger; Kaldaune *f*, glatte Mauerfläche *f*
nameplate Namensschild *n*
naos *(Arch)* Naos *m (Statuennische im antiken Tempel)*
naphtha 1. Naphtha *n(f)*, Benzin *n (Erdölfraktion)*; 2. schweres Erdöl *n*
naphthalene Naphtalin *n*
naphthalize *v* mit Erdöltränken
naphthene basic oil Naphtalin *n*
naphthol dyestuff naphtenbasisches Erdöl *n*
naphthol lake colour Naphtolfarblack *m*
naphtholithe bituminöser Schiefer *m*
Naples yellow Neapelgelb *n*, Antimongelb *n*
nappe 1. *(Wsb)* Überfall *m*, Überfallwasser *n (Wehr)*; 2. Überschiebungsdecke *f*, Gleitschicht *f (Geologie)*
nappe outlier Schubdecke *f (Scheibenkonstruktion)*
narrow *v* sich verengen, sich verjüngen, enger werden *(z. B. Tunnel)*; einengen; enger machen; bündeln
narrow eng, schmal
narrow Enge *f*, enge Stelle *f*, Flussenge *f*, Einschnürung *f*, Schlucht *f*
narrow-angle lighting fitting Tiefstrahler *m*
narrow bend enge Kurve *f (Straße)*
narrow board Latte *f*
narrow-circled *s.* narrow-ringed
narrow curve enge Kurve *f (Straße)*
narrow edge Schmalkante *f*
narrow-flanged schmalflanschig
narrow-gauge rails Schmalspur *f*, Feldbahngleise *npl*
narrow-gauge railway Schmalspurbahn *f*, Kleinbahn *f*, Feldbahn *f*
narrow indented chisel Schlageisen *n*, Zahneisen *n*
narrow joints between courses engfugige Lage *f (Ziegel)*
narrow-light door Lichtschlitztür *f*
narrow-meshed engmaschig
narrow pass Engpass *m*
narrow-ringed engringig, feinjährig *(Holz)*
narrow section of road *(Verk)* Fahrbahnverengung *f*, Fahrbahneinengung *f*
narrow side Schmalseite *f*, Türanschlagseite *f*
narrow strap Kopflatte *f*, Deckflacheisen *n*
narrow street Gasse *f*
narrows 1. Hohlweg *m*, Engpass *m*; 2. Stromenge *f*, Förde *f*
narthex *(Arch)* Narthex *m (Atrium der altchristlichen Basilika)*

natatorium *(AE)* 1. Hallenbad *n*, Gebäude *n* mit Schwimmbecken; 2. Schwimmbad *n*, Schwimmbecken *n*
National architecture Staatsarchitektur *f*
National monument Nationaldenkmal *n*
national highway Nationalstraße *f*
national mapping Landeskartierung *f*
national park Nationalpark *m*, Naturschutzpark *m*
national planning Landesplanung *f*
National Asphalt Pavement Association *(AE)* Amerikanischer Asphaltverband *m*
National Nature Reserve Naturschutzgebiet *n*
National Register of Historic Places (nationale) Denkmalliste *f*
National Romantic style Nationalromantik *f*, romanisch-nationaler Stil *m*
National Trust *Amt für Denkmalpflege in England*
native 1. natürlich (vorkommend); 2. einheimisch
native asphalt Naturasphalt *m*, Naturbitumen *n*, Erdbitumen *n*, Erdpech *n*, natürliche Bitumen-Mineral-Mischung *f*
native country Mutterboden *m*
native element reiner [natürlicher] Grundstoff *m (Ökobau)*
native minium natürliche Bleimennige *f*, rotes Bleioxid *n*
native rock gewachsenes Gestein *n*, anstehender Fels *m*
native soil Mutterboden *m*
native style Heimatstil *m*, örtlicher Baustil *m*
native wood einheimisches Holz *n*
natte Korbgewebemuster *n*
natural 1. natürlich, naturgetreu *(z. B. Abbildungen)*; 2. naturbedingt; Natur...; 3. schalungsrau *(Holzschalung)*
natural abradant natürliches Schleifmittel *n*
natural abrasive natürliches Schleifmittel *n*
natural acanthus leaf *(Arch)* Bärenklaublatt *n*
natural aeration natürliche [freie] Lüftung *f*
natural aggregate natürlicher Zuschlag(stoff) *m*
natural asphalt *s.* native asphalt
natural balance Naturhaushalt *m*
natural barium sulfate Schwerspat *m*, Baryt *m*
natural bed Bruchlager *n (Naturstein)*
natural cement Romankalk *m*, Romanzement *m*, hydraulischer Kalk *m*
natural chalk Rohkreide *f*
natural circulation Naturumlauf *m*, Schwerkraftumlauf *m*, Temperatur(differenz)zirkulation *f (Wasser, Luft)*
natural clay tile unglasierte Keramikfliese *f*
natural cleft bruchrau, spaltrau
natural coarse aggregate Betonkies *m*, Wandkies *m*
natural colour Eigenfarbe *f*, Naturfarbe *f*
natural colour naturfarben, naturfarbig
natural colouring matter Naturfarbstoff *m*
natural convection natürliche Konvektion *f*, Schwerkraftumlauf *m*, natürlicher Umlauf *m* durch Temperaturdifferenz *(z. B. von Luft, Wasser in geschlossenen Anlagen, Rohren usw.)*
natural cover Bewuchs *m*
natural curb *(AE)* Naturbordstein *m*
natural curbstone *(AE)* Naturbordstein *m*
natural draught natürlicher Zug *m (Luft)*; Schornsteinzug *m*
natural-draught boiler Kessel *m* mit natürlichem Zug
natural-draught chimney Schornstein *m* mit natürlichem Zug
natural dyestuff natürlicher Farbstoff *m*
natural earth (pigment) *s.* natural pigment
natural environment natürliche Umwelt *f*
natural face stone Natursichtstein *m*, Sichtnaturstein *m*
natural fall natürliches Gefälle *n*, Geländegefälle *n*
natural filtration natürliche Filtrierung *f*
natural fine aggregate Betonsand *m*
natural finish naturbelassen *(Holz)*

natural finish Siegellackanstrich *m*, farbloser Lackanstrich *m*, Lasur *f*
natural finish tile unglasierte Fliese *f*, naturfarbene Sinterkachel *f*
natural flag Natursteinpflasterplatte *f*
natural foilage *(Arch)* natürlich dargestelltes Blattwerk *n*
natural foundation tragfähiger Untergrund *m*, Fundamentuntergrund *m*
natural frequency Eigenfrequenz *f*
natural garden Naturgarten *m*
natural gas Naturgas *n*, Erdgas *n*
natural glass Naturglas *n*, mineralisches Glas *n*
natural grade natürlich gewachsene Erdschicht *f* im Anschnitt; natürliche Geländehöhe *f*
natural ground gewachsener Boden *m*
natural ground-water level natürlicher [ungesenkter] Grundwasserspiegel *m*
natural gypsum Gipsstein *m*, Rohgips *m*, Naturgips *m*
natural hardness Naturhärte *f*, natürliche Härte *f*
natural heat Eigenwärme
natural kerb Naturbordstein *m*
natural kerbstone Naturbordstein *m*
natural level natürlicher Uferwall *m*
natural light Tageslicht *n*
natural lighting Tages(licht)beleuchtung *f*, natürliche Beleuchtung *f*
natural marble Naturmarmor *m*
natural material natürlicher Stoff *m*
natural moisture Eigenfeuchte *f*, Eigenfeuchtigkeit *f*
natural monument Naturdenkmal *n*
natural oscillation Eigenschwingung *f*
natural pavement Naturpflaster *n*
natural paving sett Naturpflasterstein *m*
natural pigment natürliches Pigment *n*, Erd(stoff)pigment *n*, Erdfarbe *f*
natural pozzolana natürliche Puzzolanerde *f*
natural preserve Naturschutzgebiet *n*; Landschaftsschutzgebiet *n*
natural purification Selbstreinigung *f*, natürliche Reinigung *f*
natural radioactivity natürliche Radioaktivität *f*
natural raft natürliche Felsplatte *f*
natural resin Naturharz *n*
natural resources Bodenschätze *mpl*
natural rigidity *(Arch)* Eigensteifigkeit *f*
natural river-bed natürliches Flussbett *n*
natural rock asphalt mastic Naturasphaltmastix *m*
natural rock aggregate Natursteingranulat *n*
natural rubber Kautschuk *m*, Naturkautschuk *m*
natural rubber emulsion Kautschukemulsion *f*
natural rubber latex Naturkautschuk *m*
natural sag(ging) Durchbiegung *f* [Durchhang *m*] durch eigene Schwerkraft
natural sand Natursand *m*, Betonsand *m*
natural-sand fine aggregate Natursandzuschlagstoff *m*
natural scale Maßstab *m* 1:1
natural-seasoned lumber *(AE)* luftgetrocknetes Bauholz *n*
natural size Naturgröße *f*, natürliche Größe *f*
natural slate Naturschiefer *m*
natural slope natürliche Böschung *f*, natürlicher Böschungswinkel *m*
natural slope of earth natürliche Erdböschung *f*
natural soil Naturboden *m*
natural split spaltrau, bruchrau
natural stiffness *(Stat)* Eigensteifigkeit *f*
natural stone Naturstein *m*
natural stone arcade Natursteinarkade *f*
natural stone-block paving Natursteinplattenpflaster *n*
natural stone bond Natursteinverband *m*
natural stone-built building Natursteingebäude *n*
natural stone chippings Natursteinsplitt *m*
natural stone construction material Natursteinbaustoff *m*
natural stone corbel Kragstein *m*, Natursteinkonsole *f*
natural stone curb Natursteinborde *f*, Naturstein-Bordstein *m*
natural stone curving Natursteinbearbeitung *f*
natural stone cutting Natursteinbearbeitung *f*
natural stone façade Natursteinfassade *f*
natural stone facing Natursteinverkleidung *f*
natural stone finish Natursteinsichtfläche *f*, bearbeitete Natursteinoberfläche *f*
natural stone finishing Natursteinfeinbearbeitung *f*
natural stone frieze Natursteinfries *m*
natural stone foundation Natursteinfundament *n*
natural stone kerb Natursteinborde *f*, Naturstein-Bordstein *m*
natural stone-like natursteinähnlich
natural stone masonry Natursteinmauerwerk *n*
natural stone paving Natursteinpflaster *n*
natural stone pier Natursteinpfeiler *m*
natural stone portal Natursteinportal *n*
natural stone preservative Natursteinschutzmittel *n*
natural stone sculpture Natursteinplastik *f*, Steinskulptur *f*
natural stone shoulder Kragstein *m*, Natursteinkonsole *f*, Balkenstein *m*
natural stone slab Natursteinplatte *f*
natural stone threshold Natursteinschwelle *f*
natural stone vault Natursteingewölbe *n*
natural stone wall Natursteinmauer *f*, Blocksteinmauer *f*
natural stone work Werksteinarbeiten *fpl*
natural strength Eigenfestigkeit *f*
natural stress relief *(Bod)* natürlicher Spannungsausgleich *m*
natural vegetation natürliche Vegetationsdecke *f*
natural ventilation natürliche Belüftung *f*, natürliche [freie] Lüftung *f*
natural walling stone Natursteinmauerstein *m*, Steinblock *m*
natural water conduit natürlicher Wasserlauf *m*
natural water content natürlicher Wassergehalt *m*
natural weathering natürliche Bewitterung *f*
natural wood unbearbeitetes Holz *n*
natural wood colour Naturholzfarbe *f*
naturalistic form *(Arch)* natürliche Form *f*
naturally lighted tagesbeleuchtet, tagesbelichtet
naturally moist erdfeucht
nature 1. Beschaffenheit *f*, Natur *f*; 2. Natur *f*
Nature Conservancy Council Britische Naturschutzbehörde *f*
nature conservation Naturschutz *m*; Umweltschutz *m*
nature of deposition *(Bod, Erdb)* Lagerungsform *f*
nature of ground Bodenbeschaffenheit *f*
nature of grain Korngröße *f* *(Baustoffe)*
nature of soil Bodenbeschaffenheit *f*
nature of surface Oberflächenbeschaffenheit *f*
nature of the ground Bodenbeschaffenheit *f*
nature of the soil Bodenbeschaffenheit *f*
nature preservation Naturschutz *m*; Landschaftsschutz *m*
nature protection Naturschutz *m*
nature reserve Naturschutzgebiet *n*; Naturpark *m*
nature sanctuary Naturdenkmal *n*
nave 1. *(Arch)* Kirchenmittelschiff *n*, Hauptschiff *n*, Langhaus *n*, Schiff *n*; 2. Kirchenmittelachse *f*, 3. (große) offene Zentralhalle *f* *(eines Gebäudes)*

nave aisle *(Arch)* Seitenschiff *n*, Abseite *f*
nave aisle gallery *(Arch)* Abseitenempore *f*, Seitenschiffempore *f*
nave aisle vault *(Arch)* Abseitengewölbe *n*, Seitenschiffgewölbe *n*
nave arcade Hauptschiffarkade *f*, Mittelschiffarkade *f*
nave pier Hauptschiffpfeiler *m*
navigable channel 1. *(Wsb)* schiffbarer Kanal *m*; 2. *s.* navigable water
navigable river schiffbarer Fluss *m*
navigable water *(Wsb)* Fahrrinne *f*, Fahrwasser *n*
navigable waterway *(Wsb)* Wasserstraße *f*
navigable width Durchlassquerschnitt *m (für Schiffe bei Brücken)*
navigation canal *(Wsb)* Schifffahrtskanal *m*
navigation lock *(Wsb)* Sperrschleuse *f*
navvy 1. Bagger *m*, Löffelbagger *m*; 2. Erdarbeiter *m*, Ausschachter *m*
navvy excavator Löffelbagger *m*
navvying Erd(bau)arbeiten *fpl*
NBR *s.* nitrile-butadiene rubber
neap tide Nipptide *f*
near nahe
near-by material örtliches Material *n*
near-circular kreisähnlich
near-mesh grain [material] Grenzkorn *n (Zuschlag)*
near-side links *(Großbritannien)*
near-surface oberflächennah
near to ground bodennah
neat unvermischt, ohne Zuschlagstoffe; ohne Sand *(Mörtel)*
neat cement 1. hydraulischer Zement *m (unabgebunden)*; 2. reiner Zementmörtel *m (ohne Sand)*; Zementpaste *f*
neat cement grout Zementschlämme *f*
neat cement paste Zementpaste *f*
neat grouping übersichtliche Anordnung *f (Städtebau, Bedienungselemente)*
neat-house Rinderstall *m*
neat lime Kalkschlämme *f*, Kalkpaste *f*
neat line 1. Aushubmarkierungslinie *f*; 2. *s.* net line 1.
neat plaster Putz *m* ohne Zuschlagstoffe, Pastenputz *m*
neat size Nettoabmessung *f (Bauteil, Bauraum)*
neat work Ziegelmauerwerk *n* über dem Mauersockel
nebulé moulding Wolkenverzierung *f*, Wellenlinienzierkante *f (Ornament)*; normannischer Fries *m*
nebuly moulding *s.* nebulé moulding
necessary work auxiliary to the accomplishment of the contract notwendige Nebenleistungen *fpl* zum Bauvertrag
neck Hals *m*; Säulenhals *m*, Säulenhalseinschnürung *f*
neck bearing Halslager *n*
neck brick Spitzkeilstein *m*
neck channel Einkehlung *f*, Kehlrinne *f*
neck moulding Säulenhalskehlausformung *f*, Säulenhals *m*
neck of land Landzunge *f*
necking 1. Einschnürung *f*, Verengung *f*, Verminderung *f* des Querschnitts; 2. Kapitellzierband *n*; Halsglied *n*; 3. *s.* neck moulding
necking down Einschnürung *f*
necking-groove Säulenhalsring *m*
necking tool Stechmeißel *m*
necropolis Totenstadt *f (Gräberstadt)*
needle *v* absteifen *(mit Stützbalken)*
needle Querbalken *m (kurzer, dicker Stützbalken aus Holz)*; Wandeinsteckholz *n*, temporäre Holzkonsole *f*; Nadelschieber *m*
needle bath Dusche *f* mit gelochten Rohrleitungen
needle beam Holzbalken *m (kurzer, dicker Stützbalken)*; Querbalken *m*; Spundpfahl *m*
needle beam scaffold *s.* needle scaffold
needle descaler *s.* needle hammer
needle drive Nadelschieber *m*
needle felt Nadelfilz *m*
needle gun Nadelpistole *f (Betonaufrauung)*
needle hammer Nadelhammer *m*, Stahlnadelklopfgerät *n (Aufrauen, Entrosten usw.)*
needle penetration test Nadeleindringprüfung *f*
needle scaffold von Einsteckhölzern getragenes Gerüst *n*, Kragrüstung *f*
needle scaler *s.* needle hammer
needle-shaped nadelförmig
needle test of Vicat Vicat-Nadelprüfung *f*
needle valve Nadelventil *n*
needle vibrator Tauchrüttler *m*, Innenrüttler *m*
needlework Bauweise *f* aus engem Holzwerk mit Verputz
needling Querbalkenlage *f* für temporäre Nutzung, temporärer Abfangträger *m*
negative area of influence *(Stat)* negative Einflussfläche *f*
negative bending negative Biegung *f*
negative bending moment negatives Biegemoment *n*
negative form Lehre *f (für Verzierungen)*
negative elongation negative Dehnung *f*, Verkürzung *f*
negative equity negativer Immobilienwert *m*
negative friction negative Pfahlreibung *f*
negative moment negatives Moment *n*
negative pressure negativer Druck *m*, Unterdruck *m*
negative reinforcement Bewehrung *f* gegen negative Biegemomente
negative transparency Mutterpause *f*
negligence Nachlässigkeit *f*, Fahrlässigkeit *f*
negligible geringfügig, vernachlässigbar *(Toleranz, Umfang)*
negotiate *v* 1. überwinden *(Steigungen, Hindernisse)*; 2. unterhandeln, verhandeln
negotiated contract freihändige Vergabe *f*
negotiated tender freihändige Vergabe *f (öffentlicher Bauaufträge)*
negotiation phase Angebotsphase *f*
neighbourhood 1. Nachbarschaft *f*, Umgebung *f*; 2. *s.* neighbourhood unit
neighbourhood noise Umgebungslärm *m*
neighbourhood unit Wohnkomplex *m*
neighbouring benachbart
neighbouring building Nachbargebäude *n*
neighbouring opening Nachbarfeld *n*, Nachbaröffnung *f (Brücken)*
neighbouring owner Angrenzender *m*, Grenznachbar *m*
neighbouring property Nachbargrundstück *n*
neighbouring span Nachbarfeld *n*, Nachbaröffnung *f (Tragwerk)*
neighbouring wall Nachbarwand *f*
nek Pass *m*, Gebirgspass *m (südafrikanisch)*
nematoblastic structure faserige Textur *f (Gestein)*
neo-Baroque *(Arch)* Neobarock *m*, Neubarock *m*
neo-classical *(Arch)* neoklassisch
neo-Classicism *(Arch)* Neoklassik *f*
neo-Gothic *(Arch)* neugotisch
neo-Gothic *(Arch)* Neogotik *f*
neo-medieval *(Arch)* neo-mittelalterlich
neo-objectivity *(Arch)* Neue Sachlichkeit *f*
neo-Renaissance *(Arch)* Neorenaissance *f*, Neurenaissance *f*
neon-filled lamp *s.* neon lamp
neon glow lamp *s.* neon lamp
neon lamp Neonglimmlampe *f*, Neonlampe *f*, Glimmlampe *f* mit Neonfüllung
neon light Neonlicht *n*

neon sign Leuchtreklame *f*
neon sign frame Leuchtreklamenstützrahmen *m*
neon tube Neonröhre *f*, Neonlampe *f*
neoprene Neopren *n (ein Elastomer)*
neoprene adhesive Neoprenkleber *m*
neoprene base Neoprengrundlage *f*
neoprene bearing Neoprenlager *n*
neoprene bearing bed Neoprenlagerkissen *n*
neoprene channel Neopren-U-Profil *n*
neoprene foam Neoprenschaumstoff *m*
neoprene gasket Neoprendichtungsband *n*, Neoprendichtungsprofil *n*
neoprene glazing Neoprenverglasung *f*
neoprene insert Neopreneinlage *f*
neoprene pot bearing Neoprentopflager *n (Brücke)*
neoprene sealing Neoprendichtungsband *n*, Neoprendichtungsprofil *n*
neoprene waterstop Neoprenfugenband *n*
nepheline basalt Nephelinbasalt *m*
nephelite Nephelin *m*
nephrite Nephrit *m*
neptunian sedimentary, angeschwemmt
nerve *s.* nervure
nervure Gratrippe *f*, Seitenrippe *f (Gewölbe)*
nesh weich, staubig, pulvrig
ness Vorgebirge *n*, Landspitze *f*, Kap *n*
nest *v* (ineinander) schachteln
nest 1. Nest *n*, Betonnest *n*; 2. Satz *m (von Geräten)*; Set *n*
nest of screens Prüfsiebsatz *m (Baustoffe)*
nest of tubes Rohrbündel *n*
nesting *(AE)* Wohnkolonie *f (meist auf freiem Gelände)*
nesting unit Siedlungshaus *n*
net netto; Netto..., Rein...
net Netz *n*; Netzgewebe *n*
net area Nettofläche *f*
net capacity *(El)* Nutzleistung *f*
net cross-sectional area Mauerblockquerschnitt *m* ohne Hohlräume
net floor area Nettogeschossfläche *f*, (tatsächliche) Nutzfläche *f*
net line 1. Nettoumrisslinie *f*; 2. *s.* neat line 1.
net load 1. Nutzlast *f*; 2. *(HLK)* Heizungsnettoleistung *f*
net masonry Netzverband *m (Mauerwerk)*
net mass Nettomasse *f*
net present value aktualisierter Wert *m*
net production Nettoproduktion *f*
net profit(s) Reinertrag *m*
net room area Rauminnenmaß *n*, Raumnutzfläche *f*
net section Nettoquerschnitt *m*, Nutzquerschnitt *m*
net site area effektive Baustellenfläche *f*, tatsächlich zur Verfügung stehende Baustellenfläche *f (ohne Straßen)*
net tracery Netzmaßwerk *n*
net transformed section Nettoquerschnitt *m*
net vault Netzrippengewölbe *n*, Rautengewölbe *n*
net weight Nettogewicht *n*, Reingewicht *n*
net width Nutzbreite *f*
netlike netzförmig
netlike stone soil netzartiger Steinboden *m*
netting Geflecht *n*; Netzbildung *f*
network 1. *(El, San)* Netz *n*, Versorgungsnetz *n*, Leitungsnetz *n*; 2. Netzwerk *n (Planung)*; Netzplandiagramm *n*; 3. Straßennetz *n*
network analysis Netzwerkanalyse *f*, Netzplantechnik *f*
network cupola Netzwerkkuppel *f*
network density *(Verk)* Netzdichte *f (Straße)*
network diagram Netzwerkdiagramm *n*
network former Netzwerkbildner *m (Glas)*
network junction point *(Verk)* Netzknoten *m*
network layout Netzplan *m*
network of cracks Rissnetzwerk *n*, Rissbild *n*, Rissanordnung *f*
network of piping Rohrnetz *n*, Rohrleitungsnetz *n*
network of sewers Kanalisationsnetz *n*
network planning Netzwerkplanung *f*, Netzwerktechnik *f*
network structure Netzwerkgefüge *n*
neutral axis 1. neutrale Achse *f* [Linie *f*], Nullachse *f*, Nulllinie *f*; neutrale [spannungsfreie] Faser *f (Festigkeitslehre)*; 2. *s.* neutral wire
neutral neutral
neutral conductor *(El)* Nullleiter *m*
neutral fibre *(Stat)* neutrale Faser *f*, spannungslose Faser *f*
neutral line *s.* neutral axis
neutral plane Neutralebene *f*
neutral point Nullpunkt *m*; Neutralpunkt *m (beim Biegen)*
neutral position *(Stat)* Ruhelage *f*, Gleichgewichtslage *f*
neutral pressure neutrale Spannung *f*
neutral range Neutralbereich *m*
neutral soil neutraler Erdstoff *m (pH-Wert 6,6–7,3)*
neutral state neutraler Zustand *m*
neutral surface neutrale Ebene *f*, Mittelfläche *f*, neutrale Spannungsfläche *f (eines Trägers)*
neutral wire *(El)* Mittelpunktsleiter *m*, Nullleiter *m*
neutralization Neutralisierung *f*
neutralize *v* neutralisieren, abstumpfen *(Oberflächen)*
neutralizer Neutralisationsmittel *n*
neutralizing agent Neutralisationsmittel *n*
Neville bridge girder nevillescher Brückenträger *m*
new Austrian tunnelling method neue österreichische Tunnelbauweise *f (NÖTB)*
new block Neubau *m*, neues Gebäude *n*
new brutalism *(Arch)* Neuer Brutalismus *m*
new building Neubau *m*
New Empiricism *(Arch)* Neuer Empirismus *m (in Skandinavien ca. 1940 ff.)*
New England method rationelles Mauern *n*
new finish (paint) Neuanstrich *m*
new flat Neubauwohnung *f*
New Formalism *(Arch)* Neuer Formalismus *m (Wiederanwendung klassischer Stilelemente)*
new growth area Neubaugebiet *n*
new house Neubau *m*
new housing construction Wohnungsneubau *m*
new objectivity Neue Sachlichkeit *f (Architekturstil)*
new plant neue Betriebsanlage *f*
new town 1. Neue Stadt *f*, New Town *(nach 1946 in England entstanden zur Entlastung großstädtischer Ballungsgebiete)*; 2. Neustadt *f*
new wood unbearbeitetes Holz *n*
newel 1. Treppenpfosten *m*, Antrittspfosten *m*, Austrittspfosten *m*, Treppensäule *f*, Baluster *m*; 2. Spindel *f*, Mönch *m (einer Treppe)*
newel cap 1. Treppenpfostenkopf *m*; 2. Spindelkappe *f*
newel collar Treppenpfostenschaft *m*
newel joint Treppenpfosten-Handlauf-Verbindung *f*
newel post 1. *s.* newel 1.; 2. Brückenbaluster *m*, Balustersäule *f (zwischen Brückenüberbau und Widerlagerflügel)*
newel stairs Wendeltreppe *f*, Spindeltreppe *f*
newly-made frisch gefertigt, roh gefertigt
newly-made brick Ziegelrohling *m*, Ziegelfrischling *m*
newly-made slab frisch gegossene [geformte] Platte *f*, Plattenfrischling *m*, Plattenformling *m*
newly-placed concrete frisch eingebauter Beton *m*
news board Graupappe *f*
news kiosk Zeitungskiosk *m*
nib Spitze *f*, Nase *f (z. B. am Dachziegel)*
nib guide [rule] Holzleistenlehre *f* für Putzarbeiten, Putzlehre *f (Deckengesims)*

nibbed tile Dachziegel *m* mit Nase
nibble *v* nibbeln, aushauen, ausschneiden *(schmale Streifen)*
niche 1. Nische *f*, Mauervertiefung *f*, Raumnische *f (z. B. für Skulpturen)*; 2. ökologische Nische *f*
niche pediment Nischendreieck *n*
niche-vaulting Nischengewölbe *n*
nick *v* (ein)kerben, einschneiden; schlitzen
nick Kerbe *f*, Schnitt *m*, Einschnitt *m*; Schlitz *m*
nick-band test Kerbbiegeprüfung *f (Stahl)*
nicked-bit finish Rillen(schlag)oberfläche *f (Naturstein)*
nickel *v* vernickeln
nickel alloy steel *s.* nickel steel
nickel-bearing nickelhaltig
nickel flash dünne Nickelschicht *f*
nickel oxide coating Nickeloxydbeschichtung *f*
nickel plated vernickelt
nickel plating Vernickeln *n*
nickel sheet Nickelblech *n*
nickel silver Neusilber *n*
nickel steel Nickelstahl *m*, nickellegierter Stahl *m*
nickelous nickelhaltig
nicker Steinmetzmeißel *m*
nickpoint Knickpunkt *m (im Gefälle)*
nicks Kerbung *f*
nidge *v* scharrieren *(mit Hammer)*
nidged scharriert
nidged ashlar scharrierter Naturstein(block) *m*
nidging chisel Scharriereisen *n*
nig *v s.* nidge
nigger head Katzenkopf *m*, Pflasterkopfstein *m*, Kopfstein *m*
nigging chisel *s.* nidging chisel
night bolt 1. Nachtriegel *m*; 2. *s.* night latch
night current Nachtstrom *m*
night economy Nachtabsenkung *f (Heizung)*
night illumination Nachtbeleuchtung *f*
night latch Nacht(riegel)schloss *n (von innen mittels Drehknopf, von außen mittels Schlüssel zu betätigen)*
night lighting Nachtbeleuchtung *f*
night lock *s.* night latch
night shift Nachtschicht *f*
night soil Fäkalienschlamm *m*
night storage heating Nachtspeicherheizung *f*, Nachtstromspeicherheizung *f*, Speicherheizung *f*
night(-time) storage heater Nachtspeicherheizgerät *n*
night vent Entlüftungsfensterklappe *f (eines Schiebefensters)*
nip *v* kneifen, klemmen
nip *v* **off** abkneifen, abzwicken, abkappen
nip Verdrückung *f*, Verquetschung *f*
nip roller Andruckwalze *f (Oberflächenauftrag)*
nippers 1. Kneifzange *f*, Beißzange *f*; 2. Steinzange *f*, Steingreifer *m*, Hebezange *f (Hebevorrichtung)*
nipping Vorknicken *m (Scharnier)*
nipple Nippel *m*, Anschlussstück *n*, Anschluss *m*; Schraubverbindung *f*
Nissen hut Nissenhütte *f*, halbrunde Wellblechbaracke *f* mit Zementboden *(z. B. als Behelfsunterkunft)*
nitralloy Nitrierstahl *m (Stahl für Nitrierhärtung)*
nitrate Nitrat *n*
nitrate of lime Kalksalpeter *m*, salpetersaurer Kalk *m*
nitre Kaliumnitrat *n*, Kalisalpeter *m*, Salpeter *m*
nitric acid Salpetersäure *f*
nitride *v* nitrieren, nitrierhärten *(Stahl)*
nitride Nitrid *n*
nitride refractory material Nitriterzeugnis *n*
nitrided steel nitriergehärteter [nitrierter] Stahl *m*
nitrided surface nitrierte Oberfläche *f*
nitriding Nitrieren *n*, Nitrierhärtung *f*, Stickstoffhärtung *f*
nitriding steel Nitrierstahl *m*, Stahl *m* für Nitrierhärtung
nitrile(-butadiene) rubber Nitrilkautschuk *m*, Nitrilgummi *m*
nitro Nitro...
nitro dyestuff Nitrofarbstoff *m*
nitrobenzole Nitrobenzol *n*
nitrocellulose Cellulosenitrat *n*, Schießbaumwolle *f*
nitrocellulose lacquer Cellulosenitratlack *m*, Nitrolack *m*
nitrocellulose paint Nitrofarbe *f*
nitrocellulose stopper Cellulosenitratspachtel *m*, Nitrocellulosespachtelmasse *f*
nitrocotton Schießbaumwolle *f*
nitrogen-bearing stickstoffhaltig
nitrogen case-hardening Stickstoffhärten *n*, Nitridhärten *n*, Nitrieren *n (Stahl)*
nitrous salpetrig
nitty gritty *(sl)* genaue Einzelheiten *fpl*, Wesentliches *n*
nival soil Frostboden *m*
no air Entgasungsmittel *n (Anstrich)*
no-bond prestressing Vorspannen *n* ohne Verbund
no-bond tendon Spannglied *n* ohne Verbund
no-bond tensioning verbundlose Vorspannung *f*
no-crossing (line) *(Verk)* Sperrlinie *f*
no-fines concrete Einkornbeton *m*, Beton *m* ohne Feinkorn *n*, entfeinter Beton *m*, haufwerksporiger Beton *m*
no-hinged eingespannt, gelenklos
no-go limit Ausschussgrenze *f (Montagetoleranz)*
no overtaking *(Verk)* Überholverbot *n*
no overtaking section *(Verk)* Überholverbotsstrecke *f*
no stopping Halteverbot *n*
no-through road Stichstraße *f*, Sackgasse *f*
no weathering exposure wettergeschützt
no-x-ing line *(AE) (Verk)* Sperrlinie *f*
noble antique (style) *(Arch)* repräsentative Antike *f*
noble metal Edelmetall *n*
nobble *v (AE)* behandeln *(Steine)*
nodal Knoten...
nodal curve Knoten(punkts)kurve *m (mathematisch)*
nodal joint Knoten(punkt)verbindung *f (Fachwerk)*
nodal point Knotenpunkt *m*
node 1. Knoten *m*, Knotenpunkt *m*; 2. *(El)* Leitungsknoten *m*, Verteilungspunkt *m*, Kreuzungspunkt *m*
node (point) Knoten *m*, Knotenpunkt *m*
node (point) equilibrium Knoten(punkt)gleichgewicht *n*
node (point) load Knoten(punkt)last *f*
node (point) loading Knoten(punkt)belastung *f*
node (point) moment Knoten(punkt)moment *n*
node (point) strength Knoten(punkt)festigkeit *f*
node (point) trajectory Knoten(punkt)weg *m*
nodular knotenartig, knotenförmig; knollig, klumpig; kugelig
nodular band knollenartiger Streifen *m*
nodular bedding *(Bod, Erdb)* knollige Schichtung *f*
nodular cast iron Sphäroguss *m*, Kugelgraphitguss *m*
nodular limestone Knollenkalk *m*
nodule Knolle *f*, Knotte *f*, Druse *f*, Galle *f (Geologie)*
nodulize *v* agglomerieren, körnig [stückig] machen; pelletieren
nog Holzdübelstein *m*; Holzziegel *m*; Holz(dübel)stift *m*; Holzpflock *m*
nogged bay work Fachwerkausmauerung *f*
nogging 1. Ausfachung *f*, Ausfachungsmauerwerk *n*, Ausmauerung *f (Rahmenfelder, Fachwerk)*; 2. *s.* nogging piece
nogging piece Mauerwerkaussteifungsholz *n*, Riegel *m*, Wandbalken *m*
noise Lärm *m*; Geräusch *n*

noise abatement Lärmminderung *f*, Lärmdämpfung *f*; Lärmbekämpfung *f*
noise-abatement zone Lärmschutzzone *f*
noise-absorbent geräuschdämpfend
noise attenuation Lärmdämpfung *f*
noise barrier Lärmschutzwall *m*; Lärmschutzsperre *f*
noise bund *(Verk)* Lärmschutzwall *m*
noise control Lärmbekämpfung *f*; Lärmschutz *m*, Schallschutz *m*
noise-controlling geräuschdämmend
noise criterion Lärm(pegel)kriterium *n*
noise damping Lärmdämpfung *f*
noise-deadening lärmdämpfend, geräuschdämpfend
noise-development Lärmentwicklung *f*
noise diagram Lärmkarte *f*
noise exposure forecast Lärmbelastungsprognose *f*
noise floor Grundgeräusch *n*
noise insulation Lärmschutz *m*; Schallschutz *m*
noise-insulation class Schallschutzklasse *f*
noise-insulation window Schallschutzfenster *n*
noise intensity Geräuschstärke *f*
noise level Lärmpegel *m*, Geräuschpegel *m*
noise measurement Geräuschmessung *f*
noise nuisance [pollution] Lärmbelästigung *f*
noise pollution Lärmbelästigung *f*
noise prevention Schallschutz *m*, Lärmbekämpfung *f*
noise prevention wall *s.* noise protection wall
noise protection Lärmschutz *m*
noise protection embankment *(Verk)* Lärmschutzwall *f* *(Erdaufschüttung, oft bepflanzt)*
noise protection embankment Lärmschutzwall *m*
noise protection facilities [systems] Lärmschutzanlagen *fpl*
noise protection wall *(Verk)* Lärmschutzwand *f*, Lärmschutzmauer *f*
noise-reduced lärmgemindert, lärmarm
noise reduction Lärmminderung *f*
noise reduction coefficient Lärmabminderungskoeffizient *m*, Geräuschabsorptionswert *m*, Schallschluckzahl *f* *(von Schalldämmstoffen)*
noise research Lärmforschung *f*
noise screen Lärmschirm *m*, Lärmschutzzaun *m*
noise source Lärmquelle *f*, Geräuschquelle *f*
noise suppression Lärmbekämpfung *f*, Lärmabwehr *f*; Lärmbekämpfung *f*
noise transmission Lärmübertragung *f*, Geräuschübertragung *f*
noise zone Lärmzone *f*
noisy lärmreich
nomenclature Terminologie *f*, Benennungen *fpl*, Bezeichnungen *fpl*
nominal aggregate size Zuschlagkornnenngröße *f*
nominal bore Nennweite *f* *(Innendurchmesser eines Rohres)*
nominal characteristic Nominalmerkmal *n*
nominal coating thickness Nennschichtdicke *f* *(Anstrich)*
nominal cover Nennbetondeckung *f*
nominal cross section Nennquerschnitt *m*
nominal diameter Nenndurchmesser *m*, Nennweite *f*, Sollmaß *n*
nominal dimension 1. Mauerwerksteinstärke *f* plus Fugendicke; 2. Nennabmessung *f*, Nennmaß *n*, Normalmaß *n*, Sollmaß *n*
nominal dimension range Normalabmessungsbereich *m*, Nennmaßbereich *m*, Sollmaßbereich *m*
nominal grading curve Idealsiebkurve *f*, Sollsieblinie *f*
nominal grain size Sollkorngröße *f*, nominelle Korngröße *f*
nominal handling rate Baggernennleistung *f*
nominal heating output Nennheizleistung *f*
nominal height Nennhöhe *f*, Sollhöhe *f*
nominal layer thickness Sollschichtdicke *f*, Sollschichtstärke *f*
nominal line Sollkurve *f*
nominal load Nennlast *f* *(z. B. von Fahrzeugen)*
nominal load-bearing capacity Nennlast *f*
nominal maximum size Nenngrößtkorn *n*, Sollgrößtkorn *n*
nominal measure 1. Sollmaß *n*; 2. Raumaß *n* *(Holz)*
nominal measurement Nennmaß *n*, Richtmaß *n*
nominal mix spezifisches Betonmischungsverhältnis *n*
nominal output Nennleistung *f*
nominal particle size Sollkorngröße *f*, nominelle Korngröße *f*
nominal pipe size Rohrnennweite *f*
nominal range Nennbereich *m*, Sollbereich *m*
nominal size 1. Sollmaß *n*, Normalmaß *n*, Sollgröße *f*; 2. Holzschnittmaß *n*, Schnittmaß *n*
nominal stiffness Normalsteifigkeit *f*
nominal strength Nennfestigkeit *f*
nominal stress Nennspannung *f* *(mechanisch)*; Nennbeanspruchung *f*
nominal system thickness Nennschichtdicke *f* *(Anstrichsystem)*
nominal thickness Nenndicke *f*
nominal value Nennwert *m*, Sollwert *m*; Nenngröße *f*, Sollgröße *f*
nominal width Nennweite *f*
nominated sub-contractor benannter Subunternehmer *m*
nominated sub-contractor defaults Versäumnisse *npl* des benannten Subunternehmers
nomogram Nomogramm *n*, Funktionsdarstellung *f*, Rechentafel *f*
nomography Nomographie *f*, geometrische Darstellung *f*
non-abrasiveness Abriebfestigkeit *f*
non-absorbent hydrophob
non-acceptance Abnahmeverweigerung *f*
non-ageing alterungsbeständig
non-adherent nicht haftend, locker, lose
non-aggressive nicht aggresiv
non-air-entrained concrete Beton *m* ohne Luftporenbildner
non-aqueous nicht wässrig
non-artesian water ungespanntes Grundwasser *n*
non-articulated arch Gewölbe *n* ohne Gelenke
non-attainment area *(AE)* luftverschmutzte Zone *f*, Gebiet *n* mit überschrittenen Luft(verschmutzungs)grenzwerten
non-based building nicht unterkellertes Gebäude *n*
non-bearing nicht tragend
non-bearing partition nicht tragende Trennwand *f* [Zwischenwand *f*]
non-bearing wall nicht tragende Wand *f*
non-bedded *(Bod, Erdb)* ungeschichtet
non-bent-up reinforcing bar Tragstab *m* *(Bewehrungszugstab)*
non-biodegradable waste biologisch nicht abbaubarer Abfall *m*
non-bonded joint Knirschfuge *f*
non-breakable unzerbrechlich
non-breakable bond unlösliche Haftung *f*, unzerstörbare Haftung *f*
non-bright glanzlos, matt, stumpf
non-built up area nicht bebautes Gebiet *n*
non-carved waterspout Abtraufe *f*, Ansatztraufe *f* *(einfacher Wasserspeier)*
non-chalking nicht abkreidend, nicht abkalkend, nicht auskreidend

non-clay block ungebrannter Baustein *m*
non-cohesive nichtbindig; inkohärent, kohäsionslos, nicht kohäsiv
non-cohesive soil nichtbindiger Boden *m*, tonmineralfreier [rolliger] Erdstoff *m*
non-combustibility Nichtbrennbarkeit *f*, Unbrennbarkeit *f*
non-combustible nicht brennbar, unbrennbar
non-combustible construction nicht entflammbare Baukonstruktion *f*
non-combustible material unbrennbarer Stoff *m*
non-combustible roof floor massive Decke *f*
non-combustible uncovered floor Massivdecke *f*, massive Rohdecke *f*
non-complanar forces nicht regelmäßig verteilte Kräfte *fpl*
non-compliance Nichteinhaltung *f (Normen)*
non-composite steel flange nicht zusammengesetzter Stahlflansch *m*
non-compostable waste nicht kompostierbarer Abfall *m*
non-concordant tendons Spannglieder *npl* mit nicht übereinstimmender Kennlinie, nicht zwängungsfreies Spannglied *n*
non-concurrent forces Kräfte *fpl* mit verschiedenem Schnittpunkt
non-conducting nicht leitend, dielektrisch
non-conducting material 1. *(El)* Isoliermasse *f*; nicht leitender Stoff *m*; 2. Wärmedämmstoff *m*
non-conductive nicht leitend
non-conformable *(Bod, Erdb)* diskordant
non-conformance Nichtübereinstimmung *f*, Nichteinhaltung *f*; Fehler *m*
non-conforming nicht spezifikationsgerecht, nicht bauordnungsgerecht *(Gebäude)*
non-conforming work nicht normengerechte [der Ausschreibung entsprechende] Bauausführung *f*
non-coniferous wood Laubholz *n*, Hartholz *n*
non-conservative force nicht konservative Kraft *f*
non-continuous foundation Gründung *f* mit Unterbrechungen
non-coplanar forces nicht in einer Ebene liegende Kräfte *fpl*
non-corrodible *s.* non-corroding
non-corroding korrosionsbeständig, korrosionsfest, nicht korrodierend *(Werkstoffe)*
non-corrosive nicht korrosiv, nicht aggressiv, nicht angreifend *(Medium)*
non-crystalline nicht kristallin
non-deducted opening übermessene Öffnung *f*
non-deductible opening übermessbare Öffnung *f*
non-deforming steel verzugsfreier Stahl *m*
non-degradable nicht abbaubar, (abbau)resistent *(Schadstoffe)*
non-destructive zerstörungsfrei *(z. B. Betonprüfung)*
non-destructive testing zerstörungsfreie Prüfung *f (von Baustoffen)*
non-developable nicht abwickelbar
non-directional richtungslos
non-domestic nicht zum Wohnhausbau gehörend
non-domestic development industrielle Bebauung *f*
non-development area nicht bebaubare Fläche *f*
non-drip paint tropffreie Farbe *f*, nicht tropfender Anstrichstoff *m*
non-drying oil nicht trocknendes Öl *n*, Plastifizierungsöl *n (Anstrich)*
non-ductile undehnbar, unstreckbar
non-dusting nicht staubend
non-ecclesiastical architecture weltliche Architektur *f*, Profanarchitektur *f*, Profanbaukunst *f*
non-ecclesiastical building Profanbauwerk *n*, Profangebäude *n*
non-ecclesiastical Gothic style Profangotik *f*, weltliche Gotik *f*
non-ecclesiastical structures Profanbauten *pl*, Profangebäude *npl*
non-elastic unelastisch, plastisch
non-elastic behaviour unelastisches Verhalten *n*
non-elastic deformation plastische Verformung *f*, plastische Formänderung *f*, Kriechformänderung *f*
non-elastic range unelastischer Bereich *m*, nicht elastischer Bereich *m*, plastischer Bereich *m*
non-elastic strain Kriechdehnung *f*, plastische Dehnung *f*
non-electric-delay blasting cap mechanische Verzögerungssprengkapsel *f*
non-equilibrium instabil
non-equilibrium Ungleichgewicht *n*
non-evaporable water chemisch gebundenes Wasser *n*
non-fading nicht verblassend
non-ferrous eisenfrei, nicht eisenhaltig; Nichteisen..., NE-...
non-fibrated faserfrei, ungefasert, nicht faserverstärkt, ohne Faserzusatz
non-flammability Nichtentflammbarkeit *f*, Flammbeständigkeit *f*
non-flammable nicht entflammbar, flammbeständig
non-freeze sprinkler system frostgeschützte [frostsichere] Feuerlöschanlage *f*
non-fulfilment Nichterfüllung *f*
non-functional zweckfrei
non-fusible unschmelzbar
non-glare glass *(AE)* Blendschutzglas *n*, abblendendes Glas *n*
non-hardening dauerplastisch
non-homogeneous inhomogen, nicht homogen
non-homogeneous plastic body inhomogener plastischer Körper *m*
non-homogeneous state of stress nicht homogener Spannungszustand *m*
non-hydraulic lime Luftkalk *m*, an der Luft erhärtender Kalk *m*
non-hydraulic mortar Luftmörtel *m*
non-inflammable *s.* non-flammable
non-linear nicht linear
non-linear elastic theory nicht lineare Elastizitätstheorie *f*
non-linear distribution nicht lineare Verteilung *f*
non-linear problem nicht lineare Aufgabe *f*
non-linear structure nicht lineares Bauwerk *n*
non-linear theory nicht lineare Theorie *f*
non-linearly elastic body nicht-linear-elastischer Körper *m*
non-load-bearing nicht tragend
non-load bearing façade nicht tragende Fassade *f*
non-load bearing panel nicht tragende Tafel *f*
non-load-bearing partition nicht tragende Zwischenwand *f*
non-load-bearing wall nicht tragende Wand *f*
non-metallic nicht metallisch
non-metallic element nicht metallisches Element *n*
non-metallic minerals industry Steine- und Erdenindustrie *f*
non-miscible nicht mischbar
non-opening window Festfenster *n*
non-oriented nicht orientiert, richtungslos
non-oxidizing nicht oxidierend
non-passive nicht passive *(Korrosion)*
non-pigmented unpigmentiert
non-planar frame Rahmen *m* nicht in einer Fläche
non-plastic *(Bod, Erdb)* rollig
non-plastic clay nicht plastischer Ton *m*
non-poisonous ungiftig

non-porosity Porenlosigkeit *f*
non-porous porenfrei
non-potable water Brauchwasser *n*
non-prestressed schlaff bewehrt
non-prestressed reinforcement schlaffe [nicht vorgespannte] Bewehrung *f (im Spannbeton)*
non-productive time Gemeinkostenzeit *f*
non-protected ungeschützt
non-protective nicht schützend
non-profit housing company gemeinnützige Wohnungsbaugesellschaft *f*
non-recoverable nicht elastisch rückstellend, nicht selbstrückstellend
non-recoverable timbering verlorener Holzeinbau *m*
non-reflecting reflexfrei
non-reflecting glass reflexfreies Glas *n*
non-reinforced nicht bewehrt, unbewehrt
non-renewable nicht regenerierbar, nicht erneuerbar
non-renewable fuse *(El)* Schmelzsicherung *f*, Patronensicherung *f*
non-return valve Rückschlagventil *n*, Rückschlagklappe *f*
non-reverberant nachhallfrei
non-rigid 1. nicht starr; verschiebbar; 2. weich *(Kunststoff)*
non-rigid floor biegeweiche Decke *f*
non-rigid pavement nicht starre Decke *f (Straße)*
non-rusting rostfrei, nicht rostend
non-saline salzfrei
non-saturated ungesättigt *(Boden)*
non-shattering glass splitterfestes Glas *n*, Sicherheitsglas *n*
non-shrink schwindfrei
non-simple truss nicht einfaches Fachwerk *n*
non-simultaneous prestressing individuelles Nachspannen *n (Bewehrung)*
non-skid rutschsicher; griffig
non-skid flooring rutschfester Bodenbelag *m*
non-skid paint rutschfeste Farbe *f*, Gleitschutzanstrich *m*
non-skid property Griffigkeit *f*
non-skid surface griffige Oberfläche *f*
non-skidding *s.* non-skid
non-slip rutschfest; gehsicher
non-slip paint *s.* non-slippery paint
non-slippery paint Gleitschutzanstrich *m*, rutschfester Anstrich *m*, Gleitschutzfarbe *f*
non-sloping gefällelos
non-soluble nicht löslich
non-solvent inaktives Lösungsmittel *n*
non-soundproof nicht schalldicht, nicht schallgedämpft
non-spinning rope drallfreies Seil *n*
non-stable nicht stabil
non-staining mortar alkaliarmer [nicht aggressiver] Mörtel *m*, Mörtel *m* mit geringem freien Alkaligehalt
non-standard profile nicht genormtes Profil *n*
non-stationary nicht stationär
non-storage calorifier Durchlauferhitzer *m*
non-stranded rope drallfreies Seil *n*
non-stressed ungespannt, spannungsfrei
non-structural nicht tragend
non-structural top screed Aufbeton *m*, Überbeton *m*
non-supporting statisch nicht mitwirkend, nicht tragend
non-susceptible unempfindlich, nicht anfällig
non-sway unverschieblich
non-sway frame unverschieblicher Rahmen *m*
non-swelling quellfest, quellbeständig
non-symmetric unsymmetrisch
non-symmetrical unsymmetrisch
non-symmetrical loading unsymmetrische Belastung *f*
non-symmetry Unsymmetrie *f*, Asymmetrie *f*
non-tarnishing anlaufbeständig
non-tension zugentlastet
non-tensioned reinforcement schlaffe [nicht vorgespannte] Bewehrung *f*
non-toxic ungiftig, giftfrei
non-treated unbehandelt
non-trussed purlin roof strebenfreies Plattendach *n*
non-twisted unverwunden
non-uniform ungleichmäßig, ungleichförmig
non-uniform load ungleichmäßig verteilte Last *f*
non-uniform movement ungleichförmige Bewegung *f*
non-uniformity Ungleichmäßigkeit *f*
non-ventilated flat roof Warmdach *n*, einschaliges Flachdach *n*
non-viscous dünnflüssig, nicht zähig
non-vitreous tile Fliese *f* mit großer Wasseraufnahmefähigkeit
non-volatile nicht flüchtig *(z. B. Anstrich)*
non-washable distemper Leimfarbe *f*
non-waste technology saubere Technologie *f*, umweltfreundliche Technologie *f*
non-weight-carrying nicht tragend, statisch nicht mitwirkend
non-wettable unbenetzbar
non-workable unverformbar; unverarbeitbar
non-woven fabric Faservlies *n*, Vlies *n*
non-woven material Vlies *n*
non-yellowing vergilbungsfrei, nicht vergilbend
nook Raumnische *f*, einspringende Ecke *f*; Alkoven *m (z. B. für Essecke, Kamin)*
noose Schlinge *f*, Öse *f*, Auge *n*
noraghe *(Arch)* Nuraghe *f*, rundes Steinhaus *n (prähistorisches Sardinien)*
norite Norit *m*, Noritporphyrit *m (mag. Ganggestein)*
normal 1. normal; Normal..., Standard...; regulär; 2. senkrecht, lotrecht
normal 1. Normale *f*, Senkrechte *f*, Lotrechte *f*; 2. Mittelwert *m (statistische Qualitätskontrolle)*
normal bond Regelverband *m*
normal butt joint normale Stoßverbindung *f*
normal component *(Stat)* Normalkomponente *f*
normal concrete Normalbeton *m*, Schwerbeton *m*
normal conditions Normalbedingungen *fpl*
normal consistency verarbeitungsgerechte Betonkonsistenz *f*
normal consolidation Normalverformung *f (Boden)*
normal crossing *(Verk)* einfache Gleiskreuzung *f*
normal dimension Normalabmessung *f*, Normalmaß *n*
normal effective stress effektive Normalspannung *f*
normal factory production Serienbau *m*, Serienfertigung *f*
normal fault Sprung *m*, Verwerfung *f (im Gestein)*
normal force Normalkraft *f*, Normalkomponente *f* der Kraft
normal format 1. Normalformat *n*, NF *(von künstlichen Bausteinen, 24 × 12 × 6 cm)*; 2. *s.* normal formatbrick
normal format brick normalformatiger Ziegel *m*
normal haul Erdbewegung *f (eingeschlossen im Bauangebot)*
normal level Normalwasserstand *m*
normal load Normallast *f*
normal masonry bond Regelverband *m*
normal mode Eigenfunktion *f (mechanischer Körper)*
normal radius of curve normaler Krümmungsradius *m*
normal section Normalprofil *n (Walzstahl)*
normal-setting halbstabil, mittelschnell brechend *(Bitumenemulsion)*
normal stress *(Stat)* Normalspannung *f*
normal temperature and pressure Normalbedingungen *fpl*, Normaltemperatur *f* und -druck *m (0 ºC und 101,325 kPa)*

normal tensile stress Normalzugspannung *f*
normal test cube Regelwürfel *m (Betonprüfung)*
normal voltage *(El)* Normalspannung *f*
normal-weight concrete Normalbeton *m*, normaler Schwerbeton *m*
normalize *v* normalisieren, normalglühen *(Stahl)*
normally reinforced schlaff bewehrt
Norman arch *(Arch)* normannischer Bogen *m*, Rundbogen *m*
Norman architecture normannische Architektur *f*
Norman Gothic style normannische Gotik *f*
Norman style normannischer Stil *m*
Normandy joint Muffensteckverbindung *f*
normative normativ, Normen setzend
normative document normatives Dokument *n (Normen, technische Spezifikationen, Vorschriften, Richtlinien usw.)*
normative reference Bezugsnorm *f*, Verweis *m* auf Normen, Spezifikationen und Prüfvorschriften
North Italian Quattrocentro *(Arch)* Quattrocento *n*
north-light Sheddachfenster *n*
north-light cylinder segment roof Tonnenschalen-Sheddach *n*
north-light girder Shed(dach)träger *m*
north-light prestressed shell Spannbetonshedschale *f*
north-light roof Sheddach *n*, Sägezahndach *n*
north-light roof building Sheddachgebäude *n*
north-light shell Shedschale *f*
north-light truss Sägedachbinder *m*
north lighting Nordbeleuchtung *f*
north lighting orientation Nordorientierung *f*
Norton well Tiefbrunnen *m*
Norwegian construction concept norwegische Baukonzeption *f (Brückenfreivorbau)*
Norwegian rail system norwegisches Vorbauwagensystem *n (Brücke)*
nose 1. Nase *f*, Ansatz *m*; 2. Traufleiste *f*
nose key Splintsicherungskeil *m*
nose of the last step Austrittstufe *f*
nose section Nasenprofil *n*
nosing 1. (abgerundete) Kante *f (z. B. einer Sohlbank)*; Ausladung *f*; 2. Stufenüberstand *m*, Treppenüberstand *m*; 3. Winkeleckleiste *f*, Kantenschutzleiste *f*, Kantenschutz *m*
nosing line Stufenkantenlinie *f*, Treppensteigungslinie *f*
nosing strip Stufenkantenprofilstreifen *m*
not built upon unbebaut
not fit to live in unbewohnbar
not habitable unbewohnbar
not isosceles ungleichschenklig
not sanded unbesandet
not soundproof nicht schalldicht; hellhörig
not tight undicht
not to scale nicht maßstabgerecht, maßstäblich
not treated unbehandelt
not up to standard nicht normengerecht
notation Kennzeichnung *f*
notation Bezeichnung *f*; Darstellung *f (Berechnung)*
notch *v* 1. (ein)kerben, einschneiden, schlitzen; ausklinken; 2. *(Hb)* ausblatten, aussparen; 3. *(Hb)* verzapfen, einzapfen, verzahnen
notch 1. Kerbe *f*, Einkerbung *f*, Schnitt *m*, Einschnitt *m*, Schnittfuge *f*; Ausklinkung *f (Blech, Platte)*; 2. Versatz *m (räumlich)*; 3. *(Wsb)* Scharfkantwehr *n*
notch-bend test Kerbschlagbiegeversuch *m*
notch board Treppenwange *f (Holzwange)*
notch brittleness Kerbsprödigkeit *f*
notch depth Kerbtiefe *f*
notch effect Kerbwirkung *f*
notch fracture strength Bruchzähigkeit *f*
notch impact strength Kerbschlagfestigkeit *f*, Kerbschlagwert *m*
notch joint Kerbverbindung *f*
notch joist ausgeklinkter Querbalken *m*, gezapftes Querholz *n*
notch ornament Kerbornament *n*
notch sensitive kerbempfindlich
notch strength Kerbfestigkeit *f*
notch stress Kerbspannung *f*
notch trowel Zahnkelle *f*
notched gekerbt
notched area Kerbbereich *m*
notched bar Kerbstab *m*
notched bar test Kerbschlagversuch *m*, Kerbschlagprobe *f*
notches chisel Zahneisen *n (Steinmetzwerkzeug)*
notched moulding Kerbornament *n*
notching 1. Kerbung *f*, Einkerbung *f*; 2. Einzapfen *n*, Verzapfen *n*; 3. Hakenblatt *n*, Überplattung *f (Zimmerung)*; 4. Terrassen(stufen)bau *m*, Abtreppungsausbildung *f (Verkehrstraße)*
notching cutter Falzfräser *m*
note Anmerkung *f*, Note *f*
note of authorization Zulassungsbescheid *m*
nothing doing *(sl)* unter keinen Umständen
notice 1. Anzeige *f*; Mitteilung *f*, Bekanntmachung *f*; 2. Kündigung *f*
notice board 1. Anschlagbrett *n*; 2. Warntafel *f (Baustelle)*
notice of award Auftragsschreiben *n*
notice of determination Bestimmungsbescheid *m*
notice to bidders Bekanntmachung *f* einer Ausschreibungsentgegennahme
notice to leave *s.* notice to quit
notice to proceed Auftragserteilungsschreiben *n*
notice to quit (the flat) Wohnungskündigung *f*
notices Anzeigen *fpl*
notification Bekanntmachung *f*, Notifizierung *f*
notion Vorstellung *f*, Idee *f (Bebauungskonzeption)*
notion of style *(Arch)* Stilbegriff *m*, Stilkonzeption *f*
notional building theoretisches Gebäude *n*
novelty flooring ungewöhnliches [neuartiges] Fußbodenmuster *n*
novelty siding Tropfbrettverschalung *f (Wetterschutzschale für Außenwände)*
nozzle 1. Ansatz *m*, Ansatzrohr *n*; Stutzen *m*; 2. Ausflussende *n*; Ausflussdüse *f*; Zapfventil *n*
NRC *s.* noise reduction coefficient
N-truss Pratt-Dachbinder *m*
nub Knoten *m*; Knopf *m*; Vorsprung *m*; Fleck *m*
nuclear nuklear, atomar, kerntechnisch
nuclear density meter radiometrisches Dichtemessgerät *n*
nuclear power plant Kernkraftwerk *n*, Atomkraftwerk *n*
nuclear reactor Kernreaktor *m*
nuclear shielding concrete Strahlenschutzbeton *m*
nuclear waste storage Kernabfalllagerung *f*, Atommülllagerung *f*
nude of a frame Nacktes *n* einer Zarge
nug Knolle *f*, Block *m (geologisch)*
nugget 1. Schweißpunkt *m (Punktschweißen)*; 2. Brocken *m*, Bruchstück *n*
null ungültig, nichtig
null and void null und nichtig
nulling quadratisches Ornamentteil *n*
number Stückzahl *f*
number designation Zahlenbezeichnung *f*
number in each Anzahl *f* der Positionen *(Stahlliste, Biegeliste)*
number of air changes Luftwechselzahl *f*

number of bays Felderzahl *f (Decke)*
number of degrees of freedom Zahl *f* der Freiheitsgrade
number of elements Gliedzahl *f*, Stabzahl *f*
number of house properties Hausbestand *m*
number of inhabitants Einwohnerzahl *f*
number of loading cycles Lastspielzahl *f*
number of members Gliedzahl *f*, Stabzahl *f*
numbering Bezifferung *f*
numerical analysis numerische Analyse *f*
numerical calculation numerische Berechnung *f*
numerical method numerische Methode *f*
numerical model numerisches Modell *n*
numerical table Zahlentafel *f*
numerical theory numerische Theorie *f*
numerical value numerischer Wert *m*, Zahlenwert *m*
nunnery Kloster *n*; Nonnenkloster *n*
nunnery church Nonnenkirche *f*
nuraghe *s.* noraghe
nurses' hotel Schwesternwohnheim *n*
nursery 1. Kinder(spiel)zimmer *n*; 2. Kindertagesstätte *f*, Kinderkrippe *f*; 3. Baumschule *f*
nursery school Kindergarten *m*; Vorschule *f*
nursing home Pflegeheim *n*
nut Mutter *f*, Schraubenmutter *f*
nutwood Nussbaumholz *n*
nutate *v* sich neigen, wanken
nuts and bolts *(sl)* wichtige Details *npl*, wichtige Einzelheiten *fpl*
nylon cloth Nylongewebe *n*
nylon grille Nylon(schutz)gitter *n (Insektenschutz)*
nylon hawser Nylontrosse *f*
nymphaeum *(Arch)* Nymphäum *n*, Nymphensaal *m (dekorierter Pflanzen- und Skulpturraum der Antike)*

O

oak 1. Eiche *f*; 2. *s.* oak wood
oak flooring Eichenfußboden *m*
oak parquet Eichenholzparkett *n*
oak shingle Holzschindel *f*
oak slat fence Eichenlattenzaun *m*, Eichenstakete *n*
oak strip floor covering Eichenriemchenbelag *m*, Eichenriemenfußbodenbelag *m*
oak stake fence Eichenlattenzaun *m*, Eichenstakete *n*
oak threshold Eichenschwelle *f*
oak timber Eichen(bau)holz *n*
oak varnish hellgelber Innenlack *m*
oak wood Eichenholz *n*
oakum Werg *n*
oakum thread Wergdichtung *f*
oast(-house) Darrhaus *n*
oatmeal wallpaper Raufasertapete *f*, Holzmehltapete *f*
obelisk Obelisk *m*, Spitzsäule *f*, Ehrenpfeiler *m*, Gedenkpfeiler *m*
object *v* beanstanden, zurückweisen *(z. B. Bauvertragsabweichungen)*
objection Einwand *m*, Einspruch *m*
objective Ziel *n*, Zweck *m*
objectivization Objektivierung *f*
oblique 1. schief, schiefwinklig *(Geometrie)*; 2. schräg
oblique angle schiefer Winkel *m*
oblique-angled schiefwinklig
oblique-angled pipe junction Rohrseitenabzweig *m*, Rohrabzweig *m*
oblique-angled slab schiefwinklige Platte *f*
oblique arch Schiefbogen *m*, schiefwinkliger Bogen *m*
oblique barrel vault schiefes Tonnengewölbe *n*
oblique bond Festungsverband *m*
oblique bridge schiefe [schiefwinklige] Brücke *f*
oblique butt (joint) *(Hb)* schräger Stoß *m*
oblique coordinates schiefwinklige Koordinaten *fpl*
oblique cracking Schrägrissebildung *f*
oblique cut of a hip rafter Backenschmiege *f*
oblique dovetail schräge Zinke *f*
oblique grain Diagonalschnitt *m (Holz)*
oblique halved joint with butt ends *(Hb)* schräges Blatt *n*
oblique joint schräge Stoßverbindung *f*, schiefwinklige Fuge *f*
oblique load *(Bod)* Schräglast *f*
oblique notching schiefwinklige Einzapfung *f*, schräge Verzapfung *f*
oblique pile driver Schräg(stützen)ramme *f*
oblique position Schrägstellung *f*
oblique projection Kavalierperspektive *f*, Schrägprojektion *f*
oblique rib Schrägrippe *f*
oblique rod Diagonale *f*, Schrägstab *m (Stahlbau)*
oblique saddle junction piece Einlass *m* mit schrägen Flansch *(Kanal)*
oblique scarf schräges Hakenblatt *n*, verbogenes Hakenblatt *n*, französisches Blatt *n*
oblique section schiefwinkliger Querschnitt *m*, Schrägschnitt *m*
oblique strength Schrägfestigkeit *f*
oblique suspension rod Zugdiagonale *f (Stahlbau)*
oblique system of axes schiefwinkliges Achsenkreuz *n*
oblique vaulting schiefes Gewölbe *n*
oblique view Schrägansicht *f*
obliquely bedded *(Bod, Erdb)* schräg geschichtet, schrägschichtig
obliqueness Schiefe *f*
obliquity 1. Schiefe *f (z. B. eines Winkels)*; Schräge *f*; 2. Schrägstellung *f*
oblong 1. länglich, gestreckt, länger als breit; 2. rechteckig, ungleichmäßig viereckig
oblong Rechteck *n*
oblong hole Langloch *n*
oblong opening längliche Aussparung *f*
oblongness Langform *f*, längliche Form *f*
obscure *v* mattieren *(Glas)*
obscure durchblickverhindernd, durchsichthemmend *(Glas)*
obscure glass Mattglas *n*, durchscheinendes Glas *n*
obscured 1. undurchsichtig; mattgeätzt *(z. B. Glas)*; 2. abgedunkelt
obscuring Mattieren *n*; Mattierung *f (Glas)*
obscuring window Mattglasfenster *n*
observation Beobachtung *f*, Überwachung *f*
observation deck Beobachtungsplattform *f*
observation error Beobachtungsfehler *m*
observation floor Beobachtungsgeschoss *n*
observation gallery Beobachtungsgang *m*
observation grid *(Verm)* Festpunktnetz *n*
observation line *(Verm)* Messlinie *f*
observation of settlement Setzungsbeobachtung *f*
observation of the (construction) work Bauüberwachung *f*
observation platform Beobachtungsplattform *f*
observation point *(Verm)* Festpunkt *m*
observation room Beobachtungsraum *m*

observation storey Beobachtungsgeschoss *n*
observation tower Beobachtungsturm *m*
observation well Beobachtungsbrunnen *m*
observatory Observatorium *n*, Sternwarte *f*, Wetterwarte *f*
observe *v* 1. *(Verm)* messen; 2. beobachten, überwachen; 3. einhalten *(z. B. Spezifikation, Bestimmungen)*
observer's field of view Blickfeld *n (Tageslichtaushellung)*
obsidian Obsidian *m (natürliches Glas)*
obsolescence funktionelle Veralterung *f*
obsolete veraltet; technisch überholt
obstacle Hindernis *n*, Widerstand *m*, Hemmnis *n*
obstacle to traffic Verkehrshindernis *n*
obstruct *v* 1. verstopfen, blockieren; sperren, versperren; 2. stauen, dämmen *(Wasser)*; 3. zubauen *(Fläche)*; verbauen *(Aussicht)*
obstruction Verstopfung *f*, Versetzung *f (Wasserstand, Wasserleitung)*; Sperrung *f*, Hindernis *n*
obstruction lake Stausee *m*
obstruction of vision Sichtbehinderung *f*
obstructive blockierend, versperrend, verstopfend; hemmend
obstructive layer *(Bod, Erdb)* Sperrschicht *f*
obtain *v* **a loan** Baukredite aufnehmen
obturate *v* verschließen
obturator Verschluss *m*; Abdichtung *f*
obtuse stumpf
obtuse angle stumpfer Winkel *m*
obtuse angle arch stumpfwinkliger Rundbogen *m*, flacher Spitzbogen *m*, gedrückter Bogen *m*
obtuse angular joint stumpfwinklige Fuge *f*
obtuse arch gedrückter Bogen *m*
obtuse quoin of wall stumpfe Mauerkante *f*
occlude *v* 1. verschließen, verbauen, verstopfen *(z. B. Öffnungen, Durchgänge)*; 2. verschließen, abschließen *(Leitungen)*; 3. absorbieren, einschließen *(Stoffe)*
occlusion Verstopfung *f*
occupancy Gebäudenutzung *f*, Nutzung *f* eines Gebäudes, Belegung *f*, Besetzungsgrad *m*
occupancy category *(Verk)* Belegungsklasse *f (Straße)*
occupancy chart Verkehrsmengenkarte *f*, Belegungskarte *f*
occupancy load Nutzlast *f*, Gebrauchslast *f*
occupancy of dwelling Wohnungsbelegung *f*
occupancy permit Nutzungsgenehmigung *f*
occupancy rate Wohn(raum)belegung *f*, Wohnraumauslastungsrate *f*, Belegungsdichte *f*, Bewohner *mpl* per Wohneinheit
occupant Bewohner *m (z. B. eines Hauses)*; Wohnungsinhaber *m*, Benutzer *m*
occupant density Wohndichte *f*
occupant load zulässige Personenzahl *f (eines Gebäudes oder Gebäudeteils)*
occupation 1. Beziehen *n*, Belegen *n (Gebäude)*; 2. Beruf *m*, Tätigkeit *f*
occupational beruflich, am Arbeitsplatz, den Arbeitsplatz betreffend
occupational accident Arbeitsunfall *m*, Betriebsunfall *m*
occupational disease Berufskrankheit *f*
occupational exposure Belastung *f* am Arbeitsplatz
occupational hazard Berufsrisiko *n*
occupational safety Betriebssicherheit *f*, Arbeitsschutz *m*
occupiable bezugsfertig; bewohnbar
occupiable room bewohnbarer Raum *m*
occupied bezogen, belegt
occupy *v* 1. bewohnen; beziehen *(eine Wohnung)*; 2. ausfüllen *(einen bestimmten Raum)*
occur *v* vorkommen, stattfinden *(Ereignis, Störung)*; vorhanden sein *(Bedingung)*; vorkommen, auftreten *(geologische Baustofflagerstätten)*
occurrence 1. Vorkommen *n (Gestein)*; 2. Auftreten *n (von Störungen)*
occurrence in beds lagerförmiges Vorkommen *n (Gestein, Kies, Sand)*
occurrence in floors stockförmiges Vorkommen *n (Gestein)*
ocean beach Meeresstrand *m*
ocean bottom Meeresboden *m*
ocean dumping Verklappung *f*, Abfallbeseitigung *f* auf See, Verkippen *n* ins Meer
ocean floor Meeresboden *m*
ocean mining mariner Abbau *m*, marine Gewinnung *f (Kies, Sand)*
ocean shore Meeresstrand *m*
ocher *(AE) s.* ochre
ochre Ocker *m*; Ockerfarbe *f*, Berggelb *n*, Eisenocker *m*
ochre-yellow ockergelb
ochreous ockerartig, ockerhaltig, ockerig
ochreous clay ockerhaltiger Ton *m*
ochreous iron ore Eisenocker *m*, ockriger Brauneisenstein *m*
ochreous rock Ockergestein *n*
ochrey ockerfarben
ochrey clay ockeriger Ton *m*
ocrated concrete Okratbeton *m*, Ocratbeton *m (mit SiF)*
ocrating Okratieren *n*, Ocratieren *n (Betonverfestigung unter Druck mit Siliciumtetrafluoridgas)*
octadecagon Achtzehneck *n*
octagon 1. Achteck *n*, Oktogon *n*; 2. *(Arch)* Achtort *m (Gotik)*
octagonal achteckig
octagonal aisle *(Arch)* Achteckschiff *n*
octagonal bar steel Achtkantstahl *m*
octagonal block Achteckgebäude *n*
octagonal building Achteckgebäude *n*
octagonal footing Achteckfundament *n*
octagonal mosaic tile Achteckmosaikfliese *f*
octagonal pier achteckiger Pfeiler *m*
octagonal space frame Achtkantraumfachwerk *n*
octagonal tile Achteckfliese *f*
octagonal tower Achteckturm *m*
octagonal vault *(Arch)* Achtgewölbe *n*
octahedral oktaedrisch, achtflächig, achtseitig
octahedral face Oktaederfläche *f*
octahedron Oktaeder *n*, Achtflächner *m*
octangular achteckig
octastyle *(Arch)* achtsäulig
octastyle *(Arch)* Oktastylos *m (Gebäude mit acht Säulen)*; achtsäulige Fassade *f*
octastyle temple *(Arch)* Oktastylostempel *m (antikes Griechenland)*
octofoil *(Arch)* Achtpass *m (Gotik)*
octopartite vault achtzelliges Schiefgewölbe *n*, achtteiliges Gewölbe *n*
oculus 1. *(Arch)* kleines Rundfenster *n*, Ochsenauge *n*; 2. *(Arch)* Domkuppelöffnung *f*
odd-jobber Bauhilfsarbeiter *m*
odd-lane road Straße *f* mit ungleicher Spurenzahl
odd size ausgefallene Größe *f*
odeion *s.* odeum
odeum *(Arch)* Odeum *n*, Musiktheaterhalle *f*
odometer Entfernungsmesser *m*, Odometer *n*, Wegemesser *m*
odor *(AE) s.* odour
odour Geruch *m*
odour barrier Geruchssperre *f*
odour control Geruchsverhütung *f (Toilettenanlage)*
odour emission Geruchsausbreitung *f*, Geruchsemission *f*
odour nuisance Geruchsbelästigung *f*

odour removal equipment Lüftungsanlage *f*
odour-tight geruchdicht
odour trap Geruchsverschluss *m*
odourless paint geruchloser Anstrichstoff *m*, Farbanstrich *m* mit geruchsfreien Stoffen
oecus *(Arch)* Oecus *m (hellenisches Haus, römischer Wohnraum)*
oedometer *(Bod)* Ödometer *n (Kompressibilitätsmessgerät)*
of accurate shape formgenau
of large format großformatig
of low cement content zementarm
of small format kleinformatig
of storey height gechosshoch, etagenhoch, stockwerkhoch
of welding schweißbar
off and on *(sl)* unregelmäßig, gelegentlich
off-centre außermittig, exzentrisch, seitlich versetzt, nicht zentriert
off-centre application of force ausmittiger Kraftangriff *m*
off-centre load(ing) Exzenterlast *f*
off-design entwurfsmäßig nicht geplant [vorgesehen]
off-formwork concrete Beton *m* ohne Oberflächenabdruck
off-load *v* abladen
off-loading ramp Entladerampe *f*
off-peak verkehrsarm, verkehrsschwach
off-peak charging Nachtaufheizzeit *f*
off-peak electric current Nachtstrom *m*, Nachtenergie *f*
off-peak electricity heating Nachtspeicherheizung *f*, Nachtstromspeicherheizung *f*
off-peak electricity supply Nachtstromversorgung *f*
off-peak electricity supply meter Nachtstromzähler *m*
off-peak tarif Nachtstromtarif *m*
off-road truck for earthwork geländegängiges Fahrzeug *n* für den Erdbau
off-shore corrosion protection *(Wsb)* Meerwasserbautenkorrosionsschutz *m*, Korrosionsschutz *m* von Meerwasserbauten
off-shore slope meeresseitige Böschung *f*
off-shore structure *(Wsb)* Meerwasserbauwerk *n*
off-side (lane) entgegenkommende Fahrbahnseite *f*
off-site außerhalb der Baustelle
off-site casting Werksfertigung *f (z. B. von Betonfertigteilen)*
off-site fabrication Werksherstellung *f*, Fertigung *f* im Werk
off-size Maßabweichung *f*, Abmaß *n*
off-straight schief, nicht gerade
off-street parking Parken *n* abseits der Straße
off-system systemfremd
off-white getöntes Weiß *n*
offal Abfall *m*, Bruch *m*, Verlust *m (Baustoffe)*
offal timber Abfallholz *n*
offcut Verschnitt *m*
offcuts Sparrholz *n (Bauholzreste)*; Abschnitte *mpl*, Brettabfälle *mpl*
offensive filling of ground gesundheitsschädliche Geländeauffüllung *f*, umweltschädliche Auffüllung *f*
offer *v* anbieten *(Bauleistung)*
offer Offerte *f*, Angebot *n (Bauvertrag)*
offer without engagement [obligation] unverbindliches Angebot *n*
offering-chapel *(Arch)* Opferkapelle *f*
office Büro *n*; Geschäftszimmer *n*; Dienstzimmer *n*
office-and-flat block Büro- und Wohnhaus *n*
office block [building] Bürogebäude *n*; Verwaltungsgebäude *n*
office floor Bürogeschossdecke *f*, Büroetagentreppe *f*
office illumination Bürobeleuchtung *f*
office lighting Bürobeleuchtung *f*
office landscape Großraumbüro *n*; Bürolandschaft *f*
office landscape screen frei stehender Raumteiler *m (teilweise mit Schalldämmung)*
office occupancy Gewerbenutzung *f (eines Gebäudes)*; Nutzung *f* als Geschäftsräume
office partition Bürotrennwand *f*
office portion Bürotrakt *m*
office storey Büroetage *f*, Bürogeschoss *n*
office tower Bürohochhaus *n*
office wing Büroflügel *m*, Bürotrakt *m*
office work for the execution of the construction operations Ausführungsunterlagenerarbeitung *f*, Ausführungsbearbeitung *f*
official acceptance Abnahme *f*
official apartment Dienstwohnung *f*
official approval amtliche Genehmigung *f*
official map Baubestandskarte *f*
official residence Dienstwohnung *f*
official responsible for hazardous goods Gefahrgutbeauftragter *m*
official submission offene Ausschreibung *f*
official test amtliche Prüfung *f*
offsaw geschnittene Größe *f (Bauholz)*
offset *v* 1. versetzen, versetzt mauern, gegeneinander versetzen; ausgleichen; 2. abbiegen; kröpfen
offset 1. (räumliche) Verschiebung *f (z. B. Bauflucht)*; Versatz *m (z. B. von Bauteilen gegeneinander)*; zeitliche Verschiebung *f (Bauvertragsphasen)*; 2. Absatz *m*, Mauerabsatz *m*, Rückversatz *m*, Rücksprung *m*; Sprungmaß *n*; 3. Randstreifen *m*; 4. bleibende Dehnung *f (Größe, bei Zug)*; 5. Rohrkrümmung *f*, S-Stück *n*; Sprungstück *n*; 6. *(Verm)* Achsabstands(punkt) *m*; 7. Schutzgebiet *n (Bebauung)*; 8. Abknickung *f*
offset base vorspringende Grundschicht *f*
offset bend Parallelausbiegung *f*, (geringe) Verschränkung *f* eines Bewehrungseisens
offset block nicht rechteckiger Eckmauerstein *m*, Ausgleichsstein *m*
offset edge aufgebogener Rand *m*
offset pipe parallele Abzweigleitung *f*
offset pivot verschränkte Türangel *f*
offset reduction abgesetzte Verjüngung *f*
offset screwdriver gekröpfter Schraubendreher *m*, Winkelschrauber *m*
offset time Versatzzeit *f*
offset tool abgesetzter Meißel *m*
offset unit Sprungstück *n*
offshade Farbabweichung *f*
offshore drilling platform Bohrinsel *f*, schwimmende Bohrplattform *f*
offshore structure Schwimmkonstruktion *f*, Off-shore-Konstruktion *f*
offside rechts *(in Großbritannien)*
offshore pipeline Off-shore-Rohrleitung *f*
offtake 1. Ableitungsrohr *n*, Ableitung *f*, Abzugsrohr *n*, Abzugskanal *m*; 2. Kanalverzweigung *f*
ogee *(Arch)* Karnies *n*, Hohlkehle *f*, S-Profil *n*
ogee arch Kielbogen *m*, Eselsrückenbogen *m*, Wellenbogen *m*, Sattelbogen *m*
ogee gutter Karniesrinne *f*
ogee moulding S-Profil *n*, S-förmige Kehlung *f*
ogee plane Karnieshobel *m*
ogee roof Wellendach *n*
ogee-shaped downstream face Karniesluftseite *f*
ogival *(Arch)* ogival, spitzbogig
ogival arch *s.* ogive
ogive 1. Ogive *f*, Spitzbogen *m*; 2. diagonale Gewölberippe *f* eines gotischen Gewölbes

oil *v* mit Öl tränken, einölen
oil-harden *v* ölhärten, in Öl härten *(Stahl)*
oil-quench *v* in Öl abschrecken
oil asphalt Erdölbitumen *n*, Erdölasphalt *m*; Asphaltöl *n*
oil-base Ölbasis *f*, Ölgrundlage *f*
oil-based mastic Ölfugenmastix *m*, Öldichtungskitt *m*, plastische Ölfugenmasse *f*
oil-based paint Öl(anstrich)farbe *f*
oil-based stain Ölbeize *f*
oil-bound distemper Temperafarbe *f* mit Trockenöl
oil burner Ölbrenner *m*
oil-burning ölgefeuert
oil-burning appliance Ölfeuerung *f*, Ölfeuerstätte *f*
oil-canning Blechunebenheit *f*, leichte Blechverwerfung *f*
oil collector Ölabscheider *m*
oil compatibility Ölverträglichkeit *f*
oil-containing waste water ölhaltiges Abwasser *n*
oil drum Ölfass *n*
oil film Ölfilm *m*
oil-fired boiler ölbeheizter Kessel *m*
oil-fired heating Öl(be)heizung *f*
oil firing Ölfeuerung *f*
oil-free ölfrei, öllos
oil furnace Ölfeuerung *f*, Ölheizung *f*
oil gauge Ölstandsanzeiger *m*
oil gloss Ölglanz *m*
oil hardening Ölhärtung *f (Stahl)*
oil heating Öl(be)heizung *f*
oil-heating system Ölheizungsanlage *f*
oil-impregnated paper Ölpapier *n*
oil-impregnated wood Ölholz *n*
oil-in-water emulsion Öl-in-Wasser-Emulsion *f*
oil interceptor Ölabscheider *m (Abwasser)*
oil length Ölgehalt *m (Anstrichstoff)*
oil paint Ölfarbe *f*, Ölanstrichstoff *m*
oil paper Ölpapier *n*
oil polluted verölt, ölverschmutzt
oil-polluted waste water ölverschmutztes Abwasser *n*
oil preservative Imprägnieröl *n*
oil-proof ölbeständig
oil-proof rendering Ölwannenbeschichtung *f*
oil putty Fensterkitt *m*, Glaserkitt *m*, Ölkitt *m*
oil regeneration plant Ölaufbereitungsanlage *f*
oil removal Entölen *n*, Ölabscheidung *f*
oil residue Ölrückstand *m*
oil/resin ratio Öllänge *f*, Öl/Harz-Verhältnis *n*
oil-resistance Ölbeständigkeit *f*, Ölfestigkeit *f*
oil-resistant ölbeständig, ölfest, heizölbeständig
oil-resistant rubber ölresistenter [ölbeständiger] Gummi *m (z. B. Nitrilkautschuk)*
oil rig Bohrinsel *f*, Bohrplattform *f*
oil rubber *s.* oilstone
oil-saturated hemp rope Ölstrick *m (Rohrstoßdichtstrich)*
oil separator Ölabscheider *m*
oil shale Ölschiefer *m*
oil shale cement Ölschieferzement *m*
oil shock absorber Ölstoßdämpfer *m*
oil-soluble öllöslich
oil stain 1. Ölbeize *f*; 2. Ölfleck *m*
oil storage Öllagerung *f*, Heizöllagerung *f*
oil-susceptible ölempfindlich
oil tank Öltank *m*
oil-tempered hardboard ölgehärtete Hartplatte *f*
oil-tight öldicht, heizölundurchlässig
oil trap Ölabscheider *m*
oil treatment Einölen *n*, Tränken *n* in Öl
oil-type paint Ölanstrichfarbe *f*
oil-type scumble glaze Öllasur *f*, Öllasurfarbe *f*
oil varnish Öl(harz)lack *m*, Ölfirnis *m*, Firnis *m*
oil vehicle Ölbindemittel *n*, öliges Bindemittel *n (Anstriche)*
oil-well cement Erdölbohrzement *m*, Tiefbohrzement *m*
oil-wetted sharpening stone Ölabziehstein *m*
oiled paper Ölpapier *n*
oilproof ölfest, ölbeständig
oilstone Ölstein *m*, Abziehstein *m*, Wetzstein *m*
oily ölig
oily soil ölige Verunreinigung *f*, ölverseuchter Erdstoff *m*
oily waste Ölabfall *m*, Ölschmutzwasser *n*
old apartment unit Altbauetagenwohnung *f*
old area Altfläche *f*
old branch *(Wsb)* Altarm *m (Fluss)*
old buildings Altbauten *mpl*
old course *(Wsb)* altes Flussbett *n*
old deposit Altablagerung *f*
old dwelling unit *(AE)* Altbauwohnung *f*
old English bond Blockverband *m*
old forest Altbestand *m (Wald, Parks)*
old housing Altbauwohnung *f*
old housing estate Altbau-Wohnanlage *f*
old man *(Verk)* Messkegel *m*, Erdkegel *m*
old paint Altanstrich *m*, alter Anstrich *m*
old peoples' home Altersheim *n*
old persons' home Altersheim *n*, Altenheim *n*
old timber Abbruchholz *n*, altes Bauholz *n*
old woman's tooth *(sl)* Nuthobel *m*
oleiferous waste water ölhaltiges Abwasser *n*
oleoresin Naturölharz *n (für Anstriche)*
oleoresinous paint Öllackfarbe *f*
oleoresinous varnish Öl(harz)lack *m*, Naturholzlack *m*
olive Fensterknopf *m*
olive butt, **olive (knuckle) hinge** Olivenscharnier *n*
olivine Olivin *m*
olivine basalt Olivinbasalt *m*
olivine brick Olivinstein *m*
olivine refractory material Olivinerzeugnis *n*
olivine-rock Olivinstein *m*, Olivinfels *m*, Dunit *m*
Olympieion *(Arch)* Zeustempel *m* zu Athen
Omega method Omega-Verfahren *n*
omitted-size fraction Ausfallkörnung *f*
omitted-size grain Ausfallkorn *n*
omitted-size particle Ausfallkorn *n*
omitted-size type grain concrete Ausfallkornbeton *m*
Omnia concrete floor Omniabetondecke *f*, Verbundgitterträgerdecke *f*
Omnia lattice Omnia-Gitterträger *m*
Omnia roof Omniadach *n*
omnibus bar *(El)* Sammelschiene *f*, Stromschiene *f*
on-axis axial
on-grade ebenerdig
on-job lab(oratory) Baustellenlabor *n*
on-load belastet, unter Last; Last...
on-off Ein-Aus
on-ramp *(Verk)* Auffahrrampe *f*, Einfahrrampe *f*
on-site auf der Baustelle; Baustellen...
on-site application Baustellenbeschichtung *f*, Baustellenanstrich *m*
on-site area Baustelle *f*
on-site conditions tatsächliche Einsatzbedingungen *fpl*, Baustellenbedingungen *fpl*
on-site corrosion treatment Baustellenkorrosionsschutzbehandlung *f*, Korrosionsschutzbehandlung *f* auf der Baustelle
on-site laboratory Baustellenlabor *n*
on-site manufacturing Baustellenfertigung *f*, Baustellenmontage *f*
on-site painting Baustellenanstrich *m*
on-site prefabrication Baustellenvorfertigung *f*, Vorfertigung *f* auf der Baustelle

on-site prestressing Vorort-Vorspannen *n*, Vorspannen *n* auf der Baustelle
on-site test Baustellenprüfung *f*
on-site spraying Montagespritzen *n*
on-site work Baustellenfertigung *f*, Baustellenmontage *f*
on the blink *(sl)* reparaturbedürftig, nicht einwandfrei funktionierend
on the spot an Ort und Stelle
oncoming lane *(Verk)* Gegenfahrbahn *f*, entgegenkommende Fahrbahnseite *f*
oncoming traffic Gegenverkehr *m*
one and a half level system Eineinhalbebenensystem *n* *(Flughafenabfertigung)*
one-bay einschiffig *(Rahmenhalle)*
one-brick wall steinstarke Mauer *f*, Mauer *f* in Steinstärke
one-centred arch einfacher Bogen *m*
one-coat einlagig *(Putz)*
one-coat enamel Einschichtlackfarbe *f*, Einschichtemail *n*
one-coat finish Einschichtlack *m*; Einschichtlackierung *f*
one-coat paint system Einschichtsystem *n (Anstriche)*
one-coat work einlagiger Putz *m* auf Trägergewebe
one-component adhesive Einkomponentenkleber *m*
one-component coating Einkomponentenanstrichstoff *m*
one-component etching primer Einkomponentenaktivgrund *m*, Einkomponentenhaftgrundiermittel *n*
one-component package coating Einkomponentenanstrichstoff *m*
one-component primer Einkomponentengrundieranstrich *m*
one-component system Einkomponentensystem *n*
one-course einschichtig
one-dimensional compression test einfache Druckprüfung *f*, einaxialer Druckversuch *m*
one-dimensional stress state einachsiger Spannungszustand *m*, linearer Spannungszustand *m*
one-dimensional tension Normalzugkraft *f*
one-family house Einfamilienhaus *n*
one-hand block Einhandstein *m (kleiner Ziegel)*
one-hinged arch girder Eingelenkträger *m*
one-hinged frame Eingelenkrahmen *m*
one-layer einschichtig
one-leaf einschalig *(Wand)*; einflügelig *(Tür, Fenster usw.)*
one-leaf door einflügelige Tür *f*, Einflügeltür *f*
one-leaf wall einschalige Wand *f*, Einfachwand *f*
one-level operation Einebenenbetrieb *m (Flughafen)*
one-level system Einebenensystem *n (Flughafenabfertigung)*
one-man operation Einmannbedienung *f*
one-off design Sonderentwurf *m*, Spezialentwurf *m*
one-pack system Einkomponentensystem *n (Anstriche)*
one-part coating Einkomponentenanstrichstoff *m*
one-piece massiv, aus einem Stück gefertigt; einteilig, ungeteilt
one-piece panel einteilige Tafel *f*
one-pinned frame Eingelenkrahmen *m*
one-pipe Einrohr *n (Heizung)*
one-pipe system 1. Einrohrheizungssystem *n (Zentralheizung)*; 2. Einrohrsystem *n (Schmutzwasser)*
one-pipe plumbing Einrohrgrundstücksentwässerung *f*
one-quarter brick Viertelziegel *m*
one-quarter circle Viertelkreis *m*
one-room apartment Einraumetagenwohnung *f*
one-room flat Einraumetagenwohnung *f*, Einraumwohnung *f*
one-row brick-on-edge arch Rollbogen *m*, Einzelbogen *m (Ziegel)*
one-side formwork einhäuptige Schalung *f*
one-sided connection unsymmetrische Verbindung *f*
one-sided junction *(Verk)* einseitiger Anschluss *m*, einseitige Anschlussstelle *f (Autobahn)*
one-span einschiffig *(Rahmenhalle)*
one-span girder Einfeldträger *m*
one-spray coat application Einschicht-Spritzauftrag *m*
one-storey building Eingeschosser *m*
one-storeyed eingeschossig
one-storied *(AE)* eingeschossig
one-time fuse *(El)* Schmelzeinsatz *m (Sicherung)*
one-track eingleisig
one-turned lock einfach schließendes Schloss *n*
one-way flooring system Deckenkonstruktion *f* mit einfacher Bewehrung
one-way joist construction einsinnige Balkenlage(nkonstruktion) *f*, Querbalken *mpl* in einer Richtung
one-way reinforced einfach bewehrt
one-way reinforced slab *s.* one-way slab
one-way reinforcement system *s.* one-way system
one-way road *s.* one-way street
one-way slab einsinnig bewehrte Platte *f*, Platte *f* mit Längsbewehrung
one-way street Einbahnstraße *f*
one-way system einsinnige Bewehrungskonstruktion *f*, einachsiges Bewehrungssystem *n*, System *n* (nur) mit Längsbewehrung
one-way valve Einwegventil *n*
once einmal
once-over *(sl)* schnelle visuelle Prüfung *f*, kurze augenscheinliche Beurteilung *f*
oncoming traffic *(Verk)* Gegenverkehr *m*
ongoing project laufendes Projekt *n*
onion dome [tower] Zwiebelturm *m (Kirchturm)*
onset Beginn *m*
onshore Festland *n*
onyx Onyx *m*
onyx marble Kalkonyx *m*, Kalkalabaster *m*
oolite Oolith *m*, Rogenstein *m*
oolitic limestone oolithischer Kalkstein *m*, Kalkoolith *m*
ooze *v* 1. (ein)sickern *(Flüssigkeiten)*; 2. hindurchdringen *(z. B. Gase, Licht)*
ooze *v* **away** versickern
ooze *v* **through** durchsickern
ooze 1. Schlick *m*, Schlamm *m (z. B. aus der Aufbereitung)*; 2. Sickerung *f*, Sickern *n*; 3. Penetriermittel *n*; 4. Beize *f*, Beizmittel *n*
oozing Durchsickerung *f*, Aussickerung *f*
oozing basin Sickerbecken *n*
oozing-out Ausschwitzung *f*
oozy schlickerig, schlammig
opa Aussparung *f* für Dachbalken *(klassische Architektur)*
opacifier Trübungsmittel *n (Anstrich)*; Opalisiermittel *n*
opacity 1. Undurchsichtigkeit *f*, Opazität *f*, Lichtundurchlässigkeit *f*, Trübung *f*, Trübheit *f*; 2. Deckfähigkeit *f*, Deckkraft *f*, Deckvermögen *n (einer Farbe)*
opaion *(Arch)* Opäum *n*, Opaion *n*, Kuppelauge *n*, Laternenöffnung *f*, Scheitelöffnung *f*, Rauchloch *n*
opal Opal *m*
opal glass Opalglas *n (ein Trübglas)*
opal lamp 1. Opallampe *f*, Opalglasglühlampe *f*; 2. Opalglasleuchte *f*
opal louvre opale Abdeckhaube *f (Leuchte)*
opalescent glass opalisierendes Glas *n*
opaline glas Opalinglas *n*
opaque 1. undurchsichtig, opak; lichtundurchlässig, milchig, trüb; 2. gut deckend *(Farben)*
opaque ceramic-glazed tile Fliese *f* mit Opakglasur
opaque coat Deckanstrich *m*; Deckfarbe *f*
opaque colour Deckfarbe *f*
opaque glass Opakglas *n*, opakes [getrübtes] Glas *n*, Trübglas *n*; Milchglas *n*
opaque paint [pigment] Deckfarbe *f (Farbstoff)*

opaque to light lichtundurchlässig
opaqueness Undurchsichtigkeit *f*; Lichtundurchlässigkeit *f*
open *v* 1. öffnen; sich öffnen; 2. durchstoßen *(z. B. verschmutzte Rohrleitungen)*; reinigen; 3. *(El)* trennen *(vom Stromkreis)*; ausschalten
open *v* **a road** eine Straße dem Verkehr übergeben
open *v* **out** aufweiten; aufdornen
open *v* **to traffic** für den Verkehr freigeben
open *v* **up** erschließen *(z. B. für den Verkehr)*; entwickeln *(Gelände)*; aufschließen, erschließen *(Baustofflagerstätten)*
open 1. offen; frei; zugänglich; unverstellt *(durch Gebäude)*; 2. offen, nicht überdacht; 3. durchbrochen; mit Lücken
• **be open to traffic** befahrbar sein
openable burning appliance geschlossene Feuerstätte *f*
openable burning furnance geschlossene Feuerung *f*, geschlossene Feuerstätte *f*
open-air Freiluft...
open-air bath Freibad *n*
open-air building [plant] Freiluftbau *m*, Freiluftbauwerk *n*, offener Bau *m*
open-air cinema Freilichtkino *n*
open-air museum Freilichtmuseum *n*
open-air plant Freiluftanlage *f*
open-air space Freifläche *f (z. B. auf Ausstellungsgelände)*; Außenraum *m (um das Gebäude herum)*
open-air sports facility Freiluftsportanlage *f*, Außensportanlage *f*
open-air stadium Freistadium *n*
open-air stage Freilichtbühne *f*
open-air storage Freilagerung *f*, Außenlagerung *f*
open-air storage area Freilagerfläche *f*, Außenlagerfläche *f*
open-air structure *s.* open-air building
open-air swimming pool Freibad *n*
open-air terrace Freiterrasse *f*
open-air theatre Sommertheater *n*
open-air weathering Freibewitterung *f*
open apron system System *n* des offenen Vorfeldes *(Flughafen)*
open architectural form offene Form *f*
open area Freifläche *f*
open assembly time *(Hb)* Leimverarbeitungszeit *f*
open bidding offene Ausschreibung *f*
open boarding Dachschalung *f* mit lichten Fugen
open building method offene Bauweise *f*
open caisson offener Senkkasten *m*
open caisson foundation Senkbrunnengründung *f*
open channel offenes Gerinne *n*, offener Wasserlauf *m*; Muldenentwässerung *f*; Halbschale *f*, Muldenstein *m*
open circuit grouting Verpressung *f* ohne Mörtelrücklauf
open cornice überzogene Dachbalkenlage *f*, offenes Gesims *n*
open court(yard) Mittelhof *m*
open cusp Schlussring *m (Gewölbe)*
open cut 1. *(Tun)* offene Bauweise *f*, Grabenbauweise *f*; 2. offene Baugrube *f*
open date Submissionstermin *m (Ausschreibung)*
open defect Holzloch *n*; Furnierdurchbruch *m*
open development offene Bebauung *f*
open drain offener Abzugsgraben *m*, Entwässerungsgraben *m*
open dump ungeordnete Deponie *f*, wilde Müllablagerung *f*
open eaves *s.* open cornice
open-end block Schalstein *m*, H-Stein *m*
open-ended zeitlich unbegrenzt
open-ended shed Durchgangshalle *f*, Halle *f* mit Durchgang
open excavation unausgesteifte Baugrube *f*
open exterior space Außenraum *m (um ein Gebäude)*
open field Freifläche *f (noch unbebaut)*
open fire offene Feuerstelle *f*, offener Kamin *m*
open floor frei konstruktive Decke *f*, Decke *f* mit sichtbaren Unterzügen, offene Balkendecke *f*
open formwork Sparschalung *f*
open foundation method offene Gründung *f*
open-frame girder Vierendeel-Träger *m*, Rahmenträger *m*
open goods wagon Lore *f*
open gradation offene Kornabstufung *f*
open-graded offen abgestuft
open-graded aggregate füllerarmes Gekörn *n*, abgestufte Kornmischung *f* ohne Füller
open-graded bituminous mix(ture) Makadamgemisch *n*, Mischsplitt *m*
open-grain structure 1. Grob(korn)gefüge *n (von Zuschlägen)*; 2. Grobtextur *f (von Holz)*
open-grained grobkörnig, mit Grobgefüge
open ground freies Gelände *n*
open gutter offenes Gerinne *n*
open-heart moulding Herzzierleiste *f*
open-hearth steel Siemens-Martin-Stahl *m*
open industrial structure offene Industrieanlage *f*, freier Industriebau *m*
open joint 1. offene Fuge *f*, Hohlfuge *f*; Berührungsfuge *f (Trockenbau)*; 2. Zapfenfuge *f*; 3. Fuge *f* mit Stegabstand, Schweißverbindung *f* ohne gegenseitige Berührung
open layout lockere Anlage *f (Städtebau)*
open light bewegliches Fenster *n (Gegensatz: dead light)*
open light shaft offener Lichtschacht *m*
open mortise Zapfenloch *n*; Schlitzeinschnitt *m*
open-newel (stair) innen offene Treppe *f*, Treppe *f* mit Auge, Wendeltreppe *f* mit offener Spindel
open office Großraumbüro *n*
open-pan mixer Trogmischer *m*
open parking structure (wand)offenes Parkhaus *n*
open pipe system offenes Rohrsystem *n*
open-plan building Gebäude *n* mit offener Etagenfläche; Großraumetagengebäude *n*
open-plan office Großraumbüro *n*, Bürolandschaft *f*
open plumbing offene Installation *f*
open-pored offenporig
open position Offenstellung *f*
open riser offene Setzstufe *f*, freier Trittstufenzwischenraum *m*
open-riser stair Trittstufentreppe *f*, offene Treppe *f*; Leitertreppe *f*
open room offenes Dach *n*
open sewer offener Abzugsgraben *m*
open shaft offener Lüftungsschacht *m*
open sheathing *s.* open sheeting
open shed offener Schuppen *m*
open sheeting Grabenaussteifung *f* mit undichter Schalung, durchbrochene Grabenaussteifung *f*
open shelving offenes Regal *n*
open-sided building Gebäude *n* mit offenen Außenwänden
open site Freifläche *f (noch unbebaut)*
open slating Schieferdeckung *f* mit Zwischenraum
open soffit unterbrochene Untersicht *f*
open space Freiraum *m*; Hohlraum *m*
open space planning Freiflächenplanung *f*, Grünflächenplanung *f*
open stair(way) offene Treppe *f*, Treppe *f* ohne Wange
open storage ground Freilagerfläche *f*, Freilagerplatz *m*
open storey Lichtgeschoss *n*, Freigeschoss *n*
open string untergezogene Treppenwange *f*, aufgesattelter Treppenbaum *m*, Sattelwange *f*

open-string stair aufgesattelte Treppe *f*
open stringer Sattelwange *f*
open system offenes System *n*
open tender offenes Ausschreiben *n*, offenes Ausschreibeverfahren *n*
open tendering offene Ausschreibung *f*
open-timber floor unten offene Holzdecke *f*, Holzdecke *f* mit sichtbarem Unterzug
open-timbered construction Holzkonstruktion *f* mit sichtbarem Verband
open timbering *s.* open sheeting
open time Aufleimzeit *f*
open-top mixer Trogmischer *m*
open valley offene Dachkehle *f (mit Rinne)*
open web offener Steg *m*, durchbrochener Trägersteg *m*
open-web girder Fachwerkbinder *m*, Gitterträger *m*, Vierendeelträger *m*
open-web steel joist Stahlfachwerk *n* mit offenem Profilstahl; Stahlgitterpfette *f*
open well Treppenschacht *m*, Treppenauge *n*
open-well stair *s.* open-newel (stair)
open-wire line *(El)* Freileitung *f*
open wiring sichtbare Elektroinstallation *f*, Aufputzverlegung *f*; offene Leitungsführung *f*, Überputzverdrahtung *f*
open working Tagebau *m (Lagerstättenabbau)*
opencast Tagebau *m*, Tagebauanlage *f (Lagerstättenabbau)*
opened to traffic unter Verkehr *(Straße)*; für den Verkehr freigegeben
opening 1. Öffnung *f*, Durchbruch *m*; Loch *n*; Spalt *m*; 2. Licht *n (Fenster)*; 3. *s.* span 1.
opening area Durchlassquerschnitt *m*
opening date Submissionstermin *m*, Eröffnungstermin *m*, Ausschreibungseröffnungstermin *m*
opening heigth Öffnungshöhe *f*
opening movement Öffnungsbewegung *f*
opening of a street Straßendurchbruch *m*
opening of bids Angebotseröffnung *f*, Ausschreibungseröffnung *f*
opening out 1. Ausfahrt *f*; 2. Dornen *n*, Aufdornen *n*
opening position Öffnungsstellung *f*
opening protective Öffnungsverschluss *m*
opening stage Anfangsstadium *n*
opening temperature Auslösetemperatur *f (Sprinklersystem)*
opening width Öffnungsbreite *f*
openwork durchbrochenes Ornament(mauer)werk *n*, offenes Brüstungsmauerwerk *n*
openwork chimney top durchbrochener Schornsteinaufsatz *m*
openwork gable durchbrochener Giebel *m*
openwork rosette durchbrochene Rosette *f*
openwork spire durchbrochene Turmspitze *f*
openwork tracery durchbrochenes Maßwerk *n*
opera house Opernhaus *n*
operable 1. betriebsbereit, betriebsfähig; 2. bedienbar
operable large-panel partition *s.* operable partition
operable life Lebensdauer *f*
operable load Betriebsbelastung *f*
operable partition hängende und drehbare Trennwandelemente *npl*, bewegliche Großplattentrennwand *f*
operable pressure Betriebsdruck *m*
operable transom oberer Belüftungsflügel *m (Tür)*
operable wall *s.* operable partition
operable window verschließbares Fenster *n*
operate *v* betreiben, in Betrieb nehmen; handhaben, bedienen, steuern *(Anlagen, Einrichtungen)*; arbeiten, in Betrieb sein, funktionieren
operating and maintenance manuals Betriebs- und Wartungshandbücher *npl*
operating assistance revenue Betriebszuschuss *m*
operating centre *(Verk)* Straßenmeisterei *f*
operating characteristics Betriebskennwerte *mpl*
operating condition Betriebsbereitschaft *f*
operating conditions Betriebsbedingungen *fpl*
operating corridor Bedienungsgang *m*
operating costs Betriebskosten *pl*
operating data Betriebsdaten *pl*
operating expense Betriebskosten *pl*
operating forces Bedienungskräfte *fpl*
operating head Nutzförderhöhe *f (von Pumpen)*
operating instructions Bedienungsanleitung *f*
operating lever Bedienungshebel *m*
operating life Nutzungsdauer *f*, Lebensdauer *f*, Gebrauchswertdauer *f*, Standzeit *f*
operating limits Grenzleistung *f*, Höchstleistung *f*
operating load Dauerbeanspruchung *f*
operating manuel Betriebshandbuch *n*
operating period Betriebsdauer *f*
operating personnel Bedienungsmannschaft *f*
operating pressure Arbeitsdruck *m*
operating rod Bedienungsstange *f*
operating room *(AE)* Operationssaal *m*
operating state Betriebszustand *m*
operating test Betriebsprüfung *f*
operating theatre Operationssaal *m*
operating time Laufzeit *f*
operating width *(Verk)* Einbaubreite *f (Straße)*
operation 1. Bedienung *f*, Handhabung *f*; 2. Arbeitsweise *f*, Betriebsweise *f*, Betrieb *m*
operation and maintenance Betrieb *m* und Unterhaltung *f*
operation area *s.* operations area
operation console Steuerschrank *m*; Steuerpult *n*
operation drawing Werkstattzeichnung *f*
operation of a quarry Steinbruchbetrieb *m*
operation parameters Betriebsdaten *pl*, Betriebsparameter *mpl*
operation prime cost Betriebsselbstkosten *pl*
operation sequence Arbeitsablauf *m*; Schrittfolge *f*
operation site Aufstellungsort *m (einer Anlage)*
operation theatre Operationssaal *m (Klinik)*
operational dependability Betriebssicherheit *f*
operational maintenance betriebliche Unterhaltung *f*, Wartung *f*
operational mode Betriebsweise *f*, Betriebsablauf *m*
operational hazard Betriebsgefahr *f*
operational range Reichweite *f*
operational reliability Betriebssicherheit *f*
operational safety Betriebssicherheit *f*
operational sequence Arbeitsablauf *m*
operational test Prüfung *f* unter Einsatzbedingungen, Versuch *m* unter Betriebsbedingungen
operations area Bedienungsbühne *f*, Maschinistenplattform *f*
operations research Unternehmensforschung *f*
operative Bauarbeiter *m*
operator 1. Betreiber *m*; Vermieter *m*; Anlagenfahrer *m*, Maschinist *m*; Laborant *m*; 2. Antrieb *m*
operatorless bedienerlos
operator's cabin Führerhaus *n*
opisthodomos *(Arch)* Opisthodomos *m*, Hinterraum *m*, Rückhalle *f (griechische Tempel)*
oppose *v* entgegenstellen, entgegensetzen
opposed entgegengesetzt; entgegengestellt; (einander) gegenüberliegend; dagegen; Gegen...
opposed-blade damper Feuchtluftabzug *m* mit gegeneinander schließenden Lamellen
opposed force Gegenkraft *f*

opposed turn *(Verk)* Linksabbiegen *n*
opposing entgegen, dagegen
opposing force Gegenkraft *f*
opposing traffic Gegenverkehr *m*
opposite gegenüber, entgegen
opposite direction Gegenrichtung *f*, entgegengesetzte Richtung *f*
opposite folding gegenläufige Faltung *f*
opposite side Gegenseite *f*
optic *s.* optical
optical optisch
optical angle Achsenwinkel *m*
optical axis optische Achse *f*
optical axis of symmetry optische Symmetrieachse *f*
optical plane Achsenebene *f*
optical plumbing optisches Loten *n*, optische Lotung *f*
optical plummet optisches Lot *n*
optical probe optischer Fühler *m*
optical ranging *s.* optical plumbing
optical sorter optischer Abscheider *m*
optical square Winkelspiegel *m*
optimization Optimierung *f*
optimize *v* optimieren
optimizing method Optimierungsverfahren *n*
optimum compaction optimale Verdichtung *f*
optimum compression optimale Verdichtung *f*
optimum moisture content optimaler Verdichtungswassergehalt *m*, optimaler Wassergehalt *m (Erdstoff)*
optimum Proctor density *(Bod)* Proctor-Dichte *f*, Standarddichte *f*
optimum solution Bestlösung *f*
optimum strength optimale Festigkeit *f*
optimum use of space optimale Raumausnutzung *f*, maximale Raumauslastung *f*
option right Vorkaufsrecht *n*
optional wahlfrei, freiwillig, fakultativ; eventuell
optional requirement wahlweise Anforderung *f*, bedingte Anforderung *f*
opulent Renaissance *(Arch)* reiche Renaissance *f*
opus *(Arch)* Opus *n (1. Mauerwerk; 2. Arbeitstechnik der römischen Antike für bestimmte Baugewerke und -künste)*
opus emplectum Füllmauerwerk *n (altes Rom)*
opus latericium römisches Blendmauerwerk *n* [Mauerwerk *n*]
opus quadratum regelmäßiges Schichtenmauerwerk *n (altes Rom)*
opus rusticum Rustikaverband *m*, Buckelquaderverband *m*, Bossenwerk *n (altes Rom)*
opus sectile Plattenmosaik *n (altes Rom)*
opus signium Zementstuckanstrich *m (altes Rom)*
opus tesselatum Fußbodenwürfelmosaik *n (altes Rom)*
oral cupola *(Arch)* Oralkuppel *f*
orange alizarin lake Alizarinorange *n*
orange peel (effect) Apfelsinenschaleneffekt *m*, Apfelsinenschalen(oberflächen)struktur *f (Anstrich- oder Brennfehler)*
orange peeling Orangeschaleneffekt *m (Gestaltungtechnik)*
orange-red sienna gebrannte Siena *f*, gebrannte Terra *f*
orange shellac Orangeschellack *m*, gelber Holz(siegel)lack *m*
orangery Orangerie *f*
oratory Betkapelle *f*, Andachtsraum *m*
orb ebener Rund(kreuz)stein *m* eines Kreuzrippengewölbes
orbicular (fast) kreisrund, gerundet
orbicular granite Kugelgranit *m*
orchard Obstgarten *m*
orchestra *(Arch)* Orchestra *f (Tanzplatz des griechischen Theaters)*
orchestra floor Orchesterstand *m*
orchestra pit Orchestergraben *m*, Orchesterraum *m*
order *v* 1. anordnen, ordnen *(Bauelemente, Gebäude)*; 2. bestellen, in Auftrag geben
order 1. Anordnung *f*, Ordnung *f (z. B. von Bauelementen)*; 2. *(Arch)* Säulenanordnung *f*, Säulenordnung *f*, Baustil *m*; 3. Gewölbering *m*; 4. Größenordnung *f*, Rangordnung *f*, Reihenfolge *f*; 5. Bestellung *f*, Auftrag *m (von Leistung und Material)*; 6. Anordnung *f (zum Ausführen von Gewerke- und Ingenieurleistung)*; 7. Gewölbering *m (Mauerwerk)*
order book Auftragsbuch *n*
order drawing Bestellzeichnung *f*
order form Bestellschein *m*
order letting Auftragserteilung *f*, Vergabe *f*
order number Bestellnummer *f*
order of architecture Säulenordnung *f*, Säulenanordnung *f*, Bauordnung *f*
order of magnitude Größenordnung *f*
order variations Bestellungsabweichungen *fpl*
ordinary 1. *(AE)* Dorfgaststätte *f*; 2. Speiseraum *m*, Gaststube *f (mit festen Preisen)*
ordinary cement Normalzement *m*
ordinary concrete Beton *m*, Schwerbeton *m*, normaler [unbewehrter] Beton *m*
ordinary construction *(AE)* normale feuerschutzhemmende Außenwandkonstruktion *f*
ordinary forms Standschalung *f*
ordinary formwork Standschalung *f*
ordinary light unpolarisiertes Licht *n*
ordinary lime gewöhnlicher Kalk *m*
ordinary (lime) mortar Kalkmörtel *m*
ordinary portland cement gewöhnlicher Portlandzement *m*
ordinary red brick Normalziegel(stein) *m*
ordinary rubble masonry Feldsteinmauerwerk *n*
ordinary shuttering Standschalung *f*
ordinary steel Massenstahl *m*
ordinary strength steel Normalstahl *m*
ordnance bench mark Vermarkungspunkt *m* der Landesvermessung
Ordnance Survey map amtliche Vermessungskarte *f*
Ordnance Surveying amtliche Land(es)vermessung *f (in GB)*
ore shoot Erzfall *m*
Oregon pine Douglasie *f*, Douglasfichte *f*
organ case Orgelprospekt *m*
organ console table Orgelspieltisch *m*
organ front Orgelschauseite *f*
organ gallery Orgelempore *f*
organ loft Orgelbühne *f*, Orgelempore *f*, Orgelchor *m*
organ-shaped façade orgelförmige Fassade *f*
organic organisch
organic acid organische Säure *f*
organic adhesive organischer Kleber *m*
organic aggregate pflanzlicher Zuschlagstoff *m (Holzspäne usw.)*
Organic architecture organische Architektur *f (Anfang des 20. Jahrh., Hauptvertreter Frank L. Wright)*
organic building organhaftes Bauen *n (funktionelle Formen)*
organic chemistry organische Chemie *f*
organic clay organischer Ton *m*
organic coating 1. organischer Überzug *m*, organische Schutzschicht *f*; 2. organischer Anstrichstoff *m*; karbonatischer Anstrich *m*
organic coating film organischer Anstrichfilm *m*
organic compound organische Verbindung *f*
organic dyestuff organischer Farbstoff *m*
organic fibre organische Faser *f*

organic finish organische Schutzschicht *f*
organic finishing material organischer Beschichtungsstoff *m*
organic form of nature organische Naturform *f*
organic glass organisches Glas *n*
organic heat insulating material organisches Wärmedämmmaterial *n*, organischer Wärmedämmstoff *m*
organic impurity organische Verunreinigung *f*, organische Verschmutzung *f*
organic matter Organisches *n*, ausglühbare Bestandteile *mpl (Zuschläge)*; organischer Stoff *m*
organic pigment Naturpigment *n*, organisches Pigment *n*
organic silicate binder organischer Silicatbinder *m*
organic silt organischer Schluff *m*
organic soil organischer Erdstoff *m*, Boden *m* mit ausglühbaren Bestandteilen, Humusboden *m*
organic solvent organisches Lösungsmittel *n*
organic substance organische Beimengung *f*, ausglühbarer Anteil *m (Zuschlagstoffe)*
organic theory of architecture organische Architekturtheorie *f*
organic vehicle organisches Bindemittel *n (Anstriche)*
organic waste organischer Abfall *m*
organic zinc-rich coating organischer Zinkstaubanstrichstoff *m*
organization Organisation *f*, Einrichtung *f*, Körperschaft *f*
organize *v* organisieren, einrichten
organoleptic organoleptisch, mit den Sinnen wahrnehmbar
organoleptic test Augenscheinprüfung *f*, Prüfen *n* mit den Sinnen *(Geruch, Geschmack, Hören, Fühlen)*
organosol Organosol *n (organischer Harzeinbrennlack)*
oriel Erker *m*
oriel window Erkerfenster *n*
orient *v* ausrichten, einrichten *(Gebäude)*; osten, nach Osten (aus)richten *(z. B. Längsachse einer Kirche)*
oriental cupola *(Arch)* orientalische Kuppel *f*
orientation 1. Orientierung *f*, Ausrichtung *f (eines Gebäudes nach Osten)*; 2. Standrichtung *f*, Lagerichtung *f*, Stellung *f (eines Gebäudes in Ost-West-Richtung)*
orifice Öffnung *f*, Ausflussöffnung *f*, Ausfluss *m*; Schachtöffnung *f*, Mündung *f*
origin 1. Nullpunkt *m (z. B. im Koordinatensystem)*; 2. Anfangspunkt *m*, Ausgangspunkt *m*; Ursprung *m*; Herkunft *f*; Quelle *f*
origin and destination traffic *(Verk)* Quell- und Zielverkehr *m*
origin-destination study *(Verk)* Quell- und Zielverkehruntersuchung *f*, Verkehrsuntersuchung *f*
origin of force Angriffspunkt *m* (der Kraft)
original Original *n*, Vorlage *f (z. B. Zeichnung)*
original bedding ursprüngliche Schichtung *f (geologisch)*
original document Original *n*
original ground natürliches Gelände *n*
original ground level natürliche Höhe *f*, Höhe *f* des natürlichen Geländes
original position ursprüngliche Lage *f*
original sample weight Einwaage *f*
original soil gewachsener Boden *m*
original state Originalzustand *m*, ursprünglicher Zustand *m*
original tracing drawing Urpause *f*
originating traffic Quellverkehr *m*
O-ring Vollgummiring *m*
orle *(Arch)* schmales Band *n (am Kapitell)*; schmale Zierkante *f (am Säulenschaft)*; Borte *f*, Schmuckborte *f (an einem Wappen)*
orlet *s.* orle
ormolu Mosaikgold *n*, Malergold *n*, Goldbronze(paste) *f*
ormolu varnish Goldbronzefarbe *f*
ornament *v* verzieren; schmücken
ornament Ornament *n*, Schmuckelement *n*, Zierelement *n*, Verzierung *f*, Dekorationsglied *n*
ornament with a cordon Bandgesims *n*
ornamental acoustical slab Dekorakustikdecke *f*
ornamental aggregatate Zierzuschlagstoff *m*
ornamental arch Zierbogen *m*, Schmuckbogen *m*
ornamental architecture Dekorarchitektur *f*, Ornamentarchitektur *f*, Schmuckarchitektur *f*, Zierarchitektur *f*, Schmuckbaukunst *f*
ornamental archivolt ornamentierte Archivolte *f*
ornamental area Zierfläche *f*
ornamental art Ornamentik *f*, Zierkunst *f*, Ornamentkunst *f*, dekorative Kunst *f*
ornamental band Bandornament *n*, Linienornament *n*, Zierband *n*
ornamental barrel vault dekoratives Tonnengewölbe *n*
ornamental board Zierplatte *f*, Ornamentalplatte *f*, Sichtplatte *f*, Dekoplatte *f*
ornamental border Zierleiste *f*
ornamental brick Zierziegel(stein) *m*, Ornamentziegel *m*
ornamental ceiling Zierdecke *f*, Ornamentaldecke *f*, Schmuckdecke *f*, Dekodecke *f*
ornamental coating Ornamentalbeschichtung *f*, Schmuckbeschichtung *f*, Zierbeschichtung *f*, Dekorbeschichtung *f*, Zierüberzug *m*, Schmucküberzug *m*
ornamental colour tile Farbmusterfliese *f*
ornamental column Ziersäule *f*, Schmucksäule *f*, Ornamentsäule *f*
ornamental concrete Zierbeton *m*; Sichtbeton *m*
ornamental door Ziertür *f*, Schmucktür *f*, Ornamenttür *f*
ornamental element architektonisches Glied *n*, Ornamentglied *n*, Schmuckglied *n*, Zierglied *n*
ornamental finish Effektputz *m*, Ornamentputz *m*, Zierputz *m*
ornamental foil Dekofolie *f*, Zierfolie *f*, Ornamentfolie *f*, Schmuckfolie *f*
ornamental form Ornamentform *f*, Schmuckform *f*, Zierform *f*, Verzierungsform *f*, Dekorationsform *f*
ornamental gabble Ziergiebel *m*, Schmuckgiebel *m*, Ornamentgiebel *m*, Dekorationsgiebel *m*
ornamental glass Ornamentglas *n*, Zierglas *n*
ornamental grille [lattice] Ornamentgitter *n*, Ziergitter *n*
ornamental hardware Zierbeschläge *mpl*, Ornamentbeschläge *mpl*, Schmuckbeschläge *mpl*, Dekorationsbeschläge *mpl*
ornamental iron Ziereisen *n*, Ornamenteisen *n*, Schmuckeisen *n*, Dekorationseisen *n*
ornamental ironwork Kunstschmiedearbeit *f*
ornamental luminaire Zierleuchte *f*, Ornamentleuchte *f*, Schmuckleuchte *f*, Dekorationsleuchte *f*
ornamental modelled coat plastischer Anstrich *m*, Plastikanstrich *m*, Plastikaufstrich *m*
ornamental modelled stuccowork plastische Stuckverzierung *f*, Stuckatur *f*, Stuckplastik *f*
ornamental motif Ziermotiv *n*, Schmuckmotiv *n*, Ornamentmotiv *n*, Dekorationsmotiv *n*
ornamental niche Ziernische *f*, Schmucknische *f*
ornamental paint Schmuckanstrich *m*, Schmuckfarbe *f*
ornamental panelling Zierfüllung *f (Wand)*; verzierte Verkleidung *f*
ornamental parts ornamentale Bauteile *npl*
ornamental pattern Ziermuster *n*, Schmuckmuster *n*, Ornamentmuster *n*, Dekorationsmuster *n*
ornamental pavilion Schmuckpavillon *m*, Zierpavillon *m*
ornamental portal Schmuckportal *n*, Zierportal *n*
ornamental rafter end profilierter Sparrenkopf *m*
ornamental ridge covering verzierte Firsthaube *f*

ornamental screen Schauwand *f*
ornamental slab Dekorkassettenplatte *f*
ornamental steel 1. Zierstahl *m*; 2. Zierstahlarbeit *f*
ornamental structural ceramics dekorative Baukeramik *f*
ornamental structure Zierbauwerk *n*
ornamental style Ornamentstil *m*, Schmuckstil *m*, Zierstil *m*, Dekorationsstil *m*
ornamental surface Zierfläche *f*
ornamental tile Ornamentfliese *f*, Ornamentplatte *f*
ornamental touch dekorativer Anklang *m*
ornamental trim Ziereinfassung *f*, Schmuckeinfassung *f*, Ornamenteinfassung *f*, Dekorationseinfassung *f*, Simswerk *n*
ornamental turret Ziertürmchen *n*
ornamental water-carried paint Schmuckdispersionsfarbe *f*
ornamental window Ornamentfenster *n*, Zierfenster *n*
ornamental wire glass Drahtornamentglas *n*
ornamental work Schmuckarbeit *f*, Zierarbeit *f*, Ornamentarbeit *f*, Dekorationsarbeit *f*
ornamentation Verzierung *f*, Ausschmückung *f*, Dekoration *f*
ornamented verziert, geschmückt
ornate (reich) verziert, geschmückt *(prunkvoll, z. B. große Objekte)*
ornate lock Zierband *n (Schlossbeschlag)*
ornate style gewählter, reicher Stil *m*
orphan home Waisenhaus *n*
orpiment (yellow) Auripigment *n*, Rauschgelb *n*, gelbes Arsenik *n*
orthid Roterde *f*
orthoclase Orthoklas *m*
orthogonal orthogonal, rechtwinklig
orthodox construction method herkömmliche Bauweise *f*, konventionelle Bauweise *f*
orthogonal anisotropic plate orthogonale nicht isotrope Platte *f*
orthogonal framework (of girders) orthogonale Konstruktion *f (Fachwerk)*
orthogonal reinforcement Orthogonalbewehrung *f*, orthogonale Stahleinlagen *fpl*
orthogonality Orthogonalität *f*, Rechtwinkligkeit *f*
orthography Orthographie *f*, Senkrechtdarstellung *f*, Senkrechtprojektion *f*
orthophyre Orthophyr *m*, Orthoklasporphyr *m*
orthostate 1. länglicher Stein *m*; 2. hoch stehender Lagerstein *m*
orthostyle geradlinige Kolonnade *f*, gerader Säulengang *m*
orthotropic orthotrop, orthogonal-anisotrop *(Stahlbetonplatte)*
orthotropic deck *(Verk)* orthotrope Fahrbahn(platte) *f (Brücke)*
orthotropic plate orthotrope Platte *f*
ortstein *(Bod, Erdb)* Ortstein *m*
oscillate *v* schwingen; pendeln; vibrieren
oscillating force schwingende Belastung *f*
oscillating lever Schwinghebel *m*
oscillating rod schwingender Stab *m*
oscillating screen Schwingsieb *n*, Rüttelsieb *n (Zuschlagtrennung)*
oscillation 1. Schwingung *f*, Erschütterung *f*, Oszillation *f*; 2. Schwingen *n*; Vibrieren *n*
oscillation amplitude Schwingungsamplitude *f*
oscillation check Schwingungsnachweis *m*, Erschütterungsnachweis *m*
oscillation damping Schwingungsdämpfung *f*, Erschütterungsdämpfung *f*
oscillation damping material Schwingungsdämmstoff *m*
oscillation-insulated schwingungsisoliert
oscillation insulation Schwingungsisolierung *f*, Erschütterungsisolierung *f*
oscillation-less schwingungsfrei, erschütterungsfrei; vibrationsfrei
oscillation of a foundation Fundamentschwingung *f*
oscillation of bridge girder Schwingen *n* des Brückenträgers
oscillation source Schwingungsquelle *f*, Erschütterungsursache *f*
oscillation resistance Schwingungsfestigkeit *f*
oscillation transmission Schwingungsübertragung *f*, Vibrationsübertragung *f*
oscillator load Schwellast *f*, Schwinglast *f*, Wechsellast *f (periodisch)*
oscillatory oszillatorisch
oscillatory impulse *(Verk)* Schwingungserregung *f (Brücke)*
oscillatory motion Schwingung *f*
oscillatory movement Schwingungsbewegung *f*
oscillatory shear oszillatorische Scherbeanspruchung *f*
oscillograph Oszillograph *m*, Schwingungsmessgerät *n*
Osiris pillar Osirispfeiler *m*
Oslo (tunnel-conreting) method Osloer Tunnelbetonierverfahren *n (ohne Bewehrungserfordernis)*
osmosis Osmose *f*
osmotic force osmotischer Druck *m*
osmotic method Osmoseverfahren *n*
osmotic pressure osmotischer Druck *m*
Ostwald double cone Ostwald'scher Farbenkegel *m*
Ostwald system Ostwald'scher Farbenkegel *m*
Ottawa sand Normensand *m* aus Ottawa
Ottoman architecture osmanische Architektur *f*, osmanische Baukunst *f*
Ottonian architecture ottonische Baukunst *f (deutsche Architektur des 10. Jahrh.)*
Ottonian Renaissance ottonische Renaissance *f*
oubliette *(Arch)* Kellerverlies *n*
oubliette opening *(Arch)* Angstloch *n (Deckenöffnung)*
ounce Unze *f (28.34952 g)*
oundy moulding Wellenornament *n*
out-of-action außer Betrieb; gestört *(Gerät)*
out-of-centre außermittig, exzentrisch, seitlich versetzt
out-of-cultivation verwildert
out-of-door service Außeneinsatz *m*
out-of-line aus der Flucht, außer Flucht
out-of-plumb aus dem Lot, nicht lotrecht, nicht im Lot
out-of-service außer Betrieb
out-of-square nicht senkrecht, nicht im Lot
out-of-tolerances nicht maßhaltig
out-of-true aus der Flucht, außer Flucht; schief
out ramp *(Verk)* Ausfahrtrampe *f*, Abfahrtrampe *f*
outback abgelegene Gegend *f*
outband 1. geteilter Läufer(stein) *m*; 2. Aussparung *f* durch einen halben Läufer, freigelassene Aussparung *f*
outbond wandparallel
outbond Verbundblendmauer *f*, Verbundblendmauerwerk *n*, Läuferblendmauer *f*
outbond brick Läufer *m*, Strecker *m*
outbound traffic *(Verk)* ausstrahlender Verkehr *m*
outbreak of fire Feuerausbruch *m*
outbuilding Außengebäude *n*, Nebengebäude *n*; Remise *f*
outcrop ausstreichende Schicht *f*, Ausstreichendes *n*, Schichtenausstrich *m*, Ausbiss *m (Geologie)*
outdated überholt
outdoor außen, im Freien befindlich [stehend]; Außen...

outdoor air Außenluft *f*
outdoor-air intake [supply] Außenluftzuführung *f*
outdoor-air temperature Außenlufttemperatur *f*
outdoor architecture Außenarchitektur *f*, Außenbaukunst *f*
outdoor bath Freibad *n*
outdoor cinema Freilichtkino *n*
outdoor closet Außenklosett *n*
outdoor corridor Laubengang *m*, offener Gang *m*
outdoor durability Wetterbeständigkeit *f*, Außenbeständigkeit *f*
outdoor exposure test Bewitterungsversuch *m*, Freiluftbewitterungsversuch *m*
outdoor exposure testing Bewitterungsprüfung *f*, Freiluftbewitterungsprüfung *f*
outdoor facilities Außenanlagen *fpl*
outdoor finish Außenanstrich *m*; Außenanstrichstoff *m*
outdoor lighting Außenbeleuchtung *f*, Beleuchtung *f* im Freien
outdoor life facilities Garteneinrichtungen *fpl (z. B. Blockhütte, Gartenmöbel usw.)*
outdoor living area Freisitzfläche *f*
outdoor plant *(El)* Freiluftanlage *f (Umspannwerk)*
outdoor sensor Außenfühler *m*
outdoor service Außeneinsatz *m*
outdoor space Außenraum *m (um ein Gebäude)*
outdoor stage Freilichtbühne *f*
outdoor stairs Außentreppe *f*
outdoor storage Freilagerung *f*, Außenlagerung *f*
outdoor storage area Freilagerfläche *f*
outdoor terrace Freiterrasse *f*
outdoor test Feldversuch *m*, Freilandprüfung *f*, Freilandbewitterungsprüfung *f*, Bewitterungsversuch *m*
outdoor thermostat Außenthermostat *m*
outdoor-type plant Frei(luft)bau *m*
outdoor weathering Freibewitterung *f*
outer aisle *(Arch)* äußeres Seitenschiff *n*, äußere Abseite *f*
outer angle Außenecke *f*
outer bending moment äußeres Biegemoment *n*
outer board Rindenbrett *n*, waldkantiges Brett *n*
outer casing Außenhülle *f*, Außenmantel *m*
outer coat Außenanstrich *m*, Außenaufstrich *m*
outer coating 1. Außenbeschichtung *f*; 2. Außenschicht *f*
outer connection Außenverbindung *f*
outer core Außenkern *m*
outer corner Außeneck *n*
outer court Außenhof *m*
outer cross wall Außenschott *n*
outer defence *(Arch)* Vorwerk *n*, Außenwerk *n*, Veste *f*
outer ditch Außengraben *m (Befestigungsanlagen)*
outer dome Schutzkuppel *f*
outer door Außentür *f*
outer door case Außentürzarge *f*
outer edge Außenkante *f*
outer hearth Kaminbodensichtfläche *f (aus Stein)*
outer insulation Außendämmung *f*
outer leaf Außenschale *f*, äußere Schale *f*
outer lining *s.* outside casing
outer navel aisle *(Arch)* äußeres Seitenschiff *n*, äußere Abseite *f*
outer paint Außen(anstrich)farbe *f*
outer-pane Außenscheibe *f (Glas)*
outer product *(Stat)* äußeres Produkt *n*, Vektorenprodukt *n*
outer reveal Außenleibung *f*
outer ring road *(Verk)* äußerer Ring *m*, Außenring *m*, Außenringstraße *f*
outer sealing Außendichtung *f*, Außenabdichtung *f*
outer separation *(AE)* Parallelfahrstreifen *m (einer Hauptverkehrsstraße)*
outer sheet Außenplatte *f (von einer Schichtenplatte)*
outer shell unit Außenschalenfertigteil *n*
outer sill äußere Sohlbank *f*
outer string äußere Treppenwange *f*, Außenwange *f*
outer stud Außenpfosten *m (Fachwerk)*
outer varnishing Außenlackierung *f*
outer wall Außenwand *f*
outer ward *(Arch)* Zwinger *m (Burg)*
outer window Außenfenster *n*
outfall 1. *(Wsb)* Abflussleitung *f*, Ableitungskanal *m*; 2. *(San)* Abwassereinleitungsstelle *f*, Abflusseinlauf *m*; Vorfluter *m*; 3. Durchlassende *n*, Grabenauslass *m*
outfall capacity Vorflut(er)leistung *f*
outfall ditch *(Wsb)* Vorfluter *m*
outfall sewer Sammler *m*, Sammelkanal *m*, Hauptabwasserrohr *n*
outfall structure [works] *(Wsb)* Mündungsbauwerk *n*, Auslaufbauwerk *n*
outfit *v* ausstatten, ausrüsten
outfit Ausstattung *f*, Ausrüstung *f (von Apparaturen, Anlagen für Gebäudeeinrichtungen)*
outflow *v* abfließen, ausfließen
outflow 1. Ausfließen *n*, Ausfluss *m*, Ausströmen *n*; 2. Ablassöffnung *f*, Auslass *m*, Ablauf *m*; 3. abfließende Flüssigkeit *f*, ausströmender Stoff *m*; Abflussmenge *f*
outflow amount Abflussmenge *f*
outflow area Quellzone *f (Boden)*
outflow meter Ausflussmesser *m*
outflow pipe Abflussrohr *n*, Ablaufrohr *n*, Auslaufrohr *n*; Abzugsrohr *n*
outgoing air Abluft *f*, Fortluft *f*
outgoing pipe Abluftrohr *n*
outhouse 1. Außenhaus *n*; Hintergebäude *n*, Nebengebäude *n*; 2. *(AE)* Aborthäuschen
outland *(Wsb)* Vorland *n*, Außendeichland *n*
outlay Aufwand *m*, Investitionskosten *pl*
outlet 1. Ablassöffnung *f*, Austrittsöffnung *f*, Austritt *m*, Ablauf *m*; Auslauf *m*; Abfluss *m*; Abzug *m*; 2. Ablassen *n*, Ablass *m*, Ablaufen *n*; 3. *s.* outlet box
outlet box *(El)* Steckdose *f*, Mehrfachsteckdose *f*
outlet bucket Auslaufvertiefung *f*
outlet channel Auslaufkanal *m*, Abführkanal *m*
outlet ditch Abzugsgraben *m*, Ablaufrinne *f*
outlet headworks Auslaufbauwerk *n*
outlet opening Ausströmöffnung *f*
outlet pipe *s.* outflow pipe
outlet sleeve Ablassstutzen *m*
outlet slide Auslassschieber *m*
outlet structure *(Wsb)* Mündungsbauwerk *n*, Auslaufbauwerk *n*
outlet trench *(Wsb)* Abzugsgraben *m*
outlet trough Ablaufrinne *f*
outlet valve Ablassschieber *m*, Ablassventil *n*
outlet vent Dunstrohr *n*
outlet vent tile Dunstrohrziegel *m*, Entlüftungsziegel *m*
outlet ventilator Entlüftungsventilator *m*
outlier Ausreißer *m (z. B. Mischung, Messwert usw.)*
outline *v* skizzieren, umreißen, aufzeichnen
outline 1. Entwurf *m*, Plan *m*, Skizze *f*; 2. Außenlinie *f*, Umrisslinie *f*, Umriss *m*, Profil *n*; Begrenzungslinie *f*
outline and dimensions allgemeine Abmessungen *fpl*
outline drawing Übersichtszeichnung *f*, Umrisszeichnung *f*
outline map Übersichtskarte *f*, Umrisskarte *f*
outline of arch Gewölbeprofil *n*, Wölbung *f*, Bogenlinie *f (des Gewölbes)*
outline plan Perspektivplan *m*, Rahmenplan *m (Bebauungsplanung)*

outline planning Perspektivplanung *f*
outlook Aussichtspunkt *m*
outpatient clinic [department] Poliklinik *f*
output 1. (abgegebene) Leistung *f*, Ausgangsleistung *f* *(von Maschinen)*; 2. Arbeitsvermögen *n*, erbrachte Leistung *f (von Personen)*; 3. Produktionsausstoß *m*
output of well *(Wsb)* Brunnenergiebigkeit *f*
output per day Tagesleistung *f (Produktionsprozess)*
output per shift Schichtleistung *f (Produktionsprozess)*
output quantity Ausgangsgröße *f*
outreach Ausladung *f (eines Krans)*; Reichweite *f*
outrigger *(AE)* 1. Ausleger *m*, auskragender Balken *m*, Kragträger *m (Hängegerüstträger)*; 2. Kranausleger *m*
outrigger beam Abstützträger *m*, Stützarm *m*
outrigger scaffold an der Mauer verankertes Gerüst *n*, Kragstützengerüst *n*, Kragrüstung *f*
outrigger shore temporäre Auskragungsabstützung *f*, ausziehbare Seitenstütze *f*
outrigger wall set flagpole Schrägfahnenmast *m*
outside 1. Außenseite *f*, Stirnseite *f (eines Gebäudes)*; 2. *s.* outside surface
outside-air intake Außenluftzuführung *f*
outside architrave *s.* outside casing
outside awning blind Markise *f*
outside beam Randträger *m*
outside bending moment äußeres Biegemoment *n*
outside board Schwartenbrett *n*
outside casing Außenrahmen *m*, äußerer Fensterrahmen *m*; Außenverblendung *f* des Rahmens
outside coating 1. Außenanstrich *m*; 2. Außenanstrichstoff *m*
outside corner Außenecke *f*
outside corner moulding äußere Kantenüberdeckung *f*, Außenkantenschutz *m*
outside corridor *s.* outdoor corridor
outside diameter Außendurchmesser *m*
outside door Außentür *f*
outside door handle Türaußengriff *m*
outside door panel Türaußenhaut *f*
outside edge Außenkante *f*
outside facing *s.* outside casing
outside finish 1. Außenwandgestaltung *f*; 2. Außenputz *m*; Außenwandbeschichtung *f*; Außenanstrich *m*
outside force äußere Kraft *f*, Außenkraft *f*
outside foundation line Fundamentaußenlinie *f*, Fundamentkantenlinie *f*
outside gallery äußerer Laubengang *m*, Außenlaubengang *m*
outside glazing Verglasung *f* von außen, Außenverglasung *f*, Außeneinglasung *f*
outside lining *s.* outside casing
outeside marble Marmor *m* für Außenanwendung, Außenmarmor *m*
outside reveal Außenleibung *f*
outside scaffold(ing) Außengerüst *n*, Außenrüstung *f*
outside studding plate äußere Jochbalkenplatte *f*
outside surface Außenfläche *f*
outside wall Außenmauer *f*, Umfassungsmauer *f*
outside window Vorfenster *n*, Winterfenster *n*
outside work Außenarbeiten *fpl*
outsize Fehlkorn *n (Zuschlagstoffe)*
outsize determination Fehlkornbestimmung *f*
outskirts Randgebiet *n*, Stadtrand *m*; Außenbezirk *m*; Vorort *m*, Vorstadt *f*
outsourcing Ausgliedern *n*
outstanding hervorstehend, hervorragend *(geomerisch)*
outstanding flange abstehender Schenkel *m*
outstanding leg außenstehende Stütze *f*, abstehende Stützsäule *f*
outward-bound road Ausfallstraße *f*
outward-bound traffic Ausfallverkehr *m*
outward bulging Ausbeulen *n*, Ausbauchung *f (z. B. einer Wand)*
outward dipping nach außen einfallend
outward levelling *(Verm)* Hinnivellierung *f*
outward-opening door auswärts [nach außen] öffnende Tür *f*
outward thrust Gewölbeschub *m*, Wölbungsschub *m*, Seitenschub *m*, Axialschub *m*, Horizontalschub *m*
outwindow Loggiafenster *n*, ausgekragtes Fenster *n*
outwork Vorwerk *n*, Außenwerk *n (eine Befestigung)*
oval *s.* oval marble aggregate
oval arch Ellipsenbogen *m*
oval column Ovalsäule *f*, Ovalstütze *f*
oval luthern *(Arch)* Schwalbenschwanzfenster *n*, Fledermausluke *f*
oval marble aggregate ovalgetrimmtes Marmorzuschlagkorn *n*
oval plate Ovalplatte *f*
oval-shaped sewer pipe Eiprofil *n*, Kanaleiprofil *n*
oven 1. Backofen *m*; 2. Brennofen *m (z. B. für Keramik)*
oven-dry ofentrocken
oven drying test Auswiegeverfahren *n*, Auswiegen *n* *(Parkettfeuchtigkeitsprüfung)*
oven soldering Ofenlöten *n (Schutzgaslöten im Muffelofen)*
ovenproof glass flammenwidriges Glas *n*; flammenfestes Glas *n*
over-all corrosion Gesamtkorrosion *f*
over-allowance oberes Abmaß *n (Bauelement)*
over-large übergroß, übermäßig groß
over-long überlang
over-ornamented überladen *(mit Verzierungen)*
over-pigmentation Überpigmentierung *f*
over-rigid überstarr, übersteif
over-rigid frame [truss] statisch unbestimmtes Fachwerk *n*
over-storey *s.* overstorey
over-story Oberlichtgaden *m*, Fenstergaden *m*. Gaden *m*
over-thin *v* übermäßig verdünnen
over-tile *s.* convex tile
overall appeal Gesamteindruck *m*
overall attack flächenhalter Angriff *m (Korrosion)*
overall average Gesamtdurchschnitt *m*
overall coefficient of heat transfer Wärmedurchgangszahl *f*
overall collapse Gesamtzusammenbruch *m*
overall construction cost Gesamtbaukosten *pl*
overall cost Gesamtkosten *pl*
overall depth Gesamthöhe *f (Träger)*
overall dimension Gesamtmaß *n*, Gesamtabmessung *f*, Gesamtaußenmaß *n*
overall-dimension diagram [scheme] Bemessungsschema *n*
overall dimensions Baugröße *f*, Gebäudegröße *f*, Raumbedarf *m (Flächennutzungsplan, Städteplanung)*
overall efficiency Gesamtwirkungsgrad *m*
overall erection time Montagegesamtzeit *f*
overall form Gesamtform *f*
overall general corrosion flächenhafte Korrosion *f*
overall heat-transfer coefficient Wärmedurchgangszahl *f*
overall height Gesamthöhe *f*, Bauhöhe *f*
overall length Gesamtlänge *f*, Baulänge *f*
overall noise level Gesamtlärmpegel *m*
overall oxidation flächenhafte Oxidation *f*
overall plan Gesamtplan *m*
overall planning (scheme) Gesamtplanung *f*, übergreifende Planung *f*, übergeordnete Planung *f*
overall rigidity Gesamtsteifigkeit *f*

overall stability Gesamtstabilität *f*
overall thickness Gesamtdicke *f*
overall volume of construction Gesamtbauvolumen *n*
overall width Gesamtbreite *f*, Breite *f* über alles
overarch *v* überwölben
overbacking Überbrennen *n (Anstrich)*
overbridge Überführung *f*, Wegüberführung *f*
overbuild *v* überbauen
overburden 1. *(Bod)* Schichtdicke *f* über der tragfähigen Bodenschicht; 2. Abraumschicht *f*, überlagernde Erdschichten *fpl*, Überlagerung *f*, Überdeckung *f*, Deckgebirge *n*; 3. *(Bod, Erdb)* Überlagerungsdruck *m*, Überlastung *f (oberer Schichten)*
overburden pressure *(Bod, Erdb)* Überlagerungsdruck *m (oberer Schichten)*
overburdened überlastet
overburn *v* totbrennen
overburned brick überbrannter Ziegel *m*
overcharge *v* 1. überladen; überlasten; 2. zu viel berechnen *(Kosten)*
overcharge Überbelastung *f*, Überlastung *f*
overcloak Metalltafelüberlappung *f (Dach)*
overcoat *v* beschichten *(Oberfläche)*; überstreichen; überdecken
overcoat *v* **by brushing** überstreichen
overcoat *v* **by spraying** überspritzen
overcoat(ing) Deckschicht *f*; Überzug *m*; Deckanstrich *m*
overcoatability Überstreichbarkeit *f*, Überspritzbarkeit *f*
overcompaction *(Erdb)* Überverdichtung *f*
overconsolidated soil überbelasteter Erdstoff *m*, Erdstoff *m* mit größerer Bodenpressung als unter natürlicher Vorbelastung
overconsolidation *(Bod)* Überkonsolidierung *f*, Überlastung *f*
overcrowding Überbelegung *f (Wohnung)*
overcurrent protection *(El)* Überstromschutz *m*
overcurrent protection breaker *(El)* Überstromschutzschalter *m*
overdecorated überladen, übermäßig verziert
overdefined überbestimmt
overdesign *v* überdimensionieren
overdesigned überdimensioniert, überbemessen, zu stark bemessen
overdimensioning Überdimensionierung *f*
overdoor 1. Supraporte *f*, Sopraporte *f (gerahmtes Feld mit Gemälde oder Relief über einer Tür in Wohnräumen des Barock und Rokoko)*; Türbekrönung *f*; 2. Hochtür *f*
overdosage Überdosierung *f*
overdriven überrammt, zu stark gerammt *(Pfahl)*
overdue überfällig
overestimate *v* überbewerten, überschätzen
overestimate Überbewertung *f*
overfall 1. *(Wsb)* Überfall *m*, Überlauf *m*, Überlaufen *n (z. B. Schleuse)*; 2. *(Wsb)* Überfallwasser *n*; 3. *(Wsb) s.* overfall weir
overfall crest *(Wsb)* Überfallkante *f*
overfall dam *s.* overflow dam
overfall dike *(Wsb)* Überfalldeich *m*, Überlaufdamm *m*
overfall spillway *(Wsb)* Oberflächenflutweg *m*, Oberflächenentlastungsanlage *f*
overfall-type fish pass Überfallfischgerinne *n*
overfall weir *(Wsb)* Überfall(stau)wehr *n*
overfire air Überluft *f (Heizung)*
overflow *v* überlaufen, überfließen; überfluten, überschwemmen
overflow 1. *(Wsb)* Überfall *m*, Überlauf *m*, Überströmen *n*; 2. *(Wsb)* Überlassdeich *m*; Überfallwehr *n*
overflow buttress *(Wsb)* Überfallpfeiler *m*
overflow channel *(Wsb)* Überlaufkanal *m*, Abflusskanal *m*
overflow cone Überlaufkonus *m*
overflow connection 1. Überlaufanschluss *m*; 2. *(San)* Ablaufstutzen *m (Geruchverschluss)*
overflow crest *(Wsb)* Überfallkrone *f*
overflow dam *(Wsb)* Überfall(damm) *m*, Überlaufdamm *m*, Grunddamm *m*
overflow duct [pipe] Überlaufleitung *f*, Überfallrohr *n*
overflow edge Überlaufkante *f*
overflow gutter Überlaufrinne *f*
overflow lake *(Wsb)* Hochflutsee *m*
overflow land Überschwemmungsgebiet *n*
overflow level *(Wsb)* Überschwemmungsniveau *n*
overflow line Überfaufleitung *f*
overflow of dide *(Wsb)* Deichsiel *n*
overflow pipe Überlaufrohr *n*
overflow seating Reservebestuhlung *f*
overflow spillway *s.* overfall spillway
overflow trap [valve] Abflussventil *n*, Ablassventil *n*
overflow weir *(Wsb)* Überfall(stau)wehr *n*
overglaze decoration 1. Überglasurdekorarbeit *f*; 2. Überglasur *f*, Aufglasur *f*
overgrain Überstreichen *n (mit Maserungseffekt)*
overgrainer Spezialüberstreichpinsel *m (für Maserungseffekt)*
overground oberirdisch, über der Erde
overgrown verwildert *(z. B. Park)*
overhand bricklaying Mauern *n* von der Außenseite
overhang *v* überhängen, vorspringen, auskragen, hervortreten
overhang 1. Vorsprung *m*, Überhang *m*, Auskragung *f*, Ausladung *f*; 2. Überstand *m (Sonnenschutz)*
overhanging überhängend, auskragend, ausladend, freitragend
overhanging beam Kragbalken *m*, Kragträger *m*
overhanging footway ausgekragter Gehweg *m (Brücke)*
overhanging girder Kragträger *m*
overhanging rafter Kragsparren *m*
overhanging side wall unterschnittene Wangenmauer *f*
overhanging stairs freitragende Stufen *fpl*
overhanging wall überhängende Wand *f*, Überhangwand *f*
overhaul *v* überholen, vom Grund her reparieren
overhaul 1. *(Verk)* Ausweichstelle *f*, Ausweiche *f (Straße)*; 2. *(Erdb)* Bodenbewegung *f* außerhalb des Angebots, zusätzliche Bodenbewegung *f*, Bodenbewegung *f* mit zusätzlicher Transportlänge; Zusatztransportentfernung *f*
overhauling of the work Nacharbeit *f (bei Nichtabnahme)*
overhead 1. oberirdisch; hochliegend, oben angeordnet; über Kopf; Hoch...; 2. allgemein; Gesamt...
overhead 1. Gemeinkosten *pl*, Generalunkosten *pl*; allgemeine Geschäftskosten *pl*; Betriebskosten *pl*; 2. *s.* ceiling 1.; 3. Overhead-Projektor *m*
overhead bin Hochbunker *m*
overhead bucket Überkopflader *m*
overhead-cable railway Drahtseilschwebebahn *f*
overhead cableway Kabelkran *m*
overhead charge Zuschlag *m* für allgemeine Geschäftskosten, Geschäftskostenaufschlag *m*
overhead cistern Hochbehälter *m*, Hochreservoir *n (Regenwassersammelbehälter)*
overhead clearance lichte Höhe *f*
overhead concealed closer oben angebrachter Türschließer *m*
overhead conductor line Fahrleitung *f*
overhead construction Hochbau *m (Leitungsbau)*
overhead conveyor Hängebahn *f (Transportmittel)*
overhead cost *s.* overhead 1.
overhead crane Brücken(lauf)kran *m*; Laufkran *m*
overhead door Schwingtür *f*, Obenschwingtor *n*, Klapptür *f*
overhead door of the roll-up type Rolltor *n*

overhead door of the swing-up type Schwingtor *n*, Kipptor *n*
overhead expenses Gemeinkosten *pl*, Betriebskosten *pl*
overhead glazing Obenverglasung *f*, Obeneinglasung *f*
overhead hopper Hochbunker *m*
overhead light Decken(ober)licht *n*
overhead lighting Obenbeleuchtung *f*
overhead loading Überkopfladen *n*
overhead line Freileitung *f*
overhead live cable Freileitungskabel *n*
overhead long-distance line *(El)* Freileitung *f*
overhead power line *(El)* Überlandleitung *f*
overhead railway 1. Hängebahn *f*; 2. Hochbahn *f*
overhead roadway *(AE)* Hochstraße *f*
overhead rope Freileitungsseil *n*
overhead runway hochverlegte Kranbahn *f (Brückenkran)*
overhead sevice entry *(El)* Freileitungseinführung *f*
overhead tank Hochbehälter *m*
overhead track Deckenschiene *f (Türanlage)*
overhead traffic sign Verkehrszeichen *n* über der Straße
overhead-type garage door Garagenklapptür *f*, Schwingtür *f*
overhead water tank Wasserturm *m*, Wasserhochbehälter *m*
overhead welding Überkopfschweißen *n*
overheads Gemeinkosten *pl*, Betriebskosten *pl*
overheat *v* überhitzen, überheizen
overheated überhitzt
overheating Überheizung *f*, Überhitzung *f*
overhouse aerial Dachantenne *f*
overhung überhängend, überstehend *(z. B. Dach)*; freitragend
overhung door Hängetür *f*, Schiebetür *f*
overlap *v* überlappen, überdecken; sich überlappen, sich überdecken; übereinander greifen; sich überschneiden *(Flächen)*
overlap *s.* overlapping
overlap length Überlappungslänge *f*
overlap-welded steel pipe überlappt geschweißtes Stahlrohr *n*
overlapping Überlappung *f*, Überlappen *n*, Überdeckung *f*, Überschneidung *f*, Überblattung *f*
overlapping astragal Astragalüberlappung *f*, überlappende Wulst(leiste) *f*, Anschlagleiste *f*, Fugendeckleiste *f*, Viertelstabüberdeckung *f* einer Fuge
overlapping joint Überlappungsstoß *m*, Übergreifungsstoß *m*
overlapping weld Überlappungs(schweiß)naht *f*
overlarge übergroß, übermäßig groß
overlay *v* bedecken, belegen; überziehen
overlay 1. Belag *m*, Deckschicht *f*, Überzug *m (Putz oder Anstrich)*; 2. *(Verk)* Hocheinbau *m*, Deckschicht *f* im Hocheinbau; Deckenverstärkung *f*
overlay cladding Plattierüberzug *m*
overlay flooring *s.* strip flooring
overlay glass Schichtglas *n (farbig)*
overlaying *(Bod, Erdb)* überlagernd
overlaying Belag *m*, Überzug *m*
overleap joint Überblattung *f*
overlength Zugabe *f (Bewehrungsschweißen)*
overlime *v* überkalken
overload *v* 1. über(be)lasten, überbeanspruchen; überladen; 2. *(El)* überlasten
overload 1. Überlastung *f*, Überbeanspruchung *f*; 2. *(El)* Überlast *f*
overload condition Überbelastung *f*, Überlastungsbedingung *f*
overload device Überstromvorrichtung *f*
overload relay *(El)* Überstromrelais *n*
overloading Überbelastung *f*
overlong überland
overlook *v* überragen
overlying darüberliegend; überlagernd
overlying beds *(Tun)* Hangendschichten *fpl*
overlying film dünne Deckschicht *f*, Oberflächenfilm *m*
overlying layer *(Bod, Erdb, Tun)* Hangendes *n*
overlying weight *(Bod, Erdb)* Auflast *f*
overmantel Kamingesims *m*
overornamented (mit Ornamenten) überladen, überschmückt
overpackaging Umverpackung *f*
overpaint *v* überstreichen; überspritzen
overpass Überführung *f*, Wegüberführung *f*, Straßenüberführung *f*, *(AE)* Hochstraße *f (Autobahnüberführung)*; Eisenbahnüberführung *f*
overpass bridge *s.* overpass
overpickling Überbeizen *n*
overprestress *v* übervorspannen, überspannen *(Spannbeton)*
overprestressed überspannt, übergespannt, übervorgespannt
overpressure Überdruck *m*
overprotection übemäßiger Schutz *m*
overreinforced überbewehrt, überarmiert; doppelbewehrt
overs Siebüberlauf *m*, Siebrückstand *m (Gestein)*
oversail *v* auskragen *(Ziegel oder Stein)*
oversailing conoid Kragkonoid *n*, Auslegerkonoid *n*
oversailing course auskragende Mauerschicht *f*
oversailing floor Auslegerdecke *f*, Kragdecke *f*, auskragende Decke *f*, vorkragende Decke *f*
oversanded sandreich, sehr sandhaltig *(Mörtel, Beton)*
oversanded concrete sandreicher Beton *m*
oversaturated übersättigt
oversaturated rock übersättigtes Gestein *n*
oversaturation *(Verk)* Überlastung *f*, Übersättigung *f*
overshadowing Überschattung *f*
overshot *(Wsb)* oberschlächtig
overshot loader Überkopflader *m (Straßenbaumaschine)*
oversite concrete Betonsauberkeitsschicht *f*, Unterbettungsbeton *m*
oversize *v* überdimensionieren
oversize übergroß, übermäßig groß
oversize 1. Übermaß *n*; 2. *s.* oversize material
oversize brick Großziegel(stein) *m (> Normalformat)*
oversize material [product] Überkorn *n*, Grobkorn *n*, Grobgut *n (Zuschlagstoffe)*; Siebgrobes *n*, Siebüberlauf *m*
oversize percentage Überkornanteil *m*, Überlaufanteil *m*
oversized übergroß, überdimensioniert
oversizing Überdimensionierung *f*
overspeed *v* überdrehen *(Motor)*
overspill Bevölkerungsüberschuss *m*
overspill area Überschussgebiet *n (Bevölkerung)*
overspray *v* überspritzen
oversteepened übersteilt
overstorey 1. oberes Geschoss *n*; 2. *(Arch)* Lichtgaden *m*, Obergaden *m*, Fenstergaden *m*, Gaden *m (im Mittelschiff einer Basilika)*
overstory *(AE) s.* overstorey
overstrain *v* überbelasten, überbeanspruchen *(mechanisch)*
overstress *v* überbeanspruchen, über(be)lasten; überspannen *(Spannbeton)*
overstress Überbeanspruchung *f*
overstressed überspannt, übergespannt *(Spannbeton)*
overstressed area *(Bod)* Bereich *m* erhöhter Spannung
overstressing Über(vor)spannen *n (Spannbeton)*; höheres Vorspannen *n (der Spannglieder)*
overstretch *v* überspannen, übervorspannen *(Spannbeton)*

overstretched überspannt, übergespannt, übervorgespannt *(Spannbeton)*
overstretching *s.* overstressing
overtaking *(Verk)* Überholen *n*; Einholen *n*
overtaking lane Überholspur *f (Straße)*
overtaking sight distance *(Verk)* Überholsichtweite *f*
overtension Überspannen *n*, Überbeanspruchung *f*
overthin *v* übermäßig verdünnen
overthrow (verzierte) Metalltorüberspannung *f*, Metalltorbogen *m*
overthrown gestürzt *(Kapitell)*; überkippt
overtighten *v* überdrehen *(Mutter)*
overtile Mönch *m*
overtilted überkippt
overtime Überstunden *fpl*
overturn *v* (um)kippen, umstürzen; überschlagen
overturned überkippt, überstürzt
overturning (failure) Kippen *n*, Umkippen *n (z. B. Stützmauer, Bauwerk)*; Überschlagen *n (Fahrzeug)*
overturning effect Kippwirkung *f*
overturning force Kippkraft *f*
overturning moment *(Stat)* Kippmoment *n*
overturning of the mixing drum Überstürzen *n* der Mischertrommel *(zum Entleeren)*
overturning thrust Gewölbeschub *m*, Wölbungsschub *m*; Seitenschub *m*; Horizontalschub *m*, Axialschub *m*
overuse Überbeanspruchung *f*, Raubbau *m (Natur, Umwelt)*
overvibration zu starkes Vibrieren *n*, zu lange Vibrationsverdichtung *f*, Entmischungs(vibrations)verdichtung *f*
overview Überblick *m*
overweigh *v* übergewichtig sein, Übergewicht haben
overwhelm *v (Bod, Erdb)* überschütten
oviform eiförmig, oval
oviform pipe Eiprofilrohr *n*
ovoid ovoid, eiförmig, oolithisch; oval
ovolo (moulding) konvexer Stab *m (Zierstab)*; Viertelkreissims *m*
ovum *(Arch)* eierförmiges Ornamentmotiv *n*
own weight Eigenmasse *f*, Eigengewicht *n*, Eigenlast *f (z. B. einer Konstruktion)*
own weight moment Eigengewichtsmoment *n*
owner Bauherr *m*, Bauauftraggeber *m*; Besitzer *m*
owner-architect agreement Beratungsvertrag *m*, Projektierungsvereinbarung *f*
owner-contractor agreement Bau(ausführungs)vertrag *m*, Bauleistungsvertrag *m*
owner-occupied flat Eigentumswohnung *f*, Eigentümerwohnung *f*
owner-occupied house Eigenheim *n*
owner-occupier Wohnungseigentümer *m*; Eigenheimbesitzer *m*
owner-occupier buildings Eigenheimsiedlung *f*
owner's inspection Auftraggeberkontrolle *f*
owner's liability insurance Gebäudeversicherung *f*
ownership Besitz *m*; Grundbesitz *m*
ownership of land Grundeigentum *n*, Grundbesitz *m*, Landbesitz *m*
oxalate coating Oxalat(schutz)schicht *f*
oxalic acid Oxalsäure *f (betonfestigend)*
oxbow *(AE) (Wsb)* Altwasser *n*
oxbow lake *(AE) (Wsb)* Altwasser *n*, Altwassersee *m*
oxeye Ochsenauge *n (rundes Fenster)*
oxeye moulding *(Arch)* Konkavornament *n*
oxidant Oxidationsmittel *n*
oxidation Oxidation *f*
oxidation agent Oxidationsmittel *n*
oxidation behavior Oxidationsverhalten *n*
oxidation ditch Oxidationsgraben *m*
oxidation loss Oxidationsverlust *m*
oxidation pond Oxidationsteich *m (Abwasserbehandlung)*
oxidation scale Oxidschicht *f*, Zunderschicht *f*, Zunderbelag *m (Baustahl, Betonstahl)*
oxide coating Oxidschicht *f*, oxidische Schutzschicht *f*
oxide film Oxidhaut *f*
oxide formation Oxidbildung *f*
oxide-free oxidfrei
oxide paint Oxid(anstrich)farbe *f*
oxide scale Oxidschicht *f*, Zunder *m*, Zunderschicht *f (Baustahl, Betonstahl)*
oxide skin Oxidhaut *f*
oxidizable oxidierbar
oxidized asphalt *(AE) s.* oxidized bitumen
oxidized bitumen geblasenes Bitumen *n*, Blasbitumen *n*
oxidizing agent Oxidationsmittel *n*
oxidizing environment oxidierendes Milieu *n*
oxter piece Werkstein-Verkleidungsstützholz *n*
oxy-arc cutting Sauerstoff-Lichtbogen-Schneiden *n*, elektrisches Sauerstoffschneiden *n*
oxyarc cutting Sauerstofflichtbogenschneiden *n*
oxyacetylene cutting Acetylen-Sauerstoff-Schneiden *n*, Autogenschneiden *n*
oxyacetylene torch Autogenschneidbrenner *m*
oxyacetylene welding Acetylen-Sauerstoff-Schweißen *n*, Autogenschweißen *n*
oxychloride cement Sorelzement *m*
oxygen Sauerstoff *m*
oxygen accsess Sauerstoffzutritt *m*
oxygen absorption Sauerstoffaufnahme *f*
oxygen arc cutting Sauerstofflichtbogenschneiden *n*
oxygen arc welding Lichtbogensauerstoffschweißen *n*
oxygen attack Sauerstoffangriff *m (Oxidation)*
oxygen content Sauerstoffgehalt *m*
oxygen consumption Sauerstoffverbrauch *m*
oxygen cutting Sauerstoffschneiden *n*
oxygen lance Sauerstofflanze *f*
oxygen level Sauerstoffgehalt *m*
oxygen starvation *(AE)* lokale Elektrolytkorrosion *f*
oxygen supply Sauerstoffzufuhr *f*
oxygen-type reaction Sauerstoffkorrosion *f*
oxygen uptake Sauerstoffaufnahme *f*
oy(e)let *s.* eyelet
oyster-shell Muschelschale *f*
oyster-shell concrete Muschelbeton *m*, Schillbeton *m*
ozokerite Ozokerit *m*, Erdwachs *n*, Bergwachs *n*, Montanwachs *n*
ozone layer Ozonschicht *f*
ozone-resistant ozonbeständig, ozonfest

P

PA system Lautsprecheranlage *f*
pace Treppenabsatz *m*, Treppenpodest *n*; breite Stufe *f*
pace *v* **a distance** eine Entfernung abschreiten
Pacific red cedar Rotzedernholz *n*
pacing Abschreiten *n (Entfernung)*
pack *v* 1. stopfen *(Schotter)*; 2. unterbauen, verdichten *(Straße)*; 3. (ab)dichten
pack of bricks Ziegelpaket *n*
pack set Klumpenbildung *f (Zement, Kalk)*
pack stability Lagerfähigkeit *f (Farbe, Zement)*

package dealer *(AE)* Generalauftragnehmer *m*, Gesamtauftragnehmer *m*
package stability Lagerfähigkeit *f (Farbe, Zement)*
package trim (for windows and doors) vorgefertigter Fenster- oder Türblendrahmen *m (als Bündel angeliefert)*
packaged air conditioner Zimmerklimaanlage *f*, Klimatruhe *f*
packaged attenuator Rohr(kanal)schalldämpfer *m*
packaged boiler (kompletter) Kompaktheizkessel *m*
packaged concrete abgesackter Trockenfertigbeton *m*
packaged timber Schnittholzbündel *n*, gebündeltes Schnittholz *n*
packaging material Packstoff *m*, Verpackungsmaterial *n*
packaging waste Verpackungsabfall *m*, Verpackungsmüll *m*
packed bricks paketierte Ziegel *mpl*
packed chord zusammengesetzter Gurt *m (Träger)*
packer 1. Mörteleinpresser *m*; 2. *(AE)* Schwellenstopfer *m*
packer lorry Pressmüllwagen *m*, fahrbarer Verdichter *m*
packer unit Kompaktor *m*, Müllverdichter *m*, Verdichtungsanlage *f*, Kompaktor *m*
packing 1. Abdichtung *f*, Dichtung *f*; Futter *n*, Füllung *f*; 2. Verdichtung *f (einer Straße)*; 3. Stopfen *n (von Gleisen)*; 4. Versatzmörtel *m*, Verfüllbeton *m*; 5. Futter *n (Fachwerk)*
packing board Einschubbrett *n*
packing box Stopfbuchse *f*
packing density Lagerungsdichte *f*
packing effect Verdichtungseffekt *m*
packing factor Verdichtungsfaktor *m*
packing flange Verschlussflansch *m*
packing machine Gleisstopfmaschine *f*
packing material Dichtungsmaterial *n*, Dichtungsmittel *n*, Dichtungsstoff *m*
packing piece 1. Stapelholz *n*; 2. Füllholz *n*, Futterholz *n*
packing rubber Auflage *f*
packing surface Dichtfläche *f*
packsand feinkörniger Sandstein *m*
packstone Packstone *m*, Stützkornkalkstein *m*
pad *v* polstern
pad 1. Wegplatte *f*, Straßen(fertigteil)platte *f*; 2. Kissen *n*, Matte *f (Fundament)*; 3. *s.* padstone; 4. Puffer *m*
pad foundation Einzelgründung *f*, Einzelfundament *n*; Flachgründung *f*
pad saw Fuchsschwanzsäge *f*
pad support Abstandhalter *m* von Schalldämmelementen zur Trägerplatte *(einer Decke)*
padded door Polstertür *f*
padding Auftragsschweißen *n*
paddle 1. Eckenputzkelle *f*, Formspachtel *m(f)*, Kratze *f*; 2. Mischerarm *m*, Schaufelblatt *n*; Schaufel *f (Rührwerk)*
paddle mixer Zwangsmischer *m*, Schaufelmischer *m*
paddle tank Paddelbecken *n*, Schaufelbecken *n (Abwasserbehandlung)*
paddling pool Plantschbecken *n*
paddock Koppel *f*
paddy field soil sandiger Lehm *m*
padlock Vorhängeschloss *n*
padstone 1. *(Arch)* Säulendeckplatte *f*, Abakus *m*, Kapitellplatte *f*; 2. *(Arch)* Auflagerstein *m*
pagan basilica *(Arch)* römisch-heidnische Basilika *f*
pagan temple *(Arch)* Heidentempel *m*
page kleiner Keil *m*
pageant arena Volksfestarena *f*
paging system Personensuchanlage *f*
pagoda *(Arch)* Pagode *f*
PAH *s.* polycyclic aromatic hydrocarbon
pai-loo chinesischer Triumphbogen *m*; Torbogen *m*
pai-lou *s.* pai-loo
pail Kübel *m*
pail closet Trockenabort *m*
paillasse Lagerbett *n (Mauerwerk)*
paillette Metall(dekor)folie *f* im Ornamentwerk
painfully loud sound physiologische Schallschmerzschwelle *f*
paint *v* malen, (an)streichen; lackieren *(mit Farblack)*
paint *v* **afresh** auffrischen, übermalen, überstreichen
paint *v* **on** aufmalen
paint *v* **over** *s.* paint afresh
paint 1. pigmentierter Anstrichstoff *m*, farbiger Anstrichstoff *m*, Anstrichfarbe *f*; 2. *s.* paint coat
paint additive Anstrichstoffhilfsmittel *n*
paint adhesion Anstreichhaftung *f*
paint application Anstrichstoffauftrag *m*, Farbauftrag *m*
paint base 1. Farbuntergrund *m*, Haftgrund *m (für Farbanstriche)*; 2. Farbträger *m*, Anstrichstoffbasis *f*, Pigmentträger *m*
paint bonder Anstrichstoffbindemittel *n*
paint brush Pinsel *m*, Malerpinsel *m*
paint burning Abbrennen *n*, Flammstrahlreinigen *n*
paint-burning lamp Farbabbrennlampe *f*
paint chemist Farbchemiker *m*
paint clay Farbton *m (Stoff)*
paint coat Farbanstrich *m*, Anstrich *m*, Farbaufstrich *m*, Anstrichschicht *f*, Lacküberzug *m*
paint coat failure Farbanstrichschaden *m*
paint coat on façade Fassadenanstrich *m*
paint consistency Farbkonsistenz *f*, Farbsteife *f*
paint-destroying agency Farbenschadstoff *m*
paint drier Trockenstoff *m*, Trockenmittel *n*, Trockner *m*, Sikkativ *n (Anstrich)*
paint drying Anstrichtrocknung *f*
paint extender Streckmittel *n*, Füllstoff *m*
paint film Anstrichfarbfilm *m*, Farbmembrane *f*, Anstrichfarbhaut *f*
paint for construction purposes Bautenanstrichstoff *m*, Bautenfarbe *f*
paint for preservation of structures Bauten(schutz)-farbe *f*
paint for the building and construction industry Bautenanstrichfarbe *f*
paint formation Anstrichsystem *n*
paint formula Anstrichstoffrezeptur *f*
paint inhibitor Anstrichabbindeverzögerer *m*
paint kettle Malereimer *m*
paint manufacturer Farbenhersteller *m*
paint mill Farbwerk *n*
paint mist Farbnebel *m*
paint oil Trockenöl *n*
paint particle Farbteilchen *n*
paint practice Anstrichtechnik *f*
paint prepared for use gebrauchsfertige Farbe *f*, anstrichfertige Farbe *f*
paint properties Anstrichstoffeigenschaften *fpl*
paint remover *s.* paint stripper
paint residue Farbrückstand *m*
paint resin Lackharz *n*
paint roller Anstreichroller *m*, Farbroller *m*
paint scheme *s.* paint system
paint scraper Spachtel *m(f)*, Farbkratzer *m*
paint shop Malerwerkstatt *f*
paint skin Farbhaut *f*
paint sludge abgewaschener Farbschlamm *m*; Lackschlamm *m*
paint spray booth Spritzkabine *f*, Spritzraum *m*
paint spray gun Farbspritzpistole *f*, Spritzpistole *f*
paint sprayer *s.* paint spray gun
paint store Malerlager *n*, Anstreichermaler *m*

paint stripper Abbeizmittel *n*, Farbentferner *m*, Farblösungsmittel *n*
paint stripping Abbeizen *n*, Entfernen von Anstrichen
paint system Gesamtanstrichaufbau *m*, Anstrichschichtenfolge *f*, Anstrichsystem *n*
paint tear Farbnase *f*
paint technician Farbtechniker *m*
paint technology Anstrichtechnologie *f*
paint testing Anstrichprüfung *f*
paint thinner Farbverdünner *m*
paint topcoat Deckanstrich *m*, Schlussanstrich *m*
paint vehicle Bindemittellösung *f*, Anstrichstoffbindemittel *n*
paint viscosity Anstrichstoffviskosität *f*
paint work Malerarbeiten *fpl*
paintability Streichfähigkeit *f (Anstrich)*
paintable anstreichbar, streichbar
painted decorative finish gemalte Verzierung *f*, gemalter Schmuck *m*
painted motif gemaltes Motiv *n*
painter Maler *m*, Zimmermaler *m*
painter's brush Malerpinsel *m*
painter's gypsum Malergips *m*
painter's putty Malerkitt *m*; Glaserkitt *m*
painter's steps [step-ladder] Malerleiter *f*, Sprossenstehleiter *f*, Trittleiter *f*
painter's torch Malerabbrennlampe *f*
painter's trade Malergewerbe *n*, Anstreichergewerbe *n*
painter's work Anstrich *m*; Anstreicharbeit *f*; Malerarbeiten *pl*
painting 1. Anstreichen *n*, Farbauftrag *m*; 2. Anstrich *m*, Farbanstrich *m*
painting defect Anstrichschaden *m*
painting device Anstreichgerät *n*, Anstrichgerät *n*
painting in tempera Temperamalerei *f*
painting plant Lackieranlage *f*
painting practice Anstreichtechnik *f*, Anstrichtechnik *f*
painting shop Anstrichhalle *f (Stahlbau)*
painting specification *n* Farbanwendungsspezifikation *f*
painting system *s.* paint system
painting varnish Streichlack *m*
painting work Malerarbeiten *fpl*; Anstreicharbeiten *fpl*
pair *v* anpassen, zusammenpassen, paarweise [paarig] anordnen
pair 1. Paar *n*; 2. *(El)* Adernpaar *n*, Doppelader *f*, 3. Gelenk *n (Kinematik)*
pair forces Paarkräfte *fpl*
pair of columns Säulenpaar *n*
pair of gateways Pylonenpaar *n*
pair of leads *(El)* Leiterpaar *n*, Doppelleitung *f*
pair of pawls Doppelsperrklinke *f*
pair of piers Pfeilerpaar *n*
pair of pylons Pylonenpaar *n*
pair of rafters Gebinde *n*
pair of stairs Treppe *f*
pair of steps Trittleiter *f*, Treppenleiter *f*
paired paarig, paarweise angeordnet, gepaart
paired columns Säulenpaar *n*
palace Palast *m*, Palais *n*, Schloss *n*
palace architecture Palastarchitektur *f*, Palastbaukunst *f*
Palace at Ctesiphon Palast *m* zu Ktesiphon *(Sassanidenreich)*
palace building Palastgebäude *n*; Palastbau *m*
palace complex Palastanlage *f*, Palastkomplex *m*
palace construction Palastbau *m*
palace of delights Lustschloss *n*
Palace of Sargon *(Arch)* Sargonsburg *f*, Palastanlage *f* von Khorsabad
Palace of the Arts Palast *m* der Künste *(Brasilia)*
palace of the emperor *(Arch)* Kaiserpalast *m*, Herrscherpalast *m*, Kaiserschloss *n*
palace terrace Palastterrasse *f*
palace wing Palastflügel *m*
palaestra *(Arch)* Palästra *f (Ringschule im antiken Griechenland)*
palais *s.* palace
palatial 1. palastartig; Palast..., Schloss...; 2. Luxus...
palatial house Palais *n*
palatial style Palaisstil *m*
pale 1. Zaunlatte *f*, Stakete *f*, Rundling *m*; Zaunpfahl *m*, Zaunpfosten *m*, Pfosten *m (Zaun)*; Holzpfahl *m (für Palisadenzäune)*; 2. eingezäunte Fläche *f*
pale-bodied oil Leinöl *n*
pale fence [fencing] Lattenzaun *m*, Staketenzaun *m*, Staket *n*, Rundlingszaun *m*
pale picket Stakete *f*
pale work Pfahlwerk *n*
paling 1. Lattenzaun *m*, Staketenzaun *m*, Staket *n*, Lattenumzäunung *f*, Bauzaun *m*; Einpfählung *f*, Pfahlwerk *n*; 2. Geländerausfachung *f*
paling board Schalbrett *n*
palisade *v* einzäunen, mit Pfählen umfrieden
palisade Einpfählung *f*, Staketenzaun *m*, Staket *n*, Palisade *f*, Palisadenzaun *m*
palisade fence *(Arch)* Palisadenzaun *m*
palisander Palisanderholz *n*, Jakarandaholz *n*, brasilianisches Rosenholz *n*
Palladian *(Arch)* palladanisch
Palladian Classicism *(Arch)* palladanischer Klassizismus *m*
Palladian motif [window] Venezianerfenster *n*, Venezianisches Fenster *n*, dreiteilig getrenntes Fenster *n* mit überwölbtem Mittelflügel
Palladian revival Wiederbelebung *f* des Palladianismus
Palladianism *(Arch)* Palladianismus *m (von italienischer Renaissance abgeleitete Stilrichtung, 17. und 18. Jahrh. in Westeuropa, bes. England)*
pallet 1. Dübelleiste *f*, Dübelholz *n*; 2. Palette *f*, Transportpalette *f*
pallet brick Dübelziegel *m*, Ziegel *m* mit Dübelaussparung
palliasse Lagerbett *n (Mauerwerk)*
palm capital Kapitell *n* mit Palmenblattmuster
palm leaf ornament Palmenblattornament *n*
palm shaft column *(Arch)* Palmensäule *f (antikes Ägypten)*
palm vault Palmengewölbe *n*, Strahlengewölbe *n*
palmate 1. Palmenkapitell *n*; 2. Palmenblattmotiv *n*
palmette Palmenblattverzierung *f*, Palmette *f*
palmiform palmenförmig
paludal sumpfig, moorig
pampre Weinrankenverzierung *f*, Weinrebenornament *n*
pan 1. Wandplatte *f*; 2. Längsvertiefung *f* einer Wand; 3. vertikale Wandunterbrechung *f (Fachwerk)*; Ausfachungs(wand) *f (Fachwerkbauten)*; 4. Glasfaserbetonform *f*, Glasfaserschalung *f*, 5. Schale *f*, Pfanne *f*, Becken *n (flach)*; Toilettenbecken *n*; 6. Türbandvertiefung *f*, 7. Deckenfeld *n*, Deckenkasette *f*, Deckenfach *n*; 8. Verdichtungshorizont *m*; Trockensee *m*
pan-and-roll roofing tile Konkav-Konvex-Dachziegel *m*
pan blade mixer Zwangsmischer *m*
pan breeze Löschschlacke *f*, Schlackenzuschlag *m*
pan breeze aggregate Löschschlackenzuschlag(stoff) *m*
pan ceiling Kassettendecke *f*
pan concrete mixer Betonzwangsmischer *m*
pan construction Schalenkonstruktion *f (Geschossdecken)*; Rippenplatten(decken)bauweise *f (Fertigteilbauweise)*; Stahlbetonrippendecke *f*
pan fraction Siebrückstand *m (Siebanalyse)*
pan joist floor Kassettenunterzugdecke *f*

pan mixer Zwangsmischer *m*
pan mould Putztafel(guss)form *f*, Wandplattenform *f*
pan soffit Kassettenuntersicht *f*
pan-type humidifier Wasserverdunstungsschale *f* zur Luftbefeuchtung
pan-type tread Stufenhohlschale *f*
panache Zwickelfeld *n*
Panathenaic frieze *(Arch)* Parthenonfries *n*
Panathenaic way *(Arch)* Panathenaiastraße *f (Agora von Athen)*
pane *v* 1. (aus)hämmern; 2. täfeln *(mit Glastafeln)*; mit Scheiben versehen
pane 1. Scheibe *f*, Glasscheibe *f*; 2. Täfelungsteil *n*, Vertäfelungstafel *f*; 3. Gebäudeseite *f*; 4. Pinne *f*
pane of a roof Dachfläche *f*, Dachseite *f*, Dachschräge *f*
pane of a wall Mauerfeld *n*
pane of glass Glasscheibe *f*
pane separation Scheibentrennung *f (Fenster)*
panel *v* (ver)täfeln
panel 1. Platte *f*, Tafel *f (Wandtafel)*; 2. *(Hb)* Füllung *f*, Türfüllung *f*; 3. Täfelung *f*, Täfelwerk *n*, Vertäfelung *f*, Täfelungsfeld *n*, Täfelungsteil *n*, Vertäfelungstafel *f*, Paneel *n*; Wandtäfelung *f*, Getäfel *n*, Holztäfelung *f*; 4. Beplankung *f*; 5. *(El)* Schalttafel *f*; 6. Fachwerkfeld *n*, Strebenfeld *n*
panel area Tafelfläche *f*
panel arrangement Türfüllungsausbildung *f*
panel board 1. Füllbrett *n*; 2. *(El)* Schalttafel *f*, Schaltfeld *n*; 3. Hartpappe *f*
panel construction Plattenbauweise *f*, Plattenbau *m*, Fertigteil(tafel)bauweise *f*, Tafelbauweise *f*
panel construction method Tafelbauweise *f*
panel construction system Tafelkonstruktionssystem *n*
panel cooling Deckenkühlung *f*
panel divider Fugenprofilleiste *f (für Verkleidungen)*
panel door Rahmentür *f* mit Füllung, getäfelte Tür *f*
panel edge Tafelrand *m*
panel erection Tafelmontage *f*
panel exposure test Freilagerprüfung *f* mit Probeplatten *(Anstrichprüfung)*
panel façade Tafelfassade *f*
panel fence Betonplattenzaun *m*
panel form(wok) Tafelschalung *f*
panel frame Türrahmen *m (einer Rahmentür)*
panel-frame construction Skelettplattenbauweise *f*
panel framed door Füllungstür *f*
panel heating Flächenheizung *f*, Strahlungsheizung *f*, Plattenheizung *f*
panel heating unit Plattenheizkörper *m*
panel infillings to framed structure Füllwände *fpl (Skelettbau)*
panel joint Plattenfuge *f*, Tafelfuge *f*
panel lamp Schalttafelbeleuchtung *f*
panel length Fachwerkfeldlänge *f*
panel lining 1. Wandauskleidung *f*; 2. Türrahmenverkleidung *f*, Türrahmenauskleidung *f*
panel lining for a window Fensterrahmenverblendung *f*
panel load Fachwerkknotenbelastung *f*, Knotenlast *f*
panel masonry wall Plattenverblendmauer *f*
panel method Plattenbauweise *f*, Plattenbau *m*
panel mould Wandplattenform *f*, Putztafel(guss)form *f*
panel moulding Tafelumrandung *f*
panel of a bridge Brückenfeld *n*, Jochfeld *n*
panel pin 1. Vertäfelungsnagel *m*, gestauchter Stift *m*; 2. *(Hb)* dünner Langnagel *m*
panel point Knoten(punkt) *m (Fachwerk)*
panel pointing Tafelmalerei *f*, Plattenmalerei *f*
panel radiator Plattenheizkörper *m*
panel roof Tafeldach *n*
panel saw Feinsäge *f*
panel shell Tafelschale *f (Kerntafel)*
panel shuttering Tafelschalung *f*
panel siding Wandschirm *m* mit Tafelplatten *(als Außenwandbelag)*; Wandbeschlag *m* mit Schutztafeln, Tafelwetterschirm *m*
panel strip Kassettendeckleiste *f*
panel structural system Tafelkonstruktionssystem *n*
panel system Plattenbauweise *f*, Plattenbau *m*, Tafelbauweise *f*, Tafelplattensystem *n*
panel test *s.* panel exposure test
panel tracery *(Arch)* senkrechtes Fensternetzwerk *n*
panel vault Fachwerkgewölbe *n*
panel wall Füllwand *f*, Fachwand *f*, Plattenwand *f*, Tafelwand *f*
panel-wall block Vorhangwandgebäude *n*
panel with window opening Betontafel *f* mit Fensteraussparung
paneling *(AE) s.* panelling
panelled verkleidet, vertäfelt
panelled ceiling Kassettendecke *f*, getäfelte Decke *f*
panelled door Rahmentür *f* mit Füllung, getäfelte Tür *f*
panelled framing Türfüllungsrahmen *m*, Füllungsrahmen *m*
panelled in oak eichenvertäfelt
panelled structure Plattengebäude *n*, Plattenbau *m*
panelled wood ceiling *s.* panelled ceiling
panelling Täfelung *f*, Vertäfelung *f*, Wandtäfelung *f*, Wandverkleidung *f*, Verkleidung *f*, Holz(ver)täfelung *f (Vorgang)*; Innenverkleidung *f*, Beplankung *f*, Paneel *n*; Rahmen *m*, Fachwerk *n (Tischlerarbeit)*
panellized house Großplattenbau *m*, Plattengebäude *n*
panellized housing *(AE)* Wohnungsbau *m* in Großplattenbauweise
panellized structure Großplattenbau *m*
panels with built-in window heads, jambs and sills Platten *fpl* mit eingebauten Fenstern
panic bolt *s.* panic exit device
panic exit device Notausgangsverriegelung *f*, Panikverschluss *m*
panic hardware *s.* panic exit device
panier *s.* pannier
pannier Korbornamentausbildung *f*
panopticon *(Arch)* Panoptikum *n*, Gebäude *n* mit strahlenzentrischen Flurgängen
panoramic highway [road] Panoramastraße *f*
panoramic view Panoramaaussicht *f*
panoramic window Panoramafenster *n*
pantheon *(Arch)* Pantheon *n*, Ehrentempel *m*
pantheon dome *(Arch)* Pantheonkuppel *f*
pantile Pfanne *f*, Dachpfanne *f*, S-förmiger Dachziegel *m*
pantiled roof Pfannendach *n*
pantiling Pfannendacheindeckung *f*, Eindecken *n* mit Pfannen
pantograph *(Konst)* Pantograph *m*, Übertragungszeichengerät *n*, Storchenschnabel *m*
pantry 1. Vorratskammer *f*, Speisekammer *f*; 2. Servierraum *m (im Hotel oder Krankenhaus)*; Anrichteraum *m*; Anrichte *f*; 3. *(AE)* Imbissküche *f*
pap *(AE)* Dachrinnenabflussöffnung *f*
papal cross *(Arch)* päpstliches Kreuz *n*, dreifaches Kreuz *n*
paper *v* 1. tapezieren; 2. abschleifen *(mit Sandpapier)*
paper 1. Papier *n*; 2. Pappe *f*; 3. Tapete *f*
paper back Pappunterlage *f*
paper-backed lath Latte *f* mit Pappen(rück)schicht
paper-based laminated board Schichtstoffplatte *f* mit Papierbahnen
paper board Pappenplatte *f*
paper cover moulding Tapetenleiste *f*

paper-covered papierbeschichtet
paper-covered veneer papierkaschiertes Furnier *n*
paper disposer Papierabwurfanlage *f*, Papierschlucker *m*, Abwurfschacht *m* für Papier
paper form Betonform *f* aus Hart(press)pappe
paper insert Papiereinlage *f*
paper layer Papierlage *f*
paper liner Papierverkleidung *f (einer Strohplatte)*
paper meal Papiermehl *n*
paper pulp Zellstoff *m*
paper-pusher *(sl)* Bürokrat *m*
paper refuse Papiermüll *m*
paper sheet Pappenplatte *f*
paper sheeting Tapetenbahn *f*
paper strength Papierfestigkeit *f*
paper tape Papierband *n*
paper towel dispenser *(San)* Papierhandtuchspender *m*
paper waste Papiermüll *m*
paper web Papierbahn *f*
paperboard Pappe *f*, Pappenplatte *f*
papered tapeziert *(mit Papiertapete)*
papered ceiling tapezierte Decke *f*
papered wall tapezierte Wand *f*
paperer *s.* paperhanger
paperfaced papierabgedeckt
paperhanger Tapezierer *m*
paperhanging Tapezierarbeiten *fpl*, Tapezieren *n* mit Papiertapete, Tapezierung *f*
paperhanging paste Tapetenkleister *m*, Tapezierkleister *m*
paperhangings Tapeten *fpl*
papering *s.* paperhanging
papering work Tapezierarbeiten *fpl (mit Papiertapeten)*
papier-mache, papier-mâché Pappmaché *n*, Papiermaché *n*
papyriform capital Kapitell *n* mit Papyrusblüten
papyrus-bud capital *(Arch)* Papyrusknospenkapitell *n*
papyrus capital *(Arch)* Papyruskapitell *n*
papyrus column *(Arch)* Papyrussäule *f (antikes Ägypten)*
para red Pararot *n*
parabola equation Parabelgleichung *f*
parabolic parapolisch
parabolic arch parabolisches Gewölbe *n*, Parabelbogen *m*
parabolic arched girder Parabelbogenträger *m*
parabolic conoid parabolische Konoid *n*, Parabelkonoid *n*
parabolic cupole *(Arch)* Parabelkuppel *f*
parabolic distribution of stress parabolische Druckverteilung *f*
parabolic dome *(Arch)* Parabelkuppel *f*
parabolic form Parabelform *f*
parabolic girder Parabelträger *m*
parabolic load(ing) parabolische Belastung *f*, Parabelbelastung *f*
parabolic rib *(Arch)* parabolische Rippe *f*, Parabelrippe *f*
parabolic truss Parabelfachwerk *n*, Parabeldachbinder *m*
parabolic vault parabolisches Gewölbe *n*
paraboloid paraboloid
paraboloid Paraboloid *n*
paraboloid roof Paraboloiddach *n*
paraboloid shell Paraboloidschale *f*
paraboloid umbrella shell root Paraboloid-Regenschirmschalendach *n*
parachute vault Schirmgewölbe *n*
paradigm Standardprobe *f*, Musterprobe *f*
paradise Paradiesgartenanlage *f*, Kreuzganghof *m*
parados Erdwälle *mpl* hinter einem Befestigungsgraben
paraffin Paraffin *n*
paraffin base concrete curing Nachbehandlungsmittel *n* auf Paraffinbasis
paraffin oil Paraffinoil *n*
paraffin paper Paraffinpapier *n*
paraffin radiation shielding wall Paraffinschutzwand *f*, Paraffinabschirmwand *f (gegen Strahlung)*
paraffin solution Paraffinlösung *f*
paraffinize *v* paraffinieren
paragraph Abschnitt *m*, Absatz *m*
parallel *v* parallel anordnen; angleichen, anpassen
parallel-blade damper Feuchtluftabzug *m* mit parallelen Lamellen
parallel-chord truss Parallelfachwerkbinder *m*, parallelgurtiger Fachwerkbinder *m*, Parallelfachwerk *n*, Parallelgurtträger *m*
parallel coping flache Abdeckung *f*
parallel drain Kastenrinne *f*
parallel flow Parallelstrom *m*, Gleichstrom *m (Trockentrommel)*
parallel girder Parallelträger *m*
parallel gutter rechteckige Dachrinne *f*
parallel gutter tile Parallelfalzziegel *m*
parallel lattice cupola *(Arch)* Parallelgitterkuppel *f*
parallel lattice girder Parallelgitterträger *m*
parallel projection Parallelprojektion *f*, Parallelriss *m*, Parallelperspektive *f*
parallel ramp *(Verk)* Parallelrampe *f*
parallel stair(s) Paralleltreppe *f*, Doppeltreppe *f*
parallel system of forces *(Stat)* parallele Kräftegruppe *f*
parallel trace of lines Parallelenzug *m*
parallel wing Parallelflügel *m*, Stirnflügel *m*
parallel-wire cable Spannkabel *n* mit parallel laufenden Drähten
parallelepiped of forces *(Stat)* Kräfterechtkant *m*, Kräfteparallelepiped *n*
parallelism Parallelität *f*
parallelogram of forces Kräfteparallelogramm *n*
parameter Kennwert *m*
paranitraniline red Pararot *n*
parapet 1. Brüstungsmauer *f*, Parapett *n (Brustwehr eines Walles)*; 2. Brüstung *f*, Geländer *n*; Balustrade *f*; Brückengeländer *n*
parapet cross beam Brüstungsholm *m*
parapet cup Brüstungshaube *f*, Brüstungsabdeckung *f*
parapet grille Brüstungsgitter *n*
parapet gutter Dachrinne *f* hinter der Brüstungsmauer
parapet height Brüstungshöhe *f*
parapet masonry wall Brüstungsmauer *f*
parapet skirting Dachpappenbelag *m (von der Brüstungsmauer hochgezogen)*
parapet slab Brüstungsplatte *f*
parapet stone Brüstungsstein *m*
parapet wall Brüstungsmauer *f (über dem Dach)*
parapet weathering Mauer(schutz)abdeckung *f (einer frei stehenden Mauer)*
paraskenion *(Arch)* Paraskenium *n*, vorspringender Flügel *m (antikes griechisches Theater)*
parcel *v* 1. parzellieren, Land aufteilen; 2. aufteilen, abteilen *(geometrisch)*
parcel *v* **out** parzellieren, zerstückeln *(Landbesitz)*
parcel 1. Parzelle *f*, Landstück *n*; 2. Bündel *n (Holz, Stahl)*
parcel of land Grundstück *n*
parcelling-out Aufteilung *f*, Parzellierung *f (Vorgang)*
parchment (paper) Pergamentpapier *n*
parciose *(Arch)* Scheidewand *f (Chor)*
parciose screen *(Arch)* Gitter *n*, Schranken *fpl (mittelalterliche Kirche)*
pare *v* abrichten, schlichten; in dünnen Scheiben abtragen *(Holz)*; schälen

pare *v* **ashlars** Bruchsteine (fein) behauen; Werksteine putzen *(fein bearbeiten)*
parent glass Grundglas *n*, Mutterglas *n*, Stammglas *n*
parent material *(Bod)* Ausgangsgestein *n*
parent metal Grundmetall *n (Schweißen)*
parent rock *(Geol)* Muttergestein *n*
parent soil Mutterboden *m*
parents' (bed)room Eltern(schlaf)zimmer *n*
paretta Kieselstrukturwand *f*, raue Betonwand *f* mit hervorstehenden Kieselsteinen
parge *v* Dichtungsputz aufbringen
parge board Giebelbrett *n*
parge coat Dichtungsputzschicht *f*
parget *v (AE)* abputzen, (ver)putzen, Putzarbeit ausführen, mit Stuckarbeit versehen
parget(ing) 1. Putzornament *n*, Stuckarbeit *f*, Stuckwerk *n*, Stuckatur *f*; gemusterter Außenputz *m*; 2. Dichtungsputz *m*; Putzmörtel *m* mit Dichtungsmittelzusatz; 3. Verputzen *n*, Berappen *n*
pargework *s.* parget(ing)
parging *s.* parget(ing)
Parian cement Gipszement *m* mit Borax
Parian marble persischer Marmor *m*
Parian plaster Boraxgips *m*, Parianalabaster *m*, Parianzement *m*
parianite Trinidad-Epuré *n*, gereinigter Trinidad-Asphalt *m*
paring 1. Zuhauen *n*, Zuschlagen *n (Holz)*; Schälen *n*; 2. Behauen *n*, Abstemmen *n (Stein)*
paring chisel 1. Schäleisen *n*, Hobelmeißel *m*, Stemmeisen *n*, Breitstahl *m*; Bossiereisen *n*; 2. Schälmaschine *f (Holz)*
parings (of wood) Hobelspäne *mpl*
Paris blue Pariser Blau *n*
Paris white Schlämmkreide *f*
Paris yellow Parisergelb *n*
parish centre Kirchenzentrum *n*, Gemeindezentrum *n*
parish church Pfarrkirche *f*, Hauptkirche *f*
parish hall Kirchengemeindesaal *m*
parish house 1. Kirchengemeindehaus *n*; 2. Pfarrhaus *n*
parish road kommunaler Weg *m*, Gemeindeweg *m*; Feldweg *m*
parison Külbel *m (Glasformrohling)*
park 1. Park *m*, Parkanlage *f*, gärtnerische Anlage *f*; 2. Parkplatz *m*; 3. Sportpark *m*, Sportanlage *f*; 4. *(AE)* breiter Talkessel *m*
park-and-ride lots *pl (AE)* Park-and-Ride-Parkplätze *mpl*, PR-Parkplätze *mpl*
park-and-ride yard Park-and-Ride-Parkplatz *m*, Parken-und-Reisen-Parkplatz *m*, P+R(-Parkplatz *m*)
park area Grünfläche *f (innerhalb der Stadt)*; Parkgelände *n*
park path Parkweg *m*
park road Parkstraße *f*
parker screw Blechtreibschraube *f*
Parker truss Polygon(fachwerk)binder *m*
Parker's cement *s.* Roman cement
parking (area) Parkplatz *m*, Parkfläche *f*
parking bay *(Verk)* Parkbucht *f (Straße)*
parking building Parkhaus *n*
parking capacity Parkfassungsvermögen *n*, Parkkapazität *f*
parking compound Sammelparkplatz *m*
parking deck Parkdeck *n*, Parketage *f*
parking disc Parkscheibe *f*
parking facilities Parkmöglichkeiten *fpl*; Parkplatzanlagen *fpl*
parking floor Parketage *f*, Parkgeschoss *n*
parking garage Garagengebäude *n*; Parkhaus *n*
parking guidance system Parkleitsystem *n*
parking lane 1. Standspur *f*; 2. *s.* parking strip
parking level Parkebene *f*
parking lot *(AE)* Parkplatz *m*, Stellplatz *m*, Parkfläche *f*
parking ramp Parkrampe *f*
parking shed Parkhalle *f*
parking space Parkplatz *m*; Parkraum *m*, markierte Parkfläche *f (eines Parkplatzes)*
parking stall Einstellplatz *m*, Parkfläche *f (im Parkhaus)*
parking storey Parketage *f*, Parkstockwerk *n*, Parkgeschoss *n*
parking street Parkstraße *f*
parking strip Parkstreifen *m*, Parkspur *f (eines Parkplatzes)*
parking structure Parkhaus *n*
parking tier Parketage *f*, Parkgeschoss *n*
parking tower Parkturm *m*, Autosilo *n*
parkway (breite) Autostraße *f* durch Grünlandschaft, Autobahn *f* mit Grünstreifen durch einen Landschaftspark
parliament block [building] Parlamentsgebäude *n*
parlatory Sprechsaal *m*, Parlatorium *n*
parlor 1. *(AE)* Empfangszimmer *n*, Gesprächszimmer *n*; Hotelempfangsraum *m*; 2. Laden *m*
parochial house kirchliches Gemeindehaus *n*
parpend *s.* perpend 1.
parquet *v* parkettieren, Parkett legen, mit Parkett auslegen
parquet Parkett *n*, Holzparkett *n*
parquet block Parketttafel *f*, Parkettstab *m*
parquet deal Parkettdiele *f*
parquet fillet Parkettriemchen *n*
parquet floor Parkettfußboden *m*
parquet sealing Parkettversiegelung *f*
parquet strip flooring Lattendielung *f*
parquet timber Parkettholz *n*
parquet wood Parkettholz *n*
parquet work Parkettarbeiten *fpl*
parqueted floor Parkett *n*
parquetry Parkett *n*; Ornamentparkettfußboden *m*
parquetry-fillet Parkettstab *m*
parrel Kaminwangen *fpl*, Kaminvorsprung *m (meist ornamentiert)*
parsonage Pfarrwohnung *f*
parsonage building Pfarrhaus *n*
part *v* abteilen
part 1. Teil *n (Bauteil)*; 2. Teil *m*, Bestandteil *m*
part by volume Raumanteil *m*, Volumen(an)teil *m*
part by weight Gewichtsanteil *m*
part of a building Gebäudeteil *n*, Gebäudebestandteil *m*
part of the town Stadtteil *m*, Stadtbezirk *m*
part-payment Teilzahlung *f*
part-through crack teilweise durchgehender Riss *m*
parterre 1. Gartenparterre *n*, Parterreanlage *f*; 2. Parkett *n (im Theater)*; 3. Bauplatz *m*; 4. Blumenbeet *n*
Parthenon *(Arch)* Parthenon *m (Teil der Akropolis in Athen)*
Parthian architecture parthische Architektur *f*
parti *(AE)* Konstruktionskonzept *n*, Entwurfsschema *n*
partial partiell, teilweise
partial acceptance Teilabnahme *f*
partial cloverleaf *(Verk)* halbes Kleeblatt *n (Autobahn)*
partial collapse Teileinsturz *m*
partial complex Teilkomplex(bau) *m*
partial concrete encasement Teilummantelung *f* aus Beton
partial cover plate Trägerteillasche *f*, Gurtplattenteilstück *n*; teilweise Flanschverstärkung *f*
partial drawing Teilzeichnung *f*
partial failure Teilausfall *m*
partial fixing teilweise Einbindung *f*, Teileinspannung *f (Träger)*
partial fixity Teileinspannung *f*, teilweise Einspannung *f*
partial hip halber Walm *m*, Schopfwalm *m (Dach)*

partial integration partielle Integration *f*
partial load Teillast *f*
partial passivation Teilpassivierung *f*
partial payment Abschlagszahlung *f*
partial prefabrication Teilvorfertigung *f*
partial pressure Partialdruck *m*
partial prestressing teilweises Vorspannen *n*, Teilvorspannung *f*
partial protection Teilschutz *m (gegen Korrosion)*
partial purification Teilreinigung *f (Abwässer)*
partial reaction Teilauflagerwiderstand *m*, Teilstützreaktion *f*, Teilstützdruck *m*, Teilauflagerdruck *m*
partial reactive force *s.* partial reaction
partial release [restrain] Vorspannungsnachlass *m*, teilweises Entspannen *n*
partial restraint Teileinspannung *f*
partial saturation Teilsättigung *f*
partial shear connection teilweise Verdübelung *f*, teilweiser Schubanschluss *m (Verbundträger)*
partial solution Teillösung *f*
partial stressing [tensioning] *s.* partial prestressing
partial system (of sewerage) Teilkanalisation *f*, Teilsystem *n (Teil des Trennsystems)*
partial tensioning Teilvorspannung *f*, teilweise Vorspannung *f*
partial-thickness crack teilweise durchgehender Riss *m*
partial venting Teilentlüftung *f (der Grundstücksentwässerung)*
partial view Teilansicht *f*
partial vitrification Klinkerung *f*, Teilverklinkerung *f (Baustoffherstellung)*
partially air-conditioned teilklimatisiert
partially fixed teilweise eingespannt
partially grade-separated *(Verk)* teilniveaufrei *(Straßenkreuzung)*
partially prestressed stufenweise [teilweise] vorgespannt, mit teilweiser Vorspannung
partially restrained *(Stat)* teilweise eingespannt
partially stretched teilweise vorgespannt
partially tensioned teilweise vorgespannt
partially vented teilentlüftet
particle Zuschlag(stoff)korn *n*, Korn *n*; Teilchen *n*
particle board Span(holz)platte *f*
particle-board core stock Mittellage *f* einer Spanplatte
particle-board mat Spanplattenvlies *n*
particle-board panel stock Spanplattentäfelungsmaterial *n*
particle density Partikeldichte *f*
particle diamenter Korndurchmesser *m*
particle distribution limit Grenzsieblinie *f*
particle fineness Kornfeinheit *f*
particle gradation Kornabstufung *f*, Kornaufbau *m*
particle interlock Kornverzahnung *f*
particle porosity Korneigenporigkeit *f*
particle shape Kornform *f*
particle shape factor Kornformfaktor *m*
particle shape test Kornformprüfung *f*
particle size Korngröße *f*, Teilchengröße *f*
particle-size analysis Korngrößenanalyse *f*
particle-size class Kornklasse *f*
particle-size determination Korngrößenbestimmung *f*
particle-size distribution Korngrößenverteilung *f*
particle-size distribution curve Kornverteilungskurve *f*, Siebkurve *f*, Sieblinie *f*
particle-size fraction Korngruppe *f*, Körnung *f*
particle-size limit Korngrenze *f*
particle-size range Korngrößenklasse *f*, Korngrößenbereich *m*
particle strength Kornfestigkeit *f*
particle surface Kornoberfläche *f*
particle test size Prüfkorngröße *f*
particle top size Größtkorn *n*, Gröbstkorn *n*
particle velocity Schallschnelle *f (Akustik)*
particles Gekörn *n*, Körner *npl*, Korngemenge *n*
particular colour Eigenfarbe *f*
particular integral Partikularintegral *n*
particularistic Gothic *(Arch)* deutsche Sondergotik *f*
particularities Besonderheiten *fpl*; besondere Maßnahmen *fpl (Baubeschreibung)*
particulate collection Rauchgasentstaubung *f*, Staubabscheidung *f*
particulate emission Staubemission *f (Umwelt)*
particulate material Partikel *npl*, Teilchen *npl*
particulate media *(Bod)* Haufwerk *n*
parting 1. Trennschicht *f*; 2. taubes Gestein *n*, Bergemittel *n (geologisch)*
parting agent Trennmittel *n*, Antiklebemittel *n*
parting bead Fenstergleit(trenn)leiste *f*
parting cast Dehnungsmarke *f*
parting compound Trennmittel *n*, Antiklebemittel *n*
parting layer Sperrschicht *f*
parting line Trennfuge *f (einer Form)*; Teilfuge *f (zur Unterteilung)*; Trennlinie *f*
parting plane Verschiebungsfläche *f*, Gleitschicht *f*, Trennfläche *f*
parting rupture Trennungsbruch *m*
parting slip Trennleiste *f*, Trennholz *n*
parting stop *s.* parting bead
parting strip *s.* parting slip
parting tool Stechmeißel *m*, Schneidmeißel *m*
parting wall *s.* party wall
partite geteilt, abgeteilt
partition *v* 1. (ab)teilen, (ab)trennen; unterteilen, aufteilen; 2. parzellieren, Land aufteilen
partition Trennwand *f*, Zwischenwand *f*, Scheidewand *f*, Abteilungswand *f*, Raumteiler *m*
partition block leichter Betonstein *m (für nicht tragende Wände)*
partition boards Bretterverschlag *m*
partition cap [head] Trennwandobergurt *m*
partition infilling Wärmedämmung *f* von Montagehohlräumen, Ausfachung *f*, Ausstopfen *n*
partition line Trennfuge *f (einer Form)*
partition panel Trennwand *f*, Abteilungswand *f*, Trennwandelement *n*, Trennwandtafel *f*
partition panel lining Trennwandverkleidung *f*
partition panel window Trennwandfenster *n*
partition penetration Trennwanddurchgang *m*
partition plate Trennwandobergurt *m*
partition ratio Teilungszahl *f (Siebtechnik)*
partition rock Nebengestein *n*
partition stud 1. Jochstütze *f*, Jochsäule *f*, Bundsäule *f*; 2. Bolzenstab *m*, Stehbolzenstange *f*
partition tile Langlochziegel *m (für nicht tragende Wände)*
partition wall 1. Trennwand *f*, Scheidewand *f*, Zwischenwand *f*, Abteilungswand *f*; 2. Zungenmauer *f (Schornstein)*
partition wall blockwork Trennwandblockmauerwerk *n*
partition wall of xylolite Steinholzwand *f*
partition wall shape Trennwandprofil *n*
partition wall slab Trennwandplatte *f*
partition wall system Trennwandsystem *n*
partitioning Abtrennung *f* durch Trennwände, Raum(ein)teilung *f*
partitioning glazing Trennwandverglasung *f*
partitioning of all available space Raumaufteilung *f*
partitioning system Trennwandsystem *n*
parts by volume Raumteile *mpl (Dosierung von Baustoffen)*

parts of the column Säulenbestandteile *mpl*
party Baukolonne *f*
party arch Grenz(wand)bogen *m (zwischen zwei Häusern)*
party corbel Brandmauerkonsole *f*
party wall Wohnungstrennwand *f*; Gebäudetrennwand *f*, Brandmauer *f*, Feuermauer *f*; Grundstücks(begrenzungs)-mauer *f*, Markmauer *f*, Grenzmauer *f*
parvis quadratischer Kirchenvorplatz *m*
pass *v* (hindurch)strömen; durchlassen
pass *v* **into** 1. einleiten *(z. B. in einen Schacht)*; 2. übergehen in
pass *v* **over** überführen, überschreiten, kreuzen *(Straßenbau)*
pass *v* **round** herumführen *(Straße)*
pass *v* **through** 1. durchführen *(z. B. Kabel)*; 2. durchsickern
pass *v* **under** unterführen
pass 1. Passage *f*, Schweißlage *f*; 2. Übergang *m (Verdichtungsübergang)*; 3. *(Verk)* Gebirgspass *m*, Pass *m*, Einfahrt *f*
pass door Durchgangstür *f*; Bühnentür *f (Theater)*
pass-through *(AE)* Durchreiche *f*
pass window Durchreichefenster *n*
passable befahrbar
passage 1. Durchgang *m*, Passage *f*, Verbindungsgang *m*; Übergang *m*; Laufweg *m*; Durchfahrt *f*; 2. Durchfluss *m*
passage bed *(Bod, Erdb)* Übergangsschicht *f*
passage of air Luftdurchgang *m*
passage of screen Siebdurchgang *m*, Siebdurchlauf *m*
passage of water Wasserlauf *m*
passage tunnel Durchführungsgang *m*
passage underground Unterführung *f*, Tunnel *m*
passageway *s.* passage
passenger and luggage handling level Abfertigungsfläche *f*, Empfangsebene *f (Flughafen)*
passenger berth Fahrgasthafen *m*
passenger building *(Verk)* Empfangsgebäude *n*, Passagiergebäude *n*
passenger car unit *(Verk)* Pkw-Einheit *f (Verkehrsplanung)*
passenger-carrying capacity Tragfähigkeit *f (Fahrstuhl, Aufzug)*
passenger conveyor rollender Gehweg *m*, Rollgehweg *m*, Rollsteig *m*
passenger counter Passagierschalter *m*, Fahrgastschalter *m*
passenger elevator *(AE)* Personenaufzug *m*
passenger elevator car Aufzugskorb *m*
passenger-exchange *(Verk)* Fahrgastwechsel *m (Eisenbahn)*
passenger-handling building Passagiergebäude *n*
passenger-handling facility Passagierabfertigungsanlage *f*
passenger-handling installation Passagierabfertigungsanlage *f*
passenger hoist Personen(bau)aufzug *m*, Fahrstuhlanlage *f*
passenger lift Personenaufzug *m*
passenger platform Personenbahnsteig *m*
passenger railway station Personenbahnhof *m*
passenger room Fluggastraum *m*
passenger terminal Abfertigungshalle *f*, Empfangshalle *f (Flughafen)*
passenger terminal block Abfertigungsgebäude *n*, Empfangsgebäude *n (Flughafen)*
passenger walkway Fluggastbrücke *f*
passing Durchfluss *m*; Siebdurchgang *m*
passing a pipe through a wall Rohrdurchführung *f*
passing bay *(Verk)* Ausweichstelle *f (Straße, Weg)*
passing column durchgehende Säule *f*
passing hole Durchführungsdurchbruch *m (Leitungen)*; Durchführungsöffnung *f*
passing knot durchgehender Ast *m*
passing lane Überholspur *f*
passing loop *(Verk)* Überholgleis *n*
passing place Ausweichstelle *f*, Ausweiche *f*, Überholstelle *f*
passing sight distance Überholsichtweite *f (Straße)*
passing track Ausweichgleis *n*
passings Überlappungsweite *f*
passivatable passivierbar
passivate *v* passivieren
passivating Passivieren *n*
passivating coat Passivierungsanstrich *m*
passivating treatment Passivieren *n*
passivation Passivierung *f (von Metall)*
passivator Passivierungsmittel *n*
passive earth pressure *(Bod)* passiver Erddruck *m*
passive failure passiver Bruch *m*
passive fire defense baulich erforderlicher Brandschutz *m*
passive ground pressure *(AE)* passiver Erddruck *m*
passive Rankin pressure passiver Rankindruck *m*
passive safety barriers *(Verk)* passive Schutzeinrichtungen *fpl (Straße)*
passive state oberer Grenzzustand *m*, Ruhezustand *m*
passive system passives System *n*
passivity Trägheit *f (von Stoffen)*
passkey Hauptschlüssel *m*
pastas *(Arch)* Prostasis *m*, Pastas *m (Wohnhausvorhalle – antikes Griechenland)*
paste *v* kleistern, mit Kleister bestreichen; kleben
paste Brei *m*; Paste *f*, Kleister *m*; Klebstoff *m*
paste board Schichtenpappe *f*
paste filler Füllpaste *f*
paste flux Flussmittel *n (Löttechnik)*
paste-like pastös, pastenförmig
paste matrix erhärteter Zementleim *m*, erhärteter Zementbrei *m*
paste paint Farbpaste *f*
paste polish Polierpaste *f*
paste resin Pastenharz *n*
paste spot Kleisterdurchschlag *m*
paste with lead Bleiweißpaste *f*
pastel colour Pastellfarbe *f*
pastel painting Pastellmalerei *f*
pastel shade Pastellton *m*
pasting and applying to wall Aufkleben *n*
pasture Weide *f*
pasty pastenförmig; teigig, teigartig
pat Kuchen *m (Zement)*
pat test Kuchenprobe *f*
patand *s.* patten
patch *v* ausbessern, flicken
patch *v* **up** ausbessern, nachbessern *(z. B. Maurer- und Malerarbeiten)*
patch 1. Ausbesserungsmischgut *n*; 2. Flickstelle *f*; 3. Einlegeholz *n (zur Furnierreparatur)*; Flickholz *n*
patch board *(El)* Steckerbrett *n (für temporären Gebrauch)*
patch mortar Ausbesserungsmörtel *m*, Flickmörtel *m*
patch of sky Himmelsauschnitt *m (Tageslichtermittlung)*
patch panel *s.* patch board
patch plant Flickmörtelmischanlage *f*, Mischanlage *f* für Unterhaltungsarbeiten *(Straße)*
patched fleckig; mit Flicken
patched slate Fleckschiefer *m*
patched spot Flickstelle *f*
patching Ausbessern *n*; Flicken *n*; Nachbesserung *f*
patching composition Flickmasse *f*, Ausbesserungsmasse *f*

patching compound Flickmasse *f*, Ausbesserungsmasse *f*
patching mortar Flickmörtel *m*
patching plaster Ausbesserungsputz *m*, Flickputz *m*
patching-up Ausflicken *n*, Ausfüttern *n*
patchwork Flickarbeit *f*, Unterhaltungsarbeiten *fpl*, Stückwerk *n*
patchy fleckig *(geputzte Fläche)*; unregelmäßig verteilt
patelliform patelliform, schüsselförmig
patent board Patentbautafel *f*
patent glazing kittlose Verglasung *f*, kittloses Einglasen *n*
patent light *s.* pavement light
patent plaster 1. Edelputz *m*; 2. abgemagerter Gipsputz *m*
patent plate Tafelglas *n*
patent stone Kunststein *m*, Beton(werk)stein *m*
patented patentiert
patented floor Patentdecke *f*
patented plaster *s.* patent plaster
patenting Patentieren *n (Drahttechnologie)*
patera *(Arch)* Rosette *f*, Rundornament *n*; Opferschale *f*, Patera *f*
paternoster (lift) Paternoster(aufzug) *m*, Umlaufaufzug *m*, Elevator *m*
path Weg *m*, Fußweg *m*, Gehweg *m (z. B. Gartenweg)*; Reitweg *m*
path gravel sandiger Kies *m*, Fußwegkies *m*
path of (pre)stressing force Spannweg *m (Spannbeton)*
path of stressing Spannweg *m (Spannbeton)*
path of stressing force Spannweg *m*
path of tensioning force Spannweg *m*
path surround Wegeinfassung *f*
path tile Gehwegplatte *f*, Wegplatte *f (Fliese)*
path lile Gehwegplatte *f*
path to earth Ableitung *f (Blitzschutz)*
pathological waste infektiöser Abfall *m*, pathogener Abfall *m*
pathway Fußgängerweg *m*; Gehweg *m (z. B. Gartenweg)*
patient division Bettenabteilung *f (Klinik)*
patin *s.* patten
patina Patina *f*, Edelrost *m* • **become covered with patina** Patina ansetzen
patinate *v* Patina ansetzen; patinieren
patination Patinabildung *f*, Edelrost *m*
patio *(Arch)* Innenhof *m*, Lichthof *m*, eingeschlossene Terrasse *f*, Terrasse *f*
patio door Terrassentür *f*
patio masonry wall Lichthofmauer *f*
patriarchal cross *(Arch)* Patriarchalkreuz *n*, Doppelkreuz *n*
patten Stützenfundament *n*, Säulenfuß *m*, Säulenfußschwelle *f*
pattern *v* ornamentieren, mustern, nachbilden
pattern 1. Muster *n*, Bildmuster *n*, Zeichnung *f*, Schema *n*; 2. Lehre *f (Modell)*; Schablone *f*; Formnegativ *n*; 3. Dekoration *f*, Ornamentierung *f*, Schmuck *m*, Verzierung *f*
pattern bond Musterverband *m*
pattern cracking Schwindrissnetzlinien *fpl*, Haarrissliniennetz *n*
pattern of cracks Rissbild *n*, Rissanordnung *f*
pattern of deformation Formgebung *f (Bewehrung)*
pattern of drainage Entwässerungsnetz *n*
pattern of light and shade *(Arch)* Licht- und Schattenmuster *n*
pattern of loading Belastungsschema *n*
pattern staining dunkle Putzflecken *mpl*
patterned floor covering tile profilierte Fußbodenplatte *f*, Fußbodenprofilfliese *f*
patterned glass Ornamentglas *n*, gemustertes Glas *n (für Trennwände)*
patterned veneer Maserfurnier *n*
patterned wallpaper gemusterte Tapete *f*
patternmaker Modelltischler *m*
pave *v* pflastern, Pflaster verlegen; befestigen *(Weg)*
pave *v* **with tiles** mit Fußbodenfliesen belegen
paved area befestigte Fläche *f*
paved gutter gepflasterte Rinne *f*, Pflasterrinne *f*
paved road Pflasterstraße *f*, Chaussee *f*; befestigte Straße *f*
paved shoulder Pflasterberme *f*
pavement 1. Wegebefestigung *f*, Pflasterbelag *m*, Pflasterdecke *f*, Pflaster *n*, Pflasterung *f*; Straßenbefestigung *f*, Straßendecke *f*, Straßenpflaster *n*; 2. Gehweg *m*, Fußweg *m*, Bürgersteig *m*; 3. *(AE)* Fahrbahn *f*, Oberbau *m (Straßenbau)*; 4. *(Tun)* Liegendes *n*
pavement arrow Fahrbahnpfeil *m*, Richtungspfeil *m*
pavement base Sandbett *n (Straßenbau)*; Binderschicht *f (Straße)*; Straßenunterbau *m*; Tragschicht *f*
pavement bed Deckenunterbau *m*, Kofferschicht *f*, Koffer *m (Straße)*
pavement cement Betonstraßenzement *m*, Deckenzement *m*
pavement concrete Straßen(decken)beton *m*, Belagbeton *m*
pavement construction *s.* pavement structure
pavement depth Deckendicke *f (Straße)*
pavement design Deckenbemessung *f (Straße)*
pavement deterioration Fahrbahnzustandsverschlechterung *f*
pavement distress Fahrbahnschaden *m*, Deckenschaden *m (Straße)*
pavement entrance U-Bahnzugang *m (von der Straßenebene)*
pavement failure Fahrbahnschaden *m*, Deckenschaden *m (Straße)*
pavement flag Gehwegplatte *f*
pavement-layer Steinsetzer *m*, Pflasterer *m*
pavement light 1. Deckenreflektor *m (Straßendecke)*; 2. Kelleroberlicht *n*, Kellerfensterschacht *m*
pavement management *(Verk)* Erhaltungssystem *n*, Erhaltungsmanagement *n*
pavement management system, PMS *(Verk)* Systematik *f* der Straßendeckenerhaltung
pavement marker Straßenmarkierungsknopf *m*
pavement marking machine Straßenmarkierungsmaschine *f*
pavement of simple construction Straßendecken-Einfachbauweise *f*
pavement pumping Plattenpumpen *n (Betonstraße)*
pavement-quality concrete Straßendeckenbeton *m*
pavement saw *(Verk)* Fugenschneider *m*, Betonfugenschneidmaschine *f*, Fugensäge *f (Straßenbau)*
pavement sealer Oberflächenabsiegelungsmasse *f*
pavement structure Straßendeckenkonstruktion *f*, Straßendeckenaufbau *m*, Befestigungsaufbau *m*, Deckenkonstruktion *f*, Oberbau *m*
pavement surface evenness Ebenheit *f* der Straßendecke
paver 1. Steinsetzer *m*, Pflasterer *m*; Plattenleger *m*; 2. Pflasterstein *m*, Pflasterblock *m*, Pflasterklinker *m*; Fußbodenfliese *f*; 3. Straßenbetonfertiger *m*, Betonstraßenfertiger *m*, Straßenfertiger *m*, Deckenfertiger *m*
paver-finisher Schwarzdeckenfertiger *m*
paver hopper Fertigerkübel *m*, Aufgabekübel *m*
paver operator Fertigerfahrer *m*
paver screed plate Einbaubohle *f*
paver-spreader *(Verk)* Mischgutverteiler *m*, Schwarzdeckeneinbaumaschine *f*

paver tile Fußbodenfliese *f*
paver's dressing hammer Zuricht(e)hammer *m*
paver's hammer Steinsetzhammer *m*, Pflasterhammer *m*
pavestone *s.* paving stone
pavilion 1. Pavillon *m*, Ausstellungshalle *f*, Gartenpavillon *m*; 2. *(Arch)* Pavillon *m (aus der Fassade stark heraustretender Gebäudeteil)*
pavilion-like pavillonähnlich
pavilion roof pyramidales Walmdach *n*, Walmdach *n* mit polygonalem Grundriss, Polygon(al)dach *n*
pavilion structure Pavillonbauwerk *n*
pavimentum *(Arch)* römische Straßendecke *f*, Pavimentrum *n (aus abgestuftem Steingemisch und hydraulischem Bindemittel)*
paving 1. Deckenbau *m*; Pflastern *n*, Pflasterung *f*, Straßenbefestigung *f (Vorgang)*; 2. Deckenaufbau *m*; Pflasterbelag *m*, Pflasterdecke *f*, Pflaster *n*, Pflasterung *f*, Straßenpflaster *n*, Straßendecke *f (Gesamtbefestigungsbelag)*
paving aggregate Straßendeckenzuschlag(stoff) *m*
paving asphalt Straßenbaubitumen *n*; Straßenteer *m*
paving beetle Pflasterramme *f*, Handramme *f*
paving block *s.* paving stone
paving breaker Aufbruchhammer *m*, Druckluftmeißelhammer *m*
paving brick Pflasterklinker *m*, Straßenklinker *m*, Pflasterziegel *m*, Flurziegel *m*
paving clinker Straßenklinker *m*
paving finisher Straßendeckenfertiger *m (Asphalt)*
paving flag Gehwegplatte *f*
paving grade asphalt Straßenbaubitumen *n (genormtes)*
paving gravel Straßenschotter *m*
paving hammer Pflasterhammer *m*
paving in rows Reihenpflaster *n*, Reihenpflasterung *f*
paving in setts Steinpflaster *n*, Steinpflasterung *f*
paving joint sealer Fugenvergussmasse *f*, Vergussmasse *f*
paving mixer *(Verk)* Mischerfertiger *m*, Fahrmischfertiger *m (Straßenbau)*; Fahrmischer *m (Straßenbau)*
paving of engineering bricks Klinkerpflasterdecke *f*
paving rammer Pflasterramme *f*, Ramme *f*, Stampfer *m (für Pflastersteine)*
paving sett Pflasterstein *m*, Pflasterblock *m*
paving slab Fahrbahnplatte *f*, Pflasterplatte *f*
paving spreader Oberflächenrüttler *m (Straßenoberfläche)*
paving stone Pflasterstein *m*, Pflasterblock *m*; Gehwegplatte *f*
paving tile Fußbodenfliese *f*, Gehwegplatte *f*
paving train Einbaukomplex *m*, Deckeneinbauzug *m (Straßenbau)*
paving unit vorgefertigte Straßenplatte *f*, Befestigungsplatte *f*, Kunstpflasterstein *m (Weg)*
paving vibrator Betondeckeninnenrüttler *m*
paving wood Pflasterklotz *m*, Pflasterholz *n*
pavio(u)r 1. Straßenklinker *m*, Pflasterziegel *m*; 2. Steinsetzer *m*, Pflasterer *m*
pavio(u)r's labourer Steinsetzgehilfe *m*, Handlanger *m*
pavonazzo roter Marmor *m*
pawn überdachter Durchgang *m*; überdachter Gehweg *m (in einem Basar)*
pay day Zahltag *m*, Lohntag *m*
pay material abbaufähiges Material *n (Erdstoff, Kies)*
pay *v* **stipulated fine** Konventionalstrafe zahlen
payable zahlbar
payable deposit abbauwürdige Lagerstätte *f (Gestein, Kies, Sand usw.)*
payee Zahlungsempfänger *m*
payment of compensation Entschädigungszahlung *f (temporäre Landnutzung)*
payment on account Abschlagszahlung *f*
payment request Zahlungsaufforderung *f (für Bauleistungen)*
paynize *v* Holz imprägnieren
pea gravel Feinkies *m*, Perlkies *m*, Erbskies *m*
pea gravel grout Einpressmörtel *m* mit Feinkies
peacock's-eye Vogelaugenzeichnung *f (natürliche Holzmusterung)*
peak Spitze *f*
peak arch Spitzbogen *m*, gotischer Bogen *m*
peak capacity Spitzenleistung *f*
peak current *(El)* Spitzenstrom *m*, Spitzenenergie *f*
peak demand Spitzenbedarf *m*
peak demand heating plant Spitzenheiz(ktaft)werk *n*
peak flow Hochwasserspitze *f*
peak hour Spitzenverkehrszeit *f*, Spitzenstunde *f*, Hauptverkehrszeit *f*
peak hour clearway Straße *f* mit Halteverbot in der Spitzenverkehrszeit
peak joint Firstverbindung *f*, Firststoß *m*
peak joint plate [sheet] Firstknotenblech *n*
peak joint slab Firstknotenplatte *f*
peak joint timber Firstknotenholz *n*
peak load 1. Spitzenbelastung *f*, Belastungsmaximum *n*, Höchstlast *f*; 2. *(El)* Spitzenlast *f*
peak-load controller *(El)* Überlastschalter *m*
peak moment Spitzenmoment *n*
peak of traffic Verkehrsspitze *f*
peak period *(El)* Spitzenzeit *f*
peak point friction angle Bruchreibungswinkel *m*
peak quantity Spitzenmenge *f*
peak run-off *(Wsb)* Spitzenabfluss *m*
peak sound pressure Spitzenschalldruck *m*
peak stress Spitzenspannung *f (mechanisch)*; Spannungsspitze *f*
peak supply Spitzenabgabe *f*
peak traffic Spitzenverkehr *m*
peak traffic time Hauptverkehrszeit *f*
peak voltage *(El)* Spitzenspannung *f*
peaked curve *(Verk)* spitze Kurve *f*, Spitzkurve *f*
pean Pinne *f (eines Hammers)*
pear-shaped birnenförmig
pear-shaped moulding *(Arch)* Birnenstab *m*
pear profile *(Arch)* Birnenprofil *n*
pearl essence Perleffektpigment *n (Anstrich)*
pearl lamp mattierte Lampe *f*, Opallampe *f*
Pearl Mosque of Agra *(Arch)* Perlenmoschee *f* der Feste Agra
pearl moulding Perlleiste *f*, Perlstabverzierung *f*
pearlite *s.* perlite
pearlstone *s.* perlite
pearly perlmuttglänzend; perlmuttartig
pearly (lustre) Perlmutt(er)glanz *m*
peat Torf *m*
peat bog Torfmoor *n*
peat brick Torfstein *m*
peat brown torfbraun
peat concrete Torfbeton *m*
peat deposit Torfablagerung *f*
peat dust Torfmull *m*
peat earth [mould] Torferde *f*
peat fibre Torffaser *f*
peat insulating board Torffaserdämmplatte *f*
peat land Moorboden *m*
peat layer Torfschicht *f*
peat moss litter Torfmull *m*
peat soil Torfboden *m*
peaty *adj* torfhaltig, torfig
peaty earth Moorboden *m*
peaty soil torfhaltige Erde *f*, Moorboden *m*

pebble Kiesel(stein) *m*; Flintstein *m*; Kies *m*; Geröll *n*
pebble bed *(Bod, Erdb)* Kiesschicht *f*
pebble dash Rauputz *m*, Rappputz *m*
pebble gravel Geröllkies *m*, Grobkies *m*
pebble pavement Rollkiespflaster *n*, Kleinpflaster *n*
pebble stone Kiesel(stein) *m*, Geröll *n (Kieselsteine)*; Geschiebe *n*
pebble wall 1. Kieselsteinmauer *f*; 2. Wandoberfläche *f* mit eingedrückten Kieselsteinen
pebbles Feingeröll *n*, Geröll *n*, Kieskörner *npl*
pebbling *(Arch)* Orangenschaleneffekt *m*
pebbly kiesig, steinig
pebbly sandstone Kiessandstein *m*
peck *v* hacken; stemmen
peck 1. Holzfaulstelle *f*, Holzmoderfleck *m*; 2. gestemmtes Loch *n*
pecky timber angemodertes [verstocktes] Holz *n*
pectinated zinkenförmig
pedestal 1. Piedestal *n*, Sockel *m*; Bock *m*, Untersatz *m*; Säulensockel *m*, Säulenplatte *f*, Postament *n*; 2. senkrechtes Druckelement *n (nicht länger als der dreifache Durchmesser)*; 3. *(San)* Piedestal *n*, Standsäule *f* für Waschbecken; Toilettenmuschel *f*
pedestal bearing Stehlager *n*, Bocklager *n*
pedestal frieze Sockelfries *m*
pedestal pile Pfahl *m* mit Fußverbreiterung *(Gründung)*
pedestal-type drinking fountain Säulenbrunnen *m*
pedestal urinal Beckenurinal *n*
pedestal washbasin stehendes Waschbecken *n*
pedestrian access Fußgängerzugang *m*
pedestrian area Fußgängerzone *f*
pedestrian barrier Fußgängerabsperrung *f*
pedestrian bridge Fußgängerbrücke *f*, Straßenüberführung *f (für Fußgänger)*
pedestrian concourse Gehfläche *f*
pedestrian conveyor rollender Gehweg *m*, Rollgehweg *m*, Rollsteig *m*
pedestrian crossing (at road level) (niveaugleicher) Fußgängerüberweg *m*
pedestrian crossing point (markierter) Fußgängerüberweg *m*
pedestrian deck Fußgängerdeck *n*, Fußgängerebene *f*
pedestrian guard rail Fußgängerschutzbarriere *f*, Metallfußgängerplanke *f*, Fußgängerschutzdeländer *n*
pedestrian island Fußgänger(schutz)insel *f*
pedestrian level Fußgängerebene *f*
pedestrian mall Fußgängerstraße *f (Einkaufspassage)*
pedestrian network Fußgängerwegenetz *n*, Fußwegesystem *n*
pedestrian overpath Fußgängerüberweg *m*
pedestrian parapet Fußgängerbrüstung *f*
pedestrian precinct Fußgängerzone *f*, Fußgängerbereich *m*
pedestrian ramp Fußgängerrampe *f*
pedestrian refuge island Fußgänger(schutz)insel *f*
pedestrian signal Fußgängersignal *n*
pedestrian subway Fußgängerunterführung *f*, Fußgängertunnel *m*
pedestrian traffic Fußgängerverkehr *m*, fußläufiger Verkehr *m*
pedestrian traffic zone Verkehrszone *f (im Gebäudeinneren)*
pedestrian tunnel Fußgängertunnel *m*, Gehwegtunnel *m*
pedestrian underpass Fußgängerunterführung *f*, Gehwegtunnel *m*
pedestrian walk Fußgängerstraße *f*
pedestrian way Fußgängerweg *m*
pedestrian zone Fußgängerzone *f*, Fußgängerbereich *m*
pedestrianized street zur Fußgängerzone umgebaute Straße *f*
pediment 1. *(Arch)* Giebel *m*, Verdachung *f*; 2. Fronton *m*, Ziergiebel *m*, verzierter Giebel *m (über Türen und Fenstern)*
pediment apex *(Arch)* Giebelfirst *m (griechischer Tempel)*
pediment arch gerader Spitzbogen *m*
pediment foot *(Arch)* Giebelecke *f (griechischer Tempel)*
pedimented doorframe Türrahmen *m* mit Giebel
pedimented window Fenster *n* mit Giebel
peel *v* 1. (ab)schälen, entrinden *(Holz)*; 2. abblättern, abplatzen *(Anstrich)*
peel *v* **off** abblättern, abplatzen; abbröckeln; sich abschälen
peel test *s.* peeling test
peel tower Wehrturm *m (an der schottisch-englischen Grenze)*
peeled veneer Schälfurnier *n*
peeling 1. Mörtelausbrechen *n*, Abplatzen *n*; 2. Abschälen *n*, Abblättern *n (Anstrich, Putz)*
peeling-off Abblätterung *f*, Abschuppung *f*
peeling test Schälprüfung *f (Leimfestigkeit, Haftfestigkeit)*
peen *v* (aus)hämmern, ausrichten *(mit dem Hammer)*; kalthämmern
peen Pinne *f*
peening Hämmern *n*, Ausrichten *n*
peg *v* stecken; verstiften; dübeln
peg *v* **out** 1. *(Verm)* abstecken, ausstecken, abpflocken; 2. abwinkeln, auswinkeln *(Grundrisse)*
peg 1. Splint *m*, Stift *m*, Holzstift *m*, Pinne *f*, Zwecke *f (aus Holz)*; Bolzen *m*; Dübel *m*; 2. *(Verm)* Pfahl *m*, Pflock *m*
peg ladder Sprossenleiter *f*, Sprossenbalken *m (Stockleiter)*
peg mould Zierkantenrolle *f*, Musterrolle *f (Putz)*
peg runner Verdübelungsmaschine *f*
peg shoulder Zapfenschulter *f*
peg stay Stiftsperre *f*, Stiftfesthalter *m (Fenster)*
peg-top paving Reihenpflaster *n (Pflasterdecke)*
pegboard Hartfaserplatte *f* mit Aussparungen für Haken und Dübel
peggies unsortierter Schiefer *m*
pegging-in Schutzschichtverankerung *f*
pegging of batter boards Schnurgerüst *n*, Schnurbock *m*, Eckgerüst *n*
pegging out Absteckung *f*, Abpflockung *f*, Verpflockung *f*
pegmatite Pegmatit *m*, Grobkorngranit *m*
pele *(Arch)* Wehrturm *m*, Massivturm *m (im alten England und Schottland)*
pelican crossing *(Verk)* Ampelübergang *m*; Fußgängerüberweg *m* mit fußgängerbetätigtem Signal, signalisierter Fußgängerüberweg *m*
pell-mell blocks Gründungsblöcke *f*, Blockgründung *f (Schüttung)*
pellet Perle *f*, Kugel *f (Ornament)*
pellet moulding Perlenkante *f*, Kugelzierleiste *f*
pelletization Pelletierung *f*
pellicular water Anlagerungswasser *n*, Haftwasser *n*, Sorptionswasser *n*
pellodite Bänderton *m*, dünngeschichteter Ton *m*
pelmet (dekoratives) Fensterübergesims *n*
pelmet board Gardinenleiste *f*, Fenstersimsblendleiste *f*
pelmet lighting Beleuchtung *f* hinter einer Gardinenblende
pelting rain Schlagregen *m*
pen pusher *(sl)* Bürokrat *m*
pen roof Pultdach *n (Schleppdach)*
pen trough Druckrohrleitung *f*
penal sum Entschädigungssumme *f (bei Nichterfüllen des Bauvertrags)*
penalty Strafe *f*, Vertragsstrafe *f*, Abzug *m*, Preisminderung *f*
penalty clause Vertragsstrafenparagraph *m (Bauvertrag)*
penalty contract Vertragsstrafe *f*
penalty sum Vertragsstrafenbetrag *m*, Vertragsstrafensumme *f (bei Nichterfüllen des Bauvertrags)*
pencil hardness test Bleistiftprobe *f (Anstrichhärteprüfung)*

pencil of rays Strahlenbüschel *n*
pencil rod bleistiftstarker Stab *m*
pencil slate Griffelschiefer *m*
pencil structure *(Arch)* Stängelung *f*
pencil(l)ing Fugenweißen *n*, weißer Fugenaufstrich *m* *(Mauerwerk)*
pencil(l)ing of joints Fugenanstrich *m* *(Mauerwerk)*
pendant 1. hängendes Bogenornament *n*, hängende Ziersäule *f*; Zapfenknauf *m*; 2. Hängelampe *f*, Hängeleuchte *f*, Pendelleuchte *f*
pendant-framed bridge Hängewerksbrücke *f*
pendant light fitting Pendelleuchte *f*
pendant luminaire *(AE)* aufgehängte Beleuchtung *f*, Pendelleuchte *f*
pendant mounting channel Pendel-Monatageschiene *f*
pendant post Fachwerkfußholz *n*
pendant switch *(El)* Hängeschalter *m*, Schnurschalter *m*
pendent (herab)hängend, überhängend
pendentive *(Arch)* Pendentif *n*, Gewölbezwickel *m* *(dreieckiger sphärischer Zwickel)*
pendentive cradling gebogene Rippen *fpl* eines Gewölbes *(als Putzunterstützung)*
pendentive dome *(Arch)* Pendentifkuppel *f*
pendicule kleiner Stützpfeiler *m*
pendular water Haftwasser *n*
pendulous pendelnd (aufgehängt); abwärts hängend, herabhängend; Pendel...
pendulum bearing Pendellager *n*
pendulum fitting Pendelleuchte *f*
pendulum leaf Pendelblech *n*, Gelenkblatt *n*
pendulum plate Pendelplatte *f*; Gelenkblatt *n* *(Pendelgelenk)*
pendulum saw Pendel(kreis)säge *f*
pendulum suspension Pendelaufhängung *f*
penetralia *(Arch)* innerer Gebäudeteil *m* *(eines Tempels oder Palastes)*
penetrate *v* eindringen; einsickern; durchdringen, penetrieren; *(mit Flüssigkeiten)* durchtränken, imprägnieren; sich einfressen *(z. B. Staub)*
penetrating ability Eindringvermögen *n*, Eindringfähigkeit *f*, Durchdringungsvermögen *n* *(Penetriermittel, Anstriche usw.)*
penetrating agent Penetriermittel *n*
penetrating finish Penetrier(holz)öl *n*, Penetrierlack *m*; Halböl *n*
penetrating floor sealer Fußbodenversiegelungsmittel *n*
penetrating oil Penetrier(holz)öl *n*, Penetriermittel *n*
penetrating stain Spiritusbeize *f*, Spritbeize *f*
penetrating stopper Einlassgrund *m*
penetration Eindringen *n*; Penetration *f*, Durchdringung *f*, Imprägnierung *f*, Tränkung *f*
penetration bitumen klassifiziertes Bitumen *n*
penetration depth Eindringtiefe *f*
penetration grade Bitumensorte *f* entsprechend Penetration
penetration-grade asphalt *s.* penetration-grading bitumen
penetration-grade bitumen Heißbitumen *n*, Tränkbitumen *n*, Imprägnierbitumen *n*
penetration hardness Eindringhärte *f*, Eindruckhärte *f*
penetration index, PI Penetrationsindex
penetration load curve Eindringlastkurve *f*
penetration macadam Tränkmakadam *m*
penetration needle Penetrationsnadel *f*
penetration of dampness Durchfeuchtung *f*
penetration of folded cylindrical surfaces Durchdringung *f* gefalteter Zylinderflächen
penetration of heat Wärmedurchgang *m*
penetration of internal and external space Durchdringungen *f* von Innen- und Außenraum
penetration of rain Durchfeuchtung *f* durch Regen
penetration of space Raumdurchdringung *f*
penetration record Rammprotokoll *n*
penetration resistance *(Erdb)* Eindringwiderstand *m*
penetration test 1. *(Erdb)* Eindringversuch *m*; 2. Bitumeneindringprüfung *f*
penetration treatment Tränkung *f* *(Straßenbau)*
penetrometer Penetrometer *n*, Eindringtiefenmesser *m*
Penguin crossing markierter Fußgängerüberweg *m*
peninsula Halbinsel *f*
peninsula-base kitchen cabinet herausgezogene Küche *f*, Eckküchenraum *m*
penning Packlage *f*
...penny *für Nagelgrößenangaben, z. B. fourpenny nails*
penpit *(Arch)* vorgeschichtliche Höhlenwohnung *f*
penstock 1. *(Wsb)* Stauwehr *n*, Stauanlage *f*; Schleuse *f* *(Wasserregulierung)*; 2. Mühlgraben *m*; 3. Rohrzuleitung *f*, Druckrohr *n*
pent roof Pultdach *n*; Flugdach *n*, Schleppdach *n*
pentacle Fünfecksternmotiv *n* *(Gotik)*
pentacle of Salomon *(Arch)* Alpenkreuz *n*, Drudenfuß *m*, Fünfstern *m*, Pentagramm *n*
pentagon Fünfeckgebäude *n*
pentagonal bastion Fünfeckbastei *f*, Fünfeckbastion *f*
pentagonal ground plan Fünfeckgrundriss *m*
pentagonal plan Fünfeckgrundriss *m*
pentagonal tile Fünfeckplatte *f*, Fünfeckfliese *f*
pentagram *s.* pentacle of Salomon
pentahedral pentaedrisch, fünfflächig
pentastyle fünfsäulig
pentastyle fünfsäuliger Portikus *m*, Pentastylos *m* *(antike Baukunst)*
pentastyle temple *(Arch)* Pentastylostempel *m*
pentelic marble *(Arch)* pentelischer Marmor *m* *(antikes Griechenland)*
penthouse 1. Dachhaus *n*; Flachdachaufbau *m*; Penthaus *n*, (exklusive) Dachterrassenwohnung *f*, Schutzdach *n* *(angebaut)*; 2. Anbau *m*, Nebengebäude *n*; offener Schuppen *m* *(Anbau)*
penthouse apartment Flachdachwohnung *f*
penthouse living unit *(AE)* Flachdachwohnung *f*
penthouse machine room Dachaufbaumaschinenraum *m*
penthouse roof Pultdach *n*, halbes Satteldach *n*, Schleppdach *n*, Halbdach *n*
pentice *s.* penthouse
pentstock *(Wsb)* Druckstollen *m*
people sharing a flat Wohngemeinschaft *f*
peperino Pfefferstein *m*, Albanerstein *m*, Peperin *m*
pepper box turret Türmchen *n* mit konischem Dach
peppermint test Leitungsdichtheitsversuch *m* mit Pfefferminzöl, Geruchstest *m*
peptizing Peptisation *f* *(Feinstoffteilchen einer Flüssigkeit)*
peptizing agent Peptisatinsmittel *n*, Peptisierungsmittel *n*
per diem je Tag; Tagegeld *n*
per pro im Auftrage
per procurationem im Auftrage
percent by volume Raumteile *npl* *(Dosierung)*
percent by weight Gewichtsanteil *m*
percent fines Feinstkorngehalt *m* in Prozent *(Korngröße < 0,074 mm)*
percent of voids *s.* percentage of voids
percent saturation Bodenwassergehalt *m* *(in Prozent)*
percentage Prozentsatz *m*; prozentualer Anteil *m*
percentage agreement Teilleistungsabrechnungsvereinbarung *f*
percentage by volume Volumenprozent *n*
percentage by weight Masseprozent *n*, Gewichtsprozent *m*

percentage content prozentualer Anteil *m*, prozentualer Gehalt *m*
percentage distribution prozentuale Verteilung *f*
percentage elongation Bruchdehnung *f*
percentage fee Prozenterfüllungszahlung *f*
percentage humidity relative Feuchte *f*; relative Luftfeuchtigkeit *f (Raumklima, Zementbetonnachbehandlung)*
percentage of pore space prozentualer Porenraum *m*, procentuales Porenvolumen *n*
percentage of reinforcement Bewehrungsanteil *m (in Prozent)*
percentage of residue Rückstand *m* in Prozent, Siebrückstand *m* in Prozent
percentage of saturation Sättigungsgrad *m*
percentage of voids Porenanteil *m* in Prozent, Hohlraumgehalt *m*
percentage proof stress Dehngrenze *f*
percentage yield Stauchgrenze *f (Festigkeit)*
perceptible heat fühlbare Wärme *f*
perch *v* sitzen, stehen
perch 1. Kragstein *m*; Konsole *f*, 2. *Steinraummaß, ca. 25 Kubikfuß*
perched water Schichtwasser *n*, Stauwasser *n*
perched water table erhöhter Grundwasserspiegel *m (einer begrenzten Fläche durch undurchlässige Bodenschicht)*
perchlorethylene Tetrachloräthylen *n*
percolate *v* versickern, durchsickern, einsickern
percolated durchgesickert, eingesickert
percolating *s.* percolation
percolation 1. Versickern *n*, Versickerung *f*, Durchsickern *n*, Durchströmen *n (von Wasser)*; 2. *(Bod)* Durchlässigkeit *f*
percolation channel Sickerkanal *m*
percolation coefficient [factor] *(Bod)* Durchlässigkeitsbeiwert *m*
percolation creep Sickerung *f*
percolation filter *(San)* Tropfkörper *m*, Tropffilter *m*
percolation rate Sickerrate *f*
percolation test Versickerungsversuch *m*
percolation velocity Sickergeschwindigkeit *f*
percolation water Sickerwasser *n*, Tropfwasser *n*
percolation well Sickerbrunnen *m*
percussion Schlag *m*, Stoß *m*, Erschütterung *f*, Perkussion *f*
percussion bit Schlagmeißel *m*
percussion breaker Schlagbrecher *m*
percussion drill Luftkompressorbohrer *m*, Schlagbohrer *m*, Schlagbohrmaschine *f*, Stoßbohrer *m*
percussion drilling Schlagbohren *n*
percussion penetration method *(Bod, Erdb)* Rammsondierung *f*
percussion probe *(Bod)* Rammsonde *f*, Schlagsonde *f*
percussion riveting Schlagnieten *n*
percussive rammer Schlagstampfer *m*
perennial ständig, beständig, andauernd, dauernd, anhaltend, immer während, perennierend
perennial irrigation Dauerbewässerung *f*
perennial plant ausdauernde Pflanze *f*, mehrjähriges Gewächs *n*
perennial river *(Wsb)* dauernd wasserführender Fluss *m*, perennierender Fluss *m*
perennial spring Dauerquelle *f*
perfect *(Stat)* bestimmt
perfect arch Rundbogen *m*
perfect form *(Arch)* Formenideal *n*, Formideal *n*
perfect frame *(Stat)* perfekter Rahmen *m*
perfect hinge reibungsloses Gelenk *n*
perfect prestressing vollkommene Vorspannung *f*
perfect restraint perfekte Eigenspannung *f*
perfect stressing vollkommene Vorspannung *f*
perfect stretching vollkommene Vorspannung *f*
perfect tensioning vollkommenen Vorspannung *f*
perfectly plastic mechanism ideal-plastische Mechanismus *m*
perfectly plastic theory ideal-plastische Theorie *f*
perforate *v* durchstecken, lochen, perforieren, durchbohren
perforated gelocht, durchlocht
perforated base gelochte Trägerschicht *f*
perforated block Lochstein *m*
perforated board Lochplatte *f*, durchlochte Platte *f*
perforated brick Ziegellochstein *m*, Lochziegel *m*, Gitterziegel *m*
perforated ceiling board Deckenlochplatte *f*
perforated ceiling sheet Deckenlochplatte *f*
perforated drain pipe gelochtes Dränrohr *n*
perforated facing durchbrochene Abdeckung *f (Akustikdecke)*
perforated fibrous plaster sheet Lochgipsfaserplatte *f*, durchlochte Gipsfaserplatte *f*
perforated glass block Lochglasbaustein *m*
perforated hardboard Hartfaserplatte *f*
perforated mat sheet Glasvlieslochbahn *f*
perforated metal Lochmetall *n*
perforated metal pan durchbrochene Metallträgerauflage *f (Schalldecke)*
perforated pipe durchlöchertes Rohr *n*, gelochtes Rohr *n*, Lochrohr *n*
perforated plasterboard gelochte Gipskartonplatte *f*
perforated plate Lochblech *n*, gelochtes Blech *n*
perforated protector Schutzsieb *n*
perforated sandlime brick Kalksandlochstein *m*
perforated screen Lochblechsieb *n*
perforated sheet Siebblech *n*
perforated sheeting Lochbahn *f*
perforated steel strip Lochband *n*
perforated tape Gipsplattenfugenband *n*
perforated tracery Netzmaßwerk *n*
perforated unit Lochziegel *m*
perforated visible soffit durchlochte Untersicht *f*
perforated wall durchbrochene Mauer *f*
perforation Lochung *f*, Durchbohrung *f*, Aussparung *f*, kleines Loch *n (Baustein)*
perforation of screen Sieblochung *f*
perforation pattern Lochbild *n*
perforator Locher *m*
perform *v* ausführen, durchführen
performance 1. Leistung *f (z. B. mechanisch, Vertragsleistung)*; Leistungsfähigkeit *f*, Funktionsfähigkeit *f*, Gebrauchsverhalten *n*; Ausführung *f (z. B. von Anlagen und Gebäuden)*; 2. Durchführung *f*
performance based leistungsbestimmend
performance bond Bauleistungsangabe *f*, Bauleistungsverpflichtung *f*, *(AE)* Liefergarantie *f*
performance characteristic Verhaltensmerkmal *n*, Gebrauchseigenschaft *f (Baustoffe, Bauwerke, Einrichtungen)*
performance data Erprobungsergebnisse *f (Baustoffe)*
performance-grade Gebrauchsklasse *f*, Leistungsklasse *f*
performance guarantee Liefergarantie *f*
performance indicator Leistungsindikator *m*
performance level Leistungsstufe *f*, Leistungsniveau *n*
performance model Verhaltensmodell *n (der geplanten Leistung)*; Modell *n* des Gebrauchsverhaltens
performance of contract Vertragserfüllung *f*
performance prediction model Berechnungsmodell *n* des Gebrauchsverhaltens
performance program Leistungsprogramm *n*

performance provision funktionelle Festlegung *f (für die Gebrauchstauglichkeit)*
performance related am Gebrauchsverhalten orientiert
performance requirement Leistungsanforderung *f (an das Gebrauchsverhalten)*
performance test 1. Leistungsprüfung *f*, Leistungsprobe *f*; 2. Eignungsprüfung *f*
Pergamum frieze *(Arch)* Pergamonfries *m*
pergola Pergola *f*
pergula *s.* pergola
periapsidal aisle *(Arch)* Umgang *m*
peribolos *(Arch)* geweihter Tempelbezirk *m*, Peribobolos *m*, Temenos *n*
periclas Periklas *m*
periclas brick Magnesiastein *m*
peridotite Peridotit *m*
periform birnenförmig
perimeter Umkreis *m*, Umfang *m*
perimeter beam Randbalken *m*
perimeter bonding technique Randverklebetechnik *f*
perimeter bracket Ringkonsole *f*
perimeter column Außenstütze *f*
perimeter frame Außenrahmen *m (eines Gebäudes)*
perimeter grouting Niederdruckverpressung *f (um eine Fläche herum)*
perimeter heating system Warmluft(umlauf)heizung *f*
perimeter system Ringkanalsystem *n*
perimeter wall Umfassungsmauer *f*
period of architecture Architekturepoche *f*
period of curing Abbindezeit *f*
period of guarantee Garantiezeitraum *m*
period of loading Belastungszeit *f*, Belastungsdauer *f*
period of oscillation Schwingungsdauer *f*, Schwingungszeit *f*, Erschütterungs(zeit)dauer *f*
period of promoterism Gründerzeit *f*
period of time Zeitdauer *f*, Zeitraum *m*, Zeitspanne *f*
period of treatment Behandlungsdauer *f*, Behandlungszeit *f*
period of vibration Erschütterungs(zeit)dauer *f*
period style *(Arch)* historischer Stil *m*
periodic sampling periodische Probenahme *f*
periodical change periodische Änderung *f*
periodical maintenance periodische Unterhaltung *f*, regelmäßige Instandhaltung *f*
peripheral peripher, an der Peripherie befindlich; Rand...
peripheral area Randgebiet *n (Städtebau)*
peripheral core Peripheriekern *m*
peripheral force Umfangskraft *f*
peripheral pressure Manteldruck *m*
peripheral ring road *(Verk)* Außenring *m (Straße)*
peripheral tensile stress Ringzugspannung *f (Ringanker)*
peripheral tie beam Ringanker *m*
periphery Umfang *m*, Umkreis *m*; Außenfläche *f*; Umgebung *f*
periphery of a circle Kreisumfang *m*
periphery of a city Stadtrand *m*
periphery wall Außenmauer *f*, Außenwand *f*
peripteral *(Arch)* peripteral, von einer Säulenreihe umgeben *(antike Baukunst)*
peripteral building *(Arch)* Peripteralgebäude *n*, Peripteros *m*
peripteral octastyle temple with seventeen columns on the flanks *(Arch)* Peripterostempel *m* von 8 zu 17 Säulen
peripteral temple *(Arch)* Peripteraltempel *m*, Peripteros *m*
peripteros *(Arch)* Gebäude *n* mit einer umlaufenden Säulenreihe *(Tempelbau)*; Peripteralgebäude *n*
perish *v* zerfallen *(durch atmosphärischen Einfluss)*
peristylar *s.* peripteral
peristyle *(Arch)* Peristyl *n*, Umfassungskolonnade *f*
peristyle building *(Arch)* Peristylhaus *n*
peristyle court *(Arch)* Peristylhof *m*
peristyle garden *(Arch)* Peristylhof *m*
peristyle house *(Arch)* Peristylhaus *n*
perling *s.* purlin
perlite Perlit *m*; Perlitleichtzuschlag *m*
perlite plaster Perlitputz *m*
perlitic perlitisch
perm Wasserdampfdurchlässigkeitskoeffizient *m*
permafrost Dauerfrostboden *m*, ständig gefrorener Boden *m*
permafrost soil Dauerfrostboden *m*, Permafrostboden *m*
permanence of dimension Maßbeständigkeit *f (Bauteil)*
permanency 1. *(Stat)* Beharrungszustand *m*; 2. Haltbarkeit *f*; Beständigkeit *f*
permanent fest, dauernd, bleibend, stetig; stabil, beständig; nicht lösbar, fest verlegt
permanent action Dauereinwirkung *f*
permanent address Wohnsitz *m*
permanent blue Permanentblau *n*
permanent bracing bleibende Verstrebung *f*
permanent colour echte Farbe *f*
permanent compression bleibende Zusammendrückung *f*
permanent concrete shuttering verlorene Betonschalung *f*
permanent deflection plastische Durchbiegung *f*
permanent deflexion plastische Durchbiegung *f*
permanent deformation bleibende Formänderung *f* [Verformung *f*]
permanent form(work) verlorene Schalung *f*
permanent green Permanentgrün *n*
permanent hardness Mineralsäurehärte *f*, Nichtkarbonathärte *f*, permanente Wasserhärte *f*
permanent heating Dauerheizung *f*
permanent load ständige Last *f*; Dauerlast *f*; Eigenlast *f*
permanent loading Dauerbelastung *f*, stetige Belastung *f*
permanent overfall weir *(Wsb)* Talsperre *f* mit festen Überfall
permanent partition (wall) feste Trennwand *f*, Permanenttrennwand *f*
permanent plant stationäre Anlage *f*
permanent red Permanentrot *n*
permanent set(tlement) bleibende [plastische] Durchbiegung *f (Träger)*; bleibende Setzung *f (Bauwerk)*; bleibende [plastische] Einsenkung *f* [Setzung *f*] *(Baugrund)*
permanent shore Stempel *m*, Unterfangklotz *m*
permanent shuttering verlorene Schalung *f*
permanent strain Dehnung *f*, bleibende [plastische] Dehnung *f*
permanent to size maßbeständig *(Bauteil)*
permanent tube verlorenes Futterrohr *n*
permanent ventilation Dauerlüftung *f*
permanent waste storage Endlagerung *f* von Abfällen
permanent way 1. ständig befahrbare Straße *f*; 2. Gleisoberbau *m*
permanent way equipment Oberbaumaterial *n (Gleisbau)*
permanent weight Eigenmasse *f*, Eigengewicht *n*; Eigenlast *f*, ständige Last *f*
permanent white Permanentweiß *n*, Barytweiß *n*
permanent yellow Permanentgelb *n*
permanently fixed fest eingebaut [installiert]
permanently imbedded fest verlegt *(z. B. Kabel)*
permanently installed fest eingebaut [installiert]
permanently placed fest verlegt *(z. B. Kabel)*
permeability Durchlässigkeit *f*, Permeabilität *f*, Wasserdurchlässigkeit *f*, Undichtigkeit *f*

permeability coefficient Durchlässigkeitskoeffizient *m*, Durchlässigkeitsbeiwert *m*
permeability of concrete Betondurchlässigkeit *f*, Betonundichtigkeit *f*
permeability test *(Erdb)* Durchlässigkeitsversuch *m*
permeability to air Luftdurchlässigkeit *f*
permeability to moisture Feuchtigkeitsdurchlässigkeit *f*
permeability to water Wasserdurchlässigkeit *f*
permeable durchlässig, permeable
permeable bed Grundwasserleiter *m*
permeable ground durchlässiger Boden *m*
permeable layer durchlässige Schicht *f*
permeable subsoil durchlässiger Untergrund *m*
permeable to air luftdurchlässig
permeable to moisture feuchtigkeitsdurchlässig
permeable to water wasserdurchlässig
permeable to water vapour wasserdampfdurchlässig
permeameter Permeameter *n*, Wasserdurchlässigkeitsprüfer *m (für Erdstoffe)*
permeance Permeanz *f (Wasserdampfdurchlässigkeit)*
permeate *v* durchdringen, eindringen *(Wasser, Lösungen)*; eindiffundieren *(Feuchtigkeit, Gase)*
permeating water Sickerwasser *n*
permeative boundary Durchlässigkeitsgrenze *f*
Permian limestone Zechsteinkalk *m*
permissible zulässig
permissible deviation zulässige Abweichung *f*, Abnahmetoleranz *f*, Ausführungstoleranz *f (Baustoffkennwerte, geometrische Kennwerte)*
permissible deviation of constructional elements Bautoleranz *f*
permissible exposure limit zulässiger Belastungsgrenzwert *m*, Sollbelastungshöchstwert *m*
permissible limit zulässige Grenze *f* vom Sollwert
permissible load zulässige Belastung *f* [Last *f*]
permissible range zulässige Spannweite *f*
permissible stress zulässige Spannung *f*, Bemessungsspannung *f*, zulässige Beanspruchung *f*
permissible-stress design Schnittgrößenermittlungsverfahren *n* nach der Elastizitätstheorie
permissible-stress method *s.* permissible-stress design
permissible variation *s.* permissible deviation
permission Genehmigung *f*
permit *v* zulassen, (zur Verwendung) genehmigen *(Baustoffe, Bauelemente)*
permit 1. Zulassung *f*, Genehmigung *f (Baustoffe, Bauteile)*; 2. Baugenehmigung *f*
perpend 1. durchgehender Stein *m* [Strecker *m*], Binderstein *m (im Mauerwerk)*; beidseitig sichtbarer Mauerstein *m*; Natureckstein *m*, Naturwinkelstein *m*; 2. Senkrechtfuge *f*
perpend stone *s.* perpend 1.
perpend wall Naturblocksteinmauerwerk *n* mit durchgängigen Blöcken
perpendicular senkrecht *(lotrecht)*; vertikal
Perpendicular architecture *s.* Perpendicular style
Perpendicular Gothic *s.* Perpendicular style
perpendicular joint Stoßfuge *f*
perpendicular (line) Normale *f*
Perpendicular style englische spätgotische Architektur *f*, englische Gotik *f (Spätgotik bis zum 16. Jahrh.; letzte Phase der Gotik in England)*
perpendicular tracery *(Arch)* senkrechtes Fensternetzwerk *n*
perpendicularity lotrechte [senkrechte] Stellung *f (Bauteil)*
perpetual lamp *(Arch)* ewige Lampe *f*
perron 1. Beischlag *m*, Treppenvorbau *m (Außenstufen, z. B. bei Kirchen oder Gutshäusern)*; 2. große Freitreppenanlage *f*
perron landing Freitreppenpodest *n*
Persian architecture persische Architektur *f*, persische Baukunst *f*
Persian column *(Arch)* persische Säule *f*
persist *v* beständig [stabil] sein
persistence Stabilität *f (Widerstandsfähigkeit)*; Ausdauer *f*, Haltbarkeit *f*
persistent beständig, stabil
person proposing to build Bauantragsteller *m*, Bauantragender *m*
personal digital assistant *(Verk)* Minicomputer *m (Verkehrsinformation)*
personal travel assistant *(Verk)* mobiler elektronischer Mobilitätsberater *m*
personnel canteen Personalkantine *f*
personnel changing room Personalumkleideraum *m*
personnel costs Lohnkosten *pl*, Personalkosten *pl*, Personalkostenanteil *m*
personnel dining room Personalspeiseraum *m*
personnel entrance Personaleingang *m*
personnel expenses *s.* personnel costs
personnel lock Personalschleuse *f*
personnel room Sozialraum *m*
personnel toilet Personaltoilette *f*
personnel training Personalschulung *f*
perspective perspektivisch
perspective Perspektive *f*
perspective block Blockdiagramm *n*
perspective centre Perspektivpunkt *m*
perspective construction perspektivische Konstruktion *f*, Perspektivbauweise *f*
perspective drawing Perspektivzeichnung *f*, perspektivische Zeichnung *f*
perspective lines *(Verm)* Fluchtlinien *fpl*
perspective plane Bildebene *f*
perspective projection Perspektivprojektion *f*
perspective view Perspektive *f*, perspektivische Ansicht *f*
perspex Plexiglas *n (Polymethacrylat)*
perspiration Schwitzwasser *n*
perspiration corrosion Schwitzwasserkorrosion *f*
perspiration water Kondenswasser *n*, Schwitzwasser *n (Innenräume)*
pertinent *adj* einschlägig, sachdienlich *(Vorschriften)*
pervibrator Tauchrüttler *m (Beton)*
pervious durchlässig *(z. B. für Licht)*; undicht, porös
pervious bed *(Bod, Erdb)* durchlässige Schicht *f*
pervious blanket Dränschicht *f*, Entwässerungsschicht *f*, Entwässerungslage *f*
pervious cesspool Klärgrube *f*, Abortgrube *f*
pervious ground durchlässiger Boden *m*
pervious shell *(Wsb)* Dränschicht *f (bei Talsperren)*
pervious soil durchlässiger Boden *m*
pervious stratum *(Bod, Erdb)* durchlässige Schicht *f*
pervious subsoil durchlässiger Baugrund *m*
pervious to air luftdurchlässig
pervious to vapour dampfdurchlässig
pervious to water wasserdurchlässig
perviousness Durchlässigkeit *f (z. B. für Wasser, Luft)*
perviousness of diffusion Diffusionsdurchlässigkeit *f*
pest control Schädlingsbekämpfung *f*
pest infestation Schädlingsbefall *m*
pestle Stößel *m*
pet cock Entlüftungshahn *m (Heizung)*; Entlüftungsventil *n*
Petri dish Petrischale *f*
petrification Versteinerung *f*
petrification agent Versteinerungsmittel *n*
PETRIFIX process PETRIFIX-Verfahren *n (Verfestigungsverfahren für Sonderabfälle)*
petrify *v (Bod)* versteinern

petrifying liquid Wasserdichtungsflüssigkeit *f* für Mauerwerk, Sperranstrich(stoff) *m*, Steinfarbe *f*
petrochemistry Petrochemie *f*
petrofabric analysis *(Bod)* Gefügeanalyse *f (auch petrographisch)*
Petrograd Standard *Holzmaß in UK = 4,67 m^3*
petrographic analysis Gesteinsuntersuchung *f*, petrographische Analyse *f*
petrographic characteristics petrographisches Merkmal *n*
petrographical petrographisch, gesteinskundlich
petrographical composition Gesteinszusammensetzung *f*
petrography Petrographie *f*, Gesteinskunde *f (Naturstein)*
petrol dump Tanklager *n*
petrol-proof benzinfest, benzinresistent
petrol resistance Benzinbeständigkeit *f*, Benzinfestigkeit *f*
petrol-resistant benzinbeständig, benzinfest
petrol separator *s.* petrol trap
petrol station Tankstelle *f*
petrol trap Benzinabscheider *m*
petroleum Rohöl *n*; Erdöl *n*
petroleum asphalt *(AE)* Erdölbitumen *n*, Erdölasphalt *m*
petroleum bitumen Bitumen *n*, Erdölbitumen *n*
petroleum destillation residue Erdöldestillationsrückstand *m*
petroleum jelly Rohvaseline *f*
petroleum pitch Erdpech *n*, Petrolpech *n*
petroleum refinery plant Erdölraffinerieanlage *f*
petroleum spirit(s) Lösungsbenzin *n*, Lackbenzin *n*
petroliferous erdölhaltig
petroliferous area Erdölgebiet *n*
petrolized mit Erdöl getränkt
petrological petrologisch, gesteinskundlich
petrological character Gesteinscharakter *n*
petrologist Petrologe *m*
petrology Lithologie *f (Gesteinskunde)*
petrosilex Kompaktfeuerstein *m*; Felsit *m*
petrous steinig, steinartig, steinhart
pew Kirchenbank *f (geschlossene)*; Bankreihe *f*
phantastic architecture *s.* fantastic architecture
phantom dump ungenehmigte Deponie *f*
phantom line gestrichelte Linie *f* für Alternativobjekte *(Zeichnung)*
Pharos lighthouse at Alexandria *(Arch)* Leuchtturm *m* zu Alexandria
phase *v* aufeinander abstimmen, schrittweise durchführen
phase Phase *f*, Stadium *n*
phase angle Phasenwinkel *m*
phase change coefficient Phasenkonstante *f*, Phasenkoeffizient *m (Akustik)*
phase constant Phasenkonstante *f*, Phasenkoeffizient *m (Akustik)*
phase diagram Phasendiagramm *n*, Zustandsdiagramm *n*
phase of transition *(Arch)* Übergangsperiode *f*, Übergangsphase *f (zwischen Stilepochen)*
phase separation Phasentrennung *f*
phased application roofing Bedachung *f* in zeitlich getrennten Arbeitsgängen
phased development etappenweise Erweiterung *f*, stufenweiser Aufbau *m*
phenol Phenol *n*, Karbolsäure *f*
phenol-formaldehyde resin Phenolformaldehydharz *n (Phenoplast)*
phenol resin Phenolharz *n*
phenolic coating Phenolharzanstrichstoff *m*
phenolic foam Phenolschaumstoff *m*
phenolic lacquer Phenolharzlack *m*
phenolic laminated board Phenolharzschichtstoffplatte *f*
phenolic-modified alkyd Phenolalkydharz *n*
phenolic plastic Phenoplast *m*
phenolic resin Phenolharz *n*, Phenolplast *n*
phenolic-resin bonded phenolharzverleimt
phenolic-resin foam Phenolharzschaum *m*
phenolic-resin plastic Phenolharzkunsstoff *m*
phenolic-resin varnish Phenolharzlack *m*
phenolic varnish resin Phenollackharz *n*
phenolphthalein Phenolphtalein *n*
phenomena *(Arch)* Erscheinungen *fpl* des unsäglichen Raumes
phenoplast Phenoplast *m*
phenoxy resin Phenoxyharz *n*
Philadelphia leveling rod *(AE)* bezifferte zweiteilige Messlatte *f*
philharmonic hall Philharmonie *f*
Phillips head *(AE)* Kreuzschlitz(schrauben)kopf *m*
Phillips screw Kreuzschlitzschraube *f*
phone booth *(AE)* Fernsprechzelle *f*, Telefonzelle *f*, Fernsprechkabine *f*
phone call box Fernsprechzelle *f*
phone duct Fernsprechkabelkanal *m*
phone installation Fernsprechinstallation *f*
phone line Fernsprechleitung *f*
phone point Fernsprechanschlussstelle *f*
phonolite Phonolith *m*, Klingstein *m*
phosphate *v* phosphatieren
phosphate-chromate etch primer passiviert-phosphatierter Haftgrund *m*
phosphate-coated phosphatiert
phosphate coating Phosphatbeschichtung *f*
phosphated metal phosphatiertes Metall *n*
phosphatic phosphatisch, phosphorhaltig
phosphatic chalk Phosphatkreide *f*
phosphatic rock Phosphatgestein *n*
phosphating (treatment) Phosphatieren *n (Korrosionsschutz)*
phosphatized phosphatisiert
phosphor bronze Phosphorbronze *f*
phosphor-solder Phosphorhartlot *n*
phosphorescence Phosphoreszenz *f*
phosphorescent paint nachleuchtende [phosphoreszierende] Farbe *f*
phosphoric phosphorhaltig
photo-ageing Lichtalterung *f*, Alterung *f* durch Licht
photoelastic spannungsoptisch
photoelastic investigation spannungsoptische Materialuntersuchung *f* [Untersuchung *f*]
photoelasticity Spannungsoptik *f*
photoelectric cell Photozelle *f*
photoelectric control lichtelektrische Steuerung *f*, Schaltung *f* durch Photozelle
photogrammetry Fotogrammmetrie *f*, Messbildverfahren *n*, Bildmesswesen *n*
photographic aerial survey *(Verm)* Luftvermessung *f*
photographic dark room Dunkelkammer *f*
photomap Luftbildkarte *f*
photometry Lichtmengenmessung *f*, Fotometrie *f*
photosensitive glass lichtempfindliches Glas *n*
photovoltaics Solar(zellen)technik *f (Solarheizung)*
phreatic unterirdisch, phreatisch
phreatic nappe Grundwasserspiegel *m*
phreatic surface Wasserspiegel *m*
phreatic water Grundwasser *n*
Phrygian marble roter Marmor *m (in antiken römischen Gebäuden)*

phthalic resin Phthalatharz *n*
phthalocyanine dyestuff Phthalocyaninfarbstoff *m*
phthalocyanine pigments Phthalocyaninpigmente *npl (blau und grün)*
phylite Phyllit *m*, Phylittschiefer *m*
physical 1. physikalisch; körperlich; 2. räumlich-baulich
physical acoustics Bauakustik *f*
physical behavior physikalisches Verhalten *n*
physical deterioration Materialüberalterung *f*
physical hardening physikalische Verhärtung *f*
physical planning Raumplanung *f*, Territorialplanung *f*, Raumordnung *f*
physical property Festigkeitseigenschaft *f*
physical stabilization mechanischer Einschluss *m*
physical structure Aufbau *m (eines Baustoffes)*; Strukturaufbau *m*
physical waterproofing mechanische Sperrung *f*, physikalische Abdichtung *f*
physical weathering physikalische Verwitterung *f*
physically deteriorated überaltert *(Baustoffe)*
physico-chemical stabilization mechanisch-chemische Bodenstabilisierung *f*
physics relating to construction Bauphysik *f*
physiopsychological sympathy *(Arch)* Einfühlung *f*
piano hinge Scharnier *n (Stangenscharnier)*; Klavierband *n*
piano nobile Empfangs- und Speiseetage *f*, Beletage *f (in Renaissancepalästen)*
piano wire Stahlsaite *f*
pick *v* (auf)hacken; mit dem Dietrich öffnen; picken, aufnehmen
pick *v* **a lock** mit dem Dietrich öffnen
pick Hacke *f*, Haue *f*, Kreuzhacke *f*, Spitzhacke *f*, Pickhammer *m*
pick and dip rationelles Mauern *n*
pick dressing Rohbehauen *n (von Stein)*
pick hammer Spitzhammer *m*
pick mattock spitzer Maurerhammer *m*
pick-up load Heizenergieaufnahme *f (einer Heizung beim Anheizen)*
pickaxe Kreuzhacke *f*, Spitzhacke *f*, Hacke *f*, Haue
picked finish gespitzte Oberfläche *f (Stein)*
picket *v* 1. begrenzen *(mit einem Palisadenzaun)*; 2. *(Verm)* abstecken
picket Pflock *m*; Zaunpfahl *m*, Zaunpfosten *m*; Zaunlatte *f*
picket fence Lattenzaun *m*, Rundholzzaun *m*, Pfostenzaun *m*
picking 1. Abklopfen *n*, Abspitzen *n (Natursteinoberflächengestaltung)*; 2. Öffnen *n* mittels Dietrich
picking belt Leseband *n*
picking pistol Aufsperrpistole *f (Schlösser)*
picking up Anstrichvermischung *f* durch Frisch-auf-Frisch-Streichen
pickle *v* (ab)abbeizen *(Metall)*; ablaugen *(Holz)*
pickle Beize *f*, Beizmittellösung *f*
pickleable beizbar
pickling Beizen *n (z. B. zum Entzundern)*; Ätzen *n*
pickling agent Beizmittel *n*, Abbeizmittel *n*
pickling chemical Beizmittel *n*, Abbeizmittel *n*
picklock Dietrich *m*
picnic area Rastplatz *m (an der Autobahn)*
picnostyle *(Arch)* Säulen(zwischen)abstand *m*
picrite Pikrit *m*, schwarzer Diabas *m*
pictorial composition *(Arch)* Bildkomposition *f*
pictorial projection Projektion *f* auf eine Bildebene
pictorialness Bildmäßigkeit *f*
picture gallery Gemäldegalerie *f*, Bildergalerie *f*
picture glass Bilderglas *n*
picture palace Lichtspieltheater *n*
picture plane Bildebene *f*
picture rail Bilderleiste *f*, Aufhängeleiste *f* für Bilder
picture window großflächiges Fenster *n*, Terrassenfenster *n*, Panoramafenster *n*
pictures Kino *n*
picturesque malerisch
picturesque Romantic style *(Arch)* malerische Romantik *f*
pidgeonhole parking structure Parkturm *m*
piece *v* anstücken
piece *(AE)* Grundschwelle *f (Fachwerk)*
piece list Stückliste *f*
piece mark Bauteilzeichen *n*, Bauteilnummer *f*
piece of carpentry Zimmererarbeit *f*
piece of scenery Kulissenstück *n*
piece work Stücklohnarbeit *f*, Akkordarbeit *f*
pieced timber zusammengesetztes Bauholzstück *n*, angesetztes Holzstück *n*
pieced wood *s.* pieced timber
pien *(AE)* vorspringende Ecke *f*
pien check Steinstufenfuge *f*, Stufenpassrand *m*
pien joint Steinstufenpassfuge *f*
piend Gradlinie *f*
pier 1. Brückenpfeiler *m*, Pfeiler *m*; Wandpfeiler *m*; Gründungspfahl *m*; 2. Hafendamm *m*, Mole *f*, Pier *m(f)*, Hafenpier *m*, Landungsbrücke *f* • **without piers** pfeilerlos
pier arcade Pfeilerarkade *f*
pier arcade arch Pfeilerarkadenbogen *m*
pier arcading Pfeilerbogengang *m*, Pfeilerbogenlaube *f*, Pfeilerarkadur *f*
pier arch Pfeilerbogen *m*
pier base Pfeilerbasis *f*
pier basilica Pfeilerbasilika *f*
pier block Betonblockstein *m* mit zwei Sichtflächen
pier bond(ing) Pfeilerverband *m*
pier buttress Strebepfeiler *m*, Bogenpfeiler *m*
pier cap Pfeileraufsatz *m*, Pfeilerkopf *m*
pier capital Pfeilerkapitell *n*
pier construction Pfeilerbau *m*
pier foundation Pfeilergründung *f*
pier glass Pfeilerspiegel *m*, Zwischenfensterspiegel *m*
pier guard Pfeiler(anfahr)schutz *m*, Kantenschutz *m*
pier head Vorkopf *m*; Molenkopf *m*; Pfeilerkopf *m*
pier impost Pfeilerkämpfer *m*
pier masonry Pfeilermauerwerk *n*
pier masonry bond Pfeilerverband *m*
pier of bridge Brückenjoch *n*
pier of erecting stage Gerüstpfeiler *m*
pier of wall Verstärkungspfeiler *m*, Mauerpfeiler *m*
pier shaft Pfeilerschaft *m*
pierce *v* 1. durchschlagen, durchstoßen, durchbrechen; 2. *(Tun)* durchörtern; 3. durchbohren, durchlochen, durchstechen, lochen, stanzen, perforieren
pierced durchbrochen; durchlocht, gelocht; gekästelt
pierced arcade durchbrochene Arkade *f*
pierced bond Kästelverband *m*
pierced louvre Türfüllungsjalousie *f*, Luftschlitztürfüllung *f*
pierced panel durchlochte Tafel *f*
pierced wall durchbrochene Wand *f*, durchbrochene [offene] Ziermauer *f*
pierced work durchbrochene Arbeit *f (Keramikelemente, Ornamentsteine)*
piercing 1. Durchlochung *f*; 2. *(Tun)* Durchörterung *f*
piercing saw Lochsäge *f*, Spitzsäge *f*, Stichsäge *f*
pierre perdue *(Wsb)* Steinbettung *f*, Steinschüttung *f (ohne Bindung)*
pierrotage *(AE)* Füllmörtelbeton *m*, Feinbeton *m* zur Fachwerkfüllung *(Architektur der amerikanischen Südstaaten)*

piezometer Piezometer *n*, Porenwasserdruckmesser *m* *(Boden)*; Wasserstandsmesser *m*
piezometric piezometrisch
piezometric head piezometrische Druckhöhe *f*
piezometric level Druckspiegel *m (des Grundwassers)*
piezometric surface gespannter Grundwasserspiegel *m*, artesischer Grundwasserspiegel *m*
pig iron Roheisen *n*
pig tin (fast) reines Zinn *n (99,80 %)*
pigeon hole Regalfach *n*, Ablagefach *n*
pigeon-hole corner spitze Mauerecke *f*, scharfe Wandkante *f*
pigeon-holed wall durchbrochene Wand *f*, Wand *f* mit regelmäßigen Öffnungen
pigeon house Taubenhaus *n*
pigeonhole Durchbruch *m*, Kästel n *(Wand)*
pigeonhole bond Kästelverband *m*
piggery Schweinestall *m*
pigment Pigment *n*, Farbstoff *m*, Farbkörper *m (z. B. in Anstrichstoffen)*; Farbe *f*
pigment-binder system Pigment-Bindemittel-System *n*
pigment blend Pigmentmischung *f*
pigment compactibility Pigmentverträglichkeit *f*
pigment dispersion Pigmentierung *f*, Durchfärbung *f*, Einfärbung *f*
pigment figure farbiges Holzmuster *n*
pigment fineness Pigmentfeinheit *f*
pigment floating Ausschwimmen *n* der Pigmente *(Anstrich)*
pigment grain Pigmentpartikel *m*, Pigmentkörnchen *n*
pigment migration Pigmentwanderung *f*
pigment miscibility Pigmentmischbarkeit *f*
pigment obscurity Pigmentanreicherung *f*; Pigmentergiebigkeit *f*
pigment particle Pigmentpartikel *m*, Pigmentteilchen *n*
pigment paste Pigmentpaste *f*
pigment powder Pigmentpulver *n*
pigment settlement Pigmentabsetzen *n*
pigment stain Farbbeize *f*
pigment-to-binder ratio Farbstoff-Grundmasse-Verhältnis *n*, Pigment-Bindemittel-Verhältnis *n*
pigment volume Pigmentvolumen *n (Anstrich)*
pigment volume concentration Pigmentvolumenkonzentration *f*, PVC
pigmentary dyestuff Pigmentfarbstoff *m*
pigmentation Pigmentierung *f*, Durchfärbung *f*, Einfärbung *f*
pigmented pigmentiert, durchgefärbt, eingefärbt, pigmenthaltig
pigmented cement Farbzement *m*, Buntzement *m*
pigmented coating pigmentierter Anstrichstoff *m*
pigmented concrete farbiger Beton *m*
pigmented mastic asphalt Farbgussasphalt *m*, eingefärbter Gussasphalt *m*
pigmented rubbing varnish pigmentierter Schleiflack *m*
pigmented tile Farbfliese *f*
pigpen *(AE)* Schweinestall *m*
pigsty Schweinestall *m*
pigtail *(El)* geflochtene Litze *f*; Anschlusskabel *n*
pike (road) *(AE)* Mautstraße *f*, gebührenpflichtige Straße *f*
pila 1. Säulenaufsatzblock *m* als Dachholzauflage; 2. (wertvoller) Ziermörtel *m*
pilaster *(Arch)* Pilaster *m*, Halbsäule *f*, Wandpfeiler *m*
pilaster base Grundstein *m (eines Wandpfeilers)*
pilaster block Betonblockstein *m* mit zwei Sichtflächen
pilaster face Wandpfeilersichtfläche *f*
pilaster mass (einfacher) eingebundener Wandpfeiler *m*
pilaster side Wandpfeilerseitenfläche *f*
pilaster strip anlaufender Wandpfeiler *m*; Lisene *f*, Pilasterstreifen *m*
pilastered façade Pilasterfassade *f*, Wandpfeilerfassade *f*
pilastrade Pilasterreihe *f*
pile *v* 1. rammen, eintreiben *(Pfähle)*; 2. schichten, stapeln; (an)schütten
pile-drive *v* einrammen
pile *v* **up** aufhäufen, aufstapeln, ansammeln
pile 1. Pfahl *m*, Gründungspfahl *m*, Rammpfahl *m*; 2. Stapel *m*; Haufen *m*, Stoß *m*
pile and sheet-pile driver Pfahl- und Spundwandramme *f*
pile and sheet-pile driving work Rammarbeiten *f*
pile batter Pfahlneigung *f*
pile bearing capacity Pfahltragfähigkeit *f*
pile bent Pfahljoch *n*
pile bounce Rückprall *m (Pfahlgründung)*
pile bridge Pfahlbrücke *f*
pile cap 1. Pfahlkopfplatte *f*, Pfahlrostplatte *f*, Pfahlkopfeinbindung *f*; 2. Pfahlkopfband(eisen) *n*; Kappe *f (Pfahlkopfplatte zur gleichmäßigen Lastverteilung)*; Rammhaube *f*
pile carpet Florteppich *m*
pile cluster Dalbe *f*, Dalben *m*, Pfahlgruppe *f*
pile core Dorn *m*; Profilkörper *m*
pile cover Schlaghaube *f*
pile cut-off level Pfahlabschnitthöhe *f*
pile deflection Pfahlabweichung *f*
pile diameter Pfahldurchmesser *m*
pile dike *(AE)* Spundwandbau *m*, Spundwandkonstruktion *f*; Pfahlwand *f*
pile drawer Pfahlzieher *m*
pile driver 1. Pfahlramme *f*, Ramme *f*; 2. Rammbär *m*, Rammhammer *m*, Fallhammer *m*
pile driving Pfahlrammung *f*, Rammarbeit *f*
pile-driving barge Rammponton *m*
pile-driving formula *(Erdb)* Rammformel *f*
pile-driving frame Ramme *f*; Rammgerüst *n*
pile-driving hoist Rammwinde *f*
pile-driving operations Rammarbeit *f*
pile-driving plant Ramme *f (für Pfähle)*; Rammanlage *f*
pile-driving resistance Rammwiderstand *m (eines Rammpfahls)*
pile-driving technique Rammverfahren *n*
pile-driving work Rammarbeiten *fpl (in Ausschreibungen)*
pile dwellings Pfahlbauten *mpl*
pile eccentricity Pfahlpositionsabweichung *f*
pile extractor Pfahlzieher *m*
pile fender Schutzpfahl *m*; Schutzpfahlreihe *f*
pile ferrule Pfahlring *m*, Pfahlzwinge *f*
pile foot Pfahlfuß *m*, Pfahlende *n*
pile for driving Rammpfahl *m*
pile foundation Pfahlgründung *f*
pile-foundation grill Pfahlrost *m (Gründung)*
pile-foundation structure Pfahlrostbauwerk *n*
pile frame Ramme *f*; Rammgerüst *n*
pile friction Pfahlhaftreibung *f*, Pfahlreibungskraft *f*
pile group Pfahlgruppe *f*
pile hammer *(Erdb)* Fallhammer *m*, Rammbär *m*, Rammhammer *m (für Pfähle)*
pile head Pfahlkopf *m*
pile helmet Rammhaube *f*, Schlaghaube *f*
pile hoop Pfahlkopfband(eisen) *n*
pile jetting Pfahleinspülen *n*
pile layout Pfahlplan *m*, Pfahlanordnung *f*
pile length Pfahllänge *f*
pile load test Pfahlprobebelastung *f*, Probebelastung *f* eines Pfahls
pile loading Pfahlbelastung *f*
pile loading test *s.* pile load test
pile pier Pfahlpier *f*, Pfahljoch *n*
pile plank Spundbohle *f*

pile planking Spundwand *f*
pile point Pfahlspitze *f*
pile point bearing capacity Pfahlspitzentragfähigkeit *f*, Pfahlfußtragkraft *f*
pile puller Pfahlzieher *m*
pile reinforcement Pfahlbewehrung *f*
pile resistance Pfahltragfähigkeit *f*
pile ring Pfahlkopfband(eisen) *n*
pile shaft Pfahlschaft *m*; Pfahlmantel *m*
pile shoe Pfahlschuh *m*, Pfahlfußspitzenschutz *m*
pile shoe fitted in eingeschobener Pfahlschuh *m*
pile spacing Pfahlabstand *m*
pile strutting Pfahlverankerung *f*
pile-supported auf Pfählen, mit Pfahlgründung
pile toe Pfahlspitze *f*
pile tolerance vertikale und horizontale Pfahlabweichung(stoleranz) *f*
pile top Pfahlkopf *m*
pile trestle Pfahljoch *n*
pile village Pfahldorf *n*
pile wall Pfahlwand *f*
pile work Pfahlwerk *n*, Pfahlrost(bau) *m*, Pfahlwand *f*
piled density Schnittdichte *f (Baustoffe)*
piled dolphin Pfahlbündel *n*
piled foundation Pfahlgründung *f*
piled measure Schichtmaß *n (Holz)*
pilework Pfahlbau *m*
pilgrimage altar *(Arch)* Pilgeraltar *m*, Wallfahrtsaltar *m*
pilgrimage church *(Arch)* Wallfahrtskirche *f*
pilgrimage road *(Arch)* Pilgerstraße *f*
piling 1. Pfahltreiben *n*; Pfahlanordnung *f*, 2. Schüttung *f*, 3. Anziehen *n*, rasches Steifwerden *n (des Anstrichs)*
piling frame Pfahlramme *f*, Rammgerüst *n*
piling hammer Pfahlramme *f*, Rammbär *m*
piling of soil Bodenlagerung *f*
piling pipe Pfahlröhre *f*, Pfahl(schutz)rohr *n*
piling place Stapelplatz *m*
piling plan Rammplan *m*
piling rig Rammgerüst *n*
piling sheet Spundbohle *f*
piling unit Rammanlage *f*
piling up Aufhäufen *n*
piling-up of water Wasserstau *m*
pillar *v* mit Pfeilern verstärken [versehen]; mit Pfeilern schmücken
pillar *(Arch)* Pfeiler *m*, Pfosten *m*; Säule *f*, Stütze *f*, Freipfeiler *m*
pillar bolt auskragender Pfeilerstützbolzen *m*
pillar box Pfeilerkasten *m*; Briefkasten *m* in Säulenform *(in England)*
pillar hydrant Überflurhydrant *m*
pillar-like säulenförmig
pillar of victory *(Arch)* Siegessäule *f*, Triumphsäule *f*
pillar-shaped pfeilerförmig
pillar stanchion Stütze *f*, Ständer *m*
pillar stone Eckstein *m*
pillar tap Standhahn *m*
pillared hall *(Arch)* Pfeilerhalle *f*
pillarlike säulenförmig
pillow capital *(Arch)* Würfelkapitell *n*
pillow work Kissenornamentwerk *n*
pilot Führungszapfen *m*
pilot boring Baugrunderkundungsbohrung *f*
pilot cutting Durchstich *m*
pilot drift Richtstollen *m*
pilot hole Vorohrloch *n*, Vorbohrung *f*
pilot lamp [light] Kontrolllampe *f*, Notlampe *f*, Sparlampe *f*
pilot nail Heftnagel *m*
pilot project Versuchsprojekt *n*; Vorprojekt *n*; Vorplanung *f*
pilot tunnel Richtstollen *m*, Pilotstollen *m*
pilotis *(Arch)* Pilotis *f*, hochgelegtes Pfeilerhaus *n*, Pilotisgebäude *n*
pilotis building *s.* pilotis
pin *v* heften *(mit Stiften)*; befestigen; verankern
pin-connect *v* gelenkig verbinden
pin 1. *(Hb)* Stift *m*, Bolzen *m*; Dorn *m*, Zapfen *m*; Dübel *m*; Kloben *m (Fensterdrehzapfen)*; Angel *f*, Haspe *f (z. B. an Türbändern)*; 2. *(AE)* Absteckpfahl *m*, Absteckpflock *m*
pin bearing Linienkipplager *n*
pin chain Nietbolzenkette *f*
pin-connected bars (mit Bolzen) gelenkig verbundene Glieder *npl*, gelenkig verbundene Stäbe *mpl*
pin-connected truss Gelenkbolzenfachwerk *n*
pin connection in top boom Obergurtgelenkknotenpunkt *m*
pin drift Dorn *m*
pin drill Zapfenbohrer *m*, Fachwerkbolzenbohrer *m*
pin-ended column Pendelstütze *f*
pin hinge Fischband *n*, Fitschband *n*, Fitsche *f*, Türband *n*, Aufsatzband *n (Baubeschlag)*; Bolzengelenk *n*
pin joint Bolzengelenk *n*; Gelenkknoten *m*
pin-jointed mit Bolzen verbunden
pin-jointed truss Gelenkbolzenfachwerk *n*
pin knot (kleiner) Astknoten *m*
pin of a hinge Scharnierstift *m*
pin plate Gelenkstoßblech *n*
pin plug Steckstift *m*
pin punch Durchtreiber *m*
pin rail Hakenbrett *n*
pin riveting Stiftnietung *f*
pin rocker bearing Zylinderkipplager *n*
pin spanner Stiftschlüssel *m*, Steckdorn *m*
pin tumbler (lock) Zylinderschloss *n*
pin valve Stiftventil *n*
pinacotheca Pinakothek *f*, Gemäldesammlung *f*
pincers Beißzange *f*, Kneifzange *f*
pinch *v* klemmen, quetschen; zusammenkneifen *(Holz)*; schwinden *(als Folge von Druckkräften)*
pinch *v* **off** abklemmen, abzwicken
pinch bar Brechstange *f*, Brecheisen *n*
pinch-cock Quetschhahn *m*
pinching Klemmung *f*, Quetschung *f (Befestigung)*
pine Kiefer *f*, Kiefernholz *n*
pine oil Nadelholzharzöl *n*, Kienöl *n (Farbe)*
pine resin Kiefernharz *n*; Terpentinharz *n*
pine shingle Kiefernschindel *f*, Nadelholzschindel *f*
pine wood Kiefernholz *n*
pinhole 1. feines Loch *n*, Nadelloch *n (Fehlstelle in verschiedensten Materialien)*; Pore *f (Fehler in Farb- oder Schutzschichten)*; 2. Bolzenöffnung *f*, Bolzenloch *n*
pink glass Rosalinglas *n*
pinnacle Zinne *f*, Mauerzinne *f*, Spitztürmchen *n*, Spitzsäule *f*, Fiale *f (gotisches Ziertürmchen als Pfeileraufsatz)*
pinnacled canopy Fialbaldachin *m*
pinned arched girder Gelenkbogenträger *m*
pinner kleiner Lagerstein *m*, kleiner Unterstützungsstein *m*
pinning 1. Bolzenverbindung *f*, Bolzenhalterung *f*; 2. Fundament *n*; Unterfangung *f*, Verankerung *f*
pinning-in Fugenverstopfen *n*, Fugenfüllen *n* mit Steinscherben
pinning-up Unterfangungsverbindung *f* durch Verkeilen
pinpoint *v* genau ermitteln, genau abgrenzen *(Lage, Auflage)*
pinpoint Nadelspitze *f*
pintle Zapfen *m*, Drehbolzen *m*, vertikaler Drehzapfen *m*
pinwheel groundplan *(Arch)* hakenkreuzförmiger Grundriss *m*

pioneer bench Anschnittstrosse *f (Steinbruch)*
pioneering architect Archtekturpionier *m*
pipe *v* berohren, verrohren; Rohre (ver)legen
pipe Rohr *n*; Leitungsrohr *n*
pipe back Rohrinnenseite *f*
pipe base Rohrfuß *m*
pipe bedding Rohrunterlage *f*, Rohrauflage *f*
pipe bend Knierohr *n*, Kniestück *n*, Rohrkrümmer *m*
pipe bender Rohrbiegemaschine *f*
pipe blockage Rohrverstopfung *f*
pipe bore side Rohrinnenseite *f*
pipe bracket Rohrauflager *n*, Rohraufhängung *f*, Rohrschelle *f*, Rohrklemme *f*
pipe branch Zulaufrohr *n*, Abzweigrohr *n*
pipe branching Rohrverzweigung *f*
pipe bridge Rohrbrücke *f*
pipe burst Rohrbruch *m*
pipe cap Rohrdeckel *m*, Rohrkappe *f*
pipe casting in trenches Betonrohrherstellung *f* in Rohrgräben
pipe cement Rohrkitt *m*
pipe chase Rohrgraben *m*
pipe circulating system Umfaufrohrsystem *n*, Umwälzrohrnetz *n*
pipe circulation line Umlaufrohrleitung *f*, Umlaufleitung *f*
pipe clamp Rohrschelle *f*, Rohrklemme *f*
pipe clay Bindeton *m*
pipe cleaning Rohrreinigung *f*
pipe cleaning agent Rohrreinigungsmittel *n*
pipe clip *s.* pipe clamp
pipe coating Rohrbeschichtung *f*; Rohrschutzschicht *f*
pipe collar Rohrmanschette *f*
pipe column Stahlrohr(mantel)säule *f*; Rohrstütze *f*
pipe compartment box Rohrverzweigungskasten *m*
pipe connection Rohrverbindung *f*
pipe connector Rohrnippel *m*
pipe core Kernrohr *n*
pipe coupling Rohrverbindung *f*, Rohrkupplung *f*
pipe covering Rohrummantelung *f*, Rohrdämmungsmantel *m*
pipe covering tape Rohrisolierband *n*
pipe cross section Rohrleitungsquerschnitt *m*
pipe crotch Rohrverzweigung *f*
pipe culvert Rohrdurchlass *m*
pipe cutter Rohr(ab)schneider *m*
pipe diameter Rohrweite *f*
pipe drain Rohrdrän *m*
pipe driving Rohrvortrieb *m*, Rohrrammen *n*
pipe duct Rohrkanal *m*
pipe earthing *(El)* Rohrerdung *f*
pipe end Rohrstirnfläche *f*
pipe expansion joint Rohr(aus)dehnungsstoß *m*
pipe failure Rohrbruch
pipe fitter Rohrleger *m*, Rohrschlosser *m*
pipe fitting 1. Rohrleitungsinstallation *f*; 2. Rohrformstück *n*, Fitting *n(m)*
pipe fitting branch [union] Fittingzwischenrohr *n*
pipe fittings Fitting *n(m)*
pipe fixing Rohrbefestigung *f*
pipe flange Rohrflansch *m*
pipe frame Rohrrahmen *m*
pipe gasket Rohrdichtung *f*, Dichtungsring *m* für Rohrleitungen
pipe gradient Rohrgefälle *n*
pipe grid Rohrregister *n*, Rohrheizregister *n*
pipe handrail Rohrhandlauf *m*
pipe hanger Rohrsattel *m*, Rohrschelle *f*, Schelle *f*
pipe hook Rohrleitungskonsole *f*, Trageisen *n* für Rohrleitungen, Rohraufhängung *f*
pipe housing Rohrleitungsgehäuse *n*
pipe incrustation Rohrverkrustung *f*
pipe inlet Rohrabzweig *m*, Rohreinmündung *f*
pipe installation Rohrverlegung *f*
pipe insulating section Rohrdämmschale *f*
pipe insulation Rohr(leitungs)dämmung *f*
pipe insulation loose fill Rohrschüttdämmung *f*
pipe jacking Rohrdurchpressen *n*
pipe joint Rohr(übergangs)muffe *f*, Rohrverbindung *f*
pipe junction Rohrabzweig *m*
pipe lag Rohrdämmung *f*
pipe lagging Rohr(leitungs)dämmung *f*
pipe-layer 1. Rohrleger *m*; 2. Rohr(ver)legekran *m*
pipe laying Rohrverlegung *f*
pipe line Rohrleitung *f*, Pipeline *f*
pipe liner Futterröhre *f*
pipe lining 1. Futterrohr *n*, Schutzrohr *n*; 2. Rohrleitungsverlegen *n*
pipe mandril Rohrdorn *m*
pipe manifold Rohrverteiler *m*, Rohrverzweigungsleitung *f*
pipe marking Rohr(farb)kennzeichnung *f*
pipe mast Rohrmast *m*
pipe material Rohrmaterial *n*
pipe network Rohr(leitungs)netz *n*
pipe newel Rohrspindel *f (Treppe)*
pipe nipple Rohrnippel *m*
pipe noise Rohr(leitungs)geräusch *n*
pipe offset Rohrkrümmung *f*
pipe outside diameter Rohraußendurchmesser *m*
pipe penetration Rohrdurchgang *m*
pipe pier Rohrfestpunkt *m*
pipe pile Röhrenpfahl *m*; Pfahlröhrenmantel *m*
pipe plastic Rohrkunststoff *m*
pipe plug Rohrstopfen *m*
pipe profile Rohrprofil *n*
pipe protection against corrosion Rohrkorrosionsschutz *m*
pipe purline Rohrpfette *f*
pipe railing Rohrgeländer *n*
pipe reducer Rohrreduzierstück *n*
pipe resistance Rohrwiderstand *m*
pipe rest bend unterstütztes Rohrwinkelstück *n*
pipe restriction Rohrverengung *f*
pipe return bend Rohrdoppelkrümmer *m*
pipe run Rohrlauf *m*
pipe saddle Rohrsattel *m*
pipe screwing Rohrverschraubung *f*
pipe section 1. Rohrabschnitt *m*; 2. Rohrprofil *n*, Rohrschnitt *m*
pipe separator Rohrstegverbinder *m (Walzträger)*
pipe sewer Abwasserrohr(leitung *f*) *n*, Kanalrohr(leitung *f*) *n*
pipe shaft Rohrschacht *m (Graben)*
pipe shape Rohrform *f*, Rohrgestalt *f*
pipe sizing Rohrabmessung *f*
pipe skeleton Rohrgerippe *n*, Rohrskelett *n*
pipe sleeve Rohrmuffe *f*, Schutzrohr *n*, Hülsenrohr *n* *(Mauerwerkdurchbruch)*
pipe socket Rohrstutzen *m*, Rohrmuffe *f*
pipe spigot Rohreinsteckende *n*, Rohrspitzende *n*, Rohrschwachende *n*
pipe steel Rohrstahl *m*
pipe steel reinforcement Rohrbewehrung *f*
pipe stopper *s.* pipe plug
pipe strap Bandeisenaufhängung *f (einer Rohrleitung)*; Rohrschelle *f*
pipe stress analysis Rohrspannungsuntersuchung *f*
pipe string Rohrstrang *m*
pipe support Rohrfestpunkt *m*

pipe suspension Rohraufhängung *f*
pipe system Rohr(leitungs)netz *n*, Rohrleitungssystem *n*
pipe thread Rohrgewinde *n*
pipe tongs Rohrzange *f*
pipe top Rohrgraben *m*, Rohrscheitel *m*
pipe trench Rohrkanal *m*, Rohrschacht *m*, Rohrgraben *m*
pipe twister Rohrwickler *m*
pipe union Anschlussstutzen *m*, Rohrverbindungsstück *n*
pipe works Rohrwerk *n*
pipe wrench Rohrzange *f*
pipelayer Rohrleger *m*
pipelaying Rohrverlegung *f*
pipelike pfeifenartig
pipeline Rohrleitung *f*, Haupt(rohr)leitung *f*, Rohrstrang *m*, Fernleitung *f*
pipeline bridge Rohrbrücke *f*
pipeline flange Rohrleitungsflansch *m*
pipeline heater Rohrleitungsheizung *f*
pipeline noise Rohrleitungsgeräusch *n*
pipeline parts Rohrleitungsteile *npl*
pipeline protection Rohrschutz *m*
pipeline route Rohrleitungstrasse *f*
pipeline system Rohrleitungsanlage *f*
pipeline wrapping tape Rohrbandage *f*
piperun *(AE)* Rohrführung *f*
pipeway Rohr(leitungs)trasse *f*
pipework Rohr(leitungs)netz *n*
pipework basement Rohrleitungskellergeschoss *n*
pipework cellar Rohrkeller *m*
pipework system Rohrleitungssystem *n*
pipewrap Rohrumhüllung *f*
piping 1. Rohrleitung *f*, Leitungssystem *n*, Leitung *f*; 2. Rohrverlegung *f*, Verrohrung *f*; 3. Bodenfließen *n*; Bodenpartikeltransport *m*; Grundbruch *m* durch Untergrundwasserbewegung
piping (heat) loss Leitungsverlust *m*, Wärmeverlust *m* in Leitungen *(Heizung)*
piping parts Rohrleitungsteile *npl*
piping plan Rohrplan *m*
piping-up Rohrverlegung *f*
piquet 1. Pflock *m*, Pfahl *m*; 2. *(Verm)* Absteckpflock *m*
piracy *(Wsb)* Anzapfung *f*, Kappen *n (des Flusslaufes im Oberlauf)*
pisay *s.* pisé
piscina *(Arch)* Altarwasserablauf *m*
pisé 1. Pisee *m*, Stampflehm *m*; 2. Piseebau *m*, Lehmstampfbau *m*, Erdmauerbau *m*, Kastenwerkbau *m*
pisé building Stampf(lehm)bau *m*, Lehmstampfbau *m*, Kastenwerkbau *m*, Piseebau *m*
pisé construction *s.* pisé 2.
pisé de terre *s.* pisé 1.
pisiform erbsenförmig
pisolite Pisolith *m*, Erbsenstein *m*
pisolithic limestone Pisolith *m*, Erbsenstein *m*
pissasphalt Bergasphalt *m*
pistol range Pistolenschießstand *m*
piston-type impact tool Schlagbolzengerät *n*
pit *v* 1. einfressen *(z. B. Säuren)*; 2. pockennarbig [lochfraßig] werden *(Oberfläche, Anstrich)*
pit 1. Anstrichpore *f*, Anstrichfehlstelle *f*; 2. Schürfloch *n*; 3. Baugrube *f*, Grube *f*, Schacht *m (Bergbau)*; 4. Lochfraßstelle *f (Korrosion)*
pit and quarry industry Industrie *f* für Steine und Erden
pit arch Grubenausbau *m*
pit base Baugrubensohle *f*
pit bin Tiefbunker *m*
pit boards *(Erdb)* Aussteifungsbohlen *fpl*, Schachtaussteifungsbretter *npl*, Verbau *m*
pit building Grubengebäude *n*, Schachthaus *n*
pit cover Grubendeckel *m*
pit covering Grubenabdeckung *f*
pit gravel Wandkies *m*, Grubenkies *m*
pit heap Bergehalde *f*, Abraumhalde *f*
pit level Baugrubensohle *f*
pit lime Sumpfkalk *m*, eingesumpfter Kalk *m*
pit-run gravel Wandkies *m*, Grubenkies *m*
pit sand Grubensand *m*
pit sawing Stammlängssägen *n (von Hand)*
pit slag Grubenschlacke *f*
pit water Grubenwasser *n*
pitch *v* 1. pechen, teeren; kleben; 2. aufstellen, errichten; vorsehen für *(z. B. einen Standort)*; 3. sich neigen [senken]; 4. pflastern; schottern *(Straße)*; 5. verblenden *(Staumauer)*
pitch 1. Neigung *f*, Gefälle *n (Dach)*; Neigungswinkel *m (gegen Horizont)*; Steigung *f*; Gewindesteigung *f*; Steigungswinkel *m*; 2. Dachstulpe *f*; 3. Pfeilhöhe *f*; 4. Pech *n*; 5. Tonhöhe *f (Akustik)*
pitch bitumen Pechbitumen *n*
pitch board Neigungslehre *f*, Steigungsmaßlehre *f (Treppe)*
pitch coke Pechkoks *m*
pitch dimension Steigungsmaß *n (Treppe)*
pitch-faced sichtflächenglatt *(Naturstein)*; bossenartig
pitch fibre pipe Bitumen-Zellulosefaserrohr *n*
pitch knot Harzauge *f (Holz)*
pitch line Ganglinie *f*, Lauflinie *f*, Teilungslinie *f (einer Treppe)*
pitch mastix Pechkitt *m*, Teerkitt *m*
pitch of an arch Bogenstich *m*
pitch of bars Bewehrungsstab(auf)teilung *f*, Eisenabstand *m*
pitch of dovetails Zinkenteilung *f*
pitch of fins Rippenteilung *f*
pitch of links Bügelabstand *m (Stahlbeton)*
pitch of rivets Nietabstand *m*
pitch of roof *s.* pitch of the roof
pitch of spiral Ganghöhe *f* der Spiralbewehrung
pitch of staircase Treppensteigung *f*
pitch of the roof Dachschräge *f*
pitch peat Pechtorf *m*, fetter Torf *m*
pitch pine Gelbkieferholz *n*
pitch pocket 1. Harztasche *f (im Holz)*; 2. Dachsaumblech *n* mit Teerkittabdichtung
pitch resin Pechharz *n*
pitch roof *s.* pitched roof
pitch streak Harzader *f*, Harzträne *f (Holz)*
pitch varnish Teerlack *m*
pitched foundation Setzpacklageschicht *f*
pitched roof Pultdach *n*, Halbdach *n*; Satteldach *n*; Schrägdach *n*
pitched roof area geneigte Dachfläche *f*
pitched stone Naturstein *m* mit zu den Rändern anlaufender Sichtfläche
pitched truss Dreiecksbinder *m*; Trapezbinder *m*
pitcher 1. Granitpflasterstein *m*; 2. Setzpacklagestein *m*, Vorlagestein *m*
pitcher house Weinkeller *m (veraltet)*
pitching 1. Aufstellen *n*, Errichten *n*; 2. Setzpacklage *f*, Pflaster *n*, Straßenpflaster *n*; Steinvorlage *f*, Vorlagestein *m*; 3. Deckwerk *n*; 4. Neigung *f*, Senkung *f*
pitching borer Meißelbohrer *m*
pitching chisel Stockeisen *n*
pitching piece *s.* apron piece
pitching stone Setzpacklagestein *m*
pitching tool Stockeisen *n*
pitchy pechartig
pith Kern *m*; Mark *n (Holz)*
pith fleck schwarze Kernmaserung *f*
pith knot kleiner Kernknoten *m (Holz)*

pitman Brunnenbauer *m*
Pitot tube Stau(druck)rohr *n*, Pitot-Rohr *n*
pits of lime Kalkkörnchen *npl*
pitted narbig; löchrig
pitted surface narbige Oberfläche *f*
pitting schuppenartig *(Kalkputzfehler)*
pitting 1. Korrosionsfraß *m*; Lochfraß *m (Metall)*; 2. Quellausplatzung *f*, Ausdehnungsfehlstelle *f (Putz)*
pitty narbig *(bes. Metallflächen)*
pivot *v* drehbar lagern, gelenkig aufhängen; um einen Zapfen drehen; schwenken
pivot 1. Zapfen *m (erhabener Teil einer Zapfenverbindung)*; Drehzapfen *m*; Türangel *f*, Angel *f*, Angelzapfen *m*; Scharnier *n*; 2. Drehpunkt *m*, Gelenkpunkt *m*, Lagerpunkt *m*
pivot anchor bolts Verankerungsschrauben *fpl*
pivot bearing Kipplager *n (Brücke)*
pivot bridge Drehbrücke *f*
pivot hinge Drehachse *f (bei Schwingflügelfenstern)*
pivot hung window Drehfenster *n*, Kippfenster *n*
pivot joint Zapfengelenk *n*, Bolzengelenk *n (Brücke)*
pivot pin Kippzapfen *m*, Drehzapfen *m*
pivot point Lagerpunkt *m*
pivot sleeve Zapfenmuffe *f (Drehzapfen)*
pivot window Schwingflügelfenster *n*
pivotal zentral
pivotal axis Drehachse *f*
pivoted drehzapfengelagert
pivoted door Drehflügeltür *f*
pivoted sash Schwingflügel *m (Fenster)*
pivoted window Schwingflügelfenster *n*
pivoting schwenkbar, um Zapfen drehbar
placage dünnes Mauerwerkflächenornament *n*
placard Putzmörtel *m* mit Dichtungsmittelzusatz
place *v* 1. einbauen, verarbeiten *(z. B. Baumaterial)*; einbringen *(Mörtel und Beton)*; verlegen *(z. B. Betonplatten)*; einlegen *(z. B. Bewehrung)*; anbringen; anordnen, legen; stellen; 2. vergeben *(Auftrag)*; 3. einleiten *(Kräfte, Spannung usw.)*
place *v* **concrete** betonieren
place *v* **head to head** affrontieren
place *v* **in layers** lagenweise einbauen
place *v* **in separate layers** in einzelnen Lagen einbringen
place *v* **on** auflegen, aufbringen
place *v* **reinforcing bars** Bewehrung einbringen
place *v* **shotcrete** torkretieren
place *v* **the bars** die Eisen einlegen
place *v* **to bond** im Verband verlegen
place *v* **upright** senkrecht stellen
place 1. Ort *m*, Stelle *f*, Gegend *f*, Wohnort *m*; 2. öffentlicher Platz *m*; 3. Platz *m (Raum)*; 4. Ort *m*, Ortschaft *f*
place brick Ausschussziegel *m*; Schwachbrandziegel *m*, Weichziegelstein *m (Ausschussstein)*
place identification [name] sign Ortstafel *f (Straße)*
place of assembly 1. Versammlungsfläche *f (außerhalb des Gebäudes)*; 2. Versammlungsraum *m*
place of residence Wohnort *m*
place of work Arbeitsplatz *m*
place of worship *(Arch)* Kultstätte *f*, Verehrungsstätte *f*
placeability Verarbeitbarkeit *f (Beton)*; Betonierbarkeit *f*
placed material eingebautes Material *n*
placement 1. Anordnung *f*, Stellung *f*, Lage *f (Einbaulage)*; 2. Einbau *m (von Beton)*
placement conditions Einbaubedingungen *fpl (für Mörtel, Beton)*
placement number Positionsnummer *f (Montagebau)*
placement of concrete Einbringen *n* des Betons, Betonieren *n*, Betonierung *f*, Betonierarbeit *f*
placement water content Einbauwassergehalt *m (Beton)*
placing 1. Einbau *m*; Einbringen *n*, Einbringung *f (von Mörtel, Beton)*; Verlegung *f*, Anbringen *n*; 2. Aufstellen *n*; Anordnen *n*
placing drawing Verlegezeichnung *f (Bewehrung)*
placing head to head Affrontieren *n*
placing of cables Kabelverlegung *f*, Kabeleinbau *m*
placing of concrete Betonieren *n*, Betoneinbringen *m*
placing of dry-mix shotcrete Torkretieren *n*
placing of orders Vergabe *f* von Aufträgen
placing plant Betoneinbringanlage *f*
plafond dekorative Decke *f*, verzierte Deckenausbildung *f*
plain 1. flach, eben; schlicht, unprofiliert; 2. unbewehrt, nicht armiert; 3. geschlossen, nicht unterbrochen *(Wandfläche)*; 4. nicht abgedeckt *(Baumatte)*; 5. ungefärbt, unbunt, ohne Farbe
plain 1. Ebene *f*, Flachland *n*; 2. Flur *f*
plain artificial stone unbearbeiteter Betonwerkstein *m*
plain ashlar glatte Gesteinsoberfläche *f*, ebener Quaderstein *m*
plain bar glatter Bewehrungsstab *m*
plain base Sohle *f*, Unterseite *f*, Unterfläche *f*
plain cast stone unbearbeiteter Betonwerkstein *m*
plain coloured einfarbig, unifarben
plain concrete unbewehrter Beton *m*, Beton *m* ohne Bewehrung
plain country Flachland *n*
plain cube reiner Kubus
plain-cut joint einfache Mauersetzfuge *f*
plain end glatte Endfläche *f (Holz)*
plain floor cover *s.* plain floor tile
plain floor tile ebene Fußbodenplatte *f*, unprofilierte Fußbodenfliese *f*
plain foundation in masonry vollgemauerter Unterbau *m*
plain girder Vollwandträger *m*
plain glass roofing tile Gasbiberschwanz *m*
plain lap Überlappungsverbindung *f*, Überlappungsstoß *m*, Überdeckungsstoß *m*; Überlappungsklebung *f*
plain loop of ceilings einfacher Deckenbügel *m*
plain masonry 1. unbewehrtes Mauerwerk *n*; 2. geschlossenes Mauerwerk *n*
plain moulding Fenstergesims *n*, Fenstersims *m*
plain rail plangleiches Querfries *m (Schiebefenster)*
plain reinforcement ungebogene Bewehrung *f*
plain rolled glass Gartenrohglas *n*, Gärtnerglas *n*
plain-sawn tangential [flach] geschnitten *(zu den Jahresringen)*
plain-sided flachwandig
plain steel unlegierter Stahl *m*
plain steel bar glatter Bewehrungsstahl *m*
plain tail Schwanzende *n (Rohr)*
plain tile flacher Dachziegel *m*
plain tile roof cladding Biberschwanzdacheindeckung *f*, Biberschwanzbedachung *f*
plain-tiled roof Biber(schwanz)ziegeldach *n*
plain wallpaper Eintontapete *f*
plain-web beam Vollwandbalken *m*, Vollwandbalkenträger *m*
plaiting Geflecht *n*
plan *v* planen; entwerfen, projektieren; gestalten; vorsehen
plan *v* **and design** *v* projektieren
plan Plan *m*, Entwurf *m*, Projekt *n*; Grundriss *m*, Zeichnung *f (Grundrisszeichnung)*; Bauplan *m*; Plan *m (geographisch)*
plan of a site Einrichtungsplan *m*, Anlageplan *m (Bebauungsplan)*; Übersichtsplan *m (Baustelle)*
plan of piles Rammplan *m*
plan of site Lageplan *m*
plan target Planziel *n*
plan view Grundriss *m*, Grundplan *m (Zeichnung)*; Draufsicht *f*

planar eben, gefällelos; in einer Ebene liegend
planar frame ebener Rahmen *m*, ebenes Rahmentragwerk *n*
planar framework ebenes Rahmentragwerk *n*
planar moment of inertia planares Trägheitsmoment *n*
planar parallel system *(Stat)* ebenes Parallelsystem *n*
planar state of stress *(Stat)* zweidimensionaler Spannungszustand *m*
planar theory of elasticity *(Stat)* ebene Elastizitätstheorie *f*
planch 1. gedielter Fußboden *m*; 2. Dielenbrett *n*
planching 1. Fußbodenbelag *m*, Fußbodenmaterial *n*; 2. Fußbodenherstellung *f*
plancier 1. Gesimsunterseite *f*; 2. Fußbodendiele *f*
plancier piece Gesimsschließbrett *n*
plane *v* 1. planieren; 2. glätten, polieren; 3. hobeln, abhobeln, behobeln, glatt hobeln; schlichten
plane *v* **down** 1. abhobeln; 2. *(Erdb)* einebnen
plane *v* **off** abhobeln
plane *v* **smooth** glatt hobeln
plane plan, eben; flach, gefällelos; glatt
plane 1. *(Stat)* Ebene *f*, ebene Fläche *f*; 2. Schnittebene *f*; 3. Hobel *m*
plane angle flacher Winkel *m*
plane area-covering structural element ebenes Flächentragwerk *n*
plane bending Flachbiegung *f*
plane deformation ebene Formänderung *f*, ebene Verformung *f*
plane deformation state *(Stat)* ebener Formänderungszustand *m*, ebener Verformungszustand *m*
plane distortion state *(Stat)* ebener Verzerrungszustand *m*
plane elasticity ebene Elastizität *f*
plane face ebene Fläche *f*
plane force system ebenes Kräftesystem *n*
plane frame ebener Rahmen *m*
plane frame(work) ebenes Fachwerk *n*
plane iron Hobeleisen *n*, Hobelmesser *n*
plane lamina ebene Schicht *f (Schichtstoffe)*
plane layer ebene Schicht *f*
plane of a structure Bauwerkebene *f*
plane of bending Biegeebene *f*
plane of break Bruchfläche *f*, Bruchebene *f*
plane of elements Gliederebene *f*, Stabebene *f*
plane of fracture Bruchfläche *f*
plane of loading Belastungsebene *f*
plane of members Stabebene *f*
plane of projection Ansichtsebene *f*
plane of reference Bezugsebene *f*
plane of rupture *(Bod)* Gleitebene *f*, Bruchebene *f*
plane of section Schnittebene *f*
plane of shear Scherebene *f*, Scherfläche *f*
plane of sliding [slip] Gleitfläche *f*, Rutschfläche *f*, Gleitebene *f*
plane of stratification Schichtungsebene *f*, Lagerungsebene *f (Geologie)*
plane of symmetry Symmetrieebene *f*
plane of the force system Ebene *f* des Kräftesystems
plane of transposition Verschiebungsplan *m (Knotenpunkte kinematischer Ketten)*
plane of weakness Abscherebene *f*, Scherfläche *f*
plane-parallel planparallel
plane roadway flache Fahrbahn *f*, ebene Straßenoberfläche *f*
plane rotational system ebenes Rotationssystem *n*
plane section ebene Schicht *f*
plane state of stress *(Stat)* ebener Spannungszustand *m*, zweidimensionaler Spannungszustand *m*
plane stock Hobelkasten *m*
plane strain ebene [zweidimensionale] Dehnung *f*
plane strain fracture toughness Bruchzähigkeit *f* im ebenen [zweidimensionalen] Spannungszustand
plane stress ebener [zweiachsiger] Spannungszustand *m*
plane surveying niedere Geodäsie *f*, Plangeodäsie *f*, Feldvermessung *f*
plane system of forces ebenes [zweidimensionales] Kräftesystem *n*
plane table *(Verm)* Messtisch *m*
plane table map *(Verm)* Messtischblatt *n*
plane table survey *(Verm)* Messtischaufnahme *f*
plane table survey sheet *(Verm)* Messtischblatt *n*
plane tile Biberschwanz *m*
plane truss ebenes Fachwerk *n*
planed and square-edged glatt und rechtwinklig geschnitten *(Holz)*
planed board gehobeltes Brett *n*
planed-down *(Erdb)* eingeebnet
planed lumber *(AE)* Bauholz *n*, Kantholz *n*
planed matchboards gehobelte Spundbretter *npl*
planed measure Spiegelmaß *n*, schmale Seite *f (Holz)*
planed timber besäumtes Bauholz *n*
planeness Ebenheit *f (einer Fläche)*
planer 1. *(Hb)* Hobelmaschine *f*, Hobelmeißel *m*; 2. *(Bod)* Planiergerät *n*
planetarium Planetarium *n*
planimeter Planimeter *n*
planimetration Planimetrierung *f*
planimetring *s.* planimetration
planimetry Planimetrie *f*, Flächenmessung *f*
planing *(Bod, Erdb)* Planieren *n*, Einplanieren *n*
planing chips Hobelspäne *mpl*
planing-down *(Erdb)* Planieren *n*, Einebnen *n*
planing machine 1. *(Hb)* Hobelmaschine *f*, Flächenhobelmaschine *f*; 2. *(Bod)* Planiergerät *n*
planing skip Greifer *m (Kübel eines Baggers)*
planing tool Hobelwerkzeug *n*
planish *v* glätten *(z. B. Gelände)*; polieren *(z. B. Walzgut)*; ebnen *(Metalle)*; ausbeulen; aufweiten
planished finish glattgewalzte Oberfläche *f*, glattgeschlagene Sichtfläche *f (Metall)*
planished sheet (metal) poliertes Blech *n*
planishing Ausbeulen *n*
plank *v* dielen, Dielen legen; verschalen; verkleiden *(mit Brettern)*; verzimmern; täfeln
plank 1. Diele *f*, Brett *n*; Bohle *f*, Planke *f*; Belagbohle *f*; 2. Steinplatte *f*
plank bottom *s.* plank floor
plank covering Bohlenbelag *m*
plank floor Bohlenfußboden *m*; Bohlendecke *f*; Dielendecke *f*; Dielung *f*
plank flooring Dielung *f*
plank foundation platform Bohlenrost *m*
plank frame Bohlenrahmen *m*; Brettbinder *m*, Bohlenfachwerk *n*; Bohlenzarge *f*, Brettzarge *f*
plank grating Bohlenrost *m*
plank in prestressed clay vorgespanntes Ziegelbrett *n*, Stahltonbrett *n*, Spanntonbrett *n*
plank lathing Putzträgerdiele *f*
plank lining Bretterverschalung *f (Außenwand)*
plank-on-edge floor Bohlenfußboden *m*; Querbalkenfußboden *m*
plank partition Schalwand *f*
plank revetment Bretterverkleidung *f*
plank roof Bohlendach *n*
plank roof truss Bohlendachbinder *m*, Brettdachbinder *m*
plank timbers Bohlenholz *n*, Plankenholz *n*
plank truss Bohlenbinder *m*, Brettbinder *m*, Nagelbinder *m*

plank unit Diele *f*
plank unit floor Dielendecke *f*
plank way Bohlenweg *m*
planked beplankt
planking 1. Fußbodendielung *f*; Bohlenbelag *m*; Holzverschalung *f*; 2. Verschalen *n*, Verschalung *f (mit Brettern)*; Bohlenverlegen *n*; Abdeckung *f*
planking and strutting Baugrubenaussteifung *f*, Aushubverschalung *f*
planned geplant
planned maintenance planmäßige Unterhaltung *f*, systematische Wartung *f* und Pflege *f*; Unterhaltungsmanagement *n*
planner Planer *m*; Projektant *m*
planning Planung *f*; Projektierung *f*
planning and building laws and regulations Baurecht *n*
planning and building permission Baugenehmigung *f*, Bauerlaubnis *f*
planning and design office Projektierungsbüro *n*
planning authority Planungsbehörde *f*
planning board Planungsverband *m (teritorialer)*
planning brief Unterlagen *fpl* [Pläne *mpl*] für das Planfeststellungsverfahren
planning competition Planungswettbewerb *m*
planning conception Entwurfslösung *f*
planning department Projektabteilung *f*, Planungsabteilung *f*, Vorbereitungsabteilung *f*
planning department and building control office Bauamt *n*
planning documents Planungsunterlagen *fpl*
planning engineer Projektingenieur *m*
planning flexibility Planungsflexibilität *f*
planning grid Raster *m*, Entwurfsraster *m*, Konstruktionsraster *m*
planning group Planungsgemeinschaft *f*, Planungsgruppe *f*
planning of buildings Gebäudeplanung *f*
planning of execution Bauausführungsplanung *f*
planning office Planungsbüro *n*
planning permission Baugenehmigung *f*
planning regulation Bauvorschrift *f*
planning restriction Planungsbeschränkung *f*
planning study Planstudie *f (Großprojekt)*
planning survey Bauaufnahme *f (von Bausubstanz zur Stadtplanung)*; Stadtbauerhebung *f*
planning team Planungsgruppe *f*, Projektgruppe *f*
planning work Planungsarbeit *f*, Planungsleistung *f*
plano-convex plankonvex, glatt und konvex *(z. B. sonnengetrocknete Ziegel)*
plant *v* 1. anlegen, errichten; 2. anpflanzen; bepflanzen
plant 1. Anlage *f*, Betriebsanlage *f*, Fabrikanlage *f*; Maschinenpark *m*, Ausrüstung *f*; 2. Pflanze *f*
plant bowl Planz(en)schale *f*
plant conditions Betriebsbedingungen *fpl*
plant construction Industriebau *m*, Anlagenbau *m*
plant covering Pflanzendecke *f*
plant decoration Pflanzenverzierung *f*, Pflanzendekoration *f*
plant depot Bauhof *m*, Gerätehof *m*; Gerätepark *m*
plant equipment Gerätetechnik *f*
plant item Einzelgerät *n*
plant layout 1. Pflanzplan *m*; 2. Anlagenordnung *f*
plant mix 1. industriemäßig gemischter Beton *m*; 2. Anlagenmischgut *n (bituminöse Baustoffe)*
plant-mixed maschinell gemischt, maschinengemischt; zentralgemischt
plant-mixed bitumen macadam Bitumenmischmakadam *m*
plant-mixed bituminous mix maschinengemischtes bituminöses Mischgut *n*
plant-mixed concrete industriemäßig gemischter Beton *m*
plant-mixed macadam Mischmakadam *m*
plant mixing Maschinenmischen *n*
plant motif Pflanzenmotiv *n*
plant nursery Baumschule *f*
plant protection Pflanzenschutz *m*
Plant Protection Act Pflanzenschutzgesetz *n*
plant resin Naturharz *n*
plant screens Anlagensiebe *npl (Mischwerk)*
plant scroll *(Arch)* Pflanzenranke *f*
plant test Betriebsversuch *m*, Prüfen *n* unter Betriebsbedingungen
plant tower Mischturm *m*
plant trough Pflanz(en)trog *m*
plant tub Pflanzbehältnis *n*, Pflanz(en)kübel *m*
plantation Anpflanzung *f*, Pflanzung *f*; Plantage *f*
plantation house Plantagenhaus *n*
planted 1. errichtet; erbaut; 2. *(Hb)* zusammengefügt *(mit Leim)*
planted area 1. Grünfläche *f*; Vegetationsfläche *f*; 2. *(Verk)* Grünstreifen *m (Straße)*; 3. Pflanzenbestand *m (einer Fläche)*
planted moulding befestigte Zierkante *f*, angebrachtes Ornament *n*
planted stop angesetzte Anschlagleiste *f*, eingesetztes Anschlagholz *n (Tür, Fenster)*
planter Pflanzenbecken *n (zum Gebäude gehörig)*; Bluminnenbeet *n*
planting 1. Ansetzen *n* des Mauerwerks, Legen *n* der ersten Schichten; 2. Bepflanzung *f*, Begrünung *f*, Pflanzarbeiten *fpl*
planting box Blumenkasten *m*, Pflanzbehältnis *n*, Pflanzkübel *m*
planting depth Fundamenttiefe *f*, Einbindetiefe *f*
planting layout Pflanzplan *m*
planting pit Pflanzgrube *f*
planting sods Ansoden *n*, Rasensodenverlegen *n*, Rasensodenbedeckung *f*
plaque 1. Schmuckplatte *f*, Ornamenttafel *f (Plakette)*; Ziertafel *f*; 2. Gedenktafel *f*, Gedächtnistafel *f*, Ehrentafel *f*; 3. Plattenluftverteiler *m*
plaque rail Aufhängeleiste *f (an der Deckenkante)*
plasma arc cutting Plasmalichtbogenschneiden *n*
plasma cutting Plasmaschneiden *n*, Plasmatrennen *n*
plasma spraying Plasmaspritzen *n (Oberflächenschutz)*
plasma welding Auftragsschweißen *n* mit Plasma
plaster *v* (ab)putzen, verputzen, mit Putz bewerfen; berappen; (ver)gipsen
plaster *v* **externally** außenputzen, außenverputzen
plaster *v* **over** übergipsen
plaster Putz *m*; Putzmörtel *m*; Mauerputz *m*; Gips *m*; Gipsmörtel *m*; Stuckgips *m*
plaster aggregate Putzzuschlag(stoff) *m*, Putzsand *m*
plaster and stucco work Putzarbeiten *fpl*
plaster arch unbehandelte Putzöffnung *f*
plaster area Putzfläche *f*
plaster base Putzträger *m*, Putzgrund *m*, Putzunterlage *f*
plaster-base finish tile beputzbarer Ziegel *m*
plaster-base nail Putzträgernagel *m*
plaster baseboard Putzträgerplatte *f*
plaster bead Putzkantenschützer *m*, Putzkantenschoner *m*
plaster bond 1. Putzhaftung *f*, (mechanische) Putzverankerung *f*; 2. Bitumensperrschicht *f (Mauerwerksdichtung)*
plaster ceiling panel herausgehobenes Deckenteil *n*, geformte Deckentafel *f*

plaster coat Verputz *m*, Putzschicht *f*
plaster concrete Gipsbeton *m*
plaster cornice Putzdeckenkante *f*, Stuck(decken)leiste *f*
plaster cove Deckenkehlleiste *f*, Deckenputzkehle *f*
plaster crack Putzriss *m*
plaster cupola Putzkuppel *f*
plaster-depth switch *(El)* Unterputzschalter *m*
plaster fabric Rabitzgewebe *n*
plaster fabric wall Rabitzwand *f*
plaster facing Edelputz *m*, Feinputz *m*
plaster finish Gipsüberzug *m*, Gipsestrich *m*
plaster floor Gipsestrich *m*
plaster frieze Putzfries *m*
plaster ground Rahmenputzleiste *f*, Putzkantenleiste *f* *(Tür, Fenster)*
plaster head Putzkantenschützer *m*, Putzkantenschoner *m*
plaster ingredient Putzbestandteil *n*, Putzkomponente *n*
plaster jointless floor Gipsestrich *m*
plaster lath Putz(mörtel)träger *m*
plaster mortar Gipsmörtel *m*
plaster of Paris kalzinierter [gebrannter] Gips *m*; Stuckgips *m*, Putzgips *m*
plaster on metal (lathing) Putz *m* auf Metallputzträger
plaster on reed (lathing) Rohrputz *m*, Putz *m* auf Rohrgewebe
plaster on wire (lathing) Drahtputz *m*, Putz *m* auf Drahtgeflecht
plaster on wooden lathing Putz *m* auf Holzstabträgergeflecht
plaster panel Gipsplatte *f*
plaster reinforcement Putzbewehrung *f*
plaster rock Rohgips *m*, Gipsgestein *m*, Naturgips *m*
plaster scheme Putzaufbau *m*, Putzsystem *n*
plaster screed Gipsestrich *m*
plaster set vorzeitiges Abbinden *n*, Früherstarrung *f*, falsches Abbinden *n*
plaster slab Gips(bau)platte *f*
plaster slab partition wall Gipsplattenwand *f*
plaster soffit Putzunter(an)sicht *f*
plaster sprayer Putzwerfer *m*
plaster staff Putzkantenschützer *m*, Putzkantenschoner *m*
plaster stain Putzfleck *m*
plaster stone Gips *m*, Mergel *m*
plaster stucco Gipsputz *m*, Gipsstuck *m*
plaster stuff Deckputzmasse *f*, Oberputzmörtel *m*, Feinputz(mörtel) *m* *(Innenputz)*
plaster system Putzaufbau *m*, Putzsystem *n*
plaster-throwing machine Putzwerfer *m*, Putzmaschine *f*
plaster work *s.* plasterwork
plasterboard Gipskartonplatte *f*, Gips(bau)platte *f*, Gipsdiele *f*, Trockenputzpaneel *n*
plastered geputzt, verputzt, innenverputzt
plastered both sides beidseitig verputzt
plastered brickwork verputztes Ziegelmauerwerk *n*
plastered ceiling Putzdecke *f*
plastered counter ceiling Putzunterdecke *f*
plastered wall Putzwand *f*
plasterer Stuckateur *m*; Putzer *m*
plasterer's derby Putzabziehlatte *f*
plasterer's float Reibebrett *n*
plasterer's hair Putzhaar *n*
plasterer's putty Kalkbrei *m*, Kalkteig *m*, Schlämpe *f*
plasterer's scaffold Putzergerüst *n*, Putzerrüstung *f*
plastering Putzen *n*, Verputzen *n*, Abputzen *n*, Verputzarbeiten *fpl*, Putzarbeiten *fpl*
plastering coat Putzschicht *f*
plastering-in Beiputzen *n*, Zuputzen *n*
plastering machine Putzmaschine *f*
plastering material Putzmaterial *n*
plastering method Putzverfahren *n*, Putzmethode *f*
plastering mix Putzmörtel *m*
plastering reed Putzrohr *n*, Stuckrohr *n*, Stuckschilf *n*
plastering refuse Mörtelschutt *m*, Kalkschutt *m*
plastering trowel Putzkelle *f*, Stuckateurskelle *f*
plasterwork 1. Verputzarbeit *f*, Putzarbeiten *fpl*; Putzen *n*; Stuckarbeit *f*; 2. Stuckwerk *n*, Stuckatur *f*
plastic 1. plastisch, bildsam, knetbar, geschmeidig; unelastisch; 2. plastisch, körperhaft, nicht flächenhaft (wirkend)
plastic Kunststoff *m*, Plastwerkstoff *m*, Plastik *n*; Kunstharz *n*
plastic addition Kunststoffzusatz *m*
plastic additive Kunststoffzusatz(stoff) *m*, Polymeradditiv *n* *(Bitumen)*
plastic adhesive tape Kunststoffklebeband *n*
plastic admixture Kunststoffzusatzmittel *n*
plastic analysis Berechnung *f* nach dem Traglastverfahren
plastic bandage Plastbandage *f*
plastic barrier material Sperrfolie *f*, Sperrstoff *m* aus Kunststofffolie, Kunststoffsperrmittel *n*
plastic base Kunsstoffbasis *f*, Kunststoffgrund m, Kunststoffgrundlage *f*
plastic based kunststoffhaltig
plastic beam bending plastische Balkenbiegung *f*
plastic bending plastisches Biegen *n*
plastic bending moment plastisches Biegemoment *n*
plastic bending strength plastische Biegefestigkeit *f*
plastic binder 1. Kunststoffkleber *m*; 2. Plastzement *m*
plastic biological shield wall Kunststoffabschirmwand *f*
plastic board Kunststoffplatte *f*
plastic body plastischer Körper *m*
plastic bonding Kunststoffkleben *n*
plastic-bound kunststoffgebunden
plastic buckling plastisches Knicken *n*
plastic building material Baukunststoff *m*
plastic building unit Kunststoffbauelement *n*
plastic calculation Berechnung *f* nach dem Traglastverfahren *n*, plastische Berechnung *f*
plastic ceiling Kunststoffdecke *f*
plastic ceiling plaster Kunststoff-Deckenputz *m*
plastic cement Plastzement *m*
plastic cistern Kunststoffzisterne *f*
plastic clay plastischer [fetter, verformbarer] Ton *m*
plastic-coated kunststoffbeschichtet, plastbeschichtet
plastic coating Kunststoffbeschichtung *f*, Plastschutzschicht *f*
plastic cold bonding agent Kunststoffkaltkleber *m*
plastic composition Kunststoffmasse *f*, Kunststoffmischung *f*
plastic compound Pressstoff *m*
plastic concrete plastischer [weicher] Beton *m*
plastic conduit Kunststoffrohr *n*
plastic consistency plastische Konsistenz *f*
plastic construction Kunststoffbausystem *n*
plastic construction material Baukunststoff *m*
plastic container Kunststoffverpackung *f*, Kunststoffgebinde *n*
plastic corrugated board Kunststoffwellplatte *f*
plastic corrugated sheet Kunststoffwellplatte *f*
plastic cracking Reißen *n* des plastischen Betons, Frischbetonreißen *n*
plastic deformation plastische Verformung *f* [Formänderung *f*], bleibende [nicht elastische] Verformung *f*, Kriechverformung *f*
plastic deformation zone plastischer Formänderungsbereich *m*, plastischer Verformungsbereich *m*

plastic design Traglastverfahren *n*
plastic dispersion Kunststoffdispersion *f*
plastic dome Kunststoffoberlichtkuppel *f*
plastic door Kunststofftür *f*
plastic drainage pipe Kunststoffdrainagerohr *n*
plastic dressing paint Kunststoffdachfarbe *f*
plastic dynamism *(Arch)* plastischer Dynamismus *m*
plastic element Kunststoffstab *m*, Kunststoffelement *n*
plastic elongation plastische Dehnung *f*
plastic emulsion Kunststoffemulsion *f*
plastic equilibrium plastisches Gleichgewicht *n*
plastic extender Kunststoffstreckmittel *n*, Kunststoffverschnittmittel *n*
plastic façade Kunststofffassade *f*
plastic-faced kunststoffbeschichtet, kunststoffüberzogen
plastic-faced particle board Spanplatte *f* mit Kunststoffbeschichtung
plastic film Kunststofffolie *f*
plastic film for roofing Kunststoffdachfolie *f*
plastic finish 1. Kunstharzdispersionsputz *m*; 2. Plastschutzschicht *f*
plastic fitting Kunststoffarmatur *f*
plastic flashing piece Kunststoffanschlussstreifen *m*
plastic floor covering Kunststofffußbodenbelag *m*
plastic flooring Kunststofffußbodenmaterial *n*; Vinylharzplatte *f*
plastic flow plastisches Fließen *n*; Fließverformung *f*
plastic foam Schaum(kunst)stoff *m*
plastic foam insulation Schaumstoffdämmung *f*
plastic foil Kunststofffolie *f*, Plastikfolie *f*
plastic foil sheeting Kunststoff(folien)bahn *f*
plastic foil welder Kunststoff-Folienschweißgerät *n*
plastic formwork Kunststoffschalung *f*
plastic glue Kunststoffkleber *m*, Plastikkleber *m*
plastic hinge Biegescharnier *n*; plastisches Gelenk *n*
plastic-hinge method *(Stat)* Fließgelenkverfahren *n*, plastisches Gelenkverfahren *n*
plastic hose Kunststoffschlauch *m*, Plastikschlauch *m*
plastic-impregnated kunststoffimprägniert, kunststoffgetränkt
plastic insulating material Dämmkunststoff *m*
plastic laminate Kunststoffschichtenplatte *f*
plastic-laminated kunststofffolienbeschichtet
plastic-laminated hardboard kaschierte Hartplatte *f*, einfache Verbundplatte *f*
plastic lay-in panel Kunststoffeinlegetafel *f*
plastic limit Plastizitätsgrenze *f*, Ausrollgrenze *f (nach Atterberg)*
plastic limit load plastische Grenzlast *f*
plastic-lined plastausgekleidet
plastic lining Kunststoffverkleidung *f*, Kunststoffauskleidung *f*
plastic load Traglast *f*
plastic load approach *(Stat)* Ansatz *m* nach dem Traglastverfahren
plastic load-bearing structure Kunststofftragwerk *n*
plastic loss plastischer Fluss *m*, Kriechen *n*
plastic making plastische Verformung *f (für Formgebung)*
plastic mass plastische Masse *f*
plastic material 1. *s.* plastic; 2. plastische Masse *f*
plastic membrane Kunststoffmembrane *f*
plastic methods of structural analysis *(Stat)* Plastizitätstheorie *f* der Baustatik
plastic-modified kunststoffmodifiziert, kunststoffvergütet
plastic moment plastisches Moment *n*
plastic mortar 1. Weichmörtel *m*; 2. Plastmörtel *m*, plastifizierter Mörtel *m*; Epoxidharzmörtel *m*
plastic mould for concrete Betonkunststoffform *f*
plastic moulding Kunststoffzierleiste *f*
plastic moulding material Kunststoffformmasse *f*
plastic mounting channel Kunststoff-Montageschiene *f*
plastic neutral axis plastische Nulllinie *f*
plastic packing material Kunststoffverpackung *f*
plastic pail Kunststoffeimer *m*
plastic paint verformbarer Anstrich *m*, texturierbare Farbe *f*
plastic panel Kunststofftafel *f*
plastic pipe Kunststoffrohr *n*
plastic powder coating Plastpulverbeschichtung *f*
plastic product Kunststofferzeugnis *n*, Kunststoffprodukt *n*
plastic-proofed kunststoffimprägniert
plastic putty plastischer Kitt *m*
plastic range plastischer Bereich *m*
plastic range of stress plastischer Spannungsbereich *m*
plastic refactories Feuerfestmassen *fpl (Massen aller Konsistenz auf Feuerfestbasis z.B. Schamotte, Magnesit, Chromerz, Korund, Silimanit usw.)*
plastic resin Kunstharz *n*
plastic resistance moment plastische Momententragfähigkeit *f*
plastic roadline Kunststoffmarkierung *f (Straße)*
plastic roof gutter Kunststoffdachrinne *f*
plastic rotation plastische Drehung *f*
plastic sandwich system Kunststoff-Dreischichtensystem *n*
plastic sealing Kunststoffabsiegelung *f*, Kunststoffversiegelung *f*
plastic sealing material Kunststoff(ab)dichtungsmittel *n*
plastic section plastischer Querschnitt *m*
plastic shear resistance plastische Schubtragfähigkeit *f*
plastic-sheathed cable kunststoffumhülltes Kabel *n*
plastic-sheathing Kunststoffhülle *f*, Kunststoffhüllrohr *n*, Kunststoffgleitkanal *m*
plastic sheet Kunststoffplatte *f*
plastic sheet(ing) Kunststofffolie *f*, Plastikfolie *f*; Kunststoffbahn *f*
plastic shell 1. Kunststoffschale *f*; 2. plastische Schale *f*
plastic shielding wall Kunststoff-Abschirmwand *f*
plastic shrinkage plastisches Schwinden *n*
plastic shrinkage crack Haarriss *m*
plastic siding Kunststoffverschalung *f*; Kunststoffwetterschirm *m*
plastic skylight Kunststoffoberlichtabdeckung *f*, Kunststoffraupe *f (Dach)*
plastic soil plastischer Erdstoff *m* [Boden *m*]
plastic stability theory *(Stat)* plastische Stabilitätstheorie *f*
plastic state 1. bildsamer Zustand *m*, Bildsamkeitszustand *m*; 2. *(Stat)* plastischer Zustand *m*
plastic stopper Kunststoffspachtelmasse *f*, Kunststoffausfüller *m*
plastic strain bleibende [plastische] Dehnung *f*
plastic-strain relation *(Stat)* plastisches Spannungs-Dehnungsverhältnis *n*
plastic strength Festigkeit *f* bei plastischer Verformung
plastic stress distribution *(Stat)* plastische Spannungsverteilung *f*
plastic strip Kunststoffmarkierung *f (Straße)*
plastic structural cladding konstruktive Kunststoffverkleidung *f*
plastic structure plastisches Bauwerk *n*
plastic-surfaced kunststoffbeschichtet, kunststoffüberzogen
plastic suspension Kunststoffsuspension *f*
plastic swimming pool Kunststoffschwimmbecken *n*, Plastschwimmbecken *n*
plastic tape Plastbinde *f*
plastic testing machine Kunststoffprüfmaschine *f*
plastic theory Plastizitätstheorie *f*, Traglastverfahren *n*, Traglastsatz *m*

plastic tile Kunststofffliese *f*
plastic veneer Kunststofffurnier *n*
plastic waste Kunststoffabfall *m*
plastic waterstop Kunststofffugenband *n*
plastic welding Kunststoffschweißen *n*
plastic window Kunststofffenster *n*
plastic wood knetbares Holz *n*, Holzkitt *m*
plastic workability Formänderungsvermögen *n*
plastic yield plastische Verformung *f*, plastisches Fließen *n*, Fließverformung *f*
plastically conceived plastisch konzipiert
plasticate *v* plastifizieren
plastication Plastifizieren *n*, Plastifizierung *f*
plasticimeter Plastizitätsmesser *m*
plasticisation Plastifizierung *f*
plasticise *v* plastifizieren
plasticised *s.* plasticized
plasticiser *s.* plasticizer
plasticising *s.* plasticizing
plasticity Bildsamkeit *f*, Plastizität *f*, Verformbarkeit *f*
plasticity index Plastizitätsindex *m*; Bildsamkeit *f*, Plastizitätszahl *f (nach Atterberg)*
plasticity law Plastizitätsgesetz *n*
plasticity needle Bildsamkeitsnadel *f*
plasticity of soil Bodenzähigkeit *f*
plasticity range plastischer Formänderungsbereich *m*
plasticization Plastifizierung *f*
plasticize *v* erweichen, plastifizieren, weich machen *(bes. Kunststoffe)*
plasticized plastifiziert
plasticized concrete plastifizierter [weicher] Beton *m*
plasticized mortar plastifizierter Mörtel *m*
plasticizer Betonverflüssiger *m*, Plastifikator *m*, Plastifizierer *m*, Weichmacher *m*
plasticizing plastifizierend
plasticizing Plastifizieren *n*
plasticizing action plastifizierende Wirkung *f*
plasticizing agent *s.* plasticizer
plasticizing frost protection plastifizierendes Frostschutzmittel *n*
plasticizing of conrete Betonverflüssigung *f*
plastics coating Kunstharzbeschichtung *f*
plastics engineering Kunststofftechnik *f*
plastics recycling Kunststoffrecycling *n*, Kunststoffverwertung *f*
plastics technique Kunststoffverarbeitungstechnik *f*
plastics welding Kunststoffschweißen *n*
plastification Plastifizieren *n*
plastifying admixture Betonverflüssiger *m*
plastifying agent *s.* plasticizer
plastisol Plastisol *n*
plastoelastic plastoelastisch, plastisch-elastisch
plastoelastic composition plastoelastische Masse *f*
plastoelastic flow plastisch-elastisches Fließen *n*
plastomer Plastomer(e) *n*
plat 1. *(AE)* Lageplan *m*, Stadtplan *m*, Gebietsplan *m (mit Grenzmarkierungen)*; Kataster *m(n)*, Grundbuch *n*; 2. Treppenabsatz *m*
plat half-space landing Treppenpodest *n*
platband flache rechteckige Verzierung *f*, verzierter Sturz *m*, falscher Streckbogen *m*
plate *v* 1. galvanisieren, elektrochemisch [galvanisch] beschichten; 2. mit Platten belegen *(aus Metall)*
plate 1. Blech *n*; Grobblech *n*; 2. *(Stat)* Platte *f*, Tafel *f*; 3. (galvanischer) Überzug *m*; dünne elektrochemisch hergestellte Schicht *f*; 4. *(Hb)* Schwellenholz *n*, Rahmenfußholz *n*; 5. Kopf(holz)balken *m*; Fußbalken *m*, Wandlängsbalken *m*, Simsbalken *m*; 6. Platine *f*
plate action Plattenwirkung *f*
plate analysis Plattenstatik *f*
plate anchor Schwellenankerbolzen *m*
plate arch 1. Blechbogen *m*; 2. Vollwandbogen *m*
plate arched girder Blechbogenträger *m*
plate beam *s.* plate girder
plate bearing Plattenlager *n (Brücke)*
plate bearing device Plattendruckgerät *n*
plate bearing test *(Erdb)* Plattendruckversuch *m*
plate bending Plattenbiegen *n*; Plattenbiegung *f*
plate bolt Fußbalkensicherungsbolzen *m*, Fundamentbolzen *m*
plate bridge Plattenbrücke *f*
plate buckling Verzug *m (geometrisch verzogen)*
plate calculation Plattenberechnung *f*
plate clamped at the rim am Rand eingespannte Platte *f*
plate construction type Scheibenbauart *f*
plate depth Plattendicke *f*
plate displacement Plattenverrückung *f*
plate duct Blechkanal *m*
plate edge Plattenrand *m*
plate failure Plattenversagen *n*
plate fixing Plattenbefestigung *f*
plate frame Blechrahmen *m*
plate girder (aufgebauter) Plattenträger *m*; genieteter Träger *m*, geschweißter Träger *m*, Blechträger *m*, Vollwandträger *m*
plate girder bridge Blechträgerbrücke *f*
plate glass Tafelglas *n*, Flachglas *n*
plate load Plattenlast *f*
plate load-bearing structure Plattentragwerk *n*
plate loading test *(Bod)* Lastenplattenprüfung *f*
plate moment Plattenmoment *n*
plate pipe Blechrohr *n*
plate pipeline Blechrohrleitung *f*
plate problem *(Stat)* Plattenproblem *n*, Plattenaufgabe *f*
plate rail Aufhängeleiste *f (an der Deckenkante)*
plate rigidity *(Stat)* Plattensteifigkeit *f*
plate rivet Blechniet *m*
plate roof gutter Blechrinne *f (Dach)*
plate roofing Blechbedachung *f*
plate rotation Plattendrehung *f*
plate-shaped plattig
plate shears *pl* Blechschere *f*
plate span Plattenfeld *n*
plate stiffener Verstärkungsplatte *f*
plate strength Plattenfestigkeit *f*
plate structure Flächentragwerk *n*
plate template Blechschablone *f*
plate theory *(Stat)* Plattentheorie *f*
plate thickening Plattenverstärkung *f*
plate thickness Blechdicke *f*
plate-type tread Blechstufe *f (Treppe)*
plate vibrator Plattenrüttler *m*, Rüttelplatte *f*
plate web girder Blechstegträger *m*
plate width Plattenbreite *f*
platea breite römische Straße *f*
platen Druckplatte *f (einer Presse)*
platen-pressed chipboard plattengepresste Spanplatte *f*
Plateresque style *(Arch)* Platereskenstil *m (überladener spanischer Baustil im 16. Jahrh.)*
platform 1. *(Arch)* Estrade *f*, erhöhter Fußboden *m*; Plattform *f*, Podium *n*; Rampe *f*, Treppenpodest *m*; Bühne *f (Arbeitsplattform)*; Rednertribüne *f*, Tribüne *f*, Terrassenfläche *f*, 2. Bahnsteig *m*; 3. *s.* grillage
platform footing Fundamentrost *m*
platform frame Balkenrahmen *m*, Hausfachwerk *n (mit geschosshohen Fachwerkstützen)*
platform half-space landing Treppenpodest *n*
platform roof Terrassendach *n*; Bahnsteigdach *n*

platform scale(s) Brückenwaage *f*
platform stair doppelläufige [zweiläufige, gegenläufig] Treppe *f*
platform subway Bahnsteigunterführung *f*
platform weighing machine Brückenwaage *f*
plating Beschichten *n*, Beschichtung *f (elektrolytisch)*
platoon *(Verk)* Fahrzeugbulk *m*, Kolonne *f*
platy plattig, plattenförmig
platy limestone Plattenkalk *m*, Kalkschiefer *m*
play Bewegungsspiel *n*, Spiel *n*, Luft *f (zwischen zwei Bauteilen)*
play area Spielfläche *f*
play lot Spielfläche *f*, Spielplatz *m*
play of forces Kräftespiel *n*
play street Spielstraße *f*
playfield Spielfeld *n (Sportplatz)*
playground Spielplatz *m*; Schulhof *m*
playground construction Spielplatzbau *m*
playground for toddlers Spielwiese *f* für Kleinkinder
playhouse 1. Schauspielhaus *n*; 2. *(AE)* Kinderspielhaus *n*
playing field Sportfeld *n*, Sportplatz *m*
plaza *(AE)* 1. öffentlicher Platz *m*; Platzanlage *f*; 2. Einkaufszentrum *n*
pleasure garden Lustgarten *m*
pleasure house Gartenpavillon *m*
plenum Luftraum *m (Zwischenraum für Klimaanlagen)*
plenum barrier Schallabschirmkonstruktion *f*, Abschirmung *f (in einer abgehängten Decke über einer Trennwand)*
plenum chamber Luftkammer *f*, Luftkammerraum *m*, Überdruckkammer *f (Klimaanlage)*
plenum heating Luftheizung *f*
plenum system ventilation Drucklüftung *f (zur Beheizung und Lüftung von Großräumen)*
plexiglas(s) Plexiglas *n*
pliable biegsam, nachgiebig
pliable rule Kurvenlineal *n*
pliant biegsam, nachgiebig
pliers Kombizange *f*, Kombinationszange *f*; Zange *f*
plies Schichten *fpl*, Lagen *fpl (Baustoffe)* • **in plies** schichtenweise, lagenweise
plinth 1. *(Arch)* Plinthe *f*, Säulenplatte *f*; Sockel *m (einer Säule)*; Sockelmauerwerk *n*; 2. Fußleiste *f (Unterteil einer Säule)*
plinth brick Plintheziegel *m*, Sockelziegel *m*
plinth course Sockelschicht *f*
plinth masonry wall Plinthemauerwerk *n*, Sockelmauerwerk *n*
plinth tile Plinthefliese *f*, Sockelfliese *f*
plinth wall Sockelmauer *f*
plinth walling Sockelmauerwerk *n*
plot *v* auftragen, aufzeichnen, eintragen *(Messdaten, Konstruktionspunkte usw.)*
plot *v* **a graph** graphisch darstellen
plot *v* **a line** eine Linie trassieren; eine Linie zeichnen
plot *v* **a road** *(Verk)* trassieren *(Straße)*
plot 1. Parzelle *f*, Parzellenland *n*, *(AE)* Landstück *n*; Hausgrundstück *n*, *(AE)* Grundstück *n*; 2. Diagramm *n*, Darstellung *f*, Schaubild *n*
plot line *(AE)* Grundstücksgrenze *f*
plot plan Parzellenaufteilungsplan *m*, Bauplan *m*
plot planning Grundstücksplanung *f*
plot ratio Geschossflächenzahl *f*, Geschossflächenverhältnis *n*
plotter Zeichenmaschine *f (elektronisch)*
plotting Anreißen *n*; Aufzeichnen *n*, Auftragen *n*, Eintragen *n*; Ausplotten *n*, Ausdrucken *n (Messdaten, Konstruktionspunkte usw.)*
plotting from photographs *(Verm)* Bildauswertung *f*, Bildkartierung *f*
plotting of profiles Profilaufnahme *f*
plough *v (Hb)* nuten, furchen
plough *v* **and tongue** *v* verspunden
plough 1. Falz *m*, Kehle *f*; 2. Kehlhobel *m*, Nuthobel *m*
plough-and-feathered joint Federverbindung *f*, Spundverbindung *f*
plough-and-tongue joint Federverbindung *f*, gefederte Fuge *f*, Nut- und Federverbindung *f* mit Fugenfülleiste, Spundverbindung *f*
plough groove *(Hb)* Nut(kehle) *f*
plough land Ackerland *n (Landschaftsplanung)*
plough plane Nuthobel *m*
plough strip Nutleiste *f*
ploughshare vault *(Arch)* sechsteiliges Gewölbe *n*
plow *(AE) s.* plough
plucked finish Abplatzoberfläche *f*, geplatzte Oberfläche *f*, Spratzfläche *f (Stein)*
plug *v* zustopfen, stöpseln, verschließen; pfropfen; zusetzen; verdämmen, verfüllen
plug 1. Stopfen *m*, Stöpsel *m*, Pfropfen *m*; Verschlusskappe *f*; Küken *n (an einem Hahn)*; 2. Dübel *m*, Spund *m*; Pinne *f*; 3. Dorn *m*, Scharnierstift *m*; 4. *(El)* Stecker *m*
plug-centre punch Hülsenkörner *m*
plug cock Drehregelventil *n*, Hahnventil *n*
plug fuse Einschraubsicherung *f*
plug gauge Lochlehre *f (Lochlehre)*
plug-in connection *(El)* Steckverbindung *f*
plug-in construction Einschubbauweise *f*
plug-in point Antennenanschluss *m (in der Wohnung)*
plug-in termination *(HLK)* Steckanschluss *m*
plug key Hahnschlüssel *m*
plug-on connection *(El)* Steckeranschluss *m*
plug tap Hahnventil *n*, Dreh(regel)ventil *n*
plug tenon kurzer Zapfen *m*
plug valve Absperrhahn *m*, Hahnschieber *m*
plug weld Loch(schweiß)naht *f*
plugging Verdübelung *f*, Dübelbohren *n*
plugging chisel 1. Sternmeißel *m*, Kreuzbohrmeißel *m*; 2. Fitschenbeitel *m*
plughole Verschlussloch *n*
plum (großer) Betonfüllstein *m*, großer Stein *m (Zyklopenbetonstein)*
plumb *v* 1. (ab)loten; einloten, ins Lot bringen; 2. Installationsarbeiten ausführen
plumb *v* **up** ausrichten
plumb lotrecht, im Lot, bleirecht
plumb *s.* plumb bob
plumb and level *(AE)* Lotwaage *f*
plumb bob Senklot *n*, Senkblei *n*, Lot *n*, Bleilot *n*, Schnurlot *n*, Richtlot *n*, Lotgewicht *n*
plumb cord Mauerschnur *f*
plumb cut of rafter senkrechter Sparrenschnitt *m*
plumb joint gelötete Blechverbindung *f*
plumb level Lotsetzwaage *f*
plumb line Schnurlot *n*, Lotschnur *f*, Richtschnur *f*
plumb line deviation Lotabweichung *f*, Abweichung *f* von der Lotrechten
plumb pile senkrechter Pfahl *m*
plumb rod Stablot *n*, Brett(hänge)lot *n*
plumb roofing Bleibedachung *f*
plumb rule *s.* plumb rod
plumbago Plumbago *m*, Rohgraphit *m*
plumbago refractory Graphit-Tonerzeugnis *n*
plumbeous bleifarbig, bleifarben; bleiig
plumber Klempner *m*; Bauklempner *m*; Installateur *m*, Rohrleger *m*; Blechner *m*, Spengler *m*, Flaschner *m (süddeutscher Raum)*
plumber's friend Pumpsauger *m*, Verstopfungspumper *m*
plumber's furnace Löterhitzer *m*

plumber's rasp Bleiraspel *f*
plumber's round iron Rundlötkolben *m*, Saumlötkolben *m*
plumber's shop Klempnerwerkstatt *f*, Klempnerei *f*
plumber's soil Rußleimanstrich *m*
plumber's solder Lötzinn *n*
plumber's tapper Bleiklopfer *m*
plumber's work Klempnerarbeiten *fpl*, Installationsarbeiten *fpl*
plumbery 1. Wasser- und Gasinstallation *f*; 2. Klempnerei *f*, Klempnerwerkstatt *f*
plumbic aus Blei
plumbiferous paint Bleifarbe *f*
plumbing 1. Hausinstallation *f*, Installationssystem *n (für Wasser und Gas)*; sanitäre Installation *f*; 2. *s.* plumbing system; 3. Klempnerarbeiten *fpl*, Installationsarbeiten *fpl*
plumbing core Installationskern *m (für Wasser, Gas und Heizung)*
plumbing fitting Installationsmaterial *n*; Rohrfitting *n*
plumbing fixture Abwassersammelbecken *n*, Abwasserzwischengrube *f*
plumbing line Sanitärleitung *f*
plumbing pipe Sanitärrohr *n*
plumbing piping Sanitärleitungen *fpl*
plumbing stack Installationsschacht *m*
plumbing system Installationssystem *n*, Installation *f*, Rohrleitungssystem *n*
plumbing unit Installationszelle *f*, Installationskern *m (für Wasser, Gas und Heizung)*
plumbing wall Installationswand *f (für Rohre)*
plumbing work Hausinstallation *f*, Installationsarbeiten *fpl*, Klempnerarbeiten *fpl*
plummet *s.* plumb bob
plunger *(San)* Pumpsauger *m*, Verstopfungspumper *m*
plunging siphon Stechheber *m (Probenahme)*
plus allowance zulässige Übergröße *f*, erlaubtes Übermaß *n*
plus material Siebgrobes *n*
plus sight *(Verm)* Rückblick *m*, Rücksicht *f*
plutonic rock Tiefengestein *n*
plutonite Plutonit *m*, Tiefengestein *n*, plutonisches Gestein *n*
pluviometer Regenmesser *m*
ply *v* biegen, falten
ply 1. Furnierplatte *f*; 2. Schichtplattenlage *f*, Zwischenlage *f*, Lage *f*, Schicht *f*; 3. Falte *f*; 4. Dickte *f*, Lage *f (Holzschicht)*
plyglass Faserschichtglas *n (Verbundglas)*; Opalglas *n*
plymetal blechbeplanktes Sperrholz *n*, Metallsperrholz *n*
plyplastic Formpressholz *n*
plywood Sperrholz *n*, Furnierplatte *f*
plywood assembly Furnierplatte *f*
plywood box beam Sperrholzkastenbalken *m*
plywood corner plate Sperrholzknotenverbindung *f*
plywood covering Sperrholzbeplankung *f*
plywood exterior sheathing Sperrholzaußenverkleidung *f*
plywood face panel furnierbezogene Sperrholztafel *f*
plywood flush door Sperrholzflächentür *f*
plywood form(work) Sperrholzschalung *f*
plywood girder Sperrholzträger *m*, verleimter Träger *m*
plywood panel Sperrholztafel *f*
plywood roof sheathing Sperrholzdachverschalung *f*, Sperrholzdachschale *f*
plywood sheathing Sperrholzverschalung *f*
plywood shuttering Sperrholzschalung *f*
plywood siding Sperrholzverschalung *f (an Außenwänden)*
plywood squares Sperrholzparkettplatten *fpl*
pneumatic pneumatisch
pneumatic applied mortar Spritzmörtel *m*; Torkretmörtel *m*
pneumatic breaker pneumatischer Aufbruchhammer *m*, Druckluftaufbruchhammer *m (Straßenbau)*
pneumatic caisson Druckluft(senk)kasten *m*
pneumatic chipping hammer Druckluftmeißel *m*, kleiner Drucklufthammer *m*
pneumatic chisel *s.* pneumatic chipping hammer
pneumatic classification pneumatisches Sortieren *n*
pneumatic classifier Sichter *m*
pneumatic concrete placer pneumatischer Betonförderer *m*
pneumatic concrete spray gun Torkretdruckluftpistole *f*
pneumatic control system pneumatische Steuerung *f*, Druckluftsteuerung *f*
pneumatic digger Druckluftspatenhammer *m*
pneumatic dispatch(ing) system Rohrpost *f*
pneumatic drill Druckluftbohrer *m*
pneumatic feeding Druckluftbetonzuführung *f*
pneumatic float pneumatische Verputzkelle *f*
pneumatic foundation Druckluftgründung *f*
pneumatic gun Druckluftspritzpistole *f*, Druckluftspritze *f*
pneumatic hammer Drucklufthammer *m*
pneumatic hammer drill Druckluftschlagbohrer *m*
pneumatic mortar pneumatisch aufgetragener Mörtel *m*; Torkretmörtel *m*
pneumatic pavement breaker *s.* pneumatic breaker
pneumatic pick Drucklufthammer *m*, Pickhammer *m*
pneumatic placement pneumatisches Putzaufspritzen *n*, Torkretieren *n*; pneumatisches Betonieren *n*
pneumatic placer pneumatischer Betonförderer *m*
pneumatic plastering machine Druckluftputzgerät *n*
pneumatic rammer Drucklufttramme *f*
pneumatic riveter Druckluftniethammer *m*, Pressluftnieter *m*
pneumatic roller *(Verk)* Gummiradwalze *f*
pneumatic sorter pneumatische Sortieranlage *f*
pneumatic structure Tragluftkonstruktion *f*, Tragluftgebäude *n*
pneumatic tamper Druckluftstampfer *m*
pneumatic test Druckprüfung *f* mit Luft
pneumatic transmission of concrete pneumatische Betonförderung *f*
pneumatic trowel pneumatische Verputzkelle *f*
pneumatic tube installation Rohrpostanlage *f*
pneumatic tube plant [system] Rohrpost(anlage) *f*
pneumatic-tyred roller Gummiradwalze *f (Straßenbau)*
pneumatic vibrator Drucklufttrüttler *m*
pneumatic water supply Wasserdruckluftsystem *n*, Wasserversorgungsanlage *f* mit Druckluftkessel
pneumatically applied mortar maschinenangespritzter Mörtel *m*
pneumatically placed concrete Spritzbeton *m*, Torkretbeton *m*
poché dargestellte Bausubstanz *f* in einer Bauzeichnung *(durch dunkle Flächen)*
pock-marking Orangenschaleneffekt *m*
pocket 1. Aussparung(söffnung) *f*, Tasche *f*; 2. Schiebetüraufnahmeöffnung *f*, 3. Nest *n*, Einschluss *m (z. B. in einer Betonmischung)*
pocket butt Faltscharnier *n (für einen Faltflügel)*
pocket of loose gravel Kiesnest *n*
pocket of sand Sandlinse *f*
pocket piece (of a sash window) Hubfenster-Gewichtsaufnahmekasten *m*
pocket rot Fäulnis *f*, Fäulnisnest *n (Holz)*
pocket storage *(Wsb)* Wasserspeicherung *f* an der Oberfläche
pockmarking Farbanstrichdruckstelle *f*, Lackvertiefung *f*, Orangenschaleneffekt *m*

pod 1. Halter *m*, Sockel *m*; 2. Badezimmerzelle *f*, Sanitärzelle *f (vorgefertigt)*
podium Podium *n*, hoher Unterbau *m (Podest)*
podul Rasterzelle *f*, Anschluss(pass)zelle *f (z. B. Nasszelle, Sanitärzelle)*
podul system Rasterbaukastensystem *n*, anschlussgerechtes Baukastensystem *n (Montagebau)*
podzol soil Podsolboden *m*, Bleicherde *f*, humider Boden *m*
poetic architecture poetische Architektur *f*, poetische Baukunst *f*
point *v* 1. verfugen, ausfugen *(Mauerwerk)*; 2. anschärfen; spitzen, stocken *(Stein)*
point *v* **a wall** eine Mauer verfugen
point 1. Punkt *m*, Stelle *f*, Spitze *f*; 2. Spitzeisen *n*; 3. Reißnadel *f*; 4. Weiche *f (Eisenbahn)*
point bar Ufersandbank *f*
point-bearing capacity Spitzentragfähigkeit *f (Rammpfahl)*
point-bearing pile Spitzendruckpfahl *m*
point block [building] Punkt(hoch)haus *n*
point corrosion punktförmige Korrosion *f*
point-end-bearing pile Spitzendruckpfahl *m*
point force Punktkraft *f*
point load Punktlast *f*, konzentrierte Last *f*, Einzellast *f*
point-load stress Punktlastspannung *f*
point-load system Punktlastsystem *n*
point loading Punktbelastung *f*
point of access *(Verk)* Zufahrtstelle *f*, Anschlussstelle *f*
point of anchorage Verankerungspunkt *m*
point of application Angriffspunkt *m*
point of application of a force Kraftangriffspunkt *m*
point of bending Abbiegestelle *f (Bewehrungsstab)*
point of consumption Abnehmerstelle *f*, Abnehmer *m*, Verbraucherstelle *f*
point of contact Berührungspunkt *m*
point of contraflexure Momentennullpunkt *m*
point of demand *s.* point of consumption
point of emission Emissionsstelle *f (von Rauch und aggressiven Stoffen)*
point of entry Eintrittsstelle *f*, Zufahrtsstelle *f*
point of failure Schadenstelle *f*
point of fixation Einspannstelle *f*
point of ignition Flammpunkt *m*
point of inflection Momentennullpunkt *m*; Knickpunkt *m*
point of intersection Schnittpunkt *m*
point of junction Knotenpunkt *m*
point of junction of members Knotenpunkt *m (Tragwerk)*
point of load application Lastangriffspunkt *m*
point of moments Momentennullpunkt *m*
point of origin Anfallstelle *f (Abwasser)*
point of pile Pfahlspitze *f*
point of reference *(Verm)* Richtpunkt *m*, Höhenmarke *f*, Höhen(bezugs)punkt *m*
point of rigid support Einspannstelle *f*
point of support Auflage(r)punkt *m*, Auflager *n*, Auflagestelle *f*
point of zero moment *(Stat)* Momentennullpunkt *m*
point plotting punktweises Auftragen *n (Messwerte, Konstruktionspunkte usw.)*
point source Lichtpunktquelle *f*
point tangent *(Verk)* Berührungstangente *f (Trassierungszeichnung)*
pointed spitz, mit einer Spitze (versehen); zugespitzt; gespitzt *(Natursteinbearbeitung)*
pointed arch Spitzbogen *m*, gotischer Bogen *m*
pointed arched corbel-table *(Arch)* Spitzbogenfries *m*
pointed architecture gotische Architekturelemente *npl*
pointed ashlar gespitzter Quaderstein *m*
pointed auger Spitzbohrer *m*
pointed barrel vault Spitztonnengewölbe *n*
pointed chisel Spitzeisen *n*
pointed dome Spitz(bogen)kuppel *f*
pointed Gothic vault gotisches Gewölbe *n*
pointed hammer Stockhammer *m*, Spitzhammer *m*
pointed horseshoe arch Hufeisenspitzbogen *m*, maurischer Hufeisenbogen *m*
pointed mortise chisel Spitzmeißel *m*
pointed pile Spitzpfahl *m*
pointed style Spitzbogenstil *m*
pointed trowel Spitzkelle *f*
pointed tunnel vault Spitztonnengewölbe *n*
pointed twist auger Spiralbohrer *m*
pointed vault Spitz(bogen)gewölbe *n*
pointed work Spitzen *n*, Stocken *n*; gespitzte Arbeit *f*
pointel(le) diagonales Fußwegsetzmuster *n (mit quadratischen und Diagonalelementen)*
pointer Zeiger *m*
pointing 1. Verfugung *f*, Nachfugen *n*; Fugenverstrich *m*; 2. Fugensäubern *n* und Neuverfugen *n*; 3. Spitzen *n*, Stocken *n*; 4. *s.* pointing compound
pointing compound Fugenverstreichmasse *f*
pointing mortar Fugenmörtel *m*
pointing template Lagerfugenschablone *f*
points of contraflexure *pl* Punkte *mpl* der Gegenbiegung
pointwise connection punktweiser Anschluss *m*
poison Gift *n*
poison cupboard Giftschrank *m*
poisonous waste Giftmüll *m*
Poisson constant poissonsche Konstante *f*, Querzahl *f (Quotient Dehnung zu Querkürzung bzw. Querkontraktion)*
Poisson's ratio poissonsche Zahl *f*, Querkontraktionszahl *f (Quotient Querkürzung bzw. Querkontraktion zu Dehnung)*
poker Feuerhaken *m*, Schürfhaken *m*
poker chips Blätterschiefer *m*, dünnblättriger Schieferton *m*
poker vibrator Innenrüttler *m*, Tauchrüttler *m*, Flaschenrüttler *m*, Rüttelflasche *f*
polar diagram Seildiagramm *n*
polar force Polarkraft *f*
polar line Seillinie *f*, Seilstrahl *m*, Seilkurve *f*, Pollinie *f*
polar moment of inertia polares Trägheitsmoment *n*
polarized glass screen Sonnenschutzscheibe *f*
polarized light polarisiertes Licht *n*
polarized receptacle *(AE)* Steckdose *f* für polgerechten Stecker
polder (dike) *(Wsb)* Polder(deich) *m*, Koog *m*, eingedeichtes Marschland *n*
pole Mast *m (aus Holz oder Beton)*; Pfahl *m*; Pfosten *m*; Stange *f*, Baustange *f*, Rundholz *n*, Maststange *f*, Stangenmast *m*
pole anchor(age) Mastanker *m*
pole climbers Steigeisen *npl (für Holzmasten)*
pole construction Mastenbauweise *f*
pole footing Mastfuß *m*
pole guy *(AE)* Mastanker *m*, Abspannseil *n*
pole-hung lantern *(Verk)* Masthängeleuchte *f (Straße)*
pole of a scaffold Gerüstbaum *m*
pole piece Firststück *n*, *(AE)* Firstbohle *f*
pole plate Auflage(r)holz *n*, Fußholz *n (einer Dachkonstruktion)*; Schwelle *f (Dach)*
pole spacing Mastabstand *m*
pole timber Stangenholz *n*
police building Polizeigebäude *n*
police station Polizeistation *f*
policy making Taktik machend, taktikmachend
poling board Absteifbrett *n*, Aussteifbrett *n*; Schalbrett *n*, Schalholz *n (z. B. für Baugruben)*

poling boards Holzverschalung *f (eines Schachts)*
polish *v* polieren; glätten; reiben; schleifen; glanzschleifen
polish 1. Glattputzen *n (Putz)*; 2. Poliermittel *n*
Polish bond polnischer Verband *m (Mauerwerk)*
polish emulsion Wachsemulsion *f*
polish etching Polierätzen *n*
polish grind Betonabschleifen *n*; Terrazzo(glanz)polieren *n*
polish grinding Abziehen *n*
polish layer Polierschicht *f*
polishability Polierbarkeit *f*
polishable polierbar, polierfähig *(Naturstein)*; bohnerbar
polished glatt
polished finish polierte Steinoberfläche *f*
polished glass geschliffenes Glas *n*
polished plate glass Kristallspiegelglas *n*, Spiegelglas *n*
polished slate polierter Schiefer *m*
polished stone finish polierte Steinoberfläche *f*
polished stone value Mineralstoff-Polierwiderstandswert *m*
polished surface polierte Fläche *f*
polishing Polieren *n*
polishing abrasive Poliermittel *n*
polishing agent Poliermittel *n*, Politur *f*
polishing compound Poliermasse *f*
polishing machine with flexible shaft Poliermaschine *f* mit biegsamer Welle
polishing paste Polierpaste *f*
polishing resistance Polierwiderstand *m (Straßenbauzuschlagstoffe)*
polishing scratches Polierspuren *fpl*
polishing test Polierversuch *m*, Polierprüfung *f*
polishing varnish Schleiflack *m*
polishing wheel Polierscheibe *f*
poll Hammerbreitende *n*
pollard Kopfbaum *m*, gekappter [geköpfter] Baum *m (Landschaftsbau)*
pollutant Verunreinigungssubstanz *f*, Schadstoff *m*, Umweltschadstoff *m*, Schmutzstoff *m*, Kontaminant *m*
pollutant deposition Schadstoffablagerung *f*
pollutant-impacted ground schadstoffbelastetes Erdreich *n*
pollute *v* verschmutzen, verunreinigen
polluted verschmutzt, verunreinigt
polluted rainwater verschmutztes Regenwasser *n*
polluted water verschmutztes Wasser *n*; verseuchtes Wasser *n*
polluter-pays principle Verursacherprinzip *n*
polluting matter Emission *f (Straße, Fabrikanlagen)*
pollution Verschmutzung *f*, Verunreinigung *f*
pollution abatement Gewässerschutz *m*
pollution abatement facility Reinigungsanlage *f (von Abwasser, Abluft)*
pollution burden Schadstoffbelastung *f*
pollution control Umweltschutz *m*; Kontaminationsschutz *m*; Bekämpfung *f* von Umweltbelastungen
pollution emitter Emissionsquelle *f*
pollution load Abwasserlast *f*
pollution of the air Luftverunreinigung *f*, Luftverschmutzung *f*
pollution of the environment Umweltverschmutzung *f*
pollution research Umweltverschmutzungsforschung *f*
pollution source Verunreinigungsquelle *f*
polyacrylate Polyacrylat *n*
polyamide Polyamid *n*, Polyamidharz *n*
polyamide-curing polyamidhärtend
polyamide resin Polyamidharz *n*
polycarbonate Polycarbonat *n*, PC
polycentric polyzentrisch
polychloroprene Polycloropren *n*
polychloroprene rubber Polychloroprenkautschuk *m*
polychromatic vielfarbig, mehrfarbig
polychromatic finish 1. gemischtfarbiger Anstrich *m*; 2. farbiger Reflexanstrich *m*, schillernde Oberfläche *f*
polychromatic opulence Farbenschwelgerei *f*, polychrome Schwelgerei *f*
polychromatism Vielfarbigkeit *f*, Mehrfarbigkeit *f*
polychrome mehrfarbig
polychromy Vielfarbendekoration *f*, Mehrfarbigkeit *f*
polycondensation Poykondensation *f*
polycondensation reaction Polyreaktion *f*
polycyclic aromatic hydrocarbon polyzyklischer aromatischer Kohlenwasserstoff *m*, PAK
polydirectional in mehreren Richtungen
polyester Polyester *m*
polyester board *n* Polyesterplatte *f*
polyester casting resin Polyestergießharz *n*
polyester coating Poyesteranstrichstoff *m*; Polyesteranstrich *m*
polyester compound Polyesterharzverbindung *f*
polyester concrete Polyesterbeton *m*, Polybeton *m*
polyester foam Polyesterschaumstoff *m*
polyester paint Polyesterfarbe *f*, Polyesteranstrichstoff *m*
polyester putty Glasfaserkitt *m*
polyester resin Polyesterharz *n*
polyester resin film Polyesterharzfolie *f*
polyester resin finish Polyesterharzbeschichtung *f*
polyester resin mortar Polyesterharzmörtel *m*
polyester stopper Polyesterspachtel *m*
polyethylene Polyethylen *n*, PE; Polyäthylen *n*
polyethylene bandage Polyethylenbinde *f*, Polyäthylenbinde *f*
polyethylene coating Polyethylenschutzschicht *f*, Polyäthylenschutzschicht *f*
polyethylene film Polyethylenfolie *f*, Polyäthylenfolie *f*
polyethylene foil Polyethylenfolie *f*
polyethylene pipe Polyäthylenrohr *n*, Polyethylenrohr *n*, PE-Rohr *n*
polyethylene sheathing Polyäthylenmantel *m*, Polyethylenmantel *m*; Polyäthylenummantelung *f*, Polyethylenummantelung *f*
polyethylene sheet dampproofing course Polyethylenbahn-Feuchtigkeitssperrschicht *f*
polyethylene tape Polyäthylenbinde *f*, Polyethylenbinde *f*
polyfoil vielblättrig, mehrblättrig *(z. B. Ornament)*
polygon Polygon *n*, Vieleck *n*
polygon bond Polygonverband *m*
polygon of forces Kraftpolygon *n*, Kräftevieleck *n*, Krafteck *n*
polygon of stresses Spannungspolygon *n*
polygon profile Mehrkantprofil *n*
polygonal polygonal, vieleckig; mehrkantig
polygonal arch geknickter [gebrochener] Bogen *m*
polygonal block Polygonalgebäude *n*, Vieleckgebäude *n*
polygonal bond Polygonverband *m*, Vieleckverband *m*
polygonal bowstring polygonaler Balken *m*
polygonal bowstring girder Bogensehnenträger *m*, Segmentträger *m*
polygonal building Polygonalgebäude *n*
polygonal choir *(Arch)* Polygonchor *m*, Vieleckchor *m (Gotik)*
polygonal choir termination *(Arch)* eckiger Chorschluss *m (Gotik)*
polygonal church Polygonkirche *f*, Vieleckkirche *f*
polygonal diminutive tower *(Arch)* Polygonaltürmchen *n*, Vielecktürmchen *n*
polygonal domical vault *(Arch)* Walmkuppel *f*, Haubenkuppel *f*, Klostergewölbe *n*

polygonal drum polygonaler Kuppelunterbau *m*, Vielecktrommel *f*
polygonal figure Polygon *n*, Vieleck *n*
polygonal folded plate [slab] Polygonalfaltwerk *n*
polygonal frame Polygonrahmen *m*, Vieleckrahmen *m*
polygonal ground-plan Polygonalgrundriss *m*, polygonaler Grundriss *m*, Vieleckgrundriss *m*, vieleckiger Grundriss *m*
polygonal hipped-plate roof Polygonaldachfaltwerk *f*
polygonal masonry Polygonmauerwerk *n*, Zyklopenmauerwerk *n*
polygonal masonry bond Polygonalmauerwerkverband *m*
polygonal ornament Polygonalornament *n*, Vieleckornament *n*
polygonal pier Polygonalpfeiler *m*, Vieleckpfeiler *m*
polygonal plate Polygonalplatte *f*, Vieleckplatte *f*
polygonal quire *(Arch)* Polygonalchor *m*, Vieleckchor *m* *(Gotik)*
polygonal roof Walmdach *n* mit polygonalem Grundriss, Vieleckwalmdach *n*
polygonal rubble *s.* polygonal masonry
polygonal scaffolding Vielecksprengwerk *n*
polygonal sett paving Polygonpflasterdecke *f*
polygonal slab Polygonplatte *f*
polygonal spire Zeltdach *n*, Helmdach *n*, Turmspitze *f*
polygonal termination *(Arch)* eckiger Chorschluss *m*
polygonal tilted-slab *(AE)* Polygonalfaltwerk *n*
polygonal truss Vielecksprengwerk *n*
polygonal turret Polygonaltürmchen *n*, Vielecktürmchen *n*
polygonal vault Polygongewölbe *n*, Vieleckgewölbe *n*
polyhedral polyedrisch, vielflächig, vielseitig
polylayer water labil gebundenes Porenwasser *n*
polymer Polymer(e) *n*
polymer bitumen Polymerbitumen *n*
polymer coating Polymerschutzschicht *f*
polymer concrete Polymerbeton *m*
polymer emulsion Polymeremulsion *f*, Polymerdispersion *f*
polymer-modified asphalt polymermodifizierter Asphalt *m*
polymer-modified asphalt binder *(AE)* polymermodifiziertes Bitumen *n*, PmB
polymer-modified bitumen polymermodifiziertes Bitumen *n*
polymeric polymer
polymeric viscosity modifier polymerer Viskositätsverbesserer *m*
polymerisable polymerisierbar
polymerisation Polymerisation *f*
polymerisation resin Polymerisationsharz *n*
polymerisation time Aushärtezeit *f*
polymerised polymerisiert
polymerizate Polymerisat *n*
polymerized coating Reaktionsanstrichstoff *m*, Mehrkomponentenanstrichstoff *m*
polyprop(yl)ene Polypropylen *n*, PP
polyprop(yl)ene foam Polypropylenschaum(stoff) *m*
polyprop(yl)ene pipe Polypropylenrohr *n*, PP-Rohr *n*
polyprop(yl)ene sheeting Polypropylenfolie *f*, PP-Folie *f*
polysiloxane Silikon *n*
polysobutylene Polysobutylen *n*
polysobutylene sheeting Polysobutylenfolie *f*
polystyle *(Arch)* vielsäulig, mehrsäulig
polystyrene Polystyrol *n*, PS
polystyrene film Plystyrolfolie *f*, PS-Folie *f*
polystyrene foam Polystyrolschaum(stoff) *m*, Schaumpolystyrol *n*
polystyrene insulation material Polystyroldämmstoff *m*, PS-Dämmmaterial *n*
polystyrene profile Polystyrolprofil *n*, PS-Profil *n*
polystyrene section Polystyrolprofil *n*, PS-Profil *n*
polystyrene sheeting Polystyrolfolie *f*, PS-Folie *f*
polystyrene wall tile Polystyrolwandfliese *f*, PS-Wandfliese *f*
polysulphide polymer Polysulfidpolymer *n*
polythene *s.* polyethylene
polytrifluoro-chloro-ethylene Polytrifluorchlorethylen *n*, PTFCE
polyurethane Polyurethan *n*, PUR
polyurethane alkyd Urethanalkydharz *n* Urethanöl *n*, Uralkyd *n*
polyurethane base Polyurethangrundlage *f*, PUR-Basis *f*
polyurethane cement Polyurethankitt *m*, PUR-Kitt *m*
polyurethane clearcole Polyurethandecklack m, PUR-Decklack *m*
polyurethane coating Polyurethananstrichstoff *m*, PUR-Anstrichstoff *m*
polyurethane composition Polyurethanmasse *f*, PUR-Masse *f*
polyurethane enamel Polyurethanlackfarbe *f*
polyurethane finish Polyurethan(hart)lackanstrich *m*
polyurethane floor Polyurethanfußbodenbelag *m*
polyurethane floor sealer Polyurethan(fußboden)siegelmasse *f*
polyurethane foam Polyurethanschaum(stoff) *m*, PUR-Schaum *m*
polyurethane insulant Polyurethandämmstoff *m*, PUR-Dämmstoff *m*
polyurethane insulator *s.* polyurethane insulant
polyurethane mass Polyurethanmasse *f*, PUR-Masse *f*
polyurethane material Polyurethanmasse *f*, PUR-Masse *f*
polyurethane paint Polyurethanfarbe *f*, PUR-Farbe *f*
polyurethane rigid foam PUR-Hartschaum *m*
polyurethane strip Polyurethanband *n*
polyurethane two-part adhesive Polyurethanzweikomponentenkleber *m*
polyurethane varnish Polyurethanklarlack *m*, PUR-Klarlack *m*
polyvinyl acetal Polyvinylacetal *n*
polyvinyl acetate Polyvinylacetat *n*, PVAC
polyvinyl acetate emulsion Polyvinylacetatdispersion *f*
polyvinyl acetate glue Polyvinylacetatleim *m*
polyvinyl bonding medium Polyvinylklebstoff *m*
polyvinyl chloride Polyvinylchlorid *n*, PVC
pomiform apfelförmig
pommel Rundholzabschluss *m (Ornament)*; Krispelholz *n (Dekoration)*
Pompeian architecture pompejanische Architektur *f*, pompejanische Baukunst *f*
ponceau Ponceau *m*, Ponceaufarbstoff *m*
pond *v (Wsb)* abdämmen, andämmen
pond *v* **back** *(Wsb)* aufstauen
pond Teich *m*, Weiher *m*; Wasserstau *m*
pondage *(Wsb)* Einstau *m*, Einstaumenge *f (Speicherkapazität)*; Speicherung *f (Inhalt eines Speicherbeckens)*
ponded ground water *(Bod)* Staugrundwasser *n*
ponded lake *(Wsb)* Stausee *m*
ponded water *(Wsb)* Stauwasser *n*
ponding 1. Teichanlegen *n*, Wasserstauen *n*; Wasserückhaltung *f*; 2. Wasserhaltung *f* auf Beton *(zur Nachbehandlung)*; 3. Wasseransammlung *f*, Lachenbildung *f*
pontoon Ponton *m*; Prahm *m*; Holzrost *m*
pontoon bridge Pontonbrücke *f*, Schwimmbrücke *f*

pontoon crane Pontonkran *m*, Schwimmkran *m*
pontoon pile driver Schwimmramme *f*
pontoon swing bridge Prahmdrehbrücke *f*, Schiffsdrehbrücke *f*
pool *v* 1. ausmeißeln, ausstemmen; 2. koordinieren, zusammenfassen
pool 1. Teich *m*, Weiher *m*; Tümpel *m*; 2. Badebassin *n*
pool of water *(Arch)* Wasserbecken *n (Platzgestaltung)*
poor adhesion schlechtes Haften *n*
poor clay Schluff *m*
poor concrete Magerbeton *m*, Sparbeton *m*
poor in iron eisenarm
poor lime Magerkalk *m*, Graukalk *m*
poor mixture Spargemisch *n*
poor soil 1. schlechter Boden *m (Baugrund)*; 2. schlechter Boden *m*, armer Boden *m (Pflanzenwuchs)*
poor stretch (of road) schlechte Wegstrecke *f*
poorly adherent schlechthaftend
poorly graded schlecht gekörnt [abgestuft] *(Sieblinie)*
poorly lit schlecht beleuchtet
poorly noise-insulated *s.* poorly soundproofed
poorly soundproofed hellhörig, schalldurchlässig, mit schlechter Schalldämmung
pop-corn mix *(Sl)* Einkorngemisch *n*; Einkornasphalt *m*; offenporige Asphalt *m*, Dränasphalt *m*
pop mark Messmarke *f*
pop-out Abplatzen *n*, Abspringen *n (bei Beton durch Druckwirkung)*
popout Kornausbruch *m (an der Belagoberfläche)*
popcorn concrete *(AE)* Schüttbeton *m*, entfeinter Beton *m*
poplar 1. Pappel *f*; 2. *s.* poplar wood
poplar wood Pappelholz *n*
popping 1. schuppenartig *(Kalkputzfehler)*; 2. vorspringend
popping 1. Putztreiben *n*; 2. Putztreibstelle *f*
popping rock Steinschlag *m (an Felswänden)*
poppy *s.* poppyhead
poppyhead *(Arch)* Mohnkapselverzierung *f*, Mohnkapselkopf *m (an Bänken gotischer Kirchen)*
popular taste *(Arch)* Massengeschmack *m*
populate *v* besiedeln
populated area Wohnungsbaugebiet *n*, Wohnbaugebiet *n*
population 1. Bevölkerung *f*, Einwohnerschaft *f*; 2. Einwohnerzahl *f*
population census Volkszählung *f*
population composition Bevölkerungszusammensetzung *f*
population equivalence Einwohnergleichwert *m*, EGW *(Abwasser)*
population survey Bevölkerungserhebung *f*
porcelain Porzellan *n*
porcelain bond keramische Bindung *f*
porcelain draining pipe Porzellanabflussrohr *n*
porcelain enamel Email *n*
porcelain enamel coating Emailschutzschicht *f*
porcelain enameled building panel Schmelzemaillebautafel *f*
porcelain mortar Mörser *m*, Reibeschale *f*
porcelain tile Porzellanfliese *f*
porcelain tube Porzellanrohr *n*
porcelain ware Sanitärporzellanware *f*
porch Eingangshalle *f (ein überdachter Eingang in ein Gebäude)*; Schutzdach *n (Überdachung am Haus)*; Windfang *m*; Veranda *f*, Vorhalle *f (bes. in einer Kirche)*
porch door Windfangtür *f*
porch lattice Verandastützenfundament *n*
porch rail Verandageländer *n*
porch roof Vordach *n*
porcupine boiler Stachelzylinderboiler *m*
pore Pore *f*, Öffnung *f*, Hohlraum *m*
pore area Porenfläche *f*
pore characteristic Porenmerkmal *n*
pore content Porenanteil *m*, Porengehalt *m*
pore diameter Porendurchmesser *m*
pore distribution Porenverteilung *f*
pore excess pressure Porenwasserüberdruck *m*
pore filler Porenfüller *m*, Porenlack *m*, Vorlack *m*
pore filling Porenfüllung *f*, Porenverschluss *m*
pore fluid Porenwasser *n*
pore form Porenform *f*, Porengestalt *f*
pore formation Porenbildung *f*
pore-free porenfrei
pore pressure Porenwasserdruck *m*
pore ratio Porenziffer *f*, Hohlraumverhältnis *n*
pore sealing Porenabdichtung *f*
pore shape Porenform *f*, Porengestalt *f*
pore size Porengröße *f*
pore size distribution Porengrößenverteilung *f*
pore space [volume] Porenvolumen *n*, Porenraum *m*
pore type Porenart *f*
pore volume Porenvolumen *n*
pore water Porenwasser *n*
pore-water content Porenwassergehalt *m*
pore water pressure Porenwasserdruck *m*
pored porig
porosity Porosität *f*, Porigkeit *f*, Durchlässigkeit *f*; relatives Porenvolumen *n*, Hohlraumgehalt *m*
porosity determination Porenbestimmung *f*, Porositätsbestimmung *f*
porosity distribution Porenraumverteilung *f*
porosity of grains Korneigenporigkeit *f*
porosity ratio Porenanteil *m*
porosity test Porositätstest *m*
porosity testing Porenprüfung *f*, Porositätsprüfung *f*
porous porös; schwammig; locker; offenporig
porous absorbent material poröser Schallabsorber *m*, poröser Schallschlucker *m*
porous absorber poröser Schallabsorber *m*, poröser Schallschlucker *m*
porous asphalt offenporiger Asphalt *m*, OPA, Dränasphalt *m*; lärmmindernder Asphalt *m*
porous brick poröser Ziegel(stein) *m*
porous building material porenreicher Baustoff *m*, Porenbaustoff *m*
porous concrete Porenbeton *m*, Schaumbeton *m*, *(veraltet)* Gasbeton *m*
porous concrete pipe Sickerbetonrohr *n*, Betonsickerrohr *n*
porous construction material Porenbaustoff *m*, porosierter Baustoff *m*
porous cover poröse Abdeckung *f*
porous earthenware pipe Steingutsickerrohr *n*, wasserdurchlässiges Steingutrohr *n*
porous material poröser Werkstoff *m*
porous pipe Sickerrohr *n*, wasserdurchlässiges Rohr *n*
porous rock poröses Gestein *n*
porous rubber poröser Gummi *m*
porous soil poröser Boden *m*
porous structure poriges Gefüge *n*
porous wood poröses Holz *n*
porphyric melaphyre Melaphyrporphyr *m*
porphyric sett Porphyrpflasterstein *m*, Orthophyrpflasterstein *m*
porphyric tuff Porphyrtuff *m*, Orthophyrtuff *m*
porphyrite Porphyrit *m*
porphyritic texture porphyrisches Gefüge *n*
porphyritic tuff *s.* porphyric tuff
porphyroid Porphyroid *m*

porphyroid granite Granitporphyr *m*
porphyry Porphyr *m*, Orthophyr *m*
porphyry column Porphyrsäule *f*
port 1. Öffnung *f*, Kanal *m*; 2. Hafen *m*; Hafenstadt *f*
port basin Hafenbecken *n*
port facilities Hafeneinrichtungen *fpl*
port-hole Schießöffnung *f*
port installations Hafenanlagen *fpl*
port of transshipment Umschlaghafen *m*
portable crusher fahrbare Brechanlage *f*
portable crushing and screening plant fahrbare Gesteinsaufbereitungsanlage *f*
portable drill Handbohrmaschine *f*
portable extension stage *(AE)* verschiebbares Baugerüst *n*, bewegliche Baubühne *f*
portable fire extinguisher Handfeuerlöscher *m*
portable hoisting platform fahrbare Hubbühne *f*
portable hopper fahrbares Baustellensilo *n*
portable light Handleuchte *f*
portable lock Vorhängeschloss *n*
portable railway Bau(stellen)bahn *f*, Feldbahn *f (Erdbau)*
portable scaffold fahrbares Gerüst *n*
portal 1. *(Arch)* Portal *n*, Prunktor *n*; Pforte *f*, Tor *n*; 2. *s.* portal frame
portal arch Portalbogen *m*
portal architecture Portalarchitektur *f*, Portalbaukunst *f*, Prunktorbaukunst *f*
portal bracing Portalverband *m (Stahlbau)*
portal bridge Rahmenbrücke *f*
portal crane Portalkran *m*, Torkran *m*
portal effect Portalwirkung *f*
portal frame Portalrahmen *m*, biegesteifer Rahmen *m*
portal frame bridge Rahmenträgerbrücke *f*
portal girder Portalträger *m*
portal jamb *(Arch)* Gewändeportal *n*
portal leg Portalpfosten *m*, Portalstiel *m*
portal method *(Stat)* Portal-Methode *f*
portal structure Portalmast *m*
portcullis Fallgitter *n*, Fallgittertür *f*, Fallgatter *n (einer Burg)*
porte-cochere Wageneinfahrt *f*
porter Hausmeister *m*, Hauswart *m*
porter system Hausfernsprechanlage *f (im Hausflur)*
porter's dwelling Pförtnerwohnung *f*, Hausmeisterwohnung *f*
porter's flat Hausmeisterwohnung *f*
porter's lodge Pförtnerhaus *n*
porter's room Pförtnerraum *m*, Hausmeisterraum *m*
portico Portikus *m*, Säulengang *m*, Säulenhalle *f*, Pergola *f*
portico of columns Säulenportikus *m*, Säulenumgang *m*
porticus Portikus *m*, Säulengang *m*, Säulenhalle *f*, Pergola *f*
portion 1. Teil *m*, Anteil *m*; 2. Gebäudetrakt *m*, Trakt *m*
Portland blast-furnace cement Eisenportlandzement *m*, Hochofenzement *m*, Schlackenzement *m*
Portland cement Portlandzement *m*, PZ
Portland cement clinker Portlandzementklinker *m*
Portland cement concrete Portlandzementbeton *m*
Portland cement paint Zementanstrich *m*
Portland composite cement Portlandkompositzement *m*
Portland fly ash cement Portlandflugaschezement *m*
Portland limestone Portlandstein *m*
Portland limestone cement Portlandkalksandsteinzement *m*
Portland-pozzolana cement Puzzolanportlandzement *m*
Portland puzzolanic cement Puzzolanportlandzement *m*
Portland silica fume cement Portlandsilikastaubzement *m*
Portland slag cement Portlandhüttenzement *m*
Portland stone Portlandstein *m*
Portland trass cement Trasszement *m*, Trassportlandzement *m*
portlandite Portlandit *m (Calciumhydroxid)*
portrait Bildnis *n*, Porträt *n*
Portuguese architecture portugiesische Architektur *f*, portugiesische Baukunst *f*
position *v* justieren *(die Lage)*; positionieren; (genau) einpassen; aufstellen
position 1. Lage *f*, Stellung *f*; 2. Platz *m*, Ort *m*, Stelle *f*; 3. Position *f*, Standort *m* • **in correct position** lagerichtig; positionsgenau
position accuracy Lagegenauigkeit *f (Bauteil, Montageteil)*
position energy potenzielle Energie *f*, Energie *f* der Lage
position function Ortsfunktion *f*
position indicator (of an elevator) Aufzugsanzeige *f*
position of equilibrium Gleichgewichtslage *f*
position of installation Einbauort *m*
position of load Laststellung *f*
positional tolerance Lagetoleranz *f (Bauteil, Montageteil)*
positional welding Heftschweißen *n*, Heftschweißung *f*
positioned welding lagegerechtes Schweißen *n*
positive area of influence *(Stat)* positive Einflussfläche *f*
positive bending positive Biegung *f*
positive bending moment positives Biegemoment *n*
positive cut-off totale Dichtung *f*
positive mixer Zwangsmischer *m (Beton)*
positive moment positives [rechtsdrehendes] Moment *n*
positive reinforcement Bewehrung *f* gegen positive Biegemomente
positive shear positiver Schub *m*
possession Besitz *m (z. B. an Grund und Boden)*
possible capacity mögliche Leistungsfähigkeit *f*
possum-trot plan *(AE)* Blockhausprojekt *n (Spezialgrundriss mit nur überdecktem Zugang und zwei getrennten Teilen)*
post 1. Pfosten *m*, Säule *f*, Stütze *f*, Ständer *m*; Pfeiler *m*, Strebe *f*; Stange *f*, Stiel *m (Pfosten beim Fachwerk)*; 2. Postament *n*
post-and-beam construction Ständerbauweise *f*, Ständer(rahmen)bau *m*
post-and beam framing Mauerständerrahmenkonstruktion *f*
post and beam house Pfostenhaus *n*, Ständerhaus *n*
post-and-lintel construction Ständerbauweise *f*, Ständer(rahmen)bau *m*
post and pane (wall) Fachwerkmauer *f*
post-buckling überkritisches Knicken *n*
post-buckling strength Tragfähigkeit *f* nach Ausbiegung, überkritische Knickfestigkeit *f*
post casing Stützenverschalung *f*, Säulenverschalung *f*
post-compaction Nachverdichtung *f*
post-completion services Bauunterhaltungsberatung *f*
post driver Pfostenramme *f*
post-fabrication Nachverarbeitung *f*
post foundation Pfostenfundament *n*
Post-Impressionism *(Arch)* Nachimpressionismus *m*
post-mediaeval *(Arch)* nachmittelalterlich
post-Norman *(Arch)* nachnormannisch
post of a door Türstock *m*
post office Postgebäude *n*
post office cable Fernmeldekabel *n*
post office line Fernmeldeleitung *f*
post office tower Fernmeldeturm *m*
post pole Einzelpfosten *m*, Einzelstütze *f*
post puller Pfostenzieher *m*
post shore *s.* post pole
post-shrinkage Nachschwinden *n*
post-stressing *s.* post-tensioning

post-tension *v* mit nachträglichem Verbund vorspannen, nachspannen
post-tensioned mit nachträglichem Verbund vorgespannt
post-tensioned concrete reservoir Spannbetonsilo *n* mit nachträglichem Verbund
post-tensioned highway slab Spannbetonfahrbahnabschnitt *m (Platte)*; Betonfahrbahn *f* mit nachträglichem Verbund
post-tensioned roadway Betonfahrbahn *f* mit nachträglichem Verbund
post-tensioning Vorspannung *f* mit nachträglichem Verbund *(Spannbeton)*; Nachspannen *n*
post-tensioning conduit Spannkanal *m*
post-tensioning jack Spannpresse *f (Nachspannen)*
post-top light fitting Mastaufsatzleuchte *f*
post-treatment Nachbehandlung *f*
post-ultimate behaviour überkritsches Tragverhalten *n*
post-war architecture Nachkriegsarchitektur *f*
post-war building Nachkriegsgebäude *n*
post-welded heat treatment Schweißnachbehandlung *f* durch Erhitzen
postal building Postgebäude *n*
postcompaction Nachverdichtung *f*
postcure Nachhärtung *f (von Kunststoffen)*
poster panel Plakattafel *f*
poster pillar Litfaßsäule *f*
postern schmaler Eingang *m*; kleiner Nebeneingang *m (Privateingang)*; schmales Nebentor *n*
postheat Nachwärmen *n (beim Schweißen)*
posthole Pfahlloch *n*
postiche überladen, übermäßig verziert, nachverziert
postique *s.* postiche
postponement zeitliche Verschiebung *f (Bauablaufplan)*
posts Ständer(fach)werk *n*
pot bearing Topflager *n*
pot floor Hohlsteindecke *f*
pot life Topfzeit *f*, Verarbeitungszeitraum *m (z. B. von Kunststoffklebern nach Härterzusatz, von Mehrkomponentenlacken)*
pot sink *(San)* Spülbecken *n*
pot step Blockhohlstufe *f*
potable *adj* trinkbar *(Wasser)*
potable water Trinkwasser *n*, Gebrauchswasser *n*
potable water network Trinkwassernetz *n*
potable water pipework for buildings innergrundliche Trinkwasserleitungsanlagen *fpl*
potable water protection area Trinkwasserschutzgebiet *n*
potable water reservoir Trinkwasserbehälter *m*
potable water supply Trinkwasserversorgung *f*
potable water supply area Trinkwasserversorgungsgebiet *n*
potable water supply piping Trinkwasserrohrleitung *f*
potable water tank Trinkwasserbehälter *m*
potash glass Kaliglas *n*
potash-lime glass böhmisches Kristallglas *n*
potash mica Muskovit *m*, heller Glimmer *m*, Kaliglimmer *m*
potassium carbonate Pottasche *f*, Kaliumcarbonat *n*
potassium carbonate glass Kaliglas *n*
potassium chloride Kaliumchlorid *n*
potassium cyanide Kaliumcyanid *n*, Zyankali *n*
potassium fluosilicate Kaliumfluat *n*
potassium nitrate Kaliumnitrat *n*, Kalisalpeter *m*, Salpeter *m*
potassium permanganate Kaliumpermanganat *n*
potassium silicate Kaliumsilikat *n*, Kaliwasserglas *n*
potassium sulfate Kaliumsulfat *n*
potato cellar Kartoffelkeller *m*
potato starch Kartoffelstärke *f*
potato starch paste Kartoffelstärkekleister *m*
potent cross *(Arch)* Henkelkreuz *n*
potential potenziell, möglich
potential Potenzial *n*, potenzielle Möglichkeit *f*
potential energy potenzielle Energie *f*, Energie *f* der Lage
potential equation Potenzialgleichung *f*
potential function of torsion Potenzialfunktion *f* der Torsion, Torsionsfunktion *f*
potential method Potenzialmethode *f*
pothead *(El)* Kabelendverschluss *m*
pothead terminal Kabelverbindungskasten *m*, Kabelübergangsbox *f*
pothole Schlagloch *n (Straße)*
pothole patching Schlaglochverfüllung *f*, Schlaglochflickung *f (Straße)*
potlife *s.* pot life
potter Töpfer *m*
potter's clay Töpferton *m*, hochplastischer Ton *m*, Letten *m*
pottery Steinzeug *n*, Steingut *n*
pottery mosaic Tonmosaik *n*, Steingutmosaik *n*
pottery ware Steingut *n*
poultry hall Geflügelhalle *f*
pounce Bimssteinmehl *n*
pounced zahnschnittverziert
pound-force pound-force *n*, lbf *(englische, SI-fremde Einheit der Kraft; 1 lbf = 4,448 N)*
pound(-force) per square inch Pound/Quadratzoll *n*, psi, lbf/in^2 *(englische, SI-fremde Einheit des Drucks; 1 psi = 6,8947 10^3 N/m^2)*
pounding Schlagen *n*
pour *v* gießen; schütten
pour *v* **concrete** Beton einbringen [schütten, gießen], betonieren, Beton einbauen
pout *v* **in a hot state** heiß vergießen
pour *v* **out with mortar** mit Mörtel ausgießen *(innen)*
pour coat Bitumendachaufstrich *m*, Bitumendeckschicht *f*
pour layer Einbauschicht *f*, Einbaulage *f (Beton)*
pourability Gießbarkeit *f*
pourable gießbar *(z. B. Beton)*
poured asphalt Gussasphalt *m*
poured concrete Schüttbeton *m*
poured in eingegossen
poured-in-place in Ortbeton hergestellt, monolithisch hergestellt, betoniert am Einbauort, ortbetoniert
poured-in-place concrete monolithischer Beton *m*, Ortbeton *m*
poured-in-place concrete frame Ortbetonrahmen *m*
poured-in-place concrete shell Ortbetonschale *f*
poured-in-place concrete structure Ortbetonbauwerk *n*
poured joint Vergussfuge *f*
poured mastic asphalt Mastixasphalt *m*
poured mortar Ortmörtel *m*
pouring Gießen *n*, Guss *m*, Schüttung *f (von Beton, Vorgang)*
pouring chute Betonrutsche *f*
pouring of concrete Einbringen *n* des Betons, Betoneinbringung *f*, Betonieren *n*, Betonierung *f*, Betonierarbeit *f*, Betoneinbau *m*
pouring rope Dichtstrick *m*, Strickdichtung *f*
pouring-type granular insulation material Schüttdämmstoff *m*
powder *v* pulverisieren
powder-coat *v* pulverbeschichten
powder-coated *adj* pulverbeschichtet
powder coating Pulverlackbeschichtung *f*
powder coating technique Pulverbeschichtungsverfahren *n*

powder combustion spraying Pulverflammspritzen *n*
powder extinguisher Trockenfeuerlöscher *m*
powder gun Pulverspritzpistole *f (für Pulverspritzverfahren)*
powder insulation Pulverisolierung *f*
powder metallurgy Pulvermetallurgie *f*
powder moulding Granulatformung *f (Kunststoff)*
powder paint Pulverlack *m*, Plastbeschichtungspulver *n*
powder post Wurmfraß *m (im Holz)*
powder room Kosmetikraum *m*
powder sprayed coating Pulverspritzschicht *f*
powder spraying method Pulverspritzverfahren *n (Spritzmetallisierung)*
powdered pulverisiert, pulverförmig
powdered additive Wirkstoffpulver *n*, Pulveradditiv *n*
powdered asphalt Asphaltpulver *n*
powdered basalt Basaltmehl *n*
powdered clay Tonmehl *n*, Tonpulver *n*
powdered coal Kohlenstaub *m*
powdered colouring agent färbendes Pulver *n*, Farbstoffpulver *n*
powdered glue Leimpulver *n*
powdered gypsum Gipsmehl *n*, Gipspulver *n*, gemahlener Gips *m*
powdered iron Eisenpulver *n*
powdered lime Kalkpulver *n*, Pulverkalk *m*, Staubkalk *m*
powdered limestone Kalksteinmehl *n*
powdered mineral Mineralpulver *n*, Mineralmehl *n*
powdered retarder Pulververzögerer *m*
powdered rubber Gummipulver *n*, Gummimehl *n*
powdered soap Seifenpulver *n*
powdered solder pulverisiertes Lötzinn *n*
powdered zinc Zinkstaub *m*, Zinkpulver *n*
powdery pulverisiert, pulverförmig, pulverartig, pulvrig
power *v* betreiben, antreiben
power 1. Leistung *f (z. B. einer Maschine)*; Kraft *f*, nutzbare Energie *f*; 2. Arbeitsvermögen *n*; Leistungsvermögen *n (z. B. eines Unternehmens)*
power arm Kraftarm *m*
power ballaster track tamping machine Gleisstopfmaschine *f*
power barrow [buggy] Motorkipperkarre *f*, Kleindumper *m*
power basin Staubecken *n (eines Kraftwerkes)*
power cable Starkstromkabel *n*
power circuit *(El)* Stromkreis *m*
power coefficient Leistungskoeffizient *m*
power consumer *(El)* Stromabnehmer *m*
power consumption 1. *(El)* Leistungsaufnahme *f*, Energieverbrauch *m*, Stromverbrauch *m*; 2. *(El)* Eigenverbrauch *m (z. B. von Messgeräten)*
power current Starkstrom *m*
power curve Leistungskurve *f*
power demand Energiebedarf *m*
power density Leistungsdichte *f*
power distribution network *(El)* Verteilungsnetz *n*, Verteilernetz *n*
power drag scraper Schrapper *m*
power-driven durch Motor angetrieben, kraftbetrieben
power-driven piercing saw Kraftstichsäge *f*
power-driven roller Motor(straßen)walze *f*
power factor *(El)* Leistungsfaktor *m*
power failure *(El)* Stromausfall *m*
power float Betonoberflächenverdichter *m*, Oberflächenrotationsglätter *m*
power fret saw Kraftstichsäge *f*
power input Leistungsaufnahme *f*
power lead *(El)* Stromzuführung(sleitung) *f*
power line *(El)* Starkstromleitung *f*, Kraftleitung *f*
power-line tower Kraftleitungsmast *m*
power lines *s.* power mains
power mains *(El)* Starkstromnetz *n*
power navvy Bagger *m*; Hochlöffelbagger *m*
power of attorney Sachwaltungsbefugnis *f*, Bauvollmacht *f*, Handlungsbevollmächtigung *f* zur Bauherrenvertretung
power of expression *(Arch)* Ausdruckskraft *f*
power of hardening Härtungsvermögen *n*
power of initial setting Erstarrungsvermögen *n*, Erstarrungseigenschaft *f*
power outlet *(El)* Netzsteckdose *f*
power panelboard Schalttafel *f* für Kraftstromschaltungen
power piercing saw Kraftstichsäge *f*
power pipeline Druckwasserleitung *f*
power plant Kraftwerk *n*
power rammer Explosionsstampfer *m*, Motorrammer *m*
power requirement *(El)* Energiebedarf *m*, Strombedarf *m*
power room Maschinenraum *m*
power sander *(AE)* Motorschleifer *m*, elektrisches Abschleifgerät *n*
power saw Motorsäge *f*
power shovel Löffelbagger *m*, Hochlöffelbagger *m*
power socket *(El)* Kraftsteckdose *f*, Starkstromsteckdose *f*
power station Kraftwerk *n*
power storage Pumpspeicherung *f*
power substation Umspann(unter)werk *n*
power supply *(El)* Energieversorgung *f*, Stromversorgung *f*; Netzanschluss *m*, Energieanschluss *m*
power supply cable *(El)* Zuführungskabel *n*
power supply line Stromleitung *f*
power supply system *(El)* Elektroenergieversorgungsnetz *n*
power take-off Zapfgetriebe *n*, Zapfwelle *f*
power tamper Stampffrosch *m*
power transformer *(El)* Leistungstransformator *m*
power trowel Glättscheibe *f*, Glättmaschine *f*
power water Druckwasser *n*
power winch Kraftwinde *f*
power wrench Schlagschrauber *m*
powerful kräftig
powerhouse *(AE)* Kraftwerk *n*
poyntel Pflastermuster *n*, Fußwegsetzmuster *n (mit quadratischen und Diagonalelementen)*
pozzolan cement Puzzolanzement *m*
pozzolana Puzzolanerde *f*, Pozzuolanerde *f*
pozzolanic 1. puzzolanhaltig; 2. puzzolanartig
pozzolanic cement Puzzolanzement *m*
pozzolanic material Puzzolane *f*
pozzolanic mortar Puzzolanmörtel *m*
pozzuolana Puzzolane *f*
PP foam *s.* polypropylene foam
P.R.A. classification Bodenklassifizierung *f* der Public Roads Administration
practical application praktische Anwendung *f*
practical experience Betriebserfahrung *f*
practical test Prüfung *f* unter Einsatzbedingungen, Gebrauchsprüfung *f*
practice Technik *f*, Anwendungstechnik *f*
practise *v* bauen *(herstellen)*; errichten
practise hall Übungshalle *f* Trainingshalle *f*
prairie house Präriehaus *n (von Frank Lloyd Wright entwickelt)*
Prairie style *(Arch)* Präriestil *m*
pram Prahm *m*
pram storage room Kinderwagenraum *m*
prang *Tempelbau der Thaiarchitektur 13.–18. Jahrh.*
Pratt truss Pfostenfachwerk *n* mit steigenden und fallenden Diagonalen, Pratt-Dachbinder *m*
prayer niche *(Arch)* Gebetsnische *f (Moschee)*

praying niche *s.* prayer niche
preambles *pl* Einleitungen *fpl*
preaction sprinkler system automatisches Feuerlöschsystem *n* mit Temperatur- und Rauchsensoren
preassemble *v* vormontieren
preassembled vormontiert, vorzusammengebaut; teilmontiert
preassembled lock vormontiertes Türschloss *n*
prebatch *v* vordosieren *(Mischanlage)*; vorverpacken
prebatch bin [silo] Vormischsilo *n*
prebatching bin Vormischsilo *n*
prebending Vorbiegen *n*; Vorbiegung *f*
prebore *v* vorbohren
preboring 1. Vorbohren *n (Pfahlgründung)*; 2. Testbohrung *f*, Versuchsbohrung *f*, Bodenerkundungsbohrung *f*
precast *v* vorfertigen *(Betonteile)*
precast vorgefertigt, fabrikgefertigt *(Betonteile)*
precast architectural concrete Architekturbetonerzeugnis *n*
precast beam Fertigteilbalken(träger) *m (Beton)*
precast component vorgefertigtes Bauelement *n*
precast concrete beam Montagebetonbalken *m*, Fertigteilträger *m*
precast concrete block Beton(block)stein *m*
precast concrete bridge Betonfertigteilbrücke *f*
precast concrete component Betonfertigteil *n*
precast concrete construction Fertigteilbauweise *f*, Montagebauweise *f (Beton)*
precast concrete floor element [member] Betondeckenfertigteil *n*
precast concrete joist shaker Balkenrüttler *m*
precast concrete manufacturing yard Fertigteilbetonwerk *n*, Plattenwerk *n*, Betonwerk *n*
precast concrete pile *s.* precast pile
precast concrete products Betonwaren *fpl*
precast concrete skeleton construction Stahlbetonskelett(montage)bauweise *f*
precast concrete stone Betonstein *m*
precast concrete unit Betonfertigteil *n*, Stahlbetonfertigteil *n*, Fertigteil *n*
precast concrete wall panel vorgefertigtes Außenwandelement *n*, Fertigteilaußenwandelement *n*
precast construction Fertigteilbauweise *f*, Montagebauweise *f (aus Betonfertigteilen)*
precast floor Fertigdecke *f*, vorgefertigte Decke *f*
precast floor beam Fertigdeckenbalken *m*, (vorgefertigter) Betondeckenbalken *m*
precast floor slab Fertigdeckenelement *n*
precast foundation pile Stahlbetonrammpfahl *m*
precast lightweight building component [unit] Leichtbetonelement *n*
precast pile Stahlbetonrammpfahl *m*, Betonfertigpfahl *m*
precast prestressed concrete (unit) Spannbetonfertigteil *n*
precast reinforced concrete construction Bauen *n* mit Stahlbetonfertigteilen
precast reinforced concrete unit *s.* precast concrete unit
precast slab Fertigbetonplatte *f*, Fertigteilplatte *f*
precast stone Betonstein *m*, Kunststein *m*
precast structural concrete Fertigteilkonstruktionsbeton *m*
precast structural concrete member [unit] Konstruktionsfertigteil *n (aus Beton)*
precast tile Formfliese *f*
precast unit *s.* precast concrete unit
precast waffle slab vorgefertigte Betonrippenplatte *f*
precast wall panel Wandbauplatte *f (Beton)*
precasting Vorfertigung *f (von Betonteilen)*
precasting factory Betonfertigteilwerk *n*, Beton(platten)-werk *n*
precasting lane Betonfertigungsbahn *f*
precasting plant Beton(platten)werk *n*, Betonfertigteilwerk *n*, Plattenwerk *n*
precasting system Fertigteilverfahren *n*, Betonfertigteilbauweise *f*, Fertigteilmontagesystem *n*
precasting yard offenes Beton(fertigteil)werk *n*, Vorfertigungsplatz *m*
precaution Sicherheitsvorkehrung *f*, Sicherheitsmaßnahme *f*
precaution against fire Brandschutzmaßnahme *f*
precautionary vorbeugend
pre-Christian building style *(Arch)* vorchristlicher Baustil *m*
precinct Gebiet *n*; Distrikt *m*
precious kostbar, edel
precious metal Edelmetall *n*
precious stone Edelstein *m*
precipate *v* hinabstürzen; beschleunigen; sich niederschlagen, ausfällen
precipation Niederschlag *m*, Regen *m*; Ausfällung *f*
precipice Steilhang *m*; Abgrund *m*
precipitate *v* fällen *(Chemie)*; sich setzen
precipitate *v* **dust** entstauben *(Zuschlagstoffe)*
precipitate Niederschlag *m (chemischer)*
precipitated gefällt, ausgefällt *(aus einer Lösung)*
precipitated chalk Schlämmkreide *f*
precipitated pigment ausgefälltes Pigment *n*
precipitated water Niederschlagswasser *n*
precipitation Niederschlag *m (atmosphärischer)*
precipitation collector Niederschlagssammler *m*
precipitation filler Entstaubungsfüller *m*; Eigenfüller *m (Asphalt)*
precipitation frequence Niederschlagshäufigkeit *f*
precipitation tank Absetzbecken *n (Abwasser)*
precipitator Abscheider *m*; Staubabscheider *m*
precipitous steil, abschüssig
precise genau, präzise
precise level Feinnivellierinstrument *n*
precise levelling Feinnivellement *n*, Präzisionsnivellement *n*
precise levelling instrument Feinnivellierinstrument *n*
precise levelling rod Feinnivellierlatte *f*
precision *(Arch)* Strenge *f*, Stilstrenge *f*
precision control Genauigkeitsprüfung *f*
precision levelling *s.* precise levelling
precision of reference Exaktheit *f* der Bezugnahme *f*
precision subgrader Feinplanierhobel *m*, Feinplaniergerät *n*
preclassification Vorklassierung *f (Baustoffaufbereitung)*
precleaner Vorreiniger *m*, Vorfilter *n*
precleaning Vorreinigen *n*, Vorreinigung *f*, Grobreinigen *n*
precoat *v* grundieren, vorstreichen, vorbeschichten
precoat Voranstrich *m*; Grundierung *f*, Grundlack *m*
precoated *adj* grundiert
precoated chippings umhüllter Split *m*; vorbituminierter Splitt *m*
precompress *v* vorverdichten; vorspannen
precompressed vorverdichtet, vorgepresst, vorgedrückt
precompressed compression zone vorgedrückte Druckzone *f*
precompressed zone vorgedrückter Teil *m (des vorgespannten Elements)*
precondition *v* vorbehandeln
precondition Vorbedingung *f*
preconditioning 1. Vorbehandlung *f*, 2. Vorklimatisierung *f*
preconsolidate *v* vorverdichten

preconsolidated soil vorverdichteter Boden *m*, vorbelasteter Erdstoff *m*
preconsolidation Vorverdichtung *f*, Vorkonsolidierung *f*
preconsolidation pressure *(Erdb)* Vorbelastungsdruck *m*, größte effektive Vorbelastung *f*
preconstruct *v* vorfertigen
preconstruction conference Bauvorbesprechung *f*
preconstruction drawing Baueingabeplan *m*
precure *v* vorbehandeln, vortrocknen *(eine Klebeverbindung vor dem Zusammendrücken)*
predella 1. *(Arch)* Predella *f*, Altarstaffel *f*; 2. *(Arch)* Predella *f*, oberste Altarstufe *f*, Altarplattform *f*
predella panel *(Arch)* Altarblatt *n*
predicted date Vorgabetermin *m*
prediction Prognose *f*, Vorhersage *f*, Vorausberechnung *f*
predrill *v* vorbohren
predrilled hole Vorbohrung *f*
pre-emptive right Vorkaufsrecht *n*
prefab *s.* prefabricated
prefab *(sl) (AE)* Fertighaus *n*; Holzfertighaus *n*
prefabricate *v* vorfertigen; vorbearbeiten
prefabricated vorgefertigt; komplettiert
prefabricated asphaltic-bitumen sheeting Asphaltgewebebahn *f*, Asphaltfertigbahn *f*, Bitumengewebebahn *f*
prefabricated bitumen sheet *s.* prefabricated asphaltic-bitumen sheeting
prefabricated bituminous surfacing Bitumenfertigbahn *f*
prefabricated box culvert Fertigteilhaubendurchlass *m* *(Abwasser- und Kabelkanal)*
prefabricated brick(work) construction Ziegelfertigteilbau *m*
prefabricated building Fertighaus *n*
prefabricated building component Bauelement *n*, Baueinheit *f*
prefabricated building member Montageelement *n*
prefabricated building unit Fertigbauteil *n*, Fertigteil *n*
prefabricated column Fertigteilsäule *f*, Fertigteilstütze *f*
prefabricated component Fertigelement *n*
prefabricated compound vorgefertigtes Bauteil *n*, Montageteil *n*
prefabricated compound unit Fertigbauteil *n*, Fertigbauteil *n*, Montagebauteil *n*
prefabricated concrete building Betonfertigteilgebäude *n*
prefabricated concrete floor Fertigdecke *f*
prefabricated concrete pile Betonfertigpfahl *m*, vorgefertigter Beton(ramm)pfahl *m*
prefabricated concrete rib slab Betonfertigteilrippendecke *f*, vorgefertigte Betonrippendecke *f*
prefabricated concrete roof Betonfertigteildach *n*, vorgefertigtes Betondach *n*
prefabricated concrete slab Fertigteilbetonplatte *f*, vorgefertigte Betonplatte *f*, Betonplattenelement *n*
prefabricated concrete stair Betonfertigtreppe *f*, Betonmontagetreppe *f*
prefabricated concrete unit Betonfertigteil *n*, Fertigteil *n*
prefabricated concrete wall panel Wandtafel *f*
prefabricated construction Fertigteilbauweise *f*, Montagebauweise *f*, Bauen *n* mit Fertigteilen
prefabricated construction method Elementbauweise *f*, Fertigbauweise *f*, Fertigteilbauweise *f*, Montagebauverfahren *n*
prefabricated element Fertigteil *n*
prefabricated façade Fertigfassade *f*, Montagefassade *f*, Elementfassade *f*
prefabricated fireproof floor Fertigteilmassivdecke *f*, Massivmontagetreppe *f*
prefabricated floor beam Fertigdeckenbalken *m*, vorgefertigter Deckenbalken *m*
prefabricated garage Fertigteilgarage *f*
prefabricated girder Montageträger *m (Fertigträger)*
prefabricated gypsum product Gipsformstück *n*
prefabricated high-rise building Montagehochhaus *n*
prefabricated home construction Fertighausbau *m*
prefabricated house Fertighaus *n*, vorgefertigtes Haus *n*
prefabricated housing industrieller Wohnungsbau *m*, Fertigteilwohnungsbau *m*, Montagewohnungsbau *m*
prefabricated joinery Holzbauelemente *npl*, Holzbauteile *npl (z. B Türen, Fenster, Treppen)*
prefabricated joint filler vorgefertigte Fugenfüllelemente *npl*; Fugenband *n*
prefabricated masonry panel vorgemauertes Wandelement *n* [Mauersteinelement *n*]
prefabricated materials industry Fertigteilindustrie *f*
prefabricated panel Fertigtafel *f*
prefabricated panel construction Fertigteiltafelbauweise *f*
prefabricated partition wall Trennfertigwand *f*, vorgefertigte Trennwand *f*
prefabricated pile Fertigpfahl *m*
prefabricated pipe conduit system vorgefertigtes Rohrkanalelement *n*, Hauptsammlerfertigteil *n*
prefabricated roof truss *(AE)* Fertigteildachbinder *m*, Montagebinder *m*
prefabricated shell Fertigteilschale *f*, vorgefertigte Schale *f*, Montageschale *f*
prefabricated stair(case) Fertigteiltreppe *f*, Montagetreppe *f*
prefabricated standard buildings erected by building units im Baukastensystem errichtete Typenbauten *mpl*
prefabricated tie vorgefertigter Wandanker *m*
prefabricated tiling Plattentafel *f*, Fertigfliesentafel *f*
prefabricated timber house Holzfertighaus *n*
prefabricated unit vorgefertigtes Bauteil *n*, Fertigteil *n*, Fertigelement *n*, Montageteil *n*
prefabricated wall versetzbare Trennwand *f*
prefabricated wall tie vorgefertigter Wandanker *m*
prefabricated window Montagefenster *n*, Fertigfenster *n*, Fensterelement *n*
prefabricated window unit Fertigfenster *n*
prefabricated window wall Fensterfertigteilwand *f (installiert)*
prefabrication Vorfertigung *f*, Fertigteilbauweise *f*
prefabrication on site örtliche Vorfertigung *f*
prefabrication plant *s.* precasting plant
prefabrication primer Fertigungsanstrich *m*, Grundanstrich *m*
prefeasibility study vorläufige Durchführbarkeitsstudie *f*, vorläufige Durchführbarkeitsuntersuchung *f*
preferential dimensions on modular basis zu bevorzugende Abmessungen *fpl* auf Modulgrundlage
preferential lane *(Verk)* Sonderfahrspur *f (z. B. für ÖPNV)*
preferred angle bevorzugter Treppensteigungswinkel *m (30°– 35°)*
preferred dimension Vorzugsabmessung *f*
preferred dimensions Vorzugsmaße *npl (Raster- und Einbauelemente)*
preferred section Vorzugsprofil *n*
preferred size Vorzugsgröße *f*
preferred variant Vorzugsvariante *f (Entwurf)*
prefilter *(HLK)* Vorfilter *n*
prefinish *v* vorfertigen, vorkomplettieren
prefinished door vorgefertigte Tür *f*, vorgefertigtes Türelement *n*
prefoamed vorgeschäumt
preform *v* vorformen, vorfertigen *(Bewehrung)*
preformed asphalt joint filler vorgefertigter Bitumenfugenfüllstreifen *m*, Bitumen(gemisch)fugenband *n*

preformed foam vorgemischter Schaum *m (Schaumbaustoffe)*
preformed gasket Selbstabdichtung *f*, Fugenabdichtungsprofil *n*, Dichtungsmanschette *f*, Flachdichtung *f*
preformed (joint) sealant vorgeformtes Fugenband *n*, vorgefertigte Fugendichtung *f*
preformed kieselguhr Kieselgurschale *f*
preformed line vorgefertigtes Markierungszeichen *n (Straße)*
pre-functionalist building *(Arch)* präfunktionalistisches Gebäude *n*
pre-Gothic vorgotisch
preheat *v* vorheizen, vorwärmen
preheated vorgewärmt, vorerhitzt
preheated air vorgewärmte Luft *f*
preheater 1. Vorwärmer *m*; 2. *(HLK)* Luftvorwärmeeinheit *f*
preheating Vorheizung *f*, Vorwärmung *f*
preheating of asphalt layer Vorheizen *n* der Asphaltschicht
preheating of bitumen Bitumenvorwärmung *f*
preheating of oil Ölvorwärmung *f*
preheating of roof sheet Vorerhitzen *n* der Dachhaut
pre-Hellenic architecture vorhellenische Architektur *f*, vorhellenische Baukunst *f*
prehistoric vorgeschichtlich
prehistoric architecture urgeschichtliche Architektur *f*, urgeschichtliche Baukunst *f*
prehung door vorgefertigtes Türelement *n*; Fertigtür *f*
preimpregnated vorimprägniert
preimpregnated glass fibre vorimprägnierter Glasfaserstoff *m*
preimpregnated glass-fibre reinforcement vorimprägniertes Glasfaserbewehrungsmaterial *n*
preimpregnated material Prepreg *n*, *(mit härtbaren Kunststoffen)* vorimprägniertes Fasergewebe *n*
preimpregnation Vorimprägnierung *f*
preinvestment phase Projektvorbereitungsphase *f*, Leistungsphase *f*
pre-islamic architecture vorislamische Architektur *f*, vorislamische Baukunst *f*
preliminary vorläufig, vorbereitend
preliminary analysis Voranalyse *f*
preliminary building works *pl* Rohbau *m*
preliminary clarification Vorklärung *f (Abwässer)*
preliminary cleaning Vorreinigen *n*, Vorreinigung *f*, Grobreinigung *f*
preliminary coating Vorkonservierungsanstrich *m*
preliminary computation Vorberechnung *f*, Vorbemessung *f*
preliminary cost estimate vorläufiger Kostenvoranschlag *m*
preliminary design Vorentwurf *m*
preliminary design drawing Vorentwurfszeichnung *f*
preliminary drawing Entwurfszeichnung *f*
preliminary estimate (of cost) Kostenvoranschlag *m*
preliminary investigation Vorstudie *f*, Voruntersuchung *f*
preliminary pile Versuchspfahl *m*
preliminary planning Vorplanung *f*, Leistungsphase *f* 1 und 2
preliminary project Vorentwurf *m*
preliminary scheme Vorentwurf *m*, Vorprojekt *n*
preliminary sedimentation tank Vorklärbecken *n*
preliminary stage Vorphase *f*
preliminary stress Vorspannung *f*
preliminary study Entwurfsstudie *f*
preliminary survey *(Verm)* Vorvermessung *f*
preliminary test Eignungsprüfung *f (Baustoffe)*
preliminary treatment Vorbehandlung *f (Oberfläche, Bauteil)*
preliminary twist Vordrall *m*
preliminary work Vorarbeiten *fpl*
preload *v* vorbelasten, vorspannen, Vorspannung geben
preload Vorlast *f*
preloading Vorspannung *f*; Vorbelastung *f*
preloading machine Wickelmaschine *f (Spannbeton)*
premature failure vorzeitiger Ausfall *m*, vorzeitiges Versagen *n*
premise Voraussetzung *f*
premises Haus *n* mit Grundeigentum, Baulichkeiten *fpl* mit Land, bebautes Grundstück *n*, Gelände *n (z. B. Schul- oder Industriegelände)*
premix *v* vormischen
premix carpet Teppichbelag *m (Straßenbau)*
premix dry mortar Trocken(fertig)mörtel *m*
premix macadam Mischmakadam *m*
premix plaster Fertigputz *m*, Edelputz *m*, Trockenputz (-mörtel) *m*
premix surfacing Mischbelag *m*, Mischdecke *f (Straße)*
premixed material lagerfähiges (Asphalt-)Mischgut *n (Straßenreparatur)*
premixed stuff Trockenputz *m*
premoulded asphalt panel vorgeformtes bituminöses Tafelelement *n*
premoulder filler Fugeneinlage *f*, Fugenstreifen *m*
prenormative vornormativ
prenormative research vornormative Forschung *f*
prepacked (aggregate) concrete Prepaktbeton *m*, Skelettbeton *m*
prepacked clay bricks Ziegelpaket *n*
prepacked mixture Fertigtrockenmischung *f*, Trockenfertigmischung *f (meist für Hobby- und Reparaturarbeiten)*
prepacked mortar Fertigmörtel *m*
pre-paint *v* vorstreichen, voranstreichen
preparation 1. Aufbereitung *f*, Herstellung *f*, Erzeugung *f (Beton, Mörtel, bituminöses Mischgut)*; 2. Vorbehandlung *f*; 3. Präparat *n*
preparation grade Reinheitsgrad *m (Baustoffe)*
preparation of samples Probenvorbereitung *f*
preparation plant Aufbereitungsanlage *f (Wasser)*
preparation process Aufbereitungsprozess *m*
preparatory treatment Vorbehandlung *f*
prepare *v* aufbereiten, mischen, herstellen *(z. B. Beton, bituminöses Mischgut)*; anmachen *(Mörtel)*
prepare *v* **mortar** Mörtel anmachen
prepared vorbereitet, bereit, fertig
prepared chalk Schlämmkreide *f*
prepared roofing Bitumen(dach)fertigbahnen *fpl*
prepared-roofing shingle Pappschindel *f*
pre-patinated roof clay tile Patinadachstein *m (mit künstlicher Patina)*
pre-patinating Patinieren *n (extra Aufbringen der Patina)*
preplace *v* vorher einbringen [anbringen]
preplaced-aggregate concrete Prepaktbeton *m*, Skelettbeton *m*, Injektionsgerüstbeton *m*
preplanning Vor(aus)planung *f*, Vorstudienarbeit *f*
prepolishing Vorpolieren *n*
pre-posttensioning kombiniertes Vorspannen *n*, Vorspannung *f* mit sofortigem und nachträglichem Verbund
prepreg *s.* preimpregnated material
prepressure Fülldruck *m*
prequalification of prospective bidders Vorprüfung *f* der in Frage kommenden Bauauftragnehmer
prerequisite erforderlich, notwendig
prerequisite Voraussetzung *f*, Vorbedingung *f*
pre-Romanesque architecture frühromanische Architektur *f (in Europa außer dem Gebiet des Römischen Reichs)*
prerust *v* anrosten

presbytery *(Arch)* Presbyterium *n (1. Priesterraum; 2. Chorraum einer Kirche)*
pre-school children's playground Kleinkinderspielplatz *m*
prescreening Vorabsiebung *f*
prescribe *v* vorschreiben
prescribed/as vorschriftsmäßig
presence Anwesenheit *f*
presence detector Anwesenheitdetektor *m*
presence time Anwesenheitszeit *f*
preservability Haltbarkeit *f (Anstrich, Baustoff)*
preservation 1. Erhaltung *f*, Restaurierung *f*, Konservierung *f (Gebäude, hist. Bauwerk)*; 2. Tränkung *f*, Imprägnierung *f (Holz)*
preservation of monuments Denkmalpflege *f*
preservation of surface Oberflächenschutz *m (Verkleidung, Naturstein)*
preservative Schutzanstrich *m (Holzschutz)*; Holzschutzmittel *n*, Konservierungsmittel *n*
preservative agent Konservierungsmittel *n*
preservative chemical Schutzchemikalie *f*
preservative treatment Schutzbehandlung *f*
preserve *v* konservieren, haltbar machen *(Mauerwerk)*; schützen, pflegen *(Altbausubstanz)*; imprägnieren *(Holz)*
preserve *v* **wood** Holz konservieren
preset strength Zielfestigkeit *f*, vorgegebene Festigkeit *f (Beton)*
presetting Voreinstellung *f*
preshrunk vorgeschrumpft, vorgesetzt *(vorgemischter Mörtel oder Beton)*
press *v* 1. pressen; 2. (an)drücken; 3. stauchen
press *v* **against** andrücken
press *v* **through** durchpressen
press *v* **together** zusammendrücken
press Presse *f*, Verformungspresse *f*
press box Pressekabine *f*
press brake Abkantpresse *f*
press building Pressegebäude *n*, Verlagsgebäude *n*
press button Druckknopf *m*
press for pipes Rohrpresse *f*
press-polished hochglanzpoliert
pressboard Pressspanplatte *f*, Pressspan *m*, Presspappe *f*
pressed (clay) brick Pressziegel *m*, Pressstein *m*
pressed edge foundation Fundamentkante *f* mit höchster Bodenpressung
pressed glass Pressglas *n*, gegossenes Glas *n*
pressed panel Presstafel *f*
pressed profile gepresstes Profil *n*, Pressprofil *n*
pressed raw brick gepresster Ziegelrohling *m*
pressed roofing tile Pressdachziegel *m*, Pressdachsteinplatte *f*
pressed section gepresstes Profil *n*, Pressprofil *n*
pressed shape gepresstes Profil *n*, Pressprofil *n*
pressed steel Pressstahl *m*
pressed steel building component Gesenkstahlbauteil *n*
pressed steel door frame Pressstahltürrahmen *m*, Stahlzarge *f*
pressed steel plate Buckelplatte *f*
pressed steel trim Pressstahlprofil *n*, Gesenkstahlprofil *n*
pressed ware Pressglas *n*
pressed wood Pressholz *n*
pressing Pressung *f*, Pressen *n*; Prägen *n*, Senkformen *n*
pressing mould Pressform *f*
pressiometric test *(Bod)* Pressiometerversuch *m*
pressure *v* pressen, einpressen
pressure *v* **grout** verpressen, einpressen
pressure Druck *m (physikalische Größe)*; Druckkraft *f*
pressure area Druckzone *f*
pressure at rest Ruhedruck *m*
pressure blasting Druckstrahlen *n*
pressure bonding Verpressen *n (Holz)*
pressure build-up Druckaufbau *m*
pressure bulb *(Bod)* Druckzwiebel *f*
pressure cell Druckmessdose *f*
pressure change Druckveränderung *f*, Druckänderung *f*
pressure coefficient Druckbeiwert *m (Windkraft)*
pressure-compensating tank Druckausgleichsbehälter *m*, Druckausdehnungsgefäß *n*
pressure compensation Druckausgleich *m*
pressure compensation layer Druckausgleichsschicht *f*
pressure component Druckkomponente *f*
pressure conditions Druckbedingungen *fpl*
pressure connector *(El)* Anschlusspressklemme *f*
pressure controller Druckregler *m*
pressure creosoting Druckimprägnierung *f* mit Kreosotöl *(Holz)*
pressure curve Druckverlauf *m*
pressure decline Druckabfall *m*
pressure decrease Druckrückgang *m*, Druckabnahme *f*, Druckabfall *m*
pressure-dependent druckabhängig
pressure difference Druckdifferenz *f*
pressure distribution Druckverteilung *f*
pressure distribution Druckverteilung *f*
pressure drainage druckbeanspruchte Entwässerungsleitung *f*
pressure drop Druckabfall *m*, Druckverlust *m*
pressure effect Druckwirkung *f*
pressure equalisation Druckausgleich *m*
pressure fluctuation Druckschwankung *f (Wasser)*
pressure-flush *v* druckspülen *(Abwasserleitungen)*
pressure force Druckkraft *f*
pressure gauge Manometer *n*, Druckmesser *m*
pressure-glued druckverleimt
pressure gradient Druckgefälle *n*
pressure-grout *v* mit Mörtel verpressen [auspressen]
pressure grouting Auspressverfahren *n*, Verpressen *n*, Injektion *f*, Druckinjektion *f (Mörtel, Zementleim)*
pressure gun Fugenfüllpistole *f*
pressure-gun type asphalt Spritzasphalt *m*
pressure-gun type composition Spritzmasse *f*
pressure-gun type compound Spritzmasse *f*
pressure-gun type mass Spritzmasse *f*
pressure-gun type plastic Spritzkunststoff *m*
pressure head 1. Druckhöhe *f*, Wasserdruckhöhe *f*, 2. *(Wsb)* Förderhöhe *f*
pressure-impregnated druckimprägniert
pressure-independent druckunabhängig
pressure joint Druckstutzen *m*
pressure level Druckniveau *n*
pressure line *(Stat)* Drucklinie *f*, Stützlinie *f*
pressure load Druckbelastung *f*
pressure-locked grating Verknüpfen *n* der Bewehrungseisen durch Pressdruck
pressure loss Druckverlust *m*
pressure of forms Schalungsdruck *m*
pressure of the ground Bodenpressung *f*
pressure of the overburden *(Bod, Erdb, Tun)* Belastungsdruck *m (der überlagernden Schichten)*
pressure on abutment *(Tun)* Kämpferdruck *m*
pressure-operated druckbetätigt
pressure pickup Druckfühler *m*
pressure pipe Druckrohr *n*, Druckleitung *f*
pressure pipeline Druckrohrleitung *f*
pressure-proof design druckfeste Ausführung *f*
pressure ratio Druckverhältnis *n*

pressure reducing Druckverringerung *f (bei Dampfheizungen)*
pressure-reducing valve Druckreduzierventil *n*, Druckminderer *m*
pressure regulator Druckregler *m*
pressure relief Druckminderung *f*, Druckentlastung *f*
pressure-relief device Sicherheitsventil *n*, Überdruckventil *n*
pressure-relief valve Überdruckventil *n*
pressure-relieving joint Ausdehnungsfuge *f*, Bewegungsfuge *f*
pressure resistance Druckfestigkeit *f*, Druckbeständigkeit *f (Baustoffe)*
pressure-resistant *adj* druckbeständig
pressure rise Druckerhöhung *f*, Druckanstieg *m*
pressure rising curve Druckanstiegskurve *f*
pressure-sensitive druckempfindlich
pressure-sensitive adhesive Haftkleber *m*
pressure shell Druckschale *f*
pressure-stabilizing plant [unit] Druckstabilisierungsanlage *f (Wasser)*
pressure strength Berstdruck *m*, Berstfestigkeit *f*
pressure tank Druckbehälter *m*
pressure test Druckprobe *f*, Druckprüfung *f*
pressure-tight *adj* druckdicht
pressure transmission Druckübertragung *f*
pressure tunnel *(Wsb)* Druckstollen *m*
pressure-type water heater Druckspeicher *m*
pressure vessel Autoklav *m*, Druckhärtekessel *m*, Dampfhärtekessel *m*; Druckkessel *m*
pressure water Druckwasser *n*
pressure water pipe [piping] Druckwasserleitung *f*
pressure weather stripping starke Wetterschutzverkleidung *f*
pressure welding Pressschweißen *n*
pressure zone Druckzone *f*
pressurization device Druckerhöhungsanlage *f (Wasser)*
pressurized hot-water tank Druckspeicher *m*
pressurized water Druckwasser *n*
pressware *(AE)* Pressglas *n*
prestandard Vornorm *f*
presteaming period Dampfbehandlungswartezeit *f*, Vorlagerungsdauer *f*
prestige (type) building Repräsentationsbau *m*
prestrain *v* vordehnen
prestress *v* vorspannen, Vorspannung aufbringen [geben]
prestress Vorspannung *f (Größe)*
prestress loss Spannungsabbau *m*, Spannungsverlust *m*
prestressed vorgespannt
prestressed aerated concrete Porenspannbeton *m*
prestressed clay Spannton *m*, Stahlton *m*
prestressed clay floor Spannziegeldecke *f*, Spanntondecke *f*, Stahltondecke *f*, vorgespannte Ziegeldecke *f*
prestressed centrifugally cast pipe Schleuderspannbetonrohr *n*, vorgespanntes Schleuderbetonrohr *n*
prestressed concrete Spannbeton *m*, vorgespannter Beton *m*
prestressed concrete arch Spannbetonbogen *m*
prestressed concrete beam Spannbetonbalkenträger *m*
prestressed concrete block Spannbetongebäude *n*
prestressed concrete box girder Spannbetonkastenträger *m*, Spannbetonhohlträger *m*
prestressed concrete construction Spannbetonbau *m*
prestressed concrete continuous beam Spannbetondurchlaufbalkenträger *m*, Spannbetondurchlaufträger *m*, durchlaufender Spannbetonträger *m*
prestressed concrete cupola Spannbetonkuppel *f*
prestressed concrete design and construction Spannbetontechnik *f*, Betonvorspanntechnik *f*
prestressed concrete floor slab Spannbeton(decken)platte *f*
prestressed concrete folded plate structure Spannbetonplattenfaltwerk *n*
prestressed concrete frame Spannbeton(gebäude)rahmen *m*
prestressed concrete girder Spannbetonträger *m*
prestressed concrete girder floor Spannbetonträgerdecke *f*
prestressed concrete high-pressure pipe Spannbetonhochdruckrohr *n*
prestressed concrete I-beam Spannbeton-Doppel-T-Träger *m*, Spannbeton-I-Träger *m*
prestressed concrete lattice girder Spannbetongitterträger *m*
prestressed concrete lift-slab Spannbetonhub(decken)platte *f*
prestressed concrete lift structure Spannbetonhubdeckenbauwerk *n*
prestressed concrete mast Spannbetonmast *m*
prestressed concrete panel Spannbetontafel *f*
prestressed concrete pile Spannbetonpfahl *m*
prestressed concrete portal frame Spannbetonportalrahmen *m*
prestressed concrete purlin Spannbetonpfette *f*
prestressed concrete railroad tie *(AE)* Spannbetongleisschwelle *f*, Spannbeton(schienen)schwelle *f*
prestressed concrete railway sleeper Spannbetongleisschwelle *f*, Spannbeton(schienen)schwelle *f*
prestressed concrete reactor vessel Spannbetondruckbehälter *m (Kernkraftwerk)*
prestressed concrete reservoir Spannbetonbehälter *m*
prestressed concrete ribbed floor Spannbetonrippendecke *f*
prestressed concrete runway Spannbetonpiste *f*
prestressed concrete sewage pipe Spannbetonabwasserrohr *n*, Spannbetonkanalrohr *n*
prestressed concrete shell Spannbetonschale *f*; Spannbetonplatte *f*
prestressed concrete space load-bearing structure Spannbetonrahmentragwerk *n*
prestressed concrete spun pipe Schleuderspannbetonrohr *n*, vorgespanntes Schleuderbetonrohr *n*
prestressed concrete structure Spannbetonbauwerk *n*, Spannbetonkonstruktion *f*
prestressed concrete support Spannbetonstütze *f*
prestressed concrete television tower Spannbetonfernsehturm *m*
prestressed concrete trussed girder Spannbetonfachwerkträger *m*
prestressed concrete type of construction Spannbetonbauart *f*
prestressed concrete vault Spannbetongewölbe *n*
prestressed concrete Vierendeel girder Spannbeton-Vierendeelträger *m*
prestressed concrete water tower Spannbetonwasserturm *m*
prestressed concrete wire Spanndraht *m*, Stahlsaite *f*
prestressed concrete work Spannbetonarbeiten *fpl*
prestressed connection Spannverbindung *f*
prestressed glass Einscheibensicherheitsglas *n*
prestressed in pairs paarweise vorgespannt *(Stahlsaiten-Spannbeton)*
prestressed light aggregate concrete Leichtzuschlagstoff-Spannbeton *m*
prestressed light concrete Leichtspannbeton *m*, vorgespannter Leichtbeton *m*
prestressed monolithic wall Spannbetonwand *f*
prestressed pile Vorspannpfahl *m*

prestressed precast beam Spannbetonfertigträger *m*
prestressed precast concrete construction Spannbetonfertigteilbau *m*, Spannbetonmontagebau *m*
prestressed segmental member Spannbetoneinzelelement *n*, Spannbetonteilelement *n*
prestressed structure Spannbetonbauwerk *n*, Spannbetonkonstruktion *f*
prestressed wire concrete Stahlsaitenbeton *m*, Saitenbeton *m*
prestressing Vorbeanspruchung *f*, Vorspannen *n*, Aufbringen *n* der Vorspannung, Spannen *n*
prestressing bed Spannbett *n*
prestressing block Spannblock *m (Spannbetontechnologie)*
prestressing cable Spannkabel *n*
prestressing duct Spannkanal *m*
prestressing element Spannglied *n*
prestressing force Vorspannkraft *f*
prestressing jack Spannpresse *f*
prestressing lane Spannbahn *f (Bewehrung)*
prestressing lesene Spannlisene *f*
prestressing line Spannbahn *f*, Spannbett *n*
prestressing loss Spann(ungs)verlust *m*
prestressing method Spannbetonverfahren *n*
prestressing moment Spannmoment *n*, Vorspannmoment *n*
prestressing order Spannfolge *f*, Spannstufen *fpl*
prestressing plant Spannbetonwerk *n*
prestressing process Spannprozess *m*, Aufbringen *n* der Vorspannung
prestressing reinforcement Spannbewehrung *f*
prestressing steel Spannstahl *m*; Spannbewehrung *f*
prestressing strand Spannkabel *n*
prestressing stress Spannkraft *f*, Vorspannkraft *f*
prestressing system Spannbetonverfahren *n*; Vorspannsystem *n*
prestressing tendon Spannglied *n*
prestressing value Spannwert *m*, Vorspannungswert *m*
prestressing wedge Spannkeil *m*
prestressing wire Spanndraht *m*
prestressing zone Spannzone *f*, Vorspannungszone *f*
pretension *v* vorspannen, mit sofortigem Verbund vorspannen
pretensioned vorgespannt mit sofortigem Verbund
pretensioned concrete vorgespannter Spannbeton *m*
pretensioned tendon Spannglied *n* mit sofortigem Verbund
pretensioned wire Spanndraht *m*, Spannsaite *f*
pretensioning Vorspannung *f* mit sofortigem Verbund, sofortiger Verbund *m*
pretie *v* Eisen biegen, Bewehrung vorbereiten, Bewehrungskörbe vorfertigen
pretorium Prätorium *n (Gouverneurssitz im Römischen Reich)*
pretreat *v* vorbehandeln
pretreated vorbehandelt
pretreatment Vorbehandlung *f*
pretreatment agent Vorbehandlungsmittel *n (z. B. für Anstriche)*
pretreatment tank Vorklärbecken *n*
pretwist Vordrall *m (eines Seils)*
prevail *v* vorherrschen
prevail verbreitet sein
prevailing weather (vorherrschende) Wetterrichtung *f*
preventative remedy Vorbeugungsmaßnahme *f*, Wartungsmaßnahme *f*, Pflegemaßnahme *f*
preventer Preventer *m*, Absperrschieber *m*
preventing corrosion korrosionsverhindernd
prevention Vorbeugung *f*, Verhütung
prevention of accidents Unfallverhütung *f*
prevention of corrosion Korrossionsverhütung *f*
prevention of damage Schadensvorbeugung *f*, Schadensverhütung *f*
prevention of noise pollution Lärmvorsorge *f*, Vermeidung *f* von Lärmbelästigung
prevention of pollution Reinhaltung *f*
prevention of water pollution Verhütung *f* der Wasserverschmutzung
preventive präventiv, vorbeugend
preventive action vorbeugende Maßnahme *f*, Präventivmaßnahme *f*
preventive coating *n* Schutzschicht *f*
preventive maintenance vorbeugende Instandhaltung *f*
preventive maintenance painting vorbeugender Instandhaltungsanstrich *m*
preventive measure vorbeugende Maßnahme *f*, Präventivmaßnahme *f*
preventive remedy Pflegemaßnahme *f*, Wartungsmaßnahme *f*, Vorbeugungsmaßnahme *f*
preventive wood protection vorbeugender Holzschutz *m*
pre-war Expressionism *(Arch)* Vorkriegsexpressionismus *m*
prewetted *adj* vorgenässt
prewetting Vornässen *n*
prewetting agent Vorbenetzungsmittel *n*
price Preis *m*
price fixing Preisabsprache *f*
price level Preisniveau *n*
price limit Preisgrenze *f*
price list Preisliste *f*
priced bill of quantities verpreistes Leistungsverzeichnis *n*, ausgefülltes Leistungsverzeichnis *n*
pricing Kalkulation *f*, Kostenkalkulation *f*, Verpreisen *n (Gewerke)*
pricing department Kalkulationsabteilung *f*
prick *v* (durch)stechen
prick post Nebenpfosten *m*, Hilfspfeiler *m (Dachstuhl)*
prick punch Körner *m*
pricked by worms wurmstichig *(Holz)*
pricked rendering gespritzter Bewurf *m (Edelputz)*
pricking up Vorwerfen *n (Mörtel)*
pricking-up coat Vorbewurf *m*, Vorwurfputzschicht *f*
priest's house Pfarrhaus *n*
primacord Zündschnur *f*
primary wesentlich; unmittelbar; ursprünglich; Haupt...
primary air Brennerfrischluft *f*, Erstluft *f (Heizung)*
primary beam Hauptbalken(träger) *m*
primary bending stress Hauptbiegespannung *f*
primary branch Abwassergrundleitung *f*, Abwasserzuleitung *f (im Gebäude)*
primary building material Primärbaustoff *m*
primary clarification plant mechanische Kläranlage *f*
primary coat Grundierung *f*, Grundanstrich *m (Ergebnis)*
primary consolidation Erstbelastungssetzung *f (Erdstoffe)*
primary creep Anfangskriechen *n*
primary crusher Vorbrecher *m*
primary deformation Anfangsformänderung *f*, primäre Verformung *f*
primary distributor Hauptverkehrsstraße *f*
primary drainage ditch Vorentwässerungsgraben *m*
primary excavation Erstaushub *m* von gewachsenem Boden
primary explosive Initialsprengstoff *m*
primary industry Rohstoffe verarbeitende Industrie *f*
primary layer Grundschicht *f*

primary light source Hauptlichtquelle *f*
primary member Hauptbauglied *n*
primary particle Einzelteilchen *n*, Primärteilchen *n (Pigment)*
primary product Vorprodukt *n*, Halbfertigerzeugnis *n*
primary return *(HLK)* Hauptrücklauf *m*
primary rock 1. Massengestein *n*; 2. unverwittertes Gestein *n*
primary school Grundschule *f*
primary settlement basin Vorklärbecken *n*
primary sewage treatment mechanische Abwasserreinigung *f*
primary sludge Primärschlamm *m*
primary soil Primärboden *m*, gewachsener Boden *m*
primary strength Anfangsfestigkeit *f*
primary structure Primärkonstruktion *f*
primary waste-water branch Abwasserzuleitung *f (im Gebäude)*
prime *v* 1. zünden *(Sprengstoff)*; 2. grundieren, spachteln
prime-coat *v* grundieren
prime coat Grundanstrich *m*, Grundierung(sschicht) *f*
prime-coated board grundierte Platte *f*
prime contract Bauhauptvertrag *m*, Baugesamtvertrag *m*
prime contractor Bauhauptauftragnehmer *m*, Hauptauftragnehmer *m*
prime cost Gestehungskosten *pl*, Selbstkosten *pl (Arbeit und Material)*
prime mover Kraftmaschine *f*, Antriebsmotor *m*
prime pigment Basispigment *n*
prime professional Hauptauftragnehmer *m*, Direktauftragnehmer *m*
prime professional building owner Investitionshauptauftraggeber *m*
prime professional consultant Bauhauptberater *m*
prime standby power source Notstromhauptaggregat *n*
prime window Hauptfenster *n*
primed grundiert
primer 1. Grund(ier)anstrich *m*, Grundierung(sschicht) *f*; 2. Grundanstrichmittel *n*, Grundiermittel *n*, Grund(ier)lack *m*, Spachtellack *m*; 3. Initialsprengstoff *m*, Zündsatz *m*, Zündkapsel *f*
primer coat *s.* primer 1.
primer filler Grundierfüller *m*; Füllgrund *m*
primer film Grundierungsfilm *m*
primer paint *s.* priming paint
primer pigment Grundanstrichpigment *n*
primer sealer *s.* primer filler
primer surfacer *s.* primer filler
primeval forest Urwald *m*
priming 1. Grundieren *n*, Grundierung *f*, Grund(ier)anstrich *m (Vorgang)*; 2. *s.* primer 2.; 3. Auffüllen *n (Baugelände)*
priming cap Zündkapsel *f*
priming coat Grundanstrich *m*, Grundierung *f*
priming composition Zündsatz *m*
priming emulsion Grundieremulsion *f*
priming paint Grundanstrichfarbe *f*, Grund(ier)farbe *f*
priming solution Grundierlösung *f*
priming with linseed oil Leinölgrundierung *f*
princess 1. Hängesäule *f*; 2. Großschieferplatte *f (350 × 600 mm)*
princess post Hängesäulenstützpfosten *m*
principal 1. Dachverband *m*; Dachstuhl *m*; 2. Hauptsparren *m*, Bundsparren *m*; 3. Vermittlungsagent *m*; 4. Bürge *m*
principal altar *(Arch)* Hauptaltar *m*
principal apsis *(Arch)* Hauptapsis *f*
principal arch *(Verk)* Hauptbogen *m (Brücke)*
principal axis Hauptachse *f*
principal axis of inertia Hauptträgheitsachse *f*, Trägheitshauptachse *f*
principal axis of stress Hauptspannungsachse *f*
principal bar Hauptstab *m (Stahlbewehrung)*
principal beam Haupt(balken)träger *m*; Hauptbalken *m*; Zugbalken *m*, Spannbalken *m*, Trambalken *m*
principal block Hauptgebäude *n*
principal building 1. Hauptgebäude *n*, Hauptbau *m*; 2. Langhaus *n (Kirche)*
principal building vault Langhausgewölbe *n (Kirche)*
principal cable Hauptkabel *n*
principal centre Hauptzentrum *n*
principal chapel *(Arch)* Hauptkapelle *f*
principal cock Haupthahn *m*
principal column Hauptsäule *f*, Hauptstütze *f*
principal component Hauptkomponente *f*; Hauptbestandteil *m*
principal component of stress Hauptspannung *f*
principal constituent Hauptbestandteil *m*
principal contractor Hauptauftragnehmer *m*, Hauptunternehmer *m*
principal controlling dimension Ausbaumaß *n*
principal cornice Hauptgesims *n*, Dachgesims *n*
principal curvature Hauptkrümmung *f*
principal data Hauptdaten *pl*
principal diagonal Hauptdiagonale *f*
principal dimension Hauptabmessung *f*, Hauptmaß *n*
principal direction Hauptrichtung *f*
principal distribution line Hauptverteilungsleitung *f*
principal distribution panel *(El)* Hauptverteilungstafel *f*
principal elongation [extension] Hauptdehnung *f*
principal entrance Haupteingang *m*
principal entrance hall Haupteingangshalle *f*
principal entrance storey Geschoss *n* mit dem Haupteingang
principal façade Hauptfassade *f*
principal fuse *(El)* Hauptsicherung *f*
principal girder Hauptträger *m*
principal grid Hauptraster *m*
principal hall Haupthalle *f*
principal load Hauptlast *f*
principal load case Hauptlastfall *m*
principal longitudinal force Hauptlängskraft *f*
principal moment Hauptmoment *n*
principal moment of inertia Hauptträgheitsmoment *n*
principal motif *(Arch)* Leitmotiv *n*
principal moulding Dachgesims *n*
principal normal *(Stat)* Hauptnormale *f*
principal normal stress *(Stat)* Hauptnormalspannung *f*
principal office Hauptbüro *n*
principal plane *(Stat)* Hauptebene *f*
principal plane of flexure Hauptbiegeebene *f (eines Balkens)*
principal plane of stress Hauptspannungsebene *f*
principal point Bildmittelpunkt *m*
principal portal Hauptportal *n*
principal post Eckpfosten *m*, Ecksäule *f*, Türpfosten *m*
principal quire *(Arch)* Hauptchor *m*
principal rafter Bindersparren *m*, Bundsparren *m*, Hauptsparren *m*
principal rafters Bindergespärre *n*
principal reinforcement Längsbewehrung *f*, Längseinlagen *fpl*, Hauptbewehrung *f*
principal riser Hauptsteigleitung *f*
principal roof beam Dachbinderhauptbalken *m*
principal section Hauptschnitt *m (einer Darstellung)*
principal service centre technische Hauptzentrale *f (eines Großgebäudes)*
principal shear stress Hauptschubspannung *f*
principal stage Hauptbühne *f*
principal stairs Haupttreppe *f*

principal strain Hauptdehnung *f*, Hauptverformung *f*
principal street (städtische) Hauptverkehrsstraße *f*
principal stress Hauptspannung *f*
principal stress trajectory Hauptspannungslinie *f*, Hauptspannungstrajektorie *f*
principal stretch(ing) Hauptstreckung *f*
principal structure Hauptgebäude *n*, Hauptbau *m*
principal switch board *(El)* Hauptschalttafel *f*
principal switchroom *(El)* Hauptschaltraum *m*
principal symbol *(Stat)* Hauptzeichen *n*
principal temple *(Arch)* Haupttempel *m*
principal tensile reinforcement Hauptzugbewehrung *f*
principal truss Dachbinder *m*
principal vault Hauptbogen *m (Brücke)*
principal wind direction Hauptwindrichtung *f*
principle Prinzip *n*, Grundgesetz *n*, Grundsatz *m*
principle of actualism Aktualitätsprinzip *n*
principle of equilibrium Gleichgewichtsprinzip *n*
principle of inducement Veranlassungsprinzip *n (Kostenteilung)*
principle of least work of deformation Prinzip *n* vom Minimum der Formänderungsarbeit
principle of style *(Arch)* Stilgesetz *n*
principle of superposition Überlagerungsgesetz *n*, Superpositionsgesetz *n*, Superpositionsgleichung *f*
principle of the parallelogram of forces Satz *m* vom Parallelogramm der Kräfte, Parallelogrammgesetz *n*, Parallelogrammregel *f*
principle of transmissibility of forces Prinzip *n* der Übertragbarkeit von Kräften
principle of virtual forces *(Stat)* Prinzip *n* der virtuellen Kräfte
print *v* 1. pausen; 2. ein Muster in den Putz drücken
print 1. Lichtpause *f*, Pause *f*; 2. Putzornament *n*
printed design Druckmuster *n*
printed pattern Druckmuster *n*
printed picture tile bedruckte Bildfliese *f*
printed wallpaper gedruckte [bedruckte] Papiertapete *f*
printing Farbanstrichmustern *n*
printing block Druckereigebäude *n*
prior to vor
priority junction *(Verk)* Kreuzung *f* mit Vorfahrtregelung, ranggeordnete Kreuzung *f*
priority road *(Verk)* Hauptstraße *f*, Vorfahrtsstraße *f*
priority sign Vorfahrtzeichen *n*
priory *(Arch)* Kartäuserhaus *n*, Propstei *f*
prism Prisma *n*
prism face Prismenfläche *f*
prismatic prismatisch, prismenförmig
prismatic beam prismatischer Balken *m* [Träger *m*]
prismatic beam crushing strength Prismendruckfestigkeit *f*
prismatic billet moulding Prismenzierkante *f*
prismatic colours Beugungsfarben *fpl*
prismatic cupola Prismenkuppel *f*
prismatic glass Zierglas *n* mit Prismeneffekt
prismatic load-bearing structure Prismentragwerk *n*
prismatic member Prismenstab *m*
prismatic rustication Mauerwerk *n* mit prismatischen Ziegeln *(Elisabethanische Architektur)*
prismatic shell (structure) dünnwandiges [prismatisches] Faltwerk *n*, Faltwerk *n*
prismatic slab (structure) Faltwerk *n*
prismatic space truss prismatisches Raumfachwerk *n*
prismatic supporting structure Prismentragwerk *n*
prismatic system rhombisches System *n*
prismoidal roof Prismoiddach *n*
prison building Strafanstaltbau *m*, Strafanstaltgebäude *n*, Gefängnisgebäude *n*
prison cell Gefängniszelle *f*
prison construction Strafanstaltbau *m*, Gefängnisbau *m*
private architect freischaffender Architekt *m*
private area Privatgrundstück *n*
private balcony Einzelbalkon *m*
private building Privathaus *n*, Privatgebäude *n*
private chapel Hauskapelle *f*
private connection Telefonhausanschluss *m*, Hausanschluss *m*
private development private Bebauung *f*
private drive Privatzufahrt *f*
private driveway Privatfahrweg *m*
private dwelling house Privatwohn(ungs)haus *n*
private ground Privatgelände *n*
private hotel Pension *f*
private housing privater Wohnungsbau *m*
private path Privatweg *m*
private port Industriehafen *m*
private road Privatweg *m*
private sewer nicht öffentliche Abwasserleitung *f*
private stairway Privataufgang *m*
private transport Individualverkehr *m*
private way Privatweg *m*, privater Weg *m*
privy Abort *m (außerhalb eines Gebäudes)*
privy tank Abwasserfaulbehälter *m*
prize *v* aufstemmen
prize *v* **open** aufbrechen, aufstemmen *(mittels Hebel)*
prize *v* **up** hochwuchten, hochstemmen
prize 1. Hebel *m*; 2. Hebelwirkung *f*, Hebelkraft *f*
prize for architecture Architekturpreis *m*
prize-winning preisgekrönt
probabilistic design method *(Stat)* Wahrscheinlichkeitsberechnungsverfahren *n*
probability Wahrscheinlichkeit *f*
probability curve gaußsche Normalverteilung(skurve) *f*
probability of acceptance Abnahmewahrscheinlichkeit *f*
probability of cracking Risswahrscheinlichkeit *f (Betontragverhalten)*
probability of failure Versagenswahrscheinlichkeit *f (Tragverhalten)*; Ausfallwahrscheinlichkeit *f*
probability of rejection Zurückweisungswahrscheinlichkeit *f*
probability sample Wahrscheinlichkeitsstichprobe *f (Baustoffkontrolle)*
probable error wahrscheinlicher Fehler *m (Baustoffprüfung)*
probe *v* sondieren, mit einer Sonde untersuchen
probe Sonde *f*, Messfühler *m*
probing of a bore *(Bod)* Sondierungsbohrung *f (Baugrund)*
probing rod Sondierstange *f*
problem concerning follower forces Folgekraftproblem *n*
problem site Altlast *f*, kontaminierter Standort *m*
procedural questions Verfahrensfragen *fpl (Bautechnologie)*
procedure Bauablauf *m*, Montageverfahren *n*, Durchführung *f*
proceeds Gewinn *m*, Reinertrag *m*
process *v* behandeln, bearbeiten; fertigen; verarbeiten
process Methode *f*, Ablauf *m*, Vorgang *m*, Verlauf *m*, Prozess *m*
process average mittlere Prozesslage *f*, mittlere Qualitätslage *f*
process control Herstellungsüberwachung *f*, Prozesslenkung *f*
process limits Prozessgrenzen *fpl*
process of adaption Anpassungsprozess *m*
process of curing Abbindevorgang *m*, Abbindeverlauf *m (z. B. bei Verschnittbitumen)*
process of hardening Härteprozess *m*, Härteverlauf *m*, Erhärtungsprozess *m*

process of hydration Hydratationsprozess *m*, Hydratationsverlauf *m*
process of initial setting Erstarrungsprozess *m*, Erstarrungsvorgang *m*, Erstarrungsverlauf *m*
process of setting Abbindeprozess *m*, Abbindeverlauf *m*, Abbindevorgang *m*
process of weathering Verwitterungsprozess *m*
process quality control Prozessqualitätsüberwachung *f*
process sequence Schrittfolge *f*
process waste Produktionsabfall *m*
process water Brauchwasser *n*
processed shake *(AE)* vorgefertigte Zedernschindel *f* mit Nut
processed wood aufbereitetes Holz *n*
processing Materialaufbereitung *f*; Bearbeitungsverfahren *n*, Herstellungsverfahren *n*; Behandlung *f*, Bearbeitung *f*, Verarbeitung *f*; Fertigung *f*, Herstellung *f*
processing centre for recyclable solid waste materials Aufarbeitungszentrum *n* für wiederverwertbare feste Abfallmaterialien
processing characteristics Verarbeitungseigenschaften *fpl*
processing conditions Bearbeitungsbedingungen *fpl*; Arbeitsbedingungen *fpl*
processing cycle Behandlungsfolge *f*, Behandlungszyklus *m*
processing guidelines *pl* Verarbeitungsrichtlinien *fpl*
processing plant Aufbereitungsanlage *f (Wasser)*
processing properties Verarbeitungseigenschaften *fpl*
processing requirement Anforderung *f* an das Verfahren
processing specifications *pl* Verarbeitungsrichtlinien *fpl*
processing time Bearbeitungsdauer *f*, Behandlungsdauer *f*
processional circuit *(Arch)* Prozessionsweg *m (Tempel)*
processional temple *(Arch)* Göttertempel *m*, Kulttempel *m*
processional walk *(Arch)* Prozessionsgang *m*
procoeton *(Arch) Wohnung im alten Rom und Griechenland*
Proctor compaction test *(Bod)* Proctor-Test *m*, Proctor-Verdichtungsversuch *m*, Standardverdichtungsversuch *m*
Proctor curve *(Bod)* Proctor-Kurve *f*
Proctor density Proctordichte *n*, Standarddichte *f*
Proctor penetration needle *(Bod)* Proctor-Nadel *f*
Proctor penetration resistance *(Bod)* Proctor-Nadelwiderstand *m*, Standardnadelwiderstand *m*
Proctor test *s.* Proctor compaction test
procurement Beschaffung *f*
procuring of water Wassergewinnung *f*
prodomos Vorhalle *f*, Wandelgang *m*, Foyer *n (im römischen Haus)*
produce *v* erzeugen, herstellen, hervorbringen; verfertigen
producer 1. Hersteller *m*, Produzent *m*; 2. Generator *m*
producer-gas pitch Generatorteer *m*
product Fabrikat *n*
product liability Produkthaftung *f*
product of combustion Verbrennungserzeugnis *n*, Verbrennungsprodukt *n*
product of decomposition Zersetzungsprodukt *n*
product of destruction Zerstörungsprodukt *n*, Trümmerprodukt *n*
product of weathering Verwitterungsprodukt *n*
production Produktion *f*, Herstellung *f*, Fertigung *f*, Erzeugung *f*, Fabrikation *f*
production control testing Werkseigenüberwachung *f*
production cost Herstellungskosten *pl*, Gestehungskosten *pl*
production hangar Produktionshalle *f*, Fertigungshalle *f*
production in a prefabrication plant Werksfertigung *f*
production line Fließstraße *f*
production-line status Produktionsreife *f*
production permit Sonderfreigabe *f (einer Baumaßnahme vor der Realisierung)*
production shop Werkhalle *f*; Werkstatt *f*, Werkstätte *f*
productivity Produktivität *f*, Leistungsfähigkeit *f*
productivity index Produktionsindex *m*
products Erzeugnisse *npl*, Artikel *mpl*, Waren *fpl*; Gegenstände *mpl*; Fertigmaterialien *npl*
profane architecture profane Baukunst *f*, Profanbaustil *m*
profane Gothic Profangotik *f*, weltliche Gotik *f*
profane monument *(Arch)* Profanmonument *n*
profane structures *(Arch)* Profanbauten *pl*
professional fachmännisch; berufsmäßig
professional Spezialist *m*, Fachmann *m*
professional adviser Beratungsarchitekt *m*, Bauberater *m*, beratender Ingenieur *m*
professional construction advisory practice Bauberatungstätigkeit *f*
professional consultant beratender Ingenieur *m*
professional engineer lizenzierter Diplomingenieur *m*
professional image Berufsbild *n*
professional indemnity berufliche Haftpflicht *f*
professional indemnity insurance berufliche Haftpflichtversicherung *f*
professional liability insurance Bauingenieurrisikoversicherung *f*
professional practice Beratungspraxis *f* für Bau und Umwelt
professional register Berufsregister *n*
proficient fachkundig
profilated brick Profilstein *m*
profile *v* profilieren, mit Profil versehen; ein Profil herstellen; im Schnitt darstellen
profile 1. Baurichtlatte *f*; 2. Profildarstellung *f*, Profilschnitt *m*, Profil *n*; 3. Umrisszeichnung *f*, Ansichtszeichnung *f*
profile board Profilplatte *f*
profile boards Schnürbretter *npl*, Schnurgerüst *n*
profile border Fugendeckleiste *f*
profile for interior work Ausbauprofil *n (für alle Ausbauten)*
profile gauge Formlehre *f*
profile levelling Profilnivellierung *f*
profile of a road Straßenquerprofil *n*
profile of flow Durchströmungsprofil *n*
profile of rib Rippenprofil *n*
profile of slope Böschungsprofil *n*
profile steel sheeting Profilbleche *npl*
profile view Profilansicht *f*
profiled profiliert, mit Profil versehen
profiled board Profilplatte *f*
profiled brick Profilziegel *m*
profiled concrete steel Profilstahl *m (Bewehrung)*
profiled coping Abdeckprofil *n*
profiled element Profilelement *n*
profiled kerb Profilbordstein *m*
profiled panel Profiltafel *f*
profiled pipe profiliertes Rohr *n*, Rohr *n* mit Sonderprofil
profiled plate Profilgrobblech *n*
profiled rod Profilstange *f*
profiled sheet iron Formblech *n*
profiled strip Profilleiste *f*
profiled surface profilierte Oberfläche *f*
profiled wire Dessindraht *m*, Formdraht *m*, Profildraht *m*
profiling 1. Profilierung *f (Straßenbau)*; 2. *(Arch)* Durchgestalten *n* der Umrisslinie, Profilierung *f*
profilometer Profilograph *m*, Oberflächenmessgerät *n (für Straßenoberfläche)*; Profilschreiber *m*, Oberflächentastgerät *n*
profit Profit *m*, Gewinn *m*
profit and loss account Gewinn- und Verlustrechnung *f*

profit margin Gewinnspanne *f*
profitability Rentabilität *f*
profitability calculation Ertragsrechnung *f*
profitable gewinnbringend
profusely enriched *(Arch)* überreich verziert, überreich geschmückt
programme Plan *m (Wirtschaftsplan, Ablaufplan)*; Baubetriebsplan *m*
programme and progress chart Baufristenplan *m*
programmed automatic plant programmgesteuerte Anlage *f (Bauelement- und Fertigteilherstellung)*
progress Fortgang *m*, Baufortschritt *m*
progress chart Bauablaufplan *m*, Baufristenplan *m*
progress of construction work Baufortschritt *m*
progress of corrosion Korrosionsfortschreiten *n*, Korrosionsfortgang *m*
progress payment turnusmäßige Bauabschlagszahlung *f*
progress report Baufortschrittsmeldung *f*, Baukomplettierungsbericht *m*, Dekadenrapport *m*
progress schedule Bauablauferfüllungsdarstellung *f*
progressing 1. Ausführung *f* eines Gewerks; 2. Baufortschritt *m*
progressive erosion fortschreitende Erosion *f*
progressive failure fortschreitender Bruch *m*
progressive kiln kontinuierlich arbeitender Trockenofen *m*
progressive scaling fortschreitender Betonverfall *m*
progressive settlement fortschreitende Setzung *f*
progressive signal system *(Verk)* grüne Welle *f*
progressive subsidence fortschreitende Setzung *f*
prohibitory sign Verbotszeichen *n*
project *v* 1. projektieren, entwerfen, planen; 2. auskragen, ausladen, vorragen, vorspringen, vorstehen, überstehen, überragen *(ein Teil eines Gebäudes)*
project Bauprojekt *n*, Bauvorhaben *n*, Projekt *n*; Plan *m*; Entwurf *m*; Projektunterlagen *fpl*
project budget Bauprojektmittel *npl*, (geplante) Projektsumme *f*
project cost Projektsumme *f (einschließlich Landerwerb, Einrichtung der Baustelle usw.)*; Projektplanungs- und -ausführungskosten *pl*
project design Projektstudie *f*
project design report Entwurfsbericht *m*, Projektbeschreibung *f*
project engineer [manager] Bauleiter *m*; Entwurfsingenieur *m*; Projektingenieur *m*
project management Projektleitung *f*
project manager Projektleiter *m*
project monitoring Projektüberwachung *f*
project representative Auftraggebervertreter *m*, Projektbeauftragter *m* des Auftraggebers, Projektingenieur *m*
project site Baustelle *f*
project study Projektstudie *f*
projected sash Lüftungsflügel *m*
projected window Schwingflügelfenster *n*
projecting vorspringend, vorstehend, überstehend, vorragend, auskragend, ausladend
projecting Ausladung *f*, Auskragung *f*
projecting abutment vorspringendes Widerlager *n*
projecting angle vorspringender Winkel *m*
projecting beam Kragbalken *m*, Kragträger *m*
projecting belt course auskragende Steinlage *f*, überstehende Mauerkante *f*
projecting brick vorstehender Ziegel *m*, überstehender Stein *m*
projecting corner vorspringende Ecke *f*
projecting cover Verdachung *f (Maueröffnung)*
projecting curvature Verwölbung *f*
projecting end Überstand *m*
projecting flange abstehender Schenkel *m*
projecting platform ausladende Plattform *f*
projecting ray Projektionsstrahl *m*
projecting roof Vordach *n*
projecting scaffold(ing) Auslegergerüst *n*; Auslegerrüstung *f*, Kragrüstung *f*
projection 1. Auskragung *f*, Ausladung *f*, Vorsprung *m*, Vorlage *f*, Risalit *m*; Überstand *m*, Nase *f (Ansatz)*; 2. Projektion *f*, Riss *m (Ansicht)*; 3. Vorlage *f*; 4. Vorbau *m*, vorspringender Bau *m*
projection booth Projektorraum *m*, Bildwerferraum *m*, Vorführ(ungs)raum *m*
projection chamber *s.* projection booth
projection cupola Projektionskuppel *m*
projection from a masonry wall Mauervorlage *f*, Mauervorsprung *m*
projection length Projektionslänge *f*
projection method Projektionsverfahren *n*, Rissverfahren *n*
projection of cornice Auskragung *f* des Gesimses
projection of courses Auskragung *f* der Schichten
projection plane Projektionsebene *f*, Bildebene *f*, Rissebene *f*
projection welding Buckelschweißen *n*; Auftragsschweißen *n*
projector Strahler *m (Scheinwerfer)*
projet *(AE)* Projektstudie *f*, Übungsprojektmodellierung *f*
prolongate *v* verlängern
prolongation Ausdehnung *f*, Verlängerung *f*
promenade Promenade *f*, Spazierweg *m*
promenade roofing begehbares Dach *n*, begehbare Dachdeckung *f*
promenade tile Natursteinplatte *f*, Fußbodenplatte *f*
prominence Erhöhung *f*, Vorsprung *m*
prominent vorspringend, auskragend
promote *v* fördern, befördern; unterstützten
promoter 1. Abbindebeschleuniger *m*; 2. Bauherr *m*
promotion Förderung *f*, Beförderung *f*, Einsatz *m*
promotion of housing Wohnungsbauförderung *f*
promotional lounge Empfangsraum *m (bei Ausstellungen)*
prompt-box Souffleurkasten *m*
prompter's box *s.* prompt-box
pronaos *(Arch)* Pronaos *m*, Antentempelvorhalle *f*
prone to corrosion korrosionsanfällig, korrosionsempfindlich
prone to cracking rissanfällig, rissempfindlich
prone to embrittlement versprödungsanfällig
prone to rusting rostanfällig
prone to rut spurrinnenempfindlich, verformungsempfindlich *(Straße)*
prong Zinke *f*, Zacken *m*
pronged zinkenförmig
proof *v* abdichten, dicht machen; imprägnieren
proof beständig; fest; sicher; dicht, wasserdicht; undurchlässig
proof 1. Beweis *m*; Prüfungsnachweis *m*; 2. *(Stat)* Nachweis *m*
proof load Prüflast *f*
proof of compliance Gütenachweis *m*, Konformitätsprüfung *f*, Nachweis *m* der Vertragsmäßigkeit *f*
proof of conformity Konformitätsprüfung *f*
proof of suitability Eignungsnachweis *m*, Brauchbarkeitsnachweis *m*
proof stress Dehngrenze *f*
proof to light lichtbeständig, lichtecht
proof to moisture feuchtigkeitsbeständig
proof to petrol benzinbeständig, treibstoffbeständig
proofed abgedichtet, imprägniert
proofing 1. Abdichtung *f*, Dichtung *f*; 2. Durchlässigkeitsversuch *m (von Materialien)*; Dichteprüfung *f*

proofness Beständigkeit *f*, Echtheit *f*, Widerstandsfähigkeit *f*
prop *v* absteifen, versteifen, aussteifen, (ab)stützen
prop *v* **up** absteifen, (ab)stützen
prop 1. Spreize *f*, Strebe *f*, Steife *f*, Stütze *f*, Pfeiler *m*, Stempel *m (Bergbau)*; 2. Pfahl *m*; Bolzen *m*; Baumpfahl *m*; Stützpfahl *m*
prop joint Flachgelenk *n*
prop timber Stempelholz *n*
prop wall Futtermauer *f*
propagate *v* ausbreiten
propagation Ausbreitung *f*
propagation of pollutant Schadstoffausbreitung *f*
propane-precipitated bitumen Propan-Fällungsbitumen *n*
propeller fan Propellerventilator *m*, Deckenventilator *m*
propensity for cracking Rissanfälligkeit *f*, Rissneigung *f*
proper design zweckmäßiges Projektieren *n*, angepasstes Projektieren *n*; ordnungsgemäßer Entwurf *m*, passender Entwurf *m*, ordnungsgemäßer Projektentwurf *m*
properties data Baustoffkenndaten *pl*, Werkstoffkenndaten *pl*; Baustoffkennwerte *mpl*
property 1. Eigenschaft *f*; 2. Eigentum *n*, Besitz *m*; Grundeigentum *n*, Immobilie *f*; bebautes Grundstück *n*, Hausgrundstück *n*
property alteration Eigenschaftsänderung *f*
property-boundary wall Grundstücksmauer *f*
property conditions Eigentumsverhältnisse *npl*, Besitzverhältnisse *npl*
property damage Sachschaden *m*
property developer Wohnungsbauunternehmer *m*; Häusermakler *m*
property insurance Gebäudeversicherung *f*
property line Grundstücksgrenzlinie *f*, Grundstücksgrenze *f*, Bauflucht *f*
property-line wall Grundstücks(grenz)mauer *f*
property market Immobilienmarkt *m*, Grundstücksmarkt *m*
property of land Landbesitz *m*
property room Kulissenraum *m (Theater)*
property side line Grundstücksrandstreifen *m*
property speculation Grundstücksspekulation *f*
property speculator Grundstücksspekulant *m*
property survey Grenzvermessung *f (eines Grundstückes)*
property tax Grundsteuer *f*
proportion *v* abmessen, bemessen, Mischverhältnis dosieren, zumessen, zuteilen; dimensionieren
proportion 1. Anteil *m*, Prozentsatz *m*; 2. Verhältnis *n*, Maßverhältnis *n*
proportion of ingredients Mischrezeptur *f*, Mischungsverhältnis *n*
proportion of mixture Mischungsverhältnis *n*
proportion of water Wasseranteil *m*, Wassergehalt *m*
proportional dividers Verkleinerungszeichner *m*
proportional limit Proportionalitätsgrenze *f (Festigkeit)*
proportionality Proportionalität *f*
proportionality law Proportionalitätsgesetz *n*
proportionality limit Proportionalitätsgrenze *f*
proportionality of stress to strain *(Stat)* Spannungs-Dehnungproportionalität *f*
proportionate gut proportioniert
proportioned dimensioniert
proportioner Dosierer *m*
proportioning Bemessung *f*, Dosierung *f*, Zumessung *f*
proportioning by volume Volumendosierung *f*
proportioning by weight Gewichtsdosierung *f*
proportioning device Dosiervorrichtung *f*, Dosiergerät *n*
proportioning equipment Dosieranlage *f*
proportioning pump Dosierpumpe *f*
proposal Bauangebot *n*; Offerte *f*; Vorschlag *m*
proposal drawing Angebotszeichnung *f*
proposal form Angebotsformular *n*
proposal guaranty *(AE)* Angebotsbürgschaft *f*
proposed road projektierte Straße *f*
propped unterstützt (mit Hilfsstützen)
propped cantilever (beam) Konsolträger *m*, einseitig eingespannter Träger *m*
propped-up abgestützt
propping *(Tun)* Absteifung *f*, Abstützung *f*, Stützung *f*, Deckenstützsystem *n*
propping-up Abspreizung *f*, Bolzung *f*
proprietary patentiert, gesetzlich geschützt
proprietary door Markentür *f*
proprietary name Markenname *m*
proprietary product Markenerzeugnis *n*, Markenfabrikat *n*, Markenartikel *m*
proprietor Besitzer *m*; Bauauftraggeber *m*, Bauherr *m*
propulsion Antrieb *m*, Antriebskraft *f*, Fortbewegung *f*
propwood Stützholz *n*
propylaeum Torbau *m*, großer Torweg *m (zu einem antiken Heiligtum)*
propylon ägyptischer Monumentaltorbogen *m*
proscenium Vorbühne *f*, Theaterrampe *f*
proscenium wall Bühnenbrandmauer *f*
prospect *v* schürfen, prospektieren *(Baugrund, Lagerstätten)*
prospect Schürfstelle *f*, Schürfarbeit *f (Baugrund, Lagerstätten)*
prospect sampling Bohrprobennahme *f*
prospect well Aufschlussbohrung *f*
prospecting Schürfarbeiten *fpl (Gesteins-, Kieserkundung)*
prospecting of the site vorläufige Geländeaufnahme *f*
prospecting pit Schürfgrube *f*, Schürfe *f*
prospecting trench Schürfgraben *m*
prostoon Pergola *f*, Portikus *m*
prostyle *(Arch)* frontsäulig
prostyle column *(Arch)* Frontsäule *f*, Giebel(seiten) säule *f*
prostyle temple *(Arch)* Prostylostempel *m*
protect *v* abschirmen, schützen *(gegen äußere Einflüsse)*
protect *v* **against corrosion** vor Korrosion schützen
protect *v* **by painting** anstreichen, mit Schutzanstrich versehen
protected geschützt, abgeschirmt; feuergeschützt
protected corner kraftübertragender Betonplattenrand *m*
protected from rain regengeschützt
protected metal sheeting korrosionsgeschütztes Blech *n*
protected non-combustible construction geschützte nicht entflammbare Konstruktion *f (mit zwei Stunden Feuerwiderstand)*
protected opening feuerresistente Öffnung *f (Tür, Fenster)*
protected ordinary construction Gebäude *n* mit normalem Feuerwiderstand *(eine Stunde)*
protected region Schutzbereich *m*
protected structure Schutzobjekt *n*
protected switch Schalter *m* mit Schutzkasten
protected waste pipe Hausabflussrohr *n* ohne Kanalanschluss, Abflussblindrohr *n*
protected wood-frame construction Rahmenkonstruktion *f* mit geringem Feuerwiderstand *(Tür, Fenster)*
protecting agent Schutzstoff *m*, Konservierungsmittel *n*
protecting board Schutzbrett *n*
protecting bonnet [cap] Schutzhaube *f*
protecting circuit *(El)* Schutzschaltung *f*
protecting cover Schutzdeckel *m*; Schutzdecke *f*
protecting fluosilicate Schutzfluat *n*, Schutzfluorsilikat *n*
protecting foil Abdeckfolie *f*

protecting hood Schutzhaube *f*
protecting iron Vorstoßschiene *f*, Anfahrschiene *f*
protecting layer Schutzlage *f*
protecting masonry wall Schutzmauer *f*
protecting measure Schutzmaßnahme *f*
protecting primer Schutzgrundierung *f*
protecting railing Schutzgeländer *n*
protecting scaffold Schutzrüstung *f*, Schutzgerüst *n*
protecting screed Schutzestrich *m*
protecting sleeve Schutzmuffe *f*
protecting stake Schutzholz *n*
protecting tube Schutzrohr *n*, Mantelrohr *n*
protecting varnish Schutzlack *m*
protection Schutz *m*, Schützen *n*, Schutzgebung *f*
protection against accidental contact Berührungsschutz *m*
protection against condensation Kondenswasserschutz *m*, Schwitzwasserschutz *m*, Kondensatschutz *m*
protection against corrosion Korrosionsschutz *m*
protection against frost Frostschutz *m*
protection against moisture Feuchtigkeitsschutz *m*
protection against noise Lärmschutz *m*
protection against oscillation Erschütterungsschutz *m*, Schwingungsschutz *m*
protection against rain Regenschutz *m*
protection against scour *(Wsb)* Kolkschutz *m*
protection against the sun Sonnenschutz *m*
protection against underwashing *(Wsb)* Schutz *m* gegen Unterspülungen
protection against vibrations Schwingungsschutz *m*, Erschütterungsschutz *m*
protection area Schutzgebiet *n*, Schutzzone *f*
protection coating *s.* protective coating
protection covering Schutzüberzug *m*
protection device Umwehrung *f*
protection during construction Bauschutzmaßnahme *f*; Arbeitsschutz *m*
protection effect Schutzwirkung *f*, Schutzeffekt *m*
protection from light Lichtschutz *m*
protection installation Schutzanlage *f*
protection method Schutzmethode *f*
protection of monuments Denkmalschutz *m*
protection of the bank *(Wsb)* Uferschutz *m*
protection of the environment Umweltschutz *m*, Landschaftsschutz *m*
protection painting Schutzanstrich *m*
protection pigment Schutzpigment *n*
protection plastic sheeting Schutzfolie *f*
protection profile Schutzprofil *n (Brückenübergang)*
protection range Schutzbereich *m*
protection scaffold Schutzgerüst *n*
protection screen (leichtes) Fenstergitter *n*
protection technique Schutzverfahren *n*; Korrosionsschutzverfahren *n*
protection to end of beam Balkenkapsel *f*
protection wall 1. Futtermauer *f*; 2. Schutzwand *f*; Verkleidungswand *f*
protection works Seeschutzbauten *pl*, Schutzwerke *npl*
protective schützend
protective Schutzmittel *n*, Schutzstoff *m*
protective ability Schutzvermögen *n*
protective action Schutzwirkung *f*
protective agent Schutzmittel *n*, Konservierungsmittel *n*
protective area Schutzgebiet *n*, Schutzzone *f*
protective character Schutzeigenschaft *f*
protective circuit *(El)* Schutzschaltung *f*
protective circuit breaker *(El)* Schutzschalter *m*
protective clothing Schutz(be)kleidung *f*
protective coat Schutzanstrich *m*
protective coat on asbestos cement Asbestzementanstrich *m*
protective coat on concrete Betonschutzanstrich *m*
protective coat of façade Fassadenanstrich *m*
protective coat of timber Holzschutzanstrich *m*
protective coat of wood Holzschutzanstrich *m*
protective coating 1. Schutzschicht *f*, Schutzverkleidung *f*, Schutzüberzug *m*; Schutzanstrich *m*; 2. Beschichtungsstoff *m*; Anstrichstoff *m* für Schutzanstriche
protective coating failure Schutzschichtversagen *n*
protective coating material Schutzanstrichmittel *n*, Schutzanstrichmaterial *n*
protective conduit Schutzrohr *n*
protective conduit for underground cabling Schutzrohr *n* für Erdeinführungen von Leitungen
protective covering Schutzhülle *f*, Schutzüberzug *m (Material)*
protective covering of cables Kabelschutz *m*
protective criterion Schutzkriterium *n*
protective deposit Schutzschicht *f*
protective device Schutzeinrichtung *f*
protective device against accidental contacts Berührungsschutz *m*
protective earth Schutzerdung *f*
protective earth wall Erdwall *m*, Erdschutzwall *m*
protective effect Schutzwirkung *f*, Schutzeffekt *m*
protective film Schutzfilm *m*
protective finish Schutzbeschichtung *f*, Schutzanstrich *m*
protective finishing Schutzbeschichtung *f (Vorgang)*
protective forest belt Windschutzstreifen *m*
protective grating Schutzgitter *n*
protective grille Schutzgitter *n (z. B. vor Fenstern)*
protective layer Schutzlage *f*, Schutzschicht *f*
protective life Schutzdauer *f*
protective lighting Schutzbeleuchtung *f*; Nachtbeleuchtung *f*
protective lining Schutzverkleidung *f*, Schutzauskleidung *f*
protective masonry wall Schutzmauer *f*
protective measure Schutzmaßnahme *f*
protective metal Schutzmetall *n*
protective multiple earthing *(El)* Nullung *f*
protective oxide film [skin] Oxidschutzschicht *f*, Schutzoxidschicht *f*
protective paint (coating) Schutzanstrich *m*
protective pigment Schutzpigment *n*
protective plastic sheeting Schutzfolie *f*
protective primer Schutzgrundierung *f*, Schutzgrund *m*
protective properties Schutzeigenschaften *fpl*
protective railing Schutzgeländer *n*
protective scaffold(ing) Schutzrüstung *f*
protective scale Korrosionsschutzschicht *f*, oxidische Schutzschicht *f*
protective scheme Schutzplan *m*
protective screen Schutzschirm *m*, Schutzwand *f*
protective sheathing Schutzhülle *f*
protective skin Schutzschicht *f*
protective system *(El)* Schutzart *f*
protective tape Schutzband *n*, Schutzbinde *f*, Korrosionsschutzbinde *f*
protective treatment Schutzbehandlung *f*
protective wall Schutzwand *f*
protective zone Schutzgebiet *n*, Schutzzone *f*
protectiveness Schutzvermögen *n*; Schutzwirkung *f*
protector Schutzeinrichtung *f*
protesis *(Arch)* Prothesis *f (frühchristlicher Kirchennebenraum)*
proto-Baroque architecture *(Arch)* Vorbarock *m*, Vorbarockarchitektur *f*, Probarockbaukunst *f*

proto-Doric *(Arch)* protodorisch
proto-Doric column *(Arch)* protodorische Säule *f*
proto-Ionic *(Arch)* protoionisch
proto-Renaissance architecture Vorrenaissancearchitektur *f*, Protorenaissancebaukunst *f*
protocol Protokoll *n*, Niederschrift *n*; Verhaltensregel *f*, Verfahrensvorschrift *f*; Prüfungsanweisung *f*
protogene gneiss Alpengneis *m*
protoma *(Arch)* Tierhalbfigur *f (Ornament)*
protome *s.* protoma
prototype building Musterbau *m*
protract *v* 1. maßstäblich zeichnen; kartieren; 2. verlängern (zeitlich); verzögern
protractor Winkel(aussetz)messer *m*; Anlegegoniometer *n*
protrude *v* auskragen, vorkragen, vorstehen, vorspringen
protruding length Kraglänge *f*
protruding platform ausladende Plattform *f*
prove *v (Stat)* nachweisen, den Nachweis [Beweis] führen
provide *v* vorsehen
provide *v* **with road signs** *(Verk)* ausschildern, mit Verkehrszeichen ausstatten *(Straßen)*
provided by the owner bauseitig geliefert
providing of the head of post with a coping kapitellartige Ausbildung *f* des Säulenkopfes
provincial road Provinzstraße *f*, Landstraße *f*
proving ground Versuchsgelände *n*
proving test Nachweisprüfung *f*, Grundsatzprüfung *f*
provision Vorsorge *f*; Fürsorge *f*; Bedingung *f*, Vorbehalt *m*; Anweisungsfestlegung *f*; Empfehlung *f*
provision for escape of occupants Fluchtmöglichkeit *f*
provision in the specifications Vorgabe *f* in den Vertragsbedingungen
provision of facilities Einrichten *n*
provision of road signs *(Verk)* Beschilderung *f (Straße)*
provision of water Wasserversorgung *f*
provisional vorläufig, behelfsmäßig
provisional bridge Behelfsbrücke *f*, Notbrücke *f*
provisional building Behelfsbau *m*
provisional estimate (of cost) überschlägiger Kostenanschlag *m*, Kostenvoranschlag *m*
provisional specification vorläufige Spezifikation *f*
provisional standard *(AE)* vorläufige Norm *f*
provisionally treated waste-water vorgereinigte Abwässer *npl*
proximity switch *(El)* Näherungsschalter *m (sensorgesteuert)*
proxy Vollmacht *f*, Bevollmächtigter *m*, Vertreter *m*
pruning Ausschneiden *n*, Stutzen *n*, Ausästung *f (Baum- und Buschwerk)*
Prussian blue Preußischblau *n*, Berliner Blau *n*, Chinesischblau *n*
Prussian cap vault *(Arch)* preußische Kappe *f*
pry *v* **apart** *(Tun)* aussprengen
pry *v* **off** absprengen
pry (bar) Brechstange *f*, Hebeleisen *n*
prytaneion *(Arch)* Pryteneum *n (Publikumshalle im antiken Griechenland)*
pseudo-basilica *(Arch)* Pseudobasilika *f*, Staffelhalle *m*
pseudo-classical *(Arch)* pseudo-klassisch
pseudodipteral *(Arch)* pseudodipteral
pseudodipteral temple *(Arch)* Pseudodipterostempel *m*
pseudoheader zurückgesetzter Binder(stein) *m*
pseudomoment Pseudomoment *n*
pseudoperipteral *(Arch)* mit Säulen umbaut, von Säulen umgeben *(antike Baukunst)*
pseudo-scroll *(Arch)* Pseudovolute *f*
pseudo-sexpartite vault *(Arch)* pseudosechsteiliges Gewölbe *n*
pseudo-style *(Arch)* Pseudostil *m*
pseudo-volute *(Arch)* Pseudovolute *f*
psychrometer Luftfeuchtigkeitsmesser *m*, Psychrometer *n*
pteroma *(Arch)* Pteron *m (Zwischenkranzfläche des griechischen Tempels)*
Ptolemaic temple *(Arch)* Ptolemäertempel *m*
public-address system Lautsprecheranlage *f*
public amenities öffentliche Einrichtungen *fpl*
public area öffentlicher Bewegungsraum *m*, öffentliche Verkehrsfläche *f*
public-assistance dwelling Sozialwohnung *f*
public-assisted dwelling unit öffentlich geförderter Wohnungsbau *m*, Sozialwohnung *f*
public block öffentliches Gebäude *n*, Behördengebäude *n*
public building öffentliches Gebäude *n*; Gesellschaftsbau *m*; Behördengebäude *n*
public buildings öffentliche Gebäude *npl* [Bauten *mpl*]; Gemeindebedarfseinrichtungen *fpl*
public construction Baumaßnahmen *fpl* der öffentlichen Hand
public convenience öffentliche Bedürfnisanstalt *f*
public corridor öffentlicher Gang *m* [Flur *m*]
public demand öffentlicher Bedarf *m*
public dwelling construction öffentlicher Wohnungsbau *m*
public funds öffentliche Mittel *pl*
public garage öffentliche Garage *f*; Parkhaus *n*
public gardens öffentlicher Garten *m*, Park *m*
public green area öffentliche Grünanlage *f*
public haulage kommunaler Güterverkehr *m*
public health engineering Gesundheitstechnik *f*; Sanitärtechnik *f*
public house Bürgerhaus *n*
public housing 1. sozialer Wohnungsbau *m*; 2. Sozialwohnung *f*
public housing construction sozialer Wohnungsbau *m*
public housing units *(AE)* sozialer Wohnungsbau *m*
public lavatory öffentliche Toilette *f*
public lighting Straßenbeleuchtung *f*
public mains *(El)* Stromversorgungsnetz *n*
public management öffentlichkeitsbezogene Verwaltungsführung *f*
public open area öffentliche Freifläche *f*
public park öffentlicher Park *m*
public rest room *(AE)* öffentliche Toilette *f*
public road öffentliche Straße *f*
public-sector house-building sozialer Wohnungsbau *m*
public services öffentliches Wasserversorgungs- und Abwassersystem *n*
public sewer(s) Kanalisation *f*
public space 1. öffentliche Freifläche *f*; 2. gemeinnütziger Raum *m*
public square öffentlicher Platz *m*, Platz *m (in Städten)*
public structures Bauten *pl* der öffentlichen Hand
public submission offene Ausschreibung *f*
public system öffentliches Wasserversorgungs- und Abwassersystem *n*
public telephone (öffentliche) Telefonzelle *f*
public traffic *s.* public transport
public transit *(AE)* öffentlicher Personennahverkehr *m*, ÖPNV *m*
public transport öffentliche Verkehrsmittel *npl*; öffentlicher Personennahverkehr *m*, ÖPNV *m*
public utilities Stadtversorgung *f*
public utility öffentlicher Versorgungsbetrieb *m*, öffentliche Versorgungseinrichtung *f*
public utility building Kommunalbau *m*, öffentliches Gebäude *n*
public wash room öffentliche Toilette *f*

public water main öffentliche Wasserleitung *f*
public water supply öffentliche Wasserversorgung *f*
public way öffentlicher Weg *m*
public works öffentliche Arbeiten *fpl (z. B. Straßen, Brücken)*; staatlich geförderte Bauten *pl*
public works project öffentliches Bauvorhaben *n*, Bauvorhaben *n* der öffentlichen Hand
publicly assisted öffentlich gefördert
publicly assisted house-building sozialer Wohnungsbau *m*
publicly financed housing sozialer Wohnungsbau *m*
publicly funded projects staatlich geförderte Bauvorhaben *npl*
pudding stone Bruchstein *m*, Blockstein *m (als Großkornzuschlagstoff bei Massenbeton)*
puddingstone Flintkonglomerat *n*
puddle *v* 1. Beton stampfen, stochern, puddeln; 2. abdichten, ausschmieren *(mit Lehmmörtel)*
puddle 1. Lehmmörtel *m*, Dichtlehm *m*; 2. Wasserpfütze *f*
puddle clay Dichtungston *m*
puddle core Lehmkern *m*, Tonkern *m (Dichtungskern bei Staudämmen)*
puddled concrete Schalstocherbeton *m*
puddling 1. Lehmmauern *n*, Abdichten *n* mit Lehm; 2. Betonstampfen *n (Stocherverdichtung)*
puddling rod Stocherstange *f*, Rührstab *m (zum Verdichten)*
puff pipe Luftrohr *n*, Rohrbelüfter *m*
pug *v* 1. kneten *(Lehm, Ton)*; 2. *(Bod)* mit Ton abdichten, mit einer Tonschicht versehen
pug Ziegellehm *m*
pug mill Kollergang *m*, Lehmmühle *f*, Tonkoller *m*; Mischtrommel *f*
pug mill mixer Zwangsmischer *m*, Knetmischer *m (Beton)*
pugging Fußbodenschalldämmung *f*, Füllung *f (durch Einschütten von Dämmstoffen jeder Art)*
pugmill Zwangsmischer *m*
pull *v* 1. ziehen; 2. anziehen *(z. B. eine Tür)*
pull *v* **down** abbrechen, abtragen, abreißen
pull *v* **off** abziehen; losreißen
pull *v* **to one side** ausbauchen, ausbeulen
pull Zug *m (mechanisch)*
pull box *(El)* Zwischendose *f*
pull cable Zugseil *n*; Tragseil *n (Kabelkran)*
pull-chain operator Zugkettenöffner *m (Luftfenster)*
pull-cord Schnurzug *m (Jalousie)*
pull grader Anhängeerdhobel *m*
pull hardware Ziehbeschlag *m*, Türöffnerbeschläge *mpl*
pull lock Ziehschloss *n*
pull-out table Ausziehtisch *m*
pull-out test Ausziehprüfung *f (Stahlbeton)*
pull-out torque *(El)* Kippmoment *n*
pull-push rule Stahlbandmaß *n*
pull rod Hubstange *f*, Zugstange *f (Hubdeckenmethode)*
pull rope Zugseil *n*
pull scraper Handschrapper *m*
pull shovel Tieflöffel(bagger) *m*
pull switch *(El)* Zugschalter *m*
puller Ausziehvorrichtung *f*
pulley Kloben *m (Flaschenzug)*; Blockrolle *f*, Rolle *f (an einer Bauwinde)*
pulley block Seilblock *m*
pulley lifting tackle Seilrollenzug *m*
pulley mortise *(AE)* verlängertes Zapfenloch *n*
pulley sheave Seilrolle *f*, Blockrolle *f*
pulley stile Hubfensterrahmen *m*
pulley tackle Seilrollenzug *m*
pulling Ziehen *n (Spannbeton)*
pulling bolt Spannbolzen *m (Spannbeton)*
pulling-down Abbruch *m*
pulling head Spannkopf *m (Spannbeton)*
pullscoop Tieflöffelbagger *m*
pulp *v* 1. Brei anrühren; 2. einstampfen, einsumpfen *(Kalk)*
pulp 1. Brei *m*, breiige Masse *f*; 2. Pulpe *f*
pulp board Zellstoffpappe *f*
pulpit Kanzel *f (Kirchenkanzel)*; Pult *n*
pulpit baldachin *(Arch)* Kanzelbaldachin *m*
pulpit capital *(Arch)* Kanzelkapitell *n*
pulpitum *(Arch)* Pulpitum *n*
pulpwood Faserholz *n*
pulsate *v* pulsieren
pulsating compressive loading Druckschwellbelastung *f*
pulsating fatigue bending test (dynamische) Dauerbiegeprüfung *f*, Dauerbiegefestigkeitsversuch *m*
pulsating fatigue limit [strength] Dauerfestigkeit *f* unter Schwellbelastung, Ermüdungsfestigkeit *f*
pulsating fatigue test *s.* pulsating fatigue bending test
pulsating load pusierende Last *f*
pulverise *v s.* pulverize
pulverize *v* pulverisieren, zerreiben
pulverized pulverisiert, gepulvert, pulverförmig, pulvrig; zerrieben
pulverized dolomitic lime Dolomitfeinkalk *m*
pulverized fuel ash Filterasche *f (Bindemittel)*
pulverized lime Staubkalk *m*, Feinkalk *m*
pulverized magnesian lime Dolomitfeinkalk *m*
pulverizer Feinmühle *f*, Zerkleinerer *m*
pulverulent pulverförmig, pulverartig, pulverig, staubartig
pulverulent soil Staubboden *m*
pulvinated (konvex) gewölbt, kissenförmig *(z. B. ein Fries)*
pulvinated frieze *(Arch)* Pulvinafries *m*, konvexer Fries *m*
pumice *v* abbimsen
pumice Bims(stein) *m*, Naturbims *m*
pumice building material Naturbimsbaustoff *m*
pumice chippings Naturbimssplitt *m*
pumice concrete Bimsbeton *m*
pumice concrete block Bimsbetonstein *m*, Schwemmstein *m*
pumice concrete panel Bimsbetonplattenelement *n*
pumice gas concrete Bimsblähbeton *m*
pumice masonry Bimsmauerwerk *n*
pumice powder Bimsstaub *m*
pumice sand Naturbimssand *m*
pumice slab Bimsplatte *f*
pumice slag Hüttenbims *m*
pumice stone Bimsstein *m*
pumiceous bimssteinartig, Bimsstein...
pumiceous tuff Bimssteintuff *m*
pumicite Naturbims *m*
pump *v* pumpen
pump *v* **off** leerpumpen
pump *v* **out** auspumpen
pump Pumpe *f*
pump borer Löffelbohrer *m (Schrotbohrer)*
pump dredge(r) Pumpenbagger *m*, Saugbagger *m*
pump-fed power station Pumpspeicherkraftwerk *n*
pump head Förderhöhe *f (einer Pumpe)*
pump piping Pumpenleitung *f*
pump pit Pumpenschacht *m*, Pumpensumpf *m (Baugrube)*
pump room Pumpenraum *m*
pump shaft Wasserschacht *m (Pumpe)*
pump station Hebeanlage *f*
pump storage station Pumpspeicherkraftwerk *n*
pump strainer Saugkorb *m*
pump sump *s.* pump well 1.
pump well 1. Pumpensumpf *m*, Pumpensod *m*; 2. Pumpenbrunnen *m*

pumpability Pumpfähigkeit *f*
pumpage Pumpförderleistung *f*
pumpcrete Pumpbeton *m*
pumpcrete machine Betonpumpe *f*
pumpcrete placement Pumpbetoneinbringung *f*
pumped concrete Pumpbeton *m*
pumped storage Pumpspeicherung *f*
pumped storage station *(Wsb)* Pumpspeicherkraftwerk *n*
pumping 1. Pumpen *n*, Förderung *f* mittels Pumpen *(z. B. von Beton)*; 2. Pumpen *n*, Auspumpen *n (z. B. von Wasser)*
pumping delivery [discharge, displacement] Fördermenge *f (einer Pumpe)*; Förderung *f*
pumping head Förderhöhe *f (einer Pumpe)*
pumping installation Pumpanlage *f*
pumping of concrete Pumpbeton *m*
pumping station Schöpfwerk *n*
pumping test *(Bod)* Pumpversuch *m*
pumping trench Wasserhaltungsgraben *m*
pumping unit Pumpanlage *f*
pun *v* 1. *(Bod)* rammen; stochern *(Beton)*; 2. Gleise stopfen
punch *v* ankörnen; (durch)lochen, stanzen, stechen *(Löcher)*; durchschlagen, durchtreiben
punch 1. Ankörnung *f*, Lochung *f*; 2. Körner *m*, Stempel *m*; Locher *m*, Stanzer *m*, Stanze *f (für Löcher)*
punch-dressed masonry Mauerwerk *n* aus gehauenen Steinen
punch list Mängelliste *f*
punch pincers Lochzange *f*
punched louvre gelochter Luftschlitz *m*
punched metal plate fastener Nadelplatte *f*
punched plate Lochblech *n*
punched-plate screen Siebblech *n*
punched work punzierte [gepunzte] Arbeit *f*
puncheon Pfosten *m*, Zwischenpfosten *m (kurzer Holzpfosten beim Fachwerk)*; Steife *f*, Stempel *m (eines Dachbinders)*
puncher Locher *m*; Körner *m*
punching 1. Ankörnung *f*, Durchlochung *f*; 2. Kernstoßbohren *n*
punching machine Stanzer *m*, Stanze *f*
punching shear 1. Stoßscherung *f (einer Säule)*; 2. Nachgeben *n* des Stützenfundaments
punching test Lochversuch *m*, Aufdornprobe *f*
punctiform punktförmig
punctuated façade Lochfassade *f*
puncturability Durchstoßfestigkeit *f*
puncture *v* durchstechen, durchbohren; durchlöchern
puncture Durchstoß *m*
puncture resistance Durchstoßfestigkeit *f*
puncturing Durchschlagen *n*
punner Handramme *f*, Handstampfer *m*; Ramme *f*, Stampfer *m (für Bodenverdichtungsarbeiten)*
punning Stochern *n*, Stocherverdichtung *f (Beton)*
purchase of land Grunderwerb *m*, Baulandbeschaffung *f*, Ankauf *m*
purchase order Einkaufsauftrag *m*, Kaufauftrag *m (Grunderwerb)*
purchaser Käufer *m*; *(AE)* Bauauftraggeber *m*
purchasing cost Anlagekosten *pl*
pure rein, ohne Verunreinigungen
pure aluminium Reinaluminium *n*
pure bending reine Biegung *f*
pure clay Edelton *m*, reiner Ton *m*
pure compression reiner Druck *m*
pure flexure reine Biegung *f*
pure iron Reineisen *n*
pure load reine Last *f*
pure marble weißer Marmor *m*, Weißmarmor *m*
pure shear reine Scherung *f*
pure strain Normalverformung *f*
pure style *(Arch)* purifizierter Stil *m*
pure tension reiner Zug *m*
pure tone einfacher Ton *m*, Grundton *m (Akustik, sinusförmige Schallschwingung)*
purely plastic state rein plastischer Zustand *m*
purfle *v* mit einem Zierrand versehen
purge *v* ausblasen, reinblasen *(Rohrleitungen säubern)*; durchspülen
purge period Spülzeit *f*
purge valve Abblasventil *n*; Ablassventil *n*; Entlüftungshahn *m*
purification Reinigung *f*, Klärung *f*, Läuterung *f*, Regenerierung *f (Altöl)*
purification capacity Reinigungsvermögen *n*
purification of sewage water Abwasserklärung *f*, Abwasserreinigung *f*
purification plant Kläranlage *f*, Klärwerk *n*
purified aeration [air input] Reinluftzufuhr *f*
purified style *(Arch)* gereinigter Stil *m*
purify *v* reinigen *(z. B. Luft, Wasser)*; klären, läutern; aufbereiten *(Wasser)*
purity Reinheit *f*
purity of style *(Arch)* stilistische Reinheit *f*, Stilreinheit *f*
purlin Pfette *f*, Bockpfette *f*
purlin anchor Pfettenanker *m*
purlin arrangement Pfettenanordnung *f*
purlin butt joint Pfettenstoßverbindung *f*
purlin cleat Pfettenklammer *f*, Pfettenhaltekeil *m*
purlin course Pfettenlage *f*
purlin joint Dachpfettenstoß *m*
purlin layout Pfettenplan *m*
purlin load Pfettenlast *f*
purlin plate Mansardenstützpfette *f*
purlin post Pfettenstützholz *n*
purlin projection Pfettenüberstand *m (Dach)*
purlin roof Pfettendach *n*
purlin roof with king post Pfettendach *n* mit stehendem Stuhl
purlin spacing Pfettenabstand *m*
purple Purpur *m*
purple pigment Purpurpigment *n*
purple wood Palisanderholz *n*
purpose-built zweckgebaut
purpose-made sondergefertigt, speziell angefertigt
purpose-made brick Formziegel(stein) *m*, Profilstein *m*, Spezialstein *m*
purpose-made building material Spezialbaustoff *m*, Sonderbaustoff *m*
purpose-made cement Spezialzement *m*
purpose-made concrete Spezialbeton *m*
purpose-made concrete unit Betonformteil *n*
purpose-made material Spezialmasse *f*, Sondermasse *f*
purpose-made mortar Spezialmörtel *m*
purpose-made plaster Spezialputz *m*
purpose-made profile Sonderprofil *n*, Spezialprofil *n*
purpose-made roof tile Sonderdachziegel *m*
purpose-made section Sonderprofil *n*, Spezialprofil *n*
purpose-made step Profilstufe *f*
purpose-made tile 1. Spezialfliese *f*, Formkachel *f*, 2. Spezialformstein *m*, Profilstein *m*
purpot *v* vorgeben; hindeuten auf; beinhalten
push *v* stoßen; drücken *(durch Schubkraft)*
push *v* **along** rücken
push *v* **forward** vorantreiben
push *v* **in** *(Tun)* treiben
push *v* **through** durchstoßen
push Stoß *m*; Schub *m*

push bar Türstoßstange *f*
push-button Druckknopf *m*, Drucktaste *f*
push-button station Druckknopftaster *m*
push handle Stoßgriff *m*
push hardware Druckbeschläge *mpl (Tür)*
push joint geschobene [gestoßene] Fuge *f (Mörtel wird vom Bett mit dem Ziegel in die senkrechte Fuge geschoben)*
push plate Schlossschutzblech *n*
push-pull rule Stahleinrollmaß *n*
push-up door Aufstoßtür *f*, Stoßtür *f*
pusher blade Planierschild *m*
pushing resistance Schubwiderstand *m*
pushover *(sl)* Kleinigkeit *f*
put *v* **down** abstellen
put *v* **in** einhängen; installieren; einbauen
put *v* **in floors** Fußböden legen
put *v* **in frame** *(Hb)* einrahmen, einschieben
put *v* **into operation** in Betrieb nehmen
put *v* **out** löschen *(Feuer)*
put *v* **out of operation** stilllegen, außer Betrieb nehmen
put *v* **right** beheben *(Schaden)*
put *v* **under cover** bedecken
put *v* **up** 1. aufrichten; errichten *(Bauwerk)*; 2. hochziehen; hochheben
put-in energy zugeführte Leistung *f*
putlock *s.* putlog
putlog Gerüststange *f (horizontale)*; Rüststange *f*, Rüstbalken *m*
putlog hole Gerüstloch *n*, Rüstloch *n (in der Wand)*
putrefaction Fäulnis *f*, Verwesung *f*, Verfaulen *n*
putrefaction basin Faulbecken *n (Kläranlage)*
putrefactive bacteria Fäulnisbakterien *fpl*
putrefy *v* faulen
putrescibility Faulfähigkeit *f*
putrescible *adj* verrottbar, fäulnisfähig
putrid mud Faulschlamm *m*
putto Putte *f*, Kinderskulptur *f* der Renaissance
putty *v* (ver)kitten, auskitten; spachteln
putty Kitt *m (Glaserkitt)*; Spachtelmasse *f*
putty coat Spachtelputz *m*, Spachtelschicht *f*
putty for laminated glass Verbundglaskitt *m*
putty for wooden flooring Fußbodenkitt *m*
putty glazing Kittverglasung *f*
putty joint Kittfuge *f*
putty knife Kittmesser *n*; Spachtel *m(f)*
putty powder Polierasche *f*
putty rebate Kittfalz *m*
putty seam Kittsaum *m*
puttyless glazing kittlose Verglasung *f*, kittloses Einglasen *n*
puzzle lock Kombinationsschloss *n*
puzzolan ... *s.* pozzolan ...
puzzolan capability puzzolanische Eigenschaft *f*
PVA-concrete PVA-Beton *m*
PVAC PVAC *n*, Polyvinylacetat *n*
PVC PVC *n*, Polyvinylchlorid *n*
PVC base PVC-Basis *f*, PVC-Grundlage *f*
PVC-based PVC-gebunden
PVC-coated PVC-beschichtet
PVC-faced PVC-beschichtet
PVC film PVC-Folie *f*
PVC floor finish PVC-Bodenbelag *m*
PVC flooring *s.* PVC floor finish
PVC foam PVC-Schaumstoff *m*
PVC hollow profile PVC-Hohlprofil *n*
PVC insulating film PVC-Folie *f*
PVC pipe PVC-Rohr *n*
PVC rainwater system PVC-Regenablaufsystem *n*
PVC sealing PVC-Dichtung *f*
PVC sheet(ing) PVC-Bahn *f*
PVC tile PVC-Fliese *f*, PVC-Wandplatte *f*
PVC wall board PVC-Wandplatte *f*
PVC waterstop PVC-Fugenband *n*
pycnometer Pyknometer *n*
pycnostyle *(Arch)* dichtsäulig, engsäulig
pylon *(Arch)* Pylon *m*, Pylone *f*; Brückenpfeiler *m*; Hochspannungsmast *m*, Kraftleitungsmast *m*, Gittermast *m*, Mast *m*
pyramid Pyramide *f*
pyramid building Pyramidenbau *m*
pyramid foot Stockfuß *m*
pyramid glass Ornamentglas *n*
Pyramid of the moon *(Arch)* Mondpyramide *f (Teotihuacan/Mexiko)*
Pyramid of the sun *(Arch)* Sonnenpyramide *f (Teotihuacan/Mexiko)*
pyramid roof Pyramidendach *n*
pyramid shape *(Arch)* Pyramidenform *f*, Pyramidengestalt *f*
pyramid-shaped plate pyramidenförmige Platte *f*
pyramidal pyramidal, pyramidenförmig
pyramidal hipped roof Pyramidendach *n*
pyramidal light pyramidenförmiges Oberlicht(fenster) *n*
pyramidal space truss pyramidenförmiges Raumfachwerk *n*
pyramidion *(Arch)* Pyramidenkappe *f*, Haupt *m*, Ryse *m*
pyrite Pyrit *m*, Schwefelkies *m*
pyritous pyrithaltig
pyrobitumen unlösliches Bitumen *n (Mineralbitumen)*
pyrography Brandmalerei *f*
pyrolysis Pyrolyse *f*, thermische Zersetzung *f*
pyrometer Pyrometer *n*, Temperaturmessgerät *n*
pyrophylite Pyrphyllit *m*
pyroxene Pyroxen *n (ein Silicatmineral)*
pyroxenite Pyroxenit *m*
pyroxylin paint Nitro(zellulose)anstrich *m*

Q

Q-floor unit Zellenprofil *n*, Profiltafel *f*
qasr *s.* kasr
quad *s.* quadrangle
quader (stone) Quaderstein *m (Naturstein)*
quadra 1. Rechteckrahmen *m (z. B. an einem Basrelief)*; Rechteckbasis *f (Säulenplatte)*; 2. Rechteckverzierung *f*
quadrangle 1. Viereck *n*; 2. *(Arch)* Rechteckfläche *f*, Viereckhof *m*, Hof *m*; Innenhof *m (in Klöstern und englischen Colleges)*; 3. *(Arch)* Gebäudeviereck *n*, viereckiger Gebäudekomplex *m*, Häuserblock *m*
quadrangular viereckig
quadrangular falsework Trapezsprengwerk *n (tragend)*
quadrangular truss Rechteckfachwerk *n* mit gekreuzter Verstrebung, Rautenfachwerk *n*
quadrant 1. Quadrant *m*, Winkelmesser *m (für Höhenwinkel)*; 2. *(Verm)* Quadrant *m*, Viertelkreis *m*
quadrant-pipe Rohrkrümmer *m (im rechten Winkel)*
quadrate *v* zu einem Quadrat umbilden
quadrate (geometrisch) quadratisch
quadratic quadratisch *(mathematisch)*

quadratic system quadratisches System *n*
quadratura *(Arch)* Quadratur *f (oft dreidimensionale quadratische Flächengestaltungsmuster des Barocks)*
quadratura painter *(Arch)* Quadraturmaler *m*
quadrature Quadratur *f*, Flächeninhaltsbestimmung *f*
quadrel quadratische Diagonalfliese *f*
quadriform quadratisch
quadriga *(Arch)* Quadriga *f*, ornamentales Viergespann *n (der Klassik)*
quadrilateral viereckig; vierseitig
quadrilateral Viereck *n*
quadrille paper Koordinatenpapier *n*
quadripartite vierteilig
quadripartite cross rib vault vierteiliges Kreuzrippengewölbe *n*
quadripartite rib vault vierteiliges Rippengewölbe *n*
quadripartite shutter vierteiliger Raumabschluss *m*
quadripartite tracery vierteiliges Maßwerk *n*
quadripartite vault vierteiliges Gewölbe *n*, Kreuzrippengewölbe *n*
quadrivalve Vierblattflügel *m*, Vierblattürflügel *m*
quaggy 1. sumpfig, morastig; weich; 2. kernrissig *(Holz)*
quagmire Sumpfboden *m*, Moorboden *m*; Sumpfloch *n*; Sumpffläche *f*, Schwingmoor *n*
quake Erdbeben *n (Zusammensetzungen s. unter earthquake)*
quake-proof erdbebenfest, erdbebensicher
quaking concrete mittelplastischer Beton *m*
qualification approval Bauartzulassung *f*
qualification examination Eignungsprüfung *f*, Eignungstest *m*
qualification test Auswahlprüfung *f*
qualifications Befähigung *f*
quality Qualität *f*, Beschaffenheit *f*, Güte *f*, Eigenschaft *f*
quality assessment Qualitätseinstufung *f*, Qualitätsbeurteilung *f*, Gütesicherung *f*
quality assurance Qualitätssicherung *f*
quality assurance system Qualitätssicherungssystem *n*
quality audit Güteüberwachung *f*, Gütesicherung *f*
quality certificate Gütenachweis *m*
quality characteristic Qualitätsmerkmal *n*
quality check(ing) Güte(über)prüfung *f*, Gütenachweis *m*, Nachweis *m* der Güteeigenschaften
quality class Güteklasse *f*
quality clause Güteklausel *f (im Vertrag)*
quality complaint Qualitätsbeanstandung *f*
quality conditions Gütebedingungen *fpl*
quality control 1. Qualitätskontrolle *f*, Gütekontrolle *f*, Güteüberwachung *f*, Gütesicherung *f*; 2. Qualitätssteuerung *f*, Qualitätslenkung *f*; 3. *(AE)* Qualitätsprüfung *f*
quality control association Gütegemeinschaft *f*
quality control chart Güteüberwachungstabelle *f*, Gütekontrollkarte *f*
quality control mark Gütezeichen *n*
quality-control staff Güteüberwachungspersonal *n*
quality description Gütebeschreibung *f*, Qualitätsbeschreibung *f*
quality engineering Qualitätstechnik *f*
quality evaluation Qualitätsbewertung *f*
quality factor *(Q factor)* Gütefaktor *m* (*Q-Faktor*), Qualitätsfaktor *m* (*Q-Faktor*)
quality grade Güteklasse *f*
quality grade description Güteklassenbeschreibung *f*
quality grade of concrete Betongüteklasse *f*
quality level Qualitätsniveau *n*; Qualitätsgrenzlage *f*
quality management Qualitätsmanagement *n*
quality manuel Qualitätssicherungshandbuch *n*
quality of aggregate Güte *f* des Zuschlagstoffs
quality of concrete Betongüte *f*, Betonqualität *f*
quality of finish Oberflächengüte *f*
quality of fit Passungsgüte *f*
quality of service Leistungsqualität *f*, Angebotsqualität *f*
quality of soil Bodenbeschaffenheit *f*
quality of steam Dampftrockenheitsgrad *m (Heizung)*
quality of surface finish Oberflächengüte *f*
quality plan Qualitätssicherungsplan *m*
quality-reducing qualitätsmindernd
quality regulations Gütebestimmungen *fpl*
quality requirements Qualitätsforderungen *fpl*, Güte(an)forderungen *fpl*
quality review Qualitätsicherungsbewertung *f*
quality specifications Abnahmevorschriften *fpl*; Qualitätsvorschriften *fpl*, Gütebedingungen *fpl*
quality standard Gütenorm *f*, Qualitätsnorm *f*
quality surveillance Qualitätsüberwachung *f*
quality system Qualitätssystem *n*, Qualitätssicherungssystem *n*
quality test Güteprüfung *f*
quantify *v* mengenmäßig bestimmen, Mengen erfassen, quantifizieren
quantile Quantil *n*
quantities by volume Raumteile *mpl (Dosierung von Baustoffen)*
quantities by weight Masseteile *mpl (Dosierung von Baustoffen)*
quantities placed eingebaute Mengen *fpl*
quantity 1. Quantität *f*, Menge *f*, Anzahl *f*; 2. Größe *f (Mathematik, Physik)*
quantity description Leistungsbeschreibung *f*
quantity of heat Wärmemenge *f*, Wärmequantum *n*
quantity of illumination Beleuchtungsmenge *f*
quantity of light Lichtmenge *f*
quantity of material Materialmenge *f*
quantity of mortar required Mörtelbedarf *m*
quantity of shipment Liefermenge *f*
quantity placed eingebaute Mengen *fpl*
quantity survey detailliertes Material- und Ausrüstungsverzeichnis *n*; Bauleistungsbeschreibung *f*
quantity surveying 1. Massenberechnung *f*, Massenermittlung *f*, 2. Erdmassenvermessung *f*
quantity surveying services Massenermittlungsdienstleistungen *fpl*
quantity surveyor Kalkulator *m*, Massenermittler *m*, Kostenplaner *m*
quantity unit Mengeneinheit *f*
quantity variation Mengenänderung *f*, Massenänderung *f*
quaquaversal allseitig geneigt
quarrel 1. Glasscheibe *f* für bleiverglaste Fenster; 2. rhombisches Fensterscheibenfach *n (speziell beim Maßwerkfenster)*; 3. Steinmetzmeißel *m*; 4. Steinbruch *m*
quarrier Steinbrecher *m*
quarring Baustoffgewinnung *f* aus Brüchen und Gruben, Baustoffabbau *m*; Rohstoffgewinnung *f*
quarry *v* brechen *(Steine)*; abbauen *(Gestein)*
quarry 1. Steinbruch *m*; 2. *s.* quarrel 1.
quarry bed Steinbruchlager *n*
quarry blasting Sprengung *f* im Steinbruch
quarry block *s.* quarry stone
quarry face 1. Bruchwand *f*, Brust *f* des Steinbruchs; 2. bruchraue Natursteinoberfläche *f*
quarry-faced bruchrau, bruchfrisch *(Natursteinoberfläche)*
quarry-faced masonry Bossenmauerwerk *n*
quarry floor Steinbruchboden *m*, Bruchsohle *f*
quarry glass (kleine) Glas(mosaik)platte *f*
quarry gravel Grubenkies *m*, Wandkies *m*
quarry rocks Bruchgestein *n*
quarry rubbish Steinbruchabfall *m*
quarry rubble Steinbruchabraum *m*

quarry run Anfallmaterial *n*, anfallendes Bruchgestein *n* *(unsortiert)*; Bruchhaufwerk *n*
quarry sand Brechsand *m*
quarry sap Natursteinwassergehalt *m*
quarry site Abbaufeld *n*, Abbaustelle *f (Steinbruch)*
quarry stone Bruchstein *m*, Naturstein *m*, Werkstein *m*
quarry stone bond Bruchsteinverband *m*, unregelmäßiger Verband *m*
quarry stone work Bruchsteinmauerwerk *n*
quarry tile Natursteinplatte *f*, behauene Platte *f*, Fußbodenplatte *f*
quarry-tile roof Ziegeldach *n*
quarry waste Steinbruchabfall *m*, Bruchsplittergestein *n*
quarry water Bergfeuchte *f*, Bergfeuchtigkeit *f (Gestein)*
quarrying 1. Steinbrechen *n*, Brechen *n*; Steinbrucharbeit *f*, Steinbruchbetrieb *m*; Abbau *m* von Steinen und Erden
quarrying operation Steinbrucharbeit *f*
quarryman Steinbrucharbeiter *m*
quarrystone Bruchstein *m*, Naturstein *m*, Werkstein *m*, Haustein *m*
quarter *v* vierteilen
quarter 1. kleine Senkrechtholzstütze *f (Lattennagelung)*; 2. Rechteckplatte *f*, 3. Stadtviertel *n*, Stadtteil *m*; Stadtbezirk *m*
quarter bat Quartierstück *n*, Viertelstück *n*, Viertelstein *m*
quarter bend Knierohr *n*, Knie(stück) *n*, 90°-Krümmer *m*
quarter brick Riemchen *n*, Riemenstück *n*
quarter-circle Viertelkreis *m*
quarter closer Viertelstein *m*, Viertel(schließ)ziegel *m*
quarter-column Viertelsäule
quarter-cut radial geschnitten *(Holz)*
quarter-cut veneer Furnier *n* mit rechten Jahresringen zur Schnittfläche
quarter girth rule *(AE)* Stammholzberechnungsmethode *f*
quarter hollow Viertelkehle *f*
quarter joint Viertelfuge *f*
quarter of a town Stadtviertel *n*
quarter panel quadratische Tafel *f*, Rechteckplatte *f*
quarter pipe bend 90°-Rohrkrümmer *m*
quarter point Viertelpunkt *m*
quarter point moment Viertelpunktmoment *n*
quarter round *(Arch)* Viertelstab *m*, Viertelstabprofil *n*
quarter-sawn radial geschnitten *(Holz)*
quarter-space landing Winkelpodest *n(m)*
quarter stuff vierzölliges Brett *n*
quarter timber Viertelholz *n*, Kreuzholz *n*
quarter-turn Vierteldrehung *f*, Viertelschlag *m (Treppe)*
quartered radial geschnitten *(Holz)*
quartered partition Rechtecktafeltrennwand *f*
quartered timber *s.* quarter timber
quartering 1. Viertelung *f*, Vierteilung *f (Baustoffprobe)*; 2. Wandstützen *fpl (Fachwerk)*
quarternary system Vierstoffsystem *n*
quarterpace Winkelpodest *n(m) (Treppe)*
quarterpace stair viertelgedrehte Treppe *f*, Treppe *f* mit Viertelschlag
quartz Quarz *m*, Bergkristall *m*
quartz aggregate Quarzzuschlagstoff *m*
quartz-bearing quarzhaltig
quartz cement Quarzzement *m*
quartz chippings Quarzsplitt *m*
quartz-containing quarzhaltig
quartz-diorite Quarzdiorit *m*
quartz-dolerite Quarzdolerit *m*
quartz-free quarzfrei
quartz glass Quarzglas *n*
quartz grain Quarzkorn *n*
quartz-keratophyre Quarzkeratophyr *m*
quartz mica schist Quarzglimmerschiefer *m*
quartz pebbles Quarzkies *m*
quartz-porphyrite Quarzporphyrit *m*
quartz-porphyry Quarzporphyr *m*
quartz-rich quarzreich
quartz rocks Quarzgestein *n*
quartz sand Quarzsand *m*
quartz-schist Quarzschiefer *m*
quartz-syenite Quarzsyenit *m*
quartz-trachyte Quarztrachyt *m*
quartzic quarzhaltig, quarzig
quartziferous quarzhaltig, kieselig, verquarzt, verkieselt
quartzite Quarzit *m*, Quarzitsandstein *m*
quartzite brick Quarzitstein *m*, Silicatstein *m*
quartzite rock Quarzitgestein *n*
quartzite-schist Quarzitschiefer *m*
quartzite slab Quarzitplatte *f*
quartzitic quarzitisch
quartzitic rock Quarzitgestein *n*
quartzitic sandstone quarzitischer Sandstein *m*
quartzose quarzig, quarzhaltig, Quarz...
quasi contract vertragsähnliches Verhältnis *n*
quassia Quassiaholz *n (tropisches Holz)*
quatrefoil *(Arch)* vierblättrig
quatrefoil *(Arch)* Vierblatt *n (gotisches Maßwerk)*
quatrefoil oculus window *(Arch)* Vierblattokulusfenster *n*
quatrefoil tracery *(Arch)* Vierpassmaßwerk *n*
quatrefoils Vierblattornamente *npl (gotisches Maßwerk)*
Quattrocento architecture italienische Renaissancearchitektur *f (15. Jahrh.)*
quay Kai *m*
quay wall Kaimauer *f*, Ufermauer *f*
quayside Kaianlage *f*
Queen Anne arch Mittelbogen *m* mit zwei seitlichen gestreckten Bogen
queen bolt Metallhängesäule *f (Dachkonstruktion)*; Hängesäulenbolzen *m*
queen closer [closure] längs geteilter Ziegel *m*, längshalbierter Abschlussstein *m*, Längshalbsteinziegel *m*; Riemchen *n*, Meisterquartier *n*
queen post Hängesäule *f (Dachstuhl)*
queen post purlin Säulenpfette *f*
queen post truss doppeltes Hängewerk *n*, doppelter Hängebock *m*
queen-post truss roof zweistielig abgestrebtes Pfettendach *n*, zweistielig strebenloses Pfettendach *n*
queen rod *s.* queen bolt
queen truss *s.* queen post truss
queen's suite Königsgemächer *npl*
Queen's wood Brasilholz *n*
quenast concrete flag Quenastbetonplatte *f*
quench *v* abschrecken, (rasch) abkühlen *(Metall, Glas)*; durch Abschrecken härten *(Metall)*; löschen *(Kalk)*
quench cooling Abschrecken *n*, rasches Abkühlen *n*
quench hardening Abschreckhärten *n*, Kaltwasserhärten *n (Stahl für Werkzeuge)*; Umwandlungshärten *n*
quenched and tempered steel Vergütungsstahl *m*
quenching Härten *n (Stahl)*
quenching deformation Härteverzug *m*
quenching stress Abschreckspannung *f*, Härtespannung *f (bei Metallen)*
questionnaire Bieterfragebogen *m*
quetta bond Vertikalschlitzverband *m (Bewehrungsöffnungen)*
queuing area [space] *(Verk)* Aufstellfläche *f*, Stauraum *m (Straße)*
quick ungelöscht *(Kalk)*
quick-acting valve Schnellschlussventil *n*
quick ash Flugasche *f*

quick-assembly method Schnell(montage)bauweise *f*
quick-break 1. *(El)* momentan [schnell] schaltend; 2. *s.* quick-breaking
quick-breaking schnell brechend, unstabil *(z. B. eine Bitumenemulsion)*
quick-breaking (bituminous) emulsion unstabile Bitumenemulsion *f*
quick cement Blitzzement *m*
quick clay Fließton *m*, Quickton *m*
quick-closing sluice valve *(Wsb)* Schnellschlussschieber *m*
quick condition Bodenfließerscheinung *f*, Fließverhältnisse *npl*
quick-coupling device Schnellkupplung *f*
quick-curing schnell härtend *(Anstriche)*
quick-drying schnell trocknend
quick-erection method Schnellmontagebauweise *f*
quick fixing Schnellbefestigung *f*
quick hardener Schnellbinder *m*, Schnellhärter *m*
quick-hardening schnell härtend
quick-hardening lime hydraulischer Kalk *m*
quick lime Ätzkalk *m*, ungelöschter Kalk *m*
quick set zu schnelles Abbinden *n*, falsches Erhärten *n*
quick-setting schnell härtend
quick-setting cement schnell abbindender Zement *m*, Blitzzement *m*
quick solder Schnellot *n*
quick sweep Ziertischlerarbeit *f*, Tischlerarbeit *f* mit engen Windungen
quicklime Branntkalk *m*, gebrannter [ungelöschter] Kalk *m*, Ätzkalk *m*
quicklime mill Kalkmühle *f*
quicksand aus lebenden Pflanzen bestehend
quicksand Fließsand *m*, Schwimmsand *m*; Treibsand *m*; Quicksand *m*
quicksand hedge lebende Hecke *f*, heckenbildende Pflanze *f*
quiet *v* beruhigen *(Stahl)*
quiet ruhig, still; geräuscharm
quiet alloy stabilisierte Legierung *f*
quiet room ruhiger Raum *m*
quiet steel beruhigter Stahl *m*
quieting Lärmschutz *m*, Schallschutz *m*
quilt Baumatte *f*, Matte *f*, Dämmatte *f*
quilt insulation Polsterdämmung *f*, gefütterte Wärmedämmung *f*
quilted figure Blasenmuster *n (Furnier)*
quincunx *(Arch)* fünfelementig *(Anordnung mit einem Mittelelement und vier umgebenden Gestaltungselementen)*
quindecacon Fünfzehneck *n*
quinquefoil fünfblattförmig
quinquepartite fünfteilig
quint-point arch *(Arch)* Fünftelsbogen *m*
quoin *v* verkeilen, Ecke mit Keilstein versehen
quoin 1. Hausecke *f*, Mauerecke *f*; 2. Eckstein *m*
quire *(Arch)* Chor *m*
quire aisle *(Arch)* Chorseitenschiff *n*
quire arcade *(Arch)* Chorarkade *f*
quire arch *(Arch)* Chorbogen *m*
quire architecture Chorarchitektur *f*, Chorbaukunst *f*
quire buttress *(Arch)* Chorstrebepfeiler *m*
quire gallery *(Arch)* Chorempore *f*, Chorbühne *f*, Chorgalerie *f*
quire loft *s.* quire gallery
quire vault *(Arch)* Chorgewölbe *n*
Quirinal *(Arch)* Quirinal *m (ital. Königspalast)*
quirk Nut *f*, Spitzkehlung *f*, Hohlkehle *f (am Gesims)*
quirk bead Perlstab *m* mit Nutrand, Hohlkehlperlstab *m*
quirk moulding Ornament *n* mit Hohlkehlabstufung
quirked spitz gekehlt
quoin 1. Gebäudeecke *f*, Mauerecke *f*; 2. Eckstein *m*, Keil *m*; 3. Faltwerkkante *f*
quoin bonding Ecksteineinbindung *f*, Eck(stein)verband *m*
quoin header Eckbinder(stein) *m*, Läufer *m* als Eckbinder
quoin post *s.* heel post
quoin stone Eckstein *m*, Keil *m*
quoining Ecksteinausbildung *f*, Mauereckengestaltung *f*
quoins Bossenwerk *n*
quotation Kosten(teil)anschlag *m*, Preisangebot *n*
quotation of price Preisangebot *n*
quotation request Angebotseinholung *f*, Ausschreibung *f*

R

rab Mörtelrührstange *f*, Haareinrührstab *m (für Haarmörtel)*
rabbet *v* 1. *(Hb)* (ein)fügen, falzen, fugen; 2. *(Hb)* durch eine Einfalzung (miteinander) verbinden
rabbet 1. *(Hb)* Fuge *f*, Falz *m*, Nut *f*; 2. *(Hb)* Anschlag *m*, Fensteranschlag *m*
rabbet bead Fugenperlstab *m*
rabbet depth Glasanschlaghöhe *f (Fenster)*
rabbet joint Einfalzung *f*, Einfügung *f*, Fuge *f (Holz)*
rabbet ledge Anschlagleiste *f*, Schlagleiste *f*
rabbet plane Falzhobel *m*, Nut(en)hobel *m*, Grathobel *m*, Simshobel *m*
rabbet size lichte Einsetzöffnung *f (Fensterglas)*
rabbeted door frame [jamb] eingefügter [gefalzter] Türrahmen *m*
rabbeted joint gefalzte Verbindung *f*
rabbeted siding gefalzter Wandbeschlag *m*, gefalzte Verschalung *f (Außenwand)*
rabbeted stop eingefügter Anschlag *m*
rabbeting cutter Falzfräser *m*
rabbit channel Rohrpostkanal *m (Strahlenschutz)*
rabble Rührstange *f*
Rabitz ceiling plaster Rabitzdeckenputz *m*, Drahtgewebedeckenputz *m*
Rabitz construction Rabitzbau *m*
Rabitz finish Rabitzputz *m*
Rabitz hook Rabitzhaken *m*
Rabitz lathing Rabitzgewebe *n*
Rabitz mortar Rabitzmörtel *m (Stuckgips-Kalk-Mörtel)*
Rabitz plastering Rabitzputz *m*
Rabitz strip cloth lath Rabitzstreifengewebe *n*
Rabitz type Rabitzputzart *f*, Rabitzbauart *f*
Rabitz type casing Rabitzmantel *m*
Rabitz type cornice Rabitzsims *m*
Rabitz type mortar Rabitzmörtel *m*
Rabitz type surfacing Rabitzverkleidung *f*, Rabitzauskleidung *f*
Rabitz type work Rabitzarbeiten *fpl*
Rabitz wall Rabitzwand *f*
Rabitz woven (wire) fabric lathing Rabitzgewebe *n*
race 1. *(Wsb)* Einlaufkanal *m*; Kanal *m*; Gerinne *n*; 2. starke Strömung *f*
race channel Rinne *f (für Leitungen)*
racecourse 1. Rinnbahn *f*; 2. Rennbahn *f*
raceway 1. *(El)* Leitungskanal *m*, Installationskanal *m*, Kabelkanal *m*; 2. *(Wsb)* Gerinne *n*

rack 1. Gestell *n*, Traggestell *n*, Gerüst *n*; Regal *n*; Ständer *m*; Rahmen *m*; 2. Zahnstange *f*; 3. *(Wsb)* Rechen *m (z. B. an Kanaleinläufen)*
rack-and-pinion elevator Zahnstangenaufzug *m*, zahnstangengetriebener Aufzug *m*
rack catcher *(Wsb)* Rechen *m*, Feststoffrechen *m (Kläranlage)*
rack door Zahnstangentür *f*
rack jack Zahnstangenwinde *f*
rack ladder Sprossenleiter *f*, Sprossenbalken *m*
rack rail Zahnstange *f*
rack railroad *(AE)* Zahnradbahn *f*
rack railway Zahnradbahn *f*
rack saw Säge *f* mit auseinander stehenden Zähnen
rack screen Stabgitter *n*
rack stand Fahrradstand *m*
racked geschichtet, gestapelt *(Holz)*
racking (back) Abtreppung *f (von Mauerwerk)*
racking balk Leitbalken *m*
racking force Dehnungskraft *f*
rad *s.* 1. radiator; 2. radian
radar-dome *s.* radome
radar meter Radarmessgerät *n*
radial adjustment Radialeinstellung *f*
radial arch roof Radialbogendach *n*, sternförmiges Bogenträgerdach *n*
radial-arm (circular) saw *s.* radial saw
radial bar Zirkelverlängerungsarm *m (Bauzirkel)*
radial beam Radialbalkenträger *m*
radial bending moment Radialbiegemoment *n*
radial bending stress Radialbiegespannung *f*
radial bracing strahlenförmige Verspannung *f*, radiale Aussteifung *f*
radial brick Radialziegel *m*, Bogenziegel(stein) *m*, Schachtstein *m*
radial chimney walling unit Schornsteinmauerstein *m*
radial component of load Radiallastkomponente *f*
radial conversion Spiegelholz *n*, Radialschnitt *m (Holz)*
radial crack Radialriss *m*
radial cracking Radialrissbildung *f*
radial-cut radial geschnitten *(Holz)*
radial direction Radialrichtung *f*
radial dome Radialkuppel *f*
radial engineering brick Radialklinker *m*
radial fan Radialventilator *m*
radial format Radialformat *n*
radial gate *(Wsb)* Bogenschutz *m (Wehr)*
radial girder Radialträger *m*
radial grating radiales Gitterwerk *n*
radial line Radiallinie *f*
radial load Radiallast *f*
radial loading Radialbelastung *f*
radial pressure Radialdruck *m*
radial rib Radialrippe *f*
radial-rib cupola Radialrippenkuppel *f*
radial rim strain radiale Randspannung *f*
radial road Radialstraße *f*
radial roof fan Radialdeckenlüfter *m*
radial saw Auslegerkreissäge *f*
radial sewer network Verästelungsnetz *n (Kanalsystem)*
radial shear Radialscherung *f*, Radialschub *m*
radial shrinkage Radialschwindung *f (Holz)*
radial step Wendelstufe *f*
radial stone *s.* radial brick
radial strain Radialdehnung *f*
radial stress Radialspannung *f*
radial stretcher Radialläufer *m*
radial strut Radialstrebe *f*
radial system 1. Radialstadtanlage *f*, 2. Radialnetz *n*
radial tile Radialstein *m*, Radialblockstein *m*, Ringstein *m*
radial well-burnt brick Radialhartbrandziegel *m*
radially arranged strahlig angeordnet
radian Radiant *m (SI-fremde Einheit des ebenen Winkels)*
radian measure Bogenmaß *n*
radian unit *s.* radian
radiance spezifische Lichtausstrahlung *f*
radiance of surface Strahlungsintensität *f*
radiant ceiling heating Deckenstrahlungsheizung *f*
radiant electric heater *(El)* Elektrostrahler *m*
radiant element Strahlungselement *n*
radiant floor Strahlungsboden *m*
radiant floor covering Heizfußbodenbelag *m*
radiant glass Glas *n* mit Strahlungselementen
radiant heat Strahlungswärme *f*
radiant-heat drying Strahlungstrocknung *f*, Infrarottrocknung *f*
radiant-heated strahlungsbeheizt
radiant heater Heizstrahler *m*, Strahlungsheizkörper *m*
radiant heating Strahlungsheizung *f*
radiant heating system Strahlungsheizungsanlage *f*
radiant panel Strahlungsplatte *f (Plattenheizkörper)*
radiant panel heating Flächenheizung *f*
radiant panel test Entflammbarkeitsprüfung *f* einer Strahlungstafel
radiant source Strahlungsquelle *f*
radiate *v* abstrahlen *(z. B. Wärme)*
radiated strahlig, strahlenförmig
radiated structure radiale Struktur *f*
radiating brick Gewölbestein *m*, Keilstein *m (bei Ziegelgewölbebögen)*
radiating bridge Fächerbrücke *f*
radiating format Radialformat *n*
radiating heat strahlende Wärme *f*
radiating solid block Radialvoll(block)stein *m*
radiating stretcher Radialläufer *m*
radiating tracery speichenförmige Unterteilung *f*
radiation Strahlung *f*
radiation curing Strahlungshärtung *f (Anstrich)*
radiation damage Strahlenschaden *m*, Strahlungsschaden *m*
radiation detector Strahlendetektor *m*
radiation heating surface Strahlungsheizfläche *f*
radiation loss Strahlungsverlust *m*
radiation panel Strahlungsheizungs(tafel)element *n*
radiation pollution Strahlenverseuchung *f*
radiation pressure of sound Schallstrahlungsdruck *m*
radiation-proof strahlensicher
radiation protection Strahlenschutz *m*
radiation resistance Strahlenbeständigkeit *f*, Strahlungsbeständigkeit *f*
radiation-resistant strahlenbeständig, strahlungsbeständig
radiation-retarding door *s.* radiation-shielding door
radiation-retarding (door)frame bleiblechverkleideter Türrahmen *m*
radiation shielding Strahlenabschirmung *f*, Strahlungsabschirmung *f*, Strahlenschutz *m*
radiation-shielding concrete Strahlenabschirmbeton *m*, Strahlenschutzbeton *m*, Abschirmbeton *m*
radiation-shielding door Strahlenschutztür *f*, bleibeplankte Tür *f*, Abschirmtür *f*
radiation shielding material Strahlenschutzbaustoff *m*; Abschirmmaterial *n*
radiation source Strahler *m (z. B. für Wärme)*; Strahlungsquelle *f*
radiation test Durchstrahlungsprüfung *f (Baustoffe)*
radiative heat transfer Strahlungswärmeübergang *m*
radiator Heizkörper *m*, Raumheizkörper *m*; Radiator *m*, Strahler *m*; Gliederheizkörper *m*

radiator coat Heizkörperanstrich *m*
radiator control valve Heizkörperregelventil *n*
radiator cover Heizkörperverkleidung *f*
radiator element Heizkörperglied *n*
radiator grill Heizkörpergitter *n*, Radiatorgitter *n*
radiator guard Heizkörperverkleidung *f*, Radiatorverkleidung *f*
radiator heating (system) Radiatorheizung *f*
radiator niche Heizkörpernische *f*, Radiatornische *f*
radiator paint Heizkörperfarbe *f*, Radiatorfarbe *f*
radiator rib Heiz(körper)rippe *f*
radiator section Radiatorglied *n*
radio communication Funkverkehr *m*
radio data system statische Informationsübertragung *f* und Anzeige *f (EU-Standard)*
radio mast Funkmast *m*
radio paging system Funkpersonenrufanlage *f*
radio telephony Funk(sprech)verkehr *m*
radio tower Funkturm *m*, Sendeturm *m*
radioactive paint radioaktive Leuchtfarbe *f*
radioactive pigment radioaktives Pigment *n*, selbstleuchtendes Pigment *n*
radioactive pollution radioaktive Verschmutzung *f*
radioactive substance radioaktiver Stoff *m*
radioactive waste Atommüll *m*, radioaktiver Abfall *m*
radiographic examination Röntgendurchstrahlung *f*, röntgenographische Untersuchung *f*
radiographic inspection *s.* radiographic examination
radiographic testing Röntgenprüfung *f*, Röntgenuntersuchung *f*, Durchstrahlungsverfahren *n*
radioluminuos paint radioaktive Leuchtfarbe *f*, selbstleuchtende Farbe *f*
radioluminous pigment radioaktives Leuchtpigment *n*; selbstleuchtendes Pigment *n*
radiotelephone Sprechfunkgerät *n*; Funktelefon *n*
radius 1. Radius *m*, Halbmesser *m*; 2. Reichweite *f*; Ausladung *f (Kran)*; 3. Umkreis *m*
radius at bend *s.* radius of curvature
radius brick Gewölbestein *m*, Keilstein *m*
radius gauge Radienschablone *f*, Radienlineal *n*, Halbmesserlehre *f*
radius of curvature Krümmungsradius *m*, Krümmungshalbmesser *m*, Bogenradius *m*, Biegungshalbmesser *m*, Ausrundungshalbmesser *m*
radius of gyration [inertia] Trägheitsradius *m*
radius of web Stegrundung *f*
radius rod [tool] Putz(ring)formlehre *f*, Putzerzirkel *m*
radiused (ab)gerundet; halbrund
radome Radialkuppel *f*, Wetterschutzhaube *f (für Radarantennen)*
radon Radon *n*
radon exclusion in buildings Radonausschluss *m* in Gebäuden
raft *v* 1. flößen; 2. schwimmen *(Gründung)*
raft 1. Fundamentplatte *f*, Gründungsplatte *f (Plattengründung)*; Rostwerk *n*; 2. Floß *n*
raft batten Lagerholz *n (schwimmender Fußbodenbelag)*
raft bridge Floßbrücke *f*, Pontonbrücke *f*
raft foundation Plattenfundament *n*, Plattengründung *f*, Rostwerk *n*
raft lake natürliche Flussaufstauung *f*
raft with beams underneath Plattenbalken *m* mit oberer Platte, Platte *f* mit Balkenunterzug
rafted wood Floßholz *n*
rafter Sparren *m*, Dachsparren *m*, Sparre *f*
rafter cleat [clench] Sparrenhalter *m*
rafter connection Sparrenverbindung *f*
rafter couple Sparrenpaar *n*; Fußbalkenlager *n (eines Giebeldachs)*
rafter cross-section Sparrenquerschnitt *m*
rafter end Sparrenkopf *m*
rafter fill Zwischenträgerfüllung *f*
rafter foot Aufschiebling *m (Sparrendach)*
rafter head Sparrenkopf *m*
rafter interval Sparrenabstand *m*
rafter plate Sparrenauflagerplatte *f*
rafter roof Sparrendach *n*
rafter slope Sparrenneigung *f*
rafter spacing Sparrenabstand *m*
rafter span Sparrenweite *f*
rafter string Sparrenquerlatte *f*
rafter-supporting purlin Sparrenpfette *f*
rafter system Sparrenlage *f*
rafter table Sparrenzuschneidetisch *m*
rafter tail Sparrenüberstand *m*
rafter tail cut Sparrenende *n*, sichtbarer Sparrenkopf *m (meist verziert)*
rafter trimmer Schiftsparren *m*
rafters Sparrenwerk *n*, Gespärre *n*
rag 1. harter Baustein *m*; grobkörniger Kalksandstein *m (Kieselsandstein)*; *(sl)* Bildhauerkalk(sand)stein *m*; 2. große Dachschieferplatte *f (60 × 90 cm)*; rohe Schieferplatte *f*; 3. rohgeschiefertes Gestein *n*
rag bolt Steinschraube *f*, Klauenschraube *f*, Bolzenanker *m*, Hakenbolzen *m*; Fundamentschraube *f*
rag felt Lumpenfaserbitumenpappe *f*, Wollfilzdachpappe *f*; *(AE)* Dachpappe *f*
rag fibre Lumpenfaser *f*
rag rubblework Bruchsteinmauerwerk *n* aus kleinen Steinen
rag work 1. Bruchsteinplattenmauerwerk *n*, Flachschichtmauerwerk *n* aus Naturstein; 2. Zyklopenrandstein *m*
ragbolt Steinschraube *f*
ragged gezackt; grob, rau, aufgeraut; uneben; felsig
raglet Leiste *f*
rags Lumpen *mpl*
ragstone 1. sandiger Kalkstein *m*; grobkörniger Kalksandstein *m (Kieselsandstein)*; Bruchsteinplattenmauerwerk *n*; 2. bröckeliger Bruchstein *m*; 3. Kleinpflasterbruchstein *m*
rail *v* mit Querstreben versehen; mit Geländer versehen
rail *v* **in** einzäunen, einfrieden; eingittern
rail *v* **off** abzäunen; abgittern
rail 1. *(Verk)* Schiene *f*, Fahrschiene *f*; Gleis *n*; 2. Schiene *f*, Gleitschiene *f*, Führungsschiene *f (z. B. für Türanlagen)*; 3. Querholz *n*, Rahmenholz *n*, Querträger *m*, Riegel *m (in Rahmenkonstruktionen)*; Querleiste *f (z. B. im Türrahmen)*; Fenstersprosse *f*; 4. Geländer *n*; Brüstung *f*, Zaun *m*
rail attachment Schienenbefestigung *f*
rail base Schienenfuß *m*
rail bolt Geländerbolzen *m*
rail border stone Gleisanschlussstein *m*
rail-borne schienengebunden, gleisgebunden
rail-bound schienengebunden, gleisgebunden
rail-bound transportation Schienenverkehr *m*
rail connection Schienenstoß *m*
rail fastening Schienenbefestigung *f*
rail fence Riegelzaun *m*
rail gauge Schienenspurweite *f*, Spurweite *f*
rail head Schienenkopf *m*
rail jack Schienenheber *m*
rail joint Schienenstoß *m*
rail-mounted excavator Schienenbagger *m*
rail-mounted tower crane Schienenturmdrehkran *m*
rail of a framework Bundriegel *m*, Fachwandriegel *m*
rail point(s) Weiche *f (Eisenbahn)*
rail post Geländersäule *f*, Geländerpfosten *m*
rail-road system Schiene-Straße-System *n*

rail section Schienenprofil *n*
rail shifting Gleis(ver)rücken *n*
rail shifting machine Gleisrückmaschine *f*
rail shoe Schienenflansch *m*
rail spike Schienennagel *m*
rail steel reinforcement Bewehrungseisen *n* aus Schienenprofil, Stahlschienenbewehrung *f*
rail tamping Gleisstopfen *n*
rail track Gleiskörper *m*, Gleis *n*
rail track girder Schienenträger *m*
rail web Schienensteg *m*
rail with wide base Breitfußschiene *f*
railing Schutzgeländer *n*, Geländer *n*, Gitter *n*; Brüstung *f*
railing barrel Geländerrohr *n*
railing height Geländerhöhe *f*
railing material Geländermaterial *n*, Geländerbaustoff *m*
railing post Geländerpfosten *m*, Geländersäule *f*; Treppengeländerpfosten *m*
railless nicht schienengebunden, schienenlos
railroad *(AE)* Eisenbahn *f*
railroad architecture *(AE)* Eisenbahnarchitektur *f*
railroad ballast *(AE)* Schotter *m*
railroad bedding *(AE)* Gleisbettung *f*
railroad bridge *(AE)* Eisenbahnbrücke *f*
railroad depot *(AE)* Bahnhof *m*
railroad construction *(AE)* Eisenbahnbau *m*
railroad grade crossing *(AE)* schienengleicher Bahnübergang *m*
railroad lines *(AE)* Gleisanlage *f*
railroad station *(AE)* Eisenbahnstation *f*
railroad tie *(AE)* Schwelle *f*, Querschwelle *f*
railroad track work *(AE)* Eisenbahnbauarbeiten *fpl*
railroad tunnel *(AE)* Eisenbahntunnel *m*
railroad underpass *(AE)* Eisenbahnunterführung *f*
rails Eisenbahnschienen *fpl*; Bahngleis *n*
railway Eisenbahn *f*
railway architecture Eisenbahnarchitektur *f*
railway area Bahnbereich *m*, Eisenbahngelände *n*
railway barrier Bahnschranke *f*
railway bed Bahnkörper *m*
railway bridge Eisenbahnbrücke *f*
railway construction Eisenbahnbau *m*, Bahnbau *m*
railway crane Eisenbahnkran *m*
railway crossing Bahnübergang *m*
railway embankment Eisenbahndamm *m*, Bahndamm *m*
railway engineering Eisenbahnbau *m*
railway equipment Bahnausrüstung *f*
railway facilities Bahnanlagen *fpl*
railway fill *s.* railway embankment
railway gate Bahnschranke *f*
railway junction Eisenbahnknotenpunkt *m*
railway level crossing höhengleicher [niveaugleicher] Bahnübergang *m*, schienengleicher Bahnübergang *m*
railway line 1. Eisenbahnstrecke *f*, Strecke *f*, Bahnlinie *f*; 2. Trasse *f*; Schienenstrang *m*
railway lines Gleisanlage *f*
railway overbridge Eisenbahnüberführung *f (Straße)*
railway platform Bahnsteig *m*
railway platform roof Bahnsteigdach *n*
railway platform subway Bahnsteigunterführung *f*
railway service Bahnbetrieb *m*
railway siding Anschlussgleis *n*
railway sleeper Eisenbahnschwelle *f*
railway spur track Anschlussgleis *n*
railway station Eisenbahnstation *f*, Bahnhof *m*
railway system 1. Eisenbahnnetz *n*; 2. Bahnanlagen *fpl*
railway trackage Gleisanlage *f*
railway traffic Eisenbahnverkehr *m*
railway tunnel Eisenbahntunnel *m*
railway underbridge Eisenbahnunterführung *f*
railway yard Abstellbahnhof *m*, Rangierbahnhof *m*
rain *v* regnen
rain *v* **in buckets** *(sl)* regnen [gießen] wie aus Kübeln
rain *v* **through** durchregnen
rain Regen *m*, Niederschlag *m*
rain cap Regenkappe *f (Schornstein)*
rain damage Regenschaden *m*
rain discharge Regenabfluss *m*
rain-drainage channel Regenwasserkanal *m*
rain gauge Regenmesser *m*, Niederschlagmesser *m*
rain impermeability *s.* rain imperviousness
rain imperviousness Regendichtheit *f*, Regenundurchlässigkeit *f*
rain leader *(AE)* Fallrohr *n*
rain penetration Durchfeuchtung *f*
rain pipe Regenrohr *n*, Fallrohr *n*
rain protection Regenschutz *m*
rain repeller Regenabweiser *m*
rain-repelling regenabweisend
rain rill Regenrinne *f*, Regenfurche *f (natürliche)*
rain resistance Regenbeständigkeit *f*
rain spottedness Regenfleckigkeit *f (eines Anstrichs)*
rain spotting Regenfleckigkeit *f (Regenschadflecken)*
rain test Beregnungsversuch *m (Materialprüfung)*
rain trap Regenauffangbehälter *m*
rain-water *s.* rainwater
rainbow roof Satteldach *n* mit (leicht) gewölbten Sparren
raindrop figure Regentropfenornament *n*
rainfall 1. Niederschlag *m*; 2. Niederschlagsmenge *f*
rainfall coefficient Niederschlagshöhe *f*
rainfall intensity Regenintensität *f*, Regendichte *f*, mm-Regenhöhe *f*
rainfall map Regen(mengen)karte *f*
raining machine Regenmaschine *f (künstliche Bewitterung)*
rainfall-run-off relation Niederschlags-Abfluss-Beziehung *f*
rainproof regendicht, (regen)wasserfest, regenwassergeschützt; *(El)* tropfwassergeschützt
rainproof masonry wall Regenschutzmauer *f*
rainproofness Regendichtheit *f*
rainrepelling regenabweisend
rainspout Wasserspeier *m*
raintight *s.* rainproof
raintightness Regendichtheit *f*, Regendichtigkeit *f*, Regenundurchlässigkeit *f*
rainwash *(Bod, Erdb)* Abschwemmung *f*, abgeschwemmtes Erdreich *n*
rainwater Regenwasser *n*, Niederschlagswasser *n*
rainwater barrier Regenwassersperre *f*
rainwater cistern Regenwasserzisterne *f*
rainwater downpipe Regenwasserfallrohr *n*
rainwater goods Regenrinnen *fpl*; Fallrohre *npl (Einzelrohre)*
rainwater gutter Regenrinne *f*, Dachrinne *f*, Rinnenkessel *m*
rainwater head Fallrohreinlauftrichter *m*
rainwater hopper Dachrinnenkessel *m*, Trichter *m (Regenwasserablauf)*
rainwater inlet Regenwasserablauf *m*
rainwater machine Regenmaschine *f (künstliche Bewitterung)*
rainwater outlet Regenwasserabflussschacht *m*; Regenwasserablauf *m*
rainwater pipe Fallrohr *n*
rainwater retention basin Regenrückhaltebecken *n*
rainwater removal Regenwasserableitung *f*
rainwater system Regenablaufkonstruktion *f*, Regenablaufeinrichtung *f*
rainwater tank Regenwassersammelbecken *n*

raise *v* 1. erhöhen, anheben; aufstocken; aufschütten; 2. errichten, aufstellen, aufrichten *(Montageteile)*; 3. heben, hochheben
raise *v* **a building** erbauen, ein Gebäude errichten
raise *v* **a scaffold** rüsten, einrüsten, ein Gerüst aufstellen
raise *v* **a wall** aufmauern, eine Wand erhöhen
raise *v* **on edge** hochkanten
raise *v* **up** in die Höhe richten, aufrichten
raise Aufschüttung *f*, Überhöhung *f*, Erhöhung *f (Gelände)*
raised erhoben, erhöht, gehoben
raised arch überhöhter Bogen *m*
raised beach gehobener Strand *m*
raised bog Hochmoor *n*
raised block aufgestocktes Gebäude *n*
raised building aufgestocktes Gebäude *n*
raised cable aufgebogenes Spannglied *n (Spannbeton)*
raised choir *(Arch)* Hochchor *m*, Oberchor *m*
raised divider *(Verk)* Fahrbahnschwellenteiler *m*, Trennschwelle *f*
raised edge Bördel *m*, Bördelkante *f*
raised field überhobene Füllung *f*
raised floor Zwischenboden *m*, Kabelboden *m*
raised flooring system austauschbare Fußbodenkonstruktion *f*, wechselbarer Fußbodenbelag *m*
raised girt bündiger Querträger *m*, bündige Setzschwelle *f* [Brustschwelle *f*]
raised grain aufgeraute Faser *f (Holz)*
raised Gothic vault überhöhtes Spitzbogengewölbe *n*
raised-grain (profil)maserig *(Holz)*
raised island *(Verk)* (konstruktive) Verkehrsinsel *f*, ausgebildete Verkehrsinsel *f*
raised kerb Hochbord(stein) *m*
raised moulding 1. Reliefgesims *n*; 2. Kehlzierleiste *f*, Reliefüberdeckung *f*
raised panel erhabene Tafel *f*, mittig erhöhtes Tafelelement *n*
raised part Erhöhung *f*, Hochstelle *f (Gelände, Bebauungsgebiet)*
raised platform Podium *n*
raised pointed arch überspitzter Spitzbogen *m*
raised table 1. Geländeerhöhung *f*; 2. Kapitellplatte *f*
raised verge *(AE)* Bankett *n (Straße)*
raised water level *(Wsb)* Stau *m*, Aufstau *m*, Anstauung *f*
raised water table gehobene Wasserschicht *f*
raised work Relief *n*, Reliefarbeit *f*
raising Erhöhung *f*
raising cord Aufzugkordel *f (Jalousie)*
raising hammer Treibhammer *m*
raising of strands Litzenablenken *n*, Litzenheben *n (Spannbeton)*
raising piece Kopf(trage)holz *n*, Kopf(quer)balken *m*
raising plate Sparrenauflagerbalken *m*, aufgelegter Tragbalken *m (Wand, Rahmen)*
rake *v* abschrägen *(Hang)*; neigen *(abschrägen)*; auskratzen *(Fuge)*; einarbeiten *(eine Masse)*
rake *v* **out** auskratzen *(Fuge)*
rake 1. Neigung *f*, Einfallen *n (Abweichung von der Lotrechten)*; 2. Rührstange *f*, Kratze *f*, Rechen *m*
rake classifier Rechenklassierer *m*
rake dimension Steigungsmaß *n (Treppe)*
raked joint ausgekratzte Fuge *f (Mauerwerk)*
raked moulding *s.* raking moulding
raked pile Schrägpfahl *m*
rakeman Asphaltarbeiter *m*
raker 1. Kratzkelle *f*, Kratzeisen *n (Werkzeug)*; 2. Diagonal(fachwerk)stab *m*, Strebe *f*, Schrägbalken *m*; 3. Kopfband *n*
raker beam Schrägbalken *m*, schräger Balken *m*
raker cornice Giebelzierkante *f*
raker pile Schrägpfahl *m*, Schrägstütze *f*
raking schräg, geneigt *(stark geneigte Fläche)*
raking abutments schräge Widerlager *npl*
raking arch steigender [geneigter, geschobener] Bogen *m*
raking bond Diagonalverband *m*, Fischgrätenverband *m*, Schrägverband *m*, Stromverband *m*, Festungsverband *m (Mauerwerk)*
raking coping Giebelfirstabdeckung *f*
raking cornice Giebelschrägzierkante *f*
raking course Diagonalkernschicht *f*, diagonale Mauermittellage *f*
raking flashing schräge Einfassung *f*, Schräganschluss *m (Dach)*
raking moulding 1. Zierkante *f* an einem geneigten Element, Schrägzierleiste *f*; 2. einfallendes Ornament *n*, überhängende Ornamentkante *f*
raking-out Auskratzen *n* von Mörtelfugen, Fugenreinigen *n*
raking pile Schrägpfahl *m*
raking prop Strebe *f*
raking riser schräge Setzstufe *f*
raking shore Abstützbohle *f*, Spreize *f*
raking stretcher bond stetig lagenweise versetzter Verband *m (Mauerwerk)*
raking support Schrägstütze *f*
rakings Rechengut *n*
ram *v* 1. (ein)rammen, treiben, einstampfen *(Pfähle)*; 2. (fest)stampfen
ram *v* **in** *(Verk)* einstampfen, festrammen *(Straßenunterbau)*
ram 1. Ramme *f*, Rammbär *m*, Rammblock *m*; 2. Widder *m*, Stoßheber *m*
ram block Rammbär *m*
ram hammer Rammhammer *m*
ram-headed sphinx *(Arch)* Widdersphinx *f*
ram pile Rammpfahl *m*
ram pressure *(Wsb)* Staudruck *m*, dynamischer Druck *m*
rambler eingeschossige Erdgeschosswohnung *f*, *(AE)* flaches Landhaus *n*
Rameseum *(Arch)* Rameseum *n*, Memnonium *n* Ramses des II.
ramification Verzweigung *f*, Gabelung *f*, Verästelung *f (z. B. Leitungen)*
ramification network *(Verk)* Verästelungsnetz *n*, verzweigtes Netz *n (Straße, Schiene)*
ramify *v* verzweigen, gabeln, sich verästeln *(z. B. Leitungen)*
ramifying verzweigt, verästelt
rammable stampfbar, verdichtbar
rammed gestampft
rammed clay Stampfton *m*, Stampflehm *m*
rammed concrete Stampfbeton *m*
rammed earth gestampfter Boden *m*; verdichteter [bindiger] Erdstoff *m*
rammed-earth construction Lehmstampfbau *m*, Kastenwerk *n*, Piseebau *m*
rammed layer Stampflage *f*, Stampfschicht *f*
rammed lime Kalkpisee *m*
rammed-loam construction Lehmstampfbau *m*, Kastenwerk *n*, Piseebau *m*
rammed-pile wall Rammpfahlwand *f*
rammed walling Stampfmauerwerk *n*
rammer Ramme *f*, Stampfer *m*
ramming Festklopfen *n*, Stampfen *n*, Abrammen *n*; Einrammen *n (Pfähle)*
ramose verzweigt
ramp *v* geneigt sein; steigen *(eine Fläche)*
ramp 1. Rampe *f*, Schrägauffahrt *f*, Rampenzufahrt *f*, Geländerampe *f*, *(AE)* Autobahnauffahrt *f*; 2. Abdachung *f*, Abschrägung *f*; 3. Straßenschwelle *f*, Aufpflasterung *f*, Straßenaufhöhung *f*, Toter Polizist *m (Verkehrsberuhigung)*; 4. *(Verk)* Flugzeugabstellfläche *f*

ramp between floors [storeys] Geschossrampe *f*
ramp control *(Verk)* Verkehrseinfädelsteuerung *f*
ramp incline Rampenschräge *f*
ramp lane Auffahrt(straße) *f*, Auffahrtspur *f*; Auffahrtrampe *f*, Rampenspur *f*
ramp landfill Anböschung *f*
ramp metering *(AE) (Verk)* Lichtsignalsteuerung *f* für Autobahnzufahrt
ramp tower Spiralrampe *f*, Schraubenrampe *f*, Wendelrampe *f*
ramp-type garage Rampenparkhaus *n*
rampant arch steigender [geneigter, geschobener] Bogen *m*
rampant barrel vault einhüftiges Tonnengewölbe *n*, ansteigende Tonne *f*
rampant mould steigender Formkasten *m*
rampant vault einhüftiges Gewölbe *n*, schräges Gewölbe *n*, ansteigendes Gewölbe *n*; steigende Trompe *f*
rampart Wall *m*, Befestigungswall *m*, Festungswall *m*, Erdwall *m*
ramparts *(Arch)* Stadtumwallung *f*
ramped step schräger Auftritt *m*
ramshackle baufällig, verkommen
ramshackle building Billigbau *m*, Schundbau *m*, schlechtes Bauwerk *n*
rance Steife *f*, Stütze *f*
ranch house *(AE)* 1. Landhaus *n*, Bungalow *m*; 2. Farmhaus *n*
rand Randabschnitt *m*, Kantenleiste *f*
randing *(Bod, Erdb)* Schürfen *n*
randle bar Kaminbalken *m*
random 1. regellos, ungeordnet, unregelmäßig; zufällig; 2. willkürlich, statisch nicht optimal
random Zufall *m*
random ashlar [bond] Vieleckmauerwerk *n*, regelloses Bruchsteinmauerwerk *n*
random check Stichprobe *f*
random course work unregelmäßiges Schichtenmauerwerk *n (Naturstein)*
random crack wilder Riss *m*
random cracking wilde Rissbildung *f*
random distribution Zufallsverteilung *f (Statistik)*
random inspection Stichprobe *f*
random length Lieferlänge *f*, Herstellungslänge *f (z. B. von Rohren)*
random line *(Verm)* Wahllinie *f*
random load unregelmäßige [schwankende] Belastung *f*
random masonry bond wilder Verband *m (läuferreicher Verband)*
random number Zufallszahl *f (Statistik)*
random perforated unregelmäßig gelocht
random range ashlar 1. unregelmäßiges Mauerwerk *n*; 2. hammerrechtes Bruchsteinmauerwerk *n*
random rubble Schüttmauerwerk *n*
random rubble fill Bruchsteinschüttung *f*
random rubble masonry *s.* random ashlar
random sample Stichprobe *f*, Zufallsstichprobe *f*
random sampling Stichprobennahme *f*, Zufallsstichprobenerhebung *f*
random shingle verschieden breite Schindel *f*
random slate unregelmäßiger Schiefer *m*
random test Stichprobe *f*
random tooled ashlar *s.* random work
random widths unsortierte Breiten *fpl* [Größen *fpl*]
random work 1. unregelmäßiges Mauerwerk *n*; 2. hammerrechtes Bruchsteinmauerwerk *n*
randomize *v* zufällig anordnen [aufstellen]; willkürlich verteilen
randomly distributed statistisch verteilt
range *v* 1. reichen, sich erstrecken; 2. in Reihen anordnen, einordnen; einreihen; 3. die Entfernung bestimmen
range *v* **in** *(Verm)* einfluchten
range *v* **out** *(Verm)* einfluchten
range 1. Bereich *m*, Anwendungsbereich *m*, Umfang *m*; Schichtenlänge *f (Mauerwerk)*; 2. Reichweite *f*, Weite *f*, Abstand *m*; Wertbereich *m*; 3. Reihe *f (von Säulen)*; 4. Küchenherd *m*; 5. Schießstand *m*
range closet Reihenklosett *n*
range finder Entfernungsmessgerät *n*
range for alternating stress Wechselbereich *m*
range for pulsating tensile stresses Zugschwellbereich *m*
range hood Herdabzugslüfter *m*, Küchenabzug *m*
range in density Rohdichte *f*
range lavatory basin Reihenwaschtisch *m*, Reihenwaschbecken *n*
range masonry regelmäßiges Schichtenmauerwerk *n*, geschichtetes Mauerwerk *n*
range measurement Abstandsmessung *f*
range of application Anwendungsbereich *m*
range of audibility Hörbarkeitsbereich *m*, Hörbereich *m*
range of colours Farbbereich *m*
range of columns Säulenstellung *f*, Säulenreihe *f*
range of elasticity Elastizitätsbereich *m*
range of hardness Härtebereich *m*
range of noises Lärmbereich *m*, verlärmter Bereich *m*
range of protection Schutzbereich *m (Blitzschutz)*
range of scatter Streubereich *m (Messwerte)*
range of stability Stabilitätsbereich *m*
range of strength Festigkeitsbereich *m*
range of viscosity Viskositätsbereich *m*
range of visibility Sichtbereich *m*
range pole [rod] Fluchtstab *m*, Absteckstange *f*
ranged in eingefluchtet
ranger 1. Gurt *m (bei Spundwänden)*; 2. *(Hb)* Rahmenholz *n*, Riegel *m*; Brustholz *n*, Gurtholz *n*
ranges of arches Bogenwölbungen *fpl*
rangework *(AE)* Natursteinschichtenmauerwerk *n*, Quadermauerwerk *n* in gleichen Schichten
ranging bond Holzleisteneinlageverband *m (Nagelleisten)*
ranging pole *s.* range pole
rank *v* **(order)** stufenmäßig (rangartig) bewerten *(z. B. Qualität, Eignung)*; ziffernmäßig feststellen (beurteilen) *(Auswahlkriterien)*
rank Rang *m*, Folge *f*; Klasse *f (Güte)*
rank of piles Pfahlwand *f*
ranking Bewertung *f*
rap *v* klopfen, losklopfen, abklopfen *(Betonform)*; (los)rütteln
rapid schnell
rapid *(Wsb)* Stromschnelle *f*, Wildwasser *n*
rapid-assembly method Schnell(montage)bauweise *f*
rapid-cementing agent Schnellbinder *m*, Abbindebeschleuniger *m*, Erhärtungsbeschleuniger *m (Beton)*
rapid-curing schnell abbindend *(Verschnittbitumen)*
rapid-curing asphalt [cutback] schnell abbindendes Verschnittbitumen *n*
rapid-drying schnell trocknend
rapid frame system schnell erstellbares Rahmensystem *n*
rapid hardener Schnellhärter *m*, Erhärtungsbeschleuniger *m (Beton)*
rapid-hardening schnell härtend
rapid hardening Schnell(er)härtung *f*
rapid-hardening cement frühhochfester Zement *m*
rapid hoist Schnellbauaufzug *m*
rapid-setting unstabil, schnell brechend, schnell zerfallend *(Bitumenemulsion)*; schnell abbindend *(Zement)*
rapid-setting cement Schnellbinder *m*, frühhochfester [schnell abbindender] Zement *m*

rapid-setting emulsion unstabile Emulsion *f*, schnell brechende Emulsion *f*
rapid test Schnelltest *m*, Kurzprüfung *f*
rapid traffic system Schnellverkehrssystem *n*
rapid transit Schnellverkehr *m (Eisenbahn)*
rapid transit system Schnellbahnsystem *n*
rapids *(Wsb)* Stromschnellen *fpl*
rapidity of diffusion Diffusionsgeschwindigkeit *f*
rapidity of flow *(Wsb)* Fließgeschwindigkeit *f*
rare earth seltene Erde *f (Chemie)*
rare-earth oxide Seltene-Erdenoxid *n*
rare veneer Masertapete *f*
rasp *v* raspeln
rasp Raspel *f*
rasp file Raspelfeile *f*
raster dimension Rastermaß *n*, Rasterabmessung *f (Bauraster)*
rat barrie Rattensperre *f*, Rattensperrvorrichtung *(im Kanal)*
rat run *(sl)* Schleich(straßen)verbindung *f*, Schleichweg *m*
rat stop Rattenschutzlage *f (Mauerwerk)*
rat-tail file Rundfeile *f*
ratchel steiniger Unterboden *m*
ratchet Knarre *f*, Ratsche *f*, Sperrhaken *m*, Sperrklinke *f*
ratchet brace Schraubstempel *m*
ratchet drill Bohrratsche *f*, Knarrenbohrer *m*
ratchet wrench Ratschenhebel *m*
rate *v* bemessen; schätzen, veranschlagen; bewerten
rate 1. Geschwindigkeit *f*; 2. Rate *f*; Quote *f*; 3. Mengenleistung *f*
rate of action Beanspruchungsgeschwindigkeit *f*
rate of absorption Wasseraufnahmemenge *f (z. B. von Baustoffen)*
rate of combustion Brenngeschwindigkeit *f (Baustoffe)*
rate of corrosion Korrosionsgeschwindigkeit *f*
rate of creep Kriechgeschwindigkeit *f*
rate of discharge Abflussmenge *f*
rate of drying Trocknungsgeschwindigkeit *f*
rate of curing Erstarrungsgeschwindigkeit *f*
rate of deformation Verformungsgeschwindigkeit *f*
rate of erosion Erosionsgeschwindigkeit *f*
rate of evaporation Verdunstungsrate *f*
rate of flow 1. Fließgeschwindigkeit *f*, Strömungsgeschwindigkeit *f*; 2. Durchflussmenge *f*
rate of hardening Härtungsgeschwindigkeit *f*
rate of hydration Hydratationsgeschwindigkeit *f*
rate of inflow *(Erdb, Wsb)* Wasserzuflussmenge *f*
rate of initial set Erstarrungsgeschwindigkeit *f*
rate of loading *(Bod)* Belastungsgeschwindigkeit *f*
rate of oxidation Oxidationsgeschwindigkeit *f*
rate of progress Bauablaufgeschwindigkeit *f*, Baufortschritt *m*
rate of runoff Abflussmenge *f*
rate of rusting Rostgeschwindigkeit *f*
rate of setting Abbindegeschwindigkeit *f*
rate of shrinkage Schwindmaß *n*
rate of spread 1. Streudosierung *f*, Streumenge *f*, Aufbringungsrate *f*; 2. Ausbreitungsgeschwindigkeit *f*
rate of strain Dehnungsgeschwindigkeit *f*
rate of strain hardening 1. Verfestigungsgeschwindigkeit *f*; 2. Verfestigungskoeffizient *m*
rate of stress Beanspruchungsgeschwindigkeit *f*
rate of warming Aufwärmgeschwindigkeit *f*, Erwärmungsgeschwindigkeit *f*
rated capacity Nennleistung *f*
rated load Nennlast *f*, zulässige Belastung *f (Aufzug)*
rated power *(El)* Nennleistung *f*
rated pressure Nenndruck *m*
rated speed Aufzugsnenngeschwindigkeit *f*
rated voltage *(El)* Nennspannung *f*
rathole *v (Bod, Tun)* vorbohren
rathole formation Brückenbildung *f*, Hohlraumbildung *f (z. B. im Zementsilo, Füllersilo)*
rating Bewertung *f*
rating curve 1. Bemessungskurve *f*; 2. Abflussmengenkurve *f*
rating scale Bewertungsskala *f*
rating scheme Bewertungsschema *n*, Bewertungssystem *n*
rating system Bewertungssystem *n*, Bewertungsschema *n*
rating tank Messbehälter *m (Mischanlage)*
rating test Nennprüfung *f*
ratio Proportion *f*, Maßverhältnis *n*; Quotient *m*
ratio by weight Gewichtsverhältnis *n*
ratio of decomposition Zersetzungsgrad *m*
ratio of evaporation Verdunstungsrate *f*
ratio of exaggeration Überhöhungsverhältnis *n*
ratio of expansion Ausdehnungsverhältnis *n*
ratio of inclination Steigung *f*, Neigungsverhältnis *n*
ratio of mixture Mischungsverhältnis *n (Baustoffe)*
ratio of penetration Bohrfortschritt *m*
ratio of rise and tread Treppenneigung *f*
ratio of slenderness Schlankheitsgrad *m (eines stabförmigen Gebildes)*
ratio of stream-flow Wasserführung *f*
ratio of tension reinforcement Zugbewehrungsanteil *m*
ratiometer Ratiometer *n*, W/Z-Faktorbestimmungsgerät *n*
rationale Grundprinzip *n*, grundlegender Gedankengang *m*; logische Basis *f*; Gründe *mpl*
rational(istic) architecture rationale Architektur *f*
rational(istic) period rationale Architekturrichtung *f*
ratproof rattensicher
rattle *v* rattern
rattle free klapperfrei, klappersicher
rattler test Abriebtrommelprüfung *f*, Los Angeles-Prüfung *f (Straßenzuschläge)*
rattrap bond Hohlmauerwerksverband *m* mit stehendem Läufer und Binder
ravelin Ravelin *m (Militärschutzanlage)*
raveling *(AE) s.* ravelling
ravelling *(Verk)* Abgängigwerden *n*, Ausmagern *n*, Rauwerden *n*; Zerbröckeln *n*, Substanzverlust *m*, Splittverlust *m*, Gesteinsverlust *m (Bitumendeckschicht)*
ravine Schlucht *f (Geologie)*
raw roh; ungebrannt *(Ziegel)*
raw asphalt Rohasphalt *m*
raw brick building Ziegelrohbau *m*
raw clay Rohton *m*
raw gravel Rohkies *m*
raw ingot Rohblock *m (Gussblock)*
raw linseed oil rohes Leinöl *n*
raw material Rohstoff *m*, Rohmaterial *n*
raw material deposit Rohstoffvorkommen *n*, Rohmaterialvorkommen *n (Steine und Erden)*
raw materials storage Rohstofflagerung *f*, Rohmateriallagerung *f*
raw meal Rohmehl *n (Zementtechnologie)*
raw mill Rohmehlmühle *f (Zementtechnologie)*
raw refuse Rohmüll *m*
raw rubber emulsion Kautschukemulsion *f*
raw sewage unbehandeltes Abwasser *n*, Rohabwasser *n*
raw slag Rohschlacke *f*
raw sludge [slurry] Rohschlamm *m (Zementtechnologie)*
raw soil Rohboden *m*
raw steel Rohstahl *m*
raw stone Rohgestein *n*
raw waste-water Rohabwasser *n*
raw water Rohwasser *n*, ungereinigtes Wasser *n*

raw zinc Rohzink *n*
ray *v* (an)strahlen, bestrahlen
ray Strahl *m*
rayed strahlenförmig
rayon (Regenerat-)Cellulosefaser *f*, Reyon *m(n)*, Viskosefilament *n (z. B. für Baustoffgewebe, Faserzusätze für Gemische)*
rayproof building strahlensicheres [strahlengeschütztes] Bauwerk *n* [Gebäude *n*]
raze *v* abbrechen *(Gebäude)*; völlig einebnen *(Abbruchgebiet)*
razed table Giebelfeld *n*
razor back messerscharfer Grad *m*
razor socket Rasiersteckdose *f*
R.C. *s.* reinforced concrete
re-align *v* wieder ausrichten
re-equip *v* neu ausrüsten, neu ausstatten
reabsorb *v* resorbieren
reach *v* reichen, sich erstrecken *(z. B. Baugebiet, Verkehrsanlagen)*
reach Reichweite *f*, Weite *f*, Strecke *f*
reach-in refrigerator Einbaukühlschrank *m*
reach of a grab Baggerreichweite *f*, Baggerungsweite *f*
react *v* reagieren *(auch chemisch)*
reaction Reaktion *f*, Verhalten *n*; Rückschlag *m*
reaction accelerator Reaktionsbeschleuniger *m*
reaction at support Auflagerkraft *f*, Lagerdruck *m*
reaction capacity Reaktionsfähigkeit *f*
reaction coating Reaktionsanstrichstoff *m*, Mehrkomponentenanstrichstoff *m*
reaction force Reaktionskraft *f*
reaction mechanism Reaktionsmechanismus *m*
reaction of constraints Zwangskraft *f*, Reaktionskraft *f*, Führungskraft *f*
reaction of hardening Erhärtungsreaktion *f*
reaction of imposts Kämpferreaktion *f*
reaction of initial setting Erstarrungsreaktion *f*
reaction of setting Abbindereaktion *f*
reaction power Reaktionsvermögen *n*, Reaktionseigenschaft *f*
reaction pressure Gegendruck *m*
reaction property Reaktionsfähigkeit *f*
reaction rate Reaktionsgeschwindigkeit *f*, Reaktionsgrad *m*
reaction resin Reaktionsharz *n*
reaction temperature Reaktionstemperatur *f*
reaction turbine Reaktionsturbine *f*, Überdruckturbine *f*
reaction wood überschnell gewachsenes Holz *n*
reactive reagierend; reaktionsfreudig
reactive (concrete) aggregate reaktionsaktiver Zuschlagstoff *m*, alkaliempfindlicher Betonzuschlagstoff *m*
reactive force Führungskraft *f*, Stützkraft *f*, Zwangskraft *f*, Reaktionskraft *f*
reactive pigment aktives Pigment *n*
reactive silica material latent hydraulischer Stoff *m*
reactivity Reaktivität *f*
reactor block [building] Reaktorgebäude *n*
reactor containment Reaktorsicherheitshülle *f*
reactor cupola Reaktorkuppel *f*
reactor shield(ing) Reaktorabschirmung *f*
reactor-shielding concrete Reaktorbeton *m*
readability 1. Ablesbarkeit *f*; 2. Ablesegenauigkeit *f*
reading Anzeige *f*, Anzeigewert *m*; Ablesung *f*, Ablesewert *m*
reading accuracy Ablesegenauigkeit *f*
reading device Ablesevorrichtung *f (Optik)*
reading room Lesesaal *m*
readjust *v* nachrichten, nachstellen
readout Ablesen *m*
readout unit Ablesevorrichtung *f*
ready fertig, bereit, gerüstet
ready-built house Fertighaus *n*
ready for assembly montagefertig
ready for construction baureif *(Bauvorbereitungsunterlagen)*
ready for installation einbaufertig
ready for mixing mischfertig
ready for occupancy nutzungsbereit *(z. B. Gebäude)*
ready for occupation beziehbar, bezugsfertig
ready for operation betriebsbereit
ready for use gebrauchsfertig *(Anstrich, Bindemittel)*
ready-made fabrikgefertigt; komplettiert
ready-mix concrete *s.* ready-mixed concrete
ready-mix concrete truck Betontransportmischer *m*
ready-mix plant Fertigbetonwerk *n*, Frischbetonwerk *n*, Transportbetonwerk *n*
ready-mix plaster *s.* ready-mixed plaster
ready-mixed vorgemischt, fertig gemischt, verbrauchsfertig gemischt *(Mörtel)*; streichfähig *(Farbe)*
ready-mixed coloured rendering Edelputz *m*
ready-mixed concrete Fertigbeton *m*, Frischbeton *m*, Transportbeton *m*, Lieferbeton *m*
ready-mixed glue Fertigleim *m (mit Beschleuniger)*
ready-mixed mortar Fertigmörtel *m*
ready-mixed paint gebrauchsfertige Farbe *f*, anstrichfertige Farbe *f*
ready-mixed plaster Trockenputz(mörtel) *m*
ready-mixed stuff Fertigputzmasse *f*, Trockenputzmasse *f*
ready roofing Dachpappe *f*
ready sheet roofing Bahnendachpappe *f*
ready-to-assemble zusammenbaufertig
ready to be walked on begehfertig, begehbereit *(Bodenbelag)*
ready to brush streichfertig
ready-to-erect montagefertig
ready-to-fit einbaufertig
ready-to-mix mischfertig
ready-to-mount einbaufertig; montagefertig
ready to move into bezugsfertig
ready-to-paint streichfertig, malerfertig
ready-to-use gebrauchsfertig, anwendungsfertig, verarbeitungsfertig
ready material Fertigerzeugnis *n*, Fertigprodukt *n*
reafforest *v* wieder aufforsten *(Brachflächen)*
real allowance Istabmaß *n*, tatsächliches Abmaß *n*
real construction time Istbauzeit *f*, tatsächliche Bauzeit *f*
real cross-section Istquerschnitt *m*, tatsächlicher Querschnitt *m*
real design load factor Isttraglast *f*, tatsächliche Traglast *f*
real dimension Istabmessung *f*
real estate *(AE)* Grundstückseigentum *n (mit Gebäuden)*; Immobilienbesitz *m*, Immobilien *fpl*
real estate agent Grundstücksmakler *m*; Wohnungsmakler *m*
real estate company Immobiliengesellschaft *f*
real estate register Grundbuch *n*, Grundstücksverzeichnis *n*
real estate office *(AE)* Immobilienbüro *n*
real estate survey Grundstücksvermessung *f*
real estate tax *(AE)* Grundsteuer *f*
real load factor tatsächliche Traglast *f*, Isttraglast *f*
real measure Sollmaß *n*, Nennmaß *n*
real property Landbesitz *m*, Grundstückseigentum *n (alle Rechte einschließend)*
real size Istgröße *f*, tatsächliche Größe *f*
real specific gravity Reindichte *f (Baustoffe)*

real staff Istpersonalbestand *m*, tatsächlicher Personalbestand *m*
realgar Realgar *m*, Rauschrot *n*
realign *v* 1. nachrichten *(z. B. mit der Wasserwaage)*; 2. *(Verk)* die Linie verbessern, begradigen
realignement *(Verk)* Linienverbesserung *f*, Kurvenverbesserung *f*
reallocation Flurbereinigung *f*, Grundstücksum(ver)legung *f*, Umsiedlung *f*
reallotment of land Flurbereinigung *f*
realtor *(AE)* Grundstücksmakler *m*
realty *(AE)* Immobilie *f*
ream Schliere *f (Glas)*
reamer 1. Reibahle *f*, 2. Nachbohrmaschine *f*, Erweiterungsbohrer *m (Bauwerksdurchbrüche)*; 3. *(Tun)* Nachräumer *m*
reaming Aufreiben *n*
reaming bit Erweiterungsmeißel *m*
reaming iron Aufreibdorn *m (Nieten)*
reaming out Ausreiben *n*
reanalysis statische Nachrechnung *f*
reanalyze *v* statisch nachrechnen
rear *v* aufrichten, errichten *(z. B. Häuser, Brücken)*
rear hinten, Hinter...
rear access Hintereingang *m*, rückwärtiger Zugang *m (zu einem Gebäude)*
rear arch innerer Bogen *m (eines Gewölbes)*
rear back Rückseite *f (Gebäude)*
rear balcony Hofbalkon *m*
rear door Rückwandtür *f*, hintere Tür *f*, Hintertür *f*
rear end rückwärtiger Teil *m*
rear portico *(Arch)* Opisthodomus *m*, Rückhalle *f (griechischer Tempel)*
rear side Hinterseite *f*
rear vault innerer Fenstergewölbebogen *m*
rear view Hinteransicht *f*, Rückansicht *f*
rear wall Rückwand *f*
rear yard Hinterhof *m (in voller Grundstücksbreite)*
rearrange *v* umordnen, neu ordnen, umgruppieren
reasonable care and skill Ausführungsgrad *m*, Sorgfältigkeitsklasse *f*, Niveau *n* der Bauausführung
reasonable price angemessener Preis *m*
reassemble *v* wieder zusammenbauen *(Montage)*
reassorted loess *(Bod)* umgelagerter Löß *m*, Schwemmlöß *m*, Auelöß *m*
rebar gerippter Bewehrungsstab *m*
rebate *v* falzen
rebate *(Hb)* Falz *m*; Kittfalz *m*, Anschlag *m*
rebate for glazing Glasfalz *m*, Kittfalz *m*
rebate ledge Schlagseite *f*
rebate of the frame Nut *f* der Zarge
rebate plane Nuthobel *m*, Falzhobel *m*, Simshobel *m*, Grathobel *m*
rebated gefalzt
rebated boarding halbgespundete Dielung *f*
rebated cement (roofing) slab genutete Zementdiele *f*, Betonfalzplatte *f*
rebated concrete slab *s.* rebated cement slab
rebated door Falztür *f*
rebated floor gefalzter Fußboden *m*, halbgespundete Dielung *f*
rebated joint Falzfuge *f*
rebated joint at meeting stiles Schlagleiste *f (Fenster, Tür)*
rebated siding gefalzte Wandverschalung *f (Außenwandverkleidung)*
rebated walling brick Anschlagziegel *m*
rebated weather board gespundetes Schalungsbrett *n (Dach)*
rebend *v* rückbiegen
rebending Rückbiegen *n*
rebending test Rückbiegeprüfung *f*
rebore *v* ausbohren, nachbohren
rebound *v* rückprallen
rebound 1. Rückprall *m*; 2. *s.* rebound concrete
rebound concrete Rückprallbeton *m (Torkretieren)*
rebound deflection elastische Durchbiegung *f*
rebound height Rücksprunghöhe *f*
rebound tester Rückprallhammer *m*, Betonschlaghammer *m*
rebricking Neuausmauerung *f*
rebrush *v* überstreichen
rebuild *v* wieder aufbauen; umbauen, umkonstruieren; nachbilden
rebuilding Umbau *m*; Wiederaufbau *m*
recalculate *v* nachrechnen
recalculation *(Stat)* Nachrechnung *f*
recaulking Nachstemmen *n*
receipt Erhalt *m*, Eingang *m*; Quittung *f*
receipts Einkünfte *pl*
receive *v* erhalten, bekommen, empfangen
receiver vessel Aufnahmebehälter *m*
receiving bin Lagerbunker *m*
receiving body *(Wsb)* Vorfluter *m*
receiving bunker Aufnahmebunker *m*
receiving inspection Eingangskontrolle *f*, Eingangsprüfung *f*
receiving office Aufnahmeraum *m (Akustik)*
receiving pipe Einsatzrohr *n (für Dichtungen)*
receiving platform Verladerampe *f*
receiving stream *s.* receiving body
receiving vessel Aufnahmebehälter *m*
recement *v* wiederverkitten
recementation Wiederverkittung *f*
recent vor kurzem, unlängst geschehen; neu
receptacle 1. Behälter *m*, Sammelbecken *n*; 2. *(AE) (El)* Steckdose *f*
receptacle outlet *(AE) (El)* Steckeranschlussstelle *f*, Mehrfachsteckdose *f*
reception (desk) Annahme *f*, Empfang(stisch) *m (in einem Hotel)*
reception hall Empfangshalle *f*, Gesellschaftssaal *m*; Halle *f*
reception lounge Hotelempfangsraum *m*
reception office Empfangsbüro *n*
reception stall Einfahrstand *m (Parkhaus)*
receptor Fensterrahmenanpassbolzen *m*; *(AE)* Fensterrahmenpasselement *n*
recess *v* aussparen, vertiefen; einstechen
recess Aussparung *f*, Vertiefung *f*, Mauervertiefung *f*, Höhlung *f*, Nische *f*, Raumnische *f*, Alkoven *m*; Rücksprung *m*
recess bed Wandklappbett *n*, Klappbett *n*
recess for housing end frames Endrahmenaussparung *f*
recessed ausgespart; eingelassen; zurückgesetzt
recessed arch eingesetzter Bogen *m (in einem größeren Bogen)*
recessed balcony Loggia *f*
recessed bead Perlstab *m*, Hohlkehlperlstab *m*
recessed fitting 1. Unterputzarmatur *f*, 2. Glockenmuffenfitting *n*
recessed fixture eingebaute Deckenleuchte *f*
recessed head eingelassener Kopf *m (Befestigungselement)*
recessed-head screw Kreuzschlitzschraube *f*
recessed joint vertiefte Fuge *f*, Hohlfuge *f*
recessed luminaire *(AE)* Einbauleuchte *f*, (in die Decke) versenkte Beleuchtung *f*

recessed on one side einseitig ausgespart
recessed order of an arch Bogenrundung *f*
recessed pointing Tieffuge *f*, Hohlfuge *f*
recessed socket *(El)* Unterputz(steck)dose *f*
recessed switch Unterputzschalter *m*, eingelassener Schalter *m*
recessing Auskehlen *n*, Aussparen *n*; Einstechen *n*
recession curve *(Bod)* Senkungskurve *f*
recession curve of ground water *(Bod, Erdb)* Grundwasserabsenkungskurve *f*
recharge Versickerung *f (im Erdreich)*
recharge (of groundwater) Wasserrückfluss *m* zur Baugrube, Grundwasserrücklauf *m*
recharge area Wasserernährungsgebiet *n*, Sickerzone *f*
recharge basin Anreicherungsbecken *n (Kläranlage)*
recharge pit Sickerschacht *m*
recharge well Versickerungsbrunnen *m*
recharging image well Schluckbrunnen *m*
recheck Nachprüfen *n*
recipe Rezeptur *f*, Rezept *n (Baustoffzusammensetzung)*
recipe mix Rezepturgemisch *n*, Zusammensetzung *f* gemäß Rezeptur
reciprocal reziprok
reciprocal force polygon reziproker Kräfteplan *m*
reciprocal levelling *(Verm)* Doppelnivellierung *f*
reciprocal theorem *(Stat)* Gegenseitigkeitssatz *m*, Reziprozitätssatz *m*
reciprocal value reziproker Wert *m*, Kehrwert *m*
reciprocating drill Hammerbohrmaschine *f*
reciprocating saw Säge *f* mit hin- und hergehender Schnittbewegung
reciprocity Gegenseitigkeit *f*, Reziprozität *f*
recirculated air Umluft *f*
recirculated air operation Umluftbetrieb *m*
recirculating heating Umluftheizung *f*
reclaim *v* 1. rekultivieren; 2. Neuland gewinnen; 3. gewinnen, wiedergewinnen *(Baustoffe)*
reclaimed asphalt Ausbausasphalt *m*, Asphaltgranulat *n*, wiederverwendeter Asphalt *m*
reclaimed area wieder urbargemachtes Gebiet *n*
reclaimed dust Rückgewinnungsstaub *m*, Rückgewinnungsfüller *m*
reclaimed filler Eigenfüller *m*
reclaimed ground Neuland *n*
reclaimed land Schwemmland *n*
reclaimed rubber regenerierter Gummi *m*
reclamation 1. Rekultivierung *f*; 2. Aufarbeitung *f*, Aufbereitung *f (zur Wiederverwendung)*; 3. Gewinnung *f*, Wiedergewinnung *f*, Rückgewinnung *f (Baumaterial)*; 4. Rückforderung *f*; 5. *(Erdb)* Entwässerung *f*, Trockenlegung *f (Land, Boden)*
reclamation area *(Bod)* Spülfeld *n*
reclamation dredger Spülbagger *m*
reclamation of aggregates Zuschlagstoffrückgewinnung *f*
reclamation of heat Wärmerückgewinnung *f*
reclamation of land 1. Rekultivierung *f*; 2. Landgewinnung *f*
reclamation plant Rückgewinnungsanlage *f*, Wiedergewinnungsanlage *f*
reclaiming Aufarbeiten *n*, Aufbereiten *n (zur Wiederverwendung)*
recoat *v* überstreichen, überspritzen; erneut beschichten
recoatability Überstreichbarkeit *f*, Überlackierbarkeit *f*
recoating Anstricherneuerung *f*
recognition Anerkennung *f*
recognition arrangement Anerkennungsvereinbarung *f*
recommend *v* empfehlen
recommended empfohlen
recommended speed *(Verk)* Richtgeschwindigkeit *f*, empfohlene Geschwindigkeit *f*
recommendation Empfehlung *f*
recompact *v* nachverdichten
recompaction Nachverdichtung *f*
reconditioned wood dampfgetrocknetes Holz *n (zur Verzugsbeseitigung)*
reconditioning Aufarbeitung *f*
reconnaissance 1. Geländeerkundung *f*, Geländeaufnahme *f*; Geländeuntersuchung *f*; Voruntersuchung *f*; 2. Ortsbesichtigung *f*
reconnaissance map geologische Übersichtskarte *f*
reconnaissance studies Geländestudien *fpl*
reconnaissance survey 1. Übersichtsvermessung *f*, Übersichtsaufnahme *f (Gelände)*; 2. Vorerkundung *f (Baugrund)*
reconnoitre *v* Aufschlussarbeiten durchführen
reconsolidation Wiederkonsolidierung *f*
reconstitute *v* wiederherstellen, in den vorherigen Zustand versetzen *(z. B. temporär genutztes Land)*
reconstituted marble gepresster Marmorbruch *m*, Marmoragglomerat *n*
reconstituted stone Beton(werk)stein *m*, Kunststein *m*
reconstruct *v* rekonstruieren, nachbilden, restaurieren; wieder aufbauen, umbauen, umgestalten, umbilden
reconstructed granite paving slab Werksteingehwegplatte *f* mit Granit(splitt)vorsatz
reconstructed stone Beton(werk)stein *m*
reconstruction Rekonstruktion *f*, Restaurierung *f*, Sanierung *f*; Umbau *m*, Wiederaufbau *m*
reconstruction needs *(Verk)* Ausbaubedarf *f (Verkehrswegenetz)*
record *v* aufzeichnen, aufnehmen, erfassen, eintragen, protokollieren, registrieren, Messwerte aufnehmen
record Aufzeichnung *f*, Niederschrift *f*, Messwertaufnahme *f*, Registrierung *f*
record drawing Baubestandszeichnung *f*
record drawings Bauzeichnungen *fpl* mit allen eingetragenen Änderungen während des Bauens; Bauänderungszeichnungen *fpl*
record of award Vergabevermerk *m*
record sheet Bauberichts(form)blatt *n*
recorder Registriergerät *n*
recording Aufzeichnung *f*, Aufnahme *f*
recording inspection findings Aufzeichnung *f* der Untersuchungsergebnisse
recording instrument registrierendes Messgerät *n*
recover *v* wiedergewinnen, (zu)rückgewinnen *(z. B. nutzbare Baustoffe)*; wiedererlangen, erholen
recoverable elastisch rückstellend, selbst rückstellend
recoverable waste rückgewinnbarer Abfall *m*
recovered bitumen rückgewonnenes Bitumen *n*
recovered heat rückgewonnene Wärme *f*
recovery Wiederverwertung *f*, Wiedergewinnung *f*, Rückgewinnung *f*, Entnahme *f*; 2. Erholung *f*
recovery apparatus Rückgewinnungsgerät *n*
recovery boiler Rückgewinnungskessel *m*
recovery device Aufarbeitungsvorrichtung *f*
recovery method Rückgewinnungsverfahren *n*
recovery of binder Bindemittelrückgewinnung *f*
recovery of solvent Lösungsmittelrückgewinnung *f*
recreation area Erholungsgebiet *n*, Erholungsfläche *f*
recreation centre Freizeitzentrum *n*
recreation court Pausenhof *m*
recreation ground Erholungsgebiet *n*, Erholungsbereich *m*
recreation hall Aufenthaltsraum *m*
recreation room Aufenthaltsraum *m*, Freizeitraum *m*

recreational center *(AE)* Erholungszentrum *n*
recrush *v* nachzerkleinern
recrushing Nachbrechen *n (von Zuschlagstoffen)*
rectangle Rechteck *n*
rectangular rechteckig
rectangular abutment rechteckiges Widerlager *n*
rectangular apse Rechteckapsis *f*
rectangular area Rechteckfläche *f*
rectangular axes rechtwinkliges Achsenkreuz *n*
rectangular bay Rechteckgewölbejoch *n*
rectangular building Rechteckgebäude *n*
rectangular choir *(Arch)* Rechteckchor *m*
rectangular choir termination *(Arch)* gerader Chorschluss *m*
rectangular column *(Arch)* Rechtecksäule *f*
rectangular conduit Rechteckkanal *m*
rectangular cross section Rechteckquerschnitt *m*
rectangular crossing rechtwinklige Kreuzung *f*
rectangular footing *(Erdb)* Rechteckfundament *n*
rectangular forecourt Rechteckvorhof *m*
rectangular frame rechteckiger Rahmen *m*
rectangular grid Rechteckraster *n*
rectangular grid ceiling Kassettendecke *f*, kassettierte Decke *f*
rectangular hyperbolic paraboloid rechteckig hyperbolisches Paraboloid *n*
rectangular junction of masonry walls rechtwinkliger Maueranschluss *m*, rechtwinkliger Mauerstoß *m*
rectangular panel Rechtecktafel *f*, rechteckige Tafel *f*
rectangular pier Rechteckpfeiler *m*, rechteckiger Pfeiler *m*
rectangular pipe Flachrohr *n*, Viereckrohr *n*, Rechteckrohr *n*
rectangular plate Rechteckplatte *f*
rectangular profile Rechteckprofil *n*
rectangular pyramide Rechteckpyramide *f*, Rechteckspitzsäule *f*
rectangular section Rechteckprofil *n*, Rechteckschnitt *m*
rectangular section gutter Kastenrinne *f*
rectangular slab Rechteckplatte *f*
rectangular slating englische Schieferdeckung *f*
rectangular solid web girder rechteckiger vollwandiger Träger *m*
rectangular steel Rechteckstahl *m*
rectangular structure Rechteckbauwerk *n*
rectangular system of axes rechtwinkliges Achsenkreuz *n*
rectangular termination *(Arch)* gerader Chorschluss *m*
rectangular tie geschlossener Rechteckwandanker *m*
rectangular timber Kantholz *n*
rectangular triangle rechtwinkliges Dreieck *n*
rectangular work Netzverband *m*, Netzwerk *n (Stahlbau, Holzbau)*
rectification 1. Begradigung *f (Straße, Gewässer)*; 2. Mängelbehebung *f*, Mängelbeseitigung *f*
rectification of river Flussbegradigung *f*
rectified mosaic *(Verm)* Luftbildplan *m*
rectify *v* 1. begradigen *(Straße, Gewässer)*; 2. beheben *(Mängel)*
rectifying Begradigung *f (Straße, Gewässer)*; Entzerren *n (Darstellungen, Abbildungen)*
rectilinear geradlinig
rectilinear frame with square modular grids geradliniges Tragwerk *n* mit quadratischen Gittereinheiten
Rectilinear Style *(Arch)* Perpendikularstil *m (Spätphase der englischen Gotik 1360–1550)*
rectilinear tracery *(Arch)* rechtwinkliges Maßwerk *n*
rectilinearity Geradlinigkeit *f*
rectory Pfarrhaus *n (in England)*
recultivation Wiederurbarmachung *f*
recumbent effigy *(Arch)* Liegefigur *f*
recyclable recyclingfähig, verwertbar, wiederverwertbar
recyclability Wiederverwendbarkeit *f*
recycle *v* wiederverwerten; wiederverwenden
recycled aggregate Recyclingkörnung *f*, wiederverwendbarer Zuschlagstoff *m*, wiederverwendeter Mineralstoff *m*
recycled asphalt paving Asphaltgranulat *n*
recycled construction materials Recycling-Baustoffe *mpl*, Wiederverwendungsbaustoffe *mpl*
recycled materials Recyclingbaustoffe *mpl*
recycled paper Recyclingpapier *n*
recycled polypropylene wiedergewonnenes Polypropylen *n*
recycling Rückgewinnung *f*, Wiederverwendung *f (z. B. von Baustoffen)*
recycling agent Regenerierungsstoff *m*
recycling economy Kreislaufwirtschaft *f*
recycling plant Recyclinganlage *f*, Wiedergewinnungsanlage *f*
red beech (wood) Rotbuchenholz *n*
red bole rote Ockererde *f*
red brass Rotguss *m*
red-brass alloy Rotguss *m*
red cedar Rotzedernholz *n*
red chrome pigment Chromrotpigment *n*
red earth Roterde *f*
red fire strip floor Kieferriemenbodenbelag *m*
red heart rotes Kernholz *n*
red iron ochre Roteisenocker *m*
red iron oxide Eisenoxidrot *n*
red lead Bleimennige *f*, Mennige *f*
red lead cement Mennigekitt *m*
red lead oil primer Öl-Bleimennigegrundfarbe *f*
red lead oxide Mennige *f*
red lead paint Bleimennigefarbe *f*
red lead putty Mennigekitt *m*
red ligth Rotlicht *n (Verkehrsampel)*
red light runner Rotlichtfahrer *m (Verkehrsampel)*
red litmus paper rotes Lackmuspapier *n*
red oak wood amerikanisches Eichenholz *n*
red ocher *(AE)* Rotocker *m*, roter Eisenocker *m*
red ochre *s.* red ocher
red oxide Oxidrot *n*, Eisenoxidrot *n (Anstrich)*
red oeriod Rotzeit *f*, Signalsperrzeit *f (Verkehrsampel)*
red pigment Rotpigment *n*
red rosin paper Baupapier *n*
red sandstone Rotsandstein *m*
red seal Rotsiegel *n (Mörteldichtstoff)*
red soil Roterde *f*
redan Redan *m (kleiner Ravelin)*
reddish-brown rötlich braun
redecorate *v* renovieren, verschönern, tapezieren *(Innenräume)*
redecoration work Renovierung *f*, Renovierungsarbeiten *fpl*, Verschönerungsarbeiten *fpl*
redeposit *v* umlagern, wieder ablagern
redesign *v* umkonstruieren, umarbeiten, umprojektieren; umbauen, umgestalten *(in der Planung)*
redesign Umprojektierung *f*, Umbemessung *f*
redevelop *v* rekonstruieren, sanieren; umgestalten, wieder aufbauen
redevelopment Rekonstruktion *f*, Umgestaltung *f (bauliche)*; Wiederaufbau *m*; Neuplanung *f (Siedlungsbau)*
redevelopment area Sanierungsgebiet *n*, Stadterneuerungsgebiet *n*, erneuertes Stadtgebiet *n*
redevelopment work Wiederherstellungsarbeiten *fpl*
redirection of forces Kraftumlenkung

redirection of traffic forces Verkehrsquellenverlagerung *f*, Verlagerung *f* von Verkehrsquellen
redirective *v* abweisen
redirective crash cushion abweisender Anpralldämpfer *m*
redistribute *v* umlagern *(Spannung)*
redistributed moment *(Stat)* Umlagerungsmoment *n*, negatives Zusatzmoment *n*
redistribution *(Stat)* Umlagerung *f*
redistribution of forces *(Stat)* Umlagerung *f* der Kräfte
redistribution of moments *(Stat)* Momentenumlagerung *f*
redistribution of stresses *(Stat)* Spannungsumlagerung *f*
redoubt Redoute *f*
redrilling Nachbohren *n*
redstone Rotsandstein *m*
reduce *v* 1. reduzieren, herabsetzen, verringern, vermindern; teilen *(Proben)*; 2. verkürzen, kürzer machen; 3. verkleinern *(Maßstab)*; 4. umrechnen *(auf Einheitswerte)*; 5. verdünnen *(Anstrich)*
reduce *v* **in scale** im Maßstab verkleinern
reduced length (of column) Knicklänge *f*
reduced load line reduzierte Belastungslinie *f*
reduced main stress reduzierte Hauptspannung *f*
reduced modulus of elasticity Knickmodul *m* (nach Kárman)
reduced moment reduziertes Moment *n*
reduced principal stress reduziertes Moment *n*
reduced scale verkleinerter Maßstab *m*
reducer 1. *(San)* Übergangsstück *n*; 2. Verdünnungsmittel *n*, Verdünner *m (für Anstrichstoffe, Bindemittel)*
reducibility Reduzierbarkeit *f*
reducing adapter [coupling] Reduzierstück *n*
reducing agent Reduktionsmittel *n*
reducing by quartering Vierteln *n (Proben)*
reducing agent Reduktionsmittel *n*
reducing cross Reduktionskreuzstück *n*
reducing environment reduziertes Milieu *n*
reducing fitting Reduktionsstück *n*
reducing pipe Reduzierrohr *n*, Reduzierstück *n*, Übergangsrohr *n*
reducing pipe fitting Reduzierstück *n*
reducing process Reduktionsverfahren *n*
reducing sleeve Reduziermuffe *f*, Reduktionsmuffe *f*; Übergangsmuffe *f*
reducing tee Reduzier-T-Stück *n*
reducing valve Reduzierventil *n*, Druckminderer *m*
reduction *(Stat)* Minderung *f*, Verminderung *f*, Reduzierung *f*, Herabsetzung *f*
reduction coefficient Herabsetzungsbeiwert *m*, Minderungszahl *f*
reduction factor *(Bod)* Reduktionsfaktor *m*
reduction fissure Schwundriss *m*
reduction Gothic style *(Arch)* Reduktionsgotik *f*
reduction in area Einschnürung *f*
reduction in moments *(Stat)* Momentenabminderung *f*
reduction in quality Qualitätsminderung *f*
reduction in stiffness Steifigkeitsabnahme *f*
reduction in strength Festigkeitsabfall *m*, Festigkeitsverlust *m*, Festigkeitsabbau *m*
reduction in types Typenbeschränkung *f*, Typenreduzierung *f*
reduction of area Einschnürung *f (Zugprüfung)*
reduction of load Entlastung *f*
reduction of sectional area Querschnittsverminderung *f*
reduction scale Reduktionsmaßstab *m*, Verkleinerungsmaßstab *m*
reduction scale Verkleinerungsmaßstab *m*
reduction theorem *(Stat)* Reduktionssatz *m*

redundancy Grad *m* der statischen Unbestimmtheit; überzählige Größe *f*
redundant statisch unbestimmt, überzählig
redundant bar *(Stat)* überzähliger Stab *m*
redundant force *(Stat)* überzählige Kraft *f*
redundant member überzähliger Stab *m (Fachwerk)*
redundant moment *(Arch)* überzähliges Moment *n*
redundant stress parasitäre Kraft *f*
redundant to the second degree *(Stat)* überzählig zweiten Grades
redundant truss statisch unbestimmtes Fachwerk *n*
redwood Rotholz *n*
redwood bark for insulation *(AE)* Rotholzrinde *f* für Wärmedämmzwecke
reed *v* berohren, mit Schilf(rohr) versehen *(Dachdeckung, Putzträger)*
reed 1. *(Arch)* Stabzierleistenmuster *n*, Rippenmuster *n*, kleines Konvexstreifenmuster *n*; Pfeife *f*, Falte *f*; 2. Ried(gras) *n*, Schilf(rohr) *n*, Rohr *n*
reed blade Blattstab *m*
reed board Rohrplatte *f*, Schilfplatte *f (Dachdeckung)*
reed lath(ing) Rohrgewebe *n (Putzträger)*
reed lathing material Rohrmaterial *n (Putzträger)*
reed lathing plaster Rohrgewebeverputz *m*
reed mat Rohrmatte *f*, Schilfmatte *f (Putzträger)*
reed material Rohrmaterial *n (Putzträger)*
reed roof(ing) 1. Rieddach *n*, Schilfrohrdach *n*, Rohrdach *n*; 2. Rohrdachdeckung *f*
reed roof(ing) material Rohrmaterial *n*
reed sheet Rohrplatte *f*, Schilfplatte *f*
reed thatch Schilfrohr *n*; Rohrdachdeckung *f*
reed thatched roof Schilfdach *n*
reed thatching Rohrdachdeckung *f*
reed tissue Rohrgewebe *n*
reeded geriffelt, gerillt
reedines *(Arch)* Rundstabverzierung *f*, Konvexstreifenornament *n*, Pfeifen *fpl*, Falten *fpl (Ornament)*
reeding *s.* reediness
reef Riffkalkstein *m*
reel 1. Haspel *f(m)*, Winde *f*; 2. *(Arch)* Scheibe *f (Astragal)*
reemployment Wiederverwendung *f*
reentrant angle einspringender Winkel *m*
reentrant corner einspringende Ecke *f*
reequip *v* 1. rekonstruieren; 2. neu ausrüsten
reerect *v* wieder aufbauen
reface *v* oberflächenbehandeln, die Oberfläche [Fassade] erneuern
refacing Fassadenerneuerung *f*
refashion *v* umgestalten, neu gestalten
refectory Mensa *f (College, Universität)*; Speisesaal *m (in Internaten, im Kloster)*
refer *v* beziehen auf, berechnen auf
reference Referenz *f*, Bezugnahme *f*
reference area Bezugsfläche *f*
reference axis Bezugsachse *f*
reference beam Ersatzbalkenträger *m*
reference book Nachschlagebuch *n*
reference datum *(Verm)* Bezugsniveau *n*
reference density Bezugsdichte *f*, Bezugsraumdichte *f*
reference direction Bezugsrichtung *f*
reference drawing Bezugszeichnung *f*
reference edge Bezugskante *f*
reference grid Rasternetz *n*
reference height Festpunkthöhe *f*
reference level Bezugshöhe *f*
reference line Bezugslinie *f*
reference mark Bezugspunkt *m*
reference material Dokumentationsunterlagen *fpl*, Konstruktionsunterlagen *fpl*

reference mix Sollrezeptur *f*, Bezugsrezeptur *f*
reference object Bezugspunkt *m*, Vermessungsbezugspunkt *m*
reference point Bezugspunkt *m*, Messpunkt *m*
reference sound pressure Bezugsschalldruck *m*
reference stake Bezugspfahl *m*
reference standard Bezugsnormal *n*
reference stress Bezugsspannung *f*
reference system Bezugssystem *n*
reference table Nachschlagtabelle *f*
reference thermal detector Temperaturmessgerät *n*
reference to standards Bezugnahme *f* auf Normen
reference tone Bezugston *m*
reference value Bezugsgröße *f*
referring object Bezugspunkt *m*
refill *v (Bod)* auffüllen, verfüllen
refilling Auffüllung *f*, Verfüllung *f*
refiltration Nachfiltern *n*
refine *v* reinigen, veredeln *(z. B. Bitumen, Anstrichöle, Asphalte)*
refined lake asphalt Asphalt-Epuré *n*
refined linseed oil Lackleinöl *n*
refined natural asphalt gereinigter Asphalt *m*
refined tar gereinigter [veredelter] Teer *m*
refinement Verfeinerung *f*
refinement of grain Kornverfeinerung *f (Baustoffaufbereitung)*
refinery Ölraffinerie *f*
refinery bitumen of penetration-grade Tränkbitumen *n*, Imprägnierbitumen *n*, Heißbitumen *n*
refining Läuterung *f*, Läutern *n (Glas)*
refinish *v* 1. nach(be)arbeiten *(Mängelbeseitigung)*; 2. neu lackieren
refinishing Neulackierung *f*
refinishing of the ashlar Nachbearbeiten *n* des Natursteinquaders
refinishing topcoat Deckanstrich *m* für Neulackierung
refinishing work Nach(be)arbeiten *n*
refire *v* nachbrennen *(z. B. Keramiken)*
refit *v* neu ausrüsten, umrüsten
refitting Umrüsten *n*
reflect *v* reflektieren, zurückwerfen, zurückstrahlen
reflect *v* **sun rays** Sonnenlicht reflektieren
reflectance *s.* reflection power
reflected component Rückstrahlanteil *m*
reflected light reflektiertes Licht *n*, Reflexlicht *n*
reflecting reflektierend
reflecting aluminium paint Reflexionsfarbe *f*
reflecting glass Reflexionsglas *n*, beschichtetes Glas *n*
reflecting marking *(Verk)* Reflexionsmarkierung *f*
reflecting paint Reflex(ions)farbe *f*
reflecting road stud Bodenrückstrahler *m*
reflecting stud Fahrbahnleuchtknopf *m*, Verkehrsleuchtnagel *m*
reflecting traffic paint Reflexionsfarbe *f*
reflection 1. Reflexion *f*, Reflektierung *f*, Zurückstrahlung *f*; 2. Spiegelung *f*, Widerschein *m*
reflection coefficient Reflexionskoeffizient *m*
reflection factor Rückstrahlungsgrad *m*
reflection measurement Reflexionsmessung *f (z. B. Straßenmarkierungsfarben)*
reflection power Reflexionsvermögen *n*, Reflektanz *f*
reflective reflektierend
reflective coating Spiegelschicht *f*
reflective glass beschichtetes Glas *n*
reflective glass bead Reflexglasperle *f (Straße)*
reflective insulation Reflexionswärmedämmung *f*
reflective light Reflexionslicht *n*
reflective marking *(Verk)* Reflexionsmarkierung *f*
reflective paint Reflex(ions)farbe *f*
reflective surface spiegelnde Oberfläche *f*
reflective traffic paint Reflex(ions)farbe *f*
reflectivity Reflexionsvermögen *n*
reflector Lichtreflektor *m*; Rückstrahler *m*
reflector lamp verspiegelte Lampe *f*
reflectorized material Reflexstoff *m*
reflectormetry Reflexionsmessung *f*
reflux valve Rücklaufventil *n*
reforest *v* aufforsten
reforestation Aufforstung *f*
reform *v (Verk)* neu profolieren; rückformen; rückformen ohne Asphaltzugabe *(Straßendecke)*
refract *v* brechen *(Licht)*
refraction Strahlenbrechung *f*, Refraktion *f*
refraction of light Lichtbrechung *f*
refraction of sound Schallbrechung *f*, Brechung *f* des Schalls
refractive brechend, strahlenbrechend
refractive index Brechungsindex *m*, Lichtbrechungsindex *m*
refrective power Brechungsvermögen *n*, Lichtbrechungsvermögen *n*
refrective quality *s.* refrective power
refractivity Brechungsvermögen *n*; Lichtbrechung *f*
refractories feuerfeste Steine *mpl*, feuerfeste Materialien *npl*
refractoriness Feuerfestigkeit *f (Baustoffe)*
refractory feuerfest *(keramische Stoffe)*
refractory feuerfester Baustoff *m*
refractory aggregate feuerfester Zuschlagstoff *m*
refractory arch feuerfestes Gewölbe *n (Feuerraum)*
refractory brick feuerfester Mauerstein *m*, Schamottestein *m*, Schamotteziegel *m*, feuerfester Ziegel *m*
refractory cement Feuerfestzement *m*, hitzebeständiger Zement *m*
refractory clay Schamotte *f*, feuerfester Ton *m*, Feuerton *m*
refractory clay brick Schamottestein *m*
refractory coat Feuerfestanstrich *m*, feuerfester Aufstrich *m*
refractory composition Feuerfestmasse *f (keramisch)*
refractory compound Feuerungsbaumasse *f (keramisch)*
refractory concrete Feuerfestbeton *m*, hitzebeständiger Beton *m*, Schamottebeton *m*
refractory construction material feuerfester Baustoff *m*, feuerfestes Baumaterial *n*
refractory industry Feuerfestindustrie *f*
refractory insulating concrete Feuerfestdämmbeton *m*
refractory lining feuerfeste Ausmauerung *f*
refractory material feuerfestes Material *n*
refractory mortar feuerfester Mörtel *m*, Schamottemörtel *m*
refractory raw material Feuerfestrohstoff *m (keramisch)*
refractory structural material feuerfester Baustoff *m*, feuerfestes Baumaterial *n*
refreshment room Erfrischungsraum *m*, Trinkhalle *f*
refrigerant Kühlmittel *n*, Kälteträger *m*
refrigerant compressor unit Kühlaggregat *n*
refrigerant system Gefrieranlage *f*, Kälteanlage *f*
refrigerated chamber Kühlraum *m*, Kältekammer *f*
refrigerating container Kühlcontainer *m*
refrigerating medium Kälteträger *m*
refrigerating plant Kälteanlage *f*
refrigeration engineering Kältetechnik *f*
refrigeration plant Kühlanlage *f*, Gefrieranlage *f*
refrigeration system Kühlanlage *f*
refrigerator Kälteanlage *f*, Kühlcontainer *m*; Kühlschrank *m*
refrigerator room Kühlraum *m*

refringence Brechungsvermögen *n*; Lichtbrechung *f*
refringent lichtbrechend
refuge Fußgängerschutzinsel *f*, Fußgängermittelinsel *f*, Fahrbahninsel *f*, Schutzinsel *f*
refurbish *v* rekonstruieren, modernisieren *(Gebäude)*; auffrischen; renovieren
refurbishment Modernisierung *f*; Renovierung *f (von Gebäuden)*
refuse *v* ablehnen, verweigern; aussetzen
refuse Abfall *m*, Müll *m*; Schutt *m*, Ausschuss *m*; Berge *mpl*
refuse box Abfallkasten *m*, Müllkasten *m*
refuse bunker Lagerbunker *m*
refuse cartage Abfallstoffabfuhr *f*, Abfallabfuhr *f*, Müllabfuhr *f*
refuse chute Müllschlucker(schacht) *m*, Müll(abwurf)-schacht *m*
refuse clinker Müllschlacke *f*
refuse collection Abfallstoffabfuhr *f*, Abfallabfuhr *f*, Müllabfuhr *f*
refuse collection service Müllabfuhr *f*
refuse destructor (furnace) Müllverbrennungsanlage *f*
refuse disposal Müllbeseitigung *f*, Müllverwertung *f*
refuse disposal site Müllkippe *f*
refuse duct Müllschacht *m*
refuse dump Müllkippe *f*, Mülldeponie *f*; Bergehalde *f*
refuse grinder Müllzerkleinerer *m*
refuse heap *s.* refuse dump
refuse incineration Müllverbrennung *f*, Abfallverbrennung *f*
refuse incinerator Müllverbrennungsanlage *f*, Abfallverbrennungsanlage *f*
refuse incinerator plant Müllverbrennungsanlage *f*, Abfallverbrennungsanlage *f*
refuse pit Müllgrube *f*, Abfallgrube *f*
refuse processing Abfallverwertung *f*
refuse rocks Berge *pl*
refuse separation plant Abfallsortieranlage *f*, Müllsortierungsanlage *f*
refuse tip Müllabladeplatz *m*, Müllkippe *f*, Mülldeponie *f*; Bergehalde *f*
refuse transfer station Zwischenlagerplatz *m*
refuse utilization Abfallstoffverwertung *f*, Abfallverwertung *f*, Müllverwertung *f*
refuse water Abwasser *n*
refuse water disposal facility Abwasserbeseitigungsanlage *f*
refuse water purification Abwasserreinigung *f*
refuse water tunnel Abwasserstollen *m*, Kanalisationsstollen *m*
Regency (style) Regency-Stil *m*, Regentenstil *m (Stilphase der englischen Architektur, 1790–1830)*
regenerate *v* regenerieren, wiedergewinnen
regeneration Regenerierung *f*, Auffrischung *f*
regenerative furnace Regenerativofen *m*
regenerative heating Regenerativheizung *f*, Rückkopplungsheizung *f*
regenerative-type air preheater Regenerativluftvorwärmer *m*
regenerator Regenerator *m (Wärme)*
regime Regime *n*, Steuerung *f*
regimen 1. *(Wsb)* Wasserführung *f*, Wasserhaushalt *m (Fluss)*; 2. Materialbilanz *f*
regina purple Anilinviolett *n*
region Fläche *f*, Gebiet *n*, Bereich *m*, Bezirk *m*; Zone *m*; Raum *m*
region of constant bending moment Dauerbiegemomentengebiet *n*
region of deformation Formänderungsbereich *m*
region of stability Stabilitätsbereich *m*
regional regional, gebietsweise, örtlich [räumlich] begrenzt
regional clima Makroklima *n*, Großklima *n*
regional development Raumordnung *f*
regional mapping *(Verm)* regionale Kartierung *f*
regional planning Regionalplanung *f*, Gebietsplanung *f*; Gebietsbebauungsplan *m*; Landesplanung *f*
regional planning method Raumordnungsverfahren *n*
regional service area Regionalversorgungsgebiet *n*
regional service facility Regional(gebiets)einrichtung *f*
regional service line Regionalversorgungsleitung *f*
regional service (line) network Regionalversorgungsnetz *n*
regional service zone Regionalversorgungsgebiet *n*
regional supply area Regionalversorgungsgebiet *n*
regional supply line Regionalversorgungsleitung *f*
regional supply zone Regionalversorgungsgebiet *n*
regional utility Regionalgebietseinrichtung *f*
register Regulieröffnungsgrill *m (Klimaanlage)*; Schieber *m*, Klappe *f (Heizungs- oder Lüftungsschieber)*
register of hazardous substances Gefahrstoffkataster *n*
register of real estates *(AE)* Grundbuch *n*
registered zugelassen
registered certification Güteschutzzeichen *n*, Güteschutzmarke *f*, eingetragenes Warenzeichen *n*
registered certification trade mark Güteschutzzeichen *n*, Güteschutzmarke *f*, eingetragenes Warenzeichen *n*
registered (certification) trade mark scheme Güteschutz *m*
registering surface Bezugsfläche *f*
registration Zulassung *f*, Registrierung *f (eines Berufsstandes)*
reglaze *v* nachverglasen, nacheinglasen
regle *(AE)* Führungsnut *f*, Führungsaussparung *f (Tür, Fenster)*
reglet *(AE)* Deckleiste *f*, Fugen(abdeck)leiste *f*, Füllzierleiste *f*
regosol *(Bod)* Sandboden *m*
regrating Entgraten *n (behauener Stein)*; Abkratzen *n (Putz)*; Abschlagen *n (Mauerwerk)*
regrating skin Stepputz *m*, Besenwurfputz *m*
regressed luminaire versenkte [eingelassene] Deckenbeleuchtung *f*
regression Regression *f*, rückläufige Entwicklung *f (Berechnung)*
regression analysis Regressions(be)rechnung *f*
regrind *v* 1. nachschleifen; 2. nachzerkleinern
regrinding Nachmahlen *n*, Nachzerkleinern *n*
reground nachgeschliffen
regroup *v* umgliedern, umlagern
regrout *v* nachvergießen
regula *(Arch)* Tropfenregulus *m*, Tropfchenriemchen *n*, Tropfenplättchen *n (dorisch)*
regular regelmäßig, normal, üblich
regular-coursed ashlar work regelmäßiges Natursteinschichtenmauerwerk *n*, Quadermauerwerk *n*
regular-coursed rubble (wall) regelmäßiges Schichtenmauerwerk *n*
regular octagonal figure *(Arch)* Achtort *m (gotische Spitze, Ecke)*
regular polygon regelmäßiges Vieleck *n*
regular rubble in courses *s.* regular-coursed rubble
regularity Regelmäßigkeit *f*
regulate *v* regeln; regulieren; einregulieren; planieren; eine Oberfläche regulieren; Vertiefungen auffüllen; Vorschriften setzen
regulated-set cement Zement *m* mit kontrollierter Abbindezeit, eingestellter Zement *m*

regulating *(Bod)* Oberflächenplanieren *n*
regulating barrage regelbare Absperrung *f*, regelnder Abschluss *m*
regulating course Ausgleichsschicht *f*
regulating siphon Ablassdüker *m*
regulating underlay Ausgleichsschicht *f*
regulating valve Regelventil *n*
regulation Regulierung *f*; Regelung *f (von Werten)*; Vorschrift *f (Sicherheit)*; Verfügung *f*, *(Bod)* Oberfächenplanierung *f*
regulation of a river Flussregulierung *f*
regulation of level Regulierung *f* des Wasserspiegels
regulation of torrents *(Wsb)* Wildbachverbauung *f*
regulation quadrant Reguliersegment *n*
regulations Ausführungsbestimmungen *fpl (Bauvertragsbestandteil)*
regulator Regler *m*
regulatory vorschreibend, Regeln setzend
regulatory agency Gewässeraufsicht(sbehörde) *f*, Wasserbehörde *f*
regulatory authority beauflagende Behörde *f*, vorschreibende Behörde *f*
regulatory limitations Sollbeschränkungen *fpl*, geforderte Einschränkungen *fpl*
regulatory traffic sign *(AE)* Gebotszeichen *n*; Verbotszeichen *n*
reguline of lead englisches Bleiweiß *n*
regulus Regelfläche *f*, Regulus *m*
regulus metal Antimonregulus *m*, Hartblei *n (Legierung)*
rehabilitate *v* rekonstruieren, sanieren *(Städtebau)*
rehabilitation Rekonstruktion *f*, Sanierung *f*, Wiederherstellung *f*, *(Verk)* Deckenerneureung *f*, Deckschichterneureung *f (nach Asphaltausbau)*
rehabilitation work Rekonstruktionsarbeiten *fpl*, Sanierungsarbeiten *fpl*; Wiederherstellungsarbeiten *fpl*
rehardening Nach(er)härtung *f (z. B. von Beton)*
reheater Nachwärmer *m*
reheating *(HLK)* Luftnachwärmung *f*, Nachwärmen *n*
rehydratation Nachhydratation *f*
reimpregnation Nachimprägnierung *f*, Nachtränkung *f*
reimbursable expenses Rückerstattungsbetrag *m (zusätzlich zur Bauvertragssumme)*
reimbursement Erstattung *f*
rein Schenkel *m (eines Gewölbes)*
reinforce *v* bewehren, armieren; abstützen; verstärken, versteifen, aussteifen; mit Stahleinlagen versehen
reinforce *v* **at bearings** an den Auflagern verstärken
reinforced bewehrt, armiert, verstärkt, versteift, ausgesteift; abgestützt
reinforced beam verstärkter Träger *m*
reinforced bitumen felt faserverstärkte Bitumenpappe *f*
reinforced block floor Stahlsteindecke *f*
reinforced blockwork bewehrtes Betonsteinmauerwerk *n*
reinforced bond gruppierter Verband *m (Mauerwerk)*
reinforced border Randverstärkung *f*
reinforced brick Drahtziegel *m*
reinforced brick floor with concrete beams Stahlsteindecke *f* mit Betongurt
reinforced brick masonry bewehrtes Ziegelmauerwerk *n*
reinforced cames stahlverstärkte Bleistäbe *mpl*
reinforced cement-mortar construction bewehrte Zementmörtelschalenbauweise *f (Feinbetonkonstruktion)*
reinforced coating bewehrter Verputz *m*
reinforced concrete Stahlbeton *m*, armierter [bewehrter] Beton *m*, Eisenbeton *m*
reinforced concrete beam Stahlbetonträger *m*
reinforced concrete box girder Stahlbetonkastenträger *m*
reinforced concrete building Stahlbetongebäude *n*, Stahlbetonbau *m*
reinforced concrete caisson *(Erdb)* Stahlbetonsenkkasten *m*
reinforced concrete ceiling Stahlbetondecke *f*
reinforced concrete chimney Stahlbetonschornstein *m*
reinforced concrete column Stahlbetonstütze *f*
reinforced concrete component Stahlbetonelement *n*
reinforced concrete composite girder Stahlbeton-Verbundträger *m*
reinforced concrete construction Stahlbetonbau *m*
reinforced concrete cross-wall Stahlbetonquerwand *f*
reinforced concrete culvert pipe Stahlbetondurchlassrohr *n*
reinforced concrete engineering Stahlbetonbau *m*
reinforced concrete floor Stahlbetondecke *f*
reinforced concrete floor slab Stahlbetondeckenplatte *f*, Stahlbetongeschossplatte *f*
reinforced concrete foundation slab Stahlbetonfundamentplatte *f*
reinforced concrete frame(work) Stahlbetonrahmen *m*; Stahlbetonskelett *n*
reinforced concrete girder Stahlbetonträger *m*
reinforced concrete hollow beam Stahlbetonhohlbalken *m*
reinforced concrete hollow plank Stegdiele *f*, Zementhohldiele *f*
reinforced concrete hollow slab Stahlbetonhohlplatte *f*
reinforced concrete I-beam Stahlbeton-Doppel-T-Träger *m*, Stahlbeton-I-Träger *m*
reinforced concrete lattice girder Stahlbetongitterträger *m*
reinforced concrete lift-slab Stahlbetonhubdeckenplatte *f*
reinforced concrete lift-slab construction Stahlbetonhubdeckenbau *m*
reinforced concrete lighting mast Stahlbetonbeleuchtungsmast *m*, Stahlbetonlichtmast *m*
reinforced concrete masonry bewehrtes Betonsteinmauerwerk *n*
reinforced concrete mast Stahlbetonmast *m*
reinforced concrete panel Stahlbetontafel *f*
reinforced concrete pile Stahlbetonpfahl *m*
reinforced concrete pipe Stahlbetonrohr *n*
reinforced concrete retaining wall Stahlbetonstützmauer *f*
reinforced concrete roof slab Stahlbetondachplatte *f*
reinforced concrete shear wall Stahlbetonscheibe *f*
reinforced concrete shell Stahlbetonschale *f*
reinforced concrete skeleton Stahlbetonskelett *n*
reinforced concrete slab floor Stahlbetonfußboden *m*
reinforced concrete structure Stahlbetonbauwerk *n*
reinforced concrete unit Stahlbetonelement *n*
reinforced double-strut assembly verstärkte Doppelstrebenanordnung *f*
reinforced glass concrete Glasstahlbeton *m*
reinforced-grouted brick masonry bewehrtes Ziegelmauerwerk *n*
reinforced in-situ concrete Ortstahlbeton *m*, Stahlortbeton *m*
reinforced light(weight) concrete Stahlleichtbeton *m*
reinforced masonry bewehrtes Mauerwerk *n*
reinforced masonry wall bewehrte Mauerwerkwand *f*
reinforced mortar bewehrter Mörtel *m*, Stahlmörtel *m*, Bewehrungsmörtel *m*
reinforced perforated block floor Stahlsteindecke *f* mit Lochsteinen
reinforced soil bewehrte Erde *f*
reinforced T-beam Betonbalken *m*; DIN-F-Träger *m*

reinforcement Bewehrung *f*, Armierung *f*, Stahleinlagen *fpl*; Verstärkung *f*, Versteifung *f*
reinforcement against tensile splitting Spaltzugbewehrung *f*
reinforcement area Bewehrungsquerschnitt *m*, Stahlquerschnitt *m*
reinforcement bar *s.* reinforcing bar
reinforcement bending machine Betonstahlbiegemaschine *f*
reinforcement binding Rödeln *n* der Bewehrung, Rödelung *f*, Bewehrungsflechten *n*
reinforcement cable Bewehrungsdrahtbündel *n*
reinforcement cage Bewehrungskorb *m*
reinforcement cutting an bending Betonstahlbearbeitung *f*
reinforcement cylinder Bewehrungszylinder *m*
reinforcement displacement Bewehrungsverschiebung *f*, Bewehrungsverrückung *f*
reinforcement drawing Bewehrungsplan *n*, Bewehrungszeichnung *f*
reinforcement for tension Zugbewehrung *f*
reinforcement framework Bewehrungsflechtwerk, Armierungsgeflecht *n*
reinforcement in compression gedrückte Bewehrung *f*
reinforcement joint Bewehrungsstoß *m*
reinforcement layout Bewehrungsführung *f*
reinforcement level Höhe *f* der Bewehrung
reinforcement limit Bewehrungsgrenze *f*
reinforcement loop Betonstahlschlaufe *f*
reinforcement mat(tress) Bewehrungsmatte *f*
reinforcement mesh *s.* reinforcement mat(tress)
reinforcement ratio Bewehrungsanteil *m (am Betonquerschnitt)*
reinforcement ring Bewehrungsring *m*
reinforcement rod *s.* reinforcing rod
reinforcement shop Eisenbiegerei *f*, Biegerei *f*
reinforcement steel Bewehrungsstahl *m*
reinforcement steel mesh Bewehrungsmatte *f*, Baustahlmatte *f*
reinforcement storage yard Bewehrungsstahllager *n*
reinforcement system Bewehrungsanordnung *f*
reinforcement tying Rödeln *n* von Bewehrung, Rödelung *f*, Bewehrungsflechten *n*
reinforcement weld überwölbte Kehlnaht *f*
reinforcement work Bewehrungsarbeiten *fpl*, Stahlflechtarbeiten *fpl*, Armierungsarbeiten *fpl*
reinforcement yard Bewehrungslagerplatz *m*; Eisenbiegerei *f (Betonstahl)*
reinforcing aussteifend
reinforcing 1. Absteifen *n*, Aussteifen *n*, Versteifen *n*, Verstärken *n*; 2. *s.* reinforcement
reinforcing against buckling Knickaussteifung *f*, Knickversteifung *f*, Knickverstärkung *f*
reinforcing bar Bewehrungsstahl *m*, Bewehrungsstab *m*, Betonstahl *m*, Betoneisen *n*
reinforcing beam Aussteifungsbalkenträger *m*, Versteifungsbalken *m*, Verstärkungsbalkenträger *m*
reinforcing cage Bewehrungskorb *m*
reinforcing cross member Aussteifungsriegel *m*
reinforcing diaphragm Aussteifungsscheibe *f*, Versteifungsscheibe *f*, Verstärkungsscheibe *f*
reinforcing frame Aussteifungsrahmen *m*
reinforcing girder Aussteif(ungs)träger *m*, Versteifungsträger *m*, Verstärkungsträger *m*
reinforcing limit Bewehrungsgrenze *f*
reinforcing mat Baustahlmatte *f*, Baustahlgewebe *n*
reinforcing material Verstärkungswerkstoff *m*
reinforcing mesh Bewehrungsmatte *f*, Betonstahlgewebe *n*
reinforcing plate Verstärkungsblech *n*; Gurtplatte *f*
reinforcing rib Verstärkungsrippe *f*
reinforcing ring Aussteif(ungs)ring *m*, Versteifungsring *m*, Verstärkungsring *m*
reinforcing rod Bewehrungsstab *m*; Bewehrungseisen *n*, Betonstahl *m*
reinforcing rod spacer Abstandhalter *m*, Betonstahlabstandhalter *m*, Distanzstück *n*
reinforcing spiral Bewehrungsspirale *f*
reinforcing sheet Verstärkungsblech *n*
reinforcing steel Betonstahl *m*, Bewehrungsstahl *m*
reinforcing steel bars Betonstahlstab *m*
reinforcing steel mesh Baustahlmatte *f*, Bewehrungsmatte *f*, Betonstahlmatte *f*, Baustahlgewebe *n*
reinforcing tape Verstärkungsband *n*, Armierungsgewebe *n*
reinforcing unit (for metal doors) Metalltürverstärkung *f*
reinforcing wire Bewehrungsdraht *m*
reinforcing wrap Armierungsbandage *f*
reinstatement Wiederherstellung *f*; *(Bod)* Aufgrabungsverfüllung *f*
rejectable ablehnbar, nicht annehmbar
rejectable quality level nicht annehmbares Qualitätsniveau *n*
rejected goods Ausschuss *m*
rejection Abnahmeverweigerung *f*, Nichtabnahme *f (eines Gebäudes)*
rejection of plans Ablehnen *n* von Plänen
rejection of tender Angebotsablehnung *f*, Ablehnen *n* des Angebotes
rejects Siebüberlauf *m*, Überlaufmaterial *n (Gesteinsaufbereitung)*; Berge *pl*
rejointing Nachausfugen *n*, Nachverfugen *n*
rejuvenate *v* (sich) verjüngen *(z. B. Fluss)*
rejuvenated neubelebt, verjüngt *(Landschaftsbau)*
rejuvenated river *(Wsb)* verjüngter Fluss *m*
relamping Lampenwechsel *m*
relate *v* **to each other** aufeinander beziehen
related trades Baunebengewerke *npl*; Baugewerkshandwerker *mpl*
relative brightness relative Helligkeit *f*
relative compaction *(Bod)* Verdichtungsgrad *m*, relative Verdichtung *f*, Proctordichte *f*
relative consistency *(Bod)* Konsistenzgrad *m*, Plastizitätsgrad *m*
relative density relative Dichte *f*
relative humidity relative Luftfeuchtigkeit *f*, relative Feuchte *f*
relative level Bezugshöhe *f*, Bezugspegel *m*
relative movement Relativbewegung *f*
relative permeability relative Durchlässigkeit *f*
relative settlement ungleichmäßiges Setzen *n*, unterschiedliche Setzung *f*
relax *v* nachlassen, erschlaffen, entspannen *(Spannbetonbewehrung, Tragekonstruktion, Tragschicht)*
relaxation Entspannung *f*, Relaxation *f (Tragschicht, Tragekonstruktion)*; Spannungsabfall *m* bei gleich bleibender Spannung *(Spannbeton)*
relaxation method Relaxationsverfahren *n*
relaxation modulus Relaxationsmodul *m*
relaxation of steel 1. Stahlerschlaffung *f*, Stahlrelaxation *f*; 2. Stahlspannungsabfall *m (Spannbeton)*
relaxation time Relaxationszeit *f*
relaxed entlastet, entspannt, erschlafft
relay *v* neu verlegen, umlegen *(Schienen)*
relay *(El)* Relais *n*
relay connection circuit Relaisschaltsystem *n*
relay switching system Relaisschaltsystem *n*

release *v* 1. ausschalen, entschalen, trennen *(Formteile von Formen)*; 2. auslösen; 3. freisetzen; abblasen *(z. B. Gase)*
release *v* **the bolt lock** den Riegel auslösen
release *v* **(the) pressure** Druck ablassen
release Ausschalung *f*, Entschalen *n*, Trennung *f (von Formteilen aus Formen)*
release agent Trennmittel *n*, Formentrennmittel *n*, Ausschalungshilfe *f*, Schalungsöl *n*
release bolt lock Dornführungsschloss *n*
release from tension Entspannung *f*
release lube [oil] Ausschalöl *n*, Entschalungsöl *n*
release paper Adhäsionspapier *n*, Papier *n* mit Adhäsionsfolie
release of humidity Feuchtigkeitsabgabe *f*
release of pressure Druckentlastung *f*
release paste Entschalungspaste *f*
release valve Entlüftungshahn *m*
release wax Entschalungswachs *n*
releasing hook Ausklinkhaken *m*
releasing the pull Nachlassen *n (Spannbeton)*
releasing temperature Auslösetemperatur *f (Sprinkler)*
relevel *v* nachrichten
relevel(l)ing Neuaufnahme *f*
reliability Zuverlässigkeit *f*, Funktionsfähigkeit *f*
reliability test Zuverlässigkeitsprüfung *f*
reliable zuverlässig, sicher
relief 1. Relief *n*, plastisches Bildwerk *n (auf Flächen)*; 2. Relief *n*, Geländerelief *n*; 3. *(Stat)* Entlastung *f*
relief damper *(HLK)* Entlüftungsklappe *f*
relief frieze Relieffries *m*
relief map Reliefkarte *f*
relief mould erhabener Abguss *m*
relief of load Entlastung *f*
relief opening *(HLK)* Entlüftungsklappe *f*
relief road *(Verk)* Entlastungsstraße *f*
relief sewer Entlastungsleitung *f* für Abwasser
relief stele Reliefstele *f*
relief valve Entlüftungsventil *n*, Entspannungsventil *n*
relief work Reliefgestaltung *f*, Reliefornamentierung *f*
relief works Notstandsarbeiten *fpl*, Katastrophenaufräum- und Hilfsarbeiten *fpl*
relieve *v* 1. *(Stat)* entlasten; entspannen; 2. Farbe aufhellen; 3. Nothilfe leisten
relieved 1. *(Stat)* entlastet; 2. aufgelöst *(Wandfläche)*
relieved work Reliefgestaltung *f*, Reliefornamentierung *f*
relieving arch Entlastungsbogen *m*, Ablastbogen *m*, Überfangbogen *m (Mauerwerk)*
relieving joint Entlastungsfuge *f (Flächenbeton)*
relieving layer Druckausgleichsschicht *f*
relieving vault Entlastungsgewölbe *n*
relievo *s.* relief 1.
religious architecture kirchliche Architektur *f*, Kirchenarchitektur *f*, Kirchenbaukunst *f*
religious building Sakralgebäude *n*, Sakralbau *m*
religious Gothic style *(Arch)* Sakralbaugotik *f*
religious monument *(Arch)* Sakraldenkmal *n*, Sakralmonument *n*
religious structure Sakralbauwerk *n*
relish Zapfenschulter *f (Holz)*
reload *v* 1. wieder belasten; 2. umladen
reloading Wiederbelastung *f*, Nachbelastung *f*
relocatable partition bewegliche [entfernbare] Trennwand *f*
relocate *v* umsiedeln *(Raumordnung)*; versetzen; umstellen
relocation Verlegung *f*, Umzug *m*, Flurbereinigung *f*
remain *v* bleiben, verbleiben, zurückbleiben
remainder 1. Reststoff *m*; 2. Grundstückseigentumsanspruch *m (auf Lebenszeit)*
remaining concrete Mehrbeton *m*, Betonübermenge *f*
remaining humidity Restfeuchte *f (von Baustoffen)*
remaining on sieve Siebrückstand *m*
remains Baureste *mpl*, Überrest *m*
remanent elongation Restdehnung *f*
remanufacture Wiederaufbereitung *f*
remeasure *v* nachmessen
remeasurement Nachmessung *f*
remedial building work bauliche Abhilfemaßnahmen *fpl*
remedial measure Abhilfe *f*, Behebung *f (von Mängeln)*
remedial treatment Abhilfemaßnahme *f*
remedy *v* beheben *(Mängel)*
remedy Hilfsmittel *n*, Reparaturmaterial *n*; Reparaturmethode *f*, Ausbesserungsverfahren *n*
remetal(l)ing Aufbringen *n* einer neuen Schotterschicht
remittance Überweisung *f*
remix *v (Verk)* rückverformen mit Asphaltzusatz
remodel *v* umgestalten, umbauen; umändern *(Gebäude)*; umformen
remodeling *(AE) s.* remodelling
remodelling Umgestaltung *f*, Abwandlung *f*, Änderungen *fpl (Rekonstruktion)*; Umbauarbeiten *fpl*, Hausumbau *m*; Neugestaltung *f*, Anpassung *f (eines Gebäudes)*
remote abgelegen, entfernt; abseits; Fern...
remote control Fernbedienung *f*, Fernsteuerung *f*
remote sensor Fernfühler *m*
remote window controls Fensterfernbedienungsgeräte *npl*
remouldability Replasti(fi)zierbarkeit *f*, Wiederplasti(fi)zierbarkeit *f (Mörtel, Beton)*
remoulded soil deformierter [gestörter] Erdstoff *m*; beanspruchter Boden *m*
remoulded soil sample gestörte Bodenprobe *f*
remoulding Replasti(fi)zieren *n*, Wiederplastischmachen *n (von Beton)*
remoulding test Replasti(fi)zierbarkeitsprüfung *f*, Steifeprüfung *f*
removable abnehmbar, entfernbar, lösbar; behebbar
removable ceiling abnehmbare Decke *f*
removable grate Einlegerost *m*
removable partition entfernbare Zwischenwand *f*
removable mullion entfernbarer Türmittelpfosten *m*
removable stop entfernbarer Anschlag *m*; entfernbare Kittleiste *f*, lösbares Anschlagbrett *n*
removal 1. Entfernen *n*, Beseitigung *f*, Abtrag m; 2. Ableitung *f*, Entzug *m*; 3. Umzug *m*
removal of coats Anstrichentfernung *f*, Anstrichbeseitigung *f*
removal of debris *(Erdb)* Abraumbeseitigung *f (auch Sandgrube, Steinbruch usw.)*
removal of faults Fehlerbeseitigung *f*, Nacharbeiten *fpl*
removal of material Materialabtrag *m*
removal of overburden *s.* removal of debris
removal of putty Entkitten *n (Verglasung)*
removal of rainwater Regenwasserabführung *f*
removal of shuttering Ausschalen *n*, Ausschalung *f*
removal of soil Bodenabtrag *m*
removal of water Wasserentzug *m*
removal van Möbelwagen *m*
remove *v* 1. entfernen, beseitigen; wegräumen; abräumen; ausräumen; 2. ausbauen, demontieren; abnehmen; 3. ableiten; entziehen
remove *v* **by hammering** abschlagen *(Putz)*
remove *v* **forms** entschalen, ausschalen
remove *v* **foul air** entlüften
remove *v* **scale** abzundern, entzundern
remove *v* **(the) rust** entrosten
remove *v* **water** entwässern
removed earth *(Erdb)* Abhub *m*

remover Abbeizer *m*, Beizmittel *n*; Entferner *m*
removing Entfernen *n*, Ausbauen *n*, Entlasten *n*, Entlasten *n*
Renaissance architecture Renaissancearchitektur *f*, Baustil *m* der Renaissance
Renaissance arcade *(Arch)* Renaissancearkade *f*
Renaissance building Renaissancegebäude *n*
render *v* (ver)putzen, den Unterputz aufbringen, berappen; ausrappen; abputzen *(Mauern)*
render *v* **and set** *v* zweilagigen [doppelschichtigen] Putz aufbringen
render *v*, **float** *v*, **and set** *v* dreilagigen Putz aufbringen
render *v* **passive** passivieren
render Unterputz *m*, Unterputzschicht *f (eines mehrlagigen Putzes)*; Unterputzanwurf *m*, Bewurf *m*; Außenputz *m*
render, float, and set dreilagiger Putz *m*
rendered brickwork (wasserdicht) verputztes Ziegelmauerwerk *n*
rendered building abgeputztes Gebäude *n*, Putzgebäude *n*
rendered façade Putzfassade *f*
rendered structure abgeputztes Bauwerk *n*, Putzbauwerk *n*
rendering 1. Bewurf *m*, Bewerfen *n*, Berappen *n*, Anwerfen *n* des Unterputzes; Abputzen *n*; *(AE)* Mörtelauftrag *m*; 2. Unterputz *m*, Verputz *m*
rendering and plastering work Putzarbeiten *fpl*
rendering base Putzunterlage *f*, Putzgrund *m*
rendering coat Unterputzlage *f*, Unterputzschicht *f*, Rapputz *m*; Rauputz *m*, Rauwerk *n (Grobputzschicht)*; Putzschicht *f*, Verputzschicht *f*
rendering mortar Berappungsmörtel *m*, Vorwerfmörtel *m*, Unterputz *m*
rendering resisting pelting rain Nässeputz *m* gegen Schlagregen, schlagregensicherer Putz *m*
rendering trowel Putzkelle *f*, Putzspachtel *m(f)*
rendering work Verputzarbeiten *fpl*
renew *v* erneuern; auswechseln
renewable erneuerbar
renewable energy regenerative Energie *f*
renewal Erneuerung *f*
renewal of interior painting Innenanstricherneuerung *f*
renewal work Erneuerungsarbeiten *fpl*
renewed calling for tenders Wiederausschreibung *f*, Neuausschreibung *f*
reniform nierenförmig
renovate *v* renovieren, erneuern, verschönern; wiederherstellen, restaurieren; instand setzen
renovation Renovierung *f*, Erneuerung *f*, bauliche Neugestaltung *f*, Instandsetzung *f*
renovation work Renovierungsarbeiten *fpl*
rent *v* 1. mieten *(z. B. Wohnung)*; pachten *(Grund und Boden)*; 2. vermieten *(z. B. Wohnung)*; verpachten *(Grund und Boden)*
rent *v* **out** 1. vermieten, verpachten; 2. vermietet werden
rent 1. Riss *m*, Sprung *m (keramische Baustoffe)*; Spalt *m*, Bruch *m (Faserbaustoffe)*; 2. Miete *f*, Pacht *f*, Pachtgeld *n*; *(AE)* Leihgebühr *f* • **let for rent** verpachten • **take at rent** pachten
rent allowance Mietbeihilfe *f*, Wohngeld *n*
rent control Mietpreisbindung *f*
rent-controlled mietpreisgebunden
rent exclusive of heating (charges) Kaltmiete *f*
rent free mietfrei
rent inclusive of heating (charges) Warmmiete *f*
rent increase Mieterhöhung *f*
rent lath Spaltlatte *f*
rent pale Eichenspaltpfosten *m*
rent rebate Wohngeld *n*
rent subsidy *s.* rent allowance
rent value Mietwert *m*
rentable vermietbar; verpachtbar
rental Miet...; Pacht...
rental Miete *f*, Mietbetrag *m*; Pacht *f*, Pachtbetrag *m*
rental apartment (unit) Mietetagenwohnung *f*, Mietgeschosswohnung *f*
rental area Mietfläche *f*
rental charge Mietkosten *pl*
rental housing Mietwohnbauten *mpl*
rental unit Mietwohnung *f*, Wohnung *f*, Wohn(ungs)einheit *f*
rental flat Mietwohnung *f*, Mietetagenwohnung *f*, Mietgeschosswohnung *f*
rental living unit *(AE)* Mietetagenwohnung *f*, Mietgeschosswohnung *f*
rental row [town] house Mietreihenhaus *n*
rented flat Mietwohnung *f*
renter 1. Vermieter *m*; Verpächter *m*; 2. *(AE)* Mieter *m*, Pächter *m*
rent-free mietfrei
reorganize *v* umbilden
repaint *v* nachstreichen, überstreichen; neu streichen
repaintable nachstreichbar
repainting Nachstreichen *n*; Erneuerungsanstrich *m*
repainting coat Nachanstrich *m*, Nachaufstrich *m*
repair *v* reparieren, instand setzen, Schäden beheben; nachbessern, ausbessern; flicken
repair Baureparatur *f*, Reparatur *f*, Instandsetzung *f* • **in a bad (state of) repair** *s.* out of repair • **in good repair** in gutem Zustand • **out of repair** baufällig, in baufälligem Zustand *(Gebäude)*
repair composition Ausbesserungsmasse *f*, Flickmasse *f*
repair compound Ausbesserungsmasse *f*, Flickmasse *f*
repair dock Ausbesserungsdock *n*, Trockendock *n*
repair emulsion Spezialflickemulsion *f*, Ausbesserungsemulsion *f (Straße, Dachhaut usw.)*
repair enamel Reparaturlack *m*
repair glazing Reparaturverglasung *f*
repair mortar Ausbesserungsmörtel *m*, Flickmörtel *m*
repair plaster Ausbesserungsputz *m*, Flickputz *m*
repair shop Reparaturwerkstatt *f*, Ausbesserungswerkstatt *f*
repair work Ausbesserungsarbeiten *fpl*, Instandsetzungsarbeiten *fpl*
repair workshop *s.* repair shop
repairing Reparieren *n*, Ausbessern *n*, Instandsetzen *n*
repairing dock *s.* repair dock
repairing work *s.* repair work
repairs Instandsetzungsarbeiten *fpl*
repaper *v* nachtapezieren; frisch [neu] tapezieren
repartition bar Verteilungsstab *m*; Verteilerlehre *f (Abstandseinteilung)*
repartition of load Belastungsverteilung *f*
repave *v* 1. umpflastern; 2. rückverformen *(Asphaltstraße)*; eine Decke wiederherstellen *(mit Asphaltzugabe)*
repaver Asphaltfräs- und -verlegekomplex *m*
repaving Rückverformen *n*, Aufnehmen *n* und Neuverlegen *n (von Asphalt)*
repeal Aufhebung *f*, Außerkraftsetzen *n (Richtlinien, Standards)*; Widerrufen *n*
repeat design Musterwiederkehr *f (Tapete, Furnier)*
repeat test Wiederholungsprobe *f*, Wiederholungsprüfung *f*, Wiederholungstest *m*, Wiederholungsversuch *m*
repeatability Wiederholbarkeit *f*, Wiederholpräzision *f*
repeatability limit Wiederhol(barkeits)grenze *f*
repeatability range Wiederholstreubereich *m (Baustoffprüfung)*
repeated alternating stress Dauerschwingbeanspruchung *f*

repeated flexural strength Dauerbiegefestigkeit *f*
repeated flexural stress *(AE)* Dauerbiegebeanspruchung *f*
repeated load application Lastspiel *n*, Belastungsspiel *n*, wiederholte Lastaufbringung *f*
repeated loadings Lastspiele *npl*
repeated loadings to failure Lastspiele *npl* bis zum Versagen
repeated stress test Schwingungsversuch *m*
repeated tensile test Dauerzugversuch *m*
repeating theodolite Repetitionstheodolit *m*
repel *v* abstoßen, zurückstoßen *(äußere Einwirkungen, z. B. Kräfte, Wasser, Strahlung)*
repellent abweisend, abstoßend
repellent Wasser abstoßendes Mittel *n (Bauhilfsstoff)*
repellent screed Sperrestrich *m*
repellent solution Abweismittel *n*; Imprägnierungslösung *f*
repelling *s.* repellent
repercussion 1. Abprall *m*, Rückstoß *m (Kräfte)*; 2. Widerhall *m*, Nachhall *m (Schall)*
repetition angular measurement abschnittweise [repetitionsweise] Winkelmessung *f*
repetition method Taktverfahren *n*
repetition work Taktarbeit *f*
repetition theodolite Repetitionstheodolit *m*
repetitive wiederholt
repetitive housing Reihenwohnungsbau *m*, Serienwohnungsbau *m (standardisierter Wohnungsbau)*
repetitive loading wiederholte Belastung *f*
replace *v* austauschen, auswechseln, ersetzen; erneuern; verdrängen; substituieren
replacement Austausch *m*, Auswechselung *f*, Ersetzen *n*, Ersatz *m*, Substitution *f*
replacement load *(Bod)* Ersatzlast *f*
replacement part Ersatzteil *n*
replacement type pile *(Erdb)* Bohrpfahl *m*
replacing of the flora Bewuchserneuerung *f*, Neubegrünung *f (Landschaftsbau)*
replan *v* umprojektieren; neu planen
replanning Umplanung *f*
replant *v* umpflanzen
replastering Nachputzen *n*
replenish *v* nachfüllen; anreichern
replenishing basin Anreicherungsbecken *n (Kläranlage)*
replenishment Anreicherung *f (z. B. Grundwasser)*
replica Nachdruck *m (Nachbildung)*; Reproduktion *f*, Abdruck *m*
replicate *v* verdoppeln, wiederholen; kopieren, reproduzieren, nachbilden *(Sichtelement)*
replication Nachbau *m (eines historischen Gebäudes)*
repossess *v* wieder in Besitz nehmen; wiedergewinnen
repossession Wiederinbesitznahme *f*
replica 1. *(Arch)* Oberflächenabdruck *m*; 2. Kopie *f*, Orginalkopie *f*; Reproduktion *f*, Nachbildung *f*
replotting Flurbereinigung *f*
repointing Nachverfugen *n*, Nachausfugen *n*
report *v* berichten
report Bericht *m*
repoint *v* nachverfugen, wieder ausfugen
reporting room Anmelderaum *m*, Anmeldezimmer *n*
repose Ruhepunkt *m*, Ruhezustand *m*
repository Endlager *n* für radioaktive Abfälle
repoussé von unten geschlagen *(Relief)*
represent *v* **diagrammatically** schematisch [zeichnerisch] darstellen
representation 1. *(Arch)* Darstellungsweise *f*; 2. Darstellung *f*, Abbildung *f*
representative sampling repräsentative Probenahme *f*
repressenting darstellend
repressing Nachpressen *n*
repressure line Rückführungsleitung *f*
reprise 1. Formenwiederholung *f* in einer Ecke *(Mauerwerk)*; 2. Fundamentsims *m(n)*; Mauerabdeckung *f*
reprocess *v* aufarbeiten
reprocessing Aufarbeitung *f*
reproducibility Reproduzierbarkeit *f (einer Zeichnung)*; Vergleichspräzision *f*, Vergleichbarkeit *f (Ergebnisse, Daten usw.)*
reproducibility conditions Vergleichsbedingungen *fpl*
reproducibility limit Vergleichsgrenze *f*
reproducibility range Vergleichsstreubereich *m (Baustoffprüfung)*
reproducible reproduzierbar, pausfähig *(Zeichnung)*
reproduction 1. Reproduktion *f*, Vervielfältigung *f*; 2. Reproduktion *f*, Kopie *f*; 3. Nachformen *n*
reprofiling Neuprofilieren *n*
reproof *v* neu abdichten; wieder wasserdicht machen
repulsion Abstoß *m*
repulsive power Rückstoßkraft *f*, Repulsionskraft *f (Dynamik)*
request *v* einholen
request Einholung *f*
request for bids Einholung *f* von Angeboten
request for pay(ment) Zahlungsaufforderung *f*
request for proposal Bitte *f* um Vorschlag *(auf Bauunterlagen)*
require *v* fordern, anfordern
required accuracy geforderte Genauigkeit *f*, Genauigkeitssollwert *m*
required amount of water Wasseranspruch *m*, Wasserbedarf *m (hydraulischer Bindemittel)*
required level Sollhöhe *f*
required overall dimensions Raumbedarf *m (Flächennutzungsplan, Städteplanung)*
requirement 1. *(Stat)* Forderung *f*, Anforderung *f*; 2. Bedarf *m (z. B. an Material, Raum)*
reradiation Rückstrahlung *f (Wärme, Strahlung)*
reradiation foil Rückstrahlfolie *f (z. B. eines Radiators)*
rere-arch innerer Bogen *m (eines Gewölbes)*
reredos *s.* retable
rereel *v* umwickeln, umkapseln *(Säulenbewehrung)*
reroof *v* neu eindecken
reroofing Wiederbedachen *n*; Nacheindecken *n*
reroute *v* 1. verlegen *(Straßenbau)*; 2. umleiten *(Verkehr)*
rerust *v* nachrosten
res *s.* resawn
resampling erneute Proben(ent)nahme *f*
resaturated nachgesättigt, nachgetränkt
resaturating Nachimprägnieren *n*, Nachtränken *n*
resaw *v* (auf)trennen *(Holz)*
resawn *(AE)* aufgetrennt
rescreening Nachsieben *n*
reseal *v* nachdichten, nachträglich abdichten
resealing Nachabdichtung *f*
research *v* forschen
research Forschung *f*
research and development Forschung *f* und Entwicklung *f*
research and testing station Versuchsstelle *f*, Versuchsinstitut *n*
research establishment Forschungseinrichtung *f*
research institute Forschungsinstitut *n*
research project Forschungsprojekt *n*; Forschungsarbeit *f*
research report Forschungsbericht *m*
research scale Versuchsmaßstab *m*
reservation Vorbehalt *m*, Reservierung *f*

reserve of strength Festigkeitsreserve *f*
reserved lane Sonderfahrstreifen *m*
reservice *v* reparieren, instand setzen; aufarbeiten
reservoir 1. Bassin *n*; Wasserbehälter *m*; Kessel *m*; Vorratsbehälter *m*; 2. *(Wsb)* Speicherbecken *n*, Wasserstaubecken *n*; Stausee *m*
reservoir capacity *(Wsb)* Speichermenge *f*, Speichervolumen *n*; Fassungsvermögen *n* eines Bassins
reservoir drawdown Beckenentleerung *f*
reservoir fittings Behälterausrüstung *f*, Behälterzubehör *n*
reservoir lining Beckenauskleidung *f*
reservoir outlet Beckenablass *m*
reservoir sedimentation *(Wsb)* Stauraumsedimentierung *f*
reservoir storage *(Wsb)* Speichervolumen *f*
reservoir tank Vorratsbehälter *m*
reset *v* 1. umsetzen *(z. B. Aggregate)*; umrüsten *(Maschinen)*; 2. zurückstellen; auf null stellen *(z. B. Messgeräte)*
reshape *v* umformen, eine Oberfläche zurückformen
reshaping Umformung *f*
resharpening Nachschleifen *n*, Schärfen *n*
reshoring Hilfsabstützung *f*, temporäre Abstützung *f (Montage)*
reside *v* wohnen, seinen Wohnsitz haben
residence 1. Wohnsitz *m*; 2. Wohnung *f*, bewohnter Raum *m*
residence accommodation Wohnunterkunft *f*
residence block type Wohngebäudetyp *m*, Wohnhaustyp *m*, Wohnblocktyp *m*
residence casement leichtes Flügelfenster *n*
residence district Wohnbezirk *m*, Wohngebiet *n*
residence telephone Wohnungsanschluss *m*
residence time Verweilzeit *f*
residence tower Wohnhochhaus *n*, Wohnturm *m*
residences Wohnbauten *mpl*
residency Residenz *f*, Amtssitz *m*; Amtswohnung *f*
resident (orts)ansässig, (ständig) wohnhaft
resident 1. Bewohner *m*, Benutzer *m*, Wohnungsinhaber *m*; 2. Einwohner *m (einer Stadt)*; 3. Anlieger *m*
resident architect Bauherrvertreter *m*
resident engineer Auftraggeberbauleiter *m*, Bauherrvertreter *m*; staatlicher Bauleiter *m*, Investbauleiter *m*
resident inspector Bau(aufsichts)wart *m*, Bauinspektor *m*, Auftraggeberkontrolleur *m*
resident manager (im Hause wohnender) Hausmeister *m*
resident population Einwohnerschaft *f*
resident traffic Anliegerverkehr *m*
residential accommodation Wohnunterkunft *f*
residential air-conditioning Hausklimatisierung *f*
residential architecture Wohn(ungs)bauarchitektur *f*, Wohngebäudearchitektur *f*
residential area Wohnviertel *n*, Wohngebiet *n*
residential balcony Wohnbalkon *m*
residential block Wohnblock *m*
residential building 1. Wohn(ungs)gebäude *n*, Wohnhaus *n*; 2. Wohnungsbau *m*
residential building entrance Wohnhauseingang *m*
residential camp Wohnlager *n*
residential community Wohnortschaft *f*, Wohnstadt *f (industriearm, industriefrei)*
residential density Wohndichte *f*, Belegungsdichte *f*, Belegungsziffer *f*
residential developer Wohnungsbauträger *m*
residential floor Wohngeschoss *n*
residential ground floor Wohnerdgeschoss *n*
residential heating Wohnungsheizung *f*
residential housing Mietwohnbauten *mpl*
residential illumination Hausbeleuchtung *f*
residential kindergarten Internatskindergarten *m*
residential location Wohnlage *f*
residential neighbourhood unit *(AE)* Wohnkomplex *m*, Siedlungskomplex *m*, Wohnviertel *n*
residential occupancy Nutzung *f* für Wohnzwecke, Unterkunftsnutzung *f (von Wohnungen)*
residential park Wohnpark *m*
residential plot Wohngrundstück *n*, Wohnparzelle *f*
residential portion Wohntrakt *m*
residential quarter 1. Wohnviertel *n*; 2. Quartier *n*
residential school Internatsschule *f*
residential storey Wohngeschoß *n*
residential street Wohnstraße *f*
residential swimming pool Hausschwimmbecken *n*
residential unit Wohneinheit *f*, Wohnung *f*, Wohntrakt *m*
redisential wiring Hausverdrahtung *f*
residents' vehicles Anliegerverkehr *m*
residual übrig bleibend, Rest...
residual asphalt Rückstandsasphalt *m*
residual compressive stress Druckeigenspannung *f*, innere Druckspannung *f*
residual deflection bleibende Biegeverformung *f*
residual deformation Restverformung *f*, bleibende Deformation *f*
residual error Restfehler *m*
residual hardness Resthärte *f (Wasser)*
residual humidity [moisture] Restfeuchte *f*, Restfeuchtigkeit *f*
residual moment capacity *(Stat)* Restmomentvermögen *n*
residual pore water Porenrestwasser *n*
residual pressure Restdruck *m*
residual product Rückstandserzeugnis *n*
residual shear strength *(Bod)* Gleitscherfestigkeit *f*, Restscherfestigkeit *f*
residual soil Restboden *m*, Verwitterungsendboden *m*, ausgewitterter Erdstoff *m*
residual solvent Lösungsmittelrückstand *m*
residual strain Restverformung *f*
residual strength *(Bod)* Gleitscherfestigkeit *f*
residual stress Restspannung *f*, Eigenspannung *f*, bleibende [innere] Spannung *f*
residual tack Klebrigkeit *f (eines Anstrichs infolge langsamen Trocknens oder Abbindens)*
residual tensile stress Zugeigenspannung *f*, innere Zugspannung *f*
residual tensioning force Restvorspannkraft *f*
residual voids Resthohlräume *mpl*
residual water 1. Restwasser *n*, Haftwasser *n*; 2. Abwasser *n*
residual welding stress Schweißrestspannung *f*, Schweißeigenspannung *f*
residue Rückstand *m*, Rest *m*, Überrest *m*; Satz *m*
residue by destillation Destillationsrückstand *m*
residue-derived energy Energie *f* aus Abfall
residue landfill Reststoffdeponie *f*, Rückstandsdeponie *f*
residue on sieving test Lagerbeständigkeitsprüfung *f* durch Sieben *(Emulsion)*
resilience Zurückfedern *n*, Federung *f*, Elastizität *f (Federkraft)*; elastisches Rückverformungsvermögen *n*
resilient federnd, elastisch; schwingungsisoliert
resilient board elastische Platte *f*
resilient channel gefederte Metallhohlschiene *f (Schalldecke)*
resilient clip gefederter Aufhänger *m (Schallschutzkonstruktion)*
resilient flooring elastischer Fußbodenbelag *m*, federnder Bodenbelag *m*
resilient hanger elastisches Aufhängeelement *n*
resilient layer 1. Dämmlage *f*, Dämmschicht *f (für schwimmenden Bodenbelag)*; 2. schalldämmende Schicht *f*
resilient modulus Elastizitätsmodul *m*

resilient mounting schwingungsisolierte Aufstellung *f*, erschütterungsgedämpfte Auflage *f*
resilient quilt Faserdämmstofflage *f*, Faserdämmstoffschicht *f*
resilient sheet elastische Platte *f*
resilient strip Dämmstreifenunterlage *f (schwimmender Bodenbelag)*
resilient sleeper pad *(Verk)* elastische Schienenunterlegeplatte *f*, Elastoplatte *f*
resilient sleeve Dehn(ungs)hülse *f*
resin *v* mit Harz tränken
resin Harz *n*; Kolophonium *n*, Spiegelharz *n*, griechisches Pech *n (natürlich oder synthetisch)*
resin adhesive Harzkleber *m*, Kunstharzleim *m*
resin base Harzbasis *f*, Harzgrundlage *f*
resin based harzhaltig
resin-based mortar Kunstharzmörtel *m*
resin binder Harzträger *m*, Harzbindemittel *n*
resin board Hartpappe *f*, Kunstharzpappe *f*
resin-bound harzgebunden; kunstharzverleimt
resin-bound chipboard [fibreboard] Kunstharzpressplatte *f*, Span(holz)platte *f*, harzgebundene Faserplatte *f*
resin-bound surface dressing Kunstharzbeschichtung *f*
resin canal Harzgang *m*, Harzstreifen *m (im Holz)*
resin cement Kunstharzbindemittel *n*, Plast(e)zement *m*
resin chipboard *s.* resin-bound chipboard
resin coating Kunstharzüberzug *m*
resin duct *s.* resin canal
resin component Harzbestandteil *m*
resin emulsion Harzemulsion *f*
resin-emulsion paint Kunstharzemulsionsfarbe *f*
resin ester Harzester *m*
resin glue Kunstharzleim *m*
resin grout Harzmörtel *m*
resin impregnated harzgetränkt
resin-impregnated wood kunstharzgetränktes [harzimprägniertes] Holz *n*
resin-like harzartig
resin oil paint Öllackfarbe *f*
resin oil varnish Harzölfirnis *m*, Tränkharz *n*
resin panel Kunstharztafel *f*
resin pipe Kunstharzrohr *n*
resin pocket 1. Harztasche *f (Pressfehler bei Kunststoffen)*; 2. Harztasche *f*, Harzgalle *f (im Holz)*
resin saturated harzgetränkt
resin streak Harzschliere *f (im Holz)*
resin suspension Harzsuspension *f*
resin-treated wood kunstharzgetränktes Holz *n*; *(AE)* Pressholz *n*
resin varnish Tränkharz *n*
resin vehicle Harzbindemittel *n*
resinification Verharzung *f*
resinify *v* verharzen
resinoid-bonded kunstharzgebunden
resinous 1. harzartig; 2. harzig, harzhaltig *(Holz)*
resinous cement Harzkitt *m*
resinous plasticiser Polymerweichmacher *m*
resinous putty Harzkitt *m*
resinous varnish Harzlack *m*
resinous wood verkientes Holz *n*, harziges Holz *n*, Kienholz *n*
resist *v* widerstehen, widerstandsfähig sein gegen; aufnehmen; aushalten; abfangen
resistance 1. Widerstandsfähigkeit *f*, Beständigkeit *f*, Festigkeit *f*, Stabilität *f*; 2. *(El)* Widerstand *m* • **of poor resistance** wenig widerstandsfähig
resistance against damage Beständigkeit *f* gegen Beschädigung, Widerstand *m* gegen Beschädigung
resistance against pelting rain Schlagregenbeständigkeit *f*
resistance against rust Rostbeständigkeit *f*, Rostsicherheit *f*
resistance brazing elektrisches Hartlöten *n*, Widerstandslöten *n*
resistance butt welding Widerstandsstumpfschweißen *n*
resistance coefficient Widerstandsbeiwert *m*
resistance degree Beständigkeitsgrad *m (von Baustoffen, Bauteilen)*
resistance flash welding Abbrennstumpfschweißung *f*
resistance hard soldering Widerstandshartlötung *f*
resistance heating Widerstandsheizung *f*
resistance line Stützlinie *f*
resistance modulus *(Bod)* Streifeziffer *f (Erdstoff)*
resistance of friction Widerstandsreibung *f*, Reibungswiderstand *m (Pfahlgründung)*
resistance of pipes *(Wsb)* Rohrreibung *f*, Rohrreibwiderstand *m*
resistance of rivet Nietwiderstand *m*
resistance of tearing Zerreißfestigkeit *f*
resistance property Beständigkeitseigenschaft *f*
resistance to abrasion Abriebbeständigkeit *f*
resistance to abrasion from studde tyres Spikeabriebwiderstand *m*
resistance to acid(s) Säurebeständigkeit *f*, Säurefestigkeit *f*
resistance to alkali(es) Alkalibeständigkeit *f*, Laugenbeständigkeit *f*
resistance to attrition Verschleißfestigkeit *f*, Abriebfestigkeit *f*
resistance to buckling Knickfestigkeit *f*
resistance to chemical attack chemische Beständigkeit *f*, Beständigkeit *f* gegen chemische Einwirkungen
resistance to chemicals Chemikalienbeständigkeit *f*
resistance to cold Kältebeständigkeit *f*, Kältefestigkeit *f*
resistance to compression Druckfestigkeit *f*
resistance to corrosion Korrosionsbeständigkeit *f*, Korrosionsfestigkeit *f*
resistance to cracking Rissfestigkeit *f*
resistance to creep Kriechfestigkeit *f*
resistance to crushing Druckfestigkeit *f (nur von Gestein)*
resistance to deformation Verformungswiderstand *m*
resistance to disintegrating effects Aggressivbeständigkeit *f*
resistance to efflorescence Ausblühungsbeständigkeit *f*, Aussalzungsbeständigkeit *f*, Auswitterungsbeständigkeit *f*
resistance to finger marking Grifffestigkeit *f (Anstriche, Schutzschichten usw.)*
resistance to fluid flow *(Wsb)* Strömungswiderstand *m (auch von Rohrleitungen)*
resistance to frost attack Frostbeständigkeit *f*, Frostunempfindlichkeit *f*, Frostsicherheit *f*
resistance to fungual attack Pilzbeständigkeit *f*, Pilzfestigkeit *f*
resistance to gasoline Benzinbeständigkeit *f*, Benzinfestigkeit *f*
resistance to grease Fettbeständigkeit *f*
resistance to heat Wärmebeständigkeit *f*, Hitzebeständigkeit *f*, thermische Stabilität *f*
resistance to heat transmission Wärmedurchgangswiderstand *m*
resistance to heavy rain Schlagregensicherheit *f*
resistance to impact Schlagfestigkeit *f*, Schlagwiderstand *m*
resistance to lateral bending Knickfestigkeit *f*
resistance to light Lichtbeständigkeit *f*
resistance to lime Kalkbeständigkeit *f*, Kalkechtheit *f*, Kalkfestigkeit *f*

resistance to marring Nagelfestigkeit *f*
resistance to mildew Schimmelbeständigkeit *f*
resistance to moisture Feuchtigkeitsbeständigkeit *f*, Feuchtigkeitsfestigkeit *f*
resistance to oil Ölbeständigkeit *f*
resistance to oscillations Schwingungsfestigkeit *f*
resistance to oxidation Oxidationsbeständigkeit *f*
resistance to polish Schleifhärte *f*
resistance to rubbing off *s.* abrasion resistance
resistance to rusting Rostbeständigkeit *f*
resistance to salt water Salzwasserbeständigkeit *f*
resistance to scratching Ritzhärte *f*; Kratzfestigkeit *f*
resistance to shear Schubtragfestigkeit *f*
resistance to staining Fleckenbeständigkeit *f*
resistance to static torsion Widerstand *m* gegen statisches Verwinden
resistance to swelling Quellbeständigkeit *f*, Quellfestigkeit *f*
resistance to temperature changes Temperaturwechselbeständigkeit *f*
resistance to tensile stress Zugfestigkeit *f*
resistance to touch Grifffestigkeit *f (Anstriche, Beschichtungen)*
resistance to tropical conditions Tropenfestigkeit *f*, Tropenbeständigkeit *f*
resistance to vibrations Schwingungsfestigkeit *f*
resistance to water Wasserfestigkeit *f*, Wasserbeständigkeit *f*
resistance to wearing Abnutzungsbeständigkeit *f*, Verschleißbeständigkeit *f*, Verschleißfestigkeit *f*
resistance to weather(ing) Witterungsbeständigkeit *f*, Wetterbeständigkeit *f*
resistance welding Widerstandsschweißen *n (Bewehrungsstahl)*
resistant widerstandsfähig, beständig, fest, stabil
resistant to abrasion abriebbeständig, abriebfest
resistant to acid(s) säurebeständig, säurefest
resistant to ageing alterungsbeständig
resistant to alkali(es) alkalibeständig, laugenfest
resistant to bending biegesteif, biegefest
resistant to chemicals chemikalienbeständig
resistant to cold kältebeständig, kältefest
resistant to corrosion korrosionsbeständig, korrosionsfest
resistant to finger marking grifffest *(Anstriche, Beschichtungen)*
resistant to fire feuerbeständig, feuerfest *(Baumaterial)*
resistant to fracture bruchsicher
resistant to fungal attack pilzbeständig
resistant to gasoline benzinbeständig, benzinfest
resistant to grease fettbeständig
resistant to heat wärmebeständig, hitzebeständig
resistant to heavy rain schlagregensicher
resistant to hydrostatic pressure wasserdruckhaltend, druckwasserbeständig
resistant to impact schlagbeständig, schlagfest
resistant to light lichtbeständig, lichtecht
resistant to marring nagelfest
resistant to mildew schimmelbeständig
resistant to moisture feuchtigkeitsbeständig
resistant to oils ölbeständig
resistant to oxidation oxidationsbeständig
resistant to rotting verrottungsbeständig
resistant to rusting rostbeständig
resistant to salt water salzwasserbeständig
resistant to scratching ritzfest, kratzfest
resistant to staining fleckenbeständig
resistant to swelling quellfest, quellbeständig, quellsicher
resistant to temperature changes temperaturwechselbeständig
resistant to touch grifffest *(Anstriche, Beschichtungen)*
resistant to water wasserfest, wasserbeständig
resistant to wear abriebbeständig, verschleißfest, abnutzungsbeständig
resistant to weathering verwitterungsfest
resistant to wheel-chairs rollstuhlfest, rollstuhlwiderstandsfähig, rollstuhlsicher
resisting widerstandsfähig
resisting force Widerstandskraft *f*
resisting moment Widerstandsmoment *n*
resisting to fracture bruchfest
resistivity *s.* resistance 1.
resistor *(El)* Widerstand *m (Bauteil)*; Vorschaltwiderstand *m*
resol Resol *n*
resoiling Kulturbodenauftrag *m (Rekultivierung)*
resolidification Wiederverfestigung *f*
resolidify *v* wiederverfestigen
resolution Auflösung *f*, Zerlegung *f*; Beschluss *m*
resolution of forces Kräftezerlegung *f*, Zerlegung *f* von Kräften
resolve *v* 1. zerlegen *(Kräfte)*; 2. trennen, aufspalten
resolving of forces *s.* resolution of forces
resonance Resonanz *f*, Mitschwingen *n*
resonance action Resonanzwirkung *f*
resonance curve Resonanzkurve *f*
resonance effect Resonanzeffekt *m*, Resonanzerscheinung *f (Brücke)*
resonance frequency Resonanzfrequenz *f*
respirator Schutzmaske *f*, Atemschutzmaske *f*
resonance screen Resonanzsieb *n (Aufbereitung)*
resonance vibration Resonanzschwingung *f*, Resonanzerschütterung *f*
resonant absorbent material Resonanzabsorber *m*, Resonanzschallschlucker *m*
resonant frequency Resonanzfrequenz *f*, Eigenfrequenz *f*
resonant load Resonanzlast *f*
resonant oscillation Resonanzschwingung *f*
resonant pile driver Resonanzpfahlramme *f*
resonant vibration Resonanzschwingung *f*, Resonanzerschütterung *f*
resonate *v* mitschwingen, in Resonanz kommen *oder* sein
resonator Resonator *m (Schallabsorption)*
resonator wall Resonatorwand *f*
resorcinol adhesive Resorcinkleber *m*, Resorzinkleber *m*
resorcinol-formaldehyde *(RF)* Resorcin-Formaldehyd *m (RF)*
resorption Auflösung *f*, Resorption *f (Stoffe)*
resort Erholungsort *m*, Urlaubsgebiet *n*
resort hotel Urlauberhotel *n*, Ferienhotel *n*
resounding Schallreflexion *f*, Lärmwiderhall *m (Schallschutz)*
resource recovery Rohstoffrückgewinnung *f*, Wertstoffrückgewinnung *f*
resource recovery plant Wiedergewinnungsanlage *f*
resources 1. Bodenschätze *mpl*, Vorkommen *npl*; 2. Geldmittel *npl*
respirator Atemschutzgerät *n*, Atemschutzmaske *f*
resplendent brillant glänzend; sehr hell scheinend; prächtig
respond *v* reagieren, ansprechen (auf)
respond *(Arch)* Blendarkaturpilaster *m*, Bogenstütze *f*, Bogenpfeiler *m*; Dienst *m (in gotischer Architektur)*; Gewölbewange *f*
response temperature Öffnungstemperatur *f*
responsibility 1. Verantwortlichkeit *f*; 2. Verantwortung *f* • **at the responsibility** auf Rechnung und Gefahr *(Baumateriallieferung)* • **on own responsibility** auf eigene Verantwortung

responsible 1. verantwortlich; 2. zahlungsfähig • **be responsible (for)** haften (für) *(z. B. für Mängel)*
responsible bidder Bieter *m* mit niedrigstem Angebot und voller fachlicher Kompetenz, akzeptierbarer Bieter *m*
ressant *(AE) s.* ressaut 2.
ressault *s.* ressaut 2.
ressaut 1. Auskragung *f*, Überstand *m*; 2. Walzenzierkante *f*
rest *v* 1. *s.* rest on; 2. in Ruhelage sein; stehen *(Maschinen)*
rest *v* **on** lagern [liegen, Auflager haben] auf, aufliegen, ruhen auf
rest 1. Ruhelage *f*; 2. Stillstand *m*; 3. Auflager *n* • **at rest** ruhend, in Ruhe
rest area *(Verk)* Rastplatz *m*, Raststelle *f*
rest bench Ruhebank *f*
rest bend Winkelfitting *n* mit Auflage, unterstütztes Rohrwinkelstück *n*
rest brick Kragstein *m*
rest house 1. *(Verk)* Rasthaus *n*; 2. Erholungsheim *n*
rest room Ruheraum *m*;*(AE)* Toilette *f (Hotel, Gaststätte usw.)*
rest stone Kragstein *m*
restaurant Restaurant *n*, Gaststätte *f*; Speisegaststätte *f*
restaurant floor Restaurantetage *f*, Restaurantgeschoss *f*, Restaurantstockwerk *n*
restaurant level *s.* restaurant floor
resting place Ruheplatz *m (am Treppenpodest)*
resting platform Ruheplattform *f*
restocking Aufforstung *f (Landschaftsbau)*
restoration 1. Restaurierung *f*, Wiederherstellung *f*, Instandsetzung *f (von Gebäuden)*; 2. Rekultivierung *f (von Land)*
restore *v* 1. restaurieren, wiederherstellen; instand setzen *(Gebäude)*; 2. rekultivieren *(Land)*
restore *v* **the original state** den Originalzustand wiederherstellen
restorer Restaurator *m*
restraighten *v* nachrichten, ausrichten
restrain *v* 1.*(Stat)* (gelenklos) einspannen; 2. einschränken; festhalten; zurückhalten
restrained *(Stat)* eingespannt, gedämpft
restrained at both ends beid(er)seitig eingespannt
restrained bearing festes Lager *n*, eingespanntes Lager *n*, Festeinspannlagerung *f*
restrained from rotating drehungsfrei *(eingespannter Balken)*
restraining Einspannung *f*
restrained edge eingespannter Rand *m*
restrained height Höhenbeschränkung *f*
restraining action Hemmwirkung *f*
restraining end moment *(Stat)* Einspannmoment *n*
restraining straps Einspannungsbügel *mpl*
restraint 1.*(Stat)* Einspannung *f*, feste Endeinspannung *f*; 2. Beschränkung *f*, Einschränkung *f*
restraint specimen eingespannter Prüfkörper *m*
restraint system Rückhaltesystem *n*
restrict *v* einschränken, begrenzen, beschränken
restricted 1. eingeschränkt, begrenzt; 2. befristet
restricted area 1. *(Verk)* Strecke *f* mit Geschwindigkeitsbegrenzung; 2. Sperrgebiet *n (militärisch)*
restricted list of bidders in Frage kommende Baufirmen *fpl*
restricted place begrenzter Platz *m*, Platzmangel *m*
restricted procedure nicht offenes Verfahren *n (Vergabe)*
restricted tender beschränkte Ausschreibung *f*
restriction 1. Beschränkung *f*, Begrenzung *f*; 2. Verengung *f*, Rohrverengung *f*
restriction of production Produktionseinschränkung *f*
restriction of use Nutzungsbeschränkung *f (Land, Grundstück)*
restrictive circuit Sparschaltung *f (Heizung)*
restrictive covenant *(AE)* Grundstücksnutzungsvereinbarung *f*, Landnutzungsübereinkunft *f*
restroom *(AE)* Toilette *f*, Waschraum *m (in öffentlichen Gebäuden)*
retard *v* verzögern, hemmen, verlangsamen *(z. B. Abbindeprozesse, Korrosionsprozesse)*
retarder Verzögerungsmittel *n*, Verzögerer *m*, Hemmstoff *m*
result *v* sich ergeben, resultieren
result Resultat *n*, Ergebnis *n*, Folge *f*
result of determination Ermittlungsergebnis *n*
result of measurement Messergebnis *n*
resultant Resultierende *f*
resultant force resultierende Kraft *f*, Mittelkraft *f*
resultant load resultierende Kraft *f*
resultant motion resultierende Bewegung *f*
resumption of works Wiederaufnahme *f* der Bauarbeiten
resurface *v* 1. neu verputzen, Putz erneuern; 2. *(Verk)* die Straßendecke [Oberfläche] erneuern *(Straße)*
resurfacing Oberflächenneubeschichtung *f*, Oberflächennachbehandlung *f (Straße)*
resurvey *v (Verm)* neu vermessen, eine Neuaufnahme machen, neu vermessen
resurvey Nachvermessung *f*, Neuvermessung *f*
resuscitation Wiederbelebung *f*
retable *(Arch)* Retabel *n*, Altaraufsatz *m (Aufsatz hinter der Mensa eines Altars)*
retail shopping complex Einkaufkomplex *m*, Kaufkomplex *m*, Geschäftskomplex *m*, Ladenkomplex *m*
retail shopping street Einkaufsstraße *f*, Ladenstraße *f*, Geschäftsstraße *f*
retain *v* zurückhalten; stauen *(Wasser)*
retainage anteilig zurückgehaltene Bausumme *f*
retained zurückhaltend, speichernd, gespeichert
retained heat gespeicherte Wärme *f*
retained on sieve Siebrückstand *m*
retained sample Rückstellprobe *f*
retained storage volume Speichermenge *f*
retained sum anteilig zurückgehaltene Bausumme *f*, Garantie- und Ausführungsbürgschaft *f*
retained water Haftwasser *n*
retained water level *(Wsb)* Stauwasserstand *m*
retainer Feststellvorrichtung *f*, Halterung *f*, Arretierung *f*, Anschlag *m*
retainer cone Haltekonus *m*
retaining 1. Unterstützung *f (z. B. einer Wand)*; 2. *(Wsb)* Aufstauen *n*, Aufstau *m*
retaining basin *(Wsb)* Staubecken *n*, Verzögerungsbecken *n*, Rückhaltebecken *n*, Hochwasserrückhaltebecken *n*
retaining bolt Befestigungsschraube *f*
retaining capacity *(Wsb)* Stauraum *m*
retaining dam Staudamm *m*
retaining level Stauhöhe *f*
retaining screw Befestigungsschraube *f*
retaining sieve Siebrückstand *m*
retaining sluice *(Wsb)* Stauschleuse *f*
retaining wall 1. Stützmauer *f*, Stützwand *f*; 2. Stauwand *f*
retaining weir Stauwehr *n*
retard *v* verzögern, verlangsamen *(z. B. das Zementabbinden)*
retardation 1. Verzögerung *f (Zementabbinden)*; 2. *(Wsb)* Verzögerung *f (Wasserabfluss)*
retardation basin *(Wsb)* Rückhaltebecken *n*, Hochwasserrückhaltebecken *n*, Regenrückhaltebecken *n*

retardation of setting Abbindezeitverzögerung *f (Zement, Gips)*
retardation time Verzögerungsdauer *f*
retarded flow *(Wsb)* verzögerte Strömung *f*
retarded hemihydrate abbindeverzögertes Gipshalbhydrat *n*
retarded plasticised plaster *(AE)* Mörtelgips *m*
retarder Verzögerungsmittel *n*; Abbindeverzögerer *m*, Erstarrungsverzögerer *m (für Zement oder zementartige Stoffe)*
retarding admixture [agent] *s.* retarder
retarring Nachteerung *f*
retempering Wiederaufbereitung *f (z. B. von Beton)*; Nachmischen *n* mit Wasserzusatz *(bei Mörtel und Beton mit Erstarrungsbeginn)*
retention 1. Haltesicherung *f*, Festhaltung *f*, Zurückhaltung *f*, Retention *f*, Speicherung *f*; 2. *s.* retention money
retention areas *(Wsb)* Rückhalteflächen *fpl*, Retentionsflächen *fpl*, Überflutungsflächen *fpl (Flussauen)*
retention basin *(Wsb)* Rückhaltebecken *n*
retention fee amount Einbehaltungsbetrag *m*
retention money Garantierückhaltebetrag *m*, Ausführungs- und Garantiebürgschaftssumme *f*
retention of title Einbehaltung *f* des Rechtsanspruches
retention percentage Prozentsatz *m* der Einbehaltung
retention period Garantiezeitraum *m*
retention reservoir *(Wsb)* Rückhaltebecken *n*
retention storage *(Wsb)* Rückhaltevolumen *n*
retention time Verweildauer *f*
retention wall 1. *(Wsb)* äußere Dichtungswand *f*, 2. Rücklagenwand *f*
retention water Haftwasser *n*
retentive power Wasserhaltevermögen *n (Erdstoff, Boden)*
retest *v* nachprüfen *(im Versuch)*
retest Gegenprobe *f*, Wiederholungsversuch *m (Baustoffprüfung)*
retexturing Oberflächentexturwiederherstellung *f*, Retexturierung *f*, Oberflächenbearbeitung *f*, Oberflächenverbesserung *f*
reticular *s.* reticulated
reticulated netzartig, netzförmig; netzartig bedeckt; vernetzt
reticulated mosaic work Netzmosaikarbeit *f*
reticulated moulding netzartige Verzierung *f*
reticulated structure Netztextur *f*, Maschentextur *f*
reticulated tracery *(Arch)* Maschenmaßwerk *n*, Netzmaßwerk *n (Ornament)*
reticulated vault(ing) Netzgewölbe *n*
reticulated window *(Arch)* Netzwerkfenster *n*
reticulated work Netzmosaikarbeit *f*
reticulatum opus *(Arch)* diagonale Mosaikwandverkleidung *f (im antiken Rom)*
reticuline bar gebogener Verbindungsstab *m*
retighten *v* nachziehen *(z. B. Schrauben)*; wieder befestigen *(z. B. Verbindung, Bauelement)*
retile *v* umdecken, neu decken *(Dach)*
retired embankment *(Wsb)* Rückstaudamm *m*, Sturmdeich *m*
retouch *v* ausbessern *(Anstriche)*
retrace *v* nachziehen *(z. B. Zeichnungen mit Farbe)*
retractable einschiebbar
retraactable roof einziehbares Dach *n*
retracted position zurückgezogener Zustand *m*
retreat *v* nachbehandeln
retreat 1. Rücksprung *m*, Rückversatz *m*; 2. Nachbehandlung *f*, 3. Pflegeheim *n (meist privat)*
retreatment Oberflächennachbehandlung *f (Straße)*
retro-choir *(Arch)* Retrochor *m (Umgang hinter dem Hochaltar englischer Kathedralen der Gotik)*
retro-quire *s.* retro-choir
retrofit *v* umbauen, umrüsten, nachrüsten *(z. B. Heizungsanlagen)*
retrofitting Umbauen *n*, Umrüsten *n*
retroflection Retroflexion *f*
retrogressive erosion rückwärts schreitende Korrosion *f*
return *v (HLK)* zurückführen, zurückleiten; zurückfließen, zurücklaufen
return *v* **to earth** *(El)* erden, an Masse legen
return 1. Zierleistenrückführung *f*, Zierkantenumlenkung *f*, 2. *(HLK)* Rückführung *f*, Rückleitung *f*, Rücklauf *m*
return air Rückluft *f*
return-air duct *(HLK)* Rückluftkanal *m*
return-air intake Rück(lauf)lufteintritt *m*
return-air system *(HLK)* Rückluftanlage *f*
return bead Perlstabumlenkung *f*
return bend Doppelbogen *m*, Doppelkrümmer *m*
return flow Rücklauf *m*, Rückfluss *m*
return grill Luftabzugsgitteröffnung *f*
return line *(HLK)* Rücklaufleitung *f*
return mains *(HLK)* Rücklaufleitungen *fpl*
return pipe Rücklaufrohr *n*, Rückflussrohr *n*, Rück(lauf)-leitung *f*, Heizungsrücklaufrohr *n*
return system Rückluftsystem *n (Klimaanlage)*
return temperature Rücklauftemperatur *f*
return tube *s.* return pipe
return wall Flügel(stirn)mauer *f*
return water Rücklaufwasser *n*
returned moulding Zierkantenbogen *m*, Zierkantenabknickung *f*
reuplift *(Erdb)* Wiederanstieg *m (Grundwasser)*
reusable wiederverwendbar
reusable waste product wiederverwertbares Abfallprodukt *n*
reuse *v* wiederverwenden, wiederverarbeiten
reuse Wiederverwendung *f*
revalé am Bauwerk eingehauenes Steinornament *n*
revalidation Gültigkeitserneuerung *f*, Gültigkeitsverlängerung *f*
revamp *v* 1. ausbessern, flicken; 2. rekonstruieren, neu machen
revarnish *v* überfirnissen, nachfirnissen
reveal *v* aufdecken, zum Vorschein bringen; enthüllen, zeigen
reveal Leibung *f*, Laibung *f (Fenster, Tür)*
reveal lining Türleibungsverkleidung *f*
reveal pin Gerüstwandklammer *f*
reveal scuncheon Türleibung *f*
revegetation Rekultivierung *f*
revent pipe direkte Abflussleitung *f*, individueller Abfluss *m*
reverberant nachhallend, hallig; Hall... *(Bauakustik)*
reverberant level Nachhallpegel *m*
reverberant room Nachhallraum *m*
reverberant sound Nachhallschall *m*
reverberant sound absorption coefficient Nachhallschluckbeiwert *m*
reverberation Nachhall *m*, Hall *m*, Widerhall *m (Bauakustik)*
reverberation chamber Nachhallraum *m*
reverberation control Nachhallregulierung *f*
reverberation damping Nachhalldämpfung *f*
reverberation level Nachhallschallpegel *m*
reverberation sound Nachhall *m*
reverberation time Nachhallzeit *f*
reverberatory hallig *(Bauakustik)*; reflektierend, zurückstrahlend *(z. B. Wärme)*
reversal 1. Wechselbeanspruchung *f*, Lastspiel *n*; 2. Umkehrung *f*
reversal drum Umkehrtrommel *f (Mischer)*
reversal form Umkehrform *f (Zweigelenkrahmen)*

reversal of moments Momentenumkehr *f*
reversal of slope *(Erdb)* Gegenhang *m*
reversal of stress Lastwechsel *m (Festigkeit)*
reversal ogee moulding *(Arch)* steigendes Karnies *n*, steigende Karniese *f*
reversal side Rückseite *f*
reverse gegensinnig, umgekehrt, entgegengesetzt, revers, invers
reverse 1. Gegenseite *f*, Rückseite *f*; 2. Lehre *f*, Lehrbrett *n*, Schablone *f*; 3. Verkröpfung *f*; 4. *(HLK)* Umkehr *f*, Umkehrung *f (z. B. Steuersystem)*
reverse acting diaphragm valve reversierendes Ventil *n*
reverse bending Rückbiegung *f*
reverse bending strength Biegewechselfestigkeit *f*
reverse bendings Biegeschwingungen *fpl*
reverse bevel nach außen gerichtete Gehrung *f (Tür)*
reverse curve *(Verk)* Gegenkurve *f*, S-Kurve *f*
reverse door *s.* reverse-swing door
reverse flow filter Gegenstromfilter *n*
reverse gradient Gegenneigung *f*
reverse-swing door auswärts öffnende Tür *f*, Tür *f* mit Öffnung in Gegenrichtung
reversed umgekehrt, gegenläufig, gegensinnig
reversed arch Entlastungsbogen *m*, Gegenbogen *m*, verkehrter Bogen *m*; Erdbogen *m*
reversed bending strength Biegewechselfestigkeit *f*
reversed curve *(Verk)* Gegenkrümmung *f (Schiene)*
reversed direct stress Zug-Druck-Wechselbeanspruchung *f*
reversed ogee arch Karniesbogen *m*
reversed system Umkehrsystem *n*
reversed vault Kontergewölbe *n*, Gegengewölbe *n*, Grundgewölbe *n*, Erdgewölbe *n*, Sohlengewölbe *n*
reversed zigzag moulding Zickzackzierkante *f*
reversible umkehrbar, reversibel
reversible grating umkehrbares Gitterwerk *n*
reversible lane *(Verk)* Richtungswechselspur *f*, Umkehrspur *f*
reversible lane system Richtungswechselverkehr *m*, Wechselspurverkehr *m*
reversible level *(Verm)* Reversionslibelle *f*, Reitlibelle *f*
reversible lock umdrehbares Schloss *n*
reversible window Drehfenster *n*
reversing-drum mixer Freifallmischer *m* mit Gegenlaufentleerung
reversion of sealants Dichtungsstreifenzerstörung *f (durch chemische Reaktion)*
revet *v* verkleiden, abdecken *(Böschung, Fundament)*
revetment 1. Verkleidung *f*, Böschungsverkleidung *f*, Böschungsschutz *m*, Böschungserosionsschutz *m*, Uferschutz *m*; Baugrubensicherung *f*; 2. *s.* revetment wall; 3. Gebäudeverkleidung *f*
revetment of slopes Böschungsabdeckung *f*, Uferbefestigung *f*
revetment of the banks Uferdeckwerk *n*, Uferschutz *m*
revetment wall Verkleidungsmauer *f*, Futtermauer *f*, Stützmauer *f*
revibration Nachrütteln *n*, Nachverdichtung *f (von Beton)*
review Rückblick *m*; Überprüfung *f*, Inspektion *f*, Rezension *f*
revise *v* 1. überprüfen; 2. berichtigen; überarbeiten, umarbeiten *(Plan)*
revise drawing Revisionszeichnung *f*, korrigierte Bauzeichnung *f*
revised tender Nachtragsangebot *n*
revision Überarbeitung *f*
revitalization Wiederbeleben *n*, Neubelebung *f (von Stadtkernen)*
revitalize *v* 1. neu beleben, wiederbeleben *(z. B. Stadtzentren)*; 2. regenerieren
revival *(Wsb)* Verjüngung *f (Fluss)*
Revival architecture Wiedergeburtsarchitektur *f (19. Jahrh.)*; Neugotik *f*, Neogotik *f*
revive 1. *s.* revitalize; 2. *(Wsb)* verjüngen *(Fluss)*
revived wiederbelebt; erholt
revived Gothic style Neugotik *f*, Neogotik *f*, posthume Gotik *f*
revived river *(Wsb)* verjüngter Fluss *m*
revolution 1. Umdrehung *f*, Tour *f (Größe)*; 2. Umlaufen *n*
revolving apartment tower Drehwohnhochhaus *n*
revolving crane Drehkran *m*, Schwenkkran *m*
revolving door Dreh(flügel)tür *f*
revolving floor restaurant Drehrestaurant *f*
revolving leaf Drehflügel *m (Fenster, Tür)*
revolving platform Drehplattform *f*
revolving position Drehstellung *f*
revolving screen Siebtrommel *f*, Trommelsieb *n*
revolving shelf rundes, schwenkbares Küchenabstellregal *n*
revolving shutter Rollladen *m*
revolving sprinkler Drehsprenger *m*
revolving stage Drehbühne *f*
revolving tower crane Turmdrehkran *m*
rework *v* 1. nacharbeiten; 2. aufarbeiten, regenerieren
rework Nacharbeit *f*
reworking 1. Nacharbeit *f*, Nacharbeiten *n*; 2. Aufarbeitung *f*, Umgestaltung *f*
rez-de-chaussée Erdgeschoss *n*
rezoning plan Zonenneuordnungsplan *m*
R.H. *s.* Rockwell hardness
rheological behaviour Fließverhalten *n*
rheological property rheologische Eigenschaft *f*, Fließeigenschaft *f*
rheology Rheologie *f*, Fließlehre *f (Baustoffe)*
rheometer Rheometer *n*
rheopexy Rheopexie *f*, Fließverfestigung *f*
rheostat *(El)* Rheostat *m*, Widerstandsregler *m*
rhomb *s.* rhombus
rhombic dodecahedron Rhombendodekaeder *n*
rhombus Raute *f*, Rhombus *m (Geometrie)*
rhomboidal rautenförmig, rhomboidisch
rhyolite Rhyolit *m*
rhyolitic tuff Rhyolittuff *m*
rib *v* 1. mit Rippen versteifen; 2. riffeln, rippen
rib 1. Rippe *f (zur Versteifung)*; Gewölberippe *f*; Steg *m (eines Betonträgers und T-Trägers)*; 2. Rippe *f*; 3. französische Leiste *f (Metallbedachung)*
rib and panel vault Rippenplattengewölbe *n*
rib and tile floor system Hohlkörperdeckenkonstruktionssystem *n*
rib depth Rippenhöhe *f*
rib floor slab construction Rippenplatten(decken)bauweise *f (Ortbetonbauweise)*
rib-groined vault Rippenkreuzgewölbe *n*
rib intersection Rippenschnittpunkt *m*
rib lath Rippenleiste *f*, Verstärkungsrippenleiste *f*
rib loading Rippenbelastung *f*
rib mesh Streckmetall *n*, Streckgitter *n*
rib of an arched roof Grat(bogen) *m*
rib of column Säulenrippe *f*
rib of dome *(Arch)* Zunge *f* der Kuppel, Kuppelzunge *f*
rib of planks Bohlenlehrgerüst *n*
rib-profile Rippenprofil *n*
rib roof französisches Leistendach *n*
rib slope Rippenneigung *f*
rib spacing Rippenabstand *m*
rib-span forms Rippendeckenschalung *f*
rib-strengthened rippenversteift

rib system Rippennetz *n*, Rippenwerk *n*, Rippensystem *n*
rib-vaulted church Rippengewölbekirche *f*
rib-vaulted construction Rippengewölbebau *m*
rib-vaulted edifice Rippengewölbebauwerk *n*
RIBA *(Royal Institute of British Architects)* Britischer Architektenverband *m*
ribband *(AE) (Hb)* Riegel *m*, Verbindungsholz *n*, Verbindungsstück *n*
ribbed gerippt
ribbed arch gerippter Bogen *m*, Rippenbogen *m*
ribbed bar Rippenstahl *m (Bewehrung)*
ribbed beam Rippenbalkenträger *m*
ribbed ceiling Rippendecke *f*
ribbed cement flooring slab Stegzementdiele *f*
ribbed clay brick floor Ziegelrippendecke *f*
ribbed concrete floor Stahlbetonrippendecke *f*
ribbed cupola [dome] Rippenkuppel *f*
ribbed floor Rippendecke *f*
ribbed floor slab construction Rippenplatten(decken)-bauweise *f (Ortbetonbauweise)*
ribbed floor with hollow stone fillers Stahlsteindecke *f*
ribbed fluting ausgekehlte Rippung *f*, Kehlriefelung *f*
ribbed forme Rippenschalung *f*
ribbed girder Rippenträger *m*
ribbed glass Riffelglas *n*
ribbed heater Rippenheizkörper *m*
ribbed heating tube Lamellenrohr *n (Heizung)*
ribbed intented bar Nockenrippenstab *m*
ribbed joint französische Leistenverbindung *f*
ribbed panel Rippenplatte *f*, Stahlbetonrippenplatte *f (Wandtafel)*
ribbed peforated metal Rippenlochmetall *n*
ribbed profile Rippenprofil *n*
ribbed radiator Rippenheizkörper *m*
ribbed reinforcement Betonrippenstahl *m*
ribbed section Rippenprofil *n*
ribbed shape Rippenprofil *n*
ribbed slab Rippenplatte *f*, Stahlbetonrippenplatte *f*, Rippendecke *f*
ribbed slab filler Deckenfüllkörper *m*
ribbed steel (bar) Rippenstahl *m*
ribbed surface gerippte Oberfläche *f*, Rippenoberfläche *f*
ribbed trim Rippenprofil *n*
ribbed tube Rippenrohr *n*, Lamellenrohr *n*
ribbed vault Rippengewölbe *n*, Gurtgewölbe *n*
ribbing Rippenversteifung *f*, Rippenkonstruktion *f*
ribbon Bandleiste *f*, Streifenleiste *f*, Schalleiste *f (für Schalungen)*
ribbon and tower housing estate Bandwurm- und Turmsiedlung *f*
ribbon board Horizontalunterstützungsleiste *f*
ribbon building Bandbebauung *f*
ribbon clay Bänderton *m*
ribbon course Dachdeckungspattern *n*, Eindecksystem *n (mit wechselnder sichtbarer Ziegellänge)*
ribbon development Zeilenbebauung *f*, Bandbebauung *f (entlang von Straßen)*; strahlenförmige Vorstadtentwicklung *f*
ribbon gneiss Lagengneis *m*, Bändergneis *m*
ribbon-grained wood gestreiftes Holz *n*
ribbon loading Gleichzeitigkeitsbeschickung *f*
ribbon rail Metallhandlauf *m (für Treppen)*
ribbon rails *(AE) (Verk)* stoßfreier Schienenstrang *m*, durchgehend geschweißte Schienen *fpl*
ribbon saw Bandsäge *f*
ribbon strip eingelassenes Querträgerstützholz *n (an den Jochsäulen)*
ribbon-stripe veneer Furnier *n* mit abwechselnd hellen und dunklen Streifen
ribbon windows Fensterband *n*, Bandfenster *n*, Langfenster *n*, geschlossene Fensterreihe *f*
ribboned *(Bod)* gebändert
ribless rippenlos, rippenfrei
rice starch paste Reisstärkekleister *m*
rich 1. fett *(z. B. Beton)*; 2. satt, kräftig *(Farbe)*
rich clay fetter Ton *m*
rich concrete fetter Beton *m*, zementreiche Betonmischung *f*
rich in contrast kontrastreich
rich in iron eisenreich
rich in lime kalkreich
rich in woodlands waldreich
rich lime Fettkalk *m*, Weißkalk *m*
rich lump lime Weißstückkalk *m*
rich mix(ture) fette Mischung *f*, fettes Gemisch *n*
rich mortar fetter [feinstoffreicher, bindemittelreicher] Mörtel *m*, Fettmörtel *m*
rich quicklime Weißbranntkalk *m*
rich soil fetter Boden *m*
richly decorated reich verziert, reich geschmückt
richly ornamented reich verziert, reich geschmückt
richness of detail Detailreichtum *m*
Richter scale Richterskala *f*
ricker Rundholzstange *f*
rickers Rundhölzer *npl*
rickety baufällig, verfallen
rid *v* ausfahren; entlanggleiten
ride *v* fahren
rideability *(Verk)* Befahrbarkeit *f*
rideability index *(Verk)* Befahrbarkeitswert *m*
riddle *v* durchsieben, grobsieben, absieben
riddle Durchwurfsieb *n*, Grobsieb *n*, Rüttelsieb *n*
riddling Durchwerfen *n*, Grobsiebung *f*, Rüttelsieben *n*
rider 1. Laufgewicht *n*; 2. Strebe *f*
rider cap *s.* pile cap
rider strip 1. Kopfplatte *f*, Deckenflacheisen *n*; 2. First *m*, Firstlinie *f (Dach)*
ridge *v* riefen, mit Rillen versehen, furchen
ridge 1. First *m*, Dachfirst *m*; Firstlinie *f*; 2. Rücken *m*; Steg *m*; Wulst *f(m)*; 3. Bergrücken *m*; Kamm *m*, Gebirgskamm *m*; 4. Riefe *f*, Rille *f*; Rippenfurche *f*
ridge batten *s.* ridge roll
ridge beam Firstbalken *m*, Firstbohle *f*
ridge board Firstbohle *f*, Firststück *n*
ridge cap(ping) Firstabdeckung *f*, Firsthaube *f*
ridge capping tile Firstkappe *f*
ridge cresting *(Arch)* Dachfirstkrönung *f*, Dachfirstverzierung *f*, Dachfirstkrone *f*
ridge corner tile Firstecke *f (Ziegel)*
ridge course Firstschar *f*
ridge covering *s.* ridge cap(ing)
ridge cut Sparrenschnitt *m*
ridge extract ventilator Dachentlüftung *f*, Dachlüftung *f*
ridge fillet Säulenkopfzierleiste *f*
ridge folding Firstfaltung *f*
ridge form Firstausbildung *f*
ridge girder Firstträger *m*
ridge height Firsthöhe *f*
ridge joint Firstpunkt *m*
ridge lantern Dachreiter *m*, Dachlaterne *f*
ridge line Firstlinie *f*, Dachförste *f*, Förste *f*
ridge line piece Firstbalkenträger *m*
ridge piece *s.* ridge board
ridge plate Firstblech *n*, Gratblech *n*
ridge point Firstpunkt *m*
ridge purlin Firstpfette *f*, Scheitelpfette *f*
ridge rib Scheitelrippe *f*, Gewölberippe *f*
ridge roll 1. Firstschnörkel *m*, rundes Firstdeckholz *n*; 2. runde Metallfirstabdeckung *f*

ridge roof Satteldach *n*
ridge saddle board *s.* ridge board
ridge shingle Firstschindel *f*
ridge starting tile Firstanschlussziegel *m*, Firstabfänger *m*, Walmanfänger *m*
ridge stop Firstabdeckverbindungsblech *n (an einer Wand)*
ridge tile Firstziegel *m*, Firststein *m*
ridge-to-ridge folding First-zu-Firstfaltung *f*
ridge-to-valley folding First-zu-Kehlefaltung *f*
ridge tree *s.* ridge purlin
ridge turret Dachreiter *m*
ridge-type rooflight Firstoberlicht *n*
ridge-type skylight Firstraupe *f*
ridge ventilation cap Entlüftungsfirstkappe *f*
ridge ventilator Firstlüfter *m*, Firstentlüfter *m*
ridged zweihängig *(Dach)*
ridging 1. Firstabdeckung *f*; 2. Faltenbildung *f*, Blasenbildung *f (Dachhaut)*
riging quality *(Verk)* Fahrkomfort *m*
riding trail Reitweg *m*
riffle *v* riffeln, furchen
riffle file Riffelfeile *f*, Riffeleisen *n*
rifle range Gewehrschießstand *m*
riffler Raspel *f*, Lochfeile *f (Rundfeile)*
rift *v* aufreißen, (auf)springen; sich spalten
rift 1. Spalte *f*, Riss *m (im Gestein)*; 2. Spaltrichtung *f (Naturstein)*; 3. Sprung *m*, Riss *m*
rift-grained schräg geschnitten *(Holz)*
rift-sawn zu Hobelbrettern gesägt
rig *v* **(up)** (ein)rüsten; 2. montieren; aufstellen *(z. B. Anlagen)*; 3. verspannen, abspannen
rig 1. Ausrüstung *f (für spezielle Zwecke)*; Anlage *f*; 2. Pfahlrammanlage *f*, Rammgestell *n*; Dreibock *m*; Bohranlage *f*
rig operator *(Bod)* Geräteführer *m*, Bohrgeräteführer *m*
rigger 1. Monteur *m (z. B. für Krane)*; Metallgerüstbauer *m*; 2. Langhaar(präzisions)pinsel *m*
rigger's scaffold Monteurgerüst *f*, Monteurrüstung *f*
rigging 1. Aufbau *m*, Montage *f (von Anlagen, Einrichtungen)*; 2. Abspannung *f*, Verspannung *f (bei Montage)*
rigging line Abspannseil *n*
riggot Regenwassereinlauf *m*
right *v* aufrichten, in senkrechte Lage bringen; ins Gleichgewicht bringen; sich aufrichten
right gerade, aufrecht, stehend
right angle rechter Winkel *m*
right-angled rechtwinklig, winkelrecht, im rechten Winkel
right angularity Rechtwinkligkeit *f*
right bearing rechtes Auflager *n*
right-hand designation Rechtsbezeichnung *f*
right-hand door rechts aufschlagende Tür *f*, Rechtstür *f*
right-hand hinge Rechtsband *n (Tür- und Fensterbeschläge)*
right-hand lock Rechtsschloss *n*, rechtes Schloss *n*
right-hand reverse door rechtsgehängte Tür *f*
right-hand side tile Rechtsziegel *m (Dachziegel)*
right-hand stairway Treppe *f* mit Handlauf rechtsseitig in Steigungsrichtung
right-hand traffic Rechtsverkehr *m*
right line Gerade *f*
right-lined geradlinig
right of first refusal Vorkaufsrecht *n*
right of sale Verkaufsrecht *n*
right-of-way 1. Trasse *f (vom Staat beanspruchtes Gelände für Straßen, Eisenbahn)*; 2. *(AE)* Geländestreifen *m* mit Bau- und Unterhaltungsrecht für Leitungen und Trassen; Leitungstraßengelände *n*; 3. *(AE)* Wegerecht *n*, Vorfahrtsrecht *n*
right to claim under guarantee Garantieanspruch *m*
right turn filter [lane] *(Verk)* Rechtsabbiegespur *f*
rightful owner rechtmäßiger Besitzer *m*
rightward skew slab rechtsschiefe Platte *f*
rigid 1. starr, (biege)steif, unbiegsam; hart *(z. B. Baustoffe, Kunststoff)*; 2. starr, nicht verschiebbar; eingespannt; gelenklos; 3. standsicher
rigid arch eingespannter [gelenkloser] Bogen *m*
rigid bearing 1. starres Auflagern *n*; 2. steifes Auflager *n*
rigid body starrer Körper *m*
rigid body motion Starrkörperbewegung *f*
rigid concrete frame Betonstarrrahmen *m*, Betonsteifrahmen *m*
rigid connection starre Verbindung *f*
rigid construction system starre Konstruktion *f*, steifes Konstruktionssystem *n*, starres Bausystem *n*
rigid end-restraint starre Einspannung *f*, steife Einspannung *f*
rigid expanded phenol resin Phenolharzhartschaum(stoff) *m*
rigid expanded polyester Polyesterhartschaum(stoff) *m*
rigid fixing Einspannung *f*
rigid foam fester [harter] Schaumstoff *m*, Hartschaum(stoff) *m*
rigid foam adhesive Hartschaumkleber *m*
rigid foam building unit Hartschaumstoffbauelement *n*
rigid foam core panel Hartschaumkernwandtafel *f*
rigid foam filling Hartschaumfüllung *f*
rigid foam plastic Hartschaumkunststoff *m*
rigid foam plastic insulating material Hartschaumkunststoff-Dämmstoff *m*
rigid foam plastic sheet Hartschaumkunststoffplatte *f*
rigid foundation starre Gründung *f*
rigid frame steifer [starrer] Rahmen *m*, Steifrahmen *m*, Skelettrahmen *m*
rigid-frame bridge *(Verk)* Rahmenträgerbrücke *f*
rigid frame construction steifer Skelettbau *m*, Steifrahmenbau *m*
rigid framework steifes [starres] Skelett *n (Skelettbauweise)*
rigid insulating foam Dämmhartschaumstoff *m*
rigid insulation Hartplattendämmung *f*
rigid insulation board Hartdämmplatte *f*, steife Dämmplatte *f*
rigid insulation material Hartdämmmaterial *n*, Hartdämmstoff *m*
rigid joint steife Knotenpunktverbindung *f*, biegesteifer Anschluss *m*
rigid-jointed steifknotig, biegesteif verbunden
rigid-jointed flat frame steifknotiger ebener Rahmen *m*
rigid lock vormontiertes Türschloss *n*
rigid metal conduit *(El)* (steifes) Kabelführungsrohr *n*
rigid mould biegesteife Form *f*
rigid nodal point Skelettknotenpunkt *m*, starre Knotenverbindung *f*
rigid pavement starre Befestigung *f*, starrer Belag *m*, starre Fahrbahnbefestigung *f (Straße)*
rigid pin-jointed purlin feste Gelenkpfette *f*
rigid plastic theory steife Plastizitätslehre *f*
rigid point of support fester Stützpfeiler *m*
rigid polyester foam Polyesterhartschaum *m*
rigid polyethylene Hartpolyäthylen *n*
rigid polystyrene foam Polystyrolhartschaum *m*
rigid polythene pipe Hartpolyäthylenrohr *n*, Hart-PE-Rohr *n*
rigid polyurethane foam Polyurethanhartschaum *m*
rigid PVC Hart-PVC *n*
rigid reinforcement steife Bewehrung *f*
rigid rod starrer [biegesteifer] Rundstab *m*
rigid sheet Hartbauplatte *f (Trockenbau)*

rigid structural system *s.* rigid construction system
rigid structure starres Bauwerk *n*, steifes Bauwerk *n*
rigid support starre Auflage *f*, steife Auflage *f*, starres Auflager *n*, steifes Auflager *n*
rigid system starre Konstruktion *f*, steife Konstruktion *f*, starres Bausystem *n*, steifes Bausystem *n*
rigid theory strenge Theorie *f*
rigid venyl Hart-PVC *n*
rigid venyl pipe Hart-PVC-Rohr *n*
rigidity 1. *(Stat)* Starrheit *f*, Steife *m*, Steifigkeit *f*; Steife *f* *(Rahmenelement)*; Biegesteifigkeit *f*, Starrheit *f*; 2. Standfestigkeit *f*; 3. *s.* shear modulus
rigidity condition Steifigkeitsbedingung *f*, Starrheitsbedingung *f*
rigidity factor Steifigkeitsfaktor *m*, Starrheitsfaktor *m*
rigidity loss Steifigkeitsverlust *m*
rigidity matrix Steifigkeitsmatrix *f*, Starrheitsmatrix *f*
rigidity modulus Schubmodul *m*, Schermodul *m*
rigidly jointed framework Rahmen *m* mit starren Ecken
rigidly restrained starr eingespannt
rigorous *(Stat)* streng, exakt
rill Rinne *f*, Rinsal *n*
rillet Bächlein *n*
rim 1. Rand *m*, Außenrand *m (eines runden Gegenstands)*; 2. Fensterflügelbeschläge *mpl (außer Scharnieren)*; Türblattbeschläge *mpl (außer Scharnieren)*
rim beam Randbalken *m*, Randträger *m*
rim latch aufgesetzter Türdrücker *m*
rim lock Kastenschloss *n*, Aufsatzschloss *n*
rim strain Randspannung *f*
rima Kluft *f*, Riss *m (Geologie)*
rime Leitersprosse *f*, Sprosse *f*
rimming steel unberuhigter Stahl *m*
rinceau gewundenes Pflanzenornament *n*
rind gall Rindengalle *f (Holz)*
ring 1. Ring *m*, Kreis *m*; 2. Ring *m*, Glied *n (Kette)*; Öse *f*
ring-and-ball method Ring-(und-)Kugelmethode *f (zur Bestimmung des Erweichungspunkts)*
ring-and-ball softening point Erweichungspunkt *m* mit Ring und Kugel *(Bitumen)*
ring beam Ringanker *m*, Ringbalken *m*, Ringträger *m*
ring cable Ringseil *n*
ring compression theory *(Tun)* Ringdruckverfahren *n*
ring course Bogenaußenschicht *f*
ring footing Ringfundament *n*
ring foundation Ringgründung *f*
ring gasket Dichtungsring *m*
ring girder Ringträger *m*
ring ground system *(AE)* Ringerdersystem *n*
ring joint Ringfuge *f*
ring joist Ringbalken *m*
ring latch (runder) Türdrücker *m*, Türdrückerring *m*
ring louver *(AE)* ringförmige Beleuchtung *f*, Ringraster *m*, Lichtraster *m (einer Leuchte)*
ring louvers *(AE)* konzentrische Beleuchtungsringe *mpl*
ring main 1. Ringleitung *f*, Sammelleitung *f (Rohrleitung)*; 2. *(El)* Ringleitung *f*, Ringnetz *n*
ring of columns Säulenring
ring of growth Jahresring *m (Holz)*
ring of statues *(Arch)* Statuenkranz *m*
ring peg *(Verm)* Absteckpflock *m*, Markierungspfahl *m*
ring road 1. Ring *m*, Ringstraße *f*; 2. Umgehungsstraße *f*, Tangente *f*
ring shake Ringriss *m*, Kernschäle *f (Holz)*
ring-shaky kernschälig *(Holz)*
ring-shank nail Ringkopfnagel *m*
ring-shaped ringförmig
ring-shear test Ringschertest *m*
ring slab Ringplatte *f*
ring-stiffened ringversteift
ring stiffening Ringaussteifung *f*
ring stone Bogenrandstein *m*, Gewölbefrontstein *m*
ring strainers Ringverspannung *f*
ring wall Ringwall *m*
ring water main Ringwasserleitung *f*
ring work Ringmauer *f*
ringed column *(AE) s.* banded column
ringing mechanism Läutewerk *n*
ringing wire Klingeldraht *m*
rink 1. Eislaufanlage *f*, Eishockeyanlage *f*; 2. Rollschuhbahn *f*
rinsability Ausspülbarkeit *f*
rinse *v* (ab)spülen; ausspülen; abwaschen
rinse *v* **away** abspülen
rinse 1. Spülen *n*, Ausspülung *f*, Ausspülen *n*; 2. Spülmittel *n*
rinse valve Spülventil *n*
rinse water Spülwasser *n*
rinsed abgespült; ausgespült; abgewaschen
rinser *(San)* Spüler *m*, Spülapparat *m*
rinsing 1. *s.* rinse; 2. Spülflüssigkeit *f*
rinsing box *(San)* Spülkasten *m*
rinsing water Spülwasser *n*
riotous welter of ornament *(Arch)* Ornamentgewoge *n*
rip *v* 1. aufreißen *(Boden)*; stockroden; 2. längssägen *(Holz)*
rip hartes Gestein *n*
rip-rap Steinschüttung *f*, Steinpackung *f*, Steindeckwerk *n*, Steinvorlage *f (unregelmäßig, aus sehr großen Natursteinblöcken)*
rip-rap coarse rock Grobfelsgestein *n (für Fundamente)*
rip-rap stone Rigolstein *m (Naturbruchstein)*
rip-rapping *s.* rip-rap
rip-saw Längsschnittsäge *f*
rip-sawing Längssägen *n*, Längsschneiden *n*, Längsschnitt *m*, Sägen *n* in Holzfaserrichtung
riparian am Ufer liegend; Ufer...
riparian lands Ufergelände *n*
riparian right Wassernutzungsrecht *n* für das ans Grundstück angrenzende Gewässer
rippability Reißbarkeit *f*
ripper Straßenaufbruchhammer *m*, Straßenaufreißer *m*
ripping 1. Aufreißen *n (z. B. von Boden)*; Abbrechen *n*; 2. *s.* rip-sawing
ripping bar Brecheisen *n*, Brechstange *f*
ripping chisel 1. *(Hb)* Stechbeitel *m*; 2. Rolleneisen *n*, Rindentrenneisen *n*
ripping size Trenngröße *f (Holz)*
ripple finish Wellenmuster *n*, Kräuseleffekt *m (Anstrich)*
ripple metal sheet Rippenfeinblech *n*
rippled wellig
rippled glass Kathedralglas *n*
rippling Verbiegung *f (eines Rahmens)*
riprap grobes Gesteinsmaterial *n*; Steinpackung *f*, Steinschüttung *f*
rise *v* 1. sich erheben, emporragen *(z. B. Gelände, Bauwerk)*; 2. (an)steigen *(Gelände)*; 3. (an)steigen, sich erhöhen *(z. B. Temperatur, Werte)*; 4. aufquellen; sich bauchen *(Baustoff)*; 5. (an)schwellen, ansteigen *(Wasserlauf)*; 6. anlaufen *(z. B. Mauer, Gewölbe, Pfeiler)*
rise 1. Steigung *f (eines Geländes)*; Erhebung *f*, Anstieg *m (im Gelände)*; 2. Pfeilhöhe *f*, Stichhöhe *f*, Stich *m (eines Gewölbes)*; 3. Steigungshöhe *f*, Treppensteigung *f*, Stufenhöhe *f*; 4. Ansteigen *n*, Steigen *n*, Erhöhung *f*, Zunahme *f (z. B. von Temperaturen, Werten)*
rise and run *s.* rise-to-run ratio
rise of arch Stich *m* [Pfeil *m*] des Bogens
rise of stair(case) tread Steigung *f* einer Stufenhöhe
rise ratio Pfeilverhältnis *n (Gewölbe)*

rise/run ratio *s.* rise-to-run ratio
rise-span ratio Pfeilhöhenverhältnis *n*, Stichhöhenverhältnis *n*
rise-to-run ratio Steigungsverhältnis *n*, Steigmaß *n*, Trittmaß *n (Treppe)*
riseboard *s.* riser board
riser 1. Steigleitung *f*; Steigrohr *n*; 2. Klimaanlagenhauptkanal *m*; 3. *s.* riser board
riser board Setzstufe *f*, Futterstufe *f (Treppe)*
riser height Setzstufenhöhe *f*, Tritthöhe *f (Treppenstufe)*
riser main *s.* rising main
riser pipe Steig(leitungs)rohr *n*
riserless setzstufenlos, futterstufenlos
rising 1. aufgehend *(Mauerwerk)*; 2. steigend *(z. B. Flüssigkeiten, Druck)*; 3. unberuhigt *(Stahl)*
rising *(Wsb)* Anstauung *f*
rising arch steigender Bogen *m*
rising barrel vault steigendes Tonnengewölbe *n*
rising duct *(HLK)* Steigkanal *m*
rising electrical main *(El)* Steigleitung *f*
rising gradient Steigung
rising ground Geländeschwelle *f*, Bodenerhebung *f*
rising height Pfeilhöhe *f*, Bogenstich *m*
rising hinge ansteigende Türangel *f*, Spiralgangtürangel *f*
rising humidity aufsteigende Feuchtigkeit *f*
rising main Steigleitung *f*, Wassersteigleitung *f (Frischwasser)*; Fallleitung *f (Abwasser)*
rising moisture aufsteigende Feuchtigkeit *f*
rising pipe Steig(leitungs)rohr *n*
rising piping Steigrohrleitung
rising scaffold [stage] bridge Laufbrücke *f*, Gerüsthubbrücke *f*
rising service pipe Versorgungssteigrohr *n*
rising steel structure Stahlhochbauwerk *n*
rising steel structures Stahlhochbauten *mpl*
rising strength zunehmende Festigkeit *f*, ansteigende Festigkeit *f*
rising structures Hochbauten *mpl*
rising tubing Steigleitung *f*, Steigrohr *n*
rising vault einhüftiges Gewölbe *n*, ansteigendes Gewölbe *n*, geschobenes Gewölbe *n*
rising wall aufgehende Mauer *f*
risk Risiko *n*, Wagnis *n*; Gefahr *f*
risk allowance Risikozuschlag *m*
risk assessment Risikoeinschätzung *f*; Gefahrenanalyse *f*
risk evaluation Risikobewertung *f*
risk of buckling Knickgefahr *f*
risk of corrosion Korrosionsgefahr *f*
risk of erosion Erosionsgefahr *f*
risk of fire Feuergefahr *f*
risk of rot Gefahr *f* von Holzfäule
risk of rusting Rostgefahr *f*
risk of segregation Entmischungsgefahr *f (Mörtel, Beton)*
risk taking Risikoübernahme *f*; Rücksichtslosigkeit *f*
riskiness Gewagtheit *f*, Risikobereitschaft *f*
risks from radon Radonrisiken *npl*
Ritter's dissection Ritter'scher Schnitt *m (zur Ermittlung der Stabkräfte vom Fachwerk)*
Ritter's equation of moments Ritter'sche Momentengleichung *f*
Ritter's method of dissection Ritter'sches Schnittverfahren *n*
rive *v* spalten *(z. B. Holz)*; Schindeln ausspalten
rivelling Runzeln *n*, Faltenbildung *f (Anstrich)*
riven lath gespaltene Leiste *f*, Spaltlatte *f*
river Fluss *m*, Strom *m*
river and lake protection Gewässerschutz *m*
river bank Flussufer *n*
river basin Fluss(einzugs)gebiet *n*, Flussbecken *n*
river bed Flussbett *m*
river bend Flussbogen *m*
river changing *(Wsb)* Flussverlagerung *f*
river control Flussregulierung *f*
river dam Talsperre *f*
river deflection Flussablenkung *f*
river deposit Flussablagerung *f*
river diversion Flussverlegung *f*
river engineering Flussbau *m*
river gradient Flussgefälle *n*
river gravel Flusskies *m*
river improvement Flussregulierung *f*, Flussbau *m*
river levee Flussdeich *m*
river lock Flussschleuse *f*
river-marsh soil Auenboden *m*
river meadow Flussaue *f*
river meander Flussmäander *m*
river mouth Flussmündung *f*
river pebble Flussgeröll *n*
river pier Strompfeiler *m (Brücke)*
river plain Talaue *f*
river pollution Flussverschmutzung *f*
river port Flusshafen *m*, Binnenhafen *m*
river realignement Flussregulierung *f*
river sand Flusssand *m*
river shifting Flussverlegung *f*
river station Flusskraftwerk *n*
river structural works Flussbauten *mpl*
river terrace Flussterrasse *f*
river training Flussregulierung *f*, Flussbau *m*
river training structure Flussbauwerk *n*
river training work Flussbauarbeiten *fpl*, Flussregulierung *f*
river training works Flussbauten *mpl*, Flussbauwerke *npl*
river valley Flussniederung *f*
river wall Ufermauer *f*; Flussdamm *m*
river weir Flusswehr *n*
river works *s.* river training works
riverlet Flüsschen *n*, Bächlein *n*, Gerinne *n*
riverside Flussufer *n*
riverside soil Auboden *m*
rivet *v* nieten, vernieten, annieten
rivet Niet *m*
rivet arrangement Nietbild *n*
rivet buster Nietquetscher *m*, Nietschneider *m*
rivet calculation Nietberechnung *f*
rivet centres Nietabstand *m*
rivet chisel Nietmeißel *m*
rivet cross-section Nietquerschnitt *m*
rivet dolly Gegenhalter *m*
rivet driving Nietenschlagen *n*
rivet fastening Nietung *f*, Nietverbindung *f (Tätigkeit)*
rivet hammer Niethammer *m*
rivet head Nietkopf *m*
rivet hole Nietloch *n*
rivet interval Nietabstand *m*
rivet joint Nietverbindung *f*, Nietung *f (Nietstelle)*
rivet line Niet(riss)linie *f*
rivet material Nietwerkstoff *m*
rivet pattern Nietanordnung *f*, Nietbild *f*
rivet pitch Nietabstand *m*, Nietteilung *f*
rivet point Nietkopf *m*
rivet set Döpper *m*, Kopfmacher *m*, Nietkopfsetzer *m*
rivet setter *s.* rivet set
rivet shank Nietschaft *m*
rivet snap *s.* rivet set
rivet steel Nietstahl *m*
rivet symbol Nietzeichen *n*
rivet wire Nietdraht *m*

rivetability Nietbarkeit *f*
riveted genietet, aufgenietet; vernietet
riveted butt joint Laschennietung *f*
riveted connection Nietverbindung *f*
riveted flange Nietflansch *m*
riveted frame Nietrahmen *m*
riveted girder Nietträger *m*
riveted joint Nietverbindung *f*, Nietung *f*
riveted lap joint Überlappungsnietverbindung *f*
riveted plate Nietplatte *f*
riveted section Nietfeld *n*
riveted stell pipe genietetes Stahlrohr *n*
riveted tank genieteter Behälter *m*, Nietbehälter *m*
riveted truss genietetes Tragwerk *n*
riveter 1. Nietmaschine *f*, Nietpresse *f*; 2. Nieter *m*
riveting Nieten *n*, Nietung *f*
riveting by hand Handnietung *f*
riveting cup *s.* rivet set
riveting gang Nietkolonne *f*, Nietmannschaft *f*
riveting hammer Niethammer *m*
riveting machine Nietmaschine *f*
riveting press Nietpresse *f*
riveting set [snap] Döpper *m*, Kopfmacher *m*, Nietkopfsetzer *m*
riving knife Schindelspaltmesser *n*, Spaltmesser *n*
rivulet kleiner Wasserlauf *m*; Bach *m*, Bachlauf *m*
road 1. Straße *f*, Landstraße *f*, Außerortstraße *f*; 2. Verkehrsweg *m*; 3. *s.* roadway
road administration Straßen(bau)verwaltung *f*
road ancillaries Straßennebenbetriebe *mpl*, Straßenserviceanlagen *fpl*
road and bridge railings Straßen- und Brückengeländer *npl*
road asphalt Straßenbaubitumen *n*
road ballast Straßenschotter *m*
road base obere Tragschicht *f*
road-bed 1. Schienenunterbau *m*, Schienenkörper *m*, Bahnkörper *m*; 2. Straßenplanum *n*, Straßenunterbettung *f*; 3. meist befahrene Spur *f*, am stärksten beanspruchte Fahrspur *f (einer Straße)*
road bed excavation Auskofferung *f*
road behavoir *(AE)* Straßenverkehrsverhalten *n*
road binder Straßenbaubindemittel *n*
road breaker Straßenaufbruchhammer *m*, Straßenaufbruchmeißel *m*, Straßenaufreißer *m*
road bridge Straßenbrücke *f*
road builder Straßenbauer *m*; Straßenbautechniker *m*
road building Straßenbau *m*; Wegebau *m*
road building line Straßenflucht *f*
road bump Rinnstein *m*, Fanggraben *m (Fahrweg)*
road cant Straßenüberhöhung *f*
road carpet Fahrbahndecke *f*, oberste Deckschicht *f*; Fahrbahnteppich *m*, Teppichbelag *m*
road carpeting Straßen(teppich)belagfertigung *f*, Deckenfertigung *f*
road channel Rinnstein *m*; Straßenrinne *f*
road chippings Straßenbausplitt *m*
road cleaning machine Straßenreinigungsfahrzeug *n*
road closure Straßensperrung *f*
road concrete Straßenbaubeton *m*
road construction Straßenbau *m*; Wegebau *m*
road construction administration [office] Straßenbauamt *n*
road construction machinery Straßenbaumaschine *f*
road construction site Straßenbaustelle *f*
road construction work Straßenbauarbeiten *fpl*
road covering Straßenabdeckung *f*
road crossing Straßenkreuzung *f*, schienengleicher Bahnübergang *m*
road crust Straßenoberbau *m*; Straßenbefestigung *f*
road data Straßendaten *pl*
road defects Straßenschäden *mpl*
road department Straßenbauamt *n*
road design Straßenentwurf *m*, Straßentrassierung *f*
road ditch Straßengraben *m*
road documentation Straßenbuch *n*
road drainage Straßenentwässerung *f*
road draining 1. Straßensickerleitung *f*, Straßensicker *m*; 2. Straßenoberflächenentwässerung *f (Brücke)*
road embankment Straßendamm *m*
road emulsion Straßenbauemulsion *f*
road engineer Straßenbauingenieur *m*
road engineering Straßenbau *m*; Straßenbautechnik *f*
road equipment Straßenausstattung *f*
road fabric Straßenbaumatte *f*
road fill Straßendamm *m*
road finisher [finishing machine] Straßenfertiger *m*, Deckenfertiger *m*, Fertiger *m*
road flooring Fahrbahndecke *f*
road fork Straßengabelung *f*
road form Schalungsschiene *f*, Seitenschalung *f (Straßenbau)*
road foundation Straßengründung *f*, Straßenunterbau *m*; untere Tragschicht *f*; Straßenuntergrund *m*
road friction Fahrbahnreibung *f*, Fahrbahngriffigkeit *f*, Haftreibung *f*
road furniture Straßenausrüstung *f*
road grader Straßenhobel *m*, Straßenplanierer *m*, Grader *m*
road gravel Straßenkies *m*
road gravelling Kiesunterbau *m*, Straßenbeschotterung *f*
road gritting Abstreuen *n (Straße)*
road groover Straßenfräsmaschine *f*
road heater Straßendeckenaufheizgerät *n*
road hump Straßenbuckel *m*, Fahrbahnschwelle *f*, Bodenschwelle *f*, Fahrbahnquerbalken *m*
road identification sign Straßenbezeichnungsschild *n*, Straßennummernschild *n*
road improvement Straßenausbau *m*
road in cutting Straßeneinschnitt *m*, Straße *f* im Einschnitt
road infrastructure 1. Straßenverkehrsnetz *n*; 2. Straßenverkehrsanlagen *fpl*
road inlet Straßensinkkasten *m*, Straßeneinlauf *m*, Gully *m*
road intersection *(AE)* Straßenkreuzung *f*
road joint Straßenfuge *f*, Plattenfuge *f*
road junction Einmündung *f*; Straßenkreuzung *f*
road kettle Gussasphaltkocher *m*
road leveller Straßenwalze *f*
road life Straßennutzungsdauer *f*
road lighting Straßenbeleuchtung *f*
road lighting mast Straßenlichtmast *m*, Straßenleuchtenmast *m*
road-line paint Straßenmarkierungsfarbe *f*
road lining paper Papierunterlage *f*, Straßenbaupapier *n*
road maintenance Straßenunterhaltung *f*, Straßeninstandhaltung *f*
road maker Straßenbauer *m*
road making Straßenbau *m*; Wegebau *m*
road making machine Straßenbaumaschine *f*
road man Straßenwärter *m*
road map Straßenkarte *f*
road marking Fahrbahnmarkierung *f*, Straßenmarkierung *f*
road marking composition [compound] Straßenmarkierungsmasse *f*
road marking machine Straßenmarkierungsmaschine *f*, Strichziehgerät *n*

road marking paint Straßenmarkierungsfarbe *f*
road mat Teppichbelag *m*, Straßenteppichbelag *m*
road material Straßenbaustoff *m*
road measuring wheel Radmessgerät *n*
road mesh Straßenbewehrungsmatte *f*
road metal Straßenschotter *m*, Straßenkies *m*
road metalling 1. Straßenbeschotterung *f*; 2. Schotterdecke *f*
road milling machine Straßenfräse *f*
road mix Straßendeckenmischung *f*
road mixer Bodenvermörtelungsmaschine *f*; Bodenfräse *f*
road narrows Straßeneinengungen *fpl*, Fahrbahneinengungen *fpl*
road network Straßennetz *n*
road oil Flüssigbitumen *n*, langsam abbindendes Verschnittbitumen *n*
road on embankment Straße *f* in Dammlage, Straße *f* im Auftrag *(Dammschüttung)*
road overseer Straßenmeister *m*
road pad Straßenplatte *f*
road panel Betonstraßenplatte *f*
road paver Straßenfertiger *m*
road pitch Straßenpech *n*
road pricing Straßengebührensystem *n*; Straßenbenutzungsgebühren *fpl*; Preisermittlung *f* für Straßenbenutzung
road profile Straßenprofil *n*
road pug travel-mix plant Aufnahmemischer *m*
road repair Straßenausbesserung *f*
road restraint systems Rückhaltesysteme *npl* an Straßen
road ripper *s.* road breaker
road roller Straßenwalze *f*
road safety Straßenverkehrssicherheit *f*
road salt Tausalz *n*, Auftausalz *n*
road section Straßenabschnitt *m*
road setting-out Straßenabsteckung *f*, Trassenabsteckung *f*
road shelf Straßenanschnitt *m*
road shoulder Standspur *f*, Bankett *n*
road sign Verkehrszeichen *n*
road signs Straßenbeschilderung *f*
road steel fabric Straßenbewehrungsmatte *f*
road stone Pflasterstein *m*
road stone chips Straßenbausplitt *m*
road stud Straßen(spur)nagel *m*, Markierungsknopf *m*
road subsoil paper Papierunterlage *f*
road surface Straßendecke *f*, Straßen(decken)belag *m*, Fahrbahndecke *f*, Verschleißschicht *f*, Straßenoberfläche *f*
road surface cat's eye Bodenrückstrahler *m*
road surface concrete Straßendeckenbeton *m*
road surface defect Straßendeckenschaden *m*, Oberflächenschaden *m*
road surfacing *s.* road surface
road surfacing asphalt Straßenbitumen *n*
road sweeper Kehrmaschine *f*, Straßenkehrfahrzeug *n*
road system Straßensystem *n*
road tar Straßenteer *m*
road terminology Straßenfachbegriffe *mpl*
road topping 1. Straßendeckenschicht *f*; 2. Straßendeck(schicht)arbeiten *fpl*, Belagsarbeiten *fpl*
road traffic facilities Straßenverkehrsanlagen *fpl*
road traffic laws Straßenverkehrsordnung *f*
road traffic safety Straßenverkehrssicherheit *f*
road tunnel Straßentunnel *m*
road underlay paper Papierunterlage *f*
road user Straßenbenutzer *m*, Verkehrsteilnehmer *m*
road vehicle restraint systems Fahrzeugrückhaltesysteme *npl* an Straßen
road widening 1. Straßenverbreiterung *f*; 2. Straßenverbreiterungsarbeit *f*
road winter maintenance Straßenwinterdienst *m*
road with engineering brick paving Klinkerstraße *f*
road with limited access anbaufreie Straße *f*; Schnellverkehrsstraße *f*
road with rising gradient ansteigende Straße *f*
road with stop signs Stoppstraße *f*
road-work *s.* roadworks
roadbase Tragschicht *f*, mittlere und obere Tragschicht *f* *(Straße)*
roadbed *s.* road-bed
roadblock Straßensperre *f*, Sperre *f*
roadgang Straßenbaukolonne *f*
roadhouse 1. Raststätte *f*; 2. an Landstraßen gelegene Gaststätte *f*
roadside Straßenrand *m*, Straßenseitenraum *m*; Bereich *m* außerhalb des Fahrbahnrandes *m*; Wegrand *m*
roadside area Straßennebenflächen *fpl*
roadside development landschaftsgestalterische Arbeiten *fpl* bei Straßenbaumaßnahmen, landschaftspflegerische Begleitmaßnahmen *fpl* bei Straßenbauarbeiten
roadside ditch Straßengraben *m*
roadside environment Straßenraum *m*, Straßen- und Lichtraumprofil *n*
roadside furniture Straßenausstattung *f* *(z. B. mit Schutzplanken, Markierungen, Verkehrszeichen)*
roadside interview Straßenverkehrsbefragung *f* *(vor Ort)*; Feldinterview *n*
roadside line Straßenbegrenzungsstreifen *m*
roadside litter Straßenabfall *m*, Straßenmüll *m*
roadside marking Straßenrandmarkierung *f*
roadside planting Straßenrandbepflanzung *f*
roadside restaurant Raststätte *f*
roadway 1. Straßendamm *m*, (befestigte) Fahrbahn *f* *(auch auf Brücken)*; *(AE)* Fahrbahnkörper *m*; Straßenoberfläche *f*; 2. *s.* road; 3. Strecke *f* *(Bergbau)*
roadway below bottom boom versenkte [unten liegende] Fahrbahn *f*
roadway border Fahrbahnabschlussprofil *n* *(Brücke, längs)*
roadway bridge floor Brücken(fahrbahn)belag *m*
roadway covering Fahrbahndecke *f*
roadway end beam Fahrbahnabschlussprofil *n* *(Brücke, quer)*
roadway stripe Markierungsstreifen *m*
roadworks 1. Straßenbauarbeiten *fpl*; 2. Baustelle *f* *(Straßenbau)* • **"roadworks adhead"** „Vorsicht - Baustelle"
roaring basin [pool] *(Wsb)* Tosbecken *n* *(einer Talsperre)*
roasted zinc Hüttenzink *m*
robe hook Kleiderhaken *m*
rock 1. Gestein *n*; 2. Fels *m*; 3. Naturstein *m*, Stein *m*
rock anchor Felsanker *m*
rock asphalt Asphaltgestein *n*, Naturasphalt *m*
rock bed Gesteinsschicht *f*, Felsuntergrund *m*
rock bit Gesteinsmeißel *m*, Steinmeißel *m*
rock blanket Splittabdeckschicht *f*, Schotterabdeckung *f*, flache Gesteinsschicht *f*
rock blasting Gesteinssprengung *f*, Felssprengung *f*
rock breaker Steinbrecher *m*
rock brittleness Gesteinssprödigkeit *f*
rock chamber Felsenkammer *f*
rock component Gesteinsbestandteil *m*
rock crusher Steinbrecher *m*
rock-cut Felshöhle *f*, eingehauene Felsbehausung *f*
rock-cut architecture Felsarchitektur *f*, Felsbaukunst *f*, Höhlenarchitektur *f*, Höhlenbaukunst *f*, Grottenarchitektur *f*, Grottenbaukunst *f*

rock-cut chaitya hall *(Arch)* Felsen-Tschaitya-Halle *f*, Höhlen-Tschaitya-Halle *f*, Höhlengebetshalle *f (Indisches kirchenartiges Höhlenheiligtum – meist dreischiffig)*
rock-cut church Felsenkirche *f*, Höhlenkirche *f*
rock-cut hall Felsenhalle *f*
rock-cut seated colossal statue riesiges sitzendes Steinbild *n*
rock-cut statue Steinbild *n*
rock-cut tomb Felsengrab *n*
rock cutter Felsbrecher *m*
rock cutting saw Gesteinssäge *f*
rock dash Rauputz *m*, Rappputz *m*
rock decay Gesteinsverwitterung *f*, Verwitterung *f*, Gesteinszerfall *m*
rock disintegration Gesteinszerfall *m*
rock dowel Steindübel *m*
rock drill Gesteinsbohrer *m*, Gesteinsbohrmaschine *f*, Steinbohrer *m*; Bohrhammer *m*
rock driller 1. *s.* rock drill; 2. Gesteinshauer *m*
rock drilling Gesteinsbohren *n*
rock dump Berghalde *f*
rock dust Gesteinstaub *m*, Geteinsmehl *n*, Mineralstaub *m*, Mineralmehl *n*, Mineralstaub *m*
rock excavation Felsabtrag *m*
rock-faced natursteinverkleidet
rock-faced masonry work Rustikalmauerwerk *n*, Bossen(stein)mauerwerk *n*, Bossage *f*, Rustika *f*
rock facing Steinschutzschüttung *f*
rock fall Steinschlag *m*, Steinfall *m*; Bergsturz *m*
rock fibre Gesteinsfaser *f*
rock fill Steinschüttung *f*
rock-fill dam *(Wsb)* Stein(schütt)damm *m*
rock-filled jetty *(Wsb)* Steinmole *f*
rock filling Steinschüttung *f*
rock floor Felsboden *m*
rock flour Gesteinsmehl *n*
rock formation Felsformation *f*, Gesteinsformation *f*
rock forming gesteinsbindend
rock fragment Gesteinsbruchstück *n*
rock garden Steingarten *m*; Felsengarten *m*
rock hardness Gesteinshärte *f*
rock-hewn ditch Felsgraben *m*
rock-hewn sepulchre Felsengrabkammer *f*
rock-hewn statue Steinbild *n*
rock-hewn temple Felsentempel *m*, Grottentempel *m*, Höhlentempel *m*
rock-hewn tomb Felsgrab *n*, Felsenkammergrab *n*
rock identification Gesteinsbestimmung *f*
rock in place *(Tun)* anstehendes Gestein *n*
rock industry Steinindustrie *f*
rock lath Gips(fugen)deckstreifen *m (als Putzträger)*
rock layer Gesteinslage *f*, Felslage *f*
rock mass Gesteinsmassiv *n*
rock material Felsgestein *n*, Gesteinsmaterial *n*
rock meal Steinmehl *n*
rock mechanics Gebirgsmechanik *f*, Felsmechanik *f*
rock pile Gesteinshaufwerk *n*
rock plant Gesteinsaufbereitungsanlage *f*, Schotter- und Splittwerk *n*
rock pocket Betonnest *n*, Entmischungsnest *n*
rock protection Felssicherung *f*
rock quarry Steinbruch *m*
rock rash Bruchsteinstückwerk *n*
rock salt Steinsalz *n*
rock saw Gesteinssäge *f*
rock slide Felsrutsch *m*
rock slope Felsböschung *f*
rock spall Zwicker *m*, Zwickstein *m*, Auszwicker *m (Mauerwerk, Setzpacklage)*
rock statue Steinbild *n*
rock strength Gesteinshärte *f*, Gesteinsfestigkeit *f*
rock surface Felsoberfläche *f*, Natursteinoberfläche *f*, Bruchsteinoberfläche *f*
rock test Gesteinsprüfung *f*
rock trap *(Verk)* Geröllfang *m*
rock waste Steinschutt *m*, Gesteinsabfall *m*
rock weathering Gesteinsverwitterung *f*
rock wool Gesteinswolle *f*, Steinwolle *f*, Mineral(faser)-wolle *f*
rock wool building board Gesteinswolleplatte *f*, Steinwollebauplatte *f*
rock wool fibre Gesteinswollefaser *f*, Steinwollefaser *f*
rock wool insulation material Steinwolledämmmaterial *n*
rock wool quilt Steinwollmatte *f*
rock wool sheeting board Steinwollebauplatte *f*
rocker bar Schwinge *f*, Kippriegel *m*
rocker bearing Kipp(zapfen)lager *n*, Gelenklager *n (Brücke)*
rocker member Pendelstab *m (Tragwerk, Schwinglader)*
rocker shovel loader Wurfschaufellader *m*
rocker support Auflagergelenk *n*
rocket tester Rauchentwickler *m (zur Dichtigkeitsprüfung von Abwasserleitungen)*
rockgrit grober Sandstein *m*
rocking Flattern *n*; Fahrbahnplattenkippeln *n*, Fahrbahnplattenflattern *n*
rocking ball bearing Kugelkipplager *n*
rocking pier Pendelstütze *f*, Pendelpfeiler *m (Brücke)*
Rockwell B Rockwellhärte B *f*, HRB
Rockwell C Rockwellhärte C *f*, HRC
Rockwell hardness Rockwellhärte *f*, HR
Rockwell hardness test Rockwellhärteprüfung *f*
Rockwell hardness tester Rockwellhärteprüfer *m*
rockwork 1. Quadermauerwerk *n*; 2. unregelmäßiges Natursteinmauerwerk *n*
rocky felsig; steinig
rocky soil mit Fels durchsetzter Boden *m*
Rococo Rokoko *n*
Rococo architecture Rokokoarchitektur *f*
rod *v* 1. stochern *(Betonverdichtung)*; 2. durchstoßen *(z. B. verstopfte Rohre)*; 3. *(AE)* mit Blitzableiter versehen
rod 1. Stange *f*, Stab *m (Metall, Holz)*; Rundstab *m*, Bewehrungsstab *m*, Stab *m*; Glied *n*; Füllungsstab *m (Träger)*; 2. Putzhöhenlatte *f*, Putzrichtlatte *f*; 3. *(Verm)* Messlatte *f*, Fluchtstange *f*; 4. *s.* lightning rod
rod bender 1. Bewehrungsbiegemaschine *f*, Eisenbiegemaschine *f (für Stahlbewehrung)*; Biegetisch *m*; 2. Eisenbieger *m*, Stahl(bewehrungs)bieger *m*
rod centre line Stabachse *f*, Gliedachse *f*, Stabmittellinie *f*, Gliedmittellinie *f*
rod connection 1. Stabanschluss *m*, Gliedanschluss *m (Stabwerk)*; 2. Stangenverbindung *f*
rod coupon Probestab *m*
rod cross-section Stabquerschnitt *m*, Gliedquerschnitt *m*
rod cutter Bewehrungsschneider *m*, Eisenschneidemaschine *f*
rod diameter Stabdurchmesser *m*, Stahldurchmesser *m*
rod field Stabfeld *n*, Gliedfeld *n*
rod fixer Bewehrungsleger *m*, Stahlflechter *m*, Eisenflechter *m*
rod force Stabkraft *f*
rod iron Stabeisen *n*, Stabstahl *m*
rod level *(Verm)* Fluchtstangenlot *n*
rod loading Stabbelastung *f*, Gliedbelastung *f*
rod moment Stabmoment *n*, Gliedmoment *n*
rod reading *(Verm)* Lattenablesung *f*
rod reinforcement Stab(stahl)bewehrung *f*, Rundstahlbewehrung *f*

rod shape Gliedform *f*, Stabform *f*
rod-shaped stabförmig
rod size Stabgröße *f*, Gliedgröße *f (Stabwerkkonstruktion)*
rod slope Stabablenkung *f*, Gliedablenkung *f*
rod spacing Stababstand *m*, Eisenabstand *m (Bewehrung)*
rod steel Stabstahl *m*
rod stress Stabspannung *f*
rod subject to buckling Knickstab *m*
rod system Stabwerk *n*, Stabsystem *n*
rod target *(Verm)* Messlattenlesefeld *n*, Messlattenzielscheibe *f*
roddability Stocherbarkeit *f*, Stampffähigkeit *f (Beton)*
rodded concrete Schalstocherbeton *m*
rodding 1. Stochern *n*, Stocherverdichtung *f*, Handstampfen *n (Beton)*; 2. Rohrreinigung *f (mit Stangen)*
rodding cover Reinigungsdeckel *m*; Putzdeckel *m*
rodding eye Reinigungsöffnung *f*
rodding fitting Reinigungsformstück *n*, Putzformstück *n*
rodding opening Reinigungsöffnung *f*, Putzöffnung *f*
rodding pipe Rohr *n* mit Putzöffnung
rodding plug Reinigungsstopfen *m*, Putzstopfen *m*
rodding screw Reinigungsstopfen *m*, Putzstopfen *m*
rodent barrier Nagetiersperre *f (Kanal)*
rodent-proof nagetiersicher
rodman *(Verm)* Messgehilfe *m*, Lattenträger *m*
rods 1. Stabmaterial *n*; Stabstähle *mpl*; 2. Gestänge *n*
roll *v* 1. walzen; 2. rollen, drehen; sich drehen
roll-bend *v* rundbiegen
roll *v* **out** *(Verk)* abwickeln *(Gradiente, Höhenlinienzug)*
roll 1. Rolle *f*, Walze *f*; 2. zylindrisches Material *n*; 3. Stabkante *f*, Vollstabornament *n*, Wulststreifen *m*; 4. Ballen *m*
roll-and-fillet moulding Stabkantenleiste *f* mit Einlagestreifen
roll bearing Walzenlagerstuhl *m*
roll billet (frieze) Rollenfries *m*
roll carpet (textile) Auslegeware *f*
roll crusher Walzenbrecher *m*
roll insulation rohrförmige Wärmedämmelemente *npl*, Wärmedämmrollen *fpl*
roll joint gewalzte Falzverbindung *f*
roll-jointed cardboard roof Leistendach *n*
roll length Rollenlänge *f*
roll moulding Rundstab *m*, Wulstleiste *f*
roll of wallpaper Tapetenrolle *f*
roll-out container Müllcontainer *m*
roll roofing 1. Bitumendachpappe *f* in Rollen, abgesandete Dachpappe *f*; Bitumenglasvlies *n* in Rollen; 2. Bedachung *f* mit Bitumendachpappe
roll scale Walzzunder *m (Baustahl)*
roll-up door Rollladentor *n*, Rolltor *n*, Rollladentür *f*, Rolltür *f*, Rollladen *m*
rolled gewalzt, gerollt, Walz...
rolled article Walzartikel *m*, Walzerzeugnis *n*, Walzgegenstand *m*
rolled asphalt Walzasphalt *m*; Asphaltbeton *m*
rolled beam Walzträger *m*
rolled channel gewalztes U-Profil *m*, Walz-U-Profil *n*
rolled concrete Walzbeton *m*
rolled flange Walzflansch *m*
rolled formed from gewalzt aus
rolled girder Walzträger *m*
rolled glass Walzglas *n*, Ziehglas *n*
rolled kerb *(Verk)* abgerundeter Bordstein *m*, Hochbord(stein) *m* mit abgerundeter Kante
rolled lumber *(AE) s.* rolled timber
rolled mild steel Flussstahlwalzprofil *n*
rolled plate Walzblech *n (grob)*
rolled product Walzprodukt *n*, Walzerzeugnis *n*, Walzgegenstand *m*
rolled rock fill gewalzte Steinschüttung *f*
rolled round bars gewalzter Betonrundstahl *m*
rolled section Walzprofil *n*
rolled shape Walzprofil *n*, Walzstahl *m*
rolled sheet (iron) Walzblech *n (fein)*
rolled steel Walzstahl *m*, Flachstahl *m*, Bandstahl *m*
rolled-steel angle Walzstahlwinkel *m*
rolled steel joist Walzstahlträger *m*
rolled steel slab Walzstahlplatte *f*
rolled steel (structural) section Walzstahlprofil *n*
rolled-strip roofing *s.* roll roofing
rolled structural steel Walzstahlprofil *n*
rolled timber Windbruchholz *n*
rolled tube gewalztes Rohr *n*
rolled turf Rollrasen *m*
rolled U-shaped section gewalztes U-Profil *n*, Walz-U-Profil *n*
roller 1. Straßenwalze *f*, Erdwalze *f*, Walze *f*; 2. Streichroller *m*, Rolle *f*, Rollpinsel *m*, Walzpinsel *m*; Farbroller *m*; 3. Laufrolle *f*, Bandrolle *f*; Rolle *f (einer Bauwinde)*
roller application Rollenanstrich *m*, Auftragen *n* mit Streichroller
roller bascule bridge Rollklappbrücke *f*, Schaukelbrücke *f*
roller bearing Rollenlager *n*, Walzenlager *n*
roller blind Rollo *n*, Rouleau *n*, Rollvorhang *m*; Rollladen *m*
roller bridge Rollbrücke *f*
roller brush *s.* roller 2.
roller-coat *v* walzstreichen, rollstreichen, mit Streichroller beschichten
roller coating Rollstreichen *n*, Beschichten *n* mit Streichroller; Farbaufrollen *n*
roller-coating application Walzenauftrag *m*, Auftragen *n* mit Rollstreicher *(Anstriche, Beschichtungen)*
roller-coating finish Walzlack *m*
roller compacted concrete Walzbeton *m*
roller compaction Walzverdichtung *f (Boden)*
roller dam *(Wsb)* Walzenwehr *n*
roller door *s.* roll-up door
roller for joints Fugenrolle *f*
roller grille Rollgitter *n*
roller jalousie Rolljalousie *f*, Rollladen *m*
roller jalousie housing Rollladenkasten *m*, Rolljalousiekasten *m*
roller jalousie work Rollladenarbeiten *fpl*
roller latch Walzenschloss *n*
roller marks Walzspuren *fpl*
roller operator Walzenfahrer *m*
roller painting Farbaufrollen *n*
roller pass Walzübergang *m*
roller-printed wallpaper Rotationsdrucktapete *f*
roller shutter Roll(laden)abdeckung *f*
roller-skating rink Rollschuhbahn(anlage) *f*
roller strike Walzenschlossrastplatte *f*
roller support Rollenauflager *n*
roller train Walzenzug *m*
roller weir *(Wsb)* Walzenwehr *n*
rolling 1. Einwalzen *n*; 2. Rollen *n*, Rollbewegung *f*
rolling bearing Rollenlager *n*
rolling blind *s.* roller blind
rolling crusher Walzenbrecher *m (z. B. zur Splittherstellung)*
rolling friction Rollreibung *f*
rolling grille Rollgitter *n*
rolling grille door Maschenrollladentür *f*
rolling load Verkehrslast *f*, bewegliche Last *f*, Betriebslast *f*
rolling loading bewegliche Belastung *f*, Wanderbelastung *f*
rolling mill Walzwerk *n*

rolling mill product Walzwerkerzeugnis *n*
rolling moulding Wulstleiste *f*, Wulst *f(m)*
rolling O-ring gasket Rollring *m*
rolling O-ring joint Rolldichtung *f*, Rollverbindung *f*
rolling-out limit *(Bod)* Ausrollgrenze *f (Atterbergkriterium)*
rolling partition wall Rolltrennwand *f*
rolling process Walzverfahren *n*
rolling resistance Rollwiderstand *m*, Abrollwiderstand *m*
rolling scaffold Rollgerüst *n*
rolling shutter Rollladen *m*
rolling shutter door *s.* roll-up door
rolling shutters *s.* roll-up door
rolling stock Fahrzeugpark *m*
rolling straight edge Planograph *m*
rolo(c)k *s.* rowlock
Roman *(Arch)* römisch
Roman acanthus leaf *(Arch)* römisches Akanthusblatt *n*, römisches Bärenklaublatt *n*
Roman arch *(Arch)* römischer Bogen *m*, Rundbogen *m*
Roman architecture römische Architektur *f*, römischer Baustil *m*
Roman cement Romankalk *m*, hochhydraulischer Kalk *m*; *(veraltet)* Romanzement *m (Vorläufer des Portlandzements in England)*
Roman column *(Arch)* römische Säule *f*
Roman Corinthian capital *(Arch)* römisch-korinthisches Kapitell *n*
Roman Doric capital *(Arch)* römisch-dorisches Kapitell *n*
Roman gentlemen's house *(Arch)* römisches Herrenhaus *n*
Roman High Renaissance *(Arch)* römische Hochrenaissance *f*
Roman Ionic capital *(Arch)* römisch-ionisches Kapitell *n*
Roman Ionic order *(Arch)* römisch-ionische Säulenordnung *f*
Roman mosaic Würfelmosaik *n*, Fußbodenwürfelmosaik *n*
Roman order *(Arch)* römische Säulenordnung *f* [Ordnung *f*]
Roman ornament *(Arch)* römisches Ornament *n*
Roman structure *(Arch)* Römerbauwerk *n*
Roman tile U-förmiger Dachziegel *m*
Roman triumphal arch *(Arch)* römischer Triumphbogen *m*
Roman vaulting system *(Arch)* romanisches Gewölbesystem *n*
Romanesque romanisch
Romanesque architecture romanische Architektur *f*, romanischer Baustil *m*, Romanik *f (11. und 12. Jahrh.)*
Romanesque basilica *(Arch)* romanische Basilika *f*
Romanesque church *(Arch)* romanische Kirche *f*
Romanesque foliage *(Arch)* romanisches Blattwerk *n*, romanisches Laubwerk *n*
Romanesque leaves *(Arch)* romanisches Laubwerk *n*, romanisches Blattwerk *n*
Romanesque Revival neuromanischer Stil *m (19. Jahrh.)*
Romanesque style Romanik *f*, romanischer Stil *m*
Romanesque vault system *(Arch)* romanisches Gewölbesystem *n*
Romantice classicism *(Arch)* früher Klassizismus *m*
Romanticism *(Arch)* Romantizismus *m*
rondel Medaillonornament *n*, Rondell *n*, Rundell *n*
rood 1. Altarkreuz *n*; 2. Viertelmorgen *m (altes Landmaß)*; 3. Rute *f (altes Längenmaß)*
rood arch *(Arch)* Lettnermittelbogen *m*
rood-loft *(Arch)* Chorbühne *f*, Empore *f*
rood screen *(Arch)* Lettner *m (zwischen Chor und Mittelschiff angeordnete Trennwand)*
roof *v* 1. bedachen, überdachen, mit einem Dach versehen; 2. eindecken, ein Dach decken
roof *v* **over** überdachen
roof 1. Dach *n*; Überdachung *f*; 2. *(Tun)* Firste *m*, Hangendes *n*, Decke *f*
roof accessories Dachzubehörteile *npl*
roof aerial Dachantenne *f*
roof anchorage Dachverankerung *f*
roof area Dachfläche *f*
roof batten Dachlatte *f*, Ziegellatte *f*
roof battening Lattung *f*
roof beam Dachbalken *m*, Binderbalken *m*
roof beam grillage Dachbalkenrost *m*
roof beams Dachgebälk *n*, Gebälk *n*
roof bearer Dachrahmenträger *m*
roof board Dachschalbrett *n*, Schal(ungs)brett *n*
roof boarding Dachschalung *f*, Holzschalung *f*
roof boards Dachschale *f*, Holzschalung *f*, Holzschale *f*
roof bolt 1. Deckenanker *m*; 2. *(Tun)* Gesteinsanker *m*, Gebirgsanker *m*, Ankerbolzen *m*
roof bolting *(Tun)* Ankerausbau *m*
roof bow Dachspriegel *m*
roof bracing Dachversteifung *f*, Dachaussteifung *f*
roof chip Dachsplitt *m*
roof cistern Hochbehälter *m*
roof cladding 1. Dachbelag *m*, Dachhaut *f*, Dacheindeckung *f*; 2. Bedachungsmaterial *n*; 3. *s.* roof covering
roof cladding with felt [roll roofing] Pappbedachung *f*
roof coating Dachbeschichtung *f*
roof collector Dachkollektor *m*
roof column Dachstütze *f*
roof comb Dachblendmauer *f*, Blindmauer *f* über dem Sims
roof concreting Dachbetonieren *n*
roof conductor holder Dachleitungshalter *m*
roof construction Dachbau *m*
roof coping Firstbalken *m*
roof course Dachgebinde *n*, Dachgespärre *n*
roof covering 1. Dacheindeckung *f (Vorgang)*; 2. *s.* roof cladding
roof covering over two spans Zweifelddach *n*
roof covering over three spans Dreifelddach *n*
roof covering with felt [roll roofing] Pappbedachung *f*
roof cradle Fensterreinigungswagen *m*
roof crest(ing) Firstkrone *f*, Firstverzierung *f*
roof curb Knick *m (in der Dachfläche)*; Dachknick *m*, Dachbrechkante *f*
roof-deck 1. Terrassendach *n*, begehbares Flachdach *n*; 2. Dachhautträgerlage *f*
roof decking (vorgefertigte) Dachelemente *npl*, Dachschalenelemente *npl*, Dachplatten *fpl*
roof-decking panel Dachplatte *f*, Dachtafel *f*
roof deflection *(Tun)* Firstendurchbiegung *f*
roof design Dachausmittelung *f*, Dachentwurf *m*
roof dome Dachkuppel *f*
roof dormer Dachgaupe *f*, Dachgaube *f*
roof drain Dachentwässerungsrinne *f*
roof drainage Dachentwässerung *f*
roof dry course Flachdachsteinlage *f*
roof edge Dachkante *f*
roof fan Dach(ent)lüfter *m*
roof finishing and completion Dachausbau *m*
roof flange Dachmanschette *f* für Rohrdurchführungen
roof flashing Dachanschluss *m*
roof floor Dachdecke *f*, Abschlussdecke *f*
roof frame Binder *m*, Dachbinder *m*, Fachwerkbinder *m*
roof framework Dachstuhl *m*
roof framing 1. Dachrahmen *m*; 2. Dachstuhlbau *m*, Dachstuhlarbeiten *fpl*
roof garden Dachgarten *m*, Dachterrasse *f*
roof girder Dachträger *m*, Rahmenriegel *m*
roof glazing Dachverglasung *f*, Glaseindeckung *f*

roof gravel Bedachungskies *m*
roof guard Schneefanggitter *n*, Schneehalter *m*
roof gully Dachgully *m*
roof gutter Regenrinne *f*
roof hatch Dachluke *f*, Dachausstieg *m*
roof heliport Dachhubschrauberlandeplatz *m*
roof hook Dachhaken *m*, Ausbesserungshaken *m*
roof in gutter tiles Falzziegeldach *n*
roof in hollow tiles Hohlziegeldach *n*
roof inlet Dachgully *m*
roof insulating material Dachisoliermaterial *n*
roof insulating slab Dachdämmplatte *f*
roof insulation Dachdämmung *f*, Dachdämmlagen *fpl*; Dachdämmmaterial *n*
roof joint Dachfuge *f*
roof joist Flachdachsparren *m*
roof kerb Dachknick *m*, Dachbrechkante *f*
roof kerb weathering Dachkehlblechstreifen *m*, Dachbrechkantenblech *n*
roof ladder Dachleiter *f*
roof lantern Dachlaterne *f*
roof lath Dachlatte *f*, Ziegellatte *f (Dachdeckung)*
roof lathing Dachlattung *f*, Ziegellattung *f*
roof level Dachhöhe *f*
roof-light 1. Oberlicht *n*, Oberlichtöffnung *f*; Dachfenster *n*; 2. Dachtagesbeleuchtung *f*
roof-light opener Oberlichtöffner *m*
roof-light sheet Oberlichtelement *n*; durchsichtige Dachplatte *f*
roof-light system Oberlichtkonstruktion *f*, Dachoberlichtsystem *n*
roof-lighting Dachtagesbeleuchtung *f*
roof line Dachsilhouette *f*
roof live load Dachauflast *f*
roof load Dachlast *f*
roof loading Dachbelastung *f*
roof mast Dachmast *m*
roof member Dachbauteil *n*, Dachelement *n*
roof membrane Dachhaut *f*, Dachbelag *m*
roof metal Bedachungsmetall *n*, Dach(deck)metall *n*
roof-mounted bracket Dachkonsole *f*
roof opening *s.* roof hatch
roof ornament Dachverzierung *f*
roof outlet Dachablauf *m*
roof outlet flashing Dachablaufeinfassblech *n*
roof overhang Dachüberstand *m*
roof panel Dachtafel *f*, Dachplatte *f*, Dachbeplankung *f*
roof parapet Attika *f*, Dachbrüstung *f*
roof penetration Dachdurchbruch *m*
roof pergola Dachpergola *f*
roof pitch Dachneigung *f*, Dachschräge *f*
roof plan Dachgrundriss *m*
roof plane Sparrenlage *f*
roof planking *s.* roof sheathing
roof plate Dachstuhlauflage(r)platte *f*
roof-platform Laufbrett *n*, Dachlaufbohle *f*
roof plumbing Dachklempnerarbeiten *fpl*
roof pouring Dachbetonieren *n*
roof preservation coat Dachkonservierungsanstrich *m*
roof preserver Dachschutzmittel *n*, Dachpflegemittel *n*
roof pressure *(Tun)* Firstendruck *m*
roof profile Dachform *f*
roof purlin Pfette *f*, Dachpfette *f*
roof railing Dachgeländer *n*
roof repair Dachausbesserung *f*, Dachreparatur *f*
roof restaurant Dachrestaurant *n*
roof rib Dachsparren *m*, Sparren *m*
roof ridge Dachfirst *m*, First *m*
roof ripping *(Tun)* Firstennachreißen *n*
roof saturant Dachtränkmasse *f*
roof screed material Dachestrich *m*
roof shape Dachform *f*
roof sheathing Dach(ver)schalung *f*
roof sheathing with felt [roll roofing] Pappbedachung *f*
roof shell Dachschale *f*
roof shingle Dachschindel *f*
roof skin Dachhaut *f*
roof slab Stahlbetondachplatte *f*, Dachplatte *f*
roof slate Dachschiefer *m*
roof slating Schieferdeckung *f*, Schieferdacharbeiten *fpl*
roof slope Dachneigung *f*, Dachschräge *f*
roof soffit Dachunterseite *f*
roof space Dachzwischenraum *m*; Dachraum *m*, Attik *m*
roof spire *(Arch)* Dachreiter *m*, Aufreiter *m*
roof stair Dachtreppe *f*
roof stick Dachspiegel *m*
roof structure (system) Dachverband *m*, Dachtragwerk *n*, Dachkonstruktion *f*, Dachstuhl *m*
roof structures Dachaufbauten *mpl*
roof style Dachform *f*
roof subsidence *(Tun)* Absenkung *f* des Hangenden
roof support 1. Dachauflage *f*; 2. *(Tun)* Firstenausbau *m*
roof surround Dacheinfassung *f*
roof system Dachkonstruktion *f*
roof tank Dachboden(wasser)tank *m*
roof terminal Dachentlüftungsrohr *n*
roof terrace Dachterrasse *f*
roof tie Querriegel *m (Dach)*
roof tile Dachstein *m*
roof tiling Ziegeleindeckung *f (Dach)*
roof timbers Dachholz *n*
roof-top car park Dachparkplatz *m*
roof-top heliport Dachhubschrauberlandeplatz *m*, Hubschrauberdachlandeplatz *m*
roof-top terrace Dachterrasse *f*
roof-top terrace garden Dachgarten *m*
roof tree Firstbalken *m*
roof truss 1. Dachstuhl *m*; 2. Dachbinder *m*
roof type Dachform *f*, Dachart *f*
roof unit Dachelement *n*, Dachbauteil *n*
roof valley Kehle *f*, Dachkehle *f*, Einkehlung *f*
roof vault Dachgewölbe *n*
roof vent Dachentlüftung *f*
roof ventilation Dachlüftung *f*
roof ventilator Dachlüfter *m*, Dachventilator *m*
roof void Dachraum *m*, Dachboden *m*
roof walkway Dachlaufsteg *m*
roof water Dachwasser *n*
roof wetting party Richtfest *n*
roof window Dachfenster *n*
roof with 45° pitch Winkeldach *n*
roof with pitch 1:4 Vierteldach *n*
roof with pitch 1:3 Dritteldach *n*
roof with principals Binderdach *n*
roof work Dacharbeiten *fpl*
roof worker Dacharbeiter *m*
roofage Dachfläche *f*, Dachflächengröße *f*
roofed bedacht, mit einem Dach versehen
roofed in wood holzgedeckt
roofed market Markthalle *f*
roofed passage überdachter Gang *m*
roofed railway station Hallenbahnhof *m*
roofed timber bridge Dachbrücke *f*
roofed walk Laubengang *m*; überdachter Gang *m*
roofed way überdachter Gang *m*, gedeckter Gang *m*
roofed wooden bridge Dachbrücke *f*
roofer 1. Dachbrett *n*, Schalbrett *n*; 2. Dachdecker *m*
roofer's mortar Dachdeckermörtel *m*

roofer's work Dachdeckerarbeiten *fpl*, Dacheindeckarbeiten *fpl*
roofing 1. Überdachung *f*, Dacheindeckung *f*; 2. Dachhaut *f*, Bedachung *f*; Dachschalung *f*
roofing accessories Bedachungszubehör *n*
roofing asphalt Bitumendachanstrichmasse *f*, Dachasphalt *m*, Dachkleber *m*
roofing-base paper Rohdachpappe *f*
roofing bitumen Dachbitumen *n*
roofing bond Dachqualitätsgarantie *f (Vertragswesen)*
roofing ceremony Richtfest *n*
roofing chippings Dachsplitt *m*
roofing contractor Dachdeckerunternehmer *m*
roofing copper Dachkupfer *n*
roofing fastener Dacheindeckungs-Befestigungsmittel *n*
roofing fastening Dacheindeckungs-Befestigungsmittel *n*
roofing felt Dachpappe *f*
roofing felt base Rohdachpappe *f*
roofing felt nail Dachpappennagel *m*
roofing felt with granulated slate surface beschieferte Dachpappe *f*
roofing gravel Dachkies *m*
roofing groundwork Bedachungsgrundlage *f*
roofing material Eindeckungsmaterial *n*
roofing membrane Kunststoffdach(ein)deckung *f*, Kunststoffbedachungsmaterial *n*
roofing metal Bedachungsmetal *n*
roofing nail Dachnagel *m*; Schindelnagel *m*, Schiefernagel *m*; Dachpappennagel *m*
roofing panel Dachtafel *f*
roofing paper Teerpapier *n*, bituminiertes Papier *n*; Dachpappe *f*
roofing pitch Teerdeckmasse *f*
roofing plank Dachdiele *f*, Bedachungsdiele *f*, Dachdeckungsdiele *f*
roofing preservative Dachschutzmittel *n*, Dachpflegemittel *n*
roofing preserver Dachschutzmittel *n*, Dachpflegemittel *n*
roofing sand Dachabstreusand *m*
roofing sheet Dachblech *n*
roofing shingle Dachschindel *f*
roofing skin Dachhaut *f*
roofing slab Dachtafel *f*, Dachplatte *f*
roofing slate Dachschiefer *m*
roofing stone Dachstein *m*, Dachdeckstein m, Dacheindeckungsstein *m*
roofing tile Dachziegel *m*, Dachstein *m*
roofing tile factory Dachziegelwerk *n*
roofing trade Dachdeckerhandwerk *n*
roofing tree Firstbalken *m*; Dachsparren *m*, Firstsparren *m*
roofing waterbar Dachfugenband *n (Flachdach)*
roofing waterstop Dachfugenband *n (Flachdach)*
roofing work Dachdeckerarbeiten *fpl*, Dacheindeckarbeiten *fpl*
roofline Dachsilhouette *f*
roofscape Dachlandschaft *f*
rooftop terrace garden Dachgarten *m*
rookery *(AE)* Mietskaserne *f (Slum)*
room 1. Raum *m*, Zimmer *n*, Stube *f*; 2. Wohneinheit *f*; 3. Raum *m*, Platz *m*
room acoustics Raumakustik *f*
room air Raumluft *f*
room air conditioner Raumklimaanlage *f*, Zimmerklimaanlage *f*; Klimatruhe *f*
room air conditioning Raumklimatisierung *f*, Klimatisierung *f*
room air conditioning system Raumklimaanlage *f*, Klimaanlage *f*
room area Raumfläche *f*
room brightness Raumhelligkeit *f*
room-by-room raumweise
room climate Raumklima *n*, Innenklima *n*
room divider Raumteiler *m*, Raumteilungselement *n*
room-dividing raumtrennend
room division element *s.* room divider
room door Zimmertür *f*, Raumtür *f*, Innentür *f*
room-door lock Zimmertürschloss *n*
room facing a yard Hofzimmer *n*, Zimmer *n* zum Hof, Hofraum *m*
room facing the garden Gartenzimmer *n*, Zimmer *n* zum Garten, Gartenraum *m*
room fit to live in bewohnbarer Raum *m*
room heat Raumwärme *f*, Innenwärme *f*, Zimmerwärme *f*
room heater Raumheizgerät *n*, Raumheizer *m*
room heating Raumheizung *f*
room heating system Raumheizungsanlage *f*
room height Raumhöhe *f*
room-high raumhoch
room humidity Raumfeuchte *f*, Raumfeuchtigkeit *f*, Zimmerfeuchtigkeit *f*
room illumination Raumbeleuchtung *f*
room layout Raumanordnung *f*
room lighting Raumbeleuchtung *f*
room moisture Raumfeuchte *f*, Zimmerfeuchtigkeit *f*
room noise Wohngeräusch *n*
room-size *s.* room-sized
room size Raumgröße *f*
room-sized raumgroß, zimmergroß
room-sized (wall) panel Wandplatte *f (raumgroß)*; Großplatte *f*
room sound Raumschall *m*
room sound insulation Raumschalldämmung *f*
room steam-curing Kammerbedampfung *f (Betonhärtung)*
room temperature Raumtemperatur *f*, Zimmertemperatur *f*
room temperature comfort Raumbehaglichkeitstemperatur *f*, Raumkomforttemperatur *f*, thermischer Raumkomfort *m*
room temperature control Raumtemperatursteuerung *f*, Innentemperatursteuerung *f*
room thermostat Raumthermostat *m*
room ventilation *(HLK)* Raumlüftung *f*
room ventilation technique Raumlufttechnik *f*
room wall Raumwand *f*
room-wall-sized raumwandgroß
room warmer Raumheizer *m*, Raumheizgerät *n*
room width Raumbreite *f*
room window Zimmerfenster *n*, Raumfenster *n*
roominess Weiträumigkeit *f*, Geräumigkeit *f (z. B. eines Hauses)*
rooming house Logierhaus *n*, Pension *f*
roomy weiträumig, geräumig *(z. B. ein Haus)*
root Spanngliedendstück *n*
root diagram Wurzelmaßstabdarstellung *f*
root grading curve Sieblinienndarstellung *f* im Wurzelmaßstab
root line mean square water level quadratischer Wasserstandmittelwert *m*
root timber Wurzelholz *n*
rooter Aufreißer *m*, Tiefenaufreißer *m (Straßenbau)*
rootproof wurzelabweisend
rope *v* 1. anseilen; 2. seilförmig verdrallen; 3. mit Seilen absperren
rope 1. Seil *n*, Kabel *n*, Tau *n*; Strang *m*, Strick *m*; 2. Werg *n*; 3. *s.* rope caulk
rope action Seilwirkung *f*, Kabelwirkung *f*
rope caulk Wergdichtung *f*

rope clamp [clip, cramp] Seilschloss *n*, Seilklemme *f*
rope extraction Seilförderung *f*
rope fibre Strickfaser *f*
rope guy *(AE)* Abspannseil *n*
rope haulage Seilförderung *f*, Seilzuganlage *f*
rope hook Seilhaken *m*
rope moulding *(Arch)* Seilzierkante *f*, Seilwulst *m(f)*, Taustab *m (Ornament)*
rope polygon *(Stat)* Seilpolygon *n*, Seilzug *m*, Seilplan *m*
rope pulley Seilrolle *f*
rope sag Kabeldurchhang *m*
rope sealing Strickabdichtung *f*
rope socket Seilschloss *n*, Seilklemme *f*
rope-supported roof *s.* rope suspension roof
rope-suspended cantilever roof Kabelkragdach *n*, Seilkragdach *n*, Seilauskragdach *n*
rope-suspended elliptical roof elliptisches Kabelhängedach *n*, elliptisches Seilhängedach *n*, Ellipsenkabelhängedach *n*
rope-suspended roof Seilhängedach *n*, Kabelhängedach *n*, Hängedach *n*
rope suspension bridge Seilbrücke *f*, Hängebrücke *f*
rope suspension equalizer Seilausgleichsvorrichtung *f (Aufzug)*
rope suspension roof Seilhängedach *n*, Kabelhängedach *n*
rope system Seilsystem *n*, Kabelsystem *n*
rope winch Seilwinde *f*
ropeway *(AE)* Schwebebahn *f*, Seilschwebebahn *f*, Drahtseilbahn *f*
ropiness Pinselspuren *fpl*, Pinselstriche *mpl (Anstrich)*
ropy klebrig, zäh(flüssig), fadenziehend
rosace *s.* 1. rose; 2. rose window
rose Rosette *f*, Drückerrosette *f*
rose-arbour *(Arch)* Rosenlaube *f*
rose bit *(Hb)* Lochbohrer *m*, Hohlbohrer *m*, Aufbohrer *m*
rose head *(San)* Brausekopf *m*
rose moulding Rosenzierkante *f*
rose nail handgeschmiedeter Ziernagel *m*
rose pattern Rosenmuster *n*
rose window *(Arch)* Fensterrose *f*, Rosenfenster *n*, Rosettenfenster *n (gotisches Rundfenster)*; Radfenster *n (Katharinenfenster)*
rosette 1. *(Arch)* Rosette *f*; Rosenornament *n*; 2. Kolophonium *n*, Spiegelharz *n*
rosette ester Esterharz *n*
rosette ester varnish Esterharzklarlack *m*
rosewood Rosenholz *n*, Palisanderholz *n*
rosin Terpentinharz *n*, Kolophonium *n*, Spiegelharz *n*
rosin-modified maleic resin Maleminatharz *n*
rostral column [pillar] *(Arch)* Schifffahrtsehrensäule *f*, mit Schiffsschnäbeln verzierte Gedenksäule *f*, Columna *f* rostrata
rostrum *(Arch)* Rednertribüne *f*, Tribüne *f*, Podium *n (Forum Romanum)*
rot *v* verrotten, vermodern, verfaulen; morsch werden *(Holz)*; verwittern, brüchig werden *(Gestein)*
rot Fäulnis *f*, Verwesung *f*, Fäule *f*, Holzfäule *f*
rot of sap wood Splintfäule *f*, Splintbläue *f*
rot of the heart Kernfäule *f*
rot of wall Mauerfraß *m*
rot-proof verrottungsbeständig, fäulnisbeständig
rot-proofing agent Verrottungsschutzmittel *n*, Fäulnisverhütungsmittel *n*
rot protection Fäulnisschutz *m (z. B. von Holz)*
rotary kreisend, sich drehen; umlaufend; rotierend
rotary *(AE)* Kreisverkehr *m*
rotary air lock Zellradschleuse *f*
rotary apartment tower Drehwohnhochhaus *n*
rotary bit *s.* rotary drill
rotary bolt Drehriegel *m*
rotary bucket excavator Schaufelradbagger *m*
rotary circle *(AE)* Kreisverkehrsanlage *f*, Kreisel *m*
rotary crane Drehkran *m*
rotary crusher Kreiselbrecher *m*
rotary current Drehstrom *m*
rotary current generator Drehstromgenerator *m*
rotary-cut veneer Schälfurnier *n*
rotary cutting Furnierrundschneiden *n*, Rundschälen *n*
rotary door Drehtür *f*
rotary drill Drehbohrmeißel *m*, Rotary(bohr)meißel *m*
rotary drilling Dreh(spül)bohren *n*; Rotarybohren *n*
rotary-drum mixer Freifallmischer *m*
rotary evaporator Rotationsverdampfer *m (Baustofflabortechnik)*
rotary float rotierender Betonoberflächenverdichter *m*, Oberflächenrotationsglätter *m*
rotary-floor restaurant Drehrestaurant *n*
rotary flow Wirbelströmung *f*
rotary furnace Drehrohrofen *m*, Rotationsofen *m*
rotary hoe Bodenfräse *f*
rotary intersection Kreisverkehrsknoten *m*, Kreisverkehrskreuzungspunkt *m*
rotary island Kreisverkehrsinsel *f*
rotary kiln Drehrohrofen *m*
rotary kiln cement Drehofenzement *m*
rotary leaf Drehtürflügel *m*
rotary lever Drehriegel *m*
rotary lever lock Drehriegelverschluss *m*
rotary lift Paternoster *m*, Umlaufaufzug *m*
rotary platform Drehplattform *f*
rotary restaurant Drehrestaurant *n*
rotary screen Siebtrommel *f*, Trommelsieb *n*
rotary stage Drehbühne *f (Theater)*
rotary tower crane Turmdrehkran *m*
rotary traffic Kreisverkehr *m*
rotary trowel *s.* rotary float
rotary-type mixer Bodenmischer *m*, Bodenvermörtelungsgerät *n*
rotary-type pile-driving plant Drehgerüstramme *f*
rotary valve *(Wsb)* Kugelschieberventil *n*, Kugelschieber *m*
rotary veneer Schälfurnier *n*
rotary veneer cutting Furnierrundschneiden *n*
rotatable drehbar, schwenkbar
rotate *v* rotieren, sich drehen; rotieren lassen
rotating sich drehend, kreisend; umlaufend
rotating-beam fatigue test Umlaufbiegprüfung *f*
rotating bending Umlaufbiegung *f*
rotating flask test Prüfung *f* im Rotationskolben
rotating house Drehhaus *n*
rotating mixer Freifallmischer *m*
rotating stage Drehbühne *f (Theater)*
rotating surface Drehfläche *f*
rotating templet Leier *f*
rotation Rotation *f*, Drehung *f*
rotational 1. sich drehen, kreisend; umlaufend; 2. abwechselnd; 3. im Turnus, turnusmäßig
rotational axis Drehachse *f*, Rotationsachse *f (Darstellung, Aufbau)*
rotational deformation Drehverformung *f*
rotational flow Wirbelströmung *f*
rotational inertia Trägheitsmoment *n*
rotational moulding Schleuderverfahren *n (Betonrohrherstellung)*
rotational paraboloid Rotationsparaboloid *n*, Drehparaboloid *n*
rotational rigidity Drehsteifigkeit *f*

rotational shell Rotationsschale *f*, drehsymmetrische Schale *f*
rotational stiffness Drehsteifigkeit *f*
rotational viscometer Rotationsviskosimeter *n*
rotational wave Querwelle *f*, Transveralwelle *f (Schubkraftübetragung, Körperschall)*
rotationally symmetric rotationssymmetrisch, drehsymmetrisch
rotonda *(Arch)* Rotunde *f*, Rundbau *m*
rotonda arch *(Arch)* Rotundebogen *m*
rotooperator Jalousiekurbel *f*
rotooperator system Jalousiekurbelsystem *n*
rotor Laufrad *n*
rotproof fäulnisbeständig, fäulnisfest, nicht verrottbar, unverrottbar
rotten verrottet, vermodert, verfault; schwammig, stockig, morsch *(Holz)*; brüchig • **become rotten** morsch werden
rotten stone 1. verwitterter Stein *m*; 2. Polierkalkstein *m*
rotten wood faules [morsches] Holz *n*
rottenness 1. Fäulnis *f (z. B. von Holz)*; Verfall *m*; 2. Sprödigkeit *f*, Brüchigkeit *f (von Stahl)*
rotting Verfaulen *n*; Zersetzung *f*, Vermoderung *f*, Verwitterung *f*
rotting process Verrottungsprozess *m*; Zersetzungsprozess *m*; Verwitterungsprozess *m*
rotunda Rotunde *f*, Rundbau *m*
rough *v* 1. vorbearbeiten *(Werkstück)*; grob bearbeiten; 2. aufrauen; rau werden
rough-cast *v* berappen
rough *v* **down** 1. rauschleifen; 2. vorwalzen
rough *v* **drill** *(Bod, Erdb)* vorbohren
rough-hew *v* grob zuhauen; bossieren, bosseln *(Naturstein)*
rough *v* **up** aufrauen
rough 1. rau, uneben *(Oberfläche)*; ungehobelt; unpoliert; narbig; 2. unbehandelt, grob (bearbeitet)
rough analysis Rohanalyse *f*, Grobanalyse *f*
rough arch Normalziegelbogen *m*, Versteifungsbogen *m*, Entlastungsbogen *m (Mauerwerk)*
rough as cast schalungsrau, abzugsrau *(Beton)*
rough ashlar Bruchrohstein *m*, unbehauener Bruchstein *m*
rough-axed grob zugehauen
rough-axed brick zugehauener Ziegel *m*
rough bracket Treppenabstützung *f*
rough buck Unterrahmen *m*, Rohbaurahmen *m*; Unterbau *m*
rough calculation Überschlagsrechnung *f*, Voranschlag *m*
rough carriage verdeckte Stufenträgerwange *f*, hintere Treppenwange *f*
rough-cast berappt
rough-cast Rauputz *m*, Rappputz *m*, Rohputz *m*
rough cast glass gewalztes Glas *n*
rough-casting Berappen *n*
rough casting Rohling *m*
rough cleaning Vorreinigung *f*
rough coat Unterputz *m (Grobputz)*
rough conrete Raubeton *m*
rough-cut file Schruppfeile *f*
rough-cut joint einfache Mauersetzfuge *f (mit Hochkantziegeln)*
rough dimension Rohmaß *n*, Rohbaumaßangabe *f*
rough dressing Rohbehauen *n*
rough edge Baumkante *f*, Wahnkante *f (Brett)*
rough-edged baumkantig, wahnkantig, waldkantig *(Nutzholz)*
rough-edged beam baumkantiger Balken *m*
rough estimate of costs ungefähre Kostenschätzung *f*, Kostenvoranschlag *m*
rough fittings rohe Baubeschläge *mpl*
rough floor Fußbodenunterlage *f*, Balkenbrettauflage *f*, Balkendielung *f*, *(AE)* Blendboden *m*
rough flooring (material) Fußbodenunterlagsmaterial *n*
rough forms Rauschalung *f*
rough grading 1. Rohplanieren *n*; 2. Rohplanum *n*
rough-grained grobkörnig
rough grind(ing) Terrazzo(grob)schleifen *n*
rough-ground roh abgeschliffen
rough ground unebener Boden *m*; unebenes Gelände *n*
rough hardware rohe Baubeschläge *mpl*, Baueisenwaren *fpl (die verdeckt werden)*
rough-hewing Bossieren *n*, Bosseln *n*
rough-hewn 1. bossiert, gebosselt; 2. *s.* rough-edged
rough lumber *(AE)* Roh(schnitt)holz *n*
rough opening Rohbauöffnung *f*
rough opening dimensions Rohbaulichtmaß *n*
rough-planing Vorhobeln *n*
rough plaster Rauputz *m*, Rappputz *m*
rough polishing Vorpolieren *n*
rough quarry block Roh(gesteins)block *m (Naturstein)*
rough rendering 1. *s.* rough plaster; 2. Berappen *n*, Bewerfen *n* mit Rauputz
rough road ausgefahrene Straße *f*
rough rubble (wall) Bruchsteinmauer *f*
rough-sawn sägerau
rough screening Grobsiebung *f*
rough-shuttered schalungsrau
rough shuttering Rauschalung *f*
rough sill Fensterbrettschwellholz *n*
rough stone Bruchstein *m*, Bruchmauerstein *m*
rough stone masonry wall Bruchsteinmauer *f*
rough stone masonry wall work Bruchsteinmauerwerk *n*
rough string untere [verdeckte] Treppenwange *f*
rough surface raue Oberfläche *f*
rough T and G boarding Rauspund *m*, Rauspundbretter *npl*
rough texture Grobstruktur *f*
rough-textured wallpaper Raufasertapete *f*
rough wall Natursteinmauer *f*
rough walling Rohmauerung *f*
rough wood Grobholz *n*
rough work 1. Rohbauarbeiten *fpl*; 2. Grobziegelmauerwerk *n*, Rohrziegelmauerwerk *n*, unverputztes Mauerwerk *n*; 3. Rohbau *m*
roughen *v* aufrauen; rau werden
roughening Aufrauen *n*, Aufrauung *f*
roughing 1. Vorhauen *n*, Vorprofilieren *n (Naturstein)*; 2. *s.* rough plaster
roughing-in *(AE)* 1. Rohbauarbeiten *fpl (an einem Gebäude)*; 2. Unterputzbewurf *m*
roughing-out 1. *(Hb)* Grobbearbeitung *f*, erster Zuschnitt *m*; 2. erste Behauung *f*, Abschrotung *f (Naturstein)*
roughly dressed grob zugehauen
roughly squared hammerrecht *(Naturstein)*
roughness Rauigkeit *f*, Rauheit *f (einer Oberfläche)*; Rauigkeitsgrad *m*, Rauigkeit *f (einer Straße)*
round *v* **(off)** 1. abrunden, rund machen *(z. B. Ecken)*; 2. aufrunden; abrunden *(Zahlen)*
round *v* **up** aufrunden
round 1. (kreis)rund; 2. rund, abgerundet, nicht eckig; 3. gerundet *(Zahlen)*
round 1. Rundstab *m*; (runde) Sprosse *f*, Leitersprosse *f*; 2. Rundornament *n*; Rundprofil *n*; 3. Rundbau *m*
round apse *(Arch)* Rundapside *f*, Rundabseite *f*, Rundexedra *f*
round arch *(Arch)* Rundbogen *m*
round-arched rundbogig

round-arched barrel vault rundbogiges Tonnengewölbe *n*, rundbogige Tonne *f*
round-arched corbel table *(Arch)* Rundbogenfries *m*, rundbogiger Fries *m*, Halbkreisbogenfries *m*
round-arched merlon *(Arch)* Rundbogenzinne *f*, rundbogige Zinne *f*, Halbkreisbogenzinne *f*
round-arched window Rundbogenfenster *n*, rundbogiges Fenster *n*, Halbkreisbogenfenster *n*
round attic *(Arch)* runde Attika *f*
round bar Rundstab *m*; Rundeisen *n*, Rundstahl *m (Bewehrung)*
round-bar steel *s.* round bar
round bars Rundstabstahl *m*, Betonrundstäbe *mpl*
round bastion *(Arch)* Rundbastion *f*
round beam Rundbalkenträger *m*
round block Rundgebäude *n*
round bolt Rundbolzenriegel *m*
round bottom flask Rundkolben *m*
round brush Ringpinsel *m*
round building Rundgebäude n
round capital Rundkapitell *n*
round chapel *(Arch)* Rundkapelle *f*
round chimney Rundschornstein *m*
round choir termination *(Arch)* runder Chorschluss *m*
round church Rundkirchenbau *m*
round column Rundsäule *f*
round construction timber Baurundholz *n*
round core Rundkern *n (Hochhaus)*
round corner 1. Ausrundung *f*, 2. Hohlkehle *f*
round-cornered mit ausgerundeten Ecken
round diminutive tower *(Arch)* Rundtürmchen *n*, kleiner Rundturm *m*
round edge abgerundete Kante *f*
round-edged rundkantig; unbesäumt
round end of a choir *(Arch)* Chorrundhaupt *n*
round exedra *(Arch)* Rundapsis *f*, Rundabseite *f*, Rundexedra *f*
round façade Rundfassade *f*
round file Rundfeile *f*
round footing Kreisfundament *n*
round foundation Kreisfundament *n*
round girder Rundträger *m*
round glass Hohlglas *n*
round grain Rundkorn *n (Zuschlagstoffe)*
round gravel Rollkies *m*
round head Halbrundkopf *m*, Rundkopf *m*
round-head screw Rundkopfschraube *f*
round-headed corble-table *(Arch)* Rundbogenfries *m*, rundbogiger Fries *m*, Halbkreisbogenfries *m*
round house Rundhaus *n*
round log Rundholz *n*
round-log construction Blockhausbau *m*
round manhole Kreisschacht *m*, Rundschacht *m*
round moulding Rundornament *n*, Rundfries *m*
round particle Rundkorn *n*
round peripteral temple *(Arch)* Peripteralrundtempel *m*, Ringhallentempel *m*
round pier Rundpfeiler *m*, Kreispfeiler *m*
round plan kreisförmiger Grundriss *m*, runder Grundriss *m*
round plane *(Hb)* Stabhobel *m*
round plate Kreisscheibe *f*, Kreisplatte *f*, Rundscheibe *f*, Rundplatte *f*
round profile Rundprofil *n*
round ridge Rundfirst *m*, abgerundeter Dachfirst *m*
round robin test *(sl)* Ringversuch *m*
round rod Rundstab *m*
round roof Kreisdach *n*, Runddach *n*
round sand Rollsand *m*, Rundkornsand *m*
round shaft Rundschaft *m*, Kreisschaft *m*
round silo Rundsilo *n*
round slab kreisförmige Platte *f*, Kreisscheibe *f*
round stair(case) Rundtreppe *f*, kreisrunde Wendeltreppe *f*
round steel Rundstahl *m*
round step Wulstkantenstufe *f*, Rundnasenstufe *f*
round stock *(AE)* Ganzholz *n*, Rundholz *n*
round temple *(Arch)* Rundtempel *m*
round tensile bar Rundzugprobestab *m*
round termination *(Arch)* runder Chorschluss *m*
round timber Rundholz *n*
round tower 1. *(Arch)* Rundturm *m*, Wehrturm *m (speziell in Irland)*; 2. *(Arch)* Rondell *n*, Rundell *n (Rundteil an einer Bastei)*
round traceried window *(Arch)* Rundmaßwerkfenster *n*
round tube Zylinderröhre *f*, Rundröhre *f*
round turret *(Arch)* Rundtürmchen *n*
roundabout Verkehrskreisel *m*, Kreisverkehr *m (Anlage mit Mittelinsel)*; Verteilerring *m*
roundabout traffic Kreisverkehr *m*
rounded abgerundet
rounded at the edges kantenabgerundet
rounded forend gerundete Türpfostenleiste *f (Schwingtür)*
rounded step *s.* round step
roundel 1. Ochsenauge *n (rundes Fenster)*; 2. Rundnische *f (z. B. für Plastiken)*; 3. Medaillonornament *n*
roundhouse *(AE)* Lokomotivschuppen *m*, Rundschuppen *m*
rounding-off Abrunden *n*, Abrundung *f*
roundness Rundung *f*, Zurundung *f*
rounds Rundstabstahl *m*, Betonrundstäbe *npl*
rounds-type truss Rundstahlfachwerkträger *m*
roundstone Rollkiesel(stein) *m*
roundwood (konstruktives) Rundholz *n*, Stammholz *n*
rout *v* 1. *(Hb)* aushobeln, den Grund hobeln; eine Nut hobeln; ausfräsen, ausarbeiten; 2. stoßen *(verbinden)*
route *v* trassieren, eine Trasse [Streckenführung] festlegen
route 1. Trasse *f*, Trassenführung *f*, Streckenführung *f*, Weg *m*; Linienführung *f (Verkehrsmittel)*; 2. *(El)* Leitungsführung *f*; 3. Wegestrecke *f*, Route *f*, Reiseweg *m*; 4. *(AE)* Bundesstraße *f*
route mapping Trassierung *f*, Trassenabsteckung *f*, Linienführung *f*
route network Liniennetz *n*
route selection Trassenwahl *f*, Trassierung *f*
route surveying Trassenvermessung *f*
router 1. Grundhobel *m*; Treppennuthobel *m*; 2. Langlochfräser *m*; Fräsbohrer *m*
router bit Langlochbohrer *m*
router gauge Nutenreißer *m*; Ornamentanreißer *m*
router patch Holzeinlege(reparatur)stück *n*, Flickholz *n*
router plane *s.* router 1.
routine maintenance (laufende) Wartung *f*
routine repair work Instandhaltungsarbeiten *fpl*
routing 1. Ausarbeiten *n (von Holz)*; Aushobeln *n*; Ausfräsen *n*; 2. *(Verk)* Streckenführung *f*, Linienführung *f*
rove Grobgarn *n*, Glasseidengrobgespinst *n*
rover Zierkante *f (einer Rundung oder Biegung folgend)*
roving Glasseiden-Roving *m*
row 1. Reihe *f*, Zeile *f (z. B. von Häusern)*; Sitzreihe *f*, 2. Bauflucht(linie) *f*, Flucht *f*, 3. (gerade) Straße *f*, 4. Schicht *f*, Lage *f (Mauerwerk)*
row construction Reihenbau *m*
row home Reihenfamilienhaus *n*
row house Reihenhaus *n*, Einzelhaus *n* einer Reihe ähnlicher Häuser; Reihenfamilienhaus *n*
row-house development Reihenhausbebauung *f*
row installation Reihenanlage *f*

row of Apostles *(Arch)* Apostelreihe *f*
row of banister Treppengeländer *n*
row of bars Stabreihe *f*
row of buildings Gebäudezeile *f*
row of columns Säulenreihe *f*
row of elements Stabreihe *f*, Gliederreihe *f (Stabtragwerk)*
row of houses Häuserzeile *f*
row of members Stabreihe *f*, Gliederreihe *f (Stabtragwerk)*
row of piers Pfeilerreihe *f*
row of piles Pfahlreihe *f*, Pfahlwand *f*
row of rivets Nietreihe *f*, Nietnaht *f*
row of rods Stabreihe *f*
row of seats Sitzreihe *f*
row of stores Ladenzeile *f*
row of supports Stützenreihe *f*
row of windows Lichtband *n*, Fensterband *n*
row spacing *(Hb)* Nagelabstand *m*, Bolzenabstand *m*
rowlock Rollschar *f*, Rollschicht *f*; (sichtbare) Hochkantziegelreihe *f*
rowlock arch mehrlagiger Ziegelbogen *m*
rowlock cavity wall Hochkantziegelhohlmauer *f*, Ziegelhohlmauer *f* mit Hochkantziegeln
rowlock paving Rollschichtpflaster *n (Klinker)*
royal königlich, Königs…
royal *(AE)* (große) Zedernschindel *f (1,25 m × 0,61 m)*
royal blue Königsblau *n*, Preußischblau *n*
royal castle *(Arch)* Königsschloss *n*, königliches Schloss *n*
royal chaple *(Arch)* Königskapelle *f*
Royal Engineers königlich englisches Pionierkorps *n*
Royal Institutes of British Architects Britischer Architektenverband *m*
royal palace *(Arch)* Königspalast *n*
royal pyramid *(Arch)* Königspyramide *f*
royal suite *(Arch)* Königsgemächer *npl*, Königssuite *f*
royal tomb *(Arch)* Königsgrab *n*
royal yellow Rauchgelb *n*
royalty Lizenzgebühr *f*, Nutzungsgebühr *f*; Patentgebühr *f*; Grubenzins *m*; Tantieme *f*
rub *v* 1. abreiben; abziehen; schleifen; polieren; 2. (ein)reiben, bestreichen; verreiben; 3. reiben, scheuern; schaben *(z. B. Seile)*
rub *v* **down** abreiben, mattieren *(Putz)*; schleifen
rub *v* **down the paint** abbimsen
rub *v* **in** verreiben
rub *v* **off** abreiben; abschleifen
rub *v* **with wax** bohnern
rub brick Reibestein *m*, Abziehstein *m*, Korundstein *m*, Siliciumcarbidstein *m*
rubbed abgerieben
rubbed brick geschliffener [abgezogener] Ziegel *m*
rubbed finish geschliffene Oberfläche *f*, abgezogene Schicht *f (Mauerwerk)*; Schleiflackoberfläche *f*
rubbed joint (zusammengeriebene) Leimverbindung *f*
rubbed work geschliffene Behandlung *f (z. B. bei Terrazzo oder Beton)*
rubbelize *v* aufbrechen, zertrümmern; entspannen
rubber *v* gummieren
rubber-coat *v* gummieren, mit Gummi beschichten
rubber 1. Gummi *m*; Weichgummi *m*; Kautschuk *m*; 2. poröser Ziegelstein *m*, Weichziegel(stein) *m*
rubber aggregate Gummigranulat *n*, Gummizusatz *m*
rubber-asphalt paving mixture Gummibitumen-Zuschlagstoff-Mischung *f*
rubber band Gummiband *n*
rubber-based sealant Gummidichtungsmaterial *n*
rubber bearing Gummilager *n*
rubber blanket Gummiplane *f*
rubber buffer Gummipuffer *m*
rubber cement Gummilösung *f*, Kautschukkitt *m*
rubber-coated gummibeschichtet
rubber-coated drum roller gummiummantelte Stahlwalze *f*
rubber-coated fabric gummiertes Gewebe *n*
rubber coating Gummibelag *m*, Gummibeschichtung *f*
rubber-coupled gummigekuppelt *(Flüssigkeitsrohrleitung)*
rubber coupling Gummirohrkupplung *f*
rubber covering Gummibelag *m*
rubber-cushioned gummigelagert
rubber-emulsion paint latexgebundene Farbe *f*, Latexfarbe *f*
rubber-faced gummibeschichtet
rubber filler Gummifugeneinlage *f*
rubber floor cover(ing) Gummifußbodenbelag *m*
rubber gasket (flache) Gummidichtung *f*, Kautschukprofil *n*, Kautschukprofildichtung *f*
rubber glazing channel Gummiverglasungsprofil *n*
rubber gloves Gummihandschuhe *f*
rubber glue Gummilösung *f*
rubber hose Gummischlauch *m*
rubber joint Gummi(ab)dichtungsfuge *f*
rubber latex Kautschuklatex *m*
rubber-like gummiartig, gummiähnlich
rubber-lined gummiausgekleidet, gummiert
rubber lining Gummiauskleidung *f*
rubber lip sealing Gummilippendichtung *f*
rubber packing Gummidichtung *f*, Gummipackung *f*, Gummizwischenlage *f*
rubber paving block Gummipflaster *n*, Gummifliese *f*
rubber ply Gummieinlage *f*
rubber pot bearing Gummitopflager *n (Brücke)*
rubber profile Gummiprofil *n*
rubber ring Gummiring *m*
rubber seal *s.* rubber packing
rubber section Gummiprofil *n*
rubber set falsches [vorzeitiges] Abbinden *n*, Früherstarrung *f*
rubber shape Gummiprofil *n*
rubber sheet Gummibahn *f*
rubber silencer Gummidichtstreifen *m (zur Schalldämmung)*; Türrahmengummistreifen *m*
rubber solution Gummilösung *f*, Kautschuklösung *f*
rubber spacer Gummiabstandhalter *m*
rubber squeegee Gummischwabber *m (für Schlämmeauftrag)*
rubber stop Gummianschlag *m*
rubber stopper Gummipfropfen *m*, Gummistopfen *m*
rubber strip Gummilasche *f*, Gummistreifen *m*
rubber-surfaced gummibeschichtet
rubber tape Isolierband *n*
rubber tiling Gummiplattenbelag *m*, Gummifliesenbelag *m*
rubber trim Gummiprofil *n*
rubber tube Gummirohr *n*; Gummischlauch *m*
rubber tubing Gummischlauch *m*
rubber-tyred roller Gummiradwalze *f*
rubber unit Gummiprofil *n*
rubber unterlay Gummiunterlage *f*
rubber washer Gummi(ab)dichtungsring *m*
rubber waterstop Gummifugenband *n*
rubber whell roller Gummiradwalze *f*
rubberize *v* gummieren
rubberized asphalt Gummibitumen *n*, Gummi-Bitumen-Gemisch *n*
rubberized bitumen Gummibitumen *n*
rubberized fabric gummiertes Gewebe *n*
rubberized paint Kautschukfarbe *f*
rubbery gummiartig, gummiähnlich

rubbing 1. Mattreiben *n*; Mattschleifen *n*; 2. Reibung *f*; 3. Abrieb *m*, Scheuern *n*
rubbing block Reibestein *m*, Sandsteinstück *n* *(zur Marmorpolitur)*
rubbing-down Schleifen *n*
rubbing stone Abreibstein *m*, Abziehstein *m* *(Natursteinbearbeitung)*
rubbing surface Reibungsfläche *f*
rubbing varnish Schleiflack *m*
rubbish Müll *m*; Abfall *m*, Abfälle *mpl*; Schutt *m*; Bauschutt *m*
rubbish bin Abfallbehälter *m*, Abfalleimer *m*, Mülleimer *m*
rubbish box Müllkasten *m*
rubbish chute Müllschlucker *m*, Müllabwurfschacht *m*
rubbish cinder Müllschlacke *f*
rubbish collection Müllabfuhr *f*, Müllabfuhr *f*, Müllsammlung *f*
rubbish container Müllbehälter *m*, Mülltonne *f*
rubbish destructor Abfallverbrenner *m*, Müllverbrenner *m*
rubbish disposal Müllabfuhr *f*, Müllabfuhr *f*, Müllsammlung *f*, Sammlung *f* von Hausmüll
rubbish dump 1. Müllkippe *f*, Mülldeponie *f*, Schuttabladeplatz *m*; 2. Bergehalde *f*, Abraumkippe *f*
rubbish dumper Müll(abwurf)schacht *m*
rubbish furnace cinder *(AE)* Müllschlacke *f*
rubbish heap Schutthalde *f*
rubbish incinerator Abfallverbrenner *m*, Müllverbrenner *m*
rubbish load Trümmerlast *m*
rubbish press Müllpresse *f*
rubbish removal *(AE)* Trümmerbeseitigung *f*, Enttrümmerung *f*, Schuttbeseitigung *f*
rubbish shoot Bauschuttrutsche *f*
rubbish tip *(AE)* Müllkippe *f*, Müllabladeplatz *m*, Müllhalde *f*, Abfallkippe *f*, Abfallabladeplatz *m*
rubble 1. Steinschutt *m*, Schutt *m*, Geröll *n* *(Geologie)*; Grobschlag *m*; Grobkies *m*; (unbehauener) Bruchstein *m*; 2. Bauschutt *m*, Schutt *m*; Trümmer *pl* *(abgerissener Häuser)*; 3. Zwickelsteine *mpl*
rubble arch Bruchsteinbogen *m*; Bossenwerkbogen *m*; Bruchsteingewölbe *n*
rubble ashlar masonry work Natur(werk)steinmauerwerk *n*, Hausteinmauerwerk *n* mit Bruchsteinhinterfüllung
rubble ashlar wall Bruchsteinmauer *f* mit Quaderverblendung
rubble bedding *(Wsb)* Steinbettung *f*, Steinpackung *f*
rubble concrete Bruchsteinbeton *m*, Grobschlagbeton *m*; Feldsteinbeton *m*
rubble drain Sicker(drän) *m*, Steindrän *m*
rubble filter Kiesfilter *n*
rubble fireplace Feldsteinkamin *m*
rubble layer Schüttlage *f*
rubble load Trümmerlast *f*, Schuttlast *f*
rubble masonry Bruchsteinmauerwerk *n*, Natursteinmauerwerk *n*
rubble mound of stone protection Steinpackwerk *n*
rubble pavement Kopfsteinwildpflaster *n*
rubble removal Trümmerbeseitigung *f*, Enttrümmerung *f*, Schuttbeseitigung *f*
rubble slope Steinschüttböschung *f*, Steinschüttung *f*
rubble stone Bruch(werk)stein *m*
rubble-stone arch Bruchsteinbogen *m*; Bruchsteingewölbe *n*
rubble tip Schutthalde *f*
rubble vault Bruchsteingewölbe *n*
rubble wall Bruchsteinmauer *f*, Natursteinmauer *f*
rubble walling Füllmauer *f* *(ausgefüllte Mauer)*
rubblework *s.* rubble masonry
rubby soil steiniger Boden *m*
rud *s.* ruddle
ruddle roter Ocker *m*
rudely bedded *(Bod, Erdb)* undeutlich geschichtet
rudenture *(Arch)* Seilornament *n*, verstäbte Kannelierung *f*
ruderation Naturstein-Mosaik-Verlegung *f*, Mosaikverlegung *f*
rug Brücke *f*, Vorleger *m*, kleiner Teppich *m*
rugged 1. robust, stabil; störungsunempfindlich; 2. uneben, rau *(Boden, Weg)*; zerklüftet *(Gelände)*
ruggedness 1. Robustheit *f*, Stabilität *f*; 2. Unebenheit *f*, Rauheit *f* *(Gelände)*
rugosity Rauheit
ruin *v* 1. verfallen, zerfallen *(Gebäude)*; 2. beschädigen; zerstören
ruin 1. Verfall *m*, Baufälligwerden *n*, Zerfall *m* *(eines Gebäudes)*; 2. Ruine *f*
ruin-sown ruinenübersät
ruined zerstört, verfallen, zerfallen; zerrüttet, ruiniert, zu Grunde gerichtet
ruined by fire abgebrannt, ausgebrannt, niedergebrannt
ruined palace *(Arch)* Palastruine *f*
ruined temple *(Arch)* Tempelruine *f*
ruinous baufällig, verfallend; morsch
ruins Trümmer *pl*; Ruinen *fpl*
ruins hill Ruinenhügel *m*
rule *v* lenken, leiten; anordnen, verfügen, bestimmen, entscheiden
rule *v* **out** etwas ausschließen, nicht erlauben, etwas nicht für möglich halten
rule 1. Lineal *n*; Maßstab *m*; Zollstock *m*; 2. Regel *f*, Vorschrift *f*, Anordnung *f*; Norm *f* • **as a rule** in der Regel
rule joint Scharnierstreifenverbindung *f*
rule of thumb 1. über den Daumen; 2. Faustformel *f*
rule triangle Winkelmaß *n*, Winkel *m*
ruled surface Regelfläche *f*
ruler Lineal *n*; Zeichnermaßstab *m*
ruling 1. Lini(i)erung *f*, Liniieren *n*; 2. Linierungsstrich *m*; Schraffur *f*
ruling gradient *(Verk)* maßgebende Steigung *f* *(Schienen)*
ruling pen Ziehfeder *f*, Reißfeder *f*
ruling scale Zeichenmaßstab *m*, Darstellungsmaßstab *m*
rumble *v* rattern, poltern, rumpeln
rumble strip Rumpelstreifen *m* *(Straße)*
rumple *v* zerknittern, zerknüllen
run *v* 1. fließen, strömen; rieseln *(z. B. Sand, Kalk)*; verlaufen, auslaufen *(Anstriche)*; laufen, lecken, undicht sein; 2. betreiben *(Anlagen)*; in Betrieb sein *(Maschinen)*; funktionieren *(Geräte)*; durchführen *(Versuche)*; 3. führen *(Leitungen)*; verlegen *(Kabel)*
run *v* **a cable** *(El)* ein Kabel (ver)legen, eine Leitung ziehen
run *v* **dry** versiegen *(Brunnen)*
run *v* **off** abfließen; ablassen, ablaufen lassen
run *v* **on solar energy** mit Sonnenenergie arbeiten
run *v* **out of** ausgehen, zu Ende gehen
run *v* **short of** ausgehen, knapp werden
run *v* **together** einfluchten *(Bauteile)*
run *v* **through** durchlaufen
run *v* **wires overhead** Leitungen sichtbar verlegen
run 1. Traufen-First-Abstand *m*, Sparrenlänge *f*; 2. Trittbreite *f*, Auftrittsbreite *f* *(einer Stufe, ohne Überstand)*; 3. Treppenlauflänge *f*; 4. Schiebelänge *f* *(Schiebetür, -fenster)*; 5. Auslaufen *n* *(von Flüssigkeiten)*; Verfließen *n* *(von Anstrichen)*; 6. Nase *f* *(Anstrichfehler)*; 7. Lauf *m*, Gang *m* *(von Maschinen)*; Versuch *m*; Versuchsreihe *f*; 8. Führung *f*, Verlauf *m* *(von Leitungen, Kabeln)*; 9. Rohrstrang *m*, Strang *m*, Rohrleitung *f*, Leitung *f*; 10. Fertigungslos *n*; 11. unsortierte Ware *f*; 12. Schubkarrensteg *m*; 13. Gerinne *n*, Rinnsal *n*

run line Farblinie *f*, Farblinienkante *f*
run moulding Putzprägekante *f*, Rollprägeputzleiste *f*
run-of-bank gravel unklassierter Kies *m*, Wandkies *m*
run of cable Kabelweg *m*
run-of-kiln lime unsortierter Branntkalk *m*
run of rafter Sparrenlänge *f*
run-of-river scheme Flussprojektierung *f*
run-of-river station Laufkraftwerk *n*
run of the road *(Verk)* Straßenverlauf *m*, Straßenführung *f*
run-off Abfluss *m*, Abflussmenge *f*, Oberflächenabfluss *m*; Wasserführung *f*, Wasserableitung *f*
run-off capacity Abflussmenge *f*; Vorflut *f*
run off the road Abkommen *n* von der Fahrbahn
run-out Schlag *m*, Unrundlauf *m*, exzentrischer Lauf *m*
run plank Laufbohle *f*, Karrbohle *f*
run to putty nassgelöscht, gelöscht *(Kalk)*
run-up track Anlaufbahn *f*
runabout crane Autokran *m*
runaway Ausreißer *m*
rundle *s.* rung
rung Sprosse *f*; Leitersprosse *f*
rung ladder Sprossenleiter *f*
runic character *(Arch)* Rune *f*
Runic cross *(Arch)* keltisches Kreuz *n*
runlet Bächlein *n*
runnel Wildbach *m*; Rinnsal *n*; Rinne *f*
runner 1. Längsholz *n (Schalung)*; 2. Längsträgerschiene *f*, Längshalteeisen *n (z. B. für eingehängte Decken, Verkleidungen, Trennwände)*; Trageisen *n* für Decken; 3. *s.* ledger; 4. Läufer *m*, schmaler Teppich *m (für Flure)*
running 1. durchgehende Verbindung *f*; 2. Einfluchten *n (von Bauteilen)*; 3. *Formen einer durchlaufenden Zierkante*
running beam Einbalkung *f*
running block lose Rolle *f (eines Flaschenzugs)*
running bond Läuferverband *m*
running cost Betriebskosten *pl*, laufende Unkosten *pl*
running crack laufender Riss *m*
running dog Wellenband *n*, laufender Hund *m (Ornament)*
running down Ablaufen *n (Anstrich, Kleber usw.)*
running economy Betriebswirtschaftlichkeit *f*
running girder Durchlaufträger *m*, Laufträger *m*
running ground rutschender Boden *m*, fließender Erdstoff *m*
running joint Dehnfuge *f*, Raumfuge *f*
running late verspätet
running meter laufendes Meter *n (Aufmaß)*
running mould Musterrolle *f*, Zierkantenrolle *f*
running of water Wasserabfluss *m*
running-off Glattputzen *n*, Putzglätten *n*
running ornament *(Arch)* (durchlaufende) Zierkante *f*, laufende Zierkante *f*
running rail Laufschiene *f*
running sand Treibsand *m*, Schwimmsand *m*; Schwemmsand *m*
running screed Putzführstreifen *m*, Putzleitkante *f (Zierkante)*
running sleeper *(Wsb)* Langschwelle *f*, Längsschwelle *f (Rostgründung)*
running time Laufzeit *f*, Betriebsdauer *f*
running to putty Nasslöschen *n*, Löschen *n (Kalk)*
running track Laufbahn *f*
running trap *(San)* U-Verschluss *m*, Geruchsverschluss *m*, Geruchsverschlussrohr *n*
running water fließendes Wasser *n*
runnings Füllmittel *npl*, Streckmittel *npl*
runoff Ablauf *m*, Abfließen *n*
runway 1. Piste *f*, Start- und Landebahn *f*, Rollbahn *f (Flugplatz)*; 2. Fahrbahn *f (Kran)*; 3. Steg *m (Plankensteg für Schubkarren)*; 4. Orchesterlaufsteg *m (Theater)*; 5. Flussbett *n*
runway light Pistenfeuer *n*
runway plank Laufbohle *f*, Karrbohle *f*
rupture *v* (zer)brechen, zu Bruch gehen; zerreißen; aufreißen
rupture 1. Zerbrechen *n*; Zerreißen *n*; Bersten *n*; 2. Bruch *m*, Trennbruch *m*; Aufreißen *n (Schichten)*
rupture bending angle Bruchbiegewinkel *m*
rupture bending moment Bruchbiegemoment *n*
rupture by separation Trennbruch *m*
rupture by shearing Scherbruch *m*
rupture compressive load Bruchdrucklast *f*
rupture compressive load strength Bruchdruckfestigkeit *f*
rupture condition Bruchbedingung *f*
rupture cross-section Bruchquerschnitt *m*
rupture curve *(Bod)* Mohr'sche Hüllkurve *f* [Umhüllungskurve *f*], Bruchkurve(numhüllende) *f*
rupture line 1. Bruchlinie *f*; 2. *s.* rupture curve
rupture load Bruchlast *f*
rupture loading Bruchbelastung *f*, Grenzbelastung *f*
rupture member Sicherheitsbruchglied *n*
rupture modulus Bruchmodul *m*, statische Zerreißfestigkeit *f*
rupture moment Bruchmoment *n*
rupture-proof bruchsicher
rupture shear strength Bruch-Schubfestigkeit *f*
rupture strength Zerreißfestigkeit *f*, Bruchfestigkeit *f*
rupture stress Bruchspannung *f*; Zerreißkraft *f*
rupture stress condition Bruchspannungsbedingung *f*
rupture tensile strength Bruchzugspannung *f*
rupture test Bruchprüfung *f*
rupture zone Bruchzone *f*
rupturing Bruchbildung *f*
rural ländlich
rural architecture ländliche Architektur *f*
rural area ländliches Gebiet *n*
rural atmosphere ländliche Atmosphäre *f*, Landatmosphäre *f*
rural community Landgemeinde *f*
rural construction ländliches Bauen *n*; Landbauwesen *n*
rural hospital Landkrankenhaus *n*
rural planning Raumordnungsplanung *f*
rural road Wirtschaftsweg *m*; Feldweg *m*; Außerortsstraße *f*
rurality ländliche Umgebung *f*, ländlicher Charakter *m*, Ländlichkeit *f*
rush *v* **in** *(Erdb)* hineinströmen *(Wasser)*
rush-hour Hauptverkehrszeit *f*, Stoßzeit *f*
rush-hour station Spitzenzeitbahnhof *m*
rush-hour time Stoßverkehr *m*, Berufsverkehr *m*
rush hours Hauptverkehrszeit *f*, Rushhour *f*
rush mat Binsenmatte *f*
rush of traffic Verkehrsstau *m*, Stau *m*
rush of water *(Erdb)* Wassereinbruch *m*, Wasserdurchbruch *m*, starker Wasserzufluss
rust *v* rosten, verrosten, rostig werden
rust *v* **in** einrosten
rust *v* **through** durchrosten
rust *v* **up** einrosten
rust Rost *m*
rust action Rost(ein)wirkung *f*
rust bloom Rostanflug *m*
rust cement Eisenkitt *m*, Rostkitt *m*
rust-colo(u)red rostfarben

rust conversion Rostumwandlung *f*
rust-converting primer Rostumwandler *m*
rust-covered rostbedeckt
rust creep Unterrosten *n*
rust damage Rostschaden *m*
rust film dünne Rostschicht *f*, Rostbelag *m*
rust formation Rostbildung *f*
rust-forming rostbildend
rust grading Rostgrad *m*
rust-inhibiting rosthemmend, rostverhindernd; Rostschutz...
rust-inhibiting paint Rostschutzfarbe *f*, Rostschutzanstrich(stoff) *m*
rust-inhibiting pigment Rostschutzpigment *n*, rostschützendes Pigment *n*
rust-inhibiting primer Rostschutzgrundierung *f*
rust-inhibiting properties Rostschutzeigenschaften *fpl*
rust inhibition Rostschutz *m*
rust-inhibitive *s.* rust-inhibiting
rust joint Rostverbindung *f*, Rostkittdichtung *f*
rust layer Rostschicht *f*
rust-like rostartig
rust patch Rostfleck *m*, Roststelle *f*
rust pocket Rostentfernungsöffnung *f (Rohrleitung)*
rust-preventing rostschützend, rostverhindernd; Rostschutz...
rust-preventing agent Rostschutzmittel *n*
rust-preventing coating Rostschutzanstrich *m*
rust prevention Rostschutz *m*
rust-preventive *s.* rust-preventing
rust preventive Rostschutzmittel *n*
rust primer Rostschutzgrundiermittel *n*
rust-proof nicht rostend, rostbeständig
rust-proofed rostgeschützt
rust-proofing Rostschutzbehandlung *f*
rust protection Rostschutz *m*
rust protective paint Rostschutzfarbe *f*
rust removal Entrosten *n*, Rostentfernung *f*
rust remover Rostentfernungsmittel *n*, Entrostungsmittel *n*, Rostbeseitigungsmittel *n*
rust-removing rostentfernend
rust-removing agent Rostentfernungsmittel *n*, Rostentferner *m*, Entroster *m*
rust-removing procedure Entrostungsverfahren *n*, Abrostungsverfahren *n*, Rostentfernungsverfahren *n*
rust-resistance Rostsicherheit *f*, Rostbeständigkeit *f*
rust-resistant rostbeständig, rostsicher, nicht rostend
rust-retardant rosthemmend
rust spot Roststelle *f*, Rostfleck *m*
rust stain Rostfleck *m*
rust-stained rostfleckig
rust staining Rostfleckigkeit *f*, Rostflecken *mpl*; Rostfleckbildung *f*
rusted through durchgerostet
rustic 1. rustikal, ländlich; 2. rustikal, einfach; 3. Rustika...
rustic Rustika *f*, Grobbruchsteinmauerwerk *n*
rustic arch Bruchsteinbogen *m*; Bossenwerkbogen *m*; Bruchsteingewölbe *n*
rustic ashlar Rustikamauerwerk *n*, Rustika *f*, Bossenmauerwerk *n*
rustic basement Sockelgeschoss-Bossenmauwerk *n*
rustic brick Rau(textur)ziegel *m*; Buntziegel *m*
rustic finish Waschbetonoberfläche *f*, Waschputzeffekt *m*; Waschterrazzofläche *f*
rustic joint Rustikafuge *f*, vertiefte Fuge *f*
rustic plaster Patschputz *m*, Grobfurchputz *m*
rustic quoin Bosseneckstein *m*
rustic siding Tropfbrettverschalung *f (Wetterschutzschale für Außenwände)*
rustic slate unregelmäßiger Schiefer *m*, Wilddachschiefer *m*
rustic stone Bossen(stein) *m*
rustic woodwork baumkantige Holzarbeit *f*, waldkantige Holzverkleidung *f (für Wände)*
rustic work Bossenmauerwerk *n*, Bossen *m*
rusticate *v* 1. bossieren, bosseln, mit Bossiereisen behauen; 2. mit Bossenwerk verzieren
rusticated ashlar Rustika *f*, Bossen(mauer)werk *n*, Bossen *m*
rusticated ashlar arch Bossenwerkbogen *m*
rusticated column *(AE)* Kapitellsäule *f*, Ringsäule *f*
rusticating Strukturieren *n (Ziegel, Steine)*
rustication 1. Bossen(mauer)werk *n*; 2. *s.* rustic
rustication strip Betonformleiste *f*, Einlegeformleiste *f*, Einlegelatte *f (in die Betonschalung)*
rusticity Rustizierung *f*
rustiness Rostneigung *f*
rusting Rosten *n*, Rostbildung *f*, Verrosten *n*, Rostvorgang *m*
rusting degree Rostgrad *m*
rusting-inhibiting rosthemmend, rostverhindernd
rusting-preventing rosthemmend, rostverhindernd
rusting-through Durchrosten *n*, Durchrostung *f*
rustproofing Rostschutzbehandlung *f*
rustproofing agent Rostschutzmittel *n*
rustproofing paint Rostschutzfarbe *f*
rustproofing primer Rostschutzgrundierung *f*
rusty rostig, verrostet, rostfleckig
rusty-brown rostbraun
rusty quality Rostneigung *f*
rusty state Verrostung *f*
rut Fahrspur *f*, Wagenspur *f*, (tief eingefahrene) Radspur *f*
rut depth Spurrillentiefe *f*, Radspurtiefe *f*
rut resistant spurrinnenresistent, standfest, verformungsbeständig *(Straßenbefestigung)*
rut susceptible spurrinnenempfindlich, spurrinnengefährdet *(Straßenbefestigung)*
rutile Rutil *m (Mineral)*
rutile pigment Rutilpigment *n*
rutted ausgefahren *(Wege mit Radspuren)*
rutting Spurrinnenbildung *f (Straße)*
rutting potential Neigung *f* zur Spurrinnenbildung, Möglichkeit *f* zur Spurrinnenbildung *(Straße)*

S

S-bend Doppelkrümmer *m*, gekröpftes Rohr *n*
S-N curve *s.* stress-number curve
S-trap *(San)* S-Traps *m*, Knieverschluss *m*, S-förmiger Geruchverschluss *m*
saber saw *(AE)* Kraftstichsäge *f*, Schweifsäge(maschine) *f*, Lochsäge *f*
sable (pencil) Zobelhaar(fein)pinsel *m*, Zobelhaarbürste *f*
sable writer Zobelhaarschreibpinsel *m*
sacellum römischer Altar(hof) *m*
sack Sack *m*
sack finish [rub] trocken verriebener Betonoberflächenabschluss *m*, abgeriebene Betonoberfläche *f*
sack shoot Sackrutsche *f*
sacked gesackt *(Baustoffe)*
sacked cement Sackzement *m*, gesackter Zement *m*

sacking 1. Sackleinen *n*; 2. Absacken *n*, Einsacken *n*
sacrament chapel *(Arch)* Sakramentskapelle *f*
sacrament house *(Arch)* Sakramentshaus *n (kunstvoller, turmartiger Schrein zur Aufbewahrung der geweihten Hostie in gotischen Kirchen)*
sacred building Sakralbau *m*
sacred grove at Olympia *(Arch)* Heiliger Hain *m* von Olympia
sacred precinct *(Arch)* Peribolos *m*, Altis *m*, Temenos *n*, heiliger [geweihter] Tempelbezirk *m*
Sacred Rock *(Arch)* Heiliger Fels *m (zu Jerusalem)*
sacred street Prozessionsweg *m (Delphi)*
sacrificial anode Opferanode *f*
sacrificial protection katodischer Schutz *m* mit Opferanode, Korrosionsschutz *m* mit Elektrolytanstrich
sacrificial scheme Katodenschutzanlage *f* mit Opferanoden
sacristy *(Arch)* Sakristei *f*
sadden *v* nachdunkeln, unklar werden, nachbeizen *(Anstrich)*
sadden *v* **down** stumpf werden *(Anstrich)*
saddle *v* 1. aufsatteln *(Stufen)*; 2. aufladen *(Last)*
saddle Stuhl *m*, Lagerstuhl *m (Tragseilauflager bei Brücken)*; Auflager *n*, Schuh *m (Stützenschuh)*; Sattel *m*, Sattelholz *n*
saddle bar Bleiglasfenster-Horizontalstab *m*, Bleifensterstab *m*, Windeisen *n*
saddle bead Verbundfensterscheibenhalterung *f*
saddle bend gekröpftes Rohr *n*
saddle board First(deck)bohle *f*, Firstbrett *n*
saddle cap flushing sattelförmiger Übergangsanschluss *m*
saddle coping *s.* saddleback 1.
saddle fitting aufgesattelte Rohrverbindung *f*
saddle flange gewölbter Flansch *m*
saddle flashing Schornsteinsattelabdeckung *f*
saddle-form sattelförmig
saddle form Sattelform *f*
saddle jib crane Ausleger(turm)kran *m* mit Laufkatze
saddle joint gesattelte Bördelverbindung *f*, hochgesteppte Blechfuge *f*
saddle roof Satteldach *n*, Giebeldach *n*
saddle scaffold Gerüst *n* über dem First, Firstaufsatzgerüst *n*; Schornsteingerüst *n (Dachgerüst für Reparaturen)*
saddle segment Sattelsegment *n*
saddle shell Sattelschale *f*
saddle stone 1. dachförmiger [sattelförmiger] Stein *m*; 2. Dachstein *m*
saddle support Sattellager *n (Auflager)*
saddle surface Sattelfläche *f*
saddle-type lantern light Sattellaterne *f*
saddle-type skylight Sattelraupe *f*
saddleback 1. Sattelabdeckung *f*, Eselsrücken *m (Mauer)*; 2. *s.* saddle roof; 3. *s.* saddle joint
saddleback board Schlagschwelle *f*; *(AE)* Türschwelle *f*
saddleback joint *s.* saddle joint
saddleback roof Satteldach *n*
saddlebacked überhöht
saddlebacked coping *s.* saddleback 1.
saddleshaped arch Sattelbogen *m*, Eselsrückenbogen *m (Spitzschweifbogen)*
safe 1. sicher, zuverlässig; 2. zulässig *(entsprechend Sicherheitsvorschriften)*; sicher
safe 1. *(San)* Überflussauffangbehälter *m*; 2. Safe *m*, Tresor *m*
safe against buckling knicksicher
safe against overturning kippsicher
safe deposit Tresor *m*; Stahlkammer *f*
safe disposal geordnete Beseitigung *f*
safe distance Sicherheitsabstand *m*
safe leg load zulässige Gerüstpfostenbelastung *f*
safe load zulässige Belastung *f* [Last *f*], Grenzlast *f*
safe load on ground zulässiger Bodendruck *m*
safe load table Belastungstabelle *f*
safe strain [stress] zulässige Beanspruchung *f* [Spannung *f*]
safe to operate betriebssicher
safe working load sichere Belastung *f*
safeguard Schutzeinrichtung *f (z. B. an Maschinen)*
safety Sicherheit *f*, Zuverlässigkeit *f*
safety adviser Sicherheitsberater *m*
safety against buckling Beulsicherheit *f*, Knicksicherheit *f*
safety against cracking Risssicherheit *f*, Anbruchsicherheit *f*
safety against overturning Kippsicherheit *f*
safety allowance Sicherheitsspanne *f*, Sicherheitszuschlag *m*
safety arch Überfangbogen *m*, Verstärkungsbogen *m*, Entlastungsbogen *m (Mauerwerk)*
safety at road works Straßenbaustellensicherung *f*, Baustellensicherheit *f*
safety barrier Sicherheitsplanke *f*, Schutzplanke *f*, Schutzeinrichtung *f*
safety belt Sicherheitsgürtel *m*; Sicherheitsgurt *m*
safety catch 1. Sicherungsriegel *m*; Sperrhebel *m*; 2. Fangvorrichtung *f (Aufzug)*
safety chain Fangkette *f*
safety check Sicherheitsnachweis *m*
safety coefficient Sicherheitsbeiwert *m*
safety conditions Sicherheitsbedingungen *fpl*
safety curb *(AE)* Sicherheitsbordstein *m*
safety curtain Asbestvorhang *m*; Sicherheitsvorhang *m*, eiserner Vorhang *m (Theater)*
safety cut-off Sicherheitsabschaltung *f*
safety-cylinder lock Sicherheits(zylinder)schloss *n*
safety device Sicherheitsvorrichtung *f*, Sicherung *f*, Schutzeinrichtung *f*
safety door Sicherheitstor *n*, Sicherheitstür *f*
safety embankment *(Wsb)* Schutzdamm *m*
safety explosives Sicherheitssprengstoff *m*
safety factor Sicherheitskoeffizient *m*, Sicherheitsbeiwert *m*
safety fence Sicherheitszaun *m*
safety floor of a scaffold Notgerüst *n*
safety flow Sicherheitsvorlauf *m*
safety fuse 1. Sicherheitszünder *m*, Zündschnur *f*; 2. *(El)* Schmelzsicherung *f*
safety gate latch [lock] Sicherheitstorschloss *n*
safety glass Sicherheitsglas *n*, Verbundglas *n*, splitterfreies Glas *n*
safety glasses Schutzbrille *f (mit Seitenschutz)*
safety gloves Sicherheitshandschuhe *mpl*, Schutzhandschuhe *mpl*
safety goggles Schutzbrille *f*
safety hat Schutzhelm *m*
safety helmet Schutzhelm *m*
safety illumination Sicherheitsbeleuchtung *f*
safety in service Betriebssicherheit *f*
safety in use Nutzungssicherheit *f*
safety island Verkehrsinsel *f*, Straßeninsel *f*
safety kerb Sicherheitsbordstein *m*
safety lamp Sicherheitslampe *f*
safety lighting Sicherheitsbeleuchtung *f (Notbeleuchtung)*
safety limit Sicherheitsgrenze *f*
safety lintel Zusatzsturz *m (zu einem Steinsturz)*; Hintersturz *m*, Entlastungssturz *m*
safety lock Sicherheitsschloss *n*

safety margin 1. Sicherheitsabstand *m*, Sicherheitsstreifen *m*; 2. Sicherheitsspielraum *m*; Sicherheitsaufschlag *m*, Sicherheitszuschlag *m*
safety measure Sicherheitsmaßnahme *f*
safety measure against buoyancy Auftriebssicherung *f*
safety net Sicherheitsnetz *n*
safety nosing Stufengleitschutzstreifen *m*
safety officer Sicherheitsbeauftragter *m*
safety railing Schutzgeländer *n*
safety record Sicherheitsprotokoll *n*
safety regulations Sicherheitsvorschriften *fpl*, Sicherheitsbestimmungen *fpl*
safety requirements sicherheitstechnische Anforderungen *fpl*
safety rules *s.* safety regulations
safety scaffold(ing) Schutzrüstung *f*
safety sheet glass window Sicherheitsfenster *n (splittersicher)*
safety shut-off device Sicherheitsabschaltung *f (z. B. einer Gasheizung)*
safety solvent unbedenkliches Lösungsmittel *n*
safety stirrup Sicherungsbügel *m*
safety strip Sicherheitsstreifen *m*
safety supervisor Sicherheitsinspektor *m*
safety switch *(El)* Sicherheitsschalter *m*, Schutzschalter *m*
safety to traction Sicherheit *f* gegen Zug *(eines Seils)*
safety tread gleitsichere Stufe *f*
safety valve Sicherheitsventil *n*
safety window glass Sicherheitsfensterglas *n*
safety zone Sicherheitszone *f (Strahlung)*
safing Sicherungsdichtung *f (in einem Klimakanal)*
sag *v* 1. durchhängen, sich durchbiegen; sich senken *(z. B. Decken)*; nachgeben *(z. B. Balken unter Last)*; ausbauchen; ausweichen; 2. (ab)laufen, absacken *(Anstrichstoffe)*
sag 1. Durchhang *m*, Durchbiegung *f*; Stich *m (Überhöhung)*; Senkung *f*, Einsenkung *f*; Wanne *f*; 2. Läufer *m*, Gardine *f (Anstrichfehler)*
sag bar Pfetten(aufhäng)riegel *m*, Pfettentraverse *f*, Hängestrebe *f (Stahlbau)*
sag crossing *(Wsb)* Unterdükerung *f*
sag curve *(Verk)* Wannenausrundung *f (Kurve)*
sag tie Hängesäule *f*, Hängestab *m*
sag vertical curve Wannenausrundung *f*, Wanne *f (Straße)*
sagged durchgebogen
sagging durchhängend
sagging 1. Durchhängen *n*, Durchbiegung *f*; Einsenkung *f*; 2. Ablaufen *n*, Farbfließen *n*, Läuferbildung *f*; 3. Fugendichtungsausfließen *n*; 4. Bodensenkung *f*
sagging bend Durchbiegen *n*
sagging of the vault Gewölbesenkung *f*
sagitta 1. Bogenschlussstein *m*, Keilstein *m (eines Gewölbes)*; 2. Pfeilhöhe *f*, Scheitel *m (eines Bogens)*
sail *v* **over** hervorstehen, überstehen; auskragen; überhängen
sail-over Wandauskragung *f*, Auskragung *f* aus einer Wand
sail vault Hängekuppel *f*
sailing course auskragende Mauerschicht *f*
saint's church Heiligenkirche *f*
sal ammoniac Salmiaksalz *n*, Salmiak *m*
sala *(Arch)* Sala *m (Versammlungsraum buddhistischer Klöster)*
sala terrena *(Arch)* Sala *f* terrena *(Gartensaal eines Schlosses)*
salamander 1. Betonheizofen *m*, Koksofen *m*, Kokskorb *m (zur Frischbetontemperaturhaltung oder Baustellenheizung)*; 2. Ofensau *f*
sales depot Verkaufslager *n*
sales office Verkaufsbüro *n*
salient vorspringend *(Ecke, Kante)*
salient angle vorspringender Winkel *m*
salient corner vorspringende Ecke *f*
salient junction Vorsprung *m*, Vorspringen *n (Wand)*
salient sideway vorgekragter Gehweg *m (Brücke)*
saliferous salzführend, salzhaltig *(Baugrund)*
saliferous marl Keupermergel *m*
saline salzhaltig; salzartig
saline clay soil Salztonboden *m*
saline crust Salzkruste *f*
saline licks salzige Ablagerungen *fpl*
saline plant Salzwerk *n*
saline rock Salzgestein *n*
salinity Salzhaltigkeit *f*, Salzgehalt *m*
salinous salzartig, salzhaltig
sally *(Hb)* Überhang *m*, Sparrenüberstand *m (Dach)*
sally port Ausfallgang *m*, unterirdischer Festungsgang *m*
salmon brick schwachgebrannter Ziegel *m*, Schwachbrandziegel *m*, Weichziegelstein *m (lachsfarben)*
salomónica *(Arch)* Spiralpfeiler *m*, gedrehte Säule *f (z. B. in der St. Peterskirche in Rom)*
salon Salon *m*, Ausstellungsraum *m*
saloon 1. Salon *m*, Gesellschaftssaal *(bes. im Hotel)*; 2. *(AE)* Wirtshaus *n*, Gaststätte *f*, Kneipe *f*
salt Salz *n*
salt barn Salzlagerhalle *f*
salt causing unsightly efflorescence ausblühendes Salz *n*
salt-containing salzhaltig
salt corrosion Korrosion *f* durch Salze
salt dust Salzstaub *m*
salt efflorescence Salzausblühung *f*
salt-free salzfrei
salt-glazed brick Salzglasurziegel(stein) *m*
salt-glazed tile Salzglasurfliese *f*
salt glazing Salzglasieren *n*
salt-laden air Salzluft *f*
salt level Salzgehalt *m*
salt resistance Salzbeständigkeit *f*
salt shelter Salzlagerhalle *f*
salt solution Salzlösung *f*
salt store Salzlagerhalle *f*
salt swamp Salzsumpf *m*
salt water Salzwasser *n*
salt water corrosion Korrosion *f* durch Salzwasser
salt water-resistant salzwasserbeständig
salt-waterproof salzwasserbeständig; seewasserbeständig
saltbox (house) Kolonial(holzrahmen)haus *n (in Neuengland, USA, mit einseitig herabgezogenem Satteldach)*
salting-out effect Aussalzungseffekt *m*
Saltire cross *(Arch)* Andreaskreuz *n*, burgundisches Kreuz *n*, Schrägkreuz *n*
saltpetre Salpeter *m*
saltwater-proof salzwasserbeständig
salvage Wiedergewinnen *n*, Bergung *f*, wiedergewonnenes Material *n*
salvaged material Altmaterial *n*
samel brick zu schwach gebrannter Ziegel *m*
sample *v* Probe entnehmen
sample 1. Probe *f*, Probekörper *m*, Probestück *n*; Muster *n*; 2. Probe *f*, Stichprobe *f*
sample bottle Probenflasche *f*
sample collection *s.* sampling
sample community Demonstrationsprojekt *n*, Demonstrationssiedlung *f*, Demonstrationsbauvorhaben *n*
sample container Probenbehälter *m*
sample core Probekern *m*
sample divider Probenteiler *m (Zuschlagstoffe)*

sample holder Probenhalter *m*
sample key Musterschlüssel *m*
sample mixer Probenmischer *m*
sample of the mix Mischprobe *f*
sample pan Probenschale *f*
sample reduction Probenreduzierung *f*
sample specification Probenahmevorschrift *f*
sample splitter Probenteiler *m*
sample traffic survey Normalverkehrsmessung *f*
sample tube Probenahmestutzen *m*
sampler 1. Probesonde *f*; Probenahmegerät *n*; 2. Probenehmer *m (Person)*
samples Bemusterungsunterlagen *fpl*
sampling Probenahme *f*, Proben(ent)nahme *f*, Probenehmen *n*
sampling date Probenahmedatum *n*, Probenahmetermin *m*
sampling device Probenahmegerät *n*
sampling error Probenahmefehler *m*; Stichprobenabweichung *f*
sampling inspection Stichprobenprüfung *f*
sampling method Probenahmeverfahren *n*
sampling point Probenentnahmestelle *f*
sampling schedule Probenahmeplan *m*
sampling scoop Probenahmeschaufel *f*
sampling size Probenahmeumfang *m*, Stichprobenumfang *m*
sampling specification Probenahmevorschrift *f*
sampling spoon Probelöffel *m*; Rohrsonde *f*
sampling test Stichprobenprüfung *f*
sampling tool Probenahmegerät *n*
sampling unit Stichprobeneinheit *f*
sampling well Probebrunnen *m*
sanatorium Sanatorium *n*
sanctuary *(Arch)* Altarbereich *m*, Altarraum *m*, Altarium *n*, Presbyterium *n*; Sanktuarium *n*; Heiligtum *n*
sand *v* 1. absanden, besanden, mit Sand bestreuen; mit Sand zudecken [abdecken]; 2. schleifen *(Holz)*; schmirgeln
sand *v* **off** abschleifen
sand *v* **up** versanden
sand Sand *m*
sand addition Sandzugabe *f*, Sandzusatz *m*
sand asphalt Sandasphalt *m*
sand backfill Sandhinterfüllung *f*
sand bag Sandsack *m*
sand bedding Sand(unter)bettung *f*, Sandschüttlage *f*
sand-bentonite slurry Sand-Bentonitschlämme *f*
sand blast *s.* sandblast
sand boil(ing) Fließsandaufsteigen *n*, Fließsandausbruch *m*
sand box Sandballastkasten *m*
sand catch basin [pit] Sandfangbecken *n*
sand catcher Sandfang *m*
sand cement grout Sand-Zement-Schlämme *f*
sand clay Sandton *m*
sand-coarse aggregate ratio Fein-Grob-Zuschlag(stoff)-verhältnis *n*
sand collector Sandfang *m*
sand-coloured sandfarbig
sand content Sandanteil *m*, Sandgehalt *m*
sand crusher Sandmühle *f*
sand curing Nasssandnachbehandlung *f (Beton)*
sand cushion Sandbett *n*, Sandschicht *f*
sand cushion foundation Sandpolstergründung *f*
sand deposit Sandablagerung *f*
sand drain Sanddrän *m*
sand dredging Sandnassbaggerung *f*
sand-dry sandtrocken, oberflächentrocken *(Anstrich)*
sand dune Sanddüne *f*
sand equivalent Sandäquivalent *n*
sand equivalent test Sandäquivalentbestimmung *f*, Sandäquivalentprüfung *f*
sand-faced brick Ziegel *m* aus einer sandausgestreuten Form
sand fill Sandauffüllung *f*, Sandbett *n*, Sandschüttung *f*, Sandaufschüttung *f*
sand filling 1. Sandfüllung *f*, Sandschüttung *f*, Sandbettung *f*; 2. *(AE)* Versandung *f*; 3. *s.* sand fill
sand filter Sandfilter *n*, Sandfilterschicht *f*
sand filter trenches Filterentwässerungsleitungen *fpl* mit Sandbett
sand finish (verriebene) Kalkputzoberfläche *f*
sand-float finish Reibeputzoberfläche *f*, abgeriebener Putz *m*
sand fraction Sandfraktion *f*
sand grain Sandkorn *n*
sand ground Sandboden *m*, rolliger Erdstoff *m*
sand grout Zement-Sand-Schlämme *f*
sand-gypsum plaster Gipssandputz *m*
sand heap Sandhaufen *m*
sand holder [interceptor] *s.* sand trap
sand inclusion Sandeinschluss *m*
sand jack sandkastenregulierter Zentrierstempel *m*
sand layer Sandschicht *f*
sand-lime block [brick] Kalksandstein *m*
sand-lime facing block Verblendkalksandstein *m*, Fassadenkalkstein *m*
sand limestone *s.* sandy limestone
sand measure box Sandmesskasten *m*
sand mix Sand-Bitumen-Mischung *f*
sand mortar Sandmörtel *m*
sand patch method Sandfleckmethode *f*
sand patch test Sandfleckprüfung *f*; Texturtiefentest *m*
sand pile 1. Sand(drän)pfahl *m*; 2. Sandhaufen *m*
sand-pit 1. Sandgrube *f (zur Sandgewinnung)*; 2. Sandkasten *m (Spielkasten)*
sand poor in clay Magersand *m*
sand proportioning box Sandzumesskasten *m*
sand quarry Sandgrube *f*
sand reclamation [recovery] Sandrückgewinnung *f*, Sandaufbereitung *f*
sand replacement Sandersatz *m*
sand road Sandweg *m*
sand-rubbed finish sandabgeschmirgelte Natursteinoberfläche *f*, sandabgeriebene Oberfläche *f*
sand sampler Sandprobenahmegerät *n*
sand-sawn finish Sandgatterschnittfläche *f (Naturstein)*
sand seal *(AE)* Sandabstreuen *n*, Sandoberflächenschutz *m*, Absanden *n (Straße)*
sand silting Versandung *f*
sand slope Sandböschung *f*
sand soil sandiger Erdstoff *m*, Sandboden *m*
sand spit Sandbank *f*
sand spreading Absanden *n*
sand stockpile Sandhalde *f*
sand stratum Sandschicht *f (Geologie)*
sand streak Sandanreicherungsstreifen *m* an Betonoberflächen *(durch Entwässerung von Frischbeton)*
sand-surfaced besandet
sand surfacing Besandung *f*
sand test Sandprobe *f*, Sandprüfung *f*
sand trap Sandfang *m*, Sandabscheider *m (z. B. in Kanalisation)*
sand underlay Sandbett *n*, Sandschicht *f*
sand-vent Natursteinverwitterungskruste *f*
sand working Sandgrube *f*
sandbar Sandbank *f*

sandblast *v* 1. sandstrahlen, (mit Sand) abstrahlen, strahlreinigen; 2. mit Sandstrahl mattieren *(Glas)*
sandblast *v* **to white metal** metallisch blank sandstrahlen
sandblast Sandstrahl *m*
sandblast cleaning Sandstrahlreinigung *f*, Sandstrahlsäubern *n*, Sandstrahlputzen *n*
sandblast equipment Sandstrahlgebläse *n*
sandblasted sandgestrahlt
sandblasting Sandstrahlen *n (1. Reinigung; 2. Glasmattierung)*
sandblasting machine Sandstrahler *m*, Sandstrahlgebläse *n*
sandblasting plant Sandstrahlanlage *f*
sandblasting test Sandstrahlprobe *f*, Sandstrahlprüfung *f*
sanded bitumen felt Bitumendachpappe *f*
sanded-bitumen felt roofing Bedachung *f* mit Bitumendachpappe
sanded fluxed-pitch felt abgesandete Teerpappe *f*
sanded plaster (sand)abgemagerter Gipsputz *m*
sanded skip Fehlstelle *f (Holzoberflächenbehandlung)*
sander 1. Sandpapierschleifer *m*, Schwingschleifer *m (Holz)*; Schleifmaschine *f*; 2. Sandstreuer *m*, Abstreuer *m (Straße, Dachpappe)*
sanding 1. Sanden *n*, Schleifen *n (von Holz)*; 2. Absanden *n*, Abstumpfen *n (Verkehrsflächen)*
sanding dust Schleifstaub *m (Holz)*
sanding machine *s.* sander 1.
sanding primer Schleifgrund *m*, Schleifgrundfarbe *f*
sanding properties Schleifbarkeit *f (Anstrich)*
sanding sealer Schleifgrund *m*, Schnellschliffgrund *m*
sanding skip Fehlstelle *f (bei Holzoberflächenbehandlung)*
sandlike sandartig
sandlime brick Kalksandstein *m*
sandpaper *v* abschleifen, abschmirgeln
sandpaper Sandpapier *n*, Schmirgelpapier *n*; feines Glassandpapier *n*
sandpaper surface Sandpapieroberfläche *f*
sandrock Sandstein *m*
sands Sandbank *f*
sandstone Sandstein *m*
sandstone ashlar Sand(stein)werkstein *m*
sandstone curtain *(Arch)* Sandsteinkurtine *f*
sandstone grit grobkörniger Sandstein *m*
sandstone kerb Sandsteinbord(stein) *m*
sandstone (masonry) facing Sandsteinverkleidung *f*
sandstone portal Sandsteinportal *n*
sandstone quarry Sandsteinbruch *m*
sandstone rubble Bruchsandstein *m*
sandstone slab Sandsteinplatte *f*
sandwich *v* einlagern, dazwischenlagern, dazwischenlegen; dazwischenschieben
sandwich mehrschichtig; Schicht...; Verbund...
sandwich 1. Schichtwerkstoff *m*; 2. Schichtelement *n*
sandwich beam Sandwichbalken *m*, verdübelter Balken *m*, Dübelbalken *m*
sandwich board *s.* sandwich panel
sandwich construction Verbund(platten)bauweise *f*, Verbundkonstruktion *f*, Sandwichbauweise *f*, Sandwichkonstruktion *f*
sandwich course Zwischenschicht *f*, Zwischenlage *f (Mauerwerk)*
sandwich foam layer Schaumzwischenlage *f*
sandwich layer Zwischenlage *f*, Zwischenschicht *f*
sandwich member Schichtelement *n*, Schicht(stoff)glied *n*, Sandwichelement *n*
sandwich panel Verbundplatte *f*, Sandwichplatte *f*, Mehrschicht(en)platte *f*; Dreischichtentafel *f*
sandwich plate Keilplatte *f*; Sandwichplatte *f (Spannbeton)*
sandwich-plate method Spannbetonverfahren *n* Magnel
sandwich shell Dreilagen(schicht)schale *f*, Sandwichschale *f*
sandwich slab Dreilagen(schicht)platte *f*, Sandwichplatte *f*
sandwich structure 1. Sandwichstruktur *f*; 2. *s.* sandwich construction
sandwich system Schutzschichtpaket *n (Anstriche)*
sandwich-type panel *s.* sandwich panel
sandwich unit Schichtelement *n*
sandwich wall Dreilagen(schicht)wand *f*, Sandwich-Wand *f*
sandwiched truss Brettbinder *m*
sandy sandig, sandhaltig; Sand...
sandy chalk sandige Kreide *f*
sandy clay sandiger [magerer] Ton *m*, Sandton *m*
sandy clay loam sandig-toniger Lehm *m*
sandy gravel Kiessand *m*
sandy ground Sandboden *m*
sandy limestone Kalksandstein *m*
sandy loam sandiger Lehm *m*
sandy marl Sandmergel *m*
sandy shale sandiger Schieferton *m*
sandy silt Schluffsand *m*
sandy soil Sandboden *m*
sanidine Sanidin *m*
sanidine feldspar Sanidinfeldspat *m*
sanidine-trachyte Sanidintrachyt *m*
sanitary sanitär, gesundheitstechnisch; Sanitär...
sanitary appliances Sanitärarmaturen *fpl*
sanitary article Sanitärartikel *m*
sanitary base Klosettsockel *m*
sanitary block module Sanitärinstallationsblock *m*, Sanitärinstallationszelle *f*
sanitary (building) block Sanitärzelle *f*, Nasszelle *f*
sanitary building drain Gebäudeabflussleitung *f*, Hausentwässerungsleitung *f*
sanitary china Sanitärkeramik *f*, Sanitärporzellan *n*
sanitary conduit-type sewer Schmutzwasserkanal *m*
sanitary convenience Bedürfniseinrichtung *f*, Bedürfnisanlage *f*
sanitary core *s.* sanitary block
sanitary cove 1. Treppenwinkelschiene *f*, Sauberkeitsschiene *f (zwischen Tritt- und Setzholz)*; 2. Scheuerleiste *f*, Fußleiste *f (gerundet)*
sanitary cross Entwässerungsleitungskreuzstück *n*, Kreuzrohrstück *n*
sanitary earthenware Sanitärsteingut *n*
sanitary engineering Sanitärtechnik *f*, Gesundheitstechnik *f*
sanitary equipment sanitäre Einrichtungen *fpl*
sanitary facilities sanitäre Einrichtungen *fpl*, Sanitäranlagen *fpl*
sanitary fitting Sanitärarmatur *f*
sanitary fittings Entwässerungsleitungs(verbindungs)-stücke *npl*
sanitary fixture Sanitäranlage *f*, sanitäre Einrichtung *f*
sanitary goods Sanitärartikel *mpl*, Sanitärwaren *fpl*, Sanitärgegenstände *mpl*, Sanitärerzeugnisse *npl*
sanitary installations sanitäre Einrichtung *f*, Sanitärinstallation *f*
sanitary landfill 1. geordnete Deponie *f*; 2. *s.* sanitary landfilling
sanitary landfilling geordnetes Deponieren *n*
sanitary module *s.* sanitary block
sanitary products *s.* sanitary goods
sanitary sewage Abwässer *npl*, Haushaltabwasser *n*; Sanitärabwasser *n*
sanitary sewer Schmutzwasserkanal *m*, Entwässerungs(sammel)leitung *f*

sanitary sewer network Schmutzwassernetz *n*
sanitary shoe *(AE)* Scheuerleiste *f*
sanitary stonework Sanitärsteinzeug *n*, sanitäres Steinzeug *n*
sanitary stop Fensterarretierung *f*
sanitary tank Spül(wasser)kasten *m*, Klosettank *m*
sanitary tee Abwasserabzweigstück *n*, Entwässerungsleitungs-T-Stück *n*
sanitary wallpaper abwaschbare Tapete *f*
sanitary ware Sanitärkeramik *f*, Sanitärbauelemente *npl*
sanitation 1. Sanitärtechnik *f*, sanitäre Einrichtungen *fpl*; 2. Abwasserbeseitigung *f* und -reinigung *f*; 3. Sanierung *f* *(Bausubstanz)*
sanitation engineering Gesundheitstechnik *f*
sanitation equipment gesundheitstechnische Anlagen *fpl*
sanitation facilities *s.* sanitation 1.
sanitation system *(AE)* sanitäre Gebäudeinstallation *f*, Sanitärinstallation *f*
santorin Santorintuff *m*
santorin earth Santorinerde *f*
sap 1. Baumsaft *m*; 2. *s.* sapwood
sap-stain 1. Splintbläue *f*, Splintverfärbung *f*; 2. Splintfleck *m (Holz)*
saponification Verseifung *f (z. B. von Anstrichstoffen)*
saponification resistance Verseifungsbeständigkeit *f*, Verseifungsfestigkeit *f*
saponify *v* verseifen
sapropel Faulschlamm *m*
sapwood Splintholz *n*
Saracenic architecture *s.* Muslim architecture
sarcoline fleischfarben
sarcophagus *(Arch)* Sarkophag *m*
sarking Schieferunterlegschicht *f*, Dachziegelunterlegpappe *f*
sarking board Dachschalung *f (bes. für Schiefer- und Ziegeldachdeckung)*
sarking felt Dachziegelunterlegpappe *f*, Dachpappenunterlage *f*, erste Lage *f*
sash (schiebbarer) Fensterrahmen *m*; schiebbarer Fensterflügel *m*
sash adjuster Schiebefensterfeststeller *m*
sash and frame komplettes Schiebefenster *n*, Doppelschiebefenster *n*
sash angle Scheinecke *f*, Winkel *m (Baubeschläge)*
sash balance Schiebefenster(gewichts)ausgleich *m*
sash bar Fenstersprosse *f*, Sprosseneisen *n*, Sprosse *f*
sash block Betongewändestein *m*, Betonblockstein *m* mit Aussparung *(für Fenster)*
sash centering device Hubfensterzentriereinrichtung *f*
sash centre Hubfensterzentriereinrichtung *f*
sash chain Hubfenstergewichtskette *f*
sash check stop Schiebefensterraster *m*
sash cord Hubfenstergewichtsschnur *f*, Schnur *f* für Hubfenster
sash counterweight Schiebefenstergegengewicht *n*, Hubfenstergewicht *n*
sash door Glasfüllungstür *f*, halb [oben] verglaste Tür *f*
sash fast(ener) Schiebefensterschließer *m*, Hubfensterarretierung *f*
sash fillister 1. Fensterrahmennut *f*, Glasnut *f (zur Aufnahme der Fensterscheibe)*; 2. Nuthobel *m*
sash frame Schiebefensterrahmen *m*; Fensterzarge *f*
sash gate *(Wsb)* Schleusenschiebetor *n*
sash hardware Schiebefensterbeschläge *mpl*
sash holder *s.* sash fastener
sash horn Schiebefenstergleitschienenbegrenzer *m*
sash lift Fenstergriff *m*, Aufziehgriff *m*
sash lift and hook Hubfensterzug *m* mit Einrastung
sash line *s.* sash cord
sash lock Fensterriegel *m*
sash overhead balance obenliegender Hubfenstergewichtsausgleich *m*
sash pane Fensterscheibe *f (eines Schiebefensters)*
sash plane Nuthobel *m (für Fensterrahmen)*
sash pocket 1. Hubfenstergewichtslaufbahn *f*; 2. Schiebefenstereinschiebekasten *m*
sash-pole socket Hubfensteröffnungshaken *m*
sash pull Schiebefensterziehgriff *m*
sash pulley Hubfensterseilrolle *f*
sash pulley stile Hubfensterschiene *f*
sash putty Glaserkitt *m*
sash rail Fensterriegel *m*
sash ribbon Hubfenster(metall)band *n*, Laufband *n*
sash run Hubfensterschiene *f*
sash saw Schließsäge *f*, Schlitzsäge *f*
sash socket Hubfensteröffnungshaken *m*
sash spring bolt Schiebefensterschnappraster *m*, Fensterschnapper *m*
sash square Fensterfeld *n*
sash stop Schiebefensterhalteleiste *f*, Rastrahmenleiste *f*
sash sweep lock Schiebefensterdrehverschluss *m*
sash tape balance Schiebefensterband(seil) *n*
sash timber Fensterrahmenholz *n*
sash tool Fensterpinsel *m (Farbpinsel)*
sash weight *s.* sash counterweight
sash window Schiebefenster *n*, Hubfenster *n*, Fallfenster *n*; Flügelfenster *n*
Sassanian architecture Sassanidenarchitektur *f*, persische Architektur *f (3.–7. Jahrh. n. Chr.)*
satelitte centre Nebenzentrum *n*
satelitte city Satelittenstadtkreis *m*, Trabantenstadtkreis *m*
satellite town Satellitenstadt *f*, Trabantenstadt *f*
satin finish Lüster *m*, metallisch schimmernder Anstrich *m*, Glanzüberzug *m*
satin-finish glass satiniertes Glas *n*
satin lacquer Seidenlackglanzfarbe *f*
satin-polished gebürstet *(Leichtmetall)*
satin sheen matter Schein *m (Anstrich)*
satin spar Faserkalk *m*, Fasergips *m*, Atlasspat *m*, Marienglas *n*
satin white Satinweiß *n*
satinwood Satinholz *n*
satisfaction Bausummenbezahlung *f*; Bezahlung *f* [Begleichung *f*] einer Schuld
satisfaction piece Bezahlungsdokument *n*
satisfactory zufiedenstellend, ausreichend *(Qualität)*
satisfy *v* 1. den Anforderungen genügen; 2. nachkommen *(z. B. den Zahlungsverpflichtungen)*
satisfy *v* **conditions** *(Stat)* den Bedingungen genügen
saturability Volltränkbarkeit *f*, Vollimprägnierbarkeit *f*
saturable sättigungsfähig
saturant Imprägniermittel *n*; Dachtränk(e)masse *f*
saturate *v* 1. imprägnieren, (voll)tränken, vollimprägnieren, sättigen *(z. B. zum Holzschutz)*; 2. sättigen *(z. B. Lösungen)*
saturated getränkt, vollimprägniert, gesättigt
saturated air gesättigte Luft *f (z. B. mit Wasserdampf)*
saturated colour satte [weißfreie] Farbe *f*
saturated compound gesättigte Verbindung *f*
saturated ground wassergesättigter Boden *m*
saturated paper getränktes Papier *n*, imprägniertes Papier *n*
saturated polyester resin gesättigtes Polyesterharz *n*
saturated (roofing) felt nackte [bituminengetränkte] Dachpappe *f*
saturated steam Sattdampf *m*

saturated-surface-dry oberflächentrocken
saturated system gesättigtes System *n*
saturated vapour pressure Sättigungs(dampf)druck *m*
saturates aliphatische Kohlenwasserstoffe *mpl*
saturating Volltränken *n*, Vollimprägnieren *n*
saturating agent Imprägniermittel *n*, Tränkmasse *f*
saturating asphalt Imprägnierbitumen *n*, Tränkbitumen *n*
saturating composition Tränkmittel *n*, Imprägniermittel *n*
saturating plant Imprägnieranlage *f*
saturation 1. Imprägnierung *f*, Tränkung *f*; 2. Sättigung *f* *(z. B. von Lösungen)*; Farbsättigung *f*; 3. Sättigungszustand *m (der Luft)*
saturation bath Tränkbad *n*, Imprägnierungsbad *n*
saturation curve Sättigungskurve *f*
saturation degree Tränkungsgrad *m*, Imprägnierungsgrad *m*
saturation flow *(Verk)* gesättigter Verkehrsfluss *m*
saturation line *(Bod)* Sickerlinie *f*, Grundwasserlinie *f*
saturation point Sättigungspunkt *m*
saturation pressure Sättigungsdruck *m*
saturation ratio Sättigungsgrad *m*
saturation slurry Saturationsschlamm *m (Kalkschlamm für Füllstoffe)*
saturation temperature Sättigungstemperatur *f*, Taupunkt *m (Luft)*
saturation temperature diagram Taupunktdiagramm *n*
saturation time Tränkungszeit *f*, Imprägnierdauer *f*
saturation value Sättigungsgrad *m*
saturation zone Sättigungszone *f*
saucer dome Flachkuppel *f*
saucisse Faschinenwurst *f*, Wippe *f*
sauna (bath) Sauna *f*
sauna installation Saunabau *m*; Saunaanlage *f*
sauna stove Saunaofen *m*
save *v* **with a building and loan association** *(AE)* bausparen
save *v* **with a building society** bausparen
saver with a building and loan association *(AE)* Bausparer *m*
saver with a building society Bausparer *m*
saving Sparen *n*, Einsparen *n*, Einsparung *f*
saving in weight Gewichtseinsparung *f*, Gewichtsersparnis *f*
saving of expense(s) Kosteneinsparung *f*, Kostenersparnis *f*
savings contract with a building and loan association *(AE)* Bausparvertrag *m*
savings contract with a building society Bausparvertrag *m*
savings in steel Stahlersparnis *f*, Stahleinsparungen *fpl*
saw *v* sägen
saw *v* **into** einsägen
saw *v* **off** absägen
saw *v* **(off) to length** ablängen
saw *v* **out boards** Bretter zurechtschneiden
saw *v* **through** durchsägen
saw *v* **up** zersägen
saw Säge *f*
saw bench Sägebank *f*
saw blade Sägeblatt *n*
saw buck Sägebock *m*
saw cut Sägeschnitt *m*
saw for mitre cutting Gehrungssäge *f*
saw for squaring Besäumkreissäge *f*
saw frame [gate] Sägegatter *n*, Gatter *n*
saw groove Sägeschnitt *m*
saw horse Sägebock *m*
saw kerf Schnittfuge *f (Holz)*
saw log Sägeblock *m*
saw set Schränkeisen *n*
saw table Sägetisch *m*, Sägebank *f*
saw-timber Schneideholz *n*
saw-tooth sägeartig, gezahnt
saw tooth 1. Sägezahn *m*; 2. *s.* saw-tooth frieze
saw-tooth barrel shell roof Tonnensheddach *n*
saw-tooth ceiling Sägezahndecke *f*
saw-tooth cylindrical shell Sägezahndachzylinderschale *f*, Zylindershed(dach)schale *f*
saw-tooth frieze Sägezahnfries *m (romanisch-normannisches Ornament)*
saw-tooth moulding Kerbornament *n*
saw-tooth roof Sheddach *n*, Säge(zahn)dach *n*, Oberlichtdach *n*
saw-tooth roof building Sheddachgebäude *n*
saw veneer Sägefurnier *n*
sawbuck *(AE)* Sägebock *m*
sawdust Sägemehl *n*, Sägespäne *mpl*
sawdust concrete Sägespänebeton *m*
sawed gesägt *(Werkstein)*; *s.* sawn
sawed finish *s.* sawn finish
sawed joint Sägefuge *f*, eingesägte Fuge *f*, Schnittfuge *f*, geschnittene Fuge *f (Beton)*
sawing Sägen *n*
sawmachine Sägemaschine *f*
sawmill Sägemühle *f*, Sägewerk *n*
sawn gesägt • **as sawn** sägerau
sawn engineering timber Bauschnittholz *n*, Konstruktionsschnittholz *n*
sawn finish geschnittene Fläche *f (Stein)*
sawn shingle gesägte Schindel *f*, Maschinenschindel *f*
sawn timber Schnittholz *n*, Bauschnittholz *n*
sawn to length abgelängt
sawn veneer Sägefurnier *n*
sawn wood Schnittholz *n (Bretter, Bohlen, Kantholz usw.)*
sawtooth roof Sheddach *n*
Saxon architecture angelsächsische Architektur *f (449–1066)*
Saxon façade sächsische [angelsächsische] Fassade *f*
Saxon masonry bond sächsischer Mauerwerkverband *m*
scab *(Hb)* Lasche *f*
scabbing Abgang *m*, Ablösen *n (Straßenbelag)*
scabbing hammer *s.* scabbling hammer
scabble *v* grob behauen, abschlagen, bossieren *(Stein)*
scabbled area gespitzte Fläche *f*
scabbled rubble behauener Bruchstein *m*
scabbled stone zurechtgeschlagener Naturstein *m*
scabbling 1. Steinsplitter *m*; 2. Bossieren *n*
scabbling hammer [pick] Spitzhammer *m*, Behauhammer *m*, Bossierhammer *m*
scabby schalig, spitzrau *(Natursteinbearbeitung)*
scaffold *v* (ein)rüsten, mit einem Gerüst versehen *(z. B. Haus)*; Gerüst bauen
scaffold Gerüst *n*, Baugerüst *n*, Rüstung *f*, Schalungsgerüst *n*; Gestell *n*, Arbeitsgerüst *n*
scaffold board Rüstbrett *n*, Gerüstbohle *f*, Gerüstbrett *n*
scaffold bridge Gerüstbrücke *f*, Brückengerüst *n*
scaffold clamp Gerüsteisen *n*, Gerüstknebel *m*
scaffold dismantling Gerüstabbau *m*
scaffold erection Gerüstbau *m*, Gerüstaufstellen *n*
scaffold floor Gerüstboden *m*
scaffold for maintenance Unterhaltungsgerüst *n*, Wartungsgerüst *n*
scaffold form *s.* scaffold bridge
scaffold height Gerüsthubhöhe *f*
scaffold-high rüsthoch; ein Gerüst benötigend *(Gebäude)*
scaffold plank Gerüstbohle *f*, Rüstbrett *n*
scaffold pole Gerüststange *f*, Gerüstpfosten *m*, Rüststange *f*, Gerüstbaum *m*

scaffold stage Gerüstboden *m*
scaffold standard *s.* scaffold pole
scaffold timber Gerüstholz *n*
scaffolder Gerüstbauer *m*
scaffolding 1. *s.* scaffold; 2. Gerüstbau *m*, Einrüstung *f*, Einschalung *f*; 3. Rüstmaterial *n*
scaffolding board *s.* scaffold board
scaffolding frame Gerüstrahmen *m*
scaffolding of a centre vault Bogengerüste *npl*; Lehrgerüst *n*
scaffolding plank Gerüstbohle *f*
scaffolding pole [standard] *s.* scaffold pole
scaffolding tie Gerüstzange *f*
scaffolding tube Gerüstrohr *n*
scagliola Scagliola *f*, Steinimitationsputz *m*, steinimitierender Stuck *m*, marmorimitierter Stuck *m* *(Gipsspatmasse)*
scagliola marble *s.* scagliola
scalariform treppenartig, stufenartig *(geologisch)*
scale *v* 1. abschälen, abblättern, abbröckeln *(Beton)*; 2. abmessen, aufnehmen *(Holz)*; 3. maßstäblich arbeiten; maßstäblich ändern; den Maßstab festlegen; 4. graduieren; 5. Kesselstein ansetzen, verkrusten *(Leitungen)*; 6. Kesselstein entfernen; entzundern
scale *v* **down** maßstäblich verkleinern
scale *v* **off** abschiefern, abplatzen, abblättern, abschuppen
scale *v* **up** maßstäblich vergrößern
scale 1. Maßstab *m*; Zeichnungsmaßstab *m*; 2. Kruste *f*, Kesselstein *m*; Zunder *m*, Zunderschicht *f*, Sinter *m* *(auf Metall)*; Glühstein *m* *(auf Kupfer)*; 3. Skala *f*, Stufenfolge *f* *(z. B. von Farben)*; 4. Skale *f*, Maßeinteilung *f* *(an Messgeräten)*; 5. Waage *f* • **drawn to a scale of ... : ...** im Maßstab ... : ... gezeichnet • **in scale** maßstab(s)gerecht • **not to scale** nicht maßstab(s)gerecht • **(true) to scale** maßstab(s)gerecht
scale board Furnierplatte *f*
scale crust Kesselsteinansatz *m*
scale division Skalenteilstrich *m*, Skalenteil *m*
scale drawing Maßstabzeichnung *f*, maßstäbliche Zeichnung *f*
scale effect Maßstabeffekt *m*
scale factor Kräftemaßstab *m*
scale former Kesselsteinbildner *m*
scale-forming water kalkhaltiges Wasser *n*, hartes Wasser *n*
scale frieze Schuppenfries *m* *(Ornament der romanischen Baukunst)*
scale gutter tile Schuppenfalzziegel *m*
scale indication Skalenanzeige *f*
scale interval Teilungswert *m*
scale layer Kesselsteinschicht *f*
scale length Skalenlänge *f*
scale-like schuppenförmig
scale line Teilstrich *m*
scale model Maßstabsmodell *n*, maßstab(s)gerechtes Modell *n*
scale of chart Kartenmaßstab *m*
scale of enlargement vergrößerter Maßstab *m*
scale of hardness Härteskala *f*
scale of heights Höhenmaßstab *m*
scale of lengths Längenmaßstab *m*
scale of moments Momentenmaßstab *m*
scale of professional charges Architektengebührenordnung *f*
scale of ratios Proportionsskala *f*, Modulor *m*
scale of reduction verkleinerter Maßstab *m*
scale removal 1. Kesselsteinentfernung *f*; 2. Zunderentfernung *f*
scale spacing Teilstrichabstand *m*
scale tile roof Schuppenziegeldach *n*
scale-work *(Arch)* Schuppenornament *n*
scaled 1. maßstab(s)gerecht, maßstäblich; 2. schuppig
scales Waage *f*
scaling 1. Verkrusten *n*; Kesselsteinbildung *f*; Verzundern *n*; 2. Abblättern *n*; Abplatzen *n*; Abschuppen *n*; Mörtelverlust *m*, Entmörtelung *f* *(Mörtel, Beton, Asphalt)*; Entfernen *n* von Kesselstein; Entzundern *n*
scaling factor Maßstabfaktor *m*
scaling hammer Entkrustungshammer *m*
scaling-off Entzunderung *f*
scall lockeres Gestein *n*
scallop *v* ausbogen *(Ornamentarbeit)*; auszacken
scallop *(Arch)* Muschelkurve *f* *(Ornament)*
scalloped arch *(Arch)* geschweifter Bogen *m*
scalloped capital *(Arch)* Faltenkapitell *n*, gezacktes Kapitell *n*, Pfeifenkapitell *n*
scalloping *(Arch)* Wellung *f*
scalp *v* vorsieben, absieben, grobsieben, abtrennen
scalp rock vorgesiebtes Gestein *n*
scalper Grobsieb *n*, Vorsieb *n*, Trennsieb *n* *(für Stein)*
scalping Vor(ab)siebung *f*, Grobabsiebung *f*, Vorabsieben *n*, Grobabsieben *n*, Trennen *n*
scalpings Mineralbeton *m*
scaly schuppig, geschuppt, schalig
scamillus *(Arch)* Doppelplinthe *f*, Untersockel *m* *(ionischer oder korinthischer Säulen)*
Scandinavian plaster Dünnputz *m*
scanning electron micrograph Rasterbild *n*, rasterelektronenmikroskopische Abbildung *f*, REM-Aufnahme *f*
scantle Schiefer(schneid)lehre *f*
scantling Halbholz *n*, Schnittholz *n*, Kantholz *n* *(bis zu 100 mm × 125 mm im Durchmesser)*; Kreuzholz *n*; Brustholz *n*
scantling gauge Holzmaß *n*
scape *s.* apophyge
scapple *v s.* scabble
scapus Säulenschaft *m*
scar Schramme *f*, Kratzer *m* *(Oberfläche)*
scarce knapp
scarcement Absatzkante *f*, Kante *f* *(im Mauerwerk)*
scarcity Knappheit *f*
scarf *v* 1. *(Hb)* zusammenblatten, überblatten, (ver)laschen; stoßen, mit schrägem Stoß verbinden; fügen; 2. kerben
scarf *v* **by the square** anblatten
scarf 1. *(Hb)* Verblattung *f*, Laschenverbindung *f*, Laschung *f*, Holzlängsverbindung *f*; 2. *(Hb)* Blattende *n*
scarf and key gerades doppeltes Blatt *n*, Hakenblatt *n*, Hakenkamm *m*
scarf cut Fallkerb *m*
scarf joint Stumpfstoß *m* *(unter 45°)*; Blattfuge *f*
scarf jointing Stumpfstoßen *n*
scarf tenon Blattzapfen *m*
scarf welding Überlapptschweißung *f* *(mit Schrägstößen)*
scarf with oblique cut ends schräg eingeschnittenes Blatt *n*
scarfed joint Balkenstoß *m*, verlaschter Stoß *m*
scarfed lengths Stoßlängen *fpl*
scarfing 1. Verzahnung *f*; 2. Abschrägung *f*; 3. Verblattung *f*, Verlaschung *f*
scarification Aufrauen *n*, Aufreißen *n* *(Straßen)*
scarified material Aufrissmaterial *n* *(z. B. Straßenbelag)*
scarifier (ripper) Aufreißer *m*, Aufreißkamm *m*, Abschäler *m* *(Straße)*
scarifier tooth Reißzahn *m*, Aufreißzahn *m*
scarify *v* 1. aufreißen *(Straße)*; auflockern *(Boden)*; 2. aufrauen
scarifying Aufreißen *n*, Aufbrechen *n*
scarifying of soil Bodenauflockerung *f*
scarlet Scharlachfarbe *f*

scarp *v* steil abböschen
scarp Steilböschung *f*, steile Böschung *f*
scarp wall Mauerabsatz *m (einer Befestigungsanlage)*
scatter *v* streuen
scatter Streubereich *m*; Abweichung *f (Messergebnisse)*
scattered light Streulicht *n*
scattering Streuung *f*
scattering coefficient Streukoeffizient *m*
scattering of qualities Gütestreuung *f*
scattering of strengths Festigkeitsstreuung *f*, Streuung *f* der Festigkeitswerte
scattering of tests Prüfstreuung *f*
scavenge *v* reinigen, säubern *(bes. Straßen)*
scavenger Straßenreinigungsmaschine *f*, Straßenreinigungsfahrzeug *n*
scavengering Straßenreinigung *f*; Stadtentsorgung *f*
scene Kulissenstück *n*; Bühne *f*
scene-building Bühnengebäude *n*, Skene *f*, Skenengebäude *n*
scene shop Kulissentischlerei *f*
scenery 1. Kulisse *f*, Bühnenbild *n*; 2. Landschaft *f*, Landschaftsbild *n*
scenic design bildhafte Darstellung *f (Tapetenmuster)*
scenic highway [road] Panoramastraße *f*
scenic paper Bildertapete *f*, Tapete *f* mit bilderhafter Darstellung
scenic view Panoramaansicht *f*
scenographic perspektivisch
scenographic design
scent test *(San)* Geruchstest *m*, Riechtest *m (Rohrleitungen)*
schalstein Schalstein *m*
schedule *v* (zeitlich) planen
schedule Plan *m*, Ablaufplan *m*, Zeitplan *m*; Fahrplan *m*
• **according to schedule, on schedule** termingemäß *(z. B. Bauausführung)*
schedule of accommodation Gebäudeaufteilung *f* für Flächennutzung
schedule of building occupancy Belegungsplan *m*
schedule of prices Preisverzeichnis *n*, Bauleistungsverzeichnis *n*
schedule of sizes Maßtabelle *f*
schedule of values Abschlagssummenplan *m*, Plan *m* der Abschlagssummenzahlungen
scheduled service regelmäßige Wartung *f*
scheduling Ablaufplanung *f*, Bauablaufplanung *f*, Bauablaufmanagement *n*
schema 1. Schema *n*, Diagramm *n*; System *n*; 2. *s.* scheme
schematic design Vorentwurf *m*
schematic design drawing Vorentwurfszeichnung *f*
schematic design phase Vorentwurfsphase *f*
schematic diagram Schemazeichnung *f*, schematische Darstellung *f*
schematic drawing 1. Vorentwurfszeichnung *f*; 2. Schemenbild *n*
schematic illustration Schemazeichnung *f*
schematic representation schematische Darstellung *f*
schematism Schematismus *m*
schematization Schematisierung *f*
scheme 1. Entwurfsskizze *f*; 2. Schema *n*, Übersicht *f*; 3. Plan *m*, Projekt *n*; Programm *n*; Vorhaben *n*; 4. Anordnung *f*; Gebäudeanordnung *f*; Raumanordnung *f*
scheme arch *(AE)* Flachbogen *m*, verkürzter Bogen *m*, Bogen *m* weniger als ein Halbkreis
scheme of forces Kräfteschema *n*
scheme of framework Fachwerkrundfigur *f*
schemes management Projektplanung *f*, Maßnahmenplanung *f*
schist Schiefer *m*, kristalliner Schiefer *m*
schistose rock Schiefergestein *n*
schistous schieferartig
schistous sandstone Sand(stein)schiefer *m*, sandiger Schiefer *m*
Schmidt hammer Schmidt'scher Hammer *m*, Beton-Rückprallhammer *m*
schola Erholungsraum *m*, Entspannungsraum *m*, Unterhaltungszimmer *n (in einem antiken römischen Haus)*
school Schulhaus *n*, Schule *f*
school auditorium Schulaula *f*
school block [building] Schulgebäude *n*
school buildings Schulbauten *mpl*
school complex Schulkomplex *m*, Schulgebäude *n*
school construction Schulbau *m (Bauen)*
school crossing patrol *(Verk)* Schülerlotse *m*
school grounds Schulgelände *n*
school gymnasium Schulturnhalle *f*
school of applied art Kunstgewerbeschule *f*
school of architecture Schule *f* für Architektur
school plant Schulkomplex *m*
school structures Schulbauten *mpl*
school village Schuldorf *n*
schoolhouse Schulgebäude *n*, Schule *f*
schoolroom Klassenzimmer *n*
schoolyard *(AE)* Schulhof *m*
Schweinfurt green Schweinfurtergrün *n*
sciagraph Durchsichtsdarstellung *f*, Gebäudeeinsichtsdarstellung *f*
scialbo Marmorstaubfeinputz *m (für Freskenmalerei)*
science Wissenschaft *f*, Naturwissenschaft *f*, Wissensgebiet *n*
science and technology Naturwissenschaft *f* und Technik *f*
science building Gebäude *f* für wissenschaftliche Arbeiten
science of architecture Architekturwissenschaft *f*
science of metals Metallkunde *f*
science of rocks Gesteinskunde *f*
science of the strength of materials Festigkeitslehre *f*
scientifically designed durchkonstruiert
scintled brickwork *s.* skintled brickwork
scissor junction *(Verk)* Abzweig *m*
scissors Schere *f*
scissors crossover *(Verk)* niveaufreie Kreuzung *f*, Überführung *f*
scissors stay for transom lights Oberlichtöffner *m*
scissors truss Dachbinder *m* mit gekreuzten Kehlbalken
scissurg Riss *m*, Spalt *m (Gestein)*
sclerometer Ritzhärteprüfer *m*
scleroscope Betonschlaghammer *m*, Rückprallhammer *m*
scleroscope hardness Rückprallhärte *f*
scoinson arch Leibungsbogen *m*
scollop *(Arch)* Muschelkurve *f (Ornament)*
sconce Wandarmleuchte *f (leuchterartig verziert)*
sconcheon *s.* scunchion
scone brick Dünn(form)ziegel *m*; Spaltplatte(nfliese) *f*
scoop Schürfkübel *m*, Schrapperkorb *m*; Löffel *m*; Greifer *m*; Laborschaufel *f*
scoop dozer [loader] Schaufellader *m*
scope 1. Anwendungsbereich *m*, Anwendungsgebiet *n*; 2. Ausmaßbereich *m*, Bereich *m*, Umfang *m*, Ausdehnung *f*, Weite *f*, (großes) Gebiet *n*, (weiter) Landstrich *m*; 3. Länge *f (Leitung usw.)*
scope of application Anwendungsbereich *m (z. B. von Normen)*
scope of authority Vollmachtsumfang *m*
scope of duties Aufgabenbereich *m*
scope of project Projektumfang *m*
scope of supply Lieferumfang *m*
scope of use Anwendungsbereich *m*

scope of work Arbeitsumfang *m*, Leistungsumfang *m*
scoping Ausmaßbereich *m*, Umfangsrahmen *m*
scoping date *s.* scoping termin
scoping termin Termin *m* zur Erfassung der Ausdehnung; Beratung *f* zum Umfangrahmen; Termin *m* zur Festlegung des Anwendungsumfanges; Festlegungstermin *m* zum Untersuchungsrahmen *(erste Stufe zur Aufnahme einer Planung)*
score *v* 1. einkerben, einschneiden; einritzen, einkratzen *(Linien)*; 2. aufrauen *(Putz)*; anreißen *(Frischbeton)*; abkratzen *(Holz)*; abreiben
score Kerb *m*; Rille *f*, eingeritzte Linie *f*; Kratzer *m*
score mark Schleifspur *f*
scoria Schlacke *f*, Lavaschlacke *f*; Tuffgestein *n*, Vulkantuff *m*; Basalttuff *m*; Metallschlacke *f*
scoria brick Schlackenstein *m*; Eisenschlackenstein *m*
scoria concrete Lavabeton *m*
scoriaceous schlackenartig, schlackig
scoriaceous lava Lavaschlacke *f*
scoring 1. Einkerben *n*, Einschneiden *n*; 2. Aufrauen *n*; Abreiben *n (Putz)*; Anreißen *n (Frischbeton)*
Scotch boiler Schottischer Kessel *m*, Zylinderkessel *m*
Scotch bracketing Deckenwinkellatte *f*, Deckeneckenlatte *f (als Stuckleistenbasis)*
Scotch derrick feststehender Derrickkran *m*
Scotch glue Tierleim *m*
Scotch tape Tesafilm *m*
scotching *s.* scutching
scotia Unterschneidung *f*, tiefe konkave Zierkante *f (am Säulenfuß)*; Hohlkehle *f*
scotis *s.* scotia
scour *v* 1. reinigen; blank reiben; auswaschen, (aus)spülen; (ab)putzen *(eine Oberfläche glätten)*; entzundern; abbeizen; 2. *(Wsb)* unterspülen, auskolken
scour *v* **stones** Steine glätten
scour 1. *(Wsb)* Unterspülung *f*, Auskolkung *f*, Kolkung *f*, Ausspülung *f*; 2. Zementleimauswaschung *f*
scour valve *(Wsb)* Spülschütz *n*, Spülventil *n*
scoured hole Kolkvertiefung *f*
scouring 1. Reinigen *n*; Abputzen *n*; Ausspülen *n*; Entzunderung *f*; 2. Unterspülung *f*, Auskolkung *f*, Auswaschung *f*
scouring basin *(Wsb)* Spülbecken *n*, Schleusenbecken *n*
scouring in the wet paint Reiben *n* in den frischen Anstrich
scouring machine Scheuermaschine *f*
scouring sluice *(Wsb)* Spülschleuse *f*
scouting Suchbohrung *f*
scove kiln *(AE)* Meiler *m*, Feldbrandofen *m (Ziegelbrennen)*
scrabbled masonry [rubble] Bruchsteinmauerwerk *n*
scrap *v* wegwerfen
scrap Schrott *m*; Abfall *m*; Altmaterial *n*; Stückchen *n*
scrap iron Alteisen *n*, Eisenschrott *m*
scrap metal Schrott *m*, Altmetall *n*
scrap processing Schrottverwertung *f*
scrap recovery Schrottverwertung *f*
scrap recycling Schrottverwertung *f*
scrap sorting Schrottsortierung *f*
scrap steel Stahlschrott *m*
scrap (stock)yard Schrottplatz *m*
scrap tyre Altreifen *m*
scrape *v* 1. kratzen, schaben; schürfen; 2. mit Schrapper fördern; 3. *s.* scrape *v* off
scrape *v* **off** abkratzen, abschaben
scraped finish [rendering] Kratzputz *m*, Schabputz *m*, Stockputz *m*
scraped rendering Kratzputz *m*, Stockputz *m*, Schabputz *m*
scraped stucco *(AE) s.* scraped rendering
scraper 1. Erdhobel *m*, Kratzhobel *m (für Straßenbau)*; 2. Schrapper *m*; Schürf(kübel)wagen *m*; Erdlader *m*; Räumer *m*; 3. Schabeisen *n*, Schaber *m*; 4. *(Hb)* Ziehklinge *f*
scraper bowl Schürfkübel *m*
scraper bucket Schürfkübel *m*, Schleppschaufel *f*
scraper conveyer Kratzförderer *m*
scraper dozer Schürfkübelraupe *f*
scraper extractor Schaufelentnahmegerät *n*
scraper loader Schrapplader *m*; Schürf(kübel)wagen *m*
scraper plane *(Hb)* Ziehklinge *f*
scraper tool Ritzgerät *n (Abriebfestigkeitsprüfung)*
scraping Abkratzen *n*
scraping arm Kratzerarm *m*
scraping dredger Schürfkübelbagger *m*
scraping-off Abkratzen *n*
scrapyard Schrottplatz *m*
scratch *v* aufkratzen *(Putz)*; einkratzen, (ein)ritzen; zerkratzen; schrammen
scratch Kratzer *m (in Material)*; Schramme *f*, Riefe *f*
scratch awl Einkratzahle *f*
scratch brush Drahtbürste *f*
scratch-brushed finish Abbürstputz *m*, Bürstputz *m (mit mechanischer Drahtbürste)*
scratch brushing Kratzen *n*, Kratzmattieren *n*; Bürstputzen *n*
scratch coat (aufgekratzter) Unterputz *m*, Grobputzlage *f*, Rauwerk *n*
scratch gauge Streichmaß *n*
scratch hardness Ritzhärte *f*, Mineralhärte *f*
scratch removal Kratzerbeseitigung *f*
scratch resistance Kratzfestigkeit *f*
scratch-resistant kratzfest, ritzbeständig *(Fliese, Marmor)*
scratch-resisting glaze kratzfeste Glasur *f*
scratch test Ritz(härte)prüfung *f*, Ritzversuch *m*
scratch tool Kratzeisen *n*; Kratzbürste *f*
scratchability Ritzbarkeit *f*, Kratzbarkeit *f*
scratched sink zerkratzter Ausguss *m*
scratcher *s.* scratch tool
scratching Einritzen *n*
scratchproof *s.* scratch-resistant
scratchwork Kratzputz *m*, Kratzgrund *m*, Sgrafittoputz *m*
scree *(Bod)* Geröll *n*, Steingeröll *n*, Gesteinsschutt *m*; Geröllhalde *f*, Schutthalde *f (geologisch)*
screed *v* abziehen, glätten *(Betonoberfläche, Putz)*
screed 1. Aufbeton *m*, Estrich *m*; 2. *s.* screed board; 3. Putzlehre *f (Mörtelputzleistenvorlage)*; 4. Riffel *m*, Putzlehre *f*, Putzlehrschiene *f*, Putzleiste *f*; 5. Bohle *f*, Einbaubohle *f (Fertiger)*
screed accelerating agent Estrichbeschleuniger *m*
screed agent Estrichzusatzmittel *n*
screed base Estrichunterlage *f*
screed bay Estrichfeld *n*
screed board Abziehbohle *f*, Glättbohle *f*
screed burner Bohlenheizeinrichtung *f*, Bohlenbrenner *m (Asphaltfertiger)*
screed coat abgezogener [geglätteter] Putz *m*
screed floor cover(ing) Estrichfußbodenbelag *m*
screed for plastering Putzlehre *f (Mörtelputzleistenvorlage)*
screed heater *s.* screed burner
screed heating Fußbodenheizung *f*
screed height Estrichstärke *f*
screed joint Estrichfuge *f*
screed marks Oberflächenmarkierung *f (durch Fertigerbohle)*
screed mortar Estrichmörtel *m*
screed rail Putzlehre *f*, Abziehschiene *f (waagerecht)*
screed sealing Estrichabsiegelung *f*, Estrichversiegelung *f*
screed strip Putzlehrschiene *f (senkrecht)*

screed surface Estrichoberfläche *f*
screed template Abziehlehre *f*, Abziehschlitten *m*, Profillehre *f*
screed topping Estrichfußboden *m*
screed vibrator Bohlenvibrator *m*
screed work Estricharbeiten *fpl*
screeding Abziehen *n (Putz)*
screeding beam Vibrationsbohle *f (zum Glätten)*; Fertigerbohle *f*
screeding board [plate] *s.* screed board
screen *v* 1. (durch)sieben, aussieben, (sieb)klassieren; 2. (ab)schirmen, schützen
screen *v* **in sizes** (sieb)klassieren
screen *v* **off** abschirmen
screen 1. Sieb *n (zur Trennung von Kieseln und Sand)*; Klassiersieb *n*; 2. Schutzwand *f*, Trennwand *f* Schutzschirm *m*; Drahtgitterschutz *m*; 3. Gitter *n*, Rost *m (Trägerrost)*; 4. *(Wsb)* Rechen *m (Einlaufrechen)*
screen analysis Siebanalyse *f*, Korngrößenanalyse *f*
screen aperture Sieböffnung *f*
screen bar Gitterstab *m*
screen bottom Siebboden *m*
screen cleaner *s.* screen rake
screen cover Schutzdecke *f*
screen deck Siebboden *m*
screen door Gazetür *f*, Insektenschutztür *f*
screen façade Gebäudeverkleidungsgitter(werk) *n*
screen feed Aufgabegut *n*, Siebgut *n (Siebprozess)*
screen fines Siebfeines *n*, Unterkorn *n*, Feinkorn *n*, Feingut *n*
screen frame Siebkasten *m*
screen grading Siebklassierung *f*
screen head *s.* screen feed
screen line Untersuchungsgebietstrennungslinie *f*, Erhebungslinie *f (Verkehrsuntersuchung)*
screen moulding Siebrahmenholz *n*
screen overflow Siebrückstand *m*, Siebübergang *m*
screen oversize Siebgrobes *n*, Überkorn *n*, Grobkorn *n*, Grobgut *n*
screen pipe Schlitzrohr *n (Wassergewinnung)*
screen-printed wallpaper Siebdrucktapete *f*
screen rake Rechenreiniger *m*, Reinigungsrechen *m*
screen reject Siebüberlaufmaterial *n*, Siebüberlauf *m*
screen residue 1. Siebüberlauf *m*, Siebüberkorn *n*; Siebrückstand *m*; 2. Rückstand *m (Filtertechnik)*
screen scale Siebfolge *f*, Siebreihe *f*
screen series Siebfolge *f*, Siebreihe *f*
screen side Maschenabdruckseite *f (Hartfaserplatte)*
screen size 1. Sieböffnungsweite *f*, 2. Korngröße *f*
screen sizing Siebklassierung *f*
screen underflow Siebdurchgang *m*, Siebdurchlauf *m (Splittklassierung)*
screen undersize *s.* screen fines
screen unit Siebanlage *f*
screen wall Blendmauer *f*, Gittermauer *f*, Gittermauerwerk *n (Abschirmung)*; Zwischensäulengitterwand *f*
screen wire Maschendraht *m*; Gazebeschlag *m (einer Gazetür)*
screened aggregate (ab)gesiebter Zuschlag(stoff) *m*, abgestufter Zuschlag *m*
screened gravel (ab)gesiebter Kies *m*, Siebkies *m*
screened material gesiebtes Material *n*, Siebgut *n*
screened sand (ab)gesiebter Sand *m*
screened slag (ab)gesiebte Schlacke *f*, Siebschlacke *f*
screening 1. Sieben *n*, Absieben *n*; Siebklassierung *f*, Klassierung *f*, 2. Abschirmung *f*, Abschattung *f*, Schutz *m*; 3. *s.* screening material; 4. Auswahlprüfung *f*, Vorauswahl *f*
screening chamber *(Wsb)* Rechenhaus *n (Rechenanlage)*
screening drum Siebtrommel *f*
screening examination *s.* screening test
screening fence Schutzzaun *m*
screening material Siebgut *n*
screening operation Siebvorgang *m*, Absiebungsprozess *m*
screening plant Siebanlage *f*, Absiebanlage *f*
screening plate Siebblech *n*
screening process *s.* screening operation
screening surface Siebfläche *f*
screening test Auswahlprüfung *f*, Vorauswahl *f*
screenings 1. Siebdurchgang *m*, Siebdurchfall *m*; Vorabsiebung *f (< 2 mm)*; 2. *(Wsb)* Rechengut *n*; 3. Splitt *m*, Brechsand *m*
screw *v* schrauben; anschrauben
screw-couple *v* verschrauben; mit Schraubverbindung versehen
screw *v* **off** abschrauben; ausschrauben
screw *v* **on** anschrauben, aufschrauben
screw *v* **tight** festschrauben
screw *v* **together** zusammenschrauben
screw *v* **up** nachziehen *(Schrauben, Bolzen)*; zuschrauben
screw Schraube *f*; Bolzen *m*
screw anchor Schraubanker *m*, Schraubenklemme *f*
screw auger 1. Zimmermannsbohrer *m*; 2. Löffelbohrer *m*, Erdbohrer *m*
screw bolt Schraubenbolzen *m*
screw-bolt joint Bolzenverbindung *f*
screw cap 1. *(El)* Goliathsockel *m*, Schraubsockel *m*; 2. Überwurfmutter *f*; 3. Schraubkappe *f*
screw clamp Schraubzwinge *f*
screw connection *s.* screw joint
screw conveyor Förderschnecke *f*, Schneckenförderer *m*
screw cutting *s.* thread cutting
screw dowel Schraubdübelbolzen *m*
screw-down valve Niederschraubventil *n*
screw elevator Förderrohr *n*, Senkrechtförderschnecke *f*
screw-extruder Schneckenpresse *f*
screw fastening Schraubverbindung *f*, Verschraubung *f*
screw hole Schraubloch *n*
screw hook Schraubhaken *m*, Hakenbolzen *m*
screw interval Schraubenabstand *m*
screw jack Schraubspindel *f*, Schraubwinde *f*
screw joint Schraubverbindung *f*, Verschraubung *f*
screw pile Schraubenpfahl *m*, Schneckenbohrpfahl *m*
screw plug Verschlussschraube *f*, Gewindestopfen *m*
screw releasing wedge clamping Schraubkeilklemmung *f*
screw rod Schraubenspindel *f*
screw-shaped schraubenförmig
screw socket Gewindemuffe *f*
screw stairs Wendeltreppe *f*
screw-tap Gewindebohrer *m*
screw-tensioning Spannen *n* mittels Schraubspindeln
screw thread Schraub(en)gewinde *n*
screw union Einschraubstutzen *m*
screwable verschraubbar
screwcrete Schraubbeton *m*
screwdriver Schrauber *m*, Schraubendreher *m*
screwed and socketed joint aufgeschraubte Muffenverbindung *f*
screwed bolt Schraubbolzen *m*, Gewindebolzen *m*
screwed conduit verschraubtes Isolierrohr *n*
screwed connection Schraubverbindung *f*, Verschraubung *f*
screwed coupling Schraubkupplung *f*, Schraubenmuffenverbindung *f*
screwed fitting Schraubmuffe *f*
screwed fittings Aufschraubzubehör *n*
screwed flange Schraubflansch *m*

screwed insulating tube verschraubtes Isolierrohr *n*
screwed joint Schraubenverbindung *f*, Schraubenanschluss *m*
screwed-on hinge Aufschraubband *n (Fenster, Türen usw.)*
screwed-on lock Aufschraubschloss *n*
screwed pipe union Rohrverschraubung *f*
screwed sleeve joint Muffen(schraub)verbindung *f*
screwed socket Schraubmuffe *f*
screwed union *s.* screwed connection
scribbled ornament schneckenförmiges Ornament *n*, spiralförmige Verzierung *f*
scribe *v* anreißen, anzeichnen
scribe Anreißer *m*
scribe test Ritzversuch *m*, Anreißversuch *m*, Ritzprüfung *f (Anstriche, Haftfestigkeitsprüfung)*
scribed joint Profilfuge *f*, Formfuge *f*
scribed line Risslinie *f*, Anrisslinie *f*
scriber Anreißstift *m*, Reißstift *m*, Reißnadel *f*
scribing Reißen *n*, Anreißen *n*, Anzeichnen *n*, Anriss *m*
scribing awl Reißspitze *f*
scribing dimension Reißmaß *n*, Anreißmaß *n*, Anzeichnungsmaß *n*, Anrissmaß *n*
scribing gauge Reißlehre *f*
scribing iron Markierungseisen *n*
scrim grobmaschiger Bewehrungsdraht *m*, Bewehrungsdrahtgeflecht *n*; Fugenüberbrückungsbewehrung *f*; Gewebeverstärkung *f (Material)*
scriptorium *(Arch)* Klosterschreibstube *f*
scroll *(Arch)* Schneckenornament *n*, Schraubenverzierungselement *n*, Spirale *f*, Ranke *f*, Schnörkel *m*; Schriftband *n (Ornament mit aufgerollten Enden)*
scroll and leaf pattern *(Arch)* Blatt- und Rankenwerk *n*
scroll moulding [ornament] Schnörkelverzierung *f*, Spiralverzierung *f*, Rankenzierelement *n*
scroll saw Kurvensäge *f*
scroll-shaped spiralförmig *(z. B. Ornament)*
scroll-shaped capital Schneckenkapitell *n*
scroll-shaped gable Schneckengiebel *m*, Volutengiebel *m*
scroll step geschwungene Antrittsstufe *f*
scrolled schneckenförmig
scrolled capital Schneckenkapitell *n*
scrollwork *(Arch)* Rankenwerk *n*, Rollwerk *n*, Muschelwerk *n (Ornament der Renaissance)*; Schnörkelverzierungen *fpl*
scrub *v* reiben; schruppen, scheuern; abbürsten; reinigen
scrub Buschwerk *n*, Gestrüpp *n*
scrub board Scheuerleiste *f*, Fußleiste *f*, Sockelleiste *f*
scrub board heating Sockelleistenheizung *f*, Scheuerleistenheizung *f*
scrub plane Grobhobel *m*
scrub-resistant abriebfest, scheuerfest *(z. B. Fußbodenkeramik)*
scrub sink Ärztewaschbecken *n*, Kniehebelwaschbecken *n*
scrubbable scheuerfest, scheuerbar
scrubbed concrete (abgebürsteter) Waschbeton *m*
scrubbed concrete facing Waschbetonvorsatz *m*
scrubbed plaster Waschputz *m*
scrubbing Abbürsten *n (Waschbeton)*
scrubboard *s.* baseboard
scrubby gestrüppreich
scrubstone *(sl)* Kalksandstein *m*
scry *v (Bod)* schürfen
scuff *v (AE)* abstoßen, abnutzen; verschleißen *(z. B. durch Begehen, Befahren)*
scullery 1. Spülküche *f*; 2. Anrichtküche *f*, Anrichteraum *m*
scullery table Spültisch *m*
sculptor Bildhauer *m*
sculptural bildhauerisch, Skulptur...
sculptural block *s.* sculptural-type block
sculptural decoration *(Arch)* Skulpturverzierung *f*, Skulpturausschmückung *f*, Skulpturenschmuck *m*, Plastikverzierung *f*, Plastikausschmückung *f*
sculptural detail *(Arch)* plastisches Detail *n*
sculptural style *(Arch)* plastischer Stil *m*
sculptural-type block Ornament(block)stein *m*, Zier(block)stein *m*, Dekorationsstein *m*
sculpture *v* skulptieren, skulpturieren, bildhauerisch gestalten *(eine Plastik)*; formen; herausmeißeln
sculpture 1. Skulptur *f*, Bildwerk *f*, Plastik *f*; Architekturplastik *f*, Bauplastik *f*; 2. Bildhauerwerk *n*, Bildhauerei *f*, Bildhauerkunst *f*
sculpture in natural stone *(Arch)* Natursteinskulptur *f*, Natursteinplastik *f*
sculpture in stone *(Arch)* Steinskulptur *f*, Steinplastik *f*
sculpture in wood *(Arch)* Holzskulptur *f*, Holzplastik *f*
sculpturing Skulpturieren *n*
scum 1. poröse Ziegelstelle *f*, Ziegelblase *f*; 2. Ausblühung *f*; 3. Schlacke *f*; 4. Abwasserschaum *m*
scum board Tauchwand *f (Klärgrube)*
scumble *v* 1. lasieren; 2. weicher gestalten *(Malerei)*
scumble 1. Lasur *f (Anstrich)*; 2. *(Arch)* Gedämpftheit *f*, Weichheit *f (Darstellungen)*
scumble for concrete Betonlasur *f*
scumble glaze Lasuranstrichmittel *n*, Lasuranstrichstoff *m*
scumble stain Wasserlasur *f*
scumbling Vorstreichen *n* mit wenig Farbe; Farbtupfen *n*; Lasieren
scumbling process *s.* scumbling
scumbling technique Lasurtechnik *f*
scuncheon Leibung *f*, Laibung *f*, Fensterleibung *f*, Türleibung *f*
scuncheon arch Leibungsbogen *m*
scupper (drain) Wasseröffnung *f (Wand, Brüstung)*; Wassereinlauf *m*, Wasseraufnahmeöffnung *f (Dach)*
scutch Maurerhammer *m*
scutcheon 1. Schlüssellochdeckel *m*; 2. Namensschild *n (am Wappen)*
scutching Punkten *n*, Feinspitzen *n (Stein)*
scuttle 1. Deckenluke *f*; 2. Falltür *f*
sea Meer *n*, See *f*
sea bottom Meeresgrund *m*
sea canal Seekanal *m*
sea clay Seelöss *m*, Meereston *m*
sea coast Küste *f*, Strandlinie *f*, Meeresküste *f*
sea defence construction Küstenschutzbauten *pl*, Küstenschutzbau *m*
sea dyke Meeresdeich *m*, Seedeich *m*
sea gate Seeschleuse *f*
sea-grass Seegras *n*
sea-grass building mat Seegrasdämmmatte *f*, Seegrasbaumatte *f*
sea gryone Seebühne *f*
sea lane Fahrwasserkanal *m*
sea level *(Verm)* Meeresspiegel *m*, Meereshöhe *f*
sea limit Strandlinie *f*
sea lock Seesperre *f*, Seeschleuse *f*
sea mud Küstenschlick *m*, Wattboden *m*
sea pier Seedamm *m*, Mole *f (Hafen)*
sea sand Seesand *m*
sea side Küste *f*
sea-side resort Seebad *n*
sea silt Schlick *m*, Küstenschlick *m*
sea wall Strandmauer *f*
sea water corrosion Meerwasserkorrosion *f*, Korrosion *f* durch Meerwasser

seabed Meeresboden *m*
seaboard Seeküste *f*, Wasserkante *f*, Küstenstrich *m*
seal *v* 1. (ab)dichten, (wasser)dicht machen; verkleben; verkitten; versiegeln; dichten, vergießen *(z. B. Fugen)*; (ab)sperren *(Untergrund vor Anstrichauftrag)*; 2. verschließen; pfropfen
seal-weld *v* dichtschweißen
seal *v* **with mortar** mit Mörtel ausgießen *(außen)*
seal 1. Abdichtung *f*, Dichtung *f*, Sperrung *f*, Plombe *f*, (wasserdichter) Verschluss *m*; 2. Plombe *f*, Siegel *n*; 3. *(San)* Geruchsverschluss *m*; Geruchsverschlusswasserstand *m*; 4. *s.* sealing compound
seal coat *s.* sealing coat
seal material Absieglungsmittel *n*, Versieglungsmittel *n*, Siegel *n*, Überzug *m*
seal mortar Abschlussmörtel *m*, Dicht(ungs)mörtel *m*, Vergussmörtel *m*
seal of approval amtliches Gütezeichen *n*
seal rail Dichtungsleiste *f*
seal sheeting Dichtungsbahn *f*
seal water Sperrwasser *n (Spültoilette)*
seal weld Dicht(schweiß)naht *f*
seal welding Dichtungsschweißung *f*
sealant Abdichtungsmittel *n*, Dichtungsstoff *m*, Versiegelungsmasse *f*, Absperrmittel *n*
sealed abgesiegelt, versiegelt; plombiert
sealed glass unit Verbund(rand)verglasungseinheit *f*
sealed manhole cover *(Verk)* Kanaldichtungsdeckel *m*, Schachtdeckel *m* mit Dichtring
sealed window Fenster *n* mit Dichtlippe
sealer 1. Dichtungsmasse *f*, Absiegelungsmasse *f*, Porenfüller *m*; Beschichtungsmasse *f*, Absperrmittel *n*, Sperrgrund *m (Anstrichtechnik)*; 2. *s.* sealing coat
sealing Abdichtung *f*, Dichten *n*; Versiegeln *n*; Vergießen *n*
sealing agent Dichtungsmasse *f*, Abdichtungsmasse *f*
sealing box Hausanschlusskasten *m*, Gebäudeanschlusskasten *m*
sealing by rope Strick(ab)dichtung *f*
sealing cement Dichtungskitt *m*
sealing coat Abdichtungsschicht *f*, Absiegelungsschicht *f*, Versiegelungsschicht *f*, Verschlussdecke *f*, Verschlussschicht *f (Straße)*; Absperranstrich *m*, porenschließender Deckanstrich *m*
sealing collar Dichtungskragen *m*
sealing compound Dichtungsmasse *f*, Oberflächenverschlussmasse *f*, Nachbehandlungsmittel *n (Beton)*
sealing core Dichtungskern *m*
sealing end Dichtungsmaterial *n*, Endverschluss *m*
sealing face Dicht(ungs)fläche *f*
sealing felt Dichtfilz *m*
sealing fillet Dichtungsleiste *f*, Abdichtleiste *f*, Abdichtstreifen *m*
sealing foil Dichtungsfolie *f*
sealing gasket Selbstdichtung *f*
sealing jacket Dichtungsbinde *f*
sealing joint Dichtfuge *f*
sealing layer Sperrschicht *f*, Sperre *f*, Sperreinlage *f*
sealing lip Dichtungslippe *f*
sealing mass Dichtungsmasse *f*, Abdichtmasse *f*
sealing material Dichtungsmaterial *n*, Dichtungsstoff *m*; Abdichtmaterial *n*
sealing medium Dichtungsmittel *n*
sealing mortar Stopfmörtel *m*
sealing of cracks Rissdichtung *f*
sealing paint Dichtungsanstrich *m*
sealing past Dichtpaste *f*, Abdichtungspaste *f*
sealing profile Dichtungsprofil *n*, Dichtungsband *n*
sealing putty Dichtungskitt *m*
sealing ring Dichtungsring *m*, Stopfbuchse *f*
sealing rope Dichtungsstrick *m*
sealing rubber Dichtungsgummi *m*
sealing sheet Dichtungsbahn *f*, Abdichtungsbahn *f*
sealing stopper Rohrstopfen *m*, Abdichtpfropfen *m*, Rohrverschluss *m*
sealing strip Dichtungsstreifen *m*, Dichtungsband *n*, Fugenband *n*; Sperreinlage *f*
sealing surface Dichtungsfläche *f*, Abdichtungsfläche *f*
sealing-up Abdichtung *f*
sealing work Dichtungsarbeiten *fpl*, Abdichtungsarbeiten *fpl*
seam *v* umschlagen, falzen, säumen *(Blech)*
seam 1. Falz *m*, Saum *m (Metallplattenverkleidung)*; 2. Fuge *f*, Naht *f*, Schlitz *m (im Mauerwerk)*; Ritze *f (z. B. zwischen Platten)*; Schweißnaht *f*
seam bonding Nahtverklebung *f*
seam face Steinader *f (Naturbaustein)*
seam joint Falzstoß *m*; Nahtverbindung *f (Schweißen)*
seam rip Riss *m* zwischen Nietlöchern
seam roll Hohlumschlag *m (Metallbedachung)*
seam roll joint Hohlumschlagsfuge *f (Metallbedachung)*
seam roller Nahtroller *m*; Nahtwalze *f*
seam spacing Falzabstand *m*
seam welding Nahtschweißen *n*
seamer Falzeisen *n*, Saumkippeinrichtung *f*
seaming pliers Falzeisen *n (für Klempnerarbeiten)*
seaming work Falzarbeit *f (Dachklempnerarbeit)*
seamless nahtlos
seamless door nahtlose Metalltür *f*, Metalltür *f* ohne Türblattnaht(fuge)
seamless floor(ing) fugenloser Fußboden(belag) *m*; Estrichfußboden *m*
seamless pipe [tube] nahtloses Rohr *n*
seamless roof skin nahtlose Dachhaut *f*
seamless steel pipe nahtloses Stahlrohr *n*
seamless tubing nahtlose Rohrleitung *f*
seaplane airport Wasserflughafen *m*
seaport Seehafen *m*; Hafenstadt *f*, Seehafenstadt *f*
seaport town Seehafenstadt *f*
search *v (Bod)* schürfen
searching *(Bod)* Schürfen *n*, Schurf *m*
searchlight Scheinwerfer *m*, Suchscheinwerfer *m*
searchlight illumination Scheinwerferbeleuchtung *f*
seashore Seeküste *f*
seashore civil engineering Seebau *m*
seaside Küste *f*, Meeresküste *f*
seaside resort Seebad *n*
season *v* trocknen, ablagern *(Holz)*; altern *(Metall)*; erhärten *(Beton)*
season Jahreszeit *f*
season crack Alterungsriss *m*, Metallriss *m*
seasonal storage Saisonspeicher *m (für Wasser)*
seasoning Trocknung *f*, Ablagerung *f (von Holz)*; Alterung *f (von Metall)*; Erhärtung *f*, Nachbehandlung *f (von Beton)*
seasoning check Trockenriss *m (Holz)*
seasoning kiln Trockenkammer *f*, Trockenofen *m (für Holz)*
seat *v* einsetzen, einpassen *(z. B. Montageteile)*; aufliegen, aufsitzen
seat 1. Sitz *m*; Auflage *f*, Auflage(r)fläche *f*, 2. Einpassung *f*, 3. Sitz *m*, Sitzgelegenheit *f*
seat angle Montagewinkel(auflage)eisen *n*, Stützwinkel *m*
seat cut Sparrenauflageschnittfläche *f*
seat frame Sitzgestell *n*
seat lid Toilettendeckel *m*
seat of settlement Bauwerksuntergrund *m*
seated colossal statue *(Arch)* sitzende Kolossalstatue *f*
seated figure *(Arch)* Sitzfigur *f*
seated statue *(Arch)* Sitzbild *n*

seating 1. Einsetzen *n*, Einpassen *n*; 2. Auflage(r)fläche *f*, Auflager *n*; 3. Bestuhlung *f*, Sitzanlage *f (z. B. eines Theaters)*; Sitzreihe *f (z. B. eines Theaters)*; 4. Sitz(platz)kapazität *f (eines Raums)*
seating accommodation Sitzplätze *mpl*
seating capacity Sitz(platz)kapazität *f (eines Raums)*
seating face Auflage(r)fläche *f*, Sitzfläche *f*
seating section (abgeteilte) Sitzgruppe *f*
seating slab Sitzplatte *f (Stadion)*
seawater Meerwasser *n*, Salzwasser *n*
seawater concrete Meerwasserbeton *m*, Seewasserbeton *m*
seawater swimming bath Meereswasserschwimmbad *n*
seawater wave swimming pool Meereswasserwellenbad *n*
seaweed Seegras *n*, Tang *m*
seaworks Seebauten *mpl*, Küstenschutzbauten *mpl*
seaworthy packing seefeste Verpackung *f*
secco *s.* fresco secco
second check Nachprüfen *n*
second coat Oberputz *m*; Zwischenputzschicht *f*, zweite Putzlage *f (bei Dreilagenputz)*
second crusher Nachbrecher *m*
second-cut file Schruppfeile *f*
second-degree parabole Parabel *f* zweiten Grades
second-degree redundant zweifach statisch unbestimmt
second fixings Nach-Putz-Installation *f*, Installation *f* nach den Putzarbeiten
second floor erstes Stockwerk *n*, erste Etage *f*
second-growth timber Zweitwuchsholz *n*
second hand *(sl)* gebraucht
second lengths Mittelware *f (Holz)*
second level zweite Ebene *f*
second light indirektes Licht *n*
second moment Trägheitsmoment *n*
second of arc *(Verm)* Bogensekunde *f*
second order equation quadratische Gleichung *f*, Gleichung *f* zweiten Grades
second order theory Theorie *f* II. Ordnung
second polar moment of area polares Flächenträgheitsmoment *n* [Flächenmoment *n* zweiten Grades]
second priming zweiter Grundanstrich *m*
second quality zweite Wahl *f*
second-quality tile Fliese *f* zweiter Wahl; Platte *f* zweiter Wahl
second-rate mittelmäßig
second-surface coating Innenbeschichtung *f*
second undercoat zweite Unterputzschicht *f*, zweite Grobputzlage *f*
secondary access Nebenzugang *m*
secondary air 1. Oberluft *f*; 2. *(HLK)* Sekundärluft *f (bereits klimatisierte Luft)*; Um(lauf)luft *f*
secondary axis Nebenachse *f (Mathematik)*
secondary base *(Verm)* Hilfsbasis *f*
secondary beam Querträger *m*, Zwischenträger *m*, lastbringender Balkenträger *m*
secondary bending moment *(Stat)* Nebenbiegemoment *n*, umgelagertes Biegemoment *n*
secondary bending stress Nebenbiegespannung *f*
secondary blasting Nachsprengen *n*, Nachschießen *n (Zerkleinern)*
secondary branch Nebenleitung *f (z. B. Wasserleitung)*
secondary clarifier Nachklärbecken *n*
secondary connection Zweitanschluss *m*; Nebenanschluss *m*
secondary consolidation *(Bod)* Nachsetzung *f*, Lastsetzung *f*
secondary crusher Nachbrecher *m*
secondary dam Vordamm *m*
secondary deformation sekundäre Verformung *f*, sekundäre Formänderung *f*
secondary distribution feeder *(El)* Niederspannungsverteilung *f*
secondary ditch Nebengraben *m*
secondary flow Zweitvorlauf *m (Heizung, Warmwasser)*
secondary girder lastbringender Träger *m*
secondary light source Reflexionslichtquelle *f*
secondary load Zusatzlast *f*
secondary load-bearing structure Nebentragwerk *n*
secondary moment Zusatzmoment *n*, umgelagertes Moment *n*, negatives Zusatzmoment *n*, Umlagerungsmoment *n (Mechanik)*
secondary passivity Sekundärpassivität *f (Korrosionsschutz)*
secondary portion Nebentrakt *m*
secondary reinforcement Querbewehrung *f*, Verteilerstäbe *mpl (Stahlbeton)*; Zusatzbewehrung *f*
secondary return Zweitrücklauf *m (Heizung, Warmwasser)*
secondary road Nebenstraße *f*, Landstraße *f* II. Ordnung; Stoppstraße *f*
secondary roof break *(Bod)* Setzriss *m*
secondary room Nebenraum *m*
secondary sedimentation basin Nachklärbecken *n*
secondary setting tank *s.* settler
secondary settler Nachklärbecken *n*
secondary sewage treatment biologische Nachreinigung *f*, biologische Nachklärung *f*
secondary signal Wiederholungssignal *n*
secondary steel (reinforcement) *s.* secondary reinforcement
secondary stress 1. *(Stat)* Sekundärspannung *f*; 2. *(Bod)* Nebenspannung *f*
secondary supporting structure Nebentragwerk *n*
secondary tensioning Nachspannen *n (Bewehrung)*
secondary time-effect Nachsetzung *f*, sekundärer Setzungseffekt *m*
secondary treatment Nachbehandlung *f (Oberfläche)*
secondary truss member Hauptstabstützelement *n*, Verteilerstab *m*
secondary work Nebenarbeiten *fpl*
secondhand brick Abbruchziegel *m*, Altziegel *m*
seconds Weißblech *n* zweiter Wahl
secret verdeckt, verborgen
secret abutment blindes Widerlager *n*
secret cable *(El)* Unterputzkabel *n*, Unterputzleitung *f*
secret cutter Profilschere *f*, Profilschneider *m*
secret door Tapetentür *f*, verdeckte Tür *f*
secret dovetail(ing) *(Hb)* verdeckte Verzinkung *f*, verdeckter Schwalbenschwanz *m*, verdeckte Zinken *fpl*, geschlossene Gehrungszinke *f*
secret fixing *s.* secret screwing
secret gate latch elektrisch betätigtes Zusatzschloss *n (oberflächenmontiert)*
secret gutter eingebaute Dachrinne *f (in die Traufe)*
secret installation Unterputzinstallation *f*
secret joint verdeckte Fuge *f*, verdeckte Fugennase *f* [Verzahnung *f*] *(Stein)*
secret-nailed verdeckt genagelt
secret nailing verdeckte Nagelung *f*
secret pipe Unterputzrohr *n*
secret screwing *(Hb)* (eingelassene) verdeckte Verschraubung *f*
secret valley verdeckte Kehle *f*
secret wiring Unterputzverdrahtung *f*
secretion Ausscheidung *f*
sectile schneidbar
sectile floor geteilter Fußboden *m (z. B. aus Marmor)*

sectile opus geteilter Fußboden *m (z. B. aus Marmor)*; Plattenfußboden *m (römisch-antike Verlegetechnik)*
sectio aurea *(Arch)* Goldener Schnitt *n*, Goldenes Verhältnis *n*
section *v* 1. abteilen, (in Abschnitte) unterteilen; 2. im Schnitt darstellen
section 1. Schnitt *m*, Schnittdarstellung *f*; 2. Profil *n*, Profilschnitt *m*; Querschnitt *m*; 3. Abschnitt *m*, Unterteilung *f*, Teil *m (z. B. einer Anlage)*; Trakt *m*, Gebäudesektion *f*, Strecke *f (z. B. eines Flusslaufs)*; 4. Absatz *m*; Segment *n (Rohrdämmung)* • **in section** im Schnitt *(Zeichnung)*
section engineer Bauführer *m*
section factor Widerstandsmoment *n (des Querschnitts)*
section iron Profileisen *n*, Formeisen *n*
section line 1. Profillinie *f*; 2. Schraffurlinie *f*
section lining Schnittflächenschraffur *f*
section modulus Widerstandsmoment *n (des Querschnitts)*
section modulus of bending Biegungswiderstandsmoment *n*
section modulus of torsion polares Widerstandsmoment *n*, Drillungswiderstandsmoment *n*
section mould Kehlenschlitten *m (Putzprofilformung)*
section of a building Gebäudetrakt *m*
section reinforcement Profil(stahl)bewehrung *f*
section steel Formstahl *m*, Profilstahl *m (zur Bewehrung)*
section steel reinforcement Form(stahl)bewehrung *f*
sectional 1. aus Einzelteilen bestehend, zusammengesetzt; Teil...; 2. demontierbar, zerlegbar; 3. zusammensetzbar; 4. Schnitt...
sectional area Querschnitt(s)fläche *f*
sectional assembly view Montageschnittzeichnung *f*
sectional axonometric drawing axonometrische Schnittzeichnung *f*
sectional bar Formstahl *m*, Profilstahl *m*
sectional boiler Gliederkessel *m (Heizkessel)*
sectional bridge Brückengerüst *n (Notbrücke, Behelfsbrücke)*
sectional cold room zerlegbare Kühlzelle *f*
sectional completion Abschnittsfertigstellung *f*
sectional drawing Schnitt *m*, Schnittzeichnung *f*
sectional furniture Anbaumöbel *npl*
sectional girder Profilträger *m*
sectional plan Waagerechtschnitt *m*, Horizontalschnitt *m*
sectional shape 1. Profil *n*; 2. *s.* sectional steel
sectional sheet Profilblech *n*
sectional steel Formstahl *m*, Profilstahl *m*
sectional steel construction Profilstahlkonstruktion *f*
sectional surround Einfassprofil *n*
sectional type bituminous mixing plant Asphaltmischanlage *f* mit Einzeldoseuren
sectional view Schnittdarstellung *f*, Schnitt *m*
sectionalization Unterteilung *f (in Abschnitte)*; Eingrenzung *f*
sectionalize *v* einteilen, in Abschnitte unterteilen; zerlegen
sectioning 1. Schnittdarstellung *f*; 2. Unterteilung *f*, Aufgliederung *f*, Zerlegung *f*
sections Profile *npl*; Formstahl *m*
sector 1. Sektor *m*, Kreisausschnitt *m*; 2. Bogenstück *n*
sector barrage *(Wsb)* Sektorwehr *n*
sectroid Gewölbekappe *f*, Gewölbezwischensegment *n*; Gewölbe(kappen)fläche *f*, Kappenfläche *f*
secular architecture Profanarchitektur *f*, profane Baukunst *f*
secular basilica *(Arch)* römisch-heidnische Basilika *f*
secular building *(Arch)* Profanbau *m*
secular Gothic structure gotisches Profanbauwerk *n*
secular monument *(Arch)* Profanmonument *n*
secular structures *(Arch)* Profanbauten *pl*, Profangebäude *npl*
secure *v* sichern; (sicher) befestigen; sicher stellen
secure sicher, zuverlässig
secured contracts Geschäftsabschluss *m*
securing device Festhalterung *f*, Sicherungsvorrichtung *f*
securing of the base Sicherung *f* des Fußes
securing pin Sicherungsstift *m*
security Sicherheit *f*
security blanket Sicherheitsdecke *f*
security-cylinder lock Sicherheitsschloss *n*
security device Sicherheitsvorrichtung *f*
security floor Sicherheitsgerüst *n*, Schreckgerüst *n*
security glass Sicherheitsglas *n (einbruchsicher)*
security glazing Sicherheitsverglasung *f*
security grille Sicherheitsgitter *n*, Schutzgitter *n*
security lock Sicherheitsschloss *n*
security lock for lifting doors Hebetürsicherung *f*
security screen Schutzgitter *n*; Türschutzgitter *n*; Fenstergitterschutz *m*
security window Sicherheitsfenster *n (einbruchsicher)*
sedge Riedgras *n*; Bedachungsschilf *n*
sedge straw Bedachungsschilf *n*
sedifluction Sedifluktion *f*, Fließen *n* lockerer Sedimente
sedilia *(Arch)* Sedilia *f*, Steinsitzreihe *f*
sedilia niche Sediliennische *f*
sediment *v* sedimentieren, sich (ab)setzen, sich ablagern [niederschlagen]
sediment 1. Sediment *n*, Ablagerung *f*, Niederschlag *m*, Satz *m (Rückstand)*; Schlamm *m*; 2. *s.* sedimentary rock
sediment-bearing sedimentführend
sediment in boilers Kesselstein *m*
sediment load Schwebstoff *m*
sediment sump Schlammfang *m (Wassergewinnung)*
sediment tank *s.* sedimentation tank
sedimentary sedimentär
sedimentary deposit sedimentäre Lagerstätte *f*
sedimentary rock Sedimentgestein *n*, Schichtgestein *n*
sedimentate *v* sedimentieren, ablagern
sedimentation Sedimentation *f*, Absetzen *n*, Ablagern *n*; Sedimentablagerung *f*
sedimentation analysis Sedimentationsanalyse *f*, Schlämmanalyse *f*
sedimentation apparatus Absetzgerät *n*, Sedimentationsgerät *n*
sedimentation basin Absetzbecken *n*, Sedimentationsbecken *n*
sedimentation machine Schlämmgerät *n (Baustoffprüfung)*
sedimentation method Absetzverfahren *n (Abwasser)*
sedimentation tank Absetzbecken *n*, Klärbrunnen *m*
sedimentation test Schlämmprobe *f*, Absetzprobe *f*, Sedimentationsprüfung *f*, Emulsions-Absetzprüfung *f*
see *v* **through** durchschauen
see-through building transparentes Bauen *n*
see-through visibility Durchsichtigkeit *f*
see-through window Sichtfenster *n*
seed 1. Bläschen *n*, Gispe *f (Glas)*; 2. Saat *f*, Saatgut *n*; Samen *m*
seeded slope angesäte Böschung *f*
seediness Grieß(körn)igkeit *f*, Lackausscheidung *f (Anstrich)*
seedlac Körnerschalenlack *m*
seedy grießig, körnig *(z. B. Anstrich)*
seedy glas gispiges Glas *n*
seep *v* 1. sickern; tropfen; lecken; 2. *s.* seep away
seep *v* **away** versickern
seep *v* **in** einsickern
seep *v* **through** durchsickern

seep Ausschwitzen *n*
seepage 1. Versickern *n*, Durchsickern *n*, Sickerung *f*, Einsickern *n*; 2. Sickerflüssigkeit *f*; Leckflüssigkeit *f*; Sickerwasser *n*; 3. Sickermenge *f*; 4. *s.* seepage loss
seepage barrier Sickersperre *f*
seepage bed Sickerbett *n*, Sickerfeld *n*; Sickerfläche *f*
seepage drain Sickerwasserdrän *m*
seepage face Sickerfläche *f*
seepage failure hydraulischer Grundbruch *m*
seepage flow *(Bod)* Sickerströmung *f*
seepage force *s.* seepage pressure
seepage line Sickerlinie *m*
seepage loss Versickerungsverlust *m*, Wasserverlust *m* durch Versickerung *(z. B. bei einer Kanalböschung)*
seepage path Sickerweg *m*, Sickerlinie *f*
seepage pipe 1. Sickerleitung *f*, Drän(age)rohr *n*; 2. Piezometer *n*
seepage pit Sickerschacht *m*, Sickergrube *f*; Sickerbrunnen *m*
seepage pressure Sicker(wasser)druck *m*, Bodenwasserdruck *m*
seepage rate Sickergeschwindigkeit *f*
seepage runnel Sickerbach *m*
seepage shaft Sickerschacht *m*
seepage surface Sickerfläche *f*, Sickerstrecke *f*
seepage trench Sickergraben *m*, Versickerungsgraben *m*
seepage water Sickerwasser *n*
seeping water Sickerwasser *n*
seeping well Sickerbrunnen *m*
Seger cone Segerkegel *m*, Schmelzkegel *m*, Brennkegel *m* nach Seger
seggar-clay Schamotte *f*, Schamotteton *m*
segment 1. Segment *n*, Kreisabschnitt *m*; Bogenstück *n*; 2. Segment *n*, Teilstück *n*; 3. Gebäudesegment *n*; 4. Lamelle *f (Stahlbau)*
segment head Türblattbogen *m*, Bogentürkopfende *n*, Bogenträgerdach *n (Bogentür)*; bogenförmiger Türsturz *m*
segment of cylinder Tonnenschale *f*
segment saw Furnierkreissäge *f*, Segmentkurvensäge *f*
segmental aus Segmenten (bestehend), segmentiert; Segment...
segmental arch Segmentbogen *m*, Stichbogen *m*, Flachbogen *m*, flacher Bogen *m*, platter Bogen *m*
segmental arch roof Segmentbogendach *n*, Lamellendach *n*
segmental arched girder Segmentbogenträger *m*, Stichbogenträger *m*, Flachbogenträger *m*, flacher Bogenträger *m*
segmental barrage *(Wsb)* Segmentwehr *n*
segmental bearing Segmentlager *n*, Klotzlager *n*
segmental billet Zylindersegmentzierkante *f*
segmental bowstring girder Bogensehnenträger *m*
segmental ceiling [floor] Segmentdecke *f*
segmental cylindrical shell Segmentzylinderschale *f*
segmental member Spannbetoneinzelelement *n*, Spannbetonteilelement *n*
segmental pediment Segmentgiebel *m*
segmental plate Segmentplatte *f*
segmental pointed arch spitzer Stichbogen *m*
segmental sewer block Abwasserkanalgewölbestein *m*, Sammlerbogenstein *m*
segmental shell Segmentschale *f*
segmental vault Stichbogengewölbe *n*, Flachbogengewölbe *n*
segmentary *s.* segmental
segmentation Segmentierung *f*, Auffächerung *f*
segregate *v* sich entmischen *(Beton)*; entmischen, absondern, abscheiden
segregated entmischt
segregates Ausscheidungen *fpl*, Entmischungsausscheidungen *fpl*
segregation 1. Segregation *f*, Ausscheudung *f*; Entmischung *f*, Entmischen *n (von Beton)*; 2. Einschluss *m*, Nest *n (z. B. in einer Betonmischung)*
segregation berm Berme *f*
segregation sensitivity Entmischungsneigung *f*
seism Erdbeben *m*, Erdstoß *m*
seismic seismisch, Erdbeben...
seismic activity seismische Aktivität *f*
seismic area Erdbebengebiet *n*
seismic-conscious erdbebenbewusst
seismic construction erdbebensicheres Bauen *n*
seismic design erdbebensichere Bemessung *f*, Erdbebenbemessung *f*
seismic disturbance seismische Erschütterung *f*
seismic effects seismische Auswirkungen *fpl*
seismic engineering erdbebensicheres Bauen *n*, Erdbebentechnik *f*
seismic environmental conditions lokale seismische Bedingungen *fpl*
seismic exploration method angewandte Seismik *f*, Sprengseismik *f*, seismische Bodenuntersuchung *f*
seismic focus Erdbebenherd *m*
seismic force Erdbebenkraft *f*
seismic inspection seismische Bodenforschung *f*
seismic load Erdbebenbelastung *f*, Erdbebenbeanspruchung *f*, seismische Vibrationslast *f*
seismic oscillation Erdbebenerschütterung *f*
seismic reflections Reflexionsseismik *f*
seismic resistance Erdbebenwiderstandsfähigkeit *f*
seismic shock Erdbebenstoß *m*
seismic survey seismischer Aufschluss *m*
seismic vibration Erdbebenerschütterung *f*
seismic wave Erdbebenwelle *f*
seismical *s.* seismic
seismograph Erdbebenmesser *m*, Seismograph *m*
seismographic observation seismographische Beobachtung *f*
seismology Seismologie *f*
seismometer Erdbebenmesser *m*, Seismometer *n*
seize *v* 1. sich festfressen; sich festklemmen *(Metall)*; hängen bleiben, verklemmen; 2. greifen, fassen
seized festsitzend; festgefressen
seizing Festfressen *n (Lager)*; Festklemmen *n*, Hängenbleiben *n*
selected bidder ausgewählter Baubetrieb *m*, in Frage kommendes Bauunternehmen *n*
selected list of bidders in Frage kommende Baufirmen *fpl*
selection Auswahl *f*
selection of line *(Verk)* Linienbestimmung *f*
selection of materials Materialauswahl *f*
selection of mixture Gemischauswahl *f*, Zusammensetzungsauswahl *f*, Mischrezepturauswahl *f*
selection of site Bauortauswahl *f*, Baustellenwahl *f*, Wahl *f* der Baustelle
selective collection getrennte Müllabfuhr *f*, getrennte Müllsammlung *f*
selective digging Aushub *m* mit Bodentrennung
selective surface selektive Oberfläche *f*
selenite Selenit *m*, Marienglas *n*, Gipsnaturbaustein *m*
selenitic cement [lime] Gips-Kalk-Binder *m*, schnell abbindender hydraulischer Kalk *m*
self-acting selbsttätig, automatisch
self-adhesive selbstklebend
self-adjusting level selbstjustierendes Nivellier *n*, Nivellierinstrument *n* mit Parallelplatte
self-aligning bearing Pendellager *n*

self-anchorage Selbstverankerung *f*, Haftverankerung *f* *(Spannbeton)*
self-anchored selbstverankert, haftverankert *(Spannbeton)*
self-bonding selbstklebend
self build Eigenbau *m*
self-build housing society Selbsthilfe-Wohnungsgenossenschaft *f*
self-carrying centring freitragendes Lehrgerüst *n*, Sprengwerklehrgerüst *n*
self-centring lath Zentrierschaltträgerlatte *f*, Streckmetall *n* für Deckenschalung
self-centring stanchion seating Stützentangentiallagerung *f*
self-cleaning selbstreinigend
self-closing selbstschließend
self-closing device 1. selbsttätiger [automatischer] Türschließer *m*; 2. Feuertürschließer *m*
self-closing fire door selbstschließende Feuerschutztür *f*, selbstschließende Brand(schutz)tür *f*
self-closing valve automatisches Rohrventil *n*
self-condensation Eigenhärtung *f* *(Kunstharze)*
self-contained unabhängig, in sich geschlossen; abgeschlossen; eingebaut
self-contained platform selbsttragende Plattform *f*
self-contained slab partition wall freitragende Plattenwand *f* [Trennwand *f*]
self-containedness Geschlossenheit *f* *(einer Wohnung)*
self-control Eigenüberwachung *f*, Selbstüberwachung *f*
self-corrosion Eigenkorrosion *f*
self-curing selbsthärtend
self-draining system Selbstentwässerungssystem *n*
self-etch(ing) primer Haftgrund *m*, Reaktionsprimer *m* *(Anstrichtechnik)*
self-extinguishing selbstverlöschend
self-faced glattflächig *(Naturstein)*
self-faced stone Natur(bau)stein *m* mit natürlicher [unbearbeiteter] Oberfläche
self-finished roofing felt schwere Dachpappe *f*, getränkte und beschichtete Dachpappe *f*
self-furring selbst abstandhaltend, mit Abstandhaltern versehen *(Putzgewebe)*
self-furring nail Putzträgernagel *m*
self-heating Selbsterhitzung *f*
self-help housing programme [scheme] Selbsthilfe-Wohnungsbauprogramm *n*
self-ignition temperature Selbst(ent)zündungstemperatur *f*
self-locking bolt selbstsichernder Bolzen *m*
self-pretensioning selbst(vor)spannend *(Spannbeton)*
self-priming selbstansaugend *(Pumpe)*
self-propelled excavator Mobilbagger *m*, selbstfahrender Bagger *m*
self-propelled roller selbstgetriebene Straßenwalze *f*, Motorwalze *f*
self-propelled scraper Motorschrapper *m*
self-purification Selbstreinigung *f*
self-quenching selbstlöschend
self-reading levelling rod Messlatte *f* mit Ablesemarkierungen
self-recording selbstregistrierend
self-sealing selbstdichtend
self-sealing paint Siegelfarbe *f*, Siegellack *m*, Absiegellack *m*
self-service elevator [lift] Aufzug *m* [Fahrstuhl *m*] mit Selbststeuerung, selbst zu bedienender Aufzug *m*
self-service shop Selbstbedienungsladen *m*
self-spacing tile Fliesen *fpl* mit Distanzelementen
self-stressed [self-stressing] concrete Eigenspannbeton *m*, Beton *m* mit Quellzement
self-supporting selbsttragend, freitragend
self-supporting partition frei stehende Zwischenwand *f*
self-supporting vault selbsttragendes Gewölbe *n*
self-supporting wall frei stehende Mauer *f*, selbsttragende Wand *f*
self-sustained wall *s.* self-supporting wall
self-tapping screw Schneidschraube *f*, Blechtreibschraube *f*
self-tensioning selbstspannend
self-vulcanizing selbstvulkanisierend
self weight Eigenmasse *f*, Eigenlast *f*
sellaria Sitzhalle *f*; Empfangsraum *m*
sellary Sitzhalle *f*; Empfangsraum *m*
selliform sattelförmig
Sellotape® Tesafilm® *m*
selvage 1. Geweberand *m*; 2. Dachpappenrandstreifen *m*
selvage joint Überlappungsrand *m*, Dachpappenüberdeckungsstreifen *m*
selvedge Webkante *f*
semiarch Halbbogen *m*
semiautomatic batcher halbautomatischer Mischer *m*, Betonmischer *m* mit selbstschließenden Ventilen und Schiebern
semibasement Souterrain *n*
semibeam Kragbalken *m*; Konsolbalken *m*; Kragträger *m*, Freiträger *m*
semiboggy soil halbsumpfiger Boden *m*
semibright coating halbglänzende Beschichtung *f*
semibungalow Bungalow *m* mit ausgebautem Dachgeschoss
semichina *(San)* Halbporzellan *n*, Feinsteingut *n*
semicircular halbrund, halbkreisförmig
semicircular apse [apsis] Halbkreisapsis *f*
semicircular arch *(Arch)* Rundbogen *m*, voller Gewölbebogen *m*
semicircular arched window Rundbogenfenster *n*
semicircular area Halbkreisfläche *f*
semicircular cylindrical roof Zylinderdach *n*
semicircular dome Halbkugelkuppel *f*, Domhalbkuppel *f*
semicircular dormer window *(Arch)* Froschmaul *n*, halbkreisförmige Gaupe *f*
semicircular exedra *(Arch)* Halbkreisexedra *f*, Halbkreisapsis *f*, Halbkreisapside *f*, Halbkreisabseite *f*
semicircular niche Halbkreisnische *f*
semicircular rib Halbkreisrippe *f*
semicircular rivet Halbrundniet *m*
semicircular roof Zylinderdach *n*
semicircular tower Schalenturm *m*, Halbturm *m*
semicircular tunnel halbkreisförmige Tonne *f*, halbkreisförmiges Tonnengewölbe *n*
semicircular vault Tonnengewölbe *n*
semicircular winding stair halbkreisförmige gewundene Treppe *f*
semicolumn Halbsäule *f*, Wandsäule *f*
semicovered halbüberdacht
semicupola Konche *f*, Halbkuppel *f*, Rundkuppel *f* *(ein Viertel-Kugelgewölbe)*
semidetached dwelling Zwei(ge)spänner *m*, Zweispännerwohnung *f*, Wohnung *f* mit einer Nachbarwohnung *(im Doppelhaus)*
semidetached house Doppelhaus *n*
semidirect lighting halbdirekte Beleuchtung *f*, überwiegend direkte Beleuchtung *f*
semidome *s.* semicupola
semidry halbtrocken
semidry concrete erdfeuchter [wasserarmer] Beton *m*, steifer [schwach plastischer] Beton *m*
semidrying alkyd halbtrocknendes Alkydharz *n*
semielliptical arch Halbellipsenbogen *m*

semiengineering brick Halbbrandstein *m*, mittelmäßig fester Ziegel *m*
semifinished halbfertig
semifirm halbfest
semifixed beam halbeingespannter Träger *m*
semiflat halbmatt *(Lack)*
semiflexible joint (bewehrte) Bewegungsfuge *f*, begrenzte Bewegungsfuge *f*
semiflush halb eingelassen, halb versenkt
semiflush switch Imputzschalter *m*, Schalter *m* für Imputzverlegung
semigirder Kragträger *m*; Kragbalken *m*; Konsolbalken *m*
semigloss(y) halbmatt *(Lack)*; Halbglanz...; halbglänzend
semigrouting Halbtränkung *f*
semihardboard leicht flexible Platte *f*
semihydraulic lime halbhydraulischer Kalk *m*
semiinfinite halbunendlich
semikilled halbberuhigt *(Stahl)*
semilunar halbmondförmig
semimatt(e) halbmatt
semimember Halbelement *n*
semimetope Halbmetope *f*, Halbzwischenfeld *n*
semiparabolic girder Halbparabelträger *m*
semiprobabilistic design method Halbwahrscheinlichkeits-Bemessungsverfahren *n*
semirefractory halbfeuerfest
semirigid halbstarr, halbsteif
semirigid frame halbsteifer [halbstarrer, begrenzt steifer] Rahmen *m*
semirigid insulation board halbsteife Dämmplatte *f*
semirigid tube halbstarres Rohr *n*
semiroofed halbüberdacht
semirubbed finish angeriebene Steinfläche *f*, geglättete Steinoberfläche *f*, geriebene Oberfläche *f*
semirural estate halbländliche Siedlung *f*
semisilica refractory brick Quarzschamottestein *m*
semiskilled worker angelernter Arbeiter *m*
semisolid halbfest; halbmassiv
semispace Halbraum *m*
semisteel Gusseisen *n* mit Schrottzusatz
semisteep halbsteil
semisunk switch *s.* semiflush switch
semitraffic-actuated controller *(Verk)* teilweise verkehrsabhängige Steuerung *f*
semitrailer (truck) *(AE)* Sattelschlepper *m*
semitransparent halbdurchsichtig
semivitreous halbglasiert, schwach glasiert, anglasiert *(Fliesen, Kacheln)*
sending station Sendestation *f (Funk)*
senegal gum Gummiarabikum *n*
sense of design *(Arch)* Formengefühl *n*
sense of movement *(Arch)* Bewegtheit *f*
sense of proportion *(Arch)*Proportionsgefühl *n*
sense of rotation Drehsinn *m*
sense of space *(Arch)* Raumgefühl *n*
sensible heat 1. fühlbare Wärme *f*, 2. Temperaturbereich *m* ohne Änderung der Materialeigenschaften
sensing device Messfühler *m*
sensing element Fühler *m*
sensitive clay strukturempfindlicher Ton *m*
sensitive drill Tischbohrmaschine *f*
sensitive element Messfühler *m*
sensitive to ageing alterungsempfindlich
sensitive to attack korrosionsempfindlich, korrosionsanfällig
sensitive to corrosion korrosionsempfindlich, korrosionsanfällig
sensitive to heat wärmeempfindlich, hitzeempfindlich
sensitive to moisture feuchtigkeitsempfindlich
sensitiveness Empfindlichkeit *f*
sensitiveness of balance Wiegegenauigkeit *f*
sensitivity Empfindlichkeit *f*, Sensibilität *f*, Feinheit *f*
sensitivtiy analysis 1. Sensitivitätsanalyse *f*, genaue Analyse *f*, detailierte Analyse *f*, 2. erweiterte Eignungsprüfung *f*
sensor Sensor *m*, Messfühler *m*, Fühler *m*
sensor switch *(El)* Sensorschalter *m*
separable abnehmbar, ablösbar; trennbar, abtrennbar; abscheidbar
separate *v* 1. trennen, entmischen *(Stoffgemische)*; klassieren; sortieren; sich abscheiden; sich entmischen; 2. (ab)trennen, abteilen; begrenzen
separate *v* **out** entmischen, separieren, (ab)trennen *(aus Stoffgemischen)*; sich abtrennen [abscheiden]
separate separat, getrennt *(z. B. Toilette)*
separate application Zweikomponentenklebstoffverleimung *f (mit getrenntem Auftrag auf je eine Seite mit folgender Verklebung)*
separate-application adhesive Zweikomponentenklebstoff *m*
separate construction getrennte Bauweise *f* mit Verbund *(Estrich)*
separate contract getrennter Bauvertrag *m*, Bau-Teilvertrag *m*
separate footing Einzelfundament *n*
separate road-bed *(Verk)* getrennter Bahnkörper *m (für Straßenbahn)*; getrennte Busspur *f (Straße)*
separate sanitary sewer Schmutzwasserkanal *m*
separate sanitary sewer system *s.* separate system
separate sewer Schmutzwasserkanal *m*, Entwässerungssammelleitung *f*
separate system Trennkanalisation *f*, Trennsystem *n*, getrenntes Schmutzwassersystem *n*
separate ventilation Fremdbelüftung *f*
separated aggregate klassierter [größengetrennter] Zuschlagstoff *m*, getrennte Zuschlag(größen)körnung *f*
separating Trennen *n*; Abscheiden *n*
separating agent Trennmittel *n*
separating by centrifuging Trennen *n* durch Zentrifugieren, Zentrifugationsabscheidung *f*
separating by filtration Trennen *n* durch Filtern, Filtrierabscheidung *f*
separating cut Trennschnitt *m (Schweißen)*
separating dam *(Wsb)* Trennbuhne *f*, Separierwerk *n*, Separationsanlage *f*
separating layer Trennschicht *f*
separating oil Trennöl *n*
separating plant Sichtanlage *f (Klassierung)*
separating strip *(Verk)* Mittelstreifen *m*, Trennstreifen *m*
separating wall Wohnungstrennwand *f*
separating weir *(Wsb)* Überlaufwehr *n*
separation 1. Trennung *f*, Abtrennen *n*; Ablösen *n*, Abschälen *n (eines Anstrichs)*; 2. Abscheiden *n (von Komponenten)*; Trennung *f (von Gemischen)*; 3. Entmischungsneigung *f*, Enmischbarkeit *f*, Entmischung *f (Baustoffgemische und -gemenge, Betone usw.)*
separation curve Trennkurve *f (Zuschlagstoffe)*
separation fracture Trennbruch *m*
separation joint Trennfuge *f*
separation layer Trennlage *f*, Trennschicht *f (Mauerwerk, Kofferaufbau)*
separation membrane Trennmembran *f*
separation of binder Bindemittelabsetzen *n*
separation of water Wasserabscheidung *f*
separation plane Trennungsfläche *f*
separation surface Trennungsfläche *f*
separation wall Trennwand *f*

separator 1. Abscheider *m*; Flüssigkeitsabscheider *m (für Leichtflüssigkeiten)*; 2. Klassiersieb *n*; Sichter *m*; 3. Abstandhalter *m*; Distanzblock *m*
separator of loads Einzellastverteiler *m*
seperator strip Trennstreifen *m*
sepiolite Meerschaum *m*, Steinmark *n*
septangular siebeneckig
septenary foil *(Arch)* Siebenpass *m*
septfoil *(Arch)* Siebenblatt *n*
septic sewage fauliges Abwasser *n*
septic tank *(San)* Faulbecken *n*, Klärbehälter *m*, Klärgrube *f*, Faulgrube *f*
septicity Fäulnis *f*
sepulchral architecture Grabbaukunst *f*
sepulchral chamber Grabkammer *f*
sepulchral cross Grabkreuz *n*
sepulchral monument Grabmonument *n*, Grabdenkmal *n*
sepulchral slab Grabplatte *f*
sepulchral temple Grabtempel *m*
sepulchre 1. Grabstätte *f*, Kirchengrabstätte *f*; 2. Reliquienschrein *m*
sequence Reihenfolge *f*
sequence of assembly Montageablauf *m*
sequence of bedding *(Erdb)* Schichtenfolge *f*
sequence of columns Stützenfolge *f*
sequence of construction Bauablauf *m*, Baufolge *f*
sequence of construction work Bauablauf *m*
sequence of forces Kräftefolge *f*
sequence of grain sizes Kornfolge *f*
sequence of operations Arbeitsablauf *m*, Schrittfolge *f*
sequence of strata Schichtenfolge *f*
sequence of supports Stützenfolge *f*
sequence of trades [works] Gewerkablauf *m*
sequence-stressing loss Elastizitätsspannverlust *m*, Nachspannverlust *m (beim Spannen der Bewehrung)*
seraglio 1. *(Arch)* eingeschlossener [geschützter] Platz *m*; 2. *(Arch)* Palast *m (Sultanspalast)*
serapeum *(Arch)* Serapeum *n*, Serapeion *n (ägyptisches, später griechisch-römisches Gottesheiligtum des Serapis)*
serdab *(Arch)* Serdab *m (ägypt. Totenstatuenkammer)*
serial serienmäßig; Serien...; Reihen...
serial distribution Versickerungsgrabensystem *n*
seriate *v* in Reihe anordnen
seriate in Reihe (angeordnet)
seriation Reihenanordnung *f*, Anordnung *f* in Reihe
sericite Serizit *m (Glimmer)*
sericite schist Serizitschiefer *m*; serizitischer Glimmerschiefer *m*
sericite slate *s.* sericite schist
series Reihe *f*, Serie *f*, Baureihe *f*, Satz *m*
series circuit in Reihe geschalteter Stromkreis *m*
series mounting Reihenschaltung *f*, Serienschaltung *f*
series of central master-keyed locks Zentralschlossanlage *f*
series of loads Lastgruppe *f (Festigkeitslehre)*
series of observations Beobachtungsreihe *f*
series of standards Normenreihe *f*
series of strata *(Bod)* Schichtfolge *f*
series of tests Versuchsreihe *f*
series-produced serienmäßig gefertigt
series production Fließfertigung *f (Betontechnologie)*
series switch *(El)* Serienschalter *m*
Serlian motif *(Arch)* Palladiomotiv *n*, venezianisches Fenster *n*
serpentine geschlängelt
serpentine 1. Serpentine *f*, Schlangenkurve *f (Straße)*; Schlangenlinie *f*; 2. Serpentin *m (allg. für versch. Phyllosilicate)*; Serpentinmarmor *m*, Serpentinschiefer *m (für Dekorationszwecke)*
serpentine asbestos Serpentinasbest *m*
serpentine bond Fischgrätenverband *m (Mauerwerk)*
serpentine pipe Rohrschlange *f*, Schlangenrohr *n (Heizung)*
serpentine road Serpentinenstraße *f*
serpentine rock Serpentinfels *m*, Serpentingestein *n*
serpentine schist Serpentinschiefer *m*
serpentinite Serpentinfels *m*, Serpentingestein *n*, Schlangenstein *m*
serpentinization Serpentinisierung *f*
serrate *v* zacken; einkerben; riefen, riffeln
serrate *s.* serrated
serrated gezackt, gezahnt, gezähnt; sägeartig; geriffelt, gerillt, gerippt
serrated grating gerippter Rost *m*
serrated pick Stockmeißel *m*
serrated profile Sägezahnprofil *n*
serrated trowel Zahnspachtel *f*, gezahnte Spachtel *f*
serve *v* versorgen *(z. B. mit Wasser)*; anschließen
serve *v* **a district** ein Gebiet versorgen
serve *v* **as base** als Grundlage dienen
service *v* warten, instand halten; unterhalten
service 1. Versorgungsdienst *m*; (technischer) Dienst *m*; Versorgungsbetrieb *m*; 2. Wartung *f*, Instandhaltung *f*; 3. Betrieb *m*, Nutzung *f*; 4. Energieversorgungsanschluss *m*, Hausanschluss *m*; 5. Gebrauchszustand *m*
service area 1. Versorgungsbereich *m*, Versorgungsgebiet *n (z. B. mit Wasser, Strom)*; 2. Betriebsfläche *f*, Nutzfläche *f*; 3. *(Verk)* Rastanlage *f (Straße, Autobahn)*; Raststätte *f*, Abfertigungsvorfeld *n*, Abfertigungszone *f (Flughafen)*
service bar Kellnerbuffet *n*; Büfett *n*
service behaviour Betriebsverhalten *n*, Funktionsverhalten *n*
service block Dienstgebäude *n*
service box 1. *(El)* Hausversorgungsverteilung *f*, Anschlusskasten *m*; 2. *(San)* Wasserschieber(straßen)kappe *f*, Schieberkappe *f*
service bridge Bedienungssteg *m*
service building Betriebsgebäude *n*, Wirtschaftsgebäude *n*; Dienstgebäude *n*
service cable *(El)* Hausanschlusskabel *n*
service ceiling *s.* serviced ceiling
service chute Entsorgungsschacht *m*
service clamp aufgesattelte Rohrverbindung *f*
service conditions Einsatzbedingungen *fpl*, Praxisbedingungen *fpl*, Anwendungsbedingungen *fpl*, Gebrauchsbedingungen *fpl*
service conductor(s) Hausanschlussleitung *f*
service conduit *(El, San)* Versorgungsleitung *f*
service connection Hausanschluss *m (Versorgungsmedien)*
service contract Dienstvertrag *m*, Dienstleistngsvertrag *m*; Arbeitsvertrag *m*
service core Hauskern *m (für Versorgungsleitungen)*
service data Erprobungsergebnisse *npl*
service dead load errechnete Eigenlast *f*
service department Kundendienstabteilung *f*
service door Liefereingangstür *f*, Anlieferungstür *f*, Wareneingangstür *f*
service drop Hausanschlussleitung *f (letztes Teilstück einer Freileitung)*
service duct Leitungskanal *m*, Versorgungskanal *m*
service elbow *s.* service ell
service elevator *(AE)* Lastenaufzug *m*, Versorgungsfahrstuhl *m*
service ell Innen-Außen-Winkelrohrstück *n*, I-A-Winkelfitting *n*
service entrance Nebeneingang *m*, Dienstboteneingang *m*

service entrance conductors *(El)* Haus(anschluss)eintrittsleitung *f*
service entrance switch *(El)* Haushauptschalter *m*
service environment Einsatzgebiet *n*, Einsatzort *m*; Einsatzklima *n*
service equipment haustechnische Anlagen *fpl*, Hausversorgungsausrüstungen *fpl*, Hausinstallationen *fpl*
service expectancy Lebensdauer *f*
service experience Anwendungserfahrungen *fpl*, Betriebserfahrungen *fpl*
service facilities Dienstleistungseinrichtungen *fpl*
service failure Ausfall *m*, Versagen *n*; Unbrauchbarkeit *f*
service fitting I-A-Fitting *n*, Innen-Außen-Verbindungsstück *n*
service gangway Bedienungsgang *m*, Bedienungssteg *m*
service ground *(El, AE)* Hauptleitungserdung *f*, Hausanschlusserdung *f*
service hatch Durchreiche *f*
service indoors Innenanwendung *f*, Inneneinsatz *m*
service industry Dienstleistungsindustrie *f*; Dienstleistungsbranche *f*
service integrated ceiling eingehängte Decke *f* mit voller Installierung *(Licht, Klimaanlage, Lautsprecher)*
service island *(Verk)* Abfertigungsinsel *f (Flughafenvorfeld)*
service lateral Hausanschlusskanal *m*, Versorgungsleitungskanal *m*
service life Lebensdauer *f (von Geräten)*; Nutzungsdauer *f*; Gebrauchswertdauer *f*, Standzeit *f (einer Maschine)*
service life expectancy normative Nutzungsdauer *f*, Lebensdauer *f*, zu erwartende Standzeit *f*
service lift Betriebsaufzug *m*; Speisenaufzug *m*
service line *(El, San)* Hausanschlussleitung *f*, Versorgungsleitung *f*
service line network öffentliches Versorgungsnetz *n*
service load Nutzlast *f*
service mains Versorgungs(haupt)leitungen *fpl (z. B. in einer Straße)*
service manual Wartungsanleitung *f*, Repearaturhandbuch *n*
service method Abfertiungsverfahren *n (Flugzeugabfertigung)*
service outdoors Außeneinsatz *m*
service penetration Leitungsdurchgang *m*
service period Tageslichtzeitraum *m (Straßenbeleuchtung)*
service pipe 1. *(San)* Anschlussrohr *n*; 2. *(El)* Hausanschlussschutzrohr *n*; öffentliche Versorgungsleitung *f*; Verbraucher(ein)leitung *f*
service pipeline öffentliche Versorgungsrohrleitung *f*
service plant Versorgungseinrichtung *f*
service pressure Betriebsdruck *m*
service raceway *(El)* Hausanschlusskabelkanal *m*
service requirements betriebliche Erfordernisse *npl*
service reservoir (for water supply) Trinkwasserspeicher *m*; Ausgleichsbecken *n*; Hochbehälter *m*
service riser Gasstandrohr *n*
service road Anliegerstraße *f*; Zufahrtsstraße *f*
service road-bed *(Verk)* getrennter Bahnkörper *m*, getrennte Busspur *f*
service room Betriebsraum *m*
service run *(El, San)* Versorgungsleitung *f*
service shaft Betriebsschacht *f*
service space Betriebsraum *m*, Raumbereich *m* für Versorgungseinrichtungen
service staff Unterhaltungspersonal *n*, Wartungstrupp *m*
service stair 1. Versorgungstreppe *f*; Dienstbotentreppe *f*; 2. Kellertreppe *f*
service station *(Verk)* Tankstelle *f*
service switch cabinet *(AE) (El)* Hausanschlusskasten *m*
service tee T-Abzweigstück *n*, T-Fitting *n*
service test Prüfung *f* unter Einsatzbedingungen
service track *(Verk)* Nebengleis *n*
service traffic *(Verk)* Abfertigungsverkehr *m (für Flugzeugabfertigungen)*
service train Bauzug *m (Eisenbahn)*
service trench Leitungsgraben *m*
service tunnel Versorgungskanal *m*
service valve Bedienungsventil *n*
service vault Installationsgang *m*
service water Brauchwasser *n*, Betriebswasser *n*, Nutzwasser *n*
service weight Betriebsgewicht *n*
service yard Betriebshof *m*
service zone 1. Versorgungsgebiet *n*; 2. Abfertigungszone *f*, Abfertigungsvorfeld *n (Flughafen)*
serviceability 1. Funktionstüchtigkeit *f*; Betriebsfähigkeit *f*; Brauchbarkeit *f*; Tauglichkeit *f*; 2. Wartungsmöglichkeit *f*; 3. *(AE)* Befahrbarkeit *f (Straße)*
serviceability limit state Funktionsgrenzzustand *m*, Grenzzustand *m* der Gebrauchsfähigkeit
serviceable einsetzbar, brauchbar, verwendbar, funktionstüchtig, funktionsfähig
serviced ceiling Decke *f* mit Versorgungsleitungen
serviced land erschlossenes Land *n*
services *(AE)* technische Gebäudeausrüstung *f* [Gebäudeausstattung *f*] *(mit allen Versorgungsleitungen)*; Gebäudeinstallation *f*; Gebäudebetriebsanlagen *fpl*, Gebäudebetriebseinrichtungen *fpl*; Versorgungsanlage *f*
services channel Gebäudeversorgungsschacht *m*
services connections Energieversorgungsanschluss *m*, Hausanschluss *m*
services shaft Gebäudeversorgungsschacht *m*
servicing 1. Wartung *f*, Instandhaltung *f*; Unterhaltung *f*; 2. stadttechnische Erschließung *f*; Versorgungstechnik *f*
serving Mantel *m*, Umhüllung *f (für Kabel)*
serving hatch Durchreiche *f*
serving-hatch opening Durchreicheöffnung *f*
servo system Servosytem *n*, Folgeregelsystem *n (Klimaanlage)*
servomotor Stellmotor *m*
session Arbeitsberatung *f*
set *v* 1. erhärten, erstarren, fest werden *(z. B. Zement)*; abbinden; 2. setzen; stellen; einrichten *(Maschinen)*; einstellen *(z. B. Messgeräte)*; 3. schränken *(Säge)*
set *v* **back** zurücksetzen, nach hinten versetzen
set *v* **in air** an der Luft erhärten
set *v* **off** *(Arch)* hinterfangen; hervortreten lassen
set *v* **on edge** hochkant setzen [stellen], aufkanten
set *v* **out** 1. *(Verm)* abstecken, vermarken *(Gelände)*; 2. anreißen; 3. anordnen
set *v* **points [stations]** *(Verm)* vermarken
set *v* **the teeth of a saw** Sägezähne schränken
set *v* **tiles** fliesen; kacheln
set *v* **up** 1. aufbauen, errichten; aufstellen, aufrichten; aufstellen, montieren *(z. B. Maschinen)*; 2. erstarren; 3. festlegen *(z. B. eine Trasse)*
set *v* **up a mould** einschalen
set *v* **up a sheeting** eine Schalwand aufstellen
set abgebunden *(Zement)*; verfestigt *(Boden)*; eingebaut *(z. B. Rohre)*
set 1. Erhärten *n*, Erstarrung *f*, Festwerden *n (z. B. von Zement)*; 2. Oberputz *m*, Überputz *m*, Feinputz *m (Mehrlagenputz)*; 3. bleibende Verformung *f*; 4. Rammsetzmaß *n*; 5. *(Wsb)* Strömungsrichtung *f*; 6. Schränkung *f*, Schrank *m (einer Säge)*; 7. Satz *m*, Set *n*; Garnitur *f*; Aggregat *n*; 8. *s.* sett 2.

set accelerating admixture Abbindebeschleunger *m*
set-aside Ackerlandverwendung *f* für andere Zwecke *(z. B. für Errichtung einer Freizeitanlage)*
set-back 1. Grundstücksgrenzenabstand *m* eines Gebäudes, Gebäudeentfernung *f* von der Straßengrenze; 2. zurückgesetzte Fassade *f*, Rücksatzentfernung *f*
set-back buttress eckennaher Strebepfeiler *m*, Wandpfeiler *m* nahe der Ecke
set controlling Abbindesteuerung *f (Beton)*
set-controlling admixture Erstarrungsregler *m (Betonzusatz)*
set hammer 1. Setzhammer *m*, Schellhammer *m (Bossierhammer)*; 2. Gesenk *n*
set head Setzkopf *m (Niet)*
set-in Absatz *m (Mauerwerk)*
set of drawing instruments Reißzeug *n*
set of pigeonholes Fächerregal *n*
set of pulleys Flaschenzug *m*
set of the pile Setzung *f* [Eindringtiefe *f*] eines Rammpfahles pro Schlag
set of tools Handwerkszeug *n*
set-off 1. Berme *f*, Bank *f*, Bankett *n*; Böschungsabsatz *m*; 2. Absatz *m*, Mauerabsatz *m*; Rückversatz *m*, Rücksprung *m (im Mauerwerk)*
set-out principal axes abgesteckte Hauptachsen *fpl*
set point Sollwert *m*
set retarding admixture Abbindeverzögerer *m*
set square Winkelschiene *f*, Zeichendreieck *n*
set test Abbindeprüfung *f (Zement)*
set-up 1. Erhärtung *f*; 2. Anordnung *f (von Einrichtungsgegenständen)*
set-up time Rüstzeit *f*, Umsetzzeit *f*
sett 1. Quaderpflasterblock *m*, Pflasterstein *m*; 2. Meißel *m (breiter Meißel zum Spalten von Ziegeln)*
sett feeder [jointer] Fugenkelle *f*
sett-making Pflastersteinherstellung *f*
sett-making machine Pflasterspaltmaschine *f*
sett-paved road Großpflasterstraße *f*
sett pavement Steinpflasterbefestigung *f*
sett paving Großpflaster *n*; Pflasterbelag *m*
setting 1. Härtung *f*, Hartwerden *n*, Abbinden *n*, Abbindung *f (Beton, Mörtel)*; Aushärtung *f*; 2. Vermauern *n (Ziegel)*; Versetzarbeiten *fpl*; 3. Aufstellung *f*, Anordnung *f*
setting accelerator Abbindebeschleuniger *m*
setting agent Abbindemittel *n*
setting bed 1. Pflasterbett *n*; 2. Estrichunterlage *f*, Terrazzounterlage *f*
setting behaviour Abbindeverhalten *n*
setting block Glasscheibenauflageklötzchen *n*
setting coat Oberputz *m*, Feinputz *m*, Überputz *m (Mehrlagenputz)*
setting curve Abbindekurve *f*, Verfestigungskurve *f*
setting drawing Versetzplan *m*, Versetzzeichnung *f*
setting energy Abbindeenergie *f (hydraulische Bindemittel)*
setting heat Abbindewärme *f*
setting-in stick Blechbiegeeisen *n*; Bleiblechbieger *m*
setting jig Lehre *f (Bohrlehre)*
setting mechanism Abbindemechanismus *m*, Verfestigungsmechanismus *m*
setting-out *(Verm)* Absteckung *f*
setting-out line Rasterlinie *f (Abstecken)*
setting-out peg Absteckpfahl *m*
setting point Erstarrungspunkt *m*; Stockpunkt *m (von Ölen)*
setting power Abbindefähigkeit *f*
setting pressure Einstelldruck *m*
setting procedure Montagevorgang *m*, Aufstellungsvorgang *m*, Aufbauvorgang *m*
setting punch Döpper *m*, Nietkopfsetzer *m*, Kopfmacher *m*
setting quality Abbindefähigkeit *f*, Abbindeeigenschaft *f*
setting rate Abbindegeschwindigkeit *f*
setting reaction Abbindereaktion *f*
setting retarder Abbindeverzögerer *m*
setting shrinkage 1. Abbindungsschwinden *n*, Abbindeschwindung *f*; 2. Abbindeschwindmaß *n*
setting space Rohmaß-Endmaß-Abstand *m*, Abstand *m* zwischen Mauerwerk und Verkleidungsoberfläche, Verkleidungsdicke *f*
setting stuff Oberputz *m*
setting temperature Abbinde(mindest)temperatur *f (Kunststoffbindemittel)*
setting test Abbindeprüfung *f*, Abbindeprobe *f*, Abbindeversuch *m*
setting time Erstarrungszeit *f*, Abbindezeit *f*, Abbindedauer *f*, Aushärtezeit *f*
setting-up 1. Erhärten *n*; Farbanstricherhärtung *f*, Trocknen *n* der Farbe; 2. Montage *f*, Aufbau *m*, Aufstellung *f*
setting-up procedure Montagevorgang *m*, Aufbauvorgang *m*, Aufstellungsvorgang *m*
setting-up sequence Montagefolge *f*, Aufbaufolge *f*, Aufstellfolge *f*
setting water Abbindewasser *n*
setting work Versetzen *n*, Versetzarbeiten *fpl (Wandplattenmontage)*
settle *v* 1. sich setzen, sich senken, (ab)sacken *(Gebäude)*; 2. sich (ab)setzen, sich niederschlagen, sedimentieren, sinken *(Bodensatz)*; sich entmischen *(z. B. Farbe)*; ablagern lassen, klären *(Flüssigkeiten)*; 3. ansiedeln; sich ansiedeln
settle *v* **accounts** Rechnungen bezahlen
settleable solids Abschlämmbares *n*
settled apparent density Schüttdichte *f*, Rohdichte *f (Zuschlagstoffe)*
settled ground *(Bod)* Senkungsgebiet *n*
settled production stabilisierte Produktion *f*
settlement 1. Setzung *f*, Senkung *f*, Absacken *n (von Gebäuden)*; 2. Ablagerung *f*, Sedimentation *f*, Absetzen *n*; Entmischen *n (z. B. von Frischbeton)*; 3. Siedlung *f*, Ansiedlung *f*
settlement analysis Setzungsanalyse *f*, Sedimentationsanalyse *f*
settlement area Siedlungsgebiet *n*, Siedlungsraum *m*
settlement basin Ablagerbecken *n*
settlement crack Setzungsriss *m*
settlement curve Setzungskurve *f*
settlement date Fälligkeitstermin *m*
settlement duration Setzungsdauer *f*
settlement gauge Setzungsmessgerät *n*
settlement joint Setz(ungs)fuge *f (Mauerwerk)*
settlement measurement Setzungsmessung *f*
settlement meter Erdstoffverdichtungsmessgerät *n*, Bodensetzungsmessgerät *n*
settlement movement Setzungsbewegung *f*
settlement observation Setzungsbeobachtung *f*
settlement of abutments Setzung *f* der Widerlager
settlement of accounts Abrechnung *f*
settlement of bearings Auflagersenkung *f*, Auflagerblocksetzung *f*
settlement of support Stützensenkung *f*
settlement region *s.* settlement area
settlement stress Setzungsspannung *f*
settlement system *s.* settlement 3.
settlement test Setzversuch *m*
settler Absetzbecken *n*, Absetztank *m*, Klärbecken *n*; Abscheider *m*
settling 1. *s.* settlement 1. *und* 2.; 2. Ablagerung *f*, Bodensatz *m*, Sinkstoff *m*, Sediment *n*
settling analysis Schlämmanalyse *f*, Setzungsanalyse *f*

settling basin Absetzbecken *n*, Klärbecken *n*; Sandabscheider *m*
settling chamber *(HLK)* Absetzkammer *f (für Staub)*
settling crack Senkungsriss *m*, Setzriss *m*
settling glass Absetzglas *n*, Sedimentationszylinder *m* *(Baustoffprüfung)*
settling lagoon Absetzteich *m*, Auflandungsteich *m (Kläranlage)*
settling of bearings *s.* settlement of bearings
settling of soil Erdsenkung *f*, Erdsetzung *f*
settling of support Stützensenkung *f*
settling pit Absetzgrube *f*
settling pond [pool] Klärteich *m*, Klärbecken *n*, Absetzbecken *n*
settling slurry absetzbare Trübe *f*
settling solids Sinkstoffe *mpl (Kläranlage)*
settling speed Absenkungsgeschwindigkeit *f*
settling tank Absetzbecken *n*, Absetztank *m*, Klärbecken *n*, Schlammkasten *m*
settling test Schlämmanalyse *f*
settling velocity Absetzgeschwindigkeit *f*, Sinkgeschwindigkeit *f*
settling vessel Absetzgerät *n*
settling water Klärwasser *n*
settling well Klärbrunnen *m*
settlings *s.* settling 2.
sevardy soil Rasenboden *m*
seven-day strength Siebentagefestigkeit *f (Beton)*
seven-domed pilgrimage church *(Arch)* Siebenkuppel-Wallfahrtskirche *f*
seven-moment equation *(Stat)* Siebenmomentengleichung *f*
seven-towered *(Arch)* siebentürmig
Seven Wonders of Antiquity *(Arch)* Die sieben Weltwunder *npl (des Altertums)*
sever *v* (ab)trennen, durchtrennen, lostrennen; zerschneiden
severe conditions schwierigste [extreme] Bedingungen *fpl*
severe requirements härteste Bedingungen *fpl*
severe supervision strenge Bauüberwachung *f*
severely classical architecture *(Arch)* klassisch kühle Architektur *f*
severity Schweregrad *m*
severity of distress Schadensschweregrad *m*, Schweregrad *m* eines Schadens
severity of fire Brandheftigkeit *f*, Feuerheftigkeit *f*
severy 1. Deckenfach *n*, Decken(gewölbe)feld *n*, Gewölbeabteilung *f*, Gewölbefeld *n*; 2. *s.* baldachin
sewage Abwasser *n*, Abwässer *npl (häuslich, kommunal, industriell)*
sewage clarification plant Abwasserbehandlungsanlage *f*; Kläranlage *f*
sewage collection system Kanalisation *f (Mischsystem)*
sewage construction Abwasserbau *m*, Abwasseranlagenbau *m*
sewage discharge Abwassereinleitung *f*, Abwasserbeseitigung *f*
sewage disposal Abwasserbeseitigung *f*, Abwasserentsorgung *f*; Abwasserbehandlung *f*
sewage disposal facility [plant] Abwasserbeseitigungsanlage *f*, Abwasserabsetzanlage *f*; Klärwerk *n*
sewage disposal system Abwasserbeseitigungssystem *n*
sewage drain pipe Abwasserfallrohr *n*; Fäkalienfallrohr *n*
sewage ejector Schmutzwasserpumpe *f*
sewage engineering Abwassertechnik *f*, Abwasserbehandlungswesen *n*
sewage farming Abwasserverrieselung *f*; Rieselfeldersystem *n*
sewage flow Abwasseranfall *m*, Abwassermenge *f*
sewage gallery Abwasserstollen *m*, Kanalstollen *m*
sewage gas Faulgas *n*, Klärgas *n*, Schleusengas *n*
sewage installation Abwasseranlagen *fpl*
sewage introduction Abwassereinleitung *f*
sewage outfall Abwassereinleitungsstelle *f*
sewage oxidation pond Oxidationsteich *m*
sewage pipe Kanalisationsrohr *n*, Kanalrohr *n*
sewage purification Abwasserreinigung *f*, Abwasserklärung *f*
sewage purification plant Abwasserkläranlage *f*
sewage removal Abwasserentfernung *f*, Abführung *f*
sewage scheme Abwasserprojekt *n*, Abwasserbauprojekt *n*
sewage sedimentation plant Abwasserabsetzanlage *f*, Abwasserkläranlage *f*
sewage settling chamber Absetzbecken *n*
sewage sludge Abwasserschlamm *m*, Klärschlamm *m*
sewage system Kanalnetz *n*, Kanalisation *f*, Sammlersystem *n (Abwasser)*
sewage treatment Abwasserbehandlung *f*, Abwasserklärung *f*
sewage treatment plant Abwasserbehandlungsanlage *f*, Kläranlage *f*, Klärwerk *n*
sewage treatment works Abwasserreinigungsanlage *f*
sewage tunnel Abwasserstollen *m*, Kanalstollen *m*
sewage ventilation Kanalentlüftung *f*
sewage water Abwasser *n*; Rieselwasser *n*
sewage water disposal Abwasserbeseitigung *f*
sewage works Kläranlage *f*, Klärwerk *n*
sewer *v* kanalisieren, mit Kanalisation versehen; entwässern
sewer 1. Abwasserkanal *m*, Ablaufkanal *m*, Abflusskanal *m*, Abzugsschleuse *f*, Abzugskanal *m*; Dole *f*, Kanalisationsrohr *n*, Abwasserleitung *f*, Abwasserrohr *n*; Kloake *f*; 2. Gosse *f*, Straßenrinne *f*; 3. Ausguss *m*, Gussstein *m*
sewer accessories Abwasserkanalzubehör *n*
sewer appurtenances Kanalkomplettierungselemente *npl*; Abwasserkanalzubehör *n*
sewer block *s.* sewer brick
sewer bottom Abwasserkanalsohle *f*, Kanalsohle *f*
sewer brick Kanalziegel *m*, Kanalklinker *m*, Kanalstein *m*
sewer cleaning Kanalreinigung *f*
sewer connection Kanalisationsanschluss *m*
sewer construction Kanalisationsbau *m*
sewer construction work Abwasserleitungsbauarbeiten *fpl*, Kanalisationsbauarbeiten *fpl*
sewer culvert Kanaldüker *m*
sewer flushing Kanalspülung *f*
sewer for combined foul and surface water Misch(wasser)kanal *m*
sewer gallery Abwasserstollen *m*, Kanalstollen *m*
sewer gas Faulgas *n*, Klärgas *n*, Schleusengas *n*, Kanalgas *n*
sewer invert Kanalsohle *f (Abwasserkanal)*
sewer jetting truck Hochdruckspülfahrzeug *n* für die Kanalreinigung
sewer joint(ing) compound Muffenkitt *m*, Abwasserkitt *m*
sewer maintenance Kanalwartung *f*
sewer manhole [manway] Kanalschacht *m*
sewer mud extractor Kanalschlammabsauggerät *n*
sewer network Abwassernetz *n*, Kanalisationsnetz *n*, Schwemmkanalisation *f*, Schwemmentwässerung *f*
sewer pipe 1. Kanalrohr *n*; Abwasserrohr *n*; 2. Kanaldüker *m*
sewer rinsing Kanalspülung *f*
sewer system Kanalisationssystem *n*
sewer tile 1. Kanalplatte *f*; 2. Steinzeugkanalrohr *n*

sewer trench Abwasser(leitungs)graben *m*
sewerage 1. Stadtentwässerung *f*, Abwasserableitung *f* und Abwasserbeseitigung *f*, Ortsentwässerung *f*; 2. *s.* sewerage system
sewerage and sewage disposal Abwasserwesen *n*, Kanalisationstechnik *f*
sewerage plant Kläranlage *f*
sewerage system Kanalisation *f*, Kanalisationsnetz *n*, Abwasser(kanal)system *n*
sewing room Nähzimmer *n*
sewn (building) quilt [mat] versteppte Dämmmatte *f* [Baumatte *f*]
sexfoil Sechsblatt *n*, sechsblättriges Ornament *n (gotisches Maßwerk)*
sexpartite vault sechsteiliges Gewölbe *n*
sextant Sextant *m*
Sezession style *(Arch)* Sezessionsstil *m (Österreich)*
sgraffito Sgraffito *n*, Sgraffitoputz *m*, Kratzputz *m*
sgraffito material Sgraffitoputzmaterial *n*, Kratzgrundmaterial *n*, Kratzputzmaterial *n*
shab bröckeliges schiefriges Gestein *n*
shack *s.* shanty
shackle Schäkel *m*, Lasche *f*, Bügel *m*
shackle joint Laschengelenk *n*
shade *v* 1. abstufen, (ab)tönen *(Farbe)*; 2. schraffieren; 3. abschirmen, abdecken; beschatten, abschatten
shade 1. Schattierung *f*, Ton *m*, Farbton *m*, Tönung *f*; 2. Schattenschirm *m*, Schattenvorhang *m*; 3. Leuchtenschirm *m*, Lampenschirm *m*
shade-bearer Schattenholzart *f*, Schattenbaumart *f*
shade-bearing (tree) species Schattenholzart *f*, Schattenbaumart *f*
shade line Schraffurlinie *f*
shade screen Sonnenjalousie *f*, Jalousette *f*
shaded area schraffierte Fläche *f*
shading 1. Abtönen *n*, Stufung *f (von Farben)*; 2. Abschattung *f*, Schattierung *f*; 3. Schraffierung *f*
shading device Sonnenblende *f*, Sonnenschutz *m*
shadow cone Schattenkegel *m*
shadowiness Schattigkeit *f*
shadowing Beschattung *f*
shady kind *s.* shade-bearer
shady side Schattenhang *m*, Schattenseite *f (Grundstücklage)*
shaft 1. Schaft *m*, Säulenschaft *m*, Rumpf *m*; 2. Schacht *m (Lüftung, Aufzug usw.)*; Einsteigeschacht *m (Service)*; 3. Abwurfschacht *m*, Abwurfanlage *f*; 4. Hochofenschacht *m*; 5. Schaft *m*, Stamm *m (Baum)*; 6. Welle *f*, Achse *f*
shaft bottom Schachtsohle *f*
shaft cylinder Schachtrohr *n*
shaft for risers Steigleitungsschacht *m*
shaft kiln Schachtofen *m*
shaft kiln lime Schachtofenkalk *m*
shaft lime kiln Kalkschachtofen *m*
shaft lining Schachtauskleidung *f*
shaft masonry (work) Schachtmauerung *f*, Schachtmauerwerk *n*
shaft opening [orifice] Schachtöffnung *f*
shaft prospect Schürfschacht *m*
shaft ring Ringleiste *f*, Schaftring *m*; Bund *m*, Wirtel *m*
shaft stair Schachttreppe *f*, Schlauchtreppe *f*
shaft wall Schachtwand *f*
shaft with services Leitungsschacht *m*, Installationsschacht *m*
shafting 1. Säulenschaftanordnung *f*; 2. *(Erdb, Wsb)* Abteufen *n*
shake *v* (durch)schütteln; rütteln; stoßen, erschüttern; vibrieren
shake 1. *(AE)* handgefertigte Schindel *f (aus Holz)*; 2. Riss *m*, Kernriss *m (im Holz)* • **with internal annular shakes** kernschälig *(Holz)*
shakedown Verformungsinstabilität *f*
shakeproof rüttelfest; erschütterungsfest
shaker 1. Rütteltisch *m*; 2. Schüttelsieb *n*; 3. Rüttelgerät *n*, Rüttelmaschine *f*
shaker chute Schurre *f*, Rüttelschurre *f*
shaker conveyor Schüttelrutsche *f*, Schüttelförderer *m*
shakiness Rissigkeit *f (z. B. von Holz)*
shaking chute Schüttelrinne *f*
shaking screen [sieve] Schüttelsieb *n*
shaky schälrissig *(Holz)*
shale Schiefer *m*, Tonschiefer *m*, Schieferton *m*, Mergelton *m*
shale ash *s.* shale powder
shale brick Schiefertonziegel *m*
shale clay Schieferton *m*
shale clay brick Schiefertonziegel *m*
shale concrete plank Blähschieferbetondiele *f*
shale-like schiefertonig
shale powder Schiefermehl *n*
shale rock schiefriges Gestein *n*
shale tar Schieferteer *m*, Pechschieferteer *m*, Schieferbitumen *n*
shaley schiefrig
shall *v* müssen, muss *(Gebot)*
shallow *v* 1. flach machen; 2. versanden
shallow 1. muldenförmig; 2. seicht, flach *(Wasser)*
shallow 1. Untiefe *f*; 2. Furt *f*
shallow apse *(Arch)* gebrochene Apsis *f*, gebrochene Apside *f*, gebrochene Abseite *f*
shallow arcature Blendarkade *f*
shallow arch *(Arch)* Schildbogen *m*, Blendbogen *m*, Flachbogen *m*
shallow boring *(Bod)* Flachbohrung *f*
shallow bowl water closet Flachspülklosett *n*
shallow building pit Flachbaugrube *f*
shallow digging Flachbaggerung *f*
shallow embankment Flachböschung *f*
shallow excavation Flachbaggerung *f*, flache Ausschachtung *f*
shallow foundation Flachgründung *f*
shallow glass pattern leichte Glasmusterung *f*, leichte Glasornamentierung *f*
shallow grading Flachbaggerung *f*
shallow hole *(Bod)* Flachbohrung *f*
shallow luminaire *(AE)* Flachleuchte *f*
shallow pan Flachspülbecken *n (Toilette)*
shallow pan closet Flachspülklosett *n*, Flachspültoilette *f*
shallow-rise dome Flachkuppel *f*, gedrückte Kuppel *f*, Stichkuppelgewölbe *n*, Kugelkappengewölbe *n*
shallow shell flache Schale *f*, schwach gekrümmte Platte *f*
shallow spherical shell flache Kugelschale *f*, schwach gekrümmte Kugelschale *f*
shallow water Flachwasser *n*
shallow water deposit Flachwasserablagerung *f*
shallow well Flachbrunnen *m*
shallows Sandbank *f*, Untiefe *f*
shaly schieferartig; schiefertonig
shaly clay Schieferton *m*
shaly limestone Schieferkalk *m*
shaly marl Tonmergel *m*
shaly sand toniger Sand *m*
shaly sandstone Schiefersandstein *m*
sham unecht, vorgetäuscht; imitiert; Blend...
sham arcature Blendbogendarstellung *f*, Blendarkade *f*
sham ruin Scheinruine *f*

sham window Blindfenster *n*
shank 1. *(Arch)* Schaft *m*; Säulenschaft *m*, Friesschaft *m*; 2. Bolzenschaft *m*, Nagelschaft *m*; Werkzeugschaft *m*
shank of rivet Nietschaft *m*, Nietbolzen *m*
shanty *(AE)* Hütte *f*, Bude *f*, Kate *f*; Baracke *f*; Baubude *f*
shape *v* 1. formen, bilden, gestalten *(Gestein, Ton)*; 2. fräsen *(Holz)*; 3. *(Bod, Verk)* profilieren, abgleichen, ein Profil herstellen
shape 1. Form *f*, Gestalt *f*; Profil *n*; 2. Formteil *n*; Stahlprofil *n*
shape anisotropy Gestaltanisotropie *f*
shape change Formänderung *f*, Gestaltänderung *f*
shape code Bewehrungsformnummer *f (nach Stahlliste)*
shape coefficient Formfaktor *m (Windlast)*
shape factor 1. Querschnittsformbeiwert *m (Stahl)*; 2. *s.* shape coefficient
shape maker Profilhersteller *m*
shape of a curve Kurvenverlauf *m*
shape of cross section Querschnittsprofil *n*, Profilquerschnitt *m*
shape of grain Kornform *f (z. B. von Zuschlägen)*
shape of moment diagram Momentenverlauf *m*
shape of particle Kornform *f*
shape of window Fensterform *f*
shape-retentive formbeständig, formtreu
shape retentiveness Formbeständigkeit *f*, Formtreue *f*
shape work Zimmererformarbeit *f*, Tischlerformarbeit *f*
shaped steinmetzmäßig bearbeitet, steinmetzmäßig behauen [zugerichtet]
shaped brick Formziegel *m*, Form(ziegel)stein *m*
shaped cross section Formquerschnitt *m*
shaped gable geschweifter Giebel *m*, Rundgiebel *m*
shaped part Formteil *n*, Formstück *n*
shaped sheet Formblech *n*
shaped steel Formstahl *m*
shaped stone Formstein *m*
shaped stonework behauene [zugerichtete] Werksteine *mpl*
shaped wire Profildraht *m*
shaped work bogenförmige [gewölbte] Tischler- und Zimmereiarbeit *f*
shapelessness *(Arch)* Gestaltlosigkeit *f*
shapely gut gestaltet; formschön, schön geformt
shaper 1. *(Hb)* Holzfräser *m*, Fräsmaschine *f*; 2. Kurzhobel *m (für Metall)*
shaping 1. Formung *f*, Formgebung *f*, Gestaltung *f (Gestein, Ton)*; 2. Holzfräsen *n*; Zurichten *n (Holz)*; 3. Kurzhobeln *n (Metall)*; 4. *(Bod, Verk)* Planieren *n*, Profilherstellen *n*
shaping machine Holzfräsmaschine *f*
shaping of plastics Kunststoffverformung *f*
shared accommodation Gemeinschaftsunterkunft *f*
sharp 1. scharf(kantig); spitz *(z. B. Giebel)*; 2. steil (abfallend); 3. scharf *(z. B. Beitel)*; 4. schnell anziehend *(Anstrich)*
sharp-angled scharfwinklig
sharp angular joint spitzwinklige Verbindung *f*
sharp bend scharfe [enge] Kurve *f (Straße)*
sharp coat Bleiweißölfarbenanstrich *m*
sharp-cornered scharfkantig, spitzeckig
sharp curve *s.* sharp bend
sharp-edged scharfkantig, spitzkantig
sharp fluting Hohlkehle *f* mit scharfen Kanten
sharp paint Schnelltrockenfarbe *f*, Absiegelfarbe *f*
sharp sand scharfer [scharfkörniger] Sand *m*
sharp slope steile Böschung *f*
sharp turn *(Verk)* scharfe Krümme *f*, Kehre *f*, Haarnadelkurve *f (Straße)*
sharpen *v* (an)schärfen, schleifen; wetzen, abziehen *(Klingen)*; (an)spitzen
sharpening Schärfen *n*; Nachschleifen *n*; Abziehen *n*
sharpening stone Abziehstein *m*
sharply upturned steil aufgerichtet
shatter *v* zertrümmern, zerschlagen; in Stücke brechen, zerspringen; (zer)splittern *(z. B. Glas)*
shatter Trümmer *pl*; Scherben *fpl*; Splitter *mpl (aus Glas)*
shatter point Brechpunkt *m*, Starrpunkt *m (von Bitumen)*
shatter resistance Splitterfestigkeit *f (Glas)*
shatter rock brüchiges Gestein *n*
shattering Zerbröckeln *n*; Zerspringen *n*; Zersplittern *n*
shatterproof splittersicher *(bes. Glas)*; bruchfest
shatterproof glass Sicherheitsglas *n*
shatterproof glass domelight Sicherheitsglaskuppel *f*
shatterproof glass door Sicherheitsglastür *f*
shatterproof window Sicherheitsfenster *n*
shatterproof window glass Sicherheitsfensterglas *n*
shave hook Schabeeisen *n (Rohrlöten)*
shave knife Schälmesser *n (Furnier)*
shaving Span *m*; Hobelspan *m*
shaving board Hobelspanplatte *f*
she bolt *(AE)* konusfreier Ankerbolzen *m*, Verteilerbolzen *m* ohne Konus *(für Betonelemente)*
sheaf *(Stat)* Schar *f*
sheaflike garbenförmig
shear *v* 1. *(Bod)* gleiten; 2. einer Scherung aussetzen; 3. scheren, abscheren; (ab)schneiden; besäumen
shear 1. *(Bod)* Gleitung *f*; 2. Scherung *f*, Schub *m*, Schiebung *f*; 3. Abscheren *n*; 4. Schubspannung *f*, Scherspannung *f*
shear action *s.* shear force
shear along edges Randschubkraft *f*
shear area Schubfläche *f*, Scherfläche *f*
shear box *(Erdb)* Scherbüchse *f*
shear buckling Schubbeulen *n*
shear buckling resistance Schubknicktragfähigkeit *f*
shear capacity Schubfestigkeit *f*
shear centre Scherkrafthauptlinie *f*
shear coefficient Schubzahl *f*
shear connector *(Hb)* Schubkraftübertragungselement *n*, Scherdübel *m*
shear deformation curve Schubverformungskurve *f*
shear diagram Querkraftdiagramm *n*
shear failure *(Bod)* Grundbruch *m*, Gleitbruch *m*; Scherbruch *m*, Schubbruch *m*
shear force Scherkraft *f*, Schubkraft *f*, Querkraft *f*
shear force curve Schub(kraft)kurve *f*
shear force diagram Schubkraftdiagramm *n*
shear force resistance Schubkrafttragfähigkeit *f*
shear force transmission Schubkraftübertragung *f*, Querkraftübertragung *f*
shear force value Schubkraftwert *m*
shear fracture *s.* shear failure
shear joint Scherfuge *f*
shear key Verankerungsbarren *m*, Stahlbarren *m (Hubdeckenverfahren)*
shear legs Dreifuß *m*, Dreibein *n*; Dreifußkran *m*
shear load Schubbelastung *f*; Scherbelastung *f*
shear modulus Schub(elastizitäts)modul *m*, Torsionsmodul *m*, Gleitmodul *m*
shear moment Schermoment *n*
shear panel schubkraftübertragendes Panel *n*
shear pin Abscherbolzen *m*
shear plane Scherebene *f*
shear plate 1. Stegverstärkungsplatte *f*; 2. Holzbalkenkopf(verstärkungs)platte *f*
shear reinforcement Schubbewehrung *f*, Schubeinlagen *fpl*, Querkraftbewehrung *f*
shear resistance Schubwiderstand *m*
shear-resistant schubfest

shear splice Scherspannungsübertragungselement *n*, Schubstoßlasche *f*
shear strain Scher(spannungs)verformung *f*, Schubdehnung *f*
shear strength Scherfestigkeit *f*, Schubfestigkeit *f*
shear stress *s.* shearing stress
shear tension test Scherzugprüfung *f*
shear test Scherprobe *f*
shear tie Schubanker *m*
shear value Schubparameter *m*, Scherparameter *m*
shear wall Scheibenwand *f*, Scheibe *f*, schubkraftübertragende Wand *f*, Wandscheibe *f*, Windscheibe *f*
shear wave Querwelle *f*, Tranversalwelle *f (Körperschall)*
shear zone Scherzone *f*
sheariness *(AE)* Fleckenbildung *f*
shearing Schub *m*
shearing (action) Abscheren *n*, Schub *m*, Scheren *n*, Scherung *f*
shearing behaviour Scherverhalten *n*, Schubverhalten *n*
shearing block Widerlagerstein *m (Plattendecke)*
shearing calculation Schubberechnung *f*
shearing centre Schubmittelpunkt *m*
shearing check Schubnachweis *m*, Schubsicherung *f*, Scher(spannungs)nachweis *m*
shearing compression Schubdruck *m*
shearing connection Schubverbindung *f*
shearing crack Scherriss *m*, Schubriss *m*
shearing curve Schub(kraft)kurve *f*
shearing deformation Schubformänderung *f*
shearing deformation angle Schubformänderungswinkel *m*, Schubverformungswinkel *m*
shearing design Schubberechnung *f*
shearing diagram Schubdiagramm *n*
shearing difference Schubunterschied *m*
shearing effect Schubwirkung *f*
shearing elasticity Schubelastizität *f*
shearing failure *(Bod)* Grundbruch *m*
shearing force Schubkraft *f*
shearing force diagram Schubkrartdiagramm *n*
shearing force transmission Schubkraftübertragung *f*
shearing force value Schubkraftwert *m*
shearing line Schubspannungslinie *f*
shearing load Scherbelastung *f*, Schublast *f*
shearing modulus G Gleitmodul G *m*; Schubmodul *m*
shearing off Abscheren *n*
shearing plane Scherfläche *f*
shearing protection Schubsicherung *f*
shearing resistance Schubwiderstand *m*; Abscherfestigkeit *f*
shearing section Schubquerschnitt *m*
shearing strain 1. Schubdehnung *f*, Schiebung *f*; 2. *(Bod)* Gleitung *f*
shearing strength Schubfestigkeit *f*; Abscherfestigkeit *f*
shearing strength test Schubfestigkeitsprüfung *f*
shearing stress Schubspannung *f*; Scherspannung *f*, Schubbeanspruchung *f*; Tangentialspannung *f*
shearing stress curve *s.* shearing stress line
shearing stress diagram Schubspannungsdiagramm *n*
shearing stress distribution Schubspannungsverteilung *f*
shearing stress line Schubspannungslinie *f*, Querkraftlinie *f*
shearing surface Scherfläche *f*, Abscherfäche *f*
shearing test Scherversuch *m*, Scherprüfung *f*, Abscherprüfung *f*
shearing yield strength Streckgrenze *f* beim Abscheren
shears Schere *f (z. B. für Blech)*
sheath 1. Hülle *f*, Mantel *m*, Ummantelung *f*, Umkleidung *f (z. B. von Bauteilen und Leitungen)*; 2. Hülse *f*, Hüllrohr *n*, Gleitkanal *m (Spannbeton)*; Umhüllung *f (Spannbeton)*
sheath *v* 1. umhüllen *(z. B. Spannglied)*; ummanteln *(z. B. Bewehrung, Kabel)*; 2. verbrettern, verschalen
sheathed umhüllt, ummantelt
sheathed cable *(El)* Mantelkabel *n*, umhülltes [bewehrtes] Kabel *n*
sheathed wire *(El)* bewehrter Draht *m*, Rohrdraht *m*
sheathing 1. Umhüllung *f*, Ummantelung *f*, Mantel *m*; Umkleidung *f*; 2. Hülle *f*, Hüllrohr *n*, Röhre *f*; Gleitkanal *m*; Spannkanal *m*; 3. Verschalung *f*, Bretterverkleidung *f*; Wandverschalung *f*; Außenwandverkleidung *f*; Dachverschalung *f*; Schalbrett *n (für Dächer)*; Grabenaussteifung *f*; Spannkanal *m (Spannbeton)*
sheathing felt (getränkte) Dachpappe *f*
sheathing material Umhüllungsstoff *m*, Umhüllungsmaterial *n*
sheathing paper nackte Dachpappe *f*, Baupappe *f*; Asphaltpapier *n*
sheave Scheibe *f*, Seilscheibe *f*, Seilrolle *f*, Baurolle *f*
shed 1. Schuppen *m (z. B. für Geräte)*; Baubude *f*; (kleine) Halle *f*; Stall *m*; Scheune *f*; 2. Schutzdach *n*
shed construction system Hallenbausystem *n*
shed dormer durchgehende Gaupe *f*
shed roof 1. Pultdach *n*, Halbdach *n*, halbes Satteldach *n*, Schleppdach *n*, Flugdach *n*; 2. Sheddach *n*, Sägezahndach *n*
shed roof truss Sheddachbinder *m*, Sägedachbinder *m*
shed truss Hängewerk *n*
sheen Glanz *m*
sheeny glänzend
sheepsfoot roller Schaffußwalze *f (Straße)*
sheet *v* **out** auswalzen
sheet 1. Tafel *f*, Platte *f*; Scheibe *f*; Blech *n*; 2. Schicht *f*, dünne Schicht *f*, Lage *f*; Bahn *f (Dachpappe)*; Folie *f*, Kunststofffolie *f*; 3. Scheibentragwerk *n*, Scheibe *f*
sheet action Scheibenwirkung *f*
sheet asphalt *(AE)* dünne Asphaltdeckschicht *f*; Asphaltmastixdeckschicht *f*; Asphaltmörtel *m*
sheet bonding adhesive Plattenkleber *m*, Plattenklebstoff *m*
sheet brass Messingblech *n*
sheet copper Kupferblech *n*
sheet covering 1. Blechabdeckung *f*; 2. Bahnenbelag *m (von Dachpappe)*
sheet floor gauge Blechlehrennummer *f*
sheet glass Tafelglas *n*, Flachglas *n*; Glastafel *f*
sheet glue Filmleim *m*, Leimfolie *f*, Klebefilm *m*, Klebefolie *f*
sheet iron Eisenblech *n*, Tafelblech *n*
sheet-iron lining Blechauskleidung *f*
sheet-iron pipe Blechrohr *n*
sheet lath Metalllochlatte *f*
sheet laying Straßendeckenfertigung *f*
sheet lead Bleiblech *n*, Tafelblei *n*
sheet material Bahnware *f*
sheet metal Blech *n*, Feinblech *n*; Tafelblech *n*
sheet-metal covering Metallbeplankung *f*, Blechverkleidung *f*
sheet-metal door Metallhohltür *f*, Metallrahmentür *f* mit Blechbeplankung beiderseits
sheet-metal enamel Blechemail *n*
sheet metal flashing piece Blechanschlussstreifen *m*
sheet metal jacket Blechummantelung *f*, Blechmantel *m*
sheet-metal lath Metalllochlatte *f*
sheet-metal roofing [roof cladding] Metallbedachung *f* aus flachen Blechen, Bedachung *f* mit Blech
sheet-metal screw Blechschraube *f*
sheet-metal sheating Bleichgleitkanal *m*, Blechspannkanal *m*, Blechhülle *f*, Blechhüllrohr *n*
sheet-metal valley gutter Blechkehlrinne *f*, Kehlblechrinne *f*
sheet metal work Blecharbeiten *fpl*

sheet mica Spaltglimmer *m*, Plattenglimmer *m*
sheet of cement Zementdiele *f*
sheet of paper Pappenplatte *f*
sheet of veneer Furnierblatt *n*
sheet panel Blechtafel *f*
sheet pile Spundbohle *f*, Diele *f*
sheet pile anchorage Spundwandverankerung *f*
sheet-pile bulkhead Spundwand *f*
sheet-pile cut-off Spundwandabdichtung *f*
sheet-pile driving Spundwandrammung *f*
sheet-pile wall Spundwand *f*
sheet piling 1. Spundwand *f*; Bohlenwand *f*; 2. Spundwandrammung *f*
sheet-piling driver Spundwandramme *f*
sheet plank Spundbohle *f*
sheet plastic Kunststofffolie *f (z. B. als Sperrung)*
sheet roofing Plattenbedachung *f*, Plattendachbelag *m*
sheet rubber Gummibahnware *f*
sheet shears Blechschere *f*
sheet-steel Stahlblech *n*
sheet-steel piling Stahlspundwand *f*
sheet thickness Blechdicke *f*
sheet tin Zinnblech *n*
sheet tinning Blechverzinnen *n*
sheet-type bearing system with three areas dreiflächiges Scheibentragwerk *n*
sheet wall piling Spundwandgründung *f*
sheet zinc Zinkblech *n*
sheet zinc cover Zinkblechabdeckung *f*
sheet zinc roof cladding [covering] Zinkbedachung *f*, Zinkdachbelag *m*, Zinkeindeckung *f*, Zinkdachdeckung *f*, Zinkdach *n*
sheeted geschichtet
sheeting 1. Absteifung *f*, Absteifungselemente *npl*; Verbaumaterial *n*; Verbau *m*; 2. Schaltafeln *fpl*, Schalwand *f*; 3. Spundwand *f*; Grabenaussteifung *f*; 4. Verkleidungsmaterial *n*; Blechverkleidung *f*; 5. Straßendecke *f (Verschleißbelag)*
sheeting clip Putzplattenhalter *m*, Vertäfelungs(halte)-klammer *f*
sheeting concrete wall Schalenwand *f*, Verschalungselement *n*
sheeting covering Bahnenbelag *m*
sheeting driver Spundwandramme *f*
sheeting flooring Bahnenfußbodenbelag *m*
sheeting linoleum Fliesenlinoleum *n*
sheeting material Bahnware *f*
sheeting plastic Kunststoffbahn *f*
sheeting works Verbauarbeiten *fpl*, Aussteifungsarbeiten *fpl (z. B. bei Baugruben, Gräben)*
sheetlike plattenartig
sheets Platten *fpl*
shelf 1. Gestell *n*, Regal *n*; 2. *(Erdb)* Anschnitt *m*; Felsanschnitt *m*
shelf angle Querträgerverbindungswinkel *m*
shelf bracket Regalstütze *f*, Bücherbrettwinkelstrebe *f*
shelf cleat Regaltrageleiste *f*
shelf console Regal(holz)konsole *f*
shelf life Lagerfähigkeit *f*, Lager- und Verarbeitungsdauer *f (von Kleber, Farbe)*
shelf nog Regal(holz)konsole *f*
shelf rest (verstellbarer) Regalbrettbolzen *m*, Regalbretthaltebolzen *m*
shelf strip Regaltrageleiste *f*
shelf unit Schrankwand *f*
shell 1. Schale *f*, Schalenbauwerk *n*, Schalenkonstruktion *f*; 2. Gebäudegerippe *n*, Rohbauskelett *n*, Skelettrahmenwerk *n*; Bauhülle *f*; Gebäudeaußenhaut *f*, Gehäuse *n*; Rohbau *m*; 3. Hülse *f*, Mantel *m*; Gehäuse *n*
shell action Schalenwirkung *f*
shell aggregate Muschel(schalen)zuschlag *m*, Schalenzuschlag(stoff) *m*
shell analogy Schalenanalogie *f*
shell analysis 1. Schalenstatik *f*; 2. *s.* shell calculation
shell apex Schalenscheitelpunkt *m*
shell area Schalenfläche *f*
shell auger Löffelbohrer *m*, Schappenbohrer *m*
shell axis Schalenachse *f*, Schalenmittellinie *f*
shell belt Kesselschuss *m*, Mantelschuss *m*
shell bending theory Schalenbiegetheorie *f*
shell bit Löffelbohrer *m*
shell boundary Schalenrand *m*
shell-boundary stress resultant Schalenrandspannungsresultierende *f*
shell buckling Schalenbeulung *f*
shell calculation *(Stat)* Schalenberechnung *f*
shell centre line Schalenachse *f*, Schalenmittellinie *f*
shell concrete Schalenbeton *m*
shell concrete construction Betonschalenbau *m*
shell concrete roof Schalenbetondach *n*
shell configuration Schalenfigur *f*
shell constant Schalenkonstante *f*
shell construction 1. Schalenbauweise *f*, Schalenkonstruktion *f*; 2. Rohbau *m*
shell construction method Schalenbauweise *f*
shell content Muschelschalengehalt *m (im Sand, Kies, Kalk usw.)*
shell cross section Schalenquerschnitt *m*
shell crown Schalenscheitel *m*
shell cupola Schalenkuppel *f*
shell dead load Schalentotlast *f*, Schaleneigenlast *f*
shell deflection [deflexion] Schalendurchbiegung *f*
shell dome Schalenkuppel *f*
shell donjon [dungeon] *(Arch)* gemauerter Donjon *m*, gemauerter Bergfried *m*, gemauerter Belfried *m*, gemauerter Wohnturm *m*
shell edge Schalenrand *m*
shell effect Schalenwirkung *f*
shell equation Schalengleichung *f*
shell force Schalenkraft *f*
shell form Schalenform *f*
shell formula Schalenformel *f*
shell foundation Schalengründung *f*
shell keep *s.* shell donjon
shell key Schalenscheitel *m*
shell-like muschelig
shell-like fracture muscheliger Bruch *m*
shell lime(stone) Muschelkalk(stein) *m*; Muschelmarmor *m*
shell load-bearing system Schalentragwerk *n*, Schalenkonstruktion *f*
shell loading Schalenbelastung *f*
shell marl Muschelmergel *m*
shell material Schalenbaustoff *m*
shell membrane Schalenmembran *f*
shell method *s.* shell construction 1.
shell model Schalenmodell *n*
shell moment Schalenmoment *n*
shell moulding Schalengussherstellung *f*, Schalenelementgussverfahren *n*
shell normal Schalennormale *f*
shell of a building Gebäude(konstruktions)körper *m*; Rohbau *m*
shell of double curvature doppelt gekrümmte Schale *f*
shell of negative curvature negativ gekrümmte Schale *f*
shell of positive curvature positiv gekrümmte Schale *f*
shell of rotational symmetry Rotationsschale *f*, Drehschale *f*

shell of single curvature einfach gekrümmte Schale *f*
shell of well Brunnenkranz *m*
shell oscillation Schalenschwingung *f*
shell plate Schale *f*
shell point Schalenpunkt *m*
shell problem Schalenaufgabe *f*
shell radius Schalenradius *m*, Schalenhalbmesser *m*
shell reinforcement Schalenbewehrung *f*
shell research Schalenforschung *f*
shell ring Kesselschuss *m*, Mantelschuss *m*
shell roof Schalendach *n*
shell sector Schalensektor *m*
shell segment Schalensegment *n*
shell shake Ringriss *m (Holz)*
shell shape Schalenform *f*
shell-shaped schalenförmig
shell slope Schalenneigung *f*
shell stress pattern Schalenspannungsbild *n*
shell structure 1. Schalenkonstruktion *f (als Tragwerk)*; 2. Schalenbauwerk *n*, Schalenkonstruktion *f*, Schale *f*
shell theory *(Stat)* Schalentheorie *f*
shell top Schalenscheitelpunkt *m*
shell top form obere Schalenform *f*
shell-type roof Schalendach *n*
shell vault Schalengewölbe *n*
shell vertex Schalenscheitelpunkt *m*
shell vibration Schalenschwingung *f*
shell width Schalenbreite *f*
shell work 1. Rohbauarbeiten *fpl (Kanada)*; 2. *(Arch)* Muschelwerk *n (Ornament der Spätrenaissance)*
shellac Schellack *m*, Lackfirnis *m*
shellac Lackfarbe *f*, Schellack *m*
shellac varnish Schellacklösung *f*, Schellack-Spiritus-Lack *m*, Schellackfirnis *m*
shelling Abblättern *n*, Abschälen *n (z. B. von Anstrichen)*
shelly schalenförmig, schuppenförmig; schuppenartig *(Bruch)*; splittrig *(Holz)*
shelly limestone Muschelkalk(stein) *m*
shelly sandstone Muschelsandstein *m*
shelter 1. Schutzraum *m*; Schutzhütte *f*, Schuppen *m*; 2. offener Schuppen *m*; Wartehalle *f (Haltestelle)*; 3. Schutzdach *n*, Wetterdach *n*; 4. Baubude *f*, Aufenhaltsraum *m*
shelter belt Windschutzstreifen *m*, Windschutzpflanzung *f*
shelter wall Schutzmauer *f (Mole)*
sheltered car place Garageneinstellplatz *m*, Garagenstandplatz *m*
sheltered from rain regengeschützt, regensicher
sheltered site geschützte Lage *f (Grundstück)*
shelve *v* 1. ausfachen, mit Fächern versehen; 2. sanft abfallen, sich neigen
shelving abfallend, schräg, geneigt *(Fläche)*
shelving 1. Regalbretter *npl*; 2. Fächerregal *n*, gefächertes Wandbord *n*; 3. Abhang *m*
shelving bottom abfallender Boden *m*
shelving bracket Regalkonsole *f*
shelving coast Steilküste *f*
shelvingness Böschung *f*
sherardize *v* sherardisieren, verzinken, mit Zink überziehen *(Diffusionsverzinken)*
sherardizing Sherardisieren *n*, Verzinken *n*
shide Dachschindel *f*
shield *v* schützen, abschirmen
shield 1. Schild *m*, Abschirmung *f*, Schutz *m*; Abschirmwand *f*, Reaktorschirmwand *f*; 2. *(Tun)* Vortriebsschild *m*, Abbauschild *m*
shield driving *(Tun)* Schildvortrieb *m*
shield driving method Schild(vortrieb)bauweise *f (Kanal- und Tunnelbau)*
shield protection Schildschutz *m*
shield-shaped schildförmig
shield tunnelling *(Tun)* Schildvortrieb *m*, Schildvertrieb *m (Auffahrmethode)*
shielded cable *(El)* Panzerkabel *n*, Abschirmkabel *n*
shielded conductor *(El)* metallabgeschirmtes Zuführungskabel *n*
shielded deposit verdeckte Ablagerung *f*
shielded inert gas metal arc welding Sigmaschweißung *f*
shielding 1. Abschirmung *f (z. B. gegen Strahlung)*; 2. Schutzvorrichtung *f*; Schutzabdeckung *f*
shielding block Strahlenschutzstein *m*, Abschirmblockstein *m*
shielding building Abschirmungsgebäude *n (gegen Wind)*
shielding concrete Abschirmbeton *m*, Strahlenschutzbeton *m*
shielding design Abschirmungsberechnung *f (Strahlung)*
shielding effect Abschirmungswirkung *f*
shielding heat Strahlenschutzwärme *f*
shielding material Strahlenschutzbaustoff *m*
shielding wall Abschirm(ungs)wand *f*
shift *v* 1. verschieben, verlagern, versetzen; umsetzen; umschalten; umstellen *(z. B. Möbel)*; 2. wegräumen *(Schutt)*
shift *v* **tracks** Gleise rücken
shift 1. Verschiebung *f*, Versatzmaß *n (Beton)*; 2. Umsetzung *f (Baumaschinen)*; 3. Verschiebung *f*, Verwerfung *f (Geologie)*; 4. Arbeitsschicht *f*, Schicht *f*; 5. Bautrupp *m*, Baukolonne *f*, Schicht *f*; 6. Veränderung *f*, Wechsel *m*
shift boss Polier *m*, Bauschichtführer *m*; Schichtführer *m*
shift factor Verschiebefaktor *m*; Veränderungsfaktor *m*
shift of level Niveauänderung *f*, Niveauverschiebung *f*
shiftable verschiebbar; rückbar
shifting beweglich; sich verschiebend
shifting 1. Umsetzung *f*, Versetzen *n (Baumaschinen)*; 2. Verwerfung *f (Gestein, Baugrund)*
shifting crane *(Verk)* Versetzkran *m (Schiene)*; Umsetzkran *m*
shifting dune Wanderdüne *f*
shifting of earth Erdbewegungsarbeiten *fpl*
shifting of the river Flussbettverlegung *f*, Talverlegung *f*
shifting of tracks Gleis(ver)rücken *n*
shifting sand Schwimmsand *m*, Treibsand *m*, Fließsand *m*; Flugsand *m*
shifting square Gehrungswinkel *m*, Anschlagwinkel *m*
shiftings Flugasche *f*
shim *v* unterbauen *(Straße)*; unterlegen *(Eisenbahn)*; ausgleichen *(durch Beilagen)*
shim Unterlegscheibe *f*, Unterlage *f*, Beilagescheibe *f*, Beilageblech *n*, Beilage *f*
shimming Unterlegen *n (Straße)*; Unterbauen *n (Eisenbahn)*
shimming plate Unterlegblech *n*, Ausgleichsblech *n*, Einstellblech *n (Auflagenhöheanpassung)*
shin Lasche *f*, Schienenlasche *f*
shindle Dachschiefer *m*
shine *v* 1. polieren; 2. glänzen *(Material)*; leuchten, scheinen
shingle *v* mit Schindeln (ein)decken
shingle 1. Schindel *f*, Dachschindel *f*, Holzschindel *f*; 2. grober Kies *m*; Kieselgeröll *n*, Rundkies *m*, Geschiebe *n (an Meeresufern)*
shingle applicator Schindelleger *m*
shingle backer Schindelunterlage *f*, Schindelunterlegfolie *f*
shingle ballast Kiesballast *m*
shingle covering Verschindelung *f*, Schindelschirm *m*
shingle cutter Schindelschneider *m*
shingle eaves course Schindelfußreihe *f (Trauflage)*
shingle hanging senkrechtes Verschindeln *n*

shingle lap Überlappungsfuge *f (dünn über dick)*
shingle nail Schindelnagel *m*, galvanisierter Nagel *m*
shingle pea gravel Perlkies *m*, Erbskies *m*
shingle raising *(Erdb)* Kiesdamm *m*
shingle roof Schindeldach *n*
shingle roof cladding [covering] Schindeldach(ein)-deckung *f*, Schindeldeckung *f*
shingle roof sheathing [slating] *s.* shingle roof cladding
shingle roof with half [open, spaced] slating Schindeldeckung *f* mit senkrechter Zwischenfuge
shingle stain Schindelbeize *f*, Holzschindelimprägnierfarbe *f*
shingle tile Biberschwanz *m*
shingle trap *(Wsb)* Geröllfang *m*
shingle undercourse erste Schindellage *f (Dach)*
shingle wall Schindelwand *f*
shingle-wood Schindelholz *n*
shingler Schindelleger *m*, Dachdecker *m* für Schindeldächer
shingling hatchet Schindelhammer *m*, Schindeldachdeckerhammer *m*, Schieferhammer *m*
shining glänzend
shining lustre Hochglanz *m*
shining soot Glanzruß *m*
Shinto shrine *(Arch)* Schreinhalle *f*
shiny glänzend
ship-and-galley tile geriffelte Fußbodenfliese *f*, gleitsichere [rutschsichere] Keramik-Fußbodenplatte *f*
ship caisson Schwimmponton *m*
ship canal lift *s.* ship hoist
ship elevator *(AE) s.* ship hoist
ship hoist Schiffshebewerk *n*
ship pulpit Schiffskanzel *f*
ship scaffold Seilhängegerüst *n*
shipbuilding yard *s.* shipyard
shiplap angefaste Schalbretter *npl*, Spundbretter *npl*; angefaste Verschalung(splatte) *f*
shiplap edge Überblattung *f*
shiplap siding gefalzter Wandschirm *m*, gefalzte Verschalung *f*
shiplap wooden siding gefalzte waagerechte Bretterverschalung *f (Verkleidung als Wetterschutz)*
shipment Versand *m*, Transport *m (auch mit Schiff)*; Lieferung *f*
shipment drawing Lieferzeichnung *f*
shipper Schmolzziegel *m*, deformierter Ziegel *m (minderwertig, jedoch noch verwendbar)*
shipping Auslieferung *f*, Versand *m*, Liefern *n*
shipping channel Fahrrinne *f*
shipping container Schiffscontainer *m*
shipping date Liefertermin *m*
shipyard Schiffswerft *f*, Werft *f*
shirting Schirting *n*, Baumwollträger *m*, Baumwollträgergewebe *n (Anstrichträger)*
shive Achel *f*, Schebe *f* Schewe *f (Flachstroh für Leichtbauplatten)*
shiver *v* zersplittern, zerbrechen; aufspalten; abblättern *(z. B. Keramikglasur)*
shiver 1. Splitter *m*, Scherbe *f*; Bruchstein *m (Dachschiefer)*; 2. Dachachiefer *m*, Tafelschiefer *m*; 3. Span *m*, Splitter *m (Holz)*
shivering 1. Abblättern *n*, Abplatzen *n (z. B. von Keramikglasur)*; 2. Glasurriss *m*; Beschichtungsriss *m*
shoal Untiefe *f*, flache Stelle *f*, Sandbank *f*
shoaling Versanden *n*
shoaly seicht, flach
shock 1. Stoß *m*, Schlag *m*; 2. Erschütterung *f*; 3. Verdichtungsstoß *m*
shock absorber Stoßdämpfer *m*
shock bending test Schlagbiegeversuch *m*, Schlagbiegeprüfung *f*
shock concrete Schockbeton *m*
shock factor Stoßzahl *f*
shock hazard *(El)* Spannungsgefährdung *f*, Berührungsgefahr *f*
shock isolator Stoßaufnehmer *m*
shock load Stoßbelastung *f*, Schlagbeanspruchung *f*; Betoneinbringungs(stoß)belastung *f*
shock mount Schwingungsdämpfer *m*
shock-proof 1. *(El)* berührungs(schutz)sicher; 2. stoßgesichert, stoßfest
shock resistance Stoßfestigkeit *f*, Schlagfestigkeit *f*
shock-resistant stoßfest, schlagfest
shock wave Stoßwelle *f*
shockproof stoßfest, schlagfest
shodar *v* schürfen
shoe *v* anschuhen, beschuhen *(Rammpfahl)*
shoe 1. Tragelementfuß *m*, Sohlplatte *f*, Schuh *m*; Pfahlschuh *m*, Pfahlfußspitzenschuh *m*; 2. Abflussbogen *m*; 3. *s.* shoe moulding; 4. Fallrohrauslauf *m*
shoe moulding [rail] Fußholz *n*, Fußschiene *f (Geländer)*
shoed angeschuht
shoed bar angeschuhte Stange *f*
shoed pole angeschuhter Mast *m*
shoot *v* 1. sprengen, schießen; 2. torkretieren; 3. *(Hb)* gerade hobeln; Kanten glatt hobeln
shoot Schüttrinne *f (Betoneinbringung)*; Schurre *f*, Rutsche *f*
shooted concrete *s.* shotcrete
shooter Sprengmeister *m*, Schießmeister *m*
shooting 1. Sprengen *n*, Schießarbeit *f*; 2. Torkretieren *n*, Betonspritzverfahren *n*
shooting board *(Hb)* Stoßlade *f*
shooting plane Abkanthobel *m*
shop 1. Werkstatt *f*, Werkstätte *f*; Reparaturwerkstatt *f*; Werkhalle *f*; Betrieb *m*; 2. Laden *m*, Geschäft *n*, Einkaufsstätte *f*
shop-applied priming coat werksbeschichtet, mit Grundanstrich versehen
shop bench Werkbank *f*
shop building Werkstattgebäude *n*, Werksatthalle *f*
shop coat Werksanstrich *m*, Fertigungsanstrich *m*
shop drawing Werkstattzeichnung *f*
shop-erected vormontiert; vorgefertigt
shop fabrication Werkstatt(an)fertigung *f*
shop fitting Ladenbau *m*
shop fittings Ladeneinrichtung *f*
shop front Ladenfront *f*, Ladenfassade *f*; Schaufensterfront *f*
shop joint Werkstattstoß *m (Stahlbau)*
shop lumber *(AE)* vorgefertigtes Bauholz *n*, Holz *n* nach Stückliste
shop-painted werkgestrichen
shop painting Werkstattanstrich *m (Stahlbau)*
shop premise Ladenlokal *n*
shop-primed werkgrundiert
shop primer *s.* shop coat
shop priming Werkstattgrundierung *f (Stahlbau)*
shop production Werkstattfertigung *f*
shop rivet Werkstattniet *m*
shop-riveted werkgenietet
shop storey Ladenentage *f*, Ladenstockwerk *n*
shop weld Werkstatt(schweiß)naht *f*
shop window Ladenfenster *n*, Schaufenster *n*
shop work Werkstattfertigung *f*
shopping and living [residential] complex Einkaufs- und Wohnkomplex *m*
shopping arcade Einkaufspassage *f*

shopping area Einkaufsviertel *n*
shopping block Ladengebäude *n*
shopping building Ladengebäude *n*
shopping centre Einkaufszentrum *n*, Ladenzentrum *n*; Supermarkt *m*
shopping complex Einkaufszentrum *n*
shopping hall Kaufhalle *f*
shopping lane Ladengasse *f*
shopping level Ladenebene *f*, Einkaufsebene *f*
shopping mall *(AE)* Einkaufszentrum *n*; Ladenstraße *f*
shopping passage Ladenpassage *f*, Einkaufspassage *f*, Verkaufspassage *f*
shopping precinct Einkaufsviertel *n*; Geschäftskomplex *m*
shopping street Ladenstraße *f*, Geschäftsstraße *f*
shops parade *s.* shopping street
shore *v* stützen, verstreben, versteifen, absteifen; einrüsten
shore *v* **up** verstreben, absteifen, abstützen
shore 1. Strebe *f*, Steife *f*, Stütze *f*; Absteifelement *n*; 2. Küste *f (Meer)*; Ufer *n (See)*; Strand *m*
shore-anchored suspension bridge erdverankerte Hängebrücke *f*
shore asphalt Trinidad(see)asphalt *m*
shore bay [bridge] Landbrücke *f*, Flutbrücke *f*
shore climate Küstenklima *n*
shore column Einrüststütze *f*
shore development Uferentwicklung *f*
shore dune Stranddüne *f*
shore gravel Strandkies *m*, Uferkies *m*
Shore hardness Shore-Härte *f*, Rücksprunghärte *f* nach Shore
Shore hardness scale Shore-Härteskala *f*
Shore hardness test Rückprallhärteprüfung *f* nach Shore
shore line Uferlinie *f*
shore pier Uferpfeilergrube *f*; Endloch *n (Brückenverankerung)*
shore protection Küstenschutz *m*, Küstensicherung *f*
shore sand Strandsand *m*, Ufersand *m*
Shore scleroscope hardness Shorehärte *f*, Skleroskophärte *f*
Shore scleroscope hardness test Rücksprunghärteprüfung *f* nach Shore
shore sediment Küstensediment *n*
shore structures Küsten(schutz)bauten *pl*
shoring 1. Absteifung *f*, Absteifen *n*, Aussteifen *n*; Abstützung *f (Vorgang)*; 2. Absteifung *f*, Verschalung *f*, Einrüstung *f*, Hilfsgerüst *n (z. B. bei Unterfangung)*
shoring column Einrüststütze *f*
shoring of the foundation pit Absteifen *n* der Baugrube
shoring strut Steife *f*, Sprieße *f*, Strebe *f*
shoring system Abstützkonstruktion *f*, Einrüstkonstruktion *f*
shoring up Abstützen *n (Bauwerk)*
short(-circuit) *v (El)* kurzschließen
short *v* **to earth** *(El)* erden, gegen Erde kurzschließen, an Masse legen
short *v* **to ground** *(AE) s.* short to earth
short 1. kurz *(räumlich, zeitlich)*; verkürzt; zu kurz; 2. knapp, unzureichend; 3. brüchig, spröde *(Metall)*
short *(AE) s.* short circuit
short circuit *(El)* Kurzschluss *m*
short-circuit current *(El)* Kurzschlussstrom *m*
short circuit to earth *(El)* Erdschluss *m*
short clay Magerlehm *m*
short column knickfeste Stütze *f* [Säule *f*]
short-columnar kurzsäulig
short-continued behaviour Kurzzeitverhalten *n*
short-continued loading Kurzzeitbelastung *f*
short-continued static loading kurzzeitige statische Belastung *f*
short cut 1. Rechenvorteil *m*; 2. Abkürzung *f*
short cylindrical shell Kurzzylinderschale *f*
short-distance railway Kleinbahn *f*
short end 1. Schmalseite *f*; 2. *(sl)* bitteres Ende *n*
short fibred kurzfasrig
short-grained spröde, brüchig, wenig widerstandsfähig *(Holz)*
short-length kurz geschnittenes Bauholz *n (etwa 2 m)*
short-lived material kurzlebiger Baustoff *m*, kurzlebiger Werkstoff *m*
short method Rechenvorteil *m*
short-oil alkyd ölarmes [mageres] Alkydharz *n (< 40%)*
short-oil varnish magerer Öllack *m*, Lack *m* mit geringem Ölgehalt
short pile *(Erdb)* Kurzpfahl *m*
short pipe kurzes Ansatzrohr *n*
short ramp Anlauf *m*; Kurzrampe *f*
short-range aggregate concrete Einkornbeton *m*, haufwerksporöser Leichtbeton *m*
short run kleine Losgröße *f*
short-span barrel vault Kurzspanntonnengewölbe *n*
short-span roof Kurzspanndach *n*
short-span structure Kurzspannweitenkonstruktion *f*
short splice Kurzspleiß *m*
short-term kurzfistig
short-term behaviour Kurzzeitverhalten *n*
short-term exposure Kurzzeitbeanspruchung *f*
short-term loading kurzzeitige Belastung *f*, Kurzzeitbelastung *f*
short-term test Kurzzeitprüfung *f*, Kurzversuch *m*
short-tie beam Stichbalken *m*, Nebenbalken *m*
short-time static load *(Stat)* kurzfristige Standlast *f*, kurzzeitige statische Last *f*
short ton amerikanische Tonne *f (SI-fremde Einheit der Masse; 1 sh tn = 907,185 kg)*
short-working plaster zu trockener Unterputz *m*; nicht anziehender Putz *m*
shortage Mangel *m*, Knappheit *f*, Fehlbedarf *m*
shortage of material Baustoffmangel *m*, Baustofffehlbedarf *m*
shortage of water Wassermangel *m*, Wasserknappheit *f*
shorten *v* (ein)kürzen, kürzer machen, abkürzen
shorten *v* **the time of setting** die Abbindezeit verkürzen
shortening Verkürzung *f*, Längenabnahme *f*, negative Dehnung *f*
shortfall Defizit *n*, Fehlmenge *f (z. B. beim Leistungsaufmaß)*
shortness Brüchigkeit *f*, Sprödigkeit *f (von Metall)*
shot *v* granulieren
shot-blast *v* strahlreinigen *(mit Stahlkies)*
shot-fire *v* 1. sprengen, schießen *(Gestein)*; 2. einschießen *(mit dem Bolzenschießgerät)*
shot *(Tun)* Schuss *m*, Sprengung *f*, Beschießung *f*
shot-blasted sandgestrahlt
shot blasting Strahlreinigen *n*
shot-firer Sprengmeister *m*, Schießmeister *m*
shot-firing Sprengung *f (von Gestein)*; Sprengarbeiten *fpl*, Schießarbeit *f*
shot-hole 1. Sprengloch *n*; Bohrloch *n (Gestein)*; 2. Holzwurmloch *n*
shot lead Bleischrot *n*, Schrotblei *n*
shot peening Kugelstrahlen *n (Oberflächenverfestigung)*
shot-sawn finish Schrotschnittoberfläche *f (Naturstein)*
shotcrete Torkretbeton *m*, Torkretierbeton *m*, Spritzbeton *m*, Schrotbeton *m*
shotcrete coat dünne Torkretbetonschicht *f*
shotcrete finish Torkretbetonschicht *f*
shotcrete gun Torkretierspritze *f*, Torkretkanone *f*
shotcrete hose Spritzbetonschlauch *m*, Torkretierschlauch *m*

shotcrete lining Torkretbetonverkleidung *f*, Spritzbetonauskleidung *f*
shotcrete operation Spritzbetonaufbringen *n*, Torkretieren *n*, Torkretiervorgang *m*
shotcrete surffacing [facing] Spritzbetonverkleidung *f*, Spritzbeton(oberfächen)beschichtung *f*, Torkretverkleidung *f*, Torkret(oberflächen)beschichtung *f*
shotcreting Torkretieren *n*, Spritzbetonieren *n*
shoulder *v* verbreitern *(Straße)*; Schultern heben, Randstreifen befestigen
shoulder 1. Absatz *m*, Ansatz *m*, Vorsprung *m*, vorspringender Rand *m*; Konsole *f*; 2. *(Verk)* (befestigter) Randstreifen *m*, Straßenschulter *f*, Standspur *f*, Sicherheitsstreifen *m (Start- und Landebahn)*
shoulder nipple Wulstnippel *m*, Doppelnippel *m*
shoulder strip *s.* shoulder 2.
shoulder stud Rundbolzen *m*
shoulder tree strap *(Hb)* Kopfband *n*
shouldered arch abgesetzter Bogen *m*, Schulterbogen *m*, Konsolbogen *m*
shouldered dovetail halved joint Schwalbenschwanzblatt *n* mit Brust
shouldered housed joint Schwalbenschwanzblatt *n* mit Brust
shouldered tenon Zapfenspannglied *n*
shouldering *(Verk)* Randstreifenbefestigung *f*, Seitenbefestigung *f*, Schulternheben *n (Straßenbau)*
shove *v* 1. schieben; 2. ausspreizen
shoved joint geschobene [gestoßene] Fuge *f*, Stoßfuge *f (Mörtel wird vom Bett mit dem Ziegel in die senkrechte Fuge geschoben)*
shovel *v* 1. schaufeln, schippen; 2. baggerladen
shovel 1. Schaufel *f*, Schippe *f*; Baggerlöffel *m*, Baggerschaufel *f*; 2. Schaufelblatt *n*; 3. *s.* shovel excavator
shovel bucket Löffel *m*, Baggerlöffel *m*, Baggerschaufel *f*
shovel dozer Schaufellader *m*, Schürflader *m*
shovel dredger Schaufelbagger *m (zum Nassbaggern)*
shovel excavator Löffelbagger *m*
shovel handle 1. Baggerausleger *m*; 2. Schaufelstiel *m*
shovel loader Überkopflader *m*, Schaufellader *m*
shovel sampling Schaufelprobenahme *f*
shovel work Handschachten *n*, Schaufeln *n*
shovelling 1. Laden *n* mit dem Bagger; 2. Handschachten *n*
shoving Schieben *n*, Schub *m*
show *v* sichtbar werden, sich zeigen
show *v* **deep dips** *(Erdb, Bod)* steil einfallen
show cabinet Schaukasten *m*, Vitrine *f*, Auslagekasten *m*, Auslage *f*
show case Vitrine *f*, Schaukasten *m*, Auslagekasten *m*, Auslage *f*
show rafter sichtbarer Sparren *m*; freies [sichtbares] Sparrenende *n (meist verziert)*
show-through Durchzeichnung *f*, Durchschlagen *n (von Fehlstellen und Unebenheiten)*
show window *(AE)* Schaufenster *n*
shower Dusche *f*
shower bath 1. Duschbad *n*, Duschraum *m*, Dusche *f*; 2. Dusche *f*, Brause *f (Vorrichtung)*
shower-bath drain Duschbeckenabfluss *m*
shower cabinet Duschkabine *f*, Duschzelle *f*
shower column Duschsäule *f*
shower control Duschenbedienung *f*
shower cubicle Duschecke *f*, Duschnische *f*
shower curtain Duschvorhang *m*
shower head Brausekopf *m*
shower hose Duschschlauch *m*
shower installation Duschanlage *f*
shower mixer Duschmischbatterie *f*, Mischbatterie *f* mit Brausekopf
shower of sparks Funkenregen *m*
shower outlet Brauseauslauf *m*
shower pan 1. Duschbecken *n*, Duschtasse *f*, Duschwanne *f*; 2. *(AE)* Duschbeckenmetalldichtung *f (unter dem Fliesenbett)*
shower partition Duschnischentrennwand *f (Fertigteil)*
shower-proof regendicht, wasserdicht
shower receptor *s.* shower pan
shower recess *s.* shower stall
shower room Duschraum *m*
shower set Duschgarnitur *f*
shower stall Duschnische *f*, Duschecke *f*, Duschkabine *f*
shower stall door Duschnischentür *f*, Duschkabinentür *f*
shower tray *s.* shower pan
shower tube Duschwanne *f*
shower unit Duschgarnitur *f*
shower valve Duschventil *n*
shower wall Duschwand *f*
shower without cubicles kabinenloser Duschraum *m*, Gemeinschaftsdusche *f*, Massendusche *f*
showermixer Duschbatterie *f*, Mischbatterie *f*, Badbatterie *f*
showroom Ausstellungsraum *m*, Ausstellungshalle *f*
shredded bröckelig
shredded refuse landfill Shredder-Abfälledeponie *f*
shredded structure bröckeliges Gefüge *n (Gestein, Beton)*
shredding Sparrenauffütterholz *n*, Sparrenfutterleiste *f*
shrine *(Arch)* Schrein *m*, Altarschrein *m (in Kirchen)*
shrink *v* 1. schrumpfen *(Material)*; *(bes. Beton)* schwinden; sich zusammenziehen; sich runzeln *(Farbe)*; 2. sich verwerfen *(Holz)*
shrink *v* **on** aufschrumpfen
shrink-joint Schrumpfverbindung *f*
shrink-mixed concrete vorgemischter Beton *m (für den Transportmischer)*; nachgemischter Beton *m (im Fahrmischer)*
shrink-on bushing Schrumpfabschottung *f*
shrink-on collar Schrumpfmanschette *f*
shrink-on sleeve Schrumpfmuffe *f*
shrinkage 1. Schrumpfen *n*, Schrumpfung *f*, Einlaufen *n*; *(von Material)*; *(bes. von Beton)* Schwinden *n*, Schwindung *f*, Schwund *m*; 2. Verwerfung *f (von Holz)*; 3. Schrumpfmaß *n*; *(bes. bei Beton)* Schwindmaß *n*
shrinkage allowance Schwindmaßzugabe *f*
shrinkage anchoring Schwindverankerung *f*
shrinkage bar Schwindbewehrungsstab *m*
shrinkage behaviour Schwindverhalten *n*
shrinkage cavity Schwindungshohlraum *m*
shrinkage coefficient Schwindbeiwert *m*, Schwindmaß *n*
shrinkage-compensating schwindungskompensierend, schwindausgleichend
shrinkage-compensating cement schwindungskompensierender Quellzement *m*
shrinkage crack Schrumpf(ungs)riss *m*; *(bes. bei Beton)* Schwindriss *m*
shrinkage cracking Schwindrissbildung *f*, Bruch *m* durch Schwinden *(Beton)*
shrinkage curve Schwindkurve *f*
shrinkage deformation Schwindformänderung *f*, Schwindverformung *f*
shrinkage difference Schwindungsunterschied *m*
shrinkage force Schwindkraft *f*
shrinkage joint Schwindfuge *f*
shrinkage limit 1. Schwindgrenze *f (Beton)*; 2. *(Bod)* Wassergehalt *m* ohne Volumenverringerung, Schrumpfgrenze *f*; 3. *(Bod)* Schrumpfgrenze *f* nach Atterberg
shrinkage line Schwindkurve *f*
shrinkage loss Vorspannungsverlust *m* durch Schwinden, Spannverlust *m*

shrinkage mesh Schwindrissnetz *n*
shrinkage pressure Schwinddruck *m*
shrinkage ratio Schwindverhältnis *n*, Schwindindex *m*
shrinkage reinforcement Schwindbewehrung *f*
shrinkage shake Trockenriss *m (in Holz)*
shrinkage shortening Schwindverkürzung *f*
shrinkage stress Schwindspannung *f*
shrinkage tensile stress Schwindzugspannung *f*
shrinkage test Schwindtest *m*, Schwindprüfung *f*, Schwindversuch *m*
shrinkage value Schwindmaß *n*, Schwindzahl *f*
shrinking *s.* shrinkage 1.
shrinkproof schwindsicher, schwindfest, schwindbeständig, schrumpfbeständig
shroud *v* umhüllen, ummanteln; abdecken
shroud Ummantelung *f*, Verkleidung *f*, Abdeckung *f*
shrub Strauch *m*, Busch *m*
shrubbery Strauchwerk *n*, Buschwerk *n*
shrubs Buschwerk *n*, Strauchwerk *n*
shrunk joint Schrumpfverbindung *f*
shrunk-on aufgeschrumpft
shrunk-on ring Schrumpfring *m*
shrunk-on sleeve Schrumpfmanschette *f*
shuff matter Ziegel *m*, dumpfer Ziegel *m*, gerissener Ziegel *m (klanglos)*
shunt Abzweigung *f*, Weiche *f (Eisenbahn)*; Ausweichgleis *n*
shunt track Rangiergleis *n*, Verschiebegleis *n*
shunting crane Verschiebekran *m*
shunting engine Rangierlok *f*
shunting place Ausweichstelle *f*
shunting siding *s.* shunt track
shunting slope Ablaufberg *m (Rangieren)*
shunting station Rangierbahnhof *m*, Verschiebebahnhof *m*
shunting track *s.* shunt track
shunting winch *(Verk)* Rangierwinde *f*
shunting yard Rangierbahnhof *m*
shut *v* 1. (ver)schließen *(z. B. Fenster)*; abschließen *(z. B. Tür)*; sperren *(z. B. Straßen)*; blockieren; 2. abschalten *(Anlagen)*
shut *v* **down** stillegen *(Anlage)*; schließen *(Schiebefenster)*; herunterziehen
shut *v* **off** abstellen, (ab)sperren *(z. B. Strom, Gas)*; abdrehen *(Wasser)*; sich abstellen *(z. B. Maschine)*
shut-down Stilllegung *f*
shut-down period Ausfallzeit *f*, Stillstandszeit *f*
shut-down sequence *(Verk)* Ausschaltprogramm *n (Ampeln, Beleuchtung usw.)*
shut-off cock Absperrhahn *m*
shut-off unit Absperrverschluss *m*, Absperrvorrichtung *f*
shut-off valve Absperrventil *n*
shutter *v* **(up)** (ein)schalen, Schalung stellen
shutter 1. Schalung *f*, Schalungsform *f*; 2. Fensterladen *m*; Klappladen *m*; Rollladen *m*; 3. Verschluss *m*, Schließvorrichtung *f*, Sicherheitsvorrichtung *f*; 4. Verschlussklappe *f*, Abdeckung *f*; 5. Raumabschluss *m*; beweglicher Abschluss *m*; entfernbarer Abschluss *m (für Raum, Fenster, Tür usw.)*
shutter bar Fensterladenverschlussstange *f*
shutter blind Jalousie *f*, Rollladen *m*
shutter box Jalousiekasten *m*; Rollladenkasten *m*
shutter butt Fensterladenscharnier *n*, Fensterladenbeschläge *mpl*
shutter cabinet Rollschrank *m*
shutter curtain Panzerrolltor *n*
shutter dam Klappenwehr *n*
shutter door Jalousietür *f*
shutter door aperture [opening] Toröffnung *f*
shutter doorway lichter Durchgang *m*, Türlichte *f*, Türöffnung *f*
shutter leaf Fensterladenflügel *m*; Abschlussblatt *n*
shutter lift Fensterladengriff *m*
shutter operator [worker] Rollladenbedienungseinrichtung *f (innen)*
shutter slat Abschlusslamelle *f*
shutterboard Schal(ungs)tafel *f*
shuttered floor eingeschalte Decke *f*
shuttering Schalung *f*, Verschalung *f*, Betonschalung *f*
shuttering agent Ausschalungshilfsmittel *n*, Entschalungsmittel *n*
shuttering aid Entschalungshilfsmittel *n*, Schalungsmittel *n*
shuttering board Schal(ungs)brett *n*
shuttering lining Schalungsauskleidung *f*
shuttering lube Schalungsöl *n*, Entschalungsöl *n*
shuttering material Schalungsmaterial *n*
shuttering paint Schalungsfarbe *f*
shuttering panel Schal(ungs)tafel *f*
shuttering paste Schalungspaste *f*, Entschalpaste *f*
shuttering rail Schalungsschiene *f*
shuttering removal Ausschalen *n*, Entschalen *n*
shuttering sealer Schalungsmittel *n*, Entschalungshilfe *f*
shuttering sheeting Schalungskunststofffolie *f*
shuttering tie Schalungsanker *m*
shuttering wax Schalungswachs *n*
shuttering work Schalarbeit *f*
shutteringless schalungslos, schalungsfrei
shutting off Absperren *n*
shutting post Schließpfosten *m*, Schließsäule *f (Tor)*
shutting shoe Torankerplatte *f*, Torankerstein *m*, Torflügelankerklotz *m*
shutting stile Schlossbohle *f*, Schlossbrett *n (Tür)*
shuttle *(Verk)* Zubringer *m*
shuttle dumper Vorderkipper *m*
shuttle lane Fahrstreifen *m* für Gegenverkehr, Gegenverkehrfahrstreifen *m*
shuttle traffic Pendelverkehr *m*
shuttle working control Gegenverkehrssteuerung *f*
siccative Sikkativ *n*, Trocknungsmittel *n*, Trockner *m*
Sicilian marble Carraramarmor *m (Fehlbezeichnung)*
sick building krankes Gebäude *n (durch Schadstoffe belastet)*
sick building syndrome Sick-building-Syndrom *n*, Neubaukrankheit *f (durch Klimaanlage)*
sick leave Krankheitsabwesenheit *f*
sickle Sichel *f*
sickle-shaped sichelförmig
sickle-shaped roof sichelförmiges Dach *n*
sickle-shaped trussed arch Fachwerksichelbogen *m*
sicklelike sichelförmig
sickroom Krankenzimmer *n*, Bettenraum *m*, Bettenzimmer *n*
side *v* 1. wegschieben, beiseite räumen [schieben] *(z. B. Bauschutt, Schnee)*; 2. die Seiten hochziehen [bauen] *(Mauerwerk)*
side 1. Seite *f*, Seitenfläche *f*, Längsseite *f*, Stirn(seite) *f*, 2. Schenkel *m (Winkel)*; 3. Seitenteil *m* • **at the side** seitlich, an der Seite gelegen
side aisle 1. *(Arch)* Seitenschiff *n (einer Kirche)*; 2. *(Arch)* Seitengang *m (in einem Zuschauerraum)*
side aisle bay *(Arch)* Abseitenjochfeld *n*, Seitenschifffeld *n*
side aisle gallery *(Arch)* Abseitenempore *f*, Seitenschiffempore *f*
side aisleless abseitenlos, seitenschifflos
side aisleless church *(Arch)* Saalkirche *f*, einschiffige Kirche *f*

side altar *(Arch)* Seitenaltar *m*, Nebenaltar *m*
side arch Seitenbogen *m*
side arm 1. einseitiger Querträger *m*, Kragträger *m*; 2. Mastausleger *m (Beleuchtungsmast)*
side bay 1. Seitenöffnung *f*, Nebenöffnung *f (Brücke)*; 2. Seitenschiff *n (Kirche)*
side board 1. Stirnbrett *n*, Windbrett *n*; 2. Kernseitenbrett *n*
side-bottom hung sash Drehkippfensterflügel *m*
side-bottom hung sash window Drehkippfenster *n*
side-bottom sash fitting Drehkippbeschlag *m*
side branch Abzweigung *f*
side-by-side nebeneinander liegend
side canal Seitenkanal *m (Flussbau)*
side chamber Seitenraum *m*, Abflusskanal *m*
side channel 1. Randgraben *m*, Abflussrinne *f*; 2. Seiten-U-eisen *n*
side chapel *(Arch)* Seitenkapelle *f*
side column Seitenstütze *f*
side construction tile Langlochziegel *m*, Längslochstein *m*
side corridor Seitenflur *m*, Seitengang *m*, Seitenkorridor *m*
side culvert Straßengraben *m*
side cut *(Verk)* Stichstraße *f*
side daylight illumination Seitentageslichtbeleuchtung *f*, Fenster(tageslicht)beleuchtung *f*
side daylighting Seitentageslichtbeleuchtung *f*, Fenster(tageslicht)beleuchtung *f*
side discharger Seitenentleerer *m (z. B. Waggon)*
side door Seitentür *f*
side dump car Seitenentleerer *m*
side dump loader Seitenkipplader *m*
side dumper Seitenkipper *m*
side effect Nebeneffekt *m*, Nebenwirkung *f*
side elevation Seiten(auf)riss *m*, Seitenansicht *f (Bauzeichnen)*
side enclosures Verkleidung *f (Fahrtreppe)*
side entrance Seiteneingang *m*, Nebeneingang *m*
side exit Nebenausgang *m*
side façade Seitenfassade *f*
side face Seitenfront *f*, Seitenansicht *f*
side fitting Drehbeschlag *m*
side form Seitenschalung *f*
side gallery *(Arch)* Seitenempore *f*, Seitengalerie *f*
side groove Seitenfalz *m (Dachstein)*
side gutter Gaupendachrinne *f*, Schornsteindachrinne *f*
side hinge Seitenscharnier *n*
side-hung window Drehflügelfenster *n*
side jamb Türrahmenpfosten *m*, Tür(seiten)pfosten *m*
side joint Stoßfuge *f*
side lane Seitengasse *f*
side lap seitliche Überdeckung *f*, Seitenüberdeckung *f*, Überlappungsbreite *f (z. B. bei Schindeln, Verkleidung)*
side light 1. Seitenöffnung *f*, Seitenfenster *n*; 2. eingebaute indirekte Beleuchtung *f*
side lighting Seitenbeleuchtung *f*
side line 1. Grundstücksrandstreifen *m*, Straßenbegrenzungsstreifen *m*, Grenzfreistreifen *m*; 2. Nebenbahnlinie *f*
side masonry wall Seitenmauer *f*, Stirnmauer *f*
side natural lighting Seitentageslichtbeleuchtung *f*, Fenster(tageslicht)beleuchtung *f*
side of force polygon Polygonalseite *f* des Kräftezuges, Krafteckseite *f*
side of the street Straßenseite *f*
side opposed to the weather Wetterseite *f*
side outlet Seitenablassfitting *n*, T-Fitting *n (Rohrleitung)*
side part Seitenteil *n*
side patio Seitenterrasse *f*
side piece Wange *f (Treppe)*
side piling Seitenablagerung *f*, Anschüttung *f*
side pipe branch Rohrseitenabzweig *m*
side pipe junction Rohrseitenabzweig *m*
side plate Seitenleiste *f*, Wange *f*
side plot line seitliche Grundstücksgrenze *f*
side portal *(Arch)* Seitenportal *n*
side post Kehlbalkenpfosten *m*, Kehlbalkenstütze *f*, Pfosten *m (Tür, Fenster)*
side property line seitliche Grundstücksgrenze *f*
side rail 1. Leitplanke *f*, Leitschiene *f*; 2. Geländer *n*; Brüstung *f*
side ratio Seitenverhältnis *n*
side rebate plane Simshobel *m*
side road Seitenstraße *f*, Nebenstraße *f*, Seitenweg *m*
side room Seitenzimmer *n*, Nebengelass *n*
side-scroll *(Arch)* Giebelschnecke *f*
side shifting Seitenverschiebung *f*
side slope Böschung *f*, Seitenböschung *f*
side span Seitenöffnung *f(einer Brücke)*
side steel lining Stahlaußenwandverkleidung *f*
side-street Seitenstraße *f*, Nebenstraße *f*, Querstraße *f*
side strip Randstreifen *m*, Seitenstreifen *m (Straße)*
side tenon *(Hb)* Seitenzapfen *m*
side terrace Seitenterrasse *f*
side thrust Seitenschub *m*, seitlicher Schub *m*, Querdruck *m (Gewölbe)*
side tilting shovel loader Seitenkipplader *m*
side tower *(Arch)* Seitenturm *m*
side track 1. Nebengleis *n*; Abstellgleis *n*; 2. seitliche Führungsschiene *f*, Seitenführungsschiene *f*
side trimmer *(Hb)* Seitenbesäumer *m*
side-trompe vault Trompe *f* mit Fächern
side vent 1. Entwässerungseinspeisstück *n*, Gabelrohr(stück) *n (< 45°)*; 2. seitlicher Entlüfter *m*
side view Seitenansicht *f*, Seitenriss *m (Bauzeichnen)*
side-volute *(Arch)* Giebelvolute *f*, Giebelschnecke *f*
side wall 1. Seiten(schutz)wand *f*, Stirnwand *f*; 2. Wangenmauer *f (Schenkelmauer)*; 3. Flügelmauer *f*, parallele Flügelmauer *f (Brücke)*
side window Seitenfenster *n*, Nebenfenster *n*
side-wing Seitenflügel *m*, Seitenteil *n (eines Gebäudes)*
side yard Grundstücksseitenhof *m (zwischen Gebäude und Nachbargrenze)*
sideboard Anrichte *f*, Büfett *n*
sideform Schalung *f*
sidehill Hangeinschnitt *m*
sidelong schräg, seitlich geneigt
siderite Siderit *m*, Eisenkarbonat *n*
sideslip *v* seitlich abrutschen
sideslip Seitenabrutsch *m*
sidesway horizontale Bewegung *f*, Horizontalverschiebung *f*, Seitenauslenkung *f (Gebäude)*
sidewalk *(AE)* Bürgersteig *m*, Gehweg *m*, Fußweg *m*
sidewalk bed *(AE)* Wegekoffer *m*
sidewalk concrete flagstone Betongehwegplatte *f*, Betonfußwegplatte *f*
sidewalk design Gehwegbemessung *f*
sidewalk door niveaugleiche Kellertür *f (direkt mit dem Gehweg abschließend)*
sidewalk paving flag *(AE)* Gehwegplatte *f*, Pflasterbelag *m*
sidewalk superintendent *(sl)* Besserwisser *m (bei Straßen- und Tiefbauarbeiten)*; Zaungast *m*, Baustellengucker *m*
sideward seitlich *(Bewegung)*
sideway-force coefficient Kraftschlussbeiwert *m* mit dem schräg laufenden Rad
sideways seitlich, in seitlicher Richtung; in Querrichtung

sideways load seitlich angreifende Last *f*
siding 1. Außenwandverschalung *f*, Außenwandverkleidung *f*, Wandbeplankung *f*; 2. Nebengleis *n*, Ausweiche *f*, Anschlussgleis *n*; Abstellgleis *n*; Rangiergleis *n*; 3. Zusägen *n (Holz)*
siding gauge *(AE)* Schindelverlegelehre *f (für Wandverkleidung)*
siding material Wandbeschichtungsmaterial *n*, Wetterschirmbaustoff *m*
siding shingle Wandschindel *f*, Verkleidungsschindel *f (für Außenwände)*
siding track *s.* siding 2.
sidings 1. *(AE)* Wandschalungsbretter *npl (Außenwandverkleidung)*; 2. Abstellbahnhof *m*; Abstellgleise *npl*
siege Steinzuhautisch *m*, Haubank *f*
sienna Siena(erde) *f (Farbe)*
sierra Gebirgskette *f*
sieve *v* (durch)sieben; absieben
sieve Sieb *n*
sieve analysis Siebanalyse *f*, Prüfsiebung *f*
sieve bottom Siebboden *m*
sieve curve Siebkurve *f*, Kornverteilungskurve *f*
sieve fineness Siebfeinheit *f*
sieve hole size Sieblochgröße *f*
sieve number Prüfsiebnummer *f*, Prüfsiebgröße *f*
sieve residue Siebrückstand *m*
sieve series Siebreihe *f*
sieve shaker Siebmaschine *f*
sieve size Sieböffnungsweite *f*
sieve test Siebversuch *m*, Siebprobe *f*
sieves Prüfsiebsatz *m (für Baustoffe)*
sieving Nasssiebung *f (Aufbereitung von Zuschlägen, Baustoffprüfung)*; Sieben *n*
sift *v* (durch)sieben, absieben
sift *v* **out** aussieben
sifter Siebapparat *m*; Schüttelsieb *n*; Siebkette *f*
siftings Siebdurchgang *m*, Siebdurchfall *m*, Siebfeines *n*
sight 1. Sicht *f*; Sichtweite *f*; 2. *(Verm)* Visier *n*, Zielvorrichtung *f*; 3. *(Verm)* Einstellung *f*; Ablesung *f*; 4. Öffnung *f*; 5. Sehenswürdigkeit *f*
sight boards Schnurgerüst *n*
sight check Sichtkontrolle *f*
sight distance Sichtweg *m*; Sichtweite *f*, Anfahrsichtweite *f (Straße)*
sight glass Schauglas *n*
sight hole Schauloch *n*, Schauöffnung *f*
sight line Sichtlinie *f*, Visierlinie *f*
sight pole Absteckpfahl *m*
sight rail Sichtplanke *f*, Visierbock *m*, Visiergerüst *n*, Visiertafel *f*
sight size [width] Öffnungsfläche *f (Fenster)*
sighted alidade anvisierte Dioptrie *f*
sighted level anvisierte Höhe *f*
sighting Anvisieren *n*, Zielen *n*, Visieren *n*
sighting rod Nivellierlatte *f*
sighting telescope Visierfernrohr *n*, Zielfernrohr *n*
sightline Sichtbegrenzungslinie *f*, Sichtgrenze *f*
sigmoid (curve) S-Kurve *f*, S-förmige Kurve *f*
sign *v* 1. markieren, kennzeichnen; 2. unterschreiben, zeichnen; ein Zeichen geben
sign 1. Zeichen *n*, Kennzeichen *n*; Bild *n (für Hinweise)*; 2. Schild *n*; Hinweiszeichen *n*; Wegweiser *m*; Tafel *f*, Schildertafel *f*
sign-bridge *(Verk)* Schilderbrücke *f*
sign-gantry *(Verk)* Schilderbrücke *f*
signage *(Verk)* Beschilderung *f*
signal Signal *n*; Verkehrssignal *n*
signal aspect *(Verk)* Signalgeber *m*
signal control *(Verk)* Signalsteuerung *f*
signal group diagram *(Verk)* Signalprogramm *n*
signal head *(Verk)* Signaleinheit *f*
signal head assembly *(Verk)* Siganaleinrichtung *f*
signal hood *(Verk)* Signalabschirmblende *f*
signal light Signallampe *f*
signal operation Signalbetrieb *m*, Signalsteuerung *f*
signal phase Signalphase *f*
signal sequence Signalfolge *f*
signaling line Signalleitung *f*
signalisation Lichtsignalsteuerung *f*, Lichtsignalregelung *f*
signals off alle Signale aus
signboard Hinweistafel *f*
significance Signifikanz *f*, Bedeutung *f*, Tragweite *f*
significance test statistischer Test *m*
significance test result signifikantes Prüfergebnis *n*
signing *s.* signage
signing of a contract Vertragsunterzeichnung *f*
signpost *v* beschildern *(Straßen)*; ausschildern *(Routen)*
signpost 1. Wegweiser *m*; 2. Straßenschild *n*, Schild *n*; 3. Zeichen *n*, Verkehrszeichen *n*
sikhara *(Arch)* Nagara *m*, Sikhara *m (indischer Tempelkuppelturm)*
sil gelbe Ockererde *f*
silcrete Silcret *m*, Kieselkonglomerat *n (Quarzitart)*
silcrust Kieselkruste *f*
silencer 1. Türrahmengummistreifen *m*, Gummidichtstreifen *m*; 2. Schalldämpfer *m*
silencing schalldämpfend, geräuschdämpfend
silent salesman *(sl)* Schaukasten *m*, Vitrine *f*
Silesia masonry bond schlesischer Verband *m*
silex Silex *n*, Flintstein *m (Mineral)*
silica 1. Kieselerde *f*, Siliciumdioxid *n*; 2. Silikamasse *f*, Silikamaterial *n*
silica brick Silikastein *m*, Silikaziegel *m*
silica cement Silikamörtel *m*, Silikazement *m*
silica dust Quarzstaub *m*, Quarzmehl *n*
silica fume Silikastaub *m*
silica gel Silikagel *n*, Kiesel(säure)gel *n*
silica glass Kieselglas *n*, Quarzglas *n*; Hartglas *n*
silica jelly *s.* silica gel
silica material Silikastoff *m*
silica mortar Silikamörtel *m*, Silikazement *m*
silica refractory Silikaerzeugnis *n (Hochfeuerfestmaterial)*
silica sand Quarzsand *m*
silica sandstone Quarzsandstein *m*
silicate Silicat *n*, Silikat *n*
silicate coat(ing) Silicatbeschichtung *f*, Silikat(schutz)schicht *f*
silicate concrete Silikat(sand)beton *m*
silicate cotton Gesteins(faser)wolle *f*, Hüttenwolle *f*
silicate cotton block Hüttenwollestein *m*
silicate ester Silikatester *m*
silicate glass Silicatglas *n*
silicate injection Silicatinjektion *f*, Silicatverpressung *f*
silicate of magnesium Magnesiumsilikat *n*
silicate of soda Natriumsilikat *n*, Natriumwasserglas *n*
silicate paint Silicatanstrich(stoff) *m*, Silikatfarbe *f*
silicate rock Silikatgestein *n*
silicate slag Silikatschlacke *f*
silicate solution Silikatlösung *f*
silicating Verkieselung *f*, Silifikation *f (z. B. Sandstein)*
silication Verkieselung *f*, Silifikation *f*
siliceous verkieselt, kiesel(erde)haltig, silifiziert
siliceous brick Dinastein *m*, Silikatstein *m*
siliceous chalk Kieselkreide *f*
siliceous earth Kieselerde *f*
siliceous limestone verkieselter Kalkstein *m*, Kieselkalkstein *m*
siliceous refractory hochsaures Schamotteerzeugnis *n*

siliceous sand Quarzsand *m*, kieselsäurehaltiger Sand *m*
siliceous sandstone Quarzsandstein *m*, kieselgebundener [kieseliger] Sandstein *m*
siliceous schist Kieselschiefer *m*
siliceous sinter Kieselsinter *m*, Quarzsinter *m*, Kieseltuff *m*
siliceous volcanic rock saures vulkanisches Gestein *n*, Quartzergussgestein *n*
silicic kieselsauer
silicic acid Kieselsäure *f*
silicification Verkieselung *f*, Silifizierung *f (geologischer Schichten)*
silicified verkieselt, silifiziert
silicified wood versteinertes Holz *n*
silicify *v* verkieseln, silifizieren
silicifying *(AE)* Verkieseln *n*
silicinate verkieselt
silicofluoride Fluorosilicat *n*
silicon Silizium *n*
silicon-bearing siliziumhaltig
silicon bronze Siliziumbronze *f*
silicon carbide Siliziumkarbid *n*; Karborund *n*
silicon carbide brick Siliziumkarbidstein *m*
silicon carbide refractory Siliziumkarbiderzeugnis *n*, Kaborunderzeugnis *n*
silicon iron Ferrosilizium *n*
silicon killed steel siliziumberuhigter Stahl *m*
silicone Silicon *n*, Silikon *n*
silicone-alkyd paint Silikonalkydharzanstrichstoff *m*
silicone-based waterproofing Silikonbautenschutzmittel *n*, Silikonimprägnierung *f*
silicone cell Silikonzelle *f*
silicone coat Silikonanstrich *m*, Siliconanstrich *m*
silicone enamel Silikon(harz)lack *m*
silicone fluid Silikonöl *n*, Siliconöl *n*
silicone oil Silikonöl *n*, Siliconöl *n*
silicone paint Siliconanstrichstoff *m*, Silikonanstrichstoff *m*
silicone polyester Silikonpolyester *m*
silicone primer Silikongrundiermittel *n*, Silikongrundanstrich *m*, Silikongrund *m*
silicone proofer Silikonschutzmittel *n*
silicone protection agent Silikonschutzmittel *n*
silicone resin Siliconharz *n*, Silikonharz *n*
silicone rubber Silikonkautschuk *m*
silicone rubber sealant Siliconkautschukdichtungsmittel *n*
silicone rubber sealing composition Silikonkautschukdichtmasse *f*
silicone solution Silikonlösung *f*
silicone tape Siliconband *n*
silicone varnish Siliconlack *m*, Silikonharzlack *m*
silicosis Silikose *f*
silk Seide *f*
silk gauze Seidengaze *f*
silking feine Linienbildung *f* eines Anstrichs
silkscreen method Siebdruckverfahren *n (Glasornamentierung)*
silky lustre Seidenglanz *m*
sill 1. Schwelle *f*, Schwellholz *n*, Grundschwelle *f*, Türschwelle *f*; Rostschwelle *f*; 2. Sohlbank *f*, Fensterbrett *n*; 3. Unterzug *m*
sill anchor Schwellenankerbolzen *m*
sill beam *(Wsb)* Sohlenschwelle *f*
sill block Sohlbank *f*, Betonschwelle *f (Fenster)*
sill cock Außenwasserhahn *m*
sill course Fensteröffnungsfußschicht *f (für die Sohlbank)*
sill cover Deckschwelle *f*
sill-high in Fensterhöhe
sill plate Grundschwelle *f*, Schwellholz *n (für Türen)*
sillimanite Sillimanit *m*, Faserkiesel *m*
sillimanite brick Sillimanitstein *m*
sillimanite refractory material Sillimaniterzeugnis *n*
silo Silo *n(m)*, Bunker *m*, Speicher *m*
silo bin [compartment] Silozelle *f*
silo bottom Siloboden *m*
silo construction Silobau *m*
silo discharge Siloentleerung *f*
silo drawing channel Siloabzugrinne *f*
silo hopper Silotasche *f*, Silozelle *f*
silo installation Siloanlage *f*
silo outlet Siloauslauf *m*
silo plant Siloanlage *f*
silo storage Silolagerung *f*
silo wall Silowand *f*
siloxane Siloxan *n*
silt *v* **(up)** verschlammen, verlanden, verschlicken, zuschlämmen
silt 1. Schlamm *m*, Schlick *m*; 2. Schluff *m*, Silt *m*; Feinstsand *m*
silt-bearing schluffhaltig
silt box Schlammfang *m*, Schmutzfangeimer *m*
silt chamber Schlammfang(kasten) *m*
silt charge Schwebstoffbelastung *f*
silt collector Schlammfang *m*
silt container Schlammsammelbehälter *m*
silt content *(Bod)* Schluffgehalt *m*
silt content test Absetzprobe *f*
silt-covered schlammbedeckt
silt excluding device Schlammabscheider *m*
silt fraction Schluffraktion *f*, Schluffkorn *n*
silt layer Schlammschicht *f*
silt loam schluffiger Fehm *m*
silt of precipitates Senkstoffablagerung *f*
silt pan harte Schlammschicht *f*
silt rock Schluffstein *m*
silt soil Schlammboden *m*
silt well Sickergrube *f*
siltation *s.* silting
silted verschlammt
silting Anschwemmung *f*, Schlammablagerung *f*, Verschlammung *f*; Verlandung *f*
silting deposit Schlammablagerung *f*
silting-up Verlandung *f*, Auflandung *f*, Verschlämmen *n*; Aufschwemmung *f*
silts Schluffkorn *n*
siltstone Schluffstein *m*, verfestigter Schluffmergel *m*
silttil *(Bod)* alluvialer Geschiebemergel *m*
silty 1. schlammig, verschlammt; 2. schluffartig, schluffhaltig
silty clay schluffiger Ton *m*
silty fine sandstone schluffiger Feinsandstein *m*
silty loam Schlufflehm *m*
silty sand Schlicksand *m*
silty slate schluffiger Tonschiefer *m*
silty soil schluffiger Boden *m*, Schluffboden *m*
silver Silber *n*
silver bronze Nickelbronze *f*
silver coating Silberschutzschicht *f*
silver compound Silberverbindung *f*
silver fir Edeltanne *f*
silver foil Silberfolie *f*
silver grain Silberkorn *n (an gesägtem Holz)*
silver-gray silbergrau
silver-leaf Blattsilber *n*
silver-lock bond *s.* English bond
silver plating Versilberung *f*
silver sand weißer Feinsand *m*
silver solder Silberlot *n*

silver steel Silberstahl *m*
silver white 1. Silberweiß *n*; Bleiweiß *n*; 2. Weißpigment *n*
silvering Verspiegeln *n*, Belegen *n*, Versilbern *n (Glas)*
silverleaf Weißpappel *f*
silvery silberhell
sima *(Arch)* Sima *f*, Rinnleiste *f (Dekorationsleiste)*
similar ähnlich
simple ungegliedert, einfach; schlicht, schmucklos
simple arched corbel-table frieze *(Arch)* einfacher Bogenfries *m*
simple beam Einfeldträger *m*, Träger *m* auf zwei Stützen
simple bearing einfache Auflagerung *f* [Lagerung *f*], einfaches Auflager *n*
simple bending Biegung *f* ohne Längskraft
simple bridge Einfeldbrücke *f*
simple circular arch einfacher Kreisbogen *m*
simple column einfache Säule *f*, einfache Stütze *f*
simple construction isostatischer Bau *m*
simple cornice Einfachsims *m(n)*, einlagiges Gesims *n*
simple falsework einfaches Sprengwerk *n*
simple fixed frame einfach eingespannter Rahmen *m*
simple frame Einfeldrahmen *m*, einfacher Rahmen *m*
simple framework einfaches Fachwerk *n*
simple hinged frame einfacher Gelenkrahmen *m*, Einfachgelenkrahmen *m*
simple parallel cable system einfaches Parallelseilsystem *n*
simple plastic theory Spannungstheorie *f* erster Ordnung, linear-plastische Theorie *f*
simple plate einfache Platte *f*
simple safety einfache Sicherheit *f*
simple shear einfache Scherung *f*, reine Scherung *f*
simple slab einfache Platte *f*
simple solution einfache Lösung *f*
simple steel unlegierter Stahl *m*
simple strutted frame einfaches Sprengwerk *n*, Einfachsprengwerk *n*
simple support einfaches [frei drehbares] Auflager *n*
simple system einfaches System *n*
simple tension einfacher Zug *m (Zugspannung)*
simple truss einfaches Fachwerk *n*
simple truss frame Hängebock *m*, einfaches Hängewerk *n*
simple trussed beam Hängewerk *n*, Sprengwerk *n*
simple vault einfaches Gewölbe *n*
simple wood ceiling einfache Holzdecke *f*
simplex casement einfaches Drehflügelfenster *n*
simplex pile Simplexpfahl *m*
simplification Vereinfachung *f*
simplified equation vereinfachte Gleichung *f*
simplifying assumption vereinfachte Annahmen *fpl*
simply curved shell einfach gekrümmte Schale *f*
simply reinforced einachsig bewehrt
simply supported frei aufliegend [gelagert]
simply supported beam Einleldbalkenträger *m*, Träger *m* auf zwei Stützen
Simpson parabolic rule Simpson'sche Regel *f*
simulated masonry Betonwerkstein *m*, Kunststein *m*
simultaneous gleichzeitig
simultaneous equation Gleichzeitigkeitsgleichung *f*
sine curve Sinuskurve *f*, Sinuslinie *f*
singe *v* ansengen; versengen
single einzeln
single-acting door in eine Richtung aufschlagende Tür *f*
single-acting hammer einfach wirkender Rammbär *m*
single apartment Stockwerkeigentum *n (Eigentumswohnung in einem Kondominium)*
single-bay einschiffig
single-bay gable frame Einjochgiebelrahmen *m*
single-bay rigid frame starrer Einfeldrahmen *m*, Einfeldstarrrahmen *m*
single beam Einzelbalken *m*, Einzelträger *m*
single-bend test Biegefaltversuch *m (Baustahl)*
single bituminous surface treatment einfache bituminöse Oberflächenbehandlung *f*
single-branch pipe Einfachabzweig *m*
single bridging einfache Querbalkenüberdeckung *f*
single burner Einzelbrenner *m*
single butt weld V-Naht *f (Schweißen)*
single-cantilever shell Einfachkragschale *f*
single carriageway *(Verk)* ungeteilte Straße *f*, Straße *f* ohne Richtungstrennung
single-casement window einteiliges Fenster *n*
single-coat einlagig *(z. B. Außenputz)*; einschichtig *(z. B. Anstrich)*
single-coat finish Einschichtlack *m*
single-component cement Einkomponentenkitt *m*
single contract Einzelbauvertrag *m*, Bauhauptauftragnehmervertrag *m*
single-course einschichtig, einlagig
single course einfache Schicht *f (Mauerwerk)*
single coverage [covering] einfache Deckung *f*, einlagige Dachdeckung *f*
single curvature einfache Krümmung *f*
single curvature shell einfach gekrümmte Schale *f*
single-cut file einhiebige Feile *f*
single-degree-of-freedom system *(Stat)* System *n* mit einzelnem Freiheitsgrad
single-depth rooms einbündig angeordnete Räume *mpl*
single-duct (air conditioning) system Einkanalsystem *n*, Klimaanlage *f* mit einem Luftkanal für verschiedene Öffnungen
single-family house Einfamilienhaus *n*
single fillet weld Einfachkehlnaht *f (Schweißen)*
single Flemish bond Verblendkreuzverband *m*
single flight stair(s) einarmige Treppe *f (einläufig)*
single-floor eingeschossig, einstöckig
single floor Einfelddecke *f*, nicht unterstützte Deckenbalkenlage *f*, Unterzugdecke *f*
single-flue einzügig *(Schornstein)*
single footing [foundation] Einzelfundament *n*, Einzelgründung *f*, Blockfundament *n*
single-framed roof Sparrendach *n* mit einer Kehlbalkenlage
single gabled frame Einjochgiebelrahmen *m*
single glazing Einfachverglasung *f*
single-grain soil *(Bod)* strukturloser Boden *m*
single-grain structure Einzelkornstruktur *f*
single-grained structure Einkornstruktur *f*
single-hinge arch Eingelenkbogen *m*
single-hip tile Falzziegel *m*
single-hub pipe Rohr *n* mit einer Muffe
single-hung slide sash [window] Einflügelschiebefenster *n*
single-hung vertical sash [window] Einflügelhubfenster *n*
single-lane *(Verk)* einspurig
single-lane traffic einspuriger Verkehr *m*
single-lap tile senkrecht überlappter Dachziegel *m*, Biberschwanz *m*
single-latch bolt lock Einfallenschloss *n*
single-layer(ed) einlagig, einschichtig
single-leaf einschalig *(Wand)*
single-leaf door einflügelige Tür *f*
single-leaf shutterdoor einflügeliges Tor *n*
single-level *(Verk)* plangleich, höhengleich
single-lever mixer Einhebelbatterie *f*
single-lever mixing valve Einhebelbatterie *f*

single-line bridge eingleisige Brücke *f*
single load Einzellast *f*, Punktlast *f*, konzentrierte Last *f*
single loading Einzelbelastung *f*
single nailing Einfachnagelung *f*
single pack primer Einkomponentenprimer *m*
single package epoxy Einkomponenten-Epoxidharzanstrichstoff *m*
single-pass stabilizer Bodenfräse *f* mit einem (erforderlichen) Übergang
single-piece einteilig
single piece production Einzel(teil)fertigung *f*
single pile *(Erdb)* Einzelpfahl *m*
single-pin frame Eingelenkrahmen *m*
single-pipe heating system Einrohrsystem *n*, Einrohrheizung *f*
single-pitch roof freitragendes Pultdach *n*
single-plane truss ebenes Fachwerk *n*
single plank wall Ständerwand *f*, einfache Bohlenwand *f*
single-point adjustable suspension scaffold Seilhängegerüst *n* mit Hebewinde
single-pole scaffold Pfahlgerüst *n* mit (einseitiger) Wandbefestigung
single-pole switch *(El)* Einpolschalter *m*
single-post purlin roof einstieliges strebenloses Pfettendach *n*
single-post truss Hängewerk *n* mit einer Säule, Halbrispe *f*, Kehlrispe *f*
single-rabbet frame Türrahmen *m* mit einfachem Anschlag
single rafter roof einfaches Sparrendach *n*
single-riveted einreihig genietet
single-riveted joint einreihige Nietverbindung *f*
single rod reinforcement Einzelstabbewehrung *f*
single roller einachsige Verdichtungswalze *f*
single-roller catch Walzentürschnapper *m*, Rollentürschnapper *m*
single roof einfaches Sparrendach *n (z. B. Satteldach)*
single roof cladding Einfachbedachung *f*, Einfachdacheindeckung *f*
single-room apartment Einraumwohnung *f*
single-row einreihig
single-sashed window einflügeliges Fenster *n*
single shaft mixer Einwellen(zwangs)mischer *m*
single-shear einschnittig *(Niet- und Schraubverbindungen)*
single shear connection einschnittige Verbindung *f*
single-shear joint einschnittiges Gelenk *n*
single-shell einschalig
single shell Einzelschale *f*
single-size Einkorn..., Einzel...
single-size gravel aggregate gleichkörniger Kieszuschlagstoff *m*
single-size material Einkornmaterial *n*
single-sized einkörnig, gleichkörnig
single-sized aggregate Einkornzuschlag(stoff) *m*
single-sized concrete Einkornbeton *m*
single-sized mortar Einkornmörtel *m*
single skew notch *(Hb)* einfache Versetzung *f*
single skew slab schiefe Einfeldplatte *f*
single-skin structure Einzelhauttragwerk *n*
single slope trimmer Böschungsplanierer *m*
single-span einschiffig, Einfeld..., Einzelfeld...
single span 1. Einzelfeld *n*; 2. Einzelträger *m*
single-span beam Einfeldträger *m*
single-span frame Einfeldrahmen *m*
single-span girder Einfeldträger *m*
single spray coat application Einschichtspritzauftrag *m*
single-spread einseitig aufgetragen *(z. B. Kleber für Stöße)*
single-stage curing einstufige Autoklavennachbehandlung *f (Beton)*
single-stage stressing Einstufenbeanspruchung *f*
single-storey eingeschossig, einstöckig; erdgeschossig
single-storey annex(e) Flachanbau *m*
single-storey building Eingeschosser *m*
single-storey heating (system) Stockwerkheizung *f*
single-storey house Eingeschosser *m*, eingeschossiges [ebenerdiges] Haus *n*
single-strut bracing einfaches Strebenfachwerk *n*
single-strut trussed beam umgekehrtes einfaches Hängewerk *n*, umgekehrter einfacher Hängeblock *m*
single support Einzelstütze *f*, Einzelsäule *f*
single-swing frame Rahmen *m* für eine einflügelige Schwingtür
single timber floor Holzbalkendecke *f*
single-track(ed) eingleisig
single-web einstegig *(Träger)*
single-web girder einwandiger Träger *m*
single window Einfachfenster *n*
single-wing door einflügelige Tür *f*
single-winged building Einflügelbau *m*, Einflügelgebäude *n*
singly curved plane einfach gekrümmte Fläche *f*
singly curved shell einfsch gekrümmte Schale *f*
singly reinforced einfach (einachsig) bewehrt
singular point of infinity Unendlichkeitspunkt *m*
sink *v* 1. sich senken *(Gebäude)*; sinken *(z. B. Wasserspiegel)*; absacken *(Boden)*; 2. sich neigen, abfallen *(Gelände)*; 3. ausheben *(Baugrube)*; (ab)senken *(z. B. einen Brunnen)*; niederbringen *(einen Schacht)*; abteufen
sink *v* **a pole** einen Mast setzen
sink *v* **a shaft** einen Schacht niederbringen, abteufen, teufen
sink *v* **a well** einen Brunnen graben
sink *v* **by driving** einrammen, durch Rammen setzen
sink *v* **down** absinken
sink 1. Ausguss *m*, Ausgussbecken *n*; Spülbecken *n*; *(speziell) s.* sink basin; 2. Senkgrube *f*, Abflussbecken *n*; Abzugsschleuse *f*; 3. *(Bod)* Bodensenke *f*, Erdfall *m*
sink basin *(San)* Abwaschbecken *n*, Spülbecken *n*, Spüle *f*
sink bib *(San)* Abwaschbeckenhahn *m*
sink bowl *s.* sink basin
sink grid Abflussöffnungsgitter *n*
sink hole Senkgrube *f*, Abzugsgrube *f*
sink mixer Standbatterie *f*
sink trap Abzugsgrube *f*
sink unit *(San)* Spültisch *m*, Abwaschtisch *m*, Spüle *f (als Küchenmöbel)*
sink water Küchenabwasser *n*
sink water trap Sinkkasten *m*
sink well 1. Sinkbrunnen *m*; 2. *s.* sink hole
sinkable versenkbar, versenkend
sinkage Nachfall *m (Anstrich)*
sinker nail Senkkopfnagel *m*
sinking 1. Setzung *f*, Absenkung *f (Baugrund)*; Senkung *f (z. B. des Wasserspiegels)*; 2. Niederbringen *n*, Abteufung *f (eines Schachts)*; 3. Aussparung *f*, Vertiefung *f*; 4. *(Hb)* Einfräsung *f*; Einlassen *n*; 5. *(Erdb)* Aushub *m*
sinking-in Eindringen *n* des Anstrichs *(in porösen Streichgrund)*
sinking in a timber Kerbe *f*
sinking material Sinkstoffe *mpl*
sinking of a support Stützensenkung *f*
sinking well Absturzschacht *m (Dränagesystem)*
sinking work *(Erdb, Tun)* Abteufarbeiten *fpl*
sinopite roter Ton *m*
sinter *v* sintern; festbrennen
sinter Sinter *m (1. Absatzgestein; 2. keramische Masse)*
sintered gesintert

sintered aerated (concrete) aggregate Porensinter *m*
sintered aggregate Sinterzuschlag(stoff) *m*, gesinterter Zuschlag *m*
sintered alumina Sintertonerde *f*
sintered artificial pumice Sinterbims *m*
sintered bloating clay Tonsinter *m*, Sinterton *m*, gesinterter Ton *m*
sintered carbide Sinterkarbid *m*
sintered cinder Sinterschlacke *f*
sintered clay Sinterton *m*, Tonsinter *m (Leichtzuschlag)*
sintered clay concrete Sinterbeton *m*, Blähtonleichtbeton *m*
sintered clinker Sinterschlacke *f*, Schlackensinter *m*, Sinterbims *m*
sintered coating gesinterte Schutzschicht *f*, Sinterschutzschicht *f*
sintered concrete aggregate Sinterzuschlag(stoff) *m*
sintered expanded clay Sinterblähton *m*
sintered expanded slag Sinterblähschlacke *f*
sintered fly ash Sinterflugasche *f*, Flugaschensintergranulat *n*
sintered fuel ash Sinterkuchen *m*, Agglomerat *n (Leichtzuschlag)*
sintered gravel Sinterkies *m*
sintered lightweight concrete Sinterbimsbeton *m*
sintered product Sintererzeugnis *n*
sintered slag Sinterschlacke *f*
sintered slate Sinterschiefer *m (Leichtzuschlag)*
sintered stoneware tile Steinzeugfliese *f*, Steinzeugplatte *f*
sintering Sinterung *f*; Sintern *n*
sintering limit Sintergrenze *f*
sintering method Sinterverfahren *n*
sintering plant Sinteranlage *f*
sinuate wellig, gewunden; gebuchtet
sinuosity Biegung *f*, Krümmung *f*, Windung *f*; Gewundenheit *f*
sinuous gewunden, wellenförmig
sinusoidal sinusförmig
sinusoidal arch Sinusbogen *m*
sinusoidal load Sinusoidenlast *f*
sinusoidal waveform Sinuswellenform *f*
siphon 1. Düker *m*; 2. Saugheber *m*, Siphon *m*
siphon breaker Rückflussschutzventil *n*, Rückflusssicherung *f*
siphon conduit [pipe] Heberleitung *f*
siphon spillway Siphonüberlauf *m*
siphon trap Geruch(s)verschluss *m*
siphonage Abhebern *n*, Absaugen *n*
siphonic action Heberwirkung *f*
siphonic closet Saugspülklosett *n*, Absaugklosett *n*
siphonic pan Absaugklosettbecken *n*
sisal Sisalhanf *m*
sisal carpeting Sisalteppichbodenbelag *m*
sisal fibre Sisalfaser *f*
sisal hemp Sisalhanf *m*
sisal reinforced sisalverstärkt
sisal rope Sisalstrick *m*
sissing *s.* cissing
Sistine chapel *(Arch)* Sixtinische Kapelle *f*
site *v* 1. den Standort festlegen [planen]; 2. anordnen, aufstellen; anbringen
site 1. Baustelle *f*, Bauplatz *m*; 2. Baugelände *n*, Baugrund *m*; Grundstück *n*, Baugrundstück *n*; 3. Lage *f*, Standort *m (z. B. von Anlagen, Gebäuden)*; 4. Stelle *f*, Platz *m* • **delivered (free) site** frei Baustelle (geliefert) • **off-site** außerhalb der Baustelle • **on-site** auf der Baustelle
site accommodation Bau(stellen)unterkunft *f*, Baustellenaufenthaltsraum *m*, Baubüro *n*
site agent Bauführer *m*, Bauleiter *m*
site altitude Baustellenhöhe *f* über NN; Baustellenhöhenlage *f*
site application Baustellenanstrich *m*, Baustellenbeschichtung *f*
site-applied coat Baustellenanstrich *m*; auf der Baustelle aufgebrachte Schutzschicht *f*
site area Baustellenfläche *f*, Baustellengelände *n*
site arrangement Baustelleneinrichtung *f*
site assembled baustellenmontiert
site assembly 1. Baustellenmontage *f*; 2. Baustelleneinrichtung *f*
site barrack Baubude *f*
site canteen Baukantine *f*
site clean-up [clearing] Baustellenräumung *f*, Baustellensäuberung *f*
site clearance [clearing] Baustellenfreimachen *n*, Baustellen(be)räumug *f*
site cleared of buildings abgebrochenes Stadtgebiet *n*, beräumtes und gesäubertes Abbruchgebiet *n*
site concrete Ortbeton *m*, baustellengemischter Beton *m*
site conditions Standortverhältnisse *npl*; Baustellenbedingungen *fpl*
site connection Montagestoß *m*, Baustellenanschluss *m (Stahlbau)*
site crane Montagekran *m*, Baukran *m*
site criteria Standortkriterien *npl*
site development Baustellenerschließung *f*
site development area Erschließungsgebiet *n*
site drainage Baustellenentwässerung *f*, Grundstücksentwässerung *f*
site engineer Bauleiter *m*, Baustelleningenieur *m (des Auftraggebers)*
site equipment Baustellenausrüstung *f*, Baustellengerät *n*
site erection Baustellenmontage *f*
site exit Baustellenausfahrt *f*
site exploration Geländeerkundung *f*, Baugrunduntersuchung *f*, Bodenuntersuchung *f*
site facilities Baustelleneinrichtung *f*
site facilities program Einrichtungsplan *m*, Baustelleneinrichtungsplan *m*
site fence Bauzaun *m*
site finish Baustellenanstrich *m*
site-foamed insulation 1. Ortverschäumungsdämmung *f*; 2. ortverschäumte Dämmmasse *f*, ortsverschäumter Dämmstoff *m*
site furnishings Außenanlagenausstattung *f*
site hopper Baustellensilo *n*
site hut Baubude *f*, Bauhütte *f*
site inspection Begehung *f* einer Baustelle
site installations Baustelleneinrichtung *f (Geräte)*
site investigation Baugrunduntersuchung *f*, Baustellenuntersuchung *f*
site joint *s.* site connection
site laboratory Baustellenlabor *n*
site labour Baustellenarbeit *f*
site labour force Baustellenpersonal *n*, Baustellenarbeitskräfte *fpl*
site lighting Baustellenbeleuchtung *f*
site manager Bauleiter *m*
site manufacture Baustellenherstellung *f*, Baustellenfertigung *f*
site measuring Aufmaß *n*
site meeting Baustellenberatung *f*
site-mixed baustellengemischt, Baumisch...
site mixing Baustellenmischen *n*, Baustellenmischgutherstellung *f*
site mobilization Baustelleneinrichtung *f*
site mobilization plan Baustelleneinrichtungsplan *m*

site mud Baustellenschlamm *m*
site noise Baulärm *m*
site of deposition Ablagerungsstelle *f*
site of works Baustelle *f*
site office Bau(stellen)büro *n*
site-on auf der Baustelle
site owner Grundstückseigentümer *m*
site-painted baustellengestrichen
site painting Baustellenanstrich *m (nach Montageabschluss)*
site-placed baustellengeferigt und eingebracht, Vorort...
site-placed concrete Ortbeton *m*
site-placed concrete filling Ortbetonfüllung *f*
site-placed concrete floor Ortbetondecke *f*
site-placed concrete shell Ortbetonschale *f*
site-placed concrete structure Ortbetonbauwerk *n*
site plan Lageplan *m*; Baustellenplan *m*
site planning Standortplanung *f*
site plant Baustelleneinrichtung *f (Objekt)*
site precasting Baustellenvorfertigung *f (mit Beton)*
site prefabrication Baustellen(vor)fertigung *f*
site preparation Baustellenerschließung *f*, Baustelleneinrichtung *f*
site progress photographs Baustellenfortschrittsfotografien *fpl*
site rivating Baustellennietung *f*
site road Bau(stellen)straße *f*
site sampling Probenentnahme *f* auf der Baustelle
site shed Bauhütte *f*
site silo Baustellensilo *n*
site sketch Lageskizze *f*; Situationsskizze *f*
site soil anstehender Boden *m*, anstehender Erdstoff *m*
site space Bauraum *m*, Baustellenraum *m*
site staff Baustellenpersonal *n*
site stoppage Baustellenstilllegung *f*
site subdivision *(AE)* Baulandaufteilung *f*
site superintendent Bauleiter *m*, Baustellenkoordinator *m*
site supervision Baustellenüberwachung *f*, Baustellenkontrolle *f*; Bauleitung *f*
site survey Ortsbesichtigung *f*, Geländeaufnahme *f*
site survey plan Geländeaufnahmeplan *m*
site test Baustellenprüfung *f*
site toilet Bauabort *m*
site traffic Baustellenverkehr *m*
site transport Baustellentransport *m*
site-welded baustellengeschweißt
site welding Baustellenschweißen *n*
site work 1. Baustellenbetrieb *m*, Bautätigkeit *f* auf der Baustelle; 2. Ort-Bauverfahren *n*, Ortbauverfahren *n*
siting 1. Standortbestimmung *f*, Standortwahl *f*; 2. Lageplan *m*, Anlage *f*
siting analysis Standortanalyse *f*
siting planning Standortplanung *f*
sitting room Wohnzimmer *n*
situate *v* in eine (bestimmte) Lage bringen; aufstellen
situated above darüber befindlich, darüber angeordnet
situation of a building Gebäudestellung *f*, Einfügung *f*
sitz bath Sitzbadewanne *f*
six-bay sechsjochig
six-lobe tracery Sechspass *m (gotisches Maßwerk)*
six-moment equation Sechsmomentengleichung *f*
six-pointed star *(Arch)* sechszackiger Stern *m*
six-vesica piscis tracery *(Arch)* Sechsschneuß *m (gotische Maßwerkform)*
size *v* 1. bemessen, dimensionieren; 2. zurichten, zuschneiden; auf Fertigmaß arbeiten; 3. klassieren, nach Korngrößen trennen *(Zuschläge)*; 4. leimen, mit Leim bestreichen; spachteln; grundieren *(Anstrichtechnik)*
size 1. Abmessung *f*, Größe *f*, Dimension *f*; Umfang *m*; Baugröße *f*; Grundstücksgröße *f*; 2. Korngröße *f*, Kornklasse *f (von Zuschlägen)*; 3. Leim *m*, Kleister *m*; 4. Spachtelmasse *f*; Grundiermittel *n*; Vorlack *m*
size analysis Siebanalyse *f*, Korngrößenbestimmung *f*
size analysis by sedimentation Sedimentationsanalyse *f*
size bracket Körnung *f*, Korngrößenbereich *m*
size category Kornklasse *f*
size category fraction Kornklassenfraktion *f*
size colour Leimfarbe *f*
size distribution Korn(größen)verteilung *f*, Körnungsaufbau *m*
size-distribution curve Körnungskennlinie *f*, Kornverteilungskurve *f*
size distribution fraction Kornklassenfraktion *f*
size factor Körnungsfaktor *m*
size fraction Fraktion *f*, Kornfraktion *f*, Korn(größen)klasse *f*, Korngruppe *f*
size grade Korngrößenklasse *f*
size grading Korngrößenbestimmung *f*
size limit Passmaß *n*, Passgröße *f*, zulässiges Abmaß *n*, Grenzmaß *n*
size of bore Bohrdurchmesser *m*
size of grain Korngröße *f*
size of lot *(Verk)* Losgröße *f*
size range Körnungsbereich *m*, Korngruppe *f*
size range index Korngrößenindex *m*
size reduction Zerkleinerung *f*
size reduction technique Zerkleinerungstechnik *f*
size stick Schiefer(schneid)lehre *f*
size tolerance zulässiges Abmaß *n*, zulässige Abweichung *f*
size when completed Ausbaumaß *n*
sized slate geschnittener [sortierter] Schiefer *m*
sizer Siebklassierer *m*
sizing 1. Dimensionierung *f*, Größenbemessung *f*; 2. Klassieren *n*, Trennen *n* nach Korngrößen; 3. Bearbeiten *n* auf Sollmaß; 4. Leimen *n*; Ableimen *n*; 5. Spachteln *n*; Grundieren *n*
sizing and washing machine Klassier- und Waschmaschine *f (für Baustoffe)*
sizing material Grundiermasse *f*, wasserlöslicher Klebstoff *m*, Leim *m*
sizing plant Klassieranlage *f (Baustoffaufbereitung)*
skating rink Eislaufanlage *f*, künstliche Eisbahn *f*
skeen arch *s.* diminished arch
skeletal structure *s.* skeleton structure
skeleton 1. Skelett *n*, Gebäudeskelett *n*, Rohbauskelett *n*, Gebäudegerippe *n*, Gerippe *n (Traggerippe)*; 2. Fachwerk *n*, Tragekonstruktion *f*
skeleton building Rahmengebäude *n*, Skelettgebäude *n*, Gerippegebäude *n*
skeleton construction Skelettbauweise *f*, Traggerippebauart *f*
skeleton core Türfüllungs(halte)streben *fpl (für eine Türbeplankung)*
skeleton framing 1. Skelett *n*; 2. Fachwerk *n (Tragwerk)*
skeleton girder Skelettträger *m*
skeleton key Dietrich *m*; Nachschlüssel *m*
skeleton sheeting Grabenaussteifung *f*
skeleton sketch schematische Zeichnung *f*
skeleton steps Trittstufenplatten *fpl*; Treppe *f* ohne Setzstufen, offene Treppe *f*
skeleton structure Skelettbau *m (Bauwerk)*
skeleton type of construction *s.* skeleton construction
skene arch *s.* diminished arch
skerry felsig
sketch *v* skizzieren, entwerfen, aufreißen, (auf)zeichnen

sketch Skizze *f*, Entwurf *m*, Zeichnung *f*
sketch book Musterbuch *n*, Architektenmusterbuch *n*
sketch map Übersichtskarte *f*, Kartenskizze *f*
sketch profile Profilskizze *f*
skew schief, schräg *(Linie)*; schiefwinklig
skew arch schiefwinkliger Bogen *m*, Schiefbogen *m*, Schrägbogen *m*
skew-arched vault schiefwinkliges Gewölbe *n*
skew back *s.* skewback
skew barrel vault schiefes Tonnengewölbe *n*
skew bending schiefe Biegung *f*
skew block Giebelfußstein *m (vorspringend)*
skew bridge schiefe [schiefwinklige] Brücke *f*, Schiefbrücke *f*
skew corbel Giebelfußstein *m (keilförmig)*; Giebelsimsstein *m*
skew curce schiefe Kurve *f*
skew cut Schrägschnitt *m*
skew fillet Giebelrandunterfütterung *f (Schieferdach)*
skew flashing Giebelrandverkleidung *f*, Giebelseiteneinfassung *f*
skew frame schiefwinkliger Rahmen *m*
skew grid 1. Schrägrost *m*; 2. Schrägraster *n*
skew hinge ansteigende Türangel *f*, Spiralgangtürangel *f*
skew nailing Schrägnagelung *f*
skew notch *(Hb)* Versatz *m*
skew notch on masonry wall Mauerwerkversetzung *f*
skew notch on wall Wandversetzung *f*
skew notch penetration of masonry walls schiefwinkelige Mauerkreuzung *f*, schiefwinkelige Mauerdurchdringung *f*
skew plane Plattenbankhobel *m*
skew plate schiefe Platte *f*
skew putt *s.* skew corbel
skew resistance tester Gleitbeiwertmesser *m*
skew slab schiefe Platte *f*
skew table Giebelfuß(winkel)platte *f*
skew two-span slab schiefe Zweifeldplatte *f*
skew vault schiefes Gewölbe *n*
skewback 1. Kämpfer(stein) *m*; 2. Kämpferlinie *f*
skewed arch Schrägbogen *m*
skewed frame schiefer Rahmen *m*
skewed junction of masonry walls schiefwinkeliger Maueranschluss *m*
skewed octopartite vault achtzelliges Schiefgewölbe *n*
skewed parallelogram plate schiefwinklige Parallelogrammplatte *f*
skewed vault Schiefgewölbe *n*
skewing Schrägstellung *f*
skewness Schiefe *f*
ski hut Skihütte *f*
skid *v* rutschen, gleiten
skid resistance *(Verk)* Griffigkeit *f (Straße)*
skid resistance tester Straßenrauigkeitsmesser *m*, Straßengriffigkeitsmesser *m*, SRT-Gerät *n*
skid-resisting properties Griffigkeitseigenschaften *fpl*, Griffigkeitsverhalten *n*
skid track Hemmschiene *f*
skidding Rutschen *n*; Schleudern *n*
skidding conditions Glätte *f*, Straßenglätte *f*
skidding distance Rutschweg *m*
skidding friction Gleitreibung *f*
skidding resistance *(Verk)* Griffigkeit *f (Straße)*
skidproof *v (Verk)* abstumpfen, aufrauen, griffig machen *(Straße)*
skidproof gleitsicher, rutschfest
skidproof mat Gleitschutzteppich *m*
skidproof paint Gleitschutzfarbe *f*, rutschfester Anstrich *m*
skiffling Rohbearbeitung *f (von Stein)*
skilful fachmännisch; geschickt
skill Fertigkeit *f*
skilled concrete worker Betonfacharbeiter *m*
skilled personnel Fachpersonal *n*, Fachbelegschaft *f*, Fachmannschaft *f*
skilled worker Facharbeiter *m*
skim *v* 1. ausgleichen, abziehen *(Oberputz)*; 2. abtragen, planieren, abgleichen *(Erdstoff)*; 3. abschöpfen, abnehmen
skim *v* **off** abschöpfen, abnehmen
skim coat Feinputzschicht *f (ca. 3 mm)*; Feinputz *m*
skimmer Flachlöffelbagger *m*, Pionierlöffelbagger *m*
skimming 1. *(Bod)* Mutterbodenabtrag *m*, Abziehen *n* des Baufeldes; 2. Abfeimen *n*, Abfehmen *n*, Abschäumen *n* *(Glas)*; 3. Schlacken *fpl (metallurgisch)*
skimming coat *s.* skim coat
skimming tank Fettabscheider *m*
skin *v* 1. abputzen; 2. tünchen
skin 1. Haut *f*, (dünne) Oberflächenschicht *f*, Farbhaut *f*, 2. Gusshaut *f*, 3. Deckfurnier *n*; 4. Türbeplankung *f*, 5. Sandwichdecklage *f*, 6. Schale *f (Wand)*; Außenwandversteifung *f*
skin adhesive Hautleim *m*
skin coat Feinputz *m*
skin crack Oberflächenriss *m*
skin drying schnelle Oberflächentrocknung *f (Farbe)*
skin effect Skineffekt *m*; Hautwirkung *f (Korrosionsprüfung)*
skin fault Oberflächenfehler *m*
skin formation Hautbildung *f*
skin-forming hautbildend
skin friction Mantelreibung *f (Gründungspfahl)*
skin glue Hautleim *m*
skin hardness Oberflächenhärte *f*
skin irritant hautreizender Stoff *m*
skin of plaster Putzlage *f*, Putzdünnschicht *f*
skin patching Oberflächenflickarbeit *f*
skin plate 1. kunststoffplattiertes Blech *n*; 2. Blechhaut *f*
skinned bolt überdrehter Bolzen *m*
skinning Hautbildung *f*, Trockenfilmbildung *f (Farbe)*
skinning over Oberflächenabschluss *m (Anstrich)*
skintled brickwork wildes Ziegelmauerwerk *n*, unregelmäßige Ziegelwand *f*
skintled joint Wulstfuge *f (wild)*
skip *v* überspringen; alles vergessen
skip 1. Aufzugskübel *m (eines Mischers)*; Greifer *m (eines Baggers)*; 2. Fehlstelle *f (in einer Schutzschicht, einem Anstrich)*
skip elevator Kübelaufzug *m*
skip for tower crane Turmkrankübel *m*
skip-graded mit Ausfallkörnung
skip hoist Muldenheber *m*, Kübelaufzug *m (Mischer)*
skip lorry [truck] Muldenkipper *m*
skirt 1. Rand *m*, Kante *f*, 2. *s.* skirting board
skirt-roof Zwischengeschossdachkranz *m*
skirting block Fußleisteneckholz *n*, Scheuerleistenkreuzblock *m*, Sockelleistenankerblock *m*
skirting board Fuß(boden)leiste *f*, Scheuerleiste *f*, Sockelleiste *f*
skirting (board) heating Fußleistenheizung *f*, Scheuerleistenheizung *f*, Sockelleistenheizung *f*
skull cracker Zertrümmerungskugel *f*, Fallbirne *f*
sky component Himmelslichtanteil *m*, Tageslichtanteil *m*
sky factor Tageslichthelligkeitsverhältnis *n (Kunstlicht zu Tageslichtanteil)*
sky-glare Himmelslichtblendung *f*, Tageslichtblendung *f*
sky-vault Himmelsgewölbe *n*
skylight 1. Oberlicht *n*, Oberlichtöffnung *f*, Dachfenster *n*; Dachliegefenster *n*, Raupe *f*, Deckfenster *n*; 2. Tageslicht *n (durch die Decke einfallend)*

skylight cover Oberlichtbezug *m*
skylight turret Laterne *f*, Dachaufsatz *m*, Oberlichthaube *f*
skyline Silhouette *f*
skyscrape *v* Wolkenkratzer bauen
skyscraper Wolkenkratzer *m*, Hochhaus *n*
skyscraper block Wohnwolkenkratzer *m*
skyway Fußgängerhochführung *f*, Hochweg *m*, Hochwegsystem *n*
slab *v* 1. zu Platten verarbeiten, in Platten zersägen; abschwarten *(Stämme)*; 2. zurichten, behauen *(Holz)*
slab 1. Platte *f*, Tafel *f (aus versch. Materialien)*; Bramme *f (Halbfertigtafel)*; 2. Gesteinsplatte *f*; Fliese *f*; 3. Schwarte *f*, Schwartenbrett *n*, Schalbrett *n*; 4. Beton(decken)platte *f*; Stahlbetongeschossplatte *f*
slab action Plattenwirkung *f*
slab analysis Plattenberechnung *f*, Plattenstatik *f*
slab and beam Plattenbalken *m*, T-Balkenträger *m*
slab and beam bridge Plattenbalkenbrücke *f*
slab and beam floor Plattenbalkendecke *f*
slab and buttress dam Plattenpfeilermauer *f*
slab and girder floor Plattenbalkendecke *f*, Rippendecke *f (Beton)*
slab and joist floor [ribbed construction] Stahl(beton)-rippendecke *f*
slab band Plattenbalken *m*, plattenförmiger Balken *m*
slab bending Plattenbiegung *f*
slab block 1. Plattenbau *m*, Plattengebäude *n*; 2. Scheiben-(hoch)haus *n*
slab board Schwartenbrett *n*, Schwarte *f*, Schalbrett *n*
slab bridge Plattenbrücke *f*
slab calculation Plattenberechnung *f*
slab cantilevering Plattenauskragen *n*, Plattenauskragung *f*
slab cap Überdachung *f*, Regenschutzhaube *f (Schornstein)*
slab circumference Plattenumfang *m*
slab collar Deckenkragen *m (Hubdeckenverfahren)*
slab concreting Plattenbetonieren *n*
slab construction Plattenbau *m*
slab core Plattenkern *m*
slab covering Plattenbelag *m*
slab cross-section Plattenquerschnitt *m*
slab culvert Plattendurchlass *m*; Deckeldole *f*
slab depth Plattendicke *f*
slab displacement Plattenverschiebung *f*
slab dressing Plattenverblendung *f*, Plattenverkleidung *f*
slab edge Plattenrand *m*
slab façade Plattenfassade *f*
slab failure Plattenversagen *n*
slab floor Platten(balken)decke *f*; Stahlbetonfußboden *m*
slab floor cover(ing) Plattenbodenbelag *m*, Plattenfußboden *m*
slab footing Plattenfundament *n*
slab form *s.* slab formwork
slab forms Plattenschalung *f*
slab formwork Plattenschalung *f*, Deckenschalung *f (Betonbau)*
slab foundation Plattenfundament *n*
slab house *(AE)* Holzbohlenhaus *n*
slab in ballast concrete Kiesbetonplatte *f*
slab in stucco Stucksteinplatte *f*
slab insulant Plattendämmstoff *m*; Dämm(stoff)platte *f*
slab insulation Tafeldämmung *f (Deckentafel)*
slab jacking *(Verk)* Plattenhebung *f (Betonstraße)*
slab joint Plattenfuge *f*, Plattenstoß *m*
slab-lift method Hubdeckenverfahren *n*
slab lining Plattenverkleidung *f*, Plattenbekleidung *f*
slab load Plattenlast *f*
slab method Plattenbauweise *f*, Plattenbau *m*
slab moment Plattenmoment *n*
slab moulding machine Plattenpresse *f*
slab of constant depth planparallele Platte *f*
slab of rock Gesteinsplatte *f*
slab-on-grade nicht unterkellert
slab on grade nicht unterkellerte Fußbodenplatte *f (Beton)*
slab-on-grade flooor Plattenrostdecke *f*
slab partition wall Plattentrennwand *f*
slab pavement Plattenbelag *m*
slab paving Plattenbelegen *n*, Plattenbefestigung *f*, Plattenpflasterung *f*
slab problem Plattenaufgabe *f*, Plattenproblem *n*
slab pumping Fahrbahnplattenpumpen *n (Betonstraße)*
slab replacement *(Verk)* Plattenerneuerung *f*
slab resting on four sides vierseitig aufgelagerte Platte *f*
slab rigidity Plattensteifigkeit *f*, Plattensteifheit *f*
slab roof Plattendach *n*
slab rotation Plattendrehung *f*
slab-shaped plattenartig
slab shuttering Plattenschalung *f*
slab skew Plattenschiefe *f*
slab soffit Plattenunterseite *f*
slab spacer Abstandseisen *n*, Distanzhalter *m*, Bewehrungshalter *m (für Plattenbewehrung)*
slab span Plattenfeld *n (von Trägern überspannt)*
slab spanning in the longitudinal direction längs gespannte Platte *f*
slab spanning in the transverse direction quer gespannte Platte *f*
slab stiffnes Plattensteife *f*, Plattensteifigkeit *f*
slab strength Plattenfestigkeit *f*
slab theory Plattentheorie *f*
slab thickening Plattenverstärkung *f*
slab-type block Scheibenhaus *n*
slab-type building Scheibenhaus *n*
slab wall Plattenwand *f*
slab width Plattenbreite *f*
slab with edge beam randversteifte Platte *f*, Platte *f* mit Randbalken
slabbing Plattenbelag *m*
slabby plattig
slabby limestone Kalkschiefer *m*, Plattenkalk *m*
slablike plattenartig
slack *v* 1. sich lockern; schlaff werden; durchhängen *(z. B. Seile)*; 2. zerfallen, verwittern *(Gestein)*
slack locker, lose; schlaff, entspannt; durchhängend
slack Durchhang *m*, Durchhängen *n*
slack block Gerüstkeil *m*
slack-line excavator Kabelbagger *m*
slack-rope switch Sicherheitszugseil *n*, Notschaltseil *n*
slack side Furnierseite *f* in Richtung Stammitte
slacken *v* 1. lösen *(z. B. Schrauben)*; 2. lockern, entspannen; nachgeben, erschlaffen, schlaff werden *(z. B. Seile)*
slackening Lösen *n (z. B. von Schrauben)*; Lockern *n (Seil, Kabel)*; Schlaffwerden *n*; Durchhängen *n*
slacklime *s.* slaked lime
slackness Schlaffheit *f*, Spiel *n (unerwünscht)*
slag *v* verschlacken
slag Schlacke *f*, Ofenschlacke *f*, Schlackenstein *m*
slag aggregate Schlackenzuschlag(stoff) *m*
slag base *(Verk)* Schlackenpacklage *f (Straße)*
slag block Schlackenstein *m*
slag brick Schlackenziegel *m*
slag cement Hüttenzement *m*, Hochofenzement *m*, Schlackenzement *m*
slag concrete Schlackenbeton *m*, Hochofenschlackenbeton *m*; Leichtbeton *m*
slag flour Schalckenmehl *n*, Thomasmehl *n*

slag hair *s.* slag wool
slag inclusion Schlackeneinschluss *m (beim Schweißen)*
slag paving stone Schlackenpflasterstein *m*
slag plank Schlackendiele *f*
slag plaster Putz *m* mit Schlackensand
slag pozzolanic cement Schlackenpuzzolanzement *m*
slag sand Schlackensand *m*, granulierte Hochofenschlacke *f*
slag sand block Hochofenschlackenstein *m*, Schlackenstein *m*
slag stone Schlackenstein *m*
slag strip *(AE)* Kiesbremsstreifen *m*, Dachkieshalteleiste *f*, Kiesleiste *f (bei abgekiesten Dächern)*
slag wool Schlackenwolle *f*, Hüttenwolle *f*; Mineralfaserwolle *f*
slag wool insulation Hüttenwolledämmung *f*
slaggy schlackenartig, schlackig
slake *v* 1. (ab)löschen *(Kalk)*; 2. zerbröckeln
slaked gelöscht, abgelöscht, nassgelöscht *(Kalk)*
slaked lime Löschkalk *m*, gelöschter Kalk *m*, Sumpfkalk *m*
slaking Ablöschen *n*, Nasslöschen *n*
slaking basin Löschbecken *n*, Kalklöschmulde *f*
slaking box Löschkasten *m*, Löschtrog *m*
slaking drum Löschtrommel *f*, Kalklöschtrommel *f*
slaking machine Löschmaschine *f*, Kalklöschmaschine *f*
slaking pit Löschgrube *f*
slaking process Löschvorgang *m*, Kalklöschprozess *m*
slaking slag Zerfallschlacke *f*
slaking trough Kalklöschrinne *f*, Kalklöschbank *f*
slaking vessel Löschgefäß *n*, Kalklöschgefäß *n*
slamming stile Schlossbohle *f*, Schlossbrett *n (Tür)*
slamming strip Streifeneinlage *f* entlang dem Schlossbrett *(Tür)*
slant *v* 1. sich neigen; Neigung haben, schräg stellen; 2. abböschen
slant schräg, geneigt; schief
slant 1. Schräge *f*, Neigung *f*, Gefälle *n (z. B. einer Straße)*; 2. Hausentwässerungsleitung *f (mit natürlichem Gefälle)*
slant nailing Schrägnagelung *f*
slant range Luftlinie *f*, geradliniger Abstand *m (zwischen zwei Punkten verschiedener Höhe)*
slanted abgeschrägt *(Hang, Böschung)*; mit Schräge
slanting schräg, geneigt; seitlich abfallend; abschüssig
slanting 1. Schrägstellen *n*; 2. *(Erdb)* Abböschung *f*
slanting arrangement Schräganordnung *f*
slanting bottom Schrägboden *m (Bunker)*
slanting cut Krummschnitt *m (Holz)*
slanting lift Schrägaufzug *m*
slanting position Schrägstellung *f*
slantwise schräg
slap dash Rauputz *m*, Rappputz *m*
slash *v* abhauen *(Buschwerk)*; trennen, teilen, spalten *(Baumstämme)*
slash *(AE)* Sumpfgelände *n*
slash and burn mode *(sl)* Holzhackermethode *f*
slash saw Schlitzsäge *f*
slash-sawn tangential [flach] geschnitten *(zu den Jahresringen, Holz)*
slasher *(Hb)* Schlichter *m*
slasher saw *(AE)* Armkreissäge *f*, Ablängsäge *f*
slashes 1. Baumtrümmer *fpl (Holzschlag)*; 2. *(Erdb)* sumpfige Stellen *fpl*
slat Latte *f*, Leiste *f*; Steglatte *f*, Lamelle *f (Fensterladen, Jalousie)*
slat closure Lamellenschluss *m*, Stäbchenschluss *m (Jalousie)*
slat conveyor Querrippenförderband *n*
slat fence Lattenzaun *m*, Staketenzaun *m*
slat lift shutter door Lamellenhubtor *n*
slat rolling shutter Lamellenrollladen *m*
slat screen Lamellenjalousie *f*
slate *v* mit Schiefer decken; verkleiden
slate 1. Schiefer *m*, Tonschiefer *m*; 2. Dachschiefer *m*, Schieferplatte *f*; 3. Tafel *f* mit Mischangaben, Liste *f*, Rezeptur *f (auf der Baustelle)*
slate-and-a-half slate eineinhalbfacher Schiefer *m (Breite)*
slate axe Dachhammer *m*
slate batten Dachschieferlatte *f*
slate bed Schieferunterseite *f*
slate black Schieferschwarz *n*, Rußschieferschwarz *n*
slate boarding Schieferdachverschalung *f*
slate cladding Schiefersplitt *m*
slate clay Schieferton *m*
slate-covered schiefergedeckt
slate covering Schieferdach *n*, Schieferbedachung *f*
slate cramp (großer) Schwalbenschwanzschiefer *m*
slate cutter Schieferschneider *m*
slate dust Schiefermehl *n*
slate fixer Schieferleger *m*, Schieferdecker *m*
slate floor cover(ing) Schieferfußbodenbelag *m*, Schieferplattenbelag *m*
slate flour Schiefermehl *n (Füller)*
slate-grey schiefergrau
slate hammer Dachhammer *m*
slate hanging Schiefer-Wandverkleidung *f*, Schieferabdeckung *f* für Hauswände, Wetterschutzverkleidung *f* aus Schiefer
slate lath Dachschieferlatte *f*
slate-like schieferartig
slate mountains Schiefergebirge *n*
slate nail Schiefernagel *m*
slate panel Schiefertafel *f*
slate paper Schieferpapier *n*
slate peg Schiefernagel *m*
slate pit Schiefergrube *f*
slate powder Schiefermehl *n*; Schieferpigment *n*
slate quarry Schieferbruch *m*
slate ridge [roll] Schiefer(zylinder)dachreiter *m*
slate roof Schieferdach *n*
slate roof cladding 1. Schieferbedachung *f*, Schieferdeckung *f (Dachbelag)*; 2. Schiefer(ein)deckung *f*
slate roof covering [sheathing] *s.* slate roof cladding
slate siding *s.* slate hanging
slate slab Schieferplatte *f*
slate slag Schieferschlacke *f*
slate tail Schieferende *n*
slate valley Schieferdachkehle *f*
slate wall panel Schieferwandtafel *m*, Schieferwandplatte *f*
slated roof *s.* slate roof
slatelike schieferartig
slater Dachdecker *m* (für Schieferdächer), Schieferdecker *m*
slater-and-tiler Dachdecker *m*
slater hammer Dachhammer *m (für Schieferdeckung)*
slater's felt Schieferunterlegpappe *f*
slates Dachschieferplatten *fpl*
slating Schieferdacharbeiten *fpl*, Schieferdeckung *f*
slating nail Schiefernagel *m*
slatted mit Latten (versehen); Latten...; jalousieartig
slatted blind Jalousie *f*
slatted blind door Jalousietür *f*
slatted curtain Lamellenvorhang *m*
slatted floor Spaltenboden *m (für Stallungen)*
slatted roller blind Rollladen *m*
slatted roller blind housing Rollladenkasten *m*, Rolljalousiekasten *m*

slatted shade [sun] screen Jalousette *f*
slatting Lamellierung *f (Jalousie)*
slaty schieferartig, schief(e)rig
slaty fracture schiefrige Bruchfläche *f*
slaty grit Sandschiefer *m*
slaty marl Schiefermergel *m*, Mergelschiefer *m*
slaughter establishment Schlachthof *m*
slaughterhouse Schlachthaus *n*, Schlachthof *m*
sledge *v* hämmern
sledge hammer 1. Vorschlaghammer *m*, schwerer Schlegel *m*; 2. Pflasterhammer *m*
sledging Grobspalten *n*, Spaltzerkleinern *n*, Zerkleinern *n* mit dem Fäustel; Hämmern *n*
sleek Haarriss *m (Glas)*
sleeken *v* glätten, mit einem Glättwerkzeug bearbeiten; schleifen, schmirgeln, polieren
sleeking steel Glätteisen *n*
sleeper 1. *(Hb)* Schwelle *f*, Schienenschwelle *f*, Eisenbahnschwelle *f*; 2. *(Hb)* Unterzug *m*, Fußbalken *m (Holzbalken als Unterlage für eine Stütze)*; Fußbodenbalken *m*, Schwellenbalken *m*; 3. Wandrute *f*, Wandstrebe *f*
sleeper bearing girder Schwellenträger *m*, Querschwellenträger *m*
sleeper bed Schwellenbett *n*
sleeper block Doppelschwelle *f*
sleeper bolt Schwellenschraube *f*
sleeper-carrying girder Schwellenträger *m*
sleeper clip Schwellenbalkenklammer *f*
sleeper fastening Schwelleneinspannung *f*
sleeper joist Querbalken *m* auf Schwellenholz, Schwellenquerbalken *m*
sleeper of the stairs Treppensohle *f*, Blockstufe *f*
sleeper packing machine Gleisstopfmaschine *f*
sleeper plate *(Hb)* Schwelle *f*
sleeper screw Schienenschraube *f*
sleeper tongs Schwellenzange *f*
sleeper wall Unterzugunterstützungsmauer *f*, Mauerpfeiler *m*
sleepiness 1. Lackfilmmattheit *f (Lackfehler)*; 2. stumpfer Fleck *m* eines Lacküberzugs
sleeping bunk Schlafkoje *f*
sleeping policeman Straßenschwelle *f*, Fahrbahnquerbalken *m (Tempolimitierung)*
sleeping room Schlafzimmer *n*, Schlafraum *m*
sleeve Muffe *f*, Manschette *f*, Hülse *f*, Buchse *f*
sleeve clamp Verbindungsmuffe *f*
sleeve coupling Muffenverbindung *f*, Muffenkupplung *f*
sleeve fence (niedriger) Vorgartenholzzaun *m*
sleeve foundation Hülsenfundament *n*, Köcherfundament *n*
sleeve joint Vermuffung *f*, gemuffter Stoß *m*
sleeve method of splicing reinforcing bars Muffenstoßverfahren *n*
sleeve piece Hülsenrohr *n*, Schutzrohr *n*
sleeve splice Hülsenstoß *m*
sleeved pipe Überschiebmuffenrohr *n*, Rohr *n* mit Überschiebmuffe
sleeveless muffenlos
sleeving Schutzhülle *f*, Mantel *m*, Hülle *f*, Ummantelung *f*
sleigh Schlitten *m*
slender schlank
slender beam schlanker Balken *m*
slender form schlanke Form *f*
slenderness Schlankheit *f*
slenderness degree Schlankheitsgrad *m*
slenderness degree of column Säulenschlankheitsgrad *m*
slenderness limit Schlankheitsgrenze *f*
slenderness ratio Schlankheitsgrad *m*
slew *(Erdb)* Sumpfwiese *f*, Moorsenke *f*
slewing Drehen *n*, Schwenken *n*
slewing crane Drehkran *m*, Schwenkkran *m*
slewing pillar crane Drehsäulenkran *m*
slice method Lamellenverfahren *n*
sliced gemessert, vermessert *(Furnier)*
sliced veneer Messerfurnier *n*
slicing cut (senkrechter) Scheibenschnitt *m*
slick *(AE)* glatte Oberfläche *f*, Glanzoberfläche *f*
slick line (bewegliches) Pumpbetonleitungsende *n*, Verteilungsleitung *f (Pumpbeton)*; Betonierrohrendstück *n*
slickenside *(Bod, Erdb)* Rutschfläche *f*, Gleitschicht *f*
slickensiding *(Bod, Erdb)* Gleitschicht *f*
slicker Kartätsche *f*, Abziehbrett *n (zum Putzverreiben)*; Betonabziehleiste *f*
slickness Glätte *f*
slicks *s.* slickenside
slidable lattice grate Scherengitter *n*
slide *v* gleiten; rutschen, sich verschieben; schieben; ziehen *(Gleitschalung)*
slide *v* **down** *(Bod)* heruntergleiten
slide 1. Gleiten *n*; Gleitung *f*, Rutschung *f (Böschung)*; 2. Gleitbahn *f*; 3. Gleitschiene *f*, Führung *f*; 4. Schieber *m*
slide angle Rutschwinkel *m (Böschung)*
slide bar Gleitschiene *f*, Schiene *f*
slide bearing Gleitlager *n*
slide bolt Schubriegel *m (Fensterriegel)*
slide damper opening Rauchschieberöffnung *f*
slide door *s.* sliding door
slide gate *(Wsb)* Schleusentor *n*; Schiebetor *n*, Schieber *m*
slide gate valve *(Wsb)* Schleusenschieber *m*, Schieberventil *n*
slide gauge Schublehre *f*
slide mass *(Bod)* Rutschmasse *f*
slide plane *(Bod)* Gleitebene *f*
slide ring packing Gleitringdichtung *f (Pumpe)*
slide rock *(Bod)* Hangschutt *m*, Felsschutt *m*
slide rod Schieberstange *f (Schubstange)*
slide valve Schieber *m*
slide zone Rutsch(ungs)gebiet *n*
slider Schieber *m*
slideway Führungsbahn *f*, Gleitschiene *f*
sliding gleitend
sliding 1. Gleitung *f*, Rutschen *n*; Geländebruch *m*; 2. Ziehen *n (Gleitschalung)*
sliding and folding door Schiebe-Falttür *f*
sliding bar 1. Führungsstange *f*, Gleitschiene *f*; 2. Schubriegel *m*
sliding bearing Gleitlager *n*
sliding bevel Gehrungswinkelmesser *m*
sliding block Gleitstein *m*
sliding bolt Gleitriegel *m*, Schubriegel *m*
sliding ceiling Schiebedecke *f*, verschiebbare Decke *f*
sliding door Schiebetür *f*, Schiebetor *n*; Rolltür *f*
sliding door check stop Schiebetürraster *m*
sliding door fittings Schiebetürbeschläge *mpl*
sliding door lock Schiebetürschloss *n*, Hakenschloss *n*
sliding door rail Schiebetürschiene *f*
sliding door track Schiebetürschiene *f*
sliding failure *(Bod)* Rutschungsbruch *m*, Gleitbruch *m*
sliding falsework Gleitschalung *f*
sliding fire door automatische Abgleitfeuerschutztür *f*
sliding flue damper Rauchgasschieber *m*
sliding folding door Faltschiebetür *f*
sliding folding partition Ziehharmonikawand *f*, Gleitfalttrennwand *f*
sliding form Gleitschalung *f*
sliding fracture Scherbruch *m*; Verschiebungsbruch *m*

sliding friction Gleitreibung *f*
sliding gate Schiebetor *n*
sliding glass door Schiebeglastür *f*
sliding hatch Schiebefenster *n*, Schiebeluke *f*
sliding height Ziehhöhe *f*, Gleithöhe *f (Gleitschalung)*
sliding joint 1. Gleitgelenk *n*; 2. Gleitfuge *f*, reibungsbehindernde Fuge *f*
sliding lifting door Hubschiebetür *f*, Hebeschiebetür *f*
sliding load gleitende Last *f*
sliding motion Gleitbewegung *f*
sliding mould Gleitschalung *f (z. B. für Wände)*
sliding moulding method Gleitschalungsbauweise *f*
sliding panel 1. Gleitschalungstafel *f*; 2. Schiebewand *f*
sliding partition (wall) Schiebewand *f*, Harmonika(trenn)-wand *f*
sliding patio door Terrasseschiebetür *f*
sliding plane Gleitebene *f*, Gleitfläche *f*
sliding plate Schleppplatte *f (Brücke)*
sliding rail Gleitschiene(nführung) *f*
sliding resistance Gleitwiderstand *m*, Gleitreibung *f*
sliding sash Schiebefensterrahmen *m*
sliding shutter Schiebeladen *m (Fensterladen)*
sliding shuttering Gleitschalung *f*
sliding shutters *s.* sliding mould
sliding sluice Ziehschütze *f*
sliding standard window Schiebe-Normfenster *n*
sliding surface Gleitfläche *f*, Rutschfläche *f*
sliding terrace door Terrassenschiebetür *f*
sliding track Gleitbahn *f (Montage)*
sliding valve Wasserschieber *m*
sliding vane *(Verm)* Nivellierscheibe *f*
sliding weight Laufgewicht *n*
sliding window Schiebefenster *n*
slight convex curve leichte Ausschwingung *f*
slight depth geringe Tiefe *f*
slight thickness *(Bod)* geringe Mächtigkeit *f*
slightly inclined ramp Flachrampe *f*
slightly pitched gable *(Arch)* niedriges Giebeldach *n*
slightly pitched roof flach geneigtes Dach *n*
slightly sandy schwach sandig *(Erdstoff)*
slightly soluble schwer löslich
slim schlank; schmal; dünn, fein
slime Schlamm *m*, Schlick *m*
slime layer Schlammschicht *f*
slime pit Schlammgrube *f*
slimness Schlankheit *f*
slimy schlammig, schlickig
sling 1. Schlinge *f*; 2. Aufzugstragerahmen *m*
slip *v* 1. gleiten, rutschen; verrutschen; 2. engobieren, mit Engobe überziehen *(z. B. Dachziegel)*
slip *v* **downward** *(Bod)* heruntergleiten
slip-form *v* in Gleitbauweise errichten
slip *v* **on** aufschieben, aufstecken
slip 1. Gleiten *n*, Rutschen *n*; 2. Erdrutsch *m*; 3. Zapfenholz *n*, Holzzapfen *m*; 4. Dübelleiste *f*, Dübelholz *n*; 5. Spließ *m*, Span *m*; 6. Gebäudedurchgang *m*, schmaler Durchgang *m*; 7. (schwache) Putzlage *f*; 8. Engobe *f (dünner Glanzüberzug)*; 9. Schlicker *m*
slip area *(Bod)* Gleitbereich *m*, Rutschbereich *m (Böschung)*
slip bolt Schubriegel *m*
slip cast schlickergegossen
slip casting Schlickergießen *n*, Schlickerguss *m (z. B. keramische Massen)*
slip circle *(Bod)* Bruchkreis *m*, Gleitkreis *m*
slip face Gleitfläche *f*, Rutschfläche *f*
slip feather *s.* spline
slip-form Gleitschalung *f*
slip-form construction Gleitbauweise *f*
slip-form paver Gleit(schalungs)fertiger *m (Straßenbau)*
slip-hazard Rutschgefahr *f*
slip joint 1. verzahnte Fuge *f (Mauerwerksverbindung)*; Gleitfuge *f (Montagebau)*; 2. Aufschubverbindung *f*, Muffenverbindung *f (Rohre)*
slip-joint conduit Kabelführungsrohr *n* mit überschobener Verbindung
slip line Gleitlinie *f*
slip membrane Gleitschicht *f*
slip mortise *(Hb)* Zapfenloch *n*, Schlitzeinschnitt *m*
slip newel aufgeschobener Treppenpfosten *m*; geschlitzter Antrittspfosten *m*
slip of an embankment Dammrutsch *m*
slip-on flange Aufsteckflansch *m*
slip piece Gleitleiste *f*, Rutschholz *n*
slip plane *(Bod)* Rutschfläche *f*, Gleitfläche *f*, Gleitebene *f*
slip-resistant gleitsicher, rutschsicher, gleitfest
slip-resistant aggregate gleitsicherer Zuschlagstoff *m*
slip-resistant tile rutschfeste [rutschsichere] Fliese *f*
slip road *(Verk)* Zubringerrampe *f*, Zubringer *m*; Verbindungsrampe *f*, Verbindungsarm *m (niveaugleicher Fahrbahnen)*
slip roof Spließdach *n*, Spandach *n*
slip sheet ungetränktes Dach(unterleg)papier *n*
slip shuttering Gleitschalung *f*
slip sill nachträglich einsetzbare Fenster(sohl)bank *f*
slip stone Meißelschärfstein *m*, Abziehstein *m*
slip surface Gleitfläche *f*
slip test Abrutschprüfung *f*
slip-tongue joint *s.* spline joint
slip trace Gleitspur *f*
slippage Rutschen *n*, Gleitung *f*; Schlupf *m*; Dachbahnverschiebung *f*, Dachbahnrutschen *n*
slipper Gleitschuh *m*, Gleitplatte *f (Gleitschalung)*
slipper guide mitlaufende Lehre *f*
slipperiness Glätte *f*, Schlüpfrigkeit *f*
slippery 1. rutschig, glatt *(z. B. Straße)*; schlüpfrig, glitschig; 2. rissig
slippery soil *(Bod)* rutschender Boden *m*
slipping 1. Rutschen *n*, Gleiten *n*; Schlupf *m*; 2. Engobieren
slipping earthwork *(Bod)* rutschender Boden *m*
slipping length Schlupflänge *f*
slipping mass *(Bod)* abgerutschte Bodenmasse *f*
slippy rissig
slipshod work Pfuscharbeit *f*
slipshod worker Pfuscher *m*
slit *v* (ein)schlitzen; spalten; einschneiden
slit 1. Schlitz *m*, Spalt *m*; 2. *(Hb)* Einschnitt *m*, Schnitt *m*; 3. Schießscharte *f*, Scharte *f*
slit and tongue Versatz *m*, Zapfen *m (eine Holzverbindung)*
slit and tongue joint *(Hb)* Scherenverbindung *f*
slit box Schlammeimer *m*
slit window *(Arch)* Schlitzfenster *n*; Mauerschlitz *m*; Scharte *f (Festungsbau)*
slitting saw Furniersäge *f*
sliver Spließ *m*, Holzspan *m*, Splitter *m*
sliver board Feinspanplatte *f*
slogging chisel Bolzenschneidmeißel *m*, Vorschlagmeißel *m*
slop 1. Spülwasser *n*; Schmutzwasser *n*; Abwasserschlamm *m*; 2. Schlempe *f*, Zementschlamm *m*; Schlicker *m*; 3. Moor *n*, Sumpf *m*, Schlamm *m*
slop basin *(San)* Ausguss *m*
slop hopper *(San)* Sinkkasten *m*
slop-moulding Schlickerformung *f*, Ziegel(hand)streichen *n*; Ziegelgießen *n*
slop sink Ausguss(sinkkasten) *m*
slop treatment Schlempenbehandlung *f*

slop water Küchenabwasser *n*
slope *v* 1. sich neigen, geneigt sein *(z. B. Dach)*; (schräg) abfallen *(Fläche)*; neigen, senken; 2. abschrägen, abkragen, verschrägen; 3. abböschen, anschütten
slope *v* **away** abfallen
slope *v* **down** abfallen, sich neigen *(z. B. Dach, Gelände, Fläche)*; verflachen
slope *v* **steeply** *(Bod)* anschneiden *(Straße)*; steil abböschen
slope 1. Neigung *f*, Schiefe *f*; Gefälle *n*, Steigung *f*; 2. Schrägfläche *f*; Böschung *f*, Hang *m*, Abhang *m*; 3. *s.* transverse slope; 4. Walm *m (Dach)*; 5. *s.* slope angle; 6. Rampe *f (Auffahrt)*
slope angle Neigungswinkel *m*; Böschungswinkel *m*
slope change Gefälleänderung *f*
slope circle *(Bod)* Böschungskreis *m*
slope compaction Böschungsverdichtung *f*
slope correction Distanzkorrektur *f* durch Neigungsberücksichtigung
slope current Böschungsfließen *n*
slope cutting Böschungsverschneidung *f*
slope failure Böschungsrutschung *f*
slope gutter Böschungsmulde *f*
slope inclination Böschungsneigung *f*
slope intersection Böschungskante *f*
slope landfill Anböschung *f*
slope level Neigungsmesser *m*
slope line Falllinie *f*
slope lines Böschungslinien *fpl*
slope map topographische Karte *f*
slope method Anböschung *f*
slope mower Böschungsmähgerät *n*
slope of a hill Hang *m*
slope of a roof geneigte Dachfläche *f*
slope of an embankment Dammböschung *f*
slope of cutting Böschung *f* im Abtrag
slope paving Böschungspflaster *n*
slope paving set Böschungspflasterstein *m*
slope protection Böschungsschutz *m*, Böschungsbefestigung *f*, Hangsicherung *f*
slope ratio Steigungsverhältnis *n*, Gefälleneigung *f*
slope stability Böschungsstandfestigkeit *f*, Böschungsbefestigung *f*
slope stabilization Böschungsbefestigung *f*, Hangsicherung *f*
slope tank Altöltank *m*
slope trimmer Böschungszieher *m*
slope wash 1. Böschungsabschwemmung *f*, Böschungsauswaschung *f*; 2. Gehängelehm *m*
sloped schräg, schief; ansteigend; abgeböscht *(Fläche)*
sloped coping Wasserschräge *f (Fenster)*
sloped footing Fundament *n* mit abgeschrägter Seiten- *oder* Oberfläche
sloped foundation geneigtes Fundament *n*
sloped roof area geneigte Dachfläche *f*, schräge Dachfläche *f*
sloped wall 1. Böschungsmauer *f*; 2. geböschte Mauer *f*
slopeward side Böschungsseite *f*
sloping schief, geneigt, abfallend, schräg
sloping Abböschung *f*
sloping arch abfallender Bogen *m*
sloping area geneigte Fläche *f*, abfallende Fläche *f*
sloping barrel vault steigendes Tonnengewölbe *n*
sloping concrete Gefällebeton *m*
sloping course Gefällelage *f*, Gefälleschicht *f*
sloping direction Gefällerichtung *f*
sloping distance Schrägentfernung *f*
sloping folding Schrägfaltung *f*, abgeschrägte Faltung *f*
sloping glazing Schrägeinglasung *f*, Schrägverglasung *f*
sloping ground abfallendes Gelände *n*
sloping joint schräg laufende Fuge *f*, schräge Fuge *f*, Schrägfuge *f*; Gefällefuge *f*
sloping layer Gefälleschicht *f*, Gefällelage *f*
sloping location Hanglage *f*
sloping masonry wall abgeböschte Mauer *f*
sloping member Strebe *f (Fachwerk)*
sloping member truss Strebenfachwerk *n*, Strebenfachwerkträger *m*
sloping parabolic arch schräger Parabelbogen *m*
sloping roof Gefälledach *n*
sloping screed Gefälleestrich *m*
sloping soil abfallendes Gelände *n*, Hanglage *f*
sloping terrace Bermenrampe *f*, Böschungsrampe *f*
sloping terrain Hanggelände *n*, Hügelgelände *n*
sloping topography geneigtes Gelände *n*, abfallendes Gelände *n*
sloppy schlammig
sloppy concrete Flüssigbeton *m*
slot *v (Hb)* nuten, einkerben, einschneiden, schlitzen; stoßen
slot Nut *f*, Kerbe *f*, Schlitz *m*, Querschlitz *m*; Spalte *f*
slot anchor Schlitzanker *m*
slot-and-key cutter Nut- und Spundfräser *m*
slot diffuser *(HLK)* Schlitzauslass *m*, Schlitzdiffuser *m*
slot mortise *(Hb)* Zapfenloch *n*, Schlitzeinschnitt *m*
slot mortise joint Zapfenlochverbindung *f*
slot outlet Luftauslassschlitz *m (Klimaanlage)*
slot pattern *(Arch)* Schlitzmuster *n*
slot pipe Schlitzrohr *n*
slot tie Schlitzanker *m*
slotted geschlitzt
slotted grate plate Schlitzplatte *f*
slotted hole Schlitzloch *n*
slotted pipe Schlitzrohr *n*
slotted plate Schlitzplatte *f*, geschlitzte Platte *f*
slotted screw Schlitzschraube *f*
slotted steel profile Schlitzstahlprofil *n*, Stahlschlitzprofil *n*
slotter tool Stoßmeißel *m*
slough *v* **off** 1. sich ablösen; 2. ausschlämmen
slough Morast *m*, Sumpf *m*; Priel *m*; versumpfter Wasserlauf *m*
sloughing 1. Torkretbetonabrutschen *n*; 2. *(Bod)* Bohrlochnachfall *m*
sloughy sumpfig
slow langsam; bedächtig; schleppend; säumig
slow *v* **down** verlangsamen, verringern
slow *v* **up** verlangsamen
slow-breaking langsambrechend *(Bitumenemulsion)*
slow-burning brennverzögert, langsam brennend *(Baustoffe)*
slow-burning construction schwer entflammbarer Holzbau *m*, Holzkonstruktion *f* mit feuerhemmender Schutzbehandlung
slow-burning insulation 1. brennverzögerte Dämmung *f*; 2. brennverzögerter Dämmstoff *m*
slow-compustion stove Dauerbrandofen *m*
slow-curing asphalt langsamabbindendes Verschnittbitumen *n*
slow-drying langsamtrocknend
slow-evaporating solvent schwerflüchtiges [hochsiedendes] Lösungsmittel *n*
slow-grown langsam gewachsen *(Holz)*
slow-hardening langsamerhärtend
slow(-moving) lane *(Verk)* Kriechspur *f*, Langsamfahrspur *f (Straße)*
slow-setting langsamabbindend, langsam abbindend, langsamerstarrend *(Zement)*
slow-setting cement langsamabbindender Zement *m*

slow solvent schwerflüchtiges Lösungsmittel *n*
slow traffic flow *(Verk)* zäher Verkehrsfluss *m*
slow-vehicles lane *s.* slow-moving lane
slowness Trägheit *f (von Reaktionen)*
sloyd knife *(AE)* Schnitzmesser *n*, Holzbearbeitungsmesser *n*
slude dewatering Schlammentwässerung *f*
sludge 1. Schlamm *m*; Faulschlamm *m*, Klärschlamm *m*; 2. Schleifschmant *m*; Betonabschliffschmant *m*; Bohrtrübe *f*; 3. Schmutzwasser *n*; Schlick *m*; 4. Farbschlamm *m (Waschbecken)*
sludge accumulation Verschlammung *f*, Verschlammen *n*
sludge barrel Sedimentrohr *n*, Schlammrohr *n*
sludge bed Schlammbett *n*
sludge bottom Schlammsumpf *m*
sludge build-up Schlammbildung *f*
sludge clear space Höhe *f* zwischen Faulschlammoberkante und Abfluss; Klärflüssigkeitshöhe *f (Klärgrube)*
sludge composting Schlammkompostierung *f*
sludge contact process Kontaktschlammverfahren *n*
sludge cuttings Bohrschlamm *m (Gesteins- und Bodenbohrung)*
sludge dewatering Schlammentwässerung *f*, Schlammverdickung *f*
sludge digester Faulbehälter *m*
sludge digestion Schlammfaulung *f (Klärwerk)*
sludge disposal Schlammbeseitigung *f (Abwasser)*; Schlammentsorgung *f*, Schlammverwertung *f*
sludge drain Schlammdrän *m*
sludge drying Schlammtrocknung *f*
sludge formation Schlammbildung *f*
sludge gas Klärgas *n*, Faulgas *n*
sludge petrification Versteinerung *f* von Schlämmen
sludge pit Schlammgrube *f*, Schlammfang *m*
sludge processing Schlammaufbereitung *f*, Schlammbehandlung *f*
sludge pump Schlammpumpe *f*
sludge removal Schlammbeseitigung *f*
sludge sample Spülprobe *f*
sludge sump Schlammsumpf *m*
sludge thickening Schlammeindickung *f (Klärwerk)*
sludging 1. Schlammbildung *f*; 2. Entschlammen *n*
sludgy schlammig, matschig
slug *v* 1. abdichten, (ver)zementieren *(z. B. Bohrlöcher von geologischen Erkundungen)*; 2. pulsierend fließen
slug Slug *n (SI-fremde Einheit der Masse; 1 slug = 14,59 kg)*
slug form Masseklumpen *m (keramischer Baustoffe)*
sluggish träge fließend *(Gewässer)*
sluice *v* 1. spülen, ausspülen; 2. *(Wsb)* mit Schleuse versehen
sluice 1. *(Wsb)* Schleuse *f*; 2. *(Wsb)* Schleusenkanal *m*, Spülkanal *m*; 3. *(Wsb)* Stauwasser *n*
sluice chamber Schleusenkammer *f*
sluice gate Schleusentor *n*; Schieberschütz *n*, Schütz *n*, Wehrverschluss *m*
sluice head Schleusenhaupt *n*
sluice valve Schieber *m*, Absperrschieber *m*, Schütz *n*
sluice weir Schleusenwehr *n*, Schützenwehr *n*, Durchlasswehr *n*
sluiceway *(Wsb)* Grundablass *m*
sluing arch *(AE) s.* splayed arch
slum 1. schmutzige verwahrloste Gasse *f*; 2. Elendsviertel *n*, Slum *m*, Slums *mpl*
slum clearance 1. Sanierung *f (von Wohngebieten)*; 2. Elendsviertelabbruch *m*, Beseitigung *f* verwahrloster Wohnviertel
slump 1. Senkung *f*, Setzung *f*, Zusammenfallen *n (Beton)*; 2. Betonsetzmaß *n*, Setzmaß *n*, Sackmaß *n*, Ausbreitmaß *n (Beton)*
slump block deformierter Betonstein *m*, verbreiterter Betonblock *m (durch zu flüssigen Beton)*
slump cone Setzmaßkonus *m*
slump test Ausbreitversuch *m*, Setzmaßprüfung *f*, Konussenkung *f*, Konusprüfung *f (der Betonkonsistenz)*
slumping Rutschung *f (Böschung)*
slums *s.* slum 2.
slung span continuous beam Gelenkträger *m*, Gerberträger *m*
slurried verschlammt, verschmutzt *(z. B. Schotterunterbau)*
slurry 1. Schlamm *m*, Schlämme *f*, Aufschlämmung *f*, Zementbrei *m*, Zementschlempe *f*, Schlicker *m (Keramik)*; Bindemittelbrei *m*, Bindemittelschlämme *f*, Bitumenschlämme *f*; 2. Abwasserschlamm *m*; Dickschlamm *m*; Gülle *f*; 3. Masse *f (Gasfrischbeton)*
slurry blending basin [silo] Zementschlammmischanlage *f*, Schlickermischsilo *n*
slurry coat Schlämmeanstrich *m*
slurry lagoon Güllebecken *n*
slurry of lime Kalkmilch *f*
slurry pit Güllegrube *f*, Güllebecken *n*
slurry pond Schlammabsetzbecken *n*
slurry seal Schlämmeabsiegelung *f*, Schlämmeversiegelung *f (von Straßen)*
slurry seal method Bitumenschlämmeabsiegelung *f (von Straßen)*
slurry surfacing Oberflächenschutzschicht *f*, Schlämmebelag *m (Straße)*
slurry trenching *(Bod)* Schlitzwandverfahren *n*
slurry wall Trennwand *f*, Dichtungswand *f*, Sperrwand *f*
slush *v* mit Rostschutzmittel einstreichen
slush *v* **joints** Fugen ausstreichen; Fugen abdichten
slush 1. Schlamm *m*; Schlick *m*, Schlammablagerung *f*, Schneematsch *m (z. B. in Wasserläufen)*; 2. Rostschutzmittel *n*; Schmiere *f*
slush coat Haftschicht *f*
slush grouting Zementschlempenaufstreichen *n*, Schlämmebehandlung *f*
slushed joint verfüllte Mauerfuge *f*, verschmierte Fuge *f*
slushing compound Rostschutzmittel *n*; Korrosionsschutzöl *n*
slushing grease Korrosionsschutzfett *n*, Rostschutzfett *n*
slype *(Arch)* schmaler Gebäudedurchgang *m*
small appliance Kleingerät *n*, Haushaltkleingerät *n*
small-bore system Kleinrohrheizung *f*
small business enterprise Mittelstandsunternehmen *n*
small cobbles Kleinpflaster *n*
small cobblestone Kleinpflasterstein *m*
small column kleine Säule *f*
small coring Kleinlochung *f (Ziegel)*
small face Schmalseite *f*
small formar Kleinformat *n*
small-grained kleinkörnig
small hardware Kleineisenzeug *n*, Kleineisenbauelemente *fpl*
small house Kleinhaus *n*
small panel Kleintafel *f*
small panel construction Kleintafelbau *m*
small plane Fausthobel *m*
small print *(sl)* Kleingedrucktes *n (Verträge)*
small pyramid glass Ornamentglas *n*, Paramidal-fein *n*
small room Kammer *f (Raum)*
small-scale 1. in kleinem Maßstab *(Zeichnung)*; 2. in kleinen Mengen
small-scale equipment (technische) Grundausstattung *f*, Minimalausstattung *f*
small-scale site Kleinbaustelle *f*
small sett Kleinpflasterstein *m*

small-size(d) 1. kleinstückig, kleinkörnig *(z. B. Zuschläge)*; 2. klein *(z. B. Fläche)*; klein im Ausmaß
small-sized dwelling Kleinwohnung *f*
small-sized dwelling unit *(AE)* Kleinwohnung *f*
small-sized hut Kleinbaracke *f*
small-sized kitchen Kleinküche *f*
small-sized mosaic Kleinmosaik *n*
small-sized paving sett Kleinpflaster *n*
small-sized sett paving Kleinpflasterdecke *f*
small slab kleinformatige Platte *f*
small-span frame Kleinspannrahmen *m*
small-span triangulated truss Dreieckbinder *m*
small tower *(Arch)* Ziertürmchen *m*, kleiner Turm *m*
small town Kleinstadt *f*, Städtchen *n*
small village Weiler *m*
small wood Gehölz *n*
smalt Smalte *f*, Blaufarbenglas *n*, Kaiserblau *n (Cobalt-Kalium-Silicat; gemahlen als Färbemittel)*
smalto Farbglasmosaik *n*
smaragdine smaragdfarben
smash *v* zertrümmern, zerschlagen; zersplittern, in Stücke brechen
smell Geruch *m*
smell test *(San)* Geruchstest *m*
smeller Hütte *f (Metallurgie)*
smelting plant Hüttenwerk *n*
smith Schmied *m*
Smith (fireproof) floor Smith-Decke *f*
smithcraft *(AE)* Schmiedehandwerk *n*, Schmiedekunst *f*
smithery 1. Schmiede *f*; 2. Bauschlosserei *f*; 3. Schmiedearbeit *f*
smithing Schmiedehandwerk *n*
smith's art Schmiedekunst *f*
smith's pliers Schmiedezange *f*
smith's shop Schmiede *f*
smith's skill Schmiedekunst *f*
smith's work Schmiedearbeiten *fpl*
smithy Schmiede *f*
smithy scales Hammerschlag *m (Eisenoxid)*
smog Smog *m (aus smoke und fog)*; Stadtdunst *m*, Dunstschicht *f*
smoke Rauch *m (Verbrennungsprodukt)*; Qualm *m*
smoke alarm Rauchmelder *m*
smoke and fire vent (automatische) Schornsteinklappe *f*
smoke chamber Rauchfangkammer *f*, Kaminkammer *f*
smoke chimney Rauchschornstein *m*, Rauchkamin *m*
smoke damper *(HLK)* (automatischer) Rauchgasschieber *m*
smoke detector Rauchmelder *m*
smoke development rating Rauchentwicklungsklassifikation *f (Baustoffe)*
smoke door Rauchgastür *f*, Feuer(schutz)tür *f*
smoke-dried lumber *(AE)* rauchgasgetrocknetes Bauholz *n*
smoke extract Rauchabzug *m (für Rauchgase bei einem Brand)*
smoke-finish tile glatte Fliese *f*
smoke flue Fuchs *m*, Rauch(gas)kanal *m*
smoke funnel Rauchabzug *m*
smoke hatch Rauchgastür *f*, Feuer(schutz)tür *f*
smoke-laden rauchgesättigt, rauchbefrachtet, rauchgeschwängert
smoke nuisance Rauchbelästigung *f*
smoke outlet Rauchabzug *m (zum Abzug von Rauchgasen bei einem Brand)*
smoke outlet duct Rauchabzugkanal *m*
smoke outlet shaft Rauchabzugschacht *m*
smoke particle Rauchteilchen *n*
smoke pipe Rauchrohr *n (Kesselbauteil)*; Abzugsrohr *n*
smoke pollution Luftverschmutzung *f* durch Rauch
smoke prevention Rauchverhütung *f*
smoke rocket *(San)* Rauchentwickler *m*, Rauchentwicklungs-Leitungsprüfer *m*
smoke-room Rauchzimmer *n (z. B. im Hotel)*
smoke slide valve Rauchschieber *m*
smoke spread Rauchausbreitung *f*
smoke-stack *s.* smokestack
smoke-stop (automatischer) Rauchöffnungsverschluss *m*
smoke test Rauchgasprüfung *f*, Luftstromprüfung *f* mit Rauch
smoke-tight rauchdicht
smoke tower window Rauchabzugsschachtfenster *n (Hochhaus)*
smoke tube Rauchrohr *n (Kesselbauteil)*
smoke tube boiler Rauchrohrkessel *m*
smoke vent (automatische) Schornsteinklappe *f*
smokebox Rauchkammer *f*
smoked glass Rauchglas *n*
smokeless rauchfrei, rauchlos
smokeproof tower Feuertreppenschacht *m (Nottreppe)*
smokestack Schornstein *m*, Esse *f*, Schlot *m*, Kamin *m*
smoking load Rauchlast *f*
smoking room Rauchzimmer *n*
smoky chimney rußender Schornstein *m*
smolder *v* schwelen
smooth *v* 1. glätten, (ein)ebnen; 2. glätten, glatt machen, glatt streichen; (glatt) schleifen; abschleifen; (ab)schlichten *(Holz)*; behauen *(mit dem Dechsel)*; abziehen; polieren; (aus)spachteln
smooth *v* **over** spachteln *(Mauerwerk)*
smooth glatt *(z. B. Material)*; geglättet, glatt bearbeitet, schlicht; plan, eben
smooth ashlar fertig bearbeiteter Quaderstein *m*
smooth concrete Glattbeton *m*
smooth-edged glattrandig
smooth finish Glattverputz *m*, Glattputz *m*
smooth fracture glatter Bruch *m*
smooth framework glatte Schalung *f*
smooth gypsum plaster Gipsglattputz *m*, glatter Gipsputz *m*
smooth lime finish Kalkglattverputz *m*
smooth plane *s.* smoothing plane
smooth planer Abrichtemaschine *f*
smooth planer finish maschinell geschliffene Gesteinsoberfläche *f*
smooth plaster Glattputz *m*
smooth-rolled glatt gewalzt; glatt gerollt
smooth roller Glatt(mantel)walze *f*
smooth roofing paper nackte [unbesandete] Dachpappe *f*
smooth skin glatte Außenhaut *f*
smooth soffit glatte Untersicht *f*
smooth surface ebene Oberfläche *f*
smooth-surface roofing paper unbesandete Pappe *f*
smooth-surfaced roofing (glatt) bitumengestrichene Dachhaut *f*
smooth traffic flow flüssiger Verkehrsablauf *m*
smooth-walled glattwandig
smoothed geglättet
smoothed glass savonniertes Glas *n*, fertig geschliffenes Glas *n*
smoothen *v* spachteln; schlichten; glätten
smoothing Glätten *n*; Abziehen *n*; Schleifen *n*; Ausspachteln *n*
smoothing beam [board] Abziehbohle *f*, Abziehlatte *f*, Glättbohle *f*
smoothing brush Glättpinsel *m*
smoothing effect Ausgleichswirkung *f*

smoothing iron Heizbohle *f*, Glättbohle *f (Straßenfertiger)*
smoothing plane Schlichthobel *m*, Polierhobel *m*; Langhobel *m*
smoothing trowel Glättkelle *f*, Glätter *m*
smoothing varnish Schleiflack *m*
smoothing wheel Glättscheibe *f*
smoothness Ebenheit *f (einer Fläche)*; Glätte *f*
smoothness of the traffic Flüssigkeit *f* des Verkehrs, Verkehrsflüssigkeit *f*
smoulder *v* schwelen, glimmen
smudge 1. Schmutzfleck *m (Anstrich)*; 2. Farb- und Reinigungsreste *mpl (als Grundanstrich)*; Rußleimanstrich *m (Bleirohrleitung)*
smutted stockig *(Holz)*
snack bar Imbissstube *f*
snag *v* Geländehindernisse entfernen *(Baumstümpfe, Felsen)*
snagging list Restarbeitenliste *f*
snake 1. *(San)* Schlammrute *f*, Reinigungsdraht *m*; 2. *(El)* Einziehdraht *m*, Einziehband *n*
snakestone Abziehstein *m*, Polierstein *m (für Terrazzo, Putz)*
snaking stream Mäanderfluss *m*
snaky *(Verk)* sich schlängelnd, gewunden *(Trasse)*
snap *v* 1. einschnappen; einrasten; 2. Nietköpfe machen; nieten; 3. reißen *(z. B. Seil)*
snap *v* **back** zurückschnellen
snap *v* **into position** aufziehen *(Rohrdichtungsring)*
snap *v* **the line** eine Linie anreißen *(mit Schnur)*
snap Döpper *m*, Niethammer *m*
snap die Döpper *m*, Nietstempel *m*
snap fitted into position eingeschnappt
snap hammer Schell(niet)hammer *m*, Schellhammer *m*, Döpper *m (Bossierhammer)*
snap head Halbrundkopf *m (Niet)*
snap header *s.* snapped header
snap lock *s.* snaplock
snap riveting Schellkopfnietung *f*
snap switch *(El)* Schnappschalter *m*, Sprungschalter *m*
snap-through load Durchschlaglast *f*
snap tool *s.* snap die
snaplock Pendeltürschnapper *m*; Schnappschloss *n*
snapped header Halbziegel *m (Binder)*
snapped work Mauerwerk *n* mit Halbbindern
snapping line Anreißleine *f*
snappy hochelastisch *(Fugendichtstoff)*
snarl *v* mit Relief verzieren
snatch block Zugankerblock *m (mit zu öffnender Seitenwand)*
sneck 1. Füllstein *m (Bruchsteinmauerwerk)*; 2. Klinke *f*, Drücker *m (Türschloss)*
snecked rubble Bruchsteinmauerwerk *n*
snecking Bruchsteinmauern *n*, Bruchsteinsetzen *n*
snips Blechschere *f*
snow Schnee *m*
snow blade Schneeräumer *m*, Schneepflug *m*
snow blower Schneeschleuder *f*
snow board Schneefangbrett *n*
snow chains Schneeketten *fpl*
snow clearance [clearing] Schneeräumung *f*
snow clearing marker post *(Verk)* Schneeräumzeichen *n*
snow conditions Schneeverhältnisse *npl (Winterbau)*
snow cover Schneedecke *f*
snow cutter Schneefräse *f*
snow drifting Schneeverwehung *f (Straße)*
snow fence Schneezaun *m*
snow guard Schneefanggitter *n*, Schneehalter *m*, Schneefang *m (Dach)*
snow hook Schneehaltehaken *m (Dach)*
snow load Schneelast *f*
snow load value Schneelast(bei)wert *m*
snow loading Schneebelastung *f*
snow plough [remover] Schnee(räum)pflug *m*, Schneeräumer *m*
snow region Schneegebiet *n*
snow removal Schneeräumung *f (Straße)*
snow transport Schneefracht *f*
snow water Schmelzwasser *n*
snowboard Schneefangbrett *n*
snowcrete Weißzement *m*, weißer (eisenoxidfreier) Portlandzement *m*
snowdrift Schneeverwehung *f*, Schneewehe *f*
snowfall Schneefall *m*
snowfence Schneezaun *m*
snowless schneefrei
snubbing post *(Wsb)* Landpoller *m*
snug 1. wohnlich; behaglich; 2. gut sitzend *(fest)*
snug bolt Nasenschraube *f*
snuggly fitting satt anliegend, exakt zusammenpassend *(Montagebauteile)*
soak *v* 1. tränken, einweichen; einsumpfen *(Kalk)*; durchtränken; imprägnieren; 2. durchsickern, (ein)sickern; 3. sich voll saugen; einweichen
soak *v* **in** einsickern, versickern, durchsickern
soak *v* **through** durchfeuchten, durchnässen
soak *v* **up** aufsaugen
soak Tränkung *f*, Einweichen *n*; Imprägnieren *n*
soak cleaning Tauchreinigung *f*
soakage Tränkung *f*
soakage pit Sickergrube *f*, Sickerschacht *m*
soakaway 1. *(San)* Sickergrube *f*; 2. *(Bod)* Sickerschacht *m*, Filterbrunnen *m*
soaked macadam *(Verk)* Tränkmakadam *m (Straße)*
soaked to a putty eingesumpft
soaked weight Nassgewicht *n (z. B. von Baustoffen)*
soaker Wandanschlussblech *n (Dach)*; Gebindewinkel *m*
soakers Verwahrungen *fpl (Dichtungsenden)*
soaking Durchtränkung *f*, Einsumpfen *n (von Kalk)*
soaking-in Versickern *n*, Versickerung *f*, Einsickern *n*
soaking period 1. Einsumpfzeit *f (Kalk)*; 2. Dampfaufsaugperiode *f (Betonautoklavbehandlung)*
soaking time *s.* soaking period
soap Vormauerziegel *m (> 5 cm dick)*; Meisterquartier *n*, Riemenstein *m*, Riemenstück *n*
soap brick Riemenstein *m*, Riemchen *n*, Meisterquartier *m*, Längsquartier *m*
soap bubble Seifenhaut *f*
soap closer Riemchen *n*
soap dish Seifenschale *f*
soap dish tile Seifenschalenfliese *f*
soap dispencer Seifenspender *m*
soap holder Seifenhalter *m*
soap-like seifenartig
soap powder Seifenpulver *n*
soap solution Seifenlösung *f*
soap tray tile Seifenschalenfliese *f*
soapproof seifenbeständig, seifenfest
soapstone Speckstein *m (Talkabart)*
soapy water Seifenwasser *n*
soccer field Fußballfeld *n*
social amenities öffentliche [gesellschaftliche] Einrichtungen *fpl*
social centre Gemeinschaftszentrum *n*
social house building sozialer Wohnungsbau *m*
social housing construction sozialer Wohnungsbau *m*
social housing scheme Bauvorhaben *n* im sozialen Wohnungsbau

socket 1. Muffe *f*, Stutzen *m*, Rohrstutzen *m*; Hülse *f*; Überschiebmuffe *f*; Überwurfverschraubung *f*; 2. *(El)* Steckdose *f*; 3. *(El)* Fassung *f*
socket base Hülsenfundament *n*
socket chisel Stemmeisen *n*, Stemmmeißel *m*
socket fitting 1. Muffenverbindung *f*; 2. Armatur *f* mit Muffenanschluss
socket foundation Hülsenfundament *n*
socket fuse Einschraubsicherung *f*
socket joint Muffenverbindung *f*
socket outlet *(El)* Steckdose *f*
socket pipe Muffenrohr *n*
socket plug Muffenstopfen *m (Rohrleitungen)*
socket press Glockenmuffenpresse *f*
socket spanner Steckschlüssel *m*, Aufsatzschlüssel *m*
socket valve Muffenventil *n*
socket wrench *(AE)* Steckschlüssel *m*
socketed column [pier, stanchion] Pendelstütze *f*, Pendelsäule *f (Stahlbau)*
socle Sockel *m (unterer Mauerteil)*; Fundament *n*, Untersatz *m*, Unterbau *m (z. B. einer Säule)*
socle wainscotting Sockelverkleidung *f*
sod Sode *f*, Rasenlage *f*, Grasnarbe *f*, Grasboden *m*, Rasenboden *m*
sod house Sodenhaus *n (mit Rasensoden abgedeckt)*
sod mat Grasnarbe *f*
sod square Rasensoden **f**
soda glass Natronglas *n*
soda-lime glass Natronkalkglas *n*
sodded slope Rasenböschung *f*; Rasendecke *f*
sodding Rasensodenabdeckung *f*, Ansoden *n*
soddy soil Rasenboden *m*
sodium Natrium *n*
sodium aluminate Tonerdenatron *n*, Natriumaluminat *n*
sodium aluminium silikat Natriumaluminiumsilikat *n*
sodium carbonate Natriumkarbonat *n*
sodium chloride Kochsalz *n*, Natriumchlorid *n*
sodium compound Natriumverbindung *f*
sodium (discharge) lamp *s.* sodium-vapour lamp
sodium silicate Natriumsilicat *n*, Natronwasserglas *n*
sodium soap Natronseife *f*
sodium system Natriumverbindung *f*
sodium-vapour lamp Natrium(dampf)lampe *f*
soffit 1. Untersicht *f (Decken)*; Balkenunterseite *f*, Sturzunterfläche *f*; 2. Soffitte *f (Felderdecke)*; 3. Rohrscheitel *m*, Firste *f*
soffit arch Gewölbebogen *m*, Scheitelbogen *m*
soffit block Betonbalkenfüllstein *m*, Deckenfüllkörper *m*
soffit block floor Füllsteindecke *f*
soffit board 1. Abschalbrett *n*; Unterschalbrett *n*; 2. Traufbrett *n*, Dachkastenbrett *n*
soffit boards Schalboden *m*
soffit cusp Schlussring *m (Gewölbe)*
soffit development Abwicklung *f* der Wölbungsleibung
soffit level 1. Untersichtkote *f*; 2. Scheitelhöhe *f*
soffit lined eaves Dachfuß *m*, verkleidete Traufenuntersicht *f*
soffit of a girder Trägerboden *m*
soffit of arch Leibung *f*, Laibung *f*
soffit scaffolding Lehrgerüst *n*
soffit slab Bodenplatte *f*
soffit width Bogentiefe *f*
soffite *s.* soffit
soft 1. locker *(Boden)*; 2. weich *(Gestein, Material)*; 3. weich, ungehärtet *(Stahl)*
soft asphalt *(AE)* Weichasphalt *m*
soft bitumen Weichbitumen *n*
soft board Weichfaserplatte *f (Dämmplatte)*
soft brick Weichziegel(stein) *m*, Schwachbrandziegel *m*
soft buff Schwabbelscheibe *f*
soft-burnt schwachgebrannt, weichgebrannt *(Ziegel, Kachel)*
soft clay Weichton *m*, plastischer Ton *m*
soft copal Weichkopalharz *n*
soft expanded natural rubber Weichzellkautschuk *m*, Weichkautschukschaumstoff *m*
soft glass Weichglas *n*, Fensterglas *n*
soft ground weicher Boden *m*
soft hardwood Weichlaubholz *n*
soft lead Weichblei *n*
soft light weiches Licht *n*
soft-mud brick Nasstonziegel *m*
soft-mud process *s.* slop moulding
soft paraffin wax Weichparaffin *n*
soft particle weiches (sprödes) Zuschlag(stoff)korn *n*
soft phenolic resin Weichphenolharz *n*, Phenolweichharz *n*
soft rock faules Gestein *n*, fauler Fels *m*
soft rot Nassfäule *f (Holz)*
soft rubber Weichgummi *m*
soft shoulder *(Verk)* unverdichtetes Bankett *n*
soft-solder *v* weichlöten
soft solder Weichlot *n*, Schnellot *n*
soft-soldered joint Weichlötverbindung *f*
soft soldering Weichlöten *n*
soft steel weicher Stahl *m*
soft-textured wood Weichholz *n*
soft-textured wood fibre concrete Weichholzfaserbeton *m*
soft-textured wood floor boarding Weichholzfußbodenbelag *m*
soft timber *s.* softwood timber
soft walked-on finish weichfedernder Gehbelag *m*
soft water weiches (kalkarmes) Wasser *n*
softboard Dämmplatte *f*, Holzfaserdämmplatte *f*
soften *v* 1. erweichen; weich machen, plasti(fi)zieren *(z. B. Kunststoffe)*; weich werden, erweichen; 2. enthärten *(Wasser)*
softened water enthärtetes Wasser *n*
softener Plastifizierer *m*, Weichmacher *m*
softening 1. Plastifizieren *n*; 2. Enthärten *n (Wasser)*
softening agent *s.* softener
softening installation Wasserenthärtungsanlage *f*
softening method Wasserenthärtungsverfahren *n*
softening of water Wasserenthärtung *f*
softening plant Wasserenthärtungsanlage *f*
softening point Erweichungspunkt *m*, EP *m*
softening range Erweichungsbereich *m*
softening stage Erweichungszustand *m*
softening test Erweichungsprüfung *f*
softwood Nadel(baum)holz *n*, Weichholz *n*
softwood lumber *(AE)* Nadelschnittholz *n*
softwood timber Nadelschnittholz *n*
softwoods 1. Nadelwälder *mpl*; 2. Weichholzarten *fpl*
soggy feucht, sumpfig
soil *v* verunreinigen, verschmutzen, beschmutzen; schmutzig werden
soil 1. Boden *m*, Erdboden *m*, Erde *f*, Erdstoff *m*; Grund *m*, Baugrund *m*; Land *n*, Ackerland *n*; 2. Toilettenabwasser *n*; Fäkalien *pl*; 3. *(Verk)* Planum *n*
soil absorption system Sickergrabensystem *n (Abwasser)*; Berieselungsfelderbehandlung *f*
soil aeration Bodenbelüftung *f*
soil aggradation Bodenaufschüttung *f*, Erdstoffaufschüttung *f*
soil aggressivity Bodenaggressivität *f*
soil analysis Erdstoffanalyse *f*, Bodenanlyse *f*
soil and ground Grund *m* und Boden *m*; Grundstücke *npl*

soil and vent pipe Entwässerungs- und Lüftungsrohr *n*
soil asphalt asphaltverfestigter Erdstoff *m*; Bitumenvermörtelung *f*
soil assessment Bodenbewertung *f*
soil auger Bodenspiralbohrer *m*, Bodensondiergerät *n*
soil bacteria Bodenbakterien *npl (Korrossion)*
soil bearing capacity Baugrundtragfähigkeit *f*, Bodentragfestigkeit *f*
soil behaviour Bodenverhalten *n*, Erdstoffverhalten *n*
soil binder *(AE)* Bodenschluff *m*, Schluff *m*
soil blowing Bodenverwehung *f*
soil borer Bodenschappe *f*, Erdstoffprobenehmer *m*
soil branch Drännebenleitung *f*
soil burial Erdlagerung *f (Prüftechnik)*
soil cement zementverfestigter Boden *m*, stabilisierter Erdstoff *m*
soil-cement (mix) Erdstoff-Zement-Gemisch *n*, Zementstabilisierungsgemisch *n*
soil-cement road zementstabilisierte Erd(stoff)straße *f*, zementverfestigte Erdstraße *f*
soil cementation *(Erdb)* Zementstabilisierung *f*, Erdstoffverfestigung *f* mit Zement; Bodenvermörtelung *f*
soil characteristic Bodenziffer *f*
soil chemistry Bodenchemie *f*
soil chracteristics Bodeneigenschaften *fpl*, Erdstoffeigenschaften *fpl*
soil class Bodenklasse *f*, Bodenart *f*
soil classification Bodenklasseneinteilung *f*, Erdstoffklassifizierung *f*
soil classification test Erdstoffklassifizierungsuntersuchungen *fpl*
soil compaction Bodenverdichtung *f*, Erd(stoff)verdichtung *f*
soil conditioning Bodenstrukturbehandlung *f*, Bodenstrukturverbesserung *f*
soil conditions Bodenverhältnisse *npl*
soil conservation Bodenschutz *m*, Bodenerhaltung *f*
soil consolidation Erdstoffkonsolidierung *f*, Erdstoffsetzung *f*, natürliche Bodenverdichtung *f*
soil corrosion Bodenkorrosion *f*
soil corrosiveness Bodenaggressivität *f*
soil corrosivity Bodenaggresivität *f*
soil cover 1. Bodenabsiegelungsfilm *m*; 2. Bodendecke *f*
soil cover complex Bodendeckschicht *f*
soil cover planting Bodenbedeckungspflanzung *f*
soil creep (langsames) Böschungsrutschen *n*; Bodenkriechen *n*
soil cultivation Bodenbearbeitung *f*
soil current Erdstrom *m*
soil cut Bodeneinschnitt *m*
soil cutting Bodeneinschnitt *m*
soil densification *s.* soil compaction
soil density Bodendichte *f*, Erdstoffdichte *f*
soil deposit Bodenlagerung *f*, Bodenablagerung *f*
soil displacement Bodenverdrängung *f*, Lösen *n* und Fördern *n* von Boden
soil drainage Bodenentwässerung *f*
soil dynamics Bodendynamik *f*
soil engineer Bodenmechaniker *m*
soil engineering Erdbau *m*, Grundbau *m*
soil erosion Bodenerosion *f*, Bodenabtrag *m*
soil examination Baugrunduntersuchung *f*, Bodenuntersuchung *f*
soil excavation Erdstoffaushub *m*
soil exchange Bodenaustausch *m*
soil exploration Bodenschürfung *f*, Bodenuntersuchung *f*, Erdstoffuntersuchung *f*, Bodenerkundung *f*
soil failure investigation *(Bod)* Grundbruchuntersuchung *f*
soil filling-up Erdstoffauftrag *m*, Erdantrag *m*
soil filter Bodenfilter *n*
soil flow Bodenfließen *n*
soil flowage Bodenfließen *n*
soil formation Erdstoffformation *f*, Bodenformation *f*, Bodenbildung *f*
soil group Bodengruppe *f*, Erdstoffgruppe *f*
soil grouting Erdstoffvermörtelung *f (chemisch)*
soil horizon Bodenschicht *f*, Erdstoffhorizont *m*
soil humidity Bodenfeuchtigkeit *f*
soil improvement Erdstoffverbesserung *f (durch Mischen)*
soil-improving bodenverbessernd
soil investigation Baugrunduntersuchung *f*, Erdstoffuntersuchung *f*
soil irrigation Bodenbewässerung *f*
soil layer Bodenschicht *f*, Erdstoffschicht *f*
soil loading Bodendruck *m*, Erdstoffdruck *m*
soil loosening Erdstofflösen *n*, Bodenlösen *n*, Bodenlockerung *f*
soil map Bodenkarte *f*
soil mapping Bodenkartierung *f*
soil material Erdkörper *m*; Erdstoffmasse *f*
soil mechanics Bodenmechanik *f*, Baugrundmechanik *f*
soil mechanics laboratory Erdbaulabor *n*, Labor *n* für Bodenmechanik
soil moisture Bodenfeuchtigkeit *f*, Erdstofffeuchtigkeit *f*
soil-moisture tension Bodenwasserspannung *f*
soil mortar Bodenmörtel *m*
soil of low plasticy leichtplastischer Boden *m*
soil of medium plasticy mittelplastischer Boden *m*
soil parameter Erdstoffkennwerte *mpl*, Bodenparameter *mpl*
soil particle Bodenteilchen *n*
soil permeability Bodendurchlässigkeit *f*
soil piercing Durchörterung *f*
soil pipe Fäkalienfallrohr *n*, Fallrohr *n*, Entwässerungsrohr *n*
soil placement Bodeneinbau *m*
soil pollutant bodenverschmutzender Stoff *m*
soil pollution Bodenverschmutzung *f*, Bodenverunreinigung *f*
soil porosity Bodenporosität *f*, Erdstoffporosität *f*
soil potential Erdpotenzial *n*
soil pressure Erddruck *m*, Bodendruck *m*; Bodenpressung *f*, Sohlpressung *f*
soil pressure calculation Erddruckberechnung *f*
soil pressure cell Erddruckmessdose *f*
soil profile Bodenprofil *n*, Schichtenprofil *n*
soil property Bodeneigenschaft *f*, Erdstoffeigenschaft *f*
soil-protecting bodenschützend
soil-protective bodenschützend
soil resistance Bodenwiderstand *m*
soil sample Bodenprobe *f*, Erd(stoff)probe *f*
soil sample recovery Bodenprobenentnahme *f*, Erdstoffprobenentnahme *f*
soil sampler Bodenprobenentnahmegerät *n*, Erdstoffprobenentnahmegerät *n*
soil separation Erdstoff(ab)sperrung *f (Straße)*
soil series Bodenschicht *f*
soil shifting Erdbewegung *f*, Erdbewegungsarbeiten *fpl*
soil skeleton Bodenskelett *n*
soil solidification Erdstoffstabilisierung *f*, Baugrundverbesserung *f*
soil solution Bodenwasser *n*
soil specimen Bodenprobe *f*
soil stability Bodenstandfestigkeit *f*
soil stabilization Bodenstabilisierung *f*, Erdstoffstabilisierung *f*, Erdstoffverfestigung *f*, Bodenvermörtelung *f*, Baugrundverbesserung *f*

soil stabilizer 1. Bodenstabilisierungs(binde)mittel *n*, Bodenstabilisator *m*; 2. Erdstoffmischgerät *n*, Bodenfräse *f*
soil-stabilizing bodenstabilisierend; bodenbefestigend
soil stack Entwässerungsfallrohr *n*, Toilettenfallrohr *n*
soil strain Bodendruck *m*, Erddruck *m*
soil stratum Bodenschicht *f (Geologie)*
soil strength Bodenfestigkeit *f*
soil structure Erdstoffstruktur *f*
soil study Baugrunduntersuchung *f*, Bodenuntersuchung *f*
soil subgrade Erdplanum *n*, Untergrund *m*
soil suction Bodenwasserspannung *f*
soil survey Bodenerkundung *f*, Bodenaufnahme *f*, Bodengutachten *n*, Erdstofferkundung *f*
soil suspension Fließschlamm *m*
soil swamping Bodenversumpfung *f*
soil testing Bodenuntersuchung *f*
soil testing laboratory Erdstoff(prüf)labor *n*, Boden(prüf)labor *n*, Labor *n* für Bodenmechanik
soil transport Erdbewegung *f*, Erdbewegungsarbeiten *fpl*; Erdstofftransport *m*
soil type Bodenart *f*, Erdstofftyp *m*
soil ulmin Humus *m*
soil uplift Bodenhebung *f*
soil vent senkrechtes Abwasserrohrende *n*
soil ventilation pipe Dunstrohr *n*
soil-waste pipe Hausabflussrohr *n*, Gebäudeentwässerungsrohr *n*
soil water Bodenwasser *n*
soil-water bed *(Bod)* Bodenwasserschicht *f*
soil waterproofing Bodenabdichtung *f*, Lehmschürzendichtung *f*
soil wettness Bodenfeuchte *f*
soils lab(oratory) Erdstofflabor *n*
soils mapping Bodenkartierung *f*
soils survey Baugrunduntersuchung *f*
solar Sonnen(licht)raum *m*, ein der Sonne ausgesetzter Raum *m (in der oberen Etage eines vornehmen Wohngebäudes in England)*
solar absorption coefficient Sonnenabsorptionskoeffizient *m*
solar absorptivity Sonnenabsorptionsvermögen *n*
solar altitude Sonnenhöhe *f*, Sonnenstand *m*
solar altitude angle Erhebungswinkel *m* der Sonne
solar battery Solargenerator *m*, Solarbatterie *f*
solar cell Solarzelle *f*
solar collector Sonnenkollektor *m*, Solargenerator *m*
solar concentrator Sonnenwärmekonzentrator *m*, Strahlungsbündler *m*
solar constant Solarkonstante *f (Solarheizung)*
solar control Solarkontrolle *f*
solar controlled venetian blind sonnen(strahlungs)gesteurte Rolljallousie *f*
solar energy Solarenergie *f*, Sonnenenergie *f*
solar energy plant Solaranlage *f*, Sonnenkollektor *m*
solar engineering Solartechnik *f*
solar farm Sonnenfarm *f*
solar furnace Sonnenofen *m*
solar gain Solargewinn *m*
solar glass Sonnenschutzglas *n*
solar grating [grille] Sonnenschutzgitterrost *m*
solar heat Sonnenwärme *f*
solar heat gain Sonnenwärmegewinn *m*
solar heat radiation Sonnenwärmestrahlung *f*
solar heating Solarheizung *f*, Sonnenheizung *f*
solar heating system Solarheizungssystem *n*
solar house sonnengeheiztes Haus *n*
solar installation Solaranlage *f*
solar light radiation Sonnenlichtstrahlung *f*
solar load Sonnenstrahlungswärme *f*
solar orientation Sonnenlage *f*, sonneneinstrahlungsorientierte Gebäudestellung *f*
solar panel Solarzellenplatte *f*
solar plant Solaranlage *f*
solar power station Solarkraftwerk *n*, Sonnenkraftwerk *n*
solar-powered mit Sonnenenergie betrieben
solar radiation Sonnen(be)strahlung *f (exponiert)*
solar screen Sonnenschutzwand *f*, Schattenwand *f*, Sonnenschutzkonstruktion *f*
solar screen tile Sonnenschutzwandziegel *m*, durchbrochener Zierziegel *m*
solar screening *s.* solar screen
solar shading Abschattung *f*, Sonnenschutz *m*
solar shading device Abschattungseinrichtung *f*, Sonnenschutzblende *f*, Sonnenschutzanlage *f*
solar technology Solartechnik *f*
solar thermoelectric conversion thermoelektrische Sonnenenergieumwandlung *f*
solarium 1. Solarium *n*, Sonnenterrasse *f*; 2. *s.* solar
solder *v* löten; weichlöten
solder *v* **in** einlöten
solder Lot *n*, Lötmetall *n*; Weichlot *n*
solder alloy Lötlegierung *f*
solder wire Lötdraht *m*
soldered gelötet, verlötet
soldered cleat Löthafter *m (Metallbedachung)*
soldered flange Lötflansch *m*
soldered joint Lötverbindung *f*; Lötstelle *f*
soldered metal cleat Löthafter *m (Metallbedachung)*
soldered seam Lötnaht *f*
soldering 1. Löten *n*; Weichlöten *n*; 2. Lötverbindung *f*; Lötstelle *f*
soldering blowpipe Lötrohr *n*
soldering copper *s.* soldering iron
soldering embrittlement Lötbrüchikleit *f*
soldering flux Lötflussmittel *n*
soldering gun Lötpistole *f*
soldering iron Lötkolben *m*, Löteisen *n*
soldering lamp Lötlampe *f*
soldering method Lötverfahren *n*
soldering oven Lötofen *m*
soldering paste Lötpaste *f*, Lötfett *n*
soldering point Lötstelle *f*
soldering stop-off Lötmassenstopp *m*
soldering temperature Löttemperatur *f*
soldering tin Lötzinn *n*
soldering tongs Lötzange *f*
soldering torch Lötrohr *n*; Lötbrenner *m*
solderless connector lötlose Verbindung *f (Rohr)*
soldier 1. aufrechtstehender Ziegel *m*; 2. *(Erdb)* senkrechter Aussteifungspfosten *m*, Schalungspfosten *m*; Holzsteife *f*
soldier arch hochkantiger Ziegelbogen *m*
soldier beam Brustholz *n*; Stahlpfosten *m* zur Böschungssicherung
soldier course aufrechtstehende Ziegelschicht *f*
soldier pile *s.* soldier 2.
soldier string course *s.* soldier course
soldiers' hut Soldatenbaracke *f (temporär)*
sole 1. Holztraggerüst *n*, Sollplatte *f (Fundament)*; Unterstab *m*; 2. Sohle *f*, Bodenfläche *f (Baugrund)*; 3. Basis *f*, Sockel *m*; Unterbau *m*
sole owner alleiniger Grundeigentümer *m* [Bauherr *m*]
sole piece Schwelle *f*, Schwellenholz *n*, Schwellenbalken *m*, Lagerbalken *m*; Fußbalken *m*, Fußholz *n (für Stützen)*
sole plate 1. *s.* sole piece; 2. Sohlplatte *f*, Flanschverstärkungsplatte *f*, untere Gurtplatte *f*, 3. *(Hb)* Fußplatte *f*, Holztraggerüst *n (Fundament)*
sole runner Schwelle *f (Fachwerk)*
sole stabilization Sohlenbefestigung *f*

solemnity of style *(Arch)* Feierlichkeit *f* des Stiles
solenoid valve Magnetventil *n*
soleplate Sohlplatte *f (Fundament)*
solicitor's fee Rechtsanwaltshonorar *n*
solid 1. fest; dicht, kompakt; massiv, hart *(z. B. Boden)*; 2. stabil, dauerhaft
solid 1. fester Körper *m*; 2. geometrischer Körper *m*
solid angle Raumwinkel *m*
solid beam Vollbalken(träger) *m*
solid bearing durchgehende Auflage *f*, Vollager *n*
solid bedrock *s.* solid rock
solid bitumen Hartbitumen *n*, Heißbitumen *n*, Destillationsbitumen *n*
solid block Vollstein *m*, genormter Mauerstein *m*
solid-borne sound Körperschall *m*
solid brick Vollziegel *m*; genormter Ziegel *m*
solid brick chimney Vollziegelschornstein *m*
solid brick wall Vollziegelmauer *f*, Vollziegelwand *f*
solid bridge Massivbrücke *f*
solid bridging Querholzrafteraussteifung *f*
solid cable Massivkabel *n*
solid calcium silicate brick Kalksand(stein)vollstein *m*
solid ceiling Massivdecke *f*
solid character Körperlichkeit *f*
solid clay brick Vollziegel *m*
solid clay brick masonry Vollziegelmauerwerk *n*
solid clinker block Schlackenvollblockstein *m*, Schlackenbetonvollblock *m*
solid column Massivsäule *f*
solid concrete block genormter Betonstein *m*, Vollblock *m*
solid concrete method Betonvollbauweise *f*
solid construction 1. Vollbauweise *f*, Vollkonstruktionssystem *n*; 2. Massivbau *m*
solid contamination feste Verunreinigungen *fpl*
solid content Feststoffanteil *m*, Feststoffgehalt *m*
solid cross-section Vollquerschnitt *m*
solid cross wall Vollscheibe *f*, Vollwandscheibe *f*
solid door Volltür *f*, Tür *f* mit Kernfüllung
solid-door core Türkernfüllung *f*
solid door frame ausgearbeiteter Türrahmen *m*
solid door panel durchgehende Türbeplankung *f*
solid element Körperlichkeit *f*
solid floor 1. Massivdecke *f*; 2. geschlossene Deckenbalkenlage *f*; 3. Holzpflaster *n*
solid frame Vollrahmen *m*; ausgearbeiteter Türrahmen *m*; ausgearbeiteter Fensterrahmen *m*
solid fuel boiler Festbrennstoffkessel *m*
solid fuel-fired stove Festbrennstoffofen *m*
solid geometry Stereometrie *f*, darstellende Geometrie *f*
solid glass door Vollglastür *f (ohne Rahmen)*
solid gypsum board Vollgipsplatte *f*, Gipsvollbauplatte *f*
solid insulation Massivdämmung *f*
solid joint formschlüssige Verbindung *f*
solid lime-sand brick Kalksand(stein)vollstein *m*
solid masonry unit Vollmauerstein *m*, genormter Mauerstein *m*
solid masonry wall Voll(stein)mauer *f*; massives Mauerwerk *n*, massive Wand *f*
solid mass Mauerwerksubstanz *f*
solid measure Festmaß *n*
solid mechanics Festkörpermechanik *f*
solid melting wax Hartwachs *n*
solid mopping geschlossener Bitumendachanstrich *m (Heißbitumen)*
solid newel Mönch *m*, voller Treppenpfosten *m*
solid newel stair Spindeltreppe *f*, Wendeltreppe *f* mit tragendem Treppenpfosten
solid pairing Formschluss *m*
solid panel 1. Volltafel *f*; 2. durchgehende Türbeplankung *f*
solid paraffin Hartparaffin *n*
solid particle Feststoffteilchen *n*
solid partition massive Trennwand *f*, Volltrennwand *f*
solid phase feste Phase *f*
solid pipe Hochdruckrohr *n*, widerstandsfähiges Rohr *n*
solid plasterwork massive Stuckarbeit *f*
solid post *s.* solid newel
solid punch Durchschlageisen *n*, Durchschläger *m*, Durchtreiber *m*
solid rectangular cantilever step Kragblockstufe *f*, Auslegerblockstufe *f*, Kragmassivstufe *f*, Auslegermassivstufe *f*, Kragklotzstufe *f*, Auslegerklotzstufe *f*
solid rectangular step Blockstufe *f*, Massivstufe *f*, Klotzstufe *f*
solid reinforced concrete slab Stahlbetonvollplatte *f*
solid rib Scheitelrahmenholz *n (eines Bogens)*
solid rock *(Bod)* Fels *m*, fest anstehendes Gestein *n*
solid rubber Vollgummi *m*
solid sand-lime brick Kalksandvollstein *m*
solid shear wall Vollscheibe *f*, Vollwandscheibe *f*
solid slab Vollplatte *f*, Vollbetonplatte *f*
solid slab (intermediate) floor Vollplattendecke *f*, Vollbetondecke *f*
solid soil fest(gewachsen)er Erstoff *m*
solid-solid mixing Vermengen *n* [Vermischen *n*] von Feststoffanteilen *(Baustoffaufbereitung)*
solid state festes Stadium *n*
solid step Steinstufe *f (Naturstein)*
solid stop Türrahmen *m* mit Anschlag
solid strutting Querholzrafteraussteifung *f*
solid substance volumen Feststoffvolumen *n*
solid system Vollbausystem *n*, Vollkonstruktion *f*
solid timber Massivholz *n*
solid vault Vollgewölbe *n*
solid wall Vollwand *f*, Massivwand *f*
solid wall construction Vollwandbauweise *f*
solid wall construction method Vollwandbauweise *f*, Vollwandbauverfahren *n*
solid walling block Vollstein *m (für Mauerwerk)*
solid waste feste Abfälle *mpl*
solid web Vollsteg *m*, Vollwand *f (Träger)*
solid-web arched girder Vollwandbogenträger *m*
solid-web beam Vollwandbalken *m*
solid-web girder Vollwandträger *m*
solid-web joist Vollwandunterzug *m*
solid-web section Vollwandträger *m*
solid-web steel joist Vollwandstahlträger *m*, Vollwanddeckenträger *m*
solid-web truss Vollwandbinder *m*
solid-webbed vollwandig
solid window frame ausgearbeiteter Fensterrahmen *m*
solid wood Vollholz *n*, Massivholz *n*
solid-wood floor 1. geschlossene Deckenbalkenlage *f*; 2. Holzpflaster *n*
solidification Verfestigung *f*, Festwerden *n (z. B. von Erdstoffen, Bindebaustoffen)*; Erstarren *n*
solidified verfestigt
solidified material verfestigtes Material *n*; Umsetzungsprodukt *n*
solidified product Umsetzungsprodukt *n*, Verfestigungsprodukt *n*
solidified waste Umsetzungsprodukt *n*, Verfestigungsprodukt *n*
solidify *v* sich verfestigen, erstarren, (v)erhärten; verfestigen, erstarren lassen
solidifying Erhärtung *f*, Verfestigung *f*
solidity Stabilität *f (z. B. einer Baukonstruktion)*

solidium Baukörper *m*
solidly filled vollfugig, bündig verfugt
solidness Schwere *f*
solids Festkörper *mpl*, Feststoffe *mpl*, nichtflüchtige Bestandteile *mpl (in Bindemitteln, Anstrichen usw.)*
solids content Feststoffanteil *m*, Festkörpergehalt *m*
solidus curve [line] Erstarrungskurve *f*, Soliduslinie *f*
solifluction Bodenfließen *n*
soling 1. Sauberkeitsschicht *f (Straßenbelag)*; 2. Steinpflaster *n*
Solnhofer stone Solnhofer Platte *f*
solubility Löslichkeit *f*
solubility curve Löslichkeitskurve *f*
solubility in water Wasserlöslichkeit *f*
solubility test Löslichkeitsprüfung *f*
solubilization Lösen *n*
solubilize *v* löslich machen
soluble 1. löslich *(Stoffe)*; 2. (auf)lösbar *(Mathematik)*
soluble binder content Gehalt *m* an löslichem Bindemittel *(Asphalt)*
soluble drier Trockenöl *n (Farbe)*; Sikkativ *n*
soluble dye löslicher Küpenfarbstoff *m*
soluble dyestuff löslicher Farbstoff *m*
soluble glass Wasserglas *n*
soluble glass coat Wasserglasanstrich *m*
soluble glass solution Wasserglaslösung *f*
soluble salt lösliches Salz *n*, ausblühfähiges Salz *n*, auswitterungsfähiges Salz *n*
solute gelöster Stoff *m*
solution Lösung *f*
solution calorimeter Lösungskalorimeter *n*, Lösungswärmemesser *m*
solution ceramics Lösungskeramik *f (Aufbringen dünner Silikatschutzschichten)*
solution epoxy lösungsmittelhaltiger Epoxidharzanstrichstoff *m*
solution example Lösungsbeispiel *n*
solution of dyestuff Farbstofflösung *f*
solution paint lösungsmittelhaltiger Anstrichstoff *m*, Lösungsmittelllack *m*
solution polymerisation Lösungspolymerisation *f*
solution procedure Lösungsverfahren *n*
solution state of matter Lösungszustand *m*
solvency Löslichkeitsvermögen *n (Farblösungsmittel)*
solvent zahlungsfähig
solvent Lösungsmittel *n*
solvent adhesive Lösungsmittelkleber *m*, Kleber *m* mit Lösungsmittel
solvent base Lösungsmittelbasis *f*, Lösungsmittelgrundlage *f*
solvent-based lösungsmittelhaltig
solvent-born lösungsmittelhaltig
solvent-born paint lösungsmittelhaltiger Grundanstrichstoff *m*
solvent-carried paint Lösungsmittelfarbe *f*
solvent coating Lösungsmittelanstrich *m*
solvent drying Lösungsmitteltrocknung *f*
solvent-free lösungsmittelfrei
solvent-less lösungsmittellos
solvent-less coating lösungsmittelfreier Anstrichstoff *m*
solvent power Lösvermögen *n*, Lösefähigkeit *f (Farblösungsmittel)*
solvent preservative lösliches Holzschutzmittel *n*
solvent-proof lösungsmittelbeständig
solvent recover unit Lösungsmittelrückgewinnungsnalage *f*
solvent release Lösungsmittelabgabe *f (Anstriche)*
solvent-saturated lösungsmittelgesättigt
solvent-soluble lösungsmittellöslich
solvent-thinned lösungsmittelverdünnt
solvent vapours Lösungsmitteldämpfe *mpl*
solvent-washing Lösungsmittelreinigung *f*, Säuberung *f* mit Lösungsmitteln
solvent welding Quellschweißen *n*
solvent wiping Lösungsmittelreinigung *f*, Säubern *n* mit Lösungsmittel
sonic Schall...
sonic alarm system Geräuschmeldeanlage *f*, Schallalarmanlage *f*
sonic analyzer Ultraschallprüfgerät *n (Baustoffprüfung)*
sonic modulus dynamischer Elastizitätsmodul *m*
sonic pile driver Vibrationspfahlramme *f*
sonic pressure Schalldruck *m*
sonometer Schallmesser *m*
soot Ruß *m*
soot barrier Rußsperre *f*
soot door (of chimney) Schornsteinreinigungsklappe *f*, Kaminputztür *f*, Rußtür *f*
soot formation Rußbildung *f*
soot pocket Rußsammelkasten *m*
soot receiver Rußvorlage *f (zur Aufnahme von Ruß)*
sopraporta *(Arch)* Supraporte *f*, Sopraporte *f*, Portalbekrönung *f*, Türbekrönung *f*, Portalrelief *n*, Übertürrelief *n*
Sopwith staff ausziehbare Nivellierlatte *f*
Sorel cement Sorelzement *m*
sort *v* klassieren; sichten
sort *v* **out** aussortieren, aussondern
sort Sorte *f*, Art *f*, Klasse *f*, Marke *f*, Qualität *f*
sort of cement Zementsorte *f*
sort of lime Kalksorte *f*
sorting Sortierung *f*, Einstufung *f*
sorting test Auswahlprüfung *f*
sough *(Verk)* Abflussgraben *m*
sound *v* 1. schallen, klingen, ertönen *(Akustik)*; 2. sondieren, untersuchen; 3. (aus)loten
sound 1. einwandfrei, fehlerfrei; ohne Mängel; 2. raumbeständig *(Beton)*; 3. nicht verwittert, unverwittert *(Gestein)*
sound 1. Schall *m*; Ton *m*, Klang *m*; 2. Sonde *f*; 3. Sund *m*, Meerenge *f*
sound abatement Schallabschattung *f*, Schallabschirmung *f*
sound-absorbent schallabsorbierend, schallschluckend; schalldämmend
sound absorbent Schallabsorptionsmaterial *n*, Schallschluck(bau)stoff *m*; Schalldämmstoff *m*
sound absorbent backing Schallabsorptionshinterfüllung *f*, Schallschluckhinterfüllung *f*
sound absorbent ceiling *s.* sound-absorbing ceiling
sound absorbent material Schallschluckmaterial *n*, Schallabsorptionsstoff *m*, Akustikmaterial *n*, Akustikstoff *m*
sound absorbent panel Schallschluckkassette *f*, Akustikkassette *f*, Schallabsorptionnkassette *f*
sound absorbent partition Schalldämmelement *n*
sound absorbent plaster Schallschluckputz *m*, Akustikputz *m*, Schallabsorptionsputz *m*
sound absorber 1. Schalldämpfer *m*; 2. *s.* sound absorbent
sound-absorbing *s.* sound-absorbent
sound-absorbing backing Schallschluckhinterfüllung *f*, Akustikhinterfüllung *f*, Schallabsorptionshinterfüllung *f*
sound-absorbing blanket Schallschluckmatte *f*, Akustikmatte *f*, Schallabsorptionsmatte *f*
sound-absorbing ceiling Schallschluckdecke *f*, Schalldämmdecke *f*
sound-absorbing construction method Schallschluckbauweise *f*, Akustikbauweise *f*, Schallabsorptionsbauweise *f*

sound-absorbing masonry wall Schallschluckmauer *f*, Akustikmauer *f*, Schallabsorptionsmauer *f*
sound-absorbing material *s.* sound absorbent
sound-absorbing plaster Schallschluckputz *m*, Akustikputz *m*, Schallabsorptionsputz *m*
sound-absorbing treatment Schallschluckbehandlung *f*, Schallabsorptionsbehandlung *f*
sound-absorbing wall Schallschutzwand *f*, schallabsorbierende [schallschluckende] Wand *f*
sound absorption Schallabsorption *f*, Schallschluckung *f*
sound absorption coefficient [factor] Schallabsorptionsgrad *m*, Schallschluckgrad *m*
sound absorption of floor Fußbodenschalldämmung *f*
sound absorption property Schallabsorptionsvermögen *n*, Schallschluckvermögen *n*, Schallschluckfähigkeit *f*
sound-absorptive *s.* sound-absorbent
sound alarm unit akustisches Alarmgerät *n*
sound attenuating door schallgedämpfte Tür *f*, Schall(schutz)tür *f*
sound attenuation Schalldämpfung *f (in einem Medium)*
sound barrier Schallschutzmauer *f*, Schallsperre *f*
sound boarding Zwischenboden *m*, Einschubdecke *f*, Fehlboden *m*
sound-conducting schallleitend
sound conduction Schallleitung *f*
sound conductor Schallleiter *m*
sound control Schallschutz *m*, Lärmschutz *m*
sound-control backing Schallabsorptionshinterfüllung *f*
sound-control blanket Schallschluckmatte *f*, Akustikmatte *f*, Schallabsorptionsmatte *f*
sound-control glass schalldämmendes Glas *n*, Isolierglas *n*
sound-damping schalldämpfend
sound damping Schalldämpfung *f*
sound-deadened entdröhnt
sound-deadening schalldämpfend; entdröhnend
sound deadening Schalldämpfung *f (in einem Medium)*
sound-deadening agent Antidröhnmittel *n*, Entdröhnungsmittel *n*
sound-deadening board schalldämpfende Platte *f*, Schalldämmtafel *f*
sound-deadening coating Antidröhnbeschichtung *f*
sound-deadening composition Antidröhnmasse *f*, Entdröhnungsmasse *f*
sound-deadening material Antidröhnmaterial *n*; Schalldämmstoff *m*
sound-deadening treatment Entdröhnung *f*
sound decay rate Schallwellendämpfungsrate *f*
sound-diffusing surface schallstreuende Oberfläche *f*
sound direction Schallrichtung *f*
sound door schallgedämpfte Tür *f*, Schall(schutz)tür *f*
sound energy Schallenergie *f*
sound energy density Schallenergiedichte *f*
sound energy level Schallenergiepegel *m*
sound energy reflection coefficient Schallreflektionsgrad *m*
sound engineering Schalltechnik *f*
sound field Schallfeld *n*
sound flanking path Schallflankenübertragungsweg *m*
sound focus Schallüberlagerungsfläche *f*
sound generation Schallentstehung *f*
sound impermeability Schalldichtheit *f*, Schalldichtigkeit *f*, Schallundurchlässigkeit *f*
sound imperviousness *s.* sound impermeability
sound-insulated schallgedämmt
sound-insulating schalldämmend
sound-insulating glass schalldämmendes Glas *n*
sound-insulating sheet Schalldämmplatte *f*
sound-insulating window Schallschutzfenster *n*
sound insulation Schalldämmung *f*, Schallschutz *m*
sound insulation board Schalldämmplatte *f*, Schalldämmtafel *f*
sound insulation factor Schalldämmzahl *f*, Dämmfaktor *m*
sound insulation material Schalldämmstoff *m*
sound insulation measurement Schallschutzmessung *f*
sound insulation of floor Fußbodenschalldämmung *f*
sound insulation partition Schalldämmwand *f*
sound insulation sheet Schalldämmplatte *f*
sound insulation window Schalldämmfenster *n*
sound intensity Schallstärke *f*
sound isolation *(AE) s.* sound insulation
sound knot fester [festsitzender] Astknoten *m*
sound level Schall(druck)pegel *m*
sound level meter Schalldruckmesser *m*, Lautstärkemesser *m*
sound lock schalldämmender Vorraum *m*, schallgedämpftes Vestibül *n*
sound measurement Lautstärkemessung *f*
sound meter Lautstärkemesser *m*
sound oscillation Schallschwingung *f*
sound path Schallweg *m*
sound pollution Lärmbelästigung *f*
sound power Schallenergie *f*, Schalleistung *f*
sound power level Schallenergiepegel *m*
sound pressure Schalldruck *m*
sound pressure level Schall(druck)pegel *m*
sound pressure spectrum Schalldruckspektrum *n*
sound projection Schallabstrahlung *f*
sound-rated door *s.* sound door
sound-reduced schallarm; lärmgemindert
sound reduction Geräuschminderung *f*, Lärmminderung *f*
sound reduction factor *s.* sound reduction index
sound reduction index (bauübliches) Schalldämmmaß *n*, Schalldämmzahl *f*; Schalldämpfungsfaktor *m*, Schalldämpfungsgrad *m*
sound-reflecting schallhart
sound reflection Schallreflektion *f*
sound reinforcement Schallverstärkung *f (mittels Anlagen)*
sound-resistive glass schalldämmendes Glas *n*
sound rock gesundes Gestein *n*
sound rod *(Erdb)* Sondierstange *f*
sound source Schallquelle *f*
sound spectrum Schallspektrum *n*
sound stone Phonolith *m*
sound surface Akustikfläche *f*
sound transmission Schallübertragung *f*
sound transmission class *(AE)* Schallschutzklasse *f*, Schalldämmklasse *f*
sound transmission loss *(AE) s.* sound reduction index
sound trap Schalldämpfer *m*
sound type Schallart *f*
sound velocity Schallgeschwindigkeit *f*
sound vibration Schallschwingung *f*
sound volume Schallstärke *f*, Schallintensität *f*, Lautstärke *f*
sound warning system Schallalarmanlage *f*
sound wave Schallwelle *f*
sound wave radation Schallstrahlung *f*
sound waves Schallwellen *fpl*
sound wood gesundes Holz *n*
sounding Sondieren *n*, Sondierung *f*
sounding by pole Gestängebohrung *f (Erdstoffprobe)*
sounding cone Sondenspitze *f*
sounding line Lotungslinie *f*
sounding rod Peilstange *f*
soundness 1. Mängelfreiheit *f*, Fehlerlosigkeit *f*; 2. Raumbeständigkeit *f (speziell von Beton)*

soundness test Raumbeständigkeitsprüfung *f*
soundproof *v* schalldicht machen, vor Schall dämmen
soundproof schalldicht, schallgeschützt, schallgedämmt
soundproofing Schalldämmung *f*, Schallschutz *m (eines Raumes)*
source Quelle *f* • **from natural sources** natürlich
source area Quellgebiet *n*
source of contamination Verschmutzungsquelle *f*
source of errors Fehlerquelle *f*
source of heat Wärmequelle *f*
source of light Lichtquelle *f*
source of noise Lärmquelle *f*
source of oscillation Schwingungsquelle *f*, Erschütterungsquelle *f*
source of pollution Verunreinigungsherd *m*
source of supply Bezugsquelle *f*
source of vibration Erschütterungsquelle *f*, Schwingungsquelle *f*
source rock gesundes Gestein *n*
souring Mauken *n*, Einsumpfen *n (Keramikton)*
souring plant Maukanlage *f*, Sumpfanlage *f*
souring tower Maukturm *m*, Sumpfturm *m*
south-facing balcony Südbalkon *m*
South Indian Style *(Arch)* Dravidastil *m (625-1750)*
south window Südfenster *n*
southern porch *(Arch)* Karyatidenhalle *f* von Erechttheion
southern portico *(Arch)* Südhalle *f (Olympia)*
sow *v* säen, ansäen, aussäen
sowing down to grass Begrünung *f*, Rasenanlegen *n*
soxhlet extractor Soshlet-Extraktionsgerät *n*
soya glue Sojaleim *m*
spa Kurort *m*
spa hotel Kurhotel *n*
spa park Kurpark *m*
spa promenade Kurpromenade *f*
space *v* 1. mit Zwischenraum [Abstand] anordnen, unterteilen *(in Räume)*; 2. (zeitlich) einteilen
space 1. Raum *m*; Platz *m*; 2. Raum *m*, Zwischenraum *m*, Abstand *m*; 3. Zeitraum *m*
space air conditioning Raumklimatisierung *f*
space arrangement Raumaufteilung *f*, Flächenaufteilung *f*
space assignment plan Aufstellungsplan *m*
space bar räumlicher Stab *m*, dreidimensionaler Stab *m*
space between beams Trägerzwischenraum *m*, Balkenfeld *n*, Balkenjoch *n*, Balkenfach *n*
space between girders Trägerzwischenraum *m*
space between rafters Sparrenzwischenraum *m*
space between two neighbouring buildings Bauwich *m*
space composition Raumkomposition *f*
space configuration *(Arch)* Raumfigur *m*
space-consuming raumfressend
space continuity räumlicher Zusammenhang *m*, dreidimensionaler Zusammenhang *m*
space curve Raumkurve *f*, dreidimensionale Kurve *f*
space density Raumdichte *f*
space design räumlicher Entwurf *m*, dreidimensionaler Entwurf *m*
space dowel Abstandsdübel *m*
space economy Raumeinsparung *f*
space effect Raumwirkung *f*
space-enclosing raumumschließend
space-enclosing structure raumumschließendes Bauwerk *n*
space enclosure Raumumschließung *f*
space frame räumliches Rahmentragwerk *n* [Tragwerk *n*], räumlicher Rahmen *m*; Raumfachwerk *n*, räumliches Fachwerk *n*
space frame structure, space framework *s.* space frame
space gain Raumgewinn *m*
space grid Raumraster *m*
space heater Raumheizgerät *n*, Raumerhitzer *m*
space heating Raumheizung *f*
space heating plant Raumheizungsanlage *f*
space image Raumbild *n*
space lattice räumliches Gitter(trag)werk *n*
space layout Raumdisposition *f*
space limit Raumgrenze *f*
space load-bearing structure räumliches Tragwerk *n*, Raumtragwerk *n*, dreidimensionales Tragwerk *n*
space panelling pattern *(Arch)* räumliches Täfelungsmuster *n*, dreidimensionales Vertäfelungsmuster *n*
space perspective Raumperspektive *f*
space piece Abstandsstück *n*
space purlin räumliche Pfette *f*, dreidimensionale Pfette *f*
space requirement Raumbedarf *m*
space-saving raumsparend, platzsparend
space saving Raumeinsparung *f*
space separation Raumtrennung *f (zum Brandschutz)*
space shuttering Raumschalung *f*
space spanning Raumüberspannung *f*
space structure Raumbauwerk *f*, räumliches Bauwerk *n*, dreidimensionales Bauwerk *n*, räumlicher Bau *m*
space structure [truss] *s.* space frame
space unit 1. Raumeinheit *f*; 2. Raumelement *n*, dreidimensionales Element *n*, räumliches Element *n*
space utilization Raum(aus)nutzung *f*
spaced slating *s.* open slating
spaced steel column unterteilte Stahlrahmenstütze *f*
spacemanship Raumaufteilung *f*, Raumaufteilungstechnik *f*
spacer Abstandhalter *m*; Distanzstück *n*; Zwischenlage *f*, Einlage *f*; Zwischenstück *n*
spacer bar Verteilereisen *n (Bewehrung)*
spacer block *s.* spacer
spacer clamp Distanzklemme *f*
spacer stay Abstandhalter *m*
spacer structural system Raumtragwerkkonstruktion *f*
spachtling compound *s.* spackle
spacing Abstand *m*, Zwischenraum *m (räumlich)*; Abstand *m*; Teilung *f (Bewehrung)*
spacing between trusses Binderabstand *m*
spacing block Abstandhalter *m*
spacing dowel Abstanddübel *m*
spacing of beams Balkenanordnung *f*
spacing of girders Trägeranordnung *f*
spacing of rivets Nietabstand *m*, Nietteilung *f*
spacing of stirrups Bügelverlegung *f*
spacing-piled luftig gestapelt *(Holz)*
spacing stay Abstandhalter *m*
spacious geräumig; weiträumig
spaciousness Geräumigkeit *f*; Weiträumigkeit *f*
spackle *(AE)* Spachtelmasse *f*, Verstreichmasse *f*; flüssiges Holz *n*, Holzspachtel *f*
spade *v* 1. von Hand mischen *(Beton)*; 2. umgraben *(Boden)*; ausschachten
spade Spaten *m*
spade handle Spatenstiel *m*
spading 1. Betonhandmischen *n*; 2. Betonverdichtung *f* mit Spaten; 3. Handschachten *n*
spall *v* 1. absplittern, abplatzen, abblättern *(Gestein)*; Kanten abschlagen [behauen], Steine behauen
spall 1. Steinsplitter *m*, Abschlagsplitter *m*; Zwickelstein *m*; Zwicker *m*, Auszwicker *m*; 2. Ziegelbruch *m*
spall drain Steindrän *m*, Sicker(drän) *m*

spallation Splittern *n*, Zersplittern *n*; Abplatzen *n*, Abplättern *n*, Absplittern *n*
spalling Absplittern *n*, Abplatzen *n (Ziegel bei Frosteinwirkung)*; Abblättern *n*
spalling hammer Steinzuschlagaxt *f*, Meißelhammer *m*
spalling resistance Absplitterbeständigkeit *f*, Abplatzbeständigkeit *f*, Splitterbeständigkeit *f*
spalling wedge Schrotkeil *m*, Steinspeidel *m*
spalls Steinsplitter *mpl*; Ziegelbruch *m*; Zwickelsteine *mpl*; Füllsteine *mpl*
span *v* 1. überspannen *(Abstand zwischen Stützen)*; überbrücken *(z. B. einen Fluss)*; sich spannen *(z. B. Brücken)*; sich erstrecken über; 2. einfassen; umspannen; 3. nach Augenmaß messen
span 1. Spannweite *f*, Stützweite *f*, Stützlänge *f (einer Tragkonstruktion)*; 2. Feld *n*, Feldweite *f (eines Balkens)*; 3. Feld *n*, Brückenöffnung *f*, Öffnung *f (eines Bogens)*; 4. Hallenschiff *n (Industriehalle)*; 5. Bereich *m*, Umfang *m*; Messbereich *m*; 6. Zeitspanne *f*
span ceiling Balkendecke *f*
span conditions Spannweitenverhältnisse *npl*
span-depth ratio Spannweiten-Konstruktionshöhen-Verhältnis *n*
span during erection Montagespannweite *f*
span length Stützlänge *f*, Stützweite *f*
span limit Spannweitengrenze *f*
span line freitragende Leitung *f*, Rohrfreileitung *f*
span load Feldlast *f*
span loading Feldbelastung *f*
span of a beam Feldweite *f*
span of arch Spannweite *f* des Bogens
span panel Außenwandplatte *f*
span piece Kehlbalken *m*
span pipeline Rohrfreileitung *f*, freitragende Rohrleitung *f*
span pole Abspannpfahl *m*
span roof Satteldach *n* mit gleichstark geneigten Dachflächen; einfaches Sparrendach *n*, gleichseitiges Giebeldach *n*
span rope Abspannseil *n (z. B. für Freileitungen)*
span saw Spannsäge *f (Gattersäge)*
span width Feldbreite *f*, Feldweite *f*
span wire Tragdraht *m*, Abspanndraht *m*
spandrel 1. *(Arch)* Spandrille *f*, Bogenzwickel *m*, Gewölbezwickel *m*, Zwickel *m*; 2. *(Arch)* Wandplatte *f* zwischen Geschossfenstern; 3. *(Arch)* Treppenuntermauerungsfläche *f*
spandrel beam Außenwandstützträger *m*, Brüstungsträger *m*; Ringanker *m*
spandrel-braced arch bridge Bogenbrücke *f* mit aufgeständerter Fahrbahn
spandrel-braced bridge Bogenfachwerkbrücke *f*
spandrel building surfacing Brüstungsverkleidung *f*
spandrel building unit Brüstungselement *n*, Brüstungskörper *m*
spandrel frame Dreiecksrahmentragwerk *n*
spandrel glass Außenwandverblendglas *n*, Verblendglas *n* für Außenwände
spandrel of vault Gewölbezwickel *m*
spandrel panel Außenwandplatte *f* zwischen Geschossfenstern
spandrel step Dreieckstufe *f*
spandrel wall Gewölbestirnmauer *f*, Stirnmauer *f*
spangle Blumenmuster *n*, Eisblumenmuster *n (Anstrichtrocknung, Metallschutzschicht)*
Spanish blind Rollladen *m (ausstellbar)*
Spanish High Gothic style *(Arch)* spanische Hochgotik *f*
Spanish leather Ledertapete *f*
Spanish tile Mönchziegel *m*, konvex gewölbter Dachziegel *m* mit halbkreisförmigem Querschnitt
spanner 1. Kreuzstrebe *f*, Kehlbalken *m*; 2. Schraubenschlüssel *m*, Schlüssel *m*; Maulschlüssel *m*
spanning Überspannung *f*, Überbrückung *f (z. B. einen Fluss, ein Baufeld usw.)*
spanning in one direction einachsig gespannt
spanning in two directions zweiachsig gespannt
spar 1. Längsholm *m*; 2. (schweres) Rundholz *n*, Spiere *f (Dachkonstruktion)*; Dachsparren *m*, Sparren *m*; 3. Spat *m*
spar fender Holzfender *m*, Reibholz *n (Hafen)*
spar flour Spatmehl *n*, Spatpulver *n*
spar gate Gittertor *n*
spar piece Kehlbalken *m*, Querriegel *m*
spar varnish Bootslack *m*; Außenlack *m*, Luftlack *m*; Öllack *m*
spare *v* 1. aussparen *(z. B. eine vorgesehene Wandöffnung)*; 2. übrig haben
spare *v* **room** Raum [Platz] sparen
spare übrig, Ersatz...
spare dike *(Wsb)* Schlafdeich *m*
spare part Ersatzteil *n*
spare room Gästezimmer *n*
sparge *v* 1. besprengen, bespritzen; 2. mit Putz bewerfen
sparge pipe perforiertes Spülrohr *n*; Sprinkler *m*
sparger Sprenger *m*, Sprinkler *m*
sparing Aussparung *f*
sparingly soluble schwer löslich
sparite Sparit *m*
spark arrester [catcher] Funkenfang *m*, Funkenschutzgitter *n (Schornstein)*
spark formation Funkenbildung *f*
spark guard Funkenschutz *m*, Funkenfänger *m*
spark resistant funkensicher
sparkling *s.* spackle
sparrow peck Pinseltupfoberflächengestaltung *f (Putz)*
sparry gypsum Marienglas *n*
sparry limestone grobkristalliner Kalkstein *m*
sparse vegetation spärliche Vegetation *f*
sparsely populated dünn besiedelt
spat Türrahmenbodenschutz *m*, Türrahmenfußverkleidung *f (meist aus rostfreiem Stahl)*
spatial räumlich, dreidimensional; Raum...
spatial ability *(Arch)* räumliches Vorstellungsvermögen *n*
spatial arrangement (räumliche) Anordnung *f*
spatial composition Raumkomposition *f*
spatial construction Raumtragwerkkonstruktion *f*, Raumbausystem *n*
spatial continuity räumlicher Zusammenhang *m*, dreidimensionaler Zusammenhang *m*
spatial deformation räumliche Formänderung *f*
spatial design räumlicher Entwurf *m*, dreidimensionaler Entwurf *m*
spatial distribution räumliche Verteilung *f*
spatial distribution of forces räumliche Kräfteverteilung *f*, dreidimensionale Kräfteverteilung *f*
spatial division Raumgliederung *f (eines Gebäudes)*
spatial enclosure Raumumschließung *f*
spatial form Raumgestalt *f*, Raumform *f*
spatial frame räumliches Rahmentragwerk *n*, räumlicher Rahmen *m*, dreidimensionaler Rahmen *m*
spatial frame(d) supporting structure räumliches Rahmentragwerk *n*, dreidimensionales Rahmentragwerk *n*
spatial framework räumliches Tragwerk *n*
spatial grid Raumgitter *n*
spatial image Raumbild *n*; Raumvorstellung *f*
spatial lattice girder Raumfachwerkträger *m*
spatial layout Raumdisposition *f*
spatial load-bearing system Raumtragwerk *n*

spatial luxory *(Arch)* Raumluxus *m*
spatial model Raummodell *n*
spatial module Raumzelle *f*
spatial panelling pattern *(Arch)* räumliches Täfelungsmuster *n*, dreidimensionales Vertäfelungsmuster *n*
spatial parallel system räumlich versetztes Parallelsystem *n (Seilkonstruktion)*
spatial pattern räumliche Struktur *f*
spatial penetration räumliche Durchdringung *f*
spatial purlin räumliche Pfette *f*, dreidimensionale Pfette *f*
spatial requirement Raumbedarf *m*
spatial road alignment räumliche Linienführung *f* von Straßen
spatial separation räumliche Trennung *f*
spatial structural system Raumbausystem *n*
spatial structure räumliches Rahmenbauwerk *n*, räumlicher [dreidimensionaler] Bau *m*
spatial trend räumliche Tendenz *f*
spatial unit räumliches Element *n*, dreidimensionales Element *n*
spatial variability räumliche Veränderlichkeit *f*
spatiality Räumlichkeit *f*
spatio-dynamic composition *(Arch)* raumdynamische Komposition *f*
spatter *v* spritzen; bespritzen *(z. B. mit Tünche)*; bewerfen *(z. B. mit Dünnmörtel)*; verspritzen; spratzen
spatter 1. Spritzer *m (Putz)*; 2. Spratzen *n*
spatter dash Vorwurf *m (Putz)*; Spritzputz *m*
spattle Kittmesser *n*
spatula Spachteleisen *n*, Spachtel *m(f)*, Spatel *m*
spaul *v* (dünn) ausspachteln
spaul *v* **the joints** auszwicken *(Bruchsteinmauerwerk)*
speakhouse Sprachsaal *m*, Parlatorium *n*
speaking-place *(Arch)* Logeion *n (griechisches Theater)*
speaking rod Messlatte *f* mit Ablesemarkierungen
speaking tube Sprachverbindungsrohr *n*, Durchsprechrohr *n (zwischen zwei Räumen)*
spec *(AE) s.* specification
special speziell, ganz besonderes; Sonder..., Spezial..., Fach...
special adhesive composition Spezialkleber *m*, Spezialklebemasse *f*
special adhesive compound Spezialkleber *m*, Spezialklebemasse *f*
special building method Sonderbauweise *f*
special cement Spezialzement *m*
special cementing composition Sonderklebemasse *f*, Spezialklebemasse *f*
special chimney unit Schornsteinfertigteilsegment *n*; Kaminformstein *m*
special coat Spezialanstrich *m*
special compound Sondermasse *f*, Spezialmasse *f*
special concrete product Betonformteil *n*
special conditions (of the contract) spezielle Vertragsbedingungen *fpl*
special decorative tile *(Arch)* Ornamentformstein *m*, Ornamentformblock *m*, Ornamentprofilstein *m*, Dekorationsformstein *m*, Dekostein *m*, Dekorationsprofilstein *m*
special design Spezialausführung *f*; Sonderentwurf *m*
special experience Sachkenntnis *f*, Fachkenntnis *f*
special filler Sonderspachtelmasse *f*, Spezialspachtelmasse *f*
special form Sonderform *f*, Spezialform *f*
special format Sonderformat *n*, Spezialformat *n*
special glass Sonderglas *n*, Spezialglas *n*
special hazards insurance Versicherung *f* gegen spezielle (zusätzliche) Gefahren der Bauausführung
special masonry bond Sondermauerwerkverband *m* Spezial(mauerwerk)verband *m*
special matrix terrazzo Farbterrazzo *m* mit organischem Bindemittel, Bitumenzementterrazzo *m*
special mortar Spezialmörtel *m*
special ornamental tile *(Arch) s.* special decorative tile
special plaster Spezialputz *m*
special pozzolana cement Ölschieferzement *m*
special profile Sonderprofil *n*
special property test Sonderbeanspruchungsprüfung *f*
special provisions zusätzliche Vertragsbedingungen *fpl*, besondere Vertragsbedingungen *fpl*
special-purpose block Sonder(profil)stein *m*, Sonderblockstein *m*, Profilstein *m*, Spezial(block)stein *m*, Form(block)stein *m*
special-purpose building material Sonderbaustoff *m*, Spezialbaustoff *m*
special-purpose concrete product Betonformteil *n*
special-purpose industrial occupancy industrielle Sondernutzung *f*, spezielle industrielle Nutzung *f (von Gelände, Gebäuden)*
special-purpose material Sondermasse *f*, Spezialmasse *f*
special-purpose plaster Sonderputz *m*, Spezialputz *m*
special-purpose profile Sonderprofil *n*, Spezialprofil *n*
special-purpose rolled profile Sonderwalzprofil *n*, Spezialwalzprofil *n*
special-purpose shape Sonderprofil *n*, Spezialprofil *n*
special-purpose slurry Sonderschlämme *f*, Spezialschlämme *f*
special-purpose tile Formfliese *f*, Formkachel *f*, Spezialfliese *f*
special-purpose window Sonderfenster *n*, Spezialfenster *n*
special-quality brick Hartbrandklinker *m*
special reinforcement steel Legierungsbetonstahl *m*, Bewehrungssonderstahl *m*
special section Sonderprofil *n*
special steel Sonderstahl *m*; Edelstahl *m*; Legierungsstahl *m*
special stopper Sonderspachtelmasse *f*, Spezialspachtelmasse *f*
special stopping Sonderspachtelmasse *f*, Spezialspachtelmasse *f*
special surface treatment Sonderoberflächenbehandlung *f*, Spezialoberflächenbehandlung *f*
special tile *s.* special-purpose tile
special-type design *s.* special design
special unit räumliches Element *n*, dreidimensionales Element *n*
special use [utilization] Sondernutzung *f (z. B. von Gebäuden, Straßen)*
special waste Sonderabfall *m*, Sondermüll *m*
special wire glass Sonderdrahtglas *n*, Spezialdrahtglas *n*
specialist Fachmann *m*
specialist commission Fachausschuss *m*
specialist firm Spezialfirma *f*, Spezialunternehmen *n*
specialist journal Fachzeitschrift *f*
specialist literature Fachliteratur *f*
specialist service fachmännische Dienstleistung *f*
specialist sub-contractor spezialisierter Subunternehmer *m*
specialized primer Spezialgrundierung *f*
specials Sondererzeugnisse *npl*
specialty steel *(AE)* Edelstahl *m*
specific spezifisch, speziell, bestimmt; eigenartig
specific acoustic impedance Schallimpedanz *f*, Feldimpedanz *f*
specific adhesion coefficient Adhäsionsbeiwert *m*, Adhäsionszahl *f*
specific gravity relative Dichte *f*, Rohdichte *f*, spezifisches Gewicht *n*

specific-gravity factor of aggregate scheinbare Zuschlag(stoff)rohdichte *f*
specific heat spezifische Wärme *f*
specific heat capacity spezifische Wärmekapazität *f*
specific mass spezifische Masse *f*
specific pressure spezifischer Druck *m*, Pressdruck *m* pro Flächeneinheit *f*, Flächenpressung *f*
specific pressure on hole Lochleibungsdruck *m*
specific retention *(Bod)* spezifisches Wasserhaltevermögen *n*, Wasserkapazität *f*
specific surface spezifische Oberfläche *f*
specific thermal conductivity spezifische Wärmeleitfähigkeit *f*
specific volume spezifisches Volumen *n*, spezifischer Raum *m*
specific water retention *s.* specific rentention
specific weight Wichte *f*; *(veraltet)* spezifisches Gewicht *n*
specific yield *(Bod)* spezifische Wasseraufnahme *f*
specification 1. Bauvorschrift *f*, Materialvorschrift *f*, Gütebestimmung *f*; 2. Spezifikation *f*, Leistungsbeschreibung *f*, Baubeschreibung *f*; 3. Verarbeitungsvorschrift *f*
specification for acceptance Abnahmevorschrift *f*, Abnahmebestimmung *f*
specification limit Vorchriftenlimit *n*, Grenzwert *m* nach Vorschrift
specification of position Lagespezifikation *f*
specification of sevices Dienstleistungs-Leistungsbeschreibung *f*
specification of works Bauarbeitenleistungsbeschreibung *f*
specification paint Spezialanstrich *m*
specification requirements technische Anforderungen *fpl*
specification test Materialprüfung *f*, Werkstoffprüfung *f*
specifications 1. Vertragspflichtenheft *n*, Vertragsgütebedingungen *fpl*, Bauvertragsgüteforderungen *fpl*, Baubedingungen *fpl*; Baubeschreibung *f*; 2. Prüfvorschriften *fpl*; Abnahmevorschriften *fpl*; 3. Hauptabmessungen *fpl*; 4. Kennziffern *fpl*, technische Angaben *fpl*, technische Daten *pl*, technische Aufzählungen *fpl (z. B. von Baustoffen, Bauteilen, Geräte, Ausrüstungen)*
specifications for application Anwendungsvorschriften *fpl*, Verarbeitungsanleitung *f*
specifications for laying Verlegevorschrift *f*, Verlegeanleitung *f*
specified spezifiziert, vorgeschrieben, gefordert
specified characteristic strength Festigkeitsnormwert *m*
specified dimension Sollmaß *n*, Entwurfsmaß *n*
specified time for completion (geforderte) Bauzeit *f*, Baufrist *f*
specify *v* 1. bezeichnen; spezifizieren; 2. vorschreiben; festlegen
specimen Probekörper *m*, Probestück *n*, Probe *f*, Muster(stück) *n*, Formstück *n*
specimen bill for quantities Musterleistungsverzeichnis *n*
specimen dimensions Probenabmessungen *fpl*
specimen geometry Probengeometrie *f*
specimen jar Probenglas *n*, Probenschauglas *n*
specimen material Probenmaterial *n*, Probenbaustoff *m*, Probenwerkstoff *m*
specimen preparation Probekörperherstellung *f*, Prüfkörpervorbereitung *f*
specimen size Probengröße *f*
speck *v* sprenkeln, flecken *(z. B. Anstrich)*
specking Fleckenbildung *f*
speckle *v* sprenkeln, flecken
speckle Sprenkelung *f*
speckled gesprenkelt, gefleckt; buntfleckig; gemasert, geädert *(z. B. Holz)*
speckless rein, fleckenlos
specs *(AE) s.* specifications
spectator seat Zuschauerplatz *m*
spectator's stand Tribüne *f*
spectral colour Spektralfarbe *f*
spectral density spektrale Intensitätsdichte *f*
spectral power distribution Spektralverteilung *f*, spektrale Intensitätsverteilung *f (Beleuchtungstechnik)*
spectrography Spektrographie *f*
spectrometry Spektroskopie *f*
spectrum of activity Wirkungsbreite *f*, Wirkungsspektrum *n (Bauhilfsstoffe)*
specular spiegelbildlich
specular angle Reflexionswinkel *m*
specular enamal finish Spiegeleffektlackierung *f*
specular gypsum [stone] Gipsspat *m*, Marienglas *n*
specular surface spiegelnde Oberfläche *f*
specular symmetry Spiegelsymmetrie *f*
speculation in land Grundstücksspekulation *f*
speculative building Spekulationsbau *m*
specus *(Arch)* Aquäduktabdeckung *f*
speed *v* **up** beschleunigen
speed 1. Geschwindigkeit *f*, Schnelligkeit *f*; 2. Drehzahl *f*
speed bump [hump] Fahrbahnschwelle *f*, Straßenaufhöhung *f (zur Verkehrsberuhigung)*
speed-change line *(Verk)* Geschwindigkeitsänderungsspur *f*, Beschleunigungsspur *f*, Verzögerungsspur *f*, Beschleunigungs-Verzögerungsstreifen *m*; Verflechtungsstreifen *m*
speed control device Drehzahlregler *m*
speed of compression Kompressionsgeschwindigkeit *f*
speed of entry *(Verk)* Einfahrgeschwindigkeit *f (Anschlussstellen)*
speed of exit *(Verk)* Ausfahrgeschwindigkeit *f (Anschlussstellen)*
speed of filtration Filtergeschwindigkeit *f*
speed of flow Durchflussgeschwindigkeit *f*
speed of rotation Rotatiosgeschwindigkeit *f*
speed table *(Verk)* geschwindigkeitsmindernde [verkehrsberuhigende] Straßenaufpflasterung *f*, Plateauaufpflasterung *f*
speedometer Geschwindigketsmesser *m*
speedway *(AE)* Schnell(verkehrs)straße *f*, Kraftfahrzeugstraße *f*
speer *s.* spere
spelter Rohzink *n*
Spengler's centring Spengler'scher Sparbogen *m*
spent abgenutzt *(z. B. Oberflächen von Treppen, Straßen)*; verbraucht *(z. B. Lösungen)*
spere Vorraumzierblendmauer *f*, Dielenblendmauer *f (England)*
sperone Strebepfeiler *m*
spewing Filmbildung *f* durch teilweise Entmischung *(Anstrich)*
spewy soil sumpfiger Boden *m*
sphaeristerium *(Arch)* römischer Ballspielhof *m*
sphalerite Sphalerit *m*, Zinkblende *f*
sphere Kugel *f*, kugelförmiger Körper *m (Geometrie)*
sphere impact Kugelschlag *m*
sphere impact tester Kugelschlagprüfgerät *n*
sphere of function Funktionsbereich *m*
sphere ring Kugelring *m*
spheric *s.* spherical
spherical kugelig, kugelförmig, Kugel...; sphärisch; achsensymmetrisch
spherical basalt Kugelbasalt *m*

spherical bearing Punktkipplager *n (Brücke)*
spherical cap Kugelhaube *f*, Kugelkalotte *f*
spherical dome Kugelgewölbe *n*, Hängekuppel *f*
spherical grain Rundkorn *n*
spherical head rivet Halbrundniet *m*
spherical hip Kugelwalm *m*
spherical house *(Arch)* Kugelhaus *n*
spherical housing Kugelgehäuse *n*
spherical plane Kugelfläche *f*
spherical polygon sphärisches Polygon *n*
spherical quadrangle sphärisches Viereck *n*
spherical sector Kugelsektor *m*, Kugelausschnitt *m*
spherical segment Kalotte *f*, Kugelkappe *f (das Innere einer kleinen Kuppel)*
spherical shell Kugelschale *f*, Halbschale *f*, Kugelschalenkonstruktion *f*
spherical tensor Kugeltensor *m*
spherical triangle sphärisches Dreieck *n*
spherical trigonometry sphärische Trigonometrie *f*
spherical vault Kugelgewölbe *n*
spheroid Rotationsellipsoid *n*, Drehellipsoid *n*
spheroidal cast iron Sphäroguss *m*
sphinx *(Arch)* Sphinx *f*
sphinx gate *(Arch)* Sphinxtorbau *m*
spider connection Kreuzverbindung *f*
spider-web network *(Verk)* Nebennetz *n*, Erschließungsnetz *n*
spider-web rubble wall Zyklopenmauerwerk *n*
spigot 1. Wasserhahn *m*; 2. Rohrende *n* für Steckverbindungen; 3. *s.* spigot joint; 4. Zapfen *m*, Drehzapfen *m*; Einpasszapfen *m*, Führungszapfen *m*
spigot-and-socket joint *s.* spigot joint
spigot and socket joint pipes Muffenverbindungsrohre *npl*
spigot joint Muffen(rohr)verbindung *f*, Rohrsteckverbindung *f*, Glockenmuffenverbindung *f*
spike 1. Nagel *m*; (schwerer) Zimmermannsnagel *m*; Schienennagel *m*; Mauerhaken *m*; Pikeisen *n*; 2. Zacken *m*, Eisenspitze *f (z. B. von Zaunstäben)*
spike-and-ferrule installation Dachrinnenanbringung *f* mit langen Nägeln und Blechmanschetten
spike fitting Armatur *f* mit Zapfenanschluss
spike grid *(AE)* Holzbalkenverbindungseisen *n*; Holzdübel *m*
spike knot *(AE) s.* splay knot
spiky stengelig; spitz; stachelig
spile 1. Nagellochsplint *m*, kleiner Holzpfropfen *m*; 2. Pfahl *m*, Pflock *m (Holz)*
spiling 1. Anreißen *n*; 2. Pfahltreiben *n*, Rammen *n*; Pfahlanordnung *f*
spilite Spilit *m*
spill *s.* spill light
spill channel *(Wsb)* Überlaufkanal *m*, Hochwasserflutkanal *m*
spill dam *(Wsb)* Überfall(stau)wehr *n*
spill light Streulicht *n*, Störlicht *n (Beleuchtung)*
spill-over *(Wsb)* Überlauf *m*
spill point *(Wsb)* Überlaufpunkt *m*
spill ring *s.* ring louver
spillage Verschütten *n*, Vergießen *n*; Leck *n*
spillway *(Wsb)* Überlauf *m*, Überfall *m*, Hochwasserentlastungsanlage *f*
spillway bucket Überfallsturzbecken *n*
spillway channel Überlaufkanal *m*
spillway pipe Überlaufrohr *n*
spin *v* 1. schnell rotieren; umlaufen; 2. (ab)schleudern; schleuderbeschichten; schleudergießen
spina *(Arch)* Spina *f (römische Arenatrennmauer)*
spindle 1. Spindelstab *m*, gedrehter Stab *m*; gedrehter Geländerstab *m*; 2. Türklinkenzapfen *m*
spindle moulding machine Spindelfräsmaschine *f (Holzbau)*
spindle-shaped spindelförmig
spindle stairs Wendeltreppe *f*
spindle vault Spindelgewölbe *n*
spine *(Arch)* Prachtkegel *m*; Obelisk *m*
spine beam Mittelträger *m*
spine road Hauptverkehrsstraße *f*
spine wall Mittellängswand *f*, tragende Innenwand *f*, Brandmauer *f*
spine-wall construction Längswandbauweise *f*
spinel Spinell *m*
spinel refractory Spinellerzeugnis *n*, Spinellprodukt *n (Feuerfestbaustoff)*
spinning Schleudern *n (Betonrohrtechnologie)*
spinning method Betonschleuderverfahren *n*
spinning of concrete Betonschleudern *n*
spira *(Arch)* Säulenfußverzierungen *fpl*
spiral spiralförmig, spiralig; Spiral...
spiral 1. Spirale *f*, Windung *f*; 2. *(El)* Wendel *f (Glühlampe)*; 3. *s.* spiral reinforcement; 4. *(Verk)* Übergangsbogen *m*
spiral balance Schiebefenster(feder)gewichtsausgleich *m*, Schiebefenstergewichtsausgleich *m* durch Federkraft
spiral barrel vault Schneckengewölbe *n*
spiral column gedrehte Säule *f*, spiralbewehrte [spiralförmig bewehrte] Säule *f*
spiral conveyor Schneckenförderer *m*
spiral curve *(Verk)* Klothoide *f*, Übergangsbogen *m (Straße)*
spiral distortion Spiralverformung *f*
spiral-fluted spiralgerillt
spiral fluting *(Arch)* Spiralkennelierung *f*, Spiralriefelung *f*
spiral grain Drehwuchs *m (Holz)*
spiral-grained drehwüchsig, mit gewundener Faser *(Holz)*
spiral house *(Arch)* Spiralhaus *n*
spiral line Spirale *f*
spiral minaret *(Arch)* Spiralturm *m*, spiralförmiger Giebelsturm *m*, Spiralminarett *n*; Samarraminarett *n*
spiral newel stair Spindeltreppe *f*
spiral pier *(Arch)* spiralgekehlter Pfeiler *m*
spiral ramp Spiralrampe *f*, Wendelrampe *f*, Schraubenrampe *f*
spiral reinforcement Spiralbewehrung *f*, Spiraleisen *n*
spiral scroll *(Arch)* Schneckenschmuck *m*, Schneckenverzierung *f*, Volutenschmuck *m*, Volutenverzierung *f*
spiral shaft *(Arch)* Pfeilerspiralwindung *f*, Zylinder *m*
spiral-shaped spiralförmig
spiral staircase [stairs] Wendeltreppe *f*, Spindeltreppe *f*, Schneckenstiege *f*
spiral vault Schneckengewölbe *n*
spiral-welded pipe spiralgeschweißtes Rohr *n*, Spiralschweißrohr *n*, Schweißspiralrohr *n*
spiral winder Wendelstufe *f*
spiral wood drill Holzspiralbohrer *m*
spiral-wound wire rope Drahtspiralseil *n*
spirally reinforced column *s.* spiral column
spire Spitze *f*, Turmspitze *f*, Turmhelm *m*; Kirchturmspitze *f*, Turmdachpyramide *f*, Zinne *f*
spire roof Turmdach *n (Kirchturm)*; Pyramiden(turm)dach *n*
spired church tower Pyramidendach-Kirchturm *m*, Dachpyramiden-Kirchturm *m*, Kirchturm *m* mit Zeltdach
spirelet 1. Zinne *f*, kleine Turmspitze *f*, kleines Pyramidenturmdach *n*; 2. Glockentürmchen *n*
spirit Spiritus *m*, Sprit *m*, vergällter Äthylalkohol *m*
spirit-air level Röhrenlibelle *f*
spirit flat varnish Spiritusmattlack *m*
spirit lacquer *s.* spirit varnish
spirit level Wasserwaage *f*, Richtwaage *f*, Nivellierwaage *f*, Libelle *f*, Lotwaage *f*

spirit matt-finish Spiritusmattlack *m*
spirit mordant [stain] Spiritus(farb)beize *f*
spirit resistance Spiritusechtheit *f*, Spiritusbeständigkeit *f*
spirit soluble spirituslöslich
spirit stain Spiritusbeize *f*
spirit varnish Spirituslack *m*, Alkoholfirnis *m*
spittoon *(San)* Speibecken *n*
splash *v* (ab)spritzen, bespritzen *(z. B. Beton, Schmutz)*
splash Spritzer *m*
splash block Spritzstein *m (am Regenfallrohr)*
splash brush Putz(spritz)bürste *f*
splash concrete Spritzbeton *m*
splash guard Spritzblech *n*
splash lap Überwurfrand *m (Blechbedachung)*; Spritzschutz *m (Schornsteindichtung)*
splash-proof spritzwassergeschützt, spritzwasserdicht
splash water Spritzwasser *n*
splash zone Spritzwasserzone *f*, Spritzwasserbereich *m*
splashback Spritzwand *f (z. B. in einem Bad)*; Rückwand *f (z. B. an Handwaschbecken)*
splashboard Spritzbrett *n*
splashproof spritzwassergeschützt
splat Fugendeckstreifen *m*, Deckstreifen *m (für Wandbauplatten)*
splay *v* ausschrägen, abschrägen, abkragen; spreizen
splay 1. Ausschrägung *f*, Abschrägung *f*, Abkragung *f*, schiefwinklige Fläche *f*, Schräge *f*, Schmiege *f*; 2. *(Verk)* Sichtdreieck *n*
splay angle Spreizwinkel *m*
splay brick Schrägziegel *m*, abgeschrägter Ziegel *m*, Konusziegel *m*
splay end kurzes [schmales] Ende *n (Schrägziegel)*
splay knot Flügelast *m*, Hornast *m*
splay moulding *(Arch)* abgeschrägte Dekorationsleiste *f*, abgeschrägte Zierleiste *f*, abgeschrägte Ornamentleiste *f*
splay of masonry wall Mauerschräge *f*, Mauerabschrägung *f*, Mauerabkragung *f*
splayed abgeschrägt, verjüngt
splayed arch ausgeschrägter [verjüngter] Bogen *m*
splayed baseboard anlaufende Scheuerleiste *f*, abgeschrägte Fußleiste *f*, angefaste [angeschrägte] Sockelleiste *f*
splayed coping Pultabdeckung *f*, schräge Mauerabdeckung *f*
splayed ground Putzuntergrund *m* mit Haltekanten
splayed head Pilzkopf *m (Stahlbeton)*
splayed heading joint schräge Blattung *f*
splayed indent scarf *(Hb)* schräges Hakenblatt *n*
splayed jamb schräge Leibung *f*
splayed joint schräge Überblattung *f*, V-Fuge *f*
splayed mitre joint *(Hb)* Schlitzzapfung *f*
splayed mullion schräger Mittelpfosten *m (Fenster)*
splayed retaining wall [wing] schräger Widerlagerflügel *m (Brücke)*
splayed scarf abgeschrägtes Blatt *n*
splayed skirting board *s.* splayed baseboard
splayed window Winkelfenster *n*, schräges Fenster *n (im Verhältnis zur Wandfläche)*
splaying arch Kegelgewölbe *n*, Trompetengewölbe *n*
splaying device Rohraufweiter *m*
splaying of wall Abschrägung *f* der Mauer
splice *v* 1. spleißen *(Seil)*; 2. zusammenfügen; überlappen *(Schweißen)*; 3. *(Hb)* überlaschen, verblatten; 4. aufständern *(Holzpfähle)*
splice 1. Spleiß *m*, Spleißung *f (eines Seils)*; Verbindungsstelle *f*; Verbindung *f*; 2. Überlappungsstoß *m*, Überdeckungsstoß *m*; 3. *(Hb)* Hakenblatt *n*; 4. Spleißen *n*
splice angle Winkellasche *f*
splice bar Schienenlasche *f*
splice joint *(Hb)* Blättung *f*, Laschenverbindung *f*
splice lap Überlappungsschweißung *f*
splice piece 1. *(Hb)* Lasche *f*, Stoßlasche *f*; Decklatte *f (für Fenster)*; 2. *s.* splice plate 1.
splice plate 1. Stoßblech *n (Stahlbau)*; Verbindungsblech *n*; 2. *s.* splice piece 1.
splice sleeve *(El)* Kabelmuffe *f*
splicing wire Bindedraht *m (Bewehrung)*
spline *v* längsnuten
spline 1. Passfeder *f*, Feder *f*; Deckenelementfeder *f (eingehängte Decke)*; 2. Längsspund *m*
spline bushing Vielkeilverzahnung *f*
spline cutting tool Fräswerkzeug *n* für Vielkeilverzahnung
spline joint Federverbindung *f*, gefederte Fuge *f*
splint Holzsplint *m*, Holzspan *m*
splinter *v* 1. (zer)splittern *(Holz)*; aufsplittern; aufreißen; 2. bestoßen, ansplittern, Kanten beschädigen *(Naturstein)*
splinter Span *m*, Splitter *m*; Spließ *m*; Holzsplitter *m*; Bruchstück *n*
splinter of glass Glassplitter *m*
splinter roof Spließdach *n*, Spandach *n*
splintering Aufreißen *n (von harten Gesteinen)*
splinterproof splittersicher
splintery splitt(e)rig
splintery fracture splitt(e)riger Bruch *m*
split *v* (auf)spalten; aufschlitzen, (der Länge nach) aufschneiden; teilen; sich spalten; springen, rissig werden *(z. B. Holz)*
split *v* **into** aufteilen, unterteilen
split *v* **into thin sheets** verschiefern
split *v* **off** sich verzweigen
split *v* **plane** nach der Schicht [Schichtrichtung] spalten *(Naturstein)*
split rissig *(z. B. Oberfläche)*; gespalten *(z. B. Holz)*; geteilt
split 1. Spalt *m*, Sprung *m*; Spaltriss *m (Furnier, Holz)*; Schlitz *m*; 2. Spaltfuge *f (Dachsparren)*; 3. Längshalbziegel *m*, längs geteilte Ziegelhälfte *f*
split-and-wedge bolt Schlitzkeilanker *m*
split astragal Flügeltür(rand)deckleiste *f*, Türblattkantenschutzleiste *f*
split-batch charging stufenweise Mischerfüllung *f*
split block *s.* split-face block
split brick *s.* split 3.
split course Längshalbziegelschicht *f*
split doorframe Türrahmen *m* mit geteiltem Mittelpfosten *(Schiebetür)*
split duct Rohrschale *f*, Rinne *f*, aufgespaltetes Rohr *n*
split face Spaltfläche *f (Naturstein)*
split-face block Längshalbstein *m* mit der Bruchfläche nach außen
split-face finish Spaltriemenoberfläche *f*, Spaltriemchenverkleidung *f*
split-face machine Riemchenspaltmaschine *f*
split frame *s.* split doorframe
split hoop zerlegter Bügel *m*
split-level (house) Wohnhaus *n* mit versetzter Geschossebene, Halbgeschosshaus *n*, Haus *n* mit Zimmerzwischengeschossen *(Hanghaus)*
split levels versetzte Geschosse *npl*, versetzte Stockwerke *npl*
split loop zerlegter Bügel *m*
split pile Schlitzpfeiler *m*
split pin Splint *m*
split-pin hole Splintloch *n*
split pipe Rohrschale *f*, Rinne *f*, aufgespaltetes Rohr *n*
split-ring connector Holzbalkenverbindungsringeisen *n*
split ring connector Einlassdübel *m*
split rivet Spreizniet *m*, Sicherungssplint *m*
split roof Spaltsparrendach *n*

split size Korngruppe *f*
split sleeve Überschiebmuffe *f*, zweiteilige Rohrmuffe *f*
split stuff gespaltenes Halbholz *n*
split tile (keramische) Spaltplatte *f (Plattenfliese)*
split-tiled roof Spleißdach *n*, Spandach *n*
splitspoon aufklappbare Entnahmesonde *f*
splitter Trennkeil *m*
splitting Spaltung *f*, Aufspaltung *f*; Abspaltung *f*; Absplittern *n*; Zerfall *m*
splitting axe Spaltaxt *f*
splitting force Spaltzugkraft *f*
splitting strength Spaltzugfestigkeit *f*
splitting tensile strength Spaltzugfestigkeit *f*
splitting tensile test Spaltzugfestigkeitsprüfung *f*
splitting-up Aufspaltung *f*; Zersetzung *f (Stahlbeton)*
splitwood Spaltholz *n*
spoil *v* abnutzen; beschädigen; ruinieren; Boden aussetzen
spoil *v* **in building** verbauen
spoil 1. Aushub(boden) *m*, ausgehobener Boden *m*, Aushubmassen *fpl*; Abraum *m (Bergbau)*; 2. *(Bod)* Aussetzen *n*, Absetzen *n (Boden)*
spoil area Haldenfläche *f*, Seitenablagerung *f*, Bodenmassenlagerstätte *f*; Abraumhalde *f*, Abraumkippe *f*
spoil bank 1. Schutthalde *f*; 2. Seitenablagerung *f*, Aussatzkippe *f*
spoil car *(Erdb)* Transportlore *f*
spoil heap Halde *f*
spoilage Streu- und Bruchverlust *m (von Baustoffen)*
spoiled by development zersiedelt
spoiled landscape verschandelte [verbaute] Landschaft *f*
spoke 1. Sprosse *f*; 2. Speiche *f*
spokeshave Ziehklinge *f*; Kurvenziehklinge *f*
sponge Schwamm *m*
sponge holder Schwammschale *f*
sponge rubber Schwammgummi *m*; Schaumgummi *m*
sponge rubber sealing Moosgummiabdichtung *f*
sponge sealing Moosgummidichtung *f*
sponge tray Schwammschale *f*
spongiform schwammartig
sponginess Schwammigkeit *f*, Porigkeit *f*
sponging Schwammverputzen *n*, Verputzen *n* mittels Schwamm
spongy schwammig, blasig, porös
sponson ausladende Plattform *f*
sponsor federführende Baufirma *f*; Hauptauftragnehmer *m*
spontaneous evaporation Eigenverdunstung *f*, Selbstverdunsten *n*
spoon Putzkelle *f*, Stuckkelle *f*
spoon auger Löffelbohrer *m*
spoon bit Löffelbohrer *m (Baugrunduntersuchung)*
spoon drain 1. offener Wassergraben *m*; 2. Schlaglochstrecke *f (Straße)*
spoon sample Sondenprobe *f*
spoon sampler Probenahmesonde *f (Bodenuntersuchung)*
sporadic building wilde Bebauung *f*, unrationelle Bauentwicklung *f*
sports area Sportfläche *f*, Sportgelände *n*
sports building Sportgebäude *n*
sports center *(AE)* Sportzentrum *n*
sports centre Sportzentrum *n*
sports complex [facility] Sportanlage *f*
sports facilities Sportanlagen *fpl*
sports field Sportplatz *m*, Sportfeld *n*
sports forum Sportzentrum *n*
sports ground(s) Sportplatz *m*; Sportanlage *f*
sports hall Sporthalle *f*
sports palace Sportpalast *m*; Sporthalle *f*
sports stadium Sportstadion *n*
sports structures Sportbauten *mpl*
spot *v* fleckig machen; fleckig werden, tüpfeln, tupfen *(mit Farbe)*; sprenkeln; Holz masern
spot *v* **weld** punktschweißen
spot 1. Fleck *m*; Rostfleck *m*; Tupfen *m*, Farbfleck *m*; 2. Stelle *f*; Punkt *m*
spot application punktweises Auftragen *n* [Aufbringen *n*]
spot board Mörtelmischtisch *m*
spot bonding Punkt(ver)klebung *f*
spot check 1. Vorortüberprüfung *f (Baustelle)*; 2. Stichprobenprüfung *f*
spot elevation *(Verm)* markierter Höhenpunkt *m (Geländekarte)*; Punkthöhe *f*
spot finishing Fleckenüberstreichen *n*; Anstrichausbesserung *f*
spot fixing Punkt(ver)klebung *f*
spot-free drying fleckenfreie Trocknung *f (Anstrich)*
spot-glued punktgeklebt, punktverklebt
spot ground Putzlehre *f*, Putzhöhenlatte *f*
spot level *s.* spot elevation
spot mopping Punktkleben *n (Dachpappe)*
spot repair Ausbessern *n (Anstrich)*
spot sample Einzelprobe *f*, Stichprobe *f (Baustoffe)*
spot strength Punktfestigkeit *f*
spot weld Punkt(schweiß)naht *f*
spot-welded punktgeschweißt
spot-welded round bars punktverschweißte Rundstähle *mpl*
spot welding Punktschweißen *n*
spotless fleckenfrei; makellos; sauber
spotlight Scheinwerfer *m*, Punktstrahler *m*, Scheinwerferlicht *n*
spotlight booth Scheinwerferkontrollraum *m*
spotted fleckig, gefleckt, gesprenkelt
spotted schist Fleckschiefer *m*
spotting Fleckenbildung *f*, Fleckigwerden *n (von Anstrichen)*
spotting-in Fleckenüberstreichen *n*, (fleckweise) Anstrichausbesserung *f*
spotty fleckig
spout Ablaufschnauze *f*, Auslaufrinne *f (vom Dach)*; Auslaufrohr *n*, Abflussrohr *n*, Speirohr *n*, Wasserspeier *m*
spout pipe Fallrohr *n*, Dachrohr *n*
spout plane Rund(kehl)hobel *m*
spouting Wasserrinne *f (Dach)*
sprawl *v* sich ausweiten [ausbreiten] *(Stadtgebiet)*; ausufern, wuchern *(ungeplantes Bauen)*
sprawl Zersiedelung *f*
spray *v* 1. verspritzen, versprühen, zerstäuben *(Flüssigkeiten)*; bespritzen, besprühen *(Oberflächen)*; 2. spritzen *(Anstrichtechnik)*
spray-apply *v* aufspritzen, durch Spritzen auftragen
spray-coat *v* spritzen, durch Spritzen beschichten
spray-paint *v* Farbe aufspritzen
spray Spray *n*, Sprühmittel *n*, Spritzstrahl *m*
spray application Spritzen *n*, Aufspritzen *n*, Spritzauftrag *m (z. B. von Farben)*
spray application of mortar Spritzmörtelauftrag *m*
spray-applied aufgespritzt
spray bar Spritzbalken *m*, Spritzrampe *f*, Düsenbalken *m*
spray booth Spritzkabine *f*, Spritzraum *m*
spray cleaning Spritzreinigen *n*, Spritzreinigung *f*
spray coat Spritzschicht *f*; gespritzter Anstrich *m*
spray coating 1. Spritzen *n*; 2. *s.* spray coat
spray-down Abspritzen *n*
spray equipment Spritzeinrichtung *f*, Spritzgeräte *npl*
spray glazing Spritzglasieren *n*
spray gun Spritzpistole *f*, Sprühpistole *f*, Pistole *f (bes. für Anstriche)*; Torkretierspritze *f*, Torkretkanone *f (bes. für Mörtel)*
spray irrigation Berieselung *f*

spray lance Spritzlanze *f*
spray metallizing Spritzmetallisieren *n (Korrosionsschutz)*
spray mortar Spritzmörtel *m*
spray-on insulation 1. aufspritzbare Dämmschicht *f*; 2. Spritzsperrung *f*, Sperrschichtspritzung *f*
spray paint coating aufgespritzter Anstrich *m*, Spritzfilm *m*
spray painting Farbspritzen *n*, Spritzen *n*, Spritzlackieren *n*
spray pickling Spritzbeizen *n*, Spritzbeizung *f*
spray plaster Spritzputz *m*
spray plastering Spritzputzen *n*
spray plastic Spritzplastik *f*
spray pond *(HLK)* Kühlteich *m*
spray-pond roof Wasserdach *n*, wassergekühltes Dach *n*
spray recoating Überspritzen *n*
spray rendering Spritzputz *m (Außenputz)*
spray shower bath Duschbad *n*
spray shower head Duschkopf *m*, Brausekopf *m*
spray stuccowork *(AE)* Spritzaußenverputzen *n*
spray test Spritzprüfung *f*
spray treatment Spritzbehandlung *f*
spray washer Spritzwaschanlage *f*
spray zone Spritzzone *f*
sprayability Spritzbarkeit *f*, Verspritzbarkeit *f*
sprayable spritzbar
sprayed acoustical plaster Schallspritzputz *m*, Spritzputz *m* für eine Schallwand
sprayed aluminium coating Aluminiumspritzschicht *f*
sprayed asbestos Spritzasbest *m*, Asbestspritzmörtel *m (Feuerschutz)*
sprayed atomized aufgesprüht, aufgedüst *(zerstäubend)*
sprayed coat Spritzanstrich *m*; Spritz(schutz)schicht *f*
sprayed concrete *s.* shotcrete
sprayed deposit Spritzschicht *f*
sprayed fireproofing Feuerschutzspritzmasse *f*, aufgespritzte Feuerschutzmasse *f*
sprayed insulation *s.* spray-on insulation
sprayed-metal coating 1. Spritzmetallisierung *f*; 2. Spritzmetallschutzschicht *f*
sprayed metallization Spritzmetallisieren *n*; Metallspritzschicht *f*
sprayed mortar Torkretmörtel *m*; Spritzputz *m*
sprayed-on pistolengespritzt, pistolenaufgetragen
sprayed-on accustical ceiling Spritzakustikdecke *f*, Spritzschallschluckdecke *f*
sprayed-on asphalt Spritzasphalt *m*
sprayed-on cement rendering Zementspritzputz *m*
sprayed-on composition Spritzmasse *f*
sprayed-on compound Spritzmasse *f*
sprayed-on concrete Spritzbeton *m*
sprayed-on film Spritzfilm *m*, Spritzhaut *f*
sprayed-on fireproofing Spritzfeuerschutzisolierung *f*
sprayed-on foam Spritzschaum *m*
sprayed-on metal Spritzmetall *n*
sprayed-on mortar Spritzmörtel *m*
sprayed-on paint coat Spritzfarbanstrich *m*
sprayed-on plastic Spritzkunststoff *m*
sprayed-on roof membrane Spritzkunststoffbedachung *f*, Kunststoffspritzbedachung *f*
sprayed-on sealing Spritz(ab)dichtung *f*
sprayed-on surfacing Spritzverkleidung *f*, Spritzauskleidung *f*
sprayed paint coat Spritzfarbanstrich *m*
sprayed zinc coating Zinkspritzschicht *f*
sprayer Spritzgerät *n*; Sprühgerät *n*, Sprüher *m*; Spritzbalken *m*
spraying Spritzen *n*, Sprühen *n*; Aufspritzen *n*, Spritzauftragen *n (z. B. von Anstrichen)*
spraying consistency Spritzkonsistenz *f*
spraying distance Spritzabstand *m*
spraying fault Spritzfehler *m*
spraying film Spritzfilm *m*
spraying foam Spritzschaum *m*
spraying gun *s.* spray gun
spraying machine Spritzmaschine *f*
spraying mass Spritzmasse *f*
spraying mastic Spritzmastix *m*
spraying material Spritzmasse *f*
spraying method Spritzverfahren *n*
spraying of bitumen Bitumenaufspritzen *n (Straßenoberflächenbehandlung)*
spraying paint coat Spritzfarbanstrich *m*
spraying plastic Spritzkunststoff *m*
spraying shop Spritzwerkstatt *f*
spraying technique Spritztechnik *f*
spraying torch Plasmaspritzpistole *f*, Flammenspritzpistole *f*
spraytight spritzdicht
spread *v* 1. auftragen, bestreichen; verteilen; streuen; sich ausbreiten, verlaufen *(z. B. Anstriche)*; 2. verteilen *(Last)*; 3. spreiten; ausdehnen
spread *v* **and level** *v (Erdb)* aufbringen und planieren, auftragen und einebnen
spread *v* **into** *(Arch)* übergehen *(Säulenoberflächenelemente)*
spread *v* **over** aufstreuen *(Sand, Splitt)*
spread 1. Aufstrich *m*, Auftrag *m*; 2. Auftragsmenge *f (Kleber, Binder)*; 3. Spreiten *n*; 4. Verteilung *f*, Ausdehung *f*; Streuen *n*
spread coating Beschichtung *f*, Bestreichen *n*
spread footing [foundation] Flachgründung *f*, Flächenfundament *n*, Flächengründung *f*
spread lens Streulinse *f (Beleuchtung)*
spread of fire Feuerausbreitung *f*, Brandausbreitung *f*
spread-of-flame test Flammenausbreitungsprüfung *f (z. B. der Dachhaut)*
spread of fracture Bruchausbauchung *f*
spread of smoke Rauchausbreitung *f*
spreader 1. Verteilgerät *n*; Splittstreuer *m*, Splittverteiler *m*; 2. Spreize *f*, Spreizstab *m*, Abstandhalter *m*; 3. Streichgerät *n*
spreader bar Traverse *f*, Querschwelle *f*
spreader beam Traverse *f*
spreader box Kastenverteiler *m*
spreader finisher Straßenfertiger *m*
spreader roll(er) Auftragswalze *f*
spreader screw Verteilerschnecke *f (Straßenfertiger)*
spreading Verteilen *n*; Auftragen *n*, Bestreichen *n*
spreading and finishing machines Deckeneinbauzug *m (Straßenbau)*
spreading and shaping Aufbringen *n* und Planieren *n*, Ausgleichen *n*
spreading capacity *s.* spreading power
spreading machine Splittstreuer *m*, Splittverteiler *m*
spreading mix(ture) Streichmischung *f*
spreading of cracks Rissausbreitung *f*
spreading of sand Sandaufstreuen *n*, Sandabstreuen *n*
spreading of the load Verteilung *f* der Belastung, Lastverteilung *f*
spreading power Ergiebigkeit *f (von Anstrichen)*
spreading rate 1. Aufstreumenge *f*, spezifische Beschichtungsmenge *f*; 2. Ergiebigkeit *f (eines Anstrichs)*; Deckungskraft *f*
spreading screw Verteilerschnecke *f (Straßenfertiger)*
spreading service *(Verk)* Streudienst *m*
spreadsheet Tabellenkalkulation *f*
sprig Stift *m*, Nagelstift *m (ohne Kopf)*; Drahtstift *m*

sprig bolt Hakenstift *m*
spring *v* 1. springen, federn, schnellen; 2. reißen, aufplatzen; springen, platzen *(z. B. Holz)*; 3. quellen, entspringen; 4. den Bogen anfangen [anlegen], die Wölbung beginnen *(Gewölbe)*
spring *v* **back** zurückschnellen
spring 1. Feder *f (Zugfeder, Druckfeder)*; 2. Schnellen *n*, elastische Bewegung *f*, Federung *f*, 3. Quelle *f (z. B. eines Flusses)*; Brunnen *m*; 4. Rohrknie *n*
spring-actuated selbstschließend
spring balance Federgegenkraft *f*, Federausgleich *m (Schiebefenster)*
spring bend Rohrknie *n*
spring bolt Federbolzen *m*
spring bolt lock Schnappschloss *n*
spring-bow compass Nullenzirkel *m*
spring buffer Federpuffer *m*
spring catch Schnappschloss *n*; Schnappriegel *m*
spring clamp Feder(kraft)halteklammer *f*, Federbund *m*
spring constant Federkennwert *m*
spring hanger pin Federbolzen *m*
spring hinge Federscharnier *n*, Federband *n*, Rückholfischband *n (Tür)*
spring hook Karabinerhaken *m*
spring joint of vault Kämpferfuge *f*
spring latch Schnappschloss *n*, Federfalle *f*
spring line of the vault Gewölbekämpferlinie *f*
spring-loaded gefedert; federbelastet; mit Federdruck
spring loaded in tension Spannfeder *f*
spring lock Schnappverschluss *m*; Springhakenschloss *n*
spring lock Fallschloss *n*, Federschloss *n*
spring maximum of fallout Frühlingsmaximum *n*
spring of a vault Gewölbeanfang *m*; Kämpfer *m* eines Gewölbes
spring roller light-tight blind Springrollo *n*
spring snib Schiebefensterschnappraster *m*
spring steel Federstahl *m*
spring strength Federstärke *f*
spring tension Federspannung *f*
spring tide mark Springtide-Marke *f*
spring washer Federring *m*
spring water Quellwasser *n*
spring well Quellbrunnen *m*, Filterbrunnen *m*
springer Kämpferstein *m*, Gewölbeanfänger *m*
springiness Rückfederung *f*, Schnellkraft *f*, Elastizität *f*
springing 1. Kämpferpunkt *m*, Kämpferfläche *f*, Kämpfer *m* Bogenanfang *m*; Anfangstein *m*; Gewölbewiderlager *n*; 2. *s.* springing stone; 3. Federn *n*, Federung *f*
springing course Kämpferschicht *f*
springing line Kämpferlinie *f*
springing plane Kämpferdach *n*
springing stone Kämpferstein *m*
springing wall untere Drittelbogenachse *f*
springwater Quellwasser *n*
springy federnd, elastisch • **be springy** federn
sprinkle *v* 1. (be)sprengen, berieseln; bespritzen; 2. mit Splitt bestreuen; aufstreuen *(Terrazzo)*
sprinkle *v* **on the surface** aufstreuen
sprinkle *v* **with sand** besanden
sprinkle *v* **with water** schlämmen *(Graben)*
sprinkle mopping streifenweises Dachbituminieren *n* [Dachkleben *n*]
sprinkled gesprenkelt
sprinkler 1. Sprinkler *m*, Sprinklerfeuerlöschanlage *f*, Feuerlöschbrause *f*, 2. *(San)* Brause *f*, Brausekopf *m*; 3. Sprenger *m*
sprinkler area Beregnungsfläche *f*
sprinkler fire-extinguishing installation *s.* sprinkler system
sprinkler head Feuerlöschbrausekopf *m*
sprinkler reach Regnerwurf(reich)weite *f*
sprinkler station Sprinklerstation *f*, Sprinklerzentrale *f*
sprinkler system Sprinkler(feuerlösch)anlage *f*, Feuerlöschsprenganlage *f*, Feuerschutzsprenganlage *f*
sprinkling Einstreuen *n*; Berieseln *n*, Berieslung *f*
sprinkling filter Tropfkörper *m*
sprinkling plant Beregnungsanlage *f*
sprocked eaves *(AE)* angehobene [aufgeschobene] Traufe *f*
sprocket 1. Aufschiebling *m*, Trauflatte *f*, Traufbrett *n*; 2. Windrispe *f*, Sturmlatte *f*, Windlatte *f*, Strebeschwarte *f*, Schwibbe *f*
sprocket piece Sparren *m*
spruce 1. Fichte *f*, 2. *s.* spruce wood
spruce shingle Fichtenschindel *f*
spruce wood Fichtenholz *n*
sprung gebrochen *(Holzbalken)*
sprung floor cover(ing) Schwing(fuß)bodenbelag *m*
sprung moulding gekrümmte Verzierung *f*
spud 1. Türpfostendübel *m*; 2. Verbindungsrohrstück *n*
spud vibrator Innenrüttler *m*, Tauchrüttler *m*, Flaschenrüttler *m (Tauchrüttelverfahren)*
spun geschleudert, im Schleudergussverfahren hergestellt
spun column Schleudermast *m*
spun concrete Schleuderbeton *m*
spun concrete column Schleuderbetonstütze *f*
spun concrete drain pipe Schleuderbetondränrohr *n*
spun concrete mast Schleuderbetonmast *m*
spun concrete pipe Schleuder(beton)rohr *n*
spun concrete pressure pipe Schleuderbetondruckrohr *n*
spun glass Glaswolle *f*, Glaswatte *f*
spun mast Schleuder(beton)mast *m*
spun pipe Schleuder(beton)rohr *n*
spur 1. Strebe *f*, Strebebalken *m*, Stützpfeiler *m*; 2. Sporn *m*, Ecksporn *m*; Mauervorsprung *m*; 3. *(Arch)* Klaue *f*, Teufelsklaue *f (Ornament)*
spur beam Wandauflagequerholz *n*, Querauflageholz *n*, Wandauflagebalken *m*
spur buttress Spreize *f*, Strebe *f*
spur jetty Querdamm *m*, Quermole *f*
spur line Stichrohrleitung *f*
spur pile schräger Rammpfahl *m*
spur pipeline Stichrohrleitung *f*
spur post Radabweispfosten *m*
spur shore Spreizstütze *f*
spur stone Abweisstein *m*, Radabweiser *m*, Prellstein *m*
spur tenon kurzer Zapfen *m*
spur track Nebengleis *n*, Seitengleis *n*; Anschlussgleis *n*
spur valley kurzes Seitental *n (Flächennutzung)*
sputter *v* sputtern
sputter *v* **away** abstäuben, absputtern
sputterd film gesputterte Schicht *f*
sputtering Sputtern *n*, Beschichten *n* durch Vakuumzerstäubung, Metallspritzen *n (z. B. von Brückenbauteilen als Korrosionsschutz)*
spyhole Spion *m*
squamiform schuppenförmig
square *v* 1. behauen, nach Maß bearbeiten *(Stein)*; rechtwinklig zuschneiden, rechtwinklig machen *(z. B. Holz)*; besäumen *(Holz)*; 2. begleichen, abrechnen
square-cut *v* rechtwinklig zuschneiden *(Holz)*
square *v* **off** vierkantig behauen, kanten
square *v* **up** rechtwinklig beschneiden; besäumen *(Holz)*
square 1. quadratisch, viereckig; rechtwinklig; 2. vierkantig; Vierkant...; 3. quadratisch; Quadrat... *(Mathematik)*
square 1. Quadrat *n*, Viereck *n*; 2. Platz *m*, Platzanlage *f (in Städten)*; 3. Häuserblock *m*; 4. quadratisches Profil *n*; Quadratprofil *n*; 5. Anschlagwinkel *m*, Winkel *m*

square and flat frame glatter Rahmen *m (Tür)*
square and rabbet Ringleiste *f*, Schaftring *m*
square aperture Quadratlochöffnung *f*
square bar Vierkantstahl *m*, Vierkanteisen *n*
square bars Vierkantmaterial *n*
square base quadratische Grundfläche *f*, Grundquadrat *n*
square bay quadratisches Joch *n*
square bend 90°-Knierohr *n*
square billet *(Arch)* Schachbrettverzierung *f*
square bolt Vierkantschraube *f*
square brick Normalstein *m*; Ziegelplatte *f*
square caisson *(Wsb)* Rechtecksenkkasten *m*
square centimetre Quadratzentimeter *m*
square chamber *(Arch)* Quadratraum *m (sakraler Nebenraum)*
square cogging *(Hb)* gerader Kamm *m*
square column quadratische Stütze *f*, quadratische Säule *f*
square corner halving Ecküberblattung *f* mit geradem Schnitt
square cross section Quadratquerschnitt *m*
square crossing *(Arch)* quadratische Vierung *f*
square dome Kuppelgewölbe *n* über quadratischem Grundriss
square-dressed stumpf *(Parkettstab)*
square dressed pavement Reihenpflaster *n*
square edge eckige Kante *f*
square-edge door Stirnflachtür *f*
square edge preparation Steilkantenvorbereitung *f (Schweißen)*
square-edged besäumt *(Holz)*
square-edged lumber *(AE)* rechteckiges Balkenholz *n*
square foot Quadratfuß *m (ca. 0,093 qm)*
square frame quadratischer Rahmen *m*
square-framed glatt gefügt *(Holz)*; unverziert
square-framed work Fachwerk *n*
square grooving and tonguing Quadratspundung *f*
square ground-plan Quadratgrundriss *m*
square-head bolt Vierkantkopfschraube *f*
square-headed nicht gewölbt, gerade, gestreckt *(Türöffnung, Fensteröffnung)*
square hole Quadratöffnung *f*
square inch Quadratinch *n*, Quadratzoll *m (ca. 6,45 qcm)*
square joint Stumpfstoß *m (Schweißverbindung)*; rechtwinklige Fuge *f (Holz)*
square log Kantholz *n*
square mesh Quadratloch *n*
square-mesh sieve Quadratlochsieb *n (z. B. für Zuschläge)*
square metre Quadratmeter *m*
square moment quadratisches Moment *n*
square of crossing *(Arch)* Vierungsquadrat *n (Lang- und Querhauskreuzungsquadrat einer Kirche)*
square pier Quadratpfeiler *m*
square pipe Quadratrohr *n*
square plan Quadratgrundriss *m*
square planning grid Quadratraster *m*
square plate Quadratplatte *f*, quadratische Platte *f*
square pointed trowel quadratische Maurerkelle *f*
square punching Quadratlochöffnung *f*
square rabbet plane rechtwinkliger Falzhobel *m*
square rib-vault *(Arch)* quadratisches Rippengewölbe *n*
square roof 45°-Satteldach *n*, Satteldach *n* mit 45°-Neigung
square roof-light Quadratoberlicht *n*
square root Quadratwurzel *f*
square-sawn timber *s.* squared timber
square splice rechteckige Verblattung *f*
square staff Rechteckleiste *f*
square step Blockstufe *f*
square tile Ziegelplatte *f*, Plattenfliese *f*
square tube Vierkantrohr *n*
square turned vierseitig verziert
square yard Quadratyard *n (ca. 0,836 qm)*
squared beam Vollkantbalken *m*; Vollkantholz *n*
squared paper kariertes Papier *n*; Millimeterpapier *n*
squared stone Quader(stein) *m*
squared structural grid Quadratraster *n*
squared timber Kantholz *n*, rechteckiges Balkenholz *n*, Balken *m*
squared toothed plate quadratischer Zahndübel *m*
squared tower quadratischer Turm *m*, Quadratturm *m*
squared tube Quadratröhre *f*
squared tubing Quadratrohrprofil *n*
squareness Rechteckigkeit *f*, Winkligkeit *f*, Rechtwinkligkeit *f*
squarer Steinmetz *m*, Steinschneider *m*
squaring Rechtwinkligschneiden *n*; Beschneiden *n*, Besäumen *n (von Holz)*
squaring-up Behauen *n (von Holz)*
squat round tower *(Arch)* Rundbastion *f*
squatter Hausbesetzer *m*; Wohnungsbesetzer *m*
squatter's right *(AE)* Gewohnheitsrecht *n* der Landnutzung *(ohne legalen Besitz)*
squatting Hausbesetzung *f*
squatting W.C. pan Hockklosett *n*, französischer Abort *m*
squeegee 1. Schwabber *m*, Schwabbschieber *m (Zement- und Bitumenschlämmenbehandlung)*; 2. Räumbalken *m*, Schieber *m (für den Straßendienst)*; 3. Schürf(kübel)wagen *m*; 4. *(Erdb)* Kratzer *m*
squeegee roller Quetschwalze *f (Anstrichauftrag)*
squeeze *v* quetschen, zusammendrücken
squeeze *v* **off** abklemmen
squeeze *v* **out** zerquetschen, ausquetschen, auswalzen
squeeze Quetschung *f*, Quetschen *n*, Pressen *n*; Pressdruck *m*
squeeze cementing Druckzementierung *f*
squeeze riveting Quetschnietung *f*
squeezed joint gepresste Fuge *f*, Pressverbindung *f*
squeezer *(Verk)* Kantenpresser *m*, Kantenformrolle *f (Straßenwalze)*
squinch 1. (innerer) Eckbogen *m*, Eckkragbogen *m*, Ecküberkragung *f*; 2. *s.* squinch arch
squinch arch *(Arch)* Trompe *f*, Trichtergewölbe *n*
squint 1. *s.* squint window; 2. spitzer Mauerziegel *m*; 3. schiefe Ebene *f*, Neigung *f*, Hang *m*
squint brick schiefwinkliger Ziegel(stein) *m*, Spitzziegel *m*
squint quoin Spitzecke *f*, spitzwinklige Mauerecke *f*
squint window *(Arch)* Spitz(winkel)fenster *n*, Hagioskop *n (Kirche)*
squirt *v* spritzen, bespritzen
squirted skin Spritzputz *m*, Rohputz *m*, Rappputz *m*, Berappung *f*
St. Andrew's cross *(Arch)* Andreaskreuz *n*, Abkreuzung *f*, Kreuzstreben *fpl*, Kreuzverband *m*
St. Georg's cross *(Arch)* griechisches Kreuz *n*
St. Mark's Square Markusplatz *m*
stab *v* aufrauen; spitzen
stabbing Aufrauen *n*, Aufspitzen *n*, Spitzen *n (z. B. von Wänden, Naturstein, Beton)*
stability 1. *(Stat)* Stabilität *f*, Standfestigkeit *f*, Standsicherheit *f*, Kippsicherheit *f*; 2. Stabilität *f*, Widerstandsfähigkeit *f*, Beständigkeit *f (thermisch, chemisch)*; Festigkeit *f (mechanisch)*
stability against gliding Gleitsicherheit *f*, Kippsicherheit *f*
stability against oscillation Schwingungsstabilität *f*, Erschütterungsbeständigkeit *f*

stability against sliding Gleitsicherheit *f (Böschung)*
stability against tilting Kippsicherheit *f*
stability analysis Stabilitätsanalyse *f*
stability and flow Stabilität *f* und Fließwert *m (Marshalltest)*
stability calculation Stabilitätsberechnung *f*, Standfestigkeitsberechnung *f*, Standsicherheitsberechnung *f*
stability case Stabilitätsfall *m*, Standfestigkeitsfall *m*
stability check Standsicherheitsnachweis *m*
stability conditions Stabilitätsbedingungen *fpl*
stability degree Stabilitätsgrad *m (Emulsion)*
stability diagram Stabilitätsdiagramm *n*, Standfestigkeitsdiagramm *n*, Standsicherheitsdiagramm *n*
stability drop Stabiltätsabfall *m*, Standfestigkeitsabfall *m*
stability equation Stabilitätsgleichung *f*, Standsicherheitsgleichung *f*
stability factor Stabilitätsfaktor *m*
stability formula Stabilitätsformel *f*, Standsicherheitsformel *f*
stability function Stabilitätsfunktion *f*, Standsicherheitsfunktion *f*
stability in storage Lager(ungs)beständigkeit *f*
stability investigation Stabilitätsuntersuchung *f*, Standfestigkeitsuntersuchung *f*
stability limit Stabilitätsgrenze *f*
stability of emulsion Emulsionsstabilität *f*
stability of shape Formbeständigkeit *f*
stability of size Formbeständigkeit *f*, Maßbeständigkeit *f (von Bauelementen)*
stability of slope Böschungsstandfestigkeit *f*
stability of volume Raumbeständigkeit *f (Zement)*
stability range Beständigkeitsbereich *m*, Stabilitätsbereich *m*
stability study Stabilistätstudie *f*
stability system statisches System *n*
stability test Stabilitätstest *m*
stability theory Stabilitätstheorie *f*
stability to chemical attack chemische Beständigkeit *f*
stability to heat Hitzbeständigkeit *f*, Hitzefestigkeit *f*
stability to light Lichtbeständigkeit *f*, Lichtechtheit *f*
stability under load Standfestigkeit *f*
stability under torsion Torsionsstabilität *f*
stabilization 1. Stabilisierung *f*; 2. Verfestigung *f*
stabilization cable Stabilisierungsseil *n*
stabilization of earthwork *(Bod)* Bodenbefestigung *f*
stabilization of slopes Böschungsbefestigung *f*
stabilization pond Abwasserbecken *n*
stabilize *v* 1. stabilisieren, stützen; festigen; verfestigen; 2. konstant halten
stabilized alloy beruhigte Legierung *f*
stabilized soil verfestigter Boden *m*, verfestigter Erdstoff *m*, stabilisierter Boden *m*, stabilisierter Erdstoff *m*
stabilizer Stabilisator *m*, Stabilisierungsmittel *n (z. B. für Bitumenemulsion)*
stabilizing agent Stabilisator *m*, Stabilisierungsmittel *n*, stabilisierendes Zusatzmittel *n (z. B. für Bitumenemulsion)*
stabilizing workings *(Bod, Tun)* Sicherungsarbeiten *fpl (Böschungen, Baugruben)*
stable 1. stabil, standfest, standsicher *(z. B. Baugrund)*; 2. stabil, widerstandsfähig; beständig *(thermisch, chemisch)*; fest *(mechanisch)*; haltbar *(z. B. Material)* • **be stable** stabil [standfest] sein • **be stable to** beständig sein gegen
stable Stall *m*
stable building Stallgebäude *n*
stable channel stabiles Flussbett *n*
stable court Stallhof *m*
stable door zweiteilige Tür *f (horizontal geteilt)*
stable emulsion stabile Emulsion *f*, S-Emulsion *f*
stable equilibrium stabiles Gleichgewicht *n*
stable in air luftbeständig
stable position stabile [feste] Lage *f (eines Bauteils)*
stable slope standfeste Böschung *f*
stable soil standfester Boden *m*
stable state stabiler [sicherer] Zustand *m (von Baugrund)*
stable to light lichtbeständig
stable truss stabiles [kinematisch bestimmtes] Fachwerk *n*
stabling Stallung *f*
stack *v* (auf)schichten; aufstapeln *(z. B. Holz)*
stack *v* **flat** flach stapeln
stack 1. Stapel *m*, Stoß *m*; 2. Kamin *m*, Schornstein *m*, Schlot *m*; 3. Schacht *m (eines Hochofens)*; 4. senkrechtes Rohrsystem *n*; senkrechte Abwasserleitung *f*; senkrechtes Abwasserrohrende *n*; 5. *(HLK)* Warmluftschacht *m*; 6. *britische Maßeinheit für Holz; 1 Stack = 108 cu ft = 3,058* m^3; 7. Regalfach *n*
stack bond Parallelverband *m*, Reihenverband *m (Mauerwerk)*
stack brickwork Schachtofenmauerwerk *n*
stack effect Schornsteineffekt *m*
stack ladder Schornsteinleiter *f*
stack of boards Bretterstoß *m*, Bretterstapel *m*
stack partition Trennwand *f* mit Kaminzug
stack pipe Regenfallrohr *n*
stack pipe system senkrechtes Rohrsystem *n*
stack vent 1. senkrechtes Abwasserrohrende *n*; 2. Dachentlüftungsrohr *n (Abwasserfallrohr)*
stack venting Abwasserrohrentlüftung *f*
stacked cubic metre Schichtfestmeter *n (für Holz)*; Raummeter *n (auch für Naturstein)*; *(veraltet)* Ster *n*
stacked façade Stapelfassade *f (mit Häufung unterschiedlicher Dekorationselemente)*
stacked timber Schichtnutzholz *n*
stacked wood Schichtpressholz *n*
stacking Stapeln *n*
stacking area Stauraum *m*, Lager *n*, Zwischenlager *n*
stacking chair Stapelstuhl *m*
stacking ground [yard] Stapelplatz *m (z. B. für Holz)*; Lagerplatz *m (bes. für Fertigteile)*; Lagerhof *m*; Lagerfläche *f*
stacking lane *(Verk)* Staustreifen *m*, Stauspur *f*, Stauraum *m*
staddle *(AE)* Unterstützungsrahmenwerk *n*, Stützrahmen *m*
staddle stone *(Arch)* Schoberstein *m*
stadia *(Verm)* Nivellierlatte *f*, Messlatte *f*, Abstandsstab *m*
stadia levelling tachometrische Nivellierung *f*
stadia rod *s.* stadia
stadia surveying tachometrische Vermessung *f*
stadial moraine Endmoräne *f*
stadiometer Stadiometer *n (Vermessung)*
stadiometric straight edge *(AE)* stadiometrische Richtlatte *f*
stadium Stadion *n*
stadium construction Stadionbau *m*
stadium facility Stadionanlage *f*
stadium grandstand Stadiontribüne *f*
staff 1. Stab *m*, Stütze *f*, Messlatte *f*; 2. Decklatte *f*, Deckleiste *f (Holz)*; Stuckleiste *f*; 3. *s.* staff bead; 4. Gipsmörtel *m (für Stuckarbeit)*; 5. Personal *n*; Personalbestand *m*, Belegschaft *f*
staff aisle Personalgang *m*
staff angle Putzkantenschützer *m*, Putzkantenschoner *m*, Putz(schutz)leiste *f*
staff bead Eckenrundstab *m*, Kantenrundstab *m (zum Überdecken von Fugen zwischen Holzteilen und Mauerwerk)*
staff building Sozialgebäude *n (Werksgebäude)*
staff changing room Personalumkleideraum *m*

staff entrance Personaleingang *m*
staff gauge Pegellatte *f*, Lattenpegel *m*
staff holder Messlattenträger *m*
staff location system Personensuchanlage *f*
staff lock Personaleingang *m*, Personalschleuse *f (z. B. in öffentlichen Gebäuden)*
staff rental apartment Dienstmietetagenwohnung *f*
staff room Personalraum *m*
staff toilet Personaltoilette *f*
staff traffic Personalverkehr *m*
staff training Personalschulung *f*
staffman Vermessungsgehilfe *m*, Lattenträger *m*
stage *v* (ein)rüsten
stage 1. Arbeitsbühne *f*, Bühne *f*, Plattform *f*; Gerüst *n*; 2. Gerüstboden *m*; 3. Theaterbühne *f*, Podium *n*; 4. Absatz *m (Bergbau)*; 5. Bauabschnitt *m*; Bau(fortschritts)stadium *n*; Baustufe *f*
stage block Bühnenhaus *n (Theater)*
stage-by-stage completion abschnittsweise Fertigstellung *f (von Baugebieten, Verkehrstrassen)*
stage construction 1. mehrschichtiger Einbau *m (z. B. im Straßen- oder Erdbau)*; 2. stufenweiser Ausbau *m*; Zwischenausbau *m*
stage designer Bühnengestalter *m*
stage door Bühnentür *f (Theater)*
stage grate Stockwerksrost *m*
stage grouting stufenweises Verpressen *n*
stage level Bühnenhöhe *f*
stage lighting Bühnenbeleuchtung *f*
stage of completion [construction] Baustufe *f*
stage of decomposition Abbaustufe *f (Abwässer im Klärwerk)*
stage of development Entwicklungsstufe *f*
stage of drying Trocknungsgrad *m*
stage of geological prospecting Stadium *n* der geologischen Untersuchungsarbeiten
stage of loading Belastungsstufe *f*
stage of strength Verfestigungsgrad *m*, Festigkeitsstadium *n*
stagger *v* 1. versetzen, auf Lücke setzen, versetzt [gestaffelt] anordnen; stufen; 2. zeitlich staffeln
stagger *s.* staggered arrangement
staggered versetzt (angeordnet), gegeneinander versetzt, auf Lücke, gestaffelt *(z. B. Gebäude)*
staggered arrangement versetzte Anordnung *f*
staggered choir *(Arch)* Staffelchor *m (Kirchenbaukunst)*
staggered course versetze Lage *f (Dachziegeldeckung)*
staggered end of green *(Verk)* gestaffeltes Grünzeitende *n*, Freigabezeitversatz *m (Verkehrsampel)*
staggered floors versetzte Etagen *fpl*, versetzte Stockwerke *npl*
staggered joints versetzte Fugen *fpl*, versetzt liegende Stoßstellen *fpl*
staggered junction *(Verk)* versetzte Kreuzung *f*
staggered partition *s.* staggered-stud partition
staggered perspectives gegeneinander versetzte Fassadenfluchten *fpl*
staggered piling versetzte Pfahlanordnung *f*
staggered riveting [row of rivets] Zickzacknietung *f*
staggered spot weld Zickzackpunktschweißnaht *f*
staggered start of green *(Verk)* gestaffelter Grünbeginn *m*, Freigabezeitversatz *m (Verkehrsampel)*
staggered storeys [stories] versetzte Etagen *fpl*, versetzte Stockwerke *npl*
staggered-stud partition Trennwand *f* mit beidseitig versetzten Kernstabilisierungsplatten
staggered weld Zickzackschweißnaht *f*
staggered working hours gleitende Arbeitszeit *f*, Gleitarbeitszeit *f*
staggering Versetzung *f*, Staffelung *f*
staging 1. Gerüst *n*, Baugerüst *n*; Hilfsgerüstfläche *f (eines Baugerüsts)*; 2. Gerüstbau *m*
stagnant backwater stehendes Wasser *n*
stagnant basin abflussloses Becken *n*, geschlossenes Becken *n*
stagnant pool Tümpel *m*
stagnant water stehendes Wasser *n*; Altwasser *n*, Altarm *m*, toter Arm *m (eines Flusses)*
Stahlton Stahlton *m*, Spannton *m*
Stahlton plant Stahltonwerk *n*, Spanntonwerk *n*
Stahlton prestressed beam Spanntonbalken *m*, vorgespannter Ziegelbalken(träger) *m*
stain *v* 1. beizen, färben *(Holz, Glas)*; farbig polieren *(Holz)*; fleckig werden; anlaufen; sich verfärben; 2. anfressen *(Metall)*; korrodieren
stain 1. Verfärbung *f*, Fleck *m (z. B. durch Korrosion)*; 2. Färbemittel *n*; Holzbeize *f*, Beize *f*, Farbbeize *f (für Glas)*
• **take stains** Flecke(n) bekommen
stain-free fleckenfrei
stain removal Fleckenentfernung *f*, Fleckenbeseitigung *f*
stain resistance Fleckenbeständigkeit *f*, Fleckenfestigkeit *f*
stain-resistant fleckenbeständig
stained gebeizt; verfärbt; fleckig
stained become *v* sich verfärben
stained glass (farbiges) Ornamentglas *n*, Kathedralglas *n*, Schmelzfarbglas *n*
stained-glass window Ornamentglasfenster *n*, Farbglasfenster *n*
stainer Farbstoff *m*, Farbpigment *n*, Farbzusatz *m*
staining 1. Färben *n*, Beizen *n*; 2. Verfärbung *f*, Fleckenbildung *f*, Fleckigwerden *n*
staining power Abtönvermögen *n*
stainless rostfrei, nicht rostend, rostbeständig
stainless chromium steel rostfreier Chromstahl *m*
stainless sheet Edelstahlblech *n*
stainless steel nicht rostender [korrosionsbeständiger] Stahl *m*; Edelstahl *m*, Chrom-Nickel-Stahl *m*
stainless steel ceiling Edelstahldecke *f*
stainless steel curtain wall Edelstahlvorhangwand *f*
stainless steel facing Edelstahlverblendung *f*, Edelstahlverkleidung *f*
stainless steel sink (unit) Edelstahlspültisch *m*
stainless steel window Edelstahlfenster *n*
stainless steel wire Edelstahldraht *m*
stainlessness Korrosionsbeständigkeit *f*, Korrosionsfestigkeit *f*
stair 1. Treppe *f*, Stiege *f*; 2. Treppenstufe *f*, Stufe *f*
stair bolt Stumpfstoßbolzen *m*
stair bracket Trittstufenkonsole *f (einer offenen Treppe, meist verziert)*
stair carpet Treppenläufer *m*
stair carriage Treppenwange *f*
stair check Treppenbaum *m*
stair clearance *s.* stair headroom
stair clip Treppenläuferklammer *f*
stair construction Treppenbau *m*
stair flight Treppenlauf *m*, Lauf *m*
stair foot Antrittstufe *f*, erste [unterste] Stufe *f*
stair headroom lichte Treppenganghöhe *f*
stair horse Treppenwange *f*, Podestbalken *m*
stair illumination Treppenbeleuchtung *f*
stair landing Treppenpodest *n*, Podest *n(m)*, Treppenabsatz *m*
stair nosing Trittstufenüberstand *m*, Stufenschutzleiste *f*, Schutzleiste *f*
stair of solid rectangular steps Blocktreppe *f*
stair opening Treppenöffnung *f (in der Decke)*

stair platform Stufenabsatz *m*, Podest *n(m)*
stair post Treppenpfosten *m*, Treppensäule *f*
stair rail Treppenhandlauf *m*
stair railing Treppengeländer *n*
stair rise Tritthöhe *f*
stair riser Setzstufe *f*; Setzholz *n*, Setzbohle *f*
stair rod Treppenläuferhaltestange *f*
stair run 1. Stufentiefe *f*, Auftrittslänge *f*, Auftritt *m*, Trittmaß *n*; 2. Treppenlauflänge *f*
stair shoe Fußschiene *f*, Fußholz *n (Geländer)*
stair slab Stufenplatte *f*
stair spandrel Treppenuntermauerungsfläche *f*
stair stringer Treppenwange *f*
stair tower *s.* 1. stair turret 1.; 2. staircase
stair tread Trittstufe *f*, Trittholz *n*; Stufen(auf)tritt *m*, Auftritt *m (Treppe)*
stair trimmer Treppenwechselbalken *m*, Wechselbalken *m*, Trumpfbalken *m*
stair turret 1. Treppenturm *m*, Wendeltreppenturm *m*; 2. Treppenbau *m (über dem Dach)*
stair type Treppenart *f*
stair wall string Treppenwange *f*
stair wire *s.* stair rod
stairbuilder Treppenbauer *m*
stairbuilder's truss Treppenpodestkreuzbalken *m*
staircase Treppenhaus *n*, Treppenaufgang *m*, Treppe *f*
staircase landing *s.* stair landing
staircase wall Treppenhausmauer *f*; Wangenmauer *f*
staircase window Treppen(haus)fenster *n*
stairhead oberste Stufe *f*, Austrittstufe *f*, Podeststufe *f*, (oberster) Treppenabsatz *m*
stairlift Treppenlift *m*
stairrail Treppenhandlauf *m*
stairs Treppe *f*, Treppenanlage *f*; Steigetreppe *f*
stairs mortised into strings eingestemmte Treppe *f*
stairs resting on brickwork untermauerte Treppe *f*
stairs with a platform *s.* stairs with landing
stairs with broken centre line gebrochene Treppe *f*
stairs with landing Podesttreppe *f*, zweiläufige [doppelläufige] Treppe *f*
stairs with several flights mehrarmige Treppe *f*
stairs with straight fliers geradläufige Treppe *f*
stairs with treads between strings eingeschobene Treppe *f*, Leitertreppe *f*
stairs with treads fitted on strings aufgesattelte Treppe *f*
stairs with two flights zweiarmige Treppe *f*
stairway Aufgang *m*, Treppe *f*
stairwell Treppenhaus *n*, Treppenraum *m*
stake *v (Verm)* abstecken, auspflocken, ausstecken, abwinkeln, auswinkeln
stake *v* **out** *(Verm)* abstecken *(mit Maßpflöcken)*; aussetzen *(Maßpflöcke)*
stake 1. Pfahl *m*, Stange *f*, Holzpfahl *m*; 2. *(Verm)* Absteckpfahl *m*, Pflock *m*; Zaunpfahl *m*, Zaunpfosten *m*, Zaunbohle *f*
stake peg Abstechpfahl *m*
staking-out *(Verm)* Aussetzen *n (Maßpflöcke)*; Abstecken *n (Bauwerksmaßpunkte)*
stalactiform stalaktitenförmig
stalactite *(Arch)* Stalaktit *m*, Muqarnas *m*
stalactite arch *(Arch)* Stalaktitenbogen *m*, Tropfsteinbogen *m*
stalactite capital *(Arch)* Stalaktitenkapitell *n*, Tropfsteinkapitell *n*
stalactite ceiling *(Arch)* Stalaktitendecke *f*, Tropfsteindecke *f*
stalactite dome *(Arch)* Stalaktitenkuppel *f*, Tropfsteinkuppel *f*
stalactite ornament *(Arch)* Stalaktitenornament *n*, Tropfsteinornament *n*
stalactite portal *(Arch)* Stalaktitenportal *n*, Tropfsteinportal *n*
stalactite vault *(Arch)* Stalaktitengewölbe *n*, Tropfsteingewölbe *n*
stalactite work *(Arch)* Stalaktitenarbeit *f*, Muquarnas *m*, Yeseria *f (stalaktitenartige Stuckdekoration islamischer Herkunft)*
stalactitic vault *s.* stalactite vault
stalagmiform stalagmitenförmig
stalagmite Stalagmit *m*
stalagmitic stalagmitisch
stale atmosphere abgestandene Luft *f*, 'verbrauchte' Luft *f*
stale sewage abgestandenes Abwasser *n*
stalk 1. Steg *m*, Trägersteg *m*; 2. Stützmauer *f*
stalk connection Steganschluss *m*
stalk plate Stegblech *n*, Stehblech *n*
stalk plate angle Stegblechwinkel *m*, Stehblechwinkel *m*
stalk plate connection Stegblechanschluss *m*, Stehblechanschluss *m*, Stegblechstoß *m*, Stehblechstoß *m*
stalk plate depth Stegblechhöhe *f*, Stehblechhöhe *f*
stalk plate length Stegblechlänge *f*, Stehblechlänge *f*
stalk plate stiffener Stegblechsteife *f*, Stehblechsteife *f*
stalk plate stiffening Stegblechaussteifung *f*, Stehblechaussteifung *f*
stalk reinforcement Stegbewehrung *f*
stalk stay Stegsteife *f*
stalk stiffener Stegsteife *f*
stalk stiffening Stegaussteifung *f*
stall 1. verschlossener Sitz *m (Chorgestühl)*; 2. Parkettreihe *f*, Vorderreihe *f (Theater)*; 3. Stand *m*, Verkaufsstand *m*, Kiosk *m*; Boxe *f*; 4. Stall *m*; Boxe *f*
stall barn Boxenstall *m*
stallboard *(AE)* Schaufenstersims *m(n)*, Schaufensterbank *f* mit Stützrahmen
stallboard light Kellerbeleuchtungsfenster *n (unter einem Schaufenster)*
stalling Stallung *f*
stambha *(Arch)* Stambha *m (Säule der Hindu-Architekten)*
stamp *v* 1. stampfen; feststampfen; 2. stanzen
stamp Pochstempel *m*
stamper Stampfer *m*
stanchion Strebe *f*, Stütze *f*; Stahlstütze *f*
stand *v* 1. (aufrecht) stehen; hoch sein; aufstellen; 2. widerstehen, standhalten; Bestand haben
stand *v* **back** zurückstehen, zurückweichen *(Mauerflucht, Bauwerk)*
stand *v* **out** hervorstehen, überkragen, auskragen, ausladen, überhängen
stand *v* **proud** herausragen
stand 1. Standort *m*, Platz *m*; 2. Tribüne *f*, Zuschauertribüne *f*; 3. Stand *m (Verkaufsstand)*
stand-by 1. Bereitschaft *f*; 2. Reservegerät *n*
stand-by diesel generator Dieselnotstromaggregat *n*
stand-by generator Notstromgenerator *m*, Ersatzgenerator *m*
stand-by lighting Notbeleuchtung *f*
stand-by power generator *s.* stand-by generator
stand-by pump Reservepumpe *f*, Ersatzpumpe *f*
stand-by unit Notstromaggregat *n*
stand oil Standöl *n*
stand oil gloss paint Standölfarbe *f*
stand oil paint Standölfarbe *f*
stand oil varnish Standöllack *m*
stand roof Tribünendach *n (Stadion)*
stand sheet feststehendes Fenster *n*
standard 1. standardisiert, genormt; 2. in Standardausführung [Normalausführung]; serienmäßig

standard 1. Standard *m*, Norm *f*, 2. Richtmaß *n*; 3. Pfosten *m*, Pfahl *m*, Pfeiler *m (Stütze)*; Joch *n (Säule)*; Tragbalken *m* • **according to standards** normgerecht
standard AASHO method *(Bod)* Proctor-Test *m*, Proctor-Verdichtungsversuch *m (nach AASHO)*
standard absorption trench Normensickergraben *m (30–90 cm breit, mit 30 cm Kiesfüllung und 30 cm Erdüberdeckung)*
standard ASTM method *(Bod)* Proctor-Test *m*, Proctor-Verdichtungsversuch *m (nach ASTM)*
standard box *(Erdb)* Cassagrande-Apparat *m*
standard brick Normziegel *m*
standard brick gauge Normalziegelgröße *f*
standard building Typenbau *m*
standard cement Normzement *m*
standard compaction test Standardverdichtungsversuch *m*, Proctor-Test *m*
standard conditions Norm(al)bedingungen *fpl*
standard construction system Standardbausystem *n*
standard crushing strength Normendruckfestigkeit *f*
standard curing Normnachbehandlung *f*, Feuchtkastenlagerung *f (Zement- und Betonprüfung)*
standard cut-back bitumen Normenverschnittbitumen *n*
standard cylinder for compression testing Normenprüfzylinder *m*
standard design Typenentwurf *m*; Regelausführung *f*
standard design vehicles *(Verk)* Bemessungsfahrzeuge *npl*
standard deviation Standardabweichung *f*, mittlere quadratische Abweichung *f*, mittlerer Fehler *m (Statistik)*
standard dimension Normalabmessung *f*; Typenmaß *n*, Grundmaß *n*
standard drawing Normenzeichnung *f*
standard dwelling Typenwohnung *f*
standard English dialektfreies Englisch *n*
standard equipment Grundausstattung *f*, Grundausrüstung *f*
standard fire rating curve Normenbrandklassenkurve *f*
standard fire test Normenbrandprüfung *f*, Normenbrandversuch *m*
standard floor Normaletage *f*, Normalstockwerk *n*
standard format 1. *(AE)* Standardunterlagen *fpl (zur Angebotsplanung)*; 2. Normalformat *n*
standard frame Typenrahmen *m*
standard framed building Typenrahmenhalle *f*
standard gauge Normalspur(weite) *f*, Regelspur(weite) *f (Eisenbahn)*
standard German Hochdeutsch *n*
standard hardboard Farbtonplatte *f*
standard hook normengerechter Bewehrungshaken *m*
standard in performance terms Leistungsnorm *f*
standard lamp Ständerleuchte *f*, Stehlampe *f*
standard length Standardlänge *f*
standard lime Normenkalk *m*
standard load Normenlast *f*, Belastung *f* nach Norm
standard loading Regellast *f*, Normalbelastung *f*
standard measure Normalmaß *n*
standard mix(ture) Normenmischung *f (Zementprüfung)*
standard module Grundmodul M *m*, Modul *m* von 10 cm, 4-Zoll-Modul *m*
standard mortar Normenmörtel *m*
standard mounting Standardanschlag *m*
standard of cleanliness Reinheitsgrad *m*, Reinigungsgrad *m*, Säuberungsgrad *m (Oberflächen, Anstrichflächen)*
standard of measure Richtmaß *n*
standard of workmanship Niveau *n* der Bauausführung
standard on data to be provided Deklarationsnorm *f*, Norm *f* für anzugebende Daten
standard panel Standardtafel *f*
standard penetration resistance *(Bod)* Standardnadelwiderstand *m*, Proctor-Nadelwiderstand *m*
standard penetration test *(Bod)* Standardnadelwiderstandsprüfung *f*, Proctor-Nadeltest *m*
standard pile Richtpfahl *m*
standard pipe Normalrohr *n*
standard plan Typenplan *m*; Typenentwurf *m*
standard plans Normenzeichnungen *fpl*, Richtzeichnungen *fpl*
standard plywood normales Sperrholz *n*
standard Portland cement Normen-Portlandzement *m*
standard product Normenerzeugnis *n*
standard project Normungsvorhaben *n*, Normprojekt *n*
standard quality Normengüte *f*, Normenqualität *f*
standard railing Normengeländer *n*
standard railway track Normalgleis *n*
standard rammer Normalstampfer *m*
standard rolled section Normenwalzprofil *n*
standard sand Normensand *m*, Norm(al)sand *m (Zementprüfung)*
standard section Normalprofil *n*
standard size Normalgröße *f*, Regelgröße *f*, Typengröße *f*, Normalformat *n*
standard size(d) normengerecht
standard special block Formstein *m*
standard special brick Formziegel(stein) *m*
standard specification Normvorschrift *f*, Ausführungsbestimmung *f*, allgemeine technische Vertragsbedingung *f*
standard specification format Normformat *n*
standard specimen Vergleichsprobe *f*, Standardprobe *f*
standard stock Sollbestand *m*
standard store Sollbestand *m*
standard strength Normenfestigkeit *f*
standard tar viscosimeter Straßenteerviskosimeter *n*
standard terms of contract Vertragsgrundbedingungen *fpl*
standard test Normenprüfung *f*
standard test bar Normal(probe)stab *m*, Standardprüfstab *m*
standard test cube Normenwürfel *m*
standard test method genormtes Prüfverfahren *n*
standard test specimen Normkörper *m*, Normenprüfkörper *m*, Normenprobekörper *m*
standard tolerance Standardtoleranz *f*, Normalabweichung *f (z. B. bei Fertigteilen)*
standard triaxial test Dreiaxialprüfung *f*, dreiachsige Festigkeitsprüfung *f*, dreiaxialer Druckversuch *m*
standard type construction Einheitsbauweise *f*
standard version Standardausführung *f*
standard voltage *(El)* Normalspannung *f*
standard width Regelbreite *f*, Standardbreite *f*, Normenbreite *f*
standard window Standardfenster *n*, Typenfenster *n*, Normenfenster *n*
standard wire gauge 1. Drahtstandardklassifikation *f*; 2. Drahtlehre *f (für Drahtdurchmesser)*
standardization 1. Standardisierung *f*, Normung *f*, Baunormung *f*; 2. Typisierung *f*
standardize *v* 1. standardisieren, normen; 2. typisieren, vereinheitlichen
standardized building block [component] standardisiertes Bauelement *n*
standardized dimension for construction Baunormmaß *n*, Baunormabmessung *f*
standardized figure for construction Baunormzahl *f*, Baunormmaß *n*, Baurichtmaßzahl *n*
standardized test solution Normenlösung *f*, Modelllösung *f (Korrosionsprüfung)*

standards body Normungsinstitut *n*, Normungsorganisation *f*
standards organisation Normungsinstitut *n*
standards programme Normenprogramm *n*, Normungsprogramm *n*
standby *(AE)* Ersatz *m*, Reserve *f*
standing stehend, aufrecht
standing bevel stumpfwinklige Gehrung *f*
standing finish Einbauausrüstung *f (ständige Innenausstattung)*
standing leaf fester [starrer] Türflügel *m*
standing panel vertikal stehende Tafel *f*
standing rope Tragseil *n (Seilbahn, Kabelkran)*
standing seam Stehfalz *m*, stehende Falzverbindung *f*, Bördelverbindung *f (Metallbedachung)*
standing seam plate Stehfalzblech *n*
standing seam roof cladding Stehfalzdacheindeckung *f*, Stehfalzbedachung *f*, Stehfalzsystem *n*
standing spectator area Zuschauerstehfläche *f*
standing timber Nutzholz *n* [Holz *n*] auf dem Stamm
standing traffic ruhender Verkehr *m*
standing waste (pipe) *(AE)* Abflussstandrohr *n*; Überlaufstandrohr *n*
standing welt Stehfalz *m*
standpipe Standrohr *n*, Steig(leitungs)rohr *n*; Hydrantsäule *f*, Hydrant *m*
standstill Stillstand *m*
staple *v* heften *(mit Draht und Heftklammern)*; festklammern
staple Krampe *f*, Drahtkrampe *f*, Klammer *f*, Haspe *f*
staple and hasp Krampe *f* mit Überwurf
staple gun Krampenschießgerät *n*
staple hammer Krampenschläger *m*
stapler Krampenschießgerät *n*
stapling Heften *n*, Anheften *n (mit Heftklammern)*
star bit 1. Sternmeißel *m*, Kreuz(bohr)meißel *m*; 2. Fitschenbeitel *m*
star drill *s.* star bit 1.
star expansion bolt Kreuzspreizbolzen *m*, Segmentspreizbolzen *m*
star of tie beams Ankerstern *m*
star ornament *(Arch)* Sternverzierung *f*, Sternornament *n*, Sterndekoration *f*
star pattern *(Arch)* Sternform *f*
star-ribbed vault Sterngewölbe *n*
star shake Sternriss *m*, Strahlenriss *m (z. B. in Holz)*
star-shaped sternförmig
star-shaped building Y-Grundrissgebäude *n*, Y-Bau *m*
star vault Sterngewölbe *n*
starch Stärke *f*
starch glue Stärkeleim *m*
starch gum Dextrin *n*, Stärkegummi *n*
starching Stärken *n*
starling Brückenpfeilerkopf *m*, Pfeilerhaupt *n (als Eisschutz)*
starring Sternrissbildung *f (z. B. in Anstrichen)*
start *v* anfahren, in Betrieb nehmen, anlassen, starten, in Gang bringen; in Bewegung setzen
start *v* **a hole** anbohren
start *v* **assembling** mit der Montage beginnen
start *v* **construction** den Bau beginnen
start *v* **grinding** anschleifen
start Start *m*, Anfang *m*, Beginn *m*; Abfahrt *f*, Abflug *m*; Anfahren *n*; Gang *m*; Bewegung *f*
start of corrosion Korrosionsbeginn *m*
start of green *(Verk)* Grünanfang *m*
start up sequence *(Verk)* Einschaltprogramm *n (Verkehrsampel)*
starter Starter *m*, Glimmzünder *m (Leuchtstofflampe)*; Anlasser *m*
starter bar Anschlussbewehrungsstab *m*
starter brick Anfängerziegel *m*
starter course *s.* starter strip
starter frame Schalungsfuß *m*
starter ridge tile Firstanfänger *m*, Walmanfänger *m*
starter slab Antrittplatte *f*
starter strip Trauf(en)lage *f*, Anfangslage *f*
starter tile Traufenziegel *m*, Anfänger *m (Firstziegel)*
starting board unterste Schalbohle *f*, Fußschalbrett *n*
starting course *s.* starter strip
starting material Ausgangsmaterial *n*
starting newel unterste Treppensäule *f*
starting point Ausgangspunkt *m*
starting step Antrittsstufe *f*
starting strip *s.* starter strip
starved joint magere Klebstelle *f*, zu schwach geklebte Verbindung *f*, ausgehungerte Fuge *f*
state 1. Zustand *m*, Beschaffenheit *f (z. B. eines Gebäudes)*; Stand *m (Entwicklung, Technik)*; 2. Zustand *m (physikalisch)*; 3. Staat *m*, Land *n*; *(AE)* Bundesland *n* • **in a bad state of repair** baufällig
state court *(Arch)* Vorhof *m (Plastanlage)*
state estimation Bauzustandsschätzung *f*, Zustandsbeurteilung *f*
state highway agency Landesstraßen(bau)verwaltung *f*, Landesamt *n* für Straßenbau
state method Bemessungsverfahren *n* nach Grenzzuständen
state of conservation Erhaltungszustand *m*
state of cracking Rissbildungszustand *m*
state of deformation Verformungszustand *m*
state of equilibrium Gleichgewichtszustand *m*
state of failure Bruchzustand *m*
state of plan deformation ebener Formänderungszustand *m*, ebener Verformungszustand *m*
state of rest Ruhezustand *m*
state of saturation Sättigungszustand *m (Luft)*
state of strain Formänderungszustand *m (Dehnung)*
state of stress Spannungszustand *m*
state of stress at the point Spannungstensor *m*
state of stress in the body Spannungsfeld *n (Geologie)*
state-of-the-art hochmodern
state of the art Stand *m* der Technik
state-of-the-art technique Spitzentechnik *f*, hochmoderne Technik *f*
state-of-the-art technology Spitzentechnologie *f*
state of transition Übergangszustand *m*
state road Staatsstraße *f*, Landstraße *f*
state value Zustandsgröße *f*
stately church *(Arch)* Prachtkirche *f*
stately gateway *(Arch)* Prachttor *n*
stately portal *(Arch)* Prachtportal *n*
statement Angabe *f*, Feststellung *f*, Stellungnahme *f*, Behauptung *f*, These *f*
statement of probable construction cost Kostenvoranschlag *m*
static statisch, ruhend; Ruhe...
static action statische Beanspruchung *f*
static balance statisches Gleichgewicht *n*
static calculation (statische) Berechnung *f*
static deflection statische Durchsenkung *f* [Durchbiegung *f*]
static electricity Reibungselektrizität *f*, statische Elektrizität *f*
static equation statische Gleichung *f*
static equilibrium statisches Gleichgewicht *n*
static equilibrium condition statische Gleichgewichtsbedingung *f*
static equilibrium equation statische Gleichgewichtsgleichung *f*

static equilibrium state statischer Gleichgewichtszustand *m*
static force statische Kraft *f*, Schnittkraft *f*
static friction Haftreibung *f*, Ruhereibung *f*, statische Reibung *f*
static head Druckhöhe *f*, piezometrische Höhe *f*
static investigation statische Untersuchung *f*
static lateral stability statische Querstabilität *f*
static load statische [ruhende] Last *f*
static load capacity statische Tragfähigkeit *f*
static load fatigue test Zeitstandprüfung *f* mit konstanter Last, Dauerstandprüfung *f*
static load test statische Belastungsprüfung *f*, Prüfung *f* mit konstanter Belastung *f*
static loading statische [ruhende] Belastung *f*, Ruhebelastung *f*, Standbelastung *f*
static longitudinal stability statische Längsstabilität *f*
static modulus statischer Modul *m*
static moment statisches Moment *n*
static penetration test *(Bod)* statischer Nadeleindringversuch *m*
static pressure statischer [ruhender] Druck *m*
static proof statischer Nachweis *m*
static proof-loading machine statische Belastungstestanlage *f*
static requirements statische Erfordernisse *npl*
static seal starre Dichtung *f*, Manschettendichtung *f*, Flachdichtung *f*
static sounding *(Bod)* statische Sondierung *f*
static stability Standsicherheit *f*
static strength statische Festigkeit *f*
static stress statische Beanspruchung *f*
static test 1. Winddruckprüfung *f (für Fenster, vorgehängte Wände)*; 2. Wind-Wasser-Druckprüfung *f (Fenster, Außenwände)*; 3. Dauertest *m*, Dauerprüfung *f*
static theorem statischer Satz *m*
static Young's modulus statischer Verformungsmodul *m*, statische Verformungszahl *f*, Deformationsmodul *m*
statical statisch, ruhend; Ruhe...
statical analysis statische Berechnung *f*, statische Untersuchung *f*
statical behaviour statisches Verhalten *n*
statical compressive stress statischer Druck *m*
statical determinacy statische Bestimmtheit *f*
statical determinateness statische Bestimmtheit *f*
statical failure load statische Bruchlast *f*
statical indeterminacy statische Unbestimmtheit *f*
statical investigation statische Untersuchung *f*
statical method statische Methode *f*, statisches Verfahren *n*
statical moment of area statisches Flächenmoment *n*
statical rupture load statische Bruchlast *f*
statically admissible statisch zulässig
statically balanced system statisch ausgeglichenes System *n*
statically definable statisch bestimmbar
statically defined statisch bestimmt
statically defined frame [truss] statisch bestimmtes Fachwerk *n*
statically determinable statisch bestimmbar
statically determinate statisch bestimmt
statically determinate structure statisch bestimmtes Bauwerk *n*
statically determined statisch bestimmt
statically determined arch statisch bestimmter Bogen *m*
statically determined frame statisch bestimmter Rahmen *m*
statically determined framework statisch bestimmtes Fachwerk *n*
statically indeterminable statisch unbestimmbar
statically indeterminate statisch unbestimmt
statically indeterminate lattice girder statisch unbestimmter Fachwerkträger *m*
statically indeterminate to a large degree hochgradig statisch unbestimmt
statically indeterminate to the first degree statisch unbestimmt ersten Grades
statically indeterminate to the *n*-degree statisch unbestimmt *n*-ten Grades
statically indeterminate to the second degree statisch unbestimmt zweiten Grades
statically indetermined statisch unbestimmt
statically overdefined statisch überbestimmt
statically overdetermined statisch überbestimmt
statically reinforced concrete statisch bewehrter Beton *m*
statically undeterminate statisch unbestimmt
statically undetermined arch statisch unbestimmter Bogen *m*
statically undetermined frame statisch unbestimmter Rahmen *m*
statics Statik *f*, Baustatik *f*
statics of rigid bodies Statik *f* starrer Körper
station 1. Bahnhof *m*; Bahnstation *f*, Station *f*; *(AE)* Haltestelle *f*; 2. Vermessungs(ausgangs)punkt *m*, Festpunkt *m*, Stationspunkt *m*, trigonometrischer Punkt *m*
station awning Bahnsteig(schutz)dach *n*
station building Stationsgebäude *n*, Bahnhofsgebäude *n*
station canopy *s.* station awning
station correction *(Verm)* Standpunktkorrektur *f*
station hall Bahnhofshalle *f*
station hotel Bahnhofshotel *n*
station mark *(Verk)* Stationierungszeichen *n (Straße)*
station platform Bahnsteig *m*
station platform stair Bahnsteigtreppe *f*
station platform tunnel Bahnsteigtunnel *m*
station pole Vermessungsstab *m*
station roof 1. Bahnhofsdach *n*; 2. Pilzdach *n*, Schirmdach *n*; 3. Wetterdach *n*
station wagon Kombi *m*, Kombiwagen *m*
stationary stationär, feststehend, unbeweglich
stationary base [frame] feststehender Rahmen *m*
stationary emission source ortsfeste Emissionsquelle *f*
stationary hopper Betonzwischenlagerbunker *m*
stationary mixing plant stationäre Mischanlage *f*
stationary state Ruhezustand *m*
stationary tangent *(Verk)* Wendetangente *f (Trasse)*
stationary traffic ruhender Verkehr *m*
stationary tube stehendes Rohr *n*
stationary vibration stehende Schwingung *f*
statistical statistisch
statistical analysis statistische Analyse *f*
statistical distribution statistische Verteilung *f*
statistical evaluation statistische Auswertung *f*
statistical quality control statistische Qualitätskontrolle *f*
statistical test statistische Prüfung *f*, statistischer Test *m*
statistics Statistik *f*
statuary 1. Bildhauerei *f*; 2. Statuen *fpl*
statuary marble Bildhauermarmor *m*
statue Statue *f*, Standbild *n*, Plastik *f*
statue chamber *(Arch)* Naos *m*
statue marble Bildhauermarmor *m*
statue of an Apostle *(Arch)* Apostelstatue *f*
statue of Roland *(Arch)* Rolandsäule *f (Norddeutschland)*
statue pedestal *(Arch)* Piedestal *n*, Postament *n*, Statuensockel *m*, Statuenunterbau *m*
statuette *(Arch)* Statuette *f*, kleines Standbild *n*, kleine Statue *f*, kleine Bildsäule *f*

statutory bond vorgeschriebener Verband *m*
statutory instrument Rechtsverordnung *f*, Ausführungsverordnung *f (Bauplanung)*
statutory plan genehmigter Plan *m*
staunch 1. dicht, luftdicht, hermetisch *(z. B. Lagerraum)*; dicht, wasserdicht *(z. B. Unterwasserbauwerk)*; 2. solide [fest] gebaut *(z. B. Fundament, tragende Wand)*
staunchness 1. Dichtheit *f*, Dichtigkeit *f (z. B. einer Verbindung)*; 2. Festigkeit *f*, Solidität *f (z. B. eines Fundaments, einer tragenden Wand)*
staurotheca Staurothek *f (Reliquiar)*
stave *v* abdichten *(mittels Daube oder Stab)*; verstemmen
stave 1. Daube *f*; Daubenschalbrett *n*; 2. Sprosse *f*; Stab *m*; Stock *m*
stave church Stabkirche *f*, Mastkirche *f*, skandinavische Holzkirche *f*
stave construction Stabbau *m*
stave core schichtgeleimter Türfüllungskern *m*
stave ladder Sprossenleiter *f*
stay *v* 1. (ab)stützen, absteifen, aussteifen, abfangen, verstreben; 2. abspannen, verspannen, verankern
stay 1. Stütze *f*, Strebe *f*; Träger *m*; Stempel *m*; 2. Zuganker *m (Mast-, Abspannanker)*; Verankerung *f*; Spannseil *n*, Zugseil *n*; 3. Sturmhaken *m*, Feststeller *m*, Kettelhaken *m*
stay bar Sturmhaken *m*, Fensterfeststeller *m*
stay bolt Stehbolzen *m*, Bolzen *m*; Spange *f*
stay plate Versteifungsplatte *f*, Schnalle *f*, Verbindungsblech *n*
stay pole Abspannstange *f*
stay rod Ankerstab *m*
stay rope Spannseil *n*, Verankerungsseil *n*, Zugseil *n*
stay tube Zugrohr *n (Abstandrohr)*
stay wire Abspanndraht *m*
stayed cable bridge Kabelbrücke *f (Hängebrücke)*
staying Abspannung *f*, Verspannung *f (von Masten)*; Verankerung *f*
stays Füllungsstäbe *mpl*
stays and guys *(AE)* Abspannmaterial *n*
steadiness 1. Stabilität *f*, Standsicherheit *f*, Festigkeit *f*; 2. Stetigkeit *f*, Beständigkeit *f*
steading Gehöft *n*
steady *v* 1. stabilisieren; befestigen; 2. beruhigen
steady 1. standfest, standsicher, stabil; 2. stetig, beständig
steady flow laminare [stationäre] Strömung *f*
steady point Abstrebung *f (Stahlbau)*
steady position Gleichgewichtslage *f*
steady span (wire) Abspanndraht *m*
steady state stabiler Zustand *m*, Beharrungszustand *m*; dynamisches Gleichgewicht *n*, Fließgleichgewicht *n*
steady-state creep stationäres [sekundäres] Kriechen *n*
steady-state stability limit Grenze *f* der statischen Stabilität
steady-state variation statische Abweichung *f*
steam *v* dämpfen, mit Wasserdampf behandeln; dampfen
steam *v* **clean** dampfstrahlreinigen
steam *v* **up** schwitzen
steam Dampf *m*; *(speziell)* Wasserdampf *m*
steam blow Luftblase *f*, Blasenerhebung *f (gesperrtes Holz, Furnier)*
steam boiler Dampfkessel *m*
steam box [chamber] Dampfkammer *f (Betonbehandlung)*
steam cleaning Dampfstrahlreinigen *n*
steam coil Dampfschlange *f*
steam-cured mit Dampf nachbehandelt, dampfgehärtet, bedampft
steam curing Dampfnachbehandlung *f*, Dampferhärtung *f*, Wärmebehandlung *f (Beton)*
steam-curing cycle Dampfbehandlungszyklus *m*
steam-curing room Dampfkammer *f*, Dampfnachbehandlungskammer *f*
steam distribution Dampfverteilung *f*
steam-driven pile hammer Dampframme *f*
steam fitter *(HLK)* Installateur *m*
steam generator Dampferzeuger *m*
steam-grid humidifier *s.* steam-jet humidifier
steam hardening *s.* steam curing
steam heating Dampfheizung *f*
steam heating system Dampfheizungsanlage *f*
steam humidifier Dampfstromluftbefeuchter *m*
steam input Dampfzufuhr *f*
steam jacket Dampfheizmantel *m*
steam-jet humidifier Luftbefeuchter *m* mit Dampfdüsenrohr *(Luftkanal)*
steam kiln *s.* steam-curing room
steam lance Dampflanze *f*
steam line Dampfleitung *f*
steam pile driver Dampframme *f*
steam pipe Dampfleitungsrohr *n*
steam pressure Dampfdruck *m*
steam pressure curve Dampfdruckkurve *f*
steam-proof dampfdicht
steam radiator Dampfheizkörper *m*
steam riser Dampfsteigleitung *f*
steam rising plant Dampferzeugungsanlage *f*
steam roller Dampfwalze *f*
steam separator *s.* steam trap
steam system Dampfumwälzanlage *f*
steam table Speisenwarmhaltetisch *m* mit Dampfbeheizung
steam test Dampfprüfung *f*, Dampfprobe *f*
steam-tight dampfdicht
steam trap Kondenswasserabscheider *m*, Kondenstopf *m*
stearic acid Stearinsäure *f*
steatite Steatit *m*, Speckstein *m (Talkabart)*
steel 1. Stahl *m*; 2. Gesteinsbohrer *m*
steel abrasive Stahlstrahlmittel *n*
steel anchor Stahlanker *m*
steel anchor plate Stahankerplatte *f*
steel angle Winkelstahl *m*, Winkeleisen *n*, L-Stahl *m (Profilstahl)*
steel angle stanchion Winkelstahlstütze *f*
steel arch Stahlbogen *m*
steel arched girder Stahlbogenträger *m*
steel architecture Stahlarchitektur *f*, Stahlbaukunst *f*
steel area grating Stahlgitterrost *m*
steel armoured conduit Stahlpanzerrohr *n (Isolierrohr für Kabel)*
steel ball Stahlkugel *f*
steel band chain Stahlbandkette *f (Vermessung)*
steel bar Stahlschiene *f*, Stahlstab *m (Fachwerk)*
steel barbed wire Stahlstacheldraht *m*
steel beam Stahlträger *m*
steel bearing Stahllager *n*
steel bell and spigot pipe Stahlglockenmuffenrohr *n*
steel bender 1. Stahlbiegemaschine *f*; 2. Eisenbieger *m*, Bewehrungsknüpfer *m*
steel bending yard Stahlbiegeplatz *m*, Eisenbiegeplatz *m*
steel binding beam Stahlbinderbalken *m*
steel bowstring Stahlzugband *n*
steel box girder Stahlkastenträger *m*
steel bracket Stahlkonsole *f*
steel brad Stahlstift *m*
steel bridge Stahlbrücke *f*
steel building Stahlgebäude *n*
steel building block module Stahlraumzelle *f*
steel building (design and) construction Stahlhochbau *m*
steel cable Stahlseil *n*

steel cable roof Kabeldach *n*, Stahlseildach *n*
steel cage Stahlkorb *m*
steel-cage construction Skelettbauweise *f (Stahl)*
steel casement Eisenfenster *n*; Stahlfensterflügel *m*
steel cellular unit Abkantprofil *n (Stahldecke)*
steel channel profile U-Stahlprofil *n*, Stahl-U-Profil *n*
steel chip concrete Stahlsplittbeton *m*
steel cladding Stahlaußenwandversteifung *f*
steel cloth sheet Stahlgewebematte *f*
steel column Stahlstütze *f*
steel composite girder Stahlverbundträger *m*
steel concrete Stahlbeton *m*, Eisenbeton *m*, bewehrter Beton *m*
steel construction 1. Stahlbau *m*; 2. Stahlkonstruktion *f (Tragwerk)*
steel construction engineer Stahlbauer *m*
steel construction engineering Stahlbautechnik *f*
steel construction firm Stahlbaufirma *f*
steel construction industry Stahlbauindustrie *f*
steel construction section Stahlbauprofil *n*
steel consumption Stahlverbrauch *m*
steel core Stahleinlage *f*, Stahlseele *f*, Stahlkern *m (Drahtseil)*
steel-corroding stahlkorrosiv
steel corrosion Stahlkorrosion *f*
steel creep Stahlkriechen *n*
steel culvert Stahlrohrdurchlass *m*, Durchlass *m* aus Stahlrohr
steel curtain wall Stahlvorhangwand *f*
steel cutting and bending Betonstahlbearbeitung *f*
steel day gate Stahlgittertür *f (in einer Bank)*
steel design Stahlbemessung *f*, Stahlbaubemessung *f*
steel door Stahltür *f*
steel draining pipe Stahlabflussrohr *n*, Stahldränrohr *n*, Stahlentwässerungsrohr *n*
steel-engraving *(Arch)* Stahlstich *m*
steel erection Stahl(bau)montage *f*
steel erection site Stahlbaustelle *f*
steel erector Stahlbaufacharbeiter *m*
steel expansion dowel Stahlspreizdübel *m*
steel fabric Baustahlgewebe *n*
steel-fabric concrete Stahlfaserbeton *m*
steel-fabric sheet Stahlgewebematte *f*
steel fabricator Stahlbaufirma *f*
steel façade Stahlfassade *f*
steel fastener Stahlbefestigungsmittel *n*
steel fastening Stahlbefestigungsmittel *n*
steel fibre concrete Stahlfaserbeton *m*
steel filings Stahlspäne *mpl*, Stahlstaub *m*
steel fixer Eisenflechter *m*, Eisenleger *m*, Eisenbieger *m*
steel fixing 1. Bewehrungsarbeiten *fpl*, Einbringen *n* der Bewehrung; 2. Stahlbefestigungsmittel *n*
steel flange Stahlflansch *m*
steel flange in compression druckbeanspruchter Stahlflansch *m*
steel floor Stahldecke *f*
steel floor element Stahldeckenelement *n*
steel floor girder Stahldeckenträger *m*
steel floor plate Stahlbodenblech *n*, Bodenstahlblech *n*
steel flooring Stahlfußboden(belag) *m*
steel for building construction Hochbaustahl *m*
steel form Stahlform *f*
steel forms Stahlschalung *f*
steel formwork Stahlschalung *f*
steel frame Stahlrahmen *m*
steel-frame construction Stahlskelettbauweise *f*
steel-framed building *s.* steel-framed structure
steel-framed modular construction Stahlrahmenmodulbau *m*
steel-framed portal building Stahlportalrahmengebäude *n*
steel-framed structure Stahlskelettbau *m*, Stahlgerippebau *m*
steel-framed wall Stahlfachwerkwand *f*
steel framework Stahlfachwerk *n*
steel framing *s.* steel-framed structure
steel gabion Stahlkorb *m (für Erddämme)*
steel girder 1. Stahlträger *m (eingebaut)*; 2. Trägerstahl *m*, Stahlprofil *n (Handelssortiment)*
steel girder floor Stahlträgerdecke *f*
steel-glass construction Stahlglaskonstruktion *f*
steel-glass construction system Stahlglaskonstruktionssystem *n*
steel grade Stahlsorte *f*
steel grid Trägerrost *m*
steel grid footing Stahlrostfundament *n*
steel grille Stahlgitter *n*
steel grit Stahlschrot *m*, Stahlkies *m*
steel grit blasting Stahlschrotstrahlen *n*, Stahlkiesstrahlen *n (Entrostung, Oberflächenvorbehandlung)*
steel grit concrete Stahlschrotbeton *m*
steel hard-facing Stahlplattenoberflächenverstärkung *f*
steel helix Stahlwendel *m*
steel hinge Stahlscharnier *n*; Stahlgelenk *n*; Stahl(beschlag)band *n*
steel hinge connection Stahlgelenkverbindung *f*
steel hollow frame section Stahlhohlramenprofil *n*
steel hook Stahlhaken *m*
steel insert Stahleinsatz *m*
steel joist Stahlträger *m*
steel ladder Stahlleiter *f*
steel lamella Stahllamelle *f*
steel lamella cupola Stahllamellenkuppel *f*
steel lath Stahllamelle *f (Rolltor)*
steel lathing Metallputzträger *m*
steel lathing column Stahlgitterstütze *f*
steel lattice girder Stahlgitterträger *m*
steel lattice mast Stahlgittermast *m*
steel level Bewehrungshöhe *f*, Höhe *f* der Bewehrung
steel light(-weight) girder Stahlleichtbauträger *m*
steel light(-weight) member Stahlleichtbauelement *n*
steel light(-weight) structures Stahlleichtbauten *mpl*
steel load-bearing structure Stahlraumtragwerk *n*
steel loop Bewehrungsschlaufe *f*
steel manhole cover Stahlschachtabdeckung *f*, Stahlschachtdeckel *m*
steel manhole frame Stahlschachtrahmen *m*
steel mast Stahlmast *m*
steel measuring tape Stahlbandmaß *n*
steel member Stahlstab *m (Fachwerk)*
steel mesh fabric Stahlgeflecht *n*, Bewehrungsmatte *f*
steel mill Eisenhüttenwerk *n*
steel netting Stahlgeflecht *n*
steel panel Stahltafel *f (Wandtafel)*
steel panel for central heating Stahlplattenheizkörper *m*
steel partion wall Stahltrennwand *f*
steel pickle Stahlbeize *f*
steel pickling Stahlbeizen *n*
steel pier Stahlpfeiler *m*
steel pile Stahlpfahl *m*, Stahlrammpfahl *m*
steel piling 1. Stahlspundwand *f*, Spundwand *f*; 2. Stahlpfahlrammen *n*
steel pipe Stahlrohr *n*
steel pipe column Stahlrohrstütze *f*
steel pipe fitting Stahlrohrformstück *n*, Stahlrohrfitting *m*
steel pipe line Stahlrohrleitung *f*
steel plane web beam Stahlvollwandbalken *m*

steel plate Stahlblech *n (Grobblech)*
steel plate door Stahlblechtür *f*
steel plate element Stahlblechmantel *m*
steel plate lathing Stahlblech-Putzträger *m*
steel plate silo Stahl(blech)silo *n*
steel plate (structural) system Stahlblechkonstruktion *f*
steel portal frame Stahlportalrahmen *m*
steel proving ring Kraftmessring *m*, Druckmessring *m*
steel purlin Stahlpfette *f*
steel pylon Stahlmast *m*
steel quality Stahlsorte *f*
steel radiator Stahlradiator *m*, Stahlheizkörper *m*
steel rafter Stahlsparren *m*, eiserner Sparren *m*
steel rail Stahlschiene *f*
steel railing Stahlgeländer *n*
steel-reinforced bewehrt, mit Stahleinlagen
steel reinforcement Stahlbewehrung *f*, Stahleinlagen *fpl*
steel reinforcing worker *s.* steel fixer
steel requirement Stahlbedarf *m*
steel-ribbed cupola [dome] Stahlrippenkuppel *f*
steel-ribbed floor Stahlrippendecke *f*
steel-ribbed flooring Stahlstarrrahmen *m*
steel rigid frame Stahlskelett *n*, Stahlstarrrahmen *m*
steel rivet Stahlniet *m*
steel rod Stahlstab *m*
steel roller bearing Stahlrollenlager *n*
steel rolling grille Stahlrolgitter *n*
steel roof girder Dachstahlträger *m*, Rahmenstahlriegel *m*, Stahldachträger *m*, Stahlrahmenriegel *m*
steel rope Stahlseil *n*, Drahtseil *n*
steel rope roof Stahlseildach *n*, Kabeldach *n*
steel schedule Stahlliste *f*
steel scrap Stahlschrott *m*
steel section Stahlprofil *n*; Formstahl *m*; Trägerstahl *m*; Stahlträger *m*
steel sections Formstahl *m*
steel shavings Stahlwolle *f*
steel shear studs Stahlschubbolzen *mpl*
steel-sheathed pipe Stahlmantelrohr *n*
steel sheet Stahlblech *n (Feinblech)*; Schalungsplatte *f*
steel sheet lining Stahlblechverkleidung *f*, Stahlblechauskleidung *f*
steel sheet pile Stahlspundbohle *f*
steel sheet piling 1. Stahlspundwand *f*; 2. Stahlbohlenspunden *n*, Stahlspundwandrammen *n*, Stahlspundwandschlagen *n*
steel sheet roof Stahlblechdach *n*
steel sheet roof covering Stahlblechdacheindeckung *f*, Stahlblechbedachung *f*
steel shelf Stahlriegel *m*
steel shell Stahlschale *n*
steel shielding wall Stahlabschirmwand *f*
steel shot Stahlsand *m (Strahlentrostung)*
steel shot blasting Stahlsandstrahlen *n (Entrosten)*
steel shot concrete Stahlschrotbeton *m*
steel shutter door Stahltor *n*
steel shutter(ing) Stahlschalung *f*, Stahlblechschalung *f*
steel skeleton Stahlskelett *n*
steel skeleton building Stahlskelettbau *m*, Stahlskelettgebäude *n*, Stahlgerippebau *m*
steel skeleton construction Stahlskelettbau *m*, Stahlrippenbau *m*
steel skin Stahl(außenwand)verkleidung *f*, Stahlwandversteifung *f*
steel slag Stahlwerksasche *f*, Stahlwerksschlacke *f*
steel sleeper *(Verk)* Stahlschwelle *f*
steel sleeve pipe Stahlmuffenrohr *n*
steel solid web beam Stahlvollwandbalken *m*
steel solid web girder Stahlvollwandträger *m*
steel spigot and socket pipe Stahlglockenmuffenrohr *n*
steel square Anschlagstahlwinkel *m*
steel stack Stahlschornstein *m*
steel stanchion Stahlstütze *f*
steel store Stahllager *n*, Bewehrungslager *n*
steel streetmarker Straßenstahlnagel *m*, Stahl(straßen)-spurnagel *m*, Stahlmarkierungsnagel *m*
steel stress Stahlspannung *f*
steel string (piece) Stahlträgertreppenwange *f*
steel strip Stahlband *n*
steel structural engineering Stahlhochbau *m*
steel structural section Stahlbauprofil *n*
steel structural work Stahlfachwerk *n*
steel structure Stahlbau *m*, Stahlkonstruktion *f*, Stahlbauwerk *n*
steel stud anchor Türrahmenstehbolzenanker *m*
steel superstructure Stahlüberbau *m*
steel surround Stahleinfassung *f*, Stahlabschluss *m*
steel system Stahlkonstruktion *f*
steel tape Stahlbandmaß *n*
steel tendon Stahlspannglied *n*
steel tension member Stahlzugglied *n*
steel tie-rod Stahlzugband *n*
steel tower Stahlmast *m*
steel traffic stud Stahlmarkierungsknopf *m*, Stahlspurnagel *m*, Stahlmarkierungsnagel *m*
steel transmission pole Stahlleitungsmast *m*, Stahlüberlandmast *m*
steel tray Stahlfüllkörper *m*, Deckenfüllkörper *m* aus Stahlblech
steel trelliswork Stahlfachwerk *n*
steel trowel Stahlglättkelle *f*
steel trowelling Estrichglätten *n* mit Stahlkelle
steel truss frame Stahlsprengwerk *n*
steel trussed arch girder Stahlfachwerkbogenträger *m*, Fachwerkbogenstahlträger *m*
steel trussed girder Stahlfachwerkträger *m*, Fachwerkstahlträger *m*
steel tube Stahlrohr *n*
steel tube column Stahlrohrstütze *f*
steel tube shore Stahlrohrstütze *f (zur Einrüstung)*
steel tubular frame Stahlrohrrahmen *m*
steel type of construction Stahlbauart *f*
steel wall tie Stahlwandanker *m*
steel water pipe Stahlwasserrohr *n*
steel web Steg *m*
steel wedge Stahlkeil *m*
steel-wheeled roller *(Verk)* Stahlmantelwalze *f*
steel window frame Stahlfensterrahmen *m*
steel wire Stahldraht *m*
steel wire mesh Bewehrungsmatte *f*, Stahldrahtgeflecht *n*
steel wire rope Stahldrahtseil *n*
steel wool Stahlwolle *f*
steel works Eisenhüttenwerk *n*
steel workshop Stahlbauwerkstatt *f*
steelwork Stahlarbeiten *fpl (als Leistungsposition)*
steening Verschalungsmauerwerk *n*; Betonauskleidung *f (meist Trockenmauerwerk für Behälter, Brunnen, Klärgruben)*
steep steil; abschüssig, schroff
steep steile Böschung *f*, Steilhang *m*
steep arch Steilbogen *m*
steep asphalt Hartklebemasse *f (für Dächer)*; Dachbitumen *n*
steep bank Steilufer *n*
steep coast Steilküste *f*
steep declivity starkes Gefälle *n*
steep folding steile Faltung *f*
steep gable Steilgiebel *m*

steep gradient *(Verk)* starke [steile] Steigung *f*
steep incline Steilrampe *f*
steep length *(Verk)* Steilstecke *f*
steep parabola Steilparabel *f*
steep-pitched roof Steildach *n*
steep road steile Straße *f*, Starkgefällestraße *f*
steep roof Steildach *n*
steep route *(Verk)* Steilstrecke *f (Eisenbahn)*
steep slope Steilhang *m*; steile Böschung *f*
steeped wood getränktes Holz *n*
steeple 1. Spitzturm *m*; Kirchturm *m*; 2. Kirchturmspitze *f*
steeple plain tile Turmbiber *m (Dachziegel)*
steeple roof Turmdach *n*
steeple tile Schuppenziegel *m*, Turmziegel *m*
steepness Steilheit *f*
steining *s.* steening
stele *(Arch)* Stele *f*
stellar pattern *(Arch)* Sternmuster *n*
stellar vault Sternrippengewölbe *n*
stellate sternförmig
stem *v* 1. stopfen *(Sprengloch)*; 2. *(Wsb)* (an)stauen; eindämmen *(Fluss)*
stem 1. Steg *m (Träger)*; Rippe *f (Balken)*; 2. Stamm *m*, Schaft *m*
stem timber [wood] Stammholz *n*, Langnutzholz *n*
stemming Besatz *m*, Besatzmaterial *n (Bohrsprenglöcher)*
stench trap Traps *m*, Geruchsverschluss *m*
stencil Schablone *f*, Malerschablone *f*
stencil pattern *(Arch)* Schablonenmalerei *f*
stenciling Schablonenbeschriftung *f*
step *v* absetzen; stufenweise aufsetzen, aufstufen *(z. B. Fundament, Mauerwerk, Hangbebauung)*; überhöhen, abstufen, stufenweise anordnen *(Gelände)*
step 1. Stufe *f*, Absatz *m*; 2. Stufe *f*, Treppenstufe *f*; Leitersprosse *f*, Sprosse *f*
step bearing Stützlager *n*; Fußlager *n (Treppe)*
step brazing langsames Fugenvergießen *n* mit Messing, Messingverguss *m*
step cover Deckstufe *f*
step cover strip Trittleiste *f*
step-down ceiling diffuser [register] überstehende Deckenauslassöffnung *f (Klimaanlage)*
step flag große Steinplatte *f*
step flashing *s.* stepped flashing
step footing abgetrepptes Fundament *n*
step gable abgetreppter Giebel *m*
step iron Steigeisen *n*
step joint Überlappung *f*
step-ladder Stufenleiter *f*, Trittleiter *f*
step length Stufenlänge *f*
step-like stufenartig
step of a foundation Fundamentabsatz *m*
step profile Stufenprofil *n*
step tile Stufenfliese *f*, Stufenbelagplatte *f*
stepback Abtreppung *f*
steppe soil Steppenboden *m*
steppe zone Steppenzone *f*
stepped gestuft, abgestuft, abgetreppt, Stufen...
stepped abutment abgetrepptes Widerlager *n*
stepped arch abgesetzter Bogen *m*
stepped artifical hill *(Arch)* Stufenunterbau *m*, Stufenhügel *m*, Stufenberg *m (Zikkuratbasis, Zikkuratunterbau)*
stepped cap flashing Kappenanschluss *m*
stepped concrete wall abgestufte Betonmauer *f*
stepped counter flashing Kappenanschluss *m*, Überhanganschluss *m*
stepped DPC abgestufte Feuchtigkeitssperre *f*
stepped drop [fall] *(Wsb)* Absturztreppe *f*
stepped flashing abgetrepptes Anschlussblech *n*, abgestufte Blecheinfassung *f (Dach und Schornstein)*
stepped floor treppenförmiger Fußboden *m (Theater, Hörsaal)*
stepped footing abgetrepptes Fundament *n*
stepped foundation Stufenfundament *n*, Abtreppungsgründung *f (an einer Böschung)*
stepped gable Staffelgiebel *m*, abgetreppter Giebel *m*
stepped hillside house Hanghaus *n*, Terrassenhaus *n*
stepped merlon *(Arch)* Stufenzinne *f*
stepped ramp stufenförmige Rampe *f*, Stufenrampe *f*
stepped roof Staffeldach *n*
stepped side wall abgetreppte Wangenmauer *f*
stepped string(er) untergezogene Treppenwange *f*, Sattelwange *f*, aufgesattelter Treppenbaum *m*
stepped terrace Stufenterrasse *f*
stepped voussoir Keilstein *m* mit einem rechteckigen Ende *(bei einem Gewölbe)*
stepping 1. Abtreppung *f*, Abstufen *n (z. B. von Mauerwerk)*; 2. Staffelvermessung *f*; 3. *(Bod)* stufenförmig
stepping-off 1. genaues Sparrenauflegen *n*; 2. Abtreppung *f*, liegende Verzahnung *f*
stepping plane Stielhobel *m*
stepping stone eingesetzter Aufsatzstein *m*, flacher Auflagestein *m*; Sprungstein *m*
steps 1. *s.* step-ladder; 2. Stufen *fpl*
stepwise stufenweise *(z. B. Bewegung)*
stere *s.* stacked cubic metre
stereobate *(Arch)* Stereobat *m (Fundament und Stufenunterbau des griechischen Tempels)*
stereochromy Wasserglasmalverfahren *n* für Wände
stereography Stereographie *f*
stereoisomerism Stereoisomerie *f*
stereometric räumlich, dreidimensional
stereometry Stereometrie *f*
stereophony Stereophonie *f*
stereotomy Steinkunstschneiden *n*; Fugenschnitt *m (in Stein)*
sterile steril *(Wasser)*
sterilizing room Sterilisationsraum *m*, Sterilisierzimmer *n*
stick *v* 1. (an)haften, festkleben *(Stoffe)*; hängen bleiben; (an)kleben, aufkleben; 2. durchstechen, durchbohren
stick *v* **fast** (fest)stecken, festsitzen
stick *v* **on** zusammensetzen, garnieren *(Steinzeugrohre)*
stick *v* **together** zusammenbacken; zusammenkleben
stick Stock *m*, Stange *f*, Stab *m (Messstab)*
stick-and-rag work faserbewehrter Gussputz *m*
stick-free nicht klebrig, kleblos
sticker 1. Stapellatte *f*; 2. Haftmittel *n*
sticker bench Schnitzbank *f*
sticker machine Drechselmaschine *f*, Zierschnittmaschine *f*
stickiness Klebrigkeit *f*
sticking 1. Haften *n*; 2. Steinkleben *n*; 3. Verzierungsformung *f*
sticking on Zusammensetzen *n*, Garnieren *n (Steinzeugrohre)*
sticklac Stocklack *m (Schellack)*
stickness Klebrigkeit *f*
sticky klebrig; klebend, haftend
sticky cement krümeliger [verstockter, abgelagerter] Zement *m*
sticky clay klebriger Ton *m*
sticky limit Haftgrenze *f*
sticky-mud brick Formpressziegel *m*
sticky shale haftender Schieferton *m*
sticky soil Hartboden *m (Erdboden)*

stiction *s.* static friction
stiff steif, starr, unbiegsam
stiff clay steifer Ton *m*
stiff concrete steifer [schwachplastischer] Beton *m*
stiff frame starrer Rahmen *m*
stiff frame slab Steifrahmenplatte *f*
stiff in bending biegesteif
stiff insert Versteifungseinlage *f*
stiff joint biegesteifer Knoten(punkt) *m*
stiff-jointed steifknotig
stiff leaf *(Arch)* stilisiertes Blatt(motiv) *n*
stiff-leaf capital *(Arch)* Blattkapitell *n*, Blätterkapitell *n*
stiff-leg derrick *(AE)* Derrickkran *m*
stiff-mud brick Formpressziegel *m*
stiff plaster steifplastischer [dick angemachter] Gips *m*
stiff-plastic steifplastisch *(Beton)*
stiff-plastic making steifplastischer Formprozess *m* *(Feuerfestformlinge)*
stiff structure starres Bauwerk *n*, steifes Bauwerk *n*
stiffen *v* aussteifen, versteifen; verstärken
stiffened ausgesteift, versteift, verstärkt, starr; schematisch
stiffened arched girder versteifter Bogenträger *m*
stiffened cable suspension bridge Hängebrücke *f* mit steifer Fahrbahntafel
stiffened compression element verstärktes Druckglied *n*
stiffened panel ausgesteifte Platte *f* [Tafel *f*]
stiffened plate versteiftes Blech *n*
stiffener Versteifung *f*, Aussteifung *f*, Steife *f* *(Verstärkungsglied)*
stiffener angle Aussteifungswinkel *m*, Verstärkungswinkel *m*
stiffener plate Futterblech *n* *(Stahlbau)*
stiffening Aussteifung *f*, Absteifung *f*, Versteifung *f*; Verstärkung *f*
stiffening against buckling Knickaussteifung *f*, Knickversteifung *f*
stiffening angle Verstärkungswinkeleisen *n*, Aussteifungswinkel *m*, Verstärkungswinkel *m*
stiffening arch Versteifungsbogen *m*
stiffening beam [girder] Verstärkungsträger *m*
stiffening by diagonals Diagonalaussteifung *f*, Diagonalversteifung *f*, Verschwertung *f*, Schwertaussteifung *f*
stiffening frame Verstärkungsrahmen *m*, Aussteifungsrahmen *m*, Versteifungsrahmen *m*
stiffening iron Verstärkungseisen *n*, Aussteifungseisen *n*, Versteifungseisen *n*
stiffening masonry Versteifungsmauerwerk *n*
stiffening pier Versteifungspfeiler *m*
stiffening plate Verstärkungsplatte *f*, Verstärkungsblech *n*, Versteifungsblech *n*
stiffening properties aussteifende Eigenschaften *fpl*
stiffening rib Versteifungsrippe *f*
stiffening wall Versteifungsmauer *f*, Verstärkungswand *f*, Aussteifwand *f*
stiffness *(Stat)* Steifigkeit *f*, Starrheit *f*
stiffness coefficient Steifezahl *f*, Steifheitsmodul *m*
stiffness condition Steifigkeitsbedingung *f*, Starrheitsbedingung *f*
stiffness factor Steifezahl *f*, Steifigkeitsfaktor *m*
stiffness modulus Steifigkeitsmodul *m*
stiffness of a plate Blechsteifigkeit *f*
stiffness term Steifigkeitsterm *m*
stifle *v* unterdrücken, inhibieren *(Reaktionen)*
stifling action Inhibitorwirkung *f*
stilb Stilb *n* *(SI-fremde Einheit der Leuchtdichte; 1 sb =* 10^4 *cd/m*^{2}*)*
stile 1. Senkrechtglied *n*, Senkrechtstab *m* *(Pfosten)*; 2. Zaunübergang *m*, Überstieg *m*; 3. *(Arch)* äußerer Höhenfries *m* *(z. B. Holztür)*
stile plate Schlossschutzblech *n*
stillage Plattform *f*, Ladeplattform *f*, Gestell *n*
stilling basin [pool] *(Wsb)* Tosbecken *n*, Beruhigungsbecken *n*
stillpot Absetzbecken *n*, Klärbecken *n*
stillroom Teeküche *f* *(Vorratskammer mit Teeküche)*; Servierraum *m*
stilt *v* stelzen, aufstelzen, überhöhen, sprengen *(Gewölbe, Dachstuhl, Tragwerk)*
stilt Stelze *f*, Stelzenstütze *f*, aufgestelzte Bauebene *f*
stilted gestelzt, gefußt *(überhöhter Bogen)*; überhoben
stilted arch Stelzbogen *m*, aufgestelzter Bogen *m*, überhobener Bogen *m*
stilting Stelzung *f* *(eines Gewölbes)*
stink trap Traps *m*, Geruchsverschluss *m*
stinkstone Stinkkalk *m*
stipple *v* 1. tüpfeln, tupfen *(mit Farbe)*; 2. punktieren *(z. B. Zeichnungen)*
stippled *(Arch)* kleingehämmert *(Glasgestaltung)*
stippled finish 1. Tupfputz *m*; 2. Tüpfelmuster *n*
stippled pattern Tüpfelmuster *n*
stippler Tupfbrett *n*; Strukturabdruckbrett *n* *(Putz)*
stippling 1. Strukturputz *m*, Tupfputz *m*; 2. Tupfen *n*
stipulate *v* ausbedingen, vertraglich festlegen, zur Bedingung machen
stipulated penalty Vertragsstrafe *f*
stipulation of conditions (vertragliche) Festlegung *f* von Bedingungen *(Bauvertrag)*
stir *v* rühren, durchrühren; umrühren; schütteln; einrühren
stirrer Rührapparat *m*; Rührwerk *n*; Rührstab *m*; Rühreisen *n* *(Beton)*
stirring Vormischen *n*, Anmischen *n*, Aufrühren *n*
stirring period Rührdauer *f*, Anmischdauer *f*, Vormischdauer *f*
stirring rod Rührstange *f*, Rührstab *m*
stirrup Bügeleisen *n*, Bügel *m*, Hängeeisen *n* *(zur Bewehrung)*
stirrup reinforcement Bügelbewehrung *f*
stitch *v* steppen, versteppen; heften; nähen
stitch *v* **on** anheften
stitch rivet Stichniet *m*, Heftniet *m*
stitch riveting Heftnieten *n*
stitch welding Steppnahtschweißen *n*; Heftschweißen *n*
stitched gesteppt, geheftet
stitched building mat gesteppte Baudämmmatte *f*
stitched building quilt gesteppte Bauisoliermatte *f*
stitching Steppen *n*, Versteppen *n*; Heften *n*
stoa *(Arch)* Stoa *f*, Säulengang *m*, Säulenhalle *f* *(griechisch-hellenistisch)*
Stoa of Hermae *(Arch)* Stätte *f* der Herma-Halle *(Athen)*
stoa-surrounded säulenumstanden, säulenumrandet, mit Säulen umgeben
stob Zaunbohle *f*, Zaunpfosten *m*
stochastic stochastisch
stochastic model stochastisches Modell *n*
stock *v* lagern, einlagern; abstellen
stock 1. Fertigteile *npl* für den Ausbau *(Türen, Tafeln, Fenster)*; Material *n*; 2. Lagerbestand *m*; Inventar *n*; 3. Lager *n*; Vorratshalde *f*; 4. Halter *m*, Griff *m*
stock bin Vorratsbehälter *m*
stock brick Feldofenziegel *m* *(z. B. als Hintermauerziegel)*
stock brush Weißbürste *f*, Putzbürste *f*
stock-list Bestandsliste *f*
stock lumber *(AE)* Normenkantholz *n*, Kantholz *n*, Lieferbauholz *n*
stock of dwellings Wohnungsbestand *m*
stock of machinery Maschinenpark *m*
stock of materials Materialdepot *n* *(für alle Baustoffe und Bauteile)*

stock of water Wasservorrat *m*
stock size Lagergröße *f*, Liefergröße *f (von Material)*
stock timber Stammholz *n*
stock type Serienerzeugnis *n*, Serientype *f*
stockade 1. Palisadenzaun *m*, Lattenzaun *m*; 2. Pfahlwerk *n*
Stockes' formula Stock'sches Gesetz *n*
stockpile *v* (ein)lagern *(Schüttgut)*; stapeln *(auf Vorrat)*
stockpile Materialhalde *f*, Vorratshalde *f*, Deponie *f*, Halde *f*
stockpile of chippings Splitthaufen *m*
stockpiled material Haldenmaterial *n*
stockpiling Lagerung *f (von Schüttgut)*; Stapeln *n (von Holz)*
stocktaking Inventur *f*, Bestandsaufnahme *f*
stockyard Materiallager *n*, Lagerplatz *m*; Holz(lager)platz *m*
stoker Befeuerungsvorrichtung *f*
stone 1. Stein *m*; Gestein *n*; Naturstein *m*; Pflasterstein *m*; 2. gebrannter Scherben *m*; 3. *englische SI-fremde Gewichtseinheit (entspricht 14 pounds = 6,35 kg)*
stone aggregate Gesteinszuschlag(stoff) *m*, Natursteinzuschlag *m*, Mineralzuschlag *m*
stone altar *(Arch)* Steinaltar *m*
stone anchor Steinanker *m*
stone arcade Natursteinarkade *f*
stone arching Gewölbemauerwerk *n*
stone art Natursteingestaltung *f*
stone ashlar Werkstein *m*, Naturbaustein *m*, Haustein *m*
stone balustrade Steingeländer *n*
stone bar *(Arch)* Maßwerkstab *m*
stone beam Natursteinbalken *m*
stone bed *(Bod)* Steinbank *f*
stone bedding Steinpackung *f*, Steinbettung *f*
stone block masonry Natursteinmauerwerk *n*, Blocksteinmauerwerk *n*
stone block pavement Natursteinpflasterdecke *f*, Steinplattenbelag *m*
stone bolt Steinschraube *f*, Klauenschraube *f*
stone bond Steinverband *m*
stone boundary wall Natursteineinfriedungsmauer *f*
stone bracket Kragstein *m*
stone breaker Steinbrecher *m*
stone building Natursteingebäude *n*, Blocksteingebäude *n*, Steinbau *m*
stone-built building Natursteingebäude *n*, Steinbau *m*
stone bull *(Arch)* Steinstatue *f*
stone capping Natursteindeckplatte *f*, Natursteinabdeckung *f*
stone carving Steinbildhauerei *f*
stone chippings [chips] Natursteinsplitt *m*, Splitt *m*; Schotter *m*, Steinschlag *m*; Splittkörnungen *fpl*, Steinkörnungen *fpl*
stone chisel Steinmeißel *m*
stone column Steinsäule *f*, Natursteinsäule *f*
stone construction Steinbau *m*
stone construction materials Natursteinbaustoffe *mpl*, Natursteinbaumaterialien *npl*
stone coping Natursteinabdeckung *f (einer Mauer)*
stone cross Steinkreuz *n*, Natursteinkreuz *n*
stone crusher [crushing machine] Steinbrecher *m*
stone crushing plant Schotterwerk *n*
stone curving Natursteingestaltung *f*
stone cutter 1. Steinbohrer *m*; 2. Steinmetz *m*
stone cutting Natursteinschneiden *n*, Natursteintrennen *n*
stone dam Stein(schütt)damm *m*
stone drain Schottersicker *m*, Schüttsteindrän *m*
stone dresser Steinmetz *m*
stone dressing plant Natursteinbearbeitungsbetrieb *m*
stone dressing work Steinmetzarbeit *f*
stone drifter Gesteinshauer *m*
stone drill Gesteinsbohrer *m*; Mauerbohrer *m*
stone dust Gesteinsstaub *m*, Gesteinsmehl *n*, Mineralstaub *m*, Mineralmehl *n*
stone façade Natursteinfassade *f*
stone-faced panel natursteinverkleidete Tafel *f*, Natursteinvorsatzplatte *f*
stone facing Natursteinverkleidung *f*, Steinverblendung *f*
stone figure Steinfigur *f*, Natursteinfigur *f*
stone-filled splittreich
stone-filled sheet asphalt 1. splittreicher Asphaltfeinbeton *m*; 2. (gefüllerter) Asphaltfeinbeton *m*, Bitumenfeinbeton *m (< 2 mm Korngröße)*
stone-filled trench Sicker(drän) *m*, Filterdrän *m*
stone filling Steinschüttung *f*, Packwerk *n*
stone finishing Natursteinfertigbearbeitung *f*, Natursteinnachbearbeitung *f*, Steinnachbearbeitung *f*
stone flag Steinplatte *f*
stone floor Steinfußboden *m*
stone footing Werksteinfundament *n*, Steinfundament *n*
stone for ceilings Deckenstein *m (Beton, Keramik)*
stone for facework Verblendstein *m*
stone foundation Natursteinfundament *n*
stone frieze *(Arch)* Steinfries *m*, Natursteinfries *m*
stone hewing work Steinmetzarbeit *f*, Natursteinbearbeitung *f*
stone hinge Steingelenk *n*
stone hut Steinhütte *f*
stone keep *(Arch)* Steinbergfried *m*, Steinbelfried *m*
stone-like steinähnlich, natursteinähnlich
stone marl Steinmergel *m*
stone mason's mark Steinmetzzeichen *n*
stone mastic asphalt Splittmastixasphalt *m*, SMA *m*
stone mat Steinmatte *f*
stone matrix asphalt *(AE)* Splittmastixasphalt *m*, SMA *m*
stone milling work Steinbearbeitung *f*, Steinmetzarbeiten *fpl*
stone miner Gesteinshauer *m*
stone mullioned window Steinpfostenfenster *n*, Natursteinkreuzfenster *n*
stone Order Natursteinsäulenordnung *f*
stone packing Steinpackung *f*, Trockenmauerwerk *n*
stone paint Steinfarbe *f*
stone pavement Pflaster *n*, Steinpflaster *n*, Straßenpflaster *n*
stone pier Steinpfeiler *m*, Natursteinpfeiler *m*
stone pillar Steinsäule *f*, Natursteinpfeiler *m*
stone pit Steinbruch *m*
stone-pitched facing Steinverkleidung *f*, Steinvorlage *f*
stone pitching Packlage *f*, Setzpacklage *f*, gepflasterte Böschung *f*, Steinabdeckung *f*
stone plank Steinplatte *f*
stone plaster Steinputz *m*
stone portal Steinportal *n*, Natursteinportal *n*
stone putty Steinkitt *m*
stone quarry Steinbruch *m*
stone quion Eckquader(stein) *m*, Winkelquader(stein) *m*
stone revetment Steinverkleidung *f*
stone rip-rap Steindeckwerk *n*, Steinvorlage *f (unregelmäßig, aus sehr großen Natursteinblöcken)*
stone roof spire *(Arch)* Natursteindachreiter *m*
stone row Natursteinblockreihe *f*
stone sand Brechsand *m*; Steinsand *m*
stone screening(s) Brechsand *m*; Steinsand *m*
stone sculptor Steinbildhauer *m*
stone sculpture 1. Steinskulptur *f*, Natursteinskulptur *f*, Steinplastik *f*, Natursteinplastik *f*; 2. Steinbildhauerhandwerk *n*

stone-sculptured steingemeißelt, steinskulpturiert, aus Stein gemeißelt
stone sett Pflasterstein *m*, Pflasterblock *m*
stone shaping work Natursteinbearbeitung *f*, Steinmetzarbeiten *fpl*
stone skeleton Gesteinsgerüst *n*
stone slab Steinplatte *f*, Gesteinsplatte *f*
stone slab (floor) covering Steinfußboden *m*
stone slab roof Steinplattendach *n*
stone slate Steinplatte *f*, Abdeckplatte *f*, Deckstein *m*
stone sledge Steinspalthammer *m*
stone spiral staircase Steinwendeltreppe *f*
stone-splitting machine Steinspaltmaschine *f*
stone step Natursteinstufe *f*, Steinblockstufe *f*, Steinstufe *f*
stone step joint Steinstufenfuge *f*
stone structure Natursteingebäude *n*, Steinbau *m*
stone surface hardener Steinhärtemittel *n*
stone sweeping Steinschlag *m*
stone table *(Arch)* steinerner Tisch *m*, Steintisch *m*, Natursteintisch *m*
stone temple *(Arch)* steinerner Tempel *m*, Natursteintempel *m*, Steintempel *m*
stone tomb *(Arch)* steinerene Grabkammer *f*, Steinkammer *f*
stone tongs Hebezange *f (Stein- und Betonplattenverlegung)*
stone transom Kämpferstein *m (Anfangsstein eines Fensterkämpfers)*
stone vault steinernes Gewölbe *n*
stone-vaulted bridge Steingewölbebrücke *f*, Natursteingewölbebrücke *f*
stone vice [winding staircase] Steinwendeltreppe *f*
stone wall Natursteinmauer *f*, Blocksteinmauer *f*, Natursteinwand *f*, Blocksteinwand *f*, Steinwand *f*
stone-wood flooring Steinholzfußboden *m*, Magnesitestrich *m*
stoneman Gesteinshauer *m*
stonemason Steinmetz *m*
stonemason's hammer Bossierhammer *m*
stonemason's work Steinmetzarbeit *f*
stones Gestein *n*, Bruchgestein *n*
stones of reference Bezugsreihe *f*, Abgleichreihe *f (Mauerwerk)*
stoneware Steinzeug *n*
stoneware article Steinzeugartikel *m*, Steinzeugerzeugnis *n*, Steinzeuggegenstend *m*
stoneware bend Steinzeugbogen *m*
stoneware branch Steinzeugabzweig *m*
stoneware clay Steinzeugton *m*
stoneware discharge gutter Steinzeugabflussrinne *f*, Steinzeugentwässerungsrinne *f*, Steinzeugentwässerungsschale *f*
stoneware discharge pipe Steinzeugentwässerungsrohr *n*, Steinzeugabflussrohr *n*, Steinzeugabwasserrohr *n*
stoneware drain pipe Steinzeugabflussrohr *n*; Steinzeugdränrohr *n*, Steinzeugentwässerungsrohr *n*
stoneware drainage pipe *s.* stoneware drain pipe
stoneware mosaic Steinzeugmosaik *n*
stoneware pipe Steinzeugrohr *n*
stoneware product Steinzeugerzeugnis *n*
stoneware tile Steinzeugfliese *f*, Steinzeugbelagplatte *f*
stonework 1. Mauerwerk *n (aus Naturstein)*; 2. Pflastern *n*, Pflasterung *f*; 3. Steinbehauen *n*, behauene Steine *mpl*, bearbeitete Natursteine *mpl*, zugerichtete Werksteine *mpl*
stonework decorative finish *(Arch)* Natursteinschmuck *m*, Natursteinverzierung *f*, Steinverzierung *f*
stony steinig, steinartig, steinern
stony clay Geschiebelehm *m*, Geschiebebeton *m*
stony ground steiniger Untergrund *m*
stony soil Steinboden *m*
stool 1. Bock *m*, Stützbock *m*; 2. Fensterbrett *n*; 3. Baumstubben *m*
stoop *(AE)* (kleine) Eingangsterrasse *f*, Veranda *f*
stop *v* 1. dichten, sperren *(gegen Feuchtigkeit, z. B. Mauerwerk)*; 2. (zu)stopfen *(Stichloch)*; spachteln *(Risse)*; 3. hemmen; unterbrechen; abstellen *(einen Motor)*
stop *v* **off** absichern *(Tür, Fenster)*; absperren; abschirmen; abdecken
stop *v* **the joints** die Fugen auskitten
stop *v* **up** zusetzen, zustopfen; (ab)dichten; versiegeln
stop *v* **up a chink** eine Ritze abdichten *(in der Wand)*
stop *v* **with putty** auskippen
stop 1. Sperrschicht *f*, Sperre *f (gegen Feuchtigkeit)*; 2. Anschlag *m*; Feststellvorrichtung *f*, Türöffnungsbegrenzer *m*; 3. Absatz *m*; Auflager *n*; 4. Haltestelle *f*, Station *f (Bahnhof)*
stop-and-waste cock Absperrventil *n* mit Entleerungshahn, entleerbares Ventil *n*
stop bar Anschlagleiste *f*, Arretierleiste *f*
stop bolster Sperrpolster *n*
stop bolt Rastbolzen *m*
stop button Abstellknopf *m*
stop chamfer sich verjüngende Zierkante *f*, Kehlhalt *m*
stop cushion Anschlagdämpfung *f (Tür)*
stop end 1. Dachrinnenendstück *n*; 2. Wandanschluss *m*; Sperreinlage *f (Fuge, Anschluss)*
stop face Anschlagfläche *f*, Anlauffläche *f*
stop gate *(Wsb)* Balkendamm *m*
stop line Stopplinie *f*, Haltelinie *f (Straße)*
stop log Staubalken *m*
stop moulding auslaufende Verzierung *f*
stop-off Lötmassenstopp *m*, Fugenlöt(material)begrenzer *m*
stop pin Raststift *m*, Einsteckbolzen *m*
stop-plank 1. Dammbalken *m*; 2. Klappe *f*, Wehrklappe *f*
stop rail Anschlagschiene *f (Tür)*
stop screw Anschlag(leisten)schraube *f*, Arretierschraube *f*
stop shuttering Zwischenschalungswand *f*
stop spring Rastfeder *f*
stop stone Anschlagstein *m (Tor)*
stop street Stoppstraße *f*
stop valve Absperrventil *n*
stope *(Bod)* Strosse *f*, Bank *f*
stopcock Absperrhahn *m*, Sperrhahn *m*, Hahn *m*
stopped flute auslaufende Rille *f*, Rille *f* über dem oberen Säulenschaft
stopped mortise unsichtbares Zapfenloch *n*
stopper *v* mit einem Stopfen verschließen, verstöpseln
stopper 1. Lochfüllmasse *f*, Füllkitt *m*; Holzkitt *m*; Spachtelmasse *f*; 2. Stopfen *m*, Stöpsel *m*, Pfropfen *m*
stopper coat Spachtelschicht *f*
stopper gypsum Spachtelgips *m*
stopper powder Spachtelpulver *n*
stopper sealing Spachteldichtung *f*
stopping 1. Ausspachteln *n*; 2. *s.* stopper 1.
stopping basin *(Wsb)* Rückhaltebecken *n*, Hochwasserrückhaltebecken *n*
stopping coat Spachtellage *f*, Spachtelmasseschicht *f*, Ausfüllerlage *f*
stopping compound *s.* stopper 1.
stopping distance *(Verk)* Anhalteweg *m*, Bremsweg *m*
stopping knife Kittmesser *n*; Spachtelmesser *n*
stopping sight distance *(Verk)* Anfahrtsichtweite *f*, Haltesichtweite *f (Straßenführung)*
stopple *v s.* stopper *v*
storage 1. Lagerung *f*, Einlagerung *f (z. B. von Baumaterial)*; Bevorratung *f*; 2. Speicherung *f (z. B. von Wasser)*
storage area 1. *(Verk)* Stauraum *m*; 2. Ablagerungsplatz *m*
storage basin *(Wsb)* Speicherbecken *n*, Staubecken *n*

storage bin Vorratsbehälter *m*, Vorratssilo *n*, Baustellensilo *n*
storage building Lagergebäude *n*
storage capacity *(Wsb)* Speicherkapazität *f*, Stauvolumen *n*, Stauraum *m*
storage cellar Lagerkeller *m*
storage chamber Lagerkammer *f (für radioaktive Abfälle)*
storage cistern Wasserzisterne *f*, Zisterne *f*
storage conditions Lagerbedingungen *fpl*
storage container Vorratsbehälter *m*
storage dam *(Wsb)* Speicherdamm *m*, Speichersperre *f*
storage element *(El)* Speicherelement *n*
storage facility Lagerstätte *f*, Lagermöglichkeit *f*
storage heap Materialhalde *f*
storage heater 1. Speicherheizgerät *n*; 2. Heißwasserspeicher *m*
storage heating Speicherheizung *f*
storage hopper *s.* storage bin
storage lake Stausee *m*
storage life Lager- und Verarbeitbarkeitsdauer *f (Kleber, Farbe)*
storage of samples Probenlagerung *f (probengerecht)*
storage period Lagerzeit *f*, Lagerdauer *f*
storage power plant [station] Speicherkraftwerk *n*
storage protection Lagerschutz *m*
storage reservoir 1. *(Wsb)* Staubecken *n*, Rückhaltebecken *n*, Stausee *m*, Talsperrenbecken *n*; 2. Vorratsbehälter *m*
storage room Lagerraum *m*, Vorratsraum *m*
storage scheme Speicherschema *n*
storage shed Lagerschuppen *m*
storage silo Speichersilo *n*, Silo *n*
storage site Deponie *f*
storage space Lagerraum *m*
storage space for hazardous goods Lagerraum *m* mit feuer- und explosionsgefährlichen Stoffen
storage space heater elektrischer Speicherofen *m*
storage stability Lagerstabilität *f*, Lagerbeständigkeit *f (Bindemittel, Anstriche, Bitumenemulsion usw.)*
storage tank Lagertank *m*
storage track *(Verk)* Abstellgleis *n*
storage unit Lagertrakt *m*
storage wall Schrankwand *f*
storage warehouse Lagerhaus *n*, Lagergebäude *n*, Speichergebäude *n*
storage water heater Heißwasserspeicher *m*
storage water heating Speicherwassererhitzung *f*
storage yard Lagerplatz *m*; Lagerfläche *f*
storage yard drain Lagerplatzentwässerung *f*
store *v* lagern, einlagern; aufbewahren; stapeln, magazinieren *(Werkzeuge)*
store *v* **in damp atmosphere** in feuchter Luft lagern
store *v* **up** (auf)stapeln
store 1. Lager *n*, Magazin *n*; Vorratsraum *m*; Abstellraum *m*; 2. Lagergebäude *n*, Lagerhaus *n*; Speicherhaus *n*, Speicher *m*; 3. Vorräte *mpl*; Lagerbestand *m*; 4. *(AE)* Laden *m*, Geschäft *n*
store area Lagerfläche *f*
store basin Speicherbecken *n*
store block Lagertrakt *m*
store cellar Lagerkeller *m*, Vorratskeller *m*
store chamber Magazinraum *m*
store door handle schwerer Lagertürgriff *m*
store equipment room Abstellraum *m*, Geräteraum *m*, Putzzeugraum *m*, Abstellkammer *f*
store front Ladenfront *f*, Schaufensterfront *f*
store room Lager *n*, Lagerraum *m*, Vorratsraum *m*
store shed Lagerschuppen *m*
store space Lager *n*, Lagerraum *m*
store tank Lagerbehälter *m*, Vorratsbehälter *m*
store timber Stapelholz *n*
stored heat Speicherwärme *f*
storefront *(AE)* Ladenfront *f*, Ladenaußenseite *f*; Schaufensterfront *f*
storefront sash Schaufenster *n*
storehouse Lagergebäude *n*; Lagerhaus *n*, Speicher *m*, Speicherhaus *n*
storekeeper Lagerverwalter *m*, Magazinverwalter *m*, Lagerhalter *m*, Magazinhalter *m*
storeroom Lagerraum *m*; Abstellraum *m*; Geräteraum *m*; Vorratskammer *f*, Kammer *f*
stores Kaufhaus *n*, Warenhaus *n*
storey 1. Geschoss *n*, Stockwerk *n*, Etage *f*, Hausetage *f*; 2. Terrasse *f* • **two storeys high** *s.* two-storey(ed)
storey-and-a-half house eineinhalbgeschossiges Haus *n*
storey branch Etagenleitung *f*, Stockwerkleitung *f*, Geschossleitung *f*
storey floor height Etagenhöhe *f*, Stockwerkhöhe *f*, Geschosshöhe *f*
storey frame Geschossrahmen *m*, Stockwerkrahmen *m*
storey height Etagenhöhe *f*, Stockwerkhöhe *f*, Geschosshöhe *f*
storey landing Stockwerkpodest *n*, Etagenabsatz *m (Treppe)*
storey level Etagenebene *f*, Stockwerkebene *f*, Geschossebene *f*
storey panel Geschosstafel *f*
storey post Geschossbalkenstütze *f*, Geschossbalkenträger *m*
storey post and beams Ständerbau *m*
storey rod Treppenmarkierungsstange *f*, Tritthöhenmarkierungslatte *f (für eine Geschosstreppe)*
storey wall Etagenwand *f*, Stockwerkwand *f*, Geschosswand *f*
storeyed mit Stockwerken, geschossig
storied *(AE) s.* storeyed
storing Speicherung *f*
storing properties Lagerungseigenschaften *fpl*, Lagerfähigkeit *f (Material)*
storm Sturm *m*; Unwetter *n*; Gewitter *n*
storm beach Hochwasserstrand *m*
storm cellar Sturmschutzkeller *m*
storm channel Flutrinne *f*
storm clip Scheiben(halte)klammer *f*, Glasstift *m (Fenster)*
storm door Windfangtür *f*, Wintertür *f*
storm drain Regenwasserdrän *m*, Regenwasserleitung *f*
storm drain system Regenwasserentwässerung *f*
storm flow *(Verk)* Regenwasserabfluss *m (Straße)*
storm lane Windgasse *f*
storm pavement Böschungspflaster *n*; Böschungsbefestigung *f*
storm porch Winterschutzvorbau *m*; Windfang *m*
storm rainfall Sturzregen *m*
storm sash *s.* storm window
storm sewage Regenabwasser *n*
storm sewer Regen(ab)wasserleitung *f*, Regenwassersammler *m*
storm sewer system Oberflächenentwässerung *f*, Regenentwässerung *f (Straße)*; Regenwassersammelleitungen *fpl*
storm sheet Sturmlage *f*, Dachrinnenlage *f*
storm tide Sturmflut *f*
storm water Regenwasser *n*, Dachwasser *n*, Oberflächenwasser *n*, Niederschlagswasser *n*
storm-water deflector Regenleiste *f*
storm-water flow *(Wsb)* Hochwasserdurchlass *m*
storm-water gutter Wasserablaufrinne *f (Dach)*

storm-water inlet Regenwassereinlauf *m*
storm-water repeller Regenabweiser *m*
storm-water retention basin Regenrückhaltebecken *n*
storm-water runoff Regenwasserabfluss *m*
storm-water sewer Regenwasserleitung *f*, Regenwasserkanal *m*, Oberflächenwasserkanal *m*
storm window äußeres Doppelfenster *n*, Vorfenster *n*, Schutzfenster *n*
story *(AE) s.* storey
storytelling wallpaper Märchenbildertapete *f*
stoup *(Arch)* Wehwasserbecken *n*
stout 1. eng, gedrungen; 2. fest; stark *(Material)*
stove *v* (ein)brennen, im Ofen trocknen [härten] *(Anstriche, Farben)*
stove 1. Ofen *m*, Zimmerofen *m*; Herd *m*; Brennofen *m*; 2. Treibhaus *n (für tropische Gewächse)*
stove and range work Ofen- und Herdarbeiten *fpl (Leistungsposition)*
stove connection Ofenanschluss *m*
stove dried ofengetrocknet
stove drying Ofentrocknung *f*
stove-enamelled einbrennlackiert
stove fitter Ofensetzer *m*, Töpfer *m*
stove heating Ofenheizung *f*, Einzelheizung *f*
stove pipe Ofenrohr *n*
stove tile Ofenkachel *f*, Kachel *f*
stoved aluminium paint Einbrennaluminiumfarbe *f*
stoved enamel finish Einbrennlackierung *f*
stoving Trocknung *f (z. B. von Holz)*; Ofentrocknung *f*, Einbrennen *n*; Aushärten *n (von Anstrichen)*
stoving alkyd resin ofentrocknendes Alkydharz *n*
stoving finish Einbrennlack *m*, ofentrocknender Lack *m*
stoving oven Trockenofen *m*; Einbrennofen *m (z. B. für Keramik)*
stoving paint Einbrennfarbe *f*, Einbrennanstrich *m*
stoving primer Einbrenngrundierung *f*
stoving quality Einbrenngüte *f*
stoving resin Einbrennharz *n*
stoving stopper Einbrennspachtelmasse *f*
stoving varnish Einbrennlack *m*, ofentrocknender Lack *m*
stowing material *(Bod, Tun)* Versatzgut *n*, Versatzberge *f*
straddle *v* spreizen; sich spreizen
straddle scaffold *s.* saddle scaffold
straddling dowel Spreizdübel *m*
straight gerade, scheitrecht, geradlinig, waagerecht; geradläufig; durchgehend; direkt; ungemischt; unverschnitten
straight *(Verm, Verk)* Gerade *f*, Zwischengerade *f (Trasse)*
straight arch gerader Bogen *m*, Horizontalbogen *m*, Geradbogen *m*, Sturzbogen *m*; scheit(ge)rechtes Gewölbe *n*; Scheitrechtsturz *m*, scheitrechter Sturz *m*
straight barrel vault gerades Tonnengewölbe *n*
straight-boled geradstämmig
straight box beam gerader Kastenbalken *m*
straight brick Normal(ziegel)stein *m*
straight cap vault scheitrechtes Kappengewölbe *n*
straight curb *(AE)* gerade Borde *f*, gerader Bordstein *m*
straight dovetail *(Hb)* gerade Zinke *f*
straight edge 1. gerade Kante *f*; 2. *s.* straight edger
straight edger Richtlatte *f*, Richtscheit *n*
straight-ended choir *(Arch)* gerade geschlossener Chor *m*
straight flight gerade Treppe *f*, gerader Treppenlauf *m*
straight-fluted geradnutig
straight generator gerade Erzeugende *f*
straight-grained geradfaserig *(Holz)*
straight halved joint *(Hb)* gerades Blatt *n (Verbindung)*
straight halving gerade Überblattung *f*
straight jacket Wandversteifungspfosten *m*, Wandsteife *f*
straight joint 1. *(Hb)* glatte Fuge *f*, Stoßfuge *f*; 2. Fuge *f* auf Fuge *(Mauerwerk)*; 3. Durchgangsmuffe *f*
straight joint tile geradlinig gehängter Dachziegel *m*
straight kerb gerade Borde *f*, gerader Bordstein *m*
straight line 1. Gerade *f*, gerade Linie *f*, Strahl *m*; 2. Luftlinie *f*
straight-line block [building] Scheibenhaus *n*
straight-line theory Theorie *f* des parallelen Spannungsverlaufs *(Stahlbeton)*
straight-lined geradlinig
straight lock Aufsatzschloss *n*, Kastenschloss *n*
straight nailing direkte Nagelung *f* [Vernagelung *f*]
straight notching *(Hb)* rechtwinklige Überschneidung *f*
straight pipe gerades Rohr *n*
straight retaining wing gerader Böschungsflügel *m*
straight-run asphalt *(AE)* Destillationsbitumen *n*
straight-run bitumen Destillationsbitumen *n*
straight-run stair *s.* straight flight
straight scarf with saddlebacked ends *(Hb)* gerades Blatt *n* mit Grat
straight-sided choir *(Arch)* Langchor *m*
straight-sided quire *(Arch)* Langchor *m*
straight sleeve Überschieber *m*, Überschiebmanschette *f*
straight stair *s.* straight flight
straight tee T-Stück *n* mit drei gleich großen Anschlüssen
straight tenon gerader Zapfen *m*
straight timber Bauholz *n*, Nutzholz *n*
straight tongue *(Hb)* Bettfeder *f*, gerade Feder *f*
straight tongueing and grooving quadratische Spundung *f*
straight vault(ing) Flachgewölbe *n*, Geradgewölbe *n*; scheitrechtes Gewölbe *n*
straight weld Längsschweißnaht *f*
straighten *v* 1. begradigen; (aus)richten; gerade machen; abgleichen *(planieren)*; ausbeulen; 2. in Ordnung bringen
straighten *v* **out** gerade machen; in Ordnung bringen, klären
straighten *v* **up** aufrichten
straightened gerichtet
straightening Begradigung *f*, Ausrichten *n*; Richten *n*
straightness Geradheit *f*, Geradlinigkeit *f*
strain *v* 1. beanspruchen; verformen, deformieren; dehnen *(bei Zugbeanspruchung)*; 2. filtern, filtrieren
strain 1. Formänderung *f*, Verformung *f*, Dehnung *f (bei Zug)*; 2. *s.* stress
strain after fracture Bruchdehnung *f*
strain at break Bruchdehnung *f*
strain at failure Bruchverformung *f*, Bruchdehnung *f*
strain compatibility Dehnungsverträglichkeit *f*
strain distribution Dehnungsverteilung *f*, Spannungsverteilung *f*
strain ellipsoid Deformationsellipsoid *n*
strain energy (äußere) Formänderungsarbeit *f*, Dehnungsenergie *f*
strain energy due to the change of volume Raumänderungsarbeit *f*, Volumenänderungsenergie *f*
strain field Dehnungsfeld *n*
strain gauge Dehnungsmessstreifen *m*
strain gauging Dehnungsmessung *f* mit dem Dehnungsmessstreifen
strain-hardened kaltverfestigt *(Stahl)*
strain hardening Kaltverfestigung *f (von Stahl)*
strain intensity factor Dehnungsintensitätsfaktor *m*
strain limit Streckgrenze *f*, Fließgrenze *f (Dehnungsverformung)*
strain lines Kraftlinien *fpl*
strain measurement Dehnungsmessung *f*
strain measuring device [instrument] Dehnungsmessgerät *n*
strain measuring tape Dehnungsmessstreifen *m (z. B. Betonprismen)*

strain meter Dehnungsmesser *m*
strain modulus Dehnungsmodul *n*
strain rate Dehngeschwindigkeit *f*
strain rate before reloading Vorfließgeschwindigkeit *f*
strain system Dehnungssystem *n*
strain value Verformungswert *m*
strain work Deformationsarbeit *f*
strainability Ausdehnungsfähigkeit *f (z. B. Fugenverguss)*
strainer Filter *n*; Siebeinsatz *m*; Kieshaube *f*; Schmutzsieb *n*
strainhardened kaltverfestigt
straining 1. Verformung *f*, Deformation *f (Vorgang)*; 2. Filtration *f*
straining arch Strebebogen *m*
straining beam Verstrebungsbalken *m*, Sprengstrebe *f*, Sprengbalken *m*
straining line Drucklinie *f*
straining piece 1. Verstrebungsbalken *m*; 2. Jochbalken *m*
straining ring Spannring *m (Stahlbau)*
straining sill Verstrebungsschwelle *f*
straining strap Spannband *n*
straining tie *(Hb)* Spannriegel *m*, Spannbalken *m*
strainometer Dehnungsmesser *m*
straits Meerenge *f*, Meeresstraße *f*
strake 1. Bohlengang *m*, Holzfußweg *m (Plankenweg um ein Haus)*; 2. Stahlschornsteinplatten *fpl*
strand 1. Spanndrahtbündel *n*; Spanngliederbündel *n*; 2. *(El)* Litze *f*, 3. Ufer *n*, Strand *m*
strand dune Stranddüne *f*
strand footing Streifenfundament *n*
strand grip Ankerbesen *m*, Spanngliedbesenanker *m (Spannbeton)*
strand line Uferlinie *f*, Strandlinie *f*
strand works Seeuferbau *m*
stranded cable verdrilltes [verseiltes] Kabel *n (Spannbeton)*
stranded wire 1. verseilter Draht *m*; 2. *(El)* Litze *f*
strap *v* verlaschen, mit Laschen verbinden
strap 1. Lasche *f*, Schelle *f*; 2. Kopfverbundbügel *m*, Bügel *m*; Band *n (Holzbalken)*; Hahnholz *n*; 3. Handgriff *m (zum Festhalten)*; Halteschlaufe *f*, 4. Querriegel *m*
strap anchor *(Hb)* Band *n*
strap bolt Bügelschraube *f*
strap connection Laschenverbindung *f*
strap footing Streifenfundament *n*, Streifengründung *f*
strap hanger Bandhängeglied *n*
strap hinge Bandscharnier *n*
strap joint Laschenstoß *m*
strap rail Flachschiene *f*
strap saw Bandsäge *f*
strap steel Bandstahl *m*
strap stirrup bolt Bügelschraube *f*
strapped elbow Rohrbogen *m* mit Befestigungsösen
strapped wall Lattenwand *f*
strapping 1. Verlaschung *f*, 2. Putztrage(latten)werk *n*, Unterkonstruktion *f*
strapwork Bandwerk *n*, Beschlagwerk *n*, Band- und Streifenornament *n*
strata Erdschichten *fpl*; Bodenschichten *fpl*; Gesteinsschichten *fpl (speziell als Bodenprofilfolge)*
strata boundary *(Bod)* Schichtengrenze *f*
strata profile *(Bod)* Schichtenprofil *n*
strata sequence *(Bod)* Schichtenfolge *f*, Schichtenaufbau *m*
strata spring *(Bod)* Schichtenquelle *f*, Schichtenwasseraustritt *m*
straticulate dünn geschichtet *(geologisch)*
stratification Schichtung *f (von Schütt- und Verdichtungsbaustoffen)*; Schichtung *f*, Lagerung *f (Geologie)*
stratified *(Bod)* geschichtet, schichtförmig
stratified rock Schichtgestein *n*, geschichtetes Gestein *n*
stratified rust Plattenrost *m*, Blattrost *m*
stratified soil geschichteter Boden *m*
stratiform schichtenförmig
stratify *v* 1. schichten *(z. B. Schüttgüter)*; überschichten; 2. in Schichten liegen *(Gestein)*
stratigraphical stratigraphisch
stratigraphical arrangement *(Bod)* Schichtenaufbau *m (geologisch)*
stratigraphical section *(Bod)* Schichtenprofil *n (geologisch)*
stratigraphical sequence *(Bod)* Schichtenfolge *f (Baugrund)*
stratigraphy Stratigraphie *f*, Bodenschichtenaufnahme *f*, Formationskunde *f*
stratum Erdschicht *f*, Gesteinsschicht *f*, Schicht *f*
stratum thickness *(Bod)* Schichtenmächtigkeit *f*, Schichtdicke *f*
stratum water *(Bod)* Schicht(en)wasser *n*
straw Stroh *n*, Getreidestroh *n*
straw and loam pugging Stakung *f (Flechtverbau mit Lehmfüllung)*
straw-coloured strohfarben
straw fibre board Strohfaser(bau)platte *f*, Strohfaserdämmplatte *f*
straw-hat theatre Sommertheater *n*
straw plating Strohumhüllung *f*
straw roofing Strohdach(ein)deckung *f*, Strohdach *n*
straw thatching Strohdach(ein)deckung *f*, Strohdach *n*
strawboard Stroh(bau)platte *f*, Strohdämmplatte *f*
stray current *(El)* Streustrom *m*
stray-current corrosion Streustromkorrosion *f*
stray-current pick-up Streustrombeeinflussung *f*
stray light Streulicht *n*
strays Flugsand *m*
streak *v* streifen; streifig werden; ädern
streak 1. Schliere *f (z. B. in Glas)*; 2. Holzmaserung *f*, 3. Streifen *m*; Lichtstrahl *m*; 4. *(Bod)* Strich *m*, Schicht *f*, Ader *f*
streaked streifig, maserig, gemasert, adrig
streaked structure Schlierentextur *f*, Maserstruktur *f*, Streifenstruktur *f*
streakiness Streifigkeit *f*
streaking Schlierenbildung *f*, streifiges Ablösen *n*
streaky streifig
stream *v* strömen, fließen
stream 1. Fluss *m*, fließendes Gewässer *n*; 2. Strömung *f*, Strom *m*; 3. Verkehrsstrom *m*
stream bed Flussbett *n*
stream-born sediment Flusssediment *n*
stream centre line Flussachse *f*
stream channel Flussbett *n*, Flussrinne *f*
stream discharge Wasserlaufabflussmenge *f*
stream erosion Flusserosion *f*
stream-flow control Abflussregulierung *f*
stream gauge Pegel *m*, Wasserstandsmarke *f*
stream gradient Flussgefälle *n*
stream gravel Flusskies *m*
stream-laid sediment Flusssediment *n*
stream lining Flussbettauskleidung *f*
stream machine Nasspresse *f*
stream scour Flussauskolkung *f*
stream system Flusssystem *n*
streamer *(Arch)* Banderole *f*, Schriftband *n*
streaming potential Strömungspotenzial *n*
streamlet Bächlein *n*, Rinnsal *n*, Gerinne *n*
streamline Stromlinie *f*
streamline flow laminare Strömung *f*

streamlined specification kurze Bauausführungsbeschreibung *f*, Kurztext *m* des Angebots *(mit allen technischen Informationen)*
street Straße *f*, Ortsstraße *f*, Stadtstraße *f (street bezeichnet immer eine Innerortsstraße)*
street boundary line Straßenbegrenzungslinie *f*
street bridge Stadtstraßenbrücke *f*
street cleaning Straßenreinigung *f*
street crossing Straßenkreuzung *f*
street door Haustür *f*; Außentor *n*
street drainage Straßenentwässerung *f*
street façade Straßenfront *f*
street floor Geschoss *n* in Straßenhöhe
street flusher Straßensprengwagen *m*
street front Straßenfront *f*, Straßenseite *f*
street furnishing Straßenausstattung *f*
street furniture Stadtstraßennebenanlagen *fpl*, Straßenausstattung *f*; *(sl)* Sperrmüll *m*
street gulley *s.* street inlet
street gutter Straßenabflussrinne *f*
street inlet Straßeneinlauf *m*, Straßensinkkasten *m*, Gully *m*
street-level floor Geschoss *n* in Straßenhöhe
street lighting Straßenbeleuchtung *f*
street lighting luminaire komplette Straßenlampe *f*, Straßenleuchte *f*
street lighting unit Straßenlampe *f (mit Mast)*
street line Straßenbegrenzungslinie *f*; Straßenmarkierung *f*
street mains (in der Straße verlegte) Hauptversorgungsleitungen *fpl (aller Medien)*
street marker Spurnagel *m*, Markierungsknopf *m*
street mason Steinsetzer *m*, Straßenbauer *m*
street network Stadtstraßennetz *n*
street noise Straßenlärm *m*
street number 1. Straßennummer *f*; 2. Gebäudenummer *f*, Hausnummer *f*
street pavement Straßenbefestigung *f*
street plan Straßenplan *m*, Stadtplan *m*
street profile Straßenprofil *n*
street refuge Verkehrsinsel *f*, Fußgängerschutzinsel *f*
street sweeping Straßenreinigung *f*
street sweepings Straßenkehricht *m*
street system Stadtstraßennetz *n*
street trap Straßenschlammfang *m*
street tunnel Stadtstraßentunnel *m*
streetscape Straßenbild *n*, Straßengestaltung *f*
strength 1. (mechanische) Festigkeit *f (Material)*; 2. Stärke *f*, Intensität *f*
strength behavior Festigkeitsverhalten *n*
strength capability Festigkeitseigenschaft *f*
strength ceiling Grenzfestigkeit *f*
strength checking Festigkeitsnachweis *m*
strength class Festigkeitsklasse *f*, Festigkeitsgrad *m*
strength condition Festigkeitsbedingung *f*
strength criteria Festigkeitskriterien *npl*
strength decrease Festigkeitsabfall *m*
strength drop Festigkeitsabfall *m*, Festigkeitsminderung *f*
strength forecast Festigkeitsvoraussage *f*
strength gain *s.* strength increase
strength gaining time Festigkeitszunahmedauer *f*, Festigkeitserhöhungsdauer *f*
strength grade Festigkeitsgrad *m*
strength group Festigkeitsgruppe *f*, Festigkeitsklasse *f*
strength in compression Druckfestigkeit *f*
strength in shear Scherfestigkeit *f*
strength in tension Zugfestigkeit *f*
strength increase Festigkeitserhöhung *f*, Festigkeitszunahme *f*, Festigkeitsgewinn *m*
strength increasing festigkeitszunehmend, festigkeitssteigernd, festigkeitserhöhend
strength limit Festigkeitsgrenze *f*, Bruchgrenze *f*
strength loss Festigkeitsverlust *m*, Festigkeitseinbuße *f*, Entfestigung *f*
strength of materials Materialfestigkeit *f*, Werkstoffestigkeit *f*
strength of rupture Bruchfestigkeit *f*
strength properties Festigkeitseigenschaften *fpl*
strength range Festigkeitsbereich *m*
strength reduction Festigkeitsabfall *m*, Festigkeitsabnahme *f*, Festigkeitsminderung *f*, Festigkeitsreduktion *f*
strength-related properties Festigkeitseigenschaften *fpl*
strength requirement Festigkeitsanforderung *f*
strength reseve Festigkeitsreserve *f*
strength test Festigkeitsprüfung *f*
strength tester Festigkeitsprüfgerät *n*
strength theory Festigkeitslehre *f*
strength value Festigkeitswert *m*
strength-weight ratio Festigkeits-Gewichts-Verhältnis *n*
strength-wise festigkeitsmäßig
strengthen *v* 1. verstärken *(Festigkeit)*; versteifen; härten *(Glas)*; 2. *(Bod)* verfestigen; sich verfestigen
strengthening Verstärkung *f (Festigkeit)*; Versteifung *f*, Verfestigung *f*
strengthening effect Verfestigungswirkung *f*
strengthening piece *(Hb)* Verstärkungsstück *n*
strengthening rib Verstärkungsrippe *f*
strengthening ring round a chimney Schornsteinverstärkungsring *m*, Ringanker *m* am Schornstein
strengthening strip *(Hb)* Lisene *f*
stress *v* spannen; (mechanisch) beanspruchen, belasten
stress-relive *v* entspannen
stress *v* **together** zusammenspannen *(Ferigteile)*
stress Spannung *f*; (mechanische) Beanspruchung *f*, Belastung *f*; Spannungszustand *m*, Materialbeanspruchung *f*
stress absorbing membrane *(Verk)* spannungsabbauende Schicht *f*
stress absorbing membrane interlayer *(Verk)* spannungsabbauende Zwischenschicht *f*, SAMI *f*
stress-accelerated spannungsgefördert
stress analogy Spannungsanalogie *f*
stress analysis 1. Spannungsberechnung *f*, Spannungsermittlung *f*, Spannungsnachweis *m*; 2. Statik *f*, Baustatik *f*
stress application Spannungsbeanspruchung *f*
stress at break [failure] Bruchspannung *f*, Bruchlast *f*
stress axis Spannungs(haupt)achse *f*
stress-bearing tragend
stress behaviour Spannungsverhalten *n*
stress-block Druckblock *m*, Druckverteilungsblock *m*
stress calculation Spannungsberechnung *f*, Spannungsermittlung *f*
stress case Spannungsfall *m*
stress check Spannungsnachweis *m*
stress circle (Mohrscher) Spannungskreis *m*, Beanspruchungsdiagramm *n*
stress component Spannungskomponente *f*
stress concentration Spannungskonzentration *f*
stress concentration site Spannungskonzentrationsstelle *f*
stress condition Spannungszustand *m*
stress conditions Beanspruchungsverhältnisse *npl*
stress corrosion Spannungskorrosion *f*
stress corrosion crack Spannungskorrosionsbruch *m*, Spannungskorrosionsriss *m*
stress corrosion cracking Spannungsrisskorrosion *f*
stress corrosion failure Spannungskorrosionsbruch *m*
stress corrosion-inhibitive spannungskorrosionshemmend

stress couple Spannungsmoment *n*
stress crack Spannungsriss *m (bes. bei Kunststoffen)*
stress curve Spannungskurve *f*, Spannungsverlauf *m*
stress cycle Lastspiel *n*, Lastwechsel *m*
stress-cycle curve *s.* stress-number curve
stress dependence Spannungsabhängigkeit *f*
stress-dependent spannungsabhängig
stress determination Spannungsermittlung *f*
stress deviator Spannungsdeviator *m*
stress diagram Cremonascher Kräfteplan *m*
stress distribution Spannungsverteilung *f*
stress division Spannungsaufteilung *f*
stress due to negative pressure Unterdruckspannung *f*
stress due to temperature Temperaturspannung *f*
stress effect Spannungswirkung *f*
stress ellipse Spannungsellipse *f*
stress-enhanced spannungsgefördert
stress equalizing Spannungsausgleich *m*
stress equilibrium Spannungsgleichgewicht *n*
stress estimation Spannungsabschätzung *f*
stress field Spannungsfeld *n*
stress flow Spannungsverlauf *m*
stress-free spannungslos, spannungsfrei, ungespannt
stress-free annealed spannungsfreigeglüht *(Metall)*
stress function Spannungsfunktion *f*
stress generated spannungsindiziert
stress generation Spannungsentstehen *n*, Entstehen *n* von Spannungen
stress-graded lumber *(AE)* Festigkeitsklassenholz *n*
stress in the body Spannungsfeld *n (Geologie)*
stress increase Spannungszunahme *f*
stress-independent spannungsunabhängig
stress-intensified spannungsgefördert
stress-intensity dependent spannungsabhängig
stress-intensity factor Spannungsintensitätsfaktor *m*
stress-intensity independent spannungsunabhängig
stress-less spannungslos, spannugsfrei, ungespannt
stress level Spannungshöhe *f*, Spannungsniveau *n*
stress limit Spannungsgrenze *f*; Bruchgrenze *f*
stress line Spannungstrajektorie *f*, Hauptspannungslinie *f*
stress loss Spannverlust *m*
stress modulus Elastizitätsmodul *m*, E-Modul *m*
stress moment Spannungsmoment *n*, Widerstandsmoment *n*
stress-number curve Wöhler-Kurve *f*, Dauerfestigkeitsschaubild *n*, Dauerfestigkeitskurve *f*
stress of adhesion Haftspannung *f*
stress of soil moisture *(Bod)* Bodenwasserspannung *f*
stress pattern Spannungsbild *n*, Spannungsverteilung *f*
stress point Spannungsstelle *f*
stress power Spannungsleistung *f*
stress raiser 1. Spannungsspitze *f*; 2. spannungserhöhender Faktor *n*
stress range Spannungsbereich *m*, Beanspruchungsbereich *m*
stress ratio Spannungsverhältnis *n*
stress redistribution Spannungsumlagerung *f*
stress-reducing spannungsmindernd
stress reduction factor Spannungsminderungsfaktor *m*
stress relaxation Spannungsabbau *m*, Spannungsrückgang *m*, Spannungsrelaxation *f (zeitlich)*
stress-relief annealing Spannungsfreiglühen *n*
stress-relieved entspannt, spannungsfrei
stress relieving 1. Spannungsentlastung *f*; 2. Spannungsfreiglühen *n*
stress removal Spannungsfreimachen *n*, Entspannen *n* *(Metall)*
stress resultant Spannungsresultierende *f*
stress reversal Lastspiel *n*, Lastwechsel *m*
stress rupture Spannungsbruch *m*
stress sorption Spannungsrissadsorption *f (Anstrich)*
stress source Spannungsursache *f*
stress stage [state] Spannungszustand *m*
stress-strain curve Spannungs-Dehnungslinie *f*, Beanspruchungs-Dehnungslinie *f*
stress-strain relation Spannungs-Dehnungsbeziehung *f*
stress-strain relationship Druckdehnungsbeziehung *f*
stress superposition *(Bod)* Spannungsüberlagerung *f*
stress system Spannungssystem *n*
stress tensor Spannungstensor *m*
stress theory Spannungstheorie *f*
stress-to-strain diagram Spannungs-Dehnungsdiagramm *n*
stress-to-strength ratio Spannungs-Festigkeits-Verhältnis *n*
stress trajectory Spannungstrajektorie *f*, Spannungsweg *m*; Hauptspannungslinie *f*
stress transfer Spannungsableitung *f*, Spannungsabtragen *n*
stress transfer member Spannungsübertragungsteil *n*
stress transmission Spannungsübertragung *f*, Spannungsableitung *f*, Spannungsabtragung *f*
stress triangle Spannungsdreieck *n*
stress value Spannungswert *m*
stress variation Spannungsschwankung *f*
stressability (mechanische) Belastbarkeit *f*
stressbed Spannbett *n*
stressed unter Spannung *(mechanisch)*; beansprucht
stressed-skin construction Schalenkonstruktion *f*, Schalenbauweise *f*
stressed wall beanspruchte Mauer *f*
stressing Spannen *n*; Beanspruchung *f (Vorgang)*; Vorspannung *f*
stressing bar Spannstab *m*
stressing bed Spannbett *n*
stressing conditions Beanspruchungsbedingungen *fpl*
stressing cycle Beanspruchungszyklus *m*
stressing direction Beanspruchungsrichtung *f*
stressing frequency Beanspruchungshäufigkeit *f*
stressing head Spannkopf *m (Spannbeton)*
stressing jack Spannpresse *f*
stressing method Spannverfahren *n*, Spannbetonverfahren *n*
stressing moment Vorspannmoment *n*
stressing order Spannfolge *f*
stressing tendon [unit] Spannglied *n*
stressing value Vorspann(ungs)wert *m*
stressless *s.* stress-less
stretch *v* 1. dehnen, längen, (aus)ziehen; (aus)weiten; straffen, straff ziehen, spannen; sich strecken, sich dehnen; nachgeben; 2. sich erstrecken, sich ausdehnen *(z. B. ein Gebiet)*; reichen
stretch 1. (elastische) Dehnung *f*, Weitung *f*; 2. Ausdehnung *f*, Dehnweg *m*; Wegstrecke *f*, Länge *f*, Abschnitt *m*
stretch at break Bruchdehnung *f*
stretch hammer Streckhammer *m*
stretch of road Wegstrecke *f*
stretch-resistant streckfest
stretchability Streckbarkeit *f*, Dehnbarkeit *f*
stretchable streckbar, dehnbar
stretched gedehnt; gespannt; ausgedehnt
stretched connection Spannverbindung *f*
stretched steel Streckstahl *m*
stretcher (block) Läufer *m*, Läuferstein *m*
stretcher bond Läuferverband *m*
stretcher brick Läuferziegel *m*
stretcher course Läuferschicht *f*, Läuferlage *f*
stretcher face Läuferschichtseite *f*

stretcher levelling Ziehglätten *n (Blech)*
stretching Streckung *f*, Dehnung *f*; Ausziehen *n*; Längung *f*; Weitung *f*; Spannen *n*
stretching bar Spannstab *m*
stretching block Spannblock *m (Spannbetontechnologie)*
stretching bond Läuferverband *m*
stretching cable Seil *n*, Vorspannseil *n*; Vorspannlitze *f*, Litze *f*
stretching course Läuferschicht *f*, Läuferlage *f*
stretching element Spannelement *n*
stretching fault Zerrungsbruch *m*, Trennbruch *m*
stretching method Spannverfahren *n*, Vorspannmethode *f*
stretching piece Zuganker *m*, Zugstrebe *f*
stretching strain Zugdehnung *f*
stretching system Spannverfahren *n*, Vorspannsystem *n*
stretching tendom Spannglied *n*
stretching value Vorspannwert *m*
stretching wedge Spannkeil *m (Spannbetontechnologie)*
stretching weight Spanngewicht *n (Oberleitung)*
stretching wire Spanndraht *m*
stretching work Spannarbeit *f*
stretching zone Spannungszone *f*
stria 1. Riefe *f*, Furche *f*; Streifen *m*; 2. Schramme *f*
striate *v* furchen, riefen *(Oberflächengestaltung)*
striated 1. geriffelt *(Säule)*; 2. streifig, streifenartig, gestreift; furchig
striation 1. Riffelung *f*, Furchenbildung *f*; Streifenbildung *f*, Schichtung *f*; 2. Riefen *fpl*; Streifen *mpl*
strickle Schablone *f*, Lehre *f*
strickle board Lehre *f*, Lehrlatte *f*; Abstreichplatte *f*
strict rationalism *(Arch)* Rationalismus *m* strenger Observanz
striction 1. Einengung *f*, Verengung *f*; Einschnürung *f*; 2. *(AE)* Haftreibung *f*
strictly classical *(Arch)* streng klassisch
striding level Reitlibelle *f*
striga Säulenrille *f*
strike *v* 1. abbauen *(Gerüst)*; 2. ausschalen *(Beton)*; 3. glatt streichen *(Fugen)*; 4. schlagen; stoßen; hämmern; klopfen; die Kelle aufschlagen; 5. streiken
strike *v* **down the scaffold** abrüsten
strike *v* **formwork** ausschalen, entschalen
strike *v* **off** abgleichen, abziehen *(mittels Deckenfertiger)*
strike *v* **shutters** entschalen
strike *v* **through** durchschlagen *(Farbe)*
strike 1. Abstreichholz *n*, Glättbohle *f*; 2. Schlag *m*; 3. *s.* strike plate; 4. *(Bod)* Streichen *n (geologische Schicht)*
strike backset Schließblechaussparung *f*
strike block Kurzhobel *m*
strike edge Türblattvorderkante *f*; Fensterflügelvorderkante *f*
strike jamb Schließblechpfosten *m*
strike-off (screed) Abziehbohle *f*, Abziehlatte *f*, Abstreifbohle *f (Horizontalfertiger)*
strike plate Schließblech *n*, Schließblechplatte *f*
strike reinforcement Schließblech(pfosten)verstärkung *f (Metalltürrahmen)*
strike stile Schlossbohle *f*, Schlossbrett *n (Tür)*
strike-through Furnierfärbung *f*, Holzoberflächenentfärbung *f (durch durchdrückenden Tischlerleim)*
striker *s.* 1. strike-off screed; 2. strike plate
striker bar Anschlagschiene *f*
striking 1. Abbauen *n (eines Gerüsts)*; Ausschalen *n (von Beton)*; 2. Schlagen *n*
striking framework Tragwerksbau *m*
striking off Abziehen *n*
striking-off lines Putzabziehlehren *fpl*
striking plate Schließblech *n*
striking stile Schlossbohle *f*, Schlossbrett *n (Tür)*
striking wedges Schalungskeile *mpl*
string 1. Treppenwange *f*, Wange *f*; 2. Bandgesims *n*, Gesimsband *n*, Mauerband *n (Gurtgesims zwischen den Geschossen)*; 3. Sparrenquerlatte *f*; Längsbalken *m*; 4. Schnur *f*
string board Wange *f*
string course Fries *m*, Sims *m(n)*; Gurtgesims *n*, Gesimsband *n*, Mauerband *n (zwischen den Geschossen)*
string development *s.* ribbon development
string frame Wangenrahmen *m*
string of girders Trägerstrang *m (Stahlbau)*
string piece 1. Streckbalken *m*, Horizontalbalken *m*, Längsbalken *m (bei einem Dachstuhl)*; 2. Zange *f*
string polygon Seileck *n*
string staircase Wangentreppe *f*
string wall Wangenmauer *f (speziell für Treppenwangen)*
string wreath *(Hb)* Kröpfstück *n*, Krümmling *m*, Kröpfling *m*
stringboard Treppenwange *f*, Wange *f*, Laufträger *m (einer Treppe)*
stringer 1. *(AE)* Längsbalken *m*, Längsträger *m*, Stützbalken *m*; Brückenlängsträger *m*; 2. Holzgurtgesims *n*; 3. *s.* stringboard
stringer and traverse floor beam system Brückenrost *m*
stringer bracing Schlingerverband *m (Brücke)*
stringer staircase *(AE)* Wangentreppe *f*
stringing Fadenziehen *n*, Fadenbilden *n (Farbspritzen)*
stringing of mortar Mörtelausbreitung *f (für mehrere Steine)*
stringy faserig
strip *v* 1. abziehen, ausschalen, entschalen *(Beton)*; abmontieren *(z. B. Schalung)*; 2. abtragen, abschälen *(Schichten)*; abwaschen *(Anstrich)*; abbeizen *(Altanstrich)*; 3. *(El)* abisolieren *(Draht)*; abmanteln *(Kabel)*; 4. lockern *(Schraube)*; überdrehen *(Gewinde)*
strip *v* **away** ablösen *(Anstrich, Beschichtung)*; abbeizen; abziehen
strip *v* **down** abbauen, demontieren *(Schalung)*
strip *v* **framework** ausschalen
strip 1. Streifen *m*, Bahn *f*, Band *n (z. B. zur Abdichtung)*; 2. *s.* string 2.; 3. Leiste *f*, Latte *f*; Kantenschutzleiste *f*; Paneel *n*; 4. Lasche *f (Stoßlasche)*; 5. Streifen *m*, Landstreifen *m*
strip adjustment *(Verm)* Streifenausgleichung *f*
strip board *s.* strip core
strip bonding streifenförmiges Verkleben *n*
strip building Reihenbebauung *f*
strip ceiling Skelettdecke *f*
strip cleaning Bandreinigung *f*
strip coating Bandbeschichtung *f*
strip core (board) geleimtes Schichtenbrett *n (mit Holzlattenkern)*
strip diffuser *(HLK)* Schlitzauslass *m*
strip electric heater *(El)* Elektrolamellenheizkörper *m*
strip flooring 1. Schmaldielung *f*, Lattendielung *f*; 2. Stabfußboden *m*, Stäbchenparkett *n*
strip footing [foundation] Streifenfundament *n*, Streifengründung *f*, Bankett *n*, Fundamentstreifen *m*
strip heating tube Rippenheizrohr *n*, Lamellenheizrohr *n*
strip iron Bandeisen *n*
strip lath Lattengitterlage *f*, Putzfugenleistenlage *f (Putzarbeit)*
strip light 1. Landestreifenfeuer *n (Flugplatz)*; 2. *s.* fluorescent strip
strip-line light fixtures Leuchtband *n*, Lichtband *n*
strip load *(Stat)* Linienlast *f*, Streckenlast *f*, Streifenlast *f*
strip metal Bandmetall *n*

strip mine Tagebau *m*
strip mining Baggerabbau *m*, Baggergewinnung *f (Sandabbau, Kiesgewinnung)*
strip mopping Streifenklebung *f (Dachhaut)*
strip mosaic Streifenmosaik *n*
strip of ground Grundstreifen *m*
strip of timber Kantholz *n (dünne Abmessungen)*
strip shingle Schindelstreifen *m*, Schindelplatte *f*
strip slates Streifenschindel *f*, Bitumendachschindeln *fpl*
strip soaker Streifendichtung *f (Dachziegel)*
strip steel Bandstahl *m*
strip taping Dämmplattenbandagieren *n*, Dämmplattendichten *n* mit Fugenband
strip welting *s.* welting strip
strip windows Fensterband *n*, Bandfenster *n*
stripe *v* mit Streifen versehen; streifig machen
stripe 1. Streifen *m*, Randstreifen *m (Wandgestaltung)*; 2. *(Verk)* Leitstreifen *m*, Leitlinie *f (Straße)*
striped streifig, gestreift
stripiness Farbstreifigkeit *f*
strippable ablösbar *(Anstrich, Beschichtung)*; abziehbar *(Schicht)*
strippable lacquer Abziehlack *m*
stripped entschalt
stripped joint Tieffuge *f*, tief liegende Fuge *f*, ausgekratzte Fuge *f (Mauerwerk)*
stripped surface gereinigte Oberfläche *f*
stripper Ablaugmittel *n*; Abbeizer *m (z. B. Farben)*; Lackentferner *m*
stripping 1. Ausschalen *n*, Entschalen *n (von Beton)*; Demontage *f (einer Schalung)*; 2. Abtragen *n* der Vegetationsschicht, Beräumen *n*, Beroden *n*, Entroden *n*, Räumungsarbeit *f (einer Baustelle)*; 3. Ablösen *n (z. B. von Farbe)*; Abziehen *n (von Schichten)*; 4. Anschlussblechfugenverguss *m*; 5. *s.* strip taping
stripping felt Anschlussstreifen *m (der Dachfläche für Anschluss z. B. mit Fuß- oder Deckblech)*
stripping indicator Ablöseanzeichen *n (Anstriche)*
stripping knife Abkratzmesser *n*; Spachtel *m(f)*
stripping of a floor Entschalen *n* einer Decke
stripping of binder Bindemittelablösung *f*, Stripping *n (speziell Bitumen)*
stripping of forms Ausschalen *n (Beton)*
stripping of overburden Abraumabtragen *n*, Abbau *m* der Überdeckungsschichten
stripping of topsoil Mutterbodenabtrag *m*
stripping piece Fülleiste *f*, Fugenleiste *f (Schalung)*
stripping schedule Entschalungsplan *m*, Ausschalungsfolge *f*
stripping strength Ausschalungsfestigkeit *f*
stripping technique Ablöseverfahren *n (Schichtdickenprüfung)*
stripping time Entschalungsfrist *f*, Schal(ungs)frist *f*
strix Säulenrille *f*
stroke 1. Schlag *m*, Stoß *m (dynamische Belastung)*; 2. Blitz(ein)schlag *m*
stroke of a hammer Hammerschlag *m*
stroked work behauener Stein *m* mit Rillenmuster
stroll garden Wandelgarten *m*, Schlendergarten *m*
strong 1. widerstandsfähig, beständig *(z. B. Baustoffe, Bauelemente)*; 2. fest, hart *(z. B. Gestein)*; 3. befestigt *(z. B. Verkehrsfläche, Burgen)*; 4. groß, bedeutend
strong-back Traverse *f (Betonform)*
strong pillar Strebepfeiler *m*
strong room Tresorraum *m*, Panzerraum *m*, Stahlraum *m*
strong wall Brandmauer *f*
strong welding Konstruktionsschweißen *n*
stronghold Festung *f*, Feste *f*
strongly arched stark gewölbt
strongly corrosion-resistant hochkorrosionsfest, hochkorrosionsbeständig
strontium cement Strontiumzement *m*, Edelzement *m*
strontium chromate Strontiumchromat *n*
strontium white Strontiumweiß *n*
strontium yellow Strontiumgelb *n*
strotere *(Arch)* Strotere *f (Steinbalken des griechischen Tempelgebälks)*
struck 1. abgebaut *(z. B. Gerüst)*; abmontiert; 2. (glatt)gestrichen; 3. angelaufen, erblindet *(Glas)*
struck brick gestrichener Ziegelstein *m*, handgeformter Ziegel *m*
struck joint 1. abgestrichene Mauerwerksfuge *f*; 2. nach innen abgeschrägte Mauerwerksfuge *f*
struck levelling Glattstreichen *n (z. B. von Fugen, Oberflächen)*
struck moulding eingeschnittene [ausgearbeitete] Verzierung *f*
structural 1. baulich, konstruktiv; Bau..., Konstruktions...; 2. strukturell; Struktur..., Gefüge..., Bau...
structural alloy steel legierter Baustahl *m*
structural alteration bauliche Veränderung *f*, Umbau *m*, Bauveränderung *f*
structural alteration work Umbauarbeiten *fpl*
structural analysis 1. Baustatik *f*, Statik *f*; 2. *s.* structural calculation
structural angle Winkelstahl *m*, Winkeleisen *n*
structural assessment bauliche Zustandserfassung *f*, Bausubstanzbeurteilung *f*
structural arch Bogen *m*
structural axis Konstruktionsachse *f*
structural bearing konstruktives Lager *n*, Auflager *n*
structural behaviour Tragverhalten *n*
structural bonding adhesive Konstruktionsklebstoff *m*
structural calculation (bau)statische Berechnung *f*
structural ceramic building unit kunstruktives Baukeramikteil *n*, konstruktives Baukeramikelement *n*
structural ceramics Baukeramik *f*
structural change *s.* structural alteration
structural channel Konstruktions-U-Stahl *m*
structural characteristic Konstuktionsmerkmal *n*
structural clay article Baukeramikartikel *m*, Baukeramikerzeugnis *n*
structural clay facing tile Verblendklinker *m*, Verblendkeramikstein *m*, Sichtziegel *m*, Blendziegel *m*
structural clay tile *(AE)* Hohlziegel *m*, Langlochziegel *m*
structural component Bauteil *n*
structural composition Gefügeaufbau *m (Gestein)*
structural concrete Konstruktionsbeton *m*, konstruktiver Beton *m*
structural condition Bauzustand *m*
structural connection Verbindung *f* von Bauteilen [Konstruktionselementen], konstruktive Verbindung *f*, Konstruktionsverbindung *f*
structural conversion bauliche Veränderung *f*, Bauveränderung *f*
structural corrosion Strukturkorrosion *f*, Gefügekorrosion *f*
structural damage Bauschaden *m*, Konstruktionsschaden *m*
structural design 1. Bauentwurf *m*, baulicher Entwurf *m*; bauliche Durchbildung *f*, konstruktive Ausbildung *f*, konstruktive Bemessung *f*; 2. *(Verk)* Deckenbemessung *f*, Dimensionierung *f*
structural design assumption Bemessungsannahme *f*
structural design theory Baukonstruktionslehre *f*
structural designer Statiker *m*
structural detail Konstruktionselement *n*
structural detailing bauliche Durchbildung *f*

structural dimension Baumaß *n*
structural division bauliche Gliederung *f*
structural drawing Bauzeichnung *f*
structural element Bauteil *n*, Bauelement *n*; Konstruktionsteil *n*
structural engineer Statiker *m*, Hochbauingenieur *m*
structural engineering Ingenieurhochbau *m*, konstruktiver Ingenieurbau *m*
structural failure Konstruktionsversagen *n*; Gebäudedeformation *f*
structural feasibility konstruktive Durchführbarkeit *f*
structural fibreboard Faserbauplatte *f*
structural fin Konstruktionsrippe *f*
structural fire precaution baulicher Brandschutz *m*, baulicher Feuerschutz *m*
structural floor panel (konstruktive) Deckenplatte *f*
structural floor unit Deckenstein *m*
structural form Konstruktionsform *f*
structural frame Gebäuderahmen *m*, Rahmen *m*
structural framework Tragwerk *n*; Gerüst *n*; Fachwerk *n*
structural glass Bauglas *n*; Bauglasplatte *f*; *(AE)* Glas(bau)steine *mpl*
structural glazing Klebeverglasung *f*
structural glued-laminated timber verleimtes Bauholz *n*; geleimte Holztragelemente *npl*
structural gluing Konstruktionsverleimung *f*, konstruktives Verleimen *n*
structural grade steel Konstruktionsbaustahl *m*
structural height Bauhöhe *f*; Gebäudehöhe *f*
structural hollow section Konstruktionshohlprofil *n*
structural in-situ cast concrete Konstruktionsortbeton *m*
structural insulating board Dämmbauplatte *f*
structural joint konstruktive Verbindung *f*, Konstruktionsverbindung *f*
structural layer *(Verk)* Konstruktionsschicht *f (Kofferaufbau)*
structural lighting element konstruktives Beleuchtungselement *n*
structural lightweight concrete konstruktiver Leichtbeton *m*
structural lumber *(AE)* Bauholz *n (klassifiziert)*; Kantholz *n*
structural mass Baumasse *f*
structural material Baustoff *m*
structural material performance Bauwerksverhalten *n (Baustoffverhalten im Bauwerk)*
structural mechanics Baumechanik *f*
structural member Konstruktionsglied *n*, Bauglied *n*; Bauteil *n*, Teil *n*
structural metal Konstruktionsmetall *n*
structural module Bauraster *m*; Rastermaß *n*
structural opening dimensions Bauöffnungsmaße *npl*
structural panel (konstruktive) Bauplatte *f*, Plattenelement *n*; Konstruktionstafel *f*
structural partition Konstruktionstrennwand *f*
structural pipe Konstruktionsrohr *n*
structural principle konstruktiver Grundsatz *m*
structural property bautechnische Eigenschaft *f*
structural reanalysis statische Nachrechnung *f*
structural reinforcement kunstruktive Bewehrung *f*
structural response Bauwerkreaktion *f*
structural rib Tragrippe *f*, Konstruktionsrippe *f*
structural riveting Stahlbaunietung *f*
structural shape bauliche Form *f*
structural sheet iron Konstruktionsblech *n*
structural shell konstruktive Schale *f*
structural skeleton Gerippe *n (Traggerippe)*
structural skeleton building Skelettgebäude *n*, Rahmengebäude *n*
structural slate Bauschiefer *m*
structural solution Konstruktionslösung *f*
structural sound insulation 1. Schalldämmung *f* von Gebäuden, baulicher Schallschutz *m*; 2. *s.* structure-borne noise insulation
structural stability Stabilität *f*, Standsicherheit *f*, räumliche Steifigkeit *f*
structural statics Baustatik *f*
structural steel 1. Baustahl *m*; 2. Profilstahl *m*
structural steel angle Winkelstahl *m*, Winkeleisen *n*
structural steel engineering Stahbautechnik *f*
structural steel erection Stahlbau *m (Montage)*
structural steel fastener Stahlanker *m*, Stahlklammer *f*
structural steel framework Stahlskelettbau *m*, Stahlgerippebau *m*
structural steel hollow section Stahlbauhohlprofil *n*
structural steel paint Stahlkonstruktionsanstrich *m*
structural steel plate [sheet] Konstruktionsblech *n*
structural steel section Baustahlprofil *n*, Profilstahl *m*, Stahlprofil *n*; Formstahl *m*
structural steelwork Stahlkonstruktion *f*, Stahlbauten *pl*, Stahlkonstruktionen *fpl*
structural stone Naturbaustein *m*
structural survey Baugutachten *n*
structural system 1. Konstruktionssystem *n*, Bausystem *n*; 2. Trag(werk)system *n*; Deckenystem *n*
structural system of a building Gebäudekonstruktionssystem *n*
structural tee T-Profil *n*
structural terra-cotta Bauterrakotta *f*
structural theory Baukonstruktionslehre *f*
structural timber Bauholz *n (mindestens 125 mm Seitenlänge)*
structural timber connector Holzbalkenverbindungseisen *n*; Holzdübel *m*
structural timber grade Bauholzgüteklasse *f*
structural tube Konstruktionsrohr *n*
structural unit Bauteil *n*
structural wall tragende Wand *f*, Konstruktionswand *f*
structural wood framing system Holzrahmenkonstruktion *f (Konstruktionssystem)*
structural works bauliche Anlagen *fpl*
structurally complete robaufertig
structurally deficient baulich mangelhaft; in konstruktiver Hinsicht mangelhaft
structurally sound baulich einwandfrei; in der Bausubstanz einwandfrei
structure 1. Konstruktion *f*, Bauwerk *n*, Bau *m*, Baukörper *m*, Gebäude *n*; 2. Tragwerk *n*; 3. Struktur *f*, Gefüge *n (von Stoffen)*; 4. Gefüge *n (eines Gebäudes)*; 5. *(Bod)* Gefüge *n*, Textur *f (geologisch)*
structure being protected Schutzobjekt *n*, geschützte Konstruktion *f (Korrosionsschutz)*
structure-borne noise insulation Körperschalldämmung *f*
structure-borne sound Körperschall *m*, im Baukörper übertragener Schall *m*
structure-borne sound intensity Körperschallstärke *f*
structure completed fertig gestellter Bau *m*
structure gauge *(Verk)* Lichtraumprofil *n*
structure indeterminate to the *n*-degree *n*-fach statisch unbestimmtes Tragwerk *n*
structure of layers Schichtenaufbau *m*
structure plane Bauwerkebene *f*
structure planning process Gebietsplanung *f (der Stadt)*
structure preservation coat Bautenschutzfarbe *f*
structure profile Strukturprofil *n*
structure under protection Schutzobjekt *f*, geschützte Konstruktion *f (Korrosionsschutz)*

structured strukturiert; Struktur...
structureless gefügelos, unstrukturiert; amorph
structures Bauten *mpl*
strut *v* versteifen, verstreben, abstreben, abstützen, verspreizen; unterstützen *(Dachpfette)*
strut 1. Strebe *f*, Steife *f*, Abstützung *f*; Spreize *f*, Grabenspreize *f*; Stützsäule *f*, Stempel *m*; Diagonalstab *m*; Holm *m*; Sprengstrebe *f*; Druckstrebe *f*, Druckglied *n*; Stiel *m* *(Pfettendach)*; 2. *(Hb)* Kopfband *n*, Kopfstrebe *f*; Fußband *n*
strut beam Querriegel *m*, Kehlbalken *m*
strut bracing *s.* strut frame
strut frame Sprengwerk *n*, Strebe(nfach)werk *n*; Ständer(fach)werk *n*
strut frame bridge *s.* strutted bridge
strut-framed beam Sprengwerkbalken *m*
strut member Ausfachungsstab *m (Stahlbau)*
strut pile Druckpfahl *m*
strut roof Sprengwerk *n*
struts *s.* strut frame
strutted bridge Sprengwerkbrücke *f*, Brücke *f* mit Sprengwerk
strutted frame *s.* strut frame
strutted mortise kurzes Zapfenloch *n*
strutted purlin roof abgestrebtes Pfettendach *n*
strutted roof Sprengwerkdach *n*
strutting Verstrebung *f*, Versteifung *f*, Verbolzung *f*, Abstrebung *f*, Absteifung *f*, Aussteifen *n (vor allem quer bzw. horizontal)*; Unterstützung *f (Dachpfette)*; Absteifung *f (als Schalung, Lehrgerüst)*; Stützwerk *n*, Stützgerüst *n*
strutting beam *s.* strut beam
strutting board Spannbohle *f*
strutting framework Unterstützungsrahmenwerk *n*
strutting head Strebenkopf *m*
strutting of beams Verspreizung *f* der Balken
strutting piece Verstrebungsbalken *m*, Sprengstrebe *f* *(Dachstuhl)*; Jochbalken *m*
stub *v* 1. roden *(Land)*; 2. zerschlagen; zerquetschen
stub *v* **stones** Schotter brechen
stub 1. Stummel *m (z. B. einer Achse)*; 2. Nase *f (Dachziegelvorsprung)*; 3. Baumstumpf *m*
stub bar Anschlussbewehrung *f*
stub beam Kurzbalken *m*
stub cable *(El)* Stichleitung *f*, Abzweigkabel *n*
stub mortise and tenon joint unsichtbares Zapfenloch *n*
stub pile Kurzpfahl *m*
stub stack Stichfallrohr *n*
stub tenon kurzer Zapfen *m*, Fußzapfen *m*, einfacher Zapfen *m*
stub terminal *(AE)* Kopfbahnhof *m*
stub wall gegossener Maueransatz *m (mit Fußbodenestrich)*
stubby 1. stumpf; 2. gedrungen
stuc Stein(ver)putz *m (Steinimitat)*
stuc mixture [stuff] Steinputzmasse *f*, Steinputzmörtel *m*
stucco *v* 1. mit Stuck verzieren, stuckverzieren; 2. verputzen
stucco 1. Stuck *m*, Stuckgips *m*, Gipsputz *m*; Bildhauergips *m (Baustoff)*; 2. Stuck *m*, Stuckverzierung *f*, Stuckplastik *f*; 3. Stuckputz *m*, Glattputz *m*
stucco architecture *(Arch)* Putzarchitektur *f*
stucco ceiling Stuckdecke *f*
stucco decoration Stuckatur *f*, Stuckarbeit *f*
stucco-encrusted wall *(Arch)* strukturbeladene Wand *f*
stucco lime Stuckkalk *m*
stucco mortar Stuckmörtel *m*
stucco moulding Stuckplastik *f*, Stuck-Zierprofil *n*
stucco work Stuckarbeiten *fpl*
stucco worker Stuckateur *m*
stuccoist Stuckateur *m*
stuccolustro *(Arch)* Stuccolustro *m*, Suckmarmor *m*, Marmorstuckputz *m*
stuccowork Stuckarbeiten *fpl*
stuck festsitzend • **become stuck** sich verklemmen
stuck moulding 1. *s.* stucco 2.; 2. Formgebung *f* aus Vollmaterial *(Holz)*
stud *v* verstiften, mit Stift(bolz)en versehen; mit Nägeln beschlagen
stud 1. Jochstütze *f*, Jochsäule *f*; Bundsäule *f*; 2. *(Hb)* Pfosten *m*; 3. Stehbolzenstange *f*, Bolzenstab *m*; 4. Stift *m*, Nagel *m*; Ständer *m*
stud anchor Stützenanker *m*; Bolzenanker *m*
stud and mud Flechtwerktrennwand *f*
stud bolt 1. Stiftschraube *f*, Stiftbolzen *m*; 2. Bolzenstange *f*
stud connector Bolzendübel *m*
stud driver Bolzentreiber *m*; Bolzenschießgerät *n*
stud gun Bolzenschießgerät *n*
stud link Steg *m*
stud opening raue Holzrahmenöffnung *f*
stud partition Latten(rahmen)trennwand *f*, Gerippetrennwand *f*; Ständertrennwand *f*
stud shooting Bolzenschießen *n*, Bolzensetzen *n*
stud union Ständerverbindung *f*
stud wall Fachwerkwand *f*, Latten(rahmen)trennwand *f*
stud welding Bolzenschweißen *n*
studded plate Warzenblech *n (Brücke)*
studded tile Nockenfliese *f*, Nockenbelagplatte *f*
studding 1. Gerippe *n*; 2. Fachwerk *n* aus Senkrechtstreben
students' dwelling unit *(AE)* Studentenwohnung *f*
students' hostel Studentenwohnheim *n*
students' quarters Studentensiedlung *f*
studio 1. Studio *n*, Künstlerstudio *n*, Atelier *n*; 2. Aufnahmeraum *m*, Senderaum *m*, Sendesaal *m*, Studio *n*
studio apartment *(AE)* 1. Künstlerstudio *n*; Atelierwohnung *f*; 2. Appartement *n (mit Schlaf-Wohnzimmereinheit)*
studs Gerippe *n (Tragelemente)*
studs construction type Gerippebauart *f*
studwork Mauerwerk *n* mit Lattenverstärkung, Latten(fach)werk *n*, Riegelwand *f*
study *v* studieren, untersuchen
study 1. Arbeitszimmer *n*; 2. Studie *f*, Untersuchung *f*
study area Untersuchungsgebiet *n (z. B. Umweltverträglichkeit, Baugrund etc.)*
study centre Studienzentrum *n*
study group Arbeitsgruppe *f*, Studiengruppe *f*
stuff *v* auskitten; abdichten; (ver)stopfen *(z. B. Loch, Öffnung)*
stuff 1. Putzmörtel *m*, Putzmasse *f*; 2. Lieferholz *n*, Kantholz *n*; 3. Stoff *m (Gewebe)*
stuffed seam Wulstnaht *f (Schweißnaht)*
stuffers Fußbodenbelag(grund)gewebe *n*
stuffing Stopfen *n*, Packen *n (ein Abdichtverfahren)*
stuffing box Stopfbuchse *f*
stugging Abklopfen *n*, Abspitzen *n (Natursteinoberflächengestaltung)*
stuke *s.* stucco
stump *v* **(out)** stockroden
stump 1. Stubben *m*, Baumstumpf *m*; 2. Turmansatz *m*
stump lifter Stubbenroder *m*
stump removel Roden *n*, Stubbenrodung *f*
stump tenon kurzer (unregelmäßiger) Zapfen *m*
stump tracery spätgotisches Maßwerk *n (in Deutschland)*
stump veneer Wurzelstockfurnier *n*
stumpwood Stockholz *n*
stunning Verschlagen *n*, Verhauen *n (Mauerstein)*
stupa *(Arch)* Tope *m*, Stupa *m*, Reliquienhügel *m (buddistisch)*
stupa base *(Arch)* Topaunterbau *m*, Stupaunterbau *m*

stupa shrine *(Arch)* Topeschrein *m*, Stupaschrein *m*
sturdiness Stabilität *f*, Festigkeit *f*, Widerstandsfähigkeit *f*, Robustheit *f*, Standfestigkeit *f*
sturdy massiv; robust, stabil *(standfest)*
sturdy design robuste Ausführung *f*
stylar façade Pfeilerfassade *f*; Säulenfassade *f*
style 1. *(Arch)* Stil *m*, Art *f*, Richtung *f*; Bauart *f*, Bauweise *f*; Gestaltung *f*; Formensprache *f*; 2. Säule *f (antike Baukunst)*
style chraracter *(Arch)* Stilcharakter *m*
style of architecture Baustil *m*, Bauweise *f*
style of loading Belastungsfall *m*
style of ornamentation *(Arch)* Ornamentstil *m*, Schmuckstil *m*, Dekorationsstil *m*, Zierstil *m*
stylistic concept [idea] stilistische Konzeption *f*
stylistic departure Stilabweichung *f*
stylistic development Stilentwicklung *f*
stylistic feature Stilmerkmal *n*
stylistic forerunner stilistischer Vorläufer *m*
stylistic form Stilform *f*
stylistic formula Stilformel *f*
stylistic history Stilgeschichte *f*
stylistic idiom Formenvokabular *n*
stylistic imitation Stilimitierung *f*
stylistic perfection stilistische Vollendung *f*
stylistic phase Stilphase *f*
stylistic predecessor stilistischer Vorläufer *m*
stylistic purity stilistische Reinheit *f*
stylistic significance stilistische Bedeutung *f*
stylistic tendency Stiltendenz *f*
stylistic unity stilistische Einheit *f*
stylization Stilisierung *f*
stylize *v* stilisieren, auf Grundformen reduzieren
stylobate *(Arch)* Stylobat *m*, Säulenstuhl *m*, Fußsockel *m (Unterbau einer antiken Säule)*
stylos Säulenschaft *m (des antiken Tempels)*
stylus Taststift *m (Schichtdickenmessung)*
styrenated alkyd resin Styrolalkydharz *n*
styrene Styren *n*, Styrol *n*
styrene dispersion Styroldispersion *f*
styrene plastic Styroplast *m*
styrole-butadien-rubber Styrol-Butadien-Kautschuk *m*, Buna S *n*
sub-sea unterseeisch, submarin
sub-sea completion Unterwasserkomplettierung *f*
sub-sea drilling venture Unterwasserbohrung *f*, Meeresbohrung *f*
sub-sea equipment Unterwasserausrüstung *f*
sub-sea protection Unterwasserbereichsschutz *m*, Schutz *m* des Unterwasserbereiches *(Korrosionsschutz)*
sub-sea structure Unterwasserkonstuktion *f*, Unterwasserbauwerk *n*
sub-subcontractor Nach-Nachauftragnehmer *m*, Unternachauftragnehmer *m*
subangular kantengerundet
subaqueous unter Wasser, Unterwasser...
subaqueous deposit Unterwasserablagerung *f*
subaqueous soil Unterwasserboden *m*
subaqueous structure Unterwasserbauwerk *n*
subarch Nebenbogen *m*, Subbogen *m*; Tragbogen *m*
subarea Teilgebiet *n*, Teilfläche *f*
subassemble *v* vormontieren
subassembly 1. Bauteil *n*, Baueinheit *f*; 2. Vormontage *f*, Teilmontage *f*
subbase Unterbau *m*; Sauberkeitsschicht *f*, Frostschutzschicht *f (Straße)*; Fundamentplatte *f*, Untersohle *f (Fundamentplatte oder Säulenfuß)*; Druckverteilungsschicht *f*
subbase layer *(Verk)* untere Tragschicht *f*, Frostschutzschicht *f*
subbasement Unterkeller *m*, zweites Kellergeschoss *n*, Tiefkellergeschoss *n*
subbidder Subbieter *m*, Nachbieter *m (als Nachauftragnehmer)*
subbuck *s.* subframe
subbuilding drainage system Pumpenentwässerungssystem *n*
subcasing Unterrahmen *m*, Rohbaurahmen *m (für Fenster und Türen)*
subcellar Tiefkeller *m*, zweites Kellergeschoss *n*
subcircuit *(El)* Hilfsstromkreis *m*
subconcrete Unterbeton *m*
subcontract Nachauftragnehmervertrag *m*
subcontractor Nachauftragnehmer *m*
subcontractor's quotation Nachauftragnehmer-Kostenanschlag *m (Preisangebot)*
subdeposit *(Bod)* Unterlagerung *f*
subdiagonal Zwischendiagonalglied *n*
subdivide *v* unterteilen, aufteilen *(in Untergruppen)*
subdivided truss mit Zwischenstreben unterteiltes Fachwerk *n*
subdivision 1. Unterteilung *f*, Gliederung *f*, 2. *(AE)* Baulandaufteilung *f*
subdivision of a building Gebäudeeinteilung *f*
subdivision regulations *(AE)* Baulandteilungsbestimmungen *fpl*
subdrain Abwasserpumpsystem *n*
subdued light gedämpftes Licht *n*
subdued relief geringes Relief *n*
subdued ridge flacher Höhenzug *m*
subenviroment Kleinumwelt *f*
subface of stratun *(Bod)* Sohlfläche *f*
subfeeder *(El)* Nebenspeiseleitung *f*
subfloor Unterboden *m*
subfloor stopper Unterbodenspachtelmasse *f*
subframe Unterbau *m*; Unterrahmen *m*, Rohbaurahmen *m (für Fenster und Türen)*
subgrade 1. Unterbettungsschicht *f*, Unterbauschicht *f*, Planum *n*, Unterlage *f (Straße)*; Straßenbett *n*; 2. Unterbau *m*, Bahnkörper *m (Eisenbahn)*; 3. Untergrund *m*, Baugrund *m*, Erdplanum *n*
subgrade drainage system Pumpenentwässerungssystem *n*
subgrade excavation Planumsauskofferung *f*
subgrade improvement layer *(Verk)* Bodenverbesserungsschicht *f* des Planums, Planumsverbesserungslage *f*
subgrade of a ditch Grabensohle *f*
subgrade reaction Sohlpressung *f*, Bodenpressung *f*
subgroup Untergruppe *f*
subjacent darunter liegend; tiefer gelegen; Untergrund...
subjacent bed *(Bod)* Liegendes *n*, liegende Schicht *f*
subjacent stratum *(Bod)* unterlagernde Schicht *f*, Liegendschicht *f*
subject field Wissensgebiet *n*
subject for a motif Motivobjekt *n*
subject for decoration Zierobjekt *n*
subject to beansprucht
subject to acceptance abnahmepflichtig *(Bauteile, Bauzustände)*
subject to approval genehmigungspflichtig
subject to authorization genehmigungspflichtig
subject to bending biegebeansprucht
subject to buckling knickbeansprucht
subject to compression druckbeansprucht
subject to foot traffic begehbar
subject to frost attack frostempfindlich
subject to high stress hochbeansprucht
subject to tension zugbeansprucht

subjected to bending biegebeansprucht
subjected to compression druckbeansprucht
subjected to frost attack Frosteinwirkungen ausgesetzt
subjected to tension zugbeansprucht
subjection to bending Biegebeanspruchung *f*
subjection to pressure Druckbeanspruchung *f*
subjection to tension Zugbeanspruchung *f*
sublease Nachverpachtung *f*
subletting (of contract) Nachauftragsvergabe *f*
sublevel unter Geländeoberfläche *(Planebene)*
sublight Unterfenster *n*
sublimate Sublimat *n*
sublimation Sublimieren *n*
submarginal moraine Endmoräne *f*
submarine unterseeisch, submarin, untermeerisch
submarine pipeline unterseeische Rohrleitung *f*
submarine platform Unterwasserplattform *f*
submaster key Gruppenschlüssel *m*
submerged 1. überschwemmt; versunken; 2. übertönt
submerged-arc welding Unterpulverschweißen *n*, UP-Schweißen *n*
submerged area Überschwemmungsgebiet *n*
submerged breakwater (dam) Unterwasserdamm *m*
submerged concrete Unterwasserbeton *m*
submerged jetty Unterwasserdamm *m*
submerged overfall Grundwehr *n*
submerged pipeline Unterwasserrohrleitung *f*
submergence 1. Bodensenkung *f*, Senkung *f*; 2. Überfluten *n*, Untertauchen *n*, Überschwemmung *f*
submergence of ground Bodensenkung *f*
submergence of surface *(Bod)* Oberflächensenkung *f*
submergible dam *(Wsb)* überfluteter Staudamm *m*
submersed untergetaucht
submersible absenkbar, Unterwasser...; Tauch...
submersible bridge überflutbare Brücke *f*
submersible pump Tauchpumpe *f*, Unterwasserpumpe *f*
submission Submission *f*, Angebotseröffnung *f*, Vorlage *f*, Eingabe *f*, Unterwerfung *f*
submission of tenders Angebotssubmission *f*, Angebotseröffnung *f*, Angebotseinreichung *f*
submit *v* submittieren, Angebote eröffnen
submit *v* **to dynamic stress** dynamisch beanspruchen
submitting of the plan Vorlage *f* des Entwurfs
suborder Ausgestaltungsauftrag *m*; Nachauftrag *m*
subordinate altar *(Arch)* Nebenaltar *m*, Seitenaltar *m*
subordinate block Nebengebäude *n*
subordinate building Nebengebäude *n*
subplatform Unterpodest *n(m)*, Podestunterplatte *f (Metallplatte)*
subplinth zweite Säulensockelplatte *f*
subpopulation collective dose Bevölkerungsteildosis *f*
subpost Aufzugskorb *m* mit Funktionselementen unter dem Rahmen
subpressure Unterdruck *m*
subpurlin obere Pfette *f (Dach)*
subrail Treppenwangenauflager *n (als Geländerfuß)*
subrounded mittelmäßig gerundet, halbgerundet, abgekantet
subsample Teilprobe *f*
subsaturation unvollkommene Sättigung *f*
subsea unterseeisch, submarin
subsealing Nachabdichtung *f*, Sanierungsabdichtung *f*
subsequent coat Folgeanstrich *m*
subsequent installation Nachinstallation *f*
subsequently adjustable nachträglich verstellbar
subside *v* 1. einsinken, sich senken, sich setzen, nachgeben, einsacken *(in den Baugrund)*; 2. nachlassen, abklingen *(äußere Einflüsse)*
subsidence Senkung *f (Gebäude, Gelände)*; Setzung *f*, Absackung *f (einer größeren Fläche)*; Einsturz *m*; Grundbruch *m*, Bergsenkung *f*, Erdfall *m*
subsidence basin *(Bod)* Einsturzbecken *n (geologisch)*
subsidence curve Senkungskurve *f*
subsidence damage Senkungsschaden *m*, Bergschaden *m*
subsidence of ground Bodensenkung *f*
subsidence of ground-water level Grundwasserabsenkung *f*
subsidence of soil Bodensenkung *f*, Erdsenkung *f*
subsidence rubbish Einsturzschutt *m*
subsidiary building Nebengebäude *n*
subsidiary dam Nebensperrmauer *f*, Nebensperre *f*
subsidiary materials Bauhilfsmaterial *n*
subsidiary road Nebenstraße *f*, Seitenstraße *f*
subsidiary shaft Hilfssäule *f (an Bogenportalen von Kirchen)*
subsidiary station peg Reihenpfahl *m*
subsidiary stream Zufluss *m*
subsiding Setzung *f*, Senkung *f (Bauwerk)*; Bodensetzung *f (Baugrund)*
subsiding area *(Bod)* Absenkungszone *f (geologisch)*
subsiding ground senkungsgefährdeter Baugrund *m*, nachgiebiger Untergrund *m*
subsidized house-building öffentlich geförderter Wohnungsbau *m*, Sozialwohnungsbau *m*
subsidy Subvention *f*, staatlicher Zuschuss *m (z. B. zum Wohnungsbau)*
subsilicic rock basisches Gestein *n*
subsoil 1. Untergrund *m*, Baugrund *m*, Erdreich *n*; gewachsener Boden *m*; 2. Unterboden *m (Bodenprofil)*
subsoil consolidation natürliche Baugrundverdichtung *f*
subsoil drain Baugrunddrän *m*
subsoil drainage unterirdische Entwässerung *f*, Untergrundentwässerung *f*
subsoil expertise Bodengutachten *n*, Baugrundgutachten *n*
subsoil exploration Baugrunduntersuchung *f*
subsoil map Baugrundkarte *f*
subsoil paper Unterlagspapier *n*, Straßenbaupapier *n (Betonstraßen)*
subsoil sealing Baugrunddichtung *f*
subsoil water Grundwasser *n*, Porenwasser *n*
subsoil water level Grundwasserspiegel *m*
subsoil water level contours Grundwassergleichen *fpl*
subsoil water packing Grundwasserabdichtung *f*
subsoil water table Grundwasserspiegel *m*
substance Mittel *n*, Substanz *f*, Stoff *m (Wirkstoff)*
substance of building [structure] Bausubstanz *f*
substandard unter der Norm, minderwertig, nicht standardgemäß, nicht vorschriftengemäß
substantial completion Fertigstellungstermin *m*
substantial performance annähernde Vertragserfüllung *f* [Leistungserfüllung *f*]
substitute *v* ersetzen
substitute Wechselstück *n*; Ersatz *m*, Austausch *m*
substitution Substitution *f*, Ersetzen *n*, Ersetzung *f*, Verdrängung *f*
substrate Unterlage *f*, Trägerschicht *f*, Rücklage *f*, Hinterlage *f*, Anstrichuntergrund *m*, Anstrichträger *m*
substrate failure Schichtenfehler *m (einer weichen Betonlage)*
substrate material Grundwerkstoff *m*, Trägerwerkstoff *m*, Substratmaterial *n*, Substratwerkstoff *m*
substrate preparatory treatment Untergrundvorbehandlung *f*, Untergrundvorbereitung *f (Beschichtung, Anstrich)*
substratum 1. Unterbau *m (Straße)*; 2. Anstrichgrund *m*, Aufstrichfläche *f*, Anstrichträger *m*; 3. Unterlage *f*, Trägerschicht *f*, Hinterlage *f*

substructure 1. Unterbau *m*, Fundamentkonstruktion *f*; 2. *(Stat)* Teilsystem *n*, Untersystem *n* *(Tragwerkberechnung)*
subsurface unterirdisch, Untergrund...
subsurface oberflächennahe Zone *f*, Binderbereich *m*
subsurface catchment area *(Wsb)* unterirdisches Einzugsgebiet *n* *(Wassergewinnung)*
subsurface corrosion innere Korrosion *f* *(durch Sauerstoff, Schwefel, Wasserstoff oder Stickstoff)*
subsurface course Binderlage *f*, Binderschicht *f*
subsurface discharge unterirdischer Abfluss *m*
subsurface drainage Unterflurdränung *f*, Untergrundentwässerung *f*
subsurface flow unterirdischer Wasserlauf *m*
subsurface investigation Baugrunduntersuchung *f*
subsurface repository Untertagedeponie *f*
subsurface runoff unterirdischer Abfluss *m*
subsurface sand filter Rieselfeldabzugsfilter *n*
subsurface sewage disposal system Abwasserversickerungsanlage *f*
subsurface utility unterirdische Versorgungsanlage *f* [Versorgungsleitung *f*]
subsurface water unterirdisches Wasser *n*, Grundwasser *n*
subsystem Gebäudeversorgungssystem *n* mit spezifischer Funktion *(z. B. Klimaanlage)*
subtense bar *(Verm)* Basislatte *f*
subterranean unterirdisch
subterranean cable *(El)* Erdkabel *n*, Untergrundkabel *n*
subterranean chamber unterirdischer Raum *m*
subterranean current Grundwasserstrom *m*
subterranean water Grundwasser *n*, Tiefenwasser *n*
subtract *v* **the moment of the supports** das Stützenmoment abtragen
subtranslucent halbdurchsichtig
subtransparent halbdurchscheinend
suburb Vorstadt *f*, Randbezirk *m* *(Städtebau)*
suburban area Stadtrand *m*, Außenbezirk *(Stadt)*
suburban atmosphere Vorstadtatmosphäre *f*
suburban dispersal Zersiedelung *f* *(in Vorstädten)*
suburban district Stadtrand *m*
suburban housing estate Stadtrandsiedlung *f*
suburban line *(Verk)* Vorortstrecke *f* *(Bahn)*
suburban railway Stadtbahn *f*
suburban residential area Außenwohngebiet *n*, Außenwohnviertel *n*
suburban road Vorstadtstraße *f*
suburban run *(Verk)* Vorortstrecke *f*
suburban sprawl Zersiedelung *f* *(in Vorstädten)*
suburban train system S-Bahn *f*, Schnellbahn *f*
subvertical senkrechte Fachwerkverstärkungsstrebe *f*, vertikale Fachwerkfeldstrebe *f*
subvitreous shining glasartig glänzend
subway 1. *(AE)* U-Bahn *f*, Untergrundbahn *f*; 2. Straßenunterführung *f*, Unterführung *f* *(für Fußgänger)*; Eisenbahnunterführung *f*; 3. Untergrundkontrollgang *m*, Kanalgang *m*
subway crossing Fußgängerunterführung *f*
subway line *(AE)* U-Bahnlinie *f*, U-Bahnstrecke *f*
subway station *(AE)* U-Bahnhof *m*
subwhole Unterganze *n*
subzero treatment Kältebehandlung *f* *(Vergüten)*
successful bidder ausgewählter Baubetrieb *m*, in Frage kommendes Bauunternehmen *n*, zuschlagerhaltender Betrieb *m*
succession Reihenfolge *f*, Aufeinanderfolge *f*, Abfolge *f*, Sukzession *f*
succession of arches Bogenfolge *f*
succession of beds *(Bod)* Schichtenfolge *f*
succession of layers Schichtenfolge *f*
succession of strata *(Bod)* Schichtenfolge *f*
successive coat Folgeanstrich *m*
successive failure fortschreitender Bruch *m*
successor in title Rechtsnachfolger *m*
suck *v* **up** (auf)saugen, einsaugen
sucker 1. Saugrohr *n*; Saugnapf *m*; 2. Wurzelschößling *m*
suction Ansaugen *n*; Aufsaugen *n*; Saugwirkung *f*; Saugvermögen *n*; Sog *m*
suction capacity Saugfähigkeit *f*, Saugvermögen *n*
suction coefficient Sogbeiwert *m*, Windbeiwert *m*
suction dredger Saugbagger *m*
suction effect Sogwirkung *f*, Windwirkung *f*
suction filter Saugfilter *m*
suction force Sogkraft *f*
suction head Saughöhe *f*
suction line Saugleitung *f*, Saugrohrleitung *f*
suction load Sauglast *f*
suction pad Saugmatte *f*, Vakuumheber *m* *(Fertigteilheben)*
suction pipe Saugleitung *f*, Saugrohr *n*, Ansaugrohr *n*
suction pipe check valve and screen Saugkorb *m*
suction pipe line Saugleitung *f*
suction port Saugmund *m*
suction power Saugfähigkeit *f*, Saugvermögen *n*
suction property Saugfähigkeit *f*, Saugvermögen *n*
suction pump Saugpumpe *f*
suction quality Saugfähigkeit *f*, Saugvermögen *n*
suction rate Wasseraufsaugvermögen *n* *(Ziegel)*
suction side Sogseite *f*
suction strainer Ansaugkorb *m*
suction ventilation Sauglüftung *f*
suction venting Sauglüftung *f*
suction well Pumpensumpf *m* *(Baugrube)*
sudatorium *(Arch)* Sudatorium *n*, Schwitzraum *m* *(der römischen Therme)*
sudden downpour Platzregen *m*
sudden load Stoßlast *f*
sudden loading Stoßbelastung *f*
sudden sag Querrinne *f* *(Straße)*
sue *v* **for eviction** auf Räumung klagen
sufficient ausreichend
sugar storage block Zuckerlagergebäude *n*
suitability Eignung *f*, Verwendbarkeit *f*, Brauchbarkeit *f* *(Baustoffe)*
suitability test Eignungsprüfung *f*
suitable geeignet, passend, brauchbar; angemessen
suitable for building bebaubar
suitable for wheelchairs rollstuhlgeeignet
suite Zimmerflucht *f*
suite of furniture Möbelgarnitur *f*
suite of rooms Zimmerflucht *f*
sulfate ... *(AE)* *s.* sulphate ...
sullage 1. Abfall *m*; Abwässer *npl* *(Schmutzwasser aus Bad und Küche ohne WC)*; 2. Schlammablagerung *f* *(Abwasser)*
sulphate attack Sulfatangriff *m* *(Beton)*
sulphate-bearing water sulfathaltiges Wasser *n*
sulphate cement sulfatresistenter Portlandzement *m*, sulfatbeständiger Zement *m*
sulphate corrosion sulfatische Korrosion *f*
sulphate efflorescence Sulfatausblühung *f*
sulphate expansion Sulfattreiben *n*
sulphate-laden water sulfathaltiges Wasser *n*
sulphate plaster Gipsunterputz *m*
sulphate resistance Sulfatresistenz *f*, Sulfatwiderstandsfähigkeit *f* *(von Zement)*
sulphate-resistant sulfatresistent, sulfatbeständig
sulphate-resistant cement *s.* sulphate cement
sulphate-resisting sulfatbeständig, sulfatwiderstandsfähig

sulphate-resisting Portland cement sulfatbeständiger Portlandzement *m*
sulphate stability Sulfatbeständigkeit *f (Baustoff)*
sulphate sulphur Sulfatschwefel *m*
sulphide attack Sulfidangriff *m*
sulphide-bearing sulfidhaltig
sulphide-containing sulfidhaltig
sulphide corrosion Sulfidkorrosion *f*
sulphide staining Sulfidschleierbildung *f (Anstrich)*
sulphite liquor Sulfitablauge *f*
sulphite lye Sulfitablauge *f (Bindemittel)*
sulphite lye adhesive Sulfitablaugenkleber *m*
sulphoaluminate cement Quellzement *m*
sulphur Schwefel *m*
sulphur attack Schwefelangriff *m*
sulphur cement Schwefelzement *m*, Kittzement *m*, Schwefelvergussmasse *f*
sulphur-containing schwefelhaltig
sulphur dioxide Schwefeldioxid *n*
sulphuric schwefelhaltig, Schwefel...
sulphuric acid Schwefelsäure *f*
sulphuric acid pickle Schwefelsäurebeize *f*
sulphuric anhydride Schwefelsäurenanhydrid *n*
sulphurous schwefelhaltig, Schwefel...
sulphurous acid schweflige Säure *f*
sum of loads Lastensumme *f*
sum total insgesamt, alles zusammen
Sumerian archtitecture *(Arch)* sumerische Architektur *f*, sumerische Baukunst *f*
summation curve Summenganglinie *f*
summation of forces Kräfteaddition *f*
summer *s.* summer beam
summer adjustment Sommerbetrieb *m (Heizungsanlage)*
summer beam 1. Geschossquerbalken *m*; Balken *m*; 2. Holzfußbalken *m*; Unterzug *m*; 3. Rähmstück *n (bei Fachwerkwänden)*; Sturz *m (langer Sturz)*
summer (beam) header Sturzbalken *m*
summer heat gain Sommerwärmegewinn *m*
summer house Sommerhaus *n*
summer palace *(Arch)* Sommerpalast *m*
summer path Sommerweg *m*
summer residence Sommerresidenz *f*
summer service Sommerbetrieb *m (Heizungsanlage)*
summer stone Sturz *m*; schräger Kragstein *m*
summer tree Geschossquerbalken *m*, Balken *m*
summer working Sommerbetrieb *m (Heizungsanlage)*
summerhouse 1. Sommerhaus *n*, Gartenhaus *n*, Gartenlaube *f*, Gartenpavillon *m*, Laube *f*, Laubenhaus *n*; Datscha *f*, Datsche *f*; 2. Schattendach *n (z. B. im Garten)*
summerwood Spätholz *n*
summit 1. Kuppe *f*; 2. Spitze *f*, Scheitelwert *m (z. B. im Spannungs-Verformungs-Diagramm)*
summit altitude Gipfelhöhe *f (Gelände)*
summit curve Kuppenausrundung *f (Straßenbau)*
summit joint Schlussfuge *f*
summit line Scheitellinie *f*, Gewölbescheitel *m*
summit of curve *(Verk)* Scheitelpunkt *m (Trasse)*
sump 1. Sumpf *m*, Pumpensumpf *m*, Pumpensod *m*; 2. Regenwassersammelkasten *m (Dach)*; Regenwasserschacht *m (Sammelkasten)*; Sammelbehälter *m*; Sickerschacht *m*
sump hole Sickeranlage *f*
sump pan Sammelbehälter *m*, Wanne *f (für Sickerwasser)*
sump pump Schmutzwasserpumpe *f*
sump shaft Pumpenschacht *m*
sumppan Sammelbehälter *m*
sumptuous üppig
sun-baked luftgetrocknet *(Lehmziegel)*
sun-bathing patio Sonnenterrasse *f*
sun-bathing terrace Sonnenterrasse *f*
sun blind Markise *f*, Sonnenblende *f*, Sonnendach *n*
sun breaker Sonnenschutzwand *f*, Sonnenverblendwand *f (am Gebäude)*
sun control device Sonnenschutzvorrichtung *f*
sun deck Sonnenterrasse *f*, Sonnendach *n (zum Sonnen)*
sun-dried luftgetrocknet *(Lehmziegel)*
sun-dried brick Schlammziegel *m*, Lehmziegel *m*, Luftziegel *m*
sun-dried brick construction Schlammziegelbau *m*, Gebäude *n* aus ungebrannten Lehmziegeln
sun-exposed site Sonnenlage *f (Geländelage)*
sun parlor *(AE)* Glasveranda *f*, Sonnenterrasse *f*, Solarium *n*
sun patio Sonnenterrasse *f*
sun protection work Sonnenschutzarbeiten *fpl (Leistungsposition)*
sun-roof Sonnendach *n*
sun-room *(AE)* sonniger Wohnraum *m*, Sonnenzimmer *n*
sun screen Sonnenjalousie *f*, Jalousette *f*
sun visor Außensonnenblende *f*
sunblind Abschattungsvorrichtung *f*, Sonnenschutzanlage *f*
sunbreaker Abschattungsvorrichtung *f*, Sonnenschutzanlage *f*
sunburn Sonnenbrenner *m (Basaltzerfall)*
sunburn of basalt Basaltsonnenbrenner *m*
sunfast sonnenbeständig, sonnenlichtecht
sunk 1. versenkt; eingearbeitet; 2. eingefallen
sunk draft Vorsprungkante *f (eines eingelegten Steins)*
sunk face vertiefte Sichtfläche *f*, ausgearbeitete Ansichtsfläche *f (Stein)*
sunk fence versenkter Zaun *m*, Grenzgraben *m (Weidefläche)*
sunk foundation verfülltes Fundament *n*, eingelassene Gründung *f*
sunk freeway *(AE) s.* sungk motorway
sunk gutter eingebaute Dachrinne *f (in die Traufe)*
sunk hydrant Unterflurhydrant *m*
sunk motorway Tiefstraße *f*, Straße *f* in Tieflage
sunk moulding eingravierte Verzierung *f*
sunk panel 1. versenktes Paneel *n*; 2. *(Hb)* zurückgesetzte Füllung *f*
sunk relief eingearbeitetes Relief *n*
sunk shaft foundation Senkröhrengründung *f*
sunk shelf schmales Wandregal *n (eingebaut)*
sunk (wall) switch Unterputz(dosen)schalter *m*, versenkter Schalter *m*
sunk weathered surface zurückgesetzte Wetterseitenwandfläche *f*
sunk well Senkbrunnen *m*
sunk well foundation *(Erdb)* Brunnengründung *f*
sunken road *(Verk)* Tiefstraße *f*, Straße *f* in Tieflage *(im Einschnitt)*
sunlight glare Sonnenlichtblendung *f*
sunny side Sonnenseite *f*
sunny site Sonnenlage *f (Geländelage)*
sunproof sonnenfest, sonnenbeständig
sunshade Sonnenschutzschirm *m (konstruktiv)*
sunshading Sonnenschutz *m*, Abschattung *f*
sunstone Sonnenstein *m*
suntime Sonnenscheindauer *f*
superabacus *(Arch)* Pulvinus *m*, Kämpfersockelstein *m*
superadded augesetzt
superalkaline hochalkalisch
superalloy Superlegierung *f*
superblock Wohngroßblock *m*
supercapillary superkapillar
supercapital *(Arch)* Pulvinus *m*, Kämpfersockelstein *m*

supercilium oberste Zierleiste *f* des Karnieses *(im römischen Gesims)*
supercolumniation zweigeschossiges Säulengewölbe *n*
supercritical überkritisch
superdimensioned überdimensioniert, überbemessen
superelevate *v* überhöhen *(z. B. eine Kurve)*
superelevated überhöht
superelevation Überhöhung *f*
superelevation of rails Schienenüberhöhung *f*
superelevation rate *(Verk)* Querneigung *f*, Quergefälle *n*
superficial oberflächlich, Oberflächen...; äußerlich
superficial compaction Oberflächenverdichtung *f*
superficial configuration Oberflächengestalt *f*; Oberflächengestaltung *f*
superficial contents Flächeninhalt *m*
superficial covering Oberflächendecke *f*
superficial crack Oberflächenriss *m*
superficial deposit *(Bod)* Oberflächenablagerung *f*; oberflächennahe Lagerstätte *f (Sand, Kies, Gestein)*
superficial deterioration Oberflächenzerstörung *f*
superficial hardness Oberflächenhärte *f*
superficial layer Deckschicht *f*, Oberflächenschicht *f*
superficial measure *(AE)* Brett(ober)flächenmaß *n*, Abmessung *f* der Schnittfläche
superficial rust Oberflächenrost *m*
superficial water Oberflächenwasser *n*
superficies 1. Außenseite *f*, Stirnseite *f (Wand)*; 2. Oberfläche *f*, Fläche *f (Gelände)*
superfine aggregate Feinstzuschlagstoff *m*
superfinishing Feinstbearbeitung *f*
superglacial moraine Oberflächenmoräne *f*
supergloss Hochglanz *m*
superheat *v* überhitzen
superheated steam überhitzter Dampf *m*
superheated water-circulating head [pressure] Heißwasserleitungsdruck *m*
superheated water heating Heißwasserheizung *f*
superheated water-heating system Heißwasserheizungssystem *n*
superheated water supply circuit [system] geschlossenes Heißwasserversorgungssystem *n*
superheater Überhitzer *m*
superheavy concrete Schwerstbeton *m*
superhighway Autobahn *f*
superimpose *v* überlagern
superimposed übereinander liegend, geschichtet, übereinander gelagert
superimposed back pressure äußerer Gegendruck *m*, Fremdgegendruck *m*
superimposed bed *(Bod)* überlagernde Schicht *f*
superimposed dead load Nutzlast *f*
superimposed drainage Bodensicherungsdränung *f*
superimposed load Verkehrslast *f*, Auflast *f*, aufgebrachte Last *f*
superimposed stratum *(Bod)* überlagernde Schicht *f*
superimposition Überlagerung *f*
superincumbent *(Bod)* überlagernd, überliegend, darüber liegend *(geologisch)*
superintendent Oberbauleiter *m*, verantwortlicher Bauleiter *m (des Auftragnehmers)*
superjacent *(Bod)* daraufliegend, darüber liegend, aufliegend *(geologisch)*
superjacent stratum *(Bod)* überlagernde Schicht *f (geologisch)*
supermarket Supermarkt *m*, Einkaufsmarkt *m*
superplastisizer starker Weichmacher *m*
superpose *v* übereinander legen, übereinander anordnen, übereinander anbringen, übereinander lagern; legen, lagern, schichten
superposed übereinander liegend
superposed bed *(Bod)* aufliegende Schicht *f*
superposed layer aufliegende Schicht *f (Grundbau, Straßenbau, Konstruktionsschicht)*
superposition Superposition *f*, Überlagerung *f*, Übereinanderlagerung *f*, Schichtung *f*
superposition equation Superpositionsgesetz *n*, Superpositionsgleichung *f*
superposition law Superpositionsgesetz *n*, Überlagerungsgesetz *n*
superposition of moments Momentenüberlagerung *f*
superposition of stresses Spannungsüberlagerung *f*
superposition principle Superpositionsgesetz *n*, Überlagerungsgesetz *n*
superposition solution Überlagerungslösung *f*
superpressed plywood Presssperrholz *n*, verdichtetes Sperrholz *n*
superpressure Überdruck *m*
supersaturate *v* übersättigen
supersaturated übersättigt
supersatutation Übersättigung *f*
supersonic sounder Ultraschallot *m*
supersonics Ultraschall *m*
superstratum obere Schicht *f (geologisch, Bodenprofil)*
superstructure 1. aufgehender Bau *m*, Überbau *m*; Überbaukonstruktion *f*; 2. Oberbau *m (Hochbau, Bahn)*; 3. Penthaus *n*
supersulphated (slag) cement Sulfathüttenzement *m*
superterranean [superterrene] über der Erde befindlich, überirdisch
supervise *v* überwachen
supervised classification überwachte Klassifizierung *f (Baustoffaufbereitung)*
supervising authority Aufsichtsbehörde *f*
supervision Überwachung *f*, Kontrolle *f*, Baukontrolle *f*, Bauaufsicht *f*
supervisor Sicherheitsinspektor *m*; Aufseher *m*
supervisory authority [board] Aufsichtsbehörde *f*
superwhole Oberganze *n*
superwood harzgetränktes Holz *n*
supple biegsam; nachgiebig, elastisch *(z. B. Material)*
supplementary zusätzlich, ergänzend
supplementary agreement zusätzliche vertragliche Vereinbarung *f*
supplementary boiler Hilfskessel *m*
supplementary conditions Ergänzungsbedingungen *fpl*
supplementary conditions of contract zusätzliche Vertragsbedingungen *fpl*
supplementary drawing Ergänzungszeichnung *f*, Zusatzzeichnung *f*
supplementary force Zusatzkraft *f*
supplementary generator Zusatzgenerator *m*
supplementary invoice Ergänzungsrechnung *f*
supplementary lighting Zusatzbeleuchtung *f*, Ergänzungsbeleuchtung *f*; Sonderbeleuchtung *f*
supplementary regulations Ergänzungsbestimmungen *fpl*, Zusatzbestimmungen *fpl*
supplementary structures Ergänzungsbauten *mpl*
supplementary technical specifications zusätzliche technische Vertragsbedingungen *fpl*
supplementary work Nachtragsarbeit *f*, Zusatzarbeit *f*
supplied by the owner bauseits geliefert
supplied only nur (an)geliefert *(Baustofflieferververtragsbedingung)*
supplied power zugeführte Leistung *f*
supplier Lieferant *m*; Baustofflieferant *m*; Anbieter *m*
supplier's declaration Anbietererklärung *f*
supplies 1. Bestand *m*, Vorrat *m (Baustoffe)*; 2. Ausrüstung *f*, Zubehör *n (Ausbau)*

supply *v* liefern; zuleiten, zuführen *(versorgen mit)*; einspeisen; beistellen
supply *v* **with gas** mit Gas versorgen
supply Zufluss *m*, Zulauf *m*, Lieferung *f* • **in short supply** knapp *(Material)*
supply air Zuluft *f (Klimaanlage)*
supply air equipment Zuluftgerät *n*
supply area Versorgungsgebiet *n*
supply base Vorratslager *n*, Versorgungslager *n*
supply bin Vorratssilo *m*
supply cable *(El)* Zuführungskabel *n*
supply failure *(El)* Stromausfall *m*
supply fixture unit Wasserbedarfsmenge *f (infolge definierter Auslassventile in einem Gebäude)*
supply floor Lieferetage *f*, Lieferstockwerk *n*, Anlieferetage *f*, Anlieferungsstockwerk *n*
supply grid Versorgungsnetz *n*, Leitungsnetz *n*
supply grille *(HLK)* Lufteinspeisegitter *n (Klimaanlage)*
supply installation Versorgungsanlage *f*
supply level Versorgungsebene *f*
supply line Zu(führungs)leitung *f*, Speiseleitung *f*, Lichtnetz *n*
supply mains 1. Kühl- und Heizmittelhauptleitung *f*; 2. *(El)* Versorgungshauptleitung *f*
supply meter Energieverbrauchszähler *m*
supply network Stromversorgungsnetz *n*, Leitungsnetz *n*
supply pipe Versorgungsleitung *f*, Hauptrohrstrang *m (für Gas und Wasser)*
supply pressure Versorgungsdruck *m*
supply ramp Lieferrampe *f*
supply road Lieferstraße *f*, Versorgungsstraße *f*
supply system Versorgungsnetz *n*; Versorgungssystem *n*
supply tank Vorratsbehälter *m*
supply temperature Vorlauftemperatur *f*
supply terminal Leitungsanschluss *m*
supply undertaking Versorgungsbetrieb *m*
supply well Versorgungsbrunnen *m*
supply zone Versorgungsgebiet *n*
support *v* (ab)stützen, tragen, halten, unterstützen *(Lasten)*; (auf)lagern
support 1. Auflager *n*, Lager *n*, Lagerfläche *f*, Auflagepunkt *m*; Auflagerstelle *f*, Auflagestütze *f*, Kragstein *m*; 2. Säule *f*, Pfahl *m*, Stütze *f*, Stützung *f*, Träger *m*; Halterung *f*, Konsole *f*; 3. Ausbau *m*, Verbau *m (Graben, Stollen)*
support analogy Stützenanalogie *f*
support anchorage Stützenverankerung *f*
support angle Stützwinkel *m*
support base Stützenfuß *m*
support beam Lagerbalken *m*, Auflagerbalken *m*
support bearing Stützenauflagerung *f*
support bracket Stützwinkel *m*, Stützkonsole *f*
support cap Stützenkopfplatte *f*
support casing Stützenummantelung *f*
support conditions Auflagerbedingungen *fpl*
support design Stützenbemessung *f*
support end moment Stützenendmoment *n*
support film Trägerfolie *f*
support foot Stützenfuß *m*
support for pipes Rohrstütze *f*, Krücke *f*
support forms Stützenschalung *f*
support foundation Stützengründung *f*
support-free stützenfrei
support grid pattern Stützenraster *m*
support guard Stützenkantenschutz *m*
support head Stützenkopf *m*, Pilzkopf *m*
support height Stützenhöhe *f*
support hinge Stützengelenk *n*
support index Stützziffer *f*
support instability Stützenlabilität *f*
support layout Stützenanordnung *f*
support length Stützenlänge *f*
support-less stützenfrei, stützenlos
support load Stützenlast *f*
support member Stützglied *n*; Trägerelement *n*
support movement Stützenabsenkung *f*, Stützenbewegung *f*
support of ridge purlin Firstpfettenauflager *n*
support pair Stützenpaar *n*
support polygon Unterstützungspolygon *n*
support pressure Widerlagerdruck *m*, Stützdruck *m*
support rack Probengestell *n*, Versuchsgestell *n*
support reinforcement Stützenbewehrung *f*
support rigidity Stützensteifigkeit *f*
support roller Stützrolle *f*
support section Stützenprofil *n*, Stützenquerschnitt *m*
support shaft Stützenschaft *m*
support shuttering Stützenschalung *f*
support side vertikales Element *n* der Stützenschalung
support size Stützengröße *f*
support stiffness Stützensteifigkeit *f*
support stress Stützenspannung *f*
support structure tragende Konstruktion *f*
support-to-footing connection Stützen-Fundament-Verbindung *f*
support-to-support joint Stützen-Stützen-Verbindung *f*
support vector Stützenvektor *m*
support web Stützensteg *m*
support width Stützenbreite *f*
support work Verbauarbeiten *fpl*, Sicherungsarbeiten *fpl*
support zone Stützenbereich *m*
supported aufgelagert • **be supported** aufliegen • **be fully supported** voll aufliegen
supported beam Träger *m* auf zwei Stützen
supported diaphragm lastbringende Scheibe *f*
supported end unterstützte Seite *f (eines Balkens)*
supported joint ruhender Stoß *m*
supported pointwise punktweise gestützt
supported rail joint aufliegender Schienenstoß *m*
supported stairs unterstützte Treppe *f*
supporter Steife *f*, Stempel *m*
supporting tragend, lasttragend; Trag..., Stütz...
supporting Stützglied *n*
supporting arch Stützbogen *m*
supporting arm Tragarm *m*, Armstück *n*
supporting bar Tragstab *m*, Stützstab *m*; Stützbalken *m*
supporting base Träger(stoff) *m (z. B. bei Dachpappen, Kunststoff)*
supporting beam Stützbalken *m*, Tragbalken *m*, Träger *m*
supporting bed Tragschicht *f (Erdschicht)*
supporting bracket *(Hb)* Tragknagge *f*, Stützkonsole *f*
supporting cable Tragseil *n*
supporting column Stützpfeiler *m*, Stützsäule *f*
supporting component Trageelement *n*
supporting force Auflagerkraft *f*, Stützkraft *f*
supporting frame(work) Stützwerk *n*, Traggerüst *n*, Stützgerüst *n*
supporting in longitudinal direction längstragend
supporting in transverse direction quertragend
supporting joist Unterzugbalken *m*
supporting material Träger *m*
supporting mechanism Tragemechanismus *m*
supporting member Pfosten *m*, Stiel *m*, Stütze *f*, Rahmenstiel *m*, Rahmenpfosten *m*, Rahmenstütze *f*, Trageelement *n*
supporting pier Tragpfeiler *m*
supporting pile Tragpfahl *m*, Stützpfahl *m*
supporting pillar Stützpfeiler *m*, Strebpfeiler *m*

supporting plane Tragebene *f*
supporting point Auflagepunkt *m*
supporting pylon Tragmast *m*
supporting rack Traggestell *n*
supporting reaction *(Stat)* Auflagerreaktion *f*
supporting rib Konstruktionsrippe *f*, Tragrippe *f*
supporting roller Tragrolle *f (Seilbahn)*
supporting scaffold Traggerüst *n*
supporting section Stützquerschnitt *m*
supporting skeleton Stützgerüst *n*
supporting stratum Tragschicht *f (Erdschicht)*
supporting structure Tragwerk *n*, Tragkonstruktion *f*; Trageelement *n*
supporting surface Auflagefläche *f*, Lagerfläche *f*, tragende Fläche *f*
supporting timber Schalholz *n (für Beton)*
supporting tower Tragpfeiler *m*, Brückenturm *m*
supporting wall Widerlagermauer *f*
supporting wire for air cables Luftkabeltragseil *n*
suppress *v* unterdrücken
suppression Abschwächung *f*, Unterdrückung *f*
Suprematism *(Arch)* Suprematismus *m (absolut abstrakte Formanwendung)*
suprenatist architecture suprematistische Architektur *f*
surbase Obergesims *n*
surbased flachgewölbt, gedrückt
surbased arch gedrückter Bogen *m*, Flachbogen *m*
surbased Gothic vault gedrücktes Spitzbogengewölbe *n*
surbased vault Spiegelgewölbe *n*, abgeflachtes [gedrücktes] Gewölbe *n*
surcharge *v* 1. über(be)lasten; 2. belasten; aufschlagen
surcharge 1. Überbeanspruchung *f*; Auflast *f*; 2. Zuschlag *m*; Nachgebühr *f*; Aufgeld *n*
surcharged drain überlasteter Kanal *m*
surcharged earth Überkopfmassen *fpl (Stützmauer)*
surcharged wall Überkopfstützmauer *f*
sure-footed safety Gehsicherheit *f*, Laufsicherheit *f*
surety Bürgschaft(sleistung) *f*, Sicherheitsleistung *f (Vertragserfüllung)*
surety bond Bürgschaftsvereinbarung *f*, Bürgschaftserklärung *f*
surf bar Brandungsgürtel *m*
surface *v* 1. die Oberfläche bearbeiten; die Oberfläche behandeln; abrichten; glatt hobeln; 2. auskleiden, verkleiden; 3. beschichten, überziehen; belegen
surface-harden *v* oberflächenhärten, oberflächlich härten
surface *v* **with gravel** bekiesen
surface 1. Außenfläche *f*, Außenseite *f*; Oberfläche *f*, Fläche *f*; 2. Spiegel *m (Niveau)*
surface abrasion resistance Abriebfestigkeit *f*
surface acting agent oberflächenaktiver Stoff *m*
surface-active agent oberflächenaktiver Zusatzstoff *m*, Entspannungsadditiv *n (Beton)*
surface activity Oberflächenaktivität *f*, Grenzflächenaktivität *f*
surface analysis Oberflächenuntersuchung *f*, Oberflächenprüfung *f*
surface anchor Rautiefe *f*
surface appearance Oberflächenaussehen *n*
surface arcade Blendarkade *f*
surface area Oberfläche *f*
surface astragal aufgesetzter Viertelstab *m*
surface attack Oberflächenangriff *m*
surface bearing ebenes Lager *n*
surface blasting Flächenstrahlen *n*
surface bolt Schubriegel *m*, Schubriegelstange *f*
surface bond Oberflächenhaftung *f*
surface boundary layer Oberflächengrenzschicht *f (geologisch)*
surface building oberirdisches Gebäude *n*
surface cable Überputzkabel *n*
surface chracteristics Oberflächeneigenschaften *fpl*
surface cleaning Oberflächenreinigung *f*
surface cleanliness Oberflächenreinheit *f*
surface coarseness Oberflächenrauigkeit *f*
surface coating 1. Oberflächenbeschichtung *f*, Anstrich *m*; Überzug *m*; 2. Oberflächenbehandlung *f (Straße)*
surface compactor Oberflächenverdichter *m*
surface condensation Schwitzwasserbildung *f*, trockene Kondensation *f*
surface condition Oberflächenbeschaffenheit *f*, Oberflächenzustand *m*, Oberflächengüte *f*
surface configuration Oberflächengestaltung *f*
surface conservation Oberflächenkonservierung *f*
surface contamination Oberflächenverunreinigung *f*
surface content Flächeninhalt *m*, Flächenraum *m*
surface continuity flächenmäßiger Zusammenhang *m*
surface contour Oberflächenrelief *n*
surface contourline Höhenlinie *f*, Höhenschichtlinie *f*, Isophyse *f*
surface-conversion coating Umwandlungsschicht *f*, Konversionsschicht *f*
surface corrosion Oberflächenkorrosion *f*
surface course Deckschicht *f*
surface crack Oberflächenriss *m*
surface crusting Bodenverkrustung *f*
surface curvature Flächenkrümmung *f*
surface damage 1. Oberflächenschaden *m*; 2. Oberflächensenkung *f (geologisch)*; Bergschaden *m (Bergsenkungsgebiet)*
surface debris Oberflächenschutt *m (Gestein)*
surface decoration *(Arch)* Flächendekoration *f*, Flächenornamentierung *f*, Flächenverzierung *f*, Oberflächenschmuck *m*, Oberflächenmusterung *f*
surface defect Oberflächenfehler *m*, Oberflächenmangel *m*; Oberflächenschaden *m*
surface demarcation Oberflächenvermarkung *f (Vermessung)*
surface deposit Oberflächenablagerung *f (Umwelt; Sand; Erdstoff)*
surface depression Oberflächensenkung *f (durch geologische Hohlräume)*; Bergschaden *m (Bergsenkungsgebiet)*
surface detrioration Oberflächenschaden *m*
surface diffusion Oberflächendiffusion *f*
surface digging Flachbaggerung *f*
surface dirt Oberflächenschmutz *m*
surface disintegration Verwitterung *f*
surface drainage Oberflächenentwässerung *f (Melioration)*
surface dressing 1. Oberflächenbehandlung *f (Straßenbau)*; 2. Verschleißschicht *f (Straße)*
surface drier Oberflächentrockner *m*
surface dry oberfächentrocken
surface drying schnelle Oberflächentrocknung *f (Farbe)*
surface earthing Oberflächenerdung *f*
surface effect Oberflächenwirkung *f*, Oberflächeneffekt *m*
surface erosion Oberflächenerosion *f*
surface exposed to the wind Windangriffsfläche *f*
surface film Oberflächenfilm *m*, Oberflächendünnschicht *f*
surface finish Oberflächengüte *f*, Oberflächenbeschaffenheit *f*, Oberflächenzustand *m*
surface finishing Oberflächenbearbeitung *f*, Oberflächenbehandlung *f*
surface-fixed hinge Aufsatzband *n*, Fitschenband *n*, Fitsche *f*
surface fixing Aufsetzen *n (Baubeschläge)*
surface flatness Geradheit *f* der Oberfläche
surface flaw Oberflächenriss *m*
surface form Geländeform *f*, Oberflächenform *f*

surface formation Deckschicht *f (geologisch, Erdstoff)*
surface friction Oberflächenreibung *f*
surface hardener Oberflächenhärtungsmittel *n*; Betonhärtemittel *n*; Steinhärtemittel *n*
surface hardening Oberflächenhärten *n*, Oberflächenhärtung *f*
surface hardness Oberflächenhärte *f*
surface hinge Aufschraubtürband *n*
surface humidity Bodenfeuchte *f*
surface hydrant Überflurhydrant *m*, Oberflächenhydrant *m*
surface-improved oberflächenvergütet
surface improvement Oberflächenverbesserung *f*, Oberflächenvergüten *n*
surface impurity Oberflächenverunreinigung *f*
surface inlet Oberflächeneinlauf *m*, Oberflächenableitung *f (Wasser)*
surface irrigation Oberflächenbewässerung *f*
surface laitance Zementschleier *m*
surface latch Aufschraub(tür)schloss *n*
surface layer Oberflächenschicht *f*, Deckschicht *f*
surface level Rasensohle *f*
surface load *(Bod)* Flächen(auf)last *f*
surface luminaire *(AE)* Flächenleuchte *f*
surface lustre Oberflächenglanz *m*
surface machine Hobelmaschine *f*
surface mapping Oberflächenkartierung *f*
surface masonry wall aufgehende Mauer *f*
surface measure Brett(ober)fläche *f (Maß)*
surface metal raceway auf Putz montierter Kabelführungskanal *m*
surface method Oberflächenmethode *f (Ablagerungstechnik)*
surface modification Oberflächenverbesserung *f*
surface modulation Oberflächengestaltung *f*
surface moisture Oberflächenfeuchtigkeit *f*, Oberflächennässe *f*; Oberflächenwasser *n*
surface moraine Oberflächenmoräne *f*
surface-mounted auf Putz montiert, Aufputz...
surface-mounted astragal aufgesetzter Viertelstab *m*
surface-mounted installation *(El)* Aufputzinstallation *f*
surface-mounted luminaire *(AE)* Deckenleuchte *f*, Flächenleuchte *f*
surface mounting *(El)* Aufputzverlegung *f*
surface normal Flächensenkrechte *f*
surface of bedding Schichtebene *f*, Unterbettungsschichtebene *f*
surface of conformity Kontinuitätsfläche *f*
surface of constant slope Böschungsfläche *f*
surface of depression Depressionsfläche *f (Grundwasserabsenkung)*
surface of filling (konstruktive) Erdkörper(ober)fläche *f*, geschüttete Fläche *f*
surface of flow Durchflussquerschnitt *m*
surface of formation *(Verk)* Oberbauplanum *n (Eisenbahn)*
surface of fracture Bruchfläche *f*
surface of instability Unstetigkeitsfläche *f*
surface of junction Berührungsfläche *f*
surface of lamination Schichtebene *f*
surface of rupture Bruchfläche *f*
surface of section Schnittfläche *f*
surface of sliding Gleitfläche *f (Böschung, Damm)*
surface of stratification Schichtebene *f (Bodenprofil)*
surface of subsoil water Grundwasserspiegel *m*
surface of water Wasserspiegel *m*
surface ornamental finish Oberflächenmusterung *f*
surface oxidation Oberflächenoxidation *f*
surface oxide film Oxidbelag *m*, Oxidfilm *m*, Oxidhaut *f*
surface passivation Oberflächenpassivierung *f (Korrosionsschutz)*
surface peening Oberflächenhämmerung *f*
surface planer [planing machine] Planhobelmaschine *f*
surface plate Abrichtplatte *f*
surface polishing Oberflächenpolieren *n*, Polieren *n*
surface preparation Oberflächenvorbehandlung *f*
surface pressure Flächendruck *m*, Flächenpressung *f*
surface pretreatment Oberflächenvorbehandlung *f*
surface profile Oberflächenprofil *n*
surface property Oberflächeneigenschaft *f*
surface protection Oberflächenschutz *m*
surface quality Oberflächenqualität *f*, Oberflächeneigenschaft *f*
surface reaction Oberflächenreaktion *f*
surface region Oberflächenbereich *m*, Oberflächenbezirk *m*
surface removal Oberflächenabtrag *m*, Oberflächenabtragung *f*, Flächenabtrag *m*
surface removing Oberflächenabtragung *f (Boden, Erdstoff)*
surface repelling admixture Oberflächenschutzstoff *m*, Oberflächensperrzusatzstoff *m*
surface resistance Oberflächenwiderstand *m*
surface retread Oberflächenerneuerung *f*
surface retardant Oberflächenabbindeverzögerer *m*, Waschbetonverzögerer *m*
surface retention Oberflächenwasserbindung *f (Boden)*
surface rib Gewölbewulstrippe *f*
surface riser Aufputzsteigleitung *f*
surface rock Oberflächengestein *n*
surface roughness Oberflächenrauheit *f*, Oberflächenrauigkeit *f*
surface runoff Oberflächenabfluss *m*
surface rust Oberflächenrost *m*
surface scale Zunderschicht *f*
surface sealer 1. Absiegelungsmasse *f*, Beschichtungsmasse *f*; 2. Absiegelungsschicht *f (Straße)*
surface sealing compound Oberflächenverschlussmasse *f (Beton)*
surface shell Mantelfläche *f*
surface skin Oberflächenhaut *f*, Oberflächendünnschicht *f*
surface slope Oberflächengefälle *n*
surface smoothing Abglätten *n*
surface smoothness Ebenflächigkeit *f*, Oberflächenebenheit *f*, Planebenheit *f*
surface socket *(El)* Aufputzsteckdose *f*
surface soil 1. obere Bodenschicht *f*; 2. Oberflächenschmutz *m*
surface stability Oberflächenfestigkeit *f*
surface state Oberflächenzustand *m*, Oberflächenbeschaffenheit *f*
surface stratum Deckschicht *f (Boden, geologisches Profil)*
surface stress Oberflächenspannung *f*
surface structure Oberflächenstruktur *f (Geländeoberfläche)*
surface structure map Oberflächenstrukturkarte *f (Gelände)*
surface subsidence Bergschaden *m*
surface switch *(El)* Aufputzschalter *m*, Schalter *m* für Aufputzverlegung
surface tarnish Anlauffilm *m*, Anlaufschicht *f (Anstrich)*
surface temperature Oberflächentemperatur *f*
surface tension Oberflächenspannung *f*
surface texture Oberflächenrauheit *f*, Oberflächentextur *f*
surface treatment 1. Oberflächenbehandlung *f*, Oberflächenbearbeitung *f*; 2. *(Verk)* Oberflächenschutzschicht *f*
surface type Aufputzausführung *f*

surface type switch *(El)* Aufputzschalter *m*
surface-vibrating machine Flächenrüttler *m*
surface vibration Oberflächenrüttlung *f*, Flächenrüttelung *f*
surface vibrator Oberflächenrüttler *m (für Betonverdichtung)*
surface void Oberflächenpore *f*
surface wall aufgehende Wand *f*
surface wash of rain Oberflächenabspülung *f (Böschungen)*
surface water 1. Oberflächen(abfluss)wasser *n*; 2. Oberflächenhaftwasser *n (Zuschlagstoff)*
surface water drain Regenwasserdrän *m*, Regenwasserleitung *f*
surface water gully Doleneinlauf *m*
surface water proofer *s.* waterproofing
surface waterproofing agent Sperranstrich *m*, Oberflächendichtmittel *n*, Oberflächendichtungsstoff *m*
surface waterrepeller Sperranstrich *m*, Sperranstrichmittel *n*, Oberflächenanstrichstoff *m*
surface weathering Oberflächenverwitterung *f*
surface welding Auftragschweißen *n*
surface well Oberflächenbrunnen *m*
surface wiring *(El)* Aufputzinstallation *f*
surface wiring switch *s.* surface switch
surface working Oberflächenbearbeitung *f*
surfacer 1. stark pigmentierter Grundanstrich *m*; 2. Planhobelmaschine *f (für Holz)*; 3. Steinschleifmaschine *f*; 4. Oberflächenmittel *n*; 5. Füllstoff *m (für Poren, Risse)*
surfacing deckschichtbildend; oberflächenbildend
surfacing 1. Oberflächenbehandlung *f*; Flächenbearbeiten *n (z. B. von Gebäudeaußenflächen, Dächern, Fußböden)*; Beschichtung *f*; 2. *(Verk)* Straßendeckenfertigung *f*, Deckenbau *m*; 3. Belag *m*, Oberflächenbelag *m*; Deckschicht *f*; 4. *(Verk)* Straßendecke *f*, Decke *f*; Deck- und Binderschicht *f*
surfacing by welding Auftragschweißen *n*
surfacing finish Innenverkleidung *f (Wandputz)*
surfacing foil Verkleidungsfolie *f*, Auskleidungsfolie *f*
surfacing material Beschichtungsmasse *f*, Beschichtungs(werk)stoff *m*
surfacing panel Verkleidungstafel *f*, Auskleidungstafel *f*
surfacing sheet Verkleidungsplatte *f*, Auskleidungsplatte *f*
surfacing unit Verkleidungselement *n*, Auskleidungselement *n*
surfactant oberflächenaktiver Stoff *m*, Tensid *n*
surform tool Raspel(säge) *f*
surge *v* pulsierend fließen
surge Stoßwelle *f*, Schwall *m*
surge arrester *(El)* Überspannungsableiter *m*
surge bin Zwischensilo *n*, Ausgleichsilo *n (Mischwerk)*
surge column Druckausgleichsrohr *n*
surge hopper Ausgleichstrichter *m*, Zwischentrichter *m (Mischwerk)*
surge pressure Druckstoß *m*, Schwallstoß *m*
surge tank 1. Beruhigungsbehälter *m*; 2. *(Wsb)* Zwischenbehälter *m*; Ausgleichbecken *n*
surgery 1. Operationssaal *m (Behandlungsraum)*; 2. Sprechzimmer *n (des Arztes)*
surging Pumpen *n (Verdichter)*
surmount *v* bedecken, überheben *(krönen)*; überhöhen, überragen *(gestelztes Gewölbe)*
surmounted gestelzt, überhoben, gefußt
surmounted arch gestelzter [überhöhter] Bogen *m*
surmounted vault überhobenes [überhöhtes] Gewölbe *n*
surplus Überschuss *m*
surrogate Ersatz *m*
surround *v* umgeben, umschließen, einfassen; ummanteln
surround 1. Dekorationsrahmen *m*; 2. Einfassung *f (Ecke)*; Abschluss *m*, Rand *m*; 3. Ummantelung *f*, Betonummantelung *f*
surround profile Randabschlussprofil *n*
surround section Randabschlussprofil *n*
surround shape Randabschlussprofil *n*
surround sound Raumschall *m*
surrounding umgebend
surrounding area Umgebung *f*
surrounding chapels *(Arch)* Kapellenkranz *m*, Kapellenreigen *m*
surrounding embankment *(Wsb)* geschlossener Rückhaltedamm *m*
surrounding masonry wall Umfassungsmauer *f*, Einfassungsmauer *f*, Einfriedungsmauer *f*
surrounding rock Nebengestein *n*
surroundings Umgebung *f*, Umgegend *f*, Umwelt *f*
surveillance Überwachung *f*
surveillance by an approved body unabhängige Fremdüberwachung *f*, Überwachung *f* durch eine autorisierte Prüfstelle
surveillance test Überwachungsprüfung *f*
survey *v* vermessen *(geographisch)*; aufnehmen; einmessen
survey 1. Vermessung *f*, Aufnahme *f*; 2. Projektdatenerfassung *f*; 3. Gebäudeaufnahme *f*; 4. Bausubstanzbeurteilung *f*; 5. Überblick *m*, Übersicht *f*
survey by aerial photographs Luftbildvermessung *f*
survey map Katasterblatt *n*
survey of a building [structure] Bauaufnahme *f*
survey of area Flächenaufnahme *f*
survey of buildings and site bauliche Aufnahme *f*
survey of (a) country Geländeaufnahme *f*, Landesaufnahme *f*
survey of heights Höhenaufnahme *f*
survey of land Geländeaufnahme *f*
survey of site Baustellenaufnahme *f*
survey party Vermessungstrupp *m*, Vermessertrupp *m*
survey plan Vermessungsplan *m*
survey plane Vermessungsflugzeug *n*
survey traverse Vermessungslinie *f*, Achse *f*
survey with plane-table Messtischaufnahme *f*
surveying 1. Vermessung *f*, Aufnahme *f*, Feldvermessung *f*; 2. Vermessungskunde *f*
surveying apparatus Aufnahmegerät *n*
surveying equipment Vermessungsgeräte *npl*
surveying gang Vermessungstrupp *m*
surveying instrument Vermessungsinstrument *n*
surveying of details Detailaufnahme *f*
surveying party Vermessungstrupp *m*, Messtrupp *m*
surveying polygon Vermessungspolygon *n*
surveying rod Absteckpfahl *m*
surveying wheel Messrad *n*
surveyor 1. Vermesser *m*, Vermessungsingenieur *m*; 2. (amtlicher) Inspektor *m*; Baugutachter *m*
surveyor of highways Straßenmeister *m*; Straßenwärter *m*
surveyor's arrow Abstecknadel *f*, Mess(nadel)stift *m*
surveyor's board Messtisch *m*
surveyor's chain Absteckkette *f*, Messkette *f*
surveyor's field frame Feldbuchrahmen *m*
surveyor's level Nivellierinstrument *n*
surveyor's rod Messlatte *f*
surveyor's staff Absteckpfahl *m*; Fluchtstab *m*
surveyor's table Messtisch *m*
surveyor's transit Theodolit *m*
susceptibility Anfälligkeit *f*, Empfindlichkeit *f*
susceptibility to corrosion Korrosionsanfälligkeit *f*, Korrosionsgefährdung *f*

susceptibility to cracking Rissanfälligkeit *f*, Rissempfindlichkeit *f*
susceptibility to frost Frostempfindlichkeit *f*
susceptibility to fungal degradation Pilzanfälligkeit *f*
susceptibility to icing Vereisungsgefahr *f*, Vereisungsanfälligkeit *f*
susceptibility to moisture Feuchtigkeitsempfindlichkeit *f*
susceptibility to oxydation Oxidationsanfälligkeit *f*
susceptibility to pitting Lochfraßanfälligkeit *f (Korrosion)*
susceptibility to stress-corrosion cracking Spannungsrisskorrosionsanfälligkeit *f*
susceptible anfällig *(für)*; empfindlich *(gegenüber)*
susceptible to ageing alterungsanfällig
susceptible to corrosion korrosionsanfällig, korrosionsempfindlich
susceptible to cracking rissanfällig, rissempfindlich
susceptible to failure störanfällig
susceptible to moisture feuchtigkeitsempfindlich
susceptible to oxydation oxidationsanfällig
susceptiple to sensitization kornzerfallsanfällig, stark kornzerfallsempfindlich
suspend *v* 1. aufhängen; frei tragen; einseitig unterstützen; abhängen *(eine Decke)*; 2. suspendieren, aufschlämmen
suspend *v* **the roadway** die Fahrbahn aufhängen
suspended hängend, aufgehängt; untergehängt; Hänge...; Schwebe...
suspended absorber aufgehängtes Schallschluckmaterial *n*
suspended acoustical ceiling abgehängte [aufgehängte] Schalldecke *f*
suspended beam Einhängeträger *m (Brücke)*; Hängebalkenträger *m*
suspended bridge deck Hängebrückenkörper *m*, gehängte Brückenplatte *f*
suspended-cantilever hangar Kraghängedachhalle *f*, Halle *f* mit Hängekragdach
suspended ceiling abgehängte [eingehängte] Decke *f*, Hängedecke *f*, Zwischendecke *f*
suspended ceiling for services eingehängte Decke *f* mit voller Installierung
suspended centre bay eingehängtes Mittelfeld *n (Tragwerk, Brücke)*
suspended construction (system) Hängekonstruktion *f*
suspended deck aufgehängte Fahrbahn *f (Brücke)*
suspended drop-in *s.* suspended beam
suspended floor 1. eingehängte Geschossplatte *f*; 2. freitragende Decke *f*
suspended formwork Hängeschalung *f*
suspended ground floor freitragendes Erdgeschoss *n*
suspended guide Hängeführung *f*
suspended gutter Hängerinne *f*
suspended joint *(Verk)* schwebender Schienenstoß *m*
suspended lamp Hängeleuchte *f*, Hängelampe *f*
suspended load sampler Schwebstoffschöpfer *m*
suspended matter Schweb(e)stoff *m*, Trübe *f*
suspended metal lath Hängerabitz *m*
suspended particle Schwebteilchen *n*
suspended partition Hängewand *f*
suspended pile *(Bod)* Mantelreibungspfahl *m*, Pfahl *m* auf Reibung
suspended plate Hängeplatte *f*
suspended platform Schwebebühne *f*, Hängebühne *f (bewegliche Arbeitsbühne)*
suspended rail Hängeschiene *f*
suspended rail joint schwebender Schienenstoß *m*
suspended railway Schwebebahn *f*, Seilschwebebahn *f*
suspended roof Hängedach *n*, gehängtes Dach *n*, Seil(ausleger)dach *n*
suspended scaffold(ing) Hängegerüst *n*, Hängerüstung *f*
suspended sheet Hängeplatte *f*
suspended shell Hängeschale *f*
suspended shuttering Hängeschalung *f*
suspended solids schwebende Teilchen *npl*, Schwebstoffe *mpl*
suspended sound absorber aufgehängtes Schallschluckmaterial *n*
suspended span 1. Einhäng(e)träger *m*, Einhängefeld *n (Brücke)*; 2. eingehängtes Feld *n*, Gerberträger *m (Stahlbau)*
suspended stair Hängetreppe *f*
suspended structure Hängekonstruktion *f*
suspended trolley Hängelaufkatze *f (Kran, Kabelkran)*
suspended truss Hängewerk *n*
suspended-type furnace Hängewarmluftheizer *m*
suspended wall Hängewand *f*
suspended water ruhendes Porensaugwasser *n*
suspended well eingestellte Bohrung *f (Bodenerkundung)*
suspender *(Hb)* Hängepfosten *m*, Hängestange *f*, Hängesäule *f*, Hängeglied *n*
suspender beam Oberzug *m*, Überzug *m (Oberbalken)*
suspending agent Schwebzusatz *m*, Absetzverhinderungsmittel *n*, Stabilisator *m (für Anstriche)*
suspensate suspendiertes Sediment *n*
suspension 1. Aufhängung *f*; 2. Suspension *f*, Aufschlämmung *f*
suspension arm Tragarm *m*
suspension boom Hängegurtung *f*
suspension bracket Traverse *f (Gehänge für Kranlasten)*
suspension bridge Hängebrücke *f*
suspension building Hängegebäude *n*
suspension cable Tragseil *n*
suspension centring Hängelehrgerüst *n*
suspension chain *(El)* Hängekette *f*, Tragekette *f*
suspension construction Hängekonstruktionssystem *n*, Hängekonstruktion *f*
suspension crane Hängekran *m*
suspension girder Hänge(werk)träger *m*
suspension grid system Tragrost *m*
suspension hook Aufhängehaken *m*
suspension light fitting Hängeleuchte *f*
suspension luminaire fixture *(AE)* Hängeleuchte *f*
suspension of lime Kalksuspension *f*
suspension point Aufhängepunkt *m*
suspension post Hängepfosten *m*, Hängesäule *f (Stahlbau)*
suspension rail Hängeschiene *f*
suspension railway Schwebebahn *f*, Seilschwebebahn *f*
suspension rod Hängestange *f (Dachstuhl)*; senkrechte Zugstange *f*, Hängeeisen *n*
suspension roof *s.* suspended roof
suspension rope Aufhängeseil *n*
suspension stage Hängebühne *f (im Theater)*
suspension stay Hängestrebe *f*
suspension structure Hänge(bau)werk *n*
suspension strut Hängestrebe *f*
suspension switch *(El)* Schnurschalter *m*, Ziehschalter *m*
suspension system Hängekonstruktion *f*, Hängesystem *n*
suspension tower *(El)* Tragmast *m*
suspension truss Hängewerk *n*
suspension wire Tragdraht *m*, Spanndraht *m*
suspensoids Schwebestoffe *mpl*, suspensierte Stoffe *mpl (Suspensionen, Anstriche, Bindemittel, Schlämmen)*
Sussex bond flämischer Verband *m (ein Strecker, ein Binder)*
sustain *v* 1. tragen, stützen, unterstützen; halten; 2. erhalten, unterhalten *(Landschaft, Umwelt)*; 3. aushalten, durchhalten

sustainable ertragbar, erträglich
sustainable development ertragbare Entwicklung *f*
sustainable mobility *(Verk)* ertragbare Mobilität *f*
sustained anhaltend, andauernd, Dauer...
sustained deformation konstante Gesamtdehnung *f*, konstante Gesamtverformung *f*
sustained deformation test Dauergesamtdehnungsprüfung *f*, Prüfung *f* mit konstanter Gesamtverformung
sustained load konstante Belastung *f*, Dauerlast *m*
sustained-load tension test Dauerschwingzugprüfung *f*, Dauerschwingzugversuch *m*
sustained load test Dauerbelastungsprüfung *f*
sustained loading Dauerbelastung *f*, Langzeitbelastung *f*
sustained run-off regulierter Abfluss *m*
sustained wall Stützmauer *f*
sustaining fluid Stützflüssigkeit *f*
sustaining wall Stützmauer *f*
sutural texture verzahnte Struktur *f (Gestein)*
swabbing Wischen *n*, Schwabbern *n (Oberflächenauftragung)*
swag *(Arch)* Gehänge *n*, Gewinde *n*, Girlande *f*, Feston *n (Schmuckelement der Renaissance)*
swag leaf *(Arch)* Gehängeblatt *n*, Gewindeblatt *n*, Girlandenblatt *n*, Festonblatt *n*
swage 1. Gesenk *n*; 2. *(AE)* Matrize *f (für Metallarbeiten)*; 3. Absenkung *f (geologisch)*
swage block Lochplatte *f*, Gesenkplatte *f*, Gesenkblock *m*
swage bolt gesenkgeformter Ankerbolzen *m*
swale niederes feuchtes Landstück *n*, nasse Senke *f*; sumpfige Senke *f*; niedrigliegendes Grundstück *n*
swallet Grubenwasser *n*
swallow Schluckloch *n*
swallowtail *(Hb)* Schwalbenschwanzzinkung *f*, Zinkung *f*
swallowtailed *(Arch)* schwalbenschwanzartig, Schwalbenschwanz...
swamp Morast *m*, Sumpf *m*, Moor *n*; Sumpfgelände *n*
swamp ditch Sickergraben *m*
swamp forest soil Sumpfwaldboden *m*
swamp meadow Sumpfwiese *f*
swamped morastig, sumpfig
swampiness sumpfige Beschaffenheit *f*
swamping Versumpfung *f*
swampland Moorland *n*
swampy sumpfig, morastig; Sumpf...
swampy area Sumpfgebiet *n*
swampy district Sumpfgebiet *n*
swampy flat Sumpfniederung *f*
swampy ground sumpfiger Boden *m*, versumpfter Baugrund *m*
swampy land Moorboden *m*
swampy soil Sumpfboden *m*, Moorboden *m*
swan-neck 1. Schwanenhals *m*, Schwanenhalsrohrstück *n*; gekröpftes Dachrinnenstück *n*; 2. Schwanenhalshandlauf *m (Treppe)*
swan-neck pipe Schwanenhalsrohr *n*
swan-necked gekröpft *(Rohr)*
sward Rasen *m*, Rasenfläche *f*, Grasnarbe *f*
swatch Belagprobestück *n*, Belagmuster *n*; Furnierschaustück *n*
sway *v* (pendelartig) schwingen; schwanken
sway 1. (seitliche) Schwingung *f*, Schwanken *n*; 2. Strohdachdecklatte *f*, Strohdachbinderute *f*, Haselnussbinderute *f*
sway brace 1. Pendelstütze *f*; 2. *s.* sway rod; 3. *s.* sway bracing
sway bracing 1. Schlingerverband *m*, Eckversteifung *f*, Ecksteife *f (Brückenbau)*; 2. Querverband *m*, Windverband *m*
sway resistance Seitensteifigkeit *f*
sway rod Sturmlatte *f*, Windstrebe *f (Dach)*
sway stiffeness Schwingungssteifigkeit *f*
sweat *v* schwitzen
sweat *v* **out** ausschwitzen
sweat Schwitzwasser *n*
sweat joint gasdichte Lötverbindung *f (Rohr)*
sweat-out Ausdunstfeuchtigkeit *f (z. B. von frischem Putz)*
sweat room Schwitzraum *m*
sweathouse Schwitzraum *m (der amerikanischen Indianer, ähnlich einer Sauna)*
sweating 1. Schwitzen *n*, Ausschwitzen *n*, Bluten *n (von Anstrichen)*; 2. Schwitzwasserbildung *f*, Kondenswasserbildung *f*; 3. Durchsickerung *f*
sweating rate Wasserabstoßgeschwindigkeit *f*, Wasserabsonderungsgeschwindigkeit *f*
sweating room 1. Schwitzraum *m*; 2. *(Arch)* Sudatorium *n*, Caldarium *n*, Sudatio *n*, Assun *n*, römischer Schwitzraum *m*
sweating tendency Schwitzneigung *f*, Blutneigung *f*
swedge *s.* swage
Swedish sand putty Dünnputz *m*
sweep *v* 1. kehren; fegen; wegfegen; 2. sich krümmen; 3. schwemmen
sweep *v* **away** fortschwemmen
sweep *v* **off** abkehren, abfegen
sweep 1. Krümmung *f* einer Mauer, Mauerschwungbogen *m*; 2. Auffahrt *f*, geschwungener Auffahrtsweg *m*; 3. Krümmung *f*, Bogen *m (z. B. einer Straße)*; Bereich *m*, Ausdehnung *f*
sweep fitting geschwungene Lampenaufhängung *f*
sweep strip Bürstendrehstreifen *m (Drehtür)*
sweep test Prüfung *f* in einem weiten Bereich
sweeper Straßenkehrer *m*; Kehrmaschine *m*
sweeping rib *(Arch)* geschwungene Rippe *f*
sweepings Kehricht *m*
sweetie barrel Pilzmischer *m*, schräg stehender Trommelmischer *m*
swell *v* 1. anschwellen; quellen, schwellen *(Boden)*; aufquellen *(z. B. Baustoffe)*; sich verdicken *(Farbe)*; aufgehen *(Kalk)*; 2. sich (auf)wölben; sich ausbauchen; sich heben *(Straßenbelag durch Frost)*
swell *v* **out** ausbauchen
swell 1. Ausbauchung *f*, Ausbuchtung *f*, Wölbung *f*, 2. Wulst *m(f)*, Verdickung *f*
swell factor *(Bod)* Auflockerungsfaktor *m*
swell test Quellprüfung *f*, Quellversuch *m*
swellable quellbar
swelled frieze *(Arch)* konvexer Fries *m*, Pulvinusfries *m*
swelling 1. Quellen *n*, Aufquellen *n*; Schwellen *n*; 2. *s.* swell 1.
swelling agent Quellmittel *n*
swelling behaviour Quellverhalten *n (z. B. von Baustoffen)*
swelling capacity Quellfähigkeit *f*, Quellvermögen *n (z. B. von Baustoffen)*
swelling clay aufquellender Ton *m*
swelling effect Quellwirkung *f*
swelling fastness Quellbeständigkeit *f*, Quellfestigkeit *f*
swelling ground Schwellboden *m*
swelling index *(Bod)* Schwellbeiwert *m*
swelling load Schwelllast *f*, Resonanzlast *f (durch Aufschaukeln)*
swelling power Quellfähigkeit *f*, Quellvermögen *n*
swelling pressure *(Bod)* Quell(ungs)druck *m*
swelling proberties Quellverhalten *n*
swelling resistance Quellbeständigkeit *f*, Quellfestigkeit *f*
swelling-resistant quellbestädig, quellfest
swelling rubber Quellgummi *m*
swelling test Quell(ungs)prüfung *f*
swelling-up Aufquellen *n*, Quellen *n*

swelling value Quellmaß *n*
swelling zone Schwellzone *f*
swept valley Schwenksteinkehle *f*, durchgedeckte Dachkehle *f (Dachdeckung)*
swill *v* spülen, abspülen
swimming bath Schwimmbad *n*
swimming pool 1. Schwimmbecken *n*, Badebassin *n*; 2. Freibad *n*, Schwimmbad *n*
swimming pool hall Schwimmhalle *f*
swimming pool heating system Schwimmbadheizungsanlage *f*
swimming pool paint Schwimmbeckenanstrich *m*
swinestone Stinkkalk *m*
swing *v* schwingen, sich hin- und herbewegen, pendeln; schaukeln; sich drehen *(Tür in den Angeln)*; schwenken; hin- und herbewegen
swing Schwingung *f*, Pendeln *n*; Schwingen *n*; Schwenken *n*; Drehen *n*; Schwung *m*
swing angle Schwenkbereich *m (Kran, Bagger)*
swing bridge Drehbrücke *f*
swing check valve Rückflussschutzklappe *f*, Rückschlagklappe *f*, Hängeklappenverschluss *m*
swing-door Schwing(flügel)tür *f*, Pendeltür *f*, Drehflügeltür *f*
swing-door fittings Pendeltürbeschläge *mpl*
swing-door hardware Pendeltürbeschläge *mpl*
swing gate Drehschranke *f*
swing hammer Schwingenbrecher *m*
swing joint gebogene Rohranbindung *f*, gewinkelter Rohranschluss *m (beweglich)*
swing lamp Hängeleuchte *f*, Hängelampe *f*
swing leaf Drehflügel *m (Tür, Fenster)*
swing loader Schwenk(schaufel)lader *m*
swing moor Schwingmoor *n*
swing offset *(Verm)* Bogenschlagentfernung *f*
swing saw Pendelsäge *f*
swing scaffold *s.* swinging scaffold
swing screen Schwingsieb *n*
swing stage *s.* swinging scaffold
swing-up garage door Garagenschwingtor *n*
swinging 1. schwingend, pendelnd; 2. schwenkbar
swinging Schwenkbewegung *f (Bagger)*
swinging area Wendeplatz *m*
swinging arm Schwenkarm *m*
swinging chute Schwenkrinne *f*
swinging crane Drehkran *m*
swinging door *s.* swing door
swinging lever Schwenkarm *m*
swinging platform Drehbühne *f*
swinging post Torpfosten *m*
swinging round Schwenkradius *m (eines Krans)*
swinging scaffold Hängegerüst *n*, Hängerüstung *f*, Seilhängerüstung *f*
swirl *v* wirbeln
swirl 1. Wirbel *m*, Strudel *m*; 2. Wirbelbewegung *f*; 3. Wirbelmaserung *f*, Knotenmaserung *f (Holz)*
swirl finish verriebene Oberfläche *f*, kreisförmig verriebene Betonfläche *f*
swirling chamber Wirbelkammer *f*
Swiss chalet Schweizerhaus *n*
Swiss cottage Schweizerhaus *n*
switch *v* 1. *(El)* schalten; umschalten; 2. rangieren *(Züge)*
switch *v* **off** ausschalten, abschalten
switch *v* **on** einschalten, anschalten
switch *v* **over** umschalten
switch 1. *(El)* Schalter *m*; Lichtschalter *m*; Umschalter *m*; 2. *(Verk)* Weiche *f*; 3. Rute *f*
switch box *(El)* Schaltkasten *m*
switch clock *(El)* Schaltuhr *f*
switch panel *(El)* Schaltfeld *n*; Schaltbrett *n*, Bedienfeld *n*
switch room *(El)* elektrischer Schaltraum *m*
switch tower *(AE) (Verk)* Stellwerk *n*
switchboard *(El)* Schalttafel *f*, Schaltfeld *n*
switching Schalten *n*, Schaltung *f*
switching device Schaltgerät *n*, Schaltelement *n*
switching equipment Schalteinrichtung *f*
switching operation Schaltung *f*, Schaltvorgang *m*
switching railroad *(AE) (Verk)* Verbindungsbahn *f*
switching track *(Verk)* Rangiergleis *n*
switching winch *(Verk)* Rangierwinde *f*
switchroom *(El)* Schaltraum *m*
swivel *v* drehen, schwenken; sich drehen; herumdrehen
swivel Drehbefestigung *f*, Drehgelenk *n*, Scharnier *n*, Angelzapfen *m*, Angel *f*
swivel bridge Drehbrücke *f*
swivel chair Drehstuhl *m*
swivel joint *s.* swing joint
swivel mixer tap Schwenkbatterie *f*
swivel tap Schwenkhahn *m*
swivel window Dreh(flügel)fenster *n*
swivelling schwenkbar
swivelling saddle Drehschwelle *f (Holztür)*
sword Fugenkelle *f*
swording Stochern *n*, Stocherverdichtung *f (von Beton)*
syenite Syenit *m (Gestein)*
symbol 1. Zeichen *n (Markierzeichen)*; 2. Sinnbild *n*
symbolic significance *(Arch)* symbolische Bedeutung *f*
symbolism *(Arch)* Symbolismus *m*
symbolism of forces Kräftesymbolik *f*
symbolism of form *(Arch)* Formensymbolismus *m*
symmetrical symmetrisch
symmetrical about an axis achsensymmetrisch
symmetrical arch symmetrischer Bogen *m*
symmetrical cruciform pier regelmäßiger Kreuzpfeiler *m*
symmetrical load symmetrische Last *f*
symmetrical matrix symmetrische Matrix *f*
symmetrical spans symmetrische Öffnungslängen *fpl (bei Brücken)*
symmetrically placed symmetrisch angeordnet
symmetry Symmetrie *f*, Ebenmaß *n*, Spiegelgleichheit *f*
symmetry of fabric Gefügesymmetrie *f*
synagogue Synagoge *f*
syncline Synklinale *f*, Mulde *f (geologisch)*
synergic synergetisch, synergistisch
synergic action synergetische Wirkung *f*, Synergiewirkung *f*
synergic effect synergetischer Effekt *m*, Synergieeffekt *m*
synergism Synergismus *m*
synergizing agent *(AE)* Korrosionshemmer *m*, Korrosionshemmzusatz *m (Wasseraufbereitung)*
synthetic synthetisch
synthetic building material Synthetikbaustoff *m*, künstlicher Baustoff *m*
synthetic detergent Detergens *n*, synthetisches Reinigungsmittel *n*
synthetic diagonals Ausfüllungssystem *n*
synthetic enamel Kunstharzlack *m*
synthetic fibre Kunstfaser *f*, Chemiefaser *f*
synthetic fibre fabric Kunstfasergewebe *n*
synthetic fibre material Kunstfaserstoff *m*
synthetic indigo künstlicher Indigo *m*
synthetic inorganic pigment Mineralpigment *n*
synthetic lacquer-grade resin Lackkunstharz *n*
synthetic lining künstliche Abdichtung *f (Teiche, Deponie usw.)*
synthetic material Synthetikbaustoff *m*; Kunststoff *m*
synthetic membrane Kunststoffmembran *f*

synthetic paint Kunstharzfarbe *f*
synthetic patina künstliche Patina *f*
synthetic plastic coating Kunstharzbeschichtung *f*
synthetic resin Kunstharz *n*
synthetic-resin adhesive Kunstharzkleber *m*, Kunstharzklebstoff *m*
synthetic-resin based kunstharzhaltig
synthetic-resin-bound kunstharzgebunden, kunstharzgeleimt, kunstharzverleimt
synthetic-resin building mastic Kunstharzfugenmastix *m*, Kunstharzfugenkitt *m*, Kunstharzfugenmasse *f*
synthetic-resin cement Kunstharzkitt *m*
synthetic-resin coating Kunstharzbeschichtung *f*
synthetic-resin emulsion Kunstharzemulsion *f*
synthetic-resin exterior coat Kunstharzaußenanstrich *m*
synthetic-resin finish Kunstharzüberzugslack *m*
synthetic-resin modefied kunstharzvergütet
synthetic resin plaster Kunstharzputz *m*
synthetic-resin prime coat Kunstarzgrundierung *f*, Kunstharzgrundieranstrich *m*
synthetic-resin product Kunstharzerzeugnis *n*, Kunstharzprodukt *n*
synthetic-resin varnish Kunstharzlack *m*
synthetic rubber synthetischer Kautschuk *m*
synthetic silica Kieselgel *n*, Silikagel *n*
synthetic stone Kunststein *m*, Beton(werk)stein *m*
synthetic structural product Synthetikbaustoff *m*, künstlicher Baustoff *m*
synthetic wetting agent synthetisches Netzmittel *n*
synthetic wood Kunstharzpressholz *n*
syphon *v* hebern
syphon 1. Dücker *m*; 2. Siphon *m*
syphon cuvert Dückerdurchlass *m*
Syrian architecture *(Arch)* syrische Architektur *f*, syrische Baukunst *f*
Syrian vault *(Arch)* syrisches Gewölbe *n*
syringe Spritze *f*
system 1. System *n*, Anordnung *f*; 2. System *n*, Netz *n* *(z. B. von Verkehrswegen, Leitungen)*; 3. Anlage *f*, Einrichtung *f*
system building industrielles Bauen *n*, Fertigteil(montage)-bau *m*, Systembau *m*; Montagehochbau *m*
system building method Montagebauweise *f*, Fertigteilbauweise *f*, Montagebauverfahren *n*, Fertig(teil)bauverfahren *n*
system-built façade Montagefassade *f*, Fertigteilfassade *f*
system-built structure Montagebauwerk *n*, Fertigteilbau *m*
system-built tower block Fertigteilhochhaus *n*
system-built wall Montagewand *f*, Fertig(teil)wand *f*
system construction *s.* system building
system line Systemlinie *f*, Netzlinie *m*
system of anchoring Verankerungssystem *n*, Verankerungsverfahren *n*
system of balancing Massenausgleich *m*
system of bars Stabwerk *n*
system of beams and joints in star forms Sternbalkenlage *f*
system of building construction Fertigteilbau *m*, Montagebau *m*
system of coordinates Koordinatensystem *n*
system of coplanar forces ebenes Kräftesystem *n*
system of diagonals Ausfüllungssystem *n* *(Fachwerk)*
system of forces Kräftesystem *n*, Kräftebild *n*
system of loads Lastsystem *n*
system of pipes Rohrnetz *n*
system of rafters Sparrenlage *f*
system of sewerage Kanalisationsnetz *n*, Kanalsystem *n*, Ortsentwässerung *f*
system of sewers Kanalisationsnetz *n*, Kanalnetz *n*, Ortsentwässerung *f*
system of span pieces Kehlbalkenlage *f*, Kehlgebälk *n*
system of units Maßsystem *n*
system of web members Ständer(fach)werk *n*, Strebenfachwerk *n*
system point Systempunkt *m*
system with transverse stabilization beams Querbalkenstabilisierungssystem *n*
systematic systematisch
systematic devations systematische Abweichungen *fpl* *(Statistik)*
systematic errors systematische Fehler *mpl*
systematization Systematisierung *f*
systematize *v* planmäßig anordnen
systemic rigidity *(Bod)* Systemsteifigkeit *f*
systems building *s.* system building
systyle Systylos *m* *(Säulenzwischenabstand von zwei Säulendurchmessern)*

T

T and G boards *s.* tongue-and-groove boards
T-asph Trinidadasphalt *m*
T-bar T-Stahl *m*; T-Tragschiene *f*
T-bar clamp Spanner *m*
T-beam 1. T-Träger *m*; 2. Plattenbalken *m* *(Betonbau)*
T-beam section Doppel-T-Stahl *m*
T-bevel Doppelschmiege *f*
T-girder T-Träger *m*
T-hinge Zungenband *n*, gerades Band *n*, Langband *n* *(Scharnier)*; Kegelband *n*
T-joint T-Stoß *m*; T-Muffe *f*
T-rail T-Tragschiene *f*
T-ribbed beam Rippenbalken *m*, Plattenbalken *m*
T-section T-Profil *n*, Stahlprofil *n* in T-Form
T-shaped beam Plattenbalken *m*
T-splice *(El)* Leitungsabzweig *m* *(Kabelabzweig)*
T-square Reißschiene *f*, Anschlaglineal *n*
tab 1. Lasche *f*; 2. Sichtvorhang *m*; 3. unteres Schindelende *n*
tabby Kalk-Rinde-Beton *m*, Schillbeton *m*; Muschelschalenbeton *m*
tabernacle *(Arch)* Tabernakel *n(m)*, Ziernische *f*, Statuennische *f* *(Kirchenbaukunst)*
tabernacle work Zierbogengang *m* mit Skulpturen
tabet soil auftauender Boden *m*
tabia verfestigter [mit Kalk und Kies gerammter] Erdstoff *m* *(Baumaterial in regenarmen Gebieten)*
tablature 1. flache Struktur *f*; 2. Deckengemälde *n*
table *v* tabelarisch zusammenstellen; eine Tischvorlage einbringen
table 1. Tafel *f*, Platte *f*; 2. horizontaler Mauervorsprung *m*; 3. flache Wandfläche *f*; 4. Tabelle *f*; 5. Tisch *m*
table altar *(Arch)* Tischaltar *m*
table in a wall horizontaler Mauervorsprung *m*
table joint Überblattung *f*, Verschränkung *f*
table of moments Momententabelle *f*
table of prices Preistabelle *f*
table of weights Gewichtstabelle *f*

table saw Besäumkreissäge *f*
table stone Steinhügelgrab *n*
table stones Grundmauer *f*
table tomb *(Arch)* Mensagrab *n*
table top Tischplatte *f*, Küchenarbeitsplatte *f*
table vibrator Tischrüttler *m*, Rütteltisch *m*
tableau curtain Sichtvorhang *m (Theater)*
tabled joint 1. Steinbettfuge *f*, Steinfüllfuge *f*; 2. Überblattung *f*, Verschränkung *f*
tabled scarf gerades Hakenblatt *n*
tableland Hochebene *f*, Tafelland *n*
tablelike tafelförmig, tafelartig
tablelike structure tafelförmiger Bau *m*
tablet *v* vorverdichten
tablet 1. Tafel *f*, Inschriftplatte *f (am Denk- oder Grabmal)*; 2. Deckplattenstein *m*, Abdecksteinplatte *f*
tablet of slate Schieferplatte *f*
tabling 1. *(Arch)* Kreuzgesims *n*; 2. *(Hb)* Verschränkung *f*, 3. horizontaler Mauervorsprung *m*
tablinum *(Arch)* Tablinum *n (Speiseraum des römischen Wohnhauses)*
tabular 1. tafelförmig, tafelig, flach; dünn; Tafel...; 2. blättrig, geschichtet; 3. tabellarisch, Tabellen...
tabular cross-bending *(Bod)* tafelige Schrägschichtung *f*, Diagonalschichtung *f*
tabular summary Übersichtstabelle *f*
tabulate *v* 1. tabellieren, tabellarisch darstellen; 2. abflachen
tabulation 1. Tabellarisierung *f*, 2. Abflachung *f*
tacheometer *s.* tachymeter
tacheometric theodolite *s.* tachymeter
tachymeter *(Verm)* Tachymetertheodolit *m*
tachymetric land survey tachymetrische Landaufnahme *f*
tack *v* nageln *(mit kurzen Nägeln)*; heften *(z. B. mit Nieten)*; befestigen
tack-rivet *v* heftnieten
tack-weld *v* heftschweißen
tack 1. Nagel *m*, Stiftnagel *m*, Stift *m*, Drahtstift *m*; Pappnagel *m*, Zwecke *f*, Haft *m*; 2. Klebkraft *f*, Klebrigkeit *f (einer Farbe)*
tack coat 1. Fixierungsverputz *m*; 2. Bitumenhaftanstrich *m*; Bonderschicht *f*, Haftfilm *m*
tack-dry haftfähig, klebfähig *(z. B. Anstriche)*
tack-free (dry) berührungstrocken, nicht mehr klebrig *(Farbanstrich)*
tack-free time Antrockenzeit *f*
tack freedom Klebfreiheit *f (Anstrich)*
tack rag getränktes Wischtuch *n*, Abwischlappen *m (Anstrich)*
tack range Antrockenzeit *f*, Anziehdauer *f (z. B. von Kleber)*
tack rivet Heftniet *m*
tack riveting Heftnieten *n*
tack welding Heftschweißen *n*, Heftschweißung *f*
tackiness Klebrigkeit *f*, Haftfähigkeit *f*
tacking Heften *n*
tackle 1. Handwerkszeug *n*, Gerätschaften *fpl*, Arbeitsausrüstung *f*, 2. *s.* tackle block
tackle block Hebezeug *n*, Flaschenzug *m*
tackless (carpet) strip Teppichhalteleiste *f*, Läuferhalter *m*
tacky (dry) klebrig *(Farbe)*
taenia *(Arch)* Taenia *f*, Tänie *f*, Kopfbinde *f*, Kopfwulst *f*, Wulstband *n*, dorisches Gesimsband *n*
tag 1. Faltblechrand *m*, Blechschiene *f (Dach)*; 2. Marke *f*, Markierung *f*, Anhängeetikett *n*; Fahrzeugplakette *f*, Kennzeichnungsschildchen *n*
tagger Feinblech *n*, Dünnblech *n*, dünnes Blech *n*
tagging Markierung *f*, Markieren *n*
tail *v (Hb)* einbinden, einbauen *(Trägerenden)*
tail Schieferende *n*; (sichtbares) Dachziegelende *n*
tail bay 1. Deckenträgerrandfeld *n*; 2. Endfeld *n (z. B. Sparrenlage)*; 3. *(Wsb)* Schleusenunterspann *m (Kanal)*
tail beam Stichbalken *m*
tail cut Sparrenende *n*, sichtbarer Sparrenkopf *m (meist verziert)*
tail door spring Zuschlagfeder *f (Tür)*
tail gate *(Wsb)* Untertor *n (Schleuse)*
tail girder [joist] *s.* tail piece
tail piece unterbrochener Träger *m*, Balken *m* mit Wechsel, Stichbalken *m*
tail-race *(Wsb)* Untergraben *m*, Abflussgraben *m (eines Kanals)*
tail-race tunnel *(Wsb)* Unterwasserstollen *m*, Ableitungsstollen *m*
tail tower Kabelkrangegenturm *m*
tail trimmer Randstreichbalken *m*
tail water Stauwasser *n*, Unterwasser *n (Deponie)*
tailbeam Stichbalken *m*
tailing 1. Gesimskragsteinende *n (eingebundenes)*; eingelassenes Ende *n*; 2. *s.* tailings 2.; 3. Einbauen *n*, Einbinden *n*
tailing-in Einsetzen *n* eines Kragsteins
tailing iron aus einer Wand auskragender Traganker *m*
tailings 1. Siebüberlaufsteine *mpl*, übergroße Schottersteine *mpl*; Überlauf *m*; 2. Abfall *m*, Abgang *m (Rückstände industrieller Verarbeitungsprozesse)*
tailor *v* **(to)** anpassen an, passend machen *(Montage)*
tailpiece Muffenverbindung *f*
tailrace *s.* tail-race
tainter gate *(Wsb)* Bogenschutz *m*, Segmentverschluss *m*
take *v* annehmen *(Farbe)*
take *v* **a bearing** peilen
take *v* **a break** eine Pause machen
take *v* **a load** *(sl)* sich entspannen, sich entlasten
take *v* **a sample** eine Probe nehmen
take *v* **an angle** einen Winkel messen
take *v* **apart** auseinander nehmen, zerlegen, abmontieren
take *v* **down** 1. abhängen; abnehmen; 2. abbrechen, abtragen, abreißen, demontieren
take *v* **down the scaffolding** abrüsten, ausrüsten
take *v* **in** aufnehmen; ansaugen
take *v* **into account** berücksichtigen
take *v* **level** nivellieren
take *v* **little floor space** wenig Platz einnehmen
take *v* **off** abnehmen; abziehen; abfahren; starten
take *v* **off the edge** abstumpfen
take *v* **out from the mould** ausformen
take *v* **out of service** sperren *(Gebäude)*; außer Betrieb nehmen
take *v* **out the dents** (Beulen) ausklopfen
take *v* **part in a competition** an einem Wettbewerb teilnehmen
take *v* **samples** Proben nehmen
take *v* **stains** Flecke(n) bekommen
take *v* **the level** nivellieren
take *v* **to pieces** abbauen, demontieren; zerlegen
take *v* **up** 1. aufnehmen; annehmen *(Farbe)*; 2. aufheben, hochheben
take *v* **up slack** spannen, Durchhang beseitigen
take-down shutter Vor(setz)laden *m*
take-off belt Abzugsband *n*
take-off pipe Verzweigungsrohr *n*, Abzweigrohr *n*
take-up Spannvorrichtung *f*
take-up block Ausgleichgewicht *n*, Spanngewichtsblock *m*
take-up set Spannvorrichtung *f*
takeover Übernahme *f*

taking apart Demontage *f*, Abbau *m (Hausinstallation)*
taking down Abbruch *m*
taking of samples Probenahme *f*
taking off Massenberechnung *f*, Massenermittlung *f (Bauleistungsverzeichnis)*
taking out Ziehen *n (aus einer Öffnung, z. B. Ziehen des Bohrkerns)*
taking over Übernahme *f*, Abnahme *f (Haus, Gebäude)*
talc Talk *m*, Talkum *n*, Speckstein *m (Mineral)*
talc schist Talkschiefer *m*
talcum Talkum *n*, Talkumpulver *n*
talcum-schist Talkschiefer *m*
talcum surfacing Talkumabstreuung *f*
talcumed talkumiert
tall block [building] Turmhochhaus *n*, Wohnturm *m*, Hochhaus *n*
tall building frame mehrstöckiger Rahmen *m (Gebäudetragwerk)*
tall oil Tallöl *n*
tall structure hohes Bauwerk *n*
tall tom Strebe *f*
tallboy 1. Schornsteinaufsatz *m*, Zugaufsatz *m*; 2. *(AE)* (hochbeinige) Kommode *f*
tallet *s.* tallut
tallus *s.* talus
tallut Dachboden *m*, Speicher *m (Dachraum)*
tally of blows Hitze *f (Pfahlrammen)*
talon moulding *s.* ogee
talus 1. Wandneigung *f*; Steinböschungsneigung *f*; Neigung *f* einer Böschungsfußsicherung, Schräge *f*; 2. Hangschutt *m*
talus deposits Hangschuttablagerungen *fpl*
talus material Gehängeschutt *m*, Böschungsschüttung *f*
talus slide Böschungsrutschung *f*
talus slope Schutthang *m*
talus soil Schuttboden *m*
talus wall geneigte Wand *f*, Anlaufwand *f*
tamarack 1. (Ostamerikanische) Lärche *f*; 2. Lärchenholz *n*
tambour 1. Säulenkapitellkelch *m*; 2. Tambour *m*, Kuppelunterbau *m*; 3. Säulentrommel *f*, Säulenzylinder *m*; 4. Drehtürgehäuse *n*
tamp *v* (fest)stampfen; einrammen, rammen *(z. B. Beton und Pflastersteine)*; Gleise stopfen; stampfen
tamp-concrete Stampfbeton *m*
tamped asphalt Stampfasphalt *m*
tamped concrete Stampfbeton *m*
tamped concrete foundation Stampfbetonfundament *n*
tamped concrete pipe Stampfbetonrohr *n*
tamped density Stampfdichte *f*
tamper Stampfer *m*; Stampfbohle *f*, Stampfbalken *m*; Schwellenstopfer *m*
tamping 1. Stampfen *n*; Stopfen *n (von Gleisen)*; 2. *(Wsb)* Pfählung *f (Abdämmung)*
tamping bar Stampfstange *f*, Stocherstange *f*
tamping compaction Stampfverdichtung *f*
tamping fool Stempel *m*
tamping iron Stampfer *m*
tamping plank Stampfbohle *f (Verdichtung)*
tamping rod Stampfstange *f*, Stocherstange *f (zum Verdichten)*
tamping roller Schaffußwalze *f (Straße)*
tamping slab Stampfplatte *f*
tampion *(San)* Hartholzkonus *m*, Rohrweiter *m (Bleirohrverlegung)*
tandem *s.* tandem arrangement
tandem arrangement Reihenanordnung *f*, Tandem *n*
tandem elevator Tandemelevator *m*
tandem (road) roller Tandem(straßen)walze *f*
tandem turnout zweiseitiger Abzweig *m (Rohrleitung)*
tandem vibrating roller Tandemvibrationswalze *f*
tang *v* mit Zapfen versehen
tang Zapfen *m*, Keilzapfen *m (z. B. für Werkzeuge)*
tangent *(Verk)* Tangente *f*
tangent cutting point *(Verm)* Tangentenschnittpunkt *m (Trasse)*
tangent distance *(Verm)* Tangentenabstand *m (Trasse)*
tangent plane Tangentenebene *f*
tangent point Tangentialpunkt *m*; Krümmungsanfangspunkt *m*, Krümmungsendpunkt *m*, Übergangspunkt *m (Straße)*
tangent road *(Verk)* Tangente *f*
tangent-sawn tangential [flach] geschnitten *(Holz, < 45° zu den Jahresringen)*
tangent track *(Verk)* gerader Strangabschnitt *m (Gleis zwischen den Kurven)*
tangential acceleration Tagentialbeschleunigung *f*
tangential bearing Tangentiallager *n*
tangential component Tangentialkomponente *f (Scherspannung)*
tangential load Tangentiallast *f*, Umfangslast *f*
tangential shear Tangentialschub *m*
tangential shear force Tangentialschubkraft *f*
tangential shrinkage Tangentialschrumpfung *f (Holz)*
tangential stress Tangentialspannung *f*
tangential thrust Tangentialschub *m*, Horizontalschub *m*
tangential thrust of vault Gewölbeschub *m*
tangential trunk road *(Verk)* Tangente *f*, Tangententrasse *f*, Tangentialverbindung *f (Straße)*
tank 1. Tank *m*, Behälter *m*, Flüssigkeitsbehälter *m*; Becken *n*, Trog *m*; Zisterne *f*; Kessel *m*, Sammelkessel *m*; 2. *(Erdb)* Gründungswanne *f*, Wanne *f*
tank bottom Behälterboden *m*
tank capacity Behälterinhalt *m*
tank car Kesselwagen *m (Schiene)*
tank-cleaning plant Gefäßreinigungsanlage *f*
tank coating Behälteranstrich *m*
tank jacket Behältermantel *m*
tank lorry Kesselwagen *m (Straße)*
tank tower Behälterturm *m*
tanking 1. Wannendichtung *f*, Trogabdichtung *f*, Sperrung *f* eines Kellergeschosses; 2. *(Erdb)* Dichtungswanne *f*; 3. Wannengründung *f*
tanking material Abdichtmaterial *n*, Sperrmaterial *n (Wasserdruckdichtung im Tiefbau)*
tannic acid Gerbsäure *f*
tap *v* 1. anbohren; 2. *(El)* anzapfen; 3. Gewinde bohren; 4. abklopfen
tap 1. Hahn *m*, Zapfhahn *m*; 2. Wasseranschluss *m*; 3. *(El)* Abzweig *m*
tap bolt Stiftschraube *f*
tap borer 1. Rohrbohrer *m (für Bleirohre)*; 2. Dübelbohrer *m*
tap ear [lug] fester Rohrhalter *m* an einer Rohrverbindung
tap hole Hahnloch *n*
tap water Leitungswasser *n*
tap wrench Windeisen *n (Werkzeug)*
tape 1. Band *n*; Streifen *m*; 2. *(Stat)* Gurt *m*, Band *n*; 3. Bandmaß *n*; 4. *(El)* Isolierband *n*; Lackband *n*
tape adhesive Klebeband *n*, Klebestreifen *m*
tape correction Bandmaßausgleich *m*, Messfehlerausgleich *m*
tape covering Dämmband *n*, Wärmeschutzband *n*
tape measure Bandmaß *n*, Rollbandmaß *n*, Messband *n*
tape test Klebestreifenprüfung *f (Schutzschichtenhaftfestigkeit)*
taper *v* 1. verjüngen, verkleinern, kegelig [konisch] machen; 2. sich verjüngen, schmaler werden *(z. B. Säulen)*; 3. zuspitzen

taper 1. Kegel *m*; Verjüngung *f*, Abschrägung *f*; 2. *(San)* Übergangsrohr *n*; 3. *(Verk)* Fahrbahnzwickel *m*, Ausfahrtzwickel *m*
taper of the chimney Anlauf *m* des Schornsteins
taper pin Kegelstift *m*
taper pipe Verjüngungsrohrstück *n*; Erweiterungsstück *n* *(Rohrverbindung)*
taper sheet pile Keilspundbohle *f*
taper tenon schräger Zapfen *m*
taper thread Kegelgewinde *n*, Rohrgewinde *n*
tapered verjüngt, konisch; verengt; zugespitzt; zulaufend
tapered beam konischer Balkenträger *m*
tapered bend konischer Krümmer *m*, Übergangskrümmer *m*
tapered collar Anlauf *m*; Ablauf *m*
tapered column konische Säule *f*, konische Stütze *f*
tapered fitting Rohrübergang *m*
tapered foundation konische Gründung *f*, kegelförmiges Fundament *n*
tapered haunch Auflagerschräge *f*, Voute *f*
tapered joint schräge Nahtkante *f*, flach auslaufende Nahtkante *f*
tapered lane *(Verk)* Fahrstreifenverziehung *f*, Fahrstreifenzwickel *m*, verzogener Fahrstreifen *m*
tapered pipe Konusrohr *n*, Übergangsrohr *n*
tapered-roll pantile Keilschalendachziegel *m*
tapered section verjüngter Querschnitt *m*
tapered shaft Kegelschaft *m*, konischer Schaft *m*
tapered tenon schräger Zapfen *m*
tapered thread Kegelgewinde *n*, konisches Gewinde *n*
tapered tower Kegelturm *m*, konischer Turm *m*
tapered tread Wendelstufe *f*, konisch zulaufender Treppentritt *m*
tapered valley keilförmige Dachkehle *f*
tapering spitz zulaufend; abförmig, abholzig
tapering kegelige Verjüngung *f*, Einziehen *n*; Schwächerwerden *n*
tapering scale verkleinerter Maßstab *m*
tapestry Tapisseriegewebe *n*, Wandbehangstoff *m*
tapia Baulehm *m (aus Adobelehm)*; Bauerdstoff *m (Ton)*; Stopferde *f*
taping Entfernungsmessung *f (mit Bandmaß)*
taping arrow [pin] Vermessungsnadel *f*, Messnadel *f*
taping strip 1. Fugenschutzklebestreifen *m*, Tropfschutzstreifen *m*, Tropfband *n (Betonfugen)*; 2. Dachpappenverbindungsstreifen *m*
tapioca starch Tapiokastärke *f*
tapped fitting Innengewindefitting *n(m)*
tapped resin rezentes Harz *n*
tapped sleeve anchor Hülsenanker *m (mit Innengewinde)*
tapped tee T-Stück *n* mit Innengewinde
tapping 1. Anbohrung *f*; 2. *(El)* Anzapfen *n*, Abzweigung *f*; 3. *(Wsb)* Wassergewinnung *f*
tapping machine Schlagklopfmaschine *f (zur Schallmessung auf Decken)*
tapping of the underground water Ableitung *f* des Grundwassers
tapping point Abzweigpunkt *m*; Entnahmestelle *f*
tapping screw Blechschraube *f (selbstschneidende Gewindeschraube)*
tar *v* teeren, mit Teer bestreichen
tar Teer *m*; Straßenteer *m*
tar-and-gravel roofing bekieste Teerpappendeckung *f*, Flachdachdeckung *f* mit Kiesdämmung
tar asphalt Teerasphalt *m*
tar asphalt distributor Bindemittelverteiler *m*
tar asphaltic bitumen blend Teer-Bitumen-Mischung *f*
tar base Teergrundlage *f*
tar binder Teerbinder *m*, Teerbindemittel *n*
tar binder coat Teerbinderschicht *f*
tar bitumen Teerbitumen *n*
tar board Teerpappe *f*
tar boiler Teerkessel *m*, Asphaltkessel *m*
tar-bound teergebunden
tar brush Teerbürste *f*
tar cement Teermastix *m*, Asphaltmastix *m*
tar coat Teeranstrich *m*
tar coating Teeranstrich *m*
tar concrete Teerbeton *m*
tar distillates Teerdestillate *npl*
tar fluxed bitumen Teerfluxbitumen *n*
tar from lignite Braunkohlenteer *m*
tar mastic Teermastix *m*
tar mopping Teeren *n (Dach)*
tar oil Teeröl *n*
tar paper Teerpapier *n*
tar pitch Teerpech *n*
tar roofing Teerpappeneindeckung *f*
tar-saturated felt Teerpappe *f*
tar slurry Teerschlämme *f*
tar sprayer Teerspritzmaschine *f*
tar sprinkler Teerspritzgerät *n*
tar viscosimeter Straßenteerviskosimeter *n*
target 1. Fluchtstange *f*, Messlatte *f*, Nivellierzielpunkt *m*; 2. Vorgabeziel *n*, Leistungsvorgabe *f (Bauleistung)*; 3. Objekt *n*; 4. Kurvenschar *f*, Auswertediagramm *n*
target contract Zielvertrag *m*, Vorgabevertrag *m*
target date Fertigstellungstermin *m (geplanter)*
target levelling rod Messlatte *f* mit Anzeige
target levelling staff Messlatte *f* mit Anzeige
target output Sollleistung *f*
target price Richtpreis *m*
target rod Messlatte *f*
target value Zielwert *m*, Zielgröße *f*
tarmac *v* asphaltieren
tarmacadam *(Verk)* Teermakadam *m*
tarnish *v* 1. mattieren, matt [blind] machen *(Oberfläche)*; 2. sich trüben, anlaufen, blind werden *(Metalloberflächen)*; beschlagen *(Glas)*
tarnish film Anlauffilm *m*, Anlaufschicht *f (Hitzeverfärbung)*
tarnish-free blank
tarnish-resistant anlaufbeständig
tarnished erblindet
tarnishing Erblinden *n*, Anlaufen *n*, Mattwerden *n*, Blindwerden *n*, Beschlagen *n (Glas)*; Anlaufen *n (Metall)*
tarpaulin Abdeckplane *f (wasserdichte Plane)*; Zeltplane *f*
tarred geteert
tarred board Teerpappe *f*, Bitumenpappe *f*
tarred felt Teer(filz)pappe *f*, Bitumendachpappe *f*
tarred paper bituminiertes Papier *n*
tarred roofing felt Teer(dach)pappe *f*, Bitumendachbahn *f*
tarring Teeren *n*, Teerung *f*
tarry teerartig, teerig
tarsia Intarsie *f*, Einlegearbeit *f*
tarspraying Teeren *n*, Teerung *f*, Teerspritzen *n*
tartar Weinstein *m*
tartaric acid Weinsteinsäure *f*
tarviated teergebunden *(Straßenbelag)*
tas-de-charge Bogenanfangstein *m (Keilstein)*
task Aufgabe *f*
task group Arbeitskreis *m*
Tau cross *(Arch)* Antoniuskreuz *n*, ägyptisches Kreuz *n*, Taukreuz *n*
taut gespannt, straff *(z. B. Seile)*
taut steel wire gespannter Stahldraht *m*
tauten *v* spannen, straffen *(z. B. Seil)*
tautline cableway Kabelkran *m (mit gespanntem Drahtseil)*
tavern Weinkeller *m (Ausschank)*; Gaststätte *f*

tax band steuerliche Einstufung *f*
tax rate Steuersatz *m*
taxation Besteuerung *f*
taxiway *(Verk)* Rollweg *m*, Flughafenrollweg *m*
taxpayer *(AE)* leichtes (temporäres) Gebäude *n (mit geringem Nutzen)*
taxus wood Eibenholz *n*
tea garden 1. japanischer Garten *m*; 2. Teegarten *m*, Terrassencafé *n*
tea-house Teehaus *n*
tea kitchen Teeküche *f*
tea-room Teestube *f*
tea station Teeküche *f*
teaching block Lehrgebäude *n*
teaching building Lehrgebäude *n*
teaching pool Lehrschwimmbecken *n*
teaching unit Lehrtrakt *m*
teagle Aufzugswinde *f*
teagle post Ankerbalkenstütze *f*
teak Teakholz *n*
teakwood Teakholz *n*
team Baukolonne *f*
tear *v* reißen; zerreißen; herausreißen
tear *v* **down** niederreißen, abreißen *(Gebäude)*
tear 1. Farbnase *f*, Anstrichlaufsträhne *f*, Tropfen *m*; 2. Reißen *n*
tear resistance Einreißfestigkeit *f*, Reißfestigkeit *f*, Zerreißfestigkeit *f*, Kohäsionsfestigkeit *f*
tear strength *s.* tear resistance
tearing *(Verk)* Splittausbruch *m*
tearing resistance Reißfestigkeit *f*, Zerreißfestigkeit *f*, Kohäsionsfestigkeit *f*
tease *v* einen Lackschaden ausbessern
tease [teaze] tenon Zapfen *m* mit zwei eingearbeiteten Auflagerenden
tebam Podium *n* einer Synagoge
technic (angewandte) Technik *f*, Anwendungstechnik *f*
technical advisory service technische Beratung *f*
technical aircraft hangar Flugzeugwartungshalle *f*
technical college Berufsschule *f*
technical committee technisches Komitee *n*, technische Arbeitsgruppe *f*
technical consultant technischer Berater *m*, Consultant *m*
technical counsel service technischer Beratungsdienst *m*
technical data technische Angaben *fpl*, technische Daten *pl*
technical drawing technische Zeichnung *f*
technical equipment technische Einrichtung *f*, technische Gebäudeausstattung *f*
technical form of expression *(Arch)* Technizismus *m*, technischer Funktionsstil *m*
Technical Instruction on Waste Management Technische Anleitung *f* Abfall, TAA
technical property technische Eigenschaft *f*
technical regulation technische Vorschrift *f*, technische Anforderungsvorschrift *f*
technical report technischer Bericht *m*
technical requirements technische Anforderungen *fpl*
technical solution technische Lösung *f*
technical specifications technische Angaben *fpl*
technical staff Fachpersonal *n*
technician Techniker *m*, Technikerin *f*
technique Technik *f*, Verfahren *n*, Anwendungsverfahren *n*
technology 1. Technologie *f*, Betriebstechnik *f*, Technik *f*; 2. technische Fachterminologie *f*
technology-intensive technologieintensiv
technology of the site Baustellenbetriebstechnik *f*
technology park Technologiepark *m*
technology transfer Technologietransfer *m*
tectiform dachförmig
tectonic tektonisch
tectonic fracture *(Bod)* tektonischer Bruch *m*
tectonic unconformity *(Bod)* tektonische Diskordanz *f*
tectonically disturbed *(Bod)* tektonisch gestört
tectonics Tektonik *f*
tectorial abdeckend *(eine Abdeckung bildend)*; bedeckend *(eine dachartige Schilfbedeckung bildend)*; dachförmig überbaut
tectorium opus mehrlagiger Stuckputz *m* mit polierter Oberfläche *(römische Baukunst)*
tee 1. Pagodenspitze *f*; 2. T-Stück *n*
tee beam Plattenbalken *m*
tee handle T-Klinke *f*
tee hinge Zungenband *n*, gerades Band *n*, Langband *n*, Kegelband *n*
tee iron T-Verstärkungsstück *n (Holzbalkenkonstruktion)*
tee joint T-Stoß *m*
tee square Reißschiene *f*
tee steel T-Stahl *m*
tegula 1. Spezialfliese *f*; 2. Sonderdachziegel *m (unterer Pfannenziegel bei römischer Dachdeckung)*
Tekton building slab *(AE)* Tektonplatte *f (zementgebundene Holzwolleleichtbauplatte)*
telamon *(Arch)* Telamon *m*, Atlant *m*, Mannkörpersäule *f (männliche Karyatide)*
telecommunication cable Fernmeldekabel *n*
telecommunication line Fernmeldeleitung *f*
telecommunication system Fernmeldenetz *n*
telecommunication tower Fernmeldeturm *m*
telegraph construction Telegrafenbau *m*, Fernmeldeleitungsbau *m*
telegraph pole Telegrafenmast *m*
telemeter *v (Verm)* fernmessen
telemetering *(Verm)* Fernmessen *n*, Fernmessung *f*
teleoperation Fernbedienung *f*
telephone booth *(AE)* Fernsprechzelle *f*
telephone box [cabin] Telefonzelle *f*, Fernsprechzelle *f*
telephone cable Telefonkabel *n*
telephone connection Telefonanschluss *m*
telephone exchange Telefonzentrale *f*
telephone installation Telefonanlage *f*, Fernsprechanlage *f*
telephone line Fernsprechleitung *f*
telephone network Fernsprechnetz *n*, Telefonnetz *n*
telephone pole Telefonmast *m*
telephone station Fernsprechstelle *f*
telephone tower Fernmeldeturm *m*
telescope *v* teleskopieren, ausziehen, auseinander ziehen
telescope level Nivellierfernrohr *n*, Nivellierinstrument *n* mit Fernrohr
telescopic crane Teleskop(montage)kran *m*
telescopic gangway *(Verk)* Teleskop-Fluggastbrücke *f*
telescopic pole Teleskopmast *m*
telescopic type doors Ausziehtüren *fpl*
telescoping shore Teleskopeinrüststütze *f*
telescoping slighting shutter door Teleskopschiebetür *f*
Telesterion *(Arch)* Terlesterion *n* zu Eleusis, Weihetempel *m* zu Eleusis
television aerial Fernsehantenne *f*
television building Fernsehgebäude *n*
television tower Fernsehturm *m*
telltale Schalungsgerüstbewegungsanzeiger *m*
tellurate Tellurat *n*
tellurine Kieselgur *f*, Diatomeenerde *f*

tellurium Tellur *n*
tellurometer Tellurmesser *m*
telpher Hängebahn *f*, Elektrohängebahn *f*
telpherage automatische (elektrische) Lastenbeförderung *f*
telpherway Telpherbahn *f*, Elektrohängebahn *f*
temblor *(AE)* Erdbeben *n*
temenos *(Arch)* Temenos *n*, Peribolos *m*, heiliger Tempelbezirk *m*, geweihter Bezirk *m*
temper *v* 1. anmachen *(Mörtel, Beton)*; anfeuchten *(Sand)*; 2. kneten *(Lehm, Ton)*; 3. tempern *(Kunststoffe)*; anlassen *(Metall)*; 4. härten *(Glas)*; 5. imprägnieren *(Wasser abweisend)*
temper *v* **concrete** Beton anmachen
temper 1. Mischung *f (z. B. Mörtel)*; Mörtelplastizität *f*; 2. Feuchtegehalt *m (Sand)*; 3. Härtegrad *m (Metall)*; 4. Legierungszusatz *m*; 5. Kohlenstoffgehalt *m (von Stahl)*
tempera Temperamalerei *f*
tempera (paint) Temperafarbe *f*
tempera painting Temperamalerei *f*
temperability Härtbarkeit *f (bes. von Stahl)*
temperable härtbar *(Stahl)*
temperate gemäßigt *(Klima)*
temperature-change resistance Temperaturwechselbeständigkeit *f*
temperature coefficient Wärmebeiwert *m*
temperature control Temperaturregelung *f*
temperature-controlled temperaturgesteuert
temperature-controlled zone temperaturgeregelte Raumeinheit *f (Klimaanlage)*
temperature controller Thermostat *m*, Temperaturregler *m*, Wärmeregler *m*
temperature cracking Temperatur(spannungs)risse *mpl*
temperature curve Temperaturkurve *f*
temperature degree Temperaturgrad *n*
temperature dependence Temperaturabhängigkeit *f*
temperature distribution Temperaturverteilung *f*
temperature drop Temperaturabfall *m*, Wärmegefälle *n*
temperature effect Temperaturwirkung *f*, Temperaturauswirkung *f*, Temperatureinfluss *m*
temperature fluctuation Temperaturschwankung *f*
temperature gradient [lapse rate] Temperaturgefälle *n*, Temperaturgradient *m*
temperature-humidity index, THI Temperatur-Feuchtigkeitsindex *m*
temperature-independent temperaturunabhängig
temperature influence Temperatureinfluss *m*
temperature insulation Temperaturdämmung *f*
temperature level Temperaturpegel *m*
temperature logging Temperaturmessung *f*, Temperaturaufzeichnung *f*
temperature measurement Temperaturmessung *f*
temperature of hydratation Hydratationstemperatur *f*
temperature of reaction Reaktionstemperatur *f*
temperature-proof temperaturbeständig
temperature radiation Temperaturstrahlung *f*, Wärmestrahlung *f*
temperature raising Temperaturerhöhung *f*
temperature range Temperaturbereich *m*, Temperaturspanne *f*
temperature reinforcement Wärmespannungsbewehrung *f*
temperature regulator Temperaturregler *m*, Thermostat *m*; Temperaturfühler *m*
temperature relay Thermorelais *n*, Temperaturrelais *n*
temperature resistance Temperaturbeständigkeit *f*
temperature-resistant temperaturbeständig
temperature rise Temperaturanstieg *m*
temperature-rise period Anheizdauer *f*, Aufheizdauer *f*
temperature-sensing device [element] Wärmeregler *m*, Thermostat *m*, Sicherheitstemperaturregler *m*; Temperaturfühler *m*
temperature-sensitive temperaturabhängig, temperaturempfindlich
temperature sensor Temperaturfühler *m (Heizung)*
temperature span Temperaturspanne *f*, Temperaturbereich *m*
temperature-stable temperaturbeständig
temperature steel Wärmespannungsbewehrung *f*
temperature strain Temperaturdehnung *f*
temperature strength Temperaturbeständigkeit *f*
temperature stress Wärmespannung *f*, Temperaturspannung *f*, Wärmebeanspruchung *f*
temperature stress rod Wärmespannungsbewehrungsstab *m*, Querbewehrungsstab *m*
temperature susceptibility Temperaturempfindlichkeit *f*
temperature switch Temperaturschalter *m*
temperature threshold Ansprechtemperatur *f (Heizung)*
temperature transducer Temperaturaufnehmer *m*, Temperaturmesswertgeber *m*
temperature variation Temperaturschwankung *f*
tempered angelassen *(Baustahl)*
tempered board gehärtete Faserplatte *f*, harzgetränkte Hartfaserplatte *f*
tempered fibreboard gehärtete Faserplatte *f*
tempered glass Temperglas *n*, gehärtetes Glas *n*, Hartglas *n*; zähes Glas *n*
tempered hardboard Extrahartplatte *f*, Extrahart-Holzfaserplatte *f*
tempered safety glass Sicherheitsglas *n*, Hartglas *n*
tempering 1. Anmachen *n*, Anfeuchten *n (Mörtel)*; 2. Kneten *n*, Knetaufbereitung *f (Ton, Kaolin)*; 3. Einsumpfen *n*, Mauken *n (Ton, plastische Massen)*; 4. Anlassen *n (Stahl)*
tempering colour Anlauffarbe *f*
tempering hardness Anlasshärte *f (Stahl)*
tempering house Sumpfhaus *n*, Sumpfhalle *f*, Maukhaus *n*, Maukhalle *n*
tempering plant Sumpfanlage *f*, Maukanlage *f*
tempering steel Vergütungsstahl *m*
template 1. Lehre *f (Schablone für Maurerarbeiten)*; Schablone *f (für Stuckelemente)*; Profillehre *f*; 2. Balkenauflagerplatte *f*, Balkenpolster *n*; 3. Durchlaufsturz *m*, Öffnungsbalken *m*; 4. Bausteinkeilstück *n*; 5. Schlitten *m (Putzprofilierung)*
template hardware schablonengearbeitete Beschläge *mpl*
temple Tempel *m*
temple building *(Arch)* Tempelbau *m*
temple-city *(Arch)* Tempelstadt *f*
temple complex *(Arch)* Tempelanlage *f*, Tempelkomplex *m*
temple construction *(Arch)* Tempelbau *m*
temple district *(Arch)* Tempelbezirk *m*
temple façade *(Arch)* Tempelfassade *f*
temple forecourt *(Arch)* Tempelvorhof *m*
temple gateway *(Arch)* Tempeltor *n*
temple in antis *(Arch)* Antentempel *m (antiker griechischer Tempel)*
Temple of Amon *(Arch)* Amontempel *m*
Temple of Athena *(Arch)* Athenatempel *m*
Temple of Hera *(Arch)* Haraion *n*, Hera-Tempel *m*
Temple of Isis *(Arch)* Isistempel *m*
Temple of Poseidon *(Arch)* Poseidontempel *m*
Temple of Romulus *(Arch)* Romulustempel *m*
Temple of Zeus at Olympia *(Arch)* Zeustempel *m* zu Olympia
temple portico *(Arch)* Tempelporticus *m*

temple precinct *(Arch)* Tempelbezirk *m*
temple tomb *(Arch)* Tempelgrab *n*
templet Schablone *f*, Profil *n*
templum in antis *(Arch)* Antentempel *m*, Tempel *m* mit Anten, Wandtempel *m*
Templum vaticanum *(Arch)* Peterskirche *f* in Rom
temporal fluctuation zeitliche Schwankung *f*
temporal variation zeitliche Schwankung *f*
temporarily abondend vorübergehend eingestellt, vorläufig stillgelegt
temporary accommodation Behelfsunterkunft *f*
temporary block Behelfsgebäude *n*
temporary bolt Montagebolzen *m*
temporary bracing vorläufige Queraussteifung *f*
temporary bridge Behelfsbrücke *f*, Notbrücke *f*; Montagebrücke *f*
temporary building zeitweiliger Nutzbau *m*, temporäres Gebäude *n*; fliegender Bau *m*, Behelfsbau *m*
temporary building office Baubüro *n*
temporary column Hilfsstütze *f*, Notstütze *f*
temporary dike Notdeich *m*
temporary frame Hilfsjoch *n*, Montagejoch *n*
temporary gangway Arbeitsbrücke *f*
temporary gantry provisorische Gerüstbrücke *f*
temporary hardness Karbonathärte *f*, Bikarbonathärte *f*, vorübergehende Härte *f (Wasser)*
temporary installations Baubehelf *m*
temporary load zeitweilige Belastung *f*
temporary occupiable room temporär bewohnbarer Raum *m*
temporary opening vorläufige Öffnung *f*
temporary prestressing provisorische Vorspannung *f*
temporary rivet Heftniet *m*
temporary shoring zeitweiliges Absteifen *n*, Bauabsteifen *n*, Hilfsaussteifung *f*
temporary signal *(Verk)* vorübergehende Baustellensignaleinrichtung *f*
temporary storage vorläufige Lagerung *f*
temporary stress Transportspannung *f (Betonelement)*; Montagespannung *f*
temporary structure Baubehelf *m*, Behelfsbau *m*
temporary water connection provisorischer Wasseranschluss *m*
temporary work Baubehelf *m*, Behelfsbau *m*
temse *(AE)* Sieb *n*, Sandsieb *n*
tenacious zäh; festhaftend
tenaciousness Zähfestigkeit *f*
tenacity Zäh(fest)igkeit *f*, Bruchzugfestigkeit *f*; Haftfestigkeit *f*
tenancy Pachtbesitz *m*; Pachtverhältnis *n*
tenant Mieter *m*, Wohnungsmieter *m*; Pächter *m*
tenant's improvement Modernisierung *f* [Bauveränderung *f*] durch den Mieter
tenant's protection Mieterschutz *m*
ten-bay zehnjochig
tend *v* **to corrode** zur Korrosion neigend
tendency to crack(ing) Rissneigung *f*
tendency to shearing Schubneigung *f*
tendency to vibrate Schwingneigung *f*
tender *v* 1. anbieten, ein Angebot einreichen; sich bewerben; 2. brüchig machen, schwächen *(Material)*; 3. morsch werden
tender *v* **out** ausschreiben
tender Angebot *n*, Offerte *f*, Kostenanschlag *m (bei Angeboten)*; Lieferangebot *n*
tender documents Ausschreibungsunterlagen *fpl*
tender drawing Angebotszeichnung *f*
tender notice Ausschreibungsbekanntmachung *f*, Ausschreibungsveröffentlichung *f*
tendered price Angebotspreis *m*, Abgabepreis *m*
tenderer Bieter *m*, Anbieter *m*
tendering Ausschreibung *f*, Angebotsverfahren *n*; Anbieten *n*
tendering date Angebotstermin *m*
tendering form Angebotsformblatt *n*
tendering period Ausschreibungsdauer *f*, Ausschreibungsfrist *f*
tendering procedure Ausschreibungsverfahren *n*
tenders Ausschreibung *f*
tendon Spannglied *n*; Sehne *f*
tendon duct Spanngliedkanal *m (Spannbeton)*
tendon profile Spanngliedform *f*, Spanngliedverlauf *m*
tendon profiler Spanngliedabstandhalter *m*
tendon swift Spanngliedrolle *f*
tenement Mietwohnung *f*
tenement buildings Mehrfamilienhäuser *npl*
tenement house Mietshaus *n*, *(bes.)* Mietskaserne *f*
tenement letter Grundstücksbrief *m (Pachtbrief, Vertragswesen)*
tenon *v* Zapfen schneiden
tenon *v* **and mortise** verzapfen
tenon *v* **into** einzapfen
tenon 1. Zapfen *m*; 2. *(Hb)* Einlasszapfen *m*; Zinke *f*; Vorsprung *m*
tenon-and-mortise joint *(Hb)* Zapf(en)verbindung *f*
tenon-and-slot mortise Zapfenschlitzverbindung *f*, Schlitzzapfung *f*
tenon jointing Verzapfung *f*
tenon saw Fuchsschwanz *m*; Feinsäge *f*
tenon with bevelled shoulder Zapfen *m* mit schräger Brust
tenon with square shoulder Zapfen *m* mit gerader Brust
ten-point influence line zehnteilige Einflusslinie *f*
tensibility Zugbelastbarkeit *f*, Streckbarkeit *f*
tensibility test *s.* tensile test
tensible zugbelastbar, streckbar; spannbar; dehnbar; ziehbar
ten-sided zehnseitig, zehneckig
tensile streckbar, zugbeanspruchbar, dehnbar; ziehend; Spannungs..., Dehnungs..., Zug..., Dehn...
tensile bar Zugstab *m*
tensile behavior Zugbeanspruchungsverhalten *n*
tensile bending strength Biegezugfestigkeit *f*
tensile bending stress Zugbiegespannung *f*
tensile break Zerreiß(proben)bruch *m*
tensile bursting force Spaltzugkraft *f*
tensile capacity *s.* tensile strength
tensile cracking Zugriss bildung *f*
tensile ductility Bruchdehnung *f*
tensile dynamometer Zugkraftdose *f*
tensile failure Dehnungsbruch *m*, Dehnungsversagen *n*
tensile fatigue test Dauerzugprüfung *f*
tensile force Zugkraft *f (mechanisch)*
tensile load Zugbeanspruchung *f*, Zuglast *f (mechanisch)*
tensile loading Zugbelastung *f*
tensile modulus Zugmodul *m*
tensile power Zugeigenschaft *f*, Zugvermögen *n*
tensile property Zugeigenschaft *f*, Zugvermögen *n*
tensile quality Zugeigenschaft *f*, Zugvermögen *n*
tensile reinforcement Zugbewehrung *f*
tensile shear test Scherzugprüfung *f*
tensile specimen Zugprobenstück *n*, Probezugstück *n*
tensile splitting force Spaltzugkraft f
tensile splitting strength Spaltzugfestigkeit *f*
tensile steel hochfester Stahl *m*
tensile strain Zugdehnung *f*
tensile strength Zugfestigkeit *f*, Zerreißfestigkeit *f*
tensile stress (innere) Zugspannung *f*; Zugbeanspruchung *f*
tensile system zugbeanspruchte Konstruktion *f*

tensile test Zugversuch *m*, Zerreißprüfung *f*, Zerreißversuch *m*
tensile test piece Probezugstück *n*, Zugstab *m (für eine Zugprüfung)*
tensile testing Zugfestigkeitsprüfung *f*
tensile testing machine Zugfestigkeitsprüfmaschine *f*
tensile yield strength Streckgrenze *f*
tension *v* 1. spannen *(Zugspannung)*; auf Zug beanspruchen; strecken; anspannen; 2. vorspannen, Vorspannung aufbringen *(Spannbeton)*
tension *v* **together** zusammenspannen
tension 1. Zug *m*; Spannung *f (Zugspannung, Oberflächenspannung)*; 2. elektrisches Potenzial *n*, Spannung *f*
tension bar Zugstab *m*, Zugglied *n*, Probestab *m (Zugprobe)*
tension bolt Zug(bolzen)schraube *f*
tension boom Zugflansch *m*, Zuggurt *m*
tension brace *s.* tension diagonal
tension cable Spanndraht *m*
tension chord Zugflansch *m*, Zuggurt *m*
tension-compression system Zug-Drucksystem *n*
tension connection Zugverbindung *f (Verbindungselement)*
tension crack Spannungsriss *m*
tension device Tensiometer *n*
tension diagonal Kreuzstrebe *f*, Zugdiagonale *f*, gezogene Schräge *f*
tension element Zugglied *n*, Zugelement *n*, Zugstab *m*
tension failure Zugversagen *n*
tension field action Beulwirkung *f*
tension flange Zuggurt *m*, Zuggurtung *f*
tension force Zugkraft *f*
tension fracture Dehnungsriss *m*
tension-free state spannungsfreier Zustand *m*
tension joint 1. Zugverbindung *f (Verbindungselement)*; 2. *(Erdb)* Dehnungskluft *f*
tension load(ing) Zugbelastung *f*
tension member Zugstab *m*, Zugstange *f*, Zugglied *n*, Zuganker *m*, Zugband *n*
tension on edge Randspannung *f*
tension pile Zugpfahl *m*
tension-proof zugfest
tension reinforcement Zugbewehrung *f*
tension resistance Zugwiderstand *m*
tension rib Zugrippe *f*
tension ring Zugring *m*
tension rod Zugstab *m*, Zugglied *n*
tension side Zugseite *f*
tension specimen Zerreißprobestab *m*
tension spring Spannfeder *f*
tension strain Längsdehnung *f*
tension strength Zugfestigkeit *f*
tension stress (innere) Zugspannung *f*
tension structure zugbeanspruchte Konstruktion *f*
tension system zugbeanspruchte Konstruktion *f*
tension test Zugversuch *m*, Zerreißprüfung *f*, Zerreißversuch *m*
tension test machine Zugprüfgerät *n*
tension test specimen Zugprobekörper *m*, Zugprüfkörper *m*, Zugfestigkeitsprüfkörper *m (Baustoffprüfung)*
tension tie *s.* tension member
tension wire Spanndraht *m*
tension wood zugbeanspruchtes Holz *n*, Holz *n* mit Trockenzugspannung
tension zone Zugbereich *m*, Zugzone *f*
tensional bar Zugstab *m*, Zugglied *n*; gezogener Stab *m*
tensional forces Spannungskräfte *fpl*
tensional gasket zugbeanspruchtes Dichtungsprofil *n*, zugbeanspruchte Selbstdichtung *f*

tensioned 1. zugbeansprucht; 2. vorgespannt *(Spannbeton)*
tensioned connection Spannverbindung *f*
tensioning 1. Beanspruchung *f* auf Zug, Zugbeanspruchung *f*; 2. Vorspannung *f*, Aufbringen *n* der Vorspannung *(Spannbeton)*; 3. Spannen *n*, Spann...
tensioning area Spannungszone *f*
tensioning bar Spannstab *m*
tensioning block Spannblock *m (für Spannbeton)*
tensioning cable Spannlitze *f*, Drahtseil *n*
tensioning element Spannelement *n*
tensioning jack Spannpresse *f*, Spannbetonpresse *f*
tensioning method Spannbetonverfahren *n*
tensioning order Spannfolge *f*, Vorspannfolge *f*
tensioning rope Spannseil *n*, Abspannkabel *n*
tensioning system Spannverfahren *n*, Vorspannverfahren *n*, Spannbetonverfahren *n*
tensioning tendon Spannglied *n*, Vorspannglied *n*
tensioning value Spannwert *m*, Vorspannungswert *m*
tensioning wedge Spannkeil *m*
tensioning zone Spannzone *f*, Vorspannungszone *f*
tensor Tensor *m (Spannungsvektor)*
tensor function Zensorfunktion *f*
tent Zelt *n*
tent barrack Zeltbaracke *f*, Barackenzelt *n*
tent hut Zeltbaracke *f*
tent membrane Zeltmembrane *f*
tent roof Zeltdach *n*
tent system Zeltsystem *n*
tent system for construction of high points Zeltsystem *n* zum Errichten von Hochpunkten
tentative vorläufig
tentative design criteria vorläufige Bemessungsgrundlagen *fpl*
tentative standard Vornorm *f*
tentatively modernistic *(Arch)* schüchtern-modernistisch
tented roof Zeltdach *n*
tenure by lease Pachtbesitz *m*
tepidarium *(Arch)* Tepidarium *n (Warmluftraum römischer Thermen)*
term 1. Abschlussfigur *f*, Abschlussstatue *f*; 2. Glied *n (einer Gleichung, einer Matrix)*; 3. Frist *f*, Dauer *f*
term of maintenance 1. Wartungsfrist *f*; 2. Instandhaltungsfrist *f*
terminal 1. abschließend; termingemäß; begrenzend, Grenz...; letztes, End...; 2. hoffnungslos, unlösbar *(Aufgaben, Probleme)*
terminal 1. *(El)* Anschlussstück *n*, Anschlussverbinder *m*, Anschlussklemme *f*; 2. Bahnhof *m*, Endstation *f*; 3. *(Verk)* Abfertigungshalle *f*, Empfangsgebäude *n (Flugplatz)*; 4. Endverzierung *f (eines Pfeilers)*; Verzierung *f* eines Endstücks; 5. Datenstation *f*; 6. Anfangs-/Endkonstruktion *f*
terminal bending moment Einspannbiegemoment *n*
terminal box *(El)* Klemmkasten *m*, Anschlusskasten *m*, Kabelübergangskasten *m*
terminal bracket Abspannstütze *f*
terminal building Empfangsgebäude *n (Flughafen)*
terminal condition Einspannbedingung *f*, Einspannungsbedingung *f*
terminal connector Klemmverbinder *m*
terminal degree Einspann(ungs)grad *m*
terminal end condition Einspannungsbedingung *f*
terminal expense Vertragsabbruch(s)kosten *pl*
terminal figure *(Arch)* Herme *f*, Abschlussfigur *f*, Abschlussstatue *f*
terminal limit switch Endschalter *m*
terminal mast Endabspannmast *m (Leitungsbau)*
terminal member *(Arch)* krönendes Element *n*, bekrönendes Element *n*

terminal moraine Endmoräne *f*
terminal pedestal *(Arch)* Hermenpfeiler *m*, Abschlussfigurensockel *m*
terminal plug Stopfen *m*
terminal pole Abspannstange *f*, Endmast *m*, Abspannmast *m*
terminal port Endhafen *m*
terminal post *(Arch)* Hermenpfeiler *m*; Anschlusssäule *f*
terminal pressure *(Bod)* Enddruck *m*
terminal railroad station *(AE)* Endstation *f*, Endbahnhof *m*
terminal railway station Endstation *f*, Endbahnhof *m*
terminal reheat system *(HLK)* Umlaufklimaanlage *f* mit separater Luftstromheizung, Einzelkanalheizsystem *n*
terminal sleeve Abschlussmuffe *f*
terminal spindle Abspannstütze *f*
terminal statue *(Arch)* Herme *f*
terminal stopping device Aufzugsendschalter *m*
terminal switch Endschalter *m*
terminal unit *(HLK)* Einspeiseöffnung *f (Klimaanlage)*
terminal velocity *(HLK)* Luftausströmgeschwindigkeit *f (Klimaanlage)*
terminal wire *(El)* Anschlussdraht *m*
terminate *v* abschließen, beenden; abbrechen *(Bauarbeiten)*
terminated stop Türöffnungsbegrenzer *m (in Fußbodenhöhe)*; Fensterarretierung *f*
terminating Abspannung *f (Leitungsbau)*
termination 1. Abschluss *m*, Beendigung *f*, Kündigung *f*; Abbruch *m (Bauarbeiten)*; 2. *(El)* Endverschluss *m*; 3. *(Arch)* Schluss *m*, Abschluss *m*, abschließende Bauform *f (Abschlusselement in der Kirchenarchitektur)*
termination cable Abschlusskabel *n*
termination of choir Chorschluss *m*
termination of the contract Vertragsbedingung *f*
termination of wires on terminal poles Abspannung *f* der Leitungen
termination piece Endstück *n*
terminology Terminilogie *f*, Begriffsbestimmung *f*
terminus 1. *s.* terminal figure; 2. Kopfbahnhof *m*; Endstation *f*
terminus station Kopfbahnhof *m*
termite-proof termitenfest
termite shield Termitenschutzblech *n*
terms of a competition Wettbewerbsbedingungen *fpl*
terms of delivery [supply] Lieferbedingungen *fpl*
ternary alloy Dreistofflegierung *f*
ternary link Dreibinder *m*
terneplate Terneblech *n*; Weißblech *n*, Mattblech *n (Dachdeckung)*
terpene solvent Terpenlösungsmittel *n*
terra-cotta *s.* terracotta
terrace *v* Terrassen anlegen; terrassenförmig abstufen *(z. B. Böschung)*
terrace 1. Terrasse *f*; 2. *(Erdb)* Absatz *m*, Stufe *f (im Gelände)*; Berme *f*; 3. Häuserzeile *f (Reihenhäuser)*; 4. *(Wsb)* Gefällestufe *f* • **in terraces** terrassenartig
terrace access Terrassenzugang *m*
terrace blind Terrassenmarkise *f*
terrace door Terrassentür *f*
terrace door furniture Terrassentürbeschläge *mpl*
terrace dwelling (unit) *(AE)* Terrassenwohnung *f*
terrace heating Terrassenheizung *f*
terrace house Reihenhaus *n*, Zeilenhaus *n*
terrace of front steps Freitreppe *f*
terrace restaurant Terrassenrestaurant *n*
terrace roof Terrassendach *n*; Flachdach *n*; abgestumpftes Dach *n*
terrace-shaped apartment building *(AE)* Terrassenmehrfamilienhaus *n*
terrace-shaped block of flats Terrassenmehrfamilienhaus *n*
terrace temple *(Arch)* Terrassentempel *m*
terrace tile Terrassenplatte *f (Steinplatte)*
terrace wall Stützmauer *f*
terraced terrassenartig
terraced dwellings Terrassenbebauung *f*
terraced garden *(Arch)* abgetreppter Garten *m*, Terrassengarten *m*, hängender Garten *m*
terraced housing Reihenbebauung *f*, Zeilenbebauung *f*; Reihenhäuser *npl*, Zeilenhäuser *npl*
terraced mastabah *(Arch)* Stufenmastaba *f*; Stufenpyramide *f*
terraced mortuary temple *(Arch)* Terrassentempel *m*, Stufentotentempel *m*
terraced pyramid *(Arch)* Terrassenpyramide *f*
terracing Terrassenanlegen *n*
terracotta Terrakotta *f*
terracotta architecture Terrakottaarchitektur *f*, Terrakottabaukunst *f*
terracotta block Terrakottastein *m*
terracotta decorative finish *(Arch)* Terrakottaschmuck *m*, Terrakottaverzierung *f*
terracotta enrichment *(Arch)* Terrakottaschmuck *m*, Terrakottaverzierung *f*
terracotta facing Terrakottaverkleidung *f*
terracotta floor Terrakottafußboden *m*
terracotta lining Terrakottaverkleidung *f*, Terrakottaauskleidung *f*
terracotta ornament *(Arch)* Terrakottaornament *n*, Terrakottaschmuckelement *n*
terracotta panel Terrakottatafel *f (Wandtafel)*
terracotta partition Terrakottatrennwand *f*
terracotta pipe Terrakottarohr *n*
terracotta roof tile Terrakottadachstein *m*
terracotta statue *(Arch)* Terrakottastatue *f*
terracotta tile Terrakottafliese *f*, Terrakottastein *m*
terrain Gelände *n*, Terrain *n*
terrain category *(Verk)* Geländekategorie *f*
terrain clearance Baugeländefreiheit *f*; Geländeberäumung *f*
terrain layout Geländeplan *m*
terrain model Geländemodell *n*
terrain photosurvey fotografische Geländeaufnahme *f*
terrain roughness Geländeunebenheit *f*
terrain sector Geländeabschnitt *m*
terrain surface Geländeoberfläche *f*
terrain survey Geländevermessung *f*
terras *s.* trass
terrazzo (concrete) Terrazzo(estrich) *m*
terrazzo floor Terrazzofußboden *m*
terrazzo flooring finish Terrazzofußbodenbelag *m*
terrazzo layer Terrazzoleger *m*
terrazzo mixture [mix] Terrazzogemisch *n*, Terrazzomischung *f*
terrazzo plant Terrazzobetrieb *m*, Terrazzowerk *n*
terrazzo rough grind(ing) Terrazzo(grob)schleifen *n*
terrazzo setting bed Terrazzounterlage *f*, Terrazzomörtellage *f*
terrazzo sink drop Terrazzospültisch *m*
terrazzo slab Terrazzoplatte *f*
terrazzo surfacer Terrazzoschleifmaschine *f*
terrazzo tile Terrazzofliese *f*, Terrazzo(wand)platte *f*
terrazzo topping Terrazzodecklage *f*
terrazzo ware Terrazzowaren *fpl*
terrazzo work Terrazzoarbeiten *fpl*
terreous erdig
terreplein Erddamm *m* mit verdichteter Oberfläche

terrestrial terrestisch, Erd...
terrestrial heat Erdwärme *f*
terrestrial longitude geographische Länge *f*
terrestrial photogrammetry Erdbildmessung *f*
terrestrial rib Tertiärrippe *f*
terrestrial water terrestrisches Wasser *n*
territorial territorial, Land..., Gebiet..., Gelände...
territorial section Geländeabschnitt *m*
territory Gebiet *n*, Territorium *n*
terry cloth Schlingengewebe *n (Teppich)*
tertiary teriär
tertiary beam Tertiärträger *m*, Auflagerbalken *m* auf einem zweiten Balken
tertiary creep tertiäres Kriechen *n*, tertiäres Verformen *n*, plastisches Fließen *n*
tertiary sewage treatment dritte Reinigungsstufe *f*
tessellated gewürfelt; schachbrettartig
tessellated pavement 1. Würfelmosaik *n (Pflaster)*; 2. Mosaikfußweg *m*
tessellated work schachbrettartige Einlegearbeit *f*
tessera Tessera *f*, Mosaikstein *m (im antiken Rom)*
tesserae Mosaikfläche *f (im antiken Rom)*
test *v* prüfen, testen *(z. B. Materialien)*; untersuchen
test *v* **for** prüfen auf
test Prüfung *f*, Versuch *m*; Untersuchung *f*; Nachweis *m (z. B. eines Stoffes, Elementes)*
test apparatus Prüfvorrichtung *f*; Prüfgerät *n*
test application Probeauftrag *m*, Probeaufstrich *m*
test area Prüffläche *f*, Testfläche *f*
test arrangement Versuchsaufbau *m*, Versuchsanordnung *f*
test at constant load Dauerbelastungsversuch *m*
test bar Probestab *m*; Zugstab *m*
test bench Prüfstand *m*
test certificate Prüfbericht *m*, Prüfprotokoll *n*, Prüfungsnachweis *m (Bauüberwachung)*
test chamber Versuchsraum *m*
test conditions Prüfbedingungen *fpl*; Versuchsbedingungen *fpl*
test core Bohrkern *m*
test cube Probewürfel *m*, Prüfwürfel *m*
test cycle Prüfzyklus *m*
test cylinder Prüfzylinder *m*; Betonprüfzylinder *m*
test data Prüfdaten *pl*, Prüfergebnisse *npl*
test development Versuchsprojekt *n*, Versuchsbauvorhaben *n*
test document *s.* test certificate
test drill Aufschlussbohrung *f (Baugrund)*
test engineer Prüfingenieur *m*, Prüfungsingenieur *m*
test evaluation Versuchsauswertung *f*
test exposure Prüfbeanspruchung *f (Feldprüfung)*
test fill [filling] *(Bod)* Probeschüttung *f*, Versuchsschüttung *f*
test for gas pressure Gasdruckprüfung *f*
test for silt Absetzprobe *f*, Sediment(absetz)prüfung *f*
test foundation pile Probegründungspfahl *m*
test frequency Prüfhäufigkeit *f*
test ground Versuchsfeld *n*, Prüffeld *n*, Versuchsgelände *n*, Prüfgelände *n*
test hole Schürfloch *n*
test installation Prüfstandeinrichtung *f*
test laboratory Testlabor *n*
test load Prüflast *f*, Prüfbelastung *f*
test loading Prüfbelastung *f*, Probebelastung
test machine Prüfpresse *f*
test mark Prüfzeichen *n*
test material Prüfmaterial *n*; Versuchsbaustoff *m*
test method Prüfverfahren *n*, Prüfmethode *f*, Versuchsverfahren *n*
test methods for aggregates Prüfverfahren *npl* für Mineralstoffe
test methods for cement Prüfverfahren *npl* für Zement
test methods for soil Bodenprüfverfahren *npl*
test operation Probebetrieb *m*, Versuchsbetrieb *m*
test panel Prüftafel *f*, Probeplatte *f*, Plattenmuster *n*, Versuchstafel *f (meist für Beschichtungsprüfungen)*
test performance Prüfverhalten *n*; Versuchsverhalten *n*
test piece Probekörper *m*, Probestück *n*, Prüfstück *n*
test pile Probepfahl *m*
test pit Schürfloch *n*, Untersuchungsschürfe *f (Geologie)*; Baugrundschürfschacht *m*
test pit for a building ground Baugrundschürfschacht *m*
test plug Prüfverschlusspfropfen *m (Dränrohr)*
test precision Prüfgenauigkeit *f*
test pressure Prüfdruck *m*
test probe Sonde *f*
test project Versuchsprojekt *n*, Versuchsbauvorhaben *n*
test pumping Pumpversuch *m*
test record Prüfaufzeichnung *f*, Prüfbericht *m*; Versuchsprotokoll *n*
test regulations Prüfvorschriften *fpl*
test report Prüfbericht *m*; Werkzeugnis *n*
test result Prüfergebnis *n*, Prüfbefund *m*; Versuchsergebnis *n*
test rig Versuchsaufbau *m*; Versuchsanlage *f*; Prüfstand *m*
test room Prüfraum *m*, Versuchsraum *m*
test run Probelauf *m*, Testlauf *m*
test sample Prüfstück *n*; Probe *f*; Probekörper *m*, Versuchskörper *m*
test sample mould Prüfkörperform *f*, Probekörperform *f*
test scheme Versuchsprojekt *n*, Versuchsbauvorhaben *n*
test section Versuchsabschnitt *m*, Probeabschnitt *m*, Versuchsstrecke *f*, Probestrecke
test series Prüfreihe *f*, Versuchsreihe *f*
test set-up Prüfanordnung *f*, Prüfaufbau *m*; Versuchsanordnung *f*
test sieve Prüfsieb *n*
test site Versuchsbaustelle *f*, Versuchsort *m*; Testbaustelle *f*
test specifications Prüfvorschriften *fpl*
test specimen Probe *f*, Prüfmuster *n*
test stand Prüfstand *m*
test standard Prüfnorm *f*
test station Prüfstand *m*, Prüfstation *f*
test structures Versuchsbauten *mpl*
test symbol Prüfzeichen *n*
test tee Verschluss-T-Stück *n* für Dichtigkeitsprüfung
test track *(Verk)* Versuchsbahn *f*, Versuchsstreifen *m*
test tube Reagenzglas *n*
test variable Versuchsveränderliche *f*, Prüfvariation *f*
test well 1. *(Bod)* Schürfbohrung *f*; 2. *(Wsb)* Versuchsbrunnen *m*
tester 1. Prüfgerät *n*; 2. *(Arch)* Thronhimmel *m*; Betthimmel *m*
testing Prüfung *f*, Prüfen *n*
testing agent Prüfmittel *n*
testing engineer Prüfingenieur *m*
testing facility Prüfeinrichtung *f*
testing ground Versuchsgelände *n*, Prüfgelände *n*, Versuchsfeld *n*, Prüfgelände *n*
testing institute Prüfinstitut *n*, Versuchsanstalt *f*
testing laboratory Prüflabor *n*
testing machine Prüfmaschine *f*
testing method Prüfverfahren *f*, Prüfmethode *f*, Versuchsverfahren *n*
testing method standard Prüfnorm *f*, Prüfungsstandard *m*
testing of materials Baustoffprüfung *f*
testing parameter Prüfparameter *m (pl)*

testing pressure Prüfdruck *m*, Prüfungsdruck *m*
testing principle Prüfgrundsatz *m*
testing procedure Prüfverfahren *n*; Versuchsdurchführung *f*
testing programme Prüfprogramm *n*; Versuchsprogramm *n*
testing regulations Prüfvorschriften *fpl*
testing sieve Prüfsieb *n*
testing site Versuchsbaustelle *f*
testing technique Prüftechnik *f*, Prüfmethodik *f*
testing time Versuchsdauer *f*, Prüfdauer *f*, Versuchszeit *f*, Prüfzeit *f*, Probedauer *f*, Probezeit *f*
testing work Untersuchungsarbeit *f*, Prüftätigkeit *f (Bauwerksprüfung)*
testpile Probepfahl *m*
tetracalcium alumino ferrite Tetrakalziumaluminatferrit *n*, C4AF *n (Zementmineral)*
tetrachlorathylene Tetrachloräthylen *n*
tetrachloromethane Tetrachlorkohlenstoff *m*, Tetrachlormethan *n (Extraktionslösungsmittel)*
tetragonal tetragonal
tetrahedron Tetraeder *n*
tetrapod Vierfußblock *m (Küstenschutzelement)*
tetrapylon *(Arch)* Viertorgebäude *n*, Gebäude *n* mit vier Toren *(antike Baukunst)*
tetrastoon *(Arch)* Hof *m* mit Säulengang an allen vier Seiten *(antike griechische Baukunst)*
tetrastyle viersäulig
tetrastyle *(Arch)* Tetrastylos *m (Bauwerk mit vier Säulen)*
tetrastyle colonnade Kolonnade *f* mit vier Säulen
tetrastyle temple Tetrastylostempel *m*
textile glass mat *(Erdb)* Textilglasmatte *f*
texture 1. Gefüge *n (Gestein)*; Textur *f (Gewebe)*; Struktur *f*, Strukturierung *f (von Werkstoffen)*; Rauheit *f*; 2. Kornaufbau *m*, Kornzusammensetzung *f (Gesteinsgemisch)*
texture brick Rautexturziegel *m*
texture depth Texturtiefe *f (Staßenoberfläche)*
texture-finished paint verformbarer Anstrich *m*, texturierbare Farbe *f*
texture meter Rauheitsmessgerät *n*
textured and profiled finishes strukturierte und profilierte Oberflächen *fpl*
textured board Strukturplatte *f*
textured brick slab ziegeltexturierte Wandscheibe *f*
textured concrete Strukturbeton *m*, strukturierter Sichtbeton *m*
textured exposed concrete Strukturbeton *m*, strukturierter Sichtbeton *m*
textured fair-faced concrete Strukturbeton *m*, strukturierter Sichtbeton *m*
textured finish Strukturoberfläche *f*, strukturierte Deckschicht *f*, Oberflächenstruktur *f*, Putzstruktur *f*
textured paint verformbarer Anstrich *m*, texturierbare Farbe *f*
textured tile Strukturfliese *f*, Strukturbelagplatte *f*
Thai architecture Thaiarchitektur *f*
thatch *v* mit Schilf eindecken, mit Stroh decken
thatch Dachstroh *n*, Dachschilfrohr *n*
thatch material Rohrmaterial *n*
thatchboard Strohbauplatte *f*
thatched cottage Strohhütte *f*
thatched roof Schilfdach *n*, Strohdach *n*, Rieddach *n*
thatcher Dachdecker *m (für Schilfdächer)*
thatching Strohbedachung *f*, Schilfdacheindeckung *f*
thatching material Rohrmaterial *n (Dach)*
thatching read Dachdeckungsschilfrohr *n*, Dacheindeckschilf *n*
thatching straw Dachdeckungsstroh *n*, Dacheindeckstroh *n*
thaw *v* tauen, auftauen, schmelzen
thaw Tauwetter *n*; Tau *m*
thaw point 1. *(HLK)* Taupunkt *m*, Auftaupunkt *m*; 2. Tropfpunkt *m*, Fließpunkt *m (Bitumen)*
thawing soil settlement Bodenverdichtung *f* während der Auftauzeit
theater *(AE) s.* theatre
theatre Theater *n*, Schauspielhaus *n*
theatre architecture Theaterbaukunst *f*
theatre auditorium Theatersaal *m*
theatre box Theaterloge *f*
theatre building Theatergebäude *n*
theatre curtain Theatervorhang *m*
theatre house Theatergebäude *n*
theatre-in-the-round Arena *f*
theatre seating Zuschauerraumbestuhlung *f*, Saalbestuhlung *f*
theatre stage Theaterbühne *f*
theatrical designer Bühnenzeichner *m*
theatron *(Arch)* Theatron *n (ansteigende Sitzreihen des antiken Theaters)*
theme park Freizeitpark *m*, Themenpark *m*
theodolite Theodolit *m*
theorem *(Stat)* Satz *m*
theorem of superposition Superpositionsgesetz *n*, Superpositionsgleichung *f*
theorem of three moments *(Stat)* Dreimomentengleichung *f*
theorem of virtual displacements *(Arch)* Prinzip *n* der virtuellen Verrückungen
theorem of virtual work *(Arch)* Prinzip *n* der virtuellen Arbeit
theoretical dimension Nennmaß *n*, Sollmaß *n*, Nennabmessung *f*, Sollabmessung *f*, Nennabmessung *f*
theoretical elasticity theoretische Elastizität *f*
theoretical height Sollhöhe *f*, Nennhöhe *f*
theoretical load theoretische Grenzlast *f*
theoretical shape Sollform *f*
theoretical size Sollgröße *f*, Nenngröße *n*
theory of architecture Theorie *f* der Archtektur, Theorie *f* der Baukunst
theory of buckling Knicktheorie *f*
theory of creep Kriechtheorie *f*
theory of deformation Formänderungstheorie *f*
theory of disks Scheibentheorie *f*
theory of elasticity Elastizitätstheorie *f*
theory of empathy *(Arch)* Theorie *f* der Einfühlung
theory of failure Bruchhypothese *f*
theory of flow Strömungslehre *f*
theory of form and design *(Arch)* Formenlehre *f*, Formlehre *f*
theory of ideal plasiticity ideale Plastizitätstheorie *f*
theory of plastic flow Theorie *f* des plastischen Fließens
theory of plasticity Plastizitätstheorie *f*, plastische Theorie *f*
theory of probability Wahrscheinlichkeitstheorie *f*
theory of sheets Scheibentheorie *f*
theory of stability Stabilitätstheorem *n*
theory of strain Spannungstheorie *f*
theory of strength of materials Festigkeitslehre *f*
theory of structures Statik *f*, Baustatik *f*
theory of thin shells Theorie *f* der dünnen Schalen
theory of torsion Torsionstheorie *f*
therm Therm *n (SI-fremde Einheit der Wärmemenge; 1 therm = 1,05506 x* 10^8 *J)*
therma Therme *f*
therma room Thermensaal *m*
thermae *(Arch)* Warmbad *n*, Thermen *fpl (öffentliches Bad im antiken Griechenland und Rom)*

Thermae of Nero *(Arch)* Nerothermen *fpl*
Thermae of Titus *(Arch)* Titusthermen *fpl*
thermal thermisch; warm; heiß; Wärme...
thermal analysis Thermoanalyse *f*
thermal balance Wärmebilanz *f*
thermal barrier Wärmedurchgangsdämmschicht *f*, Wärmesperre *f*
thermal baths Warmbad *n*
thermal blanket Wärmedämmmatte *f*
thermal break Wärmedurchgangsdämmschicht *f*, Wärmesperre *f*
thermal bridge Wärmebrücke *f*; Kältebrücke *f*
thermal buffer thermischer Puffer *m*
thermal capacity Wärmekapazität *f*
thermal circuit breaker Thermoschalter *m*
thermal circulation Wärmezirkulation *f*
thermal class Wärmeklasse *f*
thermal coefficient Temperaturkoeffizient *m*
thermal conductance 1. Wärmeleitwert *m*; 2. Wärmedurchgangszahl *f*
thermal conduction Wärmeleitung *f*
thermal conductivity Wärmeleitfähigkeit *f*, Wärmeleitvermögen *n*
thermal conductor Wärmeleiter *m*
thermal convection Wärmekonvektion *f*, konvektive Wärmeübertragung *f*, Wärmemitführung *f*
thermal crack Temperaturriss *m*
thermal cracking Temperaturriss bildung *f*
thermal cut-out *(El)* Überlastungsabschalter *m*
thermal cycling Temperaturwechselbeanspruchung *f*
thermal deformation Wärmeverformung *f (Baustoffe, Bauelemente)*
thermal detector Temperaturmessfühler *m*
thermal diffusion Thermodiffusion *f*
thermal diffusivity Temperaturleitfähigkeit *f*, Temperaturleitzahl *f (in m^2/s)*; Wärmeausbreitungsvermögen *n*
thermal discharge Abwärme *f*
thermal efficiency thermischer Wirkungsgrad *m (Heizung)*
thermal emission Wärmeabgabe *f*
thermal emissivity Wärmeabgabevermögen *n*
thermal environment Temperierung *f*
thermal expansion Wärme(aus)dehnung *f*
thermal expansion coefficient Wärmeausdehnungszahl *f*, spezifischer Wärmeausdehnungskoeffizient *m*
thermal expansion crack Wärmedehnungsriss *m*
thermal expansion joint Wärmedehn(ungs)fuge *f*
thermal extension Wärme(aus)dehnung *f*
thermal fatigue Wärmeermüdung *f*
thermal insulating cement Schäum(plast)zement *m (zur Dämmung)*
thermal insulation Wärmedämmung *f*, Wärmeschutz *m*
thermal insulation board Wärmedämmplatte *f*, Wärmedämmtafel *f*
thermal insulation material Wärmedämmstoff *m*
thermal insulation of a boiler Kesselwärmeschutz *m*
thermal insulation regulation Wärmeschutzverordnung *f*
thermal insulation test wärmeschutztechnische Prüfung *f*
thermal insulation value Wärmeschutzwert *m*
thermal insulator *s.* thermal insulation material
thermal load Wärmebelastung *f*
thermal loss Abwärme *f*; Wärmeverlust *m*
thermal output Wärmeabgabe *f*, Wärmeleistung *f*, thermischer Wirkungsgrad *m*
thermal overload protection thermischer Überlastungsschutz *m*
thermal performance Wärmeleistung *f*
thermal pollution Wärmebelastung *f*
thermal polymerization Wärmepolymerisation *f*
thermal power station Wärmekraftwerk *n*
thermal properties thermische Eigenschaften *fpl*
thermal radiation Wärmestrahlung *f*, thermische Strahlung *f*, Temperaturstrahlung *f*
thermal radiator Radiator *m*
thermal relay Temperaturrelais *n*, Thermorelais *n*
thermal resistance 1. Wärme(durchgangs)widerstand *m*; 2. Wärmetrocknung *f (Lacktrocknen)*
thermal resistivity Wärmebeständigkeit *f*, Wärmewiderstandsfähigkeit *f*
thermal sealing Heißverschweißen *n (von Kunststoffen)*
thermal shock Wärmestoßspannung *f*, Wärmestoßbeanspruchung *f*, Temperaturschock *m*
thermal shrinkage thermisches Schrumpfen *n*
thermal spa Thermalbad *n*
thermal spring Thermalquelle *f*
thermal springs resort Thermalbad *n*
thermal stability Wärmebeständigkeit *f*, Hitzebeständigkeit *f*, Wärmestabilität *f*, thermische Beständigkeit *f*
thermal storage heating Speicherheizung *f*
thermal storage water heater Warmwasserspeicher *m*
thermal strain Wärmedehnung *f*, thermische Ausdehnung *f*
thermal stress Temperaturspannung *f*, Wärmespannung *f*; Wärmebeanspruchung *f*, thermische Spannung *f*
thermal transfer Wärmeübergang *m*
thermal transmissibility Wärmedurchlässigkeit *f*
thermal transmission factor Wärmedurchlässigkeitszahl *f*
thermal transmittance spezifischer Wärmefluss *m*; Wärmedurchgangszahl *f*
thermal unit Wärmeeinheit *f (z. B. Kilowatt, Joule)*
thermal value Heizwert *m*
thermal valve thermorelaisgesteuertes Ventil *n*, Ventil *n* mit Thermostatsteuerung
thermal window *(Arch)* Thermenfenster *n*, diokletianisches Fenster *n*
thermally insulated wärmegedämmt, mit Wärmedämmung
thermally stable hitzebeständig
thermic thermisch
thermic drilling thermische Bohrung *f*
thermistor Temperaturmessfühler *m*
thermit welding Thermitschweißen *n*
thermochemical thermochemisch
thermocouple Thermoelement *n*, Thermopaar *n*
thermodiffusion Thermodiffusion *f*
thermodynamic thermodynamisch
thermodynamics Thermodynamik *f*
thermolabile wärmeunbeständig
thermolysis Thermolyse *f (Wärmezerfall)*
thermometer probe Temperaturmesssonde *f*
thermometer well Temperaturmessöffnung *f*
thermopane glass Thermopane *n (Mehrscheibenisolierglas)*
thermopane glazing Isolierverglasung *f*
thermoplastic thermoplastisch
thermoplastic Thermoplast *m*, thermoplastischer Kunststoff *m*
thermoplastic film thermoplastische Folie *f*
thermoplastic hot-melt coating Thermoplastbeschichtung *f (von Holz)*
thermoplastic insulating tape thermoplastisches Isolierband *n*
thermoplastic material *s.* thermoplastic
thermoplastic sheeting thermoplastische Folie *f*
thermoplastic tile Kunstharzbodenplatte *f*, Kunstharzfußbodenfliese *f*
thermoplasticity Thermoplastizität *f*
thermoplastics Thermoplaste *mpl*

thermoregulator Temperaturregeler *m*
thermoresistant wärmebeständig
thermosensitive wärmeempfindlich
thermoset *s.* thermosetting plastic
thermosetting hitzehärtbar, wärmehärtbar, duroplastisch
thermosetting adhesive Schmelzklebstoff *m*, hitzehärtbarer Klebstoff *m*
thermosetting plastic [resin] Duroplast *m*, hitzehärtbarer [duroplastischer] Kunststoff *m*
thermosiphon Thermosyphon *m*
thermospraying thermisches Spritzen *n*
thermostat Thermostat *m*, Temperaturregler *m*, Wärmeregler *m*, Temperaturschalter *m*
thermostatic thermostatisch
thermostatic blending valve Thermostatbatterie *f*
thermostatic control Thermostatregelung *f*
thermostatic expansion valve direktwirkender Temperaturregler *m*
thermostatic mixer Thermostatbatterie *f*
thermostatic radiator valve thermostatisches Heizkörperventil *n*
thermostatic regulator Regelthermostat *m*, Regeltemperaturfühler *m*
thermostatic trap Temperaturregelklappe *f (Dampfheizung)*
thermostatically controlled thermostatgesteuert
thesaurus *(Arch)* Thesaurus *f*, Schatzhaus *n*
Theseion *(Arch)* Hephästostempel *m (Agora von Athen)*
thick 1. dick; 2. schlammig; 3. dicht *(aufeinander folgen)*
thick dickster Teil *n*, dickste Stelle *f*
thick-bed method Dickbettverfahren *n (Fliesenlegen)*
thick coating Dickschicht *f (Anstrich, Beschichtung)*
thick plate glass dickes Spiegelglas *n*
thick (sheet) plate Grobblech *n*
thick-shaly dickplattig
thick shell dicke Schale *f*
thick-walled dickwandig
thicken *v* eindicken *(Anstrichstoffe)*; verdicken, dickflüssig werden
thickened edge plate randverstärkte Platte *f*
thickened edge slab randverstärkte Platte *f*
thickener Verdickungsmittel *n*
thickening Eindicken *n*, Nachdicken *n*, Verdicken *n (Anstrich, Farbe)*
thickening agent Verdickungsmittel *n*
thicker shaft *(Arch)* alter Dienst *m (Gotik)*
thickness *v* auf bestimmte Dicke bringen, abhobeln *(Holz)*
thickness Dicke *f*, Stärke *f*, Mächtigkeit *f*, Materialstärke *f*, Fleisch *n*
thickness at crown Scheitelstärke *f*
thickness design *(Verk)* Dickenbemessung *f*, Dimensionierung *f (Straße)*
thickness determination Schichtdickenbestimmung *f*
thickness gauge Dickenmesser *m*
thickness measurement Dickenmessung *f*
thickness moulding Traufen(zier)leiste *f*
thickness of a wall Mauerstärke *f*
thickness of arch Bogendicke *f*, Bogenkonstruktionsdicke *f*, Bodenbauhöhe *f*
thickness of finish Putzdicke *f*, Verputzdicke *f*
thickness of layer Schichtdicke *f*
thickness of soil Bodenmächtigkeit *f*
thickness swell Dickenquellung *f (Holz)*
thicknesser *(Hb)* Dickenhobel *m*
thicknessing *(Hb)* Dickenbearbeitung *f*
thief resistant lock diebessicheres Schloss *n*
thimble 1. Mantelhülse *f*, Schornsteinanschlusshülse *f (Rauchrohr, Ofenrohr)*; 2. Muffenstück *n*; Manschettenrohr *n*
thin *v* 1. verdünnen; 2. ausschmieden
thin *v* **down** reduzieren, vermindern, dünner machen *(Schichtdicken)*
thin dünn, dünnflüssig
thin arch dam Schalenstaudamm *m*
thin-bed adhesive Dünnbettkleber *m*
thin-bed fixing technique Dünnbettverfahren *n*, Klebeverfahren *n (Fliesenlegen)*
thin-bed method Dünnbettverfahren *n*, Klebverfahren *n (Fliesen)*
thin-bodied dünnflüssig *(Anstrich)*
thin-cut veneer Dünnschnittfurnier *n*
thin film oven test Bitumendünnschichtalterungstest *m*
thin-laminated dünnblättrig, dünnschichtig
thin partition wall of the chimney *s.* mid-feather
thin plaster Dünnputz *m*
thin section Dünnschliff *m (Prüftechnik)*
thin sheet Feinblech *n*
thin sheet glass Dünnglas *n*
thin-sheet plastic Kunststofffolie *f*
thin-shell dünnschalig
thin shell 1. Schalenbogen *m*; 2. dünnwandige Schale *f*
thin-shell concrete Schalenbeton *m*, Stahlbeton *m* für Schalen(konstruktionen)
thin-shell precast units dünnwandige Fertigteilelemente *npl (Stahlbeton)*
thin-shell rib panel [slab] dünnschalige Rippentafel *f*, Schalenrippenplatte *f*
thin-skinned building dünnwandiger Bau *m*
thin-wall dünnschalig
thin-wall plaster Dünnputz *m*
thin-walled dünnwandig
thin-walled prefabrication dünnwandige Vorfertigung *f*
thin-walled section dünnwandiger Querschnitt *m*
thin-walled tube dünnwandiges Rohr *n*
thin-webbed dünnstegig *(Stegträger)*
thinnability Verdünnbarkeit *f*
thinnable verdünnbar
thinner Verdünnungsmittel *n*, Verdünner *m (Anstrich)*
thinner shaft *(Arch)* junger Dienst *m (Gotik)*
thinnes Dünne *f*
thinning 1. Auflockerung *f*; 2. Verdünnung *f*; Verdünnen *n*; Verschneiden *n*
thinning agent Verdünner *m*, Verdünnungsmittel *n*
thinning-out Auflockerung *f* der Wohnviertel
thinning ratio Verdünnungsverhältnis *n*
thinnings Durchforstungsholz *n*
thiokol Thiokol *n (heller Kunstkautschuk)*
thiourea Thioharnstoff *m*
third coat dritte Putzschicht *f*
third-order equation kubische Gleichung *f*, Gleichung *f* dritten Grades
third party unparteiischer Dritter *m*, unabhängige Institution *f*
third party inspection unabhängige Fremdüberwachung *f*
third party testing Testen *n* durch Dritte
third point Drittelpunkt *m*
third-point load Drittelpunktlast *f*
third-point loading Drittelpunktbelastung *f*
third quality dritte Wahl *f*
third rail Stromschiene *f (für Schienenfahrzeuge)*
thixotropic thixotrop
thixotropic behavior thixotropes Verhalten *n*
thixotropic clay thixotroper Ton *m*
thixotropic coating thixotroper Anstrichstoff *m*
thixotropic paint thixotrope Farbe *f*
thixotropic paste thixotrope Paste *f*
thixotroping agent Thixotropiermittel *n*

thixotropy Thixotropie *f (reversible Erschütterungsverflüssigung)*
thole 1. *(Arch)* Opfernische *f*; 2. *s.* tholus; 3. Scheitelknoten *m (Holzgewölbe)*
tholobate runder Kuppelunterbau *m* [Domunterbau *m*]
tholos 1. *(Arch)* Tholos *f(m) (altgriechischer Rundbau mit Säulenumgang)*; 2. *(Arch)* Opfernische *f*
tholus *s.* tholos
Thomas meal Thomasmehl *f*, Thomasphosphat *n*
Thomas slag Thomasschlacke *f*
Thomas steel Thomasstahl *m*
thoria refractory Thoriumoxiderzeugnis *n*
thorough-dry kerntrocken
thoroughfare 1. Hauptverkehrsstraße *f*, Magistrale *f (in der Stadt)*; 2. Durchgangsstraße *f*, Durchfahrt *f (z. B. durch ein Gebäude, eine Bebauung)*
thread *v* 1. Gewinde schneiden; 2. durchstecken, durchführen
thread Gewinde *n (einer Schraube)*; Gewindegang *m*
thread cutting Gewindeschneiden *n*
thread depth Gewindetiefe *f*
thread escutcheon Schlüssellochblech *n*; Schlossblech *n*
thread pitch Gewindesteigung *f*
threaded anchorage geschraubte Verankerung *f*, Gewindeanker *m*
threaded bar Gewindestab *m*
threaded bolt Gewindebolzen *m*
threaded bracket Gewindehaken *m (z. B. Betonanker)*
threaded bush Gewindehülse *f (z. B. in Beton)*
threaded bushing Einschraubstutzen *m*
threaded connection Gewindeanschluss *m*
threaded earthing sleeve Erdungsbuchse *f*
threaded end Gewindeende *n*
threaded flange Gewindeflansch *m*
threaded hose connection Schlauchverschraubung
threaded joint Gewindeverbindung *f*, Schraubverbindung *f (Rohre)*
threaded pipe Gewinderohr *n*
threaded pipe union Rohrverschraubung *f*
threaded rod Verankerungsbolzen *m*
threaded sleeve joint Muffenverschraubung *f*
threaded socket Einschraubstutzen *m*
threaded tie bar Schraubanker *m*
threadless gewindelos
threadless pipe gewindeloses Rohr *n*
three aisled *(Arch)* dreischiffig *(Kirchenbau)*
three area-covering structural element räumliches Flächentragwerk *n*
three-bay 1. dreifeldrig; 2. dreischiffig, dreijochig *(bes. Industriehallen)*
three-bay frame Dreifeldrahmen *m*
three-bedroom flat Vierzimmerwohnung *f (Standard in GB und US, drei Schlafzimmer, ein Wohnzimmer)*
three-centred arch dreifach zentrierter Bogen *m*, Korbbogen *m*
three-coat dreilagig
three-coat paint system dreischichtiger Anstrichaufbau *m*, Dreischichtaufbau *m*
three-coat plaster dreilagiger [dreischichtiger] Putz *m*, Dreilagenputz *m*
three-coat system Dreischichtensystem *n*, Dreischichtenaufbau *m*, Dreilagensystem *n*
three-coat work (on walls) dreilagiger Putz *m*
three-component alloy Dreistofflegierung *f*
three-component unit Dreikomponentenmaterial *n*, Dreikomponentenelement *n*
three-conductor cable *(El)* dreiadriges Kabel *n*, Dreileiterkabel *n*
three-core cable dreiadriges Kabel *n*
three-decker dreigeschossiger Raum *m*; Raum *m* mit drei Ebenen *(z. B. Versammlungsraum, Kirchenraum)*
three-degree-of-freedom structure Bauwerk *n* mit drei Freiheitsgraden
three-dimensional dreidimensional, räumlich
three-dimensional block Raumzelle *f*
three-dimensional character Räumlichkeit *f*
three-dimensional composition *(Arch)* räumliche Komposition *f*, Raumkomposition *f*
three-dimensional configuration *(Arch)* Raumfigur *f*
three-dimensional construction Raumtragwerkkonstruktion *f*
three-dimensional continuity räumlicher Zusammenhang *m*
three-dimensional curve Raumkurve *f*, räumliche Kurve *f*, dreidimensionale Kurve *f*
three-dimensional deformation räumliche Formänderung *f*, räumliche Verformung *f*
three-dimensional design räumlicher Entwurf *m*, dreidimensionaler Entwurf *m*
three-dimensional design method dreidimensionaler Entwurfsansatz *m*, dreidimensionales Entwurfsverfahren *n*, räumliches Entwurfsverfahren *n*
three-dimensional diagram räumliches Schaubild *n*
three-dimensional distribution of forces dreidimensionale Kräfteverteilung *f*, räumliche Kräfteerteilung *f*
three-dimensional effect Raumwirkung *f*
three-dimensional element Raumzelle *f*
three-dimensional frame dreidimensionaler Rahmen *m*
three-dimensional framework Raumfachwerk *n*, räumliches Fachwerk *n*
three-dimensional image *(Arch)* Raumbild *n*
three-dimensional layout Raumdisposition *f*
three-dimensional load-bearing structure Raumtragwerk *n*
three-dimensional modelling räumliche Formgebung *f*, dreidimensionale Formung *f*
three-dimensional photoelasticity dreidimensionale Spannungsoptik *f*
three-dimensional problem dreidimensionale Aufgabe *f*, räumliches Problem *n*
three-dimensional road alignment räumliche Straßenlinienführung *f*, räumliche Linienführung *f* von Straßen
three-dimensional state of stress dreiachsiger Spannungszustand *m*, räumlicher Spannungszustand *m*
three-dimensional stress dreiachsiger Spannungszustand *m*, räumlicher Spannungszustand *m*
three-dimensional structure räumliches Bauwerk *n*, dreidimensionales Bauwerk *n*
three-dimensional system of forces räumliche Kräftegruppe *f*
three-dimensional tensioning dreiachsiges Spannen *n*
three-dimensional treatment *(Arch)* räumliche Durchbildung *f*
three-dimensional unit räumliches Element *n*
three-dimensionality Räumlichkeit *f*
three-edge(d) dreikantig
three-elliptical arch Korbbogen *m*
three-flight stair dreiläufige Treppe *f*
three-floored dreietagig, dreigeschossig, dreistöckig
three-foiled arcade *(Arch)* Kleeblattbogenarkade *f*
three-foiled arch *(Arch)* Kleeblattbogen *m*
three-foiled tracery *(Arch)* Dreipassmaßwerk *f*
three-fold altarpiece *(Arch)* dreiteiliger Klappaltar *m*, Triptychon *n*
three-fold window dreiflügeliges Fenster *n*
three-hinged dreigelenkig
three-hinged arch Dreigelenkbogen *m*; Dreigelenkgewölbe *n (Stahlbau)*

three-hinged arch slab Dreigelenkbogenscheibe *f*
three-hinged arched girder gekrümmter Dreigelenkträger *m*
three-hinged frame Dreigelenkrahmen *m*
three-hinged portal frame Dreigelenkportalrahmen *m*
three-hinged rectangular frame Dreigelenkrechteckrahmen *m*
three-hinged roof Dreigelenkdach *n*
three-hinged trussed arch Dreigelenkfachwerkbogen *m*
three-hinged trussed frame Dreigelenkfachwerkrahmen *m*
three-lane carriageway dreispurige Straße *f*
three-layered dreilagig
three-layered panel Sandwichtafel *f*, Dreischichtentafel *f*
three-layered panel façade Dreischichtentafelfassade *f*
three-layered plate Dreischichtenplatte *f*, Dreilagenplatte *f*
three-layered slab Dreischichtenplatte *f*, Dreischichtentafel *f*
three-layered system Dreischichtenaufbau *m*, Dreischichtensystem *n*, Dreilagenaufbau *m*, Dreilagensystem *n*
three-layered wall panel Dreischichtenwandtafel *f*
three-leaf folding shutter dreiflügeliges Falttor *n*
three-leaf pin hinge dreiteiliges Fischband *n (Baubeschlag)*
three-leaf sliding folding shutterdoor dreiflügeliges Faltschiebetor *n*
three-legged dreibeinig
three-legged roller Dreiradwalze *f*
three-level grade separation structure *(Verk)* dreigeschossiges Kreuzungsbauwerk *n*
three-level system *(Verk)* Dreiebenensystem *n (Flughafenabfertigung)*
three-light window Dreifachfenster *n*, Drillingsfenster *n*
three-lobe tracery *(Arch)* Dreipass *m (Gotik)*
three-moment equation [theorem] Dreimomentensatz *m*
three-nave *(Arch)* dreischiffig *(Kirche)*
three-pack unit Dreikomponentenmaterial *n*
three pane window *s.* three-light window
three-part hydraulic binder Dreistoffbindemittel *n (aus Kalk, Trass und Zement)*
three-part unit Dreikomponentenelement *n*
three-pin plug Dreifachstecker *m*
three-pin socket dreipolige Steckdose *f*
three-pinned dreigelenkig
three-pinned arch Dreigelenkbogen *m*; Dreigelenkgewölbe *n (Stahlbau)*
three-pinned frame Dreigelenkrahmen *m*
three-pinned portal frame Dreigelenkportalrahmen *m*
three-pinned roof Dreigelenkdach *n*
three-pinned trussed frame Dreigelenkfachwerkrahmen *m*
three-ply dreilagig, dreischichtig
three-ply dreilagige Furnierplatte *f*
three-ply built-up roof cladding Dreilagenklebedachdeckung *f*, Dreischichtenspachteldeckung *f*
three-ply wood Dreilagenholz *n*; Furnierplatte *f*
three-point bearing Dreipunktlagerung *f*, Dreipunktauflager *n*
three-point bending specimen Dreipunktbiegeprobe *f*
three-point fixing Dreipunktbefestigung *f*
three-point loading Dreipunktbelastung *f*
three-point lock Dreifach(schließ)schloss *n*
three-point support Dreipunktlagerung *f*
three-point suspension Dreipunktaufhängung *f*
three-pointed arch gleichseitiger Spitzbogen *m*
three-quarter block Dreiviertelstein *m*, Dreiviertelblock *m*
three-quarter brick Dreiviertelziegel *m*
three-quarter closer Ziegel *m* mit einer abgeplatteten Ecke *(Schlussstein)*
three-quarter column Dreiviertelsäule *f*
three-quarter header Dreiviertelbinder(stein) *m*
three-quarter moulding *(Arch)* Dreiviertelstab *m*
three-quarter niche Dreiviertelnische *f*
three-quarter tile Dreiviertelstein *m*
three-quarter turn Dreiviertelдrehung *f (Treppe)*
three-quarter view Halbschrägblick *m*, halbschräger Anblick *m*
three-roll-type machine Dreiradwalze *f (Straßenbau)*
three-room apartment Dreizimmeretagenwohnung *f*, Dreiraum(geschoss)wohnung *f*
three-room dwelling Dreiraumwohnung *f*, Dreizimmerwohnung *f*
three-room dwelling unit *(AE)* Dreiraumwohnung *f*, Dreizimmerwohnung *f*
three-room flat Dreizimmeretagenwohnung *f*, Dreiraum(geschoss)wohnung *f*
three-room living unit *(AE)* Dreiraumetagenwohnung *f*, Dreizimmergeschosswohnung *f*
three-shift pouring Dreischichtbetriebbetonieren *n*, Betonieren *n* im Dreischichtbetrieb
three-span 1. dreifeldrig; 2. *(Arch)* dreischiffig
three-span beam Dreifeldbalkenträger *m*
three-span continuous beam Dreifelddurchlaufbalkenträger *m*
three-span frame Dreifeldrahmen *m*
three-storey(ed) dreigeschossig, dreistöckig
three stories high *(AE)* dreigeschossig
three-towered dreitürmig
three-way arch *(Arch)* Dreitoranlage *f*
three-way cock Dreiwegehahn *m*
three-way mixer Dreiwegemischer *m*
three-way strap Dreifachverbindungsknotenstück *n (für Dachbinder)*
three-way switch *(El)* Dreifachumschalter *m*, Wechselschalter *m*
three-way tap Dreiwegehahn *m*
three-web girder dreiwandiger Träger *m (Stahlbau)*
three-webbed dreistegig *(Träger)*
three-wheel(ed) roller Dreiradwalze *f (Straßenbau)*
three-winged dreiflügelig
threshold 1. Türschwelle *f*, Schwelle *f*, Schlagschwelle *f*, 2. Schwellenwert *m*, Schwelle *f*
threshold draft-proofer *(AE)* Zugluftdichtung *f* an der Türschwelle, Schwellendichtung *f*
threshold level Grenzwert *m*
threshold limit value *(AE)* empfohlener Grenzwert *m*, Richtwert *m*
threshold of audibility Hörschwelle *f (Gebäudeschall)*
threshold of discomfort Unbehaglichkeitsschwelle *f*, Reizschwelle *f (Innenraumklima)*
threshold of hearing Hörschwelle *f*
threshold seal(er) untere Türdichtung *f*
threshold stress intensity Grenzwert *m* der Spannungsintensität, Grenzspannung *f*
threshold value Schwellenwert *m*
throat 1. Wassernase *f*, Wasserabtropfrinne *f*, Wasserschenkel *m*; 2. Halsstück *n (z. B. Verjüngung am Kaminschornstein)*; 3. Ablauf *m*, Kehlung *f*, 4. Verengung *f*, Engstelle *f*, enger Durchlass *m*
throated gekehlt
throating 1. Regenwasser(schutz)leiste *f*, Wasserschenkel *m*, Tropfleiste *f*, 2. Kehlung *f*
throating fillet Wasserband *n*
throne hall Thronsaal *m*
throne room Thronsaal *m*

throttle *v* drosseln, abdrosseln
throttle Drossel *f*, Drosselklappe *f*
throttle slide valve Drosselschieber *m*
throttle valve Drosselventil *n*, Drosselklappe *f*
throttled gedrosselt
throttling Drosseln *n*, Abdrosseln *n*
through-and-through-sawn tangential [flach] geschnitten *(zu den Jahresringen, Holz)*
through arch Festungsmauerbogen *m*, Bogen *m* einer dicken Wand
through beam durchgehender Balken *m*, Durchlaufbalken *m*
through binder Zugbinder *m (Mauerwerk)*
through bolt 1. Zuganker *m*; 2. Durchsteckschraube *f*
through bond Verband *m* mit wanddicken Steinen
through bridge Brücke *f* mit durchlaufender unterer Fahrbahn *(Stahlbrücke)*
through check durchgehender Riss *m (Holzbalken)*
through column durchgehende Säule *f*
through course Läuferschicht *f*, Vollbinderschicht *f (Mauerwerk)*
through-crack durchgehender Riss *m*
through cut *(Wsb)* Durchstichabfluss *m*; Abflussgraben *m*
through dovetail Eckverzinkung *f* mit sichtbarer Holzschnittfläche
through-dry durchgetrocknet
through girder Durchlaufträger *m*, Durchlauftragwerk *n*
through-hardening Durchhärten *n*
through line *(Verk)* durchgehendes Gleis *n*
through lintel wandstarker Sturz *m*, Vollwandsturz *m*
through-living room Durchgangswohnzimmer *n*
through lot Baulos *n* zwischen zwei Parallelstraßen
through migration Durchwandern *n (Flüssigkeiten oder Lösungen durch Bauteile)*
through mortise Schlitzzapfen *m*
through road Durchgangsstraße *f*
through section Rinnenstahl *m*, Trog(stahl)profil *n*
through shake durchgehender Riss *m*, Längsriss *m (Holzbalken)*
through station *(Verk)* Durchgangsbahnhof *m*
through stone Binderstein *m (in Wanddicke)*; Kopfstein *m*; Ankerstein *m*
through street Durchgangsstraße *f*, Ortsdurchfahrt *f (Straße)*
through tenon durchgehender Zapfen *m*, Vollzapfen *m*
through traffic Durchgangsverkehr *m*
through-vision Durchsicht *f (Glas)*
through-wall flashing durch die Wand geführtes Anschlussblech *n*, durchlaufender Anschluss *m*
through-wiring Durchverdrahtung *f*, durchgehende Verdrahtung *f*
throughing Rinnenstahl *m*, Trog(stahl)profil *n*
throughpass Durchgang *m*
throughput Durchsatz *m (z. B. von Materialien, Daten)*
throughputway *(AE)* 1. Durchgangsstraße *f*; 2. Schnellstraße *f*
throughview Durchblick *m*
throughway *(Verk)* Durchgangsstraße *f (durch eine Ortslage)*
throw *v* 1. schütten *(wegwerfen)*; 2. schleudern, werfen *(z. B. Erdfräse, Streugut)*
throw *v* **back into alignment** wieder ausrichten
throw *v* **off** abgeben *(Wärme)*
throw *v* **on** bewerfen *(Putzmörtel)*
throw *v* **up** aufwerfen, aufschütten *(Erdstoffdamm, Erhöhungsschwelle)*
throw 1. Luftstromlänge *f* im Raum *(Klimaanlage)*; 2. Lichtquellenhöhe *f*; 3. ausgezogene Länge *f (Bolzen)*; 4. Verwerfung *f (geologischer Schichten)*
throw-and-go technique *(AE)* Schlaglochfüllen *n* ohne Verdichtung *(Straße)*
throw-and-roll technique *(AE)* Schlaglochflicken *n* mit LKW-Überrollverdichtung
throw-away-type filter Wegwerffilter *m*
throw-away-type house *(AE)* Wegwerfhaus *n*, Pappschaumstoffhaus *n (für 30–40 Jahre)*
throw-away-type packaging Einwegverpackung *f*, Wegwerfverpackung *f*
throw distance Lichtquellenhöhe *f*
throwing-on Putzanwurf *m*, Anwerfen *n*
thrown-on finish Putzanwurf *m*, Wurfputz *m*
thrown-on plaster wall Anwurfwand *f*, Putzwurfwand *f*
thru-wall flashing *(AE)* durchgehender Anschluss *m*
thrufare *(AE)* Hauptdurchgangsstraße *f*, Kraftfahrzeugstraße *f*
thrust *v* stoßen, schieben; durchdringen
thrust Druck *m*; Druckkraft *f*; Schub *m*; Schubkraft *f*; Längskraft *f*; Seitenschub *m*; Andruck *m*
thrust action Schubbeanspruchung *f*
thrust bearing Schublager *n*, Axiallager *n*
thrust bolt Druckbolzen *m*
thrust force *s.* thrust
thrust line *(Stat)* Stützlinie *f*, Mittelkraftlinie *f*
thrust load Axialbeanspruchung *f*, Längsbeanspruchung *f*
thrust member Druckstab *m*, Druckstück *n*
thrust of arch Bogenschub *m*
thrust of the ground Erddruck *m (Horizontalkraft)*
thrust on crown Scheiteldruck *m*
thrust piece *s.* thrust member
thrust strip Druckleiste *f*
thruway *s.* thrufare
thuja Rotzedernholz *n*
thumb knob Daumentürdrehöffner *m*, kleiner innerer Türdrehöffner *m (meist eingelassen)*
thumb latch Drückerfalle *f*, Klinkenschloss *n*
thumb moulding schmale flache Konvexzierleiste *f*
thumb nut Flügelmutter *f*
thumb piece Daumentürdrücker *m*
thumb pin Reißzwecke *f*
thumb plane Schmalhobel *m*, Falzhobel *m*
thumb screw Flügelschraube *f*
thumb slide Griffschieber *m*
thumbtack *(AE)* Reißzwecke *f*, Heftzwecke *f*
thurm *v (Hb)* schnitzen, Verzierungen einschneiden; Dreheffektverzierungen sägen
thuya *s.* thuja
thymele *(Arch)* Thymele *m*
tibari *(Arch)* Tibara *m*, Tibari *m (indische Wohnhaussäulenhalle)*
ticket hall Kartenschalterhalle *m*, Fahrkartenschalterhalle *f*
ticket-reading gate automatische Fahrscheinsperre *f*, Fahrscheinlesegerät-Schranke *f*
tidal Gezeiten..., Strömungs...
tidal barrage *(Wsb)* Sturmflutwehr *n*, Gezeitenwehr *n*
tidal basin Flutbecken *n*
tidal-flat area Wattengebiet *n*
tidal land Flutgebiet *n*
tidal movement Gezeitenbewegung *f*
tidal mud Klei *m*
tidal mud deposits Gezeitenablagerung *f*
tidal power plant Gezeitenkraftwerk *n*
tidal range Gezeitenbereich *m*
tidal zone Wasserwechselzone *f*
tide Gezeiten *fpl*, Strömung *f*, Ebbe *f*, Flut *f*
tide gate Flutschleuse *f*, Gezeitentor *n*; Siel *n*
tide lock Kammerschleuse *f*, Flutschleuse *f*
tide mark Pegelstand *m*
tide mill Gezeitenmühle *f*

tide span Flutbrücke *f*
tide water Flut *f*
tideland Watt *n*
tidual limit Vertrauensgrenze *f*
tie *v* verankern, verbinden, befestigen; flechten, binden, rödeln *(Bewehrung)*
tie *v* **back** rückwärtig verankern *(z. B. eine Spundwand)*
tie *v* **back the wall** die Mauern verankern
tie *v* **together** zusammenbinden
tie *v* **up** festbinden
tie 1. Zuganker *m*; Zugband *n*, Zugstab *m*; Zugglied *n*; 2. Stützholz *n*; Kopfband *n*; Schwelle *f*, Schienenschwelle *f*, *(AE)* Eisenbahnschwelle *f*; 3. Verankerung *f*; Mauerwerkanker *m*; Strebe *f*; 4. Bügel *m (Bewehrung)*
tie anchor Gewölbeanker *m*
tie bar 1. Zuganker *m*, Zugband *n*, Zugglied *n*, Zugstab *m*; 2. Fugenbewehrung *f*, Ankerstab *m*, Ankereisen *n (Straßenbetondecke)*
tie bar joint in upper boom Obergurtgelenkkupplung *f*
tie beam Spannbalken *m*, Zugbalken *m*; Zange *f*, Querriegel *m*; doppeltes Hahnholz *n*, Koppelbalken *m*
tie-beam roof Querriegeldach *n*
tie block *(Hb)* Lasche *f*
tie bolt Verbindungsbolzen *m*, Ankerbolzen *m*, Ankerschraube *f*
tie closer Ankerstein *m*; Durchbinder *m*
tie coat Absperranstrich *m*
tie cotter Ankersplint *m*
tie-down bolt Verbindungsbolzen *m*, Ankerbolzen *m*; Ankerschraube *f*
tie hole Ankerloch *n*, Verankerungsloch *n*
tie-in point Anschlussstelle *f (Rohrleitung)*
tie-inverted arch Verspannungsbogen *m*
tie iron Maueranker *m*
tie lath Bindelatte *f*
tie member Zugband *n*
tie piece *s.* tie beam
tie pile Zugpfahl *m*
tie plate Längsband *n*, Bindeblech *n*, Schnalle *f*; Ankerplatte *f*; Bindeblech *n*
tie point *(Verm)* Schließpunkt *m*, Schlusspunkt *m*; Anschlusspunkt *m*
tie rod *s.* tie bar
tie rods Tiefanker *mpl*
tie strap Zuglasche *f*
tie wall Aussteifwand *f*, aussteifende Trennwand *f*
tie wire Rödeldraht *m*
tied arch Bogenträger *m* mit Zugband
tied-arch bridge Bogenbrücke *f* mit Zugband
tied-arch truss Bogenfachwerk *n*
tied column Säule *f* mit Bügelbewehrung, verbügelte [bügelbewehrte] Säule *f*
tied to ground bodenverankert
tied wall verankerte Wand *f*
tieing of the brickwork Mauerwerkverankerung *f*
tier 1. Etage *f*, Sitzreihenetage *f*; 2. Stapel *m*, Stapelreihe *f (Lage)*; 3. Schale *f*, Wandschale *f*
tier building Geschossbau *m*, Gebäude *n* mit durchgehenden Geschossen
tier structure Mehretagenrahmenbau *m*, mehrgeschossiger Rahmenbau *m*
tierceron *(Arch)* doppelte Gewölberippe *f*, Tertiärrippe *f (gotisches Gewölbe)*
tiers-point arch Drittelsbogen *m*
tige Säulenschaft *m*
tiger-wood Tigerholz *n (westafrikanisches Edelholz)*
tight 1. dicht (schließend); 2. straff; gespannt; 3. *(Bod)* fest *(Dichtigkeit)*
tight corner geschlossene Ecke *f*
tight fit fest angepresst
tight fit *(AE)* Presspassung *f*
tight gravel dichtgelagerter Kies *m*
tight knot fester [festsitzender] Astknoten *m*
tight sand schwer durchlässiger Sand *m*
tight sheathing 1. Spundschalung *f*; 2. gespundete Dielung *f*; 3. verankerte Spundwand *f*
tight sheeting geschlossene Graben(aussteifungs)schalung *f*
tight side (of veneer) Furnieraußenseite *f*
tight soil bindiger harter Boden *m*
tight to chemicals chemikalienundurchlässig
tight to water wasserdicht, wasserundurchlässig
tighten *v* 1. abdichten; schließen; 2. spannen, straffen; zusammenziehen *(zwei Teile durch Schraubverbindung)*; festziehen, nachziehen *(Montageverbindung)*; festklammern, anziehen, befestigen
tighten *v* **up** sich festziehen, sich zusammenziehen
tightener Spannvorrichtung *f*, Spanner *m*; Spannschloss *n*; Spannscheibe *f*
tightening 1. Dichtmachen *n*, Abdichten *n*; Schließen *n*; 2. Anziehen *n*, Festziehen *n (Schraubverbindung)*
tightening compound Dichtungsmasse *f*
tightening ring Spannring *m*
tightening screw Spannschraube *f*, Zugspannschraube *f*, Befestigungsschraube *f*
tightening strap Spannband *n*
tightening strip Spannband *n*
tightness Dichtheit *f*, Dichtigkeit *f*, Undurchlässigkeit *f*, Undurchdringlichkeit *f*
tightness degree Dichtheitsgrad *m*, Dichtigkeitsgrad *m*
tightness of joints Fugendichtheit *f*, Fugenundurchlässigkeit *f*
tile *v* 1. fliesen, Fliesen legen; kacheln; 2. belegen *(mit Platten)*; 3. mit Dachziegeln (ein)decken
tile 1. Fliese *f*; Kachel *f*; Ofenkachel *f*; Platte *f*; Stein *m*, Blockstein *m*; 2. Dachstein *m*, Dachziegel *m*; 3. Asphaltplatte *f*; 4. Tonrohr *n*
tile-and-a-half tile eineinhalbfacher Dachziegel *m*
tile and slab floor Stahlbetonrippendecke *f*
tile arch Steinbogen *m*, Blocksteinbogen *m*
tile beam Steinbalken *m*
tile-board Fliesentafel *f*, Fliesenverkleidungsplatte *f (mit Metallträgerplatte)*
tile ceiling Plattendecke *f*, Fliesendecke *f*
tile cladding Fliesenbelag *m*
tile cleaning agent Fliesenreiniger *m*, Plattenreinigungsmittel *n*
tile composition Fliesengemälde *n*
tile construction method Blocksteinbauweise *f*, Steinbauweise *f*
tile covering Ziegel(ein)deckung *f*, Ziegelbedachung *f*
tile creasing Schlagregendichtung *f*, Wandkopfabdichtung *f*
tile cutter Fliesenschneider *m*
tile drain(age) Tonrohrdränung *f*, Rohrdrän *m*
tile earth kompakter Tonboden *m*
tile field Sickerleitungssystem *n*
tile fillet Anschlussdachziegel *m (Mauer, Schornstein)*
tile finish Fliesenbelag *m*, Plattenbelag *m*
tile fixer Fliesenleger *m*, Plattenleger *m*
tile fixing Fliesen(ver)legen *n*, Fliesenarbeiten *f*, Verfliesen *n*, Plattenverlegen *n*, Plattenlegearbeiten *f*
tile fixing work Fliesen- und Plattenarbeiten *fpl*
tile floor(ing) Fliesenfußboden *m*, Plattenfußboden *m*
tile floor covering Fliesenfußbodenbelag *m*, Plattenbodenbelag *m*
tile format Steinformat *n*, Blocksteinformat *n*; Dachziegelformat *n*, Dachsteinformat *n*

tile girder Steinträger *m*
tile glazing Fliesenglasur *f*, Plattenglasur *f*
tile hammer Dachziegelhammer *m*
tile hanging Plattenwandverkleidung *f*, Wandplattenverkleidung *f*
tile joint Fliesenfuge *f*, Plattenfuge *f*
tile layer Fliesenleger *m*
tile laying 1. Fliesenlegen *n*, Verfliesen *n*, Plattenlegen *n*; 2. Vermauern *n*; 3. Dachziegelverlegen *n*, Dachsteinlegen *n*
tile lining Fliesenverkleidung *f*
tile listing of abutment schräger Dachziegelstreifen *m* *(für Widerlagermauerwerk)*
tile making Steinfertigung *f*, Blocksteinherstellung *f*
tile panel Fliesentafel *f*, Plattentafel *f*
tile path Plattenweg *m*
tile pattern Fliesenbild *n*, Fliesenmuster *n*, Plattenmuster *n*
tile pick Fliesenhammer *m*
tile pin Dachziegelnagel *m*
tile pipe Tonrohr *n*
tile roof Ziegeldach *n*
tile roofing Ziegel(ein)deckung *f*, Dachziegeldeckung *f*
tile setter Fliesenleger *m*
tile setting Fliesenarbeiten *fpl*, Verfliesen *n*, Fliesen(ver)legen *n*, Platten(ver)legen *n*
tile shell Dachpfannenaußenseite *f*
tile stack Steinschornstein *m*
tile stone Plattenscherben *m*, Fliesenscherben *m*
tile store Fliesenlager *n*, Plattenlager *n*
tile stove Kachelofen *m*
tile surface geflieste Fläche *f*, Fliesenbelag *m*
tile tie Dachziegelankerdraht *m*
tile valley Dachkehlziegellage *f*, Dachkehle *f* mit Kehlziegeln
tiled gefliest, plattiert; ziegelgedeckt
tiled floor Fliesenfußboden *m*, Plattenfußboden *m*
tiled roof Ziegeldach *n*
tiled stove Kachelofen *m*
tiler Fliesenleger *m*, Plattenleger *m*
tilery Dachziegelwerk *n*
tilework Plattenbelag *m*, Fliesenbelag *m*
tiling 1. Fliesenbelag *m*; Plattenbelag *m*; 2. Fliesenverlegen *n*; Kachelung *f*; Platten(ver)legen *n*; Ziegeleindeckung *f* *(Dach)*
tiling plaster Gips(zement) *m*, Weißzement *m*, doppelt gebrannter Gips *m*
tiling work *s.* tiling 2.
till Geschiebelehm *m*, Geschiebemergel *m*
till layer Geschiebemergelschicht *f*
tilled soil Ackerkrume *f*
tilt *v* (um)kippen, neigen, schrägstellen; schwenken; sich neigen
tilt *v* **over** umlegen; umkippen
tilt *v* **up** aufrichten
tilt Neigung *f (Kipplage)*
tilt and turn window Drehkippflügelfenster *n*
tilt-up construction [method] Tilt-up-Bauweise *f*, Platten-Aufricht-Bauweise *f*, Richtauf-Bauweise *f*, Aufkippbauweise *f*
tilt-up panel Richtauf-Tafel *f*, Aufkipptafel *f*
tilt-up wall Richtauf-Wand *f*, Aufkippwand *f*
tiltable tower kippbarer Turm *m*
tilted geneigt; schräggestellt
tilted-slab roof *(AE)* Faltwerkdach *n*
tilted-slab structure *(AE)* Plattenfaltwerk *n*
tilth Ackerland *n*; bestelltes Land *n*
tilting Schrägstellen *n*; Kippen *n (Gebäude)*
tilting bearing Kipplager *n*
tilting concrete mixer Kipp(trommel)mischer *m*
tilting-drum mixer Kipp(trommel)mischer *m*
tilting fillet Trauflatte *f*
tilting force Kippkraft *f*
tilting gate Klappschütz *m*
tilting level 1. Schwenkkreishöhe *f*, Umkehrhöhe *f* *(Schwenkkreis)*; 2. *(Verm)* Schnellhorizontiergerät *n*
tilting mixer Kipp(trommel)mischer *m*
tilting moment Kippmoment *n*
tilting piece Trauflatte *f*
tilting position Kippstellung *f*
timber *v* 1. (ver)zimmern; aussteifen; verschalen, einschalen *(z. B. Beton)*; 2. verkleiden, mit Holz auskleiden
timber 1. Bauholz *n*, Schnittholz *n*, Nutzholz *n*; Ganzholz *n*; 2. Balken *m*, Holzbalken *m*
timber arch Holzbogen *m*
timber architecture Holz(bau)architektur *f*, Holzbaukunst *f*
timber assembling Holzverbindung *f (Montage)*
timber base Holzuntergrund *m*
timber baseboard *(AE)* Holzsockelleiste *f*
timber batten Holzleiste *f*, Holzlatte *f*
timber beam Holzbalken *m*
timber bond Mauerverband *m* mit Holzbalkenverstärkung, Holzriegelmauerverband *m*
timber bracket Holzlasche *f*
timber brick Holzziegel *m*
timber building Fachwerkbau *m*, Holzrahmenkonstruktion *f*
timber caisson hölzerner Senkkasten *m*
timber church Holzkirche *f*
timber ciborium *(Arch)* Holzbaldachin *m*, Holzziborium *n*
timber connection Holzverbindung *f*
timber connector Holzbalkenverbindungseisen *n*, Holzverbinder *m*; Holzdübel *m*
timber construction Holzkonstruktion *f*, Holzbauweise *f*, Holzbau *m*
timber construction type Holzbauart *f*
timber cottage Holzhaus *n*
timber counter ceiling Holzunterdecke *f*
timber decay [decomposition] Holzfäule *f*, Holzzersetzung *f*, Holzzerfall *m*
timber decking Holzverschalung *f*
timber dimension Holzabmessung *f*
timber dog Bauklammer *f*
timber dolphin Holzdalbe *f*
timber dome Holzkuppel *f*
timber door Holztür *f*
timber door frame Holztürrahmen *m*
timber dowel Holzstabdübel *m*, Holzdollen *m*
timber drying Holztrocknung *f*
timber end Balkenende *n*
timber engineering Ingenieurholzbau *m*, Holzbau *m*
timber fastener Holzverbinder *m*
timber fence Holzzaun *m*
timber fencing Holzumzäunung *f*
timber fender Holzfender *m (Hafen)*
timber flat roof Holzflachdach *n*
timber floor Holzfußboden *m*
timber flooring finish Holzfußbodenbelag *m*
timber folding door Holzfalttür *f*
timber for sleepers Schwellenholz *n (Gleisbau)*
timber forms Holzschalung *f*
timber formwork Holzschalung *f*
timber frame Holzrahmen *m*
timber-frame construction Fachwerkbau *m*, Holzfachwerkbau *m*
timber-framed building Fachwerkhaus *n*, Holzrahmenkonstruktion *f*

timber-framed construction Holzrahmenkonstruktion *f*, Fachwerkbau *m*
timber-framed house Fachwerkhaus *n*, Holzfachwerkhaus *n*
timber-framed structure Holzrahmenbauwerk *n*
timber-framed wall Holzfachwerkwand *f*, Holzriegelwand *f*
timber framework Holzfachwerk *n*, Holzskelett *n (eines gesamten Gebäudes)*
timber framework building Fachwerkhaus *n*, Holzfachwerkhaus *n*
timber framing 1. Fachwerk *n*, Skelett *n (Holz)*; Rahmen *m (von Gebäudeteilen, z. B. Dach, Trennwand, Decke usw.)*; 2. Stabwerk *n*; 3. Öffnungsrahmen(fach)werk *n (für Türen, Fenster)*
timber framing gate Holzrahmentor *n*
timber gate Holztor *n*
timber girder Holzträger *m*
timber grading rules Bauholzklassifikation *f*
timber grid Holzrost *m*
timber grid footing Holzrostfundament *m*
timber grillage Holzrost *m*
timber grillage footing Holzrostfundament *n*
timber grille Holzrost *m (Gründungsrahmen)*
timber ground Holzuntergrund *m*
timber header Holzwechselbalken *m*, Wechselholz *n*
timber hitch Zimmermannsstich *m*
timber house Holzhaus *n*
timber hut Holzbaracke *f*, Holzhütte *f*
timber jack Holzbock *m*
timber jetty Holzmole *f*
timber joining method Holzverbindungsverfahren *n*
timber joint Holzverbindung *f*
timber joint connector *s.* timber connector
timber joist Holzdeckenbalken *m*
timber joist floor Holzbalkendecke *f*
timber joist roof floor Holzbalkendachdecke *f*
timber ladder Holzleiter *f*
timber lagging Holzverkleidung *f (für Dämmzwecke)*
timber lattice girder hölzerner Gitterträger *m*, Holzgitterbalken *m*
timber-lined shed Bretterverschlag *m*
timber lining Holzverkleidung *f*, Holzzimmerung *f*, Holzauskleidung *f*
timber lintel Holzsturz *m*, Holzoberschwelle *f*
timber moisture Holzfeuchtigkeit *f*, Holzfeuchte *f*
timber mould Holzform *f*
timber of forest Hochwald *m*
timber panel Holzplatte *f*, Holztafel *f (zur Wandverkleidung)*
timber partition Holztrennwand *f*
timber pavement Holzpflaster *n*
timber paving Holzpflaster *n*
timber paving work Holzpflasterarbeiten *fpl*
timber peck Holzpflock *m*
timber pest Holzschädlingsfolgen *pl*
timber pile Holzpfahl *m*
timber pillar Pfosten *m*, Säule *f*, Ständer *m*, Stiel *m (Holzfachwerk)*
timber plain webbed beam Holzvollwandbalken *m*
timber plank Holzbohle *f*
timber planking Holzabdeckung *f*, Holzbelag *m*
timber platform *(Erdb)* hölzerne Rostdecke *f*
timber post Holzpfosten *m (für Zäune)*
timber prefabricated construction Holzfertigbau *m*
timber preservation Holzschutz *m*
timber preservative Holzschutzmittel *n*
timber proofing Holzschutz *m*
timber prop *(Erdb)* Holzstempel *m*
timber pulpit *(Arch)* Holzkanzel *f*
timber quality Holzqualität *f*
timber raft Holzfloß *n*
timber rafter Holzsparren *m*
timber rigid frame starrer Holzrahmen *m*
timber rolling shutter Holzrollladen *m*, Holzrollladenabschluss *m*
timber roof Holzdach *n*
timber roof frame Holzbinder *m*
timber roof structure zimmermannsmäßige Dachkonstruktion *f*
timber roof truss Holzdachbinder *m*
timber scaffolding Holzgerüst *n*, Gerüst *n*, Baugerüst *n*, Rüstung *f*
timber seal Dichtungsholz *n*
timber section Holzquerschnitt *m*
timber set Zimmerung *f*
timber sheathing Holzverschalung *f (für Wände)*
timber sheet piling Holzspundwand *f*
timber shell roof Holzschalendach *n*, geschaltes Dach *n*
timber shutter Holzladen *m*, Holzfensterladen *m*
timber shuttering Holzschalung *f*
timber sill Holzschwelle *f*
timber skirting Holzsockelleiste *f*
timber soffit Holzuntersicht *f*
timber soil Waldboden *m*
timber solid webbed beam [girder] Holzvollwandbalkenträger *m*
timber spire Holzpyramidenturmdach *n*; Holzspitzkirchturm *m*
timber splitting wedge Holzspaltkeil *m*
timber spreader Holzspreize *f*
timber stacking ground [yard] Holz(lager)platz *m*
timber stair(case) Holztreppe *f*
timber stanchion Holzstütze *f*
timber storage yard Stapelplatz *m (Holz)*
timber strength Holzfestigkeit *f*
timber stresses normale [zulässige] Holzspannungen *fpl*
timber string Holzwange *f (einer Treppe)*
timber structure Holzbauwerk *n*
timber stud Holzbundstiel *m*
timber-stud partition Holzgerippetrennwand *f*
timber studs Holzgerippe *n*, Holzgerippetrennwand *f*
timber subfloor Blendboden *m*
timber sunk well hölzerner Senkbrunnen *m*
timber support Unterlegholz *n*, Holzunterlage *f*
timber surfacing Holzverkleidung *f*
timber surround Holzeinfassung *f*
timber technology Holzbauweise *f*
timber thickness Holzdicke *f*
timber-to-metal connection Holz-Metall-Verbindung *f*
timber-to-metal joint Holz-Metall-Verbindung *f*
timber-to-timber connection Holz-Holz-Verbindung *f*
timber tower *(Arch)* Holz(festungs)turm *m*
timber transom Losholz *n*, Kämpferholz *n (über Fenster, Tür)*
timber truss Holzbinder *m*, Holzdachbinder *m*
timber truss frame Holzsprengwerk *n*
timber trussed girder Holzfachwerkträger *m*
timber type of construction Holzbauart *f*
timber underframe Holz(trag)rahmen *m*
timber vault Holzgewölbe *n*
timber wall Holzwand *f*
timber walling *(Wsb)* Bohlenwand *f*
timber wedge Holzkeil *m*
timber window Holzfenster *n*
timber worm Holzwurm *m*
timber yard Bauhof *m (für Zimmerarbeiten)*; Zimmer(er)platz *m*; Holz(lager)platz *m*
timbered eingeschalt, mit Holzverkleidung

timbered building Fachwerk *n (Gebäude)*
timbering 1. Holz(rahmen)werk *n*; 2. Zimmerung *f*, Holzverschalung *f*, Stülpwand *f*; 3. Verspreizung *f*, Abspreizen *n*; Holzverbau *m*; 4. Schalung *f*, Einschalung *f*
timbering of a shaft Schachtausbau *m*
timbering time Bauzeit *f (für Holzarbeiten)*
timberline Waldgrenze *f*
timberwork 1. Holzgebälk *n*; 2. Holzarbeiten *fpl*
time *v* zeitlich planen
time Bau(ausführungs)zeitraum *m*, Bauvertragszeit *f*, Bauvertragszeitraum *m*
time-consolidation curve *(Bod)* Zeit-Setzungs-Linie *f*
time constant Zeitkonstante *f*
time consuming zeitaufwendig
time-deformation curve Zeitverformungskurve *f*
time-delay fuse *(El)* Verzögerungsschmelzeinsatz *m*, Zeitsicherung *f*
time-dependent zeitabhängig
time-dependent deformation zeitabhängige Verformung *f*
time-distance diagram Zeit-Wege-Diagramm *n*
time-extension curve Kriechkurve *f*
time for completion Baufertigstellungsfrist *f*
time for escape Fluchtzeit *f*
time gap Zeitintervall *n*
time-lag switch Verzögerungsschalter *m*
time limit (set for completion) Fertigstellungstermin *m*
time-limit switch Zeitschalter *m*
time of adjudication Zuschlagfrist *f (Bauauftragvergabe)*
time of completion Bau(ausführungs)zeit *f*, Bauzeitraum *m*, Fertigstellungsfrist *f*
time of construction Bauzeit *f*, Montagezeit *f*
time of curing Abbindedauer *f*, Abbindezeit *f*, Abbindefrist *f (Verschnittbitumen)*
time of flow Ausflusszeit *f*, Fließzeit *f*
time of haul Anmachzeit *f (Transportbeton)*
time of initial set Erstarrungsdauer *f*, Erstarrungszeit *f*, Erstarrungsfrist *f (hydraulisch gebundene Baustoffe)*
time of mixing Mischzeit *f*
time of set Erstarrungszeitraum *m (hydraulische Bindemittel)*
time period Zeitdauer *f*, Zeitspanne *f*, Zeitraum *m*
time recorder Zeitschreiber *m*
time schedule Zeitplan *m*; Bauzeitenplan *m*
time-settlement curve *(Bod)* Zeit-Setzungs-Linie *f*
time sheet Stundenlohnzettel *m*
time switch Schaltuhr *f*, Zeitschalter *m*
time value Zeitwert *m*
time yield Kriechen *n (Baustoffverformung)*
timed zeitlich eingeteilt *(Gewerke)*
timer Schaltuhr *f*, Zeitschalter *m*; Zeitregler *m*
timetable Ablaufplan *m*
timing relay Zeitrelais *n*
tin *v* verzinnen
tin-plate *v* verzinnen
tin cap Zinnblechscheibe *f (für Dachnägel)*
tin-clad verzinnt
tin-clad fire door Feuerschutztür *f* mit mehrfacher Sperrholzfüllung und Terneblechbeschlag
tin-coated feuerverzinnt *(Baukleineisenteil)*
tin-coated steel Stahlfeinblech *n*, Weißblech *n*
tin coating Feuerverzinnung *f*, Zinnüberzug *m*
tin foil Zinnfolie *f*, Stanniol *n*
tin-lead solder Zinnlot *n*, Lötzinn *n*, Weichlot *n*
tin pipe Zinnrohr *n*
tin plate Weißblech *n*, verzinntes Eisenblech *n*
tin-plating Verzinnen *n*
tin roofing Weißblechdach(ein)deckung *f*
tin snips Blechschere *f*
tin solder Lötzinn *n*, Zinnlot *n*, Weichlot *n*
tin tack Tapeziernagel m
tine Zacken *m*, Zinke *f (z. B. an einer Gabel)*
tinge Färbung *f*, Schattierung *f*
tinker Gelegenheitsarbeiter *m*, Wanderarbeiter *m*
tinker work Pfuscharbeit *f*, Flickerei *f*
tinned verzinnt
tinned sheet iron *s.* tinned steel sheet
tinned steel sheet Weißblech *n (Feinblech)*
tinner Klempner *m*, Spengler *m*, Installateur *m*
tinning Verzinnen *n*, Verzinnung *f*
tinplate Weißblech *n (Grobblech)*
tinstone Zinnstein *m*, Kassiterit *m*
tint *v* tönen, abtönen, aufhellen
tint Abtönfarbe *f*, Farbaufhellung *f*, Tönung *f*, Schattierung *f (Farbtönung)*
tinted abgetönt, getönt
tinted glass Farbglas *n*, Buntglas *n*
tinted glass window Farbglasfenster *n*, Buntglasfenster *n*
tinted laminated glass Farbverbundglas *n*, Verbundfarbglas *n*
tinter Abtönfarbe *f*, Mischfarbe *f*
tinter paste Abtönpaste *f*
tinting Abtönen *n*, Nachtönen *n*, Nuancieren *n (Anstrichfarben)*
tinting effect Abtönwirkung *f*
tinting paste Abtönpaste *f*
tinting power [strength] Abtönvermögen *n*, Färbevermögen *n*; Aufhellungsvermögen *n*
tinting shade Abtönung *f*
tip *v* 1. kippen, neigen; stürzen *(Bauelemente)*; 2. sich neigen; 3. kippen, abkippen, schütten *(Schüttgüter, Erde)*
tip *v* **down** nach unten abkanten, nach unten umlegen
tip *v* **over** umkippen
tip *v* **up** hochkanten, aufkanten; hochkippen
tip 1. Spitze *f (spitzes Ende)*; 2. Mülldeponie *f*, Müllhalde *f* Bodenkippe *f*, Halde *f*; 3. Brennerspitze *f*
tip-and-turn hardware Drehkippverschluss *m*
tip-and-turn sash Drehkippflügel *m*
tip chute Schurre *f*, Rutsche *f*
tip-filling method Deponie(auf)füllart *f*
tip-up door Schwingtor *n (z. B. Garage)*
tipper Lore *f (Kipplore)*
tipper barge Kippschute *f (Kahn)*
tipper truck Kipper *m*
tipping angle Kippwinkel *m*
tipping bucket Kippkübel *m*
tipping device Kippvorrichtung *f*
tipping lorry Kipper *m*, Kipperfahrzeug *n*
tipping moment Kippmoment *n*
tipping site Deponiegelände *n*
tipping trough mixer Kipptrogmischer *m (für Beton)*
tipping wagon Lore *f*, Kipplore *f*
tipping with compaction Verdichtungsdeponie *f*
tirant 1. Spannbalken *m*; 2. Zugankerbolzen *m*
tissue paper Papiergewebe *n*
tissue paper for walls Wandspannstoff *m*, Wandspannfaserstoff *m*
titanium Titan *n*
titanium coating Titanschutzschicht *f*
titanium dioxide Titandioxid *n*, Titanweiß *n*
titanium enamel Titanemail *n*
titanium pigment Titanpigment *n*
titanium stabilized steel Titanstahl *m*, rostfreier Ti-Stahl *m*
titanium white Titanweiß *n*
title Baulandrechtsanspruch *m*; Gebäudeeigentumsanspruch *m*

title block Schriftfeld *n (Zeichnung)*
title deed Grundeigentumsurkunde *f*
title deeds of the cadastre Kataster *n*, Grundbuch *n*
title insurance Gebäudeversicherung *f*
title search Rechtsanspruchsüberprüfung *f* auf Landeigentum; Eigentumsnachweis *m (Einsicht in Grundbuchnachweise)*
title to land (ownership) Rechtsanspruch *m* auf Landeigentum
toadstone *(sl)* Melaphyr *m*
tobermorite Tobermorit *m (Zementklinkermineral)*
tobermorite gel Tobermoritgel *n*
toe 1. Fuß *m*, Fußstück *n*; Fußauflagerflansch *m*; 2. Böschungsfuß *m*; Dammfuß *m*; 3. Fundamentbankett *n*; Fundamentauskragung *f*
toe crack Materialriss *m (Schweißen)*
toe failure *(Erdb)* Basisbruch *m*
toe joint Schräglagerfuge *f*; schräge Holzbalkenverbindung *f (z. B. Sparren und Wand)*
toe-jointing Klaue *f*, Aufklauung *f*, Verklauung *f*, Aufschiftung *f*
toe of a dike Deichfuß *m*
toe of stope *(Tun)* Ortsbrust *f*, Feldortsbrust *f*
toe of the dam Dammfuß *m*
toe of the slope Böschungsfuß *m*, Böschungssohle *f*
toe wall 1. Fußmauer *f*, Herdmauer *f*; 2. *(Wsb)* Sporn *m*
toe widening Fußstückverbreiterung *f*
toeboard 1. Laufbrett *n*, Fallschutzbrett *n (um eine Plattform oder ein Dach)*; Fußleiste *f (Randbrett eines Baugerüsts)*; 2. Küchenfußbrett *n (an einem Küchenschrank)*
toed voussoir Hakenstein *m (beim Gewölbe)*
toehold (temporäre) Arbeitsbohle *f*, Stehbohle *f*, Haltebrett *n (Dachdeckung)*
toenailing Schrägnageln *n (z. B. Spundbretter, Stülpverkleidung)*
toeplate Trittblech *n*, Fuß(schlag)blech *n (Tür)*
toggle Kniehebel *m*; Kniegelenk *n*; Knebel *m*
toggle bolt Federspreizbolzen *m*, Klemmbolzen *m*
toggle crusher Kniehebelbackenbrecher *m*
toggle joint *(Hb)* Kniegelenk *n*, Winkelverbindung *f*
toggle switch Kniehebelschalter *m*; Kippschalter *m*
toilet 1. Toilette *f*, Wasserklosett *n*, WC *n*, Klosett *n*; 2. Toilettenraum *m*, Ankleideraum *m*
toilet-and-shower room Toiletten- und Duschraum *m*
toilet bowl Toilettenbecken *n*, Wasserklosettbecken *n*, Klosettbecken *n*
toilet cistern Spülkasten *m*, Wasserkasten *m*
toilet cubicle WC-Kabine *f*, Toilettenzelle *f*
toilet enclosure Toilettenkabine *f*
toilet facility Toilettenanlage *f*
toilet fan Toilettenventilator *m*
toilet flush Toilettenspülung *f*
toilet installations Toilettenanlage *f*
toilet pan *s.* toilet bowl
toilet paper dispenser Toilettenpapierspender *m*
toilet paper holder Toilettenpapierhalter *m*
toilet partition (wall) Toilettenkabinenwand *f*, Toilettentrennwand *f*
toilet room Toilettenraum *m*
toilet seat Klosettsitz *m*, Toilettensitz *m*
toilet seat lid Toilettendeckel *m*
toilet tank Spülkasten *m*
toilet valve Spülkastenventil *n*
toilet waste water Toilettenabwasser *n*
TOK-joint ribbon TOK-Band *n*
tokonoma Blumenbanknische *f (japanisch)*
tolerance 1. Toleranz *f*, zulässige Abweichung *f*, Maßabweichung *f*, Abmaß *n*; 2. *s.* tolerance limit • **within a tolerance** innerhalb einer Toleranz
tolerance limit Toleranzgrenze *f*, Abmaßgrenze *f*
tolerance number sequence Toleranzzahlenfolge *f*
tolerance on geometry Maßtoleranz *f*
tolerance range Toleranzbereich *m*
tolerance test Toleranzprüfung *f*
tolerance zone Toleranzbereich *m*
toleranced dimensions Grenzmaße *npl*, Toleranzen *fpl (Montage)*
toll 1. Zoll *m*; 2. Staßenbenutzungsgebühr *f*, Maut *f*
toll booth Mauthäuschen *n*, Gebührenzahlkabine *f*
toll bridge Mautbrücke *f*, Gebührenbrücke *f*
toll house Zollhaus *n*; Gebührenzahlhaus *n*
toll road Mautstraße *f*, gebührenpflichtige Autobahn *f*
toluene insolubles Toluolunlösliches *n (Asphaltprüfung)*
tom Baustütze *f*, Steife *f*, Stütze *f*, Strebe *f*
tomb Grabstätte *f*, Grabmal *n*, Gruft *f*
tomb architecture Grabarchitektur *f*, Grabbaukunst *f*
tomb building Grabbau *m*
tomb chamber pyramid *(Arch)* Grabpyramide *f*
tomb construction Grabbau *m*
tomb mosque *(Arch)* Grabmoschee *f*
tomb niche *(Arch)* Bogengrab *n*, Arkosolium *n*, Katakombengrab *n*
Tomb of Agamemnom *(Arch)* Kuppelgrab *n* des Agamemnon *(Mykene)*
tomb slab Grabplatte *f*
tomb tholus *(Arch)* Grabtholus *m*
ton slate unsortierter Schiefer *m (nach Gewicht gehandelt)*
tondino runde Verzierung *f*
tondo *(Arch)* Tondo *n*, Rundrelief *n*, runde Schmuckplatte *f*
tone *v* (ab)tönen, abstufen *(Farbe)*
tone *v* **down** abschwächen *(Färbung)*
tone Farbton *m*, Farbschattierung *f*, Färbung *f*
toned getont
toner klarer organischer Farbstoff *m (ohne Inertstoffe)*; Farblack *m*
tongs Zange *f*
tongue *v* 1. *(Hb)* federn, durch Nut und Feder verbinden, vernuten; 2. lappen
tongue *v* **and groove** *v (Hb)* nuten und spunden
tongue 1. *(Hb)* Feder *f*, Zunge *f*, Spund *m*, Schlitzzapfen *m*; Dorn *m*; 2. Weichenzunge *f*
tongue and groove Feder *f* und Nut *f*
tongue-and-groove boards Spundbretter *npl*, gespundete Bretter *npl*
tongue-and-groove joint *(Hb)* Spundung *f*, Federverbindung *f*, gefederte Fuge *f*
tongue-and-lip joint Nut- und Federverbindung *f* mit Fugenfüllleiste
tongue joint *(Hb)* Federverbindung *f*
tongued gefedert
tongued and grooved gespundet, gespundet und genutet
tongued and grooved ceiling Spunddecke *f*, gespundete Decke *f*, gespundete und genutete Decke *f*
tongued and grooved flooring gefederter Dielenfußboden *m*
tongued and grooved rough boarding Rauspund *m*
tongued and grooved shingle Nutschindel *f*
tongued flooring gefederte Dielung *f*
tongued mitre gefederte Gehrungsfuge *f*
tonguing Spundung *f*, Spunden *n*; Federn *n*
tonguing plane Federhobel *m*
tonk strip verstellbarer Stützrahmen *m (Regal)*
tool *v* 1. mit Werkzeug bearbeiten; 2. mit Werkzeug bestücken [ausrüsten]
tool *v* **with the roughing hammer** kröneln
tool 1. Werkzeug *n*; 2. Meißel *m*
tool box Werkzeugkasten *m*

tool life Standzeit *f*, Werkzeuglebensdauer *f*
tool marks Bearbeitungsspuren *fpl*
tool pusher Bohrmeister *m (Steinabbau, Tunnelbau)*
tool shank Werkzeugschaft *m*
tool shed Geräteschuppen *m*
tooled senkrecht gerillt [gerieft], riefig *(Werkstein)*
tooled ashlar bearbeiteter Quaderstein *m*
tooled by crandall gekrönelt
tooled concrete finish bearbeitete Betonoberfläche *f*, scharrierte Betonoberfläche *f*
tooled finish scharrierte [scharriert bearbeitete] Oberfläche *f*, nutgeschlagene Steinoberfläche *f*
tooled joint zurechtgehauene Fuge *f*
tooled surface *s.* tooled finish
tooling 1. Behauen *n (von Stein)*; steinmetzmäßige Bearbeitung *f*; 2. Fugenausbildung *f*, Formen *n* der Fugen *(mit Werkzeug)*
toolroom Geräteraum *m*
tools of the plasterer Stuckateurwerkzeuge *npl*
tooth *v* 1. verzahnen, mit Zacken versehen, zacken; 2. anrauen *(Oberflächen)*
tooth 1. Zacken *m*, Zahn *m (z. B. einer Säge)*; 2. diagonal gelegter Ziegel *m (Mauerwerk)*; 3. aufgerauter Anstrichgrund *m*
toothed gezahnt, gezähnt
toothed frieze *(Arch)* Sägezahnfries *m*
toothed plate *(Hb)* Zahn(anker)platte *f*, Zahndübel *m*
toothed ring *(Hb)* Zahnringankereisen *n*
toothed ring connector *(Hb)* Zahnringdübel *m*, Alligatordübel *m*
toother Zahnkantenziegel *m*, Diagonalkragziegel *m (Mauerwerk)*
toothing Verzahnen *n*, Verzahnung *f (Mauer)*
toothing course Zahnschicht *f*, Zahnlage *f (Mauerwerk)*
toothing-in Einzahnen *n (Mauer)*
toothing plane Aufrauhobel *m*, Zahnhobel *m*
toothing stone Zahnstein *m*, Verzahnstein *m (Mauerwerk)*
top *v* 1. abdecken, bedecken; 2. *s.* top-coat
top-coat *v* mit einem Deckanstrich versehen, überdecken, überstreichen
top 1. Oberteil *n*; Oberseite *f*; Scheitel(punkt) *m*; 2. Spitze *f (z. B. eines Berges)*
top-and-bottom cap Fuß- und Kopfprofileisen *n (Metalltür)*
top ballast *(Verk)* obere [zweite] Schotterlage *f (Gleis)*
top beam 1. Firstbalken *m*, Spitzbalken *m*; 2. Giebelbalken *m*, Ortbalken *m*; 3. Traverse *f*, Querriegel *m (Dachkonstruktion)*; 4. Hahnenbalken *m*; Kehlbalken *m*; Hainbalken *m*; Katzenbalken *m*
top beam roof Spitzbalkendach *n*, Hahnenbalkendach *n*, Hainbalkendach *n*, Katzenbalkendach *n*
top bed obere Lagerfläche *f*, weiches Lager *n (Werkstein)*
top binding Oberbund *m*, Obergurt *m*
top block Scheitelstein *m*, Schlussstein *m*
top boom Obergurt *m*, Oberflansch *m*
top boom junction plate Obergurtplatte *f*, Oberflanschknotenblech *n*
top boom member Obergurtstab *m*
top boom plate Obergurtlamelle *f*
top cap Erd(stoff)oberschicht *f*
top car clearance obere lichte Aufzugsschachthöhe *f*
top chord Obergurt *m*, Oberflansch *m*
top chord member Obergurtstab *m*
top-coat *v* überstreichen
top-coat 1. Deckschicht *f*, Deckanstrich *m*; Lacküberzug *m*; 2. Deckanstrichstoff *m*; 3. *(Verk)* Deckschicht *f (Straße)*
top-coating Aufbringen *n* eines Anstrichs, Überstreichen *n*
top concrete layer *(Verk)* Oberbeton *m*, Deckschichtbeton *m (Straße)*
top course Mauerkrone *f*, Mauerdecklage *f*, Mauerabdeckung *f*
top-course tiles Dachziegelfirstlage *f*
top cut Sparrenfirstschnitt *m*, Firstende *n* eines Sparrens
top door rail oberer Türriegel *m*, oberes Querrahmenstück *n*
top dressing 1. Dachanstrich *m*; 2. Planieren *n*, Planierung *f (Erdstoffe)*
top dressing compound Dachanstrichmasse *f*, Dachaufstrichstoff *m*
top edge rib Sattelkehle *f*
top face obere Leibungsfläche *f*
top flange *s.* top boom
top flange plate Kopfplatte *f*, Deckflacheisen *n*
top floor oberstes Geschoss *n* [Stockwerk *n*]
top form obere Schalenform *f (Beton)*
top girder Schlussbalken *m*
top hat (cover piece) Hutabdeckung *f*, hutförmige Abdeckung *f*
top-heavy überlastig, kopflastig
top hinge Scheitelgelenk *n*
top-hinged in-swinging window Schiebefenster *n* mit Fußscharnier, nach innen klappbares Schiebefenster *n*; Lüftungsfenster *n*
top hog Scheitelüberhöhung *f*
top-hung oben hängend, oben laufend *(Schiebetor)*
top-hung sash [window] 1. Kippflügel *m*, Klappflügel *m*; 2. Klappflügelfenster *n*, Kippflügelfenster *n*
top illumination Obenbeleuchtung *f*
top joint Scheitelfuge *f*
top lateral bracing oberer Windverband *m*
top layer 1. oberste Lage *f (Straße, Mauerwerk)*; 2. Abschlussschicht *f*, Deckschicht *f (Beschichtung)*
top leaf oberer Flügel *m (Tor, Tür)*
top-lighting Oberlicht *n*, Oberbeleuchtung *f*
top line Scheitellinie *f*, Gewölbescheitel *m*
top lined eaves obere Dachtraufenverkleidung *f*
top-lit oben beleuchtet
top member Obergurt *m*
top moulding Deckgesims *n*
top of spire Turmspitze *f*, Turmhelm *m*
top of wall Mauerkrone *f*
top out 1. Legen *n* der Schlusslage, Abschließen *n*; 2. Montieren *n* des Kopfteils
top pipe branch Rohrscheitelabzweig *m*, Rohrscheiteleinlaufstück *n*
top plate 1. Firstbalken *m*, Firstschwelle *f*; 2. Kopfbalken *m*, Kopfstrebe *f*
top pressure 1. Scheiteldruck *m*; 2. *(Tun)* Firstendruck *m*, Scheiteldruck *m*
top rail 1. oberes Querrahmenstück *n*, oberer Schenkel *m*, Kopfriegel *m (Tür, Fenster)*; Rähm *m*; 2. Abdeckplatte *f (Balustrade)*
top reinforcement Abreißbewehrung *f*
top riser oberste Setzstufe *f*
top sag Scheitelsenkung *f*
top sash Oberflügel *m (Schiebefenster)*
top slab 1. *(Verk)* Fahrbahnplatte *f*, 2. Deckplatte *f*
top soil *s.* topsoil
top step Podeststufe *f*
top stone Schlussstein *m*
top surface *(Hb)* Hirnschnittfläche *f*, Kopffläche *f*
top timber *s.* top beam
top track obere Laufschiene *f (Schiebetor)*
top view Draufsicht *f (Zeichnung)*; Grundriss *m*
top wall *(Tun)* Hangendes *n*
top-water level *(Wsb)* höchster Stauspiegel *m*, Stauhöhe *f*
topcoat *v* mit einem Deckanstrich versehen

topcoat Deckbeschichtung *f*
topcoat enamel Deckfarbe *f*, Lackfarbe *f*
topcoat paint Deckanstrichstoff *m*, Deckfarbe *f*
topcoat pigment Deckschichtpigment *n*
tope *(Arch)* Tope *f*, Stupa *f (indische Pagode)*
tope base *(Arch)* Topeunterbau *m*, Stupaunterbau *m*
tope shrine *(Arch)* Topeschrein *m*, Stupaschrein *m*
tophus Kalktuff *m*
topical treatment punktuelle Behandlung *f*
topographic topographisch
topographic information topographische Daten *pl*
topographic survey topographische Aufnahme *f*
topographical topographisch
topographical area *(Wsb)* oberirdisches Einzugsgebiet *n*
topographical chart topographische Karte *f*, Geländekarte *f*
topographical divide *(Wsb)* oberirdische Wasserscheide *f*
topographical drawing Kartenskizze *f*
topographical features Terrainbeschaffenheit *f*
topographical map topographische Karte *f*, Geländekarte *f*
topographical relief topographisches Relief *n*
topographical sketch Terrainskizze *f*
topographical survey Geländeaufnahme *f*
topography Topographie *f*
topped-out rohbaufertig
topping 1. Estrichlage *f*, Ausgleichestrich *m*; 2. Deckschicht *f*, Decke *f*, Oberschicht *f*; Verschleißbetonlage *f*; Fahrbahndecke *f*, Straßendecke *f*, Verschleißschicht *f*; 3. Überstreichen *n*; 4. *(Erdb)* Andeckung *f*, Bodenabdeckung *f*
topping coat 1. Glättschicht *f*, aufgezogene Zementschicht *f*; 2. aufgezogener Putz *m*
topping joint Estrichfuge *f* über einer Dehnfuge
topping-out ceremony Richtfest *n*
topping slab Betondruckplatte *f*, Oberbetonschicht *f*, Aufbetonschicht *f*
topple *v* kippen, umfallen
topple *v* **over** umkippen
toppling Kippen *n*
topsoil oberste Erdschicht *f*, Oberboden *m*, Kulturbodenschicht *f*, Mutterboden *m*
topsoil filling Oberbodenauftrag *m*
topsoil replacement Kulturbodenandeckung *f (Landschaftsbau)*
topsoil stripping Mutterbodenabtrag *m*, Kulturbodenabtrag *m*
tor steel TOR-Stahl *m*
torch *v* 1. verputzen, verstreichen, abdichten, ausgleichen *(Ziegeldach verfugen)*; 2. anzünden *(mit Brenner)*
torch-cut *v* brennschneiden
torch-weld *v* autogen schweißen, gasschweißen
torch brazing Hartlöten *n* mit Brenner
torch cutting Brennschneiden *n*
torch for MIG-MAG welding MIG-MAG-Schweißbrenner *m*
torch for plasma welding Plasmaschweißbrenner *m*
torch for TIG welding TIG-Schweißbrenner *m*
torch soldering Hartlöten *n* mit Brenner
torchère 1. nach oben strahlende Stehlampe *f*; 2. verzierter Lampenhalter *m*
torching Mörtelverstrich *m (Dachdeckung)*
tore *s.* torus
toric wulstförmig, torisch
Torkret method Torkret(ier)verfahren *n (Spritzbeton)*
tormentor 1. schallabsorbierende Wand *f (Kino)*; 2. Blende *f*, Blendvorhang *m (auf der Theaterbühne)*
torn grain zerschnittene [zerrissene] Faser *f (Furnier)*; Faserschnitt *m*
toroid Toroid *m*; Ring *m (mathematisch)*
toroid shell Ringschale *f*
toroidal ringförmig
toroidal sealing Rundschnur(band)dichtung *f*
toroidal shell Torusschale *f (Schalenkonstruktion)*
torque (moment) Torsionsmoment *n*, Verdrehungsmoment *n*, Drehmoment *n*, Drillmoment *n*
torque failure Verdrehungsbruch *m*
torque loading Drehbelastung *f*
torque rod Schubbalken *m*
torque viscometer Rotationsviskosimeter *n*
torrent Wildbach *m*, Sturzbach *m*
torrent control work *(Wsb)* Wildbachverbauung *f*
torrent damming *(Wsb)* Wildbachverbauung *f*
torrent regulation *(Wsb)* Wildbachverbauung *f*
torrent works *(Wsb)* Wildbachverbau *m*
torrential stream Wildbach *m*, Sturzbach *m*
torsade Spiralverzierung *f*, gedrehte Zierkante *f (Bandornament)*
torsel Auflagerelement *n*, Balkenauflagerstein *m*, Balkenauflagerstück *n*
torsion Torsion *f*, Verdrehung *f*, Verdrillung *f*, Verwindung *f*
torsion bar Torsionsstab *m*, Federstab *m*
torsion buckling Torsionsknickung *f*
torsion failure Torsionsbruch *m*, Verdrehungsbruch *m*, Verwindungsbruch *m*
torsion flexion Drehbiegung *f*
torsion-free torsionsfrei, torsionslos, verwindungsfrei
torsion instability Torsionslabilität *f*, Verdrehungslabilität *f*, Verwindungslabilität *f*
torsion load Torsionsbelastung *f*, Verdrehungsbelastung *f*, Verwindungsbelastung *f*
torsion modulus Torsionsmodul *m*, Drillungsmodul *m*
torsion oscillation Torsionsschwingung *f*, Verdrehungsschwingung *f*, Verwindungsschwingung *f*
torsion problem Torsionsaufgabe *f*, Verdrehungsaufgabe *f*, Verwindungsaufgabe *f*
torsion-proof torsionssteif, drehsteif
torsion reinforcement Torsionsbewehrung *f*, Verdrehungsbewehrung *f*, Verwindungsbewehrung *f*
torsion resistance Torsionswiderstand *m*, Torsionsfestigkeit *f*, Verdrehungswiderstand *m*, Verwindungswiderstand *m*
torsion rod Torsionsstab *m*, Federstab *m*
torsion steel Torsionsbewehrung *f*
torsion strength Torsionsfestigkeit *f*, Torsionssteifigkeit *f*, Verdrehungsfestigkeit *f*, Verdrehungssteifigkeit *f*, Verwindungsfestigkeit *f*, Verwindungssteifigkeit *f*
torsion stress Torsionsspannung *f*
torsion test Torsionsprüfung *f*, Verdrehungsprüfung *f*, Verwindungsprüfung *f*
torsion tester Torsionsprüfmaschine *f*
torsion vibration Torsionsschwingung *f*, Verdrehungsschwingung *f*, Verwindungsschwingung *f*
torsional Torsions..., Verdreh..., Dreh..., Drehungs..., Verwind...
torsional angle Drillungswinkel *m*, Torsionswinkel *m*, Verdrehungswinkel *f*, Verwindungswinkel *m*
torsional buckling Torsionsknickung *f*
torsional buckling load Torsionsknicklast *f*, Verdrehungsknicklast *f*, Verwindungsknicklast *f*, Drillknicklast *f*
torsional deformation Verwindungsdeformation *f*, Torsionsdeformation *f*
torsional elasticity Torsionselastizität *f*
torsional failure Torsionsbruch *m*, Verdrehungsbruch *m*, Verwindungsbruch *m*, Drillbruch *m*
torsional-flexural buckling Biegedrillknicken *n*
torsional-flexural buckling analysis Biegedrillknicknachweis *m*

torsional force Torsionskraft *f*, Dreh(ungs)kraft *f*, Drillkraft *f*
torsional fracture *s.* torsion failure
torsional moment Torsionsmoment *n*, Drillmoment *n*, Verdrehungsmoment *n*, Verwindungsmoment *n*
torsional-proof torsionsfrei, verdrehungsfrei, verwindungsfrei
torsional reinforcement Torsionsbewehrung *f*, Verdrehungsbewehrung *f*, Verwindungsbewehrung *f*
torsional resistance Torsionswiderstand *m*, Verdrehungswiderstand *m*, Verwindungswiderstand *m*
torsional rigidity Torsionssteifigkeit *f*, Verdrehungssteifigkeit *f*, Verwindungssteifigkeit *f*
torsional steel Torsionsbewehrung *f*
torsional stiffness Torsionssteifigkeit *f*, Verdrehungssteifigkeit *f*, Drehsteifigkeit *f*, Verwindungssteifigkeit *f*
torsional strain Torsionsverzerrung *f*, Verdrehungsverzerrung *f*, Verwindungsverzerrung *f*
torsional strength Torsionsfestigkeit *f*, Drillfestigkeit *f*, Drehfestigkeit *f*
torsional stress Torsionsbeanspruchung *f*, Torsionsspannung *f*, Verdreh(ungs)beanspruchung *f*, Verwindungsspannung *f*
torsional test Torsionsprüfung *f*, Verdrehungsprüfung *f*, Verwindungsprüfung *f*
torsional wave Torsionswelle *f (Akustik)*
torsionally elastic torsionselastisch, verdrehungselastisch, verwindungselastisch
torsionally rigid [stiff] torsionssteif, verdrehungssteif, verwindungssteif, drehsteif
torso Torso *m*
tortoise shell Schildpatt *n*
torus *(Arch)* Torus *m*, Säulenwulst *m*, Säulenbasiswulstring *m*, Rundwulst *m(f)*, rundes Band *n (an ionischen Säulen)*; Konvex(zier)element *n*
torus roll flashing Rundwulstabdeckung *f*
tot lot *(AE)* Spielwiese *f*, Kleinkinderspielplatz *m*
total ganz, gesamt, insgesamt, Gesamt..., total, gänzlich, völlig
total Gesamtpreis *m*, Gesamtsumme *f*, Endbetrag *m*; Gesamtmenge *f*
total air content Gesamtluftgehalt *m*
total area Gesamtfläche *f*
total average Gesamtdurchschnitt *m*
total building costs Gesamtbaukosten *f*
total butt strap vollständige [totale] Verlaschung *f*
total capacity Gesamtinhalt *m*; Gesamtkapazität *f*
total coating thickness Gesamtschichtdicke *f (Anstriche, Beschichtungen)*
total concrete aggregate Betonzuschlagstoffgemenge *n*, Betongesamtzuschlagstoff *m*
total construction cost Gesamtbaukosten *pl*
total consumption Gesamtverbrauch *m*
total cost Gesamtkosten *f*
total cross section gesamter [totaler] Wirkungsquerschnitt *m*
total deformation Gesamtformänderung *f*, Gesamtverformung *f*
total deposition Gesamtablagerung *f*
total depth Gesamthöhe *f*
total design load Gesamtlast *f*
total dimension Gesamtabmessung *f*, Gesamtmaß *n*
total earth resistance Gesamterdungswiderstand *m*
total efficiency Gesamtwirkung *f*
total evacuation Gesamtevakuierung *f*
total failure Gesamtbruch *m*
total floor depth Gesamtdeckendicke *f*
total floor space Gesamtgeschossfläche *f*
total hardness Gesamthärte *f (Wasser)*
total head *(Wsb)* Gesamtfallhöhe *f*
total heat requirement Gesamtwärmebedarf *m*
total height Gesamthöhe *f*
total length Gesamtlänge *f*
total load(ing) Gesamtbelastung *f*, Gesamtlast *f*
total loss Gesamtverlust *m*
total moment Gesamtmoment *n*
total number Gesamtanzahl *f*
total plan Gesamtplan *m*
total planning Gesamtplanung *f*
total porosity Gesamtporosität *f*, wahre Porosität *f*, Durchlässigkeitsgrad *m*
total pressure Gesamtdruck *m*
total prestressing force Gesamtvorspannkraft *f*
total price Gesamtpreis *m*
total protection Vollschutz *m*
total reaction Gesamtstützkraft *f*, Gesamtauflagerkraft *f*, Gesamtstützdruck *m*
total reactive force Gesamtstützkraft *f*, Gesamtauflagerkraft *f*, Gesamtstützdruck *m*
total rock sample Gesamtgesteinsprobe *f*
total solids Feststoffgehalt *m*, Festkörperanteil *m (Anstrich, Farbe)*
total steel area Gesamtbewehrungsfläche *f*
total strain Gesamtdehnung *f*
total stressing force Gesamtvorspannkraft *f*
total tensioning force Gesamtvorspannkraft *f*
total thickness Gesamtdicke *f*
total view Gesamtansicht *f*
total volume of construction Gesamtbauvolumen *n*
total wall area Gesamtwandfläche *f*
total water Gesamtwasser *n (Betonmischung)*
total weight Gesamtgewicht *n*
total width Gesamtbreite *f*, Breite *f* über alles
total wind force Gesamtwindkraft *f*
total window space Gesamtfensterfläche *f (Raum, Gebäude)*
totality Gesamtheit *f*, Vollständigkeit *f*
totally buried vollüberdeckt
totally enclosed voll gekapselt, völlig ummantelt
touch *v* **up** nachbearbeiten, nachbessern; ausbessern, ausflecken *(z. B. Anstriche)*; überholen; auffrischen
touch catch Schnappschloss *n*, Einrastschloss *n*
touch-dry grifffest (trocken), berührungstrocken *(Anstrich)*
touch-up paint Reparaturlack *m*, Ausbesserungsfarbe *f*
touching up Nachbesserung *f*; Ausbessern *n*, Ausflecken *n (von Anstrichen)*; Auffrischen *n*
tough zäh, (zäh)fest, widerstandsfähig, sprödbruchunempfindlich *(Material)*
toughen *v* steifen *(aussteifen)*
toughened glass Hartglas *n*; vorgespanntes Glas *n*, Einscheibensicherheitsglas *n*
toughness 1. Zähigkeit *f*, Zähfestigkeit *f*, Härte *f*; 2. Schlagzähigkeit *f*, Kerb(schlag)zähigkeit *f*, Sprödbruchunempfindlichkeit *f*
toughness test Schlagfestigkeitsprüfung *f*, Zähigkeitsprüfung *f*
tourelle *s.* turret
tourist attraction Sehenswürdigkeit *f*
tourist cabin Motel(schlaf)hütte *f*
tourist centre Touristenort *m*
tourist house Pension *f*, Appartementhaus *n*; Ferienhaus *n*
tourist terrace Besucherterrasse *f*
tournadozer Planierschürfer *m*, Radschürfgerät *n*
tow *v* schleppen, abschleppen, hinterherziehen
tow *v* **away** wegschleppen, abschleppen
tow 1. Werg *n (Flachs- oder Hanfabfall)*; 2. Ziehen *n*, Schleppen *n*, Abschleppen *n*

tow-line Schleppseil *n*, Abschleppseil *n*
tow-path Leinpfad *m*, Leinweg *m*, Treidelpfad *m*
towed grader Aufhängegrader *m*, Anhängestraßenhobel *m (Straßenbau)*
towed scraper Schleppschrapper *m*
towed type grader *s.* towed grader
towed vibratory roller Vibrationshängewalze *f*
towel bar Handtuchstange *f*
towel dispenser Handtuchspender *m*
towel holder [rack] Handtuchhalter *m*
towel rail Handtuchstange *f*
tower *v* hochragen, sich emportürmen
tower *v* **above** überragen, etwas überragen
tower *v* **to** emportürmen zu
tower 1. *(Arch)* Turm *m*; 2. Mast *m*; Gittermast *m*
tower base Mastfundament *n*, Mastfuß *m*
tower block Punkthochhaus *n*, Wohnturm *m*, Turmhochhaus *n*, Wohnhochhaus *n*
tower block façade Hochhausfassade *f*
tower bolt Schubriegel *m*
tower building 1. Turmhochhaus *n*, Punkthochhaus *n*, Turmgebäude *n*, Hochhaus *n*; 2. Turmbau *m*, Hochhausbau *m*
tower clock Turmuhr *f*
tower construction Turmbau *m*, Turmerrichtung *f*
tower crane Turmdrehkran *m*
tower erection Turmerrichtung *f*, Turmaufrichten *n*
tower gantry Bau(montage)kran *m*, Turmdrehkran *m*
tower gutter tile Turmfalzziegel *m*
tower-house 1. *(Arch)* Turm *m*, Wohnturm *m (einer Burg)*; 2. turmartiges Gebäude *n*, Turm *m (z. B. Wasserturm)*
tower lighting Mastbeleuchtung *f*
Tower of Babel *(Arch)* Turm *m* zu Babel, babylonischer Turm *m*
Tower of the Winds *(Arch)* Turm *m* der Winde *(Athen)*
tower pier Turmpfeiler *m*
tower pivot Stützpyramide *f*
tower restaurant Turmgaststätte *f*
tower roof Turmdach *n*
tower scaffold Fahrgerüst *n*
tower shaft Turmschaft *m*
tower silo Turmsilo *n*, Hochsilo *n*
tower stair Turmtreppe *f*
tower tank Hochbehälter *m (auf einem Turm befindlich)*
tower-type bituminous mixing plant Mischturm *m* für bituminöses Mischgut
towered façade Turmfassade *f*
towered fire-temple *(Arch)* Feueraltar *m*
towing hook Zughaken *m*
town städtisch; Stadt...
town Stadt *f*, Ortschaft *f*
town architect Stadtarchitekt *m*
town area Stadtgebiet *n*
town block *(AE)* Stadtviertel *n*
town borough Stadtkreis *m*
town centre Stadtzentrum *n*, Stadtkern *m*, Stadtmitte *f*
town church Stadtkirche *f*
town council Stadtrat *m*
town development Städtebau *m*; Stadtentwicklung *f*
town district Stadtbezirk *m*
town drainage Stadtentwässerung *f*
town engineering Stadtbautechnik *f*, Städtebautechnik *f*
town expressway *(Verk)* Stadtschnellstraße *f*
town extension Stadterweiterung *f*
town flat Stadtwohnung *f*
town forest Stadtwald *m*
town fortification *(Arch)* Stadtbefestigung *f*
town gate *(Arch)* Stadttor *n*, Straßentor *n*
town hall Rathaus *n*
town house *(AE)* Stadt(reihen)haus *n*
town improvement scheme Stadtsanierungsplan *m*
town living-space städtischer Lebensraum *m*
town map Stadtplan *m*
town master meson *(Arch)* Stadtbaumeister *m*
town museum Stadtmuseum *m*
town of the future *(Arch)* Stadt *f* der Zukunft
town palace Stadtpalast *m*
town park Stadtpark *m*
town picture Stadtbild *n*
town plan maßstabgerechter Stadtplan *m*
town planner Städtebauer *m*, Städteplaner *m*
town-planning städtebaulich
town planning Städtebau *m*, Städteplanung *f*, städtebauliche Planung *f*
town planning authority Stadtplanungsamt *n*, Stadtplanungsbehörde *f*
town planning institute Städtebauinstitut *n*, Institut *n* für Städtebau
town planning studies 1. Stadtbaulehre *f*; 2. Stadtplanungsstudien *fpl*, Stadtplanungsuntersuchungen *fpl*, städtebauliche Studien *fpl*
town planning theory Städtebautheorie *f*
town pool Stadtbad *n*
town redevelopment scheme Stadtsanierungsplan *m*
town refuse Stadtmüll *m*, Straßenmüll *m*
town rubbish Stadtmüll *m*, Straßenmüll *m*
town square Marktplatz *m*
town station Stadtbahnhof *m*
town swimming bath städtisches Schwimmbad *n*, Stadtbad *n*
town theatre Stadttheater *n*
town wall Stadtmauer *f*
town waste städtischer Abfall *m*, Stadtmüll *m*
town water Stadtwasser *n*; Leitungswasser *n*
town water supply Stadtwasserversorgung *f*
townscape Stadtbild *n*, Stadtlandschaft *f*
toxic toxisch, giftig, Gift...
toxic agent Giftstoff *m*, chemischer Kampfstoff *m*
toxic by-product giftiges Nebenprodukt *n*
toxic degradation product toxisches Abfallprodukt *n*
toxic effect toxische Wirkung *f*
toxic hazard Giftgefahr *f*
toxic paint giftige Farbe *f*, giftiger Anstrich *m*
toxic substance Schadstoff *m*
toxic waste giftiger Abfall *m*, toxische Abfälle *mpl*, Giftmüll *m*, giftiger Abfall *m*
toxic waste disposal plant Giftmüllentsorgungsanlage *f*
toxicant Giftstoff *m*
toxicity Toxizität *f*, Giftigkeit *f*
toxin Gift *n*
toy-lot Spielgeräteplatz *m*
trabeate *s.* trabeated
trabeated mit Trägern, mit Trägersystem gebaut, Balken...
trabeated architecture *(Arch)* Architravarchitektur *f*, Architravbaukunst *f*, Gebälkarchitektur *f*, Gebälkbaukunst *f* *(altes Griechenland)*
trabeated building *(Arch)* Architravgebäude *n*, Gebälkgebäude *n*, Gebäude *n* mit Trägern und Stützen
trabeated construction *(Arch)* Architravbau *m*, Gebälkbau *m*
trabeated system 1. Trägersystem *n*, Gebälkbau *m*; 2. *s.* trabeated building
trabeation 1. Säulengebälk *n*; 2. *s.* trabeated building
trabes *(Arch)* Balken *m* als Auflager für Unterzüge *(römische Baukunst)*
trabs *s.* trabes
trace *v* 1. nachzeichnen, nachziehen *(z. B. Zeichnungen mit Farbe)*; 2. (durch)pausen; 3. aufspüren

trace *v* **out** 1. (auf)zeichnen, skizzieren; 2. *(Verm)* abstecken, abmarkieren
trace 1. Linie *f*, Kurve *f*, Aufzeichnung *f (Messlinie)*; 2. Zeichnung *f*, Skizze *f*; 3. *(AE)* Pfad *m*, markierter Weg *m*; 4. Pause *f*, Lichtpause *f*; 5. Grundriss *m (militärisch)*; 6. *(El)* Leuchtspur *f*, Radarbildspur *f*; 7. Strang *m*
trace contamination Spurenverunreinigung *f*, Fremdstoffspurenkontamination *f*
trace element Spurenelement *n*
trace of the plain *(Arch)* Spur *f* der Ebene
traceability Rückverfolgbarkeit *f*, Nachweisbarkeit *f*
traceable nachweisbar, rückverfolgbar
traced design Pause *f*, Zeichnungskopie *f*
tracer colour Markierungsfarbe *f*
traceried *(Arch)* mit Maßwerk (versehen)
traceried gable Maßwerkgiebel *m*
traceried opening *(Arch)* Maßwerkblende *f*
traceried rose window *(Arch)* Maßwerkrose *f*, Maßwerkrosenfenster *n*, Fensterrose *f*, Rosenfenster *n*
traceried window *(Arch)* Maßwerkfenster *n*
tracery 1. *(Arch)* Maßwerk *n*, Netzwerkverzierung *f*, Bauornamentzierat *m*; Fenstertrassierung *f*; 2. Flechtwerk *n*
tracery decorating art *(Arch)* Maßwerkornamentik *f*, Maßwerkzierkunst *f*
tracery filling *(Arch)* Maßwerkfüllung *f*
tracery frieze *(Arch)* Maßwerkfries *m*
tracery motif *(Arch)* Maßwerkmotiv *n*
tracery ornamental art *(Arch)* Maßwerkornamentik *f*, Maßwerkzierkunst *f*
tracery panel Stabwerk *n*
tracery pattern *(Arch)* Maßwerkmuster *n*, Maßwerksystem *n*
tracery vault *(Arch)* Netzgewölbe *n*
tracery window *(Arch)* Maßwerkfenster *n*
tracery with four [three] leaf-shaped curves *(Arch)* Vierblatt *n* [Dreiblatt *n*] *(Gotik)*
traces of rust Rostspuren *fpl*
tracework *(Arch)* Netzwerk *n (Maßwerk)*
trachyte Trachyt *m*
trachytic tuff Trachyttuff *m*
tracing 1. Pause *f*, Lichtpause *f*; 2. Pausen *n*
tracing paper Zeichenpapier *n*, Transparent(zeichen)papier *n*
tracing pattern Anreißschablone *f*, Markierschablone *f*
tracing peg *(Verm)* Absteckpflock *m*
tracing room Pausraum *m*
track 1. *(Verk)* Gleis *n*, Bahngleis *n*; Schienenstrang *m*; Gleiskörper *m*; 2. Führungsschiene *f*, Schiene *f*, Führungsbahn *f*; Gleitschiene *f*; 3. Gleiskette *f*, Raupe(nkette) *f*; 4. Spur *f*, Radspur *f*; 5. Bahn *f (einer Sportanlage)*
track alignment gauge Spurlehre *f (Gleis)*
track ballast Gleisschotter *m*
track base plate Gleis(trage)platte *f*
track bed [bedding] Gleisbett *n*; Bahnkörper *m*
track bench Gleisbankett *n*
track bolt Schlossschraube *f*
track cleaner Gleisbettreinigungsmaschine *f*
track connection Gleisverbindung *f*
track construction car Gleisbauwagen *m*
track construction work Gleisbauarbeiten *fpl*
track equipment Oberbaumaterial *n (Gleisbau)*
track formation *(Verk)* Planum *n*, Bahnkörper *m*
track gauge Schienenspurweite *f*
track gradient Gleissteigung *f*
track-laying *(Verk)* Gleis(verlege)arbeiten *fpl*, Schienenlegen *n*
track-laying finisher Gleiskettenfertiger *m*
track-laying machine Gleisverlegemaschine *f*, Schienenlegemaschine *f*, Gleisbaumaschine *f*
track-laying tractor Raupenschlepper *m*, Raupenkettentraktor *m*
track-laying type finisher *s.* track-laying finisher
track-laying vehicle *s.* track vehicle
track layout Gleislage *f*
track material Oberbaumaterial *n (Gleis)*
track-packing *s.* track tamping
track rail bond Schienenverbinder *m*
track recording coach Gleisprüfwagen *m*
track repairs Gleisarbeiten *fpl*
track shifting Gleis(ver)rücken *n*
track shifting machine Gleisrückmaschine *f*
track slewing *s.* track shifting
track span Gleisjoch *n*
track spike Schienennagel *m*
track subsidence Gleissenkung *f*
track system Gleisanlage *f*
track tamping Gleisstopfen *n*
track tamping machine Gleisstopfmaschine *f*
track vehicle Gleiskettenfahrzeug *n*, Raupenfahrzeug *n*, Kettenfahrzeug *n*
track warping Gleisverwerfung *f*
track width Spurweite *f (von Fahrzeugen)*
trackage *(AE)* Gleisanlage *f*, Gleisstrecke *f*
tracked paver *(Verk)* Kettenfertiger *m*, Raupenfertiger *m*
tracked plant Gleiskettengerät *n*
tracked vehicle Kettenfahrzeug *n*, Raupenfahrzeug *n*
tracking 1. *(Verk)* Spurenverschleiß *m (Straße)*; 2. Spurrinnen *fpl*; Fahrspur-Bindemittelanreicherung *f (Straße)*
tract Streifen *m (eines Geländes)*; Geländestück *n*
tractility Dehnbarkeit *f*, Streckbarkeit *f*
traction 1. Traktion *f*, Ziehen *n*, Zug *m*; 2. Zugkraft *f (z. B. eines Fahrzeugs)*
traction cable *s.* traction rope
traction line Fahrleitung *f*
traction line pole Fahrleitungsmast *m*
traction load Verschiebelast *f*, Zuglast *f (Fahrzeuge)*
traction pole Fahrleitungsmast *m*
traction rod Zugstange *f*
traction rope Zugseil *n (Seilbahn)*
traction system *(Verk)* Bahnnetz *n*, Streckennetz *n*
tractive force *(Wsb)* Schleppkraft *f (Wasser)*
tractor Traktor *m*, Schlepper *m*, Zugmaschine *f*
tractor backactor Schleppertieflöffel *m*
tractor crane Drehkran *m* mit Raupenfahrwerk
tractor dozer Fronträumer *m*; Schürfschlepper *m*
tractor-drawn roller Schleppwalze *f*
tractor grader *(Erdb)* Traktorgrader *m*, Schlepperschürfkübel *m*, Traktorstraßenhobel *m*
tractor loader Schaufellader *m*
tractor-pulled carrying scraper Schürfkübel *m*
tractor scraper *s.* tractor grader 1.
tractor shovel Schaufellader *m*, Fahrlader *m*
tractor-trailer Sattelschlepper *m*
tractrix (curve) Traktrix *f*, Schleppkurve *f (Trassierung, Ausbildung)*
trade Handwerk *n*; Gewerk *n*, Baugewerk *n*
trade area Gewerbegebiet *n*
trade centre Umschlagplatz *m (Handel)*
trade designation Handelsbezeichnung *f*
trade effluent Industrieabwasser *n*, gewerbliches Abwasser *n*
trade entrance Wirtschaftseingang *m*
trade for finishing [interior] work Innenausbaugewerk *n*
trade gang Handwerkerkolonne *f*
trade granite Gneis *m*
trade journal Fachzeitschrift *f*
trade-mark Warenzeichen *n*; Marke *f*

trade measurements Handelsmaße *npl (z. B. Holz, Bauelemente)*
trade name Handelsbezeichnung *f*, Handelsname *m*
trade organisation Berufsvertretung *f*; Handelsvertretung *f*
trade price Handelspreis *m*
trade register Handelsregister *n*
trade secret Geschäftsgeheimnis *n*
trade union Gewerkschaft *f*
trade wastes Industrieabwasser *n*, gewerbliches Abwasser *n*; gewerblicher Abfall *m*
trade water main Brauchwasserleitung *f*
trademark Warenzeichen *n*; Marke *f*
trademark method geschütztes Verfahren *n*, geschützte Methode *f*
trademark system geschütztes Verfahren *n*, geschützte Methode *f*
tradesman 1. Handwerker *m*; 2. Geschäftsmann *m*
tradition of building *(Arch)* Bautradition *f*, Tradition *f* der Baukunst, traditionelles Bauen *n*
traditional traditionell, traditionsgebunden
traditional architecture traditionelle Architektur *f*, traditionelle Baukunst *f*, herkömmliche Architektur *f*, überlieferte Architektur *f*
traditional form of building herkömmliches Bauen *n*, traditionelle Bauweise *f*
traditional style *(Arch)* traditioneller Stil *m*, herkömmlicher Stil *m*, überlieferter Stil *m*
traffic 1. Verkehr *m*; öffentlicher Personen-, Bahn-, Schiffs-, Straßen- und Güterverkehr *m*; Nachrichten- und Fernsprechverkehr *m*; 2. Handel *m*
traffic-actuated control verkehrsabhängige Steuerung *f*
traffic-actuated signal control verkehrsabhängige Signalsteuerung *f*
traffic aisle Fahrgasse *f (z.B. in Parkhäusern, Großgaragen)*
traffic analysis Verkehrsuntersuchung *f*, Verkehrsanalyse *f*
traffic area Verkehrsfläche *f*
traffic arterial [artery] Hauptverkehrsader *f*
traffic assessment Verkehrsdiagnose *f*, Verkehrseinschätzung *f*
traffic assignment Verkehrsverlagerung *f*, Verkehrsumlegung *f*
traffic bump Verkehrsschwelle *f*
traffic calming Verkehrsberuhigung *f*
traffic census Verkehrserhebung *f*, Verkehrszählung *f*
traffic chaos Verkehrschaos *n*
traffic circle *(AE)* Kreisverkehrsanlage *f*, Kreisel *m*, Verkehrskreisel *m*
traffic condition Verkehrszustand *m*
traffic cone Leitkegel *m*, Verkehrsleitkegel *m*
traffic congestion Verkehrsstau *m*, Verkehrsverstopfung *f*
traffic connection Verkehrsanbindung *f*
traffic control Verkehrssteuerung *f*, Verkehrslenkung *f*
traffic control centre Verkehrssteuerungszentrale *f*
traffic control sign Straßenverkehrszeichen *n*
traffic controller Verkehrssteuergerät *n*
traffic count Verkehrs(querschnitts)zählung *f*, Verkehrserhebung *f*
traffic deck surfacing Verschleißbetonlage *f*, Estrichlage *f*
traffic density Verkehrsdichte *f*
traffic detector Verkehrsdetektor *m*, Verkehrs(mess)aufnehmer *m*
traffic detour *(AE)* Verkehrsumleitung *f*
traffic distribution Verkehrsverteilung *f*
traffic diversion Verkehrsumleitung *f*
traffic divider Verkehrsteiler *m*, Längsteiler *m*
traffic engineering 1. Verkehrstechnik *f (Straßenausstattungstechnik)*; 2. Verkehrsingenieurwesen n; 3. Straßenbau *m*
traffic facilities 1. Verkehrsanlagen *fpl*; 2. Verkehrserleichterungseinrichtungen *fpl*, Verkehrsverbesserungssysteme *npl*
traffic file Fahrzeugfolge *f*
traffic flow Verkehrsablauf *m*, Verkehrsfluss *m*
traffic flow plan Verkehrsablaufplan *m*
traffic forecast Verkehrsprognose *f*
traffic-free precinct fahrverkehrsfreier Bereich *m*
traffic generation Verkehrsentstehung *f*
traffic guidance system Verkehrsleitsystem *n*
traffic impact assessment Verkehrsauswirkungsbeurteilung *f*
traffic installations *s.* traffic facilities 1.
traffic intensity Verkehrsstärke *f*
traffic island Verkehrsinsel *f*
traffic jam Verkehrsstau *m*
traffic jammed verstopft
traffic junction Verkehrsknotenpunkt *m*
traffic lane Fahrspur *f*, Spur *f (Straße)*
traffic level Verkehrsebene *f*
traffic lights Verkehrsampel *f*; Lichtsignalanlage *f*
traffic line Markierungsstrich *m (Straße)*
traffic (live) load Verkehrslast *f*, bewegliche Belastung *f (Brücke)*
traffic management Verkehrsmanagement *n*, Verkehrsabwicklung *f*
traffic manager 1. Versandleiter *m*; 2. *(AE)* Betriebsdirektor *m*
traffic marking Straßenmarkierung *f*
traffic marking paint Straßenmarkierungsfarbe *f*
traffic master plan Generalverkehrsplan *m*
traffic message channel *(Verk)* Verkehrsnachrichtenkanal *m*
traffic modelling Verkehrsgestaltung *f*
traffic noise Verkehrslärm *m*
traffic offence Verkehrsdelikt *n*
traffic paint *s.* traffic marking paint
traffic parameter Verkehrsparameter *m*
traffic pattern Anflugvorschriften *fpl (Flugplatz)*
traffic planner Verkehrsplaner *m*
traffic planning Verkehrsplanung *f*
traffic refuge Fußgängerinsel *f*
traffic regulations Straßenverkehrsordnung *f*
traffic relief Verkehrsentlastung *f*
traffic restraint Verkehrsbeschränkung *f*; Verkehrsberuhigung *f*
traffic restraint zone verkehrsberuhigte Zone *f*
traffic rolling (load) Verkehrslast *f*
traffic route Verkehrsweg *m*
traffic safety Verkehrssicherheit *f*
traffic safety facilities Verkehrssicherungseinrichtungen *fpl*
traffic segregation Verkehrsentflechtung *f*, Verkehrsentmischung *f*
traffic sign Verkehrszeichen *n*, Straßenverkehrszeichen *n*, Schild *n*
traffic signals Lichtzeichenanlage *f (Straße)*
traffic signing wegweisende Beschilderung *f*
traffic snarl Verkehrschaos *n*
traffic stream Verkehrsstrom *m*, Fahrzeugstrom *m*
traffic structure engineering Verkehrsbau *m*
traffic structures Verkehrsbauten *mpl*
traffic study Verkehrserhebung *f*
traffic surveillance Verkehrsuntersuchung *f*
traffic survey Verkehrsuntersuchung *f*

traffic tower Verkehrsturm *m*
traffic vibration Verkehrserschütterung *f*
traffic volume Verkehrsaufkommen *n*, Verkehrsstärke *f*, Verkehrsmenge *f*
traffic warden Parküberwacher *m*, Politesse *f*
traffic warning sign Warnzeichen *n*
traffic way Fahrbahnkörper *m*
trafficability 1. Befahrbarkeit *f*, Passierbarkeit *f (einer Straße)*; 2. *(Bod, Erdb)* ingenieurgeologische Belastbarkeit *f*, Begehbarkeit *f*
trafficability condition Befahrbarkeitszustand *m*
trafficked unter Verkehr, befahren; unter Verkehrsbelastung
trail *v* schleppen
trail bridge [ferry] Seilfähre *f*, Gierfähre *f*, Fährbrücke *f*
trail race Unterwasserkanal *m*
trailer 1. Untergestell *n*; 2. Anhänger *m*
trailer truck Schlepp(er)zug *m*
train Zug *m*
train ferry Trajekt *m*, Eisenbahnfährschiff *n*
train for railway construction Bauzug *m*
trained workman Facharbeiter *m*
training Ausbildung *f*
training centre Ausbildungszentrum *n*
training wall *(Wsb)* Leitwand *f*, Leitwerk *n (Flusslauf)*
training work Flussbauarbeiten *fpl*
training works Flussbauwerke *npl*
training workshop Lehrwerkstatt *f*
trajectory Trajektorie *f*
trajectory of prestressing force Vorspannkraftweg *m*
trajectory of stress Spannungstrajektorie *f*, Spannungsweg *m*
trajectory of tensioning force Spannkraftweg *m*
tram 1. Straßenbahn *f*, Straßenbahnwagen *m*; 2. Justierung *f*
tram depot Straßenbahndepot *n*
tram line Straßenbahnlinie *f*
tram shelter Wartehäuschen *n (Straßenbahn)*
tram stop island Haltestelleninsel *f (Straßenbahn)*
tram tower Fahrleitungsmast *m*
tram track Schienengleis *n*, Straßenbahngleis *n*
tramcar Straßenbahnwagen *m*
trammel Ellipsenzeichner *m*
tramway 1. Straßenbahn *f*; 2. Förderwagen *m (Bergbau)*
tramway pole *s.* tram tower
tramway switch Straßenbahnweiche *f*, Pflasterweiche *f*
transboundary movement of waste grenzüberschreitende Abfallverbringung *f*
transducer 1. Energiewandler *m*; 2. Messwertwandler *m*; 3. Ultraschallerzeuger *m*
transducer head Ultraschallkopf *m*
transenna 1. Transenna *m (Fensterabschluss aus geschliffenem oder durchbrochenem Holz oder Stein)*; 2. Marmor-Metall-Gitterwerk *n (um einen Schrein)*
transept *(Arch)* Transept *m(n)*, Querhaus *n*, Querschiff *n (einer Kirche)*; Chorquadrat *n*
transept gable Querhausgiebel *m*
transept-less querhausfrei, querhausfrei
transept square *(Arch)* Vierungsquadrat *n*
transeptal querschiffig, quer gestellt, Querhaus...
transeptal apsis *(Arch)* Querhausabseite *f*, Querhausapsis *f*
transeptal arch *(Arch)* Querhausbogen *m*
transeptal basilica *(Arch)* Querhausbasilika *f*
transeptal chaple *(Arch)* Querhauskapelle *f*
transeptal façade *(Arch)* Querhausfassade *f*
transeptal portal *(Arch)* Querhausportal *n*
transeptal vault *(Arch)* Querhausgewölbe *n*
transfer *v* 1. übertragen *(z. B. Kraft, Bewegung)*; 2. transportieren; 3. verlegen *(z. B. Wohnsitz)*; 4. übertragen, abtreten *(Rechte)*; 5. *(Verk)* umsteigen; 6. versetzen, verrücken; umsetzen *(Wand, Fenster)*; 7. ableiten *(Berechnung)*
transfer 1. Vorspannungskraftübertragung *f (Spannbeton)*; 2. Übertragung *f (z. B. von Rechten)*
transfer bond Verbundspannung *f (Spannbeton)*
transfer column versetzte Stütze *f* [Säule *f*] *(mehrgeschossige Rahmenkonstruktion)*
transfer facilities Umschlaganlagen *fpl*
transfer girder 1. eine versetzte Stütze tragender Träger *m*, Stützenträger *m (ohne mittige Unterstützung in mehrgeschossiger Rahmenkonstruktion)*; 2. Unterfangträger *m*
transfer grille *s.* transfer register
transfer length 1. (erforderliche) Kraftübertragungslänge *f (Spannglied)*; 2. Haftlänge *f*, Einbindelänge *f*, Verbundlänge *f (Bewehrung)*
transfer matrix Übertragungsmatrize *f*
transfer medium Übertragungsmedium *n*, Träger *m (z.B. Luft, Wasser, Strahlung usw.)*
transfer moulding 1. Spritzpressen *n*, Spritzformung *f (von Kunststoff)*; 2. Spritzpressteil *n*
transfer of forces Kraftübertragung *f (Spannbeton)*
transfer of load Übertragung *f* der Belastung, Belastungsübertragung *f*, Lastableitung *f*
transfer of moments Momentenübertragung *f*
transfer of prestress Aufbringen *n* der Vorspannung *(Spannbeton)*
transfer plant Umschlaganlage *f*
transfer point 1. Verkehrsverknüpfungspunkt *m*; Umsteigestelle *f*; 2. Umschlagplatz *m*
transfer process Abziehverfahren *n (Verzierung, Ornamentierung)*
transfer register *(HLK)* regelbares Luftdurchflussgitter *n (Klimaanlage)*
transfer roll Auftragswalze *f (Anstriche)*
transfer strength Spannfestigkeit *f*, Übertragungsfestigkeit *f (Spannbeton)*
transfer stress Eintragungsspannung *f (Spannbeton)*
transfer table Schiebebühne *f*
transfer yard 1. *(Verk)* Übergangsbahnhof *m*, Anlage *f* für Verkehrsträgerwechsel; 2. Umschlagplatz *m*
transference 1. Übertragung *f (z. B. von Rechten)*; Überschreibung *f*; 2. Übertragung *f (Wärme)*
transferral Wärmeübertragung *f*
transferring Umsetzen *n (Baustelle)*
transferror *(AE)* Zedent *m (Eigentum Abtretender)*
transform *v* 1. umbauen, umgestalten; umarbeiten, umändern; 2. *(El)* umspannen, transformieren
transform plane *(Stat)* Transformationsebene *f*
transformation Umwandlung *f*
transformation framework Ersatzfachwerk *n*
transformation member Ersatzstab *m*
transformation rate Umwandlungsrate *f*
transformed area ideelle [angenommene] Fläche *f (Stahlbetonberechnung)*
transformed rock metamorphes Gestein *n*, Umwandlungsgestein *n*
transformed schist metamorpher Schiefer *m*
transformer *(El)* Transformator *m*, Trafo *m*; Wandler *m*
transformer room Transformatorraum *m*
transformer station Umspannwerk *n*
transformer substation Umspann(unter)werk *n*
transformer vault feuersicherer Transformatorraum *m*
transient vorübergehend; flüchtig, vergänglich, kurz; wechselhaft
transient bending moment vorübergehendes Biegemoment *n*
transient facilities Umschlaganlagen *fpl*

transient hotel Durchgangshotel *n*, Durchreisehotel *n*
transient moment Zusatzmoment *n*
transient pore water pressure momentaner Porenwasserdruck *m*
transient pressure Druckschwankung *f*
transient stability dynamische Stabilität *f*
transient stability limit dynamische Stabilitätsgrenze *f*
transient stress condition veränderliche Druckbeanspruchung *f*
transillumination Durchscheinbeleuchtung *f*, Durchstrahlbeleuchtung *f*
transit 1. *(Verk)* Durchfahrt *f*; Transit *m*; Durchfuhr *f*, Transport *m*; 2. *(Verk)* Durchgangsstraße *f*; Verkehrsweg *m*; 3. Transitverkehr *m*, Durchgangsverkehr *m*; 4. Theodolit *m*
transit coating Transportanstrich *m*
transit line Vermessungsgrundlinie *f*
transit lounge Transithalle *f*, Transitraum *m*
transit mall Fußgängerzone *f (im Mischverkehr)*
transit-mix truck *s.* transit mixer
transit mixer Transportmischer *m*, Mischerfahrzeug *n*
transit shed Kaischuppen *m*, Transitschuppen *m*
transit station Übergangsbahnhof *m*
transit system *(AE)* Nahverkehrssystem *n*
transit traffic *(Verk)* Transitverkehr *m*, Durchgangsverkehr *m*
transit truck mixer *s.* transit mixer
transition Übergang *m*
transition arch Übergangsbogen *m*
transition bed *(Bod, Erdb)* Übergangsschicht *f*
transition curve Übergangsbogen *m*, Übergangskurve *f (Straße)*
transition from interior to exterior *(Arch)* Übergang(sbereich *m*) *m* von Innen nach Außen
transition layer Übergangsschicht *f*
transition length Länge *f* des Übergangsbogens *(Straße)*
transition lime Grauwackenkalk *m*, Übergangskalk *m*
transition of heat Wärmedurchgang *m*
transition piece Übergangsrohr *n*
transition point Übergangspunkt *m (in einen anderen Zustand)*
transition primer Sperrgrundiermittel *n*, Sperrgrund *m*
transition sleeve Übergangsmuffe *f*
transition structure Übergangskonstruktion *f (Brücke)*
transition zone Übergangszone *f*
transitional Übergangs...
transitional architecture Übergangsarchitektur *f*, Übergangsbaukunst *f*
transitional period [phase] *(Arch)* Übergangsperiode *f*, Übergangsphase *f*, Übergangszeit *f (Stilwechsel)*
transitional style *(Arch)* Übergangsstil *m (von der Romanik zur Gotik, 12. Jahrh.)*
translation Verschiebung *f*
translation component Verschiebungskomponente *f*
translation factor Verschiebungsfaktor *m*
translation shell Translationsschale *f*
translation state Verschiebungszustand *m*
translation value Verschiebungswert *m*
translation vector Verschiebungsvektor *m*
translational Verschiebungs...
translational rigidity Verschiebungssteifigkeit *f*, Verschiebungsstarrheit *f*
translational shell Translationsschale *f*
translational shift Parallelverschiebung *f*
translational stiffness Verschiebungssteifigkeit *f*, Verschiebungsstarrheit *f*
translucence Lichtdurchlässigkeit *f*
translucency *s.* translucency
translucent lichtdurchlässig, halbdurchsichtig; durchscheinend
translucent ceiling durchscheinende Decke *f*
translucent coating Klarlacküberzug *m*, farbloser Lacküberzug *m*
translucent concrete Glasbeton *m*
translucent door lichtdurchlässige Tür *f*
translucent glass durchscheinendes Glas *n*; Milchglas *n*
transmission 1. Übertragung *f*, Leitung *f*; Kraftübertragung *f*; Wärmeleitung *f*; 2. Transmission *f*, Durchlassen *n (z. B. von Strahlung)*
transmission cable Fernleitungskabel *n*
transmission coefficient 1. Durchlasskoeffizient *m*; 2. *s.* thermal transmittance
transmission constant K-Wert *m (Wasserdurchlässigkeit)*
transmission factor Durchlässigkeitsgrad *m*
transmission girder Zwischenträger *m*
transmission length 1. erforderliche Kraftübertragungslänge *f (Spannglied)*; 2. Einbindelänge *f*, Haftlänge *f*, Verbundlänge *f (Bewehrung)*
transmission line *(El)* Fernleitung *f*, Übertragungsleitung *f*
transmission-line tower Fernleitungsmast *m*; Leitungsmast *m*
transmission loss 1. *(AE)* Schalldämpfungsgrad *m*; Schalldämmmaß *n*; 2. Übertragungsverlust *m*
transmission main Hauptzuleitung *f (Wasser)*
transmission method Durchstrahlungsverfahren *n*, Durchschallungsverfahren *n (Baustoffprüfung)*
transmission of heat Wärmeübergang *m*, Wärmeübertragung *f*, Wärmeleitung *f*
transmission of load Lastübertragung *f*
transmission of motion Bewegungsübertragung *f*
transmission of sound Schalldurchgang *m*
transmission post *(El)* Elektroleitungsmast *m*, Elektroüberlandmast *m*
transmission rate *(Erdb, Wsb)* vertikale Strömungsrate *f (Wasser)*
transmission system Übertragungssystem *n*
transmission tower Hochspannungsmast *m*
transmissivity (spezifische) Durchlässigkeit *f (Licht)*
transmit *v* 1. übertragen; ableiten; abtragen; 2. durchlassen *(Strahlen)*
transmittance Durchlassgrad *m (für Licht)*; Durchsichtigkeit *f*
transmittance curve Durchlasscharakteristik *f*, Transmissionskurve *f*
transmitted light Durchlicht *n*
transmitted sound durchgelassenen Schall *m*
transmitter Messwertwandler *m (Prüftechnik)*
transom 1. (horizontale) Fenstersprosse *f*; 2. Türquerholz *n*; Querbalken *m*, Riegel *m (Tür)*; 3. Kämpfer *m (horizontales Zwischenstück über Fenstern und Türen)*; 4. Fenstersturz *m*, Türsturz *m (Holz, Stein)*
transom bar 1. Türquerholz *n*; 2. Fensterquerholz *n*, horizontaler Fensterbalken *m*
transom frame Türrahmen *m* mit Oberlichtöffnung *(über dem Türblatt)*
transom light Türoberlicht *n*
transom mounting Kopfmontage *f (Türschließer)*
transom window Oberlicht *n (über der Tür)*
transome *s.* transom
transparency 1. Transparenz *f*, Lichtdurchlässigkeit *f*; 2. Durchsichtigkeit *f*, Durchscheinen *n*; 3. Klarsichtfolie *f*, Transparenzfolie *f*
transparent lichtdurchlässig; durchsichtig, klar
transparent coating Lasur *f*, Klarlacküberzug *m*; Klaranstrich *m*
transparent copy Transparentpause *f*
transparent flexible (swing) door Sichtpendeltür *f*

transparent glass Klarglas *n*, Fensterglas *n*
transparent passageway *(Arch)* offener Gang *m*, durchfensterter Gang *m* *(Sakralbauten)*
transparent positive original Mutterpause *f*
transparent roof Lichtdach *n*
transparent to heat wärmedurchlässig
transparent triforium *(Arch)* offenes Triforium *n*, durchfenstertes Triforium *n*
transparent varnish Klarlack *m*
transpect *(Arch)* Chorquadrat *n*
transport *v* transportieren, befördern, fortschaffen; versenden
transport Transport *m*, Beförderung *f*, Förderung *f*, Fortschaffen *n*
transport communications Verkehrswege *mpl*
transport engineering Transport- und Verkehrstechnik *f*
transport mode Verkehrsart *f*
transport vehicle Transportfahrzeug *n*
transportable transportfähig, transportierbar; versendbar
transportation 1. Transport *m*; Beförderung *f*; 2. *(AE)* Beförderungsmittel *npl*; öffentliche Verkehrsmittel *npl*
Transportation Research Board *(AE)* Straßen- und Verkehrsforschungsbehörde *f*
transportation system Transportsystem *n*
transported transportiert
transporter bridge Schiebebühne *f*
transversal transversal, quer, Quer..., quer laufend
transversal beam *s.* transverse beam
transversal bracing Querverband *m*
transversal joint Querfuge *f*, Stoßfuge *f*
transversal resistance *s.* transversal strength
transversal rib Quergurtbogen *m*, Transversalgurt *m*
transversal section *(Hb)* Querschnitt *m*
transversal strength Schubfestigkeit *f*, Scherfestigkeit *f*, Biegefestigkeit *f*, Querbruchfestigkeit *f*
transverse transversal, schräg verlaufend, diagonal, quer (gerichtet)
transverse arch Querbogen *m*, Quergurt *m*, Aussteifbogen *m*, Transversalbogen *m*
transverse arm *(Arch)* Querhausarm *m*, Querhausflügel *m*, Kreuzarm *m*, Kreuzflügel *m*
transverse axis Querachse *f*
transverse bar Querstab *m* *(Bewehrung)*
transverse barrel vault *(Arch)* Quertonnengewölbe *n*
transverse beam Querbalken *m*, Querträger *m*, Traverse *f*
transverse bending Querkraftbiegung *f*
transverse bending action Querbiegewirkung *f*
transverse bending moment Querbiegemoment *n*
transverse bending rigidity Querbiegesteifigkeit *f*
transverse bending test Querbiegeprüfung *f*, Biegeprüfung *f*
transverse bracing Querverband *m*, Windverband *m*, Querversteifung *f*
transverse camber *(Verk)* Dachprofil *n*
transverse component Querkomponente *f*
transverse construction joint Querarbeitsfuge *f*
transverse contracting strain Querkontraktion *f*
transverse contraction ratio Querkontraktionszahl *f*
transverse corner crack Kantenquerriss *m*
transverse crack Querriss *m*
transverse crossfall Quergefälle *n*
transverse curvature Querkrümmung *f*
transverse deformation Querformänderung *f*, Querverformung *f*
transverse depression *(Verk)* Querrinne *f*
transverse diaphragm Querscheibe *f*
transverse direction Querrichtung *f* • **in transverse direction** in Querrichtung
transverse distribution Querverteilung *f*
transverse ductility Querduktilität *f*
transverse elongation Querdehnung *f*
transverse elongation ratio Querdehnungszahl *f*
transverse expansion Querdehnung *f*, Querdehnungsziffer *f*
transverse extension *s.* transverse elongation
transverse flat bend test Querfaltversuch *m*
transverse flow Querströmung *f*
transverse force Querkraft *f*, Schubkraft *f*, Scherkraft *f*
transverse force density Querkraftdichte *f*
transverse force line Querkraftlinie *f*
transverse frame Querrahmen *m*
transverse gable Zwerchgiebel *m* *(Giebel des Zwerchhauses)*
transverse girder *s.* transverse beam
transverse hall *(Arch)* Querhalle *f*, Quersaal *m* *(Sakralbau)*
transverse hoist Schrägaufzug *m*
transverse impact test Schlagbiegeprüfung *f*
transverse interval Querabstand *m*
transverse joint Querfuge *f*, Stoßfuge *f*
transverse launching Querverschiebung *f*
transverse line of influence Quereinflusslinie *f*
transverse load Querlast *f*
transverse loading Querbelastung *f*
transverse moment Quermoment *n*
transverse plank Querträger *m*, Unterzug *m*
transverse prestress(ing) Quervorspannung *f*
transverse profile *(Verk)* Querprofil *n*, Straßenquerschnitt *m*
transverse pull Querzug *m*
transverse reinforcement Querbewehrung *f*, Spiralbewehrung *f*, Umschnürung(sbewehrung) *f*
transverse rib Querrippe *f* *(eines Kreuzgewölbes)*
transverse rib slab Querrippenplatte *f*
transverse-ribbed quergerippt
transverse ridge Querscheitel *m* *(eines Gewölbes)*
transverse rigidity Quersteifigkeit *f*, Seitensteifigkeit *f*
transverse rod Querstab *m* *(Bewehrung)*
transverse roof Zwerchdach *n* *(Querdach zum Hauptfirst)*
transverse screed finisher Querglättbohle *f* *(Straße)*
transverse section 1. *(Hb)* Querschnitt *m*; 2. Querschliff *m* *(Prüftechnik)*; 3. Querprofil *n* *(Straße, Erdbau)*
transverse shear Querscherung *f*, transversale Scherung *f*, Querschub *m*
transverse slope Quergefälle *n*, Querneigung *f* *(z. B. einer Straße)*
transverse slot Querschlitz *m*
transverse spacing Querabstand *m*
transverse stiffener Querversteifung *f*
transverse stiffness Quersteifigkeit *f*, Seitensteifigkeit *f*
transverse strain Querverzerrung *f* *(Kürzung oder Dehnung)*; Querdehnung *f*
transverse strength Querfestigkeit *f*, Biegefestigkeit *f*, Schubfestigkeit *f*, Scherfestigkeit *f*
transverse stress Querspannung *f*, Biegespannung *f*
transverse tendon Querspannglied *n*
transverse tension Querspannung *f*
transverse tensioning Quervorspannung *f*
transverse vibrator Querschwinger *m*
transverse wagon vault *(Arch)* Quertonnengewölbe *n*
transverse wall Querwand *f*
transverse warping Breitenkrümmung *f* *(Holz)*
transverse wave Transversalwelle *f*
transverse web Quersteg *m* *(Hohlblockstein)*
transversely in Querrichtung, plan
transversely corrugated quergewellt
transversely loaded senkrecht zur Achse belastet
transversely ribbed tube Rippenrohr *n* mit Querrippen

trap *v* 1. auffangen; zurückhalten; 2. *(San)* mit Entwässerungsstutzen versehen
trap 1. Klappe *f*, Verschluss *m*; 2. *(Wsb)* Klappe *f*, Rückstauklappe *f*; 3. *(San)* Traps *m*, Geruchsverschluss *m*; 4. Auffanggefäß *n*; 5. Versenkung *f (Theaterbühne)*
trap door Falltür *f*, Klapptür *f*, Bodenklappe *f*, Luke *f*
trap elbow Siphonbogen *m*, Siphonstück *n*
trap outlet *(San)* Ablaufstutzen *m*
trap ring Klappladenring *m*
trap seal Verschlusswasserhöhe *f (Geruchverschluss)*
trap trench Fanggraben *m*
trap window Klappfenster *n*
trapezium truss *s.* trapezoid truss
trapezohedral trapezoedrisch
trapezohedron Trapezoeder *n*
trapezoid trapezförmig, trapezoidförmig
trapezoid Trapezoid *n*; *(AE)* Trapez *n*
trapezoid frame Trapezrahmen *m*
trapezoid truss Trapezsprengwerk *n*, Trapezfachwerk *n*
trapezoidal trapezförmig
trapezoidal abutment trapezförmiges Widerlager *n*
trapezoidal arch Trapezbogen *m*, trapezförmiger Bogen *m*
trapezoidal bay Trapezgewölbejoch *n*
trapezoidal channel *(Wsb)* Trapezgerinne *n*
trapezoidal fatigue test *(Verk)* Trapezkörperermüdungsprüfung *f*
trapezoidal girder Trapezträger *m*
trapezoidal linkage Trapezgelenkeck *n*
trapezoidal load Trapezlast *f*
trapezoidal piece Trapezkörper *m*, Trapezstück *n*, trapezförmiger Nockenkörper *m*
trapezoidal section Trapezprofil *n*
trapezoidal shape Trapezprofil *n*
trapezoidal sheet Trapezfeinblech *n*, trapezprofiliertes Feinblech *n*
trapezoidal side wall trapezförmige Wangenmauer *f*
trapezoidal slab Trapezplatte *f*, trapezförmige Platte *f*
trapezoidal stone Trapezstein *m*
trapezoidal trim Trapezprofil *n*
trapezoidal truss frame Trapezsprengwerk *f*
trapezoidal unit Trapezprofil *n*
trapezoidal vault bay Trapezgewölbejoch *n*
trapp tuff Basalttuff *m*, Trapptuff *m*
trapped mit Geruchverschluss
trapped gully Ablauf *m* mit Geruchverschluss *m*
trapped humidity Baufeuchte *f*
traprock vulkanisches Gestein *n*
trash 1. Gestrüpp *n*, Reisig *n*; 2. Abfälle *mpl*; Ausschuss *m*
trash can *(AE)* Abfallbehälter *m*
trash chute Bauschuttrutsche *f*
trash disposal site *(AE)* Mülldeponie *f*
trash rack *(Wsb)* Schwemmgutrechen *m*, Schwimmgutrechen *m*
trasour *(Arch)* mittelalterlicher Baumeisterzeichenraum *m*
trass Trass *m*, Tuffstein *m*
trass cement Trasszement *m*
trass-cement mortar Trasszementmörtel *m*
trass concrete Trassbeton *m*
trass mortar Trassmörtel *m*
trass powder Trassmehl *n*
travated *(AE)* in Querfelder geteilt [unterteilt]
trave *(AE)* 1. Querträger *m*, Querbalken *m*; 2. Decken(gewölbe)feld *n (durch Querbalken geteilt)*
travel 1. Bewegung *f*, Lauf *m*; 2. Transportweg *m*; Rolltreppenförderhöhe *f*, Aufzugstransporthöhe *f*; 3. *(Bod, Erdb, Wsb)* Migration *f*
travel cable Zugseil *n (Seilbahn)*
travel cableway Luftseilbahn *f*
travel coat Transportanstrich *m*
travelator Rollsteig *m*, Fahrsteig *m*, rollender Gehweg *m*
travelling fahrbar, beweglich; Lauf...
travelling cable Aufzugshubkabel *n*
travelling crab Laufkatze *f*
travelling cradle Umziehgerüst *n (Hängebühne)*
travelling crane Laufkran *m*, fahrbarer Turmdrehkran *m*
travelling form(s) Gleitschalung *f*, Wanderschalung *f*
travelling formwork Wanderschalung *f*, Gleitschalung *f (für horizontale Bewegung, z. B. für Tunnelbau)*
travelling ladder Schiebeleiter *f*
travelling lighting gallery Beleuchtungsbrücke *f*
travelling load *(Verk)* Verkehrslast *f*, Betriebslast *f (Brücke)*
travelling plant Aufnahmemischer *m*
travelling platform Schiebebühne *f*
travelling shuttering *s.* travelling formwork
travelling tower crane fahrbarer Turmdrehkran *m*
travelling trolley Laufkatze *f (Kran)*
travelling winch Laufkatze *f*
traversable 1. *(Verk)* befahrbar *(Straße)*; 2. drehbar, schwenkbar *(Ausbauelement)*
traverse *v* 1. *(Verm)* polygonieren; 2. kreuzen, durchqueren; 3. überspannen, überbrücken *(Brücke)*; 4. verschieben; verschwenken *(Bauteil)*
traverse 1. *(Verm)* Polygon *n*, Polygonzug *m*; 2. Sperrbarriere *f (eines Durchgangs)*; Türgitter *n*, Türgrill *m*; 3. Querbalken *m*, Querträger *m*; 4. *(Verk)* Ortsdurchfahrt *f*
traverse beam *(Wsb)* Querschwelle *f (Tragrost)*; Zange *f*
traverse bracing Strebe *f*, Spreize *f*
traverse rod Gardinenleiste *f*
traverse survey *(Verm)* Polygonaufnahme *f*, Polygonierung *f*
traverser Schiebebühne *f (Arbeitsbühne)*
traversing template Kopfschablone *f*
travertine Travertin *m*, Kalktuff *m*
travertine facing Travertinverkleidung *f*
travertine lining *s.* travertine facing
travertine slab Travertinplatte *f*
travertine surfacing *s.* travertine facing
traviated in Querfelder unterteilt [geteilt]
travis quergeteiltes Deckenfeld *n*
travolator *(AE)* *s.* travelator
tray 1. Einfassung *f (z. B. Schornstein, Leitungsrohre)*; 2. Schale *f*; Mulde *f*; Trog *m*; 3. muldenförmiger Kabelkanal *m*
tray ceiling Giebelbodendecke *f*
tray-man Handlanger *m (speziell auf der Baustelle)*
tray rail Tablettführungsschiene *f (Selbstbedienungsgaststätte)*
trayle *s.* vignette 1.
tread 1. Stufen(auf)tritt *m*, Auftritt *m*, Auftrittsfläche *f*, Stufenbreite *f*; 2. Auftrittstufe *f*; 3. Auftrittsbelag *m (z. B. Platte, textiler Belag, Schutzbelag)*; 4. Sprosse *f*
tread covering Stufenbelag *m*, Treppenbelag *m*
tread ladder Sprossenleiter *f*
tread length Stufenbreite *f (senkrecht zur Treppenachse)*
tread nosing Stufenvorsprung *m*
tread plate Metallstufenplatte *f (Treppe)*; Trittblech *n (Fußboden)*
tread return Treppenüberstand *m* über Wange
tread run Auftritt(s)breite *f*, Trittbreite *f (einer Stufe, ohne Nase, ohne Überstand)*
tread tile Trittfliese *f*, Stufenplatte *f*
tread width Auftritt *m (mit Überstand)*
treading warmth Fußwärme *f*
treasure-house *(Arch)* Schatzhaus *n*, Thesaurus *m*
treasury *(Arch)* Schatzhaus *n*, Thesaurus *m*
treat *v* 1. behandeln; bearbeiten *(mechanisch)*; 2. aufbereiten; reinigen *(z. B. Abwasser)*; 3. imprägnieren, tränken *(Holz)*; 4. beschichten *(Oberflächen)*

treat *v* **with steam** 1. dämpfen; 2. dampfhärten, dampfnachbehandeln *(Beton)*
treated pole imprägnierter Mast *m (Leitungsbau)*
treated water aufbereitetes Wasser *n*
treated wood getränktes [imprägniertes] Holz *n*
treatment 1. Behandlung *f*, Bearbeitung *f*, 2. Aufbereitung *f (z. B. von Wasser)*; 3. Imprägnierung *f*, Tränkung *f (von Holz)*; 4. Beschichtung *f (von Oberflächen)*
treatment block Behandlungsgebäude *n (Krankenhaus)*
treatment cycle Behandlungszyklus *m (Abbindeprozesse)*
treatment humidity Behandlungsfeuchtigkeit *f*, Behandlungsfeuchte *f (hydraulisch gebundene Baustoffe)*
treatment of sewage sludge Behandlung *f* von Klärschlamm
treatment of water Wasseraufbereitung *f*
treatment plant Kläranlage *f*, Klärwerk *n*; Aufbereitungsanlage *f*
treatment pressure Behandlungsdruck *f (Abbindeprozesse)*
treatment process Aufbereitungsverfahren *n*
treatment room Behandlungszimmer *n*
treatment step Bearbeitungsstufe *f*, Arbeitsstufe *f*
treatment technology Behandlungstechnologie *f*
treatment temperature Behandlungstemperatur *f*, Bearbeitungstemperatur *f*
treatment time Bearbeitungsdauer *f*, Bearbeitungszeit *f*, Behandlungszeit *f*
treatment with preservatives Imprägnierungsbehandlung *f*
treatment works *s.* treatment plant
tree 1. Baum *m*, Stamm *m*; 2. Mast(baum) *m*
tree bark Baumrinde *f*
tree coping Firstbalken *m*
tree-dozer Rodetraktor *m*, Baustellenrodehobel *m*, Baumschieber *m*
tree felling Baumfällung *f*, Holzeinschlag *m*
tree-framed view Blickschneise *f (Landschaftspark)*
tree grate Baumschutz *m* in einer Verkehrsflächenbefestigung
tree grille Baumrost *m*
tree guard Baumschützer *m*, Baumwart *m*, Baumpfleger *m*
tree-length logs Langholz *n*
tree line Baumgrenze *f*
tree-lined von Bäumen gesäumt, baumbesäumt
tree-lined footpath baumgesäumter Fußweg *m*
tree nail Holznagel *m*
tree nursery Baumschule *f*
tree planting Baumbepflanzung *f (Landschaftsbau)*
tree ring Jahresring *m*
tree stump Baumstumpf *m*, Stubben *m*
tree trimming Baumbeschneiden *n*, Baumschnitt *m (Landschaftsbau)*
tree trunk Baumstamm *m*, Stamm *m*
tree work Baumarbeiten *fpl*
treed verästelt, verzweigt
treehouse Baumhaus *n*
treeless baumlos
treenail *v* dübeln, mit Dübeln befestigen
treenail *(Hb)* Balkendübel *m*, Dübel *m*; Holznagel *m*
trefoil kleeblattförmig
trefoil *(Arch)* Dreiblatt *n*, Dreipass *m*, Kleeblattornament *n*
trefoil apsis *(Arch)* kleeblattförmige Apsis *f*, kleeblattförmige Chornische *f*
trefoil arch Dreipassbogen *m*, Kleeblattbogen *m*
trefoil-like kleeblattartig
trefoil shape Kleeblattform *f*
trefoil-shaped kleeblattförmig
trefoil-shaped tower block Y-Grundriss-Hochhaus *n*, Turmgebäude *n* mit Y-Grundriss
trefoiled 1. kleeblattdekoriert; 2. kleeblatt(bogen)förmig
trefoiled apse *(Arch)* Dreikonchenchor *m*
trefoiled arch *(Arch)* Kleeblattarkade *f*
trefoiled ground-plan Kleeblattgrundriss *m*, Y-Grundriss *m*
trefoiled tracery *(Arch)* Dreipassbogen *m*, Kleeblattbogen *m*
trefoliate kleeblatt(bogen)förmig
treillage Obstspalier *n (Gestell)*; Flechtwerk *n*
trellage *s.* treillage
trellis *v* 1. mit Spalier versehen; 2. Flechtwerk anlegen
trellis 1. Gitter *n*; Flechtwerk *n*; Spalier *n*; 2. Pergola *f*
trellis bond Kästelverband *m*
trellis casing Flechtwerkmantel *m*
trellis cupola [dome] *(Arch)* Flechtwerkkuppel *f*
trellis drainage pattern *(Wsb)* gitterförmiges Flussnetz *n*
trellis fence Gitterzaun *m*; Kreuzlattenzaun *m*
trellis masonry work Kästelmauerwerk *n*, durchbrochenes Mauerwerk *n*
trellis mast Gittermast *m*
trellis moulding Gitterwerkornament *n*
trellis post Gitterpfosten *m*
trellis purlin Gitterpfette *f*
trellis window Gitterfenster *n*
trellised drainage *(Verk, Erdb, Wsb)* spalierartiges Entwässerungssystem *n*
trellised pattern rostförmige Anordnung *f*
trelliswork Gitter(werk) *n*, Netzwerk *n*; Kästelmauerwerk *n*, durchbrochenes Mauerwerk *n*; Spalierwerk *n*
trelliswork arch Fachwerkbogen *m*
trelliswork boom Gitterwerkgurt *m*
trelliswork suspension bridge Fachwerkhängebrücke *f*
tremie Schüttrohr *n*, Beton(schütt)trichter *m*
tremie concrete Schüttbeton *m (mit Schütttrichter eingebracht)*; Kontraktorbeton *m*
tremie method Kontraktorverfahren *n*
tremie pipe Unterwasserbetonierrohr *n*, Schüttrohr *n* für Unterwasserbetonieren
tremie seal Unterwasserabdichtbeton *m (Sinkkasten, Kofferdamm)*
tremolite Tremolit *m*
tremor Bodenerschütterung *f (Erdbeben)*
trenail *s.* treenail
trench *v* (um)graben; ausschachten, den Boden aufgraben; Gräben ausheben; baggern *(Gräben)*; schürfen
trench Graben *m*, Rinne *f*, Drängraben *m*; Arbeitsgrube *f*
trench along roads *(Verk)* Straßeneinschnitt *m*
trench backfill Grabenverfüllung *f*
trench bottom Grabensohle *f*
trench box beweglicher Rohrgrabenaussteifkasten *m*, Grabenaussteifschalung *f*, Verbaukasten *m*
trench brace *(AE)* Grabenspreize *f*, verstellbare Graben(aussteif)strebe *f*
trench compactor Grabenverdichter *m*
trench digger Grabenbagger *m*
trench digging Grabenbaggerung *f*
trench excavator Grabenbagger *m*
trench forming shovel Grabenprofilgreifer *m*
trench jack Grabenspreizwinde *f*
trench landfill Grube *f (Deponie)*
trench method Grabenmethode *f*, Grabenverfahren *n (Deponie)*
trench rammer Grabenramme *f*
trench sheathing [sheeting] Grabenverbau *m*
trench shield Grabenschild *m (Schildvortrieb)*
trench shore Kanalstrebe *f*, Spreiße *f (für Grabenwände)*
trench shoring strut Kanalstrebe *f*

trench support Grabenverbau *m*; Baugrubenverkleidung *f*
trench tamper Grabenramme *f*
trench work Grabenerdarbeit *f*, Grabarbeit *f*
trenched genutet, quergenutet
trencher Grabenbagger *m*; Grabenfräse *f*, Grabenziehmaschine *f*
trenching Grabenaushub *m*, Grabvorgang *m*, Grabenziehen *n*, Grabenanlegen *n*
trenching machine Grabenziehmaschine *f*
trenchless grabenlos, ohne Graben
trenchless laying Freiverlegung *f (Versorgungsleitungen)*
trenchwork Grabenarbeiten *fpl*
trepan *v* kernbohren *(zur Kerngewinnung)*
trepanning cutter Hohlbohrer *m*, Kernbohrer *m*
tresaunce *(Arch)* kleine Vorhalle *f*, schmaler Zugang *m (mittelalterliche Baukunst)*
trestle Bock *m*, Gestell *n*, Gerüst *n*, Joch *n*
trestle bridge Bockbrücke *f*, Gerüstbrücke *f*, Jochbrücke *f*
trestle shore Bockstütze *f*
trestle structure Bockkonstruktion *f*
trestles Bockleiter *f*
trestlework 1. Gerüst *n*; 2. Jochbauwerk *n*
triad dreizählige Symmetrieachse *f*
trial Abnahmeprüfung *f*, Funktionsprüfung *f*, Erprobung *f (Gebäudeinstallation)*
trial-and-error approach empirisches Herangehen *n*
trial-and-error-method empirisches Ermittlungsverfahren *n*
trial-and-error test empirische Prüfung *f*
trial batch Versuchsmischung *f (Beton)*
trial boring Testbohrung *f*, Aufschlussbohrung *f*, Untersuchungsbohrung *f (Baugrund)*
trial coat Probeanstrich *m*
trial compaction Probeverdichtung *f*
trial design Probeentwurf *m*, Versuchsentwurf *m*
trial dredging Versuchsbaggerung *f*
trial filling *(Erdb)* Probeschüttung *f*, Versuchsschüttung *f*
trial grouting Einpressversuch *m*
trial hole Schürfloch *n*; Schürfgrube *f*; Versuchsbohrung *f*
trial loading Probebelastung *f*
trial mix Eignungsmischung *f*, Eignungsprüfung *f*, Probemischung *f*, Versuchsmischung *f (Beton, Asphalt)*
trial pile Probepfahl *m*, Versuchspfahl *m*, Proberammpfahl *m*
trial pile driving Pfahlproberammung *f*
trial piling Pfahlproberammung *f*
trial pit Baugrundsondierbohrung *f*, schmaler Baugrundaufschluss *m*, Probegrube *f*, Schürfgrube *f*, Schürfe *f*
trial pumping *(Erdb, Wsb)* Probeabsenkung *f (Grundwasser)*
trial record Prüfbericht *m*; Abnahmeprotokoll *n*
trial road section *(Verk)* Probestrecke *f*, Versuchsstraßenabschnitt *m*
trial run Probelauf *m*
trial section *(Verk)* Probestrecke *f*, Versuchsabschnitt *m*, Versuchsstrecke *f*, Prüfstrecke *f*
trial shaft Schürfgrube *f (Baugrund)*
trial solution Versuchslösung *f*
trial stretch *(Verk)* Versuchstrecke *f*
triangle 1. Dreieck *n*; 2. Zeichendreieck *n*, Winkel *m*
triangle of forces Kräftedreieck *n*, Krafteck *n*
triangle of moments Momentendreieck *n*
triangular dreieckig; dreikantig
triangular arch Dreieckbogen *m*, Giebelbogen *m*, sächsischer Bogen *m*
triangular bar Dreikanteisen *n*
triangular batten Dreieckleiste *f*
triangular beam Dreieckbalkenträger *m*
triangular bracing Dreieckfachwerkbinder *m*
triangular classification chart Dreistoffsystem *n (Zement, Erdstoff)*
triangular cleat Dreikantleiste *f*
triangular column Dreiecksäule *f*, Dreieckstütze *f*
triangular cupola [dome] Dreieckkuppel *f*
triangular ditch Spitzgraben *m*
triangular duct Spitzkanal *m*, Dreieckkanal *m*
triangular falsework Dreiecksprengwerk *n*
triangular fillet Dreikantleiste *f*
triangular frame Dreieckrahmen *m*
triangular girder Dreikantträger *m*, Dreieckträger *m*
triangular ground-plan Dreieckgrundriss *m*
triangular island *(Verk)* Dreieckinsel *f*
triangular lattice construction Dreieckgitterkonstruktion *f*
triangular load Dreiecklast *f*
triangular network Dreiecknetz *n*
triangular panel Zwickel *m (Fläche zwischen zwei Bogenlinien)*; Dreiecktafel *f*
triangular pediment Dreieckgiebel *m*, Giebeldreieck *n*
triangular plan Dreieckgrundriss *m*
triangular plate Dreieckplatte *f*
triangular pyramid Dreieckpyramide *f*
triangular section Dreieckprofil *n*, Dreikantprofil *n*
triangular shape Dreieckform *f*, Dreieckgestalt *f*
triangular slab Dreieckplatte *f*
triangular strip Dreikantleiste *f*
triangular tie Dreieckanker *m*
triangular truss Dreiecksbinder *m*
triangular winder Dreieckstufe *f*
triangulate *v* 1. *(Verm)* triangulieren, eine Triangulation durchführen; 2. dreieckig machen
triangulate girder Dreieckträger *m*
triangulate lattice Dreieckfachwerk *n*
triangulate truss Dreiecksprengwerk *n*
triangulated dreieckig gemacht, dreieckig gestaltet
triangulated bracing Dreiecksverband *m*
triangulated frame Dreiecksrahmen *m*
triangulated girder Fachwerkträger *m*
triangulated grid framework dreieckiger Gitterrost *m*
triangulated truss Dreiecksprengwerk *n*
triangulation 1. *(Verm)* Triangulation *f*, Dreiecksvermessung *f*, Dreiecksaufnahme *f (geodätische Lagebestimmung von Geländepunkten)*; 2. Triangulierung *f*, Dreiecksverband *m*, Dreieckversteifung *f (Dachbinder)*
triangulation net(work) *(Verm)* Triangulationsnetz *n*, Landvermessungsnetz *n*
triangulation point [station] *(Verm)* Triangulationspunkt *m*, trigonometrischer Punkt *m*, TP
triangulation truss Dreiecksverband *m*
triangulation web Dreiecksvermessungsnetz *n*
triapsidial *(Arch)* dreiapsidial
triapsidial chevet *(Arch)* Dreiapsidenchor *m*
triapsidial church *(Arch)* Dreiapsidenkirche *f*, Dreiapsidenanlage *f*
triaxial triaxial, dreiachsig; räumlich *(z. B. Spannungszustände)*
triaxial compression test Triaxialfestigkeitsprüfung *f*, Dreiaxialprüfung *f*, dreiachsige Festigkeitsprüfung *f*, dreiaxialer Druckversuch *m*
triaxial loading dreiachsige Belastung *f*
triaxial shear test *(Bod)* Dreiaxialscherprüfung *f*
triaxial stress dreiachsiger Spannungszustand *m*, dreiachsige Beanspruchung *f*
triaxial test *s.* triaxial compression test
triblet Ausrichtdorn *m*, Ausweitdorn *m (z. B. für Rohre, Löcher)*
tribunal proceedings Gerichtsverhandlungen *fpl*
tribune 1. Tribüne *f*, Rednertribüne *f*; 2. *(Arch)* Tribuna *f (Apsis der römischen Basilika)*; 3. *(Arch)* Altarnische *f*

tribune column *(Arch)* Emporensäule *f*
tribune niche *(Arch)* Emporennische *f*
tribune roof *(Arch)* Emporendach *n*
tribune vault *(Arch)* Emporengewölbe *n*
tribune window *(Arch)* Emporenfenster *n*
tributary *(Wsb)* Zufluss *m*, Zubringerfluss *m*, Nebenfluss *m*
tributary channel *(Wsb)* Nebenkanal *m*
tricalcium silicate Tricalciumsilicat *n (Mineral im Portlandzement)*
trichlorethylene Trichloräthylen *n*, Tri *n*
trichlorethylene dipping paint Tri-Tauchlack *m*
trickle *v* tröpfeln; rieseln *(bes. Flüssigkeiten)*; (ver)sickern
trickle *v* **through** durchtropfen; durchsickern
trickle pool Sickergrube *f*
trickling Rinnsal *n*
trickling filter 1. *(HLK)* Tropfkühler *m*, Rieselkühler *m*, Biofilter *n (Klimaanlage)*; 2. Tropfkörper *m (Abwasserreinigung)*
trickling installation Rieselanlage *f*, Bewässerungsanlage *f*
trickling pool Sickergrube *f*
trickling water Rieselwasser *n*; Sickerwasser *n*; Tropfwasser *n*
triclinium *(Arch)* Triklinium *n (Speiseraum im alten Rom und im Kloster)*
triconch *(Arch)* Trikonchos *m*, Dreikonchenchor *m*, Kleeblattchor *m*
triconch church *(Arch)* Dreikonchenkirche *f*, Dreikonchenanlage *f*
triconch quire *(Arch)* Trikonchos *m*, Dreikonchenchor *m*, Kleeblattchor *m*
trifora *(Arch)* Triforium *n*, Dreibogenöffnung *f*
trifora arch *(Arch)* Triforiumbogen *m*
trifora gallery *(Arch)* Triforium *n*, Laufgang *m*, Dreibogenöffnung *f*
trifora tracery *(Arch)* Triforiummaßwerk *n*
trifora window *(Arch)* Triforiumfenster *n*
triforium (arcade) *(Arch)* Triforium *n*, Dreibogenöffnung *f (der normannisch-englischen Baukunst, emporenähnlich)*
trifted snow *(Verk)* Schneeverwehung *f*
trifurcating joint Gabelmuffe *f*, Verzweigungsmuffe *f*
triga *(Arch)* Dreigespannfigur *f*
trigger of a door bell Klingeldrücker *m*
triglyph *(Arch)* Triglyphe *f*, Dreischlitz *m (Bauglied am dorischen Gebälk)*
triglyph frieze *(Arch)* Triglyphenfries *m*, Dreischlitzfries *m*
trigonometrical function trigonometrische Funktion *f*
trigonometrical laying out *(Verm)* trigonometrische Absteckung *f*
trigonometrical levelling trigonometrische Nivellierung *f*
trigonometrical point *(Verm)* trigonometrischer Punkt *m*
trigonometrical station *(Verm)* trigonometrische Station *f*
trigonon Mosaik *n* mit dreieckigen Mosaiksteinchen *(in der Antike)*
trigonum *s.* trigonon
trihedral triedrisch, dreiflächig
trihedron Trieder *n*, Dreiflächner *m*
trilateration elektronische Dreiecksvermessung *f*
trilinear coordinates Dreieckskoordinaten *fpl*
trilithon *(Arch)* Trilith *m*, Dreistein *m (Megalithportal)*
trim *v* 1. zuhauen, zurichten *(Bauholz)*; ablängen, querschneiden *(Langholz)*; besäumen, beschneiden; behobeln; trimmen; 2. (aus)wechseln *(Balken)*; 3. ausgleichen, abgleichen, planieren, profilieren *(Bodenoberfläche)*; 4. ausrüsten
trim *v* **flash** bündig einlassen [einbauen]
trim *v* **flat** abstreifen
trim *v* **timber with the hatchet** Holz mit dem Beil zurichten
trim 1. Zimmerholzwerk *n*, Ausbauholzwerk *n*; 2. Armaturen *fpl*; Einbauteile *npl*; 3. Türbeschläge *mpl*; 4. Sparrholz *n*, Ablängrestholz *n*, kleines Bauholz *n*; 5. Deckleiste *f*; 6. Abgleich *m*
trim-edge Einfassungskante *f*
trim hardware dekorative Beschläge *mpl*
trim panel Verkleidungsplatte *f*, Verkleidungstafel *f*
trim pilaster Zierpfosten *m*, Zierpfeiler *m*
trim saw Schrotsäge *f*
trimmed zurechtgeschnitten
trimmed joist Wechsel(quer)balken *m*, Wechsel *m*
trimmed opening Türöffnung *f* ohne Türblatt
trimmed rafter Sparren *m* mit Wechsel
trimmer 1. Wechsel(balken) *m*, Streichbalken *m*; Schlüsselbalken *m*, Trumpfbalken *m*; 2. Spezial(form)fliese *f*, geformte Keramikfliese *f*
trimmer arch flacher Kaminbogen *m*, Kaminflachbogen *m*
trimmer beam [joist] Wechsel(balken) *m*, Streichbalken *m*, Wechsel *m*
trimmer plank Streichdiele *f*
trimmer shop Abbundhalle *f*
trimmer yard Abbindeplatz *m*, Abbundplatz *m*
trimming 1. Zurichten *n*, Besäumen *n*, Beschneiden *n (von Holz)*; Ausästung *f (von Bäumen)*; 2. Auswechselung *f* eines Balkens, Wechsel *m*; 3. Abbund *m (von Holzarbeiten)*; 4. Profilieren *n*, Begradigen *n (Bodenoberfläche)*; 5. Zurechtmachen *n*; Säubern *n*; Zurechtmachen *n*; Herausputzen *n (Anlagen, Einrichtungen, Gebäude usw.)*
trimming cutter *(Hb)* Besäummaschine *f*
trimming joist (schwerer) Wechselbalken *m*, Schlüsselbalken *m*
trimming machine Beschneidmaschine *f*
trimming piece Stichholz *n*; Bogenlehre *f*
trimming rafter Auswechselungsgrat *m*; Sparren *m* mit Wechsel
trimstone Sichtstein *m*, gestalteter sichtbarer Mauerwerksstein *m*
tringle 1. kleines Einlegornament *n (meist mit rechtwinkligem Querschnitt)*; 2. Deckleiste *f*
Trinidad asphalt Trinidadasphalt *m*
Trinidad épuré Trinidadasphalt *m*, Trinidad-Epuré *n*
Trinidad Lake asphalt Trinidad-Rohasphalt *m*
Trinidad pitch Trinidadasphalt *m*
Trinidad refined asphalt Trinidad-Asphalt *m*
trip *v* betätigen, in Gang setzen; auslösen; schalten
trip 1. Auslösevorrichtung *f*, Auslösen *n*; 2. Fahrt *f*, Reise *f*
trip assignment Verkehrsumleitung *f*
trip distribution Verkehrsverteilung *f (auf Verkehrsträger und Routen)*
trip origin Verkehrsausgangspunkt *m*, Verkehrsquelle *f*
tripartite dreiteilig
tripartite arch *(Arch)* Drillingsbogen *m*
tripartite vault dreiteiliges Gewölbe *n*, Dreieckgewölbe *n*
tripartite window Drillingsfenster *n*
triple-arched dreibogig
triple-articulation arch Dreigelenkbogen *m*
triple-casement window dreiflügeliges Fenster *n*
triple cross *(Arch)* Dreifachkreuz *n*, päpstliches Kreuz *n*
triple frame Dreigelenkrahmen *m*
triple-glazing Dreifachverglasung *f*
triple-hinged dreigelenkig
triple-hinged frame Dreigelenkrahmen *m*
triple-hinged portal frame Dreigelenkportalrahmen *m*
triple lancet window *(Arch)* Dreifachlanzettfenster *n*
triple-layered dreilagig, dreischichtig
triple-pinned dreigelenkig
triple-pinned frame Dreigelenkrahmen *m*

triple-pinned roof Dreigelenkdach *n*
triple-riveted dreireihig genietet
triple window dreiteiliges Fenster *n*
triplet *(Arch)* Dreieinigkeitsfenster *n*
triplex cable Dreileiterkabel *n*
triplex coating Triplexschicht *f*
triplex glass Triplexglas *n*, Dreifachglas *n*
tripod Dreifuß *m*, Dreibein *n*, dreibeiniger Bock *m*
tripod dome Dreilagerkuppel *f*
tripteral mit drei Säulenreihen
triptych *(Arch)* Triptychon *n*, dreiteiliger Klappaltar *m*
trisantia *s.* tresaunce
tristyle *(Arch)* dreisäulig
triturate *v* pulverisieren, zermahlen, zerreiben, verreiben
trituration Pulverisierung *f*, Zermahlung *f*, Zerreibung *f*
triumphal arch *(Arch)* Triumphbogen *m*, Monumentalbogen *m*
triumphal gateway *(Arch)* Triumphtor *n*
trochilus *(Arch)* Trochilos *m*, Skotie *f*, Hohlkehle *f*
troffer *(AE)* eingelassene Deckenbandleuchte *f*, Einbaudeckenleuchtband *n*, Muldenreflektor *m*
trolley 1. Laufkatze *f*, Katze *f (eines Kabelkrans)*; Laufrolle *f (eines Schiebetores)*; 2. Stromabnehmerrolle *f*; 3. Trolley-Bus *m*, O-Bus *m*; Straßenbahn *f*; 4. Gepäckwagen *m*; Handwagen *m*; Sackkarre *f*; 5. Förderwagen *m*, Lore *f (Steinbruch, Tunnelbau)*
trolley beam Laufkatzenträger *m*
trolley track Laufschiene *f*, Torlaufschiene *f*
Trombe wall Trombe-Wand *f*
trommel (screen) Siebtrommel *f*, Trommelsieb *n (leicht geneigt, für Zuschlagstoffe)*
trompe Trompe *f*, Trompenstück *n*, Trompengewölbeabschnitt *m*, konisches Gewölbe *n*
trophy (memorial) Trophäenskulptur *f*
tropic-proof tropenfest
tropical building Tropenbau *m*, Tropenbauwesen *n*
tropical climate Tropenklima *n*
tropical forest Tropenwald *m*
tropical hardwood Tropenhartholz *n*, tropisches Hartholz *n*
tropical primeval forest tropischer Urwald *m*
tropics Tropen *pl*
trouble *v* stören
trouble Störung *f*
trouble-free störungsfrei
trouble-proof störungsfrei
trouble shooter Störungssucher *m*
trouble shooting Störungssuche *f*, Fehlersuche *f*, Schadenserfassung *f* und -bekämpfung *f*
trough 1. Trog *m*, Wanne *f*, Behälterwanne *f*, Schale *f*, Mulde *f*; 2. Rinne *f*, Rille *f*, Furche *f*, Kanal *m*; 3. Talsohle *f (schmal)*; 4. Tiefpunkt *m*
trough block Muldenstein *m*
trough bridge Trogbrücke *f*, offene Brücke *f*, Brücke *f* mit unten liegender Fahrbahn
trough for showers Duschwanne *f*, Brausebecken *n*
trough gutter Kasten(dach)rinne *f*, Holzrinne *f*
trough gutter tile Muldenfalzziegel *m*
trough lift *(Wsb)* Trogschleuse *f*
trough mixer Trogmischer *m*
trough plate Belageisen *n*, Zoreseisen *n*, Trogplatte *f*
trough-plate girder bridge Vollwandträgerbrücke *f*
trough roof Doppelgiebeldach *n*
trough section trogförmiger Profilstahl *m*, Rinnenstahl *m*
trough-shaped muldenförmig, trogförmig
trough tile Muldenstein *m*
trough vault Muldengewölbe *n*, Troggewölbe *n*
troughed block [tile] Muldenstein *m*
troughed profile Muldenprofil *n*
troughed roof cladding Trapezprofildachbelag *m*, Trapezprofileindeckung *f*
troughed sheeting Profilblech *n*, Wellblech *n*
troughing 1. Kabelkanal *m (bei Eisenbahnen)*; 2. trogförmiger Profilstahl *m*, Rinnenstahl *m*
troughlike wannenförmig
trowel *v* mit der Kelle auftragen; dick auftragen, aufspachteln; glätten; abziehen *(Beton, Estrich)*
trowel *v* **off** ausspachteln; mit der Kelle abreiben
trowel Kelle *f*, Maurerkelle *f*, Verputzkelle *f*, Glättkelle *f*, Glätter *m*; Spachtel *m(f)*
trowel application Verspachteln *n*
trowel coat Kellenlage *f*, Kellenschicht *f*
trowel finish geglättete Oberfläche *f*, gespachtelte Oberfläche *f*, Kellenglattstrich *m*
trowel finished layer Glattstrich *m*, Kellenglattstrich *m*
trowel for terrazzo Terrazzokelle *f*
trowel plaster Kellenputz *m*
trowel trade Baugewerbe *n*; Bauhandwerk *n*
trowelable kellengerecht *(Putzwurf)*
trowelling Kellenglattstreichen *n*; Glätten *n*
trowelling machine Glättmaschine *f*, Estrichglätter *m*
truck 1. *(AE)* Last(kraft)wagen *m*, Lkw *m*; 2. *(AE)* Fahrgestell *n*; Drehgestell *n (Eisenbahnwagen)*; 3. Förderwagen *m*, Transportwagen *m (Erdstoffe, Gestein)*; Karren *m*; Lore *f*
truck agitator Fahrmischer *m*, Nachmischer *m (für Transportbeton)*
truck climbing lane *(AE) (Verk)* Kriechspur *f (Straße)*
truck concrete mixer *s.* truck mixer
truck crane Auto(dreh)kran *m*, Mobilkran *m*
truck dump hopper Kipperentladebunker *m (Gestein, Sand)*
truck lane *(Verk)* Lastverkehrsspur *f (Straße)*
truck load Wagenladung *f*
truck-mix(ed) concrete Transportbeton *m*, Lieferbeton *m*
truck mixer Transportmischer *m*, Mischerfahrzeug *n*, Fahrmischer *m*
truck-mounted (power) shovel Autobagger *m*
truck release agent Ladeflächentrennmittel *n*, Ladeflächenansprühmittel *n (Asphalttransport usw.)*
truck scale *(AE) s.* truck weigh bridge
truck terminal *(AE)* Fernlastwagenbahnhof *m*, LKW-Bahnhof *m*
truck trailer Lastwagenanhänger *m*; Schlepp(er)zug *m*
truck weighbridge Straßen(brücken)waage *f*
truckage *(AE)* Straßenanlieferung *f*, Lastwagentransport *m*
trucker Lastwagenfahrer *m*
true *v* (aus)richten; begradigen; einpassen; korrekt einlassen *(z. B. eine Tür)*
true maßgenau, maßgerecht, maßhaltig
true annealed sheet Feinblech *n*
true bedding *(Bod, Erdb)* Normalschichtung *f*
true cohesion *(Bod)* wahre Scherhaftfestigkeit *f*
true density Reindichte *f (von Zuschlägen)*
true horizontal Sichthorizontebene *f*
true in alignment fluchtgerecht, genau in Flucht
true level *(Verm)* Normalhorizont *m*, wahrer Horizont *m*
true north wahre Nordrichtung *f*
true porosity wahre Porosität *f*, Gesamtporosität *f*, Undichtigkeitsgrad *m*
true pyramid (stufenlose) Pyramide *f*, eigentliche Pyramide *f*
true to alignment fluchtentsprechend, fluchtgenau
true to dimension *s.* true to size
true to measure *s.* true to scale
true to nature naturgetreu
true to profile profilgerecht

true to scale maß(stab)gerecht, maßstäblich *(Zeichnung)*; maßgetreu
true to size maßhaltig, maßgerecht
true vault echtes Gewölbe *n*
trueing Ausrichten *n*
trueness of shape Formhaltigkeit *f*
trullo Trockensteinplattendach *n (in konischer Form, speziell in Süditalien)*
trumeau *(Arch)* Trumeau *m*, Pfeilerspiegel *m*
trumpet arch *(Arch)* Trompetengewölbe *n*, Kegelgewölbe *n*
trumpet junction *(Verk)* Trompete *f*, Trompetenanschluss(punkt) *m*, Verkehrsknoten *m* in Trompetenform *(Straße)*
truncated abgestumpft
truncated dome Kegelstumpfkuppel *f*
truncated pointed arch stumpfer Spitzbogen *m*
truncated pyramid Pyramidenstumpf *m*, abgestumpfte Pyramide *f*
truncated roof abgestumpftes Dach *n*
trunk 1. Schaft *m*; Säulenschaft *m*; 2. Stamm *m*, Baumstamm *m*; Klotz *m*, Stock *m*, Block *m (Holz)*; 3. *s.* trunk line
trunk elevator Lastenaufzug *m*, Materialaufzug *m*
trunk lift Lastenaufzug *m*, Materialaufzug *m*
trunk line Fernleitung *f*; Hauptlinie *f (Eisenbahn und Telefonfernleitung)*
trunk main Hauptleitung *f (für Abwasser, Gas)*
trunk road Hauptverkehrsstraße *f*, Bundesstraße *f*, klassifizierte Straße *f*
trunk road system Bundesstraßennetz *n*
trunk sewer Hauptsammler *m*, Abwasserhauptleitung *f*
trunk stream *(Wsb)* Hauptfluss *m*
trunk wood Stammholz *n*
trunkroad *s.* trunk road
trunnel Balkendübel *m*
truss *v* 1. stützen, absteifen; unterstützen *(durch Dachbinder)*; 2. halten, befestigen, mit Sprengwerk versehen; verstärken
truss 1. Binder *m*, Gebinde *n (Sparrendach)*; 2. Fachwerk *n*; Fachwerkbinder *m (Träger)*; 3. Hängewerk *n*, Sprengwerk *n*; 4. Versteifungsjoch *n*; 5. Konsole *f*
truss arch Fachwerkbogen *m*; gekrümmter Fachwerkträger *m*
truss bar Fachwerkstab *m*
truss bay Fachwerkfeld *n*
truss beam *s.* trussed beam
truss bridge Sprengwerkbrücke *f*
truss centre Fachwerkbogengerüst *n*
truss cupola Fachwerkkuppel *f*
truss dome Fachwerkkuppel *f*
truss frame Sprengwerk *n*; Hängewerk *n (Dachstuhl)*; Hängebock *m*
truss frame bridge Hängewerksbrücke *f*, Sprengwerkbrücke *f*
truss frame with truss below Sprengwerk *n*
truss frame with truss on top Hängewerk *n*
truss girder Fachwerkträger *m*, Fachwerkbinder *m*
truss head rivet Flachrundkopfniet *m*
truss joint 1. Fachwerkknoten *m*, Knotenpunkt *m*; 2. Binderbalken *m (Dachkonstruktion)*
truss joist Untergurt *m (Unterzug im Fachwerk)*
truss member Fachwerkstab *m*
truss post Hängesäule *f (unter der Pfette)*
truss rafter Bindersparren *m*
truss rod Fachwerkstab *m*; Fachwerkgurt *m*, Diagonalgurt *m*
truss structure Fachwerkkonstruktion *f*
truss system Fachwerkkonstruktion *f*
truss theory Fachwerktheorie *f*
truss type Bindertyp *m (Dach)*
truss with tension rod Kragbinder *m* mit Zugstab
truss without diagonal members strebenloser Fachwerkträger *m*
trussed verstrebt
trussed arch Fachwerkbogen *m*, gekrümmter Fachwerkträger *m*
trussed arch with three hinges Dreigelenk-Fachwerkbogen *m*
trussed beam 1. Fachwerkträger *m*; 2. verfachter Holzbalken *m*; abgesprengter Spannbalken *m*
trussed box purlin räumliche Pfette *f*
trussed bridge Sprengwerkbrücke *f*
trussed column Fachwerkstütze *f*
trussed frame Fachwerkrahmen *m*; versteifter Rahmen *m*
trussed girder Fachwerkbinder *m*, Fachwerkträger *m*
trussed girder bridge Fachwerkbalkenbrücke *f*
trussed partition Fachwerktrennwand *f*, Holzrahmentrennwand *f*
trussed purlin leichter Fachwerkträger *m* als Pfette
trussed-rafter roof Fachwerkbinderdachstuhl *m*
trussed roof Fachwerkbinderdach *n*
trussed wall opening Fachwerkrahmenöffnung *f*
trussed with sag rods unterspannt
trussed wooden beam Fachwerkholzträger *m*
trussing Unterzug *m*; Hängebock *m*
try square Anschlagwinkel *m*, Winkel *m*
trying plane Raubank *f*, Langhobel *m*
tub Bottich *m*; Trog *m*; Pflanzbehältnis *n*
tub mixer Trogmischer *m*
tubbing support *(Tun)* Tübbingausbau *m*
tubby fassartig
tube 1. Rohr *n*, Leitungsrohr *n*; Kabelschutzrohr *n*; Rohrprofil *n*; 2. Röhre *f*, Tunnel *m*; 3. U-Bahn *f (z. B. in London)*; 4. Libelle *f*, Röhrenlibelle *f*
tube-and-coupler scaffold Stahlrohrgerüst *n*
tube-axial fan Röhrenventilator *m (Klimaanlage)*
tube bender Rohrbiegewerkzeug *n*, Rohrbiegegerät *n*
tube clip Rohrschelle *f*
tube connector Rohrdübel *m (Holzverbindung)*
tube cutter Rohrschneider *m*
tube end plug Rohrverschluss *m*
tube expander Rohraufweiter *m*
tube-expanding press Rohraufweitepresse *f*
tube extruding press Rohrpresse *f*
tube filter Pumpenkorb *m*
tube fitting Rohrverschraubung *f*
tube floor Hohlbalkendecke *f (mit kreisförmigen Hohlräumen)*
tube floor slab Hohlbalkendeckenelement *n*
tube frame Rohrrahmen *m*
tube handrail Rohrhandlauf *m*
tube joint Rohrverbindung *f*
tube-jointing sleeve Rohrhülse *f*
tube lamp Röhrenlampe *f*
tube mast Rohrmast *m*
tube nest Rohrbündel *n*
tube pile *(Erdb)* Rohrpfahl *m*
tube plate Rohrwand *f*
tube railing Rohrgeländer *n*
tube railway Untergrundbahn *f*
tube skeleton Rohrskelett *n*, Rohrgerippe *n*
tube sleeve Rohrhülse *f*
tube socket Rohrhülse *f*
tube wall Rohrwand *f*
tube welding Rohrschweißung *f*
tube well *(Wsb)* Rohrbrunnen *m*, Bohrbrunnen *m*
tubercle Knolle *f (in Wasserleitungsrohren)*
tubing 1. Rohrleitung *f*, Rohrstrang *m*; Steig(leitungs)rohr *n*; 2. Verrohrung *f*; 3. Rohrprofil *n*

tubing frame Rohrrahmen *m*
tubing mast Rohrmast *m*
tubing skeleton Rohrskelett *n*, Rohrgerippe *n*
tubular röhrenförmig, Rohr..., Röhren...
tubular bridge Rohrbrücke *f*
tubular column Rohrstütze *f*
tubular construction Stahlrohrkonstruktion *f*
tubular cross bar of lateral bracing Rohrriegel *m* des Windverbands
tubular discharge lamp Leuchtstoffröhrenlampe *f*, Leuchtröhre *f*
tubular frame Rohrrahmen *m*
tubular girder Rohrträger *m*
tubular handrail Rohrhandlauf *m*
tubular heater *(El)* Rohrheizkörper *m*
tubular heating element Röhrenheizkörper *m*
tubular insulation Rohrleitungsdämmung *f*
tubular lamp Röhrenlampe *f*, Soffitte(nlampe) *f*
tubular lattice pole Rohrgittermast *m*
tubular lock Rohrbolzenschloss *n*
tubular mast Rohrmast *m*
tubular metal construction Metallrohrkonstruktion *f*
tubular pile *(Erdb)* Rohrpfahl *m*, Hohlpfahl *m*
tubular pole Rohrmast *m*
tubular post complete with railings Rohrpfeiler *m* mit Verbindungsstreben
tubular prop Rohrstütze *f*
tubular purlin Rohrpfette *f*
tubular radiator Röhrenheizkörper *m*
tubular rivet Hohlniet *m*
tubular scaffolding Stahlrohrgerüst *n*
tubular skeleton Rohrgerippe *n*, Rohrskelett *n*
tubular steel Stahlrohr *n*
tubular steel column with bracket Stahlrohrauslegermast *m*, Stahlrohrauslegerleuchtenmast *m*
tubular steel construction Stahlrohrbau *m*
tubular steel derrick [mast] Stahlrohrmast *m*
tubular steel frame Stahlrohrrahmen *m*
tubular steel grating Stahlrohrgitter *n*
tubular steel mast Stahlrohrmast *m*
tubular steel scaffolding Stahlgerüst *n*
tubular steel system Stahlrohrkonstruktion *f*
tubular steel tower Stahlgerüstturm *m*
tubular structure system Rohrkonstruktionssystem *n*
tubular strut Rohrstrebe *f*
tubular vault(ing) Topfgewölbe *n*
tubular-welded-frame scaffold Stahlrohrgerüst *n* aus Fertigteilfeldern
tubular well Rohrbrunnen *m*
tubulous röhrenartig
tuck *v* verfugen, ausfugen *(Mörtelfugen)*
tuck and pat pointing *s.* tuck pointing
tuck cement pointer Fugenkelle *f*
tuck-in Anschlussgegenfalte *f (Dachdeckung)*
tuck pointing Nachfugen *n*, Ausfugen *n (Mauerwerk)*
Tudor arch *(Arch)* Tudorbogen *m*, Vierzentrenbogen *m*, gedrückter Spitzbogen *m*
Tudor architecture Tudor-Architektur *f (in England 1485–1603)*
Tudor flower [leaf] *(Arch)* Tudorblume *f (Ornament)*
Tudor ornament *(Arch)* Tudorornament *n*
Tudor rose *(Arch)* Tudorrose *f*
Tudor style *(Arch)* Tudorstil *m (in England 1485-1603)*
tufa Tuff *m (als Sediment)*
tufa deposit Tuffablagerung *f*
tufa rock Tuffgestein *n*
tufaceous tuffartig *(sedimentär)*
tufaceous limestone Kalktuff *m*
tufaceous quartz sinter Kieseltuff *m*
tufaceous shale Tuffschiefer *m*
tuff vulkanischer Tuff *m*, Tuffstein *m*
tuff deposit Tuffablagerung *f (vulkanische)*
tuffaceous tuffartig *(vulkanisch)*
tuffite Tuffit *m*
tuffstone verfestigter Tuff *m*, Tuffstein *m*
tufted carpet Noppensetzteppich *m*, Tuftingteppich *m*
tufted flooring cover(ing) Tuftingbodenbelag *m*; Nadelvliesbelag *m*
tulipwood Tulpenbaumholz *n*
tumble *v* einstürzen *(z. B. eine Wand)*; einfallen *(Damm)*; stürzen
tumble *v* **home** sich nach innen neigen
tumbler 1. Zuhaltemechanismus *m*, Zuhaltung *f (eines Schlosses)*; 2. Drehtrommel *f*; 3. *s.* tumbler mixer
tumbler bearing Pendellager *n (Stahlbau)*
tumbler lock Zuhalteschloss *n*
tumbler mixer Freifallmischer *m*
tumbler switch Kipp(hebel)schalter *m*
tumbling 1. Trommeln *n*, Trommelputzen *n*, Trommelpolieren *n*; 2. Trommellackieren *n*
tumbling bay 1. *(Wsb)* Tosbecken *n (Talsperre)*; 2. *(Wsb)* Löschbecken *n (ein Wehr)*
tumbling course geneigte Ziegellage *f* [Mauersteinschicht *f*], einfallende Lage *f*
tumbling mixer Mischtrommel *f*, Freifallmischer *m*
tumulus Grabhügel *m*
tun Schornsteinschaft *m (Dialektausdruck)*
tundish Zwischenbehälter *m*
tung oil Tungöl *n*, Holzstandöl *n*, chinesisches Holzöl *n*
tung oil varnish Tungöllack *m*
tungsten carbide Wolframkarbid *m*, Hartmetall *n*
tungsten-halogen lamp Wolframlampe *f*
tungsten steel Wolframstahl *m*
tunnel *v* 1. untertunneln; einen Tunnel graben [bohren, treiben durch]; 2. der Länge nach aushöhlen; 3. unterwandern, unterfressen, unterrosten *(Korrosion unter Schutzschichten)*
tunnel *v* **through** den Tunnel treiben
tunnel *v* **under** untertunneln
tunnel Tunnel *m*, Tunnnelröhre *f*, Unterführung *f*, unterirdischer Gang *m*; (begehbarer) Kanal *m*; Stollen *m (Bergbau)*
tunnel axis Tunnelachse *f*
tunnel-boring machine Tunnelbohrgerät *n*, Tunnelbohrmaschine *f*
tunnel clinker *s.* tunnel engineering brick
tunnel construction Tunnelbau *m*
tunnel crown Tunnelscheitel *m*
tunnel curing kiln Nachbehandlungstunnelofen *m (Beton)*
tunnel driving 1. Tunnelvortrieb *m*
tunnel engineering brick Tunnelklinker *m*; Kanalklinker *m*
tunnel face 1. Tunnelstoß *m*; 2. Tunnelmundloch *n*
tunnel floor Tunnelsohle *f*
tunnel framework *s.* tunnel sheeting
tunnel freezer Gefriertunnel *m*
tunnel heading Richtstrecke *f*
tunnel invert Tunnelsohle *f*
tunnel jumbo Tunnelgroßbohrwagen *m*
tunnel lighting Tunnelbeleuchtung *f*
tunnel lining Tunnelauskleidung *f*, Tunnelausbetonierung *f*
tunnel loading Überschüttung *f (offene Bauweise)*
tunnel portal Tunneleingang *m*, Tunnelportal *n*
tunnel section Tunnelabschnitt *m*
tunnel sheeting Tunnelschalung *f*
tunnel shield Tunnelschild *m*
tunnel soffit Tunneldecke *f*, Tunnelscheitel *m*

tunnel technique Tunnelbetriebstechnik *f*, technische Tunnelausstattung *f*
tunnel technique installation Tunneltechnikinstallation *f*, Tunnelbetriebstechnik-Ausstattung *f*
tunnel test Oberflächenbrennprüfung *f (von Baustoffen)*
tunnel vault *(Arch)* Tonnengewölbe *n*, Zylindergewölbe *n*, Tunnelgewölbe *n*
tunnel-vaulted tonnengewölbt
tunnel-vaulted roof Tonnengewölbedach *n*
tunnel wall Tunnelwandung *f*
tunnel work *s.* tunnelling
tunnelling 1. Tunnelbau *m*, Untertunnelung *f*, Tunnelvortrieb *m*, Tunnelauffahren *n*, Durchstich *m* eines Tunnels; 2. Unterwanderung *f*, Unterfressung *f (Korrosion unter Schutzschichten)*
tunnelling machine Tunnelvortriebsmaschine *f*
tunnelling shield driving method Schildbauweise *f*, Schildvortrieb *m*, Schildvertrieb *m*
tunnelling technique Tunnelbauverfahren *n*, Tunnelbauweise *f*, Tunnelbautechnik *f*
tup Rammbär *m*, Fallbär *m (einer Pfahlramme)*; Fallhammer *m*
turbary Torfmoor *n*
turbid trübe; schlammig • **become turbid** sich trüben *(Flüssigkeit)*
turbidimeter Trübungsmesser *m*, Turbidimeter *n (Zementprüfung)*
turbidimeter fineness Feinheitsgrad *m (in* cm^2/g*, im Trübemesser bestimmt)*
turbidity Trübung *f (bes. von Flüssigkeiten)*; Trübheit *f*
turbidity coefficient Trübungskoeffizient *m*, Trübungsbeiwert *m*
turbine Turbine *f*
turbine efficiency Turbinenleistungsvermögen *n*
turbine hall Turbinenhalle *f*
turbine mixer Schaufelradmischer *m*, Turbomischer *m*
turbine output Turbinenleistung *f*
turbulence Turbulenz *f*, Wirbelströmung *f*
turbulent flow Wirbelströmung *f*, turbulente Strömung *f*
turf *v* mit Rasen belegen *(z. B. Böschung)*
turf Rasensode *f*, Sode *f*, Grasnarbe *f*, Rasen *m*, Rasendecke *f*, Torf *m*
turf bed Torfschicht *f*
turf grandstand Rennplatztribüne *f*, Pferderennbahntribüne *f*
turf sprinkler system (fest installierte) Rasensprenganlage *f*
turfed area Rasen *m*, Rasenfläche *f*
turfed slope Rasenböschung *f*
turfing Rasenarbeiten *fpl*
turfing by sodding Rasensodenabdecken *n*, Rasensodenbelegen *n*, Rasensodenverlegen *n*, Ansoden *n*
turfsod Rasensode *f*
turfy torfartig
turfy soil Torfboden *m*
turkey *(sl)* minderwertig, schlecht ausgeführt
Turkish architecture *(Arch)* türkische Architektur *f*, türkische Baukunst *f*
Turkish minaret *(Arch)* Türkenminarett *n*, türkisches Minarett *n*
turn *v* 1. verschwenken *(Bewehrung)*; 2. ausmauern *(Wölbungen)*; 3. verziehen *(Stufe)*
turn *v* **down** (nach unten) abkanten
turn *v* **into vapour** verdampfen, verdunsten
turn *v* **off** zudrehen, schließen *(Hahn)*; abstellen *(z. B. Wasser)*; ausschalten, abschalten
turn *v* **on** aufdrehen, öffnen *(Hahn)*; einschalten
turn *v* **on a lathe** drechseln
turn *v* **out** 1. abzweigen *(Schiene)*; 2. ausschalten
turn *v* **out of mould** stürzen *(Formteile)*
turn *v* **over** 1. umkippen; 2. übergeben *(z. B. Gebäude)*
turn *v* **the mortar** den Mörtel umschaufeln
turn *v* **the steps** die Stufen verziehen *(Treppe)*
turn *v* **up the edges** die Ränder rund aufbiegen
turn *v* **wood** drechseln
turn 1. Drehung *f*, Wendung *f*, Biegung *f*, Krümmung *f*, 2. Kurve *f*, Abbiegespur *f*, 3. Windung *f*, 4. Schicht *f*, Arbeitsschicht *f*
turn-around *(Verk)* Wendeplatz *m*, Wendestelle *f (Straße)*
turn bridge Drehbrücke *f*
turn button Fensterwirbel *m*; Türdrehöffner *m*
turn-key *s.* turnkey
turn knob kleiner innerer Türdrehöffner *m (meist eingelassen)*
turn of a road *(Verk)* Krumme *f*, Straßenbiegung *f*
turn of the first sod Spatenstich *m*
turn piece kleiner Türdrehöffner *m*
turn tread gewendelte Trittstufe *f*
turnable foot bridge drehbarer Laufsteg *m (für Fußgänger)*
turnable rebated joint drehbare Schlagleiste *f*
turnbuckle Spannschloss *n*
turned bar abgedrehter Stab *m*
turned bolt Drehbolzen *m*, Präzisionsdrehbolzen *m*, blanke Schraube *f*
turned wood(work) Drechselarbeit *f*
turnery 1. Drechselarbeit *f (Gegenstände)*; 2. Drechslerei *f*
turning 1. Wendung *f (Treppe)*; 2. Rundmauern *n*; 3. Drechseln *n (Holz)*; Drehen *n (Metall, Keramik)*
turning area Wendeplatz *m*
turning bar 1. Kamingewölbeeisen *n*; 2. Überfallriegel *m (Kaminsturz)*
turning bay *(Verk)* Wendeplatz *m*, Wendestelle *f (Straße)*
turning bend *(Verk)* Kehre *f (Straße)*
turning bridge Drehbrücke *f*
turning gauge Drechslerrohr *n*
turning joint Gelenkband *n*, Türband *n*
turning lane Abbiegespur *f (Straße)*
turning out lane Ausfahrspur *f*
turning piece 1. Bogenlehre *f*, Bogenlehrenbrett *n (für kleine Bögen)*; 2. Stichholz *n*
turning place Wendeplatz *m*
turning point Wendepunkt *m*, Polygonpunkt *m*
turning radius Wenderadius *m*
turning sash Drehflügel *m (Fenster)*
turning tools Drechselwerkzeuge *npl*
turning vane Kanalkurvenleitblech *n (Klimaanlage)*; Regelklappe *f*
turning vehicle templates *(Verk)* Schleppkurven *fpl*
turnkey schlüsselfertig, ausbaufertig
turnkey building schlüsselfertiger Hochbau *m*
turnkey building construction schlüsselfertiges Bauen *n*
turnkey handover schlüsselfertige Übergabe *f*
turnkey housing construction schlüsselfertiger Wohnungsbau *m*
turnkey job schlüsselfertiges Projekt *n*
turnlock fastener Drehverschluss *m (halbe Drehung)*
turnout 1. *(AE)* Rastplatz *m (Parkplatz an einer Autostraße)*; 2. Ausweiche *f*, Ausweichstelle *f (Straße)*; 3. Abzweigung *f (Schiene)*
turnover Umsatz *m*
turnpike 1. Schlagbaum *m*; 2. *(AE)* Gebührenstraße *f*
turnpike stair Spiralwendeltreppe *f*, enge Wendeltreppe *f*
turnstile Drehkreuz *n*; Drehtor *n (Durchgangsschutzeinrichtung)*
turntable Drehscheibe *f*, Drehtisch *m*
turntable ladder Drehleiter *f*, Feuerleiter *f*
turnup heruntergezogene [überzogene] Dachdeckung *f*, überzogenes Dach *n*

turpentine oil Terpentinöl *n*
turpentine paint Wachsfarbe *f*
turpentine stain Terpentinbeize *f*
turpentine substitute Terpentin(öl)ersatz *m*
turpentine varnish Terpentinlack *m*
turpentine vehicle Terpentin-Bindemittellösung *f*
turret 1. *(Arch)* Türmchen *n*; 2. Drehturm *m*, gedrehter Turm *m*
turret-like türmchenähnlich
turret step Wendelstufe *f*
turreted *(Arch)* mit Türmchen versehen, türmchenartig
turreted tower *(Arch)* Turm *m* mit Türmchen(aufbau)
turriculated mit Türmchen, mit Turmreihen
turritform turmförmig
turtleback 1. Abplatzen *n*, Aufplatzen *n*, Aufwölben *n* *(Furnier)*; 2. Rissfleck *m*, gerissene Stelle *f* *(Putz)*
Tuscan arch *(Arch)* toskanischer Bogen *m*, Sichelbogen *m*, Florentinerbogen *m*
Tuscan column *(Arch)* toskanische Säule *f*
Tuscan order *(Arch)* toskanische Säulenordnung *f* [Ordnung *f*]
tusk 1. Brustzapfenaufwölbung *f*, Gehrungswulst *f* eines Zapfens; 2. eingezahnter Mauerstein *m*, verzahnter Wandstein *m*
tusk nailing Schrägnageln *n* *(z. B. von Spundbrettern)*
tusk tenon Brustzapfen *m*, Tragzapfen *m*
tusk tenon joint Brustzapfenverbindung *f*
twelve-bay zwölfjochig
twenty-sided polygon zwanzigseitiges Vieleck *n*
twenty-twenty (vision), 20/20 (vision) *(sl)* gutes Augenmaß *n*
twice crushed and screened chippings Edelsplitt *m*
twilled weave *(Arch)* Köpergewebe *n*
twin bedded room Doppelzimmer *n*, Zimmer *n* mit zwei Einzelbetten
twin bowls Doppelbecken *n*
twin brick Doppelziegel *m*
twin bridge Doppelbrücke *f*
twin cable Zwillingskabel *n*
twin column Doppelsäule *f*, Doppelstütze *f*
twin-core cable *(El)* Zweileiterkabel *n*, zweiadriges Kabel *n*
twin cross-section doppelter Querschnitt *m*, zweiteiliger Querschnitt *m*
twin culvert Zwillingsdurchlass *m*
twin dishwashing sink bowls Doppelspülbecken *n*
twin elbow Doppelbogen *m* *(bei Rohrleitungen)*
twin-filament lamp Zweifadenlampe *f*
twin girder Zwillingsträger *m*
twin house Doppelhaus *n*
twin-pack bonding adhesive Zweikomponentenklebstoff *m*, Zweikomponentenkleber *m*
twin-pack bonding agent *s.* twin-pack bonding adhesive
twin-pack cement Zweikomponentenklebstoff *m*, Zweikomponentenkleber *m*
twin-pack coating composition Zweikomponentenbeschichtungsmasse *f*
twin-pack mastic Zweikomponentenmastix *m*
twin-pack paint Zweikomponentenfarbe *f*
twin-pack polyester adhesive Zweikomponentenpolyesterklebstoff *m*, Zweikomponentenpolyesterkleber *m*
twin-pack protective coat Zweikomponentenschutzanstrich *m*
twin-pack sealing composition Zweikomponentendichtungsmasse *f*
twin-pack system Zweikomponentensystem *n*
twin pipe elbow Doppelrohrbogen *m*
twin pug(mill) Doppelwellenzwangsmischer *m*
twin room Doppelzimmer *n*
twin saw-tooth frame Doppelshedrahmen *m*
twin screed finisher Doppelbohlenfertiger *m*
twin-shaft pug *s.* twin pugmill
twin sheet piles Spundwanddoppelbohle *f*
twin slab culvert doppelter Plattendurchlass *m*
twin sliding window Doppelschiebefenster *n*
twin socket *(El)* Doppelsteckdose *f*
twin tenons Doppelzapfen *mpl*
twin timber mast Doppelholzmast *m*, Doppelstangenmast *m*
twin-tower façade *(Arch)* Doppelturmfassade *f*
twin-towered doppeltürmig
twin towers Zwillingstürme *mpl*, Doppeltürme *mpl*
twin-twisted bar reinforcement verdrillter Bewehrungsstab *m* aus zwei Stäben
twin-twisted round bars Zweistabverdrillung *f*
twin-webbed doppelstegig, zweistegig
twin-webbed girder zweistegiger Träger *m*, Doppelstegträger *m*
twin-webbed plate girder Doppelstegblechträger *m*
twin-webbed T-beam zweistegiger Plattenbalken *m*, doppelstegiger Plattenbalken *m*
twist *v* 1. verdrehen, verdrillen, verwinden; sich drehen; sich winden; 2. auf Torsion [Verdrehung] beanspruchen; 3. umwickeln
twist Torsion *f*, Verdrillung *f*, Verdrehung *f*, Verwindung *f*, Spiralverformung *f*
twist bit Holzbohrer *m*
twist failure *s.* torsion failure
twist-free torsionsfrei, torsionslos
twist handle Drehgriff *m*
twisted 1. auf Torsion beansprucht; 2. gekrümmt; gewunden, verwunden; schraubenförmig; verdreht; verdrillt
twisted bar 1. gewundenes Kreuzeisen *n*; 2. Drillwulststahl *m* *(Bewehrung)*
twisted cable verdrilltes [verseiltes] Kabel *n*
twisted cable ornament *(Arch)* Verstäbung *f*
twisted column Spiralsäule *f*
twisted fillet Knotenschnur *f*
twisted grain verdrehte [verzogene] Holzfaser *f* *(Furnierholz)*
twisted pair verdrillte Doppellitze *f*
twisted rod Drillwulststahl *m* *(Bewehrung)*
twisted rope gedrehtes Tau *n*
twisted-steel mat Drillstahlbaumatte *f*
twisted tie wire Rödeldraht *m*; Verrödelung *f*
twisted-type deformed reinforcement Rippenstahlbewehrung *f*
twisted wire verseilter Draht *m*
twisting 1. Verdrehen *n*, Verwindung *f*, Torsion *f*, Verdrillung *f*, Ausknicken *n*; 2. Biegung *f*, Krümmung *f*, Verwerfung *f* *(Holztrocknung)*
twisting action *s.* twisting
twisting angle Torsionswinkel *m*
twisting buckling load Torsionsknicklast *f*, Verdrehungsknicklast *f*, Verwindungsknicklast *f*
twisting constant Torsionskonstante *f*, Verdrehungskonstante *f*, Verwindungskonstante *f*
twisting failure *s.* torsion failure
twisting force Torsionskraft *f*, Verdrehungskraft *f*, Drehkraft *f*, Verwindungskraft *f*
twisting instability Torsionsinstabilität *f*, Torsionslabilität *f*, Verdrehungsinstabilität *f*, Verdrehungslabilität *f*, Verwindungsinstabilität *f*, Verwindungslabilität *f*
twisting modulus Torsionsmodul *m*, Verdrehungsmodul *m*, Verwindungsmodul *m*, Drillmodul *m*
twisting moment Torsionsmoment *n*, Verdrehungsmoment *n*, Verwindungsmoment *n*, Drillmoment *n*
twisting resistance Torsionswiderstand *m*

twisting rigidity Torsionssteifigkeit *f*, Verdrehungssteifigkeit *f*, Verwindungssteifigkeit *f*
twisting strength Torsionsfestigkeit *f*, Verdrehfestigkeit *f*
twisting stress Torsionsbeanspruchung *f*, Verdrehungsbeanspruchung *f*, Verwindungsspannung *f*
twisting work Torsionsarbeit *f*
two-articulated zweigelenkig, Zweigelenk...
two-articulated arch frame Zweigelenkbogenrahmen *m*
two-articulated frame Zweigelenkrahmen *m*
two-bay zweifeldrig; zweijochig; zweischiffig *(Rahmenhalle)*
two-bay frame Zweifeldrahmen *m*
two-bed zweibettig, Zweibett...
two-bed sleeping room Zweibettzimmer *n*, Zweibettschlafzimmer *n*
two-bedroom flat Dreizimmerwohnung *f (Standard in GB und US, zwei Schlafzimmer, ein Wohnzimmer)*
two-bolt lock Türschloss *n* mit Nachtriegel
two-by-four (beam) *(AE) (Hb)* Baukantholz *n (ca. 5 cm × 10 cm, gebräuchlichstes Kantholz)*
two-can paint Zweikomponentenanstrichstoff *m*
two-cell hollow block Zweikammerstein *m*
two-centered arch Spitzbogen *m*, doppelt zentrierter Bogen *m*
two-centre cross section maulförmiger Querschnitt *m*
two-coat zweilagig *(z. B. Putz)*; zweischichtig, Zweischicht...
two-coat metallic finish Zweischichtmetalleffektlackierung *f*
two-coat plastering zweischichtiges Putzen *n*, doppelschichtiges Verputzen *n*, zweilagiges Putzen *n*, zweilagiges Verputzen *n*
two-coat system Zweischichtensystem *n*, Zweilagensystem *n*
two-coat work zweilagiger Putz *m*, Zweischichtputz *m*
two-compartment septic tank Zweikammer(haus)kläranlage *f*, Zweikammerkleinkläranlage *f*
two-component zweikomponentig; Zweikomponenten...
two-component alloy Zweistofflegierung *f*
two-component bonding adhesive Zweikomponentenkleber *m*, Zweikomponentenklebstoff *m*
two-component finish Zweikomponentenanstrich *m*; Zweikomponentenanstrichstoff *m*
two-component sealing composition Zweikomponentendichtungsmasse *f*
two-component system Zweikomponentensystem *n*
two-conductor cable *(El)* Zweileiterkabel *n*
two-dimensional eben, zweidimensional
two-dimensional action zweidimensionale Wirkung *f*
two-dimensional framework zweidimensionales Tragwerk *n*, Flächentragwerk *n*
two-dimensional state of stress zweidimensionaler Spannungszustand *m*
two-dimensional stress zweidimensionale Spannung *f*
two-family house Zweifamilienhaus *n*
two-flight zweiläufig
two-flight stair zweiarmige Treppe *f*
two-floor zweistöckig, zweigeschossig,
two-floored zweistöckig, zweigeschossig
two-hinge *s.* two-hinged
two-hinged zweigelenkig, Zweigelenk...
two-hinged arch Zweigelenkbogen *m*
two-hinged arched girder Zweigelenkbogenträger *m*
two-hinged frame Zweigelenkrahmen *m*
two-hinged gable frame Zweigelenkgiebelrahmen *m*
two-hinged portal frame Zweigelenkportalrahmen *m*
two-horse chariot *(Arch)* Biga *f*, Zweigespann *n*
two-household building Zweifamilienhaus *n*
two-lane zweispurig, zweistreifig
two-lane road zweispurige Straße *f*
two-laned zweispurig
two-laned roadway zweispurige Fahrbahn *f*
two-layer zweilagig, zweischichtig, doppelschichtig
two-layer cast stone zweischichtiger Betonwerkstein *m*
two-layer space frame shell zweischaliges Raumfachwerk *n*
two-layered *s.* two-layer
two-layers of wooden joists doppelte Holzbalkenlage *f*
two-leaf 1. zweiflügelig *(Tür)*; 2. doppelschalig *(Wand)*
two-leaf cavity wall zweischalige Hohlmauer *f*, Zweischalenwand *f*
two-level *(Verk)* planfrei, in zwei Ebenen, höhenungleich
two-light window 1. zweiflügeliges Fenster *n*; Zweifeldfenster *n*; 2. Fenster *n* mit zwei horizontal und zwei vertikal angeordneten Fensterfeldern; 3. Zwillingsfenster *n*
two-linked zweigelenkig, Zweigelenk...
two-linked frame Zweigelenkrahmen *m*
two-linked gable frame Zweigelenkgiebelrahmen *m*
two-linked parabolic arch Zweigelenkparabelbogen *m*
two-metal corrosion Kontaktkorrosion *f*, Berührungskorrosion *f*
two-nave shed zweischiffige Halle *f (Industrie- und Werkhalle)*
two-pack zweikomponentig, Zweipomponenten...
two-pack paint Zweikomponentenanstrichstoff *m*
two-pack primer Zweikomponentenprimer *m*
two-pane sash Doppelflügel *m (Verbundfenster)*
two-panel door Tür *f* mit Doppelfüllung
two-part 1. zweiteilig; 2. *s.* two-component
two-piece zweiteilig
two-piece laminated insulating glass Zweischeibenisolierglas *n*
two-piece laminated safety sheet glass Zweischeibenverbundglas *n*
two-pinned zweigelenkig, Zweigelenk...
two-pinned arch Zweigelenkbogen *m*
two-pinned frame Zweigelenkrahmen *m*
two-pipe doppelrohrig, zweirohrig, Zweirohr ...
two-pipe plumbing Doppelrohr-Grundstücksentwässerung *f*
two-pipe system *(San)* Trennsystem *n (Abwasser)*
two-pitch(ed) roof Dach *n* mit doppeltem [zweiseitigem] Gefälle
two-ply zweischichtig, zweilagig
two-point latch Zweipunktschloss *n (am oberen und unteren Türende)*
two-point loading Zweipunktbelastung *f*
two-point suspension scaffold Hängegerüst *n*, Hängerüstung *f*, Seilhängerüstung *f*
two-pole *(El)* zweipolig, Zweipol...
two-pole plug *(El)* Zweipolstecker *m*
two-pot coating Zweikomponentenanstrichstoff *m*
two-pot system Zweikomponentensystem *n*
two-rail *(Verk)* zweigleisig
two-room dwelling [flat] Zweiraumwohnung *f*
two-screen expanding wall Doppelharmonikatür *f*
two semidetached houses Doppelhaus *n*
two-shift zweischichtig *(Arbeitszeit)*
two-side zweiseitig
two-span zweifeldrig; zweischiffig, doppelschiffig
two-span beam Zweifeldbalkenträger *m*
two-span bridge Zweifeldbrücke *f*
two-span girder Zweifeldträger *m*
two-stack doppelrohrig, zweirohrig, Zweirohr...
two-stack plumbing Doppelrohr-Grundstücksentwässerung *f*
two-stage zweistufig, Zweistufen...
two-stage comminution zweistufiges Zerkleinern *n*, zweistufige Zerkleinerung *f*

two-stage curing Zweistufenautoklavbehandlung *f (Beton)*
two-stage mixing Zweiphasenmischen *n*
two-stage reduction zweistufiges Zerkleinern *n*, zweistufige Zerkleinerung *f*
two-storey(ed) zweigeschossig, zweistöckig, zweietagig
two-storied *(AE) s.* two-storey(ed)
two-story *(AE) s.* two-storey(ed)
two-tier *(AE)* zweischalig, doppelschalig
two-tower façade Zwillingsturmfassade *f*, Zweiturmfassade *f*
two-walled doppelwandig
two-way cable conduit zweizügiger Kabelformstein *m*
two-way cable duct zweizügiger Kabelformstein *m*
two-way flat slab Pilzdecke *f (kreuzweisbewehrte Stahlbetonplatte)*
two-way joist construction 1. Kreuzbalkendecke *f*; 2. Kreuzbalkendachstuhl *m*
two-way prestressed slab kreuzweise vorgespannte Platte *f*
two-way reinforced kreuzbewehrt, kreuzweise bewehrt
two-way reinforced concrete slab kreuzweise bewehrte Stahlbetonplatte *f*
two-way reinforced footing kreuzweise bewehrtes Fundament *n*
two-way reinforced slab kreuzweise bewehrte Platte *f*
two-way reinforcement kreuzweise Bewehrung *f*, Kreuzbewehrung *f*
two-way road *(Verk)* Gegenverkehrsstraße *f*, Straße *f* ohne Richtungstrennung *f*
two-way slab kreuzweise bewehrte Platte *f*
two-way strap *(Hb)* Gabelband *n*, gegabelte Kopfschiene *f*
two-way telephone system Wechselsprechanlage *f*, Hauswechselsprechanlage *f*
two-way valve Zweiwegeventil *n*
two-way wiring *(El)* Wechselschaltung *f (Beleuchtung)*
two-webbed doppelstegig, zweistegig
two-webbed plate girder Doppelstegblechträger *m*
two-webbed T-beam zweistegiger Plattenbalken *m*, doppelstegiger Plattenbalken *m*
two-wheel traffic Zweiradverkehr *m*
two-wing *s.* two-winged
two-winged zweiflüglig, Zweiflügel...
two-winged building zweiflügliges Gebäude
two-withe [-wythe] zweischalig, doppelschalig
two-zone zweizonig, Zweizonen...
two-zone air-conditioning system Zweizonen-Klimaanlage *f*
twofold zweifach
twofold window Doppelfenster *n*
tying 1. Flechten *n*; Rödelung *f (Bewehrung)*; 2. Verankerung *f*, Verankern *n*
tying point Knüpfpunkt *m*, Knüpfstelle *f (Bewehrung)*
tying reinforcement Rödeln *n* der Bewehrung, Bewehrungsflechten *n*
tying wire Rödeldraht *m*, Bindedraht *m (Bewehrung)*
tympanum *(Arch)* Tympanon *n*, Bogenfeld *n (am romanischen und gotischen Portal)*; Giebelfeld *n*, Giebeldreieckraum *m (am antiken Tempel)*
type Typ *m*, Ausführung *f*, Art *f*, Form *f*, Modell *n*
type and scope Art *f* und Umfang *m*
type and size of reinforcement Stahlsorte *f* und Durchmesser *m (Eisenliste, Stahlliste)*
type approval Betriebsgenehmigung *f*, Bauartzulassung *f*, Betriebserlaubnis *f*
type evaluation Konformitätsbewertung *f*, Typbewertung *f*
type-ground-plan Regelgrundriss *m*, Typen(bau)grundriss *m*
type of anchorage Verankerungsart *f*
type of block Gebäudeart *f*, Gebäudetyp *m*
type of board Plattenart *f*
type of cement Zementsorte *f*, Zementart *f*
type of construction Bauform *f*, Bauart *f*, Bautyp *m*
type of finishing Bearbeitungsart *f*, Bearbeitungsform *f*
type of flow Strömungszustand *m*, Strömungstyp *m*
type of glass Glasart *f*, Glassorte *f*
type of loading Belastungsart *f*
type of mixture Mischgutart *f*
type of mortar Mörtelsorte *f*, Mörtelart *f*
type of residential building Wohngebäudeart *f*
type of rock Gesteinsart *f*
type of vault Gewölbeform *f*
type standardization Typisierung *f*
type testing Bauartprüfung *f*, Eignungsprüfung *f*
type X lath feuerverzögernde Dachlatte *f*
type X wallboard Feuerschutzputzträgertafel *f* aus Gipskarton, feuerhemmende Gipswandplatte *f*
typhon *(Arch)* Thyphonium *n (altägyptischer Tempel)*
typical typisch, charakteristisch, bezeichnend, kennzeichnend
typical bond Regelverband *m*
typical column Regelstütze *f*
typical cross section Normalquerschnitt *m*; Regelquerschnitt *m (Straße)*
typical cube *s.* typical test cube
typical floor ground-plan Regeletagengrundriss *m*, Geschossregelgrundriss *m*
typical ground plan Regelgrundriss *m*
typical load Regellast *f*
typical masonry bond Regelverband *m*
typical plan Regelgrundriss *m*
typical profile Regelprofil *n*
typical shell Regelschale *f*
typical test cube Normalwürfel *m*, Regelwürfel *m (Betonprüfung)*
typical thickness Regeldicke *f*
typical width Regelbreite *f*
typified design Typenprojekt *n*
typify *v* typisieren *(Konstruktion)*
tyraline Anilinrot *n*
Tyrolean finish *(AE)* (maschineller) Wurfrauputz *m*, Spritzputz *m*
Tyton joint Tyton-Muffe *f*

U

U-bend U-Rohr *n*, Doppelkrümmer *m (Rohrleitungen)*
U-block U-Sturzschiene *f*, U-Sturz *m*
U-bolt Bügelbolzen *m*, Bügelschraube *f*
U-channel U-Profil *n*
U-frame einfacher offener Rahmen *m*, U-Rahmen *m*
U-gauge Druckmesser *m*, Manometer *n (Gasdruck, Wasserdruck)*
U-groove weld U-Naht *f (Schweißverbindung)*
U-section U-Profil *n*, Stahlprofil *n* in U-Form
U-shaped expansion pipe U-förmiger Federrohrbogen *m*
U-strap Hängeeisen *n*
U-troughing Leitungskanal *m*
U-value Wärmedurchgangszahl *f*, spezifischer Wärmefluss *m*, Wärmeübergangszahl *f*

udometer Regenmesser *m*
udometry Regenmessung *f*
ulmic acid Humussäure *f*
ulmous earth Humuserde *f (Landschaftsbau)*
ulmous substance Huminstoff *m*
ultimate äußerstes, allerletztes; End…
ultimate bearing capacity Grenztragfähigkeit *f*, Tragfähigkeit *f*, Tragvermögen *n*
ultimate bending angle Bruchbiegewinkel *m*
ultimate bending moment Bruchbiegemoment *n*
ultimate column resistance Knickfestigkeit *f*, Knickstabilität *f*
ultimate column stability Knickfestigkeit *f*, Knickstabilität *f*
ultimate compressive load Bruchdrucklast *f*
ultimate compressive strength Bruchdruckfestigkeit *f*
ultimate condition Bruchbedingung *f*
ultimate creep value Kriechendwert *m (Beton)*
ultimate design (method) Bruchtheorie *f*, n-freies Berechnungsverfahren *n*
ultimate elongation Bruchdehnung *f*
ultimate equilibrium Bruchgleichgewicht *n*
ultimate flexural load Biegebruchlast *f*
ultimate limit state (of load-bearing capacity) Grenzzustand *m* der Tragfähigkeit, Bruchgrenze *f*
ultimate limit switch End(aus)schalter *m*
ultimate limiting state *s.* ultimate limit state (of load-bearing capacity)
ultimate load Bruchlast *f*, Traglast *f*, Grenzlast *f*
ultimate load bearing capacity Grenztragfähigkeit *f*, Bruchtragfähigkeit *f*
ultimate load design (method) Traglastverfahren *n*, n-freies Berechnungsverfahren *n*
ultimate loading Bruchbelastung *f*, Grenzbelastung *f*
ultimate moment Bruchmoment *n*
ultimate moment of resistance Grenzwiderstandsmoment *n*
ultimate production Gesamtproduktion *f*
ultimate set Endaushärtung *f (Kunststoff)*
ultimate shear stress Scherbruchspannung *f*, Scherbruchbelastung *f*
ultimate shearing strength Bruchschubfestigkeit *f*
ultimate shearing stress Bruchschubspannung *f*
ultimate stability Endstabilität *f*
ultimate state Grenzzustand *m*
ultimate storage Endlagerung *f (Deponie, Umwelt)*
ultimate straining Bruchbeanspruchung *f*
ultimate strength Bruchfestigkeit *f*, Zerreißfestigkeit *f*, Endfestigkeit *f*, Grenzfestigkeit *f*; Zugfestigkeit *f*
ultimate strength design (method) *s.* ultimate load design (method)
ultimate stress Bruchspannung *f*, Bruchbelastung *f*
ultimate stress condition Bruchspannungsbedingung *f*
ultimate tensile strength Zugfestigkeit *f*, Zerreißfestigkeit *f*
ultimate tensile stress Bruchzugspannung *f*
ultimate value Grenzwert *m*; Endwert *m*
ultimate yield strength Bruchstreckgrenze *f*
ultra-fine grained feinstkörnig *(Füllstoff)*
ultra-fine material Feinstkorn *n (Korngröße < 0,02 mm)*; Feinstoffe *mpl (< 0,02 mm)*; Feinstgut *m*, Mehlkorn *n*; Feinstes *n*, Abschlämmbares *n*
ultra-fine particles *s.* ultra-fine material
ultra-smooth finish Superoberflächenschluss *m*
ultrabasic rock ultrabasisches Gestein *n*
ultradominant vorwiegend
ultrafines *s.* ultra-fine material
ultramarine *s.* ultramarine blue
ultramarine ash Ultramarinrestpigment *n*
ultramarine blue Ultramarin *n*, Lasurblau *n*
ultramarine pigment Ultramarinpigment *n*, Ultramarinfarbe *f*
ultrapore Feinpore *f (Baustoffe)*
ultrared radation ultrarote Strahlung *f*, infrarote Strahlung *f*
ultrasonic cleaning Ultraschallreinigung *f*
ultrasonic concrete testing Betonultraschallprüfung *f*
ultrasonic drilling Ultraschallbohren *n*
ultrasonic flaw detector Ultraschallprüfgerät *n*
ultrasonic material tester Ultraschallprüfgerät *n (Baustoffe)*
ultrasonic motion detector Ultraschallbewegungsmelder *m*
ultrasonic probe Ultraschallsonde *f*
ultrasonic soldering Ultraschalllöten *n*
ultrasonic testing Ultraschallprüfung *f*
ultrasonic testing of concrete akustische Betonprüfung *f*
ultrasonic thickness measurement Ultraschalldickenmessung *f*
ultrasonic transducer Ultraschallerzeuger *m*
ultrasonic vibration Ultraschallschwingung *f*
ultrasonic wall thickness measurement Ultraschallwanddickenmessung *f*
ultrasonic welding Ultraschallschweißen *n*
ultrasonics Ultraschall *m*
ultraviolet curing Ultraviolетthärtung *f*
ultraviolet light ultraviolettes Licht *n*, UV-Licht *n*
ultraviolet radiation Ultraviolett(be)strahlung *f*
umber Umbra *f (manganhaltiger Ton)*; braunes Erdpigment *n*
umbrella Schornstein(regen)kranz *m*, Schornsteinkragen *m*
umbrella form Schirmform *f*
umbrella roof Regenschirmschalendach *n*; überhängendes Dach *n*
umbrella shell Pilzschale *f*, Regenschirmschale *f*
umbrella stand Schirmständer *m*
umbrella vault Schirmgewölbe *n*
unadorned nüchtern, schlicht, schmucklos, unverziert, zierlos
unaerated unbelüftet
unaffected by light lichtecht
unaged nicht gealtert
unalloyed unlegiert, einfach
unaltered unverändert
unaltered rock gesundes Gestein *n*
unambigous eindeutig
unannealed ungetempert
unannounced unangekündigt
unanticipated unerwartet, unvorhergesehen
unascendable chimney unbesteigbarer Schornstein *m*
unassorted unklassiert *(Primärbaustoffe)*
unattacked unangegriffen, nicht korrodiert
unbaked brick ungebrannter Ziegel *m*
unbalanced force Umlenkkraft *f*
unbending unbiegsam, steif, starr *(Konstruktionsverbindung, Bauelement)*
unbiased unvoreingenommen, unbefangen, unparteiisch
unbolt *v* abschrauben, losschrauben
unbond ungebunden, frei
unbond material ungebundenes Material *n*
unbonded grenzenlos; schrankenlos; ohne Verbund, ungebunden
unbonded construction ungebundene Bauweise *f*, verbundlose Bauweise *f*
unbonded material ungebundenes Material *n*
unbonded member Spannbetonelement *n* mit freiem Spannglied

unbonded prestressing Vorspannung *f* ohne Verbund
unbonded tendon Spannglied *n* ohne Verbund
unbraced frame Rahmen *m* ohne Aussteifung, verstrebungsfreier Rahmen *m*
unbraced length Länge *f* zwischen Einspannung und Aussteifung *(Bauelement)*
unbreakable bruchfest
unbreakable bond unzerstörbare Haftung *f*
unbreakable glass unzerbrechliches Glas *n*
unbroken 1. kontinuierlich, durchgehend, ununterbrochen; ungeschwächt; 2. ungebrochen, nicht gebrochen *(Zuschlagstoff)*; 3. ungepflügt *(Boden)*
unbroken line Vollinie *f*
unbuilt 1. noch nicht gebaut; 2. unbebaut *(Gelände)*
unbuilt-on unbebaut *(Gelände)*
unburden unbelastet, nicht belastet *(Erdstoff)*
unburned ungebrannt, nicht gebrannt
unburned block kaltgebundener Baustein *m*
unburned clay ungebrannter Ton *m*, Rohton *m*
unburnt ungebrannt
unburnt brick Lehmziegel *m*, Luftziegel *m*
uncased nicht ummantelt; nicht betonumhüllt
unclimbable unübersteigbar
unclosed traverse offenes Polygon *n*
uncoated roh, nackt *(ohne Belag)*; roh, nicht umhüllt *(Straßenbausplitt)*
uncoated chippings nicht umhüllter Splitt *m*
uncoated chips Rohsplitt *m*, nicht umhüllter Splitt *m*
uncohesive nichtbindig *(Erdstoff)*
uncoloured farblos
uncompacted *(Bod, Erdb, Verk)* unverfestigt
unconfined unbehindert *(Lagerung, Ausdehnung)*; unbegrenzt, unbeschränkt
unconfined compressive strength test *(Bod)* Druckfestigkeitsprüfung *f* mit unbehinderter Seitenausdehnung
unconfined ground water ungespanntes Grundwasser *n*, Freispiegelgrundwasser *n*
unconnected unverbunden, getrennt
unconsolidated *(Bod)* unverfestigt, locker, nicht verdichtet, nicht verfestigt
unconsolitated rock Lockergestein *n*, unverfestigtes Gestein *n*
unconsolitated strata *(Bod, Erdb)* Lockergestein *n*, lockere Gesteinsschicht *f*
uncontaminated nicht kontaminiert, unkontaminiert, unbelastet, nicht verunreinigt, nicht verseucht
uncontaminated sample unkontaminierte Probe *f*
uncontrolled ungeregelt, ungesteuert
uncontrolled dumping ungeordnete Ablagerung *f*
uncontrolled junction *(Verk)* gleichberechtigte Kreuzung *f (Straße)*
uncontrolled tipping ungeordnete Deponie *f*, wilde Müllablagerung *f*
uncontrolled ventilation ungeregelte Lüftung *f*
uncontrolled weir *(Wsb)* freier Überfall *m*
uncorroded nicht korrodiert, unangegriffen
uncouple *v* abkuppeln
uncoursed unregelmäßig, ungleichmäßig, ungeschichtet *(Mauerwerk)*
uncoursed rubble masonry unregelmäßiges Bruchsteinmauerwerk *n*
uncover *v* freilegen, bloßlegen, aufdecken
uncovered 1. nicht überdacht; unbedeckt; 2. blank *(Drahtwaren)*
uncracked ungerissen, nicht gerissen, rissfrei
uncracked condition Rissefreiheit *f (Beton, Stahlbeton-Zustand)*
uncracked flexural stiffness Biegesteifigkeit *f* ohne Rissbildung
uncrowded *(Verk)* wenig befahren *(Straße)*
uncrushed ungebrochen, nicht gebrochen
uncrushed particle ungebrochenes Korn *n*
unctuarium *(Arch)* Aleipterion *n*, Salbraum *m (antikes Rom)*
unctuous clay fetter Ton *m*, schwerer Ton *m*
uncultivated land unbebautes Land *n*, Neuland *n*
uncut unbehauen *(Stein)*
uncut modillion *(Arch)* Zierkonsole *f*, Modillion *n (am Sims korinthischer Säulen)*
undamaged unbeschädigt, unversehrt
undé moulding Wellenornament *n*, Wellenverzierung *f*
undecayed unverwittert
undecorated unverziert; nicht tapeziert
undeformable formhaltig, unverformbar
undeformed formhaltig, unverformbar
under construction im Bau
under public law öffentlich-rechtlich
under-tile *s.* concave tile
underbase Fundament *n*, Gründungsplatte *f*
underbed Unterbauschicht *f*, Unterlage *f*; Unterbeton *m*; Mörtelunterbettungsschicht *f*, Unterbettungsschicht *f*
underbridge Unterführung *f*, Wegunterführung *f*
underbridged unterführt, untergangen, unterfahren *(z. B. Straße, Leitungstrasse)*
underburning Schwachbrand *m (Keramik)*
underburnt schwachgebrannt
undercloak Unterlagsschiefer *m*, Unterlegeschindel *f (Dach)*
undercoat 1. Grundierung *f*; 2. Unterputzschicht *f*, untere Putzschicht *f*, Grobputzlage *f*, Grundputzschicht *f*, Rauwerk *n*
undercoat paint Voranstrichstoff *m*, Voranstreichfarbe *f*, Zwischenanstrichstoff *m*
undercoat plaster Unterputz *m*, Grundputz *m*
undercoating material Voranstrichmittel *n*, Voranstrichmasse *f*
underconsolidated soil deposit Erdstoffseitenablage *f* ohne Verdichtung
undercourse Unter(lags)schieferlage *f*, Unterlage *f*, erste Schindellage *f (Dach)*
undercroft Krypta *f*, Gruftgewölbe *n*, Kirchenkellergewölbe *n*
undercrossing *(Erdb)* Unterfahrung *f*
undercured nicht ausgehärtet, nur teilweise gehärtet *(Beton, Kunststoff)*
undercurrent Unterstrom *m*, Unterströmung *f*
undercut *v* 1. unterschneiden *(Mauerwerk)*; 2. eine Nut [Rinne] in eine Kragschicht von unten einschneiden; 3. unterhöhlen; 4. *(Wsb)* unterspülen
undercut 1. unterschnitten; 2. unterhöhlt
undercut 1. Unterschneidung *f*; 2. *(Hb)* Fallkerb *m*
undercut door offenes Türblatt *n* ohne Lüftungslamellen *(an der unteren Kante)*
undercut slope 1. *(Erdb)* unterschnittene Böschung *f*, Unterschneidungshang *m*; 2. *(Wsb)* Prallhang *m*
undercut tenon dichtgeschnittener [passend geschnittener] Zapfen *m (Holzverbindung)*
undercutting 1. rückschreitende Vertiefung *f*, Unterschneidung *f*, Unterhöhlung *f*; 2. *(Wsb)* Unterspülung *f*
underdesign *v* unterdimensionieren, unterbemessen
underdesigned unterdimensioniert, unterbemessen, zu schwach bemessen
underdrain Sickerdränung *f*
underdrainage Untergrundentwässerung *f*, Dränage *f*, Dränung *f*, Trockenlegung *f*
underdrawing Mörtelverstrich *m (Dach)*
underfelt ungeklebte Dachpappenlage *f*
underfilling Unterfüllung *f*
underfilm corrosion Unterkorrosion *f*, Unterrostung *f*
underfilm rusting Unterrostung *f*

underfire air Unterluft *f (Feuerführung)*
underfiring Schwachbrand *(Keramik)*
underfloor Unterboden *m*; Decke *f (von unten gesehen)*
underfloor cable duct in die Decke eingelassener Kabelkanal *m*
underfloor duct Unterflurkanal *m*
underfloor heating Unterflurheizung *f*, Fußbodenheizung *f*
underfloor hydrant Unterflurhydrant *m*
underfloor raceway *(AE) s.* underfloor cable duct
underfloor socket Unterflursteckdose *f*
underfloor wiring Deckenverdrahtung *f*
underflow 1. Grundwasser *n (freibeweglich)*; 2. Siebdurchgang *m*; 3. Minderdurchfluss *m*; 4. *(Wsb)* Unterströmung *f*
underframe Unterrahmen *m*, Tragrahmen *m (Holzfachwerkhaus)*
underglaze decoration Unterglasurbemalung *f (Keramikfliese)*
undergo *v* **deformation** sich verformen
undergo *v* **dissolution** sich auflösen
undergo *v* **oxidation** der Oxidation unterliegen
undergrade crossing Wegunterführung *f*
underground unterirdisch, unter der Erdoberfläche; erdverlegt; Untergrund...
underground 1. Untergrund *m*; 2. bergmännische Tunnelbauweise *f*; 3. U-Bahn *f*, Untergrundbahn *f*
underground basilica *(Arch)* unterirdische Basilika *f*
underground block unterirdisches Gebäude *n*, Untertagebauwerk *n*
underground burial place Katakombe *f*
underground cable *(El)* Erdkabel *n*, Kabel *n* für Erdverlegung
underground cable railway Standseilbahn *f*
underground cabling Erdverkablung *f*
underground car park Tiefgarage *f*
underground chamber Untertageraum *m*, unterirdischer Raum *m*
underground corrosion Erdbodenkorrosion *f*
underground dam *(Wsb)* Untergrundstauwerk *n*
underground depot Untertagedeponie *f*, UTD
underground distribution chamber Kabelkeller *m*
underground drainage unterirdische Entwässerung *f*
underground duct Bodenkanal *m*, Unterflurkanal *m (Leitungen)*
underground floor *(AE)* Kellergeschoss *n*, Grundgeschoss *n*
underground flow Grundwasser *n (freibeweglich)*
underground flow of water unterirdischer Wasserabfluss *m*
underground garage Tiefgarage *f*
underground hopper Tiefbunker *m*
underground hydrant Unterflurhydrant *m*
underground hydroelectric plant *(El, Wsb, Tun)* Kavernenkraftwerk *n*
underground injection Untergrundabdichtung *f (durch Injektion)*
underground installation *s.* underground laying
underground laying 1. Erdverlegung *f (Leitungen)*; 2. *(El)* Erdverkabelung *f*
underground line U-Bahnlinie *f*, U-Bahnstrecke *f*
underground mining Untertagebau *m*
underground operations Untertagebetrieb *m*
underground parking garage Tiefgarage *f*
underground pipe entry Unterflurrohreinführung *f (Gebäudeversorgungsleitungen)*
underground pipeline unterirdische Rohrleitung *f*, erdverlegte Rohrleitung *f*
underground piping 1. erdverlegte Rohrleitung *f*; 2. unterirdische Rohrverlegung *f*
underground power station *(El, Erdb, Tun)* Kavernenkraftwerk *n*
underground railway U-Bahn *f*, Untergrundbahn *f*
underground reservoir Untergrundspeicher *m*
underground room Untertageraum *m*, unterirdischer Raum *m*
underground sealing Untergrundabdichtung *f*
underground service entry Unterflurleitungseinführung *f (Gebäudeversorgungsleitungen)*
underground station U-Bahnhof *m*
underground storage 1. unterirdische Lagerung *f*; 2. *(Wsb, Tun)* Untergrundspeicherung *f*
underground storage chamber *(Tun, Wsb)* Untergrundspeicher *m*
underground storage tank Erdtank *m*
underground store Untergrundspeicher *m*
underground structure Tiefbauwerk *n*; unterirdische Konstruktion *f*
underground stucco *(AE)* Unterfluraußenputz *m*, unterirdischer Außenputz *m*
underground tank Erdbehälter *m*, unterirdischer Behälter *m*
underground tramway Unterpflasterstraßenbahn *f*
underground waste disposal unterirdische Abfallbeseitigung *f*
underground water unterirdisches Wasser *n*, Grundwasser *n*
underground water flow Grundwasserstrom *m*, unterirdischer Wasserfluss *m*
underground work unterirdische Bauvorhaben *npl*
underground working Grubenbau *m*
undergrowth Niederwald *m*; Unterholz *n (Landschaftsbau)*
underlay *v* unterlegen, darunter legen, stützen
underlay Unterlage *f*, Unter(lags)schicht *f*, Unterlagsbahn *f*, Bettungsschicht *f*, Rücklage *f*, Trägerschicht *f*
underlay paper *(Verk)* Papierunterlage *f*, Unterlagspapier *n (Betonstraßentechnologie)*
underlayer Unterschicht *f*, Grundschicht *f*
underlayer of ballast *(Verk)* Schotterbett *n (Gleis)*
underlayer of gravel Kiesunterbettung *f*
underlayer with level ebene Unter(bettungs)schicht *f*
underlaying stratum *(Erdb)* Liegendes *n*
underlayment 1. Fußbodenbelagunterlage *f*; 2. erste Lage *f (Dach)*; 3. Teppichunterlage *f*; 4. Rücklage *f*, Hinterlegung *f*, Rücklage *f*, Trägerschicht *f*
underlayment for floor covering Fußbodenbelagunterlage *f*
underlet *v* untervermieten, weitervermieten
underlie *v* unterlagern, unter etwas legen
underlining felt Dachpappenunterlage *f*, erste Lage *f (Dach)*
underload Unterbelastung *f*
underlying bed *(Erdb, Tun)* Liegendes *n*
underlying reservoir *(Tun, Wsb)* Untergrundspeicher *m*
underlying rock *(Erdb, Tun)* anstehendes Gestein *n*
underlying stratum *(Erdb, Tun)* Liegendes *n*
undermass Unterbau *m*
undermine *v* 1. untergraben, unterhöhlen; 2. *(Wsb)* auskolken, auswaschen, unterwaschen
undermining Auskolkung *f*, Unterwaschung *f*, Unterspülung *f*, Unterhöhlung *f*
underpaint coating Grundschicht *f (Anstriche)*
underpass Unterführung *f*, Wegunterführung *f*, Straßenunterführung *f*; Straßentunnel *m*; *(AE)* Eisenbahnunterführung *f*
underpin *v (Erdb)* unterfangen, abfangen; unterbauen
underpin *v* **with piles** unterpfählen
underpin sheeting Unterfangungsschalung *f*
underpinned wall unterfangene Mauer *f*

underpinning *(Erdb)* Unterfangen *n*, Unterfangung *f*
underpinning of buildings Unterfangen *n* von Gebäuden
underpinning work Unterfangungsarbeiten *fpl*
underpitch groin unterschrägte Gewölbekappe *f*
underpitch vault halbhochgekreuztes [unterschrägtes] Gewölbe *n*
underplaster installation *(El)* Unterputzverlegung *f*
underpouring Untergießen *n (mit Beton)*
underprestressed untervorgespannt
underprotected unzureichend geschützt
underprotection ungenügender Schutz *m (Korrosion)*
underream *v* unterschneiden; anschneiden *(den Fuß eines Bohrpfahls erweitern)*; nachbohren, nachräumen, unterschneiden *(Bodenbohrung)*
underreamed pile *(Erdb)* Knollenfußpfahl *m*, Pfahl *m* mit angeschnittenem Fuß
underreinforced unterbewehrt
underrusting Unterrostung *f*
undersanded sandarm, feinzuschlagstoffarm; sandunterbemessen *(Beton, Asphalt, Mörtel)*
undersanded concrete sandarmer Beton *m*, Beton *m* mit zu geringem Sandanteil
undersaturated untersättigt
undersealing Nachabdichtung *f*, Sanierungsabdichtung *f*, Unterpressen *n*
underseepage *(Wsb)* Unterströmen *n*, Sickerströmung *f (Sperrwerk)*; Grundwasserstromsickerung *f*
undershot unterschlächtig *(Wasserrad)*
underside Unterseite *f*, Untersicht *f*
underside elevation [view] Untersicht *f (Zeichnung)*
undersize Unterkorn *n*, Siebdurchgang *m*, Siebdurchfall *m (Zuschlagstoffe)*
undersize material Siebfeines *n*
undersized unterdimensioniert
underslating felt *s.* underlining felt
undersoil Untergrund *m*
understructure Tragekonstruktion *f*, Unterbau *m (Unterkonstruktion)*
undersurface 1. unterirdisch; 2. Unterwasser...
undersurface Unterseite *f*
undertake *v* übernehmen, etwas in die Hand nehmen, eingehen; sich erbieten, sich verpflichten; garantieren
undertaking Unternehmung *f*, Unternehmen *n*, Betrieb *m*; Übernahme *f*, Verpflichtung *f*, Garantie *f*
underthroating Überwölben *n* des Simses, Ausbilden *n* eines Vorsprungs
undertone Farbtonmodifizierung *f* durch dünnen Farbüberstrich
underview Untersicht *f*
underwall *(Erdb, Tun)* Liegendes *n*
underwashing Unterspülung *f*, Unterwaschung *f*, Auskolkung *f*
underwater Grundwasser *n*
underwater application Unterwasseranwendung *f*
underwater coat Unterwasseranstrich *m*
underwater concrete Unterwasserbeton *m*
underwater concreting Unterwasserbetonierung *f*
underwater corrosion Unterwasserkorrosion *f*
underwater cutting blowpipe Unterwasserschneidbrenner *m*
underwater excavation Unterwasserausgrabung *f*
underwater foundation Unterwassergründung *f*
underwater installations Unterwasserbauten *pl*
underwater paint coat Unterwasseranstrich *m*
underwater protection Unterwasser(korrosions)schutz *m*
underwater slope Unterwasserböschung *f*
underwater tunnel Unterwassertunnel *m*
underwater welding Unterwasserschweißen *n*, UW-Schweißen *n*
underweight Untergewicht *n*, Fehlgewicht *n*
underwood *s.* undergrowth
undetachable unzerlegbar
undetachable joint unlösbare Verbindung *f*
undeterminable unbestimmbar
undetermined unbestimmt
undeveloped unerschlossen, nicht erschlossen *(Bauland)*
undeveloped area nicht erschlossene Baufläche *f*
undeveloped property unbebautes Grundstück *n*
undisturbed ungestört; gelassen; unberührt
undisturbed (soil) sample ungestörte Bodenprobe *f*
undisturbed soil gewachsener Boden *m*, ungestörter Boden *m*
undivided road ungeteilte Straße *f*
undrained shear test *(Bod)* Schnellscherprüfung *f*
undredgeable nicht baggerbar
undressed roh, unbearbeitet; unbesäumt *(Holz)*; unbehauen *(Stein)*
undressed lumber *(AE)* *s.* undressed timber
undressed timber Rohschnittholz *n*, geschnittenes Rohholz *n*
undressing cab Aus- und Ankleidekabine *f*, Umkleidezelle *f*
undressing room Aus- und Ankleideraum *m*, Umkleideraum *m*
undulated wellenförmig, wellig, gewellt, Wellen...
undulated vault wellenförmiges Gewölbe *n*
undulating wellig *(z. B. Gelände)*; sanft *(Hügel)*
undulating façade gewellte Fassade *f*
undulating line Wellenlinie *f*
undulating moulding Wellenornament *n*, Wellenverzierung *f*, Wellenmuster *n*
undulating tracery fließendes Maßwerk *n*
undulation of ground Bodenwelle *f*
undulatory wellenförmig
undy moulding *s.* undulating moulding
unearth *v* ausgraben
unearthed *(El)* ungeerdet, nicht geerdet
unedged wahnkantig, waldkantig; unbesäumt *(Holz)*
unemployment Arbeitslosigkeit *f*
unenriched schmucklos, nüchtern, unverziert, ungeschmückt
unequal ungleich, unterschiedlich
unequal angle iron ungleichschenkliges Winkeleisen *n*
unequal-leg ungleichschenklig
unequal-leg section ungleichschenkliges Winkelprofil *n*
unequal-leg steel ungleichschenkliger Winkelstahl *m*
unequal pointed arch ungleicher Spitzbogen *m*
unequally distibuted ungleichmäßig verteilt
uneven uneben *(Fläche)*; wellig; ungleichmäßig; ungerade; unterschiedlich; schwankend
uneven fracture unebener Bruch *m*
uneven grain ungleichmäßige Holzfasern *fpl (entsprechend den Jahreszeiten)*
uneven-grained ungleichmäßig körnig
uneven settlement ungleichmäßige Setzung *f*, Setzungsunterschied *m*
unevenly spaced ungleich geteilt
unevenness Unebenheit *f*, Welligkeit *f*
unevenness of the ground Bodenunebenheit *f*
unexpanded unaufgebläht *(Sinterstoffe)*
unfaced unverkleidet; nicht abgedeckt
unfasten *v* lösen
unfenced nicht eingezäunt; nicht umfriedet, nicht eingefriedet
unfilled porosity freie Porosität *f*
unfinished 1. unfertig; unbearbeitet; unvollendet; 2. ausbaufähig
unfinished basement ausbaufähiges Kellergeschoss *n*

unfinished floor Rohfußboden *m*
unfinished loft ausbaufähiges Dachgeschoss *n*
unfit for human habitation unbewohnbar
unfixed unbefestigt
unfixed soil unverfestigter Boden *m*
unflued heater abzugslose Heizung *f*
unfluted unkanneliert, nicht kanneliert
unfortified *(Arch)* unbefestigt *(auch militärisch)*
unframed door rahmenlose Tür *f*
unfrequented unbefahren *(Weg)*
unfurnished unmöbliert, leer *(Zimmer)*
ungauged lime plaster gipsfreier Putz *m*, Kalkputz *m*
unglazed unbeglast, nicht beglast; unglasiert, nicht glasiert
unglazed tile unglasierte Fliese *f*, Hartbrandfliese *f*
unglueing Ableimen *n*
ungraded unklassiert *(Kies)*; unsortiert *(Holz)*
ungrounded *(AE) s.* unearthed
ungrouted nicht ausgepresst *(z. B. Auspresslöcher, Spannglieder)*
unguarded level crossing unbeschrankter Bahnübergang *m*
unhardened ungehärtet
unheated unbeheizt
unhewn unbehauen *(Holz)*
unhewn timber Stammholz *n*
unhinge *v* aushängen, ausheben *(Fenster, Tür)*
uniaxial einachsig; linear
uniaxial bending einaxiale [einfache] Biegung *f*
uniaxial loading einachsige Belastung *f*
uniaxial strain einachsige Dehnung *f*, lineare Dehnung *f*
uniaxial stress Normalspannung *f*; einachsige Beanspruchung *f*
uniaxial tensile strength einachsige Zugfestigkeit *f*
unidirectional traffic *(Verk)* Richtungsverkehr *m (Straße, Autobahn)*
uniform 1. einheitlich; gleichförmig; 2. gleichkörnig, einkörnig *(Zuschlagstoff)*
uniform brightness gleichmäßige Helligkeit *f*
uniform concrete Einkornbeton *m*, gleichkörniger Beton *m*
uniform depth *(Hb)* gleichmäßiger Querschnitt *m*
uniform dilatancy gleichförmige Dehnung *f*
uniform flow gleichmäßige Strömung *f*, laminare Strömung *f*
uniform gradation [grading] gleichmäßige Kornabstufung *f* [Korngrößenverteilung *f*]
uniform grain size gleichmäßige Korngröße *f*
uniform gravel Einkornkies *m*, gleichkörniger Kies *m*
uniform load gleichmäßige Belastung *f*
uniform sand Einkornsand *m*, gleichkörniger Sand *m*
uniform settlement gleichmäßige Setzung *f*
uniform system einheitliches Bauspezifikationssystem *n*
uniform tapering gleichmäßige Verjüngung *f*
uniformism Gleichförmigkeit *f*
uniformitarianism Aktualismus *m*
uniformity Einheitlichkeit *f*
uniformity coefficient Gleichmäßigkeitskoeffizient *m (Sand, Kies)*
uniformity of loading gleichförmige Belastung *f*, gleichmäßig verteilte Belastung *f*
uniformity of static load gleichförmig verteilte statische Last *f*
uniformly bedded *(Erdb, Tun)* gleichmäßig geschichtet *(Erd- und Felsschichten)*
uniformly distributed load gleichmäßig verteilte Last *f*, Gleichlast *f*
uniformly distributed pressure on ground gleichmäßig verteilte Bodenpressung *f*
uniformly sized grains gleichkörniges Gut *n*, monodisperses Gekörn *n*
unilateral einseitig
unilateral cantilever load einseitige Kragbelastung *f*
unilateral illumination einseitige Beleuchtung *f*
unilateral loading einseitige Belastung *f*
unilateral pressure einseitiger Druck *m*
unilateral sunshine einseitige Besonnung *f*
unilayer *(Verk)* einlagige Schicht *f (Tragschicht)*
uninhabitable unbewohnbar
uninsulated ungedämmt, nicht gedämmt
uninterrupted ballast durchlaufendes Schotterbett *n*
uninterrupted space ungeteilter Raum *m*
uninterruptible power system *(AE)* nicht unterbrechbares Energieversorgungssystem *n*
unintersected kreuzungsfrei *(Straße)*
union Schraubmuffe *f*, Rohrverschraubung *f*, Stutzen *m*
union bend Überwurfkrümmer *m*
union clip Dachrinnenverbindungsstück *n*
union cock Anschlusshahn *m*
union coupling Verbindungsmuffe *f (Schraubverbindung)*
union elbow Überwurfkrümmer *m*
union fitting Überwurffitting *n*
union joint Überwurfverbindung *f*, Überwurfverschraubung *f*
union piece Verschraubung *f (Rohre)*
union screw connection Überwurfverschraubung *f*
union socket Verbindungsmuffe *f (Schraubverbindung)*
uniqueness theorem of plasticity Einigkeitssatz *m* der plastischen Grenzlastermittlung
unistrut space frame structures räumliche Tragwerke *npl*
unit 1. Fertigteil *n*; Bauteil *n*; Baustein *m (Einheit)*; Element *n*; 2. Baukolonne *f*, 3. Gebäudetrakt *m*
unit absorber Schalldeckenelement *n*
unit air conditioner Zimmerklimaanlage *f*, Klimatruhe *f*
unit-area impedence spezifische Schallimpedanz *f*
unit-assembly system Baukastensystem *n*
unit built house Fertighaus *n*
unit-composed system Baukastensystem *n*
unit conditioner Klimagerät *n*
unit construction Einheitsbauweise *f*, Blockbauweise *f*, Modulbau *m*, Baukastenkonstruktion *f*
unit construction bridge system Standardbrückensystem *n*; Fertigteilbrückenbauweise *f*
unit construction principle Baukastenprinzip *n*, Baukastensystem *n*
unit cooler Raumkühler *m*, Zimmerkühlanlage *f (mit Wasserverdunstung)*
unit furniture kitchen Anbauküche *f*
unit heater Raumlufterhitzer *m*
unit hydrograph Abflussgang *m (Vorfluterabflussschwankung)*
unit load Einheitslast *f (Last je Flächeneinheit)*
unit lock vormontiertes Türschloss *n*
unit masonry Mauer(werksbau)stein *m*
unit mass Einheitsmasse *f*
unit of accomodation Wohnungseinheit *f*
unit of area Flächeneinheit *f*
unit of measurement Maßeinheit *f*, Einheit *f*
unit of space Raumeinheit *f*
unit of volume Raumeinheit *f*
unit pressure Flächenpressung *f*
unit price Bauleistungseinzelpreis *m*; Einheitspreis *m*
unit principle Baukastenprinzip *n*, Baukastensystem *n*
unit spacing Achsabstand *m*, Achsmaß *n (Raster)*
unit strain *(AE)* Dehnung *f*
unit stress *(AE)* Spannung *f*, spezifische Spannung *f*
unit-type vent *(AE)* typisiertes Dachentlüftungsfenster *n*

unit volume Raumeinheit *f*
unit water content spezifischer Frischbetonwassergehalt *m*
unit weight 1. spezifisches Gewicht *n*, Raumgewicht *n* *(Baustoffe)*; 2. Elementgewicht *n*, Stückmasse *f* *(Bauelement)*
United Nations Secretariat Building *(Arch)* UN-Hauptquartier *n* *(New York)*
unitize *v* vereinheitlichen; normen, standardisieren; nach dem Baukastensystem konstruieren; typisieren *(Größen)*
unitized genormt, standardisiert; vereinheitlicht; typisiert
unitized kitchen Küchenraumzelle *f*, Kücheninstallationszelle *f*
unitized unit Installationszelle *f*, Installationsblock *m*
unitized unit method Raumzellenbauweise *f*, Installationsblockbauweise *f*
unity Geschlossenheit *f*, Einheit *f*, Einheitlichkeit *f*
unity of composition *(Arch)* gestalterische Einheit *f*
unity of design *(Arch)* gestalterische Einheit *f*
unity of possession einheitlicher Besitz *m*
univalent radical einwertiges Radikal *n*
universal beam *(AE)* Doppel-T-Träger *m*
universal bonding adhesive Universalkleber *m*
universal bush hammer Steinmetzkrönel *m*
universal compound Universalklebemasse *f*
universal door lock Universaltürschloss *n* *(für Rechts- und Linkstüren)*
universal dredge Universalbagger *m*, UB *m* *(Tiefbau)*
universal iron Universaleisen *n*
universal mobile telecommunication system *(Verk)* Universalmobilfunksystem *n* *(Mobilfunkstandard der dritten Generation)*
universal spanner Universalschraubenschlüssel *m*
universal tinter Universalabtönfarbe *f*
universal varnish Universallack *m*
university ground Universitätsgelände *n*, Hochschulgelände *n*, Kampus *m*
unkilled unberuhigt *(Stahl)*
unknown Unbekannte *f*
unknown quantity unbekannte Größe *f*
unlighted unbeleuchtet
unlimited unbegrenzt
unlined unverkleidet; nicht ausgemauert; nicht abgedichtet *(Deponie)*
unlit unbeleuchtet
unload *v* entladen; entlasten; abladen
unloaded unbelastet; entlastet
unloaded condition unbelasteter Zustand *m*
unloaded state unbelasteter Zustand *m*
unloading area Entladefläche *f*
unloading curve Entlastungskurve *f*
unloading hopper Entladebunker *m*
unloading pump Entladepumpe *f*
unloading ramp Endladerampe *f*
unlock *v* 1. lösen *(z. B. eine Verbindung)*; entarritieren; 2. aufschließen, entriegeln
unmade ground gewachsener Boden *m*
unmanned unbesetzt, nicht besetzt, unbemannt
unmanufactured unbearbeitet, roh
unmarked nicht markiert, unbezeichnet; ungezeichnet
unmatched unerreicht, unvergleichlich
unmeaning bedeutungslos
unmeant unbeabsichtigt, ungewollt
unmixable un(ver)mischbar *(z. B. Anstriche, bituminöse Bindemittel)*
unmixed 1. unvermischt *(Gemisch; Gemenge; Stoffe)*; 2. *(Arch)* rein, ungemischt; pur
unmixed batch capacity Füllmenge *f* *(Betonmischer)*
unmixing Entmischung *f*
unmixing texture Entmischungsstruktur *f*
unmould *v* stürzen *(Formteile)*
unnail entnageln
unobjectionable einwandfrei
unobstructed unversperrt, ungehindert
unobstructed access ungehinderter Zugang *m*
unobstructed view ungehinderte Aussicht *f*
unoccupied unbewohnt
unoccupied room freier Raum *m*, unbewohntes Zimmer *n*
unornamented unverziert, schmucklos, nüchtern, ungeschmückt
unpaint(ed) ungestrichen, roh *(z. B. Holz)*
unpaved unbefestigt; ungepflastert *(Weg, Straße)*
unpedimented ohne Giebel
unperforated ungelocht, glatt; nicht perforiert
unpickable einbruchsicher *(z. B. Türschloss)*
unpigmented unpigmentiert
unplaned roh, rau, ungehobelt *(Holz)*
unplanned 1. ungeplant; 2. unvorhergesehen
unplastered unverputzt, roh, im Rohbau
unplastered gypsum ceiling plasterboard Gipskartondecken(bau)platte *f*
unplastered gypsum plasterboard Gipskarton(bau)-platte *f*
unpolished unpoliert
unpolluted unverschmutzt, schmutzfrei, verunreinigungsfrei *(Umwelt)*
unpressurized drucklos
unprimed nicht grundiert
unprocessed wood unbearbeitetes Holz *n*
unprotected ungeschützt
unprotected corner ungenügend bewehrte Plattenecke *f*
unprotected metal construction nicht feuergeschützte Metallrahmenkonstruktion *f*
unreinforced unbewehrt, nicht armiert
unreinforced concrete unbewehrter Beton *m*
unrepair Baufälligkeit *f*, schlechter baulicher Zustand *m*
unrestrained member freiaufliegendes Stützglied *n*
unriveting hammer Entnietungshammer *m*
unroof *v* abdecken *(ein Dach)*
unroofed offen *(unüberdacht)*; nicht überdacht
unrust *v* entrosten
unrusted entrostet
unsaturated ungesättigt
unsaturated compound ungesättigte Verbindung *f*
unsaturated hydrocarbon ungesättigter Kohlenwasserstoff *m*
unsaturated polyester ungesättigtes Polyesterharz *n*, UP-Harz *n*
unsaturated zone ungesättigter Bereich *m*
unsaturation Nichtsättigung *f*
unscaffold *v* abrüsten, ausrüsten, das Gerüst abbauen
unscrew *v* losschrauben, abschrauben
unserviceability Unbrauchbarkeit *f*
unserviced hung [suspended] ceiling leitungslose Hängedecke *f*, Hängedecke *f* ohne Installationsleitungen
unset concrete nicht abgebundener Beton *m*
unshaped ungeformt, nicht geformt; profillos
unshapely unförmig, ungestalt
unsheathed wall unverschalte Wand *f*
unsheltered exposure Freibewitterung *f*
unshielded ungeschützt, nicht bedeckt
unsightly unansehnlich, hässlich
unsintered ungesintert
unslaked ungelöscht
unslaked lime ungelöschter Kalk *m*
unsoiled verunreinigungsfrei, schmutzfrei
unsorted unsortiert

unsound 1. mangelhaft, schadhaft, fehlerhaft; 2. treibend *(Putz)*
unsound knot weicher Astknoten *m*
unsound plaster treibender Putz *m*
unsound wood Faulholz *n*, krankes [verfaultes] Holz *n*
unsoundness 1. Mangelhaftigkeit *f*; 2. Brüchigkeit *f*; 3. Unzuverlässigkeit *f*
unspoilt land gewachsener Boden *m*, natürlich anstehender Boden *m*
unsquared roh, unbearbeitet, unbehauen, unbesäumt *(Holz)*
unstable instabil, unstabil, nicht stabil, labil; beweglich; nicht standsicher
unstable equilibrium labiles Gleichgewicht *n*
unstable frame nicht standsicheres (ebenes) Fachwerk *n*
unstable slope nicht standsichere Böschung *f*
unstable soil nicht standfester Erdstoff *m*
unstable state labiler Zustand *m*
unsteamed concrete nicht bedampfter Beton *m*
unstick *v* ablösen, ableimen
unstiffened member nicht biegesteifes Druckglied *n*, nicht verstärkter Druckstab *m*
unstraight ungerade *(Linie)*
unstrained ungespannt, spannungslos *(mechanisch)*; einspannungsfrei, frei aufliegend
unstrained member spannungsloser Stab *m*, Nullstab *m*, 0-Stab *m*, Blindstab *m (eines Fachwerks)*
unstratified *(Erdb, Tun)* ungeschichtet, schichtungslos *(Erdstoffe und Felsgestein)*
unstratified rock Massengestein *n*
unstress *v* entspannen
unstressed spannungslos, ungespannt; schlaff *(Bewehrung)*; spannungsfrei
unsupervised classification unüberwachte Klassifizierung *f (Primärbaustoffe)*
unsupported trägerlos; nicht aufliegend, freitragend; nicht unterstützt
unsupported length Freilänge *f*, Auskraglänge *f*
unsupported length of column freie Knicklänge *f*
unsurfaced unbefestigt *(Straße, Weg, Platz)*
unsusceptible unempfindlich
unsymmetrical unsymmetrisch
unsymmetrical roof unsymmetrisches Dach *n*
untarred roofing felt Rohfilzpappe *f*
untempered ungehärtet, unangelassen *(Stahl)*
untension *v* entspannen
untensioned schlaff bewehrt *(Beton)*
untensioned reinforcement schlaffe Bewehrung *f*
unthinned unverdünnt
untie *v* lösen *(aus der Befestigung)*
untimber *v* abholzen
untrapped ohne Geruchverschluss
untreated unbehandelt, roh *(z. B. Oberflächen, Bauteile)*
untreated sewage Rohabwasser *n*
untreated water Rohwasser *n*, ungereinigtes Wasser *n*
untrussed roof binderlose Dachkonstruktion *f*
unused unbefahren *(z. B. Gleis, Straße)*; ungenutzt *(z. B. Gebäude)*; unverbraucht *(z. B. Verschleißteile)*
unvaried unverändert *(z. B. Bauteilanordnung, Bewehrungslage)*
unvaulted nicht gewölbt, ungewölbt
unvented unbelüftet
unwanted heat gains unerwünschte Wärmezuwächse *mpl*
unwater *v* entwässern, trockenlegen
unwatering *(Erdb)* Wasserhaltung *f*, Entwässerung *f*, Trockenlegung *f*
unweakened plate [slab] ungeschwächte Platte *f*
unweathered unverwittert
unwieldy sperrig, unhandlich
unwind *v* abrollen, abwickeln *(z. B. Höhenprofil)*
unwrought timber Rohschnittholz *n*
up-and-over door Kipptor *n*
up-stairs Steigetreppe *f*, Hochsteigtreppe *f*
update *v* aktualisieren, auf den neuesten Stand bringen
upgrade *v* 1. verbessern; veredeln; aufwerten; höherstufen; 2. erhöhen, steigern
upgrade Steigung *f*; Steigungsstrecke *f*
upgrade section Steigungsstrecke *f*
upgrading Qualitätsverbesserung *f*, Modernisierung *f*, Aufwertung *f*
upheaval Aufwölbung *f*, Hebung *f*
upheave *v* sich (er)heben; heben *(z. B. Baugrund, Deckenkonstruktionen, Oberflächen)*
uphill ansteigend; bergauf; oben gelegen
uphill Erhebung *f*
uphill road ansteigende Straße *f*
uphold *v* tragen, stützen
upholster *v* polstern; möblieren; tapezieren
upkeep Erhaltung *f*, Instandhaltung *f*, Unterhaltung *f*, Wartung *f*
upkeep costs Erhaltungskosten *f*, Instandhaltungskosten *f*, Unterhaltungskosten *f*, Wartungskosten *f*
upkeep obligation Instandhaltungspflicht *f*, Unterhaltungspflicht *f*, Wartungspflicht *f*; Erhaltungspflicht *f*
upkeep of buildings Gebäudeinstandhaltung *f*
upkeep undertaking Instandhaltungsbetrieb *m*, Unterhaltungsbetrieb *m*, Wartungsbetrieb *m*
upkeeping Instandhaltung *f*, Unterhaltungsarbeiten *fpl (Bauausrüstung)*
upland hoch gelegen
upland Hochland *n*
uplands Mittelgebirge *n*
uplift *v* heben
uplift 1. Bodenhebung *f*, Anheben *n* von Bodenschichten; 2. Auftrieb *m*; 3. Wiederanstieg *m (Grundwasser)*
uplift pressure 1. Auftriebsdruck *m*; 2. *(Wsb)* Sohlenwasserdruck *m (Talsperre)*
upper oberer, höherer
upper balcony Galerie *f (im Theater)*
upper bar Oberquerträger *m*
upper basement oberes Kellergeschoss *n*
upper bed obere Lagerfläche *f*, weiches Lager *n (Werkstein)*
upper boom Obergurt *m*, Oberrandstab *m*, Oberflansch *m*
upper boom junction plate Oberflanschknotenblech *n*, Obergurtknotenblech *n*
upper boom with single web einwandiger Obergurt *m*
upper bound solution kinematische Lösung *f*
upper bound theorem kinematischer Satz *m*
upper choir *(Arch)* Oberchor *m*, Hochchor *m*
upper chord Obergurt *m*, Obergurtung *f*
upper chord junction plate Oberflanschknotenblech *n*, Obergurtknotenblech *n*
upper chord member Obergurtstab *m (Stahlbau)*
upper circle zweiter Rang *m (Theater)*
upper citadel *(Arch)* Oberburg *f*
upper city *(Arch)* Stadtkrone *f (antike Stadtkernzelle mit Monumentalbauten)*
upper course 1. *(Verk)* obere Tragschicht *f*; 2. *(Wsb)* Oberlauf *m (Fluss)*
upper edge Oberkante *f*
upper flange Oberflansch *m*, Obergurt *m*
upper flood gate *(Wsb)* Obertor *n*, oberes Schleusentor *n*
upper floor Obergeschoss *n*, oberes Stockwerk *n*
upper layer oberste Schicht *f*, Deckschicht *f (Straße)*
upper limit of elasticity obere Streckgrenze *f (Metall)*
upper limiting deviation obere Grenzabweichung *f*

upper limiting value oberer Grenzwert *m*, Höchstwert *m*
upper-most oberster, höchster
upper mould Mutterform *f*
upper part Oberteil *n*
upper position Hochlage *f*
upper prop Oberstütze *f*, Oberstrebe *f*
upper quire *(Arch)* Oberchor *m*, Hochchor *m*
upper rail oberes Querrahmenstück *n*
upper reinforcement Abreißbewehrung *f*; Rissbewehrung *f*
upper reservoir *(Wsb)* Ober(speicher)becken *n*
upper residential floor Wohnoberetage *f*, Wohnobergeschoss *n*
upper sash Oberflügel *m (Schiebefenster)*
upper side Oberseite *f*
upper storage basin oberes Speicherbecken *n*
upper storey Obergeschoss *n*, oberes Stockwerk *n*
upper storey plan Obergeschossrohbauplan *m*
upper strut *(Hb)* Kopfband *n*
upper torus Säulenwulst *m*
upper work Bauarbeiten *fpl* über Erdgeschosshöhe, aufgehende Bauarbeiten *fpl*
upper yield point obere Streckgrenze *f*
upperbridge Wegüberführung *f*
uppermost oberster, höchster
uppermost bed *(Erdb)* oberste Schicht *f*
uppermost stage *(Tun)* hangende Stufe *f*
upright aufrecht(stehend); hochkant, senkrecht; gerade
upright Senkrechtglied *n*, Senkrechtstab *m*, Stiel *m*; Säule *f*, Stütze *f*; Senkrechtstein *m*
upright brick Rollstein *m*
upright closet Wandschrank *m*
upright course of bricks Rollschicht *f (Mauerwerk)*
upright extension of a scaffold Gerüststangenverlängerungsstück *n*
upright projection Aufriss *m (Zeichnung)*
upright shell Wölbfläche *f*
upright standing aufrechtstehend
upright stone vertikal gestellter Stein *m*
upriver flussaufwärts
uproot *v* roden
uprooting Rodung *f*, Wurzelbeseitigung *f*
upset *v* 1. stauchen; 2. umkippen, umstürzen
upset length loss Stauchlängenverlust *m*
upset welding Stumpfschweißen *n (von Bewehrung)*
upsetting deformation Druckverformung *f*, Stauchung *f*
upside-down kopfstehend
upstairs im Obergeschoss (gelegen)
upstairs Obergeschoss *n*, oberes Stockwerk *n*
upstand 1. Aufkantung *f*; 2. Dachüberstand *m*
upstand beam Überzug *m (Oberbalken)*
upstand gutter Aufkantungsrinne *f*
upstanding kerb Hochbordstein *m*
upstream flussaufwärts; flussaufwärts gelegen; wasserseitig; stromaufwärts vorkommend
upstream cofferdam *(Wsb)* oberer Fangdamm *m*, offener Fangdamm *m*
upstream face *(Wsb)* Wasserseite *f*
upstream fill wasserseitiger Sperrenkörper *m*
upstream head Oberwasser *n*
upstream nosing Pfeilerkopf *m*
upstream side curtain wasserseitige Dichtungsschürze *f*
upstream slope Wasserseite *f*, Flutseite *f (Deich)*
upstream stepped face wasserseitige Stufenverblendung *f*
upstream talus wasserseitige Böschung *f*
upstream water level *(Wsb)* Oberwasserstand *m*
upsweep arm column Peitschenmast *m (Straßenleuchte)*
uptake Fuchskanal *m*, Schornsteinschacht *m*
uptake of water Wasseraufnahme *f (z. B. von Baustoffen)*
uptake ventilator Entlüfter *m*
upthrust nach oben gerichtete Druckkraft *f*; Auflagerkraft *f*
upturn *v* (Boden) umgraben
upturn Aufkantung *f*
upturned aufgerichtet
upward aufwärts
upward deflexion Aufwölben *n*
upward pull Schornsteinzug *m*
upward slope Steigung *f*
upwardly inclined nach oben geneigt, schräggansteigend *(Fläche)*
upwards aufwärts
upwarp *v (Erdb)* aufwölben *(Baugrund)*
urac *(AE)* Kauritleim *m*
urban städtisch; Stadt...
urban aggregate städtische Agglomeration *f*
urban and regional development Siedlungswesen *n*
urban architecture Stadtbaukunst *f*
urban area Stadtgebiet *n*; Ballungsgebiet *n*
urban block Stadtviertel *n*
urban-building städtebaulich
urban building Städtebau *m*
urban centre Stadtmitte *f*
urban church *(Arch)* Stadtkirche *f*
urban climate Stadtklima *n*
urban configuration *(Arch)* Stadtfigur *f*
urban degradation Städteverfall *m*
urban design Städtebau *m*, städtebauliche Gestaltung *f*
urban design concept Ortsgestaltungskonzeption *f*
urban development Städtebau *m*, Stadtentwicklung *f*, Stadtausdehnung *f*
urban dispersal Stadtausufern *n*, Zersiedeln *n*, Stadtauswuchern *n*, stadtnahe Zersiedlung *f*
urban district Stadtgebiet *n*; Stadtkreis *m*
urban engineering Stadtbautechnik *f*, Städtebautechnik *f*
urban expansion Stadtentwicklung *f*, Stadterweiterung *f*
urban expressway *(AE)* Stadtautobahn *f*
urban extension Stadterweiterung *f*
urban fabric Bebauungsstruktur *f*
urban forest Stadtwald *m*
urban freeway *s.* urban expressway
urban fringe Stadtrand *m*, Stadtsaum *m*
urban hall Stadthalle *f*
urban landscape Stadtlandschaft *f*
urban living-space städtischer Lebensraum *m*
urban motorway Stadtautobahn *f*
urban multi-purpose system nutzungsneutrales Stadtsystem *n*
urban network Stadtnetz *n*
urban palace *(Arch)* Stadtpalast *m*
urban park Stadtpark *m*
urban planner Städtebauer *m*, Stadtplaner *m*
urban-planning städtebaulich
urban planning Stadt(bau)planung *f*, Städtebau *m*
urban planning authority Stadtplanungsamt *n*, Stadtplanungsbehörde *f*
urban planning institute Städtebauinstitut *n*
urban planning studies 1. städtebauliche Untersuchungen *fpl*, städtebauliche Studien *fpl*; 2. Stadtbaulehre *f*
urban planning survey Stadtbauerhebung *f*
urban planning theory *(Arch)* Städtebautheorie *f*
urban pool Stadtbad *n*
urban population Stadtbevölkerung *f*
urban railway S-Bahn *f*, Stadtbahn *f*, Schnellbahn *f*
urban rapid transit system Stadtschnellbahn *f*, S-Bahn *f*
urban redevelopment Stadtsanierung *f*, städtebauliche Neugestaltung *f*
urban renewal Stadterneuerung *f*, Stadtsanierung *f*

urban renewal area (städtisches) Sanierungsgebiet *n*, Stadterneuerungsgebiet *n*
urban road *s.* urban street
urban run-off städtischer Oberflächenwasserabfluss *m*
urban science Stadtwissenschaft *f*
urban services Stadttechnik *f*, Stadtver- und -entsorgungseinheit *f*
urban solid waste *s.* urban waste
urban sprawl *s.* urban dispersal
urban station Stadtbahnhof *m*
urban street städtische Straße *f*, Stadtstraße *f*
urban supply network Stadtversorgungsnetz *n*
urban theatre Stadttheater *n*
urban traffic Stadtverkehr *m*, städtischer Verkehr *m*
urban traffic panning Stadtverkehrsplanung *f*, städtische Verkehrsplanung *f*
urban transport planning kommunale Verkehrsplanung *f*
urban villa Stadtvilla *f*
urban wall Stadtmauer *f*
urban waste kommunaler Abfall *m*, Siedlungsmüll *m*
urban waste water städtisches Abwasser *n*
urban water supply Stadtwasserversorgung *f*
urbanistic städtebaulich
urbanity Urbanität *f*
urbanization Verstädterung *f*; Bebauung *f* nach städtischen Grundsätzen
urbanize *v* städtisch gestalten, urbanisieren, verstädtern
urbanized area *(AE)* verstädterte Zone *f*
urea Harnstoff *m*
urea formaldehyde Urea-Formaldehyd *n*, UF
urea formaldehyde foam Urea-Formaldehydschaum *m*
urea formaldehyde resin Harnstoffformaldehydharz *n*
urea resin Harnstoffharz *n*
urea resin adhesive Harnstoff(harz)kleber *m*
urea resin foam Harnstoffharzschaumstoff *m*
urea resin laminated plastic Harnstoffharzschichtstoff *m*
urea resin varnish Harnstoffharzlack *m*
urea varnish resin Harnstofflackharz *n*
urethane coating Polyurethanlack *m*; Polyurethananstrich *m*
urethane enamel Polyurethanlackfarbe *f*
urethane foam Urethanschaumstoff *m*
urethane lacquer Polyurethanlack *m*
urethane paint Urethanfarbe *f*
urethane resin Urethanharz *n*
urinal Urinalbecken *n*; Wandbecken *n*
urinal installation Urinalanlage *f*
urinal stall Urinalstand *m*
urinal trough Urinalrinne *f*
urn pit *(Arch)* Urnengrab *n*
usability Gebrauchseignung *f*, Brauchbarkeit *f*, Gebrauchswert *m (Baustoffe)*
usable brauchbar, gebrauchstaulich
usable by-products verwendbare Nebenprodukte *npl*
usable floor area nutzbare Geschossfläche *f*, Geschossnettonutzfläche *f*
usable life 1. Verarbeitungszeitraum *m* nach Öffnen *(Farbe)*; 2. Verarbeitungszeitraum *m* von Kunststoffbindemitteln nach Härterzusatz, Topfzeit *f (Gebrauchsfähigkeit von Farben und Kunststoffklebern)*
usable room area nutzbare Raumfläche *f*
usage Verwendung *f*, Benutzung *f*
use *v* **(up)** *(Tun)* verbauen *(Material)*; anwenden; gebrauchen, verwenden; nutzen
use 1. Verwendung *f*, Anwendung *f (z. B. Baustoffe, Bauverfahren)*; Einsatz *m*; 2. Gebrauch *m (z. B. technische Systeme)*; 3. Nutzen *m*
use district Aufbaubezirk *m*
use load Gebrauchslast *f*
use of a building Gebäudenutzung *f*
use property Anwendungseigenschaft *f*
use zoning Zonenbauordnung *f*
used car dump Autofriedhof *m*
used material Altmaterial *n*
used up abgenutzt; verbraucht
used water Abwasser *n*
useful verwendbar, nutzbar; zweckmäßig; nützlich
useful area Nutzfläche *f*
useful croos-section nutzbarer Querschnitt *m*, Nutzquerschnitt *m*
useful floor space Nutzfläche *f (eines Gebäudes)*
useful height Nutzhöhe *f*
useful length Nutzlänge *f*
useful life Nutzungsdauer *f*, Gebrauchsdauer *f*, Gebrauchswertdauer *f*
useful rock Nutzgestein *n*
useful section Nutzquerschnitt *m*
useful storage volume *(Wsb)* Nutzwasserraum *m*, Nutzvolumen *n (Stauwerk)*
useful volume Nutzraum *m*
useful width nutzbare Breite *f*, Nutzbreite *f*
uselessness Unbrauchbarkeit *f*
user Benutzer *m*; Wohnungsinhaber *m*
usufruct Nießbrauch *m*
usufructuary Nießbraucher *m*
utensil Gerät *n*, Werkzeug *n*
utilitarian utilitaristisch, Nützlichkeits...; zweckmäßig, praktisch, utilitär
utilitarian building Geschäftsgebäude *n*, Geschäftshaus *n*
utilitarian classicism *(Arch)* utilitaristischer Klassizismus *m*
utilitarian element Nützlichkeitselement *n*
utilitarianism Utilitarismus *m*
utilities 1. Stadtversorgung *f*; 2. Wasserversorgungs- und Abwassersystem *n*; 3. Versorgungseinrichtungen *fpl*
utilities ditch *(Verk)* Versorgungsleitungskanal *m (Straße)*
utility 1. Versorgungseinrichtung *f*, *(AE)* Installation *f (Gas, Wasser, Abwasser, Strom)*; 2. Nutzen *m*, Nutzwert *m*
utility architecture Zweckarchitektur *f*
utility core *(AE)* Installationskern *m*, Installationszelle *f*, Hauskern *m (für Versorgungsleitungen)*
utility equipment *(AE)* Installationsgeräte *npl*
utility line Versorgungsleitung *f*
utility pole Versorgungsleitungsmast *m*, Anschlussmast *m*
utility room Wirtschaftsraum *m*; *(AE)* Installationsraum *m*, Hausanschlussraum *m (Wasser, Gas, Strom etc.)*; Raum *m* für Versorgungseinrichtungen
utility run *(AE)* Leitungskanal *m*
utility shaft Betriebsschacht *m (für technische Einrichtungen)*
utility sheet handelsübliche Metallbautafel *f (für Installationen)*
utility trench *(AE)* Leitungsgraben *m*
utility undertaking öffentlicher Versorgungsbetrieb *m*, Versorgungsunternehmen *n*
utility window Stahlkellerfenster *n (Fertigfenster)*
utilization 1. Verwendung *f*, Nutzung *f*, Verwertung *f*; 2. Auslastung *f (z. B. Baumaschinen)*
utilization curve Ausnutzungskurve *f*
utilization cycle of materials Werkstoffnutzungszyklus *m*
utilization equipment *(AE)* elektrisch betriebene Hausinstallationseinrichtungen *fpl* und Geräte *npl*
utilization factor Ausnutzungsfaktor *m*, Ausnutzungsgrad *m (Heizung)*

utilization figure Ausnutzungsgrad *m*
utilization of rainwater Regenwassernutzung *f*
utilization of refuse water Abwasserverwertung *f*
utilization of sewage Abwasserverwertung *f*
utilization of waste heat Abhitzeverwertung *f*

V

V-beam sheeting Zickzackblechelement *n*
V-blade Keilpflug *m*
V-brick Hochlochziegel *m (215 × 215 × 65 mm)*
V-cut 1. Keileinschnitt *m*, V-Schnitt *m*; 2. Kerbunterschnitt *m (Stein)*
V-ditch V-förmiger Graben *m*
V-groove Kerbnut *f*, V-Nut *f*
V-gutter Kehlrinne *f (Dach)*
V-joint Mauerwerkspitzfuge *f*, V-Fuge *f*, Spitzfuge *f*
V-notch Spitzkerbe *f*
V-roof Spitzdach *n*, Giebeldach *n*
V-shaped [V-tooled] joint *s.* V-joint
V-unit Falte *f*, Faltwerk *n*
vacant leer, freistehend, unbelegt, unbewohnt *(Gebäude)*
vacant room freier Raum *m*, freies Zimmer *n*
vacate *v* räumen *(z. B. Gebäude, Wohnungen)*
vacation Räumung *f*
vacation hostel Ferienhotel *n*
vacation hotel *(AE)* Ferienhotel *n*
vacation house *(AE)* Ferienhaus *n*
vacuity Hohlraum *m*
vacuum Vakuum *n*
vacuum asphalt *(AE)* Vakuumbitumen *n*
vacuum bracing Vakuumhartlöten *n*
vacuum breaker *(AE)* Rohrunterbrecher *m*, Vakuumregelventil *n*
vacuum cleaning Absaugen *n*, Aufsaugen *n (Reinigung)*
vacuum coating Vakuumbeschichten *n*, Aufdampfen *n*, Metallaufdampfen *n*
vacuum concrete Saugbeton *m*, Vakuumbeton *m*
vacuum concrete process Saugbetonverfahren *n*
vacuum dewatering Vakuumentwässerung *f*
vacuum filter Vakuumfilter *m*
vacuum lance Vakuumlanze *f*
vacuum lifting Vakuumsaughubverfahren *n*, Vakuumheben *n (Platten)*
vacuum method of drainage Grundwasserabsenkung *f* mit Vakuumbrunnen
vacuum pump Vakuumpumpe *f*
vacuum residue Vakuumrückstand *m (Bindemittelprüfung)*
vacuum system ventilation Sauglüftung *f*
vacuum vapour plating Vakuumbedampfen *n*, Vakuumbeschichten *n*
vacuum well point *(Erdb)* Vakuumbrunnen *m*
vacuuming Aufsaugen *n*, Absaugen *n (Reinigung)*
vadose vados, versickert *(Oberflächenwasser)*
vagina Skulpturensockeloberteil *n*, Oberteil *n* eines Skulpturensockels
valance lighting Beleuchtung *f* hinter einer Vorhangplatte *(parallel zur Wand)*
vale Geländemulde *f*
valence Valenz *f*, Wertigkeit *f*
Valhalla *(Arch)* Walhalla *f*, Ruhmeshalle *f*
validation Bestätigung *f*, Validation *f*
validity Rechtswirksamkeit *f*, Gültigkeit *f (eines Vertrages)*
validity period Geltungsdauer *f*
valley 1. Tal *n*; 2. Kehle *f*, Kehllinie *f*, Einkehlung *f*, Kehlrinne *f (Dach)*
valley batten Kehlleiste *f*
valley beam Rinnenbalken(träger) *m*, Rinnenträger *m*; Kehlbalken *m (Dach)*
valley bevel Kehlstellwinkel *m*
valley board Kehl(fuß)brett *n*
valley bog Talmoor *n*
valley bottom Talboden *m*, Talsohle *f*
valley broadening Talerweiterung *f*
valley channel Talbett *n*
valley clay roof tile Kehl(dach)ziegel *m*
valley cut Taleinschnitt *m*
valley flashing Kehlblech *n*, Kehlanschluss *m (Dach)*
valley flats Talaue *f*
valley floor Talboden *m*, Talsohle *f*
valley girder 1. Rinnenträger *m (Sheddach)*; 2. Kehlbalken *m*
valley gutter Kehlrinne *f*, Dachkehle *f*
valley jack (rafter) Kehlgratstichbalken *m*, Wechselsparren *m*, Kehlschifter *m*
valley landscape Tallandschaft *f*
valley line Kehllinie *f*
valley of a roof Kehllinie *f*, Kehle *f (Dach)*
valley plain Talaue *f*
valley post Kehlstütze *f (Dach)*
valley rafter Kehlgratbalken *m*, Kehl(grat)sparren *m*
valley roof Kehldach *n*
valley shingle Kehlfußschindel *f*
valley side Talhang *m*
valley slab Kehlplatte *f (Dach)*
valley slope Talhang *m*
valley soffit Kehlrinnenuntersicht *f (Dach)*
valley terrace Talterrasse *f*
valley tile Kehlziegel *m*, Kehlstein *m (Dach)*
valley widening Talerweiterung *f*
valuable mineral Wertstoffmineral *n*
valuation Schätzung *f*, Bewertung *f*
valuation survey Grunduntersuchung *f*, Überschlagsvermessung *f*
value *v* schätzen, bewerten; veranschlagen
value Wert *m*, Einschätzung *f*
value-added tax Mehrwertsteuer *f*, MwSt
value analysis Nutzwertanalyse *f*
value engineering *(AE)* Bauwirtschaftlichkeitsuntersuchung *f (Kosten, Gebrauchsverhalten, Baustoffe, Baudurchführung, Bauleistung)*
value for money Preisleistungsverhältnis *n*
value of a quantity Größenwert *m*
value of snow load Schneelast(bei)wert *m*, Schneelastfaktor *m*
value of wind load Windlast(bei)wert *m*, Windlastfaktor *m*
valve Schieber *m*; Ventil *n*; Klappe *f (Ventilklappe)*; Armatur *f*
valve bag Selbstverschlusssack *m*; Zementsack *m*
valve body Schiebergehäuse *n (Wasserleitung)*; Armaturengehäuse *n (Gebäudeausrüstung)*
valve box Straßenkappe *f*
valve door Schieber *m (Ventil)*
valve housing *s.* valve body
valve metal Sperrschichtmetall *n*
valve rod Schieberstange *f*
valve seat Aufsitzfläche *f*, Ventilsitz *m*, Sitzfläche *f*
valviform klappenförmig
vamure 1. *(Arch)* Befestigungsvormauer *f*, Blendmauer *f*; 2. *(Arch)* Brüstungsmauerlaufgang *m*, Wallgang *m (vor der Hauptmauer, historischer Festungsbau)*

vanadium steel Vanadiumstahl *m*
vandal-proof gegen mutwillige Beschädigung geschützt, zerstörungssicher
vandalism Vandalismus *m*, Rowdytum *n*
Vandyke brown Kasseler Braun *n*, Lignitbraun *n*
vane 1. Wetterhahnblatt *n*, Wetterfahne *f*, Windflügel *m* Windrichtungsflügel *m*; 2. Flügel *m (z. B. von Mischern)*; 3. *(Erdb)* Drehschaufelsonde *f*, Drehflügelsonde *f*, Flügelschergerät *n*
vane pump Flügelpumpe *f*
vane shear test Flügelsondenprüfung *f*
vane test *(Erdb)* Drehschaufelsondierung *f*, Drehflügelviskositätsmessung *f*
vaneaxial fan Axialventilator *m*, Rohrventilator *m (Klimaanlage)*
vaned outlet Lufteinspeisungsgitter *n* mit Richtungslamellen *(meist regelbar)*
vanishing line Fluchtlinie *f (in Bildperspektiven)*
vanishing point Fluchtpunkt *m*
vanity (unit) *(San)* Waschbeckenschrank *m*
vapor *(AE) s.* vapour
vaporise *s.* vaporize
vaporization Verdampfung *f*, Verdunstung *f*
vaporize *v* verdampfen, verdunsten
vaporized coating aufgedampfte Schutzschicht *f*, Aufdampfschutzschicht *f*
vaporized metal coating Metallaufdampfschicht *f*
vaporous dampfförmig
vaporous water Bodendampfwasser *n*
vapour Dampf *m*; Wasserdampf *m*
vapour absorption Wasserdampfaufnahme *f*
vapour barrier Dampfsperre *f*, Feuchtigkeitssperre *f*
vapour barrier membrane Dampfsperre *f*, Dampfsperrlage *f*, Dampfsperrschicht *f*
vapour barrier sheet Dampfsperrbahn *f*
vapour barring dampfsperrend
vapour blasting Nasssandstrahlen *n*, nasses Sandstrahlen *n*
vapour condensation Wasserdampfkondensation *f*
vapour column Dampfsäule *f*
vapour content Wasserdampfgehalt *m*
vapour desity Dampfdichte *f*
vapour diffusion Wasserdampfdiffusion *f*
vapour escape layer Dampfdruckentspannungsschicht *f*
vapour flue Wrasenabzug *m*
vapour heating system Niederdruckdampfheizung *f*
vapour lock Dampfblasenbildung *f (in Rohrleitungen)*
vapour lock device Entlüftungsventil *n (Heizung)*
vapour migration Wasserdampfbewegung *f*, Wasserdampfdurchgang *m (Bauelemente, Baustoffe)*
vapour permeability Dampfdurchlässigkeit *f* Wasserdampfdurchlässigkeit *f*
vapour-permeable dampfdurchlässig, wasserdampfdurchlässig
vapour pipe Wrasenrohr *n*, Dampf(entlüftungs)rohr *n*
vapour pressure Dampfdruck *m*, Sättigungsdruck *m*
vapour pressure equalizing layer Dampfdruckausgleichsschicht *f*
vapour pressure lowering Dampfdruckerniedrigung *f*
vapour-proof dampfundurchlässig, dampfgesperrt
vapour-proof barrier Dampfsperre *f*
vapour-proofing Abdichtung *f*
vapour-resistant dampfbeständig
vapour seal Wasserdampfsperre *f*, Dachhaut *f (Flachdach)*
vapour tension Dampfspannung *f*
vapour-tight dampfdicht
vapour transfer coefficient Dampfübertragungszahl *f*, Wasserdampfübertragungszahl *f*
vapour trransmission Dampfdurchgang *m*, Wasserdampfdurchgang *m*
vapourus *(HLK)* Taulinie *f*
variability Veränderlichkeit *f*
variable variabel, veränderlich
variable Variable *f*
variable area recording Flächenschrift *f*
variable-control switch *(El)* Serienschalter *m*
variable cross-section veränderlicher Querschnitt *m*
variable floor load Deckenverkehrslast *f*
variable head veränderliches Druckpotenzial *n*
variable load Wechsellast *f*
variable message sign *(Verk)* Wechselverkehrszeichen *n*
variable moment of inertia veränderliches Trägheitsmoment *n*
variable of state Zustandsgröße *f*
variable resistor *(El)* Rheostat *m*
variable size veränderliche Größe *f*
variable-volume air system Klimaanlage *f* mit automatischer Luftmengenregulierung
variance 1. *(AE)* Bauausnahmegenehmigung *f*, amtliche Ausnahmegenehmigung *f*; 2. Varianz *f*
variance analysis Varianzanalyse *f*
variant Variante *f*
variant analysis *(Verk)* Variantenuntersuchung *f (Trasse)*
variation Variation *f*, Veränderung *f*, Abweichung *f*, Schwankung *f*
variation of brightness Helligkeitsschwankung *f*
variation of forces Kräfteverlauf *m*
variation of level *(Wsb)* Spiegelschwankung *f*
variation of load Lastspiel *n*
variation of precipitation Niederschlagsschwankung *f*
variation order Bauänderungsbestätigung *f*, (offizielle) Projektänderung *f*
variation range Variationsreihe *f*
varicoloured verschiedenfarbig, vielfarbig
varied flow veränderlicher Abfluss *m*
variegated bunt, verschiedenfarbig, gefleckt, scheckig *(in der Farbgebung abgestuft)*
variegated marble Buntmarmor *m*
variegated sandstone Buntsandstein *m*
variegated wood (farbiges) Maserholz *n*
varietal character Variationsmerkmal *n*
varietal form *(Arch)* Abart *f*
variety 1. Varietät *f*, Spielart *f*, Abart *f*, Vielgestaltigkeit *f*, Abwechslung *f*, Mannigfaltigkeit *f*, Buntheit *f*, 2. Auswahl *f*, Sorte *f*
variety control Vielfaltsverminderung *f*
variety of steel Stahlsorte *f*
variform vielgestaltig
varnish *v* lackieren *(mit Klarlack)*; imprägnieren *(mit Lacken, Kunstschichtstoffen)*; firnissen
varnish Lack *m (chemisch trocknend)* Klarlack *m*
varnish coat Lacküberzug *m*, Lackanstrich *m*
varnish coating Lackierung *f (mit Klarlack)*; Lackanstrich *m*
varnish drier Lacktrockner *m*
varnish film Lackfilm *m*
varnish oil Lack(lein)öl *n*
varnish paint Lackfarbe *f*, Lack *m*, Öllackfarbe *f*
varnish paper *(El)* Isolierpapier *n*
varnish raw material Lackrohstoff *m*
varnish remover Lackentferner *m*, Abbeizmittel *n*
varnish resin Lackharz *n*
varnish run Lacknase *f*
varnish stain Farbbeize *f*, Lackfarbe *f (zum Grundieren)*
varnish system Lacksystem *n*
varnish tier *s.* varnish run

varnished cambric *(El)* Isolierband *n*, Lackband *n*
varnisher Lackierer *m*
varnishing Lackierung *f*
varnishing brush Lackierpinsel *m*
varved clay Bänderton *m*
vastness Weite *f*, Geräumigkeit *f*
vat 1. Bottich *m*; 2. Vat *m (buddhistische Klosteranlage)*
vat dye Küpenfarbstoff *m*
vault *v* (aus)wölben, überwölben; einwölben
vault *v* **in** einwölben
vault 1. *(Arch)* Gewölbe *n*; Bogen *m*; Kappe *f*; Wölbung *f*; 2. Gruft *f*; 3. begehbarer Installationsgang *m*; 4. *(AE)* Tresor *m (Stahlkammer)*
vault abutment Widerlager *n*, Kämpfer *m*
vault action Gewölbewirkung *f*
vault apex Gewölbescheitelpunkt *m*
vault arch Gewölbebogen *m*
vault axis Gewölbemittellinie *f*, Gewölbeachse *f*
vault back äußere Gewölbefläche *f*, Gewölberücken *m*
vault bay Gewölbefeld *n (durch Rippen begrenzt)*
vault block Gewölbestein *m*, Kehlstein *m*
vault bond Gewölbeverband *m*
vault cap Gewölbekappe *f*
vault capping Gewölbeabdeckung *f*
vault centre line Gewölbemittellinie *f*, Gewölbeachse *f*
vault construction Gewölbebau *m*
vault coping Gewölbeabdeckung *f*
vault-covered überwölbt, eingewölbt
vault crown Gewölbescheitel(punkt) *m*
vault depth Gewölbedicke *f*, Gewölbestärke *f*
vault door feuersichere Lagerraumtür *f*
vault extrados äußere Gewölbefläche *f*, Gewölberücken *m*
vault facing Gewölbeverkleidung *f*, Gewölbeauskleidung *f*
vault grid Gewölberaster *m*
vault groin Gewölbegrad *m*, Verschneidungslinie *f*
vault haunch Gewölbeschenkel *m*
vault head Gewölbekappe *f*
vault impost Gewölbekämpfer *m*
vault in full centre Rundbogengewölbe *n*, Bogengewölbe *n*
vault in the soil Erdkappe *f*
vault interior Gewölberaum *m*
vault key Gewölbescheitel *m*
vault light Deckenreflektor *m (für Straßendecken)*; Kelleroberlicht *n*
vault lining Gewölbeverkleidung *f*, Gewölbeauskleidung *f*
vault of bridge Brückenbogen *m*
vault on pillars offenes Gewölbe *n*
vault order Gewölbering *m*
vault outline Gewölbeprofil *n*, Gewölbelinie *f*
vault painting *(Arch)* Gewölbemalerei *f*
vault pattern Gewölbeform *f*
vault pressure Gewölbedruck *m*
vault rib Gewölberippe *f*
vault rise Gewölbe(stich)höhe *f*
vault roof Gewölbedach *n*
vault soffit Gewölbeuntersicht *f*
vault span Gewölbespannweite *f*
vault spandrel Gewölbezwickel *m*
vault springer Gewölbeanfänger *m*
vault style *(Arch)* Gewölbestil *m*
vault theory Gewölbetheorie *f*
vault thickness Gewölbedicke *f*, Gewölbestärke *f*
vault thrust Wölbungsschub *m*, Gewölbe(horizontal)schub *m*
vault top Gewölbescheitelpunkt *m*
vault vertex Gewölbescheitelpunkt *m*
vault wedge block Gewölbekeilstein *m*
vaulted gewölbt, bogenförmig; überwölbt; konvex
vaulted arch Gewölbebogen *m*
vaulted area gewölbte Fläche *f*
vaulted basilica *(Arch)* Gewölbebasilika *f*
vaulted brickwork Gewölbemauerwerk *n*
vaulted building Gewölbegebäude *n*
vaulted ceiling Bogendecke *f*, Gewölbedecke *f*
vaulted chamber *(Arch)* Gewölbekammer *f*
vaulted church *(Arch)* Gewölbekirche *f*
vaulted corridor *(Arch)* Gewölbegang *m*; Gewölbeflur *m*
vaulted edifice *(Arch)* Gewölbebauwerk *n*
vaulted hall *(Arch)* Gewölbehalle *f*
vaulted masonry Gewölbemauerwerk *n*
vaulted plate gewölbte Platte *f*
vaulted roof Gewölbedach *n*
vaulted slab gewölbte Platte *f*
vaulted structure Gewölbebauwerk *n*
vaulted walk Gewölbeflur *m*, Gewölbegang *m*
vaulted work *(Arch)* Gewölbesystem *n*
vaulting 1. Gewölbe *n*, Gewölbeschale *f*; 2. Gewölbebau *m*; Einwölben *n*; Überwölbung *f*, Gewölbesystem *n*
vaulting arch *s.* vaulted arch
vaulting capital aufgehender Pfeilerkopf *m*
vaulting cell Stichkappe *f (Gewölbe)*; Gewölbe(fertig)teil *n*
vaulting cone Gewölbekegel *m*
vaulting construction Gewölbebau *m*
vaulting course Widerlagerschicht *f (Gewölbe)*
vaulting engineering Wölbetechnik *f*
vaulting masonry *s.* vaulted masonry
vaulting rib Gewölberippe *f*
vaulting shaft *(Arch)* Hängesäule *f* zum Gewölbefuß, junger Dienst *m (Gotik)*
vaulting surface Gewölbefläche *f*
vaulting tile Gewölbehohlziegel *m*
vaulting with dentated springing lines Gurtgewölbe *n*, Zonengewölbe *n*
vaulting with one lower and one higher impost einhüftiges Gewölbe *n*
vaulting with polygonal course Wölbung *f* mit Vieleckschicht
vaults Gewölbe *n*
Vebe test Vebe-Prüfung *f (Frischbetonkonsistenz)*
vector action Vektorwirkung *f (Statik)*
vector-active structure system vektoraktives Tragsystem *n*
vector diagram Vektordiagramm *n*, Zeigerdiagramm *n*
vector mechanism Vektormechanismus *m*
vector product Vektorprodukt *n*, äußeres Produkt *n*
vector separation Vektorspaltung *f*
vector stress Vektorspannung *f*
vector sum Vektorsumme *f*
vee grooving and tonguing Keilspundung *f*
vegetable adhesive *s.* vegetable glue
vegetable blanket Vegetationsdecke *f*, Pflanzendecke *f*
vegetable carpet Pflanzenwuchs *m*
vegetable cellar Gemüsekeller *m*
vegetable drying oil vegetarisches trocknendes Öl *n (Anstriche)*
vegetable fibre insulation material pflanzlicher Faserdämmstoff *m*
vegetable fibre material Pflanzenfaserstoff *m*
vegetable filling material pflanzlicher Füllstoff *m*
vegetable garden Gemüsegarten *m*
vegetable glue Pflanzenleim *m*
vegetable layer Vegetationsdecke *f*, Pflanzendecke *f*
vegetable mould Pflanzerde *f*, Humus *m*
vegetable pigment pflanzliches Pigment *n*
vegetable retardance *(Wsb)* Abflussverzögerung *f* durch Vegetation

vegetable sink Gemüsewaschtisch *m*
vegetable slim *(Wsb)* Faulschlamm *m*
vegetable soil Ackerboden *m*, Pflanzboden *m (Landschaftsbau)*
vegetable storage Gemüselager *n*
vegetate *v* ausscheiden, schwitzen *(Salze, Lösungen)*
vegetation Vegetation *f*, Bewuchs *m*, Pflanzenbestand *m*; Aufwuchs *m*
vegetation cover(ing) Vegetationsdecke *f*, Pflanzendecke *f*
vehicle 1. Trägersubstanz *f*, Trägermedium *n*; Lackträgersubstanz *f*, Lösungsmittel *n*; Bindemittel *n*, Bindemittellösung *f (Anstrich)*; 2. Fahrzeug *n*, Kraftfahrzeug *n*
vehicle actuation *(Verk)* verkehrsabhängige Steuerung *f*
vehicle base Bindemittellösungsgrundlage *f (Farbe)*
vehicle clearance envelope *(Verk)* Fahrzeuglichtraumprofil *n*
vehicle detector pad Induktionsschleife *f*, Kontaktschwelle *f (Straße)*
vehicle level *(Verk)* Fahrebene *f*
vehicle ownership rate *(Verk)* Motorisierungsgrad *m*
vehicle properties Bindemitteleigenschaften *fpl*
vehicle restraint system *(Verk)* Fahrzeugrückhaltesystem *n (Straße)*
vehicle solids Bindemittelgehalt *m*
vehicle spacing *(Verk)* Fahrzeugabstand *m*
vehicle traffic Fahrverkehr *m*
vehicle-turning area Fahrzeugwendefläche *f*
vehicular access Fahrzeugzufahrt *f*, Gebäudezufahrt *f*, Hauszufahrt *f*
vehicular lift Fahrzeugaufzug *m*
vehicular stall Parkboxe *f*
veiling Ablaufen *n*, Laufen *n*, Vorhangbildung *f*, Gardinenbildung *f*, Absacken *n (Anstrich)*
vein *v* masern; marmorieren
vein 1. Maserung *f*, Holzmaserung *f*; 2. Gesteinsgang *m*, Ader *f*
vein deposit Ganglagerstätte *f (Gestein)*
vein gypsum Adergips *m*
vein material Gangmaterial *n (Gestein, Gips usw.)*
vein rock Ganggestein *n*
vein stone Ganggestein *n*
vein system Gangsystem *n (Gertsein)*
veined 1. geädert; gemasert; marmoriert; 2. gangartig
veined gneiss Bändergneis *m*
veined marble Adermarmor *m*
veined wood Maserholz *n*
veining 1. Geäder *n*, Äderung *f (Naturstein)*; 2. Gangbildung *f (Gestein)*; 3. Bänderung *f (Ton, Sedimente)*
veiny gadert, geädert, adrig, marmoriert
vellum Pergamentpapier *n*
vellum glaze Milchglas *n*
vellum paper Pergamentpapier *n*
velocity Schnelligkeit *f*, Geschwindigkeit *f*
velocity distribution Geschwindigkeitsverteilung *f*
velocity head Geschwindigkeitshöhe *f (Flüssigkeit)*
velocity index Geschwindigkeitszahl *f*
velocity of current Fließgeschwindigkeit *f*, Strömungsgeschwindigkeit *f*
velocity of flow Abflussgeschwindigkeit *f*, Fließgeschwindigkeit *f*
velocity of propagation Ausbreitungsgeschwindigkeit *f (Umwelt)*
velocity of sound Schallgeschwindigkeit *f*
velocity of underground flow Fließgeschwindigkeit *f* des Grundwassers
velocity potential Geschwindigkeitspotenzial *n*, Potenzial *n* der Schallschnelle
velocity pressure Geschwindigkeitsdruck *m*
velodrome Radrennbahn *f (geschlossenes Gebäude)*
velvet carpet Samtteppich *m*
velvet finish glass satiniertes Glas *n*
velvet flock paper Velourstapete *f*, Samttapete *f*
vendor 1. Baustofflieferant *m*; 2. Immobilienhändler *m*, Liegenschaftsverkäufer *m*
veneer *v* 1. furnieren; 2. verblenden
veneer 1. Furnier *n*; Furnierblatt *n*; 2. Straßendecke *f*; 3. Verblendung *f (z. B. mit Naturstein)*; 4. dünne Mauerverkleidung *f*; 5. Auflagewerkstoff *m*, Überzugwerkstoff *m (vorgefertigt)*
veneer base Gipsroh(bau)platte *f*, Gipsträgerplatte *f (Ausbau)*
veneer blister abgehobene Furnierfläche *f*
veneer board [panel] Furnierplatte *f*
veneer of metal Überzugsmetall *n*, Plattiermaterial *n*
veneer patching Furnierausbesserung *f*
veneer plaster Gips(deck)putz *m*, Gipsglattputz *m*
veneer plywood Furnierplatte *f*
veneer tie 1. Furnieranker *m*, Furnierhalter *m (Wand)*; 2. Verkleidungshalter *m*, Verblendungshaken *m*
veneer wall Blendmauer *f (ohne Verbund)*; Verkleidung *f*, Wandverblendung *f*, Wandverkleidung *f*
veneer wall tie Verkleidungswandanker *m*, Verblendungshalteleiste *f*
veneer wood Furnierholz *n*
veneered construction *s.* veneered reinforced concrete construction
veneered door Furniertür *f*, furnierte [beplankte] Tür *f*
veneered façade Blendfassade *f*, Blendmauerwerk *n*
veneered panel furnierte Tafel *f*, beplankte Tafel *f*
veneered plywood furniertes Sperrholz *n*
veneered reinforced concrete construction Stahlbetonbau *m* mit Wandverkleidung, Stahlkonstruktion *f* mit Verkleidungselementen
veneered wall verkleidete Stahlbetonwand *f*, verkleidete Rahmenkonstruktion *f (aus Stahl oder Holz, verkleidet z. B. mit Marmor, Glas usw.)*
veneering Furnieren *n*, Furnierverarbeitung *f*, Beplankung *f (Sperrholz)*
veneering masonry work Blendmauerwerk *n*, Verblendmauerwerk *n (nicht tragend)*
veneering saw Furniersäge *f*
veneering work 1. Furnierarbeiten *fpl*; 2. Blendmauerwerk *n*
Venetian Terrazzo *m (mit großen Zuschlagkörnern)*
Venetian arch *(Arch)* Venezianerbogen *m*, langer Spitzbogen *m*
Venetian blind 1. Jalousie *f (im Winkel verstellbar)*; Zugjalousie *f*, Lamellenjalousie *f*; 2. Jalousieladen *m (Fensterladen)*
Venetian door Venezianertür *f*, dreiteilige Tür *f* mit rechts und links flankiertem Fensterteil
Venetian mosaic Terrazzo *m*
Venetian motif Venezianisches Fenster *n*
Venetian red Eisenoxidrot *n*
Venetian wash floor venezianischer Estrich *m*
Venetian window Venezianerfenster *n*
Veneto-Byzantine style *(Arch)* venezianisch-byzantinischer Stil *m*
vent *v* entlüften; belüften
vent 1. Luftöffnung *f*, Entlüftungsöffnung *f*; 2. Luftkanal *m*, Abzug *m*; Rauchrohr *n*, Schornstein *m*; Öffnung *f*; 3. Ventilator *m*
vent area Lüftungsfläche *f*
vent cap Abdeckung *f* eines Entlüftungsrohrs
vent cavity Luftschlitz *m*
vent connection Entlüftungsstutzen *m*
vent connector Abgasrohr *n (Gasheizung)*

vent draught Luftloch *n*, Entlüftungsloch *n*
vent duct Entlüftungsrohrkanal *m*
vent flue Entlüftungsrohr *n*
vent grille Lüftungsgitter *n*
vent hole Luftloch *n*, Lüftungsloch *n*
vent light Entlüftungsfensterklappe *f (eines Schiebefensters)*
vent line Lüftungsleitung *f*
vent louvre Lüftungslamellen *fpl*
vent opening Lüftungsöffnung *f*
vent piece Lüftungsstück *n*
vent pipe Abzugsrohr *n*, Entlüftungsrohr *n*, Dunstrohr *n*; Gasabzugsrohr *n*
vent position Lüftungsstellung *f*
vent ridge Lüftungsfirst *m*
vent sash *s.* vent light
vent stack Luftabzugsleitung *f*, Luftschornstein *m*, Lüftungsesse *f*, Luftabzugsrohr *n*, Dunstrohr *n*; Sammelschacht *m (Lüftung)*
vent stave Lüftungsdaube *f*
vent system Gasabzugsrohrleitungen *fpl*, Gasschornstein *m* mit Abgasrohr
vent window Lüftungsfenster *n*
vented cavity belüfteter Hohlraum *m*
vented ceiling Lüftungsdecke *f*
vented form entlüftbare Betonform *f*
ventiduct Ventilationsöffnung *f*, Ventilationsloch *n*, Entlüftungsloch *n*, Entlüftungsöffnung *f*
ventilate *v* 1. (ent)lüften, belüften, hinterlüften *(eine Vorhangwand)*; 2. bewettern *(Bergbau)*
ventilated gelüftet, belüftet; hinterlüftet
ventilated ceiling Lüftungsdecke *f*
ventilated façade hinterlüftete Fassade *f*, zweischalige Kaltfassade *f*
ventilated (flat) roof Kaltdach *n*
ventilating acoustical ceiling Lüftungsakustikdecke *f*
ventilating air Lüftungsluft *f*
ventilating bead Fensterabdichtungsstreifen *m (aus Holz zur gleichzeitigen Belüftung)*
ventilating block [brick] Be- und Entlüftungsstein *m*, Mauerstein *m* mit Entlüftungsöffnung
ventilating capping Lüftungshaube *f*
ventilating ceiling Lüftungsdecke *f*
ventilating ceiling system Deckenlüftungssystem *n*
ventilating cowl Dachentlüfter *m*
ventilating door Lüftungstür *f*
ventilating ducts Lüftungskanäle *mpl*
ventilating fan Ventilator *m*
ventilating grille Lüftungsgitter *n*, Luftgitter *n*
ventilating jack *(AE)* Entlüftungsrohrzug(aufsatz)blech *n*, Zugaufsatz *m*
ventilating lay-in ceiling Lüftungseinlegedecke *f*
ventilating opening Luftöffnung *f*, Lüftungsöffnung *f*
ventilating pipe Dunstabzug *m*, Dunstrohr *n*, Entlüftungsrohr *n*
ventilating ridge tile Firstlüfter *m*
ventilating shaft Lüftungsschacht *m*, Luftschacht *m*
ventilating skirting board Lüftungsscheuerleiste *f*, Fußbodenentlüftungsleiste *f*
ventilating station Lüftungsstation *f*, Lüftungszentrale *f*
ventilating window Lüftungsfenster *n*
ventilation Ventilation *f*, Lüftung *f*, Belüftung *f*, Entlüftung *f*, Hinterlüftung *f*
ventilation and air-conditioning ducts Lüftungs- und Klimakanäle *mpl*
ventilation and air-conditioning system raumlufttechnische Anlage *f*
ventilation block Lüftungsstein *m*
ventilation brick Lüftungsstein *m*
ventilation cavity Lüftungsschlitz *m*
ventilation damper Wandklappe *f (zur Lüftung)*
ventilation duct Lüftungskanal *m*
ventilation engineering Lüftungstechnik *f*
ventilation equipment Lüftungsgeräte *npl*
ventilation flap Lüftungsklappe *f*
ventilation funnel Lüftungsschacht *m*
ventilation grille Entlüftungsgitter *n*
ventilation line Be- und Entlüftungsleitung *f*, Lüftungsleitung *f*
ventilation louver *(AE)* Lüftungsjalousie *f*
ventilation louvre Lüftungsjalousie *f*
ventilation opening Luftöffnung *f*, Belüftungsöffnung *f*, Entlüftungsöffnung *f*
ventilation pipe Lüftungsrohr *n*
ventilation plant room Lüftungsanlagenraum *m*
ventilation rate Ventilationsleistung *f*
ventilation shaft Wetterschacht *m (Bergbau)*
ventilation slot Lüftungsschlitz *m*
ventilation space Hinterlüftungsraum *m*, Belüftungshohlraum *m (Dämmung, Sperrung)*
ventilation system *(HLK)* Belüftungsanlage *f*, lufttechnische Anlage *f*
ventilation wall damper Wandklappe *f (zur Lüftung)*
ventilator 1. Ventilator *m*, Lüfter *m*; 2. Schiebefenster *n* mit Drehflügel
ventilator frame Schiebefensterrahmen *m (Belüftungsfenster)*
ventilator grate Luftgitter *n*, Luftrost *m*
ventilator position Lüftungsstellung *f*
ventilator tile Lüfterstein *m*
venting *s.* ventilation
venting pipe Entlüftungsrohr *n*
venting shaft Entlüftungsschacht *m*
venturi scrubber Venturiwäscher *m*
veranda Veranda *f*
veranda blind Verandamarkise *f*
veranda in iron trellis Veranda *f* in Eisenfachwerk
verandah *s.* veranda
verd antique Serpentinmarmor *m* mit weißer Aderung *(speziell im antiken Rom)*
verdigris Grünspan *m*, basisches Kupferazetat *n*
verge 1. Giebelkante *f*, Außenkante *f*, Ortgang *m (Dach)*; 2. Randstreifen *m*, Seitenstreifen *m (Straße)*; 3. Säulenschaft *m*
verge batten Vordachlattung *f*
verge board Giebelbrett *n*, Ortgangbrett *n*
verge course 1. Rollschicht *f*, Abdeck(ungs)schicht *f*, Schlusslage *f (Mauerwerk)*; 2. Randziegel *m*, Abschlussdachziegel *m*
verge fillet Giebelzierleiste *f*
verge flashing Ortblech *n*, Ortgangverwahrung *f*
verge gutter Ortgangrinne *f*
verge roof brick Ortziegel *m*
verge trimming *(Verk)* Randstreifensäuberung *f*, Kantenbegradigung *f*
verification Nachprüfen *n*; Belegung *f*, Beglaubigung *f*, Bestätigung *f*, Überprüfung *f*, Verifikation *f*, Forderungserfüllungsnachweis *m*
verify *v* nachprüfen, nachweisen; feststellen; verifizieren
verify *v* **the measure** nachmessen
vermicular gewunden, geschlängelt, wurmähnlich, wurmartig *(z. B. Ornamentierung)*
vermicular work Schlangenmusterverzierungen *fpl*
vermiculated mit Schlangenlinien verziert
vermiculated mosaic Schlangenmustermosaik *n*
vermiculation Verzierung *f* mit Schlangenlinien
vermiculite Vermiculit *m*, Blähglimmer *m*
vermiculite aggregate Vermiculitzuschlagstoff *m*, Blähglimmerzuschlagstoff *m*

vermiculite concrete Vermiculitbeton *m*, Leichtbeton *m* mit Vermiculit
vermiculite gypsum plaster Vermiculitgipsputz *m*
vermiculite plaster Vermiculit(schutz)putz *m*, Feuerschutzstreichputz *m*
vermin Ungeziefer *n*
vermin-proof ungezieferbeständig, ungeziefersicher
vermin-resistant ungezieferbeständig, ungeziefersicher
vernacular architecture einheimische Architektur *f*, landschaftsspezifische Bauweise *f*
vernacular construction method einheimische Bauweise *f*
vernacular materials einheimische Baustoffe *mpl*
vernier Nonius *m (verschiebbarer Maßstab)*
vernier calliper Schieblehre *f*
versatility 1. Vielseitigkeit *f*, vielseitige Anwendbarkeit *f*; 2. Wendigkeit *f*
versed sine Sinus versus *m*, Pfeilhöhe *f (eines Bogens)*
vertex 1. Scheitel(punkt) *m (höchster Punkt)*; 2. Spitze *f (eines Dreiecks)*
vertex block Scheitelstein *m*, Schlussstein *m*
vertex hinge Scheitelgelenk *n*
vertex joint Scheitelfuge *f*
vertex stone Scheitelstein *m*
vertical senkrecht, lotrecht *(z. B. Flächen)*
vertical Senkrechtstab *m*, Senkrechtglied *n*; Lotrechte *f*, Senkrechte *f*
vertical alignment 1. Vertikalanordnung *f*, 2. *(Verk)* Linienführung *f* im Längsschnitt, Linienführung *f* im Höhenplan
vertical angle Vertikalwinkel *m*, Höhenwinkel *m*
vertical area photograph Senkrechtaufnahme *f (Luftbild)*
vertical assembly Senkrechtmontagebau *m*
vertical axis of rotation senkrechte Drehachse *f*
vertical bar 1. Rahmenpfosten *m (Tür, Fenster)*; Senkrechtstab *m*
vertical bending stress Senkrechtbiegespannung *f*
vertical bond Parallelverband *m*, Reihenverband *m (Mauerwerk)*
vertical bracing stehende Versteifung *f*
vertical cantilever element vertikale Konsole *f*
vertical cattle-guard Scheuerpfahl *m (Landbau)*
vertical circulation Senkrechtverkehr *m*, Senkrechttransport *m (im Gebäude)*
vertical cladding senkrechte Versteifungswand *f*
vertical clearance lichte Höhe *f*
vertical component senkrechte Seitenkraft *f*, lotrechte Seitenkraft *f*
vertical coring brick Hochlochziegel *m*
vertical curvature *(Verk)* Kuppenradius *m*; Wannenradius *m*, Wannenausrundung *f (Trasse)*
vertical curve 1. Böschungsübergangskurve *f (zweier Böschungsneigungen)*; 2. *(Verk)* Ausrundungsbogen *m*, Bogen *m* im Aufriss [Höhenplan]
vertical curve radius Ausrundungshalbmesser *m*
vertical cylindrical tank stehender Zylinderbehälter *m*
vertical denticulation senkrechte Verzahnung *f (Mauerwerk)*
vertical drain senkrechter Entwässerungsschacht *m*, Standdrän *m*
vertical erection Senkrechtmontagebau *m*
vertical erosion Tiefenerosion *f*
vertical exaggeration vertikale Überhöhung *f*
vertical exit senkrechter Notabstieg *m (Feuerleiter, Feuertreppe)*
vertical fault Vertikalverwerfung *f (Baugrund)*
vertical-fibre brick Pflasterklinker *m* mit Drahtschnittseite nach oben
vertical filter well Vertikalfilterbrunnen *m*
vertical force Hauptschnittkraft *f*, Vertikalkraft *f*, Senkrechtkraft *f*
vertical fusion *(Arch)* Vertikalismus *m*
vertical grain Spiegelschnitt *m (Holz)*
vertical-grained schräg geschnitten *(Holz)*
vertical grid senkrechter Raster *m*
vertical guide device *(Verk)* vertikale Leiteinrichtung *f (Straße)*
vertical hole vertikale Bohrung *f (Baugrunderschließung)*
vertical joint Senkrechtfuge *f*, Stoßfuge *f*
vertical kiln Schachtofen *m*
vertical lift(ing) bridge Hubbrücke *f*
vertical lime kiln Kalkschachtofen *m*
vertical load Vertikallast *f*, Senkrechtlast *f*
vertical loading Senkrechtbelastung *f*, Vertikalbelastung *f*
vertical-log frame saw Vertikalgatter *n (Holz)*
vertical meeting rail Schließlängsholz *n (Tür, Fenster)*
vertical member Vertikalstab *m*, Senkrecht(rahmen)stab *m*, Senkrechtglied *n*; Ständer *m*
vertical migration Vertikalmigration *f*
vertical-mounted mixer tap Wandbatterie *f*
vertical movement senkrechte Bewegung *f*
vertical multimoulding Batteriefertigung *f (Betonfertigteile)*
vertical ordering vertikale Gliederung *f*
vertical panel Vertikaltafel *f*, Senkrechttafel *f*
vertical permeability vertikale Durchlässigkeit *f*
vertical pile Senkrechtpfahl *m*
vertical pipe Standrohr *n*, Steigrohr *n*, senkrechtes Rohr *n*
vertical plane *(Verm)* vertikale Ebene *f*, Senkrechtebene *f*, Aufriss *m (Zeichnung)*
vertical reinforcing senkrechte Absteifung *f* [Verstärkung *f*]
vertical riser cable Steigleitung *f*
vertical sand drain senkrechter Sanddrän *m*
vertical sash Hubfenster *n*
vertical saw frame Senkrechtgatter *n (Holz)*
vertical scale *(Arch)* Vertikalismus *m*
vertical section Senkrechtschnitt *m*, Vertikalschnitt *m*
vertical service pipe Versorgungssteigrohr *n*
vertical shear Querkraft *f*
vertical sheeting senkrechte Verkleidung *f*
vertical shoring Unterfangung *f*
vertical side plate senkrechtes Führungsblech *n*
vertical siding senkrechte Außenverschalung *f*
vertical sliding window Hub(schiebe)fenster *n* mit mehreren Flügeln
vertical slip form senkrechte Gleitschalung *f*
vertical spring-pivot hinge Fußboden- und Deckentürangel *f*
vertical stiffener senkrechter Aussteifungspfosten *m*, Senkrechtsteife *f*
vertical strengthening of the bank steile Uferbefestigung *f*
vertical strut Pfosten *m (Fachwerk)*
vertical supporting member Stützglied *n*
vertical suspension rope Hängeseil *n*
vertical tension Vertikalzug *m*
vertical tiling Wand(ver)fliesung *f*
vertical traffic Senkrechttransport *m*, Senkrechtverkehr *m (innerhalb eines Gebäudes)*
vertical translation Vertikalverschiebung *f*, Senkrechtverschiebung *f*
vertical truss Ständerfachwerk *n*
vertical wall member Wandstiel *m (Stahlbau)*
verticalism *(Arch)* Vertikalismus *m*
verticality 1. Lothaltigkeit *f*, vertikale [lotrechte] Lage *f*, senkrechte Stellung *f*, 2. *(Arch)* Vertikalismus *m*
vertically balanced sash Hubfenster *n* mit Gegengewichten

vertically perforated brick Hochlochziegel *m*
vertically perforated lightweight block Leichthochlochziegel *m*
vertically pivoted door Wendeflügeltür *f*
vertically pivoted window Drehfenster *n* mit Mitteldrehpunkt
vertically sliding balanced sash Schiebefenster *n* mit Gegengewichten
very deep hole drilling übertiefe Bohrung *f*
very end of the Late Gothic style *(Arch)* späteste Gotik *f*
very fine sand Feinstsand *m*, Mehlsand *m (0,0625 – 0,125 mm)*
very fine sandstone Mehlsandstein *m*
very high frequency *(El)* Ultrakurzwelle *f*
very quickly corroding zone Zone *f* hoher Korrosionsgeschwindigkeit
vesica piscis *(Arch)* Spitzellipsenornament *n*
vesicular blasig, zellig
vesicular texture Blasenstruktur *f*
vessel Behälter *m*; Hohlkörper *m*
vest *s.* vestibule
vest-pocket park Parkstreifen *m*, schmaler Park *m*, Kleinpark *m*
vestiary Garderobe *f*
vestibule Vestibül *n*; Vorhalle *f*; Halle *f (z. B. Hotel oder Theater)*; Vorraum *m*, Vorzimmer *n*; Windfang *m*
vestibule door Windfangtür *f*
vestige Rudiment *n*
vestigial rudimentär, zurückgebildet
vestigially period *(Arch)* Quattrocento *n (italienische Frührenaissance des 15. Jahrh. – „1400")*
vestry 1. Sakristei *f*; 2. Andachtsraum *m (Sakralbau)*; 3. abbauwürdiger Gangteil *m (Gestein, Mineral)*
vet *v* prüfen, überprüfen, genau prüfen
viable realisierbar, Erfolg versprechend, durchführbar
viaduct Viadukt *m*, Hochbrücke *f*
vibrate *v* 1. vibrieren, schwingen; 2. schütteln *(erschüttern)*; 3. rütteln, rüttelverdichten *(Beton)*
vibrated and pressed concrete pipe Rüttelpressbetonrohr *n*
vibrated bulk concrete Massenrüttelbeton *m*
vibrated concrete Rüttelbeton *m*
vibrated joint eingerüttelte Fuge *f (Straße)*
vibrated mass concrete Massenrüttelbeton *m*
vibrated rock-fill dam gerüttelter Steindamm *m*
vibrating Rütteln *n*; Vibrieren *n*; Schütteln *n*
vibrating beam Rüttelbohle *f*
vibrating beam finisher Rüttelbohlenfertiger *m*, Vibrierbohlenfertiger *m (Straße)*
vibrating compactor Rüttelverdichter *m*
vibrating cylinder Rüttelflasche *f*
vibrating finisher *(Verk)* Vibrations(straßen)fertiger *m*
vibrating grinder *(Bgb)* Sander *m*
vibrating head *s.* vibrating cylinder
vibrating pan Rüttelplatte *f*
vibrating pile driver Vibrationspfahlramme *f*
vibrating plate schwingende Platte *f*; Rüttelplatte *f*, Vibrationsplatte *f*
vibrating plate compactor Plattenrüttler *m*
vibrating riveter Hammernieter *m*
vibrating roller *(Erdb)* Vibrationswalze *f*, Rüttelwalze *f*
vibrating screed Rüttelabziehbohle *f*
vibrating screen Schwingsieb *n*; Rüttelsieb *n*
vibrating sheepsfoot roller Schaffußrüttelwalze *f*
vibrating table Rütteltisch *m*, Vibriertisch *m*
vibrating tamper Rüttelstampfer *m*, Vibrationsstampfer *m*
vibrating-wire strain gauge *(Bod)* Schwingsaitendehnungsmesser *m*
vibration 1. Schwingung *f*, Vibration *f*; Erschütterung *f*; 2. Rütteln *n*, Rüttelbewegung *f*
vibration-absorbing schwingungsdämpfend
vibration check Schwingungsnachweis *m*
vibration damper Schwingungsdämpfer *m*
vibration damping Schwingungsdämpfung *f*
vibration damping material Schwingungsdämmstoff *m*
vibration direction Schwingungsrichtung *f*
vibration driver Vibrationsramme *f*
vibration due to bending stress Biegungsschwingung *f*
vibration energy Schwingungsenergie *f*, Erschütterungsenergie *f*
vibration failure Schwingbruch *m (Dynamik)*
vibration fatigue limit Dauerschwingfestigkeit *f*
vibration fatigue test Dauerschwingprüfung *f*, dynamischer Dauertest *m*
vibration flanking transmission Schwingungsflankenübertragung *f*
vibration-free schwingungsfrei
vibration-isolated schwingungsisoliert, schwingungsgedämmt
vibration-less schwingungsfrei
vibration limit Rüttelzeit *f (Beton)*
vibration mark Schwingungsmarke *f*
vibration measurement Schwingungsmessung *f*
vibration meter Schwingungsmesser *m*
vibration mount Schwingungsdämpfer *m*
vibration of a foundation Fundamentschwingung *f*
vibration of plate Plattenschwingung *f*
vibration-proof erschütterungssicher, schwingfest
vibration ram Vibrationspfahlramme *f*
vibration resistance Schwingungsfestigkeit *f*; Erschütterungsfestigkeit *f*
vibration service lamp erschütterungssichere Lampe *f*
vibration sieve Rüttelsieb *n*
vibration source Schwingungsquelle *f*, Erschütterungsausgang *m*
vibration test Schwingungsversuch *m*
vibration transmission Schwingungsübertragung *f*, Erschütterungsübertragung *f*
vibrations Schwingungen *fpl*
vibrator Rüttler *m*, Vibrator *m*; Verdichter *m*, Vibrationsanlage *f*
vibrator processing bowl Vibrationsbearbeitungsbehälter *m*
vibrator table Rütteltisch *m*, Vibriertisch *m*
vibratory rüttelnd, vibrierend
vibratory compaction Rüttelverdichtung *f*, Vibrationsverdichtung *f (z. B. Erdstoff, Beton)*
vibratory drilling Vibrationsbohren *n*
vibratory fatigue dynamische Ermüdung *f*, Schwingungsermüdung *f*
vibratory finishing Vibrationsgleitschleifen *n*
vibratory method of compaction Rüttelverdichtung *f*, Rüttelverfahren *n (Beton)*
vibratory percussion drilling Vibratonsschlagbohren *n*
vibratory pile driver Rüttelramme *f*, Vibrationspfahltreiber *m*
vibratory plank Rüttelbohle *f (Verdichtung)*
vibratory plate Rüttelplatte *f*
vibratory roller Rüttelwalze *f*
vibratory rotary drilling Vibrationsrotarybohren *n*
vibratory strength Schwingungsfestigkeit *f (Festigkeitslehre)*
vibratory stresses Vibrationsbeanspruchung *f*, Schwingungsbelastung *f*
vibratory table Rütteltisch *m*
vibrobeam Rüttelbohle *f*
vibrocompaction Rüttelverdichtung *f*

vibrofinisher *(Verk)* Vibrations(straßen)fertiger *m*, Fertiger *m* mit Rüttelbohle
vibrofloatation method *(Bod)* Rütteldruckverfahren *n*
vibrotamper Rüttelstampfer *m*, Frosch *m*
Vicat apparatus Vicat-Nadelgerät *n (Zementprüfung)*
Vicat needle Vicat-Nadel *f (Zementprüfung)*
vice 1. Schraubstock *m*; 2. Steinwendeltreppe *f*
vice stairs Wendeltreppe *f*
vicinity Nachbarschaft *f (Baugebiet)*
Vickers hardness Vickershärte *f*, HV
Vickers hardness tester Vickershärteprüfer *m*
Vickers hardness testing Vickershärteprüfung *f*
Victoria blue Viktoriablau *n*
Victorian architecture viktorianische Architektur *f (England, 19. Jahrh.)*
Victorian style *(Arch)* viktorianischer Stil *m (England, 19. Jahrh.)*
victory gateway *(Arch)* Siegestor *n*
victory memorial *(Arch)* Siegesdenkmal *n*
video investigation Videokamerabefahrung *f (Kanal)*
Vierendeel girder Vierendeel-Träger *m*
Vierendeel truss Vierendeel-Fachwerk *n*, Pfostenfachwerk *n*
view *v* besichtigen *(z. B. Haus)*
view Ansicht *f*; Durchblick *m*; Überblick *m*; Sicht *f*
view drawing Ansichtszeichnung *f*
view-endowed site Aussichtsgrundstück *n*
view of space Raumbild *n*
viewer Türgucker *m*, Türspion *m*
viewing angle Sichtwinkel *m*, Blickwinkel *m*
viewing deck Aussichtsplattform *f*
viewing equipment Betrachtungsgeräte *npl (z. B. für Erkundungsaufnahmen)*
viewing floor Aussichtsetage *f*, Aussichtsgeschoss *n*
viewing gallery Aussichtsgang *m*
viewing plank Visierlatte *f*
viewing slot Sichtschlitz *m*
viewing tower Aussichtsturm *m*
viewpoint Blickfang *m (architektonisch)*
vignette 1. Weinrebenornament *n*, Weinrankenverzierung *f*; 2. *(Verk)* Vignette *f*, Gebührensichtmarke *f (Mautstraße)*
villa Villa *f*
villa garden Villengarten *m*
village Dorf *n*
village church Dorfkirche *f*
village green Dorfanger *m*, Dorfwiese *f*
village-inn Dorfgaststätte *f*, Dorfkrug *m*
village square Dorfplatz *m*
village-type arrangement dorfähnliche Gruppierung *f*
vine Schlingpflanze *f (Landschaftsbau)*
vine leaf *(Arch)* Weinblatt *n*
vinet(te) *s.* vignette 1.
vineyard pole Rebpfahl *m*
vinyl Vinyl *n*, Vinylharz *n*
vinyl-asbestos tile Vinylasbest(boden)fliese *f*
vinyl benzene Vinylbenzol *n*, Styrol *n*
vinyl bonding adhesive Vinylklebstoff *m*
vinyl chloride Vinylchlorid *n*
vinyl coating 1. Vinylharzanstrich *m*; 2. Vinylharzanstrichstoff *m*
vinyl ester Vinylester *m*
vinyl film Vinylfolie *f*
vinyl foam Vinylschaumstoff *m*
vinyl lacquer Vinylharzlack *m*
vinyl latex base Vinylgrundlage *f*
vinyl paint Vinylharzanstrichstoff *m*, Vinylfarbe *f*
vinyl pipe Vinylrohr *n*
vinyl-plastic tile Vinylfliese *f*, Vinyl(harz)platte *f*
vinyl resin Vinylharz *n*
vinyl sheet Vinylfolie *f*
vinyl sheeting Vinylbahn *f*
vinyl tile Vinyl(harz)platte *f*
vinyl toluenated alkyd vinyltoluolmodifiziertes Alkydharz *n*
vinyl wall facing Vinylwandverkleidung *f*
vinylbenzene Styren *n*, Styrol *n*, Vinylbenzol *n*
violent stream Sturzbach *m*, Wildbach *m*
violet alizarine Alizarinviolett *n*
violet pigment violettes Pigment *n*
violetta *(AE)* Violettholz *n*
VIP lounge VIP-Wartehalle *f (Flughafen)*; VIP-Salon *m*
VIP reception room Staatsempfangsraum *m*, VIP-Raum *m*
virgin ungebraucht; rein, unvermischt; gediegen
virgin and idle lands Neu- und Brachland *n*
virgin area unberührtes Land *n*
virgin earth material jungfräulicher Boden *m*, unberührter Boden *m*
virgin flow unbeeinflusste Strömung *f*, ungestörte Strömung *f*
virgin forest Urwald *m*
virgin land Neuland *n*
virgin material ungebrauchtes Material *n*
virgin soil Neuland *n*; ungepflügtes Land *n*; gewachsener Boden *m*, natürlicher Boden *m*; Rohboden *m*
virgin wool Schurwolle *f (Dämmung)*
viridian green Chromgrün *n*
virtual 1. tatsächlich, eigentlich, faktisch; 2. virtuell; 3. simuliert, künstlich *(Computerdarstellung)*
virtual deformation virtuelle Formänderung *f*
virtual displacement virtuelle [scheinbare] Verrückung *f*
virtual-displacement law Prinzip *n* der virtuellen Verrückungen
virtual force virtuelle Kraft *f*
virtual image virtuelles Bild *n (Optik)*
virtual loading virtuelle [scheinbare] Belastung *f*
virtual reality virtuelle Realität *f*
virtual work virtuelle Arbeit *f*
virtually praktisch, nahezu; tatsächlich, faktisch, eigentlich
vis(e) stair *(AE)* Wendeltreppe *f*
vis viva kinetische Energie *f (Dynamik)*
viscid zähflüssig, zäh
viscoelastic viskoelastisch
viscoelastic material viskoelastischer Baustoff *m*
viscoelasticity Viskoelastizität *f*
viscometer Viskosimeter *n (z. B. für Frischbeton)*
viscoplastic viskoplastisch, zähplastisch *(Baustoff)*
viscosimeter *s.* viscometer
viscosimetric analysis viskosimetrische Analyse *f*
viscosity Viskosität *f*, Zähflüssigkeit *f*, Zähigkeit *f*
viscosity cup Auslaufbecher *m (Viskositätsprüfung)*
viscosity index Viskositätsindex *m*
viscosity range Viskositätsbereich *m*
viscous zäh(flüssig), dickflüssig; viskos
viscous filter Klebefilter *n (Klimaanlage)*
vise *(AE) s.* vice
visibility Sicht *f*
visibility distance 1. *(Verm)* Lesbarkeitsabstand *m*; 2. *(Verk)* Sichtweite *f*
visible sichtbar
visible area Sichtfläche *f*
visible concrete surface Betonsichtfläche *f*
visible cupola Sichtkuppel *f*
visible dome Sichtkuppel *f*
visible face Sichtseite *f*, Schauseite *f*
visible horizon *(Arch)* sichtbarer Horizont *m*
visible region sichtbarer Bereich *m*
visible side Sichtseite *f*, Schauseite *f*

visible surface Sichtfläche *f (Gebäude, Raum)*
visible to the unaided eye mit bloßem Auge sichtbar
visible underface Untersicht *f*
visible underside Untersicht *f*
vision light Klarverglasung *f*
vision-light door Tür *f* mit Durchsicht(fenster)
vision panel Sichtfenster *n*
visitor's entrance Besuchereingang *m*
visitor's room Besucherraum *m*, Besucherzimmer *n*
visitor's traffic Besucherverkehr *m*
visitor's walkway Besuchergang *m*
vista 1. Perspektivblick *m*, Sicht *f (Straßenentwurf)*; 2. gerichtete Sicht *f*
visual visuell, nach Augenschein
visual angle Sichtwinkel *m*, Blickwinkel *m*, optischer Winkel *m*
visual assessment visuelle Zustandsbeurteilung *f*
visual check Sichtprüfung *f*, Sichtkontrolle *f*, Augenscheinkontrolle *f*
visual comfort Sichtbehaglichkeit *f*
visual examination Sichtprüfung *f*, visuelle Prüfung *f*, Prüfung *f* nach Augenschein
visual field Sichtfeld *n*
visual inspection *s.* visual examination
visual integration *(Arch)* bildliche Integration *f*, graphische Integration *f*, zeichnerische Integration *f*
visual interpretation visuelle Auswertung *f (z. B. von Erkundungsaufnahmen)*
visual intrusion *(Verk)* Sichtbehinderung *f*, Sichtbelästigung *f*
visual range Sichtbereich *m*
visual scale optischer Maßstab *m*
visual signal *(Verk)* optisches Signal *n*
vitiated air verbrauchte Luft *f*, Abluft *f*
vitiated air chimney Abluftschlot *m*, Entlüftungsschlot *m*, Abluftschornstein *m*
vitiated air duct Abluftkanal *m*, Entlüftungskanal *m*
vitiated air opening Abluftöffnung *f*, Entlüftungsöffnung *f*
vitreous glasartig, glasig *(z. B. Ziegel, Kacheln)*
vitreous basalt Basaltglas *n*
vitreous brick verglaster Ziegel *m*
vitreous china verglastes Steingut *n*, Halbporzellan *n*
vitreous enamel Schmelzemaille *f*
vitreous enamel coating Emailschutzschicht *f*
vitreous enamel finish Schmelzemailleüberzug *m*
vitreous enamelled building panel schmelzemaillierte Bautafel *f*
vitreous enamelling Emaillierung *f*, Emaillieren *n*
vitreous fracture glasartiger Bruch *m (Baustoffprüfung)*
vitreous lustre Glasglanz *m*
vitreous rock glasiges Gestein *n*
vitreous silica Kieselglas *n*
vitreous surfacing Kaltglasurüberzug *m*, Kaltkeramik *f*
vitrification Verglasung *f*, Sintern *n*, Frittung *f*, Übergang *m* in glasige Zustandsphase *(z. B. Ziegel, Kacheln)*
vitrified verglast, gesintert, gefrittet *(Feuerfestkeramik)*
vitrified brick Klinker *m*; Schmolzstein *m*; verglaster Ziegel *m*
vitrified clay base Steinzeughalbschale *f (Vorflut)*
vitrified-clay drain pipe Steinzeugsickerrohr *n*
vitrified clay pipe Steinzeugrohr *n*
vitrified-clay pipe Steinzeugrohr *n*
vitrified enamel *s.* vitreous enamel
vitrified stock brick glasharter Ziegel *m*, Glaskopf *m*
vitrified tile Klinkerfliese *f*
vitrified wall *(Arch)* Schlackenwall *m*, feuergebranntes Zyklopenmauerwerk *n*
virtify *v* verglasen, sintern *(Feuerfestkeramik)*
vitriphyric mikroglasig *(Porphyrgefüge)*
vitrophyric vitropphyrisch
vivianite Vivianit *n*, Blaueisenerz *n*
vogesit Vogesit *m (Lamprophyrart)*
void 1. leer; 2. unbewohnt *(Haus)*; 3. ungültig, unwirksam, nichtig
void 1. Pore *f*, Hohlraum *m*, Porenraum *m*; 2. Blase *f*, Nest *n*; 3. Leere *f*
void-cement ratio Hohlraum-Zement-Verhältnis *n*, Verhältnis *n* von Zement zu Luftporen und Wasser
void content Porengehalt *m*, Hohlraumanteil *m (Baustoff)*
void formation Hohlraumbildung *f*
void-free fehlstellenfrei, ohne Fehlstellen *(Schutzschicht)*
void in the concrete Betonnest *n*
void ratio 1. *(Bod)* Porenziffer *f*, Porenindex *m*; 2. Porenanteil *m*, Hohlraumverhältnis *n*
void-solid ratio Wandflächen-Fensterflächen-Verhältnis *n*
void space *s.* void volume
void spacing Porenverteilung *f*
void volume Porenvolumen *n*, Porenraum *m*, freies Porenvolumen *n*
void water Porenwasser *n*
voidage (relatives) Porenvolumen *n*; Porosität *f*
voidless hohlraumfrei, ohne Hohlräume
voids Luftporen *fpl*
voids content Hohlraumgehalt *m*
voids filled with asphalt *(AE)* Ausfüllungsgrad *m*, Bitumenausfüllungsgrad *m*, Hohlraumausfüllungsgrad *m*
voids filled with binder Ausfüllungsgrad *m*, Bindemittelausfüllungsgrad *m*, Hohlraumausfüllungsgrad *m*
voids in mineral aggregate fiktive Mineralstoffgemengehohlräume *mpl*
voids in the total mix *(Verk)* Hohlraumgehalt *m*, Hohlraumgehalt *m* im Gesamtgemisch
voids index Porenindex *m*
voids ratio Porenziffer *f*, Luftporengehalt *m*
volatile flüchtig *(z. B. Lösungsmittel)*
volatile alkali Salmiakgeist *m*
volatile component flüchtiger Bestandteil *m*
volatile constituent flüchtiger Bestandteil *m*
volatile matter flüchtige Bestandteile *mpl*, Flüchtiges *n*
volatile solvent flüchtiges Lösungsmittel *n*
volatile substance flüchtiger Bestandteil *m*
volatile thinner flüchtiges Verdünnungsmittel *n*
volatility Flüchtigkeit *f (Lösungsmittel, flüchtige Stoffe)*
volatilize *v* sich verflüchtigen, verdunsten, verdampfen *(Lösungsmittel, flüchtige Stoffe usw.)*
volcanic vulkanisch
volcanic area Vulkangebiet *n*
volcanic ash Vulkanasche *f*
volcanic clay vulkanischer Ton *m*
volcanic conglomerate vulkanisches Konglomerat *n (Gestein)*
volcanic constructional material vulkanischer Baustoff *m*
volcanic rock vulkanisches Gestein *n*, Eruptivgestein *n*
volcanic slag Vulkanschlacke *f*, vulkanische Schlacke *f*
volcanic soil vulkanische Erde *f*
volcanic tuff Tuff(stein) *m*
volcanic zone vulkanisches Gebiet *n*
volcano Vulkan *m*
voltage *(El)* Spannung *f*
voltage-carrying *(El)* spannungsführend, unter Spannung
voltage drop *(El)* Spannungsabfall *m*
voltage-operated earth-leakage *(El)* Fehlspannungsschutzschalter *m*
voltaic cell *(El)* galvanische Zelle *f*, galvanisches Element *n*
voltmeter *(El)* Spannungsmesser *m*
volume Rauminhalt *m*, Volumen *n*, Raum *m*; Baumasse *f*

volume-batching Volumenzugabe *f*
volume-built serienmäßig gefertigt [gebaut] *(z. B. Fertighäuser, Nasszellen)*
volume change Raumänderung *f*, Volumenänderung *f*
volume compressibility Kompressibilität *f*
volume constance Raumbeständigkeit *f*, Volumenbeständigkeit *f*
volume contraction Schwindung *f*, Schwinden *n (von Material)*
volume cost Kosten *pl* für umbauten Raum
volume decraese Raumverringerung *f*, Volumenverringerung *f*
volume density Raumdichte *f*
volume expansion räumliche Ausdehnung *f*
volume growth Volumenzunahme *f*
volume increase Raumzunahme *f*, Volumenzunahme *f*
volume level Lautstärkepegel *m*
volume method (of construction cost estimate) Baukostenvoranschlagermittlung *f* nach umbautem Raumvolumen
volume of building output Bauvolumen *n*
volume of construction Bauvolumen *n (Planungsziffer)*
volume of sewage Abwassermenge *f*
volume of the reservoir of a barrage *(Wsb)* Stauraum *m* einer Talsperre
volume percent(age) Volumenprozent *n*, Raumprozent *n*
volume-production concrete mixer Großmischer *m* für Beton
volume reduction cracks Schwundrisse *mpl*
volume stability Raumbeständigkeit *f*, Volumenbeständigkeit *f*, Raumkonstanz *f (von Baustoffen)*
volume strain Raumdehnung *f*, Volumendehnung *f*
volume weight Volumengewicht *n*
volume yield Fließen *n*
volumetric absorption volumetrisches Absorptionsverhältnis *n*
volumetric analysis Maßanalyse *f*, volumetrische Analyse *f*, Volumetrie *f*
volumetric batcher volumetrischer Mischer *m*
volumetric batching volumetrische Dosierung *f*, Dosierung *f* nach Raumteilen *(Beton)*
volumetric density Raumdichte *f*
volumetric design volumetrische Bemessung *f (Baustoffrezepturerstellung)*
volumetric efficiency volumetrischer Wirkungsgrad *m (Umwelt)*
volumetric measure Raummaß *n*
volumetric test Raumänderungsprüfung *f*, Verformungsprüfung *f*
volumetrically stable raumbeständig *(Baustoffe)*
volute *(Arch)* Volute *f*, Schneckenornament *n (Ornament an ionischen Säulen)*; Schnecke *f*, Spirale *f*
volute compasses Volutenzirkel *m*
volute helix *(Arch)* Volutenranke *f*
volute line *(Arch)* Schneckenlinie *f*, Volutenlinie *f*
volute ornament *(Arch)* Spiralverzierung *f*
voluted *(Arch)* schneckenförmig
voluted capital *(Arch)* Schneckenkapitell *n*, Volutenkapitell *n*
voluted gabel *(Arch)* Volutengiebel *m*, Schneckengiebel *m*
vomitory Treppenmündung *f (in Zuschauerräumen)*; Sitzreihenzugang *m (römisches Amphitheater)*
vortex Strudel *m*, Wirbel *m (Strömung)*
vortex structure Schlingenbau *m*
votive chapel *(Arch)* Weihkirche *f*
votive stupe *(Arch)* Votivstupa *f*, Votivtope *f*
votive tope *(Arch)* Votivtope *f*, Votivstupa *f*
voucher Nachweis *m*, Beleg *m*
voussoir Gewölbe(form)stein *m*
voussoir brick Bogenziegel(stein) *m*, Gewölbeziegel *m*, Keilziegel *m (bei Ziegelgewölben)*
voussoir joint Wölbfuge *f*
voussoir quoin Gewölbe(kanten)stein *m*, Gewölbeformstein *m*, Bogenkeilstein *m*
vug Druse *f (Hohlraum im Gestein)*
vugular limestone drusiger Kalkstein *m*
vulcanic rock *s.* volcanic rock
vulcanite Ebonit *n*, Hartgummi *m*
vulcanization Vulkanisieren *n (Gummi)*
vulcanized fibre [paper] Vulkanfiber *f*
vulnerability 1. Verletzbarkeit *f (Anstriche, Schutzschichten)*; 2. Angreifbarkeit *f*, Anfälligkeit *f (Baustoffe, Werkstoffe)*
vulnerable verletzbar *(Anstrich, Schutzschicht)*; angreifbar *(Baustoff, Werkstoff)*
vulpinite Ornamentanhydrit *m*
vyse staircase Wendeltreppe *f*, Schneckentreppe *f*

W

w/c *s.* water/cement ratio
wacke Wacke *f (Sedimentgestein)*
wadding Wattierung *f*, Zellstoffwatte *f (Dämmung)*
wadi Wadi *n (Trockental)*
wading pool Plantschbecken *n*, Kinderbecken *n*
wafer-type valve Einklemmventil *n*, Einklemmarmatur *f*
waffle Kassette *f*, Kassettentafel *f*
waffle ceiling Kassettendecke *f*, kassettierte Decke *f*
waffle panel Kassettenplatte *f*
waffle pattern Kassettenmuster *n*
waffle plate Kassettenplatte *f*
waffle-roof slab Kassettendachplatte *f*
waffle slab Kassettengeschossplatte *f (Stahlbeton)*
waffle slab floor Kassettengeschossdecke *f*, kassettierte Geschossdecke *f*
waffle soffit Kassettenuntersicht *f*
wage fraction Lohnanteil *m (Baupreis)*
wage level Lohnniveau *n*
wages Arbeitslohn *m*
wages department [office] Lohnbüro *n*
waggon *s.* wagon
Wagner fineness Wagner-Feinheitsgrad *m (z. B. für Zement, bestimmt im Wagner-Trübheitsmesser)*
wagon 1. Lore *f*; 2. Güterwagen *m*
wagon balance Gleiswaage *f*
wagon ceiling Tonnengewölbedecke *f*, Zylinderwölbdecke *f*
wagon-headed mit Tonnengewölbe
wagon-headed vault Tonnengewölbe *n*
wagon lifting appliance *(Verk)* Wagenhebewerk *n (Eisenbahn)*
wagon roof Tonnendach *n*
wagon shed Wagenschuppen *m*
wagon vault Tonnengewölbe *n*, Fassgewölbe *n*
wagon vaulted tunnelgewölbt
wagon vaulted roof Tonnengewölbedach *n*
wagtail Trennleiste *f*, Trennholz *n (Hubfenster)*
Wailing Wall *(Arch)* Klagemauer *f (Jerusalem)*
wainscot *v* (ver)täfeln; mit Holz verkleiden
wainscot 1. Holztäfelung *f*, Täfelung *f*, Täfelwerk *n*, Getäfel *n*; Paneel *n*; 2. Sockeltäfelung *f*, untere Wandtäfelung *f*, Lambris *m*; Innenverkleidung *f*

wainscot cap Täfelungsobersockel *m*
wainscot oak Vertäfelungseiche *f*, Vertäfelungseichenholz *n*
wainscoting *s.* wainscotting
wainscotting 1. Täfelungsmaterial *n*, Profilbretter *npl* für Wandtäfelung; 2. Täfeln *n*, Täfelung *f*, Vertäfeln *n*, Wandtäfelung *f (Tätigkeit)*; 3. *s.* wainscot
wainscotting cap Sockeltäfelung *f*, Sockelverkleidung *f*
waist Einbuchtung *f*; Einschnürung *f*, Geschossdeckenverjüngung *f*; dünnste Stelle *f* einer Betonstufe
waiting bay Rastplatz *m*; Wartebucht *f*
waiting hall Wartehalle *f*, Wartesaal *m*
waiting period between coats Zwischentrocknungsdauer *f (Anstriche)*
waiting room 1. *s.* waiting hall; 2. Wartezimmer *n*
waive *v* **a claim** auf einen Anspruch verzichten *(z. B. an Grund, auf Gebäudenutzung)*
waiver Verzicht *m*; Verzichtserklärung *f*, Freigabe *f*
wale(r) Rahmenholz *n*, Riegel *m*; Zange *f (Holzschalung)*; Brustholz *n*
waling *(AE)* Gurt *m*, Gurtholz *n (für Spundwand)*; Brustholz *n*
walk 1. Galerie *f*, Laufgang *m*; 2. Fußweg *m*, Gehweg *m*
walk along the battlements *(Arch)* Wehrgang *m*
walk-in box begehbare Kühlzelle *f*
walk-in closet begehbarer Einbauschrank *m*
walk-in cooling box [cell] begehbare Kühlzelle *f*
walk plank Laufbohle *m*
walk-through Fußgängertunnel *m*
walk-up 1. *(AE)* Haus *n* ohne Aufzug; Verwaltungsgebäude *n* ohne Aufzug *oder* Rolltreppe; 2. Treppensteigen *n*
walk-up apartment house aufzugloses Haus *n*
walk-up dwelling *(AE)* Treppenwohnhaus *n*, Treppenwohngebäude *n*
walked-on finish Fußbodenbelag *m*, Gehbelag *m*
walkie-talkie *(AE)* Handsprech(funk)gerät *n*, Montagesprechgerät *n*, tragbares Sprechfunkgerät *n*
walking beam pivot eingelassene Türangel *f* im Querholz
walking distance Gehentfernung *f*
walking dragline Schreitbagger *m*
walking habit Gehgewohnheit *f*
walking line Lauflinie *f*, Gehlinie *f (einer Treppe)*
walking spud Schreitabsteckpfahl *m*
walking surface Gehfläche *f*
walking way Laufweg *m*
walkway 1. Laufgang *m (Bedienungssteg, z. B. eines Krans)*; 2. Fußweg *m (überdachter Fußgängerweg)*; 3. Gehweg *m*; Gartenweg *m*
wall *v* 1. eine Mauer ziehen, hochmauern; ummauern, mit einer Mauer umgeben; 2. vermauern, zumauern *(Öffnungen)*
wall *v* **in** einmauern, ummauern
wall *v* **up** zumauern, vermauern
wall 1. Mauer *f*, Wand *f*; 2. Wand *f*, Wandung *f*, Seitenwand *f*; 3. Schutzmauer *f*, Wall *m*
wall alkality Wandalkalität *f*
wall anchor Wandanker *m*
wall anchorage Wandverankerung *f*
wall and window section Stirnwand *f* mit eingebautem Fensterrahmen
wall arcade [arcature] Blendarkade *f*, Blendbogen *m*
wall arch Mauerbogen *m*
wall area Wandfläche *f*, Mauerfläche *f*
wall base 1. Mauergründung *f*, Gründung *f (Einzelfundament für Gebäude oder Wand)*; 2. Sockel *m*; Untersatz *m*
wall beam Metallstab *m*, Metall(kurz)träger *m*, Metallarm *m (als Wandanker)*; Wandbalken *m*
wall bearer Wandträger *m*, Träger *m*
wall-bearing partition tragende Trennwand *f* [Zwischenwand *f*]
wall bed Wandklappbett *n*, Klappbett *n*
wall belfry Glockenwand *f*
wall bolt Steinschraube *f*
wall bond Mauerverband *m*
wall bonded to piers Zwischenpfeilerwand *f*
wall box 1. Balkenaussparung *f*, Balkenauflager *n (in der Wand)*; 2. *(El)* Wanddose *f*, Einbaudose *f*
wall bracing Wandaussteifung *f*, Wandversteifung *f*
wall bracket 1. Wandstütze *f*; Wandaussteifung *f*; 2. Wandkonsole *f*, Wandbrett *n*; 3. *(El)* Wandlampenarm *m*
wall breakthrough Wanddurchbruch *m*
wall-building block Wandstein *m*
wall-building component Wandelement *n*
wall-building tile Wandstein *m*
wall bushing *(El)* Wanddurchführung *f*, Mauerdurchführung *f*
wall capping Mauerabdeckung *f*
wall cast in-situ Ortbetonwand *f*, Monolith-Betonwand *f*, gegossene Betonwand *f*
wall cavity Wandhohlraum *m*
wall channel Wandschlitz *m*
wall chase Wandrille *f*, Rinne *f (für Rohrleitungen an und in Wänden)*
wall cladding Wandverkleidung *f*, Mauerverkleidung *f*
wall clamp 1. Maueranker *m*, Wandklammer *f (zwischen zwei Mauern oder Hohlmauern)*; 2. Rohrschelle *f (für Wandbefestigung)*
wall column Wandstütze *f*, Wandsäule *f*, Mauersäule *f*; Halbsäule *f*
wall component Wandelement *n*
wall composition Wandgliederung *f*
wall concreting Wandbetonierung *f*
wall conduit *(El)* Wandlerrohr *n*, Elektrowandlerrohr *n*
wall construction method Wandbauweise *f*
wall construction type Wandbauart *f*; Wandbaumethode *f*
wall cope Mauerkappe *f*, Mauerabdeckung *f*
wall coping Mauerabdeckung *f*; Mauerkrone *f*
wall corner Wandkante *f*, Wandecke *f*
wall corner guard Wandkantenschutz *m*
wall covering 1. Wandverkleidung *f*, Verkleiden *n* einer Wand; Tapezieren *n*; 2. Wandbelag *m*; Wandbekleidung *f*
wall covering work Tapezierarbeiten *fpl*
wall crack Wandriss *m*
wall cross-section Wandquerschnitt *m*
wall crossing Maueranschluss *m*
wall crown Mauerkrone *f*
wall cupboard Wandschrank *m*
wall damp-proof course Feuchtigkeitssperrschicht *f*
wall decoration *(Arch)* Wandverzierung *f*
wall decorative fixture *(Arch)* Wandornament *n*, Wandschmuckelement *n*
wall deformation Wandverformung *f*
wall dissolution *(Arch)* Wandauflösung *f*, Auflösen *n* der Wand
wall dowel Mauerdübel *f*
wall drilling machine Wandbohrmaschine *f*
wall dryer Wandtrockner *m (Baustellentrockner)*
wall duct Wanddurchführung *f*
wall edge Wandkante *f*, Mauerkante *f*
wall effect Wandeinfluss *m*
wall enclosure Wandgehege *n*; gemauerte Umfriedung *f*
wall enrichment *(Arch)* Wandschmuck *m*, Wandverzierung *f*
wall erection Wandmontage *f*
wall fabric Stofftapete *f*
wall facing Wandverkleidung *f*, Wandauskleidung *f*
wall facing material Wandverkleidungsmaterial *n*, Wandverkleidungsbaustoff *m*

wall fan Wandlüfter *m*
wall fastening Wandbefestigung *f*
wall finish Wandbelag *m*, Wandoberfläche *f*
wall fitting Wandleuchte *f*, Wandlampe *f*
wall footing Streifenfundament *n*, Mauergründung *f*, Wandfundament *n*
wall form Wandschalung *f*
wall forming wandbildend
wall foundation Mauergründung *f*
wall frame Balkenaussparung *f*
wall fresco *(Arch)* Wandfreske *f*
wall friction Wandreibung *f*
wall furnace eingebauter Wand(heiz)ofen *m*
wall furring Wandverkleidungsrahmenwerk *n*, Wandgitterrahmen *m* für eine Wandverkleidung
wall garden begrünte [bepflanzte] Trockenmauer *f*
wall glazing Wandverglasung *f*
wall grille Verkleidungsgitter *n* einer Wandöffnung; Heizkörperverkleidung *f*
wall gypsum baseboard Gipskarton(stuck)wandplatte *f*, Gipskartonputzträgerplatte *f*
wall gypsum sheating Gipskartonplattenwandverschalung *f*
wall handrail Wandhandlauf *m (Treppe)*
wall hanger Wandbügel *m*, Wandauflagereisen *n*, Wandlager *n (Trägeröffnung)*
wall hanging Wandbehang *m*
wall heating Wandheizung *f*
wall height lichte [freie] Wandhöhe *f*
wall holdfast Wandhalterung *f*
wall hook 1. Mauerhaken *m*, Wandhaken *m*; 2. *s.* wall iron
wall humidity Wandfeuchtigkeit *f*
wall hung urinal Wandbecken *n*, Wandurinal *n*
wall-hung water closet wandhängiges Klosettbecken *n*
wall hydrant Wandhydrant *m*
wall in ashlar Quader(stein)mauer *f*
wall in plaster panels Gipsplattenwand *f*
wall insulation Wanddämmung *f (Wärmedämmung)*; Wandsperrung *f (gegen Feuchtigkeit)*
wall interaction Wand(flächen)wirkung *f*, Wandverbundwirkung *f*
wall iron Wandhalterungseisen *n*, Wandhaken *m*, kleine Wandkonsole *f*
wall joint Wandfuge *f*, Mauerfuge *f*; Dehn(ungs)fuge *f*
wall junction Maueranschluss *m*, Mauerkreuzung *f*
wall junction profile Wandanschlussprofil *n*
wall-less wandlos
wall lift Fensterputzwagen *m*, Reinigungshängewagen *m*
wall lighting Wandbeleuchtung *f*
wall lighting fitting Wandleuchte *f*, Wandlampe *f*
wall line Mauerflucht *f*
wall liner board Wandverkleidungsplatte *f*, Wandbelagplatte *f*
wall liner material Wandverkleidungsmaterial *n*, Wandbelagbaustoff *m*
wall lining 1. Wandbelag *m*, Wandbekleidung *f*, Wandauskleidung *f (innen)*; 2. Wandverkleidung *f*, Verkleiden *n* einer Wand; Wandauskleidung *f (innen)*
wall material Wandbaustoff *m*
wall-mounted wandmontiert
wall-mounted cock for cold and hot water Wandbatterie *f*
wall-mounted fire warning device Wandfeuermelder *m*, Wandbrandmelder *m*
wall-mounted radiator Wandheizkörper *m*
wall mounting Wandmontage *f*
wall niche Wandnische *f*
wall of pier construction Pfeilerwand *f*
wall offset Wandabsatz *m*
wall opening Maueröffnung *f (mindestens 75 cm × 45 cm)*
wall oriel *(Arch)* Fassadenerker *m*, Wanderker *m*
wall ornamentation *(Arch)* Wandverzierung *f*
wall outlet (box) Wandsteckdose *f*
wall paint Wandfarbe *f*, Wandanstrich *m*
wall painting Wandmalerei *f*, Wandgemälde *n*
wall panel 1. Wandplatte *f (als Wandbelag)*; 2. Wand(bau)tafel *f (Beton)*
wall-panel construction system Wandtafelbaumethode *f*
wall-panel heating Wandstrahlungsheizung *f*
wall-panel system Wandtafelbaumethode *f*
wall passage *(Arch)* Laufgang *m*, Wandgang *m (Sakralbauten)*
wall pattern *(Arch)* Wandmuster *n*
wall picture Freske *f*
wall piece Spreizwandholz *n*, Querstreifenauflage *f*
wall pier [pillar] Wandpfeiler *m*
wall plank Wanddiele *f*
wall plaster 1. Wandputz *m*; 2. Wandputzmasse *f*, Wandputzstoff *m*
wall plate 1. Balkenauflagerplatte *f* auf einer Wand, Lastverteilungsplatte *f*; Mauerlatte *f (in Dachkonstruktion)*; Sattelplatte *f*; Fuß pfette *f*; Streichbalken *m*, Schwellholz *n*; Grundplatte *f (z. B. für Wände)*; 2. Spreizwandholz *n*, Querstreifenauflage *f*; 3. Wandplatte *f*
wall plug 1. Mauerdübel *f*; 2. *(El)* Stecker *m* für Wandsteckdosen
wall-pointing machine Mauerfugegerät *n*
wall post Maueranschlusspfosten *m*, Pfosten *m* nahe einer Mauer
wall pouring Wandbetonierung *f*
wall pressure Wanddruck *m*
wall radiator Wandradiator *m*, Wandheizkörper *m*, Wandgliederheizkörper *m*
wall rail Wandhandlauf *m (Treppe)*
wall raising Hochziehen *n* einer Mauer
wall recess Wandvertiefung *f*
wall reflection factor Wandrückstrahlgrad *m*
wall relief *(Arch)* Wandrelief *n*
wall rib Wandrippe *f (Gewölberippenende)*
wall rosace *(Arch)* Mauerrosette *f*
wall rug Wandbehang *m*
wall run provisorische Maueröffnung *f*
wall safe Wandsafe *m*
wall salpetre Salpeterausblühung *f*
wall scone *(Arch, EL)* Wandzierlampe *f*, Zierwandlampe *f*
wall scraper Gipserspachtel *f*
wall screw Steinschraube *f*
wall-shaft Wanddienst *m*
wall shearing stress *(Bod)* Wandschubspannung *f*
wall sheathing Wandverschalung *f (Außenwandverkleidung)*
wall shelf Wandregal *n*, Wandbrett *n*
wall shingle Wandschindel *f*
wall shoring Wandabsteifung *f*
wall shuttering Wandschalung *f*
wall siding Außenwandverschalung *f*, Außenwandverkleidung *f*, Wandbeplankung *f*
wall sign wandmontiertes Hinweiszeichen *n*
wall-sized wandgroß, raumwandgroß
wall skin 1. Wandhaut *f*; 2. Wanddichtung *f (Kellerwand)*
wall slab Wandbauplatte *f (Beton)*
wall slab in prestressed clay Stahltonwandtafel *f*
wall slate Wandschiefer *m*
wall slot Wandschlitz *m*
wall socket *(El)* Wand(steck)dose *f*, Anschlussdose *f*, Netzsteckdose *f*
wall spacer Wandschalungsabstandhalter *m*

wall stability Wandstabilität *f*, Wandstandsicherheit *f*
wall standing by itself frei stehende Mauer *f*
wall stop end Wandanschluss *m*
wall stopper Wandspachtelmasse *f*, Wandfüllmasse *f*
wall stove eingebauter Wand(heiz)ofen *m*
wall strength Wandfestigkeit *f*
wall string wandseitige Treppenwange *f*, Wandwange *f*
wall strut Wandstrebe *f*
wall stucco *(Arch)* Wandstuck *m*
wall stud *s.* wall post
wall stuff Wandputzmasse *f*, Wandputzmörtel *m*
wall support Wandstütze *f*, Wandauflager *n*
wall-supported scaffold mauerabgestütztes Gerüst *n*
wall surface Wandfläche *f*, Wandoberfläche *f*
wall surfacing Wandverkleidung *f*, Wandauskleidung *f*
wall surfacing board Wandverkleidungsplatte *f*, Wandbelagplatte *f*
wall surfacing material Wandverkleidungsmaterial *n*, Wandbelagbaustoff *m*
wall sweep Mauerschwingbogen *m*
wall system Wandkonstruktionssystem *n*, Wandkonstruktion *f*
wall thickness 1. Mauerstärke *f*, Wandstärke *f*, Wanddicke *f*; 2. Wanddicke *f*, Wandstärke *f (von Rohren)*
wall tie Maueranker *m*, Wandanker *m*, Mauerklammer *f*, Wandklammer *f*, Mauerhaken *m*
wall tile Wandfliese *f*, Wandplatte *f (Fliesenbelag)*; Wandverkleidungsplatte *f*, Wandbelagplatte *f*
wall tile fixing by adhesive Wandplattenverklebung *f*, Wandplattenverlegen *n* im Dünnbettverfahren
wall tilework Wandfliesenbelag *m*, Wandplattenbelag *m*
wall tiling 1. Wandfliesenbelag *m*, Wand(platten)belag *m*; 2. Wandfliesung *f*, Fliesen *n*
wall-to-wall carpet(ing) (textile) Auslegeware *f*
wall top Mauerkrone *f*, Brüstung *f*
wall tower Befestigungsmauerturm *m*
wall tracery *(Arch)* Wandmaßwerk *n*
wall-tube insulator *(El)* Durchführungsisolator *m*
wall tying Wandverankerung *f*
wall type Wandart *f*
wall unit 1. Schrankwand *f*; 2. Wandelement *n*
wall vapour barrier Wanddampfsperre *f*
wall vent Wandlüfter *m*
wall walk *(Arch)* Wehrgang *m*
wall-wash luminaire *(AE)* Wandanstrahlleuchte *f*
wall-washing *(AE)* Wandanstrahlbeleuchtung *f (aus kürzestem Abstand)*
wall weight Wandgewicht *n*, Wandmasse *f*
wall wiring *(El)* Wandverdrahtung *f*
wall with buttress Wand *f* mit Strebepfeilern
wall with doors Türwand *f*, Wand *f* mit Türen
wall with horizontal slab Winkelstützwand *f*, Winkelstützmauer *f*
wall with pre-installed services Installationswand *f*
wallboard Wand(leicht)bauplatte *f*
walled 1. eingemauert; 2. befestigt
walled enclosure ummauerter Raum *m*
walled garden mauerumgebener Garten *m*
walled monastery *(Arch)* befestigtes Mönchskloster *n*
walled palace *(Arch)* befestigter Palast *m*
walled passage *(Arch)* Dromos *m (Gang zu einer Grabstätte)*
walled town *(Arch)* befestigte Stadt *f*
waller Maurer *m*
waller's hammer *s.* mason's hammer
walling 1. Mauerung *f*, Mauern *n*; 2. Wandbaustoffe *mpl*, Material *n* zum Mauern; 3. Wände *fpl*; Steinmauern *fpl*; Gemäuer *n*; 4. Wandsystem *n*
walling component Mauerstein *m*; Wandelement *n*
walling pattern *(Arch)* Mauermuster *n*
walling stone Naturwandbaustein *m*
walling unit Mauerstein *m*
wallpaper *v* tapezieren
wallpaper Tapete *f*
wallpaper cover moulding Tapetenleiste *f*
wallpaper glue Tapetenkleister *m*, Tapezierkleister *m*
wallpaper-hanger Tapezierer *m*
wallpaper-hanging Tapezieren *n* mit Papiertapete
wallpaper-hanging work Tapezierarbeiten *fpl (mit Papiertapete)*
wallpaper roll Tapetenrolle *f*
wallpaper sheet(ing) Tapetenbahn *f*
wallpaper trimmer Tapetenschneider *m*
wallpapering Tapezierarbeiten *fpl*
walnut 1. Walnussbaum *m*; 2. *s.* walnut wood
walnut wood Nussbaumholz *n*, Walnussholz *n*
wane *(Hb)* Wahnkante *f*, Baumkante *f*, Fehlkante *f*
wane-edged wood wahnkantiges [waldkantiges] Holz *n*
waney wahnkantig, waldkantig
war memorial *(Arch)* Kriegerdenkmal *n*, Gefallenendenkmal *n*, Kriegerehrenmal *n*
ward 1. Kranken(haus)station *f*, Station *f*; 2. Schlüsselformblech *n (Türschloss)*; Riegelsperre *f*; 3. Stadtbezirk *m (Verwaltungseinheit)*
ward block Bettenhaus *n*, Krankenzimmergebäude *n*
ward floor Krankenzimmergeschoss *n*, Krankenzimmeretage *f*
ward patient's room Bettenzimmer *n*
ward unit Kranken(haus)station *f*
warded lock Buntbartschloss *n*
warded mortise lock Buntbarteinsteckschloss *n*
warded rim lock Buntbartkastenschloss *n*
warden-assisted mit Aufsicht *(für ältere Bewohner)*
warding file Schlüsselfeile *f*
wardrobe 1. Garderobe *f*, Kleiderablage *f*; 2. Kleiderschrank *m*
wardrobe bank closet Schlafzimmerschrankwand *f*
wardrobe closet Schlafzimmereinbauschrank *m*
ware Erzeugnisse *npl*, Ware *f*, Gegenstände *mpl*, Artikel *mpl*
warehouse Lagerhaus *n*, Lagergebäude *n*, Speicher *m*; Magazin *n*, Warenlager *n*
warehouse set teilweises Zementabbinden *n* durch Lagerung; Ablagerung *f (Zement)*
warm 1. warm; 2. erhitzt, heiß
warm air Warmluft *f*
warm-air circulation Warmluftumwälzung *f*
warm-air curtain Warmluftvorhang *m*, Warmluftschleier *m*
warm-air distribution Warmluftverteilung *f*
warm-air duct Warmluftkanal *m*
warm-air furnace Warmluftofen *m*, Warmluftzwangsumlauf *m*
warm-air heating installation Warmluftheizungsanlage *f*
warm-air heating system Warmluftheizung(sanlage) *f*
warm-air outlet Warmluftaustritt(s)öffnung *f*
warm-air register Warmluftregler *m*
warm-air rising duct Warmluft(steig)kanal *m*, Warmluftschacht *m*
warm-air stack senkrechter Warmluftschacht *m*
warm concrete Warmbeton *m*
warm glue Warmleim *m*
warm-setting adhesive bei mittlerer Temperatur abbindender Klebstoff *m*
warm to the tread fußwarm
warm underfoot fußwarm *(Wohnung)*
warmed air erwärmte Luft *f*, Warmluft *f*
warmed floor cover beheizter Bodenbelag *m*
warming Anwärmen *n*, Erwärmen *n*, Erwärmung *f*

warming-house Wärmestube *f*
warming period rate Erwärmungsgeschwindigkeit *f*
warming up Aufheizen *n (Zimmer, Wohnung)*
warming-up period Aufheizzeit *f (Zimmer, Wohnung)*
warmth Wärme *f (z. B. von Räumen)*
warning Warnung *f*, Alarm *m*; Warnmeldung *f*
warning cone Verkehrsleitkegel *m*
warning device Warngerät *n*, Melder *m*, Signalgerät *n*
warning light Warnlampe *f*, Lichtsignal *n*
warning pipe Überflussleitung *f (Überlauf)*
warning sign *(Verk)* Warnzeichen *n*
warning system Warnvorrichtung *f*
warning waistcoat Warnweste *f*
warp *v* 1. sich verziehen, sich werfen, krümmen, krumm werden *(z. B. Holz)*; arbeiten; sich verwölben *(gebrannte Bauelemente)*; verbiegen, verbiegen, verwerfen, verdrehen, verwinden *(z. B. Hitze das Holz)*; 2. verschlammen
warp *v* **downward** nach unten verbiegen
warp *v* **up** verschlammen
warp *v* **upward** aufwölben
warp 1. Verziehen *n*, Verwerfung *f*, Verkrümmung *f*, Verformtheit *f (z. B. Holz)*; 2. *(Bod, Erdb, Wsb)* Anschwemmung *f*, Aufschwemmung *f*, Schlamm *m*, Schlick *m*
warp bed *(Wsb)* Schlammschicht *f (Flussmündung)*
warp clay Auenton *m*
warp sand Flusssand *m*
warp soil Auenboden *m*
warpage Verwerfung *f (z. B. von Holz)*; Verkrümmung *f*, Verwölbung *f (Vorgang oder Ergebnis)*
warped 1. verzogen, geworfen, verworfen *(z. B. Holz)*; krumm; gekrümmt; doppelt gekrümmt; 2. *(Bod, Erdb)* unregelmäßig geschichtet • **become warped** sich krümmen [wölben]; sich verziehen
warped surface gekrümmte Fläche *f*
warped timber verworfenes Holz *n*, verzogenes Holz *n*
warping Verziehen *n*, Verkrümmen *n*, Verwerfen *n*
warping joint Verziehungsfuge *f*, Krümmungsfuge *f (Straße)*; Gelenkfuge *f*
warping stress Beulspannung *f (Stahlbau)*
warrant *v* garantieren
warrant *v* **for defects [faults]** für Mängel haften
warranty Garantie *f*; *(AE)* Haftung *f*; vertragliche Zusicherung *f*
warranty claim Garantieanspruch *m*
warranty deed Qualitäts- und Lieferbescheinigung *f*, Sicherheitsurkunde *f*
warranty inspection Gewährleistungsabnahme *f*
warranty of quiet enjoyment Zusicherung *f* des ungestörten Besitzes *(an Grund, Gebäuden)*
Warren girder [truss] Warrenträger *m*, Warren-Fachwerk *n*, Strebenfach(werk)träger *m*, Parallelträger *m* mit Dreiecksverband
wash *v* 1. spülen, waschen *(z. B. Kies)*; 2. *(Wsb)* auswaschen, ausspülen; 3. tünchen; dünn anstreichen
wash *v* **away** *(Wsb)* den Grund wegspülen, die Sohle ausspülen
wash *v* **down** abwaschen
wash *v* **off** abwaschen
wash *v* **out** auswaschen; herausspülen; ausschlämmen
wash *v* **with acid** absäuern
wash 1. Waschen *n (z. B. von Kies)*; 2. Auswaschung *f (von Boden)*; Wassererosion *f*; 3. Tünche *f*; dünn aufgetragene Farbe *f*; 4. Schwemmland *n*
wash boring Spülbohren *n*
wash box Setzkasten *m (Zuschlagaufbereitung)*
wash coat *s.* wash primer
wash-down bowl Tiefspülbecken *n (WC)*
wash-down toilet Spülklosett *n*
wash-down water closet Tiefspülklosett *n*
wash drilling Spülbohren *n*
wash fixture Waschanlage *f*, Wascheinrichtung *f*, Waschräume *mpl*, Waschinstallation *f*
wash fountain Gruppenwaschbeckenanlage *f*
wash-hand basin Handwaschbecken *n*
wash heating Entzundern *n* durch Abschweißen
wash-house Waschhaus *n*
wash light Wandanstrahlleuchte *f*
wash pipe Spülrohr *n*
wash primer Washprimer *m*, Haftgrundmittel *n*, Reaktionsgrundiermittel *n*, Grundiermittel *n*
wash primer coat Washprimeranstrich *m*, haftsicherer Grund(ier)anstrich *m*
wash room Waschraum *m*
wash room equipment Waschraumausrüstung *f*
wash water Fahrmischerwasserfüllung *f (Spülwasser in Extratank zum Reinigen nach Entleerung)*
washable abwaschbar *(z. B. Putz, Tapete)*
washbasin Waschbecken *n*; Waschtisch *m*
washbasin chair Waschbeckenstützrahmen *m*
washboard Scheuerleiste *f*, Fußleiste *f*; Sockelleiste *f*
washboarding *(Verk)* waschbrettartige Querwellen *fpl*, Waschbrett *n*, Waschbrettbildung *f (Straße)*
washbowl *(AE)* Waschbecken *n*; Handwaschbecken *n*
washed concrete Waschbeton *m*
washed dirt Waschberge *f*
washed down abgewaschen
washed finish Waschbetonoberfläche *f*, Waschputzeffekt *m*; Waschterrazzofläche *f*
washed gravel Waschkies *m*
washed pumice Waschbims *m*
washed sand Waschsand *m*, gewaschener Sand *m*
washed-up material angeschwemmtes Material *n*
washer Unterlegscheibe *f*; Zwischenlage *f*; Scheibe *f*, Dichtungsscheibe *f*; Beilagescheibe *f*; Dichtungsring *m*, Ring *m*; Abstreifring *m*
washing Spülung *f*
washing-away Unterspülung *f*
washing-away of soil Bodenabspülung *f*
washing by jet Strahlwaschen *n*
washing down Abwaschen *n*
washing drum Waschtrommel *f*
washing machine Waschmaschine *f*
washing-out Auswaschung *f*
washing recess Waschnische *f*
washing-room Waschraum *m*
washleather Putzleder *n*, Waschleder *n*
washout Auswaschen *n*
washroom Waschraum *m*
washtube Waschwanne *f*
waste *v* vernachlässigen, verfallen lassen *(z. B. Grundbesitz)*
waste 1. Müll *m*, Abfall *m*; Schutt *m*, Bauschutt *m*; Abraum *m*; 2. Ausschuss *m*; 3. Verlust *m*, Verschnitt *m (z. B. bei Holzbearbeitung)*; 4. *s.* waste-water; 5. Vergeudung *f*, unwirtschaftlicher Materialeinsatz *m*
waste air Abluft *f*
waste air filter Abluftfilter *n*
waste area *s.* waste dump
waste avoidance Abfallvermeidung *f*
waste box Müllkasten *m*; Abfallkasten *m*
waste building material Bauschutt *m*, Abbruchmaterial *n*
waste cartage Müllabfuhr *f*, Abfallabfuhr *f*
waste chute Müllschacht *m*
waste collecting chamber Müllsammelraum *m*
waste collection Müllabfuhr *f*, Abfallabfuhr *f*
waste connection Ablaufverbindung *f*
waste container Abfallbehälter *m*
waste containment Abfalldeponie *f*

waste crusher Abfallzerkleinerer *m*
waste destructor Müllverbrennungsofen *m*, Müllverbrenner *m*
waste disinfection Abfalldesinfektion *f*
waste disintegrator Abfallzerkleinerer *m*
waste disposal 1. Müllbeseitigung *f*; Abfallbeseitigung *f*, Entsorgung *f*; 2. *s.* waste-water disposal
waste-disposal plant Abfallbeseitigungsanlage *f*
waste-disposal unit Abfallbeseitigungsvorrichtung *f*, Küchenabfallzerkleinerer *m (zur Beseitigung von Speiseresten mit dem Abwasser)*
waste disposer Müll(abwurf)schacht *m*
waste drainage pipe Abflussdränrohr *n*, Siel *n*
waste dump Kippe *f*, (ungeordnete) Müllhalde *f*; Schuttabladeplatz *m*
waste-economical planning abfallwirtschaftliche Planung *f*
waste elbow Abflussrohrbogen *m*, Ablaufrohrbogen *m*
waste exchange market Abfallbörse *f*
waste-food grinder Küchenabfallzerkleinerer *m*
waste formation Abfallerzeugung *f*, Anfall *m* von Abfällen, Müllanfall *m*
waste-gas flue Rauchgaskanal *m*
waste glass Altglas *n*, Glasabfall *m*
waste glass container Altglasbehälter *m*
waste gravel soil Schuttboden *m*
waste grease Abfallfett *n*
waste ground Ödland *n*
waste gypsum Abfallgips *m*, Gipsabfall *m*
waste heap Abraumhalde *f*, Halde *f*, Müllhaufen *m*
waste heat Abwärme *f*, Abhitze *f*
waste-heat recovery Abwärmeverwertung *f*
waste-heat utilization Abwärmenutzung *f*
waste incineration Abfallverbrennung *f*
waste incinerator Müllverbrenner *m*, Abfallverbrenner *m*
waste land Ödland *n*
waste line Abwasserleitung *f*
waste mass Deponiegut *n*
waste material Abfall *m*, Abfallmaterial *n*
waste of space Raumverschwendung *f*
waste paper preparation Altpapieraufbereitung *f*
waste paper recycling Altpapierrecycling *n*
waste pickle liquor Abbeize *f*, verbrauchte Beize *f*
waste pile Abraumhalde *f*
waste pipe *(San)* Abwasserrohr *n*, Fallrohr *n*, Abwasserrohrleitung *f*, Hausabflussrohr *n*, Abflussrohr *n*; Abfallröhre *f*
waste pit Müllgrube *f*
waste plug Abflussstopfen *m*
waste processing Abfallbehandlung *f*, Abfallverwertung *f*, Umwandlung *f* von Abfallstoffen
waste producer Abfallerzeuger *m*, Abfallverursacher *m*
waste product nicht verwertbarer Rückstand *m*, Abfallprodukt *n (unverwertbar)*; Sekundärrohstoff *m (wiederverwertbar)*
waste products of civilization Zivilisationsmüll *m*
waste receptacle Abfallbehälter *m*; Abfallcontainer *m*
waste recovery Abfallaufbereitung *f*, Abfallverwertung *f*
waste recycling plant Abfallverwertungsanlage *f*
waste rock Berge *mpl*
waste segregation getrennte Abfalllagerung *f*
waste site operation Deponiebetrieb *m*
waste slope Schuttböschung *f*
waste sorting plant Abfallsortieranlage *f*
waste stack Abwasserfallrohr *n*
waste steam Abdampf *m*
waste steam heat Abdampfwärme *f*
waste steam heating Abdampfheizung *f*
waste storage Abfalllagerung *f*
waste tip Abfalldeponie *f*, Müllhalde *f*, Müllkippe *f*
waste treatment Müllaufbereitung *f*, Abfallbehandlung *f*, Abfallverwertung *f*
waste utilization Müllverwertung *f*, Abfallstoffverwertung *f*
waste utilization plant Abfallverwertungsanlage *f*
waste vent senkrechtes Abwasserrohrende *n (zur Entlüftung)*
waste-water Abwasser *n (Haushalt, Industrie)*; Schmutzwasser *n*; Abflusswasser *n (z. B. bei Kühlsystemen)*
waste water collection tank Abwassersammeltank *m*
waste water control Abwasserkontrolle *f*
waste water discharge Abwassereinleitung *f*
waste-water disposal Abwasserbeseitigung *f*, Abwasserentsorgung *f*
waste-water downcomer Abwasserfallrohr *n*, Senkrechtschleuse *f*
waste-water facilities Abwasserbauten *mpl*, Abwasserbehandlungsanlagen *fpl*
waste water purification plant Kläranlage *f*
waste water renovation Abwassersanierung *f*
waste water sludge Klärschlamm *m*
waste-water treatment Abwasserbehandlung *f*, Abwasserreinigung *f*
waste water treatment plant Kläranlage *f*, Klärwerk *n*
waste-way *(Wsb)* Überfall *m*, Überlauf *m (Talsperre)*
waste well Wasser(absenkungs)brunnen *m*, Dränbrunnen *m*; Senkgrube *f*; Sickerbrunnen *m*
waste wood *(Hb)* Abfallholz *n*
wasteway Überlauf *m (Bauwerk)*; Abflusskanal *m*
wasting Abschlagen *n*, Abhauen *n (von Steinkanten, Steinüberstand)*
wasting process zerstörender Vorgang *m*
wat *(Arch)* Vat *m (buddhistische Klosteranlage)*
watch-tower Wach(t)turm *m*
watch turret 1. Wach(t)turm *m*; 2. Erkertürmchen *n*
watching loft Ausgucköffnung *f*, Ausguck *m (z. B. Dachboden)*
water *v* 1. wässern, bewässern *(Beton)*; 2. berieseln, bewässern *(Landschaftsbau)*; 3. verdünnen *(z. B. wasserlösliche Anstriche)*; 4. tränken *(mit wässrigen Lösungen)*
water 1. Wasser *n*; 2. Gewässer *n*
water-absorbing wasseraufnehmend
water-absorbing capacity Wasseraufnahmevermögen *n*
water-absorbing stone Nässer *m*, wassersaugender Naturstein *m*
water absorption Wasseraufnahme *f (z. B. von Baustoffen)*
water-absorptive capacity Wasseraufnahmevermögen *n*
water action Wasser(ein)wirkung *f*
water addition 1. Wasserzusatz *m*; 2. Wasseranlagerung *f*
water admission Wasserzufuhr *f*, Wasserzuführung *f*
water aerodrome Wasserflughafen *m*
water analysis Wasseranalyse *f*
water architecture Wasserbau *m*
water-attracting wasseranziehend, hygroskopisch
water back Wasseraufheizungsanlage *f (hinter einem Kamin)*
water balance Wasserhaushalt *m*, Wasserbilanz *f*
water bar Wasserschenkel *m*, Wetterschenkel *m*, Wasserabweisleiste *f (Fenster, Tür)*
water barrier Wassersperre *f*
water-base wasserhaltig
water base Wassergrundlage *f*, Wasserbasis *f (Anstriche)*
water base coating wasserverdünnbarer Anstrichstoff *m*
water base enamel wasserverdünnbarer Lack *m*, Wasserlack *m*
water-base(d) paint *s.* water paint
water base primer wasserverdünnbare Grundierung *f*

water-based vehicle Bindemittellösung *f* auf Wasserbasis
water basin 1. Wasserbassin *n*, Wasserbecken *n*; 2. Wassereinzugsgebiet *n*, Infiltrationsgebiet *n*
water bath Wasserbad *n (Baustofflabor)*
water-bearing wasserführend
water-bearing horizon Grundwasserleiter *m*, wasserführende Schicht *f*
water-bearing layers wasserführende Schichten *fpl*, Grundwasserstockwerke *npl*
water-bearing soil bed wasserführende Bodenschicht *f*
water-bearing strata wasserführende Schichten *fpl*
water-binder ratio Wasser-Bindemittel-Verhältnis *n*
water-binding wasserbindend
water-binding ability Wasserbindevermögen *n*
water blasting Nass(sand)strahlen *n*, nasses Sandstrahlen *n*
water board Wasserwirtschaftsamt *n*
water-bogged soil versumpfter Boden *m*
water-born wasserlöslich
water-bound *(Verk)* wassergebunden *(Straßenkoffer)*
water-bound macadam wassergebundene Schotterdecke *f*, Mineralbeton *m*, Mineralbetondecke *f*
water break test Wasserbenetzungstest *m*
water bucket Wassereimer *m*
water butt Wasserfass *n*
water carriage Schiffstransport *m*
water-carriage system Hauskanalisierung *f*
water-carried paint *s.* water paint
water-carrier method Schwemmverfahren *m*, Müllverschwemmen *n*
water-carrying wasserhaltig, wasserführend
water catchment Wasserfassung *f*, Wassergewinnung *f*
water/cement ratio Wasserzementwert *m*, W/Z(-Wert) *m*, Wasser-Zement-Verhältnis *n*, Wasser-Zement-Faktor *m (Beton)*
water chamber Brunnenhaus *n*; Quellfassung *f*, Wassersammelkammer *f*
water channel 1. Wasserrinne *f (Sohlbank)*; 2. *(Wsb)* offener Wasserkanal *m*; 3. *(Verk)* geschlossener [gedeckter] Durchlass *m*
water charge Wasserabgabe *f*
water charged wasserdurchtränkt
water check Dachüberstand *m*
water-checked casement regendichter Fensterrahmen *m*, Fensterrahmen *m* mit Wasserabtropfleisten
water circulation Wasserumlauf *m*
water cistern Zisterne *f*, Wasserbehälter *m*
water clarification Wasserklärung *f*
water-clearing plant Wasserkläranlage *f*
water closet Wasserklosett *n*, WC, Toilette *f*, Spülklosett *n*
water-closet pan Wasserklosettbecken *n*
water cock Wasserhahn *m*
water collecting area Wassereinzugsgebiet *n*
water column Wassersäule *f*
water condition Wasserbeschaffenheit *f*, Wasserzusammensetzung *f*
water conditioning Wasseraufbereitung *f*
water conditions *(Bod, Erdb, Verk)* Wasserverhältnisse *npl*
water conduct gallery *(Wsb)* Wasserüberleitungsstollen *m*
water conductor Wasserfallrohr *n*
water conduit 1. Wasserkanal *m (offen oder geschlossen)*; 2. Wasser(leitungs)rohr *n*, Wasserleitung *f*
water conservation Gewässerschutz *m*
water constitution Wasserbeschaffenheit *f*, Wasserzusammensetzung *f*
water consumer Wasserverbraucher *m*, Wasserabnehmer *m*
water consumption Wasserverbrauch *m*
water-containing wasserhaltig
water content Wassergehalt *m*
water cooler Trinkwasserkühler *m*
water cooling Wasserkühlschlange *f*
water course Spülkanal *m*, Wasserlauf *m*; Gewässer *n*
water crack Trockenriss *m (in Putz)*
water culvert Wasserabfluss *m*, überwölbter Wasserabflussgraben *m*
water curing Nachbehandlung *f* mit Wasser, Feuchthalten *n*, Feuchthaltung *f (von Beton)*
water cushion Wasserkissen *n*
water cycle Wasserkreislauf *m*
water deficiency Wassermangel *m*, Wasserfehlbedarf *m*
water deioniser Wasserdeionisierungsgerät *n*
water delivery Wasserversorgung *f*
water demand Wasserbedarf *m*
water demineralization Wasserentsalzung *f*
water desalination Wasserentsalzung *f*
water desinfection Wasserdesinfektion *f*, Wasserentkeimung *f*
water discharge Wasserauslass *m*; Wassereinleitung *f*
water dispersion Wasserdispersion *f*
water dispersion coating wasserverdünnbarer Anstrichstoff *m*
water-displacing wasserverdrängend
water disposal Wasserentsorgung *f*, Abwasserentsorgung *f*, Abwasserbeseitigung *f*
water disposal well Abwasserbohrung *f*
water-distributing pipe *s.* water-distribution pipe
water distribution Wasserverteilung *f*
water distribution istallation Wasserverteilungsanlage *f*
water-distribution pipe Wasserverteilungsleitung *f*, Trinkwasserzuleitung *f*
water-distribution reservoir Wasserverteilungsbecken *n*
water ditch Wassergraben *m*
water divide Wasserscheide *f*
water diviner Wünschelrutengänger *m*
water drain Wasserabfluss *m*, Wasserablass *m*
water drain pipe Abwasserrohr *n*, Wasserablass *m*
water drainage Wasserhaltung *f*, Wasserableitung *f*
water drip Wassernase *f*, Tropfnase *f*, Wasserschenkel *m*
water economy Wasserwirtschaft *f*
water elutriation Wasserfiltrationsmethode *f*
water emulsion paint Dispersionsanstrichstoff *m*, Dispersionsfarbe *f*
water engineering Wasserbau *m*, Hydrotechnik *f*
water examination Wasseruntersuchung *f*
water extraction structure Wasserabscheidebauwerk *n*
water fastness Wasserbeständigkeit *f*, Wasserfestigkeit *f*
water-fearing wasserabweisend, wasserabstoßend, hydrophob
water feed pipe Wasserzuführung *f*
water feeder Wasserzufluss *m*, Wasserzubringer *m*
water filtration plant Wasserfilteranlage *f*, Wasserfiltrieranlage *f*
water fitting Wasserfitting *m*, Wasserleitungsformstück *n*
water fittings Wasserarmatur *f*
water flowmeter *s.* water meter
water flushing Wasserspülung *f*
water foilage *(Arch)* Wasserblattwerk *n*, Wasserlaub *n*
water for domestic use Brauchwasser *n*
water for industrial use Brauchwasser *n*
water formation wasserführende Schicht *f*
water fountain 1. Springbrunnen *m*; Wasserspiel *n*, Wasserkunst *f*; 2. Trinkbecken *n* mit senkrechtem Wasserstrahl, Trinkbrunnen *m*; 3. *s.* wash fountain
water-front park Uferpark *m*

water gain Wasserausschwitzen *n*, Wasserabsetzen *n* *(Beton)*
water garden Garten *m* mit Wasserbecken, Wasserbeckengarten *m*
water gauge Wasserstandsanzeiger *m (z. B. an Kesseln)*; Pegel *m*, Wasserpegel *m*, Peil *m (in Gewässern)*; Pegellatte *f*
water glass Wasserglas *n*
water-glass cement Wasserglaskitt *m*
water-glass coat Wasserglasanstrich *m*
water-glass mastic Wasserglaskitt *m*
water-glass paint Wasserglasfarbe *f*, Mineralfarbe *f*
water-glass paint coat Wasserglasfarbanstrich *m*, Silikatfarbanstrich *m*, Mineralfarbanstrich *m*
water-glass solution Wasserglaslösung *f*
water ground wasserführendes Gestein *n*
water gutter *(AE)(Verk)* Wasserseitengraben *m*, Schnittgerinne *n*, Spitzgraben *m*
water hammer Druckstoß *m*, Wasserstoß *m*, Wasserschlag *m (in Wasserleitungen)*
water hardness Wasserhärte *f*
water-hating wasserabstoßend, wasserabweisend, hydrophob
water head Wassersäule *f*
water heater Wassererhitzer *m*, Warmwasserbereiter *m*
water heating Wassererhitzung *f*, Wassererwärmung *f*
water-heating plant Warmwasserbereitungsanlage *f*
water-heating system Wassererhitzungsanlage *f*, Wasserwärmungsanlage *f*
water-holding capacity Wasserbindungsvermögen *n*, wasserbindende Kraft *f (eines Erdstoffes bzw. Bodenschicht)*
water horizon Wasserhorizont *m*, Wasserleiter *m*
water immersion service Unterwasserbeanspruchung *f*
water immersion test Wasserlagerungsprüfung *f*
water impermeability Wasserundurchlässigkeit *f*, Wasserdichtheit *f*
water impermeability test Wasserdurchlässigkeitsprüfung *f*, Wasserdichtigkeitsprüfung *f*
water-impregnated wassergetränkt
water-in-oil emulsion umgekehrte Emulsion *f*, Wasser-in-Öl-Emulsion *f*
water incursion Wassereinbruch *m*
water inflow Wassereinbruch *m*; Wasserzufluss *m*
water influx Wasserzulauf *m*, Wasserzufluss *m*
water inlet Wassereinlauf *m*; Wasserablauf *m*, Sinkkasten *m*
water inrush Wassereinbruch *m*, Wasserandrang *m*
water-insoluble wasserunlöslich
water intake 1. Wassereintritt *m*, Wassereinlass *m*; 2. Wasserentnahme *f (aus dem Leitungsnetz)*
water irrigation Bewässerung *f*
water jet Wasserstrahl *m*
water jet pump Wasserstrahlpumpe *f*
water joint 1. gehobene Steinfuge *f (Straße, Weg)*; 2. gesattelte Bördelverbindung *f*, hochgesteppte Blechfuge *f*
water law Wassergesetz *n*
water layer Wasserschicht *f*, Wasserleiter *m*, Wasserhorizont *m*; Wasserfilm *m*
water leaf *(Arch)* Lotusblattornament *n*, Wasserblatt *n*
water leakage Wassereintritt *m*
water leaves *(Arch)* Wasserblattwerk *n*, Wasserlaub *n*
water level 1. Wasserspiegel *m*, Wasserstand *m*, Wasserstandslinie *f*, Grundwasserspiegel *m*; 2. Setzwaage *f*, Wasserwaage *f*
water-level control Wasserstandsregeleinrichtung *f*
water-level decrease Wasserspiegelabsenkung *f*
water level difference Wasserstandsdifferenz *f*
water-level indicator Wasserstandsanzeiger *m*
water-level mark Wasserstandsmarke *f*
water lifting Wasserhebung *f*
water lime hydraulischer Kalk *m*, Wasserkalk *m*
water line (höchste) Wasserstandslinie *f (Zisterne)*
water logged wassergesättigt
water logging *(Bod)* Staunässe *f*, stehende Feuchtigkeit *f*, Sumpfnässe *f*
water loss Wasserverlust *m*
water-loss shrinkage 1. *(Bod)* Schrumpfung *f*, Trockenschrumpfung *f*; 2. Trockenschwindung *f (z. B. in Keramik, Beton)*
water-loss shrinkage behavior Schrumpfverhalten *n*
water-loss shrinkage crack Schrumpfriss *m*
water-loss shrinkage curve Schrumpflinie *f*, Schrumpfkurve *f*
water-loss shrinkage stress Schrumpfspannung *f*
water-loss shrinkage value Schrumpfwert *m*, Schrumpfmaß *n*
water-loving wasserfreundlich, hydrophil
water main Wasser(haupt)leitung *f*, Hauptwasserleitung *f*, Leitungsrohr *n* • **be on the water mains** Wasseranschluss haben
water-mains burst Wasserrohrbruch *m*
water management Wasserwirtschaft *f*
water mark Wasserzeichen *n*
water meadow Flussaue *f*
water meter Wasserzähler *m*, Wasseruhr *f*
water meter box Wasserzählerkasten *m*
water migration Wasserwanderung *f*
water mordant Wasserbeize *f*
water mortar hydraulischer Mörtel *m*
water need Wasserbedarf *m*
water of capillarity Porensaugwasser *n*, Kapillarwasser *n*
water of compaction Wasser *n* zur Erdstoffverdichtung; Verdichtungswassergehalt *m*
water of composition Eigenfeuchte *f*, Eigenfeuchtigkeit *f*
water of head gespanntes Grundwasser *n*, artesisches Wasser *n*
water of hydration Hydratationswasser *n*, Hydratwasser *n (Zementsteinbildung)*
water of setting Abbindewasser *n (Hydratation)*
water outbreak *(Erdb, Tun, Wsb)* Wasserdurchbruch *m*
water outlet Wasserabfluss *m*, Ausfluss *m*, Entwässerungsöffnung *f*
water overflow Wasserüberlauf *m*
water overflow pipe Wasserüberlauf *m*, Wasserüberlaufrohr *n*
water paint Wasserfarbe *f*, wasserverdünnbarer Anstrich(stoff) *m*, Dispersionsfarbe *f*
water parting Wasserscheide *f*
water penetration Wassereindringung *f*
water percolation Wasserdurchsickerung *f*
water permeability Wasserdurchlässigkeit *f*
water permeability test Wasserdurchlässigkeitsprüfung *f*
water-permeable wasserdurchlässig
water pier Strompfeiler *m (Brücke)*
water pipe Wasser(leitungs)rohr *n*; Wasserleitung *f*
water-pipe burst Wasserrohrbruch *m*
water-pipe fitting Rohrleitungsfitting *n*
water piping Wasserleitung *f*
water pocket Wassersack *m (z. B. Planum, Freispiegelwasserleitung)*
water policy Gewässeraufsicht *f*, Wasserwirtschaftsbehörde *f*
water pollutant wasserverunreinigender Stoff *m*
water pollution Wasserverschmutzung *f*, Gewässerbelastung *f*, Wasserverunreinigung *f*
water pollution control Wasserschutz *m*, Gewässerschutz *m*, Wasserreinhaltung *f*

water pond [pool] Wasserbecken *n (in einem Garten)*
water power plant Wasserkraftwerk *n*
water pressure Wasserdruck *m*
water pressure load Wasserdrucklast *f*
water pressure test *(San)* Abdrückprobe *f*, Wasserdurchlässigkeitsprüfung *f*
water procuring dike Wasserfassungsdamm *m*
water-proof *s.* waterproof
water-proof blanket Dichtungsschürze *f*, Dichtungsvorlage *f (Stauanlage, Erddamm, Steinschüttdamm)*
water-proofing membrane Dichtungshaut *f*, Dichtungsschleier *m (Stauanlage)*
water protection Gewässerschutz *m*; Wasserschutz *m*
water protection area Wasserschutzgebiet *n*, Wasserschutzzone *f*
water pumpage Wasserhebung *f*
water purification Wasserreinigung *f*, Wasseraufbereitung *f*
water purification plant Wasserkläranlage *f*
water putty Wasserabdichtkitt *m*, Holzkitt *m (mit Wasser angerührt)*
water quality Wassergüte *f*, Wasserqualität *f*, Wasserbeschaffenheit *f*
water ramp Wasserstufenbecken *n*; Wasserspiel *n*
water recycle Wasserkreislauf *m*
water-reducible paint wasserverdünnbarer Anstrichstoff *m*
water-reducing agent [admixture] plastifizierender Betonzusatz *m*, Plastifikator *m*, Verflüssiger *m*
water regime Wasserhaushalt *m (eines Flusses)*
water release Wasserabgabe *f*
water repellency Wasserabstoßung *f*, Wasserabweisung *f*, hydrophobierende Wirkung *f*
water-repellent wasserabstoßend, wasserabweisend, hydrophob
water-repellent agent Sperranstrichmittel *n*, Hydrophobierungsmittel *n*
water-repellent cement wasserabstoßender [hydrophobierter] Zement *m (mit speziellen Additiven)*
water-repellent concrete Sperrbeton *m*
water-repellent emulsion Sperremulsion *f*
water-repellent finish Sperrputz *m*
water-repellent grouting Sperrschlämme *f*
water-repellent membrane Sperrschicht *f*, Dicht(ungs)-haut *f*, Abdichtschicht *f*
water-repellent mortar Sperrmörtel *m*
water-repellent paper Sperrpappe *f*, Isolierpapier *n*
water-repellent solution Imprägnierlösung *f*
water-repellent treatment Hydrophobierung *f*, Imprägnierbehandlung *f*
water repeller Dichtungsmittel *n*
water requirements Wasserbedarf *m*
water reserve Wasservorrat *m*
water reservoir 1. *(Wsb)* Rückhaltebecken *n*; 2. Wasserbehälter *m*, Wassertank *m*
water resistance Wasserbeständigkeit *f*, Wasserfestigkeit *f*
water-resistant wasserbeständig, wasserfest, wasserecht
water resisting wasserdruckhaltend
water-resisting paint wasserfester Anstrich *m*
water-resisting property *s.* water resistance
water resource Wasservorkommen *n*
water resources Wasservorräte *mpl*
water resources engineering Wasserwirtschaft *f*
water resources management Wasserwirtschaft *f*
water resources project Wasserbevorratungsprojekt *n*
water retaining wall Staumauer *f*
water-retardant wasserhemend
water-retardant plaster wasserhemmender Putz *m*
water-retarding wasserhemmend
water-retarding facing wasserhemmende Verkleidung *f*, wasserhemmende Auskleidung *f*
water-retentive wasserhemmend
water retentivity 1. Wassergehaltsstabilisierung *f* des Mörtels; 2. Wasser(rück)haltevermögen *n (des Bodens)*
water right Wassernutzungsrecht *n*, Wasserentnahmerecht *n*, Wasserrecht *n*
water rise head Stauhöhe *f (Stauanlage)*
water riser [rising] pipe Steigleitung *f*
water run-off Wasserabfluss *m*
water sample Wasserprobe *f*
water sample-taker Wasserprobenentnahmegerät *n*
water-saturated wassergesättigt
water saturation Wassersättigung *f*
water saturation value Wassersättigungsbeiwert *m*
water scarcity Wassermangel *m*, Wasserknappheit *f*
water-scoured ausgewaschen
water seal 1. Wasserabschlussstandrohr *n (Geruchsverschluss)*; 2. Wassersperre *f*
water seal trap Geruchsverschluss *m*
water sealing Wasserabdichtung *f*
water seepage Wassereinsickerung *f*
water separation capability Wasserabgabevermögen *n*, Wasserabgabekapazität *f*
water separator Wasserabscheider *m*
water-service pipe Wasseranschlussleitung *f (vom Netz zum Wasserzähler)*
water-shedding moulding Tropfleiste *f*
water shortage Wassermangel *m*
water shut-off Wasserabsperrung *f*, Wasserzuleitungsunterbrechung *f*
water-slaked lime gelöschter Kalk *m*, Löschkalk *m*
water sluice valve Wasserschieber *m*
water softener Wasserenthärtungsmittel *n*; Wasserenthärtungsanlage *f*
water softening Wasserenthärtung *f*
water-softening agent Wasserenthärtungsmittel *n*
water-softening method Wasserenthärtungsverfahren *n*
water-softening plant Wasserenthärtungsanlage *f*
water-softening unit Wasserenthärtungsanlage *f*
water solubility Wasserlöslichkeit *f*
water-soluble wasserlöslich
water-soluble binder wasserlösliches Bindemittel *n*
water-soluble salt wasserlösliches Salz *n*
water-soluble wood preservation wasserlösliches Holzschutzmittel *n*
water sorption Wasseraufnahme *f (von Baustoffen)*
water splash Spritzwasser *n*
water spots Wasserflecken *fpl*; Wasserfleckigkeit *f (von Anstrichen)*
water spotting Wasserfleckenbildung *f (auf Anstrichen)*
water spout Wasserspeier *m*
water stage measurement Wasserstandsmessung *f*
water stain 1. Wasserfleck *m (z. B. in Putz, Holz)*; 2. wasserlösliche Holzbeize *f*
water stop Wassersperrdichtung *f*, Wassersperre *f*; Fugendichtung *f*; Dichtungsband *n*, Dichtungsstreifen *m*; Fugenband *n*
water storage Wasserspeicherung *f*
water storage basin Staubecken *n*, Sammelbecken *n*
water storage tank Wasserspeicher *m*
water store Wasserreservoir *n*
water stratum Wasserschicht *f*, Wasser führende Schicht *f (hydrogeologisch)*
water-struck brick Wasserstreichziegel *m*, Wasserstrichziegel *m*
water supply 1. Wasserversorgung *f*; 2. Wasseranschluss *m*; Wasserzufuhr *f*, Wasserführung *f*

water-supply area Wasserversorgungsgebiet *n*
water-supply engineer Wasserwirtschaftsingenieur *m*
water-supply engineering Wasserversorgungstechnik *n*
water-supply installation Wasserversorgungssystem *n*, Wasserversorgungsinstallation *f*
water-supply line Wasser(versorgungs)leitung *f*
water-supply pipe network Wasserrohrnetz *n*
water-supply plant Wasserversorgungsanlage *f*, Wasserversorgungsinstallation *f*, Wasserversorgungssystem *n*
water-supply point Wasserversorgungsstelle *f*
water-supply service Wasserversorgungsbetrieb *m*
water-supply stub Wassersteigleitung *f*, Wassersteigleitungsrohr *n*
water-supply system Wasserversorgungsanlage *f*, Wasserversorgungssystem *n*
water-supply to buildings Hauswasserversorgung *f*
water surface Wasseroberfläche *f*
water susceptibility Wasserempfindlichkeit *f*
water table 1. Wasserspiegel *m*, Grundwasserspiegel *m*; 2. Wassersimsplatte *f*
water table gradient Grundwasserspiegelgefälle *n*
water table isophyse Grundwasserhöhenlinie *f*
water tank Wassertank *m*, Wasserbehälter *m*
water tap Wasserhahn *m*
water tension Wasserspannung *f*
water test Dichtigkeitsprüfung *f* mit Wasser
water-thinnable wasserverdünnbar
water-thinnable paint wasserverdünnbare Farbe *f*
water-thinned coating wasserverdünnbarer Anstrichstoff *m*
water-thinned paint wasserverdünnte Farbe *f*
water-thinned primer wasserverdünnbare Grundierung *f*
water-tight *s.* watertight
water tower Wasserturm *m*
water trap *(San)* Geruchsverschluss *m*
water treatment Wasseraufbereitung *f*, Wasserklärung *f*
water treatment plant [works] Wasseraufbereitungsanlage *f*
water truck Wasserwagen *m*
water tunnel Wasserstollen *m*
water turbine Wasserturbine *f*
water type Wasserart *f*
water under pressure Druckwasser *n*
water undertaking Wasserversorgungsbetrieb *m*, Wasserversorgungsunternehmen *n*
water user Wasserverbraucher *m*, Wasserabnehmer *m*
water utilization Wasserausnutzung *f*
water valve Wasserventil *n*
water vapour Wasserdampf *m*, Dampf *m*
water vapour absorption Wasserdampfaufnahme *f*
water vapour barring wasserdampfsperrend
water vapour impermeability Wasserdampfdichtheit *f*, Wasserdampfdichtigkeit *f*
water-vapour migration Wasserdampfwanderung *f*
water vapour permeability Wasserdampfdurchlässigkeit *f*
water-vapour permeable wasserdampfdurchlässig
water vapour-proof wasserdampfundurchlässig
water vapour release Wasserdampfentspannung *f*, Dampfentspannung *f*
water vapour seal Wasserdampfsperre *f*, Wasserdampfhemmschicht *f*
water vapour transmission Wasserdampfdurchlässigkeit *f*
water varnish Wasserlack *m*
water vein Wasserader *f*
water void Wasserpore *f (Beton)*
water well Wasserbrunnen *m*
water wheel Wasserrad *n*
water winning Wassergewinnung *f*
water witch *(AE)* Wünschelrutengänger *m*
water withdrawal Wasserentnahme *f*
water-works *(Arch)* Wasserkunst *f*, Wasserspiele *f (in Gartenanlagen und Parks)*
waterbound macadam *s.* water-bound macadam
watercolor *(AE) s.* water paint
watercourse Wasserlauf *m*; Vorfluter *m*
watercourse regulation *(Wsb)* Flussregulierung *f*
waterfall Wasserfall *m*; Wassergefälle *n*
waterfinder Wünschelrutengänger *m*
waterfront Hafengebiet *n*, Uferzone *f*, Wasserufergebiet *n*
waterfront development Hafenbauerschließung *f*
waterfront park Uferpark *m*
waterfront structures Küstenschutzbauten *mpl*
watering 1. Einwässern *n*; Tränkung *f (mit wässrigen Lösungen)*; 2. Bewässerung *f*
watering can Gießkanne *f*
watering ditch Berieselungsgraben *m*
waterlogged wassergesättigt, voll Wasser gesogen, wasserhaltig *(Baustoffe)*; Wasser führend
waterlogged ground wassergesättigter Boden *m*
waterproof *v* wasserdicht machen, sperren; abdichten; imprägnieren
waterproof wasserdicht, wasserundurchlässig; wassergeschützt
waterproof coat Imprägnieranstrich *m*; Sperranstrich *m*
waterproof concrete Sperrbeton *m*
waterproof construction Wassersperrungskonstruktion *f*; wasserdichte Ausbildung *f*, wasserundurchlässiger Bau *m*, grundwassergesperrte Konstruktion *f (z. B. Grundwasserwanne)*
waterproof finish *s.* waterproof plaster
waterproof mortar Sperrmörtel *m*
waterproof paint (coat) wasserdichter Anstrich *m*
waterproof plaster Sperrputz *m*, Isolierputz *m*
waterproof sealing Abdichtung *f*, Imprägnieranstrich *m*; Sperranstrich *m*
waterproof sheeting Dichtungsbahn *f*
waterproofed cement wasserabweisender Zement *m*
waterproofer Sperrstoff *m*
waterproofing 1. Wasser(ab)dichtung *f*, Sperrung *f (im Bauteil)*; Grundwasserabdichtung *f*, Bauwerksabdichtung *f*; Abdichtung *f (im Gebäude)*; Wetterschutz *m (z. B. von Fassaden durch Anstriche)*; Imprägnierung *f (von Material)*; 2. *s.* waterproofing layer
waterproofing agent Feuchtigkeitssperrstoff *m*, Dichtungsmittel *n*
waterproofing cement Sperrzement *m*
waterproofing coat Sperranstrich *m*; Imprägnieranstrich *m*
waterproofing coating 1. wasserdichter Anstrich *m*, Wetterschutz *m (Fassaden)*; 2. wasserdichtes Beschichtungsmaterial *n*
waterproofing compound Imprägnierungsstoff *m*, Imprägniermittel *n*, Fassadenimprägniermittel *n*, Wasserabweismittel *n*
waterproofing concrete Sperrbeton *m*
waterproofing course *s.* waterproofing layer
waterproofing finish *s.* waterproofing plaster
waterproofing grout Sperrschlämme *f*
waterproofing layer Sperrschicht *f*, Wasserdichtungslage *f*
waterproofing membrane Sperrhaut *f*, Dichtungshaut *f*
waterproofing mortar Sperrmörtel *m*
waterproofing paint Sperranstrichmittel *n*
waterproofing paper Sperrpappe *f*, Isolierkarton *m*
waterproofing plaster Sperrputz *m*, wassersperrender Putz *m*, Isolierputz *m*
waterproofing screed Sperrestrich *m*

waterproofing solution Imprägnierungslösung *f*
watershed 1. Wasserscheide *f*; 2. *(AE)* Wassereinzugsgebiet *n*
watershed divide Wasserscheide *f*
watershed line *(AE)* Wasserscheide *f*
watershoot Traufstein *m*
waterside Gestade *n*, Küste *f*, Ufer *n*
waterside face Wasserseite *f*
waterslope Wassergefälle *n*
waterstop *s.* water stop
watertight wasserdicht, wasserundurchlässig
watertight cable wasserdichtes Kabel *n*
watertight concrete Sperrbeton *m*
watertight concrete foundation Sperrbetongründung *f*, Sperrbetonfundament *n*, Fundament *n* aus Sperrbeton
watertight core Dichtungskern *m (Stauwerk)*
watertight diaphragm Dichtungshaut *f*, Dichtungsschleier *m (Baugrund, Stauwerk)*
watertight facing Dichtungsschürze *f (Stauwerk)*
watertight screen Dichtungshaut *f*, Dichtungsschleier *m (Baugrund, Stauwerk)*
watertightness Wasserdichtigkeit *f*, Wasserundurchlässigkeit *f*
waterway Wasserstraße *f*, Fahrwasser *n*
waterway constructions Wasserbauten *mpl* für Wasserstraßen [Wasserwege]
waterway engineering for navigation Wasserbau *m* für Wasserstraßen [Wasserwege] *(technische Disziplin)*
waterworks 1. Wasserwerk *n*; Wasserwerkseinrichtungen *fpl*, Pumpanlagen *fpl*; Wasserbau *m*; 2. Wasserspiele *npl*, Wasserkunst *f*
watery wässrig *(Lösungen)*; dünn(flüssig)
wattle Flechtwerk *n*, geflochtene Wand *f*, Holzflechtwerk *n*; Faschine *f*, Zweigflechtwerk *n*
wattle and daub geputzte Flechtwerktrennwand *f*, Ausfachungsmaterial *n (Fachwerk)*
wattlework 1. Faschinenanlage *f*, Faschinenschutzwerk *n*, Packwerk *n*; 2. *s.* wattle
wattling *(Erdb)* Sohlenstabilisierungsbuschwerk *n*, Buschwerk *n* für Sohlenbefestigung
wave Welle *f*
wave breaker Wellenbrecher *m*
wave-form translation shell wellenförmige Translationsschale *f*
wave motion Wellenbewegung *f*
wave moulding *(Arch)* Wellenornament *n*, Wellenverzierung *f*
wave pattern *(Arch)* Wellenmuster *n (Ornament)*
wave scroll *(Arch)* Wellenband *n*, laufender Hund *m*
wave-trap floor wellenbrechende Böschung *f*
waved shell roof Wellenschalendach *n*
wavelike wellenartig
waviness Welligkeit *f*
wavy wellig *(Oberfläche)*; gewellt, wellenartig
wavy grain Krummfaser *f (Holz)*
wavy-grained krummfaserig *(Holz)*
wavy line *(Arch)* Wellenlinie *f*
wax *v* wachsen, mit Wachs einreiben, einwachsen; mit Wachs tränken *(z. B. Holz, Beton)*
wax Wachs *n*, Hartparaffin *n*
wax agent Wachsnachbehandlungsmittel *n*, Betonnachbehandlungsmittel *n* auf Wachsbasis
wax cloth Wachstuch *n*
wax coat Wachsschicht *f*
wax concrete agent Betonnachbehandlungswachs *n*, Betonnachbehandlungsmittel *n* auf Wachsbasis
wax content Paraffingehalt *m (Bitumen)*
wax curing compound Wachsnachbehandlungsmittel *n*, Nachbehandlungsmittel *n* auf Wachsbasis
wax dye Wachsfarbe *f (Farbstoff)*
wax-free wachsfrei
wax paper Wachspapier *n*, Paraffinpapier *n*
wax paste Wachspaste *f*, Wachspolierpaste *f*
wax solvent Wachslösungsmittel *n*
waxed paper Wachspapier *n*
waxing Wachsen *n (z. B. von Marmor)*
waxlike wachsartig
way 1. Weg *m*; 2. Entfernung *f*, Strecke *f*
way out Ausgang *m*
way station Zwischenstation *f (Eisenbahn)*
wayleave Überfahrtsrecht *n*; Grunddienstbarkeit *f*
wayside Straßenrand *m*, Wegrand *m*
wayside cross *(Arch)* Wegekreuz *n*
wayside owner *(Verk)* Straßenanlieger *m*
W.C, WC *s.* water closet
weak 1. schwach; 2. weich; 3. dünn, mager
weak concrete Magerbeton *m*
weak current *(El)* Schwachstrom *m*
weak-current cable *(El)* Schwachstromkabel
weak-current installation *(El)* Schwachstromanlage *f*
weak point Schwachstelle *f*
weak rock leicht verwitterbares Gestein *n*
weak sand magerer Sand *m*
weak soil weicher Boden *m*, aufgeweichter Erdstoff *m*
weaken *v* schwächen; schwächer werden, nachlassen; entfestigen
weakened geschwächt
weakened-plane joint Feder-Nut-Verbindung *f*
weakening Schwächung *f*
weald 1. Waldgebiet *n*; 2. weite und offene Landschaft *f*
wear *v* 1. halten, haltbar sein; 2. *s.* wear away [out]
wear *v* **away [out]** sich abnutzen, verschleißen, abtragen, abschleifen, abscheuern
wear *v* **off** sich abtreten, verschließen
wear-proof *v* verschleißfest machen, abnutzungswiderstandsfähig machen
wear *v* **through** durchscheuern
wear Abnutzung *f*, Verschleiß *m*, Abtragung *f*
wear and tear Abnutzung *f* und Verschleiß *m*
wear corrosion Reibkorrosion *f*, Verschleißkorrosion *f*
wear course Verschleißschicht *f*, Verschleißlage *f (Fußboden, Straße, Betriebsflächen)*
wear layer *s.* wear course
wear of concrete Abnutzung *f* des Betons, Betonabnutzung *f*
wear-out test Abriebversuch *m*, Schleifplattenversuch *m*
wear rate Verschleißrate *f*
wear resistance Verschleißfestigkeit *f*, Verschleißwiderstand *m*, Verschleißhärte *f*, Abriebbeständigkeit *f*, Abriebfestigkeit *f*, Scheuerfestigkeit *f*
wear resistant verschleißfest, abriebbeständig, abriebfest, abnutzungsbeständig
wearing away Abtragung *f*
wearing capacity Verschleißvermögen *n*, Verschleißeigenschaft *f*, Abnutzungseigenschaft *f*
wearing coat *s.* wearing course
wearing course Verschleißschicht *f*, Verschleißlage *f*, Deckschicht *f (einer Straße)*
wearing depth Verschleißtiefe *f*, Abnutzungstiefe *f*
wearing hardness Verschleißhärte *f*, Abnutzungshärte *f*
wearing inhibitor Verschleißhemmstoff *m*, Abnutzungshemmstoff *m*
wearing layer 1. Fußbodenverschleißschicht *f*, Decklage *f* eines Fußbodens; 2. Fußboden(deckschicht)leger *m*, Verschleißestrichleger *m*
wearing power *s.* wearing property
wearing property Verschleißeigenschaft *f*, Abnutzungseigenschaft *f*

wearing quality *s.* wearing property
wearing resistance *s.* wear resistance
wearing surface Verschleißoberfläche *f*, Abnutzungsfläche *f*
wearing test Verschleißprüfung *f*, Abnutzungsprüfung *f*
weather *v* 1. neigen, abschrägen *(Dach, Abdeckung für Wasserabfluss)*; 2. verwittern *(z. B. Gestein, Anstriche)*; 3. bewittern, dem Wetter aussetzen *(Werkstoffprüfung)*; 4. abwässern
weather *v* **away** abwettern *(z. B. eines Anstrichs, eines Dachbelags)*
weather wetterexponierter [nicht überlappter] Schindelteil *m* [Dachziegelteil *m*]
weather back innere Wetterschutzdichtung *f*
weather bar Wetterschenkel *m*, Wasserschenkel *m* *(Fenster, Tür)*
weather board 1. Außenschalbrett *n*; 2. Windbrett *n*, Windfeder *f (am Giebel)*; 3. unteres Türquerschutzholz *n*
weather-boarding Außenwandverschalung *f*, Stülp(ver)-schalung *f*, überlappte Bretterverschalung *f*, Holzverschalung *f*, Wasserschürze *f*
weather check Kehlung *f*
weather coat Wetterschutzanstrich *m*, Witterungsschutzaufstrich *m*
weather-coated wetterfest beschichtet
weather coating material Wetterschutzanstrichmaterial *n*, Witterungsschutzanstrich(stoff) *m*
weather-coating renewal Pflegeschutzanstrich *m*, Erneuerungsaufstrich *m*, Wartungsanstrich *m (Dach, Fassade)*
weather cock Wetterfahne *f*, Wetterhahn *m*
weather conditions Witterungsverhältnisse *npl*, Wetterverhältnisse *npl*
weather data Wetterdaten *pl*
weather-dependent control witterungsgeführte Regelung *f (Heizung)*
weather door Wintertür *f*
weather drip Tropfnase *f*, Wassernase *f*; Wasserschenkel *m*
weather face Wetterseite *f*
weather-fast wetterfest, witterungsbeständig, wetterwiderstandsfähig
weather fillet Zementmörteldichtungsrand *m (Dachdeckung)*
weather groove Unterschneidung *f*, Tropfschnitt *m*, Wassernase *f*
weather joint *s.* weather struck joint
weather moulding 1. verzierte Außenwandverschalung *f*, Verschalungsbretter *npl* mit Verzierungen; 2. Fensterverdachung *f*, Fensterüberdachung *f*; 3. Rinnleiste *f*
weather-protected wettergeschützt
weather resistance Wetterbeständigkeit *f*, Witterungsbeständigkeit *f*, Wetterfestigkeit *f*
weather-resistant wetterbeständig, witterungsbeständig, wetterfest
weather-resisting witterungsbeständig, wetterbeständig, wetterwiderstandsfähig, wetterfest
weather-resisting barrier Witterungsschutz *m*, Wettersperre *f*
weather side Wetterseite *f*
weather slating Schieferwandverkleidung *f*, Wetterschutzverkleidung *f* mit Schiefer
weather station Wetterwarte *f*
weather strip Wetterschutzfugenleiste *f*, äußere Fugendeckleiste *f*
weather-struck joint [point] abgeschrägte Mauerwerksfuge *f*
weather table Fensterverdachung *f*
weather-tight wetterdicht
weather-tightness Wetterdichtheit *f*
weather tiling Dachziegelwandverkleidung *f*
weather vane Turmhahn *m*, Wetterfahne *f*, Wetterhahn *m*
weathercoat Außenanstrich *m*
weathercock Wetterhahn *m*; Turmhahn *m*
weathered 1. verwittert; 2. bewettert; der Wettereinwirkung ausgesetzt
weathered-away abgewittert
weathered joint *s.* weather-struck joint
weathered material Verwitterungsmaterial *n*
weathered pointing wasserabweisendes Ausfugen *n*
weathered product Verwitterungsprodukt *n*
weathered protection Wetterschutzabdeckung *f*
weathered test Bewitterungsversuch *m*, Wetterfestigkeitsprüfung *f*
weathering 1. Verwitterung *f*, Verwittern *n*; Auswitterung *f*; 2. Bewittern *n (Werkstoffprüfung)*; 3. Abschrägung *f (zum Wasserablauf)*; Regenablauffläche *f*, Wetterschutzabdeckung *f*; 4. Auswintern *n (Stehenlassen des Rohbaus über Winter bzw. Baustofflagerung bei Frost zum Spannungsabbau)*
weathering behavio(u)r Bewitterungsverhalten *n*
weathering collar Wettermanschette *f*
weathering element Witterungserscheinung *f*, Witterungselement *n*
weathering of rocks Gesteinsverwitterung *f*
weathering process Verwitterungsprozess *m*
weathering property Bewitterungseigenschaft *f*, Wetterverhalten *n*, Wetterwiderstandseigenschaft *f*
weathering quality Witterungsbeständigkeit *f*, Wetterbeständigkeit *f*, Wetterfestigkeit *f*
weathering resistance Klimafestigkeit *f*
weathering test Bewitterungsversuch *m*, Bewitterungsprüfung *f*
weatherproof *v* wetterfest machen
weatherproof wetterbeständig, witterungsbeständig, wetterfest
weatherproofed *s.* weatherproof
weatherproofing Feuchtigkeitsabdichtung *f*
weatherproofness Wetterbeständigkeit *f*
weatherstripping Abdichten *n*
weathertight wetterdicht, wetterfest
weave *v* weben; verflechten
weaved courses (in a gable) Mauerverflechtung *f (am Giebel)*
weaving Ineinanderflechten *n (von Schindelrandstreifen)*
weaving length *(Verk)* Verflechtungslänge *f (Straße)*
weaving of wire Drahtweben *n*, Draht(ver)flechten *n*
weaving section *(Verk)* Verflechtungsstrecke *f (Straße)*
weaving vane Windfahne *f*, Wetterhahn *m*
web *v* 1. mit einem Netz überziehen; mit einem Netz überspannen; 2. eisblumenartig (auf)trocknen *(Farbe, Anstrich)*
web 1. Steg *m*, Trägersteg *m*; Schenkel *m*, Wulst *m(f)*, Rippe *f*, Aussteifung *f*, Versteifung *f*; 2. Gewölbekappe *f* *(Rippengewölbe, Tonnengewölbe)*; 3. Gewebe *n*
web bar Schub(bewehrungs)eisen *n*, Diagonalbewehrungsstab *m*
web buckling Stegknickung *f*
web clamp Schraubzwinge *f*, Verleimungszwingklammer *f*, Leimklammer *f*
web connection Steganschluss *m*
web crippling Stegdeformierung *f*, kleine Stegbeschädigung *f*
web forms [formwork] Stegschalung *f*, Trägerstegschalung *f*
web girder Vollwandträger *m*, vollwandiger Träger *m* *(Stahlbau)*
web member Fachwerkstab *m*, Füll(ungs)stab *m*
web of dry felt Rohpappenbahn *f*
web of girder Trägersteg *m*

web panel Stegtafel *f*
web plate Stegblech *n*, Stehblech *n*
web plate angle Stegblechwinkel *m*, Stehblechwinkel *m*
web plate connection Stegblechanschluss *m*, Stegblechstoß *m*, Stehblechanschluss *m*, Stehblechstoß *m*
web plate girder *s.* web girder
web plate joint Stehblechstoß *m*, Stegblechanschluss *m*, Stehblechstoß *m*, Stehblechanschluss
web plate longitutinal connection Stegblechlängsstoß *m*, Stegblechlängsanschluss *m*, Stehblechlängsstoß *m*, Stehblechlängsanschluss *m*
web plate moment Stegblechmoment *n*, Stehblechmoment *n*
web plate stay Stegblechsteife *f*, Stehblechsteife *f*
web plate stiffener Stegblechsteife *f*, Stehblechsteife *f*
web plate stiffening Stegblechaussteifung *f*, Stehblechaussteifung *f*
web plate thickness Stegblechdicke *f*, Stehblechdicke *f*
web plate transverse connection Stegblechquerstoß *m*, Stehblechquerstoß *m*, Werkstattstoß *m*
web reinforcement 1. Scherbewehrung *f*, Schubbewehrung *f*, Diagonalbewehrung *f*, Schubeinlagen *fpl*; 2. Stegverstärkung *f*, Stegarmierung *f*
web shuttering *s.* web forms
web splice Stegblechstoß *m*
web stay Stegsteife *f*
web stiffener Stegblechaussteifung *f*, Stegsteife *f*
web stiffening Stegaussteifung *f*
webbing Gurtung *f (für Stahlkonstruktionen)*
wedge *v* 1. verkeilen, festkeilen; 2. mit Keil spalten; abkeilen *(z. B. Gestein)*
wedge *v* **off** abspalten
wedge 1. Keil *m*, Spitzkeil *m*; 2. Zwickel *m (keilförmige Aussparung)*; 3. *s.* wedge edged stone
wedge anchor Spanngliedkeilanker *m*, Verankerungskeil *m*, Ankerkeil *m*
wedge anchorage Keilverankerung *f (Spannbeton)*
wedge coping gefederte Abdeckung *f*
wedge dovetail tenon *(Hb)* Schwalbenschwanzzapfen *m*
wedge edged stone Keilstein *m*, Gewölbestein *m*
wedge finger jointing Keilzinkung *f*
wedge sewer brick Kanalkeilklinker *m*
wedge-shaped keilförmig, kegelförmig
wedge-shaped block Keilstein *m*, Keilblockstein *m*
wedge-shaped brick Keilstein *m*, Gewölbestein *m*
wedge-shaped joint Keilfuge *f*
wedge stone *s.* wedge edged stone
wedged verkeilt, keilgesichert
wedged mortice and tenon joint Keilzapfenverbindung *f*
wedged tenon Grundzapfen *m*, Keilzapfen *m*
wedgelike keilförmig, keilartig
wedging Verkeilen *n*, Verkeilung *f*
wedging-out Auskeilen *n*
weed *v* Unkraut beseitigen
weed Unkraut *n*
weed-covered unkrautbedeckt, unkrautüberzogen
weed killer Unkraut(bekämpfungs)mittel *n*
weedkilling Unkrautvernichtung *f*
weekend house Wochenendhaus *n*
weekend house area Wochenendhausgegend *f*, Wochenendhausgebiet *n*
weekend house zone Wochenendhausgebiet *n*, Wochenendhausgegend *f*
weep *v* schwitzen *(z. B. Beton)*; ausschwitzen *(Harz)*
weepage Durchsickern *n*, Durchlaufen *n*
weepdrain Sickerdränung *f*
weephole Sickerloch *n*, Entwässerungsloch *n (in einer Stützmauer)*; Ablauföffnung *f*, Sickerschlitz *m*, Entwässerungsschlitz *m*; Schluckbrunnen *m*
weeping Einsickerung *f*
weeping willow Trauerweide *f*
weigh *v* wiegen, wägen; zuwiegen; wiegen *(eine Masse haben)*
weigh *v* **down** sich senken, sich setzen *(Bauwerk)*
weigh *v* **out** abwiegen
weigh batcher Dosierwaage *f (Mischwerk)*
weigh batching *s.* weight-batching
weigh box Wiegebehälter *m*; Wiegeeinrichtung *f*
weigh bridge Brückenwaage *f*, Bandwaage *f*
weigh hopper Trichterwaage *f*
weigh-in-motion *(Verk)* Achslastwaage *f* für rollenden Verkehr
weigh office Eingangskontrolle *f (Wiegeprüfung)*
weighbridge Brückenwaage *f*, Gleiswaage *f*
weighing Wägung *f*, Verwiegen *n*
weighing bottle Flaschenpyknometer *n*
weighing scales Waage *f*
weighing sensitivity Wiegegenauigkeit *f*, Empfindlichkeit *f (Waage)*
weight *v* belasten, beschweren, wichten
weight 1. Gewichtskraft *f*, *(nicht mehr empfohlen)* Gewicht *n*; Last *f*; 2. Masse *f*
weight assumption Gewichtsannahme *f*
weight-batcher Dosierwaage *f*
weight-batching Massedosierung *f*
weight-batching unit Dosieranlage *f*
weight-bearing *s.* weight-carrying
weight box Gegengewichtslaufkasten *m (Hubfenster)*
weight-carrying belastet, lasttragend, tragend
weight-carrying facing masonry tragendes Blendmauerwerk *n*, tragendes Vorsatzmauerwerk *n*, tragende Verblendung *f*
weight-carrying frame Tragrahmen *m*
weight-carrying in longitudinal direction längstragend
weight-carrying in transverse direction quertragend
weight-carrying mechanism Tragmechanismus *m*
weight-carrying plane Tragebene *f*
weight-carrying skeleton Tragskelett *n*, Traggerippe *n*
weight-carrying wall Tragwand *f*, Konstruktionswand *f*, tragende Wand *f*
weight change Massenveränderung *f*, Gewichtsveränderung *f*
weight density Wichte *f*
weight determination Gewichtsbestimmung *f*, Gewichtsermittlung *f*
weight force per unit length Längengewichtskraft *f*, längenbezogene Gewichtskraft *f*
weight gain Massenzunahme *f*, Gewichtszunahme *f*
weight hypothesis Gewichtsannahme *f*
weight limit Gewichtsbeschränkung *f*
weight limit during thaw conditions *(Verk)* Gewichtsbegrenzung *f* in der Tauperiode *(Straße)*
weight loss Massenverlust *m*; Gewichtsverlust *m*
weight measurement Massenbestimmung *f*, Wägung *f*
weight pocket *s.* weight box
weight-saving gewichtsparend, gewichtseinsparend
weight schedule Gewichtstabelle *f (für Normgewichte von Baustoffen, Bauteilen und Belastungselementen)*
weight-to-volume ratio Masse-Volumen-Verhältnis *n*
weighted noise level indicator Geräuschpegelanzeiger *m*
weightiness Schwere *f*, Gewichtigkeit *f*
weighting Beschwerung *f*, Belastung *f*
weighting rail Beschwerungsschiene *f (Jalousie)*
weights and measures department Eichamt *n*
weighty schwer
weir *(Wsb)* Wehr *n*, Stauwehr *n*, Stauanlage *f*, Stauwerk *n*, Damm *m*, Fangbuhne *f*, Überfall *m*

weir abutment Wange *f* eines Wehres
weir canal Wehrkanal *m*
weir crest Wehrkrone *f*, Wehrrücken *m*, Wehrkante *f*
weir pier Wehrpfeiler *m*
weir plant *(Wsb)* Wehranlage *f*
weir shutter Wehrverschluss *m*
weir sill Wehrschwelle *f*
weir skimmer Wehrabschöpfer *m*
weld *v* schweißen; verschweißen; sich schweißen lassen
weld *v* **autogenously** autogen schweißen
weld *v* **on** anschweißen, aufschweißen
weld *v* **to** anschweißen
weld *v* **together** zusammenschweißen
weld 1. Schweißnaht *f*, Naht *f*; Schweißstelle *f*, Schweißverbindung *f*, Schweißung *f*; 2. *s.* welding
weld bead Schweißraupe *f*
weld corrosion [decay] Schweißstellenkorrosion *f*
weld deposit Aufschweißung *f*
weld gauge Schweißnahtlehre *f*, Naht(mess)lehre *f*
weld groove Schweißfuge *f*, Fuge *f*
weld inspection Schweißnahtprüfung *f*
weld joint Schweißstoß *m*, Schweißverbindung *f*
weld line Schweißnaht *f*
weld material Schweißwerkstoff *m*
weld metal 1. eingeschweißtes [aufgeschweißtes] Metall *n*; 2. Schweißgut *n*
weld neck flange Einschweißflansch *m*
weld neck valve Einschweißarmatur *f*
weld pass Schweißlage *f*, Lage *f* der Schweißnaht
weld point Schweißpunkt *m*
weld position 1. Schweißlage *f*, Schweißposition *f (der zu schweißenden Teile)*; 2. *s.* weld pass
weld puddle Schweiße *f*
weld quality Schweißnahtgüte *f*
weld seam Schweißnaht *f*, Schweißnahtbereich *m*
weld slag Schweißschlacke *f*
weld steel Schweißstahl *m*, schweißbarer Stahl *m*
weld test Schweißversuch *m*
weld wire Schweißdraht *m*
weldability Schweißbarkeit *f*
weldable schweißbar
weldable bitumen sheet schweißbare Bitumenbahn *f*
weldable primer überschweißbarer Grundanstrich *m*
welded geschweißt, Schweiß...
welded area grating Schweißgitterrost *m*
welded article Schweißartikel *m*, Schweißgegenstand *m*
welded asphaltic sheet(ing) *(AE)* Bitumenschweißbahn *f*
welded assembly 1. geschweißte Baugruppe *f*; 2. Schweißmontage *f*
welded base geschweißter Tragrahmen *m*, Rohrfuß *m*
welded bitumen sheet Bitumenschweißbahn *f*, geschweißte Bitumenbahn *f*
welded butt splice Stumpfschweißverbindung *f (Bewehrung)*
welded column-girder connection geschweißter Trägeranschluss *m*
welded connection Schweißverbindung *f*, geschweißte Verbindung *f*
welded construction Schweißkonstruktion *f*
welded cover plate aufgeschweißte Gurtplatte *f (zur Abdeckung)*
welded fabric Baustahlgewebe *n*; geschweißte Matte *f*
welded flange Schweißflansch *m*, aufgeschweißter Flansch *m*
welded girder Schweißträger *m*, geschweißter Träger *m*
welded high-rise (steel) structure geschweißter Stahlhochbau *m*
welded joint Schweißverbindung *f*, geschweißter Anschluss *m*; Schweißnaht *f*
welded lattice construction Schweißgitterkonstruktion *f*
welded lattice girder Schweißgitterträger *m*
welded mesh Schweißmatte *f*
welded mesh reinforcement Schweißmaschenmatte *f*, geschweißte Bewehrungsmatte *f* [Baustahlmatte *f*]
welded pipe geschweißtes Rohr *n*, Schweißrohr *n*
welded pipe joint Rohrschweißverbindung *f*
welded pipe system geschweißtes Rohrsystem *n*
welded plate girder Schweißträger *m*
welded product Schweißgegenstand *m*, Schweißerzeugnis *n*, Schweißprodukt *n*, geschweißtes Erzeugnis *n*
welded reinforcement geschweißte Bewehrung *f*, Schweißbewehrung *f*
welded rigid frame geschweißter starrer Rahmen *m*
welded rising (steel) construction geschweißter Stahlhochbau *m*, geschweißtes Stahlhochbauwerk *n*
welded rising (steel) structures geschweißte Stahlhochbauten *mpl*
welded spot Schweißpunkt *m*
welded steel structure geschweißte Stahlkonstruktion *f*
welded structural frame geschweißter Tragrahmen *m*
welded structural steel geschweißtes Stahlprofil *n*
welded structure Schweißkonstruktion *f*
welded system voll geschweißtes Rohrsystem *n (für Flüssigkeiten)*
welded tank geschweißter Behälter *m*, Schweißbehälter *m*
welded track *(Verk)* lückenlose [stoßfreie] Gleise *npl*
welded truss geschweißter Gitterträger *m*
welded tube (längs)geschweißtes Rohr *n*
welded-wire fabric geschweißter Bewehrungsmaschendraht *m*; Baustahlgewebe *n*
welded-wire fabric reinforcement geschweißte Maschendrahtbewehrung *f*, punktgeschweißte Maschenbewehrung *f* [Bewehrungsmatte *f*]
welded-wire mesh *s.* welded-wire fabric
welder 1. Schweißer *m*; 2. Schweißmaschine *f*
welding Schweißen *n*; Schweißarbeiten *fpl*
welding blowpipe Schweißbrenner *m*
welding crack Schweißriss *m*
welding deformation Schweißverformung *f*
welding electrode Schweißelektrode *f*
welding flange Schweißflansch *m*
welding glass Schweißerschutzglas *n*
welding goggles Schweißbrille *f*
welding groove Schweißfuge *f*, Fuge *f*
welding gun Schweißpistole *f*, Pistole *f*
welding handshield Schweißerhandschirm *m*, Handschutzschild *m*
welding layer Schweißlage *f*
welding method Schweißverfahren *n*
welding neck flange Vorschweißflansch *m*
welding point Schweißstelle *f*
welding position *s.* weld position 1.
welding primer Schweißfarbe *f*
welding procedure Schweißverfahren *n*
welding process Schweißprozess *m*
welding programme Schweißprogramm *n*
welding quality Schweißgüte *f*
welding rod Schweißstab *m*; Schweißelektrode *f*
welding scale Schweißschlacke *f*
welding schedule Schweißplan *m*
welding seam Schweißnaht *f*
welding sequence Schweißfolge *f*
welding steel Schweißstahl *m*, schweißbarer Stahl *m*
welding stress Schweißspannung *f*
welding symbol Schweißzeichen *n*
welding technique Schweißmethode *f*
welding test Schweißprobe *f*

welding together Zusammenschweißen *n*
welding torch Schweißbrenner *m*
welding transformer Schweißtrafo *m*
welding wire Schweißdraht *m*
weldless pipe [tube] nahtloses Rohr *n*
weldment geschweißtes Bauteil *n*, Schweißteil *n*; Schweißkonstruktion *f*
welfare building Sozialgebäude *n*
welfare hospital Krankenverbandskrankenhaus *n*
well gut, wohl, gut versehen sein; wohlhabend, gut situiert
well 1. *(Erdb)* Schacht *m*; Senkschacht *m*; Brunnenschacht *m*; Bohrung *f*, Bohrloch *n*; 2. Schacht *m (im Gebäude, z. B. für Treppen)*; Fahrstuhlschacht *m*; Lichtschacht *m*; Luftschacht *m*; 3. Brunnen *m*
well-adherent haftfest, gut haftend
well-aerated 1. gut belüftet; 2. sauerstoffreich *(Wasser)*; 3. *(Bod)* gut durchlüftet
well-borer Brunnenbauer *m*
well-boring plant *(Wsb)* Brunnenbohranlage *f*
well-built solide [gut] gebaut, sicher errichtet
well-burned *s.* well-burnt
well-burnt hartgebrannt
well-burnt brick Hartbrandziegel *m*, Hartbrandstein *m*
well capacity Brunnenleistung *f*, Brunnenschüttung *f*
well casing Futterrohr *n (Brunnenschacht)*; Brunnenring *m*
well chamber *s.* water chamber
well construction work Brunnenbauarbeiten *fpl*
well cover Brunnenabdeckung *f*
well curb Brunnenrand *m*; Brunnenabdeckung *f*
well curbing *(Erdb)* Schachtaussteifungsbretter *npl*, Aussteifungsbohlen *fpl*
well-designed gut gestaltet
well-digger Brunnenbauer *m*
well discharge 1. Brunnenabfluss *m*; 2. Brunnenergiebigkeit *f*
well drain Sickerschacht *m*
well drilling tools *(Wsb)* Brunnenbohrwerkzeuge *npl*
well filter Brunnenfilter *m*
well floor Brunnensohle *f*
well for adding water Anreicherungsbrunnen *m*
well foundation Brunnengründung *f*, Senkbrunnengründung *f*
well-graded gut abgestuft, gut kornabgestuft
well-graded aggregate gut abgestufter Zuschlag(stoff) *m*
well hole Schneckenauge *n*, Treppenauge *n*, Treppenloch *n*
well house Brunnenstube *f*, Brunnenhaus *n*
well lining Brunnenmantel *m*; Brunnenauskleidung *f*, Schachtbrunnenwand *f*
well location Bohransatzpunkt *m (Baugrunderkundung)*
well log Brunnentest *m*
well logging radiometrische Bohrlochvermessung *f*, geophysikalisches Bohrlochmessverfahren *n*
well loss Brunnen(wasser)verlust *m*
well lowering Brunnenabsenkung *f*
well mouth [of a staircase] Treppenauge *n*, Treppenloch *n*
well pit Brunnenschacht *m*
well point 1. Filterbrunnen *m*, Punktbrunnen *m*; 2. Filterrohrsaugstange *f*
well point installation Grundwasserabsenkungsanlage *f* mit Filterbrunnen
well-point pumping Wasserhaltung *f* mit Filterbrunnen
well-point system Sickerbrunnenentwässerungssystem *n*, Wellpoint-Grundwasserabsenkungsanlage *f*, Grundwasserabsenkungsanlage *f* mit Filterbrunnen
well-preserved gut erhalten; gut geschützt
well production Brunnenergiebigkeit *f*
well radius Brunnenradius *m*
well-runded vollkommen rund
well-seasoned abgelagert *(Holz)*
well-set satt aufliegend
well shaft Brunnenschacht *m*
well-shaped formschön
well shooting Löcherschießen *n (in die Decke mittels Bolzenschießgeräts)*
well sinking Brunnenbau *m*
well sinking method Brunnenbauverfahren *n*, Abteufverfahren *n*
well site Bohrstelle *f*
well-sunk foundation Senkbrunnengründung *f*
well support Brunnenausbau *m*
well-swept besenrein
well system Brunnenanlage *f*
well-thinned gut verdünnt
well tubing Brunnenverrohrung *f*
well-ventilated gut gelüftet
well water Brunnenwasser *n*
well water supply Brunnenwasserversorgung *f*
wellbore fill-up Bohrlochfüllung *f*
wellhead Brunnenkopf *m*, Brunneneinfassung *f*
wellhead pressure Brunnenkopfdruck *m*
wellhead temperature Brunnenkopftemperatur *f*
wellhead valve Brunnenkopfventil *n*
wellhole 1. Absturzschacht *m*; 2. Treppenauge *n*, Treppenloch *n*
Welsh arch Ohrgewölbe *n*, Brillengewölbe *n*
Welsh groin halbhochgekreuztes [unterschrägtes] Gewölbe *n*
Welsh vault *s.* Welsh arch
welt *v* 1. falzen; 2. einfassen; säumen; abkanten
welt 1. Falz *m (Blech)*; 2. Falzleiste *f*, 3. Einfassung *f*, 4. Fugendeckleiste *f*, 5. Wulst *m*
welted gefalzt; eingefasst; eingesäumt; abgekantet
welted drip gefalzte Abtropfkante *f*
welted edge Abkantung *f*
welted seam Falz *m (Metalldach)*
welted standing seam stehender Falz *m*, Stehfalz *m*
welting strip überstehende Randfalzleiste *f*, überworfener Falzsaum *m (Metallbedachung)*
Wenko reinforced block floor Wenko-Decke *f*
west-facing wall Westwand *f*
west-facing window Westfenster *n*
west orientation Westorientierung *f*
west pediment *(Arch)* Westgiebel *m (griechische Tempel)*
west tower *(Arch)* Westturm *m*
west transept *(Arch)* westliches Querhaus *n*, Westhaus *n*
westblock *(Arch)* Westblock *m (Kirche)*
western bay *(Arch)* Westjoch *n*
western Byzantine style *(Arch)* westlicher byzantinischer Stil *m*
western choir *(Arch)* Westchor *m*
western façade Westfassade *f*
western frame Balkenrahmen *m*, Hausfachwerk *n (mit geschosshohen Fachwerkstützen)*
western gallery *(Arch)* Westempore *f*
western pediment *s.* west pediment
western red cedar Rotzedernholz *n*
western transept *s.* west transept
westtower *(Arch)* Westturm *m*
westwork *(Arch)* Westwerk *n (Vorbau einiger romanischer Basiliken)*
wet *v* befeuchten, anfeuchten, annässen; (be)netzen; einsumpfen *(z. B. Kalk)*
wet-grind *v* nassmahlen
wet *v* **with concrete** in Beton einbetten
wet nass, feucht; Nass...

wet-aggregate process *(Verk)* Nassverfahren *n*; Nasssandverfahren *n (bituminös)*; Bitumenemulsionsmischprozess *m*
wet barrel finishing Nassgleitschleifen *n*
wet batch Frischbetonmischung *f*
wet blasting Nassstrahlen *n*, Nasssandstrahlen *n*
wet-bulb thermometer Verdunstungsthermometer *n*
wet cast method [process] Nassverfahren *n (Betonrohrfertigung)*
wet cement paste flüssiger Zementleim *m*
wet classification Nassklassierung *f (Aufbereitung von Zuschlagstoffen, Baustoffprüfung)*
wet concrete 1. wasserreicher [flüssiger] Beton *m*; 2. Frischbeton *m*
wet construction mit Mörtel *oder* Beton gebautes Gebäude *n (Gegensatz: Trockenbau)*
wet cooling Nasskühlung *f*
wet crushing Nasszerkleinerung *f (Baustoffaufbereitung)*
wet-cured in Wasser nachbehandelt *(Beton)*
wet curing Wassernachbehandlung *f*, Betonnachbehandlung *f* mit Wasser
wet dock Hafendock *n*, Flutbecken *n*; Schwimmdock *n*
wet enamelling Nassemaillieren *n*
wet film Nassfilm *m*, Nassschicht *f*
wet film thickness Nassfilmdicke *f*, Nassschichtdicke *f*
wet glazing Einglasen *n* mit Kitt, Flüssigkomponentenverglasung *f*
wet glued mit Naturleim verleimt
wet grinding Nassschleifen *n*
wet-look glanzbeschichtet
wet look Glanzbeschichtung *f*
wet method Nassverfahren *n (Zementherstellung)*
wet mix nasse Mischung *f*
wet mix macadam Mineralbeton *m*
wet-mix shotcrete Nassspritzbeton *m*, vorgemischter Torkretbeton *m*
wet-on-wet coating Nass-in-Nass-Verfahren *n (Anstrichtechnik)*
wet-on-wet method Nass-in-Nass-Verfahren *n (Anstrichtechnik)*
wet-on-wet painting Nass-auf-Nass-Streichen *n (Anstrichtechnik)*
wet paint frische [frisch gestrichene] Farbe *f*, frischer Anstrich *m* • **"wet paint"** Vorsicht – frisch gestrichen
wet paste Schlämpe *f*
wet-pipe sprinkler system Wassersprengsystem *n (bei Feuerlöschanlagen)*
wet process Nassverfahren *n (Zementherstellung)*
wet roof Nassdach *n*
wet room Feuchtraum *m*, Nassraum *m*
wet room dampproofing Feuchtraumabdichtung *f*, Nassraumdichtung *f*, Nassraumsperrung *f*
wet room installation Feuchtrauminstallation *f*, Nassrauminstallation *f*
wet room services Feuchtrauminstallationen *fpl*, Nassrauminstallationen *fpl*
wet rot Nassfäule *f*, Weichfäule *f (Holz)*
wet sand process *(Verk)* Nasssandverfahren *n*
wet screening [sizing] *s.* wet classification
wet sieving Nasssiebung *f*
wet stable consistency Konsistenzstabilität *f* mit höchstem Wassergehalt
wet steam Nassdampf *m*
wet storage Feucht(raum)lagerung *f*, Nasslagerung *f (Prüfkörper)*
wet strength 1. Nassfestigkeit *f (z. B. von Baupappe)*; 2. Nass(lagerungs)festigkeit *f (Kleber)*
wet-use adhesive feuchtigkeitsunempfindlicher Haftkleber *m*
wet vent *(San)* nasses Entlüftungsrohr *n*, Rohrabschnitt *m* mit Wasserdurchfluss
wet washing Nassreinigung *f*
wet weather spell Feuchtwetterperiode *f*
wetland Feuchtgebiet *n*
wetness Nässe *f*, Feuchtigkeit *f*
wettability Benetzbarkeit *f*, Netzbarkeit *f*
wettable benetzbar
wetted section *(Wsb)* Strömungsquerschnitt *m*, Durchflussquerschnitt *m*
wetting Befeuchtung *f*, Benässen *n*; Benetzen *n*, Benetzung *f*
wetting ability Benetzungsvermögen *n*, Netzvermögen *n*
wetting action Benetzungswirkung *f*
wetting agent Netzmittel *n*, Benetzungsmittel *n*; Haftfestigkeitsverbesserer *m*
wetting angle Kontaktwinkel *m (bei Farbanstrichen)*
wetting capacity Benetzungsvermögen *n*
wetting heat Benetzungswärme *f*
wetting mechanism Benetzungsvorgang *m*, Benetzungsmechanismus *m*
wetting oil Halböl *n (Anstrichstoffe)*
wetting period Benetzungsdauer *f*
wetting property Netzeigenschaft *f*, Benetzungseigenschaft *f*
wetting water Haftwasser *n*
wettish feucht
wharf Kai *m*; Hafendamm *m*; Hafen *m*
wharf construction Hafenbau *m*
wharf crane Hafenkran *m*
wharf development Hafen(bau)erschließung *f*
wharfage Kaibenutzung *f*
wharfs [wharves] Lagerhäuser *npl*
wheat paste Weizenmehlkleister *m*
wheat straw Weizenstroh *n*
wheel load Radlast *f*
wheel pass Radübergang *m (Straße)*
wheel path Radspur *f (Straße)*
wheel pressure Raddruck *m*
wheel scraper Radschrapper *m*
wheel tracery *(Arch)* Speichenradmaßwerk *n*, radförmige Verzierung *f*
wheel tracking apparatus *(Verk)* Spurbildungsgerät *n (Straße)*
wheel tracking test *(Verk)* Spurbildungstest *m (Straße)*
wheel tracks Radspuren *fpl*, Rollspuren *fpl*
wheel window *(Arch)* Radfenster *n*, großes Rundfenster *n*, Katharinenrad *n (gotischer Kathedralen)*; Rosenfenster *n*
wheelbarrow Schubkarre *f*, Handkarren *m*
wheelbarrow for concrete Japaner *m*
wheelbase Radstand *m*, Radabstand *m*
wheelchair Rollstuhl *m*
wheelchair facilities Rollstuhlanlagen *fpl*
wheelchair ramp Rollstuhlrampe *f*
wheelchair space Rollstuhlplatz *m*, vorgesehener Raum *m* für Rollstühle
wheeled loader Radlader *m*
wheeler *s.* winder 1.
wheeling step *s.* winder 1.
whelm *v* verschütten, überschwemmen
whelp Schamotteziegel *m*
whet *v* wetzen, schärfen, schleifen
whet slate Wetzschiefer *m*
whetstone Wetzstein *m*, Schleifstein *m*, Abziehstein *m*
whin *s.* whinrock
whinrock Basalttuff *m*, Dolerit *m*; Grauwacke *f*
whinstone basaltisches Gestein *n*, Dolerit *m*; basisches Eruptivgestein *n (allgemein)*

whip *v* schlagen; peitschen
whip-off *(Verk)* Splittherausschleudern *n (von der Straßenoberfläche)*
whip-shaped lamp post Peitschenmast *m (Straßenbeleuchtung)*
whiplash style *(Arch)* Peitschenschlagstil *m (Belgien)*
whirl *v* wirbeln
whirley crane Volldrehkran *m*, Turmdrehkran *m* mit 360°-Drehkreis
whirlpool 1. Wirbel *m*; Stromwirbel *m*; Strudel *m*; 2. Whirlpool *m*, Badebecken *n* mit Luftwirbel
whirlpool basin *(Wsb)* Tosbecken *n*
whispering cupola *(Arch)* Flüsterkuppel *f*
whispering gallery *(Arch)* Flüstergewölbe *n (z. B. in der St.-Pauls-Kathedrale)*
white weiß; hell; blass; hellfarbig, licht; bleich; verzinnt; versilbert; Weiß...
white Weiß *n*, weißer Farbstoff *m*
white aggregate weißer Splitt [Splittzuschlag] *m*, Weißzuschlag(stoff) *m*
white architecture weiße Architektur *f (nur aus weißen Baustoffen und Material)*
white asbestos Weißasbest *m*
white brass Weißmessing *n*
white cast iron Weißguss *m*, Hartguss *m*
white chalk weißer Kreidekalk *m*
white cement Weißzement *m*, weißer Zement *m*
white coal *(sl)* Wasserkraft *f*
white coat weißer Spachtelputz *m*, Schlichte *f*
white concrete Weißbeton *m*
white deal Fichtenholz *n*
white exposed concrete weißer Sichtbeton *m*, weißer Architekturbeton *m*
white fair-faced concrete *s.* white exposed concrete
white flint Weißglas *n*
white Functionalism *(Arch)* weißer Funktionalismus *m (Greenough – 19. Jahrh.; Bauhaus)*
white glazing 1. Weißbeglasung *f*; 2. Weißglasur *f*
white goods Weißwaren *fpl (Haushaltgeräte z. B. Waschmaschine, Kühlschrank usw.)*
white granit Weißgranit *m*, weißer Granit *m*
white hall *(Arch)* Whitehall *n (Westminster)*
white hard knochenhart
White House *(Arch)* Weißes Haus *n (US-Regierungssitz)*
white Italian marble *(Arch)* weißer italienischer Marmor *m*
white joint mortar Fugenzement *m*
white lead Bleiweiß *n*
white lead cement [putty] Bleiweißkitt *m*, weißer Glaserkitt *m*, Bleiweißspachtelmasse *f*
white lead paint Bleiweißfarbe *f*
white light Weißlicht *n*, weißes Licht *n*
white lime Weißkalk *m*
white line *(Verk)* Fahrbahnbegrenzung *f*, weiße Linie *f*
white marble Weißmarmor *m*, weißer Marmor *m*
white masonry morter weißer Fugenmörtel *m*
white mastic Weißkitt *m*, Weißmastix *m*
white-metal blast metallisch blank, metallblank
white mortar Weißmörtel *m*, weißer Mörtel *m*
white oak wood Eichenholz *n*, Weißeichenholz *n*
white paint Weißfarbe *f*, weiße Anstrichfarbe *f*
white-painted weiß gestrichen
white pigment Weißpigment *n*
white pigmented weiß pigmentiert
white pine (wood) 1. Strobenholz *n*; 2. Weymouthskieferholz *n*
white pointing mortar weißer Fugenmörtel *m*
white poplar Weißpappel *f*
white Portland cement weißer Portlandzement *m*, Weißzement *m*
white quicklime Weißbranntkalk *m*
white rot Weißfäule *f*, Verrottung *f* durch Schimmelpilze *(Holz)*
white rust weißer Rost *m*, Zinkrost *m*
white seal Weißsiegel *m (Zinkweiß)*
white spirit Lackbenzin *n*, Testbenzin *n*
white spots Wasserfleckenbildung *f (in Anstrichen)*
white stone chippings Weißsplitt *m*, weißer Splitt *m*
white surface sandblasting metallisch blankes Sandstrahlen *n*
white wall tile weiße Wandfliese *f*, Weißfliese *f*
whiten *v* weißen, kalken, tünchen; schlämmen
whitening 1. Weißen *n*; Schlämmen *n*; 2. Ausbleichung *f (von Holz)*; 3. *s.* whitewash
whitening coat Kalkanstrich *m*, Tünchaufstrich *m*
whitewash *v* weißen, kalken, tünchen; schlämmen
whitewash Tünche *f*, Weißtünche *f*, Schlämme *f*, Kalkmilch *f*, Kalkbrühe *f*
whitewash brush Maurerpinsel *m*, Streichbürste *f*
whitewash coat Kalk(milch)anstrich *m*
whitewashing Weißen *n*, Kalken *n*, Tünchen *n*; Schlämmen *n*
whiting 1. Schlämmkreide *f*, feingemahlene Kreide *f*; 2. Kreideweiß *n*; Kreidegrund *m*
whittle *v* schnitzen
whittle Schnitzmesser *n*
whole beam Ganzholzbalken *m*; Stammholz *n*
whole brick Vollziegel *m*, Ganzziegel *m*, ganzer Stein *m*
whole-brick wall Ziegelvollmauer *f*, Ganzziegelwand *f (mit einer Dicke gleich Ziegellänge, > 15 cm)*
whole hip ganzer Walm *m*
whole size Originalgröße *f*
whole tile ganzer Stein *m*
whole timber gesägter Holzbalken *m*
wholesale building Großmarktlagergebäude *n*
wholesale market Großmarkthalle *f*
wicket 1. kleine Tür *f*, Schlupftür *f*, Türinnentürchen *n*; 2. (vergittertes) Schalterfenster *n*; 3. *(Wsb)* kleines Schütz *n*; Stauklappe *f*
wicket gate *(Verk)* Fußgängerschranke *f*
wicket in a door Schlupftür *f*, Türinnentürchen *n*
wide breit, weit; ausgedehnt
wide-angle judas Weitwinkelspion *m*
wide-angle lighting fitting Breitstrahler *m*
wide area network regional erweitertes Netzwerk *n (Datenaustausch)*
wide concrete kerb Betonbordschwelle *f*
wide-finishing tool Breitschlichtmeißel *m*
wide flange Breitflansch *m*, weitauskragender Flansch *m*
wide-flange beam Breitflanschträger *m*
wide-flanged girder Breitflanschträger *m*
wide gauge Breitspur *f (Schiene)*
wide kerb Bordschwelle *f*
wide-meshed weitmaschig
wide open space Freifläche *f*
wide pit Korrosionsnarbe *f*
wide-ringed weitringig, grobjährig, mit breiten Jahresringen *(Holz)*
wide-spaced *(Arch)* lichtsäulig
wide-span weitgespannt
wide-span beam Weitspannbalken *m*
wide-span floor slab Weitspanndeckenplatte *f*
wide-span frame Weitspannrahmen *m*
wide-span loadbearing system Weitspanntragwerk *n*, Weitspanntragsystem *n*
wide-span prestressed slab Weitspannbetonplatte *f*
wide-span roof Weitspanndach *n*
wide-span shell Weitspannschale *f*
wide-span wall arch Weitspannmauerbogen *m*

wide-throw hinge Breitflügeltürscharnier *n*, Türband *n* für ein großes Türblatt
wide tolerance Toleranzüberschreitung *f*
widen *v* erweitern; (auf)weiten; verbreitern *(z. B. Straßen)*
widening Erweiterung *f*; Weiten *n*; Verbreiterung *f (z. B. einer Straße)*
widening of the foundation Verbreiterung *f* des Fundaments
width Breite *f*; Weite *f*; lichte Weite *f*; Spannweite *f*
width of bay Feldweite *f*
width of carriageway Fahrbahnbreite *f*
width of cracks Rissbreite *f*
width of flange Flanschbreite *f*
width of kerf Schnittfugenbreite *f*
width of mesh Maschenbreite *f*
width of overfall Überfallbreite *f (Stauwerk)*
width of road Straßenbreite *f*
width of roadway Fahrbahnbreite *f*
width-thickness ratio Breite-Dicke-Verhältnis *n*
wiggle nail gewellter Nagel *m*, Wellennagel *m*
wilderness Naturschutzgebiet *n*, Landschaftsschutzgebiet *n*; unberührte Landschaft *f*
Williot diagram Verschiebungsplan *m* nach Williot *(Rahmendeformierung)*
willow 1. Weide *f*; 2. Weidenholz *n*
willow pattern *(Arch)* Weidenmuster *n*
willowy 1. weidenbestanden; 2. biegsam, geschmeidig
wimble scoop Schappenbohrer *m*
winch *v* hochziehen *(mit einer Winde)*
winch Winde *f*, Aufzugswinde *f*, Bockwinde *f*; Hebezeug *n*
wind *v* [Aussprache: waind] 1. winden, wickeln; aufwickeln, aufspulen; 2. sich winden [schlängeln] *(z. B. eine Straße)*
wind *v* **about** mäandern
wind *v* **up** 1. abschließen *(Baustelle)*; 2. liquidieren *(Unternehmen)*
wind [1] *(Aussprache: waind)* Windung *f*, Biegung *f*; Verdrehung *f (Holz)*
wind [2] *(Aussprache: wind)* Wind *m*
wind and dust protection planting Wind- und Staubschutzpflanzung *f*
wind area Windangriffsfläche *f*
wind barrier Windschutz *m*
wind beam Hahnenbalken *m*; Querriegel *m*, Kehlbalken *m*
wind box Windkasten *m (Heizung)*
wind brace Windstrebe *f*, Winddruckträger *m*, Querträger *m*, Versteifungsträger *m (Windverband)*
wind brace connection Windverbandanschluss *m*
wind braced boom Windstrebengurtung *f*, Windstrebenflansch *m*
wind bracing Windaussteifung *f*, Windversteifung *f*, Windverspannung *f*, Windverband *m*
wind bracing boom Windstrebeflansch *m*, Windstrebengurtung *f*
wind bracing connection Windverbandanschluss *m*
wind component Windkomponente *f*
wind conditions Windverhältnisse *npl*
wind cone *(Verk)* Windsack *m (Straße)*
wind direction Windrichtung *f*
wind drag Windbeanspruchung *f (am Baukran)*
wind drift Windverformung *f*
wind-driven power station Windkraftwerk *n*
wind-driven rain Schlagregen *m*
wind-driven sand Treibsand *m*, Flugsand *m*
wind effect Windwirkung *f*
wind energy Windkraft *f*, Windenergie *f*
wind excited vibration Windschwingung *f*
wind-fallen wood Windbruchholz *n*
wind filling Deckenfüllung *f*, Zwischenträgerfüllung *f*
wind flow Windströmung *f*
wind force Windkraft *f*; Windstärke *f*
wind-force assumption Windkraftannahme *f*
wind-force diagram Windkraftdiagramm *n*
wind-force distribution Windkraftverteilung *f*
wind gauge Windgeschwindigkeitsmesser *m*
wind guard Windschutzvorrichtung *f*
wind hatch Aufzugsschacht *m*, Materialförderschacht *m*, Windenschacht *m*
wind-induced durch Wind erzeugt
wind load Windlast *f*, Windbelastung *f*
wind load assumption Windlastannahme *f*
wind load moment Windlastmoment *n*
wind load regulation Windlastvorschrift *f*
wind load value Windlastwert *n*
wind loading *s.* wind load
wind moment Windmoment *n*
wind moment equation Windmomentengleichung *f*
wind power Windkraft *f*, nutzbare Windenergie *f*
wind power station Windkraftwerk *n*
wind pressure Winddruck *m*
wind pressure coefficient Winddruckbeiwert *m*
wind pressure distribution Winddruckverteilung *f*
wind pressure force Winddruckkraft *f*
wind protection Windschutz *m*
wind screen Windfang *m (Wand)*; Windschutz *m*, Windschirm *m*, Windblende *f*
wind shake Windriss *m* im Holz *(während des Wachsens)*
wind shear moment Windschubmoment *n*
wind speed Windgeschwindigkeit *f*
wind splay Fensterschmiege *f*
wind stability Windstandfestigkeit *f*
wind stop Windschutzleiste *f (Fenster, Tür)*
wind stress Windbeanspruchung *f*, Spannung *f* durch Windbelastung
wind suction Sog *m*, Windsog *m*
wind suction coefficient Sogbeiwert *m*
wind suction force Sogkraft *f*, Windsogkraft *f*
wind sway bracing Windverband *m*
wind tunnel Windkanal *m*
wind tunnel investigation Windkanaluntersuchung *f*
wind tunnel model Windkanalmodell *n*
wind uplift Windauftrieb *m (Dach)*
wind uplift force Windsogkraft *f*
wind vane Windfahne *f*; Windrichtungsflügel *m*
wind velocity Windgeschwindigkeit *f*
windbreak 1. Windschutzpflanzung *f*; 2. *s.* wind stop
winder 1. verzogene Stufe *f*; Wendelstufe *f*; 2. Kurbelvorrichtung *f*; Haspel *f(m) (Antrieb für Seilaufzug)*
winding kurvenreich
winding 1. Wickeln *n*; Aufwickeln *n*, Haspeln *n*; 2. Windung *f*; spiralförmige Holzverdrehung *f*; Wendelung *f*; 3. Biegung *f*, Krümmung *f (auch Straße)*
winding-drum machine Trommelaufzug *m*
winding engine Fördermaschine *f*
winding gear Aufzugswinde *f*, Aufzugseinrichtung *f*
winding joint Wickellötstelle *f*
winding mechanism Aufziehwerk *n*
winding road Serpentinenstraße *f*
winding stair gewundene Treppe *f*, verzogene Stufen *fpl*
winding staircase Wendeltreppe *f*, Schneckentreppe *f*
winding staircase with open newel geschwungene Treppe *f*, offene Wendeltreppe *f*
winding tackle Flaschenzug *m*
windings Windungen *fpl (Pfeiler)*
windlass Winde *f*, Bauwinde *f*, Hebewinde *f*, Förderhaspel *f*
window Fenster *n*
window accessories Fensterzubehör *n*
window air conditioner Fensterklimaanlage *f*

window apron Fensterschallleiste *f*, Übergangsdeckleiste *f*
window arch Fensterbogen *m*
window arch bar Fensterrahmengewölbeeisen *n*, Fensterbogeneisen *n*
window area Fensterfläche *f*
window awning blind Markisolette *f*
window back Fensterbrüstung *f*
window band Bandfenster *n*, Langfenster *n*, Fensterband *n*, (geschlossene) Fensterreihe *f*
window bar 1. Fenstersprosse *f*; Glas(deck)leiste *f*; Rahmendeckleiste *f*; 2. Winddichtstreifen *m*, Abdichtleiste *f*; 3. Putzleiste *f*; 4. Fenstereisen *n*; Schließbalken *m*
window bay 1. Fensterfeld *n*, Fensterfach *n*; 2. *s.* window yoke
window bay stall eingebauter Fenstersitzplatz *m*
window bead Putzleiste *f*
window blind Fensterladen *m*; Jalousie *f (Rollladen)*
window board Fensterbrett *n*; Simsbrett *n*
window box Gegengewichtslaufkasten *m (Hubfenster)*
window boxing Fensterladenkasten *m*
window breast Fensterbrüstung *f*
window brick moulding Fensteraussparungsform *f*
window brightness Fensterhelligkeit *f*
window builder Fensterbauer *m*
window button Fensterknopf *m*
window case Fensterzarge *f*
window casement Fensterflügel *m*
window casement frame Fensterflügelrahmen *m*
window casing Fensterblendrahmen *m*, sichtbarer Fensterrahmen *m*, Zargenrahmen *m*
window catch Fensterfeststeller *m*, Fenstereinrastung *f*
window cill Sohlbank *f*, Fensterbank *m*
window cill rail Sohlbankriegel *m*, Brustriegel *m*
window cleaner's anchor Fensterputzerhaken *m*
window-cleaning cradle Fassadenlift *m*; Fensterputzwagen *m*
window column Fenstersäule *f*, Fensterstütze *f*, Fensterpfeiler *m*
window cornice Fenstersims *m*, Fenstergesims *n*
window cross Fensterkreuz *n*, Kreuzstock *m*
window curtain Fenstervorhang *m*
window deep bead Fensterabdichtungsstreifen *m*
window design *(Arch)* Fensterformgebung *f*, Fensterdurchformung *f*
window dimension Fensterabmessung *f*, Fenstermaß *n*
window draft bead *(AE)* Fensterabdichtungsstreifen *m*
window dressing Fensterleibungsbearbeitung *f*, *(sl)* Augenwischerei *f*
window drip Wasserschenkel *m*, Wetterschenkel *m*
window embrasure Fensterzarge *f*
window engineering Fenstertechnik *f*
window fan Fensterventilator *m*
window fittings Fensterbeschläge *mpl*
window flanning Fensterleibung *f*
window frame Fensterrahmen *m*, Blendrahmen *m*
window framing Fensterumrahmung *f*
window furniture Fensterbeschlag *m*
window gasket Fensterdichtungsprofil *n*, Fensterabdichtungsstreifen *m*, Fensterselbstdichtung *f*
window glass Fensterglas *n*
window glazing Fensterverglasung *f*
window glazing bar Fenstersprosse *f*, Glas(deck)leiste *f*, Rahmendeckleiste *f*
window grating Fenstergitter *n*
window grille Fenstergitter *n*
window groove rabbet Fensterfalz *m*
window guard 1. Glasleiste *f*; 2. Abdichtleiste *f*, Winddichtstreifen *m*; 3. Fenster(metall)ziergitter *n*
window guide rail Fensterführungsschiene *f*
window handle Fenstergriff *m*
window hardware Fensterbeschläge *mpl*
window head Fenstersturz *m*
window hinge Aufsatzband *n*, Fensterband *n (Beschlagteil)*
window hood Fensterschutzdach *n*
window intertie *(Hb)* Fensterquerstrebe *f*
window jack Gerüsthalter *m (am Fenstersims befestigt)*
window jack scaffold fenstergestütztes Gerüst *n*
window jamb Blendrahmenpfosten *m*
window latch Fensterriegel *m*
window lead Fensterblei *n*
window ledge Fensterbank *f*, Sohlbank *f*
window lift Fenstergriff *m*
window-lighting Fenstertageslichtbeleuchtung *f*
window lining Fensterfutter *n*; Fensterblendleisten *fpl*; Fenstergewände *n*
window lintel Fenstersturz *m*
window location Fensterlage *f*
window lock Fensterschloss *n*; Fensterriegel *m*, Fensterwirbel *m*
window manufacture Fensterbau *m*, Fensterherstellung *f*
window marginal bar Fensterrandsprosse *f*
window masonry wall Fenstermauer *f*
window module Fenstermodul *m*
window moulding Fenster(zier)leiste *f*
window niche Fensternische *f*
window opening Fensteröffnung *f*, Licht *n*
window openwork gablet Fensterwimperg *m*, Fensterblendmaßwerk *n*, Fensterziergiebel *m*
window pane Fensterscheibe *f*
window panel Fenstertafel *f*, Fensterelement *n*
window parapet Fensterbrüstung *f*
window pier Fensterpfeiler *m*
window plain rail gleichstarker Fenstermittelsteg(pfosten) *m*
window post Fensterrahmenpfosten *m*, Setzholz *n*
window protection screen Fenstergitter *n*
window pull Schiebefensterziehgriff *m*
window rabbet Fensteranschlag *m*
window rail Fensterriegel *m*
window rebate Fensterfalz *m*
window recess Fensternische *f*
window recess arch Fensternischenbogen *m*
window reveal Fensterleibung *f*
window sash Schiebefensterrahmen *m*
window schedule Fensterliste *f (eines Gebäudes)*
window screen Fliegen(schutz)fenster *n*; Fenstergaze *f*
window sealing fillet Fensterdichtleiste *f*
window seat Fensterbank *f*
window section Fensterprofil *n*
window shape Fensterform *f*
window shutter Fensterladen *m*
window sill Fensterbank *f*, Sohlbank *f*, Fensterbrüstung *f*
window stile Hubfensterrahmen *m*
window sill rail Sohlbankriegel *m*
window sill slab Fensterbankplatte *f*
window size Fenstergröße *f*
window splay Fensterschräge *f*, Fensterausschrägung *f*
window spring bolt Fensterschnapper *m*
window sill duct Fensterbankkanal *m*
window stay Fensterhaken *m*, Sturmhaken *m*, Kettenhaken *m*, Feststeller *m*
window stool Fensterbrett *n*, Sohlbrett *n*
window stop Schiebefensterhalteleiste *f*, Rastrahmenleiste *f*
window structural gasket Fensterdichtungsprofil *n*
window stud Fenstersäule *f*, Fensterständer *m*

window sunblind Fenstersonnenblende *f*, Fenstersonnenschutzanlage *f*
window surrounds Fenstergewände *n*
window template Fensterlehre *f*
window tier Fensterreihe *f*
window transom Fensterriegel *m*; Fensterkämpfer *m*; Fenstersprosse *f*
window trim verzierter Blendrahmen *m*, Fensterzarge *f*
window type Fensterart *f*
window unit Fertigfenster *n*
window vent Lüftungsflügel *m*
window ventilation Fensterlüftung *f*
window wall Fertigteilwandelement *n* mit installiertem Fenster
window-washing cradle Fensterreinigungswagen *m*, Fensterputzwagen *m*
window yoke Fensterjoch *n*, Fenstersturz *m* mit eingebauten Gegengewichtskästen
windowed befenstert
windowed bay Ausflucht *f*
windowed frieze *(Arch)* Fensterfries *m*
windowless fensterlos
windowless building fensterloses Gebäude *n*
windowless panel fensterlose Tafel *f*
windowlight Fensterscheibe *f*
windproof *s.* windtight
windstop Dichtungsleiste *f (für Fenster und Türen)*
windtight winddicht, abgedichtet (gegen Windzug)
windward side Wetterseite *f*; Windseite *f*
windward slope windseitiger Abhang *m*
wine cellar [vault] Weinkeller *m*
wing 1. Flügel *m*, Gebäudeflügel *m*; Seitenflügel *m*, Seitengebäude *n*; 2. Türflügel *m*; Drehtürflügel *m*; Fensterflügel *m*
wing auger Flügelbohrer *m*
wing bolt Flügelschraube *f*
wing coping Flügelmauerdeckstein *m*
wing door Flügeltür *f*
wing gate sluice *(Wsb)* Fächertorschleuse *f*
wing masonry wall Flügelmauer *f*
wing nut Flügelmutter *f*
wing of wall Mauerflügel *m*
wing pavilion *(Arch)* Eckpavillon *m*, Windpavillon *m*
wing screw *s.* wing bolt
wing-shaped flügelförmig
wing wall Flügelmauer *f*
winged bull *(Arch)* Flügelstier *m*, geflügelter Bulle *m*
winged horse *(Arch)* geflügeltes Ross *n*, Flügelross *n*
winged lion *(Arch)* geflügelter Löwe *m*
Winkler's value *(Stat)* Winkler'sche Zahl *f (Durchlaufträgerstatik)*
winter winterlich, Winter...
winter Winter *m*
winter building construction Winterbauen *n*; Winterhochbau *m*
winter concreting Winterbetonieren *n*, Betonieren *n* im Winter
winter construction Winterbau *m*
winter garden Wintergarten *m*
winter gritting machine Winter(dienst)streugerät *n (Straße)*
winter maintenance Winterdienst *m (Straße)*
winter service Winterbetrieb *m (Heizung)*
winter serviceability Winterbefahrbarkeit *f (Straße)*
winter shutdown Winterstilllegung *f*
winter window Winterfenster *n*; Vorfenster *n*; Doppelfenster *n*; Kastenfenster *n*
wintering Auswintern *n (Baustoffe, Rohbau)*
winterizing Winterfestmachung *f*
winze Blindschacht *m (Bergbau)*
wipe *v* wischen, abwischen, abreiben
wipe *v* **off** abwischen
wipe resistant wischfest, wischbeständig
wipe test Wischtest *m (Oberflächenreinheit, Anstrichfestigkeit)*
wiped joint Weichlötverbindung *f*, Lötfuge *f*
wiping solder Blei-Zinn-Weichlot *n*
wipped fascine Faschinenwurst *f*
wire *v (El)* verdrahten, Drähte verlegen, eine Leitung ziehen
wire *v* **concealed** unter Putz verlegen
wire *v* **on the surface** auf [über] Putz verlegen *(Leitung)*
wire 1. Draht *m*; 2. *(El)* Leitungsdraht *m*; Ader *f (Kabel)*
wire anchor Drahtanker *m*, Kabelanker *m*, Seilanker *m*
wire armouring Drahtbewehrung *f*
wire articles Drahtwaren *fpl*, Drahterzeugnisse *npl*
wire basket Drahtkorb *m*, Drahteinsatz *m*
wire brad Drahtnagel *m*, Drahtstift *m*
wire brush Drahtbürste *f*
wire brushing Drahtbürsten *n*, Drahtbürstenreinigung *f*
wire cable Drahtseil *n*
wire cable anchorage Kabelverankerung *f*, Drahtseilverankerung *f*
wire cable clamp Drahtklemme *f*
wire cable construction Kabelmachart *f*, Drahtseilmachart *f*
wire cloth *s.* wire gauze
wire comb Kratzer *m*, Kratzbürste *f (Putzkratzen)*
wire core Drahteinlage *f*
wire-cut brick Schnittziegel *m*, geschnittener Ziegel *m*, Strangpressziegel *m*
wire cutters Drahtschere *f*
wire diameter Drahtdurchmesser *m*
wire duct Drahtkanal *m*
wire entanglement Drahtverhau *m*
wire fabric Drahtgeflecht *n*
wire fence Drahtzaun *m*
wire fence post Drahtzaunpfahl *m*, Drahtzaunpfosten *m*
wire galvanizing Drahtverzinkung *f*
wire gauge 1. Drahtlehre *f (Gerät)*; 2. Drahtdurchmesser *m (Lochgröße der Drahtlehre)*
wire gauge table Drahtstärketabelle *f*
wire gauze Drahtgewebe *n*, Drahtnetz *n*, Drahtgaze *f*, Gaze *f*
wire glass Drahtglas *n*
wire grade Drahtsorte *f*
wire hanger Drahthängeglied *n*
wire helix Drahtspirale *f (Bewehrung)*
wire holder *(El)* Schelle *f*, Kabelhalter *m*
wire hook Drahthaken *m*
wire insert Drahteinlage *f*
wire lath Drahtnetzgewebe *n* mit Pappe *(als Putzgrund, Putzträger)*
wire lath and plaster wall Drahtputzwand *f*
wire lathing Putzdrahtgewebe *n*, Putzdrahtgeflecht *n*, Drahtputzträger *m*, Rabitzgewebe *n*
wire lathing and plaster suspended ceiling hängende Drahtputzdecke *f*
wire lathing [lattice] construction Rabitzbau *m*
wire layer Drahteinlage *f*
wire mesh Drahtgeflecht *n*, Metallgewebe *n (als Putzträger)*; Gitter *n (Bewehrung)*
wire mesh fence Drahtmaschenzaun *m*, Maschendrahtzaun *m*
wire mesh lathing Putzträgerdrahtgeflecht *n*
wire-mesh partition Maschendrahtabtrennung *f*, Maschendrahttrennwand *f*
wire-mesh reinforcement Drahtmaschen(bewehrungs)matte *f*, Bewehrungsmatte *f*, Mattenbewehrung *f*
wire meshing Drahtgeflecht *n*

wire nail Drahtnagel *m*, Drahtstift *m*
wire netting Drahtgeflecht *n*; Drahtgitter *n*, Drahtnetz *n*, Maschendraht *m*
wire netting fence Maschendrahtzaun *m*
wire netting lath *s.* wire lathing
wire nut *(El)* Anschlusspressschraube *f*
wire plaster ceiling Rabitzdecke *f*
wire plaster wall Rabitzwand *f*
wire reinforced drahtverstärkt, drahtbewehrt
wire-reinforced glass drahtbewehrtes Glas *n*
wire reinforcement Drahtverstärkung *f*, Drahtbewehrung *f*, Drahteinlage *f*
wire reinforcing Drahtbewehrung *f*
wire rod Walzdraht *m*
wire rope Drahtseil *n*, Kabel *n*
wire rope anchorage Drahtseilverankerung *f*, Kabelverankerung *f*
wire rope grip Drahtseilklaue *f*
wire rope splice Verspleißung *f*
wire ropeway Drahtseilbahn *f*
wire saw Steingattersäge *f*
wire scratcher Kratzer *m*, Kratzbürste *f*
wire screen Gazefenster *n*, Drahtgitterfenster *n*
wire section Drahtquerschnitt *m*
wire slip Drahtschlupf *m*
wire spacer Drahtabstandhalter *m*
wire staple Drahtkrampe *f*
wire stirrup Drahtbügel *m*
wire stress Drahtspannung *f*
wire suspension bridge Drahtseilbrücke *f*
wire thickness Drahtdicke *f*
wire-winding machine Wickelmaschine *f (Spannbeton)*
wired *(El)* verdrahtet
wired flat glass Drahtflachglas *n*
wired glass Drahtglas *n*
wired laminated glass Drahtverbundglas *n*, Drahtsicherheitsglas *n*
wired patterned glass Drahtornamentglas *n*
wired plate glass Drahtspiegelglas *n*
wireless application protocoll *(Verk)* Internetinhaltübertragung *f* auf das Handy
wireless mast Funkmast *m*, Antennenmast *m*
wireway Kabelkanal *m*
wirework Drahtgeflecht *n*
wiring 1. *(El)* Installation *f*, Leitungsverlegung *f*; 2. Abspannung *f*, Verspannung *f (Mast, Pfosten)*
wiring box *(El)* Kreuzungsdose *f*, Verteilerdose *f*
wiring conduit *(El)* Elektroleerrohr *n*
wiring diagram *(El)* Schaltbild *n*, Schaltplan *m*
wiring layout *(El)* Verdrahtungsführung *f*
with cellar unterkellert
with diamond pattern *(Arch)* gerautet
with facets *(Arch)* facettiert
with fixed ends eingespannt
with parallel booms [chords] parallelgurtig
withdraw *v* ziehen, zurückziehen
withdrawal Entzug *m (z. B. von Wasser, Lösungsmitteln)*
withdrawal sleeve Reduziermuffe *f*, Reduktionsmuffe *f*, Abziehhülse *f*
withe 1. Schornsteinzunge *f*, Schornsteinmittel(trenn)steg *m (zwischen den Zügen)*; 2. Dachabspannrute *f*, Rohrflechtrute *f*, Knüpfrute *f (Strohdach)*; 3. Wandschale *f*
without articulations eingespannt, gelenklos
without obligation unverbindlich
withstand *v* widerstehen; resistent sein; aushalten
withstanding tropical conditions tropenfest
witness corner Bezugseckpunkt *m (innerhalb des Grundstücks)*
wobble coefficient Welligkeitsfaktor *m (Spannbeton)*; Spanngliedreibungsbeiwert *m*, Reibungsbeiwert *m*
wobble friction Schlingerreibung *f (Spannglied)*
Wöhler curve Wöhler-Kurve *f*, Dauerfestigkeitskurve *f*
women's changing room Frauenumkleideraum *m*, Damenumkleideraum *m*
women's quarter Harem *m*
women's quarters Frauengemächer *npl*
women's toilet Damentoilette *f*
wood 1. Holz *n*; 2. Gehölz *n*; Wald *m*
wood beam Holzbalken *m*
wood block Holzklotz *m (Fußboden, Holzpflaster)*
wood block floor(ing) Holzpflaster *n*, Holzpflasterboden *m*, Holzpflasterklotz *m*
wood block paving Holzpflaster *n*, Holzpflasterbefestigung *f*
wood boards Bretterverschalung *f*, Verbretterung *f*
wood border Randleiste *f*, Holzleiste *f*
wood borer Holzbohrer *m*, Bohrschädling *m*
wood-boring beetle Hausbockkäfer *m*
wood brick Holzziegel *m*, Holzblock *m (für Befestigungszwecke)*
wood building board Holzfaserbauplatte *f*
wood built-in units Holzeinbauten *mpl*, Holzeinbauteile *npl*, Bautischlereinbauten *mpl*
wood carver Holzschnitzer *m*, Schnitzer *m*
wood carving Holzschnitzerei *f*, Schnitzarbeit *f*
wood-carving knife Schnitzmesser *n*
wood ceiling Holzdecke *f*
wood ceiling blocks Deckenrosette *f*
wood cement Holzkitt *m*, flüssiges Holz *n*
wood-cement concrete Holzbeton *m*
wood charcoal Holzkohle *f*
wood chip Holzspan *m*
wood chip acoustic ceiling board Holzspanakustikdeckenplatte *f*, Schallschluckdeckenplatte *f* aus Spanholz
wood chip concrete Holzbeton *m*, Holzspanbeton *m*
wood chip concrete block Holzbeton(block)stein *m*
wood chip concrete slab Holzbetonplatte *f*
wood chip wallpaper Raufasertapete *f*
wood chipboard Holzspanplatte *f*, Spanholzplatte *f*
wood chisel Beitel *m*, Holzmeißel *m*
wood composite Holzverbund(bau)stoff *m*
wood concrete Holzbeton *m*
wood concrete block Holzbetonstein *m*
wood conditioning Holzkonditionierung *f*
wood connection Holzverbindung *f*
wood construction 1. Holzbauweise *f*, Holzkonstruktion *f*, Holzverband *m*; 2. Holzbau *m (Gebäude)*
wood covering Holzbelag *m*; Holzverkleidung *f*
wood cutting Holzeinschlag *m*
wood dough Kunstholz *n*, Pressholz *n*
wood dowel Holzdübel *m*
wood excelsior *(AE)* Holzwolle *f*
wood excelsior concrete *(AE)* Holzwollebeton *m*
wood excelsior concrete slab *(AE)* Holzwollebetonplatte *f*
wood fastener Holzverbinder *m*, Verbindungselement *n* für Holzbauteile *(z. B. Bolzen, Patentdübel, Spannschrauben)*
wood fencing Holzumzäunung *f*
wood fibre Holzfaser *f*
wood-fibre building board Holzfaserbauplatte *f*
wood-fibre concrete Holzfaserbeton *m*
wood-fibre insulation Holzfaserdämmung *f*
wood-fibre plaster baseboard Holzfaserputzträgerplatte *f*
wood-fibre slab Wandbauplatte *f* mit Holzspandämmlage *(Putzgrund)*

wood fibreboard Holzfaserplatte *f*, Faserplatte *f*
wood fibreboard ceiling Holzfaserplatten(raum)decke *f*
wood-fibred plaster Holzfaserputz *m*, Gipsputz *m* mit Holzfasern
wood filler Holzspachtelmasse *f*; flüssiges Holz *n*
wood finishing Holzoberflächenbehandlung *f*
wood finishing lacquer Holzlack *m*
wood finishings Holzinnenausbau *m*
wood fixtures Holzeinbauten *mpl*, Holzeinbauteile *npl*, Bautischlereinbauten *mpl*
wood flooring Fußbodendielung *f*, Dielung *f*
wood flour Holzmehl *n (fein)*
wood-frame construction Holzrahmenkonstruktion *f*, Fachwerkbau *m*
wood-frame façade Holzrahmenfassade *f*
wood girder Holzträger *m*
wood-grain print Holzfaserdruck *m*
wood grille Holzgitter *n*
wood ground Dübelbalken *m*; eingebaute Holznagelleiste *f*
wood gutter Holzdachrinne *f*
wood hauling Holzabfuhr *f*, Holztransport *m*
wood-impregnating plant Holzimprägnieranlage *f*
wood in building sizes Bauschnittholz *n*
wood in-built units Holzeinbauteile *npl*, Holzeinbauten *mpl*
wood jetty Holzmole *f*
wood joint Holzverbindung *f*
wood jointing method Holzverbindungsverfahren *n*
wood joist ceiling Holzbalkendecke *f*
wood lacquer Holzlack *m*
wood lagging Holzverschalung *f (für Bögen)*; Holzverkleidung *f (z. B. zur Dämmung)*
wood lath Holzbasisleiste *f*, Holzbefestigungsleiste *f*; Holzstange *f*
wood lathing Holzstabwerk *n*, Holzgitterwerk *n (Putzträger)*
wood ledge Latte *f*, Holzstange *f*, Holzleiste *f*
wood lintel Holzsturz *m*; Überlagsholz *n*
wood meal Holzmehl *n (grob)*
wood mill work Holzeinbauten *mpl*, Holzeinbauteile *npl*, Bautischlereinbauten *mpl*
wood milling machine Holzfräsmaschine *f*
wood moisture Holzfeuchte *f*, Holzfeuchtigkeit *f*
wood mosaic Mosaikparkett *n*, Holzparkett *n*
wood moulding 1. Holzkehlleiste *f*; 2. Holzverzierungen *fpl*, Holzsims *m*
wood nog Holznagel *m*, Holzdübel *m*
wood oil Holzöl *n*, Holzstandöl *n*
wood ornamentation Holzornamentschnitzerei *f*
wood paint Holzfarbe *f*, Holzanstrich *m*
wood panel Holzplatte *f*, Holztafel *f*
wood panel construction Holztafelbauweise *f*
wood-particle acoustic ceiling board *s.* wood chip acoustic ceiling board
wood particle board Holzspanplatte *f*, Spanholzbauplatte *f*
wood-particle material Holzspanbaustoff *m*, Holzspanwerkstoff *m*
wood-pattern shop Modelltischlerei *f*
wood-paved roadway Holzfahrbahn *f*
wood pavement Holzpflaster *n*
wood pavilion Holzpavillon *m*
wood paving block Holzpflasterklotz *m*
wood pavior Holzpflaster *n*
wood pile *(Erdb)* Holzpfahl *m*; hölzerner Rammpfahl *m*
wood pilework Holzpfahlrost *m*
wood piling Aussteifschalung *f*
wood plastic articles Holz-Kunststofferzeugnisse *npl*
wood plastic window Holz-Kunststofffenster *n*
wood plug Holzdübel *m*
wood preservation Holzschutz *m*, Holzkonservierung *f*
wood preservative Holzschutzmittel *n*, Holzkonservierungsmittel *n*, Holzimprägnierungsmittel *n*
wood primer Holzgrundanstrich *m*, Holzgrundierer *m*, Holzgrundiermittel *n*
wood prop *(Erdb)* Holzstempel *m*
wood-protecting salt Holzschutzsalz *n*
wood-pulp board Zellstoffpappe *f*
wood-pulp fibre Zellstoffaser *f (als Zuschlag für Asphalt)*
wood putty Holzkitt *m*, Holzzement *m*
wood rasp Holzraspel *f*
wood roll Holzkern *m (Blechdach)*
wood rosin Wurzelharz *n*, Wurzelkolophonium *n*, Terpentinharz *n*
wood rot Holzfäule *f*
wood sawings Sägespäne *mpl*
wood screed Abziehbrett *n (Estrich)*
wood screw Holzschraube *f*
wood sealer *s.* wood primer
wood shake Holzdachschindel *f (keilförmig)*
wood shavings Hobelspäne *mpl*, Holzspäne *mpl*; Holzwolle *f*
wood shingle Holzschindel *f*
wood siding Bretterverschalung *f*, Bretterverkleidung *f*, Bretterwandbeschlag *m*, Verbretterung *f*
wood siding shingle Holz-Wandschindel *f*
wood sill Holzfensterbrett *n*
wood skeleton structure Holzskelettbau *m*, Holzgerippebau *m*
wood slip *s.* wood ground
wood sliver Holzspan *m*
wood smooth plane Schlichthobel *m*
wood stain Holzbeize *f*
wood staining Holzfärbung *f*, Holzverfärbung *f*
wood stand oil Holzstandöl *n*
wood steeping Holztränkung *f*, Holzimprägnierung *f*
wood strength Holzfestigkeit *f*
wood strip flooring 1. Bandparkett *n*, Riemchenfußboden *m*; 2. Dielenfußboden *m*
wood stud anchor Türrahmenklammer *f* in einer Holztrennwand
wood stud partition Holzgerippetrennwand *f*
wood stud wall Holzgerippewand *f*
wood-to-metal connection [joint] Holz-Metallverbindung *f*
wood-to-wood connection [joint] Holz-Holzverbindung *f*
wood treatment Holzbehandlung *f*; Holzimprägnierung *f*
wood trim Holzeinbauteile *npl*, Holzeinbauten *mpl*
wood turner Drechsler *m*
wood turning Drechseln *n*, Drechselarbeit *f*
wood-turning lathe Drechselmaschine *f*
wood veneer Holzfurnier *n*
wood waste Holzabfall *m*
wood waste board Holzabfallplatte *f*
wood window Holz(rahmen)fenster *n*
wood-wool Holzwolle *f*
wood-wool board Holzwolleplatte *f*, Spanplatte *f*
wood-wool building slab Holzwolleleichtbauplatte *f*
wood-wool concrete Holzwollebeton *m*
wood-wool insulation Holzwolledämmung *f*
wood wool lightweight building board Holzwolleleichtbauplatte *f*
wood-wool slab *s.* wood-wool board
wood yard Holz(lager)platz *m*; Zimmerplatz *m*
wooded bewaldet; Wald...
wooded site 1. baumbestandene Baustelle *f*, 2. Waldgrundstück *n*
wooded soil Waldboden *m*
wooden hölzern, aus Holz
wooden arch Holzbogen *m*

wooden baluster Docke *f*, Togge *f*
wooden base Holzuntergrund *m*
wooden base board Sockelbrett *n*, Holzfußleiste *f*, Holzscheuerleiste *f*
wooden baseplate Holzgrundplatte *f*
wooden batten Holzleiste *f*, Holzlatte *f*, Holzfugendeckleiste *f*
wooden beam Holzbalken *m*, Holzbalkenträger *m*
wooden beam floor Holzbalkendecke *f*
wooden binding beam Holzbinderbalken *m*, Holzbundbalken *m*
wooden block Holzpflasterklotz *m*, Holzstöckel *m*
wooden block pavement [paving] Holzpflasterdecke *f*, Holzpflaster *n*, Stöckelpflasterdecke *f*
wooden board lining Holzverkleidung *f*, Bretterverkleidung *f*, Holzauskleidung *f*, Bretterauskleidung *f*
wooden building Holzbau *m*
wooden butt strap joint Brettlasche *f*
wooden casement window Holzflügelfenster *n*
wooden chipboard Holzspanplatte *f*, Spanholzplatte *f*
wooden church Holzkirche *f*
wooden cleat Holzlasche *f*
wooden columnn Holzsäule *f*, Holzstütze *f*
wooden construction Holzbau *m*, Holzkonstruktion *f*
wooden construction type Holzbauart *f*
wooden cottage Holzhaus *n*, Holzhütte *f*
wooden counter ceiling Holzunterdecke *f*
wooden crate Holzverschlag *m*
wooden door Holztür *f*
wooden door case *(Hb)* Blockzarge *f*
wooden door frame Holztürrahmen *m*
wooden door threshold Holztürschwelle *f*
wooden dowel Stabholzdübel *m*, Holzdollen *m*
wooden fastener Holzverbinder *m*, Holzverbindungsmittel *n*
wooden fence Holzzaun *m*
wooden firring Holzunterkonstruktion *f (Putzträger)*
wooden flat roof Holzflachdach *n*
wooden floor Holzfußboden *m*
wooden floor covering Holzfußbodenbelag *m*
wooden folding door Holzfalttür *f*
wooden foot bridge Holzsteg *m*
wooden formwork Holzschalung *f*
wooden frame Holzrahmen *m*
wooden frame construction Holzfachwerkbau *m*
wooden framed house Holzfachwerkhaus *n*
wooden framework Holzrahmen *m*
wooden framework building Holzfachwerkhaus *n*
wooden framework wall Holzfachwerkwand *f*, Holzriegelwand *f*
wooden furring *s.* wooden firring
wooden gate Holztor *n*
wooden girder Holzträger *m*
wooden grating Holzrost *m*
wooden grid Holzrost *m*
wooden grill Holzgitter *n*
wooden grillage Holzrost *m*
wooden grillage footing Holzrostfundament *n*
wooden handrail Holzhandlauf *m*
wooden header Wechselholz *n*, Holzwechselbalken *m*
wooden house Holzhaus *n*
wooden hut Holzhütte *f*, Holzbaracke *f*
wooden joist Holzdeckenbalken *m*
wooden joist ceiling Holzbalkendecke *f*
wooden joist floor Holzbalkenboden *m*
wooden lath Stakete *f*
wooden lathing for plastering Holzputzmörtelträger *m*
wooden lattice beam Holzgitterbalken *m*
wooden lattice girder Holzgitterträger *m*
wooden lining Holzverkleidung *f*, Holzauskleidung *f*
wooden lintel Holzsturz *m*, Holzoberschwelle *f*
wooden loadbearing structure Holztragwerk *n*
wooden mast Holzmast *m*
wooden mould Holzform *f*
wooden nail Holznagel *m*
wooden palisade fence Holzpalisadenzaun *m*
wooden panel Holztafel *f*
wooden panelling Holztäfelung *f*, Täfelung *f*, Täfelwerk *n*
wooden particle board Holzspanplatte *f*
wooden partition Holztrennwand *f*
wooden pavement Holzpflaster *n*
wooden paver Holzpflasterklotz *m*
wooden pavilion Holzpavillon *m*
wooden paving Holzpflaster *n*
wooden paving block Holzpflasterklotz *m*, Holzstöckel *m*
wooden paving work Holzpflasterarbeiten *fpl*
wooden peg Holzstift *m*, Holznagel *m*
wooden pillar Pfosten *m*, Stiel *m*, Ständer *m*
wooden plain web beam Holzvollwandbalken *m*
wooden post Holzpfosten *m (für Zäune)*
wooden post-and-beam structure Holzständerkonstruktion *f*
wooden prefabricated construction Holzmontagebau *m*, Holzfertigteilbau *m*
wooden principal post Holzbundstiel *m*
wooden purlin Holzpfette *f*
wooden rafter Holzdachsparren *m*
wooden rail Holzriegel *m*
wooden rigid frame Holz(steif)rahmen *m*
wooden road-paving blocks Holzpflaster *n*
wooden roof Holzdach *n*
wooden roof frame Holzbinder *m*
wooden roof shake Holzdachschindel *f (handgespalten)*
wooden sanitary cove Holzsockelleiste *f*, Holzscheuerleiste *f*
wooden screed Abziehbrett *n*
wooden screw Holzschraube *f*, hölzerne Schraube *f*
wooden sculpture *(Arch)* Holzskulptur *f*
wooden sheating Holzschalung *f*, Holzverschalung *f*, Holzschale *f*
wooden shingle roof Holzschindeldach *n*
wooden shuttering Holzschalung *f*
wooden siding shingle Holzwandschindel *f*
wooden skeleton construction Holzskelettbau *m*
wooden slat Holzlamelle *f*
wooden slatted roller blind Holzrollladen *m*, Holzjalousie *f*
wooden sleeper Holzschwelle *f (Eisenbahn)*
wooden solid web beam Holzvollwandbalken *m*
wooden space bearing structure Holzrahmentragwerk *n*
wooden staircase Holztreppe *f*
wooden string Holzwange *f*
wooden structural system Holzkonstruktionssystem *n*
wooden strut Stakholz *n*
wooden stud Holzbundstiel *m*
wooden subfloor Holzunterboden *m*, Blindboden *m*
wooden surround Holzeinfassung *f*
wooden suspended floor freitragende Holzdecke *f*
wooden transom Kämpferholz *n (Fenster, Tür)*
wooden truss Holzdachbinder *m*
wooden truss frame Holzsprengwerk *n*
wooden vault Holzgewölbe *n*
wooden wall Holzwand *f*
wooden window Holz(rahmen)fenster *n*
woodland Waldland *n*, Forstland *n*, Waldgelände *n*
woodlot *(AE)* Waldstück *n*, kleiner Wald *m (Landschaftsplanung)*
woodway Waldweg *m*
woodwork 1. Holzarbeiten *fpl*, Tischlerarbeit *f*, Zimmererarbeit *f*; 2. Balkenwerk *n*, Holzwerk • **do woodwork** zimmern

woodworking Holzbearbeitung *f*
woodworking machine Holzbearbeitungsmaschine *f*
woodworm Holzwurm *m (Käferlarve)*
woody 1. holzartig, holzähnlich, holzig; 2. waldig
wool Wolle *f*
wool felt Wollfilz(dach)pappe *f*
woolly grain faseriges Schnittende *n (Holz)*
work *v* 1. verarbeiten *(Material)*; bearbeiten *(z. B. Werkstoffe)*; durcharbeiten, kneten; 2. funktionieren, arbeiten • **at work** bei der Arbeit, geschäftig
work *v* **away** abtragen
work *v* **carelessly** pfuschen
work *v* **concrete** betonieren
work *v* **in** einbauen; einarbeiten
work *v* **out** ausarbeiten
work *v* **stones** Steine behauen
work *v* **through** durchörtern
work-harden *v* sich kalt verfestigen, kalt aushärten
work 1. bauausführende Arbeiten *fpl*; 2. Werkstück *n*; 3. Lauf *m (z. B. eines Aggregats)*; 4. Leistung *f (z. B. zur Vertragserfüllung)*
work as executed drawing Baubestandszeichnung *f*, Bestandsplan *m*
work-bench Werkbank *f*, Arbeitstisch *m*
work content Leistungsumfang *m*, Arbeitsumfang *m*
work edge bearbeitetes [gehobeltes] Maß *n (Holz)*; Anlegekante *f*
work end bearbeitetes Ende *n (Holz)*
work face 1. bearbeitete Oberfläche *f*, Hobelfläche *f (Holz)*; 2. Bezugsfläche *f*
work flow Arbeitsablauf *m*, Bearbeitungsfolge *f*
work force Arbeitskräfte *fpl*
work hardening Kaltverfestigung *f*, Kaltaushärtung *f*
work measurement Rohbaumaß *n*, Nennmaß *n*
work noise Arbeitslärm *m*; Betriebslärm *m*
work of defence [protection] *(Wsb)* Schutzwerk *n*
work of deformation Formänderungsarbeit *f*
work order Bauausführungsgenehmigung *f*, Bauarbeitsauftrag *m*
work plane Arbeitshöhe *f*, Arbeitsebene *f (etwa 76 cm über Fußboden)*
work process Arbeitsablauf *m*, Arbeitsprozess *m*
work progress Arbeitsfortgang *m*, Arbeitsfortschritt *m*
work sampling Stichprobennahme *f*
work schedule Ablaufplan *m*, Bauablaufplan *m*
work sheet Kalkulationsvordruck *m*
work site Baustelle *f*
work size fertig gestelltes [ausgeführtes] Baumaß *n*
work study Arbeitsstudie *f*
work tolerance Fertigungstoleranz *f (Bauteil, Montageelement)*
work top Arbeitsfläche *f*
work track Arbeitsgleis *n (Eisenbahn)*
work train Bauzug *m (Eisenbahn)*
workability Verarbeitbarkeit *f (von Beton, Mörtel)*; Bearbeitbarkeit *f (von Stein)*; durchführbar
workability period Verarbeitungszeit *f*, Streichzeit *f*
workability test Verarbeitbarkeitsprüfung *f*
workable verarbeitbar, verarbeitungsfähig *(Beton, Mörtel)*; knetbar; bearbeitbar *(Stein)*
worked example *(Stat)* Berechnungsbeispiel *n*, Lösungsbeispiel *n*
worked stratum Abbausohle *f (Steinbruch)*
worker's dwelling Arbeiterwohnung *f*
worker's suburb Arbeitervorort *m*, Arbeitervorstadt *f*
workforce 1. Belegschaft *f*, 2. Arbeitskräftepotenzial *n*
working 1. Verarbeitung *f (Beton, Mörtel)*; Bearbeitung *f*, 2. Arbeiten *n*, Schrumpfen *n* und Quellen *n (von Holz)*
working area Montagefläche *f*, Arbeitsfläche *f*, Baufreiheit *f*
working bench Werkbank *f*, Hobelbank *f*
working capacity Arbeitsvermögen *n*; Leistungsvermögen *n*
working condition Betriebsbedingung *f*, Arbeitsbedingung *f*
working current Betriebsstrom *m*
working deck Arbeitsbühne *f*, Montagebühne *f*
working drawing Bau(ausführungs)zeichnung *f*, Ausführungszeichnung *f*, Arbeitszeichnung *f*
working edge *s.* work edge
working expenses Betriebskosten *pl*, Gemeinkosten *pl*
working face 1. *(Tun)* Ortsbrust *f*; 2. *s.* work face
working hours Arbeitszeit *f*
working instruction Behandlungsvorschrift *f*
working joint Arbeitsfuge *f (von Beton)*
working life Nutzungsdauer *f*; Verwendungsdauer *f*; Verarbeitungszeitraum *m*, Topfzeit *f (von Mehrkomponentenklebern, Farben)*
working load Gebrauchslast *f*, Nutzlast *f (eines Tragwerks)*; zulässige Last *f* [Belastung *f*]
working load design [method] Schnittgrößenermittlungsverfahren *f* nach der Elastizitätstheorie
working niche Arbeitsnische *f*
working plan Bauplan *m*, Ausführungsplan *m*
working plane *s.* work plane
working plans Bauausführungspläne *mpl*
working platform Arbeitsbühne *f*
working point 1. Referenzpunkt *m*, Bezugspunkt *m (auf Zeichnungen)*; 2. Angriffspunkt *m*
working pressure Arbeitsdruck *m*
working property Verarbeitungseigenschaft *f*, Verarbeitungsgüte *f*
working radius Ausladung *f*, Schwenkraum *m (Baukran)*
working recess Arbeitsgeschwindigkeit *f*
working room Arbeitsraum *m*
working safety Arbeitssicherheit *f*; Betriebssicherheit *f*
working schedule Arbeitsablaufplan *m*, Bauablaufplan *m*
working sketch Bearbeitungsskizze *f*
working space Arbeitsraum *m*, Arbeitsabstand *m*
working spud *(Verm)* fester Absteckpfahl *m*
working stage (erhobene) Bühne *f (Theater)*
working strength Tragfähigkeit *f*, Belastbarkeit *f*
working stress zulässige Beanspruchung *f* [Spannung *f*, Belastung *f*], Betriebsspannung *f (Festigkeit)*
working stress design Berechnungsverfahren *n* nach der zulässigen Spannung, Gebrauchslastverfahren *n*
working surface Arbeitsfläche *f*
working temperature Betriebstemperatur *f*, Arbeitstemperatur *f*
working time 1. Laufzeit *f*, Betriebsdauer *f*; 2. Bearbeitungszeit *f*
working unit stress *s.* working stress
working viscosity Verarbeitungsviskosität *f*
workmanlike fachmännisch
workmanship handwerkliches Fachkönnen *n*
workpiece Werkstück *n*
workplace Arbeitsplatz *m*
workplace illumination Arbeitsplatzbeleuchtung *f*
workroom Arbeitsraum *m*
works 1. bauliche Anlagen *fpl*; öffentliche Bauten *mpl*; 2. Werk *n*, Betrieb *m*
works area 1. Werkgelände *n*; 2. *(Bod)* Untersuchungsgebiet *n*
works canteen Werkkantine *f*, Betriebskantine *f*; Werkküche *f*
works certificate Werkstatttest *n*, Lieferzertifikat *n (für Baustoffe, Bauteile)*
works-coated mit Werksanstrich versehen, werksgrundiert
works effluent Industrieabwasser *n*, industrielles Abwasser *n*
works kitchen Werkküche *f*

works premises Werkgelände *n*
works progress schedule Bauzeitenplan *m*, Bauablaufplan *m*
works railway Werkbahn *f*
works siding Werkgleis *n*
works traffic Werkverkehr *m*
workshop 1. Werkstatt *f*, Werkstätte *f (Handwerker)*; Reparaturwerkstatt *f*; Werkhalle *f*, Industriehalle *f*; 2. Atelier *n*
workshop assembly Werkstattmontage *f*
workshop building Werkstatthalle *f*
workshop connection Werkstattverbindung *f*
workshop drawing Werkstattzeichnung *f*, Ausführungszeichnung *f*
workshop erection Werkmontage *f*
workshop fabrication Werkstattfertigung *f*
workshop hall Werkhalle *f*
workshop window Werkhallenfenster *n*, Werkstattfenster *n*
workspace Arbeitsraum *m*
worktop Arbeitsplatte *f*
worm auger Schneckenbohrer *m*
worm conveyor Förderschnecke *f (Baustoffförderung, Mischanlage)*
worm damage Wurmfraß *m*
worm-eaten timber wurmstichiges Holz *n*
worm feed Schneckenbeschickung *f*
worm fence Scherengitter *n*
worm hole Bohrloch *n (Holz)*
worm's eye view Froschperspektive *f*
wormy wurmstichig *(Holz)*
worn(-out) abgenutzt, verschlissen; verbraucht
worn-out highway abgefahrene [verschlissene] Landstraße *f*
worst case ungünstigster Fall *m*
worst possible position of load ungünstigste Laststellung *f*
woven geknüpft *(Bewehrung)*
woven asbestos Asbestgewebe *n*
woven board Latten(streifen)kreuzgitterzaun *m*
woven cotton Baumwollgewebe *n*
woven fabric Gewebe *n*
woven fabric lathing Putzträgergewebe *n*
woven filter medium Filtermatte *f*
woven steel (wire) fabric Betonbewehrungsmatte *f*, Baustahlmatte *f*
woven valley *s.* woven board
woven wire fabric Drahtgewebe *n*, Drahtgeflecht *n*; Bewehrungsmaschendraht *m*
woven wire fabric construction Rabitzbau *m*
woven wire fabric lathing Rabitzmatte *f*
woven wire fabric reinforcement gebundene Bewehrungsmatte *f*
woven wire mesh Drahtwellengitter *n*, Wellengitterbewehrung *f*
wrack 1. geringwertiger Ziegel *m*; 2. geringwertiges Holz *n*; niedrigste Weichholzklasse *f*
wrap *v* umwickeln *(z. B. mit Dämmmaterial)*
wrap-up *v* **in straw and clay** mit Langstroh und Lehm einwickeln
wrap Umwicklung *f*, Bandage *f (Isolierung, Dämmung)*
wrap-around insulation Wickelbandage *f*
wraparound astragal Anschlagleiste *f*, Astragalüberlappung *f*, überlappende Wulstleiste *f*, Viertelstabüberdeckung *f* einer Fuge, Fugendeckleiste *f*
wraparound frame Futterrahmen *m* mit Blendleiste
wrapped and soldered joint Wickellötstelle *f*
wrapper 1. Deckwinkelverlaschung *f*; 2. Kreuzband *n (Brückenbau)*
wrapping 1. Umwickeln *n (z. B. von Rohren)*; 2. Bandage *f*, Wickelschicht *f*; 3. Umhüllungsbewehrung *f*
wrapping machine Wickelmaschine *f (Isolierungs- und Dämmstoffauftragen)*
wrapping material Wickelstoff *m (Isolier- bzw. Dämmmaterial)*
wrapping tape Wickelband *n (Umwicklungen)*
wreath 1. Girlande *f*, Gewinde *n*, Kranz *m (Ornament)*; 2. Handlaufkrümmling *m*, Krümmling *m*; 3. *s.* wreath piece
wreath piece [string] Treppenwangenkrümmling *m*
wreathed column Säule *f* mit Girlandendekoration, spiralförmig umschlungene Säule *f*
wreathed stair gewundene Treppe *f*
wreathed string *s.* wreath piece
wreck *v* abreißen, abbrechen, niederreißen, abtragen *(Gebäude)*
wrecking Abriss *m*, Abbruch *m*, Abbrucharbeit *f*, Niederreißen *n*, Abtrag *m (von Gebäuden)*
wrecking ball Fallbirne *f*, Zertrümmerungskugel *f*, Abrissbirne *f*
wrecking bar Brechstange *f*, Brecheisen *n*
wrecking contract Abbruchvertrag *m*
wrecking contractor Abbruchunternehmer *m*
wrecking permission Abbruchgenehmigung *f*
wrecking permit Abbrucherlaubnis *f*
wrecking site Abrissstelle *f*, Abbruchstelle *f*
wrecking strip Schalungsschlüsselstück *n*, Betonschalungsöffnungsleiste *f*
wrecking work Abbrucharbeiten *pl*
wrecks Trümmer *pl*
wrench Schraubenschlüssel *m*
wrinkle *v* sich runzeln *(Anstrich)*
wrinkle Runzel *f (in Anstrichen)*; Falte *f*
wrinkling Runzelbildung *f*, Runzeln *n*, Faltenbildung *f (von Anstrichen)*; Kräuseln *n*
wrot lumber *s.* wrought lumber
wrot shuttering gehobelte Schalung *f*
wrought formwork gehobelte Schalung *f*
wrought iron Schweißstahl *m*, Schmiedestahl *m*, Schmiedeeisen *n*
wrought-iron window Schmiedeeisenfenster *n*
wrought-iron work Schmiedekunst f; Kunstschmiedearbeit *f*
wrought lumber *(AE)* besäumtes Bauholz *n*, Kantholz *n*
wrought nail handgeschmiedeter Nagel *m*, Ziernagel *m*
wrought shuttering gehobelte Schalung *f*
wrought steel Schmiedestahl *m*, Schweißstahl *m*
wrought window grille schmiedeeisernes Fenstergitter *n*, Schmiedeeisenfenstergitter *n*
wye Rohrverzweigung *f*, Hosenrohr *n*
wye branch Abzweigstück *n*, Gabelstück *n*, Hosenstück *n (Rohrverbindung)*
wye fitting Abzweigfitting *n*
wye level *(Verm)* Reiterlibelle *f*
wye theodolite *(Verm)* Nivellier(instrument) *n* mit Reiterlibellenfernrohr
wythe Wandschale *f*, Schale *f (Hohlwand)*

X

X-arm Querträger *m*
x-axis x-Achse *f*
X-bit X-Schneide *f*
X-brace Kreuzstrebe *f*, gekreuzte Strebe *f*
X-bracing Kreuzverstrebung *f*

X-ing *(AE)* Kreuzung *f*, Überweg *m*
X-mark Vorderseitenmarkierung *f (Holz)*
X-ray analysis Röntgenstrukturanalyse *f (Baustoffuntersuchung)*
X-ray diffraction analysis Röntgendiffraktionsanalyse *f*
X-ray examination Röntgenprüfung *f*, Röntgenuntersuchung *f (Metall, Beton)*
X-ray flourescence analysis Röntgenfluoreszenzanalyse *f*
X-ray interference pattern Röntgenbeugungsbild *n*
X-ray pattern Röntgenbild *n (Baustoffprüfung)*
X-ray protection Röntgenstrahlenschutz *m*
X-ray protection glass Röntgenstrahlenschutzglas *n*
X-ray protection plaster Röntgenstrahlenschutzputz *m*
X-ray protective concrete Röntgenschutzbeton *m*, Strahlenschutzbeton *m*
X-ray shielding Röntgenstrahlenabschirmung *f*
X-ray shielding concrete Röntgenstrahlenschutzbeton *m*
X-ray test *s.* X-ray examination
X-ray texture analyse röntgenographische Gefügeanalyse *f*
X-ray unit Röntgenanlage *f*
X-shaped x-förmig
xenodocheum *(Arch)* Gästehaus *n (Antike)*
xenolith Xenolith *m*, (exogener) Einschluss *m (von Fremdgestein in Mineralien)*
xenon discharge lamp Xenon(entladungs)lampe *f*
xing *(AE)* Überweg *m*, Kreuzung *f*
Xroads *s.* crossroads
xylanthrax Holzkohle *f*
xylene Xylen *n*
xylenol resin Xylenolharz *n*
xyloid holzartig, holzähnlich
xylol Xylol *n*
xylolite Steinholz *n*
xylolite slab Steinholzplatte *f*
xylopal Holzopal *m*
xylophagous holzfressend
xyst(us) *(Arch)* überdachte Kolonnade *f*, Alleeweg *m (im antiken Griechenland und Rom)*

Y

y-axis y-Achse *f*
Y-branch Abzweigstück *n*, Gabelstück *n*, Hosenstück *n (Rohrverbindung)*
Y-ducting *(San)* Hosenrohr *n*, Hosenstück *n*
Y-fitting Abzweigfitting *n*
Y-joint Gabelmuffe *f*, Abzweigmuffe *f (Rohrverbindung)*
Y-level Vermessungsinstrument *n* mit transportablem Dreibockstativ
Y-shaped Y-förmig
Y-shaped building Y-Grundriss-Gebäude *n*, Y-Bau *m*
Y-shaped post Y-Stiel *m (gabelförmige Strebe)*
Y-strut Y-Stiel *m*
yale lock Stechschloss *n*
yard 1. Hof *m*, Lagerplatz *m*; 2. Yard *n (SI-fremde Einheit der Länge; 1 yd = 0,9144 m)*
yard drain Hofdränung *f*, Lagerplatzdränung *f*
yard drainage system Hofentwässerungsanlage *f*
yard entrance Hofeingang *m*
yard gate Hoftor *n*
yard gully Hofablauf *m*, Hofeinlauf *m*, Hofgully *m*
yard gully hole Hofsinkkasten *m*, Hofeinlauf *m*
yard inlet *s.* yard gully
yard lumber *(AE)* Bauholz *n*, Kantholz *n*, Schnittholz *n (bis 125 mm dick)*
yard masonry wall Hofmauer *f*
yard pavement Hofbefestigung *f*
yard side Hofseite *f*, Hinterseite *f*
yard space Hofraum *m*
yard track Rangiergleis *n*; Anschlussgleis *n*
yard trap Einlauftraps *m*, Gullygeruchsverschluss *m*
yardage 1. Fläche *f* in Quadratyard; 2. Erdmassen *fpl* in Kubikyard
year of construction Baujahr *n*; Jahr *n* der Errichtung
year of foundation Jahr *n* der Grundsteinlegung
year plate *(Verk)* Jahreszahlschild *n (Erbauungsjahr; Brücke)*
yearly discharge *(Wsb)* jährliche Abflussmenge *f*
yellow *v* vergilben
yellow brass Messing *n*, Gelbguss *m*
yellow earth Ocker *m*
yellow fire (wood) *(AE)* Douglastannenholz *n*
yellow metal Neumessing *n*
yellow ochre Berggelb *n*, gelber Ocker *m*
yellow period *(Verk)* Gelbzeit *f (Ampel)*
yellow pigment gelbes Pigment *n*, Gelbpigment *n*
yellow pine Gelbkieferholz *n*
yellow resin Spiegelharz *n*
yellowing vergilbend
yellowing Vergilben *n*
yellowing scale Vergilbungskala *f*
yeseria *(Arch)* Yeseria *f (stalaktitenartige Stuckdekoration islamischer Herkunft)*
yew (wood) Eibenholz *n*
yield *v* 1. fließen *(Werkstoffe)*; sich strecken *(Metall)*; 2. nachgeben; sacken, einsinken
yield 1. Fließen *n*; Streckung *f*, Dehnung *f (über der Elastizitätsgrenze)*; 2. Nachgiebigkeit *f*; 3. Leistung *f (z. B. einer Maschine)*; erbrachte Leistung *f*; Ergiebigkeit *f (Kalk, Zement, Farbe)*
yield criterium Fließgrenze *f*
yield limit Fließgrenze *f (von Werkstoffen)*
yield line *(Verk)* Wartelinie *f*, Halt(e)linie *f*
yield line method [theory] Bruchlinientheorie *f*
yield load Belastung *f* im elastischen Bereich
yield of a well Brunnenergiebigkeit *f*
yield of an aquiferous layer Grundwasserergiebigkeit *f*
yield point Fließgrenze *f (von Werkstoffen)*; Streckgrenze *f (von Metallen)*
yield strain Fließdehnung *f*, Streckdehnung *f*
yield strength Zugfestigkeit *f* an der Streckgrenze, Fließfestigkeit *f*
yield stress Fließspannung *f*, Streckspannung *f*
yielding nachgiebig, nachgebend *(Material, Erdstoff)*
yielding 1. Fließen *n*; 2. Nachgiebigkeit *f*, seitliches Ausweichen *n*
yielding point Fließgrenze *f*, Elastizitätsgrenze *f (metallische Baustoffe)*
yielding stress *(Bod)* Bruchspannung *f*
yoke 1. Joch *n*, Bügel *m (am Fensterkasten)*; 2. *(San)* Gabelkopf *m*, Gabelstück *n (Rohrverbindung)*; 3. Heberbock *m (Gleitschalung)*
yoke assembly Heberbockausrüstung *f (Gleitschalung)*
yoke suspension Jochaufhängung *f*
yoke vent Abzweigfallleitung *f (Entwässerung)*
Yorkshire bond märkischer Verband *m*, Läuferverband *m* mit gelegentlichem Binder
Yorkshire light Schiebefenster *n* mit Festfenstern und einem Hubfenster

young people's home Jugendheim *n (Wohnheim)*
Young's modulus Elastizitätsmodul *m*, E-Modul *m*
youth centre [club] Jugendheim *n*
youth hostel Jugendherberge *f*

Z

Z-bar Z-Eisen *n*, Z-Stahl *m*
Z-section Z-Profil *n*, Z-Stahl *m (Träger)*
zaguan Vestibül *n (spanische Architektur)*
zax Punkteisen *n*
zebra crossing Fußgängerüberweg *m*
zebra markings *(Verk)* Zebrastreifen *m (Straße)*
zebra road marking *(Verk)* Zebrastreifen *m*, Zebrastreifenmarkierung *f*
zebra stripe *s.* zebra road marking
Zech floor Zechdecke *f*
zed *s.* Z-section
zed (steel) section *s.* Z-section
zee *(AE)* Z-Profil *n*, Z-Profilträger *m*, Doppelwinkelprofil *n*
zenith angle Zenitwinkel *m*
zenith angle of the hole Zenitwinkel *m* des Bohrlochs
zeolite Zeolith *m (Mineral)*
zeolite cement composite Zeolithzementverbundstoff *m*
zero Nullpunkt *m*
zero conductor *(El)* Nullleiter *m*
zero-current *(El)* stromlos
zero end *(Verk)* Anfangspunkt *m (Trasse)*
zero gauge Nullpegel *m*
zero (of) level Normalnull *f*
zero line Nulllinie *f*, Nullachse *f*, Biegeachse *f*, Nullriss *m*
zero point of moments *(Stat)* Momentennullpunkt *m*
zero stiffness Nullsteifigkeit *f*, Nullstarrheit *f*
zero stress Nullspannung *f (mechanisch)*
ziggurat *(Arch)* Zikkurat *f*, Stufenturm *m*, Stufenpyramide *f*, Rampenturm *m (Tempelturm im babylonisch-assyrischen Raum der Antike)*
zigher kleiner Wasserlauf *m*
zigzag Zickzackzierleiste *f*, Zickzackornament *n*, Zackenfries *m (normannisch-romanisches Ornament)*
zigzag bends *(Verk)* Serpentine *f (Straße)*
zigzag bond Fischgrätenverband *m*, Schränkschichtverband *m (Mauerwerk)*
zigzag folding rule *s.* zigzag rule
zigzag moulding Zickzackornament *n*, Zickzackzierleiste *f*
zigzag riveting Zickzacknietung *f*
zigzag rule Gliedermaßstab *m*, Zollstock *m*; Schmiege *f*
zinc *v* verzinken
zinc-plate *v* galvanisch verzinken
zinc Zink *n*
zinc-based auf Zinkbasis
zinc chromate Zinkgelb *n*
zinc chromate paint Zinkgelbanstrichstoff *m*, Zinkgelbfarbe *f*
zinc chromate primer Zinkchromatgrundierung *f*
zinc-coated verzinkt
zinc-coated sheet Zinkblech *n*, verzinktes Blech *n*
zinc-coating 1. Verzinkung *f (Vorgang)*; 2. Zinküberzug *m*
zinc-containing zinkhaltig
zinc covering Zinkbedachung *f*
zinc deposit Zinkschutzschicht *f*
zinc diecasting Zinkdruckguss *m*
zinc-dipped feuerverzinkt
zinc-dipped coating Feuerzinkschutzschicht *f*
zinc dipping Feuerverzinkung *f*
zinc dross Hartzink *m*
zinc dust Zinkstaub *m (Anstrich)*
zinc dust paint Zinkstaubfarbe *f*, Zinkstaubanstrichstoff *m*
zinc dust pigment Zinkstaubpigment *n*
zinc dust primer Zinkstaubgrundierung *f*
zinc electroplating galvanisches Verzinken *n*
zinc metal sheet Zinkblech *n*
zinc oxide *s.* zinc white
zinc paint Zink(schutz)farbe *f*
zinc phosphate coating Zinkphosphatschutzschicht *f*
zinc phosphate paint Zinkphosphatfarbe *f*, Zinkphosphatanstrichstoff *m*
zinc-plated coating galvanisch aufgebrachte Zinkschutzschicht *f*
zinc roof Zinkdach *n*
zinc silicate paint Zinkstaubslikatanstrichstoff *m*
zinc spray Zinkspritzschicht *f*
zinc-sprayed spritzverzinkt
zinc white Zinkweiß *n*
zinc yellow Zinkgelb *n*
zincify *v* verzinken
zincing Verzinken *n (Bauelemente)*
zinkiferous zinkhaltig
zinky zinkartig
zippertubing Reißverschlussverkabelungsrohr *n*
zonal zonenförmig, Zonen...
zonal arrangement zonenförmige Anordnung *f*
zonated zonenförmig
zonation Verteilung *f* auf Zonen
zone *v* in Zonen einteilen *(z. B. Planungszonen, Baugebietszonen)*
zone 1. Zone *f*, Bereich *m*; 2. Gürtel *m (geographisch)*; 3. temperaturgeregelte Raumeinheit *f (Klimaanlage)*
zone by zone zonenweise
zone marking block *(Verk)* Pflasterleitstreifen *m*
zone of excess pressure Überdruckzone *f*
zone of freezing Frostzone *f*
zone of function Funktionsbereich *m*
zone of influence Beeinflussungsbereich *m*
zone of plastic equilibrium plastische Zone *f*
zone of protection Schutzbereich *m (Blitzschutz)*
zone of saturation Sättigungszone *f*
zone of subsidence Senkungszone *f (geologisch)*
zone of transition Übergangszone *f*
zone of weakness Schwächezone *f*
zone of weathering Verwitterungszone *f (Gestein)*
zoning 1. Zonierung *f*, Zoneneinteilung *f*, Gebietsabgrenzung *f (Raumplanung)*; 2. Flächennutzungsplan *m*; Gebietsplan *m*; 3. städtebauliches Gebiet *n*, Bebauungszone *f*
zoning law Bebauungsgesetz *n*
zoning map Bebauungsplan *m*; Flächennutzungsplan *m*
zoning permit städtebauliche Genehmigung *f*
zoning plan *s.* zoning map
zoning regulations Bebauungssatzung *f*, Bebauungsvorschriften *fpl*
zoolite Zoolith *n (organisches Sedimentgestein)*
zoological garden zoologischer Garten *m*
zwinger *(Arch)* Zwinger *m (Burg)*

Appendix / Anhang

Contents / Inhalt

1 Abbreviations / Abkürzungen
(including abbreviations on constructional drawings / einschließlich Abkürzungen auf Bauzeichnungen)

A	area	Fläche, Grundfläche; Flächeninhalt
AAMAS	asphalt-aggregate mixture analysis system	*(AE)* System der Zusammensetzung und Analyse von Asphalt
AASHO	American Association of State Highway Officials	Amerikanische Vereinigung der Leiter der Bundesstraßenbaubehörden
AASHTO	American Association of State Highway and Transportation Officials	Amerikanische Vereinigung der Leiter der Straßenbau- und Verkehrsbehörden der Bundesstaaten
AAV	aggregate abrasion value	Gesteinsabriebwert
ABC	aggregate base course	untere Tragschicht *(Straße)*
AC	account	Konto
AC	armoured cable	bewehrtes Kabel
AC	asphalt concrete	Asphaltbeton ,
AC	asphalt content	(AE) Bindemittelgehalt
AC, a.c.	alternating current	Wechselstrom
A.C.	*(AE)* asphalt cement; *(BE)* paving asphalt; bitumen for road pavement *(B.S. 3690)*	Straßenbaubitumen
AC pay only		nur zur Verrechnung
ACB	asbestos-cement board	Asbestbetonplatte
ACC-test		Quellvermögen, Bentonitzahl
ACD	automatic closing device	Feuertürschließer, automatische Schließvorrichtung
ACI	American Concrete Institute	Amerikanisches Betoninstitut
ACMA	Asphalt Coated Macadam Association	Britischer Asphaltverband
ACP	asphalt concrete pavement	Asphaltstraßenbefestigung
ACPA	American Concrete Pavement Association	Amerikanischer Betonstraßenverband
ACS	American Ceramic Society	Amerikanische Keramikgesellschaft
ACT	actual	aktuell, tatsächlich vorhanden
ACV	aggregate crushing value	Gesteinszertrümmerungswert
AD	1. access door 2. air-dried 3. area drain 4. as drawn	Zugangsöffnung; luftgetrocknet; Oberflächeneinlauf; wie gezeichnet
ADD	1. addendum 2. addition	Nachtragszusatz; a) Anbau, Erweiterungsbau; b) Zusatz, Zugabe
ADH	adhesive	Haftmittel, Kleber
ADS	automatic door seal	automatischer Türschließer
ADT	average daily traffic	durchschnittlicher täglicher Verkehrswert, DTV
AG	above grade	über Geländeoberkante
AGL	above ground level	über Geländeoberkante
AIA	American Institute of Architects	Amerikanisches Institut der Architekten
AICE	Associate of the Institute of Civil Engineers	Mitglied des Institutes der Bauingenieure
AIEE	American Institute of Electrical Engineers	Amerikanisches Institut der Elektroingenieure
AIR COND	air conditioning	Klimatisierung; Klimaanlage
AISC	American Institute of Steel Construction	Amerikanisches Institut für Stahlbau
AISI	American Iron and Steel Institute	Amerikanisches Eisen- und Stahlinstitut
AITC	American Institute of Timber Construction	Amerikanisches Institut für Holzbau und Holzkonstruktionen
AIV	aggregate impact value	Gesteinsschlagwert
AL	aluminium	Aluminium
ALF	accelerated loading facility	*(AE)* Straßendeckenbelastungsgerät
ALLOW	allowance	Toleranz; zulässige Maßabweichung
ALS	American Lumber Standards	Amerikanische Konstruktionsholzstandards

ALT	1. alternate	abwechselnd;
	2. alteration	Änderung;
	3. altitude	Höhe über Boden;
	4. accelerated laboratory test	Laborschnellversuch
ALTN	1. alteration	Änderung;
	2. alternate	abwechselnd; versetzt angeordnet
ALY	alloy	Legierung
AMD	air-moving device	Lüfter
ANL	annealed	getempert, gehärtet, vergütet
ANSI	American National Standards Institute	Amerikanisches Nationales Standardinstitut
AP	1. access panel	Einstiegsöffnung, Einstiegsfeld; Blindpaneel;
	2. acid-proof	säurefest
APC	acoustical plaster ceiling	geputzte Schalldecke
APPD	approved	genehmigt, zugestimmt
APPROX	approximate	ungefähr
APPX	appendix	Ergänzung; Anhang
APT	accelerated performance test	Schnellprüfung des Gebrauchsverhaltens
AQL	acceptable quality level	ausreichende Abnahmequalität, abnehmbares Qualitätsniveau
AR	1. as required	wie gefordert;
	2. acid-resisting	säurebeständig;
	3. asphalt rubber	*(AE)* Gummibitumen
ARBA	American Road Builders' Association	Amerikanische Straßenbauervereinigung
ARC W	arc welding	Lichtbogenschweißen
ARS	asbestos roof shingles	Asbestdachschindel
ART	artificial	synthetisch, künstlich
AS	automatic sprinkler	automatischer Sprinkler
ASA	American Standards Association	Amerikanischer Verband für Standards
ASAP	as soon as possible	so bald wie möglich
ASB, asb	asbestos	Asbest
ASCE	American Society of Civil Engineers	Amerikanische Gesellschaft der Bauingenieure
ASHRAE	American Society of Heating, Refrigeration and Air Conditioning Engineers	Amerikanische Gesellschaft der Heizungs-, Kühlungs- und Klimatechniker
ASPH	asphalt	Asphalt
ASR	alkali-silica reaction	Alkali-Kieselsäure-Reaktion
ASR	automatic sprinkler riser	automatische Sprinklersteigleitung
ASST	assistant	Hilfsmittel
ASTM	American Society for Testing Materials	Amerikanische Gesellschaft für Baustoffnormung und Materialprüfung
AT	1. asphalt tile	Asphaltplatte;
	2. acoustical tile	schallabsorbierende Tafel
ATC	1. architectural terra-cotta	Gestaltungsterrakotta, Bauterrakotta;
	2. acoustical tile ceiling	Schalldämmdecke
ATF	asphalt tile floor	Asphaltplattenbodenbelag
Attn	attention of	zu Händen von
AUTO	automatic	automatisch
AVE	avenue	Allee, Boulevard
AVG	average	Durchschnitt
A/W	all-weather	wetterfest
AWOL	absent without leave	unerlaubt abwesend
AWS	all-wood screws	Vollholzschrauben
B	1. beam	Balken, Tragbalken; Riegel;
	2. bathroom	Badezimmer;
	3. basement	Kellergeschoss, Keller
B-horizon		B-Horizont *(Boden – Anreicherungshorizont)*
BA	1. bright-annealed	blankgeglüht;
	2. burglar alarm system	Einbruchalarmsystem
BACMI	British Aggregate Construction Materials Industries	Britischer Mineralbaustoffverband
BALC	balcony	Balkon
BAT	best available technique	beste vorhandene technische Lösung
B&B	grade B and better	Güteklasse B und besser *(Holz)*
BC	binder content	Bindemittelgehalt
BCM	bank cubic meter	Festkubikmeter

BCS	British Calibration Service	Britische Anstalt für Kalibrierung
BDL	below detection limit	unterhalb der Nachweisgrenze
BEM	bitumen emulsion macadam	Bitumenemulsionsmischgut, Emulsionsmakadam
bev	bevelled	abgeschrägt, gefast
BFB	broad-flanged beam	Breitflanschträger
BFP	backflow preventer	Rückflussschutzventil, Rückflusssicherung
BFW	boiler feed water	Kesselspeisewasser
BH, Bh	Brinell hardness	Brinellhärte, HB
B.H.N., Bhn	Brinell hardness number	Brinellhärte, HB
bib	bib-cock	Ausflusshahn, Wasserhahn
BL	building line	Baufluchtlinie, Baugrenzlinie
bldg	building	Gebäude, Haus
blk	1. block	Block;
	2. black	schwarz;
	3. bulk	Masse
BLKG	blocking	Holzverkeilung; Pressverleimung
BLO	blower	Gebläse
BLR	boiler	Boiler, Heizkessel
BLT, blt	built	gebaut, erbaut
BM	1. bench mark	Höhenfestpunkt, Festpunkt;
	2. beam	Balken(träger)
B/M	bill of material	Materialliste
b.m.	board measure	*(AE)* Bauholzmengenbestimmung in Board-Fuß
B.M.D.	bending moment diagram	Biegemomentenlinie
BOD	1. blackout door	Verdunkelungstür;
	2. biological oxygen demand	biologischer Sauerstoffbedarf, BSB
b of b	back of board	Brettunterlage, Hinterlage der Verschalung
BOO	build, own, operate	Bauen, Besitzen und Betreiben
BP	1. blue print	Blaupause, Lichtpause;
	2. base plate	Fundamentplatte, Sohlplatte;
	3. boiler pressure	Kesseldruck;
	4 boiling point	Siedepunkt
BPN	British pendulum number with SRT	SRT-Pendel-Griffigkeitswert
BR	1. bedroom	Schlafzimmer, Schlafraum;
	2. boiler room	Kesselraum
brc	brace	Strebe, Kopfband
brcg	bracing	Verstrebung
BRE	Building Research Establishment	Institution für Forschung im Bauwesen
BRG	bearing	tragend; Auflager
BRK	brick	Ziegelstein
BRKT	bracket	Kragstütze, Konsole
brl	barrel	Hülse
BRS	brass	Messing
Br Std	British Standard	Britischer Standard
BRZ	bronze	Bronze
BRZG	brazing	Lötung
BS	British Standard	Britischer Standard, Britische Norm
B&S	1. bell and spigot	Glockenmuffe;
	2. beams and stringers	Stützbalkentragwerk;
	3. *(AE)* concrete pipe	Betonrohr
BSCP	British Standard Code of Practice	britische bautechnische Richtlinien
BSI	British Standards Institution	Britisches Normeninstitut
BSMT	basement	Kellergeschoss, Keller
BSR	building space requirements	Mindestabstandsforderungen
bstd	bastard	unregelmäßig geformt
BT	bathtub	Badewanne
BTB	bituminous treated base	bituminös behandelte Unterlage
BW	butt weld	geschweißte Stumpfnaht
BX	armoured cable	bewehrtes Kabel
c	concentration	Konzentration
C	course	Schicht, Lage
C-horizon		C-Horizont *(Boden)*

CAB	1. cement-asbestos board	Asbestbetonplatte;
	2. cabinet	Kabinett; Raum; Schrank;
	3. cellulose acetate butyrate	Zelluloseazetatbutyrat
CAD	computer-aided design	computergestütztes Entwerfen
CAE	computer-aided engineering	computergestützte technische Planung
CAM	1. camber	Wölbung, Krümmung; Bogen;
	2. computer-aided manufacturing	rechnergestützte Fertigung
CANV	canvas	Trägergewebe
CAO	chief administrative officer	*(AE)* Chef der Verwaltung
CAP	computer-aided planning	rechnergestützte Planung, computergestütztes Entwerfen
CATW	catwalk	Laufsteg, Laufgang
CB	1. catch basin	Auffangbecken, Sammelgrube; Senkgrube;
	2. cast brass	Gussmessing
CB1S	centre beam one side	Mittelbalken einseitig *(Holz)*
CB2S	centre beam two sides	Mittelbalken beidseitig *(Holz)*
C/B ratio	saturation coefficient	Sättigungsbeiwert
CBD	central business district	Geschäftszentrum, Stadtzentrum
CBM	Certified Ballast Manufactures Association	*(AE)* Vereinigung der zertifizierten Schotterproduzenten
CBR	California bearing ratio	Kalifornischer Tragfähigkeitswert
C&Btr.	grade C and better	Güteklasse C und besser *(Holz)*
cc	cubic centimetre	Kubikzentimeter
CC	carbon copy	Kopie, Durchschlag
CCS	colour-coated steel	farbbeschichteter Stahl
CCTV	closed-circuit television	1. Kabelfernsehen zu Überwachungszwecken; 2. Fernsehringverkabelung, Fernsehkabelringleitung
cd	candela	Candela, Cd
CD	cable duct	Kabelkanal
CEM	cement	Zement
CEM AB, cem ab	cement-asbestos board	Asbestzementplatte
CEM FL	cement floor	Zementestrich; Betondecke
CEM MORT	cement mortar	Zementmörtel
CEM PLAS	cement plaster	Zementputz
CEN	European Committee for Standardization	Europäisches Komitee für Normung
CENELEC	European Body of Electrical Standards	Europäischer Ausschuss für Elektrizitätsnormung
CEO	chief executive officer	Generaldirektor, Hauptgeschäftsführer
CER	ceramic	keramisch; Keramik, Keramikbaustoff
cf	confer	vergleiche
CF	cooling fan	Kühlventilator, Lüfter
CFC	chlorofluorocarbon	Flourchlorkohlenwasserstoff, FCKW
CG	1. coarse grain	Grobkorn;
	2. ceiling grille	Deckeneinlass
CHAM	chamfer	Abfasung, Abschrägung
CHART	computerized highway assessment of ratings and treatments	Straßenzustandserfassung und Erhaltungsverfahren mittels ADV
chfd.	chamfered	abgefast, abgeschrägt
CHIM	chimney	Schornstein
CI, C.I.	1. cast iron	Gusseisen;
	2. coolant inlet	Kühllufteinlass
CIB	International Council for Building Research Studies and Documentation	Internationaler Rat für Forschung, Studium und Dokumentation im Bauwesen
CIE	Commission Internationale de l'Eclairage, *(engl.:)* International Commission on Illumination	Internationaler Ausschuss für Beleuchtung
CIE diagram	Commission on Illumination diagram	Normfarbtafel
CIF, c.i.f.	cost, insurance, freight	Kosten, Versicherung und Fracht *(inklusive bis Bestimmungsort)*
CIP	cast-iron pipe	Gusseisenrohr
CIR	1. circle	Kreis; Ring;
	2. circuit	Ringleitung; Stromkreis

CIRC	circumference	Umfang, Umfangslinie
CJ	cooling jacket	Kühlmantel
CL	1. centre line	Mittellinie, Achse;
	2. cross-linked	gekreuzt; verbunden; vernetzt;
	3. lift coefficient	Auftriebsbeiwert, Auftriebszahl
CLG	ceiling	Decke, Raumdecke
CLKG	caulking	Abdichtung
CLO	closet	Abstellkammer
Clr.	clear	farblos, klar
CL W GL	clear wire glass	durchsichtiges Panzerglas
CM	centre matched	mittig gezinkt *(Holz)*
C/M	concrete masonry	Betonsteinmauerwerk
CMP	corrugated metal pipe	Metallriffelrohr
CND	conduit	1. Kanal; 2. Leerrohr
CO	1. change order	offizielle Projektänderung;
	2. cut-out	Aussparung, Öffnung;
	3. coolant outlet	Kühlluftauslass
COB	close of business	Geschäftsabschluss
COBA	cost-benefit-analysis	Kostennutzenanalyse
COD	1. cleanout door	Reinigungstür, Reinigungsöffnung;
	2. cash on delivery	per Nachnahme;
	3. chemical oxygen demand	chemischer Sauerstoffbedarf, CSB
COEF	coefficient	Koeffizient
COL	column	Säule, Stütze
Com	common	allgemein
COMB	combination	Verbund
COMP	1. component	Bauteil; Komponente;
	2. composition	Aufbau, Zusammensetzung; Gemenge
COMPF	composition flooring	Verbundbelag
COMPR	composition roofing	Flachdachdichtung; Mehrlagendachbelag
CONC	concrete	Beton
CONC C	concrete ceiling	Betondecke
CONST	construction	Konstruktion, Bauwerk
CONTR	contractor	Bauauftragnehmer, Baubetrieb, Hauptauftragnehmer
CONT W	continuous window	durchlaufendes Fenster
COORD	coordinate	Koordinate
cop.	coping	Abdeckung
COPS	costs of pavement strengthening	Kosten einer Deckenverstärkung *(Straße)*
COR BD	corner bead	Eckschutzleiste
CORP	corporation	Korporation, Körperschaft
CORR	corrugated	gerippt, gewellt
cp	candlepower	Lichtstärke
CP	cesspool	Senkgrube, Klärgrube
CPD	Construction Products Directive	Bauproduktenrichtlinie
CPFF	cost plus fixed fee	Baukosten und festes Projektierungshonorar [Bearbeitungsgebühr]
CPM	critical path method	Netzplanmethode
CPP	critical path planning	Netzplantechnik
CPR	concrete pavement restoration	Betondeckenerneuerung *(Straße)*
CR	1. cold-rolled	kaltgewalzt;
	2. ceiling register	Deckendiffusor;
	3. company's risk	Firmenrisiko, Auftragnehmerrisiko
CRCP	continuously reinforced concrete pavement	durchgehend bewehrte Betondecke *(Straße)*
CRM	crumb rubber modifier	Gummigranulatmodifizierer
CRS	cold-rolled steel	kaltgewalzter Stahl
CS	1. caulking seam	Abdichtrand;
	2. cast stone	Betonwerkstein, Kunststein
CSA	Canadian Standards Association	Kanadische Vereinigung für Standards
CSG	casing	Verkleidung, Ummantelung
CSI	1. Constructions Specifications Institute	Institut für bautechnische Richtlinien;
	2. chlorosulphonyl isocyanate	Chlorschwefelisocyanat, CSI
csk, CSK	countersink	absenken
CTB	cement-treated base	hydraulisch gebundene Tragschicht

CTD	coated	beschichtet
CTE	coefficient of thermal expansion	Wärmedehnzahl
C to C	centre to centre	Abstand von Mittellinie zu Mittellinie, Achsabstand
CTR	centre	Mitte, Mittelpunkt
cu., cu	cubic	Kubik
cu ft	cubic foot	Kubikfuß *(= 0.02832 m^3)*
cu in.	cubic inch	Kubikzoll *(= 16.387 cm^3)*
cu m	cubic metre	Kubikmeter
CV	coefficient of variation	Variationskoeffizient
CV1S	centre vee one side	Mittelkeil einseitig *(Holz)*
CV2S	centre vee two sides	Mittelkeil zweiseitig *(Holz)*
CW	1. cold water 2. clockwise	Kaltwasser; im Uhrzeigersinn
CYL L	cylinder lock	Zylinderschloss
D-cracking	durability cracking	Festigkeitsverlustrisse *(Straßenbetondecke)*
D-horizon		D-Horizont *(Boden)*
DAD	double-acting door	
db	decibel	Decibel, Schallpegel
DB. Clg	double-headed ceiling	Doppelsparrendecke
DBL	double	doppelt, zweifach
DBM	dense bitumen macadam	Asphaltmakadambinder; Tragschicht-makadam
DC	direct current	Gleichstrom
DCF	discounted cash flow	abgezinster Cashflow, diskontierter Cashflow
D&CM	dressed and centre matched	abgerichtet und mittig verzinkt *(Holz)*
DD	1. deep-drawn 2. Dutch door	tiefgezogen; Holländertür
DEG	degree	Grad
DEL	delineation	Skizzierung, Zeichnung
DEPT	department	Geschäftsbereich; Ministerium
DET	1. detail 2. detached	Detail; allein stehend, frei stehend
DF	1. drinking fountain 2. degree of freedom	Trinkbrunnen, Trinkbecken; Freiheitsgrad
DFBO	design, finance, build, operate	Entwerfen, Finanzieren, Bauen und Betreiben
dflct	deflection	Durchbiegung
DGA	dense-graded aggregate	abgestufter Zuschlagstoff
D&H	dressed and headed	abgerichtet und Kopfenden besäumt
DHW	double-hung window	Doppelfenster
DIA	diameter	Durchmesser
DIAG	1. diagonal 2. diagram	Diagonale, Schrägstütze; Diagramm, Schaubild
DIM	dimension	Abmessung
DIN	German Industrial Standard	Deutsche Industrienorm, DIN
DIV	division	Trennung, Teilung
dkg	decking	Abdeckung
DL	1. dead load 2. dead light	Eigenlast, Totlast; ruhende Last; starres Fenster; festgeschlossenes Oberlicht
D&MB	dressed and matched beaded	abgerichtet und gebördelt gezinkt *(Holz)*
DN	down	herunter, nach unten, zum Boden
DO	ditto	dito, dasselbe
DoT	Department of Transport	Verkehrsministerium *(Großbritannien)*
DOT	Department of Transportation	*(AE)* Verkehrsministerium
DOZ	dozen	Dutzend
DP	dew point	Taupunkt
DPC	damp-proof course	Feuchtigkeitssperrschicht
DPM	damp-proof membrane	Dichtungshaut
DR	1. drain 2. dressing room 3. dining room	Drän, Entwässerungsrohr; Umkleideraum; Speisezimmer

DRG	drawing	Zeichnung
drn	1. drain 2. drainage	Drän, Entwässerungsrohr; Dränage, Dränierung, Entwässerung
DRWG	drawing	Zeichnung
drwl	dry wall	Trockenwand, Trockenmauerwerk
D.S., D/S	drop siding	Tropfbrettverschalung
D1S	dressed one side	einseitig abgerichtet *(Holz)*
D2S	dressed two sides	an zwei Seiten abgerichtet *(Holz)*
D2S&CM	dressed two sides and centre matched	abgerichtet an zwei Seiten und mittig verzinkt *(Holz)*
D2S&M	dressed two sides and matched	abgerichtet an zwei Seiten und verzinkt *(Holz)*
D2S&SM	dressed two sides and standard matched	abgerichtet an zwei Seiten und normverzinkt *(Holz)*
D4S	dressed four sides	vierseitig abgerichtet *(Holz)*
DSGN	design	Entwurf
D&SM	dressed and standard matched	abgerichtet und normverzinkt *(Holz)*
DSW	door switch	Türschalter
DT	1. drum trap 2. drain tile	zylindrischer Geruchsverschluss; Dränrohr, Sickerrohr
DTA	differential thermal analysis	Differenzialthermoanalyse
DT&G	double tongue and groove	Doppelfeder und Doppelnut
DU	disposal unit	Abfallzerkleinerer
DUP	duplicate	Kopie
DVTL	dovetail	Schwalbenschwanzzinkung
DWG	drawing	Zeichnung
DWV	drain, waste, and vent	Abfluss, Abfall und Abzug
E	1. modulus of elasticity 2. evaporation	Elastizitätsmodul; Evaporation
EA	exhaust air	Abluft
E and OE	errors and omissions expected	Fehler und Versäumnisse erwartet
EAPA	European Asphalt Pavement Association	Europäischer Asphaltverband
EC	Eurocode	Eurocode
EC	conformity mark	EC-Übereinstimmungszeichen
E&CB1S	edge and centre bead one side	Kante und mittige Konvexbördelung an einer Seite *(Holz)*
E&CV1S	edge and centre vee one side	Kante und mittiger Keil an einer Seite *(Holz)*
EE	eased edges	leicht abgerundete Kanten
EG	edge grain	(senkrechte) Randmaserung *(Holz)*
EIS	environmental impact statement	Umweltverträglichkeitsstudie; *(AE)* Umweltbelastungsplan
EL	elevation	Aufriss
ELEC, elec	electric(al)	elektrisch
EM	1. end-matched 2. expanded metal	endverzapft, verzinkt; Streckmetall
emf	electromotive force	elektromotorische Kraft
EMT	electrical metallic tubing	Kabelschutzrohrbauweise
EN	European Standard	Europanorm, Europäische Norm
ENAM	enamel	Email, Emaille
ENGRG	engineering	technische Planung; Technik
ENV	European Prestandard	Europäische Vornorm
EOTA	European Organisation for Technical Approval	Europäische Organisation für technische Zulassungen
EOTC	European Organisation for Testing and Certification	Europäische Organisation für Prüfung und Normung
EPA	Environmental Protection Agency	*(AE)* Amerikanische Umweltbehörde
EPM	equivalent per million	Äquivalent pro Million
EPS	electrical power supply	Stromversorgung, Energieversorgung
EQ	equal	gleich
EQUIP	equipment	Ausrüstung, Ausstattung
ER	essential requirements	wesentliche Änderungen
ERW	electric resistance welding	Elektrowiderstandsschweißen
ESAL	1. equivalent single axle load 2. equivalent number of standard axles	*(AE)* äquivalente Einzelachslast *(Straße)*; äquivalente Standardachslasten *(Straße)*
esp.	especially	besonders

ESP	electronic precipitator	elektronischer Staubabscheider, ESA
ESRS	electron spin resonance spectroscopy	Elektronenspinresonanz-Spektroskopie, ESR-Spektrokospie
EST	estimate	Kostenschätzung
ETA	European technical approval	Europäische technische Zulassung
EV15	edge vee one side	Kante V-förmig an einer Seite
EVA	ethylene vinyl acetate	Äthylvinylacetat
EXC	excavate	ausschachten, ausbaggern
EXH	exhaust	Absaugung, Entlüftung
EXIST.	existing	bestehend
EXP BT	expansion bolt	Spreizdübel
EXT	exterior	Außenseite
EXTR	extrude	spritzen; strangpressen
F	Fahrenheit	Fahrenheit
FA	fresh air	Frischluft, Zuluft
FAI	fresh-air intake	Frischluftkanal
FD	1. floor drain 2. forced draught	Fußbodeneinlauf; künstlicher Zug
FDB	forced-draught blower	Druckzuggebläse
FDC	fire-department connection	Feuermeldeleitung
fdn	foundation	Fundament, Gründung
FE	fire escape	Feuertreppe
FEM	fixed-end moment	Einspannmoment
FG	fine grain	Feinkorn, Mehlkorn
FH	1. fire hose 2. flat head	Feuerwehrschlauch; Flachkopf
FHC	fire-hose cabinet	Feuerwehrschlauchlagerraum
FHERL	Forum of Highways European Research Laboratories	Forum der europäischen Straßenforschungsinstitute
FHWA	Federal Highway Administration	*(AE)* Bundesstraßenverwaltung
FHY, fhy	fire hydrant	Hydrant
F&I	furnish and install	ausrüsten und installieren, einrichten und montieren
FIN	finish	Putz; Oberflächengüte
FL, fl	1. floor 2. floor line 3. flashing	Geschoss; Fußboden; Fußbodenhöhenmarkierung; Kehlblech, Dachanschluss
FLG, flg	1. flooring 2. flange	Fußbodenbelag; Flansch
flr	floor	Geschoss; Fußboden
flt	flight (of stairs)	Treppenlauf
FM	fixed-end moment	Einspannmoment
FMT	flush metal threshold	Flachmetallleiste; Blechabdeckung
FOB	free on board	frei an Bord *(Warenlieferungen)*
FOS	factor of safety	Sicherheitsfaktor, Sicherheitsbeiwert
FOSD	full overtacking sight distance	Mindestüberholsichtweite *(Straße)*
FP	flame-proof	flammsicher, nicht entflammbar
FPRF, fprf	fire-proof	feuerbeständig, feuerfest
fr	frame	Stabwerk, Fachwerk, Tragwerk
F.R.I.B.A.	Fellow of the Royal Institute of British Architects	Mitglied des Königlichen Institutes der Britischen Architekten
ft	foot; feet	Fuß *(0.3048 m)*
FTG	1. footing 2. fitting	Gründung, Fundament; Montage, Aufbau; Fitting, Armatur
FV	front view	Aufriss; Vorderansicht
FW	1. fire wall 2. flash welding 3. feed water	Brandmauer; Abbrennschweißen; Speisewasser
FWD	falling weight deflectometer	Fallgewichtseinsenkungsmessgerät
g	gram, gramme	Gramm, g
G	girder	Träger
ga.	gauge	Bezugsmaß, Richtmaß
GA	gussasphalt	Gussasphalt
GB	1. glass block 2. Great Britain	Glasbaustein; Großbritannien

geol	geology	Geologie
GL, gl	1. glass	Glas;
	2. glazed finish	Glasuroberfläche
GM	grade marked	Güteklasse gekennzeichnet
GPS	global positioning system	Satelliten gestütztes Positionsbestimmungssystem
GRC	glass fibre reinforced cement	glasfaserbewehrter Zement
GR	grade	Güteklasse; Feinplanum, Korngröße
GT	1. grease trap	Fettabscheider, Fettfang;
	2. glazed tile	glasierte Platte, Glasurfliese
GTM	gyratory testing machine	Gyratorprüfsystem
GYP	gypsum	Gips
H	hard	hart
H horizon		H-Horizont *(Boden-Humusschicht)*
HA	1. housing authority	Wohnungsbauverwaltung, Wohnungsverwaltung;
	2. Highways Agency	Straßenbaubehörde
HAIA	Honorary Member of American Institute of Architects	Ehrenmitglied des Amerikanischen Institutes der Architekten
HB	hose bib	Außenwasserhahn
H.B.	half bat	Halbziegel, halber Ziegel
HC	hollow core	Hohlkern
HD	head	Kopfstück, Kopfende
H/D ratio	high/diameter ratio	Verhältnis Höhe zu Durchmesser
HDAP	heavy duty asphalt pavement	Asphaltbefestigung für Schwerverkehr
HDM	heavy duty macadam	Tragschichtmakadam für Schwerverkehr, Tragschichtasphalt
HDW	1. hardware	Beschläge, Kleineisenzeug;
	2. hardwood	Hartholz
HE	heat exchanger	Wärmeaustauscher
HEX	hexagonal	hexagonal, sechseckig, sechskantig
HF	hot finished	heiß eingebaut
HGT	height	Höhe
HGV	heavy goods vehicle	Schwerlastfahrzeug
H.I.	heat input	Wärmezufuhr
HITEC	Highway Innovation Technology Center	*(AE)* Zentrum für innovative Straßenbautechnik
H&M	hit and miss	gegenläufig öffnend *(Schiebefenster)*
HMA	hot-mix asphalt	Heißasphalt
HMAC	hot-mix asphalt concrete	Asphaltbeton *(für Heißeinbau)*
HMD	hollow-metal door	Metallhohltür, Metallrahmentür mit beidseitiger Blechbeplankung
HOR	horizontal	horizontal, waagerecht
H or M	hit or miss	gegenläufig öffnend *(Schiebefenster)*
HOSP	hospital	Hospital, Krankenhaus
HP, hp	1. horsepower	Pferdestärke, PS;
	2. high pressure	Hochdruck
HP-shape		Dopell-T-Stützenteil
H PT	high point	Hochpunkt
HR	hot-rolled	heißgewalzt
HRA	hot-rolled asphalt	Hot-Rolled-Asphalt
HRM	high speed road monitor	Straßenprofilmessgerät
Hrt	heart	Kernholz
Hrt.FA	heart facial area	Kernholzsichtfläche, Kernholzkopffläche
Hrt.G	heart girth	Kernholzsattelschwelle
HSC	high-strength cement	hochfester Zement
HSE, hse	house	Haus, Gebäude
HSE	Health and Safety Executive	Unfallverhütungsausschuss
HSTM	high-speed texture meter	Hochgeschwindigkeits-Rauheitsmessgerät
HT	1. high-tensile	hochzugfest;
	2. heat-treated	wärmebehandelt
HTR	heater	Heizkörper
HTS	high-tensile strength	Hochzugfestigkeit
HV	high voltage	Hochspannungs...
HVAC	heating, ventilating, and air conditioning	Heizung, Lüftung und Klimatisierung

HVY	heavy	schwer, stark
HWL	high water level	Hochwasserstand, HW
HWY, hwy	highway	Straße
HYD	hydraulic	hydraulisch
Hz	Hertz	Hertz, Schwingungen pro Sekunde
I	moment of inertia	Trägheitsmoment, I
IABSE	International Association for Bridge and Structural Engineering	Internationale Vereinigung für Brückenbau und konstruktiven Ingenieurbau
IAH	International Association of Hydrogeologists	Internationale Vereinigung der Hydrogeologen
IASH	International Association of Scientific Hydrology	Internationale Vereinigung für wissenschaftliche Hydrologie
IB	I-beam	Doppel-T-Träger
ICE	Institute of Civil Engineers	Institut für Bauingenieure
ICI	International Commission on Illumination *(s.* CIE*)*	Internationaler Ausschuss für Beleuchtung
ID	internal diameter	Innendurchmesser
i.e.	id est	das heißt
IEE	Institution of Electrical Engineers	Institut der Elektroingenieure
IES	Illuminating Engineering Society	Vereinigung der Ingenieure für Beleuchtungstechnik
IF	inside face	Innenfläche
ILLUS	illustrate	illustrieren, erläutern
IMPG	impregnate	imprägnieren
in., in	inch; inches	Inch, Zoll *(2.540 cm)*
INC	incorporated	eingebunden
INCL	include	einschließen, enthalten
IND	industrial	industriell
INFO	information	Information
INR	impact noise rating	Trittschalldämpfungsrate
INS	insulate	isolieren; dämmen *(Schall, Kälte)*, sperren *(Feuchtigkeit, Wasser, Feuer)*
INT	1. intake	Einlauf; Einlauföffnung; Einlass;
	2. interior	Inneres;
	3. internal	inner, innwendig
IPS	1. iron-pipe size	Eisenrohrdimension;
	2. inside pipe size	Innenrohrmaß
IR	inside radius	Innenradius
ISO	International Organisation for Standardization	Internationale Organisation für Normung
IST	inside trim	Innenverkleidung, Innenverblendung
ISWG	Imperial standard wire gauge	Empirestandarddrahtstärke
JB	junction box	Verteilerdose, Abzweigdose
JCP	jointed concrete pavement	Straßenbetondecke mit Fugen
JCT, jctn	junction	Verzweigung, Abzweigung *(Rohrleitung)*; Straßenkreuzung, Straßenabzweigung
JMF	job mix formula	*(AE)* Soll(misch)rezeptur, Ausführungsrezeptur *(Beton, Asphalt)*
J&P	joist and planks	Querbalken und Bohlen
JPCP	jointed plain concrete pavement	unbewehrte Straßenbetondecke mit Fugen
JRCP	jointed reinforced concrete pavement	bewehrte Straßenbetondecke mit Fugen
JT	joint	Verbindungsstelle, Stoß
junc	junction	Verzweigung, Abzweigung *(Rohrleitung)*; Straßenkreuzung, Straßenabzweigung
k	1. kilo	Kilo;
	2. coefficient of thermal conductivity	Wärmeleitfähigkeitskoeffizient
K	1. key	Verdübelung, Keil; Schlüssel;
	2. kip	*s.* kip;
	3. kitchen	Küche
KB	knee brace	Kopfband; Winkellasche
kcal	kilocalorie	Kilokalorie
KD	kiln-dried	ofengetrocknet
KDF	kalamein door and frame	blechbeplankte Holzkerntür mit Rahmen
k factor	thermal conductivity	Wärmeleitfähigkeit
kg	kilogram, kilogramme	Kilogramm, kg

kip	kilo pound force	Kraft in 1000 englischen Pfund *(1 kip = 4448.222 N)*
KISS	keep it simple and stupid	*(sl)* idioteneinfach machen
kN	kilo-newton	Kilonewton, kN
KO	knock-out	entfernbare Abdeckung
KP	kickplate	Fußleiste; Schutzplatte
KP&D	kickplate and drip	Schutzplatte und Ablaufrinne
KS	kitchen sink	Spülbecken, Spüle
KSI/ksi	kilopounds per square inch	1000 englische Pfund pro Quadratinch *(1 KSI = 6.890 Mpa)*
kva	kilovolt-ampere	Kilovoltampere
k-value	thermal conductance	Wärmedurchgangszahl; Wärmeleitwert
kW	kilowatt	Kilowatt, kW
kWh	kilowatt-hour	Kilowattstunde, kWh
L	1. left	links;
	2. lambert	Lambert *(1 Lambert = 1 Lumen pro* cm^2*)*
LA	lightning arrester	Überspannungsableiter
LA value	Los Angeles abrasion value	*(AE)* Los Angeles Abriebwert
LAM	laminate	Verbundmaterial
LAT	1. latitude	Variationsbreite; Breite; Ausdehnung;
	2. lateral	seitlich; Abzweigstück
LAV	lavatory	Toilette; WC-Raum
lb	pound	englisches Pfund *(453.5924 g)*
L-beam		L-Träger
lbf	pound-force	4.448222 N
Lbr	lumber	Schnittholz
LCB	lean concrete base	Magerbetontragschicht *(Straße)*
LCD	liquid crystal display	Flüssigkristallanzeige
LCL	light centre length	Lichtquellenabstand
LCM	loose cubic metre	loses Material in Kubikmetern
L&CM	lime and cement mortar	Kalk- und Zementmörtel
LDG	landing	Podest, Treppenabsatz
LDPE	low-density polyethylene	Polyethylen niedriger Dichte, PE weich
LD slag	Lintz-Donawitz slag	Lintz-Donawitz-Schlacke
LECA	light-expanded clay aggregate	mitteldichter Blähton
LEMA	Lighting Equipment Manufactures' Association	Vereinigung der Hersteller für Licht- und Beleuchtungsanlagen
LG	1. length	Länge;
	2. long	lang
lgr	longer	länger *(Holzbauteile)*
lgth	length	Länge *(Holzbauteile)*
LH	left hand	links, linkshändig
LIC	license	lizensiert, konzessioniert
LIN	linear	linear, längs
LL	live load	Nutzlast, Verkehrslast
L&L	latch and lock	Klinke und Schloss
LL&B	latch, lock and bolt	Klinke, Schloss und Riegel [Türriegel]
LM	lime mortar	Kalkmörtel
Lng, lng.	Lining	Auskleidung, Ausfütterung
LOA	length overall	Gesamtlänge, Länge über alles
LP	1. lime putty	fetter Kalkputzmörtel;
	2. low pressure	Niederdruck
L&P	lath and plaster	einlagiger Putz auf Putzträgergewebe
LPG	liquid petroleum gas	flüssiges Erdgas
LR	1. living room	Wohnzimmer;
	2. load reduction	Gewichtsbeschränkung; Verkehrsbeschränkung
LRST	laser road surface tester	Straßen-Ebenheitsmessgerät
LS	1. left side	linke Seite;
	2. lead shield	Bleischirm;
	3. loudspeaker	Lautsprecher
L.S.C.	lightweight structural concrete	Konstruktionsleichtbeton
LT	light	Licht
LTPP	long term pavement performance	Langzeitgebrauchsverhalten von Fahrbahnbefestigungen

LVDT	linear variable differential transducer	Feindehnungsmesser, Dehnungsaufnehmer
LVE	linear viscoelastic	linear viskoelastisch
LWC	lightweight concrete	Leichtbeton
LWIC	lightweight insulating concrete	Leichtdämmbeton
m	1. modular ratio	Elastizitätsmodulverhältnis;
	2. metre	Meter
M	1. bending moment	Biegemoment;
	2. thousand	Tausend
MA	mastic asphalt	Mastixasphalt, Asphaltmastix
mac	macadam	Makadam; gebrochener Naturstein; Schotter
MACCH	maintenance assessment rating and costing	Zustandsbeurteilung und Kostenermittlung für Straßenerhaltung
MAN	manual	manuell; Handbuch
MATL	material	Material, Werkstoff, Baustoff
MAX	maximum	maximal; Maximum
max. M	maximum bending moment	maximales Biegemoment, max. M
MC, mc	1. moisture content	Feuchtegehalt;
	2. medium-curing	*(AE)* durchschnittlich verhärtend, mittelschnell abbindend;
	3. medium- curing cutback	mittelschnell abbindendes Verschnittbitumen;
	4. metal-clad	metallbeschlagen
MECH	mechanical	mechanisch
MED	medium	Trägermedium; Lösungsmittel
MEK	methyl ethyl ketone	Methylethylketon
MEMB	membrane	Membran; Scheidewand; Diaphragma
MEMO	memorandum	Vermerk, Aktennotiz
MER	mechanical equipment room	Installationsraum; Technikraum
MET	metal	Metall
MEZZ	mezzanine	Zwischengeschoss, Mezzaningeschoss
MF	mill finish	Walzoberfläche *(Walzwerkerzeugnisse)*
MFG	manufacturing	Herstellungs...; Industrie...
MG	motor generator	Benzinmotorgenerator, Stromerzeuger mit Verbrennungsmotorantrieb
MH	manhole	Mannloch, Einsteigschacht
MI	malleable iron	schmiedbares Eisen
MIDAS	mix design and analysis system	*(AE)* System der Asphalteignungsprüfungen und -analyse
MIL	military	militärisch
MISC	miscellaneous	vermischt; Vermischtes; Verschiedenes
MIX	mixture	Mischung; Gemisch
MK	1. mark	Kennzeichen; Marke;
	2. master key	Generalschlüssel
ML	material list	Materialliste
MLDG, mldg	moulding	Kehlung; Gesims; Verzierung
mm	millimetre	Millimeter, mm
MMC	Monopolies and Mergers Commission	Fusionskontrollbehörde
MN	1. main	Hauptstrang; Hauptleitung;
	2. mega-newton	Meganewton, MN
MO	month	Monat, 30 Tage
MOD	model	Muster; Modell
MOL	maximum overall length	Glühlampengesamthöhe
Mp	megapond	Megapond, Mp
Mpa	Mega Pascal	Mega Pascal, Mpa *(1 Mpa = 1 N/mm²)*
mph	miles per hour	Meilen pro Stunde *(1.60931 km/h)*
mpl	maple	Ahornholz
MPL	maximum permissible level	höchstzulässiges Niveau
MR	mill run	unbearbeitete Walzprodukte
MRT	mean radiant temperatur	mittlere Strahlungstemperatur
MRTR	mortar	Mörtel
m.s.	mild steel	weicher Stahl, Flussstahl
MSE	mean square errow	mittlerer quadratischer Fehler
MSSC	mean summer SCRIM coefficient	mittlerer Sommerreibungs(bei)wert am schräg laufenden Rad
MSW	municipal solid waste	fester Siedlungsabfall

MTA	mix type approval	Zustimmung zur Mischgutart
MULT	multiple	mehrfach, vielfach
MVT	moisture vapour transmission	Wasserdampfdurchlässigkeit
N	1. newton 2. north 3. nail	Newton, N; Norden; Nagel
N1E	nosed one edge	Nase an einem Rand *(Holzbauteile)*
N2E	nosed two edges	Nase an zwei Rändern *(Holzbauteile)*
NA	not applicable	nicht zutreffend
N.A.	neutral axis	Nullachse, neutrale Achse
NACCB	National Accreditation Council for Certification Bodies	Nationaler Akkreditierungsrat für Institutionszertifizierungen
NACE	National Association of Corrosion Engineers	Nationaler Verband der Korrosionsschutz-ingenieure
NAMAS	National Measurement Accreditations Service	Nationale Institution für die Akkreditierung von Prüf- und Kalibrierlaboratorien
NAPA	National Asphalt Pavement Association	*(AE)* Amerikanischer Asphaltverband
NAT	1. Nottingham asphalt tester 2. natural	Nottingham Asphaltprüfgerät; natürlich
NATLAS	National Laboratory Testing Accreditation Service	Nationale Anstalt für die Beglaubigung von Laboruntersuchungen
NATM	new Austrian tunneling method	neue österreichische Tunnelbauweise, NÖB, NATM
NB	nota bene, note well	merke!
NBR	nitrile-butadiene rubber	Nitrilkautschuk, Nitrilgummi
NC	noise criterion	Lärm(pegel)kriterium
NCM	non-corrosive metal	nicht korrosives Metall
NDT	non-destructive testing	zerstörungsfreie Prüfmethode
NEC	National Electrical Code	Nationales Vorschriftenwerk für Elektro-arbeiten
NEG	negative	negativ
NEMA	National Electrical Manufacturers Association	Nationale Vereinigung der Elektroartikel-hersteller
NESC	National Electrical Safety Code	Nationale Vorschriften für Elektrosicherheit
NFC	National Fire Code	Nationale Brandschutzvorschriften
NFPA	National Fire Protection Association	Nationale Brandschutzorganisation
NIC	not in the contract	kein Vertragsgegenstand
NIOSH	National Institute for Occupational Safety and Health	*(AE)* Amerikanisches Institut für Sicherheit und Gesundheit am Arbeitsplatz
n.l.	non licet	nicht erlaubt
NLMA	National Lumber Manufactures Association	Nationale Vereinigung der Schnittholz-hersteller
NO.	number	Nummer
NOM	nominal	nominell
n.o.p.,NOP	not otherwise provided	nicht mitversorgt
NPL	1. nipple 2. National Physical Laboratory	Anschluss, Anschlussstück, Nippel; Nationales Physikalisches Labor
NPS	nominal pipe size	Rohrnennweite
NR	noise reduction	Lärmminderung
NTS	not to scale	nicht maßstabgerecht
nt wt	net weight	Nettogewicht
NW	no-weathering exposure	nicht dem Wetter aussetzbar
NWT	nonwaste technology	saubere Technologie, umweltfreundliche Technologie
OA	overall	gesamt
O/A	on approval	zur Freigabe, zur Genehmigung
OAI	outside-air intake	Außenluftzuführung
OB	obscure	dunkel, finster
OBS	obsolete	veraltet, technisch überholt
oc, OC	on centre	im Mittelpunkt
OCT	octagon	Achteck, achtkantig
OD	outside diameter	Außendurchmesser, äußerer Durchmesser
OECD	Organisation for Economic Cooperation and Development	Organisation für wirtschaftliche Zusammenarbeit und Entwicklung
OFF	office	Büro

OG	1. ogee	Karnies, Hohlkehle; S-Profil;
	2. on grade	ebenerdig, bodengleich
O/H	overhead	oberirdisch; hochliegend; über Kopf
OHS	oval-headed screw	Ovalkopfschraube
opg.	opening	Öffnung
o.r.	owner's risk	eigenes Risiko
OR	outside radius	Außenradius, äußerer Radius
ORIG	original	Original
OSD	overtaking sight distance	Überholsichtweite *(Straße)*
OSHA	Occupational Safety and Health Administration	*(AE)* Amerikanische Sicherheits- und Gesundheitsbehörde für Arbeitsplätze
OVHD	overhead	oberirdisch; hochliegend; über Kopf
P	pole	Mast; Pfahl; Rundholz
P1E	planed one edge	gehobelt an einem Rand
P2E	planed two edges	gehobelt an zwei Rändern
P1S	planed one side	einseitig gehobelt
P1S2E	planed one side and two edges	gehobelt an zwei Seiten und zwei Rändern
pa	per annum	pro Jahr, jährlich
Pa	Pascal	Pascal
PA	porous asphalt	offenporiger Asphalt, Dränasphalt
PAH	polycyclic aromatic hydrocarbon	polyzyklischer aromatischer Kohlenwasserstoff, PAK
PAR	paragraph	Absatz der Architektenordnung
PASS	passenger	Passagier
Pat	patteren	Muster *(Holzform)*
P.B.S.	prefabricated bituminous surfacing	Bitumenfertigbahn
pc	piece	Stück
p.c.	per cent	Prozent, %
PC	1. Portland cement	Portlandzement;
	2. personal computer	Personalcomputer, Arbeitsplatzrechner
P.C.C.	Portland cement concrete	Portlandzementbeton
pcf	pound per cubic foot, lb/ft^3	Gewicht pro Kubikfuß *(1 pcf = 160.1846 kg/m^3; 1 g/cm^3 = 62.428 pcf)*
PCRV	prestressed concrete reactor vessel	Spannbetondruckbehälter
pd	paid	bezahlt
PD	per diem	Tagegeld
PE	1. polyethylene	Polyethylen;
	2. plain end	glatte Endfläche;
	3. *(AE)* professional engineer	staatlich geprüfter und zugelassener Ingenieur
p.e.	plain edged	glattrandig, plattkantig
P.E.	professional engineer	lizensierter Diplomingenieur; zugelassener Entwurfsingenieur
PEL	permissible exposure limit	zulässiger Belastungsgrenzwert
PERF	perforate	perforiert, gelöchert
PERP	perpendicular	senkrecht, lotrecht
PERT	programme evaluation and review technique	Programmauswertungs- und Revisionstechnik
PF	phenol-formaldehyde	Phenolformaldehyd, PF
PFA	pulverized fuel ash	Flugasche
PFD	preferred	bevorzugt
PF/RF	phenol/resorcinol-formaldehyde	Phenol/Resorcin-Formaldehyd, PF/RF
P&G	post and girder	Stiel und Träger
1PH	single phase	eine Phase
3PH	three phase	drei Pasen
PI	1. plasticity index	Plastizitätsindex;
	2. penetration index	Penetrationsindex
PIARC	Permanent International Association of Road Congresses, World Roads Association	Internationaler Ständiger Verband der Straßenkongresse, Weltstraßenverband
PL	1. pile	Pfahl, Rammpfahl;
	2. plate	Platte; Blech;
	3. plug	Stopfen; Spund;
	4. power line	Starkstromleitung;
	5. pipeline	Hauptrohrleitung; Fernleitung

PLG	piling	Pfahltreiben, Pfahlrammen
PLMB	plumbing	Klempnerarbeiten; Hausinstallation
PLYWD	plywood	Sperrholz; Furnierplatte
p.m.	past meridiem	nachmittags
PMS	pavement management system	Systematik der Straßendeckenunterhaltung
PNEU	pneumatic	pneumatisch
PNL	panel	Tafel, Platte, Paneel
PNT	paint	Anstrichfarbe
PO	purchase order	Grunderwerbskaufantrag
POL	polish	polieren
PORC	porcelain	Porzellan
PORT CEM	portland cement	Portlandzement
POS	positive	positiv
pot	hollow block	Hohlblock(stein)
p.p.	per pro, per procurationem	im Auftrage
PP	polypropylene	Polypropylen, PP
PP-AC	air-conditioning power panel	Zuleitungsverteilerplatte für Klimaanlagen
PPGL	polished plate glass	Spiegelglas
ppm	parts per million	Teile pro Million
PR	pair	anpassen
PRCP	prestressed reinforced concrete pavement	vorgespannt-bewehrte Betondecke *(Straße)*
PRCST	precast	vorgefertigt, fertig *(Betonelemente)*
PRD	percentage refusal density	Abnahmeverdichtungsgrad in Prozent
PREFAB	prefabricated	vorgefertigt
prEn	Draft European Standard	Europäischer Normenentwurf
PROJ	project	Projekt, Plan, Bauvorhaben
PS	polystyrene	Polystyrol, PS
P.S.	prestressed concrete	vorgespannter Beton
p.s.e.	planed and square-edged	glatt und rechtwinklig geschnitten
psf	pounds per square foot	Pounds pro Quadratfuß, Flächendruck in englischen Pfund pro Quadratfuß
psi, lbf/in²	pound-force per square inch	Flächendruck in englischen Pfund pro Quadratinch *(1 psi = 6894.757 Pascal)*
PSI	present serviceability index	vorhandener Befahrbarkeitswert *(Straße)*
p.s.j.	planed and squarejointed	gehobelt und mit rechtwinkliger Fuge
PSV	polished stone value	Polierwiderstandswert
PT	1. part	Teil;
	2. point	Punkt
p.t.g.	planed, tongued and grooved	gehobelt und gespundet
PTN	partition	Trennwand, Zwischenwand
p.t.o.	please turn over	bitte umblättern
PTR	pneumatic tyre roller	Gummiradwalze
PUR	polyurethane	Polyurethan, PUR
PVA, PVAC	polyvinyl acetate	Polyvenylacetat, PVA
PVC	1. pigment volume concentration	Pigmentvolumenkonzentration, PVK;
	2. polyvinyl chloride	Polyvinylchlorid, PVC
QA	quality assurance	*(AE)* Qualitätssicherungssystem, Qualitätssicherung
QA/QC	quality assurance / quality control	*(AE)* Qualitätssicherungssystem
QC	quality control	Qualitätssicherung und -steuerung, Qualitätssicherungssystem
Q-factor	quality factor	Gütefaktor, Qualitätsfaktor, Q-Faktor
QM	quality management	Qualitätsmanagement
QMS	quality management system	Qualitätsmanagementsystem
QR	quarter round	Viertelstab, Viertelstabprofil
QS	quality system	Qualitätssicherungssystem
qt	quarter	Viertel(stück) *(Holz, Ziegel)*
QTR	1. quarry-tile roof	Ziegeldach;
	2. quarter	Viertel(stück) *(Holz, Ziegel)*
QUAD	quadrangle	Rechteck(hof)fläche
QUAL	quality	Qualität
R	1. radius	Radius;
	2. right	rechts

RA	recycling agent	Regenerierungsmittel
R.A.	registered architect	eingetragener Architekt, zugelassener Architekt
RAB	rabbet	Fuge, Falz, Nute
RADAR	radio detecting and ranging	Funkmessverfahren
RAM	rapid analysis machine	Schnellanalysegerät
RAP	reclaimed asphalt pavement	Ausbauasphalt, Fräsasphalt
RB	Rockwell hardness	Rockwell-Härte
R&B	ring and ball	Ring und Kugel *(Bitumenprüfung)*
RBM	reinforced brick masonry	bewehrtes Ziegelmauerwerk
RC	1. rapid-curing cutback 2. reinforced concrete	schnell abbindendes Verschnittbitumen; bewehrter Beton
R.C., R/C	reinforced concrete	bewehrter Beton
RCCP	reinforced concrete culvert pipe	Stahlbetondurchlassrohr
RCP	rust-converting primer	Rostwandlergrundierung
rd	road	Straße
R&D	research and development	Forschung und Entwicklung
RDF	refuse-derived fuel	Müllbrennstoff
Re	Reynolds number	Reynoldszahl, Re
RECP	receptacle	Behälter, Sammelbecken
REF	reference	Bezug
REFR	1. refractory 2. refrigerate	feuerfester Baustoff; Kühlschrank; Kälteanlage
REG	register	Schieber, Klappe, Regulierungsgrill
Reg	regular	regelmäßig
REINF	reinforcing	Bewehrung
REM	removable	entfernbar, abnehmbar
REP.	Repair	reparieren; Reparatur
REPL	replace	austauschen, auswechseln
REPRO	reproduce	nachbilden, reproduzieren
REQD	required	gefordert
res	resawn	aufgetrennt *(Holz)*
RET.	return	Rücklauf, Rückleitung
REV	revise	überarbeiten; überprüfen
RF	1. roof 2. resorcinol-formaldehyde	Dach; Resorcinformaldehyd, RF
rfg	roofing	Bedachung; Überdachung
RFP	request for proposals	*(AE)* Ausschreibung, Aufforderung zur Angebotsabgabe
RFS	render, float and set	dreilagiger Putz
rftr	rafter	Sparren, Dachsparren
rgh, Rgh	rough	rau *(Holz)*
RH	1. relative humidity 2. right hand	relative Luftfeuchtigkeit; rechts, rechtshändig
Rh	Rockwell hardness	Rockwell-Härte
RHC	rapid-hardening cement	frühhochfester Zement
RHN	Rockwell hardness number	Rockwell-Härtezahl
RHTR	reheater	Nachwärmer
R.I.B.A.	Royal Institute of British Architects	Königliches Institut der britischen Architekten
RILEM	International Union of Testing and Research Laboratories for Materials and Structures	Internationaler Verband der Prüf- und Forschungslaboratorien für Baustoffe und Bauwerke
RM	1. resilent modulus 2. room	Elastizitätsmodul; Raum, Zimmer
RPM	revolutions per minute	Umdrehungen pro Minute
RQL	rejectable quality level	zurückzuweisendes Qualitätsniveau, nicht ausreichende Abnahmequalität
RSJ, r.s.j.	rolled steel joist	Walzstahlträger
RST	reinforcing steel	Bewehrungsstahl, Betonstahl
RT	raintight	regendicht, regenwassergeschützt
RTD	reference thermal detector	Temperaturmessgerät
RW	raw water	Rohwasser
R.W.	rainwater	Regenwasser
R/W	1. right-of-way 2. random widths	Wegerecht; unsortierte Größen (Weiten)

R/W&L	random widths and length	unsortierte Größen (Weiten) und Längen
S	1. side	Seite, Seitenfläche;
	2. seamless	nahtlos; fugenlos
S1E	surfaced one edge	eine Kante abgerichtet, ein Rand abgerichtet *(Holz)*
S2E	surfaced two edges	zwei Kanten (Ränder) abgerichtet *(Holz)*
S1S	surfaced one side	eine Seite abgerichtet *(Holz)*
S1S1E	surfaced one side and one edge	eine Seite und eine Kante abgerichtet *(Holz)*
S2S	surfaced two sides	zwei Seiten abgerichtet *(Holz)*
S2S&CM	surfaced two sides and centre matched	zwei Seiten abgerichtet und mittig verzinkt *(Holz)*
S2S&SL	surfaced two sides and shiplapped	zwei Seiten abgerichtet und abgefast *(Holz)*
S2S1E	surfaced two sides and one edge	zwei Seiten und eine Kante abgerichtet *(Holz)*
S4S	surfaced four sides	vier Seiten abgerichtet *(Holz)*
S4S&CS	surfaced four sides and caulking seam	vier Seiten abgerichtet mit Dichtungsrand *(Holz)*
SAE	Society of Automotive Engineers	*(AE)* Gesellschaft der Kraftfahrzeugtechniker
SAF	safety	Sicherheit
SAM	stress absorbing membrane	Spannungen abbauende Schicht
SAMI	stress absorbing membrane interlayer	Spannungen abbauende Zwischenschicht
SAN	sanitary	sanitär
sb	stilb	Stilb
SC	1. suspended ceiling	abgehängte Decke, Zwischendecke;
	2. slow-curing	*(AE)* langsam abbindend, langsam verhärtend
SCC	secondary combustion chamber	Nachbrennkammer, zweiter Brennraum
SCH	schedule	Plan, Ablaufplan, Zeitplan
SCRIM	sideway force coefficient routine investigation machine	Griffigkeitsmessgerät mit schräg laufendem Rad *(Straße)*
Sdg	siding	Außen(wand)verschalung
SE	sand equivalent	Sandäquivalent
S/E	square-edged	besäumt *(Holz)*
S&E	surfaced one side and edge	eine Seite und eine Kante abgerichtet *(Holz)*
Sel	selected	ausgesucht, ausgewählt *(Holz)*
SEP	separate	separat, getrennt
SERV	service	Elektroversorgung, Energieversorgung
SE&S	square edge and sound	fehlerfreier Vierkant *(Holz)*
SE Sdg	square-edge siding	rechteckkantige Außen(ver)schalung
S.F.	shear(ing) force	Scherkraft
SFC	sideway-force coefficient	Reibungsbeiwert am schräg laufenden Rad *(Straße)*
S.F.D.	shear(ing) force diagram	Scherkraftdiagramm
sfu	supply fixture unit	Wasserbedarfsmenge
S&G	studs and girts	Pfosten und Brustschwelle *(Holz)*
SGD	sliding glass door	Schiebeglastür
SH	1. sheet	Tafel, Platte; Scheibe
	2. shower	Dusche; Duschraum;
	3. single-hung	einflüglig
SHRP	Strategic Highway Research Program	*(AE)* Strategisches Straßenbauforschungsprogramm
SI	shrinkage ratio	Schwindindex
SI unit		SI-Einheit
SK	sketch	Skizze; Entwurf
SL	1. snow load	Schneelast;
	2. shrinkage limit	Schwindgrenze
S/L	shiplap	angefaste Schalbretter (Spundbretter)
SM	1. standard matched	standardverzinkt *(Holz)*;
	2. surface measure	Brettfläche
S&M	surfaced and matched	abgerichtet, genutet und gespundet, abgerichtet und verzinkt *(Holz)*
SMS	sheet-metal screw	Blechschraube

S-N curve	stress-number curve	Spannungszykluskurve *(Ermüdungsprüfung)*
S.O.	supplied only	nur angeliefert
SOV	shutoff valve	Absperrventil
SP	1. soil pipe	Fallrohr;
	2. standpipe	Standrohr;
	3. static pressure	statischer Druck
SPEC	specification	Bauvorschrift; Gütebestimmung; Spezifikation
SPKR	loudspeaker	Lautsprecher
SPL	special	speziell, besonderes
sq., sq	square	Quadrat
sq.E&S	square edge and sound	fehlerfreier Vierkant *(Holz)*
SR	1. stress-relieved	spannungsfrei, entspannt;
	2. shrinkage ratio	Schwindverhältnis, Schwindindex
SRA	stress-relief annealed	spannungsfrei geglüht
SRT	skid resistance tester	Griffigkeitsmessgerät, Griffigkeitpendelgerät, SRT-Pendelgerät *(Straße)*
S/S	stainless steel	rostfreier Stahl, Edelstahl
ss	stair stringer	Treppenwange
SSD	stopping sight distance	Mindestbremssichtweite *(Straße)*
SSPC	Steel Structures Painting Council	Stahlkonstruktionsanstrichinstitut, Behörde für Anstriche von Stahlkonstruktionen
SST	stainless steel	rostfreier Stahl, Edelstahl
ST	1. street	Straße;
	2. steam	Dampf, Wasserdampf
STC	sound transmission class	Schallschutzklasse
STD	standard	Standard, Norm; Richtmaß
Std.M	standard matched	standardverzinkt *(Holz)*
STG	storage	Lagerung, Speicherung
STK	stock	Lager; Vorratshalde
STL	steel	Stahl
Stpg	stepping	Abtreppung
Str., Struc	structural	baulich, konstruktiv; strukturell
STR	strike	Schließkasten, Schließblech
STV	standard tar viscosimeter	Straßenteer(auslauf)viskosimeter
ST W	storm-water	Regenwasser
SUB	substitute	ersetzen
SUP	supply	Zulauf, Zufluss; Lieferung
SUPERPAVE	superior performing asphalt pavements	*(AE)* Asphaltdecken mit höchsten Gebrauchsverhalten
SUPV	supervise	überwachen
SUR	surface	Oberfläche
surv.	surveying	Vermessung
SW	switch	Schalter
s/w	spot-welded	punktgeschweißt
S.W.G.	standard wire gauge	Drahtstandardklassifikation
SYM	symmetrical	symmetrisch
SYN	synthetic	synthetisch
SYS	system	Anordnung; System
T	tee	T-Stück
TB	through bolt	Zuganker
TC	1. terracotta	Terrakotta;
	2. cold tar	Kaltteer;
	3. tin-clad	zinnplattiert
TE	totally enclosed	völlig gekapselt, völlig ummantelt
TEL	telephone	Fernsprecher, Telefon
TEM	transmission electron microscopy	Durchstrahlungselektronenmikroskopie
TFOT	thin film oven test	Dünnschichtalterungstest *(Bitumen)*
T&G	tongue and groove	Feder und Nut
TH	hot tar	Heißteer
THERMO	thermostat	Thermostat
THK	thick	dick
THRU	through	durch, hindurch
TLA	Trinidad Lake Asphalt	Trinidad Rohasphalt

TLV	threshold limit value	Richtwert, empfohlener Grenzwert; höchstzulässige Konzentration, HZK
TM	trade mark	Warenzeichen
tmd	timed	zeitlich eingeteilt
TOK-joint ribbon		TOK-Band
TOL	tolerance	Toleranz, zulässige Abweichung
TP	threadless pipe	gewindeloses Rohr
TR	tie rod	Zuganker; Ankerstab
TRB	Transportation Research Board	*(AE)* Forschungsbehörde für das Straßen- und Verkehrswesen
TRL	Transport Research Laboratory	Forschungsanstalt für Verkehrswesen
TUB	tubing	Rohrleitung
TYP	typical	typisch, representativ; bezeichnend
UBC	Uniform Building Code	einheitliches Bauvorschriftenwerk, einheitliche bautechnische Richtlinien
UCV	upper calorific value	höhere Energieleistung
U/E	unedged	unbesäumt, nicht abgekantet
UF	urea formaldehyde	Ureaformaldehyd, UF
UK	United Kingdom	Vereinigtes Königreich
UKAS	United Kingdom Accreditation Service	Britisches Akkreditierungssystem
UL	Underwriters' Laboratories	*(AE)* Versicherungsträgerlaboratorien *(für Sicherheitsprüfungen von Bauelementen)*
UL Label		*(AE)* Sicherheitsprüfzeichen *(der Versicherungsträgerlaboratorien)*
UR	1. urinal 2. ultra red	Wandbecken, Urinalbecken; infrarot
US	United States of America	Vereinigte Staaten von Amerika
USASI	American National Standards Institute	Nationales Standardinstitut der USA
USG	United States gauge	Eichmaß der Vereinigten Staaten
U.T.S.	ultimate tensile strength	Zugfestigkeit
V	1. volt 2. volve 3. vacuum	Volt; Ventil, Klappe; Vakuum
V1S	vee one side	Keil an einer Seite
VAP	vapour	Wasserdampf
VAT	1. vinyl-asbestos tile 2. value added tax	Vinylasbest(boden)fliese; Mehrwertsteuer
VENT.	ventilate	belüften, hinterlüften
VERT	vertical	senkrecht, lotrecht
VFA	voids filled with asphalt	*(AE)* Hohlraumausfüllungsgrad mit Bitumen, HFB
VG	vertical grained	senkrecht gefasert *(Holz)*
v.i.	vide infra	siehe unten
VIT	vitreous	glasig, glasartig
VMA	voids in mineral aggregate	Hohlraumgehalt des Mineralstoffgemisches, Hmbit
VOC	volatile organic compounds	flüchtige organische Bestandteile
VOL	volume	Volumen, Rauminhalt
VP	vent pipe	Abzugsrohr, Entlüftungsrohr
VPN	Vickers hardness number	Vickershärtewert
VPT	vinyl-plastic tile	Vinyl(harz)fliese
vs	versus	gegen, gegenüber
VS	1. vapour seal 2. vent stack 3. versus	Wasserdampfsperre; Luftabzugsleitung; gegen
VTM	voids in the total mix	Hohlräume des Gesamtgemisches, Hohlraumgehalt, Hbit *(Asphalt)*
V-unit		Faltwerk, Falte
W	1. width 2. watt 3. west	Breite; lichte Weite; Watt; West
W/	with ...	mit ... *(nur auf Zeichnungen)*
WAF	wiring around frame	um das Rahmenskelett verdrahtet
WB	welded base	geschweißter Tragrahmen
W.C.	water closet	Wasserklosett, WC

w/c	water-cement ratio	Wasserzementwert, W/Z-Wert
w/c ratio	water-cement ratio	Wasserzementwert, W/Z-Wert
WD	wind direction	Windrichtung
wd	wood	Holz
WF	1. wide flange 2. wind force	Breitflansch; Windkraft; Windstärke
WG	wire gauge	Drahtlehre; Drahtdurchmesser
WH	water heater	Wassererhitzer, Warmwasserbereiter
WHSE	warehouse	Lagerhaus, Speicher
WI	1. water inlet 2. wrought iron	Wassereinlauf; Sinkkasten; Schweißstahl; Schmiedestahl
WK	work	bauausführende Arbeiten
WL	1. wind load 2. warning light	Windlast, Windbelastung; Warnlampe; Lichtsignal
WP	1. waterproof 2. weatherproof	wasserdicht; wassergeschützt; wetterfest, wetterbeständig
WPC	white Portland cement	Portlandweißzement, weißer Portland-zement
WR	washroom	Waschraum
wrt	wrought	1. geschmiedet; 2. gehobelt
WS	1. water supply 2. weather strip	Wasserversorgung; Wasseranschluss; Wetterschutz(fugen)leiste
WSP	water supply point	Wasserversorgungsstelle
WT	1. watertight 2. water tower 3. water tank	wasserdicht, wasserundurchlässig; Wasserturm; Wassertank, Wasserbehälter
WV	wind velocity	Windgeschwindigkeit
W/V	weight-to-volume ratio	Masse-Volumen-Verhältnis
WVT	water vapour transmission	Wasserdampfdurchlässigkeit
X	*(AE)* crossing	Überweg, Kreuzung
XBAR	crossbar	Querriegel, Kreuzband
X HVY	extra-heavy	extra stark (schwer)
X-ing	*(AE)* crossing	Überweg, Kreuzung
XL	extra-large	besonders groß
XPM	expanded metal mesh	Streckmetall
XRD	X-ray diffraction	Röntgenstrahlbeugung
XRF analysis	X-ray flourescense analysis	Röntgenfloureszensanalyse
XSECT	cross section	Querschnitt
X STR	extra-strong	extra stark
XXH	double extra heavy	doppelt extra stark (schwer)
XY recorder		Koordinatenschreiber
yd	yard; yards	Yard, 3 Fuß *(1 yd = 0.9144 m)*
Y-level		Vermessungsinstrument
YP	yield point	Fließgrenze, Streckgrenze
YR	year	Jahr
YS	yield strength	Zugfestigkeit an der Streckgrenze
zed	Z-section	Z-Profil, Z-Stahl
ZPC	zero point of charge	Ladungsnullpunkt

2 Conversion tables / Umrechnungstabellen

2.1 Length / Längenmaße

		Meter *metre*	Zoll† *inch*	Fuß*† *foot*	Yard*† *yard*	Rod*† *rod*	Meile*† *mile*
1 Meter *metre*	=	1	39,37	3,281	1,093	0,1988	$6{,}214 \times 10^{-4}$
1 Zoll *inch*	=	$2{,}54 \times 10^{-2}$	1	0,083	0,02778	$5{,}050 \times 10^{-3}$	$1{,}578 \times 10^{-5}$
1 Fuß *foot*	=	0,3048	12	1	0,3333	0,0606	$1{,}894 \times 10^{-4}$
1 Yard *yard*	=	0,9144	36	3	1	0,1818	$5{,}682 \times 10^{-4}$
1 Rod *rod*	=	5,029	198	16,5	5,5	1	$3{,}125 \times 10^{-3}$
1 Meile *mile*	=	1609	63 360	5280	1760	320	1

1 Yard† (gesetzlicher Standard) = 0,914 398 41 Meter / 1 imperial standard yard = 0.914 398 41 metre
1 Yard† (wissenschaftlich) = 0,9144 Meter (genau) / 1 yard (scientific) = 0.9144 metre (exact)
1 Yard US† = 0,914 401 83 Meter / 1 US yard = 0.914 401 83 metre
1 englische Seemeile = 6080 Fuß = 1853,18 Meter / 1 English nautical mile† = 6080 ft = 1853.18 metres
1 internationale Seemeile† = 1852 Meter = 6076,12 Fuß / 1 international nautical mile = 1852 metres = 6076.12 ft
† = keine SI-Einheit / not a SI-unit
* = im deutschen Sprachraum nicht gebräuchlich / not used in German-speaking countries

2.2 Area / Flächenmaße

		m^2 *sq. metre*	$(Zoll)^2$† *sq. inch*	$(Fuß)^2$*† *sq. foot*	$(Yard)^2$*† *sq. yard*	Acre*† *acre*	$(Meile)^2$*† *sq. mile*
1 m^2 *sq. metre*	=	1	1550	10,76	1,196	$2{,}471 \times 10^{-4}$	$3{,}861 \times 10^{-7}$
1 $(Zoll)^2$ *sq. inch*	=	$6{,}452 \times 10^{-4}$	1	$6{,}944 \times 10^{-3}$	$7{,}716 \times 10^{-4}$	$1{,}594 \times 10^{-7}$	$2{,}491 \times 10^{-10}$
1 $(Fuß)^2$ *sq. foot*	=	0,0929	144	1	0,1111	$2{,}296 \times 10^{-5}$	$3{,}587 \times 10^{-8}$
1 $(Yard)^2$ *sq. yard*	=	0,8361	1296	9	1	$2{,}066 \times 10^{-4}$	$3{,}228 \times 10^{-7}$
1 Acre *acre*	=	$4{,}047 \times 10^{3}$	$6{,}273 \times 10^{6}$	$4{,}355 \times 10^{4}$	4840	1	$1{,}563 \times 10^{-3}$
1 $(Meile)^2$ *sq. mile*	=	$259{,}0 \times 10^{4}$	$4{,}015 \times 10^{9}$	$2{,}788 \times 10^{7}$	$3{,}098 \times 10^{6}$	640	1

1 Are† = 100 m^2 = 0,01 Hektar / 1 are = 100 sq. metres = 0,01 hectare
1 runder Querschnitt†* von $^1/_{1000}$ Zoll Durchmesser = $5{,}067 \times 10^{-10}$ m^2 = $7{,}854 \times 10^{-7}$ $(Zoll)^2$ / 1 circular mil = $5{,}067 \times 10^{-10}$ sq. metre = 7.854×10^{-7} sq. in
1 Acre†* (gesetzlicher Standard) = 0,4047 Hektar / 1 acre (statute) = 0.4047 hectare

2.3 Volume / Raummaße

		m^3 *cubic metre*	$(Zoll)^3$*† *cubic inch*	$(Fuß)^3$*† *cubic foot*	Gallone UK*† *UK gallon*	Gallone US*† *US gallon*
1 m^3 *cubic metre*	=	1	$6{,}102 \times 10^4$	35,31	220,0	264,2
1 $(Zoll)^3$ *cubic in*	=	$1{,}639 \times 10^{-5}$	1	$5{,}787 \times 10^{-4}$	$3{,}605 \times 10^{-3}$	$4{,}329 \times 10^{-3}$
1 $(Fuß)^3$ *cubic ft*	=	$2{,}832 \times 10^{-2}$	1728	1	6,229	7,480
1 Gallone UK[1] *UK gallon*	=	$4{,}546 \times 10^{-3}$	277,4	0,1605	1	1,201
1 Gallone US[2] *US gallon*	=	$3{,}785 \times 10^{-3}$	231,0	0,1337	0,8327	1

[1] Volumen von 10 britischen Pfund H_2O bei 62 °F / volume of 10 lb of water at 62 °F
[2] Volumen von 8,328 britischen Pfund H_2O bei 60 °F / volume of 8.32828 lb of water at 60 °F
1 m^3 = 1000 Liter / 1 cubic metre = 1000 litres
1 Acre-Fuß† = 271 328 Gallonen UK = 1233 m^3 (Kubikmeter) / 1 acre foot = 271 328 UK gallons = 1233 cubic metres
Bis 1976 war der Liter als 1000,028 cm^3 definiert (das Volumen von 1 kg H_2O bei maximaler Dichte), wurde dann aber als exakt 1000 cm^3 umdefiniert
Until 1976 the litre was equal to 1000.028 cm^3 (the volume of 1 kg of water at maximum density) but then it was revalued to be 1000 cm^3 exactly
† = keine SI-Einheit / not a SI-unit
* = im deutschen Sprachraum nicht gebräuchlich / not used in German-speaking countries

2.4 Measure of capacity / Hohlmaße

Britisch *British*						Amerikanisch *American*	
1 ml	= 1 cm^3	= 16.89	minims			16.23	minims
1cl	= 10 ml	= 0.352	fluid ounce			0.338	fluid ounce
1dl	= 10 cl	= 3.52	fluid ounces			3.38	fluid ounces
1 l	= 10 dl	= 1.76	pints			1.06	liquid quarts
				od.		0.91	dry quart
1 dkl	= 10 l	= 2.1998	gallons			2.64	gallons
				od.		0.284	bushel
1 hl	= 10 dkl	= 2.75	bushels			26.418	gallons
1 kl	= 10 hl	= 3.437	quarters			264.18	gallons

2.4.1 Measure of capacity (dry) / Hohlmaße für Trockensubstanzen

Umzurechnen *To convert*		*in* *into*		*Multiplizieren mit* *Multiply by*
Liter		pint,dry	(USA)	1.8162
Liter		quart, dry	(USA)	0.9081
Liter		peck	(USA)	0.1135
Liter		bushel	(USA)	0.0284
m^3		barrel	(USA)	8.6484
m^3		barrel Petrol	(USA)	6.2972
m^3		quarter	(USA)	4.1305
Liter		peck	(Brit.)	0.1100
Liter		bushel	(Brit.)	0.0275
Liter		kilderkin	(Brit.)	0.0122
m^3		barrel	(Brit.)	6.1103
m^3		quarter	(Brit.)	3.4370
pint, dry	(USA)	Liter		0.5506
quart,dry	(USA)	Liter		1.1012
peck	(USA)	Liter		8.8098
bushel	(USA)	Liter		35.2393
barrel	(USA)	m^3		0.1156
barrel Petrol	(USA)	m^3		0.1588
quarter	(USA)	m^3		0.2421
peck	(Brit.)	Liter		9.0922
bushel	(Brit.)	Liter		36.3687
kilderkin	(Brit.)	Liter		81.829
barrel	(Brit.)	m^3		0.1637
quarter	(Brit.)	m^3		0.2909

2.4.2 Measure of capacity (liquid) / Hohlmaße für Flüssigkeiten

Umzurechnen *To convert*		*in* *into*		*Multiplizieren mit* *Multiply by*
cm^3		minim	(USA)	16.2306
Liter		gill (liqu)	(USA)	8.4534
Liter		pint (liqu)	(USA)	2.1134
Liter		quart (liqu)	(USA)	1.0567
Liter		gallon	(USA)	0.2642
Liter		gill (liqu)	(Brit.)	7.0390
Liter		pint (liqu)	(Brit.)	1.7598
Liter		quart (liqu)	(Brit.)	0.8799
Liter		pottle	(Brit.)	0.4399
Liter		gallon	(Brit.)	0.2200
minim	(USA)	cm^3		0.0616
gill (liqu)	(USA)	Liter		0.1183
pint (liqu)	(USA)	Liter		0.4732
quart (liqu)	(USA)	Liter		0.9464
gallon	(USA)	Liter		3.7854
gill (liqu)	(Brit.)	Liter		0.1421
pint (liqu)	(Brit.)	Liter		0.5683
quart (liqu)	(Brit.)	Liter		1.1365
pottle	(Brit.)	Liter		2.2730
gallon	(Brit.)	Liter		4.5461

2.5 Angle / Winkelmaße

		Grad *degree*	Minute *minute*	Sekunde *second*	Radian *radian*	Umdrehung *revolution*
1 Grad *degree*	=	1	60	3600	$1{,}745 \times 10^{-2}$	$2{,}778 \times 10^{-3}$
1 Minute *minute*	=	$1{,}677 \times 10^{-2}$	1	60	$2{,}909 \times 10^{-4}$	$4{,}630 \times 10^{-5}$
1 Sekunde *second*	=	$2{,}778 \times 10^{-4}$	$1{,}667 \times 10^{-2}$	1	$4{,}848 \times 10^{-6}$	$7{,}716 \times 10^{-7}$
1 Radian *radian*	=	57,30	3438	$2{,}063 \times 10^{5}$	1	0,1592
1 Umdrehung *revolution*	=	360	$2{,}16 \times 10^{4}$	$1{,}296 \times 10^{6}$	6,283	1

1 Mil†* (Artilleriemaß) = $^{1}/_{64{,}000}$ von 360° = 10^{-3} Radian / 1 mil = 10^{-3} radian

2.6 Time / Zeit

		Jahr *year*	mittlerer Sonnentag *solar day*	Stunde *hour*	Minute *minute*	Sekunde *second*
1 Jahr *year*	=	1	365,24[1]	$8{,}766 \times 10^{3}$	$5{,}259 \times 10^{5}$	$3{,}156 \times 10^{7}$
1 mittlerer Sonnentag *solar day*	=	$2{,}738 \times 10^{-3}$	1	24	1440	$8{,}640 \times 10^{4}$
1 Stunde *hour*	=	$1{,}141 \times 10^{-4}$	$4{,}167 \times 10^{-2}$	1	60	3600
1 Minute *minute*	=	$1{,}901 \times 10^{-6}$	$6{,}944 \times 10^{-4}$	$1{,}667 \times 10^{-2}$	1	60
1 Sekunde *second*	=	$3{,}169 \times 10^{-8}$	$1{,}157 \times 10^{-5}$	$2{,}778 \times 10^{-4}$	$1{,}667 \times 10^{-2}$	1

1 Jahr = 366,24 siderische Tage / 1 year = 366,24 sidereal days
1 siderischer Tag = 86 164,090 6 Sekunden / 1 sidereal day = 86 164.090 6 seconds
[1] genaue Zahl = 365,242 192 64 im Jahr 2000 AD / exact figure = 365.242 192 64 in AD 2000
† = keine SI-Einheit / not a SI-unit
* = im deutschen Sprachraum nicht gebräuchlich / not used in German-speaking countries

2.7 Mass / Masse

	Kilogramm *kilogram*	britisches Pfund*† *pound*	Slug*† *slug*	metrisches Slug*† *metric slug*	UK-Tonne*† *UK ton*	US-Tonne*† *US ton*	u*† *u*
1 Kilogramm *kilogram* =	1	2,205	$6{,}852 \times 10^{-2}$	0,1020	$9{,}842 \times 10^{-4}$	$11{,}02 \times 10^{-4}$	$6{,}024 \times 10^{26}$
1 britisches Pfund *pound* =	0,4536	1	$3{,}108 \times 10^{-2}$	$4{,}625 \times 10^{-2}$	$4{,}464 \times 10^{-4}$	$5{,}000 \times 10^{-4}$	$2{,}732 \times 10^{26}$
1 Slug *slug* =	14,59	32,17	1	1,488	$1{,}436 \times 10^{-2}$	$1{,}609 \times 10^{-2}$	$8{,}789 \times 10^{27}$
1 metrisches slug *metric slug* =	9,806	21,62	0,6720	1	$9{,}652 \times 10^{-3}$	$1{,}081 \times 10^{-2}$	$5{,}907 \times 10^{27}$
1 UK-Tonne *UK ton* =	1016	2240	69,62	103,6	1	1,12	$6{,}121 \times 10^{29}$
1 US-Tonne *US ton* =	907,2	2000	62,16	92,51	0,8929	1	$5{,}465 \times 10^{29}$
1 u *u* =	$1{,}660 \times 10^{-27}$	$3{,}660 \times 10^{-27}$	$1{,}137 \times 10^{-28}$	$1{,}693 \times 10^{-28}$	$1{,}634 \times 10^{-30}$	$1{,}829 \times 10^{-30}$	1

1 britisches Pfund† (gesetzlicher Standard) = 0,453 592 338 Kilogramm / 1 imperial standard pound = 0.453 592 338 kilogram
1 US-Pfund = 0,453 592 427 7 Kilogramm† / 1 US pound = 0.453 592 427 7 kilogram
1 internationales Pfund† = 0,453 592 37 Kilogramm / 1 international pound = 0.453 592 37 kilogram
1 Tonne† = 10^3 Kilogramm / 1 ton = 10^3 kilograms
1 Troypfund = 0,373 242 Kilogram / 1 troy pound = 0.373 242 kilogram

2.8 Force / Kraft

	Dyn *dyne*	Newton *newton*	Pound-Force*† *pound force*	Poundal*† *poundal*	Gram-Force*† *gram force*
1 Dyn *dyne* =	1	10^{-5}	$2{,}248 \times 10^{-6}$	$7{,}233 \times 10^{-5}$	$1{,}020 \times 10^{-3}$
1 Newton *newton* =	10^5	1	0,2248	7,233	102,0
1 Pound-Force *pound force* =	$4{,}448 \times 10^5$	4,448	1	32,17	453,6
1 Poundal *poundal* =	$1{,}383 \times 10^4$	0,1383	$3{,}108 \times 10^{-2}$	1	14,10
1 Gram-Force *gram force* =	980,7	$980{,}7 \times 10^{-5}$	$2{,}205 \times 10^{-3}$	$7{,}093 \times 10^{-2}$	1

† = keine SI-Einheit / not a SI-unit
* = im deutschen Sprachraum nicht gebräuchlich / not used in German-speaking countries

2.9 Energy, work, heat / Energie, Arbeit, Wärme

		Btu*† *Btu*	Joule *joule*	Fuß-Pfund*† *ft lb*	cm^{-1} *cm^{-1}*	Kalorie *cal*	Kilowattstunde *kWh*	Elektronenvolt *electron volt*
1 Btu *Btu*	=	1	$1{,}055 \times 10^{3}$	778,2	$5{,}312 \times 10^{25}$	252	$2{,}930 \times 10^{-4}$	$6{,}585 \times 10^{21}$
1 Joule *joule*	=	$9{,}481 \times 10^{-4}$	1	$7{,}376 \times 10^{-1}$	$5{,}035 \times 10^{22}$	$2{,}389 \times 10^{-1}$	$2{,}778 \times 10^{-7}$	$6{,}242 \times 10^{18}$
1 Fuß-Pfund *ft lb*	=	$1{,}285 \times 10^{-3}$	1,356	1	$6{,}828 \times 10^{22}$	$3{,}239 \times 10^{-1}$	$3{,}766 \times 10^{-7}$	$8{,}464 \times 10^{18}$
1 cm^{-1} *cm^{-1}*	=	$1{,}883 \times 10^{-26}$	$1{,}986 \times 10^{-23}$	$1{,}465 \times 10^{-23}$	1	$4{,}745 \times 10^{-24}$	$5{,}517 \times 10^{-30}$	$1{,}240 \times 10^{-4}$
1 Kalorie bei 15 °C *cal 15 °C*	=	$3{,}968 \times 10^{-3}$	4,187	3,088	$2{,}108 \times 10^{23}$	1	$1{,}163 \times 10^{-6}$	$2{,}613 \times 10^{19}$
1 Kilowatt-stunde *kWh*	=	3412	$3{,}600 \times 10^{6}$	$2{,}655 \times 10^{6}$	$1{,}813 \times 10^{29}$	$8{,}598 \times 10^{5}$	1	$2{,}247 \times 10^{25}$
1 Elektronen-volt *electron volt*	=	$1{,}519 \times 10^{-22}$	$1{,}602 \times 10^{-19}$	$1{,}182 \times 10^{-19}$	$8{,}066 \times 10^{3}$	$3{,}827 \times 10^{-20}$	$4{,}450 \times 10^{-26}$	1

† = keine SI-Einheit / not a SI-unit
* = im deutschen Sprachraum nicht gebräuchlich / not used in German-speaking countries

2.10 Power / Leistung

		Btu/h* *Btu per hr*	Fuß-Pfund/s* *ft lb s^{-1}*	Kg m/s *kg metre s^{-1}*	Kalorie/s* *cal s^{-1}*	PS*†[1] *HP*[2]	Watt *watt*
1 Btu/h *Btu per hour*	=	1	0,2161	$2{,}987 \times 10^{-2}$	$6{,}999 \times 10^{-2}$	$3{,}929 \times 10^{-4}$	0,2931
1 Fuß-Pfund/s *ft lb per second*	=	4,628	1	0,1383	0,3239	$1{,}818 \times 10^{-3}$	1,356
1 Kg m/s *kg metre per second*	=	33,47	7,233	1	2,343	$1{,}315 \times 10^{-2}$	9,807
1 Kalorie/s *cal per second*	=	14,29	3,087	$4{,}268 \times 10^{-1}$	1	$5{,}613 \times 10^{-3}$	4,187
1 PS *HP*	=	2545	550	76,04	178,2	1	745,7
1 Watt *watt*	=	3,413	0,7376	0,1020	0,2388	$1{,}341 \times 10^{-3}$	1

1 Watt international = 1,000 19 Watt absolut / 1 international watt = 1.000 19 absolute watt
[1] 1 PS = europäische Einheit, 1 PS = 735,498 Watt / PS (Pferdestärke) = European unit, 1 PS = 735.498 watt
[2] 1 HP = britische Einheit, 1 HP = 745,7 Watt / HP (Horsepower) = British unit, 1 HP = 745.7 watt
† = keine SI-Einheit / not a SI unit
* = im deutschen Sprachraum nicht gebräuchlich / not used in German-speaking countries

2.11 Pressure / Druck

		Normal-atmosphäre† *standard atmosphere*	Kg/cm^{-2}† *kg force cm^{-2}*	Dyn/cm^{-2}† *dyne cm^{-2}*	Pascal† *pascal*	Fuß-Pfund/(Zoll)$^{-2}$*† *pound force in^{-2}*	Fuß-Pfund/(Fuß)$^{-2}$*† *pound force ft^{-2}*	Millibar† *millibar*	Torr† *torr*	Zoll Queck-silbersäule† *barometric in Hg*
1 Normalatmosphäre *standard atmosphere*	=	1	1,033	$1{,}013 \times 10^{6}$	$1{,}013 \times 10^{5}$	14,70	2116	1013	760	29,92
1 Kg / cm^{-2} *kg force cm^{-2}*	=	0,9678	1	$9{,}804 \times 10^{5}$	$9{,}804 \times 10^{4}$	14,22	2048	980,7	735,6	28,96
1 Dyn / cm^{-2} *dyne cm^{-2}*	=	$9{,}869 \times 10^{-7}$	$10{,}20 \times 10^{-7}$	1	0,1	$14{,}50 \times 10^{-6}$	$2{,}089 \times 10^{-3}$	10^{-3}	$750{,}1 \times 10^{-6}$	$29{,}53 \times 10^{-6}$
1 Pascal *pascal*	=	$9{,}869 \times 10^{-6}$	$10{,}20 \times 10^{-6}$	10	1	$14{,}50 \times 10^{-5}$	$2{,}089 \times 10^{-2}$	10^{-2}	$750{,}1 \times 10^{-5}$	$29{,}53 \times 10^{-5}$
1 Fuß-Pfund/(Zoll)$^{-2}$ *pound force in^{-2}*	=	$6{,}805 \times 10^{-2}$	$7{,}031 \times 10^{-2}$	$6{,}895 \times 10^{4}$	$6{,}895 \times 10^{3}$	1	144	68,95	51,71	2,036
1 Fuß-Pfund/(Fuß)$^{-2}$ *pound force ft^{-2}*	=	$4{,}725 \times 10^{-4}$	$4{,}882 \times 10^{-4}$	478,8	47,88	$6{,}944 \times 10^{-3}$	1	$47{,}88 \times 10^{-2}$	0,3591	$14{,}14 \times 10^{-3}$
1 Millibar *millibar*	=	$0{,}9869 \times 10^{-3}$	$1{,}020 \times 10^{-3}$	10^{3}	10^{2}	$14{,}50 \times 10^{-3}$	2,089	1	0,7500	$29{,}53 \times 10^{-3}$
1 Torr *torr*	=	$1{,}316 \times 10^{-3}$	$1{,}360 \times 10^{-3}$	$1{,}333 \times 10^{2}$	$1{,}333 \times 10^{3}$	$1{,}934 \times 10^{-2}$	2,784	1,333	1	$3{,}937 \times 10^{-2}$
Zoll Quecksilbersäule barometric in Hg	=	$3{,}342 \times 10^{-2}$	$3{,}453 \times 10^{-2}$	$3{,}386 \times 10^{4}$	$3{,}386 \times 10^{3}$	$4{,}912 \times 10^{-1}$	70,73	33,87	25,40	1

1 Torr = 1mm Quecksilber zu Normalbedingungen bei 13,5951 g/cm^{-3} Dichte, bei 0 °C und Schwerebeschleunigung von 980,665 cm/s^{-2} /
1 torr^{-1} barometric mm Hg density 13,5951 g/cm^{-3} at 0 °C and acceleration due to gravity 980,665 cm/s^{-2}
1 Dyn cm^{-2} = 1 Barad / 1 dyne cm^{-2} = 1 barad
† = keine SI-Einheit / not a SI-unit
* = im deutschen Sprachraum nicht gebräuchlich / not used in German-speaking countries

2.12 Optics / Optik

2.12.1 Illumination / Ausleuchtung

		Lux *lux*	Phot†* *phot*	Footcandle*† *footcandle*
1 Lux lm/m^2 *lux (lm m^{-2})*	=	1	10^{-4}	$9{,}29 \times 10^{-2}$
1 Phot lm/cm^2 *phot (lm cm^{-2})*	=	10^4	1	929
1 Footcandle lm/Fuß^2 *foot-candle (lm ft^{-2})*	=	10,76	$10{,}76 \times 10^{-4}$	1

† = keine SI-Einheit / not a SI-unit
* = im deutschen Sprachraum nicht gebräuchlich / not used in German-speaking countries

2.12.2 Luminance / Leuchtdichte

		Nit†*[1] *nit*	Stilb†*[1] *stilb*	Candela/ Fuß^2†* *cd ft^{-2}*	Apostilb* *apostilb*	Lambert *lambert*	Foot- Lambert† *foot-lambert*
1 Nit (Candela/m^2) *nit (cd m^{-2})*	=	1	10^{-4}	$9{,}29 \times 10^{-2}$	π	$\pi \times 10^{-4}$	0,292
1 Stilb (Candela/cm^2) *stilb (cd cm^{-2})*	=	10^4	1	929	$\pi \times 10^4$	π	2920
1 (Candela/Fuß^2) *cd ft^{-2}*	=	10,76	$1{,}076 \times 10^{-3}$	1	33,8	$3{,}38 \times 10^{-3}$	π
1 Apostilb (1 m/m^2) *Apostilb (1 m m^{-2})*	=	$1/\pi$	$1/(\pi \times 10^4)$	$2{,}96 \times 10^{-2}$	1	10^{-4}	$9{,}29 \times 10^{-2}$
1 Lambert (1 m/cm^2) *lambert (1 m cm^{-2})*	=	$1/(\pi \times 10^{-4})$	$1/\pi$	296	10^4	1	929
1 Foot-Lambert *foot lambert or equivalent foot candle*	=	3,43	$3{,}43 \times 10^{-4}$	$1/\pi$	10,76	$1{,}076 \times 10^{-3}$	1

Leuchtkraft Candela = 98,1 % der internationalen Candela / Luminous intensity of candela = 98.1 % that of international candle
1 Lumen = Lichtstrom, der von 1 Candela Leuchtkraft in den Einheitsraumwinkel abgegeben wird /
1 lumen = flux emitted by 1 candela into unit solid angle
[1] veraltet / obsolete
† = keine SI-Einheit / not a SI-unit
* = im deutschen Sprachraum nicht gebräuchlich / not used in German-speaking countries

3 SI basic units / SI-Basiseinheiten

Basisgröße *Basic physical quantity*	Basiseinheit *Basic unit*	
	Name *Name*	Zeichen *Symbol*
Länge *lenght*	Meter *m, n* *meter, metre*	m
Masse *mass*	Kilogramm *n* *kilogram(me)*	kg
Zeit *time*	Sekunde *f* *second*	s
elektrische Stromstärke *electrical current*	Ampere *n* *ampere*	A
Temperatur *temperature*	Kelvin *n* *kelvin*	K
Lichtstärke *luminous intensity*	Candela *f* *candela*	cd
Stoffmenge *amount of substance*	Mol *n* *mole*	mol